	Hauptgruppen		Übergangsmetalle										Hauptgruppen					
	1A[1] 1	2A 2	3B 3	4B 4	5B 5	6B 6	7B 7	8B 8	8B 9	8B 10	1B 11	2B 12	3A 13	4A 14	5A 15	6A 16	7A 17	8A 18
1	1 **H** 1,00794																	2 **He** 4,002602
2	3 **Li** 6,941	4 **Be** 9,012182											5 **B** 10,811	6 **C** 12,0107	7 **N** 14,0067	8 **O** 15,9994	9 **F** 18,998403	10 **Ne** 20,1797
3	11 **Na** 22,989770	12 **Mg** 24,3050											13 **Al** 26,981538	14 **Si** 28,0855	15 **P** 30,973761	16 **S** 32,065	17 **Cl** 35,453	18 **Ar** 39,948
4	19 **K** 39,0983	20 **Ca** 40,078	21 **Sc** 44,955910	22 **Ti** 47,867	23 **V** 50,9415	24 **Cr** 51,9961	25 **Mn** 54,938049	26 **Fe** 55,845	27 **Co** 58,933200	28 **Ni** 58,6934	29 **Cu** 63,546	30 **Zn** 65,39	31 **Ga** 69,723	32 **Ge** 72,64	33 **As** 74,92160	34 **Se** 78,96	35 **Br** 79,904	36 **Kr** 83,80
5	37 **Rb** 85,4678	38 **Sr** 87,62	39 **Y** 88,90585	40 **Zr** 91,224	41 **Nb** 92,90638	42 **Mo** 95,94	43 **Tc** [98]	44 **Ru** 101,07	45 **Rh** 102,90550	46 **Pd** 106,42	47 **Ag** 107,8682	48 **Cd** 112,411	49 **In** 114,818	50 **Sn** 118,710	51 **Sb** 121,760	52 **Te** 127,60	53 **I** 126,90447	54 **Xe** 131,293
6	55 **Cs** 132,90545	56 **Ba** 137,327	57 **La** 138,9055	72 **Hf** 178,49	73 **Ta** 180,9479	74 **W** 183,84	75 **Re** 186,207	76 **Os** 190,23	77 **Ir** 192,217	78 **Pt** 195,078	79 **Au** 196,96655	80 **Hg** 200,59	81 **Tl** 204,3833	82 **Pb** 207,2	83 **Bi** 208,98038	84 **Po** [208,98]	85 **At** [209,99]	86 **Rn** [222,02]
7	87 **Fr** [223,02]	88 **Ra** [226,03]	89 **Ac** [227,03]	104 **Rf** [261,11]	105 **Db** [262,11]	106 **Sg** [266,12]	107 **Bh** [264,12]	108 **Hs** [269,13]	109 **Mt** [268,14]	110 **Ds** [271,15]	111 **Rg** [272,15]	112 **Cn** [277]	113 **Uut** [287]	114 **Fl** [289]	115 **Uup** [288]	116 **Lv** [289]	117 **UuS** [293]	118 **Uuo** [294]

*Lanthanoide	58 **Ce** 140,116	59 **Pr** 140,90765	60 **Nd** 144,24	61 **Pm** [145]	62 **Sm** 150,36	63 **Eu** 151,964	64 **Gd** 157,25	65 **Tb** 158,92534	66 **Dy** 162,50	67 **Ho** 164,93032	68 **Er** 167,259	69 **Tm** 168,93421	70 **Yb** 173,04	71 **Lu** 174,57
†Actinoide	90 **Th** 232,0381	91 **Pa** 231,03588	92 **U** 238,02891	93 **Np** [237,05]	94 **Pu** [244,06]	95 **Am** [243,06]	96 **Cm** [247,07]	97 **Bk** [247,07]	98 **Cf** [251,08]	99 **Es** [252,08]	100 **Fm** [257,10]	101 **Md** [258,10]	102 **No** [259,10]	103 **Lr** [262,110]

[1] Bei den oben stehenden Bezeichnungen (1A, 2A, usw.) handelt es sich um die in den USA allgemein gebräuchlichen Bezeichnungen der Gruppen. Die unten stehenden Bezeichnungen (1, 2, usw.) sind die IUPAC-Bezeichnungen. Die Abkürzung IUPAC steht dabei für International Union of Pure and Applied Chemistry.
Die bei radioaktiven Elementen in Klammern angegebenen Atommassen beziehen sich auf das stabilste oder das wichtigste Isotop.
Weitere Informationen finden Sie unter *http://www.webelements.com*.

AF900576

Basiswissen Chemie

Grundlagen der Allgemeinen, Anorganischen und Organischen Chemie

Theodore L. Brown
H. Eugene LeMay
Bruce E. Bursten
Paula Y. Bruice

Pearson

Bibliografische Information der Deutschen Nationalbibliothek

Die Deutsche Nationalbibliothek verzeichnet diese Publikation in der Deutschen Nationalbibliografie; detaillierte bibliografische Daten sind im Internet über http://dnb.d-nb.de abrufbar.

Teil I:
Authorized Translation from the English language edition, entitled CHEMISTRY: THE CENTRAL SCIENCE, 10th Edition, 9780131096868 by THEODORE BROWN; H. EUGENE LEMAY; BRUCE BURSTEN; CATHY MURPHY, published by Pearson Education, Inc, publishing as Prentice Hall, Copyright © 2006 by Pearson Education, Inc.

Teil II:
Authorized Translation from the English language edition, entitled ORGANIC CHEMISTRY, 5th Edition, 9780131963160 by PAULA BRUICE, published by Pearson Education, Inc, publishing as Prentice Hall, Copyright © 2007 by Pearson Education, Inc. All rights reserved. No part of this book may be reproduced or transmitted in any form or by any means, electronic or mechanical, including photocopying, recording or by any information storage retrieval system, without permission from Pearson Education, Inc.

GERMAN language edition published by PEARSON DEUTSCHLAND GMBH, Copyright © 2014.

Fast alle Produktbezeichnungen und weitere Stichworte und sonstige Angaben, die in diesem Buch verwendet werden, sind als eingetragene Marken geschützt.

Der Umwelt zuliebe verzichten wir auf Einschweißfolie.

10

24 23

ISBN 978-3-86894-258-3 (Buch)
ISBN 978-3-86326-721-6 (E-Book)

© 2014 by Pearson Deutschland GmbH
St.-Martin-Straße 82, D-81541 München
Alle Rechte vorbehalten
www.pearson.de
A part of Pearson plc worldwide

Programmleitung: Kathrin Mönch
Fachlektorat: Ursula Pfangert-Becker, Eppelborn
Übersetzung: FRANK Sprachen + Technik GmbH, Niederkassel (Teil I); Dr. Thomas Lazar, Paderborn (Teil II)
Korrektorat: Ursula Pfangert-Becker, Eppelborn
Coverfoto: Shutterstock

Herstellung: Philipp Burkart, pburkart@pearson.de
Satz & Layout: PTP-Berlin Protago-TEX-Production GmbH, www.ptp-berlin.eu
Druck und Verarbeitung: Neografias, a.s., Martin-Prikopa

Printed in Slovakia

Inhaltsverzeichnis

Vorwort

Das vorliegende Lehrbuch ist konzipiert, den Übergang von der Schule in das Grundstudium der Chemie als Haupt- oder Nebenfach zu begleiten und einen verständlichen Einstieg in die Themen zur allgemeinen, anorganischen, physikalischen und organischen Chemie zu ermöglichen.

Das Buch vermittelt die chemischen Kenntnisse fachsystematisch mit Fokus auf generalisierende Konzepte und Prinzipien. Die Orientierung an Struktur-Eigenschafts-Beziehungen bei Stoffen bildet die Verständnisgrundlage für tendenzielle Veränderungen physikalischer und chemischer Eigenschaften, sowohl innerhalb einer Stoffklasse, als auch zwischen unterschiedlichen Typen von Stoffklassen. Die makroskopisch-phänomenologische Betrachtung von Stoffen und ihren Reaktionen erfolgt im Kontext der elektronischen Struktur und dem Einfluss sterischer Effekte. Stoffe werden hinsichtlich ihrer prinzipiellen Reaktionsmöglichkeiten untersucht, sodass spezifische Reaktionen letztlich in übergeordnete Mechanismen integrierbar sind. Der Text erörtert Faktoren, die die Reaktivität von Edukten, sowie die Stabilität von Produkten beeinflussen. Dabei trägt der regelmäßige Rückgriff auf geschaffenes Vorwissen und konzeptionelles Verständnis dazu bei, dass der Lernende zunehmend befähigt wird, fachlich basierte Prognosen zu treffen. Übersichtliche Zusammenfassungen (in Form von Tabellen, Grafiken, Flussdiagrammen und Schemata) ermöglichen eine strukturierte Wissenssicherung.

Bezüge zur Lebenswelt und fächerübergreifende Aspekte verweisen auf die Relevanz der Chemie in unserem Alltag. Eine Vielzahl an Anschauungshilfen erleichtert das Begreifen abstrakter Sachverhalte. So werden Moleküle durch verschiedene dreidimensionale Darstellungsformen illustriert. Begriffe, Verfahren und Bindungsmodelle werden anhand von Abbildungen visualisiert, Fakten durch anschauliche Vergleiche und Beispiele vorstellbar. Versuchsabläufe werden auf der makroskopischen Stoffebene und auch auf der submikroskopischen Teilchenebene bildhaft wiedergegeben. Die Schrittfolge laborpraktischer Arbeiten wird durch Bildreihen einprägsam beschrieben. Anhand von Übungsaufgaben werden exemplarisch Lösungsstrategien vermittelt, die einem gleichbleibenden Muster folgen. Merkkästen in der Randspalte rekapitulieren besonders wichtige Textinhalte.

Im Internet unter **www.pearson-studium.de** finden sich umfangreiche Zusatzmaterialien für spezifische Inhalte; im Buch wird auf diese Online-Materialien jeweils über das EXTRAS-Logo in der Randspalte verwiesen:

TEIL I

Allgemeine und Anorganische Chemie

I

Einführung: Stoffe und Maßeinheiten

1

ÜBERBLICK

Haben Sie sich je gefragt, warum Eis schmilzt oder Wasser verdunstet? Warum die Blätter im Herbst eine andere Farbe bekommen oder wie in Batterien Elektrizität erzeugt wird? Warum im Kühlschrank Lebensmittel langsamer verderben oder wie der menschliche Körper Nahrung verwertet? Die Chemie bietet Ihnen auf diese und viele andere Fragen eine Antwort. **Chemie** ist die Lehre von den Eigenschaften und Umwandlungen von Stoffen. Einer der interessantesten Aspekte des Studiums der Chemie ist ihre Anwendbarkeit auf viele Bereiche unseres Lebens, von alltäglichen Vorgängen wie dem Anzünden eines Streichholzes bis hin zu anspruchsvolleren Bereichen wie der Arzneimittelentwicklung in der Krebsforschung. Die chemischen Gesetze sind dabei sowohl in den Weiten unserer Galaxie als auch in unseren Körpern und unserer unmittelbaren Umgebung gültig.

1.1 Das Studium der Chemie

Chemie ist die Lehre der Zusammensetzung, Struktur sowie der Eigenschaften und Umwandlungen von **Materie**. Die Zusammensetzung von Materie hängt mit den **Elementen** zusammen, die in ihr enthalten sind. Die Struktur von Materie hängt von der Art und Weise ab, wie die **Atome** dieser Elemente angeordnet sind. Eine **Eigenschaft** ist ein Merkmal, das einer Probe Materie ihre einzigartige Identität verleiht. Ein **Molekül** ist eine Einheit, die aus zwei oder mehr Atomen zusammengesetzt ist, wobei diese auf eine bestimmte Art verbunden sind.

1.2 Einteilung von Stoffen

Materie tritt in drei physikalischen Zuständen auf, als **Gas**, **Flüssigkeit** oder **Festkörper**. Diese Zustände werden als **Aggregatzustände** bezeichnet. Es gibt zwei Arten von **Reinstoffen**: **Elemente** und **Verbindungen**. Jedes Element besteht aus einer einzigen Atomart und wird durch ein chemisches Symbol beschrieben, das aus einem oder zwei Buchstaben besteht, wobei der erste Buchstabe groß geschrieben wird. Verbindungen bestehen aus zwei oder mehr Elementen, die chemisch verbunden sind. Das **Gesetz der konstanten Proportionen** besagt, dass die relative elementare Zusammensetzung einer reinen Verbindung immer gleich ist. Meistens tritt Materie als Gemisch verschiedener Stoffe auf. **Gemische** haben eine variable Zusammensetzung und können entweder homogen oder heterogen sein.

Wir beginnen unser Studium der Chemie mit einigen grundlegenden Verfahren, Stoffe in verschiedene Kategorien einzuteilen und zu beschreiben. Zwei Hauptkriterien dabei sind ihr physikalischer Zustand (gasförmig, flüssig oder fest) und ihre Zusammensetzung (Element, Verbindung oder Gemisch).

Zustände von Stoffen

Stoffe in verschiedenen Aggregatzuständen unterscheiden sich in einigen beobachtbaren Eigenschaften. Ein **Gas** hat weder eine definierte Ausdehnung noch eine definierte Form, sondern es nimmt die Ausdehnung und Form des umgebenden Gefäßes an. Es kann auf ein kleineres Volumen komprimiert werden oder sich auf ein größeres Volumen ausdehnen. Eine **Flüssigkeit** besitzt ein definiertes, nicht vom Behälter abhängiges Volumen, hat aber keine bestimmte Form: Sie nimmt die Form des Behälters an, in dem sie sich befindet. Ein **Festkörper** hat sowohl eine definierte Form als auch eine definierte Ausdehnung. Weder Flüssigkeiten noch Festkörper können wesentlich komprimiert werden.

Die Eigenschaften der Aggregatzustände lassen sich auf Teilchenebene erklären (► Abbildung 1.1). In einem Gas sind die Teilchen weit voneinander entfernt und bewegen sich mit großen Geschwindigkeiten. Es kommt zu wiederholten

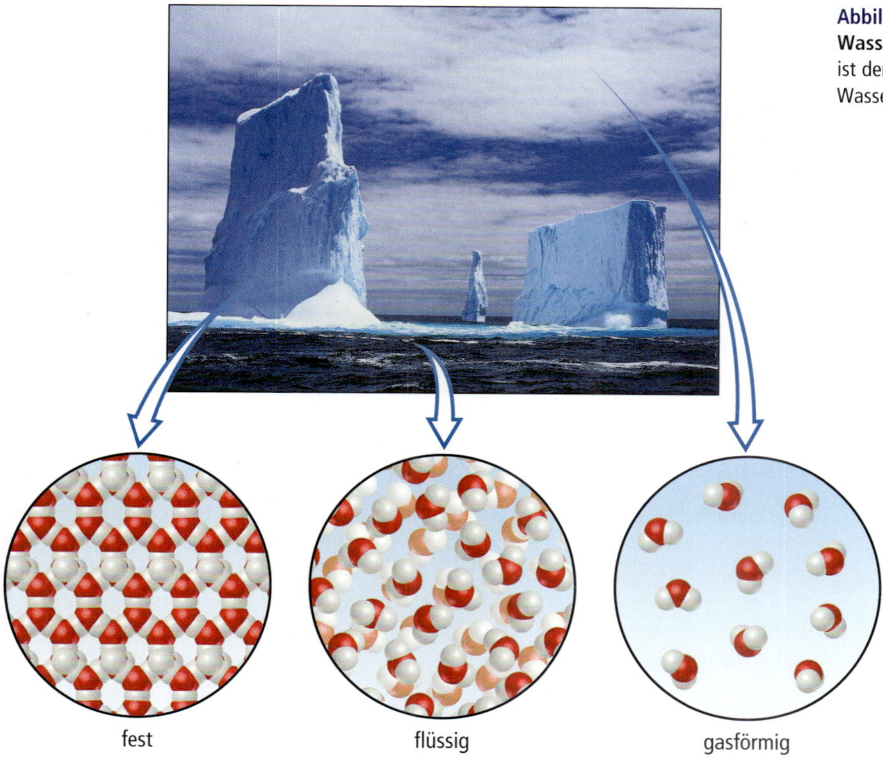

Abbildung 1.1: Die drei Aggregatzustände von Wasser – Wasserdampf, flüssiges Wasser und Eis. Auf diesem Foto ist der flüssige und der feste Zustand von Wasser zu sehen. Wasserdampf können wir nicht sehen.

Stößen untereinander und mit der Gefäßwand. In einer Flüssigkeit befinden sich die Teilchen viel näher aneinander, bewegen sich aber trotzdem noch schnell und haben keine feste Position. Aus diesem Grund sind Flüssigkeiten formunbeständig und können gegossen werden. In einem Festkörper sind die Teilchen normalerweise regelmäßig angeordnet und fest aneinander gebunden. Sie schwingen nur wenig um eine ansonsten feste Position.

Reinstoffe

Die meisten Stoffe, die uns im täglichen Leben begegnen, z. B. die Luft, die wir atmen (ein Gasgemisch), Treibstoff für Autos (eine Flüssigkeit) oder der Beton, auf dem wir gehen (ein Festkörper), sind chemisch nicht rein. Man kann diese Stoffe jedoch in verschiedene Reinstoffe zerlegen bzw. trennen. Ein **Reinstoff** (oft einfach als *Substanz* bezeichnet) besitzt definierte Eigenschaften und seine Zusammensetzung hängt nicht von der jeweiligen Probe ab. Wasser und herkömmliches Speisesalz (Natriumchlorid), die Hauptbestandteile von Meerwasser, sind Beispiele für Reinstoffe.

Reinstoffe können entweder Elemente oder Verbindungen sein. **Elemente** können nicht weiter in einfachere Substanzen getrennt werden. Auf Teilchenebene besteht jedes Element nur aus einer Art von Atomen (► Abbildung 1.2 a und b). **Verbindungen** sind Substanzen, die aus zwei oder mehreren Elementen aufgebaut sind, sie enthalten also zwei oder mehrere verschiedene Arten von Atomen (► Abbildung 1.2 c) oder Ionen. Wasser ist z. B. eine Verbindung, die aus den zwei Elementen Wasserstoff und Sauerstoff besteht. In ► Abbildung 1.2 d ist ein Gemisch aus Substanzen dargestellt. **Gemische** sind Zusammensetzungen von zwei oder mehreren Substanzen, in denen jede Substanz ihre eigene chemische Identität beibehält.

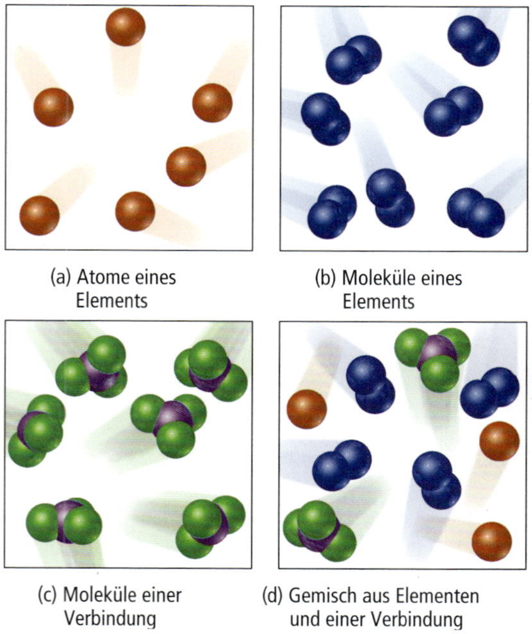

Abbildung 1.2: Vergleich zwischen Elementen, Verbindungen und Gemischen. Elemente können aus einzelnen Atomen (a) oder aus Molekülen (b) aufgebaut sein. Verbindungen enthalten zwei oder mehr verschiedene Elemente, die chemisch miteinander verbunden sind (c). Ein Gemisch (d) enthält die jeweiligen Einheiten seiner Bestandteile.

Abbildung 1.3: Relative Häufigkeiten der Elemente. Elemente in Massenprozent (a) in der Erdkruste (einschließlich Ozeane und Atmosphäre) und (b) im menschlichen Körper.

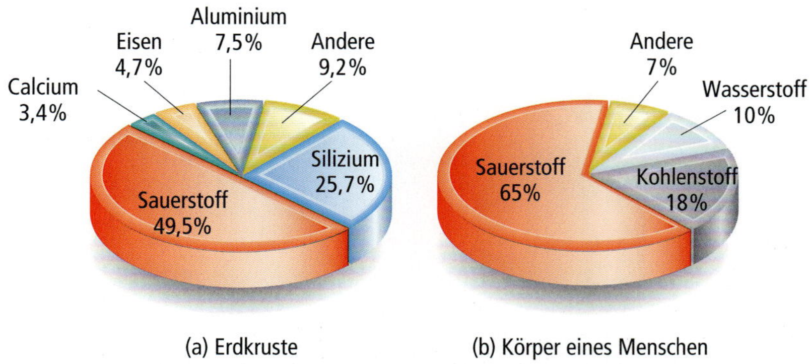

Elemente

Zurzeit sind 116 verschiedene Elemente bekannt. Wie in ► Abbildung 1.3 zu sehen ist, variieren diese Elemente stark in ihrer Häufigkeit. So sind z. B. nur fünf Elemente für den Aufbau von mehr als 90 % der Erdkruste verantwortlich: Sauerstoff, Silizium, Aluminium, Eisen und Calcium. Der menschliche Körper hingegen besteht zu mehr als 90 % aus nur drei Elementen (Sauerstoff, Kohlenstoff und Wasserstoff).

Einige der am häufigsten vorkommenden Elemente sind zusammen mit ihren chemischen Abkürzungen – bzw. chemischen *Symbolen* – in ► Tabelle 1.1 aufgeführt. Eine Liste aller bekannten Elemente und ihrer Symbole finden Sie im vorderen Einband des Buches. Die Tabelle, in der die Symbole aller Elemente in Kästchen dargestellt sind, heißt *Periodensystem der Elemente*. Im Periodensystem der Elemente sind miteinander verwandte Elemente so angeordnet, dass sie sich in der gleichen Spalte befinden.

Die chemischen Symbole bestehen aus einem oder zwei Buchstaben, wobei der erste Buchstabe groß geschrieben wird. Die Symbole stehen bisweilen für den deutschen Namen des Elements, häufig werden sie stattdessen aber auch vom entsprechenden Namen in einer anderen Sprache abgeleitet (letzte Spalte in ► Tabelle 1.1).

Kohlenstoff	C	Aluminium	Al	Kupfer	Cu
Fluor	F	Brom	Br	Eisen	Fe
Wasserstoff	H	Calcium	Ca	Blei	Pb
Iod	I	Chlor	Cl	Quecksilber	Hg
Stickstoff	N	Helium	He	Kalium	K
Sauerstoff	O	Lithium	Li	Silber	Ag
Phosphor	P	Magnesium	Mg	Natrium	Na
Schwefel	S	Silizium	Si	Zinn	Sn

Tabelle 1.1: Häufig vorkommende Elemente und ihre Symbole.

Verbindungen

Die meisten Elemente können mit anderen Elementen Verbindungen eingehen. Die beiden Elemente Wasserstoff und Sauerstoff bilden z. B. die Verbindung Wasser, wenn Wasserstoff in Sauerstoff verbrannt wird. Umgekehrt kann Wasser in seine Bestandteile Wasserstoff und Sauerstoff gespalten werden, wenn, wie

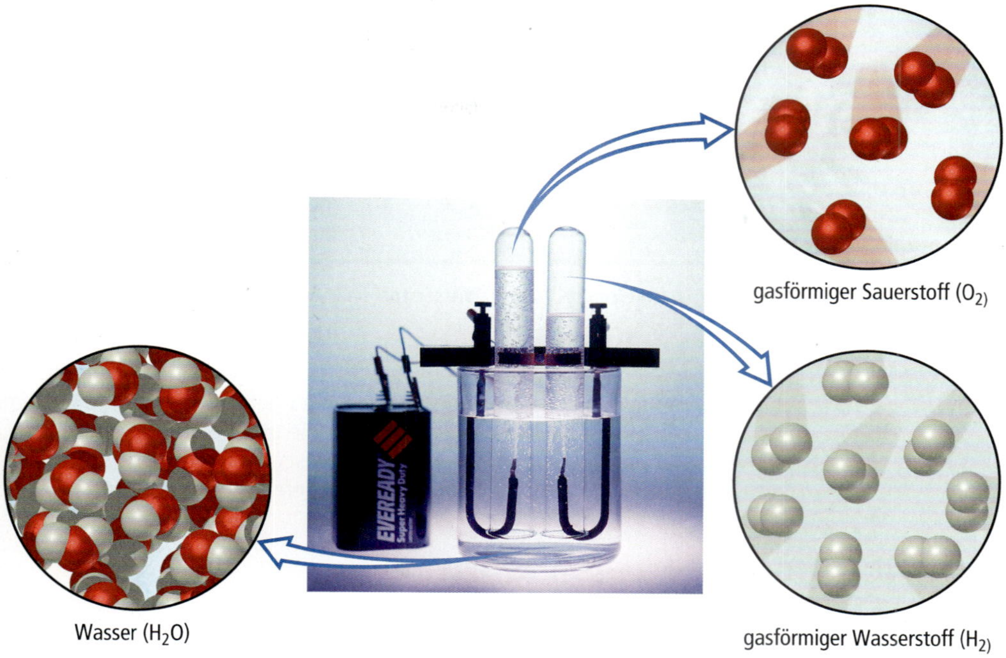

Abbildung 1.4: Elektrolyse von Wasser. Wenn ein elektrischer Gleichstrom durch Wasser geleitet wird, wird es in seine Elemente aufgespalten. Der dabei entstehende Wasserstoff, der im rechten Reagenzglas aufgefangen wird, nimmt das doppelte Volumen ein wie der ebenfalls entstehende Sauerstoff im linken Reagenzglas.

in ► Abbildung 1.4 gezeigt, ein elektrischer Strom durch Wasser geleitet wird. Reines Wasser besteht unabhängig von seiner Herkunft aus Massenanteilen von 11 % Wasserstoff und 89 % Sauerstoff. Die makroskopische Zusammensetzung entspricht der molekularen Zusammensetzung, die aus zwei Wasserstoffatomen und einem Sauerstoffatom besteht:

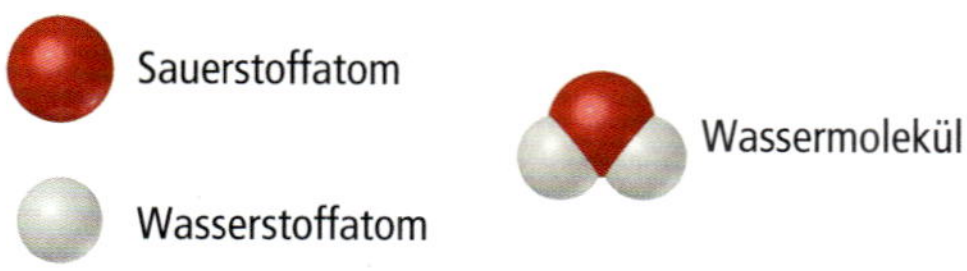

Die Elemente Wasserstoff und Sauerstoff kommen unter natürlichen Bedingungen als zweiatomige Moleküle vor:

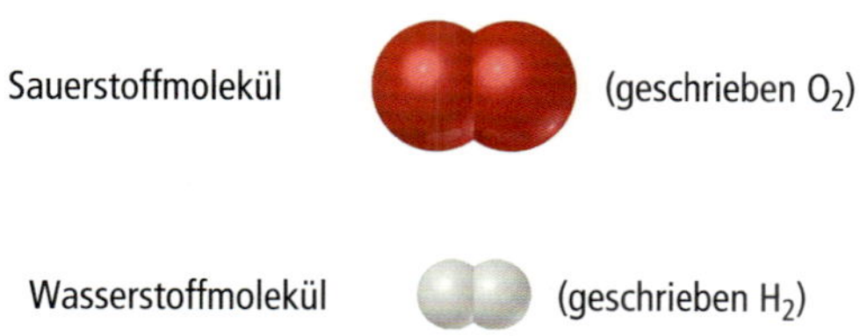

Wie in ► Tabelle 1.2 deutlich wird, unterscheiden sich die Eigenschaften von Wasser völlig von denen der Elemente, aus denen es aufgebaut ist. Wasserstoff, Sauerstoff und Wasser sind jeweils eigene Substanzen, eine Konsequenz aus der Verschiedenheit ihrer entsprechenden Moleküle.

EXTRAS ONLINE Elektrolyse von Wasser (Video)

Die Beobachtung, dass die relative elementare Zusammensetzung einer reinen Verbindung immer gleich bleibt, wird als **Gesetz der konstanten Proportionen** bezeichnet. Es wurde erstmals um 1800 vom französischen Chemiker Joseph Louis Proust (1754–1826) aufgestellt. Obwohl dieses Gesetz seit mehr als 200 Jahren bekannt ist, hält sich bei einigen Menschen die Ansicht, dass es

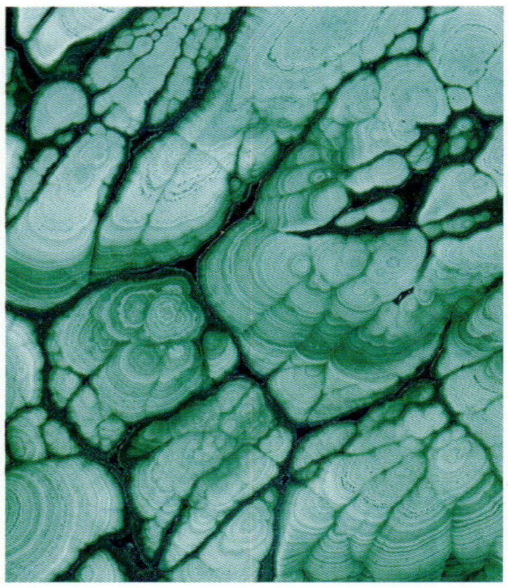

(a)

(b)

Abbildung 1.5: Gemische. (a) Viele häufig vorkommende Materialien (z. B. Gesteine) sind heterogen. Abgebildet ist eine Nahaufnahme von *Malachit*, einem Kupfermineral. (b) Viele Stoffe, einschließlich des blauen Festkörpers auf diesem Foto (Kupfersulfat), bilden mit Wasser Lösungen, die homogene Gemische sind.

	Wasser	Wasserstoff	Sauerstoff
Zustand*	flüssig	gasförmig	gasförmig
Normaler Siedepunkt	100 °C	−253 °C	−183 °C
Dichte*	1,00 g/ml	0,084 g/l	1,33 g/l
Brennbar	nein	ja	nein

* Bei Zimmertemperatur und Atmosphärendruck (siehe Abschnitt 10.2).

Tabelle 1.2: Vergleich von Wasser, Wasserstoff und Sauerstoff.

zwischen im Labor hergestellten und in der Natur vorkommenden chemischen Verbindungen einen grundlegenden Unterschied gebe. Eine Verbindung hat jedoch unabhängig von ihrer Herkunft immer die gleiche Zusammensetzung. Manchmal kommt es jedoch vor, dass ein reiner Feststoff in mehreren kristallinen Formen auftreten kann, die unterschiedliche Eigenschaften besitzen.

Gemische

Die meisten Stoffe, denen wir täglich begegnen, sind Gemische verschiedener Substanzen. Jede Substanz eines Gemisches behält ihre eigene chemische Identität und damit auch ihre eigenen Eigenschaften. Während reine Substanzen eine festgelegte Zusammensetzung haben, kann die Zusammensetzung einer Mischung variieren. Eine Tasse gesüßter Kaffee z. B. kann viel oder wenig Zucker enthalten. Die Substanzen, aus denen sich ein Gemisch (z. B. Zucker und Wasser) zusammensetzt, werden *Bestandteile* des Gemisches genannt.

Einige Gemische ähneln sich ganz und gar nicht in ihrer Zusammensetzung, ihren Eigenschaften oder ihrem Erscheinungsbild. Jede Probe Stein oder Holz z. B. unterscheidet sich im Hinblick auf ihre Struktur und ihr Erscheinungsbild wesentlich von anderen Proben desselben Materials. Solche Gemische bezeichnet man als *heterogen* (► Abbildung 1.5 a). Gemische mit einheitlichem Erscheinungsbild bezeichnet man dagegen als *homogen*. Luft ist ein homogenes Gemisch der gasförmigen Substanzen Stickstoff, Sauerstoff und kleine Anteile weiterer Gase. Der Stickstoff in Luft hat die gleichen Eigenschaften wie reiner Stickstoff, weil sowohl der Reinstoff als auch das Gemisch die gleiche Art Stickstoffmoleküle enthält. Salz, Zucker und viele andere Substanzen können in Wasser gelöst werden und bilden auf diese Weise homogene Gemische (► Abbildung 1.5 b). Homogene Gemische sind z. B. **Lösungen**. In ► Abbildung 1.6 wird die Einteilung von Stoffen in Elemente, Verbindungen und Gemische zusammengefasst.

A 1 Aspirin hat unabhängig von seiner Herkunft Massenanteile von 60,0 % Kohlenstoff, 4,5 % Wasserstoff und 35,5 % Sauerstoff. Charakterisieren und klassifizieren Sie Aspirin mit Hilfe des Flussdiagramms in Abbildung 1.6.

Übungsbeispiel 1.1: Differenzierung zwischen Elementen, Verbindungen und Gemischen (Lösung online)

Das für die Schmuckherstellung verwendete „Weißgold" besteht aus zwei Elementen, Gold und Palladium. Zwei verschiedene Proben Weißgolds unterscheiden sich hinsichtlich ihres entsprechenden Gold- und Palladiumanteils. Beide haben über ihre gesamte Ausdehnung eine einheitliche Zusammensetzung. Führen Sie mit diesen Informationen mit Hilfe des Flussdiagramms in Abbildung 6 eine Klassifizierung von Weißgold durch.

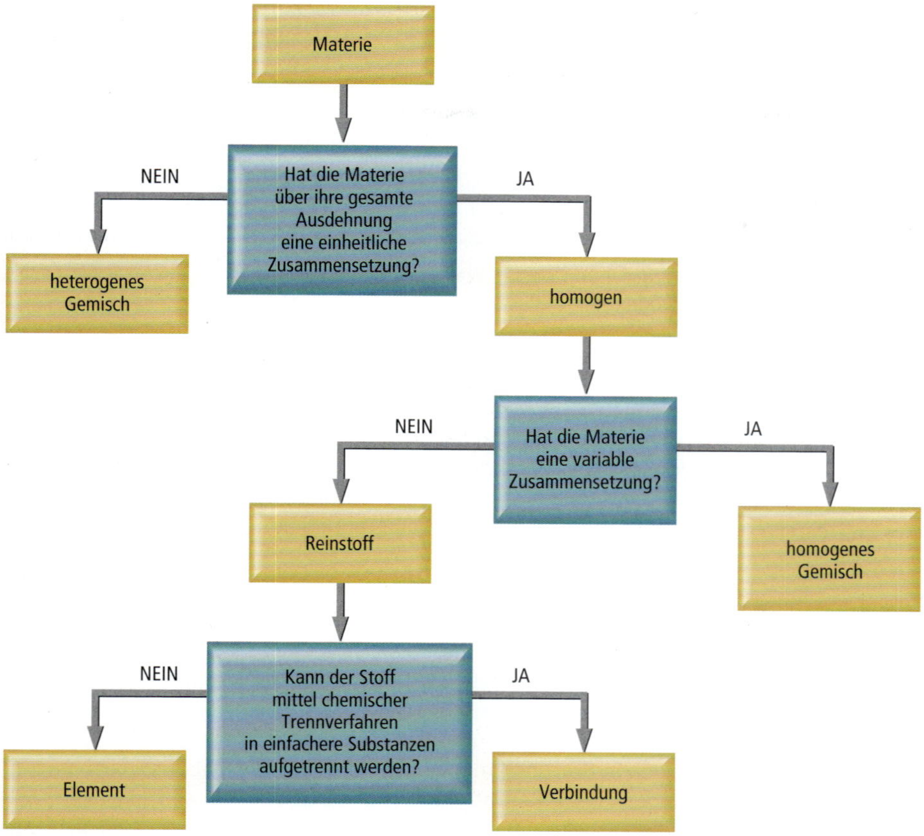

Abbildung 1.6: Einteilung von Stoffen.

1.3 Eigenschaften von Stoffen

Jede Substanz hat einzigartige **physikalische** und **chemische Eigenschaften**, die zur Identifizierung der Substanz herangezogen werden können. Während einer **physikalischen Umwandlung** wird die Zusammensetzung der Substanz nicht verändert. **Änderungen des Aggregatzustands** sind physikalische Änderungen. Bei **chemischen Umwandlungen** (oder **chemischen Reaktionen**) wird eine Substanz in eine chemisch unterschiedliche Substanz umgewandelt. **Intensive Eigenschaften** sind nicht von der Menge der untersuchten Materie abhängig und können deshalb zur Identifizierung von Substanzen verwendet werden. **Extensive Eigenschaften** beziehen sich auf die vorliegende Menge einer Substanz. Unterschiede der physikalischen und chemischen Eigenschaften werden ausgenutzt, um Substanzen zu trennen.

Die **wissenschaftliche Methodik** ist ein dynamischer Prozess, mit dessen Hilfe Fragen zur physikalischen Welt beantwortet werden. Beobachtungen und Experimente führen zu **Gesetzmäßigkeiten**, allgemeinen Regeln, mit denen das Verhalten der Natur zusammengefasst wird. Beobachtungen führen u. a. zu begründeten Annahmen (**Hypothesen**). Wenn eine Hypothese sich vielfach bestätigt, führt dies eventuell zur Formulierung einer **Theorie**.

Jede Substanz hat für sie typische Eigenschaften. Die in ► Tabelle 1.3 aufgelisteten Eigenschaften erlauben uns z. B. Wasserstoff, Sauerstoff und Wasser voneinander zu unterscheiden. Eigenschaften eines Stoffes können entweder physikalischer oder chemischer Natur sein. **Physikalische Eigenschaften** können überprüft

	Wasser	Wasserstoff	Sauerstoff
Zustand *	flüssig	gasförmig	gasförmig
Normaler Siedepunkt	100 °C	–253 °C	–183 °C
Dichte*	1,00 g/ml	0,084 g/l	1,33 g/l
Brennbar	nein	ja	nein

Tabelle 1.3: Vergleich von Wasser, Wasserstoff und Sauerstoff (* bei Zimmertemperatur und Atmosphärendruck).

bzw. gemessen werden, ohne die Identität oder die Zusammensetzung eines Stoffes zu verändern. Dabei handelt es sich u. a. um die Farbe, den Geruch, die Dichte, den Schmelzpunkt, den Siedepunkt und die Härte eines Stoffes. **Chemische Eigenschaften** beschreiben, auf welche Weise sich ein Stoff verändern bzw. *reagieren* kann, um andere Stoffe zu bilden. Eine typische chemische Eigenschaft eines Stoffes ist z. B. seine Brennbarkeit.

1.4 Physikalische und chemische Vorgänge

EXTRAS ONLINE Zustandsänderungen (Video)

Genauso wie ihre Eigenschaften können Veränderungen, denen Substanzen unterliegen, in physikalische oder chemische Vorgänge unterteilt werden. Bei **physikalischen Vorgängen** ändert sich die physikalische Erscheinungsform, nicht jedoch die Zusammensetzung des Stoffes. Wenn Wasser verdampft, geht es vom flüssigen in den gasförmigen Zustand über, besteht aber nach der Aggregatzustandsänderung immer noch aus denselben Wassermolekülen. Alle **Zustandsänderungen** (z. B. von flüssig zu gasförmig oder von flüssig zu fest) sind physikalische Vorgänge.

Bei **chemischen Vorgängen** (oder **chemischen Reaktionen**) wird eine Substanz in eine chemisch unterschiedliche Substanz umgewandelt. Die Verbrennung von Wasserstoff in Luft ist z. B. eine chemische Umwandlung, bei der aus Wasserstoff und Sauerstoff Wasser entsteht. Der Vorgang ist auf Teilchenebene in ► Abbildung 1.7 dargestellt.

Chemische Umwandlungen können dramatisch verlaufen. Im folgenden Abschnitt beschreibt Ira Remsen, der Autor eines berühmten 1901 veröffentlichten Chemiebuches, seine ersten Erfahrungen mit chemischen Reaktionen. Die von ihm beobachtete Reaktion ist in ► Abbildung 1.8 dargestellt.

> Während des Lesens eines Lehrbuchs der Chemie stieß ich auf den Satz „Salpetersäure reagiert mit Kupfer" und beschloss, herauszufinden, was damit gemeint war. Nachdem ich ein wenig Salpetersäure aufgetrieben hatte, musste ich nur noch herausfinden, von was für einer Art von Reaktion die Rede war. Im Namen der Wissenschaft war ich sogar bereit, eine der wenigen Kupfermünzen aus meinem Besitz zu opfern. Ich legte sie auf den Tisch, öffnete die Flasche mit der Bezeichnung „Salpetersäure", goss ein wenig der Flüssigkeit auf das Kupfer und bereitete mich darauf vor, Beobachtungen anzustellen. Doch welch wundersamem Vorgang durfte ich da beiwohnen? Die Münze hatte sich bereits verändert und das nicht in geringem Maße. Es war eine grünlich-blaue, rauchende Flüssigkeit auf der Münze und dem Tisch zu sehen. Die Luft verfärbte sich dunkelrot. Wie konnte ich dem Einhalt gebieten? Ich versuchte es, indem ich die Münze aufhob und aus dem Fenster warf. Dabei lernte ich noch etwas: Salpetersäure reagiert auch mit menschlicher Haut. Der Schmerz führte zu einem neuen, ungeplanten Experiment. Ich wischte meine Finger an meiner Hose ab und musste feststellen, dass Salpetersäure auch mit Textilien reagiert. Das war das eindrucksvollste Experiment, das ich je durchgeführt habe. Ich erzähle noch heute mit Begeisterung davon. Es war wie eine Offenbarung für mich. Die einzige Art und

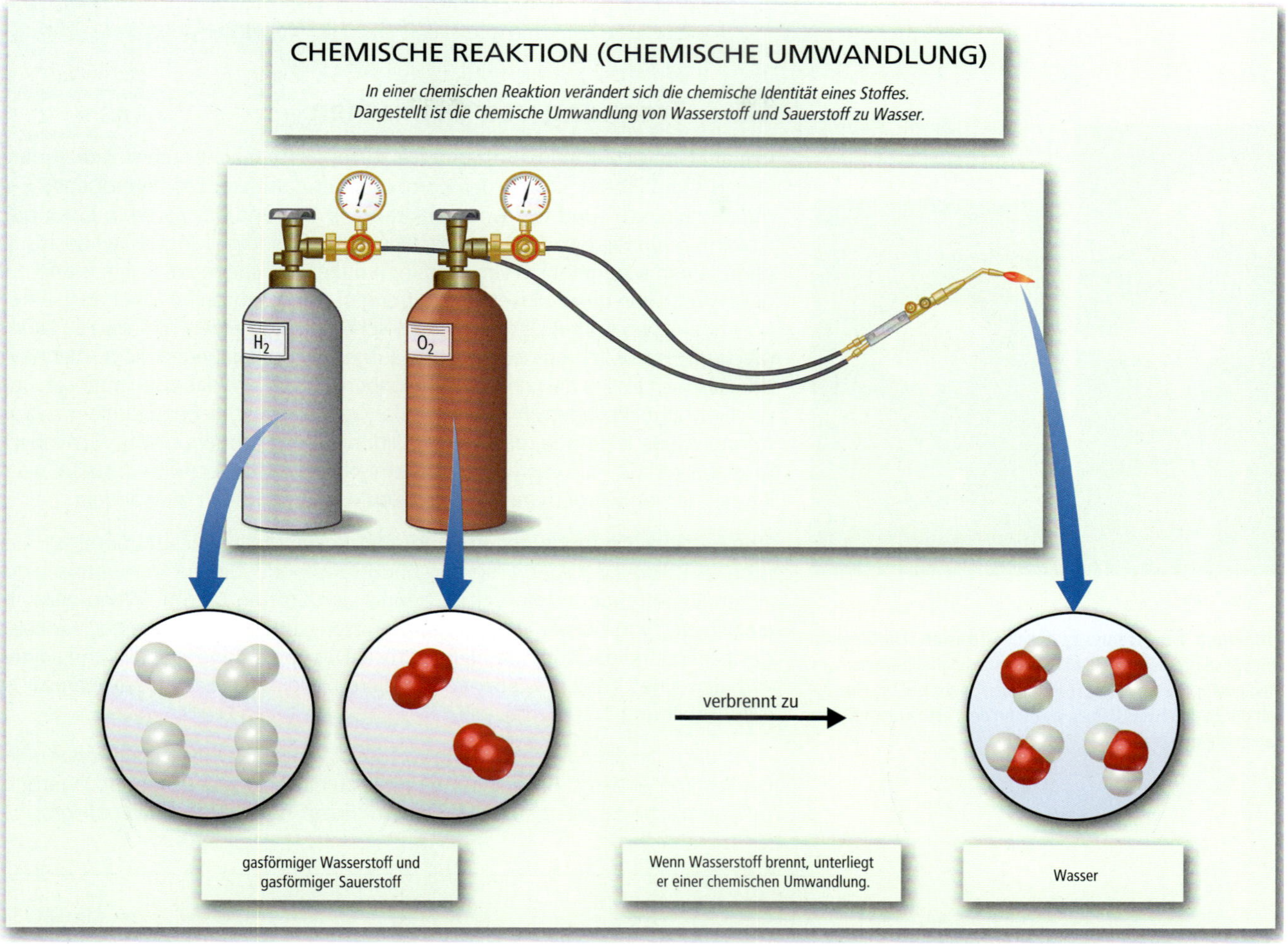

Abbildung 1.7: **Eine chemische Reaktion.**

Abbildung 1.8: Die chemische Reaktion zwischen einer Kupfermünze und Salpetersäure. Das Kupfer reagiert unter Bildung einer blaugrünen Lösung; das entstehende rötlichbraune Gas ist Stickstoffdioxid.

Weise, solch bemerkenswerte Reaktionen kennen zu lernen, besteht darin, selber im Labor zu experimentieren und die Wirkungen mit eigenen Augen zu beobachten.

(a) (b)

Abbildung 1.9: Trennung durch Filtration. Ein Gemisch eines Festkörpers und einer Flüssigkeit wird durch ein poröses Medium (in diesem Fall ein Filterpapier) gegossen. Die Flüssigkeit dringt durch das Papier, während der Festkörper auf dem Papier hängen bleibt.

1.5 Trennung von Gemischen

Um ein Gemisch in seine Bestandteile zu zerlegen, macht man sich die unterschiedlichen Eigenschaften der Komponenten zunutze. Ein heterogenes Gemisch aus Eisen- und Goldspänen kann z. B. anhand der Farbe in Eisen und Gold getrennt werden. Eine andere, weniger aufwändige Möglichkeit bestünde darin, einen Magneten zu verwenden, um die Eisenspäne anzuziehen und auf diese Weise von den Goldspänen zu trennen. Wir könnten uns aber auch einen wichtigen chemischen Unterschied zwischen diesen beiden Metallen zu Nutze machen: Eisen wird von vielen Säuren aufgelöst, Gold dagegen nicht. Wenn wir das Gemisch also in die richtige Säure geben, würde sich das Eisen auflösen und das Gold zurückbleiben. Wir könnten das Gemisch anschließend durch *Filtration* trennen, eine Methode, die in ► Abbildung 1.9 beschrieben wird. Schließlich müssten wir mit Hilfe von weiteren chemischen Reaktionen, die wir später noch kennen lernen werden, das gelöste Eisen wieder in Metall umwandeln.

Eine wichtige Methode der Trennung der Bestandteile eines homogenen Gemisches ist die *Destillation*, eine Trennungsmethode, die auf den unterschiedlichen Siedetemperaturen der zu trennenden Stoffen beruht. Wenn wir z. B. eine Lösung von Wasser und Kochsalz erhitzen, verdampft das Wasser, wird also gasförmig, und das Kochsalz bleibt zurück. Das gasförmige Wasser kann an den Wänden eines Kühlers wieder kondensieren. Die entsprechende Apparatur ist in ► Abbildung 1.10 dargestellt.

Auch die unterschiedliche Neigung von Substanzen, an Oberflächen verschiedener Festkörper wie z. B. Papier und Stärke zu haften, kann ausgenutzt werden, um Gemische zu trennen. Auf diesem Prinzip beruht die *Chromatographie*

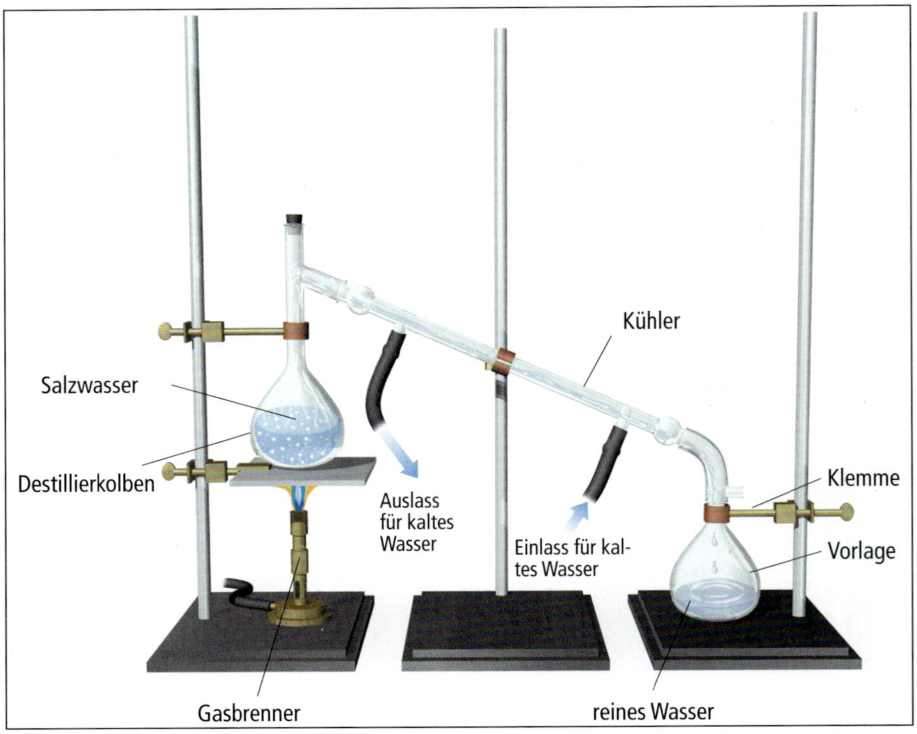

Abbildung 1.10: Destillation. Eine einfache Vorrichtung zur Trennung einer Natriumchloridlösung (Salzwasser) in ihre Bestandteile.

NÄHER HINGESCHAUT

Die wissenschaftliche Methodik

Obwohl zwei Wissenschaftler ein Problem selten auf genau die gleiche Weise angehen, gibt es Arbeitsweisen, an die man sich in der Wissenschaft halten sollte. Diese Arbeitsweisen werden **wissenschaftliche Methodik** genannt. Ein Überblick darüber ist in ► Abbildung 1.11 dargestellt. Zunächst werden durch Beobachtungen und in Experimenten *Daten* gesammelt. Die Ansammlung von Informationen ist jedoch nicht das eigentliche Ziel. Dieses besteht darin, ein Muster oder Regelmäßigkeiten in den Beobachtungen zu erkennen und zu verstehen, worauf diese beruhen.

Im Verlauf der Experimente kann es sein, dass wir Muster erkennen, die uns zu **Hypothesen** führen und zu weiteren Experimenten Anlass geben. Irgendwann können wir vielleicht eine große Anzahl Beobachtungen zu einer einzigen Aussage bzw. zu einem Gesetz zusammenfassen. *Ein* **wissenschaftliches Gesetz** *ist eine präzise verbale Aussage oder mathematische Gleichung, die eine signifikante Anzahl von Beobachtungen und Erfahrungen zusammenfasst.*

Eine **Theorie** *ist eine Erklärung für die allgemeinen Ursachen eines bestimmten Phänomens, die durch signifikante Nachweise und Fakten bestätigt wird.* Einsteins Relativitätstheorie z. B. hat das Verständnis von Raum und Zeit grundlegend revolutioniert. Sie ist jedoch mehr als eine reine Hypothese, weil mit ihrer Hilfe Ergebnisse wissenschaftlicher Experimente vorausgesagt werden konnten. Als diese Experimente durchgeführt wurden, stimmten ihre Ergebnisse mit den Vorhersagen der Relativitätstheorie überein, konnten mit früheren Theorien jedoch nicht erklärt werden. Die Gültigkeit der Theorie wurde bestätigt, jedoch nicht bewiesen. Es ist prinzipiell unmöglich, die Richtigkeit einer Theorie vollständig zu beweisen.

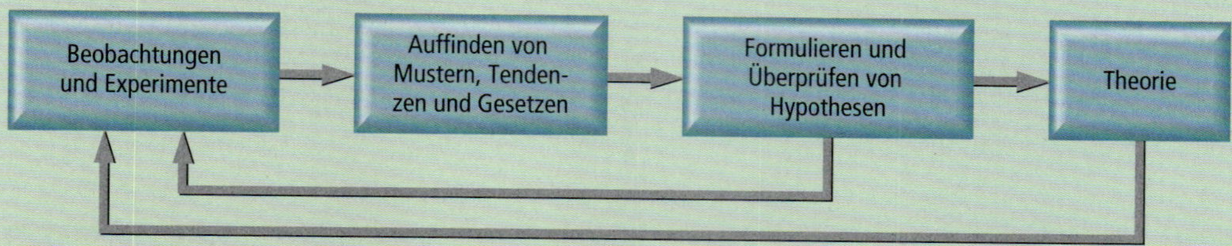

Abbildung 1.11: Die wissenschaftliche Methodik. Bei der wissenschaftlichen Methodik handelt es sich um einen allgemeinen Ansatz zur Problemlösung. Dieser umfasst Beobachtungen, das Suchen nach in den Beobachtungen auftretenden Gesetzmäßigkeiten, die Formulierung von Hypothesen zur Erklärung der Beobachtungen und das Überprüfen dieser Hypothesen anhand weiterer Experimente. Die Hypothesen, die den Überprüfungen standhalten und sich für die Erklärung und Voraussage des Verhaltens der Natur als nützlich erweisen, werden als Theorien bekannt.

(wörtlich übersetzt „das Farbenschreiben"), eine Technik, die schöne und eindrucksvolle Ergebnisse liefern kann. Ein Beispiel einer chromatographischen Trennung der Bestandteile von Tinte ist in ► Abbildung 1.12 dargestellt.

(a) (b) (c)

Abbildung 1.12: Mit Hilfe der Papierchromatographie kann Tinte in ihre Bestandteile getrennt werden. (a) Das Wasser beginnt, am Papier aufzusteigen. (b) Das Wasser bewegt sich am Tintenfleck vorbei und löst die verschiedenen Bestandteile der Tinte mit unterschiedlicher Geschwindigkeit. (c) Die Tinte wurde vom Wasser in ihre Bestandteile getrennt.

1.6 Maßeinheiten

Messungen werden in der Chemie mit Hilfe des **metrischen Systems** durchgeführt. Dabei kommt den **SI-Einheiten** eine besondere Bedeutung zu. Diese Einheiten basieren auf dem Meter, dem Kilogramm und der Sekunde als Basiseinheiten für die Länge, die Masse und die Zeit.

Viele Eigenschaften von Stoffen sind *quantitativ*, d. h. sie werden mit Hilfe von Zahlen ausgedrückt. Wenn eine Zahl eine gemessene Größe repräsentiert, muss immer auch eine Einheit mit angegeben werden. In wissenschaftlichen Messungen werden Größen in Einheiten des metrischen Systems angegeben. Das metrische System wurde erstmals Ende des 18. Jahrhunderts in Frankreich eingeführt und wird in den meisten Ländern der Welt als Maßsystem verwendet.

In einer 1960 getroffenen internationalen Vereinbarung wurde eine bestimmte Auswahl metrischer Einheiten für die Verwendung bei wissenschaftlichen Messungen festgelegt. Diese bevorzugten Einheiten werden SI-Einheiten genannt, nach dem französischen *Système International d'Unités.* Dieses System besteht aus sieben *Basiseinheiten*, aus denen alle anderen Einheiten abgeleitet werden können. In ► Tabelle 1.4 sind diese Basiseinheiten und ihre Symbole aufgeführt. In diesem Kapitel werden wir uns mit den Basiseinheiten für Länge, Masse und Temperatur beschäftigen.

Physikalische Größe	Name der Einheit	Abkürzung
Masse	Kilogramm	kg
Länge	Meter	m
Zeit	Sekunde	s*
Temperatur	Kelvin	K
Stoffmenge	Mol	mol
Elektrische Stromstärke	Ampere	A
Lichtintensität	Candela	cd

* Häufig wird auch die Abkürzung Sek. verwendet.

Tabelle 1.4: SI-Basiseinheiten.

Im metrischen System werden Präfixe verwendet, um Zehnerpotenzen der entsprechenden Einheit auszudrücken. Das Präfix *milli-* steht z. B. für einen 10^{-3} Bruchteil einer Einheit: Ein Milligramm (mg) sind 10^{-3} g, ein Millimeter (mm) sind 10^{-3} m und so weiter. In ► Tabelle 1.5 sind einige der in der Chemie häufig verwendeten Präfixe aufgeführt. Für die Verwendung von SI-Einheiten und die Lösung von Aufgaben in diesem Buch sollten Sie sich mit der exponentiellen Schreibweise von Zahlen vertraut machen.

Sobald in den folgenden Kapiteln erstmals von einer nicht zum SI-System gehörenden Einheit die Rede ist, wird die entsprechende SI-Einheit zusätzlich mit angegeben.

Präfix	Abkürzung	Bedeutung	Beispiel
Giga	G	10^9	1 Gigameter (Gm) = 1×10^9 m
Mega	M	10^6	1 Megameter (Mm) = 1×10^6 m
Kilo	k	10^3	1 Kilometer (km) = 1×10^3 m
Dezi	d	10^{-1}	1 Dezimeter (dm) = 0,1 m
Zenti	c	10^{-2}	1 Zentimeter (cm) = 0,01 m
Milli	m	10^{-3}	1 Millimeter (mm) = 0,001 m
Mikro	µ*	10^{-6}	1 Mikrometer (µm) = 1×10^{-6} m
Nano	n	10^{-9}	1 Nanometer (nm) = 1×10^{-9} m
Piko	p	10^{-12}	1 Pikometer (pm) = 1×10^{-12} m
Femto	f	10^{-15}	1 Femtometer (fm) = 1×10^{-15} m

* Es handelt sich um den griechischen Buchstaben mu (ausgesprochen „mü").

Tabelle 1.5: Ausgewählte Präfixe des metrischen Systems.

Länge und Masse

Die SI-Basiseinheit für die **Länge** ist das Meter (m). Die **Masse*** steht für die Menge des Materials, aus dem ein Gegenstand besteht. Die SI-Basiseinheit für die Masse ist das Kilogramm (kg). Das kg ist als Basiseinheit ein Sonderfall, weil statt des Worts *Gramm* allein das Präfix *kilo-* verwendet wird. Wir erhalten andere Einheiten für die Masse, indem wir das Wort *Gramm* mit anderen Präfixen kombinieren.

Temperatur

Die **Temperatur** steht für die Hitze oder Kälte eines Körpers. Sie ist eine physikalische Eigenschaft, die die Richtung des Wärmeflusses festlegt. Wärme fließt immer spontan von einem Körper mit höherer Temperatur zu einem Körper mit niedrigerer Temperatur. Aus diesem Grund spüren wir die Hitze, wenn wir einen heißen Gegenstand anfassen, und wir erkennen, dass der Gegenstand eine höhere Temperatur hat als unsere Hand.

Die in der Wissenschaft üblicherweise verwendeten Temperaturskalen sind die Celsius- und die Kelvin-Skala. Die **Celsius-Skala** wird in den meisten Ländern als die im Alltag übliche Temperaturskala verwendet (► Abbildung 1.13). Sie basierte ursprünglich auf den Festlegungen von 0 °C für den Schmelzpunkt und 100 °C für den Siedepunkt von Wasser auf Meereshöhe (► Abbildung 1.14).

Abbildung 1.13: Australische Briefmarke. In vielen Ländern wird wie auf dieser Briefmarke im täglichen Leben die Celsius-Temperaturskala verwendet.

Die **Kelvin-Skala** ist die SI-Temperaturskala und das Kelvin (K) ist die SI-Einheit für die Temperatur. Historisch basierte die Kelvin-Skala auf bestimmten Eigenschaften von Gasen. Auf der Kelvin-Skala entspricht null der niedrigsten Temperatur, –273,15 °C, die auch als *absoluter Nullpunkt* bezeichnet wird. Die Celsius- und Kelvin-Skala besitzen die gleiche Einheitengröße – d. h., ein Kelvin entspricht einem Grad Celsius. Zwischen den beiden Skalen gilt die folgende Beziehung:

$$K = °C + 273{,}15 \qquad (1.1)$$

* Masse und Gewicht bedeuten nicht das Gleiche, werden jedoch oft miteinander verwechselt. Das Gewicht eines Gegenstands beschreibt die Kraft, die seine Masse auf ihn aufgrund der Schwerkraft ausübt. Im Weltraum, in dem kaum Schwerkräfte herrschen, kann ein Astronaut zwar gewichtslos, aber niemals masselos sein. Die Masse, die ein Astronaut im Weltall hat, ist ohne relativistische Effekte die gleiche wie auf der Erde.

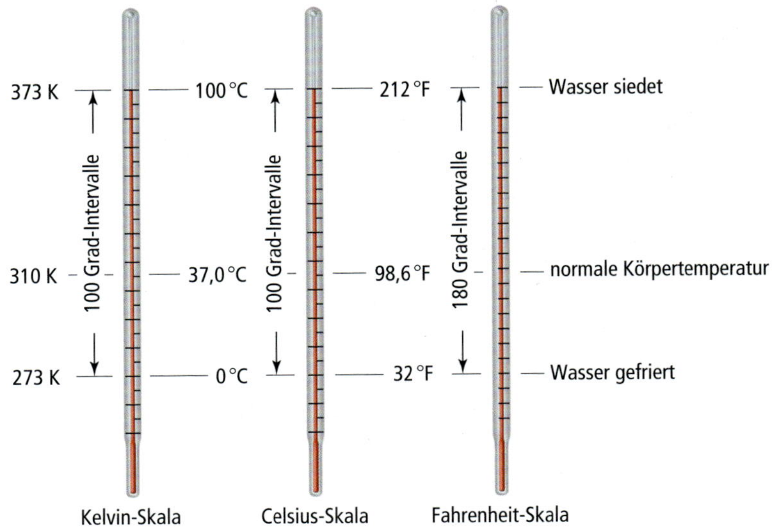

Abbildung 1.14: Vergleich der Kelvin-, Celsius- und Fahrenheit-Temperaturskalen. Auf jeder Skala sind der Schmelz- und Siedepunkt von Wasser sowie die normale menschliche Körpertemperatur eingezeichnet.

Der Schmelzpunkt von Wasser, 0 °C, entspricht 273,15 K (► Abbildung 1.14). Beachten Sie, dass bei Angaben von Temperaturen in Kelvin kein Gradzeichen (°) verwendet wird.

Die gebräuchliche Temperaturskala in den Vereinigten Staaten ist die *Fahrenheit-Skala*, die in wissenschaftlichen Studien üblicherweise nicht verwendet wird. Auf der Fahrenheit-Skala gefriert Wasser bei 32 °F und siedet bei 212 °F. Zwischen der Fahrenheit- und der Celsius-Skala gilt die folgende Beziehung:

$$°C = \frac{5}{9}(°F - 32) \text{ oder } °F = \frac{9}{5}(°C) + 32 \qquad (1.2)$$

A 2 **(a)** Welcher Bruchteil einer Sekunde entspricht einer Pikosekunde, ps? **(b)** Drücken Sie das Messergebnis 6,0 × 103 m aus, indem Sie statt der exponentiellen Schreibweise ein Präfix verwenden. **(c)** Verwenden Sie die exponentielle Schreibweise, um 3,76 mg in Gramm auszudrücken.

A 3 Ethylenglykol, der Hauptbestandteil von Frostschutzmittel, gefriert bei −11,5 °C. Wie hoch ist der Gefrierpunkt **(a)** in K, **(b)** in °F?

Übungsbeispiel 1.2: Verwendung von metrischen Präfixen (Lösung online)

Wie heißen die Einheiten, die **(a)** 10–9 Gramm, **(b)** 10–6 Sekunden, **(c)** 10–3 Meter entsprechen?

Übungsbeispiel 1.3: Umrechnung von Temperatureinheiten (Lösung online)

Wenn in der Wettervorhersage von einer Tageshöchsttemperatur von 31 °C gesprochen wird, wie hoch ist die vorhergesagte Temperatur **(a)** in K, **(b)** in °F?

Ableitung von SI-Einheiten

Aus den in ► Tabelle 1.4 angegebenen SI-Basiseinheiten können Einheiten für andere Größen abgeleitet werden. Zu diesem Zweck verwenden wir die Definitionsgleichung der Größe und setzen die entsprechenden Basiseinheiten ein. Geschwindigkeit wird z. B. als Verhältnis von zurückgelegter Strecke zu abgelaufener Zeit definiert. Die SI-Einheit für die Geschwindigkeit ergibt sich deshalb aus der SI-Einheit für die Strecke (Länge) geteilt durch die SI-Einheit für Zeit, also m/s, was ausgesprochen „Meter pro Sekunde" heißt. Uns werden im Verlauf der folgenden Kapitel viele abgeleitete Einheiten begegnen, z. B. für die Kraft, den Druck und die Energie. In diesem Kapitel beschäftigen wir uns mit den abgeleiteten Einheiten für Volumen und Dichte.

Volumen

Das *Volumen* eines Würfels wird durch seine Seitenlänge bestimmt (Seitenlänge³). Die SI-Einheit des Volumens ist also gleich der SI-Einheit der Länge hoch drei. Ein Kubikmeter, oder m^3, ist das Volumen eines Würfels mit einer Seitenlänge von 1 m. In der Chemie werden häufig kleinere Einheiten wie Kubikzentimeter, cm^3 (manchmal auch ccm geschrieben), verwendet. Eine weitere in der Chemie häufig verwendete Einheit für das Volumen ist der *Liter* (l). Ein Liter entspricht einem Kubikdezimeter, dm^3, und ist ein etwas größeres Volumen als ein Quart. Der Liter ist die erste von uns betrachtete metrische Einheit, die *keine* SI-Einheit ist. Ein Liter besteht aus 1000 Millilitern (ml) (▶ Abbildung 1.15) und ein Milliliter entspricht einem Kubikzentimeter: 1 ml = 1 cm^3. Die Ausdrücke *Milliliter* und *Kubikzentimeter* stehen für ein und dasselbe Volumen.

Die in der Chemie am häufigsten zur Volumenmessung eingesetzten Geräte sind in ▶ Abbildung 1.16 dargestellt. Mit Hilfe von Spritzen, Büretten und Pipetten lassen sich Flüssigkeiten präziser messen als mit Messzylindern. Messkolben werden zur Abmessung eines bestimmten Volumens einer Flüssigkeit verwendet.

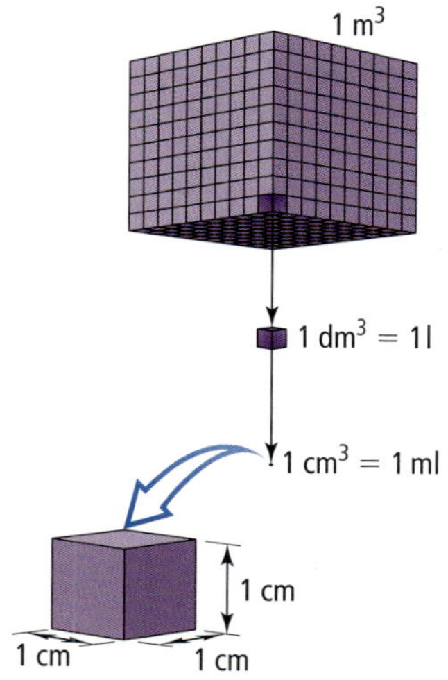

Abbildung 1.15: Umrechnungen von Volumenangaben. Das von einem Würfel mit 1 m Seitenlänge eingenommene Volumen beträgt ein Kubikmeter, 1 m^3 (oben). Ein Kubikmeter enthält 1000 dm^3 (Mitte). Ein Liter hat dasselbe Volumen wie ein Kubikdezimeter, 1 l = 1 dm^3. Ein Kubikdezimeter enthält 1000 Kubikzentimeter, 1 dm^3 = 1000 cm^3. Ein Kubikzentimeter entspricht einem Milliliter, 1 cm^3 = 1 ml (unten).

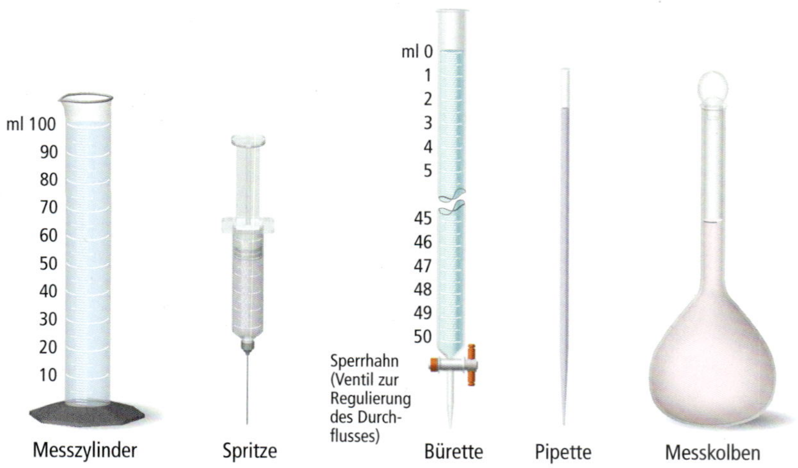

Abbildung 1.16: Häufig verwendete volumetrische Glasgeräte.

Dichte

Die **Dichte** ist eine Stoffeigenschaft, die häufig zur Charakterisierung von Substanzen herangezogen wird. Sie ist definiert als die Masse pro Volumen des Stoffes:

$$\text{Dichte} = \frac{\text{Masse}}{\text{Volumen}} \tag{1.3}$$

Die Dichten von Festkörpern und Flüssigkeiten werden für gewöhnlich in der Einheit Gramm pro Kubikzentimeter (g /cm^3) bzw. Gramm pro Milliliter ausgedrückt (g/ml). Die Dichten einiger häufig vorkommender Stoffe sind in ▶ Tabelle 1.6 aufgeführt. Es ist kein Zufall, dass die Dichte von Wasser gleich 1,00 g/ml ist; das Gramm wurde ursprünglich als die Masse von 1 ml Wasser bei einer bestimmten Temperatur definiert. Das Volumen der meisten Substanzen ändert sich bei einer Erwärmung oder Abkühlung der Substanz, so dass Dichten temperaturabhängig sind. Bei der Angabe einer Dichte sollte also die Bezugstemperatur mit angegeben werden. Wenn keine Temperatur angegeben ist, gehen wir normalerweise von einer Temperatur von 25 °C aus, die nahe bei der Zimmertemperatur liegt.

Substanz	Dichte (g/cm^3)
Luft	0,001
Balsaholz	0,16
Ethanol	0,79
Wasser	1,00
Ethylenglykol	1,09
Speisezucker	1,59
Speisesalz	2,16
Eisen	7,9
Gold	19,32

Tabelle 1.6: Dichten ausgewählter Substanzen bei 25 °C.

Übungsbeispiel 1.4: Die Bestimmung der Dichte und ihre Verwendung zur Bestimmung von Volumen und Masse (Lösung online)

(a) Welche Dichte hat Quecksilber, wenn 1,00 × 102 g Quecksilber ein Volumen von 7,36 cm^3 einnehmen?

(b) Berechnen Sie das Volumen von 65,0 g flüssigem Methanol (Holzgeist). Flüssiges Methanol hat eine Dichte von 0,791 g/ml.

(c) Welche Masse (in Gramm) hat ein Goldwürfel (Dichte=19,32 g/cm^3) mit einer Seitenlänge von 2,00 cm?

A 4 **(a)** Berechnen Sie die Dichte von 374,5 g Kupfer, wenn diese Masse ein Volumen von 41,8 cm^3 einnimmt.

(b) Ein Student benötigt für ein Experiment 15,0 g Ethanol. Wie viele Milliliter Ethanol muss er abmessen, wenn die Dichte von Ethanol 0,789 g/ml beträgt?

(c) Welche Masse (in Gramm) haben 25,0 ml Quecksilber (Dichte=13,6 g/ml)?

1.7 Messunsicherheiten

Jeder Messwert ist mit einer gewissen Unsicherheit behaftet. Die **Präzision** einer Messung drückt aus, wie nah verschiedene Messungen einer Größe aneinander liegen. Die **Genauigkeit** einer Messung beschreibt, wie gut eine Messung mit dem akzeptierten oder „wahren" Wert übereinstimmt. Die **signifikanten Stellen** einer gemessenen Größe beinhalten eine abgeschätzte Stelle, die letzte angegebene Stelle des Messwerts. Die signifikanten Stellen geben das Ausmaß der Unsicherheit der Messung an. Es gibt bestimmte Regeln, um für eine Berechnung, die mit Messgrößen durchgeführt wird, die korrekte Anzahl signifikanter Stellen zu bestimmen.

Jedes Messgerät weist eine inhärente Begrenzung (Fehler der Messeinrichtung) auf und auch Menschen führen Messungen auf verschiedene Art und Weise durch (menschliche Fehler). Nehmen Sie einmal an, die Masse eines 10-Cent-Stücks sollte von 10 Studenten bestimmt werden, die über 10 Waagen verfügen. Die zehn Messungen werden wahrscheinlich aus dem einen oder anderen Grund leicht voneinander abweichen. Die Waagen könnten eventuell leicht unterschiedlich kalibriert sein oder die Studenten könnten die Waagen auf leicht unterschiedliche Art und Weise ablesen. Merken Sie sich deshalb: *Messwerte sind immer mit Unsicherheiten behaftet.*

Präzision und Genauigkeit

Bei der Betrachtung von Messunsicherheiten ist häufig von den Begriffen Präzision und Genauigkeit die Rede. Die **Präzision** ist ein Maß dafür, wie gut verschiedene Messungen miteinander übereinstimmen. Mit Hilfe der **Genauigkeit** wird ausgedrückt, wie nah einzelne Messungen am korrekten oder „wahren" Wert liegen. Anhand der in ► Abbildung 1.17 dargestellten Analogie zu einem Dartspiel wird der Unterschied dieser beiden Begriffe deutlich.

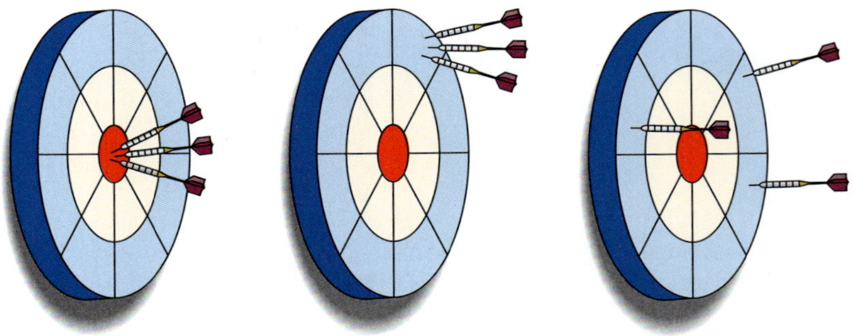

Abbildung 1.17: Präzision und Genauigkeit. Durch die Verteilung der Dart-Pfeile auf der Scheibe wird der Unterschied zwischen Genauigkeit und Präzision deutlich.

Im Labor führen wir häufig viele verschiedene „Versuche" desselben Experiments durch. Wir gewinnen Vertrauen in die Genauigkeit unserer Messungen, wenn wir stets nahezu den gleichen Wert erhalten. Die Abbildung 1.17 sollte uns jedoch bewusst machen, dass auch präzise Messungen ungenau sein können. Wenn eine sehr empfindliche Waage z. B. schlecht kalibriert ist, werden die mit dieser Waage gemessenen Werte stets entweder zu hoch oder zu niedrig sein. Die Messungen sind ungenau, obwohl sie sehr präzise sind.

Signifikante Stellen

Nehmen Sie an, Sie wollen die Masse eines 10-Cent-Stücks mit einer Waage bestimmen, die auf 0,0001 g genau misst. Sie könnten die Masse als 2,2405 ±

0,0001 g angeben. Mit Hilfe dieser Schreibweise ± (sprich: plusminus) lässt sich die Messunsicherheit der Messung ausdrücken. In vielen wissenschaftlichen Arbeiten wird die ± Angabe der Messunsicherheit jedoch weggelassen. Es wird stattdessen davon ausgegangen, dass die letzte angegebene Stelle der gemessenen Größe mit einer Unsicherheit behaftet ist. Das bedeutet, dass *gemessene Größen grundsätzlich so angegeben werden, dass nur die letzte Stelle mit einer Unsicherheit behaftet ist.*

In ► Abbildung 1.18 ist ein Thermometer dargestellt, auf dem die Temperatur anhand von Skalenmarkierungen mit Hilfe einer Flüssigkeitssäule abgelesen werden kann. Wir können die bestimmten Stellen der Messgröße von der Skala ablesen und die unbestimmten Stellen abschätzen. Anhand der Skalenmarkierung des Thermometers erkennen wir, dass die Flüssigkeit sich zwischen den Markierungen 25 °C und 30 °C befindet. Wir können abschätzen, dass die Temperatur ungefähr 27 °C beträgt, wobei die zweite Stelle unserer Messung mit einer gewissen Unsicherheit behaftet ist.

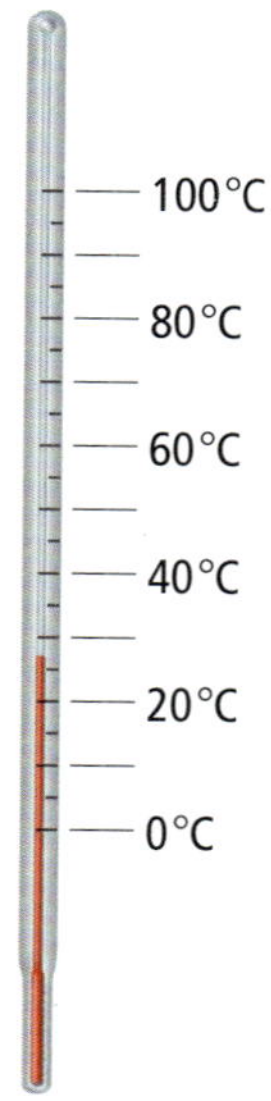

Abbildung 1.18: Signifikante Stellen von Messwerten. Das Thermometer weist alle 5 °C eine Markierung auf. Die Temperatur liegt zwischen 25 °C und 30 °C und beträgt ungefähr 27 °C. Die zwei signifikanten Stellen der Messung schließen die zweite Stelle ein, die durch eine Abschätzung der Position der Flüssigkeitssäule zwischen den beiden Skalenmarkierungen bestimmt wird.

Alle angegebenen Stellen einer Messgröße, einschließlich der unsicheren Stelle, werden **signifikante Stellen** genannt. Eine gemessene Masse, die mit 2,2 g angegeben wird, hat zwei signifikante Stellen, während eine Masse, die mit 2,2405 g angegeben wird, fünf signifikante Stellen hat. Je größer die Anzahl der signifikanten Stellen ist, desto größer ist die mit der Messung verbundene Sicherheit. Wenn mehrere Messungen derselben Größe vorgenommen werden, kann ein Durchschnittswert berechnet und die Anzahl der signifikanten Stellen mit Hilfe statistischer Methoden ermittelt werden.

Um die Anzahl der signifikanten Stellen einer angegebenen Messung zu ermitteln, lesen Sie die Zahl von links nach rechts und zählen die Ziffern, wobei Sie mit der ersten Ziffer beginnen, die von null verschieden ist. *Bei allen richtig angegebenen Messungen sind alle von null verschiedenen Stellen signifikant.* Nullen können jedoch entweder Teil des gemessenen Werts sein oder lediglich zur Angabe des Dezimalkommas dienen. Aus diesem Grund können angegebene Nullen signifikant sein oder nicht, je nach dem, an welcher Stelle sie in der Zahl vorkommen. Die folgenden Regeln beschreiben, an welchen Stellen Nullen vorkommen können:

1 Nullen, die *sich zwischen von null verschiedenen Stellen befinden,* sind immer signifikant – 1005 kg (vier signifikante Stellen); 1,03 cm (drei signifikante Stellen).

2 Nullen, die *zu Beginn einer Zahl stehen,* sind nie signifikant. Sie zeigen lediglich die Position des Dezimalkommas an – 0,02 g (eine signifikante Stelle), 0,0026 cm (zwei signifikante Stellen).

3 Nullen, die *am Ende einer Zahl stehen*, sind signifikant, wenn die Zahl ein Dezimalkomma aufweist – 0,0200 g (drei signifikante Stellen); 3,0 cm (zwei signifikante Stellen).

Ein Problem gibt es bei Zahlen, die mit Nullen enden, in denen aber kein Dezimalkomma vorkommt. In solchen Fällen geht man normalerweise davon aus, dass die Nullen nicht signifikant sind. Die exponentielle Schreibweise kann verwendet werden, um eindeutig anzugeben, ob Nullen am Ende einer Zahl signifikant sind oder nicht. Eine Masse von 10.300 g kann z. B. je nach Messung in exponentieller Schreibweise mit drei, vier oder fünf signifikanten Stellen geschrieben werden:

$1{,}03 \times 10^4$ g (drei signifikante Stellen)
$1{,}030 \times 10^4$ g (vier signifikante Stellen)
$1{,}0300 \times 10^4$ g (fünf signifikante Stellen)

Bei diesen Zahlen sind alle rechts neben dem Dezimalkomma stehenden Nullen signifikant (Regeln 1 und 3). (Der Exponent trägt nicht zur Anzahl der signifikanten Stellen bei.)

Übungsbeispiel 1.5: Der Zusammenhang zwischen den signifikanten Stellen und der Messunsicherheit einer Messung (Lösung online)

Welcher Unterschied besteht zwischen den zwei gemessenen Größen 4,0 g und 4,00 g?

A 5 Eine Waage habe eine Präzision von ± 0,001 g. Eine Probe mit einer Masse von ungefähr 25 g soll mit dieser Waage gewogen werden. Wie viele signifikante Stellen sollten bei der Messung angegeben werden?

Signifikante Stellen in Berechnungen

Wenn mit gemessenen Größen Berechnungen angestellt werden, wird *die Messunsicherheit der berechneten Größe durch die Messung mit der höchsten Messunsicherheit bestimmt. Aus dieser ergeben sich auch die signifikanten Stellen des endgültigen Ergebnisses.* Für das Endergebnis sollte nur eine unsichere Stelle angegeben werden. Um signifikante Stellen durch Berechnungen hindurch verfolgen zu können, verwenden wir zwei verschiedene Regeln, eine für die Multiplikation und Division und eine weitere für die Addition und Subtraktion.

1 Bei der *Multiplikation und Division* von gemessenen Größen gilt, dass das Ergebnis die gleiche Anzahl signifikanter Stellen hat wie die Messung mit den wenigsten signifikanten Stellen. Sollte das Ergebnis mehr als die korrekte Anzahl signifikanter Stellen aufweisen, muss es gerundet werden. Die Fläche eines Rechtecks, dessen gemessene Seitenlängen 6,221 cm und 5,2 cm betragen, sollte mit 32 cm^2 angegeben werden, selbst wenn bei der Berechnung mit einem Taschenrechner ein Produkt angezeigt wird, das weitere Stellen hat:

$$\text{Fläche} = (6{,}221\ \text{cm})\,(5{,}2\ \text{cm}) = 32{,}3492\ \text{cm}^2 \Rightarrow \text{gerundet } 32\ \text{cm}^2$$

Wir runden auf zwei signifikante Stellen, weil die ungenauste Zahl – 5,2 cm – zwei signifikante Stellen hat.

2 Bei der *Addition und Subtraktion* von Messgrößen gilt, dass das Ergebnis die gleiche Anzahl Dezimalstellen hat wie die Messgröße mit den wenigsten Dezimalstellen. Betrachten Sie das folgende Beispiel, in dem die unsicheren Stellen farbig dargestellt sind:

Diese Zahl beschränkt	20,42	← zwei Dezimalstellen
die Anzahl der signifikanten	1,322	← drei Dezimalstellen
Stellen des Ergebnisses ⟶	83,1	← eine Dezimalstelle
	104,842	← auf 104,8 runden (eine Dezimalstelle)

Wir geben das Ergebnis mit 104,8 an, weil 83,1 nur eine Dezimalstelle hat.

Beachten Sie, dass bei der Multiplikation und Division die signifikanten Stellen und bei der Addition und Subtraktion die Dezimalstellen gezählt werden. Bei der Bestimmung des Endergebnisses einer berechneten Größe werden exakte Zahlen so behandelt, als hätten sie unendlich viele signifikante Stellen. Diese Regel trifft auf viele Definitionen von Einheiten zu. Bei der Angabe, ein Fuß bestehe aus 12 Zoll, ist die Zahl 12 exakt und wir brauchen uns über die Anzahl der signifikanten Stellen keine Gedanken zu machen.

Beim *Runden von Zahlen* betrachten Sie die am weitesten links stehende Ziffer, die noch wegfallen soll:

- Wenn diese Ziffer kleiner als 5 ist, bleibt die vorstehende Ziffer unverändert. Wenn 7,248 auf zwei signifikante Stellen gerundet wird, ergibt sich also die Zahl 7,2.
- Wenn diese Ziffer gleich 5 oder größer ist, wird die vorstehende Ziffer um 1 erhöht. Wenn 4,735 also auf drei signifikante Stellen gerundet wird, erhält man 4,74, beim Runden von 2,376 auf zwei signifikante Stellen erhält man 2,4.*

Übungsbeispiel 1.6: Bestimmen Sie die Anzahl der signifikanten Stellen einer Messung (Lösung online)

Wie viele signifikante Stellen haben die folgenden Zahlen (gehen Sie davon aus, dass es sich bei den Zahlen um Messgrößen handelt): **(a)** 4,003; **(b)** $6{,}023 \times 10^{23}$; **(c)** 5000?

A 6 Wie viele signifikante Stellen haben die folgenden Messgrößen: **(a)** 3,549 g; **(b)** $2{,}3 \times 10^4$ cm; **(c)** 0,00134 m^3?

Übungsbeispiel 1.7: Bestimmen Sie die Anzahl der signifikanten Stellen einer berechneten Größe (Lösung online)

Die Breite, Länge und Höhe einer kleinen Schachtel betragen 15,5 cm, 27,3 cm und 5,4 cm. Berechnen Sie das Volumen der Schachtel und geben Sie bei Ihrer Antwort die korrekte Anzahl signifikanter Stellen an.

Übungsbeispiel 1.8: Bestimmen Sie die Anzahl der signifikanten Stellen einer berechneten Größe (Lösung online)

Ein Gas befindet sich bei 25 °C in einen Behälter mit einem Volumen von $1{,}05 \times 10^3$ cm^3. Behälter und Gas haben zusammen eine Masse von 837,6 g. Der Behälter hat ohne Gas eine Masse von 836,2 g. Wie groß ist die Dichte des Gases bei 25 °C?

A 7 Ein Sprinter benötigt für 100,00 m 10,5 s. Berechnen Sie die Durchschnittsgeschwindigkeit des Sprinters in Meter pro Sekunde und geben Sie dabei die korrekte Anzahl signifikanter Stellen an.

A 8 Mit wie vielen signifikanten Stellen müsste man in Übungsbeispiel 1.8 die Masse des Behälters messen (mit und ohne Gas), um die Dichte mit drei signifikanten Stellen angeben zu können?

* Für den Fall, dass die am weitesten links stehende zu entfernende Ziffer exakt gleich 5 ist und auf diese Ziffer keine weiteren von null verschiedenen Stellen mehr folgen, besteht eine gängige Vorgehensweise darin, die vorstehende Ziffer aufzurunden, wenn sich dadurch eine gerade Ziffer ergeben würde, und im anderen Fall abzurunden. 4,7350 würde also zu 4,74 gerundet und 4,7450 ebenfalls.

Behalten Sie, wenn eine Berechnung in zwei oder mehr Schritten durchgeführt wird, beim Notieren von Zwischenergebnissen zumindest eine zusätzliche Stelle hinter der letzten signifikanten Stelle für Endergebnisse bei. Durch diese Vorgehensweise wird sichergestellt, dass das Endergebnis nicht durch akkumulierte Rundungsfehler beeinträchtigt wird. Wenn Sie einen Taschenrechner verwenden, können Sie die Zahlen nacheinander eingeben und nur das Endergebnis runden. Akkumulierte Rundungsfehler können bei den im Text angegebenen Rechenaufgaben die Ursache von geringfügigen Unterschieden zwischen Ihren Ergebnissen und den angegebenen Lösungen sein.

1.8 Dimensionsanalyse

Mit Hilfe der **Dimensionsanalyse** sind wir in der Lage, Einheiten durch die Rechnung hindurch zu verfolgen. Die Einheiten werden wie algebraische Größen miteinander multipliziert, dividiert oder „gekürzt". Die richtige Einheit des Endergebnisses ist ein wichtiger Hinweis darauf, ob die Berechnung korrekt durchgeführt wurde. Für die Umrechnung von Einheiten und bei der Lösung vieler anderer Aufgaben können **Umrechnungsfaktoren** verwendet werden. Diese Faktoren sind Verhältnisse, die aus Beziehungen zwischen zwei äquivalenten Größen gebildet werden.

Übungsbeispiel 1.9: Umrechnung von Einheiten (Lösung online)

Wenn eine Frau 115 lb wiegt, wie groß ist dann ihre Masse in Gramm? Verwenden Sie die im Einband angegebenen Beziehungen zwischen den Einheiten.

Übungsbeispiel 1.10: Umrechnung von Volumeneinheiten (Lösung online)

Die Ozeane der Welt enthalten etwa $1{,}36 \times 10^9$ km^3 Wasser. Rechnen Sie dieses Volumen in Liter um.

A 9 Ermitteln Sie mit Hilfe eines im hinteren Einband angegebenen Umrechnungsfaktors die Länge eines 500,0-Meilen-Autorennens in Kilometern.

A 10 Wie groß ist das Volumen eines Objekts mit einem Volumen von 5,0 ft^3 in Kubikmetern?

Atome, Moleküle und Ionen

2

ÜBERBLICK

Abbildung 2.1: John Dalton (1766–1844). Dalton war der Sohn eines armen englischen Webers. Im Alter von 12 Jahren begann er zu unterrichten. Er verbrachte die meisten Jahre seines Lebens in Manchester, wo er sowohl am Gymnasium als auch an der Hochschule unterrichtete. Sein lebenslanges Interesse an der Meteorologie führte ihn zum Studium der Gase, von dort zur Chemie und schließlich zur Atomtheorie.

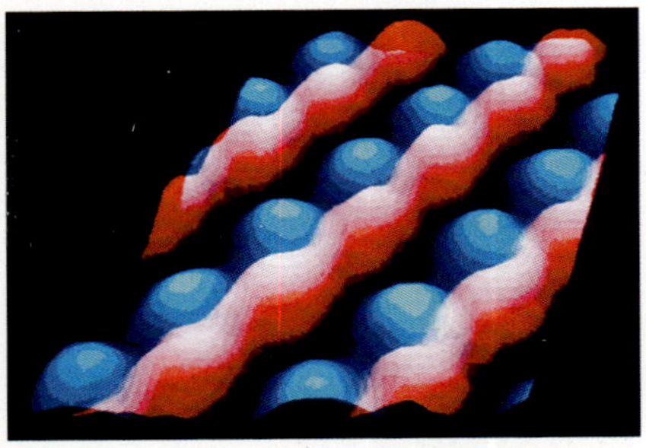

Abbildung 2.2: Bild der Oberfläche des Halbleiters GaAs (Galliumarsenid). Dieses Bild wurde mit einer Technik aufgenommen, die **Rastertunnelmikroskopie** genannt wird. Die Atome wurden mit Hilfe eines Computerprogramms farbig dargestellt, um die Galliumatome (blaue Kugeln) von den Arsenatomen (rote Kugeln) unterscheiden zu können.

2.1 Die Atomtheorie

Die Atomtheorie wurde 1803–1807 mit den Arbeiten John Daltons (► Abbildung 2.1) begründet. Daltons Atomtheorie stützt sich auf die folgenden Postulate:

1. Jedes Element besteht aus sehr kleinen, massiven unteilbaren Teilchen, die Atome genannt werden.
2. Alle Atome eines Elements haben die gleiche Masse und die gleichen Eigenschaften. Die Atome eines bestimmten Elements unterscheiden sich jedoch von denen aller anderen Elemente.
3. Atome eines Elements werden in chemischen Reaktionen nicht in die Atome eines anderen Elements umgewandelt. Atome werden in chemischen Reaktionen weder neu geschaffen noch zerstört.
4. Verbindungen entstehen, wenn Atome verschiedener Elemente miteinander kombiniert werden. Eine bestimmte Verbindung besteht immer aus der gleichen relativen Anzahl derselben Atomsorten.

Gemäß der Atomtheorie Daltons bilden **Atome** die kleinsten Teilchen eines Elements, in denen die chemische Identität des Elements bewahrt bleibt. Die Postulate der Theorie Daltons sagen aus, dass ein Element nur aus einer Atomsorte besteht, während eine Verbindung Atome verschiedener Elemente enthält.

2.2 Die Entdeckung der Atomstruktur

Heute stehen uns leistungsstarke Instrumente zur Verfügung, mit deren Hilfe wir die Eigenschaften einzelner Atome messen und sogar Bilder von Atomen aufnehmen können (► Abbildung 2.2).

Als Wissenschaftler begannen, Methoden für eine detailliertere Untersuchung, also der vermeintlich unteilbaren Atome zu entwickeln, offenbarte sich ihnen eine noch komplexere Struktur. Wir wissen heute, dass Atome aus **subatomaren Teilchen** zusammengesetzt sind: Den geladenen Elementarteilchen, den Elektronen ((–)Ladung) und den Protonen ((+)Ladung), sowie den neutralen Elementarteilchen, den Protonen.

Kathodenstrahlen und Elektronen

In der Mitte des 19. Jahrhunderts begannen Wissenschaftler damit, in teilevakuierten Röhren (Röhren, aus denen nahezu alle Luft gepumpt wurde, ► Abbildung 2.3) elektrische Entladungen zu untersuchen. Mit Hilfe einer angelegten

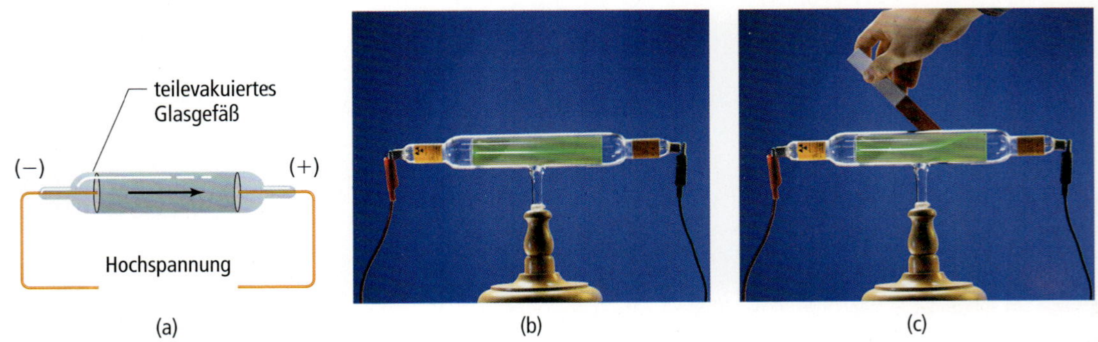

Abbildung 2.3: Kathodenstrahlröhre. (a) In einer Kathodenstrahlröhre bewegen sich die Elektronen von der negativen Elektrode (Kathode) zur positiven Elektrode (Anode). (b) Foto einer Kathodenstrahlröhre mit einem fluoreszierenden Schirm, mit dem der Weg des Kathodenstrahls nachvollzogen werden kann. (c) Der Weg des Kathodenstrahls wird durch einen Magneten abgelenkt.

Hochspannung wurde dazu innerhalb der Röhre Strahlung erzeugt. Diese Strahlung wird **Kathodenstrahlung** genannt, weil sie ihren Ursprung in der negativen Elektrode (der Kathode) hat. Der britische Wissenschaftler J. J. Thomson beobachtete viele Eigenschaften der Strahlen. In einer 1897 erschienenen Veröffentlichung kam Thomson zu dem Ergebnis, dass es sich bei den Kathodenstrahlen um einen Strom negativ geladener Teilchen handeln musste. Die Veröffentlichung Thomsons wird allgemein als „Entdeckung" des Teilchens angesehen, das später als **Elektron** bekannt wurde.

Thomson konstruierte für seine Experimente eine Kathodenstrahlröhre, die an einer Seite mit einem fluoreszierenden Schirm versehen war (► Abbildung 2.4). Mit Hilfe dieser Vorrichtung konnte er die Effekte elektrischer und magnetischer Felder, die auf den durch eine kleine Öffnung in der positiv geladenen Elektrode austretenden Elektronenstrom wirkten, quantitativ messen. Diese Messungen erlaubten ihm, einen **Wert für das Verhältnis der elektrischen Ladung des Elektrons zu seiner Masse von 1,76 × 10^8 Coulomb* pro Gramm zu berechnen**.

Mit Hilfe des Ladung-zu-Masse-Verhältnisses des Elektrons war es anschließend möglich, sobald man entweder die Ladung oder die Masse des Elektrons in einem weiteren Experiment messen konnte, den Wert der jeweils anderen Größe abzuleiten. **1909 gelang es Robert Millikan (1868–1953) von der Universität Chicago**, die Ladung eines Elektrons in einer Reihe von Versuchen zu messen, die in ► Abbildung 2.5 beschrieben sind. Er war anschließend mit Hilfe des experimentellen Werts für die Ladung 1,60 × 10^{-19} C sowie des Ladung-zu-Masse-Verhältnisses 1,76 × 10^8 C/g in der Lage, die Masse des Elektrons zu berechnen.

$$\text{Elektronenmasse} = \frac{1{,}60 \times 10^{-19}\ \text{C}}{1{,}76 \times 10^{8}\ \text{C/g}} = 9{,}10 \times 10^{-28}\ \text{g}$$

Dieses Ergebnis stimmt gut mit dem heute akzeptierten Wert der Elektronenmasse 9,10938 × 10^{-28}g überein. Die Masse des Elektrons ist etwa 2000-mal kleiner als die Masse von einem Wasserstoffatom.

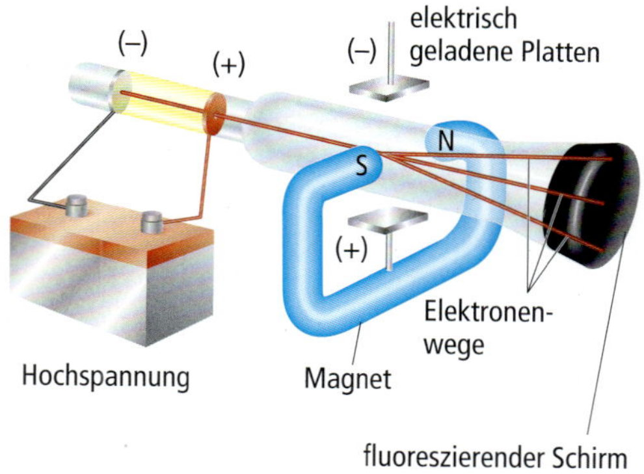

Abbildung 2.4: Kathodenstrahlröhre mit senkrecht zueinander stehendem magnetischen und elektrischen Feld. Die Kathodenstrahlen (Elektronen) entstehen an der negativen Platte auf der linken Seite und werden zur positiven Platte hin beschleunigt. Diese Platte hat in der Mitte eine Aussparung, die von einem Strahl aus Elektronen passiert wird, der anschließend von einem magnetischen und einem elektrischen Feld abgelenkt wird. Die drei dargestellten Wege ergeben sich aus verschiedenen Stärken des magnetischen und des elektrischen Felds. Das Ladung-zu-Masse-Verhältnis des Elektrons kann bestimmt werden, indem die Auswirkungen des magnetischen und elektrischen Felds auf die Richtung des Strahls untersucht werden.

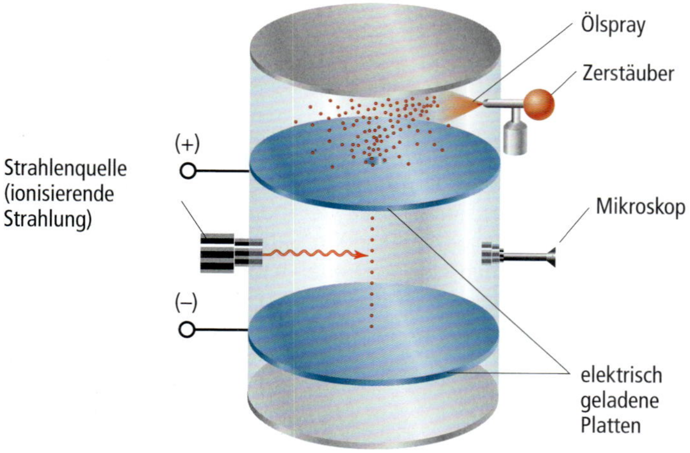

Abbildung 2.5: Millikans Öltröpfchenexperiment. Darstellung der Vorrichtung, die Millikan zur **Messung der Elektronenladung** verwendet hat. Millikan ließ kleine Öltröpfchen, die zusätzliche Elektronen aufgenommen hatten, zwischen zwei elektrisch geladenen Platten absinken. Er untersuchte den Zusammenhang zwischen der an den Platten anliegenden Spannung und der Sinkgeschwindigkeit der Tröpfchen. Mit Hilfe dieser Daten berechnete er die Ladungen der Tröpfchen. Sein Experiment zeigte, dass die Ladungen immer ganzzahlige Vielfache einer bestimmten Ladung waren. Millikan schloss daraus, dass es sich bei dieser Ladung (**1,602 × 10^{-19} C**) **um die Ladung eines einzelnen Elektrons handeln** musste.

EXTRAS ONLINE Millikans Öltröpfchenexperiment (Video)

* Coulomb – SI-Maßeinheit für die elektrische Ladung.

Abbildung 2.6: Marie Sklodowska Curie (1867–1934). Als M. Curie ihre Doktorarbeit einreichte, wurde diese als größte Einzelleistung im Rahmen einer Doktorarbeit in der Geschichte der Wissenschaft angesehen. Unter anderem wurden die bis dahin unbekannten Elemente Polonium und Radium entdeckt. Henri Becquerel, M. Curie und ihrem Ehemann Pierre wurde 1903 gemeinsam der Nobelpreis für Physik verliehen. 1911 erhielt M. Curie ihren zweiten Nobelpreis, dieses Mal für Chemie.

Radioaktivität

Als der französische Wissenschaftler Henri Becquerel (1852–1908) 1896 eine Uran-Verbindung untersuchte, entdeckte er, dass diese spontan Strahlung hoher Energie emittierte. Diese spontane Emission von Strahlung wird **Radioaktivität** genannt. Auf seinen Vorschlag hin begannen Marie Curie (► Abbildung 2.6) und ihr Ehemann Pierre Experimente mit dem Ziel, die radioaktiven Bestandteile der Verbindung zu isolieren.

Eine weitere Untersuchung der Natur der Radioaktivität, die hauptsächlich von dem britischen Wissenschaftler Ernest Rutherford (► Abbildung 2.7) durchgeführt wurde, offenbarte drei verschiedene Strahlungsarten: alpha (α), beta (β) und gamma (γ)-Strahlung. Jede Strahlungsart verhielt sich, wie in ► Abbildung 2.8 gezeigt, in einem elektrischen Feld anders. α- und β-Strahlung wurden – wenn auch in entgegengesetzte Richtungen – durch ein elektrisches Feld abgelenkt, während γ-Strahlung von diesem nicht beeinflusst wurde.

Abbildung 2.7: Ernest Rutherford (1871–1937). Rutherford, den Einstein den „zweiten Newton" nannte, wurde in Neuseeland geboren. 1895 wurde ihm als erstem Überseestudenten eine Stelle im Cavendish Laboratory an der Cambridge University in England angeboten, wo er in der Arbeitsgruppe von J. J. Thomson arbeitete. 1898 wechselte er an die McGill University in Montreal. In seiner Zeit an der McGill University führte Rutherford seine Forschungen zur Radioaktivität durch, für die ihm 1908 der Nobelpreis für Chemie verliehen wurde. Rutherford kehrte 1907 nach England zurück und wurde Professor an der Manchester University, an der er 1910 seine berühmten α-Teilchen-Streuexperimente durchführte, die schließlich zum nuklearen Atommodell führten. 1992 wurde er von seinem Heimatland Neuseeland geehrt, indem er zusammen mit seiner Nobelpreismedaille auf der neuseeländischen $100-Banknote abgebildet wurde.

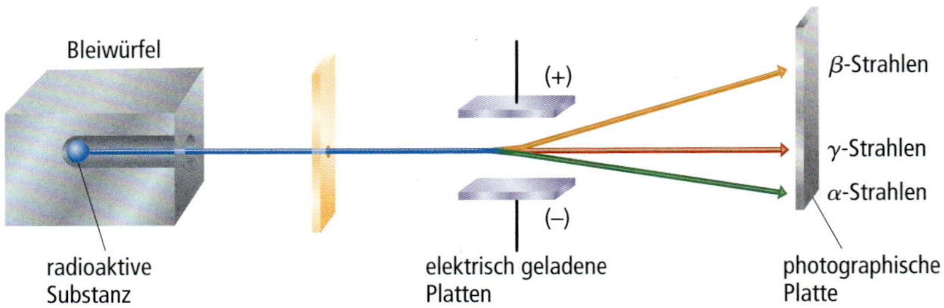

Abbildung 2.8: Verhalten von α-, β- und γ-Strahlen in einem elektrischen Feld. α-Strahlen bestehen aus positiv geladenen Teilchen und werden deshalb von der negativ geladenen Platte angezogen. β-Strahlen bestehen aus negativ geladenen Teilchen und werden deshalb von der positiv geladenen Platte angezogen. γ-Strahlen, die keine Ladung haben, werden vom elektrischen Feld nicht beeinflusst.

Rutherford zeigte, dass sowohl α- als auch β-Strahlung aus sich schnell bewegenden Teilchen bestehen, die α- und β-Teilchen genannt werden. β-Teilchen sind Elektronen mit hoher Geschwindigkeit. Sie sind einfach negativ geladen. α-Teilchen tragen eine zweifach positive Ladung. α-Teilchen sind mit einer etwa 7300-mal größeren Masse erheblich schwerer als ein Elektron. γ-Strahlung ist hochenergetische Strahlung, die der Röntgenstrahlung ähnlich ist. Sie besteht nicht aus Teilchen und trägt keine Ladung.

Der Aufbau des Atoms

Aufgrund der sich verdichtenden Hinweise, dass Atome aus kleineren Teilchen aufgebaut sind, richtete sich die Aufmerksamkeit darauf, wie diese Teilchen im Atom angeordnet waren. Zu Beginn des 20. Jahrhunderts vermutete Thomson, dass die Elektronen aufgrund ihres relativ geringen Masseanteils im Atom wahrscheinlich auch nur einen relativ geringen Raumanteil einnehmen würden. Er machte den in ► Abbildung 2.9 dargestellten Vorschlag, dass das Atom aus einer einheitlichen positiven Materiekugel bestehe, in die die Elektronen eingebettet seien. Dieses so genannte „Plumpudding"-Modell, das seinen Namen von einem traditionellen englischen Dessert hat, hielt sich jedoch nur kurze Zeit.

1910 führten Rutherford und seine Mitarbeiter ein Experiment durch, das das Modell Thomsons widerlegen sollte. Rutherford untersuchte die Winkel, unter denen α-Teilchen abgelenkt bzw. gestreut wurden, wenn sie eine wenige Tausend Atomschichten dicke Goldfolie durchquerten (► Abbildung 2.10). Er und seine Mitarbeiter stellten fest, dass fast alle α-Teilchen die Folie ungehindert durchquerten, ohne abgelenkt zu werden. Ein kleiner Prozentsatz der α-Teilchen wurde leicht (in der Größenordnung von 1 Grad) abgelenkt. Diese Beobachtungen stimmten mit dem „Plumpudding"-Modell Thomsons überein. Nur aus Gründen der Vollständigkeit beauftragte Rutherford Ernest Marsden, einen im Labor arbeitenden Studenten im Grundstudium, damit, nach Hinweisen für Streuung unter großen Winkeln zu suchen. Zur Überraschung aller Beteiligten wurde auch unter diesen Winkeln Streuung beobachtet. Einige Teilchen wurden sogar in die Richtung, aus der sie stammten, zurückgestreut. Die Erklärung für diese Ergebnisse war nicht sofort ersichtlich, die Beobachtungen widersprachen jedoch eindeutig dem „Plumpudding"-Modell Thomsons.

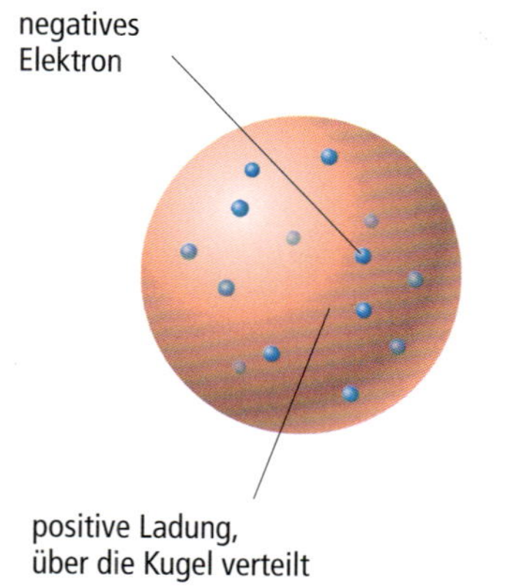

Abbildung 2.9: J. J. Thomsons „Plumpudding"-Modell des Atoms. Thomson nahm an, dass die kleinen Elektronen wie Rosinen in einem Pudding in die positive Masse des Atoms eingebettet sind.

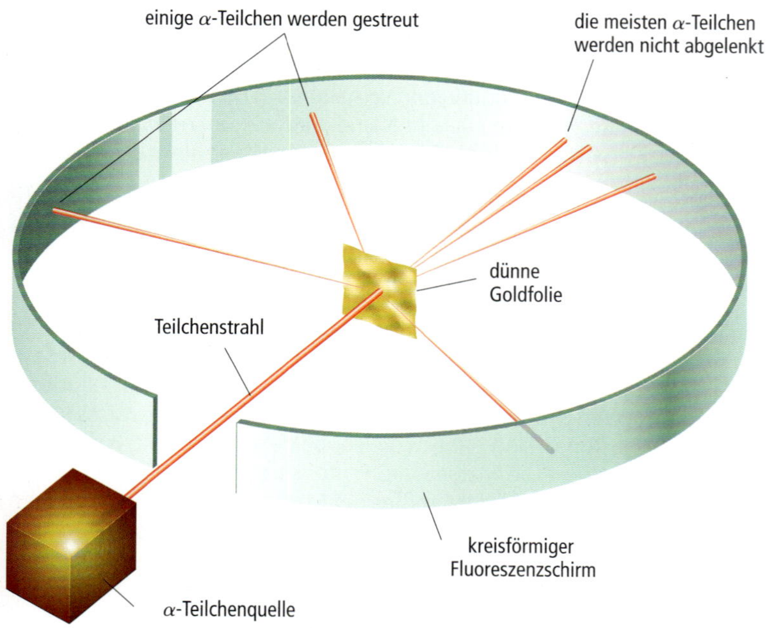

Abbildung 2.10: Rutherfords Experiment zur Streuung von α-Teilchen. Die roten Linien stellen die α-Teilchenwege dar. Die meisten α-Teilchen durchqueren die Goldfolie ungehindert, einige werden jedoch gestreut.

EXTRAS ONLINE Rutherfords Experiment (Video)

1911 war Rutherford in der Lage, die Beobachtungen zu erklären. Er schlug vor, dass sich der Großteil der Masse und die gesamte positive Ladung eines Goldatoms in einer kleinen, extrem dichten Region befinden sollten, die er den Kern des Atoms nannte. Er nahm ferner an, dass der Großteil des Gesamtvolumens eines Atoms aus leerem Raum bestünde. In diesem Raum sollten sich die Elektronen um den Kern herum bewegen. Im Streuversuch durchquerten die meisten α-Teilchen die Folie ungehindert, weil sie auf keinen der winzig kleinen Kerne der Goldatome stießen. Sie durchquerten einfach den leeren Raum, aus dem die Atome der Goldfolie hauptsächlich bestehen. Gelegentlich kam ein α-Teilchen jedoch nahe genug an einen Goldkern heran. Die Abstoßung zwischen dem stark positiv geladenen Goldkern und dem α-Teilchen reichte aus, um das weniger massehaltige α-Teilchen abzulenken (► Abbildung 2.11).

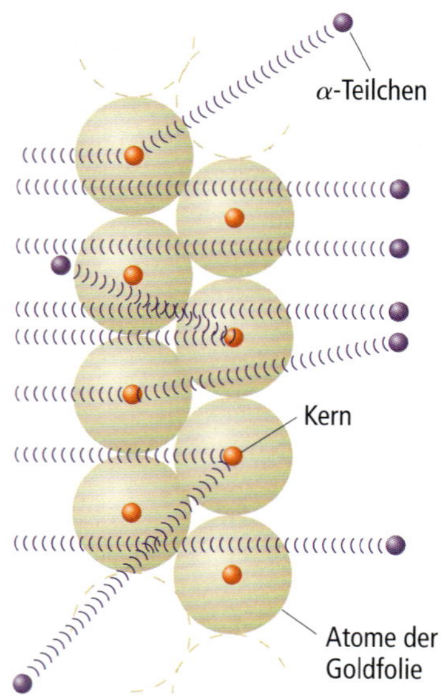

Abbildung 2.11: Rutherfords Modell zur Erklärung des Streuverhaltens von α-Teilchen. Die Goldfolie hat eine Dicke von einigen Tausend Atomschichten. Weil das Atomvolumen hauptsächlich aus leerem Raum besteht, durchqueren die meisten α-Teilchen die Folie ungehindert. Wenn ein α-Teilchen jedoch sehr nah an einen Goldkern gelangt, wird es abgestoßen und abgelenkt.

Nachfolgende experimentelle Untersuchungen haben zu der Entdeckung geführt, dass sich im Kern sowohl positive Teilchen *(Protonen)* als auch neutrale Teilchen *(Neutronen)* befinden. Protonen wurden 1919 von Rutherford und Neutronen

1932 vom britischen Wissenschaftler James Chadwick (1891–1972) entdeckt. Wir werden diese Teilchen im Abschnitt 2.3 noch genauer betrachten.

2.3 Die moderne Sichtweise der Atomstruktur

Seit der Zeit Rutherfords haben Physiker die Zusammensetzung von Atomkernen genau untersucht. Im Verlauf dieser Untersuchungen ist die Liste der Teilchen, aus denen Atomkerne bestehen, immer länger geworden und die Zahl der entdeckten Teilchen wächst bis heute weiter an. Als Chemiker genügt uns jedoch eine sehr einfache Sichtweise des Atoms, weil nur drei subatomare Teilchen – das **Proton**, das **Neutron** und das **Elektron** – einen Einfluss auf das chemische Verhalten der Atome haben.

Die Ladung eines Elektrons beträgt $-1{,}602 \times 10^{-19}$ C und die eines Protons $+1{,}602 \times 10^{-19}$ C. Die Größe $1{,}602 \times 10^{-19}$ C wird **Elementarladung** genannt. Ladungen atomarer und subatomarer Teilchen werden aus Gründen der Einfachheit für gewöhnlich nicht in Coulomb, sondern als Vielfache dieser Ladung angegeben. Die Ladungen des Elektrons und des Protons betragen also 1– und 1+. Neutronen haben keine Ladung und verhalten sich daher elektrisch neutral (von diesem Verhalten stammt auch ihr Name). *Jedes Atom besitzt gleich viele Elektronen wie Protonen, Atome haben also insgesamt keine elektrische Ladung.*

Protonen und Neutronen befinden sich zusammen im Kern des Atoms. Der Großteil des Volumens eines Atoms besteht aus dem Raum, in dem sich die Elektronen befinden. Die Elektronen werden von den Protonen durch die Kraft angezogen, die zwischen Teilchen mit entgegengesetzter Ladung herrscht.

Atome haben extrem kleine Massen. Die Masse des schwersten bekannten Atoms hat z. B. eine Größenordnung von 4×10^{-22} g. Weil es sehr mühselig wäre, solch kleine Massen in Gramm auszudrücken, verwenden wir stattdessen die **Atommasseneinheit u*** **(1 u = 1,66054 × 10⁻²⁴ g)**. Die Massen von Protonen und Neutronen sind nahezu gleich, beide sind erheblich größer als die Masse des Elektrons. Die Masse eines Protons ist 1836-mal größer als die Masse eines Elektrons, so dass der Großteil der Masse eines Atoms sich im Kern befindet. In ► Tabelle 2.1 sind die Ladungen und Massen der subatomaren Teilchen zusammengefasst. Wir werden uns im Abschnitt 2.4 noch näher mit Atommassen beschäftigen.

Elementarteilchen		Masse
Proton	p^+	1,0073 u
Elektron	e^-	$5{,}486 \times 10^{-4}$ u
Neutron	n	1,0087 u

Tabelle 2.1: Vergleich der Eigenschaften von Protonen, Neutronen und Elektronen.

Atome sind außerdem extrem klein. Die meisten Atome haben Durchmesser zwischen 1×10^{-10} m und 5×10^{-10} m bzw. 100–500 pm. Eine für Längen in atomaren Dimensionen praktische Einheit ist die Einheit Ångström (Å), die allerdings keine SI-Einheit ist. Ein Ångström ist gleich 10^{-10} m. Atome haben also Durchmesser in der Größenordnung von 1–5 Å. Der Durchmesser eines Chloratoms beträgt z. B. 200 pm bzw. 2,0 Å. Sowohl Pikometer als auch Ångström werden häufig für die Angabe von Atom- und Molekülgrößen verwendet.

Ordnungszahlen, Massenzahlen und Isotope

Wodurch unterscheidet sich ein Atom eines Elements von einem Atom eines anderen Elements? Wodurch unterscheidet sich z. B. ein Kohlenstoffatom von einem Sauerstoffatom? Der bedeutende Unterschied dieser Atome liegt in ihrer subatomaren Zusammensetzung: Die Atome jedes Elements haben eine charakteristische Anzahl Protonen. Die Anzahl der Protonen im Kern eines Atoms eines bestimmten Elements wird als **Ordnungszahl** dieses Elements bezeichnet. Weil ein Atom insgesamt keine Ladung hat, muss die Anzahl Elektronen der Anzahl Protonen entsprechen. Alle Kohlenstoffatome haben z. B. sechs Protonen und sechs Elekt-

* Im SI-System wird für die Atommasseneinheit die Abkürzung u benutzt.

ronen, während alle Sauerstoffatome acht Protonen und acht Elektronen haben. Kohlenstoff hat also die Ordnungszahl 6, während Sauerstoff die Ordnungszahl 8 hat. Die Ordnungszahlen der Elemente sind zusammen mit ihren Namen und Symbolen im vorderen Einband des Buches aufgeführt.

Atome desselben Elements können eine unterschiedliche Anzahl Neutronen haben und sich deshalb auch hinsichtlich ihrer Masse unterscheiden. So haben z. B. die meisten Kohlenstoffatome 6 Neutronen, es gibt jedoch auch Kohlenstoffatome mit mehr oder weniger Neutronen. Das Symbol $^{12}_{6}C$ (sprich „Kohlenstoff zwölf", Kohlenstoff-12) steht für das Kohlenstoffatom mit sechs Protonen und sechs Neutronen. Die Ordnungszahl wird im unteren Index angegeben, die obere Zahl, die als **Massenzahl** bezeichnet wird, gibt dagegen die Gesamtzahl der Protonen und Neutronen (= Nucleonenzahl) des Atoms an:

Massenzahl (Anzahl der Protonen und Neutronen) ↘

$^{12}_{6}C$ ⟵ Symbol des Elements

Ordnungszahl (Anzahl der Protonen bzw. der Elektronen) ↗

Weil alle Atome eines bestimmten Elements die gleiche Ordnungszahl haben, wird diese oft weggelassen. Das Symbol für Kohlenstoff-12 kann also einfach als ^{12}C geschrieben werden. Als weiteres Beispiel für diese Schreibweise seien Atome mit sechs Protonen und acht Neutronen genannt. Diese Atome haben eine Massenzahl von 14, das Symbol $^{14}_{6}C$ oder ^{14}C und werden Kohlenstoff-14 genannt.

Atome mit gleicher Ordnungszahl, aber unterschiedlicher Massenzahl (d. h. mit der gleichen Anzahl Protonen, aber einer unterschiedlichen Anzahl Neutronen) werden **Isotope** eines Elements genannt. In ► Tabelle 2.2 sind einige Kohlenstoffisotope aufgelistet. Wir werden die Schreibweise mit oberem Index im Allgemeinen nur verwenden, wenn wir uns auf ein bestimmtes Isotop eines Elements beziehen.

Symbol *	Anzahl der Protonen	Anzahl der Elektronen	Anzahl der Neutronen
^{11}C	6	6	5
^{12}C	6	6	6
^{13}C	6	6	7
^{14}C	6	6	8

* Fast 99 % des natürlich vorkommenden Kohlenstoffs bestehen aus ^{12}C.

Tabelle 2.2: Einige Isotope des Elements Kohlenstoff.

2.4 Atommasse

Atome sind kleine Materieeinheiten, haben also eine bestimmte Masse. In diesem Abschnitt betrachten wir die für Atome verwendete Massenskala und führen das Konzept der *Atommasse* ein.

Die Atommassenskala

Obwohl Wissenschaftler des neunzehnten Jahrhunderts noch nichts über subatomare Teilchen wussten, war ihnen doch bekannt, dass Atome verschiedener Elemente verschiedene Massen haben. Sie haben z. B. festgestellt, dass 100,0 g Wasser 11,1 g Wasserstoff und 88,9 g Sauerstoff enthalten. Das bedeutet, dass

Übungsbeispiel 2.1: (Lösung online) Bestimmung der Anzahl der subatomaren Teile eines Atoms

Wie viele Protonen, Neutronen und Elektronen hat **(a)** ein Atom ^{197}Au; **(b)** ein Atom Strontium-90?

A 1 Wie viele Protonen, Neutronen und Elektronen hat **(a)** ein Atom ^{138}Ba; **(b)** ein Atom Phosphor-31?

Übungsbeispiel 2.2: (Lösung online) Atomsymbole

Magnesium hat drei Isotope mit den Massenzahlen 24, 25 und 26. **(a)** Geben Sie die vollständigen chemischen Symbole (mit oberem und unterem Index) dieser Isotope an. **(b)** Wie viele Neutronen haben die Atome dieser Isotope jeweils?

A 2 Gib die Symbolschreibweise eines Atoms, das aus 82 Protonen, 82 Elektronen und 126 Neutronen besteht, an!

NÄHER HINGESCHAUT

Das Massenspektrometer

Massenspektrometer (► Abbildung 2.12) bieten die direkteste und genaueste Möglichkeit, Atom- und Molekularmassen zu bestimmen. Am Punkt A wird eine gasförmige Probe in die Apparatur eingeleitet und am Punkt B mit einem Strahl hochenergetischer Elektronen beschossen. Durch Kollisionen zwischen den Elektronen und den Atomen oder Molekülen des Gases entstehen positiv geladene Teilchen, von denen die meisten eine Ladung von 1+ haben. Diese Teilchen werden in Richtung eines negativ geladenen Netzgitters beschleunigt (C). Nachdem sie das Gitter passiert haben, treffen die Teilchen auf zwei Spalten, die nur einen schmalen Strahl aus Teilchen passieren lassen. Dieser Strahl wird anschließend durch ein Magnetfeld geleitet, in dem die Teilchen abgelenkt werden, so wie bewegte Elektronen von einem magnetischen Feld abgelenkt werden (► Abbildung 2.4). Bei Teilchen mit derselben Ladung hängt das Ausmaß der Ablenkung von der Masse ab – je massereicher das Teilchen ist, desto weniger wird es abgelenkt. Die Teilchen werden nach ihrer Masse getrennt. Das magnetische Feld und die Beschleunigungsspannung am negativ geladenen Gitter können so verändert werden, dass jeweils Teilchen unterschiedlicher Masse auf den Empfänger des Instruments treffen.

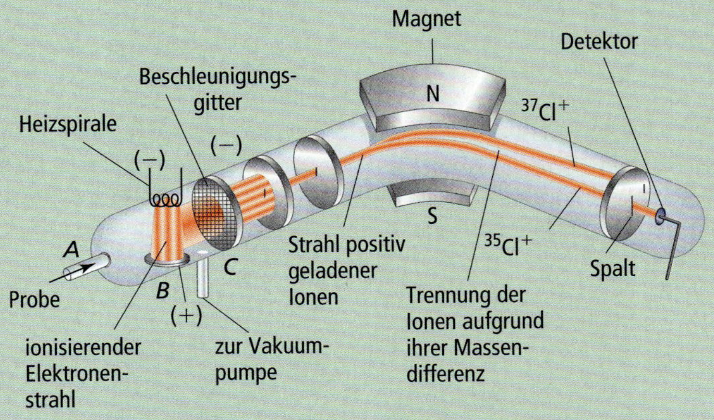

Abbildung 2.12: Ein Massenspektrometer. Auf der linken Seite des Spektrometers werden Cl-Atome eingeleitet und ionisiert. Die dabei entstehenden Cl^+-Ionen werden anschließend durch ein magnetisches Feld geleitet. Beim Durchqueren des magnetischen Felds divergieren die Wege der beiden Cl-Isotope. In der Zeichnung ist das Spektrometer auf den Nachweis von $^{35}Cl^+$-Ionen abgestimmt. Die schwereren $^{37}Cl^+$-Ionen werden nicht ausreichend abgelenkt, um den Empfänger zu erreichen.

Die gegen die Atommasse der Teilchen aufgetragene Intensität des Empfängersignals wird *Massenspektrum* genannt. Das in ► Abbildung 2.13 dargestellte Massenspektrum von Chloratomen offenbart die Präsenz zweier Isotope. Aus dem Massenspektrum lassen sich sowohl die Massen der am Empfänger auftreffenden geladenen Teilchen als auch ihre relativen Häufigkeiten bestimmen. Die Häufigkeiten ergeben sich dabei aus den Signalintensitäten. Mit Hilfe der Atommassen und der Häufigkeiten der Isotope können wir das Atomgewicht eines Elements berechnen.

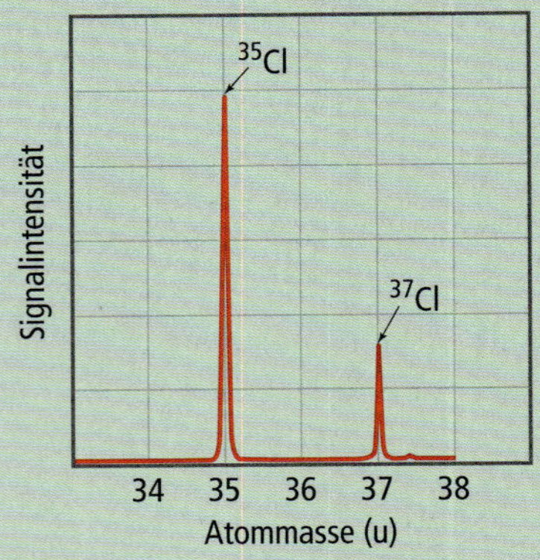

Abbildung 2.13: Massenspektrum von atomarem Chlor. Die prozentualen Häufigkeiten der ^{35}Cl und ^{37}Cl-Isotope von Chlor lassen sich in den relativen Signalintensitäten der Strahlen ablesen, die den Empfänger des Massenspektrometers erreichen.

Massenspektrometer werden heute umfangreich eingesetzt, um die Zusammensetzungen chemischer Verbindungen aufzuklären und Stoffgemische zu analysieren. Jedes Molekül, das Elektronen verliert, zerfällt und bildet eine Reihe positiv geladener Fragmente. Im Massenspektrometer werden die Massen dieser Fragmente bestimmt. Anhand des so entstehenden chemischen „Fingerabdrucks" des Moleküls lassen sich Rückschlüsse darüber ziehen, wie die Atome im Ursprungsmolekül verbunden waren. Chemikern ist es also mit Hilfe dieser Technik möglich, die Molekülstruktur einer neu synthetisierten Verbindung zu bestimmen.

Wasser auf die Masse bezogen 88,9/11,1 = 8-mal mehr Sauerstoff als Wasserstoff enthält. Als Wissenschaftler herausfanden, dass Wasser pro Sauerstoffatom zwei Wasserstoffatome enthält, konnten sie daraus ableiten, dass ein Sauerstoffatom eine 2 × 8 = 16-mal größere Masse haben musste als ein Wasserstoffatom. Wasserstoff, dem leichtesten Atom, wurde willkürlich eine relative Masse von 1 (ohne Einheit) zugeordnet und die Atommassen der anderen Elemente wurden relativ zu dieser Masse bestimmt. Sauerstoff wurde also eine Atommasse von 16 zugeordnet.

Heute sind wir in der Lage, die Massen einzelner Atome mit hoher Genauigkeit zu bestimmen. Wir wissen z. B., dass das ^1H Atom eine Masse von $1{,}6735 \times 10^{-24}$ g und das ^{16}O-Atom eine Masse von $2{,}6560 \times 10^{-23}$ g hat. Wie wir in Abschnitt 2.3 festgestellt haben, ist es praktisch, bei der Angabe solch kleiner Massen die Atommasseneinheit *u* zu verwenden:

$1\ u = 1{,}66054 \times 10^{-24}\ g$ $\quad$ $1\ g = 6{,}02214 \times 10^{23}\ u$

Die Atommasseneinheit wird heute dadurch definiert, dass man dem Kohlenstoffisotop ^{12}C eine Masse von exakt 12 u zuordnet. In dieser Einheit hat das ^{1}H Atom eine Masse von 1,0078 u und das ^{16}O Atom eine Masse von 15,9994 u.

Durchschnittliche Atommassen

Die meisten Elemente kommen in der Natur als Gemische verschiedener Isotope vor. Wir können mit Hilfe der Massen der verschiedenen Isotope und ihrer relativen Häufigkeiten die *durchschnittliche Atommasse* eines Elements bestimmen. Natürlich vorkommender Kohlenstoff besteht z. B. aus 98,93 % ^{12}C und 1,07 % ^{13}C. Die Massen dieser Isotope sind 12 u (exakt) und 13,00335 u. Wir berechnen die mittlere Atommasse von Kohlenstoff aus den Anteilen und Massen der beiden Isotope:

$$(0{,}9893)(12\ u) + (0{,}0107)(13{,}00335\ u) = 12{,}01\ u$$

Die mittlere Atommasse eines Elements (ausgedrückt in Atommasseneinheiten) wird auch als **Atomgewicht** bezeichnet. Die Atommassen der Elemente sind im Periodensystem der Elemente angegeben.

Übungsbeispiel 2.3: (Lösung online) Berechnen Sie die Atommasse des Elements aus der Häufigkeit der Isotope

Natürlich vorkommendes Chlor besteht aus 75,78 % ^{35}Cl mit einer Atommasse von 34,969 u und aus 24,22 % ^{37}Cl mit einer Atommasse von 36,966 u. Berechnen Sie die durchschnittliche Masse (d. h. die Atommasse) von Chlor.

A 3 In der Natur kommen drei verschiedene Siliziumisotope vor: ^{28}Si (92,23 %) mit einer Atommasse von 27,97693 u; ^{29}Si (4,68 %) mit einer Atommasse von 28,97649 u und ^{30}Si (3,09 %) mit einer Atommasse von 29,97377 u. Berechnen Sie die Atommasse von Silizium.

2.5 Das Periodensystem der Elemente (PSE)

Daltons Atomtheorie leitete während des frühen 19. Jahrhunderts eine Phase zunehmend experimentell orientierter chemischer Forschung ein. Diese mündete 1869 in die Entwicklung des Periodensystems der Elemente.

Einige Elemente weisen untereinander sehr starke Ähnlichkeiten auf. Wenn die Elemente in der Reihenfolge ihrer Ordnungszahlen angeordnet werden, zeigen ihre chemischen und physikalischen Eigenschaften ein sich wiederholendes bzw. periodisches Muster. Die weichen, reaktiven Metalle Lithium, Natrium und Kalium folgen jeweils, wie in ► Abbildung 2.14 zu sehen ist, unmittelbar einem der reaktionsträgen Gase Helium, Neon und Argon.

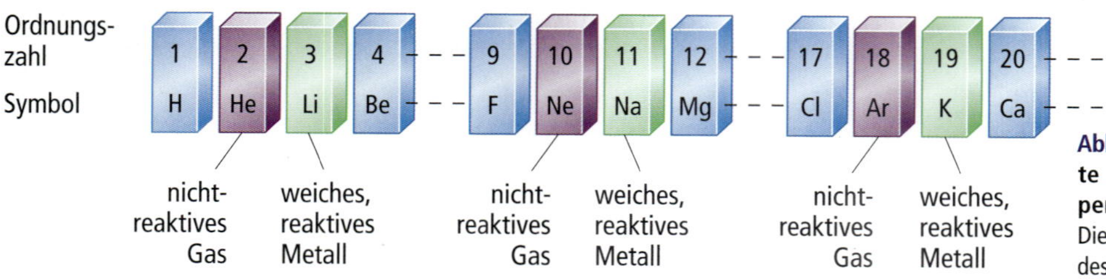

Abbildung 2.14: Die Anordnung der Elemente nach ihrer Ordnungszahl enthüllt eine periodische Abfolge ihrer Eigenschaften. Diese periodische Abfolge bildet die Grundlage des Periodensystems.

Die Anordnung der Elemente in der Reihenfolge ihrer Ordnungszahlen und mit untereinander stehenden Elementen ähnlicher Eigenschaften ist als **Periodensystem** der Elemente (PSE) bekannt. Das Periodensystem der Elemente ist in ► Abbildung 2.15 sowie im vorderen Einband des Buches abgebildet. Für jedes Element im Periodensystem sind die Ordnungszahl und das chemische Symbol angegeben. Häufig wird wie im folgenden Eintrag für Kalium auch das Atomgewicht angegeben:

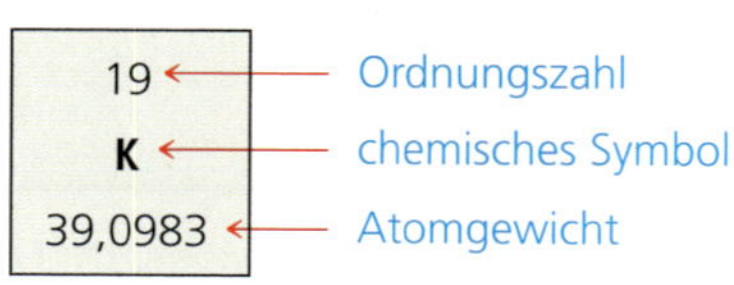

Metalle

Halbmetalle (Metalloide)

Nichtmetalle

	1A 1	2A 2	3B 3	4B 4	5B 5	6B 6	7B 7	8B 8	9	10	1B 11	2B 12	3A 13	4A 14	5A 15	6A 16	7A 17	8A 18
1	1 **H**																	2 **He**
2	3 **Li**	4 **Be**											5 **B**	6 **C**	7 **N**	8 **O**	9 **F**	10 **Ne**
3	11 **Na**	12 **Mg**											13 **Al**	14 **Si**	15 **P**	16 **S**	17 **Cl**	18 **Ar**
4	19 **K**	20 **Ca**	21 **Sc**	22 **Ti**	23 **V**	24 **Cr**	25 **Mn**	26 **Fe**	27 **Co**	28 **Ni**	29 **Cu**	30 **Zn**	31 **Ga**	32 **Ge**	33 **As**	34 **Se**	35 **Br**	36 **Kr**
5	37 **Rb**	38 **Sr**	39 **Y**	40 **Zr**	41 **Nb**	42 **Mo**	43 **Tc**	44 **Ru**	45 **Rh**	46 **Pd**	47 **Ag**	48 **Cd**	49 **In**	50 **Sn**	51 **Sb**	52 **Te**	53 **I**	54 **Xe**
6	55 **Cs**	56 **Ba**	57 **La**	72 **Hf**	73 **Ta**	74 **W**	75 **Re**	76 **Os**	77 **Ir**	78 **Pt**	79 **Au**	80 **Hg**	81 **Tl**	82 **Pb**	83 **Bi**	84 **Po**	85 **At**	86 **Rn**
7	87 **Fr**	88 **Ra**	89 **Ac**	104 **Rf**	105 **Db**	106 **Sg**	107 **Bh**	108 **Hs**	109 **Mt**	110 **Ds**	111 **Rg**	112	113	114	115	116		

Lanthanoide	58 **Ce**	59 **Pr**	60 **Nd**	61 **Pm**	62 **Sm**	63 **Eu**	64 **Gd**	65 **Tb**	66 **Dy**	67 **Ho**	68 **Er**	69 **Tm**	70 **Yb**	71 **Lu**
Actinoide	90 **Th**	91 **Pa**	92 **U**	93 **Np**	94 **Pu**	95 **Am**	96 **Cm**	97 **Bk**	98 **Cf**	99 **Es**	100 **Fm**	101 **Md**	102 **No**	103 **Lr**

Abbildung 2.15: Periodensystem der Elemente. Es werden verschiedene Farben verwendet, um die Einteilung der Elemente in Metalle, Halbmetalle und Nichtmetalle zu verdeutlichen.

Die waagerechten Zeilen des Periodensystems werden **Perioden** genannt. Die erste Periode besteht aus nur zwei Elementen, Wasserstoff (H) und Helium (He). Die zweite und dritte Periode, die jeweils mit Lithium (Li) und Natrium (Na) beginnen, bestehen aus je 8 Elementen. Die vierte und fünfte Periode enthalten 18 Elemente. Die sechste Periode hat 32 Elemente. Aus Platzgründen werden 14 dieser Elemente (mit den Ordnungszahlen 57–70) jedoch unterhalb des eigentlichen Periodensystems dargestellt. Die siebte und letzte Periode ist unvollständig, hat jedoch auch 14 Elemente, die in einer Zeile unterhalb des Periodensystems dargestellt sind.

Die senkrechten Spalten des Periodensystems werden **Gruppen** genannt. Die Art und Weise, wie diese Gruppen bezeichnet werden, ist etwas willkürlich. Es gibt drei verschiedene häufig verwendete Bezeichnungssysteme. Zwei dieser Systeme sind in der ► Abbildung 2.15 aufgeführt. Die oberen Bezeichnungen, die die Buchstaben A und B enthalten, werden häufig in Nordamerika verwendet. Die IUPAC (*International Union of Pure and Applied Chemistry*) hat dagegen vorgeschlagen, die Gruppen von 1 bis 18 ohne die Bezeichnungen A und B zu nummerieren. Dieses System entspricht dem unteren Bezeichnungssystem in

Gruppe	Name	Elemente
1A	Alkalimetalle	Li, Na, K, Rb, Cs, Fr
2A	Erdalkalimetalle	Be, Mg, Ca, Sr, Ba, Ra
6A	Chalkogene	O, S, Se, Te, Po
7A	Halogene	F, Cl, Br, I, At
8A	Edelgase	He, Ne, Ar, Kr, Xe, Rn

Tabelle 2.3: Namen einiger Gruppen des Periodensystems der Elemente.

der ► Abbildung 2.15. Wir werden in diesem Buch jedoch die traditionellen nordamerikanischen Bezeichnungen mit arabischen Ziffern verwenden.

Elemente, die zur selben Gruppe gehören, zeigen oft Ähnlichkeiten bezüglich ihrer physikalischen und chemischen Eigenschaften.

Mit Ausnahme von Wasserstoff sind alle Elemente auf der linken Seite und in der Mitte des Periodensystems **metallische Elemente** bzw. **Metalle**. Die Mehrzahl der Elemente sind metallisch und teilen viele charakteristische Eigenschaften wie den metallischen Glanz und eine hohe Wärme- und elektrische Leitfähigkeit. Alle Metalle mit Ausnahme von Quecksilber (Hg) sind bei Zimmertemperatur Festkörper. Die Metalle sind, wie in ► Abbildung 2.15 gezeigt, von den **nichtmetallischen Elementen** bzw. den **Nichtmetallen** durch eine diagonale, treppenförmige Linie getrennt, die von Bor bis Astat verläuft. Wasserstoff ist, obwohl er auf der linken Seite des Periodensystems steht, ein Nichtmetall. Bei Zimmertemperatur sind einige Nichtmetalle gasförmig, einige fest und ein Nichtmetall flüssig. Nichtmetalle unterscheiden sich im Allgemeinen durch ihr Erscheinungsbild (► Abbildung 2.16) und andere physikalische Eigenschaften von den Metallen. Viele Elemente, die sich wie z. B. Antimon (Sb) entlang der Trennlinie zwischen Metallen und Nichtmetallen befinden, haben Eigenschaften, die nicht eindeutig den von Metallen oder Nichtmetallen zugeordnet werden können. Diese Elemente werden häufig als **Halbmetalle** bezeichnet.

Abbildung 2.16: Einige bekannte Metalle und Nichtmetalle. Die abgebildeten Nichtmetalle (von links unten) sind Schwefel (gelbes Pulver), Iod (dunkle, glänzende Kristalle), Brom (rötlichbraune Flüssigkeit und Dampf in Glasampulle) sowie drei Proben Kohlenstoff (schwarzes Holzkohlepulver, Diamanten und Graphit aus einer Bleistiftmine). Die abgebildeten Gegenstände aus Metall sind eine Aluminiumzange, ein Kupferrohr, Bleikugeln, Silbermünzen und einige Goldklumpen.

2.6 Ionen und ionische Verbindungen

Der Kern eines Atoms wird von chemischen Reaktionen nicht beeinflusst, Atome können jedoch relativ einfach Elektronen aufnehmen oder abgeben. Wenn ein neutrales Atom ein Elektron aufnimmt oder abgibt, entsteht ein geladenes Teilchen, das **Ion** genannt wird. Ein Ion mit positiver Ladung wird **Kation** und ein negatives Ion **Anion** genannt.

Um zu verstehen, wie Ionen gebildet werden, betrachten Sie das Natriumatom, das 11 Protonen und 11 Elektronen hat. Dieses Atom gibt leicht ein Elektron ab. Das sich ergebende Kation hat 11 Protonen und 10 Elektronen, also eine Nettoladung von 1+.

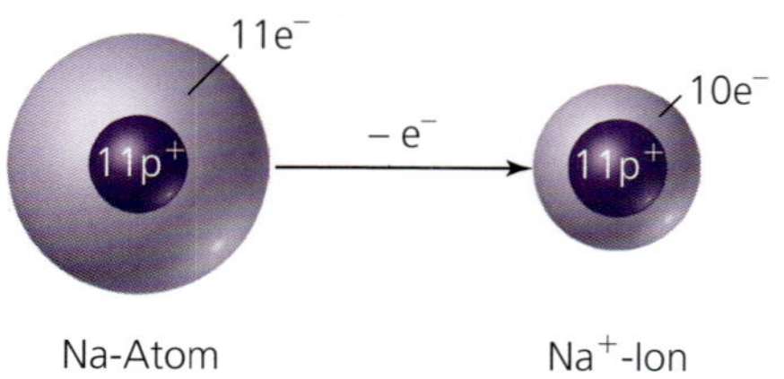

Die Nettoladung eines Ions wird durch eine hochgestellte Zahl mit nachfolgendem Vorzeichen der Ladung dargestellt. Chlor, das 17 Protonen und 17 Elektronen hat, kann z. B. in chemischen Reaktionen ein Elektron aufnehmen und so das folgende Cl^--Ion bilden:

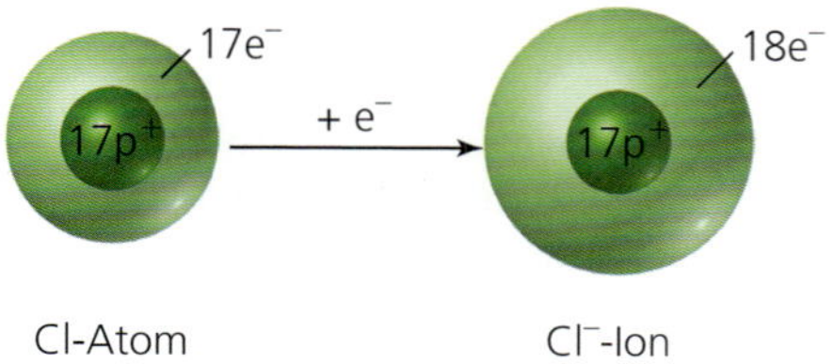

Im Allgemeinen neigen Metallatome dazu, durch Abgabe von Elektronen Kationen zu bilden, während Nichtmetallatome dazu neigen, durch Aufnahme von Elektronen Anionen zu bilden.

Übungsbeispiel 2.4: (Lösung online)
Chemische Symbole von Ionen

Geben Sie für die folgenden Ionen die chemischen Symbole (einschließlich der Massenzahl) an:

(a) Das Ion mit 22 Protonen, 26 Neutronen und 19 Elektronen.

(b) Das Ion des Elements Schwefel, das 16 Neutronen und 18 Elektronen hat.

Neben einfachen Ionen (Atomionen) wie z. B. Na^+ und Cl^- gibt es mehratomige Ionen (Molekülionen) wie NO_3^- (Nitrat) und SO_4^{2-} (Sulfat).

Es ist zu betonen, dass die chemischen Eigenschaften von Ionen sich deutlich von den chemischen Eigenschaften der Atome, von denen sie abgeleitet werden, unterscheiden.

Vorhersage von Ionenladungen

Übungsbeispiel 2.5: (Lösung online)
Vorhersage von Ionenladungen

Welche Ladungen würden Sie für die stabilsten Ionen von Barium und Sauerstoff erwarten?

A 4 Welche Ladungen würden Sie für die stabilsten Ionen von Aluminium und Fluor erwarten?

EXTRAS ONLINE Chemie und Leben: Lebensnotwendige Elemente

EXTRAS ONLINE Strategien in der Chemie: Erkennen von Mustern

Viele Atome nehmen so viele Elektronen auf oder geben so viele Elektronen ab, dass sie als Ion die gleiche Anzahl Elektronen haben wie das Edelgas, das ihnen im Periodensystem am nächsten steht. Die Edelgase sind chemisch sehr reaktionsträge und gehen sehr wenige Verbindungen ein. Wir könnten schlussfolgern, dass sich dieses Verhalten aus einer sehr stabilen Elektronenanordnung ergibt. Im PSE nachstehende Elemente können diese stabile Konfiguration erreichen, indem sie Elektronen aufnehmen oder abgeben. Wenn ein Atom Natrium z. B. ein Elektron abgibt, hat es dieselbe Anzahl Elektronen wie ein neutrales Atom Neon (Ordnungszahl 10). Chlor kann ein Elektron aufnehmen und hat damit 18 Elektronen. Dies entspricht der Anzahl der Elektronen von Argon (Ordnungszahl 18).

Das Periodensystem ist sehr hilfreich, um sich Ionenladungen abzuleiten. Dies gilt insbesondere für die Elemente der beiden äußeren Seiten des Periodensystems. Wie in ► Abbildung 2.17 zu sehen ist, hängen die Ladungen dieser Ionen auf einfache Weise mit ihren Positionen im Periodensystem zusammen. Auf der linken Seite des Periodensystems bilden die Elemente der Gruppe 1A (die Alkalimetalle) z. B. einfach negativ geladene Ionen (1+-Ionen) und die Elemente der Gruppe 2A (die Erdalkalimetalle) 2+-Ionen. Auf der anderen Seite des Periodensystems bilden die Elemente der Gruppe 7A (die Halogene) 1−-Ionen und die Elemente der Gruppe 6A 2−-Ionen. Wie wir später feststellen werden, folgen viele der anderen Gruppen nicht solch einfachen Regeln.

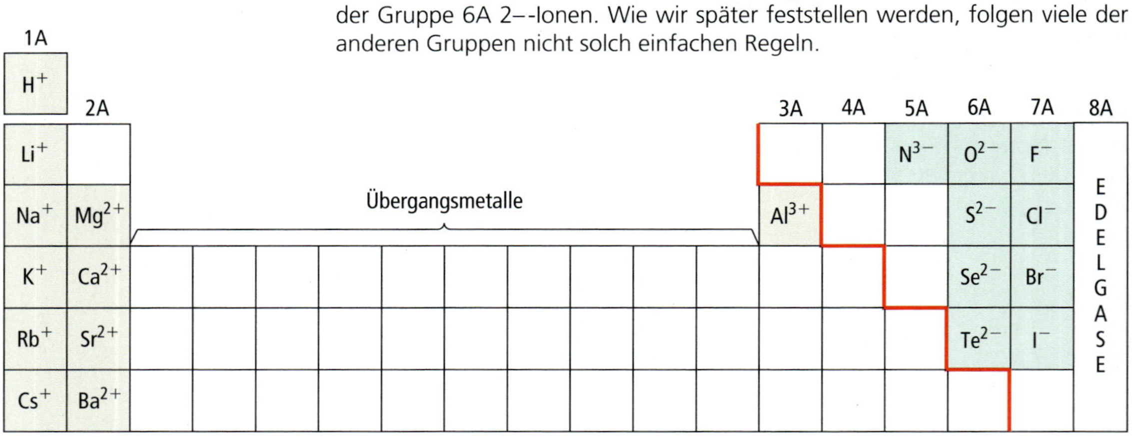

Abbildung 2.17: Ladungen einiger Ionen. Beachten Sie, dass die treppenförmige Linie, die die Metalle von den Nichtmetallen trennt, auch Kationen von Anionen trennt.

Übungsbeispiel 2.6: (Lösung online)
Empirische Formeln und Molekülformeln

Bestimmen Sie die empirischen Formeln der folgenden Moleküle:

(a) Glucose, eine Substanz, die auch als Blutzucker oder Dextrose bekannt ist und die Molekülformel $C_6H_{12}O_6$ hat.

(b) Distickstoffmonoxid, eine Substanz, die als Anästhetikum dient, häufig Lachgas genannt wird und die Molekülformel N_2O hat.

A 5 Geben Sie die empirische Formel der Substanz Diboran an, deren Molekülformel B_2H_6 ist.

Molekülformeln und empirische Formeln (Verhältnisformeln)

Chemische Formeln, aus denen die Anzahl und die Art der Atome in einem Molekül ersichtlich sind, werden **Molekülformeln** genannt. Chemische Formeln, aus denen lediglich die relative Anzahl der verschiedenen Atome bzw. Atomionen zueinander ersichtlich ist, werden **empirische Formeln** (Verhältnisformeln) genannt. Die Indizes in einer empirischen Formel stellen immer die kleinsten ganzzahligen Werte dar, mit denen die Verhältnisse der einzelnen Atomionen zueinander ausgedrückt werden können. Die Molekülformel von Wasserstoffperoxid ist z. B. H_2O_2, während die empirische Formel der Verbindung HO lautet.

Die Molekülformel von Ethen lautet C_2H_4 und die empirische Formel CH_2. Bei vielen Substanzen stimmen Molekülformel und empirische Formel überein, so wie es z. B. bei Wasser, H_2O, der Fall ist.

Molekülformeln enthalten mehr Informationen über ein Molekül als empirische Formeln. Wenn uns die Molekülformel einer Verbindung bekannt ist, können wir daraus die empirische Formel ableiten. Umgekehrt ist dies nicht möglich. Wenn wir die empirische Formel einer Substanz kennen, können wir mit Hilfe weiterer Experimente zusätzliche Informationen gewinnen, mit Hilfe derer wir die Molekülformel aus der empirischen Formel ableiten können. Außerdem gibt es Substanzen, die wie die häufigsten Formen elementaren Kohlenstoffs nicht als isolierte Moleküle auftreten. Für diese Substanzen müssen uns empirische Formeln genügen. Daher werden alle gängigen Modifikationen elementaren Kohlenstoffs durch das chemische Symbol des Elements C dargestellt.

Ionische Verbindungen

Mit der Elektronenübertragung von einem Atom auf ein anderes ist in der Regel die Bildung von Ionen verbunden. Wie in ► Abbildung 2.18 zu sehen ist, findet bei der Reaktion von elementarem Natrium mit Chlor ein Elektronentransfer vom Natriumatom auf ein Chloratom statt. Dabei werden ein Na^+-Ion und ein Cl^--Ion gebildet. Die eletrostatische Anziehung der Ionen wirkt nach allen Richtungen, so dass sich aus den entgegengesetzt geladenen Ionen ein Ionengitter aufbaut. Das Natriumchlorid (Kochsalz) ist ein Beispiel für eine aus Ionen bestehende Verbindung.

Ob eine Verbindung ionisch oder molekular aufgebaut ist, können wir oft an ihrer Zusammensetzung erkennen. Ionische Verbindungen (wie z. B. NaCl) sind im Allgemeinen Kombinationen von Metall- und Nichtmetallionen. Dagegen sind molekulare Verbindungen (wie z. B. H_2O) in der Regel aus Molekülen aufgebaut, die aus Nichtmetallatomen bestehen.

Die Ionen in ionischen Verbindungen sind in dreidimensionalen Strukturen angeordnet. Die Anordnung der Na^+ und Cl^--Ionen im Natriumchlorid ist in ► Abbildung 2.18 gezeigt.

MERKE !

Eine Ionenverbindung ist ein Stoff, der aus Ionen aufgebaut ist. Eine Ionenbindung ist die elektrostatische Anziehungskraft, die zwischen den entgegengesetzt geladenen Ionen wirksam ist.

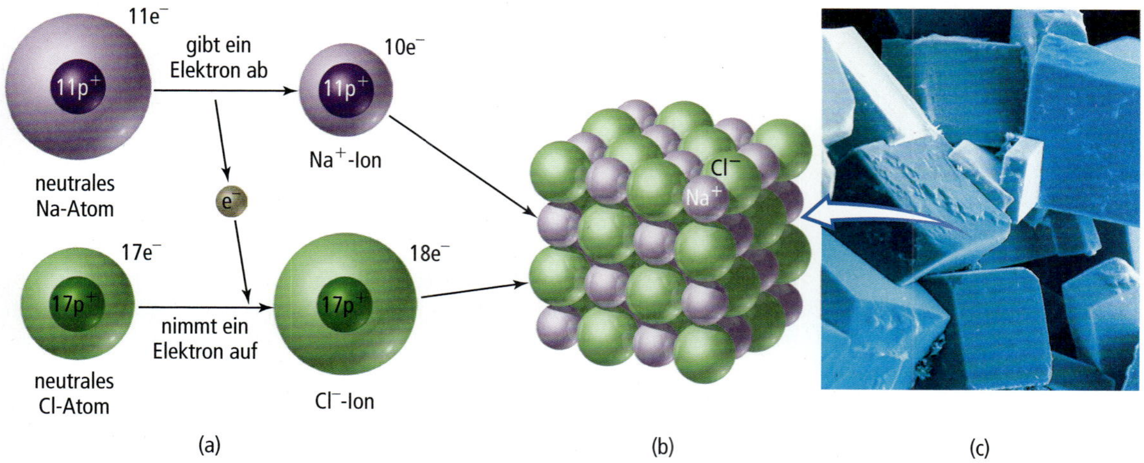

Abbildung 2.18: Die Bildung einer ionischen Verbindung. (a) Durch die Übertragung eines Elektrons von einem neutralen Na-Atom auf ein neutrales Cl-Atom werden ein Na^+-Ion und ein Cl^--Ion gebildet. (b) Anordnung der Ionen in festem Natriumchlorid (NaCl). (c) Natriumchloridkristalle.

Übungsbeispiel 2.7: (Lösung online)
Unterscheidung zwischen ionischen und molekularen Verbindungen

Welche der folgenden Verbindungen sollten ionisch aufgebaut sein: N_2O, Na_2O, $CaCl_2$, SF_4?

A 6 Welche der folgenden Verbindungen sind molekular aufgebaut: CBr_4, FeS, P_4O_6, PbF_2?

Übungsbeispiel 2.8: (Lösung online)
Die Verwendung von Ionenladungen zur Bestimmung von empirischen Formeln ionischer Verbindungen

Wie lauten die empirischen Formeln der Verbindungen, die aus **(a)** Al^{3+}- und Cl^--Ionen, **(b)** Al^{3+}- und O^{2-}-Ionen, **(c)** Mg^{2+}- und NO_3^--Ionen gebildet werden?

A 7 Wie lauten die empirischen Formeln der aus den folgenden Ionen gebildeten Verbindungen: **(a)** Na^+ und PO_4^{3-}, **(b)** Zn^{2+} und SO_4^{2-}, **(c)** Fe^{3+} und CO_3^{2-}?

MERKE !

Ionische Verbindungen bestehen zumeist aus Metall- und Nichtmetallionen, molekulare Verbindungen dagegen nur aus Nichtmetallatomen.

MERKE !

Bei Lewis-Formeln werden die Valenzelektronen als Punkte dargestellt. Ein Elektronenpaar kann auch durch einen Strich dargestellt werden. Die Striche für die bindenden Elektronenpaare werden als Valenzstriche bezeichnet. Die nichtbindenden Elektronenpaare werden als freie Eelektronenpaare gekennzeichnet.

Das Verhältnis der Na^+ zu den Cl^--Ionen im Gitter wird in einer sogenannten Verhältnisformel über die Indices angegeben. Der Index 1 wird vereinbarungsgemäß weggelassen. Im NaCl-Kristallgitter ist ein Na^+-Ion von sechs Cl^--Ionen umgeben und umgekehrt. Das Kationen-/Anionenverhältnis ist also 1 : 1. Man kann also nicht von einem einzelnen NaCl-Teilchen sprechen!

Wir können die empirische Formel einer ionischen Verbindung einfach aufstellen, wenn uns die Ladungen der Ionen, aus denen die Verbindung besteht, bekannt sind. Chemische Verbindungen sind immer elektrisch neutral. Die Ionen in einer ionischen Verbindung liegen immer in solchen Zahlenverhältnissen vor, dass die gesamte positive Ladung der gesamten negativen Ladung entspricht. Es kommt z. B. ein Na^+ auf ein Cl^- (Verhältnisformel: NaCl) und ein Ba^{2+} auf zwei Cl^- (Verhältnisformel: $BaCl_2$).

Wenn Sie diese beiden und weitere Beispiele betrachten, werden Sie feststellen, dass bei gleichen Ladungen von Kation und Anion der Index beider Ionen gleich 1 ist. Wenn die Ladungen nicht gleich groß sind, entspricht die Ladung eines Ions (ohne Vorzeichen) dem Index des anderen Ions („Überkreuz-Regel"). So ist z. B. die aus Mg (das Mg^{2+}-Ionen bildet) und N (das N^{3-}-Ionen bildet) gebildete Verbindung Mg_3N_2.

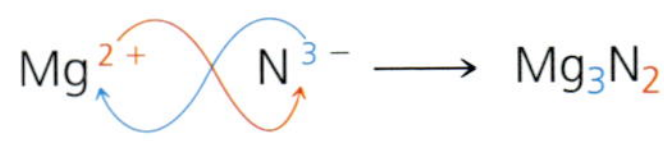

2.7 Molekular aufgebaute Verbindungen und ihre Darstellung in Formeln

Nach dem Lewis-Modell erfolgt der Zusammenhalt zwischen den Atomen eines Moleküls durch ein oder mehrere gemeinsame Elektronenpaare. Der vorliegende Bindungstyp wird als Elektronenpaarbindung (= Atombindung, kovalente Bindung) bezeichnet.

Lewis-Formeln (Elektronenformeln)

Die chemischen Symbolschreibweisen, bei denen Valenzelektronen durch Punkte repräsentiert werden, werden **Lewis-Formeln** genannt. Lewis-Formeln sind nützlich, weil sie uns zeigen, welche Atome miteinander verknüpft sind, und uns sagen, ob Atome *freie Elektronenpaare* oder eine *Formalladung* tragen. Bei dem Hydroniumion und dem Hydroxidion sind die Ladung des Molekülions identisch mit der Formalladung des Sauerstoffs. Die Lewis-Formeln von H_2O, H_3O^+, OH^- und H_2O_2 sind im Folgenden wiedergegeben:

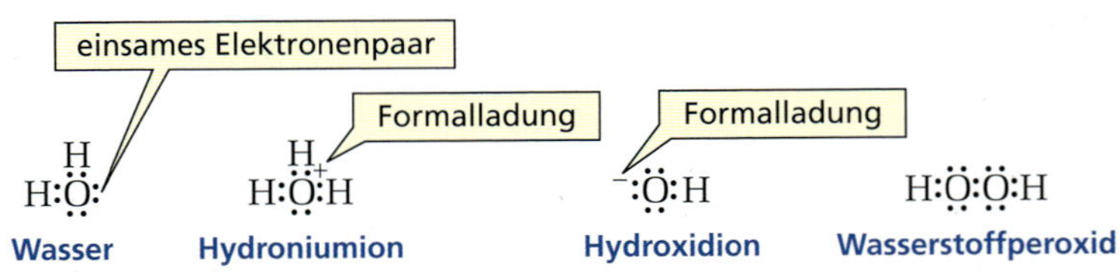

Beachten Sie, dass Atome in Lewis-Formeln stets linear oder rechtwinklig angeordnet sind und wir daraus nichts über die tatsächlichen Bindungswinkel in einem Molekül erfahren.

Teilchen, die aus mehreren Atomen aufgebaut und elektrisch geladen sind bezeichnet man als *Molekülionen*.

Ein Stickstoffatom besitzt fünf Valenzelektronen. Vergewissern Sie sich, dass den Stickstoffatomen in den folgenden Lewis-Formeln die korrekte Formalladung zugewiesen wurde:

Ammoniak **Ammoniumion** **Amidanion** **Hydrazin**

Kohlenstoff besitzt vier Valenzelektronen. Nehmen Sie sich einen Moment Zeit, um sich klarzumachen, warum die Kohlenstoffatome in den folgenden Lewis-Formeln die angegebene Formalladung aufweisen:

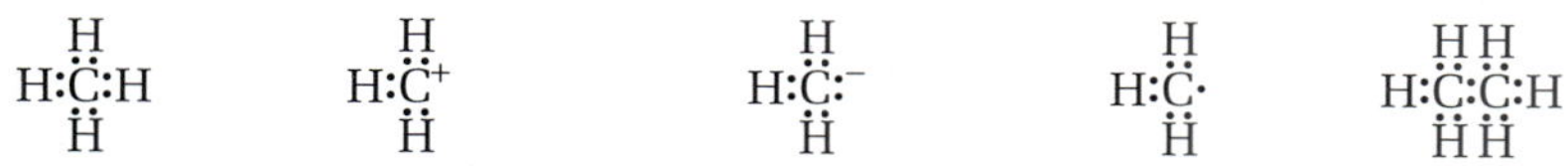

Methan **Methylkation ein Carbokation** **Methylanion ein Carbanion** **Methylradikal** **Ethan**

Ein Molekülion, das ein positiv geladenes Kohlenstoffatom enthält, wird **Carbokation** genannt, eine molekulare Spezies mit einem negativ geladenen Kohlenstoffatom **Carbanion**. Der Begriff Carbokation wird synonym für Carbeniumion verwendet. Eine molekulare oder atomare Spezies mit einem ungepaarten Elektron wird als **Radikal** bezeichnet. Wasserstoff besitzt ein Valenzelektron, und alle Halogene (F, Cl, Br, I, At) besitzen sieben Valenzelektronen.

Proton **Hydrid-ion** **Wasserstoff-radikal** **Bromid-ion** **Brom-radikal** **Brom-molekül** **Chlor-molekül**

Valenzstrichformeln

Bei den **Valenzstrichformeln** wird ein gemeinsames (= bindendes) Elektronenpaar durch einen Strich (= Valenzstrich) zwischen den verbundenen Atomen dargestellt. Das freie Elektronenpaar wird als Strich über oder neben dem Elementsymbol gezeichnet.

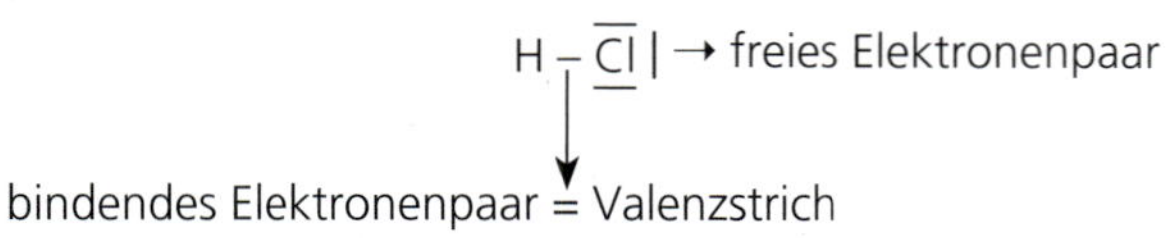

Beispiele für die Darstellung von Stoffen in der Valenzstrichformelschreibweise:

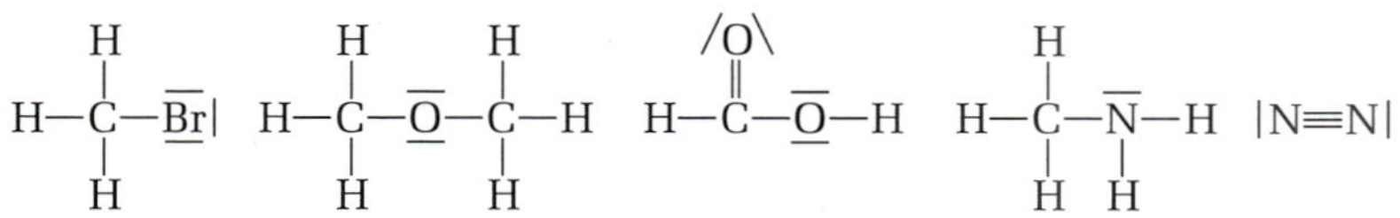

Lässt man die freien Elektronenpaare in der Darstellung weg, so bezeichnet man die Symbolschreibweise als Kekulé-Formel (deutscher Chemiker des 19. Jahrhunderts).

Perspektivische Formeln

Bei der **perspektivischen Formel** werden konventionsgemäß Bindungen, die in der Papierebene liegen, als einfache, gerade Linien wiedergegeben; Bindungen, die aus der Papierebene auf den Betrachter zu herausragen, werden als ausgemalte Keile dargestellt; Bindungen, die aus der Papierebene nach hinten (vom Betrachter weg) hinausragen, werden schließlich als gestrichelte Keile (manchmal auch nur als gestrichelte Linien) dargestellt.

EXTRAS ONLINE Zeichnung von Lewis-Strukturen

A 8 Zeichnen Sie die Lewis-Formeln folgender Verbindungen/Teilchen:

(a) NO_3^- **(b)** NO_2^+ **(c)** $^-C_2H_5$ **(d)** $^+C_2H_5$ **(e)** $CH_3NH_3^+$ **(f)** NaOH **(g)** HCO_3^- **(h)** H_2CO

A 9

(a) Zeichnen Sie zwei Lewis-Formeln für C_2H_6O.

(b) Zeichnen Sie drei Lewis-Formeln für C_3H_8O.

Hinweis: Die beiden gesuchten Lewis-Formelbilder in Teil (a) repräsentieren zwei **Konstitutionsisomere** – Verbindungen, die die gleichen Atome in gleichen Mengenverhältnissen enthalten, sich aber in dem Verknüpfungsmuster der Atome unterscheiden. Die drei Lewis-Formeln in Teil (b) der Übung stellen ebenfalls eine Gruppe von Konstitutionsisomeren dar.

MERKE !

Bei Valenzstrichformeln werden auch alle freien Elektronenpaare als Striche eingezeichnet.

MERKE !

Bei Kekulé-Strukturen werden bindende Elektronenpaare als Striche gezeichnet und freie Elektronenpaare meist weggelassen.

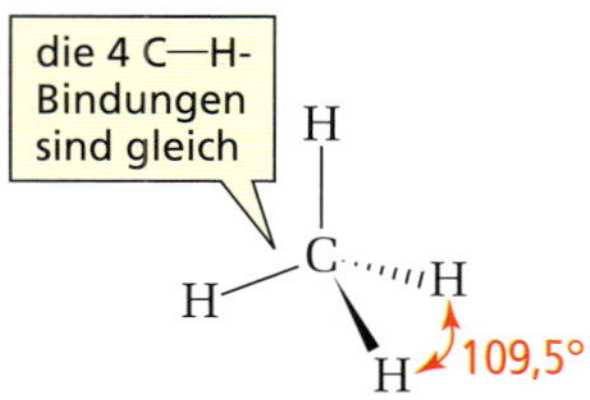

perspektivische Formel des Methans

Kekulé-Strukturen	Kondensierte Strukturformeln

An ein Kohlenstoffatom (C) gebundene Atome werden rechts von diesem geschrieben. Atome, die keine Wasserstoffatome (H) sind, können vom Kohlenstoffatom „abstehend" dargestellt werden.

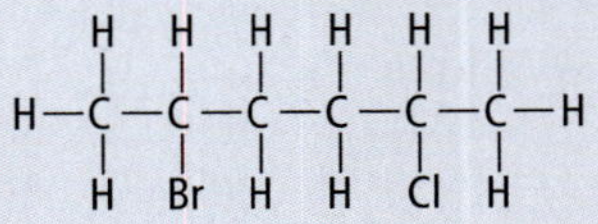

$CH_3CHBrCH_2CH_2CHClCH_3$ oder

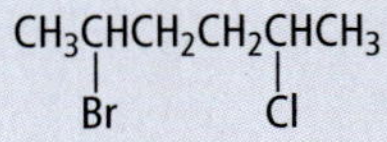

Sich wiederholende CH_2-Gruppen können in Klammern angegeben werden.

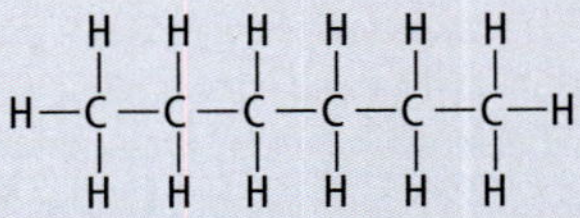

$CH_3CH_2CH_2CH_2CH_2CH_3$ oder $CH_3(CH_2)_4CH_3$

An ein Kohlenstoffatom (C) gebundene Gruppen können (in Klammern) rechts des betreffenden C-Atoms geschrieben werden oder vom Kohlenstoffatom „abstehend" dargestellt werden.

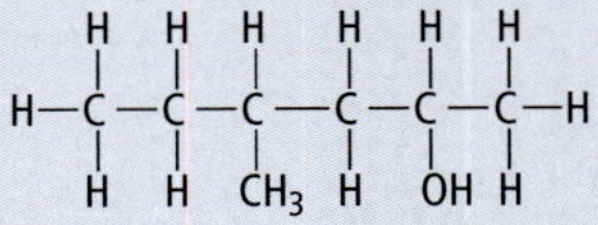

$CH_3CH_2CH(CH_3)CH_2CH(OH)CH_3$ oder

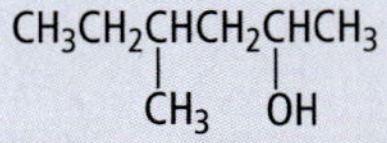

Gruppen an dem am weitesten rechts stehenden Kohlenstoffatom werden nicht in Klammern gesetzt.

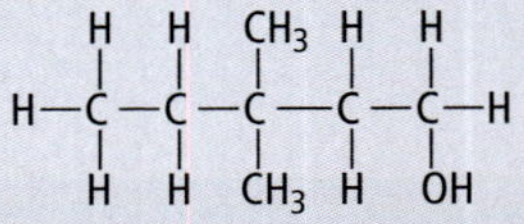

$CH_3CH_2C(CH_3)_2CH_2CH_2OH$ oder

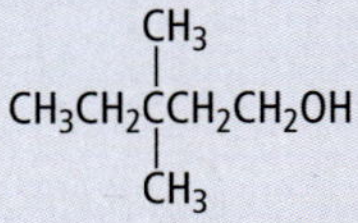

Zwei oder mehr identische Gruppen, die an das „erste" Atom auf der linken Seite gebunden sind, können in Klammern, links von dem Atom, oder von dem Atom „abstehend" dargestellt werden.

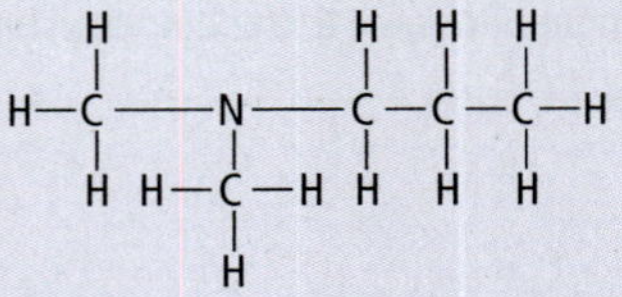

$(CH_3)_2NCH_2CH_2CH_3$ oder

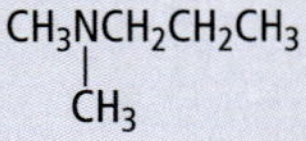

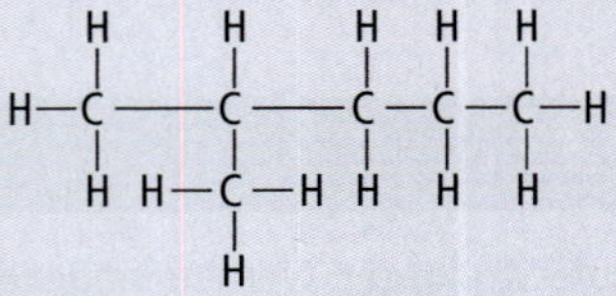

$(CH_3)_2CHCH_2CH_2CH_3$ oder

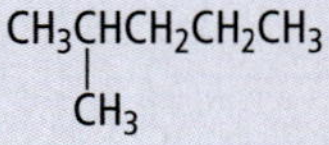

Ein doppelt an ein Kohlenstoffatom gebundenes Sauerstoffatom kann von diesem „abstehend" oder auf dessen rechte Seite gezeichnet werden.

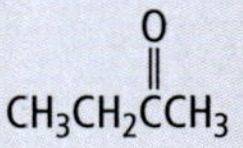

oder $CH_3CH_2COCH_3$ oder $CH_3CH_2C({=}O)CH_3$

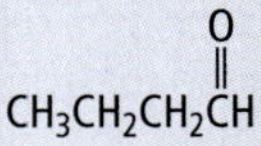

oder $CH_3CH_2CH_2CHO$ oder $CH_3CH_2CH_2CH{=}O$

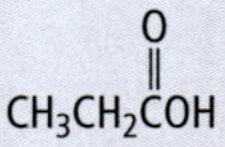

oder $CH_3CH_2CO_2H$ oder CH_3CH_2COOH

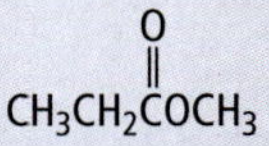

oder $CH_3CH_2CO_2CH_3$ oder $CH_3CH_2COOCH_3$

Tabelle 2.4: Kekulé-Strukturen und kondensierte Strukturformeln.

Kondensierte Strukturformeln

Häufig werden Molekülstrukturen durch Weglassung der Darstellung einiger oder aller kovalenter Bindungen vereinfacht. Die Atome, die an ein bestimmtes Kohlenstoffatom (oder Sauerstoff- oder Stickstoff- etc.) gebunden sind, werden unmittelbar neben dieses geschrieben und die Zahl der betreffenden Atome durch ein Subskript angegeben. Diese Art der formelmäßigen Darstellung chemischer Verbindungen wird als **kondensierte Strukturformel** bezeichnet. Vergleichen Sie die vorausgegangenen Strukturformeln mit den folgenden:

$$CH_3Br \quad CH_3OCH_3 \quad HCO_2H \quad CH_3NH_2 \quad N_2$$

Sie finden weitere Beispiele für kondensierte Strukturformeln sowie die Konventionen, die ihrer Bildung zugrunde liegen, in der ► Tabelle 2.4 zusammengefasst. Beachten Sie, dass jedes C-Atom in den in ► Tabelle 2.4 aufgeführten Formelbildern vier, jedes N-Atom drei, jedes O-Atom zwei, und jedes H-Atom eine Bindung aufweist, da keines der dargestellten Moleküle eine Ladung besitzt.

Gerüstformeln (Skelettformeln)

In der organischen Chemie verwendet man oft auch **Gerüstformeln** (**Skelettformeln**), bei denen das Kohlenstoffgerüst bzw. -skelett der Verbindung durch Striche dargestellt wird, wobei an den Enden und Knicken jeweils ein C-Atom sitzt. H-Atome werden weggelassen, funktionelle Gruppen eingezeichnet.

2.8 Moleküle und molekulare Verbindungen

Das Atom ist die kleinste mögliche Einheit eines Elements. In der Natur kommen jedoch normalerweise nur die Edelgase als einzelne Atome vor. Materie besteht überwiegend aus Molekülen oder Ionen. Ein **Molekül** ist ein Teilchen aus mindestens zwei Atomen, die miteinander verbunden sind.

Moleküle und Molekülformeln

Viele Elemente kommen in der Natur in molekularer Form vor, d. h. dass zwei oder mehr Atome des gleichen Typs ein Teilchen bilden. Der in der Luft vorhandene Sauerstoff besteht z. B. aus Molekülen, die zwei Sauerstoffatome enthalten. Wir drücken diese molekulare Form von Sauerstoff durch die **chemische Formel** O_2 aus (sprich „O zwei"). Der Index des Sauerstoffatoms verrät uns, dass in jedem Molekül zwei Sauerstoffatome vorhanden sind. Ein Molekül, das aus zwei Atomen besteht, wird **biatomares Molekül** genannt. Sauerstoff existiert noch in einer weiteren Molekülform, die als *Ozon* bekannt ist. Ozonmoleküle bestehen aus drei Sauerstoffatomen und haben die chemische Formel O_3. Obwohl sowohl „normaler" Sauerstoff (O_2) als auch Ozon nur aus Sauerstoffatomen bestehen, haben sie doch sehr unterschiedliche chemische und physikalische Eigenschaften. O_2 ist geruchlos, während O_3 einen scharfen, stechenden Geruch hat.

Die Elemente Wasserstoff, Sauerstoff, Stickstoff und die Halogene kommen normalerweise als zweiatomige Moleküle vor. Ihre Positionen im Periodensystem sind in ► Abbildung 2.19 dargestellt. Wenn wir über die Substanz Wasserstoff sprechen, ist damit H_2 gemeint, außer wenn explizit etwas anderes angegeben ist. Genauso meinen wir, wenn wir von Sauerstoff, Stickstoff oder einem der Halogene sprechen, die Moleküle O_2, N_2, F_2, Cl_2, Br_2 oder I_2. Die Eigenschaften von Sauerstoff und Wasserstoff, die in Tabelle 1.3 aufgeführt sind, sind also die von O_2 und H_2. Andere, weniger häufige Formen dieser Elemente haben völlig andere Eigenschaften.

BIOGRAPHIE

Friedrich August Kekulé von Stradonitz (1829–1896). Deutscher Chemiker des 19. Jahrhunderts.

MERKE !

Definition: eine kovalente Bindung, ist eine Bindung, die durch ein gemeinsames Elektronenpaar gebildet wird.

MERKE !

Ein Molekül ist ein Teilchen aus mindestens zwei Atomen (meist Nichtmetallen), die miteinander verbunden sind.

MERKE !

Die Elemente Wasserstoff, Stickstoff Sauerstoff und die Halogene kommen normalerweise als zweiatomige Moleküle vor.

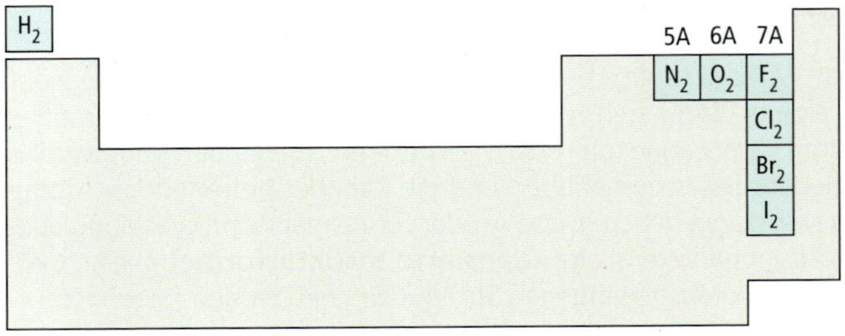

Abbildung 2.19: Zweiatomige Moleküle. Sieben Elemente liegen bei Zimmertemperatur als zweiatomige Moleküle vor.

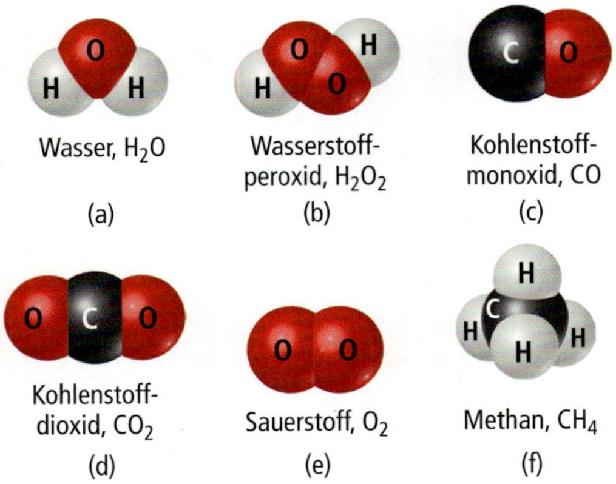

Abbildung 2.20: Molekülmodelle einiger einfacher Moleküle. Beachten Sie, wie die chemischen Formeln dieser Substanzen ihren Zusammensetzungen entsprechen.

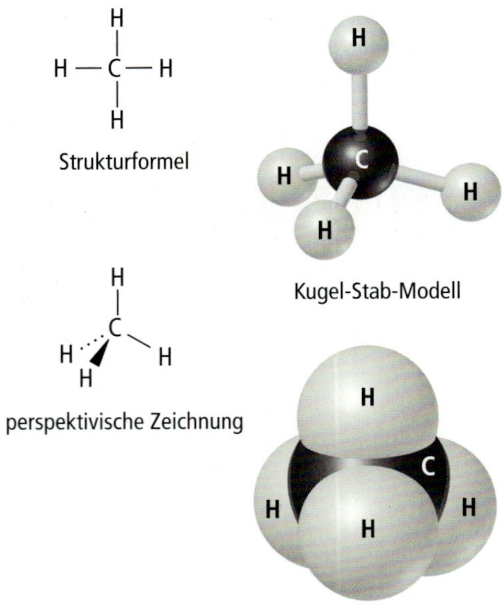

Abbildung 2.21: Verschiedene Darstellungen des Moleküls Methan. Mit Hilfe von Strukturformeln, perspektivischen Zeichnungen, Kugel-Stab-Modellen und Kalottenmodellen können wir uns eine Vorstellung davon machen, wie Atome in Molekülen miteinander verbunden sind. In perspektivischen Zeichnungen stehen einfache Linien für Bindungen in der Papierebene, fettgedruckte Keile für Bindungen, die aus der Papierebene herausragen, und gestrichelte Linien für Bindungen hinter der Papierebene.

EXTRAS ONLINE Namen anorganischer Verbindungen

Verbindungen, die aus Molekülen bestehen, werden **molekulare Verbindungen** genannt. Ein Molekül Wasser besteht z. B. aus zwei Wasserstoffatomen und einem Sauerstoffatom. Es wird daher durch die chemische Formel H_2O repräsentiert. Eine weitere Verbindung, die aus denselben Elementen (mit unterschiedlichen Anteilen) besteht, ist Wasserstoffperoxid H_2O_2. Die Eigenschaften von Wasserstoffperoxid unterscheiden sich wesentlich von denen des Wassers.

In ► Abbildung 2.20 sind verschiedene häufig vorkommende Moleküle aufgelistet. Beachten Sie, dass die Zusammensetzung einer Verbindung durch ihre chemische Formel definiert wird. Achten Sie ebenfalls darauf, dass die hier aufgeführten Substanzen nur aus nichtmetallischen Elementen bestehen. *Die meisten molekularen Substanzen, denen wir begegnen werden, bestehen nur aus Nichtmetallen.*

Die graphische Darstellung von Strukturen

Die Molekülformel einer Substanz gibt die Zusammensetzung der Substanz an. Sie zeigt jedoch nicht, wie die Atome im Molekül angeordnet sind. Anhand der **Strukturformel** einer Substanz lässt sich erkennen, wie die Atome innerhalb des Moleküls verbunden sind.

Eine Strukturformel gibt normalerweise nicht die wirkliche Gestalt des Moleküls, also die Winkel, unter denen die Atome verbunden sind, wieder. Eine Strukturformel kann jedoch als perspektivische Zeichnung dargestellt werden und so einen Eindruck der dreidimensionalen Form des Moleküls vermitteln (wie z. B. in ► Abbildung 2.21).

Wissenschaftler nutzen zudem verschiedene Modelle, um Moleküle bildhaft darzustellen. In *Kugel-Stab-Modellen* werden Atome als Kugeln und Bindungen als Stäbe dargestellt. Dieses Modell hat den Vorteil, dass die Winkel zwischen den Atomen im Molekül korrekt dargestellt werden (► Abbildung 2.21). Atome können dabei durch Kugeln repräsentiert werden, die entweder alle gleich groß sind oder den relativen Größen der Atome entsprechen. Manchmal werden die chemischen Symbole der Elemente über die Kugeln geschrieben, oft werden die Atome jedoch einfach durch die Farbe der Kugeln voneinander unterschieden.

In einem *Kalottenmodell* wird dargestellt, wie das Molekül aussehen würde, wenn man die Atome maßstabsgetreu vergrößern würde. Diese Modelle zeigen die relative Größe der Atome zueinander an. Die Winkel zwischen Atomen sind jedoch oft schwieriger zu erkennen als in Kugel-Stab-Modellen. Wie in Kugel-Stab-Modellen werden die Atome durch ihre Farbe unterschieden, können jedoch auch mit den Symbolen der Elemente bezeichnet sein.

Stöchiometrie: Das Rechnen mit chemischen Formeln und Gleichungen

3

ÜBERBLICK

BIOGRAPHIE

Antoine Lavoisier (1734 –1794). Lavoisier hat viele wichtige Studien zu Verbrennungsreaktionen durchgeführt. Unglücklicherweise wurde seine Laufbahn von der Französischen Revolution beendet. Lavoisier war Mitglied des französischen Adels und Steuereintreiber und wurde 1794 in den letzten Monaten der Herrschaft des Terrors auf der Guillotine hingerichtet. Heute wird er angesichts seiner sorgfältig durchgeführten Experimente und quantitativen Messungen als einer der Begründer der modernen Chemie angesehen.

Das Gebiet der Chemie, das sich mit den Mengen der eingesetzten und gebildeten Stoffe chemischer Reaktionen beschäftigt, wird **Stöchiometrie** genannt. Der Name stammt von den griechischen Wörtern *stoicheion* („Element") und *metron* („messen"). Die Stöchiometrie ist ein wichtiges Werkzeug der Chemie. Mit ihrer Hilfe können wir z. B. die Konzentration von Ozon in der Atmosphäre und die potenzielle Ausbeute einer Goldmine berechnen oder verschiedene Reaktionswege zur Umwandlung von Kohle in gasförmige Treibstoffe miteinander vergleichen.

Die Stöchiometrie basiert auf dem Konzept von Atommassen (siehe Abschnitt 2.4), chemischen Formeln und dem Gesetz der Erhaltung der Masse. Der französische Adlige und Wissenschaftler Antoine Lavoisier hat dieses wichtige chemische Gesetz am Ende des 18. Jahrhunderts entdeckt. In einer 1789 erschienenen Veröffentlichung Lavoisiers findet sich eine eloquente Formulierung dieses Gesetzes: „Es kann als unbestreitbare Tatsache festgehalten werden, dass in künstlichen und natürlichen Vorgängen nichts erschaffen wird. Vor wie nach dem Experiment liegt dieselbe Materie vor. Dieses Prinzip begründet die gesamte Kunst chemischer Experimente." Mit der Entwicklung der Atomtheorie Daltons wurde die Grundlage dieses Gesetzes für Chemiker verständlich: *Atome werden in chemischen Reaktionen weder erschaffen noch zerstört.* In den in einer Reaktion stattfindenden Umwandlungen werden die Atome lediglich neu angeordnet. Vor wie nach der Reaktion sind die gleichen Atome vorhanden.

3.1 Chemische Gleichungen

Chemische Reaktionen können durch **chemische Gleichungen** präzise beschrieben werden. Wenn Wasserstoff (H_2) verbrennt, reagiert er z. B. mit dem Sauerstoff (O_2) der Luft und bildet Wasser (H_2O). Wir können für diese Reaktion die folgende chemische Gleichung aufstellen:

$$2\,H_2 + O_2 \longrightarrow 2\,H_2O \qquad (3.1)$$

Dabei steht das Zeichen + für „und" und der Pfeil für „reagieren zu". Die chemischen Formeln auf der linken Seite des Pfeils symbolisieren die Ausgangssubstanzen, die **Reaktanten** (Edukte) genannt werden. Die chemischen Formeln auf der rechten Seite des Pfeils symbolisieren die Substanzen, die bei der Reaktion entstehen, die **Produkte** genannt werden. Die Zahlen, die vor diesen Formeln stehen, werden *Koeffizienten* genannt. Wie in algebraischen Gleichungen wird dabei die Zahl 1 normalerweise nicht angegeben. Die Koeffizienten geben die relative Anzahl der an der Reaktion beteiligten Moleküle bzw. Formeleinheiten an.

Weil Atome während einer Reaktion weder erschaffen noch zerstört werden, muss die Anzahl der einzelnen Atome auf der linken und der rechten Seite der Gleichung gleich sein. Wenn diese Bedingung erfüllt ist, ist die Gleichung *ausgeglichen*.

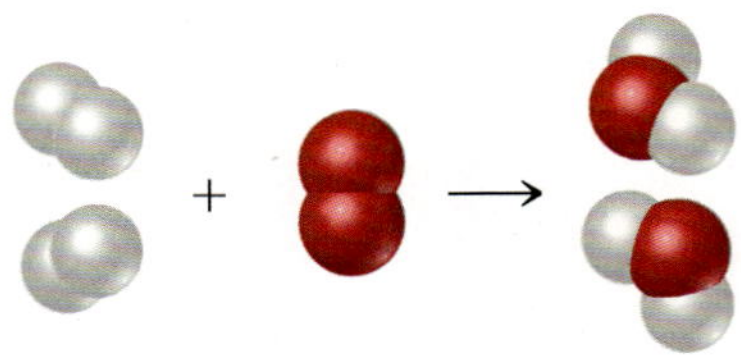

Ausgleichen von Gleichungen

Beim Ausgleichen von Gleichungen ist es wichtig, zwischen einem Koeffizienten vor einer chemischen Formel und den Indizes der Formel zu unterscheiden (► Abbildung 3.1). Beachten Sie, dass sich durch eine Änderung der Indizes der Formel – z. B. von H_2O zu H_2O_2 – die Identität der Chemikalie verändert. Die Substanz H_2O_2, Wasserstoffperoxid, unterscheidet sich wesentlich von der Substanz H_2O, Wasser.

A 1 Gleichen Sie die folgenden Reaktionsgleichungen aus, indem Sie die fehlenden Koeffizienten ermitteln:
(a) $\_\,Fe(s) + \_\,O_2(g) \longrightarrow \_\,Fe_2O_3(s)$
(b) $\_\,C_2H_4(g) + \_\,O_2(g) \longrightarrow \_\,CO_2(g) + \_\,H_2O(g)$
(c) $\_\,Al(s) + \_\,HCl(aq) \longrightarrow \_\,AlCl_3(aq) + \_\,H_2(g)$

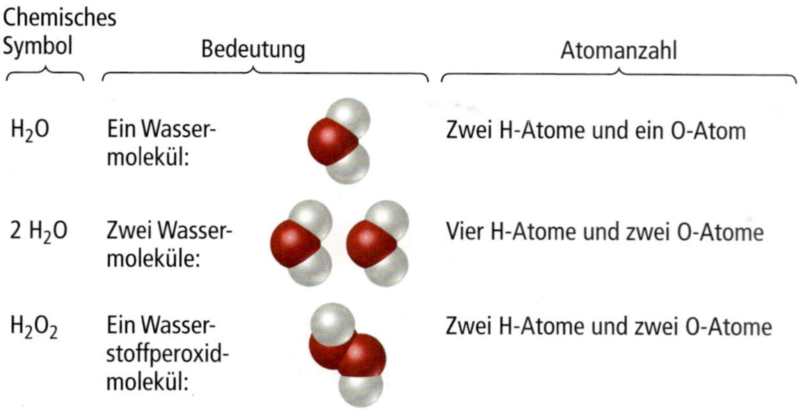

Abbildung 3.1: Unterschied zwischen dem Index einer chemischen Formel und dem vor der chemischen Formel stehenden Koeffizienten. Beachten Sie, dass das Hinzufügen des Koeffizienten 2 vor eine Formel (Zeile 2) andere Auswirkungen auf die Atomanzahl hat als das Hinzufügen des Indexes 2 zur Formel (Zeile 3). Man erhält die Anzahl der Atome eines Elements, indem man den Koeffizienten mit dem jeweiligen Index des Elements multipliziert.

MERKE !

Beim Ausgleichen einer Gleichung dürfen niemals die Indizes der chemischen Formeln verändert werden, sondern nur die Koeffizienten.

MERKE !

Man beginnt beim Ausgleichen mit den Elementen, die auf beiden Seiten der Gleichung in den wenigsten Formeln vorkommen.

Angabe der Aggregatzustände von Reaktanten und Produkten

Zur Angabe der physikalischen Zustände der Reaktanten und Produkte werden den Formeln in Reaktionsgleichungen oft zusätzliche Informationen hinzugefügt. Dabei werden die Symbole (*g*), (*l*), (*s*) und (*aq*) für Gase, Flüssigkeiten, Festkörper und wässrige Lösungen verwendet. Die Verbrennung von Methan kann also folgendermaßen geschrieben werden:

$$CH_4(g) + 2\,O_2(g) \longrightarrow CO_2(g) + 2\,H_2O(g) \qquad (3.2)$$

Manchmal werden auch die Bedingungen (wie Temperatur oder Druck), unter denen eine Reaktion stattfindet, oberhalb oder unterhalb des Reaktionspfeils angegeben. Das Symbol Δ (der große griechische Buchstabe Delta) wird häufig verwendet, um die Reaktionswärme anzugeben.

3.2 Häufig vorkommende chemische Reaktionsmuster

Bildungs- und Zerfallsreaktionen

In ► Tabelle 3.1 sind zwei Reaktionsarten zusammengefasst: Bildungs- und Zerfallsreaktionen. In **Bildungsreaktionen** (Synthesen) reagieren mindestens zwei Substanzen zu einem Produkt. Es gibt viele Beispiele solcher Reaktionen, wobei insbesondere Reaktionen zu nennen sind, in denen aus zwei Elementen eine Verbindung entsteht. Das Metall Magnesium verbrennt z. B. mit blendend heller Flamme an der Luft zu Magnesiumoxid (► Abbildung 3.2):

$$2\,Mg(s) + O_2(g) \longrightarrow 2\,MgO(s) \qquad (3.3)$$

Diese Reaktion wird verwendet, um helle Flammen für Leuchtsignale zu erzeugen.

In einer **Zerfallsreaktion** bildet eine Substanz mindestens zwei andere Substanzen. Viele Verbindungen unterliegen beim Erhitzen Zerfallsreaktionen. Viele Metallcarbonate zerfallen unter Hitzeeinfluss zu Metalloxiden und Kohlendioxid:

$$CaCO_3(s) \longrightarrow CaO(s) + CO_2(g) \qquad (3.4)$$

Der Zerfall von $CaCO_3$ ist ein wichtiger industrieller Vorgang. In diesem Prozess werden Kalkstein und Muschelschalen, also $CaCO_3$, verwendet, aus denen durch Erhitzen CaO gewonnen wird, eine Substanz, die als Branntkalk bekannt ist. In den USA werden jährlich ca. 2×10^{10}g (20 Mill. Tonnen) CaO verbraucht, ein Großteil davon für die Glasherstellung, die Gewinnung von Eisen aus Eisenerz und die Herstellung von Mörtel zur Verarbeitung von Ziegelsteinen.

EXTRAS ONLINE Reaktionen mit Sauerstoff (Video)

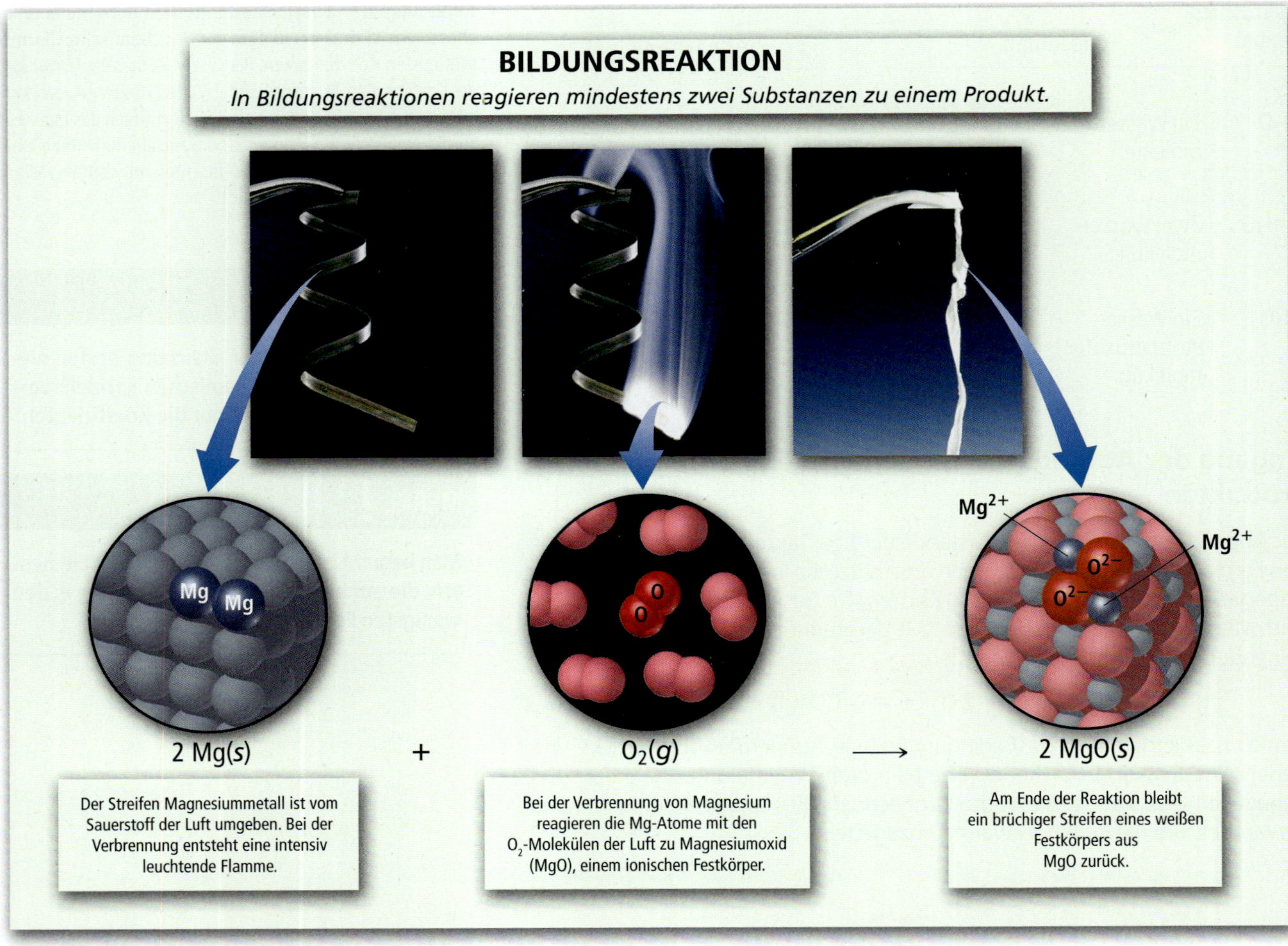

Abbildung 3.2: Verbrennung von Magnesium an Luft.

Abbildung 3.3: Airbag eines Autos. Der Zerfall von Natriumazid, $NaN_3(s)$, wird zum Aufblasen von Airbags verwendet. NaN_3 zerfällt nach der Zündung schnell unter Bildung von gasförmigem Stickstoff, $N_2(g)$, der den Airbag füllt.

Bildungsreaktionen (Synthesen)	
$A + B \longrightarrow C$	Zwei Reaktanten werden zu einem einzigen Produkt kombiniert. Viele Verbindungen werden auf diese Weise aus ihren Elementen gebildet.
$C(s) + O_2(g) \longrightarrow CO_2(g)$	
$N_2(g) + 3\,H_2(g) \longrightarrow 2\,NH_3(g)$	
$CaO(s) + H_2O(l) \longrightarrow Ca(OH)_2(s)$	
Zerfallsreaktionen	
$C \longrightarrow A + B$	Ein einzelner Reaktant zerfällt in mindestens zwei Substanzen. Viele Verbindungen reagieren auf diese Weise, wenn sie erhitzt werden.
$2\,KClO_3(s) \longrightarrow 2\,KCl(s) + 3\,O_2(g)$	
$PbCO_3(s) \longrightarrow PbO(s) + CO_2(g)$	
$Cu(OH)_2(s) \longrightarrow CuO(s) + H_2O(l)$	

Tabelle 3.1: Bildungs- und Zerfallsreaktionen.

Der Zerfall von Natriumazid (NaN_3) führt zur schnellen Freisetzung von $N_2(g)$. Diese Reaktion wird z. B. zum Auslösen von Airbags in Autos eingesetzt (► Abbildung 3.3):

$$2\,NaN_3(s) \longrightarrow 2\,Na(s) + 3\,N_2(g) \qquad (3.5)$$

Das System ist so konstruiert, dass bei einem Stoß eine Zündkapsel entzündet wird. Dies wiederum hat den explosionsartigen Zerfall von NaN_3 zur Folge. Aus einer kleinen Menge NaN_3 (ungefähr 100 g) entsteht dabei eine große Menge Gas (ungefähr 50 l).

Verbrennung an Luft

Verbrennungsreaktionen sind schnell ablaufende Reaktionen, bei denen in der Regel eine Flamme entsteht. Die Mehrzahl der Verbrennungsreaktionen, die wir beobachten, laufen mit O_2 aus der Luft ab. ► Gleichung 3.2 ist ein Beispiel für eine allgemeine Reaktionsklasse, in der Kohlenwasserstoffe (Verbindungen, die wie CH_4 oder C_2H_4 nur Kohlenstoff und Wasserstoff enthalten) verbrannt werden.

Wenn Kohlenwasserstoffe an der Luft verbrannt werden, reagieren sie mit O_2 zu CO_2 und H_2O*. Die Anzahl der für die Reaktion benötigten O_2-Moleküle und die Anzahl der in der Reaktion gebildeten CO_2- und H_2O-Moleküle hängen von der Zusammensetzung des Kohlenwasserstoffs ab, der als Treibstoff der Reaktion dient. Die Verbrennung von Propan (C_3H_8), einem Gas, das zum Kochen und Heizen verwendet wird, kann z. B. durch die folgende Gleichung beschrieben werden:

$$C_3H_8(g) + 5\,O_2(g) \longrightarrow 3\,CO_2(g) + 4\,H_2O(g) \qquad (3.6)$$

Der Aggregatzustand des Wassers, $H_2O(g)$ oder $H_2O(l)$, hängt von den Bedingungen ab, unter denen die Reaktion stattfindet. Bei hohen Temperaturen und Normaldruck bildet sich gasförmiges Wasser $H_2O(g)$. Die bei der Verbrennung von Propan entstehende Flamme ist in ► Abbildung 3.4 gezeigt.

Bei der Verbrennung von Kohlenwasserstoffderivaten, wie z. B. CH_3OH, werden ebenfalls CO_2 und H_2O gebildet. Durch die einfache Regel, dass Kohlenwasserstoffe und verwandte Sauerstoffderivate von Kohlenwasserstoffen bei der Verbrennung an Luft CO_2 und H_2O bilden, wird das Verhalten von ungefähr 3 Millionen Verbindungen zusammengefasst. Viele Substanzen, die unser Körper als Energiequelle nutzt (wie z. B. Glucose ($C_6H_{12}O_6$)), unterliegen in unserem Körper ähnlichen Reaktionen mit O_2, in denen CO_2 und H_2O gebildet werden. Im Körper finden diese Reaktionen jedoch schrittweise statt und laufen bei Körpertemperatur ab (aerobe Dissimilation, Zellatmung).

* Bei einem Mangel an O_2 wird neben CO_2 auch Kohlenmonoxid (CO) gebildet. Eine solche Reaktion wird *unvollständige* Verbrennung genannt. Wenn die vorhandene Menge O_2 sehr gering ist, entstehen kleine Kohlenstoffteilchen, die wir als Ruß kennen. Bei einer *vollständigen* Verbrennung entstehen nur CO_2 und H_2O. Wenn nichts anderes angegeben ist, bezeichnen wir mit dem Wort *Verbrennung* immer eine *vollständige Verbrennung*.

Übungsbeispiel 3.1: (Lösung online)
Aufstellen von ausgeglichenen Reaktionsgleichungen bei Bildungs- und Zerfallsreaktionen

Schreiben Sie die ausgeglichenen Gleichungen der folgenden Reaktionen auf: **(a)** Die Bildungsreaktion zwischen dem Metall Lithium und Fluorgas. **(b)** Die Zerfallsreaktion von festem Bariumcarbonat unter Hitzeeinfluss. Dabei werden zwei Produkte gebildet: ein Festkörper und ein Gas.

A 2 Geben Sie die ausgeglichenen chemischen Gleichungen der folgenden Reaktionen an:

(a) Festes Quecksilber(II)sulfid zerfällt beim Erhitzen in seine elementaren Bestandteile.

(b) Die Oberfläche eines Metallstücks aus Aluminium geht eine Reaktion mit Luftsauerstoff ein.

Übungsbeispiel 3.2: (Lösung online)
Aufstellen von ausgeglichenen Reaktionsgleichungen bei Verbrennungsreaktionen

Geben Sie die ausgeglichene Reaktionsgleichung der Verbrennung von Methanol $CH_3OH(l)$ an Luft an.

A 3 Geben Sie die ausgeglichene Reaktionsgleichung der Verbrennung von Ethanol, $C_2H_5OH(l)$, an Luft an.

Abbildung 3.4: An Luft verbrennendes Propan. Das flüssige Propan, C_3H_8, verdampft und vermischt sich beim Austreten aus der Düse mit Luft. Bei der Verbrennungsreaktion von C_3H_8 und O_2 entsteht eine blaue Flamme.

MERKE !

Kohlenwasserstoffe und deren Sauerstoffderivate verbrennen an der Luft zu CO_2 und H_2O.

3.3 Formelmasse

Formel- und Molekülmasse

Die **Formelmasse** einer Substanz ergibt sich aus der Summe der Atommassen der in der chemischen Formel enthaltenen Atome. Aus den in einem Periodensystem enthaltenen Atommassen können wir z. B. entnehmen, dass die Formelmasse von Schwefelsäure (H_2SO_4) gleich 98,1 u ist*:

$$\begin{aligned} \text{FM von } H_2SO_4 &= 2(\text{AM von H}) + (\text{AM von S}) + 4(\text{AM von O}) \\ &= 2(1{,}0\ \text{u}) + 32{,}1\ \text{u} + 4(16{,}0\ \text{u}) \\ &= 98{,}1\ \text{u} \end{aligned}$$

Zur Vereinfachung haben wir bei der Berechnung alle Atommassen auf die erste Nachkommastelle gerundet. Wir werden Atommassen in den meisten behandelten Aufgaben auf diese Weise runden.

Wenn die chemische Formel nur aus dem chemischen Symbol eines Elements besteht (wie z. B. Na), entspricht die Formelmasse der Atommasse des Elements. Wenn es sich um eine chemische Formel eines Moleküls handelt, wird die Formelmasse auch **Molekülmasse** genannt. Die Molekülmasse von Glucose ($C_6H_{12}O_6$) ist z. B. gleich:

$$\text{MM von } C_6H_{12}O_6 = 6(12{,}0\ \text{u}) + 12(1{,}0\ \text{u}) + 6(16{,}0\ \text{u}) = 180{,}0\ \text{u}$$

Weil ionische Substanzen wie NaCl als dreidimensionaler Verbund aus Ionen vorliegen (► Abbildung 2.18), kann man nicht von Molekülen sprechen, sondern von *Formeleinheiten*, die der chemischen Formel der Substanz entsprechen. Die Formeleinheit von NaCl besteht aus einem Na^+-Ion und einem Cl^--Ion. Die Formelmasse von NaCl ist gleich der Masse einer Formeleinheit:

$$\text{FM von NaCl} = 23{,}0\ \text{u} + 35{,}5\ \text{u} = 58{,}5\ \text{u}$$

Übungsbeispiel 3.3: (Lösung online)
Berechnung von Formelgewichten

Berechnen Sie die Formelmasse von
(a) Saccharose, $C_{12}H_{22}O_{11}$ (Rohrzucker) und
(b) Calciumnitrat, $Ca(NO_3)_2$.

A 4 Berechnen Sie die Formelmasse von **(a)** $Al(OH)_3$ und **(b)** CH_3OH.

Berechnung der prozentualen Zusammensetzung mit Hilfe von Formeln

Manchmal ist es notwendig, die *prozentuale Zusammensetzung* einer Verbindung (d. h. die Massenanteile w der einzelnen Elemente einer Substanz) zu ermitteln. Um z. B. die Reinheit einer Verbindung zu überprüfen, können wir die berechnete prozentuale Zusammensetzung einer Substanz mit experimentell ermittelten Werten vergleichen. Die Berechnung der prozentualen Zusammensetzung ist recht einfach, wenn die chemische Formel der Substanz bekannt ist. Der prozentuale Anteil eines Elements ergibt sich aus dem Formelgewicht der Substanz, der Atommasse des betrachteten Elements und der Anzahl der Atome dieses Elements in der chemischen Formel:

$$w\,(\text{Element}) = \frac{(\text{Anzahl der Atome dieses Elements})(\text{Atommasse des Elements})}{\text{Formelmasse der Verbindung}} \times 100\,\% \qquad (3.7)$$

Übungsbeispiel 3.4: (Lösung online)
Berechnung der prozentualen Zusammensetzung

Berechnen Sie die prozentualen Massenanteile von Kohlenstoff, Wasserstoff und Sauerstoff in $C_{12}H_{22}O_{11}$.

A 5 Berechnen Sie den prozentualen Massenanteil von Stickstoff in $Ca(NO_3)_2$.

3.4 Die Avogadrokonstante und das Mol

Selbst die kleinsten Proben, mit denen wir im Labor arbeiten, bestehen aus einer ungeheuer großen Anzahl an Atomen, Ionen oder Molekülen. Ein Teelöffel Wasser (ungefähr 5 mL) enthält z. B. 2×10^{23} Wassermoleküle, eine Zahl, die unsere Vorstellungskraft übersteigt. Aus diesem Grund haben Chemiker eine Zähleinheit entwickelt, mit der solch große Zahlen einfacher beschrieben werden können.

EXTRAS ONLINE Strategien in der Chemie: Problemlösungen

* Die Abkürzung AM steht für Atommasse, FM für Formelmasse und MM für Molekülmasse.

Wir verwenden im täglichen Leben Zähleinheiten wie z. B. das Dutzend (12 Stück), um eine größere Anzahl von Objekten zu beschreiben. In der Chemie wurde zur Beschreibung einer großen Anzahl von Atomen, Ionen oder Molekülen, wie sie in einer normalen Probe auftreten, die Einheit Mol eingeführt.* Ein Mol ist die **Stoffmenge(n)**, die so viele Teilchen (Atome, Moleküle oder beliebige andere Objekte) enthält, wie Atome in genau 12 g des reinen Kohlenstoffisotops ^{12}C vorhanden sind. Wissenschaftler haben in Experimenten ermittelt, dass diese Anzahl gleich $6{,}0221421 \times 10^{23}$ ist. Diese Anzahl bezogen auf die Stoffmenge 1 mol wird zu Ehren von Amedeo Avogadro (1776–1856), einem italienischen Wissenschaftler, **Avogadrokonstante (N_A)** genannt. Für die meisten Zwecke werden wir den Zahlenwert auf $6{,}02 \times 10^{23}$ oder $6{,}022 \times 10^{23}$ runden.

$$N_A = 6{,}022 \cdot 10^{23} \cdot \frac{1}{\text{mol}}$$

Ein Mol Atome, ein Mol Moleküle oder ein Mol anderer Teilchen enthält eine Anzahl an Teilchen, die der Avogadrozahl entspricht:

$$1\ \text{mol}\ ^{12}\text{C-Atome} = 6{,}02 \times 10^{23}\ ^{12}\text{C-Atome}$$

$$1\ \text{mol}\ H_2O\text{-Moleküle} = 6{,}02 \times 10^{23}\ H_2O\text{-Moleküle}$$

$$1\ \text{mol}\ NO_3^-\text{-Ionen} = 6{,}02 \times 10^{23}\ NO_3^-\text{-Ionen}$$

Die Avogadrozahl ist so groß, dass es schwer fällt, sich eine Vorstellung von ihrer Dimension zu machen. Wenn man $6{,}02 \times 10^{23}$ Murmeln über die gesamte Erdoberfläche verteilen würde, würde sich eine Schicht von ungefähr 5 km Dicke ergeben. Wenn man $6{,}02 \times 10^{23}$ Centstücke nebeneinander legen würde, könnte man mit diesen die Erde 300 Billionen Mal (3×10^{14}) umspannen.

Übungsbeispiel 3.5: (Lösung online)
Umrechnen der Stoffmenge in Mol in die Anzahl der Atome

Berechnen Sie die Anzahl der H-Atome in 0,350 mol von $C_6H_{12}O_6$.

A 6 Wie viele Sauerstoffatome sind in
(a) 0,25 mol $Ca(NO_3)_2$ und
(b) 1,50 mol Natriumcarbonat enthalten?

Molare Masse

Ein Dutzend ist immer die gleiche Anzahl (nämlich 12), egal, ob es sich um ein Dutzend Eier oder ein Dutzend Elefanten handelt. Ein Dutzend Eier hat jedoch selbstverständlich eine andere Masse als ein Dutzend Elefanten. Genauso ist ein Mol immer die *gleiche Anzahl* ($6{,}02 \times 10^{23}$), Proben von einem Mol verschiedener Substanzen haben jedoch *verschiedene Massen*. Vergleichen Sie z. B. 1 mol von ^{12}C mit 1 mol von ^{24}Mg. Ein einzelnes ^{12}C-Atom hat eine Masse von 12 u, während ein einzelnes ^{24}Mg Atom die doppelte Masse, also 24 u hat. Weil ein Mol immer aus derselben Anzahl an Teilchen besteht, muss ein Mol von ^{24}Mg die doppelte Masse haben wie ein Mol von ^{12}C. Ein Mol von ^{12}C hat (per Definition) eine Masse von 12 g. Ein Mol von ^{24}Mg hat daher eine Masse von 24 g. In diesem Beispiel wird eine allgemeine Regel deutlich, die die Masse eines Atoms mit der Masse von 1 mol dieser Atome verbindet: *Die Masse eines einzelnen Atoms eines Elements (in u) entspricht zahlenmäßig der Masse (in Gramm) von 1 mol dieses Elements.* Diese Aussage ist unabhängig vom Element immer richtig:

1 Atom von ^{12}C hat eine Masse von 12 u $\Rightarrow$
1 mol ^{12}C hat eine Masse von 12 g

1 Atom von Cl hat ein Atomgewicht von 35,5 u $\Rightarrow$
1 mol Cl hat eine Masse von 35,5 g

1 Atom von Au hat ein Atomgewicht von 197 u $\Rightarrow$
1 mol Au hat eine Masse von 197 g

Beachten Sie, dass wir bei der genauen Betrachtung eines bestimmten Isotops eines Elements die exakte Masse dieses Isotops und nicht nur die Massenzahl

Übungsbeispiel 3.6: (Lösung online)
Berechnung der molaren Masse

Welche Masse in Gramm hat 1,000 mol Glucose, $C_6H_{12}O_6$?

A 7 Berechnen Sie die molare Masse von $Ca(NO_3)_2$.

* Der Ausdruck *Mol* stammt vom lateinischen Wort *moles*, das so viel bedeutet wie „eine Masse". Das Wort Molekül ist die diminuitive Form des Begriffes und bedeutet „eine kleine Masse"

Substanzname	Formel	Formelmasse (u)	Molare Masse (g/mol)	Anzahl und Art der in einem Mol vorhandenen Teilchen
Atomarer Stickstoff	N	14,0	14,0	$6{,}022 \times 10^{23}$ N-Atome
Molekularer Stickstoff	N_2	28,0	28,0	$6{,}022 \times 10^{23}$ N_2-Moleküle
				$2(6{,}022 \times 10^{23})$ N-Atome
Silber	Ag	107,9	107,9	$6{,}022 \times 10^{23}$ Ag-Atome
Silberionen	Ag^+	107,9*	107,9	$6{,}022 \times 10^{23}$ Ag^+-Ionen
				$6{,}022 \times 10^{23}$ $BaCl_2$-Einheiten
Bariumchlorid	$BaCl_2$	208,2	208,2	$6{,}022 \times 10^{23}$ Ba^{2+}-Ionen
				$2(6{,}022 \times 10^{23})$ Cl^--Ionen

* Erinnern Sie sich daran, dass die Masse des Elektrons vernachlässigt werden kann und Ionen und Atome daher im Wesentlichen die gleiche Masse haben.

Tabelle 3.2: Stoffmengen.

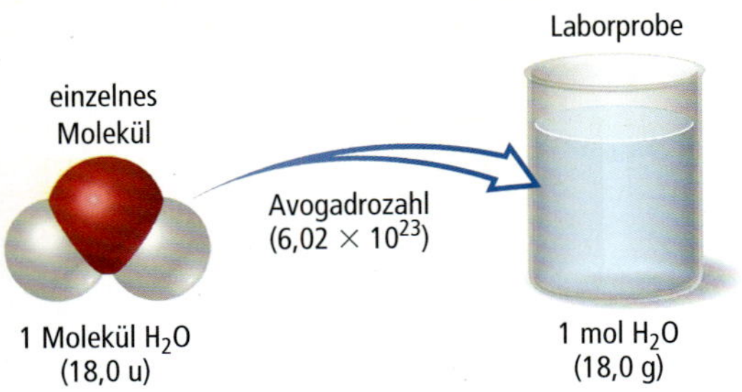

Abbildung 3.5: Vergleich der Masse von 1 Molekül H_2O und 1 mol H_2O. Beachten Sie, dass die Massen die gleichen numerischen Beträge, aufgrund ihres großen Massenunterschieds aber unterschiedliche Einheiten aufweisen (18,0 u gegenüber 18,0 g).

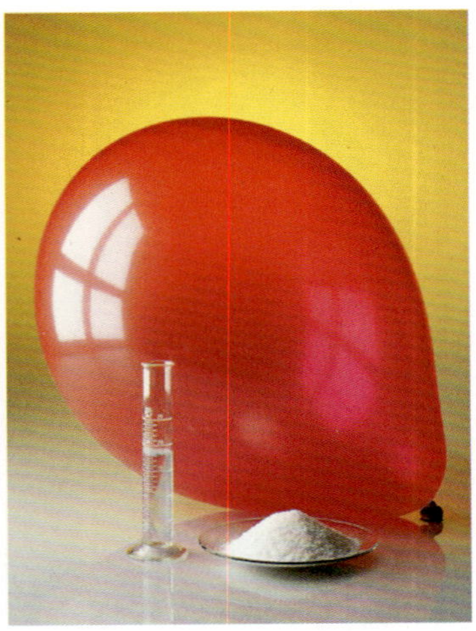

Abbildung 3.6: Ein Mol eines Festkörpers, einer Flüssigkeit und eines Gases. Ein Mol des Festkörpers NaCl hat eine Masse von 58,45 g. Ein Mol H_2O, der Flüssigkeit, hat eine Masse von 18,0 g und nimmt ein Volumen von 18,0 mL ein. Ein Mol des Gases O_2 hat eine Masse von 32,0 g und füllt einen Luftballon, dessen Durchmesser 35 cm beträgt.

verwenden. Ansonsten verwenden wir die durchschnittliche Atommasse des Elements.

Bei anderen Substanzklassen gilt zwischen der Formelmasse (in u) und der Masse (in Gramm) eines Mols der Substanz die gleiche Beziehung:

1 H_2O-Molekül hat eine Masse von 18,0 u $\Rightarrow$
1 mol H_2O hat eine Masse von 18,0 g

1 NO_3^--Ion hat eine Masse von 62,0 u $\Rightarrow$
1 mol NO_3^- hat eine Masse von 62,0 g

1 NaCl-Einheit hat eine Masse von 58,5 u $\Rightarrow$
1 mol NaCl hat eine Masse von 58,5 g

Aus ► Abbildung 3.5 wird die Beziehung zwischen der Masse eines einzelnen Moleküls H_2O und eines Mols H_2O ersichtlich.

Die Masse (m) in Gramm eines Mols einer Substanz (d. h. die Masse in Gramm pro Mol) wird die **molare Masse** (M) dieser Substanz genannt

$$M = \frac{m}{n}.$$

Die molare Masse (M) (in g/mol) einer Substanz ist numerisch immer gleich der Formelmasse der Substanz (in u). Die Substanz NaCl hat z. B. eine Formelmasse von 58,5 u und eine molare Masse von 58,5 g/mol. In ► Tabelle 3.2 sind weitere Beispiele zu Berechnungen mit der Einheit Mol und in ► Abbildung 3.6 je ein Mol einiger gebräuchlicher Substanzen dargestellt.

Umrechnung von Massen und Teilchenzahlen

Mit Hilfe des Konzepts der Stoffmenge steht uns eine Beziehung zwischen der Masse und der Anzahl der Teilchen zur Verfügung. Um zu verdeutlichen, wie wir die Masse in die Anzahl der Teilchen umrechnen können, lassen Sie uns berechnen, wie viele Kupferatome sich in einem antiken Kupferpfennig befinden. Ein solcher Pfennig wiegt ungefähr 3 g und wir nehmen an, dass er zu 100 % aus Kupfer besteht.

$$N\,(\text{Cu-Atome}) = (3\ \cancel{\text{g Cu}})\left(\frac{1\ \cancel{\text{mol Cu}}}{63{,}5\ \cancel{\text{g Cu}}}\right)\left(\frac{6{,}02 \times 10^{23}\ \text{Cu-Atome}}{1\ \cancel{\text{mol Cu}}}\right)$$

$$= 3 \times 10^{22}\ \text{Cu-Atome}$$

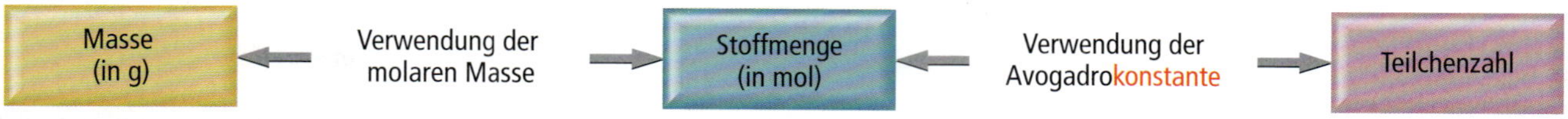

Abbildung 3.7: Vorgehensweise bei der Umrechnung der Masse und der Anzahl der Formeleinheiten einer Substanz. Die Stoffmenge einer Substanz spielt bei der Berechnung eine zentrale Rolle. Das Stoffmengenkonzept kann daher als Verknüpfung der Masse einer Substanz in Gramm mit der Anzahl der Formeleinheiten angesehen werden.

3.5 Bestimmung der empirischen Formel aus Analysen

In der empirischen Formel (Verhältnisformel) einer Substanz ist die relative Anzahl der Atome der einzelnen Elemente angegeben. Die empirische Formel H_2O gibt z. B. an, dass Wasser zwei H-Atome pro O-Atom enthält. Dieses Verhältnis ist auch auf der molaren Ebene gültig. 1 mol von H_2O enthält 2 mol H-Atome und 1 mol O-Atome. Wir können umgekehrt aus dem Molverhältnis der Elemente einer Verbindung die Indizes der empirischen Formel der Verbindung berechnen. Mit Hilfe des Konzepts der Stoffmenge ist es uns also wie in den folgenden Beispielen möglich, die empirische Formel einer chemischen Substanz zu bestimmen.

Quecksilber und Chlor reagieren zu einer Verbindung, die aus 73,9 Massen-% Quecksilber und 26,1 Massen-% Chlor besteht. Eine Probe von 100,0 g des Festkörpers würde also 73,9 g Quecksilber (Hg) und 26,1 g Chlor (Cl) enthalten. (Für die Lösung von Aufgaben dieses Typs kann eine beliebige Probengröße verwendet werden, wir werden jedoch im Allgemeinen Proben von 100,0 g verwenden, um die Berechnung der Masse aus der Prozentzahl zu vereinfachen.) Wir erhalten die molaren Massen der Elemente aus den Atommassen und können damit die Stoffmengen der beiden Elemente der Probe berechnen:

$$n(\text{Hg}) = (73{,}9\ \cancel{\text{g Hg}})\left(\frac{1\ \text{mol Hg}}{200{,}6\ \cancel{\text{g Hg}}}\right) = 0{,}368\ \text{mol Hg}$$

$$n(\text{Cl}) = (26{,}1\ \cancel{\text{g Cl}})\left(\frac{1\ \text{mol Cl}}{35{,}5\ \cancel{\text{g Cl}}}\right) = 0{,}735\ \text{mol Cl}$$

Es gilt allgemein:

$$n = \frac{m}{M} = m \cdot \frac{1}{M}$$

Wenn wir die größere Zahl (0,735 mol) durch die kleinere (0,368 mol) teilen, erhalten wir ein Cl : Hg-Molverhältnis von 1,99 : 1:

$$\frac{n\,(\text{Cl})}{n\,(\text{Hg})} = \frac{0{,}735\ \text{mol Cl}}{0{,}368\ \text{mol Hg}} = \frac{1{,}99\ \text{mol Cl}}{1\ \text{mol Hg}}$$

Aufgrund von experimentellen Fehlern erhalten wir eventuell keine genauen ganzzahligen Werte für das Molverhältnis. Die Zahl 1,99 liegt sehr nahe bei 2, so dass wir mit großer Sicherheit davon ausgehen können, dass die empirische Formel der Verbindung $HgCl_2$ lautet. Es handelt sich um die empirische Formel, weil die Indizes die kleinsten ganzzahligen Werte sind, mit denen das Verhältnis der in der Verbindung vorhandenen Atome zueinander ausgedrückt werden kann. Die allgemeine Vorgehensweise zur Bestimmung von empirischen Formeln ist in ► Abbildung 3.8 dargestellt.

Übungsbeispiel 3.7: (Lösung online)
Umrechnung von Gramm in Mol

Wie viele Mol Glukose ($C_6H_{12}O_6$) sind in 5,380 g von $C_6H_{12}O_6$ enthalten?

A 8 Wie viele Mol Natriumhydrogencarbonat ($NaHCO_3$) sind in 508 g $NaHCO_3$ enthalten?

Übungsbeispiel 3.8: (Lösung online)
Umrechnung von Mol in Gramm

Berechnen Sie die Masse (in Gramm) von 0,433 mol Calciumnitrat.

A 9 Welche Masse in Gramm haben
(a) 6,33 mol von $NaHCO_3$ und
(b) $3{,}0 \times 10^{-5}$ mol von Schwefelsäure?

Übungsbeispiel 3.9: (Lösung online)
Berechnung der Anzahl der Moleküle und der Anzahl der Atome aus der Masse

(a) Wie viele Glucosemoleküle befinden sich in 5,23 g $C_6H_{12}O_6$?
(b) Wie viele Sauerstoffatome befinden sich in der Probe?

A 10
(a) Wie viele Salpetersäuremoleküle befinden sich in 4,20 g von HNO_3?
(b) Wie viele Sauerstoffatome befinden sich in der Probe?

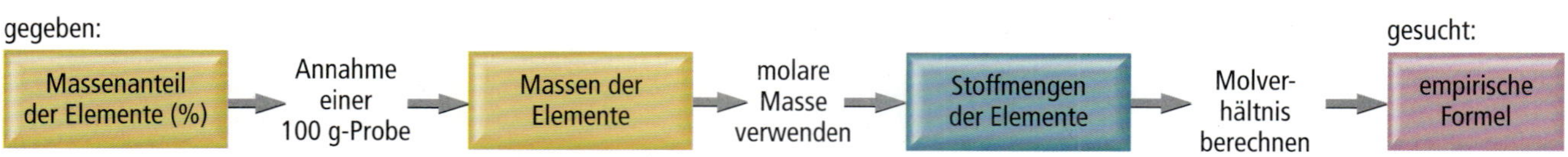

Abbildung 3.8: Vorgehensweise bei der Berechnung einer empirischen Formel aus der prozentualen Zusammensetzung. Der zentrale Bestandteil der Berechnung besteht in der Bestimmung der Stoffmengen der in der Verbindung enthaltenen Elemente.

Übungsbeispiel 3.10: (Lösung online)
Berechnung einer empirischen Formel

Ascorbinsäure (Vitamin C) hat Massenanteile von 40,92 % C, 4,58 % H und 54,50 % O. Welche empirische Formel hat Ascorbinsäure?

A 11 Eine Probe von 5,325 g Methylbenzoat, einer Verbindung, die zur Herstellung von Parfüms verwendet wird, enthält 3,758 g Kohlenstoff, 0,316 g Wasserstoff und 1,251 g Sauerstoff. Welche empirische Formel hat die Substanz?

Übungsbeispiel 3.11: (Lösung online)
Bestimmung einer Molekülformel

Mesitylen, ein Kohlenwasserstoff, der in kleinen Mengen in Erdöl vorkommt, hat die empirische Formel C_3H_4. Das experimentell ermittelte Molekulargewicht dieser Substanz ist 121 u. Welche Molekülformel hat Mesitylen?

A 12 Ethylenglycol, eine Substanz, die in Frostschutzmitteln verwendet wird, besteht aus 38,7 Massen-% C, 9,7 Massen-% H und 51,6 Massen-% O. Die molare Masse der Substanz beträgt 62,1 g/mol.

(a) Welche empirische Formel hat Ethylenglykol?
(b) Welche Molekülformel hat die Substanz?

Übungsbeispiel 3.12: (Lösung online)
Bestimmung der empirischen Formel mittels Verbrennungsanalyse

Isopropylalkohol besteht aus den Elementen C, H und O. Bei der Verbrennung von 0,255 g Isopropylalkohol entstehen 0,561 g CO_2 und 0,306 g H_2O. Bestimmen Sie die empirische Formel von Isopropylalkohol. Welche Molekülformel hat Mesitylen?

A 13

(a) Capronsäure, die für den unangenehmen Geruch getragener Socken verantwortlich ist, besteht aus C-, H- und O-Atomen. Bei der Verbrennung einer Probe von 0,225 g dieser Verbindung entstehen 0,512 g CO_2 und 0,209 g H_2O. Welche empirische Formel hat Capronsäure?
(b) Capronsäure hat eine molare Masse von 116 g/mol. Welche Molekülformel hat die Verbindung?

Bestimmung der Molekülformel aus der empirischen Formel

Aus der prozentualen Zusammensetzung einer Substanz erhalten wir stets die empirische Formel. Wir können die Molekülformel aus der empirischen Formel bestimmen, wenn uns die Molekülmasse bzw. die molare Masse der Verbindung bekannt ist. *Die Indizes der Molekülformel einer Substanz sind stets ganzzahlige Vielfache der entsprechenden Indizes ihrer empirischen Formel.* Wir können den Faktor zwischen den beiden Indizes bestimmen, indem wir die empirische Formelmasse mit der Molekülmasse vergleichen:

$$\text{ganzzahliger Faktor} = \frac{\text{Molekülmasse}}{\text{empirische Formelmasse}} \tag{3.8}$$

In Übungsbeispiel 3.10 haben wir für Ascorbinsäure die empirische Formel $C_3H_4O_3$ bestimmt, aus der sich eine empirische Formelmasse von $3(12{,}0\ u) \times 4(1{,}0\ u) + 3(16{,}0\ u) = 88{,}0\ u$ ergibt. Die experimentell bestimmte Formelmasse ist 176 u. Die Molekülmasse ist 2-mal so groß wie die empirische Formelmasse ($176/88{,}0 = 2{,}00$). Die Molekülformel muss also 2-mal so viele Atome jedes Elements enthalten wie die empirische Formel. Um die Molekülformel $C_6H_8O_6$ zu erhalten, multiplizieren wir also die Indizes der empirischen Formel mit 2.

Verbrennungsanalyse

Die empirische Formel einer Verbindung basiert auf Experimenten, in denen die Stoffmengen der einzelnen Elemente einer Probe der Verbindung bestimmt werden. Wir verwenden daher auch das Wort „empirisch“, was so viel wie „basierend auf Beobachtungen und Experimenten“ bedeutet. Chemiker haben eine Reihe von experimentellen Techniken entwickelt, mit deren Hilfe sich empirische Formeln bestimmen lassen. Eine dieser Techniken ist die Verbrennungsanalyse, die vielfach für Verbindungen eingesetzt wird, die hauptsächlich aus Kohlenstoff und Wasserstoff bestehen.

Bei der vollständigen Verbrennung einer Verbindung, die Kohlenstoff und Wasserstoff enthält, in einer der ► Abbildung 3.9 entsprechenden Vorrichtung wird der in der Verbindung enthaltene Kohlenstoff in CO_2 und der enthaltene Wasserstoff in H_2O umgewandelt. Die entstehenden Mengen von CO_2 und H_2O werden bestimmt, indem man die Massenzunahme in den CO_2- und H_2O-Adsorbern misst. Mit Hilfe der Massen von CO_2 und H_2O können wir die Stoffmengen von C und H in der Ausgangsverbindung berechnen und so die empirische Formel bestimmen. Wenn die Verbindung noch ein drittes Element enthält, können wir seine Masse berechnen, indem wir die Massen von C und H von der Masse der Ausgangssubstanz abziehen. In Übungsbeispiel 3.12 wird gezeigt, wie die empirische Formel einer Substanz bestimmt werden kann, die aus C, H und O besteht.

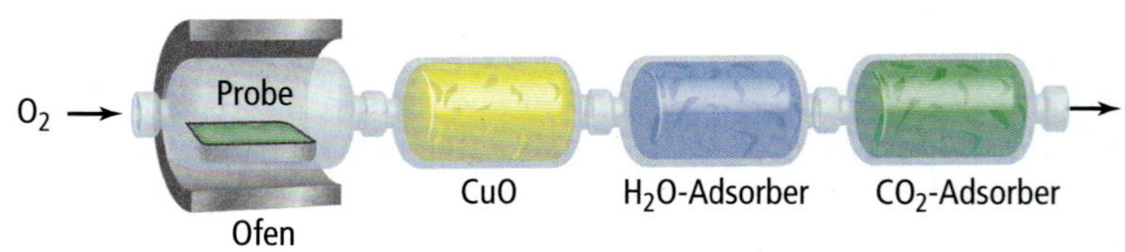

Abbildung 3.9: Vorrichtung zur Bestimmung der prozentualen Anteile von Kohlenstoff und Wasserstoff in einer Verbindung. Die Verbindung wird zu CO_2 und H_2O verbrannt. Das Kupferoxid dient dazu, Restspuren von Kohlenstoff und Kohlenmonoxid zu Kohlendioxid sowie Wasserstoff zu Wasser zu oxidieren.

3.6 Quantitative Informationen aus Reaktionsgleichungen

Die Koeffizienten einer chemischen Gleichung geben die relative Anzahl der an der Reaktion beteiligten Moleküle an. Mit Hilfe des Stoffmengenkonzepts können wir aus diesen Informationen die Massen der Substanzen gewinnen. Betrachten Sie die Gleichung der Wassersynthese:

$$2\,H_2(g) + O_2(g) \longrightarrow 2\,H_2O(l) \qquad (3.9)$$

Die Koeffizienten geben an, dass je zwei H_2-Moleküle mit einem O_2-Molekül zu zwei H_2O-Molekülen reagieren. Das Verhältnis der Stoffmengen entspricht der relativen Anzahl der Moleküle:

$2\,H_2(g)$	+	$O_2(g)$	$\longrightarrow$	$2\,H_2O(l)$
2 Moleküle		1 Molekül		2 Moleküle
$2(6{,}02 \times 10^{23}$ Moleküle)		$1(6{,}02 \times 10^{23}$ Moleküle)		$2(6{,}02 \times 10^{23}$ Moleküle)
2 mol		1 mol		2 mol

Wir können diese Beobachtung für alle ausgeglichenen chemischen Reaktionen verallgemeinern: *Die Koeffizienten einer ausgeglichenen chemischen Reaktion geben sowohl die relative Anzahl der an einer Reaktion beteiligten Moleküle (oder Formeleinheiten) als auch das Verhältnis der Stoffmengen an.* In ► Tabelle 3.3 ist dieses Ergebnis zusammengefasst. Aus der Tabelle wird auch der Zusammenhang mit dem Gesetz der Erhaltung der Masse deutlich. Achten Sie darauf, dass die Gesamtmasse der Reaktanten (4,0 g + 32,0 g) der Gesamtmasse der Produkte (36,0 g) entspricht.

Die in den Koeffizienten der ► Gleichung 3.9 angegebenen Stoffmengen 2 mol H_2, 1 mol O_2 und 2 mol H_2O werden *stöchiometrische Verhältniszahlen* genannt. Die Beziehungen zwischen diesen Stoffmengen können wie folgt ausgedrückt werden:

$$2\,\text{mol}\ H_2 \triangleq 1\,\text{mol}\ O_2 \triangleq 2\,\text{mol}\ H_2O$$

wobei das Symbol $\triangleq$ für „entspricht stöchiometrisch" steht. Mit anderen Worten zeigt ► Gleichung 3.9, dass aus zwei mol H_2 und ein mol O_2 zwei mol H_2O gebildet werden. Wir können diese stöchiometrischen Beziehungen verwenden, um die Mengen der Reaktanten und Produkte einer chemischen Reaktion miteinander ins Verhältnis zu setzen. So können wir z. B. die Stoffmenge an H_2O berechnen, die bei der Reaktion von 1,57 mol O_2 entsteht:

$$n(H_2O) = (1{,}57\ \cancel{\text{mol}\ O_2})\left(\frac{2\ \text{mol}\ H_2O}{1\ \cancel{\text{mol}\ O_2}}\right) = 3{,}14\ \text{mol}\ H_2O$$

Betrachten Sie als weiteres Beispiel die Verbrennung von Butan, C_4H_{10}, das für Einwegfeuerzeuge verwendet wird:

Gleichung:	$2\,H_2(g)$	+	$O_2(g)$	$\longrightarrow$	$2\,H_2O(l)$
Moleküle:	2 Moleküle H_2	+	1 Molekül O_2	$\longrightarrow$	2 Moleküle H_2O
	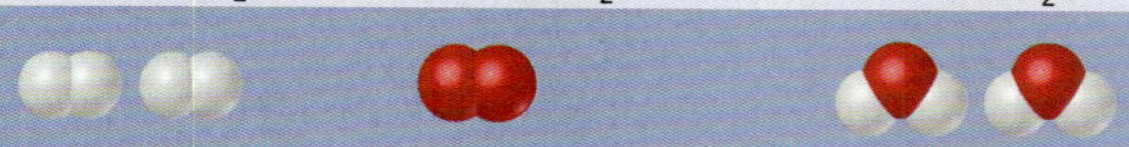				
Masse (u):	4,0 u	+	32,0 u	$\longrightarrow$	36,0 u
Stoffmenge (mol):	2 mol H_2	+	1 mol O_2	$\longrightarrow$	2 mol H_2O
Masse (g):	4,0 g	+	32,0 g	$\longrightarrow$	36,0 g

Tabelle 3.3: Informationen aus einer ausgeglichenen Reaktionsgleichung.

EXTRAS ONLINE
Chemie im Einsatz:
CO_2 und der Treibhauseffekt

Übungsbeispiel 3.13: (Lösung online)
Berechnung von Reaktant- und Produktmengen

Wie viel Gramm Wasser entstehen bei der Oxidation von 1,00 g Glucose $C_6H_{12}O_6$?

$$C_6H_{12}O_6(s) + 6\ O_2(g) \longrightarrow 6\ CO_2(g) + 6\ H_2O(l)$$

A 14 Um kleine Mengen von O_2 im Labor herzustellen, wird häufig die Zerfallsreaktion von $KClO_3$ verwendet:

$$2\ KClO_3 \longrightarrow 2\ KCl(s) + 3\ O_2(g).$$

Wie viel Gramm O_2 erhält man aus 4,50 g von $KClO_3$?

Übungsbeispiel 3.14: (Lösung online)
Berechnung von Reaktant- und Produktmengen

In Raumfahrzeugen wird festes Lithiumhydroxid verwendet, um ausgeatmetes Kohlendioxid aus der Luft zu entfernen. Lithiumhydroxid reagiert dabei mit gasförmigem Kohlendioxid zu festem Lithiumcarbonat und flüssigem Wasser. Wie viel Gramm Kohlendioxid werden von 1,00 g Lithiumhydroxid absorbiert?

A 15 Propan C_3H_8 ist ein Brennstoff, der häufig zum Kochen und zur Beheizung von Wohnungen verwendet wird. Welche Masse von O_2 wird bei der Verbrennung von 1,00 g Propan verbraucht?

EXTRAS ONLINE Limitierende Reaktanten

$$2\ C_4H_{10}(l) + 13\ O_2(g) \longrightarrow 8\ CO_2(g) + 10\ H_2O(g) \qquad (3.10)$$

Wir wollen die Masse von CO_2 berechnen, die bei der Verbrennung von 1,00 g C_4H_{10} entsteht. Die Koeffizienten aus ► Gleichung 3.10 verraten uns, wie die Menge des verbrauchten C_4H_{10} und die Menge des gebildeten CO_2 zusammenhängen: 2 mol C_4H_{10} ≙ 8 mol CO_2. Wir müssen jedoch zunächst mit Hilfe der molaren Masse die angegebene Masse von C_4H_{10} in die Stoffmenge von C_4H_{10} umrechnen. Mit Hilfe der Beziehung 1 mol C_4H_{10} = 58,0 g C_4H_{10} erhalten wir:

$$n(C_4H_{10}) = (1{,}00\ \cancel{g\ C_4H_{10}})\left(\frac{1\ \text{mol}\ C_4H_{10}}{58{,}0\ \cancel{g\ C_4H_{10}}}\right)$$
$$= 1{,}72 \times 10^{-2}\ \text{mol}\ C_4H_{10}$$

Wir verwenden den stöchiometrischen Faktor der ausgeglichenen Gleichung (2 mol C_4H_{10} ≙ 8 mol CO_2), um die Stoffmenge von CO_2 zu berechnen:

$$n(CO_2) = (1{,}72 \times 10^{-2}\ \cancel{\text{mol}\ C_4H_{10}})\left(\frac{8\ \text{mol}\ CO_2}{2\ \cancel{\text{mol}\ C_4H_{10}}}\right)$$
$$= 6{,}88 \times 10^{-2}\ \text{mol}\ CO_2$$

Mit Hilfe der molaren Masse von CO_2 können wir schließlich die Masse von CO_2 in Gramm berechnen (1 mol CO_2 = 44,0 g CO_2):

$$m(CO_2) = (6{,}88 \times 10^{-2}\ \cancel{\text{mol}\ CO_2})\left(\frac{44{,}0\ g\ CO_2}{1\ \cancel{\text{mol}\ CO_2}}\right)$$
$$= 3{,}03\ g\ CO_2$$

Die Umrechnungsfolge lautet also:

Masse Reaktant (g) → Stoffmenge Reaktant (mol) → Stoffmenge Produkt (mol) → Masse Produkt (g)

Wir können die einzelnen Schritte in einer einzigen Gleichung zusammenfassen:

$$m(CO_2) = (1{,}00\ \cancel{g\ C_4H_{10}})\left(\frac{1\ \cancel{\text{mol}\ C_4H_{10}}}{58{,}0\ \cancel{g\ C_4H_{10}}}\right)\left(\frac{8\ \cancel{\text{mol}\ CO_2}}{2\ \cancel{\text{mol}\ C_4H_{10}}}\right)\left(\frac{44{,}0\ g\ CO_2}{1\ \cancel{\text{mol}\ CO_2}}\right)$$
$$= 3{,}03\ g\ CO_2$$

Auf ähnliche Weise können wir die Mengen von O_2 und H_2O berechnen, die in dieser Reaktion verbraucht bzw. gebildet werden. Um z. B. die Menge des verbrauchten O_2 zu berechnen, verwenden wir wiederum die Koeffizienten der ausgeglichenen Reaktionsgleichung und erhalten daraus den entsprechenden stöchiometrischen Faktor: 2 mol C_4H_{10} ≙ 13 mol O_2

$$m(O_2) = (1{,}00\ \cancel{g\ C_4H_{10}})\left(\frac{1\ \cancel{\text{mol}\ C_4H_{10}}}{58{,}0\ \cancel{g\ C_4H_{10}}}\right)\left(\frac{13\ \cancel{\text{mol}\ O_2}}{2\ \cancel{\text{mol}\ C_4H_{10}}}\right)\left(\frac{32{,}0\ g\ O_2}{1\ \cancel{\text{mol}\ O_2}}\right)$$
$$= 3{,}59\ g\ O_2$$

In ► Abbildung 3.10 ist die allgemeine Vorgehensweise bei der Berechnung der in chemischen Reaktionen verbrauchten oder gebildeten Substanzmengen zusammengefasst. Wir erhalten das Verhältnis der Stoffmengen der an der Reaktion beteiligten Reaktanten und Produkte aus der ausgeglichenen chemischen Gleichung.

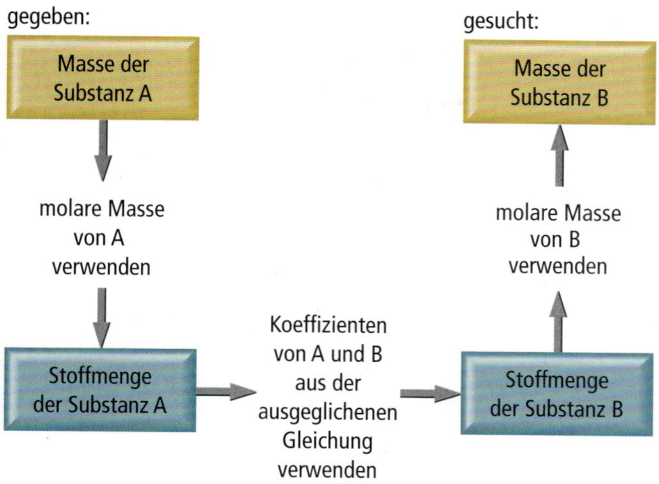

Abbildung 3.10: Prozedur zur Berechnung der Reaktant- und Produktmengen einer Reaktion. Die Masse eines in einer Reaktion verbrauchten Reaktanten oder gebildeten Produkts kann mit Hilfe der Masse eines der anderen Reaktanten oder eines Produkts berechnet werden. Beachten Sie, wie die molaren Massen und die Koeffizienten der ausgeglichenen Reaktionsgleichung in die Berechnung einfließen.

Reaktionen in Wasser und Stöchiometrie in Lösungen

4

ÜBERBLICK

Abbildung 4.1: Tropfsteinhöhle. Beim Lösen von CO_2 in Wasser entsteht eine leicht saure Lösung. Tropfsteinhöhlen bilden sich durch die Fähigkeit dieser sauren Lösung, das im Kalkstein enthaltene $CaCO_3$ zu lösen.

In der Natur vorkommendes Wasser enthält – egal, ob es sich um Trinkwasser aus der Leitung, um klares Gebirgsquellwasser oder um Meerwasser handelt – eine Vielzahl verschiedener gelöster Substanzen. Lösungen, in denen Wasser das Lösungsmittel ist, werden **wässrige Lösungen** genannt. Meerwasser unterscheidet sich von so genanntem „Süßwasser" hinsichtlich seiner viel höheren Konzentration gelöster ionischer Substanzen.

Wasser ist das Reaktionsmedium der meisten chemischen Reaktionen, die in uns und um uns herum stattfinden. Im Blut gelöste Nährstoffe gelangen zu unseren Zellen, wo sie Reaktionen eingehen, die uns am Leben erhalten. Autoteile rosten, wenn sie in Kontakt mit wässrigen Lösungen gelangen, die verschiedene gelöste Substanzen enthalten. Die Löslichkeit von Kohlendioxid in Wasser ($CO_2(aq)$) ermöglicht die Entstehung spektakulärer unterirdischer Tropfsteinhöhlen (► Abbildung 4.1).

$$CaCO_3(s) + H_2O(l) + CO_2(aq) \longrightarrow Ca(HCO_3)_2(aq) \qquad (4.1)$$

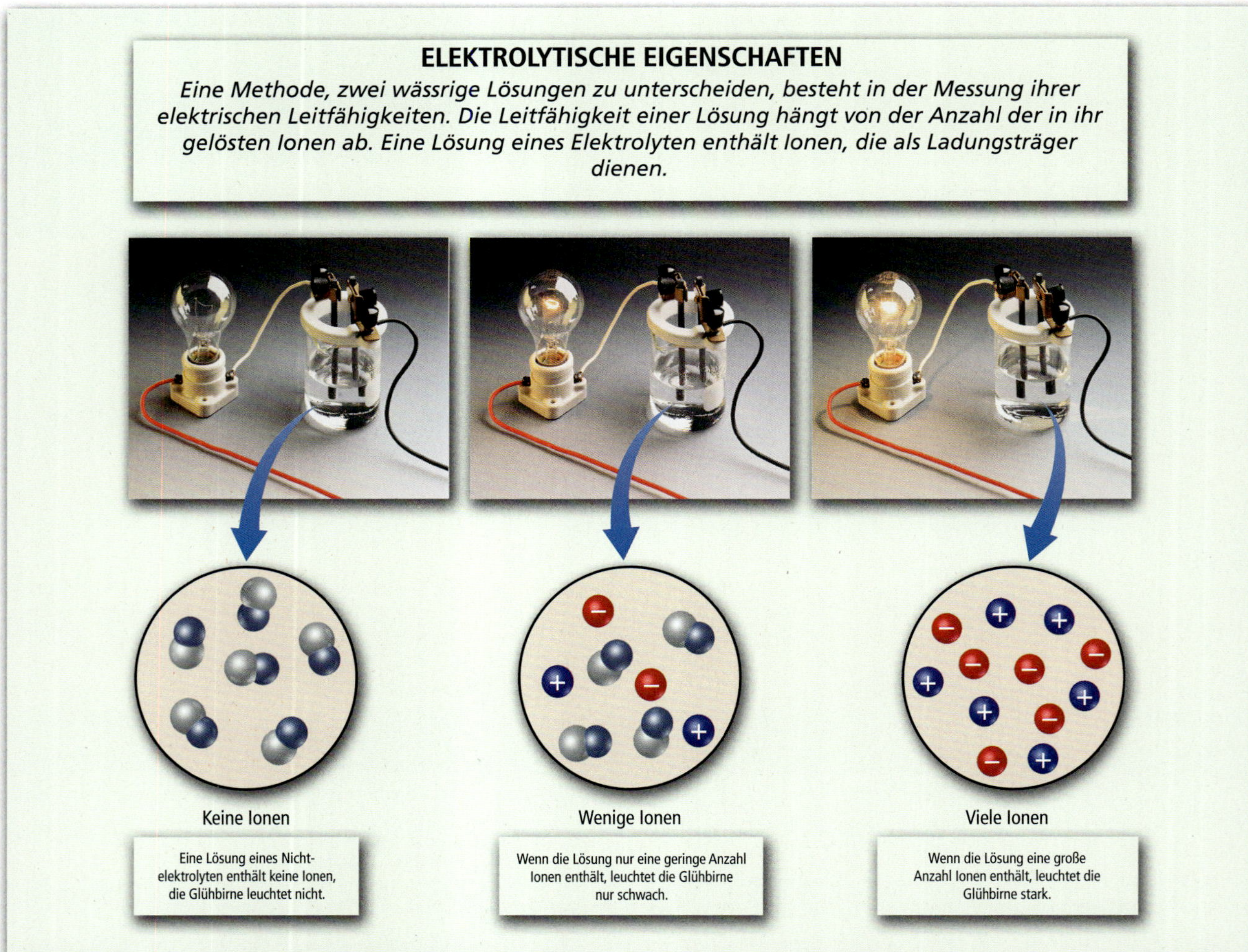

Abbildung 4.2: Überprüfen der elektrischen der Leitfähigkeit von Lösungen.

4.1 Allgemeine Eigenschaften wässriger Lösungen

Elektrolyte und Nichtelektrolyte (Video)

Unter einer *Lösung* versteht man ein homogenes Gemisch von mindestens zwei Substanzen. Die Substanz, die in der größeren Menge vorliegt, wird dabei normalerweise als **Lösungsmittel** bezeichnet. Die anderen Substanzen in der Lösung sind im Lösungsmittel **gelöste Substanzen**. Wenn z. B. eine kleine Menge Natriumchlorid (NaCl) in einer großen Menge Wasser gelöst wird, ist Wasser das Lösungsmittel und Natriumchlorid ist die in diesem Lösungsmittel gelöste Substanz.

Elektrolytische Eigenschaften

Stellen Sie sich vor, Sie stellen zwei wässrige Lösungen her, indem Sie einen Teelöffel Kochsalz (Natriumchlorid) und einen Teelöffel Rohrzucker in je einer Tasse Wasser auflösen. Beide Lösungen sind durchsichtig und farblos. Wie unterscheiden sie sich? Ein Unterschied, der nicht unmittelbar ersichtlich ist, besteht in ihrer elektrischen Leitfähigkeit. Die Salzlösung ist ein guter elektrischer Leiter, die Zuckerlösung hingegen nicht.

Wir können die Leitfähigkeit einer Lösung z. B. mit Hilfe der Vorrichtung aus ► Abbildung 4.2 überprüfen. Um die Glühbirne zum Leuchten zu bringen, muss zwischen den in der Lösung eingetauchten Elektroden ein elektrischer Strom fließen. Obwohl Wasser selbst ein schlechter elektrischer Leiter ist, sorgt die Anwesenheit von Ionen dafür, dass wässrige Lösungen gute Leiter werden. Die Ionen transportieren die elektrische Ladung von einer Elektrode zur anderen und schließen damit den elektrischen Stromkreis. Die Leitfähigkeit der NaCl-Lösung deutet daher auf die Anwesenheit, die fehlende Leitfähigkeit der Saccharoselösung hingegen auf die Abwesenheit von Ionen hin. Wenn NaCl in Wasser gelöst wird, enthält die Lösung Na^+ und Cl^--Ionen, die jeweils von Wassermolekülen umgeben sind. Wenn Saccharose ($C_{12}H_{22}O_{11}$) in Wasser gelöst wird, enthält die Lösung lediglich neutrale Saccharosemoleküle, die von Wassermolekülen umgeben sind.

Eine Substanz, die wie NaCl in wässrigen Lösungen in Ionen dissoziiert, wird **Elektrolyt** genannt. Eine Substanz dagegen, die wie $C_{12}H_{22}O_{11}$ in Lösungen keine Ionen bildet, wird **Nichtelektrolyt** genannt. Natriumchlorid ist ein ionisch aufgebauter Stoff, während Saccharose molekular vorliegt.

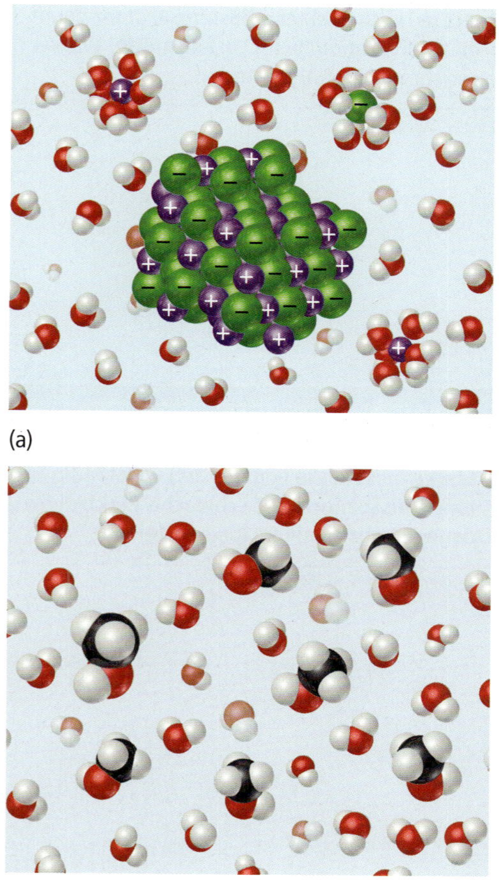

(a)

(b)

Abbildung 4.3: Wässrige Lösungen. (a) Beim Lösen einer ionischen Verbindung in Wasser trennen, umgeben und verteilen die H_2O-Moleküle die Ionen in der Flüssigkeit. (b) Methanol (CH_3OH), eine molekulare Verbindung, löst sich, ohne dabei Ionen zu bilden. Die Methanolmoleküle sind an den schwarzen Kugeln zu erkennen, die für Kohlenstoffatome stehen. In beiden Bildern wurden nur wenige Wassermoleküle gezeichnet, um die gelösten Teilchen besser erkennen zu können.

Ionische Verbindungen in Wasser

Erinnern Sie sich daran, dass wir in ► Abbildung 2.18 festgestellt haben, dass festes NaCl aus einer geordneten Anordnung von Na^+ und Cl^--Ionen besteht. Wenn NaCl in Wasser gelöst wird, werden die Ionen aus ihrer Festkörperstruktur gelöst und verteilen sich, wie in ► Abbildung 4.3 a gezeigt, gleichmäßig im Lösungsmittel. Der ionische Festkörper *dissoziiert* beim Lösen in seine ionischen Bestandteile.

Wasser ist ein sehr gutes Lösungsmittel für ionische Verbindungen. Obwohl Wasser ein elektrisch neutrales Molekül ist, ist ein Teil des Moleküls (das O-Atom) elektronenreich und weist daher eine negative Partialladung auf, die im nebenstehenden Modell durch das Zeichen $\delta-$ kenntlich gemacht wird. Der andere Teil (die H-Atome) weist eine positive Partialladung auf, die durch $\delta+$ kenntlich gemacht wird. Positive Ionen (Kationen) werden vom negativierten Teil des Wassermoleküls und negative Ionen (Anionen) vom positivierten Teil angezogen.

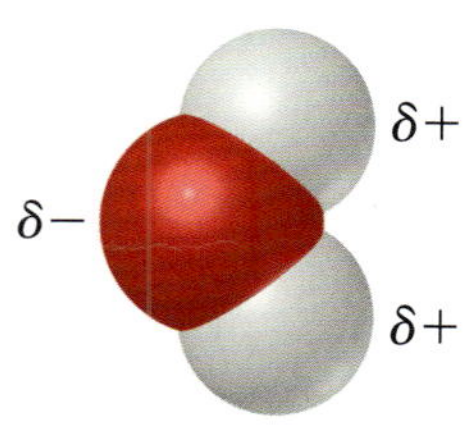

Beim Lösen einer ionischen Verbindung werden die Ionen wie in Abbildung 4.3 a von H_2O-Molekülen umgeben. Man sagt allgemein, die Ionen werden solvatisiert (bezieht man sich auf das Lösemittel Wasser, so spricht man von hydratisiert). Durch diese **Solvatation** (beim Lösemittel Wasser Hydratation) werden die Ionen in der Lösung stabilisiert und eine Rekombination der Kationen und Anionen verhindert. Weil die hydratisierten Ionen sich frei bewegen können, verteilen sie sich gleichmäßig in der Lösung.

Wir können normalerweise die Art der in einer Lösung vorliegenden Ionen einer ionischen Verbindung anhand des chemischen Namens der Substanz vorhersagen. Natriumsulfat (Na_2SO_4) dissoziiert z. B. in Natrium- und Sulfationen (Na^+ und SO_4^{2-}). Um die Teilchen, in die ionische Verbindungen in wässrigen Lösungen dissoziieren, vorhersagen zu können, ist es nötig, dass Sie sich die Formeln und Ladungen der häufig vorkommenden Ionen merken (siehe Extras Online: Namen anorganischer Verbindungen).

MERKE !

Ein Elektrolyt dissoziiert beim Lösen in Wasser in Ionen, ein Nichtelektrolyt nicht.

MERKE !

Die Anlagerung von Lösungsmittelmolekülen an die Teilchen einer gelösten Substanz nennt man Solvatation. Beim Lösungsmittel Wasser spricht man von Hydratation.

Molekulare Verbindungen in Wasser

Wenn eine molekulare Verbindung in Wasser gelöst wird, besteht die Lösung normalerweise aus Molekülen, die in der Lösung verteilt vorliegen. Aus diesem Grund sind die meisten molekularen Verbindungen Nichtelektrolyte.

Es gibt jedoch einige molekulare Substanzen, deren wässrige Lösungen Ionen enthalten. Bei den wichtigsten dieser Substanzen handelt es sich um Säuren. Wenn z. B. HCl(*g*) in Wasser gelöst wird, bildet sich Chlorwasserstoffsäure (Salzsäure), eine wässrige Lösung von $H^+(aq)$- und $Cl^-(aq)$-Ionen.

Starke und schwache Elektrolyte

MERKE !

Starke Elektrolyte liegen (fast) vollständig in Ionen dissoziiert vor, schwache Elektrolyte dagegen nur zu einem kleinen Teil.

Es gibt zwei Kategorien Elektrolyte, starke und schwache, die sich hinsichtlich ihrer elektrischen Leitfähigkeit unterscheiden. **Starke Elektrolyte** liegen in Lösung vollständig oder nahezu vollständig als Ionen vor. Bei fast allen löslichen ionischen Verbindungen (wie z. B. NaCl) und einigen molekularen Verbindungen (wie z. B. HCl) handelt es sich um starke Elektrolyte. **Schwache Elektrolyte** liegen in Lösung überwiegend als Moleküle vor und nur ein kleiner Anteil ist in Ionen dissoziiert. In einer Essigsäurelösung (CH_3COOH) liegt z. B. der überwiegende Teil der Verbindung als CH_3COOH-Moleküle vor. Nur ein kleiner Teil (etwa 1 %) des CH_3COOH ist in $H^+(aq)$ und $CH_3COO^-(aq)$-Ionen dissoziiert.

Wir müssen jedoch sorgfältig zwischen der Löslichkeit eines Elektrolyts und seiner Stärke unterscheiden. CH_3COOH ist z. B. sehr gut in Wasser löslich, jedoch ein schwacher Elektrolyt. $Ba(OH)_2$ ist dagegen wenig löslich, die Menge der Substanz jedoch, die sich löst, dissoziiert nahezu vollständig, es handelt sich also um einen starken Elektrolyten.

Wenn ein schwacher Elektrolyt wie Essigsäure in Lösung dissoziiert, können wir die folgende Reaktionsgleichung aufstellen:

$$CH_3COOH + H_2O \rightleftharpoons CH_3COO^-(aq) + H_3O^+(aq) \quad (4.2)$$

Der Doppelpfeil macht deutlich, dass ein chemisches Gleichgewicht vorliegt. In der wässrigen Lösung findet eine Protonenübertragung (Protolyse) statt. Es gibt zu jeder Zeit CH_3COOH-Moleküle, die zu H_3O^+ und CH_3COO^- protolysieren, während es gleichzeitig H_3O^+ und CH_3COO^--Ionen gibt, die zu CH_3COOH rekombinieren. Die Bilanz zwischen diesen beiden gegenläufigen Prozessen bestimmt die relative Anzahl der vorliegenden Ionen und neutralen Moleküle.

Chemiker verwenden zur Darstellung der Protolyse eines schwachen Elektrolyten einen Doppelpfeil, zur Darstellung der Protolyse eines starken Elektrolyten dagegen einen einfachen Pfeil. Weil es sich bei HCl um einen starken Elektrolyten handelt, schreiben wir:

$$HCl(g) + H_2O \longrightarrow H_3O^+(aq) + Cl^-(aq) \quad (4.3)$$

Die Abwesenheit des rückwärts gerichteten Pfeils macht deutlich, dass die H_3O^+ und Cl^--Ionen praktisch keinerlei Neigung dazu haben, in Wasser zu HCl-Molekülen zu rekombinieren.

In den folgenden Abschnitten werden wir uns näher damit befassen, wie wir anhand der Zusammensetzung einer Verbindung vorhersagen können, ob es sich um einen starken Elektrolyten, einen schwachen Elektrolyten oder um einen Nichtelektrolyten handelt. Im Moment genügt es uns festzuhalten, dass *lösliche ionische Verbindungen starke Elektrolyte* sind. Wir können ionische Verbindungen daran erkennen, dass sie aus Metallionen und Nichtmetallionen bzw. Molekülionen aufgebaut sind.

MERKE !

Lösliche ionische Verbindungen sind starke Elektrolyte.

4.2 Fällungsreaktionen

In ► Abbildung 4.4 ist das Mischen von zwei Lösungen dargestellt. Eine Lösung enthält Bleinitrat ($Pb(NO_3)_2$), die andere Kaliumiodid (KI). Bei der Reaktion zwischen diesen beiden Lösungen entsteht ein schwerlösliches gelbes Produkt. Reaktionen, in denen ein schwerlösliches Produkt entsteht, werden **Fällungsreaktionen** genannt. In einer solchen Reaktion entsteht ein **Niederschlag**. In Abbildung 4.4 besteht der Niederschlag aus Bleiiodid (PbI_2), einer Verbindung, die in Wasser schlecht löslich ist:

EXTRAS ONLINE Fällungsreaktionen (Video)

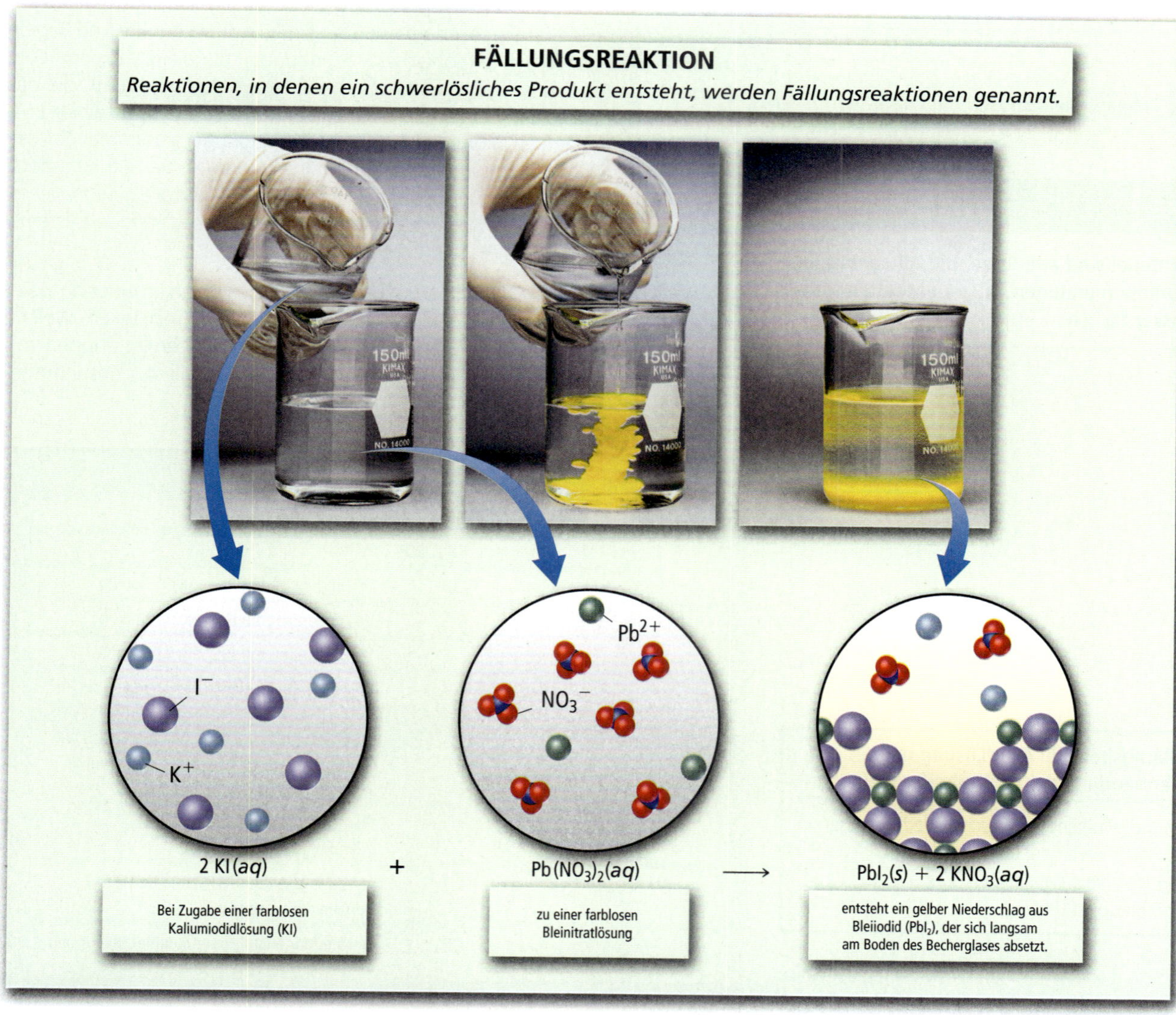

Abbildung 4.4: Eine Fällungsreaktion

MERKE !

Bei Fällungsreaktionen bildet sich als unlösliches Produkt ein Niederschlag, der aus einem unlöslichen Festkörper besteht.

$$Pb(NO_3)_2(aq) + 2\ KI(aq) \longrightarrow PbI_2(s) + 2\ KNO_3(aq) \quad (4.4)$$

Das andere Produkt der Reaktion, Kaliumnitrat, verbleibt in Lösung. Fällungsreaktionen finden statt, wenn bestimmte gegensätzlich geladene Ionen sich so stark anziehen, dass sie einen schwerlöslichen ionischen Festkörper bilden. Um zu beurteilen, ob bestimmte Ionenkombinationen solche Verbindungen bilden, wollen wir uns zunächst einige Faustregeln zur Löslichkeit häufig auftretender ionischer Substanzen anschauen.

Faustregeln zur Löslichkeit ionischer Verbindungen

Die **Löslichkeit** einer Substanz bei einer bestimmten Temperatur ist definiert als die Menge der Substanz, die bei dieser Temperatur in einer bestimmten Menge Lösungsmittel gelöst werden kann. So lassen sich z. B. in einem Liter Wasser bei 25 °C nur $1{,}2 \times 10^{-3}$ mol PbI_2 lösen. Wir werden bei unseren Untersuchungen alle Substanzen mit einer Löslichkeit, die geringer als 0,01 mol/L ist, als *schwerlöslich* betrachten. In diesen Fällen ist die zwischen den gegensätzlich geladenen Ionen im Festkörper bestehende Anziehung so stark, dass die Wassermoleküle nicht in der Lage sind, die einzelnen Ionen zu trennen. Die Substanz liegt also größtenteils ungelöst vor.

MERKE !

Die Löslichkeit einer Substanz gibt an, welche Menge der Substanz bei einer bestimmten Temperatur in einem bestimmten Lösungsmittel löslich ist.

Substanzen mit einer Löslichkeit kleiner als 0,01 mol/L gelten als unlöslich.

EXTRAS ONLINE Metathesereaktionen

Aus experimentellen Beobachtungen wurden einige Anhaltspunkte und Regeln zur Vorhersage der Löslichkeit ionischer Verbindungen abgeleitet. Experimente haben z. B. gezeigt, dass alle gewöhnlichen ionischen Verbindungen, die das Nitration (NO_3^-) enthalten, in Wasser löslich sind. In ► Tabelle 4.1 sind einige Löslichkeitsregeln für häufig vorkommende ionische Verbindungen zusammengefasst. Die Tabelle ist nach den Anionen der Verbindung geordnet, sie enthält jedoch auch viele wichtige Aussagen über Kationen. Beachten Sie, dass *alle gewöhnlichen ionischen Verbindungen der Alkalimetallionen (Gruppe 1A des Periodensystems) und des Ammoniumions (NH_4^+) in Wasser löslich sind.*

MERKE !

In der Regel sind alle Salze, die Alkalimetall- oder Ammoniumionen (NH_4^+) enthalten, gut in Wasser löslich.

Um vorherzusagen, ob sich beim Mischen von zwei wässrigen Lösungen zweier starker Elektrolyte ein Niederschlag bildet, müssen wir (1) feststellen, welche Ionen in den Lösungen vorhanden sind, (2) alle möglichen Kombinationen von Anionen und Kationen berücksichtigen und (3) aus ► Tabelle 4.1 entnehmen,

Lösliche Ionenverbindungen		Wichtige Ausnahmen
Verbindungen mit	NO_3^-	keine
	CH_3COO^-	keine
	Cl^-	Verbindungen mit Ag^+, Hg_2^{2+} und Pb^{2+}
	Br^-	Verbindungen mit Ag^+, Hg_2^{2+} und Pb^{2+}
	I^-	Verbindungen mit Ag^+, Hg_2^{2+} und Pb^{2+}
	SO_4^{2-}	Verbindungen mit Sr^{2+}, Ba^{2+}, Hg_2^{2+} und Pb^{2+}
Schwerlösliche Ionenverbindungen		**Wichtige Ausnahmen**
Verbindungen mit	S^{2-}	Verbindungen mit NH_4^+, den Alkalimetallkationen und Ca^{2+}, Sr^{2+} und Ba^{2+}
	CO_3^{2-}	Verbindungen mit NH_4^+ und den Alkalimetallkationen
	PO_4^{3-}	Verbindungen mit NH_4^+ und den Alkalimetallkationen
	OH^-	Verbindungen mit den Alkalimetallkationen und NH_4^+, Ca^{2+}, Sr^{2+} und Ba^{2+}

Tabelle 4.1: Faustregeln zur Löslichkeit gängiger ionischer Verbindungen in Wasser.

Übungsbeispiel 4.1: (Lösung online)
Verwendung der Löslichkeitsregeln

Sind die folgenden ionischen Verbindungen in Wasser löslich oder unlöslich?
(a) Natriumcarbonat (Na_2CO_3),
(b) Bleisulfat ($PbSO_4$).

A 1 Sind die folgenden ionischen Verbindungen in Wasser löslich oder unlöslich? **(a)** Kobalt(II)hydroxid, **(b)** Bariumnitrat, **(c)** Ammoniumphosphat.

ob irgendeine der Kombinationen unlöslich ist. Bildet sich z. B. ein Niederschlag, wenn Lösungen von $Mg(NO_3)_2$ und NaOH gemischt werden? Sowohl $Mg(NO_3)_2$ als auch NaOH sind lösliche ionische Verbindungen und starke Elektrolyte. Beim Mischen von $Mg(NO_3)_2(aq)$ und NaOH(*aq*) entsteht zunächst eine Lösung mit den Ionen Mg^{2+}, NO_3^-, Na^+ und OH^-. Bildet eins dieser Kationen mit einem der Anionen eine schwerlösliche Verbindung? Abgesehen von Wechselwirkungen zwischen den jeweiligen Reaktanten selbst sind zwischen Mg^{2+} und OH^- sowie zwischen Na^+ und NO_3^- Wechselwirkungen möglich. Aus ► Tabelle 4.1 entnehmen wir, dass Hydroxide im Allgemeinen unlöslich sind. Weil Mg^{2+} keine Ausnahme darstellt, ist $Mg(OH)_2$ unlöslich und bildet daher einen Niederschlag. $NaNO_3$ ist dagegen löslich, Na^+ und NO_3^- verbleiben also in Lösung. Die Gleichung der Fällungsreaktion lautet:

$$Mg(NO_3)_2(aq) + 2\,NaOH(aq) \longrightarrow Mg(OH)_2(s) + 2\,NaNO_3(aq) \qquad (4.5)$$

Ionische Gleichungen

Beim Aufstellen von chemischen Reaktionsgleichungen in wässrigen Lösungen ist es oft hilfreich, explizit anzugeben, ob die gelösten Substanzen überwiegend als Ionen oder als Moleküle vorliegen. Lassen Sie uns die zuvor in ► Abbildung 4.4 dargestellte Fällungsreaktion zwischen $Pb(NO_3)_2$ und KI noch einmal genauer betrachten:

$$Pb(NO_3)_2(aq) + 2\,KI(aq) \longrightarrow PbI_2(s) + 2\,KNO_3(aq)$$

Eine auf diese Weise geschriebene Gleichung, die die vollständigen chemischen Formeln der Reaktanten und Produkte enthält, wird **Molekulargleichung** genannt. Sie enthält die chemischen Formeln der Reaktanten und Produkte, ohne ihren ionischen Charakter anzugeben. Weil $Pb(NO_3)_2$, KI und KNO_3 lösliche ionische Verbindungen und deshalb starke Elektrolyte sind, können wir die in Lösung vorliegenden Ionen explizit angeben und die chemische Gleichung folgendermaßen schreiben:

$$Pb^{2+}(aq) + 2\,NO_3^-(aq) + 2\,K^+(aq) + 2\,I^-(aq) \longrightarrow PbI_2(s) + 2\,K^+(aq) + 2\,NO_3^-(aq) \qquad (4.6)$$

Eine auf diese Weise aufgestellte Gleichung, die sämtliche starke Elektrolyte als Ionen enthält, wird **vollständige Ionengleichung** genannt.

Beachten Sie, dass $K^+(aq)$ und $NO_3^-(aq)$ auf beiden Seiten der ► Gleichung 4.6 auftauchen. Ionen, die in einer vollständigen Ionengleichung auf beiden Seiten der Gleichung in identischer Form auftauchen, werden **Zuschauerionen** genannt. Sie sind zwar vorhanden, spielen jedoch für die Reaktion keine Rolle. Wenn Zuschauerionen in der Reaktionsgleichung weggelassen werden (bzw. wie algebraische Größen herausgekürzt werden), ergibt sich die **Nettoionengleichung**.

$$Pb^{2+}(aq) + 2\,I^-(aq) \longrightarrow PbI_2(s) \qquad (4.7)$$

Eine Nettoionengleichung enthält nur die Ionen und Moleküle, die unmittelbar an der Reaktion beteiligt sind. Ladungen bleiben in Reaktionen erhalten, so dass die Summe der Ionenladungen auf beiden Seiten der ausgeglichenen Nettoionengleichung gleich sein muss. In diesem Fall ergeben die Ladung des Kations (2+) und die zwei Ladungen der Anionen (1–) zusammen null. *Wenn alle Ionen einer vollständigen Ionengleichung Zuschauerionen sind, findet keine Reaktion statt.*

Wir können die Vorgehensweise zum Aufstellen von Nettoionengleichungen in folgende Schritte zusammenfassen:

1. Geben Sie die ausgeglichene Molekulargleichung der Reaktion an.
2. Schreiben Sie die Gleichung neu auf und führen Sie dabei Ionen explizit auf, die entstehen, wenn alle löslichen starken Elektrolyte in ihre ionischen

Übungsbeispiel 4.2: (Lösung online)
Aufstellen einer Metathesereaktionsgleichung

(a) Bestimmen Sie die Verbindung, die beim Mischen von Lösungen von $BaCl_2$ und K_2SO_4 einen Niederschlag bildet.
(b) Geben Sie die chemische Reaktionsgleichung an.

A 2
(a) Welche Verbindung fällt beim Mischen von Lösungen von $Fe_2(SO_4)_3$ und LiOH aus?
(b) Geben Sie eine Gleichung dieser Reaktion an.
(c) Bildet sich ein Niederschlag, wenn Lösungen von $Ba(NO_3)_2$ und KOH vermischt werden?

MERKE !

Eine Molekulargleichung enthält die vollständigen chemischen Formeln aller Reaktanten und Produkte.

In einer vollständigen Ionengleichung werden alle starken Elektrolyten in dissoziierter Form notiert.

Bei einer Nettoionengleichung werden alle Zuschauerionen weggelassen, die auf beiden Seiten der Gleichung auftreten.

Übungsbeispiel 4.3: (Lösung online)
Aufstellen einer Nettoionengleichung

Stellen Sie die Nettoionengleichung für die Fällungsreaktion auf, die beim Mischen von Lösungen von Calciumchlorid und Natriumcarbonat auftritt.

A 3 Geben Sie die Nettoionengleichung der Fällungsreaktion an, die beim Mischen von wässrigen Silbernitrat- und Kaliumphosphatlösungen stattfindet.

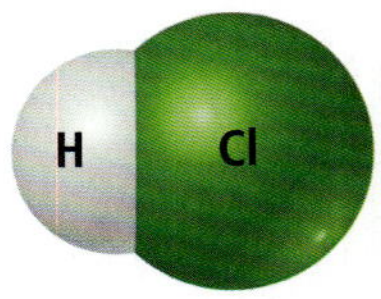
HCl

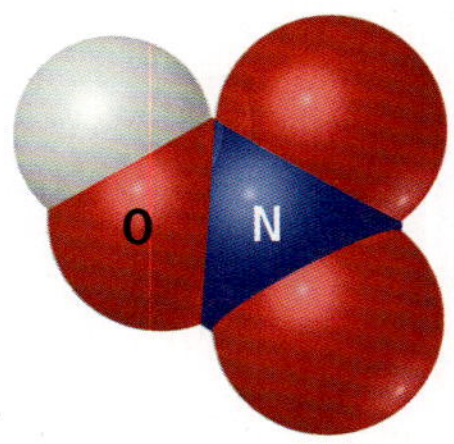
HNO_3

CH_3COOH

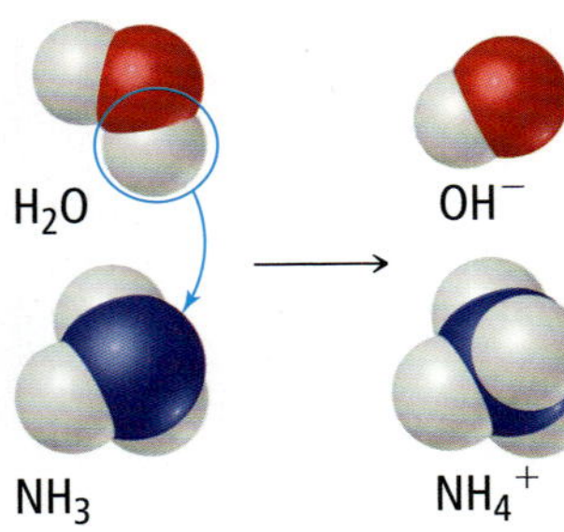

Abbildung 4.5: Übertragung eines Wasserstoffions. Ein H_2O-Molekül dient als Protonendonator (Säure), NH_3 als Protonenakzeptor (Base). Nur ein Teil des NH_3 reagiert mit H_2O; NH_3 ist eine schwache Base.

EXTRAS ONLINE Einführung in Säuren und Basen (Video)

A 4 Stellen Sie sich Lösungen vor, in denen je 0,1 mol der folgenden Verbindungen in 1 L Wasser gelöst sind: $Ca(NO_3)_2$ (Calciumnitrat), $C_6H_{12}O_6$ (Glucose), $NaCH_3COO$ (Natriumacetat) und CH_3COOH (Essigsäure). Ordnen Sie die Lösungen nach ihrer elektrischen Leitfähigkeit. Nehmen Sie dabei an, dass die Leitfähigkeit proportional zur Anzahl der Ionen in der Lösung ist.

Bestandteile dissoziieren. *Nur starke Elektrolyte, die in wässriger Lösung gelöst vorliegen, werden in ionischer Form geschrieben.*

3 Identifizieren Sie Zuschauerionen und kürzen Sie diese heraus.

4.3 Säure-Base-Reaktionen

Viele Säuren und Basen werden in der Industrie und im Haushalt verwendet, bei einigen handelt es sich auch um wichtige Bestandteile biologischer Flüssigkeiten. Chlorwasserstoffsäure (Salzsäure) ist z. B. nicht nur eine wichtige Industriechemikalie, sondern auch der Hauptbestandteil der Verdauungssäfte im Magen. Säuren und Basen sind außerdem wichtige Elektrolyte.

Säuren

Säuren sind Teilchen, die in wässrigen Lösungen unter Bildung von Wasserstoffionen dissoziieren, also zu einer Erhöhung der Konzentration von $H^+(aq)$-Ionen führen. Ein Wasserstoffatom besteht aus einem Proton und einem Elektron, H^+ ist also ein einfaches Proton. Säuren werden daher oft als Protonendonatoren bezeichnet. In der nebenstehenden Abbildung sind die Molekülmodelle von drei wichtigen Säuren (HCl, HNO_3 und CH_3COOH) dargestellt.

Protonen werden wie andere Kationen (siehe ► Abbildung 4.3 a) von umgebenden Wassermolekülen solvatisiert. Wenn wir chemische Gleichungen mit in Wasser gelösten Protonen aufstellen, schreiben wir diese einfach als $H^+(aq)$.

Bei der Dissoziation von Molekülen verschiedener Säuren kann pro Säuremolekül eine unterschiedliche Anzahl an H^+-Ionen entstehen. Sowohl HCl als auch HNO_3 sind *einprotonige* Säuren, d. h., pro Säuremolekül entsteht ein H^+. Schwefelsäure (H_2SO_4) ist dagegen eine *zweiprotonige* Säure und aus einem Säuremolekül bilden sich zwei H^+. Die Dissoziation von H_2SO_4 und anderen zweiprotonigen Säuren findet in zwei Schritten statt:

$$H_2SO_4 \xrightarrow{H_2O} H^+(aq) + HSO_4^-(aq) \quad (4.8)$$

$$HSO_4^- \overset{H_2O}{\rightleftharpoons} H^+(aq) + SO_4^{2-}(aq) \quad (4.9)$$

Obwohl es sich bei H_2SO_4 um einen starken Elektrolyten handelt, verläuft nur die erste Dissoziationsstufe praktisch vollständig. Wässrige Schwefelsäurelösungen enthalten also ein Gemisch aus $H^+(aq)$, $HSO_4^-(aq)$ und $SO_4^{2-}(aq)$.

Basen

Basen sind Teilchen, die H^+-Ionen aufnehmen (Protonenakzeptoren). Beim Lösen von Basen in Wasser bilden sich Hydroxidionen (OH^-). Hydroxide, wie z. B. NaOH, KOH und $Ca(OH)_2$, stellen die gebräuchlichsten Basen dar. Beim Lösen in Wasser dissoziieren sie in ihre ionischen Bestandteile und erhöhen die OH-Konzentration in der Lösung.

Auch Verbindungen, die keine OH^--Ionen enthalten, können als Basen wirken. Ammoniak (NH_3) ist z. B. eine gebräuchliche Base. In Wasser nimmt es ein H^+-Ion eines Wassermoleküls auf und es bildet sich auf diese Weise ein OH^--Ion ► Abbildung 4.5:

$$NH_3(g) + H_2O(l) \rightleftharpoons NH_4^+(aq) + OH^-(aq) \quad (4.10)$$

Nur ein kleiner Teil (etwa 1 %) des NH_3 bildet NH_4^+ und OH^--Ionen, eine wässrige Ammoniaklösung ist also ein schwacher Elektrolyt.

Stärke von Säuren und Basen

Säuren und Basen, die starke Elektrolyte sind (in Lösung praktisch vollständig dissoziiert vorliegen), werden **sehr starke Säuren** und **sehr starke Basen** genannt. Säuren und Basen, die schwache Elektrolyte sind (nur teilweise dissoziiert vorliegen), werden **schwache Säuren** und **schwache Basen** genannt.

In ► Tabelle 4.2 sind einige häufig vorkommende sehr starke Säuren und Basen aufgeführt. Diese Substanzen sollten Sie im Gedächtnis behalten. Beachten Sie bei der Betrachtung dieser Tabelle, dass einige der gebräuchlichsten Säuren wie z. B. HCl, HNO_3 und H_2SO_4 sehr starke Säuren sind. Drei der aufgeführten sehr starken Säuren sind Wasserstoffverbindungen der Familie der Halogene. HF ist jedoch eine schwächere Säure. Die einzigen gebräuchlichen sehr starken Basen sind die Hydroxide von Li^+, Na^+, K^+, Rb^+ und Cs^+ (der Alkalimetalle der Gruppe 1A) und die Hydroxide von Ca^{2+}, Sr^{2+} und Ba^{2+} (der schweren Erdalkalimetalle der Gruppe 2A). Es ist zu beachten, dass das Hydroxidion, das Teilchen ist, welches als Base fungiert.

MERKE !

Säuren sind Protonendonatoren. Basen sind Protonenakzeptoren.

Sehr starke Säuren	Sehr starke Basen
Chlorwasserstoffsäure (HCl)	Metallhydroxide der Gruppe 1A (LiOH, NaOH, KOH, RbOH, CsOH)
Bromwasserstoffsäure (HBr)	schwere Metallhydroxide der Gruppe 2A ($Ca(OH)_2$, $Sr(OH)_2$, $Ba(OH)_2$)
Iodwasserstoffsäure (HI)	
Chlorsäure ($HClO_3$)	
Perchlorsäure ($HClO_4$)	
Salpetersäure (HNO_3)	
Schwefelsäure (H_2SO_4)	

Tabelle 4.2: Gängige sehr starke Säuren und Basen.

MERKE !

Starke Säuren und Basen sind starke Elektrolyte, schwache Säuren und Basen sind schwache Elektrolyte.

Neutralisationsreaktionen und Salze

Die Eigenschaften saurer Lösungen unterscheiden sich wesentlich von den Eigenschaften basischer Lösungen. Säuren haben einen sauren, Basen dagegen einen bitteren Geschmack.* Säuren und Basen können die Farbe von bestimmten Farbstoffen auf unterschiedliche Art und Weise beeinflussen (► Abbildung 4.6). Der Farbstoff Lackmus ist z. B. in Säuren rot und in Basen blau.

Beim Mischen einer sauren mit einer basischen Lösung findet eine **Neutralisationsreaktion** statt. Die Produkte einer solchen Reaktion besitzen weder die charakteristischen Eigenschaften der sauren Lösung noch die der basischen Lösung. Wenn z. B. Chlorwasserstoffsäure (Salzsäure) mit einer Natriumhydroxidlösung vermischt wird, findet die folgende Reaktion statt:

$$\underset{\text{(Säure)}}{HCl(aq)} + \underset{\text{(Base)}}{NaOH(aq)} \longrightarrow \underset{\text{(Wasser)}}{H_2O(l)} + \underset{\text{(Salz)}}{NaCl(aq)} \qquad (4.11)$$

Abbildung 4.6: Der Säure-Base-Indikator Bromthymolblau. Der Indikator ist in basischen Lösungen blau und in sauren Lösungen gelb. Der linke Kolben zeigt Bromthymolblau in Anwesenheit einer Base (eine wässrige Ammoniaklösung). Der rechte Kolben zeigt den Indikator in Anwesenheit von Salzsäure (HCl).

* Die Geschmacksprobe chemischer Lösungen stellt keine gute chemische Praxis dar und wird ausdrücklich nicht empfohlen. Wir kennen jedoch den typisch sauren Geschmack von Säuren wie Ascorbinsäure (Vitamin C), Acetylsalicylsäure (Aspirin) und Citronensäure (in Zitrusfrüchten). Seifen sind basische Substanzen und haben den charakteristischen bitteren Geschmack von Basen.

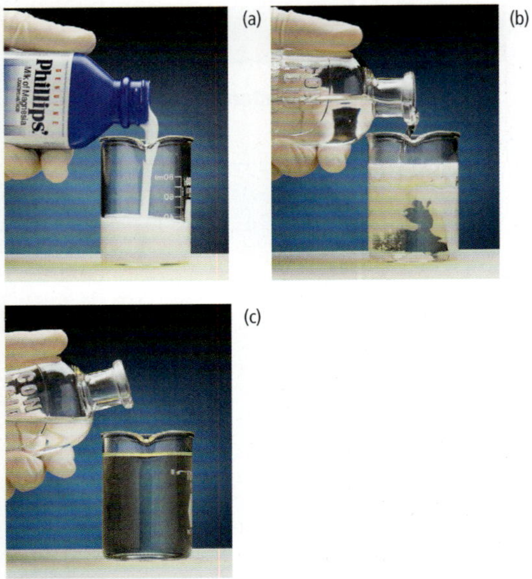

Abbildung 4.7: Reaktion von $Mg(OH)_2(s)$ mit einer Säure. (a) Magnesiamilch ist eine Suspension von Magnesiumhydroxid ($Mg(OH)_2(s)$) in Wasser. (b) Bei Zugabe von Chlorwasserstoffsäure ($HCl(aq)$) beginnt sich das Magnesiumhydroxid zu lösen. (c) Die resultierende klare Lösung enthält gemäß ► Gleichung 4.14 lösliches $MgCl_2(aq)$.

Die Produkte der Reaktion sind Wasser und Kochsalz (NaCl). Mit dem Ausdruck **Salz** ist in Analogie zu dieser Reaktion eine ionische Verbindung gemeint, deren Kation aus einer Base (z. B. Na^+ aus NaOH) und deren Anion aus einer Säure (z. B. Cl^- aus HCl) stammt. Im Allgemeinen *bilden sich bei einer Neutralisationsreaktion zwischen einer Säure und einem Metallhydroxid Wasser und ein Salz.*

Bei HCl, NaOH und NaCl handelt es sich um lösliche starke Elektrolyte, die vollständige Ionengleichung lautet daher

$$H^+(aq) + Cl^-(aq) + Na^+(aq) + OH^-(aq) \longrightarrow H_2O(l) + Na^+(aq) + Cl^-(aq) \quad (4.12)$$

Die Nettoionengleichung lautet

$$H^+(aq) + OH^-(aq) \longrightarrow H_2O(l) \quad (4.13)$$

In ► Gleichung 4.13 ist das wesentliche Merkmal jeder Neutralisationsreaktion zwischen einer starken Säure und einer starken Base zusammengefasst: $H^+(aq)$ und $OH^-(aq)$-Ionen reagieren zu H_2O.

In ► Abbildung 4.7 ist die Reaktion zwischen Chlorwasserstoffsäure und der in Wasser unlöslichen Base $Mg(OH)_2$ dargestellt. Im Verlauf der Neutralisationsreaktion wird die milchigweiße Suspension von $Mg(OH)_2$ (Magnesiamilch) klar:

Molekulargleichung: $Mg(OH)_2(s) + 2\ HCl(aq) \longrightarrow MgCl_2(aq) + 2\ H_2O(l)$ (4.14)

Nettoionengleichung: $Mg(OH)_2(s) + 2\ H^+(aq) \longrightarrow Mg^{2+}(aq) + 2\ H_2O(l)$ (4.15)

Säure-Base-Reaktionen mit Gasentwicklung

Neben OH^- gibt es viele weitere Basen, die mit H^+ zu molekularen Verbindungen reagieren. Zwei dieser Basen, die Ihnen im Labor begegnen könnten, sind das Sulfidion und das Carbonation. Beide Anionen reagieren mit Säuren zu Gasen, die in Wasser nur schlecht löslich sind. Schwefelwasserstoff (H_2S), eine Substanz, die für den üblen Geruch fauler Eier verantwortlich ist, bildet sich, wenn eine Säure wie $HCl(aq)$ mit einem Metallsulfid wie Na_2S reagiert.

Molekulargleichung: $2\ HCl(aq) + Na_2S(aq) \longrightarrow H_2S(g) + 2\ NaCl(aq)$ (4.16)

Nettoionengleichung: $2\ H^+(aq) + S^{2-}(aq) \longrightarrow H_2S(g)$ (4.17)

Carbonate und Hydrogencarbonate reagieren mit Säuren zu gasförmigem CO_2. Bei der Reaktion von CO_3^{2-}- oder HCO_3^- mit einer Säure entsteht zunächst Kohlensäure (H_2CO_3). Wenn z. B. Chlorwasserstoffsäure mit Natriumhydrogencarbonat in Kontakt kommt, findet die folgende Reaktion statt:

$$HCl(aq) + NaHCO_3(aq) \longrightarrow NaCl(aq) + H_2CO_3(aq) \quad (4.18)$$

Kohlensäure ist instabil; wenn sie in ausreichender Konzentration in Lösung vorliegt, zerfällt sie zu H_2O und CO_2, das als Gas aus der Lösung entweicht.

$$H_2CO_3(aq) \longrightarrow H_2O(l) + CO_2(g) \quad (4.19)$$

Beim Zerfall von H_2CO_3 entstehen, wie in ► Abbildung 4.8 gezeigt, Bläschen aus gasförmigem CO_2. Die Gesamtreaktion kann durch die folgenden Gleichungen zusammengefasst werden:

Molekulargleichung: $HCl(aq) + NaHCO_3(aq) \longrightarrow NaCl(aq) + H_2O(l) + CO_2(g)$ (4.20)

Nettoionengleichung: $H^+(aq) + HCO_3^-(aq) \longrightarrow H_2O(l) + CO_2(g)$ (4.21)

Abbildung 4.8: Carbonate reagieren mit Säuren unter Bildung von gasförmigem Kohlendioxid. Dargestellt ist die Reaktion von $NaHCO_3$ (weißer Festkörper) mit Chlorwasserstoffsäure; die Bläschen enthalten CO_2.

Sowohl $NaHCO_3$ als auch Na_2CO_3 werden zur Neutralisation verschütteter Säuren verwendet. Dabei wird solange Hydrogencarbonat bzw. Carbonat auf die Säure gegeben, bis keine Bläschen aus $CO_2(g)$ mehr entstehen. Natriumhydrogencarbonat wird manchmal als Mittel gegen Sodbrennen verwendet, um überschüssige Magensäure zu neutralisieren. In diesem Fall reagiert HCO_3^- mit Magensäure zu

$CO_2(g)$ uns Wasser. Die Bläschen, die entstehen, wenn eine Alka-Seltzer-Tablette in Wasser gegeben wird, werden durch die Reaktion von Natriumhydrogencarbonat mit Citronensäure verursacht.

4.4 Redoxreaktionen

Oxidation und Reduktion

Die Korrosion von Eisen (Rosten) und anderer Metalle wie z. B. die Korrosion der Anschlüsse einer Autobatterie sind uns vertraute Vorgänge. Das, was wir als *Korrosion* bezeichnen, ist die Umwandlung eines Metalls in eine Metallverbindung, die mittels einer Reaktion zwischen dem Metall und einer Substanz in seiner Umgebung stattfindet. Rost (► Abbildung 4.9) entsteht z. B. durch die Reaktion von Sauerstoff mit Eisen in Anwesenheit von Wasser.

Wenn ein Metall korrodiert, gibt es Elektronen ab und bildet Kationen. Calcium wird z. B. von Säuren aggressiv angegriffen und bildet dabei Calciumionen:

$$Ca(s) + 2\ H^+(aq) \longrightarrow Ca^{2+}(aq) + H_2(g) \qquad (4.22)$$

Wenn ein Atom, Ion oder Molekül nach einer Reaktion Elektronen abgegeben hat, ist es oxidiert worden. *Die Abgabe von Elektronen durch ein Teilchen wird als* ***Oxidation*** *bezeichnet.* In ► Gleichung 4.22 wird Ca, das keine Nettoladung aufweist, also zu Ca^{2+} oxidiert.

Der Ausdruck Oxidation stammt daher, dass die ersten Reaktionen dieser Art, die eingehend untersucht worden sind, Reaktionen mit Sauerstoff waren. Viele Metalle reagieren unmittelbar mit dem O_2 der Luft zu Metalloxiden. Bei diesen Reaktionen gibt das Metall Elektronen an den Sauerstoff ab. Es bildet sich eine ionische Verbindung aus dem Metall- und dem Sauerstoffion (Oxidion). Wenn Calciummetall z. B. Luft ausgesetzt wird, läuft die glänzende metallische Oberfläche aufgrund der Bildung von CaO an:

$$2\ Ca(s) + O_2(g) \longrightarrow 2\ CaO(s) \qquad (4.23)$$

Bei der in ► Gleichung 4.23 beschriebenen Oxidation von Ca wird der Sauerstoff vom neutralen O_2 in zwei O^{2-}-Ionen umgewandelt (► Abbildung 4.10). Wenn ein Atom, Ion oder Molekül nach einer Reaktion Elektronen aufgenommen hat, ist es *reduziert* worden. *Die Aufnahme von Elektronen durch ein Teilchen wird als* ***Reduktion*** *bezeichnet.* Wenn ein Reaktant Elektronen abgibt, müssen diese von einem anderen Reaktanten aufgenommen werden. Die Oxidation einer Substanz findet also immer gleichzeitig mit der Reduktion einer anderen Substanz statt, so dass Elektronen zwischen den Reaktanten übertragen werden. Derartige Reaktionen werden **Reduktions-Oxidations-Reaktionen** bzw. *Redoxreaktionen* genannt.

Übungsbeispiel 4.4: (Lösung online) Aufstellen von chemischen Gleichungen von Neutralisationsreaktionen

(a) Stellen Sie eine ausgeglichene Molekulargleichung der Reaktion zwischen wässrigen Lösungen von Essigsäure (CH_3COOH) und Bariumhydroxid ($Ba(OH)_2$) auf.

(b) Geben Sie lautet die Nettoionengleichung der Reaktion an!

A 5

(a) Stellen Sie die ausgeglichene Molekulargleichung der Reaktion von Kohlensäure (H_2CO_3) mit Kaliumhydroxid (KOH) auf.

(b) Formulieren Sie die Nettoionengleichung der Reaktion?

Abbildung 4.9: Korrosion von Eisen. Die Korrosion von Eisen wird durch den chemischen Angriff von Sauerstoff und Wasser auf die ungeschützte Metalloberfläche verursacht. Korrosion wird durch Salzwasser verstärkt.

EXTRAS ONLINE Redoxreaktionen (Video)

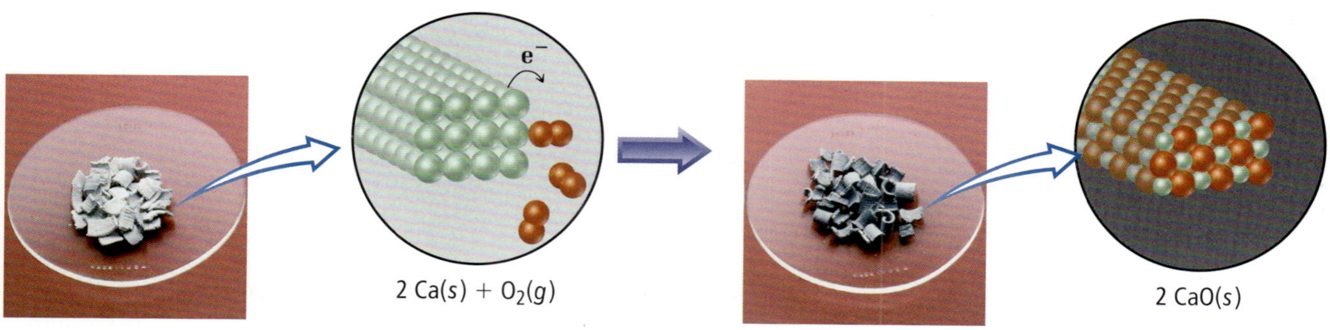

Abbildung 4.10: Oxidation von metallischem Calcium durch molekularen Sauerstoff. Während der Oxidation werden Elektronen vom Metall auf O_2 übertragen, was schließlich zur Bildung von CaO führt.

MERKE !

Unter Oxidation versteht man die Abgabe von Elektronen, unter Reduktion die Aufnahme von Elektronen.

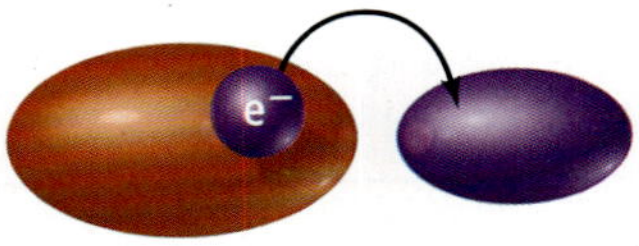

Substanz wird **oxidiert** (gibt Elektronen ab)

Substanz wird **reduziert** (nimmt Elektronen auf)

MERKE !

Bei einer Oxidation erhöht sich die Oxidationszahl, bei einer Reduktion erniedrigt sie sich.

Oxidationszahlen

Um eine Redoxreaktion erkennen zu können, benötigen wir eine Art Buchhaltungssystem, anhand dessen wir nachvollziehen können, welche Substanzen bei einer Reaktion reduziert werden (also Elektronen aufnehmen) und welche Substanzen oxidiert werden (also Elektronen abgeben). Zu diesem Zweck wurden Oxidationszahlen (oder *Oxidationszustände*) eingeführt. Jedem Atom eines neutralen Moleküls oder eines geladenen Teilchens wird eine **Oxidationszahl** zugeordnet. Diese Oxidationszahl entspricht bei einem einatomigen Teilchen der tatsächlichen Ladung des Teilchens und bei mehratomigen Teilchen einer hypothetischen Ladung, die den einzelnen Atomen zugewiesen wird. Dabei wird angenommen, dass Elektronen *vollständig* zu jeweils einem Atom gehören. Bei einer Redoxreaktion ändern sich die Oxidationszahlen einiger Atome. Eine Oxidation findet statt, wenn die Oxidationszahl während der Reaktion erhöht wird, während eine Reduktion einer Erniedrigung der Oxidationszahl entspricht.

Bei der Zuweisung von Oxidationszahlen gelten die folgenden Regeln:

1 *Ein Atom in* ***elementarer Form*** *hat immer die Oxidationszahl null.* Beide H-Atome im Molekül H_2 haben also die Oxidationszahl 0 und alle P-Atome im Molekül P_4 haben ebenfalls die Oxidationszahl 0.

2 *Bei einem* ***einatomigen Ion*** *entspricht die Oxidationszahl der Ladung des Ions.* K^+ hat also die Oxidationszahl +1, S^{2-} die Oxidationszahl –2, usw. Die Alkalimetallionen (Gruppe 1A) haben immer eine Ladung von 1+, also immer die Oxidationszahl +1. In Verbindungen haben Erdalkalimetalle (Gruppe 2A) immer die Oxidationszahl +2 und Aluminium (Gruppe 3A) nomalerweise die Oxidationszahl +3. Bei Oxidationszahlen schreiben wir das Vorzeichen immer vor die Zahl, um diese von tatsächlichen Ionenladungen zu unterscheiden, bei denen wir die Zahl als erstes schreiben.

3 ***Nichtmetalle*** haben normalerweise negative Oxidationszahlen, obwohl es einige Ausnahmen gibt:

(a) *Die Oxidationszahl von* ***Sauerstoff*** *ist normalerweise –2*, dies gilt sowohl für ionische als auch für molekulare Verbindungen des Elements. Die wichtigste Ausnahme stellen Peroxidverbindungen dar, die ein O_2^{2-}-Ion enthalten. In diesen Verbindungen haben beide Sauerstoffatome die Oxidationszahl –1.

(b) *Die Oxidationszahl von* ***Wasserstoff*** *ist +1, wenn er an Nichtmetalle gebunden ist, und –1, wenn er an Metalle gebunden ist (Metallhydride).*

(c) *Die Oxidationszahl von* ***Fluor*** *ist in allen Verbindungen –1.* Die anderen ***Halogene*** haben in den meisten binären Verbindungen ebenfalls die Oxidationszahl –1. Wenn sie jedoch wie in Oxoanionen (Anionen mit der Formel $AxOy^{2-}$) mit Sauerstoff verbunden sind, haben sie positive Oxidationszahlen.

4 ***Die Summe der Oxidationszahlen*** *aller Atome ist in einer neutralen Verbindung gleich null. Die Summe der Oxidationszahlen eines mehratomigen Ions ist gleich der Ladung des Ions.* Im Hydroniumion (H_3O^+) ist z. B. die Oxidationszahl der Wasserstoffatome +1 und die des Sauerstoffatoms –2. Die Summe der Oxidationszahlen ist also $3(+1) + (-2) = +1$, entspricht also der Nettoladung des Ions. Diese Regel ist sehr hilfreich, wenn Sie die Oxidationszahl eines bestimmten Atoms einer Verbindung oder eines Ions bestimmen wollen und Ihnen die Oxidationszahlen der anderen Atome bekannt sind (siehe ► Übungsbeispiel 4.5).

Übungsbeispiel 4.5: (Lösung online)
Bestimmung von Oxidationszahlen

Bestimmen Sie die Oxidationszahl von Schwefel in den folgenden Verbindungen:
(a) H_2S, **(b)** S_8, **(c)** SCl_2, **(d)** Na_2SO_3, **(e)** SO_4^{2-}.

A 6 Welche Oxidationszahl haben die fettgedruckten Elemente der folgenden Verbindungen?
(a) $\mathbf{P}_2O_5$, **(b)** $Na\mathbf{H}$, **(c)** $\mathbf{Cr}_2O_7^{2-}$, **(d)** $\mathbf{Sn}Br_4$, **(e)** $Ba\mathbf{O}_2$.

Oxidation von Metallen durch Säuren und Salze

Es gibt viele Arten von Redoxreaktionen. Bei Verbrennungsreaktionen handelt es sich z. B. um Redoxreaktionen, weil in ihnen elementarer Sauerstoff in

Sauerstoffverbindungen umgewandelt wird. In diesem Kapitel betrachten wir Redoxreaktionen zwischen Metallen und Säuren oder Salzen.

Reaktionen eines Metalls mit einer Säure oder einem Metallsalz laufen im Allgemeinen nach dem folgenden Muster ab:

$$\mathrm{A} + \mathrm{BX} \longrightarrow \mathrm{AX} + \mathrm{B} \tag{4.24}$$

Beispiele:

$$\mathrm{Zn}(s) + 2\,\mathrm{HBr}(aq) \longrightarrow \mathrm{ZnBr_2}(aq) + \mathrm{H_2}(g)$$

$$\mathrm{Mn}(s) + \mathrm{Pb(NO_3)_2}(aq) \longrightarrow \mathrm{Mn(NO_3)_2}(aq) + \mathrm{Pb}(s)$$

Diese Reaktionen werden **Verdrängungsreaktionen** genannt, weil in ihnen das sich in Lösung befindende Ion durch die Oxidation eines Elements verdrängt bzw. ersetzt wird.

Viele Metalle unterliegen, wenn sie mit Säuren in Kontakt kommen, Verdrängungsreaktionen, bei denen Salze und gasförmiger Wasserstoff entstehen. Magnesium reagiert z. B. mit Chlorwasserstoffsäure zu Magnesiumchlorid und gasförmigem Wasserstoff (▶ Abbildung 4.11). Um zu verdeutlichen, dass eine Oxidation und eine Reduktion stattgefunden haben, sind unter der chemischen Gleichung dieser Reaktion die Oxidationszahlen der einzelnen Atome angegeben:

$$\underset{0}{\mathrm{Mg}}(s) + 2\,\underset{+1}{\mathrm{H}}\underset{-1}{\mathrm{Cl}}(aq) \longrightarrow \underset{+2}{\mathrm{Mg}}\underset{-1}{\mathrm{Cl_2}}(aq) + \underset{0}{\mathrm{H_2}}(g) \tag{4.25}$$

Beachten Sie, dass sich die Oxidationszahl von Mg von 0 auf +2 verändert hat. Die Zunahme der Oxidationszahl zeigt an, dass das Atom Elektronen abgegeben hat und daher oxidiert wurde. Die Oxidationszahl des H^+-Ions der Säure hat von +1 auf 0 abgenommen. Dieses Ion hat also Elektronen aufgenommen und wurde daher reduziert. Die Oxidationszahl des Cl^--Ions bleibt mit −1 unverändert, es handelt sich also um ein Zuschauerion. Die Nettoionengleichung lautet

$$\mathrm{Mg}(s) + 2\,\mathrm{H^+}(aq) \longrightarrow \mathrm{Mg^{2+}}(aq) + \mathrm{H_2}(g) \tag{4.26}$$

Metalle können auch von wässrigen Lösungen verschiedener Salze oxidiert werden. Metallisches Eisen wird z. B. von einer wässrigen Lösung von Ni^{2+} wie $Ni(NO_3)_2$ oxidiert:

Molekulargleichung:
$$\mathrm{Fe}(s) + \mathrm{Ni(NO_3)_2}(aq) \longrightarrow \mathrm{Fe(NO_3)_2}(aq) + \mathrm{Ni}(s) \tag{4.27}$$

Nettoionengleichung:
$$\mathrm{Fe}(s) + \mathrm{Ni^{2+}}(aq) \longrightarrow \mathrm{Fe^{2+}}(aq) + \mathrm{Ni}(s) \tag{4.28}$$

Die Oxidation von Fe zu Fe^{2+} findet in dieser Reaktion gleichzeitig mit der Reduktion von Ni^{2+} zu Ni statt. Merken Sie sich: *Immer wenn ein Teilchen oxidiert wird, muss ein anderes Teilchen reduziert werden.*

MERKE !

In Verdrängungsreaktionen werden Kationen in einer Lösung durch andere Kationen verdrängt, die sich durch die Oxidation eines Elements gebildet haben.

Übungsbeispiel 4.6: (Lösung online) Aufstellen von Molekulargleichungen und Nettoionengleichungen von Redoxreaktionen

Stellen Sie die ausgeglichene Molekulargleichung und die Nettoionengleichung der Reaktion von Aluminium mit Bromwasserstoffsäure auf.

A 7

(a) Stellen Sie die ausgeglichene Molekulargleichung und die Nettoionengleichung der Reaktion zwischen Magnesium und Kobalt(II)sulfat auf.

(b) Welcher Stoff wird in der Reaktion oxidiert und welcher reduziert?

MERKE !

Immer wenn eine Substanz oxidiert wird, muss eine andere reduziert werden (Redoxreaktion).

Abbildung 4.11: Reaktion von Magnesium mit einer Säure. Die Bläschen entstehen durch die Bildung von gasförmigem Wasserstoff.

Redoxreihe der Metalle

Lässt sich vorhersagen, ob ein bestimmtes Metall von einer Säure oder einem bestimmten Salz oxidiert wird? Diese Frage ist sowohl von praktischer Bedeutung als auch von chemischem Interesse. Nach ► Gleichung 4.27 wäre es z. B. nicht zu empfehlen, eine Nickelnitratlösung in einem Behälter aus Eisen aufzubewahren, weil die Lösung den Behälter auflösen würde. Metalle unterscheiden sich hinsichtlich ihrer Neigung, oxidiert zu werden. Zn wird z. B. von einer wässrigen Cu^{2+}-Lösung oxidiert, Ag dagegen nicht. Zn gibt also Elektronen leichter ab als Ag, d. h. Zn kann einfacher oxidiert werden als Ag.

MERKE !

In der Redoxreihe sind die Metalle nach ihrer Neigung zur Oxidation angeordnet, die bei elektropositiven Metallen größer ist als bei edlen Metallen.

EXTRAS ONLINE Bildung von Silber (Video)

Wenn man Metalle hinsichtlich ihrer Neigung, oxidiert zu werden, anordnet, erhält man die **Redoxreihe** der Metalle. In ► Tabelle 4.3 ist die Redoxreihe der gebräuchlichsten Metalle in wässriger Lösung angegeben. In der Tabelle ist zusätzlich Wasserstoff aufgeführt. Die Metalle am oberen Ende der Tabelle wie die Alkalimetalle und die Erdalkalimetalle sind die am leichtesten oxidierbaren Metalle. Diese Metalle reagieren am einfachsten zu Verbindungen und werden *elektropositive Metalle* genannt. Die Metalle am unteren Ende der Redoxreihe wie die Übergangselemente der Gruppen 8B und 1B sind sehr stabil und gehen weniger leicht Verbindungen ein. Diese Metalle, die auch zur Herstellung von Münzen und Schmuck verwendet werden, werden aufgrund ihrer geringen Reaktivität *Edelmetalle* genannt.

Mit Hilfe der Redoxreihe lässt sich das Ergebnis von Reaktionen zwischen Metallen und Metallsalzen oder Säuren vorhersagen. Jedes Metall der ► Tabelle 4.3 kann von den Ionen der darunter stehenden Elemente oxidiert werden. Kupfer

Metall	Oxidationsreaktion				
Lithium	$Li(s)$	$\longrightarrow$	$Li^{+}(aq)$	+	e^-
Kalium	$K(s)$	$\longrightarrow$	$K^{+}(aq)$	+	e^-
Barium	$Ba(s)$	$\longrightarrow$	$Ba^{2+}(aq)$	+	$2e^-$
Calcium	$Ca(s)$	$\longrightarrow$	$Ca^{2+}(aq)$	+	$2e^-$
Natrium	$Na(s)$	$\longrightarrow$	$Na^{+}(aq)$	+	e^-
Magnesium	$Mg(s)$	$\longrightarrow$	$Mg^{2+}(aq)$	+	$2e^-$
Aluminium	$Al(s)$	$\longrightarrow$	$Al^{3+}(aq)$	+	$3e^-$
Mangan	$Mn(s)$	$\longrightarrow$	$Mn^{2+}(aq)$	+	$2e^-$
Zink	$Zn(s)$	$\longrightarrow$	$Zn^{2+}(aq)$	+	$2e^-$
Chrom	$Cr(s)$	$\longrightarrow$	$Cr^{3+}(aq)$	+	$3e^-$
Eisen	$Fe(s)$	$\longrightarrow$	$Fe^{2+}(aq)$	+	$2e^-$
Kobalt	$Co(s)$	$\longrightarrow$	$Co^{2+}(aq)$	+	$2e^-$
Nickel	$Ni(s)$	$\longrightarrow$	$Ni^{2+}(aq)$	+	$2e^-$
Zinn	$Sn(s)$	$\longrightarrow$	$Sn^{2+}(aq)$	+	$2e^-$
Blei	$Pb(s)$	$\longrightarrow$	$Pb^{2+}(aq)$	+	$2e^-$
Wasserstoff	$H_2(g)$	$\longrightarrow$	$2\,H^{+}(aq)$	+	$2e^-$
Kupfer	$Cu(s)$	$\longrightarrow$	$Cu^{2+}(aq)$	+	$2e^-$
Silber	$Ag(s)$	$\longrightarrow$	$Ag^{+}(aq)$	+	e^-
Quecksilber	$Hg(l)$	$\longrightarrow$	$Hg^{2+}(aq)$	+	$2e^-$
Platin	$Pt(s)$	$\longrightarrow$	$Pt^{2+}(aq)$	+	$2e^-$
Gold	$Au(s)$	$\longrightarrow$	$Au^{3+}(aq)$	+	$3e^-$

Neigung zur Oxidation nimmt zu

Tabelle 4.3: Redoxreihe der Metalle in wässriger Lösung.

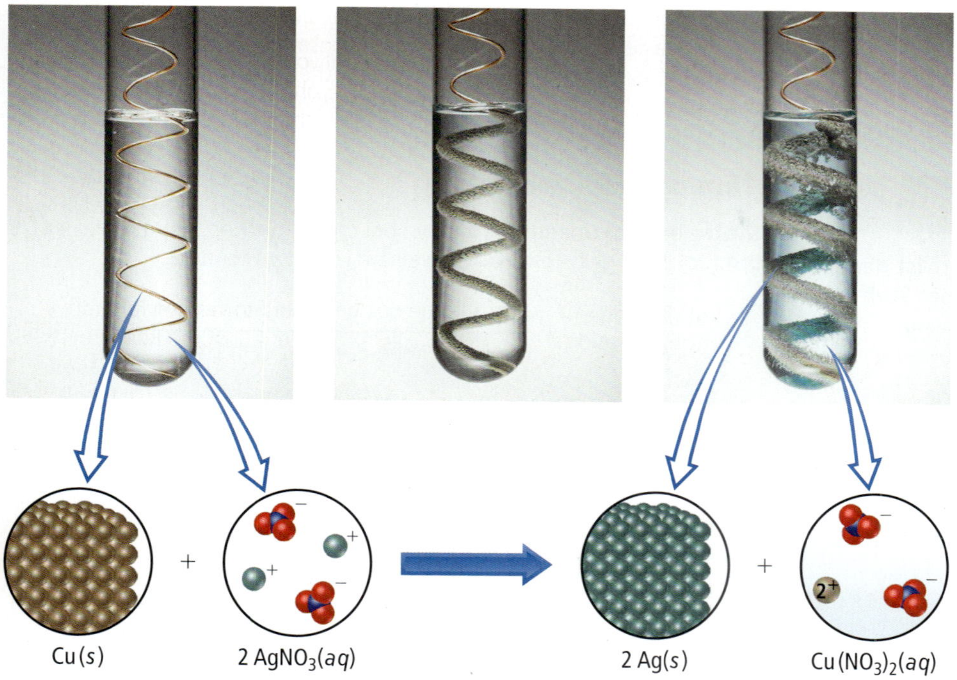

Abbildung 4.12: Reaktion von Kupfer mit Silberionen. Wenn metallisches Kupfer in eine Silbernitratlösung getaucht wird, findet eine Redoxreaktion statt, in der metallisches Silber und eine blaue Kupfer(II)nitratlösung entstehen.

befindet sich in der Redoxreihe z. B. oberhalb von Silber. Metallisches Kupfer wird also von Silberionen oxidiert (► Abbildung 4.12):

$$Cu(s) + 2\ Ag^{+}(aq) \longrightarrow Cu^{2+}(aq) + 2\ Ag(s) \qquad (4.29)$$

Die Oxidation von Kupfer zu Kupferionen findet gleichzeitig mit der Reduktion von Silberionen zu Silber statt. In ► Abbildung 4.12 ist auf der Oberfläche des Kupferdrahtes deutlich metallisches Silber zu erkennen. Kupfer(II)nitrat hat in Lösung eine blaue Farbe, die am deutlichsten ganz rechts in der Abbildung zu erkennen ist.

Nur die Metalle, die in der Redoxreihe oberhalb von Wasserstoff stehen, reagieren mit Säuren zu H_2. Ni reagiert z. B. mit HCl(*aq*) zu H_2:

$$Ni(s) + 2\ HCl(aq) \longrightarrow NiCl_2(aq) + H_2(g) \qquad (4.30)$$

Weil Elemente, die in der Redoxreihe unterhalb von Wasserstoff stehen, nicht von H^+ oxidiert werden, reagiert Cu nicht mit HCl(*aq*). Interessanterweise reagiert Cu jedoch mit Salpetersäure. Bei dieser Reaktion wird Cu jedoch nicht einfach von den H^+-Ionen der Säure oxidiert. Das Metall wird vielmehr von den Nitrationen der Säure zu Cu^{2+} oxidiert, eine Reaktion, bei der braunes Stickstoffdioxid ($NO_2(g)$) entsteht:

$$Cu(s) + 4\ HNO_3(aq) \longrightarrow Cu(NO_3)_2(aq) + 2\ H_2O(l) + 2\ NO_2(g) \qquad (4.31)$$

EXTRAS ONLINE Näher hingeschaut:
Die Faszination des Goldes

Übungsbeispiel 4.7: (Lösung online)
Warum finden Redoxreaktionen statt?

Wird metallisches Magnesium von einer wässrigen Eisen(II)chloridlösung oxidiert? Stellen Sie gegebenenfalls die ausgeglichene Molekulargleichung und die Nettoionengleichung der Reaktion auf.

A 8 Welche der folgenden Metalle werden von $Pb(NO_3)_2$ oxidiert: Zn, Cu, Fe?

4.5 Konzentrationen von Lösungen

Das Verhalten einer Lösung hängt oft nicht nur von der Natur der gelösten Stoffe, sondern auch von den Konzentrationen dieser Stoffe ab. Wissenschaftler verwenden ganz allgemein den Ausdruck **Konzentration**, um damit die „Menge" des gelösten Stoffes auszudrücken, der sich in einer bestimmten „Menge"

Lösungsmittel oder einer bestimmten „Menge" Lösung befindet. Je größer die Menge des in einer bestimmten „Menge" Lösungsmittel gelösten Stoffes ist, desto höher ist die Konzentration der Lösung. In der Chemie ist es oft notwendig, die Konzentration einer Lösung quantitativ anzugeben.

MERKE !

Die (Stoffmengen-)Konzentration *c* ist der Quotient aus der Stoffmenge *n* einer Stoffportion und dem Volumen *V* der Lösung.

Stoffmengenkonzentration

Die **Stoffmengenkonzentration** (Symbol *c*) gibt die Konzentration einer Lösung in Mol eines gelösten Stoffes in einem Liter der Lösung an:

$$\text{(Stoffmengen-) Konzentration} = \frac{\text{Stoffmenge des gelösten Stoffes in Mol}}{\text{Volumen der Lösung in Liter}} \qquad (4.32)$$

Eine 1,00-molare Lösung (geschrieben: 1,00 *M*) enthält in einem Liter der Lösung 1,00 mol des gelösten Stoffes. In ► Abbildung 4.13 wird die Herstellung von 250,0 mL einer 1,00 *M* $CuSO_4$-Lösung gezeigt. Dazu wird ein Messkolben verwendet, der für die Abmessung von genau 250,0 mL Flüssigkeit kalibriert ist. Zunächst werden 0,250 mol (39,9 g) $CuSO_4$ abgewogen und in den Messkolben gegeben. Anschließend wird etwas Wasser hinzugegeben, um das Salz aufzulösen. Die entstehende Lösung wird bis auf ein Volumen von 250,0 mL verdünnt. Die Konzentration der Lösung beträgt (0,250 mol $CuSO_4$)/(0,250 L Lösung) 1,00 *mol/L*.

EXTRAS ONLINE Auflösung von $KMnO_4$ (Video)

Angabe von Elektrolytkonzentrationen

Beim Auflösen einer ionischen Verbindung hängen die Konzentrationen der in Lösung gehenden Ionen von der chemischen Formel der Verbindung ab. Die Konzentration einer 1,0 *M* Lösung von NaCl ist z. B. 1,0 *mol/L* bezüglich der Na^+-Ionen und 1,0 *mol/L* bezüglich der Cl^--Ionen. Die Konzentration einer 1,0 *M* Na_2SO_4-Lösung ist dagegen 2,0 *mol/L* bezüglich der Na^+-Ionen und 1,0 *mol/L* bezüglich der SO_4^{2-}-Ionen. Die Konzentration einer Elektrolytlösung kann also entweder in Bezug auf die für die Herstellung der Lösung verwendete Verbindung

(a) (b) (c) (d)

Abbildung 4.13: Herstellung von 0,250 l einer 1,00 *M* $CuSO_4$-Lösung. (a) Wiegen Sie 0,250 mol (39,9 g) $CuSO_4$ (Formelgewicht = 159,6 u) ab. (b) Geben Sie das $CuSO_4$ in einen 250 ml-Messkolben und fügen Sie eine kleine Menge Wasser hinzu. (c) Lösen Sie die Substanz durch Schwenken des Kolbens im Wasser. (d) Füllen Sie den Kolben bis zur Kalibrierungsmarke mit Wasser auf. Schütteln Sie anschließend den mit einem Stopfen versehenen Kolben, um die Lösung vollständig zu durchmischen.

EXTRAS ONLINE Herstellen von Lösungen (Video)

(1,0 *mol/L* Na_2SO_4) oder in Bezug auf die Ionen, die in der Lösung vorliegen, angegeben werden (2,0 *mol/L* Na^+ und 1,0 *mol/L* SO_4^{2-}).

Umrechnung von Konzentration, Stoffmenge und Volumen

Wenn wir die Konzentration einer Lösung kennen, können wir die Stoffmenge eines gelösten Stoffes in einem bestimmten Volumen berechnen. Bei der Konzentration handelt es sich also um den Umrechnungsfaktor zwischen dem Volumen einer Lösung und der Stoffmenge des gelösten Stoffes. Die Berechnung der Stoffmenge von HNO_3 in 2,0 l einer 0,200 *M* HNO_3-Lösung lässt die Umrechnung vom Volumen in die Stoffmenge deutlich werden:

$$n(HNO_3) = (2{,}0\ \text{L}\ \cancel{\text{Lösung}})\left(\frac{0{,}200\ \text{mol HNO}_3}{1\ \cancel{\text{L Lösung}}}\right) = 0{,}40\ \text{mol HNO}_3$$

Wir können in dieser Umrechnung die Dimensionsanalyse anwenden, wenn wir für die Molarität die Einheit mol/L des gelösten Stoffes verwenden. Um die Stoffmenge zu erhalten, müssen wir also das Volumen mit der Molarität multiplizieren:

$$\text{Stoffmenge} = \text{Volumen} \times \text{Konzentration} \quad \text{bzw.} \quad n = V \cdot c$$

Um die Umrechnung von der Stoffmenge in das Volumen zu verdeutlichen, wollen wir berechnen, wie viel Liter einer 0,30 *M* HNO_3-Lösung 2,0 mol HNO_3 enthalten.

$$\text{Volumen der Lösung} = (2{,}0\ \cancel{\text{mol HNO}_3})\left(\frac{1\ \text{L Lösung}}{0{,}30\ \cancel{\text{mol HNO}_3}}\right) = 6{,}7\ \text{L Lösung}$$

In diesem Fall benötigen wir für die Umrechnung den Kehrwert der Konzentration:

$$\text{Volumen} = \text{Stoffmenge} \times \frac{1}{\text{Konzentration}} \quad \text{bzw.} \quad V = n \cdot \frac{1}{c} = \frac{n}{c}$$

Verdünnung

Lösungen zur Verwendung im Labor werden oft in konzentrierter Form käuflich erworben bzw. hergestellt (*Stammlösungen*). Chlorwasserstoffsäure (Salzsäure) ist z. B. als 12 *M* Lösung (konzentrierte HCl) erhältlich. Man erhält Lösungen mit niedrigerer Konzentration, indem man der konzentrierten Lösung Wasser hinzufügt, ein Vorgang, der **Verdünnung** genannt wird.*

Wir veranschaulichen die Herstellung einer verdünnten Lösung aus einer konzentrierten Lösung, indem wir uns vorstellen, dass wir durch Verdünnen einer 1,00 *M* $CuSO_4$-Stammlösung 250,0 mL (also 0,250 L) einer 0,100 *M* $CuSO_4$-Lösung herstellen wollen. Wenn zur Verdünnung einer Lösung Lösungsmittel hinzugefügt wird, bleibt die Stoffmenge des gelösten Stoffes in der Lösung gleich.

$$n\text{ (gelöster Stoff vor Verd.} = n\text{ (gelöster Stoff nach Verd.)} \qquad (4.33)$$

Wir können also, weil uns sowohl das Volumen als auch die Konzentration der verdünnten Lösung bekannt sind, die Stoffmenge $CuSO_4$ berechnen, die sie enthält.

---

* Bei der Verdünnung einer konzentrierten Säure oder Base sollte die Säure oder Base zunächst zu Wasser hinzugefügt werden und anschließend durch das Hinzufügen von weiterem Wasser weiter verdünnt werden. Wenn Wasser zu einer konzentrierten Säure oder Base gegeben wird, kann dies aufgrund der großen Hitzeentwicklung dazu führen, dass Flüssigkeit aus dem Gefäß spritzt.

Übungsbeispiel 4.8: (Lösung online)
Berechnung der Konzentration

Berechnen Sie die Konzentration einer Lösung, die aus 23,4 g Natriumsulfat (Na_2SO_4) hergestellt wird, zu dem so viel Wasser gegeben wird, dass sich 125 mL Lösung ergeben.

A 9 Berechnen Sie die Konzentration einer Lösung, die aus 5,00 g Glucose ($C_6H_{12}O_6$) hergestellt wird, zu der so viel Wasser gegeben wird, dass sich genau 100 mL Lösung ergeben.

Übungsbeispiel 4.9: (Lösung online)
Berechnung von molaren Ionenkonzentrationen

In welchen molaren Konzentrationen liegen die Ionen einer 0,025 *M* wässrigen Calciumnitratlösung vor?

A 10 Welche molare K^+-Ionenkonzentration hat eine 0,015 *M* Kaliumcarbonatlösung?

Übungsbeispiel 4.10: (Lösung online)
Berechnung der Masse eines gelösten Stoffes mit Hilfe der Molarität

Wie viel Gramm Na_2SO_4 werden zur Herstellung von 0,350 l einer 0,500 *M* Na_2SO_4-Lösung benötigt?

A 11

(a) Wie viel Gramm Na_2SO_4 befinden sich in 15 mL einer 0,50 *M* Na_2SO_4-Lösung?

(b) Wie viel Milliliter einer 0,50 *M* Na_2SO_4-Lösung werden benötigt, um 0,038 mol dieses Salzes abzumessen?

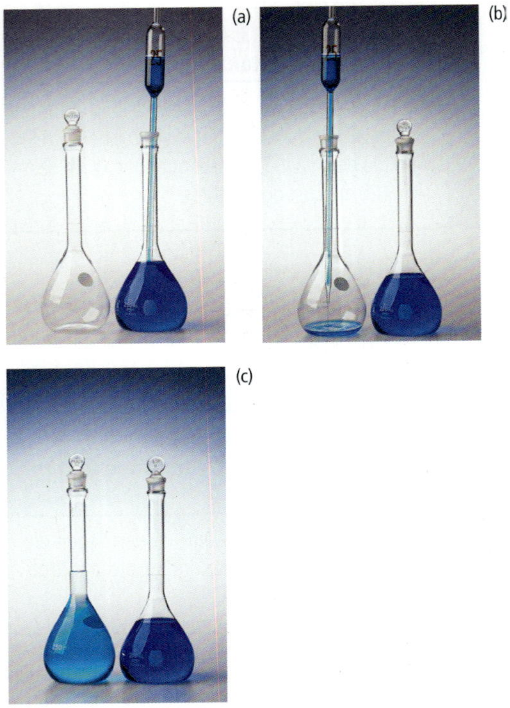

Abbildung 4.14: Herstellung von 250 mL einer 0,100 *M* $CuSO_4$-Lösung durch Verdünnen einer 1,00 *M* Stammlösung. (a) Messen Sie mit Hilfe einer Pipette 25,0 mL der 1,00 *M* Stammlösung ab. (b) Geben Sie die abgemessene Lösung in einen 250 mL-Messkolben. (c) Füllen Sie den Kolben bis zu einem Volumen von 250 mL mit Wasser auf.

> **Übungsbeispiel 4.11: (Lösung online) Herstellung einer Lösung durch Verdünnung**
>
> Wie viel Milliliter 3,0 *M* H_2SO_4 benötigt man, um 450 mL einer 0,1 *M* H_2SO_4-Lösung herzustellen?

A 12

(a) Welches Volumen einer 2,50 *M* Blei(II)nitratlösung enthält 0,0500 mol Pb^{2+}?

(b) Wie viel Milliliter einer 5,0 *M* $K_2Cr_2O_7$-Lösung müssen verdünnt werden, um 250 mL einer 0,10 *M* Lösung herzustellen?

(c) Welche Konzentration hat eine Lösung, die man bei Verdünnung von 10,0 mL einer 10,0 *M* NaOH-Stammlösung auf 250 mL erhält?

EXTRAS ONLINE Titration (Video)

$$\text{n }(CuSO_4)\text{ n verdünnter Lösung} = V \times c$$
$$= (0{,}250\text{ L lösung})\left(0{,}100\ \frac{1\text{ mol Lösung}}{1{,}00\text{ L }CuSO_4}\right) = 0{,}0250\text{ mol }CuSO_4$$

Anschließend können wir das Volumen der konzentrierten Lösung berechnen, das wir benötigen, um 0,0250 mol $CuSO_4$ zu erhalten:

$$\text{V der konzentrierten Lösung} = \text{n} \cdot \frac{1}{c} = \frac{n}{c}$$
$$(0{,}0250\ \text{mol }CuSO_4)\left(\frac{1\text{ L Lösung}}{1{,}00\ \text{mol }CuSO_4}\right) = 0{,}0250\text{ L}$$

Wir führen also die Verdünnung durch, indem wir mit Hilfe einer Pipette 0,0250 l (also 25,0 mL) der konzentrierten Lösung in einen 250 ml-Messkolben geben, der anschließend, wie in ► Abbildung 4.14 gezeigt, auf ein Endvolumen von 250,0 mL aufgefüllt wird. Beachten Sie, dass die verdünnte Lösung eine weniger intensive Farbe hat als die konzentrierte Lösung.

In der Laborpraxis werden solche Berechnungen oft schnell anhand einer einfachen Gleichung durchgeführt, die man leicht ableiten kann, wenn man sich merkt, dass die Stoffmengen in beiden Lösungen gleich sind und sich aus der Gleichung Stoffmenge = Konzentration × Volumen ergeben:

$$\text{n in konzentrierter Lösung} = \text{n in verdünnter Lösung}$$
$$c_{Konz} \times V_{Konz} = c_{Verd} \times V_{Verd} \tag{4.34}$$

Die Konzentration der konzentrierten Stammlösung (c_{Konz}) ist immer größer als die Konzentration der verdünnten Lösung (c_{Verd}). Weil das Volumen der Lösung bei der Verdünnung zunimmt, ist V_{Verd} also immer größer als V_{Konz}. Obwohl in ► Gleichung 4.34 mit Litern gerechnet wird, kann jede beliebige Volumeneinheit verwendet werden, solange diese auf beiden Seiten der Gleichung gleich ist. Die oben durchgeführte Berechnung der Konzentration einer $CuSO_4$-Lösung lässt sich also z. B. auch folgendermaßen durchführen:

$$(1{,}00\ M)(V_{Konz}) = (0{,}100\ M)(250\text{ ml})$$

Wenn wir nach V_{Konz} auflösen, erhalten wir wie zuvor $V_{Konz} = 25{,}0$ mL.

4.6 Stöchiometrie und chemische Analyse

Titration

Um die Konzentration eines bestimmten gelösten Stoffes in einer Lösung zu ermitteln, verwenden Chemiker häufig die Methode der **Titration**, bei der die Konzentration der unbekannten Lösung mit Hilfe einer Reagenzlösung bekannter Konzentration, einer so genannten **Maßlösung**, bestimmt wird. Titrationen können mit Säure-Base-, Fällungs- oder Redoxreaktionen durchgeführt werden. Nehmen Sie an, wir hätten eine HCl-Lösung unbekannter Konzentration und eine NaOH-Lösung mit einer bekannten Konzentration von 0,100 *M*. Um die Konzentration der HCl-Lösung zu bestimmen, messen wir ein bestimmtes Volumen dieser Lösung ab, beispielsweise 20,00 mL. Anschließend fügen wir zu dieser Lösung langsam die NaOH-Maßlösung hinzu, bis die Neutralisationsreaktion zwischen HCl und NaOH vollständig abgelaufen ist. Der Punkt, an dem stöchiometrisch äquivalente Mengen miteinander reagiert haben, wird als **Äquivalenzpunkt** der Titration bezeichnet.

Wenn wir eine unbekannte Lösung mit Hilfe einer Standardlösung titrieren möchten, müssen wir auf irgendeine Weise feststellen können, wann der Äquivalenzpunkt der Titration erreicht ist. In Säure-Base-Titrationen verwenden wir zu diesem Zweck Farbstoffe, die als **Säure-Base-Indikatoren** dienen. Der Farbstoff Phenolphthalein ist z. B. in sauren Lösungen farblos, in basischen Lösungen dagegen violett. Wenn wir Phenolphthalein zu einer unbekannten Säurelösung hinzufügen, wird die Lösung, wie in ► Abbildung 4.15 a gezeigt, farblos sein. Wir können anschließend mit Hilfe einer Bürette Maßlösung hinzufügen, bis die Lösung, wie in ► Abbildung 4.15 b gezeigt, von farblos auf violett umschlägt. Anhand dieses Farbumschlags ist ersichtlich, dass die Säure neutralisiert worden ist und der Tropfen Base, der für den Farbumschlag verantwortlich war, keine Säure zur Reaktion mehr vorfindet. Die Lösung wird daher basisch und der Farbstoff violett. Der Farbumschlag zeigt den *Endpunkt* der Titration an, der normalerweise sehr nah am Äquivalenzpunkt liegt. Bei einer Titration sollte darauf geachtet werden, Indikatoren zu wählen, deren Umschlagsbereiche mit den Äquivalenzpunkten der Titration übereinstimmen. Der gesamte beschriebene Titrationsvorgang ist in ► Abbildung 4.16 zusammengefasst.

Übungsbeispiel 4.12: (Lösung online)
Verwendung von Massen in einer Neutralisationsreaktion

Wie viel Gramm $Ca(OH)_2$ werden zur Neutralisation von 25 mL einer 0,100 *M* HNO_3-Lösung benötigt?

A 13

(a) Wie viel Gramm NaOH werden zur Neutralisation von 20 mL einer 0,150 *M* H_2SO_4-Lösung benötigt?

(b) Wie viel Liter einer 0,500 *M* HCl (*aq*)-Lösung werden benötigt, um mit 0,100 mol Pb $(NO_3)_2(aq)$ vollständig zu einem Niederschlag aus $PbCl_2(s)$ zu reagieren?

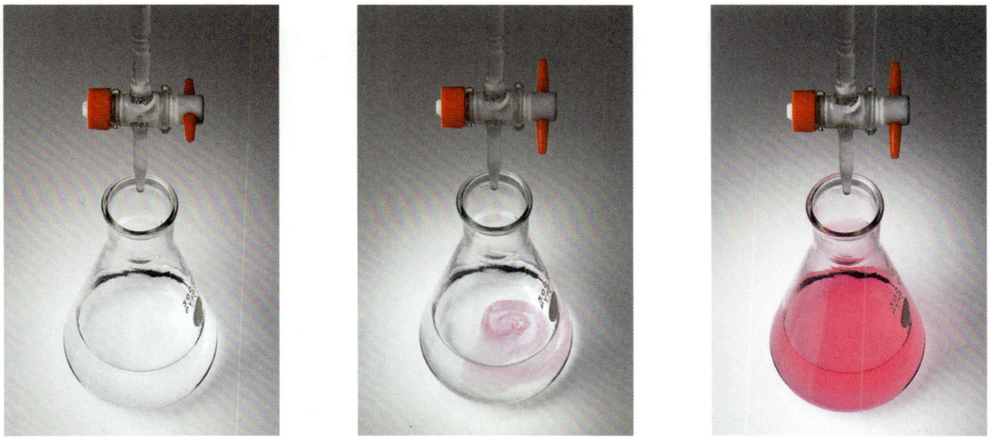

(a) (b) (c)

Abbildung 4.15: Änderung der Farbe einer Lösung mit dem Indikator Phenolphthalein bei Zugabe einer Base. Vor dem Endpunkt ist die Lösung farblos (a). Kurz vor dem Endpunkt wird die Lösung an der Eintropfstelle der Base blassviolett (b). Am Endpunkt ist die gesamte Lösung nach dem Durchmischen blassviolett. Wenn noch mehr Base hinzugefügt wird, nimmt die Intensität der violetten Farbe zu (c).

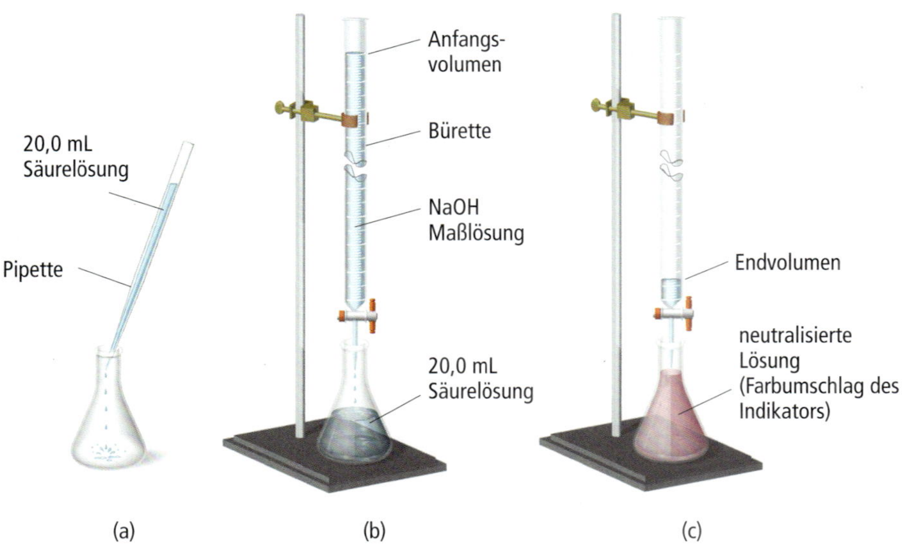

Abbildung 4.16: Vorgehensweise bei der Titration einer Säure mit einer NaOH-Maßlösung. (a) In einen Kolben wird ein bekanntes Volumen der Säure gegeben. (b) Zu dieser Lösung wird ein Säure-Base-Indikator und anschließend aus einer Bürette eine NaOH-Maßlösung hinzugegeben. (c) Der Äquivalenzpunkt ist anhand des Farbumschlags des Indikators zu erkennen.

Thermochemie

5

ÜBERBLICK

Die Existenz der modernen Gesellschaft beruht auf der Nutzung von Energie. Wir benötigen Energie zum Betrieb unserer Maschinen und Geräte, zum Antrieb unserer Fahrzeuge, zum Heizen im Winter und zum Betrieb der Klimaanlage im Sommer. Nicht nur für die moderne Gesellschaft ist Energie jedoch unverzichtbar. Sie ist vielmehr ein lebensnotwendiger Bestandteil jeder Lebensform. Pflanzen benötigen Sonnenenergie zur Photosynthese, ohne die ihr Wachstum nicht möglich wäre. Die Pflanzen sind wiederum die Grundlage der Nahrungsmittel, aus denen wir Menschen Energie gewinnen, die wir benötigen, um uns zu bewegen und unsere Körpertemperatur und Körperfunktionen aufrechtzuerhalten. Was genau ist jedoch Energie und welche Prinzipien gelten bei ihren Umwandlungen und Übertragungen?

MERKE !

Die Thermochemie beschäftigt sich mit dem Wärmeaustausch bei chemischen Reaktionen.

Die Lehre der Energie und ihrer Umwandlungen wird als **Thermodynamik** bezeichnet (Griechisch: *thérme-*, „Wärme"; *dy'namis*, „Kraft"). In diesem Kapitel werden wir uns mit dem Aspekt der Thermodynamik beschäftigen, in dem die Beziehungen zwischen chemischen Reaktionen und den damit verbundenen Energieänderungen, bei denen Wärme ausgetauscht wird, untersucht werden.

5.1 Die Natur der Energie

Obwohl wir eine allgemeine Vorstellung davon haben, was Energie bedeutet, ist es nicht leicht, sich dem Konzept der Energie auf präzise Weise zu nähern. Energie kann allgemein als *das Vermögen zur Verrichtung von Arbeit oder zur Übertragung von Wärme* definiert werden. Diese Definition erfordert von uns ein Verständnis der Konzepte Arbeit und Wärme. Wir können uns **Arbeit** als *Energie* vorstellen, *die zum Bewegen eines massehaltigen Objekts eingesetzt wird*, und **Wärme** als *Energie, die zur Erhöhung der Temperatur eines Objekts dient* (► Abbildung 5.1). Wir wollen im Folgenden näher auf diese Konzepte eingehen. Wir beginnen mit der Frage, in welcher Form Energie in Materie vorliegt und wie sie von einem Materiestück auf ein anderes übertragen werden kann.

(a)

(b)

Abbildung 5.1: Arbeit und Wärme. Energie kann verwendet werden, um zwei grundlegende Aufgaben auszuführen: (a) Arbeit ist Energie, die verwendet wird, um ein massehaltiges Objekt zu bewegen. (b) Wärme ist Energie, die verwendet wird, um die Temperatur eines Objekts zu erhöhen.

Kinetische und potenzielle Energie

Jedes Objekt, egal, ob es sich z. B. um einen Tennisball oder ein Molekül handelt, kann **kinetische Energie**, d. h. *Bewegungsenergie* besitzen. Der Betrag der kinetischen Energie E_{kin} eines Objekts hängt von seiner Masse m und seiner Geschwindigkeit v ab:

$$E_{kin} = \frac{1}{2}mv^2 \tag{5.1}$$

Aus ► Gleichung 5.1 wird deutlich, dass die kinetische Energie mit der Geschwindigkeit eines Objekts zunimmt. Ein Auto, das sich mit einer Geschwindigkeit von 90 km/h bewegt, hat z. B. eine höhere kinetische Energie als das gleiche Auto, das sich mit 60 km/h bewegt. Bei gleicher Geschwindigkeit nimmt die kinetische Energie mit steigender Masse zu. Ein großer Geländewagen, der sich mit 90 km/h bewegt, hat also eine höhere kinetische Energie als ein Kleinwagen mit der gleichen Geschwindigkeit. Atome und Moleküle haben eine Masse und sind in Bewegung. Sie besitzen daher kinetische Energie.

Ein Objekt kann auch eine andere Energieform besitzen, die **potenzielle Energie** genannt wird. Diese Energie ist von der *Position* eines Objekts relativ zu anderen Objekten abhängig. Potenzielle Energie entsteht, wenn auf ein Objekt eine Kraft wirkt. Eine **Kraft** ist jede Art Stoßen oder Ziehen, die auf ein Objekt ausgeübt wird. Die uns vertrauteste Kraft ist die Erdanziehung. Denken Sie z. B. an eine Radfahrerin, die sich, wie in ► Abbildung 5.2 gezeigt, oben auf einem Hügel befindet. Auf sie und ihr Fahrrad wirkt die Erdanziehung, eine Kraft, die in Richtung des Mittelpunkts der Erde wirkt. Oben auf dem Hügel haben die Radfahrerin und ihr Fahrrad eine bestimmte potenzielle Energie, die sich aus der

Höhe ergibt. Sobald sie sich in Bewegung befindet, nimmt die Geschwindigkeit der Radfahrerin bei der Abfahrt ins Tal zu, ohne dass sie sich dafür anstrengen muss. Ihre potenzielle Energie nimmt dabei ab, die Energie verschwindet jedoch nicht einfach. Sie wird in andere Energieformen, hauptsächlich kinetische Energie, umgewandelt.

Die Gravitationskraft spielt hauptsächlich bei großen Objekten eine wichtige Rolle. Chemie befasst sich jedoch überwiegend mit extrem kleinen Objekten, mit Atomen und Molekülen, so dass Gravitationskräfte bei der Wechselwirkung zwischen diesen submikroskopischen Teilchen vernachlässigt werden können. Wichtiger sind die Kräfte, die aufgrund von elektrischen Ladungen wirken. Eine der in der Chemie wichtigsten Formen potenzieller Energie ist die *elektrostatische potenzielle Energie*, die durch die Wechselwirkungen zwischen geladenen Teilchen entsteht. Die elektrostatische potenzielle Energie E_{el} ist proportional zu den elektrischen Ladungen von zwei Objekten Q_1 und Q_2 und umgekehrt proportional zur Entfernung s zwischen diesen:

$$E_{el} = \frac{\kappa Q_1 Q_2}{s} \tag{5.2}$$

Dabei ist κ eine einfache Proportionalitätskonstante ($8{,}99 \times 10^9\,\mathrm{J \cdot m/C^2}$). C steht für Coulomb, einer Einheit der elektrischen Ladung und J für Joule, einer Einheit der Energie, die wir im Verlauf des Kapitels noch kennen lernen werden. Wenn wir uns mit Objekten auf molekularer Ebene beschäftigen, sind die elektrischen Ladungen Q_1 und Q_2 typischerweise in der Größenordnung der Elektronenladung ($1{,}60 \times 10^{-19}\,\mathrm{C}$). Wenn Q_1 und Q_2 das gleiche Vorzeichen haben (z. B. beide positiv sind), stoßen sich die beiden Ladungen ab und E_{el} ist positiv. Wenn die Ladungen entgegengesetzte Vorzeichen haben, ziehen sie sich an und E_{el} ist negativ. Je niedriger die Energie eines Systems ist, desto stabiler ist es. Je stärker also entgegengesetzte Ladungen aufeinander wirken, desto stabiler ist das System.

Ein Ziel der Chemie besteht darin, die Energieänderungen, die wir in der makroskopischen Welt beobachten können, auf die kinetische oder potenzielle Energie von Substanzen auf atomarer oder molekularer Ebene zurückzuführen. Viele Substanzen, wie z. B. Treibstoffe, setzen bei einer Reaktion Energie frei. Die *chemische Energie* dieser Substanzen ergibt sich aus der potenziellen Energie, die in der Anordnung der Atome in der Substanz gespeichert ist. Ebenso werden wir feststellen, dass die Energie, die eine Substanz aufgrund ihrer Temperatur besitzt (ihre *thermische Energie*), sich auf die kinetische Energie der Moleküle in der Substanz zurückführen lässt.

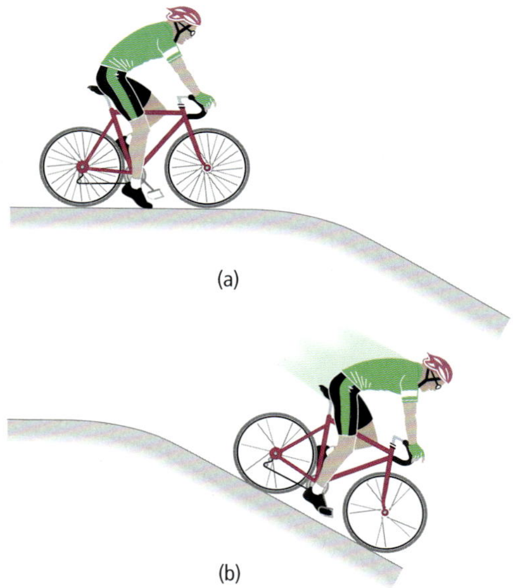

Abbildung 5.2: Potenzielle und kinetische Energie. (a) Ein Fahrrad auf dem Gipfel eines Hügels hat eine in Bezug auf das Tal hohe potenzielle Energie. (b) Bei der Abfahrt in das Tal wird die potenzielle Energie in kinetische Energie umgewandelt.

MERKE !

Je niedriger die Energie eines Systems ist, desto stabiler ist es.

Je stärker entgegengesetzte Ladungen aufeinander wirken, desto stabiler ist das System.

Energieeinheiten

Die SI-Einheit der Energie ist das **Joule** (J), zu Ehren des britischen Wissenschaftlers James Joule (1818–1889), der sich in seinen Forschungen mit der Untersuchung von Arbeit und Wärme beschäftigt hat: $\mathrm{J} = 1\,\mathrm{kg \cdot m^2/s^2}$. Eine Masse von 2 kg hat bei einer Geschwindigkeit von 1 m/s eine kinetische Energie von 1 J:

$$E_{kin} = \tfrac{1}{2}mv^2 = \tfrac{1}{2}(2\,\mathrm{kg})(1\,\mathrm{m/s})^2 = 1\,\mathrm{kg \cdot m^2/s^2} = 1\,\mathrm{J}$$

Ein Joule ist keine große Energiemenge, wir werden daher bei der Betrachtung von Energien, die mit chemischen Reaktionen verbunden sind, oft die Einheit *Kilojoule* (kJ) verwenden.

Traditionell wurden Energieänderungen, die mit chemischen Reaktionen einhergehen, in Kalorien ausgedrückt, einer Nicht-SI-Einheit, die in der Chemie, Biologie und Biochemie immer noch häufig verwendet wird. Eine **Kalorie** (cal) wurde ursprünglich als die Energiemenge definiert, die zum Erwärmen von 1 g Wasser von 14,5 °C auf 15,5 °C benötigt wird. Heute wird sie über das Joule definiert:

$$1\,\mathrm{cal} = 4{,}1868\,\mathrm{J}$$

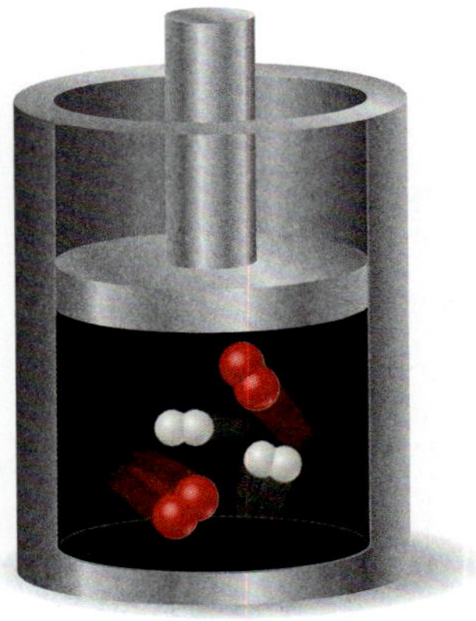

Abbildung 5.3: Ein geschlossenes System und seine Umgebung. Gasförmiger Wasserstoff und Sauerstoff sind in einen Zylinder mit einem beweglichen Kolben eingeschlossen. Wenn wir nur an den Eigenschaften dieser Gase interessiert sind, definieren wir die Gase als System und den Zylinder und den Kolben als Teil der Umgebung. Es handelt sich um ein geschlossenes System, weil es Energie (in Form von Wärme und Arbeit), aber keine Materie mit der Umgebung austauschen kann.

System und Umgebung

Bei der Untersuchung von Energieänderungen müssen wir unsere Aufmerksamkeit auf einen begrenzten und genau definierten Teil des Universums richten, in dem wir auftretende Energieänderungen verfolgen können. Der Teil des Universums, den wir in unsere Untersuchungen einschließen, wird **System** genannt. Der Rest des Universums ist die **Umgebung**. Wenn wir uns im Labor mit der mit einer chemischen Reaktion verbundenen Energieänderung beschäftigen, besteht das System meist aus den Reaktanten und Produkten. Der Behälter, in dem die Reaktion stattfindet, und alles, was sich außerhalb von diesem befindet, ist die Umgebung. Systeme können offen, geschlossen oder isoliert (abgeschlossen) sein. Ein **offenes System** kann mit seiner Umgebung sowohl Energie als auch Materie austauschen. Zu den Systemen, die wir am einfachsten untersuchen können, gehören **geschlossene Systeme**. Ein geschlossenes System kann mit der Umgebung Energie, jedoch keine Materie austauschen. Betrachten Sie z. B. eine Mischung aus gasförmigem Wasserstoff (H_2) und Sauerstoff (O_2) in einem Zylinder (► Abbildung 5.3). Das System besteht in diesem Fall nur aus Wasserstoff und Sauerstoff. Der Zylinder, der Kolben und alles, was sich außerhalb befindet (einschließlich uns selbst), gehören zur Umgebung. Wenn Wasserstoff und Sauerstoff zu Wasser reagieren, wird Energie freigesetzt:

$$2\,H_2(g) + O_2(g) \longrightarrow 2\,H_2O(g) + \text{Energie}$$

Obwohl sich die chemische Form der Wasserstoff- und Sauerstoffatome im System während der Reaktion verändert, bleibt die Masse des Systems konstant. Es wird keine Materie zwischen dem System und der Umgebung ausgetauscht. Das System tauscht jedoch Energie mit seiner Umgebung in Form von *Arbeit* und *Wärme* aus.

In einem nur theoretisch vorstellbaren absolut **isolierten System** kann mit der Umgebung weder Energie noch Materie ausgetauscht werden.

Übertragung von Energie: Arbeit und Wärme

In ► Abbildung 5.1 sind die beiden Formen dargestellt, in denen Energieübertragungen im täglichen Leben auftreten – Arbeit und Wärme. Energie kann zwischen Systemen und der Umgebung also in zwei Formen übertragen werden, als Arbeit und als Wärme.

Energie, mit der ein Objekt gegen eine Kraft bewegt wird, wird *Arbeit* genannt. Wir können also Arbeit (W) als Energie definieren, die übertragen wird, wenn ein Objekt von einer Kraft bewegt wird. Der Betrag der Arbeit ist gleich dem Produkt aus der Kraft (F) und dem Weg (s), den das Objekt zurücklegt:

$$W = F \times s \qquad (5.3)$$

Wir verrichten z. B. Arbeit, wenn wir ein Objekt gegen die Kraft der Erdanziehung anheben oder wenn wir Objekte mit zwei gleichnamigen Ladungen aufeinander zu bewegen. Wenn wir das Objekt als das System definieren, können wir – als Teil der Umgebung – Arbeit auf dieses System ausüben, also Energie auf das System übertragen.

Die andere Form, Energie zu übertragen, ist Wärme. *Wärme* ist die Energie, die von einem wärmeren Objekt auf ein kälteres Objekt übertragen wird. Wir können diese Vorstellung auch auf etwas abstraktere, nichtsdestotrotz jedoch nützliche Weise ausdrücken: Wärme ist Energie, die zwischen einem System und seiner Umgebung aufgrund des Temperaturunterschieds übertragen wird. Bei einer Verbrennungsreaktion wie der in ► Abbildung 5.1 b dargestellten Verbrennung von Erdgas wird z. B. die in den Molekülen des Brennstoffs gespeicherte chemische Energie freigesetzt. Wenn wir die an der Reaktion beteiligten Stoffe als System und alles andere als Umgebung definieren, stellen wir fest, dass die

Temperatur des Systems aufgrund der freigesetzten Energie zunächst ansteigt. Energie wird anschließend in Form von Wärme vom wärmeren System auf die kältere Umgebung übertragen.

5.2 Der Erste Hauptsatz der Thermodynamik

Wir haben festgestellt, dass die potenzielle Energie eines Systems in kinetische Energie umgewandelt werden kann und umgekehrt. Ebenso haben wir erkannt, dass ein System in Form von Arbeit und Wärme Energie mit seiner Umgebung austauschen kann. Energie kann von einer Form in eine andere umgewandelt und von einem Ort an einen anderen übertragen werden. Sämtliche genannten Vorgänge unterliegen dabei einer der wichtigsten Beobachtungen der Wissenschaft: Energie kann weder erschaffen noch zerstört werden. Diese universelle Tatsache wird **Erster Hauptsatz der Thermodynamik** genannt und lässt sich in einer einfachen Aussage zusammenfassen: *Energie bleibt erhalten*. Sämtliche Energie, die von einem System abgegeben wird, muss von seiner Umgebung aufgenommen werden und umgekehrt. Um den Ersten Hauptsatz quantitativ anwenden zu können, müssen wir jedoch zunächst die Energie eines Systems genauer definieren.

MERKE !

1. Hauptsatz der Thermodynamik:

Energie kann weder erschaffen noch zerstört werden.

Sie kann aber in andere Energieformen umgewandelt und an andere Orte übertragen werden.

Innere Energie

Die **innere Energie** eines Systems ist die Summe *aller* kinetischen und potenziellen Energien sämtlicher Bestandteile des Systems. Im in ► Abbildung 5.3 dargestellten System beinhaltet die innere Energie z. B. die Bewegungen der H_2- und O_2-Moleküle durch den Raum ebenso wie ihre Rotationen und internen Schwingungen. Ebenfalls eingeschlossen sind die Energien der Kerne und Elektronen aller Atome. Wir stellen die innere Energie mit dem Symbol U dar. Normalerweise ist uns der absolute Wert von U nicht bekannt. Wir interessieren uns jedoch meist für ΔU (sprich „Delta U"),* die Änderung von U, die mit einer Änderung im System einhergeht.

Stellen Sie sich vor, wir beginnen unser Experiment mit einem System, das die anfängliche innere Energie U_{Anfang} aufweist. Dieses System wird anschließend einer Änderung unterworfen, bei der Arbeit verrichtet oder Wärme übertragen wird. Nach der Änderung ist die innere Energie des Systems gleich U_{Ende}. Wir definieren die *Änderung* der inneren Energie ΔU als Differenz zwischen U_{Ende} und U_{Anfang}:

$$\Delta U = U_{\text{Ende}} - U_{\text{Anfang}} \tag{5.4}$$

Es ist nicht notwendig, die wirklichen Werte von U_{Ende} und U_{Anfang} zu kennen. Zur Anwendung des Ersten Hauptsatzes der Thermodynamik benötigen wir lediglich den Wert von ΔU.

Thermodynamische Größen wie ΔU bestehen aus: einem Zahlwert und einer Einheit, die zusammen den Betrag der Änderung festlegen, und einem Vorzeichen, das die Richtung der Änderung angibt. Wir erhalten einen *positiven* Wert für ΔU, wenn $U_{\text{Ende}} > U_{\text{Anfang}}$ ist. In diesem Fall hat das System Energie aus der Umgebung aufgenommen. Wir erhalten dagegen einen *negativen* Wert für ΔU, wenn $U_{\text{Ende}} < U_{\text{Anfang}}$ ist. In diesem Fall hat das System Energie an die Umgebung abgegeben. Beachten Sie, dass wir Energieübergänge aus der Sichtweise des Systems und nicht aus der Sichtweise der Umgebung betrachten. Wir müssen uns jedoch stets vor Augen halten, dass eine Änderung der Energie des Systems immer mit einer umgekehrten Änderung der Energie der Umgebung

* Das Symbol Δ wird häufig verwendet, um eine *Änderung* zu beschreiben. Eine Änderung der Höhe h wird also beispielsweise durch Δh ausgedrückt.

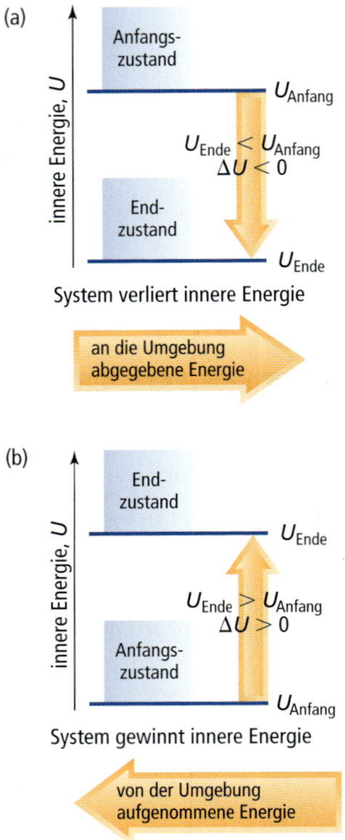

Abbildung 5.4: Änderungen der inneren Energie. (a) Wenn ein System Energie verliert, wird diese Energie an die Umgebung abgegeben. Die Abnahme der Energie wird durch einen Pfeil dargestellt, der zwischen dem Anfangs- und dem Endzustand des Systems nach unten gerichtet ist. In diesem Fall ist die Energieänderung des Systems ($\Delta U = U_{Ende} - U_{Anfang}$) negativ. (b) Wenn ein System Energie gewinnt, wird diese Energie aus der Umgebung aufgenommen. In diesem Fall wird die Zunahme von Energie durch einen Pfeil dargestellt, der zwischen dem Anfangs- und dem Endzustand des Systems nach oben gerichtet ist. Die Energieänderung des Systems ist positiv. Beachten Sie, dass in beiden Fällen der senkrechte Pfeil am Anfangszustand beginnt und in Richtung Endzustand zeigt.

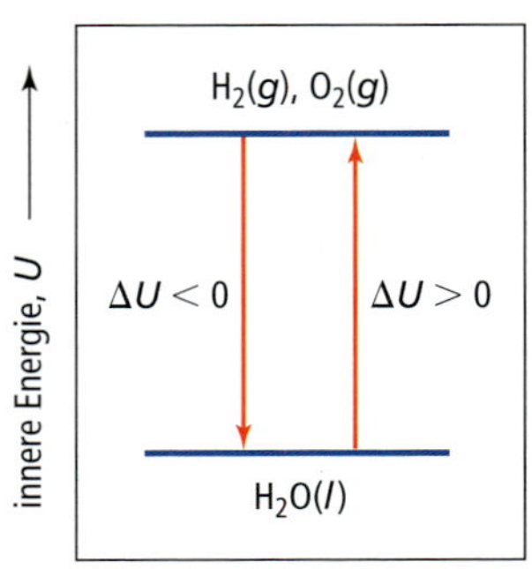

Abbildung 5.5: Energiediagramm der Übergänge zwischen $H_2(g)$, $O_2(g)$ und H_2O. Ein System, das aus $H_2(g)$ und $O_2(g)$ besteht, besitzt eine höhere innere Energie als ein System, das aus $H_2O(l)$ besteht. Das System verliert beim Übergang von H_2 und O_2 zu H_2O Energie ($\Delta U < 0$). Es gewinnt Energie ($\Delta U > 0$), wenn H_2O in H_2 und O_2 zersetzt wird.

einhergeht. Die beschriebenen Eigenschaften von Energieübergängen sind in ► Abbildung 5.4 zusammengefasst.

In einer chemischen Reaktion bezieht sich der Anfangszustand des Systems auf die Reaktanten, der Endzustand dagegen auf die Produkte. Wenn aus Wasserstoff und Sauerstoff bei einer bestimmten Temperatur Wasser gebildet wird, gibt das System Energie in Form von Wärme an die Umgebung ab. Der Verlust von Wärme führt dazu, dass die innere Energie der Produkte (des Endzustands) geringer ist als die der Reaktanten (des Anfangszustands), ΔU bei diesem Vorgang also negativ ist. Im *Energiediagramm* in ► Abbildung 5.5 ist daher für die innere Energie einer Mischung aus H_2 und O_2 ein größerer Wert angegeben als für die innere Energie von H_2O.

Die Beziehung zwischen ΔU und Wärme und Arbeit

Wenn ein System Wärme aufnimmt bzw. abgibt oder wenn Arbeit am System bzw. von diesem verrichtet wird, ändert sich die innere Energie des Systems.

Wenn ein System einem chemischen oder physikalischen Prozess unterliegt, ergeben sich Betrag und Vorzeichen der mit dem Prozess verbundenen Änderung der inneren Energie ΔU aus der Wärme Q, die dem System zugefügt oder von diesem abgegeben wird, plus der Arbeit W, die an dem System verrichtet oder die von diesem verrichtet wird.

$$\Delta U = Q + W \qquad (5.5)$$

Wenn einem System Wärme zugefügt wird oder Arbeit an einem System geleistet wird, nimmt seine innere Energie zu. Wenn also Wärme aus der Umgebung auf das System übertragen wird, hat Q einen positiven Wert. Das Hinzufügen von Wärme zu einem System bedingt dass die Gesamtenergie zunimmt. Ebenso hat W einen positiven Wert, wenn von der Umgebung Arbeit am System verrichtet wird (► Abbildung 5.6). Im Gegensatz dazu haben sowohl die Abgabe von Wärme durch das System an die Umgebung als auch die Arbeit, die vom System an der Umgebung verrichtet wird, negative Werte, d. h. sie führen zu einer Verringerung der inneren Energie des Systems. In ► Tabelle 5.1 sind die

Übungsbeispiel 5.1: Zusammenhang zwischen Wärme und Arbeit und der Änderung der inneren Energie

Die beiden Gase A(*g*) und B(*g*) sind in einem Zylinder mit Kolben (ähnlich der ► Abbildung 5.3) eingeschlossen. A und B reagieren zu einem festen Produkt: $A(g) + B(g) \longrightarrow C(s)$. Während der Reaktion gibt das System 1150 J Wärme an die Umgebung ab. Der Kolben bewegt dabei nach unten. Das Volumen verringert sich unter dem konstanten Druck der Atmosphäre und die Umgebung verrichtet 480 J Arbeit am System. Wie ändert sich während der Reaktion die innere Energie des Systems?

Lösung

Analyse: Wir sollen anhand von angegeben Informationen über Q und W den Wert von ΔU bestimmen.

Vorgehen: Zunächst bestimmen wir die Vorzeichen von Q und W (► Tabelle 5.1). Anschließend verwenden wir ► Gleichung 5.5 ($\Delta U = Q + W$), um ΔU zu berechnen.

Lösung: Aus dem System wird Wärme an die Umgebung abgegeben und Arbeit wird von der Umgebung am System geleistet, Q ist also negativ und W positiv: $Q = -1150$ J und $W = 480$ kJ. Daher ist ΔU gleich

$$\Delta U = Q + W = (-1150\,\text{J}) + (480\,\text{J}) = -670\,\text{J}$$

Der negative Wert von ΔU bedeutet, dass eine Gesamtmenge von 670 J Energie vom System an die Umgebung abgegeben worden ist.

Vorzeichenkonventionen für *Q, W* und ΔU zusammengefasst. Beachten Sie, dass Energie, die dem System als Wärme oder Arbeit zugefügt wird, ein positives Vorzeichen hat.

Endotherme und exotherme Prozesse

Ein Prozess, bei dem ein System Wärme aufnimmt, wird **endothermer** Prozess genannt. Das Präfix *endo*- bedeutet „in … hinein". Während eines endothermen Prozesses wie z. B. dem Schmelzen von Eis fließt Wärme aus der Umgebung *in* das System. Wenn wir als Teil der Umgebung einen Behälter berühren, in dem Eis schmilzt, fühlt sich der Behälter kalt an, weil Wärme von unserer Hand in den Behälter fließt.

Ein Prozess, bei dem ein System Wärme abgibt, wird **exotherm** genannt. Das Präfix *exo*- bedeutet „aus … hinaus". Während eines exothermen Prozesses wie der Verbrennung von Benzin fließt Wärme *aus* dem System in die Umgebung. In ► Abbildung 5.7 sind zwei Beispiele chemischer Reaktionen dargestellt. Eine der Reaktionen ist endotherm, die andere dagegen hochgradig exotherm. Bei dem in ► Abbildung 5.7 a dargestellten endothermen Prozess nimmt die Temperatur im Becherglas ab. In diesem Fall besteht das System aus den chemischen Reaktanten und Produkten. Das Lösungsmittel, in dem diese gelöst sind, gehört dagegen zur Umgebung. Während der chemischen Umsetzung der Reaktanten in die Produkte fließt Wärme vom Lösungsmittel (aus der Umgebung) in das System. Die Temperatur der Lösung nimmt also ab.

Zustandsgrößen

Obwohl es normalerweise keine Möglichkeit gibt, den exakten Wert der inneren Energie *U* eines Systems zu ermitteln, hat diese dennoch bei bestimmten Bedingungen einen genau definierten Wert. Die Bedingungen, die die innere

(a) (b)

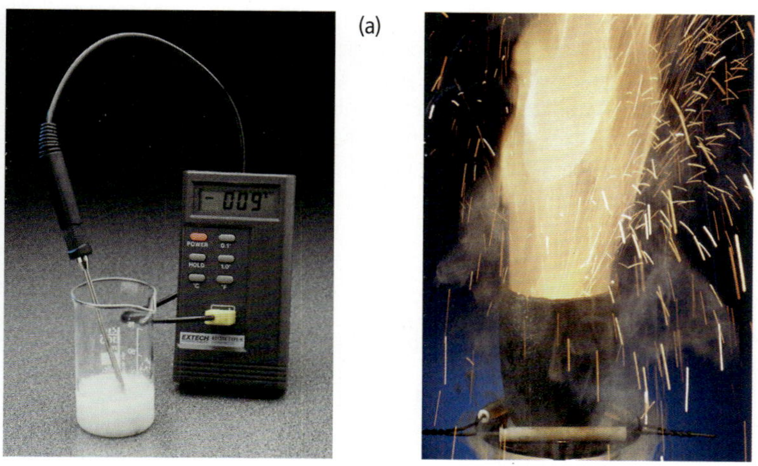

Abbildung 5.7: Beispiele einer endothermen und einer exothermen Reaktion. (a) Wenn Ammoniumthiocyanat und Bariumhydroxidoctahydrat bei Zimmertemperatur vermischt werden, findet eine endotherme Reaktion statt:

$$2\,NH_4SCN(s) + Ba(OH)_2 \cdot 8\,H_2O(s) \longrightarrow Ba(SCN)_2(aq) + 2\,NH_3(aq) + 10\,H_2O(l)$$

Aufgrund des endothermen Charakters der Reaktion nimmt die Temperatur von etwa 20 °C auf –9 °C ab. (b) Die Reaktion von pulverförmigem Aluminium mit Fe_2O_3 (Thermitreaktion) ist hochgradig exotherm. Die Reaktion verläuft heftig unter Bildung von Al_2O_3 und flüssigem Eisen:

$$2\,Al(s) + Fe_2O_3(s) \longrightarrow Al_2O_3(s) + 2\,Fe(l)$$

A 1 Berechnen Sie die Änderung der inneren Energie des Systems für einen Prozess, bei dem das System 140 J Wärme aus der Umgebung aufnimmt und 85 J Arbeit an der Umgebung leistet.

MERKE !

Wenn einem System Wärme zugefügt wird oder Arbeit an einem System geleistet wird, nimmt seine innere Energie zu.

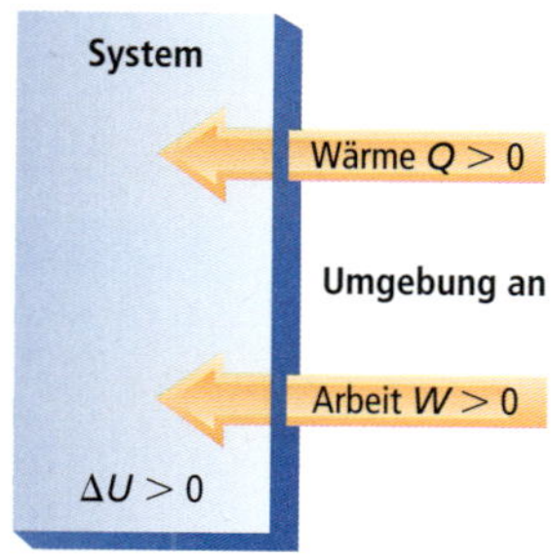

Abbildung 5.6: Vorzeichenkonventionen für Wärme und Arbeit. Die von einem System aufgenommene Wärme *Q* und die an einem System verrichtete Arbeit *W* sind positive Größen. In beiden Fällen wird die innere Energie *U* des Systems erhöht, so dass ΔU, das gleich $Q + W$ ist, ebenfalls eine positive Größe ist.

Für *Q*	+	bedeutet, das System nimmt Wärme auf
	–	bedeutet, das System gibt Wärme ab
Für *W*	+	bedeutet, Arbeit wird am System verrichtet
	–	bedeutet, Arbeit wird vom System verrichtet
Für ΔU	+	bedeutet eine Nettoenergieaufnahme des Systems
	–	bedeutet eine Nettoenergieabgabe des Systems

Tabelle 5.1: Vorzeichenkonventionen für *Q, W* und ΔU.

EXTRAS ONLINE Thermit (Video)

> **MERKE !**
>
> **Der Wert einer Zustandsgröße hängt nur vom gegenwärtigen Zustand des Systems ab, nicht dagegen vom Weg, auf dem dieser Zustand erreicht wurde.**

Energie eines Systems beeinflussen, schließen die Temperatur und den Druck ein. Außerdem ist die innere Gesamtenergie eines Systems als extensive Eigenschaft proportional zur Materiemenge, aus der das System besteht.

Nehmen Sie an, unser System besteht wie in ► Abbildung 5.8 aus 50 g Wasser bei 25 °C. Wir könnten zu einem System in diesem Zustand gelangen, indem wir 50 g Wasser mit einer Temperatur von 100 °C abkühlen oder indem wir 50 g Eis schmelzen und das geschmolzene Wasser anschließend auf 25 °C erwärmen. Die innere Energie des Wassers bei 25 °C ist in beiden Fällen identisch. Die innere Energie ist ein Beispiel für eine **Zustandsgröße**, eine Eigenschaft eines Systems, die durch die Bedingungen oder den Zustand (hinsichtlich Temperatur, Druck, Ort und so weiter) des Systems bestimmt wird. *Der Wert einer Zustandsgröße hängt nur vom gegenwärtigen Zustand des Systems ab, nicht dagegen vom Weg, auf dem dieser Zustand erreicht wurde.* Weil es sich bei U um eine Zustandsgröße handelt, hängt ΔU nur vom Anfangs- und Endzustand des Systems ab, nicht jedoch davon, auf welche Weise der Übergang stattfindet.

Einige thermodynamische Größen wie z. B. U sind Zustandsgrößen. Andere wie z. B. Q und W sind keine Zustandsgrößen. Obwohl $\Delta U = Q + W$ nicht davon abhängt, auf welche Weise die entsprechende Änderung stattfindet, hängen die Wärmemenge und die Arbeit, die während der Änderung erzeugt werden, vom Weg ab, auf dem die Änderung durchgeführt wird. Wenn sich jedoch bei einer Änderung des Wegs, auf dem ein System von einem Anfangs- in einen Endzustand gelangt, der Wert von Q erhöht, wird der Wert von W gleichzeitig um exakt den gleichen Betrag erniedrigt. Daraus ergibt sich, dass der Wert von ΔU auf beiden Wegen identisch ist.

Wir können dieses Prinzip anhand eines Beispiels verdeutlichen, in dem das System aus einer Batterie besteht. In ► Abbildung 5.9 betrachten wir zwei Arten, eine Batterie bei konstanter Temperatur zu entladen. Wenn die Batterie mit einer Drahtspule kurzgeschlossen wird, wird keine Arbeit verrichtet, weil keine Materie gegen eine Kraft bewegt wird. Die gesamte Energie der Batterie geht in Form von Wärme verloren. Die Drahtspule wird wärmer und gibt Wärme an die Luft in der Umgebung ab. Wenn die Batterie dagegen eingesetzt wird, um einen Motor anzutreiben, wird bei der Entladung der Batterie Arbeit verrichtet. Gleichzeitig wird auch Wärme frei, jedoch nicht so viel wie beim Kurzschließen der Batterie. Die Beträge von Q und W sind in beiden Fällen unterschiedlich groß. Wenn der Anfangs- und der Endzustand der Batterie in beiden Fällen identisch ist, muss auch $\Delta U = Q + W$ in beiden Fällen gleich groß sein, weil es sich bei U um eine Zustandsgröße handelt. ΔU ist also nur vom Anfangs- und Endzustand

Abbildung 5.8: Die innere Energie *U* ist eine Zustandsgröße. U hängt nur vom momentanen Zustand des Systems ab, nicht jedoch vom Weg, auf dem dieser Zustand erreicht worden ist. Die innere Energie von 50 g Wasser bei 25 °C ist immer gleich. Es spielt keine Rolle, ob das Wasser von einer höheren Temperatur auf 25 °C abgekühlt oder von einer niedrigeren Temperatur auf 25 °C erwärmt worden ist.

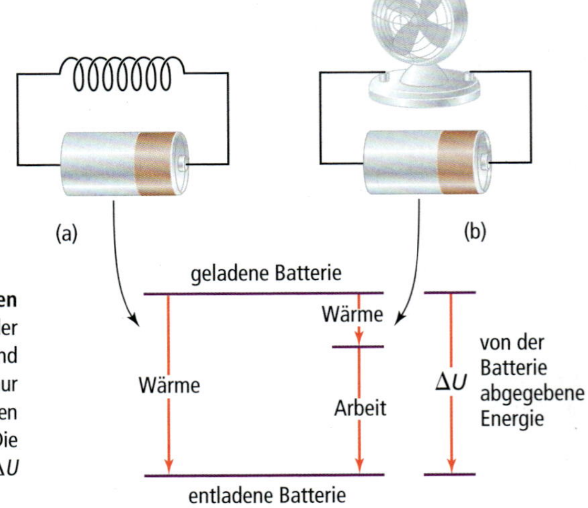

Abbildung 5.9: Die innere Energie ist eine Zustandsgröße, Wärme und Arbeit sind dagegen keine Zustandsgrößen. Die Wärme- und Arbeitsmengen, die zwischen dem System und der Umgebung übertragen werden, hängen vom Weg ab, auf dem das System von einem Zustand in einen anderen gelangt. (a) Eine kurzgeschlossene Batterie gibt Energie an die Umgebung nur in Form von Wärme ab; sie verrichtet keine Arbeit. (b) Eine Batterie, die an einem Motor entladen wird, gibt Energie in Form von Arbeit (zum Antrieb des Ventilators) und in Form von Wärme ab. Die in diesem Fall abgegebene Wärmemenge ist jedoch wesentlich kleiner als im Fall (a). Der Wert von ΔU ist in beiden Prozessen gleich, obwohl die Werte von Q und W sich unterscheiden.

des Systems abhängig, unabhängig davon, ob die Energie als Wärme oder Arbeit übertragen worden ist.

5.3 Die Enthalpie, eine Zustandsgröße

Die chemischen und physikalischen Vorgänge, die in unserer Umgebung stattfinden, wie z. B. die Photosynthese in den Blättern einer Pflanze, das Verdunsten von Wasser in einem See oder die Reaktion in einem offenen Becherglas im Labor, finden bei nahezu konstantem atmosphärischem Druck statt. Diese Prozesse können mit einer Aufnahme oder Abgabe von Wärme oder mit Arbeit verbunden sein, die vom System oder am System verrichtet wird. Weil der Wärmefluss am einfachsten gemessen werden kann, werden wir uns zunächst auf diesen Aspekt von Reaktionen konzentrieren. Nichtsdestotrotz müssen wir auch jede Form von Arbeit berücksichtigen, die mit einem Prozess verbunden ist.

Meistens besteht die einzige Arbeit, die von an offener Atmosphäre stattfindenden chemischen oder physikalischen Vorgängen geleistet wird, in der mechanischen Arbeit, die mit einer Änderung des Volumens des Systems einhergeht. Betrachten Sie z. B. die Reaktion von metallischem Zink mit einer Salzsäurelösung:

$$Zn(s) + 2\ H^{+}(aq) \longrightarrow Zn^{2+}(aq) + H_2(g) \quad (5.6)$$

Wenn wir diese Reaktion im Laborabzug in einem offenen Becherglas durchführen, können wir die Entstehung von gasförmigem Wasserstoff beobachten. Es ist jedoch nicht sofort offensichtlich, dass dabei Arbeit verrichtet wird. Der sich bildende gasförmige Wasserstoff dehnt sich gegen den vorhandenen Druck der Atmosphäre aus, ein Vorgang, bei dem vom System Arbeit geleistet werden muss. Dies ist offensichtlicher, wenn wir wie in ► Abbildung 5.10 die Reaktion in einem geschlossenen System bei konstantem Druck durchführen. In dieser Vorrichtung kann sich der Kolben nach oben oder unten bewegen, um im Reaktionsbehälter den Druck konstant zu halten. Wenn wir aus Einfachheitsgründen davon ausgehen, dass der Kolben masselos ist, entspricht der Druck in der Vorrichtung dem Atmosphärendruck außerhalb der Vorrichtung. Während der Reaktion wird H_2-Gas gebildet und der Kolben angehoben. Das Gas innerhalb des Kolbens verrichtet also Arbeit an der Umgebung, indem es den Kolben gegen den auf ihm lastenden Atmosphärendruck anhebt.

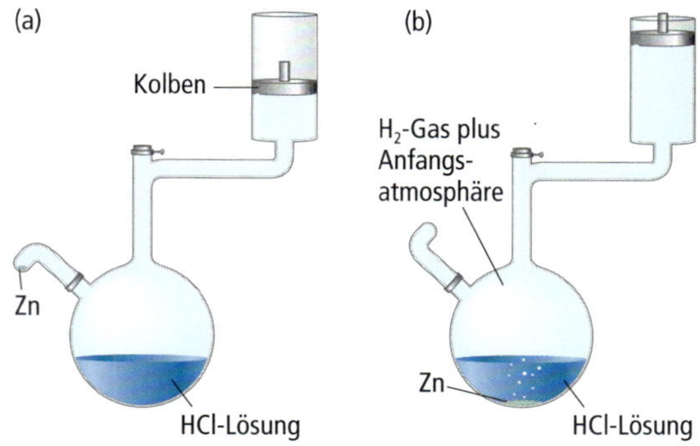

Abbildung 5.10: System, das Arbeit an der Umgebung verichtet. (a) Vorrichtung zur Untersuchung der Reaktion von metallischem Zink mit Chlorwasserstoffsäure bei konstantem Druck. Der Kolben kann sich frei im Zylinder bewegen und gewährleistet auf diese Weise innerhalb der Vorrichtung einen konstanten Druck, der dem Druck der Atmosphäre entspricht. Achten Sie auf die Zinkkugeln im L-förmigen Glasrohr auf der linken Seite. Wenn das Glasrohr gedreht wird, fallen die Kugeln in das Reaktionsgefäß und die Reaktion setzt ein. (b) Bei Zugabe von Zink zu einer sauren Lösung entsteht gasförmiger Wasserstoff. Der Wasserstoff verrichtet Arbeit an der Umgebung und hebt den Kolben gegen den atmosphärischen Druck an, so dass innerhalb des Reaktionsgefäßes der Druck konstant bleibt.

Die Arbeit, die mit der Ausdehnung oder Komprimierung eines Gases verbunden ist, wird **Druck-Volumen-Arbeit** (bzw. *pV*-Arbeit) genannt. Bei konstantem Druck (wie in unserem Beispiel) sind das Vorzeichen und der Betrag der Druck-Volumen-Arbeit gegeben durch:

$$W = -p\,\Delta V \quad (5.7)$$

wobei p der Druck und ΔV die Änderung des Volumens des Systems ($\Delta V = V_{Ende} - V_{Anfang}$) ist. Das negative Vorzeichen in ► Gleichung 5.7 ergibt sich aus den Vorzeichenkonventionen der ► Tabelle 5.1. Wenn sich das Volumen ausdehnt, erhält ΔV ein positives und W ein negatives Vorzeichen. Energie verlässt also das System in Form von Arbeit, was bedeutet, dass Arbeit vom System *an* der Umgebung verrichtet wird. Wenn ein Gas komprimiert wird, nimmt das Volumen ab (ΔV erhält ein negatives Vorzeichen), W erhält ein positives Vorzeichen. Das bedeutet, dass Energie in Form von Arbeit in das System eingebracht, Arbeit also von der Umgebung am System verrichtet wird.

MERKE !

Die Arbeit, die mit der Ausdehnung oder Komprimierung eines Gases verbunden ist, wird Druck-Volumen-Arbeit (bzw. *pV*-Arbeit) genannt.

Die thermodynamische Funktion der **Enthalpie** (vom griechischen Wort *enthalpein*, das „sich erwärmen" bedeutet) betrachtet den Wärmefluss in Prozessen, die bei konstantem Druck ablaufen und in denen außer *pV*-Arbeit keine weitere Arbeit geleistet wird. Die Enthalpie, für die das Symbol H verwendet wird, ist gleich der Summe aus innerer Energie und dem Produkt aus Druck und Volumen des Systems:

$$H = U + pV \quad (5.8)$$

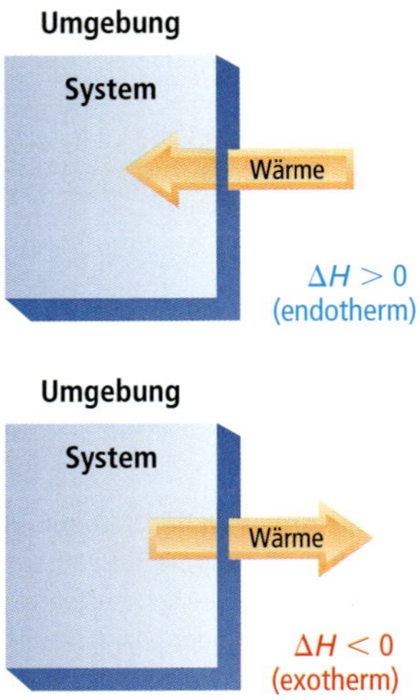

Abbildung 5.11: Endotherme und exotherme Prozesse. (a) Wenn das System Wärme aufnimmt (endothermer Prozess), ist ΔH positiv ($\Delta H > 0$). (b) Wenn das Sytem Wärme abgibt (exothermer Prozess), ist ΔH negativ ($\Delta H < 0$).

EXTRAS ONLINE Näher hingeschaut: Energie, Enthalpie und *pV*-Arbeit

A 2 Nehmen Sie an, wir würden 1 g Butan und genügend Sauerstoff zur vollständigen Verbrennung in einem Zylinder ähnlich dem aus ► Abbildung 5.3 einschließen. Der Zylinder soll perfekt isoliert sein, es kann also keine Wärme in die Umgebung austreten. Die Verbrennung von Butan zu Kohlendioxid und Wasserdampf wird durch einen Funken ausgelöst. Wenn wir diese Vorrichtung zum Messen der Enthalpieänderung der Reaktion verwenden würden, würde dann der Kolben aufsteigen, absteigen oder an der gleichen Stelle verbleiben?

Bei der Enthalpie handelt es sich um eine Zustandsgröße, weil innere Energie, Druck und Volumen Zustandsgrößen sind.

Wenn bei konstantem Druck eine Änderung auftritt, ist die Änderung der Enthalpie, ΔH, durch die folgende Beziehung gegeben:

$$\Delta H = \Delta(U + pV) = \Delta U + p\,\Delta V \quad (5.9)$$

Das heißt, die Enthalpieänderung ist gleich der Summe der Änderung der inneren Energie und dem Produkt aus dem konstanten Druck und der Änderung des Volumens. Wir gewinnen einen weiteren Einblick in die Natur von Enthalpieänderungen, wenn wir uns daran erinnern, dass $\Delta U = Q + W$ (► Gleichung 5.5) ist und dass die mit der Ausdehnung oder Komprimierung eines Gases verbundene Arbeit $W = -p\,\Delta V$ ist. Wenn wir in ► Gleichung 5.9 einsetzen:

$$\text{für } \Delta U = Q_p + W$$

$$\textit{für } p\,\Delta V = -W$$

dann erhalten wir

$$\Delta H = \Delta U + p\,\Delta V = (Q_p + W) - W = Q_p \quad (5.10)$$

wobei der Index p bei der Wärme Q deutlich macht, dass es sich um Änderungen bei konstantem Druck handelt. *Die Änderung der Enthalpie ist gleich der bei konstantem Druck aufgenommenen oder abgegebenen Wärme.* Weil es sich bei Q_p um eine Größe handelt, die wir entweder messen oder leicht berechnen können und weil sehr viele uns interessierende physikalische und chemische Vorgänge bei konstantem Druck stattfinden, ist die Enthalpie eine erheblich praktischere Funktion als die innere Energie. Bei den meisten Reaktionen ist der Unterschied zwischen ΔH und ΔU aufgrund des kleinen $p\,\Delta V$ ebenfalls klein.

Wenn ΔH positiv ist (also wenn Q_p positiv ist), nimmt das System Wärme aus der Umgebung auf (► Tabelle 5.1), es handelt sich also um einen endothermen Prozess. Wenn ΔH negativ ist, gibt das System Wärme an die Umgebung ab, es handelt sich also um einen exothermen Prozess. Diese beiden Fälle sind in ► Abbildung 5.11 schematisch dargestellt. Weil es sich bei H um eine Zustandsgröße handelt, hängt ΔH (also Q_p) nur vom Anfangs- und Endzustand des Systems ab, nicht jedoch davon, auf welche Weise die Änderung stattfindet. Auf den ersten Blick scheint diese Aussage im Widerspruch dazu zu stehen, dass Q keine Zustandsgröße ist. Dieser scheinbare Widerspruch löst sich jedoch auf, wenn man bedenkt, dass die Beziehung zwischen ΔH und der Wärme (Q_p) nur unter der Bedingung gilt, dass nur *pV*-Arbeit geleistet wird und der Druck konstant ist.

Übungsbeispiel 5.2: Bestimmung des Vorzeichens von ΔH

Geben Sie das Vorzeichen der Enthalpieänderung ΔH der folgenden bei atmosphärischem Druck ausgeführten Prozesse an. Sind die Prozesse endotherm oder exotherm? **(a)** Schmelzen eines Eisblocks und **(b)** vollständige Verbrennung von 1 g Butan (C_4H_{10}) in Sauerstoff zu CO_2 und H_2O.

Lösung

Analyse: Wir sollen bestimmen, ob bei den aufgeführten Prozessen ΔH positiv oder negativ ist. Weil die Prozesse bei konstantem Druck stattfinden, ist die Enthalpieänderung der Prozesse gleich der Menge der aufgenommenen oder abgegebenen Wärme ($\Delta H = Q_p$).

Vorgehen: Wir müssen bestimmen, ob in den Prozessen Wärme aufgenommen oder abgegeben wird. Prozesse, in denen Wärme aufgenommen wird, sind endotherm und haben ein positives Vorzeichen von ΔH. Prozesse, in denen Wärme abgegeben wird, sind exotherm und haben ein negatives Vorzeichen von ΔH.

Lösung: In **(a)** besteht das System aus dem Wasser des Eisblocks. Der Eisblock nimmt beim Schmelzen aus der Umgebung Wärme auf, ΔH ist also positiv und der Prozess ist endotherm. In **(b)** besteht das System aus 1 g Butan und dem Sauerstoff, der zur Verbrennung benötigt wird. Bei der Verbrennung von Butan mit Sauerstoff wird Wärme frei, ΔH ist also negativ und der Prozess exotherm.

5.4 Reaktionsenthalpien

Weil $\Delta H = H_{Ende} - H_{Anfang}$ ist, ist die Enthalpieänderung einer chemischen Reaktion gleich der Enthalpie der Produkte abzüglich der Enthalpie der Reaktanten:

$$\Delta H = H_{Produkte} - H_{Reaktanten} \quad (5.11)$$

Die Enthalpieänderung, die mit einer Reaktion verbunden ist, wird **Reaktionsenthalpie** oder auch *Reaktionswärme* genannt und oft mit dem Symbol $\Delta_r H$ ausgedrückt, wobei „r" eine gebräuchliche Abkürzung für „Reaktion" ist.

In ► Abbildung 5.12 ist die Verbrennung von Wasserstoff gezeigt. Wenn die Reaktion kontrolliert ausgeführt wird, so dass 2 mol $H_2(g)$ bei konstantem Druck mit Sauerstoff zu 2 mol $H_2O(g)$ reagieren, werden vom System 483,6 kJ Wärme an die Umgebung abgegeben. Wir können diese Information wie folgt zusammenfassen:

$$2\,H_2(g) + O_2(g) \longrightarrow 2\,H_2O(g) \qquad \Delta H = -483{,}6\,\text{kJ} \quad (5.12)$$

> **MERKE !**
>
> **Enthalpie ist eine extensive Eigenschaft**
>
> **Die Enthalpieänderung einer Reaktion ΔH ist für die Umkehrreaktion betragsmäßig gleich, hat aber das umgekehrte Vorzeichen.**
>
> **Die Enthalpieänderung einer Reaktion hängt vom Zustand der Reaktanten und Produkte ab.**
>
> **ΔH ist die gebräuchliche Kurzform für $\Delta_r H_m$ und gibt die molare Reaktionsenthalpie an. Andere Fälle müssen eindeutig gekennzeichnet werden.**

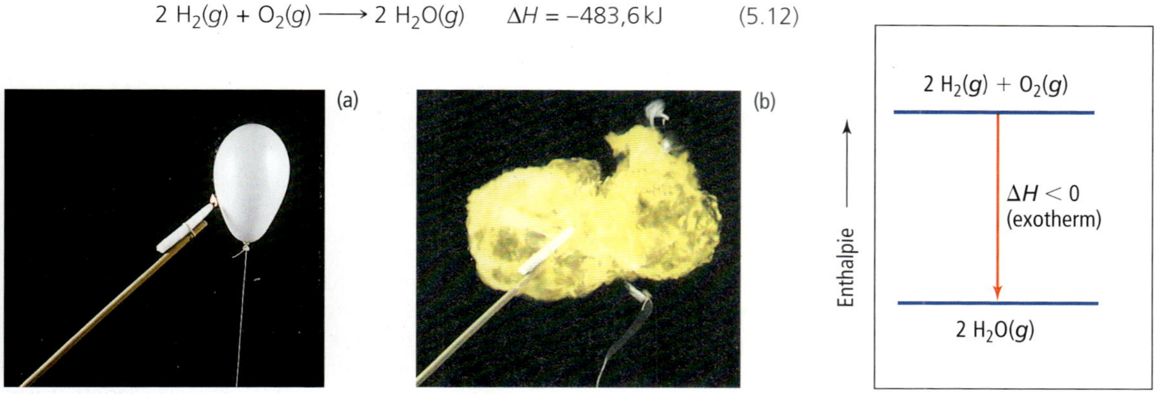

Abbildung 5.12: Exotherme Reaktion von Wasserstoff mit Sauerstoff. (a) Eine Kerze wird neben einen Ballon gehalten, der mit einem Gemisch aus gasförmigem Wasserstoff und gasförmigem Sauerstoff gefüllt ist. (b) $H_2(g)$ entzündet sich und reagiert mit $O_2(g)$ zu $H_2O(g)$. Bei der Explosion entsteht ein Feuerball. Das System gibt Wärme an die Umgebung ab. (c) Das Enthalpiediagramm der Reaktion zeigt ihren exothermen Charakter.

ΔH ist negativ, die Reaktion ist also exotherm. Beachten Sie, dass ΔH hinter der Gleichung angegeben wird, ohne die Mengen der beteiligten Stoffe explizit zu nennen. In diesem Fall stehen die Koeffizienten der Gleichung für die Molanzahl der Reaktanten und Produkte, auf die sich die angegebene Enthalpieänderung bezieht. Ausgeglichene chemische Gleichungen, in denen die mit der Reaktion verbundene Enthalpieänderung auf diese Weise angegeben wird, werden *thermochemische Gleichungen* genannt. Die Reaktionsenthalpie solcher Gleichungen wird als molare Reaktionsenthalpie $\Delta_r H_m$ bezeichnet. In der Praxis wird jedoch oft nur ΔH geschrieben.

Die mit einer Reaktion verbundene Enthalpieänderung kann auch in einem Enthalpiediagramm dargestellt werden, wie z. B. in ► Abbildung 5.12 c. Die Verbrennung von $H_2(g)$ ist exotherm, die Enthalpie der Produkte der Reaktion ist daher niedriger als die Enthalpie der Reaktanten. Die Enthalpie des Systems ist nach der Reaktion niedriger, weil Energie in Form von Wärme an die Umgebung abgegeben worden ist.

Die Reaktion von Wasserstoff mit Sauerstoff ist hochgradig exotherm (ΔH ist negativ und hat einen hohen Betrag) und läuft, einmal begonnen, schnell ab. Sie kann, wie uns die verheerenden Katastrophen des deutschen Luftschiffs *Hindenburg* 1937 (► Abbildung 5.13) und des Spaceshuttles *Challenger* 1986 vor Augen führen, auch mit explosiver Gewalt verlaufen.

Die folgenden Regeln sind bei der Verwendung von thermochemischen Gleichungen und Enthalpiediagrammen hilfreich:

Abbildung 5.13: Brand des mit Wasserstoff gefüllten Luftschiffs *Hindenburg*. Diese Aufnahme ist nur 22 Sekunden nach der ersten Explosion entstanden. Der tragische Unfall, der am 6. Mai 1937 in Lakehurst, New Jersey, stattgefunden hat, führte zur Einstellung der Nutzung von Wasserstoff als Auftriebsgas in Luftschiffen. Moderne Luftschiffe enthalten Helium, das eine etwas schwächere Auftriebskraft als Wasserstoff hat, jedoch nicht brennbar ist.

Bildung von Wasser (Video)

1 *Enthalpie ist eine extensive Eigenschaft.* Der Betrag von ΔH ist daher direkt proportional zur Menge des im Prozess verbrauchten Reaktanten. Bei der Verbrennung von 1 mol Methan zu Kohlendioxid und flüssigem Wasser bei konstantem Druck werden z. B. 890 kJ Wärme frei:

$$CH_4(g) + 2\ O_2(g) \longrightarrow CO_2(g) + 2\ H_2O(l) \qquad \Delta H = -890\ \text{kJ} \qquad (5.13)$$

Weil bei der Verbrennung von 1 mol CH_4 mit 2 mol O_2 890 kJ Wärme entstehen, entsteht bei der Verbrennung von 2 mol CH_4 mit 4 mol O_2 die doppelte Wärmemenge (1780 kJ).

2 *Die Enthalpieänderung einer Reaktion ΔH ist für die Umkehrreaktion betragsmäßig gleich, hat aber das umgekehrte Vorzeichen.* Wenn wir die ► Gleichung 5.13 umkehren könnten, $CH_4(g)$ und $O_2(g)$ also aus $CO_2(g)$ und $H_2O(l)$ gewinnen könnten, wäre ΔH für diesen Prozess gleich +890 kJ:

$$CO_2(g) + 2\ H_2O(l) \longrightarrow CH_4(g) + 2\ O_2(g) \qquad \Delta H = 890\ \text{kJ} \qquad (5.14)$$

Wenn wir eine Reaktion umkehren, vertauschen wir Produkte und Reaktanten, die Reaktanten einer Reaktion werden also zu den Produkten der Umkehrreaktion und umgekehrt. Anhand von ► Gleichung 5.11 erkennen wir, dass das Vertauschen von Produkten und Reaktanten zum gleichen Betrag, aber zu einem unterschiedlichen Vorzeichen von $\Delta_r H$ führt. Diese Beziehung ist in ► Abbildung 5.14 für die ► Gleichungen 5.13 und 5.14 schematisch dargestellt.

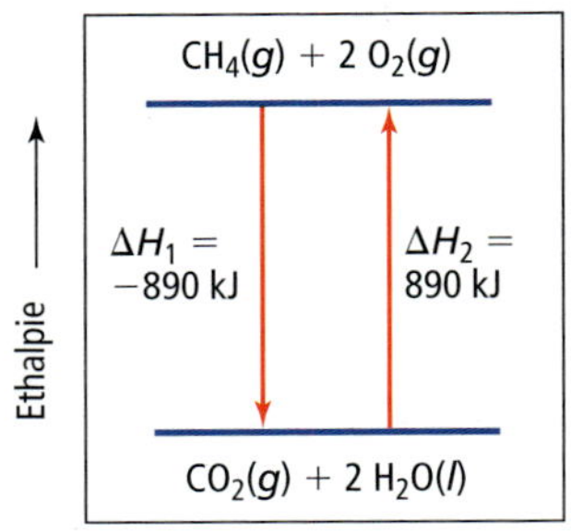

Abbildung 5.14: ΔH einer Umkehrreaktion. Bei der Umkehrung einer Reaktion ändert sich das Vorzeichen, aber nicht der Betrag der Enthalpieänderung: $\Delta H_2 = -\Delta H_1$.

3 *Die Enthalpieänderung einer Reaktion hängt vom Zustand der Reaktanten und Produkte ab.* Wenn es sich beim Produkt der Verbrennung von Methan (► Gleichung 5.13) um gasförmiges H_2O anstelle von flüssigem H_2O handeln würde, wäre $\Delta_r H$ – 802 kJ und nicht – 890 kJ. Es stünde weniger Wärme zur Verfügung, die an die Umgebung abgegeben werden könnte, weil die Enthalpie von $H_2O(g)$ größer ist als die von $H_2O(l)$. Die Umwandlung von 2 mol $H_2O(l)$ in 2 mol $H_2O(g)$ ist ein endothermer Prozess, bei dem 88 kJ Wärme aufgenommen werden:

$$2\ H_2O(l) \longrightarrow 2\ H_2O(g) \qquad \Delta H = +88\ \text{kJ} \qquad (5.15)$$

Es ist also wichtig, in thermochemischen Gleichungen die Zustände der Reaktanten und Produkte anzugeben. Sofern nichts anderes angegeben ist, gehen wir außerdem normalerweise davon aus, dass Reaktanten und Produkte bei der gleichen Temperatur (25 °C) vorliegen.

A 3 Wasserstoffperoxid zerfällt in der folgenden Reaktion zu Wasser und Sauerstoff:

$$2\ H_2O_2(l) \longrightarrow 2\ H_2O(l) + O_2(g) \quad \Delta H = -196\ \text{kJ}$$

Berechnen Sie den Wert von Q für einen Zerfall von 5,00 g $H_2O_2(l)$ bei konstantem Druck.

Übungsbeispiel 5.3: Beziehung zwischen ΔH und den Reaktant- und Produktmengen

Wie viel Wärme wird frei, wenn 4,50 g gasförmiges Methan in einem System mit konstantem Druck verbrannt werden? Verwenden Sie die in ► Gleichung 5.13 angegebenen Informationen.

Lösung

Analyse: Unser Ziel ist es, mit Hilfe einer thermochemischen Gleichung die Wärme zu berechnen, die frei wird, wenn eine bestimmte Menge gasförmigen Methans verbrannt wird. Nach ► Gleichung 5.13 werden bei der Verbrennung von 1 mol CH_4 bei konstantem Druck 890 kJ Wärme frei ($\Delta H = -890$ kJ).

Vorgehen: ► Gleichung 5.13 liefert uns einen stöchiometrischen Umrechnungsfaktor: 1 mol $CH_4 \triangleq -890$ kJ. Wir können also die Stoffmenge von CH_4 in eine in kJ angegebene Energie umrechnen. Zunächst müssen wir jedoch die Masse von CH_4 in die Stoffmenge von CH_4 umrechnen. Die Umrechnungssequenz ist also Gramm CH_4 (angegeben) ⟶ mol CH_4 ⟶ kJ (unbekannte Größe).

Lösung: Wenn wir die Atomgewichte von C und 4 H zusammenrechnen, erhalten wir die Beziehung 1 mol CH_4 = 16,0 g CH_4. Wir können also mit den geeigneten Umrechnungsfaktoren die Masse von CH_4 in die Stoffmenge von CH_4 und anschließend in die Energie umrechnen:

$$\text{Wärme} = (4{,}50\ \text{g}\ CH_4)\left(\frac{1\ \text{mol}\ CH_4}{16{,}0\ \text{g}\ CH_4}\right)\left(\frac{-890\ \text{kJ}}{1\ \text{mol}\ CH_4}\right) = -250\ \text{kJ}$$

Das negative Vorzeichen zeigt an, dass 250 kJ Wärme vom System an die Umgebung abgegeben werden.

5.5 Kalorimetrie

Der Wert von ΔH kann experimentell bestimmt werden, indem man den mit einer Reaktion bei konstantem Druck verbundenen Wärmefluss misst. Wir können den Betrag des Wärmeflusses bestimmen, indem wir die Temperaturänderung messen, die durch den Wärmefluss verursacht wird. Die Messung des Wärmeflusses wird **Kalorimetrie** und eine Vorrichtung, die zum Messen des Wärmeflusses verwendet wird, **Kalorimeter** genannt.

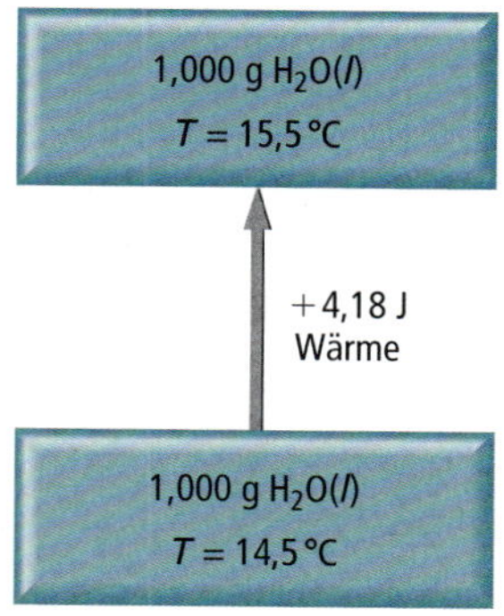

Abbildung 5.15: Spezifische Wärme von Wasser. Die spezifische Wärme gibt an, welche Wärmemenge zu einem Gramm einer Substanz hinzugefügt werden muss, um ihre Temperatur um 1 K (bzw. 1 °C) zu erhöhen. Spezifische Wärmen können geringfügig temperaturabhängig sein, für präzise Messungen wird also die Bezugstemperatur angegeben. Die spezifische Wärme von $H_2O(l)$ bei 14,5 °C beträgt 4,18 J/g · K. Bei Zugabe einer Wärmemenge von 4,18 J zu 1 g flüssigem Wasser dieser Temperatur steigt die Temperatur auf 15,5 °C an. Diese Wärmemenge definiert die Kalorie: 1 cal = 4,18 J.

Wärmekapazität und spezifische Wärme

Je mehr Wärme ein Objekt aufnimmt, desto heißer wird es. Wenn Substanzen erwärmt werden, verändert sich ihre Temperatur. Der Betrag der durch eine bestimmte Wärmemenge erreichten Temperaturänderung variiert jedoch von Substanz zu Substanz. Die von einem Objekt bei einer Aufnahme einer bestimmten Wärmemenge erfahrene Temperaturänderung ergibt sich aus seiner **Wärmekapazität** C.

Die Wärmekapazität eines Objekts ist die Wärmemenge, die benötigt wird, um seine Temperatur um 1 K (bzw. 1 °C) zu erhöhen. Je höher die Wärmekapazität eines Objekts ist, desto mehr Wärme wird benötigt, um einen bestimmten Temperaturanstieg zu erreichen.

Bei einem Reinstoff bezieht sich die angegebene Wärmekapazität normalerweise auf eine bestimmte Menge des Stoffes. Die Wärmekapazität eines Mols einer Substanz wird **molare Wärmekapazität** (C_m) genannt. Die Wärmekapazität eines Gramms einer Substanz wird *spezifische Wärmekapazität* c oder einfach **spezifische Wärme** genannt (► Abbildung 5.15). Die spezifische Wärme c einer Substanz lässt sich experimentell bestimmen, indem man die Temperaturänderung ΔT einer bekannten Masse m dieser Substanz misst, der diese unterliegt, wenn sie eine bestimmte Wärmemenge Q aufnimmt oder abgibt:

$$\text{Spezifische Wärme} = \frac{\text{(übertragene Wärmemenge)}}{\text{(Masse der Substanz in Gramm)} \times \text{(Temperaturänderung)}}$$

$$c = \frac{Q}{m \times \Delta T} \qquad (5.16)$$

Für einen Anstieg der Temperatur von 50,0 g Wasser um 1,00 K werden z. B. 209 J benötigt. Die spezifische Wärme von Wasser beträgt also

$$c = \frac{209\ \text{J}}{(50{,}0\ \text{g})(1{,}00\ \text{K})} = 4{,}18\frac{\text{J}}{\text{g} \cdot \text{K}}$$

Eine Temperaturänderung in Kelvin entspricht betragsmäßig einer Temperaturänderung in Grad Celsius: ΔT in K = ΔT in °C. Wenn die Probe Wärme aufnimmt (positives Q), steigt die Temperatur der Probe an (positives ΔT). Wenn wir ► Gleichung 5.16 umstellen, erhalten wir

$$Q = c \times m \times \Delta T \qquad (5.17)$$

Wir können die Wärmemenge berechnen, die eine Substanz aufnimmt oder abgibt, wenn uns ihre spezifische Wärme, die Masse und die Temperaturänderung bekannt sind.

Sie finden die spezifischen Wärmen verschiedener Substanzen in ► Tabelle 5.2. Beachten Sie, dass die spezifische Wärme flüssigen Wassers größer ist als die aller anderen angegebenen Substanzen. Sie ist z. B. 5-mal größer als die spezifische Wärme von Aluminium. Die hohe spezifische Wärme von Wasser hat einen Einfluss auf das Klima der Erde, weil sie die Temperatur der Ozeane relativ unempfindlich gegenüber Änderungen macht. Sie trägt ebenso dazu bei, unsere Körpertemperatur konstant zu halten.

MERKE !

Die Wärmekapazität eines Mols einer Substanz wird molare Wärmekapazität (C_m) genannt. Die Wärmekapazität eines Gramms einer Substanz wird spezifische Wärmekapazität (c) oder einfach spezifische Wärme genannt.

EXTRAS ONLINE Strategien in der Chemie: Enthalpie als Orientierungshilfe

Substanz	Spezifische Wärme (J/ g · K)
Elemente	
$N_2(g)$	1,04
$Al(s)$	0,90
$Fe(s)$	0,45
$Hg(l)$	0,14
Verbindungen	
$H_2O(l)$	4,18
$CH_4(g)$	2,20
$CO_2(g)$	0,84
$CaCO_3(s)$	0,82

Tabelle 5.2: Spezifische Wärmen einiger Substanzen bei 298 K.

Übungsbeispiel 5.4: Die Beziehung zwischen Wärme, Temperaturänderung und Wärmekapazität

(a) Wie viel Wärme benötigen Sie, um 250 g Wasser (ungefähr eine Tasse) von 22 °C (ungefähr Zimmertemperatur) auf 98 °C (nahe am Siedepunkt) zu erwärmen? Die spezifische Wärme von Wasser beträgt 4,18 J/g · K. **(b)** Welche molare Wärmekapazität hat Wasser?

Lösung

Analyse: In Teil **(a)** sollen wir die Wärme berechnen, die benötigt wird, um eine Probe Wasser zu erwärmen. Die Masse des Wassers (m), seine Temperaturänderung (ΔT) und seine spezifische Wärme (c) sind in der Aufgabe angegeben. In Teil **(b)** sollen wir die molare Wärmekapazität (Wärmekapazität pro Mol) von Wasser aus der spezifischen Wärme (Wärmekapazität pro Gramm) berechnen.

Vorgehen: **(a)** Wir können die angegebenen Größen c, m und ΔT in ► Gleichung 5.17 einsetzen und so die Wärmemenge Q berechnen. **(b)** Wir verwenden die molare Masse von Wasser und die Dimensionsanalyse, um die Wärmekapazität pro Gramm in die Wärmekapazität pro Mol umzurechnen.

Lösung:

(a) Die Temperatur des Wassers ändert sich um

$$\Delta T = 98\,°C - 22\,°C = 76\,°C = 76\,K$$

Durch Einsetzen in ► Gleichung 5.17 erhalten wir

$$Q = c \times m \times \Delta T = (4{,}18\,J/g \cdot K)(250\,g)(76\,K) = 7{,}9 \times 10^4\,J$$

(b) Die molare Wärmekapazität ist die Wärmekapazität von einem Mol der Substanz.

$$M(H_2O) = 18\,\frac{g}{mol}$$

Aus der in Teil (a) angegebenen spezifischen Wärme ergibt sich

$$C_m = (4{,}18\,J/g \cdot K)\left(\frac{18{,}0\,g}{1\,mol}\right) = 75{,}2\,J/mol \cdot K$$

A 4 **(a)** In einigen sonnenbeheizten Häusern werden große Steinblöcke zur Wärmespeicherung verwendet. Nehmen Sie an, dass die spezifische Wärme von Steinen 0,082 J/g x K beträgt. Berechen Sie die Wärme, die von 50,0 kg Steinen absorbiert wird, wenn die Temperatur der Steine um 12,0 °C ansteigt. **(b)** Welche Temperaturänderung stellt sich ein, wenn die Steine 450 kJ Wärme abgeben?

Kalorimetrie bei konstantem Druck (isobare Bedingungen)

Die Techniken und Vorrichtungen, die in der Kalorimetrie eingesetzt werden, hängen von der Natur der untersuchten Prozesse ab. Bei vielen Reaktionen wie z. B. bei in Lösungen ablaufenden Reaktionen ist eine Regulierung des Drucks einfach, so dass ΔH direkt gemessen werden kann. Erinnern Sie sich daran, dass $\Delta H = Q_p$ ist. Obwohl es sich bei den Kalorimetern, die für sehr exakte Messungen verwendet werden, um Präzisionsmessinstrumente handelt, werden in vielen Chemielaboren oft sehr einfache Kalorimeter, die z. B. wie in ► Abbildung 5.16 aus einem Kaffeebecher bestehen können, eingesetzt, um die Prinzipien der Kalorimetrie zu veranschaulichen. Weil das Kalorimeter nicht geschlossen ist, findet die Reaktion unter dem konstanten Druck der Atmosphäre statt.

In diesem Fall gibt es zwischen dem System und der Umgebung keine Abgrenzung. Das System besteht aus den Reaktanten und Produkten der Reaktion; das Wasser, in dem diese gelöst sind, gehört zusammen mit dem Kalorimeter zur Umgebung. Wenn wir annehmen, dass das Kalorimeter die Aufnahme und die Abgabe von Wärme aus der Lösung an die Umgebung perfekt verhindert, muss die von der Lösung aufgenommene Wärme der untersuchten chemischen Reaktion entstammen. Mit anderen Worten wird die in der Reaktion produzierte Wärme Q_r vollständig von der Lösung aufgenommen und verlässt das Kalorimeter nicht. Wir nehmen zudem an, dass das Kalorimeter selbst keine Wärme aufnimmt. Im Fall des Kaffeebecher-Kalorimeters ist diese Annahme plausibel, weil das Kalorimeter eine sehr geringe Wärmeleitfähigkeit und Wärmekapazität hat. Bei einer exothermen Reaktion wird von der Reaktion Wärme erzeugt, die von der Lösung aufgenommen wird, die Temperatur der Lösung steigt also an. Das Gegenteil tritt ein, wenn es sich um eine endotherme Reaktion handelt. Die von der Lösung aufgenommene Wärme $Q_{Lösung}$ hat somit den gleichen Betrag wie Q_r, jedoch ein umgekehrtes Vorzeichen: $Q_{Lösung} = -Q_r$. Der Wert von $Q_{Lösung}$ lässt sich leicht aus der Masse der Lösung, ihrer spezifischen Wärme und der Temperaturänderung bestimmen:

$$Q_{Lösung} = (\text{spezifische Wärme der Lösung}) \times (\text{Masse der Lösung in Gramm}) \times \Delta T = -Q_r \quad (5.18)$$

Abbildung 5.16: Kaffeebecher-Kalorimeter. Mit dieser einfachen Vorrichtung lassen sich Wärmemengen von Reaktionen bei konstantem Druck messen.

Übungsbeispiel 5.5: Messen von ΔH in einem Kaffeebecher-Kalorimeter

Ein Student mischt 50 mL einer 1,0 *M* HCl-Lösung und 50 mL einer 1,0 *M* NaOH-Lösung in einem Kaffeebecher-Kalorimeter zusammen. Die Temperatur des Gemisches steigt von 21,0 °C auf 27,5 °C an. Berechnen Sie die Enthalpieänderung der Reaktion in kJ/mol HCl. Nehmen Sie dabei an, dass das Kalorimeter nur eine vernachlässigbar kleine Wärmemenge nach außen abgibt und dass das Gesamtvolumen der Lösung 100 mL, ihre Dichte 1,0 g/mL und ihre spezifische Wärme 4,18 J/g · K beträgt.

Lösung

Analyse: Das Mischen einer HCl- mit einer NaOH-Lösung führt zu einer Säure-Base-Reaktion:

$$HCl(aq) + NaOH(aq) \longrightarrow H_2O(l) + NaCl(aq)$$

Wir müssen berechnen, wie viel Wärme durch diese Reaktion pro Mol HCl gebildet wird. Dafür stehen uns der Temperaturanstieg der Lösung, die Stoffmengen der beteiligten Stoffe HCl und NaOH sowie die Dichte und die spezifische Wärme der Lösung zur Verfügung.

Vorgehen: Die sich entwickelnde Wärme kann mit Hilfe von ► Gleichung 5.18 berechnet werden. Wir berechnen die Stoffmenge des in der Reaktion verbrauchten HCl aus dem Volumen und der Molarität der Substanz. Aus dem erhaltenen Wert berechnen wir anschließend die Wärme, die pro Mol HCl freigesetzt wurde.

Lösung: Das Gesamtvolumen der Lösung ist 100 mL, ihre Masse beträgt also (100 mL)(1,0 g/mL) = 100 g

Die Temperaturänderung beträgt	$27{,}5\,°C - 21{,}0\,°C = 6{,}5\,°C = 6{,}5\,K$
Die Temperatur steigt an, die Reaktion muss also exotherm sein (*Q* hat ein negatives Vorzeichen):	$Q_r = -c \times m \times \Delta T = -(4{,}18\,J/g \cdot K)(100\,g)(6{,}5\,K) = -2{,}7 \times 10^3\,J = -2{,}7\,kJ$
Weil der Prozess bei konstantem Druck abläuft, gilt	$\Delta H = Q_p = -2{,}7\,kJ$
Um die Enthalpieänderung auf molarer Basis angeben zu können, nutzen wir die Tatsache, dass sich die Stoffmengen von HCl und NaOH aus dem Produkt der jeweiligen Lösungsvolumina (50 mL = 0,050 l) und Konzentrationen ergeben:	$(0{,}050\,l)(1{,}0\,mol/l) = 0{,}050\,mol$
Die Enthalpieänderung pro Mol HCl (oder NaOH) ist also gleich	$\Delta H = -2{,}7\,kJ/0{,}050\,mol = -54\,kJ/mol$

Überprüfung: ΔH ist negativ (exotherm), wie wir es für die Reaktion einer Säure mit einer Base erwarten. Der Betrag der entstehenden molaren Wärme scheint plausibel zu sein.

Bei verdünnten wässrigen Lösungen wird die spezifische Wärme der Lösung ungefähr gleich der von Wasser sein (4,18 J/g · K).

Mit Hilfe von ► Gleichung 5.18 ist es also möglich, Q_r anhand der Temperaturänderung der Lösung, in dem die Reaktion stattfindet, zu berechnen. Eine Temperaturerhöhung ($\Delta T > 0$) bedeutet dabei, dass die Reaktion exotherm ist ($Q_r < 0$).

A 5 Wenn 50,0 mL einer 0,100 *M* $AgNO_3$-Lösung und 50,0 mL einer 0,100 *M* HCl-Lösung in einem Kalorimeter bei konstantem Druck vermischt werden, steigt die Temperatur des Gemisches von 22,20 °C auf 23,11 °C an. Der Temperaturanstieg ist auf die folgende Reaktion zurückzuführen:

$$AgNO_3(aq) + NaCl(aq) \longrightarrow AgCl(s) + HNO_3(aq)$$

Berechnen Sie ΔH für diese Reaktion in kJ/mol $AgNO_3$. Nehmen Sie dabei an, dass das Gemisch eine Masse von 100,0 g und eine spezifische Wärme von 4,18 J/g · °C hat.

Bombenkalorimeter (Kalorimeter mit konstantem Volumen: isochore Bedingungen)

Mit Hilfe der Kalorimetrie lässt sich die in Substanzen gespeicherte chemische potenzielle Energie untersuchen. Zu den wichtigsten dabei untersuchten Reaktionsarten gehört die Verbrennung, in der eine Verbindung (normalerweise eine organische Verbindung) vollständig mit überschüssigem Sauerstoff reagiert. Verbrennungsreaktionen lassen sich am besten in einem **Bombenkalorimeter** untersuchen, einer Vorrichtung, die schematisch in ► Abbildung 5.17 dargestellt ist.

Die zu untersuchende Substanz wird in einen kleinen Becher gegeben, der sich in einem geschlossenen Gefäß, einer so genannten *Bombe* befindet. Die Bombe, die dafür ausgelegt ist, hohen Drücken standzuhalten, verfügt über ein Einlassventil für Sauerstoff und elektrische Kontakte zur Zündung der Verbrennung. Nach dem Platzieren der Probe in der Bombe wird diese geschlossen und unter Sauerstoffdruck gesetzt. Anschließend wird sie in das Kalorimeter, das im

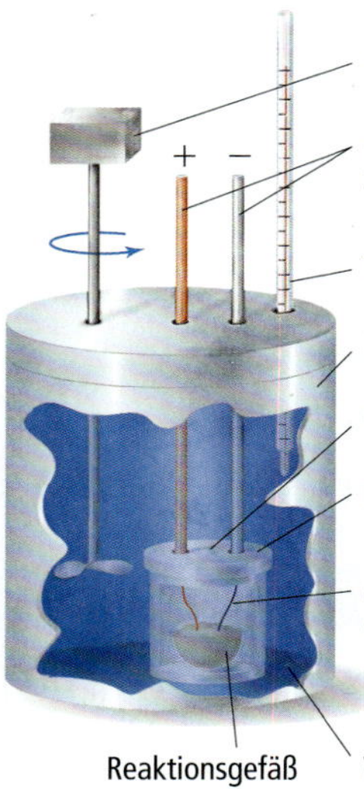

Abbildung 5.17: Bombenkalorimeter. Mit diesem Gerät lassen sich Wärmemengen von Reaktionen bei konstantem Volumen messen.

A 6 Eine Probe von 0,5865 g Milchsäure ($C_3H_6O_3$) wird in einem Kalorimeter verbrannt, dessen Wärmekapazität 4,812 kJ / °C beträgt. Die Temperatur steigt von 23,10 °C auf 24,95 °C an. Berechnen Sie die Verbrennungswärme von Milchsäure **(a)** pro Gramm und **(b)** pro Mol.

Wesentlichen aus einem isolierten Behälter besteht, eingebracht und von einer genau abgemessenen Menge Wasser umgeben.

Sobald alle Bestandteile innerhalb des Kalorimeters die gleiche Temperatur angenommen haben, wird die Verbrennungsreaktion gezündet, indem durch einen mit der Probe verbundenen dünnen Draht ein elektrischer Strom geleitet wird. Sobald der Draht ausreichend heiß wird, zündet die Probe.

Während der Verbrennung der Probe wird Wärme frei. Diese Wärme wird vom Kalorimeterinneren aufgenommen, so dass die Temperatur des Wassers ansteigt. Die Temperatur wird vor und nach der Reaktion, wenn alle Bestandteile wiederum die gleiche Temperatur angenommen haben, sehr sorgfältig gemessen.

Um aus dem gemessenen Temperaturanstieg die Verbrennungswärme ermitteln zu können, benötigen wir die Gesamtwärmekapazität des Kalorimeters c_{Kal}. Wir können diese Größe bestimmen, indem wir die Temperaturänderung messen, die sich bei der Verbrennung einer Probe einstellt, deren frei werdende Wärmemenge bekannt ist.

Bei der Verbrennung von genau 1 g Benzoesäure ($C_7H_6O_2$) in einem Bombenkalorimeter werden z. B. 26,38 kJ Wärme frei. Wenn die Verbrennung von 1,000 g Benzoesäure also beispielsweise zu einem Temperaturanstieg von 4,857 °C im Kalorimeter führt, hat dieses eine Wärmekapazität von c_{Kal} = 26,38 kJ/ 4,587 °C = 5,431 kJ/°C. Wenn uns der Wert von c_{Kal} bekannt ist, können wir anhand der Temperaturänderungen, die durch andere Reaktionen hervorgerufen werden, die von diesen Reaktionen gebildeten Wärmemengen Q_r berechnen:

$$Q_r = -c_{Kal} \times \Delta T \qquad (5.19)$$

Weil die Reaktionen in einem Bombenkalorimeter bei konstantem Volumen ausgeführt werden, entspricht die übertragene Wärme der Änderung der inneren Energie ΔU und nicht der Enthalpie ΔH. Bei den meisten Reaktionen ist der Unterschied zwischen ΔU und ΔH jedoch sehr gering. Bei der in Übungsbeispiel 5.6 betrachteten Reaktion beträgt der Unterschied zwischen ΔU und ΔH z. B.

Übungsbeispiel 5.6: Messen von Q_r in einem Bombenkalorimeter

Methylhydrazin (CH_6N_2) wird oft als flüssiger Raketentreibstoff eingesetzt. Bei der Verbrennung von Methylhydrazin mit Sauerstoff bilden sich $N_2(g)$, $CO_2(g)$ und $H_2O(l)$:

$$2\ CH_6N_2(l) + 5\ O_2(g) \longrightarrow 2\ N_2(g) + 2\ CO_2(g) + 6\ H_2O(l)$$

Wenn 4,00 g Methylhydrazin in einem Bombenkalorimeter verbrannt werden, steigt die Temperatur des Kalorimeters von 25,00 °C auf 39,50 °C an. In einem getrennten Experiment ergibt sich ein Wert von 7,794 kJ/°C für die Wärmekapazität des Kalorimeters. Wie groß ist die Reaktionswärme von einem Mol CH_6N_2 in diesem Kalorimeter?

Lösung

Analyse: Es sind eine Temperaturänderung und die Gesamtwärmekapazität des Kalorimeters angegeben. Außerdem ist die Menge des eingesetzten Reaktanten bekannt. Wir sollen die bei der Verbrennung des Reaktanten auftretende Enthalpieänderung pro Mol berechnen.

Vorgehen: Zunächst berechnen wir die Wärme, die bei der Verbrennung von 4,00 g der Probe entsteht. Anschließend rechnen wir diese Wärme in eine molare Größe um.

Lösung:

Bei der Verbrennung von 4,00 g der Probe aus Methylhydrazin beträgt die Temperaturänderung im Kalorimeter

$$\Delta T = (39{,}50\,°C - 25{,}00\,°C) = 14{,}50\,°C$$

Wir können aus diesem Wert und dem Wert von c_{Kal} die Reaktionswärme berechnen (► Gleichung 5.19):

$$Q_r = -c_{Kal} \times \Delta T = -(7{,}794\ kJ/°C)(14{,}50\,°C) = -113{,}0\ kJ$$

Anschließend rechnen wir diese Größe in die Reaktionswärme pro Mol CH_6N_2 um:

$$\left(\frac{-113{,}0\ kJ}{4{,}00\ g\ CH_6N_2}\right) \times \left(\frac{46{,}1\ g\ CH_6N_2}{1\ mol\ CH_6N_2}\right) = -1{,}30 \times 10^3\ kJ/mol\ CH_6N_2$$

Überprüfung: Die Einheiten werden herausgekürzt und das Vorzeichen der Reaktionswärme ist negativ, wie wir es für eine exotherme Reaktion erwarten.

ungefähr 1 kJ/mol, was einer Differenz von weniger als 0,1 % entspricht. Es ist möglich, die gemessenen Wärmemengen zu korrigieren und so Werte für ΔH zu erhalten, auf denen z. B. die Enthalpietabellen der folgenden Abschnitte beruhen. Eine Untersuchung darüber, wie diese geringfügigen Korrekturen durchgeführt werden, ist an dieser Stelle jedoch nicht notwendig.

EXTRAS ONLINE Chemie und Leben: Die Regulation der menschlichen Körpertemperatur

5.6 Der Hess'sche Satz

Weil es sich bei der Enthalpie um eine Zustandsgröße handelt, hängt die mit einem chemischen Prozess verbundene Enthalpieänderung ΔH nur von der eingesetzten Menge und dem Anfangszustand der Reaktanten sowie dem Endzustand der Produkte ab. Wenn eine bestimmte Reaktion also entweder in einem einzigen Schritt oder in mehreren Schritten ablaufen kann, ist die Summe der Enthalpieänderungen der Einzelschritte gleich der Enthalpieänderung der in einem einzigen Schritt ablaufenden Reaktion. Die Verbrennung von gasförmigem Methan ($CH_4(g)$) zu $CO_2(g)$ und flüssigem Wasser kann man sich z. B. als Prozess vorstellen, der in zwei Schritten verläuft: (1) der Verbrennung von $CH_4(g)$ zu $CO_2(g)$ und gasförmigem Wasser ($H_2O(g)$) und (2) der Kondensation von gasförmigem Wasser zu flüssigem Wasser ($H_2O(l)$). Die Enthalpieänderung des Gesamtprozesses ergibt sich dabei aus der Summe der Enthalpieänderungen der beiden Schritte:

$$CH_4(g) + 2\ O_2(g) \longrightarrow CO_2(g) + 2\ H_2O(g) \qquad \Delta H = -802\ \text{kJ}$$

$$2\ H_2O(g) \longrightarrow 2\ H_2O(l) \qquad \Delta H = -88\ \text{kJ}$$

$$CH_4(g) + 2\ O_2(g) + 2\ H_2O(g) \longrightarrow CO_2(g) + 2\ H_2O(l) + 2\ H_2O(g) \qquad \Delta H = -890\ \text{kJ}$$

Die Nettogleichung lautet also

$$CH_4(g) + 2\ O_2(g) \longrightarrow CO_2(g) + 2\ H_2O(l) \qquad \Delta H = -890\ \text{kJ}$$

Um die Nettogleichung zu erhalten, wird die Summe der Reaktanten der beiden Gleichungen links neben den Pfeil und die Summe der Produkte rechts neben den Pfeil geschrieben. 2 $H_2O(g)$ kann wie eine algebraische Größe, die auf beiden Seiten einer Gleichung vorkommt, herausgekürzt werden.

Der **Hess'sche Satz** besagt, dass *bei einer Reaktion, die in mehreren Schritten durchgeführt wird, ΔH für die Gesamtreaktion gleich der Summe der Enthalpieänderungen der einzelnen Schritte ist.* Die Gesamtenthalpieänderung des Prozesses ist von der Anzahl der Schritte oder der Art des Weges, auf dem die Reaktion durchgeführt wird, unabhängig. Dieses Prinzip ergibt sich daraus, dass Enthalpie eine Zustandsgröße und ΔH unabhängig vom Weg ist, auf dem man vom Anfangs- in den Endzustand gelangt. Wir können daher ΔH für jeden Prozess berechnen, so lange wir einen Weg finden, auf dem uns die Werte von ΔH für jeden Schritt bekannt sind. Das bedeutet, dass wir mit einer relativ kleinen Zahl experimenteller Messungen die Enthalpieänderungen ΔH zahlreicher unterschiedlicher Reaktionen berechnen können.

MERKE !

Der Hess'sche Satz besagt, dass bei einer Reaktion, die in mehreren Schritten durchgeführt wird, ΔH für die Gesamtreaktion gleich der Summe der Enthalpieänderungen der einzelnen Schritte ist.

Mit Hilfe des Hess'schen Satzes können wir Energieänderungen von Reaktionen berechnen, die direkten experimentellen Messungen nur schwer zugänglich sind. Es ist z. B. unmöglich, die Enthalpie der Verbrennung von Kohlenstoff zu Kohlenstoffmonoxid experimentell zu bestimmen. Wenn wir 1 mol Kohlenstoff mit 0,5 mol O_2 verbrennen, erhalten wir nicht nur CO, sondern auch CO_2 und unverbrauchten Kohlenstoff. Sowohl fester Kohlenstoff als auch Kohlenstoffmonoxid reagieren dagegen vollständig mit O_2 zu CO_2. Wir können die Enthalpieänderungen dieser Reaktionen verwenden, um die Verbrennungswärme der Reaktion von C zu CO zu berechnen (Übungsbeispiel 5.7).

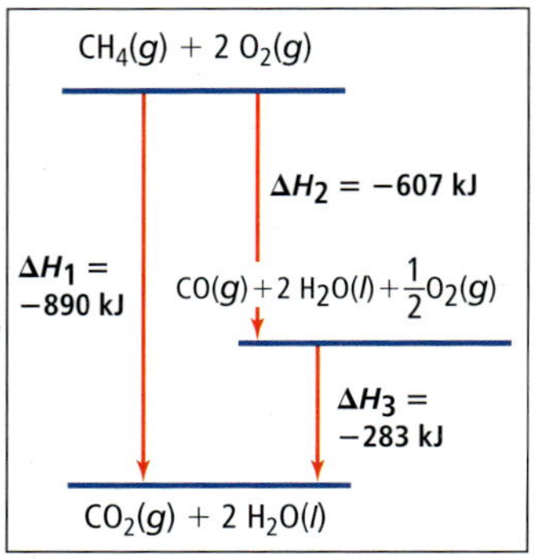

Abbildung 5.18: Enthalpiediagramm zur Veranschaulichung des Hess'schen Satzes. Die bei der Verbrennung von 1 mol CH_4 erzeugte Wärmemenge ist unabhängig davon, ob die Reaktion in einem oder in mehreren Schritten abläuft: $\Delta H_1 = \Delta H_2 + \Delta H_3$.

A 7 Graphit und als Diamant sind 2 Modfikationen des Kohlenstoffs. Die Verbrennungsenthalpie von Graphit beträgt –393,5 kJ/mol, die von Diamant –395,4 kJ/mol:

$$C(\mathit{Graphit}) + O_2(g) \longrightarrow CO_2(g) \qquad \Delta H_1 = -393{,}5\,\text{kJ}$$
$$C(\mathit{Diamant}) + O_2(g) \longrightarrow CO_2(g) \qquad \Delta H_2 = -395{,}4\,\text{kJ}$$

Berechnen Sie den Wert von ΔH für den Übergang von Graphit zu Diamant:

$$C(\mathit{Graphit}) \longrightarrow C(\mathit{Diamant}) \quad \Delta H_3 = ?$$

Der entscheidende Punkt in diesen Beispielen besteht darin, dass H eine Zustandsgröße ist, so dass bei definierten *Reaktanten und Produkten der Wert von* ΔH *immer gleich groß ist, unabhängig davon, ob die Reaktion in einem Schritt oder in mehreren Schritten abläuft.* Betrachten sie z. B. die Reaktion von Methan (CH_4) und Sauerstoff (O_2) zu CO_2 und H_2O. Wir können uns die Reaktion so vorstellen, dass entweder direkt CO_2 gebildet wird oder dass zunächst CO entsteht, welches daraufhin in einem zweiten Schritt zu CO_2 verbrannt wird. In ► Abbildung 5.18 werden diese beiden Reaktionsverläufe verglichen. Weil H eine Zustandsgröße ist, müssen beide Verläufe zum gleichen Wert von ΔH führen. Im Enthalpiediagramm bedeutet das, dass $\Delta H_1 = \Delta H_2 + \Delta H_3$ ist.

5.7 Bildungsenthalpien

Die in den vorstehenden Abschnitten betrachteten Methoden geben uns die Möglichkeit, aus tabellierten Werten von ΔH die Enthalpieänderungen einer Vielzahl von Reaktionen zu berechnen. Viele experimentelle Daten sind in Tabellen dokumentiert, wobei die Prozesse nach Reaktionsart geordnet sind. Es gibt z. B. umfangreiche Tabellen von Verdampfungsenthalpien (ΔH des Übergangs vom flüssigen in den gasförmigen Zustand), Schmelzenthalpien (ΔH des Übergangs vom festen in den flüssigen Zustand), Verbrennungsenthalpien (ΔH der Verbrennung von Substanzen mit Sauerstoff) und vielen weiteren Prozessen. Ein besonders wichtiger Prozess, der in Tabellensammlungen thermochemischer Daten aufgeführt wird, ist die Bildung einer Verbindung aus ihren Elementen. Die mit diesem Prozess verbundene Enthalpieänderung wird **Bildungsenthalpie** (oder *Bildungswärme*) genannt und mit $\Delta_f H$ bezeichnet, wobei der Index f dafür steht, dass die Substanz aus ihren elementaren Bestandteilen gebildet (engl. form – bilden) wird.

Übungsbeispiel 5.7: Berechnen von ΔH mit dem Hess'schen Satz

Die Reaktionsenthalpie der Verbrennung von C zu CO_2 beträgt –393,5 kJ/mol C und die Enthalpie der Verbrennung von CO zu CO_2 beträgt –283,0 kJ/mol CO:

(1) $C(s) + O_2(g) \longrightarrow CO_2(g) \qquad \Delta H_1 = -393{,}5\,\text{kJ}$

(2) $CO(g) + \frac{1}{2}\,O_2(g) \longrightarrow CO_2(g) \qquad \Delta H_2 = -283{,}0\,\text{kJ}$

Berechnen Sie mit Hilfe dieser Daten die Verbrennungsenthalpie der Reaktion von C zu CO:

(3) $C(s) + \frac{1}{2}\,O_2(g) \longrightarrow CO(g) \qquad \Delta H_3 = ?$

Lösung

Analyse: Es sind zwei thermochemische Gleichungen angegeben. Wir sollen diese Gleichungen zu einer dritten Gleichung und ihrer Enthalpie kombinieren.

Vorgehen: Wir werden den Hess'schen Satz anwenden. Dazu stellen wir zunächst die Zielgleichung mit Reaktanten und Produkten und den gewünschten Koeffizienten auf (3). Anschließend passen wir die Koeffizienten der Gleichungen (1) und (2) an, so dass sich bei einer Addition der auf diese Weise angepassten Gleichungen die Zielgleichung ergibt. Gleichzeitig achten wir auf die korrekte Angabe der Enthalpieänderungen, die wir addieren.

Lösung: Um Gleichung (1) und (2) verwenden zu können, müssen wir sie so umstellen, dass wie in der Zielgleichung (3) $C(s)$ auf der Seite der Reaktanten und $CO(g)$ auf der Seite der Produkte auftaucht. Weil Gleichung (1) $C(s)$ als Reaktant enthält, können wir diese Gleichung unverändert übernehmen. Gleichung (2) müssen wir dagegen umkehren, so dass $CO(g)$ zum Produkt wird. Denken Sie daran, dass sich beim Umkehren von Reaktionen das Vorzeichen von ΔH ändert. Wir ordnen die beiden Gleichungen so an, dass sie zusammenaddiert die gewünschte Gleichung ergeben:

$$\begin{array}{lr} C(s) + O_2(g) \longrightarrow CO_2(g) & \Delta H_1 = -393{,}5\,\text{kJ} \\ CO_2(g) \longrightarrow CO(g) + \frac{1}{2}\,O_2(g) & -\Delta H_2 = 283{,}0\,\text{kJ} \\ \hline C(s) + \frac{1}{2}\,O_2(g) \longrightarrow CO(g) & \Delta H_3 = -110{,}5\,\text{kJ} \end{array}$$

Wenn wir die beiden Gleichungen addieren, erscheint $CO_2(g)$ auf beiden Seiten des Pfeils und kann daher herausgekürzt werden. Ebenso wird auf beiden Seiten $\frac{1}{2}\,O_2(g)$ entfernt.

Anmerkung: Es ist manchmal hilfreich, die Enthalpieänderungen wie hier mit Indizes zu versehen, um sie den entsprechenden chemischen Reaktionen besser zuordnen zu können.

Übungsbeispiel 5.8: Berechnung von ΔH mit dem Hess'schen Satz unter Verwendung von drei Gleichungen

Berechnen Sie ΔH für die Reaktion: $2\,C(s) + H_2(g) \longrightarrow C_2H_2(g)$
Verwenden Sie dabei die folgenden chemischen Gleichungen und die entsprechenden Enthalpieänderungen:

$$C_2H_2(g) + \tfrac{5}{2}\,O_2(g) \longrightarrow 2\,CO_2(g) + H_2O(l) \qquad \Delta H = -1299{,}6\,\text{kJ}$$
$$C(s) + O_2(g) \longrightarrow CO_2(g) \qquad \Delta H = -393{,}5\,\text{kJ}$$
$$H_2(g) + \tfrac{1}{2}\,O_2(g) \longrightarrow H_2O(l) \qquad \Delta H = -285{,}8\,\text{kJ}$$

Lösung

Analyse: Es ist eine chemische Gleichung angegeben. Wir sollen mit Hilfe von drei weiteren chemischen Gleichungen und den dazugehörigen Enthalpieänderungen die Enthalpieänderung ΔH der angegebenen chemischen Gleichung berechnen.

Vorgehen: Wir verwenden den Hess'schen Satz und summieren die drei Gleichungen oder ihre Umkehrreaktionen, die wir zuvor mit einem geeigneten Faktor versehen haben, so dass sich die Nettogleichung der gewünschten Reaktion ergibt. Zugleich achten wir darauf, die ΔH-Werte korrekt anzugeben, indem wir das Vorzeichen ändern, wenn wir eine Reaktion umkehren, und die Werte mit denselben Faktoren multiplizieren wie ihre zugehörigen Gleichungen.

Lösung: Die Zielgleichung enthält C_2H_2 als Produkt, wir kehren also die erste Gleichung um und vertauschen das entsprechende Vorzeichen von ΔH. Die Zielgleichung enthält $2\,C(s)$ als Reaktant, wir multiplizieren also die zweite Gleichung und den entsprechenden Wert von ΔH mit 2. Weil die Zielgleichung H_2 als weiteren Reaktant enthält, lassen wir die dritte Gleichung unverändert. Anschließend addieren wir die drei Gleichungen und ihre Enthalpieänderungen gemäß dem Hess'schen Satz:

$$2\,CO_2(g) + H_2O(l) \longrightarrow C_2H_2(g) + \tfrac{5}{2}\,O_2(g) \qquad \Delta H = 1299{,}6\,\text{kJ}$$
$$2\,C(s) + 2\,O_2(g) \longrightarrow 2\,CO_2(g) \qquad \Delta H = -787{,}0\,\text{kJ}$$
$$H_2(g) + \tfrac{1}{2}\,O_2(g) \longrightarrow H_2O(l) \qquad \Delta H = -285{,}8\,\text{kJ}$$
$$\overline{2\,C(s) + H_2(g) \longrightarrow C_2H_2(g) \qquad \Delta H = 226{,}8\,\text{kJ}}$$

Nach dem Addieren der Gleichungen befinden sich auf beiden Seiten des Reaktionspfeils $2\,CO_2$, $\tfrac{5}{2}\,O_2$ und $1\,H_2O$. Diese Moleküle werden beim Aufstellen der Nettogleichung herausgekürzt.

Überprüfung: Die Vorgehensweise muss korrekt sein, weil wir die richtige Nettogleichung erhalten haben. In Fällen wie diesen sollten Sie die Berechnungen der ΔH-Werte noch einmal überprüfen, um sicherzustellen, dass Sie nicht versehentlich einen Vorzeichenfehler gemacht haben.

Der Betrag einer Enthalpieänderung hängt von den Bedingungen wie Temperatur, Druck und Zustand (gasförmige, flüssige oder feste kristalline Form) ab, in dem sich Reaktanten und Produkte befinden. Um Enthalpien verschiedener Reaktionen miteinander vergleichen zu können, müssen wir bestimmte Bedingungen festlegen, die wir einen *Standardzustand* nennen und auf die sich die Angabe der meisten Enthalpien bezieht. Der Standardzustand einer Substanz ist die reine Form der Substanz bei atmosphärischem Druck (1 atm = 1013 hPa) und einer bestimmten Temperatur, für die normalerweise ein Wert von 298 K (25 °C) gewählt wird.* Die **Standardenthalpieänderung** einer Reaktion ist definiert als die Enthalpieänderung, die sich ergibt, wenn sich sowohl die Reaktanten als auch die Produkte in ihren Standardzuständen befinden. Wir schreiben eine Standardenthalpieänderung als ΔH°, wobei der Exponent ° dafür steht, dass der Wert sich auf die Standardzustände der beteiligten Substanzen bezieht. Statt dieser vereinfachten Schreibweise wird für die molare Standardreaktionsenthalpie oft auch die ausführlichere Schreibweise $\Delta_r H_m^\circ$ verwendet.

Die **Standardbildungsenthalpie** $\Delta_f H^\circ$ einer Verbindung ist die Enthalpieänderung der Reaktion, bei der ein Mol der Verbindung aus den Elementen gebildet wird, wobei alle Substanzen sich in ihren Standardzuständen befinden. Für diese molare Standardbildungsenthalpie wird oft auch die ausführlichere Schreibweise $\Delta_f H_m^\circ$ verwendet. Wir geben $\Delta_f H^\circ$-Werte normalerweise für 298 K an. Wenn ein Element bei Standardbedingungen in mehr als einer Form vorliegen kann, bezieht sich die Bildungsreaktion normalerweise auf die stabilste Form des Ele-

A 8 Berechnen Sie den Wert von ΔH für die Reaktion $NO(g) + O(g) \longrightarrow NO_2(g)$. Verwenden Sie dabei die folgenden Gleichungen:

$$NO(g) + O_3(g) \longrightarrow NO_2(g) + O_2(g) \qquad \Delta H = -198{,}9\,\text{kJ}$$
$$O_3(g) \longrightarrow \tfrac{3}{2}\,O_2(g) \qquad \Delta H = -142{,}3\,\text{kJ}$$
$$O_2(g) \longrightarrow 2\,O(g) \qquad \Delta H = 495{,}0\,\text{kJ}$$

MERKE !

Die mit der Bildung eines Stoffs aus den Elementen verbundene Enthalpieänderung wird Bildungsenthalpie $\Delta_f H$ genannt.

EXTRAS ONLINE Bildung von Wasser (Video)

* Die Definition des Standardzustandes von Gasen ist bezüglich des Drucks auf 1 bar (1 atm = 1,013 bar) geändert worden, ein etwas geringerer Druck als der im Text angegebene Wert von 1 atm. In den meisten Fällen führt diese Änderung jedoch nur zu einer sehr geringen Änderung des Standardzustands.

ments. Die Standardbildungsenthalpie von Ethanol (C_2H_5OH) ist z. B. gleich der Enthalpieänderung der folgenden Reaktion:

$$2\ C(\mathit{Graphit}) + 3\ H_2(g) + \tfrac{1}{2}\ O_2(g) \longrightarrow C_2H_5OH(l) \quad \Delta_f H^\circ = -277{,}7\ \text{kJ} \qquad (5.20)$$

Als elementare Sauerstoffquelle wird O_2 und nicht O oder O_3 angegeben, weil O_2 bei 298 K und Standardatmosphärendruck die stabile Form von Sauerstoff ist. Genauso ist Graphit und nicht Diamant die elementare Kohlenstoffquelle, weil Graphit bei 298 K und Standardatmosphärendruck die stabile Form ist (siehe A 7). Die stabile Form von Wasserstoff unter Standardbedingungen ist $H_2(g)$, so dass dieses Molekül in ► Gleichung 5.20 als Wasserstoffquelle verwendet wird.

MERKE !

Die Stöchiometrie der Bildungsreaktion ist auf 1 Mol der zu betrachtenden Substanz zu beziehen.

Die Stöchiometrie von Bildungsreaktionen bezieht sich wie in ► Gleichung 5.20 immer auf ein Mol der betrachteten Substanz. Bildungsenthalpien werden also immer in kJ/mol angegeben. In ► Tabelle 5.3 sind einige Bildungsenthalpien aufgeführt. Definitionsgemäß *ist die Standardbildungsenthalpie der stabilen Form eines Elements gleich null,* weil keine Bildungsreaktion notwendig ist, wenn sich das Element bereits in seinem Standardzustand befindet. Die Werte von $\Delta_f H^\circ$ für C (*Graphit*), $H_2(g)$, $O_2(g)$ sind wie die der Standardbildungsenthalpien anderer Elemente also gleich null.

Berechnung von Reaktionsenthalpien aus Bildungsenthalpien

Tabellarische Auflistungen der Werte von $\Delta_f H^\circ$ sind vielseitig verwendbar. Wie wir in diesem Abschnitt feststellen werden, können wir mit Hilfe des Hess'schen Satzes die Standardenthalpieänderungen aller Reaktionen berechnen, von denen uns die $\Delta_f H^\circ$-Werte der Reaktanten und Produkte bekannt sind. Betrachten Sie z. B. die Verbrennung von gasförmigem Propan ($C_3H_8(g)$) mit Sauerstoff zu $CO_2(g)$ und $H_2O(l)$ unter Standardbedingungen:

$$C_3H_8(g) + 5\ O_2(g) \longrightarrow 3\ CO_2(g) + 4\ H_2O(l)$$

Wir können diese Gleichung als Summe aus drei Bildungsreaktionen schreiben:

Substanz	Formel	$\Delta_f H^\circ$ (kJ/mol)	Substanz	Formel	$\Delta_f H^\circ$ (kJ/mol)
Ammoniak	$NH_3(g)$	−46,19	Iodwasserstoff	$HI(g)$	25,9
Benzen (Benzol)	$C_6H_6(g)$	49,0	Kohlendioxid	$CO_2(g)$	−393,5
Bromwasserstoff	$HBr(g)$	−36,23	Kohlenmonoxid	$CO(g)$	−110,5
Calciumcarbonat	$CaCO_3(s)$	−1207,1	Methan	$CH_4(g)$	−74,80
Calciumoxid	$CaO(s)$	−635,5	Methanol	$CH_3OH(l)$	−238,6
Chlorwasserstoff	$HCl(g)$	−92,30	Natriumcarbonat	$Na_2CO_3(s)$	−1130,9
Diamant	$C(s)$	1,88	Natriumchlorid	$NaCl(s)$	−410,9
Ethan	$C_2H_6(g)$	−84,68	Natriumhydrogencarbonat	$NaHCO_3(s)$	−947,7
Ethanol	$C_6H_5OH(l)$	−277,7	Propan	$C_3H_8(g)$	−103,85
Ethin (Acetylen)	$C_2H_2(g)$	226,7	Saccharose	$C_{12}H_{22}O_{11}(s)$	−2221
Ethylen	$C_2H_4(g)$	52,30	Silberchlorid	$AgCl(s)$	−127,0
Fluorwasserstoff	$HF(g)$	−268,60	Wasser	$H_2O(l)$	−285,8
Glucose	$C_6H_{12}O_6(s)$	−1273	Wasserdampf	$H_2O(g)$	−241,8

Tabelle 5.3: Standardbildungsenthalpien, $\Delta_f H^\circ$, bei 298 K.

Übungsbeispiel 5.9: Bildungsreaktionen

Bei welchen der folgenden bei 25 °C ablaufenden Reaktionen entspricht die Enthalpieänderung einer Standardbildungsenthalpie? Welche Änderungen müsste man bei den Gleichungen vornehmen, bei denen dies nicht der Fall ist?

(a) $2\ Na(s) + ½\ O_2(g) \longrightarrow Na_2O(s)$ **(b)** $2\ K(l) + Cl_2(g) \longrightarrow 2\ KCl(s)$ **(c)** $C_6H_{12}O_6(s) \longrightarrow 6\ C(Diamant) + 6\ H_2(g) + 3\ O_2(g)$

Lösung

Analyse: Die Standardbildungsenthalpie bezieht sich auf die Reaktion, in der alle Reaktanten Elemente im Standardzustand sind und als Produkt genau ein Mol der entsprechenden Verbindung gebildet wird.

Vorgehen: Um diese Aufgabe zu lösen, untersuchen wir die Gleichungen zunächst daraufhin, ob es sich um eine Reaktion handelt, bei der eine Substanz aus ihren Elementen gebildet wird. Anschließend bestimmen wir, ob die elementaren Reaktanten in ihren Standardzuständen vorliegen.

Lösung: In **(a)** wird Na_2O aus den Elementen Natrium und Sauerstoff in ihren normalen Zuständen – Na als Festkörper und O_2 als Gas – gebildet. Die Enthalpieänderung der Reaktion **(a)** ist also eine Standardbildungsenthalpie.

In Gleichung **(b)** liegt Kalium als Flüssigkeit vor. Es muss also in die feste Form, dem Standardzustand bei Raumtemperatur, umgewandelt werden. Außerdem werden zwei Mol des Produkts gebildet, so dass die angegebene Enthalpieänderung doppelt so groß ist wie die Standardbildungsenthalpie von KCl(*s*). Die korrekte Gleichung der Bildungsreaktion lautet

$$K(s) + ½\ Cl_2(g) \longrightarrow KCl(s)$$

In Reaktion **(c)** wird keine Substanz aus ihren Elementen gebildet. Stattdessen zerfällt eine Substanz in ihre Elemente. Die Reaktion muss also umgekehrt werden. Außerdem ist das Element Kohlenstoff in der Form Diamant angegeben, obwohl Graphit bei Raumtemperatur und einem Druck von 1 atm die feste Kohlenstoffform mit der niedrigsten Energie ist. Die Gleichung, die der Standardbildungsenthalpie von Glucose aus ihren Elementen entspricht, lautet

$$6\ C(Graphit) + 6\ H_2(g) + 3\ O_2(g) \longrightarrow C_6H_{12}O_6(s)$$

$$C_3H_8(g) \longrightarrow 3\ C(s) + 4\ H_2(g) \qquad \Delta H_1 = -\Delta_f H^\circ[C_3H_8(g)] \qquad (5.21)$$

$$3\ C(s) + 3\ O_2(g) \longrightarrow 3\ CO_2(g) \qquad \Delta H_2 = 3\Delta_f H^\circ[CO_2(g)] \qquad (5.22)$$

$$4\ H_2(g) + 2\ O_2(g) \longrightarrow 4\ H_2O(l) \qquad \Delta H_3 = 4\Delta_f H^\circ[H_2O(l)] \qquad (5.23)$$

$$C_3H_8(g) + 5\ O_2(g) \longrightarrow 3\ CO_2(g) + 4\ H_2O(l) \qquad \Delta_r H^\circ = \Delta H_1 + \Delta H_2 + \Delta H_3 \qquad (5.24)$$

A 9 Geben Sie die Reaktionsgleichung an, die der Standardbildungsenthalpie von flüssigem Tetrachlormethan (CCl_4) entspricht.

Gemäß dem Hess'schen Satz ist die Standardenthalpieänderung der Gesamtreaktion (► Gleichung 5.24) gleich der Summe der in den Reaktionen der ► Gleichungen 5.21 bis 5.23 auftretenden Enthalpieänderungen. Wir können also den Wert von $\Delta_r H^\circ$ für die Gesamtreaktion aus den Werten der ► Tabelle 5.3 rechnerisch ermitteln:

$$\begin{aligned}\Delta_r H^\circ &= \Delta H_1 + \Delta H_2 + \Delta H_3\\ &= -\Delta_f H^\circ[C_3H_8(g)] + 3\Delta_f H^\circ[CO_2(g)] + 4\ \Delta_f H^\circ[H_2O(l)]\\ &= -(-103{,}85\ kJ) + 3(-393{,}5\ kJ) + 4(-285{,}8\ kJ) = -2220\ kJ \qquad (5.25)\end{aligned}$$

Mehrere Aspekte dieser Berechnung stützen sich auf die in Abschnitt 5.4 behandelten Grundsätze.

1 ► Gleichung 5.21 ist die Umkehrreaktion der Bildungsreaktion von $C_3H_8(g)$, die Enthalpieänderung dieser Reaktion ist also gleich $-\Delta_f H^\circ[C_3H_8(g)]$.

2 ► Gleichung 5.22 ist die Bildungsreaktion von 3 mol $CO_2(g)$. Weil es sich bei der Enthalpie um eine extensive Eigenschaft handelt, ist die Enthalpieänderung dieses Schrittes gleich $3\Delta_f H^\circ[CO_2(g)]$. Analog ist die Enthalpieänderung von ► Gleichung 5.23 gleich $4\Delta_f H^\circ[H_2O(l)]$. In der Reaktion wird angegeben, dass $H_2O(l)$ gebildet wird. Achten sie also darauf, den $\Delta_f H^\circ$-Wert von $H_2O(l)$ und nicht den von $H_2O(g)$ zu verwenden.

3 Wir nehmen an, dass die stöchiometrischen Koeffizienten in der ausgeglichenen Gleichung den Stoffmengen in Mol entsprechen. In ► Gleichung 5.24 bezieht sich der Wert $\Delta_f H^\circ = -2220\ kJ$ also auf die Enthalpieänderung der Reaktion von 1 mol C_3H_8 und 5 mol O_2 zu 3 mol CO_2 und 4 mol H_2O. Das

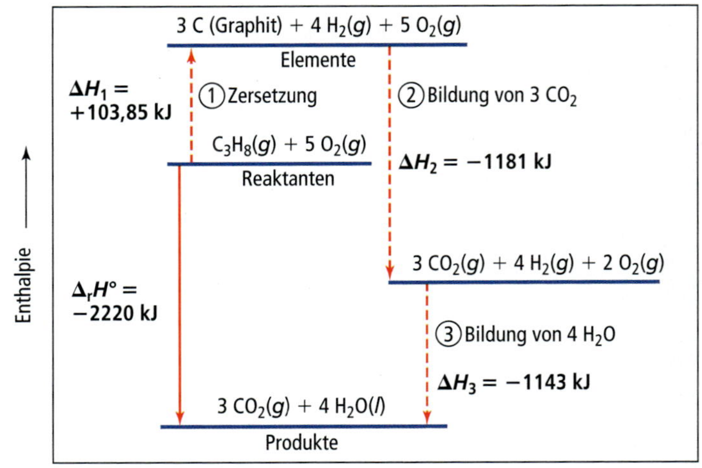

Abbildung 5.19: Enthalpiediagramm, das die Beziehung zwischen der Enthalpieänderung einer Reaktion und den Bildungsenthalpien der Reaktanten und Produkte zeigt.

Produkt aus der Stoffmenge in Mol und der Enthalpieänderung in kJ/mol hat die Einheit kJ: (n in mol) × ($\Delta_f H°$ in kJ/mol) = kJ. Wir geben $\Delta_f H°$ daher in kJ an.

A 10 Berechnen Sie mit Hilfe der in ► Tabelle 5.3 angegebenen Standardenthalpien die bei der Verbrennung von 1 mol Ethanol auftretende Enthalpieänderung:

$C_2H_5OH(l) + 3\,O_2(g) \longrightarrow 2\,CO_2(g) + 3\,H_2O(l)$

In ► Abbildung 5.19 ist ein Enthalpiediagramm der ► Gleichung 5.24 dargestellt, in dem gezeigt wird, wie die Reaktion in die Einzelschritte der Bildungsreaktionen unterteilt werden kann.

Übungsbeispiel 5.10: Berechnung einer Reaktionsenthalpie aus Bildungsenthalpien

(a) Berechnen Sie die Standardenthalpieänderung der Verbrennung von 1 mol Benzol (C_6H_6) zu $CO_2(g)$ und $H_2O(l)$. **(b)** Vergleichen Sie die bei der Verbrennung von 1,00 g Propan und 1,00 g Benzol entstehenden Wärmemengen.

Lösung

Analyse: (a) Es ist eine Reaktion [Verbrennung von $C_6H_6(l)$ zu $CO_2(g)$ und $H_2O(l)$] angegeben und wir sollen die Standardenthalpieänderung $\Delta H°$ der Reaktion berechnen. **(b)** Anschließend sollen wir die bei der Verbrennung von 1,00 g C_6H_6 frei werdende Energie mit der bei der Verbrennung von 1,00 g C_3H_8 frei werdenden Energie vergleichen, die oben im Text berechnet wurde.

Vorgehen: (a) Wir stellen zunächst die ausgeglichene Gleichung der Verbrennung von C_6H_6 auf. Anschließend schauen wir die $\Delta_f H°$-Werte in Anhang B oder in ► Tabelle 5.3 nach und verwenden ► Gleichung 5.26, um die Enthalpieänderung der Reaktion zu berechnen. **(b)** Wir verwenden die molare Masse von C_6H_6, um die Enthalpieänderung pro Mol in die Enthalpieänderung pro Gramm umzurechnen. Bei C_3H_8 gehen wir analog vor und rechnen auch bei dieser Substanz mit Hilfe der molaren Masse die oben im Text angegebene Enthalpieänderung pro Mol in die Enthalpieänderung pro Gramm um.

Lösung:

(a) Wir wissen, dass $O_2(g)$ in Verbrennungsreaktionen als Reaktant dient. Die ausgeglichene Gleichung der Verbrennungsreaktion von 1 mol $C_6H_6(l)$ lautet daher

$$C_6H_6(l) + {}^{15}\!/_{2}\,O_2(g) \longrightarrow 6\,CO_2(g) + 3\,H_2O(l)$$

Wir berechnen mit Hilfe von ► Gleichung 5.26 und den in ► Tabelle 5.3 angegebenen Daten den Wert von $\Delta H°$. Denken Sie daran, die $\Delta_f H°$-Werte der Substanzen der Reaktion mit den entsprechenden stöchiometrischen Koeffizienten zu multiplizieren. Denken Sie auch daran, dass für Elemente in ihrer unter Standardbedingungen stabilen Form $\Delta_f H° = 0$ und daher $\Delta_f H°[O_2(g)] = 0$ ist

$$\begin{aligned}\Delta_r H° &= [6\,\Delta_f H°(CO_2) + 3\,\Delta_f H°(H_2O)] - [\Delta_f H°(C_6H_6) + {}^{15}\!/_{2}\,\Delta_f H°(O_2)]\\ &= [6\,(-393{,}5\,\text{kJ}) + 3\,(-285{,}8\,\text{kJ})] - [(49{,}0\,\text{kJ}) + {}^{15}\!/_{2}\,(0\,\text{kJ})]\\ &= (-2361 - 857{,}4 - 49{,}0)\,\text{kJ}\\ &= -3267\,\text{kJ}\end{aligned}$$

(b) Aus dem im Text betrachteten Beispiel wissen wir, dass für die Verbrennung von 1 mol Propan $\Delta H° = -2220$ kJ ist. In Teil (a) dieser Aufgabe haben wir bestimmt, dass für die Verbrennung von 1 mol Benzol $\Delta H° = -3267$ kJ ist. Um die Verbrennungswärmen der beiden Substanzen pro Gramm zu berechnen, rechnen wir mit Hilfe der molaren Masse Mol in Gramm um

$C_3H_8(g)$: $(-2220\,\text{kJ/mol})\,(1\,\text{mol}/44{,}1\,\text{g}) = -50{,}3\,\text{kJ/g}$

$C_6H_6(l)$: $(-3267\,\text{kJ/mol})\,(1\,\text{mol}/78{,}1\,\text{g}) = -41{,}8\,\text{kJ/g}$

Wir können wie im hier gezeigten Beispiel jede Reaktion in die entsprechenden Bildungsreaktionen unterteilen. Dabei stellen wir fest, dass sich die Standardenthalpieänderung einer Reaktion aus der Summe der Standardbildungsenthalpien der Produkte abzüglich der Summe der Standardbildungsenthalpien der Reaktanten berechnet:

$$\Delta_r H^\circ = \sum n\Delta_f H^\circ(\text{Produkte}) - \sum m\Delta_f H^\circ(\text{Reaktanten}) \qquad (5.26)$$

Das Symbol $\sum$ (sigma) steht für „Summe über" und n und m sind die stöchiometrischen Koeffizienten der chemischen Reaktion. Der erste Ausdruck in ► Gleichung 5.26 steht für die Bildungsreaktionen der Produkte, die in „Vorwärtsrichtung" ablaufen, weil die Elemente zu den Produkten reagieren. Der Ausdruck ist analog zu den ► Gleichungen 5.22 und 5.23 des oben stehenden Beispiels. Der zweite Ausdruck steht wie ► Gleichung 5.21 für die umgekehrten Bildungsreaktionen der Reaktanten, den $\Delta_f H^\circ$-Werten ist daher ein Minuszeichen vorangestellt.

MERKE !

Die Standardreaktionsenthalpie $\Delta_r H^\circ$ lässt sich aus der Summe der Standardbildungsenthalpien der Produkte $\sum n\Delta_f H^\circ$ (Produkte) abzüglich der Standardbildungsenthalpien der Reaktanten $\sum m\Delta_f H^\circ$ (Reaktanten) berechnen.

A 11 Berechnen Sie aus der folgenden Standardenthalpieänderung und den in ► Tabelle 5.3 angegebenen Standardbildungsenthalpien die Standardbildungsenthalpie von CuO(*s*):

$$CuO(s) + H_2(g) \longrightarrow Cu(s) + H_2O(l) \qquad \Delta H^\circ = -129{,}7\,\text{kJ}$$

Übungsbeispiel 5.11: Berechnung einer Bildungsenthalpie aus einer Reaktionsenthalpie

Die Standardenthalpieänderung der Reaktion

$$CaCO_3(s) \longrightarrow CaO(s) + CO_2(g)$$

beträgt 178,1 kJ. Berechnen Sie aus den in ► Tabelle 5.3 angegebenen Standardbildungsenthalpien von CaO(*s*) und $CO_2(g)$ die Standardbildungsenthalpie von $CaCO_3(s)$.

Lösung

Analyse: Wir sollen $\Delta_f H^\circ(CaCO_3)$ bestimmen.

Vorgehen: Wir beginnen damit, den Ausdruck für die Standardenthalpieänderung der angegebenen Reaktion aufzustellen:

$$\Delta_r H^\circ = [\Delta_f H^\circ(CaO) + \Delta_f H^\circ(CO_2)] - \Delta_f H^\circ(CaCO_3)$$

Lösung: Durch Einsetzen der aus ► Tabelle 5.3 oder Anhang B bekannten Werte erhalten wir

$$178{,}1\,\text{kJ} = -635{,}5\,\text{kJ} - 393{,}5\,\text{kJ} - \Delta_f H^\circ(CaCO_3)$$

Wenn wir diese Gleichung nach $\Delta_f H^\circ(CaCO_3)$ auflösen, ergibt sich

$$\Delta_f H^\circ(CaCO_3) = -1207{,}1\,\text{kJ/mol}$$

Überprüfung: Wie erwartet, erhalten wir für die Bildungsenthalpie eines stabilen Festkörpers wie Calciumcarbonat einen negativen Wert.

5.8 Nahrungsmittel und Brennstoffe

Bei der Mehrzahl der zur Wärmegewinnung verwendeten chemischen Reaktionen handelt es sich um Verbrennungsreaktionen. Die Energie, die bei der Verbrennung von einem Gramm eines Materials frei wird, wird oft der **Brennwert** des Materials genannt. Brennwerte stehen für die bei einer Verbrennung *frei werdende* Wärme und werden daher in positiven Zahlen angegeben. Der Brennwert eines Nahrungsmittels oder Brennstoffs kann mit Hilfe der Kalorimetrie gemessen werden.

MERKE !

Die Energie, die bei der Verbrennung von einem Gramm eines Materials frei wird, wird oft der Brennwert des Materials genannt. Brennwerte stehen für die bei einer Verbrennung frei werdende Wärme und werden daher in positiven Zahlen angegeben.

Nahrungsmittel

Der Großteil der von unserem Körper benötigten Energie wird aus Kohlenhydraten und Fetten gewonnen. Die als Stärke vorliegenden Kohlenhydrate werden im Darm zu Glucose ($C_6H_{12}O_6$) zersetzt. Glucose ist im Blut löslich und wird im menschlichen Körper Blutzucker genannt. Sie wird vom Blut zu den Zellen transportiert, wo sie mit O_2 in mehreren Schritten reagiert, in denen schließlich $CO_2(g)$, $H_2O(l)$ und Energie gebildet werden:

$$C_6H_{12}O_6(s) + 6\,O_2(g) \longrightarrow 6\,CO_2(g) + 6\,H_2O(l) \qquad \Delta H^\circ = -2803\,\text{kJ}$$

Die Aufspaltung von Kohlenhydraten verläuft rasch, so dass ihre Energie dem Körper schnell zur Verfügung steht. Der Körper kann Kohlenhydrate jedoch nur in sehr kleinen Mengen speichern. Der durchschnittliche Brennwert von Kohlenhydraten beträgt 17 kJ/g (4 kcal/g).

Wie Kohlenhydrate werden auch Fette zu CO_2 und H_2O metabolisiert bzw. bei der Verbrennung im Bombenkalorimeter zu CO_2 und H_2O umgesetzt. Die Reaktion von Tristearin ($C_{57}H_{110}O_6$), einem typischen Fett, lautet wie folgt:

$$2\,C_{57}H_{110}O_6(s) + 163\,O_2(g) \longrightarrow 114\,CO_2(g) + 110\,H_2O(l) \quad \Delta H^\circ = -75520\,\text{kJ}$$

Der Körper verwendet die in Nahrungsmitteln gespeicherte chemische Energie, um die Körpertemperatur aufrechtzuerhalten, Muskeln zu kontrahieren und Gewebeschäden zu reparieren. Überschüssige Energie wird in Form von Fetten gespeichert. Fette eignen sich aus mindestens zwei Gründen besonders gut als Energiespeicher des Körpers: (1) Sie sind unlöslich in Wasser, was die Speicherung im Körper vereinfacht, und (2) sie speichern mehr Energie pro Gramm als Proteine oder Kohlenhydrate, was sie bezüglich der Masse zu einer effizienten Energiequelle macht. Der durchschnittliche Brennwert von Fetten beträgt 38 kJ/g (9 kcal/g).

Bei der metabolischen Umsetzung von Proteinen im Körper entsteht weniger Energie als bei der Verbrennung in einem Kalorimeter, weil in den beiden Prozessen unterschiedliche Produkte entstehen. Proteine enthalten Stickstoff, der im Bombenkalorimeter zu N_2 umgesetzt wird. Im Körper entsteht aus diesem Stickstoff dagegen zum größten Teil Harnstoff $(NH_2)_2CO$. Proteine dienen im Körper hauptsächlich als Bausteine für Organwände, Haut, Haar, Muskeln und viele andere Körperteile. Bei der metabolischen Umsetzung von Proteinen werden ähnlich wie bei den Kohlenhydraten durchschnittlich 17 kJ/g (4 kcal/g) Energie frei.

In ► Tabelle 5.4 sind die Brennwerte einiger gebräuchlicher Nahrungsmittel aufgeführt. Auf den Packungen von Nahrungsmitteln sind Verbraucherinformationen abgedruckt, in denen die Mengen der in einer durchschnittlichen Portion enthaltenen Kohlenhydrate, Fette und Proteine sowie der entsprechende

	ungefähre Zusammensetzung (Massen-%)			Brennwert	
	Kohlenhydrate	**Fette**	**Proteine**	**kJ/g**	**kcal/g**
Kohlenhydrate	100	–	–	17	4
Fette	–	100	–	38	9
Proteine	–	–	100	17	4
Äpfel	13	0,5	0,4	2,5	0,59
Bier*	1,2	–	0,3	1,8	0,42
Brot	52	3	9	12	2,8
Käse	4	37	28	20	4,7
Eier	0,7	10	13	6,0	1,4
Karamell-Konfekt (Fudge)	81	11	2	18	4,4
grüne Bohnen	7,0	–	1,9	1,5	0,38
Hamburger	–	30	22	15	3,6
Vollmilch	5,0	4,0	3,3	3,0	0,74
Erdnüsse	22	39	26	23	5,5

* Bier enthält üblicherweise 3,5 % Ethanol, das den Brennwert verursacht.

Tabelle 5.4: Zusammensetzungen und Brennwerte einiger gebräuchlicher Nahrungsmittel.

A 12 **(a)** Getrocknete rote Bohnen enthalten 62 % Kohlenhydrate, 22 % Proteine und 1,5 % Fett. Schätzen Sie den Brennwert dieser Bohnen ab. **(b)** Bei sehr leichten Tätigkeiten wie Lesen oder Fernsehen werden etwa 7 kJ/min verbraucht. Wie viele Minuten dieser Tätigkeit werden von der Energie einer Portion Nudelsuppe mit Hähnchen abgedeckt, die 13 g Proteine, 15 g Kohlenhydrate und 5 g Fett enthält?

Energiegehalt aufgeführt sind. Die Menge der von unserem Körper benötigten Energie ist stark von Faktoren wie dem Gewicht, dem Alter und der Intensität der Muskelaktivitäten abhängig. Pro Kilogramm Körpergewicht und Tag werden etwa 100 kJ benötigt, um die Körperfunktionen auf einem minimalen Niveau aufrechtzuerhalten. Eine 70 kg schwere Person verbraucht bei leichter Arbeit wie langsamem Gehen oder leichter Gartenarbeit etwa 800 kJ/h. Bei anstrengenden Tätigkeiten wie z. B. einem Langstreckenlauf werden oft 2000 J/h oder mehr verbraucht. Wenn der Brennwert bzw. der Kaloriengehalt unserer Nahrungsmittel die verbrauchte Energie übersteigt, speichert unser Körper die überschüssige Energie als Fett.

Brennstoffe

In ► Tabelle 5.5 werden die elementaren Zusammensetzungen und Brennwerte mehrerer Brennstoffe verglichen. Bei der vollständigen Verbrennung eines Brennstoffs wird Kohlenstoff in CO_2 und Wasserstoff in H_2O umgewandelt. Beide Produkte haben große negative Bildungsenthalpien. Je größer also die Anteile von Kohlenstoff und Wasserstoff in einem Brennstoff sind, desto höher ist sein Brennwert. Vergleichen Sie z. B. die Zusammensetzungen und Brennwerte von Fettkohle und Holz. Die Kohle hat einen höheren Brennwert, weil ihr Kohlenstoffgehalt höher ist.

Kohle, Öl und Erdgas, unsere größten Energiequellen, werden **fossile Brennstoffe** genannt. **Erdgas** besteht aus gasförmigen Kohlenwasserstoffen, Verbindungen aus Wasserstoff und Kohlenstoff. Es enthält hauptsächlich Methan (CH_4) mit kleineren Mengen Ethan (C_2H_6), Propan (C_3H_8) und Butan (C_4H_{10}). In Übungsbeispiel 5.10 haben wir den Brennwert von Propan bereits bestimmt. **Erdöl** ist eine Flüssigkeit, die aus mehreren hundert Verbindungen besteht. Bei den meisten dieser Verbindungen handelt es sich um Kohlenwasserstoffe. Der Rest besteht hauptsächlich aus organischen Verbindungen, die Schwefel, Stickstoff oder Sauerstoff enthalten. **Kohle**, ein Festkörper, enthält Kohlenwasserstoffe mit einem höheren Molekulargewicht sowie Verbindungen, die Schwefel, Sauerstoff und Stickstoff enthalten. Kohle ist der am häufigsten vorkommende fossile Brennstoff; sie macht 80 % der fossilen Brennstoffreserven der Vereinigten Staaten und 90 % der fossilen Brennstoffreserven weltweit aus.

MERKE !

Kohle, Öl und Erdgas werden fossile Brennstoffe genannt.

Ein vielversprechender Weg, die vorhandenen Kohlevorkommen zu nutzen, besteht darin, diese in eine Mischung aus gasförmigen Kohlenwasserstoffen mit dem Namen Syngas (für „Synthesegas") umzuwandeln. Bei diesem Prozess, der

	ungefähre elementare Zusammensetzung (Massen-%)			
	C	H	O	Brennwert (kJ/g)
Holz (Kiefer)	50	6	44	18
Anthrazitkohle (Pennsylvania)	82	1	2	31
Fettkohle (Pennsylvania)	77	5	7	32
Holzkohle	100	0	0	34
Rohöl (Texas)	85	12	0	45
Benzin	85	15	0	48
Erdgas	70	23	0	49
Wasserstoff	0	100	0	142

Tabelle 5.5: Brennwerte und Zusammensetzungen einiger gebräuchlicher Brennstoffe.

Kohlevergasung genannt wird, wird die Kohle pulverisiert und mit überhitztem Dampf behandelt. Schwefelhaltige Verbindungen, Wasser und Kohlendioxid werden anschließend aus den Produkten entfernt, so dass eine gasförmige Mischung aus CH_4, H_2 und CO entsteht. Alle diese Verbindungen haben hohe Brennwerte.

Weil Syngas gasförmig ist, kann es leicht in Pipelines transportiert werden. Zudem wird während des Vergasungsprozesses der Großteil des in der Kohle vorhandenen Schwefels entfernt, so dass bei der Verbrennung von Syngas die Luftverschmutzung geringer ist als bei der Verbrennung von Kohle. Aus diesen Gründen ist die wirtschaftliche Umwandlung von Kohle und Öl in „sauberere" Brennstoffe wie Syngas und Wasserstoff ein sehr aktiver Forschungsbereich in der Chemie und Ingenieurswissenschaft.

Andere Energiequellen

MERKE !

Fossile Brennstoffe und Kernenergie sind nicht erneuerbare Energiequellen.

Fossile Brennstoffe und Kernenergie sind *nicht erneuerbare* Energiequellen. Die benötigten Brennstoffe sind nur begrenzt verfügbar, weil sie viel schneller verbraucht werden als sie sich regenerieren können. Weil die nicht erneuerbaren Energiequellen irgendwann verbraucht sein werden, beschäftigt sich die Forschung intensiv damit, **erneuerbare Energiequellen** zu finden, also Energiequellen, die im Prinzip unerschöpflich sind. Bei erneuerbaren Energiequellen handelt es sich u. a. um die *Solarenergie* der Sonne, die *Windenergie*, die in Windkraftwerken genutzt wird, die *geothermische Energie*, die aus in der Erde gespeicherter Wärme gewonnen wird, die *hydroelektrische Energie* aus der Bewegung von fließenden Gewässern und die *Energie aus Biomasse*, die aus Anbauprodukten wie z. B. Bäumen oder Mais sowie aus biologischen Abfallprodukten gewonnen wird.

MERKE !

Zu den erneuerbaren Energiequellen zählen Solarenergie, Windenergie, geothermische und hydroelektrische Energie sowie die aus Biomasse gewonnene Energie.

Die zukünftige Energieversorgung wird mit großer Wahrscheinlichkeit davon abhängen, Technologien zu entwickeln, mit deren Hilfe die Solarenergie mit größerer Effizienz genutzt werden kann. Bei der Solarenergie handelt es sich um die größte Energiequelle der Welt. An einem wolkenlosen Tag erreichen etwa 1 kJ Solarenergie pro Quadratmeter und Sekunde die Erdoberfläche. Die Ausbeutung dieser Energie ist aufgrund ihrer Verteilung über große Flächen jedoch problematisch. Zudem hängt sie von der Tageszeit und dem Wetter ab. Die effektive Nutzung der Solarenergie wird von der Entwicklung von Methoden abhängen, die die Speicherung der gewonnenen Energie für eine spätere Nutzung ermöglichen. Es wird sich dabei mit großer Sicherheit um einen endothermen chemischen Prozess handeln, der zu einem späteren Zeitpunkt umgekehrt werden kann, um Wärme freizusetzen. Eine Möglichkeit wäre zum Beispiel die folgende Reaktion:

$$CH_4(g) + H_2O(g) + \text{Wärme} \rightleftharpoons CO(g) + 3\,H_2(g)$$

Die Reaktion läuft bei hohen Temperaturen, die in einem Solarofen erreichbar sind, in Vorwärtsrichtung ab. Das in der Reaktion gewonnene Gasgemisch aus CO und H_2 könnte gespeichert werden, um es später unter Freisetzung von Wärme zurückreagieren zu lassen. Die auf diese Weise gewonnene Wärme könnte in einem weiteren Schritt zur Verrichtung von Arbeit verwendet werden.

EXTRAS ONLINE Chemie im Einsatz: Das Hybridauto

Die vielleicht direkteste Nutzung der Energie der Sonne besteht darin, sie mit Hilfe von Photovoltaik in so genannten *Solarzellen* in Elektrizität umzuwandeln.

Die elektronische Struktur der Atome

6

ÜBERBLICK

Abbildung 6.1: Wasserwellen. Bei der Bewegung eines Boots durch das Wasser entstehen Wellen. Wir können die Bewegung bzw. das *Fortschreiten* einer Welle am regelmäßigen Wechsel der Wellenberge und -täler erkennen.

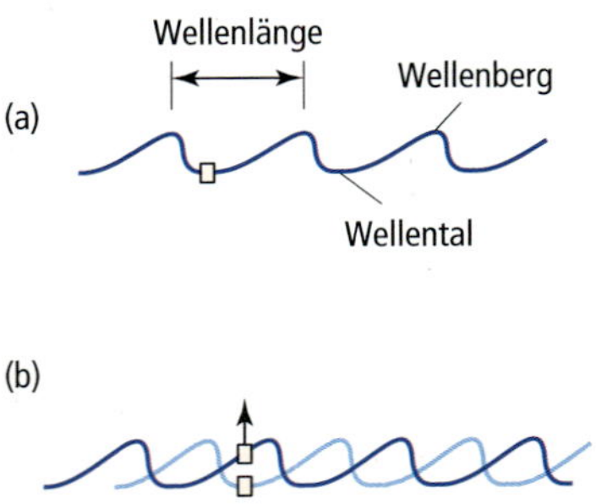

Abbildung 6.2: Merkmale einer Wasserwelle. (a) Der Abstand zwischen zwei gleichartigen Punkten einer Welle wird *Wellenlänge* genannt. Bei den in dieser Zeichnung betrachteten Punkten handelt es sich um die Höhepunkte der Welle, zur Bestimmung der Wellenlänge sind jedoch auch beliebige andere gleichartige Punkte geeignet (z. B. auch zwei Täler). (b) Die Anzahl der pro Sekunde auftretenden Auf-und-ab-Bewegungen des Korks wird die *Frequenz* der Welle genannt.

In diesem Kapitel beschäftigen wir uns mit der Quantentheorie und ihrer Bedeutung für die Chemie. Wir werden einige der Werkzeuge der *Quantenmechanik* kennen lernen und der modernen Physik, die zur korrekten Beschreibung von Atomen entwickelt werden mußten. Anschließend werden wir mit Hilfe der Quantentheorie die Anordnung der Elektronen in Atomen, die so genannte **elektronische Struktur** von Atomen, beschreiben.

6.1 Die Wellennatur des Lichts

Einen Großteil unseres gegenwärtigen Verständnisses der elektronischen Struktur von Atomen verdanken wir der Untersuchung von Licht, das von Substanzen entweder emittiert oder absorbiert wird. Das Licht, das wir mit unseren Augen sehen können – sichtbares Licht – ist ein Beispiel für **elektromagnetische Strahlung**. Weil elektromagnetische Strahlung Energie durch den Raum befördert, wird Licht auch *Strahlungsenergie* genannt. Außer sichtbarem Licht gibt es noch viele weitere Arten elektromagnetischer Strahlung (► Abbildung 6.4).

Alle Formen elektromagnetischer Strahlung bewegen sich im Vakuum mit *Lichtgeschwindigkeit* ($3{,}00 \times 10^8$ m/s). Zudem haben sie wellenartige Eigenschaften, die denen von Wasserwellen ähnlich sind. Wasserwellen entstehen, wenn Energie auf Wasser übertragen wird, z. B. durch das Fallenlassen eines Steins oder die Bewegung eines Boots auf der Wasseroberfläche (► Abbildung 6.1). Diese Energie macht sich als Auf-und-ab-Bewegung des Wassers bemerkbar.

Ein Querschnitt einer Wasserwelle (► Abbildung 6.2) offenbart, dass Wasserwellen periodisch sind, d. h. dass sich die Höhen und Tiefen der Wellen in regelmäßigen Intervallen wiederholen. Der Abstand zwischen zwei benachbarten Wellenbergen (bzw. zwischen zwei benachbarten Wellentälern) wird **Wellenlänge** genannt. Die Anzahl der vollständigen Wellenlängen bzw. *Zyklen*, die pro Sekunde einen bestimmten Ort durchlaufen, wird **Frequenz** der Welle genannt.

Wie in ► Abbildung 6.3 gezeigt, können wir wie Wasserwellen auch elektromagnetischen Wellen eine Frequenz und eine Wellenlänge zuordnen. Diese und alle anderen wellenartigen Eigenschaften elektromagnetischer Strahlung lassen sich auf die periodischen Oszillationen der Intensitäten der elektrischen und magnetischen Felder zurückführen, die mit der Strahlung verbunden sind.

Die Geschwindigkeit von Wasserwellen ist davon abhängig, wie diese entstanden sind – die Wellen, die ein Schnellboot erzeugt, haben z. B. eine größere Ausbreitungsgeschwindigkeit als die von einem Ruderboot erzeugten Wellen. Elektromagnetische Strahlung breitet sich dagegen immer mit der gleichen Geschwindigkeit,

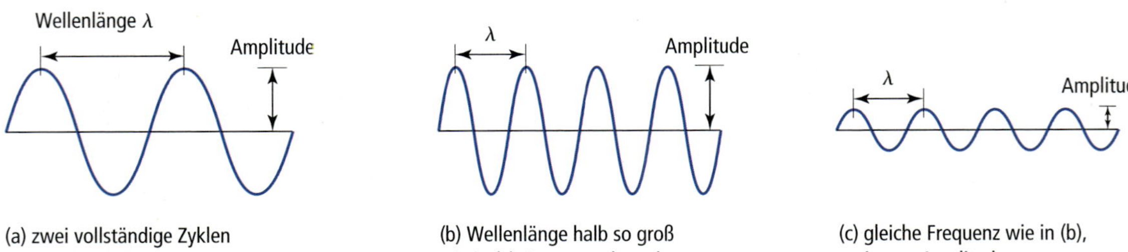

Abbildung 6.3: Merkmale einer elektromagnetischen Welle. Strahlungsenergie hat Welleneigenschaften, sie besteht aus elektromagnetischen Wellen. Beachten Sie, dass die Wellenlänge λ mit zunehmender Frequenz ν abnimmt. Die Wellenlänge in (b) ist halb so groß wie in (a), die Frequenz der Welle in (b) ist daher doppelt so groß wie die Frequenz in (a). Die *Amplitude* der Welle ist gleich dem Maximum der Wellenoszillation und von der Intensität der Strahlung abhängig. In diesen Diagrammen wird die Amplitude als vertikale Entfernung zwischen der Mittellinie der Welle und ihrem Höhepunkt gemessen. Die Wellen in (a) und (b) haben die gleiche Amplitude. Die Welle in (c) hat die gleiche Frequenz, jedoch eine geringere Amplitude als die Welle in (b).

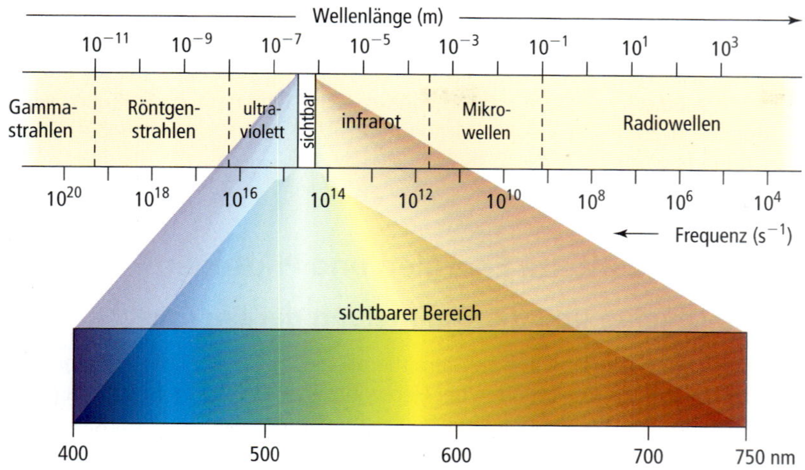

Abbildung 6.4: Das elektromagnetische Spektrum. Die Wellenlängen des Spektrums reichen von sehr kurzen Gammastrahlen bis zu sehr langen Radiowellen. Beachten Sie, dass die Farbe sichtbaren Lichts über die Wellenlänge quantitativ angegeben werden kann.

der Lichtgeschwindigkeit, aus. Als Folge davon hängen bei elektromagnetischer Strahlung Wellenlänge und Frequenz immer auf eindeutige Weise voneinander ab. Bei einer großen Wellenlänge passieren pro Sekunde weniger Zyklen der Welle einen bestimmten Ort, die Frequenz ist also niedrig. Bei einer Welle mit höherer Frequenz muss der Abstand zwischen den Wellenbergen dagegen kurz sein (kurze Wellenlänge). Diese inverse Beziehung zwischen der Frequenz und der Wellenlänge elektromagnetischer Strahlung wird durch die Gleichung

$$\nu\lambda = c \tag{6.1}$$

ausgedrückt, wobei ν (griechischer Buchstabe „nü") die Frequenz, λ (griechischer Buchstabe „lambda") die Wellenlänge und c die Lichtgeschwindigkeit ist.

Warum haben unterschiedliche Formen elektromagnetischer Strahlung unterschiedliche Eigenschaften? Die verschiedenen Eigenschaften elektromagnetischer Strahlung ergeben sich aus ihren unterschiedlichen Wellenlängen, die in Längeneinheiten ausgedrückt werden. In ► Abbildung 6.4 sind die verschiedenen Formen elektromagnetischer Strahlung in der Reihenfolge steigender Wellenlänge dargestellt. Eine solche Abbildung wird *elektromagnetisches Spektrum* genannt. Beachten Sie, dass sich die Wellenlängen über einen sehr großen Bereich erstrecken. Die Wellenlänge von Gammastrahlung liegt in der Größenordnung eines Atomkerns, während die Wellenlänge von Radiowellen größer sein kann als ein Fußballfeld. Beachten Sie auch, dass sichtbares Licht, d. h. Licht einer Wellenlänge von etwa 400 bis 700 nm (4×10^{-7} m bis 7×10^{-7} m), nur einen sehr kleinen Teil des elektromagnetischen Spektrums ausmacht. Wir können sichtbares Licht sehen, weil es in unseren Augen chemische Reaktionen auslöst. Wie in ► Tabelle 6.1 gezeigt, hängt die Einheit, die für die Wellenlänge üblicherweise gewählt wird, von der jeweiligen Strahlungsart ab.

Einheit	Symbol	Länge (m)	Strahlungsart
Ångström	Å	10^{-10}	Röntgenstrahlen
Nanometer	nm	10^{-9}	ultraviolett, sichtbar
Mikrometer	µm	10^{-6}	infrarot
Millimeter	mm	10^{-3}	infrarot
Zentimeter	cm	10^{-2}	Mikrowellen
Meter	m	1	TV, Radiowellen

Tabelle 6.1: Gebräuchliche Einheiten der Wellenlänge elektromagnetischer Strahlung.

Übungsbeispiel 6.1: (Lösung online)
Wellenlänge und Frequenz

Unten sind zwei elektromagnetische Wellen dargestellt. **(a)** Welche Welle hat die höhere Frequenz? **(b)** Eine Welle soll sichtbares Licht und die andere Welle Infrarotstrahlung darstellen. Bei welcher Welle handelt es sich um welche Strahlungsart?

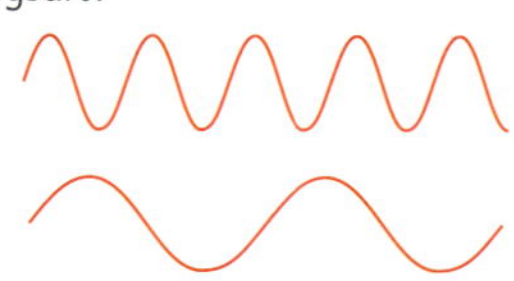

A 1 Wenn eine der Wellen am Seitenrand blaues und die andere Welle rotes Licht darstellen würde, welche Welle wäre dann welche?

Übungsbeispiel 6.2: (Lösung online)
Zusammenhang zwischen Wellenlänge und Frequenz

Das von einer Natriumdampflampe erzeugte gelbe Licht, das oft für Beleuchtungen verwendet wird, hat eine Wellenlänge von 589 nm. Welche Frequenz hat diese Strahlung?

A 2

(a) Ein in der Augenchirurgie zum Verschmelzen der Retina verwendeter Laser hat eine Wellenlänge von 640,0 nm. Berechnen Sie die Frequenz dieser Strahlung.

(b) Ein UKW-Radiosender sendet elektromagnetische Strahlung mit einer Frequenz von 103,4 MHz (Megahertz, MHz = $10^6 s^{-1}$). Berechnen Sie die Wellenlänge dieser Strahlung.

Abbildung 6.5: Farbe als Funktion der Temperatur. Die Farbe und Intensität des von einem heißen Objekt emittierten Lichts sind von der Temperatur des Objekts abhängig. Die Temperatur ist im Zentrum des hier abgebildeten flüssigen Stahls am höchsten. Das vom Zentrum emittierte Licht ist daher am intensivsten und hat die kürzeste Wellenlänge.

Die Frequenz wird in Zyklen pro Sekunde ausgedrückt, einer Einheit, die mit *Hertz* (Hz) bezeichnet wird. Weil eindeutig ist, dass Zyklen gemeint sind, wird die Frequenz einfach in der Einheit „pro Sekunde" angegeben und mit s^{-1} oder /s abgekürzt. Eine Frequenz von 820 Kilohertz (kHz), eine typische Frequenz einer Mittelwellenradiostation, kann entweder als 820.000 s^{-1} oder als 820.000/s geschrieben werden.

6.2 Gequantelte Energien und Photonen

Heiße Objekte und die Quantelung der Energie

Wenn Festkörper erhitzt werden, emittieren sie Strahlung. Dieses Phänomen können wir z. B. als rotes Glühen der Heizstäbe eines Elektroofens oder als helles weißes Licht einer Wolframglühbirne beobachten. Die Wellenlängenverteilung der Strahlung hängt von der Temperatur ab, ein rotglühendes Objekt ist z. B. kälter als ein weißglühendes Objekt (► Abbildung 6.5). Am Ende des 19. Jahrhunderts haben sich eine Reihe von Physikern mit diesem Phänomen beschäftigt und versucht, die Beziehungen zwischen der Temperatur und der Intensität und Wellenlänge der emittierten Strahlung zu verstehen. Die Beobachtungen konnten mit den bis dahin geltenden physikalischen Vorstellungen jedoch nicht erklärt werden.

Der deutsche Physiker Max Planck (1858–1947) stellte im Jahr 1900 die revolutionäre Hypothese auf, dass Atome Energie nur in diskreten Beträgen einer minimalen Größe aufnehmen oder abgeben können. Planck gab der kleinsten Energiemenge, die als elektromagnetische Strahlung emittiert oder absorbiert werden kann, den Namen **Quant** (was „fester Betrag" bedeutet). Laut Planck sollte die Energie E eines einzelnen Quants gleich einer Konstanten multipliziert mit der Strahlungsfrequenz sein:

$$E = h\nu \qquad (6.2)$$

Die Konstante h wird Planck'sches **Wirkungsquantum** genannt und hat einen Wert von $6{,}626 \times 10^{-34}$ Joule-Sekunden (J · s). Gemäß der Planck'schen Theorie kann Materie Energie nur in ganzzahligen Vielfachen von $h\nu$ wie z. B. $h\nu$, $2h\nu$, $3h\nu$ usw. emittieren oder absorbieren. Ein von einem Atom emittierter Energiebetrag von $3h\nu$ wird z. B. als Emission von drei Quanten Energie bezeichnet. Weil Energie nur in bestimmten Beträgen emittiert werden kann, bezeichnen wir die erlaubten Energien als *gequantelt* – ihre Beträge sind auf bestimmte Werte beschränkt.

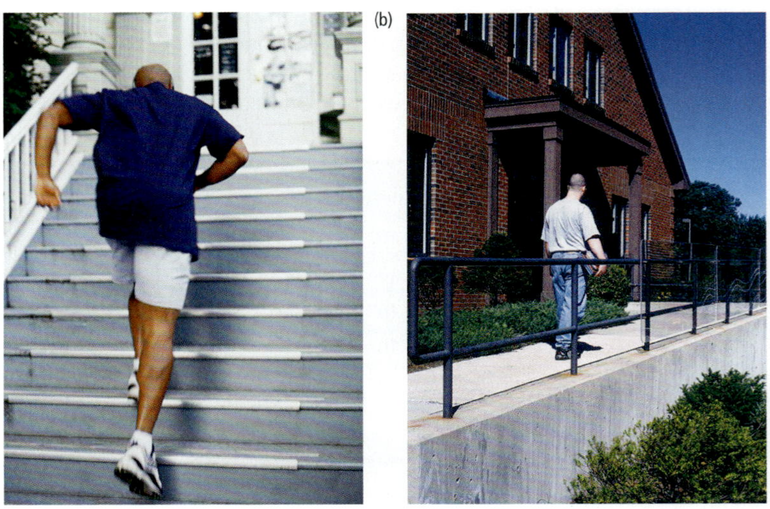

Abbildung 6.6: Ein Modell für gequantelte Energie. Die potenzielle Energie einer Person, die eine Rampe hochgeht (a), nimmt auf gleichmäßige, kontinuierliche Weise zu, während die potenzielle Energie einer Person, die eine Treppe hochgeht (b), stufenartig d. h. auf gequantelte Weise zunimmt.

Plancks revolutionärer Vorschlag der Quantelung der Energie stellte sich als richtig heraus, und Planck wurde 1918 für seine Arbeiten über die Quantentheorie mit dem Nobelpreis für Physik ausgezeichnet.

Bei makroskopischen Objekten ist die Aufnahme oder Abgabe eines einzigen Energiequants angesichts der Größe des Objekts völlig unauffällig. Bei der Betrachtung von Materie auf atomarer Ebene sind die Auswirkungen gequantelter Energien dagegen sehr viel größer.

Der photoelektrische Effekt und Photonen

Albert Einstein (1879–1955) gelang es 1905 mit Hilfe der Planck'schen Quantentheorie den **photoelektrischen Effekt** (► Abbildung 6.7) zu erklären. In Experimenten war gezeigt worden, dass durch die Bestrahlung einer Metalloberfläche mit Licht Elektronen aus dem Metall emittiert werden können. Dabei benötigt jedes Metall eine unterschiedliche minimale Lichtfrequenz, unterhalb derer keine Elektronen emittiert werden. Mit Licht einer Frequenz größer als $4{,}60 \times 10^{14}\,s^{-1}$ lassen sich z. B. Elektronen aus metallischem Cäsium emittieren, Licht geringerer Frequenz hat dagegen keinerlei Auswirkungen.

Einstein erklärte den photoelektrischen Effekt mit der Annahme, dass die auf die Metalloberfläche auftreffende Strahlungsenergie sich nicht wie eine Welle, sondern wie ein Strom kleiner Energiepakete verhält. Jedes Energiepaket, das er **Photon** nannte, verhält sich wie ein kleines Teilchen. In einer Erweiterung der Planck'schen Theorie folgerte Einstein daraus, dass jedes Photon eine Energie haben musste, die gleich dem Planck'schen Wirkungsquantum multipliziert mit der Lichtfrequenz ist:

$$\text{Energie des Photons} = E = h\nu \qquad (6.3)$$

Die Strahlungsenergie ist also gequantelt.

Einsteins Theorie des Lichts stellt uns vor ein Dilemma. Handelt es sich bei Licht um eine Welle oder besteht Licht aus Teilchen? Die einzige Art und Weise, dieses Dilemma zu lösen, besteht darin, eine Perspektive einzunehmen, die etwas merkwürdig erscheinen mag: Wir nehmen an, dass Licht sowohl Wellen- wie Teilchencharakter besitzt und sich je nach Situation mehr wie eine Welle oder mehr wie ein Teilchen verhält. Wir werden bald erkennen, dass diese doppelte Natur auch eine Eigenschaft von Materie ist.

Übungsbeispiel 6.3: (Lösung online)
Die Energie eines Photons

Berechnen Sie die Energie eines Photons aus gelbem Licht, dessen Wellenlänge 589 nm beträgt.

A 3

(a) Ein Laser emittiert Licht einer Frequenz von $4{,}69 \times 10^{14}\,s^{-1}$. Welche Energie hat ein Photon der Strahlung dieses Lasers?

(b) Wenn der Laser einen Energiepuls mit $5{,}0 \times 10^{17}$ Photonen dieser Strahlung emittiert, wie hoch ist dann die Gesamtenergie des Pulses?

(c) Wenn der Laser während eines Pulses eine Energie von $1{,}3 \times 10^{-2}$ J emittiert, wie viele Photonen werden dann während des Pulses emittiert?

EXTRAS ONLINE Der photoelektrische Effekt (Video)

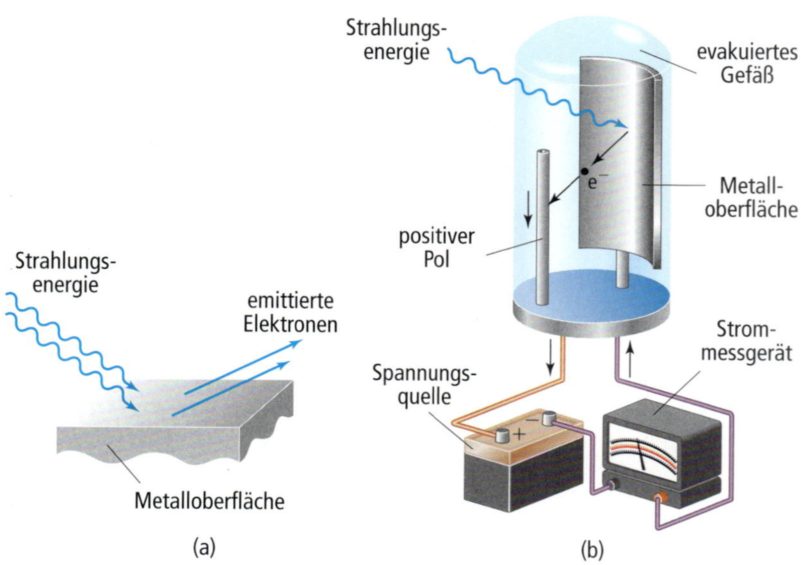

Abbildung 6.7: Der photoelektrische Effekt. Wenn Photonen mit ausreichend hoher Energie auf eine Metalloberfläche treffen, werden aus dem Metall Elektronen emittiert (a). Der photoelektrische Effekt ist die Grundlage der in (b) dargestellten Photozelle. Die emittierten Elektronen werden vom positiven Pol angezogen. Der Stromkreis ist also geschlossen, und es fließt ein Strom. Photozellen werden in photographischen Belichtungsmessern und in vielen anderen elektronischen Geräten eingesetzt.

Abbildung 6.8: Quantengrößen. Niels Bohr (rechts) mit Albert Einstein. Bohr (1885–1962) trug wesentlich zur Entwicklung der Quantentheorie bei. Er studierte von 1911 bis 1913 in England, zunächst in der Arbeitsgruppe von J. J. Thomson an der Cambridge University und anschließend in der Arbeitsgruppe von Ernest Rutherford an der University of Manchester. Bohr veröffentlichte 1914 die Quantentheorie des Atoms und wurde 1922 mit dem Nobelpreis für Physik ausgezeichnet.

6.3 Linienspektren und das Bohr'sche Atommodell

Die Arbeiten Plancks und Einsteins bereiteten den Weg für ein Verständnis dafür, wie Elektronen in Atomen angeordnet sind. Der dänische Physiker Niels Bohr (► Abbildung 6.8) schlug 1913 eine theoretische Erklärung der *Linienspektren* vor, einer weiteren experimentellen Beobachtung, die Wissenschaftler im 19. Jahrhundert beschäftigte.

Linienspektren

Es gibt weitere Strahlungsquellen, die wie ein Laser Strahlungsenergie mit nur einer einzigen Wellenlänge emittieren können (► Abbildung 6.9). Strahlung, die nur aus einer einzigen Wellenlänge besteht, wird *monochromatisch* genannt. Die meisten herkömmlichen Strahlungsquellen, einschließlich Glühbirnen und Sterne, erzeugen jedoch Strahlung, die aus vielen verschiedenen Wellenlängen besteht. Wenn die Strahlung einer derartigen Quelle in ihre Wellenlängenbestandteile aufgeteilt wird, entsteht ein **Spektrum**. In ► Abbildung 6.10 ist dargestellt, wie ein Prisma das Licht einer Glühbirne in Lichtanteile unterschiedlicher Wellenlänge aufteilt. In einem auf diese Weise erzeugten Spektrum gehen die verschiedenen Farben kontinuierlich ineinander über: Violett geht in blau, blau in grün über und so weiter, ohne dass es Lücken gibt. Dieser Regenbogen aus Farben, der Licht aller Wellenlängen enthält, wird **kontinuierliches Spektrum** genannt. Das bekannteste Beispiel eines kontinuierlichen Spektrums ist der Regenbogen, der entsteht, wenn Regentropfen oder Nebel als Prisma für das Sonnenlicht wirken.

Nicht alle Strahlungsquellen erzeugen jedoch ein kontinuierliches Spektrum. Wenn man verschiedene Gase bei erniedrigtem Druck in eine Röhre einschließt und an diese eine hohe Spannung anlegt, emittieren die Gase Licht verschiedener

Abbildung 6.9: Monochromatische Strahlung. Laser erzeugen *monochromatisches Licht*, also Licht einer einzigen Wellenlänge. Verschiedene Laser erzeugen Licht verschiedener Wellenlängen. In der Abbildung sind die Strahlen einiger Laser dargestellt, die sichtbares Licht unterschiedlicher Farben erzeugen. Andere Laser erzeugen nicht sichtbares Licht (z. B. infrarotes oder ultraviolettes Licht).

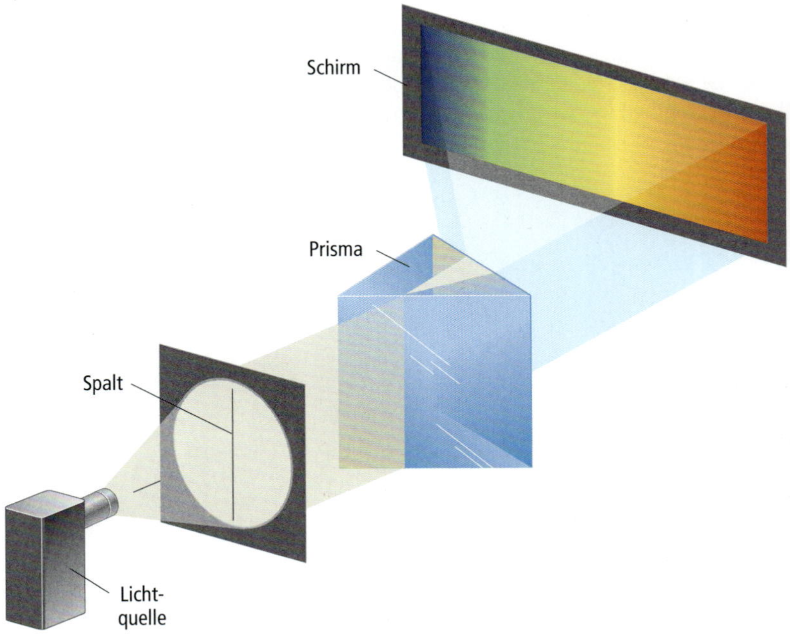

Abbildung 6.10: Entstehung eines Spektrums. Wenn ein schmaler Strahl weißen Lichts auf ein Prisma trifft, entsteht ein kontinuierliches sichtbares Spektrum. Quellen weißen Lichts sind z. B. das Sonnenlicht oder das Licht einer Glühbirne.

Farben (► Abbildung 6.11). Bei dem bekannten rotorangen Glühen vieler „Neonlichter" handelt es sich z. B. um Licht, das von gasförmigem Neon emittiert wird. Natriumdampf hingegen emittiert das charakteristische gelbe Licht moderner Straßenlaternen. Wenn man Licht aus solchen Röhren mit einem Prisma aufspaltet, sind im erzeugten Spektrum nur einige wenige Wellenlängen zu sehen (► Abbildung 6.12). Jede Wellenlänge ist dabei anhand einer farbigen Linie im Spektrum zu erkennen. Die farbigen Linien sind durch schwarze Bereiche getrennt, die den Wellenlängen entsprechen, in denen kein Licht vorhanden ist. Ein Spektrum, das nur Strahlung einiger spezifischer Wellenlängen enthält, wird **Linienspektrum** genannt.

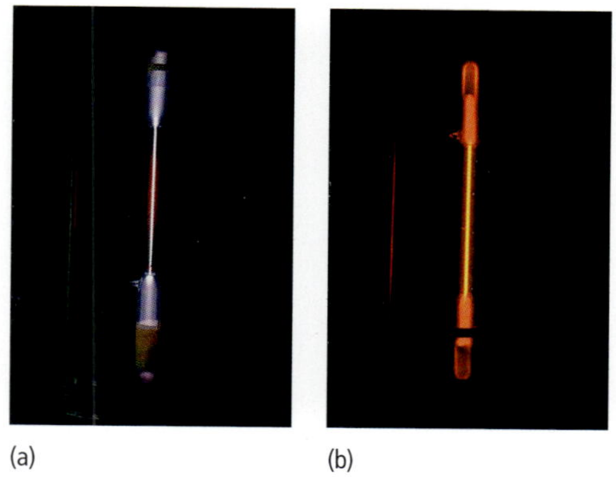

Abbildung 6.11: Atomemission. Bei einer Anregung durch elektrische Entladungen emittieren verschiedene Gase Licht verschiedener charakteristischer Farben. (a) Wasserstoff, (b) Neon.

Als Wissenschaftler Mitte des 19. Jahrhunderts das erste Linienspektrum des Wasserstoffs entdeckten, waren sie von seiner Einfachheit fasziniert. Zu dieser Zeit konnten nur die vier Linien aus dem sichtbaren Teil des Spektrums beobachtet werden (Abbildung 6.12). Johann Balmer, ein Lehrer aus der Schweiz, zeigte 1885, dass die Wellenlängen dieser vier sichtbaren Linien des Wasserstoffs einer verblüffend einfachen Formel genügten. Später wurden in den ultravioletten und infraroten Bereichen des Wasserstoffspektrums weitere Linien gefunden. Kurz darauf wurde die Gleichung Balmers zur *Rydberg-Gleichung* erweitert, mit der die Wellenlängen aller Spektrallinien des Wasserstoffs berechnet werden konnten:

$$\frac{1}{\lambda} = (R_H)\left(\frac{1}{n_1^2} - \frac{1}{n_2^2}\right) \tag{6.4}$$

In dieser Formel ist λ die Wellenlänge einer Spektrallinie, R_H ist die *Rydberg-Konstante* ($1{,}096776 \times 10^7\ m^{-1}$) und n_1 und n_2 sind positive ganze Zahlen, wobei n_2 größer ist als n_1. Worauf beruht die bemerkenswerte Einfachheit dieser Gleichung? Diese Frage beschäftigte die Wissenschaft fast 30 Jahre lang.

MERKE !

Ein kontinuierliches Spektrum enthält die ineinander übergehende Strahlung aller Wellenlängen des sichtbaren Lichts. Ein Linienspektrum enthält nur Strahlung einiger spezifischer Wellenlängen.

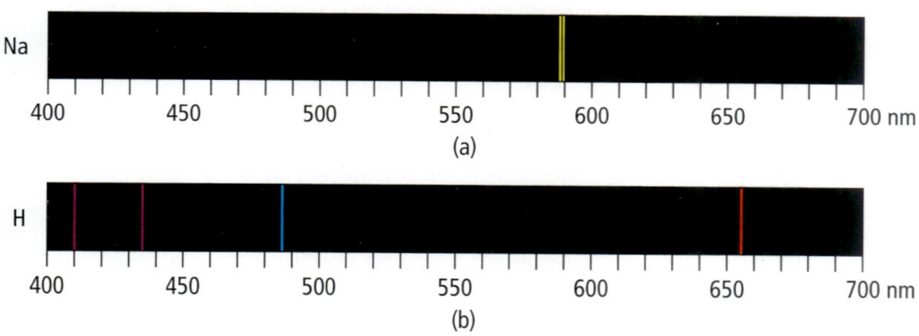

Abbildung 6.12: Spektrallinien. Durch elektrische Entladungen erzeugte Spektren von (a) Na und (b) H. Anhand der farbigen Linien im Spektrum ist zu erkennen, dass nur Licht einiger weniger spezifischer Wellenlängen entsteht.

Das Bohr'sche Atommodell

Nachdem Rutherford den Aufbau des Atoms entdeckt hatte, war unter Wissenschaftlern die Auffassung verbreitet, dass das Atom aus einem „mikroskopischen Sonnensystem" bestünde, in dem die Elektronen den Kern umkreisten. Um das Linienspektrum des Wasserstoffs zu erklären, stellte Bohr zunächst die Hypothese auf, dass sich die Elektronen in Umlaufbahnen um den Kern bewegen sollten. Gemäß den Gesetzen der klassischen Physik würde ein elektrisch geladenes Teilchen (wie z. B. ein Elektron), das sich auf einer Umlaufbahn befindet, jedoch kontinuierlich Energie in Form elektromagnetischer Strahlung an die Umgebung abgeben. Das sollte schließlich dazu führen, dass das Elektron spiralförmig in den Kern fällt. Wasserstoffatome sind jedoch stabil, so dass dieses Verhalten offensichtlich nicht eintritt. Wie ist also zu erklären, dass Wasserstoffatome scheinbar die physikalischen Gesetze brechen? Bohr näherte sich diesem Problem auf eine ähnliche Weise wie Planck, als dieser die von heißen Körpern emittierte Strahlung untersuchte: Er nahm an, dass die allgemein anerkannten physikalischen Gesetze nicht ausreichten, um Atome vollständig zu beschreiben. Zudem übernahm er die Vorstellung Plancks, dass Energien gequantelt sind.

Bohr stützte sein Modell auf drei Postulate:

1. Elektronen können sich im Wasserstoffatom nur auf Umlaufbahnen mit bestimmten Radien bewegen, die bestimmten festgelegten Energien entsprechen.
2. Ein Elektron, das sich auf einer zulässigen Umlaufbahn befindet, hat eine bestimmte Energie und befindet sich in einem „erlaubten" Energiezustand. Ein Elektron in einem erlaubten Energiezustand strahlt keine Energie ab und fällt daher nicht spiralförmig in den Kern.
3. Energie wird von einem Elektron nur emittiert oder absorbiert, wenn dieses von einem erlaubten Energiezustand in einen anderen erlaubten Energiezustand wechselt. Diese Energie ($E = h\nu$) wird als Photon emittiert bzw. absorbiert.

Die Energiezustände des Wasserstoffatoms

Ausgehend von diesen drei Postulaten berechnete Bohr mit Hilfe von klassischen Gleichungen zur Bewegung und zur Wechselwirkung von elektrischen Ladungen die Energien, die den erlaubten Umlaufbahnen der Elektronen in Wasserstoffatomen entsprechen. Diese Energien genügen der Formel

$$E = (-hcR_H)\left(\frac{1}{n^2}\right) = (-2{,}18 \times 10^{-18}\ \mathrm{J})\left(\frac{1}{n^2}\right) \qquad (6.5)$$

In dieser Gleichung ist h das Planck'sche Wirkungsquantum, c die Lichtgeschwindigkeit und R_H die Rydberg-Konstante. Das Produkt dieser drei Konstanten ist gleich $2{,}18 \times 10^{-18}$ J. Die ganze Zahl n, die einen Wert von 1 bis unendlich annehmen kann, wird *Hauptquantenzahl* genannt. Jede Umlaufbahn entspricht einem bestimmten Wert von n und der Radius der entsprechenden Umlaufbahn nimmt mit steigendem n zu. Bei der ersten erlaubten Umlaufbahn, die sich am nächsten zum Kern befindet, ist also $n = 1$, bei der zweiten, die sich am zweitnächsten zum Kern befindet, ist $n = 2$ und so weiter. Das Elektron des Wasserstoffatoms kann sich auf jeder erlaubten Umlaufbahn befinden. Mit Hilfe von ► Gleichung 6.5 lassen sich die Energien berechnen, die das Elektron in Abhängigkeit der Umlaufbahn, auf der es sich befindet, besitzt.

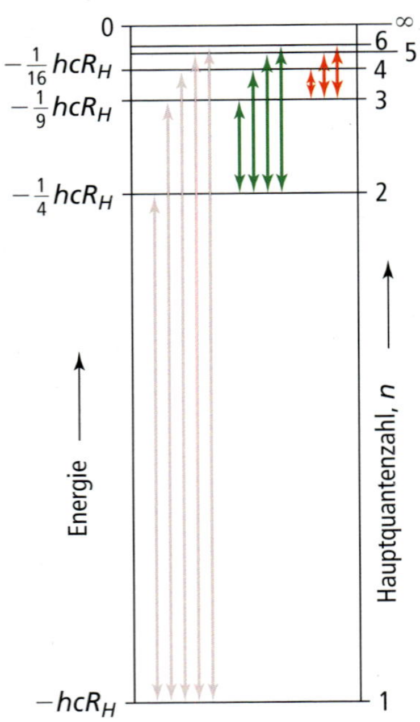

Abbildung 6.13: Energieniveaus des Wasserstoffatoms im Bohr'schen Atommodell. Die Pfeile zeigen die Übergänge eines Elektrons von einem erlaubten Energiezustand in einen anderen an. Es sind die Zustände von $n = 1$ bis $n = 6$ dargestellt. Im Zustand, in dem $n = \infty$ ist, ist die Energie E gleich null.

Das Elektron eines Wasserstoffatoms hat gemäß Gleichung 6.5 bei allen Werten von n eine negative Energie. Je niedriger (negativer) die Energie ist, desto stabiler ist das Atom. Die Energie ist am niedrigsten (negativsten), wenn $n = 1$ ist. Bei steigendem n nimmt die Energie zu. Der niedrigste Energiezustand wird **Grundzustand** des Atoms genannt. Wenn sich das Elektron auf einer Umlaufbahn mit höherer Energie aufhält ($n = 2$ oder höher), befindet sich das Atom in einem **angeregten Zustand**. In ► Abbildung 6.13 ist die Energie des Elektrons eines Wasserstoffatoms für verschiedene Werte von n dargestellt.

Was geschieht mit dem Radius der Umlaufbahn und der Energie, wenn n unendlich groß wird? Der Radius nimmt wie n^2 zu, wir erreichen also einen Punkt, an dem das Elektron vollständig vom Kern gelöst ist. Wenn $n = \infty$ ist, ist die Energie gleich null:

$$E = (-2{,}18 \times 10^{-18}\ \mathrm{J})\left(\frac{1}{\infty^2}\right) = 0$$

Der Zustand, an dem das Elektron vollständig vom Kern gelöst ist, ist der Energiezustand des Wasserstoffatoms mit der Energie null. Dieser Energiezustand hat eine *höhere* Energie als die Zustände mit negativen Energien.

In seinem dritten Postulat machte Bohr die Annahme, dass Elektronen von einem erlaubten Energiezustand in einen anderen „springen" können, indem sie Photonen, deren Strahlungsenergie exakt der Energiedifferenz zwischen den beiden Zuständen entspricht, entweder absorbieren oder emittieren. Um in einen höheren Energiezustand (mit einem höheren Wert von *n*) zu gelangen, muss ein Elektron Energie absorbieren. Umgekehrt wird Strahlungsenergie emittiert, wenn das Elektron in einen niedrigeren Energiezustand (mit einem niedrigeren Wert von *n*) „springt". Wenn das Elektron von einem Anfangszustand mit der Energie E_i in einen Endzustand mit der Energie E_f übergeht, entspricht die Energieänderung:

$$\Delta E = E_f - E_i = E_{\text{Photon}} = h\nu \qquad (6.6)$$

Das Bohr'sche Atommodell der Zustände des Wasserstoffatoms besagt also, dass nur Licht bestimmter Frequenzen, die die ► Gleichung 6.6 erfüllen, vom Atom absorbiert oder emittiert werden können.

Die Existenz diskreter Spektrallinien ist also eine Folge der gequantelten Übergänge der Elektronen zwischen verschiedenen Energieniveaus.

Übungsbeispiel 6.4: (Lösung online) Elektronische Übergänge des Wasserstoffatoms

Sagen Sie mit Hilfe von Abbildung 6.13 voraus, welcher der folgenden elektronischen Übergänge die Spektrallinie mit der längsten Wellenlänge erzeugt: $n = 2$ zu $n = 1$, $n = 3$ zu $n = 2$ oder $n = 4$ zu $n = 3$.

A 4 Geben Sie an, ob bei den folgenden elektronischen Übergängen Energie emittiert oder absorbiert wird: **(a)** $n = 3$ zu $n = 1$; **(b)** $n = 2$ zu $n = 4$.

Grenzen des Bohr'schen Atommodells

Das Bohr'sche Atommodell liefert zwar eine Erklärung des Linienspektrums des Wasserstoffatoms, kann jedoch die Spektren anderer Atome nicht bzw. nur sehr ungenau erklären. Es stellte sich schließlich heraus, dass das Bohr'sche Atommodell nur ein Schritt auf dem Weg zur Entwicklung eines umfassenderen Modells war. Wichtig ist jedoch, dass in das Bohr'sche Atommodell bereits zwei Vorstellungen eingeflossen sind, die auch in unseren heutigen Modellen enthalten sind: (1) Elektronen können sich nur in bestimmten Energieniveaus befinden, die durch Quantenzahlen beschrieben werden, und (2) ein Wechsel des Energieniveaus ist mit der Aufnahme oder Abgabe von Energie verbunden.

6.4 Das wellenartige Verhalten von Materie

In den auf die Entwicklung des Bohr'schen Atommodells für das Wasserstoffatom folgenden Jahren wurde die dualistische Natur der Strahlungsenergie zu einer allgemein anerkannten Vorstellung. Je nach den experimentellen Bedingungen scheint Strahlung sich entweder als Welle oder als Teilchen (Photon) zu verhalten. Diese Vorstellung wurde von Louis de Broglie (1892–1987) während seiner Doktorarbeit wesentlich erweitert. Wenn Strahlungsenergie sich unter geeigneten Bedingungen wie ein Teilchenstrom verhalten kann, wäre es dann möglich, dass Materie sich unter geeigneten Bedingungen wie eine Welle verhält? Stellen Sie sich vor, man würde sich das um den Kern eines Wasserstoffatoms kreisende Elektron nicht als Teilchen, sondern als Welle mit einer charakteristischen Wellenlänge vorstellen. De Broglie stellte die Hypothese auf, dass dem Elektron während seiner Bewegung um den Kern eine bestimmte Wellenlänge zugeordnet werden kann. Er nahm weiterhin an, dass die charakteristische Wellenlänge des Elektrons oder eines beliebigen anderen Teilchens von seiner Masse m und seiner Geschwindigkeit v abhängt:

$$\lambda = \frac{h}{mv} \qquad (6.7)$$

h ist das Planck'sche Wirkungsquantum. Die Größe *mv* eines Objekts wird **Impuls** genannt. De Broglie verwendete zur Beschreibung der Welleneigenschaften von Materieteilchen den Ausdruck **Materiewellen**.

Weil die Hypothese de Broglies für alle Materiearten gültig ist, kann jedem Objekt mit einer Masse *m* und einer Geschwindigkeit *v* eine charakteristische Materiewelle zugeordnet werden. Anhand ► Gleichung 6.7 ist jedoch zu erkennen, dass die Wellenlänge eines Objekts gewöhnlicher Größe wie z. B. eines Golfballs so

BIOGRAPHIE

Louis Victor Pierre Raymond Duc de Broglie (1892–1987) wurde in Frankreich geboren und studierte zunächst Geschichte an der Universität Sorbonne in Paris. Während des Ersten Weltkriegs war er als Radioingenieur auf dem Eiffelturm in Paris stationiert. Verblüfft von seinem Kontakt mit der neuen Radiokommunikation, begann er nach dem Krieg erneut zu studieren, promovierte in Physik und wurde schließlich Professor für theoretische Physik an seiner *alma mater*, der Sorbonne. Schon 1929 – gerade fünf Jahre nach seiner Promotion – wurde ihm der Nobelpreis für Physik für seine in seiner Doktorarbeit entwickelte Idee, dass Elektronen sowohl Wellen- wie Teilcheneigenschaften haben, verliehen. 1945 wurde er Berater der französischen Atomenergiekommission.

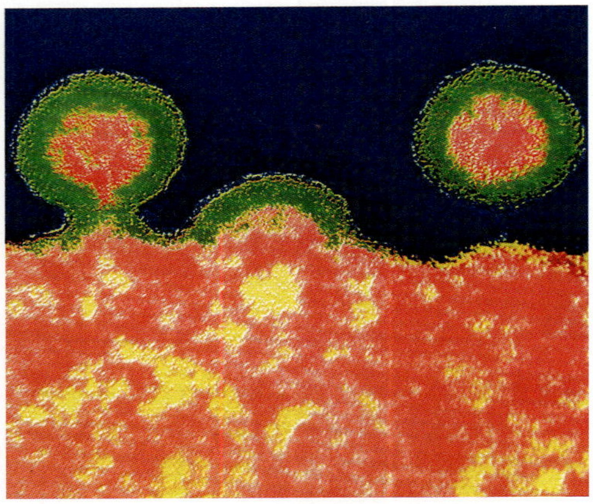

Abbildung 6.14: Elektronen als Wellen. Gefärbte elektronenmikroskopische Aufnahme des HIV-Virus, das sich von einer infizierten menschlichen T-Lymphozytenzelle ablöst. Bei einem Elektronenmikroskop wird – analog zum Wellenverhalten eines Lichtstrahls bei einem konventionellen Mikroskop – das Wellenverhalten eines Elektronenstrahls genutzt.

Abbildung 6.15: Werner Heisenberg (1901–1976). Heisenberg formulierte während eines Postdoktoranden-Aufenthalts bei Niels Bohr seine berühmte Unschärferelation. Im Alter von 25 Jahren bekam er den Lehrstuhl für Theoretische Physik an der Universität Leipzig. Mit 32 Jahren war er einer der jüngsten Nobelpreisträger.

klein ist, dass diese unmöglich experimentell beobachtet werden kann. Das gilt jedoch aufgrund seiner kleinen Masse nicht für ein Elektron.

Innerhalb weniger Jahre nach der Veröffentlichung der Theorie de Broglies konnten die Welleneigenschaften von Elektronen experimentell nachgewiesen werden. Elektronen, die auf einen Kristall treffen, werden vom Kristall genau wie Röntgenstrahlen gebeugt. Ein Strahl sich bewegender Elektronen zeigt also ein Wellenverhalten, das mit dem elektromagnetischer Strahlung vergleichbar ist.

Die Technik der Elektronenbeugung wird in vielfachen Anwendungen genutzt. In der Elektronenmikroskopie werden die Welleneigenschaften von Elektronen z. B. dazu verwendet, Bilder von kleinen Objekten zu erzeugen (► Abbildung 6.14).

Die Unschärferelation

Mit der Entdeckung der Welleneigenschaften von Materie stellten sich für die klassische Physik einige neue interessante Fragen. Betrachten Sie z. B. einen von einer Rampe rollenden Ball. Mit Hilfe der Gleichungen der klassischen Physik können wir seinen Ort, seine Bewegungsrichtung und seine Geschwindigkeit zu jeder Zeit mit hoher Genauigkeit berechnen. Ist dies auch bei einem Elektron möglich, das wellenartige Eigenschaften hat? Eine Welle dehnt sich im Raum aus, ihr Ort ist daher nicht genau definiert. Wir könnten daher annehmen, dass es unmöglich ist zu bestimmen, an welchem Ort sich ein Elektron zu einer bestimmten Zeit aufhält.

Der deutsche Physiker Werner **Heisenberg** (► Abbildung 6.15) stellte die Hypothese auf, dass sich aus dem Welle-Teilchen-Dualismus der Materie eine fundamentale Begrenzung dafür ergibt, wie präzise der Ort und Impuls eines Objekts gleichzeitig bekannt sein können. Diese Einschränkung ist jedoch nur von Bedeutung, wenn wir uns mit Materie auf subatomarer Ebene (also mit Massen in der Größenordnung der Masse eines Elektrons) beschäftigen. Diese Hypothese Heisenbergs wird **Unschärferelation** genannt. Auf die Elektronen in einem Atom angewandt, sagt dieses Prinzip aus, *dass es grundsätzlich unmöglich ist, gleichzeitig sowohl den exakten Impuls eines Elektrons als auch seinen exakten Aufenthaltsort im Raum zu kennen*.

Die Hypothese de Broglies und die Unschärferelation Heisenbergs sind die Grundlagen für eine neue und umfassendere Theorie der atomaren Struktur. Bei diesem neuen Ansatz wird jeder Versuch, den momentanen Aufenthaltsort und Impuls des Elektrons zu definieren, aufgegeben. Die Wellennatur des Elektrons wird berücksichtigt und sein Verhalten mit für Wellen geeigneten Ausdrücken beschrieben. Das Ergebnis ist ein Modell, das die Energie des Elektrons präzise beschreibt. Der Aufenthaltsort des Elektrons wird dagegen nicht präzise, sondern als Wahrscheinlichkeit angegeben.

6.5 Quantenmechanik und Atomorbitale

Der österreichische Physiker Erwin Schrödinger (1887–1961) schlug 1926 eine Gleichung vor, die sowohl das wellenartige als auch das teilchenartige Verhalten des Elektrons berücksichtigt. Diese Gleichung ist heute als die Schrödingergleichung bekannt. Die Arbeiten Schrödingers eröffneten einen neuen Weg der Betrachtung subatomarer Teilchen, der als *Quantenmechanik* bzw. als *Wellenmechanik* bekannt ist. Die Anwendung der Schrödingergleichung erfordert aufwändige Rechnungen, so dass wir uns an dieser Stelle nicht mit den Einzelheiten des Ansatzes auseinander setzen werden. Wir werden die erhaltenen Ergebnisse jedoch qualitativ betrachten und feststellen, dass diese uns ein leistungsfähiges neues Werkzeug zur Betrachtung der elektronischen Struktur liefern. Im Folgenden wollen wir uns zunächst mit der elektronischen Struktur des einfachsten Atoms, des Wasserstoffatoms, beschäftigen.

Die Lösung der Schrödingergleichung führt zu einer Reihe mathematischer Funktionen, den **Wellenfunktionen**, mit denen das Elektron beschrieben wird. Diese Wellenfunktionen werden normalerweise durch das Symbol ψ repräsentiert (dem griechischen kleinen Buchstaben psi).

Beim Wasserstoffatom stimmen die erlaubten Energien mit denen des Bohr'schen Atommodells überein. Im Bohr'schen Atommodell befindet sich das Elektron jedoch auf einer kreisförmigen Umlaufbahn mit einem bestimmten Abstand vom Kern. Im quantenmechanischen Modell kann der Aufenthaltsort des Elektrons nicht auf eine derart einfache Weise beschrieben werden. Gemäß der Unschärferelation ist unsere Kenntnis über den Aufenthaltsort des Elektrons bei einem mit hoher Genauigkeit bekannten Impuls sehr ungenau.

Wir können also den Aufenthaltsort eines einzelnen Elektrons um den Kern nicht exakt angeben, sondern müssen uns vielmehr mit einer Art statistischen Wissens zufrieden geben. Im quantenmechanischen Modell betrachten wir daher die Wahrscheinlichkeit, mit der sich das Elektron zu einem bestimmten Zeitpunkt in einem bestimmten Bereich aufhält. Wie sich herausstellt, gibt das Quadrat der Wellenfunktion ψ^2 an einem bestimmten Ort die Wahrscheinlichkeit an, mit der sich das Elektron an diesem Ort aufhält. Aus diesem Grund wird ψ^2 (genaugenommen $|\psi|^2$) die **Wahrscheinlichkeitsdichte** bzw. **Elektronendichte** genannt.

BIOGRAPHIE

Erwin Schrödinger (1887–1961) war gebürtiger Österreicher. Er unterrichtete Anfang der 30er Jahre des 20. Jahrhunderts in Berlin. Obwohl er kein Jude war, verließ er Deutschland und kehrte nach Österreich zurück. Als auch dies 1938 besetzt wurde, ging Schrödinger nach Dublin und später an die Universität von Oxford. 1933 wurde ihm zusammen mit seinem englischen Kollegen Paul Dirac der Nobelpreis für Physik in Anerkennung ihrer Leistungen bei der mathematischen Formulierung der Theorie der Quantenmechanik zuerkannt.

Orbitale und Quantenzahlen

Die Lösung der Schrödingergleichung für das Wasserstoffatom führt zu einer Reihe von Wellenfunktionen und den entsprechenden Energien. Diese Wellenfunktionen werden **Orbitale** genannt. Jedes Orbital beschreibt eine besondere Verteilung der Elektronendichte im Raum, die durch die Wahrscheinlichkeitsdichte des Orbitals gegeben ist. Jedes Orbital besitzt daher eine charakteristische Energie und Form. Das Orbital mit der niedrigsten Energie im Wasserstoffatom hat z. B. eine Energie von $-2{,}18 \times 10^{-18}$ J und die in ► Abbildung 6.16 dargestellte Form. Beachten Sie, dass ein **Orbital** (quantenmechanisches Modell) nicht dasselbe ist wie eine **Umlaufbahn** (Bohr'sches Atommodell). Das quantenmechanische Modell bezieht sich nicht auf Umlaufbahnen, weil die Bewegung eines Elektrons in einem Atom nicht präzise gemessen oder verfolgt werden kann (Heisenberg'sche Unschärferelation).

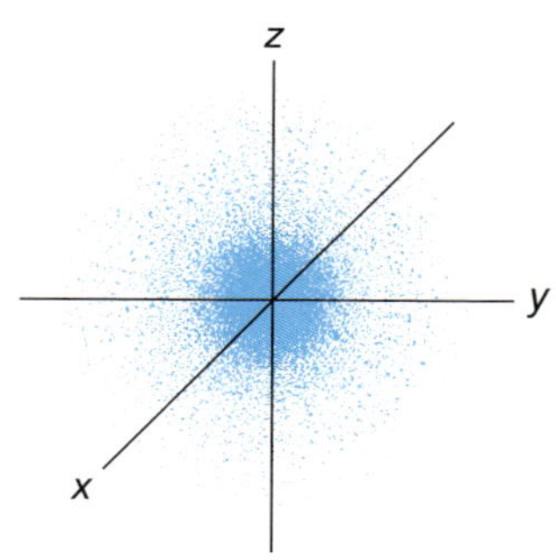

Abbildung 6.16: Elektronendichteverteilung. Diese Darstellung zeigt die Aufenthaltswahrscheinlichkeit des Elektrons eines Wasserstoffatoms im Grundzustand.

Im Bohr'schen Atommodell wurde eine einzelne Quantenzahl *n* eingeführt, mit der eine Umlaufbahn beschrieben wurde. Im quantenmechanischen Modell werden zur Beschreibung eines Orbitals die drei Quantenzahlen n, l und m_l verwendet. Wir werden im Folgenden betrachten, welche Informationen diese Quantenzahlen enthalten und wie sie voneinander abhängen.

1. Die *Hauptquantenzahl n* kann positive ganzzahlige Werte (1, 2, 3 usw.) annehmen. Die Energie des Orbitals steigt mit zunehmendem n an und das Elektron hält sich längere Zeit weiter vom Kern entfernt auf. Eine Zunahme von n bedeutet zudem, dass das Elektron eine höhere Energie besitzt und daher weniger stark an den Kern gebunden ist. Beim Wasserstoffatom ist wie beim Bohr'schen Atommodell $E_n = -(2{,}18 \times 10^{-18}\ \text{J})(1/n^2)$.
2. Die zweite Quantenzahl, die *Nebenquantenzahl l*, kann für jeden Wert von n ganzzahlige Werte von 0 bis $n - 1$ annehmen. Diese Quantenzahl bestimmt die Form des Orbitals. Wir werden uns mit diesen Formen in Abschnitt 6.6

MERKE !

Orbitale werde durch drei Quantenzahlen beschrieben:

Hauptquantenzahl n: Größe und Energie

Nebenquantenzahl l: Form

magnetische Quantenzahl m_l: räumliche Orientierung

Übungsbeispiel 6.5: (Lösung online)
Unterschalen des Wasserstoffatoms

(a) Geben Sie ohne Zuhilfenahme der Tabelle 6.2 die Anzahl der Unterschalen der vierten Schale ($n = 4$) an.
(b) Wie werden diese Unterschalen bezeichnet?
(c) Wie viele Orbitale befinden sich in diesen Unterschalen?

A 5

(a) Wie lautet die Bezeichnung der Unterschale mit $n = 5$ und $l = 1$.
(b) Wie viele Orbitale befinden sich in dieser Unterschale?
(c) Geben Sie die Werte von m_l für diese Orbitale an.

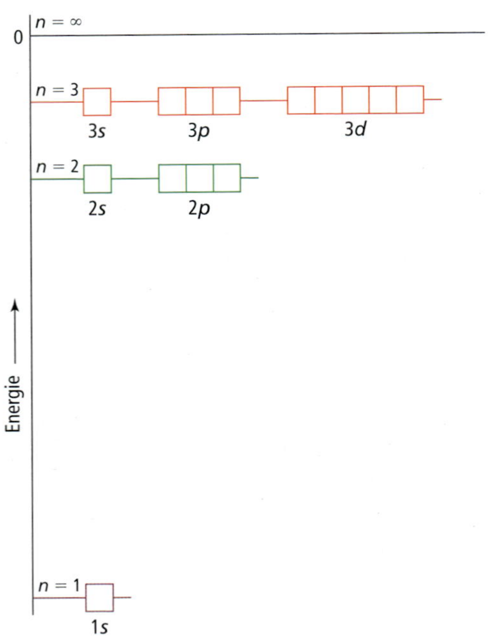

Abbildung 6.17: Orbitalenergieniveaus des Wasserstoffatoms. Jedes Kästchen entspricht einem Orbital. Beachten Sie, dass alle Orbitale mit der gleichen Hauptquantenzahl *n* die gleiche Energie besitzen. Dies gilt nur für Ein-Elektronen-Systeme wie das Wasserstoffatom.

auseinander setzen. Der Wert von *l* eines bestimmten Orbitals wird im Allgemeinen durch die Buchstaben *s*, *p*, *d* und *f** ausgedrückt, die für die Werte von 0, 1, 2 und 3 stehen:

Wert von *l*	0	1	2	3
Buchstabe	*s*	*p*	*d*	*f*

3 Die *magnetische Quantenzahl* m_l (oder nur *m*) kann ganzzahlige Werte zwischen $-l$ und l einschließlich null annehmen. Wie wir in Abschnitt 6.6 feststellen werden, beschreibt diese Quantenzahl die räumliche Orientierung des Orbitals in einem Magnetfeld.

Beachten Sie, dass aufgrund der Tatsache, dass *n* ein beliebiger ganzzahliger Wert ist, die Anzahl der Orbitale des Wasserstoffatoms unendlich groß ist. Das Elektron eines Wasserstoffatoms wird zu einer bestimmten Zeit jedoch nur von einem dieser Orbitale beschrieben – wir sagen, das Elektron *besetzt* ein bestimmtes Orbital. Die verbleibenden Orbitale sind in diesem bestimmten Zustand des Wasserstoffatoms *unbesetzt*. Wie wir feststellen werden, sind für uns hauptsächlich die Orbitale des Wasserstoffatoms mit kleinen Werten von *n* von Interesse.

Orbitale mit gleichem Wert von *n* werden zusammen als **Elektronenschale** bezeichnet. Alle Orbitale mit $n = 3$ befinden sich z. B. in der dritten Schale. Orbitale mit den gleichen Werten von *n* und *l* bilden eine **Unterschale**. Jede Unterschale wird mit einer Zahl (dem Wert von *n*) und einem Buchstaben (*s*, *p*, *d* oder *f*, je nach Wert der Quantenzahl *l*) bezeichnet. Die Orbitale mit $n = 3$ und $l = 2$ werden z. B. 3*d*-Orbitale genannt und befinden sich in der Unterschale 3*d*.

In ► Tabelle 6.2 sind die möglichen Werte der Quantenzahlen *l* und m_l für Werte bis $n = 4$ zusammengefasst. Die Einschränkungen der möglichen Werte der Quantenzahlen haben die folgenden sehr wichtigen Auswirkungen:

1 Eine Schale mit einer Hauptquantenzahl *n* besteht aus exakt *n* Unterschalen. Jede Unterschale ist einem der verschiedenen erlaubten Werte von *l* zwischen 0 und $n - 1$ zugeordnet. Die erste Schale $n = 1$ besteht also nur aus der Unterschale 1*s* ($l = 0$); die zweite Schale ($n = 2$) besteht aus den zwei Unterschalen 2*s* ($l = 0$) und 2*p* ($l = 1$); die dritte Schale besteht aus den drei Unterschalen 3*s*, 3*p* und 3*d* und so weiter.

2 Jede Unterschale besteht aus einer spezifischen Anzahl an Orbitalen. Jedes Orbital ist dabei einem der verschiedenen erlaubten Werte von m_l zugeordnet. Bei einem bestimmten Wert von *l* gibt es $2l + 1$ erlaubte Werte von m_l im Bereich von $-l$ bis $+l$. Jede *s* ($l = 0$)-Unterschale besteht also aus einem Orbital, jede *p* ($l = 1$)-Unterschale aus drei Orbitalen, jede *d* ($l = 2$)-Unterschale aus fünf Orbitalen und so weiter.

3 Die Gesamtanzahl der Orbitale in einer Schale ist gleich n^2, wobei *n* die Hauptquantenzahl der Schale ist. Die Anzahl der Orbitale der Schalen – 1, 4, 9, 16 – stimmt mit einem Muster im Periodensystem überein: Wir erkennen, dass die Anzahl der Elemente der Zeilen des Periodensystems – 2, 8, 18 und 32 – jeweils genau doppelt so groß ist wie diese Zahlen. Wir werden uns diese Beziehung in Abschnitt 6.9 noch genauer anschauen.

In ► Abbildung 6.17 sind die relativen Energien der Orbitale des Wasserstoffatoms bis $n = 3$ dargestellt. Jedes Kästchen steht für ein Orbital, wobei Orbitale derselben Unterschale wie z. B. die 2*p*-Orbitale zusammen angeordnet sind. Wenn das Elektron das Orbital mit der niedrigsten Energie besetzt (1*s*), befindet sich das Wasserstoffatom in seinem *Grundzustand*. Wenn das Elektron ein anderes Orbital besetzt, befindet sich das Atom in einem *angeregten Zustand*. Bei gewöhnlichen

* Die Buchstaben *s*, *p*, *d* und *f* stehen für die englischen Wörter *sharp*, *principal*, *diffuse* und *fundamental*, die bereits vor der Entwicklung der Quantenmechanik für die Beschreibung bestimmter Eigenschaften von Spektren verwendet worden sind.

n	mögliche Werte von l	Bezeichnung der Unterschale	mögliche Werte von m_l	Anzahl der Orbitale in der Unterschale	Gesamtzahl der Orbitale in der Schale
1	0	1*s*	0	1	1
2	0	2*s*	0	1	
	1	2*p*	1, 0, −1	3	4
3	0	3*s*	0	1	
	1	3*p*	1, 0, −1	3	
	2	3*d*	2, 1, 0,− 1, −2	5	9
4	0	4*s*	0	1	
	1	4*p*	1, 0, −1	3	
	2	4*d*	2, 1, 0, −1, −2	5	
	3	4*f*	3, 2, 1, 0, −1, −2, −3	7	16

Tabelle 6.2: Beziehungen zwischen den Werten n, l und m_l bis $n = 4$.

Temperaturen befinden sich nahezu alle Wasserstoffatome im Grundzustand. Das Elektron kann durch Absorption eines Photons mit geeigneter Energie in ein Orbital höherer Energie angehoben werden.

6.6 Darstellung von Orbitalen

Bei unseren bisherigen Betrachtungen sind wir vor allem auf die Energien von Orbitalen eingegangen. Die Wellenfunktion liefert uns jedoch auch Informationen über den räumlichen Aufenthaltsort des Elektrons, das ein Orbital besetzt. Im Folgenden werden wir betrachten, auf welche Weise Orbitale dargestellt werden können.

Die *s*-Orbitale

► Abbildung 6.16 zeigt eine Darstellung des 1*s*-Orbitals von Wasserstoff, d. h. des Orbitals des Wasserstoffs mit der niedrigsten Energie. Diese Art von Zeichnung, die die Verteilung der Elektronendichte um den Kern zeigt, ist eine der verschiedenen Methoden, Orbitale visuell darzustellen. Das Erste, was uns bei der Betrachtung der Elektronendichte des 1*s*-Orbitals auffällt, ist ihre *Kugelsymmetrie* – mit anderen Worten bedeutet das, dass bei einer bestimmten Entfernung zum Kern die Elektronendichte immer gleich groß ist, unabhängig davon, in welcher Richtung wir uns vom Kern entfernen. Alle anderen *s*-Orbitale (2*s*, 3*s*, 4*s* und so weiter) sind ebenfalls kugelsymmetrisch.

MERKE !

***s*-Orbitale sind kugelsymmetrisch**

Worin besteht also der Unterschied zwischen 1*s*-Orbitalen und *s*-Orbitalen mit einer anderen Hauptquantenzahl? Wie verändert sich z. B. die Elektronendichteverteilung des Wasserstoffatoms, wenn das Elektron vom 1*s*-Orbital in das 2*s*-Orbital angeregt wird? Um Fragen wie diese beantworten zu können, betrachten wir die *radiale Wahrscheinlichkeitsdichte*, also die Wahrscheinlichkeit, mit der sich ein Elektron in einer bestimmten Entfernung vom Kern aufhält. In ► Abbildung 6.18(a) ist die radiale Wahrscheinlichkeitsdichte des 1*s*-Orbitals als Funktion von *r*, der Entfernung zum Kern, dargestellt. Die sich ergebende Kurve ist die **radiale Wahrscheinlichkeitsfunktion** des 1*s*-Orbitals. Wir erkennen, dass die Wahrscheinlichkeit mit steigender Entfernung vom Kern zunächst rasch zunimmt,

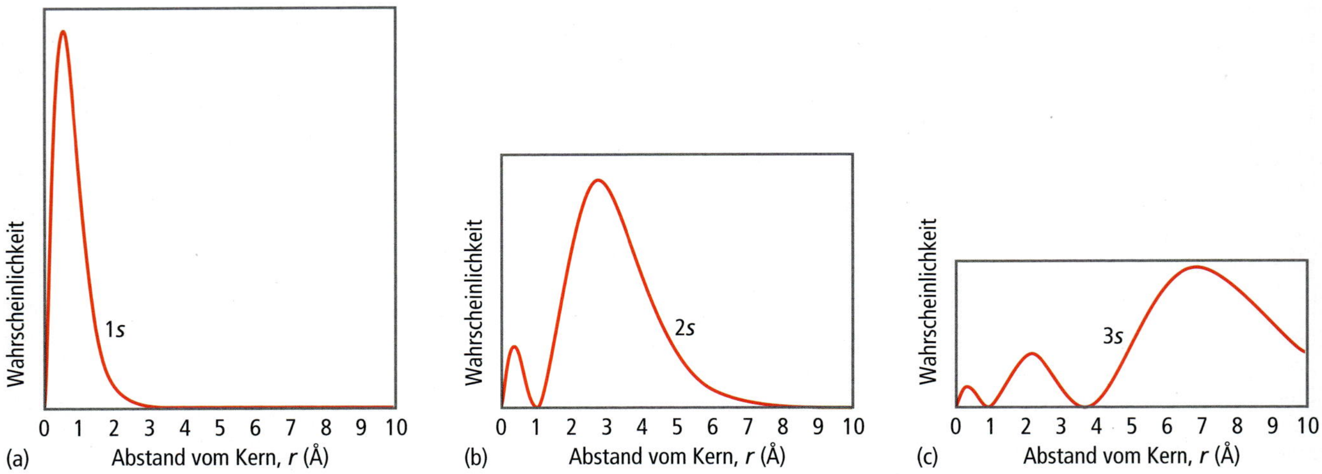

Abbildung 6.18: Radiale Wahrscheinlichkeitsfunktionen der 1*s*-, 2*s*- und 3*s*-Orbitale. Es sind die Aufenthaltswahrscheinlichkeiten des Elektrons als Funktion der Entfernung vom Kern dargestellt. Ähnlich wie im Bohr'schen Atommodell nimmt der Abstand des wahrscheinlichsten Aufenthaltsorts des Elektrons vom Kern mit steigendem n zu. In den 2*s*- und 3*s*-Orbitalen fällt die radiale Wahrscheinlichkeitsfunktion bei bestimmten Abständen auf null ab, steigt anschließend jedoch wieder an. Die Orte, an denen die Wahrscheinlichkeit gleich null ist, werden *Knoten* genannt.

EXTRAS ONLINE Näher hingeschaut: Wahrscheinlichkeitsdichte und radiale Wahrscheinlichkeitsfunktionen

MERKE !

Ein Punkt der radialen Wahrscheinlichkeitsfunktion, an dem dieser den Wert null hat, wird Knoten genannt.

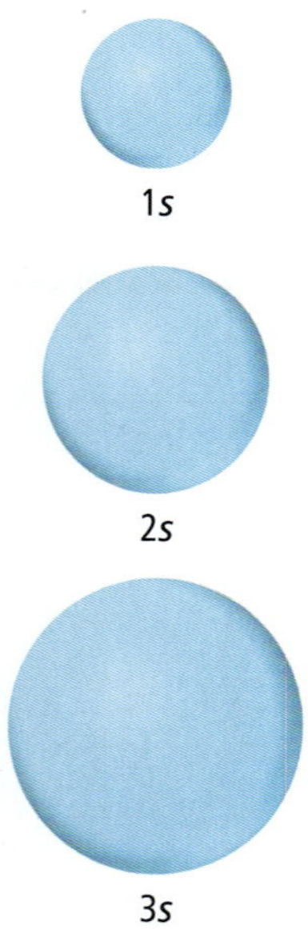

Abbildung 6.19: Konturendarstellungen der 1*s*-, 2*s*- und 3*s*-Orbitale. Die relativen Radien der Kugeln sind so gewählt, dass sich das Elektron mit 90 %-iger Wahrscheinlichkeit innerhalb der Kugel aufhält.

bei einer Entfernung von 0,529 Å ein Maximum erreicht und anschließend rasch wieder abfällt. Wenn das Elektron also das 1*s*-Orbital besetzt, beträgt sein wahrscheinlichster Abstand zum Kern 0,529 Å.* Wir beschreiben auch hier im Einklang mit der Unschärferelation eine Wahrscheinlichkeit. Beachten Sie außerdem, dass die Wahrscheinlichkeit, dass das Elektron eine Entfernung größer als 3 Å vom Kern hat, nahezu gleich null ist.

In ► Abbildung 6.18 (b) ist die radiale Wahrscheinlichkeitsfunktion des 2*s*-Orbitals des Wasserstoffatoms dargestellt. Wir können zwischen dieser Darstellung und der des 1*s*-Orbitals drei wesentliche Unterschiede feststellen: (1) Die radiale Wahrscheinlichkeitsfunktion des 2*s*-Orbitals hat zwei verschiedene Maxima, ein kleines bei etwa $r = 0{,}5$ Å und ein viel größeres bei etwa $r = 3$ Å. (2) Zwischen diesen beiden Maxima befindet sich ein Punkt, an dem die Funktion den Wert null hat (bei etwa $r = 1$ Å). Ein Zwischenpunkt, an dem die Wahrscheinlichkeitsfunktion den Wert null hat, wird **Knoten** genannt. Die Wahrscheinlichkeit, dass sich das Elektron in einer Entfernung aufhält, die einem Knoten entspricht, ist gleich null, auch wenn das Elektron eine kleinere und größere Entfernung zum Kern haben kann. (3) Die radiale Wahrscheinlichkeitsfunktion des 2*s*-Orbitals ist wesentlich breiter als die des 1*s*-Orbitals. Beim 2*s*-Orbital gibt es also einen größeren Bereich von Abständen zum Kern, in denen sich das Elektron mit großer Wahrscheinlichkeit aufhält, als beim 1*s*-Orbital. Wie aus ► Abbildung 6.18 (c) deutlich wird, setzt sich diese Tendenz beim 3*s*-Orbital fort. Die radiale Wahrscheinlichkeitsfunktion des 3*s*-Orbitals hat drei Maxima mit zunehmender Größe, wobei das größte Maximum wiederum breiter ist und einen noch größeren Abstand vom Kern hat (etwa $r = 7$ Å) als die beiden Knoten.

Anhand der in Abbildung 6.18 dargestellten radialen Wahrscheinlichkeitsfunktionen lässt sich erkennen, dass mit steigendem n auch die wahrscheinlichste Entfernung zunimmt, in der sich das Elektron vom Kern befindet. Mit anderen Worten nimmt die Größe des Orbitals wie im Bohr'schen Atommodell mit steigendem n zu.

Eine oft verwendete Methode zur Abbildung von Orbitalen besteht darin, eine Grenzfläche darzustellen, von der eine bestimmte Elektronendichte des Orbitals

* Im quantenmechanischen Modell ist der wahrscheinlichste Abstand, den das Elektron im 1*s*-Orbital zum Kern hat (0,529 Å), gleich dem von Bohr vorausgesagten Radius für $n = 1$. Der Abstand 0,529 Å wird daher häufig als *Bohr'scher Radius* bezeichnet.

(z. B. 90 %) eingeschlossen wird. Bei den *s*-Orbitalen bestehen diese Konturdarstellungen aus Kugeln. ► Abbildung 6.19 zeigt die Konturdarstellungen der 1*s*, 2*s*- und 3*s*-Orbitale. Diese haben alle die gleiche Form, jedoch unterschiedliche Größen. Obwohl in diesen Konturdarstellungen die Einzelheiten der Verteilung der Elektronendichte verloren gehen, ist dies kein wesentlicher Nachteil. Bei qualitativen Betrachtungen sind die relative Größe und die Form der Orbitale die wichtigsten Merkmale und in Konturendarstellungen gut zu erkennen.

Die *p*-Orbitale

In ► Abbildung 6.20(a) ist die Elektronendichteverteilung eines 2*p*-Orbitals dargestellt. Wie wir anhand dieser Abbildung erkennen können, ist die Elektronendichte nicht wie bei einem *s*-Orbital kugelsymmetrisch um den Kern verteilt. Stattdessen konzentriert sich die Elektronendichte in zwei Regionen auf beiden Seiten des Kerns, die durch einen Knoten im Kern getrennt sind. Wir sprechen davon, dass dieses hantelförmige Orbital zwei *Keulen* (Orbitallappen) hat. Sie sollten sich daran erinnern, dass wir keine Aussage darüber machen, wie sich das Elektron innerhalb des Orbitals bewegt. Das Einzige, was Abbildung 6.20(a) beschreibt, ist die *durchschnittliche* Verteilung der Elektronendichte in einem 2*p*-Orbital.

Jede Schale ab $n = 2$ verfügt über drei *p*-Orbitale. Es gibt also drei 2*p*-Orbitale, drei 3*p*-Orbitale und so weiter. Alle *p*-Orbitale haben wie die in ► Abbildung 6.20 (a) dargestellten 2*p*-Orbitale hantelartige Formen. Bei einem bestimmten Wert von *n* haben die *p*-Orbitale die gleiche Größe und Form, unterscheiden sich aber voneinander hinsichtlich ihrer räumlichen Ausrichtung. Wir können *p*-Orbitale darstellen, indem wir wie in ► Abbildung 6.20(b) die Form und Ausrichtung ihrer Wellenfunktionen zeichnen. Es ist praktisch, diese Orbitale als p_x-, p_y- und p_z-Orbitale zu bezeichnen. Der tiefgestellte Index zeigt die kartesische Achse an, entlang derer das Orbital räumlich angeordnet ist.* Wie bei den *s*-Orbitalen nimmt die Größe der *p*-Orbitale im Verlauf von 2*p* zu 3*p* zu 4*p* usw. zu.

MERKE !

***p*-Orbitale sind hantelförmig mit einer Knotenebene zwischen den beiden Keulen (Orbitallappen).**

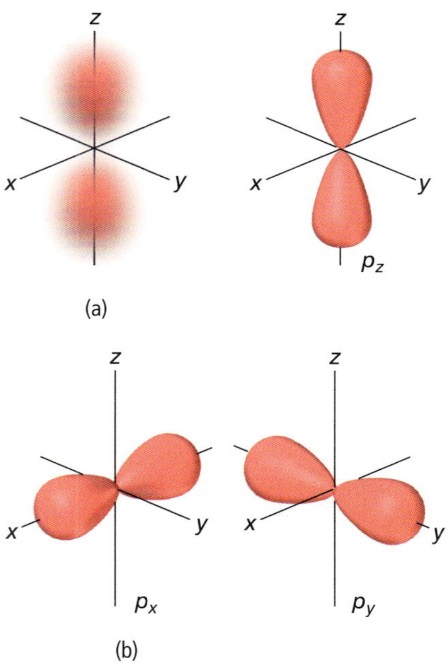

Abbildung 6.20: *p*-Orbitale. (a) Elektronendichteverteilung eines 2*p*-Orbitals. (b) Konturendarstellungen der drei *p*-Orbitale. Beachten Sie, dass die Indizes der Orbitalbezeichnungen die räumlichen Orientierungen der Orbitale anzeigen.

Die *d*- und *f*-Orbitale

Wenn *n* größer oder gleich 3 ist, sind *d*-Orbitale vorhanden (mit $l = 2$). Es gibt also fünf 3*d*-Orbitale, fünf 4*d*-Orbitale und so weiter. Wie in ► Abbildung 6.21 gezeigt, haben die in einer bestimmten Schale vorhandenen *d*-Orbitale verschiedene Formen und räumliche Orientierungen. Vier der Konturdarstellungen der *d*-Orbitale haben die Form eines vierblättrigen Kleeblatts und liegen hauptsächlich in einer Ebene. Die d_{xy}-, d_{xz}- und d_{yz}-Orbitale liegen in der *xy*-, *xz*- und *yz*-Ebene, wobei sich die Keulen *zwischen* den Achsen befinden. Die Keulen des $d_{x^2-y^2}$-Orbitals liegen ebenfalls in der *xy*-Ebene, sind aber *entlang* der *x*- und *y*-Achse ausgerichtet. Die Form des d_{z^2}-Orbitals unterscheidet sich wesentlich von der Form der anderen vier Orbitale: Es hat zwei Keulen, die entlang der *z*-Achse ausgerichtet sind, und einen Torus in der *xy*-Ebene. Obwohl sich die Form des d_{z^2}-Orbitals von der Form der anderen *d*-Orbitale unterscheidet, hat es dieselbe Energie wie die anderen vier *d*-Orbitale. Die Bezeichnungen aus ► Abbildung 6.21 werden unabhängig von der Hauptquantenzahl für alle *d*-Orbitale verwendet.

Wenn *n* größer oder gleich 4 ist, gibt es sieben äquivalente *f*-Orbitale (mit $l = 3$). Die Formen der *f*-Orbitale sind noch komplizierter als die der *d*-Orbitale und hier nicht dargestellt. Wie wir im folgenden Abschnitt feststellen werden, müssen wir die *f*-Orbitale bei der Betrachtung der elektronischen Struktur der Elementatome des unteren Teils des Periodensystems jedoch ebenfalls berücksichtigen.

MERKE !

Vier der fünf *d*-Orbitale sind kleeblattförmig (gekreuzte Doppelhanteln) mit einer Knotenebene am Kreuzungspunkt der vier Orbitallappen. Das andere *d*-Orbital besteht aus einer Hantel mit einem Torus (Ring) um die Knotenebene.

* Wir können zwischen den Indizes (*x*, *y* und *z*) und den erlaubten Werten von m_l (1, 0 und –1) keinen einfachen Zusammenhang angeben. Die Erklärung dafür geht über den Anspruch eines Einführungsbuches hinaus.

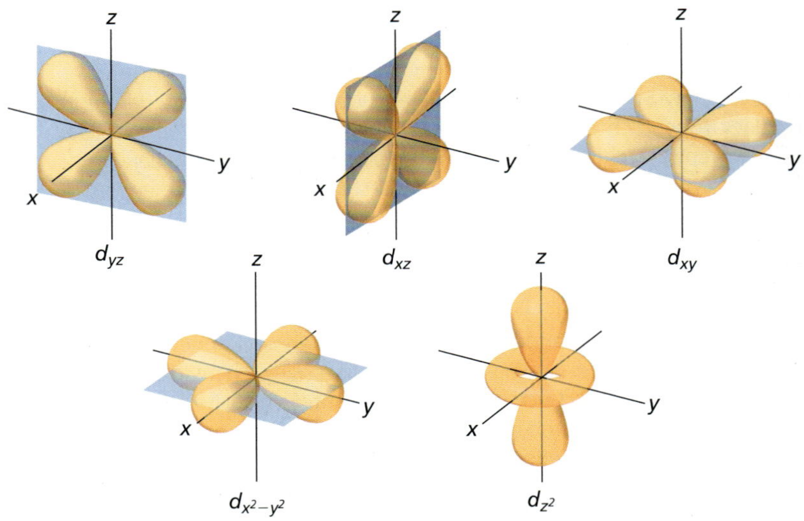

Abbildung 6.21: Konturendarstellungen der fünf *d*-Orbitale.

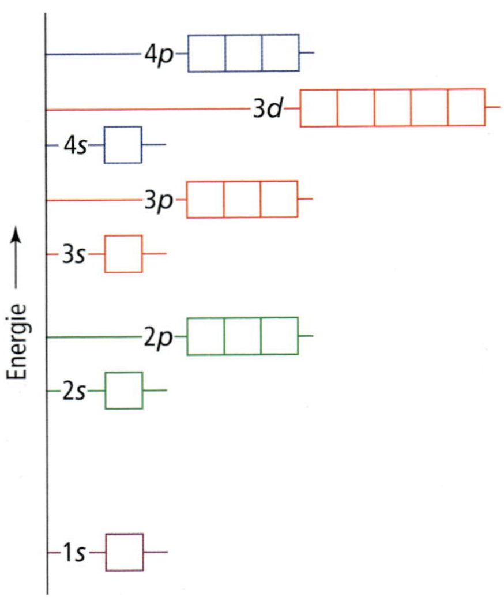

Abbildung 6.22: Orbitalenergieniveaus von Mehr-Elektronen-Atomen. In einem Mehr-Elektronen-Atom folgen die Energien der Unterschalen der Reihenfolge $ns < np < nd < nf$. Wie in Abbildung 6.17 entspricht jedes Kästchen einem Orbital.

MERKE !

Je näher ein Orbital dem Atomkern ist, desto geringer ist seine Energie.

MERKE !

Entartete Orbitale sind Orbitale gleicher Energie.

6.7 Mehr-Elektronen-Atome

Orbitale und ihre Energien

Die Orbitale von Mehr-Elektronen-Atomen haben zudem prinzipiell die gleiche Form wie die entsprechenden Wasserstofforbitale.

Durch die Anwesenheit von mehr als einem Elektron werden die Energien der Orbitale wesentlich beeinflusst. Im Wasserstoffatom hängt die Energie eines Orbitals nur von seiner Hauptquantenzahl *n* ab (► Abbildung 6.17); die 3*s*-, 3*p*- und 3*d*-Unterschalen haben z. B. die gleiche Energie. In einem Mehr-Elektronen-Atom führt die Abstoßung zwischen den Elektronen dazu, dass, wie in ► Abbildung 6.22 gezeigt, die Unterschalen unterschiedliche Energien haben. Um zu verstehen, warum das der Fall ist, müssen wir die Wechselwirkungen zwischen den Elektronen und den Einfluss der Formen der Orbitale auf diese Wechselwirkungen berücksichtigen. Wir werden uns mit dieser Analyse jedoch erst in Kapitel 7 auseinander setzen.

Wir können jedoch das wichtigste Ergebnis dieser Analyse bereits vorwegnehmen: *In einem Mehr-Elektronen-Atom nimmt bei einem bestimmten Wert von n die Energie eines Orbitals mit steigendem Wert von l zu.* Diese Aussage wird in Abbildung 6.22 veranschaulicht. Beachten Sie z. B., dass die Energie der $n = 3$-Orbitale (rot) in der Reihenfolge $3s < 3p < 3d$ zunimmt. Bei Abbildung 6.22 handelt es sich um ein *qualitatives* Energieniveaudiagramm. Die exakten Energien der Orbitale und ihre Abstände variieren von Atom zu Atom. Beachten Sie, dass alle Orbitale einer bestimmten Unterschale (so wie die fünf 3*d*-Orbitale) wie im Wasserstoffatom die gleiche Energie besitzen. Orbitale mit der gleichen Energie werden als **entartet** bezeichnet.

Der Elektronenspin und das Pauli-Prinzip

Als Wissenschaftler die Linienspektren von Mehr-Elektronen-Atomen genauer untersuchten, entdeckten Sie eine sehr merkwürdige Eigenschaft: Es stellte sich heraus, dass Linien, die ursprünglich für eine einzige Linie gehalten wurden, in Wirklichkeit nahe beieinander liegende Doppellinien waren. Das bedeutete im Wesentlichen, dass es doppelt so viele Energieniveaus gab, wie ursprünglich angenommen wurde. Die niederländischen Physiker George Uhlenbeck und Samuel Goudsmit machten 1925 einen Vorschlag zur Lösung dieses Dilemmas.

Sie stellten die Hypothese auf, dass Elektronen eine ihnen innewohnende Eigenschaft haben, die sie **Elektronenspin** nannten. Dieser Elektronenspin hat zur Folge, dass Elektronen sich so verhalten, als ob sie aus einer sich um die eigene Achse drehenden kleinen Kugel bestünden.

Mittlerweile überrascht es Sie wahrscheinlich nicht mehr zu erfahren, dass auch der Elektronenspin gequantelt ist. Diese Beobachtung hatte die Einführung einer neuen Quantenzahl für das Elektron zur Folge, die die bereits behandelten Quantenzahlen n, l und m_l ergänzte. Diese neue Quantenzahl, die **Spinorientierungsquantenzahl**, wird mit s (bzw. m_s) symbolisiert (s steht für *Spin*). s kann zwei mögliche Werte annehmen (+½ oder −½), die zunächst als gegensätzliche Drehrichtungen des Elektrons interpretiert wurden. Eine sich drehende Ladung erzeugt ein magnetisches Feld. Die beiden gegensätzlichen Drehrichtungen verursachen daher, wie in ► Abbildung 6.23 gezeigt wird, entgegengesetzt gerichtete magnetische Felder.* Die zwei entgegengesetzten magnetischen Felder führen zu einer Aufspaltung der Spektrallinien in nahe beieinander liegende Einzellinien.

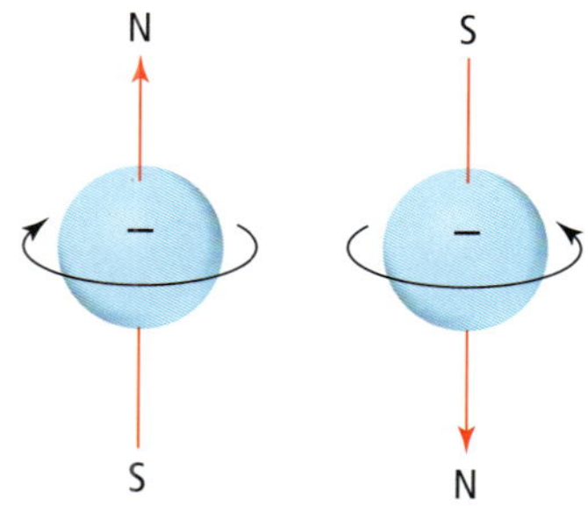

Abbildung 6.23 Elektronenspin. Das Elektron verhält sich, als ob es sich um seine eigene Achse drehen würde und dabei ein magnetisches Feld erzeugt, dessen Richtung von der Drehrichtung abhängt. Die zwei Richtungen des magnetischen Felds entsprechen den zwei möglichen Werten der Spinorientierungsquantenzahl m_s.

Der Elektronenspin ist eine unabdingbare Voraussetzung für das Verständnis der elektronischen Struktur der Atome. Der in Österreich geborene Physiker Wolfgang Pauli (1900–1958) entdeckte 1925 das Prinzip, nach dem Elektronen in Mehr-Elektronen-Atomen angeordnet werden. Das **Pauli-Prinzip** besagt, dass *bei zwei Elektronen in einem Atom nicht alle vier Quantenzahlen n, l, m_l und s die gleichen Werte haben können.* Für ein bestimmtes Orbital (1s, 2p_z usw.) sind die Werte von n, l und m_l vorgegeben. Wenn wir also ein Orbital mit mehr als einem Elektron besetzen *und* das Pauli-Prinzip erfüllen wollen, bleibt uns nur, den Elektronen unterschiedliche Werte von s zuzuweisen. Weil es nur zwei derartige Werte gibt, kann *ein Orbital nur von maximal zwei Elektronen besetzt werden, deren Spins entgegengesetzt gerichtet sind*. Diese Einschränkung erlaubt es uns, den Elektronen in einem Atom Indizes zuzuordnen, die ihre Quantenzahlen enthalten und damit den Ort angeben, an denen sich das entsprechende Elektron am wahrscheinlichsten aufhält. Es ist außerdem der Schlüssel für eine der größten Aufgaben in der Chemie – das Verständnis der Struktur des Periodensystems der Elemente.

BIOGRAPHIE

Der österreichische Physiker **Wolfgang Pauli (1900–1958)** schrieb schon als Teenager wissenschaftliche Aufsätze, die die Aufmerksamkeit Albert Einsteins erregten. Pauli wurde Physiker und unterrichtete an der Universität Hamburg und an der Eidgenössischen Technischen Hochschule in Zürich. Bei Ausbruch des Zweiten Weltkrieges wanderte er in die USA aus und nahm eine Stelle am *Institute for Advanced Study* in Princeton, New Jersey an, wo auch Einstein arbeitete.

6.8 Elektronenkonfigurationen

Mit Hilfe unserer neu erworbenen Kenntnisse über die relativen Energien von Orbitalen und dem Pauli-Prinzip sind wir jetzt in der Lage, die Anordnungen von Elektronen in Atomen zu untersuchen. Die Verteilung der Elektronen auf die verschiedenen Orbitale eines Atoms wird die **Elektronenkonfiguration** des Atoms genannt. Die stabilste Elektronenkonfiguration eines Atoms – der Grundzustand – ist der Zustand, in dem die Elektronen die tiefstmögliche Energie besitzen. Wenn es keine Einschränkungen für die möglichen Werte der Quantenzahlen der Elektronen gäbe, würden sich alle Elektronen im 1s-Orbital befinden, weil dieses Orbital die niedrigste Energie besitzt (Abbildung 6.22). Das Pauli-Prinzip besagt jedoch, dass sich höchstens zwei Elektronen gleichzeitig in einem Orbital befinden können. *Die Orbitale werden also in der Reihenfolge steigender Energie aufgefüllt, wobei sich jeweils nicht mehr als zwei Elektronen in einem Orbital befinden dürfen* (Energieprinzip). Betrachten Sie z.B. das Lithiumatom, das über drei Elektronen verfügt. Erinnern Sie sich daran, dass die Anzahl der Elektronen in einem neutralen Atom gleich seiner Ordnungszahl ist. Das 1s-Orbital kann zwei der Elektronen aufnehmen. Das dritte Elektron befindet sich im 2s-Orbital, dem Orbital mit der nächsthöheren Energie.

MERKE !

Die Verteilung der Elektronen auf die Orbitale eines Atoms wird Elektronenkonfiguration genannt.

Nach dem Energieprinzip werden die Orbitale in der Reihenfolge steigender Energie aufgefüllt.

* Wie zuvor festgestellt, hat das Elektron sowohl teilchen- als auch wellenartige Eigenschaften. Das Bild eines Elektrons als sich drehende Ladung ist daher, streng genommen, lediglich eine hilfreiche Veranschaulichung, die es uns einfacher macht, die zwei möglichen Richtungen des magnetischen Felds eines Elektrons zu verstehen.

Wir können eine Elektronenkonfiguration darstellen, indem wir das Symbol der besetzten Unterschale mit einer hochgestellten Zahl versehen, die die Anzahl der Elektronen in dieser Unterschale anzeigt. Für Lithium schreiben wir z. B. $1s^22s^1$ (sprich: „1*s* zwei, 2*s* eins"). Eine weitere Darstellung der Anordnung der Elektronen besteht in der folgenden Schreibweise:

Li [↿⇂] [↿]

$1s$ $2s$

In dieser Schreibweise, die als *Orbitaldiagramm* bezeichnet wird, wird jedes Orbital durch ein Kästchen und jedes Elektron durch einen Halbpfeil dargestellt. Ein nach oben gerichteter Halbpfeil (↿) steht für ein Elektron mit einer positiven Spinorientierungsquantenzahl ($m_s = +½$), ein nach unten gerichteter Halbpfeil (⇂) dagegen für ein Elektron mit negativer Spinorientierungsquantenzahl ($m_s = -½$). Diese bildhafte Darstellung des Elektronenspins ist sehr anschaulich. Chemiker und Physiker geben den Spin der Elektronen daher oft nicht mit dem spezifischen Wert von *s*, sondern einfach mit „Spin nach oben" oder „Spin nach unten" an.

Elektronen mit entgegengesetzten Spins werden als *gepaart* bezeichnet, wenn sie sich im selben Orbital befinden (↿⇂). Ein *ungepaartes Elektron* ist ein Elektron, das keinen Partner mit entgegengesetztem Spin hat. Im Lithiumatom sind die beiden Elektronen im 1*s*-Orbital gepaart, das Elektron im 2*s*-Orbital ist dagegen ungepaart.

EXTRAS ONLINE Elektronenkonfiguration (Video)

Die Hund'sche Regel

Stellen Sie sich jetzt vor, wie sich die Elektronenkonfiguration der Elemente verändert, wenn wir uns im Periodensystem von einem Element zum nächsten bewegen. Wasserstoff hat ein Elektron, das im Grundzustand das 1*s*-Orbital besetzt.

H [↿] : $1s^1$

$1s$

Die Wahl des nach oben gerichteten Spins ist in diesem Fall willkürlich, wir hätten ebenso gut den Grundzustand mit einem Elektron im 1*s*-Orbital angeben können, dessen Spin nach unten gerichtet ist. Es ist jedoch üblich, ungepaarte Elektronen mit nach oben gerichtetem Spin darzustellen.

Das folgende Element Helium hat zwei Elektronen. Weil zwei Elektronen mit entgegengesetztem Spin ein Orbital besetzen können, befinden sich beide Elektronen des Heliums im 1*s*-Orbital.

He [↿⇂] : $1s^2$

$1s$

Die zwei Elektronen im Helium füllen die erste Schale vollständig auf. Bei dieser Anordnung handelt es sich, wie die chemische Trägheit von Helium beweist, um eine sehr stabile Konfiguration.

Die Elektronenkonfigurationen von Lithium und einigen im Periodensystem folgenden Elementen sind in ► Tabelle 6.3 dargestellt. Die mit dem dritten Elektron des Lithiums verbundene Änderung der Hauptquantenzahl bedeutet einen großen Energiesprung und einen dementsprechenden Sprung in der durchschnittlichen Entfernung des Elektrons vom Kern. Die Änderung der Hauptquantenzahl bedeutet, dass damit begonnen wird, eine neue Schale mit Elektronen zu besetzen. Wie Sie durch einen Blick auf das Periodensystem erkennen können, beginnt mit Lithium eine neue Zeile im Periodensystem. Lithium ist das erste Alkalimetall (Gruppe 1A).

Das auf Lithium folgende Element ist Beryllium mit der Elektronenkonfiguration $1s^22s^2$ (► Tabelle 6.3). Bor hat die Ordnungszahl 5 und die Elektronenkonfigu-

BIOGRAPHIE

Friedrich Herrmann Hund (1896–1997) wurde in Karlsruhe geboren. Er war Professor für Physik an verschiedenen deutschen Universitäten, zuletzt an der Universität Göttingen. Er verbrachte ein Jahr als Gastprofessor an der Harvard-Universität in Boston, Massachussetts (USA). Im Februar 1996 veranstaltete die Universität Göttingen ein Festsymposium anlässlich des einhundertsten Geburtstages von Friedrich Hund. Im Jahr darauf verstarb er in dieser Stadt, der er bis zu seinem Lebensende die Treue gehalten hatte.

Element	Gesamtzahl Elektronen	Orbitaldiagramm						Elektronen-konfiguration
		1s	2s	2p			3s	
Li	3	↑↓	↑					$1s^2 2s^1$
Be	4	↑↓	↑↓					$1s^2 2s^2$
B	5	↑↓	↑↓	↑				$1s^2 2s^2 2p^1$
C	6	↑↓	↑↓	↑	↑			$1s^2 2s^2 2p^2$
N	7	↑↓	↑↓	↑	↑	↑		$1s^2 2s^2 2p^3$
Ne	10	↑↓	↑↓	↑↓	↑↓	↑↓		$1s^2 2s^2 2p^6$
Na	11	↑↓	↑↓	↑↓	↑↓	↑↓	↑	$1s^2 2s^2 2p^6 3s^1$

Tabelle 6.3: Elektronenkonfiguration einiger leichter Elemente.

ration $1s^2 2s^2 2p^1$. Das fünfte Elektron muss ein $2p$-Orbital besetzen, weil das $2s$-Orbital bereits vollständig besetzt ist. Weil alle drei $2p$-Orbitale die gleiche Energie besitzen, spielt es keine Rolle, welches $2p$-Orbital besetzt wird.

Beim nächsten Element, dem Kohlenstoff, stehen wir vor einer neuen Situation. Wir wissen, dass das sechste Elektron ein $2p$-Orbital besetzen muss. Besetzt dieses neue Elektron jedoch das $2p$-Orbital, in dem sich bereits ein Elektron befindet, oder eins der beiden anderen leeren $2p$-Orbitale? Diese Frage beantwortet die **Hund'sche Regel**, die besagt, dass *bei entarteten Orbitalen die niedrigste Energie erreicht wird, wenn die Anzahl der Elektronen mit gleichem Spin maximal ist*. Das bedeutet, dass die Elektronen zunächst alle Orbitale einer Unterschale einzeln besetzen, wobei alle diese Elektronen die gleiche Spinorientierungsquantenzahl haben. Elektronen, die auf diese Weise angeordnet werden, haben sogenannte *parallele Spins*. Im Kohlenstoffatom mit der niedrigsten Energie haben die beiden $2p$-Elektronen daher den gleichen Spin. Damit dies möglich ist, müssen sich die Elektronen, wie in Tabelle 6.3 gezeigt, in verschiedenen $2p$-Orbitalen befinden. Ein Kohlenstoffatom im Grundzustand hat daher zwei ungepaarte Elektronen. Analog besetzen im Stickstoffatom im Grundzustand die drei $2p$-Elektronen gemäß der Hund'schen Regel jeweils eins der drei $2p$-Orbitale. Nur auf diese Weise können alle drei Elektronen den gleichen Spin haben. Bei Sauerstoff und Fluor besetzen vier bzw. fünf Elektronen die $2p$-Orbitale. Dies ist nur zu erreichen, wenn sich die Elektronen in den $2p$-Orbitalen paarweise anordnen (Übungsbeispiel 6.6).

Die Hund'sche Regel basiert u. a. auf der Tatsache, dass Elektronen sich gegenseitig abstoßen. Durch die Besetzung von unterschiedlichen Orbitalen bleiben die Elektronen so weit wie möglich voneinander entfernt, so dass die Abstoßung zwischen ihnen minimiert wird.

Verkürzte Elektronenkonfigurationen

Bei Neon ist die $2p$-Unterschale vollständig aufgefüllt (► Tabelle 6.3). Neon hat eine stabile Konfiguration mit acht Elektronen (ein *Oktett*) in der äußersten besetzten Schale. Mit dem folgenden Element Natrium (Ordnungszahl 11) beginnt eine neue Zeile des Periodensystems. Natrium verfügt zusätzlich zur stabilen Konfiguration des Neons über ein weiteres einzelnes $3s$-Elektron. Wir können daher die Elektronenkonfiguration von Natrium folgendermaßen abkürzen:

$$\text{Na: [Ne]}3s^1$$

MERKE !

Die Hund'sche Regel besagt, dass entartete Orbitale zunächst mit Elektronen parallelen Spins einfach besetzt werden, da so die Abstoßung zwischen ihnen minimiert wird.

Übungsbeispiel 6.6: (Lösung online) Orbitaldiagramme und Elektronenkonfigurationen

Zeichnen Sie das Orbitaldiagramm der Elektronenkonfiguration von Sauerstoff (Ordnungszahl 8). Wie viele ungepaarte Elektronen besitzt ein Sauerstoffatom?

Das Symbol [Ne] steht für die Elektronenkonfiguration der zehn Elektronen des Neons ($1s^2 2s^2 2p^6$). Wenn wir die Elektronenkonfiguration auf diese Weise ([Ne]$3s^1$) schreiben, fällt es uns leichter, unsere Aufmerksamkeit auf die äußeren Elektronen des Atoms zu richten, die im Wesentlichen für das chemische Verhalten eines Elements verantwortlich sind.

Diese Vorgehensweise lässt sich vom Natrium auf andere Elemente übertragen: In der *verkürzten Elektronenkonfiguration* eines Elements wird die Elektronenkonfiguration des nächststehenden Edelgases mit niedrigerer Ordnungszahl durch dessen in Klammern stehendes chemisches Symbol dargestellt. Wir können also z. B. die Elektronenkonfiguration von Lithium folgendermaßen schreiben:

Li: [He]$2s^1$

Die Elektronen, die durch das Symbol eines Edelgases repräsentiert werden, werden als *Edelgasschale* des Atoms bezeichnet. Die Elektronen, die in der Elektronenkonfiguration auf die Edelgasschale folgen, werden *äußere Elektronen* genannt. Die äußeren Elektronen schließen die an chemischen Bindungen beteiligten Elektronen ein, die als **Valenzelektronen** bezeichnet werden. Bei leichteren Elementen (Atome mit einer Ordnungszahl von 30 oder weniger) sind alle äußeren Elektronen Valenzelektronen. Wie wir später feststellen werden, haben viele schwerere Elemente unter ihren äußeren Elektronen vollständig aufgefüllte Unterschalen, deren Elektronen sich nicht an Bindungen beteiligen und daher nicht zu den Valenzelektronen gezählt werden.

Wenn wir die verkürzte Elektronenkonfiguration des Lithiums mit der des Natriums vergleichen, erkennen wir, warum sich diese Elemente chemisch ähnlich sind: Beide Atome besitzen in der äußersten besetzten Schale eine gleichartige Elektronenkonfiguration. Alle Alkalimetalle (Gruppe 1A) haben neben einer Edelgaskonfiguration jeweils ein einzelnes *s*-Valenzelektron.

Übergangsmetalle

Das Edelgas Argon ist das letzte Element der mit Natrium beginnenden Zeile des Periodensystems. Die Elektronenkonfiguration von Argon lautet $1s^2 2s^2 2p^6 3s^2 3p^6$. Das im Periodensystem auf Argon folgende Element ist Kalium (Ordnungszahl 19). Kalium ist aufgrund seiner chemischen Eigenschaften eindeutig ein Alkalimetall. Das Elektron mit der höchsten Energie befindet sich *nicht* in einem 3*d*-Orbital, wie wir es vielleicht erwartet hätten. In diesem Fall hat also das 4*s*-Orbital eine niedrigere Energie als das 3*d*-Orbital (► Abbildung 6.22). Die verkürzte Elektronenkonfiguration von Kalium lautet also:

[Ar]$4s^1$

Nach der vollständigen Auffüllung des 4*s*-Orbitals (im Calciumatom) werden zunächst die 3*d*-Orbitale aufgefüllt. Es ist hilfreich, beim Lesen des Öfteren das Periodensystem im Einband zu Rate zu ziehen. Vom Scandium bis zum Zink werden die fünf 3*d*-Orbitale vollständig mit Elektronen aufgefüllt. Die vierte Zeile des Periodensystems ist also um zehn Elemente länger als die beiden vorhergehenden Zeilen. Diese zehn Elemente werden als **Übergangselemente** bzw. als **Übergangsmetalle** bezeichnet. Achten Sie auf die Stellung dieser Elemente im Periodensystem.

Die Elektronenkonfigurationen der Übergangselemente ergeben sich aus der Hund'schen Regel – die fünf 3*d*-Orbitale werden zunächst mit jeweils einem Elektron besetzt. Anschließend werden den 3*d*-Orbitalen Elektronen mit entgegengesetzem Spin hinzugefügt, bis die Schale vollständig aufgefüllt ist. Im Folgenden sind die verkürzten Elektronenkonfigurationen und die entsprechenden Orbitaldiagramme von zwei Übergangselementen dargestellt:

		4s	3d
Mn: $[Ar]4s^2 3d^5$	oder [Ar]	↑↓	↑ ↑ ↑ ↑ ↑
Zn: $[Ar]4s^2 3d^{10}$	oder [Ar]	↑↓	↑↓ ↑↓ ↑↓ ↑↓ ↑↓

Sobald alle 3*d*-Orbitale mit je zwei Elektronen gefüllt sind, werden die 4*p*-Orbitale besetzt, bis bei Krypton (Kr, Ordnungszahl 36), einem weiteren Edelgas, ein vollständiges Oktett äußerer Elektronen ($4s^2 4p^6$) erreicht worden ist. Rubidium (Rb) ist das erste Element der fünften Zeile. Schauen Sie sich erneut das Periodensystem im Einband an. Beachten Sie, dass diese Zeile mit der vorhergehenden übereinstimmt und nur der Wert von n um 1 größer ist.

Lanthanoide und Actinoide

Die sechste Zeile des Periodensystems beginnt ähnlich wie die vorhergehende Zeile: Das 6*s*-Orbital des Cäsiums (Cs) wird mit einem Elektron und das 6*s*-Orbital des Bariums (Ba) mit zwei Elektronen besetzt. Beachten Sie jedoch, dass das Periodensystem dann eine Unterbrechung hat und die folgenden Elemente (Elemente 58–71) sich unterhalb des Hauptteils befinden. An dieser Stelle sehen wir uns erstmals einem neuen Orbitaltyp gegenüber, den 4*f*-Orbitalen.

Es gibt sieben entartete 4*f*-Orbitale, die den sieben erlaubten Werten von m_l von –3 bis 3 entsprechen. Um die 4*f*-Orbitale vollständig aufzufüllen, werden also 14 Elektronen benötigt. Die 14 Elemente, die der Auffüllung der 4*f*-Orbitale entsprechen, werden als **Lanthanoide** bzw. als **seltene Erden** bezeichnet. Sie sind unterhalb der anderen Elemente angeordnet, um eine übermäßige Verbreiterung des Periodensystems zu vermeiden. Die Lanthanoide sind sich untereinander sehr ähnlich und treten in der Natur gemeinsam auf. Viele Jahre lang war es fast unmöglich, diese Elemente voneinander zu trennen.

Weil die Energien der 4*f*- und der 5*d*-Orbitale sehr nahe beieinander liegen, sind an den Elektronenkonfigurationen einiger Lanthanoiden auch 5*d*-Elektronen beteiligt. Die Elemente Lanthan (La), Cer (Ce) und Praseodym (Pr) haben z. B. die folgenden Elektronenkonfigurationen:

$[Xe]6s^2 5d^1$	$[Xe]6s^2 5d^1 4f^1$	$[Xe]6s^2 4f^3$
Lanthan	Cer	Praseodym

Weil La ein einzelnes 5*d*-Elektron hat, wird es manchmal unterhalb von Yttrium (Y) als erstes Element der dritten Reihe der Übergangselemente angeordnet. In diesem Fall wäre Ce das erste Mitglied der Lanthanoiden. Aufgrund seiner Chemie kann La jedoch als erstes Element der Lanthanoiden betrachtet werden. Bei einer derartigen Anordnung ergeben sich zudem weniger Ausnahmen bei der Auffüllung der 4*f*-Orbitale im Verlauf der folgenden Mitglieder der Reihe.

Nach der Lanthanoidenreihe wird durch das Auffüllen der 5*d*-Orbitale die dritte Reihe der Übergangsmetalle vervollständigt. Anschließend werden die 6*p*-Orbitale aufgefüllt. Die Periode endet mit Radon (Rn), dem schwersten bekannten Edelgas.

Die letzte Zeile des Periodensystems beginnt mit einer Auffüllung der 7*s*-Elemente. Bei den **Actinoiden**, von denen Uran (U, Element 92) und Plutonium (Pu, Element 94) die bekanntesten sind, werden die 5*f*-Orbitale aufgefüllt. Actinoide sind radioaktiv und die Mehrzahl von ihnen kommt nicht natürlich vor.

Gruppe 2A	
Be	[He]$2s^2$
Mg	[Ne]$3s^2$
Ca	[Ar]$4s^2$
Sr	[Kr]$5s^2$
Ba	[Xe]$6s^2$
Ra	[Rn]$7s^2$
Gruppe 3A	
B	[He]$2s^22p^1$
Al	[Ne]$3s^23p^1$
Ga	[Ar]$3d^{10}4s^24p^1$
In	[Kr]$4d^{10}5s^25p^1$
Tl	[Xe]$4f^{14}5d^{10}6s^26p^1$

Tabelle 6.4: Elektronenkonfigurationen der Elemente der Gruppen 2A und 3A.

6.9 Elektronenkonfigurationen und das Periodensystem (PSE)

Unsere recht kurze Einführung in die Elektronenkonfigurationen der Elemente hat uns einmal vollständig durch das Periodensystem geführt. Wir haben festgestellt, dass die Elektronenkonfigurationen der Elemente mit ihrer Stellung im Periodensystem zusammenhängt. Das Periodensystem ist so strukturiert, dass Elemente mit gleichartigen äußeren (Valenz-)Elektronenkonfigurationen in den gleichen Spalten angeordnet sind. In ► Tabelle 6.4 sind z. B. die Elektronenkonfigurationen der Elemente der Gruppen 2A und 3A aufgeführt. Wir erkennen, dass alle 2A-Elemente die äußere Konfiguration ns^2 aufweisen, während 3A-Elemente die Konfiguration ns^2np^1 haben.

Wir haben zuvor in ► Tabelle 6.2 festgestellt, dass die Gesamtzahl der Orbitale in jeder Schale gleich n^2 ist: 1, 4, 9 oder 16. Weil jedes Orbital zwei Elektronen aufnehmen kann, befinden sich in jeder Schale bis zu $2n^2$ Elektronen: 2, 8, 18 oder 32. Diese Orbitalstruktur spiegelt sich in der Struktur des Periodensystems wider. Die erste Zeile hat zwei Elemente, die zweite und dritte Zeile haben acht Elemente, die vierte und fünfte Zeile haben 18 Elemente und die sechste Zeile hat 32 Elemente (einschließlich der Lanthanoidenmetalle). Einige der Zahlen wiederholen sich, weil wir das Ende einer Zeile des Periodensystems erreichen, bevor eine Schale vollständig aufgefüllt worden ist. Die dritte Zeile hat z. B. acht Elemente, die einem Auffüllen der 3*s*- und der 3*p*-Orbitale entsprechen. Die verbleibenden Orbitale der dritten Schale, die 3*d*-Orbitale, werden erst in der vierten Zeile des Periodensystems aufgefüllt (nachdem das 4*s*-Orbital aufgefüllt worden ist). Analog werden die 4*d*-Orbitale erst in der fünften Zeile des Periodensystems und die 4*f*-Orbitale erst in der sechsten Zeile aufgefüllt.

Alle diese Beobachtungen spiegeln sich in der Struktur des Periodensystems wider. Aus diesem Grund *ist das Periodensystem Ihr bester Ratgeber bezüglich der Reihenfolge, in der die Orbitale mit Elektronen besetzt werden*. Sie können die Elektronenkonfiguration eines Elements aus seiner Stellung im Periodensystem sehr einfach ableiten. Das dabei geltende Muster ist in ► Abbildung 6.24 zusammengefasst. Beachten Sie, dass sich die Elemente nach dem Orbitaltyp, der mit Elektronen aufgefüllt wird, anordnen lassen. Auf der linken Seite befinden sich *zwei* Spalten mit Elementen, die blau dargestellt sind. Bei diesen Elementen, die als Alkalimetalle (Gruppe 1A) und Erdalkalimetalle (Gruppe 2A) bezeichnet werden, werden die Valenz-*s*-Orbitale aufgefüllt. Auf der rechten Seite befindet sich ein Block mit *sechs* Spalten. Es handelt sich um die Elemente, bei denen die Valenz-*p*-Orbitale aufgefüllt werden. Der *s*- und der *p*-Block des Periodensystems bilden zusammen die **Hauptgruppenelemente**.

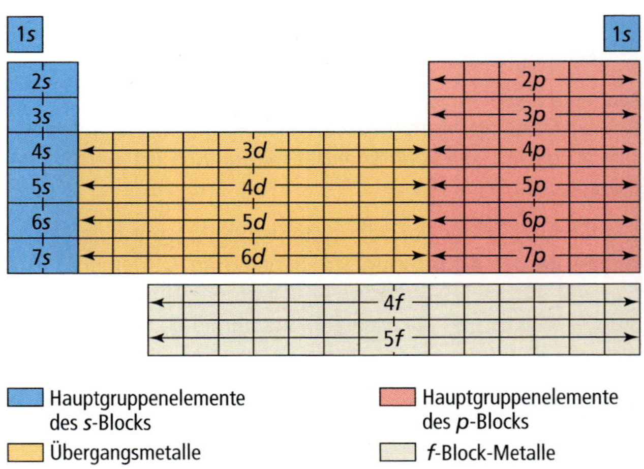

Abbildung 6.24: Einteilung des Periodensystems. Aus diesem Blockdiagramm des Periodensystems ist die Reihenfolge ersichtlich, in der die Orbitale mit Elektronen aufgefüllt werden, wenn wir uns vom ersten Element bis zum Ende des Periodensystems bewegen.

In der Mitte der ► Abbildung 6.24 befindet sich ein Block mit *zehn* Spalten, der die Übergangsmetalle enthält. Es handelt sich um die Elemente, bei denen die Valenz-*d*-Orbitale aufgefüllt werden. Unterhalb des Hauptteils des Periodensystems befinden sich zwei Reihen mit jeweils *14* Elementen. Diese Elemente werden oft als ***f*-Block-Metalle** bezeichnet, weil bei ihnen die Valenz-*f*-Orbitale aufgefüllt werden. Erinnern Sie sich daran, dass die Zahlen 2, 6, 10 und 14 genau die Anzahl der Elektronen sind, mit der die *s*-, *p*-, *d*- und *f*-Unterschalen jeweils vollständig aufgefüllt werden. Denken Sie auch daran, dass die 1*s*-Unterschale die erste *s*-Unterschale, die 2*p*-Unterschale die erste *p*-Unterschale, die 3*d*-Unterschale die erste *d*-Unterschale und die 4*f*-Unterschale die erste *f*-Unterschale ist.

In ► Abbildung 6.25 sind die Valenzelektronenkonfigurationen aller Elemente im Grundzustand aufgeführt. Die Orbitale sind in der Reihenfolge steigender Hauptquantenzahl angegeben. Die Orbitale können auch in der Reihenfolge ihrer Besetzung angegeben werden.

Anhand der Elektronenkonfigurationen in ► Abbildung 6.25 können wir uns das Konzept der *Valenzelektronen* noch einmal genauer anschauen. Beachten Sie z. B., dass wir über die Edelgasschale von Ar hinaus beim Fortschreiten von Cl([Ne]$3s^2 3p^5$) zu Br([Ar]$3d^{10} 4s^2 4p^5$) eine vollständige 3*d*- Unterschale zu den Elektronen der äußeren Schale hinzugefügt haben. Obwohl es sich bei diesen

Übungsbeispiel 6.7: (Lösung online)
Elektronenkonfigurationen einer Gruppe

Geben Sie die charakteristische Valenzelektronenkonfiguration der Elemente der Gruppe 7A (der Halogene) an.

Übungsbeispiel 6.8: (Lösung online)
Bestimmung der Elektronenkonfiguration mit Hilfe des Periodensystems

(a) Geben Sie die Elektronenkonfiguration von Wismut (Ordnungszahl 83) an.

(b) Notieren Sie die die verkürzte Elektronenkonfiguration dieses Elements.

(c) Wie viele ungepaarte Elektronen hat ein Wismutatom?

Edelgasschale	1A 1	2A 2	3B 3	4B 4	5B 5	6B 6	7B 7	8B 8	8B 9	8B 10	1B 11	2B 12	3A 13	4A 14	5A 15	6A 16	7A 17	8A 18
	1 **H** $1s^1$																	2 **He** $1s^2$
[He]	3 **Li** $2s^1$	4 **Be** $2s^2$											5 **B** $2s^2 2p^1$	6 **C** $2s^2 2p^2$	7 **N** $2s^2 2p^3$	8 **O** $2s^2 2p^4$	9 **F** $2s^2 2p^5$	10 **Ne** $2s^2 2p^6$
[Ne]	11 **Na** $3s^1$	12 **Mg** $3s^2$											13 **Al** $3s^2 3p^1$	14 **Si** $3s^2 3p^2$	15 **P** $3s^2 3p^3$	16 **S** $3s^2 3p^4$	17 **Cl** $3s^2 3p^5$	18 **Ar** $3s^2 3p^6$
[Ar]	19 **K** $4s^1$	20 **Ca** $4s^2$	21 **Sc** $3d^1 4s^2$	22 **Ti** $3d^2 4s^2$	23 **V** $3d^3 4s^2$	24 **Cr** $3d^5 4s^1$	25 **Mn** $3d^5 4s^2$	26 **Fe** $3d^6 4s^2$	27 **Co** $3d^7 4s^2$	28 **Ni** $3d^8 4s^2$	29 **Cu** $3d^{10} 4s^1$	30 **Zn** $3d^{10} 4s^2$	31 **Ga** $3d^{10} 4s^2 4p^1$	32 **Ge** $3d^{10} 4s^2 4p^2$	33 **As** $3d^{10} 4s^2 4p^3$	34 **Se** $3d^{10} 4s^2 4p^4$	35 **Br** $3d^{10} 4s^2 4p^5$	36 **Kr** $3d^{10} 4s^2 4p^6$
[Kr]	37 **Rb** $5s^1$	38 **Sr** $5s^2$	39 **Y** $4d^1 5s^2$	40 **Zr** $4d^2 5s^2$	41 **Nb** $4d^3 5s^2$	42 **Mo** $4d^5 5s^1$	43 **Tc** $4d^5 5s^2$	44 **Ru** $4d^7 5s^1$	45 **Rh** $4d^8 5s^1$	46 **Pd** $4d^{10}$	47 **Ag** $4d^{10} 5s^1$	48 **Cd** $4d^{10} 5s^2$	49 **In** $4d^{10} 5s^2 5p^1$	50 **Sn** $4d^{10} 5s^2 5p^2$	51 **Sb** $4d^{10} 5s^2 5p^3$	52 **Te** $4d^{10} 5s^2 5p^4$	53 **I** $4d^{10} 5s^2 5p^5$	54 **Xe** $4d^{10} 5s^2 5p^6$
[Xe]	55 **Cs** $6s^1$	56 **Ba** $6s^2$	57 **La** $5d^1 6s^2$	72 **Hf** $4f^{14} 5d^2 6s^2$	73 **Ta** $4f^{14} 5d^3 6s^2$	74 **W** $4f^{14} 5d^4 6s^2$	75 **Re** $4f^{14} 5d^5 6s^2$	76 **Os** $4f^{14} 5d^6 6s^2$	77 **Ir** $4f^{14} 5d^7 6s^2$	78 **Pt** $4f^{14} 5d^9 6s^1$	79 **Au** $4f^{14} 5d^{10} 6s^1$	80 **Hg** $4f^{14} 5d^{10} 6s^2$	81 **Tl** $4f^{14} 5d^{10} 6s^2 6p^1$	82 **Pb** $4f^{14} 5d^{10} 6s^2 6p^2$	83 **Bi** $4f^{14} 5d^{10} 6s^2 6p^3$	84 **Po** $4f^{14} 5d^{10} 6s^2 6p^4$	85 **At** $4f^{14} 5d^{10} 6s^2 6p^5$	86 **Rn** $4f^{14} 5d^{10} 6s^2 6p^6$
[Rn]	87 **Fr** $7s^1$	88 **Ra** $7s^2$	89 **Ac** $6d^1 7s^2$	104 **Rf** $5f^{14} 6d^2 7s^2$	105 **Db** $5f^{14} 6d^3 7s^2$	106 **Sg** $5f^{14} 6d^4 7s^2$	107 **Bh** $5f^{14} 6d^5 7s^2$	108 **Hs** $5f^{14} 6d^6 7s^2$	109 **Mt** $5f^{14} 6d^7 7s^2$	110 **Ds** $5f^{14} 6d^9 7s^1$	111 **Rg** $5f^{14} 6d^{10} 7s^1$	112	113	114	115	116		

[Xe]	Lanthanoide	58 **Ce** $4f^1 5d^1 6s^2$	59 **Pr** $4f^3 6s^2$	60 **Nd** $4f^4 6s^2$	61 **Pm** $4f^5 6s^2$	62 **Sm** $4f^6 6s^2$	63 **Eu** $4f^7 6s^2$	64 **Gd** $4f^7 5d^1 6s^2$	65 **Tb** $4f^9 6s^2$	66 **Dy** $4f^{10} 6s^2$	67 **Ho** $4f^{11} 6s^2$	68 **Er** $4f^{12} 6s^2$	69 **Tm** $4f^{13} 6s^2$	70 **Yb** $4f^{14} 6s^2$	71 **Lu** $4f^{14} 5d^1 6s^2$
[Rn]	Actinoide	90 **Th** $6d^2 7s^2$	91 **Pa** $5f^2 6d^1 7s^2$	92 **U** $5f^3 6d^1 7s^2$	93 **Np** $5f^4 6d^1 7s^2$	94 **Pu** $5f^6 7s^2$	95 **Am** $5f^7 7s^2$	96 **Cm** $5f^7 6d^1 7s^2$	97 **Bk** $5f^9 7s^2$	98 **Cf** $5f^{10} 7s^2$	99 **Es** $5f^{11} 7s^2$	100 **Fm** $5f^{12} 7s^2$	101 **Md** $5f^{13} 7s^2$	102 **No** $5f^{14} 7s^2$	103 **Lr** $5f^{14} 6d^1 7s^2$

Metalle | Metalloide | Nichtmetalle

Abbildung 6.25: Valenzelektronenkonfigurationen der Elemente.

Übergreifende Beispielaufgabe: Verknüpfen von Konzepten

Bor (Ordnungszahl 5) kommt in der Natur in den beiden Isotopen ^{10}B und ^{11}B vor, die eine Häufigkeit von 19,9 % bzw. 80,1 % haben.

(a) Inwiefern unterscheiden sich die beiden Isotope voneinander? Unterscheidet sich die Elektronenkonfiguration von ^{10}B von der von ^{11}B?

(b) Zeichnen Sie das Orbitaldiagramm eines Atoms von ^{11}B. Bei welchen Elektronen handelt es sich um Valenzelektronen?

(c) Geben Sie drei Hauptmerkmale an, in denen sich die 1*s*-Elektronen von den 2*s*-Elektronen des Bors unterscheiden.

(d) Elementares Bor reagiert mit Fluor zu gasförmigem BF_3. Geben Sie eine chemische Gleichung der Reaktion von festem Bor mit gasförmigem Fluor an.

(e) $\Delta_f H^\circ$ von $BF_3(g)$ ist gleich −1135,6 kJ mol^{-1}. Berechnen Sie die Standardenthalpieänderung der Reaktion von Bor mit Fluor.

(f) Wenn BCl_3, das bei Zimmertemperatur ebenfalls gasförmig ist, mit Wasser in Berührung kommt, reagieren die beiden Stoffe zu Chlorwasserstoffsäure und Borsäure (H_3BO_3), einer in Wasser sehr schwachen Säure. Formulieren Sie die Nettoionengleichung dieser Reaktion!

3*d*-Elektronen um äußere Elektronen handelt, sind diese nicht an chemischen Bindungen beteiligt und werden daher nicht zu den Valenzelektronen gezählt. Wir betrachten also beim Element Br nur die 4*s*- und 4*p*-Elektronen als Valenzelektronen. Analog stellen wir bei einem Vergleich der Elektronenkonfigurationen von Ag und Au fest, dass Au neben seiner Edelgasschale über eine vollständige $4f^{14}$-Unterschale verfügt. Diese 4*f*-Elektronen sind jedoch nicht an Bindungen beteiligt. Im Allgemeinen *betrachten wir bei den Hauptgruppenelementen die Elektronen vollständig aufgefüllter d- und f-Unterschalen und bei den Übergangsmetallen die Elektronen vollständig aufgefüllter f-Unterschalen nicht als Valenzelektronen*.

Anomale Elektronenkonfigurationen

Wenn Sie sich ► Abbildung 6.25 genauer anschauen, werden Sie feststellen, dass die Elektronenkonfigurationen bestimmter Elemente die zuvor aufgestellten Regeln zu verletzen scheinen. Die Elektronenkonfiguration von Chrom lautet z. B. $[Ar]3d^5 4s^1$ anstelle der erwarteten Konfiguration $[Ar]3d^4 4s^2$. Ebenso ist die Konfiguration von Kupfer $[Ar]3d^{10} 4s^1$ und nicht $[Ar]3d^9 4s^2$. Dieses anomale Verhalten ist im Wesentlichen eine Folge der nahe beieinander liegenden Energien der 3*d*- und 4*s*-Orbitale. Es tritt häufig auf, wenn genügend Elektronen zur Verfügung stehen, um genau alle Orbitale eines entarteten Orbitalsatzes einfach zu besetzen (wie z. B. bei Chrom) oder um eine *d*-Unterschale vollständig aufzufüllen (wie z. B. bei Kupfer). Es gibt einige ähnliche Fälle unter den schwereren Übergangsmetallen (mit teilweise gefüllten 4*d*- oder 5*d*-Orbitalen) und unter den *f*-Blockmetallen. Obwohl diese kleinen Abweichungen von der erwarteten Konfiguration interessant sind, sind sie chemisch kaum von Bedeutung.

Periodische Eigenschaften der Elemente

7

ÜBERBLICK

Abbildung 7.1: Sauerstoff und Schwefel. Da sie beide Elemente der Gruppe 6A sind, haben Sauerstoff und Schwefel viele chemische Ähnlichkeiten. Sie weisen aber auch viele Unterschiede auf, einschließlich des Aggregatzustandes, in dem sie bei Zimmertemperatur vorliegen. Sauerstoff besteht aus O_2-Molekülen, die als farbloses Gas auftreten (hier links, in einem Glasbehälter eingeschlossen, gezeigt). Im Gegensatz dazu besteht Schwefel aus S_8-Molekülen, die einen gelben Feststoff bilden.

In diesem Kapitel erfahren wir, wie einige der wichtigen Eigenschaften der Elemente sich ändern, wenn wir uns im Periodensystem entlang einer Reihe (= Periode) oder einer Spalte (Gruppe) hinab bewegen. In vielen Fällen erlauben uns die Tendenzen innerhalb einer Periode oder Gruppe, Voraussagen über die physikalischen und chemischen Eigenschaften der Elemente zu machen.

7.1 Entwicklung des Periodensystems

Die Entdeckung der chemischen Elemente ist von alters her ein fortlaufender Prozess gewesen (► Abbildung 7.2). Bestimmte Elemente, wie zum Beispiel Gold, kommen in der Natur in elementarer Form vor und wurden so schon vor Tausenden von Jahren entdeckt. Im Gegensatz dazu sind einige Elemente radioaktiv und instabil. Wir kennen sie nur aufgrund von im 20. Jahrhundert entwickelten Verfahren.

Als die Anzahl der bekannten Elemente wuchs, begannen Wissenschaftler nach Möglichkeiten zu suchen, diese sinnvoll zu klassifizieren. Im Jahre 1869 veröffentlichten Dmitri Mendeleev in Russland und Lothar Meyer in Deutschland fast identische Klassifikationssysteme. Beide Wissenschaftler erkannten, dass ähnliche chemische und physikalische Eigenschaften sich wiederholen, wenn die Elemente nach steigender Atommasse angeordnet werden. Zu dieser Zeit kannten Wissenschaftler noch keine Ordnungszahlen. Atommassen steigen aber im Allgemeinen mit zunehmender Ordnungszahl, so dass sowohl Mendeleev als auch Meyer die Elemente zufälligerweise in der richtigen Reihenfolge anordneten. Die von Mendeleev und Meyer entwickelten Periodensysteme der Elemente waren Vorläufer des modernen Periodensystems.

Obwohl Mendeleev und Meyer im Wesentlichen zu dem gleichen Schluss über die Periodizität der Elementeigenschaften kamen, bekommt Mendeleev die Anerkennung für die energischere Weiterentwicklung seiner Ideen. Sein Beharren darauf, dass Elemente mit ähnlichen Eigenschaften in der gleichen Familie zu listen seien, zwang ihn dazu, in seiner Tabelle einige Leerstellen zu lassen. Zum Beispiel waren sowohl Gallium (Ga) als auch Germanium (Ge) zu jener Zeit un-

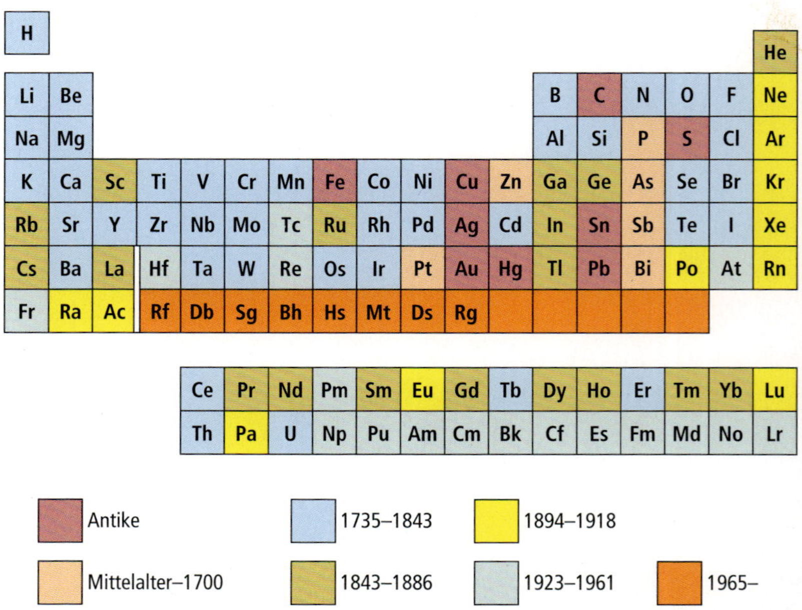

Abbildung 7.2: Die Entdeckung der Elemente. Periodensystem mit den Daten der Entdeckung der Elemente.

Eigenschaften	Mendeleevs Voraussagen für Eka-Silizium (gemacht im Jahr 1871)	Beobachtete Eigenschaften von Germanium (entdeckt im Jahr 1886)
Atommasse	72	72,59
Dichte (g/cm^3)	5,5	5,35
Spezifische Wärme (J/g·k)	0,305	0,309
Schmelzpunkt (°C)	hoch	947
Farbe	dunkelgrau	gräulich weiß
Formel des Oxids	XO_2	GeO_2
Dichte des Oxids (g/cm^3)	4,7	4,70
Formel des Chlorids	XCl_4	$GeCl_4$
Siedepunkt des Chlorids (°C)	etwas unter 100	84

Tabelle 7.1: Vergleich der Eigenschaften von Eka-Silizium, vorhergesagt von Mendeleev, mit den beobachteten Eigenschaften von Germanium.

bekannt. Mendeleev sagte verwegen ihre Existenz und ihre Eigenschaften voraus und bezeichnete sie als Eka-Aluminium („Unter" Aluminium) und Eka-Silizium („Unter" Silizium), nach den Elementen, unter denen sie im Periodensystem erscheinen. Wie in ► Tabelle 7.1 gezeigt, stimmten die Eigenschaften der Elemente zur Zeit ihrer Entdeckung stark mit den von Mendeleev vorhergesagten überein.

Im Jahre 1913, zwei Jahre nachdem Rutherford das Kernmodell des Atoms entwickelte (siehe Abschnitt 2.2), formulierte ein englischer Physiker namens Henry Moseley (1887–1915) das Konzept der Ordnungszahlen. Er identifizierte die Ordnungszahl richtigerweise als Zahl von Protonen im Kern des Atoms und Zahl von Elektronen in der Atomhülle.

Das Konzept der Ordnungszahl klärte einige Probleme in der frühen Version des Periodensystems, das auf den Atommassen basierte. Zum Beispiel ist die Atommasse von Ar (Ordnungszahl 18) größer als die von K (Ordnungszahl 19). Wenn aber die Elemente nach steigender Ordnungszahl statt nach steigendem Atomgewicht angeordnet werden, erscheinen Ar und K an ihren richtigen Positionen im System. Moseleys Studien ermöglichten es außerdem, „Löcher" im Periodensystem zu identifizieren, was zur Entdeckung verschiedener vorher unbekannter Elemente führte.

7.2 Effektive Kernladung

Da Elektronen negativ geladen sind, werden sie von positiv geladenen Kernen angezogen. Viele Eigenschaften von Atomen hängen nicht nur von ihren Elektronenkonfigurationen ab, sondern auch davon, wie stark ihre äußeren Elektronen vom Kern angezogen werden. Das Coulomb'sche Gesetz besagt, dass die Stärke der Wechselwirkung zwischen zwei elektrischen Ladungen vom Vorzeichen und der Größe der Ladungen und vom Abstand zwischen ihnen abhängt.

In einem Mehr-Elektronen-Atom wird jedes Elektron simultan vom Kern angezogen und von den anderen Elektronen abgestoßen. Im Allgemeinen gibt es so viele Elektron-Elektron-Abstoßungen, dass wir die Situation nicht genau analysieren können. Wir können jedoch, jedes Elektron individuell so behandeln, als ob es sich in dem elektrischen Feld bewegen würde, das vom Kern und der Elektronendichte der anderen Elektronen erzeugt wird. Wir können dieses elektrische Feld betrachten, als resultierte es aus einer einzelnen positiven

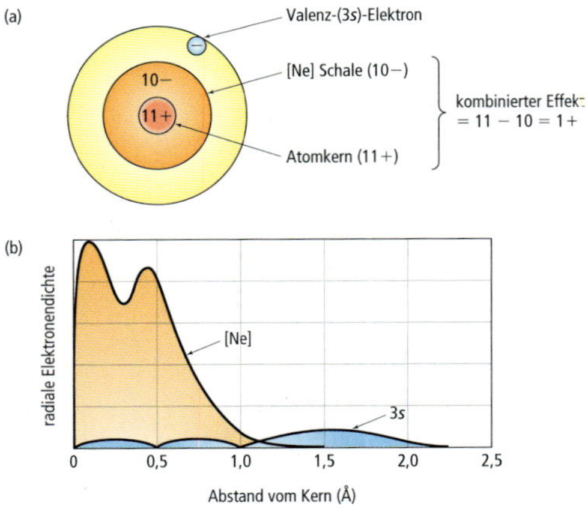

Abbildung 7.3: Effektive Kernladung. (a) Die effektive Kernladung, die ein Valenzelektron in Natrium erfährt, hängt hauptsächlich von der 11+-Ladung des Atomkerns und der 10−-Ladung der Neonschale ab. (b) Das 3*s*-Elektron besitzt eine gewisse Wahrscheinlichkeit, sich in der Neonschale zu befinden. Als Konsequenz dieser „Penetration" ist die Neonschale bei der Abschirmung des 3*s*-Elektrons vom Atomkern nicht völlig effektiv.

MERKE !

Die effektive Kernladung Z_{eff} ergibt sich, wenn man von der realen Kernladung Z die Abschirmungskonstante S abzieht, welche von der Anzahl der inneren Elektronen abhängt.

Ladung am Kern, der so genannten **effektiven Kernladung**, Z_{eff}. Es ist wichtig zu erkennen, dass die effektive Kernladung, die auf ein Elektron in einem Atom wirkt, kleiner ist als die wirkliche Kernladung (Z), da zur effektiven Kernladung auch die Abstoßung des Elektrons durch die anderen Elektronen im Atom beiträgt – mit anderen Worten, $Z_{eff} < Z$.

Ein Valenzelektron in einem Atom wird vom Kern des Atoms angezogen und von den anderen Elektronen in dem Atom abgestoßen. Insbesondere die Elektronendichte, die auf der Anwesenheit der inneren Elektronen beruht, ist besonders effektiv beim partiellen Aufheben der Anziehung zwischen Valenzelektronen und Atomkern – wir sagen, dass die inneren Elektronen die äußeren Elektronen teilweise von der Anziehung des Kerns *abschirmen*. Wir können daher eine einfache Beziehung zwischen der effektiven Kernladung, Z_{eff}, und der Anzahl von Protonen im Atomkern, Z, schreiben:

$$Z_{eff} = Z - S \tag{7.1}$$

Die Größe *S* ist eine positive Zahl, die *Abschirmungskonstante* genannt wird, und sie steht für den Teil der Kernladung, der das Valenzelektron durch die anderen Elektronen im Atom abschirmt. Da die inneren Elektronen das Valenzelektron am effektivsten vom Kern abschirmen, ist *der Wert von S normalerweise nahe an der Zahl der inneren Elektronen in einem Atom*. Elektronen in der gleichen Valenzschale schirmen sich gegenseitig kaum ab, aber sie beeinflussen den Wert von S ein wenig.

Lassen Sie uns einen Blick auf ein Na-Atom werfen, um zu sehen, was wir für die Größe von Z_{eff} erwarten würden. Natrium (Ordnungszahl 11) hat eine Elektronenkonfiguration von [Ne]$3s^1$. Die Kernladung des Atoms ist 11+ und die innere Atomhülle von Na enthält 10 Elektronen ($1s^2 2s^2 2p^6$). Sehr grob geschätzt würden wir erwarten, dass das 3*s*-Valenzelektron des Na-Atoms eine effektive Kernladung von etwa 11 – 10 = 1 erfährt, wie in vereinfachter Form in ► Abbildung 7.3 a dargestellt. Die Situation ist aufgrund der Elektronenverteilungen der Atomorbitale ein wenig komplizierter (siehe Abschnitt 6.6). Erinnern Sie sich, dass ein 3*s*-Elektron eine geringe Wahrscheinlichkeit aufweist, nahe am Kern und zwischen den kernnahen Elektronen gefunden zu werden, wie in ► Abbildung 7.3 b gezeigt. Daher besteht die Möglichkeit, dass das 3*s*-Elektron eine größere Anziehung erfährt, als es unser einfaches Modell nahelegt, was zu einer geringen Erhöhung des Wertes von Z_{eff} führt. In der Tat zeigen detailliertere Berechnungen (die außerhalb des Rahmens unserer Diskussion liegen), dass die effektive Kernladung, die auf das 3*s*-Elektron in Na wirkt, 2,5 ist.

Die Vorstellung von effektiver Kernladung erklärt auch einen wichtigen Effekt, nämlich dass für ein Mehr-Elektronen-Atom die Energien von Orbitalen mit dem gleichen *n*-Wert mit steigendem *l*-Wert steigen. Betrachten Sie zum Beispiel ein Kohlenstoffatom, dessen Elektronenkonfiguration $1s^2 2s^2 2p^2$ ist. Die Energie des 2*p*-Orbitals (*l* = 1) ist etwas höher als die des 2*s*-Orbitals (*l* = 0), obwohl sich beide Orbitale in der n = 2 Schale befinden (siehe ► Abbildung 6.24). Der Grund dafür, dass diese Orbitale in einem Mehr-Elektronen-Atom unterschiedliche Energien haben, ist auf die radialen Wahrscheinlichkeitsfunktionen für die Orbitale, wie in ► Abbildung 7.4 gezeigt, zurückzuführen. Beachten Sie, dass die 2*s*-Wahrscheinlichkeitsfunktion eine kleine Spitze ziemlich nahe am Kern hat, während die 2*p*-Wahrscheinlichkeitsfunktion diese nicht hat. Als ein Ergebnis davon wird ein Elektron im 2*s*-Orbital weniger effektiv von den kernnahen Orbitalen abgeschirmt als ein Elektron im 2*p*-Orbital. Mit anderen Worten, auf das Elektron im 2*s*-Orbital wirkt eine höhere effektive Kernladung als auf eines im 2*p*-Orbital.

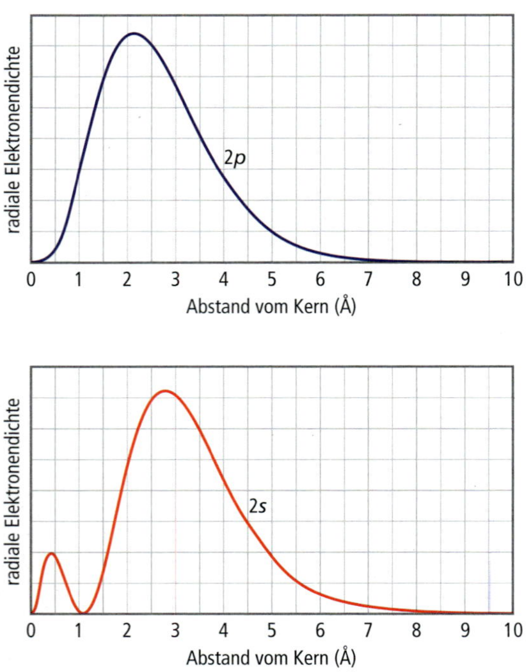

Abbildung 7.4: 2s und 2p radiale Funktionen. Die radiale Wahrscheinlichkeitsfunktion für das 2*s*-Orbital des Wasserstoffatoms (rote Kurve) zeigt eine Spitze der Wahrscheinlichkeit in der Nähe des Atomkerns. Die effektive Kernladung, die das 2*s*-Elektron erfährt, ist größer als die für das 2*p*-Elektron.

Die größere Anziehung zwischen dem 2*s*-Elektron und dem Kern führt zu einer niedrigeren Energie des 2*s*-Orbitals als der für das 2*p*-Orbital. Der generelle Trend für Orbitalenergien ($ns < np < nd$) in Mehr-Elektronen-Atomen kann ebenso begründet werden.

Lassen Sie uns schließlich noch die Tendenzen für Valenzelektronen untersuchen, wenn wir im Periodensystem von einem Element zum anderen wandern. Die effektive Kernladung steigt, wenn wir uns im Periodensystem entlang einer Periode bewegen. Obwohl die Zahl der kernnahen Elektronen gleich bleibt, steigt die tatsächliche Kernladung. Die Valenzelektronen, die zum Ausgleich der steigenden Kernladung hinzugefügt werden, schirmen einander sehr unwirksam ab. Also steigt die effektive Kernladung ständig an.

Geht man eine Spalte abwärts, ändert sich die effektive Kernladung, die die Valenzelektronen erfahren, weit weniger als innerhalb einer Periode. Zum Beispiel würden wir erwarten, dass die effektive Kernladung für die äußeren Elektronen von Lithium und Natrium etwa gleich groß ist, grob geschätzt $3 - 2 = 1$ für Lithium und $11 - 10 = 1$ für Natrium. Tatsächlich nimmt die effektive Kernladung leicht zu, wenn wir in der Gruppe abwärts gehen, da größere Elektronenschalen die äußeren Elektronen weniger von der Atomkernladung abschirmen können.

7.3 Größen von Atomen und Ionen

Eine der wichtigen Eigenschaften eines Atoms oder Ions ist seine Größe. Wir stellen uns oft Atome und Ionen als harte, kugelförmige Objekte vor. Gemäß dem quantenmechanischen Modell haben Atome und Ionen jedoch keine scharf definierten Grenzen, an denen die Elektronenverteilung gleich Null ist. Dennoch können wir die Atomgröße auf verschiedene Arten definieren, ausgehend von den Abständen zwischen Atomen in verschiedenen Situationen.

Stellen Sie sich eine Ansammlung von Argon-Atomen in der Gasphase vor. Wenn zwei Atome im Laufe ihrer Bewegungen zusammenstoßen, prallen sie voneinander ab – so ähnlich wie Billardkugeln. Dies passiert, weil sich die Elektronenwolken der kollidierenden Atome kaum durchdringen können. Die kleinsten Abstände zwischen den Kernen während solcher Kollisionen bestimmen die *scheinbaren* Radien der Argon-Atome. Wir können diesen Radius den **Nichtbindungsradius (Van-der-Waals-Radius)** eines Atoms nennen.

Wenn zwei Atome wie im Cl_2-Molekül chemisch aneinander gebunden sind, besteht eine anziehende Wechselwirkung zwischen den beiden Atomen, die zu einer chemischen Bindung führt. Wir werden die Natur solcher Bindungen in Kapitel 8 diskutieren. Für den Moment müssen wir uns als Einziges merken, dass diese anziehende Wechselwirkung die beiden Atome näher bringt als in einer nichtbindenden Kollision. Wir können einen Atomradius, ausgehend vom Abstand der Atomkerne, definieren, wenn sie chemisch aneinander gebunden sind. Dieser Abstand, genannt **Bindungsradius**, ist kürzer als der Nichtbindungsradius, wie in ► Abbildung 7.5 dargestellt.

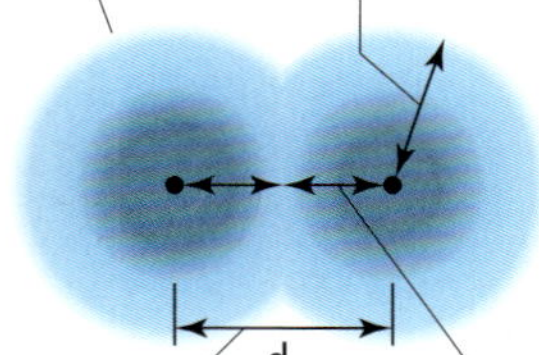

Abbildung 7.5: Unterscheidung zwischen Nichtbindungs- und Bindungsradien. Der Nichtbindungsradius ist der effektive Radius eines Atoms, wenn es nicht an der Bindung zu einem anderen Atom beteiligt ist. Werte für Bindungsradien werden durch Messungen von interatomaren Abständen in chemischen Verbindungen erhalten.

Raumfüllende Modelle, wie diejenigen in ► Abbildung 2.20, benutzen *Van-der-Waals-Radien*, um die Größe der Kugeln zu bestimmen, die zur Darstellung der Atome verschiedener Elemente verwendet werden. Wenn ein raumfüllendes Modell eines Moleküls gebaut wird, werden die Bindungsradien (auch **Kovalenzradien** genannt) benutzt, um zu bestimmen, wie weit sich die Kugeln gegenseitig durchdringen, um die korrekten Abstände zwischen den Zentren der beiden benachbarten Atome in dem Molekül darzustellen.

MERKE !

Van-der-Waals-Radien (Nichtbindungsradien) geben den Radius eines Atoms an, den dieses gegenüber einem nicht (kovalent) gebundenem Atom einnimmt.

Kovalenzradien (Bindungsradien) entsprechen dem halben Abstand zwischen den Kernen von zwei (kovalent) gebundenen Atomen.

Wissenschaftler haben eine Vielzahl von Methoden entwickelt, um die Kernabstände in Molekülen zu messen. Aus Beobachtungen dieser Abstände in vielen Molekülen kann jedem Element ein Bindungsradius zugeordnet werden. Zum Beispiel beträgt der beobachtete Abstand zwischen den Iod-Kernen im I_2-Mo-

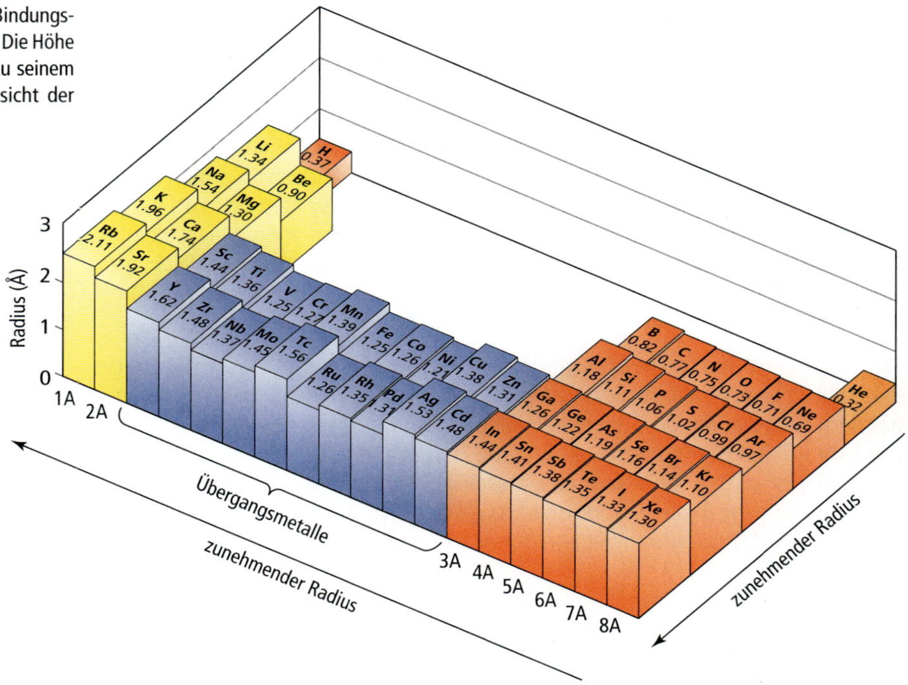

Abbildung 7.6: Tendenzen bei Atomradien. Bindungsradien der ersten 54 Elemente des Periodensystems. Die Höhe eines Balkens für jedes Element ist proportional zu seinem Radius, was als Resultat eine „Reliefkarten"-Ansicht der Radien ergibt.

lekül 2,66 Å.* Wir können nun den Bindungsradius von Iod auf dieser Basis als die Hälfte des Bindungsabstands, also 1,33 Å bestimmen. Der Abstand zwischen zwei benachbarten Kohlenstoffatomen in Diamant, der ein dreidimensionales festes Netzwerk ist, beträgt 1,54 Å; also kann man dem Bindungsradius von Kohlenstoff den Wert 0,77 Å zuordnen. Die Radien anderer Elemente können auf ähnliche Weise bestimmt werden (► Abbildung 7.6). Für Helium und Neon müssen die Bindungsradien geschätzt werden, da es keine bekannten Verbindungen dieser Elemente gibt.

Wenn wir die Atomradien kennen, können wir die Bindungslängen zwischen verschiedenen Elementen in Molekülen abschätzen. Zum Beispiel ist die Cl—Cl-Bindungslänge in Cl_2 1,99 Å, somit wird Cl ein Radius von 0,99 Å zugeordnet. In der Verbindung CCl_4 ist die gemessene Länge der Cl—C-Bindung 1,77 Å, also sehr nahe an der Summe (0,77 + 0,99 Å) der Atomradien von C und Cl.

Periodische Tendenzen bei Atomradien

Wenn wir die „Reliefkarte" der Atomradien in ► Abbildung 7.6 untersuchen, können wir zwei interessante Tendenzen in den Daten erkennen:

1 In jeder Spalte (Gruppe) nimmt der Atomradius von oben nach unten zu. Diese Tendenz resultiert primär aus der Zunahme der Hauptquantenzahl (n) der äußeren Elektronen. Wenn wir eine Spalte abwärts gehen, haben die äußeren Elektronen eine größere Wahrscheinlichkeit, weiter vom Kern entfernt zu sein, was dazu führt, dass das Atom an Größe zunimmt.

2 In jeder Reihe (Periode) nimmt der Atomradius von links nach rechts ab. Der Hauptfaktor, der diese Tendenz beeinflusst, ist die Zunahme der effektiven Kernladung (Z_{eff}), wenn wir uns entlang einer Reihe bewegen. Die zunehmende effektive Kernladung zieht die Elektronen stetig näher an den Kern, was zur Abnahme des Atomradius führt.

MERKE !

Die Atomradien nehmen innerhalb einer Gruppe von oben nach unten zu und innerhalb einer Periode von links nach rechts ab.

EXTRAS ONLINE Atomradien

* *Merken Sie sich deshalb:* Das Ångstrom (1 Å = 10^{-10} m) ist eine zweckmäßige metrische Einheit für atomare Längenmessungen. Das Ångstrom ist *keine* SI-Einheit. Die am häufigsten benutzte SI-Einheit für solche Messungen ist der Pikometer (1 pm = 10^{-12} m; 1 Å = 100 pm).

Periodische Tendenzen der Ionenradien

Die Radien von Ionen basieren auf den Abständen zwischen Ionen in ionischen Verbindungen. Wie die Größe eines Atoms hängt die Größe eines Ions von seiner Kernladung, der Zahl der Elektronen, die es besitzt, und von den Orbitalen, in denen sich die Valenzelektronen befinden, ab. Bei der Bildung eines Kations wird ein Valenzelektron aus dem Atom entfernt; damit wird die Elektron-Elektron-Abstoßung geschwächt. Als Konsequenz daraus *sind Kationen kleiner als ihre Ausgangsatome*, wie in ► Abbildung 7.7 dargestellt. Das Gegenteil gilt für Anionen. Wenn Elektronen zu einem neutralen Atom hinzugefügt werden, um ein Anion zu bilden, führt die erhöhte Anzahl von Elektron-Elektron-Abstoßungen dazu, dass sich die Elektronen mehr im Raum verteilen. Folglich *sind Anionen größer als ihre Ausgangsatome*.

Bei Ionen mit der gleichen Ladung nimmt die Größe zu, wenn wir im Periodensystem eine Spalte abwärts gehen. Diese Tendenz kann man auch in Abbildung 7.7 sehen. Wenn die Hauptquantenzahl des äußersten besetzten Orbitals eines Ions zunimmt, nimmt der Radius des Ions zu.

Eine **iso(valenz)elektronische Reihe** ist eine Gruppe von Ionen, die die gleiche Anzahl von (Valenz-)Elektronen enthalten. Zum Beispiel besitzt jedes Ion in der isoelektronischen Reihe O^{2-}, F^-, Na^+, Mg^{2+}, Al^{3+} 10 Elektronen. In jeder iso(valenz)-elektronischen Reihe können wir die Mitglieder nach zunehmender Ordnungszahl anordnen, daher steigt die Kernladung, wenn wir durch die Reihe gehen. Erinnern Sie sich daran, dass die Ladung im Kern eines Atoms oder einatomigen Ions durch die Ordnungszahl des Elements bestimmt wird. Da die Anzahl an Elektronen gleich bleibt, nimmt der Radius des Ions mit zunehmender Kernladung ab, da die Elektronen stärker zum Kern gezogen werden.

—— Zunehmende Kernladung ⟶

O^{2-}	F^-	Na^+	Mg^{2+}	Al^{3+}
1,40 Å	1,33 Å	0,97 Å	0,66 Å	0,51 Å

—— Abnehmender Ionenradius ⟶

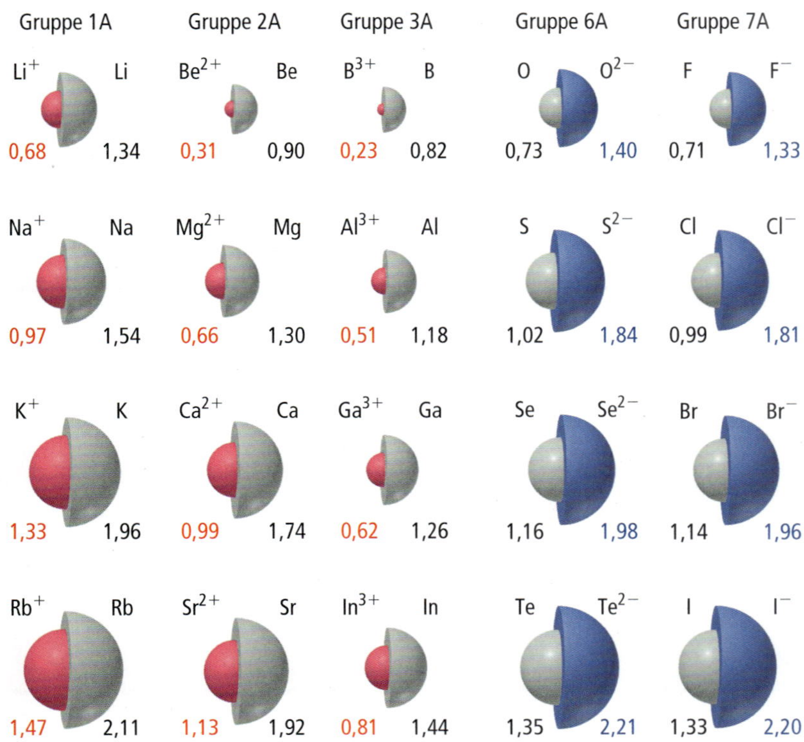

Abbildung 7.7: Kationen- und Anionengröße. Vergleich der Radien, in Å, von neutralen Atomen und Ionen für mehrere Gruppen der Hauptgruppenelemente. Neutrale Atome sind grau gezeichnet, Kationen rot und Anionen blau.

MERKE !

Kationen sind kleiner und Anionen größer als ihre Ausgangsatome.

Bei Ionen gleicher Ladung nimmt die Größe innerhalb einer Gruppe zu.

Innerhalb einer iso(valenz)elektronischen Reihe, die von Ionen mit gleicher (Valenz-) Elektronenzahl gebildet wird, nimmt der Radius ab.

Übungsbeispiel 7.1: (Lösung online)
Ionenradien in einer isovalenzelektronischen Reihe

Ordnen Sie die Ionen K^+, Cl^-, Ca^{2+} und S^{2-} nach abnehmender Größe.

A 1 Welches der folgenden Ionen ist am größten, Rb^+, Sr^{2+} oder Y^{3+}?

Beachten Sie die Stellung dieser Elemente im Periodensystem und auch ihre Ordnungszahl. Die Nichtmetallanionen stehen in der Tabelle vor dem Edelgas Ne. Die Metallkationen folgen auf Ne. Sauerstoff, das größte Ion in dieser isovalenzelektronischen Reihe, hat mit 8 die niedrigste Ordnungszahl. Aluminium, das kleinste dieser Ionen, hat mit 13 die höchste Ordnungszahl.

7.4 Ionisierungsenergie

Die Leichtigkeit, mit der Elektronen aus Atomen entfernt werden können, hat einen großen Einfluss auf das chemische Verhalten. Die Ionisierungsenergie eines Atoms oder Ions ist die geringste Energie, die notwendig ist, um ein Elektron aus dem Grundzustand des isolierten gasförmigen Atoms oder Ions zu entfernen. Die *erste Ionisierungsenergie*, I_1, ist die Energie, die notwendig ist, um das erste Elektron aus einem neutralen Atom vollständig zu entfernen. Zum Beispiel ist die erste Ionisierungsenergie für das Natriumatom die Energie, die für den Prozess notwendig ist

$$Na(g) \longrightarrow Na^+(g) + e^- \quad (7.2)$$

Die *zweite Ionisierungsenergie*, I_2, ist die Energie, die notwendig ist, um das zweite Elektron zu entfernen usw., für das schrittweise Entfernen weiterer Elektronen. Folglich ist I_2 für das Natriumion mit dem folgenden Prozess assoziiert:

$$Na^+(g) \longrightarrow Na^{2+}(g) + e^- \quad (7.3)$$

Je größer die Ionisierungsenergie, umso schwieriger ist es, ein Elektron zu entfernen.

Ionisierungsenergie (Video)

Tendenzen bei den Ionisierungsenergien

Die Ionisierungsenergien für die Elemente Natrium bis Argon sind in ► Tabelle 7.2 aufgelistet. Beachten Sie, dass die Werte für ein gegebenes Element steigen, wenn sukzessiv Elektronen entfernt werden. $I_1 < I_2 < I_3$, und so weiter. Diese Tendenz besteht, weil mit jedem sukzessiven Entfernen ein Elektron von einem zunehmend positiveren Ion weggezogen wird, was zunehmend mehr Energie erfordert.

Ein zweites wichtiges Merkmal, das ► Tabelle 7.2 zeigt, ist der scharfe Anstieg der Ionisierungsenergie, der auftritt, wenn ein Elektron der inneren Schale entfernt wird. Betrachten Sie zum Beispiel Silizium, dessen Elektronenkonfiguration $1s^22s^22p^63s^23p^2$ oder $[Ne]3s^23p^2$ ist. Die Ionisierungsenergien für den Verlust der vier Elektronen in den äußeren 3*s*- und 3*p*-Unterschalen nehmen von 786 kJ/mol auf 4360 kJ/mol stetig zu. Das Entfernen des fünften Elektrons, das

Element	I_1	I_2	I_3	I_4	I_5	I_6	I_7
Na	495	4562			(Elektronen der inneren Schale)		
Mg	738	1451	7733				
Al	578	1817	2745	11577			
Si	786	1577	3232	4356	16091		
P	1012	1907	2914	4964	6274	21267	
S	1000	2252	3357	4556	7004	8496	27107
Cl	1251	2298	3822	5159	6542	9362	11018
Ar	1521	2666	3931	5771	7238	8781	11995

Tabelle 7.2: Werte der Ionisierungsenergien, *I*, für die Elemente Natrium bis Argon (kJ/mol).

aus der 2*p*-Unterschale kommt, erfordert viel mehr Energie: 16.091 kJ/mol. Der große Anstieg tritt auf, weil man das 2*p*-Elektron viel wahrscheinlicher in der Nähe des Kerns findet als die vier Elektronen der dritten Schale, und deshalb erfährt das 2*p*-Elektron eine viel größere effektive Kernladung als die 3*s*- und 3*p*-Elektronen.

Diese Beobachtung unterstützt die Idee, dass nur die Elektronen, außerhalb der Edelgasschale an Elektronenübertragungen beteiligt sind, die zu chemischen Bindungen und Reaktionen führen.

A 2 Welches Element wird die größere dritte Ionisierungsenergie haben, Ca oder S?

Periodische Tendenzen der ersten Ionisierungsenergie

Wir haben gesehen, dass die Ionisierungsenergie für ein gegebenes Element ansteigt, wenn wir sukzessiv Elektronen entfernen. Welche Tendenzen in der Ionisierungsenergie beobachten wir, wenn wir uns im Periodensystem von einem Element zum anderen bewegen? ► Abbildung 7.8 zeigt die grafische Darstellung von I_1 gegen die Ordnungszahl für die ersten 54 Elemente. Die wichtigen Tendenzen sind wie folgt:

1. Innerhalb einer Periode des Periodensystems nimmt I_1 im Allgemeinen mit zunehmender Ordnungszahl zu. Die Alkalimetalle zeigen die geringste Ionisierungsenergie in jeder Reihe und die Edelgase die höchste. Es gibt leichte Unregelmäßigkeiten in dieser Tendenz, die wir kurz diskutieren werden.
2. Innerhalb einer Gruppe des Periodensystems nimmt die Ionisierungsenergie im Allgemeinen mit zunehmender Ordnungszahl ab. Zum Beispiel folgen die Ionisierungsenergien der Edelgase der Reihe He > Ne > Ar > Kr > Xe.
3. Die Hauptgruppenelemente zeigen eine größere Bandbreite an Werten für I_1 als die Übergangsmetallelemente. Im Allgemeinen nimmt die Ionisierungsenergie der Übergangsmetalle langsam zu, wenn wir von links nach rechts in der Periode vorangehen. Die *f*-Block Metalle, die in Abbildung 7.8 nicht aufgeführt sind, zeigen nur eine geringe Änderung in den Werten von I_1.

MERKE !

Die erste Ionisierungsenergie I_1 nimmt im Allgemeinen innerhalb einer Gruppe von oben nach unten ab und innerhalb einer Periode von links nach rechts zu.

Die periodischen Tendenzen der ersten Ionisierungsenergien der Hauptgruppenelemente werden in ► Abbildung 7.9 weiter erläutert.

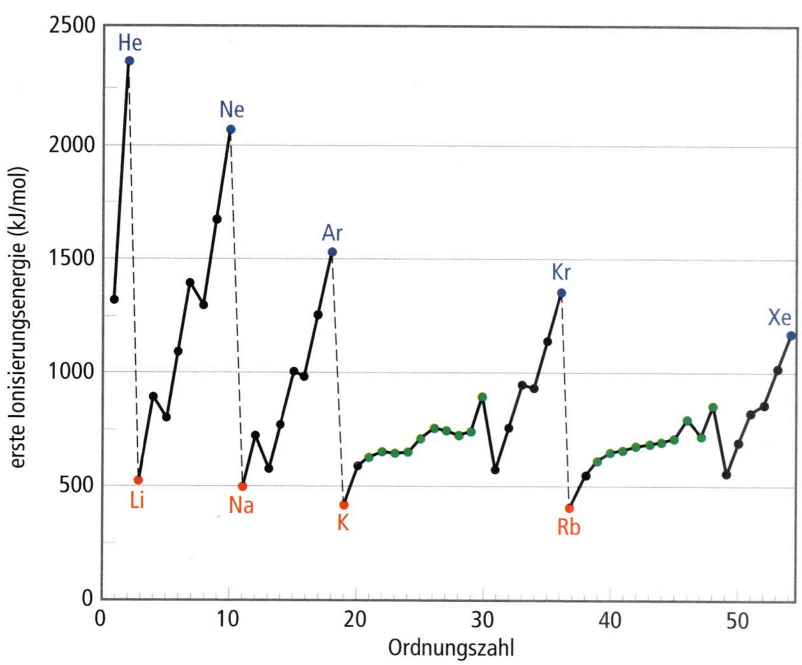

Abbildung 7.8: Erste Ionisierungsenergie (= I_1), aufgetragen gegen Ordnungszahl. Die roten Punkte markieren den Anfang einer Periode (Alkalimetalle), die blauen Punkte markieren das Ende einer Periode (Edelgase) und die schwarzen Punkte kennzeichnen andere Hauptgruppenelemente. Grüne Punkte stehen für die Übergangsmetalle.

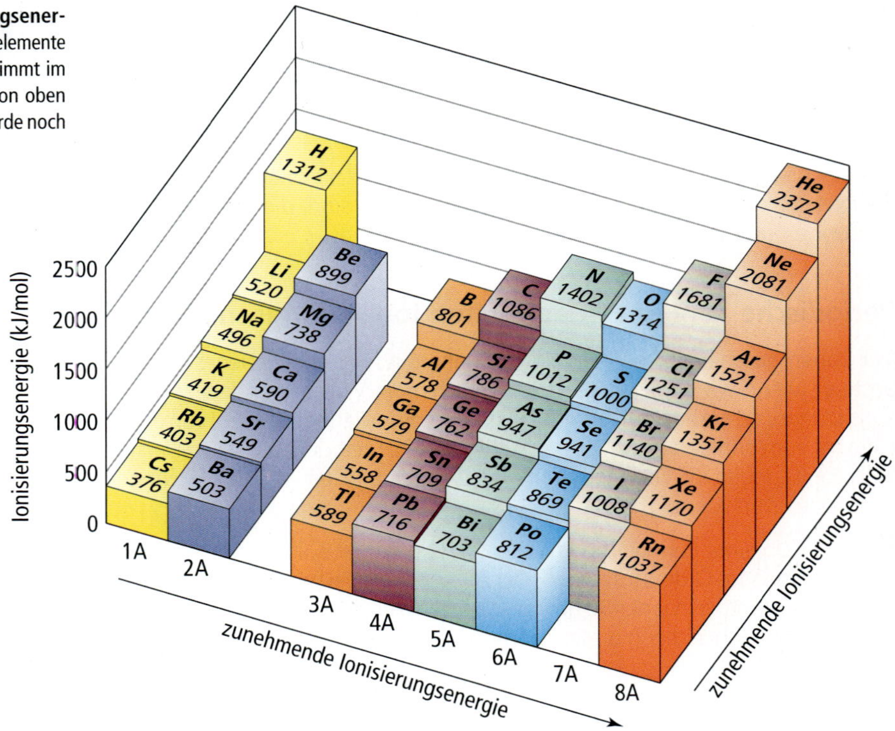

Abbildung 7.9: Tendenzen der ersten Ionisierungsenergie. Erste Ionisierungsenergien für die Hauptgruppenelemente der ersten sechs Perioden. Die Ionisierungsenergie nimmt im Allgemeinen von links nach rechts zu und nimmt von oben nach unten ab. Die Ionisierungsenergie von Astat wurde noch nicht bestimmt.

Die Energie, die nötig ist, um ein Elektron aus der äußersten besetzten Schale zu entfernen, hängt sowohl von der effektiven Kernladung als auch vom durchschnittlichen Abstand des Elektrons vom Kern ab. Wenn wir uns entlang einer Periode bewegen, gibt es sowohl einen Anstieg in der effektiven Kernladung als auch eine Abnahme des Atomradius, was zum Anstieg der Ionisierungsenergie führt. Wenn wir uns aber eine Spalte hinab bewegen, nimmt der Atomradius zu, während sich die effektive Kernladung nur wenig ändert. Somit nimmt die Anziehung zwischen Kern und Elektron ab, was zur Abnahme der Ionisierungsenergie führt.

Die Unregelmäßigkeiten innerhalb einer gegebenen Reihe sind subtiler, können aber noch leicht erklärt werden. Zum Beispiel tritt die Abnahme der Ionisierungsenergie von Beryllium ([He]$2s^2$) nach Bor ([He]$2s^2 2p^1$), wie in den ► Abbildungen 7.8 und 7.9 zu sehen, auf, weil das dritte Valenzelektron von B die $2p$-Unterschale besetzen muss, die in Be unbesetzt ist. Erinnern Sie sich daran, dass die $2p$-Unterschale energetisch höher liegt als die $2s$-Unterschale (siehe ► Abbildung 6.20). Die Abnahme der Ionisierungsenergie beim Übergang von Stickstoff ([He]$2s^2 2p^3$) zu Sauerstoff ([He]$2s^2 2p^4$) beruht auf der Abstoßung von gepaarten Elektronen in der p^4-Konfiguration. Erinnern Sie sich daran, dass entsprechend der Hund'schen Regel jedes Elektron der p^3-Konfiguration sich in einem anderen p-Orbital aufhält, was die Elektron-Elektron-Abstoßung zwischen den drei $2p$-Elektronen verringert.

Tendenzen der ersten Ionisierungsenergie (Video)

Elektronenkonfigurationen von Ionen

Wenn Elektronen aus einem Atom entfernt werden, um ein Kation zu bilden, werden diese immer zuerst aus dem besetzten Orbital mit der höchsten Hauptquantenzahl, n, entfernt. Wenn zum Beispiel ein Elektron aus einem Lithiumatom ($1s^2 2s^1$) entfernt wird, ist dies das $2s^1$-Elektron:

$$Li(1s^2 2s^1) \Rightarrow Li^+(1s^2)$$

Entsprechend werden die $4s^2$-Elektronen entfernt, wenn zwei Elektronen aus $Fe([Ar]3d^6 4s^2)$ entfernt werden.

$$Fe([Ar]3d^6 4s^2) \Rightarrow Fe^{2+}([Ar]3d^6)$$

Wenn ein weiteres Elektron entfernt wird, um Fe^{3+} zu bilden, kommt dieses nun aus einem $3d$-Orbital, da alle Orbitale mit $n = 4$ leer sind.

$$Fe^{2+}([Ar]3d^6) \Rightarrow Fe^{3+}([Ar]3d^5)$$

7.5 Elektronenaffinitäten

Die erste Ionisierungsenergie eines Atoms ist ein Maß für die Energieänderung, die mit der Entfernung eines Elektrons aus dem Atom zur Bildung eines positiv geladenen Ions verbunden ist. Zum Beispiel ist die erste Ionisierungsenergie für $Cl(g)$, 1251 kJ/ mol, die Energieänderung, die mit folgendem Prozess verbunden ist:

$$\textit{Ionisierungsenergie:}\quad \underset{[Ne]3s^2 3p^5}{Cl(g)} \longrightarrow \underset{[Ne]3s^2 3p^4}{Cl^+(g)} + e^- \qquad \Delta E = 1251\ \text{kJ/mol} \qquad (7.4)$$

Der positive Wert der Ionisierungsenergie bedeutet, dass Energie in das Atom gesteckt werden muss, um ein Elektron zu entfernen.

MERKE !

Die Ionisierungsenergie gibt an, wie leicht ein Atom Elektronen abgibt, während die Elektronenaffinität aufzeigt, wie leicht ein Atom Elektronen aufnimmt.

EXTRAS ONLINE Elektronenaffinität (Video)

Des Weiteren können die meisten Atome Elektronen aufnehmen, um negativ geladene Ionen zu bilden. Die Energieänderung, die auftritt, wenn ein Elektron zu einem gasförmigen Atom hinzugefügt wird, wird **Elektronenaffinität** genannt, da sie die Anziehung oder *Affinität* des Atoms für das hinzugefügte Elektron misst. Bei den meisten Atomen wird Energie freigesetzt, wenn ein Elektron hinzugefügt wird. Zum Beispiel wird die Addition eines Elektrons zum Chloratom von einer Energieänderung von –349 kJ/mol begleitet, das negative Vorzeichen zeigt an, dass Energie während des Vorgangs freigesetzt wird. Wir sagen daher, dass die Elektronenaffinität von Cl –349 kJ/mol ist.

$$\textit{Elektronenaffinität:}\quad \underset{[Ne]3s^2 3p^5}{Cl(g)} + e^- \longrightarrow \underset{[Ne]3s^2 3p^6}{Cl^-(g)} \qquad \Delta E = -349\ \text{kJ/mol} \qquad (7.5)$$

Es ist wichtig, den Unterschied zwischen Ionisierungsenergie und Elektronenaffinität zu verstehen: Die Ionisierungsenergie gibt an, wie leicht ein Atom ein Elektron *abgibt*, während die Elektronenaffinität aufzeigt, wie leicht ein Atom Elektronen *aufnimmt*.

Je größer die Anziehung zwischen einem gegebenen Atom und einem hinzugefügten Elektron ist, umso negativer ist die Elektronenaffinität des Atoms. Für einige Elemente, wie z.B. die Edelgase, hat die Elektronenaffinität einen positiven Wert, was bedeutet, dass das Anion energiereicher ist als Atom und Elektron in getrenntem Zustand:

$$\underset{[Ne]3s^2 3p^6}{Ar(g)} + e^- \longrightarrow \underset{[Ne]3s^2 3p^6 4s^1}{Ar^-(g)} \qquad \Delta E > 0 \qquad (7.6)$$

► Abbildung 7.10 zeigt die Elektronenaffinitäten der Hauptgruppenelemente in den ersten fünf Reihen des Periodensystems. Beachten Sie, dass die Tendenzen in den Elektronenaffinitäten, wenn wir uns durch das Periodensystem bewegen, nicht so klar sind, wie sie es für die Ionisierungsenergie waren. Die Halogene, die nur ein Elektron von einer gefüllten p-Unterschale entfernt sind, haben die negativsten Elektronenaffinitäten. Durch Aufnahme eines Elektrons bildet das Halogenatom ein stabiles negatives Ion, das eine Edelgaskonfiguration hat (► Gleichung 7.5). Aber die Aufnahme eines Elektrons durch ein Edelgas würde verlangen, dass sich das Elektron in einer, im neutralen Atom unbesetzten, Unterschale mit höherer Energie aufhalten müsste (► Gleichung 7.6). Da die Besetzung einer Unterschale mit höherer Energie energetisch sehr unvorteilhaft ist, ist die Elektronenaffinität stark positiv. Die Elektronenaffinitäten von Be und Mg sind

1A	2A	3A	4A	5A	6A	7A	8A
H −73							He > 0
Li −60	Be > 0	B −27	C −122	N > 0	O −141	F −328	Ne > 0
Na −53	Mg > 0	Al −43	Si −134	P −72	S −200	Cl −349	Ar > 0
K −48	Ca −2	Ga −30	Ge −119	As −78	Se −195	Br −325	Kr > 0
Rb −47	Sr −5	In −30	Sn −107	Sb −103	Te −190	I −295	Xe > 0

Abbildung 7.10: Elektronenaffinität. Elektronenaffinitäten in kJ/mol für die Hauptgruppenelemente in den ersten fünf Reihen des Periodensystems. Je negativer die Elektronenaffinität, desto größer ist die Anziehung des Elektrons durch das Atom. Eine Elektronenaffinität > 0 zeigt an, dass das negative Ion eine höhere Energie hat als das getrennte Atom und Elektron.

aus dem gleichen Grund positiv; das hinzugefügte Elektron müsste sich in einer vorher leeren *p*-Unterschale aufhalten, die eine höhere Energie hat.

Die Elektronenaffinitäten der Elemente der Gruppe 5A (N, P, As, Sb) sind ebenfalls interessant. Da diese Elemente halbgefüllte *p*-Unterschalen haben, muss das hinzugefügte Elektron in ein bereits besetztes Orbital eingefügt werden, was zu größerer Elektron-Elektron-Abstoßung führt. Als Konsequenz haben diese Elemente Elektronenaffinitäten, die entweder positiv (N) oder weniger negativ als ihre Nachbarn zur linken sind (P, As, Sb).

Elektronenaffinitäten ändern sich nicht signifikant, wenn wir uns innerhalb einer Gruppe hinab bewegen. Zum Beispiel betrachten wir die Elektronenaffinitäten der Halogene (► Abbildung 7.10). Bei F geht das hinzugefügte Elektron in ein 2*p*-Orbital, bei Cl in ein 3*p*-Orbital, für Br in ein 4*p*-Orbital usw. Wenn wir uns von F zu I bewegen, nimmt der durchschnittliche Abstand zwischen dem hinzugefügten Elektron und dem Kern stetig zu, was zu einer Abnahme der Elektron-Kern-Anziehung führt. Wenn wir von F zu I gehen, wird das Orbital, das die äußersten Elektronen aufweist, zunehmend mehr ausgeweitet, wodurch sich die Elektron-Elektron-Abstoßung verringert. Eine geringere Elektron-Kern-Anziehung wird somit durch geringere Elektron-Elektron-Abstoßungen ausgeglichen.

7.6 Metalle, Nichtmetalle und Halbmetalle

Atomradien, Ionisierungsenergien und Elektronenaffinitäten sind Eigenschaften einzelner Atome. Aber mit Ausnahme der Edelgase kommt kein Element atomar vor. Um ein Verständnis für die Periodizität von Elementeigenschaften zu gewinnen, müssen wir auch solche betrachten, die sich auf Atomaggregate beziehen.

Die Elemente können allgemein in die Kategorien Metalle, Nichtmetalle und Halbmetalle (Metalloide) unterteilt werden. Diese Klassifizierung ist in ► Abbildung 7.11 aufgeführt. Ungefähr Dreiviertel der Elemente sind Metalle. Sie befinden sich im linken und mittleren Bereich des Periodensystems. Je mehr ein Element die physikalischen und chemischen Eigenschaften von Metallen auf-

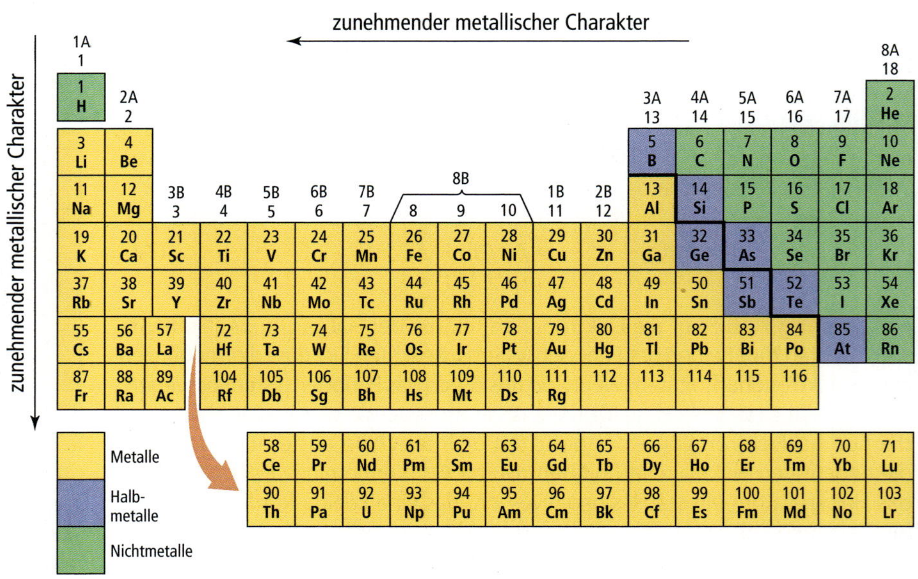

Abbildung 7.11: Metalle, Halbmetalle und Nichtmetalle. Die Mehrheit der Elemente sind Metalle. Der metallische Charakter nimmt von rechts nach links in einer Periode und von oben nach unten in einer Gruppe zu.

Metalle	Nichtmetalle
haben einen Oberflächenglanz in kompakter Form, verschiedene Farben, die meisten sind silbrig	haben meist keinen Glanz, verschiedene Farben
Feststoffe sind verformbar und dehnbar	Feststoffe sind gewöhnlich spröde, manche sind hart, manche sind weich
gute Wärme- und Stromleiter	schlechte Wärme- und Stromleiter
die meisten Metalloxide sind ionische, basische Feststoffe	die meisten Nichtmetalloxide sind molekulare Substanzen, die in Wasser saure Lösungen bilden
tendieren zur Bildung von Kationen in wässrigen Lösungen	tendieren zur Bildung von Anionen oder Oxoanionen in wässrigen Lösungen

Tabelle 7.3: Charakteristische Eigenschaften von Metallen und Nichtmetallen.

weist, umso größer ist sein **metallischer Charakter**. Wie in ► Abbildung 7.11 gezeigt, nimmt der metallische Charakter im Allgemeinen zu, wenn wir eine Spalte des Periodensystems abwärts gehen und nimmt zu, wenn wir von rechts nach links in einer Reihe gehen.

Die Nichtmetalle befinden sich in der oberen rechten Ecke, und die Halbmetalle liegen zwischen den Metallen und Nichtmetallen. Wasserstoff, der sich in der linken oberen Ecke befindet, ist ein Nichtmetall. Dies ist der Grund dafür, dass wir in ► Abbildung 7.11 Wasserstoff von den übrigen Elementen der Gruppe 1A absetzen, indem wir eine Freistelle zwischen dem H-Kästchen und dem Li-Kästchen einfügen. Einige der charakteristischen Eigenschaften von Metallen und Nichtmetallen sind in ► Tabelle 7.3 zusammengefasst.

Metalle

Die meisten metallischen Elemente glänzen in kompakter Form (► Abbildung 7.12). Metalle leiten Wärme und Strom. Sie sind verformbar (können in dünne Scheibchen gehämmert werden) und dehnbar (können zu Drähten gezogen werden). Alle sind bei Zimmertemperatur Feststoffe, mit Ausnahme von Quecksilber (Schmelzpunkt –39 °C), das eine Flüssigkeit ist. Zwei Metalle schmelzen knapp über Zimmertemperatur, Cäsium bei 28,4 °C und Gallium bei 29,8 °C. Viele Metalle schmelzen bei sehr hohen Temperaturen. Zum Beispiel schmilzt Chrom bei 1900 °C.

Metalle tendieren zu niedrigen Ionisierungsenergien und damit zur relativ leichten Bildung von Kationen. Demzufolge werden Metalle oxidiert (sie geben Elektronen ab), wenn sie chemische Reaktionen eingehen.

► Abbildung 7.13 zeigt die Ladungen einiger gängiger Ionen sowohl von Metallen als auch Nichtmetallen. Wie wir in Abschnitt 2.6 erwähnten, ist die Ladung eines Alkalimetallions immer 1+, und die eines Erdalkalimetallions immer 2+ in ihren Verbindungen. Die Atome dieser beiden Gruppen geben die äußeren *s*-Elektronen leicht ab, da dies zu einer Edelgaskonfiguration führt. Die Ladung von Übergangsmetallionen folgt keinem ersichtlichen Muster. Viele Übergangsmetallionen sind zweifach positiv geladen, aber man begegnet auch solchen mit der Ionenladung 1+ und 3+. Eine der charakteristischen Eigenschaften der Übergangsmetalle ist ihre Fähigkeit, nicht nur ein positives Ion zu bilden. Zum Beispiel kann Eisen in einigen Verbindungen als zweifach und in anderen als dreifach geladenes Eisenion vorliegen.

Abbildung 7.12: Der Glanz von Metallen. Metallische Objekte kann man leicht an ihrem charakteristischen Oberflächenglanz erkennen.

MERKE !

Metalle tendieren zu niedrigen Ionisierungsenergien und damit zur Bildung von Kationen durch Elektronenabgabe (Oxidation).

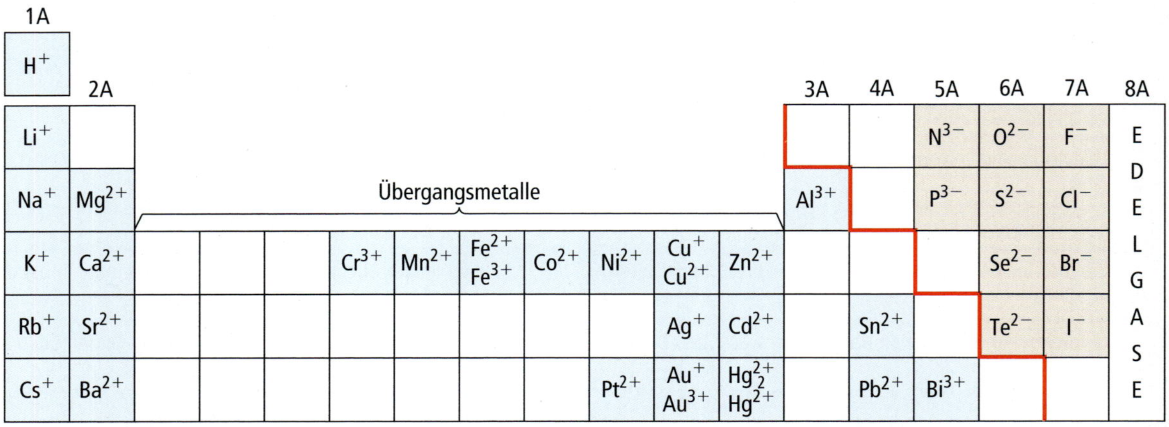

Abbildung 7.13: Häufige Ionen. Ladungen einiger häufiger Ionen in ionischen Verbindungen. Beachten Sie, dass die treppenförmige Linie, die die Metalle von den Nichtmetallen trennt, auch Kationen von Anionen trennt.

MERKE !

Metallen und Nichtmetallen reagieren meist zu ionischen Verbindungen.

Die meisten Metalloxide sind basisch, d. h. sie reagieren mit Wasser unter der Bildung von Hydroxid-Ionen.

EXTRAS ONLINE Säure-Base-Verhalten von Oxiden (Video)

Verbindungen von Metallen mit Nichtmetallen sind in der Regel ionisch aufgebaut. Zum Beispiel sind die meisten Metalloxide und -halogenide ionische Feststoffe. Zur Veranschaulichung: Die Reaktion zwischen dem Metall Nickel und Sauerstoff ergibt Nickeloxid, einen ionischen Feststoff aus Ni^{2+}- und O^{2-}-Ionen:

$$2\,Ni(s) + O_2(g) \longrightarrow 2\,NiO(s) \qquad (7.7)$$

Die meisten Metalloxide sind basisch. Diejenigen, die sich in Wasser lösen, reagieren so, dass sie Metallhydroxide, wie in den folgenden Beispielen, bilden:

$$\text{Metalloxid} + \text{Wasser} \longrightarrow \text{Metallhydroxid}$$

$$Na_2O(s) + H_2O(l) \longrightarrow 2\,Na^+(aq) + 2OH^-(aq) \qquad (7.8)$$

$$CaO(s) + H_2O(l) \longrightarrow Ca^{2+}(aq) + 2OH^-(aq) \qquad (7.9)$$

Die Basizität der Metalloxide beruht auf dem Oxid-Ion, das mit Wasser wie folgt reagiert:

$$O^{2-} + H_2O(l) \longrightarrow 2\,OH^-(aq) \qquad (7.10)$$

Metalloxide zeigen ihre Basizität auch dadurch, dass sie mit Säuren unter Bildung eines Salzes und Wasser reagieren, wie in ► Abbildung 7.14 gezeigt:

$$\text{Metalloxid} + \text{Säure} \longrightarrow \text{Salz} + \text{Wasser}$$

$$NiO(s) + 2\,H^+(aq) + 2\,Cl^-(aq) \longrightarrow Ni^{2+}(aq) + 2\,Cl^-(aq) + H_2O(l) \qquad (7.11)$$

Im Gegensatz dazu werden wir sehen, dass Nichtmetalloxide beim Lösen in Wasser saure Lösungen bilden und mit Basen zu Salzen reagieren.

(a) (b)

NiO

Abbildung 7.14: Metalloxide reagieren mit Säuren. (a) Nickeloxid (NiO), Salpetersäure (HNO_3) und Wasser. (b) NiO ist in Wasser unlöslich, reagiert aber mit HNO_3 zu einer grünen Lösung des Salzes $Ni(NO_3)_2$.

Nichtmetalle

Nichtmetalle können sich stark in ihrer Erscheinungsform unterscheiden (▶ Abbildung 7.15). Sie sind im Allgemeinen schlechte Wärme- und Stromleiter. Ihre Schmelzpunkte liegen in der Regel unter denen der Metalle. Unter gewöhnlichen Bedingungen existieren sieben Nichtmetalle als zweiatomige Moleküle. Fünf davon sind Gase (H_2, N_2, O_2, F_2 und Cl_2), eines ist eine Flüssigkeit (Br_2) und eines ist ein flüchtiger Feststoff (I_2). Die anderen Nichtmetalle sind Feststoffe, wie z. B. Kohlenstoff in Form von Graphit und Diamant oder Schwefel.

Abbildung 7.15: Die Vielfalt der Nichtmetalle. Gezeigt sind hier (von links im Uhrzeigersinn) Kohlenstoff in Form von Graphit, Schwefel, weißer Phosphor (unter Wasser aufbewahrt) und Iod.

Aufgrund ihrer Elektronenaffinitäten tendieren Nichtmetalle dazu, Elektronen aufzunehmen, wenn sie mit Metallen reagieren. Zum Beispiel ergibt die Reaktion von Aluminium mit Brom Aluminiumbromid, eine ionische Verbindung, die aus Aluminium-Ionen (Al^{3+}) und aus Bromid-Ionen (Br^-) aufgebaut ist.

$$2\,Al(s) + 3\,Br_2(l) \longrightarrow 2\,AlBr_3(s) \qquad (7.12)$$

Ein Nichtmetall wird üblicherweise so viele Elektronen aufnehmen, um seine äußerste besetzte *p*-Unterschale aufzufüllen, damit es Edelgaskonfiguration erreicht. Zum Beispiel nimmt das Brom-Atom ein Elektron auf, um seine 4*p*-Unterschale zu füllen.

$$Br([Ar]4s^2 3d^{10} 4p^5) + e^- \Rightarrow Br^-([Ar]4s^2 3d^{10} 4p^6)$$

Verbindungen, die nur aus Nichtmetallen zusammengesetzt sind, sind meist molekulare Substanzen. Zum Beispiel sind die Oxide, Halogenide und Hydride der Nichtmetalle molekulare Verbindungen, die bei Zimmertemperatur Gase, Flüssigkeiten oder niedrigschmelzende Feststoffe sind.

Die meisten Nichtmetalloxide bilden in wässriger Lösung Säuren:

Nichtmetalloxid + Wasser ⟶ Säure

$$CO_2(g) + H_2O(l) \longleftarrow H_2CO_3(aq) \qquad (7.13)$$

$$P_4O_{10}(s) + 6\,H_2O(l) \longrightarrow 4\,H_3PO_4(aq) \qquad (7.14)$$

Die Säure protolysieren in der wässrigen Lösung unter Bindung von H_3O^+-Ionen Wie Säuren lösen sich die meisten Nichtmetalloxide in basischen Lösungen unter Bildung von Salz und Wasser.

Nichtmetalloxid + Base ⟶ Salz + Wasser

$$CO_2(g) + 2\,Na^+(aq) + 2\,OH^-(aq) \longrightarrow 2\,Na^+(aq) + CO_3^{2-}(aq) + H_2O(l) \qquad (7.15)$$

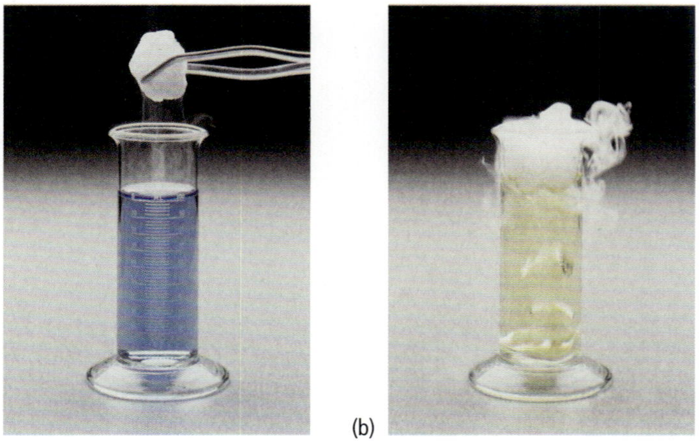

(a) (b)

Abbildung 7.16: Die Reaktion von CO_2 mit Wasser. (a) Das Wasser wurde leicht basisch gemacht und enthält ein paar Tropfen Bromthymolblau, ein Säure-Base-Indikator, der in basischer Lösung blau ist. (b) Bei der Zugabe von Trockeneis (festes CO_2), wechselt die Farbe zu gelb, was eine saure Lösung anzeigt. Der Nebel rührt von Wassertröpfchen her, die sich durch Kondensation des in der Luft enthaltenen gasförmigen Wassers bilden.

Abbildung 7.17: Elementares Silicium. Silicium ist ein Beispiel für ein Halbmetall. Obwohl es metallisch aussieht, ist Silicium spröde und im Vergleich zu Metallen ein schlechter Wärme- und Stromleiter. Große Siliciumkristalle werden in dünne Scheiben geschnitten, die in integrierten Schaltkreisen Verwendung finden.

EXTRAS ONLINE Gruppentendenzen der unedlen Metalle

EXTRAS ONLINE Gruppentendenzen ausgewählter Nichtmetalle

Halbmetalle (Metalloide)

Halbmetalle besitzen Eigenschaften, die zwischen denen von Metallen und Nichtmetallen liegen. Sie zeigen *teilweise* metallische Eigenschaften. Zum Beispiel sieht Silicium wie ein Metall aus (► Abbildung 7.17), ist aber eher spröde als verformbar und es ist ein viel schlechterer Wärme- und Stromleiter als ein Metall.

Einige der Halbmetalle, vor allem Silicium, sind elektrische Halbleiter und sie sind die Elemente, die hauptsächlich bei der Herstellung von integrierten Schaltkreisen und Computerchips verwendet werden.

Grundlegende Konzepte der chemischen Bindung

8

ÜBERBLICK

BIOGRAPHIE

Der amerikanische Chemiker **Gilbert Newton Lewis (1875–1946)** wurde in Weymouth (Massachusetts) geboren. Im Jahr 1899 promovierte er an der Universität Harvard in Boston. Ihm gelang als erstem die Herstellung schweren Wassers (D_2O) mit schwerem Wasserstoff (Deuterium) anstelle des üblichen ^1H. Da schweres Wasser als Moderator für schnelle Neutronen geeignet ist, hat es eine wichtige Rolle bei der Entwicklung der Atombombe und von Kernreaktoren gespielt. Lewis begann seine Laufbahn als Professor am *Massachusetts Instiute of Technology* (MIT) und wechselte 1912 an die *University of California* in Berkeley.

In den meisten Restaurants können Sie erwarten, zwei weiße kristalline Substanzen auf dem Tisch zu finden: Tafelsalz und Kristallzucker. Trotz ihres ähnlichen Aussehens sind Salz und Zucker sehr unterschiedliche Substanzen. Tafelsalz ist Natriumchlorid, NaCl, das aus Natriumionen (Na^+) und Chloridionen (Cl^-) besteht. Die Anziehung zwischen den entgegengesetzt geladenen Ionen, die *Ionenbindung*, bedingt den strukturellen Zusammenhalt der Verbindung. Im Gegensatz dazu enthält Kristallzucker keine Ionen. Stattdessen besteht er aus Saccharose-Molekülen, $C_{12}H_{22}O_{11}$, in denen die *kovalenten Bindungen* die Atome zusammenhalten. Eine Konsequenz aus den unterschiedlichen Bindungsarten in Salz und Zucker ist ihr unterschiedliches Verhalten in Wasser: NaCl ist ein Elektrolyt, der in wässriger Lösung in Ionen dissoziiert vorliegt. In der wässrigen Lösung des Nichtelektrolyten Saccharose sind Saccharosemoleküle im Lösemittel Wasser verteilt.

8.1 Chemische Bindungen, Lewis-Symbole und die Oktettregel

Es gibt drei allgemeine Arten von chemischen Bindungen: Ionenbindung, kovalente (oder Atom-)Bindung und metallische (oder Metall-)Bindung.

Der Begriff **Ionenbindung** bezieht sich auf elektrostatische Kräfte, die zwischen Ionen mit entgegengesetzter Ladung bestehen. Ionen können sich aus Atomen, durch den Übergang von einem oder mehreren Elektronen von einem Atom zum anderen, bilden.

Eine **kovalente Bindung** entsteht aus gemeinsamen Elektronen zweier Atome. Wir widmen einen großen Teil dieses und des nächsten Kapitels der Beschreibung und dem Verständnis der kovalenten Bindungen.

Metallbindungen findet man in Metallen, wie z. B. Kupfer, Eisen und Aluminium. Jedes Atom in einem Metall ist mit mehreren Nachbaratomen verbunden. Die Bindungselektronen können sich relativ frei durch die dreidimensionale Struktur des Metalls bewegen. Metallbindungen führen zu so typischen Metalleigenschaften wie hohe elektrische Leitfähigkeit und Glanz. Wir werden diese Bindungen in Kapitel 23 untersuchen.

Abbildung 8.1: Chemische Bindungen. Beispiele für Substanzen, in denen (a) ionische Bindungen, (b) kovalente Bindungen und (c) Metallbindungen vorliegen.

Lewis-Symbole

Die an chemischen Bindungen beteiligten Elektronen sind die *Valenzelektronen*, die sich meist in der äußersten zu besetzenden Schale eines Atoms befinden (siehe Abschnitt 6.8). Der amerikanische Chemiker G. N. Lewis (1875–1946) verwendete die heute als Lewis-Symbole bekannte Darstellung von Atomen.

Das **Lewis-Symbol** für ein Element besteht aus dem chemischen Symbol des Elements plus einem Punkt für jedes Valenzelektron. Schwefel hat z. B. die Elektronenkonfiguration [Ne]$3s^23p^4$; sein Lewis-Symbol zeigt daher 6 Valenzelektronen:

$$\cdot\ddot{\underset{\cdot\cdot}{S}}\cdot$$

► Tabelle 8.1 zeigt die Elektronenkonfigurationen und Lewis-Symbole für die Hauptgruppenelemente der zweiten und dritten Reihe des Periodensystems. Beachten Sie, dass die Anzahl der Valenzelektronen für jedes Hauptgruppenelement gleich der Gruppennummer des Elements ist.

Element	Elektronen-konfiguration	Lewis-Symbol
Li	[He]$2s^1$	Li·
Be	[He]$2s^2$	·Be·
B	[He]$2s^22p^1$	$\cdot\dot{B}\cdot$
C	[He]$2s^22p^2$	$\cdot\dot{\underset{\cdot}{C}}\cdot$
N	[He]$2s^22p^3$	$\cdot\ddot{\underset{\cdot}{N}}\cdot$
O	[He]$2s^22p^4$	$\cdot\ddot{\underset{\cdot\cdot}{O}}\cdot$
F	[He]$2s^22p^5$	$:\ddot{\underset{\cdot}{F}}:$
Ne	[He]$2s^22p^6$	$:\ddot{\underset{\cdot\cdot}{Ne}}:$
Na	[Ne]$3s^1$	Na·
Mg	[Ne]$3s^2$	·Mg·
Al	[Ne]$3s^23p^1$	$\cdot\dot{Al}\cdot$
Si	[Ne]$3s^23p^2$	$\cdot\dot{\underset{\cdot}{Si}}\cdot$
P	[Ne]$3s^23p^3$	$\cdot\ddot{\underset{\cdot}{P}}\cdot$
S	[Ne]$3s^23p^4$	$\cdot\ddot{\underset{\cdot\cdot}{S}}\cdot$
Cl	[Ne]$3s^23p^5$	$:\ddot{\underset{\cdot}{Cl}}:$
Ar	[Ne]$3s^23p^6$	$:\ddot{\underset{\cdot\cdot}{Ar}}:$

Tabelle 8.1: Lewis-Symbole.

Die Oktettregel

Atome nehmen oft so viele Elektronen auf oder geben so viele Elektronen ab oder teilen sich Elektronen, dass sie die gleiche Anzahl Elektronen wie das Edelgas besitzen, das ihnen im Periodensystem am nächsten steht. Die Edelgase haben eine sehr stabile Elektronenanordnung, was man an der hohen Ionisierungsenergie, der geringen Affinität für zusätzliche Elektronen und der allgemeinen chemischen Reaktionsträgheit sieht. Da alle Edelgase (außer He) acht Valenzelektronen besitzen, haben viele Atome, nachdem sie Reaktionen eingegangen sind, acht Valenzelektronen. Diese Beobachtung hat zu der **Oktettregel** geführt: *Atome neigen zur Aufnahme, Abgabe oder Beanspruchung gemeinsamer Elektronen, bis sie von acht (bzw. zwei) Valenzelektronen umgeben sind.*

Ein Elektronen-Oktett besteht aus vollen *s*- und *p*-Unterschalen in einem Atom. Als Lewis-Symbol kann ein Oktett als vier um das Atom herum angeordnete Paare von Valenzelektronen angesehen werden, wie z. B. das Lewis-Symbol für Ne in ► Tabelle 8.1. Es gibt viele Ausnahmen von der Oktettregel, aber sie liefert eine Orientierungsgrundlage für die Einführung vieler wichtiger Bindungskonzepte.

8.2 Ionenbindung

Wenn geschmolzenes Natrium, mit Chlorgas, $Cl_2(g)$, in Kontakt gebracht wird, erfolgt eine heftige Reaktion (► Abbildung 8.2). Das Produkt dieser sehr exothermen Reaktion ist Natriumchlorid, NaCl(*s*):

$$Na(s) + \tfrac{1}{2}\,Cl_2(g) \longrightarrow NaCl(s) \qquad \Delta_f H^\circ = -410{,}9\ \text{kJ} \tag{8.1}$$

Wie in ► Abbildung 8.3 dargestellt, besteht Natriumchlorid aus Na^+- und Cl^--Ionen in einer regulären dreidimensionalen Anordnung.

Die Bildung von Na^+ aus Na und Cl^- aus Cl-Atomen (die durch die homolytische Spaltung von Cl_2-Molekülen entstehen) zeigt, dass ein Elektron von einem Natriumatom abgegeben und von einem Chloratom aufgenommen wurde – wir können uns einen *Elektronenübergang* vom Na-Atom zum Cl-Atom vorstellen. Zwei der Atomeigenschaften, die wir in Kapitel 7 diskutiert haben, geben uns einen Hinweis darauf, wie bereitwillig ein Elektronenübergang stattfindet: Ein Elektronenübergang unter Bildung von entgegengesetzt geladenen Ionen tritt auf, wenn eines der Atome bereitwillig ein Elektron abgibt (niedrige Ionisierungsenergie) und das andere Atom bereitwillig ein Elektron aufnimmt (hohe Elektronenaffinität). Folglich ist NaCl eine typische Ionenverbindung, da es aus einem Metall mit einer

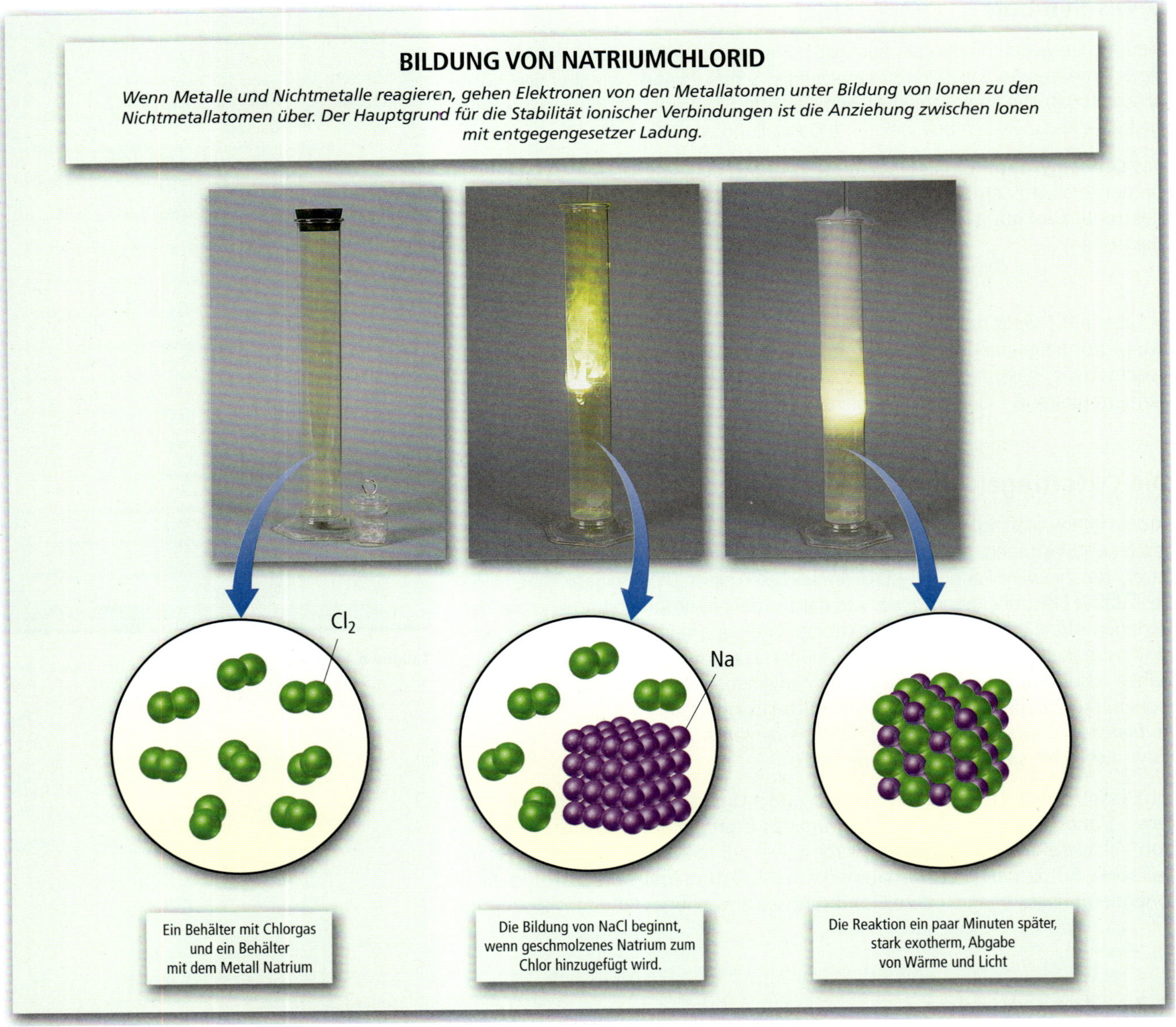

Abbildung 8.2: Bildung von Natriumchlorid.

niedrigen Ionisierungsenergie und einem Nichtmetall mit hoher Elektronenaffinität entstanden ist. Mit Lewis-Symbolen und mit einem Chloratom anstelle des Cl_2-Moleküls können wir diese Reaktion wie folgt darstellen:

$$\mathrm{Na}\cdot + \cdot\ddot{\underset{\cdot\cdot}{\mathrm{Cl}}}\!: \longrightarrow \mathrm{Na}^{+} + [:\ddot{\underset{\cdot\cdot}{\mathrm{Cl}}}:]^{-} \qquad (8.2)$$

Der blaue Pfeil deutet den Übergang eines Elektrons vom Na-Atom zum Cl-Atom an. Jedes Ion besitzt ein Elektronenoktett, wobei das Oktett in Na^+ die $2s^22p^6$-Elektronen sind. Wir haben eine Klammer um das Chloridion geschrieben, um zu betonen, dass sich alle acht Elektronen ausschließlich am Cl^--Ion befinden.

MERKE !

Die Energie, die nötig ist, um ein Mol einer festen ionischen Verbindung in seine gasförmigen Ionen zu trennen, nennt man Gitterenergie.

Energetik der Ionenbindungsbildung

Wie aus ► Abbildung 8.2 ersichtlich, ist die Reaktion von Natrium mit Chlor exotherm (vergleiche $\Delta_f H° = -410{,}9$ kJ, ► Gleichung 8.1)

Der Hauptgrund dafür, dass Ionenverbindungen stabil sind, ist die Anziehung zwischen Ionen mit entgegengesetzter Ladung. Ein Maß dafür, wie sehr die Anordnung der entgegengesetzt geladenen Ionen in einem ionischen Feststoff zur Stabilität der Verbindung beiträgt, ist die **Gitterenergie**. *Diese Energie ist nötig, um ein Mol einer festen ionischen Verbindung in seine gasförmigen Ionen zu trennen.*

Um eine Vorstellung von diesem Vorgang zu erhalten, nehmen Sie an, dass sich die in ► Abbildung 8.3 gezeigte Struktur von innen heraus ausdehnt, so dass die Abstände zwischen den Ionen zunehmen, bis die Ionen sehr weit voneinander entfernt sind. Dieser Vorgang benötigt 788 kJ/mol, was dem Wert der Gitterenergie entspricht:

$$NaCl(s) \longrightarrow Na^+(g) + Cl^-(g) \qquad \Delta H_{Gitter} = +788\ kJ/mol \qquad (8.3)$$

Beachten Sie, dass dieser Vorgang stark endotherm ist. Der umgekehrte Vorgang – der Aufbau eines Ionengitters $NaCl(s)$ aus $Na^+(g)$ und $Cl^-(g)$ – ist daher stark exotherm ($\Delta H = -788$ kJ/mol).

► Tabelle 8.2 listet die Gitterenergien für NaCl und andere Ionenverbindungen auf. Die hohen Gitterenergien zeigen an, dass eine starke elektrostatische Anziehung zwischen den entgegengesetzt geladenen Ionen des Feststoffes besteht. Die starken Anziehungen führen dazu, dass die meisten ionischen Verbindungen hart und spröde sind und einen hohen Schmelzpunkt haben, z. B. schmilzt NaCl bei 801 °C.

Die Größe der Gitterenergie einer ionisch aufgebauten Verbindung hängt von den Ladungen der Ionen, ihrer Größe und ihrer Anordnung im Feststoff ab. Wir haben in Kapitel 5 gesehen, dass die elektrostatische potenzielle Energie zweier interagierender geladener Teilchen durch

$$E_{el} = \frac{\kappa Q_1 \cdot Q_2}{d} \qquad (8.4)$$

gegeben ist. In dieser Gleichung sind Q_1 und Q_2 die Ladungen der Teilchen, d ist der Abstand zwischen ihren Zentren und κ ist eine Konstante, $8{,}99 \times 10^9$ $J \cdot m/C^2$ (siehe Abschnitt 5.1). ► Gleichung 8.4 deutet an, dass die anziehende Wechselwirkung zwischen zwei entgegengesetzt geladenen Ionen zunimmt, wenn die Größe der Ionenladung zunimmt und der Abstand zwischen ihren Zentren abnimmt. *Folglich steigt, für eine gegebene Anordnung von Ionen, die Gitterenergie mit zunehmender Ladung der Ionen und fällt, wenn ihre Radien zunehmen.*

Die Energetik der Ionenbindungsbildung hilft bei der Erklärung, warum viele Ionen Edelgaskonfigurationen haben. Zum Beispiel verliert Natrium bereitwillig ein Elektron, um Na^+ zu bilden, welches die gleiche Konfiguration wie Ne hat:

$$\begin{array}{ll} Na & 1s^2 2s^2 2p^6 3s^1 = [Ne]3s^1 \\ Na^+ & 1s^2 2s^2 2p^6 \quad = [Ne] \end{array}$$

Ein Cl-Atom nimmt leicht ein Elektron auf, um Cl^- zu bilden, das die gleiche Elektronenkonfiguration wie Ar hat:

$$\begin{array}{ll} Cl & 1s^2 2s^2 2p^6 3s^2 3p^5 = [Ne]3s^2 3p^5 \\ Cl^- & 1s^2 2s^2 2p^6 3s^2 3p^6 = [Ne]3s^2 3p^6 = [Ar] \end{array}$$

Ionenverbindungen der Hauptgruppen-Metalle der Gruppen 1A, 2A und 3A enthalten Kationen mit den Ladungen 1+, 2+ und 3+. Ähnlich enthalten Ionenverbindungen der Hauptgruppen-Nichtmetalle der Gruppen 5A, 6A und 7A gewöhnlich Anionen der Ladung 3–, 2– und 1–. Obwohl wir kaum Ionenverbindungen der Nichtmetalle der Gruppe 4A (C, Si und Ge) finden, sind die schwersten Elemente der Gruppe 4A (Sn und Pb) Metalle und man findet sie gewöhnlich als Kationen in Ionenverbindungen: Sn^{2+} und Pb^{2+}. Dieses Verhalten

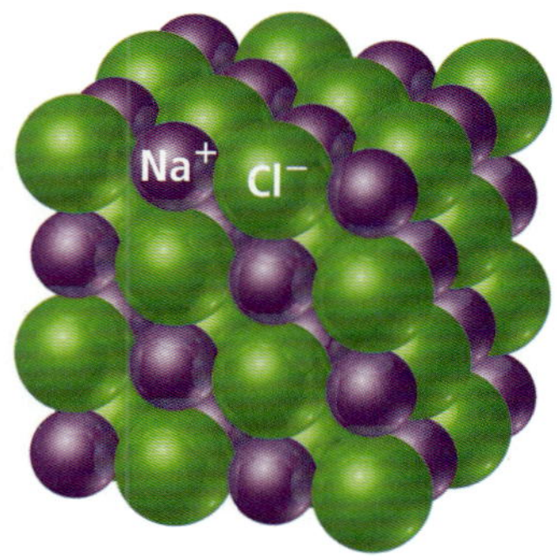

Abbildung 8.3: Die Kristallstruktur von Natriumchlorid. In einer unendlichen dreidimensionalen Anordnung von Ionen ist jedes Na^+-Ion von sechs Cl^--Ionen umgeben und jedes Cl^--Ion ist von sechs Na^+-Ionen umgeben.

Verbindung	Gitterenergie (kJ /mol)
LiF	1030
LiCl	834
LiI	730
NaF	910
NaCl	788
NaBr	732
NaI	682
KF	808
KCl	701
KBr	671
CsCl	657
CsI	600
$MgCl_2$	2326
$SrCl_2$	2127
MgO	3795
CaO	3414
SrO	3217
ScN	7547

Tabelle 8.2: Gitterenergien einiger ionischer Verbindungen.

NÄHER HINGESCHAUT

Berechnung von Gitterenergien: Der Born-Haber-Kreisprozess

Gitterenergie ist ein nützliches Konzept, da es direkt mit der Stabilität eines ionischen Feststoffs zusammenhängt. Leider kann die Gitterenergie nicht direkt durch ein Experiment bestimmt werden. Sie kann aber berechnet werden, wenn man sich die Bildung einer ionischen Verbindung als eine Reihe eindeutig definierter Schritte vergegenwärtigt. Wir können dann den Hess'schen Satz (siehe Abschnitt 5.6) anwenden, um diese Schritte so zusammenzusetzen, dass wir die Gitterenergie für die Verbindung erhalten. Wenn wir so vorgehen, konstruieren wir einen **Born-Haber-Kreisprozess**, einen thermochemischen Kreisprozess, benannt nach den deutschen Wissenschaftlern Max Born (1882–1970) und Fritz Haber (1868–1934), die ihn einführten, um die Faktoren zu analysieren, die zur Stabilität ionischer Verbindungen beitragen.

Im Born-Haber-Kreisprozess für NaCl betrachten wir die Bildung von NaCl (*s*) aus den Elementen Na (*s*) und Cl_2 (*g*) auf zwei verschiedenen Wegen, wie in ► Abbildung 8.4 gezeigt Die Enthalpieänderung für den direkten Weg (roter Pfeil) ist die Bildungswärme von NaCl (*s*):

$$Na(s) + \tfrac{1}{2}\, Cl_2(g) \longrightarrow NaCl(s) \quad \Delta_f H°[NaCl(s)] = -411\ kJ \qquad (8.5)$$

Der indirekte Weg besteht aus fünf Schritten, in ► Abbildung 8.4 mit grünen Pfeilen dargestellt. Zuerst generieren wir gasförmige Natrium-Atome, indem wir Natriummetall verdampfen. Dann bilden wir gasförmige Chloratome, indem wir die Bindungen in den Cl_2-Molekülen aufbrechen. Die Enthalpieänderungen für diese Vorgänge sind als Bildungsenthalpien nachzuschlagen (Anhang B):

$$Na(s) \longrightarrow Na(g) \qquad \Delta_f H°[Na(g)] = 108\ kJ \qquad (8.6)$$

$$\tfrac{1}{2}\, Cl_2(g) \longrightarrow Cl(g) \qquad \Delta_f H°[Cl(g)] = 122\ kJ \qquad (8.7)$$

Diese beiden Vorgänge sind endotherm; es muss Energie aufgebracht werden, um gasförmige Natrium- und Chloratome zu bilden.

In den nächsten beiden Schritten entfernen wir das Elektron aus Na(*g*), um $Na^+(g)$ zu bilden und dann fügen wir ein Elektron zu Cl(*g*) hinzu, um $Cl^-(g)$ zu bilden. Die Enthalpieänderungen für diese Vorgänge sind gleich der ersten Ionisierungsenergie für Na, I_1(Na), bzw. der Elektronenaffinität für Cl, *E*(Cl) (siehe Abschnitte 7.4, 7.5):

$$Na(g) \longrightarrow Na^+(g) + e^- \qquad \Delta H = I_1(Na) = 496\ kJ \qquad (8.8)$$

$$Cl(g) + e^- \longrightarrow Cl^-(g) \qquad \Delta H = E(Cl) = -349\ kJ \qquad (8.9)$$

Schließlich vereinen wir die gasförmigen Natrium- und Chlorid-Ionen zu festem Natriumchlorid. Da dieser Prozess einfach die Umkehrung des Aufbrechens eines Ionengitters ist, ist die Enthalpieänderung der negative Wert der Gitterenergie, die Größe, die wir bestimmen wollen:

$$Na^+(g) + Cl^-(g) \longrightarrow NaCl(s) \qquad \Delta H = -\Delta H_{Gitter} = ? \qquad (8.10)$$

Die Summe der fünf Schritte auf diesem indirekten Weg ergibt die Bildung von NaCl(*s*) aus Na(*s*) und ½ Cl_2(*g*). Folglich wissen wir aus dem Hess'schen Satz, dass die Summe der Enthalpieänderungen für diese fünf Schritte gleich der Enthalpieänderung für den direkten Weg ist, dargestellt durch den roten Pfeil, ► Gleichung 8.5:

$$\Delta_f H°[NaCl(s)] = \Delta_f H°[Na(g)] + \Delta_f H°[Cl(g)] + I_1(Na) + E(Cl) - \Delta H_{Gitter}$$

$$-411\ kJ = 108\ kJ + 122\ kJ + 496\ kJ - 349\ kJ - \Delta H_{Gitter}$$

Aufgelöst nach ΔH_{Gitter}:

$$\Delta H_{Gitter} = 108\ kJ + 122\ kJ + 496\ kJ - 349\ kJ + 411\ kJ = 788\ kJ$$

Folglich ist die Gitterenergie für NaCl 788 kJ/mol.

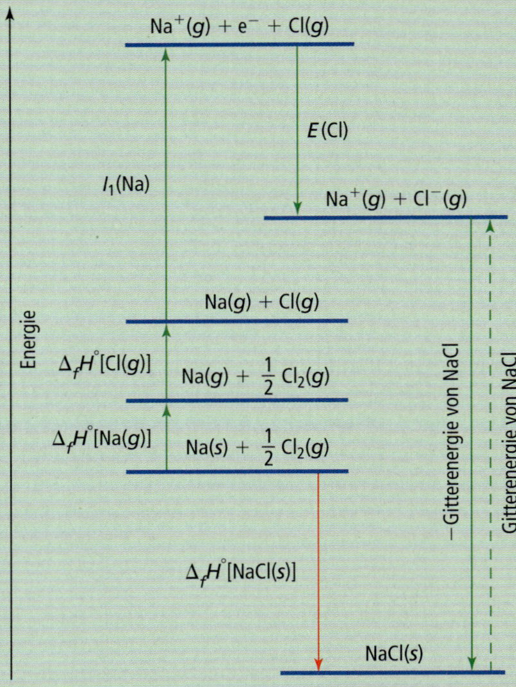

Abbildung 8.4: Der Born-Haber-Kreisprozess. Diese Darstellung zeigt die energetischen Beziehungen bei der Bildung von ionischen Feststoffen aus den Elementen. Nach dem Hess'schen Satz ist die Bildungsenthalpie für NaCl(*s*) aus elementarem Natrium und Chlor (► Gleichung 8.5) gleich der Summe der Energien der verschiedenen Einzelschritte (► Gleichungen 8.6 bis 8.10).

stimmt mit dem zunehmenden metallischen Charakter überein, den man findet, wenn man eine Spalte im Periodensystem hinab geht.

Mehratomige Ionen (Molekülionen)

Mehrere Kationen und viele gängige Anionen sind polyatomar. Beispiele hierfür sind das Ammonium-Ion, NH_4^+, und das Carbonat-Ion, CO_3^{2-}. In polyatomaren Ionen sind zwei oder mehr Atome durch überwiegend kovalente Bindungen aneinander gebunden. Sie bilden eine stabile Gruppierung, die entweder eine positive oder eine negative Ladung trägt und oft als Molekülion bezeichnet wird.

8.3 Kovalente Bindung

Ionische Substanzen besitzen einige charakteristische Eigenschaften. Sie sind gewöhnlich spröde Substanzen mit hohen Schmelzpunkten. Meistens sind sie kristallin, d. h. die Feststoffe haben glatte Oberflächen, die in charakteristischem Winkel zueinander stehen. Ionische Kristalle können oft gespalten werden, d. h. sie brechen entlang ebener, glatter Oberflächen.

Die überwiegende Mehrheit der chemischen Substanzen hat nicht die Eigenschaften von ionischen Materialien. Die meisten Substanzen, mit denen wir täglich in Kontakt kommen – sind Gase, Flüssigkeiten oder Feststoffe mit niedrigem Schmelzpunkt.

Für die sehr große Klasse der Substanzen, die sich nicht wie ionische Substanzen verhalten, brauchen wir ein anderes Bindungsmodell. G. N. Lewis stellte die Überlegungen an, dass Atome eine Edelgaselektronenkonfiguration erlangen könnten, wenn sie Elektronen mit anderen Atomen teilen. Eine Bindung, die durch ein gemeinsames Elektronenpaar erfolgt wird *kovalente Bindung* (*Atombindung = Elektronenpaarbindung*) genannt.

Bindungsbildung in H_2 (Video)

Das Wasserstoffmolekül, H_2, stellt das einfachste Beispiel für eine kovalente Bindung dar. Wenn zwei Wasserstoffatome sich nähern, treten elektrostatische Wechselwirkungen zwischen ihnen auf. Die beiden positiv geladenen Kerne stoßen sich gegenseitig ab ebenso die beiden negativ geladenen Elektronen. Der Kern und die Elektronen ziehen sich gegenseitig an, wie in ► Abbildung 8.5 dargestellt. Da H_2-Moleküle als stabile Einheiten existieren, müssen die anziehenden Kräfte die abstoßenden übersteigen. Warum ist dies so?

Quantenmechnische Berechnungen ergeben, dass die Atome in H_2 hauptsächlich dadurch zusammenhalten, weil die beiden Kerne elektrostatisch von der Konzentration an negativer Ladung zwischen ihnen angezogen werden.

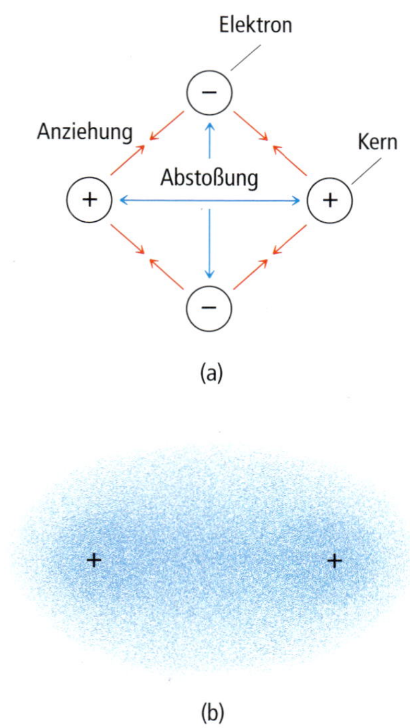

Abbildung 8.5: Die kovalente Bindung in H_2. (a) Die Anziehungen und Abstoßungen zwischen Elektronen und Kernen im Wasserstoffmolekül. (b) Elektronenverteilung im H_2-Molekül. Die Konzentration der Elektronendichte zwischen den Kernen führt zu einer Nettoanziehungskraft, der kovalenten Bindung, die das Molekül zusammenhält.

Valenzstrichformeln

Die Bildung kovalenter Bindungen kann mit Lewis-Symbolen für die beteiligten Atome dargestellt werden. Zum Beispiel kann die Bildung des H_2-Moleküls aus zwei H-Atomen dargestellt werden als

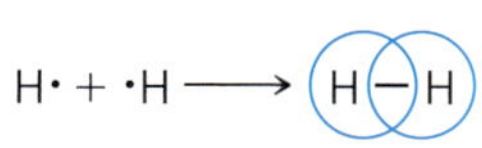

Auf diese Art und Weise benutzt jedes Wasserstoffatom ein zweites Elektron, wodurch es die stabile Edelgas-Elektronenkonfiguration mit zwei Elektronen von Helium erlangt.

Die Bildung einer Bindung zwischen zwei Cl-Atomen zum Cl_2-Molekül kann auf ähnliche Weise dargestellt werden:

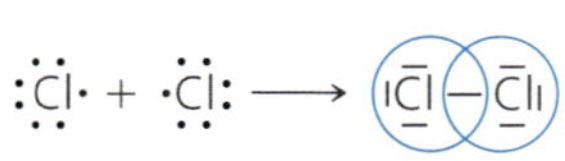

Durch Teilen des Bindungselektronenpaars benutzt jedes Chloratom acht Elektronen (ein Oktett) in seiner Valenzschale. Folglich erlangt es die Edelgaskonfiguration von Argon.

Die hier für H_2 und Cl_2 gezeigten Formeln nennt man **Valenzstrichformeln**. Wenn wir Valenzstrichformeln schreiben, stellen wir üblicherweise jedes Elektronenpaar als Strich dar. Auf diese Weise geschrieben sehen die Valenzstrichformeln für H_2 und Cl_2 wie folgt aus:

Übungsbeispiel 8.1: (Lösung online)
Lewis-Strukturformel einer Verbindung

Gegeben sind die Lewis-Symbole für die Elemente Stickstoff und Fluor (► Tabelle 8.1). Sagen Sie die Formel für eine stabile binäre Verbindung (eine Verbindung aus zwei Elementen) voraus, die bei der Reaktion von Stickstoff mit Fluor entsteht, und zeichnen Sie seine Lewis-Strukturformel.

A 1 Vergleichen Sie das Lewis-Symbol von Neon mit der Lewis-Strukturformel von Methan, CH_4. In welcher wichtigen Hinsicht sind die Elektronenanordnungen um Neon und Kohlenstoff gleich? In welcher Hinsicht sind sie verschieden?

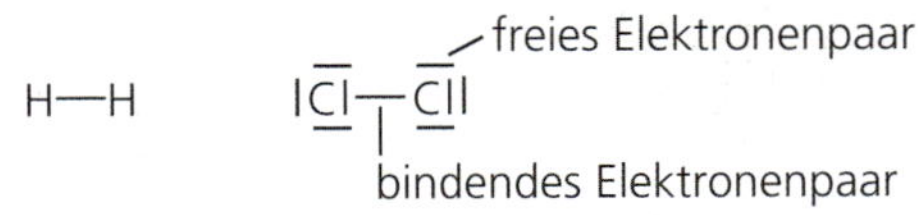

Für die Nichtmetalle ist die Anzahl der Valenzelektronen in einem neutralen Atom gleich der Gruppennummer des Elements. Deshalb könnte man voraussagen, dass 7A-Elemente, wie z. B. F, eine kovalente Bindung bilden würden, um ein Oktett zu erlangen; 6A-Elemente, wie z. B. O, würden zwei kovalente Bindungen bilden; 5A-Elemente, wie z. B. N, würden drei kovalente Bindungen bilden; und 4A-Elemente, wie z. B. C, würden vier kovalente Bindungen bilden. Betrachten Sie zum Beispiel die einfachen Wasserstoffverbindungen der Nichtmetalle der zweiten Reihe des Periodensystems:

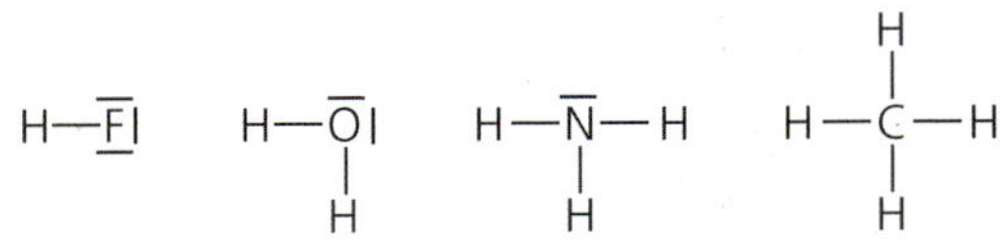

Mehrfachbindungen

Ein gemeinsames Elektronenpaar zwischen zwei Atomen (= Valenzstrich) bedeutet eine einfache kovalente Bindung, im Allgemeinen kurz als **Einfachbindung** bezeichnet. In vielen Molekülen erlangen Atome vollständige Oktette durch mehr als ein gemeinsames Elektronenpaar. Bei zwei gemeinsamen Elektronenpaaren werden zwei Valenzstriche gezeichnet, die eine **Doppelbindung** darstellen. In Kohlenstoffdioxid zum Beispiel treten Bindungen zwischen Kohlenstoff (mit vier Valenzelektronen) und Sauerstoff (mit sechs Elektronen) auf:

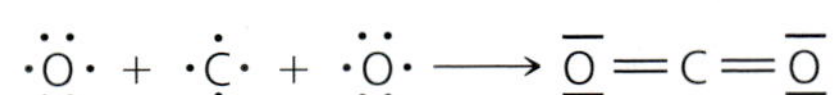

Jedes Sauerstoffatom erhält ein Elektronenoktett durch zwei gemeinsam genutzte Elektronenpaare mit Kohlenstoff. Kohlenstoff andererseits erlangt ein Elektronenoktett durch zwei gemeinsam genutzte Elektronenpaare mit zwei Sauerstoffatomen.

Eine **Dreifachbindung** entspricht drei gemeinsamen Elektronenpaaren, wie z. B. im N_2- Molekül:

Da jedes Stickstoffatom fünf Elektronen in seiner Valenzschale besitzt, braucht es zum Erreichen der Oktettkonfiguration drei gemeinsame Elektronenpaare.

Die Eigenschaften von N_2 stimmen mit seiner Valenzstrichformel überein. Stickstoff ist ein zweiatomiges Gas mit außergewöhnlich niedriger Reaktivität, die aus der sehr stabilen Stickstoff–Stickstoff-Bindung resultiert. Das Studium der Struktur von N_2 zeigt, dass die Stickstoffatome nur 1,10 Å voneinander entfernt sind. Der kurze N—N- Bindungsabstand ist ein Ergebnis der Dreifachbindung zwischen den Atomen. Strukturuntersuchungen vieler verschiedener Substanzen, in denen Stickstoffatome ein oder zwei gemeinsame Elektronenpaare besitzen, haben gezeigt, dass der durchschnittliche Abstand zwischen gebundenen Stickstoffatomen sich mit der Zahl der gemeinsamen Elektronenpaare verändert:

N—N	N═N	N≡N
1,47 Å	1,24 Å	1,10 Å

Als allgemeine Regel nimmt der Abstand zwischen gebundenen Atomen ab, wenn die Anzahl der gemeinsamen Elektronenpaare zunimmt. Der Abstand zwischen den Kernen der Atome, die an der Bindung beteiligt sind, wird **Bindungslänge** genannt.

MERKE !

Je mehr gemeinsam genutzte Elektronenpaare sich zwischen zwei Atomen befinden, desto kleiner ist der Abstand zwischen deren Kernen und damit auch die Bindungslänge.

8.4 Bindungspolarität und Elektronegativität

Das Konzept der **Bindungspolarität** hilft bei der Beschreibung der Aufteilung von Elektronen zwischen Atomen. Eine **unpolare kovalente Bindung** ist eine Bindung, mit einer symmetrischen Elektronendichteverteilung zwischen den verbundenen Atomen. Im Idealfall sind es Atome des gleichen Elements wie z. B. Cl_2, H_2 und N_2. In einer **polaren kovalenten Bindung** übt eines der Atome eine größere Anziehung auf die Bindungselektronen aus als das andere.

MERKE !

Die Elektronegativität beschreibt die Fähigkeit eines Atoms, Bindungselektronen in einem Molekül an sich zu ziehen.

Elektronegativität

Wir benutzen die Elektronegativitätsdifferenz, um abzuschätzen, ob eine gegebene Bindung unpolar kovalent, polar kovalent oder ionisch sein wird. **Elektronegativität** ist definiert als die Fähigkeit eines Atoms, Bindungselektronen *in einem Molekül* an sich zu ziehen. Je größer die Elektronegativität eines Atoms, desto größer ist seine Fähigkeit, Elektronen an sich zu ziehen. Die erste und am häufigsten benutzte Elektronegativitätsskala wurde von dem amerikanischen Chemiker Linus Pauling (1901–1994) entwickelt, der seine Skala auf thermochemischen Daten aufbaute. ► Abbildung 8.6 zeigt Paulings Elektronegativitätswerte für viele der Elemente. Die Werte sind dimensionslos. Fluor, das elektronegativste Element, hat eine Elektronegativität von 4,0. Das am wenigsten elektronegative Element, Cäsium, hat eine Elektronegativität von 0,7. Die Werte für alle anderen Elemente liegen zwischen diesen beiden Extremen.

EXTRAS ONLINE Elektronegativität: Trends im Periodensystem (Video)

Innerhalb jeder Periode gibt es generell einen stetigen Anstieg der Elektronegativität von links nach rechts, d. h. vom metallischsten zum nichtmetallischsten Element. Mit einigen Ausnahmen, besonders innerhalb der Übergangsmetalle, nimmt die Elektronegativität mit zunehmender Ordnungszahl in jeder Gruppe ab.

MERKE !

Die Elektronegativität nimmt im Allgemeinen innerhalb einer Gruppe von oben nach unten ab und innerhalb einer Periode von links nach rechts zu.

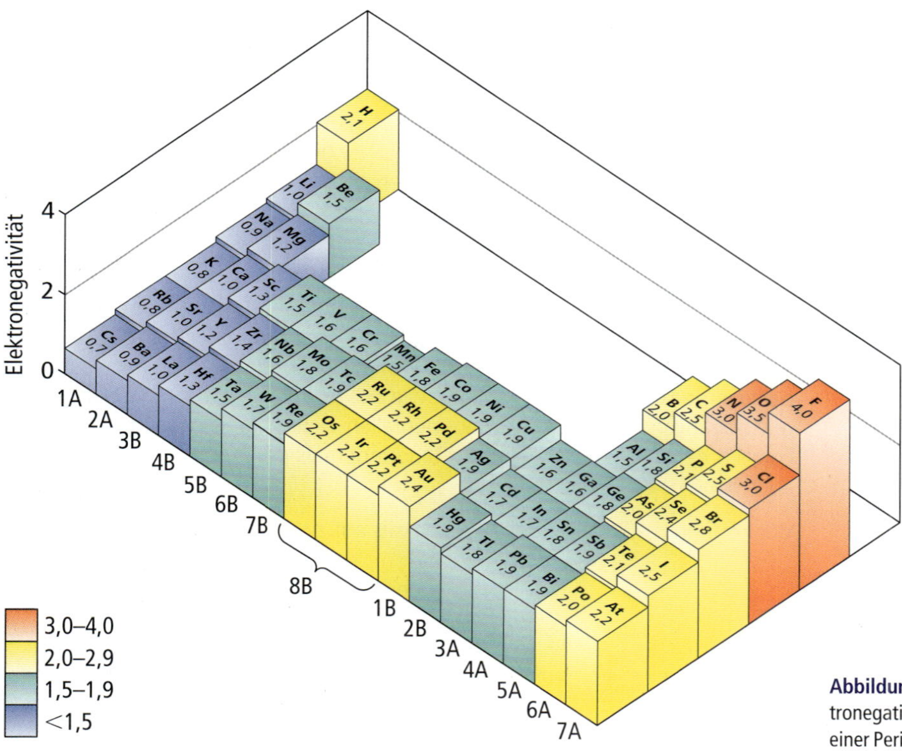

Abbildung 8.6: Elektronegativitäten der Elemente. Die Elektronegativität nimmt im Allgemeinen von links nach rechts in einer Periode zu und von oben nach unten in einer Gruppe ab.

Bindungspolarität

Wir können die Unterschiede in der Elektronegativität zweier Atome benutzen, um die Polarität der Bindung zwischen ihnen abzuschätzen. Betrachten Sie diese drei fluorhaltigen Stoffe:

Verbindung	F_2	HF	LiF
Elektronegativitäts-differenz	4,0 – 4,0 = 0	4,0 – 2,1 = 1,9	4,0 – 1,0 = 3,0
Bindungsart	unpolar kovalent	polar kovalent	ionisch

In F_2 sind die Elektronen gleichmäßig zwischen den Fluoratomen verteilt und folglich ist die kovalente Bindung *unpolar*. Im Allgemeinen liegt eine unpolare kovalente Bindung dann vor, wenn die Elektronegativitäten der gebundenen Atome gleich sind.

In HF hat das Fluoratom eine größere Elektronegativität als das Wasserstoffatom, mit dem Ergebnis, dass die Elektronenverteilung ungleich ist – die Bindung ist polar. Im Allgemeinen liegt eine polare kovalente Bindung dann vor, wenn sich die Atome in ihren Elektronegativitäten unterscheiden. In der H-F-Bindung zieht das elektronegativere Fluoratom das bindende Elektronenpaar stärker an, woraus eine partiell positive Ladung am Wasserstoffatom und eine partiell negative Ladung am Fluoratom resultiert. Wir können diese Ladungsverteilung darstellen als

$$\overset{\delta+}{\mathrm{H}} \longleftarrow \overset{\delta-}{\underline{\overline{\mathrm{F}}}|}$$

$\delta+$ und $\delta-$ (gelesen „delta plus" und „delta minus") symbolisieren die partiellen positiven und negativen Ladungen. Die Elektronendichteverschiebung zum Fluor hin wird durch einen Pfleil dargestellt.

Der Feststoff Lithiumfluorid (LiF) ist ionisch aufgebaut ($\Delta EN = 3{,}0$). Für die drei Spezies sind die berechneten Elektronendichteverteilungen in ► Abbildung 8.7 wiedergegeben. Die Raumbereiche mit relativ hoher Elektronendichte sind rot und die mit relativ niedriger Elektronendichte sind blau dargestellt. Sie können sehen, dass die Verteilung in F_2 symmetrisch ist, in HF ist sie deutlich zu F verschoben und in LiF ist die Verschiebung noch größer.* Diese Beispiele verdeutlichen, dass, *je größer die Differenz der Elektronegativitäten zwischen zwei Atomen, desto polarer ist ihre Bindung.* Die unpolare kovalente Bindung und die Ionenbindung sind Extremfälle zwischen denen es eine Vielzahl an Übergängen gibt.

Dipolmomente

Der Unterschied in der Elektronegativität zwischen H und F führt zu einer polaren kovalenten Bindung im HF-Molekül. Als Konsequenz daraus entsteht eine Konzentration der negativen Ladung am elektronegativeren F-Atom und der positiven am H-Atom. Ein Molekül wie HF, in dem die Zentren der positiven und negativen Ladung nicht zusammenfallen, nennt man ein **polares Molekül**. Folglich beschreiben wir nicht nur Bindungen als polar oder unpolar, sondern auch Moleküle.

Wir können die Polarität des HF-Moleküls auf zwei Arten andeuten:

$$\overset{\delta+}{\mathrm{H}} - \overset{\delta-}{\underline{\overline{\mathrm{F}}}|} \text{ oder } \overset{\longmapsto}{\mathrm{H} - \underline{\overline{\mathrm{F}}}|}$$

F_2

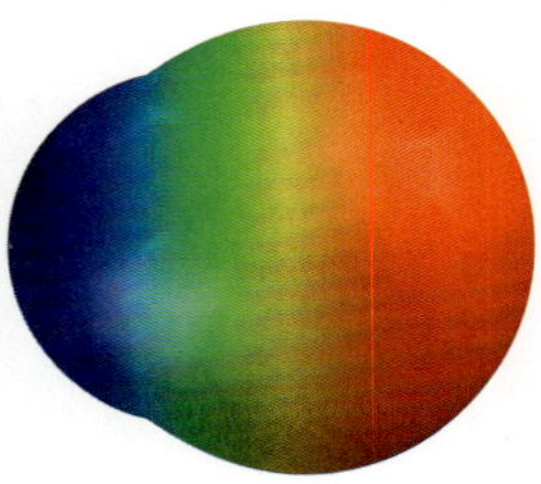

HF

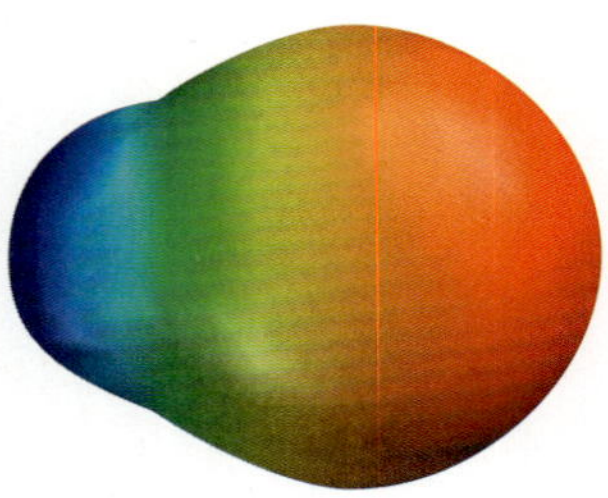

LiF

Abbildung 8.7: Elektronendichteverteilung. Diese computergenerierte Zeichnung zeigt die berechnete Elektronendichteverteilung an der Oberfläche der Teilchen bzw. Formeleinheit. Die Bereiche mit relativ niedriger Elektronendichte (positive Nettoladung) erscheinen blau, die mit relativ hoher Elektronendichte (negative Nettoladung) erscheinen rot und die Bereiche, die fast elektrisch neutral sind, erscheinen grün.

* Die berechnete Elektronendichteverteilung für LiF gilt für ein isoliertes LiF-„Molekül", nicht für den ionischen Feststoff. Obwohl die Bindung in diesem isolierten zweiatomigen System sehr polar ist, ist sie nicht 100 % ionisch, wie in der Bindung in festem Lithiumfluorid. Der feste Zustand begünstigt einen vollständigeren Elektronenübergang vom Li zum F, aufgrund des stabilisierenden Effekts des Ionengitters.

Erinnern Sie sich aus dem vorangegangenen Unterabschnitt, dass das „$\delta+$" und „$\delta-$" die partiellen positiven und negativen Ladungen an den H- und F-Atomen symbolisieren. In der rechten Schreibweise deutet der Pfeil die Verschiebung der Elektronendichte zum Fluoratom an. Das gekreuzte Ende des Pfeils kann als Pluszeichen gedacht werden, welches das positive Ende des Moleküls kennzeichnet.

MERKE !

Je größer die Elektronegativitätsdifferenz zwischen zwei Atomen ist, desto polarer ist ihre Bindung. Es erfolgt ein Übergang von einer unpolaren über eine polar kovalente zu einer ionischen Bindung.

Polare Moleküle richten sich zueinander so aus, dass das negative Ende eines Moleküls und das positive Ende eines anderen einander anziehen. Polare Moleküle werden ebenfalls von Ionen angezogen. Das negative Ende eines polaren Moleküls wird zu einem positiven Ion und das positive Ende zu einem negativen Ion gezogen. Diese Wechselwirkungen erklären viele Eigenschaften von Flüssigkeiten, Feststoffen und Lösungen.

Wie können wir die Polarität eines Moleküls quantifizieren? Wenn zwei elektrische Ladungen gleicher Größe, aber mit entgegensetztem Vorzeichen $Q+$ und $Q-$, durch einen Abstand r getrennt werden, entsteht ein **Dipol**. Das quantitative Maß der Größe eines Dipols wird sein **Dipolmoment** genannt, bezeichnet mit μ. Die Größe des Dipolmoments ist das Produkt von Q und r (► Abbildung 8.8):

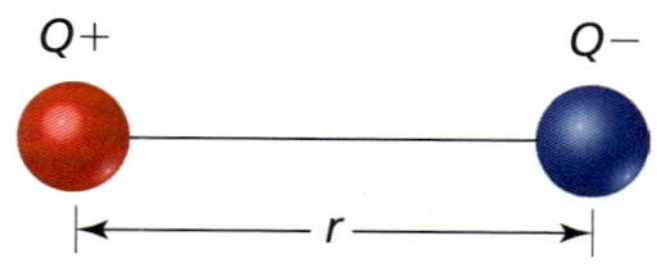

Abbildung 8.8: Dipol und Dipolmoment. Wenn Ladungen gleicher Größe und mit entgegengesetzten Vorzeichen, $Q+$ und $Q-$, durch einen Abstand r getrennt werden, entsteht ein Dipol. Die Größe des Dipols wird durch das Dipolmoment μ gegeben, das das Produkt der getrennten Ladung und dem Trennungsabstand zwischen den Ladungszentren ist: $\mu = Qr$.

$$\mu = Qr \qquad (8.11)$$

Das Dipolmoment nimmt zu, wenn die Größe der getrennten Ladung zunimmt und wenn der Abstand zwischen den Ladungen zunimmt. Für ein unpolares Molekül wie z. B. F_2 ist das Dipolmoment Null, da keine Ladungstrennung vorliegt.

Dipolmomente werden gewöhnlich in *Debye* (D) angegeben, eine Einheit die gleich $3{,}34 \times 10^{-30}$ Coulombmeter (C · m) ist. Bei Molekülen messen wir die Ladung gewöhnlich in Einheiten der Elektronenladung e, $1{,}60 \times 10^{-19}$ C, und Abstände in Einheiten von Ångstrom. Nehmen Sie an, dass zwei Ladungen 1+ und 1– (in Einheiten von e) durch einen Abstand von 1,00 Å getrennt sind. Das verursachte Dipolmoment ist

$$\mu = Qr = (1{,}60 \times 10^{-19}\ \mathrm{C})(1{,}00\ \text{Å})\left(\frac{10^{-10}\ \mathrm{m}}{1\ \text{Å}}\right)\left(\frac{1\ \mathrm{D}}{3{,}34 \times 10^{-30}\ \mathrm{C \cdot m}}\right) = 4{,}79\ \mathrm{D}$$

Die Messung der Dipolmomente kann uns wertvolle Informationen über die Ladungsverteilung in Molekülen liefern.

EXTRAS ONLINE Bindungsarten und Nomenklatur

► Tabelle 8.3 zeigt die Bindungslängen und Dipolmomente der Halogenwasserstoffe. Beachten Sie, dass, wenn wir von HF zu HI gehen, die Elektronegativitätsdifferenz abnimmt und die Bindungslänge zunimmt. Der erste Effekt verringert den Betrag der getrennten Ladung und führt zur Abnahme des Dipolmoments von HF zu HI, obwohl die Bindungslänge zunimmt. Wir können den sich ändernden Grad an Elektronenladungsverschiebung in diesen Substanzen in computergenerierten Darstellungen, basierend auf Berechnungen der Elektronenverteilung, „beobachten", wie in ► Abbildung 8.9 gezeigt. Für diese Moleküle hat die Änderung in der Elektronegativitätsdifferenz einen größeren Effekt auf das Dipolmoment als die Änderung in der Bindungslänge. ► Tabelle 8.4 zeigt die Dipolmomente häufiger Bindungen.

Verbindung	Bindungslänge (Å)	Elektronegativitätsdifferenz	Dipolmoment (D)
HF	0,92	1,9	1,82
HCl	1,27	0,9	1,08
HBr	1,41	0,7	0,82
HI	1,61	0,4	0,44

Tabelle 8.3: Bindungslängen, Elektronegativitätsdifferenzen und Dipolmomente der Halogenwasserstoffe.

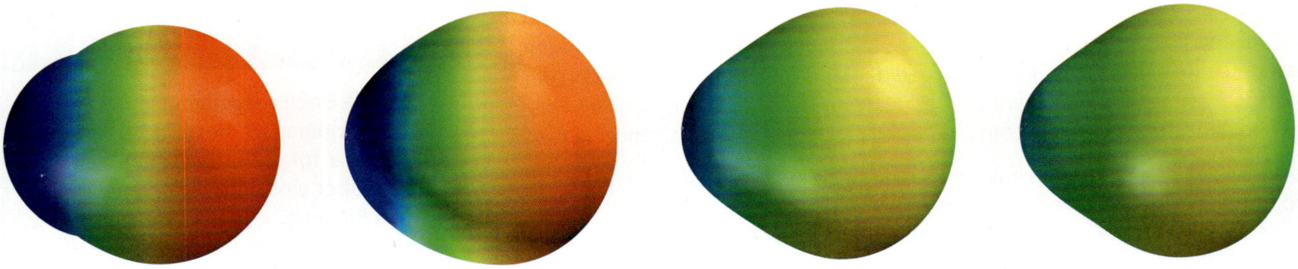

Abbildung 8.9: Ladungstrennung in den Halogenwasserstoffen. Blau zeigt die Bereiche geringster Elektronendichte, Rot zeigt die Bereiche höchster Elektronendichte.

Bindung	Dipolmoment (D)
H—C	0,4
H—N	1,3
H—O	1,5
H—F	1,7
H—Cl	1,1
H—Br	0,8
H—I	0,4
C—C	0
C—N	0,2
C—O	0,7
C—F	1,6
C—Cl	1,5
C—Br	1,4
C—I	1,2

Tabelle 8.4: Die Dipolmomente häufiger Bindungen.

MERKE !

Die Formalladung eines Atoms entspricht der Ladung, die es haben würde, wenn jedes Bindungselektronenpaar bei gleicher Elektronegativität gleichmäßig zwischen seinen zwei Atomen aufgeteilt wäre.

8.5 Valenzstrichformeln zeichnen

Valenzstrichformeln können uns helfen, die Bindung in vielen Verbindungen zu verstehen, und sie werden häufig bei der Diskussion der Eigenschaften von Molekülen benutzt. Aus diesem Grund ist das Zeichnen von Valenzstrichformeln eine wichtige Fertigkeit, die Sie üben sollten. Dazu sollten Sie immer nach dem gleichen Schema vorgehen.

1. *Summieren Sie die Valenzelektronen aller Atome.* Benutzen Sie nach Bedarf das Periodensystem als Hilfe zur Bestimmung der Zahl der Valenzelektronen in jedem Atom. Bei einem Anion addieren Sie für jede negative Ladung je ein Elektron. Bei einem Kation subtrahieren Sie für jede positive Ladung je ein Elektron von der Summe. Machen Sie sich keine Gedanken darüber, welche Elektronen von welchen Atomen stammen. Nur die Gesamtzahl ist wichtig.
2. *Schreiben Sie die Symbole der Atome auf, um zu zeigen, welches Atom mit welchem verknüpft ist, und verbinden Sie sie mit einer Einfachbindung* (ein Strich, der für zwei Elektronen steht). Chemische Formeln werden oft in der Reihenfolge, in der die Atome in dem Molekül oder Ion verbunden sind, geschrieben; z. B. sagt Ihnen die Formel HCN, dass das Kohlenstoffatom mit dem H und dem N verbunden ist. Wenn ein zentrales Atom eine Gruppe anderer Atome an sich gebunden hat, wird das zentrale Atom zuerst geschrieben, wie in CO_3^{2-} und SF_4. Es hilft ebenfalls, sich daran zu erinnern, dass das zentrale Atom im Allgemeinen weniger elektronegativ ist als die Atome, die es umgeben. In anderen Fällen brauchen Sie eventuell weitere Informationen, bevor Sie die Valenzstrichformeln zeichnen können.
3. *Vervollständigen Sie die Oktette um alle an das Zentralatom gebundenen Atome.* Denken Sie aber daran, dass Wasserstoff nur einbindig ist.
4. *Platzieren Sie jedes übrig gebliebene Elektron am Zentralatom,* auch wenn dies in mehr als einem Elektronenoktett um das Atom resultiert.
5. *Wenn nicht genug Elektronen vorhanden sind, um dem Zentralatom ein Oktett zu geben, versuchen Sie es mit Mehrfachbindungen.* Benutzen Sie ein oder mehrere der ungeteilten Elektronenpaare der an das Zentralatom gebundenen Atome, um Zweifach- oder Dreifachbindungen zu bilden.

Formalladung

Wenn wir eine Valenzstrichformel zeichnen, beschreiben wir, wie die Elektronen in einem Molekül (oder mehratomigen Ion) verteilt sind. In einigen Fällen können wir mehrere verschiedene Valenzstrichformeln zeichnen, die alle der Oktettregel gehorchen. Wie entscheiden wir, welche die sinnvollste ist? Das Konzept der Formalladung kann bei der Wahl zwischen alternativen Valenzstrichformeln helfen.

Die **Formalladung** eines jeden Atoms in einem Molekül ist die Ladung, die das Atom haben würde, wenn alle Atome in dem Molekül die gleiche Elektronegativität hätten, d. h. wenn jedes Bindungselektronenpaar gleichmäßig zwischen seinen zwei Atomen, aufgeteilt wäre.

Um die Formalladung auf jedem Atom in einer Valenzstrichformel zu berechnen, ordnen wir die Elektronen dem Atom wie folgt zu:

1. *Alle* freien (nichtbindenden) Elektronen werden dem Atom zugeordnet, von dem sie kommen.
2. Für jede Bindung – einfach, doppelt oder dreifach – werden die *Hälfte* der Bindungselektronen jedem Atom in der Bindung zugeordnet.

Die Formalladung jedes Atoms wird berechnet *durch Subtraktion der dem Atom zugeordneten Zahl der Valenzelektronen von der im isolierten Atom.*

Lassen Sie uns diesen Vorgang erläuten, indem wir die Formalladungen an den C- und N-Atomen im Cyanid-Ion, CN^-, berechnen, das folgende Lewis-Strukturformel hat:

$$[|C\equiv N|]^-$$

Am C-Atom gibt es von der Dreifachbindung $(\frac{1}{2} \times 6 = 3)$ dreibindende Elektronen und zwei nichtbindende Elektronen, also zusammen 5. Die Zahl der Valenzelektronen in einem neutralen C-Atom ist 4. Also ist die Formalladung an C $4 - 5 = -1$. Am N gibt es 2 nichtbindende Elektronen und 3 Elektronen aus der Dreifachbindung. Da die Zahl der Valenzelektronen in einem neutralen N-Atom 5 ist, ist seine Formalladung $5 - 5 = 0$. Also sind die Formalladungen an den Atomen in der Valenzstrichformel von CN^-

$$[|\overset{\ominus}{C}\equiv N|]$$

Beachten Sie, dass die Summe der Formalladungen gleich der Gesamtladung des Ions, 1–, ist. In einem neutralen Molekül addieren sich die Formalladungen zu Null, während sie in einem Ion zusammen die Gesamtladung des Ions ergeben.

CO_2 wird mit zwei Doppelbindungen dargestellt. Die Oktettregel wird aber ebenfalls in einer Lewis-Strukturformel mit einer Einfach- und einer Dreifachbindung befolgt. Wenn wir die Formalladungen für jedes Atom in diesen Strukturen berechnen, haben wir

	O	C	O	|O	C	O|
	$\overline{O}=C=\overline{O}$			$\|\overline{O}-C\equiv O\|$		
Valenzelektronen:	6	4	6	6	4	6
−(dem Atom zugeordnete Elektronen):	6	4	6	7	4	5
Formalladung:	0	0	0	−1	0	+1

Beachten Sie, dass in beiden Fällen die Summe der Formalladungen Null ist, da CO_2 ein neutrales Molekül ist. Als allgemeine Regel für den Fall, dass mehrere Lewis-Strukturformeln möglich sind, werden wir zur Wahl der sinnvolleren die folgenden Richtlinien benutzen:

1. *Wir wählen die Lewis-Strukturformel, in der die Formalladungen der Atome am nächsten bei Null sind.*
2. *Wir wählen die Lewis-Strukturformel, in der sich die negativen Ladungen an den elektronegativeren Atomen befinden.*

Folglich ist die erste Lewis-Strukturformel für CO_2 bevorzugt, da die Atome keine Formalladungen tragen und somit die erste Richtlinie befolgen.

EXTRAS ONLINE Formalladungen

BIOGRAPHIE

Peter Debye (1884–1966) war gebürtiger Niederländer. Er unterrichtete an den Universitäten von Zürich (wo er der Nachfolger Einsteins war), Leipzig und Berlin, kehrte jedoch 1939 bei Ausbruch des Zweiten Weltkrieges in sein Heimatland zurück. Bei einem Gastaufenthalt an der *Cornell University* im Staat New York entschied er sich, in den USA zu bleiben. Er wurde 1946 dort eingebürgert. 1936 wurde ihm für seine Arbeiten zum Dipolmoment und zu den physikalischen Eigenschaften von Lösungen der Nobelpreis für Chemie zuerkannt.

MERKE !

Die Formalladung eines Atoms ergibt sich durch die Subtraktion der dem Atom zugeordneten Valenzelektronen von der im isolierten Atom. Sie wird durch ein Plus- bzw. Minuszeichen in einem Kreis dargestellt.

Übungsbeispiel 8.2: (Lösung online) Lewis-Strukturformeln und Formalladungen

Die folgenden sind die drei möglichen Lewis-Strukturformeln für das Thiocyanation, NCS^-.

[|N̄—C≡S|]⁻

[N̄=C=S̄]⁻

[|N≡C—S̄|]⁻

(a) Bestimmen Sie die Formalladungen der Atome in jeder Formel. **(b)** Welche Lewis-Strukturformel ist die bevorzugte?

A 2 Das Cyanat-Ion (NCO^-) hat wie das Thiocyanation drei mögliche Lewis-Strukturformeln. **(a)** Zeichnen Sie diese drei Lewis-Strukturformeln und ordnen Sie den Atomen in jeder Formel Formalladungen zu. **(b)** Welche Lewis-Strukturformel ist die bevorzugte?

MERKE !

Werden mehrere Valenzstrichformeln zur korrekten Beschreibung der Struktur eines Moleküls oder mehratomigen Ions benötigt, die sich nur in der Anordnung der Elektronen unterscheiden, spricht man von mesomeren Grenzformeln (Grenzstrukturen).

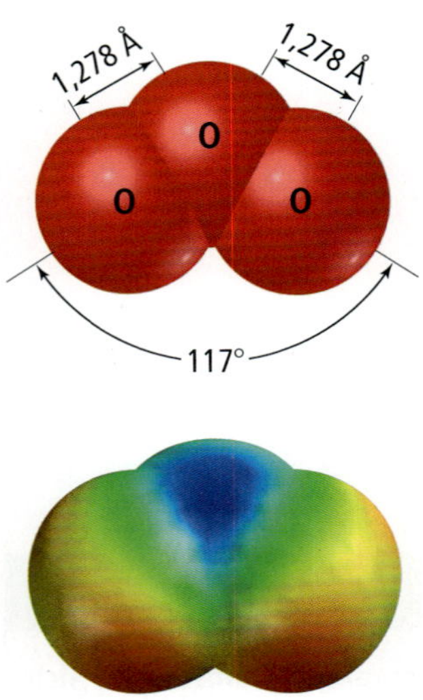

Abbildung 8.10: Ozon. Molekülstruktur (oben) und Elektronenverteilungsdiagramm (unten) für das Ozon-Molekül O_3.

Obwohl das Konzept der Formalladung uns hilft, zwischen alternativen Lewis-Strukturformeln zu wählen, ist es sehr wichtig, dass Sie sich daran erinnern, dass *Formalladungen keine realen Ladungen an Atomen repräsentieren.*

8.6 Mesomere Grenzformeln

Wir begegnen manchmal Molekülen und Ionen, in denen die experimentell bestimmte Anordnung der Atome durch eine einzige Valenzstrichformel nicht angemessen beschrieben wird. Betrachten Sie ein Ozonmolekül, O_3, das ein abgewinkeltes Molekül mit zwei gleichen O—O-Bindungslängen ist (► Abbildung 8.10). Weil jedes Sauerstoffatom 6 Valenzelektronen beiträgt, hat das Ozonmolekül 18 Valenzelektronen. Wenn wir die Lewis-Strukturformel schreiben, finden wir, dass wir eine O—O-Einfachbindung und eine O=O-Doppelbindung haben müssen, um ein Elektronenoktett um jedes Atom zu erzielen:

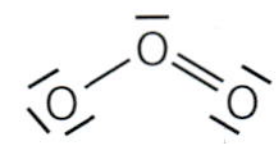

Beim Zeichnen der Lewis-Strukturformel hätten wir aber auch einfach die O=O-Bindung auf die linke Seite schreiben können:

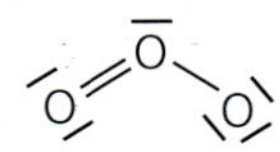

Die Platzierung der Atome in diesen beiden alternativen, aber völlig äquivalenten Valenzstrichformeln für Ozon ist die gleiche, aber die Platzierung der Elektronen ist unterschiedlich. Valenzstrichformeln dieser Art werden **mesomere Grenzformeln (Grenzstrukturen)** genannt. Um die Struktur von Ozon zu beschreiben, formulieren wir beide Valenzstrichformeln und setzen zwischen beiden Grenzformeln einen zweispitzigen Pfeil.

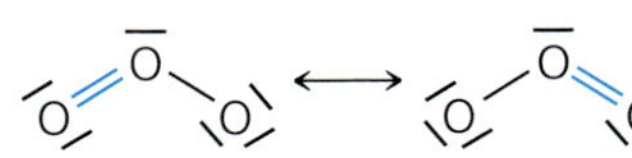

Die tatsächliche Anordnung der Elektronen in Molekülen wie O_3 liegt zwischen der durch die Grenzformeln dargestellten. Zum Beispiel hat das Ozonmolekül immer zwei äquivalente O—O-Bindungen, deren Längen zwischen den Längen einer Sauerstoff–Sauerstoff-Einfachbindung und einer Sauerstoff–Sauerstoff-Doppelbindung liegen.

Als ein weiteres Beispiel betrachten Sie das Nitrat-Ion, NO_3^-, für das wir drei äquivalente Valenzstrichformeln zeichnen können:

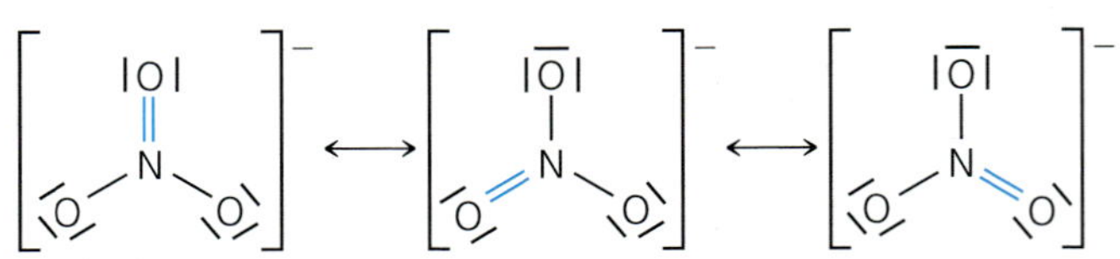

Die drei Valenzstrichformeln übereinandergelagert beschreiben das Nitrat-Ion, in dem alle drei N—O-Bindungslängen gleich sind.

Auf die mesomeren Grenzformeln organischer Moleküle werden wir erst in Kap. 31 näher eingehen.

8.7 Ausnahmen von der Oktettregel

Die Ausnahmen von der Oktettregel betreffen drei Fälle:

1 Moleküle und mehratomige Ionen, die eine ungerade Zahl von Elektronen enthalten.

2 Moleküle und mehratomige Ionen, in denen ein Atom weniger als ein Oktett an Valenzelektronen besitzt.

3 Moleküle und mehratomige Ionen, in denen ein Atom scheinbar mehr als ein Oktett an Valenzelektronen besitzt.

Ungerade Zahl von Elektronen

Bei der großen Mehrheit der Moleküle und mehratomigen Ionen ist die Gesamtzahl an Valenzelektronen gerade und Elektronenpaarung tritt auf. In einigen wenigen Molekülen und mehratomigen Ionen aber, wie z. B. ClO_2, NO und NO_2, ist die Anzahl der Valenzelektronen ungerade. Die Paarung dieser Elektronen ist unmöglich und es kann nicht um jedes Atom ein Oktett erreicht werden. NO enthält zum Beispiel $5 + 6 = 11$ Valenzelektronen. Die beiden wichtigsten Valenzstrichformeln für dieses Molekül sind

Weniger als ein Valenzelektronenoktett

Ein zweiter Ausnahmetyp tritt auf, wenn es weniger als acht Valenzelektronen um ein Atom in einem Molekül oder mehratomigen Ion gibt. Dieser Zustand ist ebenfalls relativ selten, am häufigsten tritt er in Verbindungen von Bor auf. Betrachten wir als Beispiel Bortrifluorid, BF_3. Wenn wir den ersten vier Schritten des Schemas zum Zeichnen von Valenzstrichformeln folgen, erhalten wir die Struktur

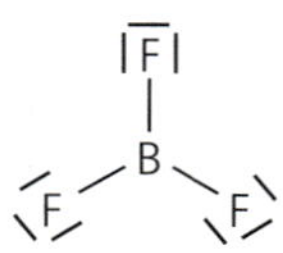

Es befinden sich nur sechs Elektronen um das Boratom. In dieser Lewis-Strukturformel sind die Formalladungen sowohl an B als auch an F gleich Null. Das chemische Verhalten von BF_3 stimmt mit dieser Darstellung überein. Insbesondere reagiert BF_3 sehr energisch mit Molekülen, die ein freies Elektronenpaar besitzen, das zur Bindungsbildung mit Bor benutzt werden kann. Zum Beispiel reagiert es mit Ammoniak, NH_3, zu der Verbindung NH_3BF_3:

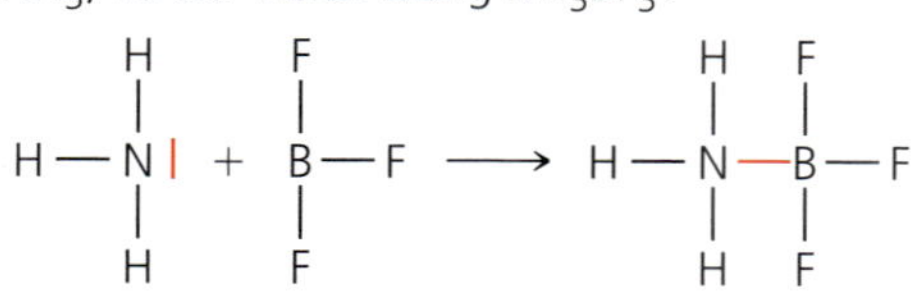

In dieser stabilen Verbindung besitzt Bor ein Oktett von Valenzelektronen.

Mehr als ein Valenzelektronenoktett

Die dritte und größte Klasse von Ausnahmen besteht aus Molekülen und mehratomigen Ionen, bei denen sich scheinbar mehr als acht Elektronen in der Valenzschale eines Atoms befinden. Wenn wir zum Beispiel die Valenzstrichformel für PCl_5 zeichnen, sind wir gezwungen, die Valenzschale zu „erweitern" und um das zentrale Phosphoratom zehn Elektronen zu platzieren:

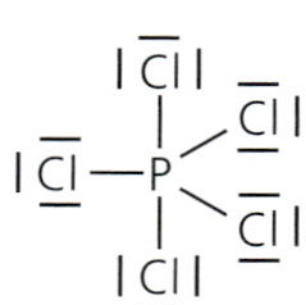

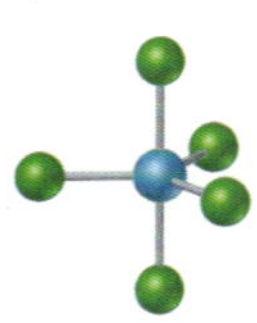

Übungsbeispiel 8.3: (Lösung online)
Resonanzstrukturformeln

Was wird die kürzeren Schwefel–Sauerstoff-Bindungen haben, SO_3 oder SO_3^{2-}?

A 3 Zeichnen Sie zwei äquivalente Resonanzstrukturformeln für das Formiat-Ion, HCO_2^-.

Übungsbeispiel 8.4: (Lösung online)
Valenzstrichformel für ein Ion mit scheinbar erweiterter Valenzschale

Zeichnen Sie die Valenzstrichformel für ICl_4^-.

A 4

(a) Welches der folgenden Atome findet man nie mit mehr als einem Valenzelektronenoktett um sich: S, C, P, Br?

(b) Zeichnen Sie die Valenzstrichformel für XeF_2.

EXTRAS ONLINE Mehr als ein Valenzelektronenoktett

Bindung	Bindungslänge (Å)
C—C	1,54
C=C	1,34
C≡C	1,20
C—N	1,43
C=N	1,38
C≡N	1,16
C—O	1,43
C=O	1,23
C≡O	1,13
N—N	1,47
N=N	1,24
N≡N	1,10
N—O	1,36
N=O	1,22
O—O	1,48
O=O	1,21

Tabelle 8.5: Durchschnittliche Bindungslängen für einige Einfach-, Doppel- und Dreifachbindungen.

EXTRAS ONLINE Bindungsenthalpien und die Reaktionsenthalpien

8.8 Stärken von kovalenten Bindungen

Die Stabilität eines Moleküls hängt mit der Stärke der kovalenten Bindungen, die es enthält, zusammen. Die Stärke einer kovalenten Bindung zwischen zwei Atomen wird durch die Energie bestimmt, die zum Aufbrechen dieser Bindung nötig ist. Es ist am einfachsten, Bindungsstärken den Enthalpieänderungen in den Reaktionen zuzuordnen, in denen die Bindungen aufgebrochen werden. Die **Bindungsenthalpie** ist die Enthalpieänderung, ΔH, für das Aufbrechen einer bestimmten Bindung in einem Mol einer gasförmigen Substanz. Zum Beispiel ist die Bindungsenthalpie für die Bindung zwischen Chloratomen in Cl_2-Molekülen die Enthalpieänderung, wenn 1 mol Cl_2 in Chloratome gespalten wird.

$$|\overline{\underline{Cl}}—\overline{\underline{Cl}}|(g) \longrightarrow 2\,|\overline{\underline{Cl}}\cdot(g)$$

Wir benutzen die Bezeichnung D, um Bildungsenthalpien darzustellen.

Es ist relativ einfach, Bildungsenthalpien den Bindungen, die man in zweiatomigen Molekülen findet, zuzuordnen, wie z. B. die Cl—Cl-Bindung in Cl_2 oder die H—Br-Bindung in HBr. Die Bindungsenthalpie ist einfach die Energie, die nötig ist, um das zweiatomige Molekül in seine Einzelatome zu zerlegen. Viele wichtige Bindungen, wie z. B. die C—H-Bindung, existieren nur in mehratomigen Molekülen. Für diese Bindungsarten benutzen wir gewöhnlich *durchschnittliche* Bindungsenthalpien. Zum Beispiel kann man die Enthalpieänderung für den folgenden Vorgang berechnen, in dem ein Methanmolekül in seine fünf Atome zerlegt wird. Diesen Vorgang, der *Atomisierung* genannt wird, benutzt man, um eine durchschnittliche Bindungsenthalpie für die C—H-Bindung zu definieren:

$$CH_4(g) \longrightarrow \cdot\dot{\underset{\cdot}{C}}\cdot(g) + 4\,H\cdot(g) \qquad \Delta H = 1660\ \text{kJ}$$

Da es vier äquivalente C—H-Bindungen in Methan gibt, ist die Atomisierungswärme gleich der Summe der Bindungsenthalpien der vier C—H-Bindungen. Deshalb ist die durchschnittliche C—H-Bindungsenthalpie für CH_4:

$$D(\text{C—H}) = (1660/4)\ \text{kJ/mol} = 415\ \text{kJ/mol}.$$

Bindungsenthalpie und Bindungslänge

Genauso wie wir eine durchschnittliche Bindungsenthalpie definieren können, können wir auch eine durchschnittliche Bindungslänge für eine Anzahl üblicher Bindungsarten definieren. Einige davon sind in ► Tabelle 8.5 aufgeführt. Von besonderem Interesse ist die Beziehung zwischen Bindungsenthalpie, Bindungslänge und der Anzahl von Bindungen zwischen den Atomen. Zum Beispiel können wir Daten aus ► Tabelle 1 (siehe Extras Online „Bindungsenthalpien und die Reaktionsenthalpien") und ► Tabelle 8.5 zum Vergleich der Bindungslängen und Bindungsenthalpien von Kohlenstoff–Kohlenstoff-Einfach-, Doppel- und Dreifachbindungen benutzen.

C—C	C=C	C≡C
1,54 Å	1,34 Å	1,20 Å
348 kJ/mol	614 kJ/mol	839 kJ/mol

Wenn die Anzahl von Bindungen zwischen den Kohlenstoffatomen zunimmt, nimmt die Bindungsenthalpie zu und die Bindungslänge ab; d. h. die Kohlenstoffatome werden näher und fester zusammen gehalten. Im Allgemeinen gilt, *wenn die Anzahl der Bindungen zwischen zwei Atomen zunimmt, wird die Bindung kürzer und stärker.*

Molekülstruktur und Bindungstheorien

9

ÜBERBLICK

Die Form und Größe eines Moleküls einer bestimmten Substanz, zusammen mit der Stärke und Polarität seiner Bindungen, bestimmen größtenteils die Eigenschaften dieser Substanz. 1967 isolierten zwei Chemiker aus der Rinde der Pazifischen Eibe – einer Art, die entlang der Pazifikküste der nordwestlichen USA und Kanada wächst – eine kleine Menge eines Moleküls, von dem man herausfand, dass es zu den wirkungsvollsten Stoffen gegen Brust- und Eierstockkrebs gehört. Dieses Molekül, jetzt als Medikament Taxol bekannt, hat eine komplexe Molekülarchitektur. Sechs Bäume müssten geerntet werden, um das Taxol zur Behandlung eines Krebspatienten zu liefern. Heute kann man Taxol synthetisch herstellen. Nur kleine Modifikationen der Form und Größe des Moleküls verringern seine Effektivität und führen zur Bildung einer Substanz, die für Menschen toxisch ist.

9.1 Molekülformen

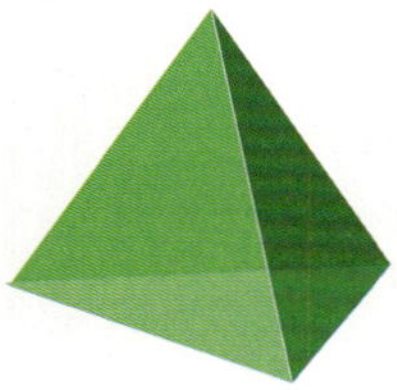

Abbildung 9.1: Tetraedrische Struktur. Ein Tetraeder ist ein Objekt mit vier Flächen und vier Eckpunkten. Jede Fläche ist ein gleichseitiges Dreieck.

Die Molekülform wird durch die **Bindungswinkel** bestimmt, die Winkel, die durch die Linien gebildet werden, die die Atomkerne in dem Molekül verbinden. Die Bindungswinkel eines Moleküls, zusammen mit den Bindungslängen, definieren genau die Form und Größe des Moleküls.

Bei der Betrachtung der Molekülformen werden wir mit Molekülen (und Ionen) anfangen, die ein einzelnes Zentralatom enthalten, das an zwei oder mehr Atome des gleichen Typs gebunden sind. Solche Moleküle entsprechen der allgemeinen Formel AB_n, in der das Zentralatom A mit *n* B-Atomen verbunden ist. Zum Beispiel sind sowohl CO_2 als auch SO_2 AB_2-Moleküle, während SO_3 und NH_3 AB_3-Moleküle sind usw.

Die Form eines bestimmten AB_n-Moleküls kann gewöhnlich aus einer geometrischen Grundstruktur abgeleitet werden. Gehen wir von einem Tetraeder (► Abbildung 9.1) aus, können wir, wie in ► Abbildung 9.3 gezeigt, sukzessive Atome von den Ecken entfernen. Wenn ein Atom aus einer Ecke des Tetraeders entfernt wird, hat das verbleibende Fragment eine trigonal pyramidale Struktur wie die für NH_3 gefundene. Wenn zwei Atome entfernt werden, entsteht eine gewinkelte Form.

Warum haben so viele AB_n-Moleküle geometrisch ableitbare Strukturen, und wie können wir diese Formen voraussagen? Wenn A ein Hauptgruppenelement ist (ein Element des *s*- oder *p*-Blocks des Periodensystems) können wir die Fragen mit dem **Elektronenpaarabstoßungs-Modell (EPA-Metall)** bzw. **Valenzschalenelektronenpaarrepulsions-Modell (VSEPR)-Modell** beantworten. Obwohl der Name recht imposant ist, ist das Modell ziemlich einfach, es erlaubt hilfreiche Voraussagen zu treffen, wie wir in Abschnitt 9.2 sehen werden.

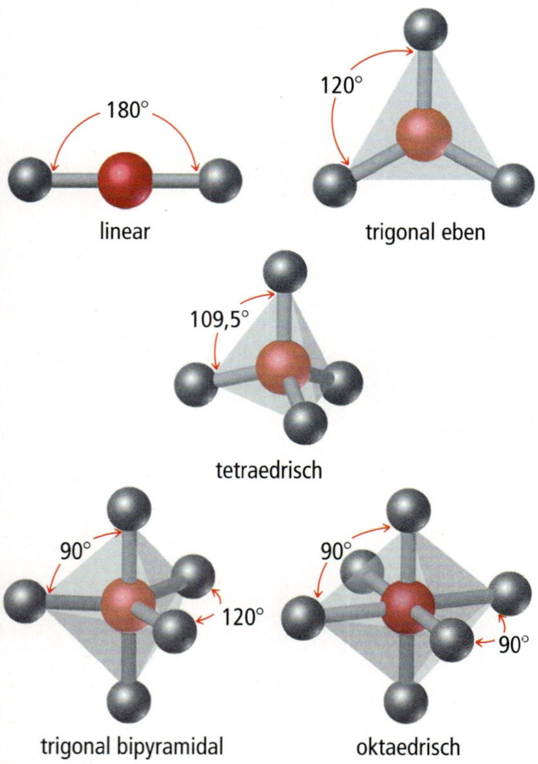

Abbildung 9.2: Formen von AB_n-Molekülen. Für Moleküle mit der allgemeinen Formel AB_n gibt es fünf Grundformen.

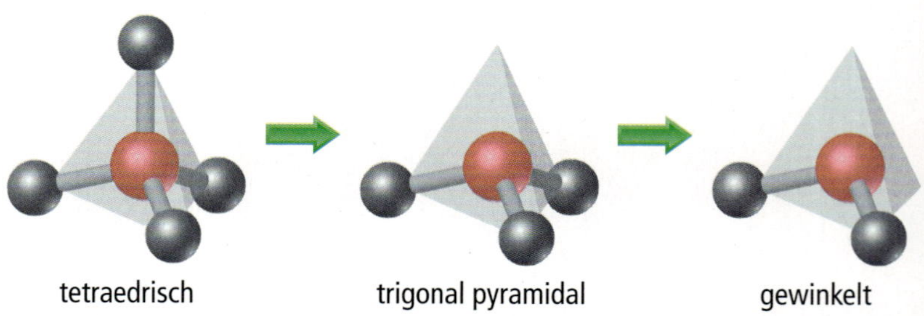

Abbildung 9.3: Ableitungen aus den AB_n-Strukturen. Weitere Molekülformen können durch Entfernen von Eckatomen aus den Grundformen in ► Abbildung 9.2 gebildet werden.

9.2 Das VSEPR-Modell

Das VSEPR-Modell (Video)

In mancher Hinsicht verhalten sich die Elektronen in Molekülen wie die Ballons in ► Abbildung 9.4. Wir haben gesehen, dass eine einzelne kovalente Bindung zwischen zwei Atomen gebildet wird, wenn ein Elektronenpaar den Raum zwischen den Atomen besetzt. Ein **Bindungselektronenpaar** definiert folglich einen Bereich, in dem man die Elektronen am wahrscheinlichsten findet. Im Gegensatz dazu ist ein **nichtbindendes Elektronenpaar** (ein *einsames oder freies Paar*) hauptsächlich an einem Atom lokalisiert. Zum Beispiel hat die Valenzstrichformel von NH_3 insgesamt vier Elektronenpaare um das zentrale Stickstoffatom (drei bindende Elektronenpaare und ein nichtbindendes Paar):

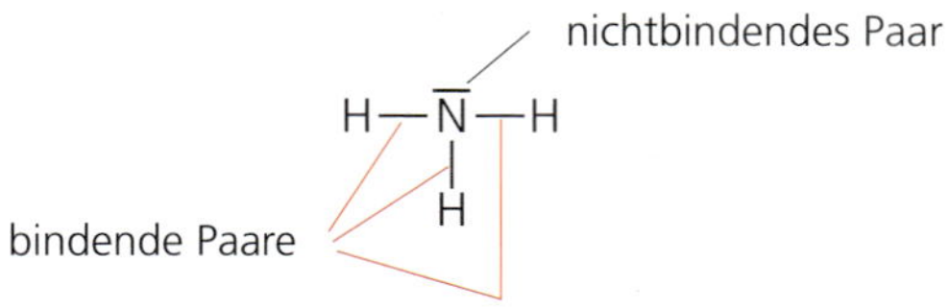

Für die folgenden Betrachtungen bezeichnen wir zur Vereinfachung auch Mehrfachbindungen als „Elektronenpaar". Jede Mehrfachbindung in einem Molekül stellt also ebenfalls ein Elektronenpaar dar. Folglich hat die folgende mesomere Grenzstruktur für O_3 drei Elektronenpaare um das zentrale Sauerstoffatom (eine Einfachbindung, eine Doppelbindung und ein nichtbindendes Elektronenpaar):

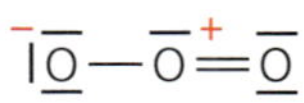

Da Elektronenpaare negativ geladen sind, stoßen sie sich gegenseitig ab. *Die energetisch günstigste Anordnung einer gegebenen Zahl von Elektronenpaaren ist die, in der die Abstoßung zwischen ihnen minimal ist.* Diese einfache Vorstellung bildet die Grundlage des VSEPR-Modells. Zwei Elektronenpaare odnen sich, wie die Ballons in ► Abbildung 9.4, *linear* an, drei ordnen sich *trigonal planar*, und vier ordnen sich *tetraedrisch* an. Diese Anordnungen, zusammen mit denen für fünf Elektronenpaare (*trigonal bipyramidal*) und sechs Elektronenpaare (*oktaedrisch*), sind in ► Tabelle 9.1 zusammengefasst. Wenn Sie die Strukturen in ► Tabelle 9.1 mit denen in ► Abbildung 9.2 vergleichen, werden Sie feststellen, dass sie gleich sind. *Die Form verschiedener AB_n-Moleküle oder Ionen hängt von der Zahl der Elektronenpaare um das zentrale A-Atom herum ab.*

(a) Zwei Ballons nehmen eine lineare Anordnung ein.

(b) Drei Ballons nehmen eine trigonal ebene Anordnung ein.

(c) Vier Ballons nehmen eine tetraedrische Anordnung ein.

Abbildung 9.4: Eine Ballon-Analogie für Elektronenpaare. An ihren Enden aneinandergebundene Ballons nehmen von Natur aus die Anordnung mit der geringsten Energie ein.

Die Anordnung der Elektronenpaare um das Zentralatom eines AB_n-Moleküls oder -Ions wird **Strukturtyp oder Pseudostruktur** genannt. Im Gegensatz dazu ist die **Molekülstruktur** *nur* die Anordnung *der Atome* in einem Molekül oder Ion – alle nichtbindenden Paare sind nicht Teil der Beschreibung der Mole-

MERKE !

Der Strukturtyp eines AB_n-Moleküls oder –Ions wird durch die Anordnung aller Elektronenpaare um das Zentralatom bestimmt, in der diese den größtmöglichen Abstand haben.

Die Molekülstruktur beschreibt dagegen nur die Anordnung der Atome im Molekül.

Zahl von Elektronenpaaren	Anordnung von Elektronenpaaren	Strukturtyp	Vorhergesagte Bindungswinkel
2	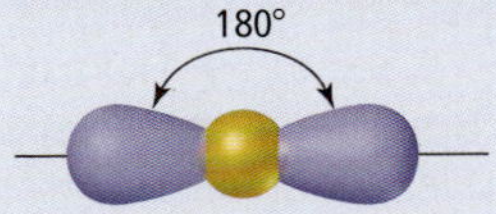	linear	180°
3	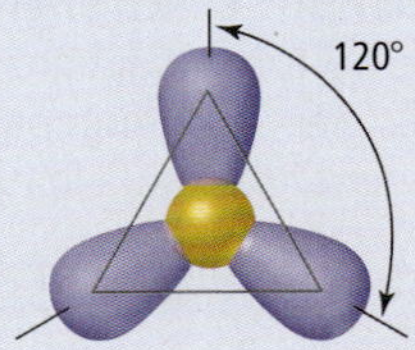	trigonal planar	120°
4	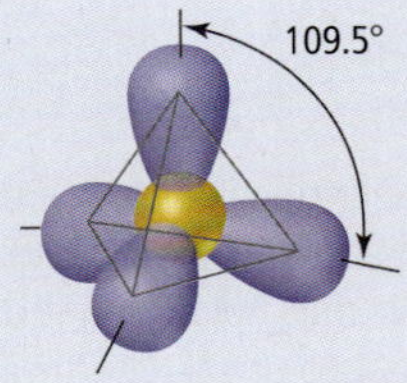	tetraedrisch	109,5°
5	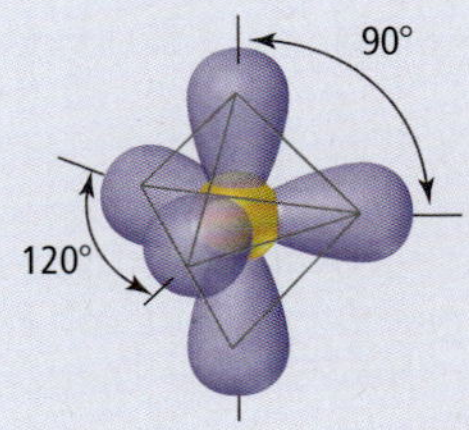	trigonal bipyramidal	120° 90°
6	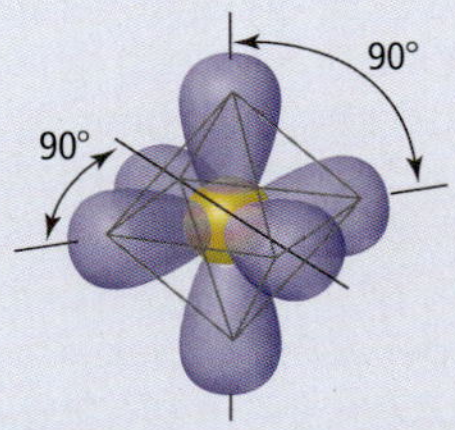	oktaedrisch	90°

Tabelle 9.1: Strukturtypen als Funktion der Zahl von Elektronenpaaren.

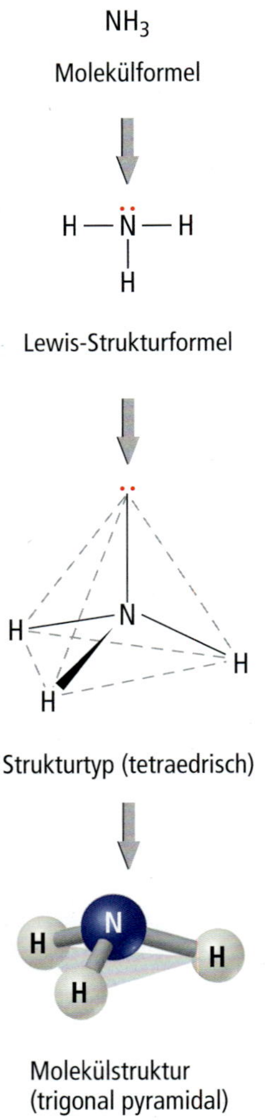

Abbildung 9.5: Die Molekülstruktur von NH_3. Die Struktur wird vorausgesagt durch 1. Zeichnen der Lewis-Strukturformel, 2. Anwenden des VSEPR-Modells zur Bestimmung des Strukturtyps und 3. Beschreibung der Molekülstruktur.

külgestalt. Mit dem VSEPR-Modell sagen wir den Strukturtyp voraus, und durch das Wissen, wie viele nichtbindende Elektronenpaare beteiligt sind, können wir die Molekülstruktur voraussagen.

Wenn alle Elektronenpaare in einem Molekül Bindungen bilden, ist die Molekülstruktur identisch mit dem Strukturtyp. Wenn aber ein oder mehrere nichtbindende Elektronenpaare vorhanden sind, müssen wir daran denken, diese bei der Voraussage der Molekülform zu berücksichtigen. Betrachten Sie z. B. das NH_3-Molekül, das vier Elektronenpaare um das Stickstoffatom hat (► Abbildung 9.5). Wir wissen aus ► Tabelle 9.1, dass die Abstoßung zwischen vier Elektronenpaaren minimal ist, wenn diese in die Ecken eines Tetraeders zeigen – der Strukturtyp von NH_3 ist tetraedrisch. Wir wissen aus der Lewis-Strukturformel von NH_3, dass eines der Elektronenpaare nichtbindend ist. Dieses wird eine der vier Ecken des Tetraeders besetzen. Daher ist die Molekülstruktur von NH_3 trigonal pyramidal, wie in ► Abbildung 9.5 gezeigt. Beachten Sie, dass die tetraedrische Anordnung der vier Elektronenpaare uns zur Voraussage der trigonal-pyramidalen Molekülgestalt führt.

Wir können die Schritte zur Vorhersage der Form von Molekülen und Ionen unter Anwendung des VSEPR-Modells verallgemeinern:

1 Zeichnen Sie die *Strukturformel* des Moleküls oder Ions und zählen Sie die Gesamtzahl der Elektronenpaare um das Zentralatom. Jedes nichtbindende Elektronenpaar, jede Einfachbindung, jede Doppelbindung und jede Dreifachbindung zählt als ein Elektronenpaar.

2 Bestimmen Sie den Strukturtyp durch Anordnen der Elektronenpaare um das Zentralatom, so dass die Abstoßung zwischen ihnen minimal ist, wie in ► Tabelle 9.1 gezeigt.

3 Verwenden Sie die Anordnung der gebundenen Atome zur Bestimmung der *Molekülstruktur*.

► Abbildung 9.5 zeigt, wie diese Schritte zur Vorhersage der Gestalt des NH_3-Moleküls angewendet werden.

Lassen Sie uns diese Schritte anwenden, um die Form des CO_2-Moleküls zu bestimmen. Wir zeichnen zuerst die Strukturformel, die zwei Elektronenpaare (zwei Doppelbindungen) um das zentrale Kohlenstoffatom besitzt.

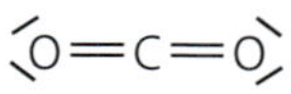

Zwei Elektronenpaare ordnen sich selbst so an, dass sich ein linearer Strukturtyp ergibt (► Tabelle 9.1). Da kein nichtbindendes Elektronenpaar vorliegt, ist die Molekülstruktur ebenfalls linear und der O—C—O-Bindungswinkel ist 180°.

► Tabelle 9.2 fasst die möglichen Molekülstrukturen zusammen, wenn ein AB_n-Molekül vier oder weniger Elektronenpaare um A hat. Diese Strukturen sind wichtig, da sie alle üblichen auftretenden Formen beinhalten, die man für Moleküle oder Ionen findet, die die Oktettregel befolgen.

Der Einfluss von nichtbindenden Elektronen und Mehrfachbindungen auf Bindungswinkel

Wir können das VSEPR-Modell verfeinern, um leichte Abweichungen der Moleküle von den in ► Tabelle 9.2 zusammengefassten idealen Strukturen vorherzusagen und zu erklären. Betrachten Sie zum Beispiel Methan (CH_4), Ammoniak (NH_3) und Wasser (H_2O). Alle drei zählen zum tetraedrischen Strukturtyp, aber ihre Bindungswinkel sind leicht unterschiedlich:

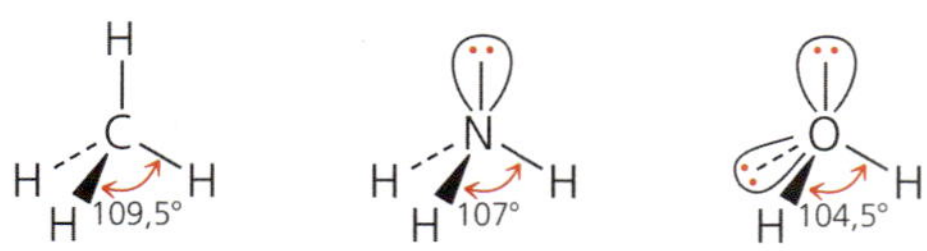

Beachten Sie, dass die Bindungswinkel abnehmen, wenn die Zahl der nichtbindenden Elektronenpaare zunimmt. Ein bindendes Elektronenpaar wird von beiden Kernen der gebundenen Atome angezogen. Im Gegensatz dazu wird ein nichtbindendes Paar hauptsächlich von einem Kern angezogen. Da ein nichtbindendes Paar weniger Kernanziehung erfährt, breitet es sich weiter in den Raum aus als ein bindendes Paar, wie in ► Abbildung 9.6 gezeigt. Als Ergebnis *üben nichtbindende Elektronenpaare größere abstoßende Kräfte auf angrenzende bindende Elektronenpaare aus und folglich neigen sie dazu, die Bindungswinkel zu verkleinern*. Mit der Analogie in ► Abbildung 9.4 können wir die nichtbindenden Elektronenpaare durch Ballons, die etwas größer und etwas dicker als die für bindende Paare sind, veranschaulichen.

Da Mehrfachbindungen eine höhere Elektronenladungsdichte enthalten als Einfachbindungen, stellen sie ebenfalls größere Elektronenpaare („dickere Ballons") dar. Betrachten Sie die Valenzstrichformel für *Phosgen*, Cl_2CO:

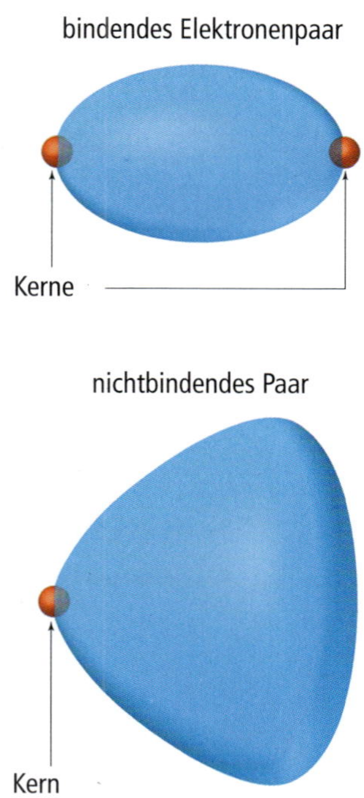

Abbildung 9.6: Relative „Größen" von bindenden und nichtbindenden Elektronenpaaren.

Zahl von Elektronenpaaren	Strukturtyp	Bindende Paare	Nichtbindende Paare	Molekülstruktur	Beispiel
2	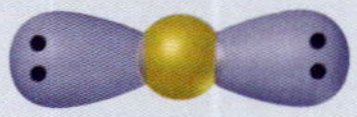 linear	2	0	 linear	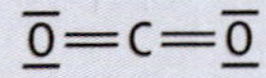
3	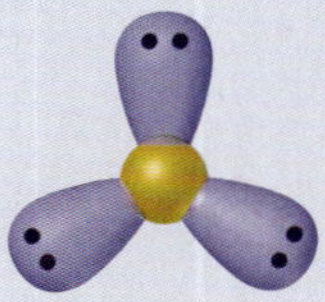 trigonal planar	3	0	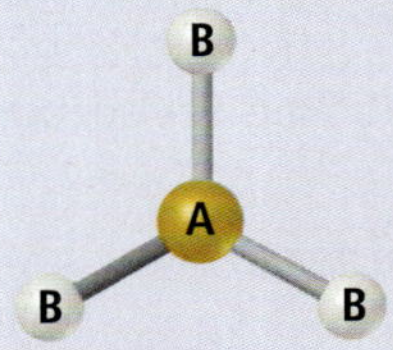 trigonal planar	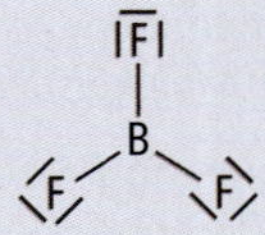
		2	1	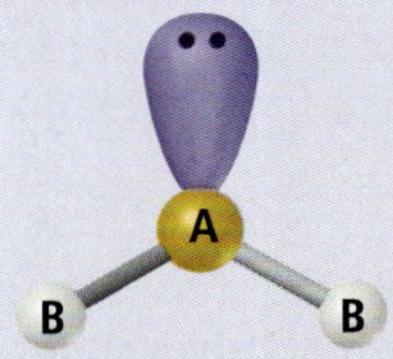 gewinkelt	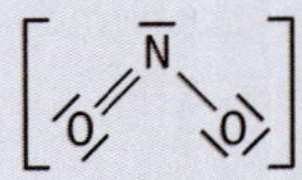
4	 tetraedrisch	4	0	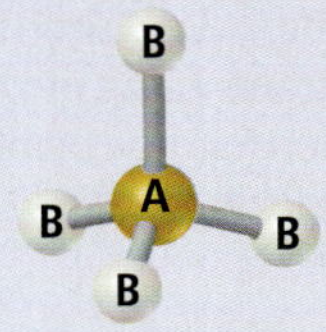 tetraedrisch	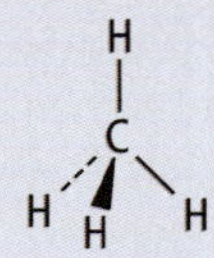
		3	1	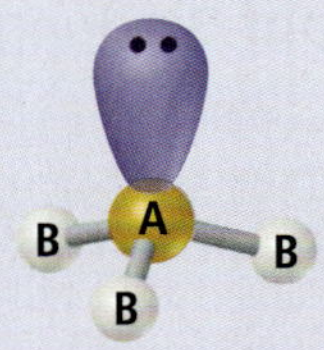 trigonal pyramidal	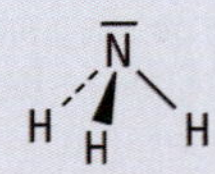
		2	2	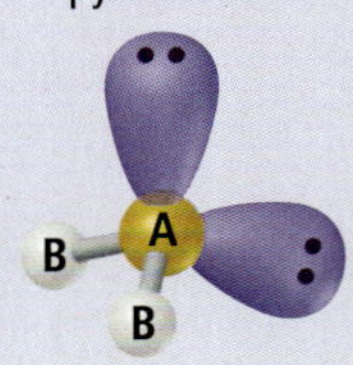 gewinkelt	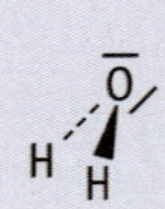

Tabelle 9.2: Strukturtypen und Molekülformen für Moleküle mit zwei, drei und vier Elektronenpaaren um das Zentralatom.

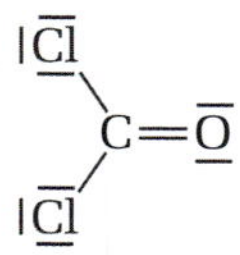

Da das zentrale Kohlenstoffatom von drei Elektronenpaaren umgeben ist, können wir eine trigonal-planare Struktur mit Bindungswinkeln von 120° erwarten. Die Doppelbindung scheint aber ganz wie ein nichtbindendes Elektronenpaar zu wirken, so dass der Cl—C—Cl-Bindungswinkel von den idealen 120° auf einen tatsächlichen Winkel von 111,4° reduziert wird.

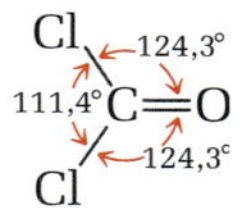

Im Allgemeinen *üben Elektronenpaare von Mehrfachbindungen eine größere abstoßende Kraft auf angrenzende Elektronenpaare aus als Elektronenpaare von Einfachbindungen*.

Moleküle mit erweiterten Valenzschalen

Unsere bisherige Betrachtung des VSEPR-Modells hat sich auf Moleküle konzentriert, die nicht mehr als ein Elektronenoktett um das Zentralatom haben. Erinnern Sie sich aber, dass das Zentralatom eines Moleküls, wenn es aus der dritten Periode des Periodensystems und darüber hinaus stammt, scheinbar mehr als vier Elektronenpaare um sich herum anordnen kann (siehe Abschnitt 8.7). Moleküle mit fünf oder sechs Elektronenpaaren um das Zentralatom zeigen eine Vielzahl von Molekülgestalten, die auf *trigonal-bipyramidalen* (fünf Elektronenpaare) oder *oktaedrischen* (sechs Elektronenpaare) Strukturtypen basieren, wie in ► Tabelle 9.3 gezeigt.

Der stabilste Strukturtyp für fünf Elektronenpaare ist der trigonal bipyramidale (zwei trigonale Pyramiden teilen sich eine Grundfläche). Im Unterschied zu den bisher gesehenen Anordnungen können die Elektronenpaare in einer trigonalen Bipyramide in zwei geometrisch verschiedene Arten von Stellungen zeigen. Zwei der fünf Paare zeigen in so genannte *axiale Stellungen,* und die übrigen drei Paare zeigen in *äquatoriale Stellungen* (► Abbildung 9.7). Jedes axiale Paar bildet mit jedem äquatorialen Paar einen 90°-Winkel. Jedes äquatoriale Paar bildet mit einem der beiden anderen äquatorialen Paare einen 120°-Winkel und mit einem der axialen Paare einen 90°-Winkel.

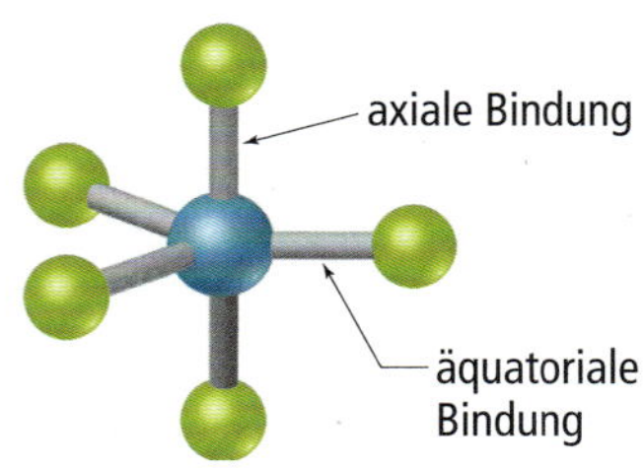

Abbildung 9.7: Trigonal-bipyramidale Struktur. Fünf Elektronenpaare ordnen sich selbst als trigonale Bipyramide um ein Zentralatom an. Die drei *äquatorialen* Elektronenpaare definieren ein gleichseitiges Dreieck. Die beiden *axialen* Paare liegen oberhalb und unterhalb der Ebene des Dreiecks. Wenn ein Molekül nichtbindende Elektronenpaare hat, werden diese die äquatorialen Positionen einnehmen.

Nehmen Sie an, ein Molekül hat fünf Elektronenpaare, wobei ein oder mehrere nichtbindend sind. Werden die nichtbindenden Paare axiale oder äquatoriale Stellungen einnehmen? Zur Beantwortung dieser Frage müssen wir bestimmen, welche Anordnung die Abstoßung zwischen den Elektronenpaaren minimiert. Abstoßungen zwischen Paaren sind viel größer, wenn sie 90° voneinander positioniert sind, als wenn sie 120° entfernt sind. Ein äquatoriales Paar steht nur im 90°-Winkel zu zwei anderen Paaren (den beiden axialen Paaren). Im Gegensatz dazu steht ein axiales Paar im 90°-Winkel zu *drei* anderen Paaren (den drei äquatorialen Paaren). Daher erfährt ein äquatoriales Paar weniger Abstoßung als ein axiales Paar. Da die nichtbindenden Paare größere Abstoßungen ausüben als die bindenden, besetzen sie immer die äquatorialen Stellungen in einer trigonalen Bipyramide.

Der stabilste Strukturtyp für sechs Elektronenpaare ist das *Oktaeder*. Wie in ► Abbildung 9.8 gezeigt, ist ein Oktaeder ein Polyeder mit sechs Eckpunkten und acht Flächen, die jeweils ein gleichseitiges Dreieck sind. Wenn ein Atom sechs Elektronenpaare um sich hat, kann man sich das Atom als Zentrum des Oktaeders vorstellen, und die Elektronenpaare zeigen zu den sechs Eckpunkten.

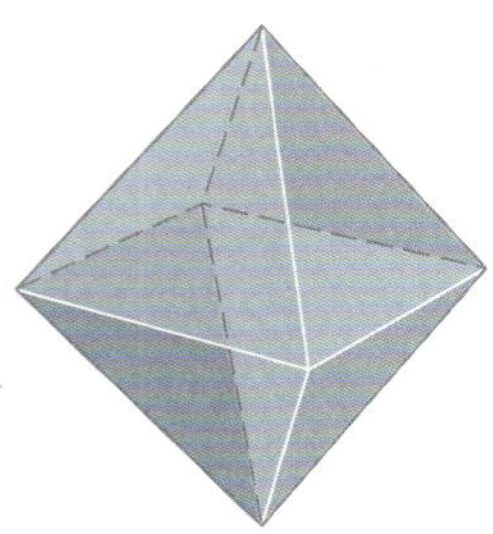

Abbildung 9.8: Ein Oktaeder. Das Oktaeder ist ein Objekt mit acht Flächen und sechs Eckpunkten. Jede Fläche ist ein gleichseitiges Dreieck.

Gesamtzahl Elektronen-paare	Strukturtyp	Bindende Paare	Nichtbindende Paare	Molekül-struktur	Beispiel
5	 trigonal bipyramidal	5	0	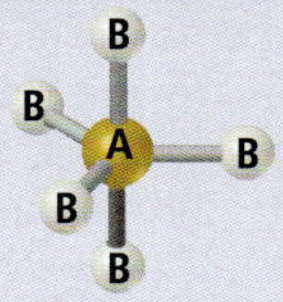 trigonal bipyramidal	PCl_5
		4	1	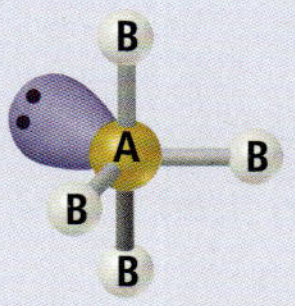 tetraedrisch verzerrt	SF_4
		3	2	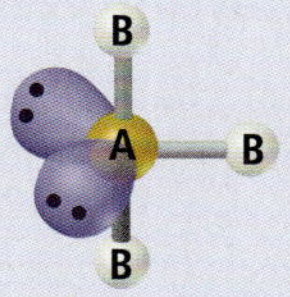 T-förmig	ClF_3
		2	3	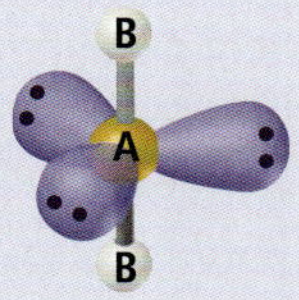 linear	XeF_2
6	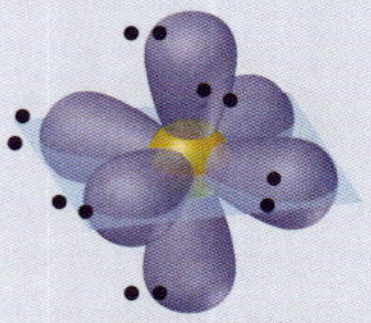 oktaedrisch	6	0	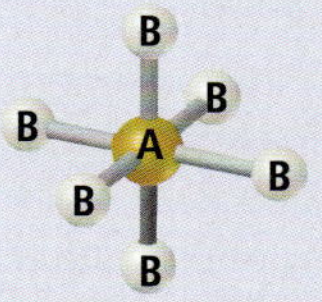 oktaedrisch	SF_6
		5	1	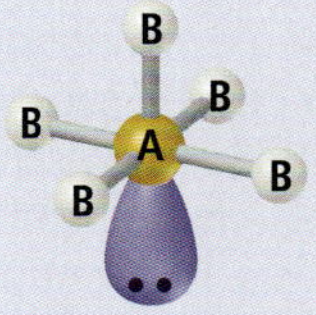 quadratisch pyramidal	BrF_5
		4	2	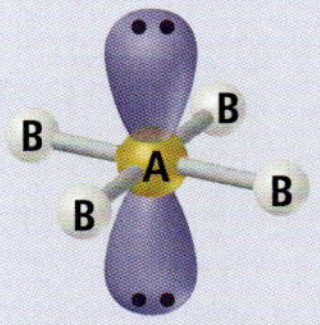 quadratisch planare	XeF_4

Tabelle 9.3: **Strukturtypen und Molekülformen für Moleküle mit fünf und sechs Elektronenpaaren um das Zentralatom.**

Alle Bindungswinkel in einem Oktaeder sind 90°, und alle sechs Eckpunkte sind äquivalent. Deshalb können wir, wenn ein Atom fünf bindende Elektronenpaare und ein nichtbindendes Paar hat, das nichtbindende Paar zu jeder beliebigen Ecke des Oktaeders ausrichten. Das Ergebnis ist immer eine *quadratisch-pyramidale* Molekülstruktur. Wenn zwei nichtbindende Elektronenpaare vorhanden sind, wird ihre Abstoßung minimiert, wenn sie zu den entgegengesetzten Seiten des Oktaeders weisen, was eine *quadratisch-planare* Molekülstruktur erzeugt, wie ► Tabelle 9.3 zeigt.

Formen von größeren Molekülen

Obwohl die bisher betrachteten Moleküle und Ionen nur ein einzelnes Zentralatom beinhalten, können wir das VSEPR-Modell auf komplexere Moleküle erweitern. Betrachten Sie das Essigsäuremolekül, dessen Valenzstrichformel folgendermaßen aussieht:

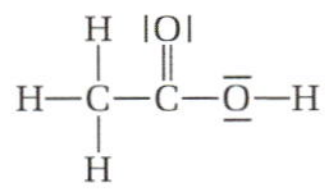

Essigsäure hat drei innere Atome: das linke C-Atom, das zentrale C-Atom und das rechte O-Atom. Wir können das VSEPR-Modell zur individuellen Bestimmung der Struktur um jedes dieser Atome verwenden.

	H—C(H)(H)—	—C(=|O|)—	—Ō—H
Zahl von Elektronenpaaren	4	3	4
Strukturtyp	tetraedrisch	trigonal planar	tetraedrisch
vorhergesagte Bindungswinkel	109,5°	120°	109,5°

Das linke C-Atom besitzt vier Elektronenpaare (alle bindend), daher ist die Struktur um dieses Atom tetraedrisch. Das zentrale C-Atom besitzt drei Elektronenpaare, die Doppelbindung wird als ein Paar gezählt. Folglich ist die Struktur um dieses Atom trigonal planar. Das O-Atom hat vier Elektronenpaare, zwei bindende Paare und zwei nichtbindende Paare; daher ist sein Strukturtyp tetraedrisch, und die Molekülstruktur um O ist gewinkelt. Die Bindungswinkel am zentralen C-Atom und dem O-Atom werden aufgrund der Raumansprüche von Mehrfachbindungen und nichtbindenden Elektronenpaaren leicht von den Idealwerten von 120° und 109,5° abweichen. Die Struktur des Essigsäuremoleküls ist in ► Abbildung 9.9 wiedergegeben.

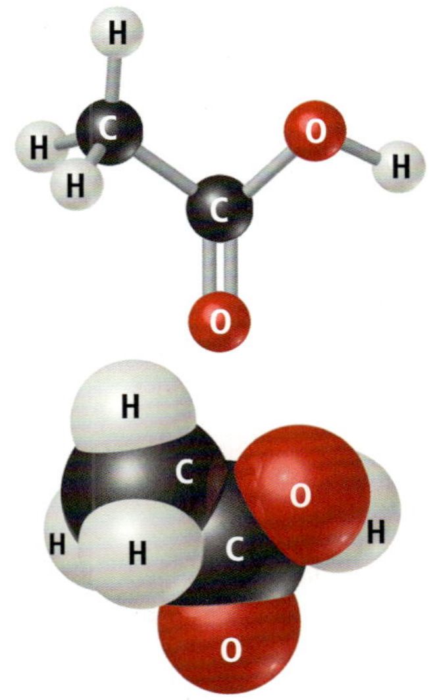

Abbildung 9.9: Kugel-Stab- (oben) und Kalottendarstellungen (unten) von Essigsäure CH_3COOH.

9.3 Molekülform und Molekülpolarität

Für ein Molekül, das aus mehr als zwei Atomen besteht, *hängt das Dipolmoment sowohl von den Polaritäten der einzelnen Bindungen als auch der Gestalt des Moleküls ab*. Für jede Bindung in dem Molekül können wir den **Bindungsdipol** betrachten, der das Dipolmoment ist, das nur auf den beiden Atomen in dieser Bindung beruht. Betrachten Sie z. B. das CO_2-Molekül. Wie in ► Abbildung 9.10a gezeigt, ist jede C═O-Bindung polar, und da die C═O-Bindungen identisch sind, sind die Bindungsdipole gleich groß. Eine Auftragung der Elektronendichte des CO_2-Moleküls wie in ► Abbildung 9.10b zeigt deutlich, dass die Bindungen polar sind – die Bereiche mit hoher Elektronendichte (rot) befinden sich an den Enden der

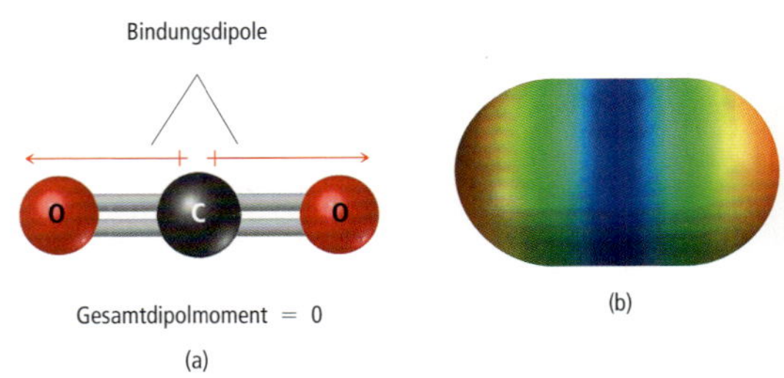

Abbildung 9.10: CO_2, ein unpolares Molekül. (a) Das Gesamtdipolmoment eines Moleküls ist die Summe seiner Bindungsdipole. In CO_2 sind die Bindungsdipole gleich groß, stehen sich aber genau gegenüber. Das Gesamtdipolmoment ist null, daher ist das Molekül unpolar. (b) Das Elektronendichtemodell zeigt, dass die Bereiche höherer Elektronendichte (rot) an den Enden des Moleküls sind, während der Bereich niedrigerer Elektronendichte (blau) sich in der Mitte befindet.

Moleküle, an den Sauerstoffatomen; und die Bereiche niedriger Elektronendichte (blau) befinden sich in der Mitte, am Kohlenstoffatom. Aber was können wir über das *Gesamt*dipolmoment des CO_2-Moleküls sagen?

Bindungsdipole und Dipolmomente sind *Vektor*größen, d. h. sie haben sowohl eine Größe als auch eine Richtung. Das *Gesamt*dipolmoment eines mehratomigen Moleküls ist die Vektorsumme seiner Bindungsdipole. Sowohl die Größen *als auch* die Richtungen der Bindungsdipole müssen beim Summieren dieser Vektoren betrachtet werden. Die beiden Bindungsdipole in CO_2 sind, obwohl sie gleich groß sind, in ihrer Ausrichtung genau entgegengesetzt. Die Bindungsdipole heben sich gegenseitig auf. Deshalb ist das Gesamtdipolmoment für CO_2 gleich null, obwohl die einzelnen Bindungen polar sind. CO_2 ist ein *unpolares* Molekül.

Nun lassen Sie uns H_2O betrachten, ein gewinkeltes Molekül mit zwei polaren Bindungen (► Abbildung 9.11). Wieder sind die beiden Bindungen in dem Molekül identisch und daher die Bindungsdipole gleich groß. Da das Molekül gewinkelt ist, stehen sich aber die Bindungsdipole nicht direkt gegenüber und heben sich daher gegenseitig nicht auf. Somit hat das H_2O-Molekül ein Gesamtdipolmoment ungleich null ($\mu = 1{,}85$ D). Da H_2O ein Dipolmoment ungleich null hat, ist es ein *polares* Molekül. Das Sauerstoffatom trägt eine partielle negative Ladung und die Wasserstoffatome haben jeweils eine partielle positive Ladung, wie durch das Elektronendichtemodell in ► Abbildung 9.11 b gezeigt.

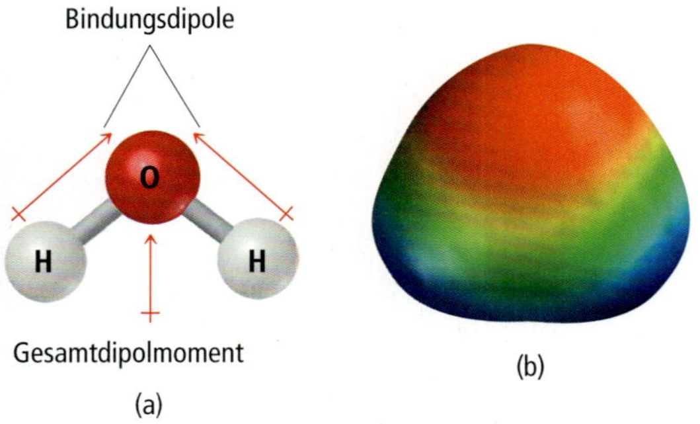

Abbildung 9.11: Das Dipolmoment eines gewinkelten Moleküls. (a) In H_2O sind die Bindungsdipole gleich groß, stehen sich aber nicht genau gegenüber. Das Molekül hat ein Gesamtdipolmoment ungleich null, was das Molekül polar macht. (b) Das Elektronendichtemodell zeigt, dass das eine Ende des Moleküls mehr Elektronendichte hat (das Sauerstoffende), während das andere Ende weniger Elektronendichte hat (die Wasserstoffe).

► Abbildung 9.12 zeigt Beispiele von polaren und unpolaren Molekülen, die alle polare Bindungen haben. Die Moleküle, in denen das Zentralatom symmetrisch von identischen Atomen umgeben wird (BF_3 und CCl_4), sind unpolar. Für AB_n-Moleküle, in denen alle B-Atome gleich sind, müssen gewisse symmetrische Formen – linear (AB_2), trigonal planar (AB_3), tetraedrisch und quadratisch planar (AB_4), trigonal bipyramidal (AB_5) und oktaedrisch (AB_6) – zu unpolaren Molekülen führen, obwohl die einzelnen Bindungen polar sein können.

Abbildung 9.12: Moleküle mit polaren Bindungen. Zwei dieser Moleküle haben ein Dipolmoment gleich null, da ihre Bindungsdipole sich gegenseitig aufheben, während die anderen Moleküle polar sind.

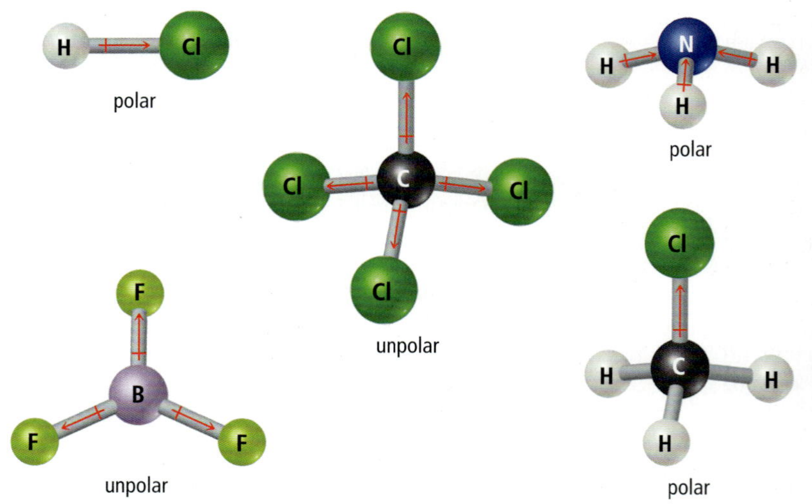

9.4 Kovalente Bindung und Orbitalüberlappung

Das VSEPR-Modell liefert ein einfaches Hilfsmittel zur Vorhersage der Form von Molekülen. Es erklärt aber nicht, warum zwischen Atomen Bindungen bestehen. Bei der Entwicklung von Theorien zur kovalenten Bindung sind Chemiker das Problem aus einer anderen Richtung angegangen, indem sie die Quantenmechanik eingesetzt haben. In diesem Ansatz stellt sich die Frage: Wie können

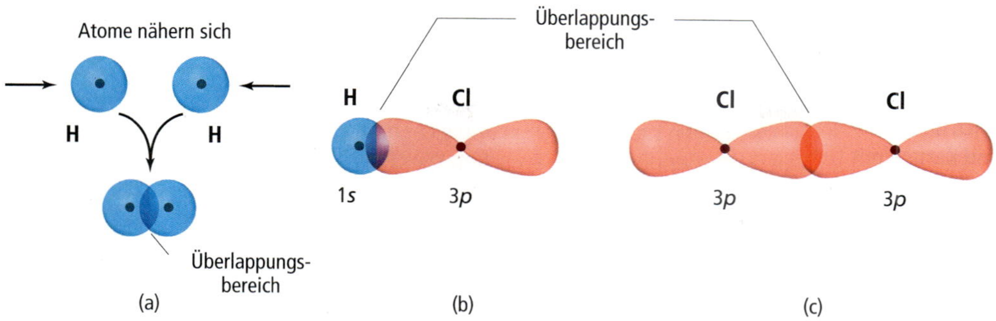

Abbildung 9.13: Die Überlappung von Orbitalen zur Bildung von kovalenten Bindungen. (a) Die Bindung in H_2 resultiert aus der Überlappung von zwei 1*s*-Orbitalen von zwei H-Atomen. (b) Die Bindung in HCl resultiert aus der Überlappung von einem 1*s*-Orbital von H und einem Lappen eines 3*p*-Orbitals von Cl. (c) Die Bindung in Cl_2 resultiert aus der Überlappung von zwei 3*p*-Orbitalen von zwei Cl-Atomen.

wir Atomorbitale zur Erklärung der Bindung und der Struktur von Molekülen einsetzen? Die Kombination von Lewis' Vorstellung der Elektronenpaarbindung und der Vorstellung von Atomorbitalen führt zu einem Modell der chemischen Bindung, das man **Valenzbindungstheorie** (VB-Theorie) nennt. Wenn wir diesen Ansatz dahingehend erweitern, dass wir die Arten einbeziehen, wie Atomorbitale sich miteinander mischen können, erhalten wir ein Bild, das dem VSEPR-Modell gut entspricht.

MERKE !

Im Valenzbindungs-Modell entstehen kovalente Bindungen durch die Überlappung von Valenzatomorbitalen verschiedener Atome.

In der Lewis-Theorie treten kovalente Bindungen auf, wenn Atome sich Elektronen teilen. Dieses Teilen erhöht die Elektronendichte zwischen den Kernen. In der Valenzbindungstheorie stellt man sich den Aufbau von Elektronendichte zwischen zwei Kernen so vor, dass er dann auftritt, wenn ein Valenzatomorbital eines Atoms mit dem eines anderen Atoms verschmilzt. Man sagt dann, die Orbitale teilen sich einen Raumbereich oder sie **überlappen**. Die Überlappung von Orbitalen erlaubt es zwei Elektronen entgegengesetzten Spins, den Raum zwischen zwei Kernen zu teilen, wobei sie eine kovalente Bindung bilden.

Das Zusammenkommen von zwei H-Atomen zu H_2 ist in ► Abbildung 9.13 a dargestellt. Jedes Atom besitzt ein einzelnes Elektron in einem 1s-Orbital. Wenn die Orbitale überlappen, ist die Elektronendichte zwischen den Kernen erhöht. Da die Elektronen im Überlappungsbereich gleichzeitig von beiden Kernen angezogen werden, halten sie die Atome unter Bildung einer kovalenten Bindung zusammen.

Die Vorstellung von Orbitalüberlappung unter Bildung einer kovalenten Bindung gilt für andere Moleküle ebenso gut. Zum Beispiel hat Chlor in HCl die Elektronenkonfiguration [Ne]$3s^2 3p^5$. Alle Valenzorbitale von Chlor sind voll besetzt, mit Ausnahme eines 3*p*-Orbitals, das ein einzelnes Elektron enthält. Dieses Elektron paart sich mit dem einzelnen H-Elektron zu einer kovalenten Bindung. ► Abbildung 9.13 b zeigt die Überlappung des 3*p*-Orbitals von Cl mit dem 1*s*-Orbital von H. Ebenso können wir die kovalente Bindung im Cl_2-Molekül als Überlappung des 3*p*-Orbitals eines Atoms mit dem 3*p*-Orbital eines anderen Atoms erklären, wie in ► Abbildung 9.13 c gezeigt.

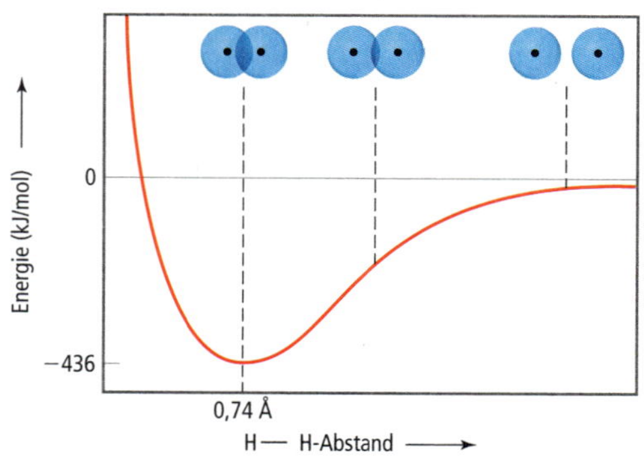

Abbildung 9.14: Bildung des H_2-Moleküls. Kurve der Änderung der potenziellen Energie, wenn zwei Wasserstoffatome zusammenkommen, um das H_2-Molekül zu bilden. Das Energieminimum bei 0,74 Å stellt den Gleichgewichtsbindungsabstand dar. Die Energie an diesem Punkt, –436 kJ/mol, entspricht der Energieänderung für die Bildung der H—H-Bindung.

Es gibt in jeder kovalenten Bindung immer einen optimalen Abstand zwischen den zwei gebundenen Kernen. ► Abbildung 9.14 zeigt, wie die potenzielle Energie des Systems sich ändert, wenn zwei H-Atome zur Bildung eines H_2-Moleküls zusammenkommen. Wenn der Abstand zwischen den Atomen abnimmt, nimmt die Überlappung zwischen ihren 1*s*-Orbitalen zu. Aufgrund der resultierenden Zunahme der Elektronendichte zwischen den Kernen nimmt die potenzielle Energie des Systems ab. D.h. die Stärke der Bindung nimmt zu, wie durch die Abnahme der Energie in der Kurve gezeigt. Die Kurve zeigt aber auch, dass die Energie rasch ansteigt, wenn die Atome sich sehr nahe kommen. Diese rasche

MERKE !

Jede Bindungslänge entspricht dem Abstand zwischen zwei Atomen, bei dem sich die Anziehung zwischen den Elektronen und Kernen mit der Abstoßung zwischen den beiden Kernen die Waage hält.

Zunahme beruht hauptsächlich auf der Abstoßung zwischen den Kernen, die bei kurzen internuklearen Abständen erheblich wird. Der internukleare Abstand am Minimum der potenziellen Energiekurve entspricht der beobachteten Bindungslänge. Folglich ist die beobachtete Bindungslänge der Abstand, an dem sich die anziehenden Kräfte zwischen ungleichen Ladungen (Elektronen und Kerne) und die abstoßenden Kräfte zwischen gleichen Ladungen (Elektron-Elektron und Kern-Kern) die Waage halten.

9.5 Hybridorbitale

MERKE !

Unter Hybridisierung versteht man das Mischen von Atomorbitalen (energetische Angleichung). Die Anzahl der entstehenden Hybridorbitale entspricht dabei der Zahl der hybridisierten Atomorbitale.

EXTRAS ONLINE Hybridisierung (Video)

Obwohl es uns die Vorstellung der Orbitalüberlappung erlaubt, die Bildung von kovalenten Bindungen zu verstehen, ist es nicht immer einfach, diese Vorstellung auf mehratomige Moleküle zu erweitern. Wenn wir die Valenzbindungstheorie auf mehratomige Moleküle anwenden, müssen wir die Bildung von Elektronenpaarbindungen *und* die beobachteten Strukturen der Moleküle erklären.

Zur Erklärung der Strukturen nehmen wir häufig an, dass Atomorbitale eines Atom sich mischen, um neue Orbitale, genannt **Hybridorbitale**, zu bilden. Die Form eines jeden Hybridorbitals unterscheidet sich von den Formen der ursprünglichen Atomorbitale. Die Kombination von energetisch nur wenig unterschiedlichen Atomorbitalen zu energetisch gleichen Atommolekülen bezeichnet man als **Hybridisierung**. Die Gesamtzahl an Atomorbitalen in einem Atom bleibt aber konstant, und somit ist die Zahl von Hybridorbitalen in einem Atom gleich der Anzahl der Atomorbitale, die hybridisierten.

sp-Hybridorbitale

Zur Veranschaulichung des Hybridisierungsvorgangs betrachten Sie das BeF_2-Molekül, das entsteht, wenn festes BeF_2 auf hohe Temperaturen erhitzt wird. Die Valenzstrichformel für BeF_2 ist

$$|\overline{\underline{F}}—Be—\overline{\underline{F}}|$$

Das VSEPR-Modell sagt korrekt voraus, dass BeF_2 linear ist, mit zwei identischen Be—F-Bindungen. Aber wie können wir die Valenzbindungstheorie zur Beschreibung der Bindung einsetzen? Die Elektronenkonfiguration von F ($1s^22s^22p^5$) zeigt, dass es ein freies Elektron in einem 2*p*-Orbital gibt. Dieses 2*p*-Elektron kann man mit einem freien Elektron von einem Be-Atom paaren, um eine polare kovalente Bindung zu bilden. Welche Orbitale am Be-Atom überlappen aber mit denen am F-Atom, um die Be—F-Bindungen zu bilden?

Das Orbitaldiagramm für ein Be-Atom im Grundzustand ist

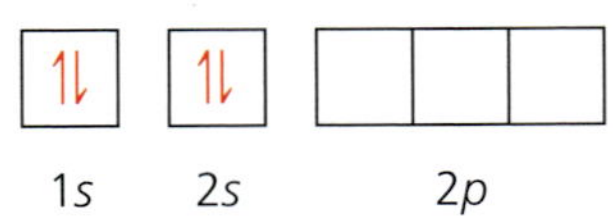

Da es keine ungepaarten Elektronen hat, ist das Be-Atom im Grundzustand nicht in der Lage, Bindungen mit den Fluoratomen zu bilden. Es könnte aber zwei Bindungen bilden, wenn es eines der 2*s*-Elektronen zu einem 2*p*-Orbital „anhebt" (Promotion).

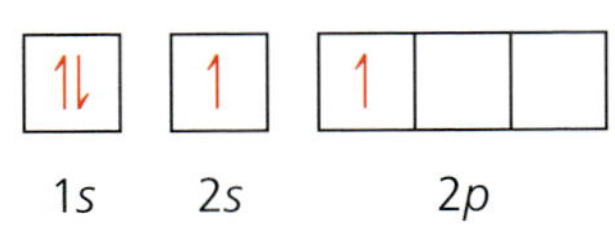

Das Be-Atom besitzt nun zwei ungepaarte Elektronen und kann deshalb zwei polar kovalente Bindungen mit den F-Atomen bilden. Die beiden Bindungen wären aber nicht identisch, da ein Be 2*s*-Orbital für die Bildung der einen Bindung

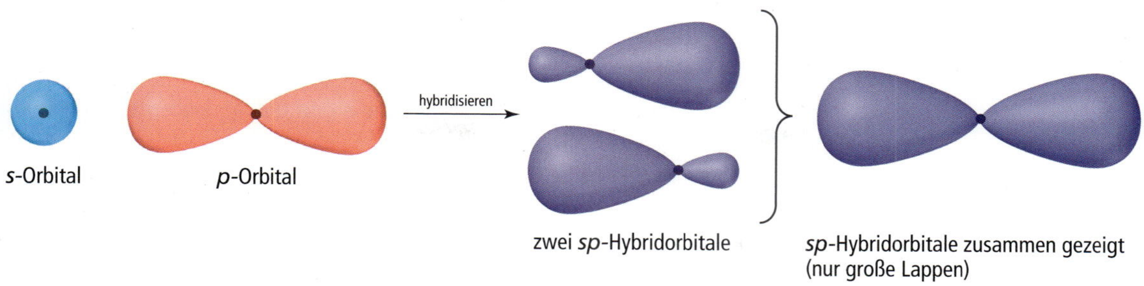

Abbildung 9.15: Bildung von *sp*-Hybridorbitalen. Ein *s*-Orbital und ein *p*-Orbital können hybridisieren, um zwei äquivalente *sp*-Hybridorbitale zu bilden. Die großen Lappen der beiden Hybridorbitale zeigen in entgegengesetzte Richtungen, im Winkel von 180 °.

und ein 2*p*-Orbital für die Bildung der anderen Bindung benutzt würde. Obwohl das Anheben (Promotion) eines Elektrons es erlaubt, zwei Be—F-Bindungen zu bilden, haben wir deshalb noch immer nicht die Struktur von BeF_2 erklärt.

MERKE !

Der lineare Strukturtyp setzt eine sp-Hybridisierung voraus.

Wir können dieses Dilemma lösen, indem wir das 2*s*-Orbital und eines der 2*p*-Orbitale „mischen", um so zwei neue Orbitale zu generieren, wie in ► Abbildung 9.15 gezeigt. Wie die *p*-Orbitale hat jedes der neuen Orbitale zwei Lappen. Aber ungleich zu den *p*-Orbitalen ist ein Lappen viel größer als der andere. Die beiden neuen Orbitale sind in der Form identisch, aber ihre großen Lappen zeigen in entgegengesetzte Richtungen. Wir haben zwei Hybridorbitale geschaffen. In diesem Fall haben wir ein *s*- und ein *p*-Orbital hybridisiert, also nennen wir jeden Hybrid ein *sp*-Hybridorbital. *In Übereinstimmung mit dem Valenzbindungs-Modell setzt eine lineare Anordnung von Elektronenpaaren eine sp-Hybridisierung voraus.*

Für das Be-Atom von BeF_2 schreiben wir das Orbitaldiagramm für die Bildung von zwei *sp*-Hybridorbitalen wie folgt:

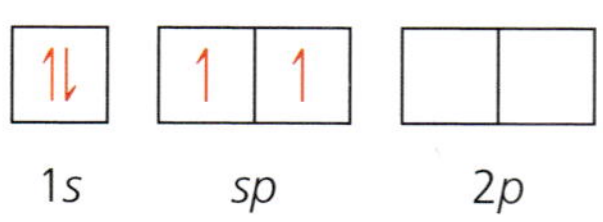

Die Elektronen in den *sp*-Hybridorbitalen können Zwei-Elektronenbindungen mit den beiden Fluoratomen bilden (► Abbildung 9.16). Da die *sp*-Hybridorbitale äquivalent sind, aber in entgegengesetzte Richtungen zeigen, hat BeF_2 zwei identische Bindungen und eine lineare Struktur. Die verbleibenden zwei 2*p*-Orbitale bleiben unhybridisiert.

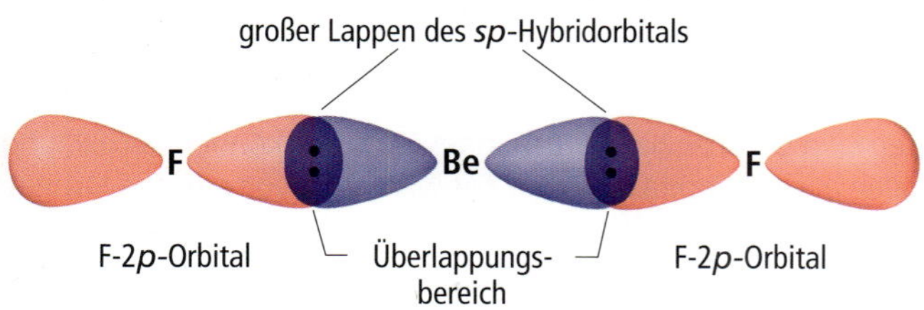

Abbildung 9.16: Bildung von zwei äquivalenten Be—F-Bindungen in BeF_2. Jedes *sp*-Hybridorbital am Be überlappt mit einem 2*p*-Orbital an F, um eine Bindung zu bilden. Die beiden Bindungen sind äquivalent zueinander und bilden einen Winkel von 180°.

Unser erster Schritt zur Konstruktion der *sp*-Hybride, nämlich die Promotion eines 2*s*-Elektrons in ein 2*p*-Orbital von Be, erfordert Energie. Warum hybridisieren dann die Orbitale? Hybridorbitale haben einen großen Lappen und können daher besser zu anderen Atomen ausgerichtet werden als die unhybridisierten Atomorbitale. Daher können sie effektiver mit den Orbitalen anderer Atome überlappen als Atomorbitale und somit entstehen stärkere Bindungen. Die Energie, die bei der Bildung von Bindungen freigesetzt wird, gleicht der Energie, die zum Anheben von Elektronen aufgewendet werden muss, mehr als aus.

sp^2- und sp^3-Hybridorbitale

Im Boratom kann ein 2*s*-Elektron in ein leeres 2*p*-Orbital gehoben werden. Die Mischung des 2*s*- und zwei der 2*p*-Orbitale ergibt drei äquivalente sp^2-Hybridorbitale (ausgesprochen „s-p-zwei"):

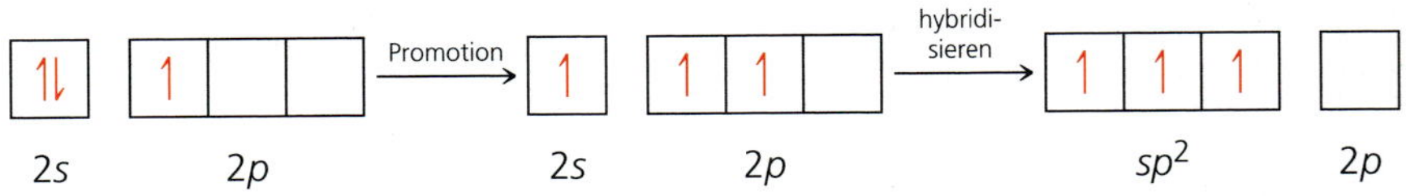

Die drei sp^2-Hybridorbitale liegen in derselben Ebene, 120° entfernt voneinander (► Abbildung 9.17). Sie werden zur Bildung von drei äquivalenten Bindungen mit den drei Fluoratomen verwendet, was zu einer trigonal-planaren Gestalt des BF_3 führt. Beachten Sie, dass ein nicht besetztes 2*p*-Orbital unhybridisiert bleibt. Dieses unhybridisierte Orbital wird wichtig sein, wenn wir in Abschnitt 9.6 Doppelbindungen erörtern.

> **MERKE !**
>
> **Der trigonal-planare Strukturtyp setzt eine sp^2-, der tetraedrische eine sp^3-Hybridisierung voraus.**

Ein *s*-Orbital kann sich ebenfalls in der gleichen Unterschale mit allen drei *p*-Orbitalen mischen. Zum Beispiel bildet das Kohlenstoffatom in CH_4 mit den vier Wasserstoffatomen vier äquivalente Bindungen. Wir vergegenwärtigen uns diesen Vorgang als Ergebnis der Mischung des 2*s*- und aller drei 2*p*-Atomorbitale des Kohlenstoffs unter Bildung von vier äquivalenten sp^3-Hybridorbitalen (ausgesprochen „s-p-drei"):

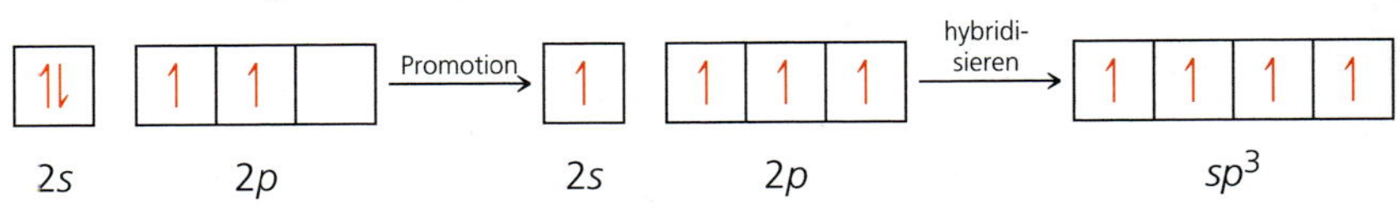

Jedes sp^3-Hybridorbital hat einen großen Lappen, der zu einem Eckpunkt eines Tetraeders zeigt, wie in ► Abbildung 9.18 gezeigt. Diese Hybridorbitale kann man zur Bildung von Zwei-Elektronen-Bindungen durch Überlappung mit den Atomorbitalen eines anderen Atoms, wie z. B. H, benutzen. Folglich können wir mit der Valenzbindungstheorie die Bindung in CH_4 als Überlappung der vier äquivalenten sp^3-Hybridorbitale am C mit den 1*s*-Orbitalen an den vier H-Atomen zur Bildung von vier äquivalenten Bindungen beschreiben.

Das Modell der Hybridisierung verwendet man in ähnlicher Weise zur Beschreibung der Bindungen in Molekülen, die nichtbindende Elektronenpaare enthalten. Zum Beispiel ist in H_2O der Strukturtyp um das zentrale O-Atom annähernd tetraedrisch. Folglich kann man sich vorstellen, dass die vier Elektronenpaare sp^3-Hybridorbitale besetzen. Zwei der Hybridorbitale enthalten nichtbindende Elektronenpaare, während zwei zur Bindungsbildung mit Wasserstoffatomen benutzt werden, wie in ► Abbildung 9.19 gezeigt.

Hybridisierung unter Einbeziehung von *d*-Orbitalen

Atome der dritten und darüber hinaus gehender Perioden können zur Bildung von Hybridorbitalen auch *d*-Orbitale nutzen. Die Mischung von einem *s*-Orbital, drei *p*-Orbitalen und einem *d*-Orbital führt zu fünf sp^3d-Hybridorbitalen. Diese Hybridorbitale sind zu den Eckpunkten einer trigonalen Bipyramide ausgerichtet.

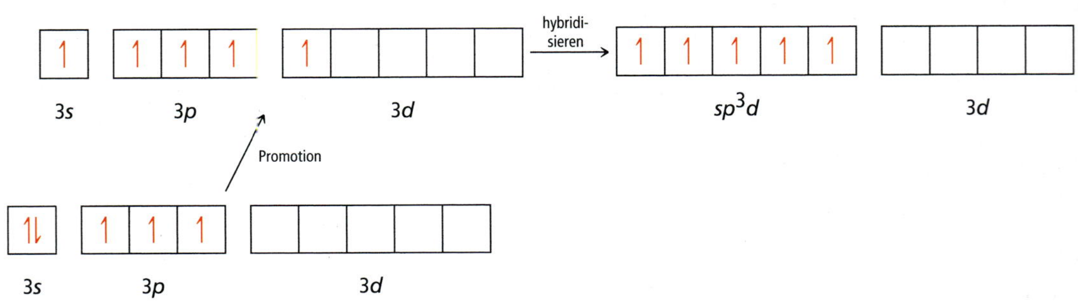

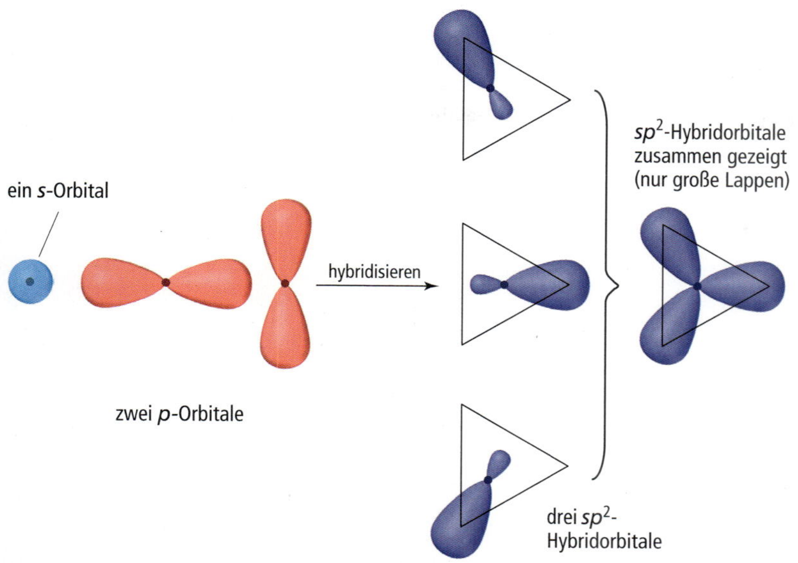

Abbildung 9.17: Bildung von sp^2-Hybridorbitalen. Ein *s*-Orbital und zwei *p*-Orbitale können hybridisieren, um drei äquivalente sp^2-Hybridorbitale zu bilden. Die großen Lappen der Hybridorbitale zeigen zu den Ecken eines gleichseitigen Dreiecks.

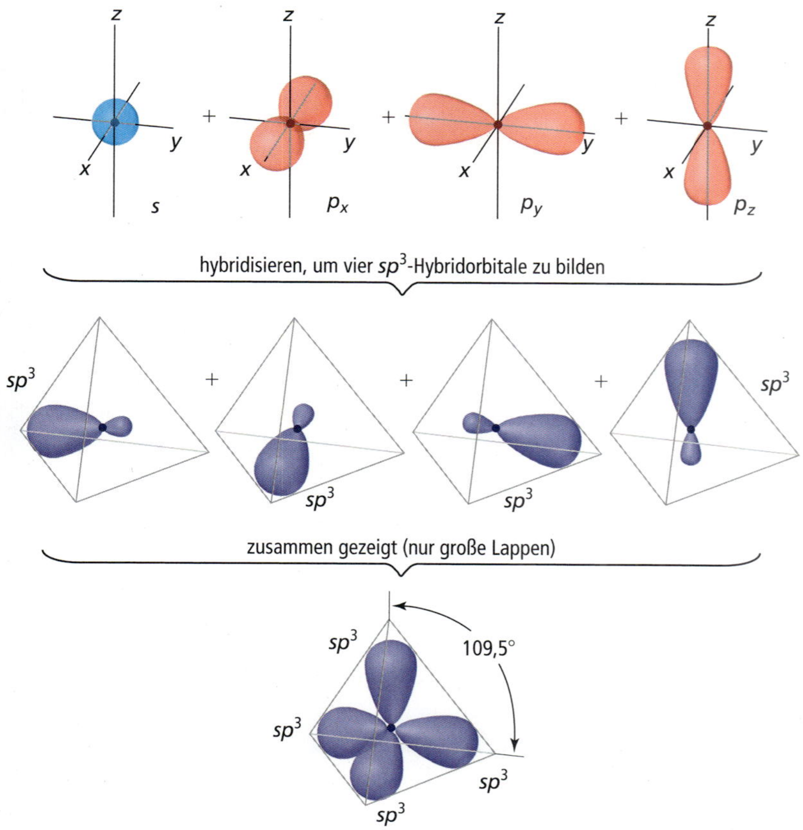

Abbildung 9.18: Bildung von sp^3-Hybridorbitalen. Ein *s*-Orbital und drei *p*-Orbitale können hybridisieren, um vier äquivalente sp^3-Hybridorbitale zu bilden. Die großen Lappen der Hybridorbitale zeigen zu den Ecken eines Tetraeders.

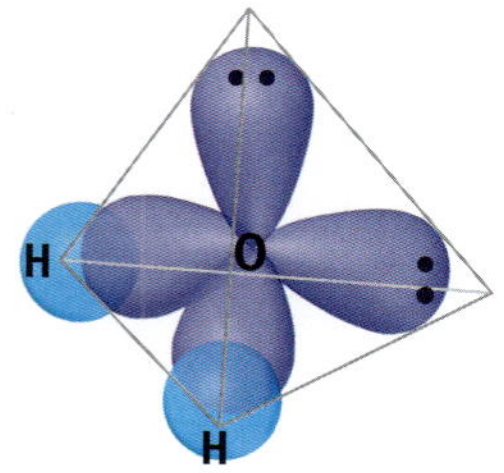

Abbildung 9.19: Valenzbindungsbeschreibung von H_2O. Die Bindung in einem Wassermolekül kann man sich als sp^3-Hybridisierung der Orbitale an O vorstellen. Zwei der vier Hybridorbitale überlappen mit 1*s*-Orbitalen von H, um kovalente Bindungen zu bilden. Die beiden anderen Hybridorbitale sind von nichtbindenden Elektronenpaaren besetzt.

Atom-orbitalsatz	Hybrid-orbitalsatz	Geometrie	Beispiele
s,p	zwei *sp*	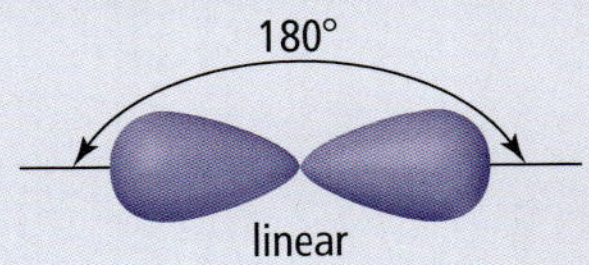 linear	BeF_2, $HgCl_2$
s,p,p	drei sp^2	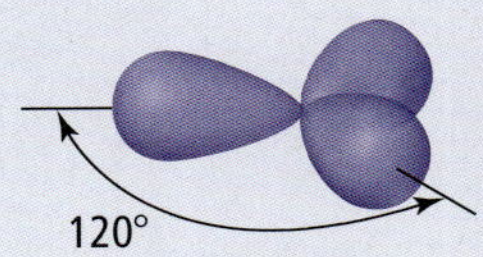 trigonal planar	BF_3, SO_3
s,p,p,p	vier sp^3	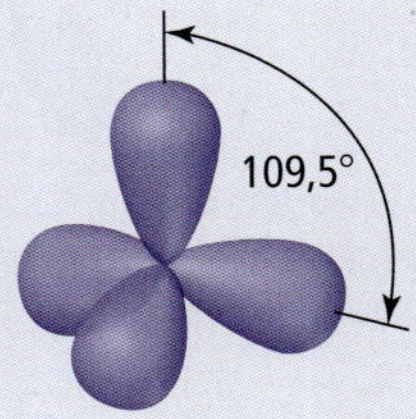 tetraedrisch	CH_4, NH_3, H_2O, NH_4^+
s,p,p,p,d	fünf sp^3d	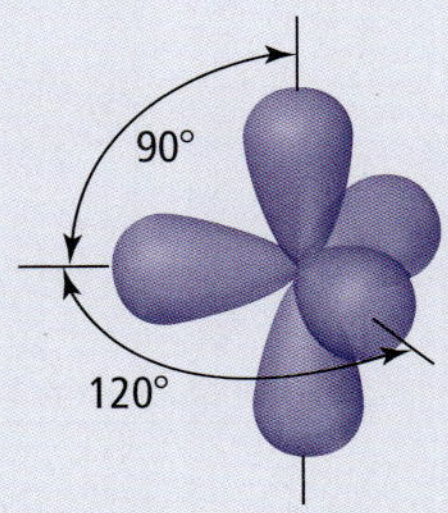 trigonal bipyramidal	PF_5, SF_4, BrF_3
s,p,p,p,d,d	sechs sp^3d^2	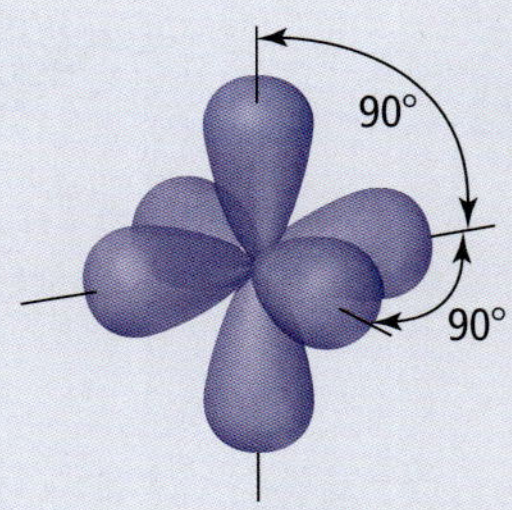 oktaedrisch	SF_6, ClF_5, XeF_4, PF_6^-

Tabelle 9.4: Charakteristische geometrische Anordnungen von Hybridorbitalsätzen.

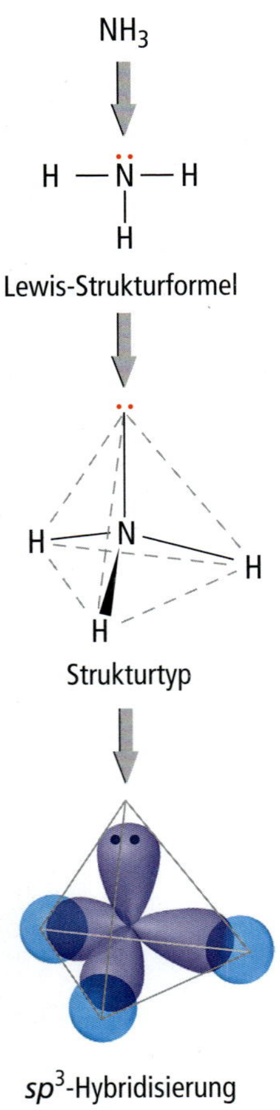

Abbildung 9.20: Bindung in NH_3. Die Hybridorbitale, die N im NH_3-Molekül benutzt, werden vorausgesagt durch 1. Zeichnen der Lewis-Strukturformel, 2. Anwenden des VSEPR-Modells zur Bestimmung des Strukturtyps und 3. Spezifizieren der Hybridorbitale, die der Struktur entsprechen.

Ähnlich ergibt die Mischung von einem *s*-Orbital, drei *p*-Orbitalen und zwei *d*-Orbitalen sechs sp^3d^2-Hybridorbitale, die zu den Eckpunkten eines Oktaeders ausgerichtet sind.

9.6 Mehrfachbindungen

In den bisher betrachteten kovalenten Bindungen ist die Elektronendichte symmetrisch um die Linie, die die Kerne verbindet (die *Kernverbindungsachse*), erhöht. Mit anderen Worten, die Linie, die beide Kerne verbindet, führt durch die Mitte des Überlappungsbereichs. Diese Bindungen werden **σ-Bindungen** (ausgesprochen „**sigma**") genannt. Die Überlappung von zwei *s*-Orbitalen wie in H_2, die Überlappung von einem *s*- und einem *p*-Orbital wie in HCl, die Überlappung zwischen zwei *p*-Orbitalen wie in Cl_2 und die Überlappung von einem *p*-Orbital mit einem *sp*-Hybridorbital wie in BeF_2 sind alle Beispiele für σ-Bindungen.

Zur Beschreibung von Mehrfachbindungen müssen wir eine zweite Bindungsart betrachten, die aus der Überlappung zwischen zwei *p*-Orbitalen resultiert, die senkrecht zur Kernverbindungsachse stehen (► Abbildung 9.21). Die seitliche Überlappung der *p*-Orbitale erzeugt eine **π-Bindung** (ausgesprochen „**pi**"). Eine π-Bindung ist eine kovalente Bindung, in der die Überlappungsbereiche ober- und unterhalb der Kernverbindungsachse liegen. Im Gegensatz zu einer σ-Bindung ist in einer π-Bindung die Wahrscheinlichkeit, Elektronen auf der Kernverbindungsachse zu finden, gleich null. Da die *p*-Orbitale in einer π-Bindung sich eher seitlich als direkt zugewandt überlappen, neigt die Gesamtüberlappung in einer π-Bindung dazu, kleiner zu sein als die in einer σ-Bindung. π-Bindungen sind generell schwächer als σ-Bindungen.

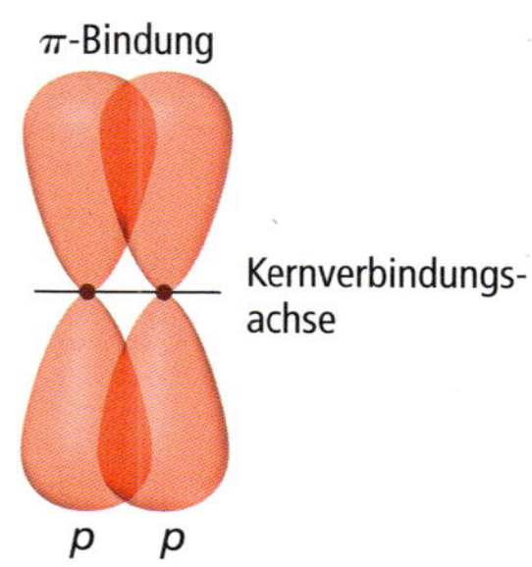

Abbildung 9.21: Die π-Bindung. Wenn zwei *p*-Orbitale seitlich überlappen, ist das Ergebnis eine π-Bindung. Beachten Sie, dass die zwei Bereiche der Überlappung eine π-*Einfachbindung* darstellen.

Einfachbindungen sind in fast allen Fällen σ-Bindungen. Eine Doppelbindung besteht aus einer σ-Bindung und einer π-Bindung, und eine Dreifachbindung besteht aus einer σ-Bindung und zwei π-Bindungen:

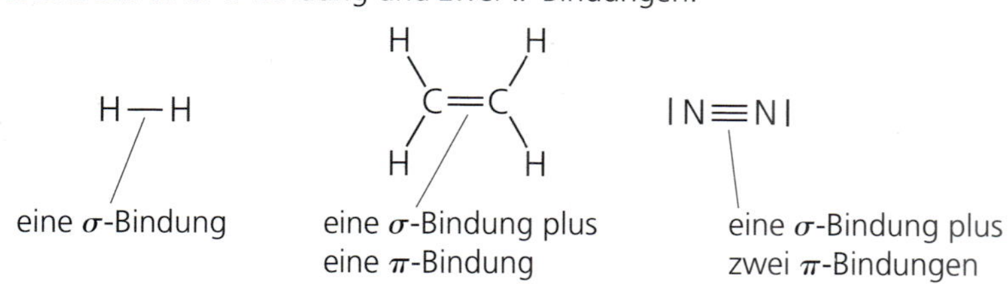

Um zu sehen, wie diese Vorstellungen eingesetzt werden, betrachten Sie Ethen, C_2H_4, das eine C═C-Doppelbindung besitzt. Die Bindungswinkel in Ethen sind alle annähernd 120°, was andeutet, dass jedes Kohlenstoffatom sp^2-Hybridorbitale benutzt, um σ-Bindungen mit dem anderen Kohlenstoff und den zwei Wasserstoffen zu bilden. Da Kohlenstoff vier Valenzelektronen besitzt, verbleibt ein Elektron in jedem Kohlenstoffatom nach der sp^2-Hybridisierung im *unhybridisierten* 2*p*-Orbital:

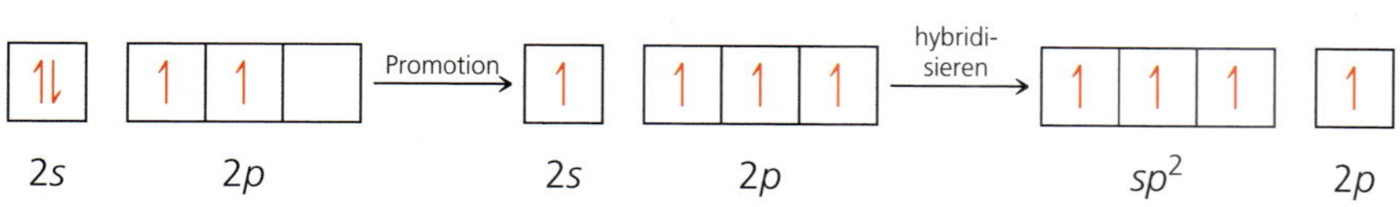

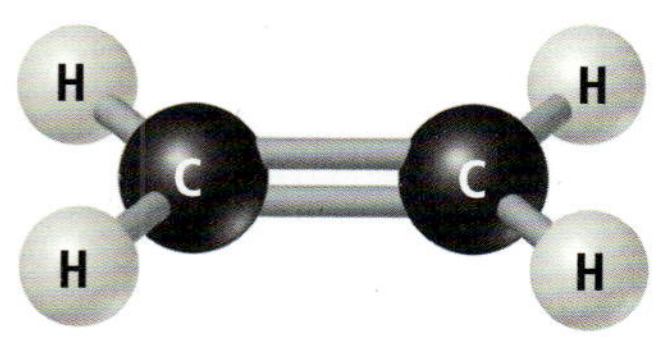

Abbildung 9.22: Die Molekülstruktur von Ethen. Ethen, C_2H_4, hat eine C—C σ-Bindung und eine C—C π-Bindung.

Das unhybridisierte 2*p*-Orbital steht senkrecht zu der Ebene, die die drei sp^2-Hybridorbitale enthält.

Jedes sp^2-Hybridorbital an jedem Kohlenstoffatom enthält ein Elektron. ► Abbildung 9.23 zeigt, wie die vier C—H σ-Bindungen durch Überlappung von sp^2-Hybridorbitalen am C mit den 1*s*-Orbitalen an jedem H-Atom gebildet werden. Wir verwenden zur Bildung dieser vier Elektronenpaarbindungen acht Elektronen. Die C—C σ-Bindung wird durch Überlappung der zwei sp^2-Hybridorbitale, eines an jedem Kohlenstoffatom, gebildet und benötigt zwei weitere Elektronen.

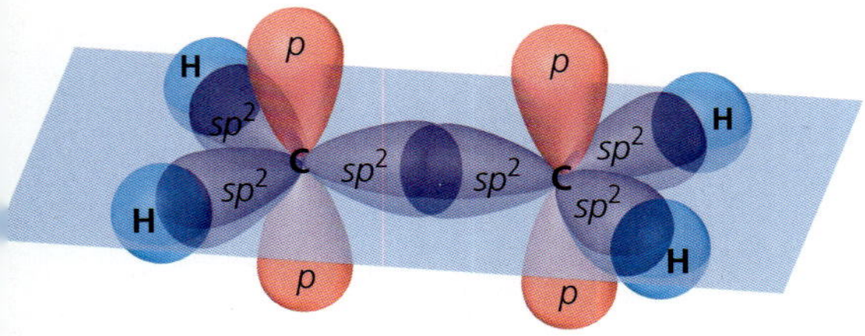

Abbildung 9.23: Hybridisierung in Ethen. Das σ-Bindungsgerüst wird durch sp^2-Hybridorbitale am Kohlenstoffatom gebildet. Die unhybridisierten $2p$-Orbitale an den C-Atomen werden zur Bildung einer π-Bindung verwendet.

Folglich werden 10 der 12 Valenzelektronen im C_2H_4-Molekül benutzt, um fünf σ-Bindungen zu bilden.

Die verbleibenden zwei Valenzelektronen besetzen die unhybridisierten $2p$-Orbitale, ein Elektron an jedem Kohlenstoffatom. Diese zwei $2p$-Orbitale können sich seitlich überlappen, wie in ► Abbildung 9.24 gezeigt. Die resultierende Elektronendichte ist ober- und unterhalb der C—C-Bindungsachse konzentriert, d. h. dies ist eine π-Bindung (► Abbildung 9.21). Folglich besteht die C=C-Doppelbindung in Ethen aus einer σ-Bindung und einer π-Bindung.

Obwohl wir experimentell eine π-Bindung nicht direkt beobachten können (alles, was wir beobachten können, ist die Position der Atome), wird ihre Anwesenheit

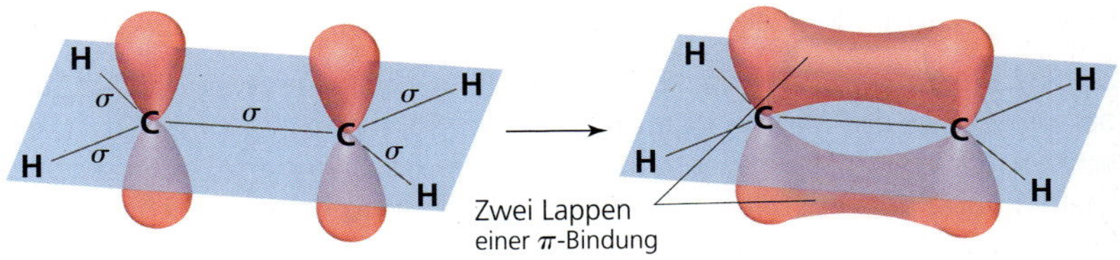

Abbildung 9.24: Die π-Bindung in Ethen. Die unhybridisierten $2p$-Orbitale an jedem C-Atom überlappen, um eine π-Bindung zu bilden. Die Elektronendichte in der π-Bindung liegt ober- und unterhalb der Bindungsachse, während bei den σ-Bindungen die Elektronendichte direkt entlang der Bindungsachsen liegt.

durch die Struktur von Ethen stark unterstützt. Erstens ist die C—C-Bindungslänge in Ethen (1,34 Å) viel kürzer als in Verbindungen mit C—C-Einfachbindungen (1,54 Å), was mit der Anwesenheit einer stärkeren C=C-Doppelbindung übereinstimmt. Zweitens liegen alle sechs Atome in C_2H_4 in der gleichen Ebene. Die $2p$-Orbitale, die die π-Bindung bilden, können nur dann eine gute Überlappung erreichen, wenn die beiden CH_2-Fragmente in der gleichen Ebene liegen. Wenn keine π-Bindungen vorhanden wären, gäbe es keinen Grund für die zwei CH_2-Fragmente von Ethen, in der gleichen Ebene zu liegen. Da π-Bindungen erforderlich machen, dass Teile eines Moleküls planar sind, können sie die Flexibilität von Molekülen einschränken.

MERKE !

Mehrfachbindungen kommen bevorzugt zwischen den kleineren Atomen C, N und O vor.

Dreifachbindungen kann man ebenfalls durch Hybridorbitale erklären. Ethin (C_2H_2) ist zum Beispiel ein lineares Molekül, das eine Dreifachbindung enthält: H—C≡C—H. Die lineare Struktur deutet an, dass jedes Kohlenstoffatom *sp*-Hybridorbitale benutzt, um σ-Bindungen mit dem anderen Kohlenstoffatom und einem Wasserstoffatom zu bilden. Jedes Kohlenstoffatom hat folglich zwei verbleibende unhybridisierte $2p$-Orbitale im rechten Winkel zueinander und zur Achse des *sp*-Hybridsets (► Abbildung 9.25). Diese *p*-Orbitale überlappen zu einem Paar π-Bindungen. Folglich besteht die Dreifachbindung in Ethin aus einer σ- und zwei π-Bindungen.

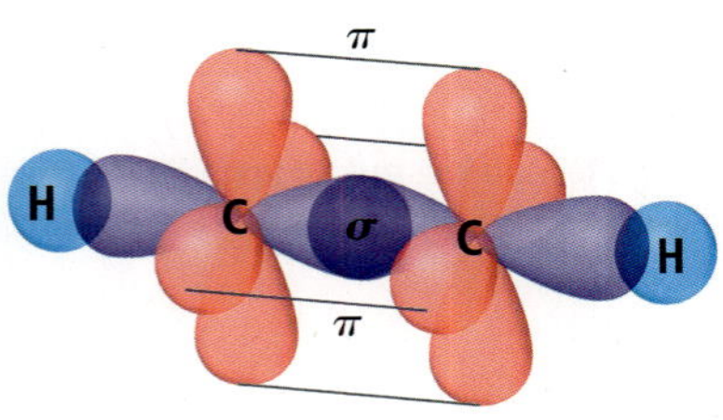

Abbildung 9.26: Bildung von zwei π-Bindungen. In Ethin, C_2H_2, führt die Überlappung zweier Sätze unhybridisierter Kohlenstoff $2p$-Orbitale zur Bildung zweier π-Bindungen.

Obwohl es möglich ist, π-Bindungen aus *d*-Orbitalen herzustellen, sind die einzigen π-Bindungen, die wir betrachten werden, diejenigen, die aus der Überlappung von *p*-Orbitalen gebildet werden. Diese π-Bindungen können sich nur bilden, wenn unhybridisierte *p*-Orbitale an den gebundenen Atomen vorhanden sind. Deshalb können nur Atome mit *sp*- oder sp^2-Hybridisierung an solchen π-Bindungen beteiligt sein. Weiter kommen Doppel- und Dreifachbindungen (und folglich π-Bindungen) häufiger in Molekülen vor, die aus kleinen Atomen bestehen, insbesondere C, N und O. Größere Atome, wie z. B. S, P und Si, bilden weniger bereitwillig π-Bindungen.

Delokalisierte π-Bindung

In den Molekülen, die wir bisher in diesem Abschnitt behandelt haben, sind die Bindungselektronen *lokalisiert*. Damit meinen wir, dass die σ- und π-Elektronen den zwei Atomen, die die Bindung bilden, zugeordnet werden können.

Ein Molekül, das nicht mit lokalisierten π-Bindungen beschrieben werden kann, ist Benzen (= Benzol, C_6H_6), das zwei mesomere Grenzformeln hat.

Um die Bindungen in Benzol mit Hybridorbitalen zu beschreiben, wählen wir zuerst ein Hybridisierungsschema, das mit der Struktur des Moleküls übereinstimmt. Da jedes Kohlenstoffatom von drei Atomen mit Winkeln von 120° umgeben ist, ist das zugehörige Hybridset sp^2. Die sp^2-Hybridorbitale bilden sechs lokalisierte C—C σ-Bindungen und sechs lokalisierte C—H σ-Bindungen, wie ► Abbildung 9.27 a zeigt. Dies lässt an jedem Kohlenstoff ein 2*p*-Orbital übrig, das senkrecht zur Ebene des Moleküls orientiert ist. Die Situation ist sehr ähnlich zu der in Ethen, mit der Ausnahme, dass wir nun sechs Kohlenstoff-2*p*-Orbitale in einem Ring angeordnet haben (► Abbildung 9.27 b). Jedes der unhybridisierten 2*p*-Orbitale ist mit einem Elektron besetzt, was insgesamt sechs Elektronen übrig lässt, die auf π-Bindungen entfallen.

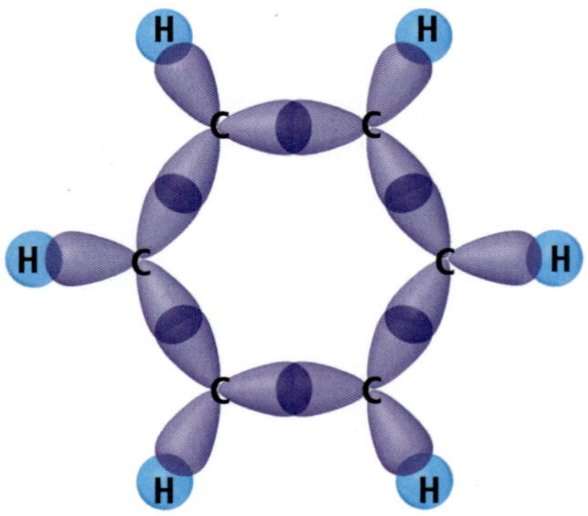

(a) σ-Bindungen

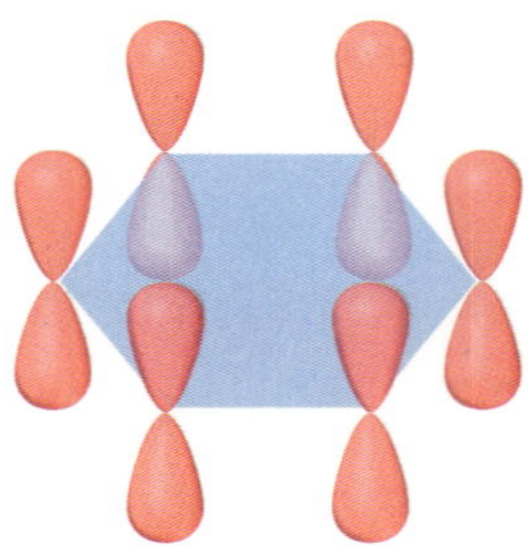

(b) 2*p*-Atomorbitale

Abbildung 9.27: Die σ- und π-Bindungsnetzwerke in Benzen, C_6H_6. (a) Die C—C- und C—H σ-Bindungen liegen alle in der Ebene des Moleküls und werden mit Kohlenstoff-sp^2-Hybridorbitalen gebildet. (b) Jedes Kohlenstoffatom hat ein unhybridisiertes 2*p*-Orbital, das senkrecht zur Molekülebene steht. Diese sechs 2*p*-Orbitale sind die *π-Orbitale* von Benzen.

Wir könnten uns vorstellen, dass die unhybridisierten 2*p*-Orbitale von Benzen zur Bildung von drei lokalisierten π-Bindungen verwendet werden. Wie in ► Abbildung 9.28 a und 9.28 b gezeigt, gibt es zwei äquivalente Wege zur Bildung dieser lokalisierten Bindungen und jeder entspricht einer der mesomeren Grenzformeln des Moleküls. Bei einer Überlagerung beider Grenzformeln sind die sechs π-Elektronen über alle sechs Kohlenstoffatome „verteilt", wie in ► Abbildung 9.28 c gezeigt. Beachten Sie, wie diese Abbildung der „Kreis-im-Sechseck"-Zeichnung entspricht, die wir oft zur Wiedergabe von Benzen benutzen. Dieses Modell führt zur Beschreibung der einzelnen Kohlenstoff–Kohlenstoff-Bindung mit identischen Bindungslängen, die zwischen der Länge einer C—C-Einfachbindung (1,54Å) und der Länge einer C=C-Doppelbindung (1,34 Å) liegen, was mit den beobachteten Bindungslängen in Benzol (1,40 Å) übereinstimmt.

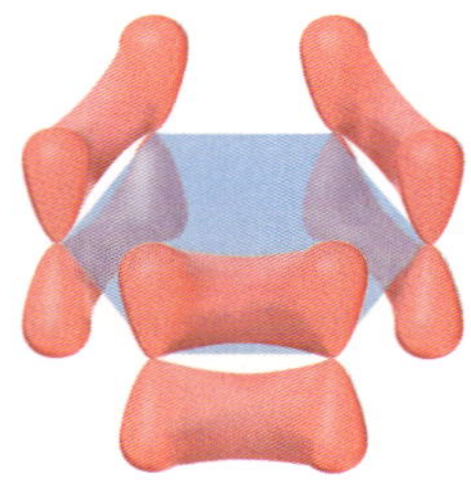

(a) lokalisierte π-Bindungen

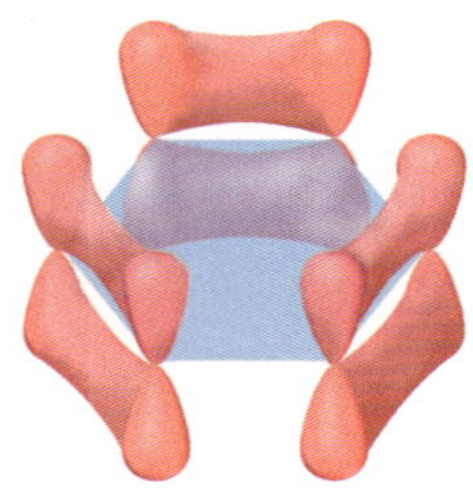

(b) lokalisierte π-Bindungen

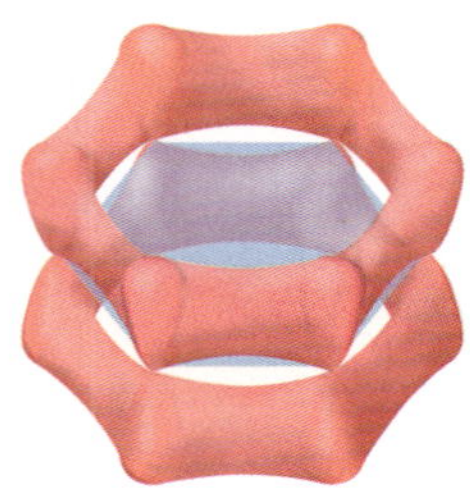

(c) delokalisierte π-Bindungen

Abbildung 9.28: Delokalisierte π-Bindungen. Die sechs in ► Abbildung 9.27 b gezeigten 2*p*-Orbitale von Benzen können zur Bildung von C—C π-Bindungen verwendet werden. (a, b) Zwei äquivalente Wege zur Bildung von π-Bindungen. Diese π-Bindungen entsprechen den zwei mesomeren Grenzformeln für Benzen. (c) Eine Darstellung der Delokalisierung der drei C—C π-Bindungen zwischen den sechs C-Atomen.

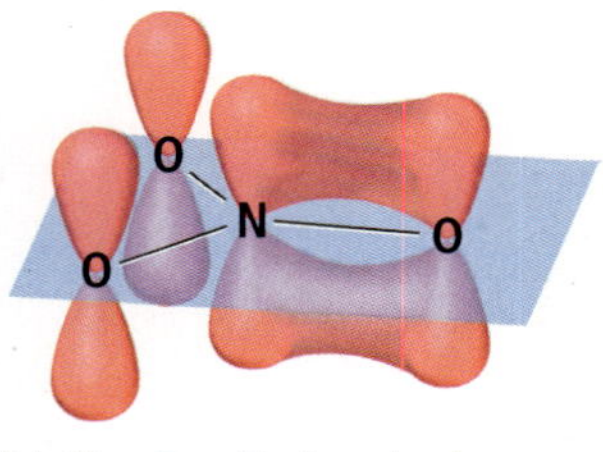

(a) N —O π-Bindung in einer der Resonanzstrukturformeln (= Grenzformeln) von NO_3^-

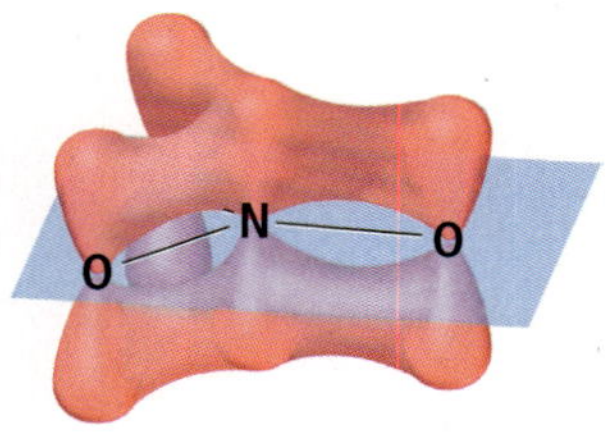

(b) Delokalisierung der π-Bindung im NO_3^--Ion

Abbildung 9.29: Lokalisierte und delokalisierte π-Bindungen in NO_3^-.

Da wir die π-Bindungen in Benzen nicht als individuelle Elektronenpaarbindungen zwischen benachbarten Atomen beschreiben können, sagen wir, dass die π-Bindungen über die sechs Kohlenstoffatome **delokalisiert** sind. Die Delokalisierung von Elektronen in seinen π-Bindungen verleiht Benzen eine besondere Stabilität. Die Delokalisierung von π-Bindungen ist auch für die Farben vieler organischer Moleküle verantwortlich.

Allgemeine Schlussfolgerungen

Auf der Basis der betrachteten Beispiele können wir Anhaltspunkte erhalten, um das Hybridisierungskonzept zur Beschreibung von Molekülstrukturen zu nutzen.

1. Jedes Paar verbundener Atome teilt sich ein oder mehrere Elektronenpaare von denen wenigstens ein Elektronenpaar im Raum zwischen den Atomen in einer σ-Bindung lokalisiert ist. Der passende Satz von Hybridorbitalen, der zur Bildung der σ-Bindungen zwischen einem Atom und seinen Nachbarn benutzt wird, wird durch die beobachtete Struktur des Moleküls bestimmt.
2. Die Elektronen in σ-Bindungen sind im Bereich zwischen zwei gebundenen Atomen lokalisiert und leisten keinen signifikanten Beitrag zur Bindung zwischen irgendwelchen anderen zwei Atomen.
3. Wenn sich Atome mehr als ein Elektronenpaar teilen, wird ein Paar zur Bildung einer σ-Bindung verwendet und die zusätzlichen Paare bilden π-Bindungen. Die Zentren der Ladungsdichte in einer π-Bindung liegen ober- und unterhalb der Bindungsachse.
4. Moleküle mit zwei oder mehr mesomeren Grenzformeln können π-Bindungen haben, die sich über mehr als zwei gebundene Atome ausdehnen. Elektronen in π-Bindungen, die sich über mehr als zwei Atome ausdehnen, sind delokalisiert.

9.7 Molekülorbitale

Valenzbindungstheorie und Hybridisierungskonzept erlauben es uns, direkt von den Lewis-Strukturformeln auf die Strukturen der Moleküle zu schließen. Diese Modelle erklären aber nicht alle Aspekte der Bindungen. Sie sind zum Beispiel nicht erfolgreich bei der Beschreibung der angeregten Zustände von Molekülen, die wir verstehen müssen um zu erklären, wie Moleküle Licht absorbieren und so farbig werden.

Einige Aspekte der Bindung werden besser durch die **Molekülorbitaltheorie** (MO-Theorie), erklärt. In Kapitel 6 haben wir gesehen, dass Elektronen in Atomen durch bestimmte Wellenfunktionen, die wir Atomorbitale (AO) nennen, beschrieben werden können. In ähnlicher Weise beschreibt die Molekülorbitaltheorie die Elektronen in Molekülen mit spezifischen Wellenfunktionen, genannt **Molekülorbitale** (**MOs**).

EXTRAS ONLINE Molekülorbitaltheorie (Video)

Ein MO kann wie ein AO maximal zwei Elektronen aufnehmen (mit entgegengesetztem Spin), es hat eine bestimmte Energie und wir können seine Elektronendichteverteilung durch eine Konturzeichnung darstellen. Im Gegensatz zu Atomorbitalen sind Molekülorbitale aber mit dem gesamten Molekül assoziiert.

Das Wasserstoffmolekül

Die Überlappung der 1*s*-Orbitale von zwei Wasserstoffatomen führt zur Bildung von zwei MOs (► Abbildung 9.31).

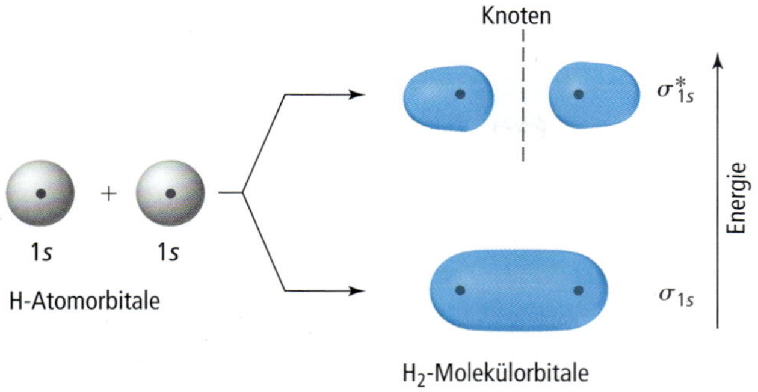

Abbildung 9.31: Die Molekülorbitale von H_2. Die Kombination von zwei H-1s-Atomorbitalen bildet zwei Molekülorbitale (MOs) für H_2. Im bindenden MO, σ_{1s}, kombinieren sich die Atomorbitale konstruktiv, was zum Aufbau von Elektronendichte zwischen den Kernen führt. Im antibindenden MO, σ^*_{1s}, kombinieren sich die Orbitale destruktiv im Bindungsbereich. Beachten Sie, dass das σ_{1s}-MO einen Knoten zwischen den zwei Kernen hat.

MERKE !

Wenn zwei Atomorbitale überlappen, werden zwei Molekülorbitale gebildet – eines mit einer höheren und eines mit einer im Vergleich zu den Atomorbitalen niedrigeren Energie.

Das energetisch tiefer liegende MO von H_2 weist eine Elektronendichteverteilung zwischen den zwei Wasserstoffkernen auf und wird das **bindende Molekülorbital** genannt. Dieses „wurstförmige" MO resultiert aus der Summierung der beiden Atomorbitale, so dass die Atomorbitalwellenfunktionen sich im Bindungsbereich gegenseitig verstärken. Da ein Elektron in diesem MO sehr stark von beiden Kernen angezogen wird, ist das Elektron stabiler, es hat eine niedrigere Energie als in einem 1*s*-Atomorbital eines isolierten Wasserstoffatoms. Weiter hält das bindende MO die beiden Atome in einer kovalenten Bindung zusammen, da die Elektronendichte zwischen den Kernen erhöht ist.

MERKE !

Gleichphasige (konstruktive) Überlappung führt zur Bildung bindender MOs, gegenphasige (destruktive) Überlappung zur Bildung antibindender MOs.

Das energetisch höhere MO in ► Abbildung 9.31 hat eine sehr geringe Elektronendichte zwischen den Kernen und wird das **antibindende Molekülorbital** genannt. Die größte Elektronendichte befindet sich an den entgegengesetzten Seiten der Kerne. Folglich schließt dieses MO Elektronen aus genau dem Bereich aus, in dem eine Bindung gebildet werden muss.

Die Elektronendichte, sowohl in dem bindenden MO als auch dem antibindenden MO von H_2, ist über der Kernverbindungsachse, einer imaginären Linie, die durch die beiden Kerne geht, zentriert. MOs von diesem Typ werden **σ-Molekülorbitale** genannt. Das bindende sigma-MO von H_2 wird mit σ_{1s} gekennzeichnet, das Subskript zeigt an, dass das MO aus zwei 1*s*-Orbitalen gebildet wurde. Das antibindende sigma-MO von H_2 wird mit σ^*_{1s} (gelesen „sigma-Stern-eins-s") gekennzeichnet, das Sternchen zeigt an, dass das MO antibindend ist.

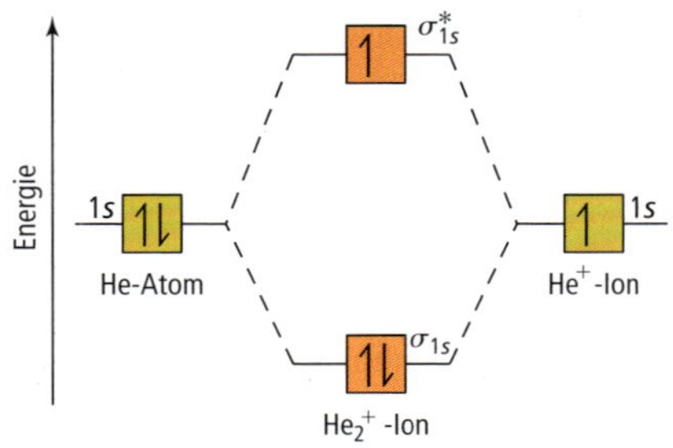

Abbildung 9.32: Energieniveaudiagramm für das He_2^+-Ion.

Die resultierende Wechselwirkung zwischen zwei 1*s*-Atomorbitalen und den Molekülorbitalen können durch ein **Energieniveaudiagramm** (auch **Molekülorbitaldiagramm**), wie das in ► Abbildung 9.33, dargestellt werden. Solche Diagramme zeigen die wechselwirkenden Atomorbitale links und rechts und die MOs in der Mitte. Beachten Sie, dass die bindenden Molekülorbitale, σ_{1s} energetisch niedriger liegen als die 1*s*-Atomorbitale, während das antibindende Orbital, σ^*_{1s} energiereicher ist als die 1*s*-Orbitale. Jedes MO kann mit zwei Elektronen, die antiparallelen Spin besitzen, besetzt sein.

MERKE !

Maximale Stabilität entspricht minimaler Energie.

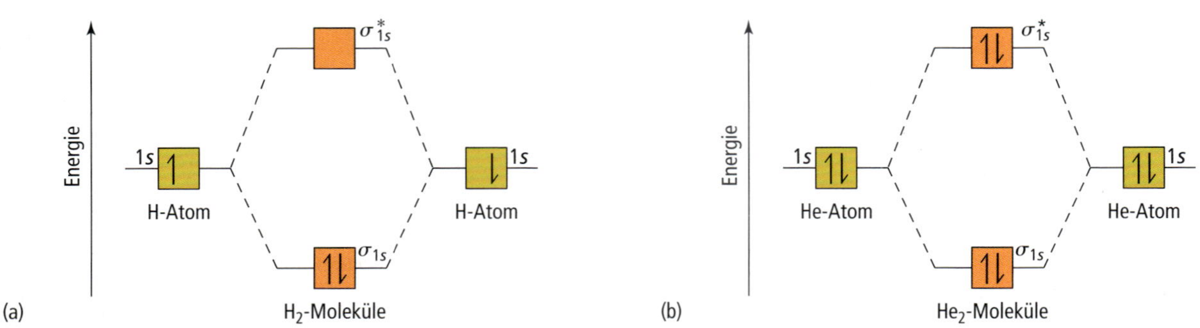

Abbildung 9.33: Energieniveaudiagramm für H_2 und He_2. (a) Die beiden Elektronen im Molekül besetzen das bindende σ_{1s}-MO. (b) Im (hypothetischen) He_2-Molekül sind das bindende σ_{1s}-MO und das antibindende σ^*_{1s}-MO beide mit zwei Elektronen besetzt.

Das Molekülorbitaldiagramm des H_2-Moleküls ist in ► Abbildung 9.33 a dargestellt. Zwei Elektronen besetzen das bindende MO (σ_{1s}). Elektronen, die bindende Molekülorbitale besetzen, werden *bindende Elektronen* genannt. Da das σ_{1s}-MO energieärmer ist als die isolierten 1*s*-Atomorbitale, ist das H_2-Molekül stabiler als die zwei getrennten H-Atome.

Im Gegensatz dazu erfordert das hypothetische He_2-Molekül vier Elektronen, um seine Molekülorbitale zu füllen, wie in ► Abbildung 9.33 b. Da nur zwei Elektronen in das σ_{1s}-MO gebracht werden können, müssen die anderen zwei im σ^*_{1s}-MO platziert werden. Die Energieabsenkung durch die zwei Elektronen in dem bindenden MO wird durch die Energiezunahme durch die zwei Elektronen in dem antibindenden MO aufgehoben.* Also ist He_2 ein instabiles Molekül. Die Molekülorbitaltheorie sagt richtig voraus, dass Wasserstoff zweiatomige Moleküle bildet, aber Helium nicht.

Bindungsordnung

In der Molekülorbitaltheorie hängt die Stabilität einer kovalenten Bindung mit seiner **Bindungsordnung** zusammen. Sie ist definiert als die Hälfte der Differenz zwischen der Zahl der bindenden Elektronen und der Zahl der antibindenden Elektronen.

Bindungsordnung =
½ (Zahl der bindenden Elektronen – Zahl der antibindenden Elektronen)

Wir nehmen die Hälfte der Differenz, weil wir es gewohnt sind, Bindungen als Elektronenpaare anzusehen. *Eine Bindungsordnung von 1 bedeutet eine Einfachbindung, eine Bindungsordnung von 2 bedeutet eine Doppelbindung und eine Bindungsordnung von 3 bedeutet eine Dreifachbindung.* Da die MO-Theorie auch Moleküle, die ungerade Anzahlen von Elektronen enthalten, einbezieht, sind auch Bindungsordnungen von ½, 3/2, oder 5/2 möglich.

Da H_2 zwei bindende Elektronen und keine antibindenden Elektronen hat (► Abbildung 9.33 a), hat es eine Bindungsordnung von 1. Da He_2 zwei bindende und zwei antibindende Elektronen hat (► Abbildung 9.33 b), hat es eine Bindungsordnung von 0. Eine Bindungsordnung von 0 bedeutet, dass keine Bindung besteht.

MERKE !

Die Bindungsordnung (BO) einer kovalenten Bindung entspricht der Hälfte der Differenz zwischen der Anzahl der bindenden und der Anzahl der antibindenden Elektronen. Sie gibt an, wie viele Elektronenpaare die Bindung bilden.

9.8 Zweiatomige Moleküle der zweiten Periode

Zunächst werden wir *homonukleare* zweiatomige Moleküle (zusammengesetzt aus zwei identischen Atomen) der Elemente in der zweiten Periode des Periodensystems betrachten.

Elemente der zweiten Periode haben 2*s*- und 2*p*-Valenzorbitale und wir müssen uns nun überlegen, wie diese wechselwirken und MOs bilden. Die folgenden Regeln fassen einige der Richtlinien für die Bildung von MOs und deren Besetzung mit Elektronen zusammen.

1. Die Anzahl der gebildeten MOs ist gleich der Anzahl der kombinierten Atomorbitale.
2. Atomorbitale vereinigen sich am wirksamsten mit anderen Atomorbitalen ähnlicher Energie.
3. Mit zunehmender Überlappung der AOs wird die Energie des bindenden MOs gesenkt und die Energie des antibindenden MOs angehoben.

---

* Tatsächlich ist die energetische Anhebung in antibindenden MOs geringfügig höher als die energetische Absenkung von bindenden MOs. Daher ist bei gleicher Zahl von Elektronen in bindenden und antibindenden MOs die Energie der separierten Atome etwas niedriger als die des entsprechenden Moleküls, eine Bindung zwischen den Atomen wird also nicht gebildet.

4 Jedes MO kann maximal zwei Elektronen mit gepaartem Spin (Pauli-Prinzip) unterbringen.

5 Wenn MOs mit gleicher Energie besetzt werden, wird jedes Orbital erst mit einem Elektron (mit gleichem Spin) besetzt (Hund'sche Regel).

Molekülorbitale aus 2*p*-Atomorbitalen

Die Wechselwirkungen zwischen *p*-Orbitalen sind in ► Abbildung 9.34 aufgeführt, wobei wir willkürlich die Kernverbindungsachse als z-Achse gewählt haben. Die $2p_z$-Orbitale stehen sich **„Kopf-an-Kopf"** gegenüber. Genauso wie die *s*-Orbitale können wir die $2p_z$-Orbitale auf zwei Arten kombinieren. Die eine Kombination erhöht Elektronendichte zwischen den Kernen und ist daher ein bindendes Molekülorbital. Die andere Kombination schließt Elektronendichte aus dem Bindungsbereich aus; es ist ein antibindendes Molekülorbital. In jedem dieser MOs geht die Elektronendichte entlang der Linie durch die Kerne, also sind sie σ-Molekülorbitale: σ_{2p} und σ^*_{2p}.

Die anderen 2*p*-Orbitale überlappen seitlich und folglich erhöhen sie die Elektronendichte auf entgegengesetzten Seiten der Linie durch die Kerne. MOs von diesem Typ werden **π-Molekülorbitale** genannt. Wir erhalten ein bindendes π-MO durch Kombination der $2p_x$-Atomorbitale und ein anderes aus den $2p_y$-Atomorbitalen. Diese beiden π_{2p}-Molekülorbitale haben die gleiche Energie, mit anderen Worten, sie sind entartet. Ebenso erhalten wir zwei entartete antibindende π^*_{2p}-MOs.

Die $2p_z$-Orbitale an zwei Atomen zeigen direkt zueinander. Folglich ist die Überlappung von zwei $2p_z$-Orbitalen größer als die von zwei $2p_x$- oder $2p_y$-Orbitalen. Aus Regel 3 erwarten wir daher, dass das σ_{2p}-MO energetisch niedriger ist (und damit stabiler) als die π_{2p}-MOs. Ähnlich sollte das δ^*_{2p}-MO energetisch höher sein (instabiler) als die π^*_{2p}-MOs.

EXTRAS ONLINE — Näher hingeschaut: Phasen in Atom- und Molekülorbitalen

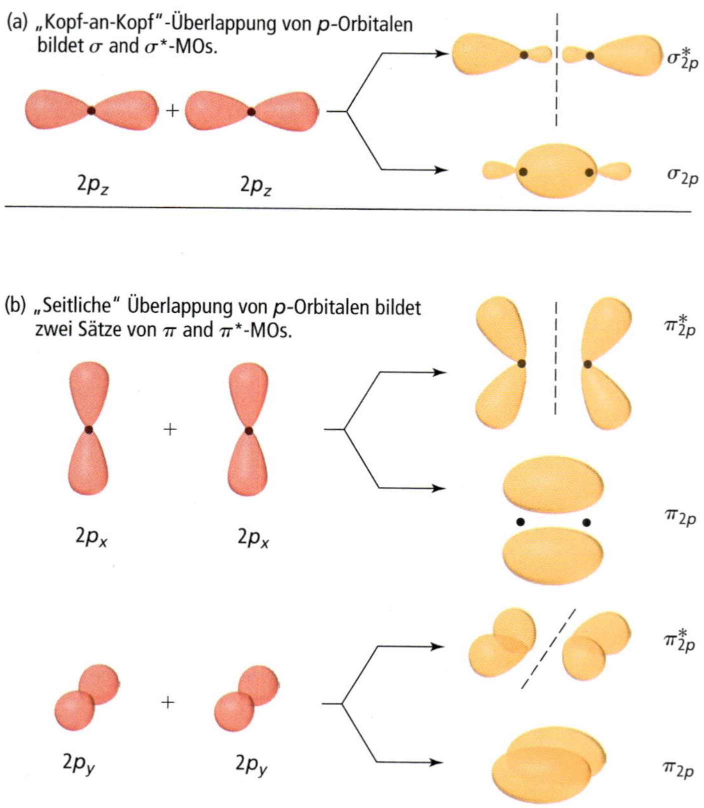

Abbildung 9.34: Konturzeichnungen der von 2*p*-Orbitalen gebildeten Molekülorbitale. Jedes Mal, wenn wir zwei Atomorbitale kombinieren, erhalten wir zwei MOs: ein bindendes und ein antibindendes.

Elektronenkonfigurationen und Moleküleigenschaften

Die Art, wie eine Substanz sich in einem magnetischen Feld verhält, liefert eine wichtige Erkenntnis über die Anordnung ihrer Elektronen. Moleküle mit einem oder mehreren freien Elektronen werden in ein Magnetfeld hineingezogen. Je mehr freie (= ungepaarte) Elektronen in einer Spezies vorhanden sind, umso stärker ist die Anziehungskraft. Diese Art von magnetischem Verhalten wird **Paramagnetismus** genannt.

Substanzen mit ausschließlich gepaarten Elektronen werden von einem Magnetfeld schwach abgestoßen. Diese Eigenschaft wird **Diamagnetismus** genannt. Diamagnetismus ist ein viel schwächerer Effekt als Paramagnetismus. Eine direkte Methode zur Messung der magnetischen Eigenschaften einer Substanz, dargestellt in ► Abbildung 9.36, ist das Wiegen der Substanz in An- und Abwesenheit eines Magnetfeldes (Gouy'sche Waage).

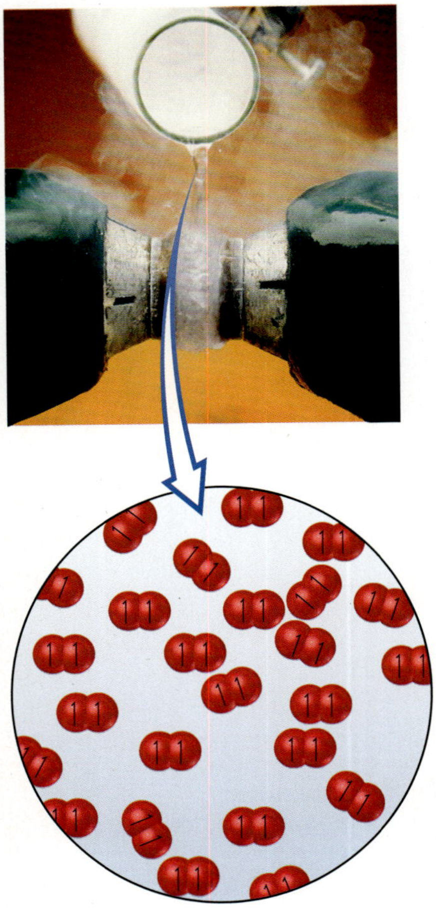

Abbildung 9.35: Paramagnetismus von O_2. Flüssiges O_2 wird zwischen die Pole eines Magneten gegossen. Da jedes O_2-Molekül zwei freie Elektronen enthält, ist O_2 paramagnetisch. Es wird daher in das Magnetfeld hineingezogen und „klebt" zwischen den Magnetpolen.

Die Elektronenkonfigurationen kann man auch mit den Bindungsabständen und Bindungsenthalpien der Moleküle in Beziehung bringen. Wenn die Bindungsordnung steigt, nehmen die Bindungsabstände ab und die Bindungsenthalpien nehmen zu. N_2 zum Beispiel, dessen Bindungsordnung 3 ist, hat einen kurzen Bindungsabstand und eine große Bindungsenthalpie. Das N_2-Molekül reagiert nicht leicht mit anderen Substanzen zu Stickstoffverbindungen. Wir sollten uns auch merken, dass Moleküle mit gleicher Bindungsordnung *nicht* die gleichen Bindungsabstände und Bindungsenthalpien haben. Bindungsabstände und Bindungsenthaltungen werden zudem durch Kernladungen und das Ausmaß an Orbitalüberlappung beeinflusst.

Die Bindung im Disauerstoffmolekül, O_2, ist besonders interessant. Seine Valenzstrichformel zeigt eine Doppelbindung und vollständige Elektronenpaarung:

$$\overline{\underline{O}}=\overline{\underline{O}}$$

Der kurze O—O-Bindungsabstand (1,21 Å) und die relativ hohe Bindungsenthalpie (495 kJ/mol) stimmen mit der Anwesenheit einer Doppelbindung überein. Man findet in dem Molekül jedoch zwei ungepaarte Elektronen. Obwohl die Valenzstrichformel den Paramagnetismus von O_2 nicht erklären kann, sagt die Molekülorbitaltheorie richtig voraus, dass es zwei freie Elektronen im π^*_{2p}-Orbital des Moleküls gibt (Erläuterung siehe Extras Online „Elektronenkonfigurationen von B_2 bis Ne_2").

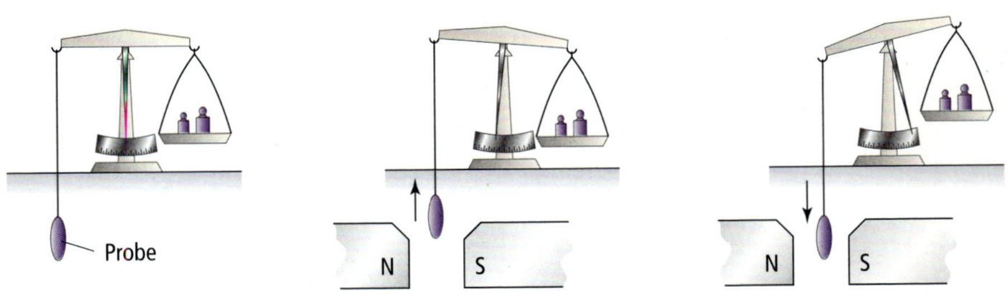

(a) Die Probe wird zunächst in Abwesenheit eines Magnetfelds gewogen.

(b) Wenn ein Feld angelegt wird, bewegt sich eine diamagnetische Probe aus dem Feld heraus und scheint daher eine geringere Masse zu haben.

(c) Eine paramagnetische Probe wird in das Feld gezogen und scheint daher Masse aufzunehmen.

Abbildung 9.36: Bestimmung der magnetischen Eigenschaften einer Probe (Gouy'sche Waage).

EXTRAS ONLINE Elektronenkonfigurationen von B_2 bis Ne_2

Gase

10

ÜBERBLICK

Während verschiedene gasförmige Substanzen sehr unterschiedliche *chemische* Eigenschaften haben können, sind ihre *physikalischen* Eigenschaften sehr ähnlich.

10.1 Eigenschaften von Gasen

EXTRAS ONLINE Eigenschaften von Gasen

Substanzen, die bei Zimmertemperatur Gase sind, sind meist molekulare Substanzen mit geringer molarer Masse. Gase sind komprimierbar; sie mischen sich in allen Verhältnissen, da ihre Moleküle weit voneinander entfernt sind.

EXTRAS ONLINE Druck

Um den Zustand eines Gases zu beschreiben, müssen wir vier Variablen kennen: Druck (p), Volumen (V), Temperatur (T) und Stoffmenge (n). Volumen wird gewöhnlich in Liter gemessen, Temperatur in Kelvin und Stoffmenge in Mol **Druck** ist die Kraft pro Flächeneinheit. Er wird in SI-Einheiten als **Pascal**, Pa (1 Pa = 1 N/m^2 = 1 kg/m · s^2) ausgedrückt. Eine ähnliche Einheit, das **Bar**, ist gleich 10^5 Pa. In der Chemie wird der **Standardatmosphärendruck** zur Definition von **Atmosphäre** (atm) und **Torr** (auch Millimeter Quecksilber genannt) verwendet. Eine Atmosphäre Druck ist gleich 101,325 kPa oder 760 Torr. Ein Barometer wird häufig zur Messung des Atmosphärendrucks benutzt. Ein Manometer kann zur Druckmessung von eingeschlossenen Gasen verwendet werden.

Für eine konstante Menge Gas bei konstanter Temperatur ist das Volumen des Gases umgekehrt proportional zu seinem Druck (**Boyle'sches Gesetz**). Für eine konstante Menge Gas bei konstantem Druck ist das Volumen des Gases direkt proportional zu seiner absoluten Temperatur (**Charles'sches Gesetz**). Gleiche Volumina von Gasen bei gleicher Temperatur und gleichem Druck enthalten dieselbe Anzahl Moleküle (**Avogadro'sche Molekülhypothese**). Für ein Gas bei konstanter Temperatur und konstantem Druck ist das Volumen des Gases direkt proportional zu seiner Molzahl (**Avogadro'sches Gesetz**).

10.2 Die ideale Gasgleichung

MERKE !

Der Zustand idealer Gase kann durch die Gleichung

pV = nRT

beschrieben werden.

Die drei historisch wichtigen Gasgesetze beschreiben die Beziehungen zwischen den vier Variablen p, V, T und n, die den Zustand eines Gases definieren. Jedes Gesetz wurde dadurch erhalten, dass man zwei Variablen konstant hielt, um zu sehen, wie die verbleibenden zwei Variablen sich gegenseitig beeinflussen. Wir können jedes Gesetz als eine Proportionalitätsbeziehung ausdrücken. Mit dem Symbol $\propto$, das als „ist proportional zu" gelesen wird, erhalten wir

Boyle'sches Gesetz: $V \propto \frac{1}{p}$ (konstant n, T)

Charles'sches Gesetz: $V \propto T$ (konstant n, p)

Avogadro'sches Gesetz: $V \propto n$ (konstant p, T)

Wir können diese Beziehungen kombinieren, um ein allgemeineres Gasgesetz zu bekommen.

$$V \propto \frac{nT}{p}$$

Wenn wir die Proportionalitätskonstante R nennen, erhalten wir

$$V = R\left(\frac{nT}{p}\right)$$

Durch Umstellung erhalten wir diese Beziehung in der bekannten Form:

$$pV = nRT \qquad (10.1)$$

Diese Gleichung ist als die **ideale Gasgleichung** bekannt. Ein **ideales Gas** ist ein hypothetisches Gas, dessen Druck-, Volumen- und Temperaturverhalten vollständig durch die ideale Gasgleichung beschrieben wird.

Die Proportionalitätskonstante R in der idealen Gasgleichung wird die **Gaskonstante** genannt. Der Wert und die Einheiten von R hängen von den Einheiten von p, V, n und T ab. Die Temperatur muss in der idealen Gasgleichung *immer* als absolute Temperatur angegeben werden. Die Gasmenge, n, wird normalerweise in Mol ausgedrückt. ► Tabelle 10.1 zeigt die Zahlenwerte für R in verschiedenen Einheiten.

Einheit	Zahlenwert
L · atm/(mol · K)	0,08206
J/(mol · K)*	8,314
cal/(mol · K)	1,987
m^3 · Pa/(mol · K)*	8,314
L · Torr/(mol · K)	62,36

* SI-Einheit

Tabelle 10.1: Zahlenwerte für die Gaskonstante, *R*, in verschiedenen Einheiten.

Nehmen Sie an, wir haben 1,000 mol eines idealen Gases bei 1,000 atm und 0,00 °C (273,15 K). Entsprechend der idealen Gasgleichung ist das Volumen des Gases

$$V = \frac{nRT}{p} = \frac{(1{,}000\ \text{mol})(0{,}08206\ \text{L} \cdot \text{atm/mol} \cdot \text{K})(273{,}15\ \text{K})}{1{,}000\ \text{atm}} = 22{,}41\ \text{L}$$

Die Bedingungen 0 °C und 1 atm werden als **Normaltemperatur und -druck** (**STP**, engl.: *Standard temperature and pressure*) bezeichnet. Viele Eigenschaften von Gasen werden für diese Bedingungen aufgelistet. Das Volumen, das ein Mol eines idealen Gases bei STP einnimmt, 22,41 L, ist bekannt als das *molare Volumen* eines idealen Gases bei STP.

Die ideale Gasgleichung beschreibt zufriedenstellend die Eigenschaften der meisten Gase unter einer Vielzahl von Umständen. Bei einem realen Gas kann das gemessene Volumen, V, unter gegebenen Bedingungen von p, n und T, von dem mit $pV = nRT$ berechneten Volumen abweichen. Um dies zu verdeutlichen, werden die gemessenen Molvolumina von realen Gasen bei STP mit dem berechneten Volumen eines idealen Gases in ► Abbildung 10.1 verglichen. Obwohl diese realen Gase nicht genau mit dem Verhalten eines idealen Gases übereinstimmen, sind die Unterschiede so gering, dass wir sie außer bei sehr genauen Berechnungen vernachlässigen können.

EXTRAS ONLINE Näher hingeschaut: Die ideale Gasgleichung

EXTRAS ONLINE Reale Gase und die Van-der-Waals-Gleichung

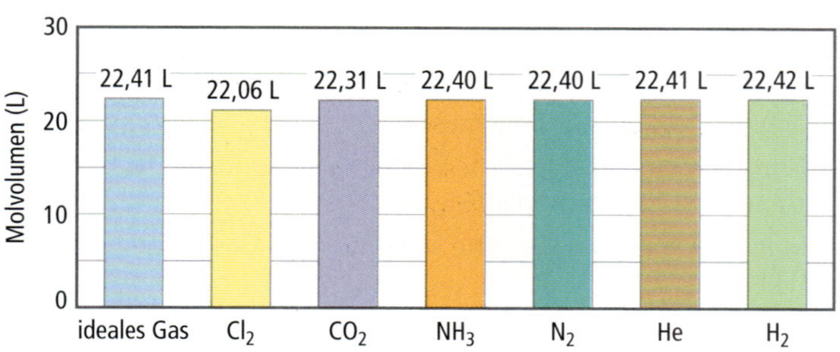

Abbildung 10.1: Vergleich molarer Volumen bei STP. Ein Mol eines idealen Gases bei STP nimmt ein Volumen von 22,41 L ein. Ein Mol verschiedener realer Gase bei STP nehmen ein Volumen nahe diesem idealen Volumen ein.

10.3 Gasmischungen und Partialdrücke

Bisher haben wir nur das Verhalten von gasförmigen Reinstoffen betrachtet. Wie gehen wir mit einer Gasmischung um? Während seiner Studien zu den Eigenschaften von Luft, beobachtete John Dalton, dass der *Gesamtdruck einer Mischung von Gasen gleich der Summe der Drücke ist, die jedes ausüben würde, wenn es alleine vorhanden wäre.* Der Druck, der durch eine Teilkomponente einer Gasmischung ausgeübt wird, wird **Partialdruck** dieses Gases genannt, und Daltons Beobachtung ist bekannt als **Dalton'sches Partialdruckgesetz**.

Wenn p_{gesamt} der Gesamtdruck einer Gasmischung ist und p_1, p_2, p_3 usw. die Partialdrücke der einzelnen Gase sind, können wir das Dalton'sche Gesetz wie folgt schreiben:

$$p_{gesamt} = p_1 + p_2 + p_3 + \ldots \qquad (10.2)$$

Diese Gleichung impliziert, dass sich jedes Gas unabhängig von den anderen verhält, wie wir durch die folgende Analyse sehen können. Die Molzahlen der einzelnen Gase in der Mischung sind n_1, n_2, n_3 und n_{gesamt} ist die Gesamtmolzahl an Gasen ($n_{\text{gesamt}} = n_1 + n_2 + n_3 + \ldots$).

Wenn jedes Gas die ideale Gasgleichung befolgt, können wir schreiben

$$p_1 = n_1\left(\frac{RT}{V}\right); \qquad p_2 = n_2\left(\frac{RT}{V}\right); \qquad p_3 = n_3\left(\frac{RT}{V}\right) \qquad \text{und so weiter}$$

Alle Gase in der Mischung befinden sich bei der gleichen Temperatur und nehmen dasselbe Volumen ein. Daher erhalten wir, durch Einsetzen in ► Gleichung 10.2

$$p_{\text{gesamt}} = (n_1 + n_2 + n_3 + \cdots)\frac{RT}{V} = n_{\text{gesamt}}\left(\frac{RT}{V}\right) \tag{10.3}$$

Das bedeutet, dass der Gesamtdruck bei konstanter Temperatur und konstantem Volumen durch die Gesamtmolzahl an vorhandenem Gas bestimmt wird.

10.4 Die kinetische Gastheorie

Die ideale Gasgleichung beschreibt, *wie* sich Gase verhalten, aber sie erklärt nicht, *warum* sie sich so verhalten. Um die physikalischen Eigenschaften von Gasen zu verstehen, brauchen wir ein Modell das uns beschreibt, was mit den Gaspartikeln passiert, wenn experimentelle Bedingungen wie z. B. Druck oder Temperatur sich ändern. Solch ein Modell, bekannt als die **kinetische Gastheorie**, wurde über einen Zeitraum von etwa 100 Jahren entwickelt und gipfelte 1857 darin, dass Rudolf Clausius (1822–1888) eine vollständige und befriedigende Form der Theorie veröffentlichte.

Die kinetische Gastheorie (die Theorie sich bewegender Moleküle) wird durch die folgenden Aussagen zusammengefasst:

1. Gase bestehen aus einer großen Zahl von Teilchen (Molküle oder Atome), die in ständiger, zufälliger Bewegung sind.
2. Das Gesamtvolumen aller Gasteilchen ist vernachlässigbar im Vergleich zu dem Gesamtvolumen, in dem das Gas enthalten ist.
3. Anziehende und abstoßende Kräfte zwischen den Gasteilchen sind vernachlässigbar.
4. Energie kann bei Kollisionen zwischen den Teilchen übertragen werden, aber die *durchschnittliche* kinetische Energie der Teilchen ändert sich nicht, solange die Temperatur des Gases konstant bleibt. Mit anderen Worten, die Kollisionen sind vollkommen elastisch.
5. Die durchschnittliche kinetische Energie der Teilchen ist proportional zur absoluten Temperatur. Bei gegebener Temperatur haben die Moleküle aller Gase die gleiche durchschnittliche kinetische Energie.

Die kinetische Gastheorie erklärt sowohl den Gasdruck als auch den Einfluss der Temperatur auf Teilchenebene. Der Druck eines Gases wird durch Stöße der Moleküle auf die Wände des Behälters hervorgerufen, wie in ► Abbildung 10.2 gezeigt. Die Größe des Drucks wird davon bestimmt, wie oft und mit welcher Kraft die Moleküle an die Wand stoßen.

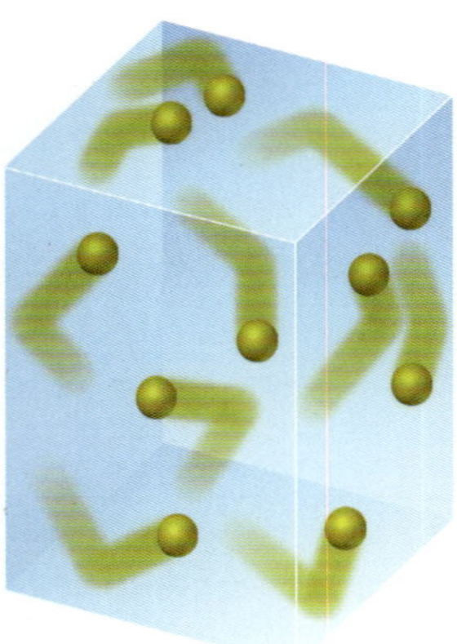

Abbildung 10.2: Die Ursache des Gasdrucks. Der Druck, den ein Gas ausübt, wird durch Stöße der Gasteilchen auf die Behälterwände verursacht.

Die absolute Temperatur eines Gases ist ein Maß für die *durchschnittliche* kinetische Energie seiner Moleküle. Wenn zwei verschiedene Gase die gleiche Temperatur haben, ist die durchschnittliche kinetische Energie ihrer Teilchen gleich. Wenn die absolute Temperatur eines Gases verdoppelt wird, verdoppelt sich die durchschnittliche kinetische Energie seiner Moleküle. Folglich erhöht sich die Molekülbewegung mit steigender Temperatur.

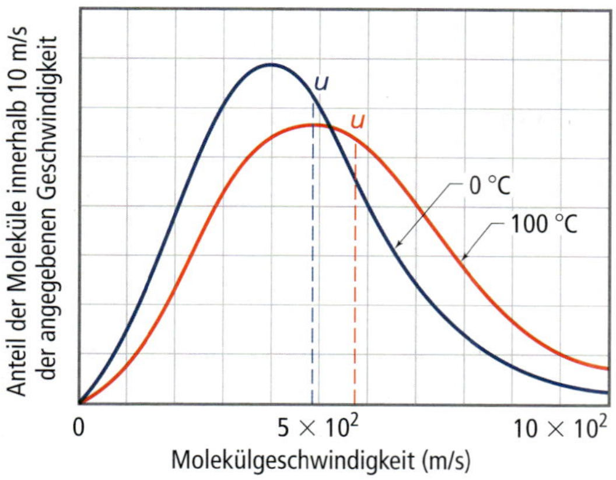

Abbildung 10.3: Der Einfluss der Temperatur auf Molekülgeschwindigkeiten. Verteilung der Molekülgeschwindigkeiten für Stickstoff bei 0 °C (blaue Linie) und 100 °C (rote Linie). Steigende Temperatur erhöht sowohl die wahrscheinlichste Geschwindigkeit (Kurvenmaximum) als auch die rms-Geschwindigkeit, *u*, die durch die vertikale gestrichelte Linie dargestellt ist.

EXTRAS ONLINE Kinetische Energie eines Gases (Video)

Obwohl die Moleküle in einer Gasprobe eine *durchschnittliche* kinetische Energie haben und damit eine durchschnittliche Geschwindigkeit, bewegen sich die einzelnen Moleküle mit verschiedenen Geschwindigkeiten. Die sich bewegenden Moleküle kollidieren häufig mit anderen Molekülen. Der Impuls bleibt bei jeder Kollision erhalten, aber eines der kollidierenden Moleküle kann abgelenkt werden, während das andere fast gestoppt wird. Das Ergebnis ist, dass sich die Geschwindigkeiten der Moleküle über einen großen Geschwindigkeitsbereich verteilen (► Abbildung 10.3). Bei höheren Temperaturen verschiebt sich die Verteilungskurve nach rechts, zur höheren durchschnittlichen kinetischen Energie der Teilchen.

► Abbildung 10.3 zeigt auch die Werte für die Wurzel aus dem mittleren Geschwindigkeitsquadrat (engl.: *root-mean-square* (**rms**)), *u*, der Moleküle bei beiden Temperaturen. Diese Größe ist die Geschwindigkeit eines Moleküls, das eine durchschnittliche kinetische Energie besitzt. Die rms-Geschwindigkeit weicht von der durchschnittlichen (mittleren) Geschwindigkeit ab. Der Unterschied zwischen den beiden ist aber nur gering.* Beachten Sie, dass die rms-Geschwindigkeit bei 100 °C höher ist als bei 0 °C.

Anwendung auf die Gasgesetze

Die empirischen Beobachtungen der Gaseigenschaften, die mit den verschiedenen Gasgesetzen ausgedrückt werden, können leicht mit der kinetischen Gastheorie verstanden werden. Die folgenden Beispiele verdeutlichen dies:

1 *Effekt der Volumenzunahme bei konstanter Temperatur (isotherme Bedingungen):* Eine konstante Temperatur bedeutet, dass die durchschnittliche kinetische Energie der Gasmoleküle unverändert bleibt. Folglich ändert sich die rms-Geschwindigkeit der Moleküle nicht. Wenn aber das Volumen vergrößert wird, müssen die Moleküle längere Strecken zwischen den Kollisionen zurücklegen. Es gibt weniger Kollisionen pro Zeiteinheit mit den Behälterwänden und der Druck sinkt. Also erklärt das Modell auf einfache Weise das Boyle'sche Gesetz.

* Um den Unterschied zwischen der Wurzel aus dem mittleren Geschwindigkeitsquadrat (rms) und der durchschnittlichen Geschwindigkeit zu zeigen, stellen wir uns vier Teilchen mit den folgenden Geschwindigkeiten vor 4,0; 6,0; 10,0 und 12,0 m/s. Die durchschnittliche Geschwindigkeit ist ¼(4,0 + 6,0 + 10,0 + 12,0) m/s = 8,0 m/s. Die Wurzel aus dem mittleren Geschwindigkeitsquadrat ist

$$u = \sqrt{\tfrac{1}{4}(4{,}0^2 + 6{,}0^2 + 10{,}0^2 + 12{,}0^2)}\ \text{m/s} = \sqrt{74{,}0}\ \text{m/s} = 8{,}6\ \text{m/s}$$

Für ein ideales Gas ist die durchschnittliche Geschwindigkeit $0{,}921 \times u$. Die durchschnittliche Geschwindigkeit ist also proportional zu der Wurzel aus dem mittleren Geschwindigkeitsquadrat (rms) und nicht sehr verschieden davon.

2 *Effekt einer Temperaturerhöhung bei konstantem Volumen (isochore Bedingungen):* Eine Erhöhung der Temperatur bedeutet eine Zunahme der durchschnittlichen kinetischen Energie der Moleküle und daher eine Zunahme von u. Wenn das Volumen sich nicht ändert, wird es mehr Kollisionen mit den Wänden pro Zeiteinheit geben. Des Weiteren ist die Impulsänderung bei jeder Kollision größer (die Moleküle treffen stärker auf die Wände). Daher erklärt das Modell die beobachtete Druckzunahme.

Intermolekulare Kräfte, Flüssigkeiten und Festkörper

11

ÜBERBLICK

Gas	Nimmt das Volumen und die Form seines Behälters an. Ist komprimierbar. Fließt leicht. Diffusion in einem Gas verläuft schnell.
Flüssigkeit	Nimmt die Form des Teils des Behälters an, in dem sie sich befindet. Dehnt sich nicht aus, um den Behälter zu füllen. Ist praktisch nicht komprimierbar. Fließt leicht. Diffusion in einer Flüssigkeit verläuft langsam.
Festkörper	Behält seine Form und sein Volumen bei. Ist praktisch nicht komprimierbar. Fließt nicht. Diffusion in einem Festkörper verläuft sehr langsam.

Tabelle 11.1: Charakteristische Eigenschaften der Aggregatzustände.

Die kovalenten Bindungen innerhalb von Molekülen haben Einfluss auf Molekülgestalt, Bindungsenergien und viele Aspekte des chemischen Verhaltens.

Die physikalischen Eigenschaften von molekularen Flüssigkeiten und Festkörpern sind jedoch größtenteils **intermolekularen Kräften** zuzuschreiben, den Wechselwirkungen, die *zwischen* Molekülen bestehen.

11.1 Ein molekularer Vergleich von Gasen, Flüssigkeiten und Festkörpern

Einige der charakteristischen Eigenschaften von Gasen, Flüssigkeiten und Festkörpern führt ► Tabelle 11.1 auf. Wie wir aus der kinetischen Gastheorie in Kapitel 10 gelernt haben, ist die durchschnittliche kinetische Energie, die auf die durchschnittliche Geschwindigkeit des Teilchens bezogen ist, proportional zur absoluten Temperatur.

In Flüssigkeiten sind die intermolekularen Anziehungskräfte stark genug, um Moleküle dicht aneinander zu halten. So sind Flüssigkeiten weitaus dichter und weniger komprimierbar als Gase. Im Gegensatz zu Gasen haben Flüssigkeiten ein festes Volumen, unabhängig von der Größe und Form ihres Behälters. Die Anziehungskräfte in Flüssigkeiten sind jedoch nicht stark genug, um zu verhindern, dass sich die Moleküle aneinander vorbei bewegen. Daher kann jede Flüssigkeit ausgegossen werden und nimmt die Form des Teils ihres Behälters an, den sie ausfüllt.

In Festkörpern sind die intermolekularen Anziehungskräfte stark genug, um nicht nur Moleküle dicht aneinander zu halten, sondern sie sogar praktisch am Ort zu verankern. Festkörper sind, wie Flüssigkeiten, nicht gut komprimierbar, da die Moleküle nur wenig freien Raum zwischen sich haben. Da die Teilchen in einem Festkörper oder einer Flüssigkeit verglichen mit denen eines Gases recht dicht aneinander liegen, bezeichnen wir Festkörper und Flüssigkeiten häufig als *kondensierte Phasen*. Häufig nehmen die Moleküle eines Festkörpers Positionen in einem sehr regelmäßigen Muster an. Festkörper, die sehr geordnete Strukturen besitzen, werden als *kristallin* bezeichnet.

EXTRAS ONLINE Physikalische Eigenschaften der Halogene (Video)

► Abbildung 11.1 vergleicht die drei Aggregatzustände. *Der Aggregatzustand einer Substanz hängt weitgehend vom Gleichgewicht zwischen den kinetischen Energien der Teilchen und den Anziehungskräften zwischen den Teilchen ab.*

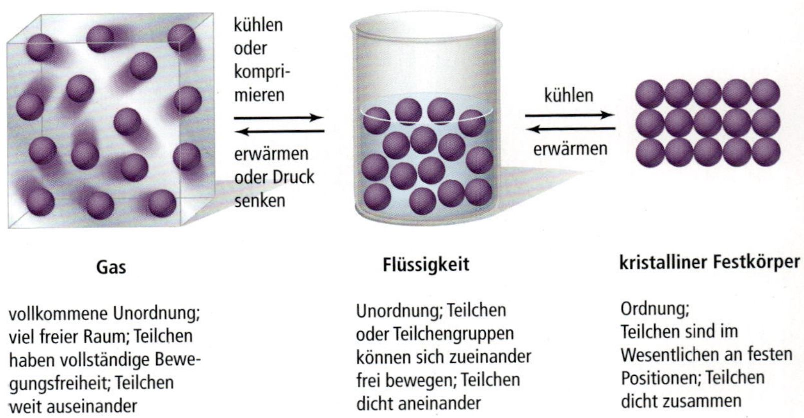

Abbildung 11.1: Vergleich von Gasen, Flüssigkeiten und Festkörpern auf Teilchenebene. Die Teilchen können Atome, Ionen oder Moleküle sein.

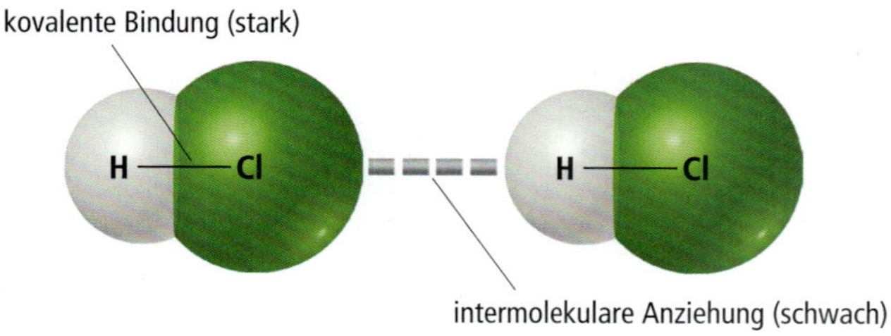

Abbildung 11.2: Intermolekulare Anziehung. Vergleich einer kovalenten Bindung (einer intramolekularen Kraft) und einer intermolekularen Anziehung. Da intermolekulare Anziehungskräfte schwächer als kovalente Bindungen sind, werden sie für gewöhnlich durch Punkte oder gestrichelte Linien dargestellt.

11.2 Intermolekulare Kräfte

Die Stärken von intermolekularen Kräften verschiedener Substanzen variieren stark, sie sind jedoch generell viel schwächer als Ionenbindungen oder kovalente Bindungen (► Abbildung 11.2). Daher ist weniger Energie erforderlich, um eine Flüssigkeit zu verdampfen oder einen Festkörper zu schmelzen, als um die kovalenten Bindungen in Molekülen aufzubrechen. Zum Beispiel sind nur 16 kJ/mol erforderlich, um die intermolekularen Anziehungskräfte zwischen HCl-Molekülen in flüssigem HCl zu überwinden und es zu verdampfen. Dagegen beträgt die Energie, die zum Aufspalten der kovalenten H-Cl-Bindung (in die Atome) erforderlich ist, 431 kJ/mol.

Viele Eigenschaften von Flüssigkeiten einschließlich ihrer *Siedepunkte* spiegeln die Stärken der intermolekularen Kräfte wider. Eine Flüssigkeit siedet, wenn sich Blasen ihres Dampfes in der Flüssigkeit bilden. Die intermolekularen Kräfte müssen in einer Flüssigkeit überwunden werden, wenn diese in den gasförmigen Aggregatzustand übergeht. Je stärker die Anziehungskräfte, desto höher die Temperatur, bei der die Flüssigkeit siedet. Ähnlich erhöhen sich die *Schmelzpunkte* von Festkörpern, wenn die intermolekularen Kräfte zunehmen.

Man unterscheidet **drei Arten von intermolekularen Anziehungskräften**: Dipol-Dipol-Wechselwirkungen, London'sche Dispersionskräfte und Wasserstoffbrückenbindungen. Die ersten beiden dieser intermolekularen Kräfte, die mit der 6. Potenz des Abstandes abnehmen, werden meist nach Johannes van der Waals auch als *Van-der-Waals-Kräfte* bezeichnet. Eine weitere Art von Anziehungskraft, die Ion-Dipol-Wechselwirkung, ist in Lösungen wichtig. Die genannten Anziehungskräfte sind elektrostatischer Natur. Sie sind etwa 15 % schwächer als kovalente Bindungen oder Ionenbindungen.

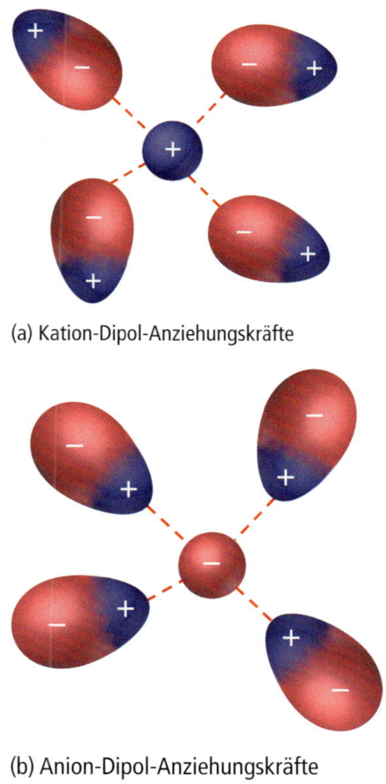

Abbildung 11.3: Ion-Dipol-Anziehungskräfte. Abbildung der bevorzugten Orientierungen polarer Moleküle zu Ionen. Das negative Ende der Dipole ist auf ein Kation gerichtet (a) und das positive Ende der Dipole ist auf ein Anion gerichtet (b).

Ion-Dipol-Wechselwirkung

Eine **Ion-Dipol-Wechselwirkung** existiert zwischen einem Ion und der Teilladung am Ende eines polaren Moleküls. Polare Moleküle sind permanente Dipole.

Kationen werden vom negativen Ende eines Dipols angezogen, während Anionen vom positiven Ende angezogen werden ► Abbildung 11.3. Die Größe der Anziehungskraft nimmt zu, wenn die Ladung des Ions oder die Größe des Dipolmoments zunimmt. Ion-Dipol-Wechselwirkungen sind besonders für ionische Substanzen in polaren Flüssigkeiten von Bedeutung wie eine Lösung von NaCl in Wasser.

Dipol-Dipol-Wechselwirkungen

Neutrale polare Moleküle ziehen einander an, wenn das positive Ende eines Moleküls nahe dem negativen Ende des anderen ist, wie ► Abbildung 11.4 zeigt. Diese **Dipol-Dipol-Wechselwirkungen** sind nur wirksam, wenn polare Moleküle sehr nahe aneinander sind, und sie sind generell schwächer als Ion-Dipol-Wechselwirkungen.

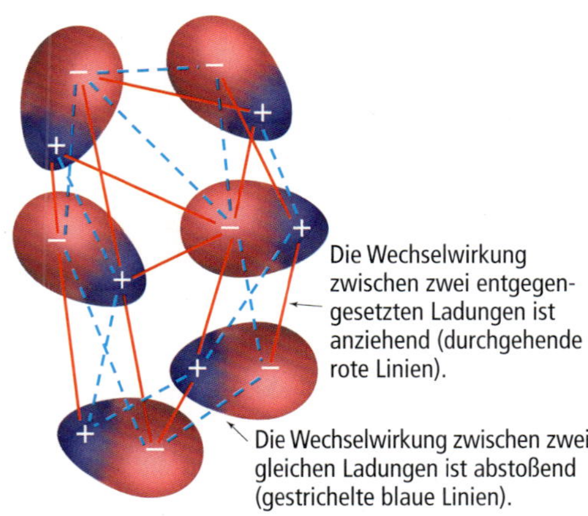

Abbildung 11.4: Dipol-Dipol-Anziehungskräfte. Die Wechselwirkung vieler Dipole im kondensierten Zustand. Es gibt sowohl abstoßende Wechselwirkungen zwischen gleichen Ladungen wie anziehende Wechselwirkungen zwischen ungleichen Ladungen. Die anziehenden Wechselwirkungen herrschen jedoch vor.

Substanz	Molekülmasse (u)	Dipolmoment μ (D)	Siedepunkt (K)
Propan, $CH_3CH_2CH_3$	44	0,1	231
Dimethylether, CH_3OCH_3	46	1,3	248
Methylchlorid, CH_3Cl	50	1,9	249
Acetaldehyd, CH_3CHO	44	2,7	294
Acetonitril, CH_3CN	41	3,9	355

Tabelle 11.2: **Molekülmasse, Dipolmomente, und Siedepunkte einfacher organischer Substanzen.**

MERKE !

Dispersionskräfte nehmen mit zunehmender Molekülmasse zu, da größere Moleküle leichter polarisierbar sind.

In Flüssigkeiten können sich polare Moleküle zueinander frei bewegen. Wie ► Abbildung 11.4 zeigt, sind sie manchmal in einer Orientierung, die anziehend ist (rote durchgehende Linien) und manchmal in einer Orientierung, die abstoßend ist (blaue gestrichelte Linien). Wenn wir verschiedene Flüssigkeiten untersuchen, sehen wir, dass *für Moleküle ungefähr gleicher Masse und Größe die Stärken der intermolekularen Anziehungskräfte mit zunehmender Polarität zunehmen.* Wir können diesen Trend in ► Tabelle 11.2 erkennen, die mehrere Substanzen mit ähnlichen Molekülmassen, aber unterschiedlichen Dipolmomenten aufführt. Sie sehen, dass der Siedepunkt mit steigendem Dipolmoment steigt. Damit Dipol-Dipol-Wechselwirkungen wirken können, müssen sich Moleküle in der richtigen Orientierung nähern. Zwischen kleineren Molekülen sind bei vergleichbarer Polarität stärkere Diopl-Dipol-Anziehungskräfte wirksam.

London'sche Dispersionskräfte

Es können keine Dipol-Dipol-Wechselwirkungen zwischen unpolaren Teilchen vorliegen. Es muss jedoch irgend eine Art von anziehenden Wechselwirkungen geben, da unpolare Gase verflüssigt werden können. Der Ursprung dieser Anziehungskraft wurde zuerst 1930 von Fritz London, einem deutsch-amerikanischen Physiker vorgeschlagen. London erkannte, dass die Bewegung von Elektronen in einem Atom oder Molekül ein *momentanes* oder temporäres Dipolmoment erzeugen kann.

In einer Ansammlung von Heliumatomen ist zum Beispiel die *durchschnittliche* Verteilung der Elektronen um jeden Kern sphärisch symmetrisch. Die Atome sind unpolar und besitzen kein permanentes Dipolmoment. Die *momentane* Verteilung der Elektronen kann sich jedoch von der durchschnittlichen Verteilung unterscheiden. Wenn wir die Bewegung der Elektronen in einem Heliumatom zu einem gegebenen Augenblick einfrieren könnten, könnten beide Elektronen auf einer Seite des Kerns sein. In genau diesem Augenblick hätte das Atom dann ein momentanes Dipolmoment.

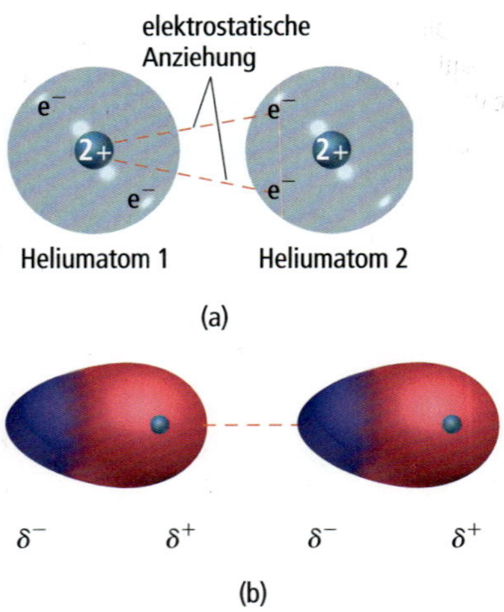

Abbildung 11.5: Dispersionskräfte. Im Durchschnitt ist die Ladungsverteilung in den Heliumatomen kugelsymmetrisch, wie es die Kugeln in (a) darstellen. In einem bestimmten Augenblick kann es jedoch eine nicht kugelsymmetrische Anordnung der Elektronen geben, wie die Lage der Elektronen (e^-) in (a) und die nicht kugelsymmetrische Form der Elektronenwolke in (b) zeigen. Die nicht kugelsymmetrischen Elektronenverteilungen induzieren vorübergehend Dipole und ermöglichen vorübergehend elektrostatische Anziehungskräfte zwischen den Atomen, die London'sche Dispersionskräfte oder einfach Dispersionskräfte genannt werden.

Da Elektronen einander abstoßen, beeinflussen die Bewegungen von Elektronen in einem Atom die Bewegungen von Elektronen in seinen Nachbarn. Damit kann der temporäre Dipol an einem Atom einen ähnlichen temporären Dipol in einem benachbarten Atom induzieren (**induzierter Dipol**), so dass die Atome sich gegenseitig, wie in ► Abbildung 11.5 gezeigt, anziehen. Diese anziehende Wechselwirkung wird als die **London'sche Dispersionskraft** (oder auch nur die *Dispersionskraft*) bezeichnet. Diese Kraft ist, wie Dipol-Dipol-Wechselwirkungen, nur bedeutend, wenn der Abstand zwischen den Molekülen gering ist.

Die Stärke der Dispersionskraft hängt davon ab, wie einfach es ist, die Ladungsverteilung in einem Molekül zu verschieben, um einen temporären Dipol zu induzieren. Die Leichtigkeit, mit der die Elektronenverteilung in einem Molekül „verformt" werden kann, wird als seine **Polarisierbarkeit** bezeichnet. Je größer

Halogen	Molekülmasse (u)	Siedepunkt (K)	Edelgas	Molekülmasse (ame)	Siedepunkt (K)
F_2	38,0	85,1	He	4,0	4,6
Cl_2	71,0	238,6	Ne	20,2	27,3
Br_2	159,8	332,0	Ar	39,9	87,5
I_2	253,8	457,6	Kr	83,8	120,9
			Xe	131,3	166,1

Tabelle 11.3: Siedepunkte der Halogene und der Edelgase.

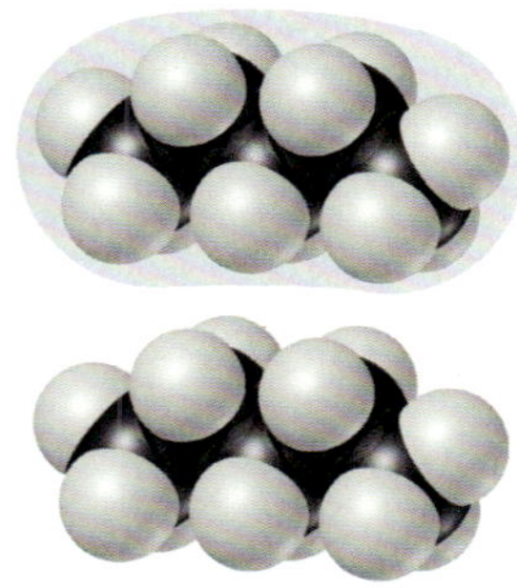

n-Pentan
(Sdp = 309,4 K)

Neopentan
(Sdp = 282,7 K)

Abbildung 11.6: Molekülgestalt beeinflusst die intermolekulare Anziehung. Die *n*-Pentan-Moleküle haben mehr Kontakt miteinander als die Neopentan-Moleküle.

die Polarisierbarkeit des Moleküls, desto einfacher kann seine Elektronenwolke deformiert werden, um einen momentanen Dipol zu erhalten. Daher haben leichter polarisierbare Moleküle stärkere Dispersionskräfte.

Generell sind größere Moleküle leichter polarisierbar, da sie eine größere Zahl von Elektronen besitzen und ihre Elektronen weiter von den Kernen entfernt sind. Die Stärke der Dispersionskräfte steigt mit zunehmender molekularer Größe und Masse (► Tabelle 11.3).

n-Pentan* und Neopentan (► Abbildung 11.6) haben zum Beispiel die gleiche Summenformel (C_5H_{12}), der Siedepunkt von *n*-Pentan liegt jedoch 27 K höher als der von Neopentan. Der Unterschied lässt sich auf die verschiedenen Gestalten der beiden Moleküle zurückführen. Die Gesamtanziehungskraft zwischen Molekülen ist für *n*-Pentan größer, da die Moleküle in Kontakt über die gesamte Länge des gestreckten, leicht zylinderförmigen Moleküls kommen können. Zwischen den kompakteren und fast sphärischen Molekülen von Neopentan ist weniger Kontakt möglich.

Dispersionskräfte wirken zwischen allen Molekülen, ob polar oder unpolar. Polare Moleküle erfahren Dipol-Dipol-Wechselwirkungen, sie erfahren jedoch auch gleichzeitig Dispersionskräfte. Dispersionskräfte zwischen polaren Molekülen tragen sogar allgemein mehr zu intermolekularen Anziehungskräften als Dipol-Dipol-Wechselwirkungen bei. In flüssigem HCl schätzt man zum Beispiel, dass die Dispersionskräfte für mehr als 80 % der gesamten Anziehungskraft zwischen den Molekülen verantwortlich sind.

Die Wasserstoffbrückenbindung, die wir nun betrachten, ist eine besondere Art von Dipol-Dipol-Anziehungskraft, die typischerweise stärker ist als Dispersionskräfte.

Wasserstoffbrückenbindung

► Abbildung 11.7 zeigt die Siedepunkte der einfachen Elementwasserstoffverbindungen der Gruppe 4A und 6A. Generell steigt der Siedepunkt aufgrund der zunehmenden Dispersionskräfte mit steigender Molekülmasse. Die Ausnahme von dieser Regel ist H_2O, dessen Siedepunkt viel höher ist, als wir auf Grund seiner Molekülmasse erwarten würden. Diese Beobachtung weist darauf hin, dass es stärkere intermolekulare Anziehungskräfte zwischen H_2O-Molekülen als zwischen den anderen Molekülen in der gleichen Gruppe gibt. Wasser hat zudem einen hohen Schmelzpunkt, eine hohe spezifische Wärmekapazität und eine hohe Verdampfungsenthalpie. Diese Eigenschaften deuten ebenfalls darauf hin, dass die intermolekularen Kräfte zwischen H_2O-Molekülen sehr stark sind.

EXTRAS ONLINE Wasserstoffbrückenbindung (Video)

MERKE !

Wasserstoffbrückenbindungen basieren auf der Anziehung zwischen einem polar an F, O oder N gebundenen H-Atom eines Moleküls und einem freien Elektronenpaar eines kleinen stark elektronegativen Atom (meist F, O oder N) eines zweiten Moleküls.

* Das *n* in *n*-Pentan ist eine Abkürzung für das Wort *normal*. Ein normaler Kohlenwasserstoff ist einer, in dem Kohlenstoffatome in einer geraden Kette angeordnet sind.

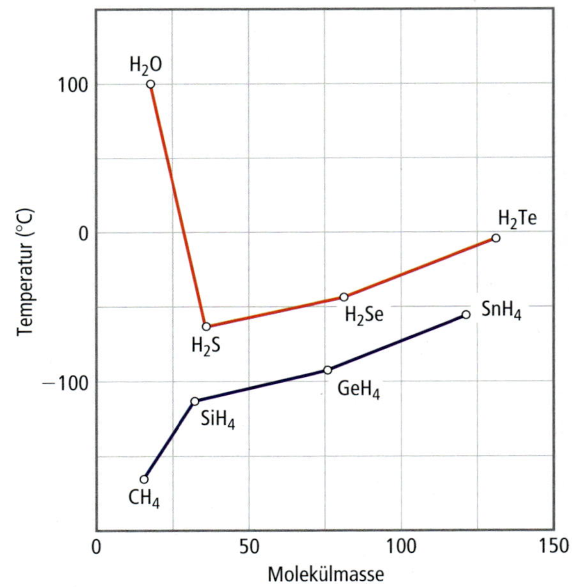

Abbildung 11.7: Siedepunkt als Funktion der Molekülmasse. Die Siedepunkte der Hydride der Gruppe 4A (unten) und 6A (oben) werden als Funktion der Molekülmasse gezeigt.

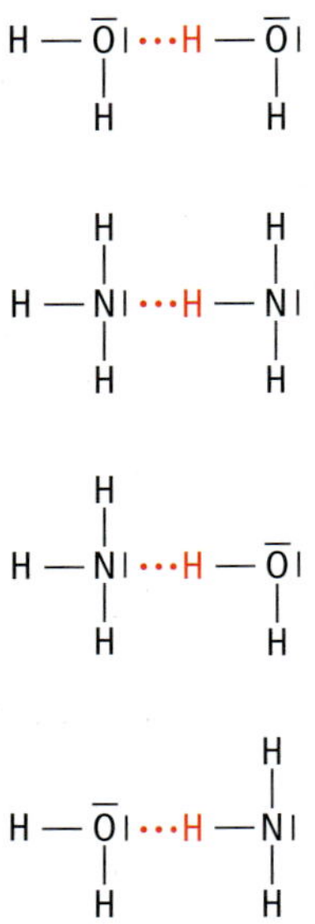

Abbildung 11.8: Beispiele für Wasserstoffbrückenbindungen. Die durchgehende Linie steht für kovalente Bindungen, die rot gepunkteten Linien stehen für Wasserstoffbrückenbindungen.

Die starken intermolekularen Anziehungskräfte bei H_2O ergeben sich aus der Wasserstoffbrückenbindung. **Wasserstoffbrückenbindung** *ist eine besondere Art von intermolekularer Anziehungskraft zwischen dem Wasserstoffatom in einer polaren Bindung (vor allem eine H—F-, H—O oder H—N-Bindung) und einem freien Elektronenpaar an einem kleinen elektronegativen Ion oder Atom in der Nähe (gewöhnlich ein F-, O- oder N-Atom in einem anderen Molekül).* Eine Wasserstoffbrückenbindung liegt zum Beispiel zwischen dem H-Atom in einem HF-Molekül und dem F-Atom eines benachbarten HF-Moleküls, *F—H···F—H*, vor (wobei die Punkte die Wasserstoffbrückenbindung zwischen den Molekülen darstellen). ► Abbildung 11.8 zeigt mehrere zusätzliche Beispiele.

Wasserstoffbrückenbindungen können als spezielle Dipol-Dipol-Anziehungskräfte betrachtet werden. Da F, N und O stark elektronegativ sind, ist eine Bindung zwischen Wasserstoff und jedem dieser drei Elemente polar, wobei das Wasserstoffatom positiviert ist:

$$\overset{\longleftarrow\!\!\!+}{\text{N—H}} \qquad \overset{\longleftarrow\!\!\!+}{\text{O—H}} \qquad \overset{\longleftarrow\!\!\!+}{\text{F—H}}$$

Diese positive Teilladung des H-Atoms wird von der negativen Ladung eines elektronegativen Atoms in einem benachbarten Molekül angezogen. Die Wechselwirkung ist aufgrund des geringen Volumens des positivierten H-Atoms stark.

Calvin and Hobbes. © Watterson, Dist. by Universal Press Syndicate

Die Energien von Wasserstoffbrückenbindungen reichen von etwa 4 kJ/mol bis zu etwa 25 kJ/mol. Damit sind sie viel schwächer als gewöhnliche chemische Bindungen. Dennoch spielen sie eine wichtige Rolle in vielen chemischen Systemen, auch in biologischer Hinsicht, da Wasserstoffbrückenbindungen generell stärker als Dipol-Dipol- oder Dispersionswechselwirkungen sind.

Eine bemerkenswerte Konsequenz der Wasserstoffbrückenbindung erkennt man, wenn man die Dichten von Eis und flüssigem Wasser vergleicht. In den meisten Substanzen sind die Moleküle im Festkörper dichter gepackt als in der Flüssigkeit. Daher ist die feste Phase dichter als die flüssige Phase (► Abbildung 11.9). Im Gegensatz dazu ist die Dichte von Eis bei 0 °C (0,917 g/mL) geringer als die von flüssigem Wasser bei 0 °C (1,00 g/mL), so dass Eis auf flüssigem Wasser schwimmt (► Abbildung 11.9).

Abbildung 11.9: Vergleich der Dichten von flüssigen und festen Phasen. Wie bei den meisten anderen Substanzen ist die feste Phase von Paraffin dichter als die flüssige Phase, und der Festkörper sinkt unter die Oberfläche des flüssigen Paraffins im Becher links. Die feste Phase von Wasser, Eis, ist dagegen weniger dicht als seine flüssige Phase (rechter Becher), so dass das Eis auf dem Wasser schwimmt.

Die niedrigere Dichte von Eis verglichen mit Wasser kann man durch die Wasserstoffbrückenbindung zwischen H_2O-Molekülen erklären. Im Eis nehmen die H_2O-Moleküle eine geordnete, offene Anordnung wie in ► Abbildung 11.10 an. Jedes H_2O-Molekül bildet Wasserstoffbrückenbindungen zu vier anderen H_2O-Molekülen. Diese Wasserstoffbrückenbindungen erzeugen jedoch die offenen Hohlräume, die in der Struktur zu sehen sind. Wenn das Eis schmilzt, bricht die Struktur aufgrund der Bewegungen der Moleküle zusammen. Die Wasserstoffbrückenbindung in der Flüssigkeit ist weniger geordnet als in Eis, ist jedoch stark genug, um die Moleküle nah zusammenzuhalten. Daher hat flüssiges Wasser eine dichtere Struktur als Eis.

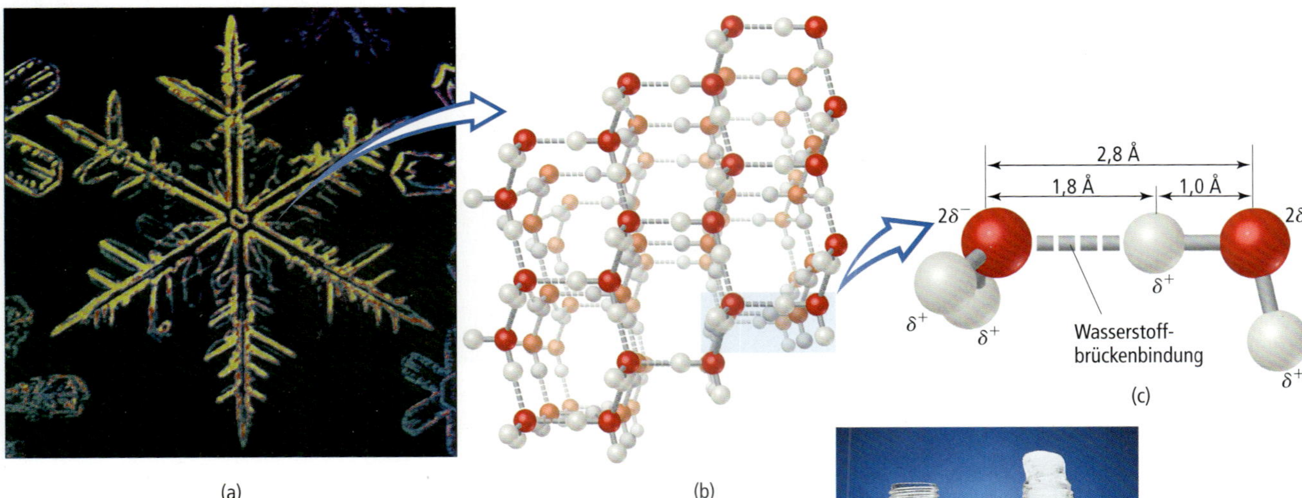

Abbildung 11.10: Wasserstoffbrückenbindung in Eis. (a) Die hexagonale Form ist charakteristisch für Schneeflocken. (b) Die Anordnung von H_2O-Molekülen in Eis. Jedes Wasserstoffatom in einem H_2O-Molekül ist zu einem freien Elektronenpaar an einem benachbarten H_2O-Molekül ausgerichtet. Daher hat Eis eine offene, hexagonale Anordnung der H_2O-Moleküle. (c) Wasserstoffbrückenbindung zwischen zwei Wassermolekülen. Die gezeigten Abstände sind die, die in Eis zu finden sind.

Die niedrigere Dichte von Eis verglichen mit flüssigem Wasser hat eine wichtige Auswirkung auf das Leben auf der Erde. Weil Eis schwimmt (► Abbildung 11.9), deckt es die Oberfläche des Wassers ab, wenn ein See bei kaltem Wetter gefriert und isoliert somit das darunter liegende Wasser. Wäre Eis dichter als Wasser, würde Eis, das sich an der Oberfläche eines Sees bildet, nach unten sinken und der See würde ganz zufrieren. Die meisten Wasserorganismen könnten unter diesen Bedingungen nicht überleben. Die Ausdehnung von Wasser beim Gefrieren (► Abbildung 11.11) ist auch der Grund, warum es bei Frost zu Wasserrohrbrüchen kommt.

Abbildung 11.11: Expansion von Wasser beim Gefrieren. Wasser ist eine der wenigen Substanzen, die sich beim Gefrieren ausdehnt. Die Expansion tritt wegen der offenen Struktur des Eises verglichen mit der von flüssigem Wasser auf.

Vergleich intermolekularer Kräfte

Wir können die intermolekularen Kräfte, die in einer Substanz wirken, identifizieren, indem wir uns die chemische Zusammensetzung und Struktur ansehen. *Dispersionskräfte sind in allen Stoffen vorhanden.* Die Stärke dieser Kräfte steigt mit zunehmender Molekülmasse und hängt von der Molekülgestalt ab. Dipol-Dipol-Wechselwirkungen verstärken die Wirkung von Dispersionskräften und sind bei Stoffen, die aus polaren Molekülen aufgebaut sind, zu finden. Wasserstoffbrückenbindungen verstärken ebenfalls die Wirkung von Dispersionskräften. Wasserstoffbrückenbindungen sind die stärkste Art von intermolekularen Kräften. Keine von diesen intermolekularen Kräften ist jedoch so stark wie gewöhnliche Ionenbindungen oder kovalente Bindungen. ► Abbildung 11.12 zeigt einen systematischen Weg, um die Arten von intermolekularen Kräften in bestimmten Systemen, darunter auch Ion-Dipol- und Ionen-Ionen-Wechselwirkungen, zu finden.

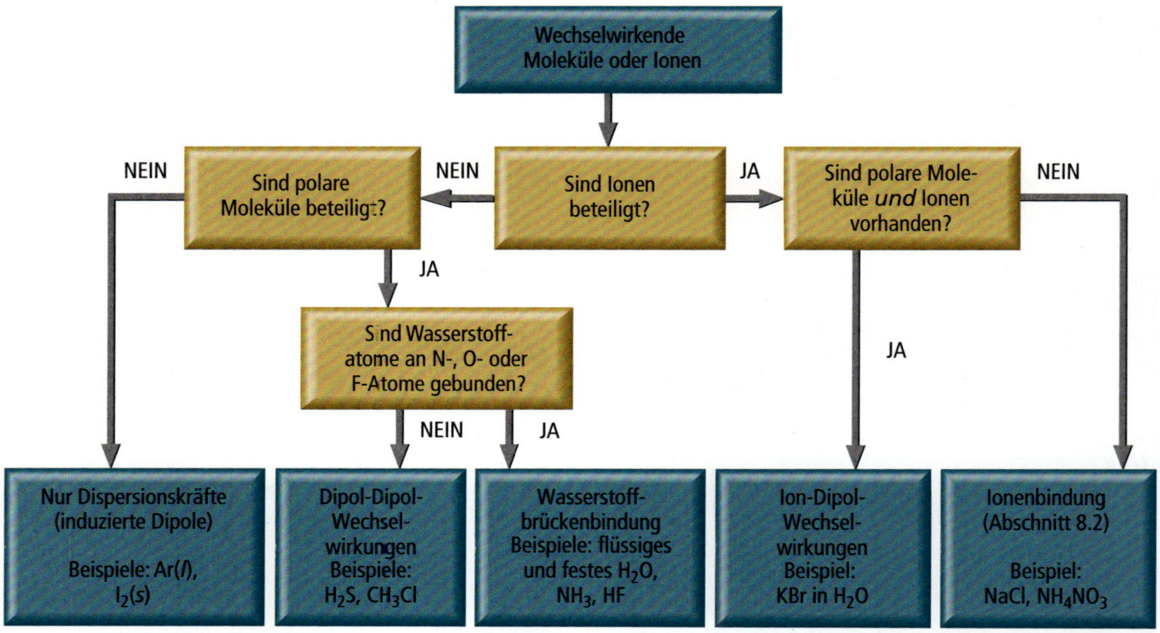

Abbildung 11.12: Flussdiagramm zur Bestimmung von intermolekularen Kräften. London'sche Dispersionskräfte treten in allen Fällen auf. Die Stärke der anderen Wechselwirkungen steigt generell von links nach rechts im Diagramm.

11.3 Eigenschaften von Flüssigkeiten

Viskosität

Abbildung 11.13: Vergleich von Viskositäten. Die *Society of Automotive Engineers* (SAE) hat Zahlen eingeführt, um die Viskosität von Motorölen anzuzeigen. Je höher die Zahl, desto größer die Viskosität bei gegebener Temperatur. Das Motoröl SAE 40 auf der linken Seite ist viskoser und fließt langsamer als das weniger viskose Öl SAE 10 rechts.

Einige Flüssigkeiten, wie Melassesirup und Motoröl, fließen sehr zäh. Andere, wie Wasser und Benzin, fließen leicht. Der Fließwiderstand einer Flüssigkeit wird als ihre **Viskosität** bezeichnet. Je größer die Viskosität einer Flüssigkeit ist, desto zäher fließt sie. Viskosität lässt sich messen, indem man die Zeit misst, in der eine bestimmte Menge der Flüssigkeit unter Schwerkraft durch ein dünnes Rohr fließt. Viskosere Flüssigkeiten brauchen länger (► Abbildung 11.13). Viskosität lässt sich ebenfalls bestimmen, indem wir die Geschwindigkeit messen, in der Stahlkugeln durch die Flüssigkeit fallen. Die Kugeln fallen bei steigender Viskosität langsamer.

Die Viskosität hängt von den Anziehungskräften zwischen den Molekülen und der Molekülgestalt ab. Für eine Reihe verwandter Verbindungen steigt die Viskosität mit der Molekülmasse, wie ► Tabelle 11.4 zeigt. Die SI-Einheiten für Viskosität

Substanz	Formel	Viskosität (kg/m·s)
Hexan	$CH_3CH_2CH_2CH_2CH_2CH_3$	$3{,}26 \times 10^{-4}$
Heptan	$CH_3CH_2CH_2CH_2CH_2CH_2CH_3$	$4{,}09 \times 10^{-4}$
Octan	$CH_3CH_2CH_2CH_2CH_2CH_2CH_2CH_3$	$5{,}42 \times 10^{-4}$
Nonan	$CH_3CH_2CH_2CH_2CH_2CH_2CH_2CH_2CH_3$	$7{,}11 \times 10^{-4}$
Decan	$CH_3CH_2CH_2CH_2CH_2CH_2CH_2CH_2CH_2CH_3$	$1{,}42 \times 10^{-3}$

Tabelle 11.4: Viskositäten einer Reihe von Kohlenwasserstoffen bei 20°C.

Abbildung 11.14: Oberflächenspannung. Wegen der Oberflächenspannung kann ein Insekt wie dieser Wasserläufer auf dem Wasser laufen.

sind kg/m·s. Für jede gegebene Substanz sinkt die Viskosität mit steigender Temperatur. Octan hat zum Beispiel eine Viskosität von $7{,}06 \times 10^{-4}$ kg/m·s bei 0 °C und von $4{,}33 \times 10^{-4}$ kg/m·s bei 40 °C. Bei höheren Temperaturen überwindet die größere durchschnittliche kinetische Energie der Moleküle die Anziehungskräfte zwischen Molekülen leichter.

Oberflächenspannung

Die Oberfläche des Wassers verhält sich fast so, als ob sie eine elastische Haut hätte (► Abbildung 11.14). Ursache für dieses Verhalten ist, wie ► Abbildung 11.15 zeigt, dass die Moleküle im Inneren gleichermaßen in alle Richtungen gezogen werden, während die an der Oberfläche eine resultierende Kraft nach innen erfahren. Damit verringert sich die Oberfläche, was dazu führt, dass die Moleküle an der Oberfläche dichter gepackt sind. Da Kugeln die kleinste Oberfläche bezogen auf ihr Volumen haben, nehmen Wassertropfen eine runde Form an.

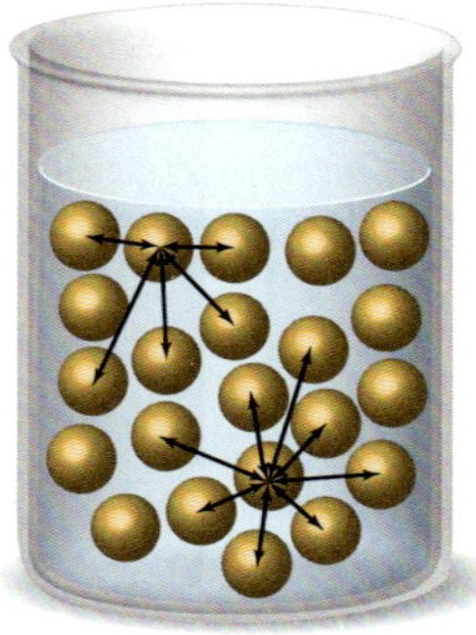

Abbildung 11.15: Darstellung von intermolekularen Kräften an der Oberfläche und im Inneren einer Flüssigkeit.

Ein Maß der Kräfte nach innen, die zu überwinden sind, um die Oberfläche einer Flüssigkeit zu erweitern, gibt die Oberflächenspannung an. **Oberflächenspannung** ist der Energiebedarf zum Vergrößern der Oberfläche einer Flüssigkeit um einen bestimmten Betrag. Die Oberflächenspannung von Wasser bei 20 °C ist zum Beispiel $7{,}29 \times 10^{-2}$ J/m^2, was bedeutet, dass eine Energie von $7{,}29 \times 10^{-2}$ J zugeführt werden muss, um die Oberfläche einer gegebenen Menge Wasser um 1 m^2 zu erhöhen. Wasser hat wegen seiner starken Wasserstoffbrückenbindungen eine hohe Oberflächenspannung. Die Oberflächenspannung von Quecksilber ist wegen der noch stärkeren metallischen Bindungen zwischen den Quecksilberatomen sogar noch größer ($4{,}6 \times 10^{-1}$ J/m^2).

Intermolekulare Kräfte, die zwischen ähnlichen Molekülen wirksam sind wie die Wasserstoffbrückenbindungen in Wasser, werden als *Kohäsion(skräfte)* bezeichnet. Intermolekulare Kräfte, die einen Stoff an eine Oberfläche binden, werden als *Adhäsion(skräfte)* bezeichnet. Wasser, das in ein Glasrohr gegeben wird, haftet am Glas an, weil die Adhäsion zwischen Wasser und Glas noch größer als die Kohäsion zwischen Wassermolekülen ist.

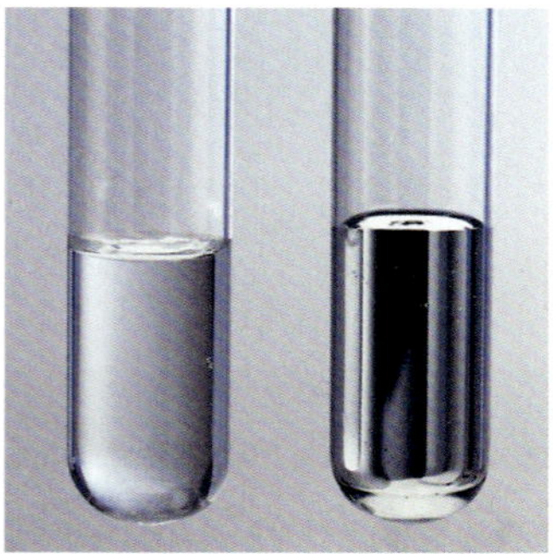

Abbildung 11.16: Zwei Meniskusformen. Der Wassermeniskus in einem Glasrohr verglichen mit dem Quecksilbermeniskus in einem ähnlichen Rohr. Wasser benetzt das Glas und die Unterseite des Meniskus liegt unter dem Niveau der Wasser-Glas-Berührungslinie, wodurch sich eine U-Form der Wasseroberfläche ergibt. Quecksilber benetzt Glas nicht und der Meniskus liegt über der Quecksilber-Glas-Berührungslinie, wodurch sich eine umgekehrte U-Form der Quecksilberfläche ergibt.

Die gewölbte obere Fläche, oder der *Meniskus*, des Wassers ist daher U-förmig (► Abbildung 11.16). Für Quecksilber ist der Meniskus jedoch nach oben gewölbt. In diesem Fall sind die Kohäsionskräfte zwischen den Quecksilberatomen weitaus größer als die Adhäsionskräfte zwischen den Quecksilberatomen und dem Glas.

Wenn ein Glasrohr kleinen Durchmessers, eine Kapillare, in Wasser gesetzt wird, steigt Wasser im Glasrohr auf. Das Aufsteigen von Flüssigkeiten in sehr engen Rohren wird als **Kapillarwirkung** bezeichnet. Die Adhäsion zwischen der Flüssigkeit und den Wänden des Rohrs wächst mit der Oberfläche der Flüssigkeit. Die Oberflächenspannung der Flüssigkeit verkleinert die Oberfläche und zieht damit die Flüssigkeit im Rohr nach oben. Die Flüssigkeit steigt, bis die Adhäsion und Kohäsion mit der auf die Flüssigkeit wirkenden Schwerkraft im Gleichgewicht ist. Aufgrund der Kapillarwirkung steigen Wasser und darin gelöste Nährstoffe in den Gefäßsystemen der Pflanzen nach oben.

11.4 Phasenübergänge

Wasser, das mehrere Tage lang unbedeckt in einem Glas stehen gelassen wird, verdunstet. Ein Eiswürfel, der in einem warmen Raum gelassen wird, schmilzt schnell. Festes CO_2 (als Trockeneis verkauft) *sublimiert* bei Zimmertemperatur, d. h. es geht direkt vom festen in den gasförmigen Zustand über. Allgemein kann jeder Aggregatzustand in einen der anderen Aggregatzustände übergehen. ► Abbildung 11.17 zeigt die Bezeichnungen für diese Umwandlungen. Diese Umwandlungen werden als **Phasenübergänge** oder Zustandsänderungen bezeichnet, wobei man unter einer Phase einen durch eine scharfe Grenzfläche abgegrenzten räumlichen Bereich mit einheitlichen physikalischen und chemischen Eigenschaften versteht.

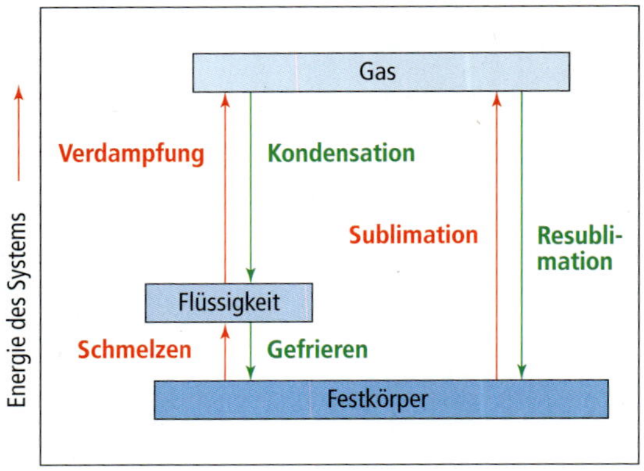

Abbildung 11.17: Phasenübergänge und ihre Bezeichnungen. Die durch rote Pfeile und Namen angezeigten Übergänge sind endotherm, während die in grün exotherm sind.

Zu Phasenübergängen gehörende Energieumsätze

Jeder Phasenübergang wird von einer Änderung der Energie des Systems begleitet. In einem Festkörper sind die Moleküle und Ionen zum Beispiel an mehr oder weniger festen Positionen zueinander und dicht angeordnet, um die Energie des Systems zu minimieren. Wenn die Temperatur des Festkörpers steigt, schwingen die Baueinheiten des Festkörpers um ihre Gitterplätze mit zunehmend energiereicher Bewegung. Wenn der Festkörper schmilzt, können sich die Baueinheiten, die den Festkörper bildeten, frei zueinander bewegen, was gewöhnlich bedeutet, dass ihr durchschnittlicher Abstand zunimmt. Die erhöhte Bewegungsfreiheit der Moleküle oder Ionen wird ausgedrückt durch die **Schmelzwärme** oder Schmelzenthalpie ($\Delta_{Schm}H$). Die Schmelzwärme von Eis ist z. B. gleich 6,01 kJ/mol.

Mit steigender Temperatur der flüssigen Phase bewegen sich die Moleküle der Flüssigkeit mit höherer Energie. Eine Folge dieser höheren Energie ist, dass die Konzentration von Gasmolekülen über der Flüssigkeit mit der Temperatur ansteigt. Diese Moleküle üben einen Druck aus, der **Dampfdruck** genannt wird. Der Dampfdruck nimmt mit steigender Temperatur zu, bis er gleich dem äußeren Druck über der Flüssigkeit ist (normalerweise der Atmosphärendruck). An diesem Punkt siedet die Flüssigkeit. Die Moleküle der Flüssigkeit gehen in den Gaszustand über. Die für diesen Übergang benötigte Energie wird **Verdampfungswärme**, oder Verdampfungsenthalpie, genannt ($\Delta_{Verd}H$). Für Wasser ist die Verdampfungswärme 40,7 kJ/mol.

► Abb. 11.18 zeigt die Vergleichswerte von $\Delta_{Schm}H$ und $\Delta_{Verd}H$ für vier Substanzen. $\Delta_{Verd}H$ sind größer als ΔH_{Schm}, da beim Übergang vom flüssigen in den gasförmigen Aggregatzustand alle intermolekularen Anziehungskräfte überwunden werden müssen, während beim Schmelzen viele dieser Anziehungswechselwirkungen bestehen bleiben.

Die für den direkten Übergang eines Feststoffes in den Gaszustand benötigte Enthalpieänderung wird **Sublimationswärme** genannt ($\Delta_{Subl}H$). Für die in ► Abbildung 11.18 gezeigten Substanzen ist $\Delta_{Subl}H$ die Summe von $\Delta_{Schm}H$ und $\Delta_{Verd}H$. Daher ist $\Delta_{Subl}H$ für Wasser annähernd 47 kJ/mol.

Phasenübergänge von Materie kennt man aus alltäglichen Vorgängen. Wir kühlen unsere Getränke mit Eiswürfeln: Die Schmelzwärme des Eises kühlt die Flüssigkeit, in die das Eis eingetaucht ist. Ein Kühlschrank nutzt die Kühlwirkung der Verdampfung. Sein Kreislauf enthält ein eingeschlossenes Gas, das unter Druck verflüssigt werden kann. Die Flüssigkeit nimmt Wärme auf, wenn sie

MERKE !

Die Sublimationsenthalpie $\Delta_{Subl}H$ ist die Summe der Schmelzenthalpie $\Delta_{Schm}H$ und der Verdampfungsenthalpie $\Delta_{Verd}H$, wobei letztere immer den größeren Anteil hat.

EXTRAS ONLINE Phasenübergänge (Video)

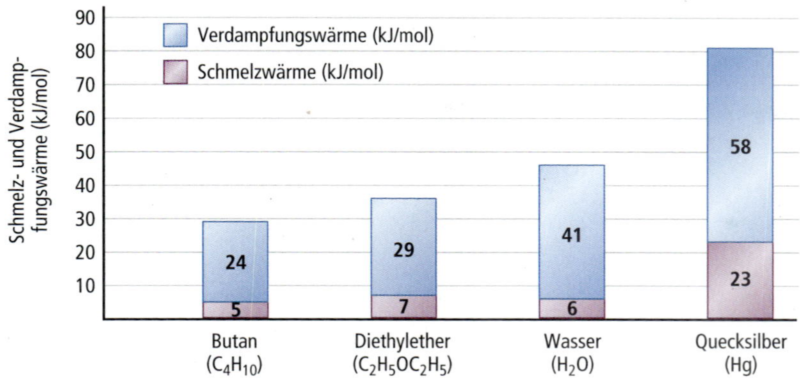

Abbildung 11.18: Vergleich von Enthalpieänderungen für Schmelzen und Verdampfung. Die Verdampfungswärme für eine Substanz ist immer größer als ihre Schmelzwärme. Die Sublimationswärme ist die Summe der Verdampfungs- und Schmelzwärme.

anschließend verdampft. Das Gas wird dann durch einen Verdichter wieder in den Kreislauf zurückgeführt.

Was geschieht mit der aufgenommenen Wärme, wenn das flüssige Kältemittel verdampft? Laut dem ersten Hauptsatz der Thermodynamik (Abschnitt 5.2) muss die von der Flüssigkeit bei der Verdampfung aufgenommene Wärme freigesetzt werden, wenn das Gas kondensiert. Wenn das Gas, unter Bildung einer Flüssigkeit, komprimiert wird, wird die freigesetzte Wärme durch Kühlschlangen an der Rückseite des Kühlschranks abgegeben.

Erwärmungskurven

Was geschieht, wenn wir eine Eisprobe, die sich anfänglich bei −25 °C und 1 atm Druck befindet, erhitzen? Durch die Zufuhr von Wärme erhöht sich die Temperatur des Eises. Solange die Temperatur unter 0 °C liegt, bleibt die Probe gefroren. Wenn die Temperatur 0 °C erreicht, beginnt das Eis zu schmelzen. Da Schmelzen ein endothermer Vorgang ist, wird die Wärme, die wir bei 0 °C zuführen, zur Umwandlung des Eises in flüssiges Wasser verwendet, und die Temperatur bleibt konstant, bis das gesamte Eis geschmolzen ist. Sobald wir diesen Punkt erreichen, erhöht sich, durch die weitere Zufuhr von Wärme, die Temperatur des flüssigen Wassers.

Ein Diagramm, das die Temperatur des Systems als Funktion der zugeführten Wärmemenge zeigt, wird *Erwärmungskurve* genannt. ► Abbildung 11.19 zeigt eine Erwärmungskurve für die Überführung von Eis bei −25 °C in gasförmiges Wasser bei 125 °C unter einem konstanten Druck von 1 atm. Die Erwärmung des

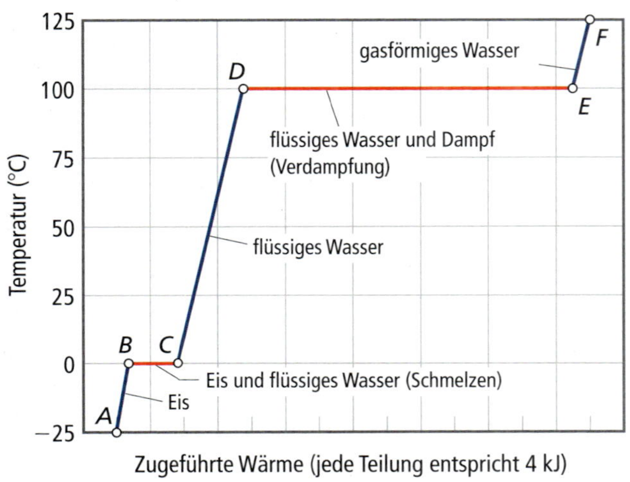

Abbildung 11.19: Erwärmungskurve für Wasser. Diese Grafik zeigt die Änderungen an, die auftreten, wenn 1,00 mol Wasser von − 25 °C auf 125 °C bei einem konstanten Druck von 1 atm erwärmt wird. Blaue Linien zeigen die Erwärmung einer Phase von einer niedrigeren Temperatur auf eine höhere. Rote Linien zeigen die Umwandlung einer Phase in eine andere bei konstanter Temperatur.

Eises von −25 °C auf 0 °C zeigt das Liniensegment *AB* in ► Abbildung 11.19, während die Umwandlung des Eises bei 0 °C zu flüssigem Wasser bei 0 °C das horizontale Segment *BC* ist. Zusätzliche Wärme erhöht die Wassertemperatur, bis die Temperatur 100 °C erreicht (Segment *CD*). Die Wärme dient dann dazu, Wasser bei einer konstanten Temperatur von 100 °C zu verdampfen (Segment *DE*). Sobald das gesamte Wasser gasförmig ist, wird es auf seine Endtemperatur von 125 °C erwärmt (Segment *EF*). In Übungsbeispiel 11.1 berechnen wir die gesamte Enthalpieänderung für die Erwärmungskurve in ► Abbildung 11.19.

Übungsbeispiel 11.1: (Lösung online)
Berechnung von ΔH für Temperaturänderungen und Phasenübergänge

Berechnen Sie die Enthalpieänderung bei Umwandlung von 1,00 mol Eis bei −25 °C in gasförmiges Wasser bei 125 °C unter einem konstanten Druck von 1 atm. Die spezifischen Wärmekapazitäten von Eis, flüssigem Wasser und gasförmigem Wasser sind 2,09 J/g · K, 4,18 J/g · K und 1,84 J/g · K. Für H_2O, $\Delta_{Schm}H = 6{,}01$ kJ/mol und $\Delta_{Verd}H = 40{,}67$ kJ/mol.

Abkühlung einer Substanz hat den entgegengesetzten Effekt zu ihrer Erwärmung. Wenn wir daher mit gasförmigem Wasser starten und es abzukühlen beginnen, würden wir in der ► Abbildung 11.19 von rechts nach links gehen. Wir würden zuerst die Temperatur des Gases ($F \longrightarrow E$) senken, es dann kondensieren ($E \longrightarrow D$) und so weiter. Manchmal können wir, während wir einer Flüssigkeit Wärme entziehen, sie kurzzeitig unter ihren Gefrierpunkt abkühlen, ohne einen Festkörper zu bilden. Dieses Phänomen wird *Unterkühlung* genannt. Unterkühlung tritt auf, wenn Wärme so schnell einer Flüssigkeit entzogen wird, dass die Moleküle buchstäblich keine Zeit haben, die geordnete Struktur eines Festkörpers einzunehmen. Eine unterkühlte Flüssigkeit ist unbeständig: Staubteilchen, die in die Lösung gelangen, oder leichtes Rühren reicht häufig aus, um den Stoff schnell erstarren zu lassen.

Kritische Temperatur und kritischer Druck

MERKE !

Die kritische Temperatur ist die höchste Temperatur, bei der ein Stoff flüssig vorliegen kann. Der dafür nötige Druck wird kritischer Druck genannt.

Ein Gas verflüssigt sich normalerweise, wenn genügend Druck auf das Gas ausgeübt wird. Nehmen wir an, dass wir einen Zylinder mit einem Kolben haben, der gasförmiges Wasser mit 100 °C enthält. Wenn wir den Druck auf das Gas erhöhen, bildet sich flüssiges Wasser, wenn der Druck 760 Torr erreicht. Wenn die Temperatur dagegen 110 °C ist, bildet sich die flüssige Phase erst, wenn der Druck 1075 Torr beträgt. Bei 374 °C bildet sich die flüssige Phase nur bei $1{,}655 \times 10^5$ Torr (217,7 atm). Oberhalb dieser Temperatur gibt es keinen Druck, durch den sich eine flüssige Phase bilden wird. Stattdessen wird bei steigendem Druck das Gas nur ständig weiter komprimiert. Die höchste Temperatur, bei der sich eine flüssige Phase bilden kann, wird **kritische Temperatur** genannt. Der **kritische Druck** ist der erforderliche Druck, um die Verflüssigung bei dieser kritischen Temperatur zu erreichen.

Je größer die intermolekularen Kräfte, desto höher die kritische Temperatur einer Substanz. Die kritischen Temperaturen und Drücke für mehrere Substanzen führt ► Tabelle 11.5 auf.

Substanz	Kritische Temperatur (K)	Kritischer Druck (atm)
Ammoniak, NH_3	405,6	111,5
Phosphan, PH_3	324,4	64,5
Argon, Ar	150,9	48
Kohlendioxid, CO_2	304,3	73,0
Stickstoff, N_2	126,1	33,5
Sauerstoff, O_2	154,4	49,7
Propan, $CH_3CH_2CH_3$	370,0	42,0
Wasser, H_2O	647,6	217,7
Schwefelwasserstoff, H_2S	373,5	88,9

Tabelle 11.5: Kritische Temperaturen und Drücke ausgewählter Substanzen.

11.5 Dampfdruck

Moleküle können von der Oberfläche einer Flüssigkeit durch Verdampfung bzw. Verdunstung in die Gasphase entweichen. Nehmen wir an, dass wir ein Experiment durchführen, in dem wir eine bestimmte Menge Ethanol (C_2H_5OH) in einen luftleeren, geschlossenen Behälter wie den in ► Abbildung 11.20 geben. Das Ethanol beginnt schnell zu verdunsten. Dadurch beginnt der Druck, der vom Gas im Raum über der Flüssigkeit ausgeübt wird, zu steigen. Nach einer kurzen Zeit erreicht der Druck des Gases einen konstanten Wert, den wir den **Dampfdruck** des Stoffes nennen.

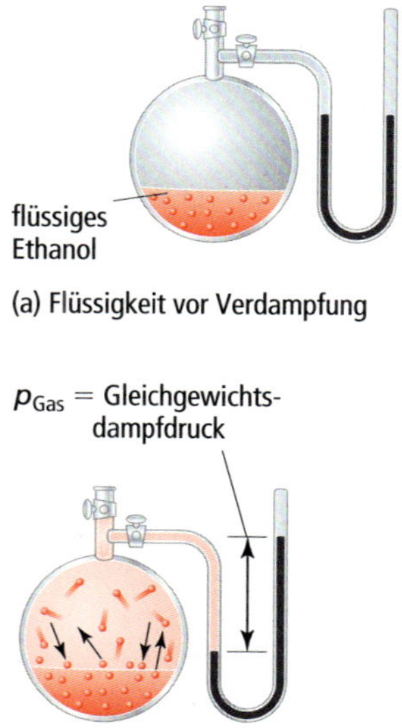

(a) Flüssigkeit vor Verdampfung

(b) Im Gleichgewicht gehen Moleküle mit der gleichen Geschwindigkeit in die Flüssigkeit und aus der Flüssigkeit.

Abbildung 11.20: Veranschaulichung des Gleichgewichtsdampfdrucks einer Flüssigkeit. In (a) stellen wir uns vor, dass in der Gasphase keine Moleküle existieren. Der Druck im Gefäß ist null. In (b) ist die Geschwindigkeit, mit der Moleküle die Oberfläche verlassen, gleich der Geschwindigkeit, mit der Gasmoleküle in die flüssige Phase übergehen. Diese gleichen Geschwindigkeiten verursachen einen stabilen Dampfdruck, der sich nicht ändert, solange die Temperatur konstant bleibt.

Erklärung des Dampfdrucks auf molekularer Ebene

Die Moleküle einer Flüssigkeit bewegen sich mit verschiedenen Geschwindigkeiten. ► Abbildung 11.21 zeigt die Verteilung kinetischer Energien der Teilchen an der Oberfläche einer Flüssigkeit bei zwei Temperaturen. Die Verteilungskurven sind wie die, die bereits für Gase gezeigt wurden (► Abbildung 10.3). In einem beliebigen Augenblick besitzen einige der Moleküle an der Oberfläche der Flüssigkeit ausreichend kinetische Energie, um die Anziehungskräfte ihrer Nachbarn zu überwinden und in die Gasphase zu entweichen. Je schwächer die Anziehungskräfte, desto größer die Zahl von Molekülen, die den Flüssigkeitsverband verlassen können. In der Folge steigt der Dampfdruck.

Bei einer beliebigen Temperatur findet die Bewegung der Moleküle von der Flüssigkeit in die Gasphase ständig statt. Wenn die Zahl der Gasphasenmoleküle zunimmt, erhöht sich jedoch die Wahrscheinlichkeit, dass ein Molekül in der Gasphase die Flüssigkeitsoberfläche trifft, wie ► Abbildung 11.20(b) zeigt. Schließlich ist die Geschwindigkeit, mit der Moleküle zur Flüssigkeit zurückkehren, gleich der Geschwindigkeit, mit der sie entweichen. Die Zahl von Molekülen in der Gasphase erreicht dann einen konstanten Wert und der Druck des Gases ist konstant.

Der Zustand, in dem zwei entgegengesetzte Prozesse gleichzeitig mit gleichen Geschwindigkeiten ablaufen, nennt man ein **dynamisches Gleichgewicht** oder kurz *Gleichgewicht*. Eine Flüssigkeit und ihr Gas sind im dynamischen Gleichgewicht, wenn Verdunstung und Kondensation mit gleichen Geschwindigkeiten ablaufen. Stoffe gehen ständig vom flüssigen Aggregatzustand in den Gaszustand und vom gasförmigen Aggregatzustand in den flüssigen Zustand über. *Der Dampfdruck einer Flüssigkeit ist der Druck, der ausgeübt wird, wenn die flüssigen und gasförmigen Zustände in dynamischem Gleichgewicht sind.*

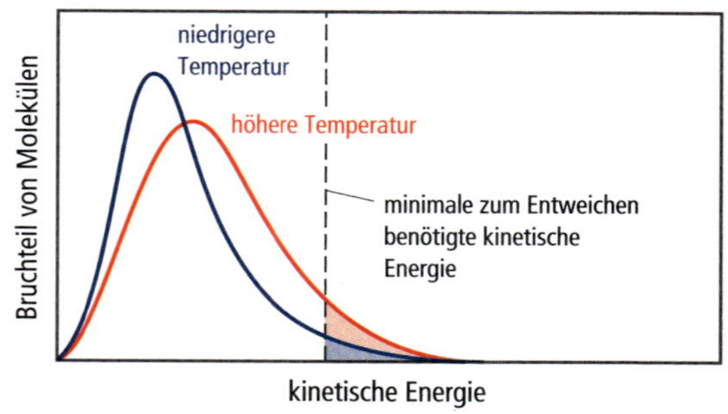

Abbildung 11.21: Die Wirkung von Temperatur auf die Verteilung von kinetischen Energien in einer Flüssigkeit. Die Verteilung von kinetischen Energien von Oberflächenmolekülen einer hypothetischen Flüssigkeit wird bei zwei Temperaturen gezeigt.

Flüchtigkeit, Dampfdruck und Temperatur

Substanzen mit hohem Dampfdruck (wie Benzin) verdunsten schneller als Substanzen mit niedrigem Dampfdruck (wie Motoröl). Flüssigkeiten, die schnell verdampfen, werden **flüchtig** genannt.

Wenn die Temperatur einer Flüssigkeit erhöht wird, bewegen sich die Moleküle schneller und ein größerer Bruchteil kann sich von ihren Nachbarn lösen. ► Abbildung 11.22 zeigt die Änderung des Dampfdruckes mit der Temperatur für vier gängige Substanzen, die sich in ihrer Flüchtigkeit stark unterscheiden. Sie sehen, dass der Dampfdruck in allen Fällen nichtlinear mit steigender Temperatur ansteigt.

Dampfdruck und Siedepunkt

Eine Flüssigkeit siedet, wenn ihr Dampfdruck gleich dem äußeren Druck ist, der auf die Oberfläche der Flüssigkeit wirkt. An diesem Punkt können sich Dampfblasen in der Flüssigkeit bilden. Die Temperatur, bei der eine gegebene Flüssigkeit

EXTRAS ONLINE Dampfdruck vs. Temperatur (Video)

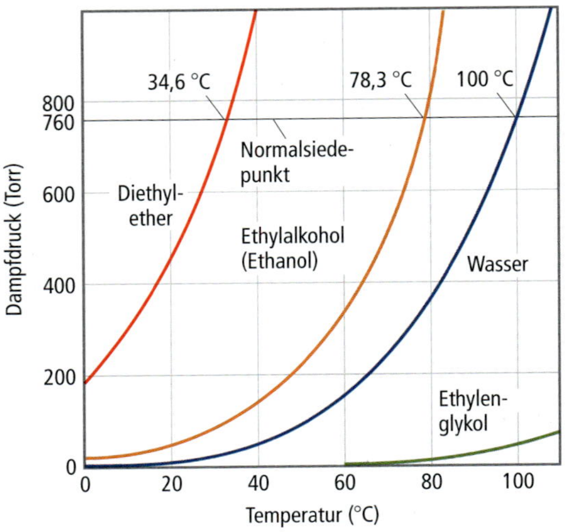

Abbildung 11.22 Dampfdruck für vier gebräuchliche Flüssigkeiten als Funktion der Temperatur. Die Temperatur, bei der der Dampfdruck 760 Torr beträgt, ist der Normalsiedepunkt der Flüssigkeit.

siedet, steigt mit steigendem äußeren Druck. Der Siedepunkt einer Flüssigkeit bei 1 atm Druck wird **Normalsiedepunkt** genannt. Aus ► Abbildung 11.22 sehen wir, dass der Normalsiedepunkt von Wasser 100 °C ist.

Der Siedepunkt ist für viele Prozesse wichtig, bei denen es um das Erwärmen von Flüssigkeiten geht, so auch beim Kochen. Die Zeit, die zum Kochen von Nahrungsmitteln benötigt wird, hängt von der Temperatur ab. Solange flüssiges Wasser vorhanden ist, ist die Höchsttemperatur der zu kochenden Nahrungsmittel der Siedepunkt des Wassers. Schnellkochtöpfe arbeiten, indem sie Dampf nur entweichen lassen, wenn er einen festgelegten Druck überschreitet. Der Druck über dem Wasser kann sich daher über den Atmosphärendruck erhöhen. Der höhere Druck bringt das Wasser erst bei höherer Temperatur zum Sieden und dadurch können die Nahrungsmittel heißer und schneller gar werden. Der Effekt des Drucks auf den Siedepunkt erklärt ebenfalls, warum es länger dauert, Nahrungsmittel in größeren Höhenlagen als auf Höhe des Meeresspiegels zu kochen. Der Atmosphärendruck ist in größeren Höhen niedriger, daher siedet Wasser bei einer niedrigeren Temperatur.

11.6 Phasendiagramme

Die Gleichgewichte zwischen den festen, flüssigen und gasförmigen Phasen eines Stoffes als Funktion von Temperatur und Druck werden in einem **Phasendiagramm** oder **Zustandsdiagramm** angezeigt (► Abbildung 11.23). Gleichgewichte zwischen zwei Phasen werden durch eine Linie angezeigt. Die Linie zwischen fester und flüssiger Phase neigt sich normalerweise etwas nach rechts, wenn der Druck steigt, da der Festkörper gewöhnlich dichter als die Flüssigkeit ist. Der Schmelzpunkt bei 1 atm ist der **normale Schmelzpunkt**. Der Punkt im Diagramm, an dem alle drei Phasen im Gleichgewicht nebeneinander vorliegen, heißt **Tripelpunkt**.

1 Die Linie von *A* nach *B* ist der Dampfdruck der Flüssigkeit. Sie stellt das Gleichgewicht zwischen der flüssigen und gasförmigen Phase dar. Der Punkt auf dieser Kurve, an dem der Dampfdruck 1 atm beträgt, ist der Normalsiedepunkt des Stoffes. Die Dampfdruckkurve endet am *kritischen Punkt (B)*, der bei der kritischen Temperatur und beim kritischen Druck des Stoffes liegt. Über dem

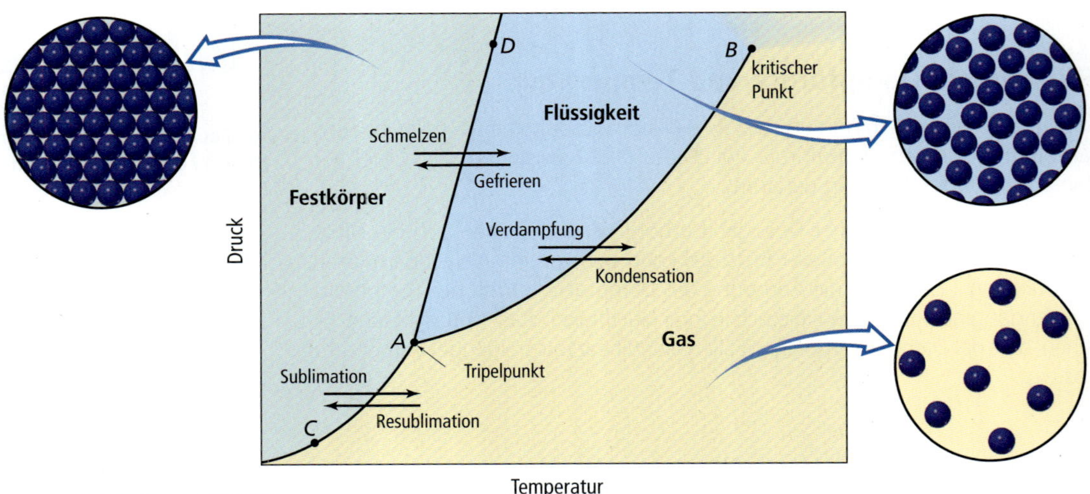

Abbildung 11.23: Phasendiagramm für ein Dreiphasensystem. In diesem allgemeinen Diagramm kann die untersuchte Substanz je nach Druck und Temperatur als Festkörper, Flüssigkeit oder Gas vorliegen.

EXTRAS ONLINE Phasendiagramm von Wasser (Video)

kritischen Punkt kann nicht mehr zwischen flüssiger und gasförmiger Phase unterschieden werden.

2 Die Linie *AC* stellt den Dampfdruck des Festkörpers dar, wenn er bei verschiedenen Temperaturen sublimiert.

3 Die Linie von *A* bis *D* stellt den Schmelzpunkt des Festkörpers mit steigendem Druck dar. Diese Linie neigt sich normalerweise etwas nach rechts, wenn der Druck steigt, da für die meisten Substanzen die feste Form dichter als die flüssige Form ist. Ein Anstieg des Drucks geht gewöhnlich zugunsten der kompakteren festen Phase. So sind höhere Temperaturen erforderlich, um den Festkörper bei höheren Drücken zu schmelzen. Der *Schmelzpunkt* eines Stoffs ist identisch mit seinem *Erstarrungspunkt*. Die beiden unterscheiden sich nur in der Richtung, aus der der Phasenübergang erfolgt. Der Schmelzpunkt bei 1 atm ist der normale Schmelzpunkt.

A 1 Beschreiben Sie anhand der Abbildung, was geschieht, wenn die folgenden Änderungen in einer CO_2-Probe vorgenommen werden, die sich anfänglich bei 1 atm und –60 °C befindet: **(a)** Der Druck steigt bei konstanter Temperatur auf 60 atm. **(b)** Die Temperatur steigt bei konstantem Druck von 60 atm von –60 °C auf –20 °C.

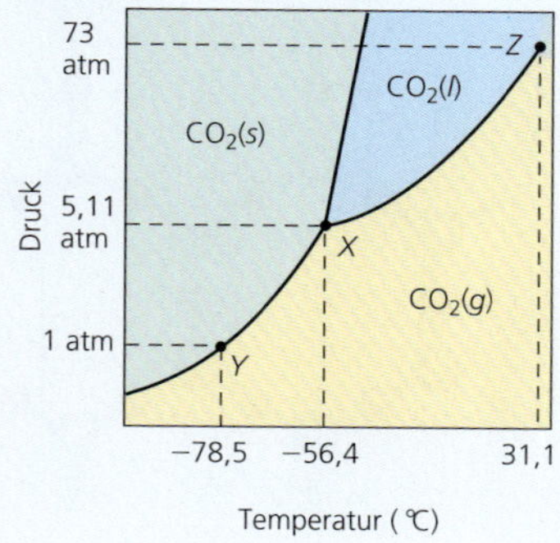

11.7 Strukturen von Festkörpern

In welchem Zusammenhang stehen die Eigenschaften von Festkörpern mit ihren Strukturen und Bindungen? Festkörper können entweder kristallin oder amorph (nichtkristallin) sein. In einem **kristallinen Festkörper** befinden sich die Atome, Ionen oder Moleküle in definierten Anordnungen. Diese Festkörper haben gewöhnlich ebene Oberflächen oder *Flächen*, die in charakteristischen Winkeln zueinander stehen. Durch die geordneten Teilchenstapel, die diese Kristallflächen erzeugen, haben Festkörper auch sehr regelmäßige Formen.

Abbildung 11.24: Kristalline Festkörper. Kristalline Festkörper gibt es in einer Vielzahl von Formen und Farben: (a) Pyrit, (b) Fluorit, (c) Amethyst.

Ein **amorpher Festkörper** (aus dem Griechischen für „ohne Form") ist ein Festkörper, dessen Teilchen keine geordnete Struktur aufbauen. Viele amorphe Festkörper bestehen aus Molekülen, die sich nicht gut stapeln lassen. Die meisten anderen bestehen aus großen, komplizierten Molekülen. Bekannte amorphe Festkörper sind Gummi und Glas.

Quarz (SiO_2) ist ein kristalliner Festkörper mit einer dreidimensionalen Struktur wie die in ► Abbildung 11.25 a gezeigte. Wenn Quarz schmilzt (bei etwa 1600 °C), wird er zu einer viskosen, klebrigen Flüssigkeit. Obwohl das Silizium-Sauerstoff-Gefüge größtenteils intakt bleibt, werden viele Si—O-Bindungen gebrochen und die starre Ordnung des Quarzes geht verloren. Wird die Schmelze schnell abgekühlt, können die Atome nicht in eine geordnete Anordnung zurückkehren. Daher entsteht ein amorpher Festkörper, der als Quarzglas oder Kieselglas bekannt ist (► Abbildung 11.25 b).

Die intermolekularen Kräfte in einer amorphen Substanz sind aufgrund der ungeordneten Sstruktur unterschiedlich. Daher schmelzen amorphe Festkörper nicht bei einer bestimmten Temperatur. Stattdessen werden sie über einen Temperaturbereich weicher, wenn die unterschiedlich starken intermolekularen Kräfte überwunden werden. Ein kristalliner Festkörper schmilzt dagegen bei einer bestimmten Temperatur.

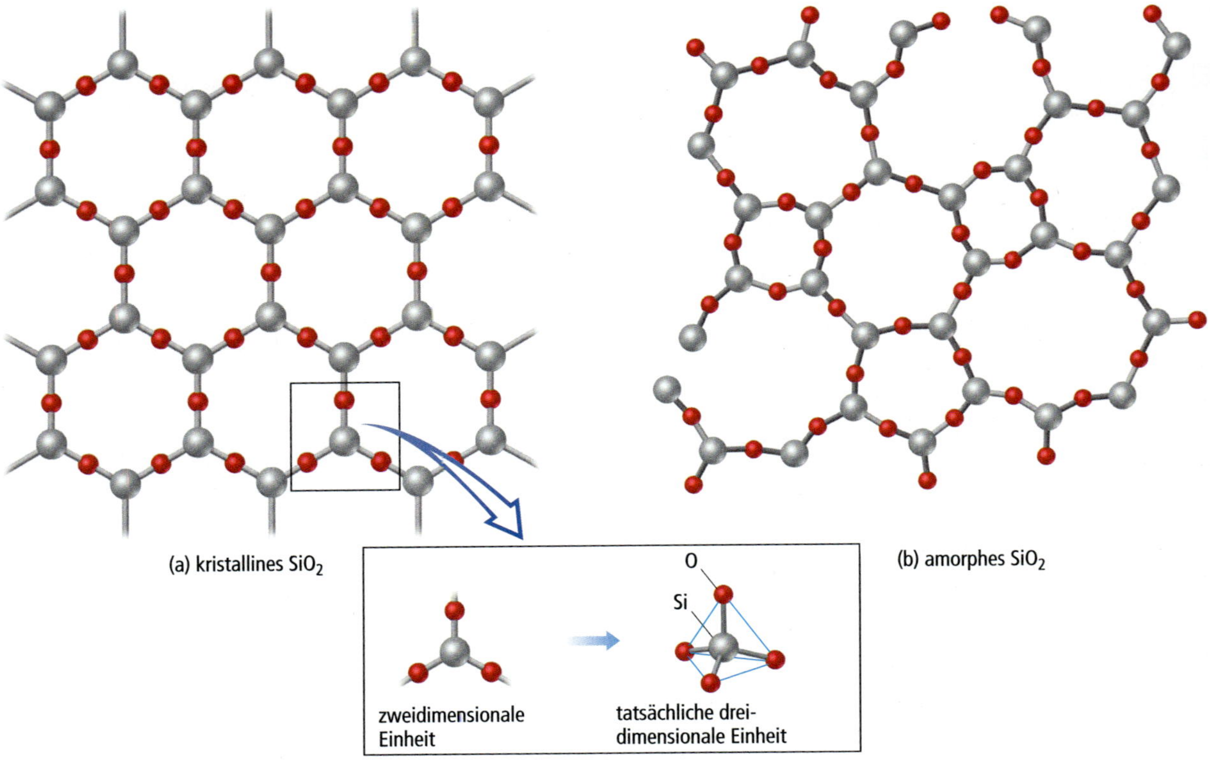

Abbildung 11.25: Schematische Vergleiche von kristallinem SiO_2 (Quarz) und amorphem SiO_2 (Quarzglas). Die Strukturen sind eigentlich dreidimensional und nicht, wie gezeichnet, planar. Die zweidimensional gezeichnete Einheit (Silicium und drei Sauerstoffatome) ist tatsächlich ein dreidimensionaler Baustein, bei dem das vierte Sauerstoffatom aus der Papierebene ragt.

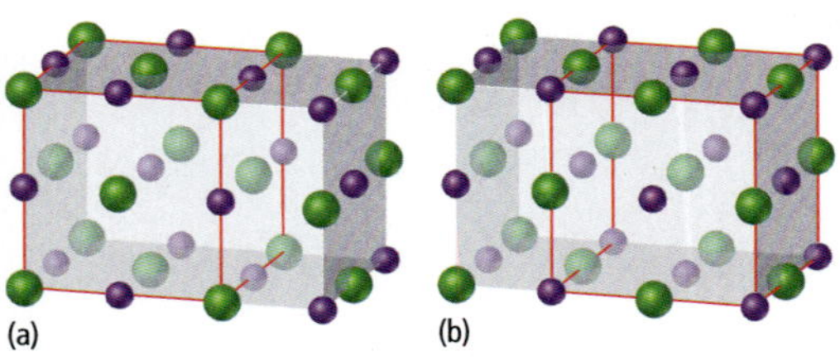

Abbildung 11.26: Zwei Möglichkeiten zur Definition der Elementarzelle von NaCl. Eine Darstellung eines NaCl-Kristallgitters kann entweder (a) Cl^--Ionen (grüne Kugeln) oder (b) Na^+-Ionen (violette Kugeln) am Ursprung der Elementarzelle zeigen. In beiden Fällen definieren die roten Linien die Elementarzelle.

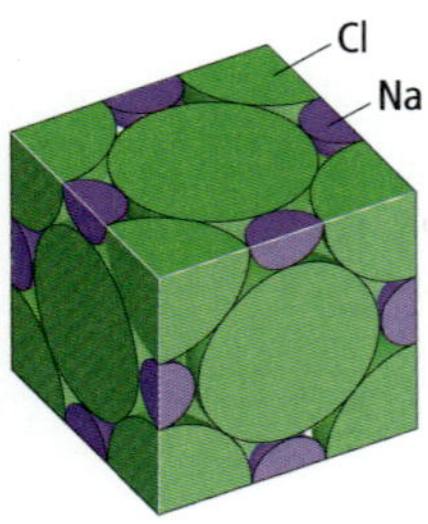

Abbildung 11.27: Größenverhältnisse der Ionen in einer NaCl-Elementarzelle. Wie in ► Abbildung 11.26 steht violett für Na^+-Ionen und grün für Cl^--Ionen.

Die Kristallstruktur von Natriumchlorid

In der Kristallstruktur von NaCl (► Abbildung 11.26) können wir die Na^+-Ionen oder die Cl^--Ionen auf die Gitterpunkte einer kubisch-flächenzentrierten Elementarzelle setzen und damit die Struktur als kubisch-flächenzentriert beschreiben (siehe Extras Online „Elementarzellen").

In ► Abbildung 11.26 wurden die Na^+- und Cl^--Ionen verschoben, so dass die Symmetrie der Struktur deutlicher zu erkennen ist. In dieser Darstellung wird den Größen der Ionen keine Beachtung geschenkt. Die Darstellung in ► Abbildung 11.27 zeigt dagegen die Größenverhältnisse der Ionen und wie sie die Elementarzelle füllen. Sie sehen, dass die Teilchen an den Ecken, Kanten und Flächen mit anderen Elementarzellen geteilt werden.

In der Elementarzelle von NaCl liegen Na^+- und Cl^--Ionen in gleicher Zahl vor (Ionenverhältnis 1 : 1).

Dichteste Kugelpackungen

Die von kristallinen Festkörpern eingenommenen Strukturen sind die, die Teilchen in engsten Kontakt bringen, um die Anziehungskräfte zwischen ihnen zu maximieren. In vielen Fällen sind die Teilchen, aus denen die Festkörper bestehen, kugelförmig oder annähernd kugelförmig. Dies ist bei Atomen in metallischen Festkörpern der Fall. Es ist daher hilfreich, sich zu überlegen, wie Kugeln gleicher Größe am effektivsten (d. h. raumsparend) gepackt werden können.

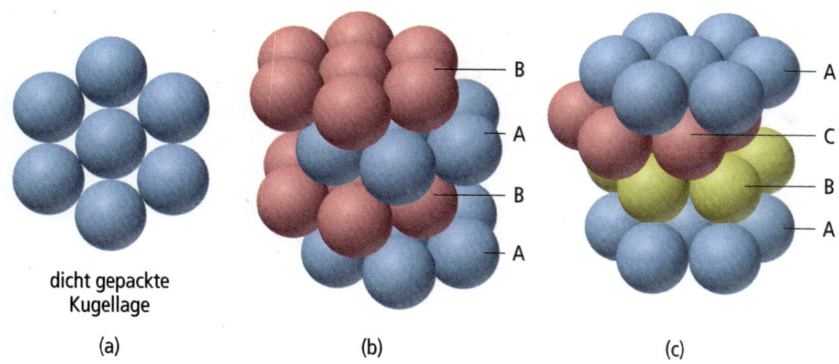

Abbildung 11.28: Dichte Packung von Kugeln gleicher Größe. (a) Dichte Packung einer einzelnen Lage gleich großer Kugeln. (b) In der hexagonal dicht gepackten Struktur ist die Reihenfolge der Lagen ABAB. (c) In der kubisch dicht gepackten Struktur ist die Reihenfolge der Lagen ABCA.

Die engste Anordnung einer Schicht Kugeln der gleichen Größe zeigt ► Abbildung 11.28 a. Jede Kugel ist von sechs anderen umgeben. Eine zweite Lage Kugeln kann in die Senken auf der ersten Schicht gelegt werden. Eine dritte Lage kann dann über der zweiten hinzugefügt werden, wobei die Kugeln in den Senken der zweiten Lage sitzen. Es gibt jedoch zwei Arten von Senken für diese dritte Lage und sie ergeben unterschiedliche Strukturen, wie ► Abbildung 11.28 b und 11.28 c zeigt.

Wenn die Kugeln der dritten Lage parallel zu denen der ersten Lage gesetzt werden, wie ► Abbildung 11.28 b zeigt, wird die Struktur als **hexagonal-dichteste Packung** bezeichnet. Die dritte Lage wiederholt die erste Lage, die vierte Lage wiederholt die zweite Lage und so weiter, so dass wir eine Schichtfolge erhalten, die wir als ABAB bezeichnen.

Die Kugeln der dritten Lage können jedoch so gelegt werden, dass sie nicht über den Kugeln in der ersten Lage sitzen. Die sich ergebende Struktur, gezeigt in ► Abbildung 11.28 c, wird als **kubisch-dichteste Packung** bezeichnet. In diesem Fall ist es die vierte Lage, welche die erste Lage wiederholt, und die Lagenfolge ist ABCA. Obwohl wir es in ► Abbildung 11.28 c nicht sehen können, ist die Elementarzelle der kubisch dicht gepackten Struktur kubisch-flächenzentriert.

In beiden dicht gepackten Strukturen hat jede Kugel 12 nächste Nachbarn im gleichen Abstand zu ihr: Sechs in einer Ebene, drei über dieser Ebene und drei darunter. Wir sagen, dass jede Kugel eine **Koordinationszahl** von 12 hat. Die Koordinationszahl ist die Zahl von Teilchen, die ein Teilchen in der Kristallstruktur unmittelbar umgeben. In beiden Arten von dichter Packung wird 74 % des gesamten Volumens der Struktur von Kugeln besetzt. 26 % ist leerer Raum zwischen den Kugeln. Im Vergleich dazu hat jede Kugel in der kubisch-innenzentrierten Struktur eine Koordinationszahl von 8, und nur 68 % des Raumes ist besetzt.

Übungsbeispiel 11.2: (Lösung online) Bestimmung des Inhalts einer Elementarzelle

Bestimmen Sie die Zahl von Na^+- und Cl^--Ionen in der NaCl-Elementarzelle (► Abbildung 11.26).

A 2 Das Element Eisen kristallisiert in einer Form mit Namen α-Eisen, die eine kubisch-innenzentrierte Elementarzelle hat. Wie viele Eisenatome sind in der Elementarzelle? (siehe Extras Online „Elementarzelle")

MERKE !

Die Koordinationszahl gibt die Anzahl von Teilchen (unmittelbaren Nachbarn) an, von denen ein Teilchen in einer Struktur umgeben ist.

EXTRAS ONLINE Dichte Kugelpackungen (Video)

11.8 Bindung in Festkörpern

Die physikalischen Eigenschaften von kristallinen Festkörpern, wie Schmelzpunkt und Härte, hängen sowohl von den Anordnungen der Teilchen als auch den Anziehungskräften zwischen ihnen ab. ► Tabelle 11.6 ordnet Festkörper nach den Arten von Kräften zwischen Teilchen in Festkörpern ein.

Molekulare Festkörper

Molekulare Festkörper bestehen aus Atomen oder Molekülen, die durch intermolekulare Kräfte zusammengehalten werden (Dipol-Dipol-Wechselwirkungen, London'sche Dispersionskräfte und Wasserstoffbrückenbindungen). Da diese Wechselwirkungen schwach sind, sind molekulare Festkörper weich. Daneben haben sie normalerweise relativ niedrige Schmelzpunkte (gewöhnlich unter

Art des Festkörpers	Bausteine	Kräfte zwischen den Teilchen	Eigenschaften	Beispiele
molekular	Atome oder Moleküle	London'sche Dispersionskräfte, Dipol-Dipol-Kräfte, Wasserstoffbrückenbindungen	Ziemlich weich, niedriger bis mäßig hoher Schmelzpunkt, schlechte Wärme- und Stromleitfähigkeit	Argon, Ar Methan, CH_4 Saccharose, $C_{12}H_{22}O_{11}$ Trockeneis, CO_2
kovalent	Atome verbunden in einem Gitter	Kovalente Bindungen	Sehr hart, sehr hoher Schmelzpunkt, häufig schlechte Wärme- und Stromleitfähigkeit	Diamant, C Quarz, SiO_2
ionisch	Positive und negative Ionen	Elektrostatische Anziehungskräfte	Hart und brüchig, hoher Schmelzpunkt, schlechte Wärme- und Stromleitfähigkeit	Typische Salze – z. B. NaCl, $Ca(NO_3)_2$
metallisch	Atome	Metallische Bindungen	Weich bis sehr hart, niedriger bis sehr hoher Schmelzpunkt, ausgezeichnete Wärme und Stromleitfähigkeit, schmiedbar und duktil	Alle metallischen Elemente – z. B. Cu, Fe, Al, Pt

Tabelle 11.6: Arten von kristallinen Festkörpern.

200 °C). Die meisten Stoffe, die bei Zimmertemperatur Gase oder Flüssigkeiten sind, bilden bei niedriger Temperatur molekulare Festkörper. Beispiele sind Ar, H_2O und CO_2.

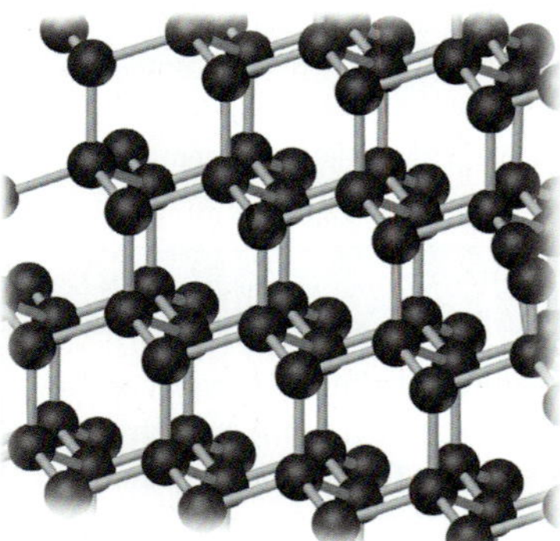

(a) Diamant

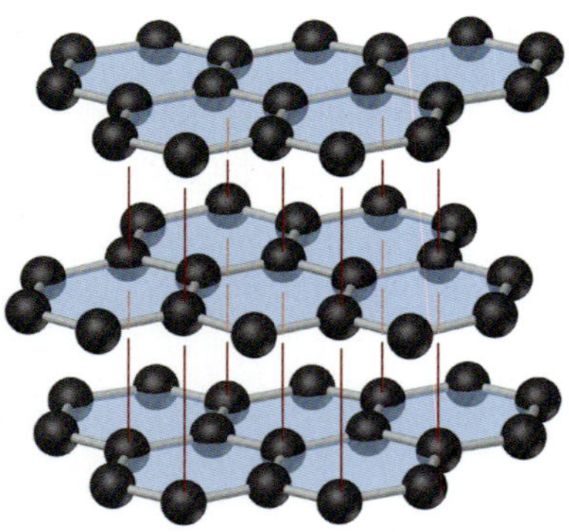

(b) Graphit

Abbildung 11.29: Strukturen von (a) Diamant und (b) Graphit. Die planaren Kohlenstoffschichten sind in (b) durch Blaufärbung hervorgehoben.

Kovalente Festkörper

Kovalente Festkörper bestehen aus Atomen, die in großen Netzwerken oder Ketten durch kovalente Bindungen zusammengehalten werden. Da kovalente Bindungen viel stärker als intermolekulare Kräfte sind, sind diese Festkörper viel härter und haben höhere Schmelzpunkte als molekulare Festkörper. Diamant und Graphit, zwei allotrope Modifikationen des Kohlenstoffs, sind kovalente Festkörper. Andere Beispiele sind Quarz (SiO_2), Siliziumcarbid (SiC) und Bornitrid (BN).

Im Diamant ist jedes Kohlenstoffatom, wie in ► Abbildung 11.29 a gezeigt, an vier andere Kohlenstoffatome gebunden. Diese dreidimensionale Anordnung von starken Kohlenstoff–Kohlenstoff-Einfachbindungen führt zur ungewöhnlichen Härte von Diamant. Diamanten industrieller Qualität werden in Sägeblättern für anspruchsvolle Schneidarbeiten eingesetzt. Diamant hat auch einen hohen Schmelzpunkt, 3550 °C.

In Graphit sind die Kohlenstoffatome in Schichten miteinander verbundener hexagonaler Ringe angeordnet, wie ► Abbildung 11.29 b zeigt. Jedes Kohlenstoffatom ist an drei andere in der Schicht gebunden. Der Abstand zwischen benachbarten Kohlenstoffatomen in der Ebene, 1,42 Å, liegt sehr nah am C—C-Abstand in Benzen, 1,395 Å. Die Bindung ähnelt der von Benzen, mit delokalisierten π-Bindungen, die sich über die Schichten erstrecken. Elektronen bewegen sich frei in den delokalisierten π-Bindungen und machen damit Graphit zu einem guten elektrischen Leiter parallel zu den Schichten. Wenn Sie schon einmal eine Taschenlampenbatterie auseinander genommen haben, so wissen Sie, dass die mittlere Elektrode in der Batterie aus Graphit ist. Die Schichten, die 3,41 Å voneinander entfernt sind, werden durch schwache Dispersionskräfte zusammengehalten. Die Schichten gleiten bei Reibung leicht aneinander vorbei und geben Graphit Schmiereigenschaften. Graphit wird als Schmiermittel und im „Blei" von Bleistiften verwendet.

Ionische Festkörper

Ionische Festkörper bestehen aus Ionen, die durch Ionenbindungen zusammengehalten werden. Die Stärke einer Ionenbindung hängt stark von den Ladungen der Ionen ab. Daher hat NaCl, in dem die Ionen Ladungen von 1+ und 1– haben, einen Schmelzpunkt von 801 °C, während MgO, in dem die Ladungen 2+ und 2– sind, bei 2852 °C schmilzt.

Die Strukturen einfacher ionischer Festkörper können auf wenige Grundtypen zurückgeführt werden. Die NaCl-Struktur ist ein Beispiel eines Typs. Andere Verbindungen, die die gleiche Struktur besitzen, sind LiF, KCl, AgCl und CaO.

Die Struktur, die ein ionischer Festkörper einnimmt, hängt stark von den Ladungen und Größenverhältnissen der Ionen ab. In der NaCl-Struktur haben zum Beispiel die Na^+-Ionen die Koordinationszahl 6, da jedes Na^+-Ion von sechs Cl^--Ionen als nächste Nachbarn umgeben ist. In der CsCl-Struktur (► Abbildung 11.30 a) ist jedes Cs^+-Ion von acht Cl^--Ionen umgeben ist. Die Erhöhung der Koordinationszahl ist eine Folge des größeren Ionenradius von Cs^+ verglichen mit Na^+.

In der Zinkblende-Struktur (► Abbildung 11.30 b – ZnS) nehmen die S^{2-}-Ionen eine kubisch-flächenzentrierte Anordnung ein, wobei die kleineren Zn^{2+}-Ionen so angeordnet sind, dass jedes tetraedrisch von vier S^{2-}-Ionen umgeben ist.

In der Fluorit-Struktur (► Abbildung 11.30 – CaF_2) werden die Ca^{2+}-Ionen in einer kubisch-flächenzentrierten Anordnung gezeigt. Wie die chemische Formel des Stoffes verlangt, gibt es doppelt so viele F^--Ionen (grau) in der Elementarzelle wie Ca^{2+}-Ionen. Andere Verbindungen, die die Fluorit-Struktur besitzen, sind $BaCl_2$ und PbF_2.

EXTRAS ONLINE Näher hingeschaut: Buckyball

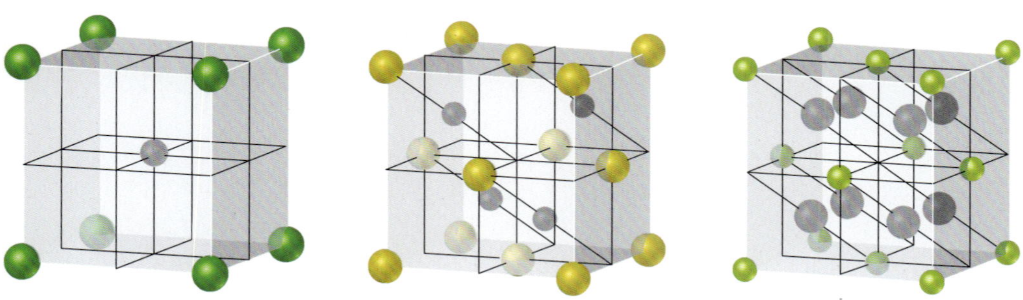

(a) CsCl (b) ZnS (c) CaF_2

Abbildung 11.30: Elementarzellen einiger bekannter ionischer Strukturen. Das in (b) gezeigte ZnS wird Zinkblende genannt, und das CaF_2 von (c) wird als Fluorit bezeichnet.

Metallische Festkörper

Metallische Festkörper bestehen vollständig aus Metallatomen. Metallische Festkörper haben gewöhnlich hexagonal dicht gepackte, kubisch dicht gepackte (kubisch-flächenzentrierte) oder kubisch-innenzentrierte Strukturen.

Moderne Werkstoffe

ÜBERBLICK

12

Die moderne Welt benötigt Werkstoffe, mit denen Computer, Compact Discs, Mobiltelefone, Kontaktlinsen, Skis, Möbel und eine Fülle anderer Gegenstände hergestellt werden. Chemiker haben zur Entdeckung und Entwicklung neuer Werkstoffe beigetragen, indem sie völlig neue Substanzen synthetisiert und die Methoden entwickelt haben, in der Natur vorkommende Stoffe zu verarbeiten, um Fasern, Filme, Beschichtungen, Klebstoffe und Substanzen mit besonderen elektrischen, magnetischen oder optischen Eigenschaften herzustellen.

Dieses Kapitel macht deutlich, dass die *makroskopischen Eigenschaften von Stoffen, die wir beobachten können, das Ergebnis von Strukturen und Prozessen auf atomarem und molekularem Niveau* sind. Eigenschaften und Anwendungsmöglichkeiten moderner Werkstoffe können wir in Anwendung unserer bisherigen Grundlagenkenntnisse verstehen.

12.1 Stoffklassen

Metalle und Halbleiter

Wir können Stoffe auf vielerlei Art einordnen, eine Möglichkeit basiert auf der Bindung im Stoff. Erinnern Sie sich, dass Atomorbitale zu Molekülorbitalen überlappen, die sich über das gesamte Molekül erstrecken. Ein gegebenes Molekülorbital kann je nachdem, wie viele Elektronen das Molekül hat, keine, ein oder zwei Elektronen enthalten. Die Zahl von Molekülorbitalen in einem Molekül ist gleich der Zahl von Atomorbitalen, aus denen die Molekülorbitale entstanden sind.

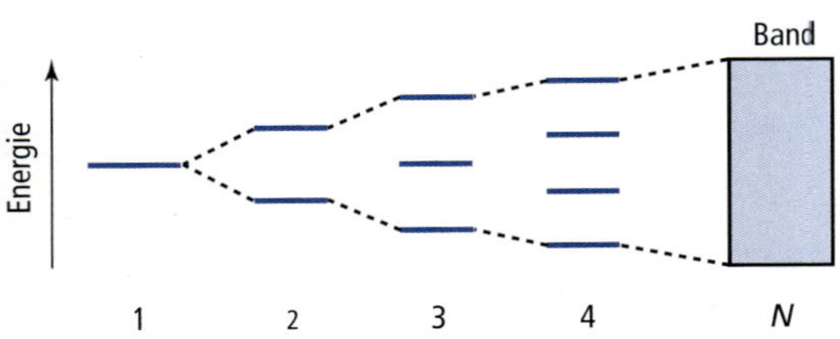

Abbildung 12.1: Diskrete Energieniveaus in Molekülen werden in Festkörpern kontinuierliche Bänder. Die schematische Abbildung zeigt, wie der Abstand zwischen den Energieniveaus in einem Molekül abnimmt, wenn die Zahl von Atomen im Molekül zunimmt.

Im makroskopischen Zustand gibt es so viele Molekülorbitale, dass die Energieunterschiede zwischen ihnen verschwindend gering werden und sich kontinuierliche **Bänder** mit Energiezuständen bilden (► Abbildung 12.1). Verschiedene Atomorbitale bilden Bänder mit unterschiedlichen Energien, daher besteht die Bandstruktur eines Festkörpers aus einer Reihe von Bändern getrennt durch Bandlücken.

Aufgrund ihrer Bandstruktur können wir Stoffe als **Metalle**, **Halbleiter** oder **Isolatoren** einordnen (► Abbildung 12.2; ► Tabelle 12.1). Metalle sind elektrisch gut leitend, glänzend, biegsam und verformbar. Die meisten Elemente im Periodensystem sind Metalle, darunter so vertraute wie Gold, Silber, Kupfer, Platin und Eisen. Metalle haben eine Bandstruktur, in der die Valenzelektronen in einem teilweise gefüllten Band sind. Um Elektrizität zu leiten, müssen die Elektronen in leere Orbitale übergehen. Bei Metallen ist fast keine Energie erforderlich, damit Elektronen vom unteren, besetzten Teil des teilweise gefüllten Bands zum oberen, leeren Teil des gleichen Bands übergehen. Aus diesem Grund sind Metalle elektrisch gut leitend.

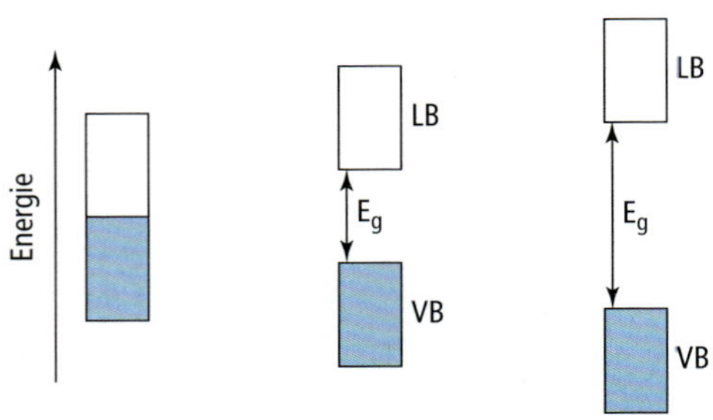

Abbildung 12.2: Energiebänder in Metallen, Halbleitern und Isolatoren. Metalle sind dadurch charakterisiert, dass die energiereichsten Elektronen ein teilweise gefülltes Band besetzen. Halbleiter und Isolatoren haben eine Bandlücke, die das vollständig gefüllte Band (in blau schattiert) und das leere Band (unschattiert) trennt und durch das Symbol E_g dargestellt wird.

Halbleiter, vor allem Silicium, sind das Herz von integrierten Schaltungen, die die Grundlage für Computer und andere elektronische Geräte bilden. Diese Stoffe werden durch eine Energielücke zwischen einem gefüllten **Valenzband** und einem unbesetzten **Leitungsband** charakterisiert, die als **Bandlücke** bezeichnet wird. Dies ist analog zu der Energielücke in einem Molekül zwischen dem höchsten besetzten Molekülorbital und dem niedrigsten unbesetzten Molekülorbital. Halbleiter sind messbar leitend, jedoch weit weniger als Metalle, da aufgrund der Bandlücke die Wahrscheinlichkeit verringert wird, dass ein Elektron bei einer gegebenen Temperatur genug Energie hat, um die Lücke zu überspringen. Die einzigen Elemente, die bei Zimmertemperatur Halbleiter sind, sind Silicium, Germanium und Kohlenstoff in Graphitform.

Anorganische Verbindungen, die Halbleiter sind, sind mit Silicium und Germanium isovalenzelektronisch. Gallium, Ga, ist zum Beispiel in Gruppe 3A des Periodensystems; Arsen, As, ist in Gruppe 5A. GaAs, Galliumarsenid, hat drei Valenzelektronen von Ga und fünf von As, wodurch sich ein Durchschnitt von

Werkstoff	Art	Bandlücke, kJ/mol	Bandlücke, eV	Leitfähigkeit, $\Omega^{-1}\,cm^{-1}$
C (Diamant)	Isolator	~530	~5,5	$< 10^{-18}$
C (Graphit)	Leiter*	*	*	10^3– entlang den Schichten
Si	Halbleiter	110	1,1	5×10^{-6}
Ge	Halbleiter	65	0,67	0,02
GaP	Halbleiter	220	2,2	5
GaAs	Halbleiter	138	1,43	500
Al	Metall	—	—	$3{,}8 \times 10^5$
Al_2O_3	Isolator	~530	~5,5	$< 10^{-14}$
SiO_2	Isolator	> 580	> 6	$< 10^{-18}$
TiO_2	Halbleiter	290	3,0	10^{-12}
Fe	Metall	—	—	$1{,}0 \times 10^5$
Cu	Metall	—	—	$5{,}9 \times 10^5$
Ag	Metall	—	—	$6{,}3 \times 10^5$
Au	Metall	—	—	$4{,}5 \times 10^5$

* Graphit hat keine Bandlücke entlang den Schichten.

Tabelle 12.1: Elektronische Eigenschaften gebräuchlicher Werkstoffe (Bandlückenenergien und Leitfähigkeiten sind Zimmertemperaturwerte. Elektronenvolt (eV) ist eine gebräuchliche Energieeinheit in der Halbleiterindustrie; $1{,}602 \times 10^{-19}$ J = 1 eV).

vier ergibt, die gleiche Zahl wie in Silicium oder Germanium. GaAs ist tatsächlich ein Halbleiter wie Silicium und Germanium. In Cadmiumsulfid, CdS, trägt Cadmium zwei Valenzelektronen bei und Schwefel sechs, wodurch sich ebenfalls ein Durchschnitt von vier ergibt. Daher ist CdS ein Halbleiter. Die Bindung in Halbleitern ist kovalent oder polar kovalent.

Das Ausmaß, in dem Halbleiter Strom leiten, wird durch das Vorhandensein kleiner Mengen von Fremdatomen beeinflusst – in der Regel auf dem Niveau von Teilen pro Million. Das Verfahren, bei dem bestimmte Mengen von Fremdatomen zu einem Halbleiter gegeben werden, wird als **Dotieren** bezeichnet. Betrachten wir, was geschieht, wenn Phosphor einige Si-Atome in einem Siliciumkristall ersetzt. Phosphor hat fünf Valenzelektronen und Silicium hat vier. Daher werden die zusätzlichen Elektronen gezwungen, das Leitungsband zu belegen, da das Valenzband bereits vollkommen gefüllt ist (► Abbildung 12.3, Mitte). Der entstehende Stoff wird **n-dotierter Halbleiter** genannt. „*n*" steht dafür, dass die Zahl negativ geladener Elektronen im Leitungsband zugenommen hat. Diese zusätzlichen Elektronen können sehr leicht im Leitungsband wandern. Daher können nur wenige Teile pro Million (ppm) Phosphor in Silicium die Eigenleitung des Siliciums um einen Faktor von einer Million erhöhen.

Es ist ebenfalls möglich, Halbleiter mit Atomen zu dotieren, die weniger Valenzelektronen als das Wirtsmaterial haben. Überlegen wir, was geschieht, wenn Aluminium aus Gruppe 3A ein paar Siliciumatome in einem Siliciumkristall ersetzt. Al hat nur drei Valenzelektronen gegenüber den vier von Silicium. Daher gibt es im Valenzband Elektronenfehlstellen, auch **Löcher oder Defektelektronen** genannt, wenn Silicium mit Aluminium dotiert wird. Da ein Elektron fehlt, kann man sich das Loch als eine positive Ladung vorstellen. Wenn ein benachbartes Elektron in das Loch springt, hinterlässt dieses Elektron ein neues Loch. Daher wandert das positive Loch im Gitter wie ein Teilchen. Das heißt, dass auch die Löcher leiten können und ein solcher Stoff wird als **p-dotierter Halbleiter**

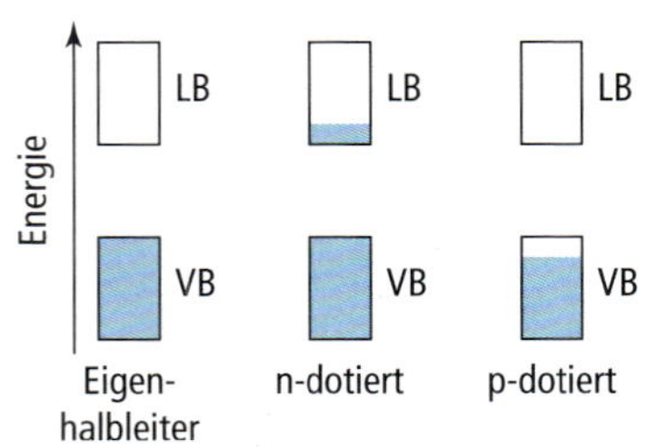

Abbildung 12.3: Die Zugabe kleiner Mengen von Fremdatomen (Dotieren) zu einem Halbleiter verändert die elektronische Struktur des Festkörpers. Links: Ein reiner Eigenhalbleiter hat ein gefülltes Valenzband und ein leeres Leitungsband (ideal). Mitte: Die Zugabe eines Dotierelements, das mehr Valenzelektronen als das Wirtselement hat, fügt dem Leitungsband Elektronen hinzu. Rechts: Die Zugabe eines Elements, das weniger Valenzelektronen als das Wirtselement hat, führt zu weniger Elektronen im Valenzband (oder mehr Löchern im Valenzband).

MERKE !

Metallische Leiter haben ein nicht vollständig gefülltes Energieband, Halbleiter haben eine relativ kleine Bandlücke (E_g) zwischen einem vollen Valenzband (VB) und einem leeren Leitungsband (LB).

bezeichnet, wobei „p" dafür steht, dass sich die Zahl von positiven Löchern im Stoff erhöht hat. Nur Teile-pro-Million-Anteile eines p-Dotierungsmittels können zu einem millionenfachen Anstieg der Leitfähigkeit des Halbleiters führen – aber in diesem Fall sind die im Valenzband fehlenden Elektronen („Löcher") für die Leitung zuständig (► Abbildung 12.3, rechts). Die Kombination eines n-dotierten Halbleiters mit einem p-dotierten Halbleiter bildet die Grundlage für Dioden, Transistoren und andere elektronische Bauteile.

Isolatoren und Keramiken

Halbleiter haben Bandlücken, die von ~50 kJ/mol bis ~300 kJ/mol reichen (► Tabelle 12.1). Isolatoren haben eine Bandstruktur, die ähnlich zu der in Halbleitern ist, außer, dass bei Isolatoren die Bandlücke größer ist – mehr als ~350 kJ/mol (► Tabelle 12.1 und ► Abbildung 12.2). Weil der Energiebedarf, um ein Elektron vom Valenzband in das Leitungsband anzuregen, etwa gleich dem Energiebedarf ist, um chemische Bindungen zu lösen, sind Isolatoren elektrisch nicht leitend. Viele ionische Festkörper und die meisten organischen Verbindungen sind Isolatoren. Elemente, die Isolatoren sind, sind Kohlenstoff in Diamantform und Schwefel.

Keramiken sind anorganische ionische Festkörper, die normalerweise hart und spröde und bis zu hohen Temperaturen stabil sind. Sie sind in der Regel elektrische Isolatoren.

Keramische Werkstoffe (► Tabelle 12.2) gibt es in einer Vielzahl von chemischen Formen, darunter *Oxide* (Sauerstoff und Metalle), *Carbide* (Kohlenstoff und Metalle), *Nitride* (Stickstoff und Metalle), *Silikate* (Siliciumdioxid, SiO_2 und Metalloxide) und *Aluminate* (Aluminiumoxid, Al_2O_3 und Metalloxide).

Keramiken sind sehr wärme-, korrosions- und verschleißfest, bei Belastung wenig verformbar und weniger dicht als die Metalle, die für Hochtemperaturanwendungen verwendet werden. Einige Keramiken, die in Flugzeugen, Raketen und Raumfahrzeugen verwendet werden, haben nur 40 % der Masse der Metallteile, die sie ersetzen. Trotz dieser vielen Vorteile ist die Verwendung von Keramiken als technische Werkstoffe begrenzt, weil sie leicht zerbrechlich sind. Während ein

Werkstoff	Schmelzpunkt (°C)	Dichte (g /cm³)	Härte (Mohs)*	Elastizitätsmodul**	Wärmeausdehnungskoeffizient***
Keramische Werkstoffe					
Aluminiumoxid, Al_2O_3	2050	3,8	9	34	8,1
Siliciumcarbid, SiC	2800	3,2	9	65	4,3
Zirkoniumoxid, ZrO_2	2660	5,6	8	24	6,6
Berylliumoxid, BeO	2550	3,0	9	40	10,4
Nichtkeramische Werkstoffe					
Unlegierter Stahl	1370	7,9	5	17	15
Aluminium	660	2,7	3	7	24

* Die Mohs-Skala ist eine logarithmische Skala basierend auf der Fähigkeit eines Werkstoffs, einen anderen, weicheren Werkstoff zu ritzen. Diamant, der härteste Stoff, erhält den Wert 10.

** Ein Maß für die Steifheit eines Werkstoffs bei Belastung (MPa × 10^4). Je größer die Zahl, desto steifer der Werkstoff.

*** In Einheiten von ($K^{-1} \times 10^{-6}$). Je größer die Zahl, desto größer die Volumenänderung bei Erwärmung oder Kühlung.

Tabelle 12.2: Eigenschaften keramischer und nichtkeramischer Werkstoffe.

Metallteil verformt wird, wenn es mechanisch belastet wird, zerbricht ein keramisches Teil normalerweise, weil der größere Anteil an ionischer Bindung in einer Keramik verhindert, dass die Atome übereinander gleiten.

Supraleiter

Selbst Metalle sind nicht unendlich leitend, sie setzen dem Elektronenfluss einen gewissen Widerstand entgegen. 1911 entdeckte der niederländische Physiker Heike Kamerlingh Onnes, dass Quecksilber, wenn es unter 4,2 K gekühlt wird, seinen gesamten elektrischen Widerstand verliert. Seit dieser Entdeckung haben Wissenschaftler herausgefunden, dass viele Substanzen diesen „reibungslosen" Fluss von Elektronen aufweisen, der als **Supraleitung** bezeichnet wird. Substanzen, die Supraleitung aufweisen, tun dies nur, wenn sie unter eine bestimmte Temperatur mit der Bezeichnung **Sprungtemperatur** (oder **kritische Temperatur**) T_c abgekühlt werden. Die beobachteten Werte von T_c sind in der Regel sehr niedrig.

Supraleitung hat ungeheures wirtschaftliches Potenzial. Wenn elektrische Stromleitungen oder die Leiter in einer Vielzahl von Elektrogeräten fähig wären, Strom ohne Widerstand zu leiten, könnten ungeheure Mengen Energie gespart werden. Der widerstandslose Elektronenfluss könnte theoretisch zu „Petaflop"-Computern auf Supraleiterbasis führen, die in der Lage sind, 10^{15} Operationen pro Sekunde auszuführen. Zusätzlich weisen supraleitende Stoffe eine Eigenschaft mit der Bezeichnung *Meißner-Ochsenfeld-Effekt* (► Abbildung 12.4) auf, bei der sie alle magnetischen Felder aus ihrem Inneren verdrängen. Der Meißner-Ochsenfeld-Effekt wird für Hochgeschwindigkeitszüge erforscht, die magnetisch über den Schienen schweben. Im November 2003 erreichte eine Magnetschwebebahn „Maglev" eine Höchstgeschwindigkeit von 501 km/h in Shanghai, China (► Abbildung 12.5). Da Supraleitung in den meisten Stoffen nur bei sehr niedrigen Temperaturen auftritt, sind die Anwendungen dieses Phänomens bisher begrenzt. Eine wichtige Anwendung von Supraleitern ist in den Wicklungen der großen Magnete, die die Magnetfelder in Instrumenten zur Magnetresonanztomografie (MRT) erzeugen, die in medizinischen Bildgebungsverfahren verwendet wird (► Abbildung 12.6). Die Magnetwicklungen, die meist aus Nb_3Sn bestehen, müssen mit flüssigem Helium gekühlt werden, das bei etwa 4 K siedet. Die Kosten für flüssiges Helium sind ein bedeutender Anteil bei den Kosten eines MRT-Instruments.

Vor 1986 war der höchste Wert, der für T_c beobachtet wurde, etwa 22 K für eine Niob-Germanium-Verbindung. 1986 entdeckten jedoch J. G. Bednorz und K. A. Müller, die in den IBM-Forschungslaboratorien in Zürich (Schweiz) arbeiteten, Supraleitung über 30 K in einer Oxidkeramik, die Lanthan, Barium und Kupfer enthielt. Diese Verbindung stellte die erste **supraleitende Keramik** dar. Diese Entdeckung, für die Bednorz und Müller 1987 den Nobelpreis für Physik erhielten, war der Beginn fieberhafter Forschungsaktivitäten weltweit.

Die Entdeckung der so genannten **Hochtemperatur-Supraleitung** (hohes T_c) ist von großer Bedeutung. Da die Aufrechterhaltung extrem niedriger Temperaturen teuer ist, werden viele Anwendungen der Supraleitung nur technisch möglich, sobald nutzbare Hochtemperatur-Supraleiter entwickelt werden. Flüssiger Stickstoff ist das bevorzugte Kühlmittel, da er kostengünstig ist, kann aber nur auf 77 K abkühlen. Das einzige einfach verfügbare und sichere Kühlmittel bei Temperaturen unter 77 K ist flüssiges Helium, das so viel wie guter Wein kostet. Daher werden viele Anwendungen von Supraleitern nur kommerziell praktikabel, wenn T_c weit über 77 K liegt. Alternativ könnten mechanische Kühlvorrichtungen bei einigen Anwendungen technisch möglich sein.

Abbildung 12.4: Magnetisches Schweben. Ein kleiner Dauermagnet schwebt durch seine Wechselwirkung mit einem keramischen Supraleiter, der auf die Temperatur von flüssigem Stickstoff, 77 K, gekühlt wird. Der Magnet schwebt im Raum, weil der Supraleiter die magnetischen Feldlinien verdrängt, eine Eigenschaft, die als Meißner-Ochsenfeld-Effekt bekannt ist.

Abbildung 12.5: Supraleitung in Aktion. Supraleitende Hochgeschwindigkeits-Magnetschwebebahn (Maglev). Abgebildet ist der Testzug ML002 in Japan.

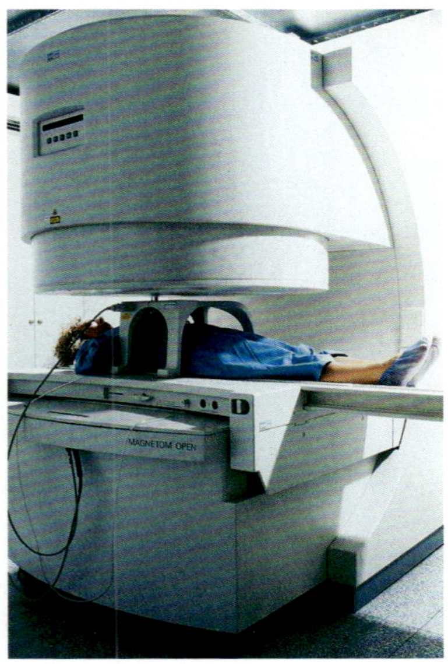

Abbildung 12.6: Ein Gerät zur Magnetresonanztomografie (MRT) in der medizinischen Diagnose. Das für das Verfahren benötigte Magnetfeld entsteht dadurch, dass Strom in supraleitenden Drähten fließt, die unter ihrer Sprungtemperatur T_c von 18 K gehalten werden müssen. Für diese niedrige Temperatur ist flüssiges Helium als Kühlmittel erforderlich.

12.2 Weitere Werkstoffe

EXTRAS ONLINE Medizinische Materialien

EXTRAS ONLINE Elektronikwerkstoffe

EXTRAS ONLINE Optische Werkstoffe

EXTRAS ONLINE Werkstoffe für die Nanotechnologie

Ein **Biomaterial** ist jeder Stoff, der eine biomedizinische Anwendung hat. Biomaterialien sind gewöhnlich in Kontakt mit Körpergeweben und -flüssigkeiten. Sie müssen **biokompatibel** sein, was bedeutet, dass sie nicht giftig sind und auch keine Entzündungsreaktion hervorrufen. Sie müssen je nach Anwendung physikalische Anforderungen wie langfristige Zuverlässigkeit, Stärke und Flexibilität oder Härte erfüllen. Sie müssen ebenfalls chemische Anforderungen wie inertes Verhalten im biologischen Umfeld oder biologische Abbaubarkeit erfüllen. Biomaterialien sind allgemein Polymere mit speziellen Eigenschaften, die der Anwendung angepasst sind.

LEDs bestehen entweder aus anorganischen oder organischen Halbleitern, die eine Verbindung zwischen p-dotierten und n-dotierten Materialien haben. An der Verbindungsstelle können sich Elektronen und Löcher kombinieren, um Licht der Bandlückenenergie abzustrahlen, wenn eine Spannung an das Bauelement angelegt wird. Das Verfahren ist im Grunde die Umkehrung der Solarzelle.

Nanotechnologie ist die Fertigung von Bauelementen im Maßstab 1–100 nm. Die ungewöhnlichen Eigenschaften, die Halbleiter, Metalle und Kohlenstoff im Größenmaßstab von 1–100 nm haben, werden erforscht. Quantenpunkte sind Halbleiterteilchen mit Durchmessern von 1 bis 10 nm. In diesem Größenbereich wird die Bandlückenenergie des Werkstoffs größenabhängig. Metallnanopartikel haben im Größenbereich 1–100 nm andere chemische und physikalische Eigenschaften. Gold ist zum Beispiel reaktiver und hat keine goldene Farbe mehr. Kohlenstoffnanoröhren sind aufgerollte planare Graphitschichten und sie können sich abhängig davon, wie die Schicht aufgerollt ist, entweder wie Halbleiter oder Metalle verhalten. Anwendungen dieser **Nanomaterialien** werden jetzt für Bildgebung, Elektronik und Medizin entwickelt.

Eigenschaften von Lösungen

13

ÜBERBLICK

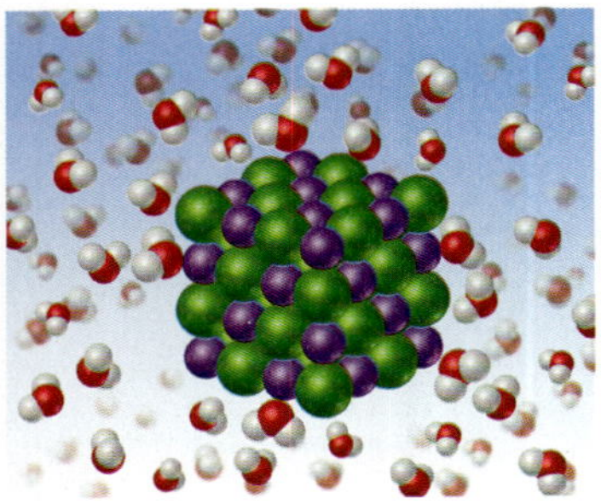

(a)

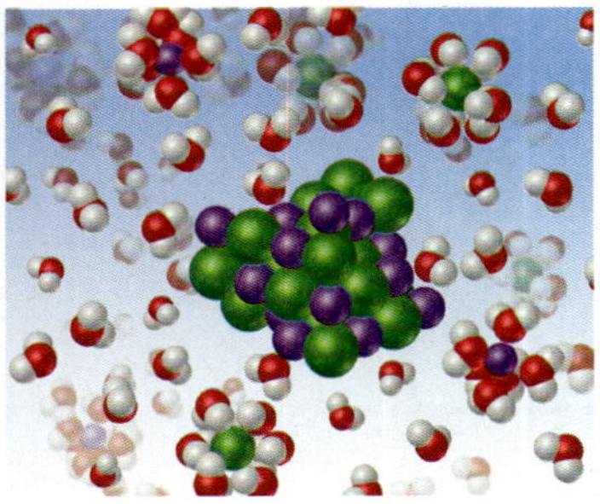

(b)

(c)

Abbildung 13.1: Auflösung eines ionischen Festkörpers in Wasser. (a) Ein Kristall des ionischen Festkörpers ist von Wassermolekülen umgeben, wobei die Sauerstoffatome der Wassermoleküle zu den Kationen (violett) und die Wasserstoffatome zu den Anionen (grün) ausgerichtet sind. (b, c) Wenn sich der Festkörper löst, werden die einzelnen Ionen von der Festkörperoberfläche entfernt und sind vollkommen getrennte hydratisierte Teilchen in der Lösung.

Aggregatzustand der Lösung	Aggregatzustand des Lösungsmittel	Aggregatzustand des zu lösenden Stoffs	Beispiel
gasförmig	gasförmig	gasförmig	Luft
flüssig	flüssig	gasförmig	Sauerstoff in Wasser
flüssig	flüssig	flüssig	Alkohol in Wasser
flüssig	flüssig	fest	Salz in Wasser
fest	fest	gasförmig	Wasserstoff in Palladium
fest	fest	flüssig	Quecksilber in Silber
fest	fest	fest	Silber in Gold

Tabelle 13.1: Beispiele für Lösungen.

Wenn wir an Lösungen denken, wie sie in früheren Kapiteln beschrieben wurden (siehe Abschnitte 4.1), stellen wir uns zunächst einmal Flüssigkeiten vor – eine Lösung von Kochsalz in Wasser oder ein homogenes Gemisch aus Ethanol und Wasser. Sterlingsilber ist ein Beispiel für eine feste Lösung (Legierung) und andere Beispiele von Lösungen finden wir um uns herum in Hülle und Fülle. Um nur drei zu nennen: Die Luft, die wir atmen, ist eine Lösung mehrerer Gase (Gasgemisch), Messing ist eine feste Lösung (Legierung) von Zink in Kupfer und die Flüssigkeiten, die durch unsere Körper fließen, sind Lösungen, die eine Vielzahl von wichtigen Nährstoffen, Salzen und anderen Stoffen transportieren.

Lösungen können Gase, Flüssigkeiten oder Festkörper sein (► Tabelle 13.1). Jede der Substanzen in einer Lösung wird als *Bestandteil* der Lösung bezeichnet. Wie wir in Kapitel 4 gesehen haben, ist das *Lösungsmittel* normalerweise der Bestandteil, der im Überschuss ist. Andere Bestandteile werden *gelöste Stoffe* oder das *Gelöste* genannt. Weil flüssige Lösungen am häufigsten vorkommen, werden wir uns in diesem Kapitel auf sie konzentrieren.

13.1 Der Lösevorgang

Eine Lösung wird gebildet, wenn sich eine Substanz gleichmäßig in einer anderen verteilt. Wir haben in Kapitel 11 gelernt, dass zwischen den Molekülen oder Ionen von Substanzen in den flüssigen und festen Aggregatzuständen Anziehungskräfte wirksam sind. Kräfte wirken auch zwischen den Teilchen des gelösten Stoffs und den Molekülen des Lösungsmittels.

Ion-Dipol-Wechselwirkungen herrschen zum Beispiel in Lösungen ionischer Substanzen in Wasser vor. Dispersionskräfte überwiegen dagegen, wenn sich eine unpolare Substanz wie C_6H_{14} in einer anderen unpolaren Substanz wie CCl_4 löst. Ausschlaggebend dafür, ob sich eine Lösung bildet, sind die relativen Stärken der intermolekularen Kräfte zwischen und unter den Teilchen des gelösten Stoffs und Lösungsmittels.

Lösungen bilden sich, wenn die Größe der Anziehungskräfte zwischen den Teilchen des gelösten Stoffs und des Lösungsmittels mit der vergleichbar ist, die zwischen den Teilchen des gelösten Stoffs selbst oder zwischen den Teilchen des Lösungsmittels vorliegen. Die ionische Substanz NaCl löst sich zum Beispiel leicht in Wasser auf, weil die Anziehungskräfte zwischen den Ionen und den polaren H_2O-Molekülen die Gitterenergie von $NaCl(s)$ überwinden (siehe Abschnitt 4.1). Sehen wir uns diesen Lösevorgang näher an und achten dabei auf diese Anziehungskräfte.

EXTRAS ONLINE Auflösung von NaCl in Wasser (Video)

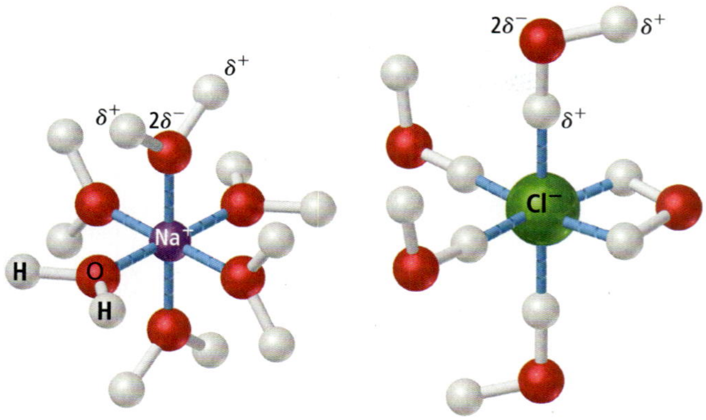

Abbildung 13.2: Hydratisierte Na^+- und Cl^--Ionen.

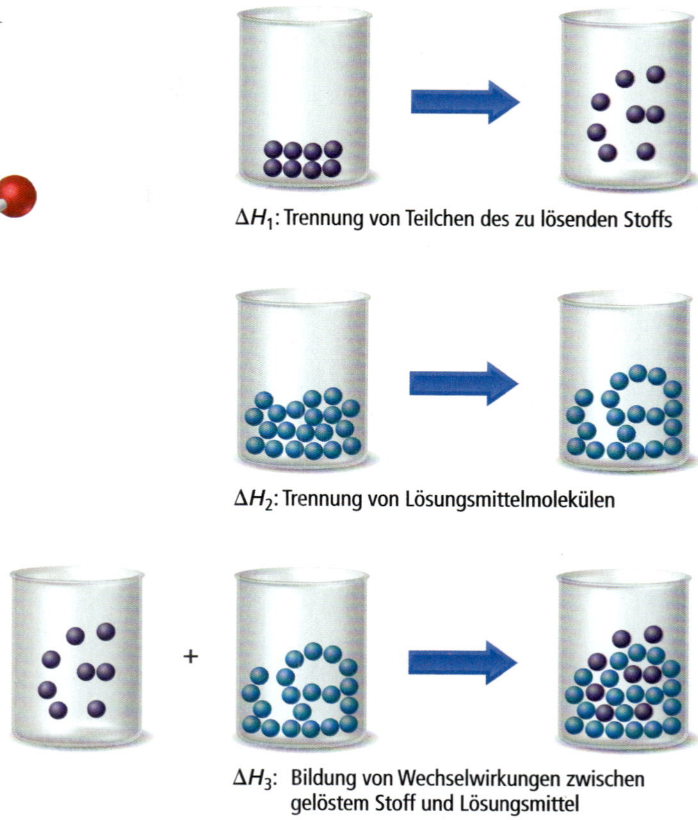

Abbildung 13.3: Enthalpiebeiträge zu $\Delta_{Lsg}H$. Die Enthalpieänderungen ΔH_1 und ΔH_2 stellen endotherme Prozesse dar, während ΔH_3 ein exothermer Prozess ist.

Wenn NaCl zu Wasser gegeben wird (► Abbildung 13.1), orientieren sich die Wassermoleküle an der Oberfläche der NaCl-Kristalle. Das positivierte Ende des Wasserdipols ist auf die Cl^--Ionen gerichtet und das negativierte Ende des Wasserdipols ist auf die Na^+-Ionen gerichtet. Die Ionen-Dipol-Anziehungskräfte zwischen den Ionen und Wassermolekülen sind stark genug, um die Ionen aus ihren Kristallgitterplätzen zu lösen.

Sobald sie vom Kristall getrennt sind, werden die Na^+- und Cl^--Ionen von Wassermolekülen umgeben, wie ► Abbildung 13.1 b und 13.1 c und ► Abbildung 13.2 zeigen. Wir haben in Abschnitt 4.1 gelernt, dass Wechselwirkungen wie diese zwischen den Molekülen des gelösten Stoffs und des Lösungsmittels als **Solvatation** bezeichnet werden. Wenn das Lösungsmittel Wasser ist, werden die Wechselwirkungen auch **Hydratation** genannt.

Energieänderungen und Lösungsbildung

Die Gesamtenergetik der Lösungsbildung ist in ► Abbildung 13.3 schematisch darstellt. Die Gesamtenthalpieänderung bei der Bildung einer Lösung $\Delta_{Lsg}H$ ist die Summe dieser drei Glieder:

$$\Delta_{Lsg}H = \Delta H_1 + \Delta H_2 + \Delta H_3 \qquad (13.1)$$

Wie ► Abbildung 13.4 zeigt, kann die Bildung einer Lösung exotherm oder endotherm sein. Wenn zum Beispiel Magnesiumsulfat, $MgSO_4$, zu Wasser gegeben wird, wird die entstehende Lösung ziemlich warm: $\Delta_{Lsg}H = -91{,}2$ kJ/mol. Die Auflösung von Ammoniumnitrat (NH_4NO_3) ist dagegen endotherm: $\Delta_{Lsg}H = 26{,}4$ kJ/mol. Diese speziellen Substanzen finden eine Anwendung in Schnell-Wärme- und Kühlkompressen, die zur Behandlung von Sportverletzungen dienen (► Abbildung 13.5). Die Kompressen bestehen aus einem Wasserbeutel und einer trockenen Chemikalie, nämlich $MgSO_4$ für Wärmekompressen und NH_4NO_3 für Kühlkompressen. Wenn die Kompresse gedrückt wird, wird die Versiegelung, die den Festkörper vom Wasser trennt, gelöst und es bildet sich eine Lösung, die die Temperatur entweder erhöht oder senkt.

Exotherme Prozesse neigen dazu, spontan abzulaufen. Eine Lösung bildet sich nicht, wenn $\Delta_{Lsg}H$ zu endotherm ist. Darum lösen sich ionische Stoffe wie NaCl in unpolaren Flüssigkeiten wie Benzin nicht. Die unpolaren Kohlenwasserstoffmoleküle des Benzins würden nur schwache Anziehungskräfte mit den Ionen

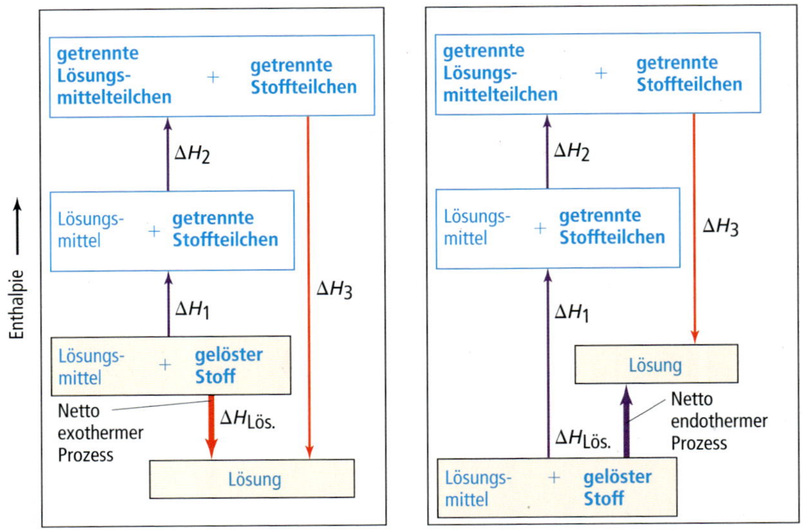

Abbildung 13.4: Enthalpieänderungen, die den Lösungsvorgang begleiten. Die drei Prozesse werden in ► Abbildung 13.3 dargestellt. Das Diagramm links zeigt einen netto exothermen Prozess ($\Delta_{Lsg}H < 0$), das rechts einen netto endothermen Prozess ($\Delta_{Lsg}H > 0$).

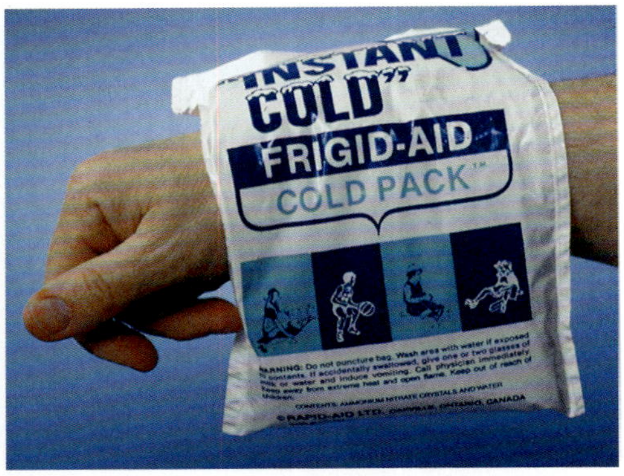

Abbildung 13.5: Endotherme Auflösung. Schnell-Kühlkompressen aus Ammoniumnitrat werden häufig zur Behandlung von Sportverletzungen verwendet.

erfahren und diese Wechselwirkungen könnten die Energien, die benötigt werden, um die Ionen voneinander zu trennen, nicht ausgleichen.

Eine polare Flüssigkeit wie Wasser bildet keine Lösungen mit einer unpolaren Flüssigkeit wie Octan (C_8H_{18}). Zwischen den Wassermolekülen wirken starke Wasserstoffbrückenbindungen. Diese Anziehungskräfte müssen überwunden werden, um die Wassermoleküle in der unpolaren Flüssigkeit zu verteilen. Die dazu benötigte Energie wird nicht in der Form von Anziehungskräften zwischen H_2O- und C_8H_{18}-Molekülen wiedergewonnen.

Lösungsbildung, Spontanität und Unordnung

Wenn Tetrachlormethan (CCl_4) und Hexan (C_6H_{14}) gemischt werden, lösen sie sich unbegrenzt ineinander. Beide Substanzen sind unpolar und lösen sich spontan ineinander.

Prozesse, in denen der Energiegehalt des Systems abnimmt, können spontan auftreten. Spontane Prozesse sind meistens exotherm (siehe Extras Online zu Abschnitt 5.4 „Strategien in der Chemie: Enthalpie als Orientierungshilfe"). Eine Änderung läuft meistens in der Richtung ab, die zu einer niedrigeren Energie oder niedrigeren Enthalpie für das System führt.

Einige spontane Prozesse führen jedoch nicht zu niedrigerer Enthalpie für ein System und einige endotherme Prozesse treten sogar spontan auf. NH_4NO_3 löst sich zum Beispiel leicht in Wasser auf, obwohl der Lösungsvorgang endotherm ist. Derartige Prozesse sind durch einen stärker ungeordneten Zustand eines oder mehrerer Bestandteile charakterisiert, wodurch sich insgesamt eine erhöhte Unordnung des Systems ergibt. In diesem Beispiel verteilt sich das zunächst als Festkörper dicht geordnete NH_4NO_3 in der Lösung in Form getrennter NH_4^+- und NO_3^--Ionen. Der Umfang der Unordnung im System wird durch eine thermodynamische Größe mit Namen **Entropie** ausgedrückt. *Prozesse, die bei einer konstanten Temperatur ablaufen, in der die* Unordnung *(Entropie) des Systems zunimmt, treten eher spontan auf.*

In den meisten Fällen wird *die Bildung von Lösungen durch den Anstieg in der Entropie begünstigt, die das Mischen begleitet.* Daher bildet sich eine Lösung, sofern die Wechselwirkungen in dem zu lösenden Stoff sowie in dem Lösungsmittel nicht stärker als die Wechselwirkungen zwischen gelöstem Stoff und Lösungsmittel sind.

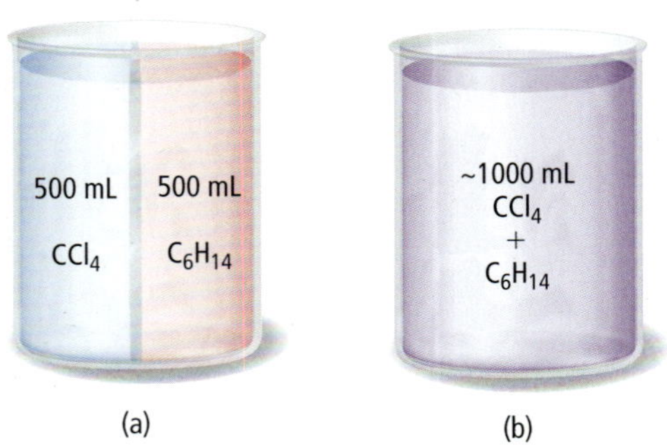

Abbildung 13.6: Zunehmende Unordnung bei einem Lösungsvorgang. Eine homogene Lösung aus CCl_4 und C_6H_{14} bildet sich, wenn eine Sperre, die beide Flüssigkeiten trennt, entfernt wird. Jedes CCl_4-Molekül der Lösung in (b) ist auf größerem Raum verteilt als es in der linken Zone in (a) war, und jedes C_6H_{14}-Molekül in (b) ist auf größerem Raum verteilt, als es in der rechten Zone in (a) war.

Lösungsbildung und chemische Reaktionen

In allen unseren Ausführungen über Lösungen müssen wir sorgfältig zwischen dem physikalischen Vorgang der Lösungsbildung und den chemischen Reaktionen, die zu einer Lösung führen, unterscheiden. Das Metall Nickel wird zum Beispiel bei Kontakt mit Salzsäure aufgelöst, weil die folgende chemische Reaktion stattfindet:

$$Ni(s) + 2\,HCl(aq) \longrightarrow NiCl_2(aq) + H_2(g) \qquad (13.2)$$

Wird die Lösung bis zur Trockenheit eingedampft, liegt $NiCl_2 \cdot 6\,H_2O(s)$, vor und nicht $Ni(s)$ (► Abbildung 13.7). Wird $NaCl(s)$ dagegen in Wasser gelöst, findet keine chemische Reaktion statt. Wird die Lösung eingedampft, liegt wieder NaCl vor. In diesem Kapitel konzentrieren wir uns auf Lösungen, bei denen der gelöste Stoff unverändert aus der Lösung hervorgeht.

(a) (b) (c)

Abbildung 13.7: Reaktion von Nickel mit Säure. (a) Nickel und Salzsäure. (b) Nickel reagiert langsam mit Salzsäure unter Bildung von $NiCl_2(aq)$ und $H_2(g)$. (c) $NiCl_2 \cdot 6\,H_20$ erhält man, wenn die Lösung aus (b) bis zur Trockene eingedampft wird.

13.2 Gesättigte Lösungen und Löslichkeit

Wenn ein fester Stoff beginnt, sich in einem Lösungsmittel zu verteilen, nimmt die Konzentration der Teilchen des gelösten Stoffs in der Lösung zu. Die Teilchen des gelösten Stoffs können sich wieder aus der Lösung auskristallisieren.

$$\text{Stoff} + \text{Lösungsmittel} \underset{\text{Kristallisation}}{\overset{\text{Verteilung}}{\rightleftharpoons}} \text{Lösung} \qquad (13.3)$$

Wenn die Geschwindigkeiten dieser entgegengesetzten Prozesse gleich werden, hat sich ein dynamisches Gleichgewicht eingestellt.

Eine Lösung, die im Gleichgewicht mit dem ungelöstem Stoff ist, ist **gesättigt**. Zusätzlicher Stoff löst sich nicht auf, wenn er zu einer gesättigten Lösung hinzugegeben wird. Die Masse von Stoff, die benötigt wird, um eine gesättigte Lösung in einem gegebenen Volumen an Lösungsmittel zu bilden, wird die **Löslichkeit** dieses Stoffs genannt. Die Löslichkeit von NaCl in Wasser bei 0 °C ist zum Beispiel 35,7 g pro 100 mL Wasser. Dies ist die maximale Menge NaCl, die im Wasser bei der gegebenen Temperatur gelöst werden kann.

Wenn wir weniger Stoff auflösen, als benötigt wird, um eine gesättigte Lösung zu bilden, ist die Lösung **ungesättigt**. Damit ist eine Lösung, die nur 10,0 g NaCl pro 100 mL Wasser bei 0 °C enthält, ungesättigt, da sie die Kapazität hat, noch mehr Stoff aufzulösen.

Unter geeigneten Bedingungen ist es manchmal möglich, Lösungen zu bilden, die eine größere Menge gelösten Stoff enthalten, als einer gesättigten Lösung entspricht. Derartige Lösungen sind **übersättigt**. Bei hohen Temperaturen kann sich zum Beispiel wesentlich mehr Natriumacetat (CH_3COONa) in Wasser auflösen als bei niedrigen Temperaturen. Wenn eine gesättigte Lösung von Natriumacetat bei einer hohen Temperatur hergestellt wird und dann langsam abgekühlt wird, bleibt eventuell der gesamte gelöste Stoff gelöst, obwohl die Löslichkeit mit sinkender Temperatur abnimmt. Weil das Gelöste in einer übersättigten Lösung in einer höheren Konzentration als der Gleichgewichtskonzentration vorliegt, sind übersättigte Lösungen unbeständig. Übersättigte Lösungen entstehen überwiegend aus dem gleichen Grund wie unterkühlte Flüssigkeiten (siehe Abschnitt 11.4). Damit Kristallisation auftritt, müssen sich die Moleküle oder Ionen eines gelösten Stoffs richtig anordnen, um Kristalle zu bilden. Die Zugabe eines kleinen Kristalls des Gelösten (eines Impfkristalls) liefert einen Keim zur Kristallisation des überschüssigen Gelösten, so dass eine gesättigte Lösung im Gleichgewicht mit überschüssigem Feststoff (► Abbildung 13.9) entsteht.

Abbildung 13.8: Dynamisches Gleichgewicht in einer gesättigten Lösung. In einer Lösung, in der überschüssiger ionischer Feststoff vorliegt, gehen Ionen an der Oberfläche des Feststoffs ständig als hydratisierte Teilchen in die Lösung über, während hydratisierte Ionen aus der Lösung an den Oberflächen des Feststoffs abgelagert werden. Im Gleichgewicht in einer gesättigten Lösung laufen die beiden Vorgänge mit gleichen Geschwindigkeiten ab.

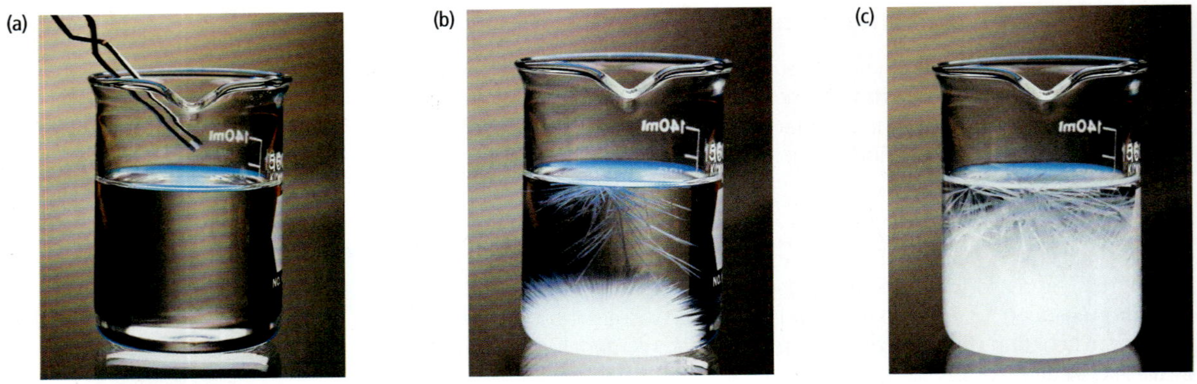

(a) Ein Impfkristall $NaCH_3COO$ wird zu einer übersättigten Lösung gegeben.

(b) Überschüssiges $NaCH_3COO$ kristallisiert aus.

(c) Die Lösung ist gesättigt.

Abbildung 13.9: Natriumacetat bildet leicht eine übersättigte Lösung in Wasser.

Gas	Löslichkeit *(mol/L)*
N_2	0,69 10^{-3}
CO	1,04 10^{-3}
O_2	1,38 10^{-3}
Ar	1,50 10^{-3}
Kr	2,79 10^{-3}

Tabelle 13.2: Löslichkeiten von Gasen in Wasser bei 20°C, mit 1 atm Gasdruck.

> MERKE !
>
> **Je stärker die Anziehungskräfte zwischen den Teilchen des Lösungsmittels und des gelösten Stoffs sind, desto größer ist die Löslichkeit (bei sonst vergleichbaren Faktoren).**

13.3 Welche Faktoren beeinflussen die Löslichkeit?

Wechselwirkungen zwischen gelöstem Stoff und Lösungsmittel

Die Daten in ► Tabelle 13.2 zeigen zum Beispiel, dass die Löslichkeiten verschiedener einfacher Gase in Wasser mit zunehmender Molekülmasse oder Polarität zunehmen. Die Anziehungskräfte zwischen den Gas- und Lösungsmittelmolekülen sind hauptsächlich London'sche Dispersionskräfte, welche mit zunehmender Größe und Masse der Gasmoleküle zunehmen (siehe Abschnitt 11.2). In der Regel gilt, wenn andere Faktoren vergleichbar sind, dass, *je stärker die Anziehungskräfte zwischen den Molekülen des gelösten Stoffes und des Lösungsmittels sind, desto größer die Löslichkeit ist.*

Infolge von günstigen Dipol-Dipol-Anziehungskräften zwischen Lösungsmittelmolekülen und Molekülen des gelösten Stoffs *lösen sich polare Flüssigkeiten praktisch unbegrenzt in polaren Lösungsmitteln*. Wasser ist nicht nur polar, sondern kann auch Wasserstoffbrückenbindungen bilden (siehe Abschnitt 11.2). Daher sind polare Moleküle und vor allem die, die Wasserstoffbrückenbindungen mit Wassermolekülen bilden können, in Wasser gut löslich. Aceton, ein polares Molekül, dessen Strukturformel nebenstehend gezeigt wird, mischt sich zum Beispiel in jedem Verhältnis mit Wasser. Aceton (Propanon) hat eine starke polare C=O-Bindung und freie Elektronenpaare am O-Atom, die Wasserstoffbrückenbindungen mit Wasser bilden können.

Flüssigkeiten wie Aceton und Wasser sind **mischbar**, während solche, die sich ineinander nicht lösen, **unmischbar** sind. Benzin, das eine Mischung aus Kohlenwasserstoffen ist, ist mit Wasser nicht mischbar. Kohlenwasserstoffe sind aufgrund mehrerer Faktoren unpolare Substanzen: Die C—C-Bindungen sind unpolar, die C—H-Bindungen sind fast unpolar. Die symmetrische Molekülgeometrie trägt dazu bei, einen Großteil der schwachen C—H-Bindungsdipole aufzuheben. *Unpolare Flüssigkeiten sind in polaren Flüssigkeiten meist unlöslich.* Daher löst sich Hexan (C_6H_{14}) nicht in Wasser. Die Serie von Verbindungen in ► Tabelle 13.3 zeigt, dass sich polare Flüssigkeiten eher in anderen polaren Flüssigkeiten und unpolare Flüssigkeiten in unpolaren auflösen. CH_3CH_2OH-Moleküle können zum Beispiel Wasserstoffbrückenbindungen mit Wassermolekülen sowie miteinander bilden (► Abbildung 13.10). Daher unterscheiden sich die Kräfte zwischen Molekülen des gelösten Stoffs, zwischen Molekülen des Lösungsmittels sowie zwischen Molekülen des gelösten Stoffs und des Lösungsmittels in einem Gemisch aus CH_3CH_2OH und H_2O nicht wesentlich. Ethanol (CH_3CH_2OH) ist daher mit Wasser unbegrenzt mischbar.

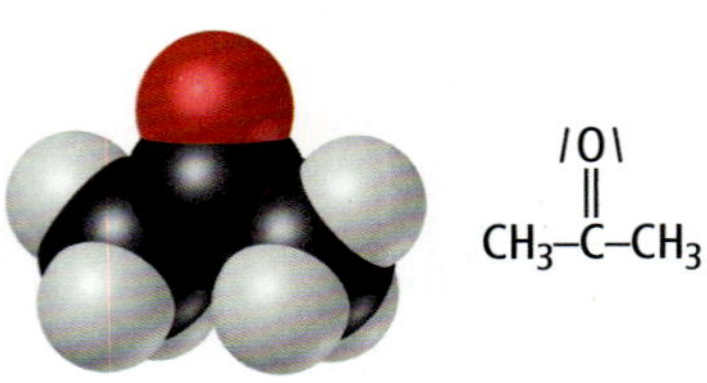

Aceton (Propanon)

Alkohol	Löslichkeit in H_2O	Löslichkeit in C_6H_{14}
CH_3OH (Methanol)	∞	0,12
CH_3CH_2OH (Ethanol)	∞	∞
$CH_3CH_2CH_2OH$ (Propanol)	∞	∞
$CH_3CH_2CH_2CH_2OH$ (Butanol)	0,11	∞
$CH_3CH_2CH_2CH_2CH_2OH$ (Pentanol)	0,030	∞
$CH_3CH_2CH_2CH_2CH_2CH_2OH$ (Hexanol)	0,0058	∞
$CH_3CH_2CH_2CH_2CH_2CH_2CH_2OH$ (Heptanol)	0,0008	∞

Tabelle 13.3: Löslichkeiten einiger Alkohole in Wasser und in Hexan (Ausgedrückt in Mol Alkohol/100 g Lösungsmittel bei 20 °C. Das Unendlichkeitssymbol zeigt an, dass der Alkohol vollständig mit dem Lösungsmittel mischbar ist.).

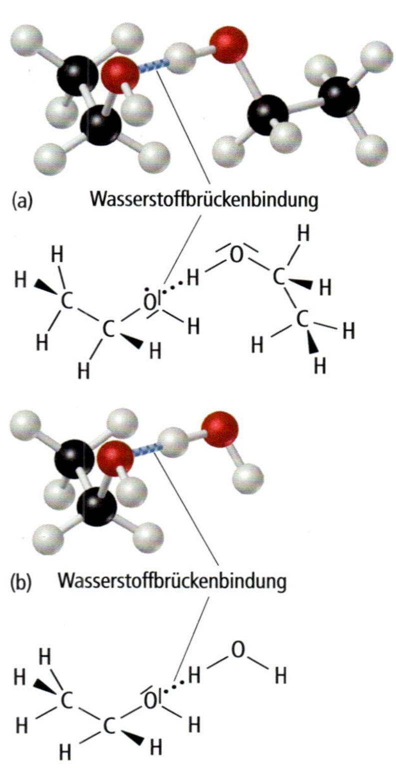

Abbildung 13.10: Wasserstoffbrückenbindungen. (a) Zwischen zwei Ethanolmolekülen und (b) zwischen einem Ethanolmolekül und einem Wassermolekül.

Wenn die Länge der Kohlenstoffkette eines Alkohols zunimmt, nimmt die Löslichkeit des Alkohols in Wasser ab, die Löslichkeit des Alkohols in einem unpolaren Lösungsmittel wie Hexan (C_6H_{14}) nimmt dagegen zu.

Glucose ($C_6H_{12}O_6$) hat fünf OH-Gruppen an einem Gerüst mit sechs Kohlenstoffatomen, wodurch das Molekül in Wasser sehr gut löslich wird (83 g lösen sich in 100 mL Wasser bei 17,5 °C).

Verallgemeinernd kann man sagen, unpolare Substanzen sind wahrscheinlicher in unpolaren Lösungsmitteln löslich, ionische und polare Stoffe sind wahrscheinlicher in polaren Lösungsmitteln löslich. Kovalente Festkörper, wie Diamant und Quarz, sind wegen der starken Bindungskräfte im Festkörper weder in polaren noch unpolaren Lösungsmitteln löslich.

Druckeffekte

Die Löslichkeiten von Festkörpern und Flüssigkeiten werden vom Druck nicht besonders beeinflusst, während die Löslichkeit eines Gases in jedem Lösungsmittel zunimmt, wenn der Druck auf das Lösungsmittel zunimmt. Wir können den Effekt des Drucks auf die Löslichkeit eines Gases verstehen, indem wir uns das dynamische Gleichgewicht in ► Abbildung 13.11 ansehen. Nehmen wir an, dass wir eine gasförmige Substanz zwischen der Gas- und Lösungsphase verteilt haben. Wenn sich Gleichgewicht einstellt, ist die Geschwindigkeit, mit der Gasmoleküle in die Lösung eintreten, gleich der Geschwindigkeit, mit der Moleküle des gelösten Stoffs aus der Lösung entweichen, um in die Gasphase einzutreten.

Die kleinen Pfeile in ► Abbildung 13.11 (a) stellen die Geschwindigkeiten dieser entgegengesetzten Prozesse dar. Nehmen wir jetzt an, dass wir zusätzlichen Druck auf den Kolben ausüben und das Gas über der Lösung komprimieren, wie ► Abbildung 13.11 (b) zeigt. Wenn wir das Volumen auf die Hälfte seines ursprünglichen Werts reduzieren würden, würde der Druck des Gases auf etwa das Zweifache seines ursprünglichen Werts ansteigen. Die Häufigkeit, mit der Gasmoleküle die Oberfläche treffen, um in die Lösungsphase einzutreten, würde daher steigen. Damit würde die Löslichkeit des Gases in der Lösung zunehmen, bis sich wieder ein Gleichgewicht einstellt, d. h. die Löslichkeit steigt, bis genauso viele Gasmoleküle in die Lösung eintreten wie Moleküle des gelösten Stoffs aus der Lösung entweichen. Daher *nimmt die Löslichkeit des Gases direkt proportional zu seinem Partialdruck über der Lösung zu.*

MERKE !

Die Löslichkeit eines Gases verhält sich proportional zu seinem Partialdruck über der Lösung.

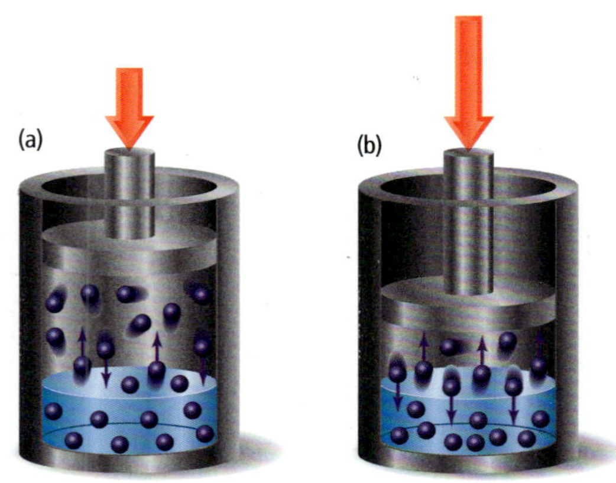

Abbildung 13.11: Wirkung von Druck auf die Löslichkeit von Gasen.

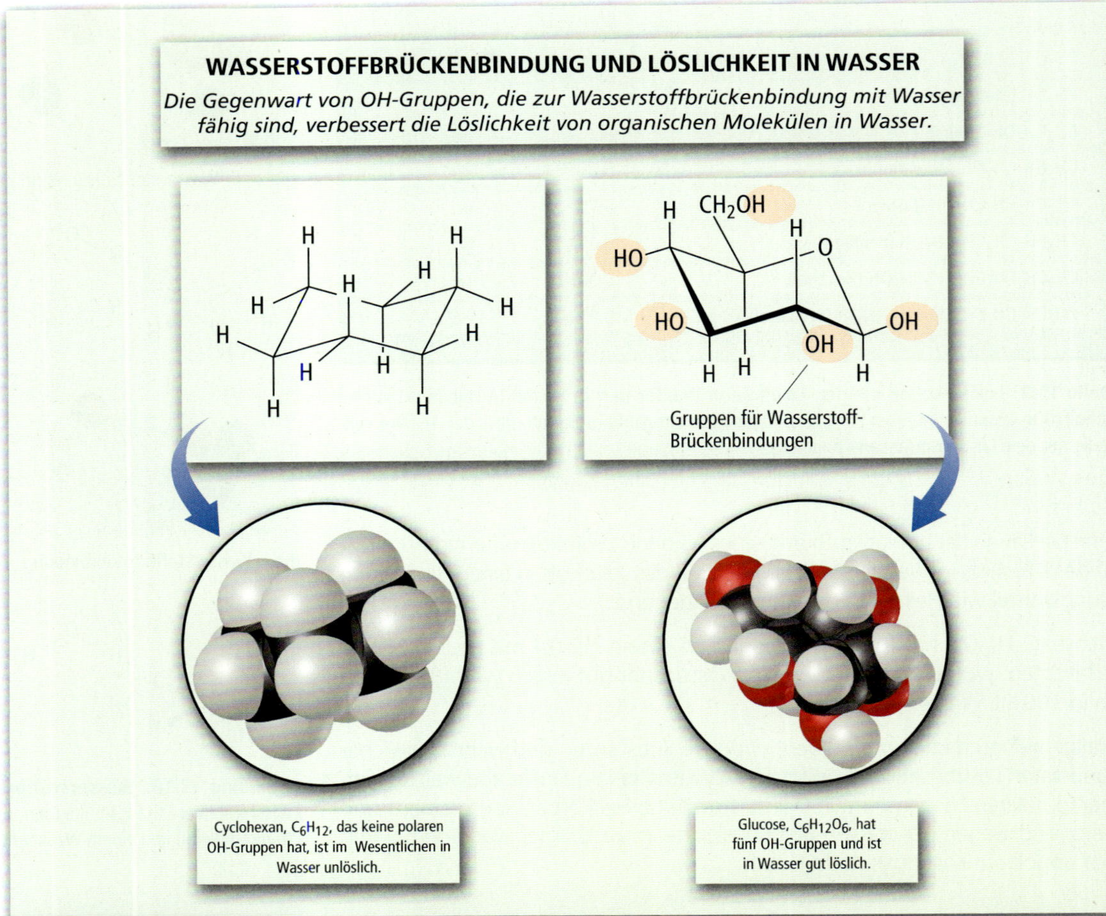

Abbildung 13.12: Struktur und Löslichkeit.

EXTRAS ONLINE Henry'sches Gesetz (Video)

Übungsbeispiel 13.1: (Lösung online) Eine Berechnung nach dem Henry'schen Gesetz

Berechnen Sie die Konzentration von CO_2 in einem Softdrink, der mit einem Partialdruck des CO_2 von 4,0 atm über der Flüssigkeit bei 25 °C abgefüllt wird. Die Konstante nach dem Henry'schen Gesetz für CO_2 in Wasser bei dieser Temperatur ist $3{,}1 \times 10^{-2}$ mol/L · atm.

A 1 Berechnen Sie die Konzentration von CO_2 in einem Softdrink, nachdem die Flasche geöffnet wurde und bei 25 °C unter einem CO_2-Partialdruck von $3{,}0 \times 10^{-4}$ atm im Gleichgewicht mit der Umgebung vorliegt.

Die Beziehung zwischen Druck und der Löslichkeit eines Gases wird durch eine einfache Gleichung mit der Bezeichnung **Henry'sches Gesetz** ausgedrückt:

$$S_g = k \times p_g \qquad (13.4)$$

Hier ist S_g die Löslichkeit des Gases in der Lösungsphase (gewöhnlich in mol/L ausgedrückt), p_g der Partialdruck des Gases über der Lösung und k eine Proportionalitätskonstante, die als Henry-Konstante bezeichnet wird. Die *Henry-Konstante* ist für jedes Paar aus gelöstem Stoff und Lösungsmittel unterschiedlich. Sie ändert sich ebenfalls mit der Temperatur. Die Löslichkeit von N_2-Gas in Wasser bei 25 °C und 0,78 atm Druck ist beispielsweise $5{,}3 \times 10^{-4}$ mol/L. Die Henry-Konstante für N_2 in Wasser bei 25 °C wird daher durch $(5{,}3 \times 10^{-4}$ mol/L)/0,78 atm = $6{,}8 \times 10^{-4}$ mol/L · atm angegeben. Wird der Partialdruck des N_2 verdoppelt, sagt das Henry-Gesetz voraus, dass die Löslichkeit in Wasser bei 25 °C ebenfalls verdoppelt wird, und zwar auf $1{,}06 \times 10^{-3}$ mol/L.

Flaschenabfüller nutzen den Effekt des Drucks auf die Löslichkeit bei der Herstellung von kohlensäurehaltigen Getränken wie Bier und vielen Softdrinks. Diese werden unter einem Kohlendioxiddruck von mehr als 1 atm abgefüllt. Wenn die Flaschen geöffnet werden, nimmt der Partialdruck von CO_2 über der Lösung ab. Daher nimmt die Löslichkeit von CO_2 ab und Kohlensäure entweicht in Blasen aus der Lösung (► Abbildung 13.13).

Temperatureffekte

Die Löslichkeit der meisten festen Stoffe in Wasser nimmt zu, wenn die Temperatur der Lösung steigt. ► Abbildung 13.14 zeigt diesen Effekt für mehrere ionische Substanzen in Wasser. Es gibt jedoch Ausnahmen zu dieser Regel, wie wir für $Ce_2(SO_4)_3$ sehen, dessen Löslichkeitskurve mit steigender Temperatur nach unten geht.

Im Gegensatz zu festen gelösten Stoffen *nimmt die Löslichkeit von Gasen in Wasser mit steigender Temperatur ab* (► Abbildung 13.15). Wird ein Glas kaltes Wasser aus dem Wasserhahn erwärmt, sind Luftblasen an der Innenseite des Glases zu sehen. Auf ähnliche Weise verlieren kohlensäurehaltige Getränke ihre Kohlensäure, wenn sie sich erwärmen. Wenn die Temperatur der Lösung steigt, nimmt die Löslichkeit von CO_2 ab und $CO_2(g)$ entweicht aus der Lösung. Die verringerte Löslichkeit von O_2 in Wasser mit steigender Temperatur ist einer der Effekte der *Wärmebelastung* von Seen und Flüssen. Die Wirkung ist bei tiefen Seen besonders schwerwiegend, weil warmes Wasser weniger dicht als kaltes Wasser ist. Es bleibt daher über dem kalten Wasser an der Oberfläche. Dies behindert das Lösen von Sauerstoff in den tieferen Lagen und daher die Atmung aller Wasserlebewesen, die Sauerstoff benötigen. Fische können unter diesen Bedingungen ersticken und sterben.

EXTRAS ONLINE Chemie und Leben: Im Blut gelöste Gase und Tiefseetauchen

Abbildung 13.13: Löslichkeit nimmt mit sinkendem Druck ab. CO_2 sprudelt aus der Lösung, wenn ein kohlensäurehaltiges Getränk geöffnet wird, weil der CO_2-Partialdruck über der Lösung verringert wird.

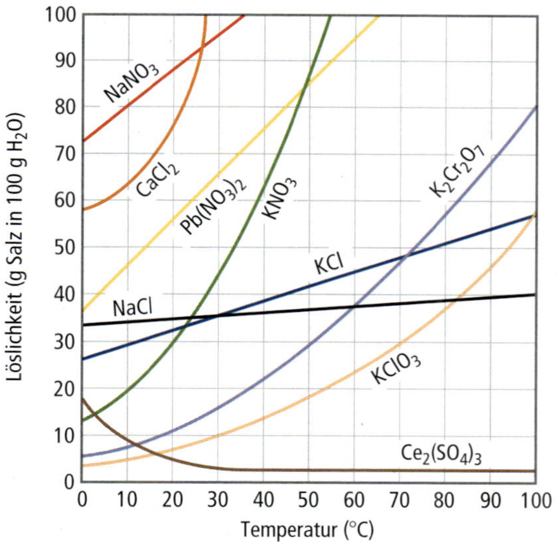

Abbildung 13.14: Löslichkeiten mehrerer ionischer Verbindungen in Wasser als Funktion der Temperatur.

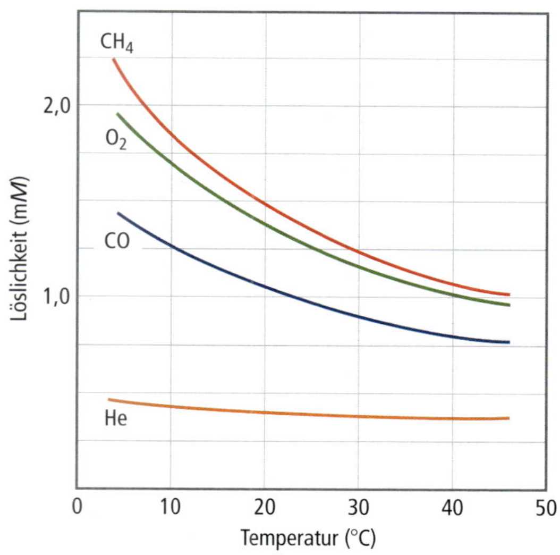

Abbildung 13.15: Veränderung der Löslichkeit von Gasen mit der Temperatur. Die Löslichkeiten sind für einen konstanten Gesamtdruck von 1 atm in der Gasphase in Einheiten von Millimol pro Liter (mmol/L) angegeben.

13.4 Möglichkeiten für die Angabe von Zusammensetzungen

Die Zusammensetzung einer Lösung kann qualitativ oder quantitativ ausgedrückt werden. Die Begriffe *verdünnt* und *konzentriert* dienen zur qualitativen Beschreibung einer Lösung. Eine Lösung mit einem relativ kleinen Anteil von gelöstem Stoff bezeichnet man als verdünnt, eine mit einem großen Anteil als konzentriert. Wir verwenden mehrere Möglichkeiten, um die Zusammensetzung quantitativ auszudrücken: Massenanteil, Stoffmengenanteil, Stoffmengenkonzentration und Molalität.

Übungsbeispiel 13.2: (Lösung online)
Berechnung massebezogener Konzentrationen

(a) Eine Lösung wird durch Auflösung von 13,5 g Glucose ($C_6H_{12}O_6$) in 0,100 kg Wasser hergestellt. Wie ist der Massenanteil des gelösten Stoffs in dieser Lösung in %? **(b)** Eine 2,5-g-Probe Grundwasser enthielt 5,4 µg Zn^{2+}. Was ist der Anteil von Zn^{2+} in Teilen pro Million (ppm)?

A 2 **(a)** Berechnen Sie den Massenanteil in % von NaCl in einer Lösung, die 1,50 g NaCl in 50,0 g Wasser enthält. **(b)** Eine Bleichlösung im Handel enthält einen Massenanteil von 3,62 % Natriumhypochlorit, NaOCl. Was ist die Masse von NaOCl in einer Flasche, die 2500 g der Bleichlösung enthält?

Massenanteil in %, ppm und ppb

Einer der einfachsten quantitativen Ausdrücke der Zusammensetzung ist der **Massenanteil w** eines Bestandteils in % in einer Lösung, gegeben durch:

$$\text{Massenanteil w des Bestandteils in\%} = \frac{\text{Masse des Bestandteils in der Lsg}}{\text{Gesamtmasse der Lsg}} \times 100\% \quad (13.5)$$

wobei wir „Lösung" als „Lsg." abgekürzt haben. Daher enthält eine Lösung von Salzsäure, die einen Massenanteil w von 36 % HCl enthält, 36 g HCl pro 100 g Lösung.

Wir drücken die Massenanteile in sehr verdünnten Lösungen häufig in **Teilen pro Million (parts per million, ppm)** aus, definiert als:

$$\text{Massenanteil w des Bestandteils in ppm} = \frac{\text{Masse des Bestandteils in Lsg}}{\text{Gesamtmasse der Lsg}} \times 10^6 \quad (13.6)$$

Eine Lösung mit 1 ppm enthält 1 g des gelösten Stoffs pro Million (10^6) Gramm Lösung oder äquivalent dazu 1 mg gelöster Stoff pro Kilogramm Lösung. Da die Dichte von Wasser 1 g/mL ist, hat 1 kg verdünnte wässrige Lösung ein Volumen von fast 1 L. Damit entspricht 1 ppm auch 1 mg gelöstem Stoff pro Liter Lösung. Die zulässigen maximalen Anteile giftiger oder krebserregender Substanzen in der Umwelt werden häufig in ppm ausgedrückt.

Für Lösungen, die noch verdünnter sind, werden **Teile pro Milliarde (parts per billion, ppb)** verwendet. 1 ppb stellt 1 g gelösten Stoff pro Milliarde (10^9) Gramm Lösung oder 1 Mikrogramm (µg) gelöster Stoff pro Liter Lösung dar.

MERKE !

Der Massenanteil ist der Quotient aus der Masse eines Bestandteils einer Lösung und der Gesamtmasse der Lösung. Durch Multiplikation mit 100, 10^6 bzw. 10^9 erhält man die Einheiten %, ppm bzw. ppb.

Stoffmengenanteil, Stoffmengenkonzentration und Molalität

Gehaltsangaben basieren auf der Stoffmenge eines oder mehrerer Bestandteile der Lösung. Die drei am häufigsten verwendeten sind Stoffmengenanteil und Molalität.

Der **Stoffmengenanteil X** eines Bestandteils einer Lösung ist gegeben durch:

$$\text{Stoffmengenanteil des Bestandteils} = \frac{\text{Stoffmenge des Bestandteils}}{\text{Gesamtstoffmenge aller Bestandteile}} \quad (13.7)$$

Das Symbol X wird allgemein für den Stoffmengenanteil verwendet, mit einem tiefgestellten Index, um den spezifischen Bestandteil anzugeben. Der Stoffmengenanteil von HCl in einer Salzsäurelösung wird zum Beispiel als X_{HCl} dargestellt. Damit hat eine Lösung, die 1,00 mol HCl (36,5 g) und 8,00 mol Wasser (144 g) enthält, einen Stoffmengenanteil für HCl von X_{HCl} = (1,00 mol)/(1,00 mol + 8,00 mol) = 0,111. Stoffmengenanteile haben keine Einheiten, weil sich die Einheiten im Zähler und Nenner aufheben. Die Summe der Stoffmengenanteile aller Bestandteile einer Lösung muss gleich 1 sein. Daher ist in der wässrigen HCl-Lösung X_{H_2O} = 1,000 – 0,111 = 0,889. Stoffmengenanteile sind sehr nützlich, wenn es um Gase geht, aber sie haben nur begrenzten Nutzen, wenn es um flüssige Lösungen geht.

Erinnern Sie sich, dass die **(Stoffmengen-)Konzentration (c)** eines gelösten Stoffs in einer Lösung definiert ist als:

$$\text{(Stoffmengen-)Konzentration c} = \frac{\text{Stoffmenge gelöster Stoff}}{\text{Volumen Lsg}} \quad (13.8)$$

Übungsbeispiel 13.3: (Lösung online)
Berechnung der Molalität

ine Lösung wird durch Auflösung von 4.35 g Glucose ($C_6H_{12}O_6$) in 25,0 mL Wasser bei 25 °C hergestellt. Berechnen Sie die Molalität von Glucose in der Lösung.

A 3 Geben Sie die Molalität einer Lösung an, die durch Auflösung von 36,5 g Naphthalin ($C_{10}H_8$) in 425 g Toluol (C_7H_8) entsteht?

Wenn Sie zum Beispiel 0,500 mol Na_2CO_3 in genügend Wasser auflösen, um 0,250 L der Lösung zu bilden, hat die Lösung eine Konzentration von (0,500 mol)/(0,250 L) = 2,00 *M* an Na_2CO_3. Die (Stoffmengen-)Konzentration ist besonders nützlich, um das Volumen einer Lösung mit der Menge von gelöstem Stoff, den sie enthält, in Zusammenhang zu bringen.

Die **Molalität** einer Lösung, mit dem Symbol *b*, ist definiert als:

$$\text{Molalität b} = \frac{\text{Stoffmenge gelöster Stoff (i)}}{\text{Masse Lösungsmittel (Lm)}} \qquad (13.9)$$

Wenn Sie daher eine Lösung bilden, indem Sie 0,200 mol NaOH (40,0 g) und 0,500 kg Wasser (500 g) mischen, ist die Molalität der Lösung (0,200 mol)/(0,500 kg) = 0,400 mol/kg (d. h. 0,400 molal) in Bezug auf NaOH.

Die Stoffmengenkonzentration (Molarität) hängt vom *Volumen* der *Lösung* ab, während Molalität von der *Masse* des *Lösungsmittels* abhängt. Wenn Wasser das Lösungsmittel ist, sind die Molalität und Molarität verdünnter Lösungen zahlenmäßig etwa gleich, weil 1 kg der Lösung ein Volumen von etwa 1 L hat.

Die Molarität einer gegebenen Lösung verändert sich nicht mit der Temperatur, da sich Massen nicht mit der Temperatur ändern. Die Konzentration ändert sich jedoch mit der Temperatur, weil die Ausdehnung oder das Zusammenziehen der Lösung ihr Volumen ändert. Daher ist die Molalität häufig die gewählte Konzentrationseinheit, wenn eine Lösung über einen bestimmten Temperaturbereich verwendet werden soll.

Umrechnung von Gehaltsangaben

Manchmal muss die Zusammensetzung einer gegebenen Lösung in mehreren verschiedenen Gehaltsangaben bekannt sein. Dazu können die Einheiten, wie in Übungsbeispiel 13.4 und 13.5 gezeigt, ineinander umgerechnet werden.

Um Molalität und Konzentration ineinander umzurechnen, müssen wir die Dichte der Lösung kennen. ► Abbildung 13.16 beschreibt die Berechnung der Konzentration und Molalität einer Lösung aus der Masse des gelösten Stoffs und der Masse des Lösungsmittels. Die Masse der Lösung ist die Summe der Massen des gelösten Stoffs und des Lösungsmittels. Das Volumen der Lösung lässt sich aus der Masse und Dichte berechnen.

Übungsbeispiel 13.4: (Lösung online)
Berechnung von Molenbruch und Molalität

Eine wässrige Lösung von Salzsäure hat einen Massenanteil von 36 % HCl. **(a)** Berechnen Sie den Stoffmengenanteil von HCl in der Lösung. **(b)** Berechnen Sie die Molalität von HCl in der Lösung.

A 4 Eine Bleichlösung im Handel hat einen Massenanteil von 3,62 % NaOCl in Wasser. Berechnen Sie die **(a)** Molalität und **(b)** den Stoffmengenanteil von NaOCl in der Lösung.

Übungsbeispiel 13.5: (Lösung online)
Berechnung der Konzentration

Eine Lösung enthält 5,0 g Toluol (C_7H_8) in 225 g Benzen und sie hat eine Dichte von 0,876 g/mL. Berechnen Sie die Konzentration der Lösung.

A 5 Eine Lösung, die gleiche Massen von Glycerin ($C_3H_8O_3$) und Wasser enthält, hat eine Dichte von 1,10 g/mL. Berechnen Sie **(a)** die Molalität von Glycerin, **(b)** den Stoffmengenanteil von Glycerin, **(c)** die Konzentration von Glycerin in der Lösung.

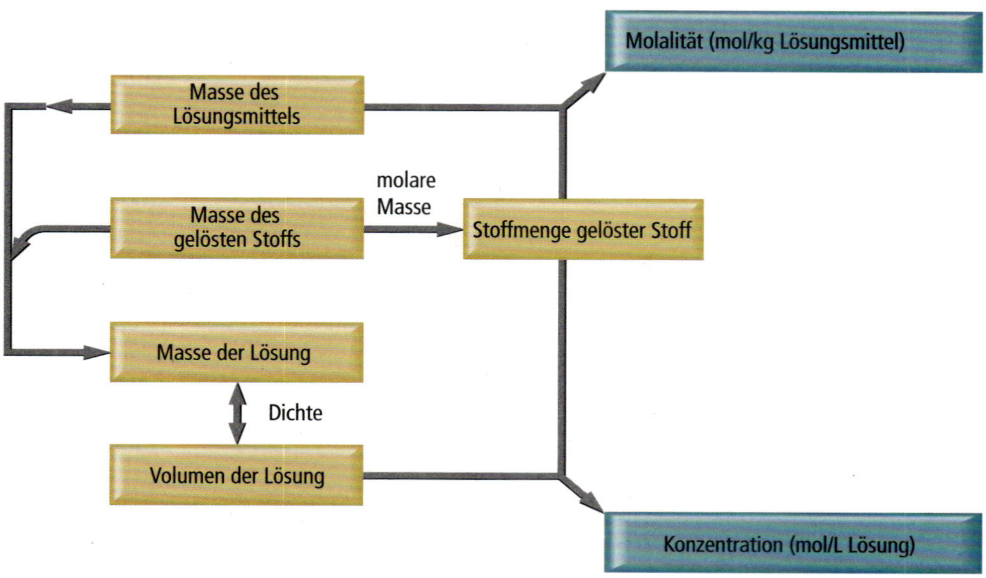

Abbildung 13.16: Berechnung von Molalität und Konzentration. Dieses Diagramm fasst die Berechnung von Molalität und Konzentration aus der Masse des gelösten Stoffs, der Masse des Lösungsmittels und der Dichte der Lösung zusammen.

MERKE !

Kolligative Eigenschaften hängen nur der Konzentration (Anzahl) der Teilchen ab, nicht jedoch von der Art der Teilchen.

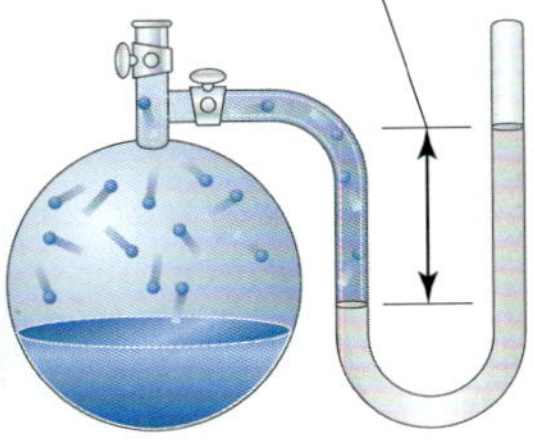

(a) Lösungsmittel allein

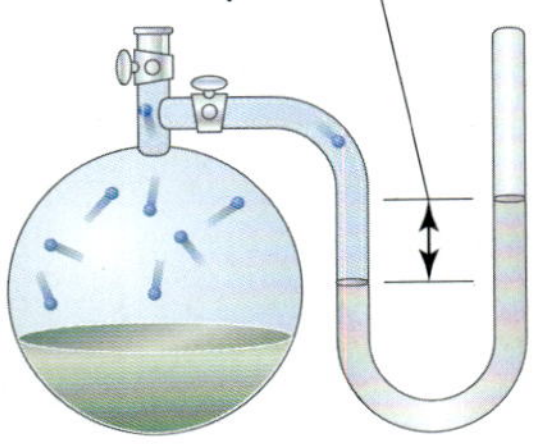

(b) Lösungsmittel + gelöster Stoff

Abbildung 13.17: Dampfdruckerniedrigung. Der Dampfdruck über einer Lösung, die aus einem flüchtigen Lösungsmittel und einem nichtflüchtigen gelösten Stoff (b) gebildet wird, ist niedriger als der des Lösungsmittels allein (a).

MERKE !

Durch das Lösen von Teilchen wird der Dampfdruck über der Lösung erniedrigt. Die Änderung ist proportional zum Stoffmengenanteil der gelösten Teilchen.

13.5 Kolligative Eigenschaften

Einige physikalische Eigenschaften von Lösungen unterscheiden sich von denen des reinen Lösungsmittels. Reines Wasser gefriert zum Beispiel bei 0 °C, aber wässrige Lösungen gefrieren bei niedrigeren Temperaturen. Ethylenglycol wird als Frostschutzmittel zum Kühlwasser von Autos gegeben, um den Gefrierpunkt der Lösung zu erniedrigen. Es erhöht auch den Siedepunkt der Lösung über den von reinem Wasser und ermöglicht damit den Betrieb des Motors bei höherer Temperatur.

Die Gefrierpunktserniedrigung und Siedepunktserhöhung sind physikalische Eigenschaften von Lösungen, die von der Teilchenzahl (bzw. der Konzentration), aber nicht von der *Teilchenart* oder *Identität* der gelösten Teilchen abhängen. Diese Eigenschaften werden als **kolligative Eigenschaften** bezeichnet. *Kolligativ* stammt von lat. *colligare* = sammeln, verbinden; kolligative Eigenschaften hängen vom gemeinsamen Effekt der Teilchenzahl des gelösten Stoffs ab. Neben der Gefrierpunktserniedrigung und der Siedepunktserhöhung sind auch die Dampfdruckerniedrigung und der osmotische Druck kolligative Eigenschaften.

Erniedrigung des Dampfdrucks

Wir haben in Abschnitt 11.5 gelernt, dass eine Flüssigkeit in einem geschlossenen Behälter im Gleichgewicht mit seinem Dampf vorliegt. Wenn dieses Gleichgewicht erreicht ist, nennt man den Druck, der vom Dampf ausgeübt wird, *Dampfdruck*. Eine Substanz, die keinen messbaren Dampfdruck hat, ist *nicht flüchtig*, während eine, die einen Dampfdruck aufweist, *flüchtig* ist.

Wenn wir die Dampfdrücke verschiedener Lösungsmittel mit denen ihrer Lösungen vergleichen, sehen wir, dass durch Zugabe eines nichtflüchtigen gelösten Stoffs zu einem Lösungsmittel immer der Dampfdruck erniedrigt wird. Diesen Effekt veranschaulicht ► Abbildung 13.17. Das Ausmaß, in dem ein nichtflüchtiger gelöster Stoff den Dampfdruck erniedrigt, ist proportional zu seiner Konzentration. Diese Beziehung wird durch das **Raoult'sche Gesetz** ausgedrückt, das besagt, dass der vom Lösungsmitteldampf über einer Lösung ausgeübte Partialdruck p_A gleich dem Produkt des Stoffmengenanteil des Lösungsmittels in der Lösung X_A und dem Dampfdruck des reinen Lösungsmittels p°_A ist:

$$p_A = X_A p^\circ_A \qquad (13.10)$$

Der Dampfdruck über der Lösung wird gesenkt, wenn wir den Stoffmengenanteil der nichtflüchtigen gelösten Teilchen in einer Lösung erhöhen. Die Dampfdruckerniedrigung hängt sogar von der Gesamtkonzentration der gelösten Teilchen ab, unabhängig davon, ob sie Moleküle oder Ionen sind.

Eine **ideale Lösung** folgt dem Raoult'schen Gesetz. Echte Lösungen nähern sich dem idealen Verhalten am besten an, wenn die Konzentration des gelösten Stoffs niedrig ist und wenn der gelöste Stoff und das Lösungsmittel ähnliche Molekülgrößen und ähnliche Arten von intermolekularen Anziehungskräften haben.

Viele Lösungen folgen dem Raoult'schen Gesetz nicht genau: Sie sind keine idealen Lösungen. Obwohl Sie wissen sollten, dass diese Abweichungen von der idealen Lösung auftreten, werden wir sie im Allgemeinen vernachlässigen.

Siedepunktserhöhung

Die Zugabe eines nichtflüchtigen gelösten Stoffs senkt den Dampfdruck der Lösung. Damit wird die Dampfdruckkurve der Lösung (blaue Linie), wie ► Abbildung 13.18 zeigt, in Bezug auf die Dampfdruckkurve der reinen Flüssigkeit (schwarze Linie) nach unten verschoben. Bei einer gegebenen Temperatur ist der Dampfdruck der Lösung niedriger als der der reinen Flüssigkeit. Erinnern Sie

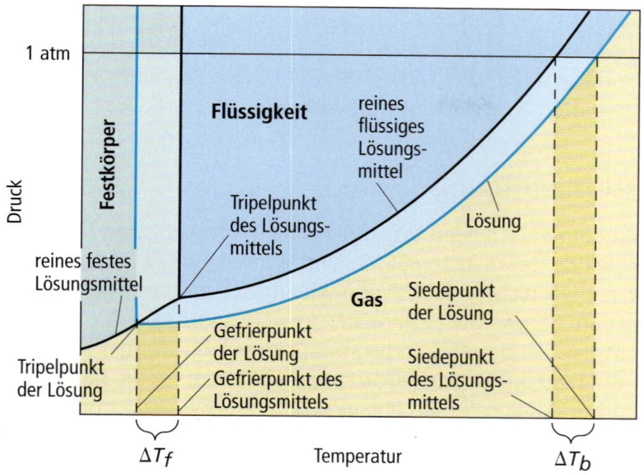

Abbildung 13.18: Phasendiagramme für ein reines Lösungsmittel und für eine Lösung eines nichtflüchtigen gelösten Stoffs.

sich, dass der Normalsiedepunkt die Temperatur einer Flüssigkeit ist, bei der ihr Dampfdruck gleich 1 atm ist (siehe Abschnitt 11.5). Am Normalsiedepunkt der reinen Flüssigkeit beträgt der Dampfdruck der Lösung weniger als 1 atm (Abbildung 13.18). Daher ist eine höhere Temperatur erforderlich, um einen Dampfdruck von 1 atm zu erreichen. Damit ist der *Siedepunkt der Lösung höher als der der reinen Flüssigkeit*.

Der Anstieg des Siedepunktes relativ zu dem des reinen Lösungsmittels ΔT_b ist direkt proportional zur Anzahl von gelösten Teilchen pro Mol Lösungsmittelmoleküle. Wir wissen, dass die Molalität die Stoffmenge des gelösten Stoffs pro 1000 g Lösungsmittel ausdrückt. Daher ist ΔT_b proportional zur Molalität des gelösten Stoffes.

$$\Delta T_b = K_b b = K_b \times \frac{n_i}{m_{Lm}} \qquad (13.11)$$

Die Größe von K_b wird die **molale Siedepunktserhöhung** (oder **ebullioskopische Konstante**) genannt und sie hängt nur vom Lösungsmittel ab. Einige typische Werte für mehrere gebräuchliche Lösungsmittel zeigt ► Tabelle 13.4.

Für Wasser ist $K_b = 0{,}51\,°C/m$. Daher siedet eine 1 molale wässrige Lösung aus Saccharose oder jede andere wässrige Lösung, die 1 molal an nichtflüchtigen gelösten Teilchen ist, 0,51 °C höher als reines Wasser. Die Siedepunktserhöhung ist proportional zu der Konzentration der gelösten Teilchen, unabhängig davon, ob die Teilchen Moleküle oder Ionen sind. Wenn NaCl in Wasser gelöst wird, liegen 2 mol gelöste Stoffteilchen (1 mol Na^+ und 1 mol Cl^-) für jedes Mol NaCl, das sich löst, vor. Daher ist die Siedepunktserhöhung einer 1 molaren wässrigen

MERKE !

Durch das Lösen von Teilchen wird der Siedepunkt einer Lösung erhöht. Die Änderung ist proportional zur Molalität der Lösung.

Lösungsmittel	Normal-siede-punkt (°C)	K_b (°C / *mol/kg*)	Normal-gefrier-punkt (°C)	K_f (°C / *mol/kg*)
Wasser, H_2O	100,0	0,51	0,0	1,86
Benzen, C_6H_6	80,1	2,53	5,5	5,12
Ethanol, C_2H_5OH	78,4	1,22	– 114,6	1,99
Kohlenstofftetrachlorid, CCl_4	76,8	5,02	– 22,3	29,8
Trichlormethan, $CHCl_3$	61,2	3,63	– 63,5	4,68

Tabelle 13.4: Molale Siedepunktserhöhung und Gefrierpunktserniedrigung.

Lösung NaCl ungefähr 0,51 °C/*m* = 1 °C, zweimal so groß wie in einer 1-*m*-Lösung eines Nichtelektrolyts wie Saccharose. Also ist es wichtig zu wissen, ob der gelöste Stoff ein Elektrolyt oder Nichtelektrolyt ist, um den Einfluss auf die kolligativen Eigenschaften einschätzen zu können.

Gefrierpunktserniedrigung

Wenn eine Lösung gefriert, scheiden sich gewöhnlich Kristalle reinen Lösungsmittels ab. Die Moleküle des gelösten Stoffs sind normalerweise in der festen Phase des Lösungsmittels nicht löslich. Wenn wässrige Lösungen teilweise gefroren werden, ist zum Beispiel der Festkörper, der sich ausscheidet, fast immer reines Eis. Daher ist der Teil des Phasendiagramms in ► Abbildung 13.18, der den Dampfdruck des Festkörpers darstellt, identisch mit dem für die reine Flüssigkeit. Die Dampfdruckkurven für die flüssigen und festen Phasen treffen sich am Tripelpunkt (siehe Abschnitt 11.6). In ► Abbildung 13.18 können wir sehen, dass der Tripelpunkt der Lösung bei einer niedrigeren Temperatur liegen muss, als der in der reinen Flüssigkeit, weil die Lösung einen niedrigeren Dampfdruck als die reine Flüssigkeit hat.

Der Gefrierpunkt einer Lösung ist die Temperatur, bei der sich die ersten Kristalle des reinen Lösungsmittels im Gleichgewicht mit der Lösung zu bilden beginnen. Erinnern Sie sich aus Abschnitt 11.6, dass die Linie, die das Festkörper-Flüssigkeits-Gleichgewicht darstellt, vom Tripelpunkt aus fast senkrecht ansteigt. Da die Tripelpunkttemperatur der Lösung niedriger als die der reinen Flüssigkeit ist, *ist der Gefrierpunkt der Lösung niedriger als der der reinen Flüssigkeit*.

Wie die Siedepunktserhöhung ist die Gefrierpunktserniedrigung ΔT_f direkt proportional zur Molalität des gelösten Stoffs:

$$\Delta T_f = K_f b = K_f \times \frac{n_i}{m_{Lm}} \qquad (13.12)$$

► Tabelle 13.4 gibt die Werte von K_f, die **molale Gefrierpunktserniedrigung** (oder **kryoskopische Konstante**), für mehrere gebräuchliche Lösungsmittel an. Für Wasser ist K_f = 1,86 °C/*m*. Daher gefriert eine 1 *m* wässrige Lösung aus Saccharose oder jede andere wässrige Lösung, die 1 *m* an nichtflüchtigen gelösten Teilchen ist (wie 0,5 *m* NaCl) 1,86 °C niedriger als reines Wasser. Die Gefrierpunktserniedrigung, die von gelösten Stoffen hervorgerufen wird, erklärt die Verwendung von Frostschutzmittel in Autos und die Verwendung von Calciumchlorid ($CaCl_2$), um im Winter das Eis auf den Straßen zu schmelzen.

Übungsbeispiel 13.6: (Lösung online)
Berechnung der Siedepunktserhöhung und Gefrierpunktserniedrigung

Kfz-Frostschutzmittel besteht aus Ethylenglycol ($C_2H_6O_2$), einem nichtflüchtigen Nichtelektrolyten. Berechnen Sie den Siedepunkt und den Gefrierpunkt einer Lösung mit einem Massenanteil von 25,0 % Ethylenglycol in Wasser.

A 6 Berechnen Sie den Gefrierpunkt einer Lösung, die 0,600 kg $CHCl_3$ und 42,0 g Eukalyptol ($C_{10}H_{18}O$) enthält, einen Geruchsstoff, der in den Blättern von Eukalyptusbäumen zu finden ist (► Tabelle 13.4).

Übungsbeispiel 13.7: (Lösung online)
Gefrierpunktserniedrigung in wässrigen Lösungen

Führen Sie die folgenden wässrigen Lösungen in der Reihenfolge ihres erwarteten Gefrierpunkts auf: 0,050 *m* $CaCl_2$; 0,15 *m* NaCl; 0,10 *m* HCl; 0,050 *m* CH_3COOH; 0,10 *m* $C_{12}H_{22}O_{11}$.

A 7 Welcher der folgenden gelösten Stoffe wird den größten Anstieg des Siedepunkts hervorrufen, wenn er zu 1 kg Wasser zugegeben wird: 1 mol $Co(NO_3)_2$, 2 mol KCl, 3 mol Ethylenglycol ($C_2H_6O_2$)?

Osmose

EXTRAS ONLINE Osmose und osmotischer Druck (Video)

Bestimmte Stoffe, darunter viele Membranen in biologischen Systemen und künstliche Substanzen wie Zellophan, sind *selektiv permeabel* (= durchlässig) früher auch *semipermeabel*. In Kontakt mit einer Lösung lassen sie bestimmte Moleküle durch ihre winzigen Poren, andere jedoch nicht. Vor allem lassen sie in der Regel kleine Lösungsmittelmoleküle wie Wasser hindurch, halten jedoch größere gelöste Moleküle oder Ionen zurück. Diese Selektivität ruft einige interessante und wichtige Eigenschaften hervor.

MERKE !

Unter Osmose versteht man die Nettobewegung von Teilchen des Lösungsmittels durch eine selektiv permeable Membran in Richtung der konzentrierteren Lösung.

Der Nettofluss kommt zum Erliegen, wenn der sich aufbauende Druck dem osmotischen Druck π entspricht.

Betrachten wir eine Situation, in der nur Lösungsmittelmoleküle durch eine Membran hindurchgehen können. Wenn diese Membran zwischen zwei Lösungen unterschiedlicher Konzentration gesetzt wird, bewegt sich Lösungsmittel in beiden Richtungen durch die Membran. Die Konzentration von *Lösungsmittel* ist jedoch in der Lösung, die weniger gelösten Stoff enthält, höher. Daher ist die Geschwindigkeit, mit der das Lösungsmittel von der weniger konzentrierten zur stärker konzentrierten Lösung übergeht größer als die Geschwindigkeit in der entgegengesetzten Richtung. Damit gibt es eine Nettobewegung der

Lösungsmittelmoleküle von der weniger konzentrierten Lösung in die stärker konzentrierte Lösung. Bei diesem Vorgang, den man Osmose nennt, *erfolgt die Nettobewegung von Lösungsmittel immer zu der Lösung mit der höheren Konzentration an Gelöstem.*

► Abbildung 13.19 veranschaulicht die Osmose. Beginnen wir mit zwei Lösungen unterschiedlicher Konzentration, die durch eine selektiv permeable Membran getrennt sind. Weil die Lösung links konzentrierter als die auf der rechten Seite ist, gibt es eine Nettobewegung des *Lösungsmittels* durch die Membran von rechts nach links, da die Lösungen anstreben, gleiche Konzentrationen zu erreichen. Daher werden die Flüssigkeitsstände in den beiden Schenkeln ungleich hoch. Schließlich wird der Druckunterschied aufgrund der ungleichen Höhen der Flüssigkeit in den zwei Schenkeln so groß, dass der Nettofluss des Lösungsmittels

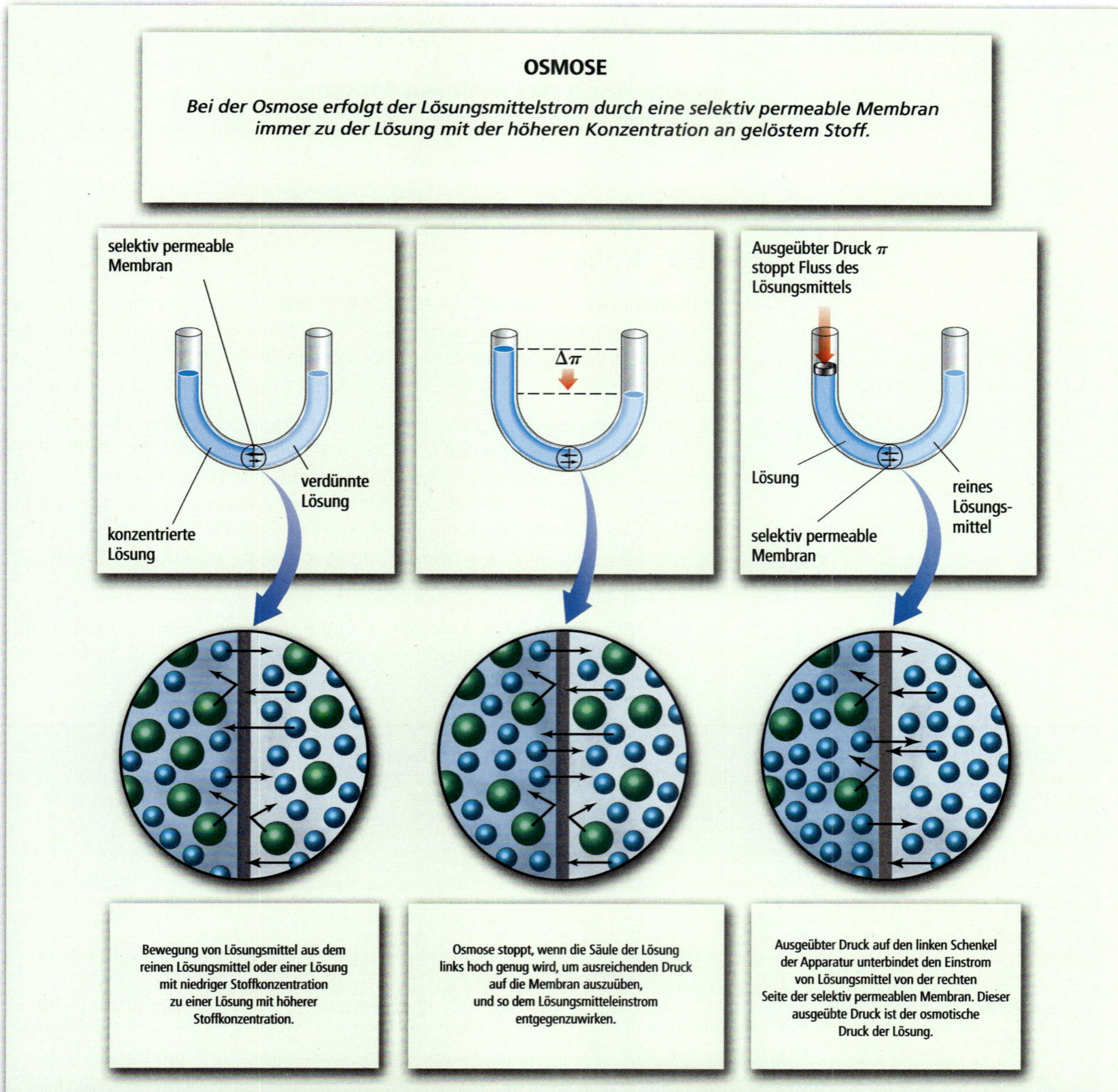

Abbildung 13.19: **Osmose.**

Übungsbeispiel 13.8: (Lösung online)
Molare Masse aus Gefrierpunktserniedrigung

Eine Lösung eines unbekannten, nichtflüchtigen Stoffes wurde hergestellt, indem 0,250 g der Substanz in 40,0 g CCl_4 aufgelöst wurde. Der Siedepunkt der entstehenden Lösung war 0,357 °C höher als der des reinen Lösungsmittels. Berechnen Sie die molare Masse des gelösten Stoffs.

A 8 Campfer ($C_{10}H_{16}O$) schmilzt bei 179,8 °C und hat eine besonders große kryoskopische Konstante $K_f = 40{,}0\,°C/m$. Wenn 0,186 g einer organischen Substanz unbekannter molarer Masse in 22,01 g flüssigem Campfer aufgelöst werden, wird als Gefrierpunkt des Gemisches 176,7 °C festgestellt. Was ist die molare Masse des gelösten Stoffs?

aufhört wie die mittlere Abbildung zeigt. Der Druck, der erforderlich ist, um den osmotischen Lösungsmitteleinstrom zu verhindern, ist der osmotische Druck π der Lösung. Der **osmotische Druck** gehorcht einem Gesetz ähnlicher Form wie das ideale Gasgesetz, $\pi V = nRT$, wobei V das Volumen der Lösung, n die Stoffmenge des Gelösten, R die ideale Gaskonstante und T die Temperatur auf der Kelvin-Skala ist. Anhand dieser Gleichung können wir schreiben:

$$\pi = \left(\frac{n}{V}\right)RT = cRT \qquad (13.13)$$

wobei c die Konzentration der Lösung ist.

Wenn zwei Lösungen mit identischem osmotischen Druck durch eine selektiv permeable Membran getrennt werden, tritt keine Osmose auf. Die zwei Lösungen sind *isotonisch*. Wenn eine Lösung niedrigeren osmotischen Druck hat, ist sie *hypotonisch* bezüglich der konzentrierteren Lösung. Die konzentriertere Lösung ist *hypertonisch* bezüglich der verdünnten Lösung.

Bestimmung der molaren Masse

Die kolligativen Eigenschaften von Lösungen eröffnen die Möglichkeit, die molare Masse experimentell zu bestimmen.

13.6 Kolloide

Kolloidale Dispersionen oder einfach **Kolloide** bilden die Trennlinie zwischen Lösungen und heterogenen Gemischen. Wie Lösungen können kolloidale Dispersionen Gase, Flüssigkeiten oder Festkörper sein. ► Tabelle 13.5 listet Beispiele für diese Arten auf.

Die Größe der verteilten Teilchen dient zur Einordnung eines Gemisches als Kolloid. Kolloidteilchen reichen von Durchmessern von etwa 5 bis 1000 nm. Die Teilchen in einer Lösung sind kleiner. Das Kolloidteilchen kann aus vielen Atomen, Ionen oder Molekülen bestehen, oder sie können sogar ein einziges riesiges Molekül sein. Das Hämoglobinmolekül, welches Sauerstoff im Blut transportiert, hat zum Beispiel molekulare Abmessungen von 65 Å × 55 Å × 50 Å und eine Molekülmasse von 64.500 u.

Obwohl Kolloidteilchen so klein sein können, dass die Dispersion selbst unter dem Mikroskop einheitlich aussieht, sind sie groß genug, um Licht sehr effektiv

Kolloidphase	Dispersionsmittel	dispergierte Phase	Kolloidtyp	Beispiel
Gas	Gas	Gas	—	keine (alle sind Lösungen)
Gas	Gas	Flüssigkeit	Aerosol	Nebel
Gas	Gas	Festkörper	Aerosol	Rauch
Flüssigkeit	Flüssigkeit	Gas	Schaum	Schlagsahne
Flüssigkeit	Flüssigkeit	Flüssigkeit	Emulsion	Milch
Flüssigkeit	Flüssigkeit	Festkörper	Sol	Malerfarbe
Festkörper	Festkörper	Gas	fester Schaum	Marshmallow
Festkörper	Festkörper	Flüssigkeit	feste Emulsion/Gel	Butter
Festkörper	Festkörper	Festkörper	festes Sol	Rubinglas

Tabelle 13.5: Arten von Kolloiden.

zu streuen. Daher sehen die meisten Kolloide trüb oder undurchsichtig aus, wenn sie nicht sehr stark verdünnt sind. Ferner kann man sehen, wie ein Lichtstrahl durch eine kolloidale Dispersion geht, wie ► Abbildung 13.20 zeigt, weil die Kolloidteilchen Licht streuen. Diese Lichtstreuung durch kolloidale Teilchen, die man als **Tyndalleffekt** bezeichnet, ermöglicht es, den Lichtstrahl eines Autos auf einer staubigen unbefestigten Straße oder die Sonnenstrahlen durch die Baumkronen eines Waldes scheinen zu sehen (► Abbildung 13.21 a). Kurze Wellenlängen werden stärker gestreut als lange. Daher sind leuchtend rote Sonnenuntergänge zu sehen, wenn die Sonne nahe dem Horizont ist und die Luft Staub oder andere Teilchen von kolloidaler Größe enthält (► Abbildung 13.21 b).

Abbildung 13.20: Tyndalleffekt im Labor. Das Glas links enthält eine kolloidale Dispersion, das rechts enthält eine Lösung. Der Weg des Strahls durch die kolloidale Dispersion ist sichtbar, weil das Licht von den Kolloidteilchen gestreut wird. Licht wird nicht von den gelösten Teilchen gestreut.

(a)

(b)

Abbildung 13.21: Tyndalleffekt in der Natur. (a) Streuung von Sonnenlicht durch Kolloidteilchen in der dunstigen Luft eines Waldes. (b) Die Streuung von Licht durch Rauch oder Staubpartikel produziert einen stimmungsvollen roten Sonnenuntergang.

Hydrophile und hydrophobe Kolloide

Die wichtigsten Kolloide sind die, in denen das Dispergiermittel Wasser ist. Diese Kolloide können **hydrophil** (wasserliebend) oder **hydrophob** (wasserabstoßend) sein. Hydrophile Kolloide sind den Lösungen, die wir zuvor untersucht haben, am ähnlichsten. Im menschlichen Körper werden die sehr großen Moleküle, die so wichtige Substanzen wie Enzyme und Antikörper bilden, durch die Wechselwirkung mit umgebenden Wassermolekülen in Suspension gehalten. Die Moleküle falten sich so, dass die hydrophoben Gruppen von den Wassermolekülen entfernt, auf der „Innenseite" des gefalteten Moleküls sind, während die hydrophilen, polaren Gruppen an der Oberfläche sind und mit den Wassermolekülen in Wechselwirkung treten. Diese hydrophilen Gruppen enthalten in der Regel Sauerstoff oder Stickstoff und sind häufig geladen. ► Abbildung 13.22 zeigt einige Beispiele.

Hydrophobe Kolloide können nur in Wasser dispergiert werden, wenn sie auf irgendeine Weise stabilisiert werden. Ansonsten scheiden sie sich durch ihre natürliche mangelnde Affinität für Wasser ab. Hydrophobe Kolloide können durch Adsorption von Ionen an ihrer Oberfläche stabilisiert werden, ► Abbildung 13.23. *Adsorption* bedeutet Anhaftung an eine Oberfläche. Diese adsorbierten Ionen können mit Wasser in Wechselwirkung treten und stabilisieren damit das Kolloid. Gleichzeitig verhindert die gegenseitige Abstoßung unter Kolloidteilchen mit adsorbierten Ionen der gleichen Ladung, dass die Teilchen zusammenstoßen und größer werden.

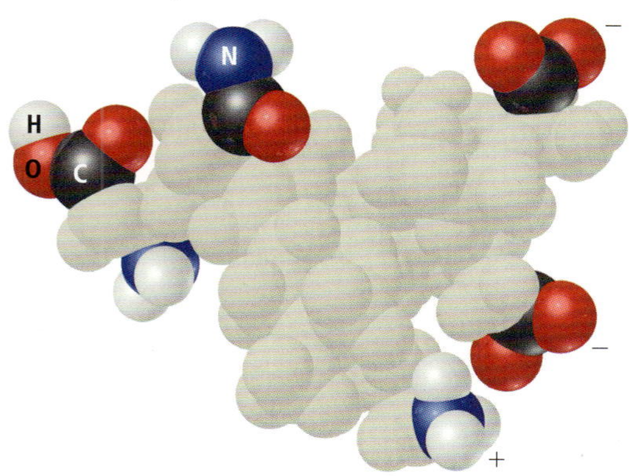

Abbildung 13.22: Hydrophile Kolloide. Beispiele von hydrophilen Gruppen an der Oberfläche eines riesigen Moleküls (Makromolekül), die helfen, die Moleküle im Wasser suspendiert zu halten.

Koagulieren von Kolloidteilchen

Kolloidteilchen müssen häufig aus einem Dispergiermittel entfernt werden, wie beim Abscheiden von Rauch aus Kaminen oder dem Trennen von Butterfett aus Milch. Weil Kolloidteilchen so klein sind, können sie nicht durch einfache Filtration getrennt werden. Stattdessen müssen die Kolloidteilchen durch Erhitzen oder Zugabe eines Elektrolyten in einem als *Koagulation* bezeichneten Vorgang vergrößert werden. Die entstehenden größeren Teilchen können dann durch Filtration abgeschieden werden oder man lässt sie sich einfach aus dem Dispergiermittel absetzen.

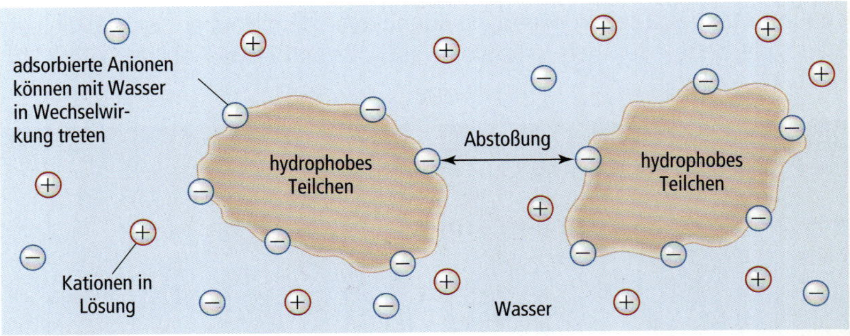

Abbildung 13.23: Hydrophobe Kolloide. Schematische Darstellung, wie adsorbierte Ionen ein hydrophobes Kolloid in Wasser stabilisieren.

Chemische Kinetik

14

ÜBERBLICK

Abbildung 14.1: Reaktionsgeschwindigkeiten. Die Geschwindigkeiten chemischer Reaktionen überspannen einen weiten Bereich. Explosionen sind beispielsweise schnell und treten in Sekunden oder Bruchteilen von Sekunden auf, Rosten kann Jahre dauern und die Verwitterung und Abtragung von Felsen findet über Tausende oder sogar Millionen von Jahren statt.

Die Chemie befasst sich grundsätzlich mit stofflichen Veränderungen. Chemische Reaktionen wandeln Substanzen mit definierten Eigenschaften in andere Stoffe mit anderen Eigenschaften um. Reaktionen laufen jedoch unterschiedlich schnell ab. Es gibt Reaktionen, die in Sekundenbruchteilen ablaufen, wie z. B. Explosionen, und solche, die Tausende oder sogar Millionen von Jahren benötigen, wie die Bildung von Diamanten oder anderen Mineralien in der Erdkruste (▶ Abbildung 14.1).

Das Gebiet der Chemie, das sich mit den Geschwindigkeiten von Reaktionen befasst, nennt man **chemische Kinetik**. Die chemische Kinetik ist eine weitreichende Thematik. Sie steht z. B. im Zusammenhang mit der Entwicklung von Katalysatoren zur Synthese neuer Werkstoffe, der Frage nach der Wirkgeschwindigkeit eines Medikaments sowie dem Gleichgewicht der Bildung und des Abbaus von Ozon in der Stratosphäre.

14.1 Faktoren, die die Reaktionsgeschwindigkeit beeinflussen

Weil es bei Reaktionen um das Lösen und Bilden von Bindungen geht, hängt die Geschwindigkeit, mit der dies geschieht, von der Art der Reaktanten ab. Es gibt vier Faktoren, mit denen wir die Reaktionsgeschwindigkeit beeinflussen können:

1. *Der Aggregatzustand der Reaktanten.* Wenn sich Reaktanten in unterschiedlichen Phasen befinden, ist die Reaktion auf ihre Grenzfläche beschränkt. Damit laufen Reaktionen, an denen Festkörper beteiligt sind, schneller ab, wenn die Oberfläche des Festkörpers vergrößert wird.
2. *Die Konzentration der Reaktanten.* Die meisten chemischen Reaktionen laufen schneller ab, wenn die Konzentration eines oder mehrerer der Reaktanten erhöht wird. Stahlwolle brennt zum Beispiel in Luft, die 20 % O_2 enthält, nur schwer, verbrennt jedoch in reinem Sauerstoff mit leuchtend heller Flamme (▶ Abbildung 14.2). Mit steigender Konzentration nimmt die Häufigkeit mit der die Reaktantenteilchen aufeinander stoßen zu. Eine höhere Reaktionsgeschwindigkeit ist die Folge.
3. *Die Temperatur, bei der die Reaktion stattfindet.* Die Geschwindigkeit einer chemischen Reaktion steigt, wenn die Temperatur steigt, da die kinetische Energie der Reaktanten erhöht wird.
4. *Die Anwesenheit eines Katalysators.* Katalysatoren sind Stoffe, die Reaktionsgeschwindigkeiten erhöhen, ohne selbst verbraucht zu werden. Katalysatoren spielen in unserem Leben eine entscheidende Rolle. Die Physiologie der meisten Lebewesen hängt von *Enzymen* ab, Proteinmoleküle, die als

(a) (b)

Abbildung 14.2: Einfluss der Konzentration auf die Reaktionsgeschwindigkeit. (a) Wenn Stahlwolle an der Luft erhitzt wird, glüht sie rot, oxidiert aber langsam. (b) Wenn die rot glühende Stahlwolle in eine Atmosphäre aus reinem Sauerstoff gebracht wird, brennt sie heftig.

Katalysatoren wirken und die Geschwindigkeiten spezifischer biochemischer Reaktionen erhöhen.

14.2 Reaktionsgeschwindigkeiten

Die *Geschwindigkeit* eines Ereignisses ist als die *Änderung* definiert, die in einem bestimmten *Zeitintervall* stattfindet.

Die Geschwindigkeit einer chemischen Reaktion – die Reaktionsgeschwindigkeit – ist die Änderung der Konzentration von Reaktanten oder Produkten pro Zeiteinheit. Daher sind die Einheiten für Reaktionsgeschwindigkeit gewöhnlich Mol pro Liter und Sekunde [mol/(L × s)] – das heißt, die Änderung in der Konzentration (gemessen in Mol pro Liter) geteilt durch ein Zeitintervall (Sekunden).

Sehen wir uns einmal eine einfache hypothetische Reaktion $A \longrightarrow B$ an, die ► Abbildung 14.3 darstellt. Jede rote Kugel steht für 0,01 mol A und jede blaue Kugel steht für 0,01 mol B. Nehmen wir an, dass der Behälter ein Volumen von 1,00 L hat. Zu Beginn der Reaktion haben wir 1,00 mol A, daher ist die Konzentration 1,00 mol/L = 1,00 *M*. Nach 20 s ist die Konzentration von A auf 0,54 mol/L gesunken, während die von B auf 0,46 mol/L gestiegen ist. Die Summe der Konzentrationen ist noch immer 1,00 mol/L, weil 1 mol B für jedes mol A erzeugt wird, das reagiert. Nach 40 s ist die Konzentration von A 0,30 mol/L und die von B ist 0,70 mol/L.

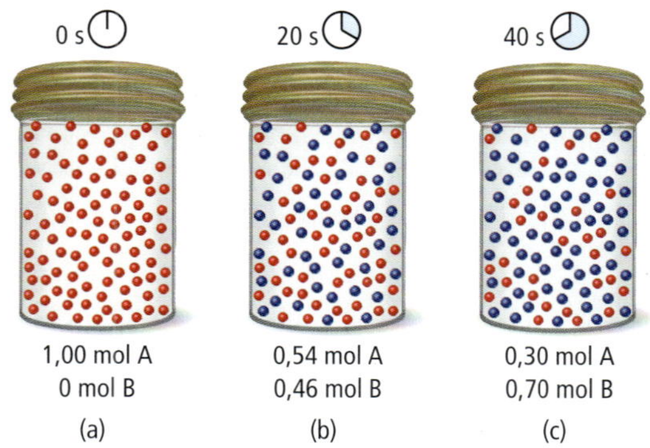

Abbildung 14.3: Zeitlicher Verlauf einer hypothetischen Reaktion $A \longrightarrow B$. Jede rote Kugel stellt 0,01 mol A dar, jede blaue Kugel stellt 0,01 mol B dar und das Gefäß hat ein Volumen von 1,00 L. (a) Zum Zeitpunkt Null enthält das Gefäß 1,00 mol A (100 rote Kugeln) und 0 mol B (keine blauen Kugeln). (b) Nach 20 s enthält das Gefäß 0,54 mol A und 0,46 mol B. (c) Nach 40 s enthält das Gefäß 0,30 mol A und 0,70 mol B.

Die Geschwindigkeit dieser Reaktion kann entweder als die Geschwindigkeit des Verbrauchs von Reaktant A oder als die Geschwindigkeit der Bildung von Produkt B ausgedrückt werden. Die *durchschnittliche* Geschwindigkeit der Bildung von B über ein bestimmtes Zeitintervall wird durch die Änderung der Konzentration von B geteilt durch die Änderung der Zeit gegeben:

$$\text{Durchschnittliche Geschwindigkeit der Bildung von B} = \frac{\text{Änderung der Konzentration von B}}{\text{Änderung der Zeit}} = \frac{[B] \text{ bei } t_2 - [B] \text{ bei } t_1}{t_2 - t_1} = \frac{\Delta[B]}{\Delta t} \quad (14.1)$$

Wir verwenden Klammern um eine chemische Formel, wie in [B], um die Konzentration der Substanz in mol/L anzugeben. Alternativ kann man auch c(B) für die Konzentration von B schreiben. Der griechische Buchstabe Delta Δ wird als „Änderung von" gelesen. Die durchschnittliche Geschwindigkeit der Bildung von B über das Intervall 20 s vom Beginn der Reaktion an ($t_1 = 0$ s zu $t_2 = 20$ s) wird gegeben durch:

$$\text{Durchschnittliche Geschwindigkeit} = \frac{0{,}46 \text{ mol/L} - 0{,}00 \text{ mol/L}}{20 \text{ s} - 0 \text{ s}} = 2{,}3 \times 10^{-2} \frac{\text{mol}}{\text{L} \times \text{s}}$$

Wir könnten gleichermaßen die Geschwindigkeit der Reaktion im Hinblick auf die Änderung der Konzentration des Reaktanten A ausdrücken. In diesem Fall würden wir die Geschwindigkeit des Verbrauchs von A beschreiben, was wir ausdrücken als:

$$\text{Durchschnittliche Geschwindigkeit des Verbrauchs von A} = -\frac{\Delta[A]}{\Delta t} \quad (14.2)$$

Beachten Sie das Minuszeichen in dieser Gleichung. Als Konvention *werden Geschwindigkeiten immer als positive Größen ausgedrückt*. Weil [A] über die Zeit abnimmt, ist Δ[A] eine negative Zahl. Wir brauchen das Minuszeichen, um das negative Δ[A] in eine positive Geschwindigkeit umzuwandeln. Da ein Molekül A für jedes Molekül B, das sich bildet, verbraucht wird, ist die durchschnittliche Geschwindigkeit des Verbrauchs von A gleich der durchschnittlichen Geschwindigkeit der Bildung von B, wie die folgende Berechnung zeigt:

$$\text{Durchschnittliche Geschwindigkeit} = -\frac{\Delta[A]}{\Delta t} = -\frac{0{,}54 \text{ mol/L} - 1{,}00 \text{ mol/L}}{20 \text{ s} - 0 \text{ s}} = 2{,}3 \times 10^{-2} \frac{\text{mol}}{\text{L} \times \text{s}}$$

MERKE !

Die Geschwindigkeit einer chemischen Reaktion wird durch die Änderung der Konzentration der beteiligten Stoffe in einem bestimmten Zeitintervall charakterisiert.

Zeit, t(s)	$[C_4H_9Cl]$ (mol/L)	Durchschnittliche Reaktionsgeschwindigkeit $\left(\frac{mol}{L \times s}\right)$
0,0	0,1000	$1{,}9 \times 10^{-4}$
50,0	0,0905	$1{,}7 \times 10^{-4}$
100,0	0,0820	$1{,}6 \times 10^{-4}$
150,0	0,0741	$1{,}4 \times 10^{-4}$
200,0	0,0671	$1{,}22 \times 10^{-4}$
300,0	0,0549	$1{,}01 \times 10^{-4}$
400,0	0,0448	$0{,}80 \times 10^{-4}$
500,0	0,0368	$0{,}560 \times 10^{-4}$
800,0	0,0200	
10.0000	0	

Tabelle 14.1: Geschwindigkeitsdaten für die Reaktion von C_4H_9Cl mit Wasser.

Änderung der Reaktionsgeschwindigkeit mit der Zeit

Betrachten wir jetzt eine tatsächlich ablaufende chemische Reaktion, nämlich die Reaktion, die stattfindet, wenn Chlorbutan (C_4H_9Cl) in Wasser gegeben wird. Die gebildeten Produkte sind Butanol (C_4H_9OH) und Salzsäure:

$$C_4H_9Cl(aq) + H_2O(l) \longrightarrow C_4H_9OH(aq) + HCl(aq) \qquad (14.3)$$

Nehmen Sie an, dass wir eine 0,1000 *M* wässrige Lösung von C_4H_9Cl herstellen und dann die Konzentration von C_4H_9Cl zu verschiedenen Zeitpunkten nach der Zeit Null messen und dabei die in den ersten beiden Spalten von ► Tabelle 14.1 gezeigten Daten sammeln. Wir können dann diese Daten nutzen, um die durchschnittliche Geschwindigkeit des Verbrauchs von C_4H_9Cl über die Intervalle zwischen den Messungen zu berechnen. Diese Geschwindigkeiten zeigt die dritte Spalte. Beachten Sie, dass die durchschnittliche Geschwindigkeit über jedes 50-Sekundenintervall für die ersten Messungen abnimmt und dann über noch größere Intervalle in den restlichen Messungen weiter abnimmt. Die Änderung der Geschwindigkeit bei ablaufender Reaktion ist in ► Abbildung 14.4 zu sehen. Sie erkennen, dass die Steigung der Kurve mit der Zeit abnimmt, was eine abnehmende Reaktionsgeschwindigkeit bedeutet.

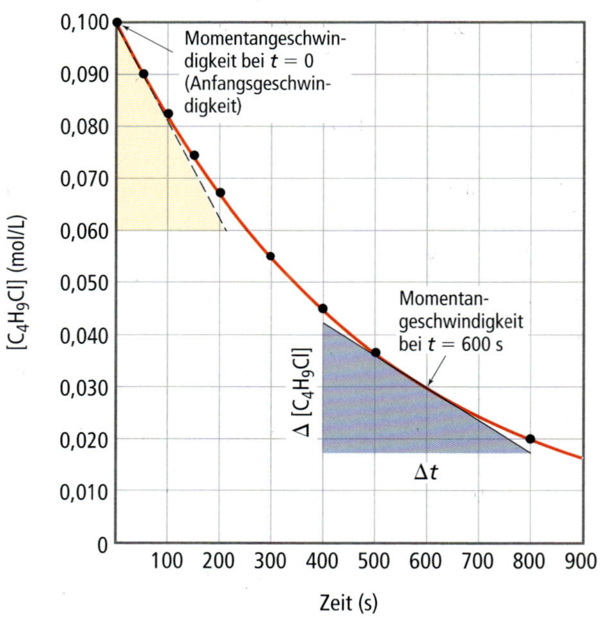

Abbildung 14.4: Konzentration von Chlorbutan (C_4H_9Cl) als Funktion der Zeit. Die Punkte stellen die experimentellen Daten aus den ersten zwei Spalten von ► Tabelle 14.1 dar. Die Reaktionsgeschwindigkeit zu einem beliebigen Zeitpunkt ergibt sich aus der Steigung der Tangente an die Kurve zu diesem Zeitpunkt. Weil C_4H_9Cl verbraucht wird, ist die Reaktionsgeschwindigkeit gleich dem negativen Wert der Steigung.

Die in ► Abbildung 14.4 gezeigte Grafik ist besonders nützlich, weil sie uns ermöglicht, die **Momentangeschwindigkeit** zu ermitteln, die Geschwindigkeit zu einem bestimmten Augenblick in der Reaktion. Die Momentangeschwindigkeit wird aus der Steigung (oder Tangente) dieser Kurve am betreffenden Punkt bestimmt. Wir haben in ► Abbildung 14.4 zwei Tangenten gezeichnet, eine bei $t = 0$ und die andere bei $t = 600$ s. Die Steigungen dieser Tangenten geben die Momentangeschwindigkeiten zu diesen Zeitpunkten an.* Um zum Beispiel die Momentangeschwindigkeit bei 600 s zu bestimmen, zeichnen wir die Tangente zur Kurve zu dieser Zeit und erstellen dann horizontale und vertikale Linien, um das gezeigte rechtwinkelige Dreieck zu bilden. Die Steigung ist das Verhältnis der Länge der vertikalen Seite zur Länge der horizontalen Seite:

EXTRAS ONLINE Grafische Darstellungen

* Online können Sie sich die Methode der grafischen Bestimmung von Steigungen noch einmal ansehen. Die durchschnittliche Geschwindigkeit nähert sich der Momentangeschwindigkeit an, wenn sich das Zeitintervall Null nähert. Dieser Grenzwert wird in der Schreibweise der Mathematik als $-d[C_4H_9Cl]/dt$ dargestellt.

$$\text{Momentangeschwindigkeit} = \frac{\Delta[C_4H_9Cl]}{\Delta t} = -\frac{(0{,}017 - 0{,}042)\ \text{mol/L}}{(800 - 400)\ \text{s}} = 6{,}2 \times 10^{-5}\ \frac{\text{mol}}{\text{L} \times \text{s}}$$

Im folgenden Text bedeutet der Begriff „Geschwindigkeit" die „Momentangeschwindigkeit", wenn nicht anders angegeben. Die Momentangeschwindigkeit bei $t = 0$ nennt man die *Anfangsgeschwindigkeit* der Reaktion.

Reaktionsgeschwindigkeiten

Während unserer früheren Behandlung der hypothetischen Reaktion A $\longrightarrow$ B sahen wir, dass aus stöchiometrischen Gründen die Geschwindigkeit des Verbrauchs von A gleich der Geschwindigkeit der Bildung von B sein muss. Das gleiche gilt für die ► Gleichung 14.3, so dass 1 mol C_4H_9OH für jedes verbrauchte Mol C_4H_9Cl erzeugt wird. Daher ist die Geschwindigkeit der Bildung von C_4H_9OH gleich der Geschwindigkeit des Verbrauchs von C_4H_9Cl:

$$\text{Geschwindigkeit} = -\frac{\Delta[C_4H_9Cl]}{\Delta t} = \frac{\Delta[C_4H_9OH]}{\Delta t}$$

Was geschieht, wenn die stöchiometrischen Beziehungen nicht eins zu eins sind? Betrachten Sie zum Beispiel die folgende Reaktion:

$$2\ HI(g) \longrightarrow H_2(g) + I_2(g)$$

Wir können die Geschwindigkeit des Verbrauchs von HI oder die Geschwindigkeit der Bildung von H_2 oder I_2 messen. Weil 2 mol HI für jedes Mol H_2 oder I_2 verbraucht wird, das sich bildet, ist die Geschwindigkeit des Verbrauchs von HI das Zweifache der Geschwindigkeit der Bildung von H_2 oder I_2. Um die Geschwindigkeiten gleichzusetzen, müssen wir die Geschwindigkeit des Verbrauchs von HI durch 2 teilen (sein stöchiometrischer Koeffizient in der ausgeglichenen chemischen Gleichung):

$$\text{Geschwindigkeit} = -\frac{1}{2}\frac{\Delta[HI]}{\Delta t} = \frac{\Delta[H_2]}{\Delta t} = \frac{\Delta[I_2]}{\Delta t}$$

In der Regel wird für die Reaktion

$$a\,A + b\,B \longrightarrow c\,C + d\,D$$

die Geschwindigkeit gegeben durch

$$\text{Geschwindigkeit} = -\frac{1}{a}\frac{\Delta[A]}{\Delta t} = -\frac{1}{b}\frac{\Delta[B]}{\Delta t} = \frac{1}{c}\frac{\Delta[C]}{\Delta t} = \frac{1}{d}\frac{\Delta[D]}{\Delta t} \qquad (14.4)$$

Wenn wir von der Geschwindigkeit einer Reaktion sprechen, ohne einen bestimmten Reaktanten oder ein bestimmtes Produkt anzugeben, meinen wir es in diesem Sinn.*

Übungsbeispiel 14.1: (Lösung online) Geschwindigkeiten, mit denen sich Produkte bilden, und Reaktanten verbraucht werden

(a) In welchem Zusammenhang steht die Geschwindigkeit, mit der Ozon verbraucht wird, mit der Geschwindigkeit, mit der Disauerstoff in der Reaktion $2\ O_3(g) \longrightarrow 3\ O_2(g)$ gebildet wird? **(b)** Wenn die Geschwindigkeit, mit der O_2 gebildet wird ($\Delta[O_2]/\Delta t$), in einem bestimmten Moment $6{,}0 \times 10^{-5}$ mol/(L × s) ist, mit welcher Geschwindigkeit ($-\Delta[O_3]/\Delta t$) wird O_3 verbraucht?

A 1 Die Zersetzung von N_2O_5 läuft gemäß der folgenden Gleichung ab: $2\ N_2O_5(g) \longrightarrow 4\ NO_2(g) + O_2(g)$ Wenn die Zersetzungsgeschwindigkeit von N_2O_5 in einem bestimmten Augenblick in einem Reaktionsgefäß $4{,}2 \times 10^{-7}$ mol/(L × s) ist, was ist dann die Geschwindigkeit der Bildung von **(a)** NO_2, **(b)** O_2?

14.3 Konzentration und Reaktionsgeschwindigkeit

Eine Möglichkeit, den Einfluss der Konzentration auf die Reaktionsgeschwindigkeit zu untersuchen, besteht darin zu bestimmen, wie die Geschwindigkeit bei Beginn einer Reaktion (die Anfangsgeschwindigkeit) von den Ausgangskonzentrationen abhängt. Um diese Vorgehensweise zu zeigen, betrachten wir die folgende Reaktion:

$$NH_4^+(aq) + NO_2^-(aq) \longrightarrow N_2(g) + 2\ H_2O(l)$$

* Gleichung 14.4 trifft nicht zu, wenn andere Substanzen als C und D in bedeutenden Mengen im Verlaufe der Reaktion gebildet worden sind. Alle Reaktionen, deren Geschwindigkeiten wir in diesem Kapitel betrachten, folgen ► Gleichung 14.4.

Experiment Nummer	Anfangskonzentration NH_4^+ (mol/L)	Anfangskonzentration NO_2^- (mol/L)	Beobachtete Anfangsreaktionsgeschwindigkeit (mol/L × s)
1	0,0100	0,200	$5{,}4 \times 10^{-7}$
2	0,0200	0,200	$10{,}8 \times 10^{-7}$
3	0,0400	0,200	$21{,}5 \times 10^{-7}$
4	0,0600	0,200	$32{,}3 \times 10^{-7}$
5	0,200	0,0202	$10{,}8 \times 10^{-7}$
6	0,200	0,0404	$21{,}6 \times 10^{-7}$
7	0,200	0,0606	$32{,}4 \times 10^{-7}$
8	0,200	0,0808	$43{,}3 \times 10^{-7}$

Tabelle 14.2: Geschwindigkeitsdaten für die Reaktion von Ammoniumionen mit Nitritionen in Wasser bei 25 °C.

Wir können die Veränderung der Reaktionsgeschwindigkeit ermitteln, indem wir die Konzentration von NH_4^+ oder NO_2^- oder das Volumen des gebildeten N_2 als eine Funktion der Zeit messen. Da die stöchiometrischen Koeffizienten von NH_4^+, NO_2^- und N_2 alle gleich sind, werden auch alle diese Geschwindigkeiten gleich sein.

► Tabelle 14.2 zeigt die anfängliche Reaktionsgeschwindigkeit für verschiedene Ausgangskonzentrationen von NH_4^+ und NO_2^-. Diese Daten zeigen, dass sich bei Änderung von $[NH_4^+]$ oder $[NO_2^-]$ die Reaktionsgeschwindigkeit ändert. Sie sehen, dass, wenn wir $[NH_4^+]$ verdoppeln, während wir $[NO_2^-]$ konstant halten, sich die Geschwindigkeit verdoppelt (vergleichen Sie Versuch 1 und 2). Wird $[NH_4^+]$ um einen Faktor von 4 erhöht und $[NO_2^-]$ unverändert gelassen (vergleichen Sie Versuche 1 und 3), ändert sich die Geschwindigkeit um einen Faktor von 4 und so weiter. Diese Ergebnisse zeigen an, dass die Geschwindigkeit proportional zu $[NH_4^+]$ ist. Wenn $[NO_2^-]$ entsprechend verändert wird, während $[NH_4^+]$ konstant gehalten wird, wird die Geschwindigkeit auf die gleiche Weise beeinflusst. Damit ist die Geschwindigkeit direkt proportional zur Konzentration von NO_2^-. Wir können die Art und Weise, in der die Geschwindigkeit von den Konzentrationen der Reaktanten NH_4^+ und NO_2^- abhängt, durch die folgende Gleichung ausdrücken:

$$\text{Reaktionsgeschwindigkeit} = k[NH_4^+][NO_2^-] \tag{14.5}$$

Eine Gleichung wie ► Gleichung 14.5, die angibt, wie die Reaktionsgeschwindigkeit von den Konzentrationen der Reaktanten abhängt, wird als **Geschwindigkeitsgesetz** bezeichnet.

Für eine allgemeine Reaktion

$$a\,\mathrm{A} + b\,\mathrm{B} \longrightarrow c\,\mathrm{C} + d\,\mathrm{D}$$

hat das Geschwindigkeitsgesetz in der Regel die Form

$$\text{Reaktionsgeschwindigkeit} = k[\mathrm{A}]^m[\mathrm{B}]^n \tag{14.6}$$

Die Konstante k im Geschwindigkeitsgesetz wird **Geschwindigkeitskonstante** genannt. Die Größe von k ändert sich mit der Temperatur. Die Exponenten m und n sind oft kleine ganze Zahlen (meist 0, 1 oder 2).

Wenn wir das Geschwindigkeitsgesetz für eine Reaktion und die Reaktionsgeschwindigkeit für gegebene Reaktantenkonzentrationen kennen, können wir den Wert der Geschwindigkeitskonstanten k berechnen. Durch Verwendung der Daten in ► Tabelle 14.2 und der Ergebnisse aus Versuch 1 können wir zum Beispiel in ► Gleichung 14.5 einsetzen

$$5{,}4 \times 10^{-7}\,\text{mol/(L} \times \text{s)} = k(0{,}0100\,\text{mol/L})(0{,}200\,\text{mol/L})$$

MERKE !

Das Geschwindigkeitsgesetz einer Reaktion beschreibt die Abhängigkeit der Reaktionsgeschwindigkeit von der Konzentration der Reaktanten. Es enthält als Proportionalitätsfaktor eine temperaturabhängige Geschwindigkeitskonstante.

Lösen wir nach k auf, erhalten wir:

$$k = \frac{5{,}4 \times 10^{-7}\ \text{mol/L} \times \text{s}}{(0{,}0100\ \text{mol/L})(0{,}200\ \text{mol/L})} = 2{,}7 \times 10^{-4}\ \text{L/(mol} \times \text{s)}$$

Sie können überprüfen, ob der gleiche Wert von k über eines der anderen experimentellen Ergebnisse aus ► Tabelle 14.2 erhalten wird.

Sobald wir das Geschwindigkeitsgesetz und den Wert der Geschwindigkeitskonstanten für eine Reaktion haben, können wir die Reaktionsgeschwindigkeit für jede Konzentration berechnen. Anhand von ► Gleichung 14.5 und $k = 2{,}7 \times 10^{-4}$ L/(mol × s) können wir zum Beispiel die Geschwindigkeit für $[NH_4^+] = 0{,}100$ mol/L und $[NO_2^-] = 0{,}100$ mol/L berechnen.

$$\begin{aligned}\text{Reaktionsgeschwindigkeit} &= (2{,}7 \times 10^{-4}\ \text{L/(mol} \times \text{s))}(0{,}100\ \text{mol/L})(0{,}100\ \text{mol/L})\\ &= 2{,}7 \times 10^{-6}\ \text{mol/(L} \times \text{s)}\end{aligned}$$

Exponenten im Geschwindigkeitsgesetz

Die Geschwindigkeitsgesetze für die meisten Reaktionen haben die allgemeine Form

$$\text{Reaktionsgeschwindigkeit} = k[\text{Reaktant 1}]^m[\text{Reaktant 2}]^n \ldots \quad (14.7)$$

Die Exponenten m und n in einem Geschwindigkeitsgesetz werden **Reaktionsordnungen** genannt. Betrachten wir zum Beispiel erneut das Geschwindigkeitsgesetz für die Reaktion von NH_4^+ mit NO_2^-:

$$\text{Reaktionsgeschwindigkeit} = k[NH_4^+][NO_2^-]$$

Weil der Exponent von $[NH_4^+]$ 1 ist, ist die Geschwindigkeit bezüglich NH_4^+ *erster Ordnung*. Die Geschwindigkeit ist also auch bezüglich NO_2^- erster Ordnung. Der Exponent „1" wird in Geschwindigkeitsgesetzen nicht geschrieben. Die **Gesamtreaktionsordnung** ist die Summe der Ordnungen bezüglich jedes Reaktanten im Geschwindigkeitsgesetz. Daher hat dieses Geschwindigkeitsgesetz eine Gesamtreaktionsordnung von 1 + 1 = 2 und die Reaktion ist *insgesamt zweiter Ordnung*.

Die Exponenten in einem Geschwindigkeitsgesetz geben an, wie die Geschwindigkeit durch die Konzentration jedes Reaktanten beeinflusst wird. Weil die Geschwindigkeit, mit der NH_4^+ mit NO_2^- reagiert, davon abhängt, dass $[NH_4^+]$ zur ersten Potenz erhoben wird, verdoppelt sich die Geschwindigkeit, wenn sich $[NH_4^+]$ verdoppelt, verdreifacht sie sich, wenn sich $[NH_4^+]$ verdreifacht, und so weiter. Verdopplung oder Verdreifachung von $[NO_2^-]$ verdoppelt oder verdreifacht ebenfalls die Geschwindigkeit. Wenn ein Geschwindigkeitsgesetz zweiter Ordnung im Hinblick auf einen Reaktanten $[A]^2$ ist, wird die Reaktionsgeschwindigkeit bei Verdopplung der Konzentration dieser Substanz vervierfacht ($[2]^2 = 4$), während bei Verdreifachung der Konzentration die Geschwindigkeit um das Neunfache zunimmt ($[3]^2 = 9$).

MERKE !

Die Exponenten der Konzentrationen im Geschwindigkeitsgesetz geben die Ordnung der Reaktion in Bezug auf den jeweiligen Reaktanten an. Die Gesamtreaktionsordnung entspricht der Summe aller Exponenten aller im Geschwindigkeitsgesetz vorkommenden Konzentrationen.

Es folgen einige zusätzliche Beispiele für Geschwindigkeitsgesetze:

$$2\ N_2O_5(g) \longrightarrow 4\ NO_2(g) + O_2(g)$$
$$\text{Reaktionsgeschwindigkeit} = k[N_2O_5] \quad (14.8)$$

$$CHCl_3(g) + Cl_2(g) \longrightarrow CCl_4(g) + HCl(g)$$
$$\text{Reaktionsgeschwindigkeit} = k[CHCl_3][Cl_2]^{1/2} \quad (14.9)$$

$$H_2(g) + I_2(g) \longrightarrow 2\ HI(g)$$
$$\text{Reaktionsgeschwindigkeit} = k[H_2][I_2] \quad (14.10)$$

Obwohl die Exponenten in einem Geschwindigkeitsgesetz manchmal identisch zu den Koeffizienten in der ausgeglichenen Gleichung sind, ist dies nicht unbedingt der Fall, wie wir in ►Gleichungen 14.8 und 14.9 sehen. Die *Werte dieser Exponenten müssen experimentell bestimmt werden*. In den meisten Geschwindigkeitsgesetzen sind die Reaktionsordnungen 0, 1 oder 2. Wir finden jedoch auch gelegentlich Geschwindigkeitsgesetze, in denen die Reaktionsordnung ein Bruch ist (wie ► Gleichung 14.9) oder sogar negativ.

Übungsbeispiel 14.2: (Lösung online)
Bestimmung der Reaktionsordnungen und Einheiten für Geschwindigkeitskonstanten

(a) Geben Sie die Gesamtreaktionsordnungen für die Reaktionen, die in ► Gleichungen 14.8 und 14.9 beschrieben werden, an. **(b)** Welche Einheit hat die Geschwindigkeitskonstante für das Geschwindigkeitsgesetz für ► Gleichung 14.8?

Einheiten von Geschwindigkeitskonstanten

Die Einheit der Geschwindigkeitskonstante hängt von der Gesamtreaktionsordnung des Geschwindigkeitsgesetzes ab. In einer Reaktion, die insgesamt zweiter Ordnung ist, müssen die Einheiten der Geschwindigkeitskonstante die folgende Gleichung erfüllen:

Einheit der Reaktionsgeschwindigkeit =
(Einheit der Geschwindigkeitskonstante)(Einheit der Konzentration)^2

Damit gilt mit unseren gewöhnlichen Einheiten von Konzentration und Zeit:

E nheit der Geschwindigkeitskonstante =

$$= \frac{\text{Einheit der Reaktionsgeschwindigkeit}}{(\text{Einheit der Konzentration})^2} = \frac{\text{mol}/(\text{L} \times \text{s})}{(\text{mol}/\text{L})^2} = \text{L}/(\text{mol} \times \text{s})$$

Bestimmung von Geschwindigkeitsgesetzen anhand von Anfangsgeschwindigkeiten

Das Geschwindigkeitsgesetz für jede chemische Reaktion muss experimentell ermittelt werden. Es kann nicht vorhergesagt werden, indem man sich einfach die chemische Gleichung ansieht. Wir bestimmen häufig das Geschwindigkeitsgesetz für eine Reaktion über die gleiche Methode, die wir für die Daten in ► Tabelle 14.2 angewendet haben. Wir beobachten die Wirkung der Änderung der Anfangskonzentrationen der Reaktanten auf die Anfangsgeschwindigkeit der Reaktion.

In den meisten Reaktionen sind die Exponenten im Geschwindigkeitsgesetz 0, 1 oder 2. Wenn eine Reaktion nullter Ordnung bezüglich eines bestimmten Reaktanten ist, hat die Änderung seiner Konzentration keine Wirkung auf die Geschwindigkeit (solange noch etwas von dem Reaktanten vorhanden ist), weil jede Konzentration, die auf die nullte Potenz erhoben wird, gleich 1 ist. Wir haben dagegen gesehen, dass, wenn eine Reaktion erster Ordnung bezüglich eines Reaktanten ist, Änderungen in der Konzentration dieses Reaktanten proportionale Änderungen der Geschwindigkeit erzeugen.

Bei der Arbeit mit Geschwindigkeitsgesetzen ist es wichtig, sich bewusst zu sein, dass die *Geschwindigkeit* einer Reaktion von der Konzentration abhängt, aber nicht die *Geschwindigkeitskonstante*.

A 2 Die folgenden Daten wurden für die Reaktior von Stickstoffmonoxid mit Wasserstoff gemessen:

$$2\,NO(g) + 2\,H_2(g) \longrightarrow N_2(g) + 2\,H_2O(g)$$

Experiment Nummer	[NO] (mol/L)	[H_2] (mol/L)	Anfangsreaktionsgeschwindigkeit mol/(L×s)
1	0,10	0,10	$1{,}23 \times 10^{-3}$
2	0,10	0,20	$2{,}46 \times 10^{-3}$
3	0,20	0,10	$4{,}92 \times 10^{-3}$

(a) Bestimmen Sie das Geschwindigkeitsgesetz für diese Reaktion. **(b)** Berechnen Sie die Geschwindigkeitskonstante. **(c)** Berechnen Sie die Reaktionsgeschwindigkeit, wenn [NO] = 0,050 *M* und [H_2] = 0,150 *M*.

Übungsbeispiel 14.3: Bestimmung eines Geschwindigkeitsgesetzes anhand der Anfangsgeschwindigkeitsdaten

Die Anfangsgeschwindigkeit einer Reaktion A + B ⟶ C wurde für mehrere unterschiedliche Ausgangskonzentrationen von A und B gemessen, und die Ergebnisse sind wie folgt:

Experiment Nummer	[A] (mol/L)	[B] (mol/L)	Anfangsreaktionsgeschwindigkeit (mol/(L×s)
1	0,100	0,100	$4{,}0 \times 10^{-5}$
2	0,100	0,200	$4{,}0 \times 10^{-5}$
3	0,200	0,100	$16{,}0 \times 10^{-5}$

Bestimmen Sie anhand dieser Daten **(a)** das Geschwindigkeitsgesetz für die Reaktion, **(b)** die Geschwindigkeitskonstante, **(c)** die Geschwindigkeit der Reaktion, wenn [A] = 0,050 mol/l und [B] = 0,100 mol/l.

Lösung

Analyse: Es ist eine Tabelle mit Daten gegeben, die Konzentrationen von Reaktanten mit Anfangsreaktionsgeschwindigkeiten in Beziehung setzt und wir sollen **(a)** das Geschwindigkeitsgesetz, **(b)** die Geschwindigkeitskonstante und **(c)** die Reaktionsgeschwindigkeit für Konzentrationen bestimmen, die nicht in der Tabelle aufgeführt sind.

Vorgehen: **(a)** Wir nehmen an, dass das Geschwindigkeitsgesetz die folgende Form hat: Geschwindigkeit $= k\,[A]^m\,[B]^n$, daher müssen wir anhand der gegebenen Daten die Reaktionsordnungen m und n ableiten. Dies tun wir, indem wir bestimmen, wie Änderungen der Konzentration die Geschwindigkeit ändern. **(b)** Sobald wir m und n kennen, können wir anhand des Geschwindigkeitsgesetzes und einem der Sätze von Daten die Geschwindigkeitskonstante k bestimmen. **(c)** Jetzt, wo wir die Geschwindigkeitskonstante und die Reaktionsordnungen kennen, können wir das Geschwindigkeitsgesetz mit den gegebenen Konzentrationen verwenden, um die Reaktionsgeschwindigkeit zu berechnen.

Lösung:

(a) Wenn wir von Versuch 1 zu Versuch 2 gehen, wird [A] konstant gehalten und [B] wird verdoppelt. Damit zeigt dieses Versuchspaar, wie [B] die Geschwindigkeit beeinflusst, so dass wir die Ordnung des Geschwindigkeitsgesetzes bezüglich B ableiten können. Weil die Geschwindigkeit gleich bleibt, wenn [B] verdoppelt wird, hat die Konzentration von B keinen Einfluss auf die Reaktionsgeschwindigkeit. Das Geschwindigkeitsgesetz ist daher nullter Ordnung bezüglich B (das heißt $n = 0$).

In den Versuchen 1 und 3 wird [B] konstant gehalten, so dass diese Daten zeigen, wie [A] die Geschwindigkeit beeinflusst. Wird [B] konstant gehalten, während wir [A] verdoppeln, erhöht sich die Geschwindigkeit um das Vierfache. Dies zeigt, dass die Reaktionsgeschwindigkeit proportional zu $[A]^2$ ist (das heißt, dass die Reaktion zweiter Ordnung bezüglich A ist). Damit ist das Geschwindigkeitsgesetz:

$$\text{Reaktionsgeschwindigkeit} = k[A]^2[B]^0 = k[A]^2$$

Dieses Geschwindigkeitsgesetz könnte auf formellere Weise abgeleitet werden, indem wir das Verhältnis der Reaktionsgeschwindigkeiten aus zwei Versuchen nehmen:

$$\frac{\text{Reaktionsgeschwindigkeit 2}}{\text{Reaktionsgeschwindigkeit 1}} = \frac{4{,}0 \times 10^{-5}\ \text{mol/(L}\times\text{s)}}{4{,}0 \times 10^{-5}\ \text{mol/(L}\times\text{s)}} = 1$$

Bei Verwendung des allgemeinen Geschwindigkeitsgesetzes haben wir:

$$1 = \frac{\text{Reaktionsgeschwindigkeit 2}}{\text{Reaktionsgeschwindigkeit 1}} = \frac{\cancel{k[0{,}100\ \text{mol/L}]^m}[0{,}200\ \text{mol/L}]^n}{\cancel{k[0{,}100\ \text{mol/L}]^m}[0{,}100\ \text{mol/L}]^n} = \frac{[0{,}200]^n}{[0{,}100]^n} = 2^n$$

2^n ist nur 1, wenn:

$$n = 0$$

Wir können den Wert von m auf ähnliche Weise ableiten:

$$\frac{\text{Reaktionsgeschwindigkeit 3}}{\text{Reaktionsgeschwindigkeit 1}} = \frac{16{,}0 \times 10^{-5}\ \text{mol/(L}\times\text{s)}}{4{,}0 \times 10^{-5}\ \text{mol/(L}\times\text{s)}} = 4$$

Die Verwendung des allgemeinen Geschwindigkeitsgesetzes ergibt:

$$4 = \frac{\text{Reaktionsgeschwindigkeit 3}}{\text{Reaktionsgeschwindigkeit 1}} = \frac{k[0{,}200\ \text{mol/L}]^m\cancel{[0{,}100\ \text{mol/L}]^n}}{k[0{,}100\ \text{mol/L}]^m\cancel{[0{,}100\ \text{mol/L}]^n}} = \frac{[0{,}200]^m}{[0{,}100]^m} = 2^m$$

Weil $2^m = 4$, erhalten wir:

$$m = 2$$

(b) Bei Verwendung des Geschwindigkeitsgesetzes und der Daten aus Versuch 1 haben wir

$$k = \frac{\text{Reaktionsgeschwindigkeit}}{[A]^2} = \frac{4{,}0 \times 10^{-5}\ \text{mol/(L}\times\text{s)}}{(0{,}100\ \text{mol/L})^2} = 4{,}0 \times 10^{-3}\ \text{L/(mol}\times\text{s)}$$

(c) Bei Verwendung des Geschwindigkeitsgesetzes aus Teil (a) und der Geschwindigkeitskonstante aus Teil (b) haben wir

$$\text{Reaktionsgeschwindigkeit} = k[A]^2 = (4{,}0 \times 10^{-3}\ \text{L/(mol}\times\text{s))}(0{,}050\ \text{mol/L})^2 = 1{,}0 \times 10^{-5}\ \text{mol/(L}\times\text{s)}$$

Weil [B] nicht Teil des Geschwindigkeitsgesetzes ist, ist es für die Reaktionsgeschwindigkeit nicht von Bedeutung, solange noch wenigstens etwas B vorhanden ist, um mit A zu reagieren.

Überprüfung: Ein guter Weg, um unser Geschwindigkeitsgesetz zu überprüfen, ist die Verwendung der Konzentrationen in Versuch 2 oder 3 und zu sehen, ob wir die Reaktionsgeschwindigkeit richtig berechnen können. Bei Verwendung der Daten aus Versuch 3 haben wir

$$\text{Reaktionsgeschwindigkeit} = k[A]^2 = (4{,}0 \times 10^{-3}\ \text{L/(mol}\times\text{s)}^{-1}\ \text{s}^{-1})(0{,}200\ \text{mol/L})^2 = 1{,}60 \times 10^{-4}\ \text{mol/(L}\times\text{s)}$$

Daher gibt das Geschwindigkeitsgesetz die Daten korrekt wieder und gibt sowohl die richtige Größe als auch die richtige Einheit für die Reaktionsgeschwindigkeit an.

14.4 Die Änderung der Konzentration mit der Zeit

Über Geschwindigkeitsgesetze können wir die Geschwindigkeit einer Reaktion anhand der Geschwindigkeitskonstante und der Reaktantenkonzentrationen berechnen. Geschwindigkeitsgesetze können ebenfalls in Gleichungen umgewandelt werden, die die Konzentrationen der Reaktanten oder Produkte zu jedem Zeitpunkt einer Reaktion angeben. Wir wenden diese Umwandlung auf Reaktionen erster und zweiter Ordnung an.

Reaktionen erster Ordnung

Eine **Reaktion erster Ordnung** ist eine, deren Geschwindigkeit von der Konzentration eines einzelnen Reaktanten abhängt. Für eine Reaktion des Typs A $\longrightarrow$ Produkte kann das Geschwindigkeitsgesetz erster Ordnung sein:

$$\text{Reaktionsgeschwindigkeit} = -\frac{\Delta[\text{A}]}{\Delta t} = k[\text{A}]$$

Reaktion erster Ordnung (Video)

Diese Form eines Geschwindigkeitsgesetzes wird das *differenzielle Geschwindigkeitsgesetz* genannt. Wenn wir integrieren, kann diese Beziehung in eine Gleichung umgeformt werden, welche die Konzentration von A zu Beginn der Reaktion $[\text{A}]_0$ mit der Konzentration zu jeder anderen Zeit t, $[\text{A}]_t$, in Beziehung setzt.

$$\ln[\text{A}]_t - \ln[\text{A}]_0 = -kt \quad \text{oder} \quad \ln\frac{[\text{A}]_t}{[\text{A}]_0} = -kt \qquad (14.11)$$

MERKE !

Die Geschwindigkeit von Reaktionen 1. Ordnung hängt von der Konzentration eines einzelnen Reaktanten ab.

Das integrierte Geschwindigkeitsgesetz lautet $\ln[\text{A}]_t = -kt + \ln[\text{A}]_0$.

Eine Auftragung von $\ln[\text{A}]_t$ gegen die Zeit t ergibt eine Gerade.

Diese Form des Geschwindigkeitsgesetzes wird das *integrierte Geschwindigkeitsgesetz* genannt. ► Gleichung 14.11 kann umgestellt und wie folgt geschrieben werden:

$$\ln[\text{A}]_t = -kt + \ln[\text{A}]_0 \qquad (14.12)$$

► Gleichungen 14.11 und 14.12 können mit beliebigen Konzentrationseinheiten verwendet werden, solange die Einheiten für $[\text{A}]_t$ und $[\text{A}]_0$ identisch sind.

Für eine Reaktion der ersten Ordnung kann ► Gleichung 14.11 oder 14.12 auf verschiedene Weisen verwendet werden. Wenn drei der vier folgenden Größen gegeben sind, können wir nach der vierten auflösen: k, t, $[\text{A}]_0$ und $[\text{A}]_t$.Damit können diese Gleichungen zum Beispiel verwendet werden, um (1) die Konzentration eines Reaktanten zu bestimmen, die zu einer beliebigen Zeit nach dem Beginn der Reaktion verbleibt, (2) die Zeit zu bestimmen, die eine gegebene Menge einer Probe benötigt, um zu reagieren oder (3) die Zeit zu bestimmen, die benötigt wird, bis eine Reaktantenkonzentration auf ein bestimmtes Niveau fällt.

Mit ► Gleichung 14.12 können wir überprüfen, ob eine Reaktion erster Ordnung ist, und ihre Geschwindigkeitskonstante bestimmen. Diese Gleichung hat die Form der allgemeinen Geradengleichung, $y = mx + b$, in der m die Steigung und b der Achsenabschnitt der y-Achse ist (siehe Extras Online „Grafische Darstellungen"):

$$\ln[\text{A}]_t = -k \cdot t + \ln[\text{A}]_0$$

$$y = m \cdot x + b$$

Für eine Reaktion der ersten Ordnung ist daher $\ln[\text{A}]_t$ als Funktion der Zeit eine Gerade mit einer Steigung $-k$ und dem Achsenabschnittswert $\ln[\text{A}]_0$. Eine Reaktion, die nicht erster Ordnung ist, ergibt keine Gerade.

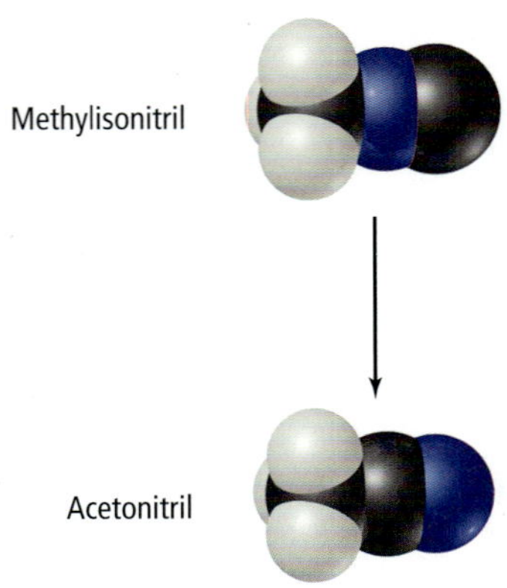

Abbildung 14.5: Eine Reaktion erster Ordnung. Die Isomerisierung von Methylisonitril (CH_3NC) zu Acetonitril (CH_3CN) ist ein Vorgang erster Ordnung.

Betrachten Sie beispielsweise die Umwandlung von Methylisonitril (CH_3NC) in Acetonitril (CH_3CN) (► Abbildung 14.5). Weil Versuche zeigen, dass die Reaktion erster Ordnung ist, können wir die Geschwindigkeitsgleichung schreiben:

$$\ln[CH_3NC]_t = -kt + \ln[CH_3NC]_0$$

► Abbildung 14.6(a) zeigt, wie sich der Partialdruck von Methylisonitril mit der Zeit ändert, wenn es sich in der Gasphase bei 198,9 °C umlagert. Wir können den Druck als Konzentrationsangabe für ein Gas verwenden, weil über das ideale Gasgesetz der Druck direkt proportional zur Molzahl pro Einheitenvolumen ist. ► Abbildung 14.6(b) zeigt die Auftragung des natürlichen Logarithmus des Drucks als Funktion der Zeit, eine Auftragung, die eine Gerade ergibt.

Die Steigung dieser Geraden ist $-5{,}1 \times 10^{-5}\ s^{-1}$. Sie sollten dies selbst überprüfen und dabei daran denken, dass Ihr Ergebnis wegen der Ungenauigkeiten beim visuellen Auswerten des Diagramms etwas von unserem abweichen kann. Weil die Steigung der Geraden gleich $-k$ ist, ist die Geschwindigkeitskonstante für diese Reaktion gleich $5{,}1 \times 10^{-5}\ s^{-1}$.

A 3 Die Zersetzung von Dimethylether, $(CH_3)_2O$, bei 510 °C ist ein Vorgang der ersten Ordnung mit einer Geschwindigkeitskonstante von $6{,}8 \times 10^{-4}\ s^{-1}$:

$$(CH_3)_2O(g) \longrightarrow CH_4(g) + H_2(g) + CO(g)$$

Wenn der Anfangsdruck von $(CH_3)_2O$ 135 Torr ist, was ist sein Partialdruck nach 1420 s?

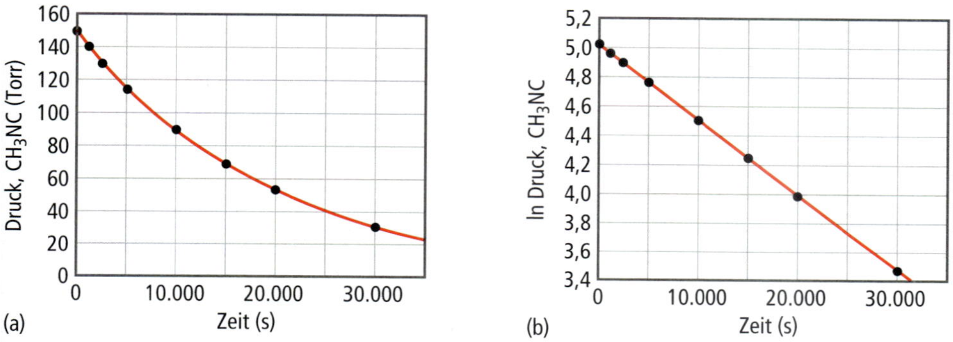

Abbildung 14.6: Kinetische Daten für die Isomerisierung von Methylisonitril (CH_3NC). (a) Änderung des Partialdrucks von Methylisonitril mit der Zeit während der Reaktion $CH_3NC \longrightarrow CH_3CN$ bei 198,9 °C. (b) Eine Auftragung des natürlichen Logarithmus des Drucks als eine Funktion der Zeit.

Reaktionen zweiter Ordnung

Eine **Reaktion zweiter Ordnung** ist eine, deren Geschwindigkeit von einer Reaktantenkonzentration in der zweiten Potenz oder von den Konzentrationen zweier verschiedener Reaktanten, jeweils in der ersten Potenz, abhängt. Betrachten wir aus Gründen der Einfachheit Reaktionen des Typs A ⟶ Produkte oder A + B ⟶ Produkte, die nur bezüglich des Reaktanten A zweiter Ordnung sind:

$$\text{Geschwindigkeit} = -\frac{\Delta[A]}{\Delta t} = k[A]^2$$

Aus diesem differenziellen Geschwindigkeitsgesetz kann das folgende integrierte Geschwindigkeitsgesetz abgeleitet werden.

$$\frac{1}{[A]_t} = kt + \frac{1}{[A]_0} \qquad (14.13)$$

Diese Gleichung hat, wie ► Gleichung 14.12, vier Variablen, k, t, $[A]_0$ und $[A]_t$, und jede davon kann berechnet werden, wenn wir die anderen drei kennen. ► Gleichung 14.13 hat ebenfalls die Form einer Geraden ($y = mx + b$). Wenn die Reaktion zweiter Ordnung ist, ergibt eine Aufzeichnung von $1/[A]_t$ in Abhängigkeit von t eine Gerade mit der Steigung k und dem Achsenabschnittswert $1/[A]_0$. Eine Möglichkeit, zwischen Geschwindigkeitsgesetzen erster und zweiter Ordnung zu unterscheiden, ist die Auftragung von $\ln[A]_t$ und $1/[A]_t$ als Funktion von t. Wenn die $\ln[A]_t$-Kurve linear ist, ist die Reaktion erster Ordnung; wenn die $1/[A]_t$-Kurve linear ist, ist die Reaktion zweiter Ordnung.

Übungsbeispiel 14.4: Verwendung des integrierten Geschwindigkeitsgesetzes der ersten Ordnung

Die Zersetzung eines bestimmten Insektenvertilgungsmittels in Wasser folgt der Kinetik der ersten Ordnung mit einer Geschwindigkeitskonstante von $1{,}45\ a^{-1}$ bei 12 °C. Eine gewisse Menge dieses Insektizids wird am 1. Juni in einen See gespült und führt zu einer Massenkonzentration von $5{,}0 \times 10^{-7}\ g/cm^3$. Nehmen Sie an, dass die durchschnittliche Temperatur des Sees 12 °C ist. **(a)** Was ist die Massenkonzentration des Insektizids am 1. Juni des folgenden Jahrs? **(b)** Wie lange dauert es, bis die Massenkonzentration des Insektizids auf $3{,}0 \times 10^{-7}\ g/cm^3$ sinkt?

Lösung

Analyse: Es wird die Geschwindigkeitskonstante für eine Reaktion gegeben, die der Kinetik der ersten Ordnung folgt, sowie Informationen über Massenkonzentrationen und Zeiten, und wir sollen berechnen, wie viel Reaktant (Insektizid) nach einem Jahr verbleibt. Wir müssen ebenfalls das Zeitintervall bestimmen, das benötigt wird, um eine bestimmte Insektizidkonzentration zu erreichen. Weil die Aufgabe in (a) Zeit angibt und in (b) nach Zeit fragt, ist das integrierte Geschwindigkeitsgesetz, ► Gleichung 14.12, erforderlich.

Vorgehen: **(a)** Es werden $k = 1{,}45\ a^{-1}$, $t = 1{,}00$ a und $[\text{Insektizid}]_0 = 5{,}0 \times 10^{-7}\ g/cm^3$ angegeben, und daher kann ► Gleichung 14.12 für $\ln[\text{Insektizid}]_t$ gelöst werden. **(b)** Wir haben $k = 1{,}45\ a^{-1}$, $[\text{Insektizid}]_0 = 5{,}0 \times 10^{-7}\ g/cm^3$ und $[\text{Insektizid}]_t = 3{,}0 \times 10^{-7}\ g/cm^3$, und daher können wir ► Gleichung 14.12 für t lösen.

Lösung: **(a)** Wenn wir die bekannten Größen in Gleichung 14.12 einsetzen, haben wir

$$\ln[\text{Insektizid}]_{t=1\,a} = -(1{,}45\ a^{-1})(1{,}00\ a) + \ln(5{,}0 \times 10^{-7})$$

Wir verwenden die Logarithmusfunktion auf einem Taschenrechner, um das zweite Glied rechts auszurechnen und erhalten

$$\ln[\text{Insektizid}]_{t=1\,a} = -1{,}45 + (-14{,}51) = -15{,}96$$

Um $[\text{Insektizid}]_{t=1\,a}$ zu erhalten, verwenden wir den inversen natürlichen Logarithmus, oder die e^x-Funktion auf dem Taschenrechner:

$$\ln[\text{Insektizid}]_{t=1\,a} = e^{-15{,}96} = 1{,}2 \times 10^{-7}\ g/cm^3$$

Beachten Sie, dass die Konzentrationseinheiten für $[A]_t$ und $[A]_0$ gleich sein müssen.

(b) Wir setzen erneut in Gleichung 14.12 ein, mit $[\text{Insektizid}]_t = 3{,}0 \times 10^{-7}\ g/cm^3$, und erhalten

$$\ln(3{,}0 \times 10^{-7}) = -(1{,}45\ a^{-1})(t) + \ln(5{,}0 \times 10^{-7})$$

Auflösen nach t ergibt:

$$t = -[\ln(3{,}0 \times 10^{-7}) - \ln(5{,}0 \times 10^{-7})]/1{,}45\ a^{-1} = -(-15{,}02 + 14{,}51)/1{,}45\ a^{-1} = 0{,}35\ a$$

Überprüfung: In Teil (a) ist die Massenkonzentration, die nach 1,00 Jahr verbleibt (das heißt $1{,}2 \times 10^{-7}\ g/cm^3$), weniger als die ursprüngliche Konzentration ($5{,}0 \times 10^{-7}\ g/cm^3$), so wie es sein sollte. In (b) ist die gegebene Massenkonzentration ($3{,}0 \times 10^{-7}\ g/cm^3$) größer als die, die nach 1,00 Jahr verbleibt, was anzeigt, dass die Zeit unter einem Jahr liegen muss. Damit ist $t = 0{,}35$ a eine sinnvolle Antwort.

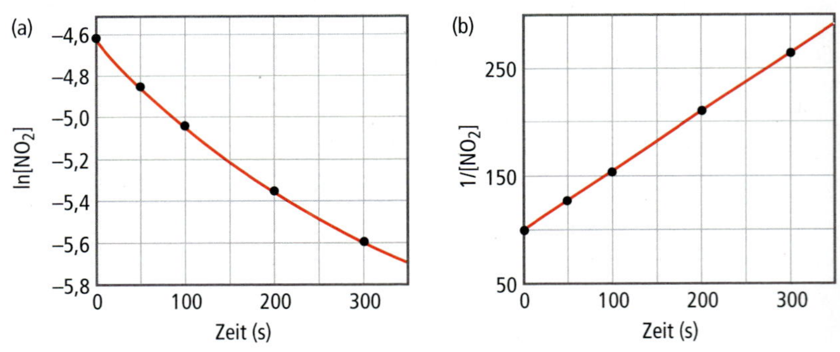

Abbildung 14.7: Kinetische Daten für die Zersetzung von NO_2. Die Reaktion ist $NO_2(g) \longrightarrow NO(g) + \frac{1}{2}\,O_2(g)$ und die Daten wurden bei 300 °C erfasst. (a) Die Auftragung von $\ln[NO_2]$ gegen die Zeit ist nicht linear, was anzeigt, dass die Reaktion nicht erster Ordnung bezüglich NO_2 ist. (b) Die Auftragung von $1/[NO_2]$ gegen die Zeit ist linear, was angibt, dass die Reaktion zweiter Ordnung bezüglich NO_2 ist.

Halbwertszeit

MERKE !

Die Halbwertszeit $t_{1/2}$ einer Reaktion ist die Zeit, in der die Konzentration eines Reaktanten um die Hälfte abgenommen hat.

Die **Halbwertszeit** einer Reaktion, $t_{1/2}$, ist die Zeit, die benötigt wird, um die Konzentration eines Reaktanten auf die Hälfte des Anfangswerts, $[A]_{t_{1/2}} = \frac{1}{2}[A]_0$, zu verringern. Die Halbwertszeit ist eine gute Möglichkeit zu beschreiben, wie schnell eine Reaktion stattfindet, vor allem, wenn es ein Vorgang erster Ordnung ist. Eine schnelle Reaktion hat eine kurze Halbwertszeit.

Wir können die Halbwertszeit einer Reaktion erster Ordnung bestimmen, indem wir $[A]_{t_{1/2}}$ in ► Gleichung 14.11 einsetzen:

Übungsbeispiel 14.5: Bestimmung der Reaktionsordnung aus dem integrierten Geschwindigkeitsgesetz

Die folgenden Daten wurden für die Gasphasenzersetzung von Stickstoffdioxid bei 300 °C, $NO_2(g) \longrightarrow NO(g) + \frac{1}{2} O_2(g)$, erhalten:

Zeit (s)	$[NO_2]$ (mol/L)
0,0	0,01000
50,0	0,00787
100,0	0,00649
200,0	0,00481
300,0	0,00380

Ist die Reaktion erster oder zweiter Ordnung bezüglich NO_2?

Lösung

Analyse: Es wird die Konzentration eines Reaktanten zu verschiedenen Zeitpunkten während einer Reaktion angegeben und wir sollen bestimmen, ob die Reaktion erster oder zweiter Ordnung ist.

Vorgehen: Wir können $\ln[NO_2]$ und $1/[NO_2]$ in Abhängigkeit von der Zeit aufzeichnen. Eine Kurve wird eine Gerade sein und angeben, ob die Reaktion erster oder zweiter Ordnung ist.

Lösung: Um $\ln[NO_2]$ und $1/[NO_2]$ in Abhängigkeit von der Zeit aufzuzeichnen, erstellen wir zuerst die folgende Tabelle aus den gegebenen Daten:

Zeit (s)	$[NO_2]$ (mol/L)	$\ln[NO_2]$	$1/[NO_2]$
0,0	0,01000	− 4,610	100
50,0	0,00787	− 4,845	127
100,0	0,00649	− 5,038	154
200,0	0,00481	− 5,337	208
300,0	0,00380	− 5,573	263

Wie ► Abbildung 14.7 zeigt, ist nur die Auftragung von $1/[NO_2]$ als Funktion der Zeit eine Gerade. Damit folgt die Reaktion einem Geschwindigkeitsgesetz zweiter Ordnung: Reaktionsgeschwindigkeit $= k[NO_2]^2$. Aus der Steigung dieser Geraden bestimmen wir $k = 0{,}543$ L/(mol × s) für den Verbrauch von NO_2.

A 4 Betrachten Sie erneut die Zersetzung von NO_2, die im Übungsbeispiel 14.5 behandelt wird. Die Reaktion ist zweiter Ordnung bezüglich NO_2 mit $k = 0{,}543$ L/(mol × s). Wenn die Anfangskonzentration von NO_2 in einem geschlossenen Gefäß 0,0500 mol/l ist, wie groß ist dann die verbleibende Konzentration nach 0,500 h?

$$\ln \frac{\frac{1}{2}[A]_0}{[A]_0} = -kt_{1/2}$$

$$\ln \tfrac{1}{2} = -kt_{1/2} \qquad (14.14)$$

$$t_{1/2} = -\frac{\ln \frac{1}{2}}{k} = \frac{0{,}693}{k}$$

Aus ► Gleichung 14.14 sehen wir, dass $t_{1/2}$ für ein Geschwindigkeitsgesetz erster Ordnung nicht von der Ausgangskonzentration abhängt. Daher bleibt die Halbwertszeit die gesamte Reaktion hindurch konstant. Wenn zum Beispiel die Konzentration des Reaktanten 0,120 mol/L in irgendeinem Moment der Reaktion ist, wird sie nach einer Halbwertszeit ½(0,120 mol/L) = 0,060 mol/L sein. Nachdem eine weitere Halbwertszeit vergangen ist, sinkt die Konzentration auf 0,030 mol/L und so weiter. ► Gleichung 14.14 gibt ebenfalls an, dass wir $t_{1/2}$ für eine Reaktion erster Ordnung berechnen können, wenn k bekannt ist, oder k, wenn $t_{1/2}$ bekannt ist.

Übungsbeispiel 14.6: Bestimmung der Halbwertszeit einer Reaktion erster Ordnung

Die Reaktion von C_4H_9Cl mit Wasser ist eine Reaktion erster Ordnung. ▶ Abbildung 14.4 zeigt, wie sich die Konzentration von C_4H_9Cl mit der Zeit bei einer bestimmten Temperatur ändert. **(a)** Schätzen Sie anhand der abgebildeten Funktion die Halbwertszeit für diese Reaktion. **(b)** Verwenden Sie die Halbwertszeit aus (a), um die Geschwindigkeitskonstante zu berechnen.

Lösung

Analyse: Wir sollen die Halbwertszeit einer Reaktion über die Konzentration als Funktion der Zeit schätzen und dann aus der Halbwertszeit die Geschwindigkeitskonstante für die Reaktion berechnen.

Vorgehen:
(a) Um eine Halbwertszeit zu schätzen, können wir eine Konzentration wählen und dann die benötigte Zeit ermitteln, bis die Konzentration auf die Hälfte dieses Wertes sinkt. **(b)** Die Geschwindigkeitskonstante wird über ▶ Gleichung 14.14 aus der Halbwertszeit berechnet.

Lösung:
(a) Aus dem Diagramm sehen wir, dass der Anfangswert von $[C_4H_9Cl]$ 0,100 mol/L ist. Die Halbwertszeit dieser Reaktion erster Ordnung ist die Zeit, die benötigt wird, bis $[C_4H_9Cl]$ auf 0,050 mol/L abgesunken ist, was wir in dem Diagramm ablesen können. Dieser Punkt liegt bei etwa 340 s.
(b) Durch Lösen von ▶ Gleichung 14.14 für *k* erhalten wir:

$$k = \frac{0{,}693}{t_{1/2}} = \frac{0{,}693}{340\ \text{s}} = 2{,}0 \times 10^{-3}\ \text{s}^{-1}$$

Überprüfung: Am Ende der zweiten Halbwertszeit, bei 680 s sollte die Konzentration ein weiteres Mal um den Faktor 2 auf 0,025 mol/L gesunken sein. Bei näherer Betrachtung des Diagramms zeigt sich, dass dies tatsächlich der Fall ist.

A 5 **(a)** Berechnen Sie anhand von ▶ Gleichung 14.14 $t_{1/2}$ für die Zersetzung des Insektenvertilgungsmittels, das in ▶ Übungsbeispiel 14.4 beschrieben wurde. **(b)** Wie lange dauert es, bis die Konzentration des Insektizids ein Viertel des Anfangswerts erreicht?

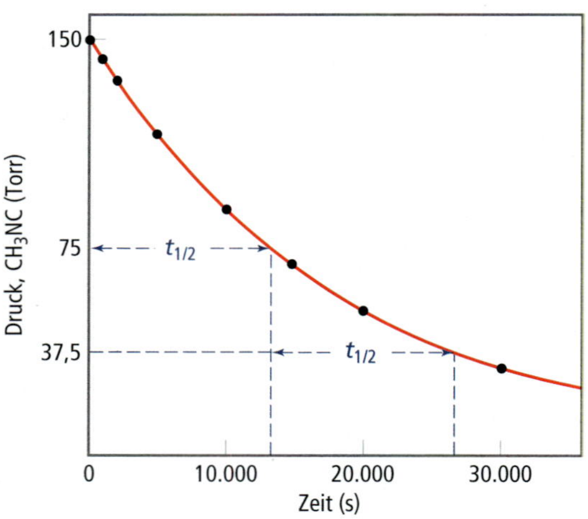

Abbildung 14.8: Halbwertszeit einer Reaktion erster Ordnung. Druck von Methylisonitril als Funktion der Zeit, mit zwei aufeinanderfolgenden Halbwertszeiten der Isomerisierungsreaktion in ▶ Abbildung 14.5.

Konzentrationsänderung als Funktion der Zeit für die Umlagerung von Methylisonitril bei 198,9 °C zeigt ▶ Abbildung 14.8. Die erste Halbwertszeit wird bei 13.600 s (also 3,78 h) erreicht. 13.600 s später hat die Isonitrilkonzentration auf ½ × ½ = ¼ der ursprünglichen Konzentration abgenommen. *Bei einer Reaktion erster Ordnung nimmt die Konzentration des Reaktanten um ½ nach Ablauf von $t_{1/2}$ ab.* Das Konzept der Halbwertszeit wird gemeinhin zur Beschreibung des radioaktiven Zerfalls verwendet, ein Vorgang erster Reaktionsordnung, den wir ausführlicher in Abschnitt 21.4 behandeln werden.

Im Gegensatz zum Verhalten von Reaktionen erster Ordnung hängt die Halbwertszeit für Reaktionen zweiter Ordnung von der Anfangskonzentration und damit von deren Änderung im Verlauf der Reaktion ab. Über ▶ Gleichung 14.13 finden wir, dass die **Halbwertszeit einer Reaktion zweiter Ordnung** wie folgt ist:

$$t_{1/2} = \frac{1}{k[A]_0} \qquad (14.15)$$

In diesem Fall hängt die Halbwertszeit von der Anfangskonzentration des Reaktanten ab – je geringer die Anfangskonzentration, desto größer die Halbwertszeit.

14.5 Temperatur und Reaktionsgeschwindigkeit

Die Geschwindigkeiten der meisten chemischen Reaktionen steigen mit steigender Temperatur. Wir können die Wirkung der Temperatur auf die Reaktionsgeschwindigkeit buchstäblich sehen, wenn wir eine Chemilumineszenzreaktion (eine Reaktion, die Licht erzeugt) beobachten. Ein Beispiel ist das Licht, das von Cyalume-Leuchtstäben erzeugt wird, die Chemikalien enthalten, die beim Mischen Chemilumineszenz erzeugen. Wie in ▶ Abbildung 14.9 zu sehen ist, erzeugen diese Leuchtstäbe ein helleres Licht bei höherer Temperatur. Die erzeugte Lichtmenge ist größer, weil die Reaktionsgeschwindigkeit bei höherer Temperatur größer ist. Obwohl die Leuchtstäbe zunächst heller leuchten, nimmt ihre Lumineszenz ebenfalls schneller ab.

Wie wird diese experimentell beobachtete Temperaturwirkung im Geschwindigkeitsausdruck widergespiegelt? Die größere Geschwindigkeit bei höherer

Abbildung 14.9: Die Temperatur beeinflusst die Geschwindigkeit der Chemilumineszenzreaktion bei Cyalume-Leuchtstäben. Der Leuchtstab leuchtet in heißem Wasser (links) heller als einer in kaltem Wasser (rechts). Bei der höheren Temperatur ist die Reaktion anfangs schneller und erzeugt ein helleres Licht.

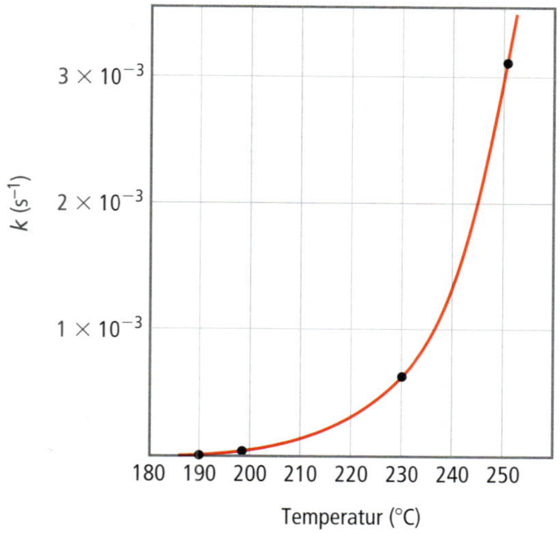

Abbildung 14.10: Abhängigkeit der Geschwindigkeitskonstante von der Temperatur. Die Daten zeigen die Änderung der Geschwindigkeitskonstante der Reaktion erster Ordnung für die Isomerisierung von Methylisonitril als Funktion der Temperatur. Die angezeigten vier Punkte werden in Verbindung mit ► Übungsbeispiel 14.8 benutzt.

Temperatur hat ihren Grund in einem Anstieg der Geschwindigkeitskonstante mit steigender Temperatur. Schauen wir uns zum Beispiel noch einmal die Reaktion erster Ordnung $CH_3NC \longrightarrow CH_3CN$ (siehe ► Abbildung 14.5) an. ►Abbildung 14.10 zeigt die Geschwindigkeitskonstante für diese Reaktion als Funktion der Temperatur. Die Geschwindigkeitskonstante und damit die Geschwindigkeit der Reaktion steigt schnell mit der Temperatur, etwa eine Verdoppelung für jeden Anstieg um 10 °C (Reaktions-Geschwindigkeits-Gesetz).

MERKE !

Eine Erhöhung der Temperatur um 10 °C führt zu einer Verdoppelung bis Vervierfachung der Reaktionsgeschwindigkeit (RGT-Regel).

Das Stoßmodell

Wir haben gesehen, dass Reaktionsgeschwindigkeiten durch die Konzentrationen der Reaktanten und durch die Temperatur beeinflusst werden. Das **Stoßmodell**, das auf der kinetischen Gastheorie basiert, erklärt beide Effekte auf Molekülebene. Die zentrale Vorstellung beim Stoßmodell ist, dass Moleküle gegeneinander stoßen müssen, um zu reagieren. Je größer die Zahl der Stöße, die pro Sekunde auftreten, desto größer die Reaktionsgeschwindigkeit. Wenn die Konzentration der Reaktantenmoleküle steigt, nimmt daher die Anzahl der Stöße zu und führt zu einer Erhöhung der Reaktionsgeschwindigkeit. Nach der kinetischen Gastheorie erhöht eine Steigerung der Temperatur die Molekülgeschwindigkeiten. Wenn sich Moleküle schneller bewegen, stoßen sie stärker (mit mehr Energie) und häufiger zusammen, wodurch die Reaktionsgeschwindigkeiten erhöht werden.

Damit jedoch eine Reaktion stattfindet, ist mehr als nur ein Zusammenstoß erforderlich. Bei den meisten Reaktionen führt nur ein winziger Teil der Stöße zu einer Reaktion. In einem Gemisch aus H_2 und I_2 durchläuft bei normalen Temperaturen und Drücken jedes Molekül etwa 10^{10} Stöße pro Sekunde. Wenn jeder Stoß zwischen H_2 und I_2 zur Bildung von HI führen würde, wäre die Reaktion in weniger als einer Sekunde vorüber. Stattdessen läuft die Reaktion bei Zimmertemperatur sehr langsam ab. Nur etwa einer von jeweils 10^{13} Stößen führt zu einer Reaktion. Warum?

Der Orientierungsfaktor

In den meisten Reaktionen müssen Moleküle während ihrer Zusammenstöße auf bestimmte Weise orientiert sein, damit eine Reaktion stattfindet. Die Orientierung der Moleküle zueinander während ihrer Stöße bestimmt, ob die Atome passend positioniert sind, um neue Bindungen einzugehen. Betrachten Sie zum Beispiel die Reaktion von Cl-Atomen mit NOCl:

$$Cl + NOCl \longrightarrow NO + Cl_2$$

Die Reaktion findet statt, wenn der Stoß Cl-Atome zusammenbringt, um Cl_2 zu bilden, wie ► Abbildung 14.11 a zeigt. Der in Abbildung ► 14.11 b gezeigte Stoß ist dagegen wirkungslos und ergibt keine Produkte. Tatsächlich führen sehr viele Stöße nicht zur Reaktion, weil die Moleküle nicht passend orientiert sind.

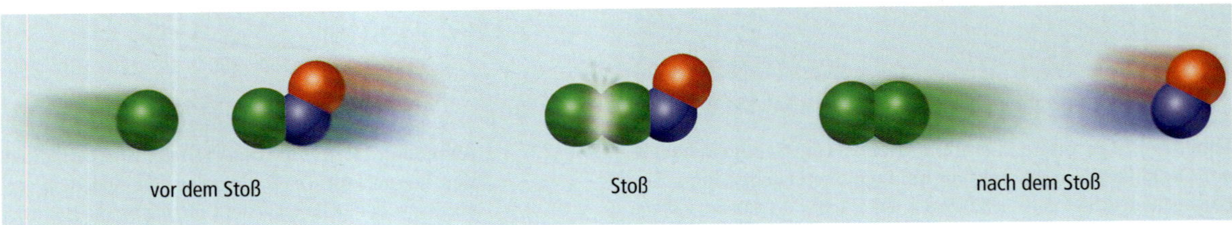

(a) effektiver Stoß

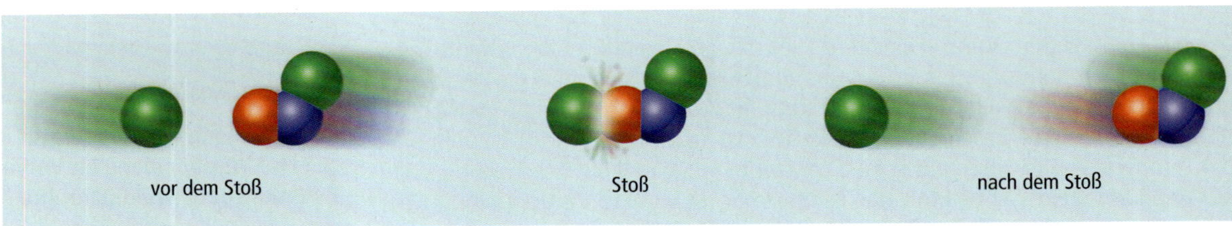

(b) ineffektiver Stoß

Abbildung 14.11: Stöße zwischen Molekülen und chemische Reaktionen. Es werden zwei Möglichkeiten gezeigt, wie die Cl-Atome und NOCl-Moleküle aneinander stoßen können. (a) Wenn Moleküle richtig orientiert sind, führt ein ausreichend energiereicher Stoß zu einer Reaktion. (b) Wenn die Orientierung der stoßenden Moleküle nicht passt, findet keine Reaktion statt.

Es gibt jedoch einen weiteren Faktor, der gewöhnlich noch wichtiger ist, um zu entscheiden, ob bestimmte Stöße zu einer Reaktion führen

Aktivierungsenergie

1888 postulierte der schwedische Chemiker Svante Arrhenius, dass Moleküle eine bestimmte minimale Energie besitzen müssen, um zu reagieren. Entsprechend dem Stoßmodell kommt diese Energie von den kinetischen Energien der gegeneinander stoßenden Moleküle. Beim Stoß kann die kinetische Energie der Moleküle genutzt werde, um Bindungen zu strecken, zu biegen und letztendlich aufzubrechen, was zu chemischen Reaktionen führt. Das heißt, dass die kinetische Energie dazu dient, die potenzielle Energie des Moleküls zu erhöhen. Wenn sich Moleküle zu langsam bewegen, also mit zu wenig kinetischer Energie, prallen sie einfach voneinander ab, ohne zu reagieren. Um zu reagieren, müssen zusammenstoßende Moleküle eine kinetische Gesamtenergie haben, die entweder gleich oder größer als ein bestimmter Mindestwert sein muss. Die Energie, die zum Einleiten einer chemischen Reaktion erforderlich ist, nennt man **Aktivierungsenergie** E_a. Der Wert von E_a ist je nach Reaktion verschieden.

Abbildung 14.12: Eine Energieschwelle. Um den Golfball in die Nähe des Lochs zu schlagen, muss die Golferin dem Golfball genügend kinetische Energie vermitteln, damit er die Schwelle überwinden kann, die der Hügel darstellt.

Die Situation bei Reaktionen ähnelt der in ► Abbildung 14.12 gezeigten. Die Golferin auf dem Putting Green muss ihren Ball über einen Hügel nahe an das Loch heranschlagen. Dazu muss sie mit dem Putter genügend kinetische Energie aufbringen, um den Ball über den Scheitelpunkt des Hügels zu bewegen. Verwendet sie nicht genügend Energie, rollt der Ball einen Teil des Hügels hinauf und dann wieder hinunter. Auf gleiche Weise benötigen Moleküle eine bestimmte Mindestenergie, um bestehende Bindungen während einer chemischen Reaktion aufzubrechen. Bei der Umlagerung von Methylisonitril zu Acetonitril könnten wir uns zum Beispiel vorstellen, dass die Reaktion über einen Übergangszustand erfolgt, in dem der N≡C-Teil des Moleküls seitlich sitzt:

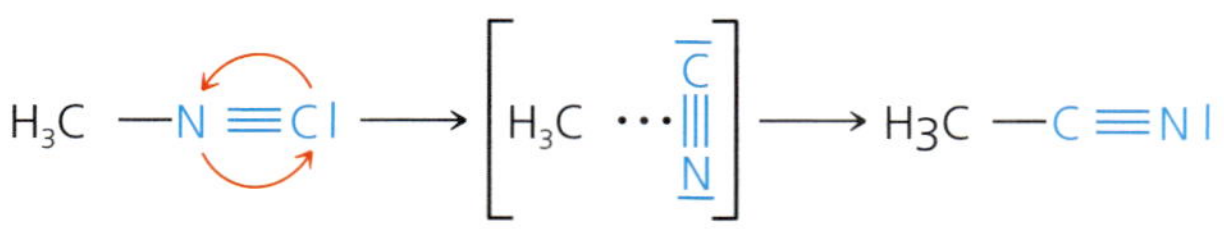

Die Änderung der potenziellen Energie des Moleküls während der Reaktion zeigt ► Abbildung 14.13. Die Abbildung zeigt, dass Energie geliefert werden muss, um die Bindung zwischen der H_3C-Gruppe und der N≡C-Gruppe zu strecken, so dass sich die N≡C-Gruppe drehen kann. Nachdem sich die N≡C-Gruppe ausreichend gedreht hat, beginnt sich die C—C-Bindung zu bilden und die Energie des Moleküls sinkt. Die Energiedifferenz zwischen der Energie des Startmoleküls und der höchsten Energie entlang des Reaktionsweges ist die Aktivierungsenergie E_a. Diese besondere Anordnung von Atomen oben auf dem Scheitelpunkt wird als aktivierter Komplex oder **Übergangszustand** (Tradukt) bezeichnet.

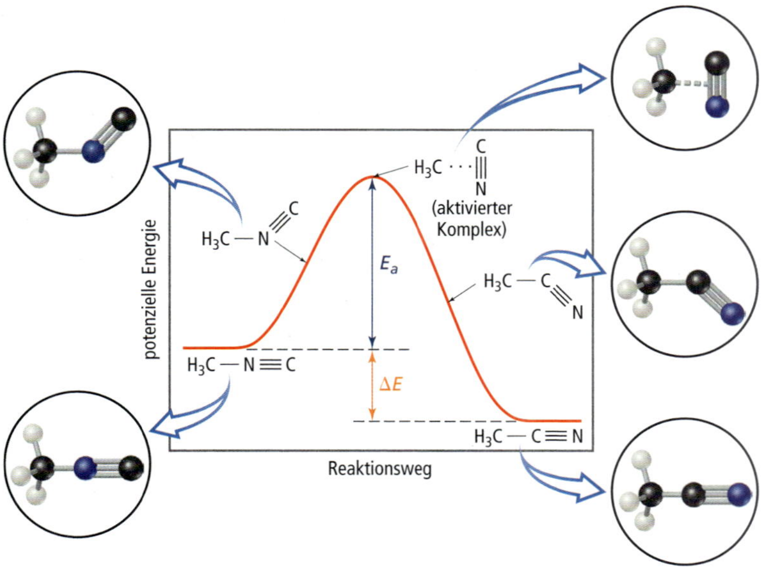

Abbildung 14.13: Energieprofil für die Isomerisierung von Methylisonitril. Das Methylisonitrilmolekül muss die Aktivierungsschwelle überwinden, bevor es das Produkt, Acetonitril, bilden kann. Die horizontale Achse wird als „Reaktionsweg" oder als „zeitlicher Verlauf der Reaktion" bezeichnet.

Die Umwandlung von H_3C—N≡C in H_3C—C≡N ist exotherm. ► Abbildung 14.13 zeigt daher, dass das Produkt eine niedrigere Energie als der Reaktant hat. Die Energieänderung für die Reaktion ΔE hat keine Wirkung auf die Geschwindigkeit der Reaktion. Die Geschwindigkeit hängt von der Aktivierungsenergie ab. Es gilt: Je niedriger E_a ist, desto schneller die Reaktion. Beachten Sie, dass die umgekehrte Reaktion endotherm ist. Die Aktivierungsschwelle für die Rückreaktion ist gleich der Summe von ΔE und E_a für die Hinreaktion.

Bei der höheren Temperatur hat ein größerer Anteil der Moleküle kinetische Energie, die größer als E_a ist, was zu einer größeren Reaktionsgeschwindigkeit führt.

Der Anteil der Moleküle, dessen Energie gleich oder größer als E_a ist, ergibt sich durch den Ausdruck

$$f = e^{-E_a/RT} \tag{14.16}$$

In dieser Gleichung ist R die Gaskonstante (8,314 J/mol · K) und T ist die absolute Temperatur. Um eine Vorstellung von der Größenordnung von f zu erhalten, nehmen wir an, dass E_a 100 kJ/mol ist, ein Wert, der typisch für viele Reaktionen ist, und dass T 300 K ist, etwa Zimmertemperatur. Der berechnete Wert für f ist $3{,}8 \times 10^{-18}$, eine äußerst kleine Zahl! Bei 310 K ist $f = 1{,}4 \times 10^{-17}$. Daher verursacht eine Temperatursteigung von 10 Grad eine 3,7-fache Steigerung des Anteils der Moleküle, die mindestens 100 kJ/mol Energie besitzen (vgl. RGT-Regel).

Die Arrhenius-Gleichung

Arrhenius bemerkte, dass der Anstieg der Geschwindigkeit mit steigender Temperatur für die meisten Reaktionen nicht linear ist, wie ► Abbildung 14.10 zeigt. Er fand, dass die meisten Reaktionsgeschwindigkeitsdaten einer Gleichung gehorchen, die auf drei Faktoren basieren: (a) der Anteil von Molekülen, der eine Energie von E_a oder größer besitzt, (b) die Anzahl der Stöße pro Sekunde und (c) der Anteil von Stößen, mit der entsprechenden Orientierung. Diese drei Faktoren werden in die **Arrhenius-Gleichung** aufgenommen:

$$k = Ae^{-E_a/RT} \qquad (14.17)$$

In dieser Gleichung ist k die Geschwindigkeitskonstante, E_a die Aktivierungsenergie, R ist die Gaskonstante (8,314 J/mol · K) und T ist die absolute Temperatur. Der **Frequenzfaktor** A ist annähernd konstant.* Wenn E_a zunimmt, nimmt k ab, da der Anteil von Molekülen, die die benötigte Energie besitzen, kleiner wird. Daher *nehmen die Reaktionsgeschwindigkeiten ab, wenn E_a zunimmt.*

Bestimmung der Aktivierungsenergie

Wenn wir den natürlichen Logarithmus auf beiden Seiten von ►Gleichung 14.17 anwenden, erhalten wir:

$$\ln k = -\frac{E_a}{R} \cdot \frac{1}{T} + \ln A \qquad (14.18)$$

► Gleichung 14.18 beschreibt eine Gerade. Sie sagt vorher, dass der Graph von $\ln k$ in Abhängigkeit von $1/T$ eine Gerade mit einer Steigung $-E_a/R$ und mit dem Achsenabschnittswert $\ln A$ ist. Damit kann die Aktivierungsenergie bestimmt werden, indem k bei verschiedenen Temperaturen gemessen, $\ln k$ in Abhängigkeit von $1/T$ aufgetragen und dann E_a aus der Steigung der sich ergebenden Geraden berechnet wird.

Wir können also anhand von ► Gleichung 14.18 E_a auf nicht grafische Weise ermitteln, wenn wir die Geschwindigkeitskonstante einer Reaktion bei zwei oder mehr Temperaturen kennen. Nehmen wir zum Beispiel an, dass bei zwei verschiedenen Temperaturen T_1 und T_2 eine Reaktion die Geschwindigkeitskonstanten k_1 und k_2 hat. Für jede Bedingung haben wir:

$$\ln k_1 = -\frac{E_a}{RT_1} + \ln A \quad \text{und} \quad \ln k_2 = -\frac{E_a}{RT_2} + \ln A$$

Subtrahiert man $\ln k_2$ von $\ln k_1$, erhält man:

$$\ln k_1 - \ln k_2 = \left(-\frac{E_a}{RT_1} + \ln A\right) - \left(-\frac{E_a}{RT_2} + \ln A\right)$$

Durch Vereinfachung dieser Gleichung und ihre Umstellung ergibt sich:

$$\ln \frac{k_1}{k_2} = \frac{E_a}{R}\left(\frac{1}{T_2} - \frac{1}{T_1}\right) \qquad (14.19)$$

* Weil die Frequenz von Stößen mit der Temperatur steigt, ist A auch temperaturabhängig, doch ist dies im Vergleich zum exponentiellen Glied klein. Daher wird A als annähernd konstant angesehen.

BIOGRAPHIE

Der schwedische Chemiker **Svante August Arrhenius** (1859–1927) wurde an der Universität von Uppsala in Nordschweden promoviert. Da er einer schlechten Bewertung seiner Dissertation durch seine örtlichen Gutachter entgegensah, die seine Abhandlung über die ionische Dissoziation nicht verstanden, versandte Arrhenius die Arbeit an mehrere Wissenschaftler, die sie in der Folge verteidigten. Diese Dissertation brachte Arrhenius 1903 den Nobelpreis für Chemie ein. Er war der Erste, der den „Treibhauseffekt" beschrieb und der voraussagte, dass sich die Oberflächentemperatur der Erde mit ansteigender Kohlendioxidkonzentration in der Atmosphäre erhöhen würde.

MERKE !

Gemäß der Arrhenius-Gleichung nimmt die Geschwindigkeit einer Reaktion ab, wenn die Aktivierungsenergie zunimmt.

Übungsbeispiel 14.7: Zusammenhang von Energieprofilen mit Aktivierungsenergien und Reaktionsgeschwindigkeiten

Betrachten Sie eine Reihe von Reaktionen, die die folgenden Energieprofile haben:

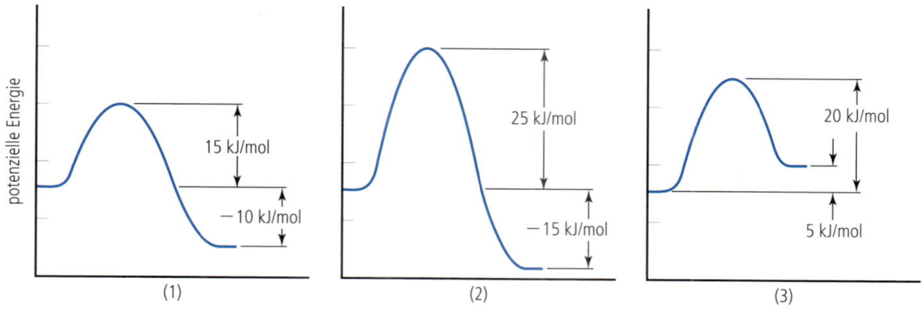

Nehmen Sie an, dass alle drei Reaktionen nahezu die gleichen Frequenzfaktoren haben und ordnen Sie die Reaktionen in der Reihenfolge von der langsamsten zur schnellsten an.

Lösung

Je niedriger die Aktivierungsenergie, desto schneller die Reaktion. Der Wert von ΔE beeinflusst die Geschwindigkeit nicht. Daher ist die Reihenfolge (2) < (3) < (1).

Aus ► Gleichung 14.19 läßt sich leicht die Geschwindigkeitskonstante k_1 bei der Temperatur T_1 berechnen, wenn wir die Aktivierungsenergie und die Geschwindigkeitskonstante k_2 bei der Temperatur T_2 kennen.

14.6 Reaktionsmechanismen

Ein **Reaktionsmechanismus** beschreibt detailliert die Reihenfolge, in der Bindungen aufgebrochen und gebildet werden, sowie die Änderungen der Positionen der Atome zueinander im Verlauf der Reaktion.

Elementarreaktionen

Wir haben gesehen, dass Reaktionen aufgrund von Stößen zwischen den reagierenden Molekülen stattfinden. Die Stöße zwischen den Molekülen des Me-

Übungsbeispiel 14.8: Bestimmung der Aktivierungsenergie

Die folgende Tabelle zeigt die Geschwindigkeitskonstanten für die Umlagerung von Methylisonitril bei verschiedenen Temperaturen (dies sind die Daten in ► Abbildung 14.10):

Temperatur (°C)	k(s^{-1})
189,7	$2{,}52 \times 10^{-5}$
198,9	$5{,}25 \times 10^{-5}$
230,3	$6{,}30 \times 10^{-4}$
251,2	$3{,}16 \times 10^{-3}$

(a) Berechnen Sie anhand dieser Daten die Aktivierungsenergie für die Reaktion. **(b)** Was ist der Wert der Geschwindigkeitskonstante bei 430,0 K?

Lösung

Analyse: Es werden Geschwindigkeitskonstanten, k, gemessen bei mehreren Temperaturen, angegeben und wir sollen die Aktivierungsenergie E_a und die Geschwindigkeitskonstante k bei einer bestimmten Temperatur bestimmen.

Vorgehen: Wir können E_a aus der Steigung der Kurve von ln k in Abhängigkeit von $1/T$ erhalten. Sobald wir E_a kennen, können wir ► Gleichung 14.19 zusammen mit den gegebenen Geschwindigkeitsdaten verwenden, um die Geschwindigkeitskonstante bei 430,0 K zu berechnen.

Lösung:

(a) Wir müssen die Temperaturen zuerst von Grad Celsius in Kelvin umrechnen. Wir berechnen dann die reziproke Temperatur $1/T$ und den natürlichen Logarithmus jeder Geschwindigkeitskonstante $\ln k$. Dies gibt uns die unten gezeigte Tabelle:

T(K)	$1/T (K^{-1})$	$\ln k$
462,9	$2{,}160 \times 10^{-3}$	– 10,589
472,1	$2{,}118 \times 10^{-3}$	– 9,855
503,5	$1{,}986 \times 10^{-3}$	– 7,370
524,4	$1{,}907 \times 10^{-3}$	– 5,757

Eine Kurve für $\ln k$ in Abhängigkeit von $1/T$ ergibt eine Gerade, wie ► Abbildung 14.14 zeigt.

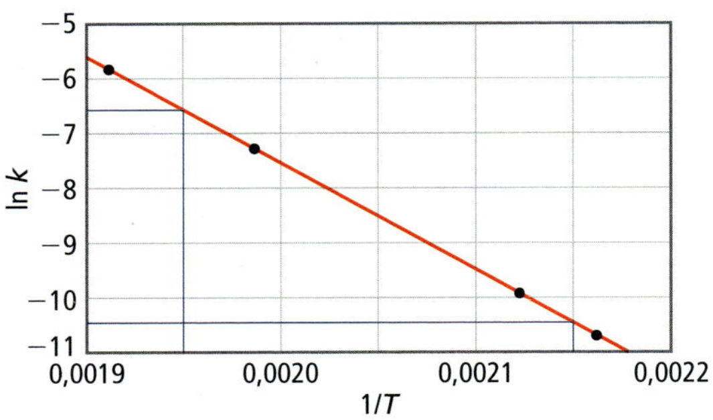

Abbildung 14.14: Grafische Bestimmung der Aktivierungsenergie. Der natürliche Logarithmus der Geschwindigkeitskonstante für die Umlagerung von Methylisonitril wird als eine Funktion von $1/T$ aufgezeichnet. Die lineare Beziehung entsprechend der Arrhenius-Gleichung ergibt eine Steigung gleich $-E_a/R$.

Die Steigung der Geraden erhalten wir, indem wir zwei weit auseinander liegende Punkte, wie gezeigt, wählen und die Koordinaten jedes Punktes verwenden:

$$\text{Steigung} = \frac{\Delta y}{\Delta x} = \frac{-6{,}6 - (-10{,}4)}{0{,}00195 - 0{,}00215} = -1{,}9 \times 10^4$$

Weil Logarithmen keine Einheiten haben, ist der Zähler in dieser Gleichung dimensionslos. Der Nenner hat die Einheit von $1/T$, nämlich K^{-1}. Daher ist die Einheit der Steigung K^{-1}. Die Steigung ist gleich $-E_a/R$. Wir verwenden den Wert für die molare Gaskonstante R in Einheiten von J/mol · K (► Tabelle 10.1). Wir erhalten damit:

$$\text{Steigung} = -\frac{E_a}{R}$$

$$E_a = -(\text{Steigung})(R) = -(-1{,}9 \times 10^4\ K)\left(8{,}314\ \frac{J}{mol \cdot K}\right)$$

$$= 1{,}6 \times 10^2\ kJ/mol = 160\ kJ/mol$$

Wir geben die Aktivierungsenergie nur auf zwei signifikante Stellen an, weil wir das Diagramm in ► Abbildung 14.14 nur mit eingeschränkter Genauigkeit lesen können.

(b) Um die Geschwindigkeitskonstante k_1 bei $T_1 = 430{,}0$ K zu bestimmen, können wir ► Gleichung 14.19 mit $E_a = 160$ kJ/mol wählen und eine der Geschwindigkeitskonstanten und Temperaturen aus den gegebenen Daten, wie $k_2 = 2{,}52 \times 10^{-5} s^{-1}$ und $T_2 = 462{,}9$ K, verwenden.

$$\ln\left(\frac{k_1}{2{,}52 \times 10^{-5}\ s^{-1}}\right) = \left(\frac{160\ kJ/mol}{8{,}314\ J/mol \cdot K}\right)\left(\frac{1}{462{,}9\ K} - \frac{1}{430{,}0\ K}\right) = -3{,}18$$

Damit

$$\frac{k_1}{2{,}52 \times 10^{-5}\ s^{-1}} = e^{-3{,}18} = 4{,}15 \times 10^{-2}$$

$$k_1 = (4{,}15 \times 10^{-2})(2{,}52 \times 10^{-5}\ s^{-1}) = 1{,}0 \times 10^{-6}\ s^{-1}$$

Beachten Sie, dass die Einheit von k_1 identisch mit der von k_2 ist.

A 6 Berechnen Sie anhand von Übungsbeispiel 14.7 die Geschwindigkeitskonstante für die Umlagerung von Methylisonitril bei 280 °C.

thylisonitrils (CH_3NC) können zum Beispiel die Energie liefern, damit sich CH_3NC umlagern kann:

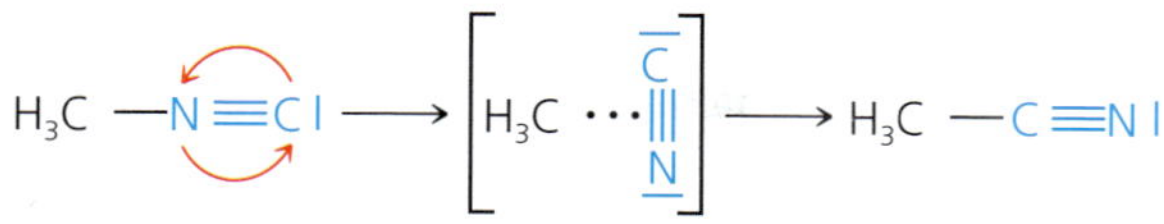

Ähnlich scheint die Reaktion von NO und O_3 zur Bildung von NO_2 und O_2 aufgrund eines einzelnen Stoßes zu verlaufen, an dem geeignet orientierte und ausreichend energiereiche NO- und O_3-Moleküle beteiligt sind.

$$NO(g) + O_3(g) \longrightarrow NO_2(g) + O_2(g) \qquad (14.20)$$

Beide Vorgänge finden in einem einzelnen Ereignis oder Schritt statt und werden **Elementarreaktionen** (oder Elementarprozesse) genannt.

Die Zahl von Molekülen, die als Reaktanten an einer Elementarreaktion teilnehmen, definiert die **Molekularität** der Reaktion. Ist ein einziges Molekül beteiligt, ist die Reaktion **unimolekular**. Die Umlagerung von Methylisonitril ist ein unimolekularer Vorgang. Elementarreaktionen, die den Stoß von zwei Reaktantenmolekülen beinhalten, sind bimolekular. Die Reaktion zwischen NO und O_3 (► Gleichung 14.20) ist **bimolekular**. Elementarreaktionen, die den gleichzeitigen Stoß von drei Molekülen beinhalten, sind **trimolekular**. Trimokulare Reaktionen sind viel weniger wahrscheinlich als unimolekulare oder bimolekulare Vorgänge und kommen selten vor.

MERKE !

Ein Reaktionsmechanismus beschreibt die Reihenfolge, in der Bindungen gelöst und gebildet werden. Er setzt sich aus einer Folge von Elementarreaktionen (Einzelschritten) zusammen. Die Anzahl der an jedem Schritt beteiligten Reaktanten gibt die Molekularität des Schritts an.

Mehrstufige Mechanismen

Ein *mehrstufiger Mechanismus*, besteht aus einer Folge von Elementarreaktionen. Betrachten wir zum Beispiel die Reaktion von NO_2 und CO:

$$NO_2(g) + CO(g) \longrightarrow NO(g) + CO_2(g) \qquad (14.21)$$

Unter 225 °C läuft diese Reaktion in zwei Elementarreaktionen (oder zwei *Elementarschritten*) ab, von denen jede bimolekular ist. Erstens stoßen zwei NO_2-Moleküle zusammen und ein Sauerstoffatom wird von einem zum anderen übertragen. Das entstandene NO_3 stößt dann zweitens mit einem CO-Molekül zusammen und überträgt ein Sauerstoffatom:

$$NO_2(g) + NO_2(g) \longrightarrow NO_3(g) + NO(g)$$
$$NO_3(g) + CO(g) \longrightarrow NO_2(g) + CO_2(g)$$

Daher sagen wir, dass die Reaktion über einen zweistufigen Mechanismus stattfindet.

Die chemischen Gleichungen für die Elementarreaktionen in einem mehrstufigen Mechanismus müssen sich immer so addieren, dass die chemische Gleichung des Gesamtvorgangs herauskommt. Im vorliegenden Beispiel ist die Summe der zwei Elementarreaktionen:

$$2\,NO_2(g) + NO_3(g) + CO(g) \longrightarrow NO_2(g) + NO_3(g) + NO(g) + CO_2(g)$$

Wenn wir diese Gleichung vereinfachen, indem wir Substanzen streichen, die auf beiden Seiten des Pfeils erscheinen, erhalten wir ► Gleichung 14.21, die Reaktionsgleichung für den Vorgang. Da NO_3 weder ein Reaktant noch ein Produkt in der Gesamtreaktion ist – es wird in einer Elementarreaktion gebildet und in der nächsten verbraucht – wird es **Zwischenprodukt** genannt. Mehrstufige Mechanismen beinhalten ein oder mehrere Zwischenprodukte.

MERKE !

Bei mehrstufigen Mechanismen ergibt sich die Gesamtgleichung durch Addition der Gleichungen für alle Elementarreaktionen. Der langsamste Schritt bestimmt zugleich das Geschwindigkeitsgesetz der Gesamtreaktion und somit die Reaktionsordnung.

EXTRAS ONLINE Geschwindigkeitsgesetze für Elementarreaktionen

EXTRAS ONLINE Der geschwindigkeitsbestimmende Schritt für einen mehrstufigen Mechanismus

EXTRAS ONLINE Mechanismen mit langsamem ersten Schritt

14.7 Katalyse

Ein **Katalysator** ist eine Substanz, die die Geschwindigkeit einer chemischen Reaktion erhöht, ohne in diesem Prozess selbst eine dauerhafte chemische Veränderung zu durchlaufen. Katalysatoren sind sehr häufig.

Katalyse (Video)

Homogene Katalyse

Ein Katalysator, der in der gleichen Phase wie die reagierenden Moleküle vorliegt, wird **homogener Katalysator** genannt. Es gibt unzählige Beispiele in Lösung und in der Gasphase. Betrachten wir zum Beispiel die Zersetzung von wässrigem Wasserstoffperoxid, $H_2O_2(aq)$ zu Wasser und Sauerstoff:

$$2\ H_2O_2(aq) \longrightarrow 2\ H_2O(l) + O_2(g) \qquad (14.22)$$

Ohne Vorliegen eines Katalysators findet diese Reaktion extrem langsam statt.

Viele verschiedene Substanzen können die Reaktion katalysieren, die ► Gleichung 14.22 darstellt, darunter das Bromidion, $Br^-(aq)$, wie ► Abbildung 14.15 zeigt. Das Bromidion reagiert mit Wasserstoffperoxid in saurer Lösung unter Bildung von Brom und Wasser:

$$2\ Br^-(aq) + H_2O_2(aq) + 2\ H^+(aq) \longrightarrow Br_2(aq) + 2\ H_2O(l) \qquad (14.23)$$

Die braune Farbe, die im mittleren Foto von ► Abbildung 14.15 beobachtet werden kann, zeigt die Bildung von $Br_2(aq)$ an. Wenn dies die vollständige Reaktion wäre, würde das Bromidion kein Katalysator sein, weil es während der Reaktion eine chemische Änderung durchläuft. Wasserstoffperoxid reagiert jedoch auch mit dem $Br_2(aq)$, das in ► Gleichung 14.23 erzeugt wurde:

$$Br_2(aq) + H_2O_2(aq) \longrightarrow 2\ Br^-(aq) + 2\ H^+(aq) + O_2(g) \qquad (14.24)$$

Die Summe von Gleichungen ► 14.23 und ► 14.24 ist genau ► Gleichung 14.22:

$$2\ H_2O_2(aq) \longrightarrow 2\ H_2O(l) + O_2(g)$$

Wenn H_2O_2 vollkommen zersetzt wurde, bleibt eine farblose Lösung aus $Br^-(aq)$ übrig, wie im Foto auf der rechten Seite von ► Abbildung 14.15 zu sehen ist. Das Bromidion ist daher tatsächlich ein Katalysator für diese Reaktion, weil es die Gesamtreaktion beschleunigt, ohne selbst eine Nettoänderung zu durchlaufen. Br_2 ist dagegen ein Zwischenprodukt, weil es zuerst gebildet (► Gleichung 14.23) und dann verbraucht wird (► Gleichung 14.24). Weder der Katalysator noch das Zwischenprodukt erscheinen in der chemischen Gleichung für die Gesamtreaktion. Sie sehen jedoch, dass der Katalysator zu Beginn der Reaktion vorhanden ist, während das Zwischenprodukt im Verlauf der Reaktion gebildet wird.

Auf Grundlage der Arrhenius-Gleichung (► Gleichung 14.17) wird die Geschwindigkeitskonstante (k) durch die Aktivierungsenergie (E_a) und den Frequenzfaktor (A) bestimmt. Ein Katalysator kann die Geschwindigkeit der Reaktion beeinflussen, indem er den Wert von E_a oder A ändert. Als allgemeine Regel *senkt ein Katalysator die Gesamtaktivierungsenergie einer chemischen Reaktion*.

Ein Katalysator senkt die Gesamtaktivierungsenergie einer Reaktion gewöhnlich, indem er einen vollkommen anderen Mechanismus für die Reaktion ermöglicht.

MERKE !

Ein Katalysator ist eine Substanz, welche die Geschwindigkeit einer Reaktion erhöht, ohne dabei selbst dauerhaft verändert zu werden. Dies geschieht, indem der Katalysator einen anderen Mechanismus mit einer niedrigeren Aktivierungsenergie ermöglicht.

Homogene Katalysatoren liegen in der gleichen Phase wie die reagierenden Teilchen vor, heterogene in einer anderen.

Heterogene Katalyse

Oberflächenreaktion (Video)

Ein **heterogener Katalysator** liegt in einer anderen Phase als die Reaktanten vor, gewöhnlich als Festkörper in Kontakt mit gasförmigen Reaktanten oder mit Reaktanten in einer flüssigen Lösung. Viele industriell wichtige Reaktionen werden durch die Oberflächen von Festkörpern katalysiert. Kohlenwasserstoffmoleküle

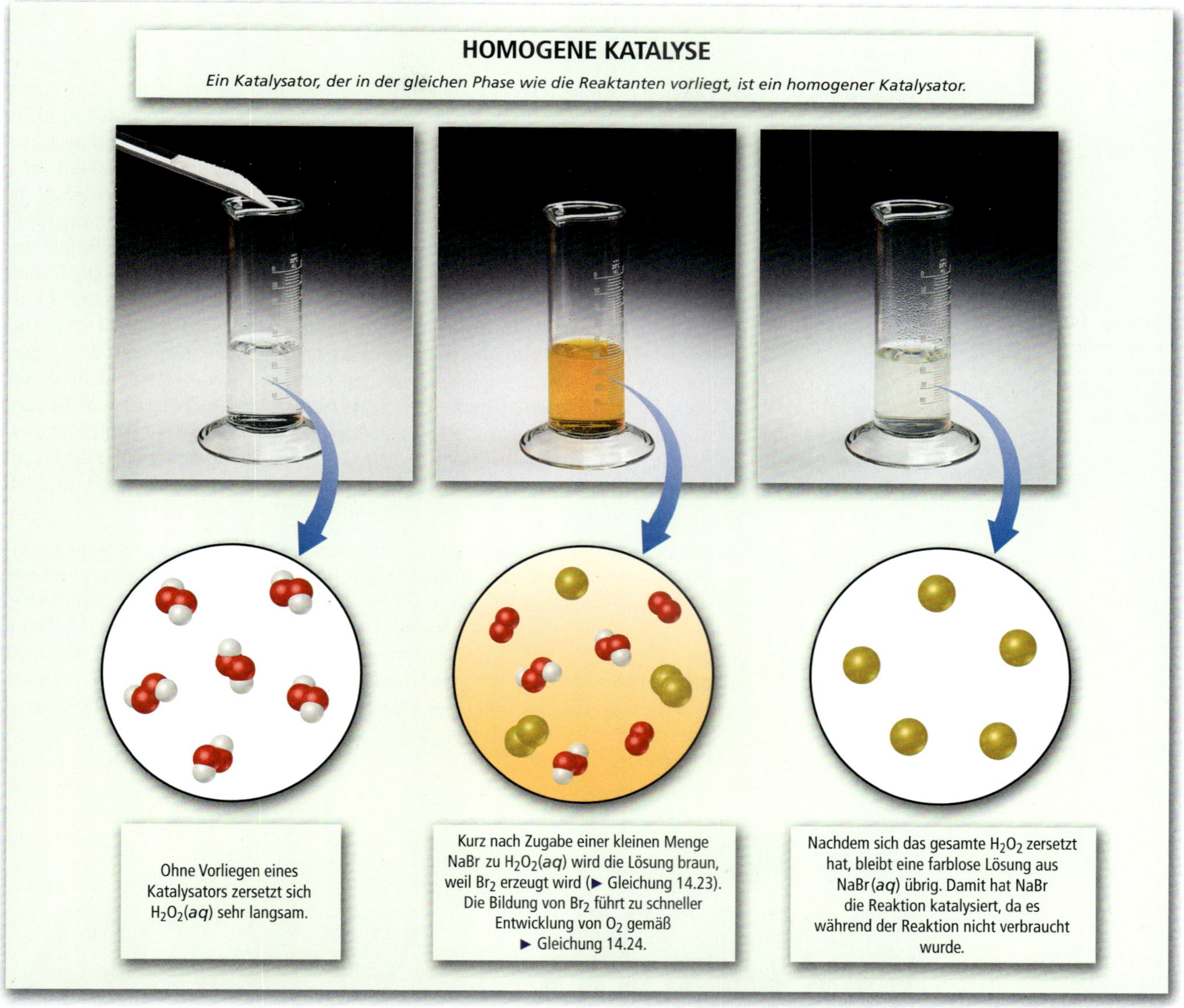

Abbildung 14.15: Wirkung eines Katalysators (H_2O-Moleküle und Na^+-Ionen wurden in der Darstellung der Übersichtlichkeit wegen weggelassen).

werden zum Beispiel mit der Hilfe so genannter „Cracking"-Katalysatoren isomerisiert, um Benzin herzustellen. Heterogene Katalysatoren bestehen häufig aus Metallen oder Metalloxiden. Weil die katalysierte Reaktion an der Oberfläche stattfindet, werden häufig spezielle Verfahren verwendet, um Katalysatoren mit sehr großen Oberflächenbereichen herzustellen.

Der erste Schritt in der heterogenen Katalyse ist gewöhnlich die **Adsorption** der Reaktanten. *Adsorption* bezieht sich auf die Bindung von Molekülen an eine Oberfläche. Adsorption findet statt, weil die Atome oder Ionen an der Oberfläche eines Festkörpers äußerst reaktiv sind, da Oberflächenatome und -ionen ungenutzte Bindungskapazität haben, die zur Bindung von Molekülen aus der Gas- oder Lösungsphase an die Oberfläche eines Festkörpers dienen können.

Die Reaktion von Wasserstoff mit Ethen zur Bildung von Ethangas bietet ein Beispiel für heterogene Katalyse:

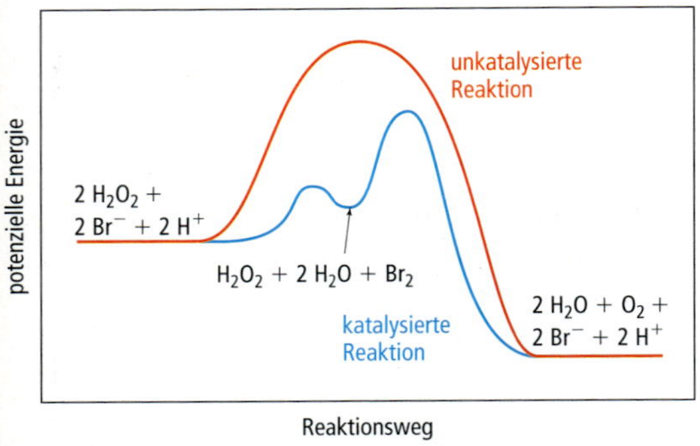

Abbildung 14.16: Energieprofile für unkatalysierte und katalysierte Reaktionen. Die katalysierte Reaktion beinhaltet zwei aufeinander folgende Schritte, von denen jeder eine niedrigere Aktivierungsenergie als die unkatalysierte Reaktion hat.

$$\underset{\text{Ethen}}{C_2H_4(g)} + H_2(g) \xrightarrow{\text{Kat.}} \underset{\text{Ethan}}{C_2H_6(g)} \qquad \Delta H^\circ = -137 \text{ kJ/mol} \qquad (14.25)$$

Obwohl diese Reaktion exotherm ist, läuft sie ohne die Anwesenheit eines Katalysators sehr langsam ab. In Gegenwart eines feinverteilten Metallpulvers wie Nickel, Palladium oder Platin läuft die Reaktion jedoch ziemlich leicht bei Zimmertemperatur ab. Der Mechanismus, über den die Reaktion verläuft, ist in ▶ Abbildung 14.17 zu sehen. Sowohl Ethen als auch Wasserstoff werden an der Metalloberfläche adsorbiert (▶ Abbildung 14.17 a). Bei Adsorption bricht die H—H-Bindung von H_2 auf und hinterlässt zwei H-Atome, die an die Metalloberfläche gebunden sind, wie ▶ Abbildung 14.17 b zeigt. Die Wasserstoffatome sind auf der Oberfläche ziemlich frei beweglich. Wenn ein Wasserstoffatom auf ein adsorbiertes Ethenmolekül trifft, kann es eine σ-Bindung mit einem der Kohlenstoffatome eingehen und zerstört damit die C—C π-Bindung. Somit bleibt eine *Ethylgruppe* (C_2H_5) zurück, die über eine Metall– Kohlenstoff σ-Bindung an die Oberfläche gebunden ist (▶ Abbildung 14.17 c). Diese σ-Bindung ist relativ schwach, wenn daher das andere Kohlenstoffatom ebenfalls auf ein Wasserstoffatom trifft, wird eine sechste C—H σ-Bindung sehr leicht gebildet und ein Ethanmolekül von der Metalloberfläche freigesetzt (▶ Abbildung 14.17 d). Die Stelle ist bereit, ein weiteres Ethylenmolekül zu adsorbieren.

Wir können die Rolle des Katalysators in diesem Vorgang verstehen, indem wir die beteiligten Bindungsenthalpien betrachten. Im Verlauf der Reaktion müssen die H—H σ-Bindung und die C—C π-Bindung aufgelöst werden und dazu ist eine Energiezufuhr erforderlich, die wir mit der Aktivierungsenergie der Reaktion vergleichen können. Die Bildung von neuen C—H σ-Bindungen setzt eine noch größere Menge Energie *frei* und macht die Reaktion damit exotherm. Wenn H_2 und C_2H_4 an die Oberfläche des Katalysators gebunden sind, ist weniger Energie erforderlich, um die Bindungen aufzubrechen und damit sinkt die Aktivierungsenergie der Reaktion.

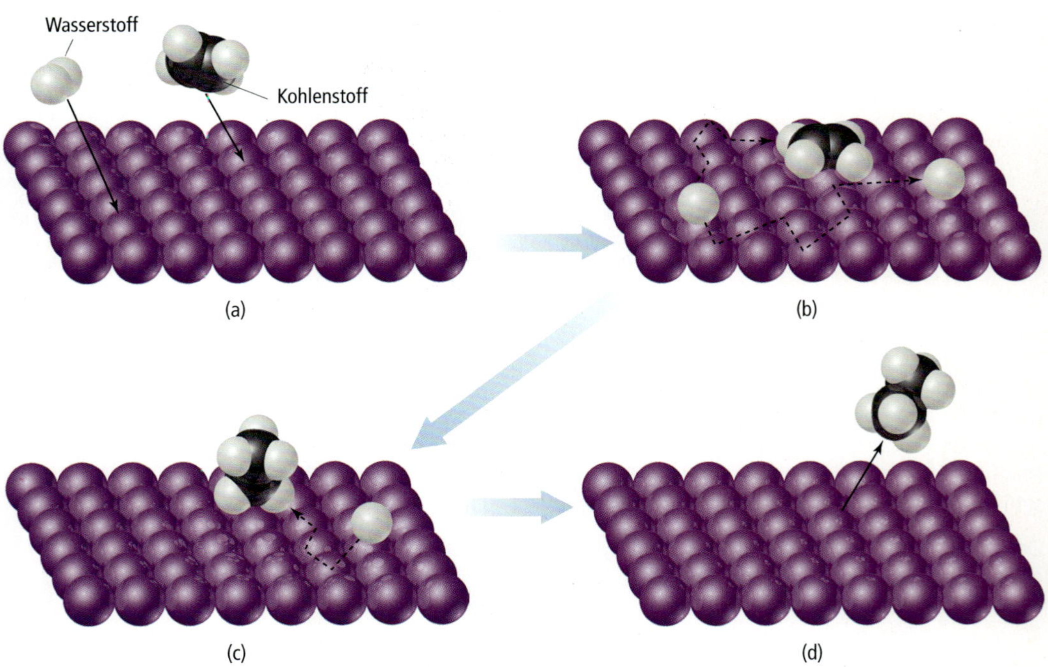

Abbildung 14.17: Mechanismus für die Reaktion von Ethen mit Wasserstoff an einer Katalysatoroberfläche. (a) Der Wasserstoff und das Ethen werden an der Metalloberfläche adsorbiert. (b) Die H—H-Bindung wird gelöst, Wasserstoffatome werden adsorbiert. (c) Diese wandern zum adsorbierten Ethen und binden sich an die Kohlenstoffatome. (d) Nachdem sich C—H-Bindungen gebildet haben, wird Ethan freigesetzt.

Chemisches Gleichgewicht

15

ÜBERBLICK

Wir haben bereits verschiedene Fälle von dynamischem Gleichgewicht gesehen. Der Dampf über einer Flüssigkeit ist zum Beispiel im Gleichgewicht mit der flüssigen Phase (siehe Abschnitt 11.5). Ähnlich ist in einer gesättigten Lösung von Kochsalz das feste Natriumchlorid im Gleichgewicht mit den im Wasser verteilten Ionen (siehe Abschnitt 13.2). Bei beiden Beispielen geht es um ein Paar von gegenläufigen Prozessen. Im Gleichgewicht laufen diese physikalischen Prozesse mit der gleichen Geschwindigkeit ab.

In diesem Kapitel werden wir uns eine weitere Art von dynamischem Gleichgewicht ansehen, eines, bei dem es um chemische Reaktionen geht. ***Chemisches Gleichgewicht*** *stellt sich ein, wenn entgegengesetzte Reaktionen mit gleichen Geschwindigkeiten ablaufen:* Die Geschwindigkeit, mit der die Produkte aus den Reaktanten gebildet werden, ist gleich der Geschwindigkeit, mit der die Reaktanten aus den Produkten entstehen. Wenn chemische Reaktionen in geschlossenen Systemen ablaufen, erreichen die Reaktionen letztlich einen Gleichgewichtszustand – ein Gemisch, in dem sich die Konzentrationen von Reaktanten und Produkten zeitlich nicht mehr ändern.

MERKE !

Chemisches Gleichgewicht ist dynamisch, da entgegengesetzte Reaktionen mit gleicher Geschwindigkeit ablaufen, sodass sich die Konzentrationen von Reaktanten und Produkten nicht mehr ändern.

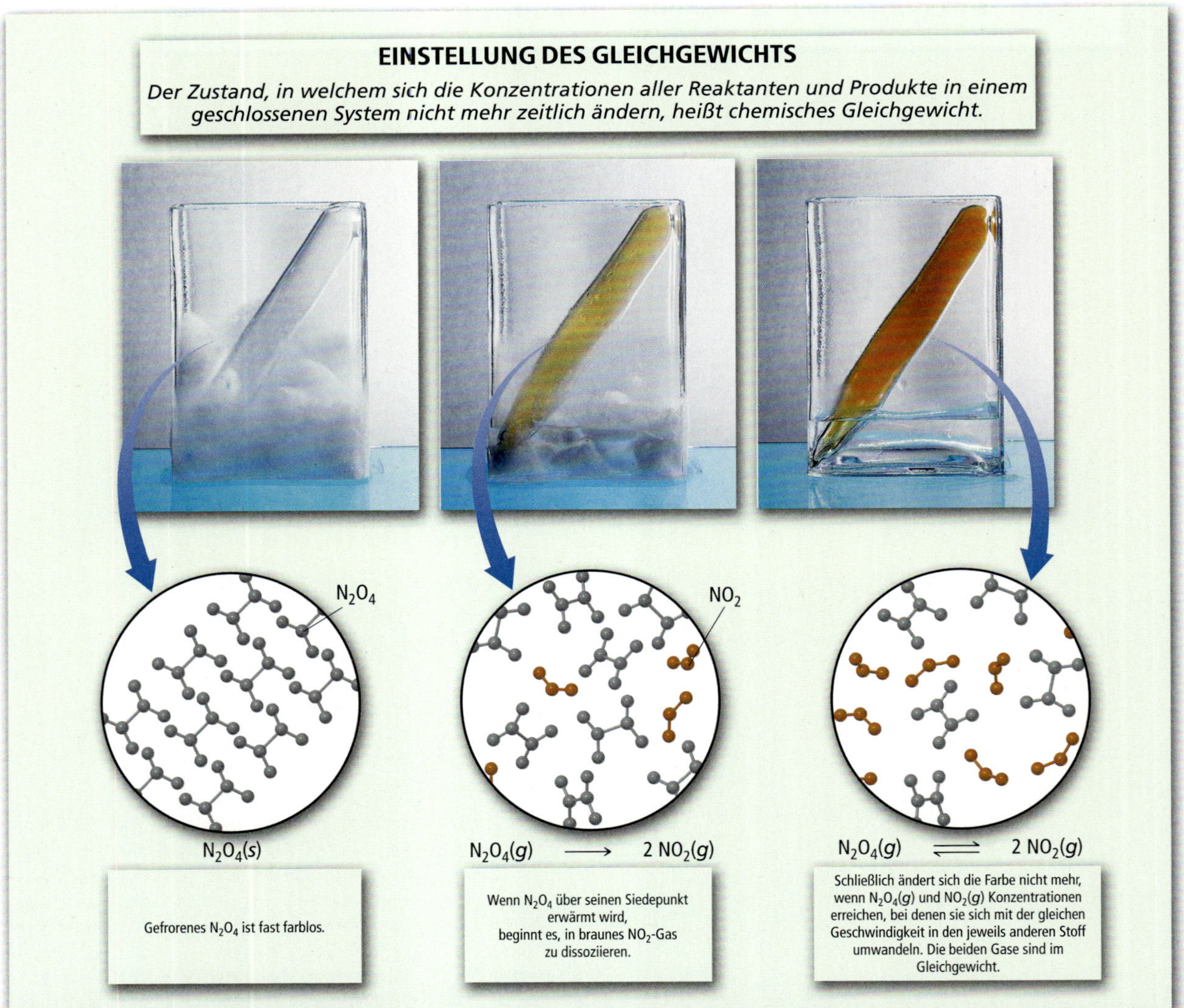

Abbildung 15.1: Das $N_2O_4(g) \rightleftharpoons 2\ NO_2(g)$-Gleichgewicht.

15.1 Der Begriff des Gleichgewichts

► Abbildung 15.1 zeigt eine Probe festes N_2O_4, eine farblose Substanz, in einer Ampulle. Wenn die Substanz über ihren Siedepunkt (21,2 °C) erwärmt wird, wird das Gas im Rohr ständig dunkler, da das farblose N_2O_4-Gas zu braunem NO_2-Gas dissoziiert. Schließlich tritt keine Farbänderung mehr ein, weil sich im System ein Gleichgewicht eingestellt hat. Wir haben nun ein *Gleichgewichtsgemisch* aus N_2O_4 und NO_2, in dem die Konzentrationen der Gase sich im Verlauf der Zeit nicht mehr ändern. Das Gleichgewichtsgemisch entsteht, weil die Reaktion *reversibel* bzw. *umkehrbar* ist. N_2O_4 kann nicht nur unter Bildung von NO_2 zerfallen, sondern NO_2 kann auch unter Bildung von N_2O_4 rekombinieren. Diese Situation wird durch einen Doppelpfeil symbolisiert, der zwischen Edukt- und Produktseite gesetzt wird

$$\underset{\text{farblos}}{N_2O_4(g)} \rightleftharpoons \underset{\text{braun}}{2\ NO_2(g)} \tag{15.1}$$

Wir können dieses Gleichgewicht anhand unserer Kenntnisse über Kinetik analysieren. Nennen wir die Bildung von NO_2 aus N_2O_4 die Hinreaktion und den Umkehrvorgang die Rückreaktion.

Hinreaktion: (h) $N_2O_4(g) \longrightarrow 2\ NO_2(g)$ Geschwindigkeit(h) $= k_h[N_2O_4]$ (15.2)

Rückreaktion: (r) $2\ NO_2(g) \longrightarrow N_2O_4(g)$ Geschwindigkeit(r) $= k_r[NO_2]^2$ (15.3)

wobei k_h und k_r die Geschwindigkeitskonstanten für die Hin- und Rückreaktion sind. Im Gleichgewicht gilt:

$$\underset{\text{Hinreaktion}}{k_h[N_2O_4]} = \underset{\text{Rückreaktion}}{k_r[NO_2]^2} \tag{15.4}$$

Durch Umstellung dieser Gleichung erhalten wir:

$$\frac{[NO_2]^2}{[N_2O_4]} = \frac{k_h}{k_r} = \text{eine Konstante} \tag{15.5}$$

Im Gleichgewicht ist das Verhältnis der Konzentrationsglieder von N_2O_4 und NO_2 eine Konstante. Wir werden diese Konstante als *Gleichgewichtskonstante* in Abschnitt 15.2 betrachten.

Sobald sich das Gleichgewicht eingestellt hat, ändern sich die Konzentrationen von N_2O_4 und NO_2 nicht mehr, wie ► Abbildung 15.2 zeigt. Nur weil die Zusammensetzung des Gleichgewichtsgemisches zeitlich konstant bleibt, heißt dies jedoch nicht, dass N_2O_4 und NO_2 nicht mehr reagieren. Ganz im Gegenteil, das Gleichgewicht ist dynamisch – ein Teil des N_2O_4 wandelt sich noch immer zu NO_2 um und ein Teil von NO_2 wandelt sich noch in N_2O_4 um. Im Gleichgewicht laufen die beiden Prozesse jedoch mit der gleichen Geschwindigkeit ab, daher gibt es keine *Nettoänderung* der Stoffmengen des Reaktanten der Hin- und Rückreaktion.

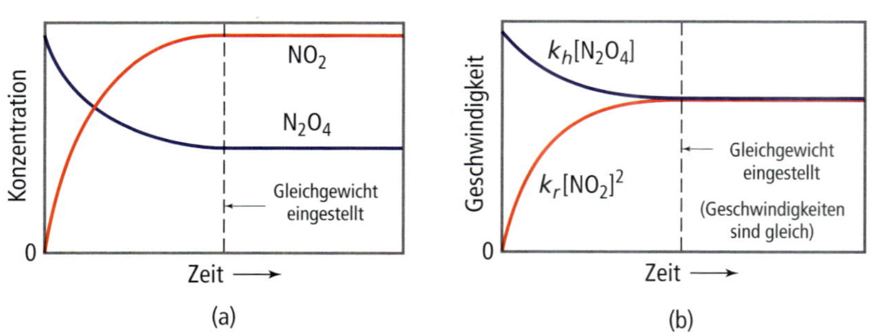

Abbildung 15.2: Erreichen des chemischen Gleichgewichts für $N_2O_4(g) \rightleftharpoons 2\ NO_2(g)$. (a) Im Laufe der Reaktion nimmt die Konzentration von N_2O_4 ab, während die Konzentration von NO_2 zunimmt. Das Gleichgewicht liegt vor, wenn sich die Konzentrationen zeitlich nicht mehr ändern. (b) Die Geschwindigkeit, mit der N_2O_4 verbraucht wird, sinkt mit der Zeit, wenn die Konzentration von N_2O_4 abnimmt. Gleichzeitig nähert sich auch die Bildungsgeschwindigkeit von NO_2 einem Grenzwert. Das Gleichgewicht ist erreicht, wenn diese beiden Geschwindigkeiten gleich sind.

Chemie im Einsatz:
Das Haber-Bosch-Verfahren

15.2 Die Gleichgewichtskonstante

Betrachten wir die Synthese von Ammoniak aus Stickstoff und Wasserstoff:

$$N_2(g) + 3\,H_2(g) \rightleftharpoons 2\,NH_3(g) \tag{15.6}$$

Diese Reaktion ist die Grundlage für das **Haber-Bosch-Verfahren**. Hier regieren unter Wirkung eines Katalysators N_2 und H_2 bei einem Druck von mehreren hundert Atmosphären und einer Temperatur von mehreren hundert Grad Celsius unter Bildung von Ammoniak. Die Reaktion führt aber nicht zum vollständigen Verbrauch von N_2 und H_2. Stattdessen scheint die Reaktion an einem gewissen Punkt zu stoppen, wobei alle drei Bestandteile des Reaktionsgemisches gleichzeitig vorhanden sind.

Wie die Konzentrationen von H_2, N_2 und NH_3 sich mit der Zeit ändern, zeigt ► Abbildung 15.3a. Sie sehen, dass man unabhängig davon, ob wir mit N_2 und H_2 oder nur mit NH_3 beginnen, ein Gleichgewichtsgemisch erhalten. Im Gleichgewicht sind die Konzentrationsverhältnisse von H_2, N_2 und NH_3 gleich, unabhängig davon, ob ein Ausgangsgemisch im 3:1-Molverhältnis von H_2 und N_2 vorlag oder reines NH_3. *Der Gleichgewichtszustand kann aus beiden Richtungen erreicht werden.*

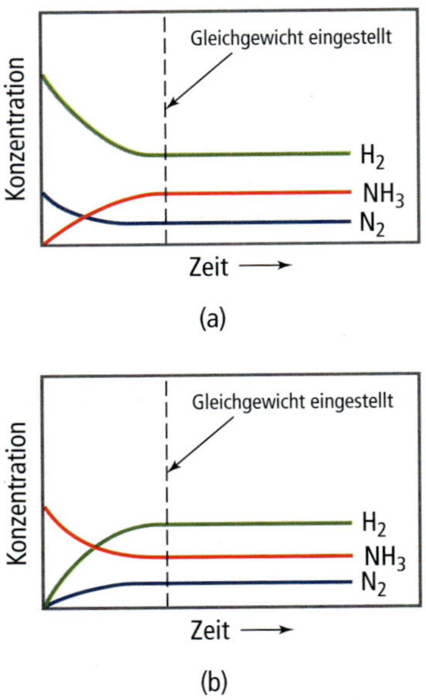

Abbildung 15.3: Konzentrationsänderungen bei Annäherung an das Gleichgewicht. (a) Annäherung an das Gleichgewicht für die Reaktion $N_2 + 3\,H_2 \rightleftharpoons 2\,NH_3$, beginnend mit H_2 und N_2, im Verhältnis 3:1, ohne NH_3. (b) Annäherung an das Gleichgewicht für die gleiche Reaktion, beginnend mit reinem NH_3 im Reaktionsgefäß.

Im Jahr 1864 postulierten Cato Maximilian Guldberg (1836–1902) und Peter Waage (1833–1900) ihr **Massenwirkungsgesetz (MWG)**, das für jede Reaktion die Beziehung zwischen den Konzentrationen der Reaktanten und Produkte ausdrückt, die im Gleichgewicht vorliegen. Nehmen wir an, dass wir die folgende allgemeine Gleichgewichtsreaktion haben:

$$aA + bB \rightleftharpoons dD + eE \tag{15.7}$$

wobei A, B, D und E die beteiligten chemischen Spezies und *a*, *b*, *d* und *e* ihre stöchiometrischen Koeffizienten in der Reaktionsgleichung sind. Nach dem Massenwirkungsgesetz wird der Gleichgewichtszustand ausgedrückt durch die Gleichung:

$$K_c = \frac{[D]^d[E]^e}{[A]^a[B]^b} \tag{15.8}$$

Wir bezeichnen diese Beziehung als den **Gleichgewichtsausdruck** für die Reaktion. Die Konstante K_c, die wir die **Gleichgewichtskonstante** nennen, ist der Zahlenwert, den wir erhalten, wenn wir die Gleichgewichtskonzentrationen in den Gleichgewichtsausdruck einsetzen. Der tiefstehende Index *c* bei *K* zeigt an, dass Stoffmengenkonzentrationen verwendet werden, um die Konstante zu berechnen.

Im Allgemeinen ist der Zähler des Gleichgewichtsausdrucks das Produkt der Konzentrationen aller Substanzen auf der Produktseite der Gleichgewichtsreaktion jeweils in der Potenz, die gleich ihrem stöchiometrischen Koeffizienten ist. Der Nenner wird entsprechend aus der Reaktantenseite der Gleichgewichtsreaktion gebildet. Erinnern Sie sich: Es ist Konvention, die Substanzen auf der *Produkt*-Seite im *Zähler* und die Substanzen auf der *Reaktanten*-Seite im *Nenner* zu schreiben. Daher ist der Gleichgewichtsausdruck für das Haber-Bosch-Verfahren (vgl. 15.6):

$$K_c = \frac{[NH_3]^2}{[N_2][H_2]^3} \tag{15.9}$$

Der Gleichgewichtsausdruck hängt nur von der Stöchiometrie der Reaktion, nicht von ihrem Mechanismus ab.

> **MERKE !**
>
> **Der Gleichgewichtszustand kann aus beiden Richtungen erreicht werden und wird durch das Massenwirkungsgesetz (MWG) beschrieben. Dies ist der Quotienten aus dem Produkt der Konzentrationen der Produkte und dem Produkt der Konzentrationen der Reaktanten, wobei alle Konzentrationen mit dem stöchiometrischen Koeffizienten der Gleichung potenziert werden.**

Der Wert der Gleichgewichtskonstanten bei einer gegebenen Temperatur hängt nicht von den Ausgangsmengen von Reaktanten und Produkten ab. Es ist ebenfalls gleichgültig, ob andere Substanzen vorliegen, solange sie nicht mit einem

Versuch	N_2O_4-Anfangs-Konzentration (mol/L)	NO_2-Anfangs-Konzentration (mol/L)	N_2O_4-Gleichgewichts-konzentration (mol/L)	NO_2-Gleichgewichts-konzentration (mol/L)	K_c
1	0,0	0,0200	0,00140	0,0172	0,211
2	0,0	0,0300	0,00280	0,0243	0,211
3	0,0	0,0400	0,00452	0,0310	0,213
4	0,0200	0,0	0,00452	0,0310	0,213

Tabelle 15.1: Anfangs- und Gleichgewichtskonzentrationen von N_2O_4 und NO_2 in der Gasphase bei 100 °C.

Reaktanten oder einem Produkt reagieren. Der Wert der Gleichgewichtskonstante hängt nur von der betrachteten Reaktion und von der Temperatur ab.

Wir können empirisch veranschaulichen, wie das Massenwirkungsgesetz entdeckt wurde und zeigen, dass die Gleichgewichtskonstante unabhängig von den Ausgangskonzentrationen ist, indem wir einige Gleichgewichtskonzentrationen für die Gas-Phasen-Reaktion zwischen Distickstofftetraoxid und Stickstoffdioxid untersuchen:

$$N_2O_4(g) \rightleftharpoons 2\ NO_2(g) \qquad K_c = \frac{[NO_2]^2}{[N_2O_4]} \tag{15.10}$$

► Abbildung 15.1 zeigt die Reaktion, die zum Gleichgewicht führt, beginnend mit reinem N_2O_4. Da NO_2 ein dunkelbraunes Gas und N_2O_4 farblos ist, lässt sich die Menge von NO_2 im Gemisch durch Messen der Intensität der braunen Farbe des Gasgemisches bestimmen.

Wir können den Zahlenwert für K_c bestimmen und überprüfen, ob er, unabhängig von den Ausgangsmengen NO_2 und N_2O_4 konstant ist, indem wir Versuche durchführen, in denen wir mit mehreren Ampullen beginnen, die verschiedene Konzentrationen von NO_2 und N_2O_4 enthalten, wie in ► Tabelle 15.1 dargestellt. Die Rohre werden bei 100 °C gehalten, bis keine weitere Änderung der Farbe des Gases zu sehen ist. Wir analysieren dann die Gemische und bestimmen die Gleichgewichtskonzentrationen von NO_2 und N_2O_4, wie ► Tabelle 15.1 zeigt.

Zur Berechnung der Gleichgewichtskonstanten K_c setzen wir die Gleichgewichtskonzentrationen im Gleichgewichtsausdruck ein. Wenn wir zum Beispiel die Angaben aus Versuch 1, $[NO_2] = 0{,}0172$ mol/L und $[N_2O_4] = 0{,}00140$ mol/L, verwenden, erhalten wir:

$$K_c = \frac{[NO_2]^2}{[N_2O_4]} = \frac{(0{,}0172)^2}{0{,}00140} = 0{,}211$$

Auf gleiche Weise wurden die Werte von K_c für die anderen Proben berechnet, wie in ► Tabelle 15.1 aufgeführt. Sie sehen, dass der Wert für K_c konstant ist ($K_c = 0{,}212$, innerhalb der Grenzen experimenteller Fehler), obwohl die Anfangskonzentrationen unterschiedlich sind. Darüber hinaus zeigen die Ergebnisse von Versuch 4, dass sich das Gleichgewicht, beginnend mit N_2O_4 statt mit NO_2, einstellen kann. Dies heißt, dass wir uns dem Gleichgewicht aus beiden Richtungen nähern können.

Sofern sich die Konzentrationseinheiten im Gleichgewichtsausdruck nicht herauskürzen, hat K_c eine Einheit. Aus Gründen, die wir etwas später erklären werden, lassen wir zur Vereinfachung die Einheit weg.

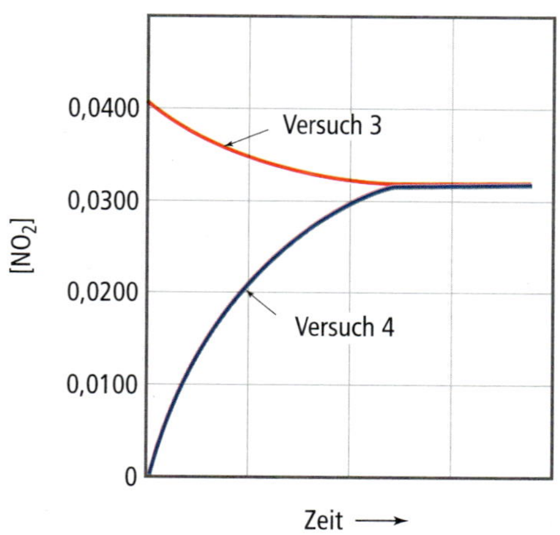

Abbildung 15.4: Konzentrationsänderungen bei Annäherung an das Gleichgewicht. Wie in ► Tabelle 15.1 zu sehen, wird das gleiche Gleichgewichtsgemisch erzeugt, wenn man entweder mit 0,0400 mol/L NO_2 (Versuch 3) oder 0,0200 mol/L N_2O_4 (Versuch 4) beginnt.

Gleichgewichtskonstanten bezogen auf Druck, K_p

Wenn die Reaktanten und Produkte in einer chemischen Reaktion Gase sind, können wir den Gleichgewichtsausdruck bezogen auf Partialdrücke anstatt auf Stoffmengenkonzentrationen formulieren. Die Gleichgewichtskonstante wird als K_p dargestellt, wobei der tiefstehende Index *p* für Druck steht. Für die allgemeine Reaktion in ► Gleichung 15.7 ergibt sich für die Gleichgewichtskonstante:

$$K_p = \frac{(p_D)^d (p_E)^e}{(p_A)^a (p_B)^b} \qquad (15.11)$$

wobei p_A der Partialdruck von A in Atmosphären ist und so weiter.

Für eine gegebene Reaktion ist der Zahlenwert von K_c generell anders als der Zahlenwert von K_p. Wir müssen daher darauf achten, durch einen tiefgestellten Index *c* oder *p* anzugeben, welche dieser Gleichgewichtskonstanten wir verwenden. Es ist jedoch möglich, eine aus der anderen zu berechnen, indem wir die ideale Gasgleichung (siehe Abschnitt 10.4) verwenden, um Konzentration (in mol/L) in Druck (in atm) umzurechnen:

$$pV = nRT, \quad \text{also} \quad p = \frac{n}{V}RT \qquad (15.12)$$

Unter Verwendung der üblichen Einheiten hat *n/V* die Einheiten mol/L. Für Substanz A sehen wir daher, dass:

$$p_A = \frac{n_A}{V}RT = [A]\,RT \qquad (15.13)$$

Wenn wir ► Gleichung 15.13 und ähnliche Ausdrücke für die anderen gasförmigen Bestandteile der Reaktion in den Ausdruck für K_p (► Gleichung 15.11) einsetzen, erhalten wir einen allgemeinen Ausdruck, der sich auf K_p und K_c bezieht:

$$K_p = K_c(RT)^{\Delta n} \qquad (15.14)$$

Die Größe Δn ist die Änderung der Stoffmenge der Gase in der chemischen Gleichung für die betreffende Reaktion. Sie ist gleich der Summe der Koeffizienten der gasförmigen Produkte minus der Summe der Koeffizienten der gasförmigen Reaktanten:

$$\Delta n = (\text{Stoffmenge des gasförmigen Produkts}) - (\text{Stoffmenge des gasförmigen Reaktanten}) \qquad (15.15)$$

In der Reaktion $N_2O_4(g) \rightleftharpoons 2\,NO_2(g)$ gibt es zum Beispiel zwei Mol des Produkts NO_2 und ein Mol des Reaktanten N_2O_4. Daher ist $\Delta n = 2-1 = 1$ und $K_p = K_c(RT)$ für diese Reaktion. Aus ► Gleichung 15.14 sehen wir, $K_p = K_c$, wenn die gleiche Stoffmenge von Gasen auf beiden Seiten der Reaktionsgleichung vorliegt, was bedeutet, dass $\Delta n = 0$.

Die Gleichgewichtskonstante steht nicht nur mit der Kinetik einer Reaktion, sondern auch mit der Thermodynamik des Prozesses in Zusammenhang. Aus thermodynamischen Messungen abgeleitete Gleichgewichtskonstanten werden auf *Aktivitäten* statt Konzentrationen oder Partialdrücke bezogen.

Die Aktivität einer Substanz in einem idealen Gemisch ist das Verhältnis der Konzentration der Substanz in mol/l zu einer Standardkonzentration von 1 mol/L oder, wenn die Substanz ein Gas ist, das Verhältnis des Partialdrucks in Atmosphären zum Standarddruck von 1 atm. Wenn die Konzentration einer Substanz in einem Gleichgewichtsgemisch zum Beispiel 0,10 mol/L beträgt, ist ihre Aktivität (0,10 mol/L)/(1 mol/L) = 0,10. Weil Aktivitäten keine Einheiten haben, hat die *thermodynamische Gleichgewichtskonstante*, die aus ihnen abgeleitet wird, auch keine Einheit.

MERKE !

Die konzentrations- und druckabhängigen Gleichgewichtskonstanten K_C bzw. K_P stimmen nur dann überein, wenn sich bei Gasreaktionen die Summe der Koeffizienten auf beiden Seiten der Gleichung nicht ändert.

Übungsbeispiel 15.1: (Lösung online)
Umrechnung zwischen K_c und K_p

Bei der Synthese von Ammoniak aus Stickstoff und Wasserstoff

$$N_2(g) + 3\,H_2(g) \rightleftharpoons 2\,NH_3(g)$$

$K_c = 9{,}60$ bei 300 °C. Berechnen Sie K_p für diese Reaktion bei dieser Temperatur.

A 1 Für das Gleichgewicht

$$2\,SO_3(g) \rightleftharpoons 2\,SO_2(g) + O_2(g)$$

ist $K_c = 4{,}08 \times 10^{-3}$ bei 1000 K. Berechnen Sie den Wert für K_p.

15.3 Interpretation von Gleichgewichtskonstanten

Die Größe von Gleichgewichtskonstanten

Die Größe der Konstante liefert uns wichtige Informationen über die Zusammensetzung eines Gleichgewichtsgemisches. Betrachten wir zum Beispiel die Reaktion von Kohlenmonoxid und Chlor bei 100 °C zur Bildung von Phosgen ($COCl_2$), ein Giftgas, das in der Herstellung bestimmter Polymere und Insektizide verwendet wird:

$$CO(g) + Cl_2(g) \rightleftharpoons COCl_2(g) \qquad K_c = \frac{[COCl_2]}{[CO][Cl_2]} = 4{,}56 \times 10^9$$

Da die Gleichgewichtskonstante so groß ist, muss der Zähler des Gleichgewichtsausdrucks weitaus größer als der Nenner sein. Daher muss die Gleichgewichtskonzentration von $COCl_2$ viel größer als die von CO oder Cl_2 sein, und genau das finden wir auch experimentell. Wir sagen, dass dieses Gleichgewicht *auf der rechten Seite liegt* (das heißt, auf der Produktseite). Eine sehr kleine Gleichgewichtskonstante zeigt an, dass das Gleichgewichtsgemisch größtenteils Reaktanten enthält. Wir sagen dann, dass das Gleichgewicht *auf der linken Seite liegt*. Generell gilt:

- Wenn $K \gg 1$, dann liegt das Gleichgewicht auf der rechten Seite: Es gibt vorwiegend Produkte.
- Wenn $K \ll 1$, dann liegt das Gleichgewicht auf der linken Seite: Es gibt vorwiegend Reaktanten.

Eine Zusammenfassung dieser Regeln finden Sie in ► Abbildung 15.5 veranschaulicht.

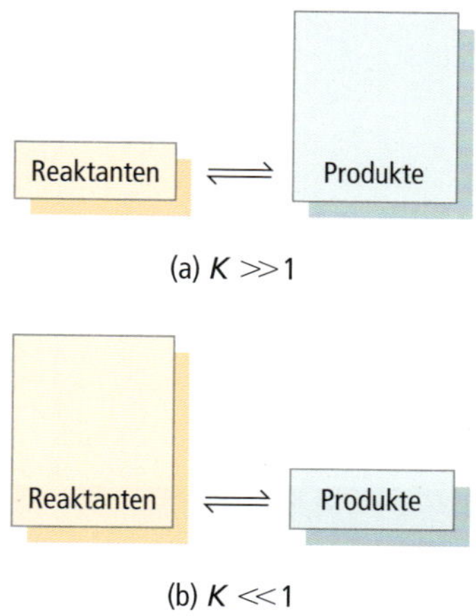

Abbildung 15.5: *K* und die Zusammensetzung des Gleichgewichtsgemisches. Der Gleichgewichtsausdruck hat Produkte im Zähler und Reaktanten im Nenner.

Die Schreibweise der chemischen Gleichung und *K*

Weil man sich einem Gleichgewicht aus beiden Richtungen annähern kann, ist die Richtung, in der wir die chemische Gleichung für ein Gleichgewicht schreiben, willkürlich. Wir haben zum Beispiel gesehen, dass wir das N_2O_4–NO_2-Gleichgewicht darstellen können als:

$$N_2O_4(g) \rightleftharpoons 2\,NO_2(g) \qquad K_c = \frac{[NO_2]^2}{[N_2O_4]} = 0{,}212 \quad (\text{bei } 100\ °C) \tag{15.16}$$

Wir könnten dieses Gleichgewicht genauso gut für die Rückreaktion betrachten:

$$2\,NO_2(g) \rightleftharpoons N_2O_4(g)$$

Der Gleichgewichtsausdruck ist dann:

$$K_c = \frac{[N_2O_4]}{[NO_2]^2} = \frac{1}{0{,}212} = 4{,}72 \quad (\text{bei } 100\ °C) \tag{15.17}$$

► Gleichung 15.17 ist nur der Kehrwert des Gleichgewichtsausdrucks in ► Gleichung 15.16. *Der Gleichgewichtsausdruck für eine Reaktion in der einen Richtung ist der Kehrwert für die Reaktion in der umgekehrten Richtung.* Beide Ausdrücke sind gleichermaßen gültig. Es muss stets angegeben werden, ob sich K_c auf Hin- oder Rückreaktion bezieht und bei welcher Temperatur die Reaktion abläuft.

Übungsbeispiel 15.2: (Lösung online)
Interpretation einer Gleichgewichtskonstanten bei Umkehrung einer Reaktionsgleichung

(a) Schreiben Sie den Gleichgewichtsausdruck für K_c für die folgende Reaktion:

$$2\,NO(g) \rightleftharpoons N_2(g) + O_2(g)$$

(b) Bestimmen Sie den Wert der Gleichgewichtskonstanten bei 25 °C, wenn für die Rückreaktion $K_c = 1 \times 10^{-30}$ beträgt (bei 25°C).

A 2 Für die Bildung von NH_3 aus N_2 und H_2 ist $N_2(g) + 3\,H_2(g) \rightleftharpoons 2\,NH_3(g)$, $K_p = 4{,}34 \times 10^{-3}$ bei 300 °C. Geben Sie den Wert von K_p für die Rückreaktion an!

Der Zusammenhang zwischen chemischen Gleichungen und Gleichgewichtskonstanten

Zusammenfassend lässt sich sagen:

1 Die Gleichgewichtskonstante für die *Rück*reaktion ist der Kehrwert der Gleichgewichtskonstanten der Hinreaktion.

2 Wird eine Reaktion mit einer Zahl *multipliziert*, muss die Gleichgewichtskonstante der einfachen Reaktion mit dieser Zahl potenziert werden.

3 Die Gleichgewichtskonstante für eine Gesamtreaktion, die aus *zwei oder mehr Schritten* besteht, ist das *Produkt* der Gleichgewichtskonstanten für die einzelnen Schritte.

15.4 Heterogene Gleichgewichte

An vielen Gleichgewichten, wie dem Wasserstoff-Stickstoff-Ammoniaksystem, sind Substanzen beteiligt, die alle in dem gleichen Aggregatzustand bzw. der gleichen Phase vorliegen. Diese Gleichgewichte werden **homogene Gleichgewichte** genannt. In anderen Fällen haben die Substanzen im Gleichgewicht verschiedene Aggregatzustände bzw. Phasen, es liegen **heterogene Gleichgewichte** vor. Als Beispiel betrachten wir das Gleichgewicht, das sich einstellt, wenn sich festes Blei(II)-chlorid ($PbCl_2$) in Wasser unter Bildung einer gesättigten Lösung auflöst:

$$PbCl_2(s) \rightleftharpoons Pb^{2+}(aq) + 2\ Cl^-(aq) \qquad (15.18)$$

Wie drücken wir die Konzentration einer festen Substanz aus? Obwohl es möglich ist, die Konzentration eines Festkörpers bezogen auf mol pro Volumen auszudrücken, ist es nicht notwendig, dies beim Schreiben von Gleichgewichtsausdrücken zu tun. *Wenn ein reiner Festkörper oder eine reine Flüssigkeit an einem heterogenen Gleichgewicht beteiligt ist, ist seine Konzentration konstant.* Für die Gleichgewichtskonstante des Lösevorgangs (das Löslichkeitsprodukt K_L) ergibt sich:

$$K_L = [Pb^{2+}][Cl^-]^2 \qquad (15.19)$$

Obwohl $PbCl_2(s)$ nicht im Löslichkeitsprodukt (K_L) angegeben wird, muss es anwesend sein, damit sich ein Gleichgewicht einstellen kann.

Als weiteres Beispiel einer heterogenen Reaktion betrachten wir die Zersetzung von Calciumcarbonat:

$$CaCO_3(s) \rightleftharpoons CaO(s) + CO_2(g)$$

Der Ausdruck für die Gleichgewichtskonstante lautet:

$$K_c = [CO_2] \quad \text{und} \quad K_p = p(CO_2)$$

Diese Gleichungen sagen uns, dass bei einer gegebenen Temperatur ein Gleichgewicht von $CaCO_3$, CaO und CO_2 immer zum gleichen Partialdruck von CO_2

MERKE !

Bei heterogenen Gleichgewichten, an denen reine Festkörper oder Flüssigkeiten beteiligt sind, ist deren Konzentration konstant bzw. Aktivität gleich 1, sodass sie im Gleichgewichtsausdruck (MWG) entfallen.

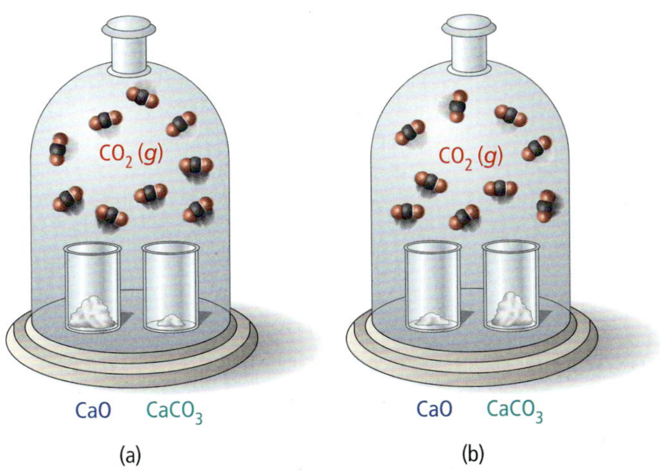

Abbildung 15.6: Ein heterogenes Gleichgewicht. Das Gleichgewicht zwischen $CaCO_3$, CaO und CO_2 ist ein heterogenes Gleichgewicht. Der Gleichgewichtsdruck von CO_2 ist in den zwei Glocken gleich, solange die zwei Systeme die gleiche Temperatur haben, obwohl die Mengen von reinem $CaCO_3$ und CaO sehr unterschiedlich sind. Der Gleichgewichtsausdruck für die Reaktion ist $K_p = p_{CO_2}$.

führt, solange alle drei Bestandteile anwesend sind. Wie ► Abbildung 15.6 zeigt, würden wir den gleichen Druck von CO_2 haben, unabhängig von den relativen Mengen von CaO und $CaCO_3$.

Wenn ein Lösemittel als Reaktant oder Produkt an einem Gleichgewicht beteiligt ist, ist seine Konzentration ebenfalls konstant, vorausgesetzt, die Lösung ist stark verdünnt. Damit ergibt sich für eine Reaktion mit Wasser als Lösemittel:

$$H_2O(l) + CO_3^{2-}(aq) \rightleftharpoons OH^-(aq) + HCO_3^-(aq) \qquad (15.20)$$

folgender Gleichgewichtsausdruck:

$$K_c = \frac{[OH^-][HCO_3^-]}{[CO_3^{2-}]} \qquad (15.21)$$

Übungsbeispiel 15.3: (Lösung online)
Schreiben von Gleichgewichtsausdrücken für heterogene Reaktionen

Schreiben Sie den Gleichgewichtsausdruck für K_c für jede der folgenden Reaktionen:

(a) $CO_2(g) + H_2(g) \rightleftharpoons CO(g) + H_2O(l)$
(b) $SnO_2(s) + 2\,CO(g) \rightleftharpoons Sn(g) + 2\,CO_2(g)$

A 3 Schreiben Sie die folgenden Gleichgewichtsausdrücke:
(a) K_c für $Cr(s) + 3\,Ag^+(aq) \rightleftharpoons Cr^{3+}(aq) + 3\,Ag(s)$
(b) K_p für $3\,Fe(s) + 4\,H_2O(g) \rightleftharpoons Fe_3O_4(s) + 4\,H_2(g)$

15.5 Berechnung von Gleichgewichtskonstanten

Eine der ersten Aufgaben, denen sich Haber gegenübersah, als er sich des Problems der Ammoniaksynthese annahm, bestand darin, die Größe der Gleichgewichtskonstante für die Synthese von NH_3 bei verschiedenen Temperaturen zu finden. Wenn der Wert von K für ► Gleichung 15.6 sehr klein ist, wäre die Menge von NH_3 in einem Gleichgewichtsgemisch klein in Bezug auf die Mengen von N_2 und H_2. Das heißt, wenn das Gleichgewicht zu weit links liegt, wäre es unmöglich, einen zufriedenstellenden Syntheseprozess für Ammoniak zu entwickeln.

MERKE !

Im Gleichgewichtsausdruck (MWG) kann die Konzentration eines Lösungsmittels entfallen, wenn es sich um verdünnte Lösungen handelt.

Haber und seine Kollegen werteten daher die Gleichgewichtskonstanten für diese Reaktion bei verschiedenen Temperaturen aus. Das Verfahren, das sie anwendeten, ist analog zu dem, das bei der Erstellung von ► Tabelle 15.1 beschrieben wurde: Sie begannen mit verschiedenen Gemischen von N_2, H_2 und NH_3, ließen die Gemische das Gleichgewicht bei einer bestimmten Temperatur erreichen und bestimmten die Konzentrationen aller drei Gase im Gleichgewicht. Weil die Gleichgewichtskonzentrationen aller Produkte und Reaktanten bekannt sind, kann die Gleichgewichtskonstante direkt aus dem Gleichgewichtsausdruck berechnet werden.

Wir kennen häufig nicht die Gleichgewichtskonzentrationen aller Reaktionsteilnehmner in einem Gleichgewichtsgemisch. Wenn wir die Gleichgewichtskonzentration mindestens eines Reaktanten kennen, können wir jedoch die stöchiometrischen Verhältnisse der Reaktion nutzen, um die Gleichgewichtskonzentrationen der anderen abzuleiten. Die folgenden Schritte beschreiben das Verfahren, das wir dazu verwenden:

1. Erstellen Sie eine Tabelle aller bekannten Anfangs- und Gleichgewichtskonzentrationen der Reaktanten, die im Gleichgewichtsausdruck enthalten sind.
2. Berechnen Sie für die Reaktanten, für die sowohl die Anfangs- als auch die Gleichgewichtskonzentrationen bekannt sind, die Änderung der Konzentration, die auftritt, wenn das System im Gleichgewicht ist.
3. Berechnen Sie anhand der stöchiometrischen Verhältnisse der Reaktion die Änderungen der Konzentration für alle anderen Reaktanten im Gleichgewicht.
4. Berechnen Sie anhand der Anfangskonzentrationen und der Änderungen der Konzentration die Gleichgewichtskonzentrationen. Diese werden verwendet, um die Gleichgewichtskonstante zu berechnen.

Übungsbeispiel 15.4: Berechnung von *K*, wenn alle Gleichgewichtskonzentrationen bekannt sind

Ein Gemisch aus Wasserstoff und Stickstoff in einem Reaktionsgefäß darf ein Gleichgewicht bei 472 °C erreichen. Das Gleichgewichtsgemisch von Gasen wurde analysiert und es wurde festgestellt, dass es 7,38 atm H_2, 2,46 atm N_2 und 0,166 atm NH_3 enthält. Berechnen Sie anhand dieser Daten die Gleichgewichtskonstante K_p für die Reaktion: $N_2(g) + 3\,H_2(g) \rightleftharpoons 2\,NH3(g)$

Lösung

Analyse: Es werden eine ausgeglichene Gleichung und Gleichgewichtspartialdrücke angegeben und wir sollen den Wert der Gleichgewichtskonstante berechnen.

Vorgehen: Wir schreiben anhand des Gleichgewichtsausdrucks die Reaktionsgleichung. Wir setzen dann die Gleichgewichtspartialdrücke ein und berechnen K_p.

Lösung:

$$K_p = \frac{(p_{NH_3})^2}{p_{N_2}(p_{H_2})^3} = \frac{(0{,}166)^2}{(2{,}46)(7{,}38)^3} = 2{,}79 \times 10^{-5}$$

Übungsbeispiel 15.5: Berechnung von *K* aus Anfangs- und Gleichgewichtskonzentrationen

Ein geschlossenes System, das anfänglich $1{,}000 \times 10^{-3}$ mol/L H_2 und $2{,}000 \times 10^{-3}$ mol/L I_2 bei 448 °C enthält, erreicht das chemische Gleichgewicht. Die Analyse des Gleichgewichtsgemisches zeigt, dass die Konzentration von HI $1{,}87 \times 10^{-3}$ mol/L ist. Berechnen Sie K_c bei 448 °C für die Reaktion, die abläuft also: $H_2(g)+I_2(g) \rightleftharpoons 2\,HI(g)$.

Lösung

Analyse: Es werden die Anfangskonzentrationen von H_2 und I_2 und die Gleichgewichtskonzentration von HI angegeben. Wir sollen die Gleichgewichtskonstante K_c für die Reaktion $H_2(g)+I_2(g) \rightleftharpoons 2\,HI(g)$ berechnen.

Vorgehen: Wir erstellen eine Tabelle, um die Gleichgewichtskonzentrationen aller Reaktanten zu finden und verwenden dann die Gleichgewichtskonzentrationen, um die Gleichgewichtskonstante zu berechnen.

Lösung: Zuerst erstellen wir eine Tabelle der Anfangs- und Gleichgewichtskonzentrationen so vieler Reaktanten, wie wir können. Wir sehen ebenfalls einen Platz in unserer Tabelle vor, um die Änderungen der Konzentrationen aufzuführen. Wie gezeigt, ist es praktisch, die chemische Gleichung als Überschrift für die Tabelle zu verwenden.

	$H_2(g)$	+	$I_2(g)$	$\rightleftharpoons$	$2\,HI(g)$
Anfang	$1{,}000 \times 10^{-3}$ mol/L		$2{,}000 \times 10^{-3}$ mol/L		0 mol/L
Veränderung					
Gleichgewicht					$1{,}78 \times 10^{-3}$ mol/L

Zweitens berechnen wir die Änderung der Konzentration von HI, die der Unterschied zwischen dem Gleichgewichtswert und dem Ausgangswert ist:

$$\text{Änderung von [HI]} = 1{,}87 \times 10^{-3}\,\text{mol/L} - 0 = 1{,}87 \times 10^{-3}\,\text{mol/L}$$

Drittens verwenden wir die Koeffizienten in der ausgeglichenen chemischen Gleichung, um die Änderung von [HI] mit den Änderungen von $[H_2]$ und $[I_2]$ in Beziehung zu setzen:

$$\left(1{,}87 \times 10^{-3}\,\frac{\text{mol HI}}{\text{L}}\right)\left(\frac{1\,\text{mol H}_2}{2\,\text{mol HI}}\right) = 0{,}935 \times 10^{-3}\,\frac{\text{mol H}_2}{\text{L}}$$

$$\left(1{,}87 \times 10^{-3}\,\frac{\text{mol HI}}{\text{L}}\right)\left(\frac{1\,\text{mol I}_2}{2\,\text{mol HI}}\right) = 0{,}935 \times 10^{-3}\,\frac{\text{mol I}_2}{\text{L}}$$

Viertens berechnen wir die Gleichgewichtskonzentrationen von H_2 und I_2 mithilfe der Anfangskonzentrationen und der Änderungen. Die Gleichgewichtskonzentration ist gleich der Anfangskonzentration abzüglich des Verbrauchs:

$[H_2] = 1{,}00 \times 10^{-3}\,\text{mol/L} - 0{,}935 \times 10^{-3}\,\text{mol/L} = 0{,}065 \times 10^{-3}\,\text{mol/L}$ $[I_2] = 2{,}000 \times 10^{-3}\,\text{mol/L} - 0{,}935 \times 10^{-3}\,\text{mol/L} = 1{,}065 \times 10^{-3}\,\text{mol/L}$

Die vollständige Tabelle sieht nun wie folgt aus (wobei die Gleichgewichtskonzentrationen in blau hervorgehoben sind).

	$H_2(g)$	+	$I_2(g)$	$\rightleftharpoons$	$2\,HI(g)$
Anfang	$1{,}000 \times 10^{-3}$ mol/L		$2{,}000 \times 10^{-3}$ mol/L		0 mol/L
Veränderung	$-0{,}935 \times 10^{-3}$ mol/L		$-0{,}935 \times 10^{-3}$ mol/L		$+1{,}87 \times 10^{-3}$ mol/L
Gleichgewicht	$0{,}065 \times 10^{-3}$ mol/L		$1{,}065 \times 10^{-3}$ mol/L		$1{,}87 \times 10^{-3}$ mol/L

Sie sehen, dass die Einträge für die Änderungen negativ sind, wenn ein Stoff verbraucht wird, und positiv, wenn ein Stoff gebildet wird. Nun kennen wir die Gleichgewichtskonzentration aller Stoffe und können den Gleichgewichtsausdruck verwenden, um die Gleichgewichtskonstante zu berechnen.

$$K_c = \frac{[HI]^2}{[H_2][I_2]} = \frac{(1{,}87 \times 10^{-3})^2}{(0{,}065 \times 10^{-3})(1{,}065 \times 10^{-3})} = 51$$

Anmerkung: Das gleiche Verfahren kann mit den Partialdrücken gasförmiger Reaktionsteilnehmer anstelle von Konzentrationsangaben in mol / l angewendet werden.

15.6 Aussagen von Gleichgewichtskonstanten

Vorhersage der Reaktionsrichtung

Für die Bildung von NH_3 aus N_2 und H_2 (siehe ► Gleichung 15.6) ist $K_c = 0{,}105$ bei 472 °C. Nehmen wir an, dass wir ein Gemisch von 2,00 mol H_2, 1,00 mol N_2 und 2,00 mol NH_3 in einen 1,00-L-Behälter bei 472 °C einfüllen. Wie wird das Gemisch reagieren, um das Gleichgewicht zu erreichen? Werden N_2 und H_2 reagieren, um NH_3 zu bilden, oder wird sich NH_3 zersetzen, um N_2 und H_2 zu bilden?

Zur Beantwortung dieser Frage können wir die Ausgangskonzentrationen von N_2, H_2 und NH_3 in dem Gleichgewichtsausdruck ersetzen und ihren Wert mit der Gleichgewichtskonstante vergleichen:

$$\frac{[NH_3]^2}{[N_2][H_2]^3} = \frac{(2{,}00)^2}{(1{,}00)(2{,}00)^3} = 0{,}500 \qquad \text{verglichen mit} \qquad K_c = 0{,}105$$

Zur Einstellung des Gleichgewichts muss der Quotient $[NH_3]^2 / [N_2][H_2]^3$ vom Ausgangswert von 0,500 auf den Gleichgewichtswert von 0,105 absinken. Diese Änderung kann nur eintreten, wenn die Konzentration von NH_3 abnimmt und die Konzentrationen von N_2 und H_2 zunehmen. Daher läuft die Reaktion bis zur Einstellung des Gleichgewichts ab, indem sich N_2 und H_2 aus NH_3 bilden, d. h., dass die Reaktion von rechts nach links abläuft.

Den Ansatz, den wir veranschaulicht haben, können wir formalisieren, indem wir eine Größe als Reaktionsquotient definieren. *Der* ***Reaktionsquotient*** *Q ist eine Zahl, die man erhält, indem man die Ausgangskonzentrationen von Reaktanten und Produkten oder die Ausgangspartialdrücke in einen Gleichgewichtsausdruck einsetzt.* Daher erhielten wir in unserem Beispiel durch Einsetzen der Ausgangskonzentrationen in den Gleichgewichtsausdruck $Q_c = 0{,}500$. Wenn wir die Ausgangspartialdrücke in den Gleichgewichtsausdruck einsetzen, werden wir den Reaktionsquotienten als Q_p kennzeichnen.

Zur Bestimmung der Richtung, in der die Reaktion ablaufen wird, um das Gleichgewicht zu erreichen, vergleichen wir die Werte Q_c und K_c oder Q_p und K_p. Es ergeben sich drei mögliche Situationen:

- $Q = K$: Der Reaktionsquotient ist nur dann gleich der Gleichgewichtskonstante, wenn das System bereits im Gleichgewicht ist.
- $Q > K$: Die Konzentration der Produkte ist zu hoch und die der Reaktanten zu niedrig. Daher werden die Substanzen auf der rechten Seite der chemischen Gleichung unter Bildung der Substanzen links reagieren. Die Reaktion läuft von rechts nach links, wenn sie sich dem Gleichgewicht nähert.
- $Q < K$: Die Konzentration der Produkte ist zu niedrig und die von Reaktanten zu hoch. Daher muss die Reaktion das Gleichgewicht unter Bildung von mehr Produkten erreichen. Sie läuft von links nach rechts.

Eine Zusammenfassung dieser Regeln finden Sie in ► Abbildung 15.7.

A 4 Es wird festgestellt, dass eine wässrige Lösung von Essigsäure die folgenden Gleichgewichtskonzentrationen bei 25 °C hat:
$[CH_3COOH] = 1{,}65 \times 10^{-2}$ mol/L; $[H^+] = 5{,}44 \times 10^{-4}$ mol/L und $[CH_3COO^-] = 5{,}44 \times 10^{-4}$ mol/L.
Berechnen Sie die Gleichgewichtskonstante K_c für die Dissoziation von Essigsäure bei 25 °C. Die Reaktion ist:

$$CH_3COOH(aq) \rightleftharpoons H^+(aq) + CH_3COO^-(aq)$$

A 5 Schwefeltrioxid zersetzt sich bei hoher Temperatur in einem geschlossenen Behälter: $2\,SO_3(g) \rightleftharpoons 2\,SO_2(g) + O_2(g)$. Zuerst wird das Gefäß bei 1000 K mit $SO_3(g)$ bei einem Partialdruck von 0,500 atm gefüllt. Im Gleichgewicht ist der SO_3-Partialdruck 0,200 atm. Berechnen Sie den Wert von K_p bei 1000 K.

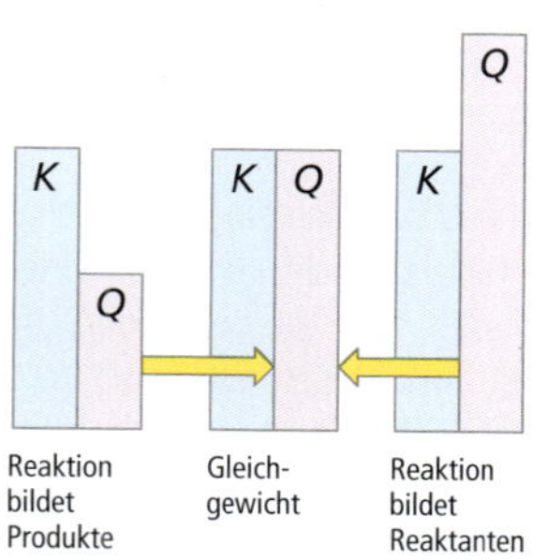

Abbildung 15.7: Vorhersage der Richtung einer Reaktion durch Vergleich von *Q* und *K*.

Berechnung von Gleichgewichtskonzentrationen

In vielen Situationen kennen wir den Wert der Gleichgewichtskonstante und die Anfangskonzentrationen aller Reaktionsteilnehmer. ► Übungsbeispiel 15.6 zeigt das Verfahren zur Berechnung der Gleichgewichtskonzentrationen.

Übungsbeispiel 15.6: Berechnung der Gleichgewichtskonzentrationen

Für das Haber-Bosch-Verfahren ist $N_2(g) + 3\,H_2(g) \rightleftharpoons 2\,NH_3(g)$, $K_p = 1{,}45 \times 10^{-5}$ bei 500 °C. In einem Gleichgewichtsgemisch der drei Gase bei 500 °C ist der Partialdruck von H_2 0,928 atm und der von N_2 ist 0,432 atm. Was ist der Partialdruck von NH_3 in diesem Gleichgewichtsgemisch?

Lösung

Analyse: Es werden eine Gleichgewichtskonstante K_p und die Gleichgewichtspartialdrücke von zwei der drei Substanzen in der Gleichung (N_2 und H_2) angegeben und wir sollen den Gleichgewichtspartialdruck für die dritte Substanz (NH_3) berechnen.

Vorgehen: Wir können K_p gleich dem Gleichgewichtsausdruck setzen und die Partialdrücke einsetzen, die bekannt sind. Dann können wir die Gleichung nach der einzigen Unbekannten auflösen.

Lösung: Wir tragen die Gleichgewichtsdrücke wie folgt in eine Tabelle ein:

	$N_2(g)$ +	$3\,H_2(g)$ $\rightleftharpoons$	$2\,NH_3(g)$
Gleichgewichtsdruck (atm)	0,432	0,928	x

Da wir den Gleichgewichtsdruck von NH_3 nicht kennen, stellen wir ihn mit x dar. Im Gleichgewicht müssen die Drücke den Gleichgewichtsausdruck erfüllen:

$$K_p = \frac{(p_{NH_3})^2}{p_{N_2}(p_{H_2})^3} = \frac{x^2}{(0{,}432)(0{,}928)^3} = 1{,}45 \times 10^{-5}$$

Wir stellen nun die Gleichung um, um nach x aufzulösen:

$$x^2 = (1{,}45 \times 10^{-5})(0{,}432)(0{,}928)^3 = 5{,}01 \times 10^{-6}$$

$$x = \sqrt{5{,}01 \times 10^{-6}} = 2{,}24 \times 10^{-3}\ \text{atm} = p_{NH_3}$$

Anmerkung: Wir können unsere Antwort immer überprüfen, indem wir sie verwenden, um den Wert der Gleichgewichtskonstanten neu zu berechnen:

$$K_p = \frac{(2{,}24 \times 10^{-3})^2}{(0{,}432)(0{,}928)^3} = 1{,}45 \times 10^{-5}$$

Übungsbeispiel 15.7: Berechnung der Gleichgewichtskonzentrationen aus Anfangskonzentrationen

Ein 1,000-L-Kolben ist mit 1,000 mol H_2 und 2,000 mol I_2 bei 448 °C gefüllt. Der Wert der Gleichgewichtskonstante K_c für die Reaktion

$$H_2(g) + I_2(g) \rightleftharpoons 2\,HI(g)$$

bei 448 °C ist 50,5. Was sind die Gleichgewichtskonzentrationen von H_2, I_2 und HI in Mol pro Liter?

Lösung

Analyse: Es wird das Volumen eines Behälters, eine Gleichgewichtskonstante und Ausgangsmengen von Reaktanten im Behälter angegeben und wir sollen die Gleichgewichtskonzentrationen aller Reaktionsteilnehmer berechnen.

Vorgehen: In diesem Fall ist keine der Gleichgewichtskonzentrationen angegeben. Wir müssen einige Beziehungen finden, welche die Anfangskonzentrationen mit denen im Gleichgewicht in Beziehung setzen. Das Verfahren ist in vielerlei Hinsicht dem ähnlich, das in ► Übungsbeispiel 15.5 beschrieben wurde, als wir eine Gleichgewichtskonstante anhand von Anfangskonzentrationen berechnet haben.

Lösung:

Als Erstes nehmen wir die Anfangskonzentrationen von H_2 und I_2 im 1,000-L-Kolben: $[H_2] = 1{,}000$ mol/L und $[I_2] = 2{,}000$ mol/L

Zweitens erstellen wir eine Tabelle, in der wir die Anfangskonzentrationen eintragen:

	$H_2(g)$	+	$I_2(g)$	$\rightleftharpoons$	$2\,HI(g)$
Anfang	1,000 mol/L		2,000 mol/L		0 mol/L
Veränderung					
Gleichgewicht					

Drittens nutzen wir die stöchiometrischen Verhältnisse der Reaktion, um die Änderungen der Konzentrationen zu bestimmen, die auftreten, wenn die Reaktion bis zum Gleichgewicht abläuft. Die Konzentrationen von H_2 und I_2 nehmen ab, wenn sich das Gleichgewicht einstellt, und die von HI nimmt zu. Wir stellen die Konzentrationsänderung von H_2 durch die Variable x dar. Die ausgeglichene chemische Gleichung nennt uns die Beziehung zwischen den Änderungen der Konzentrationen der drei Gase:
Für jedes x mol H_2, das reagiert, werden x mol I_2 verbraucht und $2x$ mol HI erzeugt:

	$H_2(g)$	+	$I_2(g)$	$\rightleftharpoons$	$2\,HI(g)$
Anfang	1,000 mol/L		2,000 mol/L		0 mol/L
Veränderung	$-x$		$-x$		$+2x$
Gleichgewicht					

Viertens nutzen wir die Anfangskonzentrationen und die Änderungen der Konzentrationen, um die Gleichgewichtskonzentrationen auszudrücken. Mit allen unseren Einträgen sieht unsere Tabelle nun wie folgt aus:

	$H_2(g)$	+	$I_2(g)$	$\rightleftharpoons$	$2\,HI(g)$
Anfänglich	1,000 mol/L		2,000 mol/L		0 mol/L
Ver#nderung	$-x$		$-x$		$+2x$
Gleichgewicht	$(1{,}000 - x)$ mol/L		$(2{,}000 - x)$ mol/L		$2x$ mol/L

Fünftens setzen wir die Gleichgewichtskonzentrationen in den Gleichgewichtsausdruck ein und lösen nach x auf:

$$K_c = \frac{[HI]^2}{[H_2][I_2]} = \frac{(2x)^2}{(1{,}000 - x)(2{,}000 - x)} = 50{,}5$$

Wenn Sie einen gleichungslösenden Rechner haben, können Sie diese Gleichung direkt nach x auflösen. Wenn nicht, erweitern Sie diesen Ausdruck, um eine quadratische Gleichung bezüglich x zu erhalten:

$$4x^2 = 50{,}5(x^2 - 3{,}000x + 2{,}000)$$

$$46{,}5x^2 - 151{,}5x + 101{,}0 = 0$$

Die Lösung der quadratischen Gleichung führt zu zwei Werten für x:

$$x = \frac{-(-151{,}5) \pm \sqrt{(-151{,}5)^2 - 4(46{,}5)(101{,}0)}}{2(46{,}5)} = 2{,}323 \quad \text{oder} \quad 0{,}935$$

Wenn wir $x = 2{,}323$ in die Ausdrücke für die Gleichgewichtskonzentrationen einsetzen, erhalten wir *negative* Konzentrationen von H_2 und I_2. Weil eine negative Konzentration chemisch sinnlos ist, verwerfen wir diese Lösung. Wir verwenden also $x = 0{,}935$, um die Gleichgewichtskonzentrationen zu finden:

$$[H_2] = (1{,}000 - x)\ \text{mol/L} = 0{,}065\ \text{mol/L}$$

$$[I_2] = (2{,}000 - x)\ \text{mol/L} = 1{,}065\ \text{mol/L}$$

$$[HI] = 2x\ \text{mol/L} = 1{,}870\ \text{mol/L}$$

Überprüfung: Wir können unsere Lösung überprüfen, indem wir diese Zahlen in den Gleichgewichtsausdruck einsetzen:

$$K_c = \frac{[HI]^2}{[H_2][I_2]} = \frac{(1{,}870)^2}{(0{,}065)(1{,}065)} = 51$$

Anmerkung: Wenn Sie eine quadratische Gleichung verwenden, um ein Gleichgewichtsproblem zu lösen, wird eine der Lösungen chemisch sinnlos sein und muss verworfen werden.

BIOGRAPHIE

Henri Louis Le Châtelier (1850–1936) wurde in Frankreich geboren und war der Sohn eines Bergwerksinspektors. Er studierte Bergwerksingenieurwesen und interessierte sich dabei vor allem für Sicherheit und die Vermeidung von Explosionen – verständlich, wenn man den Beruf seines Vaters bedenkt. Le Châteliers Forschungen zu Explosionen brachten ihn dazu, Wärme und ihre Messung genauer zu untersuchen, wodurch sein Interesse an Thermodynamik geweckt wurde.

15.7 Das Prinzip von Le Châtelier

Bei der Entwicklung seines Verfahrens zur Herstellung von Ammoniak aus N_2 und H_2 suchte Haber die Faktoren, die verändert werden konnten, um die Ausbeute von NH_3 zu erhöhen. Anhand der Werte der Gleichgewichtskonstante bei verschiedenen Temperaturen berechnete er die Gleichgewichtsmengen von NH_3 unter einer Vielzahl von Bedingungen. ► Abbildung 15.8 zeigt einige seiner Ergebnisse. Sie sehen, dass der Anteil von NH_3, der im Gleichgewicht vorliegt, mit steigender Temperatur abnimmt und mit steigendem Druck zunimmt. Wir können diese Effekte im Zusammenhang eines Prinzips verstehen, das von Henri-Louis Le Châtelier (1850–1936), einem französischen Industriechemiker, formuliert wurde. Das **Prinzip von Le Châtelier** kann wie folgt ausgedrückt werden: *Wird ein im Gleichgewicht befindliches System durch eine Änderung von Temperatur, Druck oder der Konzentration der Reaktionsteilnehmer gestört, so reagiert das Gleichgewicht des Systems derart, dass es der Störung (dem Zwang) entgegenwirkt.*

Man nennt es auch das Prinzip des kleinsten Zwanges oder Le Châtelier-Braun'sches Prinzip nach dem Physiker Karl Ferdinand Braun (1850–1918), der 1909 zusammen mit Guglielmo Marconi für Arbeiten zur drahtlosen Telegraphie den Nobelpreis für Physik erhielt.

In diesem Abschnitt werden wir das Prinzip von Le Châtelier verwenden, um qualitative Aussagen darüber zu machen, wie ein System im Gleichgewicht auf verschiedene Änderungen der äußeren Bedingungen reagiert.

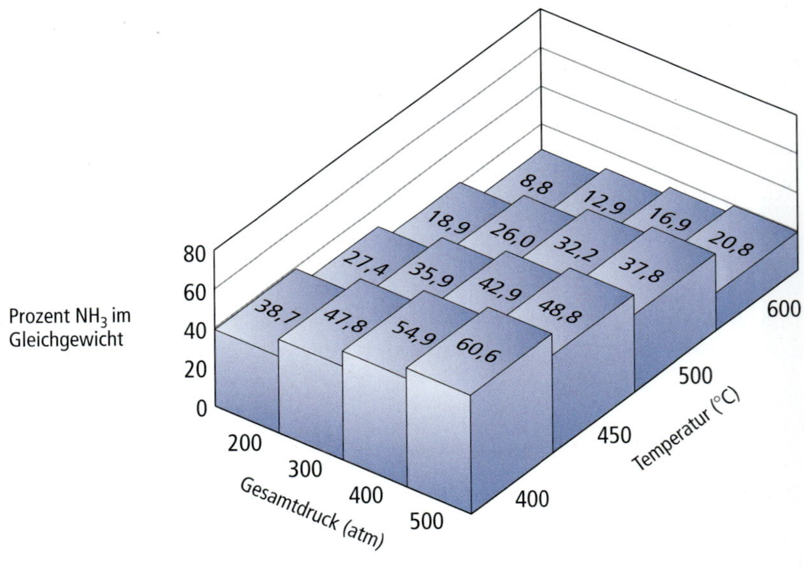

Abbildung 15.8: Einfluss von Temperatur und Druck auf den prozentualen Anteil von NH_3 in einem Gleichgewichtsgemisch aus N_2, H_2 und NH_3. Jedes Gemisch wurde erzeugt, indem wir mit einem 3 : 1-Gemisch von H_2 und N_2 begonnen haben. Die Ausbeute von NH_3 ist bei der niedrigsten Temperatur und dem höchsten Druck am größten.

Änderung der Reaktanten- und Produktkonzentrationen

Ein im Gleichgewicht befindliches System ist in einem dynamischen Zustand. Der Hin- und Rückprozess läuft mit der gleichen Geschwindigkeit ab. *Wenn ein chemisches System sich im Gleichgewicht befindet und wir eine Substanz (entweder einen Reaktanten oder ein Produkt) zugeben, verschiebt sich die Reaktion derart, dass das Gleichgewicht durch Verbrauch eines Teils der zugegebenen Substanz wieder eingestellt wird. Umgekehrt läuft die Reaktion bei Entzug einer Substanz verstärkt in die Richtung, die mehr von dieser Substanz bildet.*

Betrachten wir als Beispiel ein Gleichgewichtsgemisch von N_2, H_2 und NH_3:

$$N_2(g) + 3\,H_2(g) \rightleftharpoons 2\,NH_3(g)$$

Durch Zugabe von H_2 reagiert das System so, dass die gestiegene Konzentration von H_2 verringert wird. Diese Änderung kann zur Bildung von mehr NH_3 führen. ► Abbildung 15.9 zeigt diese Situation. Durch Zugabe von mehr N_2 zum Gleichgewichtsgemisch würde sich ebenfalls die Richtung der Reaktion zur Bildung von mehr NH_3 verschieben. Entzug von NH_3 würde eine Veränderung zur Bildung von mehr NH_3 hervorrufen, während *Zugabe* von NH_3 zum System im Gleichgewicht eine Veränderung der Konzentrationen in der Richtung hervorrufen würde, die die gestiegene NH_3-Konzentration verringert. Das heißt, dass ein Teil des zugegebenen Ammoniaks unter Bildung von N_2 und H_2 zerfallen würde.

Beim Haber-Bosch-Verfahren ruft daher der Entzug von NH_3 aus einem Gleichgewichtsgemisch von N_2, H_2 und NH_3 eine Reaktion von links nach rechts hervor, um mehr NH_3 zu bilden. In der industriellen Produktion von Ammoniak wird das NH_3 kontinuierlich durch Verflüssigung entfernt. Der Siedepunkt von NH_3 (–33 °C) ist viel höher als der von N_2 (–196 °C) und H_2 (–253 °C). Das flüssige NH_3 wird entzogen und das N_2 und H_2 wird zur Bildung von mehr NH_3 in den Kreislauf zurückgeführt, wie ► Abbildung 15.10 schematisch darstellt. Durch die fortwährende Entfernung eines Produkts wird die Reaktion im Wesentlichen zum vollständigen Ablauf gezwungen.

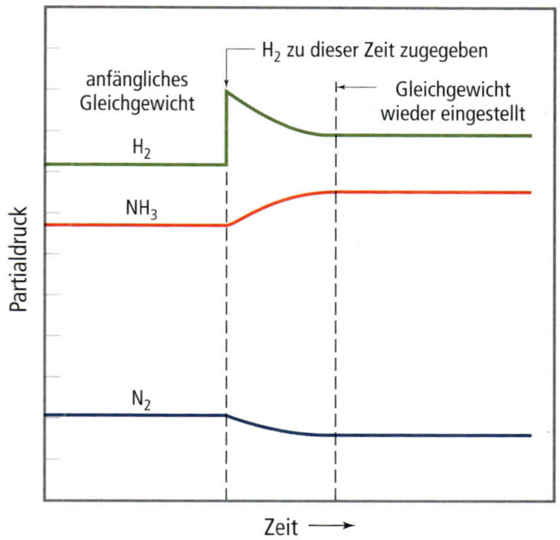

Abbildung 15.9: Auswirkung der Zugabe von H_2 zu einem Gleichgewichtsgemisch von N_2, H_2 und NH_3. Wenn H_2 zugegeben wird, reagiert ein Teil des H_2 mit N_2 unter Bildung von NH_3, es stellt sich ein neues Gleichgewicht ein, das die gleiche Gleichgewichtskonstante hat.

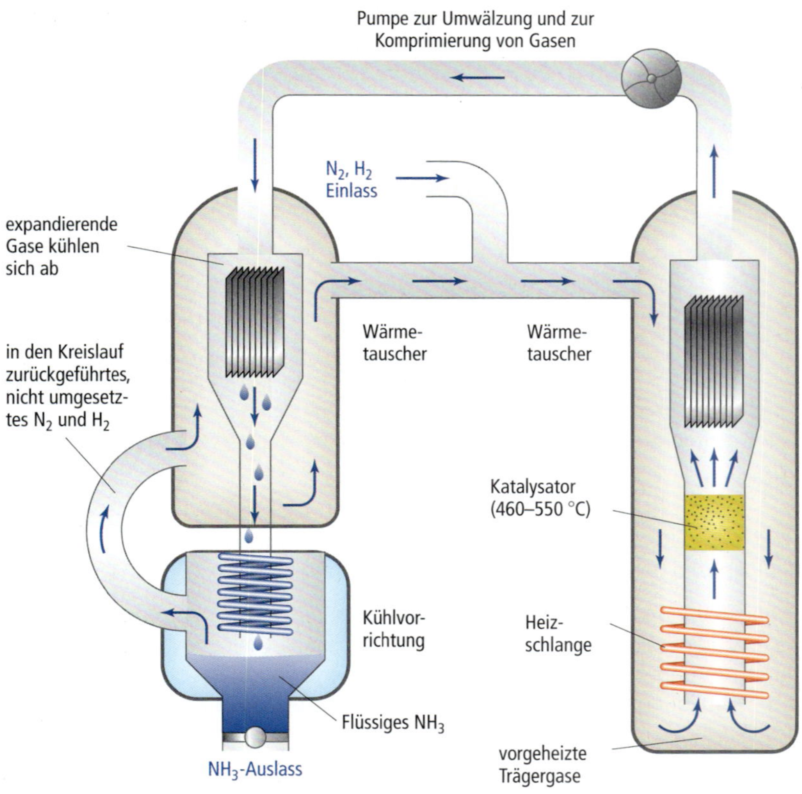

Abbildung 15.10: Schematische Darstellung, die die industrielle Produktion von Ammoniak zusammenfasst. Eingehendes N_2- und H_2-Gas wird auf etwa 500 °C erhitzt und über einen Katalysator geleitet. Das entstehende Gasgemisch darf sich ausdehnen und abkühlen, wodurch sich NH_3 verflüssigt. Nicht umgesetztes N_2- und H_2-Gas wird in den Kreislauf zurückgeführt.

MERKE !

Bei konstanter Temperatur reagiert ein System auf die Verringerung des Volumens bzw. Erhöhung des Drucks so, dass die Reaktion verstärkt abläuft, bei der weniger Gasmoleküle gebildet werden. Nach einer Volumenzunahme bzw. Druckabnahme läuft dagegen die Reaktion verstärkt ab, bei der mehr Gasmoleküle gebildet werden.

Wirkungen von Volumen- und Druckänderungen

Wenn sich ein System im Gleichgewicht befindet und sein Volumen verringert wird, wodurch sein Gesamtdruck erhöht wird, gibt das Prinzip von Le Châtelier an, dass das System durch Verschieben seiner Gleichgewichtslage reagieren wird, um den Druck zu senken. Ein System kann seinen Druck senken, indem es die Gesamtzahl von Gasmolekülen verringert. *Daher verschiebt sich bei konstanter Temperatur durch Verringerung des Volumens eines gasförmigen Gleichgewichtsgemisches die Reaktion in die Richtung, welche die Stoffmenge an Gas*

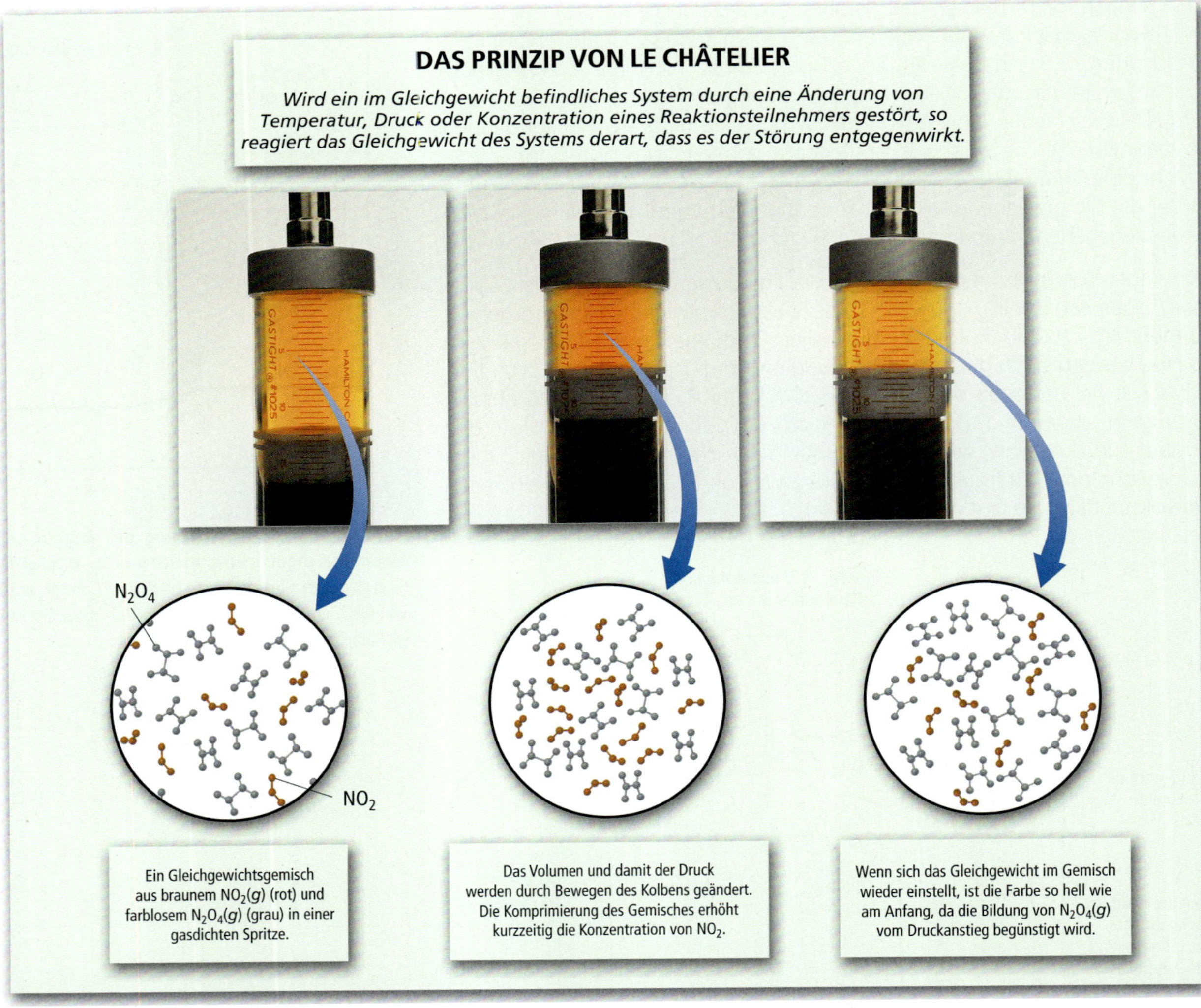

Abbildung 15.11: Einfluss des Druckes auf ein Gleichgewicht.

verringert. Umgekehrt ruft die Erhöhung des Volumens eine Verschiebung in die Richtung hervor, die mehr Gasmoleküle erzeugt.

Schauen wir uns zum Beispiel erneut das Gleichgewicht $N_2O_4(g) \rightleftharpoons 2\ NO_2(g)$ an. Was geschieht, wenn der Gesamtdruck eines Gleichgewichtsgemisches durch Verringerung des Volumens erhöht wird, wie die sequenziellen Fotos in ► Abbildung 15.11 zeigen? Nach dem Prinzip von Le Châtelier sollte sich das Gleichgewicht nach links verschieben, so dass NO_2 in N_2O_4 umgewandelt wird, wenn sich das Gleichgewicht wieder einstellt. In ► Abbildung 15.11 a und Abbildung 15.11 b wird durch Komprimierung des Gasgemisches die Farbe zunächst dunkler, wenn die Konzentration von NO_2 zunimmt. Die Farbe verblasst dann, wenn sich das Gleichgewicht wieder einstellt, siehe ► Abbildung 15.11 c. Die Farbe verblasst, weil das Gleichgewicht durch den Druckanstieg zugunsten des farblosen N_2O_4 verschoben wird.

Für die Reaktion $N_2(g) + 3\ H_2(g) \rightleftharpoons 2\ NH_3(g)$ werden vier Reaktanten-Moleküle für die Bildung von zwei Produktmolekülen verbraucht. Daher ruft ein Druckanstieg (Verringerung des Volumens) eine Verschiebung zu der Seite mit weniger Gasmolekülen hervor, was zur Bildung von mehr NH_3 führt, wie ► Abbildung 15.8 zeigt. Im Fall der Reaktion $H_2(g) + I_2(g) \rightleftharpoons 2\ HI(g)$ ist die Anzahl von Molekülen der gasförmigen Produkte (zwei) gleich der Anzahl von

Molekülen gasförmiger Reaktanten. Daher beeinflusst die Änderung des Drucks die Lage des Gleichgewichts nicht.

Denken sie daran, dass Druck-Volumen-Änderungen *nicht* den Wert von K ändern, solange die Temperatur konstant bleibt. Sie ändern stattdessen die Partialdrücke der gasförmigen Substanzen. In ► Übungsbeispiel 15.4 haben wir K_p für ein Gleichgewichtsgemisch bei 472 °C berechnet, das 7,38 atm H_2, 2,46 atm N_2 und 0,166 atm NH_3 enthält. Der Wert von K_p ist $2{,}79 \times 10^{-5}$. Überlegen wir uns, was geschieht, wenn wir das Volumen des Systems plötzlich um die Hälfte verringern. Wenn es keine Verschiebung des Gleichgewichts gäbe, würde diese Volumenänderung eine Verdoppelung der Partialdrücke aller Substanzen hervorrufen, wodurch sich $p_{H_2} = 14{,}76$ atm, $p_{N_2} = 4{,}92$ atm und $p_{NH_3} = 0{,}332$ atm ergeben würden. Der Reaktionsquotient würde dann nicht mehr gleich der Gleichgewichtskonstanten sein.

$$Q_p = \frac{(p_{NH_3})^2}{p_{N_2}(p_{H_2})^3} = \frac{(0{,}332)^2}{(4{,}92)(14{,}76)^3} = 6{,}97 \times 10^{-6} \neq K_p$$

Weil $Q_p < K_p$, befindet sich das System nicht mehr im Gleichgewicht. Das Gleichgewicht stellt sich durch Erhöhung von p_{NH_3} und Senkung von p_{N_2} und p_{H_2}, bis $Q_p = K_p = 2{,}79 \times 10^{-5}$, wieder ein. Daher reagiert das System, wie das Prinzip von Le Châtelier vorhersagt, in Richtung der Ammonniakbildung.

Die Wirkung von Temperaturänderungen

Änderungen der Konzentrationen oder Partialdrücke rufen Verschiebungen des Gleichgewichts hervor, ohne den Wert der Gleichgewichtskonstanten zu beeinflussen. Dagegen ändert fast jede Gleichgewichtskonstante ihren Wert, wenn sich die Temperatur ändert. Betrachten wir zum Beispiel das Gleichgewicht, das sich einstellt, wenn Kobalt(II)-chlorid ($CoCl_2$) in Salzsäure, HCl(*aq*), aufgelöst wird.

$$\underset{\text{blassrosa}}{Co(H_2O)_6^{2+}(aq)} + 4\,Cl^-(aq) \rightleftharpoons \underset{\text{blau}}{CoCl_4^{2-}(aq)} + 6\,H_2O(l) \quad \Delta H > 0 \qquad (15.22)$$

Die Bildung von $CoCl_4^{2-}$ aus $Co(H_2O)_6^{2+}$ ist ein endothermer Vorgang. Wir werden daher in Kürze die Bedeutung dieser Enthalpieänderung behandeln. Weil $Co(H_2O)_6^{2+}$ blassrosa und $CoCl_4^{2-}$ blau ist, ist die Lage dieses Gleichgewichts leicht an der Farbe der Lösung zu erkennen. Wenn die Lösung erhitzt wird, vertieft sich die Blaufärbung und zeigt damit an, dass das Gleichgewicht sich verschoben hat, um mehr $CoCl_4^{2-}$ zu bilden. Abkühlung der Lösung führt zu einer rosaroten Lösung, was eine Gleichgewichtsverschiebung in Richtung der Bildung von $Co(H_2O)_6^{2+}$ anzeigt. Wie können wir die Abhängigkeit dieses Gleichgewichts von der Temperatur erklären?

Wir können die Regeln für die Temperaturabhängigkeit der Gleichgewichtskonstante ableiten, indem wir das Prinzip von Le Châtelier anwenden. Wir behandeln die Wärme, als ob sie ein chemisches Reagenz wäre. In einer *endothermen* Reaktion können wir Wärme als *Reaktant* betrachten, während wir Wärme in einer *exothermen* Reaktion als *Produkt* betrachten können.

Endotherm: Reaktant + *Wärme* $\rightleftharpoons$ Produkte

Exotherm: Reaktant $\rightleftharpoons$ Produkte + *Wärme*

Wenn die Temperatur eines im Gleichgewicht befindlichen Systems erhöht wird, ist es, als ob wir einen Reaktanten zu einer endothermen Reaktion oder ein Produkt zu einer exothermen Reaktion hinzugegeben hätten. Das Gleichgewicht verschiebt sich in die Richtung, die den überschüssigen Reaktanten (oder überschüssiges Produkt), nämlich Wärme, verbraucht.

In einer endothermen Reaktion, wie ► Gleichung 15.22, wird Wärme aufgenommen, wenn die Reaktanten in Produkte umgewandelt werden. Daher wird

DIE WIRKUNG VON TEMPERATURÄNDERUNGEN

Fast jede Gleichgewichtskonstante ändert ihren Wert, wenn sich die Temperatur ändert. In einer endothermen Reaktion wird Wärme aufgenommen, wenn Reaktanten in Produkte umgewandelt werden, die Gleichgewichtslage verschiebt sich nach rechts und K wird größer.

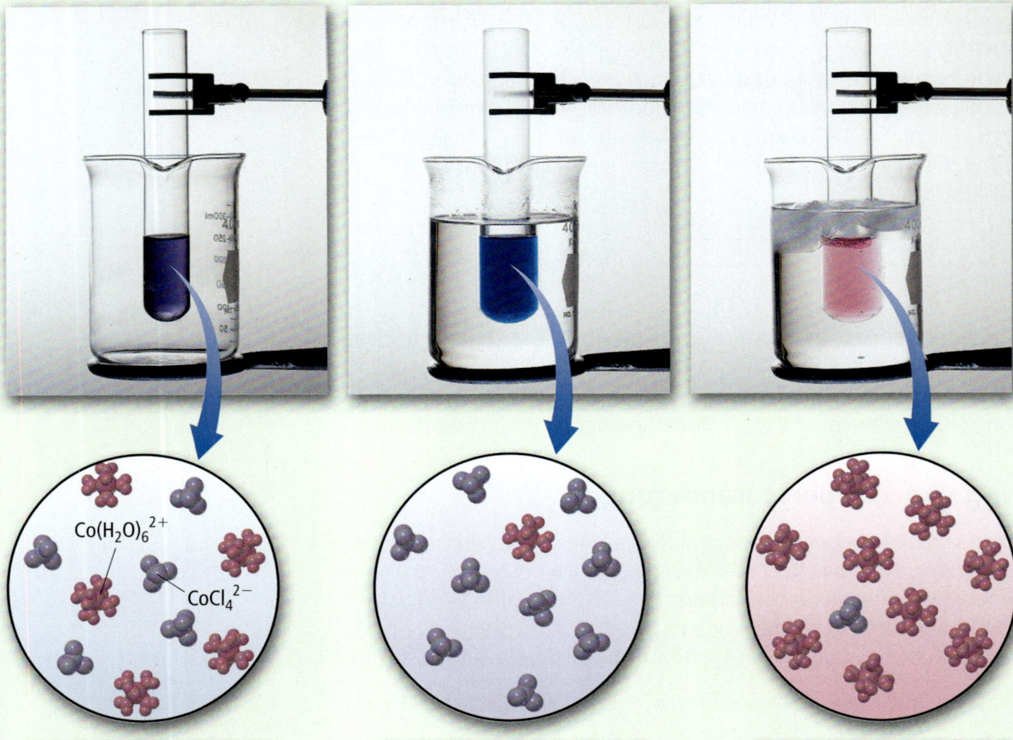

Bei Zimmertemperatur liegen sowohl blassrosa $Co(H_2O)_6^{2+}$- als auch blaue $CoCl_4^{2-}$-Ionen in bedeutenden Mengen vor und geben damit der Lösung eine violette Farbe.

Das Erhitzen der Lösung verschiebt sich die Gleichgewichtslage nach rechts und es bildet sich mehr blaues $CoCl_4^{2-}$.

Die Kühlung der Lösung verschiebt die Gleichgewichtslage nach links zum blassrosa $Co(H_2O)_6^{2+}$.

Abbildung 15.12: Temperatur und Gleichgewicht. Die gezeigte Reaktion ist $Co(H_2O)_6^{2+}(aq) + 4\ Cl^-(aq) \rightleftharpoons CoCl_4^{2-}(aq) + 6\ H_2O(l)$.

Übungsbeispiel 15.8: (Lösung online) Anwendung des Prinzips von Le Châtelier, um Gleichgewichtsverschiebungen vorherzusagen

Betrachten Sie das Gleichgewicht

$N_2O_4(g) \rightleftharpoons 2\ NO_2(g) \qquad \Delta H° = 58{,}0\ kJ$

In welche Richtung verschiebt sich das Gleichgewicht, wenn **(a)** N_2O_4 zugegeben ist, **(b)** NO_2 entfernt wird, **(c)** der Gesamtdruck durch Zugabe von $N_2(g)$ erhöht wird, **(d)** das Volumen vergrößert wird, **(e)** die Temperatur gesenkt wird?

durch die Erhöhung der Temperatur das Gleichgewicht nach rechts verschoben, in die Richtung der Produkte, und K wird größer. Für ► Gleichung 15.22 führt die Erhöhung der Temperatur zur Bildung von mehr $CoCl_4^{2-}$, wie in ► Abbildung 15.12 b zu beobachten ist.

In einer exothermen Reaktion tritt das Gegenteil auf. Wärme wird aufgenommen, wenn Produkte in Reaktanten umgewandelt werden. Daher verschiebt sich das Gleichgewicht nach links und K wird kleiner. Wir können diese Ergebnisse wie folgt zusammenfassen:

endotherm: Erhöhung von T führt dazu, dass K größer wird.

exotherm: Erhöhung von T führt dazu, dass K kleiner wird.

Die Wirkung von Katalysatoren

Was geschieht, wenn wir einen Katalysator zu einem chemischen System geben, das sich im Gleichgewicht befindet? Wie in ► Abbildung 15.13 zu sehen, senkt ein Katalysator die Aktivierungsbarriere zwischen den Reaktanten und Produkten. Die Aktivierungsenergie der Hinreaktion wird im gleichen Umfang wie die für die Rückreaktion gesenkt. Der Katalysator erhöht damit die Geschwindigkeiten der Hin- und Rückreaktionen. *Daher erhöht ein Katalysator die Geschwindigkeit, mit der das Gleichgewicht erreicht wird, aber er ändert nicht die Zusammensetzung des Gleichgewichtsgemisches.* Der Wert der Gleichgewichtskonstante für eine Reaktion wird nicht durch die Anwesenheit eines Katalysators beeinflusst.

Die Geschwindigkeit, mit der sich eine Reaktion dem Gleichgewicht annähert, ist für die Praxis bedeutsam. Betrachten wir beispielsweise erneut die Synthese von Ammoniak aus N_2 und H_2. Beim Entwurf eines Verfahrens für die Ammoniaksynthese musste Haber mit einer starken Abnahme der Gleichgewichtskonstante mit steigender Temperatur fertig werden, wie ► Tabelle 15.2 zeigt. Bei Temperaturen, die ausreichend hoch sind, um eine zufriedenstellende Reaktionsgeschwindigkeit zu erhalten, war die Menge des gebildeten Ammoniaks zu klein. Die Lösung dieses Dilemmas bestand in der Entwicklung eines Katalysators, der eine angemessen schnelle Annäherung an das Gleichgewicht bei einer ausreichend niedrigen Temperatur erzeugen würde, so dass die Gleichgewichtskonstante immer noch zufriedenstellend groß war. Die Entwicklung eines geeigneten Katalysators wurde daher zum Schwerpunkt der Forschungsarbeiten von Haber.

Die, von Haber eingesetzten, Katalysatoren ermöglichen, eine angemessen schnelle Einstellung des Gleichgewichts bei Temperaturen um 400 °C bis 500 °C und bei Gasdrücken von 200 bis 600 atm. Die hohen Drücke sind notwendig, um eine zufriedenstellende Ausbeute an Ammoniak im Gleichgewicht zu erhalten. Sie können aus ► Abbildung 15.8 sehen, dass es möglich wäre, die gleiche Ausbeute bei viel niedrigeren Drücken zu erhalten, wenn ein verbesserter Katalysator gefunden werden könnte – einer, der zu einer ausreichend schnellen Reaktion bei Temperaturen unter 400 °C bis 500 °C führen würde. Dies würde große Einsparungen in den Apparatekosten für die Ammoniaksynthese bedeuten. Angesichts des wachsenden Bedarfs nach stickstoffhaltigen Düngemitteln ist die Fixierung von Stickstoff ein Verfahren ständig zunehmender Bedeutung.

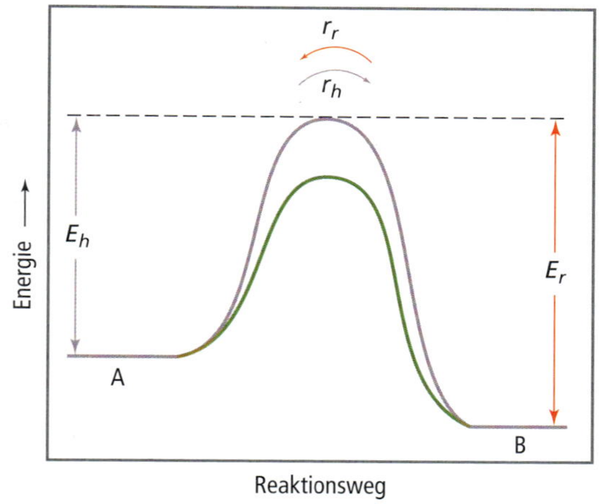

Abbildung 15.13: Wirkung eines Katalysators auf ein Gleichgewicht. Im Gleichgewicht für die hypothetische Reaktion A $\rightleftharpoons$ B ist die Hinreaktionsgeschwindigkeit r_h gleich der Rückreaktionsgeschwindigkeit r_r. Die violette Kurve stellt den Weg über den Übergangszustand ohne Katalysator dar. Ein Katalysator senkt die Energie des Übergangszustands, wie die grüne Kurve zeigt. Daher wird die Aktivierungsenergie für die Hin- und Rückreaktion gesenkt.

Temperatur (°C)	K_p
300	$4{,}34 \times 10^{-3}$
400	$1{,}64 \times 10^{-4}$
450	$4{,}51 \times 10^{-5}$
500	$1{,}45 \times 10^{-5}$
550	$5{,}38 \times 10^{-6}$
600	$2{,}25 \times 10^{-6}$

Tabelle 15.2: Veränderung von K_p für das Gleichgewicht $N_2 + 3\,H_2 \rightleftharpoons 2\,NH_3$ als Funktion der Temperatur.

MERKE !

Ein Katalysator beschleunigt die Geschwindigkeit, in der sich ein Gleichgewicht einstellt, beeinflusst aber nicht dessen Lage, sodass sich die Gleichgewichtskonstante K nicht ändert.

Säure-Base-Gleichgewichte

16

ÜBERBLICK

Säuren und Basen spielen in zahlreichen chemischen Reaktionen in unserer Umgebung eine wichtige Rolle, von industriellen Prozessen bis zu Stoffwechselvorgängen und von Laborreaktionen bis zu Vorgängen in der Umwelt. Der Zeitraum, in dem ein Metall in Wasser korrodiert, die Lebensbedingungen für Fische und pflanzliches Leben in einem Gewässer, der Verbleib von Schadstoffen, die über den Regen aus der Luft in den Boden gelangen und auch die Reaktionsgeschwindigkeiten lebenserhaltender Prozesse hängen oft entscheidend vom Säure- oder Basengehalt des jeweiligen Milieus ab. So lässt sich eine Vielzahl chemischer Vorgänge als Säure-Base-Reaktionen beschreiben und verstehen.

16.1 Säuren und Basen: Eine kurze Wiederholung

Schon seit den frühesten Anfängen der experimentellen Chemie haben Wissenschaftler Säuren und Basen an ihren charakteristischen Eigenschaften erkannt. Säuren haben einen sauren Geschmack und verändern die Farbe bestimmter Farbstoffe (beispielsweise verfärbt sich Lackmus bei Säurekontakt rot). Das englische Wort *acid* (Säure) leitet sich vom lateinischen Wort *acidus* ab, das sauer oder herb bedeutet. Der Geschmack von Basen ist hingegen bitter und sie fühlen sich glitschig an. Das englische Wort *base* stammt von der altenglischen Bedeutung des Wortes, im Sinne von verringern, vermindern oder verschlechtern (im modernen Englischen bedeutet das Verb *to debase* verderben, erniedrigen, bzw. den Wert einer Sache vermindern). Setzt man einer Säure eine Base zu, so vermindert sich die Säuremenge; das Mischen von Säuren und Basen in bestimmten Verhältnissen bringt ihre charakteristischen Eigenschaften gänzlich zum Verschwinden.

MERKE !

Nach der Definition von Arrhenius erhöhen Säuren beim Lösen in Wasser die Konzentration der H^+-Ionen, Basen dagegen die Konzentration der OH^--Ionen.

Historisch betrachtet haben Chemiker immer schon versucht, die Eigenschaften von Säuren und Basen mit ihrer Zusammensetzung und Molekularstruktur in Verbindung zu bringen. Um 1830 wusste man, dass alle Säuren Wasserstoff enthalten, aber nicht alle wasserstoffhaltigen Substanzen Säuren sind. In den 1880er Jahren stellte der schwedische Chemiker Svante Arrhenius (1859–1927) einen Zusammenhang zwischen saurem Charakter und H^+-Ionen in wässriger Lösung und analog zwischen basischem Milieu und OH^--Ionen her. Er definierte Säuren als Stoffe, die in Wasser H^+-Ionen freisetzen und Basen als Substanzen, die in Wasser OH^--Ionen bilden. Tatsächlich beruhen die Eigenschaften wässriger Säurelösungen und ihr saurer Geschmack auf dem Vorhandensein von $H^+(aq)$-Ionen und die Eigenschaften basischer Lösungen auf der Anwesenheit von $OH^-(aq)$-Ionen. Schließlich definierte Arrhenius Säuren als Stoffe, die in Wasser Protonen bilden und Basen als Stoffe, die in Wasser Hydroxidionen bilden.

BIOGRAPHIE

Geboren in Dänemark, studierte **Johannes Nicolaus Brønstedt (1879–1947)** zunächst Ingenieurwissenschaften, bevor er zur Chemie wechselte. Später war er Professor für Chemie an der Universität Kopenhagen. Während des Zweiten Weltkrieges erlangte er durch seine antifaschistische Haltung im besetzten Dänemark Ansehen und wurde 1947 in das dänische Nationalparlament gewählt. Er verstarb jedoch, bevor er das politische Amt antreten konnte.

Chlorwasserstoff ist eine Arrhenius-Säure und ist sehr gut wasserlöslich, denn in der chemischen Reaktion mit Wasser entstehen hydratisierte H^+- und Cl^--Ionen.

$$HCl(g) \xrightarrow{H_2O} H^+(aq) + Cl^-(aq) \qquad (16.1)$$

Die wässrige Lösung von Chlorwasserstoff ist als Salzsäure bekannt. Konzentrierte Salzsäure enthält einen Massenanteil von etwa 37 % HCl und ihre Konzentration beträgt 12 mol/L. Natriumhydroxid ist hingegen eine Arrhenius-Base. Da NaOH eine ionische Verbindung ist, dissoziiert sie in Wasser zu Na^+ und OH^- und setzt somit OH^--Ionen frei.

BIOGRAPHIE

Thomas M. Lowry (1874–1936) wurde als Sohn eines Feldgeistlichen in England geboren. Er wurde am *Central Technical College* (heute: *Imperial College*) der Universität London promoviert und war später Chef der chemischen Abteilung am *Westminster Training College* sowie (noch später) am *Guy's Hospital* (ebenfalls in London). 1920 wurde er als Professor an die Universität Cambridge berufen.

16.2 Brønsted–Lowry-Säuren und Basen

Das Säure- und Basekonzept nach Arrhenius ist sehr nützlich, aber es hat seine Grenzen; unter anderem in der Beschränkung auf das Lösemittel Wasser. Im Jahr 1923 schlugen der dänische Chemiker Johannes Brønsted (1879–1947) und der englische Chemiker Thomas Lowry (1874–1936) unabhängig voneinander eine allgemeinere Definition von Säuren und Basen vor. Ihre Idee basiert auf der Tatsache, dass Säure-Base-Reaktionen mit einer Protonenübertragung verbunden sind.

Das H^+-Ion in Wasser

► Gleichung 16.1 stellt die Dissoziationsreaktion von Chlorwasserstoff in Wasser unter Bildung von $H^+(aq)$ dar. *Ein H^+-Ion ist einfach ein Proton.* Dieses kleine, positiv geladene Teilchen zeigt eine starke Wechselwirkung mit den freien (nicht an chemischen Bindungen beteiligten) Elektronenpaaren der Wassermoleküle und es bilden sich hydratisierte Wasserstoffionen. Beispielsweise entsteht bei der Wechselwirkung eines Protons mit einem Wassermolekül ein Oxoniumion, $H_3O^+(aq)$:

$$H^+ + |\overline{O}(H)—H \longrightarrow \left[H—\overline{O}(H)—H\right]^+ \qquad (16.2)$$

Das H_3O^+-Ion bindet sich über Wasserstoffbrückenbindungen an weitere Wassermoleküle (► Abbildung 16.1).

Wie in ► Gleichung 16.1 verwenden wir oftmals aus Gründen der Einfachheit die Bezeichnung $H^+(aq)$, obwohl $H_3O^+(aq)$ der Realität näher kommt.

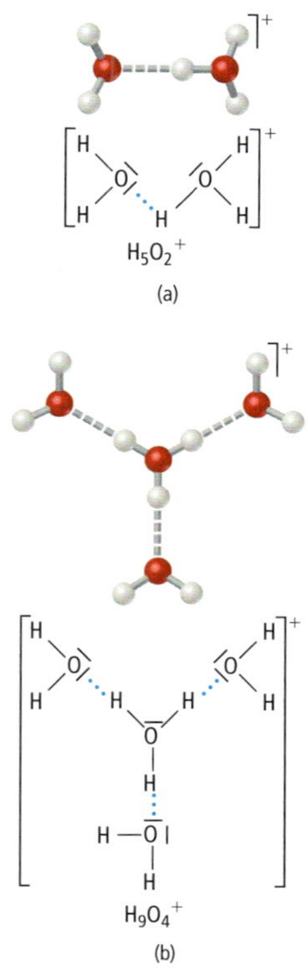

Abbildung 16.1: Hydratisierte Oxoniumionen. Strukturformeln und Molekülmodelle für **(a)** $H_5O_2^+$ und **(b)** $H_9O_4^+$. Es gibt klare experimentelle Belege für die Existenz dieser beiden Ionen.

Protonenübertragungsreaktionen

Wenn wir die Reaktion beim Lösen von HCl in Wasser genau ansehen, stellen wir fest, dass ein H^+-Ion (ein Proton) vom HCl zum Wassermolekül übergeht, wie in ► Abbildung 16.2 dargestellt. Die Reaktion läuft zwischen HCl-Molekülen und Wassermolekülen ab und es bilden sich Oxoniumionen- und Chloridionen.

$$HCl(g) + H_2O(l) \longrightarrow H_3O^+(aq) + Cl^-(aq) \qquad (16.3)$$

Das polare H_2O-Molekül begünstigt die Protonenabgabe von Säuren in Wasser, indem es ein Proton aufnimmt unter Bildung von einem H_3O^+-Ion.

Brønsted und Lowry schlugen vor, Säuren und Basen in Hinblick auf ihre Funktion zu definieren. Gemäß ihrer Definition *ist eine Säure ein Teilchen (ein Molekül oder ein Ion), das ein Proton abgibt* (**Protonendonator**). *Analog ist eine Base ein Teilchen, das ein Proton aufnimmt* (**Protonenakzeptor**). *Bei der Lösung von* HCl *in Wasser* (► Gleichung 16.3) *verhält sich* HCl *demnach als* **Brønsted–Lowry-Säure** *(es gibt ein Proton ans Wasser ab) und* H_2O *ist eine* **Brønsted–Lowry-Base** (es nimmt ein Proton von HCl auf).

Die Protonenübertragung ist nicht an ein wässriges System gebunden. Beispielsweise geht in der Reaktion von HCl mit NH_3 ein Proton von der Säure HCl zur Base NH_3 über:

$$|\overline{\underline{Cl}}—H + |NH_3 \longrightarrow |\overline{\underline{Cl}}|^- + \left[H—NH_3\right]^+ \qquad (16.4)$$

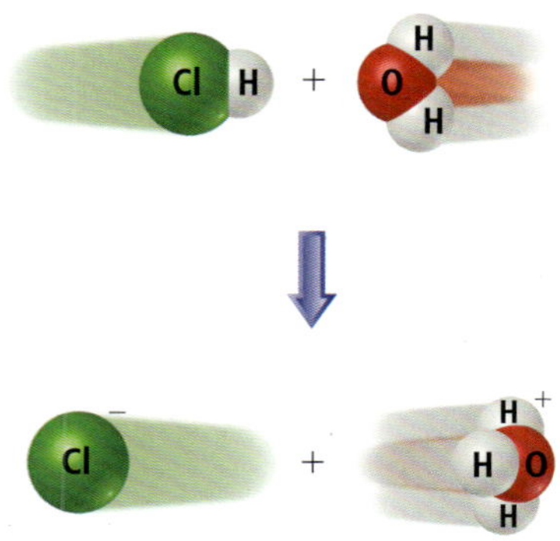

Abbildung 16.2: Eine Reaktion mit Protonenübertragung. Bei der Übertragung eines Protons von HCl auf H_2O ist HCl die Brønsted–Lowry-Säure und H_2O ist die Brønsted–Lowry-Base.

Diese Reaktion läuft auch in der Gasphase ab. Der neblige Schleier, den man auf den Fenstern und auf Glasgegenständen im Chemielabor findet, besteht zum Großteil aus festem NH_4Cl, das sich bei der Reaktion der Gase HCl und NH_3 bildet.

Da sich in einer wässrigen Ammoniaklösung das folgende Gleichgewicht einstellt:

$$NH_3(aq) + H_2O(l) \rightleftharpoons NH_4^+(aq) + OH^-(aq) \qquad (16.5)$$

MERKE !

Nach der Definition von Brønsted und Lowry geben Säuren ein Proton ab (Protonendonator), während Basen ein Proton aufnehmen (Protonenakzeptor). Zwischen Säuren und Basen findet daher einen Protonenübertragung statt.

könnte man Ammoniak als eine Arrhenius-Base bezeichnen, da bei der Zugabe von Ammoniak zu Wasser die Konzentration der $OH^-(aq)$-Ionen ansteigt. Das H_2O-Molekül wirkt in ► Gleichung 16.5 als Brønsted–Lowry-Säure, da es ein Proton an das NH_3-Molekül abgibt.

Ein Teilchen kann nur dann als Säure wirken, wenn sich ein anderes Teilchen gleichzeitig als Base verhält. Ein Molekül oder ein Ion muss ein polar gebundenes Wasserstoffatom besitzen, um ein H^+-Ion abgeben zu können und somit als Brønsted–Lowry-Säure zu wirken. Umgekehrt muss ein Molekül oder ein Ion über ein freies (nicht an einer Bindung beteiligtes) Elektronenpaar verfügen, das die Bindung eines H^+-Ions ermöglicht.

Manche Stoffe wirken in bestimmten Reaktionen als Säure und in anderen Prozessen als Base. Zum Beispiel ist H_2O in der Reaktion mit HCl eine Brønsted–Lowry-Base (► Gleichung 16.3), aber in der Reaktion mit NH_3 eine Brønsted–Lowry-Säure (► Gleichung 16.5). Einen Stoff, der sowohl als Base als auch als Säure wirken kann, bezeichnet man als **amphiprotisch** oder **amphoter**. Eine solche amphiprotische (amphotere) Substanz (**Ampholyt**) wirkt dann als Base, wenn sie mit einer stärkeren Säure zusammentrifft und umgekehrt verhält sie sich als Säure, wenn sie mit einer stärkeren Base reagiert.

Konjugierte Säure-Base-Paare

In jeder Säure-Base-Reaktion schließt sowohl die Hinreaktion (von links nach rechts) als auch die Rückreaktion (von rechts nach links) einen Protonenübergang ein. Betrachten wir zum Beispiel die folgende Reaktion einer Säure, die wir als HX bezeichnen, mit Wasser.

$$HX(aq) + H_2O(l) \rightleftharpoons X^-(aq) + H_3O^+(aq) \qquad (16.6)$$

Wenn HX ein Proton übergibt, bleibt das X^--Ion zurück, das als Base wirkt. Umgekehrt verhält sich H_2O als Base und bildet H_3O^+, das sich als Säure verhält.

MERKE !

Ein konjugiertes bzw. korrespondierendes Säuer-Base-Paar besteht aus zwei Teilchen, die sich nur in einem Proton unterscheiden.

Eine Säure und eine Base, die sich wie HX und X^- nur durch ein Proton unterscheiden, bezeichnet man als **konjugiertes Säure-Base-Paar*** oder **korrespondierendes Säure-Base-Paar**. Zu jeder Säure existiert eine konjugierte Base. Zum Beispiel ist OH^- die **konjugierte Base** zu H_2O und X^- ist die konjugierte Base zu HX. Analog existiert zu jeder Base eine **konjugierte Säure**. Demnach ist H_3O^+ die konjugierte Säure zu H_2O und HX ist die konjugierte Säure zu X^-.

In jeder Säure-Base-Reaktion können wir zwei konjugierte Säure-Base-Paare bestimmen. Betrachten wir zum Beispiel die Reaktion von salpetriger Säure (HNO_2) mit Wasser:

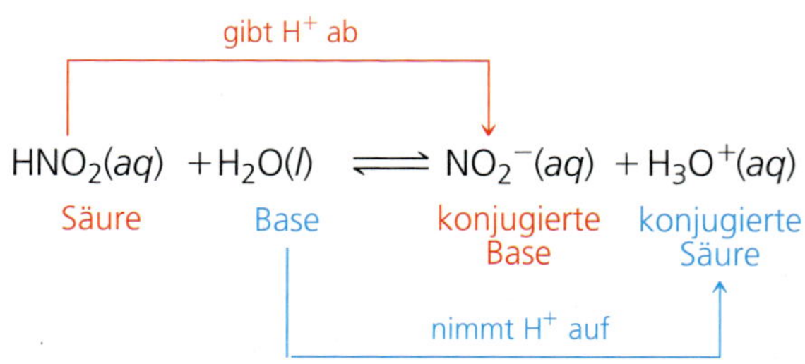

(16.7)

In ähnlicher Weise gilt für die Reaktion von NH_3 mit H_2O (► Gleichung 16.5):

* Das Wort *konjugiert* bedeutet hier soviel wie „als Paar zusammen wirkend", der Begriff *korrespondierend* meint „mit dem Partner im Austausch stehen".

nimmt H^+ auf

$$NH_3(aq) + H_2O(l) \rightleftharpoons NH_4^+(aq) + OH^-(aq) \qquad (16.8)$$

Base — Säure — konjugierte Säure — konjugierte Base

gibt H^+ ab

Säure-Base-Reaktionen werden auch als Protonenübertragungsreaktionen oder Protolysen bezeichnet.

Die Stärke von Säuren und Basen

Einige Säuren sind bessere Protonendonatoren als andere Säuren und analog sind einige Basen bessere Protonenakzeptoren als andere Basen. Wenn wir die Säuren nach ihrer Fähigkeit bzw. Tendenz zur Abgabe eines Protons ordnen, stellen wir Folgendes fest: Je leichter ein Teilchen ein Proton abgibt, desto schwieriger ist die Aufnahme eines Protons durch seine konjugierte Base. Umgekehrt ist die Abgabe eines Protons durch die konjugierte Säure umso schwieriger, je leichter die entsprechende Base ein Proton aufnimmt. Die Fähigkeit einer Säure, Protonen abzugeben, umschreibt man mit dem Begriff Säurestärke. *Je stärker eine Säure, desto schwächer ist ihre konjugierte Base und je stärker eine Base, desto schwächer ist umgekehrt ihre konjugierte Säure.* Wenn wir die Stärke einer Säure kennen, wissen wir daher etwas über die Stärke ihrer konjugierten Base (ihre Fähigkeit zur Protonenaufnahme).

► Abbildung 16.3 gibt diesen Zusammenhang zwischen der Säurestärke und der Stärke der konjugierten Base wieder. Hier sind Säuren und Basen nach ihrem Verhalten in Wasser grob eingeteilt.

	Säurestärke	Säure	Base	Basenstärke	
in H_2O praktisch zu 100% dissoziiert	sehr stark	HCl	Cl^-	sehr schwach	in H_2O praktisch keine Protonenabgabe
		H_2SO_4	HSO_4^-		
		HNO_3	NO_3^-		
		$H_3O^+(aq)$	H_2O		
	stark	HSO_4^-	SO_4^{2-}	schwach	
		H_3PO_4	$H_2PO_4^-$		
		HF	F^-		
	mittel stark	CH_3COOH	CH_3COO^-	mittel stark	
		H_2CO_3	HCO_3^-		
		H_2S	HS^-		
		$H_2PO_4^-$	HPO_4^{2-}		
	schwach	NH_4^+	NH_3	stark	
		HCO_3^-	CO_3^{2-}		
		HPO_4^{2-}	PO_4^{3-}		
		H_2O	OH^-		
in H_2O praktisch keine Protonenabgabe	sehr schwach	OH^-	O^{2-}	sehr stark	in H_2O praktisch zu 100% protoniert
		H_2	H^-		
		CH_4	CH_3^-		

Säurestärke nimmt zu ↑ — Basenstärke nimmt zu ↓

Übungsbeispiel 16.1: (Lösung online) Gleichungen für Reaktionen mit Protonenübertragung aufstellen

Das Hydrogensulfition (HSO_3^-) ist amphiprotisch. **(a)** Stellen Sie eine Gleichung für die Reaktion von HSO_3^- mit Wasser auf, in der sich das Ion als Säure verhält. **(b)** Stellen Sie eine Gleichung für die Reaktion von HSO_3^- mit Wasser auf, in der sich das Ion als Base verhält. Geben Sie in beiden Fällen das konjugierte Säure-Base-Paar an.

A 1 Löst man Lithiumoxid (Li_2O) in Wasser, so wird die Lösung durch die Reaktion des Oxidions (O^{2-}) mit Wasser basisch. Stellen Sie die Reaktionsgleichung auf und geben Sie die konjugierten Säure-Base-Paare an.

MERKE !

Je stärker eine Säure, desto schwächer ist die konjugierte (korrespondierende) Base bzw. je schwächer die Säure, desto stärker ist die konjugierte Base.

Abbildung 16.3: Die Stärke einiger konjugierter Säure-Base-Paare. Die Paare sind jeweils gegenüberliegend in den beiden Spalten eingetragen. Die Säurestärke nimmt von oben nach unten ab, während die Stärke der konjugierten Basen von oben nach unten anwächst.

Übungsbeispiel 16.2: (Lösung online)
Die Gleichgewichtslage einer Protonenübertragungsreaktion vorhersagen

Bestimmen Sie mit Hilfe von ► Abbildung 16.4 für die folgenden Protonenübertragungsreaktionen, ob im Gleichgewicht die Stoffe der linken Gleichungsseite ($K_c < 1$) oder die Stoffe der rechten Seite ($K_c > 1$) überwiegen.

$$HSO_4^-(aq) + CO_3^{2-}(aq) \rightleftharpoons SO_4^{2-}+(aq) + HCO_3^-(aq)$$

A 2 Bestimmen Sie für die folgenden Reaktionen mit Hilfe von ► Abbildung 16.4, ob das Gleichgewicht überwiegend auf der linken oder auf der rechten Gleichungsseite liegt.

(a) $HPO_4^{2-}(aq) + H_2O(l) \rightleftharpoons H_2PO_4^-(aq) + OH^-(aq)$

(b) $HNO_3(aq) + H_2O(l) \longrightarrow H_3O^+(aq) + NO_3^-(aq)$

MERKE !

In Säure-Base-Gleichgewichten werden Protonen von der stärkeren Säure auf die stärkere Base übertragen.

1 Die sehr *starken Säuren* geben ihre Protonen praktisch vollständig an Wasser ab und es verbleiben fast keine undissoziierten Moleküle in der Lösung. Die Tendenz ihrer konjugierten Basen zur Protonenaufnahme in wässriger Lösung ist verschwindend gering (sehr schwache Basen).

2 Die *mittelstarken Säuren* protolysieren in wässriger Lösung nur teilweise; daher liegt in der Lösung eine Mischung aus Säuremolekülen und den entsprechenden Säurerest-Ionen vor. Ihre konjugierten Basen zeigen eine deutliche Tendenz, Protonen vom Wasser aufzunehmen (*die konjugierten Basen von schwachen Säuren sind starke Basen und umgekehrt*).

Löst man beispielsweise HCl in Wasser, so besteht die Lösung fast ausschließlich aus H_3O^+ und Cl^--Ionen; die Konzentration der HCl-Moleküle ist verschwindend gering.

$$HCl(g) + H_2O(l) \longrightarrow H_3O^+(aq) + Cl^-(aq) \qquad (16.9)$$

Da H_2O eine stärkere Base ist als Cl^- (► Abbildung 16.3), nimmt H_2O ein Proton auf.

Eine wässrige Essigsäurelösung (CH_3COOH) enthält hauptsächlich CH_3COOH-Moleküle und relativ wenige H_3O^+-Ionen und CH_3COO^--Ionen.

$$CH_3COOH(aq) + H_2O(l) \rightleftharpoons H_3O^+(aq) + CH_3COO^-(aq) \qquad (16.10)$$

Da CH_3COO^- eine stärkere Base ist als H_2O (► Abbildung 16.3), nimmt es ein Proton von H_3O^+ auf. Aus diesen Beispielen schließen wir, dass *das Gleichgewicht einer Säure-Base-Reaktion die Protonenübertragung zur stärkeren Base begünstigt*. Anders ausgedrückt: Das Gleichgewicht stellt sich derart ein, dass die stärkere Säure und die stärkere Base bevorzugt zur schwächeren konjugierten Base und schwächeren konjugierten Säure reagieren. Folglich enthält die Lösung im Gleichgewicht größere Anteile der schwächeren Säure und der schwächeren Base und geringere Anteile der stärkeren Säure und der stärkeren Base.

16.3 Die Autoprotolyse von Wasser

Die Fähigkeit des Wassers, je nach den Gegebenheiten sowohl als Brønsted-Säure als auch als Brønsted-Base zu wirken, ist eine seiner wichtigsten chemischen Eigenschaften. Wasser verhält sich in Gegenwart einer Säure als Protonenakzeptor und bei Anwesenheit einer Base als Protonendonator. Ein Wassermolekül kann ebenso an ein anderes Wassermolekül ein Proton abgeben:

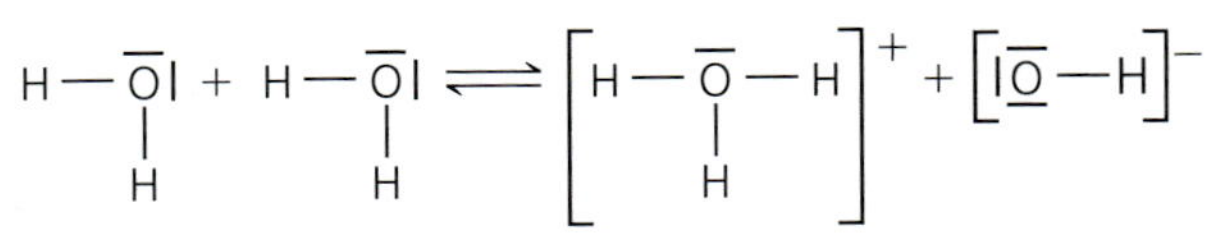
(16.11)

Wir bezeichnen diesen Vorgang als **Autoprotolyse** von Wasser. Bei Zimmertemperatur sind zu einem gegebenen Zeitpunkt nur zwei von 10^9 Molekülen dissoziiert. Daher besteht reines Wasser fast ausschließlich aus H_2O-Molekülen und ist ein extrem schlechter elektrischer Leiter. Dennoch ist die Autoprotolyse von Wasser sehr wichtig, wie wir gleich sehen werden.

Das Ionenprodukt des Wassers

Die Autoprotolyse des Wassers ist ein Gleichgewichtsprozess (► Gleichung 16.11).

Die Gleichgewichtskonstante $$K_c = \frac{[H_3O^+] \cdot [OH^-]}{[H_2O] \cdot [H_2O]} = 3{,}26 \cdot 10^{-18}$$

zeigt uns, dass nur sehr wenige Wassermoleküle zu Ionen dissoziiert sind. Somit bleibt die Konzentration des Wassers (55,5 mol/L) praktisch unverändert, also konstant. Wir können diesen konstanten Wert in die Gleichgewichtskonstante einbeziehen:

$$K_c \cdot [H_2O]^2 = [H_3O^+] \cdot [OH^-] = 10^{-14}\ mol^2/L^2 = K_W \qquad (16.12)$$

Da sich diese Konstante speziell auf die Autoprotolyse des Wassers bezieht, verwendet man das Symbol K_W und spricht vom **Ionenprodukt des Wassers**. Bei 25 °C beträgt die Konstante $K_W = 1{,}0 \times 10^{-14}\ mol^2/L^2$ und damit gilt

$$K_W = [H_3O^+][OH^-] = 1{,}0 \times 10^{-14}\ mol^2/L^2 \text{ (bei 25 °C)} \qquad (16.13)$$

Da wir $H^+(aq)$ und $H_3O^+(aq)$ alternativ als Symbol des hydratisierten Protons verwenden, können wir die Dissoziation des Wassers in der folgenden Form schreiben:

$$H_2O(l) \rightleftharpoons H^+(aq) + OH^-(aq) \qquad (16.14)$$

Die Gleichung für K_W lässt sich gleichermaßen mit H^+ oder mit H_3O^+ formulieren:

$$K_W = [H_3O^+][OH^-] = [H^+][OH^-] = 1{,}0 \times 10^{-14}\ mol^2/L^2 \text{ (bei 25 °C)} \qquad (16.15)$$

Dieser Ausdruck der Konstanten K_W und ihr Wert bei 25 °C sind extrem wichtig – Sie sollten sie nicht vergessen.

► Gleichung 16.15 ist besonders nützlich, da sie nicht nur auf reines Wasser, sondern auf jede wässrige Lösung anwendbar ist. Obwohl gelöste Ionen anderer Art das Gleichgewicht zwischen $H^+(aq)$ und $OH^-(aq)$ ein wenig beeinflussen, vernachlässigt man in der Regel die ionischen Wechselwirkungen, sofern keine besondere Genauigkeit erforderlich ist. Daher betrachtet man ► Gleichung 16.15 für alle verdünnten wässrigen Lösungen als gültig. Bei Kenntnis einer der beiden Konzentrationen, $[H^+]$ oder $[OH^-]$, kann man die jeweils andere Konzentration bestimmen.

Eine Lösung mit $[H^+] = [OH^-]$ bezeichnet man als *neutral*. In den meisten Lösungen stimmen jedoch diese beiden Konzentrationen nicht überein. Wenn eine der beiden Konzentrationen ansteigt, muss die andere abnehmen, da ihr Produkt $1{,}0 \times 10^{-14}\ mol^2/L^2$ stets erhalten bleibt. In sauren Lösungen ist $[H^+]$ größer als $[OH^-]$ und in basischen Lösungen ist umgekehrt $[OH^-]$ größer als $[H^+]$.

MERKE !

Das Ionenprodukt des Wassers beträgt bei 25 °C: $K_W = 1{,}0 \times 10^{-14}\ mol^2/L^2$. In einer neutralen Lösung beträgt die Konzentration der $[H^+]$- und $[OH^-]$-Ionen daher $1{,}0 \times 10^{-7}$ mol/L.

A 3 Berechnen Sie die $[OH^-](aq)$-Konzentration in einer Lösung mit **(a)** $[H^+] = 2 \times 10^{-6}$ mol/L; **(b)** $[H^+] = [OH^-]$ und **(c)** $[H^+] = 100 \times [OH^-]$.

Übungsbeispiel 16.3: Berechnung von $[H^+]$ aus $[OH^-]$

Berechnen Sie die Konzentration von $[H^+](aq)$ **(a)** in einer Lösung mit $[OH^-] = 0{,}010$ mol/L und **(b)** in einer Lösung mit $[OH^-] = 1{,}8 \times 10^{-9}$ mol/L.
Hinweis: In dieser und in allen folgenden Aufgaben nehmen wir eine Temperatur von 25 °C an, sofern nichts anderes angegeben ist.

Lösung

Analyse: Wir sollen die Konzentration des Hydroniumions in einer wässrigen Lösung mit bekannter Konzentration des Hydroxidions bestimmen.
Vorgehen: Wir verwenden den Ausdruck für die Autoprotolyse des Wassers und den Wert der Konstanten K_W und lösen nach der unbekannten Konzentration auf.
Lösung:
(a) Aus ► Gleichung 16.15 erhalten wir

$$[H^+][OH^-] = 1{,}0 \times 10^{-14}\ mol^2/L^2$$

$$[H^+] = \frac{1{,}0 \times 10^{-14}}{[OH^-]}\ mol^2/L^2 = \frac{1{,}0 \times 10^{-14}}{0{,}010}\ mol/L = 1{,}0 \times 10^{-12}\ mol/L$$

Diese Lösung ist basisch, denn $[OH^-] > [H^+]$
(b) In diesem Fall ist

$$[H^+] = \frac{1{,}0 \times 10^{-14}}{[OH^-]}\ mol^2/L^2 = \frac{1{,}0 \times 10^{-14}}{1{,}8 \times 10^{-9}}\ mol/L = 5{,}6 \times 10^{-6}\ mol/L$$

und die Lösung ist sauer, denn $[H^+] > [OH^-]$

MERKE !

Der pH-Wert einer Lösung ist der negative dekadische Logarithmus der Konzentration der darin enthaltenen Oxoniumionen [H_3O^+] bzw. Protonen [H^+].

16.4 Die pH-Skala

Die Stoffmengenkonzentration der [H^+](*aq*)-Ionen in wässrigen Lösungen ist in der Regel sehr niedrig. Aus praktischen Gründen drücken wir daher [H^+] durch den so genannten **pH-Wert** oder pH aus, der als negativer dekadischer Logarithmus von [H^+] definiert ist*.

$$pH = -\log [H^+] \qquad (16.16)$$

Den Gebrauch von Logarithmen können Sie online nachschlagen.

Aus ► Gleichung 16.16 können wir nun den pH einer neutralen Lösung bei 25 °C (mit [H^+] = $1{,}0 \times 10^{-7}$ mol/L) berechnen:

$$pH = -\log [1{,}0 \times 10^{-7}] = -(-7{,}00) = 7{,}00$$

Der pH einer neutralen Lösung bei 25 °C beträgt 7,00.

Was geschieht mit dem pH-Wert, wenn wir eine Lösung ansäuern? In einer sauren Lösung ist [H^+] > $1{,}0 \times 10^{-7}$ mol/L. Aufgrund des negativen Vorzeichens in ► Gleichung 16.16 *nimmt der pH mit wachsender* [H^+]*-Konzentration ab.*

Zum Beispiel beträgt der pH einer sauren Lösung mit [H^+] = $1{,}0 \times 10^{-3}$ mol/L

$$pH = -\log[1{,}0 \times 10^{-3}] = -(-3{,}00) = 3{,}00$$

Der pH einer sauren Lösung bei 25 °C ist kleiner als 7,00.

Wir können ebenso den pH einer basischen Lösung berechnen, in der [OH^-] > $1{,}0 \times 10^{-7}$ mol/L gilt. Nehmen wir zum Beispiel [OH^-] = $2{,}0 \times 10^{-3}$ mol/L an und berechnen [H^+] dieser Lösung aus ► Gleichung 16.15 und den pH aus ► Gleichung 16.16:

$$[H^+] = \frac{K_W}{[OH^-]} = \frac{1{,}0 \times 10^{-14}}{2{,}0 \times 10^{-3}} \text{ mol/L} = 5{,}0 \times 10^{-12} \text{ mol/L}$$

$$pH = -\log(5{,}0 \times 10^{-12}) = 11{,}30$$

Der pH einer basischen Lösung bei 25 °C ist größer als 7,00. Die Beziehungen zwischen [H^+], [OH^-] und pH sind in ► Tabelle 16.1 zusammengefasst.

Art der Lösung	[H^+] (mol/L)	[OH^-] (mol/L)	pH-Wert
sauer	$>1{,}0 \times 10^{-7}$	$<1{,}0 \times 10^{-7}$	<7,00
neutral	$=1{,}0 \times 10^{-7}$	$=1{,}0 \times 10^{-7}$	=7,00
basisch	$<1{,}0 \times 10^{-7}$	$>1{,}0 \times 10^{-7}$	>7,00

Tabelle 16.1: Beziehungen zwischen [H^+], [OH^-] und dem pH-Wert bei 25 °C.

Beachten Sie, dass eine Veränderung von [H^+] um einen Faktor zehn den pH um eins verschiebt. Daher ist die Konzentration von H^+(*aq*) in einer Lösung mit pH 6 zehnmal höher als bei pH 7.

Viele Reaktionen in biologischen Systemen beruhen auf Protonenübertragungen und ihre Reaktionsgeschwindigkeiten hängen von [H^+] ab. Da die Geschwindigkeiten dieser Reaktionen sehr bedeutend sind, muss der pH in biologischen Systemen innerhalb enger Grenzen gehalten werden. Zum Beispiel liegt der pH von menschlichem Blut zwischen 7,35 und 7,45 und Abweichungen aus diesem engen Intervall können Krankheit oder gar den Tod bedeuten (siehe Extras Online „Blut als gepufferte Lösung" zu Abschnitt 17.2).

Übungsbeispiel 16.4: (Lösung online)
Berechnung von [H^+] aus dem pH

Eine Probe aus frisch gepresstem Apfelsaft hat einen pH von 3,76. Berechnen Sie [H^+].

A 4 Wir lösen ein Mittel gegen Magensäure auf und der pH der Lösung beträgt 9,18. Berechnen Sie [H^+].

* Da man [H^+] und [H_3O^+] alternativ verwendet, lässt sich der pH ebenso als $-\log[H_3O^+]$ definieren.

Stoffe	$[H^+]$ (mol/L)	pH	pOH	$[OH^-]$ (mol/L)
	$1\ (1\times10^0)$	0,0	14,0	1×10^{-14}
Magensäure	1×10^{-1}	1,0	13,0	1×10^{-13}
Zitronensaft	1×10^{-2}	2,0	12,0	1×10^{-12}
Cola, Essig	1×10^{-3}	3,0	11,0	1×10^{-11}
Wein, Tomaten	1×10^{-4}	4,0	10,0	1×10^{-10}
Bananen, schwarzer Kaffee	1×10^{-5}	5,0	9,0	1×10^{-9}
Regen, Speichel	1×10^{-6}	6,0	8,0	1×10^{-8}
Milch, menschliches Blut, Tränen	1×10^{-7}	7,0	7,0	1×10^{-7}
Eiweiß, Meerwasser, Backpulver (Soda)	1×10^{-8}	8,0	6,0	1×10^{-6}
Borax	1×10^{-9}	9,0	5,0	1×10^{-5}
Magnesiumhydroxidlösung, Kalkwasser	1×10^{-10}	10,0	4,0	1×10^{-4}
	1×10^{-11}	11,0	3,0	1×10^{-3}
Haushaltsammoniak, Haushaltsbleiche	1×10^{-12}	12,0	2,0	1×10^{-2}
0,1 *M*-NaOH	1×10^{-13}	13,0	1,0	1×10^{-1}
	1×10^{-14}	14,0	0,0	$1\ (1\times10^0)$

(stärker sauer ↑ / stärker basisch ↓)

Abbildung 16.4: Die H^+-Konzentrationen und pH-Werte einiger gebräuchlicher Stoffe bei 25 °C.

Andere „p"-Skalen

Der negative dekadische Logarithmus ist ebenfalls ein bequemer Weg, um andere kleine Größen anzugeben. Nach der Konvention bezeichnet man den negativen dekadischen Logarithmus einer Größe als „p (Größe)". Zum Beispiel können wir die OH^--Konzentration als pOH ausdrücken:

$$pOH = -\log[OH^-] \tag{16.17}$$

Wir wenden den negativen dekadischen Logarithmus auf beide Seiten der Gleichung 16.15 an und bekommen

$$-\log[H^+] + (-\log[OH^-]) = -\log K_W \tag{16.18}$$

Hieraus erhalten wir die nützliche Beziehung

$$pH + pOH = pK_W = 14{,}00 \text{ (bei 25 °C)} \tag{16.19}$$

Wir werden in Abschnitt 16.8 sehen, dass die p-Skalen auch beim Umgang mit Gleichgewichtskonstanten nützlich sind.

MERKE !

Der pOH-Wert einer Lösung ist der negative dekadische Logarithmus der Konzentration der darin enthaltenen Hydroxidionen $[OH^-]$.

Die Summe von pH- und pOH-Wert einer Lösung ist 14.

Den pH-Wert messen

Man kann den pH einer Lösung schnell und exakt mit einem **pH-Meter** messen (► Abbildung 16.5). Um die Funktionsweise eines solchen Gerätes zu verstehen, benötigen wir Kenntnisse in Elektrochemie. Kurz gefasst besteht ein pH-Meter aus einem Elektrodenpaar, das an ein Messgerät angeschlossen ist, das kleine Spannungen im Millivoltbereich misst. Die Spannung zwischen den Elektroden in der Lösung hängt vom pH-Wert ab. Das Messgerät ist so geeicht, dass man über die Messung direkt den pH-Wert ablesen kann.

Abbildung 16.5: Ein digitales pH-Meter. Man taucht die Elektroden dieses Millivoltmeters in die Probelösung. Die gemessene Spannung hängt vom pH der Lösung ab.

Der pH lässt sich auch mit **Säure-Base-Indikatoren messen**, diese Messungen sind aber weniger präzise. Ein Säure-Base-Indikator ist ein Farbstoff, der in einer

Säure-Base-Indikatoren (Video)

sauren und in einer basischen Form mit zwei unterschiedlichen Farben vorliegt. Der Indikator nimmt in saurem Milieu die eine Farbe und in basischer Umgebung die andere Farbe an. Wenn man für einen Indikator den pH-Wert des Farbumschlags kennt, kann man herausfinden, ob der pH einer Lösung niedriger oder höher ist. Lackmus verändert zum Beispiel seine Farbe in der Nähe von pH 7, aber die Farbänderung ist nicht sehr scharf ausgeprägt. Roter Lackmus zeigt einen pH von fünf oder niedriger an und blauer Lackmus einen pH von acht oder höher.

Einige der üblichen Indikatoren sind in ► Abbildung 16.6 zusammengefasst. Man verwendet für Näherungsmessungen des pH häufig Universalindikator-Papierstreifen, die mit verschiedenen Indikatorsubstanzen ausgestattet sind und über eine Farbskala zum Vergleich verfügen.

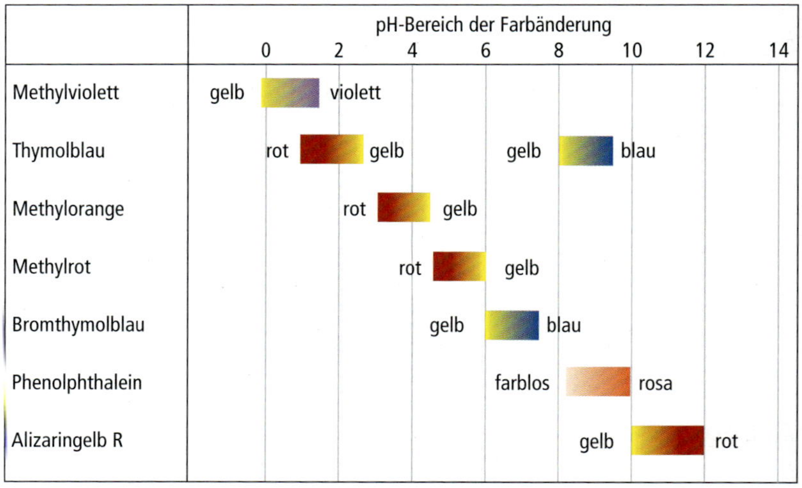

Abbildung 16.6: Einige gebräuchliche Säure-Base-Indikatoren und die pH-Bereiche ihrer Farbänderungen. Der Einsatzbereich der meisten Indikatoren umfasst etwa zwei pH-Einheiten.

16.5 Sehr starke Säuren und Basen

Sehr starke Säuren und starke Basen sind *starke Elektrolyte* und liegen in wässriger Lösung praktisch vollständig als Ionen vor.

Sehr starke Säuren

Von den sieben geläufigsten sehr starken Säuren sind sechs Säuren einprotonig (HCl, HBr, HI, HNO_3, $HClO_3$ und $HClO_4$) und eine Säure ist zweiprotonig (H_2SO_4). Salpetersäure (HNO_3) zeigt zum Beispiel das Verhalten einer einprotonigen sehr starken Säure. Für alle praktischen Zwecke nimmt man an, dass eine wässrige HNO_3-Lösung ausschließlich aus H_3O^+-Ionen und NO_3^--Ionen besteht.

$$HNO_3(aq) + H_2O(l) \longrightarrow H_3O^+(aq) + NO_3^-(aq) \qquad (16.20)$$

Wir verwenden in ► Gleichung 16.20 keine Gleichgewichtspfeile, da die Reaktion fast ausschließlich von links nach rechts in Richtung der Ionen abläuft. Wie bereits in Abschnitt 16.3 erwähnt, verwenden wir $H_3O^+(aq)$ und $H^+(aq)$ alternativ als Symbol des hydratisierten Protons in wässriger Lösung. Hiermit vereinfacht man oft die Gleichungen der Dissoziationsreaktionen von Säuren. In diesem Fall ergibt sich:

$$HNO_3 \xrightarrow{H_2O} H^+(aq) + NO_3^-(aq)$$

A 5 Der pH einer wässrigen HNO_3-Lösung beträgt 2,34. Wie groß ist die Konzentration der Säure?

Der pH einer Lösung einer sehr starken einprotonigen Säure läßt sich problemlos berechnen, da $[H^+]$ gleich der ursprünglichen Konzentration der Säure ist. In einer 0,20 *M* $HNO_3(aq)$-Lösung ist beispielsweise $[H^+] = [NO_3^-] = 0{,}20\,mol/L$. Für die zweiprotonige Säure H_2SO_4 ist die Situation etwas komplizierter, wie wir in Abschnitt 16.6 sehen werden.

Übungsbeispiel 16.5: Den pH einer sehr starken Säure berechnen

Wie groß ist der pH einer 0,040 *M* $HClO_4$-Lösung?

Lösung

Analyse und Vorgehen: Wir sollen den pH einer $HClO_4$-Lösung der Konzentration 0,040 mol/L berechnen. $HClO_4$ ist eine starke Säure und ist daher praktisch vollständig dissoziiert; es gilt $[H^+] = [ClO_4^-] = 0{,}040\,mol/L$. Da $[H^+]$ in ► Abbildung 16.5 zwischen den Bezugswerten $1{,}0 \times 10^{-2}$ und $1{,}0 \times 10^{-1}$ liegt, ergibt die Schätzung des pH einen Wert zwischen 2,0 und 1,0.
Lösung: Der pH der Lösung ist $pH = -\log(0{,}040) = 1{,}40$
Überprüfung: Der berechnete pH liegt innerhalb des geschätzten Intervalls.

Sehr starke Basen

Die am weitesten verbreiteten löslichen sehr starken Basen sind die Hydroxide der Alkalimetalle (Gruppe 1A), wie z. B. NaOH, KOH und der schweren Erdalkalimetalle (Gruppe 2A), wie z. B. $Ca(OH)_2$. Diese Verbindungen dissoziieren in wässriger Lösung praktisch vollständig in Ionen. Daher besteht eine mit 0,30 mol/L etikettierte NaOH-Lösung aus 0,30 mol/L $Na^+(aq)$ und 0,30 mol/L $OH^-(aq)$; es liegt praktisch kein undissoziiertes NaOH vor.

Dank der praktisch vollständigen Dissoziation der starken Basen in wässriger Lösung ist die pH-Berechnung problemlos, wie das ► Übungsbeispiel 16.6 zeigt.

Die Hydroxide der schweren Erdalkalimetalle, $Ca(OH)_2$, $Sr(OH)_2$ und $Ba(OH)_2$, sind ebenfalls starke Elektrolyte.

Stark basische Lösungen entstehen ebenfalls durch bestimmte Stoffe, die unter Bildung von $OH^-(aq)$ mit Wasser reagieren. Die geläufigsten unter diesen Stoffen enthalten das Oxidion. Wenn man in der Industrie eine starke Base benötigt, verwendet man oft ionische Metalloxide, insbesondere Na_2O und CaO. Ein Mol O^{2-} reagiert mit Wasser zu zwei Mol OH^- und es verbleibt praktisch kein O^{2-} in der Lösung:

$$O^{2-}(aq) + H_2O(l) \longrightarrow 2\,OH^-(aq) \qquad (16.21)$$

Löst man 0,010 mol $Na_2O(s)$ in einem Liter Wasser, so ist $[OH^-] = 0{,}020\,mol/L$ und es ergibt sich ein pH von 12,30.

Ionische Hydride und Nitride reagieren auch mit H_2O unter Bildung von OH^-:

$$H^-(aq) + H_2O(l) \longrightarrow H_2(g) + OH^-(aq) \qquad (16.22)$$

$$N^{3-}(aq) + 3\,H_2O(l) \longrightarrow NH_3(aq) + 3\,OH^-(aq) \qquad (16.23)$$

Da die Anionen O^{2-}, H^- und N^{3-} stärkere Basen sind als OH^- (die konjugierte Base von H_2O), fungieren sie gegenüber dem Wasser als Protonenakzeptoren.

Übungsbeispiel 16.6: Den pH einer starken Base berechnen

Wie groß ist der pH **(a)** einer 0,028 *M* NaOH-Lösung; **(b)** einer 0,0011 *M* $Ca(OH)_2$-Lösung?

Lösung

Analyse: Wir sollen den pH von zwei Lösungen sehr starker Basen bekannter Konzentration bestimmen.
Vorgehen: Wir können die pH-Werte über zwei äquivalente Methoden bestimmen. Wir können zuerst $[H^+]$ aus ► Gleichung 16.15 berech-

nen und dann mit Hilfe von ► Gleichung 16.16 den pH bestimmen. Alternativ können wir auch den pOH aus $[OH^-]$ berechnen und danach mit ► Gleichung 16.19 den pH bestimmen.

Lösung:

(a) NaOH dissoziiert in Wasser und es entsteht pro NaOH ein OH^--Ion. Daher ist die OH^--Konzentration der Lösung in (a) gleich der angegebenen NaOH-Konzentration von 0,028 mol/L.

Methode 1: $[H^+] = \frac{1{,}0 \times 10^{-14}}{0{,}028}$ mol/L $= 3{,}57 \times 10^{-13}$ mol/L $pH = -\log(3{,}57 \times 10^{-13}) = 12{,}45$

Methode 2: $pOH = -\log(0{,}028) = 1{,}55$ $pH = 14{,}00 - pOH = 12{,}45$

(b) $Ca(OH)_2$ ist eine sehr starke Base, die unter Bildung von zwei OH^--Ionen pro $Ca(OH)_2$ in Wasser dissoziiert. Daher beträgt die $OH^-(aq)$-Konzentration der Lösung in **(b)** $2 \times 0{,}0011$ mol/L $= 0{,}0022$ mol/L.

Methode 1: $[H^+] = \frac{1{,}0 \times 10^{-14}}{0{,}0022}$ mol/L $= 4{,}55 \times 10^{-12}$ mol/L $pH = -\log\ 4{,}55 \times 10^{-12} = 11{,}34$

Methode 2: $pOH = -\log(0{,}0022) = 2{,}66$ $pH = 14{,}00 - pOH = 11{,}43$

16.6 Schwächere Säuren

Viele saure Stoffe sind nur schwächere Säuren und protolysieren daher in Wasser nicht vollständig. Mit Hilfe der Gleichgewichtskonstante der Protolyse können wir ausdrücken, in welchem Maß eine schwache Säure protolysiert.

$$HA(aq) + H_2O(l) \rightleftharpoons H_3O^+(aq) + A^-(aq) \qquad (16.24)$$

oder als Dissoziation formuliert:

$$HA \overset{H_2O}{\rightleftharpoons} H^+(aq) + A^-(aq) \qquad (16.25)$$

Man bezieht das Lösungsmittel $[H_2O]$ in die Gleichgewichtskonstante ein. Die beiden alternativen Gleichgewichtsausdrücke sind:

$$K_c = \frac{[H_3O^+][A^-]}{[HA]} \quad \text{oder} \quad K_c = \frac{[H^+][A^-]}{[HA]}$$

Da sich die Gleichgewichtskonstante auf die Protolyse bzw. Dissoziation einer Säure bezieht, symbolisiert man dies mit dem Index *S*:

$$K_S = \frac{[H_3O^+][A^-]}{[HA]} \quad \text{oder} \quad K_S = \frac{[H^+][A^-]}{[HA]} \qquad (16.26)$$

Man nennt die Konstante K_S auch **Säuredissoziationskonstante*** oder kurz Säurekonstante.

In ► Tabelle 16.2 sind die Namen, Strukturformeln und K_S-Werte einiger schwächerer Säuren zusammengefasst; Anhang C enthält eine umfangreichere Liste. Viele schwächere Säuren sind organische Verbindungen, die ausschließlich aus Kohlenstoff, Wasserstoff und Sauerstoff bestehen. Einige der Wasserstoffatome solcher Verbindungen sind gewöhnlich an Kohlenstoffatome und andere an Sauerstoffatome gebunden. An Kohlenstoffatome gebundene Wasserstoffatome werden in Wasser praktisch nicht abgegeben. Das saure Verhalten der Verbindungen rührt von den Wasserstoffatomen her, die an Sauerstoffatome gebunden sind.

Der Wert der Konstante K_S gibt die Tendenz einer Säure zur Dissoziation in Wasser an. *Je größer K_S, desto stärker ist die Säure.* Fluorwasserstoff (Flusssäure, HF) ist die stärkste Säure in ► Tabelle 16.2 und Phenol (C_6H_5OH) ist die schwächste Säure. Beachten Sie, dass die Konstante K_S oft kleiner als 10^{-3} mol/L. ist.

EXTRAS ONLINE Wässrige Säurelösungen (Video)

MERKE !

Je größer der K_S-Wert, desto stärker ist die Säure.

MERKE !

Die Angabe der Stärke von Säuren bzw. Basen wird oft anhand der pK_S- bzw. pK_B-Werte vorgenommen. Bei einem $pK < 0$ kann von annähernd vollständiger Protonenübertragung ausgegangen werden, bei einem $pK \geq 4{,}5$ wird vereinfachend angenommen, dass sich die Anfangskonzentration nicht wesentlich ändert.

* Häufig findet man auch die aus dem Englischen stammende Bezeichnung K_a (acid = Säure)

Säure	Valenzstrichformel	Konjugierte Base	Protolysenreaktion	K_S (mol/L)
Fluorwasserstoff (HF)	H—F	F^-	$HF(aq) + H_2O(l) \rightleftharpoons H_3O^+(aq) + F^-(aq)$	$6{,}8 \times 10^{-4}$
Salpetrige Säure (HNO_2)	H—O—N=O	NO_2^-	$HNO_2(aq) + H_2O(l) \rightleftharpoons H_3O^+(aq) + NO_2^-(aq)$	$4{,}5 \times 10^{-4}$
Benzoesäure (C_6H_5COOH)	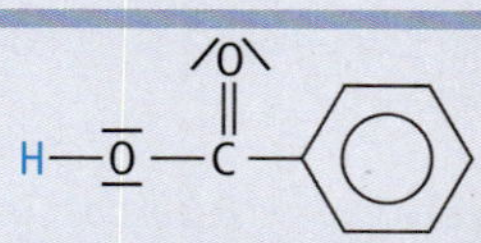	$C_6H_5COO^-$	$C_6H_5COOH(aq) + H_2O(l) \rightleftharpoons H_3O^+(aq) + C_6H_5COO^-(aq)$	$6{,}3 \times 10^{-5}$
Essigsäure (CH_3COOH)	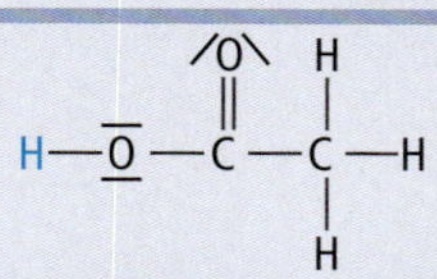	CH_3COO^-	$CH_3COOH(aq) + H_2O(l) \rightleftharpoons H_3O^+(aq) + CH_3COO^-(aq)$	$1{,}8 \times 10^{-5}$
Hypochlorige Säure (HClO)	H—O—Cl	ClO^-	$HClO(aq) + H_2O(l) \rightleftharpoons H_3O^+(aq) + ClO^-(aq)$	$3{,}0 \times 10^{-8}$
Blausäure (HCN)	H—C≡N	CN^-	$HCN(aq) + H_2O(l) \rightleftharpoons H_3O^+(aq) + CN^-(aq)$	$4{,}9 \times 10^{-10}$
Phenol (C_6H_5OH)	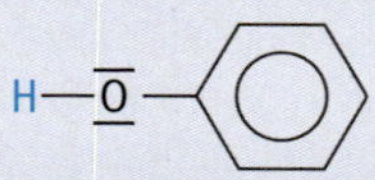	$C_6H_5O^-$	$C_6H_5OH(aq) + H_2O(l) \rightleftharpoons H_3O^+(aq) + C_6H_5O^-(aq)$	$1{,}3 \times 10^{-10}$

Tabelle 16.2: Schwache Säuren in Wasser bei 25 °C (Das acide Wasserstoffatom ist blau dargestellt).

Die Säuredissoziationskonstante K_S aus dem pH-Wert berechnen

Den pH-Wert aus K_S berechnen

Aus dem K_S-Wert und der Anfangskonzentration einer schwächeren Säure können wir die Konzentration von $H^+(aq)$ der gelösten Säure bestimmen. Berechnen wir den pH einer 0,30 *M* Essigsäurelösung (CH_3COOH) bei 25 °C. Essigsäure ist eine schwache Säure, die den charakteristischen Geruch und die typische saure Wirkung des Essigs hervorruft.

Als *ersten* Schritt formulieren wir die Dissoziation der Essigsäure:

$$CH_3COOH(aq) \rightleftharpoons H^+(aq) + CH_3COO^-(aq) \qquad (16.27)$$

Im *zweiten* Schritt wenden wir das MWG auf die Säuredissoziation an und entnehmen den K_S-Wert $= 1{,}8 \times 10^{-5}$ mol/L aus ► Tabelle 16.2

$$K_S = \frac{[H^+][CH_3COO^-]}{[CH_3COOH]} = 1{,}8 \times 10^{-5} \text{ mol/L} \qquad (16.28)$$

Als *dritten* Schritt müssen wir nun die Konzentrationen in dieser Gleichgewichtsreaktion herausfinden. Mit ein wenig Buchführung gelangen wir zum Ziel, wie in ► Übungsbeispiel 16.7 beschrieben. Wir möchten den Wert von $[H^+]$ im Gleichgewicht herausfinden und bezeichnen ihn als *x*. Die Konzentration der Essigsäure vor der Dissoziation beträgt 0,30 mol/L. Aus der chemischen Gleichung entnehmen wir, dass sich aus jedem dissoziierten CH_3COOH-Molekül ein $H^+(aq)$ und ein $CH_3COO^-(aq)$ bilden. Das bedeutet, wenn sich im Gleichgewicht *x* Mol pro Liter $H^+(aq)$ durch die Dissoziation von *x* Mol pro Liter CH_3COOH

Übungsbeispiel 16.7: Die Konstante K_S und die prozentuale Dissoziation aus einem gemessenen pH bestimmen

Ein Student stellt eine 0,10 *M* Ameisensäurelösung (HCOOH) her und misst ihren pH mit einem pH-Meter, wie in Abbildung 16.6. Der pH bei 25 °C beträgt 2,38. **(a)** Berechnen Sie K_S für Ameisensäure bei dieser Temperatur. **(b)** Welcher Prozentsatz der Säure ist in dieser 0,10 *M* Lösung dissoziiert?

Lösung

Analyse: Die molare Konzentration und der pH einer wässrigen Lösung bei 25 °C sind gegeben und wir sollen den Wert der Säurekonstante K_S und den dissoziierten Anteil der Säure in Prozent bestimmen.

Vorgehen: Obwohl wir es hier ausdrücklich mit der Dissoziation einer starken Säure zu tun haben, ist dieses Beispiel den Gleichgewichtsaufgaben in Kapitel 15 sehr ähnlich. Wir können die Aufgabe über die Methode aus ► Übungsbeispiel 15.4 lösen, indem wir mit der chemischen Reaktion und mit einer tabellarischen Aufstellung der Anfangs- und der Gleichgewichtskonzentrationen beginnen.

Lösung:

(a) Der erste Schritt zur Lösung jedes Problems mit Gleichgewichten ist die Aufstellung der Gleichgewichtsreaktion. Das Gleichgewicht der Dissoziation von Ameisensäure lautet

$$HCOOH(aq) \rightleftharpoons H^+(aq) + HCOO^-(aq)$$

und die Gleichgewichtskonstante ergibt sich aus

$$K_S = \frac{[H^+][HCOO^-]}{[HCOOH]}$$

Wir können $[H^+]$ aus dem gemessenen pH bestimmen:

$$pH = -\log[H^+] = 2{,}38$$
$$\log[H^+] = -2{,}38$$
$$[H^+] = 10^{-2{,}38}\,mol/L. = 4{,}2 \times 10^{-3}\,mol/L$$

Zur Bestimmung der Konzentrationen der verschiedenen am Gleichgewicht beteiligten Stoffe werden wir nun Buch führen. Wir nehmen an, dass die ursprüngliche Konzentration der HCOOH-Moleküle in der Lösung 0,10 mol/L beträgt und wenden uns jetzt der Dissoziation der Säure in H^+ und $HCOO^-$ zu. Aus jedem in der Lösung dissoziierten HCOOH-Molekül gehen ein H^+ und ein $HCOO^-$-Ion hervor. Die Gleichgewichtskonzentration $[H^+] = 4{,}2 \times 10^{-3}$ mol/L. bestimmen wir aus dem pH-Messwert und wir legen die folgende Tabelle an:

	$HCOOH(aq)$	$\rightleftharpoons$	$H^+(aq)$	+	$HCOO^-(aq)$
Anfang	0,10 mol/L		0		0
Veränderung	$-4{,}2 \times 10^{-3}$ mol/L		$+4{,}2 \times 10^{-3}$ mol/L		$+4{,}2 \times 10^{-3}$ mol/L
Gleichgewicht	$(0{,}10 - 4{,}2 \times 10^{-3})$ mol/L		$4{,}2 \times 10^{-3}$ mol/L		$4{,}2 \times 10^{-3}$ mol/L

Beachten Sie, dass wir die sehr kleine Konzentration von $H^+(aq)$ aus der Autoprotolyse von H_2O vernachlässigt haben, und beachten Sie ebenfalls, dass die Menge der dissoziierten Säure HCOOH im Vergleich zu ihrer Anfangskonzentration sehr gering ist. Mit unseren verwendeten signifikanten Stellen ergibt die Subtraktion 0,10 mol/L:

$$(0{,}10 - 4{,}2 \times 10^{-3})\,mol/L \simeq 0{,}10\,mol/L$$

Nun können wir die Gleichgewichtskonzentrationen in den Ausdruck für K_S einsetzen:

$$K_S = \frac{(4{,}2 \times 10^{-3})(4{,}2 \times 10^{-3})}{0{,}10}\,mol/L = 1{,}8 \times 10^{-4}\,mol/L$$

Überprüfung: Die Größenordnung unseres Ergebnisses ist vernünftig, da K_S von schwachen Säuren in der Regel zwischen 10^{-3} und 10^{-10} mol / L liegt.

(b) Der dissoziierte Anteil der Säure ist durch die H^+- oder die $HCOO^-$-Konzentration im Gleichgewicht gegeben. Teilt man diese Zahl durch die Anfangskonzentration der Säure und multipliziert sie mit 100 %, so erhält man den entsprechenden Prozentsatz.

$$\text{Dissoziationsgrad in Prozent} = \frac{[H^+]_{Gleichgewicht}}{[HCOOH]_{Anfang}} \times 100\,\% = \frac{4{,}2 \times 10^{-3}\,mol/L}{0{,}10\,mol/L} \times 100\,\% = 4{,}2\,\%$$

bilden, dann müssen auch *x* Mol pro Liter $CH_3COO^-(aq)$ entstehen. Hiermit können wir nun die folgende Tabelle mit den Gleichgewichtskonzentrationen in der unteren Zeile aufstellen:

	$CH_3COOH(aq)$	$\rightleftharpoons$	$H^+(aq)$	+	$CH_3COO^-(aq)$
Anfang	0,30 mol/L		0		0
Veränderung	$-x$ mol/L		$+x$ mol/L		$+x$ mol/L
Gleichgewicht	$(0{,}30 - x)$ mol/L		x mol/L		x mol/L

Im *vierten* Lösungsschritt setzen wir die Gleichgewichtskonzentrationen in den Ausdruck für die Säurekonstante ein und erhalten die folgende Gleichung:

$$K_S = \frac{[H^+][CH_3COO^-]}{[CH_3COOH]} = \frac{(x)(x)}{0{,}30 - x}\ \text{mol/L} = 1{,}8 \times 10^{-5}\ \text{mol/L} \quad (16.29)$$

Dieser Ausdruck führt auf eine quadratische Gleichung, die ein entsprechend ausgestatteter Taschenrechner lösen kann, oder wir verwenden die Lösungsformel für quadratische Gleichungen (siehe Extras Online). Wir können das Problem auch vereinfachen, indem wir ausnutzen, dass der K_S-Wert sehr klein ist. Wir nehmen das Ergebnis voraus, dass das Gleichgewicht stark auf der linken Seite liegt und *x* im Vergleich zur Ausgangskonzentration der Essigsäure sehr klein ist. Daher nehmen wir an, dass *x* im Vergleich zu 0,30 vernachlässigbar klein ist; somit ist (0,30 – *x*) im Wesentlichen gleich 0,30.

$$0{,}30 - x \simeq 0{,}30$$

Wie wir sehen werden, können wir die Gültigkeit dieser vereinfachenden Annahme am Ende der Aufgabe überprüfen (und wir sollten sie überprüfen!). Unter dieser Annahme erhalten wir aus ► Gleichung 16.29 nun

$$K_S = \frac{x^2}{0{,}30}\ \text{mol/L} = 1{,}8 \times 10^{-5}\ \text{mol/L}$$

und durch Auflösen nach *x* bekommen wir

$$x^2 = (0{,}30)(1{,}8 \times 10^{-5})\ \text{mol}^2/\text{L}^2 = 5{,}4 \times 10^{-6}\ \text{mol}^2/\text{L}^2$$

$$x = \sqrt{5{,}4 \times 10^{-6}}\ \text{mol}^2/\text{L}^2 = 2{,}3 \times 10^{-3}\ \text{mol/L}$$

$$[H^+] = x = 2{,}3 \times 10^{-3}\ \text{mol/L}$$

$$\text{pH} = -\log(2{,}3 \times 10^{-3}) = 2{,}64$$

Jetzt sollten wir zurückblicken und die Gültigkeit unserer vereinfachenden Annahme $0{,}30 - x \simeq 0{,}30$ überprüfen. Der berechnete Wert von *x* ist so klein, dass die Annahme bei unserer signifikanten Stellenzahl (siehe Extras Online) uneingeschränkt gültig ist – die Annahme war vernünftig. Die Unbekannte *x* stellt die Konzentration dissoziierter Essigsäure dar. Wir sehen, dass in diesem Fall weniger als 1 % der Essigsäuremoleküle dissoziieren.

$$\text{Dissoziationsgrad von } CH_3COOH \text{ in Prozent} = \frac{0{,}0023\ \text{mol/L}}{0{,}30\ \text{mol/L}} \times 100\ \% = 0{,}77\ \%$$

Als allgemeine Regel sollte man die quadratische Gleichung verwenden, wenn die Größe *x* mehr als 5 % des Ausgangswertes beträgt. Nach Beenden einer Aufgabe sollten Sie stets die Gültigkeit der getroffenen vereinfachenden Annahmen überprüfen.

Vergleichen wir den pH-Wert dieser schwachen Säure mit einer Lösung einer starken Säure gleicher Konzentration: Der pH der 0,30 *M* Essigsäurelösung beträgt 2,64. Zum Vergleich ist der pH einer 0,30 *M* Lösung einer starken Säure wie

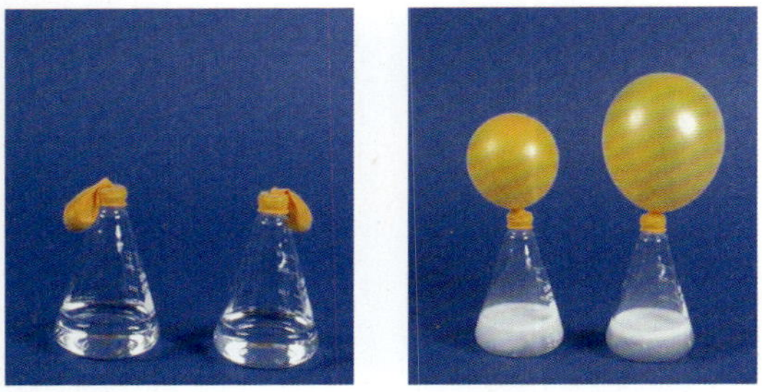

(a) (b)

Abbildung 16.7: Die Reaktionsgeschwindigkeiten mit unterschiedlich starken Säuren. (a) Im linken Kolben befindet sich eine einmolare CH_3COOH-Lösung und der rechte Kolben enthält eine einmolare HCl-Lösung. In jedem der beiden Ballons befindet sich die gleiche Menge metallischen Magnesiums. (b) Wenn das Mg in die Säuren fällt, bildet sich H_2-Gas. In der HCl-Lösung rechts ist die Bildungsgeschwindigkeit von H_2 größer, wie die größere Gasmenge im Ballon verdeutlicht.

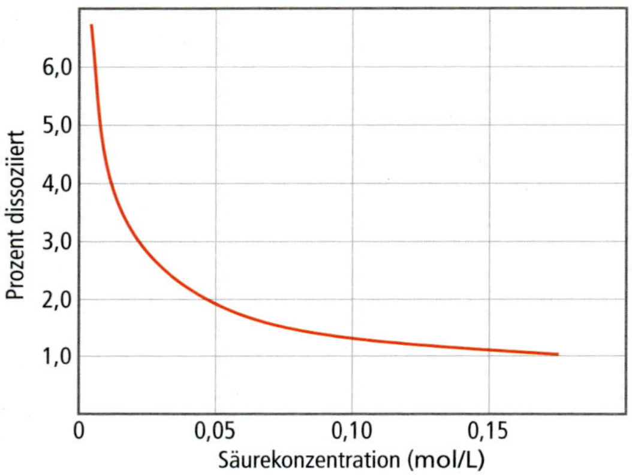

Abbildung 16.8: Der Einfluss der Konzentration auf die Dissoziation einer schwachen Säure. Der prozentuale Dissoziationsgrad einer schwachen Säure nimmt mit steigender Konzentration ab. Die hier gezeigten Zahlen gelten für Essigsäure.

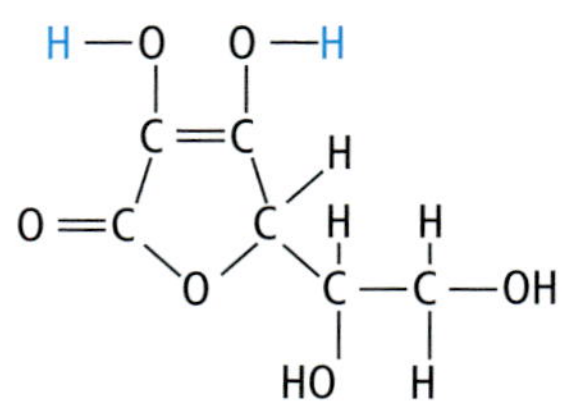

Ascorbinsäure (Vitamin C)

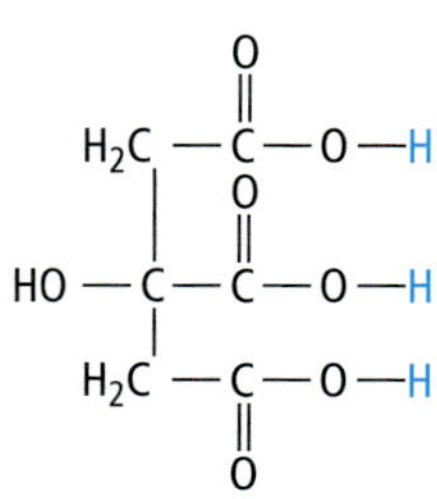

Citronensäure

Salzsäure $-\log(0{,}30) = 0{,}52$. Wie erwartet ist der pH der Lösung einer schwachen Säure höher als der einer starken Säure gleicher Konzentration.

Verschiedene Eigenschaften wie die elektrische Leitfähigkeit und die Reaktionsgeschwindigkeit mit reaktionsfreudigen Metallen sind konzentrationsabhängig.

Mehrprotonige Säuren

Viele Säuren besitzen mehr als ein acides H-Atom; man bezeichnet sie als **mehrprotonige Säuren**. Zum Beispiel geschieht die Abgabe beider Protonen der schwefligen Säure (H_2SO_3) in zwei aufeinander folgenden Schritten:

$$H_2SO_3(aq) \rightleftharpoons H^+(aq) + HSO_3^-(aq) \quad K_{S1} = 1{,}7 \times 10^{-2}\,\text{mol/L} \quad (16.30)$$

$$HSO_3^-(aq) \rightleftharpoons H^+(aq) + SO_3^{2-}(aq) \quad K_{S2} = 6{,}4 \times 10^{-8}\,\text{mol/L} \quad (16.31)$$

Man bezeichnet die Säuredissoziationskonstanten der beiden Gleichgewichte als K_{S1} und K_{S2}, wobei sich die Zahlenindices der Konstanten auf das jeweils abgegebene Proton beziehen: Die Konstante K_{S2} bezieht sich stets auf das Gleichgewicht der Abgabe des zweiten Protons einer mehrprotonigen Säure.

Im obigen Beispiel ist K_{S2} deutlich kleiner als K_{S1}: Aufgrund der elektrostatischen Anziehung löst sich ein positiv geladenes Proton erwartungsgemäß einfacher vom neutralen H_2SO_3-Molekül, als vom negativ geladenen HSO_3^--Ion. Diese Beobachtung lässt sich verallgemeinern: *Eine mehrprotonige Säure gibt stets leichter ihr erstes Proton ab als das zweite Proton.*

Die Säurekonstanten einiger geläufiger mehrprotoniger Säuren sind in ► Tabelle 16.3 angegeben. Am Seitenrand sind die Strukturfomeln von Ascorbin- und Citronensäure dargestellt. Beachten Sie, dass sich die Werte dieser Konstanten der gleichen Säure für die Abgabe von aufeinander folgenden Protonen um einen Faktor von mindestens 10^3 unterscheiden. Der Wert von K_{S1} von Schwefelsäure ist 10^3 mol/L.: Schwefelsäure ist hinsichtlich der Abgabe des ersten Protons eine sehr starke Säure:

$$H_2SO_4(aq) \longrightarrow H^+(aq) + HSO_4^-(aq) \quad \text{(praktisch vollständige Dissoziation)}$$

Andererseits ist HSO_4^- eine schwächere Säure mit $K_{S2} = 1{,}2 \times 10^{-2}$ mol/L.

Da K_{S1} jeweils deutlich größer ist als die darauf folgenden Dissoziationskonstanten der mehrprotonigen Säuren, stammen fast alle $H^+(aq)$ der Lösung aus der ersten Dissoziationsreaktion. Solange sich die aufeinander folgenden Konstanten K_S um einen Faktor von mindestens 1000 unterscheiden, kann man den pH einer mehrbasigen Säurelösung durch K_{S1} alleine abschätzen.

Name	Formel	K_{S1}	K_{S2}	K_{S3} (mol/L)
Ascorbinsäure	$C_6H_8O_6$	$8{,}0 \times 10^{-5}$	$1{,}6 \times 10^{-12}$	
Kohlensäure	H_2CO_3	$4{,}3 \times 10^{-7}$	$5{,}6 \times 10^{-11}$	
Citronensäure	$C_6H_8O_7$	$7{,}4 \times 10^{-4}$	$1{,}7 \times 10^{-5}$	$4{,}0 \times 10^{-7}$
Oxalsäure	$H_2C_2O_4$	$5{,}9 \times 10^{-2}$	$6{,}4 \times 10^{-5}$	
Phosphorsäure	H_3PO_4	$7{,}5 \times 10^{-3}$	$6{,}2 \times 10^{-8}$	$4{,}2 \times 10^{-13}$
Schwefelige Säure	H_2SO_3	$1{,}7 \times 10^{-2}$	$6{,}4 \times 10^{-8}$	
Schwefelsäure	H_2SO_4	10^3	$1{,}2 \times 10^{-2}$	
Weinsäure	$C_4H_6O_6$	$1{,}0 \times 10^{-3}$	$4{,}6 \times 10^{-5}$	

Tabelle 16.3: Säuredissoziationskonstanten gebräuchlicher mehrprotoniger Säuren.

16.7 Schwächere Basen

Viele Stoffe reagieren in Wasser als schwächere Basen; sie nehmen ein Proton vom Wasser auf und es bilden sich die konjugierte Säure der jeweiligen Base und ein OH^--Ion.

$$B(aq) + H_2O(l) \rightleftharpoons HB^+(aq) + OH^-(aq) \quad (16.32)$$

Die am häufigsten verwendete schwächere Base ist Ammoniak, das nach folgender Gleichung mit Wasser reagiert:

$$NH_3(aq) + H_2O(l) \rightleftharpoons NH_4^+(aq) + OH^-(aq) \quad (16.33)$$

Die Gleichgewichtskonstante dieser Reaktion ergibt sich als

$$K_B = \frac{[NH_4^+][OH^-]}{[NH_3]} \quad (16.34)$$

Das Lösungsmittel Wasser ist in die Gleichgewichtskonstante einbezogen.

Die Konstante K_B bezeichnet man als **Basenkonstante**. *Diese Konstante bezieht sich stets auf eine Reaktion einer Base mit H_2O, unter Bildung der konjugierten Säure und von OH^-.*

EXTRAS ONLINE Basen in wässriger Lösung (Video)

EXTRAS ONLINE Berechnung von $[OH^-]$ mit Hilfe der Konstanten K_B

EXTRAS ONLINE Verschiedene Typen schwacher Basen

16.8 Die Beziehung zwischen K_S und K_B

Um die Beziehung zwischen dem K_S-Wert einer Säure und dem K_B-Wert ihrer konjugierten Base zu ermitteln, gehen wir von dem Säure-Base-Paar NH_4^+/NH_3 aus und betrachten dessen Protolyse in Wasser:

$$NH_4^+(aq) + H_2O \rightleftharpoons NH_3(aq) + H_3O^+(aq) \quad (16.35)$$

$$NH_3(aq) + H_2O(l) \rightleftharpoons NH_4^+(aq) + OH^-(aq) \quad (16.36)$$

Base	Valenzstrichformel	Konjugierte Säure	Protolysereaktion	K_B (mol/L)
Ammoniak (NH_3)	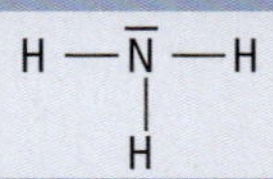	NH_4^+	$NH_3 + H_2O \rightleftharpoons NH_4^+ + OH^-$	$1{,}8 \times 10^{-5}$
Pyridin (C_5H_5N)	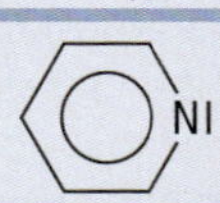	$C_5H_5NH^+$	$C_5H_5N + H_2O \rightleftharpoons C_5H_5NH^+ + OH^-$	$1{,}7 \times 10^{-9}$
Hydroxylamin (H_2NOH)	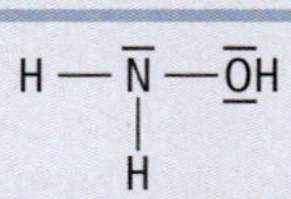	H_3NOH^+	$H_2NOH + H_2O \rightleftharpoons H_3NOH^+ + OH^-$	$1{,}1 \times 10^{-8}$
Methylamin (Aminomethan) (NH_2CH_3)	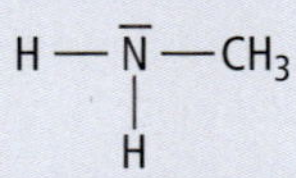	$NH_3CH_3^+$	$NH_2CH_3 + H_2O \rightleftharpoons NH_3CH_3^+ + OH^-$	$4{,}4 \times 10^{-4}$
Hydrogensulfid (HS^-)	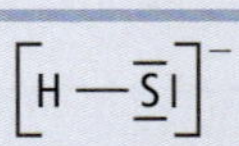	H_2S	$HS^- + H_2O \rightleftharpoons H_2S + OH^-$	$1{,}8 \times 10^{-7}$
Carbonat (CO_3^{2-})	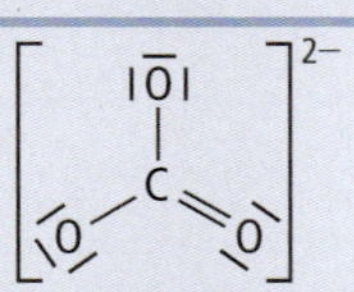	HCO_3^-	$CO_3^{2-} + H_2O \rightleftharpoons HCO_3^- + OH^-$	$1{,}8 \times 10^{-4}$
Hypochlorit (ClO^-)	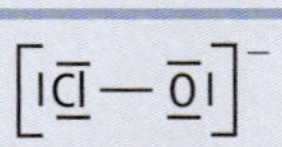	$HClO$	$ClO^- + H_2O \rightleftharpoons HClO + OH^-$	$3{,}3 \times 10^{-7}$

Tabelle 16.4: Schwache Basen und ihre Gleichgewichtsreaktionen in wässriger Lösung.

Jedes dieser beiden Gleichgewichte besitzt eine charakteristische Gleichgewichtskonstante:

$$K_S = \frac{[NH_3][H_3O^+]}{[NH_4^+]}$$

$$K_B = \frac{[NH_4^+][OH^-]}{[NH_3]}$$

Bei Addition der ► Gleichungen 16.35 und 16.36 heben sich NH_4^+ und NH_3 gegenseitig auf und es verbleibt lediglich die Autoprotolyse von Wasser.

$$NH_4^+(aq) + H_2O \rightleftharpoons NH_3(aq) + H_3O^+(aq)$$
$$NH_3(aq) + H_2O(l) \rightleftharpoons NH_4^+(aq) + OH^-(aq)$$
$$2\,H_2O(l) \rightleftharpoons H_3O^+ + OH^-$$

Addiert man die beiden Protolysegleichungen eines konjugierten Säure-Base-Paares zu einer dritten Gleichung, so ergibt sich die dritte Gleichgewichtskonstante als Produkt der beiden ersten Gleichgewichtskonstanten.

Wir wenden diese Regel auf das vorliegende Beispiel an und multiplizieren K_S und K_B:

$$K_S \times K_B = \left(\frac{\cancel{[NH_3]}[H_3O^+]}{\cancel{[NH_4^+]}}\right)\left(\frac{\cancel{[NH_4^+]}[OH^-]}{\cancel{[NH_3]}}\right) = [H_3O^+][OH^-] = K_W$$

Wie wir sehen, ist das Ergebnis dieser Multiplikation einfach das Ionenprodukt K_W von Wasser (► Gleichung 16.15). Dieses Resultat war zu erwarten, denn die Summe der ► Gleichungen 16.35 und 16.36 ergibt das Gleichgewicht der Autoprotolyse von Wasser mit der Konstante K_W.

Beachten Sie diesen höchst wichtigen Zusammenhang besonders: Das Produkt der Säurekonstante einer Säure und der Basenkonstante der konjugierten Base ergibt das Ionenprodukt von Wasser.

$$K_S \times K_B = K_W \qquad (16.37)$$

Bei steigender Säurestärke (größerer K_S-Wert) nimmt die Stärke der konjugierten Base ab (kleinerer K_B-Wert) und das Produkt $K_S \times K_B$ von $1{,}0 \times 10^{-14}$ bei 25 °C bleibt erhalten. Diese Beziehung lässt sich anhand der Werte von K_S und K_B in ► Tabelle 16.5 nachvollziehen.

Wir können aus ► Gleichung 16.37 die Konstante K_B einer schwachen Base berechnen, wenn wir K_S ihrer konjugierten Säure kennen. Analog können wir K_S einer schwachen Säure berechnen, wenn K_B der konjugierten Base bekannt ist. In der Praxis gibt man folglich für ein konjugiertes Säure-Base-Paar nur eine Konstante an. Zum Beispiel sind in Anhang C die K_B-Werte der Anionen von Säuren nicht angegeben, da man sie schnell aus den entsprechenden tabellierten K_S-Werten ihrer konjugierten Säuren berechnen kann.

Bildet man auf beiden Seiten der ► Gleichung 16.37 den negativen dekadischen Logarithmus, so erhält man die Beziehung:

$$pK_S + pK_B = pK_W = 14{,}00 \quad \text{bei } 25\,°C \qquad (16.38)$$

Säure	K_S (mol/L)	Base	K_B (mol/L)
HNO_3	$10^{1,34}$	NO_3^-	(verschwindende Basenstärke)
HF	$6{,}8 \times 10^{-4}$	F^-	$1{,}5 \times 10^{-11}$
CH_3COOH	$1{,}8 \times 10^{-5}$	CH_3COO^-	$5{,}6 \times 10^{-10}$
H_2CO_3	$4{,}3 \times 10^{-7}$	HCO_3^-	$2{,}3 \times 10^{-8}$
NH_4^+	$5{,}6 \times 10^{-10}$	NH_3	$1{,}8 \times 10^{-5}$
HCO_3^-	$5{,}6 \times 10^{-11}$	CO_3^{2-}	$1{,}8 \times 10^{-4}$
OH^-	(verschwindende Säurestärke)	O^{2-}	10^{10}

Tabelle 16.5: Konjugierte Säure-Base-Paare.

Übungsbeispiel 16.8: Berechnung von K_S oder K_B eines konjugierten Säure-Base-Paares

Berechnen Sie **(a)** die Basenkonstante K_B des Fluoridions (F^-) und **(b)** die Säurekonstante K_S des Ammoniumions (NH_4^+).

Lösung

Analyse: Wir sollen die Basenkonstante von F^-, der konjugierten Base von HF, und die Säurekonstante von NH_4^+, der konjugierten Säure von NH_3, bestimmen.

Vorgehen: Weder F^- noch NH_4^+ tauchen in den Tabellen auf, aber wir verwenden die Tabellenwerte für HF und NH_3 und berechnen die Konstanten der beiden konjugierten Stoffe aus dem Zusammenhang zwischen K_S und K_B.

Lösung:

(a) Nach ▶ Tabelle 16.2 und nach Anhang C beträgt K_S der schwachen Säure HF $6{,}8 \times 10^{-4}$ mol/L. Wir bestimmen mit ▶ Gleichung 16.35 die Konstante K_B der konjugierten Base F^-:

$$K_B = \frac{K_W}{K_S} = \frac{1{,}0 \times 10^{-14}\ \text{mol}^2/\text{L}^2}{6{,}8 \times 10^{-4}\ \text{mol/L}} = 1{,}5 \times 10^{-11}\ \text{mol/L}$$

(b) Nach ▶ Tabelle 16.4 und nach Anhang C lautet der K_B-Wert von NH_3 $1{,}8 \times 10^{-5}$ mol/L. Wir berechnen mit ▶ Gleichung 16.35 die Konstante K_S der konjugierten Säure NH_4^+:

$$K_S = \frac{K_W}{K_B} = \frac{1{,}0 \times 10^{-14}\ \text{mol}^2/\text{L}^2}{1{,}8 \times 10^{-5}\ \text{mol/L}} = 5{,}6 \times 10^{-10}\ \text{mol/L}$$

16.9 Säure-Base-Eigenschaften von Salzlösungen

Löst man Salze in Wasser, so können die entstehenden Lösungen in Abhängigkeit vom Salz neutral, sauer oder alkalisch sein.

Da fast alle Salze starke Elektrolyte sind, beruhen die Säure-Base-Eigenschaften von Salzlösungen auf dem Verhalten ihrer Kationen und Anionen. Die Ionen des Salzes protolysieren in Wasser in unterschiedlichem Ausmaß.

Die Protolyse eines Anions in Wasser

Im Allgemeinen kann man ein gelöstes Anion X^- als konjugierte Base einer Säure betrachten. Zum Beispiel ist Cl^- die konjugierte Base zu HCl und CH_3COO^- ist die konjugierte Base von CH_3COOH.

Ist die konjugierte Säure zum Anion sehr stark, so ist die Tendenz des entsprechenden Anions zur Aufnahme von Protonen aus dem Wasser verschwindend gering (siehe Abschnitt 16.2), und das Anion verändert den pH der Lösung nicht. Zum Beispiel verursacht das Cl^--Ion in wässriger Lösung keine Bildung von OH^- und damit bleibt der pH unverändert. Das Cl^--Ion ist bei Säure-Base-Reaktionen stets ein sogenanntes Begleition (Zuschauerion).

Handelt es sich bei der konjugierten Säure um eine schwache Säure, so protolysiert das Anion in Wasser und es bilden sich die jeweilige schwache Säure und das Hydroxidion:

$$X^-(aq) + H_2O(l) \rightleftharpoons HX(aq) + OH^-(aq) \qquad (16.39)$$

Der pH der Lösung steigt. Das Acetation (CH_3COO^-) ist die konjugierte Base einer mittelstarken Säure; dieses Ion reagiert mit Wasser unter Bildung von Essigsäure und OH^--Ionen und der pH der Lösung steigt an.

$$CH_3COO^-(aq) + H_2O(l) \rightleftharpoons CH_3COOH(aq) + OH^-(aq) \qquad (16.40)$$

Anionen wie HSO_3^-, sind amphiprotisch (siehe Abschnitt 16.2). Solche Stoffe können als Säure oder auch als Base wirken. Wie das ▶ Übungsbeispiel 16.9 verdeutlicht, hängt ihr Verhalten in Wasser von den Werten der Konstanten K_S

und K_B ab: Die Lösung des Ions ist sauer, wenn $K_S > K_B$ und umgekehrt ist sie bei $K_B > K_S$ basisch.

Die Protolyse eines Kations in Wasser

NH_4^+ ist eine mittelstarke Säure und gibt ein Proton an das Wasser ab, wodurch der pH sinkt:

$$NH_4^+(aq) + H_2O(l) \rightleftharpoons NH_3(aq) + H_3O^+(aq) \qquad (16.41)$$

Die meisten hydratisierten Metallionen reagieren ebenso mit Wasser und senken den pH einer wässrigen Lösung. Die Ionen der Alkalimetalle und der schweren Erdalkalimetalle reagieren jedoch nicht mit Wasser und beeinflussen daher den pH nicht. Beachten Sie, dass es sich bei diesen Ausnahmen um die Kationen der starken Basen handelt.

Die kombinierte Wirkung von gelösten Kationen und Anionen

Enthält eine Lösung Anionen und Kationen, die *beide* mit Wasser reagieren, so entstehen sowohl Hydroxid- als auch Oxoniumionen.

Wir fassen zusammen:

1. Ist ein Anion die konjugierte Base einer sehr starken Säure, beispielsweise Br^-, so beeinflusst es den pH einer Lösung nicht.
2. Ist ein Anion die konjugierte Base einer schwächeren Säure, beispielsweise CN^-, so bewirkt es eine Zunahme des pH einer Lösung.
3. Ist ein Kation die konjugierte Säure einer schwächeren Base, beispielsweise $CH_3NH_3^+$, so bewirkt es eine Abnahme des pH einer Lösung.
4. Die Kationen der Gruppe 1A und der schweren Elemente von Gruppe 2A (Ca^{2+}, Sr^{2+} und Ba^{2+}) verändern den pH einer Lösung nicht; es handelt sich um die Kationen der starken Arrhenius-Basen.
5. Andere Metallionen verursachen eine Abnahme des pH.
6. Wenn eine Lösung sowohl die konjugierte Base einer schwächeren Säure als auch die konjugierte Säure einer schwächeren Base enthält, übt das Ion mit der größeren Gleichgewichtskonstante, K_S oder K_B, eine stärkere Wirkung auf den pH aus.

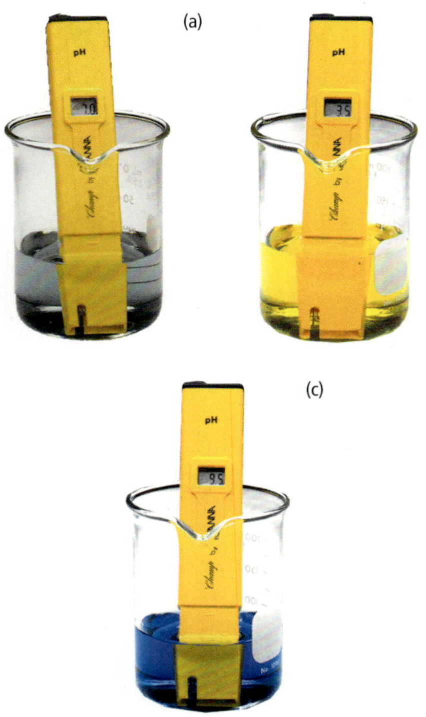

Abbildung 16.9: Salzlösungen können neutral, sauer oder basisch sein. Diese drei Lösungen enthalten den Säure-Base-Indikator Bromthymolblau.
(a) Die NaCl-Lösung ist neutral (pH = 7,0);
(b) die NH_4Cl-Lösung ist sauer (pH = 3,5);
(c) die Na_2CO_3-Lösung ist basisch (pH = 9,5).

16.10 Säure-Base-Verhalten und chemische Struktur

Faktoren, welche die Säurestärke beeinflussen

Ein Molekül mit H-Atomen gibt nur dann ein Proton ab, wenn die H—X-Bindung wie dargestellt polar ist:

$$\overset{+\!\longrightarrow}{H - X}$$

Bei ionischen Hydriden wie NaH gilt das Gegenteil: Das H-Atom weist eine negative Ladung auf und verhält sich als Protonenakzeptor (▶ Gleichung 16.22). Wenn die H—X-Bindungen im Wesentlichen unpolar sind wie die H—C-Bindung in CH_4, verhält sich der Stoff in wässriger Lösung weder sauer noch basisch.

Die Stärke der H—X-Bindung ist ein weiterer Faktor, der bestimmt, ob ein Molekül mit einer solchen Bindung ein Proton abgibt: Schwache Bindungen führen

Übungsbeispiel 16.9: Bestimmung der Acidität von Salzlösungen

Ordnen Sie die folgenden Lösungen nach steigendem pH: (i) 0,1 *M* $Ba(CH_3COO)_2$; (ii) 0,1 *M* NH_4Cl; (iii) 0,1 *M* NH_3CH_3Br und (iv) 0,1 *M* KNO_3.

Lösung

Analyse: Wir sollen eine Reihe von Salzlösungen nach ihrem pH ordnen (von der sauersten Lösung nach wachsendem pH zur am stärksten basischen Lösung).

Vorgehen: Wir können den pH der jeweiligen Salzlösung berechnen, indem wir die gelösten Ionen bestimmen und herausfinden, wie sie den pH beeinflussen.

Lösung: Die Lösung (i) enthält Barium- und Acetationen. Ba^{2+} ist ein Ion eines schweren Erdalkalimetalls und verändert den pH-Wert nicht (siehe Punkt 4 der Zusammenfassung). Das Anion CH_3COO^- ist die konjugierte Base der mittelstarken Säure CH_3COOH, es durchläuft demnach teilweise eine Hydrolyse, es entstehen OH^--Ionen und die Lösung wird basisch (siehe Punkt 2 der Zusammenfassung). Die Lösungen (ii) und (iii) enthalten sowohl Kationen, die konjugierte Säuren mittelstarker Basen sind, als auch Anionen, die konjugierte Basen sehr starker Säuren sind. Beide Lösungen sind demnach sauer. Die Lösung (ii) enthält NH_4^+, die konjugierte Säure von NH_3 ($K_B \times 1{,}8 \times 10^{-5}$ mol/L.) und Lösung (iii) enthält $NH_3CH_3^+$, die konjugierte Säure von NH_2CH_3 ($K_B = 4{,}4 \times 10^{-4}$ mol/L.). NH_3 ist die schwächere der beiden Basen mit der kleineren Konstante K_B. Somit ist NH_4^+ die stärkere der beiden konjugierten Säuren und die Lösung (ii) ist die stärker saure der beiden Lösungen. Die Lösung (iv) enthält K^+-Ionen, die Kationen der sehr starken Base KOH und NO_3^--Ionen, die konjugierte Base der sehr starken Säure HNO_3. Keines der beiden Ionen in Lösung (iv) reagiert in nennenswertem Umfang mit Wasser und die Lösung ist neutral. Daher lautet die Reihung der Stoffe nach dem pH wie folgt: 0,1 *M* NH_4Cl < 0,1 *M* NH_3CH_3Br < 0,1 *M* KNO_3 < 0,1 *M* $Ba(CH_3COO)_2$.

Übungsbeispiel 16.10: Bestimmen, ob die Lösung eines amphiprotischen Anions sauer oder basisch ist

Sagen Sie voraus, ob die Lösung des Salzes Na_2HPO_4 in Wasser sauer oder basisch ist.

Lösung

Analyse: Wir sollen bestimmen, ob eine Na_2HPO_4-Lösung sauer oder basisch ist. Diese ionische Verbindung besteht aus Na^+- und HPO_4^{2-}-Ionen.

Vorgehen: Wir müssen jedes Ion auf sein saures oder basisches Verhalten untersuchen. Wir wissen, dass Na^+, das Kation der sehr starken Base NaOH, den pH nicht verändert, sondern in der Chemie der Säuren und Basen lediglich ein Begleition ist. Daher konzentrieren wir unsere Betrachtung auf das HPO_4^{2-}-Ion und müssen dabei beachten, dass es nach den folgenden Gleichungen als Säure und auch als Base wirken kann.

$$HPO_4^{2-}(aq) \rightleftharpoons H^+(aq) + PO_4^{3-}(aq) \qquad (16.40)$$

$$HPO_4^{2-}(aq) + H_2O \rightleftharpoons H_2PO^{4-}(aq) + OH^-(aq) \qquad (16.41)$$

Die Reaktion mit der größeren Gleichgewichtskonstante bestimmt den sauren oder basischen Charakter der Lösung.

Lösung: Nach ► Tabelle 16.3 hat K_S von ► Gleichung 16.40 den Wert $4{,}2 \times 10^{-13}$ mol/L. Wir müssen den K_B-Wert von ► Gleichung 16.41 aus dem K_S-Wert der konjugierten Säure $H_2PO_4^-$ berechnen und verwenden hierzu Gleichung 16.35:

$$K_S \times K_B = K_W$$

Nun bestimmen wir den K_B-Wert der Base HPO_4^{2-} aus dem bekannten K_S-Wert der konjugierten Säure $H_2PO_4^-$:

$$K_B(HPO_4^{2-}) \times K_S(H_2PO_4^-) = KW = 1{,}0 \times 10^{-14}\ mol^2/l^2$$

Mit dem K_S-Wert von $6{,}2 \times 10^{-8}$ mol/L. für $H_2PO_4^-$ (siehe ► Tabelle 16.3) erhalten wir einen K_B-Wert für HPO_4^{2-} von $1{,}6 \times 10^{-7}$ mol/L. Dieser Wert ist mehr als 10^5-mal größer als K_S von HPO_4^{2-}. Somit überwiegt die Reaktion von ► Gleichung 16.41 gegenüber ► Gleichung 16.40 und die Lösung ist basisch.

leichter zu Dissoziation als starke Bindungen. Dieser Faktor ist zum Beispiel bei den Halogenwasserstoffen bedeutend. HF ist eine starke, während die anderen Halogenwasserstoffe in Wasser sehr starke Säuren sind.

Ein dritter Faktor, der die Leichtigkeit der Dissoziation des Protons bei HX beeinflusst, ist die Stabilität der konjugierten Base X^-. Im Allgemeinen ist eine Säure umso stärker, je stabiler ihre konjugierte Base ist. Die Säurestärke ergibt sich oft aus der Kombination aller drei Faktoren, der Polarität und der Stärke der H—X-Bindung sowie der Stabilität der konjugierten Base X^-.

Folgende Faktoren beeinflussen die Säurestärke.

1 **Atomradius:** Bei zunehmender Größe des Atoms, mit dem das Wasserstoffatom verbunden ist (d. h. wenn man in der Gruppe des Periodensystems abwärts geht), nimmt auch die Säurestärke zu.

EXTRAS ONLINE Sauerstoffsäuren

2 **Elektronegativität:** Bei zunehmender Elektronegativität des Atoms, mit dem das Wasserstoffatom verbunden ist (d. h. wenn man in der Reihe des Periodensystems nach rechts geht), nimmt auch die Säurestärke zu.

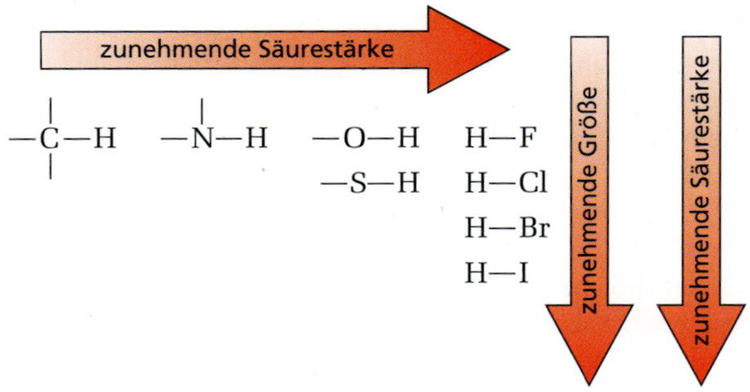

3 **Hybridisierungszustand:** Die relative Elektronegativität eines Atoms folgt der Regel $sp > sp^2 > sp^3$. Da sich der Hybridisierungszustand eines Atoms auf dessen Elektronegativität auswirkt, ist ein mit einem *sp*-Kohlenstoffatom verbundenes Wasserstoffatom acider als ein mit einem sp^3-Kohlenstoffatom verbundenes Wasserstoffatom.

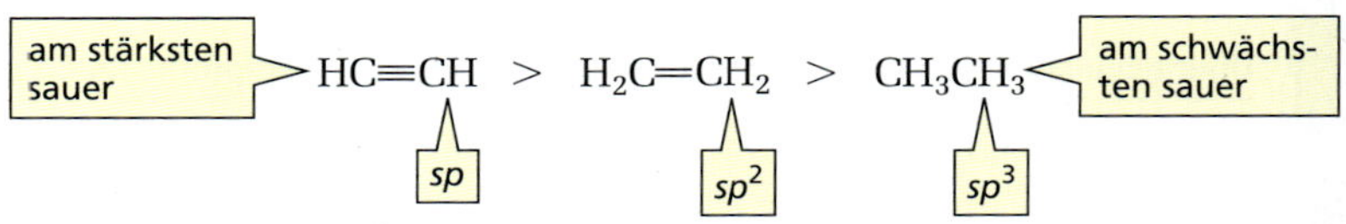

4 **Induktiver Effekt:** Je größer der induktive Effekt einer auf das acide H-Atom wirkenden Gruppe ist, desto leichter wird das H-Atom als Proton abgegeben.

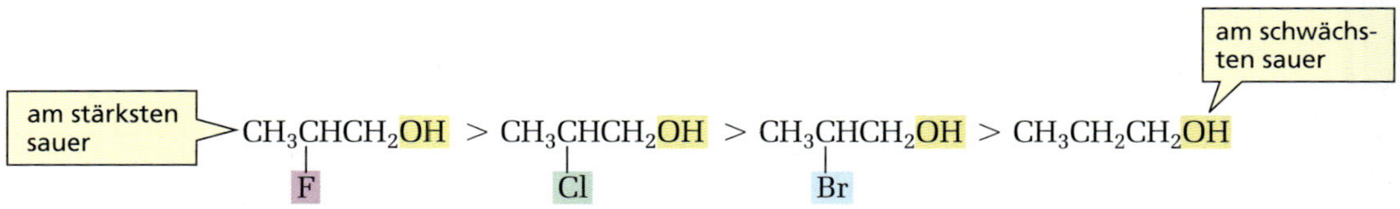

5 **Elektronendelokalisation:** Eine Säure, deren konjugierte Base mesomeriestabilisiert ist, ist stärker als eine Säure bei deren konjugierter Base keine Elektronendelokalisaton vorliegt.

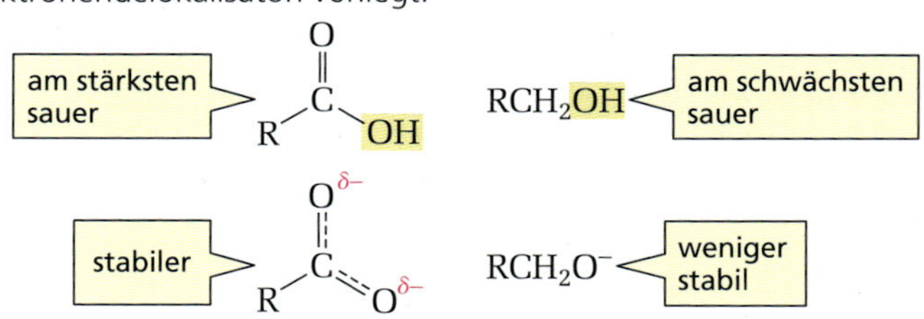

16.11 Lewis-Säuren und -Basen

EXTRAS ONLINE Lewis-Säuren und -Basen (Video)

Ein Stoff kann nur dann ein Protonenakzeptor (eine Brønsted–Lowry-Base) sein, wenn er ein freies Elektronenpaar besitzt, das ein Proton binden kann.

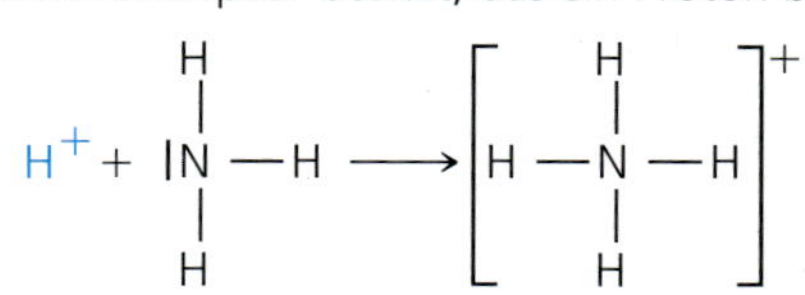
(16.42)

G. N. Lewis stellte als Erster diesen Aspekt der Säure-Base-Reaktionen fest und schlug eine Definition von Säuren und Basen anhand der zur Verfügung gestellten Elektronenpaare vor: Eine **Lewis-Säure** ist ein Elektronenpaar-Akzeptor und eine **Lewis-Base** ist ein Elektronenpaar-Donator.

Alle Basen, die wir bisher besprochen haben – gleichgültig, ob es sich um OH^-, H_2O, Amine oder Anionen handelt – sind Elektronenpaar-Donatoren. Alle Basen nach Brønsted–Lowry (Protonenakzeptoren) sind ebenfalls Basen nach Lewis (Elektronenpaar-Donatoren), aber in der Theorie nach Lewis kann eine Base ihr Elektronenpaar nicht ausschließlich an ein H^+ abgeben. Damit erweitert die Lewis'sche Definition wesentlich die Anzahl der Verbindungen, die man als Säuren betrachten kann. H^+ ist eine Lewis-Säure, aber nicht die einzige. Betrachten Sie zum Beispiel die Reaktion von NH_3 mit BF_3. Diese Reaktion läuft ab, da in der Valenzschale von BF_3 ein freies Orbital vorliegt. BF_3 wirkt als Elektronenpaar-Akzeptor (Lewis-Säure) und NH_3 übergibt das Elektronenpaar. Der gekrümmte Pfeil stellt die Übergabe des Elektronenpaars von N zu B dar; es entsteht eine kovalente Bindung:

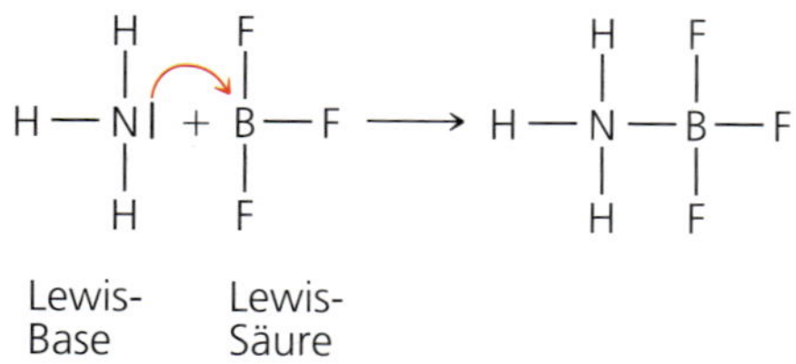

(16.43)

In diesem Kapitel haben wir den Schwerpunkt auf Wasser als Lösungsmittel und auf das Proton als Ursprung des sauren Verhaltens gelegt. In diesen Fällen ist die Definition von Säuren und Basen nach Brønsted–Lowry am nützlichsten. Wenn wir von sauren oder basischen Stoffen sprechen, beziehen wir uns meist auf wässrige Lösungen und verwenden die Begriffe im Sinne von Arrhenius oder Brønsted–Lowry. Der Vorteil der Lewis'schen Theorie besteht darin, dass wir mit ihrer Hilfe eine Vielfalt weiterer Reaktionen als Säure-Base-Reaktionen behandeln können, auch solche, die keine Protonenübertragungen beinhalten. Stoffe, die sich als Elektronenpaar-Akzeptoren verhalten, bezeichnen wir explizit als „Lewis-Säuren".

Solche Lewis-Säuren schließen Moleküle wie BF_3 ein, die noch kein vollständiges Elektronen-Oktett haben. Außerdem können sich viele einfache Kationen als Lewis-Säuren verhalten. Zum Beispiel reagiert das Fe^{3+}-Ion mit dem Cyanidion und bildet das $Fe(CN)_6^{3-}$.

$$Fe^{3+} + 6[|C\equiv N|]^- \longrightarrow [Fe(C\equiv N|)_6]^{3-} \qquad (16.44)$$

Die freien Orbitale des Fe^{3+}-Ions fungieren bei dieser Reaktion als Elektronenpaarakzeptoren der CN^--Ionen.

Einige Verbindungen mit Mehrfachbindungen verhalten sich ebenfalls als Lewis-Säuren. Die Reaktion von Kohlendioxid mit Wasser zu Kohlensäure (H_2CO_3) lässt sich zum Beispiel als Lewis-Säure-Base-Reaktion zwischen dem Wassermolekül und dem CO_2-Molekül beschreiben.

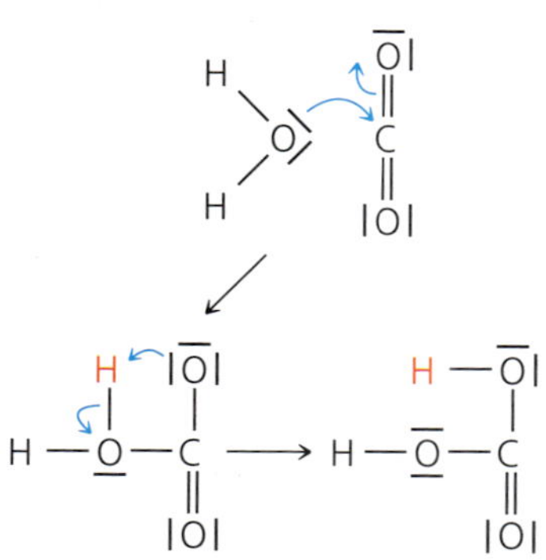

MERKE !

Lewis-Säuren sind Elektronenpaarakzeptoren, Lewis-Basen sind Elektronenpaardonatoren. In einer Lewis-Säure-Base-Reaktion wird stets eine zusätzliche kovalente Bindung ausgebildet.

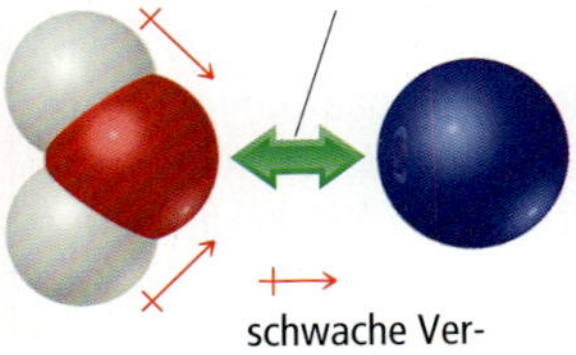

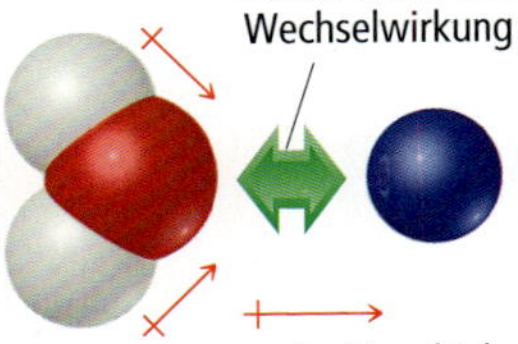

Abbildung 16.10: Die Säurestärke eines hydratisierten Kations hängt von der Ladung und der Größe des Kations ab. Die Wechselwirkung eines Wassermoleküls mit einem Kation ist deutlich stärker, wenn das Kation kleiner und seine elektrische Ladung größer ist. Die Verschiebung der Elektronendichte zum Kation lockert die polare O—H-Bindung des Wassermoleküls.

Eine ähnliche Lewis-Säure-Base-Reaktion findet beim Lösen von Nichtmetalloxiden in Wasser unter Bildung von Sauerstoffsäuren statt.

Protolyse von Metallionen

Wie wir bereits festgestellt haben, verhalten sich die meisten Metallionen in wässriger Lösung als Säuren (siehe Abschnitt 16.9). Beispielsweise ist eine $Cr(NO_3)_3$-Lösung ausgesprochen sauer und eine wässrige $ZnCl_2$-Lösung verhält sich ebenfalls sauer, wenn auch weniger stark. Wir können die Reaktionen von Metallionen mit Wassermolekülen und ihr saures Verhalten mit Hilfe des Säure/Base-Konzepts nach Lewis verstehen.

Da die Metallionen positiv geladen sind, ziehen sie die freien Elektronenpaare der Wassermoleküle an. Diese *Hydratisierung* genannte Reaktion ist im wesentlichen für die Löslichkeit von Salzen in Wasser verantwortlich (siehe Abschnitt 13.1). Wir können uns einen Hydratisierungsvorgang als Lewis-Säure-Base-Reaktion vorstellen, in welcher die Metallionen die Lewis-Säure und die Wassermoleküle die Lewis-Base bilden. Bei der Reaktion eines Wassermoleküls mit einem positiv geladenen Metallion verschiebt sich die Elektronendichte vom Sauerstoffatom weg, wie in ► Abbildung 16.10 dargestellt ist. Diese Verschiebung der Elektronendichte erhöht die Polarität der O—H-Bindung; folglich verhalten sich die an das Metallion gebundenen Wassermoleküle saurer als die anderen Wassermoleküle in der Lösung.

Das hydratisierte Fe^{3+}-Ion, $Fe(H_2O)_6^{3+}$, das wir gewöhnlich einfach als $Fe^{3+}(aq)$ darstellen, ist eine Protonenquelle:

$$[Fe(H_2O)_6]^{3+}(aq) \rightleftharpoons [Fe(H_2O)_5(OH)]^{2+}(aq) + H^+(aq) \qquad (16.45)$$

Mit der Säuredissoziationskonstante $K_S = 2 \times 10^{-3}$ mol/L ist $Fe^{3+}(aq)$ eine recht starke Säure. Die Säuredissoziationskonstanten von hydratisierten Metallkationen nehmen in der Regel mit stärkerer Ionenladung und mit kleinerem Ionenradius zu (► Abbildung 16.10). Daher bildet das Cu^{2+}-Ion aufgrund seiner kleineren Ladung und seines größeren Radius eine weniger saure Lösung als Fe^{3+}. Die Konstante K_S des $Cu^{2+}(aq)$-Ions beträgt 1×10^{-8} mol/L. Beachten Sie, dass das relativ große und nur einfach geladene Na^+-Ion, das wir bereits als Kation einer sehr starken Base identifiziert haben, nicht protolysiert und daher in wässriger Lösung neutral reagiert.

Weitere Aspekte von Gleichgewichten in wässriger Lösung

17

ÜBERBLICK

Wasser ist das häufigste und wichtigste Lösungsmittel auf der Erde. Die Existenz lebender Materie in all ihrer Komplexität ist mit einer anderen Flüssigkeit kaum vorstellbar. Wasser verdankt seine besondere Rolle nicht nur seinem hohen Vorkommen, sondern auch seiner außergewöhnlichen Fähigkeit, viele verschiedene Substanzen zu lösen.

In der Natur anzutreffende wässrige Lösungen wie z. B. das Wasser heißer Quellen oder die in lebenden Organismen auftretenden Flüssigkeiten enthalten typischerweise eine Vielzahl verschiedener gelöster Stoffe. In diesen Lösungen stellen sich simultan viele verschiedene Gleichgewichte ein.

17.1 Der Einfluss gleicher Ionen

Im Folgenden werden wir Lösungen betrachten, die nicht nur eine schwache Säure wie z. B. Essigsäure (CH_3COOH), sondern zudem ein lösliches Salz dieser Säure wie z. B. $NaCH_3COO$ enthalten. Was geschieht, wenn $NaCH_3COO$ zu einer Lösung von CH_3COOH hinzugegeben wird? Weil CH_3COO^- eine schwache Base ist, steigt der pH-Wert der Lösung an, [H+] nimmt also ab (siehe Abschnitt 16.9).

EXTRAS ONLINE Einfluss gleicher Ionen (Video)

Natriumacetat ($NaCH_3COO$) ist eine lösliche ionische Verbindung und daher ein starker Elektrolyt. Es dissoziiert also in wässriger Lösung in die hydratisierten Ionen $Na^+(aq)$ und $CH_3COO^-(aq)$.

$$NaCH_3COO \xrightarrow{H_2O} Na^+(aq) + CH_3COO^-(aq)$$

CH_3COOH ist dagegen ein schwacher Elektrolyt, der folgendermaßen dissoziiert:

$$CH_3COOH \overset{H_2O}{\rightleftharpoons} H^+(aq) + CH_3COO^-(aq) \qquad (17.1)$$

Durch die Zugabe von $NaCH_3COO$ wird das Gleichgewicht nach links verschoben, so dass die Gleichgewichtskonzentration von $H^+(aq)$ abnimmt.

Zugabe von CH_3COO^- verringert $[H^+]$

Durch Zusatz eines starken, gleichionigen Elektrolyten zu einem schwachen Eletrolyten wird die Dissoziation des schwachen Elektrolyten zurückgedrängt.

Im ▶ Übungsbeispiel 17.1 werden schwächere Säuren behandelt.

Auch die Protonierung einer schwächeren Base wird durch gleichionige Zusätze herabgesetzt. Durch die Zugabe von NH_4^+ (z. B. in Form des starken Elektrolyten NH_4Cl) wird die Gleichgewichtskonzentration von NH_3 erhöht. Dies führt zu einer Verringerung der Gleichgewichtskonzentration von OH^- und damit zu einer Abnahme des pH-Werts:

$$NH_3(g) + H_2O(l) \rightleftharpoons NH_4^+(aq) + OH^-(aq) \qquad (17.2)$$

Zugabe von NH_4^+ verringert $[OH^-]$

17.2 Gepufferte Lösungen

Lösungen, die ein schwaches konjugiertes Säure-Base-Paar in äquimolarem Verhältnis enthalten, wirken bei Zugabe von kleineren Mengen einer Base oder Säure starken pH-Wert-Änderungen entgegen. Derartige Lösungen werden **gepufferte Lösungen** (oder einfach **Puffer**) genannt. Bei menschlichem Blut handelt es sich z. B. um ein komplexes wässriges Gemisch, dessen pH-Wert bei ungefähr 7,4

Übungsbeispiel 17.1: Berechnung des pH-Werts einer Lösung mit gleichen Ionen

Welchen pH-Wert hat eine Lösung aus 0,30 mol Essigsäure (CH_3COOH) und 0,30 mol Natriumacetat ($NaCH_3COO$), zu denen so viel Wasser gegeben wird, dass 1,0 L Lösung entstehen?

Lösung

Analyse: Wir sollen den pH-Wert einer Lösung eines schwachen (CH_3COOH) und eines starken Elektrolyten ($NaCH_3COO$) mit einem gleichen Ion (CH_3COO^-) bestimmen.

Vorgehen: Bei der Bestimmung des pH-Werts einer Lösung, die aus einem Gemisch gelöster Stoffe besteht, ist es hilfreich, schrittweise vorzugehen:

1. Identifizieren Sie die Hauptbestandteile der Lösung. Sind diese sauer oder basisch?
2. Identifizieren Sie das wichtigste Gleichgewicht, das als H^+-Lieferant den pH-Wert bestimmt.
3. Fertigen Sie eine Tabelle der Konzentrationen der am Gleichgewicht beteiligten Ionen an.
4. Berechnen Sie mit Hilfe des Ausdrucks der Gleichgewichtskonstanten $[H^+]$ und anschließend den pH-Wert.

Lösung:

1. Schritt: Weil CH_3COOH ein schwacher Elektrolyt und $NaCH_3COO$ ein starker Elektrolyt ist, handelt es sich bei den Hauptbestandteilen der Lösung um CH_3COOH (eine schwächere Säure), Na^+, weder sauer noch basisch und daher für die Säure-Base-Chemie ein Zuschauerion, und CH_3COO^-, die konjugierte Base von CH_3COOH.

2. Schritt: $[H^+]$ und der pH-Wert werden vom Dissoziationsgleichgewicht von CH_3COOH bestimmt.

$$CH_3COOH(aq) \rightleftharpoons H^+(aq) + CH_3COO^-(aq)$$

Wir haben in der Gleichgewichtsreaktion $H^+(aq)$ anstelle von $H_3O^+(aq)$ geschrieben, beide Ausdrücke für das hydratisierte Wasserstoffion sind jedoch gleichwertig.

3. Schritt: Wir geben wie bei den Aufgaben zu Gleichgewichten in Kapitel 15 und 16 die Anfangs- und die Gleichgewichtskonzentrationen tabellarisch an:

	$CH_3COOH(aq)$	$\rightleftharpoons$	$H^+(aq)$	+	$CH_3COO^-(aq)$
Anfang	0,30 mol/L		0		0,30
Veränderung	$-x$ mol/L		$+x$ mol/L		$+x$ mol/L
Gleichgewicht	$(0,30 - x)$ mol/L		x mol/L		$(0,30 + x)$ mol/L

Die Gleichgewichtskonzentration von CH_3COO^- (das gemeinsame Ion) ist gleich der Ausgangskonzentration von $NaCH_3COO$ (0,30 mol/L) zuzüglich der durch die Dissoziation von CH_3COOH verursachten Änderung der Konzentration (x).

Damit können wir den Ausdruck für die Gleichgewichtskonstante aufstellen:

$$K_S = 1{,}8 \times 10^{-5} \text{ mol/L} = \frac{[H^+][CH_3COO^-]}{[CH_3COOH]}$$

Wir entnehmen die Dissoziationskonstante von CH_3COOH bei 25 °C dem Anhang C; eine Zugabe von $NaCH_3COO$ hat auf den Wert dieser Konstanten keinen Einfluss.

Wenn wir die Gleichgewichtskonzentrationen aus unserer Tabelle in den Gleichgewichtsausdruck einsetzen, erhalten wir

$$K_S = 1{,}8 \times 10^{-5} \text{ mol/L} = \frac{x(0{,}30 + x)}{0{,}30 - x}$$

Weil K_S klein ist, nehmen wir an, dass x im Vergleich zu den Ausgangskonzentrationen von CH_3COOH und CH_3COO^- (je 0,30 mol/L) ebenfalls klein ist. Wir können also das gegenüber 0,30 mol/L sehr kleine x vernachlässigen und erhalten

$$K_S = 1{,}8 \times 10^{-5} \text{ mol/L} = \frac{x(0{,}30)}{0{,}30}$$

$$x = 1{,}8 \times 10^{-5} \text{ mol/L} = [H^+]$$

Der resultierende Wert von x ist im Vergleich zu 0,30 tatsächlich sehr klein, so dass unsere Näherung gerechtfertigt erscheint.

Im letzten Schritt berechnen wir aus der Gleichgewichtskonzentration von $H^+(aq)$ den pH-Wert:

$$pH = -\log(1{,}8 \times 10^{-5}) = 4{,}74$$

Anmerkung: In Abschnitt 16.6 haben wir berechnet, dass eine 0,30 *M* CH_3COOH-Lösung einen pH-Wert von 2,64 hat ($[H^+] = 2{,}3 \times 10^{-3}$ mol/L). Durch die Zugabe von Na CH_3COO wird $[H^+]$ also wesentlich verringert. Dies entspricht unseren Erwartungen gemäß dem Prinzip von Le Châtelier.

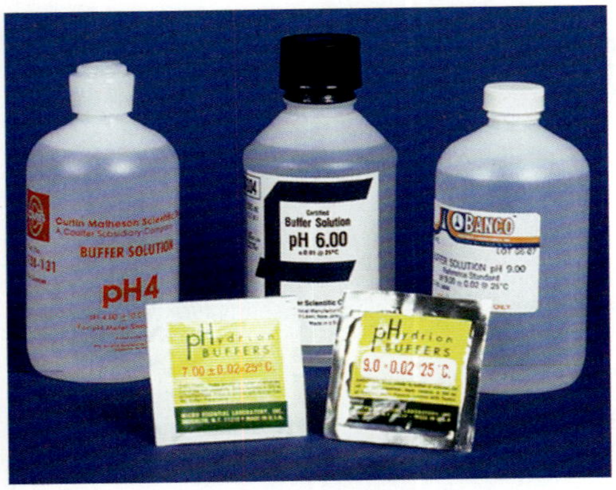

Abbildung 17.1: Pufferlösungen. Vorgefertigte Pufferlösungen und Bestandteile zur Herstellung von Pufferlösungen mit festem pH-Wert sind im Handel erhältlich.

EXTRAS ONLINE Chemie und Leben:
Blut als gepufferte Lösung

MERKE !

Ein Puffer besteht in der Regel aus einer Lösung, die eine schwächere Säure ($0 \leq pK_S < 14$; zumeist $4{,}5 \leq pK_S < 9{,}5$) und deren konjugierte Base enthält.

Bei Zugabe von OH^- - bzw. H^+-Ionen ändert sich der pH-Wert der Lösung kaum, da die Wirkung der Ionen durch deren Reaktion mit der enthaltenen Säure bzw. konjugierten Base abgepuffert wird.

gepuffert ist (siehe Extras Online „Chemie und Leben: Blut als gepufferte Lösung"). Das chemische Verhalten von Seewasser wird größtenteils durch seinen pH-Wert bestimmt, der im Bereich der Oberfläche bei etwa 8,1 bis 8,3 gepuffert ist. Auch in vielen Anwendungen im Labor und in der Medizin kommen gepufferte Lösungen zum Einsatz (► Abbildung 17.1).

Zusammensetzung und Funktionsweise gepufferter Lösungen

Ein Puffer wirkt Änderungen des pH-Werts entgegen, weil er sowohl eine Säure zur Bindung von OH^--Ionen als auch eine Base zur Bindung von H^+-Ionen enthält. Diese Voraussetzungen sind bei einem schwächeren konjugierten Säure-Base-Paar wie CH_3COOH/CH_3COO^- oder NH_4^+/NH_3 gegeben. Puffer werden daher oft durch Mischen einer schwächeren Säure oder Base mit einem Salz der entsprechenden Säure oder Base hergestellt.

Um die Funktionsweise eines Puffers besser zu verstehen, werden wir im Folgenden einen Puffer untersuchen, der aus einer schwächeren Säure (HX) und einem Salz dieser Säure (MX, hierbei kann M^+ z. B. Na^+, K^+ oder ein anderes Kation sein) besteht. Sowohl die Säure als auch die konjugierte Base sind am Säuredissoziationsgleichgewicht der gepufferten Lösung beteiligt:

$$HX(g) \overset{H_2O}{\rightleftharpoons} H^+(aq) + X^-(aq) \tag{17.3}$$

Der entsprechende Ausdruck für die Säuredissoziationskonstante lautet

$$K_S = \frac{[H^+][X^-]}{[HX]} \tag{17.4}$$

Wenn wir diesen Ausdruck nach $[H^+]$ auflösen, erhalten wir

$$[H^+] = K_S \frac{[HX]}{[X^-]} \tag{17.5}$$

Anhand dieser Gleichung erkennen wir, dass $[H^+]$, und damit der pH-Wert, von zwei Faktoren abhängt: dem Wert von K_S der schwächeren Säure des Puffers und dem Verhältnis der Konzentrationen des konjugierten Säure-Base-Paars $[HX]/[X^-]$.

Wenn wir der Lösung OH^--Ionen hinzufügen, reagieren diese mit dem sauren Bestandteil des Puffers zu Wasser und dem Säureanion (X^-) des Puffers:

$$OH^-(aq) + HX(aq) \longrightarrow H_2O(l) + X^-(aq) \tag{17.6}$$

In dieser Reaktion nimmt [HX] ab und $[X^-]$ zu. Solange die Mengen von HX und X^- im Puffer im Vergleich zur Menge des hinzugefügten OH^- groß sind, ändert sich das Verhältnis $[HX]/[X^-]$ (und damit der pH-Wert) nur wenig.

Wenn der Lösung H^+-Ionen hinzugefügt werden, reagieren diese mit dem basischen Bestandteil des Puffers:

$$H^+(aq) + X^-(aq) \longrightarrow HX(aq) \tag{17.7}$$

Diese Reaktion kann auch mit H_3O^+ geschrieben werden:

$$H_3O^+(aq) + X^-(aq) \longrightarrow HX(aq) + H_2O(l)$$

Die Reaktion führt bei beiden Reaktionsgleichungen zu einer Abnahme von $[X^-]$ und einer Zunahme von [HX]. Solange die Änderung des Verhältnisses $[HX]/[X^-]$ klein ist, ist auch die sich ergebende Änderung des pH-Werts klein.

Berechnung des pH-Werts eines Puffers

Wenn wir von beiden Seiten der ► Gleichung 17.5 den negativen Logarithmus bilden, erhalten wir

$$-\log[H^+] = -\log\left(K_S\frac{[HX]}{[X^-]}\right) = -\log K_S - \log\frac{[HX]}{[X^-]}$$

Wegen $-\log[H^+] = pH$ und $-\log K_S = pK_S$ ist

$$pH = pK_S - \log\frac{[HX]}{[X^-]} = pK_S + \log\frac{[X^-]}{[HX]} \quad (17.8)$$

oder allgemein

$$\mathbf{pH = pK_S - \log\frac{[Säure]}{[Base]} = pK_S + \log\frac{[Base]}{[Säure]}} \quad (17.9)$$

wobei [Säure] und [Base] für die Gleichgewichtskonzentrationen des konjugierten Säure-Base-Paars stehen. Beachten Sie, dass bei [Base] = [Säure], $pH = pK_S$ ist.

Die ► Gleichung 17.9 wird **Henderson-Hasselbalch-Gleichung (Puffergleichung)** genannt. Diese Gleichung wird von Biologen, Biochemikern und anderen Wissenschaftlern, die mit Puffern arbeiten, oft zur Berechnung des pH-Werts eines Puffers verwendet. Bei der Berechnung von Gleichgewichten haben wir festgestellt, dass wir die Anteile der Säure und der Base des Puffers, die dissozi-

Übungsbeispiel 17.2: Berechnung des pH-Werts eines Puffers

Welchen pH-Wert hat ein Puffer mit 0,12 mol/L Milchsäure ($C_3H_5O_3H$) und 0,10 mol/L Natriumlactat? Der K_S-Wert von Milchsäure beträgt $K_S = 1{,}4 \times 10^{-4}$.

Lösung

Analyse: Wir sollen den pH-Wert eines Puffers aus Milchsäure ($C_3H_5O_3H$) und ihrer konjugierten Base, dem Lactation ($C_3H_5O_3^-$), berechnen.

Vorgehen: Wir bestimmen den pH-Wert mit Hilfe der in Abschnitt 17.1 beschriebenen Methode. Die Hauptbestandteile der Lösung sind $C_3H_5O_3H$, Na^+ und $C_3H_5O_3^-$. Das Na^+-Ion ist ein Zuschauerion. $[H^+]$, und damit der pH-Wert, wird vom konjugierten Säure-Base-Paar $C_3H_5O_3H/C_3H_5O_3^-$ bestimmt. Wir können also $[H^+]$ durch Aufstellen des Säuredissoziationsgleichgewichts von Milchsäure berechnen.

Lösung: Die Anfangs- und Gleichgewichtskonzentrationen der am Gleichgewicht beteiligten Stoffe sind

	$C_3H_5O_3H(aq)$	$\rightleftharpoons$	$H^+(aq)$	+	$C_3H_5O_3^-(aq)$
Anfang	0,12 mol/L		0		0,10 mol/L
Veränderung	$-x$ mol/L		$+x$ mol/L		$+x$ mol/L
Gleichgewicht	$(0{,}12 - x)$ mol/L		x mol/L		$(0{,}10 + x)$ mol/L

Die Gleichgewichtskonzentrationen unterliegen dem folgenden Gleichgewichtsausdruck:

$$K_S = 1{,}4 \times 10^{-4}\ \text{mol/L} = \frac{[H^+][C_3H_5O_3^-]}{[C_3H_5O_3H]} = \frac{x(0{,}10 + x)}{(0{,}12 - x)}\ \text{mol/L}$$

Weil K_S klein ist und ein gemeinsames Ion vorliegt, sollte x im Vergleich zu 0,12 und 0,10 mol/L klein sein. Wir können also die Gleichung vereinfachen und erhalten

$$K_S = 1{,}4 \times 10^{-4}\ \text{mol/L} = \frac{x(0{,}10)}{0{,}12}\ \text{mol/L}$$

Wenn wir die Gleichung nach x auflösen, erscheint die vorgenommene Näherung gerechtfertigt:

$$[H^+] = x = \left(\frac{0{,}12}{0{,}10}\right)(1{,}4 \times 10^{-4})\ \text{mol/L} = 1{,}7 \times 10^{-4}\ \text{mol/L}$$

$$pH = -\log(1{,}7 \times 10^{-4}) = 3{,}77$$

Alternativ hätten wir den pH-Wert auch direkt mit Hilfe der Henderson-Hasselbalch-Gleichung berechnen können:

$$pH = pK_S + \log\frac{[Base]}{[Säure]} = 3{,}85 + \log\frac{0{,}10}{0{,}12} = 3{,}85 + -0{,}08 = 3{,}77$$

ieren, normalerweise vernachlässigen können. Wir können daher im Allgemeinen einfach die Ausgangskonzentrationen der Säure und Base in ► Gleichung 17.9 einsetzen.

Übungsbeispiel 17.3: Herstellung eines Puffers

Welche Stoffmenge an NH_4Cl muss zu 2,0 L einer 0,10 M NH_3-Lösung gegeben werden, um einen Puffer mit einem pH-Wert von 9,00 zu erhalten? Gehen Sie bei der Berechnung davon aus, dass sich das Volumen der Lösung durch die Zugabe von NH_4Cl nicht verändert.

Lösung

Analyse: Wir sollen die Menge des NH_4^+-Ions berechnen, die benötigt wird, um einen Puffer mit einem bestimmten pH-Wert herzustellen.
Vorgehen: Die Hauptbestandteile der Lösung sind NH_4^+, Cl^- und NH_3. Beim Cl^--Ion handelt es sich um ein Zuschauerion (die konjugierte Base einer sehr starken Säure). Der pH-Wert der gepufferten Lösung wird also vom konjugierten Säure-Base-Paar NH_4^+/NH_3 bestimmt. Die Gleichgewichtsbeziehung zwischen NH_4^+ und NH_3 ergibt sich aus der Basenkonstante von NH_3:

$$NH_3(aq) + H_2O(l) \rightleftharpoons NH_4^+(aq) \qquad K_B = \frac{[NH_4^+][OH^-]}{[NH_3]} = 1{,}8 \times 10^{-5}\ \text{mol/L}$$

Der Schlüssel zur Lösung dieser Aufgabe liegt darin, mit Hilfe dieses Ausdrucks von K_B $[NH_4^+]$ zu berechnen.
Lösung: Wir erhalten $[OH^-]$ aus dem angegebenen pH-Wert:

$$\text{pOH} = 14{,}00 - \text{pH} = 14{,}00 - 9{,}00 = 5{,}00$$

d. h. $[OH^-] = 1{,}0 \times 10^{-5}$ mol/L.
Weil K_B klein ist und das gemeinsame Ion NH_4^+ vorliegt, ist die Gleichgewichtskonzentration von NH_3 im Wesentlichen gleich der Ausgangskonzentration:

$$[NH_3] = 0{,}10\ \text{mol/L}$$

Wir können damit den Ausdruck für K_B verwenden, um $[NH_4^+]$ zu berechnen:

$$[NH_4^+] = K_B\frac{[NH_3]}{[OH^-]} = (1{,}8 \times 10^{-5})\ \text{mol/L}\frac{(0{,}10\ \text{mol/L})}{(1{,}0 \times 10^{-5}\ \text{mol/L})} = 0{,}18\ \text{mol/L}$$

Um eine Lösung mit einem pH-Wert von 9,00 zu erhalten, muss die Konzentration von $[NH_4^+]$ also gleich 0,18 mol/L sein. Die für diese Konzentration benötigte Stoffmenge von NH_4Cl ergibt sich aus dem Produkt des Volumens der Lösung und ihrer Konzentration:

$$(2{,}0\ \text{L})(0{,}18\ \text{mol}\ NH_4Cl/\text{L}) = 0{,}36\ \text{mol}\ NH_4Cl$$

Anmerkung: Weil es sich bei NH_4^+ und NH_3 um ein konjugiertes Säure-Base-Paar handelt, könnten wir diese Aufgabe auch mit der Henderson-Hasselbalch-Gleichung lösen. Dazu berechnen wir zunächst mit Hilfe von ► Gleichung 16.36 den pK_S-Wert von NH_4^+ aus dem pK_B-Wert von NH_3. Führen Sie diese Berechnung eigenständig durch, um sich davon zu überzeugen, dass Sie die Henderson-Hasselbalch-Gleichung für Puffer verwenden können, für die Sie den K_B-Wert der konjugierten Base anstelle des K_S-Werts der konjugierten Säure kennen.

Pufferkapazität und pH-Bereich

Die zwei wesentlichen Merkmale eines Puffers sind seine Kapazität und sein nutzbarer pH-Bereich. Bei der **Pufferkapazität** handelt es sich um die Säure- bzw. Basemenge, die ein Puffer binden kann, bevor sich sein pH-Wert wesentlich verändert. Die Pufferkapazität hängt von der Stoffmengenkonzentration des korrespondierenden Säure-Base-Paares ab, aus denen der Puffer besteht. Der pH-Wert des Puffers hängt vom K_S-Wert der Säure und den relativen Konzentrationen der Säure und Base ab, aus denen der Puffer besteht. Gemäß ► Gleichung 17.5 ist der Wert von $[H^+]$ von 1 L einer 1 M CH_3COOH- und 1 M $NaCH_3COO$-Lösung gleich dem Wert von $[H^+]$ von 1 L einer 0,1 M CH_3COOH- und 0,1 M $NaCH_3COO$-Lösung. Die erste Lösung hat jedoch eine größere Pufferkapazität, weil sie größere Mengen an CH_3COOH und CH_3COO^- enthält. Je größer die Menge des konjugierten Säure-Base-Paars ist, desto unempfindlicher ist der Puffer gegenüber einer Säure- oder Basenzugabe und damit gegenüber einer Änderung seines pH-Werts.

MERKE !

Die Kapazität eines Puffers gibt die Menge an Säure bzw. Base, deren Wirkung ohne wesentliche Änderung des pH-Wertes abgepuffert werden kann. Sie nimmt mit steigender Konzentration der Pufferbestandteile in der Lösung zu.

Der **pH-Bereich** eines Puffers ist der pH-Bereich, über den der Puffer effektiv arbeitet. Puffer wirken einer Änderung des pH-Werts in *beiden* Richtungen am wirksamsten entgegen, wenn die Konzentrationen der schwachen Säure und ihrer konjugierten Base ungefähr gleich groß sind. Aus ► Gleichung 17.9 ergibt sich, dass bei einer gleichen Konzentration der schwachen Säure und ihrer konjugierten Base $pH = pK_S$ ist. Diese Beziehung gibt den optimalen pH-Wert eines Puffers an. Bei der Auswahl eines Puffers achten wir daher normalerweise darauf, dass sein pK_S-Wert nahe am gewünschten pH-Wert liegt. Für praktische Anwendungen gilt, dass bei einer mehr als 10-mal höheren Konzentration eines Bestandteils gegenüber dem anderen Bestandteil eines Puffers die Pufferwirkung schlecht ist. Weil $\log 10 = 1$ ist, liegt der Wirkungsbereich eines Puffers normalerweise innerhalb eines Intervalls ± 1 pH-Einheiten um pK_S.

MERKE !

Der pH-Bereich, in dem ein Puffer wirkt hängt vor allem vom pK_S-Wert der Puffersäure ab. Für den Pufferbereich gilt:

$pH = pK_S \pm 1$.

Zugabe von sehr starken Säuren oder Basen zu Puffern

Wir werden im Folgenden das Verhalten einer gepufferten Lösung bei Zugabe einer sehr starken Säure oder Base quantitativ betrachten. Um derartige Aufgaben zu lösen, ist es wichtig, sich bewusst zu machen, dass Reaktionen zwischen sehr starken Säuren und schwächeren Basen und Reaktionen zwischen sehr starken Basen und schwächeren Säuren nahezu vollständig ablaufen. Solange wir also die Pufferkapazität des Puffers nicht überschreiten, können wir davon ausgehen, dass die sehr starke Säure oder Base vollständig mit dem Puffer reagiert.

Betrachten Sie einen Puffer, der aus einer schwächeren Säure HX und ihrer konjugierten Base X^- besteht. Wenn wir zu diesem Puffer eine sehr starke Säure geben, werden die hinzugefügten H^+-Ionen vollständig von X^- verbraucht, [HX] nimmt also zu, während $[X^-]$ abnimmt. Wenn wir zu diesem Puffer eine sehr starke Base geben, werden die hinzugefügten OH^--Ionen vollständig von HX verbraucht. Es entsteht X^-, so dass [HX] ab- und $[X^-]$ zunimmt.

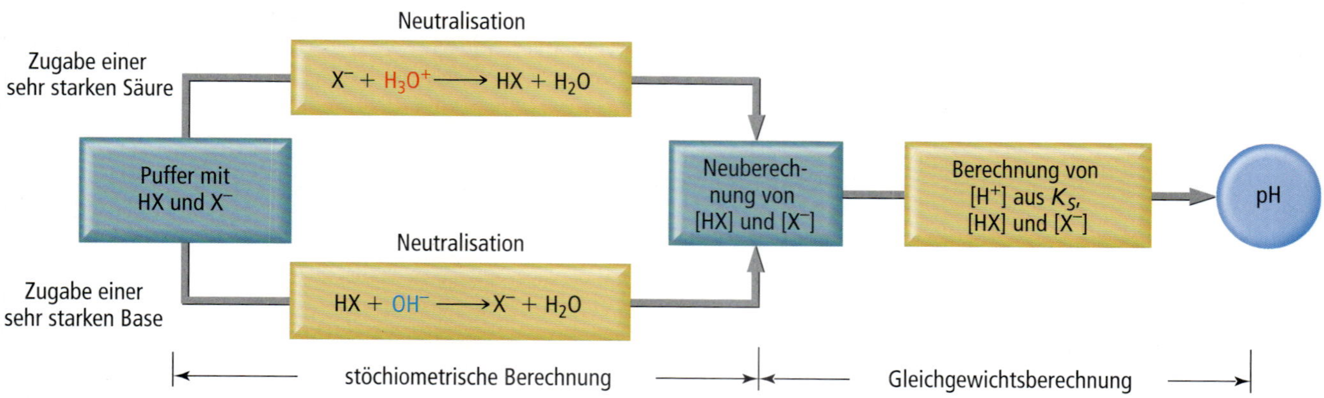

Abbildung 17.2: Berechnung des pH-Werts eines Puffers nach Hinzufügen von Säure oder Base.

Um zu berechnen, wie sich der pH-Wert des Puffers bei der Zugabe einer starken Säure oder Base verändert, gehen wir auf die in ► Abbildung 17.2 dargestellte Weise vor:

1. Betrachten Sie die Säure-Base-Neutralisationsreaktion und bestimmen Sie ihre Auswirkungen auf [HX] und $[X^-]$. Dieser erste Schritt wird *stöchiometrische Berechnung* genannt.
2. Berechnen Sie mit Hilfe von K_S und den in Schritt 1 berechneten neuen Konzentrationen von [HX] und $[X^-]$ den Wert von $[H^+]$. Bei diesem zweiten Schritt handelt es sich um eine gewöhnliche *Gleichgewichtsberechnung*, die am einfachsten mit Hilfe der Henderson-Hasselbalch-Gleichung durchgeführt werden kann.

Die vollständige Vorgehensweise wird in ► Übungsbeispiel 17.4 verdeutlicht.

Übungsbeispiel 17.4: Berechnung der Änderung des pH-Werts eines Puffers

Ein Puffer wird hergestellt, indem zu 0,300 mol CH_3COOH und 0,300 mol Na CH_3COO so viel Wasser gegeben wird, dass 1,00 L Lösung entsteht. Der pH-Wert des Puffers beträgt 4,74 (► Übungsbeispiel 17.1). **(a)** Berechnen Sie den pH-Wert der Lösung nach Zugabe von 0,020 mol NaOH. **(b)** Berechnen Sie zum Vergleich den pH-Wert, der sich einstellen würde, wenn man 0,020 mol NaOH zu 1,00 L reinem Wasser geben würde (vernachlässigen Sie auftretende Volumenänderungen).

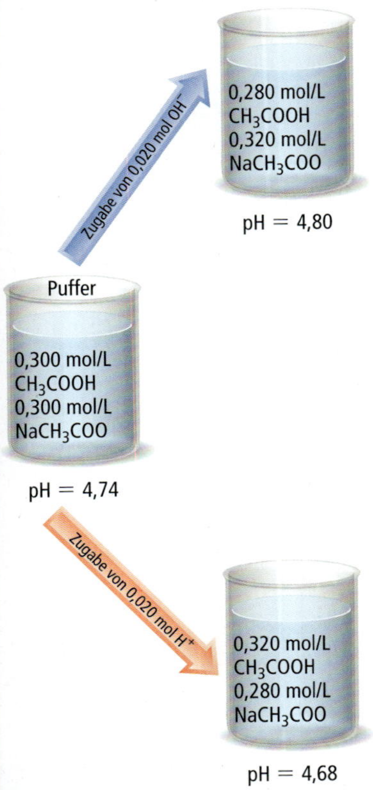

Lösung

Analyse: Wir sollen den pH-Wert eines Puffers bestimmen, der sich nach Zugabe einer kleinen Menge einer starken Base einstellt und die Änderung des pH-Werts mit dem pH-Wert vergleichen, der sich einstellen würde, wenn wir die gleiche Menge der starken Base zu reinem Wasser geben würden.

Vorgehen:

(a) Wir gehen bei der Lösung der Aufgabe auf die in ► Abbildung 17.2 beschriebene Weise vor. Zunächst müssen wir also eine stöchiometrische Berechnung durchführen, um zu bestimmen, wie das hinzugefügte OH^- mit dem Puffer reagiert und welche Auswirkungen sich daraus auf seine Zusammensetzung ergeben. Anschließend können wir mit Hilfe der neuen Zusammensetzung des Puffers und der Henderson-Hasselbalch-Gleichung oder mit dem Ausdruck für die Gleichgewichtskonstante des Puffers dessen pH-Wert berechnen.

Lösung: *Stöchiometrische Berechnung:* Wir nehmen an, dass das im NaOH vorhandene OH^- vollständig vom sauren Bestandteil des Puffers CH_3COOH verbraucht wird. Wir können eine Tabelle anfertigen, anhand derer wir erkennen, welche Auswirkungen diese Reaktion auf die Zusammensetzung des Puffers hat. Eine kompaktere Schreibweise besteht jedoch darin, die vor der Reaktion vorhandenen Stoffmengen der einzelnen Stoffe oberhalb und die nach der Reaktion vorhandenen Stoffmengen unterhalb der Gleichung aufzuschreiben. Vor der Reaktion, in der das hinzugefügte Hydroxid von der Essigsäure verbraucht wird, liegen je 0,300 mol Essigsäure und Acetat sowie 0,020 mol Hydroxid vor.

Vor der Reaktion: 0,300 mol 0,020 mol 0,300 mol

$$CH_3COOH(aq) + OH^-(aq) \longrightarrow H_2O(l) + CH_3COO^-(aq)$$

Weil die Menge des hinzugefügten OH^- kleiner ist als die vorhandene Menge CH_3COOH, wird das hinzugefügte OH^- vollständig verbraucht. Gleichzeitig werden entsprechende Mengen an CH_3COOH verbraucht und an CH_3COO^- gebildet. Wir schreiben die nach der Reaktion vorliegenden Mengen unterhalb der Gleichung auf.

Vor der Reaktion: 0,300 mol 0,020 mol 0,300 mol

$$CH_3COOH(aq) + OH^-(aq) \longrightarrow H_2O(l) + CH_3COO^-(aq)$$

Nach der Reaktion: 0,280 mol 0 mol 0,320 mol

Gleichgewichtsberechnung: Jetzt richten wir unsere Aufmerksamkeit auf das Gleichgewicht, durch das der pH-Wert des Puffers bestimmt wird. Es handelt sich um die Dissoziation der Essigsäure.

$$CH_3COOH(aq) + OH^-(aq) \rightleftharpoons H^+(aq) + CH_3COO^-(aq)$$

Wir können den pH-Wert bestimmen, indem wir die im Puffer verbleibenden Mengen an CH_3COOH und CH_3COO^- in die Henderson-Hasselbalch-Gleichung einsetzen.

$$pH = 4{,}74 + \log \frac{0{,}320 \text{ mol} / 1{,}00 \text{ l}}{0{,}280 \text{ mol} / 1{,}00 \text{ l}} = 4{,}80$$

Anmerkung: Beachten Sie, dass wir anstelle der Konzentrationen auch die Stoffmengen in die Henderson-Hasselbalch-Gleichung einsetzen könnten. Dies würde zum gleichen Ergebnis führen. Die Volumina der Säure und der Base sind gleich groß und kürzen sich heraus.

Bei einer Zugabe von 0,020 mol H^+ zum Puffer könnten wir die Berechnung des sich im Puffer einstellenden pH-Werts auf ähnliche Weise durchführen. In diesem Fall nimmt der pH-Wert um 0,06 Einheiten ab, so dass sich, wie in der Abbildung am Seitenrand gezeigt, ein pH-Wert von 4,68 einstellt.

(b) Um den pH-Wert einer Lösung von 0,020 mol NaOH in 1,00 L reinem Wasser zu bestimmen, können wir zunächst mit Hilfe von ► Gleichung 16.17 den pOH-Wert berechnen und diesen anschließend von 14 abziehen.

$$pH = 14 - (-\log 0{,}020) = 12{,}30$$

Beachten Sie, dass bereits eine kleine Menge an NaOH ausreicht, um den pH-Wert des Wassers wesentlich zu verändern. In der gepufferten Lösung bleibt der pH-Wert dagegen nahezu unverändert.

17.3 Säure-Base-Titrationen

In einer Säure-Base-Titration wird eine basische Lösung einer bekannten Konzentration langsam zu einer Säure hinzugefügt (oder umgekehrt). Zur Anzeige des *Äquivalenzpunkts* (des Punkts, an dem äquivalente Mengen an Säure und Base vorliegen) können Säure-Base-Indikatoren verwendet werden. Alternativ lässt sich zur Beobachtung des Verlaufs der Reaktion auch ein pH-Meter verwenden. Die erhaltenen Daten können als **pH-Titrationskurve** aufgezeichnet werden. Dabei handelt es sich um einen Graphen, in dem der pH-Wert als Funktion des hinzugefügten Volumens des Titranten dargestellt wird. Der Äquivalenzpunkt der Titration kann anhand der Titrationskurve graphisch bestimmt werden. Ebenso können anhand der Titrationskurve geeignete Indikatoren ausgewählt und der K_S-Wert einer schwächeren Säure bzw. der K_B-Wert einer schwächeren Base bestimmt werden.

In ► Abbildung 17.3 ist eine typische Vorrichtung zur Messung des pH-Werts während einer Titration dargestellt. Die Maßlösung wird der Lösung aus einer Bürette hinzugefügt und der pH-Wert mit einem pH-Meter kontinuierlich überwacht. Um zu verstehen, warum Titrationskurven bestimmte charakteristische Formen haben, werden wir im Folgenden drei verschiedene Titrationen genauer betrachten: (1) sehr starke Säure – sehr starke Base, (2) schwache Säure – sehr starke Base und (3) mehrprotonige Säure – sehr starke Base.

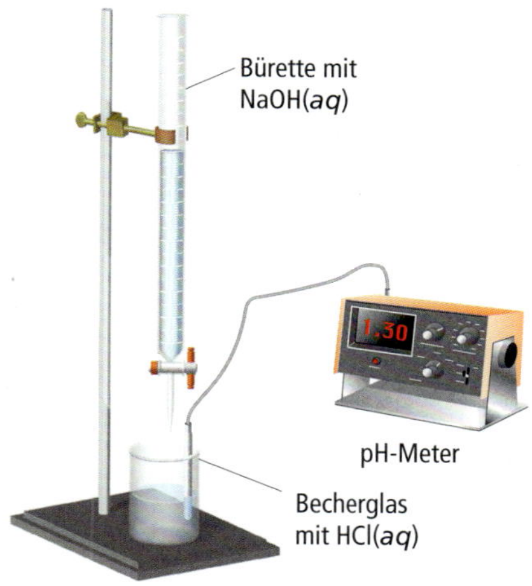

Abbildung 17.3: Messung des pH-Werts während einer Titration. Typischer Versuchsaufbau für die Verwendung eines pH-Meters zur Aufnahme einer Titrationskurve. In diesem Fall wird mit einer Bürette eine NaOH-Maßlösung zu einer HCl-Lösung gegeben. Um eine homogene Durchmischung sicherzustellen, wird die HCl-Lösung gerührt.

EXTRAS ONLINE Säure-Base-Titrationen (Video)

Titrationen einer sehr starken Säure mit einer sehr starken Base

Die Titrationskurve, die entsteht, wenn eine sehr starke Säure mit einer sehr starken Base titriert wird, hat die in ► Abbildung 17.4 dargestellte Form. In dieser Kurve ist die pH-Änderung dargestellt, die auftritt, wenn eine 0,100 *M* NaOH-Lösung zu 50,0 mL einer 0,100 *M* HCl-Lösung gegeben wird. Der pH-Wert kann zu verschiedenen Zeitpunkten der Titration berechnet werden. Um diese Berechnungen besser zu verstehen, unterteilen wir die Kurve in vier Bereiche:

1. *Anfangs-pH-Wert:* Der pH-Wert der Lösung vor dem Hinzufügen der Base wird durch die Ausgangskonzentration der sehr starken Säure bestimmt. Bei einer 0,100 *M* HCl-Lösung ist $[H^+] = 0{,}100$ mol/L und $pH = -\log(0{,}100) = 1{,}000$. Der Anfangs-pH-Wert ist also sehr niedrig.

2. *Zwischen dem Anfangs-pH-Wert und dem Äquivalenzpunkt:* Bei Zugabe von NaOH nimmt der pH-Wert zunächst langsam und anschließend in der Nähe des Äquivalenzpunkts sehr schnell zu. Der pH-Wert der Lösung wird vor dem Erreichen des Äquivalenzpunkts von der Konzentration der Säure bestimmt, die noch nicht neutralisiert worden ist. Diese Berechnung wird in ► Übungsbeispiel 17.5 (a) beispielhaft durchgeführt.

3. *Äquivalenzpunkt:* Am Äquivalenzpunkt haben gleiche Stoffmengen von NaOH und HCl miteinander reagiert, so dass lediglich eine Lösung des entsprechenden Salzes NaCl vorliegt. Der pH-Wert der Lösung ist 7,00, weil weder das Kation einer sehr starken Base (in diesem Fall Na^+) noch das Anion einer sehr starken Säure (in diesem Fall Cl^-) den pH-Wert beeinflussen. Der pH-Wert entspricht also dem von reinem Wasser (siehe Abschnitt 16.9).

4. *Nach dem Äquivalenzpunkt:* Der pH-Wert der Lösung nach dem Äquivalenzpunkt wird durch die Konzentration des in der Lösung vorhandenen überschüssigen NaOH bestimmt. Diese Berechnung wird anhand von ► Übungsbeispiel 17.5 (b) deutlich.

MERKE !

Bei der Titration einer sehr starken Säure mit einer sehr starken Base liegt der Äquivalenzpunkt am Neutralpunkt (pH 7). Der Sprung des pH-Wertes ist sehr groß, mit dem Äquivalenzpunkt in der Mitte.

Im optimalen Fall sollte ein Indikator seine Farbe am Äquivalenzpunkt einer Titration ändern. In der Praxis ist dies jedoch nicht notwendig. Der pH-Wert ändert sich am Äquivalenzpunkt sehr schnell. In diesem Bereich kann ein Trop-

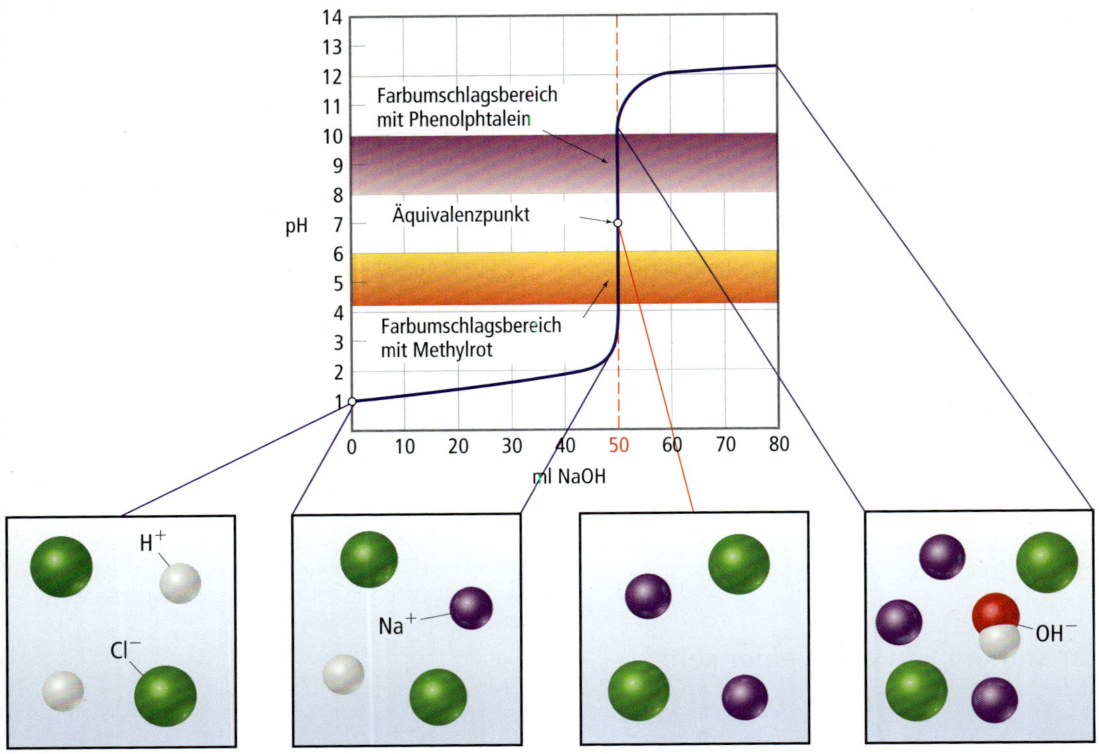

Abbildung 17.4: Zugabe einer sehr starken Base zu einer sehr starken Säure. Dargestellt ist die pH-Kurve der Titration von 50,0 mL einer 0,100 *M* Lösung einer sehr starken Säure mit einer 0,100 *M* Lösung einer sehr starken Base. In diesem Fall handelt es sich bei der Säure um HCl und bei der Base um NaOH.

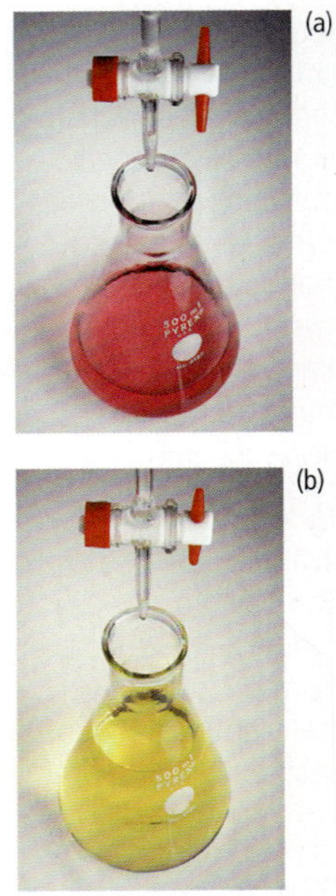

Abbildung 17.5: Methylrotindikator. Farbumschlag einer Lösung mit Methylrot im pH-Bereich 4,2 bis 6,3. Die charakteristische saure Farbe ist in (a), die charakteristische basische Farbe in (b) dargestellt.

fen Maßlösung den pH-Wert um mehrere Einheiten verändern. Jeder Indikator, dessen Farbe sich innerhalb des pH-Sprungs verändert, eignet sich daher dafür, das Volumen der zum Erreichen des Äquivalenzpunkts benötigten Maßlösung mit ausreichender Genauigkeit zu bestimmen. Der Punkt der Titration, an dem der Indikator seine Farbe verändert, wird im Unterschied zum tatsächlichen Äquivalenzpunkt, der normalerweise nahe an diesem liegt, *Endpunkt* genannt.

In ► Abbildung 17.4 ist zu erkennen, dass sich der pH-Wert in der Nähe des Äquivalenzpunkts sehr schnell von etwa 4 zu etwa 10 verändert. Ein Indikator für diese Titration einer sehr starken Säure mit einer sehr starken Base kann also irgendwo in diesem Bereich umschlagen. Die meisten Titrationen, an denen eine sehr starke Säure und eine sehr starke Base beteiligt sind, werden mit Phenolphthalein als Indikator durchgeführt, das in diesem Bereich einen deutlich zu erkennenden Farbumschlag aufweist. Aus der ► Abbildung 17.4 erkennen wir, dass Phenolphthalein zwischen den pH-Werten 8,3 und 10,0 von farblos nach pink umschlägt. Verschiedene andere Indikatoren wie etwa Methylrot, das seine Farbe zwischen den pH-Werten 4,2 und 6,0 ändert (► Abbildung 17.5), wären für diese Titration ebenfalls geeignet.

Bei der Titration einer Lösung einer sehr starken Base mit einer sehr starken Säure würde sich eine analoge Kurve des pH-Werts in Abhängigkeit der hinzugefügten Säure ergeben. In diesem Fall wäre der pH-Wert am Beginn der Titration jedoch hoch, am Ende dagegen niedrig (► Abbildung 17.6).

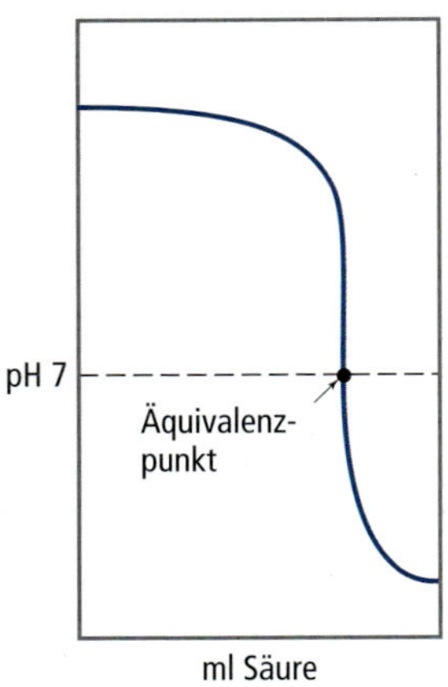

Abbildung 17.6: Zugabe einer sehr starken Säure zu einer sehr starken Base. Dargestellt ist die pH-Kurve der Titration einer sehr starken Base mit einer sehr starken Säure.

Übungsbeispiel 17.5: Berechnung des pH-Werts der Titration einer sehr starken Säure mit einer sehr starken Base

Berechnen Sie den pH-Wert von 50,0 mL einer 0,100 *M* HCl-Lösung, zu der die folgenden Mengen einer 0,100 *M* NaOH-Lösung hinzugefügt werden: **(a)** 49,0 mL, **(b)** 51,0 mL.

Lösung

Analyse: Wir sollen den pH-Wert einer sehr starken Säure mit einer sehr starken Base zu zwei Zeitpunkten der Titration bestimmen. Der erste Punkt ist kurz vor dem Äquivalenzpunkt, so dass der pH-Wert von der kleinen verbleibenden Menge der starken Säure, die noch nicht neutralisiert worden ist, abhängen sollte. Der zweite Punkt ist kurz nach dem Äquivalenzpunkt, so dass der pH-Wert von der kleinen Menge der überschüssigen starken Base abhängen sollte.

Vorgehen: (a) Wenn eine NaOH-Lösung zu einer HCl-Lösung hinzugefügt wird, reagiert $H^+(aq)$ mit $OH^-(aq)$ zu H_2O. Sowohl Na^+ als auch Cl^- sind Zuschauerionen, die keine nennenswerten Auswirkungen auf den pH-Wert haben. Um den pH-Wert der Lösung zu bestimmen, müssen wir zunächst feststellen, welche Stoffmenge von H^+ ursprünglich vorhanden war und welche Stoffmenge von OH^- zur Lösung hinzugefügt worden ist. Anschließend können wir berechnen, welche Stoffmengen der jeweiligen Ionen nach der Neutralisationsreaktion vorliegen. Um $[H^+]$, und damit den pH-Wert zu bestimmen, müssen wir berücksichtigen, dass das Volumen der Lösung bei Zugabe des Titranten zunimmt, die Konzentration des gelösten Stoffes also verdünnt wird.

Lösung: Die ursprünglich in der HCl-Lösung vorhandene Stoffmenge von H^+ ergibt sich aus dem Produkt des Volumens der Lösung (50,0 mL = 0,0500 l) und ihrer Konzentration (0,100 mol/L):

$$(0{,}0500\ \text{L Lösung})\left(\frac{0{,}100\ \text{mol H}^+}{1\ \text{L Lösung}}\right) = 5{,}00 \times 10^{-3}\ \text{mol H}^+$$

Analog ist die Stoffmenge von OH^- in 49,0 mL einer 0,100 *M* NaOH-Lösung gleich

$$(0{,}0490\ \text{L Lösung})\left(\frac{0{,}100\ \text{mol OH}^-}{1\ \text{L Lösung}}\right) = 4{,}90 \times 10^{-3}\ \text{mol OH}^-$$

Weil wir uns noch vor dem Äquivalenzpunkt befinden, ist die Stoffmenge von H^+ größer als die Stoffmenge von OH^-. Ein Mol OH^- reagiert genau mit einem Mol H^+. Wenn wir die in ► Übungsbeispiel 17.4 eingeführte Schreibweise verwenden, erhalten wir

Vor der Reaktion:	$5{,}00 \times 10^{-3}$ mol		$4{,}90 \times 10^{-3}$ mol		
	$H^+(aq)$	+	$OH^-(aq)$	⟶	$H_2O(l)$
Nach der Reaktion:	$0{,}10 \times 10^{-3}$ mol		0,00 mol		

Während der Titration nimmt das Volumen des Reaktionsgemisches zu, weil NaOH-Lösung zur HCl-Lösung gegeben wird. An diesem Punkt der Titration hat die Lösung ein Volumen von 50,0 mL + 49,0 mL = 99,0 mL. Wir nehmen an, dass sich das Gesamtvolumen aus der Summe der Volumina der Säure und der Base ergibt. Die Konzentration von $H^+(aq)$ ist also gleich

$$[H^+] = \frac{n\,(H^+(aq))}{V\,(\text{Lsg.})} = \frac{0{,}10 \times 10^{-3}\ \text{mol}}{0{,}09900\ \text{L}} \approx 1{,}0 \times 10^{-3}\ \text{mol/L}$$

Der entsprechende pH-Wert ist gleich $-\log(1{,}0 \times 10^{-3}) = 3{,}00$

Vorgehen: (b) Wir gehen auf dieselbe Weise vor wie in Teil (a), befinden uns jetzt jedoch bereits hinter dem Äquivalenzpunkt, so dass mehr OH^- als H^+ in der Lösung vorliegt. Wie zuvor ergeben sich die Anfangsstoffmengen der einzelnen Reaktanten aus ihren Volumina und Konzentrationen. Der Reaktant, der in der kleineren Menge vorliegt (der limitierende Reaktant) wird vollständig verbraucht, so dass in diesem Fall Hydroxidionen zurückbleiben.

Lösung:

Vor der Reaktion:	$5{,}00 \times 10^{-3}$ mol		$5{,}10 \times 10^{-3}$ mol		
	$H^+(aq)$	+	$OH^-(aq)$	⟶	$H_2O(l)$
Nach der Reaktion:	0,00 mol		$0{,}10 \times 10^{-3}$ mol		

In diesem Fall ist das Gesamtvolumen der Lösung gleich 50,0 mL + 51,0 mL = 101,0 mL = 0,1010 l
Die Konzentration von $OH^-(aq)$ in der Lösung ist also gleich

$$[OH^-] = \frac{n(OH^-(aq))}{V\,(\text{Lsg.})} = \frac{0{,}10 \times 10^{-3}\ \text{mol}}{0{,}1010\ \text{L}} \approx 1{,}0 \times 10^{-3}\ \text{mol/L}$$

Der pOH-Wert der Lösung ist gleich $\text{pOH} = -\log(1{,}0 \times 10^{-3}) = 3{,}00$ und der pH-Wert gleich $\text{pH} = 14{,}00 - \text{pOH} = 14{,}00 - 3{,}00 = 11{,}00$

A 1 Berechnen Sie den pH-Wert von 25,0 mL einer 0,100 *M* KOH-Lösung, zu der die folgenden Mengen einer 0,100 *M* HNO_3-Lösung hinzugefügt werden: **(a)** 24,9 mL; **(b)** 25,1 mL.

Titrationen einer schwachen Säure mit einer sehr starken Base

Betrachten Sie die in ► Abbildung 17.7 dargestellte Titrationskurve der Titration von 50,0 mL einer 0,100 *M* Essigsäurelösung (CH_3COOH) mit einer 0,100 *M* NaOH-Lösung. Man unterscheidet auch hier vier Kurvenbereiche:

1 *Anfangs-pH-Wert:* Dieser pH-Wert ist einfach der pH-Wert einer 0,100 *M* CH_3COOH-Lösung. Wir haben derartige Berechnungen in Abschnitt 16.6 bereits durchgeführt. Der berechnete pH-Wert einer 0,100 *M* CH_3COOH-Lösung ist 2,89.

2 *Zwischen dem Anfangs-pH-Wert und dem Äquivalenzpunkt:*

$$CH_3COOH(aq) + OH^-(aq) \longrightarrow CH_3COO^-(aq) + H_2O(l) \qquad (17.10)$$

Vor dem Erreichen des Äquivalenzpunkts wird CH_3COOH teilweise zu CH_3COO^- umgesetzt (Pufferbereich). Die Lösung enthält also ein Gemisch aus CH_3COOH und CH_3COO^-.

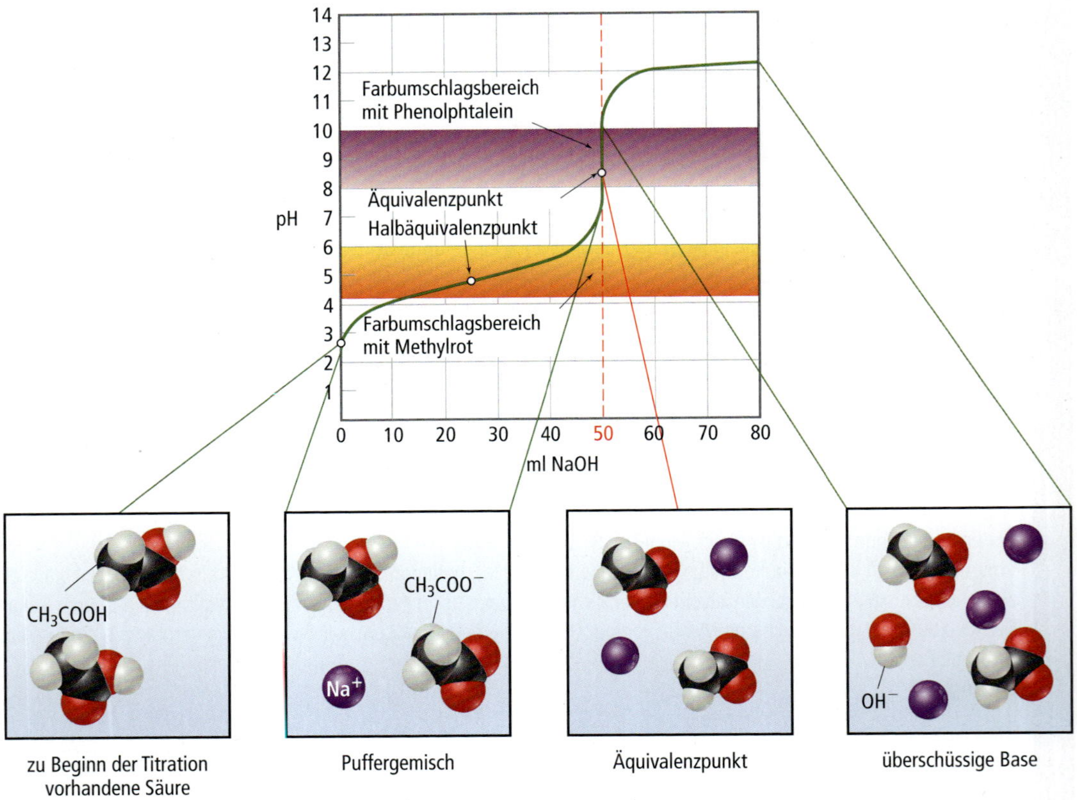

Abbildung 17.7: Zugabe einer sehr starken Base zu einer schwachen Säure. Dargestellt ist die Änderung des pH-Werts bei Zugabe einer 0,100 *M* NaOH-Lösung zu 50,0 mL einer 0,100 *M* Essigsäurelösung.

Der Ansatz, den wir zur Berechnung des pH-Werts in diesem Bereich der Titrationskurve wählen, besteht im Wesentlichen aus zwei Schritten. Zunächst betrachten wir die Neutralisationsreaktion zwischen CH_3COOH und OH^-, um die Konzentrationen von CH_3COOH und CH_3COO^- in der Lösung zu bestimmen. Anschließend berechnen wir auf die in den Abschnitten 17.1 und 17.2 behandelte Weise den pH-Wert des Pufferpaares. Die allgemeine Vorgehensweise ist in ► Abbildung 17.8 schematisch dargestellt und wird in ► Übungsbeispiel 17.6 exemplarisch verdeutlicht.

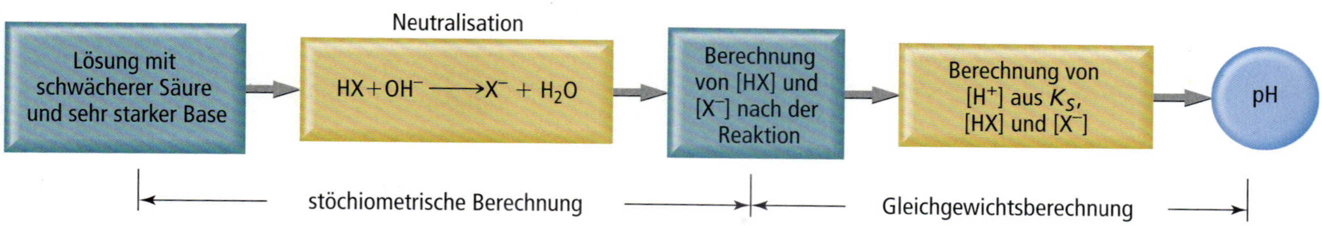

Abbildung 17.8: Vorgehensweise zur Berechnung des pH-Werts bei einer teilweisen Neutralisation einer schwächeren Säure mit einer sehr starken Base.

Übungsbeispiel 17.6: Berechnung des pH-Werts der Titration einer schwachen Säure mit einer starken Base

Berechnen Sie den pH-Wert, der sich einstellt, wenn 45,0 mL einer 0,100 *M* NaOH-Lösung zu 50,0 mL einer 0,100 *M* CH_3COOH-Lösung ($K_S = 1{,}8 \times 10^{-5}$ mol/L) gegeben werden.

Lösung

Analyse: Wir sollen den pH-Wert zu einem Zeitpunkt vor Erreichen des Äquivalenzpunkts der Titration einer schwachen Säure mit einer starken Base bestimmen.

Vorgehen: Wir bestimmen zunächst die Stoffmengen der schwachen Säure und der starken Base, die miteinander reagieren. Auf diese Weise erfahren wir, wie viel der konjugierten Base der schwachen Säure gebildet worden ist. Anschließend können wir den pH-Wert mit Hilfe des Ausdrucks für die Gleichgewichtskonstante bestimmen.

Lösung: *Stöchiometrische Berechnung:* Die Stoffmengen der vor der Neutralisation vorliegenden Reaktanten ergeben sich aus den Produkten der Volumina und Konzentrationen der entsprechenden Lösungen:

$$(0{,}0500 \text{ L Lösung})\left(\frac{0{,}100 \text{ mol } CH_3COOH}{1 \text{ L Lösung}}\right) = 5{,}00 \times 10^{-3} \text{ mol } CH_3COOH$$

$$(0{,}0450 \text{ L Lösung})\left(\frac{0{,}100 \text{ mol NaOH}}{1 \text{ L Lösung}}\right) = 4{,}50 \times 10^{-3} \text{ mol NaOH}$$

Die $4{,}50 \times 10^{-3}$ mol NaOH verbrauchen $4{,}50 \times 10^{-3}$ mol CH_3COOH.

Vor der Reaktion:	$5{,}00 \times 10^{-3}$ mol		$4{,}50 \times 10^{-3}$ mol		0,00 mol		
	$CH_3COOH(aq)$	+	$OH^-(aq)$	⟶	$CH_3COO^-(aq)$	+	$H_2O(l)$
Nach der Reaktion:	$0{,}50 \times 10^{-3}$ mol		0,00 mol		$4{,}50 \times 10^{-3}$ mol		

Das Gesamtvolumen der Lösung ist gleich 45,0 mL + 50,0 mL = 95,0 mL = 0,0950 l

Die sich nach der Reaktion ergebenden Molaritäten von CH_3COOH und CH_3COO^- sind daher gleich

$$[CH_3COOH] = \frac{0{,}50 \times 10^{-3} \text{ mol}}{0{,}0950 \text{ L}} = 0{,}0053 \text{ mol/L}$$

$$[CH_3COO^-] = \frac{4{,}50 \times 10^{-3} \text{ mol}}{0{,}0950 \text{ L}} = 0{,}0474 \text{ mol/L}$$

Gleichgewichtsberechnung: Das Gleichgewicht zwischen CH_3COOH und CH_3COO^- unterliegt dem Ausdruck für die Gleichgewichtskonstante von CH_3COOH.

$$K_S = \frac{[H^+][CH_3COO^-]}{[CH_3COOH]} = 1{,}8 \times 10^{-5} \text{ mol/L}$$

Wenn wir die Gleichung nach $[H^+]$ auflösen, erhalten wir

$$[H^+] = K_S \times \frac{[CH_3COOH]}{[CH_3COO^-]} = (1{,}8 \times 10^{-5}) \times \left(\frac{0{,}0053}{0{,}0474}\right) \text{ mol/L} = 2{,}0 \times 10^{-6} \text{ mol/L}$$

$$pH = -\log(2{,}0 \times 10^{-6}) = 5{,}70$$

Anmerkung: Wir hätten den pH-Wert genauso gut auch mit Hilfe der Henderson-Hasselbalch-Gleichung bestimmen können.

Übungsbeispiel 17.7: Berechnung des pH-Werts am Äquivalenzpunkt

Berechnen Sie den pH-Wert am Äquivalenzpunkt der Titration von 50,0 mL einer 0,100 *M* CH_3COOH-Lösung mit einer 0,100 *M* NaOH-Lösung.

Lösung

Analyse: Wir sollen den pH-Wert am Äquivalenzpunkt der Titration einer schwächeren Säure mit einer sehr starken Base bestimmen. Weil bei der Neutralisation einer schwächeren Säure das Anion der Säure entsteht, das eine schwächere Base ist, sollte der pH-Wert am Äquivalenzpunkt größer als 7 sein.

Vorgehen: Wir bestimmen zunächst die Stoffmenge der ursprünglich vorliegenden Essigsäure. Diese Stoffmenge entspricht der Stoffmenge des am Äquivalenzpunkt vorliegenden Acetations. Anschließend bestimmen wir das Volumen der Lösung am Äquivalenzpunkt und die sich daraus ergebende Konzentration des Acetations. Weil es sich beim Acetation um eine schwächere Base handelt, berechnen wir analog zur Vorgehensweise in Abschnitt 16.7 mit Hilfe von K_B und der Konzentration des Acetations den pH-Wert der Lösung.

Lösung: Die Stoffmenge der Essigsäure in der Anfangslösung ergibt sich aus dem Volumen und der Konzentration der Lösung:

$$n = c \times V = (0{,}100\ \text{mol/L})(0{,}0500\ \text{L}) = 5{,}00 \times 10^{-3}\ \text{mol CH}^3\text{COOH}$$

Es werden also $5{,}00 \times 10^{-3}$ mol CH_3COO^- gebildet. Zum Erreichen des Äquivalenzpunkts werden 50,0 mL der NaOH-Lösung benötigt (► Abbildung 17.7). Das Volumen dieser am Äquivalenzpunkt vorliegenden Salzlösung ergibt sich aus der Summe der Volumina der Säure und der Base: 50,0 mL + 50,0 mL = 100,0 mL = 0,1000 L. Die Konzentration von CH_3COO^- ist also

$$[CH_3COO^-] = \frac{5{,}00 \times 10^{-3}\ \text{mol}}{0{,}1000\ \text{L}} = 0{,}0500\ \text{mol/L}$$

Das CH_3COO^--Ion ist eine schwächere Base.

$$CH_3COO^-(aq) + H_2O(l) \rightleftharpoons CH_3COOH(aq) + OH^-(aq)$$

Der K_B-Wert von CH_3COO^- lässt sich aus dem K_S-Wert der konjugierten Säure folgendermaßen berechnen:

$$K_B = K_W/K_S = (1{,}0 \times 10^{-14})/(1{,}8 \times 10^{-5})\ \text{mol/L} = 5{,}6 \times 10^{-10}\ \text{mol/L}.$$

Mit Hilfe des Ausdrucks für K_B erhalten wir

$$K_B = \frac{[CH_3COOH][OH^-]}{[CH_3COO^-]} = \frac{(x)(x)}{0{,}0500 - x}\ \text{mol/L} = 5{,}6 \times 10^{-10}\ \text{mol/L}$$

Wenn wir die Näherung $0{,}0500 - x \simeq 0{,}0500$ vornehmen und anschließend nach x auflösen, erhalten wir $x = [OH^-] = 5{,}3 \times 10^{-6}$ mol/L. Das entspricht einem pOH-Wert von 5,28 und einem pH-Wert von 8,72.

Überprüfung: Der pH-Wert ist größer als 7, wie wir es für das Salz einer schwachen Säure und einer starken Base erwarten.

A 2 Berechnen Sie den pH-Wert am Äquivalenzpunkt **(a)** der Titration von 40 mL einer 0,025 *M* Benzoesäurelösung (C_6H_5COOH, $K_S = 6{,}3 \times 10^{-5}$ mol/L) mit einer 0,050 *M* NaOH-Lösung und **(b)** der Titration von 40 mL einer 0,100 *M* NH_3-Lösung mit einer 0,100 *M* HCl-Lösung.

3 *Äquivalenzpunkt:* Nach Zugabe von 50,0 mL der 0,100 *M* NaOH-Lösung zu 50,0 mL der 0,100 *M* CH_3COOH-Lösung wird der Äquivalenzpunkt erreicht. An diesem Punkt reagieren die $5{,}00 \times 10^{-3}$ mol NaOH vollständig mit den $5{,}00 \times 10^{-3}$ mol CH_3COOH zu $5{,}00 \times 10^{-3}$ mol des Salzes $NaCH_3COO$. Während die Protolyse des Na^+-Ions zu vernachlässigen ist, reagiert das Acetation alkalisch, weshalb der pH-Wert am Äquivalenzpunkt größer ist als 7.

4 *Nach dem Äquivalenzpunkt:* Der pH-Wert ergibt sich aus der Konzentration des OH^- aus dem überschüssigen NaOH. Zugabe von 51,0 mL einer 0,100 *M* NaOH-Lösung zu 50,0 mL einer 0,100 *M* HCl- oder einer 0,100 *M* CH_3COOH-Lösung führt daher in beiden Fällen zum gleichen pH-Wert von 11,00. Beachten Sie, dass in den ► Abbildungen 17.4 und 17.7 die Titrationskurven für die Titrationen einer sehr starken Säure und einer schwächeren Säure hinter dem Äquivalenzpunkt gleich sind.

Die pH-Titrationskurven von Titrationen schwächere Säuren mit sehr starken Basen unterscheiden sich in drei wesentlichen Punkten von Titrationskurven sehr starker Säuren mit sehr starken Basen:

1 Die Lösung einer schwächeren Säure hat einen höheren Anfangs-pH-Wert als die Lösung einer sehr starken Säure derselben Konzentration.

2 Die pH-Änderung im stark ansteigenden Teil der Kurve in der Nähe des Äquivalenzpunkts ist bei schwächeren Säuren kleiner als bei sehr starken Säuren.

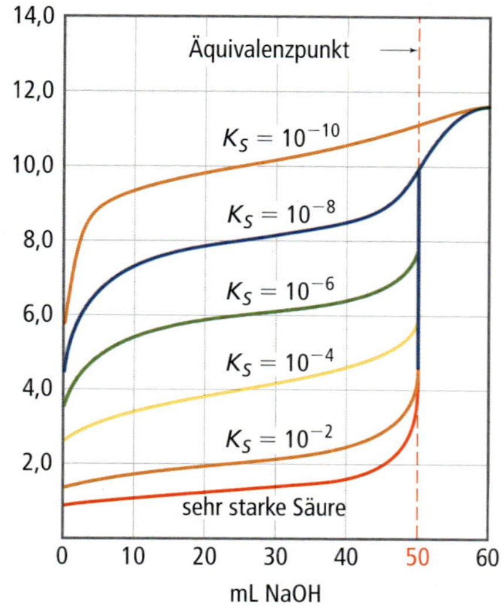

Abbildung 17.9: Einfluss des Werts von K_S auf Titrationskurven. Anhand dieser Kurven lässt sich der Einfluss der Säurestärke (K_S) auf die Form der Kurve einer Titration mit NaOH erkennen. Jede Kurve entspricht der Titration von 50,0 mL einer 0,10 *M* Säurelösung mit einer 0,10 *M* NaOH-Lösung. Je schwächer die Säure ist, desto höher ist der anfängliche pH-Wert und desto kleiner ist die Änderung des pH-Werts am Äquivalenzpunkt (pH-Sprung).

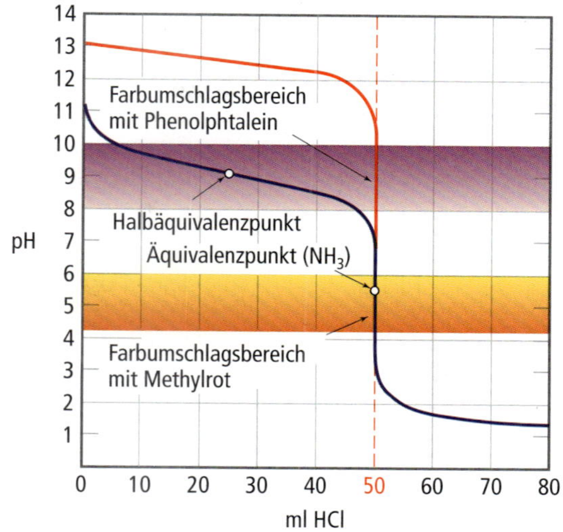

Abbildung 17.10: Zugabe einer sehr starken Säure zu einer Base. Die blaue Kurve zeigt den pH-Wert in Abhängigkeit zugefügter 0,10 *M* HCl-Lösung für die Titration von 50,0 mL einer 0,10 *M* Ammoniaklösung (schwächere Base). Die rote Kurve zeigt den pH-Wert in Abhängigkeit zugefügter Säure für die Titration einer 0,10 *M* NaOH-Lösung (sehr starke Base). Sowohl Phenolphthalein als auch Methylrot ändern am Äquivalenzpunkt der Titration der starken Base ihre Farbe. Der Farbumschlag von Phenolphthalein tritt jedoch vor dem Erreichen des Äquivalenzpunkts der Titration der schwächeren Base auf.

3 Der pH-Wert am Äquivalenzpunkt ist bei Titrationen schwächere Säuren mit sehr starken Basen größer als 7,00.

Betrachten Sie zur weiteren Verdeutlichung dieser Unterschiede die in ▶ Abbildung 17.9 gezeigten Titrationskurven.

Weil die Änderung des pH-Werts nahe am Äquivalenzpunkt mit abnehmendem K_S immer kleiner wird, ist die Wahl des Indikators bei Titrationen schwächerer Säuren mit sehr starken Basen kritischer als bei Titrationen sehr starker Säuren mit sehr starken Basen. Bei der in ▶ Abbildung 17.7 dargestellten Titration von 0,100 *M* CH_3COOH ($K_S = 1{,}8 \times 10^{-5}$ mol/L) mit einer 0,100 *M* NaOH-Lösung nimmt der pH-Wert z. B. nur über einen pH-Bereich von etwa 7 bis 10 rasch zu. Phenolphthalein ist daher für diese Titration sehr gut geeignet, weil der Farbumschlag im pH-Bereich von 8,3 bis 10, also nahe am pH-Wert des Äquivalenzpunkts stattfindet.

Bei einer Titration einer schwächeren Base (wie z. B. 0,100 *M* NH_3) mit einer starken Säure (wie z. B. 0,100 *M* HCl) erhält man die in ▶ Abbildung 17.10 dargestellte Titrationskurve. In diesem Beispiel liegt der Äquivalenzpunkt bei einem pH-Wert von 5,28. Methylrot wäre daher in diesem Fall ein sehr gut geeigneter Indikator.

MERKE !

Bei der Titration einer schwächeren Säure mit einer sehr starken Base liegt der Äquivalenzpunkt oberhalb des Neutralpunktes (pH > 7), wohingegen der Äquivalenzpunkt bei der Titration einer schwächeren Base mit einer sehr starken Säure im sauren Bereich (pH < 7) liegt. In beiden Fällen ist der Sprung des pH-Wertes kleiner, mit dem Äquivalenzpunkt in der Mitte.

Titrationen von mehrprotonigen Säuren

Wenn schwächere Säuren wie z. B. Phosphorsäure (H_3PO_3) über mehr als ein acides H-Atom verfügen, findet die Reaktion mit OH^- schrittweise statt. Die Neutralisation von H_3PO_3 findet z. B. in zwei Schritten statt :

$$H_3PO_3(aq) + OH^-(aq) \longrightarrow H_2PO_3^-(aq) + H_2O(l) \qquad (17.11)$$

$$H_2PO_3^-(aq) + OH^-(aq) \longrightarrow HPO_3^{2-}(aq) + H_2O(l) \qquad (17.12)$$

In ▶ Abbildung 17.11 sind die beiden Äquivalenzpunkte der Titrationskurve des $H_3PO_3/H_2PO_3^-/HPO_3^{2-}$-Systems dargestellt.

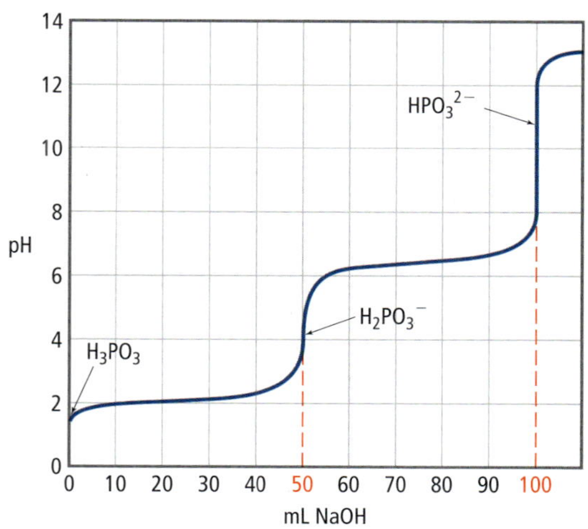

Abbildung 17.11: Zweiprotonige Säure. Dargestellt ist die Titrationskurve der Reaktion von 50,0 mL einer 0,10 *M* H_3PO_3 mit einer 0,10 *M* NaOH-Lösung.

17.4 Fällungsgleichgewichte

Bei den bisher betrachteten Gleichgewichten hat es sich immer um Säure-Base-Systeme gehandelt. Zudem waren alle Systeme homogen, alle Stoffe lagen also in der gleichen Phase vor. Im verbleibenden Teil dieses Kapitels werden wir Gleichgewichte betrachten, in denen ionische Bestandteile entweder in Lösung gehen oder ausfallen.

Bei dem Lösen und dem Ausfallen von Verbindungen handelt es sich um Phänomene, für die sich im menschlichen Körper und in der Natur viele Beispiele finden lassen. Zahnschmelz löst sich in sauren Lösungen auf, was dazu führt, dass Zähne kariös werden. Das Ausfallen von bestimmten Salzen in unseren Nieren hat die Bildung von Nierensteinen zur Folge. Die Gewässer der Erde enthalten Salze, die sich im Wasser lösen, wenn dieses Gesteine und Mineralien umspült. Das Ausfallen von $CaCO_3$ aus Wasser führt zur Bildung von Stalaktiten und Stalagmiten in Tropfsteinhöhlen.

Bei unseren bisher angestellten Betrachtungen von Fällungsreaktionen haben wir einige allgemeine Regeln zur Vorhersage der Löslichkeit von gewöhnlichen Salzen in Wasser aufgestellt (siehe Abschnitt 4.2). Diese Regeln haben uns qualitative Anhaltspunkte dafür gegeben, ob ein Stoff in Wasser eine niedrige oder eine hohe Löslichkeit besitzt. Durch die Betrachtung von Fällungsgleichgewichten können wir dagegen quantitative Aussagen über die Menge einer bestimmten Verbindung machen, die sich in Wasser löst. Zudem können wir anhand dieser Gleichgewichte den Einfluss verschiedener weiterer Faktoren auf die Löslichkeit untersuchen.

Das Löslichkeitsprodukt K_L

Erinnern Sie sich daran, dass eine *gesättigte Lösung* eine Lösung ist, die sich in Kontakt mit dem ungelösten Feststoff befindet (siehe Abschnitt 13.2). Betrachten Sie z. B. eine gesättigte wässrige Lösung von $BaSO_4$, die sich in Kontakt mit festem $BaSO_4$ befindet. Der Festkörper ist eine ionische Verbindung, also ein starker Elektrolyt, der beim Lösen in $Ba^{2+}(aq)$- und $SO_4^{2-}(aq)$-Ionen dissoziiert. Zwischen dem ungelösten Festkörper und den in Lösung $SO_4^{2-}(aq)$ befindlichen hydratisierten Ionen lässt sich das folgende Gleichgewicht aufstellen:

$$BaSO_4(s) \overset{H_2O}{\rightleftharpoons} Ba^{2+}(aq) + SO_4^{2-}(aq) \qquad (17.13)$$

Wie bei jedem anderen Gleichgewicht kann das Ausmaß, in dem der Lösevorgang stattfindet, durch eine Gleichgewichtskonstante ausgedrückt werden. Die Gleichgewichtskonstante einer derartigen Reaktion wird als **Löslichkeitsprodukt** bezeichnet. Das Löslichkeitsprodukt wird mit K_L abgekürzt.

Das Löslichkeitsprodukt (K_L) ist gleich dem Produkt der Konzentrationen der am Gleichgewicht beteiligten Ionen, wobei die jeweiligen Konzentrationen mit den entsprechenden Koeffizienten der Reaktionsgleichung des Gleichgewichts potenziert werden. K_L ist bei gleichbleibender Temperatur eine Konstante für eine ionische Verbindung.

MERKE !

Das Löslichkeitsprodukt K_L ist die Konstante für das Gleichgewicht zwischen einem festen Salz und seinen in gesättigter wässriger Lösung befindlichen Ionen. Es berechnet sich nur aus dem Produkt der Konzentrationen der am Gleichgewicht beteiligten Ionen, die mit den stöchiometrischen Koeffizienten potenziert werden.

Der Ausdruck für das Löslichkeitsprodukt des in ► Gleichung 17.13 aufgestellten Gleichgewichts lautet also

$$K_L = [Ba^{2+}][SO_4^{2-}] \qquad (17.14)$$

Es muss zumindest eine kleine Menge ungelöstes $BaSO_4(s)$ vorliegen, damit das System sich im Gleichgewicht befindet.

In Anhang C sind die Werte von K_L bei 25 °C für viele verschiedene ionische Festkörper aufgeführt. Der Wert von K_L für $BaSO_4$ ist $1{,}1 \times 10^{-10}\,mol^2/L^2$. Es handelt sich um eine sehr kleine Zahl, die anzeigt, dass sich nur eine sehr kleine Menge des Festkörpers in Wasser löst (das Lösegleichgewicht (► Gleichung 17.13) liegt stark auf der linken Seite).

Löslichkeit und K_L

Es ist wichtig, sorgfältig zwischen der Löslichkeit und dem Löslichkeitsprodukt zu unterscheiden. Die Löslichkeit einer Substanz ist die Menge des Stoffs, die sich in einer gesättigten Lösung befindet (siehe Abschnitt 13.2). Die Löslichkeit wird oft in Gramm des gelösten Stoffs pro Liter der Lösung (g/L) angegeben. Die molare Löslichkeit ist die Stoffmenge des gelösten Stoffes, die sich in einem Liter der gesättigten Lösung befindet (mol/L). Das Löslichkeitsprodukt (K_L) ist die Konstante des Gleichgewichts zwischen einem ionischen Festkörper und seiner gesättigten Lösung.

Die Löslichkeit einer Substanz hängt erheblich von den Konzentrationen weiterer in der Lösung vorhandener Stoffe ab. So ist die Löslichkeit von $Mg(OH)_2$ beispielsweise stark vom pH-Wert der Lösung abhängig. Die Löslichkeit wird außerdem von den Konzentrationen weiterer Ionen (insbesondere Mg^{2+}) in der Lösung beeinflusst. Das Löslichkeitsprodukt K_L hat dagegen für einen Stoff bei einer bestimmten Temperatur nur einen einzigen Wert *.

Prinzipiell ist es möglich, aus K_L die Löslichkeit eines Salzes unter verschiedenen Bedingungen zu berechnen. In der Praxis müssen wir jedoch bei derartigen Berechnungen vorsichtig sein (siehe Extras Online „Grenzen der Löslichkeit"). Die besten Übereinstimmungen zwischen gemessenen und aus K_L berechneten Löslichkeiten erhält man für Salze, deren Ionen niedrige Ladungen haben (1+ und 1–) und nicht protolysieren.

A 3 Bei 25 °C wird eine gesättigte Lösung von $Mg(OH)_2$ hergestellt, die sich in Kontakt mit dem ungelösten Festkörper befindet. Der pH-Wert der Lösung beträgt 10,17. Berechnen Sie unter der Annahme, dass $Mg(OH)_2$ in Wasser vollständig dissoziiert und keine weiteren bedeutenden Gleichgewichte der Mg^{2+}- und OH^--Ionen in der Lösung vorliegen, den Wert von K_L dieser Verbindung.

Übungsbeispiel 17.8: Berechnung von K_L aus der Löslichkeit

Festes Silberchromat wird bei 25 °C in reines Wasser gegeben. Der Festkörper bleibt teilweise ungelöst am Boden des Kolbens zurück. Das Gemisch wird mehrere Tage gerührt, um die Einstellung des Gleichgewichts zwischen dem ungelösten $Ag_2CrO_4(s)$ und der Lösung zu gewährleisten. Eine Analyse der Lösung im Gleichgewicht ergibt eine Silberionenkonzentration von $1{,}3 \times 10^{-4}$ mol/L. Berechnen Sie unter der Annahme, dass Ag_2CrO_4 in Wasser vollständig dissoziiert und keine weiteren bedeutenden Gleichgewichte der Ag^+- und CrO_4^{2-}-Ionen in der Lösung vorliegen, den Wert von K_L dieser Verbindung.

Lösung

Analyse: Es ist die Gleichgewichtskonzentration von Ag^+ in einer gesättigten Lösung von Ag_2CrO_4 angegeben. Wir sollen daraus den Wert des Löslichkeitsprodukts für die Lösung von Ag_2CrO_4 bestimmen.

Vorgehen: Die Gleichgewichtsgleichung und der Ausdruck für K_L lauten

$$Ag_2CrO_4(s) \rightleftharpoons 2\,Ag^+(aq) + CrO_4^{2-}(aq)$$

$$K_L = [Ag^+]^2[CrO_4^{2-}]$$

Für die Berechnung von K_L benötigen wir die Gleichgewichtskonzentrationen von Ag^+ und CrO_4^{2-}. Wir wissen, dass im Gleichgewicht $[Ag^+] = 1{,}3 \times 10^{-4}$ mol/L ist. Alle Ag^+- und CrO_4^{2-}-Ionen in der Lösung stammen aus dem gelösten Ag_2CrO_4. Wir können also aus $[Ag^+]$ $[CrO_4^{2-}]$ berechnen.

Lösung: Wir erkennen anhand der chemischen Formel von Silberchromat, dass pro CrO_4^{2-}-Ion 2 Ag^+-Ionen in der Lösung vorliegen. Die Konzentration von CrO_4^{2-} ist also halb so groß wie die Konzentration von Ag^+.

$$[CrO_4^{2-}] = \tfrac{1}{2} \times 1{,}3 \times 10^{-4}\,\text{mol/L} = 6{,}5 \times 10^{-5}\,\text{mol/L}$$

Wir können damit den Wert von K_L berechnen.

$$K_L = [Ag^+]^2[CrO_4^{2-}] = (1{,}3 \times 10^{-4})^2(6{,}5 \times 10^{-5})\,\text{mol}^3/\text{l}^3 = 1{,}1 \times 10^{-12}\,\text{mol}^3/\text{l}^3$$

Überprüfung: Wir erhalten einen kleinen Wert, wie wir es für ein nur schlecht lösliches Salz erwarten. Zudem stimmt der berechnete Wert gut mit dem in Anhang C angegebenen Wert überein ($1{,}2 \times 10^{-12}\,\text{mol}^3/\text{L}^3$).

* Das gilt streng genommen nur für stark verdünnte Lösungen. Die Werte der Gleichgewichtskonstanten werden in gewissem Maß von der in der Lösung vorhandenen Gesamtionenkonzentration beeinflusst. Wir werden diese Effekte, die nur für Arbeiten wichtig sind, die eine außerordentliche Genauigkeit erfordern, jedoch an dieser Stelle vernachlässigen.

Übungsbeispiel 17.9: Berechnung der Löslichkeit aus K_L

Der Wert von K_L von CaF_2 ist bei 25 °C gleich $3{,}9 \times 10^{-11}$ mol³/L³. Berechnen Sie unter der Annahme, dass CaF_2 beim Lösen in Wasser vollständig dissoziiert und keine weiteren für die Löslichkeit bedeutenden Gleichgewichte vorliegen, die Löslichkeit von CaF_2 in Gramm pro Liter.

Lösung

Analyse: Es ist der Wert von K_L von CaF_2 angegeben und wir sollen daraus die Löslichkeit des Stoffes bestimmen. Denken Sie daran, dass die Löslichkeit einer Substanz die Menge der Substanz ist, die sich in einem Lösungsmittel lösen lässt, während das Löslichkeitsprodukt K_L eine Gleichgewichtskonstante ist.

Vorgehen: Wir können diese Aufgabe lösen, indem wir unseren Standardansatz für die Lösung von Gleichgewichtsproblemen anwenden. Wir schreiben die chemische Gleichung des Lösungsprozesses auf und fertigen eine Tabelle der Anfangs- und Gleichgewichtskonzentrationen an. Anschließend können wir die Werte in den Ausdruck für die Gleichgewichtskonstante einsetzen. In diesem Fall ist K_L bekannt, so dass wir den Ausdruck nach den Konzentrationen der in Lösung befindlichen Ionen auflösen.

Lösung: Gehen Sie davon aus, dass ursprünglich kein Salz gelöst war. Im Gleichgewicht liegen *x* Mol/Liter CaF_2 vollständig dissoziiert vor.

	$CaF_2(s)$	$\rightleftharpoons$	Ca^{2+}	+	$2F^-(aq)$
Anfang	—		0		0
Veränderung	—		$+x$ mol/L		$+2x$ mol/L
Gleichgewicht	—		x mol/L		$2x$ mol/L

Anhand der stöchiometrischen Faktoren des Gleichgewichts erkennen wir, dass pro *x* Mol/Liter gelöstem CaF_2 *2x* Mol/Liter F^- gebildet werden. Wir setzen die Gleichgewichtskonzentrationen in den Ausdruck für K_L ein, um den Wert von *x* zu berechnen:

$$K_L = [Ca^{2+}][F^-]^2 = (x)(2x)^2 \text{ mol}^3/\text{L}^3 = 4x^3 \text{ mol}^3/\text{L}^3 = 3{,}9 \times 10^{-11} \text{ mol}^3/\text{L}^3$$

$$x = \sqrt[3]{\frac{3{,}9 \times 10^{-11}}{4} \text{mol}^3/\text{L}^3} = 2{,}1 \times 10^{-4} \text{ mol/L}$$

Denken Sie daran, dass $\sqrt[3]{y} = y^{1/3}$. Um die dritte Wurzel einer Zahl zu berechnen, verwenden Sie die y^x-Funktion Ihres Taschenrechners, wobei $x = 1/3$ ist. Die molare Löslichkeit von CaF_2 beträgt also $2{,}1 \times 10^{-4}$ mol/L. Die Masse des in einem Liter wässriger Lösung gelösten CaF_2 ist gleich

$$\left(\frac{2{,}1 \times 10^{-4} \text{ mol } CaF_2}{1 \text{ l Lösung}}\right)\left(\frac{78{,}1 \text{ g } CaF_2}{1 \text{ mol } CaF_2}\right) = 1{,}6 \times 10^{-2} \text{ g } CaF_2/\text{l Lösung}$$

Überprüfung: Wir erwarten für die Löslichkeit eines nur schlecht löslichen Salzes eine kleine Zahl. Wenn wir die Berechnung umkehren, sollten wir aus den berechneten Werten wieder K_L erhalten: $K_L = (2{,}1 \times 10^{-4})(4{,}2 \times 10^{-4})^2$ mol³/L³ $= 3{,}7 \times 10^{-11}$ mol³/L³, nahe am Ausgangswert von K_L ($3{,}9 \times 10^{-11}$ mol³/L³).

Anmerkung: Weil es sich bei F^- um das Anion einer schwächeren Säure handelt, könnten Sie annehmen, dass die Reaktion des Ions mit Wasser die Löslichkeit von CaF_2 beeinflusst. Die Basizität von F^- ist jedoch so klein ($K_B = 1{,}5 \times 10^{-11}$ mol/L), dass das Ion nur zu einem sehr geringen Anteil protoniert wird und die Löslichkeit daher kaum beeinflusst wird. Die in Tabellenwerken angegebene Löslichkeit bei 25 °C beträgt 0,017 g/l und stimmt gut mit unserer Berechnung überein.

17.5 Faktoren, die die Löslichkeit beeinflussen

Die Löslichkeit einer Substanz wird nicht nur von der Temperatur beeinflusst. Im folgenden Abschnitt werden wir uns mit drei weiteren Faktoren beschäftigen, die die Löslichkeiten ionischer Verbindungen beeinflussen: Es handelt sich um die Anwesenheit gemeinsamer Ionen, den pH-Wert der Lösung und die Anwesenheit von Komplexbildnern.

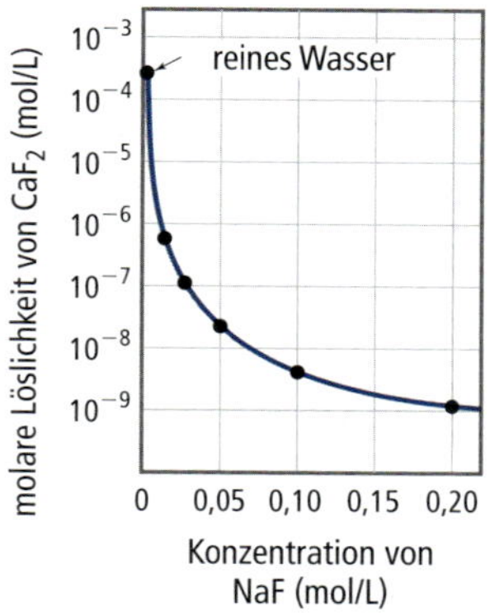

Abbildung 17.12: Gleichioniger Zusatz. Der gleichionige Zusatz lässt sich am Einfluss der Konzentration von NaF auf die Löslichkeit von CaF_2 beispielhaft veranschaulichen.

Der Effekt gemeinsamer Ionen

Durch die Anwesenheit von $Ca^{2+}(aq)$ oder $F^{-}(aq)$ in einer Lösung wird die Löslichkeit von CaF_2 herabgesetzt.

$$CaF_2(s) \overset{H_2O}{\rightleftharpoons} Ca^{2+}(aq) + 2\,F^{-}(aq) \qquad (17.15)$$

Zugabe von Ca^{2+} oder F^{-} verringert die Löslichkeit

Im Allgemeinen *wird die Löslichkeit eines wenig löslichen Salzes durch die Anwesenheit eines zweiten gelösten Stoffes mit einer gleichen Ionenart (also entweder gleiches Kation oder Anion) herabgesetzt.* In ► Abbildung 17.12 ist dargestellt, wie sich die Löslichkeit von CaF_2 verringert, wenn NaF zur Lösung hinzugefügt wird. In ► Übungsbeispiel 17.10 wird gezeigt, wie mit Hilfe von K_L die Löslichkeit eines wenig löslichen Salzes bei Anwesenheit eines gemeinsamen Ions berechnet werden kann.

Übungsbeispiel 17.10: Berechnung des Einflusses eines gleichionigen Zusatzes

Berechnen Sie die molare Löslichkeit von CaF_2 bei 25 °C in einer Lösung mit einer Konzentration von **(a)** 0,010 mol/L $Ca(NO_3)_2$ und **(b)** 0,010 mol/L NaF.

Lösung

Analyse: Wir sollen die Löslichkeit von CaF_2 bei Anwesenheit von zwei starken Elektrolyten bestimmen. Beide Elektrolyte haben mit CaF_2 ein gleiches Ion. In (a) ist Ca^{2+} das gemeinsame Ion und NO_3^- ein Zuschauerion. In (b) ist F^- das gemeinsame Ion und Na^+ ein Zuschauerion.
Vorgehen: Weil CaF_2 die wenig lösliche Verbindung ist, müssen wir den Wert von K_L dieser Verbindung verwenden, den wir Anhang C entnehmen können:

$$K_L = [Ca^{2+}][F^-]^2 = 3{,}9 \times 10^{-11}\ mol^3/L^3$$

Der Wert von K_L wird durch die Anwesenheit von weiteren gelösten Stoffen nicht beeinflusst. Die Löslichkeit des Salzes nimmt jedoch bei Anwesenheit gemeinsamer Ionen aufgrund des gleichionigen Zusatzes ab. Wir können auch hier unsere Standardmethoden für Gleichgewichte verwenden und beginnen mit der Aufstellung der Gleichung für die Lösung von CaF_2. Anschließend erstellen wir eine Tabelle mit den Anfangs- und Gleichgewichtskonzentrationen und verwenden den Ausdruck für K_L, um die Konzentration des Ions zu berechnen, das nur CaF_2 zuzuordnen ist.
Lösung: (a) In diesem Fall ist die Ausgangskonzentration von Ca^{2+} aufgrund des gelösten $Ca(NO_3)_2$ gleich 0,010 mol/L.

	$CaF_2(s)$	$\rightleftharpoons$	$Ca^{2+}(aq)$	+	$2F^-(aq)$
Anfang	—		0,010 mol/L		0
Veränderung	$-x$ mol/L		$+x$ mol/L		$+2x$ mol/L
Gleichgewicht	—		$(0{,}010 + x)$ mol/L		$2x$ mol/L

Wenn wir die Werte in den Ausdruck für das Löslichkeitsprodukt einsetzen, erhalten wir

$$K_L = 3{,}9 \times 10^{-11}\ mol^3/L^3 = [Ca^{2+}][F^-]^2 = (0{,}010 + x)(2x)^2\ mol^3/L^3$$

Die exakte Lösung dieses Problems ist recht kompliziert, es ist jedoch glücklicherweise möglich, die Rechnung wesentlich zu vereinfachen. Selbst ohne gleichionigen Zusatz ist die Löslichkeit von CaF_2 sehr klein. Wir können daher annehmen, dass die Konzentration von 0,010 mol/L Ca^{2+} aus $Ca(NO_3)_2$ wesentlich größer ist als der kleine Beitrag der Lösung von CaF_2; x ist also im Vergleich zu 0,010 mol/L klein und $0{,}010 + x \simeq 0{,}010$.

Mit dieser Näherung erhalten wir $3{,}9 \times 10^{-11} = (0{,}010)(2x)^2 \text{ mol}^3/\text{L}^3$

$$x^2 = \frac{3{,}9 \times 10^{-11}}{4(0{,}010)} \text{ mol}^2/\text{L}^2 = 9{,}8 \times 10^{-10} \text{ mol}^2/\text{L}^2$$

$$x = \sqrt{9{,}8 \times 10^{-10}} \text{ mol/L} = 3{,}1 \times 10^{-5} \text{ mol/L}$$

Der sehr kleine Wert von x rechtfertigt die vorgenommene Näherung. Unsere Berechnung ergibt, dass in einem Liter der 0,010 *M* $Ca(NO_3)_2$-Lösung $3{,}1 \times 10^{-5}$ mol CaF_2 gelöst sind.

(b) In diesem Fall ist F^- das gemeinsame Ion. Im Gleichgewicht liegen die folgenden Konzentrationen vor:

$$[Ca^{2+}] = x \text{ mol/L} \quad \text{und} \quad [F^-] = (0{,}010 + 2x) \text{ mol/L}$$

Wenn wir annehmen, dass $2x$ im Vergleich zu 0,010 mol/L klein ist (d. h. $0{,}010 + 2x \simeq 0{,}010$), erhalten wir

$$3{,}9 \times 10^{-11} \text{ mol}^3/\text{L}^3 = x(0{,}010)^2 \text{ mol}^3/\text{L}^3$$

$$x = \frac{3{,}9 \times 10^{-11}}{0{,}010^2} \text{ mol/L} = 3{,}9 \times 10^{-7} \text{ mol/L}$$

In einem Liter einer 0,010 *M* NaF-Lösung sollten sich also $3{,}9 \times 10^{-7}$ mol festes CaF_2 lösen.

Anmerkung: Die molare Löslichkeit von CaF_2 in reinem Wasser beträgt $2{,}1 \times 10^{-4}$ mol/L (▶ Übungsbeispiel 17.9). Unsere oben angestellten Berechnungen zeigen, dass die Löslichkeit von CaF_2 im Vergleich dazu bei Anwesenheit von 0,010 mol/L nur Ca^{2+} $3{,}1 \times 10^{-5}$ mol/L und bei Anwesenheit von 0,010 mol/L F^- nur $3{,}9 \times 10^{-7}$ mol/L ist. Durch die Zugabe von Ca^{2+} oder F^- zu einer Lösung von CaF_2 wird also dessen Löslichkeit herabgesetzt. Der Effekt von F^- auf die Löslichkeit ist jedoch größer als der von Ca^{2+}, weil $[F^-]$ quadratisch, $[Ca^{2+}]$ jedoch nur einfach in den Ausdruck für K_L von CaF_2 einfließt.

A 4 Der Wert von K_L von Mangan(II)hydroxid $[Mn(OH)_2]$ beträgt $1{,}6 \times 10^{-13}$ mol³/L³. Berechnen Sie die molare Löslichkeit von $Mn(OH)_2$ in einer Lösung, die 0,020 mol/L NaOH enthält.

Löslichkeit und pH-Wert

Die Löslichkeit einer Substanz, deren Anion basisch ist, wird vom pH-Wert der Lösung beeinflusst.

$$Mg(OH)_2(s) \rightleftharpoons Mg^{2+}(aq) + 2\,OH^-(aq) \quad K_L = 1{,}8 \times 10^{-11} \text{ mol}^3/\text{L}^3 \quad (17.16)$$

Eine gesättigte Lösung von $Mg(OH)_2$ hat einen rechnerischen pH-Wert von 10,52 und enthält $[Mg^{2+}] = 1{,}7 \times 10^{-4}$ mol/L. Nehmen Sie jetzt an, dass festes $Mg(OH)_2$ sich im Gleichgewicht mit einer Lösung befindet, deren pH-Wert 9,0 ist. Der pOH-Wert ist also gleich 5,0, so dass $[OH^-] = 1{,}0 \times 10^{-5}$ mol/L ist. Wenn wir diesen Wert von $[OH^-]$ in den Ausdruck für das Löslichkeitsprodukt einsetzen, erhalten wir

$$K_L = [Mg^{2+}][OH^-]^2 = 1{,}8 \times 10^{-11} \text{ mol}^3/\text{L}^3$$

$$[Mg^{2+}](1{,}0 \times 10^{-5})^2 = 1{,}8 \times 10^{-11} \text{ mol}^3/\text{L}^3$$

$$[Mg^{2+}] = \frac{1{,}8 \times 10^{-11}}{(1{,}0 \times 10^{-5})^2} \text{ mol/L} = 0{,}18 \text{ mol/L}$$

$Mg(OH)_2$ löst sich also auf, bis die Konzentration von $[Mg^{2+}]$ einen Wert von 0,18 mol/L erreicht. $Mg(OH)_2$ ist also in dieser Lösung recht gut löslich. Wenn wir die Konzentration von OH^- durch weiteres Ansäuern der Lösung weiter verringern würden, müsste die Mg^{2+}-Konzentration zur Einhaltung der Gleichgewichtsbedingung weiter ansteigen. Eine Probe von $Mg(OH)_2$ würde sich also bei Hinzufügen von genügend Säure vollständig auflösen (▶ Abbildung 17.13).

Durch Ansäuern oder Basischmachen einer Lösung lässt sich die Löslichkeit jedoch nur dann deutlich beeinflussen, wenn mindestens ein beteiligtes Ion zumindest leicht sauer oder basisch reagiert. Bei den Metallhydroxiden wie z. B. $Mg(OH)_2$

handelt es sich um Verbindungen, die ein stark basisches Ion (das Hydroxidion) enthalten.

Wie wir festgestellt haben, steigt die Löslichkeit von $Mg(OH)_2$ mit zunehmender Acidität der Lösung stark an. Andere Salze mit basischen Anionen wie z. B. CO_3^{2-}, PO_4^{3-}, CN^- oder S^{2-} verhalten sich auf ähnliche Weise. Es handelt sich um Beispiele einer allgemeinen Regel: *Die Löslichkeit von nur wenig löslichen Salzen, die basische Anionen enthalten, steigt mit zunehmender Konzentration von* $[H^+]$ *(abnehmendem pH-Wert) an.* Je basischer das Anion ist, desto stärker wird die Löslichkeit vom pH-Wert beeinflusst. Die Löslichkeit von Salzen mit Anionen, die nur eine vernachlässigbare Basizität aufweisen (Anionen starker Säuren), werden dagegen durch pH-Wert-Änderungen kaum beeinflusst.

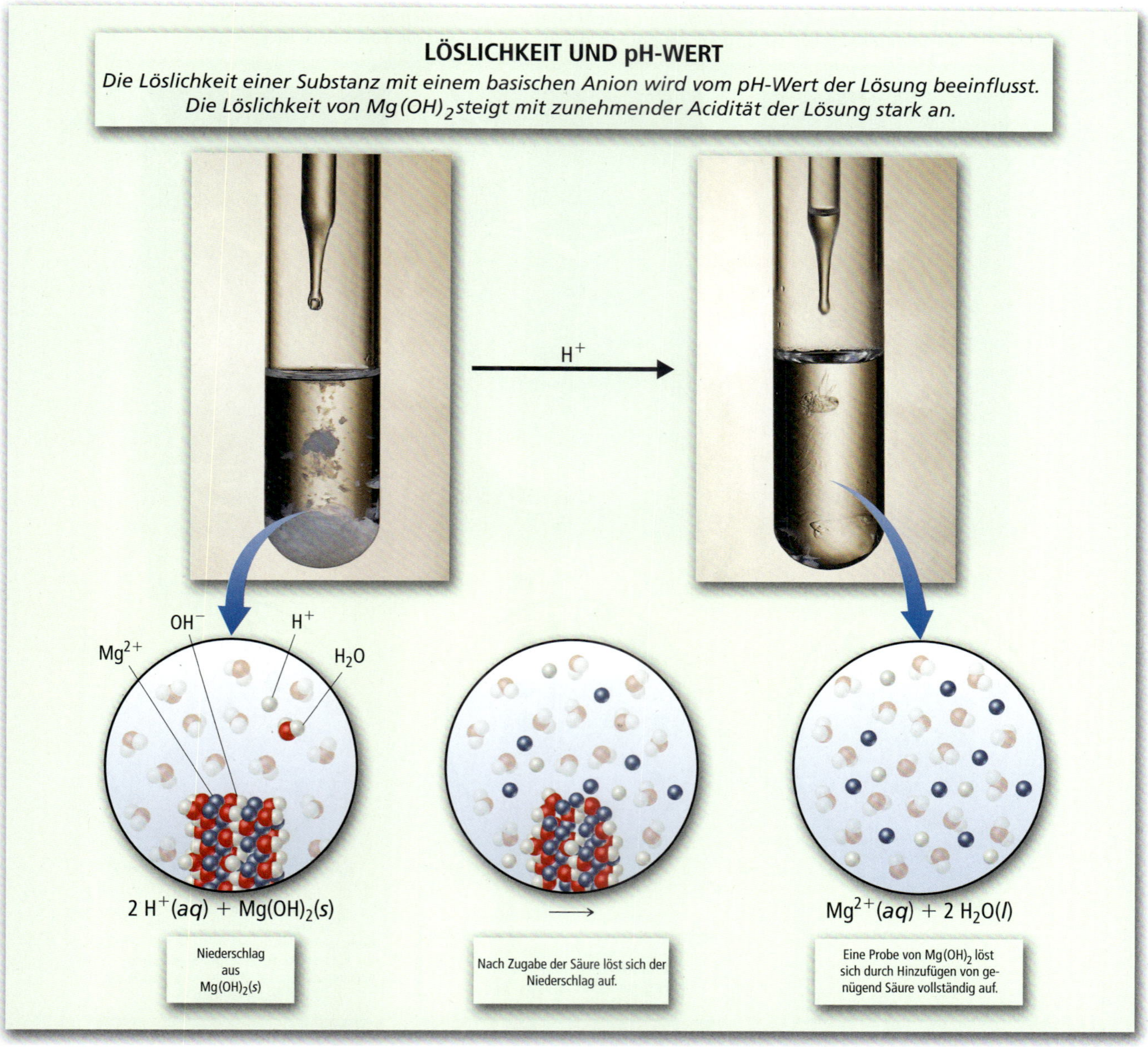

Abbildung 17.13: Auflösung eines Niederschlags in Säure.

Bildung von Komplexen

Eine charakteristische Eigenschaft von Metallionen ist ihre Fähigkeit, gegenüber Wassermolekülen, die Lewis-Basen bzw. Elektronenpaardonoren sind, als Lewis-Säuren bzw. Elektronenpaarakzeptoren zu wirken (siehe Abschnitt 16.11). Auch andere Lewis-Basen als Wasser können mit Metallionen (insbesondere mit Übergangsmetallionen) wechselwirken. Derartige Wechselwirkungen können erhebliche Auswirkungen auf die Löslichkeit eines Metallsalzes haben. AgCl ($K_L = 1{,}8 \times 10^{-10}\,\mathrm{mol^2/L^2}$) ist z. B. bei Anwesenheit von wässrigem Ammoniak

BILDUNG VON KOMPLEXEN

Lewis-Basen können mit Metallionen (insbesondere mit Übergangsmetallionen) reagieren. Diese Reaktionen können die Löslichkeit eines Metallsalzes erheblich beeinflussen. AgCl ist z. B. bei Anwesenheit von wässrigem Ammoniak löslich, weil Ag^+ mit der Lewis-Base NH_3 reagiert.

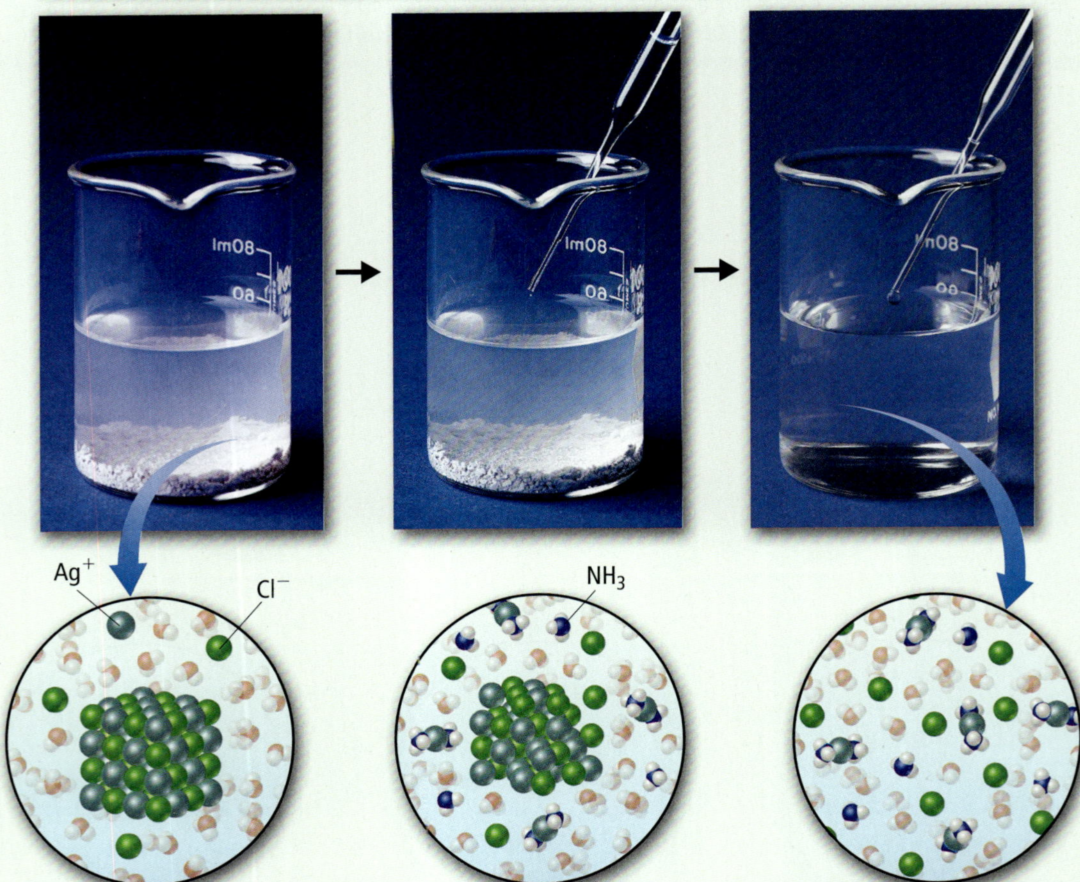

$$AgCl(s) + 2\,NH_3(aq) \longrightarrow [Ag(NH_3)_2]^+(aq) + Cl^-(aq)$$

Gesättigte Lösung von AgCl im Gleichgewicht mit festem AgCl.

Bei einer Zugabe von konzentriertem Ammoniak werden die Ag^+-Ionen durch die Bildung des Komplexions $[Ag(NH_3)_2]^+$ aus der Lösung entfernt. Das feste AgCl löst sich durch eine Zugabe von NH_3 auf.

Durch eine Entfernung der Ag^+-Ionen aus der Lösung verschiebt sich das Lösungsgleichgewicht nach rechts, so dass sich das AgCl auflöst. Eine Zugabe von genügend Ammoniak führt zu einer vollständigen Auflösung des festen AgCl.

Abbildung 17.14: Auflösung von AgCl(*s*) durch Zugabe von NH_3(*aq*).

löslich, weil Ag^+ mit der Lewis-Base NH_3 reagiert (► Abbildung 17.14). Dieser Vorgang kann als Summe von zwei Reaktionen betrachtet werden – der Auflösung von AgCl und der Reaktion zwischen der Lewis-Säure Ag^+ mit der Lewis-Base NH_3.

$$AgCl(s) \rightleftharpoons Ag^+(aq) + Cl^-(aq) \quad (17.17)$$

$$Ag^+(aq) + 2\,NH_3(aq) \rightleftharpoons [Ag(NH_3)_2]^+(aq) + Cl^-(aq) \quad (17.18)$$

$$\text{Gesamt: } AgCl(s) + 2\,NH_3(aq) \rightleftharpoons [Ag(NH_3)_2]^+(aq) + Cl^-(aq) \quad (17.19)$$

Durch die Anwesenheit von NH_3 wird die obere Reaktion, die Auflösung von AgCl, begünstigt, weil $Ag^+(aq)$ durch die Bildung von $[Ag(NH_3)_2]^+$ aus dem Gleichgewicht entfernt wird.

Damit eine Lewis-Base wie NH_3 die Löslichkeit eines Metallsalzes erhöhen kann, muss sie stärker an das Metallion gebunden werden als Wasser. Bei der Bildung von $Ag(NH_3)_2^+$ werden die H_2O-Moleküle durch NH_3 ersetzt:

$$Ag^+(aq) + 2\,NH_3(aq) \rightleftharpoons [Ag\,(NH_3)_2]^+(aq) \quad (17.20)$$

Wenn Lewis-Basen wie z. B. in der Verbindung $[Ag(NH_3)_2]^+$ an ein Metallion gebunden sind, wird diese Anordnung **Komplex** genannt. Die Stabilität eines Komplexes in wässriger Lösung kann anhand des Werts der Gleichgewichtskonstanten der Bildung aus dem hydratisierten Metallion beurteilt werden. Die Gleichgewichtskonstante der Bildung von $[Ag(NH_3)_2]^+$ (► Gleichung 17.20) beträgt z. B. $1{,}7 \times 10^7\ L^2/mol^2$.

$$K_{Bil.} = \frac{[[Ag(NH_3)_2]^+]}{[Ag^+][NH_3]^2} = 1{,}7 \times 10^7\ L^2/mol^2 \quad (17.21)$$

Gleichgewichtskonstanten derartiger Reaktionen werden **Bildungskonstanten** $K_{Bil.}$ genannt. In ► Tabelle 17.1 sind die Bildungskonstanten verschiedener Komplexe aufgeführt.

Komplexion	$K_{Bil.}$	Gleichgewichtsgleichung
$[Ag(NH_3)_2]^+$	$1{,}7 \times 10^7$	$Ag^+(aq) + 2NH_3(aq) \rightleftharpoons [Ag(NH_3)_2]^+(aq)$
$[Ag(CN)_2]^-$	1×10^{21}	$Ag^+(aq) + 2CN^-(aq) \rightleftharpoons [Ag(CN)_2]^-(aq)$
$[Ag(S_2O_3)_2]^{3-}$	$2{,}9 \times 10^{13}$	$Ag^+(aq) + 2S_2O_3^{2-}(aq) \rightleftharpoons [Ag(S_2O_3)_2]^{3-}(aq)$
$[CdBr_4]^{2-}$	5×10^3	$Cd^{2+}(aq) + 4Br^-(aq) \rightleftharpoons [CdBr_4]^{2-}(aq)$
$[Cr(OH)_4]^-$	8×10^{29}	$Cr^{3+}(aq) + 4OH^-(aq) \rightleftharpoons [Cr(OH)_4]^-(aq)$
$[Co(SCN)_4]^{2-}$	1×10^3	$Co^{2+}(aq) + 4SCN^-(aq) \rightleftharpoons [Co(SCN)_4]^{2-}(aq)$
$[Cu(NH_3)_4]^{2+}$	5×10^{12}	$Cu^{2+}(aq) + 4NH_3(aq) \rightleftharpoons [Cu(NH_3)_4]^{2+}(aq)$
$[Cu(CN)_4]^{2-}$	1×10^{25}	$Cu^{2+}(aq) + 4CN^-(aq) \rightleftharpoons [Cu(CN)_4]^{2-}(aq)$
$[Ni(NH_3)_6]^{2+}$	$1{,}2 \times 10^9$	$Ni^{2+}(aq) + 6NH_3(aq) \rightleftharpoons [Ni(NH_3)_6]^{2+}(aq)$
$[Fe(CN)_6]^{4-}$	1×10^{35}	$Fe^{2+}(aq) + 6CN^-(aq) \rightleftharpoons [Fe(CN)_6]^{4-}(aq)$
$[Fe(CN)_6]^{3-}$	1×10^{42}	$Fe^{3+}(aq) + 6CN^-(aq) \rightleftharpoons [Fe(CN)_6]^{3-}(aq)$

Tabelle 17.1: Bildungskonstanten einiger Metallkomplexionen in Wasser bei 25 °C.

Wir können als allgemeine Regel festhalten, dass sich die Löslichkeit eines Metallsalzes in Anwesenheit geeigneter Lewis-Basen wie NH_3, CN^- oder OH^- erhöht, wenn das Metall mit der Base einen Komplex bilden kann. Die Fähigkeit von Metallionen, Komplexe zu bilden, ist ein äußerst wichtiger Aspekt ihrer Chemie.

MERKE !

Die Löslichkeit eines Metallsalzes nimmt in Anwesenheit von Lewis-Basen zu, wenn diese mit dem Metall einen Komplex bilden können.

Amphoterie

Einige Metalloxide und -hydroxide, die in neutralem Wasser fast unlöslich sind, sind sowohl in stark sauren als auch in stark basischen Lösungen löslich. Diese Substanzen können in starken Säuren und Basen gelöst werden, weil sie selbst sowohl als Säure als auch als Base reagieren können. Es handelt sich um **amphotere Oxide**. Die Oxide und Hydroxide von Al^{3+}, Cr^{3+}, Zn^{2+} und Sn^{2+} sind z. B. amphoter. Beachten Sie, dass sich der Ausdruck *amphoter* hier auf das Verhalten von unlöslichen Oxiden und Hydroxiden bezieht, die sowohl in sauren als auch in basischen Lösungen löslich sind. Der ähnliche Ausdruck *amphiprotisch*, dem wir in Abschnitt 16.1 begegnet sind, bezieht sich hingegen auf ein Molekül oder Ion, das ein Proton sowohl aufnehmen als auch abgeben kann.

Diese Substanzen lösen sich in sauren Lösungen, weil sie basische Anionen haben. Die Besonderheit amphoterer Oxide und Hydroxide besteht jedoch darin, dass sie sich außerdem in stark basischen Lösungen lösen (▶ Abbildung 17.15). Dieses

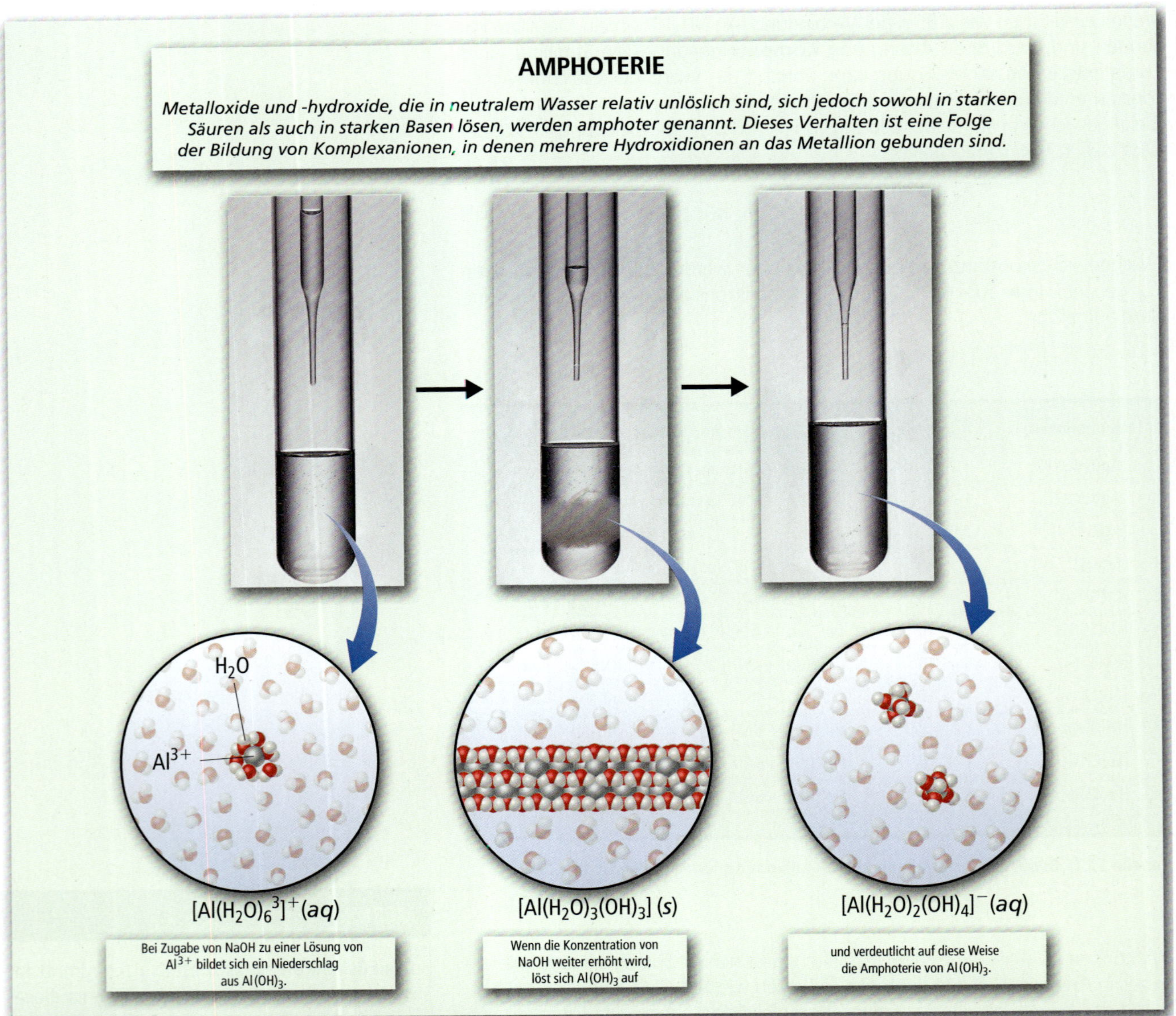

Abbildung 17.15: Amphoterie.

Verhalten ist eine Folge der Bildung von Komplexanionen, in denen mehrere Hydroxidionen an das Metallion gebunden sind.

$$Al(OH)_3(s) + OH^-(aq) \rightleftharpoons [Al(OH)_4]^-(aq) \qquad (17.22)$$

Amphoterie wird häufig mit dem Verhalten der Wassermoleküle erklärt, die das Metallion umgeben und durch Lewis-Säure-Base-Wechselwirkungen an das Molekül gebunden sind (siehe Abschnitt 16.11). $Al^{3+}(aq)$ wird z. B. besser durch $[Al(H_2O)_6]^{3+}(aq)$ dargestellt, weil in wässriger Lösung sechs Wassermoleküle an das Al^{3+} gebunden sind. Erinnern Sie sich daran, dass es sich bei diesem hydratisierten Ion um eine schwächere Säure handelt (Abschnitt 16.11). Wenn eine sehr starke Base zugefügt wird, verliert $[Al(H_2O)_6]^{3+}$ schrittweise Protonen, so dass sich schließlich das neutrale und wasserunlösliche $[Al(H_2O)_3(OH)_3]$ bildet. Diese Substanz löst sich bei der Entfernung eines weiteren Protons unter Bildung des Anions $[Al(H_2O)_2(OH)_4]^-$ wieder auf. Es finden insgesamt folgende Reaktionen statt:

$$[Al(H_2O)_6]^{3+}(aq) + OH^-(aq) \rightleftharpoons [Al(H_2O)_5(OH)]^{2+}(aq) + H_2O(l)$$

$$[Al(H_2O)_5(OH)]^{2+}(aq) + OH^-(aq) \rightleftharpoons [Al(H_2O)_4(OH)_2]^{+}(aq) + H_2O(l)$$

$$[Al(H_2O)_4(OH)_2]^{+}(aq) + OH^-(aq) \rightleftharpoons [Al(H_2O)_3(OH)_3](s) + H_2O(l)$$

$$[Al(H_2O)_3(OH)_3](s) + OH^-(aq) \rightleftharpoons [Al(H_2O)_2(OH)_4]^{-}(aq) + H_2O(l)$$

Eine Entfernung von weiteren Protonen ist möglich, jede folgende Reaktion verläuft jedoch weniger leicht als die vorhergehende Reaktion. Mit abnehmender positiver Ladung des Ions wird die Abgabe eines weiteren Protons erschwert. Durch die Zugabe einer Säure werden diese Reaktionen umgekehrt. Protonen reagieren schrittweise mit den OH^--Gruppen zu H_2O, so dass sich schließlich erneut $[Al(H_2O)_6]^{3+}$ bildet. Normalerweise werden die Gleichungen dieser Reaktionen vereinfacht, indem man die gebundenen H_2O-Moleküle nicht explizit aufschreibt. Wir schreiben also Al^{3+} anstelle von $[Al(H_2O)_6]^{3+}$, $Al(OH)_3$ anstelle von $[Al(H_2O)_3(OH)_3]$, $[Al(OH)_4]^-$ anstelle von $[Al(H_2O)_2(OH)_4]^-$ und so weiter.

Das Ausmaß, in dem unlösliche Metallhydroxide mit Säuren oder Basen reagieren, hängt vom jeweils beteiligten Metallion ab. Viele Metallhydroxide wie z. B. $Ca(OH)_2$, $Fe(OH)_2$ und $Fe(OH)_3$ lösen sich in überschüssiger Säure auf, reagieren jedoch nicht mit überschüssiger Base. Diese Hydroxide sind nicht amphoter.

Die Reinigung von Aluminiumerz bei der Herstellung von metallischem Aluminium ist eine interessante Anwendung der Amphoterie. Wie wir festgestellt haben, ist $Al(OH)_3$ amphoter, $Fe(OH)_3$ dagegen nicht. Aluminium kommt in großen Mengen als *Bauxit* vor, einem Erz, das im Wesentlichen aus Al_2O_3 und zusätzlichen Wassermolekülen besteht. Das Erz ist mit Fe_2O_3 verunreinigt. Wenn Bauxit zu einer stark basischen Lösung gegeben wird, löst sich das Al_2O_3 auf, weil Aluminium Komplexionen wie z. B. $[Al(OH)_4]^-$ bildet. Die Verunreinigung Fe_2O_3 ist jedoch nicht amphoter und bleibt als Festkörper zurück. Die Lösung kann also filtriert und die Eisenverunreinigung auf diese Weise entfernt werden. Anschließend wird durch Zugabe einer Säure Aluminiumhydroxid ausgefällt. In weiteren Schritten wird aus dem gereinigten Hydroxid schließlich metallisches Aluminium gewonnen.

17.6 Ausfällen und Trennen von Ionen

Selektives Ausfällen von Ionen

Ionen können durch das Ausnutzen der unterschiedlichen Löslichkeiten ihrer Salze voneinander getrennt werden. Betrachten Sie z. B. eine Lösung von Ag^+ und Cu^{2+}. Wenn wir zu dieser Lösung HCl geben, fällt AgCl ($K_L = 1{,}8 \times 10^{-10}\,mol^2/L^2$) aus, Cu^{2+} verbleibt dagegen in Lösung, weil $CuCl_2$ löslich ist. Die Trennung von

MERKE !

Amphotere Oxide und Hydroxide lösen sich sowohl in sauren als auch in basischen Lösungen, da die basischen Anionen sowohl mit Protonen zu Wasser als auch mit Hydroxidionen zu löslichen Komplexanionen reagieren können.

A 5 Fällt ein Niederschlag aus, wenn 0,050 L einer $2{,}0 \times 10^{-2}\,M$ NaF-Lösung mit 0,010 L $1{,}0 \times 10^{-2}\,M$ $Ca(NO_3)_2$ vermischt werden?

A 6 Eine Lösung enthält 0,050 mol/L Mg^{2+} und 0,020 mol/L Cu^{2+}. Welches Ion fällt bei einer Erhöhung der OH^--Konzentration zuerst aus der Lösung? Ab welcher Konzentration von OH^- beginnen die beiden Kationen auszufallen [$K_L = 1{,}8 \times 10^{-11}\,mol^3/l^3$ für $Mg(OH)_2$ und $K_L = 2{,}2 \times 10^{-20}\,mol^3/l^3$ für $Cu(OH)_2$]?

A 7 Eine Probe aus 1,25 L gasförmigem HCl bei 21 °C und 0,950 atm wird durch 0,500 L einer 0,150 *M* NH_3-Lösung geleitet. Berechnen Sie unter der Annahme, dass das HCl sich vollständig löst und das Volumen der Lösung sich nicht verändert, den pH-Wert der sich bildenden Lösung.

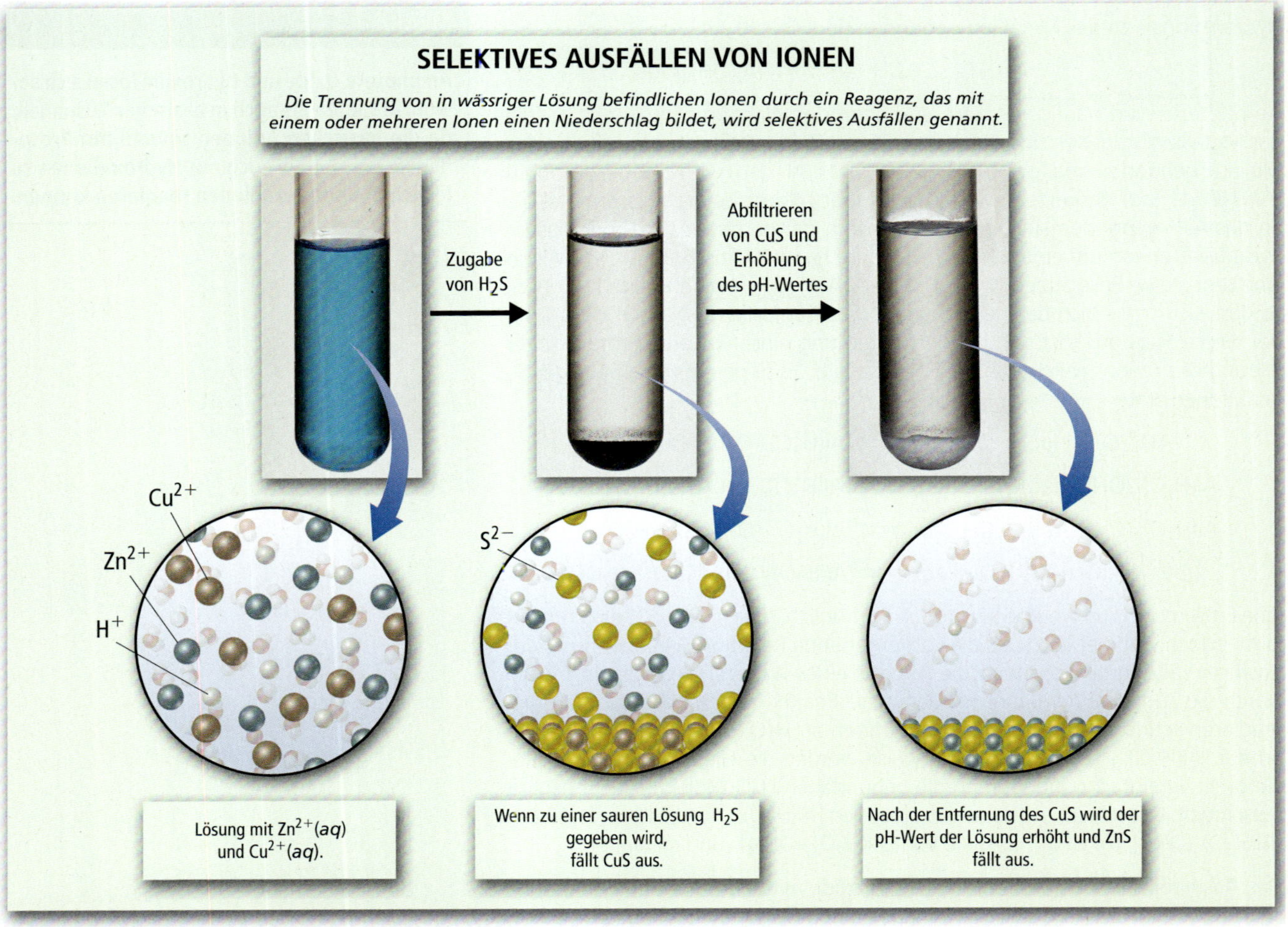

Abbildung 17.16: Selektives Ausfällen.

in wässriger Lösung befindlichen Ionen durch ein Reagenz, das mit einem oder mehreren Ionen einen Niederschlag bildet, wird *selektives Ausfällen* genannt.

Sulfidionen werden häufig zur Trennung von Metallionen eingesetzt, weil die Löslichkeiten von Sulfiden über einen großen Bereich verteilt sind und stark vom pH-Wert der Lösung abhängen. Cu^{2+} und Zn^{2+} lassen sich z. B. trennen, indem man gasförmiges H_2S durch eine angesäuerte Lösung leitet. Weil CuS ($K_L = 6 \times 10^{-37}\,mol^2/L^2$) weniger löslich ist als ZnS ($K_L = 2 \times 10^{-25}\,mol^2/L^2$), fällt CuS aus einer angesäuerten Lösung aus, ZnS dagegen nicht (► Abbildung 17.16):

$$Cu^{2+}(aq) + H_2S(aq) \rightleftharpoons CuS(s) + 2\,H^+(aq) \qquad (17.21)$$

Das CuS kann daraufhin durch Filtration von der Zn^{2+}-Lösung getrennt werden.

EXTRAS ONLINE Qualitative Analyse von Metallelementen

Umweltchemie

ÜBERBLICK

18

Aufbau der Erdatmosphäre

Zusammensetzung der Atmosphäre

18.1 Die Erdatmosphäre

Die komplexen Temperaturschwankungen in der Atmosphäre haben vier Bereiche zur Folge, von denen ein jeder charakteristische Eigenschaften aufweist (► Abbildung 18.1). Der unterste dieser Bereiche, die **Troposphäre**, erstreckt sich von der Erdoberfläche (► Tabelle 18.1) bis in eine Höhe von ca. 12 km. Oberhalb der Troposphäre befinden sich, in der Reihenfolge zunehmender Höhe, die **Stratosphäre**, die Mesosphäre und die Thermosphäre. In den oberen Bereichen der Atmosphäre überleben nur die einfachsten chemischen Spezies das Bombardement hochenergetischer Teilchen sowie die Strahlung der Sonne. Das durchschnittliche Molekulargewicht ist in großen Höhen geringer als auf der Erdoberfläche, da die leichtesten Atome und Moleküle nach oben diffundieren. Desweiteren ist dies auf die **Photodissoziation**, nämlich das Aufbrechen von Bindungen in Molekülen aufgrund der Absorption von Licht, zurückzuführen.

Photodissoziation

Die Photodissoziation des Sauerstoffmoleküls ist einer der wichtigsten Prozesse, der in der oberen Atmosphäre, oberhalb von ca. 120 km Höhe, stattfindet:

$$\langle O{=}O\rangle + h\nu \longrightarrow |\overline{\underline{O}} + \overline{\underline{O}}| \qquad (18.1)$$

Die für diese Spaltung benötigte Energie wird von der Bindungsenergie (oder *Dissoziationsenergie*) von O_2, 495kJ/mol, bestimmt.

Photoionisation

Die Absorption von Strahlung kann mittels **Photoionisation** ebenfalls zur Bildung von Ionen führen. Dabei verursacht die absorbierte Energie den Ausstoß eines Elektrons aus dem Molekül (► Tabelle 18.2).

MERKE !

Unter Photodissoziation versteht man die homolytische Spaltung einer Bindung in einem Molekül aufgrund der Absorption von Photonen adäquater Energie, wobei zwei Neutralteilchen gebildet werden.

Bei der Photoionisation führt die Absorption von Lichtenergie zur Abgabe eines Elektrons, so dass ein Kation gebildet wird.

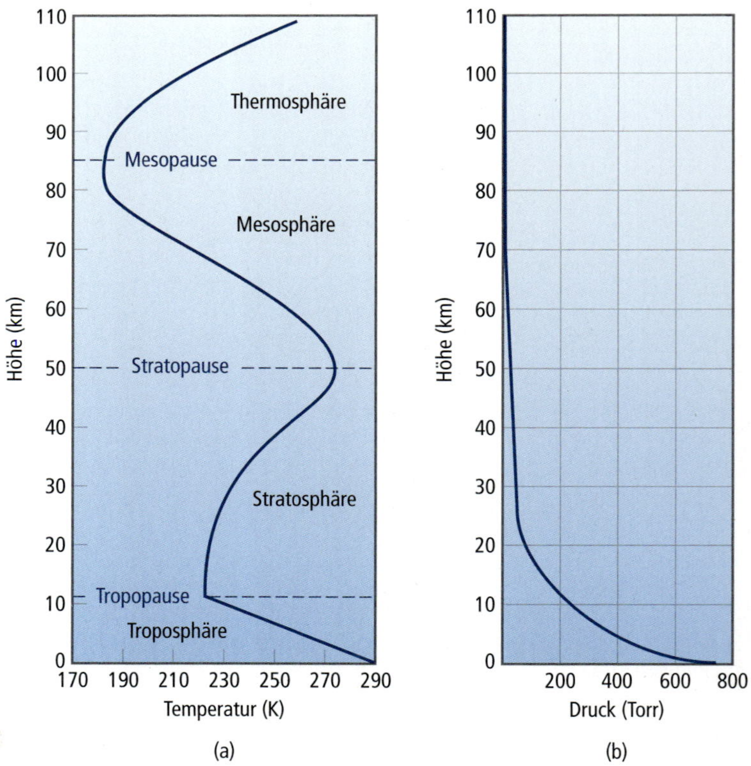

Abbildung 18.1: Temperatur und Druck in der Atmosphäre. (a) Temperaturschwankungen in der Atmosphäre unterhalb von 110 km. (b) Veränderung des Luftdrucks mit der Höhe. In 80 km beträgt der Druck ca. 0,01 Torr.

Bestandteil*	Gehalt (Volumenanteil)	Molmasse
Stickstoff	0,78084	28,013
Sauerstoff	0,20948	31,998
Argon	0,00934	39,948
Kohlendioxid	0,000375	44,0099
Neon	0,00001818	20,183
Helium	0,00000524	4,003
Methan	0,000002	16,043
Krypton	0,00000114	83,80
Wasserstoff	0,0000005	2,0159
Distickstoffoxid	0,0000005	44,0128
Xenon	0,000000087	131,30

* Ozon, Schwefeldioxid, Stickstoffdioxid, Ammoniak und Kohlenmonoxid sind in unterschiedlichen Mengen als Spurengase vorhanden.

Tabelle 18.1: Zusammensetzung trockener Luft nahe Normalnull.

Prozess	Ionisierungs-energie (kJ/mol)	λ_{max} (nm)
$N_2 + h\nu \longrightarrow N_2^+ + e^-$	1495	80,1
$O_2 + h\nu \longrightarrow O_2^+ + e^-$	1205	99,3
$O + h\nu \longrightarrow O^+ + e^-$	1313	91,2
$NO + h\nu \longrightarrow NO^+ + e^-$	890	134,5

Tabelle 18.2: Ionisierungsprozesse, Ionisierungsenergien und maximale Wellenlängen, die zum Auslösen der Ionisation in der Lage sind.

18.2 Ozon in der oberen Erdatmosphäre

Unterhalb von 90 km ist der Großteil der zur Photoionisation fähigen kurzwelligen Strahlung absorbiert worden. Die zur Dissoziation des O_2-Moleküls fähige Strahlung ist jedoch stark genug für die Photodissoziation von O_2 (► Gleichung 18.1), um bis auf eine Höhe von 30 km hinab eine wichtige Rolle zu spielen. Im Bereich zwischen 30 km und 90 km ist die Konzentration von O_2 wesentlich größer als jene atomaren Sauerstoffs. Deshalb sind die Sauerstoffatome, die sich in diesem Bereich bilden, ständigen Kollisionen mit O_2-Molekülen ausgesetzt. Dies führt zur Bildung von Ozon, O_3:

EXTRAS ONLINE: Ozon in der oberen Erdatmosphäre (Video)

$$|\overline{\underline{O}} + O_2 \longrightarrow O_3^* \quad (18.2)$$

Das Sternchen an dem O_3 deutet darauf hin, dass das Ozonmolekül einen Energieüberschuss aufweist. Die Reaktion in ► Gleichung 18.2 setzt 105 kJ/mol frei. Diese Energie muss schnellstmöglich vom O_3*-Molekül abgegeben werden, da das Molekül ansonsten wieder zerfällt.

Ein energiereiches O_3*-Molekül kann seine überschüssige Energie durch Kollision mit einem anderen Atom oder Molekül übertragen und dadurch zumindest einen Teil des Energieüberschusses an dieses weitergeben. Lassen Sie uns das Atom oder Molekül, mit dem O_3* kollidiert, als M darstellen. Für gewöhnlich handelt es sich bei M um N_2 oder O_2, da dies die in der Atmosphäre am häufigsten vorkommenden Moleküle sind. Die Bildung von O_3* und die Weitergabe überschüssiger Energie an M werden in den folgenden Gleichungen zusammengefasst.

$$O(g) + O_2(g) \rightleftharpoons O_3^*(g) \quad (18.3)$$

$$O_3^*(g) + M(g) \longrightarrow O_3(g) + M^*(g) \quad (18.4)$$

$$O(g) + O_2(g) + M(g) \longrightarrow O_3(g) + M^*(g) \quad (18.5)$$

Ein Ozonmolekül existiert nach seiner Bildung nicht sehr lange. Ozon ist in der Lage Sonnenstrahlung zu absorbieren, durch die es wieder zu O_2 und O zerfällt. Da für diesen Prozess nur 105 kJ/mol benötigt werden, besitzen Photonen mit einer Wellenlänge von weniger als 1140 nm ausreichend Energie zur Photodissoziation von O_3. Der Großteil des Ausstoßes der Sonne konzentriert sich jedoch im sichtbaren und im ultravioletten Bereich des elektromagnetischen Spektrums.

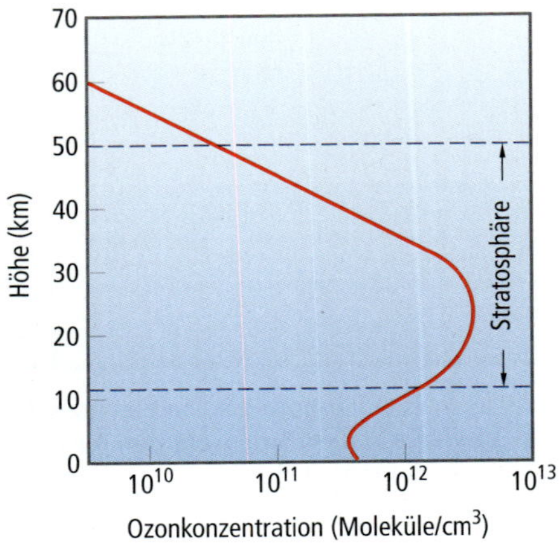

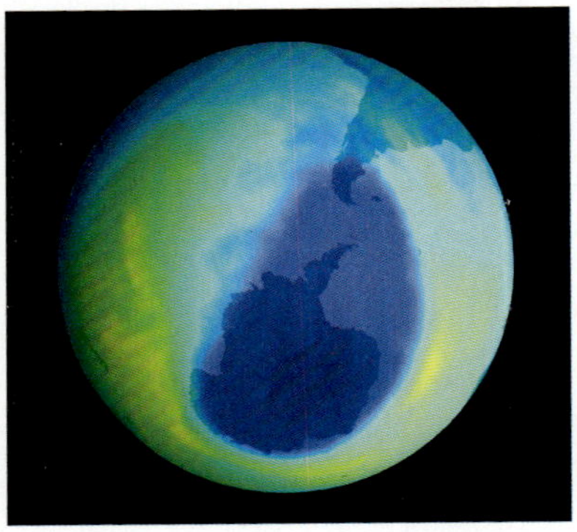

Abbildung 18.3: Abbau des Ozons. Links: Die Veränderung der Ozonkonzentration in der Atmosphäre als Funktion der Höhe. Rechts: Karte des gesamten auf der Südhalbkugel vorhandenen Ozons, 2004 von einem die Erde umkreisenden Satelliten aus aufgenommen. Die verschiedenen Farben stellen verschiedene Ozonkonzentrationen dar. Der Bereich in der Mitte, der sich über der Antarktis befindet, weist die geringste Ozonkonzentration auf.

EXTRAS ONLINE Veränderung der Ozonkonzentration in der Erdatmosphäre (Video)

Photonen mit einer Wellenlänge von weniger als ca. 300 nm verfügen über genügend Energie zum Aufbrechen vieler chemischer Einfachbindungen. Wenn die Ozonschicht in der Stratosphäre nicht existieren würde, würden diese hochenergetischen Photonen bis auf die Erdoberfläche vordringen. Bei Vorhandensein dieser hochenergetischen Strahlung, könnte die uns bekannte Pflanzen- und Tierwelt nicht überleben.

Die photochemische Zersetzung von Ozon stellt die Umkehrung der Reaktion dar durch die es gebildet wird. Daraus ergibt sich ein Kreisprozess von Ozonbildung und -zersetzung, der folgendermaßen zusammengefasst werden kann:

$$O_2(g) + h\nu \longrightarrow O(g) + O(g)$$
$$O(g) + O_2(g) + M(g) \longrightarrow O_3(g) + M^*(g) \quad \text{(exotherm)}$$
$$O_3(g) + h\nu \longrightarrow O_2(g) + O(g)$$
$$O(g) + O(g) + M(g) \longrightarrow O_2(g) + M^*(g) \quad \text{(exotherm)}$$

Der erste und der dritte Prozess sind photochemische Vorgänge. Sie verwenden zum Anstoß einer chemischen Reaktion ein Sonnenphoton. Beim zweiten und vierten Prozess handelt es sich um exotherme chemische Reaktionen. Das Ergebnis aller vier Prozesse ist ein Kreislauf, bei dem Sonnenstrahlungsenergie in thermische Energie umgewandelt wird. Der Ozonkreislauf in der Stratosphäre ist für den Anstieg der Temperatur verantwortlich, die, wie in ► Abbildung 18.1 a dargestellt, ihr Maximum an der Stratopause erreicht.

Das Gesamtergebnis der Ozonbildungs- und Zerstörungsreaktionen, in Verbindung mit Luftturbulenzen und anderen Faktoren, liefert uns ein Ozonprofil der oberen Atmosphäre, wie wir es oben in ► Abbildung 18.3 sehen.

Der Abbau der Ozonschicht

Der Chemie-Nobelpreis wurde 1995 an F. Sherwood Rowland, Mario Molina und Paul Crutzen für deren Forschungen über den Abbau des Ozons in der Stratosphäre verliehen. Crutzen wies 1970 nach, dass natürlich vorkommende Stickoxide Ozon katalytisch zerstören. Rowland und Molina erkannten 1974, dass Chlor aus **Fluorchlorkohlenwasserstoffen** (FCKW) eine Verringerung der die Erdoberfläche vor schädlicher ultravioletter Strahlung schützenden Ozonschicht verursachen kann. Diese Stoffe, in der Hauptsache $CFCl_3$ und CF_2Cl_2, wurden sehr häufig als Treibgase in Sprühdosen, als Kältemittel und Klimaanlagengase sowie als Treibmittel bei der Herstellung von Kunststoffen verwendet. In der unteren Atmosphäre reagieren sie nahezu überhaupt nicht. Darüber hinaus sind sie relativ wasserunlöslich und werden daher nicht durch Niederschläge oder durch Auflösung in den Ozeanen aus der Atmosphäre entfernt. Leider ermöglicht ihre fehlende Reaktivität, aufgrund derer sie wirtschaftlich genutzt werden können, ein Überleben in der Atmosphäre sowie schließlich ihr Diffundieren in die Stratosphäre. Man geht davon aus, dass sich mittlerweile mehrere Millionen Tonnen Fluorchlorkohlenwasserstoffe in der Atmosphäre befinden.

Beim Diffundieren von FCKWs in die Stratosphäre werden diese einer hochenergetischen Strahlung ausgesetzt, die zur Photodissoziation führen kann. Die C—Cl-Bindungen sind bedeutend schwächer als die C—F-Bindungen. Folglich bilden sich in Gegenwart von Licht mit einer Wellenlänge im Bereich zwischen 190 und 225 nm leicht Chloratome, wie in folgender Gleichung für CF_2Cl_2 zu sehen ist:

$$CF_2Cl_2(g) + h\nu \longrightarrow CF_2Cl(g) + Cl(g) \tag{18.6}$$

Berechnungen zufolge geht die Bildung von Chloratomen in einer Höhe von ca. 30 km am schnellsten vonstatten.

Atomares Chlor reagiert sehr schnell mit Ozon und bildet Chlormonoxid (ClO) und molekularen Sauerstoff (O_2):

$$Cl(g) + O_3(g) \longrightarrow ClO(g) + O_2(g) \qquad (18.7)$$

► Gleichung 18.7 folgt einem Geschwindigkeitsgesetz 2. Ordnung mit einer sehr großen Geschwindigkeitskonstante:

$$\text{Reaktionsgeschwindigkeit} = k[Cl][O_3]$$
$$k = 7{,}2 \times 10^9 \text{ L/(mol × s) bei 298 K} \qquad (18.8)$$

Unter bestimmten Bedingungen kann das in ► Gleichung 18.7 erzeugte ClO derart reagieren, dass es neue Cl-Atome bildet. Eine Möglichkeit, wie dies geschehen kann, ist die Photodissoziation des ClO:

$$ClO(g) + h\nu \longrightarrow Cl(g) + O(g) \qquad (18.9)$$

Die in ► Gleichung 18.9 erzeugten Cl-Atome können, ► Gleichung 18.7 zufolge, mit weiterem O_3 reagieren. Diese beiden Gleichungen stellen einen Kreislauf für den durch Cl-Atome katalysierten Zerfall von O_3 zu O_2 dar, wie wir bei Addition der Gleichungen feststellen können:

$$2\ Cl(g) + 2\ O_3(g) \longrightarrow 2\ ClO(g) + 2\ O_2(g)$$
$$2\ ClO(g) + h\nu \longrightarrow 2\ Cl(g) + 2\ O(g)$$
$$O(g) + O(g) \longrightarrow O_2(g)$$

$$2\ Cl(g) + 2\ O_3(g) + 2\ ClO(g) + 2\ O(g) \longrightarrow 2\ Cl(g) + 2\ ClO(g) + 3\ O_2(g) + 2\ O(g)$$

Die Gleichung kann durch Kürzen gleicher Stoffe auf beiden Seiten folgendermaßen vereinfacht werden:

$$2\ O_3(g) \xrightarrow{Cl} 3\ O_2(g) \qquad (18.10)$$

Da die Reaktionsgeschwindigkeit von ► Gleichung 18.7 mit [Cl] linear zunimmt, erhöht sich mit zunehmender Menge von Cl-Atomen auch die Geschwindigkeit, mit der Ozon zerstört wird. Je mehr FCKWs also in die Stratosphäre diffundieren, desto schneller geht die Zerstörung der Ozonschicht vonstatten. Die Diffusionsgeschwindigkeiten von Molekülen von der Troposphäre in die Stratosphäre sind gering. Trotzdem wurde bereits eine Ausdünnung der Ozonschicht über dem Südpol beobachtet.

Aufgrund der mit FCKWs einhergehenden Umweltprobleme wurden Maßnahmen zur Einschränkung von deren Herstellung und Verwendung ergriffen. Ein wichtiger Schritt war 1987 die Unterzeichnung des Montrealer Protokolls über Stoffe, die zu einem Abbau der Ozonschicht führen, im Rahmen dessen teilnehmende Nationen sich zur Reduzierung der FCKW-Herstellung verpflichteten. 1992 vereinbarten Vertreter von ca. 100 Nationen striktere Einschränkungen, indem sie ein Verbot für die Herstellung und Verwendung von FCKWs bis zum Jahr 1996 erließen. Trotz allem gehen Wissenschaftler jedoch davon aus, dass sich der Abbau des Ozons aufgrund der Beständigkeit der FCKWs sowie ihrer langsamen Diffusion in die Stratosphäre noch viele Jahre hinziehen wird.

Von welchen Stoffen wurden die FCKWs abgelöst? Gegenwärtig stellen Fluorkohlenwasserstoffe die wichtigste Alternative dar. Hierbei handelt es sich um Verbindungen, bei denen die C—Cl-Bindungen von FCKWs durch C—H-Bindungen ersetzt werden. Eine gegenwärtig verwendete Verbindung ist CH_2FCF_3, die als FKW-134a bekannt ist. Berichten der Bundesumweltschutzbehörde der USA (EPA – *Environmental Protection Agency*) zufolge wurden 45 % der in Gebäuden vorhandenen Klimaanlagen bis zum Jahr 2000 auf FCKW-freie Verbindungen, wie z. B. FKW-134a, umgerüstet, wobei sich die Energieausbeute insgesamt verbessert hat.

Es gibt keine natürlich vorkommenden FCKWs, jedoch existieren einige natürliche Quellen, die Chlor und Brom in die Atmosphäre freisetzen und deren Cl- und Br-Atome können sich ebenso wie die aus FCKW an ozonabbauenden Reaktionen beteiligen. Die wichtigsten dieser Quellen sind Methylbromid und Methylchlorid, CH_3Br und CH_3Cl. Man geht davon aus, dass diese Moleküle weniger als ein Drittel zum gesamten Cl und Br in der Atmosphäre beisteuern. Die verbleibenden zwei Drittel sind das Ergebnis menschlicher Aktivitäten. Vulkane gelten als Quelle für HCl, jedoch reagiert das von ihnen freigesetzte HCl im Allgemeinen mit Wasser in der Troposphäre und gelangt nicht bis in die obere Atmosphäre.

18.3 Chemie der Troposphäre

Die Troposphäre besteht in erster Linie aus N_2 und O_2, die zusammen 99 % der Erdatmosphäre auf Normalnull ausmachen (► Tabelle 18.1). Andere Gase können, obwohl sie nur in sehr geringen Konzentrationen vorhanden sind, schwerwiegende Auswirkungen auf unsere Umwelt haben. In ► Tabelle 18.3 werden die bedeutendsten Quellen sowie die typischen Konzentrationen einiger dieser geringfügigen Bestandteile der Troposphäre aufgelistet. Viele dieser Stoffe kommen in der natürlichen Umgebung nur in geringem Ausmaß vor, weisen jedoch in manchen Bereichen aufgrund menschlicher Aktivitäten wesentlich höhere Konzentrationen auf.

Schwefelverbindungen und saurer Regen

Schwefelhaltige Verbindungen kommen in der natürlichen, unverschmutzten Atmosphäre bis zu einem gewissen Grad vor. Sie haben ihren Ursprung im bakteriellen Zerfall organischer Stoffe, in vulkanischen Gasen und anderen in ► Tabelle 18.3 aufgelisteten Quellen. Die Menge der aus natürlichen Quellen in die Atmosphäre freigesetzten schwefelhaltigen Verbindungen beträgt ca. 24×10^{12} g pro Jahr und liegt damit unter der Menge der durch menschliche Aktivitäten freigesetzten (anthropogenen) Verbindungen (ca. 79×10^{12} g pro Jahr). Schwefelverbindungen, vor allem Schwefeldioxid, SO_2, zählen zu den unangenehmsten und schädlichsten der herkömmlichen Schadgase. In ► Tabelle 18.4 sind die Konzentrationen verschiedener schädlicher Gase in einer *typischen* (nicht besonders von Smog geplagten) städtischen Umgebung aufgelistet. Diesen Daten zufolge liegt der Schwefeldioxidwert in ca. der Hälfte der Zeit bei

Bestandteil	Quellen	Typische Konzentrationen
Kohlendioxid, CO_2	Zersetzung organischer Stoffe; Freisetzung aus den Ozeanen; Verbrennung fossiler Brennstoffe	375 ppm in der gesamten Troposphäre
Kohlenmonoxid, CO	Zersetzung organischer Stoffe; industrielle Prozesse; Verbrennung fossiler Brennstoffe	0,05 ppm in sauberer Luft; 1–50 ppm in Bereichen städtischen Verkehrs
Methan, CH_4	Zersetzung organischer Stoffe; Ausströmen von Erdgas	1,77 ppm in der gesamten Troposphäre
Stickstoffmonoxid, NO	Elektrische Entladungen; Verbrennungsmotoren; Verbrennung organischer Stoffe	0,01 ppm in sauberer Luft; 0,2 ppm in Smog
Ozon, O_3	Elektrische Entladungen; Diffusion aus der Stratosphäre; Photosmog	0 bis 0,01 ppm in sauberer Luft; 0,5 ppm in Photosmog
Schwefeldioxid, SO_2	Vulkanische Gase; Waldbrände; Bakterienaktivität; Verbrennung fossiler Brennstoffe; industrielle Prozesse	0 bis 0,01 ppm in sauberer Luft; 0,1–2 ppm in verschmutzten städtischen Umgebungen

Tabelle 18.3: Quellen und typische Konzentrationen geringfügiger Luftbestandteile.

0,08 ppm oder darüber. Diese Konzentration liegt beträchtlich unter der anderer Schadstoffe, insbesondere jener von Kohlenmonoxid. Nichtsdestotrotz wird SO_2 als das gravierendste Gesundheitsrisiko unter den angegebenen Schadstoffen betrachtet. Dies gilt besonders für Personen mit Atemwegsproblemen.

Die Verbrennung von Kohle und Öl ist für ca. 80 % des gesamten freigesetzten SO_2 in den Vereinigten Staaten verantwortlich.

Schwefeldioxid ist gesundheitsgefährdend für den Menschen und hat schädliche Auswirkungen auf Sachbesitz. Darüber hinaus kann atmosphärisches SO_2 über mehrere Wege (wie z. B. durch Reaktion mit O_2 oder O_3) zu SO_3 oxidiert werden. Bei Auflösung von SO_3 in Wasser entsteht Schwefelsäure, H_2SO_4:

$$SO_3(g) + H_2O(l) \longrightarrow H_2SO_4(aq)$$

Viele der SO_2 zugeschriebenen Umweltauswirkungen sind eigentlich auf H_2SO_4 zurückzuführen.

Das Vorkommen von SO_2 in der Atmosphäre und die dadurch erzeugte Schwefelsäure rufen das Phänomen des **sauren Regens** hervor. Die Salpetersäure bildenden Stickoxide liefern ebenfalls einen bedeutenden Beitrag zum sauren Regen. Nicht verunreinigtes Regenwasser ist von Natur aus sauer und weist für gewöhnlich einen pH-Wert von ca. 5,6 auf. Die Hauptquelle dieses natürlichen Säuregehalts ist CO_2, das mit Wasser reagiert und Kohlensäure, H_2CO_3, bildet. Saurer Regen hat normalerweise einen pH-Wert von ca. 4. Dieser Säuregehalt zeigt insofern Auswirkungen auf viele Seen in Nordeuropa, den nördlichen Vereinigten Staaten und Kanada, als er die Fischbestände vermindert und weitere Bereiche des ökologischen Gleichgewichts innerhalb der Seen sowie der sie umgebenden Wälder in Mitleidenschaft zieht.

Der pH-Wert der meisten natürlichen, lebende Organismen beinhaltenden Gewässer, liegt zwischen 6,5 und 8,5. Wie ► Abbildung 18.4 jedoch zeigt, liegen die pH-Werte von Süßwasser in vielen Teilen Kontinentalamerikas weit unter 6,5. Bei pH-Werten unter 4 sterben alle Wirbeltiere, die meisten wirbellosen Tiere sowie viele Mikroorganismen ab. Am anfälligsten für Schädigungen sind Seen mit einer geringen Konzentration basischer Ionen, wie z. B. HCO_3^-, die sie gegen Veränderungen des pH-Werts schützen.

Da Säuren mit Metallen und mit Carbonaten reagieren, korrodiert saurer Regen sowohl Metalle als auch Baumaterialien aus Stein. So werden z. B. Marmor und Kalkstein, deren Hauptbestandteil $CaCO_3$ ist, leicht von saurem Regen angegriffen (► Abbildung 18.5).

Schadstoff	Konzentration (ppm)
Kohlenmonoxid	10
Kohlenwasserstoffe	3
Schwefeldioxid	0,08
Stickoxide	0,05
Gesamtheit der Oxidationsmittel (Ozon und andere)	0,02

Tabelle 18.4: Mittlere Konzentrationen von Luftschadstoffen in einer typischen städtischen Umgebung.

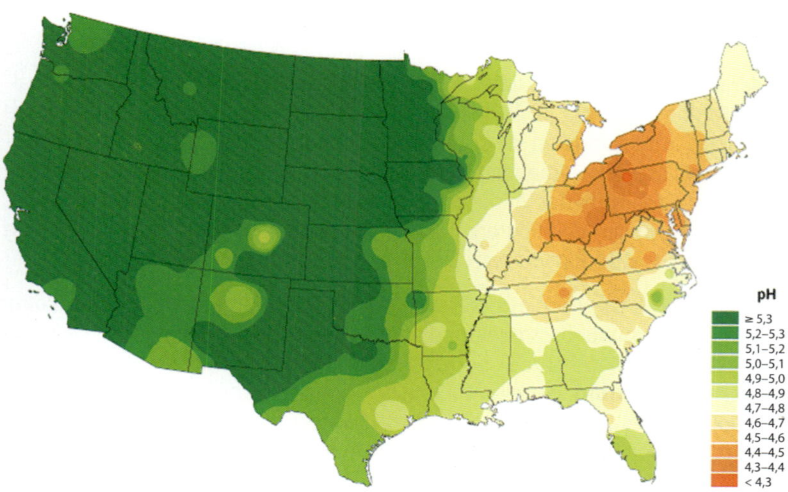

Abbildung 18.4: pH-Werte der Süßwasserquellen in den Vereinigten Staaten, 2001.

(a)

(b)

Abbildung 18.5: Schäden durch sauren Regen. (a) Dieser Statue am Field Museum in Chicago sieht man die Beschädigungen durch sauren Regen und andere Luftschadstoffe an. (b) Dieselbe Statue nach der Restaurierung.

Eine Möglichkeit zur Verringerung des in die Umwelt freigesetzten SO_2 ist die Entfernung des Schwefels aus Kohle und Öl vor deren Verbrennung. Obwohl es schwierig und teuer ist, wurden verschiedene Methoden zur Entfernung von SO_2 aus den bei der Verbrennung von Kohle und Öl gebildeten Gasen entwickelt. So kann der Feuerung eines Kraftwerks z. B. Kalksteinpulver ($CaCO_3$) zugeführt werden, wo dieses in gebrannten Kalk (CaO) und Kohlendioxid zerfällt:

$$CaCO_3(s) \longrightarrow CaO(s) + CO_2(g)$$

CaO reagiert anschließend mit SO_2 und bildet Calciumsulfit:

$$CaO(s) + SO_2(g) \longrightarrow CaSO_3(s)$$

Die Feststoffteilchen des $CaSO_3$ sowie ein Großteil des nicht umgesetzten SO_2 können aus dem Feuerungsgas entfernt werden, indem sie durch eine wässrige Kalksuspension geleitet werden (► Abbildung 18.6). Es wird jedoch nicht das gesamte SO_2 entfernt und angesichts der weltweit verbrannten, enormen Mengen an Kohle und Öl wird die Eingrenzung der Umweltverschmutzung durch SO_2 auf absehbare Zeit höchstwahrscheinlich ein Problem bleiben.

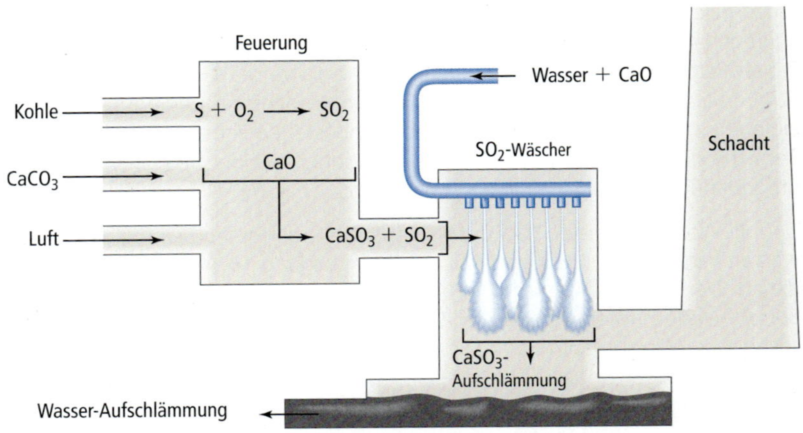

Abbildung 18.6: Weit verbreitetes Verfahren zur Entfernung von SO_2 aus verbrannten Brennstoffen. Kalkstaub zerfällt zu CaO, welches mit SO_2 reagiert und $CaSO_3$ bildet. Das $CaSO_3$ und das gesamte nicht umgesetzte SO_2 werden in eine Wäscher genannte Reinigungskammer gegeben, in der ein Guss aus CaO und Wasser das restliche SO_2 in $CaSO_3$ umsetzt und das $CaSO_3$ als wässrige Aufschlämmung ausfällt.

Kohlenmonoxid

Kohlenmonoxid entsteht durch die unvollständige Verbrennung kohlenstoffhaltiger Materialien, wie z. B. fossiler Brennstoffe. Hinsichtlich der Gesamtmasse ist CO das am häufigsten vorkommende Schadgas. Der Anteil des in unverschmutzter Luft vorkommenden CO ist gering und beträgt in etwa 0,05 ppm. Die geschätzte Gesamtmenge des in der Atmosphäre vorhandenen CO liegt bei ca. $5{,}2 \times 10^{14}$ g. In den Vereinigten Staaten alleine werden jährlich ca. 1×10^{14} g CO produziert, wobei etwa zwei Drittel von Kraftfahrzeugen stammen.

Kohlenmonoxid ist ein relativ reaktionsträges Molekül und stellt daher keine direkte Bedrohung für die Vegetation oder Materialien dar. Es hat jedoch Auswirkungen auf den Menschen. Es besitzt die außergewöhnliche Fähigkeit, sich sehr stark an **Hämoglobin**, das eisenhaltige Protein roter Blutkörperchen, zu binden (► Abbildung 18.7 a), das zum Sauerstofftransport im Blut dient. Hämoglobin besteht aus vier Proteinketten, die von schwachen intermolekularen Kräften zusammengehalten werden (► Abbildung 18.7 b). Jede Proteinkette beherbergt

MERKE !

CO führt zu Vergiftungen, da es mit O_2 um die Bindungsstellen des Hämoglobins konkurriert und von diesem wesentlich besser gebunden wird (Carboxy- ist stabiler als Oxyhämoglobin).

in ihren Zwischenräumen ein Häm-Molekül. In ► Abbildung 18.7c wird die Struktur des Häms schematisch dargestellt. Bitte beachten Sie, dass das Eisenatom sich im Zentrum einer Ebene von vier Stickstoffatomen befindet. Ein Hämoglobin-Molekül in den Lungen nimmt ein O_2-Molekül auf, welches mit dem Eisenatom reagiert und *Oxyhämoglobin* bildet, abgekürzt HbO_2. Im Blutkreislauf wird das Sauerstoffmolekül je nach Bedarf des Zellstoffwechsels, d. h. der in der Zelle stattfindenden chemischen Prozesse, in die Gewebe freigesetzt (siehe Extras Online „Chemie und Leben" über Blut als Pufferlösung in Abschnitt 17.2).

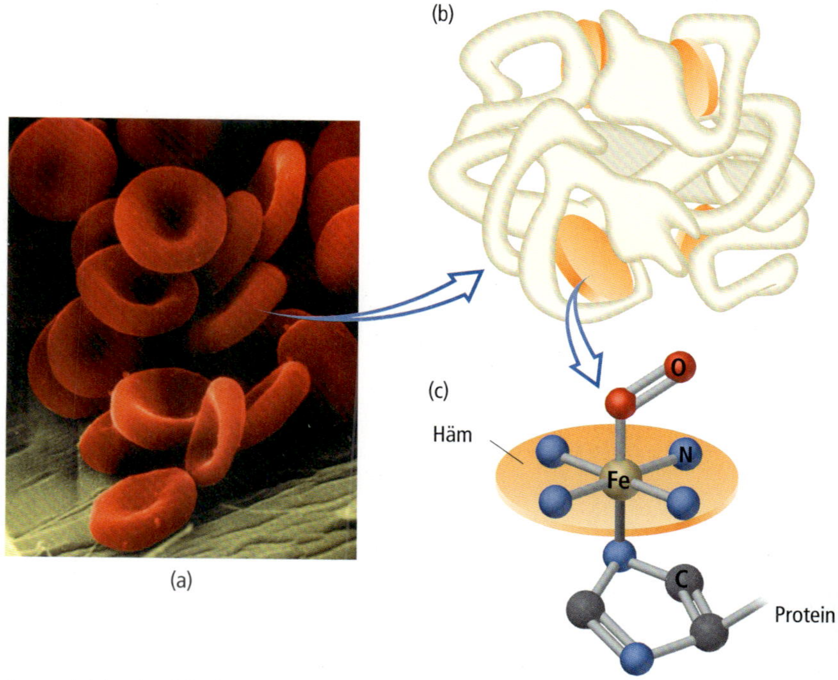

Abbildung 18.7: **Kohlenmonoxid ist für Menschen schädlich.** Rote Blutkörperchen (a) enthalten Hämoglobin (b). Das Hämoglobin enthält vier Häm-Einheiten, von denen jede ein O_2-Molekül binden kann (c). Wenn es CO ausgesetzt ist, bindet das Häm stärker CO als O_2.

Genau wie O_2 bindet sich auch CO sehr stark an das Eisen im Hämoglobin. Der Komplex wird *Carboxyhämoglobin* genannt und als COHb abgekürzt. Die Komplexbildungskonstante menschlichen Hämoglobins für CO ist ca. 210 mal größer als jene für O_2. Daher kann bereits eine relativ geringe Menge an CO einen beträchtlichen Anteil des Hämoglobins im Blut für den Sauerstofftransport außer Kraft setzen. Wenn ein Mensch z. B. einige Stunden lang Luft mit nur 0,1 % CO einatmet, nimmt er genügend CO auf, um bis zu 60 % des Hämoglobins in COHb umzuwandeln und somit die normale Sauerstofftransportfähigkeit des Blutes um 60 % zu verringern.

Unter normalen Bedingungen hat ein Nichtraucher, der unverschmutzte Luft einatmet, ca. 0,3 bis 0,5 % COHb im Blutkreislauf. Diese Menge ergibt sich hauptsächlich aus der Erzeugung kleiner Mengen CO im Verlauf der normalen Körperchemie sowie aufgrund der kleinen, in sauberer Luft vorkommenden Menge an CO. Höhere Konzentrationen von CO führen zu einem Anstieg des COHb-Anteils, wodurch sich wiederum die Anzahl der Hb-Stellen verringert, an die O_2 sich binden kann. Bei einem zu starken Anstieg des COHb-Anteils wird der Sauerstofftransport praktisch beendet und es tritt der Tod ein. Da CO farb- und geruchslos ist, tritt eine CO-Vergiftung ohne Vorwarnung ein. Unzureichend belüftete Verbrennungseinrichtungen, wie z. B. Kerosinlampen und Öfen, stellen daher eine potenzielle Gesundheitsgefährdung dar (► Abbildung 18.8).

Abbildung 18.8: **Warnung vor Kohlenmonoxid.** Kerosinlampen und Petroleumkocher sind mit Warnhinweisen bezüglich ihrer Verwendung in geschlossenen Räumen, wie z. B. Zimmern, versehen. Durch unvollständige Verbrennung kann farb- und geruchsloses Kohlenmonoxid, CO, entstehen, das giftig Ist.

Stickoxide und Photosmog

Stickoxide gehören zu den Hauptbestandteilen des den Städtern nur allzu bekannten Phänomens des Smogs. Der Begriff *Smog* bezieht sich auf eine besonders unangenehme Art der Umweltverschmutzung in bestimmten städtischen Umgebungen, die zustande kommt, wenn die Wetterbedingungen eine weitgehend stehende Luftmasse verursachen. Der durch Los Angeles bekannt gewordene Smog, der jedoch mittlerweile auch in vielen anderen städtischen Gebieten alltäglich ist, kann präziser als **Photosmog** beschrieben werden, da photochemische Vorgänge bei seiner Bildung eine wichtige Rolle spielen (► Abbildung 18.9).

Stickstoffmonoxid, NO, bildet sich in geringen Mengen in den Zylindern von Verbrennungsmotoren durch die direkte Verbindung von Stickstoff und Sauerstoff:

$$N_2(g) + O_2(g) \rightleftharpoons 2\,NO(g) \qquad \Delta H = 180{,}8\,\text{kJ} \qquad (18.11)$$

Die Gleichgewichtskonstante K dieser Reaktion steigt von ca. 10^{-15} bei 300 K (nahe Zimmertemperatur) auf ca. 0,05 bei 2400 K (entspricht in etwa der Temperatur im Zylinder eines Motors während der Verbrennung) an. Als es noch keine Abgaskatalysatoren gab, betrugen die typischen Emissionswerte für NO_x

Abbildung 18.9: Photosmog. Smog wird hauptsächlich durch Einwirkung des Sonnenlichts auf Autoabgase erzeugt.

2,49 Gramm pro Kilometer (g/km). Das *x* steht entweder für 1 oder für 2, da sowohl NO als auch NO_2 gebildet wird, wobei NO überwiegt. Seit 2004 fordern die Abgasgrenzwerte für Kraftfahrzeuge eine Verringerung von NO_x auf nur 0,04 g/km.

In der Luft oxidiert Stickoxid (NO) rasch zu Stickstoffdioxid (NO_2):

$$2\ NO(g) + O_2(g) \rightleftharpoons 2\ NO_2(g) \qquad \Delta H = -113{,}1\ kJ \qquad (18.12)$$

Die Gleichgewichtskonstante für diese Reaktion sinkt von ca. 1012 bei 300 K auf ca. 10^{-5} bei 2400 K ab. Die Photodissoziation von NO_2 löst die mit dem Photosmog in Zusammenhang stehenden Reaktionen aus. Die Dissoziation von NO_2 zu NO und O erfordert 304 kJ/mol, was einer Wellenlänge eines Photons von 393 nm entspricht. Unter Sonneneinstrahlung dissoziiert NO_2 daher zu NO und O:

$$NO_2(g) + h\nu \longrightarrow NO(g) + O(g) \qquad (18.13)$$

Der gebildete, atomare Sauerstoff durchläuft mehrere mögliche Reaktionen, wovon aus einer, wie weiter oben beschrieben, Ozon hervorgeht:

$$O(g) + O_2 + M(g) \longrightarrow O_3(g) + M^*(g) \qquad (18.14)$$

Ozon ist einer der Hauptbestandteile von Photosmog. Selbst wenn es in der oberen Atmosphäre als UV-Schutz dient, gilt es in der Troposphäre als unerwünschter Schadstoff. Es ist ungemein reaktiv und giftig und das Einatmen von Luft, die beträchtliche Mengen an Ozon enthält, kann besonders für Asthmapatienten, für Menschen unter körperlicher Belastung und ältere Personen gefährlich sein. Folglich haben wir mit zwei Ozonproblemen zu kämpfen: Überhöhte Mengen in vielen städtischen Umgebungen führen zu Gesundheitsgefährdungen, wohingegen der Abbau in der Stratosphäre zum Verlust der lebenswichtigen Schutzfunktion führt.

Zusätzlich zu Stickoxiden und Kohlenmonoxid stößt ein Kraftfahrzeugmotor auch noch unverbrannte *Kohlenwasserstoffe* als Schadstoffe aus. Diese organischen Verbindungen, die sich ausschließlich aus Kohlenstoff und Wasserstoff zusammensetzen, bilden die Hauptbestandteile von Benzin und zählen zu den bedeutendsten Inhaltsstoffen von Smog. Ein typischer Motor ohne wirksame Abgasreinigung stößt pro Kilometer ca. 6 bis 9 Gramm dieser Verbindungen aus.

Wasserdampf, Kohlendioxid und Klima

Wir wissen nun, wie die Atmosphäre durch Abschirmung schädlicher, kurzwelliger Strahlung dazu beiträgt, das Leben auf der Erde zu ermöglichen. Darüber hinaus ist die Atmosphäre bei der Aufrechterhaltung einer halbwegs gleichmäßigen und moderaten Temperatur an der Oberfläche des Planeten unerlässlich. Die beiden zur Aufrechterhaltung der Temperatur auf der Erdoberfläche bedeutendsten atmosphärischen Bestandteile sind Kohlendioxid und Wasser.

Die Erde befindet sich in einem allgemeinen thermischen Gleichgewicht mit ihrer Umgebung. Das bedeutet, dass die Erde mit der gleichen Geschwindigkeit Energie ins Weltall abstrahlt, mit der sie Energie von der Sonne absorbiert. Die Oberflächentemperatur der Sonne beträgt ca. 6000 K. Aus dem Weltraum betrachtet ist die Erde mit einer Temperatur von ca. 254 K relativ kalt. Die Verteilung der Wellenlängen in der von einem Objekt ausgesendeten Strahlung wird von dessen Temperatur bestimmt (siehe Abschnitt 6.2). Weshalb erscheint die Temperatur der Erde von außerhalb ihrer Atmosphäre betrachtet um so viel niedriger als jene, die wir normalerweise auf ihrer Oberfläche erfahren? Die für sichtbares Licht durchlässige Troposphäre ist für Infrarotstrahlung undurchlässig. ► Abbildung 18.10 zeigt die Verteilung der von der Erdoberfläche ausgehenden Strahlung und die von atmosphärischem Wasserdampf und Kohlenmonoxid absorbierten Wellenlängen. Dem Schaubild zufolge absorbieren diese atmosphärischen Gase einen Großteil der von der Erdoberfläche ausgehenden Strahlung. Dabei tragen sie zur

MERKE !

Wasserdampf und Kohlendioxid in der Atmosphäre verhindern das Auskühlen der Erde. Da die Verbrennung fossiler Energieträger jedoch zu einem Anstieg der CO_2-Konzentration geführt hat, ist dieser Treibhauseffekt so verstärkt worden, dass sich das Klima durch die Erwärmung verändert.

Aufrechterhaltung einer angenehmen, gleichmäßigen Temperatur an der Oberfläche bei, indem sie gewissermaßen die Infrarotstrahlung von der Oberfläche, die wir als Wärme empfinden, zurückhalten. Die Auswirkungen von H_2O, CO_2 und bestimmten anderen atmosphärischen Gasen auf die Temperatur der Erde werden oftmals *Treibhauseffekt* genannt.

Der Partialdruck von Wasserdampf in der Atmosphäre schwankt von Ort zu Ort sowie von Zeit zu Zeit erheblich, ist jedoch in der Regel nahe der Erdoberfläche am größten und fällt mit steigender Höhe sehr stark ab. Da Wasserdampf Infrarotstrahlung derart stark absorbiert, spielt er bei der Aufrechterhaltung der atmosphärischen Temperatur bei Nacht, wenn die Oberfläche Strahlung ins All aussendet und keine Energie von der Sonne empfängt, die wichtigste Rolle. In sehr trockenen Wüstenklimata, in denen die Konzentration des Wasserdampfs außergewöhnlich niedrig ist, kann es während des Tages extrem heiß, nachts jedoch sehr kalt werden. Bei Fehlen einer ausgedehnten Schicht Wasserdampfs zur Absorption und anschließenden Rückstrahlung eines Teils der Infrarotstrahlung zur Erde verliert die Oberfläche diese Strahlung ins Weltall und kühlt sehr rasch ab.

Kohlendioxid spielt eine untergeordnete, jedoch sehr wichtige, Rolle bei der Aufrechterhaltung der Oberflächentemperatur. Die weltweite Verbrennung fossiler Brennstoffe, in erster Linie von Kohle und Öl, die im modernen Zeitalter ein ungeheures Ausmaß erreicht hat, hat den Kohlendioxidgehalt der Atmosphäre drastisch in die Höhe getrieben. Über mehrere Jahrzehnte hinweg durchgeführte Messungen zeigen, dass die CO_2-Konzentration in der Atmosphäre ständig weiter ansteigt und sich gegenwärtig auf einem Höchststand von ca. 375 ppm (► Abbildung 18.10) befindet. Im Vergleich dazu geht man davon aus, dass die CO_2-Konzentrationen in der Atmosphäre sich während der vergangenen 150.000 Jahre zwischen 200 und 300 ppm bewegt haben. Diese Erkenntnisse basieren auf Daten, die aus in Eisbohrkernen eingeschlossenen Luftblasen gewonnen wurden. Wissenschaftler kommen langsam zu der Übereinstimmung, dass dieser Anstieg bereits jetzt das Klima der Erde aus dem Gleichgewicht bringt und für den weltweit beobachteten Anstieg der durchschnittlichen Lufttemperatur von 0,3 °C bis 0,6 °C während des vergangenen Jahrhunderts verantwortlich sein könnte.

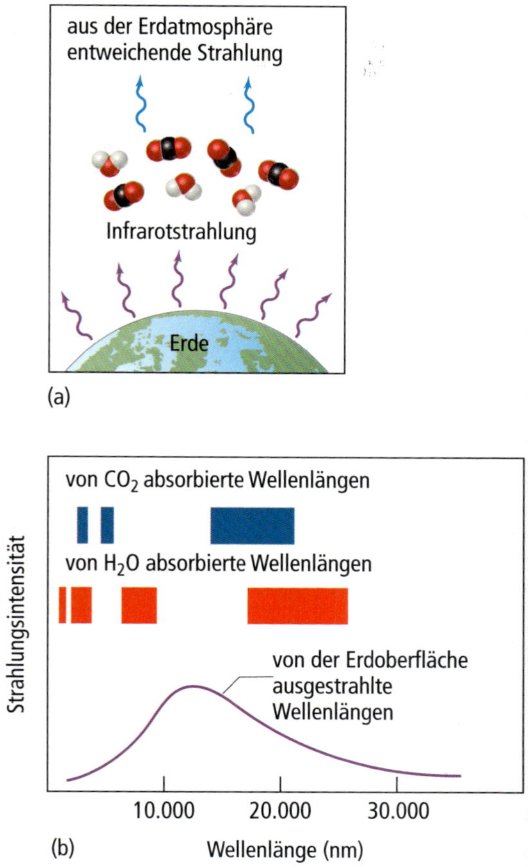

Abbildung 18.10: Warum die Erde, aus dem All betrachtet, so kalt erscheint. (a) Kohlendioxid und Wasser absorbieren bestimmte Wellenlängen infraroter Strahlung. Dies trägt dazu bei Energie daran zu hindern, von der Erdoberfläche zu entweichen. (b) Die Verteilung der von CO_2 und H_2O absorbierten Wellenlängen im Vergleich zu den von der Erdoberfläche ausgestrahlten Wellenlängen.

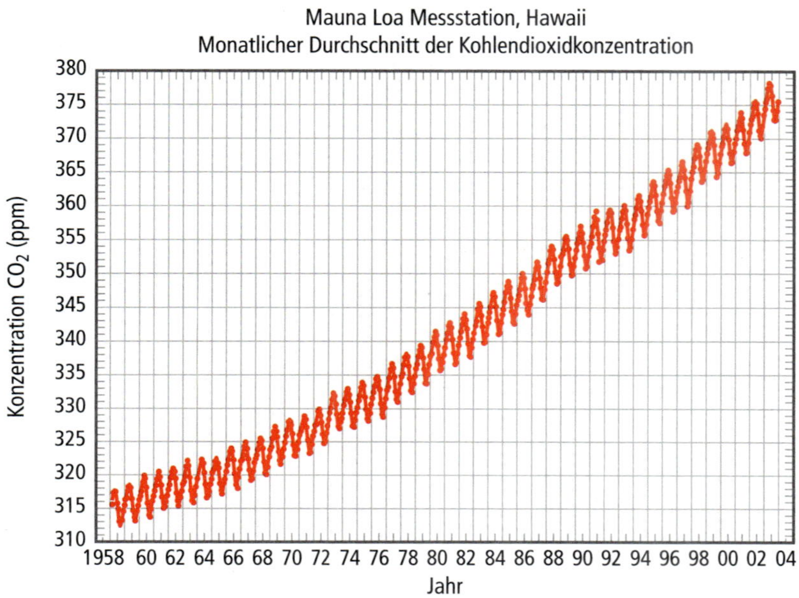

Abbildung 18.11: Steigende CO_2-Werte. Die Konzentration des atmosphärischen CO_2 ist seit den späten 1950ern um mehr als 15 % gestiegen. Diese Daten wurden von der Mauna Loa Messstation auf Hawaii durch Beobachtung der Absorption von Infrarotstrahlung aufgezeichnet. Das Sägezahnmuster der Kurve ergibt sich aufgrund regelmäßiger saisonaler Schwankungen der CO_2-Konzentration in jedem Jahr.

Näher hingeschaut: Methan als Treibhausgas

Basierend auf der gegenwärtigen und der zukünftig zu erwartenden Verwendung fossiler Brennstoffe geht man davon aus, dass sich der atmosphärische CO_2-Anteil im ungefähren Zeitraum zwischen 2050 und 2100 im Vergleich zu heute verdoppeln wird. Klimamodellrechnungen sagen vorher, dass dieser Anstieg zu einer Erhöhung der weltweiten, durchschnittlichen Temperatur von 1 °C bis 3 °C führen wird. Eine Temperaturänderung dieser Größenordnung könnte zu schwerwiegenden Veränderungen des globalen Klimas führen. Da bei der Vorhersage des Klimas so viele Faktoren eine Rolle spielen, kann nicht mit Sicherheit vorausberechnet werden, welche Veränderungen eintreten werden. Ganz sicher hat die Menschheit jedoch das Potenzial erlangt, das Klima des Planeten durch Veränderung der Konzentration von CO_2 und anderen Wärme einfangenden Gasen in der Atmosphäre erheblich zu beeinflussen.

18.4 Weltmeere und Süßwasser

Die Weltmeere

Süßwasser

Meerwasser enthält ca. 3,5 Massen-% an gelösten Salzen und man sagt, es weist eine Salinität von 35 auf. Die Dichte und Salinität des Meerwassers verändern sich mit der Tiefe. Da sich der Großteil des weltweit vorhandenen Wassers in den Ozeanen befindet, besteht die Möglichkeit, dass die Menschheit zur Süßwassergewinnung letzten Endes auf das Meer zurückgreift. Unter **Entsalzung** versteht man die Entfernung gelöster Salze aus Meer- oder Brackwasser, um es für den menschlichen Genuss brauchbar zu machen. Die Entsalzung kann durch Destillation oder **Umkehrosmose** erfolgen.

Süßwasser enthält viele gelöste Stoffe, u. a. gelösten Sauerstoff, der für die Existenz von Fischen und anderen Wasserlebewesen notwendig ist. Stoffe, die von Bakterien zersetzt werden, bezeichnet man als **biologisch abbaubar**. Da bei der Oxidation biologisch abbaubarer Stoffe durch aerobe Bakterien gelöster Sauerstoff verbraucht wird, werden diese Stoffe als sauerstoffverbrauchende Abfälle bezeichnet. Das Vorhandensein einer übermäßig großen Menge sauerstoffverbrauchender Abfälle im Wasser kann den gelösten Sauerstoff so weit vermindern, dass Fische abgetötet und üble Gerüche hervorgerufen werden. Pflanzennährstoffe können durch Stimulation des Wachstums von Pflanzen, die bei ihrem Absterben zu sauerstoffverbrauchenden Abfällen werden, zu diesem Problem beitragen.

Das aus Süßwasserquellen zur Verfügung stehende Wasser muss vor dessen Verwendbarkeit im Haushalt meist aufbereitet werden. Die verschiedenen, für gewöhnlich bei der kommunalen Wasseraufbereitung angewendeten Schritte umfassen die grobe Filtration, Sedimentation, Siebung, das Einblasen von Luft, die Entkeimung, sowie hin und wieder die Enthärtung des Wassers. Eine Wasserenthärtung ist dann nötig, wenn das Wasser Ionen, wie z. B. Mg^{2+} und Ca^{2+} enthält, die mit Seife reagieren und unlösliche Salze bilden. Solche Ionen enthaltendes Wasser wird **hartes Wasser** genannt. Bisweilen wird für die groß angelegte, kommunale Wasserenthärtung das **Kalk-Soda-Verfahren** angewendet, bei dem hartem Wasser CaO und Na_2CO_3 zugesetzt wird. Einzelne Haushalte verlassen sich für gewöhnlich auf den **Ionenaustausch**, bei dem die Ionen des harten Wassers gegen Na^+-Ionen ausgetauscht werden.

Chemische Thermodynamik

19

ÜBERBLICK

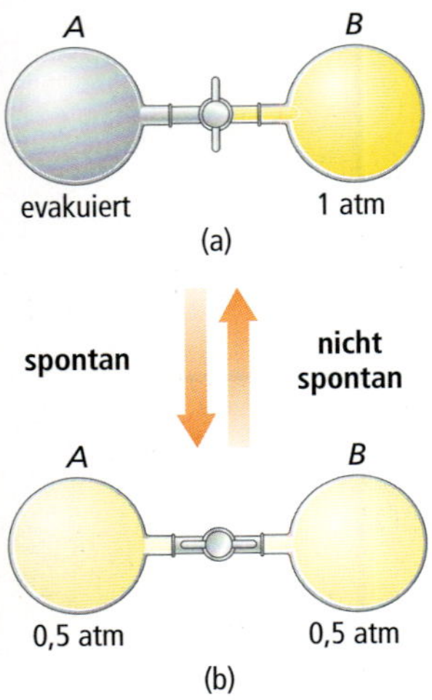

Abbildung 19.1: Spontane Expansion eines idealen Gases in ein Vakuum. (a) Kolben *B* enthält ein ideales Gas mit einem Druck von 1 atm und Kolben *A* ist evakuiert. (b) Der die Kolben verbindende Absperrhahn wurde geöffnet. Das ideale Gas expandiert und füllt bei einem Druck von 0,5 atm beide Kolben (*A* und *B*) aus. Der Umkehrprozess – der Rückfluss aller Gasmoleküle in den Kolben *B* – läuft nicht spontan ab.

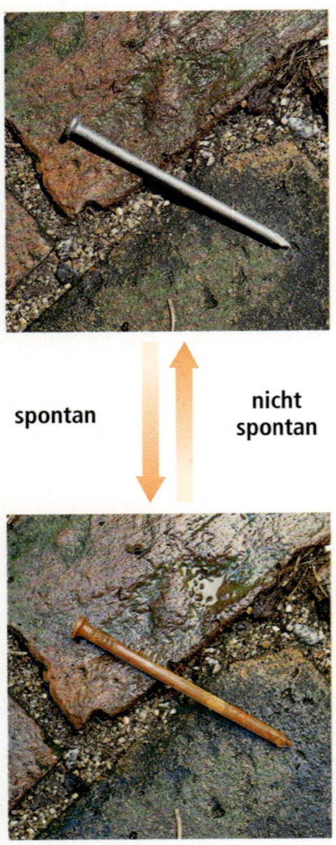

Abbildung 19.2: Ein spontaner Prozess. Elementares Eisen verbindet sich spontan mit H_2O und O_2 der Außenluft. Es bildet sich eine Rostschicht – $Fe_2O_3 \cdot x\,H_2O$ – auf der Oberfläche des Nagels.

Reaktionen gehen nicht nur mit Enthalpieänderungen einher, sondern sind auch mit Änderungen der *Entropie* verbunden. Der Zweite Hauptsatz der Thermodynamik trägt zum Verständnis des gerichteten Charakters von Prozessen bei.

19.1 Spontane Prozesse

Ein Gas expandiert, wie in ► Abbildung 19.1 dargestellt, in ein Vakuum. Jedoch wird dieser Prozess sich niemals von selbst umkehren. Die Expansion des Gases geschieht spontan. Ebenso wird ein der Witterung ausgesetzter Nagel rosten (► Abbildung 19.2).

Eine chemische Reaktion ist dann spontan, wenn sie von selbst abläuft, unabhängig von ihrer Geschwindigkeit. Eine spontane Reaktion kann sehr schnell vonstatten gehen, wie im Falle einer Säure-Base-Neutralisation, oder sehr langsam, wie z. B. beim Rosten von Eisen. Die Thermodynamik gibt uns Auskunft über die *Richtung* und das *Ausmaß* einer Reaktion, jedoch nicht über ihre *Geschwindigkeit*. Damit beschäftigt sich die *Kinetik*.

Reversible und irreversible Prozesse

Sadi Carnot (1796–1832), ein damals 28-jähriger französischer Ingenieur, veröffentlichte 1824 eine Analyse der Faktoren, welche die Effizienz einer Dampfmaschine zur Umwandlung von Wärme in Arbeit bestimmen. Carnot überlegte sich, wie die ideale Maschine, nämlich jene mit der größtmöglichen Leistungsfähigkeit, konzipiert sein müsste. Er stellte fest, dass es unmöglich ist, den Energieinhalt eines Brennstoffes vollständig in Arbeit umzuwandeln, da eine beträchtliche Menge der Wärme immer an die Umgebung verloren geht.

Etwa vierzig Jahre später führte Rudolph Clausius (1822–1888), ein deutscher Physiker, Carnots Arbeit fort. Clausius kam zu der Erkenntnis, dass dem Quotienten aus der einer idealen Maschine zugeführten Wärme und der Temperatur, mit der diese Wärme zugeführt wird, Q/T, eine besondere Bedeutung zuzuschreiben sei. Er war so überzeugt von der Wichtigkeit dieses Quotienten, dass er ihm einen besonderen Namen gab, *Entropie*

Eine ideale Maschine, nämlich eine mit maximaler Leistungsfähigkeit, arbeitet unter idealen Bedingungen, unter welchen alle Prozesse reversibel sind. Bei einem **reversiblen Prozess** wird ein System derart verändert, dass der ursprüngliche Zustand des Systems einschließlich seiner Umgebung durch *exakte* Umkehrung der Änderung wiederhergestellt werden kann. Bei einem **irreversiblen Prozess** kann der Ausgangszustand des Systems und seiner Umgebung nicht einfach durch Umkehrung wiederhergestellt werden. Carnot fand heraus, dass *eine reversible Änderung die maximal vom System auf die Umgebung ausübbare Menge an Arbeit* ($W_{rev} = W_{max}$) erzeugt.

Lassen Sie uns nun ein anderes Beispiel, nämlich die Expansion eines idealen Gases bei konstanter Temperatur betrachten. Ein bei konstanter Temperatur ablaufender Prozess wie dieser wird als **isotherm** bezeichnet. Gehen Sie, um das Beispiel einfach zu halten, von dem in ► Abbildung 19.4 dargestellten Gas in dem Zylinder-Kolben-Mechanismus aus. Nach Entfernung der Trennwand expandiert das Gas spontan (a) und füllt den evakuierten Raum aus (b). Da das Gas in ein Vakuum ohne Druck von außen expandiert, übt es keine p-V-Arbeit auf die Umgebung aus ($W = 0$) (siehe Abschnitt 5.3). Wir können den Kolben dazu verwenden, das Gas in seinen Ausgangszustand zurückzukomprimieren (c). Dies jedoch erfordert, dass die Umgebung Arbeit an dem System verrichtet ($W > 0$). Das bedeutet, dass die Umkehrung des Prozesses eine Änderung in der Umgebung hervorgerufen hat, da zum Verrichten von Arbeit dem System Energie zuführt wird. Die Tatsache, dass nicht sowohl das System als auch die

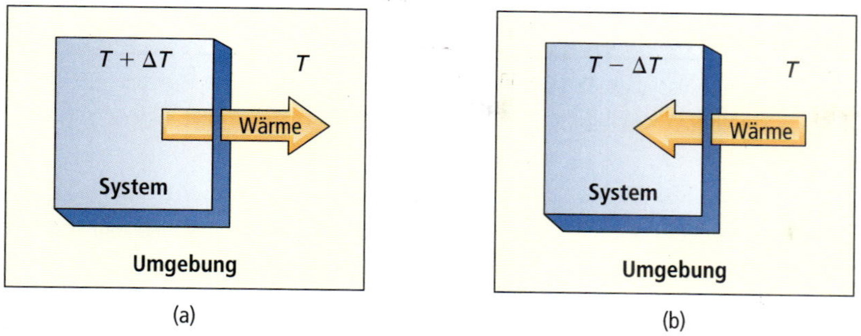

Abbildung 19.3: Reversibler Wärmefluss. Wärme kann reversibel zwischen einem System und dessen Umgebung fließen, wenn zwischen den beiden nur ein unendlich geringer Temperaturunterschied, ΔT, besteht. Die Richtung des Wärmeflusses kann durch Erhöhung oder Absenkung der Temperatur des Systems um ΔT geändert werden. (a) Die Erhöhung der Temperatur des Systems um ΔT führt zu einem Wärmefluss vom System zur Umgebung. (b) Die Absenkung der Temperatur des Systems um ΔT führt zu einem Wärmefluss von der Umgebung in das System.

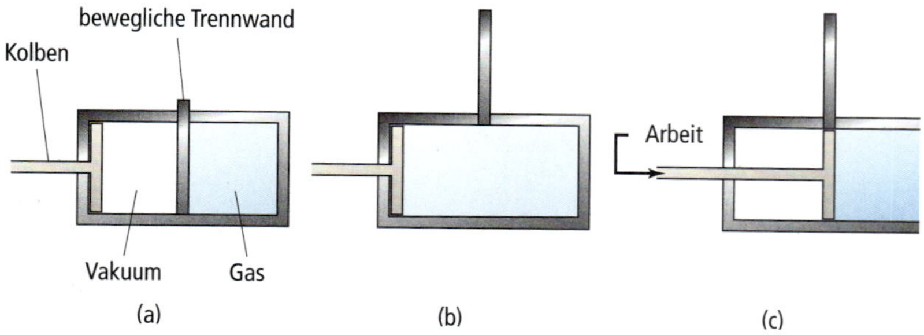

Abbildung 19.4: Ein irreversibler Prozess. Die Wiederherstellung des Ausgangszustands des Systems nach einem irreversiblen Prozess führt zu einer Veränderung der Umgebung.

Umgebung in den jeweiligen Ausgangszustand zurückversetzt werden, verweist darauf, dass es sich um einen irreversiblen Prozess handelt.

Alle spontanen Prozesse sind irreversibel. Selbst wenn wir den Ausgangszustand des Systems wiederherstellen, hat die Umgebung sich verändert.

MERKE !

Alle spontanen Prozesse sind irreversibel, da eine Wiederherstellung des Ausgangszustands des Systems nur möglich ist, wenn die Umgebung Arbeit am System verrichtet und sich somit verändert.

19.2 Entropie und der Zweite Hauptsatz der Thermodynamik

Entropieänderung

Die Entropie (S) eines Systems ist, ebenso wie die innere Energie, U, und die Enthalpie, H, eine Zustandsfunktion. Wie diese anderen Größen auch, ist der Wert von S ein charakteristisches Merkmal des Zustands eines Systems (siehe Abschnitt 5.2). Deshalb hängt die Entropieänderung (ΔS) in einem System nur vom Ausgangs- und Endzustand dieses Systems und nicht von dem von einem Zustand zum anderen gewählten Weg ab:

$$\Delta S = S_{\text{Ende}} - S_{\text{Anfang}} \qquad (19.1)$$

Im speziellen Fall eines isothermen Prozesses entspricht ΔS der Wärme, die ausgetauscht werden würde, wenn der Prozess reversibel wäre (Q_{rev}) dividiert durch die Temperatur bei welcher der Prozess abläuft:

$$\Delta S = \frac{Q_{\text{rev}}}{T} \quad (T \text{ konstant}) \qquad (19.2)$$

MERKE !

Die Entropie ist eine Zustandsgröße, die die Zufälligkeit eines Systems beschreibt.

ΔS für Phasenumwandlungen

Beim Schmelzen eines Stoffes an seinem Schmelzpunkt und der Verdampfung eines Stoffes an seinem Siedepunkt handelt es sich um isotherme Prozesse. Gehen Sie vom Schmelzen von Eis aus. Bei einem Druck von 1 atm befinden sich

Übungsbeispiel 19.1: Berechnung von ΔS für eine Phasenumwandlung

Das Element Quecksilber, Hg, ist bei Zimmertemperatur eine silberne Flüssigkeit. Der normale Gefrierpunkt von Quecksilber liegt bei –38,9 °C, und seine molare Schmelzenthalpie beträgt $\Delta H_{Schmelz} = 2{,}29\,kJ/mol$. Wie lautet die Entropieänderung des Systems, wenn 50,0 g Hg(*l*) am normalen Gefrierpunkt gefrieren?

Lösung

Analyse: Wir stellen zuerst fest, dass Gefrieren ein *exothermer* Prozess ist: Beim Gefrieren einer Flüssigkeit ($Q < 0$) wird Wärme vom System an die Umgebung übertragen. Die Schmelzenthalpie für den Schmelzvorgang beträgt ΔH. Da Gefrieren das Gegenteil von Schmelzen ist, beträgt die Enthalpieänderung, die mit dem Gefrieren von 1 mol Hg einhergeht $-\Delta H_{Schmelz} = -2{,}29\,kJ/mol$.

$$Q = (50{,}0\text{ g Hg})\left(\frac{1\text{ mol Hg}}{200{,}59\text{ g Hg}}\right)\left(\frac{-2{,}29\text{ kJ}}{1\text{ mol Hg}}\right) = -571\text{ J}$$

Vorgehen: Zur Berechnung von Q für das Gefrieren von 50,0 g Hg können wir $-\Delta H_{Schmelz}$ und die Atommasse von Hg verwenden:

$$-38{,}9\,°C = (-38{,}9 + 273{,}15)\text{ K} = 234{,}3\text{ K}$$

Lösung: Nun können wir den Wert von ΔS_{System} berechnen:

$$\Delta S_{System} = \frac{Q_{rev}}{T} = \frac{-571\text{ J}}{234{,}3\text{ K}} = -2{,}44\text{ J/K}$$

Überprüfung: Die Entropieänderung ist negativ, da Wärme aus dem System herausfließt und Q_{rev} dadurch negativ wird.
Anmerkung: Die von uns hier angewandte Vorgehensweise kann zur Berechnung von ΔS für andere isotherme Phasenumwandlungen, wie z. B. die Verdampfung einer Flüssigkeit an ihrem Siedepunkt, verwendet werden.

Eis und flüssiges Wasser bei 0 °C im Gleichgewicht miteinander. Stellen Sie sich vor, wir würden ein Mol Eis bei 0 °C und 1 atm schmelzen, um ein Mol flüssigen Wassers bei 0 °C und 1 atm zu bilden. Wir können diesen Übergang herbeiführen, indem wir dem System eine bestimmte Menge Wärme aus der Umgebung zuführen: $Q = \Delta H_{Schmelz}$. Gehen Sie nun davon aus, dass wir diese Umwandlung durch unendlich langsames Zuführen der Wärme herbeiführen und dabei die Umgebungstemperatur nur um einen verschwindend geringen Bereich über 0 °C anheben. Wenn wir den Prozess auf diese Art und Weise durchführen, ist er reversibel. Wir können den Prozess einfach dadurch umkehren, indem wir dem System die gleiche Menge an Wärme, $\Delta H_{Schmelz}$, unendlich langsam wieder entziehen und dazu die unmittelbare Umgebung nutzen, die sich um einen verschwindend geringen Bereich unter 0 °C befindet. Daher, $Q_{rev} = \Delta H_{Schmelz}$ und $T = 0\,°C = 273\,K$.

Die Schmelzenthalpie für H_2O entspricht $\Delta H_{Schmelz} = 6{,}01\,kJ/mol$. Da es sich beim Schmelzen um einen endothermen Prozess handelt, ist das Vorzeichen von ΔH positiv. Daher können wir ► Gleichung 19.2 verwenden, um $\Delta S_{Schmelz}$ für das Schmelzen eines Mols Eis bei 273 K zu berechnen:

$$\Delta S_{Schmelz} = \frac{Q_{rev}}{T} = \frac{\Delta H_{Schmelz}}{T} = \frac{(1\text{ mol})(6{,}01 \times 10^3\text{ J/mol})}{273\text{ K}} = 22{,}0\frac{\text{J}}{\text{K}}$$

Der Zweite Hauptsatz der Thermodynamik

Die Summe der Entropieänderung des Systems und dessen Umgebung ist für jeden spontanen Prozess immer größer null.

Lassen Sie uns die Entropieänderung des Systems und jene der Umgebung beim Schmelzen eines Mols Eis (ein Stück, das in etwa der Größe eines herkömmlichen Eiswürfels entspricht) in Ihrer Handfläche berechnen. Die Entropieänderung des Systems (s. oben) berechnet sich zu

$$22{,}0\frac{\text{J}}{\text{K}}.$$

Ihre Hand stellt die unmittelbar mit dem Eis in Verbindung stehende Umgebung dar, wobei wir davon ausgehen, dass diese die normale Körpertemperatur von 37 °C = 310 K aufweist. Das Ausmaß des Wärmeverlusts Ihrer Hand entspricht jenem des Wärmegewinns des Eiswürfels, weist jedoch das entgegengesetzte Vorzeichen auf, $-6{,}01 \times 10^3$ J/mol. Daher beträgt die Entropieänderung der Umgebung:

$$\Delta S_{\text{Umgebung}} = \frac{Q_{\text{rev}}}{T} = \frac{(1\ \text{mol})(-6{,}01 \times 10^3\ \text{J/mol})}{310\ \text{K}} = -19{,}4\frac{\text{J}}{\text{K}}$$

Folglich ist die Gesamtentropieänderung positiv:

$$\Delta S_{\text{gesamt}} = \Delta S_{\text{System}} + \Delta S_{\text{Umgebung}} = \left(22{,}0\frac{\text{J}}{\text{K}}\right) + \left(-19{,}4\frac{\text{J}}{\text{K}}\right) = 2{,}6\frac{\text{J}}{\text{K}}$$

Betrüge die Temperatur der Umgebung nicht 310 K, sondern hätte diese eine Temperatur, die um einen verschwindend kleinen Betrag über 273 K läge, wäre der Schmelzvorgang reversibel und nicht irreversibel. In diesem Fall entspräche die Entropieänderung der Umgebung –22,0 K und ΔS_{gesamt} wäre gleich null.

Allgemein können wir festhalten, dass alle irreversiblen Prozesse eine Zunahme der Gesamtentropie nach sich ziehen. Diese Aussage ist als **Zweiter Hauptsatz der Thermodynamik** bekannt. Wir können den Zweiten Hauptsatz der Thermodynamik anhand folgender Gleichungen darstellen:

$$\begin{aligned} &\textit{reversibler Prozess:} && \Delta S_{\text{Universum}} = \Delta S_{\text{System}} + \Delta S_{Umgebung} = 0 \\ &\textit{irreversibler Prozess:} && \Delta S_{\text{Universum}} = \Delta S_{\text{System}} + \Delta S_{Umgebung} > 0 \end{aligned} \qquad (19.3)$$

Alle realen Prozesse, die spontan ablaufen, sind irreversibel. *Die Gesamtentropie des Universums nimmt bei jedem spontanen Prozess zu.*

19.3 Die molekulare Betrachtung der Entropie

Molekülbewegungen und Energie

Bei der Erwärmung eines Stoffes nimmt die Bewegung seiner Moleküle zu. Bei der Behandlung der kinetischen Gastheorie haben wir herausgefunden, dass die durchschnittliche Bewegungsenergie der Moleküle eines idealen Gases direkt proportional zu dessen absoluter Temperatur ist (siehe Abschnitt 10.4). Darüberhinaus verfügen wärmere Systeme über eine *breitere Verteilung* der Molekülgeschwindigkeiten (► Abbildung 10.3). Die Teilchen eines idealen Gases sind jedoch nur idealisierte Punkte ohne Volumen und Bindungen. Reale Moleküle können komplexere Arten von Bewegungen ausführen.

Moleküle können drei Arten von Bewegungen ausführen. Das gesamte Molekül kann sich in eine Richtung bewegen. Solch eine Bewegung wird als **Translationsbewegung** bezeichnet. Die Moleküle in einem Gas verfügen über eine größere Freiheit, Translationsbewegungen auszuführen als jene in einer Flüssigkeit. Diese wiederum haben eine größere Translationsfreiheit als die Moleküle eines Feststoffes.

Ein Molekül kann ebenso **Schwingungsbewegungen** (*Vibrationen*) ausführen, bei denen die Atome im Molekül sich periodisch voneinander weg und aufeinander zu bewegen. Darüberhinaus können Moleküle auch über eine **Rotationsbewegung** verfügen, so als ob sie sich wie ein Kreisel drehen würden. ► Abbildung 19.5 veranschaulicht die Schwingungsbewegungen, sowie eine der für das Wassermolekül möglichen Rotationsbewegungen. Diese unterschiedlichen Arten der Bewegung stellen Möglichkeiten zur Energiespeicherung für ein Molekül dar, und wir bezeichnen die verschiedenen Arten allgemein als die „Bewegungsenergie" des Moleküls.

MERKE !

Die Energie von Molekülen drückt sich in der Intensität ihrer Translations-, Schwingungs- (Vibrations-) und Rotationsbewegungen aus.

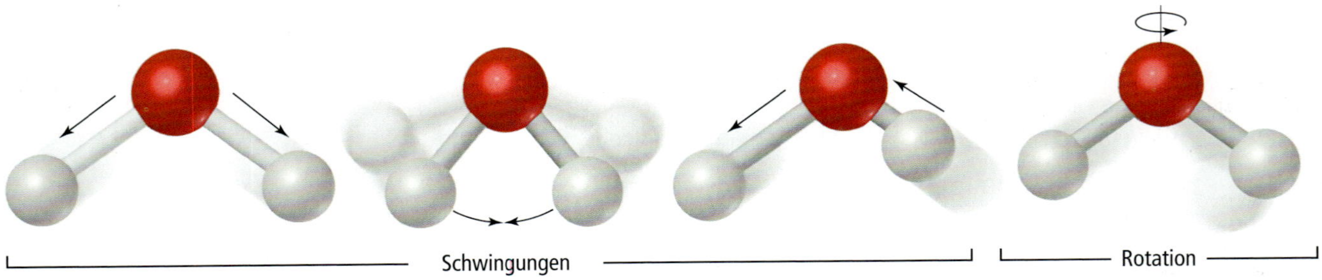

Abbildung 19.5: Schwingungs- und Rotationsbewegungen in einem Wassermolekül. Schwingungsbewegungen im Molekül gehen mit periodischen Verlagerungen der Atome zueinander einher. Rotationsbewegungen bedingen die Drehung eines Moleküls um eine Achse.

Boltzmann-Gleichung und Mikrozustände

Lassen Sie uns zunächst von einem Mol eines idealen Gases in einem bestimmten thermodynamischen Zustand ausgehen, den wir durch Festlegung der Temperatur, T, und des Volumens, V, des Gases definieren können. Rufen Sie sich ins Gedächtnis zurück, dass die innere Energie, U, eines idealen Gases nur von seiner Temperatur abhängt und dass wir durch Festlegung der Werte für n, T und V auch den Wert des Drucks, p, festlegen. Was geschieht mit unserer Gasprobe auf mikroskopischer Ebene, und in welchem Zusammenhang steht das, was auf mikroskopischer Ebene geschieht, mit der Entropie der Probe? Um diese Fragen beantworten zu können, müssen wir sowohl die Positionen der Gasmoleküle als auch deren individuelle Bewegungsenergien berücksichtigen, die von den Geschwindigkeiten der Moleküle abhängen.

Stellen Sie sich nun vor, dass wir in einem festgelegten Augenblick einen „Schnappschuss" der Positionen und Geschwindigkeiten aller Moleküle schießen könnten. Diesen bestimmten Satz von 6×10^{23} Positionen und Energien der einzelnen Gasmoleküle bezeichnen wir als **Mikrozustand** des thermodynamischen Systems. Ein Mikrozustand bezeichnet eine einzelne, mögliche Anordnung der Positionen und Bewegungsenergien der Gasmoleküle während eines spezifischen thermodynamischen Zustands des Gases. Wir könnten uns vorstellen, weitere Schnappschüsse unseres Systems zu schießen, um andere mögliche Mikrozustände betrachten zu können. Genau genommen gäbe es, wie sie zweifellos erkennen können, solch eine unglaublich große Anzahl von Mikrozuständen, dass es nicht realisierbar ist, jeden einzelnen davon zu fotografieren. Jeder thermodynamische Zustand besitzt eine charakteristische Anzahl zugehöriger Mikrozustände, und wir werden für diese Anzahl das Symbol $\mathcal{W}$ verwenden.

Der Zusammenhang zwischen der Anzahl der Mikrozustände eines Systems, $\mathcal{W}$, und seiner Entropie, S, wird durch eine von Boltzmann entwickelte Gleichung ausgedrückt:

$$S = k \ln \mathcal{W} \tag{19.4}$$

In dieser Gleichung bezeichnet k die Boltzmann-Konstante, $1{,}38 \times 10^{-23}$ J/K. Die *Entropie ist ein Maß dafür, wieviele Mikrozustände einem bestimmten makroskopischen Zustand zugeordnet sind*. Gleichung 19.4 ist auf Boltzmanns Grabstein zu lesen (► Abbildung 19.6).

Abbildung 19.6: Ludwig Boltzmanns Grabstein. Boltzmanns Grabstein in Wien trägt die Inschrift seiner berühmten Beziehung zwischen der Entropie eines Zustands und der Anzahl zur Verfügung stehender Mikrozustände. Zu Zeiten Boltzmanns wurde „log" zur Darstellung des natürlichen Logarithmus verwendet.

Die mit jedem Prozess einhergehende Entropieänderung lautet

$$\Delta S = k \ln \mathcal{W}_{\text{Ende}} - k \ln \mathcal{W}_{\text{Anfang}} = k \ln \frac{\mathcal{W}_{\text{Ende}}}{\mathcal{W}_{\text{Anfang}}} \tag{19.5}$$

Daher führt jede Änderung im System, die eine Zunahme der Anzahl von Mikrozuständen verursacht, zu einem positiven Wert von ΔS: *Die Entropie nimmt mit der Anzahl von Mikrozuständen des Systems zu.*

Lassen Sie uns kurz zwei einfache Änderungen an unserer Probe des idealen Gases betrachten und die Änderung der Entropie in beiden Fällen beobachten. Gehen Sie zuerst davon aus, dass wir das Volumen des Systems vergrößern, was mit der Möglichkeit des Gases, sich isotherm auszudehnen, vergleichbar ist. Ein größeres Volumen bedeutet, dass den Gasatomen eine größere Anzahl von Positionen zur Verfügung steht. Deshalb wird das System nach der Volumenvergrößerung über eine größere Anzahl von Mikrozuständen verfügen. Die Entropie nimmt daher mit der Vergrößerung des Volumens zu. Gehen Sie als nächstes davon aus, dass wir das Volumen konstant halten, dafür jedoch die Temperatur erhöhen. Wie wird diese Änderung sich auf die Entropie des Systems auswirken?

Eine Erhöhung der Temperatur steigert die durchschnittliche Geschwindigkeit (mittleres Geschwindigkeitsquadrat) der Moleküle und verbreitert die Verteilung der Geschwindigkeiten. Daher verfügen die Moleküle über eine größere Anzahl möglicher Bewegungsenergien, und die Anzahl von Mikrozuständen nimmt auch hier zu. Die Entropie des Systems nimmt deshalb mit steigender Temperatur zu.

Allgemein können wir festhalten, *dass die Anzahl der einem System zur Verfügung stehenden Mikrozustände mit einer Vergrößerung des Volumens, einer Erhöhung der Temperatur oder einem Anstieg der Anzahl von Molekülen zunimmt, da jede dieser Änderungen die möglichen Positionen und Energien der Moleküle des Systems vermehrt.*

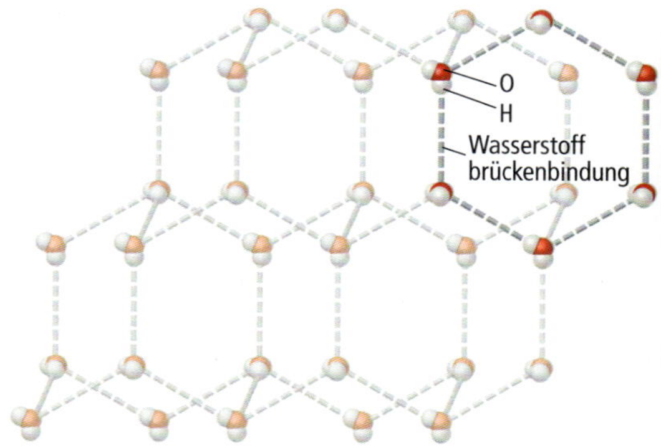

Abbildung 19.7: Die Struktur von Eis. Die intermolekularen Anziehungskräfte im dreidimensionalen Kristallgitter beschränken die Moleküle auf die ausschließliche Ausführung von Schwingungsbewegungen.

Qualitative Vorhersagen über ΔS

Es ist für gewöhnlich nicht schwierig, sich ein gedankliches Bild zu schaffen, um zu einer qualitativen Einschätzung über die Entropieänderung eines Systems während eines einfachen Prozesses zu gelangen. In den meisten Fällen verläuft eine Zunahme der Anzahl von Mikrozuständen und somit auch eine Zunahme der Entropie parallel zu einer Zunahme von

1. Temperatur
2. Volumen
3. Anzahl der sich unabhängig bewegenden Teilchen

Deshalb können wir normalerweise qualitative Vorhersagen über Entropieänderungen treffen, indem wir uns auf diese Faktoren konzentrieren. So breiten sich die Moleküle beim Verdampfen von Wasser z. B. in ein größeres Volumen aus. Da sie einen größeren Raum einnehmen, nimmt ihre Bewegungsfreiheit zu. Dies führt zu mehr möglichen Mikrozuständen und somit zu einer Zunahme der Entropie.

Im Eis beschränkt die in ► Abbildung 19.7 dargestellte starre Struktur der Wassermoleküle die Bewegungen im gesamten Kristall auf winzige Schwingungen. Im Gegensatz dazu können sich die Moleküle in flüssigem Wasser gegeneinander frei bewegen (Translation) und rotieren aber auch schwingen. Während des Schmelzvorgangs erhöht sich somit die Anzahl der Mikrozustände und daher gleichzeitig auch die Entropie.

Wenn ein ionischer Feststoff, wie z. B. KCl, sich in Wasser löst, entsteht ein homogenes Gemisch (► Abbildung 19.8). Die Ionen bewegen sich nun in einem größeren Volumen und besitzen eine höhere Bewegungsenergie als im starren Feststoff. Wir müssen jedoch beachten, dass Wassermoleküle als Hydratwasser um die Ionen herum gehalten werden. Diese Wassermoleküle besitzen weniger Bewegungsenergie als zuvor, da sie nun an die unmittelbare Umgebung der Ionen gebunden sind. Je größer die Ladung eines Ions ist, desto größer sind die Ion-Dipol-Anziehungskräfte, die das Ion und das Wasser zusammenhalten und so Bewegungen einschränken. Deshalb kann, obwohl der Lösungsprozess normalerweise mit einer Zunahme der Entropie einhergeht, das Auflösen von Salzen mit hoch geladenen Ionen zu einer *Abnahme* der Entropie führen.

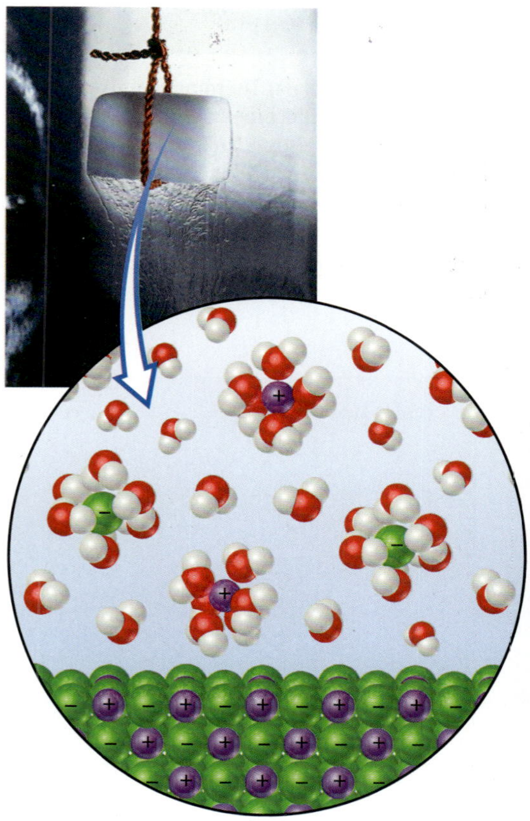

Abbildung 19.8: Die Auflösung eines ionischen Feststoffes in Wasser. Die Diffusion der Ionen nimmt zu und ihre Bewegungen werden regelloser, wohingegen die Wassermoleküle, welche die Ionen hydratisieren, in ihrer Beweglichkeit eingeschränkt werden.

Abbildung 19.9: Entropieänderung während einer Reaktion. Die Verringerung der Anzahl gasförmiger Moleküle führt zu einer Abnahme der Entropie des Systems. Bei der Reaktion von $NO(g)$ und $O_2(g)$ in (a) zur Bildung von $NO_2(g)$ in (b) verringert sich die Anzahl gasförmiger Moleküle.

MERKE !

Der 3. Hauptsatz der Thermodynamik besagt, dass die Entropie eines reinen kristallinen Stoffes am absoluten Nullpunkt als null angenommen werden kann: S (0 K) = 0.

Dies bedeutet auch, dass ein Körper in der Realität nicht bis zum absoluten Nullpunkt abgekühlt werden kann.

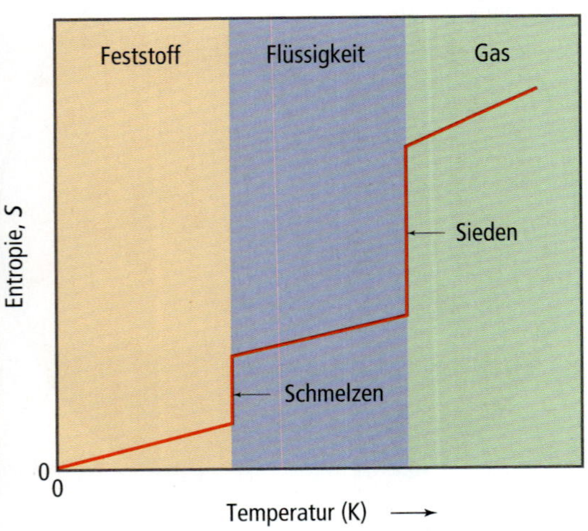

Abbildung 19.10: Die Entropie als Funktion der Temperatur. Bei Erhöhung der Temperatur eines kristallinen Feststoffes, ausgehend vom absoluten Nullpunkt, nimmt die Entropie zu. Die plötzlichen, senkrechten Anstiege der Entropie entsprechen Phasenumwandlungen.

Betrachten wir desweiteren die Reaktion zwischen Stickstoffmonoxidgas und Sauerstoffgas zur Bildung von Stickstoffdioxidgas:

$$2\,NO(g) + O_2(g) \longrightarrow 2\,NO_2(g) \qquad (19.6)$$

In diesem Fall führt die Reaktion zu einer Abnahme der Molekülanzahl – drei Moleküle gasförmiger Reaktanten bilden zwei Moleküle gasförmiger Produkte (► Abbildung 19.9). Die Bildung neuer N—O-Bindungen verringert die Bewegungen der Atome im System. Die Bildung neuer Bindungen verringert die *Anzahl der Freiheitsgrade* oder der den Atomen zur Verfügung stehenden Bewegungsarten. Die Abnahme der Molekülanzahl und die daraus resultierende Abnahme der Bewegung führen zu einer geringeren Anzahl Mikrozustände und somit zu einer Abnahme der Entropie des Systems.

Zusammenfassend können wir feststellen, dass wir bei Prozessen, die folgende Kennzeichen aufweisen, normalerweise von einer Zunahme der Entropie des Systems ausgehen:

1. Bildung von Gasen, entweder aus Feststoffen oder aus Flüssigkeiten
2. Bildung von Flüssigkeiten oder Lösungen aus Feststoffen
3. Zunahme der Gasmolekülanzahl während einer chemischen Reaktion

Der Dritte Hauptsatz der Thermodynamik

Wenn wir die Wärmeenergie eines Systems durch Senkung der Temperatur verringern, nimmt die als Translations-, Schwingungs- oder Rotationsbewegung gespeicherte Energie ab und damit die Entropie des Systems. Der **Dritte Hauptsatz der Thermodynamik** besagt, dass *die Entropie eines reinen kristallinen Stoffes am absoluten Nullpunkt als null angenommen werden kann*: $S(0\,K) = 0$.

Wie verhält sich die Entropie des Stoffes bei weiterer Erwärmung? In ► Abbildung 19.10 wird graphisch dargestellt, wie sich die Entropie eines typischen Stoffes im Zusammenhang mit der Temperatur verändert. Wir können erkennen, dass die Entropie des Feststoffes mit steigender Temperatur allmählich weiter zunimmt, bis hin zum Schmelzpunkt des Feststoffes. Beim Schmelzen des Feststoffes werden die Wechselwirkungen zwischen den Teilchen vermindert. Die zusätzlichen Freiheitsgrade der einzelnen Teilchen bedingen eine Entropiezunahme. Wir können deshalb am Schmelzpunkt einen starken Anstieg der Entropie erkennen. Nachdem der gesamte Feststoff zu einer Flüssigkeit geschmolzen ist, steigt die Temperatur erneut an und mit ihr auch die Entropie.

Am Siedepunkt der Flüssigkeit findet eine weitere sprunghafte Zunahme der Entropie statt. Diese Zunahme resultiert aus der Tatsache, dass den Molekülen ein größeres Volumen zur Verfügung steht. Wenn wir das Gas weiter erwärmen, nimmt die Entropie stetig zu, da die Gasmoleküle mehr Energie in der Translationsbewegung speichern.

19.4 Entropieänderungen bei chemischen Reaktionen

Die absoluten Entropien basieren auf dem Bezugspunkt der Nullentropie für ideale kristalline Feststoffe bei 0 K (Dritter Hauptsatz). Entropien werden normalerweise als molare Quantitäten, in Einheiten von $J/mol \cdot K^{-1}$, tabellarisiert.

Die Werte der molaren Entropie von Stoffen in ihren Grundzuständen sind als molare **Standardentropien** bekannt und mit $S°$ gekennzeichnet. Der Grundzustand von Stoffen wird als reiner Stoff bei einem Druck von 1 atm definiert.* In Tabelle 19.1 sind die Werte von $S°$ für verschiedene Stoffe bei 298 K angegeben. In Anhang B finden Sie eine ausführlichere Auflistung.

Zu den $S°$-Werten in ► Tabelle 19.1 können wir Verschiedenes anmerken:

1. Im Gegensatz zu Bildungsenthalpien sind die molaren Standardentropien von Elementen am Bezugspunkt von 298 K *nicht* gleich null.
2. Die molaren Standardentropien von Gasen sind größer als jene von Flüssigkeiten und Feststoffen.
3. Molare Standardentropien nehmen normalerweise mit steigender molarer Masse zu.
4. Molare Standardentropien nehmen normalerweise mit einer steigenden Anzahl von Atomen in der Formel eines Stoffes zu.

Allgemein können wir festhalten, dass die Anzahl der Freiheitsgrade eines Moleküls mit steigender Atomanzahl zunimmt, und sich somit auch die Anzahl möglicher Mikrozustände erhöht.

Die Entropieänderung bei einer chemischen Reaktion entspricht der Summe der Entropien des Produkts abzüglich der Summe der Entropien der Reaktanten:

$$\Delta_r S° = \sum nS°(\text{Produkte}) - \sum mS°(\text{Reaktanten}) \quad (19.7)$$

Wie in ► Gleichung 5.21 entsprechen die Koeffizienten *n* und *m* den stöchiometrischen Koeffizienten in der chemischen Gleichung. Dies wird im ► Übungsbeispiel 19.2 veranschaulicht.

Stoff	S° (J/mol·K⁻¹)
Gase	
$H_2(g)$	130,6
$N_2(g)$	191,5
$O_2(g)$	205,0
$H_2O(g)$	188,8
$NH_3(g)$	192,5
$CH_3OH(g)$	237,6
$C_6H_6(g)$	269,2
Flüssigkeiten	
$H_2O(l)$	69,9
$CH_3OH(l)$	126,8
$C_6H_6(l)$	172,8
Feststoffe	
$Li(s)$	29,1
$Na(s)$	51,4
$K(s)$	64,7
$Fe(s)$	27,23
$FeCl_3(s)$	142,3
$NaCl(s)$	72,3

Tabelle 19.1: Molare Standardentropien ausgewählter Stoffe bei 298 K.

MERKE !

Die Entropie eines Stoffes steigt in der Reihenfolge:

$$S_{\text{fest}} < S_{\text{flüssig}} < S_{\text{gasförmig}}.$$

Entropieänderungen in der Umgebung

Tabellarisierte Werte der absoluten Entropie können, wie eben beschrieben, zur Berechnung der Standardentropieänderung in einem System verwendet werden. Wie jedoch sieht dies bei der Entropieänderung in der Umgebung aus?

Wir sollten uns darüber im Klaren sein, dass die Umgebung als eine große Wärmequelle konstanter Temperatur dient (oder als Wärmesenke, wenn die Wärme aus dem System an die Umgebung abfließt). Die Entropieänderung der Umgebung hängt davon ab, wieviel Wärme vom System aufgenommen oder abgegeben wird. Für einen isothermen Prozess wird die Entropieänderung der Umgebung folgendermaßen angegeben:

$$\Delta S_{\text{Umgebung}} = \frac{-Q_{\text{System}}}{T} \quad (19.8)$$

Für eine bei konstantem Druck ablaufende Reaktion entspricht Q_{System} einfach der Enthalpieänderung der Reaktion, ΔH. Bei der Reaktion im ► Übungsbeispiel 19.2, der Bildung von Ammoniak aus $H_2(g)$ und $N_2(g)$ bei 298 K, entspricht Q_{System} der Enthalpieänderung der Reaktion unter Standardbedingungen, $\Delta H°$ (siehe Abschnitt 5.7). Unter Anwendung der in Abschnitt 5.7 beschriebenen Verfahren, erhalten wir

$$\Delta_r H° = 2\Delta_f H°[NH_3(g)] - 3\Delta_f H°[H_2(g)] - \Delta_f H°[N_2(g)]$$
$$= 2(-46{,}19\,\text{kJ}) - 3(0\,\text{kJ}) - (0\,\text{kJ}) = -92{,}38\,\text{kJ}$$

Daraus ergibt sich, dass die Bildung von Ammoniak aus $H_2(g)$ und $N_2(g)$ bei 298 K exotherm abläuft. Die Aufnahme der vom System abgegebenen Wärme führt zu einer Zunahme der Entropie der Umgebung:

$$\Delta S°_{\text{Umgebung}} = \frac{92{,}38\text{ kJ}}{298\text{ K}} = 0{,}310\text{ kJ/K} = 310\text{ J/K}$$

* Die in der Thermodynamik verwendete Standarddruckeinheit lautet mittlerweile nicht mehr 1 atm. Stattdessen wird die SI-Einheit für den Druck, das Pascal (Pa), verwendet. Der Standarddruck beträgt 101,325 kPa bzw. 1013,25 hPa.

Übungsbeispiel 19.2: Die Berechnung von ΔS aus tabellarisierten Entropien

Berechnen Sie $\Delta_r S°$ für die Synthese von Ammoniak aus $N_2(g)$ und $H_2(g)$ bei 298 K:

$$N_2(g) + 3\,H_2(g) \longrightarrow 2\,NH_3(g)$$

Lösung

Analyse: Die Aufgabe besteht darin, die Entropieänderung für die Synthese von $NH_3(g)$ aus den Elementen zu berechnen.
Vorgehen: Wir können diese Berechnung mit Hilfe von ► Gleichung 19.7, sowie den in ► Tabelle 19.1 und Anhang B gegebenen Werten der molaren Standardentropie für Reaktanten und Produkte durchführen.
Lösung: Unter Verwendung von ► Gleichung 19.7 erhalten wir

$$\Delta_r S° = 2\,S°(NH_3) - [S°(N_2) + 3\,S°(H_2)]$$

Durch Einsetzen der entsprechenden $S°$-Werte aus Tabelle 19.1 erhalten wir

$$\Delta_r S° = (2\,\text{mol})(192{,}5\,\text{J/mol}\cdot\text{K}^{-1}) - [(1\,\text{mol})(191{,}5\,\text{J/mol}\cdot\text{K}^{-1}) + (3\,\text{mol})(130{,}6\,\text{J/mol}\cdot\text{K}^{-1})] = -198{,}3\,\text{J/K}$$

Überprüfung: Der Wert für ΔS ist negativ. Dies stimmt mit unserer, auf der Abnahme der Anzahl von Gasmolekülen während der Reaktion basierenden, qualitativen Vorhersage überein.

A 1 Berechnen Sie unter Verwendung der Standardentropien aus Anhang B die Standardentropieänderung ($\Delta S°$) für folgende Reaktion bei 298 K:

$$Al_2O_3(s) + 3\,H_2(g) \longrightarrow 2\,Al(s) + 3\,H_2O(g)$$

Bitte beachten Sie, dass das Ausmaß der von der Umgebung gewonnenen Entropie (310 J/K) jenes der vom System verlorenen (198,3 J/K) übersteigt. Dies haben unsere Berechnungen im ► Übungsbeispiel 19.2 ergeben:

$$\Delta S°_{\text{Universum}} = \Delta S°_{\text{System}} + \Delta S°_{\text{Umgebung}} = -198{,}3\,\text{J/K} + 310\,\text{J/K} = 112\,\text{J/K}$$

Da $\Delta S°_{\text{Universum}}$ bei allen spontanen Reaktionen positiv ist, deutet diese Berechnung darauf hin, dass sich das Reaktionssystem spontan in Richtung der Bildung von $NH_3(g)$ bewegt, wenn $NH_3(g)$, $H_2(g)$ und $N_2(g)$ sich bei 298 K in ihren Standardzuständen befinden (jeweils bei einem Druck von 1 atm). Sie müssen jedoch bedenken, dass – obwohl die thermodynamischen Berechnungen darauf hindeuten, dass die Bildung von Ammoniak spontan abläuft – sie uns nichts über die Geschwindigkeit verraten, mit der Ammoniak gebildet wird.

19.5 Freie Enthalpie

Ein endothermer Prozess, der spontan abläuft, ist z. B. die Auflösung von Ammoniumnitrat in Wasser. Dieser Prozess geht mit einer Zunahme der Entropie des Systems einher. Wir kennen jedoch auch Prozesse, die spontan sind und trotzdem mit einer *Abnahme* der Entropie des Systems verlaufen, wie z. B. die exotherme Bildung von Natriumchlorid aus den Elementen. Spontane Prozesse, die zu einer Abnahme der Entropie des Systems führen, sind immer exotherm.

Abbildung 19.11: Josiah Willard Gibbs (1839–1903). Gibbs bekam als Erster einen wissenschaftlichen Ph. D.-Grad (Doctorate of Philosophy) einer amerikanischen Universität (Yale, 1863) verliehen. Von 1871 bis zu seinem Tod hatte er den Lehrstuhl für mathematische Physik in Yale inne. Er erarbeitete viele der theoretischen Grundlagen, die zur Entwicklung der chemischen Thermodynamik führten.

Es sollte eine Möglichkeit geben, ΔH und ΔS zu nutzen, um vorherzusagen, ob eine bei konstanter Temperatur und konstantem Druck ablaufende, gegebene Reaktion spontan stattfinden wird. Der amerikanische Mathematiker J. Willard Gibbs (1839–1903) entwickelte eine Beziehung zwischen ΔH und ΔS, die eine Aussage darüber zuläßt, ob eine Reaktion bei konstanter Temperatur und konstantem Druck spontan abläuft. Gibbs (► Abbildung 19.11) schlug eine neue Zustandsfunktion vor, die heute **Gibbs-Energie** oder **freie Enthalpie** genannt wird. Die freie Enthalpie, G, eines Zustandes ist definiert als

$$G = H - TS \tag{19.9}$$

wobei T der absoluten Temperatur entspricht. Für einen bei konstanter Temperatur ablaufenden Prozess wird die Änderung der freien Enthalpie des Systems, ΔG, durch folgenden Ausdruck **(Gibbs-Helmholtz-Gleichung)** gegeben:

$$\Delta G = \Delta H - T\Delta S \text{ bzw. } \Delta_r G = \Delta_r H - T\Delta_r S \tag{19.10}$$

Für eine bei konstanter Temperatur und konstantem Druck ablaufende Reaktion gilt Folgendes:

$$\Delta S_{\text{Universum}} = \Delta S_{\text{System}} + \Delta S_{\text{Umgebung}} = \Delta S_{\text{System}} + \left(\frac{-\Delta H_{\text{System}}}{T}\right)$$

Durch Multiplikation beider Seiten mit $(-T)$ erhalten wir:

$$-T\Delta S_{\text{Universum}} = \Delta H_{\text{System}} - T\Delta S_{\text{System}} \quad (19.11)$$

Wenn wir ► Gleichung 19.11 mit ► Gleichung 19.10 vergleichen, können wir erkennen, dass die Änderung der freien Enthalpie, ΔG, bei einem bei konstanter Temperatur und konstantem Druck ablaufenden Prozess $-T\Delta S_{\text{Universum}}$ entspricht. Wir wissen, dass $\Delta S_{\text{Universum}}$ bei spontanen Prozessen positiv ist. Daher liefert uns das Vorzeichen von ΔG Informationen über die Spontaneität von Prozessen, die bei konstanter Temperatur und konstantem Druck ablaufen. Wenn sowohl T als auch p konstant sind, ist der Zusammenhang zwischen dem Vorzeichen von ΔG und der Spontaneität einer Reaktion wie folgt:

1. Wenn ΔG negativ ist, verläuft die Hinreaktion spontan (exergonisch).
2. Wenn ΔG gleich null ist, befindet sich die Reaktion im Gleichgewicht.
3. Wenn ΔG positiv ist, verläuft die Hinreaktion **nicht** freiwilllig (endergonisch). Damit diese vonstatten geht, muss Arbeit aus der Umgebung zugeführt werden. Die Rückreaktion verläuft jedoch spontan.

Bei allen bei konstanter Temperatur und konstantem Druck ablaufenden spontanen Prozessen nimmt die freie Enthalpie immer ab (exergonisch; $\Delta G < 0$).

Lassen Sie uns zur Veranschaulichung dieser Konzepte zum Haber-Bosch-Verfahren zurückkehren, das wir in Kapitel 15 ausführlich behandelt haben:

$$N_2(g) + 3\,H_2(g) \rightleftharpoons 2\,NH_3(g)$$

Stellen Sie sich vor, wir hätten ein Reaktionsgefäß, das uns die Aufrechterhaltung einer konstanten Temperatur und eines konstanten Drucks ermöglicht und desweiteren verfügen wir über einen Katalysator, der den Ablauf der Reaktion mit einer vernünftigen Geschwindigkeit ermöglicht. Was passiert, wenn wir das Gefäß mit einer bestimmten Molzahl N_2 und der dreifachen Molzahl H_2 füllen? Wie wir in ► Abbildung 15.3 a sehen konnten, reagieren N_2 und H_2 spontan, um so lange NH_3 zu bilden, bis das Gleichgewicht erreicht ist. Ebenso zeigt uns ► Abbildung 15.3 b, dass, wenn wir das Gefäß mit reinem NH_3 befüllen, dieses sich spontan zersetzt, um so lange N_2 und H_2 zu bilden, bis das Gleichgewicht erreicht ist. In beiden Fällen verringert sich die freie Enthalpie des Systems auf dem Weg hin zum Gleichgewicht, welches ein Minimum der freien Enthalpie darstellt. Wir veranschaulichen diese Fälle in ► Abbildung 19.12.

Änderungen der freien Standardenthalpie

Die freien Standardbildungsenthalpien erweisen sich bei der Berechnung der *Änderung der freien Standardenthalpie* chemischer Prozesse als hilfreich. Die Vorgehensweise entspricht jener bei der Berechnung von $\Delta_r H°$ (Gleichung 5.21) und $\Delta_r S°$ (Gleichung 19.7):

$$\Delta_r G° = \sum n\Delta_f G°(\text{Produkte}) - \sum m\Delta_f G°(\text{Reaktanten}) \quad (19.12)$$

Die Konventionen zu den Standardzuständen sind in ► Tabelle 19.2 zusammengestellt.

MERKE !

Die Änderung der freien Enthalpie (Gibbs-Energie) einer Reaktion errechnet sich nach der Gibbs-Helmholtz-Gleichung:

$$\Delta_r G = \Delta_r H - T\Delta_r S.$$

Übungsbeispiel 19.3: Die Berechnung der Änderung der freien Standardenthalpie aus freien Bildungsenthalpien

(a) Berechnen Sie, unter Verwendung der Daten aus Anhang B, die Änderung der freien Standardenthalpie für folgende Reaktion bei 298 K:

$$P_4(g) + 6\,Cl_2(g) \longrightarrow 4\,PCl_3(g)$$

(b) Wie lautet $\Delta G°$ für die Umkehrung obiger Reaktion?

Lösung

Analyse: Die Aufgabe besteht in der Berechnung der Änderung der freien Enthalpie für die angegebene Reaktion und der anschließenden Bestimmung der Änderung der freien Enthalpie für deren Rückreaktion.

Vorgehen: Zur Erledigung unserer Aufgabe schlagen wir die Werte der freien Enthalpie für die Produkte und Reaktanten nach und wenden ► Gleichung 19.12 an: Wir multiplizieren die molaren Quantitäten mit den Koeffizienten der Gleichgewichtsgleichung und subtrahieren die Gesamtsumme für die Reaktanten von jener für die Produkte.

Lösung:

(a) $Cl_2(g)$ befindet sich in seinem Standardzustand, so dass $\Delta_f G°$ für diesen Reaktanten gleich null ist. $P_4(g)$ befindet sich jedoch nicht in seinem Standardzustand, so dass $\Delta_f G°$ für diesen Reaktanten nicht gleich null ist. Aus der Gleichgewichtsgleichung und der Verwendung von Anhang B ergibt sich:

$$\Delta_r G° = 4\,\Delta_f G°[PCl_3(g)] - \Delta_f G°[P_4(g)] - 6\Delta_f G°[Cl_2(g)] = (4\,\text{mol})(-269{,}6\,\text{kJ/mol}) - (1\,\text{mol})(24{,}4\,\text{kJ/mol}) - 0 = -1102{,}8\,\text{kJ}$$

Aus der Tatsache, dass $\Delta G°$ negativ ist, können wir schließen, dass bei einem Gemisch aus $P_4(g)$, $Cl_2(g)$ und $PCl_3(g)$ bei 25 °C, von denen jedes mit einem Partialdruck von 1 atm vorkommt, eine spontane Hinreaktion (exergonisch) zur Bildung von zusätzlichem PCl_3 ablaufen würde. Sie müssen jedoch beachten, dass der Wert von $\Delta G°$ uns keine Auskunft über die Geschwindigkeit gibt, mit welcher die Reaktion abläuft.

(b) Bitte rufen Sie sich ins Gedächtnis zurück, dass $\Delta G = G(\text{Produkte}) - G(\text{Reaktanten})$. Mit der Umkehrung der Reaktion kehren wir auch die Rollen von Reaktanten und Produkten um. Deshalb ändert sich mit der Umkehrung der Reaktion auch das Vorzeichen von ΔG, genauso wie sich mit der Umkehrung der Reaktion das Vorzeichen von ΔH ändert (siehe Abschnitt 5.4). Daher erhalten wir unter Verwendung des Ergebnisses aus Teil (a):

$$4\,PCl_3(g) \longrightarrow P_4(g) + 6\,Cl_2(g) \qquad \Delta G° = +1102{,}8\,\text{kJ}$$

Übungsbeispiel 19.4: Schätzung und Berechnung von $\Delta G°$

In Abschnitt 5.7 haben wir den Hess'schen Satz zur Berechnung von $\Delta H°$ für die Verbrennung von Propangas bei 298 K verwendet:

$$C_3H_8(g) + 5\,O_2(g) \longrightarrow 3\,CO_2(g) + 4\,H_2O(l) \qquad \Delta H° = -2220\,\text{kJ}$$

(a) Sagen Sie *ohne die Verwendung von Daten aus Anhang B* vorher, ob $\Delta G°$ für diese Reaktion negativer oder weniger negativ ist als $\Delta H°$.

(b) Verwenden Sie zur Berechnung der Änderung der freien Standardenthalpie für die Reaktion bei 298 K die Daten aus Anhang B. Ist Ihre Vorhersage aus Teil (a) korrekt?

Lösung

Analyse: In Teil (a) müssen wir den Wert für $\Delta G°$ relativ zu jenem für $\Delta H°$ auf der Basis der Gleichgewichtsgleichung der Reaktion vorhersagen. In Teil (b) müssen wir den Wert für $\Delta G°$ berechnen und mit unserer qualitativen Vorhersage vergleichen.

Vorgehen: Die Änderung der freien Enthalpie umfasst unter Standardbedingungen sowohl die Enthalpieänderung als auch die Entropieänderung der Reaktion (► Gleichung 19.10):

$$\Delta G° = \Delta H° - T\Delta S°$$

Um zu entscheiden, ob $\Delta G°$ negativer oder weniger negativ ist als $\Delta H°$, müssen wir das Vorzeichen des Terms $T\Delta S°$ bestimmen. T entspricht der absoluten Temperatur, 298 K, und ist deshalb eine positive Zahl. Wir können das Vorzeichen von $\Delta S°$ vorhersagen, indem wir die Reaktion betrachten.

Lösung:

(a) Wir können erkennen, dass die Reaktanten aus sechs Gasmolekülen und die Produkte aus drei Gasmolekülen und vier Flüssigkeitsmolekülen bestehen. Somit hat sich die Anzahl der Gasmoleküle im Laufe der Reaktion deutlich verringert. Wenn wir die in Abschnitt 19.3 erörterten, allgemeinen Regeln anwenden, würden wir erwarten, dass eine Verringerung der Anzahl an Gasmolekülen zu einer Abnahme der Entropie des Systems führt – die Produkte verfügen über weniger zugängliche Mikrozustände als die Reaktanten. Wir gehen deshalb davon aus, dass es sich bei $\Delta S°$ und $T\Delta S°$ um negative Zahlen handelt. Da wir $T\Delta S°$, eine negative Zahl, subtrahieren, würden wir vorhersagen, dass $\Delta G°$ *weniger negativ* ist als $\Delta H°$.

(b) Unter Anwendung von ► Gleichung 19.12 und Werten aus Anhang B können wir den Wert von $\Delta G°$ berechnen:

$$\Delta_r G° = 3\Delta_f G°[CO_2(g)] + 4\Delta_f G°[H_2O(l)] - \Delta_f G°[C_3H_8(g)] - 5\Delta_f G°[O_2(g)]$$
$$= 3\,\text{mol}(-394{,}4\,\text{kJ/mol}) + 4\,\text{mol}(-237{,}13\,\text{kJ/mol}) - 1\,\text{mol}(-23{,}47\,\text{kJ/mol}) - 5\,\text{mol}\,(0\,\text{kJ/mol}) = -2108\,\text{kJ}$$

Bitte beachten Sie, dass wir bei der Verwendung des Wertes von $\Delta G_f°$ für $H_2O(l)$ vorsichtig waren. Wie auch bei der Berechnung von ΔH-Werten, spielen die Phasen der Reaktanten und Produkte eine wichtige Rolle. Wie von uns vorhergesagt, ist $\Delta G°$ aufgrund der Entropieabnahme während der Reaktion weniger negativ als $\Delta H°$.

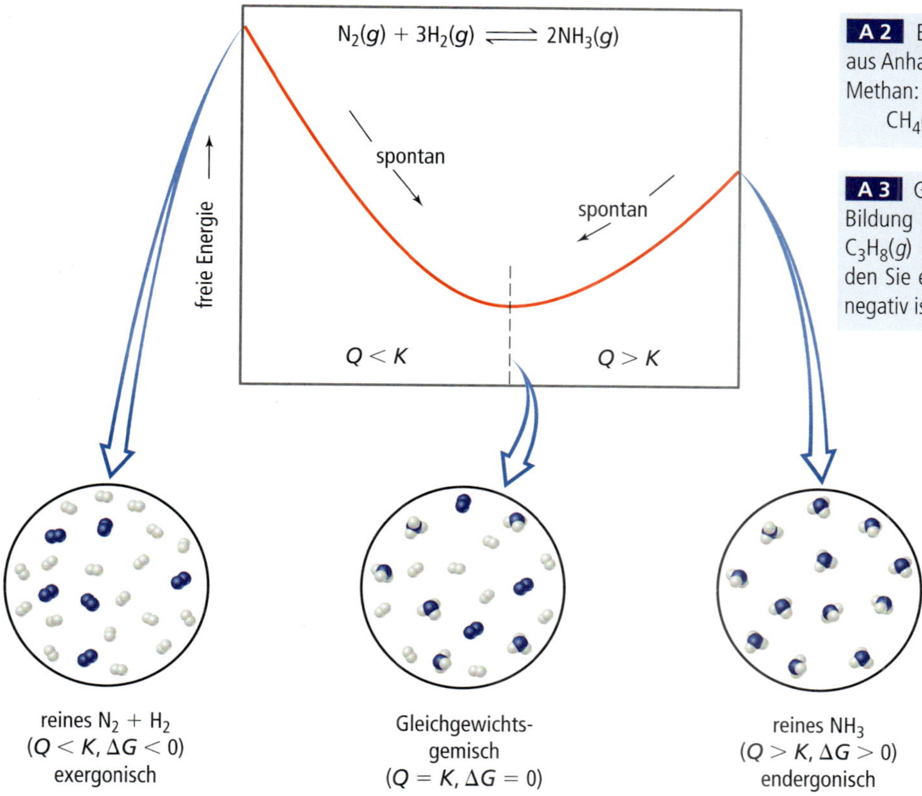

Abbildung 19.12: Freie Enthalpie und Gleichgewicht. Wenn das Reaktionsgemisch bei der Reaktion $N_2(g) + 3\,H_2(g) \rightleftharpoons 2\,NH_3(g)$ zu viel N_2 und H_2 aufweist (links), liegt die Reaktion zu weit links, ($Q < K$), und es kommt zu einer spontanen Bildung von NH_3. Wenn das Gemisch zu viel NH_3 enthält (rechts), liegt die Reaktion zu weit rechts, ($Q > K$), und NH_3 zersetzt sich spontan zu N_2 und H_2. Bei beiden dieser spontanen Prozesse geht es mit der freien Enthalpie „bergab". Im Gleichgewichtszustand (Mitte) gilt $Q = K$ und die freie Enthalpie erreicht ihr Minimum ($\Delta G = 0$).

A 2 Berechnen Sie, unter Verwendung der Daten aus Anhang B, $\Delta G°$ bei 298 K für die Verbrennung von Methan:

$$CH_4(g) + 2\,O_2(g) \longrightarrow CO_2(g) + 2\,H_2O(g)$$

A 3 Gehen Sie von der Verbrennung von Propan mit Bildung von $CO_2(g)$ und $H_2O(g)$ bei 298 K aus: $4\,C_3H_8(g) + 5\,O_2(g) \longrightarrow 3\,CO_2(g) + 4\,H_2O(g)$. Würden Sie erwarten, dass $\Delta G°$ negativer oder weniger negativ ist als $\Delta H°$?

Zustand der Materie	Standardzustand
Feststoff	Reiner Feststoff
Flüssigkeit	Reine Flüssigkeit
Gas	p = 1013 hPa
Lösung	c = 1 mol/L
Elemente	Die freie Standardbildungsenthalpie eines Elementes in seinem Standardzustand (stabile Modifikation) ist als null definiert.

Tabelle 19.2: Zur Ermittlung freier Standardbildungsenthalpien verwendete Konventionen.

19.6 Freie Enthalpie und Temperatur

Wir haben gesehen, dass Tabellierungen von $\Delta_f G°$, wie jene in Anhang B, die Berechnung von $\Delta_r G°$ für Reaktionen ermöglichen, die bei der Standardtemperatur von 25 °C ablaufen. Wir sind jedoch oftmals an der Untersuchung von Reaktionen interessiert, die bei anderen Temperaturen ablaufen. Wie wird die Änderung der freien Enthalpie von einer Temperaturänderung beeinflusst? Lassen Sie uns nochmals einen Blick auf ► Gleichung 19.10 werfen:

$$\Delta G = \Delta H - T\Delta S = \underset{\text{Enthalpie-term}}{\Delta H} + \underset{\text{Entropie-term}}{(-T\Delta S)}$$

Bitte beachten Sie, dass wir den Ausdruck für ΔG als Summe zweier Beiträge dargestellt haben, nämlich eines Enthalpieterms ΔH, und eines Entropieterms $-T\Delta S$. Da der Wert von $-T\Delta S$ direkt von der absoluten Temperatur T abhängt, verändert sich ΔG zusammen mit der Temperatur. T ist immer positiv. Wir wissen, dass der Enthalpieterm ΔH positiv oder negativ sein kann. Der Entropieterm $-T\Delta S$ kann ebenfalls positiv oder negativ sein. Wenn ΔS positiv ist, dann ist der Term $-T\Delta S$ negativ. Wenn ΔS negativ ist, dann ist der Term $-T\Delta S$ positiv.

Das Vorzeichen von ΔG, das uns Auskunft über die Spontaneität eines Prozesses gibt, hängt von den Vorzeichen und Werten von ΔH und $-T\Delta S$ ab. Wenn sowohl ΔH als auch $-T\Delta S$ negativ ist, ist ΔG immer negativ (exergonisch) und der Prozess

MERKE !

Exotherme Reaktionen ($\Delta H < 0$), bei denen die Entropie zunimmt ($\Delta S > 0$), laufen immer spontan ab, endotherme Reaktionen ($\Delta H > 0$), bei denen die Entropie abnimmt ($\Delta S < 0$), dagegen niemals. Bei allen anderen Reaktionen entscheidet die Temperatur über den spontanen Ablauf.

bei allen Temperaturen spontan. Ebenso ist, wenn sowohl ΔH als auch $-T\Delta S$ positiv ist, ΔG immer positiv (endergonisch) und der Prozess bei allen Temperaturen nicht spontan. Wenn ΔH und $-T\Delta S$ jedoch entgegengesetzte Vorzeichen haben, hängt das Vorzeichen von ΔG von den Werten dieser beiden Terme ab. In solchen Fällen spielt die Temperatur eine wichtige Rolle. Im Allgemeinen verändern ΔH und ΔS sich mit der Temperatur nur unerheblich. Der Wert von T wirkt sich jedoch direkt auf die Größe von $-T\Delta S$ aus.

Lassen Sie uns zur Veranschaulichung noch einmal das Schmelzen von Eis zu flüssigem Wasser bei einem Druck von 1 atm betrachten:

$$H_2O(s) \longrightarrow H_2O(l) \qquad \Delta H > 0,\ \Delta S > 0$$

Dieser Prozess ist endotherm, was bedeutet, dass ΔH positiv ist. Wir wissen auch, dass die Entropie während dieses Prozesses zunimmt, so dass ΔS positiv und $-T\Delta S$ negativ ist. Bei Temperaturen unter 0 °C (273 K) ist der Wert von ΔH höher als jener von $-T\Delta S$. Deshalb ist der positive Enthalpieterm maßgeblich. Dies führt zu einem positiven Wert von ΔG. Der positive Wert von ΔG bedeutet, dass das Schmelzen von Eis bei $T < 0$ °C nicht spontan abläuft. Stattdessen findet bei diesen Temperaturen eher der umgekehrte Prozess, das Gefrieren von flüssigem Wasser zu Eis, spontan statt.

Was passiert bei Temperaturen über 0 °C ? Mit steigender Temperatur erhöht sich auch der Wert des Entropieterms $-T\Delta S$. Bei $T > 0$ °C ist der Wert von $-T\Delta S$ größer als jener von ΔH. Bei diesen Temperaturen ist der negative Entropieterm maßgeblich. Dies führt zu einem negativen Wert von ΔG. Der negative Wert von ΔG bedeutet, dass das Schmelzen von Eis bei $T > 0$ °C spontan abläuft. Am normalen Schmelzpunkt von Wasser, $T = 0$ °C, befinden sich die beiden Phasen im Gleichgewicht. Rufen Sie sich ins Gedächtnis zurück, dass im Gleichgewichtszustand $\Delta G = 0$. Bei $T = 0$ °C haben ΔH und $-T\Delta S$ den gleichen Wert und entgegengesetzte Vorzeichen, so dass sie sich gegenseitig aufheben und $\Delta G = 0$ ergeben.

In ► Tabelle 19.3 sind die Möglichkeiten für die Vorzeichen von ΔH und ΔS, zusammen mit jeweils relevanten Beispielen, angegeben.

Unsere Erörterung der Temperaturabhängigkeit von ΔG ist auch für Änderungen der freien Standardenthalpie von Bedeutung. Wie wir in ► Übungsbeispiel 19.4 gesehen haben, wird ► Gleichung 19.10 unter Standardbedingungen zu:

$$\Delta G^\circ = \Delta H^\circ - T\Delta S^\circ \qquad (19.13)$$

Mit Hilfe der in Anhang B tabellierten Daten lassen sich die Werte von ΔH° und ΔS° bei 298 K leicht berechnen. Wenn wir davon ausgehen, dass sich die Werte von ΔH° und ΔS° nicht mit der Temperatur verändern, können wir unter Anwendung von ► Gleichung 19.13 den Wert von ΔG° bei von 298 K abweichenden Temperaturen abschätzen.

ΔH	ΔS	$-T\Delta S$	$\Delta G = \Delta H - T\Delta S$	Reaktionscharakteristika	Beispiel
−	+	−	−	bei allen Temperaturen spontan	$2O_3(g) \longrightarrow 3O_2(g)$
+	−	+	+	bei allen Temperaturen nicht spontan	$3O_2(g) \longrightarrow 2O_3(g)$
−	−	+	+ oder −	spontan bei niedrigen T; nicht spontan bei hohen T	$H_2O(l) \longrightarrow H_2O(s)$
+	+	−	+ oder −	spontan bei hohen T; nicht spontan bei niedrigen T	$H_2O(s) \longrightarrow H_2O(l)$

Tabelle 19.3: Zur Ermittlung freier Standardbildungsenthalpien verwendete Konventionen.

Übungsbeispiel 19.5: Bestimmung des Einflusses der Temperatur auf die Spontaneität

Das Haber-Bosch-Verfahren zur Erzeugung von Ammoniak beruht auf folgendem Gleichgewicht:

$$N_2(g) + 3\,H_2(g) \rightleftharpoons 2\,NH_3(g)$$

Gehen Sie davon aus, dass $\Delta H°$ und $\Delta S°$ sich bei dieser Reaktion nicht mit der Temperatur verändern. **(a)** Sagen Sie die Richtung vorher, in welche $\Delta G°$ sich bei dieser Reaktion mit steigender Temperatur verändert. **(b)** Berechnen Sie die Werte von $\Delta G°$ für die Reaktion bei 25 °C und bei 500 °C.

Lösung

Analyse: In Teil (a) werden wir aufgefordert, die Richtung vorherzusagen, in welche $\Delta G°$ sich bei der Ammoniaksynthese mit steigender Temperatur verändert. In Teil (b) müssen wir $\Delta G°$ der Reaktion für zwei verschiedene Temperaturen bestimmen.

Vorgehen: In Teil (a) können wir diese Vorhersage treffen, indem wir das Vorzeichen von ΔS für die Reaktion bestimmen und diese Information anschließend zur Analyse von ► Gleichung 19.13 verwenden. In Teil (b) müssen wir unter Verwendung der Daten aus Anhang B $\Delta H°$ und $\Delta S°$ für die Reaktion berechnen. Wir können anschließend ► Gleichung 19.13 zur Berechnung von $\Delta G°$ verwenden.

Lösung:

(a) Aus ► Gleichung 19.13 können wir ersehen, dass $\Delta G°$ der Summe des Enthalpieterms $\Delta H°$ und des Entropieterms $-T\Delta S°$ entspricht. Die Temperaturabhängigkeit von $\Delta G°$ rührt vom Entropieterm her. Wir erwarten, dass $\Delta S°$ für diese Reaktion negativ ist, da die Anzahl der Gasmoleküle in den Produkten geringer ist. Da $\Delta S°$ negativ ist, ist der Term $-T\Delta S°$ positiv und wird mit steigender Temperatur größer. Als Folge daraus wird $\Delta G°$ mit steigender Temperatur weniger negativ (oder positiver). Deshalb nimmt die Antriebskraft für die Erzeugung von NH_3 mit steigender Temperatur ab.

(b) $\Delta S° = -198{,}4\,J/K$. Wenn wir davon ausgehen, dass diese Werte sich nicht mit der Temperatur verändern, können wir unter Verwendung von Gleichung 19.13 $\Delta G°$ bei allen Temperaturen berechnen. Bei $T = 298\,K$ erhalten wir:

19.7 Freie Enthalpie und die Gleichgewichtskonstante

In ► Tabelle 19.2 finden Sie die Reihe von Standardbedingungen, für die $\Delta G°$-Werte gelten. Die meisten chemischen Reaktionen finden unter Nichtstandardbedingungen statt. Der allgemeine Zusammenhang zwischen der Änderung der freien Standardenthalpie $\Delta G°$ und der Änderung der freien Enthalpie unter allen anderen Bedingungen ΔG ist für alle chemischen Prozesse durch folgenden Ausdruck gegeben:

$$\Delta G = \Delta G° + RT \ln Q \qquad (19.14)$$

In dieser Gleichung entspricht R der idealen Gaskonstante, 8,314 J/mol · K, T der absoluten Temperatur und Q dem Reaktionsquotienten, der dem relevanten Reaktionsgemisch entspricht (siehe Abschnitt 15.5). Rufen Sie sich ins Gedächtnis zurück, dass der Ausdruck für Q mit dem Ausdruck der Gleichgewichtskonstante identisch ist, wobei der einzige Unterschied darin besteht, dass die Reaktanten und Produkte sich nicht notwendigerweise im Gleichgewicht befinden müssen.

Unter Standardbedingungen sind die Konzentrationen aller Reaktanten und Produkte gleich 1. Unter Standardbedingungen gilt deshalb $Q = 1$ und folglich $\ln Q = 0$. Wir können erkennen, dass ► Gleichung 19.14 sich unter Standardbedingungen auf $\Delta G = \Delta G°$ vereinfacht, so wie dies der Fall sein sollte.

Wenn die Konzentrationen von Reaktanten und Produkten von den Standardwerten abweichen, müssen wir den Wert von Q berechnen, um den Wert von ΔG bestimmen zu können. Im ► Übungsbeispiel 19.7 veranschaulichen wir, wie dies funktioniert. An diesem Punkt unserer Erörterung wird es wichtig, die mit Q zusammenhängenden Einheiten in ► Gleichung 19.14 zu beachten. In ► Gleichung 19.14 werden die Konzentrationen von Gasen immer hinsichtlich ihrer Partialdrücke in Atmosphären und gelöste Stoffe hinsichtlich ihrer Konzentrationen in mol/L ausgedrückt.

Wir können nun ► Gleichung 19.14 zur Ableitung des Zusammenhangs zwischen $\Delta G°$ und der Gleichgewichtskonstante, K, verwenden. Im Gleichgewichtszustand gilt, $\Delta G = 0$. Rufen Sie sich des Weiteren ins Gedächtnis zurück, dass der Reaktions-

A 4 **(a)** Berechnen Sie unter Verwendung von Standardbildungsenthalpien und Standardentropien aus Anhang B $\Delta H°$ und $\Delta S°$ bei 298 K für folgende Reaktion: $2\,SO_2(g) + O_2(g) \longrightarrow 2\,SO_3(g)$.
(b) Schätzen Sie unter Verwendung der in Teil (a) errechneten Werte $\Delta G°$ bei 400 K ein.

MERKE !

Die freie Enthalpie ΔG unter Nichtstandardbedingungen lässt sich mithilfe eines Korrekturterms aus den freien Standardenthalpien $\Delta G°$ berechnen: $\Delta G = \Delta G° + RT \ln Q$.

MERKE !

Die freie Standardenthalpie $\Delta G°$ einer sich im Gleichgewicht befindlichen Reaktion lässt sich aus der Gleichgewichtskonstante K berechnen: $\Delta G° = -RT \ln K$.

$\Delta G°$ (kJ/mol)	K
+200	$9{,}1 \times 10^{-36}$
+100	$3{,}0 \times 10^{-18}$
+50	$1{,}7 \times 10^{-9}$
+10	$1{,}8 \times 10^{-2}$
+1,0	$6{,}7 \times 10^{-1}$
0	1,0
−1,0	1,5
−10	$5{,}6 \times 10^{1}$
−50	$5{,}8 \times 10^{8}$
−100	$3{,}3 \times 10^{17}$
−200	$1{,}1 \times 10^{35}$

Tabelle 19.4: Verhältnis zwischen $\Delta G°$ und K bei 298 K.

quotient, Q, der Gleichgewichtskonstante, K, entspricht, wenn das System sich im Gleichgewicht befindet. Daher lässt sich die ► Gleichung 19.14 für den Gleichgewichtszustand wie folgt umwandeln:

$$\begin{aligned} \Delta G &= \Delta G° + RT \ln Q \\ 0 &= \Delta G° + RT \ln K \\ \Delta G° &= -RT \ln K \end{aligned} \tag{19.15}$$

► Gleichung 19.15 ermöglicht uns ebenfalls die Berechnung des Wertes von K, wenn wir den Wert von $\Delta G°$ kennen. Wenn wir die Gleichung nach K auflösen, erhalten wir

$$K = e^{-\Delta G°/RT} \tag{19.16}$$

Anhand von ► Gleichung 19.15 können wir erkennen, dass, wenn $\Delta G°$ negativ ist, $\ln K$ positiv sein muss. Ein positiver Wert für $\ln K$ bedeutet $K > 1$. Je negativer $\Delta G°$ also ist, desto größer ist die Gleichgewichtskonstante, K. Umgekehrt, wenn $\Delta G°$ positiv ist, ist $\ln K$ negativ. Dies bedeutet, dass $K < 1$. In ► Tabelle 19.4 werden diese Folgerungen zusammengefasst, indem $\Delta G°$ und K sowohl für positive als auch negative Werte von $\Delta G°$ miteinander verglichen werden.

Übungsbeispiel 19.6: Herstellung eines Zusammenhangs zwischen ΔG und einer Phasenumwandlung im Gleichgewicht

Wie wir in Abschnitt 11.5 erkennen konnten, entspricht der *normale Siedepunkt* der Temperatur, bei der sich eine reine Flüssigkeit bei einem Druck von 1 atm im Gleichgewicht mit ihrem Dampf befindet. **(a)** Schreiben Sie die chemische Gleichung, die den normalen Siedepunkt flüssigen Tetrachlorkohlenstoffs, $CCl_4(l)$, definiert. **(b)** Wie lautet der Wert von $\Delta G°$ für das Gleichgewicht in Teil (a)? **(c)** Verwenden Sie die thermodynamischen Daten aus Anhang B und ► Gleichung 19.13, um den normalen Siedepunkt von CCl_4 abzuschätzen.

Lösung

Analyse: (a) Wir müssen eine chemische Gleichung aufstellen, die das physikalische Gleichgewicht zwischen der flüssigen und der gasförmigen Phase CCl_4 am normalen Siedepunkt beschreibt. **(b)** Wir müssen den Wert von $\Delta G°$ für CCl_4 im Gleichgewicht mit seinem Dampf am normalen Siedepunkt bestimmen. **(c)** Wir müssen, basierend auf den zur Verfügung stehenden thermodynamischen Daten, den normalen Siedepunkt von CCl_4 abschätzen.

Vorgehen: (a) Die chemische Gleichung lässt nur die Zustandsänderung von CCl_4 von flüssig nach gasförmig erkennen. **(b)** Wir müssen ► Gleichung 19.14 im Gleichgewichtszustand ($\Delta G° = 0$) analysieren. **(c)** Wir können ► Gleichung 19.13 zur Berechnung von T bei $\Delta G = 0$ anwenden.

Lösung:

(a) Der normale Siedepunkt von CCl_4 liegt bei der Temperatur, bei welcher reine Flüssigkeit CCl_4 sich bei einem Druck von 1 atm im Gleichgewicht mit ihrem Dampf befindet.

$$CCl_4(l) \rightleftharpoons CCl_4(g,\ 1\,\text{atm})$$

(b) Im Gleichgewicht gilt, $\Delta G = 0$. Bei jedem Gleichgewicht am normalen Siedepunkt befinden sich sowohl die Flüssigkeit als auch der Dampf in ihren Standardzuständen (► Tabelle 19.2). Folglich gilt für diesen Prozess, $Q = 1$, $\ln Q = 0$ und $\Delta G = \Delta G°$. Daraus schließen wir, dass für das mit dem normalen Siedpunkt zusammenhängende Gleichgewicht jeder Flüssigkeit $\Delta G° = 0$. Wir erfahren des Weiteren, dass für die den normalen Schmelzpunkten und den normalen Sublimationspunkten von Feststoffen entsprechenden Gleichgewichten $\Delta G° = 0$.

(c) Durch Zusammenfassung von ► Gleichung 19.13 und dem Ergebnis aus Teil (b) erkennen wir, dass der normale Siedepunkt, T_b, bei $CCl_4(l)$ und allen anderen reinen Flüssigkeiten folgendermaßen ausgedrückt werden kann:

$$\Delta G° = \Delta H° - T_b \Delta S° = 0$$

Durch Auflösung der Gleichung nach T_b erhalten wir

$$T_b = \Delta H°/\Delta S°$$

Genau genommen bräuchten wir für diese Berechnung die Werte von $\Delta H°$ und $\Delta S°$ für das Gleichgewicht zwischen $CCl_4(l)$ und $CCl_4(g)$ am normalen Siedepunkt. Wir können den Siedepunkt jedoch durch Verwendung der Werte von $\Delta H°$ und $\Delta S°$ für CCl_4 bei 298 K *abschätzen*. Diese Werte können wir uns mit Hilfe der Daten aus Anhang B und den ► Gleichungen 5.26 und 19.7 verschaffen:

$$\Delta H° = (1\,\text{mol})(-106{,}7\,\text{kJ/mol}) - (1\,\text{mol})(-139{,}3\,\text{kJ/mol}) = +32{,}6\,\text{kJ}$$
$$\Delta S° = (1\,\text{mol})(309{,}4\,\text{J/mol}\cdot\text{K}^{-1}) - (1\,\text{mol})(214{,}4\,\text{J/mol}\,.\,\text{K}^{-1}) = +95{,}0\,\text{J/K}$$

Bitte beachten Sie, dass der Prozess wie erwartet endotherm ist ($\Delta H > 0$) und ein Gas erzeugt, in dem die Energie besser verteilt werden kann ($\Delta S > 0$). Wir können diese Werte nun zur Einschätzung von T_b für $CCl_4(l)$ verwenden:

$$T_b = \frac{\Delta H°}{\Delta S°} = \left(\frac{32{,}6\ \text{kJ}}{95{,}0\ \text{J/K}}\right) = 343\ \text{K} = 70\ °\text{C}$$

Überprüfung: Der experimentelle, normale Siedepunkt von $CCl_4(l)$ beträgt 76,5 °C. Die geringfügige Abweichung unserer Schätzung vom experimentellen Wert ergibt sich aufgrund der Annahme, dass $\Delta H°$ und $\Delta S°$ sich nicht mit der Temperatur verändern.

Übungsbeispiel 19.7: Berechnung der Änderung der freien Enthalpie unter Nichtstandardbedingungen

Wir fahren mit unserer Untersuchung des Haber-Bosch-Verfahrens zur Synthese von Ammoniak fort:

$$N_2(g) + 3\ H_2(g) \rightleftharpoons 2\ NH_3(g)$$

Berechnen Sie ΔG bei 298 K für ein Reaktionsgemisch, das aus 1,0 atm N_2, 3,0 atm H_2 und 0,5 atm NH_3 besteht.

Lösung

Analyse: Die Aufgabe besteht in der Berechnung von ΔG unter Nichtstandardbedingungen.

Vorgehen: Wir können ▶ Gleichung 19.14 zur Berechnung von ΔG verwenden. Dazu müssen wir den Wert des Reaktionsquotienten Q für die angegebenen Partialdrücke der Gase berechnen und $\Delta G°$ unter Verwendung einer Tabelle berechnen, die freie Standardbildungsenthalpien enthält.

Lösung: Durch Auflösung nach dem Reaktionsquotienten erhalten wir:

$$Q = \frac{{p_{NH_3}}^2}{p_{N_2}{p_{H_2}}^3} = \frac{(0{,}50)^2}{(1{,}0)(3{,}0)^3} = 9{,}3 \times 10^{-3}$$

Im ▶ Übungsbeispiel 19.5 haben wir $\Delta G° = -33{,}3$ kJ für diese Reaktion berechnet. Wir müssen bei Anwendung von ▶ Gleichung 19.14 jedoch die Einheit dieser Größe ändern. Damit die Einheiten in ▶ Gleichung 19.14 passen, verwenden wir kJ/mol als unsere Einheiten für $\Delta G°$, wobei „pro Mol" „pro Mol der niedergeschriebenen Reaktion" bedeutet. Daher bedeutet $\Delta G° = -33{,}3$ kJ pro 1 mol N_2, pro 3 mol H_2 und pro 2 mol NH_3. Nun können wir ▶ Gleichung 19.14 zur Berechnung von ΔG für die Nichtstandardbedingungen anwenden:

$$\begin{aligned}\Delta G &= \Delta G° + RT \ln Q \\ &= (-33{,}3\ \text{kJ/mol}) + (8{,}314\ \text{J/mol} \cdot \text{K})(298\ \text{K}) \ln (9{,}3 \times 10^{-3}) \\ &= (-33{,}3\ \text{kJ/mol}) + (-11{,}6\ \text{kJ/mol}) = -44{,}9\ \text{kJ/mol}\end{aligned}$$

Anmerkung: Wir können erkennen, dass ΔG negativer wird und sich von −33,3 kJ zu −44,9 kJ verändert, wenn die Drücke von N_2, H_2 und NH_3 von jeweils 1,0 atm (Normalbedingungen, $\Delta G°$) auf 1,0 atm, 3,0 atm bzw. 0,5 atm geändert werden. Der größere, negative Wert für ΔG deutet auf eine größere „Antriebskraft" zur Erzeugung von NH_3 hin.

Wir hätten auf der Basis des Le-Châtelier-Braun-Prinzips die gleiche Vorhersage getroffen (siehe Abschnitt 15.7). Wir haben, bezogen auf die Normalbedingungen, den Druck eines Reaktanten (H_2) erhöht und den Druck des Produkts (NH_3) gesenkt. Das Le-Châtelier-Braun-Prinzip besagt, dass beide dieser Änderungen die Reaktion mehr in Richtung der Produktseite verschiebt und dies zu einer vermehrten Bildung von NH_3 führt.

Übungsbeispiel 19.8: Berechnung einer Gleichgewichtskonstante aus $\Delta G°$

Verwenden Sie freie Standardbildungsenthalpien, um die Gleichgewichtskonstante, K, bei 25 °C für die mit dem Haber-Bosch-Verfahren einhergehende Reaktion zu berechnen:

$$N_2(g) + 3\ H_2(g) \rightleftharpoons 2\ NH_3(g)$$

Im ▶ Übungsbeispiel 19.5 haben wir die Änderung der freien Standardenthalpie für diese Reaktion berechnet: $\Delta G° = -33{,}3$ kJ/mol $= -33.300$ J/mol.

Lösung

Analyse: Die Aufgabe besteht in der Berechnung von K, für eine Reaktion, für die $\Delta G°$ gegeben ist.

Vorgehen: Wir können zur Berechnung der Gleichgewichtskonstante ▶ Gleichung 19.16 verwenden, die in diesem Fall folgende Form annimmt:

$$K = \frac{{p_{NH_3}}^2}{p_{N_2}{p_{H_2}}^3}$$

In diesem Ausdruck werden die Gasdrücke in Atmosphären angegeben. Rufen Sie sich ins Gedächtnis zurück, dass wir bei Anwendung der ▶ Gleichungen 19.14, 19.15 oder 19.16 kJ/mol als Einheiten von $\Delta G°$ verwenden.

Lösung: Durch Auflösung von ▶ Gleichung 19.16 nach dem Exponenten $-\Delta G°/RT$ erhalten wir:

$$\frac{-\Delta G°}{RT} = \frac{-(-33.300\ \text{J/mol})}{(8{,}314\ \text{J/mol} \cdot \text{K})(298\ \text{K})} = 13{,}4$$

Um K zu erhalten, setzen wir diesen Wert in ▶ Gleichung 19.15 ein:

$$K = e^{-\Delta G°/RT} = e^{13,4} = 7 \times 10^5$$

Anmerkung: Die Tatsache, dass es sich hier um eine große Gleichgewichtskonstante handelt, deutet darauf hin, dass das Produkt NH_3 im Gleichgewichtsgemisch bei 25 °C klar bevorzugt wird. Die in ▶ Tabelle 15.2 angegebenen Gleichgewichtskonstanten für Temperaturen im Bereich zwischen 300 °C und 600 °C sind wesentlich kleiner als der Wert bei 25 °C. Es ist klar zu erkennen, dass ein Gleichgewicht bei geringer Temperatur die Erzeugung von Ammoniak eher begünstigt als ein Gleichgewicht bei höheren Temperaturen. Trotzdem wird das Haber-Bosch-Verfahren bei hohen Temperaturen durchgeführt, da die Reaktion bei Zimmertemperatur extrem langsam vonstatten geht.
Zur Erinnerung: Die Thermodynamik kann uns Auskunft über die Richtung und das Ausmaß einer Reaktion geben, aber sagt nichts über die Geschwindigkeit aus, mit der diese ablaufen wird. Wenn man einen Katalysator finden würde, der ein rasches Ablaufen der Reaktion bei Zimmertemperatur ermöglichen würde, wären keine hohen Drücke nötig, um das Gleichgewicht in Richtung NH_3 zu zwingen.

Elektrochemie

20

ÜBERBLICK

Reduktions-Oxidations-(Redox)-Reaktionen gehören zu den häufigsten und wichtigsten chemischen Reaktionen. Sie sind maßgeblich an einer breiten Vielfalt von natürlichen Prozessen beteiligt wie beispielsweise am Rosten von Eisen, an der braunen Verfärbung von Früchten oder an Stoffwechselvorgängen wie Zellatmung und Photosynthese.

In einer Reduktions-Oxidationsreaktion gehen Elektronen vom Atom, das oxidiert wird, zum Atom, das reduziert wird, über.

Die Elektronenübergänge bei Reduktions-Oxidationsreaktionen können zur elektrischen Ernergieerzeugung genutzt werden wie zum Beispiel für mobile Energiequellen (Batterien oder Brennstoffzellen).

20.1 Oxidationszahlen

Wie lässt sich feststellen, ob eine gegebene chemische Reaktion eine Redoxreaktion ist? Wir können die Oxidationsstufen (Oxidationszahlen) aller an der Reaktion beteiligten Stoffe bestimmen (siehe Abschnitt 4.4), um herauszufinden, ob und welche Elemente ihre Oxidationszahlen ändern. Gibt man beispielsweise elementares Zink in eine sehr starke Säure (► Abbildung 20.1), so gehen Elektronen von den Zinkatomen zu den Wasserstoffionen über:

$$Zn(s) + 2\,H^+(aq) \longrightarrow Zn^{2+}(aq) + H_2(g) \qquad (20.1)$$

Wir sagen, das Zink wird oxidiert und die Protonen werden reduziert.

Die spontan ablaufende Redoxreaktion ist exotherm.

Wir schreiben die Oxidationsstufe jedes Elements über oder unter die Gleichung, um die Änderungen dieser Stufen zu verfolgen. Die Oxidationsstufe von Zn geht von 0 zu +2 über und die von H^+ verringert sich von +1 auf 0.

$$\underset{0}{Zn(s)} + 2\,\underset{+1}{H^+}(aq) \longrightarrow \underset{+2}{Zn^{2+}}(aq) + \underset{0}{H_2}(g) \qquad (20.2)$$

EXTRAS ONLINE Redoxreaktionen (Video)

Abbildung 20.1: Eine Redoxreaktion in saurer Lösung. Gibt man metallisches Zink zu einer Salzsäurelösung, so findet eine spontane Redoxreaktion statt: Das Zink wird zu $Zn^{2+}(aq)$ oxidiert und das $H^+(aq)$-Ion wird zu $H_2(g)$ reduziert, was die starke Blasenbildung hervorruft.

In einer Reaktion wie in ► Gleichung 20.2 findet eindeutig ein Elektronenübergang statt: Das Zink gibt beim Übergang von $Zn(s)$ zu $Zn^{2+}(aq)$ Elektronen ab und die Wasserstoffionen nehmen beim Übergang von H^+ zu $H_2(g)$ Elektronen auf.

Betrachten wir als weiteres Beispiel die Verbrennung von Wasserstoffgas:

$$\underset{(0)}{2\,H_2(g)} + \underset{(0)}{O_2(g)} \longrightarrow 2\,\underset{(+1)}{H_2}\underset{(-2)}{O}(g) \qquad (20.3)$$

Eine Spezies, welche die Oxidation eines anderen Stoffes hervorruft, heißt **Oxidationsmittel**. Ein Oxidationsmittel nimmt Elektronen von einer anderen Substanz auf und durchläuft somit selbst eine Reduktion. Analog übergibt ein **Reduktionsmittel** Elektronen an einen anderen Stoff, der damit reduziert wird, während das Reduktionsmittel selbst oxidiert wird. In der ► Gleichung 20.2 ist H^+ das Oxidationsmittel und $Zn(s)$ das Reduktionsmittel.

MERKE !

Ein Oxidationsmittel oxidiert einen anderen Stoff und wird dabei selbst reduziert. Ein Reduktionsmittel reduziert einen anderen Stoff und wird dabei selbst oxidiert.

Übungsbeispiel 20.1: Welche chemischen Reaktionen laufen in einem Akkumulator ab?

Der Nickel-Cadmium-Akku (NiCd-Zelle), eine früher in vielen Geräten verwendete wiederaufladbare Zelle, erzeugt Elektrizität aus der folgenden Redoxreaktion:

$$Cd(s) + 2\,NiO(OH)(s) + 2\,H_2O(l) \longrightarrow Cd(OH)_2(s) + 2\,Ni(OH)_2(s)$$

Bestimmen Sie die oxidierten und reduzierten Substanzen und geben Sie an, welche Stoffe hier Oxidationsmittel und Reduktionsmittel sind.

Lösung

Analyse: Wir sollen einerseits die oxidierte und die reduzierte Substanz in einer Redoxgleichung bestimmen und andererseits das Oxidationsmittel und das Reduktionsmittel festlegen.

Vorgehen: Zuerst teilen wir allen an der Reaktion beteiligten Atomen Oxidationszahlen zu und bestimmen die Elemente, deren Oxidationszahlen sich verändern. Danach wenden wir die Definitionen der Oxidation und der Reduktion an.

Lösung:

$$\underset{(0)}{Cd}(s) + 2\,\underset{(+3)}{Ni}\underset{(-2)}{O}(OH)(s) + 2\,\underset{(+1)}{H_2}\underset{(-2)}{O}(l) \longrightarrow \underset{(+2)}{Cd}(\underset{(-2)}{O}\underset{(+1)}{H})_2(s) + 2\,\underset{(+2)}{Ni}(\underset{(-2)}{O}\underset{(+1)}{H})_2(s)$$

Die Oxidationszahl steigt von 0 auf +2 für Cd und fällt von +3 auf +2 für Ni. Die Oxidationszahl des Cd-Atoms nimmt zu; es wird oxidiert (es gibt Elektronen ab) und dient somit als Reduktionsmittel. Beim Übergang von $NiO(OH)$ zu $Ni(OH)_2$ nimmt die Oxidationszahl des Nickelatoms ab; das $NiO(OH)$ wird reduziert (es nimmt Elektronen auf) und dient daher als Oxidationsmittel.

A 1 Bestimmen Sie das Oxidations- und das Reduktionsmittel in der Redoxreaktion

$$2\,H_2O(l) + Al(s) + MnO_4^-(aq) \longrightarrow Al(OH)_4^-(aq) + MnO_2(s)$$

20.2 Das Ausgleichen von Redoxgleichungen

Beim Ausgleichen einer chemischen Reaktionsgleichung müssen wir stets das Gesetz der Massenerhaltung befolgen. Die Elektronenaufnahmen und -abgaben müssen sich bei Redoxreaktionen ausgleichen. Wenn ein Stoff in einer Reaktion eine bestimmte Anzahl Elektronen abgibt, muss ein anderer Stoff die gleiche Anzahl Elektronen aufnehmen. In diesem Abschnitt behandeln wir eine systematische Methode zum Ausgleichen von Redoxreaktionsgleichungen.

Teilreaktionen

Obwohl Oxidation und Reduktion gleichzeitig stattfinden, ist es oft zweckmäßig, sie als getrennte Prozesse zu betrachten. Zum Beispiel kann man die Oxidation von Sn^{2+} durch Fe^{3+}

$$Sn^{2+}(aq) + 2\,Fe^{3+}(aq) \longrightarrow Sn^{4+}(aq) + 2\,Fe^{2+}(aq)$$

als zusammengesetzt aus zwei Vorgängen verstehen: (1) Die Oxidation von Sn^{2+} (► Gleichung 20.4) und (2) die Reduktion von Fe^{3+} (► Gleichung 20.5):

Oxidation: $$Sn^{2+}(aq) \longrightarrow Sn^{4+}(aq) + 2\,e^- \qquad (20.4)$$

Reduktion: $$2\,Fe^{3+}(aq) + 2\,e^- \longrightarrow 2\,Fe^{2+}(aq) \qquad (20.5)$$

Beachten Sie, dass die Elektronen in der Oxidationsgleichung auf der Seite der Reaktionsprodukte stehen, aber in der Reduktionsgleichung auf der Seite der Ausgangsstoffe.

Gleichungen wie 20.4 und 20.5, die eine Oxidation oder Reduktion alleine wiedergeben, nennt man **Teilreaktionen** oder Redox-Teilgleichungen. In der gesamten Redoxreaktion muss die Anzahl der abgegebenen Elektronen der Oxidations-Teilreaktion gleich der Anzahl der aufgenommenen Elektronen der Reduktions-Teilreaktion sein. Ist diese Bedingung erfüllt und jede Teilreaktion für sich ausgeglichen, so heben sich die Elektronenübergänge bei der Addition der beiden Halbreaktionen auf und es ergibt sich die ausgeglichene Gesamtgleichung der Redoxreaktion.

Das Ausgleichen von Redoxgleichungen mit Hilfe von Teilreaktionen

Diese Methode umfasst für eine Redoxreaktion in einer sauren wässrigen Lösung die Schrittfolge:

1 Man ordnet den Atomen Oxidationszahlen zu, um festzustellen, welche Atome Elektronen aufnehmen oder abgeben.

2 Man teilt die Gleichung in zwei Teilreaktionen auf – eine Gleichung gibt die Oxidation und die andere die Reduktion wieder.

3 Man gleicht jede Teilreaktion für sich aus.

- **(a)** Ausgleichen aller Elemente außer H und O.
- **(b)** So viel H_2O wie nötig addieren, um die Anzahl der O-Atome auszugleichen.
- **(c)** Man gleicht die H-Atome aus, indem man die erforderlichen H^+ hinzuaddiert.
- **(d)** Durch Hinzufügen der benötigten Elektronen werden die Ladungen ausgeglichen.

An diesem Punkt lässt sich überprüfen, ob die Anzahl der Elektronen in jeder Teilreaktion den Veränderungen der Oxidationsstufen entspricht, die man in Schritt 1 bestimmt hat.

4 Wenn erforderlich, multipliziert man die Halbreaktionen mit ganzen Zahlen, so dass die Anzahl der abgegebenen Elektronen in einer Halbreaktion gleich der Zahl der aufgenommenen Elektronen in der anderen Halbreaktion ist.

5 Man addiert und vereinfacht, wenn möglich, die beiden Halbreaktionen indem man auf beiden Seiten auftretende Teilchen „kürzt".

6 Man überprüft, ob die Atomanzahlen jedes Elements auf beiden Seiten der Gleichung übereinstimmen.

7 Die Übereinstimmung der Gesamtladung auf beiden Seiten der Gleichung ist ebenfalls zu prüfen.

Betrachten wir als Beispiel die Reaktion des Permanganations (MnO_4^-) mit dem Oxalation ($C_2O_4^{2-}$) in einer sauren wässrigen Lösung. Gibt man MnO_4^- zu einer sauren $C_2O_4^{2-}$-Lösung, so bilden sich CO_2-Bläschen und die Lösung nimmt die blassrosa Farbe von Mn^{2+} an. Wir schreiben die noch unausgeglichene Gleichung als

$$MnO_4^-(aq) + C_2O_4^{2-}(aq) \longrightarrow Mn^{2+}(aq) + CO_2(aq) \qquad (20.6)$$

Experimente zeigen, dass bei dieser Reaktion H^+ verbraucht wird und H_2O entsteht. Wie wir sehen werden, kann man diese Tatsache an der ausgeglichenen Reaktionsgleichung nachvollziehen.

Wir vervollständigen nun die ► Gleichung 20.6 und gleichen Sie mit dem Verfahren der Teilreaktionen aus. Zunächst teilen wir den Atomen Oxidationsstufen zu (Schritt 1). Mn geht von der Oxidationszahl +7 im MnO_4^- zu +2 im Mn^{2+} über. Daher nimmt jedes Manganatom fünf Elektronen auf. Das Kohlenstoffatom erfährt einen Übergang von der Oxidationszahl +3 im $C_2O_4^{2-}$ zu + 4 im CO_2. Jedes C-Atom gibt ein Elektron ab.

Als nächstes stellen wir die beiden Teilreaktionen auf (Schritt 2). In der Reduktions-Halbreaktion müssen auf beiden Seiten des Pfeils Mn-Teilchen und in der Oxidations-Halbreaktion auf beiden Seiten Kohlenstoffverbindungen vorliegen.

$$MnO_4^-(aq) \longrightarrow Mn^{2+}(aq)$$
$$C_2O_4^{2-}(aq) \longrightarrow CO_2(g)$$

Hiermit lassen sich die Halbreaktionen vervollständigen und ausgleichen. Zuerst gleichen wir alle Atome außer H und O aus (Schritt 3). In der Teilreaktion des Permanganats steht bereits auf jeder Seite der Gleichung ein Mangan. In der Oxalat-Halbreaktion müssen wir auf der rechten Seite mit dem Faktor zwei multiplizieren, um die zwei Kohlenstoffatome der linken Seite auszugleichen:

$$MnO_4^-(aq) \longrightarrow Mn^{2+}(aq)$$
$$C_2O_4^{2-}(aq) \longrightarrow 2\ CO_2(g)$$

In der Permanganat-Halbreaktion stehen vier Sauerstoffatome links im MnO_4^--Ion, aber keines rechts. Somit sind zum Ausgleichen des Sauerstoffs vier Wassermoleküle auf der rechten Seite nötig (Schritt 3b):

$$MnO_4^-(aq) \longrightarrow Mn^{2+}(aq) + 4\ H_20(l)$$

Die acht Wasserstoffatome, die nun in den Reaktionsprodukten vorliegen, müssen wir durch Hinzufügen von 8 H^+ zu den Ausgangsstoffen ausgleichen (Schritt 3c):

$$8\ H^+(aq) + MnO_4^-(aq) \longrightarrow Mn^{2+}(aq) + 4\ H_20(l)$$

Jetzt ist die Anzahl aller Atome auf beiden Seiten gleich, aber wir müssen noch die Ladungen ausgleichen. Die Gesamtladung beträgt 8(1+) + (1–) = 7+ für die Ausgangsstoffe und (2+) + 4(0) = 2+ für die Reaktionsprodukte. Zum Ausgleich der Ladungen müssen wir demnach auf der linken Seite fünf Elektronen hinzufügen (Schritt 3d):

$$5\ e^- + 8\ H^+(aq) + MnO_4^-(aq) \longrightarrow Mn^{2+}(aq) + 4\ H_20(l)$$

Erinnern Sie sich an die Anmerkung, dass jedes Manganatom fünf Elektronen aufnimmt: In der ausgeglichenen Halbreaktion finden wir nun diese Elektronen.

Die Ladungen gleichen wir aus, indem wir auf der Seite der Reaktionsprodukte zwei Elektronen hinzufügen (Schritt 3d):

$$C_2O_4^{2-}(aq) \longrightarrow 2\ CO_2(g) + 2\ e^-$$

Um Gleichheit in der Anzahl der abgegebenen und aufgenommenen Elektronen zu erreichen, muss man die Teilreaktionen mit einem entsprechenden Faktor multipluzieren.

$$10e^- + 16H^+(aq) + 2MnO_4^-(aq) \longrightarrow 2Mn^{2+}(aq) + 8H_20(l)$$
$$5C_2O_4^{2-}(aq) \longrightarrow 10CO_2(g) + 10e^-$$

$$16H^+(aq) + 2MnO_4^-(aq) + 5C_2O_4^{2-}(aq) \longrightarrow 2Mn^{2+}(aq) + 8H_20(l) + 10CO_2(g)$$

Die Gesamtgleichung ist die Summe der beiden ausgeglichenen Halbreaktionen (Schritt 5). Beachten Sie, dass sich die Elektronen auf beiden Seiten der Gleichung aufheben.

Wir überprüfen die Reaktionsgleichung, indem wir die Atome (Schritt 6) und die Ladungen (Schritt 7) zählen.

Das Ausgleichen von Redoxgleichungen in alkalischer Lösung

Wenn eine Redoxreaktion in einer alkalischen Lösung stattfindet, ist sie mit OH^- und H_2O zu vervollständigen. Es ist vorteilhaft, zum Ausgleichen dieser Reaktionen zunächst so zu verfahren, als ob sie in einer sauren Lösung stattfänden. Wir illustrieren jetzt das Verfahren am ► Übungsbeispiel 20.2.

A 2 Vervollständigen sie die folgenden Gleichungen von Redoxreaktionen in alkalischer Lösung und gleichen Sie sie aus:

(a) $NO_2^-(aq) + Al(s) \longrightarrow NH_3(aq) + Al(OH)_4^-(aq)$;

(b) $Cr(OH)_3(s) + ClO^-(aq) \longrightarrow CrO_4^{2-}(aq) + Cl_2(g)$

Übungsbeispiel 20.2: Ausgleichen von Redoxgleichungen in alkalischer Lösung

Vervollständigen Sie die Gleichung der folgenden Redoxreaktion in einer alkalischen Lösung und gleichen Sie sie aus:

$$CN^-(aq) + MnO_4^-(aq) \longrightarrow CNO^-(aq) + MnO_2(s) \quad \text{(in basischer Lösung)}$$

Lösung

Analyse: Wir sollen eine unvollständige Gleichung einer Redoxreaktion in einer alkalischen Lösung ausgleichen.

Vorgehen: Wir führen die ersten Schritte des Verfahrens genau so aus, als ob die Reaktion in einer sauren Lösung ablaufen würde. Danach addieren wir die entsprechende Anzahl OH^--Ionen auf beiden Seiten der Gleichung, fügen H^+ und OH^- zu H_2O zusammen und schließen die Operation durch Vereinfachen der Gleichung ab.

Lösung:

Schritt 1: Wir bestimmen die Oxidationsstufen. Dieses Beispiel ist etwas knifflig!

Das Mn-Atom geht von +7 zu +4 über. Die Summe der Oxidationsstufen von C und N in CN^- muss, entsprechend der Gesamtladung des Ions, –1 betragen. Wenn die Oxidationsstufe von Sauerstoff wie gewöhnlich –2 ist, muss die Summe der Oxidationsstufen von C und N +1 betragen. Damit wird CN^- insgesamt um zwei Elektronen oxidiert.

Schritt 2: Wir schreiben die unvollständigen unausgeglichenen Halbreaktionen auf:

$$CN^-(aq) \longrightarrow CNO^-(aq)$$
$$MnO_4^-(aq) \longrightarrow MnO_2(aq)$$

Schritt 3: Wir gleichen jede Halbreaktion so aus, als fände sie in saurer Lösung statt:

$$CN^-(aq) + H_2O(l) \longrightarrow CNO^-(aq) + 2\,H^+(aq) + 2\,e^-$$
$$3\,e^- + 4\,H^+(aq) + MnO_4^-(aq) \longrightarrow MnO_2(s) + 2\,H_2O(l)$$

Jetzt müssen wir berücksichtigen, dass die Reaktion in einer alkalischen Lösung abläuft, und addieren auf beiden Seiten jeder Halbreaktion OH^- zur Neutralisierung der H^+:

$$CN^-(aq) + H_2O(l) + 2\,OH^-(aq) \longrightarrow CNO^-(aq) + 2\,H^+(aq) + 2\,e^- + 2\,OH^-(aq)$$
$$3\,e^- + 4\,H^+(aq) + MnO_4^-(aq) + 4\,OH^-(aq) \longrightarrow MnO_2(s) + 2\,H_2O(l) + 4\,OH^-(aq)$$

Wo H^+ und OH^- auf der gleichen Seite einer Halbreaktion stehen, „neutralisieren“ wir diese und bilden H_2O:

$$CN^-(aq) + H_2O(l) + 2\,OH^-(aq) \longrightarrow CNO^-(aq) + 2\,H_2O(l) + 2\,e^-$$
$$3\,e^- + 4\,H_2O(l) + MnO_4^-(aq) \longrightarrow MnO_2(s) + 2\,H_2O(l) + 4\,OH^-(aq)$$

Als Nächstes „kürzen“ wir auf beiden Seiten der Gleichung die Wassermoleküle:

$$CN^-(aq) + 2\,OH^-(aq) \longrightarrow CNO^-(aq) + H_2O(l) + 2\,e^-$$
$$3\,e^- + 2\,H_2O(l) + MnO_4^-(aq) \longrightarrow MnO_2(s) + 4\,OH^-(aq)$$

Beide Halbreaktionen sind nun ausgeglichen – prüfen Sie die Atome und die Gesamtladungen nach!

Schritt 4: Jetzt multiplizieren wir die Cyanid-Halbreaktion mit drei und bekommen sechs Elektronen auf der Seite der Reaktionsprodukte. Andererseits erhalten wir durch die Multiplikation der Permanganat-Halbreaktion mit zwei ebenfalls sechs Elektronen auf der Seite der Ausgangsstoffe:

$$3\,CN^-(aq) + 6\,OH^-(aq) \longrightarrow 3\,CNO^-(aq) + 3\,H_2O(l) + 6\,e^-$$
$$6\,e^- + 4\,H_2O(l) + 2\,MnO_4^-(aq) \longrightarrow 2\,MnO_2(s) + 8\,OH^-(aq)$$

Schritt 5: Jetzt addieren wir die beiden Halbreaktionen und vereinfachen um jene Teilchen, die auf beiden Seiten der Gesamtgleichung auftauchen:

$$3\,CN^-(aq) + H_2O(l) + 2\,MnO_4^-(aq) \longrightarrow 3\,CNO^-(aq) + 2\,MnO_2(s) + 2\,OH^-(aq)$$

Schritte 6 und 7: Wir überprüfen, ob die Anzahl aller Atome und Ladungen ausgeglichen ist und zählen 3 C, 3 N, 2 H, 9 O und 2 Mn-Atome und eine Gesamtladung von 5– auf beiden Seiten der Gleichung.

20.3 Galvanische Zellen

Galvanische Zellen (Video)

Eine spontan ablaufende Redoxreaktion setzt Energie frei, die man als elektrische Arbeit nutzen kann. Dies geschieht in **galvanischen Zellen**, die nach Luigi Galvani (1737–1798) benannt sind und in denen Elektronenübergänge nicht direkt zwischen den reagierenden Stoffen, sondern auf einem externen Weg ablaufen. Die ersten Gleichstromquellen dieser Art wurden 1799 von Alessandro Volta (1745–1827) hergestellt.

Man erhält eine solche spontane Reaktion, wenn man einen Zinkstreifen in eine Lösung mit Cu^{2+}-Ionen eintaucht. Bei fortschreitender Reaktion verblasst die blaue Farbe der Cu^{2+}(*aq*)-Ionen enthaltenden Lösung und metallisches Kupfer

EINE SPONTAN ABLAUFENDE REDOXREAKTION

Betrachtung des Elektronenübergangs in einer spontanen Redoxreaktion auf atomarer Ebene.

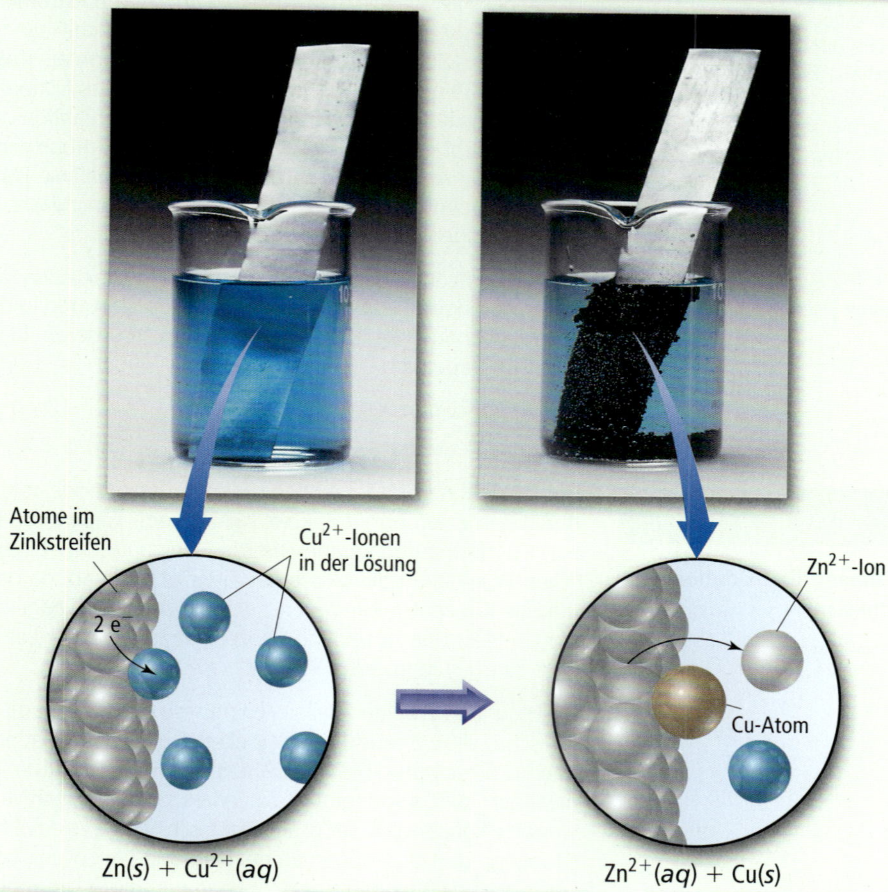

Man gibt einen Zinkstreifen in eine Kupfer(II)sulfatlösung. Ein Cu^{2+}-Ion tritt in Kontakt mit der Oberfläche des Zinkstreifens und nimmt von einem Zn-Atom zwei Elektronen auf. Damit wird das Cu^{2+}-Ion reduziert und das Zn-Atom oxidiert.

Bei fortschreitender Reaktion löst sich das Zink auf, die blaue Farbe des Cu^{2+}(*aq*)-Ions verschwindet und metallisches Kupfer setzt sich ab (das dunkle Material auf dem Zinkstreifen und auf dem Boden des Becherglases).

Elektronen gehen von Zink zum Cu^{2+}-Ion über und es bilden sich Zn^{2+}-Ionen und Cu(*s*). Das farblose Zn^{2+} geht in Lösung und das Cu-Atom setzt sich auf dem Zinkstreifen ab.

Abbildung 20.2: Eine spontan ablaufende Redoxreaktion.

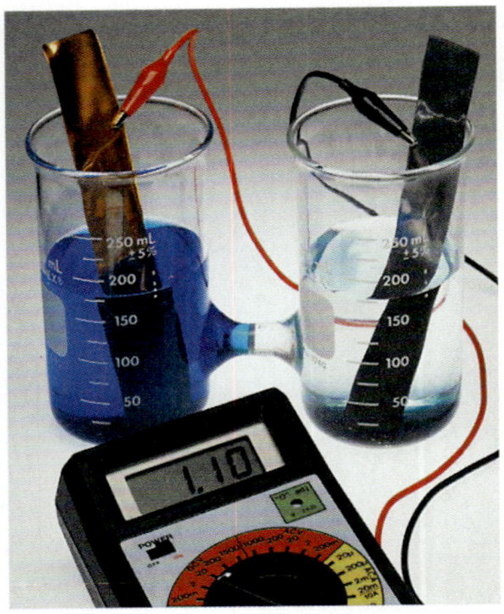

Abbildung 20.3: Eine galvanische Zelle, die auf der ▶ Reaktionsgleichung 20.7 basiert. Die linke enthält 1 *M* $CuSO_4$ und eine Kupferelektrode und die rechte Halbzelle enthält 1 *M* $ZnSO_4$ und eine Zinkelektrode. Die Lösungen sind durch eine poröse Glasscheibe (Diaphragma) verbunden, die den Kontakt der beiden Lösungen zulässt. Die Metallelektroden sind über ein Voltmeter verbunden, welches eine Zellenspannung von 1,10 V anzeigt.

EXTRAS ONLINE Redoxchemie von Eisen und Kupfer (Video)

MERKE !

An der Anode läuft immer die Oxidation, an der Kathode die Reduktion ab.

setzt sich auf dem Zink ab. Dabei löst sich das Zink auf. Diese Vorgänge sind in ▶ Abbildung 20.2 dargestellt und in der Gleichung

$$Zn(s) + Cu^{2+}(aq) \longrightarrow Zn^{2+}(aq) + Cu(s) \qquad (20.7)$$

zusammengefasst. In ▶ Abbildung 20.3 ist eine galvanische Zelle zu sehen, die mit der in ▶ Gleichung 20.7 beschriebenen Redoxreaktion von Zn mit Cu^{2+} arbeitet. Der Versuchsaufbau ist in ▶ Abbildung 20.3 komplexer als in ▶ Abbildung 20.2, aber die Reaktion ist in beiden Fällen gleich. Der entscheidende Unterschied zwischen beiden Experimenten liegt darin, dass in der galvanischen Zelle kein direkter Kontakt zwischen dem elementaren Zink und den $Cu^{2+}(aq)$-Ionen besteht: In der einen Abteilung der Zelle steht das metallische Zn in Kontakt mit den $Zn^{2+}(aq)$-Ionen und im anderen Teil befinden sich das elementare Kupfer und die $Cu^{2+}(aq)$-Ionen. Folglich kann die Reduktion von Cu^{2+} nur dann stattfinden, wenn sich Elektronen auf einem externen Weg verschieben; in diesem Fall fließen sie durch das Kabel, das den Zn- und den Cu-Streifen verbindet. Mit anderen Worten, wir trennen die Reduktions- und die Oxidations-Halbreaktion und erzwingen damit einen Elektronenfluss in einem externen Stromkreis.

Die beiden Metalle, die man durch diesen externen Stromkreis verbindet, heißen *Elektroden*. Man definiert die Elektrode, an welcher die Oxidation abläuft, als **Anode** und die Elektrode der Reduktionsreaktion als **Kathode**.* Wie im vorliegenden Beispiel können die Elektroden auch aus Materialien bestehen, die an der Reaktion beteiligt sind. Bei fortschreitender Reaktion wird die Zinkelektrode langsam verbraucht und die Masse der Kupferelektrode nimmt zu. Häufiger stellt man die Elektroden aus einem leitenden Material wie Platin oder Graphit her, das Elektronenübergänge während der Reaktion zulässt, ohne dabei Massenveränderungen zu erleiden (**inerte Elektrode**).

Die beiden Redoxsysteme einer galvanischen Zelle heißen *Halbzellen*. In der einen Halbzelle findet die Oxidations-Teilreaktion statt und in der anderen Halbzelle entsprechend die Reduktions-Teilreaktion. In unserem Beispiel wird Zn oxidiert und Cu^{2+} reduziert:

Anode (Oxidations-Halbreaktion): $Zn(s) \longrightarrow Zn^{2+}(aq) + 2\,e^-$

Kathode (Reduktions-Halbreaktion): $Cu^{2+}(aq) + 2\,e^- \longrightarrow Cu(s)$

Die Oxidation von metallischem Zink an der Anode setzt Elektronen frei, die durch den externen Stromkreis zur Kathode fließen, wo sie bei der Reduktion von $Cu^{2+}(aq)$ aufgenommen werden. Im Laufe dieses Vorgangs in der galvanischen Zelle nimmt die Masse der Zinkelektrode ab, da das $Zn(s)$ oxidiert wird, und die Konzentration der Zn^{2+}-Lösung steigt an. Umgekehrt nimmt die Masse der Cu-Elektrode zu und die Konzentration der Cu^{2+}-Lösung sinkt, denn Cu^{2+} wird zu $Cu(s)$ reduziert.

Die Lösungen in beiden Halbzellen müssen elektrisch neutral bleiben, um die galvanische Zelle betriebsfähig zu erhalten. Durch die Oxidation von Zn an der Anode gehen Zn^{2+}-Ionen in Lösung. Daher muss für die positiven Ionen die Möglichkeit bestehen, den Anodenraum zu verlassen, oder negative Ionen müssen hinzu wandern können, um die Lösung elektrisch neutral zu erhalten. Analog entzieht die Reduktion den Cu^{2+}-Ionen an der Kathode der Lösung positive Ladungen und verursacht damit einen Überschuss an negativen Ladungen in dieser Halbzelle. Folglich müssen positive Ionen in diese Halbzelle eintreten oder negative Ionen abfließen. Ein messbarer Elektronenfluss zwischen den Elektroden findet erst dann statt, wenn es den gelösten Ionen möglich ist, von der einen Halbzelle zur anderen zu wandern und damit den Stromkreis zu schließen.

* Vielleicht können Sie sich diese Definitionen besser merken, wenn Sie sich daran erinnern, dass die Wörter Anode und Oxidation beide mit einem Vokal beginnen, Kathode und Reduktion aber mit einem Konsonanten.

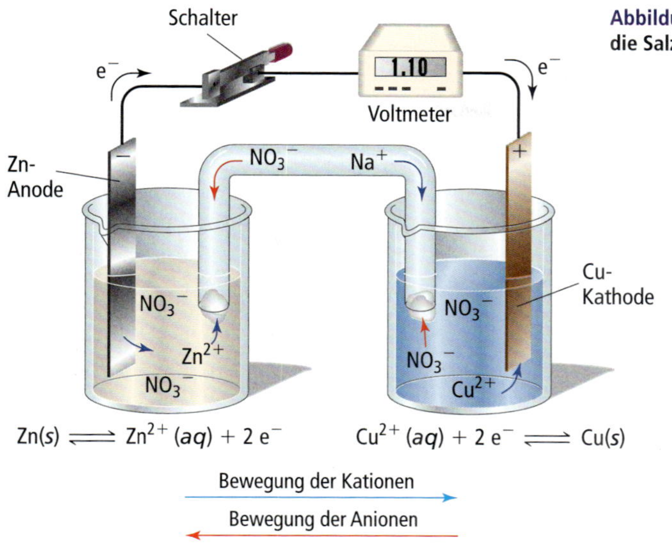

Abbildung 20.4: Der Stromkreis in einer galvanischen Zelle schließt sich über die Salzbrücke.

In ► Abbildung 20.3 bleibt die elektrische Neutralität der Lösungen erhalten, da ein Diaphragma als Trennwand den Fluss von Ionen zwischen beiden Halbzellen zulässt. In ► Abbildung 20.4 übernimmt eine *Salzbrücke* (sog. „Stromschüssel") diese Funktion. Die Salzbrücke besteht aus einem U-förmigen Rohr, das eine Elektrolytlösung wie beispielsweise $NaNO_3$(*aq*) enthält, deren Ionen nicht mit den anderen Ionen der Zelle oder mit den Materialien der Elektrode reagieren. Der Elektrolyt wird oft in ein Gel oder in eine Paste eingebracht, damit die Elektrolyt-

A 3 Die beiden Halbreaktionen einer galvanischen Zelle lauten

$$Zn(s) \longrightarrow Zn^{2+}(aq) + 2\,e^-$$

$$ClO_3^-(aq) + 6\,H^+(aq) + 6\,e^- \longrightarrow Cl^-(aq) + 3\,H_2O(l)$$

(a) Geben Sie an, welche Reaktion an der Anode und welche an der Kathode abläuft. **(b)** Welche Elektrode wird bei dieser Reaktion aufgebraucht? **(c)** Welche ist die positive Elektrode?

Übungsbeispiel 20.3: Reaktionen in einer galvanischen Zelle

Die Redoxreaktion $Cr_2O_7^{2-}(aq) + 14\,H^+(aq) + 6\,I^-(aq) \longrightarrow 2\,Cr^{3+}(aq) + 3\,I_2(s) + 7\,H_2O(l)$ läuft spontan ab. Man gibt eine Lösung aus $K_2Cr_2O_7$ und H_2SO_4 in ein Becherglas und eine KI-Lösung in ein anderes Becherglas und verbindet die beiden Gläser mit einer Salzbrücke. Nun taucht man metallische Leiter, die mit den Lösungen nicht reagieren (inerte Elektroden, zum Beispiel Platinbleche) in beide Lösungen und verbindet diese Elektroden mit Kabeln, an die man ein Voltmeter oder ein Gerät zur Messung elektrischer Ströme anschließt. Die so konstruierte galvanische Zelle erzeugt einen elektrischen Strom. Geben Sie die an der Anode und an der Kathode ablaufenden Reaktionen, die Richtungen des Elektronenflusses und des Ionenflusses sowie die Vorzeichen der Elektroden an.

Lösung

Analyse: Der Aufbau einer galvanischen Zelle und die Gleichung einer spontan ablaufenden Reaktion in dieser Zelle sind gegeben. Wir sollen die Halbreaktionen an der Anode und an der Kathode formulieren, die Bewegungsrichtungen der Elektronen und der Ionen bestimmen und die Vorzeichen der Elektroden angeben.

Vorgehen: Als ersten Schritt teilen wir die chemische Reaktion in Halbreaktionen auf und bestimmen die Oxidations- und Reduktionsvorgänge. Danach verwenden wir die Definitionen der Anode und der Kathode und die weiteren Bezeichnungen aus ► Abbildung 20.5.

Lösung: In der ersten Halbreaktion wird $Cr_2O_7^{2-}(aq)$ in $Cr^{3+}(aq)$ umgewandelt. Wenn wir zuerst die Halbreaktion dieser Ionen vervollständigen und ausgleichen, erhalten wir

$$Cr_2O_7^{2-}(aq) + 14\,H^+(aq) + 6\,e^- \longrightarrow 2\,Cr^{3+}(aq) + 7\,H_2O(l)$$

Die andere Halbreaktion ist die Umwandlung von $I^-(aq)$ in $I_2(s)$:

$$6\,I^-(aq) \longrightarrow 3\,I_2(s) + 6\,e^-$$

Nun können wir mit Hilfe der Zusammenfassung aus ► Abbildung 20.5 die galvanische Zelle beschreiben. Die erste Halbreaktion ist eine Reduktion (die Elektronen stehen auf der Seite der Ausgangsstoffe). Nach der Definition läuft dieser Prozess an der Kathode ab. Die zweite Halbreaktion ist eine Oxidation (die Elektronen stehen auf der Seite der Reaktionsprodukte), die demnach an der Anode stattfindet. Die I^--Ionen sind die Elektronenquelle und die $Cr_2O_7^{2-}$-Ionen nehmen Elektronen auf. Daher fließen Elektronen durch den externen Stromkreis von der Elektrode, die in die KI-Lösung eingetaucht ist (Anode), zur Elektrode in der $K_2Cr_2O_7$–H_2SO_4-Lösung (Kathode). Die Elektroden selbst reagieren nicht, sondern stellen nur einen Weg für den Elektronenübergang zwischen den Lösungen zur Verfügung. In den Lösungen bewegen sich die Kationen in Richtung Kathode und die Anionen zur Anode. Die Anode (von ihr geht der Elektronenfluss aus) ist nach außen hin die negative Elektrode und die Kathode (zu ihr fließen die Elektronen hin) ist nach außen hin die positive Elektrode.

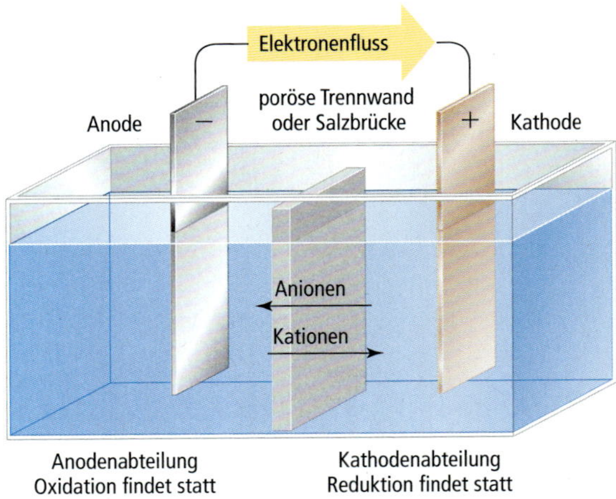

Abbildung 20.5: Zusammenfassung der üblichen Terminologie zur Beschreibung von galvanischen Zellen. Die Oxidation findet an der Anode und die Reduktion an der Kathode statt. Die Elektronen fließen spontan von der negativen Anode zur positiven Kathode. Der elektrische Stromkreis schließt sich durch die Bewegungen der Ionen in der Lösung. Die Anionen bewegen sich zur Anode und die Kationen zur Kathode.

lösung beim Umdrehen des U-Rohrs nicht ausläuft. Während die Oxidationen und Reduktionen an den Elektroden fortschreiten, bewegen sich Ionen über die Salzbrücke und gleichen somit die Ladungen in den beiden Abteilungen der Zelle aus. Über welches Medium auch immer sich die Ionen zwischen den Halbzellen bewegen, *die Anionen fließen immer in Richtung Anode und die Kationen in Richtung Kathode.*

Beachten Sie insbesondere, dass *in jeder galvanischen Zelle die Elektronen im externen Stromkreis von der Anode zur Kathode fließen.* Die Anode einer galvanischen Zelle erhält ein negatives und die Kathode ein positives Vorzeichen, da die negativ geladenen Elektronen von der Anode zur Kathode fließen. Wir können uns vorstellen, dass die Elektronen von der positiven Kathode angezogen werden und sich, ausgehend von der negativen Anode, durch den externen Stromkreis bewegen.*

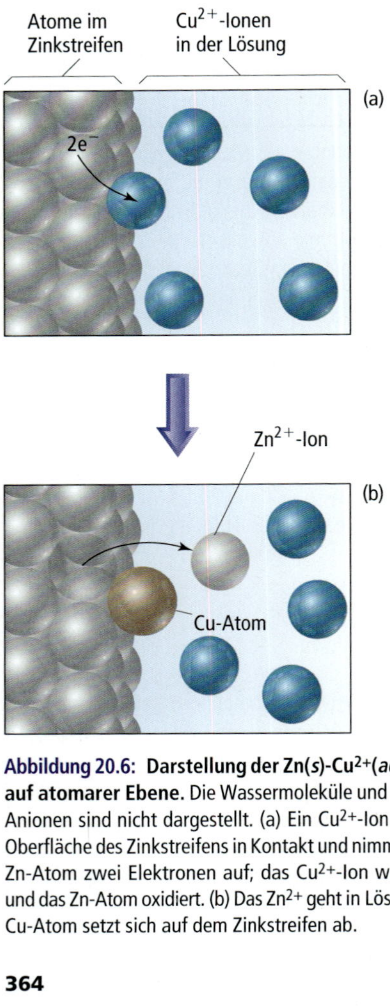

Abbildung 20.6: Darstellung der $Zn(s)$-$Cu^{2+}(aq)$-Reaktion auf atomarer Ebene. Die Wassermoleküle und die gelösten Anionen sind nicht dargestellt. (a) Ein Cu^{2+}-Ion tritt mit der Oberfläche des Zinkstreifens in Kontakt und nimmt von einem Zn-Atom zwei Elektronen auf; das Cu^{2+}-Ion wird reduziert und das Zn-Atom oxidiert. (b) Das Zn^{2+} geht in Lösung und das Cu-Atom setzt sich auf dem Zinkstreifen ab.

Eine Betrachtung der Elektrodenprozesse auf Teilchenebene

Sehen wir uns die spontane Redoxreaktion von $Zn(s)$ und $Cu^{2+}(aq)$ an, die in ► Abbildung 20.2 dargestellt ist: In dieser Reaktion wird $Zn(s)$ zu $Zn^{2+}(aq)$ oxidiert und $Cu^{2+}(aq)$ zu $Cu(s)$ reduziert. In ► Abbildung 20.6 ist ein schematisches Diagramm dieser Abläufe auf der atomaren Ebene gegeben. Stellen wir uns ein Cu^{2+}-Ion vor, das wie in ► Abbildung 20.6 a mit dem Streifen aus metallischem Zink in Berührung kommt. Vom Zn-Atom gehen zwei Elektronen zum Cu^{2+}-Ion über und es bilden sich ein Zn^{2+} -Ion und ein Cu-Atom. Das Zn^{2+} -Ion geht in die wässrige Lösung über, während das Cu-Atom sich am Metallstreifen absetzt (► Abbildung 20.6 b). Bei fortschreitender Reaktion entsteht mehr und mehr $Cu(s)$- und die $Cu^{2+}(aq)$-Ionen werden aufgebraucht.

Die galvanische Zelle in ► Abbildung 20.4 basiert ebenfalls auf der Oxidation von $Zn(s)$ und der Reduktion von $Cu^{2+}(aq)$. In diesem Fall läuft jedoch kein direkter Elektronentransport zwischen den reagierenden Substanzen ab. ► Abbildung 20.7 veranschaulicht qualitativ die Vorgänge an den Elektroden. Ein Zinkatom gibt zwei Elektronen an die Oberfläche der Anode ab; es entsteht

* Obwohl die Anode und die Kathode Minus- bzw. Pluszeichen tragen, sollten Sie diese Beschriftungsweise nicht als Ladungen der Elektroden verstehen. Diese Bezeichnungen sagen lediglich aus, an welcher Elektrode die Elektronen in den externen Kreis übergehen (an der Anode) und wo sie aus dem externen Kreis austreten (an der Kathode). Die tatsächlichen Ladungen der Elektroden sind im Wesentlichen null.

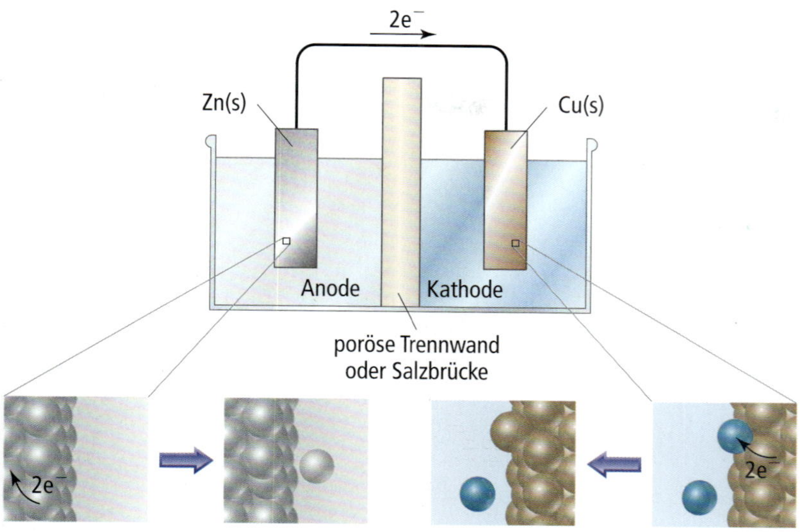

Abbildung 20.7: Darstellung der galvanischen Zelle aus ► Abbildung 20.4 auf atomarer Ebene. An der Anode gibt ein Zinkatom zwei Elektronen ab. Die Elektronen fließen durch den externen Stromkreis zur Kathode. An der Kathode nimmt das Cu^{2+}-Ion zwei Elektronen auf und bildet ein Cu-Atom. Ionen bewegen sich durch die poröse Trennwand und stellen damit den Ladungsausgleich zwischen den Halbzellen her.

ein Zn^{2+}(*aq*)-Ion. Wir können uns die beiden Elektronen auf ihrem Weg durch das Kabel von der Anode zur Kathode vorstellen. An der Kathodenoberfläche reduzieren die beiden Elektronen das Cu^{2+}-Ion zu einem Cu-Atom, das sich an der Kathode absetzt. Wie wir bereits feststellten, kommt dieser Elektronenfluss von der Anode zur Kathode nur dann in Gang, wenn Ionen die Salzbrücke passieren können und damit den Ladungsausgleich in beiden Halbzellen herstellen.

Die Redoxreaktion von Zn und Cu^{2+} läuft sowohl bei Direktkontakt als auch über die getrennten Räume einer galvanischen Zelle spontan ab. Die Gesamtreaktion ist in beiden Fällen gleich; es unterscheiden sich lediglich die Wege der Elektronen vom Zn-Atom zum Cu^{2+}-Ion. Im nächsten Abschnitt werden wir untersuchen, *warum* diese Reaktion spontan abläuft.

20.4 Die EMK einer galvanischen Zelle unter Standardbedingungen

Warum bewegen sich Elektronen spontan vom Zn-Atom zum Cu^{2+}-Ion, sei es direkt, wie in ► Abbildung 20.2, oder über einen externen Stromkreis, wie in der galvanischen Zelle in ► Abbildung 20.3? In diesem Abschnitt untersuchen wir die „treibende Kraft", die den Elektronenfluss durch den externen Stromkreis einer galvanischen Zelle verursacht.

Die chemischen Vorgänge in einer galvanischen Zelle sind spontane Prozesse, wie in Kapitel 19 beschrieben. In einem vereinfachten Sinn können wir den Elektronenfluss in einer galvanischen Zelle mit einem Wasserfall vergleichen (► Abbildung 20.8): Die Elektronen fließen von der Anode einer galvanischen Zelle zur Kathode, da ihre potenziellen Energien verschieden sind. Die potenzielle Energie der Elektronen ist an der Anode größer als an der Kathode und der spontane Elektronenfluss in einem externen Stromkreis ist daher zur Kathode hin gerichtet.

Man misst die Differenz der elektrischen potenziellen Energie bezogen auf die elektrische Ladung (die *Potenzialdifferenz*) zwischen den beiden Elektroden in der Einheit Volt. Ein Volt (V) ist die Potenzialdifferenz, die einer Ladung von 1 Coulomb (1 C) eine Energie von 1 J verleiht.

$$1\,\mathrm{V} = 1\frac{\mathrm{J}}{\mathrm{C}}$$

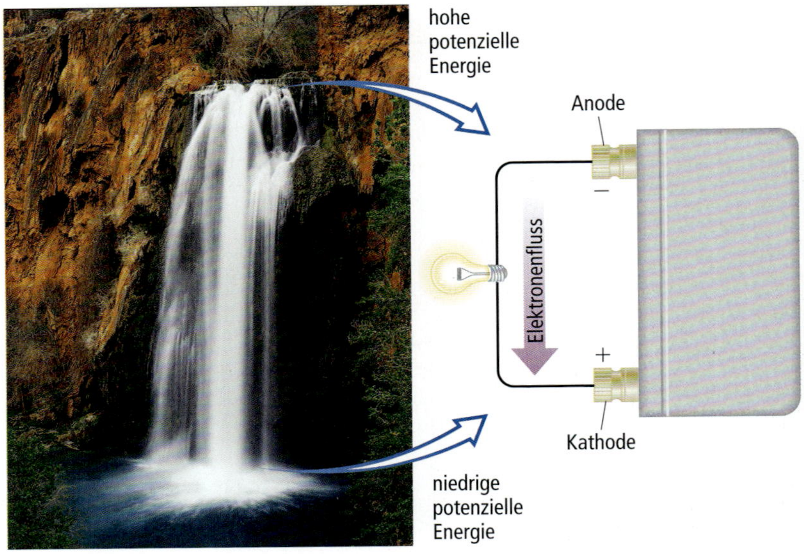

Abbildung 20.8: Die Analogie des Elektronenflusses mit einem Wasserfall. Der Fluss der Elektronen von der Anode zur Kathode einer galvanischen Zelle ähnelt dem Fall von Wasser über einen Höhenunterschied. Das Wasser fällt, da seine potenzielle Energie am unteren Ende des Wasserfalls geringer ist als oben. Wenn man die Kathode und die Anode einer galvanischen Zelle elektrisch leitend verbindet, fließen die Elektronen in analoger Weise zum Ort niedrigerer potenzieller Energie, von der Anode zur Kathode.

Die Potenzialdifferenz zwischen den beiden Elektroden einer galvanischen Zelle ist die „treibende Kraft", welche die Elektronen zur Bewegung durch den externen Stromkreis „anstößt". Daher bezeichnen wir diese Potenzialdifferenz als **elektromotorische Kraft** („Kraft, die Elektronenbewegung hervorruft") oder **EMK**. Da man die Potenzialdifferenz ΔE_{Zelle} in Volt misst, spricht man oft von der *Zellspannung*. Für jede spontan ablaufende Reaktion, beispielsweise in einer galvanischen Zelle, ist diese Potenzialdifferenz *positiv*.

MERKE !

Die Potenzialdifferenz zwischen Anode und Kathode einer galvanischen Zelle wird als elektromotorische Kraft (EMK) oder Zellspannung ΔE_{Zelle} bezeichnet. Sie ist für alle spontan ablaufenden Prozesse positiv. Da sie von den Elektrodenreaktionen, den Stoffkonzentrationen bzw. dem Gasdruck und der Temperatur abhängt, betrachtet man meist Vorgänge bei Standardbedingungen.

Die EMK einer bestimmten galvanischen Zelle hängt von den Reaktionen an der Kathode und an der Anode, den Konzentrationen der Ausgangsstoffe und Reaktionsprodukte und von der Temperatur ab. Letztere wird als 25 °C angenommen, sofern nichts anderes angegeben ist. In diesem Abschnitt konzentrieren wir uns auf Zellen, die unter *Standardbedingungen* bei 25 °C betrieben werden. Erinnern wir uns an Abschnitt 20.5: Die Definition der Standardbedingungen gibt Konzentrationen der gelösten Ausgangsstoffe und Reaktionsprodukte von 1 *M* und für Gase einen Druck von 1 atm vor (siehe ► Tabelle 20.2). Unter Standardbedingungen spricht man von der **Standard-EMK**, die man als ΔE°_{Zelle} bezeichnet. Die Standard-EMK der Zn-Cu-Zelle in ► Abbildung 20.4 bei 25 °C beträgt +1,10 V.

$$Zn(s) + Cu^{2+}(aq,\ 1\ M) \longrightarrow Zn^{2+}(aq,\ 1\ M) + Cu(s) \qquad \Delta E^{\circ}_{Zelle} = +1{,}10\,V$$

Standard-Redoxpotenziale (Halbzellenpotenziale)

Die EMK hängt von der Art der Kathode und Anode ab. Prinzipiell könnten wir die Standard-EMK für alle möglichen Kombinationen aus Kathoden und Anoden tabellarisch zusammenfassen. Es ist aber nicht notwendig, diese mühsame Aufgabe auszuführen, sondern wir werden jeder einzelnen Halbzelle Standardpotenziale zuordnen und ΔE°_{Zelle} anhand dieser Potenziale bestimmen.

MERKE !

Das Potenzial einer Elektrode unter Standardbedingungen wird Standard-Redoxpotenzial, Standard-Elektrodenpotenzial oder Normalpotenzial genannt. Die Standard-Zellspannung ΔE°_{Zelle} ist die Differenz zwischen dem Standard-Elektrodenpotenzialen von Anode und Kathode:

$\Delta E^{\circ}_{Zelle} = E^{\circ}\ (Kathode) - E^{\circ}\ (Anode)$.

Die EMK ist die Differenz zwischen zwei Elektrodenpotenzialen, wobei ein Potenzialwert der Kathode und der andere Wert der Anode entspricht. Die Standardpotenziale der Elektroden sind tabellarisch angegeben. Man nennt sie **Standard-Redoxpotenziale** oder Normalpotenziale und bezeichnet sie als E°. Die Spannung einer Zelle ΔE°_{Zelle} ergibt sich nun als *Differenz* der Standard-Redoxpotenziale der Anodenreaktion E° (Anode) und der Kathodenreaktion E° (Kathode):

$$\Delta E^{\circ}_{Zelle} = E^{\circ}\ (Kathode) - E^{\circ}\ (Anode) \qquad (20.8)$$

Es ist nicht möglich, das Normalpotenzial einer Halbzelle direkt zu messen. Wenn wir das Normalpotenzial einer bestimmten Halbzelle als Referenz wählen, können wir jedoch die entsprechenden Potenziale anderer Halbreaktionen bezüglich dieser Referenz festlegen. Man erklärt die Reduktion von $H^+(aq)$ zu $H_2(g)$ unter Standardbedingungen als Referenz-Halbreaktion und ordnet ihr das Normalpotenzial von exakt 0 V zu.

$$2\,H^+\,(aq,\,1\,M) + 2\,e^- \rightleftharpoons H_2\,(g,\,1\,\text{atm}) \qquad E^\circ = 0\,\text{V} \qquad (20.9)$$

Die Elektrode, an der diese Halbreaktion stattfindet, heißt **Standard-Wasserstoffelektrode** (SWE) oder Normal-Wasserstoffelektrode (NWE). Eine SWE besteht aus einem Platindraht, der mit einem Stück Platinfolie mit fein verteiltem Platin (platiniertes Platin) verbunden ist. Dieser Aufbau stellt eine stabile Reaktionsoberfläche zur Verfügung. Die Elektrode ist in einem Glasröhrchen eingeschlossen und Wasserstoffgas kann sich darin unter Standardbedingungen (1 atm = 1013 hPa) in Bläschenform bewegen. Die Lösung enthält $H^+(aq)$-Ionen unter Standardbedingungen (1 *M*, ► Abbildung 20.9).

In ► Abbildung 20.10 ist eine galvanische Zelle zu sehen, die aus einer SWE und einer Standard Zn^{2+}/Zn-Elektrode besteht. In dieser Zelle läuft die spontane Reaktion von ► Abbildung 20.1 ab: Die Oxidation von Zn und die Reduktion von H^+ nach der Gleichung

$$Zn(s) + 2\,H^+(aq) \longrightarrow Zn^{2+}(aq) + H_2(g)$$

Beachten Sie, dass die Zn^{2+}/Zn-Elektrode die Anode und die SWE die Kathode bildet. Die Zellspannung beträgt +0,76 V. Aus dem Normalpotenzial von H^+

EXTRAS ONLINE Normalpotenziale (Video)

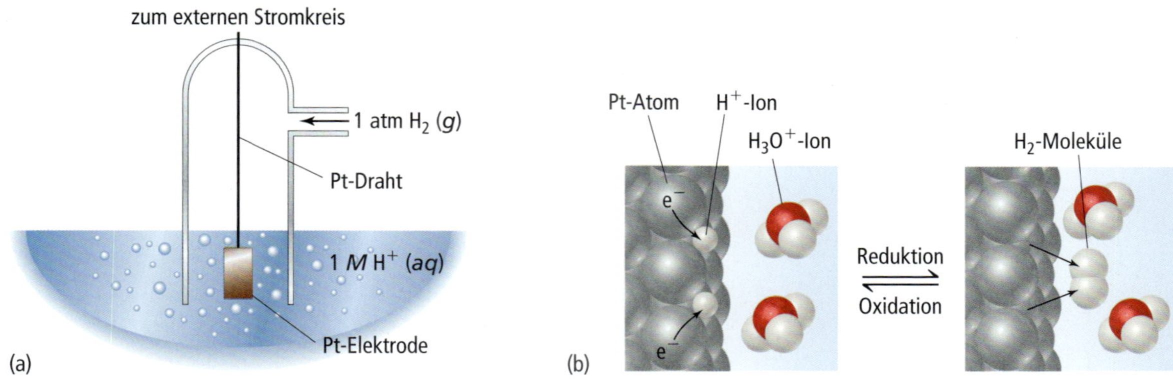

Abbildung 20.9: Die Standard-Wasserstoffelektrode (SWE), die als Referenzelektrode dient. (a) Eine SWE besteht aus einer Elektrode mit fein verteiltem Pt, das mit $H_2(g)$ unter einem Druck von 1 atm (1013 hPa) in Kontakt steht, und einer sauren Lösung mit der H^+-Ionenkonzentration $[H^+]$ = 1 mol/L. (b) Darstellung der Vorgänge an der SWE auf molekularer Ebene. Wenn eine **SWE** die **Kathode** einer Zelle bildet, nehmen zwei H^+-Ionen je ein Elektron von der Pt-Elektrode auf und werden damit zu H-Atomen reduziert. Zwei H-Atome zusammen bilden H_2. Wenn eine **SWE** die **Anode** bildet, läuft der umgekehrte Vorgang ab: Ein H_2-Molekül gibt an der Elektrodenoberfläche zwei Elektronen ab und wird zu 2 H^+ oxidiert. Die H^+-Ionen gehen in Lösung und werden hydratisiert.

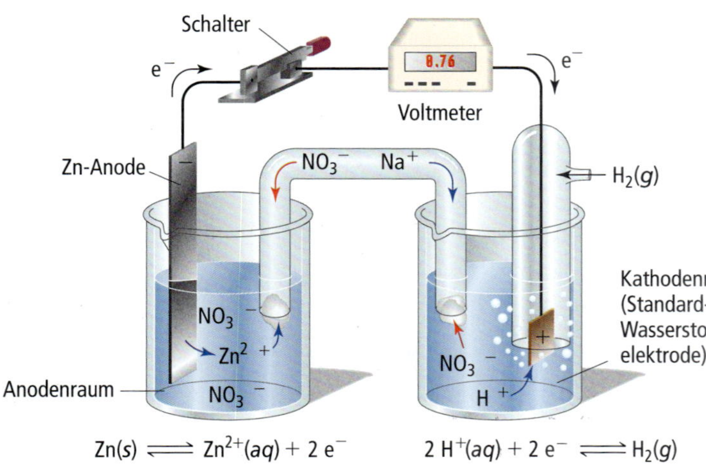

Abbildung 20.10: Eine galvanische Zelle mit einer Standard-Wasserstoffelektrode.

($E° = 0$) und ► Gleichung 20.8 können wir das Normalpotenzial der Zn/Zn^{2+}-Halbreaktion bestimmen:

$$\Delta E^\circ_{Zelle} = E^\circ\ (\text{Kathode}) - E^\circ\ (\text{Anode})$$
$$+0{,}76\ V = 0\ V - E^\circ\ (\text{Anode})$$
$$E^\circ\ (\text{Anode}) = -0{,}76\ V$$

Somit beträgt das Normalpotenzial der Gleichgewichtsreaktion zwischen Zn^{2+} und Zn –0,76 V.

$$Zn^{2+}(aq,\ 1\ M) + 2\ e^- \rightleftharpoons Zn(s) \qquad E^\circ = -0{,}76\ V$$

Analog zur Vorgehensweise für die Zn/Zn^{2+}-Halbreaktion kann man die Normalpotenziale anderer Halbreaktionen bestimmen. In ► Tabelle 20.1 sind einige Normalpotenziale angegeben. Eine umfangreichere Liste finden Sie in Anhang A. Diese Normalpotenziale, oft auch *Halbzellenpotenziale* genannt, lassen sich zur Bestimmung der EMK mit einer Vielzahl von galvanischen Zellen kombinieren.

Die Normalpotenziale sind intensive Größen, denn das elektrische Potenzial ist als potenzielle Energie pro elektrische Ladung definiert. Mit anderen Worten: Wenn man die Stoffmenge in einer Redoxreaktion erhöht, steigen sowohl die Energie als auch die Menge der beteiligten elektrischen Ladungen an, aber das Verhältnis zwischen der Energie (in Joule) und der Ladung (in Coulomb) bleibt konstant (V = J/C). Daher beeinflussen Veränderungen der stöchiometrischen Koeffizienten einer Halbreaktion den Wert des Normalpotenzials nicht.

Wir haben bereits die Analogie der elektromotorischen Kraft (EMK) mit dem Fluss des Wassers in einem Wasserfall betrachtet (siehe ► Abbildung 20.8). Die

Potenzial (V)	Halbreaktion
+2,87	$F_2(g) + 2e^- \rightleftharpoons 2F^-(aq)$
+1,51	$MnO_4^-(aq) + 8\ H^+(aq) + 5e^- \rightleftharpoons Mn^{2+}(aq) + 4H_2O(l)$
+1,36	$Cl_2(g) + 2e^- \rightleftharpoons 2Cl^-(aq)$
+1,33	$Cr_2O_7^{2-}(aq) + 14H^+(aq) + 6e^- \rightleftharpoons 2Cr^{3+}(aq) + 7H_2O(l)$
+1,23	$O_2(g) + 4H^+(aq) + 4e^- \rightleftharpoons 2H_2O(l)$
+1,06	$Br_2(l) + 2e^- \rightleftharpoons 2Br^-(aq)$
+0,96	$NO_3^-(aq) + 4\ H^+(aq) + 3e^- \rightleftharpoons NO(g) + 2H_2O(l)$
+0,80	$Ag^+(aq) + e^- \rightleftharpoons Ag(s)$
+0,77	$Fe^{3+}(aq) + e^- \rightleftharpoons Fe^{2+}(aq)$
+0,68	$O_2(g) + 2H^+(aq) + 2e^- \rightleftharpoons H_2O_2(aq)$
+0,59	$MnO_4^-(aq) + 2H_2O(l) + 3e^- \rightleftharpoons MnO_2(s) + 4OH^-(aq)$
+0,54	$I_2(s) + 2e^- \rightleftharpoons 2I^-(aq)$
+0,40	$O_2(g) + 2H_2O(l) + 4e^- \rightleftharpoons 4OH^-(aq)$
+0,34	$Cu^{2+}(aq) + 2e^- \rightleftharpoons Cu(s)$
0 [definiert]	$2H^+(aq) + 2e^- \rightleftharpoons H_2(g)$
−0,28	$Ni^{2+}(aq) + 2e^- \rightleftharpoons Ni(s)$
−0,44	$Fe^{2+}(aq) + 2e^- \rightleftharpoons Fe(s)$
−0,76	$Zn^{2+}(aq) + 2e^- \rightleftharpoons Zn(s)$
−0,83	$2H_2O(l) + 2\ e^- \rightleftharpoons H_2(g) + 2OH^-(aq)$
−1,66	$Al^{3+}(aq) + 3e^- \rightleftharpoons Al(s)$
−2,71	$Na^+(aq) + e^- \rightleftharpoons Na(s)$
−3,05	$Li^+(aq) + e^- \rightleftharpoons Li(s)$

Tabelle 20.1: **Normalpotenziale bei 25 °C in Wasser.**

EMK entspricht dem Höhenunterschied zwischen dem Anfang und dem Ende des Wasserfalls. Dieser Höhenunterschied bleibt gleich, unabhängig davon, ob der Wasserfluss groß oder klein ist.

Betrachten wir erneut die Redoxreaktion aus den ► Abbildungen 20.2 und 20.3:

$$Zn(s) + Cu^{2+}(aq) \longrightarrow Zn^{2+}(aq) + Cu(s)$$

Wir können diese Gleichung einfach als die Summe zweier Halbreaktionen schreiben und die Differenz ihrer $E°$-Werte berechnen:

$$Cu^{2+}(aq) + 2\,e^- \longrightarrow Cu(s) \qquad E° = +0{,}34\ V$$

$$Zn(s) \longrightarrow Zn^{2+}(aq) + 2\,e^- \qquad E° = -0{,}76\ V$$

$$Zn(s) + Cu^{2+}(aq) \longrightarrow Zn^{2+}(aq) + Cu(s) \qquad \Delta E°_{Zelle} = +1{,}10\ V$$

Das Normalpotenzial ist das elektrochemische Potenzial, das sich im Gleichgewicht zwischen der reduzierten und der oxidierten Form eines Redoxpaares einstellt, wenn Standardbedingungen herrschen.

Zur Berechnung der EMK stellen wir zuerst fest, welche Halbreaktion das positivere Potenzial hat. Dies ist das Potenzial der Kathode, hier werden Elektronen in der Halbzelle aufgenommen, hier wirkt das Oxidationsmittel. Die Halbreaktion mit dem negativeren Potenzial ist demnach die Halbreaktion, die im Anodenraum überwiegt, hier wirkt das Reduktionsmittel. Wir ziehen vom positiveren Potenzial das negativere (weniger positive) ab und erhalten als Differenz die EMK mit dem richtigen Vorzeichen:

$$EMK = E°_{Kathode} - E°_{Anode} = \Delta E°_{Zelle}$$

Für die Cu/Zn-Zelle also:

$$\Delta E°_{Zelle} = E°\,(Cu^{2+}/Cu) - E°\,(Zn^{2+}/Zn) = +0{,}34\ V - (-0{,}76\ V) = +1{,}10\ V$$

Wenn wir in gleicher Weise eine galvanische Zelle aus einer Cu^{2+}/Cu-Halbzelle und einer Ag^{+}/Ag-Halbzelle bauen, so sehen wir aus den tabellierten Normalpotenzialen, dass nun die Ag^{+}/Ag-Halbzelle ein positiveres Normalpotenzial als die Cu^{2+}/Cu-Halbzelle hat und daher die Kathode ist, während die Cu^{2+}/Cu-Halbzelle nun die Anode ist. Für diese galvanische Zelle ist die EMK:

$$\Delta E°_{Zelle} = E°\,(Ag^{+}/Ag) - E°\,(Cu^{2+}/Cu) = +0{,}80\,V - (+0{,}34\ V) = +0{,}46\ V$$

In beiden Fällen ist die EMK positiv, das heißt, dass die Elektronen über den äußeren Stromkreis vom unedleren Element zum edleren fließen.

Die Stärke von Oxidations- und Reduktionsmitteln

Wir haben bisher zum Studium der galvanischen Zellen die Tabellenwerte der Normalpotenziale verwendet. Anhand der Werte von $E°$ kann man auch die Chemie von Reaktionen in wässriger Lösung verstehen. Erinnern Sie sich zum Beispiel an die Reaktion von Zn(*s*) und $Cu^{2+}(aq)$, die in ► Abbildung 20.3 dargestellt ist.

$$Zn(s) + Cu^{2+}(aq) \longrightarrow Zn^{2+}(aq) + Cu(s)$$

In dieser Reaktion wird metallisches Zink oxidiert und $Cu^{2+}(aq)$ reduziert. Diese Stoffe stehen jedoch in direktem Kontakt und es wird keine verwertbare elektrische Arbeit verrichtet. Der Direktkontakt würde in der Zelle einen „Kurzschluss" hervorrufen, aber die „treibende Kraft" dieser Reaktion ist dennoch die gleiche wie in der galvanischen Zelle aus ► Abbildung 20.4. Die Reduktion von $Cu^{2+}(aq)$ durch Zn(*s*) ist eine spontane Reaktion, denn der $E°$-Wert des Redoxpaares Cu/Cu^{2+} ist größer als der des Redoxpaares Zn/Zn^{2+}.

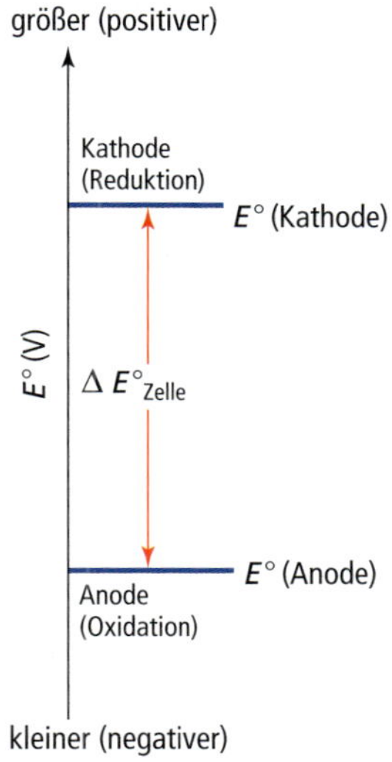

Abbildung 20.11: Das Standard-Zellenpotenzial einer galvanischen Zelle. Die Zellspannung ist die Differenz der Normalpotenziale der Kathoden- und der Anodenreaktion.

MERKE !

Die Halbzelle mit dem positiveren Potenzial ist die Kathode, die mit dem negativeren Potenzial ist die Anode.

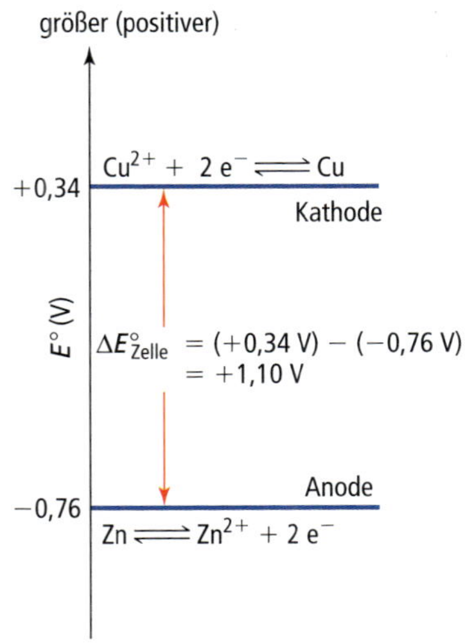

Abbildung 20.12: Halbzellenpotenziale. Darstellung der Halbzellenpotenziale der galvanischen Zelle aus ► Abbildung 20.4 nach dem Schema von ► Abbildung 20.11.

Übungsbeispiel 20.4: Berechnung von $E°$ aus $\Delta E°_{Zelle}$

Für die galvanische Zelle mit Zn und Cu^{2+} aus ► Abbildung 20.4 gilt

$$Zn(s) + Cu^{2+}(aq,\ 1\ M) \rightleftharpoons Zn^{2+}(aq,\ 1\ M) + Cu(s) \qquad \Delta E°_{Zelle} = 1{,}10\ V$$

Berechnen Sie aus dem Normalpotenzial der Reaktion zwischen Zn^{2+} und Zn(*s*) von –0,76 V den Wert von $E°$ für die Reaktion zwischen Cu^{2+} und Cu:

$$Cu^{2+}(aq,\ 1\ M) + 2\ e^- \rightleftharpoons Cu(s)$$

Lösung

Analyse: $E°$ von Zn^{2+}/Zn und $\Delta E°_{Zelle}$ sind gegeben; wir sollen $E°$ von Cu^{2+}/Cu berechnen.

Vorgehen: In der galvanischen Zelle wird Zn an der Anode oxidiert; damit ist $E°$ von Zn^{2+}/Zn das Potenzial der Anode. Das Cu^{2+}-Ion wird in der Kathoden-Halbzelle reduziert. Damit ist das unbekannte Normalpotenzial von Cu^{2+}/Cu das Potenzial $E°$ der Kathode. Da $E°$ der Anode und $\Delta E°_{Zelle}$ bekannt sind, kann man die ► Gleichung 20.8 nach $E°$ der Kathode auflösen.

Lösung:

$$\Delta E°_{Zelle} = E°\ (\text{Kathode}) - E°\ (\text{Anode})$$
$$1{,}10\ V = E°\ (\text{Kathode}) - (-0{,}76\ V)$$
$$E°\ (\text{Kathode}) = 1{,}10\ V - 0{,}76\ V = 0{,}34\ V$$

Überprüfung: Dieses Normalpotenzial stimmt mit dem Wert in ► Tabelle 20.1 überein.

Anmerkung: Die Normalpotenziale für Cu^{2+}/Cu und Zn^{2+}/Zn lassen sich als $E°_{Cu^{2+}/Cu} = 0{,}34\ V$ und $E°_{Zn^{2+}/Zn} = -0{,}76\ V$ schreiben.

Übungsbeispiel 20.5: Von der Halbzellenreaktion zur EMK der Zelle

Eine galvanische Zelle basiert auf den folgenden Standard-Halbreaktionen:

$$Cd^{2+}(aq) + 2\ e^- \rightleftharpoons Cd(s)$$
$$Sn^{2+}(aq) + 2\ e^- \rightleftharpoons Sn(s)$$

Bestimmen Sie mit Hilfe der Angaben aus Anhang A **(a)** die Halbreaktionen an der Kathode und an der Anode und **(b)** die Standard-EMK.

Lösung

Analyse: Wir sollen $E°$ der beiden Halbreaktionen heraussuchen und damit die Kathode und die Anode der Zelle festlegen und die Standard-EMK $\Delta E°_{Zelle}$ berechnen.

Vorgehen: Der größere (positivere) $E°$-Wert gehört zur Reaktion der Kathode und der kleinere Wert entsprechend zur Anode. Wir formulieren die Halbreaktion an der Anode, indem wir die Reduktionsreaktion umkehren.

Lösung:

(a) Nach den Angaben in Anhang A ist $E°(Cd^{2+}/Cd) = -0{,}403\ V$ und $E°(Sn^{2+}/Sn) = -0{,}136\ V$. Da das Normalpotenzial von Sn^{2+} größer (positiver) ist als das Potenzial von Cd^{2+}, ist die Reduktion von Sn^{2+} die Kathodenreaktion.

$$\text{Kathode:} \qquad Sn^{2+}(aq) + 2\ e^- \longrightarrow Sn(s)$$

Die Anodenreaktion ist somit die Abgabe von Elektronen durch Cd.

$$\text{Anode:} \qquad Cd(s) \longrightarrow Cd^{2+}(aq) + 2\ e^-$$

(b) Die Zellspannung ist durch ► Gleichung 20.8 gegeben.

$$\Delta E°_{Zelle} = E°(\text{Kathode}) - E°(\text{Anode}) = (-0{,}136\ V) - (-0{,}403\ V) = 0{,}267\ V$$

Die Tatsache, dass beide $E°$-Werte negativ sind, ist unerheblich, denn das negative Vorzeichen entspringt lediglich dem Vergleich mit der Referenzreaktion, der Reduktion von $H^+(aq)$.

Überprüfung: Die Zellspannung ist positiv, wie es für eine freiwillig ablaufende Reaktion notwendig ist.

A 4 Eine galvanische Zelle basiert auf einer Co^{2+}/Co- und einer AgCl/Ag-Halbzelle. **(a)** Welche Reaktion läuft an der Anode ab? **(b)** Wie lautet die Standardzellspannung?

Die Beziehung zwischen dem Wert von $E°$ und dem spontanen Ablauf einer Redoxreaktion lässt sich wie folgt verallgemeinern: *Je größer (positiver) $E°$ einer Halbreaktion, desto stärker ist die Neigung des Ausgangsstoffes zur Aufnahme von Elektronen und somit zur Oxidation anderer Substanzen.* Der Stoff mit der stärksten Neigung zur Aufnahme von Elektronen in der ► Tabelle 20.1 und somit auch das stärkste Oxidationsmittel ist F_2.

$$F_2(g) + 2\,e^- \rightleftharpoons 2\,F^-(aq) \quad E° = 2{,}87\,V$$

Die Halogene, O_2 und Oxo-Anionen wie MnO_4^-, $Cr_2O_7^{2-}$ und NO_3^- gehören zu den am häufigsten verwendeten Oxidationsmitteln, da die Oxidationsstufen ihrer Zentralatome stark positiv sind.

Das Lithiumion (Li^+) ist das am schwierigsten zu reduzierende Teilchen und damit das schwächste Oxidationsmittel:

$$Li^+(aq) + e^- \rightleftharpoons Li(s) \quad E° = -3{,}05\,V$$

Dementsprechend ist die Oxidation von $Li(s)$ zu $Li^+(aq)$ eine sehr begünstigte Reaktion. Daher besitzt elementares Lithium eine starke Neigung, Elektronen an andere Stoffe abzugeben und ist unter den Substanzen in ► Tabelle 20.1 das stärkste Reduktionsmittel.

Man setzt Wasserstoff und unedle Metalle wie Alkalimetalle und Erdalkalimetalle als Reduktionsmittel ein.

In der Liste der $E°$-Werte in ► Tabelle 20.1 und in der zusammenfassenden ► Abbildung 20.13 sind die Stoffe nach ihrer Stärke als Oxidations- und Reduktionsmittel geordnet. Die am leichtesten zu reduzierenden Stoffe (die stärksten Oxidationsmittel) befinden sich links oben in der Tabelle, während die Produkte dieser Reaktionen, rechts oben in der Tabelle, schwer zu oxidieren sind (schwache Reduktionsmittel). Umgekehrt sind die Stoffe unten links schwer zu reduzieren, aber ihre Produkte sind leicht oxidierbar.

MERKE !

Je positiver das Standardpotenzial einer Halbreaktion ist, desto leichter lässt sich der Stoff reduzieren (gutes Oxidationsmittel). Je negativer das Standardpotenzial einer Halbreaktion ist, desto leichter lässt sich der Stoff oxidieren (gutes Reduktionsmittel).

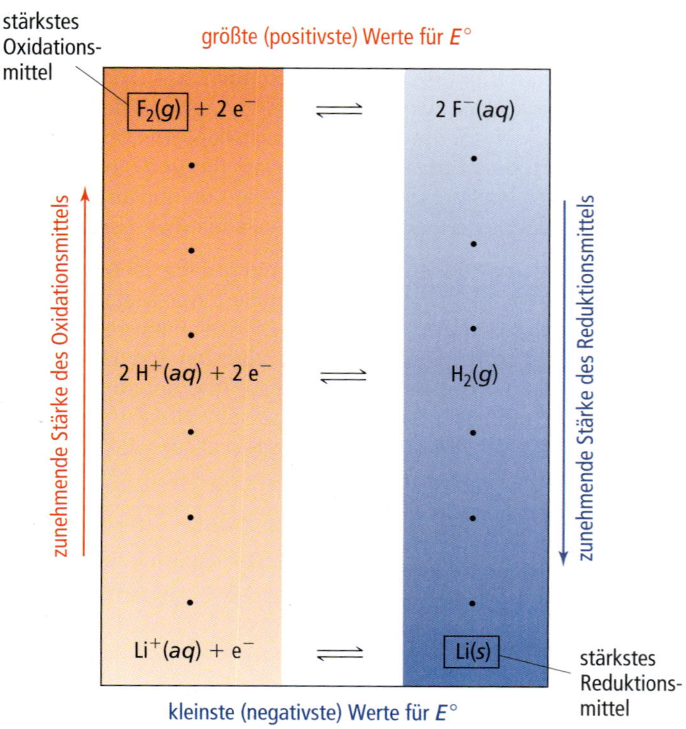

Abbildung 20.13 Die Stärke von Oxidations- und Reduktionsmitteln. Je positiver der Wert von $E°$, desto stärker ist das Oxidationsmittel auf der linken Seite. Analog wächst die Stärke des Reduktionsmittels auf der rechten Seite, je negativer der Wert von $E°$ ist.

Übungsbeispiel 20.5: Bestimmung der Stärke von Oxidationsmitteln

Stellen Sie mit Hilfe der ► Tabelle 20.1 eine Rangfolge der folgenden Ionen nach zunehmender Stärke als Oxidationsmittel auf: $NO_3^-(aq)$, $Ag^+(aq)$, $Cr_2O_7^{2-}(aq)$.

Lösung

Analyse: Wir sollen einige gegebene Ionen nach ihrer Tauglichkeit als Oxidationsmittel ordnen.

Vorgehen: Je leichter ein Ion zu reduzieren ist (je positiver der Wert von $E°$), desto stärker ist es als Oxidationsmittel.

Lösung: Aus der ► Tabelle 20.1 erhalten wir

$$NO_3^-(aq) + 4\,H^+(aq) + 3\,e^- \rightleftharpoons NO(g) + 2\,H_2O(l) \qquad E° = +0{,}96\ V$$

$$Ag^+(aq) + e^- \rightleftharpoons Ag(s) \qquad E° = +0{,}80\ V$$

$$Cr_2O_7^{2-}(aq) + 14\,H^+(aq) + 6\,e^- \rightleftharpoons 2\,Cr^{3+}(aq) + 7\,H_2O(l) \qquad E° = +1{,}33\ V$$

Das $Cr_2O_7^{2-}$-Ion ist das stärkste Oxidationsmittel unter den drei Stoffen, denn sein Normalpotenzial ist am größten. Die Rangfolge ist $Ag^+ < NO_3^- < Cr_2O_7^{2-}$.

A 5 Stellen Sie mit Hilfe der ► Tabelle 20.1 eine Rangfolge der folgenden Stoffe vom schwächsten zum stärksten Reduktionsmittel auf: $I^-(aq)$, $Fe(s)$, $Al(s)$.

MERKE !

Das Standard-Redoxpotenzial $\Delta E°$ (EMK) jeder Redoxreaktion ist die Differenz zwischen dem Standardpotenzialen der Reduktions- und Oxidations-Teilreaktionen:

$\Delta E° = E°$ (Reduktion) – $E°$ (Oxidation).

20.5 Freie Enthalpie und Redoxreaktionen

Wir haben gesehen, dass galvanische Zellen mit spontan ablaufenden Redoxreaktionen arbeiten. Jede Reaktion, die mit positiver EMK in einer galvanischen Zelle möglich ist, läuft spontan ab. Folglich kann man anhand der Halbzellenpotenziale die EMK berechnen und dadurch feststellen, ob eine Redoxreaktion spontan abläuft.

Die folgende Diskussion betrifft nicht nur galvanische Zellen, sondern Redoxreaktionen im Allgemeinen. Daher schreiben wir die ► Gleichung 20.8 in allgemeinerer Form als

$$\Delta E° = E°(\text{Reduktion}) - E°(\text{Oxidation}) \qquad (20.10)$$

In dieser veränderten Form von ► Gleichung 20.8 haben wir den Index „Zelle" weggelassen, um anzudeuten, dass die entsprechende EMK nicht notwendigerweise mit einer galvanischen Zelle verknüpft ist. Gleichermaßen haben wir die Normalpotenziale auf der rechten Seite der Gleichung verallgemeinert, indem wir uns nun nicht mehr auf Kathode und Anode, sondern auf Oxidation und Reduktion beziehen. Nun können wir eine allgemeine Aussage über die EMK (ΔE) einer Reaktion und ihren spontanen Ablauf aufstellen: *Ein positiver Wert von ΔE weist auf einen spontan ablaufenden Prozess hin und ein negativer Wert von ΔE entspricht einem nicht spontanen Prozess.* Von nun an soll ΔE die EMK unter Nichtstandardbedingungen und $\Delta E°$ den Standardwert bezeichnen.

Anhand der Normalpotenziale können wir die Spannungsreihe der Metalle verstehen. Erinnern Sie sich, dass jedes Metall von den Ionen jener Metalle oxidiert wird, die in der Spannungsreihe unter ihm stehen. Die Spannungsreihe, wie in ► Tabelle 4.3 angegeben, ordnet die Metalle vom stärksten Reduktionsmittel oben zum schwächsten Reduktionsmittel unten (diese Anordnung ist im Vergleich zu ► Tabelle 20.1 umgekehrt). Beispielsweise steht Nickel in der Spannungsreihe über Silber und wir erwarten daher, dass Nickel nach der folgenden Reaktion das Silber reduziert:

$$Ni(s) + 2\,Ag^+(aq) \longrightarrow Ni^{2+}(aq) + 2\,Ag(s)$$

In dieser Reaktion wird das Nickel oxidiert und das Ag^+-Ion reduziert. Mit den Zahlen aus der ► Tabelle 20.1 ergibt sich die Standard-EMK dieser Reaktion als

$$\Delta E° = E°(Ag^+/Ag) - E°(Ni^{2+}/Ni) = (+0{,}80\ V) - (-0{,}28\ V) = +1{,}08\ V$$

Aus dem positiven Wert von $\Delta E°$ geht hervor, dass die Reduktion des Silbers durch Nickel ein spontaner Prozess ist.

Übungsbeispiel 20.6: Spontan oder nicht spontan?

Bestimmen Sie mit Hilfe der Normalpotenziale (siehe ▶ Tabelle 20.1), ob die folgenden Reaktionen unter Standardbedingungen spontan ablaufen.

(a) $Cu(s) + 2\,H^+(aq) \longrightarrow Cu^{2+}(aq) + H_2(g)$

(b) $Cl_2(g) + 2\,I^-(aq) \longrightarrow 2\,Cl^-(aq) + I_2(s)$

Lösung

Analyse: Wir sollen feststellen, ob zwei gegebene Gleichungen spontane Reaktionen beschreiben.

Vorgehen: Um bestimmen zu können, ob eine Redoxreaktion unter Standardbedingungen spontan abläuft, müssen wir zuerst die Reduktions- und die Oxidations-Halbreaktion aufstellen. Danach können wir anhand der Normalpotenziale und mit ▶ Gleichung 20.10 die Standard-EMK ($\Delta E°$) der Reaktion bestimmen. Wenn die Reaktion spontan abläuft, muss ihre EMK positiv sein.

Lösung:

(a) In dieser Reaktion wird Cu zu Cu^{2+} oxidiert und H^+ zu H_2 reduziert. Die entsprechenden Halbreaktionen und ihre Normalpotenziale sind

$$\textit{Reduktion:}\quad 2\,H^+(aq) + 2\,e^- \rightleftharpoons H_2(g) \qquad E° = 0\,V$$
$$\textit{Oxidation:}\quad Cu(s) \rightleftharpoons Cu^{2+}(aq) + 2\,e^- \qquad E° = +0{,}34\,V$$

Beachten Sie, dass wir für die Oxidation des Kupfers das Normalpotenzial aus Tabelle 20.1 verwenden. Nun berechnen wir $\Delta E°$ mit ▶ Gleichung 20.10:

$$\Delta E° = E°(\text{Reduktion}) - E°(\text{Oxidation}) = (0\,V) - (0{,}34\,V) = -0{,}34\,V$$

Die Reaktion läuft in der angegebenen Richtung nicht spontan ab, weil $\Delta E°$ negativ ist. Metallisches Kupfer reagiert nicht auf diese Weise mit Säuren. Die umgekehrte Reaktion ist jedoch spontan und ihr $\Delta E°$-Wert ist +0,34 V:

$$Cu^{2+}(aq) + H_2(g) \longrightarrow Cu(s) + 2\,H^+(aq) \qquad \Delta E° = +0{,}34V$$

Man kann demnach Cu^{2+} mit H_2 reduzieren.

(b) Wir verwenden ein ähnliches Verfahren wie in (a):

$$\textit{Reduktion:}\quad Cl_2(g) + 2\,e^- \rightleftharpoons 2\,Cl^-(aq) \qquad E° = +1{,}36\,V$$
$$\textit{Oxidation:}\quad 2\,I^-(aq) \rightleftharpoons I_2(s) + 2\,e^- \qquad E° = +0{,}54\,V$$

In diesem Fall ist $\Delta E° = (1{,}36\,V) - (0{,}54\,V) = +0{,}82\,V$.

Da der Wert von $\Delta E°$ positiv ist, läuft diese Reaktion spontan ab und man kann sie in einer galvanischen Zelle nutzen.

EMK und ΔG

Die Änderung der freien Enthalpie, ΔG, misst die Tendenz einer Reaktion, bei konstanter Temperatur und konstantem Druck spontan abzulaufen (siehe Abschnitt 20.5). Der Parameter ΔE (die EMK) einer Redoxreaktion gibt an, ob eine Reaktion spontan abläuft. Die Beziehung zwischen der EMK und der Änderung der freien Enthalpie ist

$$\Delta G = -nF\Delta E \qquad (20.11)$$

In dieser Gleichung ist n eine positive dimensionslose Zahl und gibt die Anzahl der übertragenen Elektronen in dieser Reaktion an. Nach Michael Faraday (▶ Abbildung 20.14) heißt die Konstante F *Faradaykonstante*. Die Faradaykonstante ist die elektrische Ladungsmenge von einem Mol Elektronen; diese Ladung nennt man auch ein **Faraday** (F).

$$1\,F = 96.485\,C/mol = 96.485\,J/V \cdot mol^{-1}$$

Die physikalische Einheit von ΔG in ▶ Gleichung 20.11 ist J/mol. Wie in ▶ Gleichung 20.14 bedeutet „pro Mol" hier „pro Mol der Gleichung in der gegebenen Form".

Sowohl n als auch F sind positive Zahlen. Daher führt ein positiver Wert von ΔE in ▶ Gleichung 20.11 zu einem negativen Wert für ΔG. Merken Sie sich deshalb: *Ein positiver ΔE-Wert und ein negativer ΔG-Wert weisen auf eine spontan ablaufende Reaktion hin.* Wenn sich die Ausgangsstoffe und die Reaktionsprodukte im Standardzustand befinden, kann man die ▶ Gleichung 20.11 derart verändern, dass sie $\Delta E°$ und $\Delta G°$ verknüpft:

$$\Delta G° = -nF\Delta E° \qquad (20.12)$$

A 6 Bestimmen Sie mit Hilfe der Normalpotenziale in Anhang A, welche der folgenden Reaktionen unter Standardbedingungen spontan ablaufen.

(a) $I_2(s) + 5\,Cu^{2+}(aq) + 6\,H_2O(l) \longrightarrow 2\,IO_3^-(aq) + 5\,Cu(s) + 12\,H^+(aq)$

(b) $Hg^{2+}(aq) + 2\,I^-(aq) \longrightarrow Hg(l) + I_2(s)$

(c) $H_2SO_3(aq) + 2\,Mn(s) + 4\,H^+(aq) \longrightarrow S(s) + 2\,Mn^{2+}(aq) + 3\,H_2O(l)$

Übungsbeispiel 20.7: Bestimmung von $\Delta G°$ und K

(a) Berechnen Sie mit Hilfe der Normalpotenziale aus ▶ Tabelle 20.1 die Standardänderungen der freien Enthalpie $\Delta G°$ und die Gleichgewichtskonstante K bei Zimmertemperatur (T = 298 K) für die Reaktion

$$4\,Ag(s) + O_2(g) + 4\,H^+(aq) \longrightarrow 4\,Ag^+(aq) + 2\,H_2O(l)$$

(b) Nehmen Sie an, man schreibt die Gleichung aus (a) in folgender Form:

$$2\,Ag(s) + \tfrac{1}{2}\,O_2(g) + 2\,H^+(aq) \longrightarrow 2\,Ag^+(aq) + H_2O(l)$$

Wie lauten die Werte für $\Delta E°$, $\Delta G°$ und K, wenn man die Reaktion auf diese Weise formuliert?

Lösung

Analyse: Wir sollen mit Hilfe der Normalpotenziale $\Delta G°$ und K einer Redoxreaktion bestimmen.

Vorgehen: Wir bestimmen $\Delta E°$ der Reaktion aus den Angaben aus ▶ Tabelle 20.1 und mit ▶ Gleichung 20.10 und verwenden $\Delta E°$ daraufhin in ▶ Gleichung 20.12 zur Berechnung von $\Delta G°$. Danach berechnen wir K aus ▶ Gleichung 20.22, $\Delta G° = -RT \ln K$.

Lösung:

(a) Zur Berechnung von $\Delta E°$ teilen wir die Gleichung wie in ▶ Übungsbeispiel 20.7 zunächst in zwei Halbreaktionen auf und erhalten danach die Werte für $E°$ aus ▶ Tabelle 20.1 (oder aus Anhang A):

Reduktion: $O_2(g) + 4\,H^+(aq) + 4\,e^- \rightleftharpoons 2H_2O(l)$ $E° = +1{,}23\,V$

Oxidation: $4\,Ag(s) \rightleftharpoons 4\,Ag^+(aq) + 4\,e^-$ $E° = +0{,}80\,V$

Obwohl in der zweiten Halbreaktion vier Ag-Atome stehen, können wir den Wert von $E°$ direkt aus ▶ Tabelle 20.1 übernehmen, da das Normalpotenzial eine intensive Größe ist. Aus ▶ Gleichung 20.10 erhalten wir

$$E° = (1{,}23\,V) - (0{,}80\,V) = 0{,}43\,V$$

Aus den Halbreaktionen ist die Übertragung von vier Elektronen ersichtlich; damit ist für diese Reaktion $n = 4$. Nun berechnen wir $\Delta G°$ mit ▶ Gleichung 20.12:

$$\Delta G° = -nF\Delta E° = -(4)(96.485\,J/V \cdot mol^{-1})(+0{,}43\,V) = -1{,}7 \times 10^5\,J/mol = -170\,kJ/mol$$

Aus dem positiven $\Delta E°$-Wert erhalten wir einen negativen Wert für $\Delta G°$.

Jetzt müssen wir aus der Gleichung $\Delta G° = -RT \ln K$ die Gleichgewichtskonstante K bestimmen. Die Änderung der freien Enthalpie $\Delta G°$ ist eine stark negative Zahl. Daher ist diese Reaktion thermodynamisch sehr begünstigt und wir erwarten einen großen Wert für K.

$$\Delta G° = -RT \ln K$$

$$-1{,}7 \times 10^5\,J/mol = -(8{,}314\,J/K\,mol)(298\,K) \ln K$$

$$\ln K = \frac{-1{,}7 \times 10^5\,J/mol}{-(8{,}314\,J/K\,mol^{-1})(298\,K)}$$

$$\ln K = 69$$

$$K = 9 \times 10^{29}$$

K ist tatsächlich sehr groß! Somit erwarten wir die Oxidation des metallischen Silbers unter sauren Bedingungen an der Luft zu Ag^+. Beachten Sie, dass die Spannung für diese Reaktion als 0,43 V angegeben ist; das ist ein einfach messbarer Wert. Andererseits wäre die Bestimmung einer derart großen Gleichgewichtskonstante durch Messung der Gleichgewichtskonzentrationen der Ausgangsstoffe und der Reaktionsprodukte sehr schwierig.

(b) Die Gesamtgleichung entspricht dem Teil (a), multipliziert mit einem Faktor ½. Die Halbreaktionen sind

Reduktion: $\tfrac{1}{2}\,O_2(g) + 2\,H^+(aq) + 2\,e^- \rightleftharpoons H_2O(l)$

Oxidation: $2\,Ag(s) \rightleftharpoons 2\,Ag^+(aq) + 2\,e^-$ $E° = +0{,}80\,V$

Die Werte von $E°$ gleichen dem Teil (a); die Multiplikation der Halbreaktionen mit ½ verändert sie nicht. Damit entspricht auch der Wert für $\Delta E°$ dem Wert aus (a):

$$E° = +0{,}43\,V$$

Beachten Sie aber, dass nun $n = 2$ ist, also im Vergleich zu (a) die Hälfte. Damit ist $\Delta G°$ ebenfalls halb so groß wie in (a).

$$\Delta G° = -(2)(96.485\,J/V \cdot mol^{-1})(+0{,}43\,V) = -83\,kJ/mol$$

Nun können wir wie vorher K bestimmen:

$$-8{,}3 \times 10^4\,J/mol = -(8{,}314\,J/K\,mol^{-1})(298\,K) \ln K \qquad K = 3{,}5 \times 10^{14}$$

Anmerkung: Da $\Delta E°$ eine *intensive* Größe ist, beeinflusst die Multiplikation einer chemischen Gleichung mit einem bestimmten Faktor ihren Wert nicht. Eine solche Multiplikation verändert jedoch den Wert von n und damit auch $\Delta G°$. Die Änderung der freien Enthalpie der Reaktion in der aufgestellten Form, in der Einheit J/mol, ist eine *extensive* Größe. Die Gleichgewichtskonstante ist ebenso *extensiv*.

Die ► Gleichung 20.12 ist sehr wichtig, denn Sie verknüpft die Standard-EMK ($\Delta E°$) einer elektrochemischen Reaktion mit der entsprechenden Standardänderung $\Delta G°$ der freien Enthalpie. Da $\Delta G°$ einer Reaktion über den Ausdruck $\Delta G° = -RT \ln K$ mit ihrer Gleichgewichtskonstanten K zusammenhängt (siehe Abschnitt 20.7), kann man den Zusammenhang der Standard-EMK mit der Gleichgewichtskonstante herstellen.

A 7 Gegeben sei die Reaktion $3\ Ni^{2+}(aq) + 2\ Cr(OH)_3(s) + 10\ OH^-(aq) \longrightarrow 3\ Ni(s) + 2\ CrO_4^{2-}(aq) + 8\ H_2O(l)$ **(a)** Wie lautet der Wert von n? **(b)** Berechnen Sie $\Delta G°$ mit Hilfe der Werte aus Anhang A. **(c)** Berechnen Sie K bei $T = 298$ K.

20.6 Die EMK einer galvanischen Zelle unter Nichtstandardbedingungen

In diesem Abschnitt untersuchen wir, wie die EMK einer galvanischen Zelle von den Konzentrationen der Ausgangsstoffe und Reaktionsprodukte abhängt. Man bestimmt die EMK unter Nichtstandardbedingungen mit einer Gleichung, die auf den deutschen Chemiker Walther Nernst (1864–1941) zurückgeht, dem wir viele Beiträge zu den theoretischen Grundlagen der Elektrochemie verdanken.

Abbildung 20.14: Michael Faraday. Faraday (1791–1867) wurde in England als Sohn eines armen Schmieds geboren. Mit 14 Jahren war er Buchbinderlehrling und hatte Zeit, sich der Lektüre zu widmen. Im Jahr 1812 wurde er Assistent von Humphry Davy an der Royal Institution. Später trat er dessen Nachfolge als berühmtester und einflussreichster Physiker Englands an. Eine erstaunliche Zahl von Entdeckungen geht auf Ihn zurück, einschließlich der quantitativen Beziehungen zwischen der elektrischen Stromstärke und den Reaktionen in einer elektrochemischen Zelle.

Die Nernstgleichung

Die Abhängigkeit der EMK einer Zelle von der Konzentration lässt sich aus der konzentrationsabhängigen Änderung der freien Energie bestimmen (siehe Abschnitt 20.7). Erinnern Sie sich, dass die Änderung der freien Energie ΔG mit der entsprechenden Änderung $\Delta G°$ unter Standardbedingungen zusammenhängt:

$$\Delta G = \Delta G° + RT \ln Q \qquad (20.13)$$

Die Größe Q ist der Reaktionsquotient und entspricht der Gleichgewichtskonstanten, aber unter Verwendung der Konzentrationen der Reaktionsmischung in einem bestimmten Moment (siehe Abschnitt 15.5).

Das Einsetzen von $\Delta G° = -nF\Delta E°$ (Gleichung 20.11) in ► Gleichung 20.13 ergibt

$$-nF\Delta E = -nF\Delta E° + RT \ln Q$$

und das Auflösen dieser Gleichung nach ΔE führt zu der **Nernstgleichung**:

$$\Delta E = \Delta E° - \frac{RT}{nF} \ln Q \qquad (20.14)$$

Diese Gleichung wird meistens über den dekadischen Logarithmus ausgedrückt, der mit dem natürlichen Logarithmus über den Faktor 2,303 zusammenhängt:

$$\Delta E = \Delta E° - \frac{2{,}303\ RT}{nF} \log Q \qquad (20.15)$$

Bei $T = 298$ K ist der Ausdruck 2,303 RT/F gleich 0,0592 in der Einheit Volt (V) und die Gleichung vereinfacht sich damit zu

$$\Delta E = \Delta E° - \frac{0{,}0592\ V}{n} \log Q \quad (T = 298\ \text{K}) \qquad (20.16)$$

Mit dieser Gleichung können wir die EMK einer galvanischen Zelle unter Nichtstandardbedingungen berechnen oder durch Messung der EMK einer Zelle die Konzentration eines Ausgangsstoffes oder Reaktionsprodukts bestimmen.

Betrachten wir als Anwendung von ► Gleichung 20.16 die folgende, bereits diskutierte Reaktion:

$$Zn(s) + Cu^{2+}(aq) \longrightarrow Zn^{2+}(aq) + Cu(s)$$

In diesem Fall beträgt die Standard-EMK bei $n = 2$ (zwei Elektronen gehen vom Zn zum Cu^{2+} über) +1,10 V und die Nernstgleichung ergibt bei 298 K

Übungsbeispiel 20.8: Die EMK einer galvanischen Zelle unter Nichtstandardbedingungen

Berechnen Sie bei 298 K die EMK der in ► Übungsbeispiel 20.3 beschriebenen Zelle bei den Konzentrationen $[Cr_2O_7^{2-}] = 2{,}0\,mol/L$, $[H^+] = 1{,}0\,mol/L$, $[I^-] = 1{,}0\,mol/L$ und $[Cr^{3+}] = 1{,}0 \times 10^{-5}\,mol/L$.

$$Cr_2O_7^{2-}(aq) + 14\,H^+(aq) + 6\,I^-(aq) \longrightarrow 2\,Cr^{3+}(aq) + 3\,I_2(s) + 7\,H_2O(l)$$

Lösung

Analyse: Die chemische Gleichung einer galvanischen Zelle und die Konzentrationen der Ausgangsstoffe und der Reaktionsprodukte sind gegeben. Wir sollen unter den gegebenen Nichtstandardbedingungen die EMK der Zelle berechnen.

Vorgehen: Zur Bestimmung der EMK einer galvanischen Zelle unter Nichtstandardbedingungen verwenden wir die Nernstgleichung in der Form von ► Gleichung 20.16.

Lösung: Zunächst berechnen wir $\Delta E°$ der Zelle aus den Normalpotenzialen (in ► Tabelle 20.1 oder Anhang A). Die Standard-EMK dieser Reaktion, dass in der ausgeglichenen Gleichung sechs Elektronen übertragen werden; daher ist $n = 6$ und der Reaktionsquotient Q ergibt sich als

$$Q = \frac{[Cr^{3+}]^2}{[Cr_2O_7^{2-}][H^+]^{14}[I^-]^6} = \frac{(1{,}0 \times 10^{-5})^2}{(2{,}0)(1{,}0)^{14}(1{,}0)^6} = 5{,}0 \times 10^{-11}$$

Mit ► Gleichung 20.16 erhalten wir

$$\Delta E = 0{,}79\ V - \frac{0{,}0592\ V}{6}\log(5{,}0 \times 10^{-11}) = 0{,}79\ V - \frac{0{,}0592\ V}{6}(-10{,}30) = 0{,}79\ V + 0{,}10\ V = 0{,}89\ V$$

Überprüfung: Dieses Ergebnis haben wir qualitativ erwartet: Da die Konzentration des Ausgangsstoffes $Cr_2O_7^{2-}$ höher als 1 mol/L und die Konzentration des Reaktionsproduktes Cr^{3+} niedriger als 1 mol/L ist, ergibt sich eine EMK, die größer ist als $\Delta E°$. Der Reaktionsquotient Q beträgt etwa 10^{-10} und somit ist $\log Q$ etwa gleich –10. Daher ergibt sich die Korrektur, die auf $\Delta E°$ anzuwenden ist, als etwa $0{,}06 \times (10)/6$, also 0,1, was mit der detaillierten Berechnung übereinstimmt.

Übungsbeispiel 20.9: Konzentrationen in einer galvanischen Zelle

Die Spannung einer Zn–H⁺-Zelle (wie die Zelle in ► Abbildung 20.10) bei 25 °C beträgt 0,45 V und es ist $[Zn^{2+}] = 1{,}0\,mol/L$ sowie $P_{H2} = 1{,}0$ atm. Wie lautet die Konzentration von H^+?

Lösung

Analyse: Die Beschreibung einer galvanischen Zelle, ihre EMK und die Konzentrationen aller Ausgangsstoffe und Reaktionsprodukte außer H^+ sind gegeben; die letztere Konzentration ist zu bestimmen.

Vorgehen: Zunächst formulieren wir die Gleichung der Zellenreaktion und berechnen $\Delta E°$ dieser Reaktion mit Hilfe der Normalpotenziale aus ► Tabelle 20.1. Nachdem wir den Wert für n aus unserer Reaktionsgleichung erhalten haben, lösen wir die Nernstgleichung nach Q auf. Zur Bestimmung von $[H^+]$ verwenden wir schließlich die Reaktionsgleichung der Zelle, um einen Ausdruck für Q aufzustellen, der $[H^+]$ enthält.

Lösung: Die Zellenreaktion lautet $Zn(s) + 2\,H^+(aq) \longrightarrow Zn^{2+}(aq) + H_2(g)$

und die Standard-EMK ist $\Delta E° = E°(\text{Reduktion}) - E°(\text{Oxidation}) = 0\ V - (-0{,}76\ V) = +0{,}76\ V$

Da jedes Zn-Atom zwei Elektronen abgibt, ist $n = 2$

Wir können ► Gleichung 20.16 nach Q auflösen:

$$0{,}45\ V = 0{,}76\ V - \frac{0{,}0592\ V}{2}\log Q$$

$$\log Q = (0{,}76\ V - 0{,}45\ V)\left(\frac{2}{0{,}0592\ V}\right) = 10{,}47$$

$$Q = 10^{10{,}47} = 3{,}0 \times 10^{10}$$

Q hat die Form der Gleichgewichtskonstanten der Reaktion

$$Q = \frac{[Zn^{2+}]P_{H_2}}{[H^+]^2} = \frac{(1{,}0)(1{,}0)}{[H^+]^2} = 3{,}0 \times 10^{10}$$

Durch Auflösen nach $[H^+]$ bekommen wir

$$[H^+]^2 = \frac{1{,}0}{3{,}0 \times 10^{10}} = 3{,}3 \times 10^{-11}$$

$$[H^+] = \sqrt{3{,}3 \times 10^{-11}} = 5{,}8 \times 10^{-6}\ mol/L$$

Anmerkung: Mit einer galvanischen Zelle, an deren Reaktion H^+ beteiligt ist, kann man die Konzentration $[H^+]$ messen, also den pH-Wert. Ein pH-Meter ist eine besonders ausgelegte galvanische Zelle mit einem Voltmeter, das direkt zum Ablesen des pH geeicht ist (siehe Abschnitt 16.4).

$$\Delta E = 1{,}10\ \mathrm{V} - \frac{0{,}0592\ \mathrm{V}}{2} \log \frac{[Zn^{2+}]}{[Cu^{2+}]} \qquad (20.17)$$

Erinnern Sie sich, dass der Ausdruck für Q für reine Festkörper nicht gilt (siehe Abschnitt 15.5). Nach ► Gleichung 20.17 wächst die EMK mit steigender Konzentration $[Cu^{2+}]$ und mit sinkender $[Zn^{2+}]$. Beispielsweise ergibt sich bei Werten von 5,0 mol/L für $[Cu^{2+}]$ und 0,050 mol/L für $[Zn^{2+}]$

$$\Delta E = 1{,}10\ \mathrm{V} - \frac{0{,}0592\ \mathrm{V}}{2} \log\left(\frac{0{,}050}{5{,}0}\right) = 1{,}10\ \mathrm{V} - \frac{0{,}0592\ \mathrm{V}}{2}(-2{,}00) = 1{,}16\ \mathrm{V}$$

Wie wir sehen, nimmt die EMK ($\Delta E = +1{,}16$ V) gegenüber dem Standardwert ($\Delta E° = +1{,}10$ V) zu, wenn die Konzentration der Ausgangssubstanz (Cu^{2+}) gegenüber den Standardbedingungen höher und jene des Reaktionsprodukts niedriger ist. Dieses Ergebnis lässt sich mit dem Prinzip von Le Châtelier vorhersagen (siehe Abschnitt 15.6).

Im Allgemeinen nimmt die EMK zu, wenn die Konzentrationen der Ausgangsstoffe gegenüber den Konzentrationen der Reaktionsprodukte zunehmen. Umgekehrt nimmt die EMK ab, wenn die Konzentrationen der Reaktionsprodukte gegenüber den Ausgangsstoffen zunehmen. Eine galvanische Zelle wandelt beim Betrieb die Ausgangsstoffe in die Reaktionsprodukte um, womit sich der Wert von Q vergrößert und die EMK abnimmt. Mit Hilfe der Nernstgleichung verstehen wir jetzt besser, warum die EMK einer galvanischen Zelle bei der Entladung abfällt: Bei der Umwandlung der Ausgangsstoffe in die Reaktionsprodukte wächst der Wert von Q an, ΔE nimmt ab und erreicht schließlich den Wert $\Delta E = 0$. Mit $\Delta G = -nF\Delta E$ (► Gleichung 20.11) folgt $\Delta G = 0$ aus $\Delta E = 0$. Erinnern Sie sich, dass sich ein System bei $\Delta G = 0$ im Gleichgewicht befindet (siehe Abschnitt 20.7). Somit erreicht die Zellenreaktion bei $\Delta E = 0$ ihr Gleichgewicht und keine weitere Reaktion findet statt.

Nernst'sche Gleichung für eine Halbreaktion bei 25 °C

$$E = E° + \frac{0{,}0592\ V}{n} \log \frac{[\mathrm{Ox}]}{[\mathrm{Red}]}$$

[Ox] bedeutet die Konzentration aller Reaktionsteilnehmer auf der oxidierten Seite der Reaktionsgleichung der Halbreaktion, das gleiche gilt für [Red]. Wir dürfen dies nicht vergessen, sonst könnte es geschehen, dass z. B. an der Halbreaktion beteiligte H^+-Ionen und damit die pH-Abhängigkeit des Potenzials übersehen werden.

Konzentrationszellen

In allen bisher betrachteten galvanischen Zellen waren die reagierenden Stoffe an der Anode und an der Kathode verschieden. Da die EMK einer galvanischen Zelle von der Konzentration abhängt, kann man aber auch mit *gleichen* Substanzen an der Anode und der Kathode eine Zelle konstruieren, wenn die beiden Konzentrationen verschieden sind. Eine Zelle, deren EMK nur auf einem Konzentrationsunterschied beruht, heißt **Konzentrationszelle**.

In ► Abbildung 20.15a ist eine Zelle dieser Art dargestellt. Eine Halbzelle besteht aus einem Streifen metallischen Nickels, der in eine $Ni^{2+}(aq)$-Lösung der Konzentration 1,00 mol/L eingetaucht ist. Die andere Halbzelle besitzt ebenfalls eine Ni(*s*)-Elektrode in einer $Ni^{2+}(aq)$-Lösung, aber die Konzentration der Lösung beträgt nur $1{,}00 \times 10^{-3}$ mol/L. Die beiden Halbzellen sind über eine Salzbrücke und über ein externes Kabel mit einem Voltmeter verbunden. Die beiden Halbzellenreaktionen sind einander entgegengesetzt:

Anode: $Ni(s) \rightleftharpoons Ni^{2+}(aq) + 2\,e^-$ $\quad E° = -0{,}28$ V

Kathode: $Ni^{2+}(aq) + 2\,e^- \rightleftharpoons Ni(s)$ $\quad E° = -0{,}28$ V

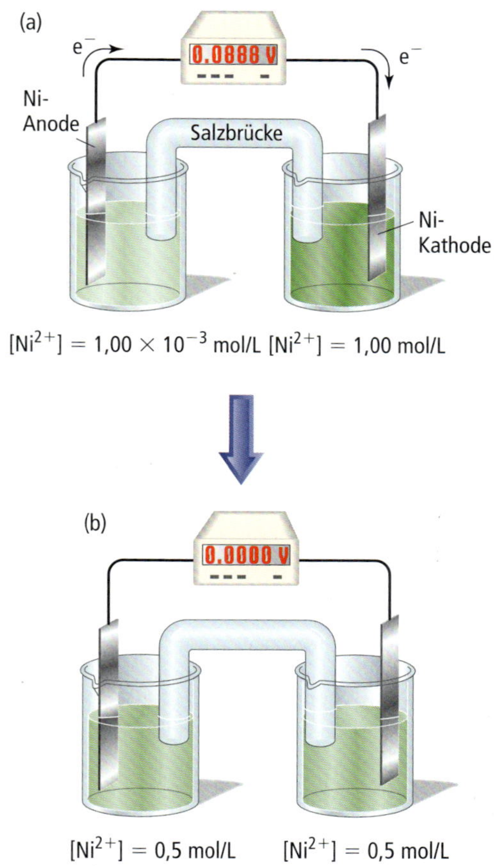

Abbildung 20.15: Eine Konzentrationszelle, die auf der Ni^{2+}/Ni-Zellenreaktion basiert. Die Konzentrationen von $Ni^{2+}(aq)$ sind in den beiden Halbzellen in Abbildung (a) ungleich und die Zelle erzeugt einen elektrischen Strom. Die Zelle ist aktiv, bis die $Ni^{2+}(aq)$-Konzentrationen auf beiden Seiten den gleichen Wert annehmen. In Abbildung (b) hat die Zelle ihr Gleichgewicht erreicht und ist nun inaktiv.

A 8 Berechnen Sie die EMK der Zelle, wenn $[Al^{3+}] = 4{,}0 \times 10^{-3}$ mol/L und $[I^-] = 0{,}010$ mol/L.

A 9 Wie lautet der pH in der Kathoden-Halbzelle in ► Abbildung 20.10 bei $P_{H_2} = 1{,}0$ atm, $[Zn^{2+}] = 1{,}0$ M in dieser Halbzelle und einer EMK der Zelle von 0,542 V?

Obwohl die *Standard*-EMK dieser Zelle wegen $\Delta E^\circ_{Zelle} = E^\circ(\text{Kathode}) - E^\circ(\text{Anode}) = (-0{,}28\text{ V}) - (-0{,}28\text{ V}) = 0\text{ V}$ ist, arbeitet die Zelle unter *Nichtstandardbedingungen* sehr wohl, da die Konzentration des $Ni^{2+}(aq)$-Ions in beiden Halbzellen verschieden ist. Tatsächlich funktioniert die Zelle so lange, bis sich die beiden Konzentrationen des Nickelions angeglichen haben. In der Halbzelle mit der Lösung niedriger Konzentration läuft die Oxidation von Ni(*s*) ab und die Konzentration von $Ni^{2+}(aq)$ steigt an. Somit bildet diese Halbzelle die Anode. In der Lösung höherer Konzentration wird das $Ni^{2+}(aq)$-Ion reduziert und seine Konzentration sinkt. Daher bildet diese Halbzelle die Kathode. Die *gesamte* Zellenreaktion lautet

Anode:	$Ni(s) \longrightarrow Ni^{2+}(aq,\text{ verdünnt}) + 2\,e^-$
Kathode:	$Ni^{2+}(aq,\text{ konzentriert}) + 2\,e^- \longrightarrow Ni(s)$
Gesamt:	$Ni^{2+}(aq,\text{ konzentriert}) \longrightarrow Ni^{2+}(aq,\text{ verdünnt})$

Die EMK einer Konzentrationszelle lässt sich aus der Nernstgleichung bestimmen. Wie wir sehen, ist in diesem Fall $n = 2$ und der Ausdruck für den Reaktionsquotienten der Gesamtreaktion ist $Q = [Ni^{2+}]_{verdünnt}/[Ni^{2+}]_{konzentriert}$. Damit lautet die EMK bei 298 K

$$\Delta E = \Delta E^\circ - \frac{0{,}0592\ V}{n}\log Q$$

$$= 0 - \frac{0{,}0592\ V}{2}\log\frac{[Ni^{2+}]_{verdünnt}}{[Ni^{2+}]_{konzentriert}} = -\frac{0{,}0592}{2}\log\frac{1{,}00 \times 10^{-3}\ M}{1{,}00\ M} = +0{,}088\text{ V}$$

Obwohl $\Delta E^\circ = 0$ V ist, besitzt diese Konzentrationszelle eine EMK von nahezu 0,09 V. Der Konzentrationsunterschied bildet die „treibende Kraft" dieser Zelle. Wenn sich die Konzentrationen in beiden Halbzellen schließlich ausgleichen, ist $Q = 1$ und $\Delta E = 0$ V.

Beispiele dafür, dass durch Konzentrationsunterschiede von Spezies Potentialdifferenzen entstehen gibt es in biologischen Systemen (Membranpotentiale, Regulierung des Herzschlages von Säugetieren).

Übungsbeispiel 20.10: Der pH einer Konzentrationszelle

Eine galvanische Zelle besteht aus zwei Wasserstoffelektroden. An der ersten Elektrode ist $P_{H_2} = 1{,}00$ atm und die Konzentration der $H^+(aq)$-Ionen ist unbekannt. Die zweite Elektrode ist eine Standard-Wasserstoffelektrode ($[H^+] = 1{,}00$ mol/L, $P_{H_2} = 1{,}00$ atm). Die gemessene Zellspannung bei 298 K beträgt 0,211 V und man beobachtet, wie der elektrische Strom durch den externen Kreis von Elektrode 1 zu Elektrode 2 fließt. Berechnen Sie $[H^+]$ der Lösung an der Elektrode 1. Wie lautet der pH-Wert?

Lösung

Analyse: Die Spannung einer Konzentrationszelle und die Richtung des Stromflusses sind gegeben. Weiterhin sind die Konzentrationen aller Ausgangsstoffe und Reaktionsprodukte außer $[H^+]$ in der Halbzelle 1 bekannt.

Vorgehen: Aus der Nernstgleichung erhalten wir den Reaktionsquotienten Q, mit dem wir die unbekannte Konzentration berechnen können. Da es sich um eine Konzentrationszelle handelt, ist $\Delta E^\circ_{Zelle} = 0$ V.

Lösung: Aus der Nernstgleichung erhalten wir

$$0{,}211\text{ V} = 0 - \frac{0{,}0592\text{ V}}{2}\log Q$$

$$\log Q = -(0{,}211\text{ V})\left(\frac{2}{0{,}0592\text{ V}}\right) = -7{,}13$$

$$Q = 10^{-7{,}13} = 7{,}4 \times 10^{-8}$$

Da die Elektronen zur Elektrode 2 fließen, ist die Elektrode 1 die Anode und Elektrode 2 die Kathode. Mit der Unbekannten *x* als $H^+(aq)$-Konzentration an der Elektrode 1 lauten die Elektrodenreaktionen wie folgt:

Elektrode 1:	$H_2(g;\ 1{,}00\text{ atm}) \rightleftharpoons 2\,H^+(aq;\ x\text{ mol/L}) + 2\,e^-$	$E^\circ = 0$ V
Elektrode 2:	$2\,H^+(aq;\ 1{,}00\text{ mol/L}) + 2\,e^- \rightleftharpoons H_2(g;\ 1{,}00\text{ atm})$	$E^\circ = 0$ V

Damit ergibt sich

$$Q = \frac{[H^+ \text{ (Elektrode 1)}]^2 P_{H_2} \text{ (Elektrode 2)}}{[H^+ \text{ (Elektrode 2)}]^2 P_{H_2} \text{ (Elektrode 1)}} = \frac{x^2(1{,}00)}{(1{,}00)^2(1{,}00)} = x^2 = 7{,}4 \times 10^{-8}$$

$$x = \sqrt{7{,}4 \times 10^{-8}} = 2{,}7 \times 10^{-4}$$

An der Elektrode 1 gilt daher $[H^+] = 2{,}7 \times 10^{-4}$ mol/L

und der pH-Wert der Lösung ist $pH = -\log[H^+] = -\log(2{,}7 \times 10^{-4}) = 3{,}6$

Anmerkung: Die Elektrode 1 bildet die Anode der Zelle, da ihre H^+-Konzentration geringer ist als jene an Elektrode 2. Durch die Oxidation von H_2 zu $H^+(aq)$ wächst $[H^+]$ an der Elektrode 1.

20.7 Batterien, Akkumulatoren und Brennstoffzellen

Eine **Batterie** ist eine mobile und eigenständige elektrochemische Energiequelle, die aus einer oder mehreren galvanischen Zellen besteht. Zum Beispiel verwendet man die üblichen 1,5 V-Batterien für die Stromversorgung von Taschenlampen. Einfache galvanische Zellen versorgen viele elektrische Gebrauchsgeräte mit Strom. Über die Kombination mehrerer Zellen erzielt man höhere Spannungen, wie beispielsweise in einem 12 V-Autoakkumulator. Schaltet man galvanische Zellen in Reihe (man verbindet die Kathode einer Zelle mit der Anode der anderen Zelle), so ergibt sich die Gesamtspannung als Summe der EMK der einzelnen Zellen. Somit erzielt man über die Reihenschaltung mehrerer Batterien höhere EMK (► Abbildung 20.17). Die Elektroden der Batterien sind nach der Konvention gekennzeichnet, die in ► Abbildung 20.5 dargestellt ist: Das Pluszeichen markiert die Kathode und das Minuszeichen die Anode.

Obwohl man jede spontan ablaufende Redoxreaktion prinzipiell als Grundlage einer galvanischen Zelle verwenden kann, erfordert eine markttaugliche Batterie mit spezifischen Eigenschaften eine erhebliche Erfindungs- und Entwicklungsleistung. Die EMK einer Batterie hängt von den Stoffen ab, die an der Anode oxidiert und an der Kathode reduziert werden und die Betriebsdauer der Batterie wird von den vorhandenen Mengen dieser Stoffe bestimmt. Gewöhnlich trennt man die Anoden- und die Kathodenhalbzelle durch eine Trennwand, die der porösen Trennschicht in ► Abbildung 20.5 entspricht.

Die verschiedenen Anwendungsbereiche erfordern Typen mit unterschiedlichen Eigenschaften. Beispielsweise muss ein Autoakkumulator zum Anlassen des Fahrzeugs in der Lage sein, über kurze Zeit einen starken elektrischen Strom zu liefern. Die Batterie eines Herzschrittmachers muss andererseits sehr klein sein und über lange Zeiträume einen schwachen, aber kontinuierlichen Strom liefern. Man bezeichnet die nicht wiederaufladbaren Batterien als *Primärzellen*. Ist die EMK einer Primärzelle auf null abgefallen, führt man sie der Wiederverwertung (dem Recycling) zu. Eine *Sekundärzelle*, ein Akkumulator, hingegen lässt sich über eine externe Energiequelle wiederaufladen, wenn ihre EMK auf Null gesunken ist.

In diesem Abschnitt diskutieren wir kurz einige verbreitete Batterie- und Akkumulatortypen. Sie werden im Laufe dieser Beschreibungen feststellen, inwiefern uns die bereits besprochenen Prinzipien beim Verständnis dieser wichtigen mobilen Energiequellen hilfreich sind.

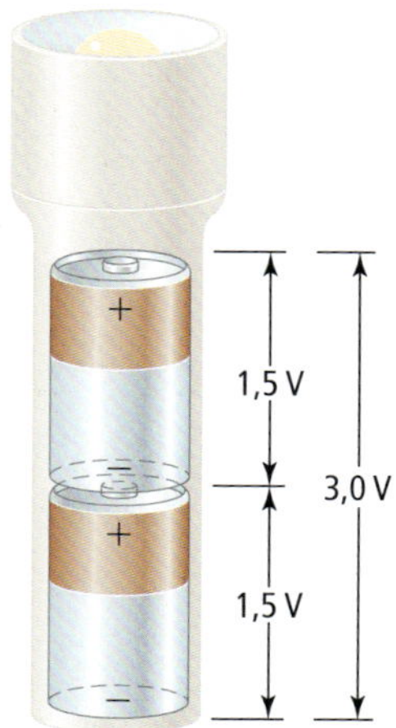

Abbildung 20.17: Die Reihenschaltung von Batterien. Schaltet man Batterien in Reihe, wie in den meisten Taschenlampen, so ergibt sich die Gesamt-EMK als Summe der einzelnen Werte.

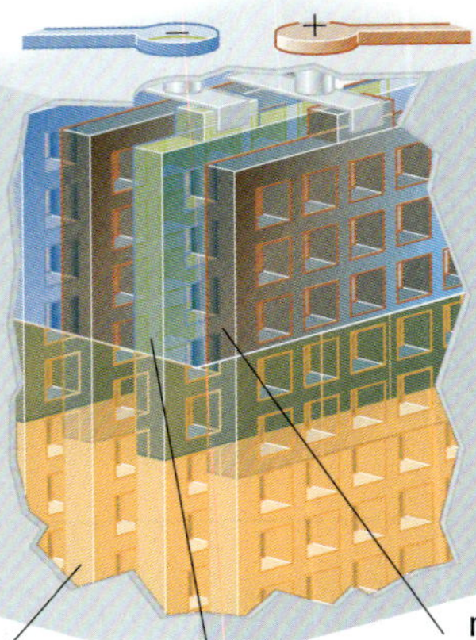

Abbildung 20.18: Ein 12-V-Blei-Akku. Jedes Paar aus einer Anoden- und einer Kathodenelektrode in dieser schematischen Querschnittsdarstellung erzeugt eine Spannung von etwa 2 V. Sechs in Reihe geschaltete Elektrodenpaare erzeugen die benötigte Akkuspannung.

Der Blei-Akkumulator

Ein 12-V Blei-Schwefelsäure-Autoakkumulator besteht aus sechs in Reihe geschalteten galvanischen Zellen von je 2 V. Die Kathoden der Zellen bestehen aus Bleidioxid (PbO_2), das auf einem Metallgitter angebracht ist, und die Anode besteht aus Blei. Beide Elektroden sind in Schwefelsäure eingetaucht. Die **Reaktionen** an den Elektroden **bei der Entladung des Akkumulators** lauten:

Kathode: $PbO_2(s) + HSO_4^-(aq) + 3\,H^+(aq) + 2\,e^- \longrightarrow PbSO_4(s) + 2\,H_2O(l)$

Anode: $Pb(s) + HSO_4^-(aq) \longrightarrow PbSO_4(s) + H^+(aq) + 2\,e^-$

$$PbO_2(s) + Pb(s) + 2\,HSO_4^-(aq) + 2\,H^+(aq) \longrightarrow 2\,PbSO_4(s) + 2\,H_2O(l)$$

Die Standard-EMK dieser Zelle erhält man aus den Normalpotenzialen in Anhang A:

$$\Delta E^\circ_{Zelle} = E^\circ(\text{Kathode}) - E^\circ(\text{Anode}) = (+1{,}685\ \text{V}) - (-0{,}356\ \text{V}) = +2{,}041\ \text{V}$$

Die reagierenden Stoffe Pb und PbO_2 sind gleichzeitig die Elektroden. Da es sich um Festkörper handelt, ist die Einteilung in eine Anoden- und eine Kathodenhalbzelle nicht nötig. Solange sich die Elektroden nicht berühren, treten das Pb und das PbO_2 nicht in direkten Kontakt. Um die Berührung der Elektroden zu vermeiden, sind Abstandsstücke aus Glasfaser oder Holz zwischen ihnen angebracht (► Abbildung 20.18).

Die Verwendung von Festkörpern als Ausgangsstoffe und Reaktionsprodukte bringt einen weiteren Vorteil mit sich: Da der Reaktionsquotient Q nicht für Festkörper gilt, bleibt die EMK des Blei-Akkus von den relativen Stoffmengen von Pb(*s*), $PbO_2(s)$ und $PbSO_4(s)$ unbeeinflusst und ist während der Batterieentladung weitgehend konstant. Die EMK variiert nur leicht in Abhängigkeit von der H_2SO_4-Konzentration im Laufe des Betriebs der Zelle. Aus der Gleichung der Gesamtreaktion ist zu entnehmen, dass bei der Entladung H_2SO_4 verbraucht wird.

Ein Vorteil des Blei-Akkus ist seine Wiederaufladbarkeit. Beim Wiederaufladen kehrt man mit Hilfe einer externen Energiequelle die Gesamtreaktion der Zelle um und stellt Pb(*s*) und $PbO_2(s)$ wieder her:

$$2\,PbSO_4(s) + 2\,H_2O(l) \longrightarrow PbO_2(s) + Pb(s) + 2\,HSO_4^-(aq) + 2\,H^+(aq)$$

In einem Auto lädt sich der Akku über die Lichtmaschine wieder auf, die ihrerseits vom Motor angetrieben wird. Die Wiederaufladung ist möglich, da sich das $PbSO_4$ bei der Entladung an den Elektroden absetzt. Die externe Energiequelle erzwingt einen Elektronenfluss zwischen den Elektroden, und das $PbSO_4$ setzt sich an einer Elektrode zu Pb und an der anderen zu PbO_2 um.

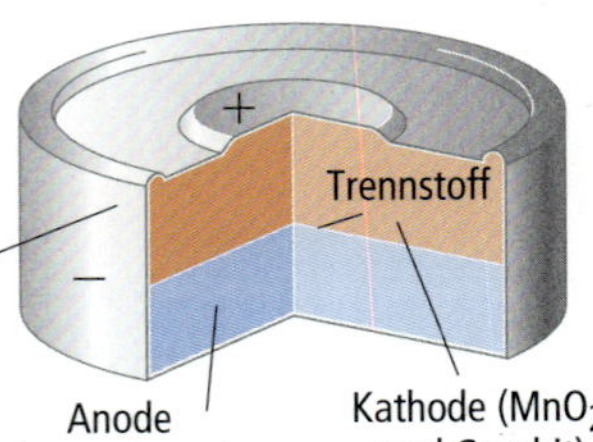

Abbildung 20.19: Schnitt durch eine Miniatur-Alkalibatterie.

Alkalische Batterie (Alkalibatterie)

Die Alkalibatterie ist der gängigste Typ der Primärbatterie (nicht wiederaufladbare Zelle). Jährlich werden mehr als 10^{10} Alkalibatterien produziert. Die Anode dieses Batterietyps besteht aus metallischem Zinkpulver, das in einem Gel gebunden ist und mit einer konzentrierten KOH-Lösung in Kontakt steht (daher der Name *alkalische* Batterie). Die Kathode ist eine Mischung aus $MnO_2(s)$ und Graphit und ist durch ein poröses Gewebe von der Anode abgetrennt. Um das Auslaufen der konzentrierten KOH-Lösung zu verhindern, ist die Batterie in ein Stahlgehäuse eingefasst. Eine schematische Darstellung einer Alkalibatterie sehen Sie in ► Abbildung 20.20. Die Zellenreaktionen sind komplex, lassen sich aber vereinfacht und näherungsweise wie folgt schreiben:

Kathode: $2\,MnO_2(s) + 2\,H_2O(l) + 2\,e^- \longrightarrow 2\,MnO(OH)(s) + 2\,OH^-(aq)$

Anode: $Zn(s) + 2\,OH^-(aq) \longrightarrow Zn(OH)_2(s) + 2\,e^-$

Die EMK einer Alkalibatterie bei Zimmertemperatur beträgt 1,55 V. Eine solche Alkalibatterie ist weit leistungsfähiger als die älteren „Trockenzellen".

Nickel-Cadmium-, Nickel-Metallhydrid- und Lithiumionen-Akkus

Die Nachfrage nach tragbaren elektronischen Geräten mit hohem Leistungsbedarf, wie Mobiltelefonen, tragbaren Computern (Laptops) und Videorekordern, hat enorm zugenommen und damit ist auch der Bedarf an leichtgewichtigen und einfach wiederaufladbaren Akkus erheblich angestiegen. Eine der gängigsten wiederaufladbaren Zellen war früher der Nickel-Cadmium-Akku. Bei der Entladung wird metallisches Cadmium an der Anode oxidiert und Nickeloxidhydroxid [NiO(OH)(*s*)] an der Kathode reduziert.

Kathode: $2\ NiO(OH)(s) + 2\ H_2O(l) + 2\ e^- \longrightarrow 2\ Ni(OH)_2(s) + 2\ OH^-(aq)$

Anode: $Cd(s) + 2\ OH^-(aq) \longrightarrow Cd(OH)_2(s) + 2\ e^-$

Wie beim Blei-Akku setzen sich die festen Reaktionsprodukte an den Elektroden ab. Daher lassen sich die Elektrodenreaktionen umkehren und man kann die Zelle wieder aufladen. Die EMK einer einzelnen NiCd-Zelle beträgt 1,30 V. Typischerweise enthalten NiCd-Batterien mehr als drei in Reihe geschaltete Zellen, um höhere Spannungen zu liefern, die von den meisten elektronischen Geräten benötigt werden.

Die Nickel-Cadmium-Zellen haben auch Nachteile: Cadmium ist ein giftiges Schwermetall; sein Einsatz erhöht das Gewicht der Akkus und stellt eine Umweltgefährdung dar. Jährlich werden etwa 1,5 Milliarden Nickel-Cadmium-Akkus produziert. Wenn die Wiederaufladbarkeit schließlich erschöpft ist, muss man sie entsorgen bzw. wiederverwerten. Diesen Problemen konnte man teilweise durch die Entwicklung der Nickel-Metallhydrid (NiMH)-Akkus begegnen. Die Kathodenreaktion einer NiMH-Zelle gleicht einer Nickel-Cadmium-Zelle, aber die Anodenreaktion ist sehr verschieden. Die Anode besteht aus einer *Metalllegierung* wie $ZrNi_2$, die in der Lage ist, Wasserstoffatome zu adsorbieren. Bei der Oxidation an der Anode geben die Wasserstoffatome ihre Elektronen ab und die entstehenden H^+-Ionen reagieren mit OH^- zu H_2O. Dieser Vorgang kehrt sich beim Wiederaufladen um. Hybridautomobile mit einer Kombination aus einem Verbrennungsmotor (Benzinmotor) und einem Elektromotor speichern elektrische Energie in NiMH-Akkus. Diese Akkus laden sich bei jeder Bremsung über den Elektromotor auf und können bis zu acht Jahre halten.

Die neueste, in elektrischen Geräten weithin verwendete wiederaufladbare Zelle ist der sogenannte Lithiumionen- (Li-Ionen)-Akku. Diesen Akku finden Sie in Mobiltelefonen und tragbaren Computern. Da Lithium ein sehr leichtes Element ist, erreichen die Li-Ionen-Akkus eine höhere *Energiedichte* (gespeicherte Energie pro Masse), als Akkus auf Nickelbasis. Die Technik der Li-Ionen-Akkus unterscheidet sich deutlich von den vorher beschriebenen Akkutypen; sie basiert auf der Eigenschaft des Li^+-Ions, sich in bestimmte geschichtete Festkörperstrukturen einzufügen und wieder von ihnen abzulösen. Beispielsweise kann man Li^+-Ionen auf reversible Weise in Graphitschichten einfügen. In den meisten handelsüblichen Zellen besteht eine Elektrode aus Graphit oder einem ähnlichen Material auf Kohlenstoffbasis und die andere Elektrode besteht in der Regel aus Lithium-Cobaltoxid ($LiCoO_2$). Beim Ladevorgang werden die Cobaltionen oxidiert und die Li^+-Ionen wandern in die Graphitstruktur hinein. Während der Akku sich entlädt bewegen sich die Li^+-Ionen spontan von der Graphitanode zur Kathode und verursachen dadurch einen Stromfluss durch den externen Stromkreis. Die Maximalspannung eines Li-Ionen-Akkus beträgt 3,7 V, ein deutlich höherer Wert als die Spannung einer typischen 1,5 V-Alkalibatterie.

MERKE !

Brennstoffzellen sind galvanische Zellen, in denen die chemische Energie von Brennstoffen direkt (ohne Verbrennung) in elektrische Energie umgewandelt wird. Da die Brennstoffe von außen zugefügt werden müssen, handelt es sich nicht um Primär- oder Sekundärelemente.

Wasserstoff-Brennstoffzellen

Die Energie, die bei der Verbrennung von Brennstoffen freigesetzt wird, lässt sich in elektrische Energie umwandeln. Die Wärme verdampft Wasser und das Wasser setzt eine Turbine in Bewegung, die wiederum einen Generator antreibt. Typischerweise kann man einen Maximalanteil von nur 40 % der Energie aus der Verbrennung in Elektrizität umwandeln; der Rest geht als Wärme verloren. Prinzipiell ermöglicht die direkte Gewinnung von Elektrizität aus Brennstoffen in einer galvanischen Zelle eine höhere Ausbeute der chemischen Energie einer Reaktion. Galvanische Zellen, die eine Energieumwandlung dieser Art mit konventionellen Brennstoffen wie H_2 oder CH_4 ausführen, heißen **Brennstoffzellen**. Solche Zellen sind streng genommen *keine* Batterien, denn sie sind keine eigenständigen Systeme.

Ein aussichtsreiches Brennstoffzellen-System basiert auf der Reaktion von $H_2(g)$ und $O_2(g)$, deren einziges Produkt $H_2O(l)$ ist. Im Vergleich zu den besten Verbrennungsmotoren ist die Effizienz solcher Brennstoffzellen in der Energieerzeugung doppelt so hoch. Unter **sauren Bedingungen** lauten die Elektrodenreaktionen:

Kathode: $O_2(g) + 4\,H^+ + 4\,e^- \longrightarrow 2\,H_2O(l)$

Anode: $2\,H_2(g) \longrightarrow 4\,H^+ + 4\,e^-$

Gesamt: $2\,H_2(g) + O_2(g) \longrightarrow 2\,H_2O(l)$

Die Standard-EMK einer H_2/O_2-Brennstoffzelle ist +1,23 V.

In dieser Brennstoffzelle (bekannt als PEM-Zelle, für „proton-exchange membrane", Protonenaustauschmembran) ist die Anode von der Kathode durch eine dünne Polymermembran getrennt, die für Protonen, aber nicht für Elektronen durchlässig ist. Diese Polymermembran dient daher als Salzbrücke. Die Elektroden bestehen typischerweise aus Graphit. Eine PEM-Zelle arbeitet bei Temperaturen um 80 °C. Da elektrochemische Reaktionen bei einer solch niedrigen Temperatur nur sehr langsam ablaufen, katalysiert eine dünne Platinschicht auf beiden Elektroden diese Reaktion.

Unter **basischen Bedingungen** lauten die Elektrodenreaktionen in der Wasserstoff-Brennstoffzelle:

Kathode: $4\,e^- + O_2(g) + 2\,H_2O(l) \longrightarrow 4\,OH^-(aq)$

Anode: $2\,H_2(g) + 4\,OH^-(aq) \longrightarrow 4\,H_2O(l) + 4\,e^-$

$2\,H_2(g) + O_2(g) \longrightarrow 2\,H_2O(l)$

Die NASA hat diese Wasserstoff-Brennstoffzelle als Energiequelle für ihre Raumfahrzeuge eingesetzt. Man lagert Wasserstoff und Sauerstoff in flüssigem Aggregatzustand als Treibstoffe und die Besatzung trinkt das Reaktionsprodukt Wasser.

Eine Niedertemperatur H_2/O_2-Brennstoffzelle ist schematisch in ► Abbildung 20.20 dargestellt. Diese Technik ist grundlegend für schadstofffreie, von einer Brennstoffzelle angetriebene Fahrzeuge, die vielleicht im Rahmen einer zukünftigen „Wasserstoffökonomie" zum Zug kommen. Beachtliche Forschungsbemühungen sind gegenwärtig auf die Verbesserung von Brennstoffzellen gerichtet. Man richtet ebenfalls große Anstrengungen auf die Entwicklung von Brennstoffzellen, die mit konventionellen Brennstoffen wie Kohlenwasserstoffen oder Alkoholen arbeiten. Solche Brennstoffe sind in der Handhabung und im Vertrieb einfacher als Wasserstoffgas.

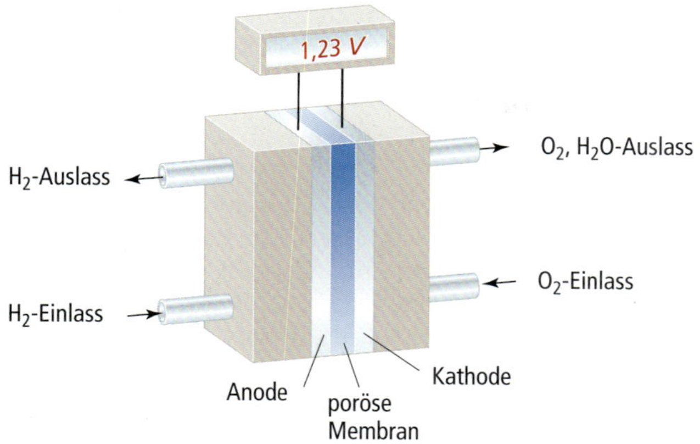

Abbildung 20.20: Eine Niedertemperatur-H_2/O_2-Brennstoffzelle. Die Oxidation von H_2 an der Anode erzeugt H^+-Ionen, die sich durch die poröse Membran zur Kathode bewegen, wo sich H_2O bildet.

Direkte Methanol-Brennstoffzellen

Die direkte Methanol-Brennstoffzelle ist einer PEM-Brennstoffzelle ähnlich, verwendet aber als Brennstoff Methanol (CH_3OH) anstelle von Wasserstoffgas. Die Reaktionen lauten:

Kathode:	$\frac{3}{2}\,O_2(g) + 6\,H^+ + 6\,e^- \longrightarrow 3\,H_2O(g)$
Anode:	$CH_3OH(l) + H_2O(g) \longrightarrow CO_2(g) + 6\,H^+ + 6\,e^-$
Gesamt:	$CH_3OH(g) + \frac{3}{2}\,O_2(g) \longrightarrow CO_2(g) + 2\,H_2O(g)$

Diese Zellen arbeiten bei etwa 120 °C, einer etwas höheren Temperatur als jene der Standard-PEM-Zelle. Im Vergleich zur konventionellen PEM-Zelle ist der höhere Bedarf an Platinkatalysator ein Nachteil der Methanolzelle. Außerdem ist das Reaktionsprodukt Kohlendioxid aus der Methanolreaktion nicht so umweltfreundlich wie Wasser. Andererseits ist Methanol aber ein weitaus attraktiverer Brennstoff als Wasserstoffgas, was die Lagerung und den Transport angeht.

20.8 Korrosion

Batterien sind Beispiele der produktiven Nutzung von freiwillig ablaufenden Redoxreaktionen. In diesem Abschnitt untersuchen wir die unerwünschten Redoxreaktionen, die zur **Korrosion** der Metalle führen. In einer Korrosionsreaktion, einer freiwillig ablaufenden Redoxreaktion, wird ein Metall von einem Stoff in seiner Umgebung angegriffen und in eine unerwünschte chemische Verbindung umgewandelt.

Für fast alle Metalle ist die Oxidation an der Luft bei Zimmertemperatur eine thermodynamisch günstige Reaktion. Die Wirkung der Oxidation kann überaus zerstörerisch sein, wenn man sie nicht auf irgendeine Weise verhindert. Andererseits bildet sich bei der Oxidation oft eine isolierende Schutzschicht, die weitere Reaktionen des darunter liegenden Metalls verhindert. Beispielsweise würden wir auf der Grundlage des Normalpotenzials von Al^{3+} eine sehr schnelle Oxidation erwarten. Die vielen Getränkedosen aus Aluminium, die unsere Umwelt verschmutzen, zeigen jedoch eindeutig, dass Aluminium nur sehr langsam korrodiert. Die außerordentliche Stabilität dieses reaktionsfreudigen Metalls an der Luft ist auf seine Oxid-Schutzschicht an der Oberfläche zurückzuführen; es handelt sich um eine hydratisierte Form von Al_2O_3. Diese Oxidschicht ist für O_2 und H_2O undurchlässig und schützt daher das darunter liegende Metall vor weiterer

Korrosion. Auf ähnliche Weise bildet sich eine Schutzschicht auf metallischem Magnesium. Manche Metalllegierungen wie rostfreier Stahl bilden solche undurchdringlichen Oxidschichten.

Korrosion von Eisen

Abbildung 20.21: Korrosion. Die Korrosion von Eisen ist ein wirtschaftlich sehr bedeutender elektrochemischer Prozess. Man schätzt die jährlichen Kosten der Korrosion von Metallen in den Vereinigten Staaten auf 70 Milliarden $.

Das Rosten von Eisen (► Abbildung 20.21) ist ein allen vertrauter Korrosionsprozess mit großen wirtschaftlichen Auswirkungen. Zum Rosten von Eisen ist sowohl Sauerstoff als auch Wasser erforderlich. Andere Faktoren wie der pH-Wert der Lösung, die Gegenwart von Salzen oder von Metallen, die schwerer oxidierbar sind als das Eisen, und mechanische Belastungen des Eisens können den Korrosionsvorgang beschleunigen.

Die Korrosion von Eisen ist ein elektrochemischer Vorgang: Sie schließt nicht nur Oxidations- und Reduktionsreaktionen ein, sondern das Eisen leitet selbst auch die elektrischen Ströme. Wie in einer galvanischen Zelle können sich die Elektronen durch das Metall bewegen und von Orten der Oxidation zu Orten der Reduktion gelangen.

Der Sauerstoff $O_2(g)$ oxidiert das Eisen $Fe(s)$, denn das Normalpotenzial von $Fe^{2+}(aq)/Fe$ ist kleiner als das Potenzial von $O_2(g)/H_2O(l)$:

Kathode: $O_2(g) + 4\,H^+(aq) + 4\,e^- \longrightarrow 2\,H_2O(l)$ $\quad E° = 1{,}23\ V$

Anode: $Fe(s) \longrightarrow Fe^{2+}(aq) + 2\,e^-$ $\quad E° = -0{,}44V$

Die Oxidation von Fe zu Fe^{2+} findet in einer Zone des Eisens statt, die somit die Anode bildet, und die freigesetzten Elektronen wandern durch das Metall zu einer anderen Stelle der Oberfläche, wo das O_2 reduziert wird und sich somit die Kathode befindet. Die Reduktion von O_2 benötigt H^+-Ionen. Daher ist bei geringerer Konzentration der H^+-Ionen (bei höherem pH) die Reduktion von O_2 weniger begünstigt. Eisen korrodiert folglich nicht, wenn es mit einer Lösung in Kontakt steht, deren pH größer als neun ist.

Das an der Anode gebildete Fe^{2+}-Ion oxidiert schließlich weiter zu Fe^{3+} und bildet das hydratisierte Eisen(III)oxid, das wir als Rost kennen*.

$$4\,Fe^{2+}(aq) + O_2(g) + 4\,H_2O(l) + 2\,xH_2O(l) \longrightarrow 2\,Fe_2O_3 \cdot xH_2O(s) + 8\,H^+(aq)$$

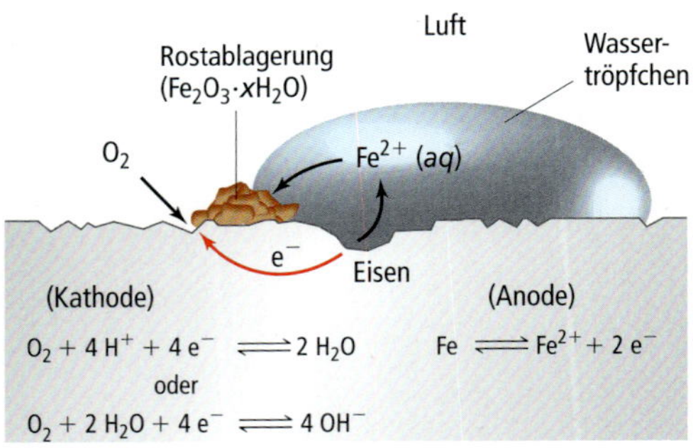

Abbildung 20.22: Korrosion von Eisen im Kontakt mit Wasser.

Der Rost setzt sich oft auf der Kathode ab, da dort im Allgemeinen die Zufuhr von O_2 am stärksten ist. Wenn Sie sich eine Schaufel genau ansehen, die draußen an der feuchten Luft gestanden hat und an der feuchte Erde hängt, stellen Sie fest, dass unter dem Schmutz punktuelle Korrosion (Lochfraß) stattgefunden hat. Der Rost hat sich dort gebildet wo O_2 leichter verfügbar ist. Der Korrosionsprozess ist in ► Abbildung 20.22 zusammengefasst.

Die verstärkte Korrosion in Gegenwart von Salzen lässt sich oftmals leicht im Winter an Kraftfahrzeugen feststellen, die mit Streusalz in Kontakt kamen. Wie die Salzbrücke in einer galvanischen Zelle bilden die Ionen des Salzes einen Elektrolyt, der den Stromkreis schließt.

Wie man die Korrosion von Eisen verhindert

Das Eisen wird oft mit einer Farbschicht versehen, die ein anderes Metall wie Zinn oder Zink enthält und die Oberfläche vor Korrosion schützt. Ein solcher Anstrich oder eine Zinnabdeckung hat einfach die Funktion, das Eisen vor dem Kontakt mit Sauerstoff und Wasser zu schützen. Die Korrosion setzt ein, sobald die Schutzschicht durchbrochen wird und Sauerstoff und Wasser zum Eisen vordringen.

* Rost ist ein Hydrat des Eisen(III)oxids mit veränderlichem Wasseranteil. Wir stellen diesen variablen Anteil als $Fe_2O_3 \cdot xH_2O$ dar.

Durch *Galvanisierung* kann eine dünne Zinkbeschichtung aufgetragen werden, die das Eisen aus elektrochemischen Gründen auch dann noch vor Korrosion schützt, wenn die Oberflächenschicht durchbrochen ist. Die Normalpotenziale von Eisen und Zink sind:

$$Fe^{2+}(aq) + 2\,e^- \rightleftharpoons Fe(s) \qquad E° = -0{,}44\ V$$
$$Zn^{2+}(aq) + 2\,e^- \rightleftharpoons Zn(s) \qquad E° = -0{,}76\ V$$

Fe^{2+} ist leichter zu reduzieren als Zn^{2+}, da der Wert von $E°$ größer, d. h. weniger negativ ist. Umgekehrt ist $Zn(s)$ leichter oxidierbar als $Fe(s)$. Daher schützt die Zinkschicht das Eisen vor Korrosion: Selbst wenn das verzinkte Eisen lokal Sauerstoff und Wasser ausgesetzt ist, bildet das leichter zu oxidierende Zink die Anode und korrodiert anstelle des Eisens. Das Eisen übernimmt die Rolle der Kathode, an welcher die Reduktion von O_2 stattfindet, wie ► Abbildung 20.23 zeigt.

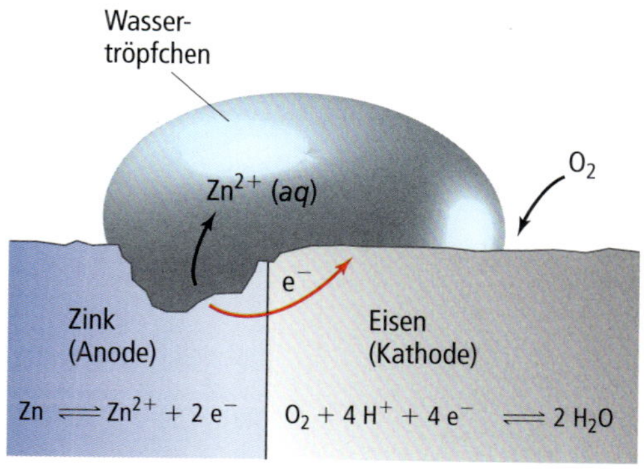

Abbildung 20.23 Kathodischer Schutz von Eisen durch den Kontakt mit Zink.

Man schützt Metalle vor Korrosion, indem man sie zur Kathode einer elektrochemischen Zelle macht – diese Idee kennt man als **kathodischen Schutz**. Das Metall, das bei dieser Schutzmethode an der Anode oxidiert wird, nennt man *Opferanode*. Man schützt unterirdische Pipelines oft vor Korrosion, indem man sie als Kathode einer galvanischen Zelle auslegt. Man vergräbt Stücke eines reaktionsfreudigen Metalls wie Magnesium um die Pipeline herum und schließt sie mit einem Draht an, wie in ► Abbildung 20.24 dargestellt. Im feuchten Erdreich laufen Korrosionsprozesse ab, aber die Pipeline ist kathodisch geschützt, weil ein reaktionsfreudiges Metall die Anode bildet.

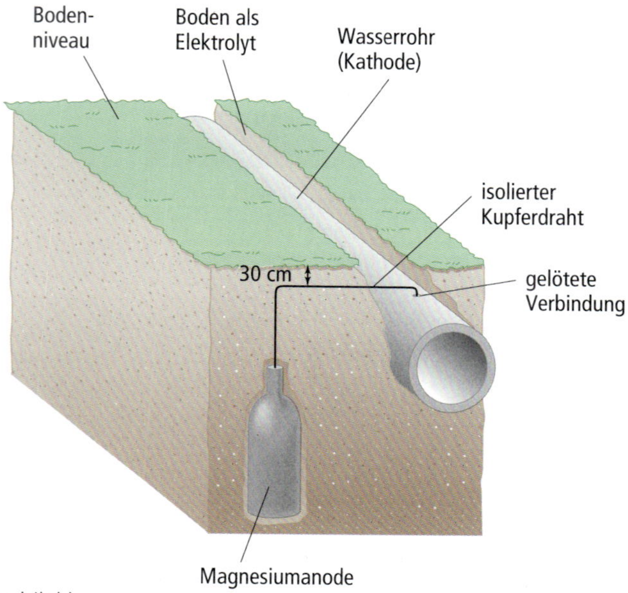

Abbildung 20.24: Kathodischer Schutz eines Wasserrohres aus Eisen. Zur Unterstützung der Ionenleitung umgibt man die Magnesiumanode mit einer Mischung aus Gips, Natriumsulfat und Lehm. Das Rohr bildet die Kathode einer galvanischen Zelle.

20.9 Elektrolyse

Die Funktionsweise von galvanischen Zellen beruht auf freiwillig ablaufenden Reduktions-Oxidationsreaktionen. Umgekehrt kann man elektrische Energie einsetzen, um nicht freiwillig ablaufende Redoxreaktionen zu betreiben. Zum Beispiel lässt sich geschmolzenes Natriumchlorid durch elektrische Energie in seine Bestandteile zerlegen:

$$2\,NaCl(l) \longrightarrow 2\,Na(l) + Cl_2(g)$$

Solche Prozesse, die einen Antrieb durch eine äußere Quelle elektrischer Energie benötigen, nennt man **Elektrolysereaktionen** und der Reaktionsort ist eine **Elektrolysezelle**. Die Hersteller von Automobilakkus vermeiden, die Akkus in Salzwasser einzutauchen, denn die elektromotorische Kraft eines 12 V-Autoakkus ist mehr als ausreichend, um gefährliche Reaktionsprodukte wie giftiges Chlorgas zu erzeugen.

Eine Elektrolysezelle besteht aus zwei Elektroden in einem geschmolzenen Salz oder in einer Lösung. Eine Batterie oder eine andere elektrische Stromquelle wirkt als Elektronenpumpe; sie zieht Elektronen von der einen Elektrode ab und zwingt sie in die andere. Wie in einer galvanischen Zelle definiert man die Elektrode, an welcher die Oxidation abläuft als Anode, und die Elektrode der Reduktionsreaktion als Kathode. Bei der Elektrolyse von geschmolzenem NaCl (Schmelzflusselektrolyse) nehmen die Na^+-Ionen an der Kathode Elektronen auf und werden zu Na reduziert, wie ► Abbildung 20.25 zeigt. Damit nimmt die Konzentration der Na^+-Ionen in der Nähe der Kathode ab und weitere Na^+ bewegen sich zur Kathode hin. Analog verläuft die Bewegung der Cl^--Ionen in Richtung Anode, wo sie oxidiert werden. Die Reaktionen an beiden Elektroden bei der Schmelzflusselektrolyse von NaCl lauten wie folgt:

Kathode: $\quad 2\,Na^+(l) + 2\,e^- \longrightarrow 2\,Na(l)$

Anode: $\quad 2\,Cl^-(l) \longrightarrow Cl_2(g) + 2\,e^-$

$$2\,Na^+(l) + 2\,Cl^-(l) \longrightarrow 2\,Na(l) + Cl_2(g)$$

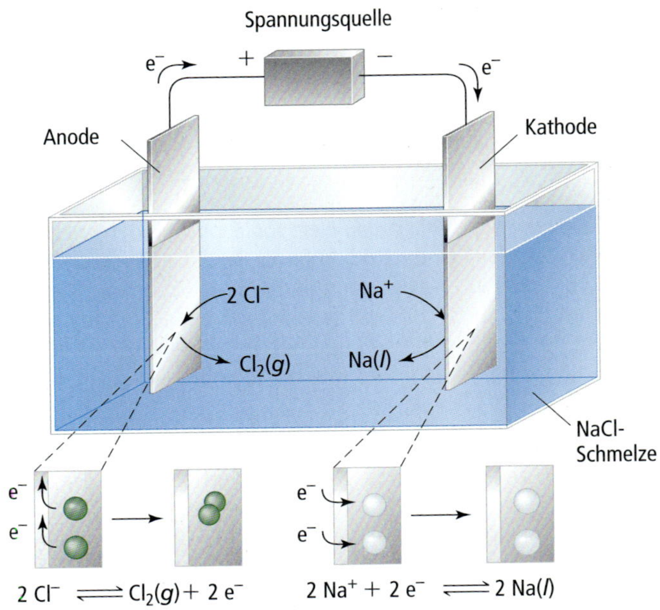

Abbildung 20.25: Schematische Schmelzflusselektrolyse von Natriumchlorid. Die Cl^--Ionen werden an der Anode zu $Cl_2(g)$ oxidiert und die Na^+-Ionen werden an der Kathode zu $Na(l)$ reduziert.

MERKE !

Bei einer Elektrolyse ist die Anode (Oxidation) mit dem Pluspol, die Kathode (Reduktion) mit dem Minuspol der Stromquelle verbunden.

Beachten Sie, wie die Spannungsquelle in ► Abbildung 20.25 an die Elektroden angeschlossen ist. Die Elektrode der Elektrolysezelle, die an das negative Ende der Spannungsquelle angeschlossen ist, die Kathode, nimmt Elektronen auf, die zur Reduktion von Stoffen dienen. Andererseits bewegen sich die Elektronen, die bei der Oxidation in die Anode übergehen, zum positiven Ende der Stromquelle und schließen den Kreis.

Die Schmelzflusselektrolyse von Salzen ist ein wichtiger industrieller Prozess zur Gewinnung von reaktionsfreudigen Metallen wie Natrium oder Aluminium.

Die Schmelzflusselektrolyse von Salzen erfordert hohe Temperaturen, denn die Schmelzpunkte von ionischen Substanzen sind sehr hoch (siehe Abschnitt 11.8). Erhalten wir die gleichen Reaktionsprodukte, wenn wir anstelle des geschmolzenen Salzes eine wässrige Salzlösung elektrolysieren? Sehr oft lautet die Antwort nein, denn die Elektrolyse einer wässrigen Lösung ist aufgrund der Anwesenheit von Wasser schwierig: Man muss darauf achten, ob das Wasser zu O_2 oxidiert oder zu H_2 reduziert wird. Diese Reaktionen hängen zudem auch vom pH-Wert ab.

Bisher haben wir nur Elektrolysen mit **inerten Elektroden** diskutiert, die keine Reaktionen durchlaufen, sondern lediglich als Wirkungsflächen der Oxidation und Reduktion dienen. Verschiedene praktische elektrochemische Anwendungen basieren jedoch auf **aktiven Elektroden**, die an der Elektrolyse teilnehmen. Beispielsweise überzieht man in der **Galvanotechnik** mit Hilfe der Elektrolyse ein Metall mit einer dünnen Schicht eines anderen Metalls, um das Aussehen zu verschönern oder die Korrosionsfestigkeit zu verbessern (► Abbildung 20.26). Wir beschreiben nun die Galvanisierung eines Stahlstücks mit Nickel und erläutern auf diese Weise die Prinzipien der Elektrolyse mit aktiven Elektroden.

(a)

(b)

Abbildung 20.26: Galvanisierung von Silbergegenständen. (a) Man entnimmt die Silbergegenstände aus dem Galvanisierungsbad. (b) Das polierte Endprodukt.

Die Elektrolysezelle für das Galvanisierungsexperiment ist in ► Abbildung 20.27 zu sehen. Die Anode der Zelle ist ein Streifen aus metallischem Nickel und die Kathode ist ein Stück Stahl, das nun galvanisiert (elektrolytisch beschichtet) wird. Die Elektroden sind in eine $NiSO_4(aq)$ -Lösung eingetaucht. Was geschieht an den Elektroden, wenn man die externe Spannungsquelle einschaltet? An der Kathode läuft die Reduktionsreaktion ab. Das Normalpotenzial von Ni^{2+}/Ni

($E°= -0{,}28$ V) ist größer (positiver) als das entsprechende Potenzial von H_2O/H_2 ($E°= -0{,}83$ V). Daher ist die Reduktion von Nickel die bevorzugt ablaufende Reaktion an der Kathode.

Nun betrachten wir die Stoffe, die an der Anode oxidiert werden können. Was die $NiSO_4(aq)$-Lösung angeht, ist nur das Lösungsmittel H_2O leicht oxidierbar, da sich weder Ni^{2+} noch SO_4^{2-} oxidieren lassen (die Atome beider Ionen befinden sich bereits in ihrem höchsten Oxidationszustand). Die Ni-Atome der Anode können jedoch eine Oxidation durchlaufen und die beiden möglichen Oxidationsprozesse lauten somit:

$$2\ H_2O(l) \rightleftharpoons O_2(g) + 4\ H^+(aq) + 4\ e^- \qquad E° = +1{,}23\ V$$

$$Ni(s) \rightleftharpoons Ni^{2+}(aq) + 2\ e^- \qquad E° = -0{,}28\,V$$

Die angegebenen Potenziale sind die Normalpotenziale dieser Reaktionen. Da es sich um Oxidationen handelt, läuft die Halbreaktion mit dem kleineren (negativeren) $E°$-Wert bevorzugt ab. Daher erwarten wir die Oxidation von $Ni(s)$ an der Anode. Die Elektrodenreaktionen lauten zusammengefasst:

Kathode (Stahlstreifen): $Ni^{2+}(aq) + 2\ e^- \rightleftharpoons Ni(s) \qquad E° = -0{,}28\ V$

Anode (Nickelstreifen): $Ni(s) \rightleftharpoons Ni^{2+}(aq) + 2\ e^- \qquad E° = -0{,}28\ V$

Wenn wir die Gesamtreaktion anschauen, scheint es, als sei nichts passiert. Bei der Elektrolyse gehen aber Nickelatome von der Ni-Anode zur Stahlkathode über und die Stahlelektrode bekommt einen feinen Überzug aus Nickelatomen. Die Standard-EMK der Gesamtreaktion lautet $\Delta E°_{Zelle} = E°(\text{Kathode}) - E°(\text{Anode}) = 0\ V$. Eine kleine EMK genügt, um den „Anstoß" für den Übergang der Nickelatome zwischen den Elektroden zu leisten. In Kapitel 23 untersuchen wir ausführlicher die Anwendungen der Elektrolyse mit aktiven Elektroden zur Reinigung von Rohmetallen.

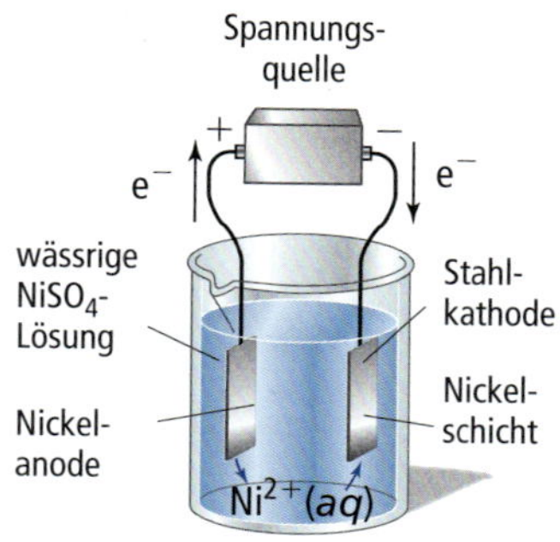

Abbildung 20.27: Eine Elektrolysezelle mit einer aktiven Metallelektrode. Nickel löst sich aus der Anode und bildet $Ni^{2+}(aq)$. An der Kathode wird $Ni^{2+}(aq)$ reduziert und bildet eine Nickelschicht auf der Kathode.

EXTRAS ONLINE Galvanotechnik (Video)

Quantitative Aspekte der Elektrolyse

Die stöchiometrischen Verhältnisse einer Halbreaktion geben an, wie viele Elektronen für einen Elektrolyseprozess erforderlich sind. Zum Beispiel ist die Reduktion von Na^+ zu Na ein Einelektronenprozess:

$$Na^+ + e^- \rightleftharpoons Na$$

Das bedeutet, dass sich bei der Aufnahme von einem mol Elektronen ein Mol metallischen Natriums absetzt. Entsprechendes gilt für zwei mol Natrium und zwei mol Elektronen und so weiter. Analog benötigt man zwei mol Elektronen, um ein mol Kupfer aus Cu^{2+} zu erzeugen und drei mol Elektronen zur Gewinnung von einem mol Aluminium aus Al^{3+}:

$$Cu^{2+} + 2\ e^- \rightleftharpoons Cu$$

$$Al^{3+} + 3\ e^- \rightleftharpoons Al$$

Für jede Halbreaktion in einer Elektrolysezelle ist die oxidierte oder reduzierte Stoffmenge zur Anzahl der übertragenen Elektronen proportional.

Die Ladungsmenge, die durch einen Stromkreis fließt, zum Beispiel in einer Elektrolysezelle, wird in *Coulomb* gemessen und angegeben. Die Ladung von einem mol Elektronen beträgt 96.485 C (1 Faraday). Ein Coulomb ist die Ladungsmenge, die bei einer Stromstärke von 1 Ampère (A) in einer Sekunde durch einen Punkt fließt. Daher erhält man die Ladung in Coulomb, die in einer Zelle fließt, durch Multiplikation der Stromstärke in Ampère und der abgelaufenen Zeit in Sekunden.

$$\text{Coulomb} = \text{Ampère} \times \text{Sekunden} \qquad (20.18)$$

Übungsbeispiel 20.11: Elektrolyse von Aluminum

Berechnen Sie die Masse Aluminium in Gramm, die sich in einer Stunde (1 h) bei einer Schmelzflusselektrolyse von $AlCl_3$ bildet, wenn der elektrische Strom 10,0 A beträgt.

Lösung

Analyse: Wir wissen, dass eine Elektrolyse Al aus $AlCl_3$ erzeugt und wir sollen die Masse in g des entstandenen Al bei einer Stromstärke von 10,0 A in 1,00 berechnen.

Vorgehen: Zuerst erhalten wir aus dem Produkt der Stromstärke in Ampere und der Zeit in Sekunden die geflossene elektrische Ladung in Coulomb (siehe ► Gleichung 20.18). Als Zweites können wir aus der Ladung in Coulomb über die Faradaykonstante (F = 96.485 C/mol Elektronen) die entsprechende Stoffmenge der Elektronen berechnen. Drittens wissen wir, dass die Reduktion von einem Mol Al^{3+} zu Al drei Mol Elektronen verbraucht. Damit können wir anhand der Stoffmenge der Elektronen die Stoffmenge des gewonnenen Aluminiums bestimmen. Schließlich rechnen wir die Stoffmenge Aluminium in Gramm um.

Lösung: Wir berechnen zuerst die Ladung in Coulomb, welche die Elektrolysezelle durchfließt:

$$\text{Coulomb} = \text{Ampere} \times \text{Sekunden} = (10{,}0\ \text{A}) \times 3600\ \text{s} = 3{,}60 \times 10^4\ \text{C}$$

Anschließend berechnen wir die Stoffmenge der übertragenen Elektronen:

$$n\,(e^-) = (3{,}60 \times 10^4\ \text{C})\ \frac{1\ \text{mol}\ e^-}{96.485\ \text{C}} = 0{,}373\ \text{mol}\ e^-$$

Drittens stellen wir die Beziehung zwischen der Stoffmenge der Elektronen und der Stoffmenge Aluminium in Mol bei der Reduktion von Al^{3+} her:

$$Al^{3+} + 3\,e^- \rightleftharpoons Al$$

Zur Bildung von einem Mol Al werden demnach drei Mol Elektronen (3 F elektrische Ladung) benötigt:

$$n\,(\text{Al}) = (0{,}373\ \text{mol}\ e^-)\left(\frac{1\ \text{mol Al}}{3\ \text{mol}\ e^-}\right) = 0{,}124\ \text{mol Al}$$

Schließlich rechnen wir die Aluminiummenge von Mol in Gramm um:

$$m\,(\text{Al}) = (0{,}124\ \text{mol Al})\left(\frac{27{,}0\ \text{g Al}}{1\ \text{mol Al}}\right) = 3{,}36\ \text{g Al}$$

Da jeder Schritt aus einer Multiplikation mit einem Faktor besteht, kann man alle Schritte in einem Produkt zusammenfassen:

$$m\,(\text{Al}) = (3{,}60 \times 10^4\ \text{C})\left(\frac{1\ \text{mol}\ e^-}{96.485\ \text{C}}\right)\left(\frac{1\ \text{mol Al}}{3\ \text{mol}\ e^-}\right)\left(\frac{27{,}0\ \text{g Al}}{1\ \text{mol Al}}\right) = 3{,}36\ \text{g Al}$$

A 10 **(a)** Die Halbreaktion, die in einer Schmelzflusselektrolyse aus $MgCl_2$ metallisches Magnesium bildet, lautet $Mg^{2+} + 2\,e^- \longrightarrow Mg$. Berechnen Sie die Masse Magnesium, die bei einer Stromstärke von 60,0 A in einer Zeit von $4{,}00 \times 10^3$ s entsteht. **(b)** Wie viele Sekunden Zeit benötigt man bei einer Stromstärke von 100,0 A, um 50,0 g Mg aus $MgCl_2$ zu gewinnen?

Elektrische Arbeit

Wir haben bereits gesehen, dass positive Werte von ΔE mit negativen Änderungen der freien Enthalpie (ΔG) zusammenhängen und auf freiwillig ablaufende Prozesse hindeuten. Weiterhin wissen wir, dass die maximal verwertbare Arbeit eines freiwillig ablaufenden Prozesses durch $W_{max} = \Delta G$ gegeben ist (siehe Abschnitt 5.2). Wegen $\Delta G = -nF\Delta E$ ist diese maximal nutzbare Arbeit einer galvanischen Zelle

$$W_{max} = -nF\Delta E \tag{20.19}$$

und nimmt daher für die positiven EMK-Werte (ΔE) von galvanischen Zellen negative Werte an. Vom System an seiner Umgebung verrichtete Arbeit ist mit einem negativen Vorzeichen von W gekennzeichnet (siehe Abschnitt 5.2). Somit bedeutet ein negatives W_{max}, dass die galvanische Zelle an ihre Umgebung Arbeit abgibt.

In einer Elektrolysezelle aber verwendet man eine externe Energiequelle, um einen nicht freiwillig ablaufenden elektrochemischen Prozess in Gang zu setzen. In diesem Fall ist ΔG positiv und ΔE_{Zelle} negativ. Um einen solchen Prozess zum Laufen zu bringen, benötigt man eine externe Spannung ΔE_{ext}, die vom Betrag her größer ist als ΔE_{Zelle}: Es muss $\Delta E_{ext} > -\Delta E_{Zelle}$ gelten. Ein nicht freiwillig ablaufender Prozess mit $\Delta E_{Zelle} = -0{,}9$ V läuft zum Beispiel dann ab, wenn die externe Spannung größer als 0,9 V ist.

Wenn man an einer Zelle eine externe Spannung E_{ext} anlegt, verrichtet die Umgebung Arbeit an der Zelle, die durch

$$W = nF\Delta E_{ext} \quad (20.20)$$

gegeben ist. Im Gegensatz zu ► Gleichung 20.19 steht in ► Gleichung 20.20 kein negatives Vorzeichen. Die nach Gleichung 20.20 berechnete Arbeit ist positiv, da die Umgebung Arbeit am System verrichtet. Die Zahl n in ► Gleichung 20.20 gibt die Anzahl der Elektronen in Mol an, die von der externen Spannungsquelle in das System gezwungen werden. Das Produkt $n \times F$ ist die Gesamtladung, die dem System extern zugeführt wird.

Die elektrische Arbeit lässt sich in der Einheit Wattsekunden (Leistung multipliziert mit der Zeit) darstellen: Das **Watt** (W) ist die Einheit der elektrischen Leistung (die aufgewendete Energie pro Zeit).

$$1\ W = 1\ J/s$$

Daher ist eine Wattsekunde gleich einem Joule. Die bei elektrischen Geräten verwendete Energieeinheit, die Kilowattstunde (kWh) ist gleich $3{,}6 \times 10^6$ J und ergibt sich aus

$$1\ kWh = (1000\ W) \times 3600\ s = 3{,}6 \times 10^6\ J \quad (20.21)$$

Mit Hilfe dieser Betrachtungen können wir die maximale Arbeit bestimmen, die man aus einer galvanischen Zelle gewinnen kann, oder andererseits die erforderliche Mindestarbeit, um eine Elektrolysereaktion zu betreiben.

MERKE !

Die maximal nutzbare Arbeit einer galvanischen Zelle beträgt:

$W_{max} = -nF\Delta E.$

Die bei einer Elektrolyse durch eine externe Spannung verrichtete Arbeit beträgt:

$W = nF\Delta E_{ext}.$

Die Arbeit wird in der Einheit Wattsekunde (Ws) bzw. Kilowattstunde (kWh) angegeben. Dabei gilt:

1 Ws = 1 J bzw. 1kWh = $3{,}6 \times 10^6$ J.

A 11 Berechnen Sie die elektrische Energie in Kilowattstunden, die zur Gewinnung von 1,00 kg Magnesium durch Elektrolyse einer $MgCl_2$-Schmelze bei einer angelegten Spannung von 5,00 V nötig ist. Nehmen Sie an, dass der Prozess zu 100 % effizient ist.

Übungsbeispiel 20.12: Berechnung der Energie in Kilowattstunden

Berechnen Sie die elektrische Energie in Kilowattstunden, die zur Herstellung von $1{,}0 \times 10^3$ kg Aluminium durch Elektrolyse von Al^{3+} bei einer angelegten Spannung von 4,50 V erforderlich ist.

Lösung

Analyse: Die Masse Al, die man aus Al^{3+} gewinnen möchte, und die angelegte Spannung sind gegeben. Wir sollen die Energie in Kilowattstunden berechnen, die für diese Reduktion erforderlich ist.

Vorgehen: Aus der Al-Masse können wir zunächst die Stoffmenge von Al und danach die zu ihrer Erzeugung nötige Ladung in Coulomb bestimmen. Nun kann man ► Gleichung 20.20, $W = nF\Delta E_{ext}$, anwenden, wobei nF für die Gesamtladung in Coulomb und ΔE_{ext} für die angelegte Spannung von 4,50 V steht.

Lösung: Zunächst müssen wir nF, die erforderliche Ladung in Coulomb, bestimmen:

$$\text{elektrische Ladung} = (1{,}00 \times 10^3\ \text{kg Al})\left(\frac{1\ \text{mol Al}}{27{,}0\ \text{g Al}}\right)\left(\frac{3\ \text{mol e}^-}{1\ \text{mol Al}}\right)\left(\frac{96.485\ \text{C}}{1\ \text{mol e}^-}\right) = 1{,}07 \times 10^{10}\ \text{C}$$

Hieraus lässt sich nun W berechnen. Dabei müssen wir verschiedene Umrechnungsfaktoren verwenden, einschließlich der Umwandlung von Kilowattstunden in Joule nach ► Gleichung 20.21:

$$\text{Elektroenergie} = (1{,}07 \times 10^{10}\ \text{C})(4{,}50\ \text{V})\ \frac{1\ \text{kWh}}{3{,}6 \times 10^6\ \text{J}} = 1{,}34 \times 10^4\ \text{kWh}$$

Anmerkung: Diese Energiemenge schließt weder die Energie ein, die zur Gewinnung, zum Transport und zur Verarbeitung des Aluminiumerzes erforderlich ist, noch die Energie, um den geschmolzenen Zustand des Elektrolysebades aufrecht zu erhalten. Eine typische elektrolytische Zelle, in der die Reduktion von Aluminiumerz zu metallischem Aluminium stattfindet, ist nur zu 40 % effizient: die restlichen 60 % der Energie gehen als Wärme verloren. Daher sind zur Gewinnung von 1 kg Aluminium 33 kWh elektrische Energie notwendig. Die Aluminiumindustrie verbraucht etwa 2 % der elektrischen Energie, die in den USA erzeugt wird. Diese Energie dient hauptsächlich der Reduktion von Aluminium. Daher spart das Recycling dieses Metalls große Energiemengen.

Nuklearchemie

ÜBERBLICK

21

Die *Nuklearchemie* oder *Kernchemie* untersucht die Kernreaktionen und berücksichtigt dabei besonders ihre Anwendung in der Chemie und ihre Auswirkungen auf biologische Systeme. Die *Nuklearchemie* betrifft unser Leben in vielfacher Hinsicht, besonders ihre medizinischen Anwendungen. Neben dem therapeutischen Einsatz von ionisierender Strahlung kann man radioaktive Elemente ebenso als Diagnosehilfsmittel einsetzen. Beispielsweise injiziert man im häufig ausgeführten Thallium-Stresstest einem Patienten intravenös eine Verbindung, die Thallium-201 enthält. Dieses radioaktive Nuklid emittiert Gammastrahlung und konzentriert sich im Herzmuskel. Ein Messgerät („Scanner") misst die Gammaemissionen des Thalliums.Damit sind Rückschlüsse auf den Zustand des Herzens und der Arterien in seiner Umgebung möglich. Mit Hilfe der Radioaktivität bestimmt man auch die Mechanismen chemischer Reaktionen; man verfolgt den Transport von Atomen in biologischen Systemen und datiert historische Gegenstände.

21.1 Radioaktivität

Die Atomkerne bestehen aus Protonen und Neutronen, die man auch als Nukleonen bezeichnet. **Radioaktive Kerne** emittieren spontan Strahlung. Man nennt die radioaktiven Kerne auch **Radionuklide** und die Atome, die solche Kerne enthalten, heißen **Radioisotope**. Wenn ein Radionuklid zerfällt, spricht man von radioaktivem Zerfall. In nuklearen Gleichungen stellt man die Ausgangs- und die Produktkerne durch ihre Massenzahlen, Ordnungszahlen und chemischen Symbole dar. Die Summen der Massen- und Ordnungszahlen auf beiden Seiten einer nuklearen Gleichung müssen übereinstimmen. Es gibt fünf gewöhnliche Formen des radioaktiven Zerfalls: Die Emission von **Alphateilchen** ($\boldsymbol{\alpha}$, ${}^{4}_{2}He^{2+}$), **Betateilchen** ($\boldsymbol{\beta}$, ${}^{0}_{-1}e$), **Positronen** (${}^{0}_{1}e$) und **Gammastrahlung** ($\boldsymbol{\gamma}$, ${}^{0}_{0}\gamma$), sowie den **Elektroneneinfang**.

Arten des radioaktiven Zerfalls

Die drei üblichen Formen des radioaktiven Zerfalls sind die Alpha(α)-, die Beta(β)- und die Gamma(γ)strahlung. In ► Tabelle 21.1 sind einige wichtige Eigenschaften dieser Strahlungsarten zusammengefasst. Wie eben schon erwähnt, besteht **Alphastrahlung** aus einem Strom von Helium-4-Kernen, die man als Alphateilchen bezeichnet und durch ${}^{4}_{2}He^{2+}$ oder ${}^{4}_{2}\alpha$ darstellt.

Betastrahlung besteht aus einem Strom von **Beta(β)teilchen**: Es handelt sich um Elektronen hoher Geschwindigkeit, die von einem instabilen Kern emittiert werden. Der Betazerfall ist der Umwandlung eines Neutrons (${}^{1}_{0}n$) in ein Proton (${}^{1}_{1}p$ oder ${}^{1}_{1}H^{+}$) äquivalent und erhöht daher die Ordnungszahl um eins:

$$ {}^{1}_{0}n \longrightarrow {}^{1}_{1}p + {}^{0}_{-1}e \qquad (21.1) $$

Gammastrahlung besteht aus hochenergetischen Photonen (es handelt sich also um elektromagnetische Strahlung sehr kleiner Wellenlänge). Die Emission von Gammastrahlung verändert weder die Ordnungszahl noch die Massenzahl eines Kerns; man stellt sie als ${}^{0}_{0}\gamma$ oder einfach als γ dar. Gammastrahlung tritt meist zusammen mit Strahlung anderer Art auf, denn bei der Umwandlung der verbleibenden Nukleonen zu stabileren Kernen wird die überschüssige Energie als Gammastrahlung abgegeben. Man gibt in der Regel beim Aufstellen von nuklearen Gleichungen die Gammastrahlung nicht an.

Zwei weitere Arten radioaktiven Zerfalls sind die Positronenemission und der Elektroneneinfang. Ein **Positron** ist ein Teilchen, das im Vergleich zum Elektron die gleiche Masse, aber die entgegengesetzte Ladung besitzt.* Man stellt

* Die Lebensdauer eines Positrons ist sehr kurz, denn es wird beim Zusammenstoß mit einem Elektron unter Gammaemission vernichtet: ${}^{0}_{1}e + {}^{0}_{-1}e \longrightarrow 2\,{}^{0}_{0}\gamma$

	Strahlenart		
Eigenschaft	α	β	γ
Ladung	2+	1−	0
Ruhemasse	$6{,}64 \times 10^{-24}$ g	$9{,}11 \times 10^{-28}$ g	0
Relative Durchdringungskraft	1	100	10.000
Art der Strahlung	${}^{4}_{2}He$ Kerne	Elektronen	hochenergetische Photonen

Tabelle 21.1: **Eigenschaften von Alpha-, Beta-, und Gamma-Strahlung.**

Teilchen	Symbol
Neutron	${}^{1}_{0}n$
Proton	${}^{1}_{1}H^{+}$ oder ${}^{1}_{1}p$
Elektron	${}^{0}_{-1}e$
Alphateilchen	${}^{4}_{2}He^{2+}$ oder ${}^{4}_{2}\alpha$
Betateilchen	${}^{0}_{-1}e$ oder ${}^{0}_{-1}\beta$
Positron	${}^{0}_{1}e$

Tabelle 21.2: **Beim radioaktiven Zerfall und in Kernreaktionen auftretende Teilchen.**

das Positron als ${}^{0}_{1}e$ dar. Das Kohlenstoffisotop ${}^{11}C$ zerfällt unter Emission von Positronen gemäß

$$ {}^{11}_{6}C \longrightarrow {}^{11}_{5}B + {}^{0}_{1}e \qquad (21.2)$$

und aufgrund der Positronenemission nimmt die Ordnungszahl von 6 auf 5 ab. Die Abstrahlung eines Positrons läuft unter Umwandlung eines Protons in ein Neutron ab und die Ordnungszahl des Kerns verringert sich um eins.

$$ {}^{1}_{1}p \longrightarrow {}^{1}_{0}n + {}^{0}_{1}e \qquad (21.3)$$

Beim **Elektroneneinfang** geht ein Elektron aus der Elektronenwolke eines Atoms in den Kern über. Rubidium-81 zerfällt auf diese Weise, wie ► Gleichung 21.4 ausdrückt:

$$ {}^{81}_{37}Rb + {}^{0}_{-1}e \longrightarrow {}^{81}_{36}Kr \qquad (21.4)$$

Ähnlich wie die Positronenemission hängt der Elektroneneinfang mit der Umwandlung eines Protons in ein Neutron zusammen:

$$ {}^{1}_{1}p + {}^{0}_{-1}e \longrightarrow {}^{1}_{0}n \qquad (21.5)$$

In ► Tabelle 21.2 sind die Symbole der häufig in Kernreaktionen auftretenden Elementarteilchen zusammengefasst.

EXTRAS ONLINE Kernstabilität

EXTRAS ONLINE Kerntransmutationen

21.2 Radioaktive Zerfallsraten

Eine grundlegende Eigenschaft jedes Radioisotops ist sein radioaktiver Zerfall, ein kinetischer Prozess erster Ordnung. Erinnern Sie sich, dass ein solcher Prozess erster Ordnung eine charakteristische **Halbwertszeit** besitzt, in der die Hälfte einer gegebenen Substanzmenge zerfällt. Man drückt den Zerfall eines radioaktiven Kerns im Allgemeinen durch seine Halbwertszeit aus. Jedes Isotop hat seine eigene charakteristische Halbwertszeit, zum Beispiel 28,8 Jahre für Strontium-90. Von einer Ausgangsmasse von 10,0 g Strontium-90 verbleiben nach 28,8 Jahren 5,0 g, nach weiteren 28,8 Jahren nur noch 2,5 g und so weiter. Strontium-90 zerfällt nach folgender Gleichung zu Yttrium-90:

$$ {}^{90}_{38}Sr \longrightarrow {}^{90}_{39}Y + {}^{0}_{-1}e \qquad (21.6)$$

Die Zeitabhängigkeit des Strontium-90-Zerfalls ist in ► Abbildung 21.1 dargestellt.

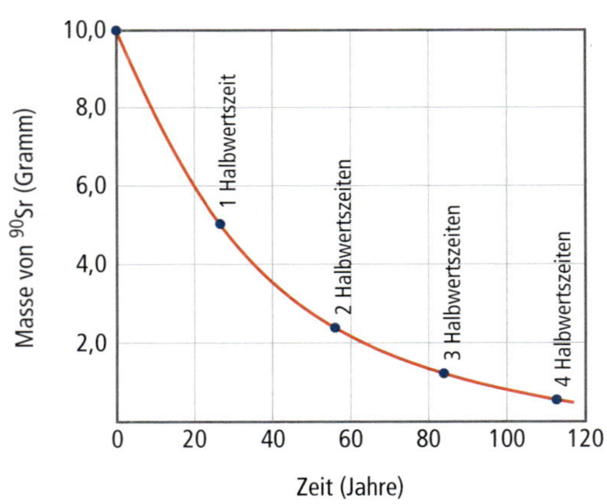

Abbildung 21.1: **Der Zerfall einer 10,0-g-Probe 9038Sr ($t_{1/2}$ = 28,8 Jahre).**

Es gibt Halbwertszeiten von millionstel Sekunden bis hin zu Milliarden von Jahren. In ► Tabelle 21.3 sind die Halbwertszeiten einiger Radioisotope angegeben. Eine wichtige Eigenschaft der Halbwertszeiten des radioaktiven Zerfalls ist ihre Unabhängigkeit von äußeren Bedingungen wie Temperatur, Druck oder der

EXTRAS ONLINE Zerfallsprozess erster Ordnung (Video)

	Isotop	Halbwertszeit (Jahre)	Zerfallsart
Natürliche Radioisotope	$^{238}_{92}U$	$4{,}5 \times 10^9$	Alpha
	$^{235}_{92}U$	$7{,}0 \times 10^8$	Alpha
	$^{232}_{90}Th$	$1{,}4 \times 10^{10}$	Alpha
	$^{40}_{19}K$	$1{,}3 \times 10^9$	Beta
	$^{14}_{6}C$	5715	Beta
Synthetische Radioisotope	$^{239}_{94}Pu$	24.000	Alpha
	$^{137}_{55}Cs$	30	Beta
	$^{90}_{38}Sr$	28,8	Beta
	$^{131}_{53}I$	0,022	Beta

Tabelle 21.3: Die Halbwertszeiten und Zerfallsarten verschiedener Radioisotope.

chemischen Konfiguration. Im Gegensatz zu giftigen Chemikalien lassen sich daher radioaktive Atome nicht durch chemische Reaktionen oder andere Behandlungsweisen unschädlich machen. Man muss den Zerfall eines radioaktiven Kerns gemäß seiner charakteristischen Zerfallsrate abwarten und währenddessen Vorsichtsmaßnahmen treffen, damit Radioisotope wie die Reaktionsprodukte aus Kernkraftwerken (siehe Extras Online „Kernspaltung") nicht mit der Umwelt in Kontakt treten, wo ihre Strahlung Schäden anrichten kann.

Altersbestimmung

Da die Halbwertszeit eines Nuklids konstant ist, dient der radioaktive Zerfall als nukleare Uhr zur Altersbestimmung von Objekten verschiedener Art. Man verwendet beispielsweise Kohlenstoff-14 in der Altersbestimmung von organischem Material. Diese Methode basiert auf der Bildung von Kohlenstoff-14 durch das Einfangen von Neutronen solaren Ursprungs in der oberen Atmosphäre nach der Gleichung

$$^{14}_{7}N + ^{1}_{0}n \longrightarrow ^{14}_{6}C + ^{1}_{1}p \qquad (21.7)$$

Durch diese Reaktion entsteht eine geringe, aber im Wesentlichen konstante Menge Kohlenstoff-14. Dieses Isotop ist radioaktiv und zerfällt unter Betaemission mit einer Halbwertszeit von 5715 Jahren:

$$^{14}_{6}C \longrightarrow ^{14}_{7}N + ^{0}_{-1}e \qquad (21.8)$$

Die Altersbestimmung mit radioaktivem Kohlenstoff (**Radiokarbonmethode**) setzt in der Regel für die letzten 50.000 Jahre ein konstantes Verhältnis von Kohlenstoff-14 zu Kohlenstoff-12 in der Erdatmosphäre voraus. Die Kohlenstoff-14-Atome gehen ins atmosphärische Kohlendioxid über, werden von den Pflanzen aufgenommen und durch die Photosynthese in komplexere kohlenstoffhaltige Moleküle umgewandelt. Die Pflanzen fressenden Tiere nehmen daher ebenso Kohlenstoff-14-Atome auf. Da die lebenden Tiere und Pflanzen mit einer nahezu gleich bleibenden Rate kohlenstoffhaltige Verbindungen aus der Atmosphäre aufnehmen, entspricht das $^{14}C/^{12}C$-Verhältnis ihrer Kohlenstoffatome annähernd dem Atmosphärenwert. Sobald ein Organismus stirbt, endet die Kohlenstoffaufnahme aus der Atmosphäre und damit die Zufuhr von ^{14}C, während der Zerfall dieses Isotops aber weitergeht. Folglich beginnt das $^{14}C/^{12}C$-Verhältnis mit dem Tod des Organismus abzunehmen und man kann das Alter einer organischen Probe abschätzen, indem man dieses Verhältnis misst und mit dem Atmosphärenwert vergleicht. Wenn das $^{14}C/^{12}C$-Verhältnis beispielsweise die Hälfte des Atmosphärenwerts beträgt, können wir das Alter der Probe auf eine Halbwertszeit, also 5715 Jahre, datieren. Dieses Verfahren ist allerdings nicht auf Objekte anwendbar, die älter als etwa 50.000 Jahre sind, denn nach Ablauf dieses Zeitraums ist die Radioaktivität zu gering, um sie noch exakt zu messen.

Man hat die Radiokarbon-Datierungsmethode durch vergleichende Altersbestimmung von Bäumen anhand ihrer Jahresringe überprüft. Ein Baum bildet bei seinem Wachstum jedes Jahr einen neuen Ring. In den alten Teilen des Baums nimmt der ^{14}C-Gehalt ab, während die ^{12}C-Konzentration konstant bleibt. Die beiden Datierungsmethoden stimmen innerhalb einer Schwankungsbreite von 10 % überein. Man führte die meisten Experimente dieser Art an einer kalifornischen Kiefernsorte (bristlecone pine) durch, die ein Alter bis zu 2000 Jahren erreicht. Anhand von Baumproben, die zu einem ungefähr bekannten Zeitpunkt vor mehreren Jahrtausenden starben, kann man vergleichende Untersuchungen durchführen, die zurück bis etwa 5000 v. Chr. reichen.

Auf ähnliche Weise verwendet man andere radioaktive Isotope zur Datierung von Objekten anderer Art. Zum Beispiel zerfällt die Hälfte einer Uran-238-Probe in $4{,}5 \times 10^9$ Jahren zu Blei-206. Daher kann man anhand des **Verhältnisses von Blei-206 zu Uran-238 das Alter von Gesteinen bestimmen**. Wenn die Aufnahme von Blei-206 ins Gestein durch normale chemische Prozesse und nicht durch radioaktiven Zerfall stattfand, liegt neben Blei-206 auch das häufigere Isotop Blei-208 vor. Daher nimmt man umgekehrt bei Abwesenheit nennenswerter Mengen des „geologisch normalen" Isotops Blei-208 an, dass sich die gesamte vorhandene Menge Blei-206 durch Zerfall aus Uran gebildet hat.

Die ältesten Gesteine der Erde sind etwa 3×10^9 Jahre alt und es liegt nahe, dass sich die Erdkruste mindestens seit dieser Zeit in festem Zustand befindet. Wissenschaftler schätzen, dass die Abkühlung der Erdoberfläche und die Verfestigung der Erdkruste zwischen 1×10^9 und $1{,}5 \times 10^9$ Jahren in Anspruch nahm. Damit gelangt man zu einem Erdalter von etwa $4{,}0 \times 10^9$ (vier Milliarden) Jahren.

Berechnungen mit Halbwertszeiten

Unsere Betrachtung der Halbwertszeiten war bisher im Wesentlichen qualitativ, aber nun gehen wir zu einer quantitativen Betrachtungsweise über. Dieser Ansatz gestattet uns, Fragen folgender Art zu beantworten: Wie bestimmen wir die Halbwertszeit von Uran-238 und wie bestimmen wir das Alter eines Objektes?

Der radioaktive Zerfall ist ein kinetischer Prozess erster Ordnung und die Zerfallsgeschwindigkeit ist daher proportional zur Anzahl N der radioaktiven Kerne einer Probe:

$$\text{Zerfallsgeschwindigkeit} = kN \qquad (21.9)$$

Diese Konstante erster Ordnung, k, heißt auch *Zerfallskonstante*. Man bezeichnet die Zerfallsgeschwindigkeit einer Probe auch als **Aktivität** und drückt sie oft durch die Zahl der Zerfälle pro Zeiteinheit aus. Das **Becquerel** (Bq) ist die SI-Einheit der Aktivität einer bestimmten Strahlungsquelle (d.h. die Rate der Kernzerfälle). Ein Becquerel ist als ein Kernzerfall pro Sekunde definiert. Eine ältere, aber noch immer weithin verwendete Aktivitätseinheit ist das **Curie** (Ci); es ist als die Aktivität von 1 g Radium, $3{,}7 \times 10^{10}$ Zerfälle pro Sekunde, definiert. Eine Kobalt-60-Probe mit 4,0 mCi durchläuft daher $(4{,}0 \times 10^{-3}) \times (3{,}7 \times 10^{10}$ Zerfälle pro Sekunde$) = 1{,}5 \times 10^8$ Zerfälle pro Sekunde und seine Aktivität beträgt damit $1{,}5 \times 10^8$ Bq. Beim Zerfall einer radioaktiven Probe nimmt die emittierte Strahlungsmenge im Lauf der Zeit ab. Die Halbwertszeit von Kobalt-60 beträgt zum Beispiel 5,26 Jahre. Die Strahlungsaktivität einer 4,0-mCi-Probe Kobalt-60 beträgt somit nach Ablauf von 5,26 Jahren 2,0 mCi oder $7{,}5 \times 10^7$ Bq.

Übungsbeispiel 21.1: (Lösung online) Altersbestimmung eines Minerals

Ein Gestein enthält 0,257 mg Blei-206 pro Milligramm Uran-238. Die Halbwertszeit des Zerfalls von Uran-238 zu Blei-206 beträgt $4{,}5 \times 10^9$ Jahre. Wie alt ist dieses Gestein?

A 1 Das Alter eines Holzgegenstands aus einer archäologischen Fundstätte ist mit der Radiokarbonmethode zu bestimmen. Die Aktivität der Probe beruht auf ihrem ^{14}C-Gehalt und die Messung ergibt 11,6 Zerfälle pro Sekunde, während eine Kohlenstoffprobe gleicher Masse aus frischem Holz 15,2 Zerfälle pro Sekunde aufweist. Die Halbwertszeit von ^{14}C beträgt 5715 Jahre. Wie alt ist die archäologische Probe?

Übungsbeispiel 21.2: (Lösung online) Berechnungen mit radioaktivem Zerfall

Von 1,000 g Strontium-90 verbleiben nach 2,00 Jahren 0,953 g. **(a)** Wie lautet die Halbwertszeit von Strontium-90? **(b)** Wie viel Strontium-90 bleibt nach 5,00 Jahren übrig? **(c)** Wie groß ist die Ausgangsaktivität der Probe in Bq und in Ci?

A 2 Eine Probe, die man für medizinische Aufnahmen einsetzen möchte, ist mit ^{18}F markiert, dessen Halbwertszeit 110 min beträgt. Welcher Anteil in Prozent der ursprünglichen Aktivität verbleibt nach 300 min?

Wie wir in Abschnitt 14.4 gesehen haben, lässt sich das Geschwindigkeitsgesetz erster Ordnung für die Zerfallsgeschwindigkeit durch die Gleichung

$$\ln \frac{N_t}{N_0} = -kt \qquad (21.10)$$

darstellen. Hier ist t die Zerfallszeit, k ist die Geschwindigkeitskonstante, N_0 ist die ursprüngliche Kernanzahl (zum Zeitpunkt null) und N_t ist die Anzahl der verbleibenden Kerne zur Zeit t. Sowohl die Masse eines bestimmten Radioisotops als auch seine Aktivität sind proportional zur Anzahl der radioaktiven Kerne. Daher kann man in ► Gleichung 21.10 für N_t/N_0 auch das Massenverhältnis oder den Quotienten der Aktivitäten, beide zwischen den Zeiten t und $t = 0$, einsetzen.

Aus ► Gleichung 21.10 erhalten wir die Beziehung zwischen der Geschwindigkeitskonstanten k und der Halbwertszeit $t_{1/2}$ (siehe Abschnitt 14.4)

$$k = \frac{0{,}693}{t_{1/2}} \qquad (21.11)$$

Ist einer dieser beiden Werte bekannt, so können wir damit problemlos den anderen Wert bestimmen.

21.3 Nachweis und Messung von Radioaktivität

Radiotracer

Da Radioisotope leicht festzustellen sind, verwendet man sie auch, um den Weg eines Elements bei chemischen Reaktionen zu verfolgen. Den Einbau von Kohlenstoffatomen bei der Photosynthese aus CO_2 in die Glucose hat man anhand von CO_2-Proben untersucht, die Kohlenstoff-14 enthalten.

$$6\,{}^{14}CO_2 + 6\,H_2O \xrightarrow[\text{Chlorophyll}]{\text{Sonnenlicht}} {}^{14}C_6H_{12}O_6 + 6\,O_2 \qquad (21.12)$$

Man sagt in diesem Fall, das CO_2 ist mit Kohlenstoff-14 markiert. Messgeräte wie Szintillationszähler verfolgen den Weg der Kohlenstoff-14-Atome aus dem CO_2 über die verschiedenen Zwischenverbindungen zur Glucose.

Die Verwendung von Radioisotopen zu Markierungszwecken ist möglich, da alle Isotope eines Elements im Wesentlichen die gleichen chemischen Eigenschaften besitzen. Mischt man eine kleine Menge Radioisotope unter die natürlich vorkommenden stabilen Isotope des gleichen Elements, so durchlaufen alle Atome zusammen die gleichen Reaktionen und das radioaktive Isotop markiert den zurückgelegten Weg des Elements. Wenn man ein solches Radioisotop zur Wegeverfolgung einsetzt, nennt man es auch **Radiotracer**.

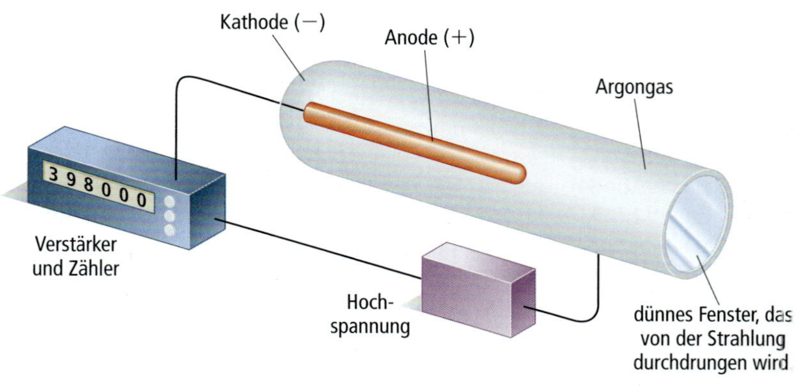

Abbildung 21.2: Schematische Darstellung eines Geigerzählers.

21.4 Energieumsatz bei Kernreaktionen

Der freigesetzten Energie einer Kernreaktion entspricht ein messbarer Massenverlust, der sich nach Einsteins Gleichung $\Delta E = \Delta mc^2$ ergibt. Die Massendifferenz zwischen einem Kern und der Summe der Nukleonen, aus welchen sich der Kern zusammensetzt, bezeichnet man als **Massendefekt**. Aus dem Massendefekt eines Nuklids lässt sich seine **Kernbindungsenergie** berechnen. Diese Energie ist erforderlich, um einen Kern in seine Nukleonen zu zerlegen. Beim Zerlegen von schweren Kernen (**Kernspaltung**) und beim Vereinigen von leichten Kernen (**Kernfusion**) wird Energie frei.

Uran-235, Uran-233 und Plutonium-239 durchlaufen Kernspaltungen, wenn sie ein Neutron einfangen. Da Neutronen als Produkte aus den Spaltreaktionen hervorgehen und ihrerseits weitere Spaltungen hervorrufen, findet eine nukleare **Kettenreaktion** statt. Eine solche Reaktion, die mit konstanter Geschwindigkeit abläuft, bezeichnet man als kritisch und die entsprechende Masse heißt **kritische Masse**. Wird die kritische Masse überschritten, so spricht man von einer **überkritischen Masse**. Bei der Energieerzeugung in Kernreaktoren setzt man kontrollierte Kernspaltungen zur Erzeugung einer konstanten Leistung ein. Der Reaktorkern enthält einen spaltbaren Brennstoff, Steuerstäbe, einen Moderator und eine Kühlflüssigkeit. Der Aufbau eines Kernkraftwerks ähnelt einem konventionellen Kraftwerk, wobei der Reaktorkern an die Stelle des Brennraumes tritt.

Kernfusionen benötigen sehr hohe Temperaturen, da die kinetischen Energien der Kerne zur Überwindung ihrer gegenseitigen Abstoßung sehr groß sein müssen. Daher bezeichnet man die Fusionen auch als **thermonukleare Reaktionen**.

EXTRAS ONLINE Kernspaltung

EXTRAS ONLINE Kernfusion

Chemie der Nichtmetalle

22

ÜBERBLICK

In diesem Kapitel werden wir einen kurzen Überblick über die nichtmetallischen Elemente, ausgehend von Wasserstoff, und dann gruppenweise von rechts nach links durch das Periodensystem, geben. Wir beschreiben, unter welchen Bedingungen die Elemente in der Natur vorkommen, auf welche Weise sie gewonnen und nutzbar gemacht werden können. Mit Wasserstoff, Sauerstoff, Stickstoff und Kohlenstoff werden wir uns eingehender beschäftigen. Diese vier Nichtmetalle sind Bestandteile zahlreicher Verbindungen von hohem kommerziellem Nutzwert und machen 99 % aller Atome aus, die in lebenden Zellen vorkommen. In Kapitel C werden wir uns im Rahmen der organischen Chemie und der Biochemie weiteren Aspekten dieser Elemente zuwenden.

22.1 Allgemeine Begriffe: Periodische Tendenzen und chemische Reaktionen

Das Periodensystem ist hilfreich beim Zuordnen und Lernen der Beschreibungen von Elementen. Unter den Elementen einer bestimmten Gruppe nimmt die Größe entsprechend der Atomnummer zu, die Elektronegativität und die Ionisierungsenergie nehmen hingegen ab. Ein nichtmetallischer Charakter ist gleichbedeutend mit erhöhter Elektronegativität; aus diesem Grund sind die meisten nichtmetallischen Elemente im oberen rechten Bereich des Periodensystems angeordnet. Bei den Nichtmetallen unterscheidet sich das erste Element jeder Gruppe erheblich von den anderen Elementen derselben Gruppe. Es stellt bis zu vier Bindungen mit anderen Atomen her und tendiert wesentlich stärker zur Bildung von π-Bindungen als die schwereren Elemente seiner Gruppe.

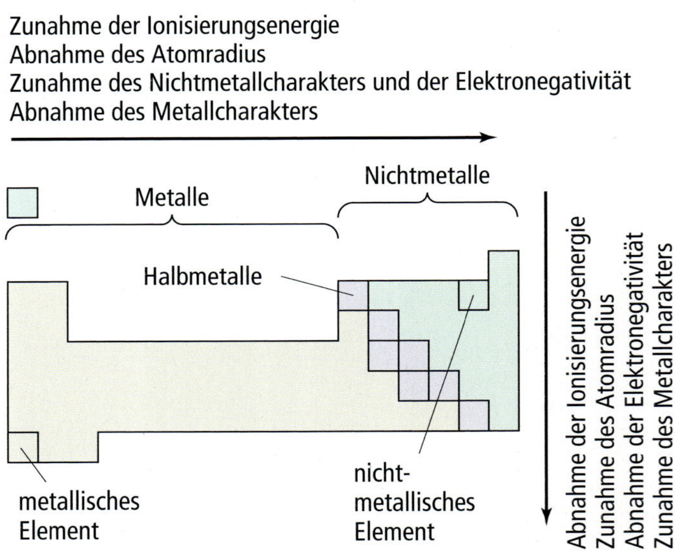

Abbildung 22.1: Tendenzen der Elementeigenschaften. Die Grundeigenschaften der Elemente bestimmen ihre Position im Periodensystem.

Chemische Reaktionen

In diesem und in den folgenden Kapiteln werden wir eine Vielzahl von chemischen Reaktionen vorstellen. Dabei ist es hilfreich, grundlegende Tendenzen in den Reaktionsmustern auszumachen. Da O_2 und H_2O in unserer Umwelt reichlich vorhanden sind, kommt Reaktionen dieser Stoffe mit anderen Verbindungen eine besondere Bedeutung zu. An etwa einem Drittel der in diesem Kapitel vorgestellten Reaktionen ist entweder O_2 (Oxidations- oder Verbrennungsreaktionen) oder H_2O (insbesondere Protonenübertragungsreaktionen) beteiligt.

Wasserstoffverbindungen produzieren H_2O bei Verbrennungsreaktionen mit O_2. Kohlenstoffverbindungen erzeugen CO_2 (sofern die O_2-Menge ausreichend ist, andernfalls wird CO oder sogar C produziert). Stickstoffverbindungen tendieren zur Bildung von N_2, in bestimmten Fällen kann jedoch auch NO erzeugt werden. In den folgenden Beispielen werden diese Grundregeln verdeutlicht:

$$2\,CH_3OH(l) + 3\,O_2(g) \longrightarrow 2\,CO_2(g) + 4\,H_2O(g) \tag{22.1}$$

$$4\,CH_3NH_2(g) + 9\,O_2(g) \longrightarrow 4\,CO_2(g) + 10\,H_2O(g) + 2\,N_2(g) \tag{22.2}$$

Die Bildung von H_2O, CO_2 und N_2 ist auf die hohe thermodynamische Stabilität dieser Stoffe zurückzuführen, wie an den hohen Bindungsenergien der O — H-, C = O- und N ≡ N-Bindungen ersichtlich wird, die sie enthalten (463, 799 bzw. 941 kJ/mol).

Im Zusammenhang mit Protonenübertragungsreaktionen vergegenwärtigen Sie sich die Regel: Je schwächer die Brønsted–Lowry-Säure ist, desto stärker ist die konjugierende Base. Beispielsweise sind H_2, OH^-, NH_3 und CH_4 außerordentlich schwache Protonendonoren, die keine Tendenz zeigen, sich wie Säure in Wasser zu verhalten. Demnach sind Spezies, die von diesen Stoffen durch die Entfernung eines oder mehrerer Protonen (etwa H^-, O^{2-} oder NH_2^-) gebildet werden, ausgesprochen starke Basen. Sie alle regieren leicht mit Wasser, wobei aus H_2O durch die Entfernung von Protonen OH^- gebildet wird. Dies wird bei folgenden Reaktionen deutlich:

$$CH_3^-(aq) + H_2O(l) \longrightarrow CH_4(g) + OH^-(aq) \tag{22.3}$$

Übungsbeispiel 22.1 Vorhersage der Produkte chemischer Reaktionen

Sagen Sie die Produkte der folgenden Reaktionen voraus und erstellen Sie eine entsprechende ausgeglichene Gleichung:

(a) $CH_3NHNH_2(g) + O_2(g) \longrightarrow$

(b) $Mg_3P_2(s) + H_2O(l) \longrightarrow$

(c) $NaCN(s) + HCl(aq) \longrightarrow$

Lösung

Analyse: Ausgehend von den Reaktanten dreier chemischer Gleichungen sollen die Produkte vorhergesagt und eine Reaktionsgleichung erstellt werden.

Vorgehen: Zunächst werden die Reaktanten untersucht um festzustellen, ob der Reaktionstyp erkennbar ist. In **(a)** reagiert die Kohlenstoffverbindung mit O_2, dieser Umstand lässt auf eine Verbrennungsreaktion schließen. In **(b)** reagiert Wasser mit einer Ionenverbindung. Das Anion P^{3-} ist eine starke Base, und H_2O kann sich wie Säure verhalten. Hier deuten die Reaktanten auf eine Säure-Base-Reaktion (Protonentransfer) hin. In **(c)** haben wir es mit einer starken Ionenverbindung sowie einer starken Säure zu tun. Auch hier ist eine Protonentransfer-Reaktion zu vermuten.

Lösung:

(a) Aufgrund der elementaren Zusammensetzung der Kohlenstoffverbindung führt die Verbrennungsreaktion vermutlich zu CO_2, H_2O und N_2.

$$2\,CH_3NHNH_2(g) + 5\,O_2(g) \longrightarrow 2\,CO_2(g) + 6\,H_2O(g) + 2\,N_2(g)$$

(b) Mg_3P_2 ist ionisch und besteht aus Mg^{2+}- und P^{3-}-Ionen. Das P^{3-}-Ion weist wie N^{3-} eine starke Neigung zu Protonen auf und erzeugt in Reaktionen mit Wasser (H_2O) OH^- und PH_3 (PH^{2-}, PH_2^- und PH_3 sind ausgesprochen schwache Protonendonoren).

$$Mg_3P_2(s) + 6\,H_2O(l) \longrightarrow 2\,PH_3(g) + 3\,Mg(OH)_2(s)$$

$Mg\,(OH)_2$ ist schwach wasserlöslich und wird präzipitieren.

(c) NaCN besteht aus Na^+- und CN^--Ionen. Das CN^--Ion ist basisch (HCN ist eine schwache Säure). Demnach reagiert CN^- mit Protonen, um seine konjugierte Säure zu bilden.

$$NaCN(s) + HCl(aq) \longrightarrow HCN(aq) + NaCl(aq)$$

HCN ist mäßig wasserlöslich und im gasförmigen Zustand flüchtig. Darüber hinaus ist HCN *extrem* toxisch – diese Reaktion wurde zur Herstellung des tödlichen Gases für Gaskammern eingesetzt.

$$N_3^-(aq) + 3\ H_2O(l) \longrightarrow NH_3(aq) + 3\ OH^-(aq) \qquad (22.4)$$

Stärkere Protonendonoren als H_2O, etwa HCl, H_2SO_4, $C_2H_4O_2$ und andere Säuren, reagieren ebenfalls leicht auf basische Anionen.

22.2 Wasserstoff

Dem englischen Chemiker Henry Cavendish (1731–1810) gelang als erstem die Isolierung von reinem Wasserstoff. Auf Grund der Tatsache, dass das Element bei der Verbrennung in Sauerstoff Wasser produziert, gab ihm der französische Chemiker Lavoisier den Namen *Hydrogen*, wörtlich übersetzt: „Wasserproduzent" (aus dem Griechischen *hydro* (Wasser) und *gennao* (produzieren).

Hydrogen, also Wasserstoff, ist das am meisten vorhandene Element des Universums. Die Sonne und andere Sternen nutzen Wasserstoff als nuklearen Brennstoff zur Erzeugung von Energie. Obwohl etwa 70 % des Universums aus Wasserstoff besteht, beträgt sein Anteil an der Erdmasse nur 0,87 %. Der Großteil des Wasserstoffs unseres Planeten besteht in Verbindungen mit Sauerstoff. Wasser, dessen Masse zu 11 % aus Wasserstoff besteht, stellt die am häufigsten vertretene Wasserstoffverbindung dar. Wasserstoff macht außerdem einen bedeutenden Teil von Petroleum, Zellulose, Stärke, Fetten, Alkoholen, Säuren und einer Vielzahl anderer Materialien aus.

Die Isotope des Wasserstoffs

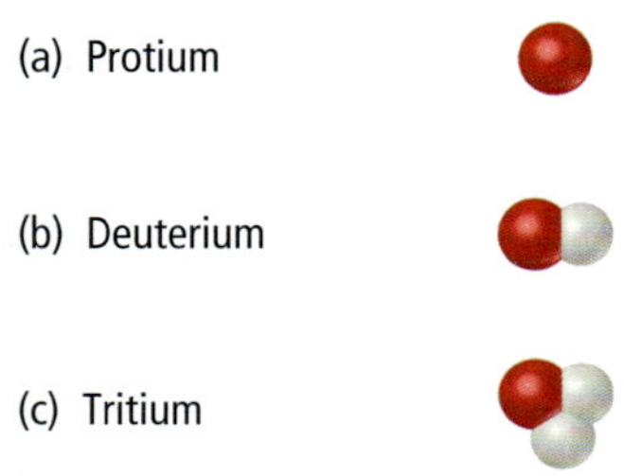

Abbildung 22.2: Atomkerne der drei Wasserstoff-Isotope. (a) Protium, ^1_1H, hat ein einfaches Proton (dargestellt als rote Kugel) in seinem Kern. (b) Deuterium, ^2_1H, hat ein Proton und ein Neutron (dargestellt als graue Kugel). (c) Tritium, ^3_1H, hat ein Proton und zwei Neutronen. Vergegenwärtigen Sie sich, dass die Atomkerne sehr klein sind!

Das häufigste Isotop von Wasserstoff, ^1_1H, hat einen Kern, der aus einem einzigen Proton besteht. Dieses Isotop, das auch als **Protium*** bezeichnet wird, macht 99,9844 % des gesamten in der Natur vorhandenen Wasserstoffs aus.

Zwei weitere Isotope sind bekannt: ^2_1H, dessen Kern ein Proton und ein Neutron enthält, sowie ^3_1H, dessen Kern ein Proton und zwei Neutronen enthält (► Abbildung 22.2). Dieses ^2_1H-Isotop, das als **Deuterium** bezeichnet wird, entspricht 0,0156 % des gesamten in der Natur vorhandenen Wasserstoffs. Es ist nicht radioaktiv. In chemischen Formeln erhält Deuterium häufig das Symbol D, wie etwa in D_2O (Deuteriumoxyd), auch unter dem Begriff *schweres Wasser* bekannt.

Da ein Deuteriumatom ungefähr zweimal so schwer ist wie ein einzelnes Protiumatom, unterscheiden sich Deuterium-Verbindungen von den „normalen", Protium enthaltenden Pendants. So beträgt die normale Schmelz- und Siedetemperatur von D_2O 3,81 °C bzw. 101,42 °C, während die entsprechenden Werte für H_2O 0,00 °C und 100,00 °C betragen. Ebenso ist die Dichte von D_2O bei 25 °C (1,104 g/ml) größer als die von H_2O (0,997 g/ml). Der Ersatz von Protium durch Deuterium (*Deuterierung*) kann sich deutlich auf die Reaktionen auswirken. Dieses Phänomen ist unter dem Begriff *kinetischer Isotopeneffekt* bekannt. Tatsächlich lässt sich schweres Wasser durch die Elektrolyse von gewöhnlichem Wasser herstellen, da die Elektrolyse von D_2O langsamer verläuft und man D_2O auf diese Weise anreichern kann.

Das dritte Isotop, ^3_1H, ist als **Tritium** bekannt. Es ist radioaktiv und hat eine Halbwertszeit von 12,3 Jahren.

$$^3_1H \longrightarrow {}^3_2He + {}^{\ 0}_{-1}e^- \qquad t_{1/2} = 12{,}3 \text{ Jahre} \qquad (22.5)$$

Tritium entsteht kontinuierlich in der oberen Atmosphäre als Produkt von Kernreaktionen, die durch kosmische Strahlung ausgelöst werden. Aufgrund seiner

* Eigene Namen für die verschiedenen Isotope sind nur dem Wasserstoff vorbehalten. Wegen ihrer verhältnismäßig großen Massenunterschiede zeigen die Wasserstoffisotope merklich größere Unterschiede in ihren chemischen und physikalischen Eigenschaften als die Isotope anderer Elemente.

kurzen Halbwertszeit sind nur geringe Mengen von Tritium in der Natur vorhanden. Die Isotope lassen sich in Kernreaktoren durch Neutronenbeschuss von Lithium künstlich herstellen.

$$^{6}_{3}Li + ^{1}_{0}n \longrightarrow ^{3}_{1}H + ^{4}_{2}He \qquad (22.6)$$

Deuterium und Tritium haben sich beim Studium der Reaktivität von Wasserstoffverbindungen als nützlich erwiesen. Eine Verbindung kann durch den Austausch eines oder mehrerer Protiumatome an bestimmten Positionen innerhalb eines Moleküls durch Deuterium oder Tritium markiert werden. Durch Vergleich der Position der Markierung im Reaktanten und im Produkt kann ein Reaktionsmechanismus vorgeschlagen werden. Durch das Hinzufügen von Methylalkohol (CH_3OH) in D_2O erfolgt beispielsweise ein schneller Austausch zwischen dem H-Atom der O — H-Bindung und den D-Atomen in D_2O, der zur Bildung von CH_3OD führt. Die H-Atome der CH_3-Gruppe vollziehen diesen Austausch hingegen nicht. Das Experiment demonstriert die kinetische Stabilität der C — H-Bindungen und verdeutlicht die Geschwindigkeit, mit der die O — H-Bindung im Molekül gebrochen und neu gebildet wird.

Eigenschaften des Wasserstoffs

Wasserstoff ist das einzige Element, das keiner anderen Gruppe des Periodensystems angehört. Aufgrund seiner $1s^1$-Elektronenkonfiguration wird Wasserstoff im Periodensystem für gewöhnlich oberhalb von Lithium geführt. Dennoch handelt es sich bei Wasserstoff *keinesfalls* um ein Alkalimetall. Das Element bildet ein positives Ion weniger leicht als jedes Alkalimetall; die Ionisierungsenergie des Wasserstoffatoms beträgt 1312 kJ/mol, die des Lithiumatoms nur 520 kJ/mol.

Wasserstoff ist im Periodensystem manchmal oberhalb der Halogene angeordnet, da das Wasserstoff-Atom in der Lage ist, ein Elektron aufzunehmen, um ein *Hydrid-Ion* H^- zu bilden, dessen Elektronenkonfiguration mit der von Helium übereinstimmt. Die Elektronenaffinität von Wasserstoff ($E = -73$ kJ/mol) ist jedoch geringer als die aller übrigen Halogene: Fluor weist eine Elektronenaffinität von –328 kJ/mol auf, Iod von –295 kJ/mol. Grundsätzlich ist Wasserstoff den Halogenen nicht ähnlicher als den Alkalimetallen: ist also weder ein Alkalimetall noch ein Halogen!

Elementarer Wasserstoff liegt bei Zimmertemperatur als farbloses, geruchloses und geschmacksneutrales Gas vor, das sich aus diatomaren Molekülen zusammensetzt. Wir können H_2 als Dihydrogen bezeichnen, geläufiger sind aber „molekularer Wasserstoff" oder nur „Wasserstoff". Da H_2 unpolar ist und lediglich zwei Elektronen besitzt, sind die Anziehungskräfte zwischen den Molekülen ausgesprochen schwach. Dementsprechend sind der Schmelzpunkt (–259 °C) und der Siedepunkt (–253 °C) von H_2 sehr niedrig.

Für eine Einfachbindung ist die H — H-Bindungsenthalpie (436 kJ/mol) hoch (siehe Tabelle 8.4). Zum Vergleich: Die Cl — Cl-Bindungsenthalpie beträgt nur 242 kJ/mol. Da H_2 eine starke Bindung besitzt, verlaufen die meisten Reaktionen bei Zimmertemperatur eher langsam. Das Molekül lässt sich jedoch leicht durch Wärmezufuhr, Bestrahlung oder Katalysation aktivieren. Beim Aktivierungsprozess kommt es im Allgemeinen zur Bildung von Wasserstoff-Atomen, die besonders reaktiv sind. Sobald H_2 aktiviert ist, reagiert er schnell und exotherm mit einer Vielzahl von Stoffen.

Wasserstoff bildet starke kovalente Bindungen mit zahlreichen Elementen, einschließlich Sauerstoff; die O — H-Bindungsenthalpie beträgt 463 kJ/mol. Aufgrund der starken O — H-Bindung ist Wasserstoff ein effizientes Reduktionsmittel für viele Metalloxide. Wenn H_2 etwa mit erhitztem CuO in Kontakt kommt, wird Kupfer produziert.

$$CuO(s) + H_2(g) \longrightarrow Cu(s) + H_2O(g) \quad (22.7)$$

Die Entzündung von H_2 in Luft löst eine heftige Reaktion aus, bei der H_2O erzeugt wird.

$$2\,H_2(g) + O_2(g) \longrightarrow 2\,H_2O(g) \quad \Delta H° = -483{,}6\ kJ \quad (22.8)$$

Luft mit einem H_2-Gehalt von nur 4 % (bezogen auf das Volumen) ist bereits potenziell explosiv. Flüssigbrennstoff-Raketenantriebe basieren häufig auf der Verbrennung von Wasserstoff-Sauerstoff-Gemischen – so auch die des Space Shuttles. Wasserstoff und Sauerstoff werden bei niedrigen Temperaturen in flüssiger Form gespeichert. Die Zerstörung des Space Shuttles *Challenger* im Jahr 1986 wurde durch den Defekt einer Feststoffrakete verursacht, der die Wasserstoff- und Sauerstofftanks zur Explosion brachte.

Herstellung von Wasserstoff

Wird in einem Labor eine kleine Menge H_2 benötigt, wird diese in der Regel durch die Reaktion eines unedlen Metalls, beispielsweise Zink, mit einer verdünnten starken Säure wie HCl oder H_2SO_4 gewonnen.

$$Zn(s) + 2\,H^+(aq) \longrightarrow Zn^{2+}(aq) + H_2(g) \quad (22.9)$$

Große Mengen von H_2 werden durch die Reaktion von Methan (CH_4, Hauptkomponente von Erdgas) mit Wasserdampf bei 1100 °C produziert. Dieser Prozess lässt sich durch folgende Reaktionen darstellen:

$$CH_4(g) + H_2O(g) \longrightarrow CO(g) + 3\,H_2(g) \quad (22.10)$$

$$CO(g) + H_2O(g) \longrightarrow CO_2(g) + H_2(g) \quad (22.11)$$

Bei Erreichen einer Temperatur von etwa 1000 °C reagiert auch Kohlenstoff mit Wasserdampf und erzeugt eine Mischung von H_2- und CO-Gas.

NÄHER HINGESCHAUT

Die Wasserstofftechnologie

Die Reaktion des Wasserstoffs mit Sauerstoff ist stark exotherm:

$$2\,H_2(g) + O_2(g) \longrightarrow 2\,H_2O(g)\ \Delta H = -483{,}6\ kJ \quad (22.15)$$

Da als einziges Produkt dieser Reaktion Wasserdampf erzeugt wird, ist die Aussicht auf eine Nutzung des Wasserstoffs in Brennstoffzellen zum Antrieb von Autos ausgesprochen attraktiv. Als Alternative zur Brennstoffzelle könnte Wasserstoff zusammen mit atmosphärischem Sauerstoff in einem Verbrennungsmotor verbrannt werden. In beiden Fällen müsste die Herstellung von elementarem Wasserstoff sowie dessen Transport und Lagerung in großem Maßstab ermöglicht werden. Die Vorteile der so genannten Wasserstofftechnologie sind jedoch im Licht der potenziellen Schwierigkeiten und Kosten zu betrachten. Die Erzeugung von Wasserstoff mithilfe fossiler Brennstoffe ist technisch möglich, stellt die Ingenieure aber vor Schwierigkeiten beim Transport und bei der Handhabung des Wasserstoffs, eines gefährlichen, brennbaren Stoffes.

Die Wasserelektrolyse, die außer Wasserstoff nur Sauerstoff produziert, stellt grundsätzlich die sauberste Methode zur Herstellung von H_2 dar. Darüber hinaus erlaubt die Elektrolyse eine lokale Wasserstoffherstellung und löst somit die Transportproblematik. Die erforderliche Energie für das Elektrolyseverfahren muss jedoch auf irgendeine Weise erzeugt werden. Müssen fossile Brennstoffe zur Erzeugung von Wasserstoff verbrannt werden, hält sich der erzielte Fortschritt in Richtung einer reinen Wasserstofftechnologie in Grenzen. Wenn der Strom für die Elektrolyse stattdessen durch Wasserkraft, Kernenergie, Solarzellen oder Windgeneratoren erzeugt wird (► Abbildung 22.3), lässt sich der Verbrauch von nicht erneuerbaren Energieressourcen sowie die unerwünschte Produktion von CO_2 vermeiden.

Abbildung 22.3: Windenergie. Windgeneratoren gelten als eine der Alternativen zur Stromgewinnung.

$$C(s) + H_2O(g) \longrightarrow H_2(g) + CO(g) \qquad (22.12)$$

Diese Mischung, die unter der Bezeichnung *Wassergas* bekannt ist, findet in der Industrie als Brennstoff Verwendung.

Aufgrund ihres hohen Energieverbrauchs ist die einfache Wasserelektrolyse zu teuer für die kommerzielle Produktion von H_2. Bei der Elektrolyse von Kochsalzlösungen während des Herstellungsprozesses von Cl_2 und NaOH wird H_2 jedoch als Nebenprodukt hergestellt:

$$2\ NaCl(aq) + 2\ H_2O(l) \xrightarrow{\text{Elektrolyse}} H_2(g) + Cl_2(g) + 2\ NaOH(aq) \qquad (22.13)$$

Verwendung des Wasserstoffs

Wasserstoff hat einen hohen kommerziellen Stellenwert: Pro Jahr werden etwa 2×10^8 kg Wasserstoff in den USA produziert. Mehr als zwei Drittel dieser Menge werden im Haber-Bosch-Verfahren zur technischen Herstellung von Ammoniak eingesetzt. Wasserstoff wird ebenfalls zur Produktion von Methanol (CH_3OH) verwendet, bei der eine katalytische Reaktion von CO und H_2 unter Bedingungen hohen Drucks und hoher Temperaturen ausgelöst wird.

$$CO(g) + 2\ H_2(g) \longrightarrow CH_3OH(g) \qquad (22.14)$$

Binäre Wasserstoffverbindungen

Bei der Reaktion von Wasserstoff mit anderen Elementen werden drei verschiedene Arten von Verbindungen gebildet: (1) salzartige Hydride, (2) metallische Hydride und (3) molekulare Hydride.

Salzartige Hydride werden durch Alkalimetalle erzeugt sowie durch die schwereren Erdalkalimetalle (Ca, Sr und Ba). Diese unedlen Metalle sind deutlich schwächer elektronegativ als Wasserstoff. Der Wasserstoff erhält somit Elektronen von den Metallen und bildet auf diese Weise Hydrid-Ionen (H^-):

$$2\ Li(s) + H_2(g) \longrightarrow 2\ LiH(s) \qquad (22.16)$$

$$Ca(s) + H_2(g) \longrightarrow CaH_2(s) \qquad (22.17)$$

Die salzartigen Hydride haben einen hohen Schmelzpunkt (LiH schmilzt bei 680 °C).

(a)

(b)

Abbildung 22.4: Die Reaktion von CaH_2 mit Wasser. (a) Wasser wird mit pulverisiertem CaH_2 versetzt. (b) Die Reaktion ist stark und exotherm. Die rotviolette Farbe wird durch das hinzugefügte Phenolphthalein verursacht, das die Bildung von OH^--Ionen anzeigt. Die Blasen deuten auf die Bildung von H_2-Gas hin.

Das Hydrid-Ion ist stark basisch, reagiert leicht mit Verbindungen die mindestens schwach saure Protonen besitzen und bildet dabei H_2. H^- beispielsweise reagiert leicht mit H_2O.

$$H^-(aq) + H_2O(l) \longrightarrow H_2(g) + OH^-(aq) \qquad (22.18)$$

Salzartige Hydride lassen sich somit als nützliche Quelle von H_2 verwenden. Calciumhydrid (CaH_2) ist im Handel erhältlich und wird zum Aufblasen von Rettungsbooten, Wetterballons und ähnlichen Systemen eingesetzt. Die Reaktion von CaH_2 mit H_2O ist in ► Abbildung 22.4 dargestellt.

Die Reaktion zwischen H^- und H_2O (► Gleichung 22.18) ist nicht allein eine Säure-Base-Reaktion sondern auch eine Redoxreaktion. Das H^--Ion eignet sich sowohl als Base *als auch* als Reduktionsmittel. Tatsächlich sind Hydride dazu in der Lage, O_2 zu OH^- zu reduzieren.

$$2\ NaH(s) + O_2(g) \longrightarrow 2\ NaOH(s) \qquad (22.19)$$

Aus diesem Grund werden Hydride für gewöhnlich in Umgebungen gelagert, die frei von Feuchtigkeit und Sauerstoff sind.

Metallische Hydride werden gebildet, wenn Wasserstoff mit Übergangsmetallen reagiert. Diese Verbindungen werden so bezeichnet, weil sie ihre metalltypische Leitfähigkeit und andere Metalleigenschaften beibehalten. In vielen metallischen Hydriden ist das Verhältnis von Metall- und Wasserstoff-Atomen nicht stöchiometrisch. Dabei kann die Zusammensetzung je nach den Bedingungen der Synthese innerhalb eines bestimmten Bereichs variieren. So lässt sich TiH_2 zwar herstellen, das Herstellungsverfahren ergibt jedoch in der Regel $TiH_{1,8}$, das etwa 10 % weniger Wasserstoff enthält als TiH_2. Solche nichtstöchiometrischen metallischen Hydride werden gelegentlich auch als *interstitielle Hydride* bezeichnet. Sie lassen sich auch als gelöste Wasserstoff-Atome im Metall betrachten, wobei die Wasserstoff-Atome die Zwischenräume zwischen den Metall-Atomen im Feststoffgitter belegen. Allerdings handelt es sich hierbei um ein stark vereinfachendes Bild, da offensichtlich eine chemische Wechselwirkung zwischen Metall und Wasserstoff stattfindet.

4A	5A	6A	7A
$CH_4(g)$ −50,8	$NH_3(g)$ −16,7	$H_2O(l)$ −237	$HF(g)$ −271
$SiH_4(g)$ +56,9	$PH_3(g)$ +18,2	$H_2S(g)$ −33,0	$HCl(g)$ −95,3
$GeH_4(g)$ +117	$AsH_3(g)$ +111	$H_2Se(g)$ +71	$HBr(g)$ −53,2
	$SbH_3(g)$ +187	$H_2Te(g)$ +138	$HI(g)$ +1,30

Abbildung 22.5: Freie Bildungsenthalpien von molekularen Hydriden. Alle Werte sind in Kilojoules pro mol Hydrid angegeben.

Molekulare Hydride, die durch Nichtmetalle und Halbmetalle gebildet werden, sind unter normalen Bedingungen entweder Gase oder Flüssigkeiten. Die einfachen molekularen Hydride sind zusammen mit den jeweiligen freien Bildungsenthalpien, ΔG_f°, in ► Abbildung 22.5 aufgeführt. In jeder der Gruppen nimmt die thermische Stabilität (gemessen durch ΔG_f°) mit jeder Tabellenzeile nach unten ab. Rufen Sie sich folgende Regel in Erinnerung: Je stabiler eine Verbindung unter normalen Bedingungen im Hinblick auf deren Elemente ist, desto negativer ist ΔG_f°. Auf molekulare Hydride kommen wir im Rahmen der Untersuchung anderer nichtmetallischer Elemente wieder zurück.

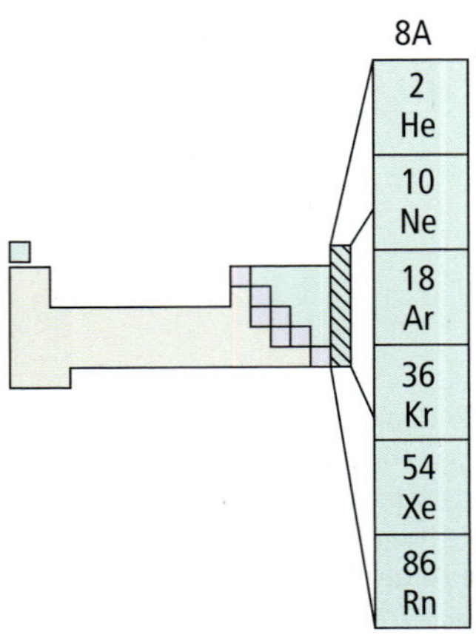

22.3 Gruppe 8A: Die Edelgase

Die Elemente der Gruppe 8A sind chemisch wenig reaktiv. Tatsächlich haben wir uns mit diesen Elementen fast immer im Zusammenhang mit deren physikalischen Eigenschaften befasst, so zum Beispiel bei der Behandlung der intermolekularen Kräfte. Die relative Inertheit dieser Elemente lässt sich auf ein vollständiges Oktett von Valenzelektronen zurückführen [ausgenommen He, das ein vollständig besetztes 1*s*-Orbital besitzt ($1s^2$)]. Die Stabilität einer solchen Anordnung wird durch die hohen Ionisierungsenergien der Elemente der Gruppe 8A widergespiegelt.

Alle Elemente der Gruppe 8A sind bei Zimmertemperatur gasförmig. Es handelt sich um Komponenten der Erdatmosphäre – ausgenommen Radon, das lediglich als kurzlebiges radioaktives Element existiert. Nur Argon kommt relativ häufig vor. (Tabelle 18.1). Neon, Argon, Krypton und Xenon lassen sich durch Destillation aus flüssiger Luft gewinnen. Argon findet in Glühbirnen zum Schutz des Drahtes Verwendung. Das Gas entzieht dem Glühdraht Wärme, ohne mit ihm zu reagieren. Es wird auch bei Schweißarbeiten zum Schutz vor Oxidation eingesetzt sowie in bestimmten metallurgischen Verfahren, die bei hohen Temperaturen ablaufen. Neon wird in Leuchtstoffröhren verwendet. Dabei bringt eine elektrische Entladung im Glasrohr das Gas zum Leuchten.

Helium ist in vielerlei Hinsicht das wichtigste der Edelgase. Flüssiges Helium dient als Kühlmittel bei Experimenten, die sehr niedrige Temperaturen erfordern. Bei einem Druck von 1 atm siedet Helium bereits bei 4,2 K und ist damit der Stoff mit dem niedrigsten Siedepunkt überhaupt. Erfreulicherweise ist Helium in vielen Erdgasvorkommen in relativ hohen Konzentrationen vorhanden. Ein Teil des Heliums wird für den gegenwärtigen Bedarf genutzt, ein anderer Teil wird für zukünftige Anwendungen gespeichert.

Die Bestandteile der Edelgase

Edelgase sind ausgesprochen stabil und reagieren nur unter außergewöhnlichen Bedingungen. Weiterhin lässt sich vermuten, dass schwerere Edelgase aufgrund ihrer niedrigeren Ionisierungsenergien am ehesten dazu neigen, Verbindungen zu bilden. Eine niedrigere Ionisierungsenergie deutet auf die Möglichkeit hin, ein Elektron mit einem anderen Atom zu teilen und somit eine chemische Bindung herzustellen. Da die Elemente der Gruppe 8A (ausgenommen Helium) bereits über 8 Elektronen in ihrer Valenzschale verfügen, ist zur Bildung von kovalenten Bindungen eine scheinbare Expansion der Valenzschale erforderlich. Zu solchen formalen Valenzschalenexpansionen kommt es häufiger bei größeren Atomen.

Die erste Edelgasverbindung wurde im Jahr 1962 durch Neil Bartlett im Institut der University of British Columbia hergestellt. Seine Arbeit wurde als Sensation aufgenommen, denn sie stellte die damals geltende Auffassung in Frage, dass Edelgase vollkommen chemisch inert seien. Zunächst setzte Bartlett Xenon in Kombination mit Fluor ein, von dem wir vermuten würden, dass es das am stärksten reaktive Element ist. Später ist es Chemikern gelungen, verschiedene Xenon-Verbindungen mit Fluor und Sauerstoff herzustellen. Einige der Eigenschaften dieser Stoffe sind in Tabelle 22.1 aufgeführt. Die drei Fluoride (XeF_2, XeF_4 und XeF_6) werden durch die unmittelbare Reaktion der Elemente gebildet. Durch die Variation der Reaktanten und die Veränderung der Reaktionsbedingungen lässt sich jeweils eine dieser drei Verbindungen erzielen. Die sauerstoffhaltigen Verbindungen werden durch die Reaktion mit Wasser produziert:

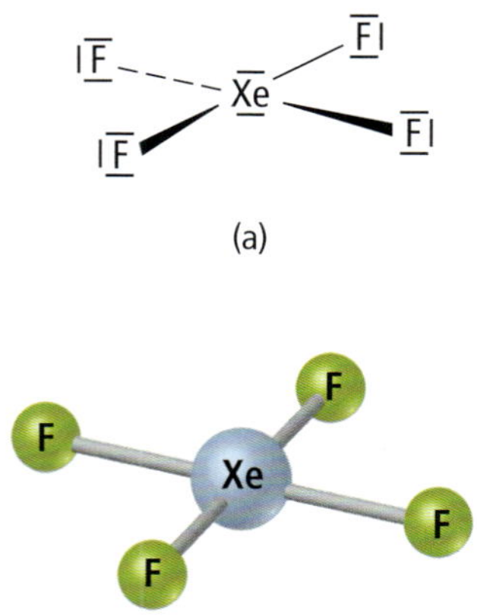

(a) (b)

Abbildung 22.6: Xenontetrafluorid. (a) Lewis-Strukturformel. (b) Molekülstruktur.

Verbindung	Oxidationszahl von Xe	Schmelzpunkt (°C)	ΔH_f° (kJ/mol)*
XeF_2	+2	129	−109 (*g*)
XeF_4	+4	117	−218 (*g*)
XeF_6	+6	49	−298 (*g*)
$XeOF_4$	+6	−41 bis −28	+146 (*l*)
XeO_3	+6	–**	+402 (*s*)
XeO_2F_2	+6	31	+145 (*s*)
XeO_4	+8	–***	–

* Bei 25 °C, für die angegebe Oxidationszahl der Verbindung.
** Ein Feststoff; Zersetzung bei 40 °C.
*** Ein Feststoff; Zersetzung bei −40 °C.

Tabelle 22.1: Eigenschaften der Xenon-Verbindungen.

Übungsbeispiel 22.2 Vorhersage der Molekülstruktur

Verwenden Sie das VESPR-Modell, um die Struktur von XeF_4 vorherzusagen.

Lösung

Analyse: Wir berechnen mithilfe der Molekülformel die Materialstruktur voraus.

Vorgehen: Für die Voraussage der Struktur müssen wir zunächst die Lewis-Strukturformel für das Molekül formulieren. Anschließend zählen wir die Elektronenpaare um das zentrale Xe-Atom und verwenden diese Zahl sowie die Anzahl der Bindungen, um analog zu Abschnitt 9.2 die Struktur vorauszusagen.

Lösung:

Die Gesamtzahl der beteiligten Valenzschalenelektronen ist 36 (8 vom Xenon-Atom und 7 von jedem der vier Fluor-Atome). Damit ergibt sich die Lewis-Strukturformel aus ► Abbildung 22.6 a. Xe besitzt 12 Elektronen in seiner Valenzschale, demnach lässt sich eine oktaedrische Anordnung von sechs Elektronenpaaren vermuten. Zwei von ihnen sind nicht gebundene Paare. Da nichtbindende Elektronenpaare einen höheren Raumbedarf aufweisen als bindende Paare (siehe Abschnitt 9.2), können wir annehmen, dass diese nichtbindenden Elektronenpaare eine apikale Position einnehmen. Die zu erwartende Struktur ist quadratisch und eben wie in Abbildung 22.6 b dargestellt.

A 2 Beschreiben Sie die Molekülstruktur von XeF_2.
Antwort: Trigonal bipyramidal, linear.

$$XeF_6(s) + H_2O(l) \longrightarrow XeOF_4(l) + 2\ HF(g) \qquad (22.20)$$

$$XeF_6(s) + 3\ H_2O(l) \longrightarrow XeO_3(aq) + 6\ HF(aq) \qquad (22.21)$$

Die Bildungsenthalpien der Xenon-Fluoride sind negativ (Tabelle 22.1); dies deutet darauf hin, dass diese Verbindungen vergleichsweise stabil sein dürften. Und dies ist tatsächlich der Fall. Da es sich jedoch um hochwirksame Fluorierungsmittel handelt, ist die Aufbewahrung in Behältern erforderlich, die nicht zu Fluorid bildenden Reaktionen neigen. Andererseits sind die Aktivierungsenthalpien der Sauerstofffluoride und Xenonoxide positiv – demnach weisen diese Verbindungen eine geringe Stabilität auf.

Die übrigen Edelgase bilden schwerer Verbindungen als dies bei Xenon der Fall ist. Nur eine binäre Kryptonverbindung, KrF_2, ist bekannt; sie zerfällt bei –10 °C in ihre Elemente.

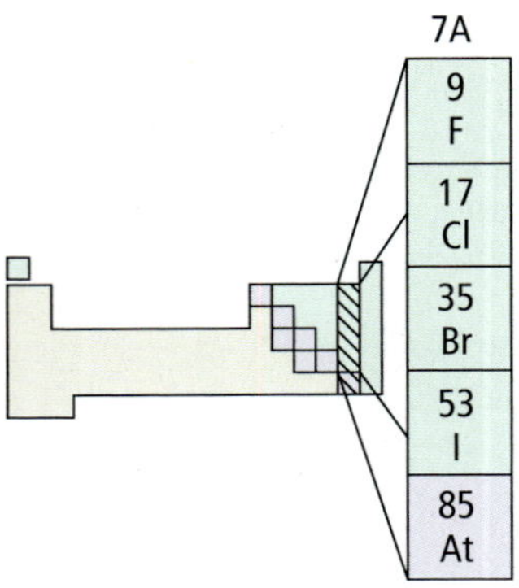

22.4 Gruppe 7A: Die Halogene

Die Elemente der Gruppe 7A – die Halogene – weisen eine Außenelektronenkonfiguration von ns^2np^5 auf, wobei n einen Wert von 2 bis 6 hat. Die Halogene haben hohe negative Elektronenaffinitäten und erreichen die Edelgaskonfiguration am häufigsten durch die Aufnahme eines Elektrons, woraus eine Oxidationsstufe von –1 resultiert. In Verbindungen existiert Fluor als das am stärksten elektronegative Element ausschließlich im Zustand –1. Die übrigen Halogene sind in Kombination mit stärker elektronegativen Atomen wie O auch in positiven Oxidationsstufen bis +7 vertreten. In positiven Oxidationsstufen sind die Halogene aufgrund ihrer hohen Bereitschaft zur Aufnahme von Elektronen grundsätzlich starke Oxidationsmittel.

Chlor, Brom und Iod sind als Halogenide in Meerwasser und Salzdepots vorhanden. Die Iodkonzentration ist insgesamt sehr gering, in einigen Meerespflanzen jedoch erhöht. Die Ernte, Trocknung und anschließende Verbrennung dieser Pflanzen ermöglicht die Extraktion des Iods aus der Asche. Fluor kommt in den Mineralien Fluorit (CaF_2), Kryolith (Na_3AlF_6) sowie Fluorapatit [$Ca_5(PO_4)_3F$]* vor. Lediglich Fluorit ist eine Fluorquelle von kommerziellem Stellenwert.

* Minerale sind feste Stoffe, die in der Natur vorkommen. Diese sind eher unter ihrem Trivialnamen als unter ihrem chemischen Namen bekannt. Unter Gestein verstehen wir im Allgemeinen ein Konglomerat von verschiedenen Mineralien.

Alle Astat-Isotope sind radioaktiv. Mit einer Halbwertszeit von 8,1 Stunden ist Astat-210 das langlebigste Isotop, das hauptsächlich durch Elektroneneinfang zerfällt. Aufgrund der Unregelmäßigkeit des nuklearen Zerfalls von Astat ist wenig über seine Chemie bekannt.

Eigenschaften und Herstellung von Halogenen

Einige der Eigenschaften von Halogenen sind in Tabelle 22.2 zusammengefasst. Zwischen Fluor und Iod variieren die meisten Eigenschaften in der üblichen Größenordnung. Die Elektronegativität etwa nimmt kontinuierlich ab, von 4,0 bei Fluor bis hin zu 2,5 bei Iod. Die Halogene weisen in jeder Periode des Periodensystems jeweils die höchste Elektronegativität auf. Unter normalen Bedingungen existieren Halogene als diatomare Moleküle. Im festen und im flüssigen Aggregatzustand werden die Moleküle durch London'sche Dispersionskräfte zusammengehalten. Da I_2 das größte und am leichtesten polarisierbare unter den Halogen-Molekülen ist, sind die intermolekularen Kräfte zwischen den I_2-Molekülen am stärksten. Demzufolge weist I_2 den höchsten Schmelzpunkt und den höchsten Siedepunkt auf. Bei Zimmertemperatur und einem Druck von 1 atm ist I_2 fest, Br_2 flüssig und Cl_2 sowie F_2 sind gasförmig. Chlor zeigt bei Zimmertemperatur und Normaldruck eine hohe Bereitschaft zur Verflüssigung und wird für gewöhnlich im flüssigen Zustand in Stahlbehältern gelagert und transportiert.

Eigenschaft	F	Cl	Br	I
Atomradius (Å)	0,71	0,99	1,14	1,33
Ionenradius X^- (Å)	1,33	1,81	1,96	2,20
Ionisierungsenergie (kJ/mol)	1681	1251	1140	1008
Elektronenaffinität (kJ/mol)	−328	−349	−325	−295
Elektronegativität	4,0	3,0	2,8	2,5
X — X Einfachbindungsenthalpie (kJ/mol)	155	242	193	151
Normalpotenzial (V): $\frac{1}{2}X_2(aq) + e^- \longrightarrow X^-(aq)$	2,87	1,36	1,07	0,54

Tabelle 22.2: Eigenschaften der Halogene.

Die vergleichsweise niedrige Bindungsenthalpie in F_2(155 kJ/mol) erklärt zum Teil die extreme Reaktivität des elementaren Fluors. Als Konsequenz seiner hohen Reaktivität ist der Umgang mit F_2 äußerst schwierig. Einige Metalle wie Kupfer oder Nickel lassen sich zur Gewinnung von F_2 verwenden, da ihre Oberflächen eine Schutzschicht aus Metallfluoriden bilden. Auch Chlor und die schwereren Halogene sind reaktiv, wenn auch weniger stark als Fluor. Abgesehen von den Edelgasen bilden sie mit den meisten Elementen Verbindungen.

Als Folge ihrer hohen Elektronegativität tendieren Halogene dazu, Elektronen anderer Stoffe aufzunehmen und auf diese Weise als Oxidationsmittel zu wirken. Die Oxidationswirkung der Halogene, die durch das jeweilige Normalpotenzial angezeigt wird, nimmt innerhalb der Gruppe nach unten hin ab. Daraus lässt sich schließen, dass ein bestimmtes Halogen dazu in der Lage ist, die Anionen der unter ihm angeordneten Halogene zu oxidieren. Wie in ► Abbildung 22.7 erkennbar ist, oxidiert Cl_2 sowohl Br^- als auch I^-, jedoch nicht F^-.

Beachten Sie das ungewöhnlich große Normalpotenzial von F_2 in Tabelle 22.2. Fluorgas zeigt eine hohe Bereitschaft zur Oxidation von Wasser:

$$F_2(aq) + H_2O(l) \longrightarrow 2\,HF(aq) + \tfrac{1}{2}O_2(g) \qquad E^\circ = 1{,}80\ \mathrm{V} \qquad (22.22)$$

Abbildung 22.7: Reaktion von Cl_2 mit wässrigen Lösungen von NaF, NaBr und NaI. Alle drei Lösungen haben Kontakt mit Kohlenstofftetrachlorid (CCl_4), das die untere Schicht in jedem Gefäß bildet. Die Halogene sind in CCl_4 leichter löslich als in H_2O. Da das F^--Ion in der NaF-Lösung (links) nicht mit Cl_2 reagiert, bleiben sowohl die Wasserschicht als auch die CCl_4-Schicht farblos. Das Br^--Ion in der NaBr-Lösung (Mitte) wird durch Cl_2 oxidiert. Das auf diese Weise gebildete Br_2 verursacht eine gelbe Wasserschicht und eine orange CCl_4-Schicht. Das I^--Ion in der NaI-Lösung (rechts) wird oxidiert und bildet eine bernsteinfarbene Wasserschicht sowie eine violette CCl_4-Schicht.

Übungsbeispiel 22.3 Vorhersage von chemischen Reaktionen zwischen Halogenen

Formulieren Sie die ausgeglichene Gleichung der Reaktion, die gegebenenfalls zwischen **(a)** $I^-(aq)$ und $Br_2(l)$ sowie zwischen **(b)** $Cl^-(aq)$ und $I_2(s)$ eintritt.

Lösung

Analyse: Es soll untersucht werden, ob bei der Verbindung eines bestimmten Halogenids mit einem Halogen eine Reaktion erfolgt.
Vorgehen: Ein vorgegebenes Halogen ist fähig, die Anionen der unter ihm im Periodensystem angeordneten Halogene zu oxidieren. Das kleinere Halogen (mit der kleineren Atomnummer) wird zum Halogenid-Ion. Handelt es sich beim Halogen mit der kleineren Atomnummer bereits um das Halogenid, tritt keine Reaktion ein. Damit liegt der Schlüssel zur Vorhersage, ob eine Reaktion eintritt oder nicht, in der Position der Elemente im Periodensystem.
Lösung:
(a) Br_2 ist dazu in der Lage, die Anionen der unter ihm im Periodensystem angeordneten Halogene zu oxidieren (Entfernung von Elektronen der Anionen). Somit wird es I^- oxidieren.

$$2\,I^-(aq) + Br_2(l) \longrightarrow I_2(s) + 2\,Br^-(aq)$$

(b) Cl^- ist das Anion eines Halogens, das im Periodensystem oberhalb von Iod angeordnet ist. I_2 kann demnach Cl^- nicht oxidieren und es findet keine Reaktion statt.

A 3 Geben Sie die ausgeglichene chemische Gleichung der Reaktion an, die zwischen $Br^-(aq)$ und $Cl_2(aq)$ verläuft.
Antwort:
$2\,Br^-(aq) + Cl_2(aq) \longrightarrow Br_2(l) + 2\,Cl^-(aq)$

Fluor kann nicht durch die elektrolytische Oxidation von in Wasser gelösten Fluoridsalzen hergestellt werden, da sich Wasser selbst leichter oxidieren lässt als F^- (siehe Abschnitt 20.9). In der Praxis wird das Element durch die elektrolytische Oxidation einer Lösung von KF in wasserfreiem HF gebildet. KF reagiert mit HF und produziert ein Salz, K^+HF^{2-}, das sich als Elektrolyt in der Flüssigkeit verhält. Das HF^{2-}-Ion ist aufgrund der sehr starken Wasserstoffbrücken-Bindung stabil. Die Gesamtzellenreaktion ist

$$2\,KHF_2(l) \longrightarrow H_2(g) + F_2(g) + 2\,KF(l) \qquad (22.23)$$

Chlor wird größtenteils durch die Elektrolyse von geschmolzenem oder wasserhaltigem Natriumchlorid erzeugt (dieses Verfahren wurde bereits in den Abschnitten 20.9 und 23.4 beschrieben). Sowohl Brom als auch Iod werden industriell durch Oxidation mit Cl_2 aus Solen gewonnen, die Halogenid-Ionen enthalten.

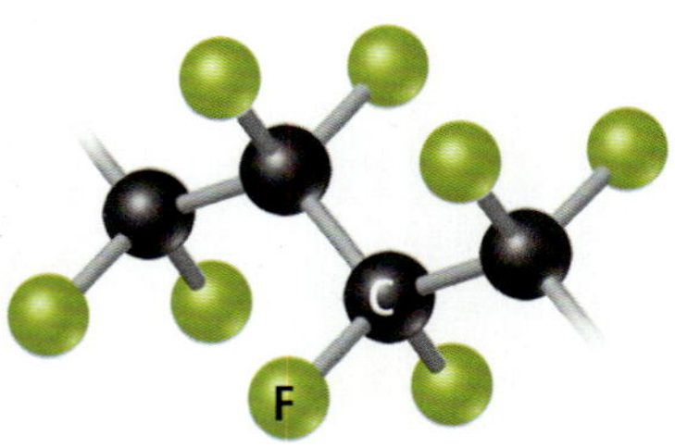

Abbildung 22.8: Aufbau von Teflon, einem Fluorkohlenstoff-Polymer. Dieses Polymer ist ein Analogon von Polyethylen, in dem die H-Atome von Polyethylen durch F-Atome ersetzt wurden.

Anwendungsgebiete von Halogenen

Fluor ist eine wichtige Industriechemikalie. Eines seiner Einsatzgebiete ist die Herstellung von Fluorkohlenstoffen – besonders stabile Kohlenstoff–Fluor-Verbindungen, die als Kühlmittel, Schmiermittel oder bei der Produktion von Plastik Verwendung finden. Teflon (► Abbildung 22.8) ist ein polymerer Fluorkohlenstoff, der sich durch eine hohe thermische Stabilität und das Fehlen jeglicher chemischer Reaktivität auszeichnet.

Chlor ist das Halogen mit dem mit Abstand höchsten kommerziellen Stellenwert. In den Vereinigten Staaten werden pro Jahr etwa $1{,}2 \times 10^{10}$ kg Cl_2 produziert. Zudem wird die Produktion von Chlorwasserstoff auf jährlich $4{,}0 \times 10^9$ kg beziffert. Etwa die Hälfte des produzierten Chlors wird später zur Herstellung von chlorhaltigen, organischen Verbindungen wie Vinylchlorid (C_2H_3Cl) genutzt, dem Monomer zur Bildung von Polyvinylchlorid-Kunststoff (PVC). Der verbleibende Anteil kommt überwiegend in der Papier- und Textilindustrie als Bleichungsmittel zum Einsatz. Wird Cl_2 in einer kalten verdünnten Base gelöst, disproportioniert es in Cl^- sowie in Hypochlorit, ClO^-.

$$Cl_2(aq) + 2\,OH^-(aq) \rightleftharpoons Cl^-(aq) + ClO^-(aq) + H_2O(l) \qquad (22.24)$$

Natriumhypochlorit (NaClO) ist die aktive Spezies vieler Flüssigbleichmittel. Chlor wird auch in Wasseraufbereitungsanlagen zur Oxidation und damit zur Abtötung von Bakterien verwendet.

Weder Brom noch Iod werden so vielfältig eingesetzt wie Fluor und Chlor. Brom wird jedoch als Silberbromid für die Herstellung von Photofilm gebraucht. Tafelsalz ist ein häufiger Anwendungsbereich von Iod in Form von KIO_3. Iodiertes Salz (► Abbildung 22.9) enthält eine geringe Menge Iod, die unseren Tagesbedarf abdeckt. Iod ist erforderlich für die Bildung von Thyroxin, ein Hormon, das von der Schilddrüse ausgeschieden wird. Iodmangel führt zu einer Vergrößerung der Schilddrüse, die als *Kropf* bezeichnet wird.

Abbildung 22.9: Iodiertes Salz. Gewöhnliches Tafelsalz, das iodiert wurde, enthält 0,002 Massen-% KIO_3.

Die Wasserstoff-Halogenide

Alle Halogene bilden mit Wasserstoff stabile diatomare Moleküle. Wasserhaltige HCl-, HBr- und HI-Lösungen sind starke Säuren.

Wasserstoff-Halogenide lassen sich durch eine unmittelbare Reaktion der Elemente erzeugen. Die wichtigste Herstellungsmethode besteht jedoch in der Reaktion eines Halogenidsalzes mit einer starken, nichtflüchtigen Säure. Fluorwasserstoff und Chlorwasserstoff werden auf diese Weise preisgünstig aus dem Salz erzeugt, das mit konzentrierter Schwefelsäure reagiert.

$$CaF_2(s) + H_2SO_4(l) \xrightarrow{\Delta} 2\,HF(g) + CaSO_4(s) \qquad (22.25)$$

$$NaCl(s) + H_2SO_4(l) \xrightarrow{\Delta} HCl(g) + NaHSO_4(s) \qquad (22.26)$$

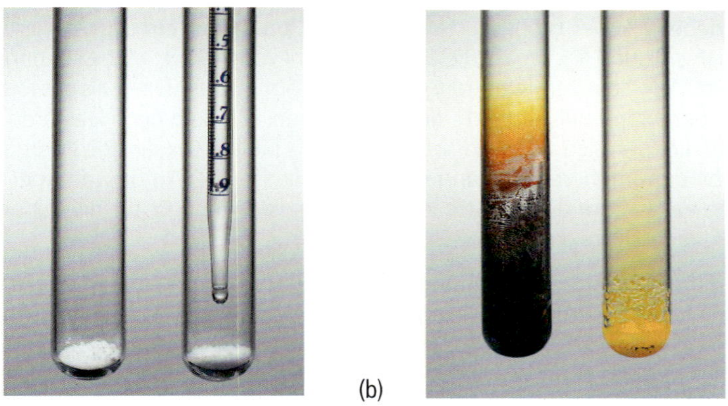

(a) (b)

Abbildung 22.10: Die Reaktion von H_2SO_4 mit NaI und NaBr. (a) Im linken Reagenzglas befindet sich Natriumiodid, im rechten Natriumbromid. Die Pipette enthält Schwefelsäure. (b) Durch das Zusetzen von Schwefelsäure wird Natriumiodid oxidiert, und es bildet sich das dunkel gefärbte Iod, das im linken Reagenzglas zu sehen ist. Natriumbromid oxidiert zu dem gelbbraunen Brom im rechten Reagenzglas. Bei höherer Konzentration nimmt Brom eine rötlich-braune Färbung an.

Weder Bromwasserstoff noch Iodwasserstoff lassen sich durch analoge Reaktionen von Salzen mit H_2SO_4 herstellen, da H_2SO_4 Br^- und I^- oxidiert (► Abbildung 22.10). Diese unterschiedliche Reaktivität verdeutlicht, dass Br^- und I^- sehr viel leichter als F^- und Cl^- oxidiert werden können. Solche unerwünschten Oxidationen lassen sich durch die Verwendung einer nichtflüchtigen Säure wie H_3PO_4 vermeiden, die ein schwächeres Oxidationsmittel als H_2SO_4 ist.

Beim Lösen in Wasser bilden Wasserstoff-Halogenide Hydroniumionen. Diese Lösungen zeigen charakteristische Merkmale, etwa Reaktionen mit unedlen Metallen, die zur Bildung von Wasserstoffgas führen. Auch Fluorwasserstoffsäure reagiert mit Quarz (SiO_2) sowie mit verschiedenen anderen Silikaten und bildet dabei Hexafluorokieselsäure (H_2SiF_6):

$$SiO_2(s) + 6\,HF(aq) \longrightarrow H_2SiF_6(aq) + 2\,H_2O(l) \qquad (22.27)$$

$$CaSiO_3(s) + 8\,HF(aq) \longrightarrow H_2SiF_6(aq) + CaF_2(s) + 3\,H_2O(l) \qquad (22.28)$$

Abbildung 22.11: Ätz- oder Milchglas. Um eine solche Gestaltung zu erreichen, wird zuerst das Glas mit Wachs beschichtet, um anschließend an den zu ätzenden Stellen entfernt zu werden. Bei der Behandlung mit Fluorwasserstoffsäure werden die freiliegenden Stellen des Glases angegriffen und erhalten den Ätzeffekt.

Diese Reaktionen machen es für HF möglich, Ätz- oder Milchglas herzustellen (► Abbildung 22.11), das vorwiegend aus Silikatstrukturen besteht. Sie liefern auch die Begründung dafür, warum HF nicht in Glasgefäßen, sondern in Plastikbehältern, die innen mit einer Wachsschicht ausgekleidet sind, gelagert wird.

Interhalogenverbindungen

Da Halogene in diatomaren Molekülen vorkommen, existieren auch diatomare Moleküle zweier verschiedener Halogen-Atome. Diese Verbindungen stellen die einfachsten Beispiele für **Interhalogene** dar, Verbindungen wie ClF und IF_5, die sich zwischen zwei Halogen-Elementen bilden.

Übungsbeispiel 22.4 Formulierung einer ausgeglichenen chemischen Gleichung

Formulieren Sie eine Reaktionsgleichung für die Bildung von Bromwasserstoffgas durch die Reaktion von festem Natriumbromid mit Phosphorsäure.

Lösung

Analyse: Wir sollen eine ausgeglichene Gleichung für die Reaktion zwischen $NaBr$ und H_3PO_4 zur Bildung von HBr und einem anderen Produkt formulieren.

Vorgehen: Ebenso wie in den ► Gleichungen 22.25 und 22.26 findet auch hier eine Metathesereaktion statt. Unterstellen wir dabei, dass nur eines der H_3PO_4-Protone reagiert. Die tatsächliche Anzahl ist von den Bedingungen der Reaktion abhängig. Das verbliebene $H_2PO_4^-$-Ion ergibt dann mit dem Na^+-Ion NaH_2PO_4 als eines der Produkte der Gleichung.

Lösung:

Die ausgeglichene Reaktionsgleichung lautet

$$NaBr(s) + H_3PO_4(aq) \longrightarrow NaH_2PO_4(s) + HBr(g)$$

Abgesehen von einer Ausnahme besitzen die Interhalogen-Verbindungen höherer Ordnung ein zentrales Cl-, Br- oder I-Atom, das von 3, 5 oder 7 Fluor-Atomen umgeben ist. Der größere Atomradius des Iod-Atoms ermöglicht die Bildung von IF_3, IF_5 und IF_7, wobei die Oxidationszahl von Iod +3, +5 beziehungsweise +7 ist. Wenn das zentrale Atom ein Brom-Atom ist, das kleiner als das Iod-Atom ist, können nur BrF_3 und BrF_5 gebildet werden. Mit dem noch kleineren Chlor-Atom können sich ClF_3 und sogar noch ClF_5 bilden. Die einzige Interhalogen-Verbindung höherer Ordnung ohne F-Atome ist ICl_3. Aufgrund seiner Größe kann das I-Atom drei Cl-Atome aufnehmen, während Br für die Bildung von $BrCl_3$ nicht ausreichend groß ist.

Da die Interhalogen-Verbindungen ein Halogen-Atom in einer positiven Oxidationsstufe enthalten, sind sie teilweise sehr reaktiv. Sie lassen sich ausnahmslos, wie in ► Gleichung 22.29 gezeigt, als starke Oxidationsmittel einsetzen. Dabei wird das zentrale Halogen-Atom zu Halogen (z. B. Cl_2) oder Halogenid reduziert.

$$2\,CoCl_2(s) + 2\,ClF_3(g) \longrightarrow 2\,CoF_3(s) + 3\,Cl_2(g) \qquad (22.29)$$

A 4 Formulieren Sie die ausgeglichene chemische Gleichung für die Herstellung von HI von NaI und H_3PO_4.

Antwort:

$NaI(s) + H_3PO_4(l) \longrightarrow NaH_2PO_4(s) + HI(g)$.

A 5 Schreiben Sie eine plausible, ausgeglichene Gleichung für die Reaktion von gasförmigem BrF mit festem Schwefel, die zur Bildung von gasförmigem SF_4 führt.

Antwort:

$32\,BrF(g) + S_8(s) \longrightarrow 8\,SF_4(g) + 16\,Br_2(g)$.

Übungsbeispiel 22.5 Formulierung einer ausgeglichenen chemischen Gleichung

Unter kontrollierten Bedingungen reagiert $BrF_3(g)$ mit Tetrafluorethylen, $C_2F_4(g)$, und bildet dabei Hexafluorethylen, $C_2F_6(g)$. Formulieren Sie eine Reaktionsgleichung für diesen Prozess.

Lösung

Analyse: Wir sollen eine ausgeglichene Gleichung für eine Reaktion formulieren, in der BrF_3 eine organische Substanz fluoriert.

Vorgehen: Wir erwarten, dass sich BrF_3 als Oxidationsmittel verhält und Tetrafluorethylen Fluor hinzufügt. Im Verlauf dieses Prozesses wird Brom wahrscheinlich zu elementarem Brom reduziert, analog zur Reaktion in Gleichung 22.29.

Lösung:

Die nicht ausgeglichene Gleichung dieser Reaktion lautet

$$BrF_3(g) + C_2F_4(g) \longrightarrow Br_2(g) + C_2F_6(g)$$

Wir gleichen zunächst die Br-Atome aus, indem wir der linken Seite der Gleichung ein zweites $BrF_3(g)$ hinzufügen. Durch die beiden BrF_3 erhalten wir sechs F-Atome, die wir nun $C_2F_4(g)$ hinzufügen können. Jedes C_2F_4 wird um zwei F-Atome ergänzt. Damit benötigen wir drei $C_2F_4(g)$-Moleküle auf der linken Seite. Schließlich ergibt sich die ausgeglichene Gleichung

$$2\,BrF_3(g) + 3\,C_2F_4(g) \longrightarrow Br_2(g) + 3\,C_2F_6(g)$$

Sauerstoffsäuren und Oxoanionen

Tabelle 22.3 fasst die Formeln und Bezeichnungen der bekannten halogenhaltigen Sauerstoffsäuren zusammen*. Die Säurestärken der Sauerstoffsäuren nehmen entsprechend der jeweiligen Oxidationszahl des zentralen Halogen-Atoms zu. Alle Sauerstoffsäuren sind starke Oxidationsmittel. Grundsätzlich sind die Oxoanionen, die bei der Abspaltung von H^+ gebildet werden, stabiler als die Sauerstoffsäuren. Hypochlorit-Salze finden aufgrund der ausgeprägten Oxidationseigenschaften des ClO^--Ions als Bleichmittel und Desinfizierungsmittel Verwendung. Natriumhypochlorit wird als Bleichmittel eingesetzt. Chlorat-Salze sind ebenfalls sehr reaktiv. Kaliumchlorat kommt unter anderem in Streichhölzern und Feuerwerkskörpern zum Einsatz.

Oxidationszahl des Halogens	Formel der Säure			Name der Säure
	Cl	Br	I	
+1	$HClO$	$HBrO$	HIO	*Hypo*halogen*ige* Säure
+3	$HClO_2$	—	—	Halogen*ige* Säure
+5	$HClO_3$	$HBrO_3$	HIO_3	Halogen Säure
+7	$HClO_4$	$HBrO_4$	HIO_4, H_5IO_6	*Per*halogen Säure

Tabelle 22.3: Sauerstoffsäuren der Halogene.

Perchlorsäure und deren Salze sind die stabilsten unter allen Sauerstoffsäuren und Oxoanionen. Verdünnte Perchlorsäure-Lösungen sind vergleichsweise ungefährlich. Die meisten Perchlorat-Salze sind stabil – sofern sie nicht zusammen mit organischen Materialien erhitzt werden. Durch Erhitzung lassen sich Perchlorate in effiziente oder sogar aggressive Oxidationsmittel verwandeln. Dementsprechend sollte mit diesem Stoff mit großer Vorsicht umgegangen werden. Der Kontakt zwischen Perchloraten und leicht oxidierbaren Materialien wie unedlen Metallen oder brennbaren organischen Verbindungen ist unbedingt zu vermeiden. Die Verwendung von Ammonium-Perchlorat (NH_4ClO_4) als Oxidationsmittel für die Feststoffraketen des Space Shuttles illustriert die starken Oxidationseigenschaften der Perchlorate. Der feste Treibstoff enthält eine Mischung aus NH_4ClO_4 und pulverförmigem Aluminium als Reduktionsmittel. Jeder Shuttle-Start erfordert ungefähr 6×10^5 kg von NH_4ClO_4 (► Abbildung 22.12).

Abbildung 22.12: Der Start des Space Shuttles Columbia vom Kennedy Space Center.

Zwei Sauerstoffsäuren weist Iod in der Oxidationsstufe +7 auf. Diese Periodsäuren sind HIO_4 (Metaperiodsäure) und H_5IO_6 (Orthoperiodsäure). In wässrigen Lösungen befinden sich beide Formen im Gleichgewicht.

$$H_5IO_6(aq) \rightleftharpoons H^+(aq) + IO_4^-(aq) + 2\,H_2O(l) \qquad K_{eq} = 0{,}015 \tag{22.30}$$

HIO_4 ist eine starke Säure, H_5IO_6 eine schwache Säure, und die ersten beiden Säure-Dissoziationskonstanten für H_5IO_6 sind $K_{S1} = 2{,}8 \times 10^{-2}$ und $K_{S2} = 4{,}9 \times 10^{-9}$. Der Aufbau von H_5IO_6 ist in ► Abbildung 22.13 dargestellt. Der größere Radius des Iod-Atoms erlaubt die Aufnahme von sechs Sauerstoff-Atomen. Die kleineren Halogene bilden keine Säuren dieses Typs.

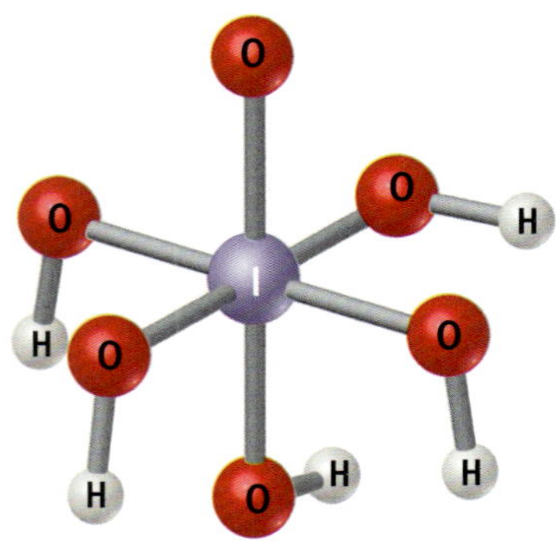

Abbildung 22.13: Orthoperiodsäure.

* Fluor bildet eine Sauerstoffsäure, HOF. Aufgrund der höheren Elektronegativität von Fluor im Vergleich mit der des Sauerstoffs müssen wir uns vergegenwärtigen, dass in dieser Verbindung Fluor in der Oxidationsstufe –1 und Sauerstoff in der Oxidationsstufe 0 vorliegt.

Abbildung 22.14: Joseph Priestley (1733–1804). Priestley begann sich für Chemie zu interessieren, als er 39 Jahre alt war. Er lebte in der Nachbarschaft einer Brauerei, von der er Kohlenstoffdioxid erhalten konnte. Seine Untersuchungen konzentrierten sich daher zunächst auf dieses Gas und wurden erst später auf andere Gase ausgeweitet. Da er im Verdacht stand, mit der Amerikanischen und der Französischen Revolution zu sympathisieren, wurden im Jahr 1791 seine Kirche, sein Haus und sein Labor in Birmingham, England, durch den Pöbel niedergebrannt. Priestley musste fliehen. Später, im Jahr 1794, emigrierte er in die USA, wo er seine letzten Jahre zurückgezogen in Pennsylvania verlebte.

22.5 Sauerstoff

Gegen Mitte des 17. Jahrhunderts stellten Wissenschaftler fest, dass die Luft eine Komponente enthält, die mit Brennen und Atmen in enger Beziehung steht. Im Jahr 1774, als Joseph Priestly (► Abbildung 22.14) das Element entdeckte, war es zuvor noch nicht isoliert worden. Lavoisier gab diesem Element dann später den Namen *Oxygen*, der so viel wie „Säureerzeuger" bedeutet.

Das Oxygen – der Sauerstoff – ist zusammen mit anderen Elementen in einer Vielzahl von Verbindungen enthalten. Der Sauerstoff ist das Element, das sowohl in der Erdkruste als auch im menschlichen Körper nach Masse am stärksten vertreten ist. Er dient dem Körper bei der Verbrennung von Nahrung als Oxidationsmittel und ist somit für den Menschen unentbehrlich.

Eigenschaften von Sauerstoff

Sauerstoff besitzt zwei Allotrope: O_2 und O_3. Wenn die Begriffe „molekularer Sauerstoff" oder auch nur „Sauerstoff" fallen, wird häufig unterstellt, dass *Disauerstoff* (O_2) gemeint ist und damit die normale Erscheinungsform dieses Elements. O_3 ist hingegen als *Ozon* bekannt.

Bei Zimmertemperatur ist Disauerstoff ein farb- und geruchloses Gas. Es kondensiert bei –183 °C und gefriert bei –218 °C. Obgleich Sauerstoff nur schwach wasserlöslich ist, ist seine Anwesenheit im Wasser für die Meeresfauna und -flora lebenswichtig.

Die Elektronenkonfiguration des Sauerstoff-Atoms ist $[He]2s^2 2p^4$. Demnach kann Sauerstoff sein Elektronenoktett entweder durch die Aufnahme von zwei Elektronen vervollständigen, wobei das Oxid-Ion (O^{2-}) gebildet wird, oder durch die gemeinsame Nutzung von zwei Elektronen. In kovalenten Verbindungen tendiert Sauerstoff zur Bildung von zwei Bindungen: in Form von zwei Einfachbindungen wie in H_2O oder als Doppelbindung wie im Fall von Formaldehyd ($H_2C{=}O$). Das O_2-Molekül selbst weist eine Bindungsordnung von zwei auf.

Die Bindung in O_2 ist ausgesprochen stark, die Bindungsenthalpie beträgt 495 kJ/ mol. Auch mit zahlreichen anderen Elementen bildet Sauerstoff starke Bindungen. Aus diesem Grund sind viele sauerstoffhaltige Verbindungen thermodynamisch stabiler als O_2. Sofern kein Katalysator vorhanden ist, ist die Aktivierungsenergie der meisten Reaktionen mit O_2 so hoch, dass nur bei hohen Temperaturen eine zufriedenstellende Reaktionsgeschwindigkeit erzielt werden kann. Sobald eine ausreichend exotherme Reaktion eingesetzt hat, nimmt die Reaktionsgeschwindigkeit stark zu, und dies kann zu explosionsartigen Reaktionen führen.

Herstellung von Sauerstoff

Fast der gesamte kommerziell angebotene Sauerstoff wird aus Luft gewonnen. Unter normalen Bedingungen liegt der Siedepunkt von O_2 bei –183 °C, während N_2, der andere wichtige Luftbestandteil, bei –196 °C siedet. Dementsprechend wird N_2 abdestilliert, wenn Luft verflüssigt und anschließend erneut erwärmt wird. Das zurückbleibende O_2 weist lediglich geringe Mengen von N_2 und Ar auf.

Eine häufig angewandte Labormethode zur Gewinnung von Sauerstoff besteht in der Zersetzung von Kaliumchlorat ($KClO_3$), bei der hinzugefügtes Mangandioxid (MnO_2) die Rolle eines Katalysators übernimmt:

$$2\,KClO_3(s) \xrightarrow{MnO_2} 2\,KCl(s) + 3\,O_2(g) \qquad (22.31)$$

Ein großer Teil des atmosphärischen Sauerstoffs entsteht durch die Photosynthese, bei der Pflanzen unter Ausnutzung der Energie des Sonnenlichts O_2 aus

CO_2 erzeugen und somit nicht nur Sauerstoff bilden, sondern gleichzeitig auch CO_2 verbrauchen.

Verwendung von Sauerstoff

Sauerstoff ist nach Schwefelsäure (H_2SO_4) und Stickstoff (N_2) eine der am vielfältigsten eingesetzten Industriechemikalien. Pro Jahr werden etwa $2{,}5 \times 10^{10}$ kg O_2 in den USA industriell genutzt. Sauerstoff kann entweder im Flüssigzustand oder als komprimiertes Gas in Stahlbehältern transportiert werden. Etwa 70 Prozent des industriellen Sauerstoffs wird jedoch dort erzeugt, wo er eingesetzt werden soll.

Sauerstoff ist bei weitem das am häufigsten genutzte Oxidationsmittel. Mehr als die Hälfte des produzierten Sauerstoffs kommt in der Stahlindustrie zum Einsatz, vor allem, um Verunreinigungen des Stahls zu entfernen. Er wird auch zur Bleichung von Zellstoff und Papier verwendet. Durch die Oxidation von farbigen Verbindungen lassen sich oft farblose Produkte erzielen. In der Medizin werden mithilfe von Sauerstoff Atmungsprobleme gelindert. Ferner wird O_2 zusammen mit Acetylen (C_2H_2) beim Sauerstoffacetylen-Schweißverfahren eingesetzt (► Abbildung 22.15). Die Reaktion zwischen C_2H_2 und O_2 ist hochgradig exotherm und entwickelt Temperaturen von über 3000 °C:

$$2\,C_2H_2(g) + 5\,O_2(g) \longrightarrow 4\,CO_2(g) + 2\,H_2O(g) \qquad \Delta H^\circ = -2510\text{ kJ} \qquad (22.32)$$

Abbildung 22.15: Schweißen mit einem Sauerstoffacetylen-Schweißbrenner. Die Verbrennungswärme von Acetylen ist ungewöhnlich hoch, es entsteht somit eine sehr hohe Flammentemperatur.

Ozon

Ozon ist ein blassblaues, giftiges Gas, dem ein scharfer, unangenehmer Geruch zu eigen ist. Die meisten Menschen können selbst geringe Ozon-Konzentrationen von 0,01 ppm wahrnehmen. Konzentrationen von 0,1 bis 1 ppm führen zu Kopfschmerzen, brennenden Augen und Reizungen der Atemwege.

Der Aufbau des O_3-Moleküls ist in ► Abbildung 22.16 dargestellt. Das Molekül verfügt über eine p-Bindung, die oberhalb der drei Sauerstoff-Atome angeordnet ist. Das Molekül neigt stark zur Dissoziation und bildet dabei reaktive Sauerstoff-Atome:

$$O_3(g) \longrightarrow O_2(g) + O(g) \qquad \Delta H^\circ = 105\text{ kJ} \qquad (22.33)$$

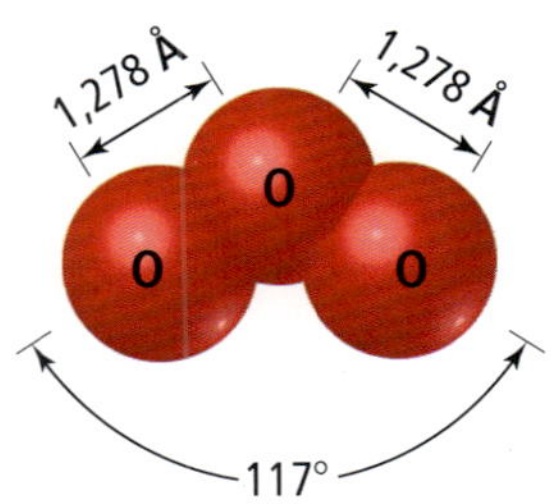

Abbildung 22.16: Die Struktur des Ozon-Moleküls.

Ozon ist ein stärkeres Oxidationsmittel als Disauerstoff. Ausdruck seiner Oxidationskraft ist das hohe Normalpotenzial von O_3 im Vergleich zu dem des O_2.

$$O_3(g) + 2\,H^+(aq) + 2\,e^- \longrightarrow O_2(g) + H_2O(l) \qquad E^\circ = 2{,}07\text{ V} \qquad (22.34)$$

$$O_2(g) + 4\,H^+(aq) + 4\,e^- \longrightarrow 2\,H_2O(l) \qquad E^\circ = 1{,}23\text{ V} \qquad (22.35)$$

Mit vielen Elementen bildet Ozon Oxide unter Bedingungen, bei denen O_2 nicht reagieren würde. Es oxidiert alle Metalle, ausgenommen Gold und Platin.

Ozon lässt sich generieren, indem trockener Sauerstoff in einer Durchflussapparatur unter Strom gesetzt wird. Die elektrische Entladung verursacht den Bruch der O_2-Bindung und führt zu Reaktionen, wie sie in Abschnitt 18.2 beschrieben wurden.

$$3\,O_2(g) \xrightarrow{\text{elektrische Entladung}} 2\,O_3(g) \qquad \Delta H^\circ = 285\text{ kJ} \qquad (22.36)$$

Unter normalen Temperaturbedingungen kann Ozon nicht über einen längeren Zeitraum gelagert werden, da es leicht zu O_2 zerfällt. Der Zerfall wird durch bestimmte Metalle wie Ag, Pt und Pd sowie durch zahlreiche Übergangsmetall-Oxide katalysiert.

Übungsbeispiel 22.6 Berechnung einer Gleichgewichtskonstante

Verwenden Sie ΔG_f° aus Anhang B für Ozon und berechnen Sie die Gleichgewichtskonstante *K* für ► Gleichung 22.36 bei 298,0 K. Unterstellen Sie dabei, dass kein Strom zugeführt wird.

Lösung

Analyse: Es soll die Gleichgewichtskonstante für die Umwandlung von O_2 in O_3 berechnet werden (Gleichung 22.36), bei einer vorgegebenen Temperatur und ΔG_f°.

Vorgehen: Die Beziehung zwischen der freien Standard-Reaktionsenthalpie in einer Reaktion, ΔG°, und der Gleichgewichtskonstante der Reaktion wurde in Abschnitt 19.7, Gleichung 19.15, dargelegt.

Lösung: Dem Anhang B entnehmen wir

$$\Delta G_f^\circ(O_3) = 163{,}4\ \text{kJ/mol}$$

Demzufolge ergibt sich für Gleichung 22.36

$$\Delta G^\circ = (2\ \text{mol}\ O_3)(163{,}4\ \text{kJ/mol}\ O_3) = 326{,}8\ \text{kJ}$$

Durch die Gleichung 19.22 erhalten wir

$$\Delta G^\circ = -RT \ln K$$

Somit gilt

$$\ln K = \frac{-\Delta G^\circ}{RT} = \frac{-326{,}8 \times 10^3\ \text{J}}{(8{,}314\ \text{J/K.mol})(298{,}0\ \text{K})} = -131{,}9$$

$$K = e^{-131{,}19} = 5 \times 10^{-58}$$

Anmerkung: Trotz der ungünstigen Gleichgewichtskonstante ist die Umwandlung von O_2 in Ozon mithilfe des zuvor beschriebenen Verfahrens möglich. Die ungünstige freie Enthalpie wird durch die Energie der elektrischen Entladung überkompensiert, und O_3 wird entfernt, noch bevor die Rückreaktion eintreten kann. Auf diese Weise resultiert ein Gemisch im Ungleichgewicht.

A 6 Berechnen Sie mithilfe der Daten aus Anhang B ΔG° und die Gleichgewichtskonstante (*K*) der ► Gleichung 22.33 für eine Temperatur von 298,0 K.
Antwort: $\Delta G^\circ = 66{,}7$ kJ/mol, $K = 2 \times 10^{-12}$.

Vereinzelt wird Ozon anstelle von Chlor zur Aufbereitung von Abwässern eingesetzt. Ebenso wie Cl_2 tötet Ozon Bakterien ab und oxidiert organische Verbindungen. Der Hauptanwendungsbereich von Ozon besteht jedoch in der Herstellung von pharmazeutischen Produkten, synthetischen Schmierstoffen und anderen industriell nutzbaren organischen Verbindungen, wobei O_3 zur Spaltung von Kohlenstoff–Kohlenstoff-Doppelbindungen verwendet wird.

Ozon ist eine wichtige Komponente der oberen Atmosphäre, in der es ultraviolette Strahlung filtert und somit die Erde vor der Wirkung dieser hochenergetischen Strahlung schützt. Aus diesem Grund stellt die Abreicherung des stratosphärischen Ozons eine der wichtigsten wissenschaftlichen Herausforderungen dar (siehe Abschnitt 18.2). Ozon in niedrigeren Schichten der Atmosphäre wird hingegen als Schadstoff betrachtet und hat einen wesentlichen Anteil an der Bildung von Smog (siehe Abschnitt 18.3). Aufgrund seiner Oxidationskraft schädigt Ozon lebende Organismen und Materialien, insbesondere Gummi.

Oxide

Die Elektronegativität des Sauerstoffs wird allein durch die des Fluors übertroffen. Daraus ergibt sich, dass Sauerstoff in allen Verbindungen negative Oxidationszahlen aufweist, ausgenommen Verbindungen mit Fluor, OF_2 und O_2F_2. Die Oxidationszahl –2 ist am weitesten verbreitet. Verbindungen mit dieser Oxidationszahl werden als *Oxide* bezeichnet.

Nichtmetalle bilden kovalente Oxide. Die meisten Oxide sind einfache Moleküle mit niedrigen Schmelz- und Siedepunkten. SiO_2 und B_2O_3 haben jedoch polymere Strukturen (siehe Abschnitte 22.10 und 22.11). Die meisten nichtmetallischen Oxide verbinden sich mit Wasser und bilden Sauerstoffsäuren. Schwefeldioxid (SO_2) bildet zu einem kleinen Teil in Wasser schweflige Säure (H_2SO_3):

$$SO_2(g) + H_2O(l) \longrightarrow H_2SO_3(aq) \qquad (22.37)$$

Diese Reaktion, sowie die von SO_3 mit H_2O, bei der H_2SO_4 entsteht, ist weitestgehend für sauren Regen verantwortlich (siehe Abschnitt 18.3). Die analoge Reaktion von CO_2 mit H_2O, deren Produkt Kohlensäure ist (H_2CO_3), verursacht die Acidität von kohlensäurehaltigem Tafelwasser.

Oxide, die mit Wasser reagieren und dabei Säuren bilden, werden als **Säureanhydride** (Anhydrid bedeutet so viel wie „ohne Wasser") oder **saure Oxide** bezeichnet. Einige nichtmetallische Oxide – insbesondere solche mit einem Nichtmetall mit niedriger Oxidationszahl, etwa N_2O, NO oder CO – reagieren nicht mit Wasser und sind keine Säureanhydride.

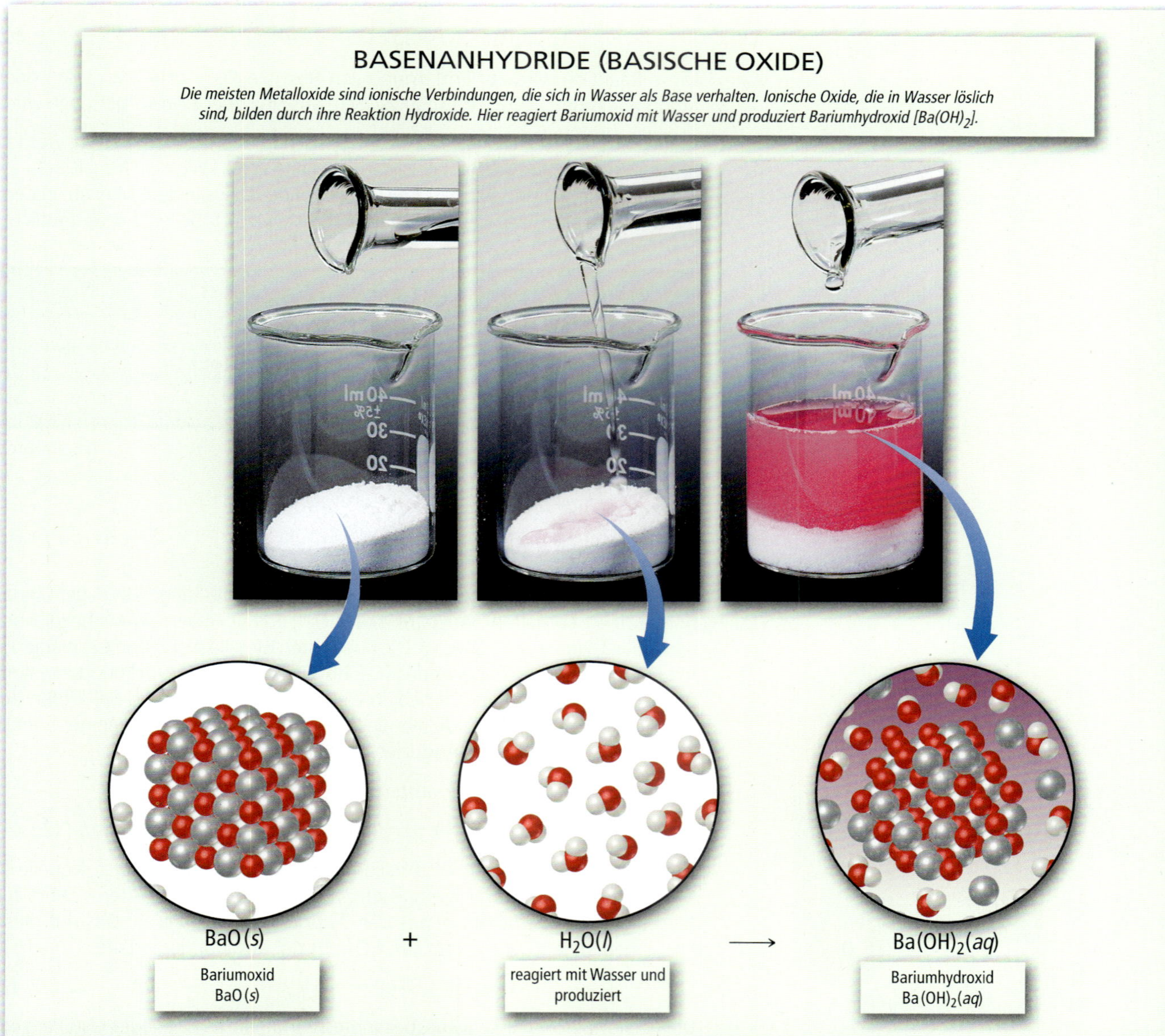

Abbildung 22.17: Die Reaktion eines basischen Oxids mit Wasser. Die rötlich-purpurne Farbe, die durch Phenolphthalein hervorgerufen wird, weist auf die Anwesenheit von OH^--Ionen in der Lösung hin.

Die meisten Metalloxide sind ionische Verbindungen. Ionische Oxide, die sich in Wasser auflösen lassen und Hydroxide bilden, werden dementsprechend **Basenanhydride** oder **basische Oxide** genannt. Zu dieser Gruppe gehört auch Bariumoxid (BaO), das mit Wasser reagiert und dabei Bariumhydroxid [Ba $(OH)_2$] produziert.

$$BaO(s) + H_2O(l) \longrightarrow Ba(OH)_2(aq) \quad (22.38)$$

Diese Reaktion wird in ► Abbildung 22.17 dargestellt. Die beschriebenen Reaktionen lassen sich auf die hohe Basizität des O^{2-}-Ions sowie dessen vollständige Hydrolyse in Wasser zurückführen.

$$O^{2-}(aq) + H_2O(l) \longrightarrow 2\,OH^-(aq) \quad (22.39)$$

Selbst nicht wasserlösliche ionische Oxide neigen dazu, sich in starken Säuren aufzulösen. So lässt sich z. B. Eisen (III)-Oxid in Säuren auflösen:

$$Fe_2O_3(s) + 6\,H^+(aq) \longrightarrow 2\,Fe^{3+}(aq) + 3\,H_2O(l) \quad (22.40)$$

Diese Reaktion wird zur Entfernung von Rost ($Fe_2O_3 \cdot nH_2O$) an Eisen oder Stahl verwendet, bevor eine Schutzschicht aus Zink oder Zinn aufgetragen wird.

Oxide, die gleichzeitig einen sauren und basischen Charakter aufweisen, werden als *amphotere Oxide* bezeichnet (siehe Abschnitt 17.5). Wenn ein Metall mehr als ein Oxid bildet, nimmt der basische Charakter des Oxids in dem Maß ab, in dem die Oxidationszahl des Metalls zunimmt. Dies wird in Tabelle 22.4 verdeutlicht.

Oxid	Oxidationszahl von Cr	Oxidart
CrO	+2	basisch
Cr_2O_3	+3	amphoter
CrO_3	+6	sauer

Tabelle 22.4: Säure-Base-Charakter von Chromoxiden.

Peroxide und Hyperoxide

Peroxide sind Verbindungen mit O — O-Bindungen, die Sauerstoff in der Oxidationsstufe –1 enthalten. Sauerstoff hat in O_2^-, das als *Hyperoxid-Ion* bezeichnet wird, eine Oxidationsstufe von $\frac{1}{2}$. Die unedelsten Metalle (K, Rb und Cs) reagieren mit O_2 und erzeugen Hyperoxide (KO_2, RbO_2 und CsO_2). Die im Periodensystem benachbart angeordneten, unedlen Elemente (Na, Ca, Sr und Ba) bilden bei der Reaktion mit O_2 Peroxide (Na_2O_2, CaO_2, SrO_2 und BaO_2). Weniger unedle Metalle und Nichtmetalle produzieren normale Oxide.

Wenn Hyperoxide in Wasser aufgelöst werden, entsteht O_2:

$$4\,KO_2(s) + 2\,H_2O(l) \longrightarrow 4\,K^+(aq) + 4\,OH^-(aq) + 3\,O_2(g) \quad (22.41)$$

Aufgrund dieser Reaktion wird Kaliumhyperoxid (KO_2) als Sauerstoffquelle in Masken für Rettungskräfte eingesetzt. Die Feuchtigkeit des Atems führt zur Zersetzung der Verbindung, aus der O_2 und KOH resultieren. Das auf diese Weise gebildete KOH entfernt das CO_2 aus der ausgeatmeten Luft.

$$2\,OH^-(aq) + CO_2(g) \longrightarrow H_2O(l) + CO_3^{2-}(aq) \quad (22.42)$$

Wasserstoffperoxid (H_2O_2) ist das bekannteste und industriell bedeutendste Peroxid. Der Aufbau von H_2O_2 ist in ► Abbildung 22.18 dargestellt. Reines Wasserstoffperoxid ist klar und dickflüssig, mit einer Dichte von 1,47 g/cm^3 bei 0 °C. Es schmilzt bei –0,4 °C und sein normaler Siedepunkt liegt bei 151 °C. Diese Eigenschaften sind charakteristisch für eine hochgradig polare, stark Wasserstoffbrücken bil-

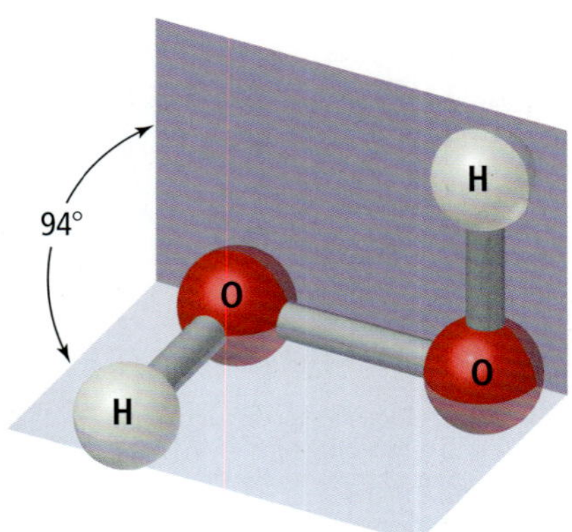

Abbildung 22.18: Die molekulare Struktur von Wasserstoffperoxid. Beachten Sie, dass die H_2O_2-Atome nicht in derselben Ebene angeordnet sind.

dende Flüssigkeit wie Wasser. Da die Zersetzung in Wasser und Sauerstoff stark exotherm ist, stellt konzentriertes Wasserstoffperoxid einen gefährlichen, reaktiven Stoff dar.

$$2\,H_2O_2(l) \longrightarrow 2\,H_2O(l) + O_2(g) \qquad \Delta H^\circ = -196{,}1\text{ kJ} \qquad (22.43)$$

Wasserstoffperoxid ist als chemisches Reagenz in Wasserlösungen mit einem Massenanteil von bis zu 30 % erhältlich. Lösungen mit einem Massenanteil von 3 % H_2O_2 werden in Drogerien zur Entfärbung von Textilien angeboten.

Das Peroxid-Ion ist außerdem ein Nebenprodukt des Stoffwechsels als Folge der Reduktion von molekularem Sauerstoff (O_2). Der Körper entledigt sich dieser reaktiven Spezies mithilfe von Enzymen wie Peroxidase und Katalase.

Wasserstoffperoxid lässt sich als Oxidations- oder auch als Reduktionsmittel einsetzen. Die Reduktions-Teilreaktionen in sauren Lösungen sind

$$2\,H^+(aq) + H_2O_2(aq) + 2\,e^- \longrightarrow 2\,H_2O(l) \qquad E^\circ = 1{,}78\text{ V} \qquad (22.44)$$

$$O_2(g) + 2\,H^+(aq) + 2\,e^- \longrightarrow H_2O_2(aq) \qquad E^\circ = 0{,}68\text{ V} \qquad (22.45)$$

Die Kombination der beiden Teilreaktionen resultiert in der **Disproportionierung** von H_2O_2 in H_2O und O_2, die in ► Gleichung 22.43 wiedergegeben wird. Diese Reaktion ist energetisch deutlich begünstigt (E° = 1,78 V −0,68 V = +1,10 V). Die Disproportionierung tritt ein, wenn ein Element gleichzeitig oxidiert und reduziert wird.

22.6 Die übrigen Elemente der Gruppe 6A: S, Se, Te und Po

Außer dem Sauerstoff gehören die Elemente Schwefel, Selen, Tellur und Polonium zur Gruppe 6A. In diesem Abschnitt werden wir zunächst die Eigenschaften dieser Gruppe insgesamt untersuchen und anschließend auf die spezifische Chemie von Schwefel, Selen und Tellur eingehen. Polonium, das keine stabilen Isotope besitzt und von dem nur geringe Mengen in radiumhaltigen Mineralien vorkommen, werden wir nicht näher behandeln.

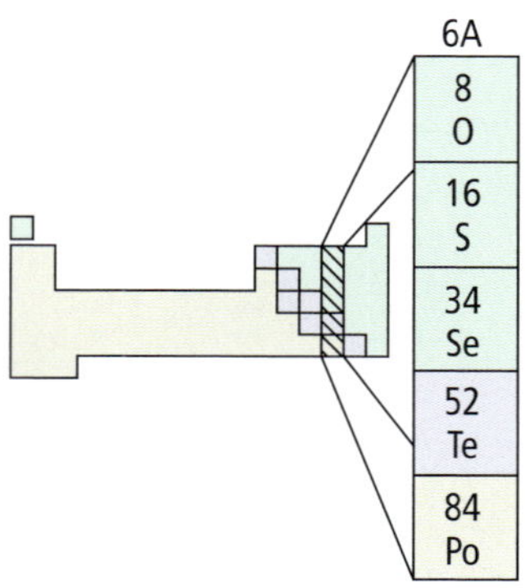

Eigenschaft	O	S	Se	Te
Atomradius (Å)	0,73	1,04	1,17	1,43
X^{2-}-Ionenradius (Å)	1,40	1,84	1,98	2,21
Ionisierungsenergie (kJ/mol)	1314	1000	941	869
Elektronenaffinität (kJ/mol)	−141	−200	−195	−190
Elektronegativität	3,5	2,5	2,4	2,1
X — X Einfachbindungsenthalpie (kJ/mol)	146*	266	172	126
Normalpotenzial zu H_2X in acider Lösung (V)	1,23	0,14	−0,40	−0,72

* Basiert auf der O — O-Bindungsenergie in H_2O_2.

Tabelle 22.5: Eigenschaften der Elemente von Gruppe 6A.

Allgemeine Merkmale der Elemente der Gruppe 6A

Die Elemente der Gruppe 6A sind durch die allgemeine Außenelektronenkonfiguration ns^2np^4 gekennzeichnet, wobei n Werte zwischen 2 und 6 hat. Demzufolge können diese Elemente durch das Hinzufügen von zwei Elektronen eine Edelgas-Konfiguration annehmen, woraus die Oxidationszahl –2 resultiert. Da die Gruppe 6A aus Nichtmetallen besteht, ist –2 eine gängige Oxidationszahl. Mit Ausnahme von Sauerstoff sind die Elemente der Gruppe 6A häufig auch mit positiven Oxidationszahlen bis +6 anzutreffen, zum Teil auch mit formal erweiterten Valenzschalen. Folglich weist das zentrale Atom in Verbindungen wie SF_6, SeF_6 und TeF_6 die Oxidationszahl +6 auf und besitzt scheinbar mehr als ein Oktett Valenzelektronen.

Tabelle 22.5 fasst die wichtigsten Atomeigenschaften der Elemente der Gruppe 6A zusammen. Für die meisten in Tabelle 22.5 aufgeführten Eigenschaften lässt sich eine regelmäßige Variation als Funktion einer zunehmenden Atomnummer feststellen. So nehmen die Atom- und Ionenradien zu, während die Ionisierungsenergie innerhalb der Gruppe, wie zu erwarten, von oben nach unten abnimmt.

Vorkommen und Herstellung von S, Se und Te

Große unterirdische Ablagerungen stellen die wichtigste Quelle für elementaren Schwefel dar. Große Mengen Schwefel kommen auch in Form von Sulfid und Sulfatmineralien vor. Sein Auftreten als geringer Bestandteil von Kohle und Petroleum bedeutet ein nicht unerhebliches Problem. Die Verbrennung solcher „unsauberen" Brennstoffe geht mit einer umweltschädlichen Schwefeloxid-Emission einher (siehe Abschnitt 18.3). An der Entfernung des Schwefelanteils wurde mit großen Anstrengungen gearbeitet, die auch die Verfügbarkeit von Schwefel erhöht haben. Durch den Verkauf des Schwefels kann ein Teil der Kosten des Entschwefelungsprozesses kompensiert werden.

Selen und Tellur kommen in seltenen Mineralien vor, so z. B. in Cu_2Se, PbSe, Ag_2Se, Cu_2Te, PbTe, Ag_2Te oder Au_2Te. Weiterhin kommen sie in geringen Mengen in Sulfiderzen von Kupfer, Eisen, Nickel und Blei vor.

Eigenschaften und Verwendung von Schwefel, Selen und Tellur

Für gewöhnlich finden wir Schwefel in dieser Form vor: gelb, geschmacksneutral und annähernd geruchlos. Er ist nicht wasserlöslich und kann in verschiedenen allotropen Formen vorkommen. Bei Zimmertemperatur ist rhombischer Schwefel die thermodynamisch stabile Form und besteht aus kronenartig gefalteten S_8-Ringen (► Abbildung 22.19). Wenn Schwefel über seinen Schmelzpunkt (113 °C) hinaus erhitzt wird, finden mehrere Veränderungen statt. Zunächst enthält der geschmolzene Schwefel S_8-Moleküle und wird zur Flüssigkeit,

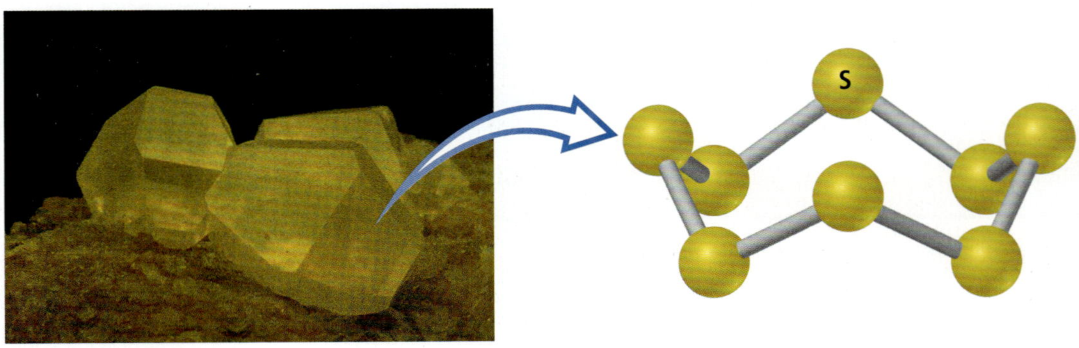

(a) (b)

Abbildung 22.19: Elementarer Schwefel. Die verbreitete gelbe, kristalline Form des rhombischen Schwefels, S_8, besteht aus achtgliedrigen, kronenförmigen S-Atom-Ringen.

da die Ringe mühelos übereinander gleiten. Eine weitere Erhitzung der strohfarbenen Flüssigkeit führt zum Brechen der Ringe; anschließend verbinden sich die Fragmente zu sehr langen Molekülen, die sich miteinander verschlingen. Der Schwefel wird dementsprechend ausgesprochen zähflüssig. Ein Farbwechsel zu einem dunklen, rötlichen Braun begleitet diesen Prozess (► Abbildung 22.20). Wird die Erhitzung fortgesetzt, brechen die gebildeten Ketten, und die Viskosität nimmt wieder ab.

Der Großteil der US-amerikanischen Jahresproduktion von $1{,}4 \times 10^{10}$ kg Schwefel wird für die Herstellung von Schwefelsäure benötigt. Schwefel dient auch zur Vulkanisierung von Gummi. In diesem Prozess wird Gummi durch die Vernetzung von Polymerketten widerstandsfähig gemacht.

Die stabilsten Allotrope der Elemente Selen und Tellur sind kristalline Stoffe, die helicale Atomketten enthalten (► Abbildung 22.21). Die einzelnen Atome einer Kette liegen dicht an den Atomen anderer Ketten, und es hat den Anschein, dass einige Elektronen mehreren Atomen zugeordnet sind.

Die elektrische Leitfähigkeit von Selen ist bei Dunkelheit sehr niedrig, nimmt jedoch unter Lichteinwirkung deutlich zu. In photoelektrischen Zellen und Lichtmessinstrumenten wird diese Eigenschaft des Elements genutzt. Auch Fotokopierer sind von der Leitfähigkeit von Selen abhängig. Fotokopiergeräte enthalten ein Band oder eine Walze, die mit einem Selen-Film beschichtet ist. Diese elektrostatisch geladene Walze wird dem Licht ausgesetzt, das durch das fotokopierte Bild reflektiert wird. Die elektrische Ladung des Selen-Films fließt dort ab, wo er durch die Einwirkung des Lichts leitfähig gemacht worden ist. Ein schwarzes Pulver (der Toner) haftet nur an solchen Stellen, die weiterhin elektrische Ladung aufweisen. Die Fotokopie wird hergestellt, indem der Toner auf ein Blatt Papier übertragen und anschließend durch Hitzeeinwirkung mit dem Papier verschmolzen wird.

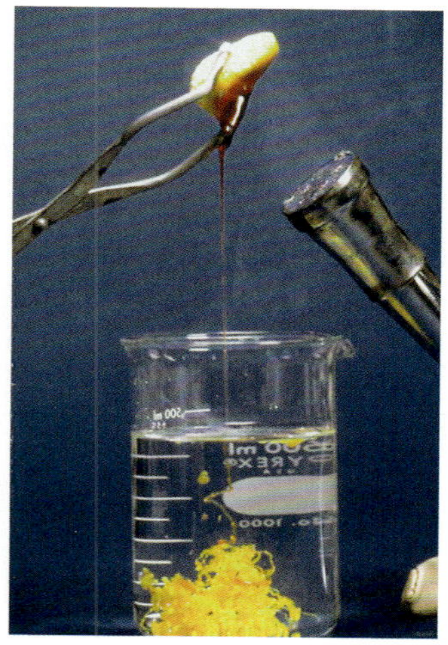

Abbildung 22.20: Erhitzen von Schwefel. Wird Schwefel über seinen Schmelzpunkt (113 °C) hinaus erhitzt, wird er dickflüssig und nimmt eine dunkle Farbe an. Hier wird die Flüssigkeit in kaltes Wasser gegossen, wodurch sich der Schwefel erneut verfestigt.

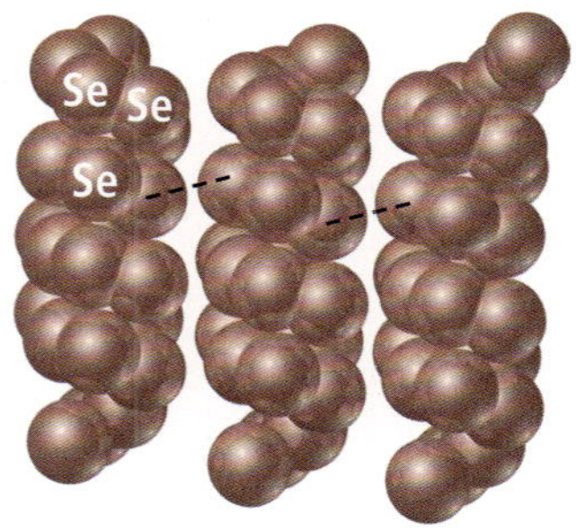

Abbildung 22.21: Teil der Struktur von kristallinem Selen. Die gestrichelten Linien stellen die schwachen Wechselwirkungen zwischen den Atomen benachbarter Ketten dar. Tellur besitzt die gleiche Struktur.

Sulfide

Schwefel kann mit vielen Elementen durch direkte Kombination Verbindungen herstellen. Ist ein Element weniger elektronegativ als Schwefel, bilden sich *Sulfide*, die S^{2-} enthalten. Auf diese Weise entsteht Eisen(II)-Sulfid (FeS) durch die direkte Kombination von Eisen und Schwefel. Viele metallische Elemente existieren als Sulfiderze wie PbS (Bleiglanz) oder HgS (Zinnober). Zahlreiche ähnliche Erze enthalten das Disulfid-Ion, S_2^{2-} (analog zum Peroxid-Ion). Pyrit, FeS_2, kommt in Form von gelbgoldenen, würfelförmigen Kristalle vor (► Abbildung 22.22). Da es aufgrund der Färbung mitunter mit Gold verwechselt wurde, ist es auch als „Katzengold" bekannt.

Eines der wichtigsten Sulfide ist Schwefelwasserstoff, H_2S. Im Allgemeinen wird dieser Stoff durch die direkte Vereinigung der Elemente gebildet, da er bei hohen Temperaturen instabil ist und zur Dekomposition neigt. Hydrogensulfid wird für gewöhnlich mithilfe von verdünnter Säure und Eisen(II)-Sulfid hergestellt.

$$FeS(s) + 2\,H^+(aq) \longrightarrow H_2S(aq) + Fe^{2+}(aq) \qquad (22.46)$$

Eine besonders markante Eigenschaft des Schwefelwasserstoffs ist der Geruch; H_2S ist weitestgehend für den unangenehmen Geruch verantwortlich, den faule Eier entwickeln. Schwefelwasserstoff ist überaus giftig. Erfreulicherweise sind unsere Nasen in der Lage, selbst geringste, nichttoxische Konzentrationen wahrzunehmen. Ein schwefelhaltiges organisches Molekül wie Dimethylsulfid, $(CH_3)_2S$, das nicht weniger geruchsintensiv ist, wird durch die Nase noch in Konzentrationen von eins zu einer Milliarde registriert und verleiht dem geruchlosen Erdgas als Zusatzstoff einen erkennbaren Geruch.

Abbildung 22.22: Pyrit (FeS_2). Dieser Stoff ist auch unter der Bezeichnung „Katzengold" bekannt, da er aufgrund seiner Farbe von vielen irrtümlich für Gold gehalten wurde. Gold ist wesentlich dichter und weicher als Pyrit.

Oxide, Sauerstoffsäuren und Oxoanionen von Schwefel

Schwefeldioxid entsteht bei der Verbrennung von Schwefel in der Luft. Es ist giftig und entwickelt einen beißenden Geruch. Das Gas ist besonders toxisch für niedrige Organismen wie Pilze und wird daher zur Sterilisierung von getrockneten Früchten und Weinen verwendet. Bei Zimmertemperatur und einem Druck von 1 atm ist SO_2 wasserlöslich und bildet eine Lösung mit einer Konzentration von etwa 1,6 *M*. Da die SO_2-Lösung sauer ist, wird sie als schweflige Säure (H_2SO_3) bezeichnet. Schweflige Säure ist eine zweibasige Säure:

$$H_2SO_3(aq) \rightleftharpoons H^+(aq) + HSO_3^-(aq) \qquad K_{S1} = 1{,}7 \times 10^{-2}\,(25°C) \tag{22.47}$$

$$HSO_3^-(aq) \rightleftharpoons H^+(aq) + SO_3^{2-}(aq) \qquad K_{S2} = 6{,}4 \times 10^{-8}\,(25°C) \tag{22.48}$$

SO_3^{2-}-Salze (Sulfite) und HSO_3^- (Hydrogensulfite oder Bisulfite) sind weithin bekannt. Geringe Mengen von Na_2SO_3 oder $NaHSO_3$ beugen als Zusatzstoffe in Lebensmitteln Bakterienbefall vor. Da es sich bei Sulfiten um ein starkes Allergen handelt, ist für sulfithaltige Produkte inzwischen ein entsprechender Warnhinweis vorgeschrieben.

Obwohl bei der Verbrennung von Schwefel in Luft vor allem SO_2 entsteht, werden auch geringe Mengen SO_3 erzeugt. Das Hauptprodukt der Reaktion ist SO_2, da die Barriere der Aktivierungsenergie für eine weitere Oxidation zu SO_3 sehr hoch ist, solange kein Katalysator anwesend ist. Schwefeltrioxid hat aufgrund seiner Rolle als Anhydrid von Schwefelsäure einen hohen industriellen Stellenwert. Bei der Herstellung von Schwefelsäure wird zunächst SO_2 durch die Verbrennung von Schwefel gewonnen. SO_2 wird anschließend zu SO_3 oxidiert, wobei ein Katalysator wie V_2O_5 oder Platin eingesetzt wird. Aufgrund seiner geringen Wasserlöslichkeit wird SO_3 in H_2SO_4 aufgelöst. Anschließend wird die resultierende $H_2S_2O_7$ (Pyroschwefelsäure) in Wasser gegeben, die dann H_2SO_4 bildet:

$$SO_3(g) + H_2SO_4(l) \longrightarrow H_2S_2O_7(l) \tag{22.49}$$

$$H_2S_2O_7(l) + H_2O(l) \longrightarrow 2\,H_2SO_4(l) \tag{22.50}$$

Handelsübliche Schwefelsäure ist 98 % H_2SO_4. Es ist eine dichte, farblose und ölige Flüssigkeit, die bei 340 °C siedet. Schwefelsäure verfügt über zahlreiche nützliche Eigenschaften: Sie ist eine starke Säure, ein effizientes Dehydratisierungsmittel und ein gutes Oxidationsmittel. Die Dehydratisierungseigenschaften von Schwefelsäure sind in ► Abbildung 22.23 veranschaulicht.

Jahr für Jahr übertrifft die Produktionsmenge der Schwefelsäure in den USA alle anderen dort produzierten Chemikalien. In den USA werden pro Jahr etwa $4{,}0 \times 10^{10}$ kg hergestellt. Schwefelsäure ist in der einen oder anderen Form an

(a) (b) (c)

Abbildung 22.23: Eine Dehydratisierungsreaktion. Saccharose ($C_{12}H_{22}O_{11}$) ist ein Kohlenhydrat, das zwei H-Atome pro O-Atom besitzt. (a) Das Becherglas enthält feste Saccharose (Tafelzucker), die zu Beginn weiß ist. Durch die Zugabe von Schwefelsäure, ein besonders gut geeignetes Dehydrierungsmittel, wird H_2O aus der Saccharose entfernt. (b, c) Das Produkt der Dehydratisierung ist Kohlenstoff, der nach Ablauf der Reaktion als schwarze Masse zurückbleibt.

fast allen Produktionsprozessen beteiligt. Dementsprechend gilt ihr Verbrauch als Indikator für das Gesamtvolumen der industriellen Aktivitäten.

Obwohl Schwefelsäure als starke Säure eingestuft ist, wird in wässriger Lösung nur das erste Proton vollständig abgespalten. Nur ein kleiner Teil des zweiten Protons wird dissoziiert.

$$H_2SO_4(aq) \longrightarrow H^+(aq) + HSO_4^-(aq)$$

$$HSO_4^-(aq) \rightleftharpoons H^+(aq) + SO_4^{2-}(aq) \qquad K_S = 1{,}1 \times 10^{-2}$$

Dementsprechend bildet Schwefelsäure zwei Typen von Salzen: Sulfate und Bisulfate (oder: Hydrogensulfate). Bisulfat-Salze sind häufig Bestandteil so genannter „trockener Säuren", die zur Justierung des pH-Werts von Schwimmbecken und Gemeinschaftswannen verwendet werden und sind oft auch in Reinigungsmitteln für Klosettschüsseln enthalten.

Das Thiosulfat-Ion ($S_2O_3^{2-}$) ist mit dem Sulfat-Ion verwandt und entsteht in einer siedenden, basischen SO_3^{2-}-Lösung mit elementarem Schwefel.

$$8\,SO_3^{\,2-}(aq) + S_8(s) \longrightarrow 8\,S_2O_3^{\,2-}(aq) \qquad (22.51)$$

Die Silbe *Thio-* verweist auf den Austausch eines Sauerstoffatoms durch ein Schwefelatom. ► Abbildung 22.24 zeigt einen Vergleich der Strukturen vom Sulfat- und Thiosulfat-Ion. Beim Ansäuern zerfällt das Thiosulfat-Ion und bildet Schwefel und H_2SO_3.

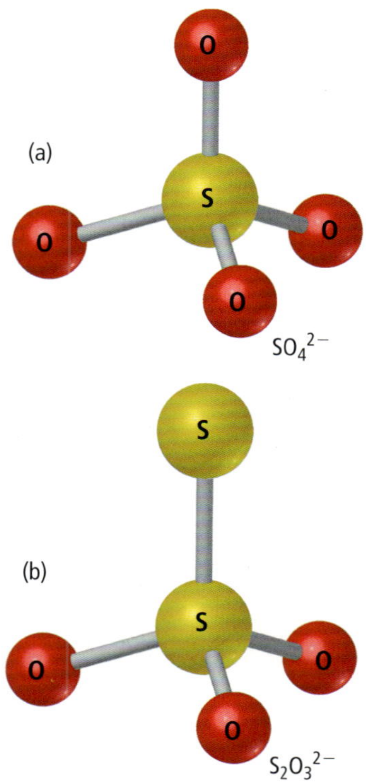

Abbildung 22.24: Strukturen von Sulfat-Ionen. (a) Das Sulfat-Ion (SO_4^{2-}) und (b) das Thiosulfat-Ion ($S_2O_3^{2-}$).

Das Pentahydrat-Salz von Natriumthiosulfat ($Na_2S_2O_3 \cdot 5\,H_2O$) wird in der Fotografie eingesetzt. Fotografisches Filmmaterial besteht aus einer Suspension von AgBr-Mikrokristallen in Gelatine. Unter Lichteinwirkung zerfallen einige der AgBr-Mikrokristalle und bilden feine Silberkörner. Wird der Film mit einem schwachen Reduktionsmittel (Entwickler) behandelt, werden die Ag^+-Ionen in AgBr im Umfeld der Silberkörner reduziert und erzeugen ein schwarz-silbriges Bild. Der Film wird anschließend mit einer Natriumthiosulfat-Lösung behandelt, um das unbelichtete AgBr zu entfernen. Das Thiosulfat-Ion reagiert mit AgBr und erzeugt einen löslichen Thiosulfat-Komplex.

$$AgBr(s) + 2\,S_2O_3^{\,2-}(aq) \rightleftharpoons Ag(S_2O_3)_2^{\,3-}(aq) + Br^-(aq) \qquad (22.52)$$

Dieser Schritt des Verfahrens wird als „Fixierung" bezeichnet. Das Thiosulfat-Ion wird außerdem in quantitativen Analysen als Reduktionsmittel für Iod eingesetzt.

$$2\,S_2O_3^{\,2-}(aq) + I_2(s) \longrightarrow 2\,I^-(aq) + S_4O_6^{\,2-}(aq) \qquad (22.53)$$

22.7 Stickstoff

Der Stickstoff wurde im Jahr 1772 durch den schottischen Botaniker Daniel Rutherford entdeckt. Er stellte fest, dass eine Maus in einem verschlossenen Glasbehälter innerhalb eines kurzen Zeitraums den lebensnotwendigen Luftbestandteil (Sauerstoff) aufbraucht und stirbt. Nachdem die „fixierte Luft" (CO_2) aus dem Behälter entfernt worden war, befand sich dort eine „schädliche Luft", die weder Leben noch Verbrennungsvorgänge ermöglichte. Dieses Gas kennen wir heute unter der Bezeichnung Stickstoff.

Stickstoff hat einen Anteil von 78 % an der Erdatmosphäre, wo er in Form von N_2 existiert. Obwohl Stickstoff ein wichtiges Element in lebenden Organismen darstellt, sind in der Erdkruste keine größeren Mengen von Stickstoffverbindungen vorhanden. Die größeren natürlichen Stickstoffablagerungen kommen als KNO_3 (Salpeter) in Indien und als $NaNO_3$ (Chile-Salpeter) in Chile vor sowie in anderen Wüstenregionen Südamerikas.

Eigenschaften des Stickstoffs

Stickstoff ist ein farb-, geruchs- und geschmacksneutrales Gas, das aus N_2-Molekülen besteht. Sein Schmelzpunkt liegt bei −210 °C und sein Siedepunkt liegt unter normalen Bedingungen bei −196 °C.

Aufgrund der starken Dreifachbindung zwischen den Stickstoff-Atomen ist das N_2-Molekül kaum reaktiv. Die Bindungsenthalpie beträgt 941 kJ/mol, knapp doppelt so hoch wie die der Sauerstoffbindung, siehe Tabelle 8.4. Wenn Stoffe in Luft verbrennen, reagieren sie für gewöhnlich mit Sauerstoff, nicht aber mit N_2. Bei der Verbrennung von Magnesium findet jedoch eine Reaktion mit N_2 statt, bei der es zur Bildung von Magnesiumnitrid (Mg_3N_2) kommt. Eine ähnliche Reaktion verläuft mit Lithium, die Li_3N produziert.

$$3\,Mg(s) + N_2(g) \longrightarrow Mg_3N_2(s) \qquad (22.54)$$

Oxidationszahl	Beispiele
+5	N_2O_5, HNO_3, NO_3^-
+4	NO_2, N_2O_4
+3	HNO_2, NO_2^-, NF_3
+2	NO
+1	N_2O, $H_2N_2O_2$, $N_2O_2^{2-}$, HNF_2
0	N_2
−1	NH_2OH, NH_2F
−2	N_2H_4
−3	NH_3, NH_4^+, NH_2^-

Tabelle 22.6: Oxidationszahlen von Stickstoff.

Das Nitrid-Ion ist eine starke Brønsted–Lowry-Base. Bei der Reaktion des Nitrid-Ions mit Wasser wird Ammoniak (NH_3) gebildet:

$$Mg_3N_2(s) + 6\,H_2O(l) \longrightarrow 2\,NH_3(aq) + 3\,Mg(OH)_2(s) \qquad (22.55)$$

Die Elektronenkonfiguration des Stickstoff-Atoms ist $[He]2s^22p^3$. Das Element kann alle formalen Oxidationsstufen zwischen +5 und −3 annehmen (siehe Tabelle 22.6). Von diesen sind +5, 0 und −3 die häufigsten und in der Regel auch die stabilsten Oxidationsstufen. Da Stickstoff stärker elektronegativ ist als alle anderen Elemente außer Fluor, Sauerstoff und Chlor, weist er nur in Verbindung mit diesen drei Elementen positive Oxidationsstufen auf.

► Abbildung 22.25 bietet einen Überblick der Normalpotenziale bei der gegenseitigen Umwandlung einiger gewöhnlicher Stickstoff-Spezies. Die im Diagramm angegebenen Potenziale sind groß und positiv – ein Hinweis darauf, dass die aufgeführten Oxide und Oxoanionen als starke Oxidationsmittel auftreten.

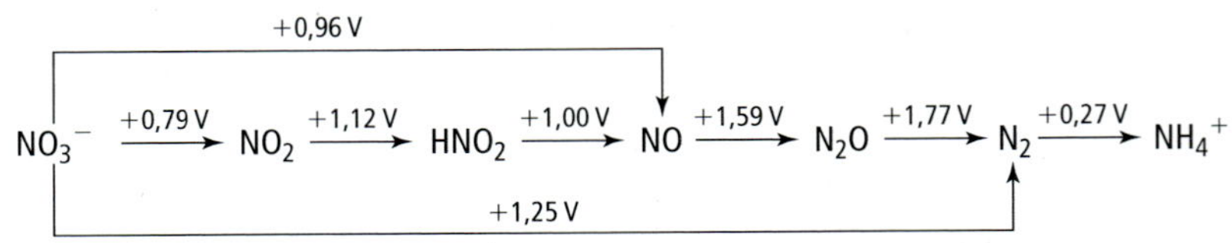

Abbildung 22.25: Normalpotenziale. Die Werte beziehen sich auf geläufige stickstoffhaltige Verbindungen in sauren Lösungen. Beispielsweise hat die Reduktion von NO_3^- zu NO_2 in saurer Lösung ein Normalpotenzial von 0,79 V. Mithilfe der in Abschnitt 20.2 erörterten Techniken können Sie diese Teilreaktion ausgleichen.

Herstellung und Verwendung von Stickstoff

In industriellem Maßstab wird elementarer Stickstoff durch die fraktionierte Destillation flüssiger Luft gewonnen. In den Vereinigten Staaten werden pro Jahr etwa $3{,}6 \times 10^{10}$ kg N_2 produziert.

Aufgrund seiner niedrigen Reaktivität werden große Mengen Stickstoff als Inertgas eingesetzt, um O_2 während des Produktions- und Verpackungsprozesses von Lebensmitteln sowie der Herstellung von Chemikalien, Metallen und elektronischen Geräten fernzuhalten. Flüssiger Stickstoff wird als Kühlmittel zur schnellen Tiefgefrierung von Lebensmitteln verwendet.

Der größte Anwendungsbereich besteht in der Herstellung von stickstoffhaltigen Düngemitteln, die *fixierten* Stickstoff abgeben. Die Stickstofffixierung wurde bereits im Kasten „Chemie und Leben" in Abschnitt 14.7 sowie im Kasten „Chemie im Einsatz" in Abschnitt 15.1 erörtert. Unser Ausgangspunkt bei der Stickstofffixierung ist die Produktion von Ammoniak im Haber-Bosch-Verfahren (siehe dazu Abschnitt 15.1). Das Ammoniak lässt sich anschließend in eine Reihe von einfachen und nützlichen stickstoffhaltigen Spezies umwandeln (► Abbildung 22.26). Auf viele dieser Reaktionen wird später in diesem Abschnitt noch ausführlicher eingegangen.

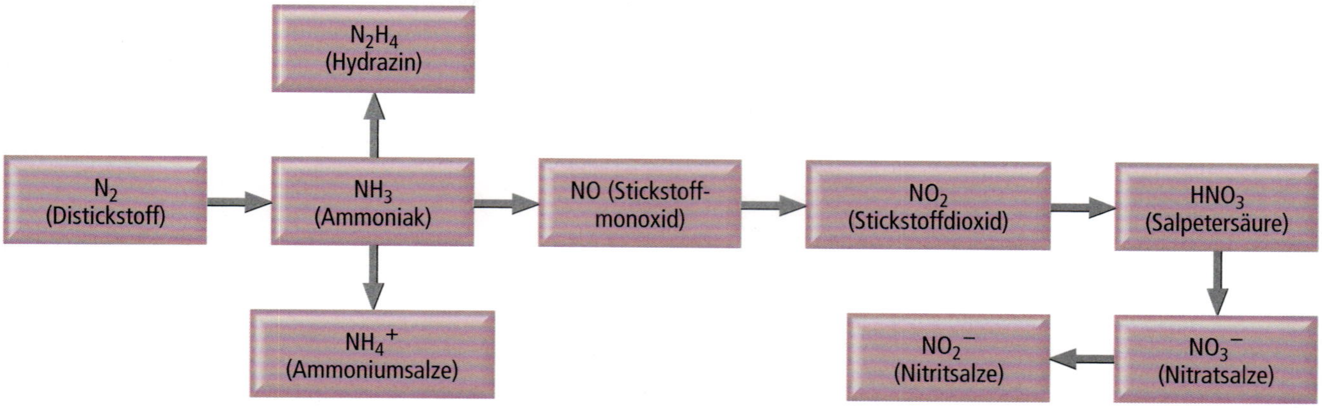

Abbildung 22.26: Stickstoff-Umwandlungen. Umwandlung von N_2 in geläufige Stickstoffverbindungen.

Stickstoffhaltige Wasserstoffverbindungen

Ammoniak ist eine der wichtigsten Stickstoffverbindungen. Das farblose, toxische Gas besitzt einen typischen, unangenehmen Geruch. Wie bereits erörtert wurde, ist das NH_3-Molekül basisch ($K_B = 1{,}8 \times 10^{-5}$) (siehe Abschnitt 16.7).

Im Labor kann NH_3 durch Einwirken von NaOH auf ein Ammoniumsalz hergestellt werden. Das NH_4^+-Ion, die konjugierte Säure zu NH_3, überträgt ein Proton auf OH^-. Das resultierende NH_3 ist flüchtig und wird aus der Lösung durch leichtes Erhitzen entfernt.

$$NH_4Cl(aq) + NaOH(aq) \longrightarrow NH_3(g) + H_2O(l) + NaCl(aq) \quad (22.56)$$

Für die industrielle Herstellung von NH_3 wird das Haber-Bosch-Verfahren angewandt.

$$N_2(g) + 3\,H_2(g) \longrightarrow 2\,NH_3(g) \quad (22.57)$$

In den Vereinigten Staaten werden pro Jahr etwa $1{,}6 \times 10^{10}$ kg Ammoniak produziert. Etwa 75% davon werden als Düngemittel eingesetzt.

Hydrazin (N_2H_4) steht mit Ammoniak in derselben Beziehung wie Wasserstoffperoxid mit Wasser. Wie aus ► Abbildung 22.27 ersichtlich ist, weist das Hydrazin-Molekül eine N — N-Einfachbindung auf. Hydrazin ist eine giftige Verbindung. Es lässt sich mithilfe der Reaktion von Ammoniak mit Hypochlorit-Ionen (OCl^-) in wässriger Lösung herstellen.

$$2\,NH_3(aq) + OCl^-(aq) \longrightarrow N_2H_4(aq) + Cl^-(aq) + H_2O(l) \quad (22.58)$$

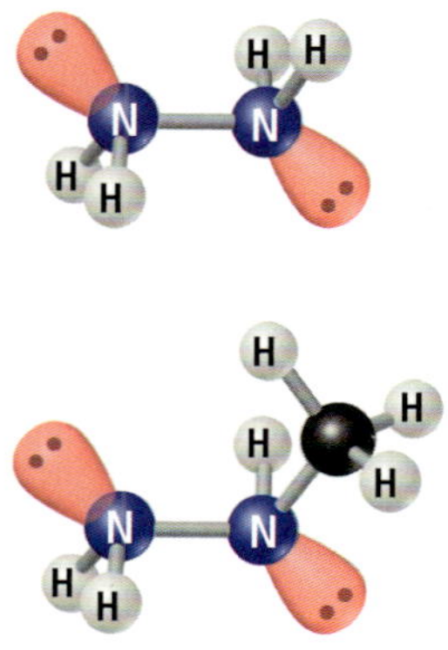

Abbildung 22.27: Strukturen von Hydrazin (N_2H_4) und Methylhydrazin (CH_3NHNH_2).

Die Reaktion ist komplex und umfasst mehrere Zwischenprodukte, darunter Chloramin (NH_2Cl). Das giftige NH_2Cl entsteht aus der Lösung, die sich aus der Mischung von haushaltsüblichem Ammoniak mit Chlorbleiche, die OCl^- enthält, ergibt. Diese Reaktion ist ein Grund für den häufig zu lesenden Warnhinweis, dass Bleichmittel und Haushaltsammoniak keinesfalls vermischt werden dürfen.

Reines Hydrazin ist eine farblose, ölige Flüssigkeit, die in Luft bei Erhitzung explodiert. Der Umgang mit Hydrazin in einer wässrigen Lösung ist gefahrlos, in der es sich wie eine schwache Base verhält ($K_B = 1{,}3 \times 10^{-6}$). Die Verbindung ist ein effizientes und vielseitiges Reduktionsmittel. Die wichtigste Anwendung von Hydrazin und verwandten Verbindungen wie Methylhydrazin (Abbildung 22.27) ist die als Raketentreibstoff.

Übungsbeispiel 22.7 Formulierung einer ausgeglichenen Gleichung

Hydroxylamin (NH_2OH) reduziert Kupfer (II) in Säurelösungen zum Metall. Schreiben Sie eine ausgeglichene Reaktionsgleichung und unterstellen Sie dabei, dass N_2 das Oxidationsprodukt ist.

Lösung

Analyse: Es soll eine ausgeglichene Redox-Gleichung formuliert werden, in der NH_2OH zu N_2 sowie Cu^{2+} zu Cu umgewandelt wird.

Vorgehen: Da es sich um eine Redoxreaktion handelt, kann die Gleichung durch die Teilreaktions-Methode ausgeglichen werden, die bereits in Abschnitt 20.2 erörtert wurde. Dementsprechend beginnen wir mit zwei Teilreaktionen, von denen eine NH_2OH und N_2, die andere Cu^{2+} und Cu einschließt.

Lösung: Die unvollständigen und nicht ausgeglichenen Teilreaktionen sind

$$Cu^{2+}(aq) \longrightarrow Cu(s) \qquad NH_2OH\,(aq) \longrightarrow N_2(g)$$

Durch das Ausgleichen der Gleichungen wie in Abschnitt 20.2 ergibt sich

$$Cu^{2+}(aq) + 2\,e^- \longrightarrow Cu(s)$$

$$2\,NH_2OH(aq) \longrightarrow N_2(g) + 2\,H_2O(l) + 2\,H^+(aq) + 2\,e^-$$

Fügen wir diese Teilreaktionen hinzu, erhalten wir folgende ausgeglichene Reaktionsgleichung:

$$Cu^{2+}(aq) + 2\,NH_2OH(aq) \longrightarrow Cu(s) + N2(g) + 2\,H2O(l) + 2\,H^+(aq)$$

A 7 **(a)** In Kraftwerken wird Hydrazin zur Vorbeugung gegen die Korrosion der Metallteile in Dampfkesseln eingesetzt, die durch den in Wasser gelösten Sauerstoff entstehen kann. Hydrazin reagiert mit O_2 in Wasser und produziert dabei N_2 sowie H_2O. Formulieren Sie die entsprechende ausgeglichene Reaktionsgleichung. **(b)** Methylhydrazin, $N_2H_3CH_3(l)$, wird zusammen mit dem Oxidationsmittel Distickstoff-Tetroxid, $N_2O_4(l)$, als Treibstoff der Steuerraketen des Space Shuttles verwendet. Durch die Reaktion dieser beiden Stoffe wird N_2, CO_2 und H_2O produziert. Formulieren Sie die entsprechende ausgeglichene Reaktionsgleichung.

Antwort:
(a) $N_2H_4(aq) + O_2(aq) \longrightarrow N_2(g) + 2\,H_2O(l)$;
(b) $5\,N_2O_4(l) + 4\,N_2H_3CH_3(l) \longrightarrow 9\,N_2(g) + 4\,CO_2(g) + 12\,H_2O(g)$.

Stickstoffoxide und Sauerstoffsäuren

Stickstoff bildet drei bekannte Oxide: N_2O (Distickstoffoxid), NO (Stickstoffmonoxid) und NO_2 (Stickstoffdioxid). Weiterhin erzeugt es zwei instabile Oxide, auf die wir nicht näher eingehen: N_2O_3 (Distickstofftrioxid) und N_2O_5 (Distickstoffpentoxid).

Distickstoffoxid (N_2O) ist auch unter dem Namen „Lachgas" bekannt, da das Einatmen einer kleinen Menge Schwindligkeit hervorrufen kann. Dieses farblose Gas war der erste Stoff, der zur Einleitung einer Vollnarkose eingesetzt wurde. Es wird als komprimiertes Treibgas in zahlreichen Sprays und Sprühschaumdosen verwendet, unter anderem auch für Schlagsahne. Im Labor lässt sich Distickstoffoxid durch das langsame Erhitzen von Ammoniumnitrat auf etwa 200 °C herstellen.

$$NH_4NO_3(s) \xrightarrow{\Delta} N_2O(g) + 2\,H_2O(g) \qquad (22.59)$$

Stickstoffmonoxid (NO) ist gleichfalls ein farbloses Gas, im Gegensatz zu N_2O jedoch toxisch. Im Labor wird es durch die Reduktion von halbkonzentrierter Salpetersäure mit Kupfer oder Eisen als Reduktionsmittel hergestellt (► Abbildung 22.28).

$$3\,Cu(s) + 2\,NO_3^-(aq) + 8\,H^+(aq) \longrightarrow 3\,Cu^{2+}(aq) + 2\,NO(g) + 4\,H_2O(l) \qquad (22.60)$$

Es lässt sich zudem durch die direkte Reaktion von N_2 und O_2 bei hohen Temperaturen erzeugen. Diese Reaktion spielt eine wichtige Rolle bei der Schadstoffbelastung der Luft durch Stickstoffoxide (siehe Abschnitt 18.3). Industriell wird NO jedoch nicht durch die direkte Verbindung von N_2 und O_2 hergestellt, da ein solches Verfahren wenig effizient wäre; die Gleichgewichtskonstante K_p beträgt bei 2400 K lediglich 0,05 (siehe auch Kasten „Chemie im Einsatz" in Abschnitt 15.6).

Die kommerzielle Herstellung von NO, und damit auch die anderer sauerstoffhaltiger Stickstoffverbindungen, beinhaltet die katalytische Oxidation von NH_3.

$$4\,NH_3(g) + 5\,O_2(g) \xrightarrow[850\,°C]{\text{Pt-Katalysator}} 4\,NO(g) + 6\,H_2O(g) \qquad (22.61)$$

(a) (b) (c)

Abbildung 22.28: Bildung von Stickstoffmonoxid. (a) Stickstoffmonoxid (NO) lässt sich durch die Reaktion von Kupfer mit 6 M Salpetersäure herstellen. Auf dem Foto ist ein Gefäß zu sehen, das 6 M HNO_3 und Kupferstückchen enthält. Farbloses NO, das nur wenig wasserlöslich ist, sammelt sich im Gefäß. Die blaue Farbe der Lösung zeigt das Vorhandensein von Cu^{2+}-Ionen an. (b) Farbloses NO-Gas, das wie in (a) dargestellt im Gefäß gesammelt wurde. (c) Sobald der Verschluss des Gefäßes entfernt wird, reagiert NO mit dem in der Luft vorhandenen Sauerstoff und bildet gelb-braunes NO_2.

Die katalytische Umwandlung von NH_3 in NO ist der erste der insgesamt drei Schritte des **Ostwaldverfahrens**, das zur industriellen Umwandlung von NH_3 in Salpetersäure (HNO_3) eingesetzt wird. Stickstoffmonoxid reagiert heftig mit O_2 und erzeugt in Luft NO_2 (► Abbildung 22.28).

$$2\,NO(g) + O_2(g) \longrightarrow 2\,NO_2(g) \qquad (22.62)$$

Wird NO_2 in Wasser aufgelöst, entsteht Salpetersäure.

$$3\,NO_2(g) + H_2O(l) \longrightarrow 2\,H^+(aq) + 2\,NO_3^-(aq) + NO(g) \qquad (22.63)$$

Stickstoff wird in dieser Reaktion sowohl oxidiert als auch reduziert, dementsprechend findet eine Disproportionierung statt. Das Reduktionsprodukt NO lässt sich zurück in NO_2 konvertieren, indem es der Luft ausgesetzt wird. Um weiteres HNO_3 zu bilden, wird es anschließend in Wasser aufgelöst.

Erst vor kurzem wurde NO als wichtiger Neurotransmitter im menschlichen Körper entdeckt. Hier besteht die Wirkung von NO in der Entspannung der Muskeln rund um die Blutgefäße und damit in der Erhöhung des Blutdurchflusses (siehe Kasten „Chemie und Leben" in diesem Abschnitt).

Stickstoffdioxid (NO_2) ist ein gelbbraunes Gas (Abbildung 22.28). Ebenso wie NO ist es ein wesentlicher Bestandteil des Smogs (siehe Abschnitt 18.3). Das Gas ist giftig und besitzt einen beißenden Geruch. Wie bereits zu Beginn des Kapitels 15 erörtert wurde, befinden sich NO_2 und N_2O_4 im Gleichgewichtszustand (siehe Abbildungen 15.1 und 15.2).

$$2\,NO_2(g) \rightleftharpoons N_2O_4(g) \qquad \Delta H^\circ = -58\text{ kJ} \qquad (22.64)$$

► Abbildung 22.29 zeigt den Aufbau der beiden geläufigsten Oxysäuren des Stickstoffs: Salpetersäure (HNO_3) und *salpetrige Säure* (HNO_2). *Salpetersäure* ist eine farblose, korrodierende Flüssigkeit. Aufgrund geringer Mengen NO_2, die das Produkt einer photochemischen Zersetzung sind, nehmen Salpetersäurelösungen häufig eine leicht gelbliche Färbung (► Abbildung 22.30) an.

$$4\,HNO_3(aq) \xrightarrow{h\nu} 4\,NO_2(g) + O_2(g) + 2\,H_2O(l) \qquad (22.65)$$

Salpetersäure ist eine ausgesprochen starke Säure. Wie die folgenden Normalpotenziale belegen, ist sie zudem ein effizientes Oxidationsmittel:

$$NO_3^-(aq) + 2\,H^+(aq) + e^- \longrightarrow NO_2(g) + H_2O(l) \qquad E^\circ = +0{,}79\text{ V} \qquad (22.66)$$

$$NO_3^-(aq) + 4\,H^+(aq) + 3\,e^- \longrightarrow NO(g) + 2\,H_2O(l) \qquad E^\circ = +0{,}96\text{ V} \qquad (22.67)$$

Konzentrierte Salpetersäure oxidiert und korrodiert die meisten Metalle, ausgenommen Au, Pt, Rh sowie Ir.

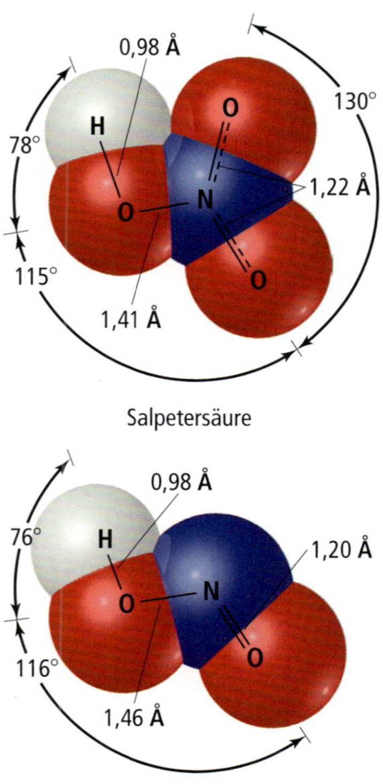

salpetrige Säure

Abbildung 22.29: Strukturen von Salpetersäure und salpetriger Säure.

Abbildung 22.30: Photochemische Zersetzung. Die farblose Salpetersäure-Lösung (links) wird durch die Einwirkung des Sonnenlichts gelb (rechts).

Etwa 8 × 10^9 kg Salpetersäure werden pro Jahr in den Vereinigten Staaten produziert. Der größte Teil, etwa 80 % der Jahresproduktion, wird für die Herstellung von Düngemitteln eingesetzt. HNO_3 wird außerdem bei der Herstellung von Plastik, Medikamenten und Sprengstoffen verwendet.

Zu den Sprengstoffen auf Salpetersäure-Basis gehören Nitroglycerin, Trinitrotoluol (TNT) und Nitrozellulose. Nitroglycerin entsteht bei dieser Reaktion von Salpetersäure mit Glycerin:

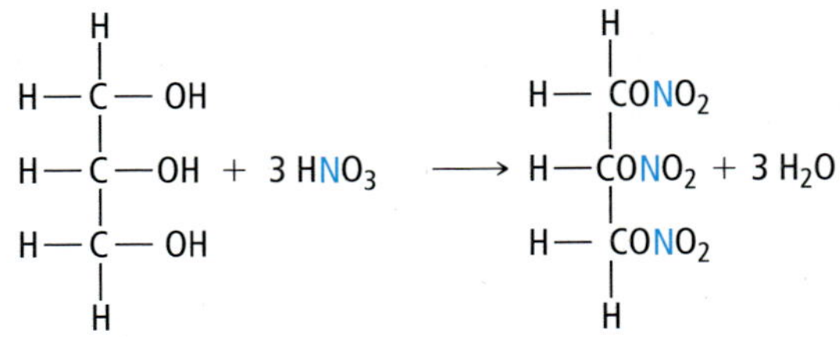

(22.68)

Die folgende Reaktion beschreibt die Explosion von Nitroglycerin:

$$4\,C_3H_5N_3O_9(l) \longrightarrow 6\,N_2(g) + 12\,CO_2(g) + 10\,H_2O(g) + O_2(g) \quad (22.69)$$

Sämtliche Produkte dieser Reaktion weisen sehr starke Bindungen auf; dementsprechend handelt es sich um eine stark exotherme Reaktion. Zudem wird eine erhebliche Menge von gasförmigen Produkten aus der Flüssigkeit gebildet. Zusammen mit der erzeugten Hitze durch die Reaktion führt die plötzliche Bildung dieser Gase zu einer Explosion.

Salpetrige Säure (HNO_2, Abbildung 22.29) ist deutlich weniger stabil als HNO_3 und neigt zur Disproportionierung zu NO und HNO_3. Für gewöhnlich wird HNO_2 durch Einwirken einer starken Säure wie H_2SO_4 auf die kalte Lösung eines Nitritsalzes wie $NaNO_2$ erzeugt. Salpetrige Säure ist eine schwache Säure ($K_S = 4{,}5 \times 10^{-4}$).

22.8 Die übrigen Elemente der Gruppe 5A: P, As, Sb und Bi

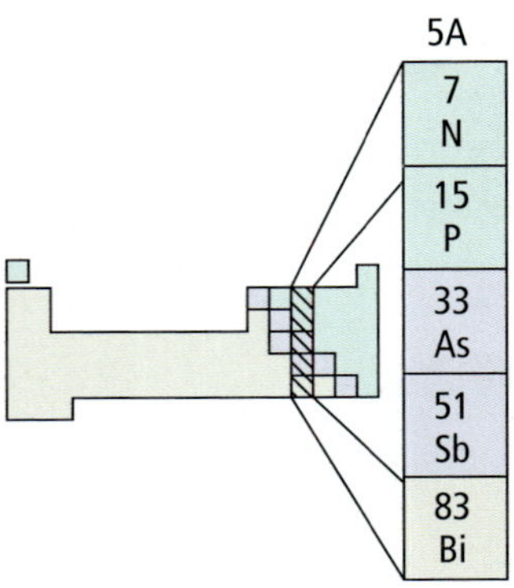

Von allen anderen Elementen der Gruppe 5A – Phosphor, Arsen, Antimon und Wismut – spielt Phosphor unter mehreren biochemischen und ökologischen Gesichtspunkten eine zentrale Rolle. In diesem Abschnitt untersuchen wir die Chemie dieser Elemente der Gruppe 5A, wobei die Chemie des Phosphors im Mittelpunkt stehen wird.

Allgemeine Merkmale der Elemente der Gruppe 5A

Die Elemente der Gruppe 5A haben die Konfiguration ns^2np^3 der äußeren Elektronenschale, wobei n für einen Wert von 2 bis 6 steht. Eine Edelgas-Konfiguration ergibt sich durch die Addition von drei Elektronen, aus der die Oxidationszahl –3 resultiert. Ionische Verbindungen mit X^{3-}-Ionen sind ungewöhnlich, mit Ausnahme von Salzen unedler Metalle, z. B. Li_3N. Im Allgemeinen nehmen Elemente der Gruppe 5A ein Elektronenoktett über kovalente Bindungen auf. Die Oxidationszahl variiert zwischen –3 und +5, in Abhängigkeit von der Art und Anzahl der Atome, mit denen die Elemente der Gruppe 5A verbunden sind.

Aufgrund seiner niedrigeren Elektronegativität ist Phosphor häufiger als Stickstoff in positiven Oxidationsstufen vorzufinden. Zudem sind Verbindungen, in denen Phosphor die Oxidationszahl +5 hat, im Vergleich zu den entsprechenden Stickstoffverbindungen, weniger stark oxidierend. Umgekehrt sind Verbindungen, in denen Phosphor die Oxidationszahl –3 aufweist, deutlich stärkere Reduktionsmittel als die jeweiligen Stickstoffverbindungen.

Einige der wichtigsten Eigenschaften der Elemente aus Gruppe 5A sind in Tabelle 22.7 aufgeführt. Das grundlegende Muster dieser Daten erinnert an bereits behandelte Gruppen: Die Größe und der metallische Charakter nehmen innerhalb der Gruppe parallel zur Atomnummer zu.

Eigenschaft	N	P	As	Sb	Bi
Atomradius (Å)	0,75	1,10	1,21	1,41	1,55
Ionisierungsenergie (kJ / mol)	1402	1012	947	834	703
Elektronenaffinität (kJ / mol)	>0	–72	–78	–103	–91
Elektronegativität	3,0	2,1	2,0	1,9	1,9
X — X Einfach-bindungsenthalpie (kJ / mol)*	163	200	150	120	—
X ≡ X Dreifach-bindungsenthalpie (kJ / mol)	941	490	380	295	192

* Näherungswerte

Tabelle 22.7: Eigenschaften der Elemente von Gruppe 5A.

Im Vergleich zu den Gruppen 6A und 7A ist die Variation der Eigenschaften unter den Elementen der Gruppe 5A markanter. Der Stickstoff am einen Ende der Variationsbreite existiert als ein gasförmiges, diatomares Molekül mit einem eindeutig nichtmetallischen Charakter. Am anderen Ende der Variationsbreite befindet sich Wismut, ein rötlich-weißer Stoff, der die meisten Metalleigenschaften besitzt.

Die als Enthalpien der X — X-Einfachbindungen angegebenen Werte sind nicht sehr zuverlässig, da solche Daten nicht ohne weiteres aus thermochemischen Experimenten gewonnen werden können. Dennoch bestehen keine Zweifel hinsichtlich der grundlegenden Tendenz: ein niedriger Wert der N — N-Einfachbindung, eine Zunahme bei Phosphor und schließlich eine Abnahme bei Arsen und Antimon. Durch Beobachtungen der Elemente im gasförmigen Zustand lässt sich eine Schätzung der X ≡ X-Dreifachbindungs-Enthalpien vornehmen (Tabelle 22.7). Auf diese Weise kann eine Tendenz festgestellt werden, die sich von der X — X-Einfachbindung unterscheidet. Stickstoff bildet eine deutlich stärkere Dreifachbindung als die anderen Elemente. Des Weiteren ist innerhalb der Gruppe eine kontinuierliche Abnahme der Dreifachbindungs-Enthalpie von oben nach unten erkennbar. Diese Daten verdeutlichen, weshalb unter den Elementen der Gruppe 5A allein der Stickstoff als diatomares Molekül bei 25 °C in seinem stabilen Zustand existiert. Bei den anderen Elementen sind die Atome durch Einfachbindungen miteinander verbunden.

Vorkommen, Isolierung und Eigenschaften von Phosphor

Phosphor kommt vor allem in der Form von Phosphatmineralien vor. Die Hauptquelle ist phosphathaltiges Gestein, das Phosphat im Wesentlichen in Form von $Ca_3(PO_4)_2$ enthält. Das Element wird industriell durch die Reduktion von Calciumphosphat durch Kohlenstoff in Gegenwart von SiO_2 hergestellt:

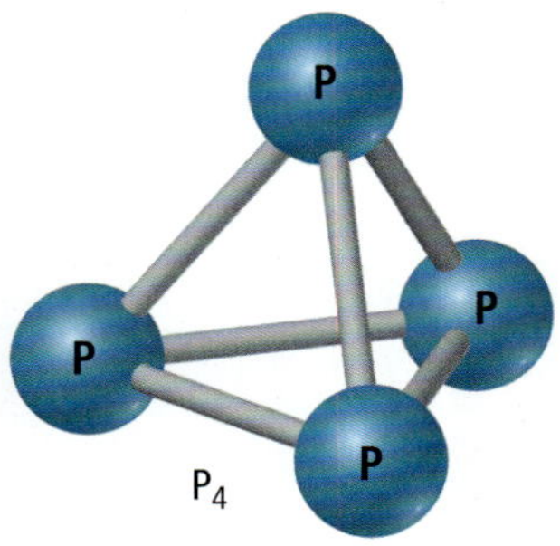

Abbildung 22.31: Die Struktur von weißem Phosphor. Tetraedische Struktur des P_4-Moleküls.

Abbildung 22.32: Allotrope Modifikationen des Phosphors. Weißer Phosphor ist hochgradig reaktiv und wird normalerweise unter Wasser gelagert, um ihn vor Sauerstoff zu schützen. Roter Phosphor ist deutlich weniger reaktiv als weißer Phosphor. Eine Lagerung unter Wasser ist nicht erforderlich.

$$2\,Ca_3(PO_4)_2(s) + 6\,SiO_2(s) + 10\,C(s) \xrightarrow{1500\,°C} P_4(g) + 6\,CaSiO_3(l) + 10\,CO(g) \quad (22.70)$$

Der auf diese Weise gewonnene Phosphor ist das Allotrop, das unter der Bezeichnung „weißer Phosphor" bekannt ist. Diese Form lässt sich nach dem Verlauf der Reaktion aus der Mischung destillieren.

Weißer Phosphor besteht aus tetraedischem P_4 (► Abbildung 22.31). Die 60°-Winkel der Bindungen in P_4 sind für Moleküle ungewöhnlich klein und bewirken eine starke Spannung der Bindungen. Dies steht im Einklang mit der hohen Reaktivität des weißen Phosphors. Diese allotrope Modifikation entflammt spontan bei Luftkontakt. Es handelt sich um einen wachsähnlichen Feststoff der bei 44,2 °C schmilzt und bei 280 °C siedet. Durch die Erhitzung bis auf 400 °C ohne Luftkontakt kann weißer Phosphor in eine stabilere Modifikation umgewandelt werden, die unter der Bezeichnung „roter Phosphor" bekannt ist. Der Kontakt mit der Luft führt bei dieser Form nicht zur Entzündung. Zudem ist sie deutlich weniger giftig als die weiße Variante. Beide allotropen Modifikationen werden in ► Abbildung 22.32 gezeigt. Der elementare Phosphor wird durch das Symbol P(*s*) wiedergegeben.

Phosphor-Halogenide

Phosphor ist an einem breiten Spektrum von Halogen-Verbindungen beteiligt, von denen die Tri- und Pentahalogenide den höchsten Stellenwert haben. Phosphortrichlorid (PCl_3) ist die kommerziell bedeutendste dieser Verbindungen und wird zur Herstellung einer Vielzahl unterschiedlicher Produkte verwendet, darunter Seife, Reinigungsmittel, Kunststoff und Insektizide.

Phosphorchloride, Bromide und Iodide lassen sich durch die direkte Oxidation von elementarem Phosphor mit dem elementaren Halogen bilden. Bei der Produktion von PCl_3 etwa, das bei Zimmertemperatur flüssig ist, wird weißer oder roter Phosphor dem Dampf von trockenem Chlorgas ausgesetzt.

$$2\,P(s) + 3\,Cl_2(g) \longrightarrow 2\,PCl_3(l) \quad (22.71)$$

Wenn bei der Reaktion überschüssiges Chlorgas vorhanden ist, tritt der Gleichgewichtszustand zwischen PCl_3 und PCl_5 ein.

$$PCl_3(l) + Cl_2(g) \rightleftharpoons PCl_5(s) \quad (22.72)$$

Da F_2 ein ausgesprochen starkes Oxidans ist, wird bei der direkten Reaktion von Phosphor mit F_2 im Allgemeinen PF_5 gebildet, wobei sich Phosphor dann in seiner höchsten positiven Oxidationsstufe befindet.

$$2\,P(s) + 5\,F_2(g) \longrightarrow 2\,PF_5(g) \quad (22.73)$$

Wenn Phosphor-Halogenide mit Wasser Kontakt haben, findet eine Hydrolyse statt. Die Reaktionen verlaufen spontan; aufgrund der Reaktion mit Wasserdampf verdunsten die meisten Phosphor-Halogenide in der Luft. Ist überschüssiges Wasser vorhanden, resultiert die Reaktion zu den entsprechenden Produkten Phosphorsäure und Wasserstoff-Halogenid.

$$PBr_3(l) + 3\,H_2O(l) \longrightarrow H_3PO_3(aq) + 3\,HBr(aq) \quad (22.74)$$

$$PCl_5(l) + 4\,H_2O(l) \longrightarrow H_3PO_4(aq) + 5\,HCl(aq) \quad (22.75)$$

Phosphorhaltige Sauerstoff-Verbindungen

Die wohl bedeutendsten Phosphorverbindungen sind solche, in denen das Element auf irgendeine Weise mit Sauerstoff verbunden ist. Phosphor (III)-Oxid (P_4O_6) wird durch die Oxidation von weißem Phosphor bei einer begrenzten Sauerstoffmenge gewonnen. Ist bei der Oxidation überschüssiger Sauerstoff vorhanden, kommt es zur Bildung von Phosphor (V)-Oxid (P_4O_{10}). Diese Verbindung lässt sich ebenso leicht durch die Oxidation von P_4O_6 erzeugen. Diese Oxide stehen für die beiden häufigsten Oxidationsstufen von Phosphor, +3 und +5. Die strukturelle Beziehung zwischen P_4O_6 und P_4O_{10} wird in ► Abbildung 22.33 deutlich. Beachten Sie die Ähnlichkeit dieser Moleküle mit dem P_4-Molekül, das in Abbildung 22.31 zu sehen ist: Alle drei Stoffe besitzen einen P_4-Kern.

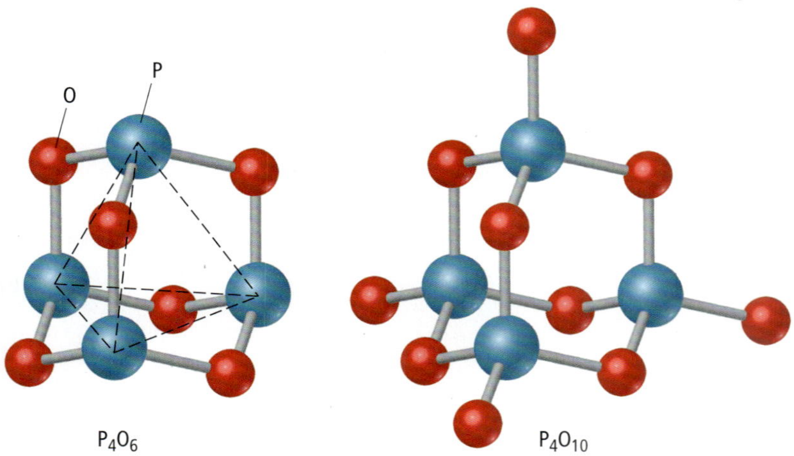

Abbildung 22.33: Strukturen von P_4O_6 und P_4O_{10}.

Phosphor(V)-Oxid ist das Anhydrid von Phosphorsäure (H_3PO_4), einer schwachen dreibasigen Säure. Tatsächlich weist P_4O_{10} eine hohe Affinität zu Wasser auf und wird deshalb als Trockenmittel verwendet. Phosphor(III)-Oxid ist das Anhydrid von Phosphonsäure (H_3PO_3), einer schwachen zweibasigen Säure. ► Abbildung 22.34 zeigt den Aufbau von H_3PO_4 und H_3PO_3. Die P — H-Bindung ist prinzipiell unpolar, das an Phosphor gebundene Wasserstoff-Atom in H_3PO_3 ist somit nicht sauer.

A 8 Formulieren Sie die ausgeglichene Gleichung der Reaktion von P_4O_{10} mit Wasser und berechnen Sie $\Delta H°$ für diese Reaktion. Verwenden Sie hierzu die Daten aus Anhang B.

Antwort:

$P_4O_{10}(s) + 6\, H_2O(l) \longrightarrow 4\, H_3PO_4(aq)$; −498,0 kJ

Übungsbeispiel 22.8 Berechnung einer Standardenthalpie-Änderung

Die reaktiven Chemikalien am Kopf eines an jeder beliebigen Oberfläche entzündlichen Streichholzes sind in der Regel P_4S_3 und ein Oxidationsmittel wie $KClO_3$. Wenn das Streichholz an einer rauen Oberfläche gerieben wird, entzündet die Reibungswärme das P_4S_3, und das Oxidationsmittel sorgt für eine schnelle Verbrennung. Die Produkte der Verbrennung von P_4S_3 sind P_4O_{10} und SO_2. Berechnen Sie die Änderung der Standardenthalpie der Verbrennung in Luft ausgehend von folgenden Standard-Bildungsenthalpien: P_4S_3 (–154,4 kJ/ mol), P_4O_{10} (–2940 kJ/mol), SO_2 (–296,9 kJ/mol).

Lösung

Analyse: Wir kennen die Reaktanten (P_4S_3 und den Sauerstoff der Luft), die Produkte (P_4O_{10} und SO_2) sowie deren Standard-Bildungsenthalpien und sollen für die Reaktion die Standardenthalpie-Änderung berechnen.

Vorgehen: Wir benötigen zunächst eine ausgeglichene chemische Gleichung für die Reaktion. Die Enthalpieänderung der Reaktion entspricht den Bildungsenthalpien der Produkte abzüglich der Bildungsenthalpien der Reaktanten (Gleichung 5.31, Abschnitt 5.7). Wie wir uns erinnern, ist die Standard-Bildungsenthalpie eines beliebigen Elements in seinem Grundzustand null. Somit gilt $\Delta H_f^\circ(O_2) = 0$.

Lösung: Die ausgeglichene chemische Gleichung der Verbrennung lautet:

$$P_4S_3(s) + 8\, O_2(g) \longrightarrow P_4O_{10}(s) + 3\, SO_2(g)$$

Dementsprechend formulieren wir

$$\begin{aligned}\Delta H^\circ &= \Delta H_f^\circ(P_4O_{10}) + 3\,\Delta H_f^\circ(SO_2) - \Delta H_f^\circ(P_4S_3) - 8\,\Delta H_f^\circ(O_2)\\ &= -2940\text{ kJ} + 3(-296{,}9)\text{ kJ} - (-154{,}4\text{ kJ}) - 8(0)\\ &= -3676\text{ kJ}\end{aligned}$$

Anmerkung: Die Reaktion ist stark exotherm und liefert die Begründung, warum P_4S_3 auf den Streichholzköpfen verwendet wird.

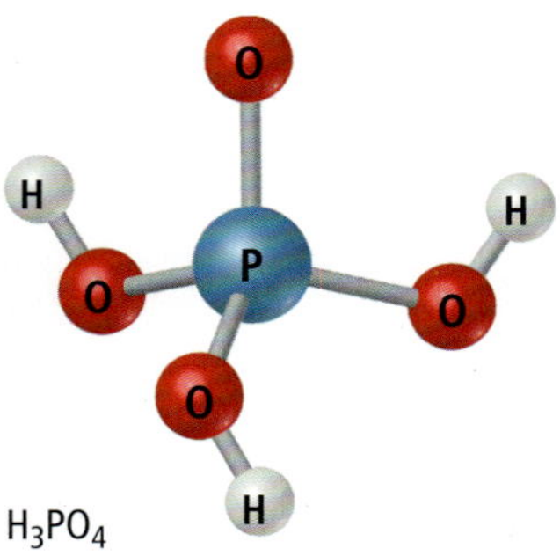

H_3PO_4

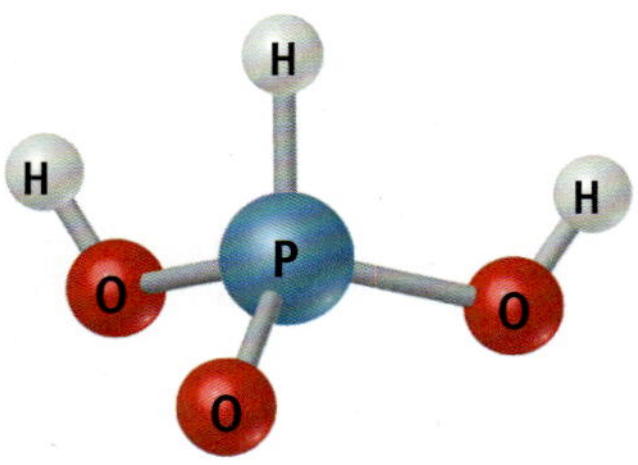

H_3PO_3

Abbildung 22.34: Strukturen von H_3PO_4 und H_3PO_3.

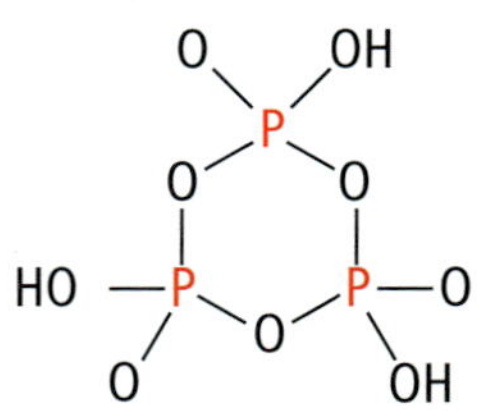

$(HPO_3)_3$
Trimetaphosphorsäure

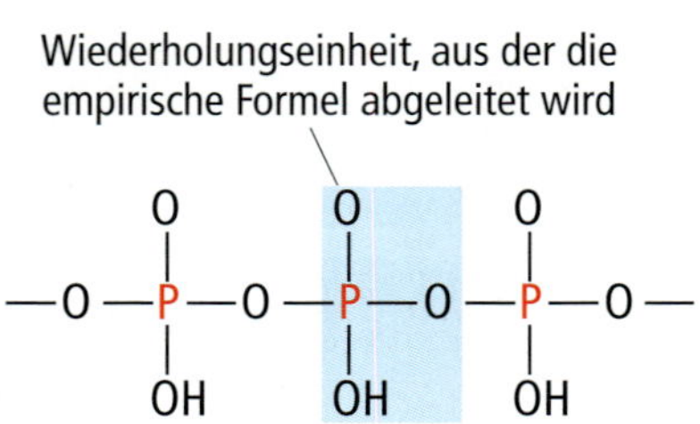

$(HPO_3)_n$
Polymetaphosphorsäure

Abbildung 22.35: Strukturen weiterer Phosphorsäuren. Strukturen der Trimetaphosphorsäure und der Polymetaphosphorsäure.

Ein Merkmal der Phosphorsäure und der Posphonsäure besteht in der Tendenz, beim Erhitzen Kondensationsreaktionen einzugehen. Eine **Kondensationsreaktion** findet statt, wenn sich zwei oder mehrere Moleküle verbinden, um ein größeres Molekül zu bilden, wobei H_2O abgespalten wird. Die Reaktion, in der sich zwei H_3PO_4-Moleküle durch die Eliminierung eines H_2O-Moleküls verbinden und auf diese Weise $H_4P_2O_7$ bilden, ist

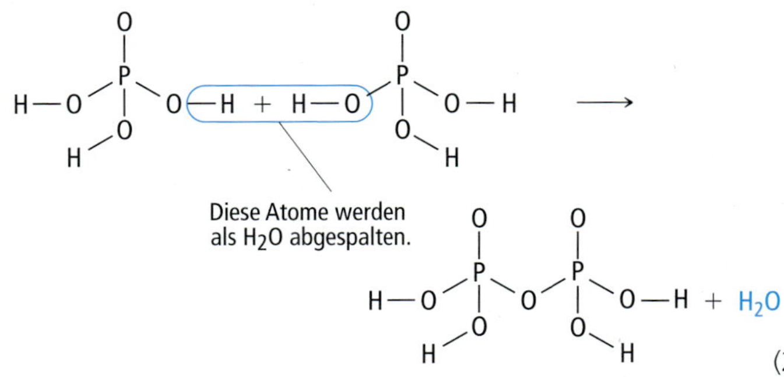

(22.76)

Die weitere Kondensation produziert Phosphate mit einer empirischen Formel von HPO_3.

$$nH_3PO_4 \longrightarrow (HPO_3)_n + nH_2O \quad (22.77)$$

► Abbildung 22.35 zeigt zwei Phosphate mit dieser empririschen Formel, ein zyklisches und ein polymeres. Die drei Säuren H_3PO_4, $H_4P_2O_7$ und $(HPO_3)_n$ enthalten Phosphor in der Oxidationsstufe +5 und werden somit als Phosphorsäure bezeichnet. Zur Unterscheidung dieser Säuren werden die Vorsilben *ortho-*, *pyro-* und *meta-* verwendet. H_3PO_4 ist eine Orthophosphorsäure, $H_4P_2O_7$ eine Pyrophosphorsäure und $(HPO_3)_n$ eine Metaphosphorsäure.

Der wichtigste Anwendungsbereich von Phosphorsäuren sind Reinigungs- und Düngemittel. In Reinigungsmitteln sind Phosphate häufig in Form von Natriumtripolyphosphat ($Na_5P_3O_{10}$) vorhanden. Die typische Zusammensetzung eines Reinigungsmittels ist 47 % Phosphat, 16 % Bleichmittel, Duftstoffe und Scheuermittel sowie 37 % lineares Alkansulfonat-Tensid (LAS). Es hat folgende Struktur:

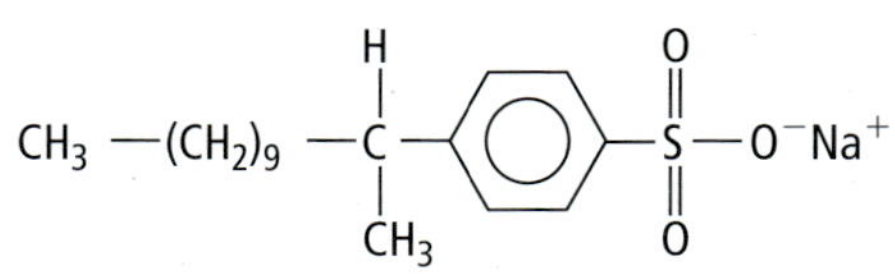

Die Phosphat-Ionen binden Metall-Ionen, welche zur Härte des Wassers beitragen. Diese Tatsache verhindert, dass die Metall-Ionen die Wirkung des Tensids beeinträchtigen. Die Phosphate halten zudem den pH-Wert oberhalb von 7 und verhindern auf diese Weise die Protonierung der Tensid-Moleküle.

Ein Großteil der abgebauten Phosphatminerale findet als Düngemittel Verwendung. Das in Phosphatmineralen enthaltene $Ca_3(PO_4)_2$ ist nicht löslich ($K_L = 2{,}0 \times 10^{-29}$). Damit eine Nutzung als Düngemittel möglich ist, wird es in eine lösliche Form umgewandelt, indem das Phosphatmineral einer Behandlung mit Schwefel- oder Phosphorsäure unterzogen wird.

$$Ca_3(PO_4)_2(s) + 3\ H_2SO_4(aq) \longrightarrow 3\ CaSO_4(s) + 2\ H_3PO_4(aq) \quad (22.78)$$

$$Ca_3(PO_4)_2(s) + 4\ H_3PO_4(aq) \longrightarrow 3\ Ca_2{}^{+}(aq) + 6\ H_2PO_4{}^{-}(aq) \quad (22.79)$$

Die Mischung, die aus der Behandlung von Phosphatmineralen mit Schwefelsäure sowie der anschließenden Trocknung und Pulverisierung resultiert, ist unter der Bezeichnung „Superphosphat" bekannt. Das in diesem Verfahren gebildete $CaSO_4$ ist für Böden von geringem Nutzen, es sei denn, es besteht ein Calcium- oder Schwefelmangel. Es lässt sich ansonsten zur Verdünnung des Phosphatgehaltes einsetzen. Wird das Phosphatmineral mit Phosphorsäure behandelt, enthält das Produkt kein $CaSO_4$ und weist demnach einen höheren Phosphoranteil auf. Dieses Produkt ist auch als Tripel-Superphosphat bekannt. Zwar ermöglicht die Löslichkeit von $Ca(H_2PO_4)_2$ den Pflanzen die Aufnahme des Stoffes, sie bewirkt aber auch, dass er aus dem Boden gespült wird und somit zur Schadstoffbelastung des Grundwassers beiträgt.

Phosphorverbindungen haben einen hohen Stellenwert in biologischen Systemen. Die RNS und DNS, die Moleküle also, die für die Steuerung der Proteinbiosynthese und der Übertragung von genetischen Informationen verantwortlich sind, enthalten Phosphatgruppen. Des Weiteren kommt es in Adenosintriphosphat (ATP) vor, das als Energiespeicher in Zellen wirkt. ATP weist folgende Struktur auf:

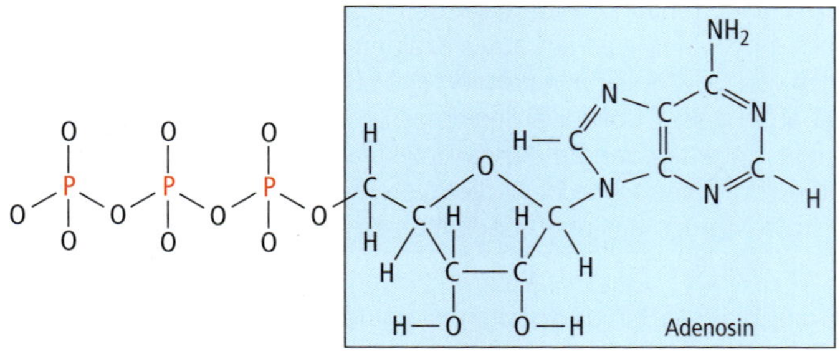

Die P — O — P-Bindung der endständigen Phosphatgruppe wird durch die Hydrolyse mit Wasser gebrochen, bei der Adenosindiphosphat (ADP) entsteht. Diese Reaktion setzt eine Energie von 33 kJ frei.

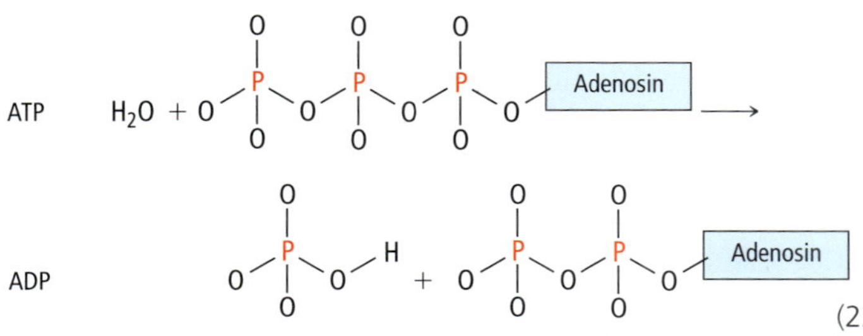

(22.80)

Diese Energie wird durch Muskelkontraktionen in mechanische Arbeit umgewandelt sowie in vielen anderen biochemischen Reaktionen genutzt.

22.9 Kohlenstoff

Die Erdkruste besteht nur zu 0,027 % aus Kohlenstoff, das Vorkommen dieses Elements ist demnach eher gering. Obwohl Kohlenstoff in elementarer Form wie Graphit oder Diamant existiert, wird er zumeist in Verbindungen vorgefunden. Mehr als die Hälfte liegt in Carbonatverbindungen wie $CaCO_3$ vor. Kohlenstoff ist zudem in Kohle, Petroleum und Naturgas präsent. Die Bedeutung des Elements beruht darauf, dass es zu einem hohen Prozentsatz in lebenden Organismen vorhanden ist. Das Leben, wie wir es kennen, basiert auf Kohlenstoffverbindungen. In diesem Abschnitt werden wir einen kurzen Blick auf den Kohlenstoff und die meisten geläufigen anorganischen Verbindungen werfen.

Elementare Formen des Kohlenstoffs

Abbildung 22.36: Synthetisch hergestellte Diamanten: Graphit und aus Graphit synthetisierte Diamanten. Die meisten synthetischen Diamanten erreichen weder die Größe, die Farbe noch die Klarheit der natürlichen Diamanten und werden daher nicht zu Schmuck verarbeitet.

Kohlenstoff existiert in vier allotropen, kristallinen Modifikationen: Graphit, Diamant, Fullerene sowie Kohlenstoff-Nanoröhrchen (siehe Abschnitt 11.8). *Graphit* ist ein weicher, schwarzer und glatter Feststoff, der eine metallisch glänzende Oberfläche besitzt und leitfähig ist. Er besteht aus parallelen Schichten von Kohlenstoff-Atomen, die durch London-Kräfte zusammengehalten werden.

Diamant ist ein klarer, harter Feststoff, in dem die Kohlenstoff-Atome ein kovalentes Netzwerk bilden. Die Dichte von Diamant ist höher als die von Graphit ($d = 2{,}25\ g/cm^3$ für Graphit; $d = 3{,}51\ g/cm^3$ für Diamant). Unter extremen Druck- und Temperaturbedingungen (in der Größenordnung von 100.000 atm bei 3000 °C) wird Graphit in Diamant umgewandelt (► Abbildung 22.36). Pro Jahr werden etwa 3×10^4 kg Diamanten industrieller Qualität künstlich hergestellt, vor allem zur Verwendung in Schneide-, Schleif- und Polierwerkzeugen.

Fullerene sind molekulare Formen des Kohlenstoffs und wurden Mitte der achtziger Jahre des letzten Jahrhunderts entdeckt (siehe Kasten „Näher hingeschaut", Abschnitt 11.8). Sie bestehen aus einzelnen Molekülen wie C_{60} und C_{70}. Das Aussehen von C_{60}-Molekülen erinnert an Fußbälle (siehe links). Die chemischen Eigenschaften dieser Stoffe werden derzeit von zahlreichen Forschungsgruppen untersucht. Enge Verwandte dieser molekularen Formen des Kohlenstoffs sind die Kohlenstoff-Nanoröhrchen, die aus einer oder mehreren Schichten von Kohlenstoff-Atomen bestehen und eine zylindrische Form wie in der seitlichen Abbildung aufweisen.

Auch Graphit existiert in drei gängigen amorphen Formen. **Ruß** entsteht durch die Erhitzung von Kohlenwasserstoffen, die einer sehr geringen Menge Sauerstoff ausgesetzt sind.

$$CH_4(g) + O_2(g) \longrightarrow C(s) + 2\ H_2O(g) \qquad (22.81)$$

Er wird als Pigment in schwarzer Tinte verwendet, und auch bei der Herstellung von Autoreifen werden größere Mengen Ruß verarbeitet. **Holzkohle** ist das Resultat einer starken Erhitzung von Holz ohne Sauerstoffzufuhr. Die Holzkohlenstruktur ist sehr porös und verfügt somit über eine enorme Oberfläche pro Masseneinheit. Aktivkohle, eine pulverisierte Form, deren Oberfläche durch Dampferhitzung gereinigt wurde, wird zur Adsorption von Molekülen eingesetzt. In Filtern wird diese Fähigkeit der Aktivkohle zur Beseitigung von lästigen Gerüchen in der Luft oder zur Verbesserung des Geschmacks von Wasser genutzt. **Koks** ist eine unreine Form des Kohlenstoffs und wird durch die starke Erhitzung von Kohle bei Luftabschluss erzeugt. In metallurgischen Prozessen wird Koks häufig als Reduktionsmittel eingesetzt

Kohlenstoffoxide

Kohlenstoff bildet zwei wichtige Oxide: Kohlenstoffmonoxid (CO) und Kohlenstoffdioxid (CO_2). *Kohlenstoffmonoxid* entsteht durch die Verbrennung von Kohlenstoff oder Kohlenwasserstoffen bei geringer Sauerstoffzufuhr.

$$2\ C(s) + O_2(g) \longrightarrow 2\ CO(g) \qquad (22.82)$$

Es ist ein farbloses, geruchloses und geschmacksneutrales Gas (Schmelzpunkt = –199 °C; Siedepunkt = –192 °C). Seine Toxizität beruht auf der Eigenschaft, an Hämoglobin zu binden und somit die Sauerstoffversorgung des Organismus zu beeinträchtigen (siehe Abschnitt 18.3). Niedrige CO-Konzentrationen verursachen Kopfschmerzen und Schläfrigkeit, höhere Konzentrationen können zum Tod führen. Kohlenstoffmonoxid wird durch Verbrennungsmotoren produziert und hat einen hohen Anteil an der Schadstoffbelastung der Luft.

Kohlenstoffmonoxid ist isoelektronisch zu N_2, daher liegt der Schluss nahe, dass CO ebenso wenig reaktiv ist. Zudem weisen beide Stoffe hohen Bindungsenergie auf (1072 kJ/mol für $C \equiv O$ und 941 kJ/mol für $N \equiv N$). Aufgrund der niedrigeren Kernladung des Kohlenstoff-Atoms (im Vergleich zu N oder O) ist das nichtbindende Elektronenpaar jedoch weniger stark gebunden als das von N oder O. Infolgedessen ist CO eher als N_2 dazu in der Lage, als Elektronenpaar-Donor (Lewis-Base) aufzutreten. Es bildet eine Vielzahl von kovalenten Verbindungen mit Übergangsmetallen – auch als Metallcarbonyle bekannt. $Ni(CO)_4$ etwa ist eine flüchtige, toxische Verbindung, die durch die einfache Erwärmung von metallischem Nickel in der Gegenwart von CO gebildet wird. Metallcarbonyle spielen bei Übergangsmetall-katalysierten Reaktionen, bei denen CO beteiligt ist, eine wichtige Rolle.

Kohlenstoffmonoxid wird zu verschiedenen industriellen Zwecken verwendet. Aufgrund seiner hohen Brennbarkeit – das Produkt der Verbrennung ist CO_2 – wird es als Kraftstoff eingesetzt.

$$2\,CO(g) + O_2(g) \longrightarrow 2\,CO_2(g) \qquad \Delta H^\circ = -566\text{ kJ} \qquad (22.83)$$

Als wichtiges Reduktionsmittel findet es häufig bei metallurgischen Prozessen wie der Reduktion von Metalloxiden (z. B. Eisenoxid) in Hochöfen Verwendung.

$$Fe_3O_4(s) + 4\,CO(g) \longrightarrow 3\,Fe(s) + 4\,CO_2(g) \qquad (22.84)$$

Des Weiteren wird Kohlenstoffmonoxid bei der Herstellung verschiedener organischer Verbindungen genutzt. In Abschnitt 22.2 konnten wir feststellen, dass sich CO katalytisch mit H_2 verbindet und Methanol (CH_3OH) bildet (► Gleichung 22.14).

Kohlenstoffdioxid entsteht bei der Verbrennung von kohlenstoffhaltigen Stoffen bei reichhaltiger Sauerstoffzufuhr.

$$C(s) + O_2(g) \longrightarrow CO_2(g) \qquad (22.85)$$

$$C_2H_5OH(l) + 3\,O_2(g) \longrightarrow 2\,CO_2(g) + 3\,H_2O(g) \qquad (22.86)$$

Es wird weiterhin beim Erhitzen vieler Carbonate produziert.

$$CaCO_3(s) \xrightarrow{\Delta} CaCO(s) + CO_2(g) \qquad (22.87)$$

Große Mengen lassen sich auch im Rahmen der Ethanolherstellung als Nebenprodukt der Zuckergärung gewinnen.

$$\underset{\text{Glukose}}{C_6H_{12}O_6(aq)} \xrightarrow{\text{Hefe}} 2\,\underset{\text{Ethanol}}{C_2H_5OH(aq)} + 2\,CO_2(g) \qquad (22.88)$$

Glukose Ethanol

Im Labor wird CO_2 durch die Wirkung von Säuren auf Carbonate produziert (► Abbildung 22.37):

$$CO_3^{2-}(aq) + 2\,H^+(aq) \longrightarrow CO_2(g) + H_2O(l) \qquad (22.89)$$

Kohlenstoffdioxid ist ein farb- und geruchloses Gas. Obwohl es nur einen geringeren Anteil an der Erdatmosphäre hat, trägt es viel zum so genannten Treibhauseffekt bei (siehe Abschnitt 18.3). Zwar ist CO_2 nicht toxisch, höhere Konzentrationen beschleunigen jedoch den Atem und können zum Ersticken führen. Seine Verflüssigung kann leicht durch Kompression erreicht werden. Wenn Kohlenstoffdioxid bei Normaldruck abgekühlt wird, kondensiert es als Feststoff, nicht als Flüssigkeit. Der Feststoff sublimiert bei Normaldruck und einer Temperatur von –78 °C. Diese Eigenschaft macht festes CO_2, das auch Trockeneis genannt wird, zu einem effizienten Kühlmittel. Etwa die Hälfte des CO_2-Jahresverbrauchs wird zu Kühlzwecken eingesetzt. Ein weiteres wichtiges Anwendungsgebiet besteht in der Herstellung von kohlensäurehaltigen Getränken. Größere Mengen werden auch für die Produktion von *Waschsoda* ($Na_2CO_3 \cdot 10\,H_2O$) und *Back-Natron* ($NaHCO_3$) verbraucht. Die Bezeichnung „Back-Natron" verweist auf die folgende Reaktion, die beim Backen stattfindet:

Abbildung 22.37: Bildung von CO_2. Festes $CaCO_3$ reagiert mit einer Salzsäurelösung und produziert CO_2-Gas, das hier als Blasen sichtbar wird.

$$NaHCO_3(s) + H^+(aq) \longrightarrow Na^+(aq) + CO_2(g) + H_2O(l) \quad (22.90)$$

$H^+(aq)$ ist in Essig und saurer Milch enthalten und lässt sich durch die Hydrolyse bestimmter Salze produzieren. Die Blasen, die CO_2 im Inneren des Teigs bildet, lassen ihn aufgehen. Waschsoda lässt sich zum Ausfällen der Metall-Ionen nutzen, die die Reinigungswirkung der Seife beeinträchtigen könnten.

Kohlensäure und Carbonate

Kohlenstoffdioxid ist bei Normaldruck mäßig wasserlöslich. Die resultierenden Lösungen sind aufgrund der Bildung von Kohlensäure (H_2CO_3) schwach sauer.

$$CO_2(aq) + H_2O(l) \rightleftharpoons H_2CO_3(aq) \quad (22.91)$$

Kohlensäure ist eine schwache zweibasige Säure. Ihr saurer Charakter verleiht Sprudelgetränken einen typischen säuerlichen Geschmack.

Obwohl Kohlensäure nicht als reine Verbindung isoliert werden kann, lassen sich Hydrogencarbonate (Bicarbonate) und Carbonate durch die Neutralisierung von Kohlensäurelösungen gewinnen. Eine teilweise Neutralisierung ergibt HCO_3^-, eine vollständige Neutralisierung CO_3^{2-}.

Die Stärke des HCO_3^--Ions als Base übertrifft seine Stärke als Säure ($K_B = 2{,}3 \times 10^{-8}$; $K_S = 5{,}6 \times 10^{-11}$). Dementsprechend sind wässrige HCO_3^--Lösungen schwach alkalisch.

$$HCO_3^-(aq) + H_2O(l) \rightleftharpoons H_2CO_3(aq) + OH^-(aq) \quad (22.92)$$

Das Carbonat-Ion ist noch stärker basisch ($K_B = 1{,}8 \times 10^{-4}$).

$$CO_3^{2-}(aq) + H_2O(l) \rightleftharpoons HCO_3^-(aq) + OH^-(aq) \quad (22.93)$$

Es gibt zahlreiche Minerale, die ein Carbonat-Ion enthalten. Die wichtigsten Carbonatminerale sind Calcit ($CaCO_3$), Magnesit ($MgCO_3$), Dolomit [$MgCa(CO_3)_2$] und Siderit ($FeCO_3$). Calcit ist das häufigste Mineral in Kalksteinfelsen mit großen Vorkommen in vielen Gebieten der Erde. Es ist zudem der Hauptbestandteil von Marmor, Kalk, Perlen, Korallenbänken sowie der Schalen von Meerestieren wie Muscheln oder Austern. Obwohl $CaCO_3$ in reinem Wasser schwach löslich ist, lässt es sich problemlos in Säuren auflösen. Hierbei kommt es zur Bildung von CO_2.

$$CaCO_3(s) + 2\,H^+(aq) \rightleftharpoons Ca_2^+(aq) + H_2O(l) + CO_2(g) \quad (22.94)$$

Abbildung 22.38: Die Carlsbad-Höhlen im US-Bundesstaat New Mexico.

Da Wasser mit gelöstem CO_2 schwach sauer ist (► Gleichung 22.91), löst sich $CaCO_3$ nur langsam in diesem Medium auf:

$$CaCO_3(s) + H_2O(l) + CO_2(g) \longrightarrow Ca^{2+}(aq) + 2\,HCO_3^-(aq) \quad (22.95)$$

Eine solche Reaktion findet statt, wenn Oberflächenwasser in den Boden sickert und dabei Kalksteinablagerungen passiert. Kalkstein wird dabei aufgelöst, Ca^{2+} gelangt auf diesem Weg ins Grundwasser und erzeugt somit hartes Wasser. Befindet sich der Kalkstein tief genug im Boden, entstehen bei diesem Prozess Hohlräume. Zwei weithin bekannte Kalksteinhöhlen sind die Mammoth-Höhle in Kentucky und die Carlsbad-Höhlen in New Mexico (► Abbildung 22.38), vor allem aber in den nördlichen und südlichen Kalkalpen findet man solche Höhlen.

Eine der wichtigsten Reaktionen von $CaCO_3$ ist sein Zerfall in CaO und CO_2 bei erhöhten Temperaturen (► Gleichung 22.87). Etwa $2{,}0 \times 10^{10}$ kg Calciumoxid, bekannt als Kalk oder Ätzkalk, werden jährlich in den USA produziert. Bei der Reaktion von Calciumoxid mit Wasser ensteht $Ca(OH)_2$, ein industriell bedeutender Ausgangsstoff. Er spielt ebenfalls eine wichtige Rolle bei der Herstellung von Mörtel, einer Mischung von Sand, Wasser und CaO, der bei Maurerarbeiten auf Baustellen verwendet wird. Bei der Reaktion von Calciumoxid mit Wasser und CO_2 entsteht $CaCO_3$, das den Sand im Mörtel bindet.

$$CaO(s) + H_2O(l) \rightleftharpoons Ca^{2+}(aq) + 2\,OH^-(aq) \quad (22.96)$$

$$Ca^{2+}(aq) + 2\,OH^-(aq) + CO_2(aq) \longrightarrow CaCO_3(s) + H_2O(l) \quad (22.97)$$

Carbide

Die binären Kohlenstoffverbindungen mit Metallen, Halbmetallen und bestimmten Nichtmetallen werden unter dem Begriff Carbide zusammengefasst. Es existieren drei Typen: ionische, interstitielle und kovalente **Carbide**. Die ionischen Carbide werden mit unedleren Metallen gebildet. Die häufiger vorkommenden ionischen Carbide enthalten das *Acetylid-Ion* (C_2^{2-}). Dieses Ion ist mit N_2 isoelektrisch, und seine Lewis-Strukturformel, $[|C \equiv C|]^{2-}$, besitzt eine Kohlenstoff–Kohlenstoff-Dreifachbindung. Das wichtigste Carbid ist das Calciumcarbid (CaC_2), das bei hohen Temperaturen durch die Reduktion von CaO mit Kohlenstoff entsteht:

$$2\,CaO(s) + 5\,C(s) \longrightarrow 2\,CaC_2(s) + CO_2(g) \quad (22.98)$$

Das Carbid-Ion, eine ausgesprochen starke Base, reagiert mit Wasser und bildet dabei Acetylen ($H-C\equiv C-H$):

$$CaC_2(s) + 2\,H_2O(l) \longrightarrow Ca(OH)_2(aq) + C_2H_2(g) \quad (22.99)$$

Calciumcarbid stellt somit eine geeignete Feststoffquelle für Acetylen dar, das in Schweißverfahren eingesetzt wird.

Interstitielle Carbide werden mit einer großen Zahl von Übergangsmetallen gebildet. Analog zu den interstitiellen Hydriden besetzen die Kohlenstoff-Atome die Zwischenräume zwischen den Metall-Atomen (siehe Abschnitt 22.2). Wolframcarbid ist sehr hart und hitzeresistent und wird daher zur Herstellung von Schneidewerkzeugen verwendet.

Kovalente Carbide werden mit Bor und Silizium gebildet. Siliziumcarbid (SiC), das auch unter der Bezeichnung Carborundum bekannt ist, wird als Schleifmittel sowie für Schneidewerkzeuge eingesetzt. SiC, das beinahe die Härte von Diamant erreicht, weist eine diamantenähnliche Struktur auf, bei der die Gitterpostionen abwechselnd mit Si- und C-Atomen besetzt sind.

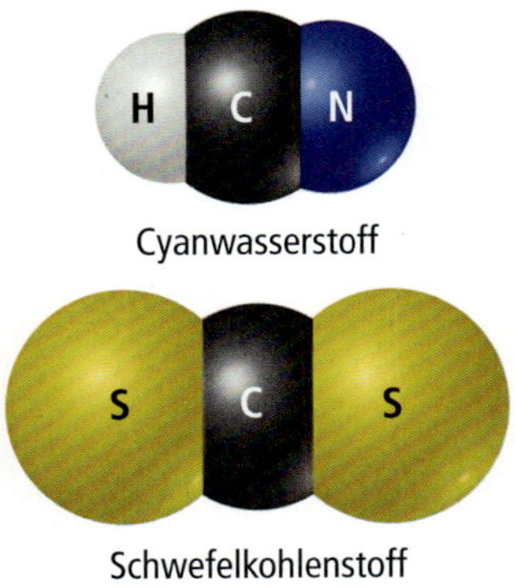

Abbildung 22.39: Strukturen von Cyanwasserstoff und Schwefelkohlenstoff.

Andere anorganische Kohlenstoffverbindungen

Cyanwasserstoff, HCN (► Abbildung 22.39), ist ein extrem toxisches Gas, dessen Geruch an Bittermandeln erinnert. Das Gas wird bei der Reaktion eines Cyanidsalzes wie NaCN mit einer Säure erzeugt (siehe Übungsbeispiel 22.2 c).

Wässrige HCN-Lösungen werden als Cyanwasserstoffsäure bezeichnet. Werden solche Lösungen mit Basen (z. B. NaOH) versetzt, entstehen Cyanidsalze, wie z. B. NaCN. Cyanide kommen bei der Herstellung von verschiedenen Kunststoffen zum Einsatz, unter ihnen Nylon und Orlon. Das CN^--Ion bildet mit den meisten Übergangsmetallen sehr stabile Komplexe (siehe Abschnitt 17.5).

Schwefelkohlenstoff, CS_2 (Abbildung 22.39), ist ein wichtiges industrielles Lösungsmittel für Wachse, Fette, Zellulosen sowie andere unpolare Stoffe. Die Dämpfe der farblosen, flüchtigen Flüssigkeit (Siedepunkt 46,3 °C) sind hochgiftig und leicht entflammbar. Die Verbindung entsteht durch die direkte Reaktion von Kohlenstoff und Schwefel bei hohen Temperaturen.

22.10 Die übrigen Elemente der Gruppe 4A: Si, Ge, Sn und Pb

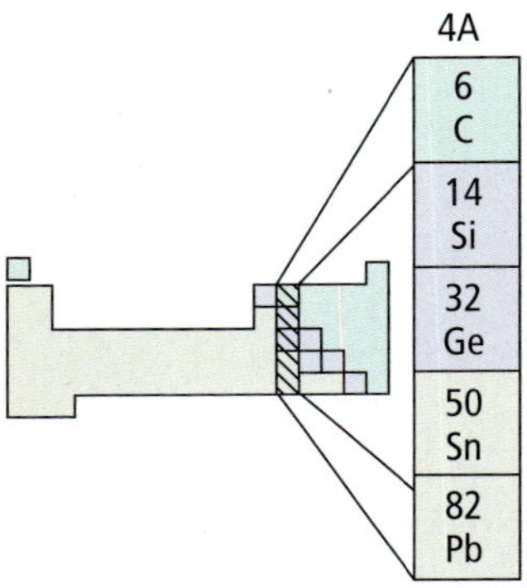

Außer Kohlenstoff gehören zur Gruppe 4A die Elemente Silizium, Germanium, Zinn und Blei. In Gruppe 4A kann man besonders deutlich beobachten, wie der metallische Charakter der Elemente von oben nach unten zunimmt. Kohlenstoff ist ein Nichtmetall, Silizium und Germanium sind Halbmetalle, Zinn und Blei sind Metalle. In diesem Abschnitt werden wir zunächst gemeinsame Eigenschaften der Gruppe 4A erörtern und anschließend näher auf Silizium eingehen.

Allgemeine Merkmale der Elemente in Gruppe 4A

Einige Eigenschaften der Elemente der Gruppe 4A sind in Tabelle 22.8 aufgeführt. Die Elemente haben die Valenzelektronenkonfiguration ns^2np^2. Die Elektronegativität dieser Elemente ist im Allgemeinen niedrig. Carbide mit C^{4-}-Ionen lassen sich nur bei wenigen Kohlenstoffverbindungen mit stark unedlen Metallen beobachten. Die Bildung von 4+-Ionen aufgrund von Elektronenverlust findet bei keinem dieser Elemente statt, da die Ionisierungsenergien zu hoch sind. Die Oxidationszahl +2 kommt jedoch in der Chemie von Germanium, Zinn und Blei vor, bei letzterem Element ist +2 sogar die bevorzugte Oxidationszahl. Die überwiegende Mehrheit der Verbindungen mit Elementen der Gruppe 4A weist kovalente Bindungen auf. Kohlenstoff kann bis zu vier Bindungen ausbilden. Die übrigen Vertreter der Gruppe 4A sind dazu in der Lage, mittels scheinbarer Valenzschalenexpansion höhere Koordinationszahlen zu erreichen.

Kohlenstoff unterscheidet sich gegenüber den anderen Elementen der Gruppe 4A durch seine ausgeprägte Fähigkeit, Mehrfachbindungen sowohl mit sich selbst als auch mit anderen Nichtmetallen zu bilden, insbesondere mit N, O und S (siehe Abschnitt 22.1).

Tabelle 22.8 verdeutlicht, dass die Stärke einer Bindung zwischen zwei Atomen des jeweiligen Elements innerhalb der Gruppe 4A des Periodensystems von oben nach unten abnimmt. Kohlenstoff-Kohlenstoff-Bindungen sind ausgesprochen stark. Kohlenstoff besitzt deshalb die Fähigkeit zur Bildung von Verbindungen, in denen Kohlenstoff-Atome in Ketten und Ringen miteinander verbunden sind. Diese Eigenschaft erklärt die große Zahl der bestehenden organischen Verbindungen. Andere Elemente, vor allem solche, die im Periodensystem in unmittelbarer Nachbarschaft des Kohlenstoffs angeordnet sind, sind ebenfalls imstande, Ketten und Ringe zu bilden. Diese Bindungen spielen allerdings in der Chemie der Elemente eine weitaus weniger bedeutsame Rolle, als es beim Kohlenstoff der Fall ist. Beispielsweise ist die Stärke der Si — Si-Bindung (226 kJ/mol) deutlich geringer als die der Si — O-Bindung (386 kJ/mol). Daraus ergibt sich, dass Si — O-Bindungen in der Silizium-Chemie dominierend sind und Si — Si-Bindungen eine eher untergeordnete Rolle spielen.

Eigenschaft	C	Si	Ge	Sn	Pb
Atomradius (Å)	0,77	1,17	1,22	1,40	1,46
Ionisierungsenergie (kJ/mol)	1086	786	762	709	716
Elektronegativität	2,5	1,8	1,8	1,8	1,9
X — X Einfachbindungs-enthalpie (kJ/mol)	348	226	188	151	—

Tabelle 22.8: Eigenschaften der Elemente von Gruppe 4A.

Abbildung 22.40: Elementares Silizium. Für die Anwendung in elektronischen Geräten wird Siliziumpulver geschmolzen und im Zonenschmelzverfahren zu einem einzigen Kristall verarbeitet (oben). Siliziumscheiben werden vom Kristall sukzessive abgeschnitten und durch eine Reihe von hoch entwickelten Verfahren bei der Herstellung unterschiedlicher elektronischer Geräte verwendet.

Vorkommen und Herstellung von Silizium

Das Silizium ist nach dem Sauerstoff das zweithäufigste Element der Erdkruste. Es ist in SiO_2 enthalten sowie in einer Vielzahl von Silikatmineralien. Das Element wird bei hohen Temperaturen durch die Reduktion von geschmolzenem Siliziumdioxid mit Kohlenstoff gebildet.

$$SiO_2(l) + 2\,C(s) \longrightarrow Si(l) + 2\,CO(g) \qquad (22.100)$$

Elementares Silizium verfügt über eine diamantartige Struktur. Kristallines Silizium ist ein grauer Feststoff mit metallischem Aussehen, der bei 1410 °C schmilzt (► Abbildung 22.40). Als Halbleiter (siehe Abschnitt 12.1) wird Silizium zur Herstellung von Transistoren und Solarzellen verwendet. Damit das Element als Halbleiter verarbeitet werden kann, muss es einen extrem hohen Reinheitsgrad mit weniger als 10^{-7}% (1 ppb) Fremdstoffen aufweisen. Eine Methode zur Beseitigung von Verunreinigungen stellt die Reaktion des Elements mit Cl_2 dar, deren Produkt $SiCl_4$ ist. $SiCl_4$ ist eine flüchtige Flüssigkeit, die zunächst im fraktionierten Destillationsverfahren gereinigt und anschließend durch die Reduktion mit H_2 zurück in elementares Silizium umgewandelt wird.

$$SiCl_4(g) + 2\,H_2(g) \longrightarrow Si(s) + 4\,HCl(g) \qquad (22.101)$$

Der Reinheitsgrad lässt sich dann durch das Zonenschmelzverfahren weiter erhöhen. Im Zonenschmelzverfahren wird, wie in ► Abbildung 22.41 dargestellt, eine Heizspirale langsam entlang eines Siliziumstabs bewegt. Ein schmaler Bereich des Stabs wird dabei geschmolzen. Während die geschmolzene Zone allmählich über die gesamte Länge des Stabs wandert, konzentrieren sich die Unreinheiten im geschmolzenen Bereich und folgen ihm bis zum Ende des Stabs. Der gereinigte obere Teil des Stabs wird bei der Herstellung von elektronischen Geräten verwendet.

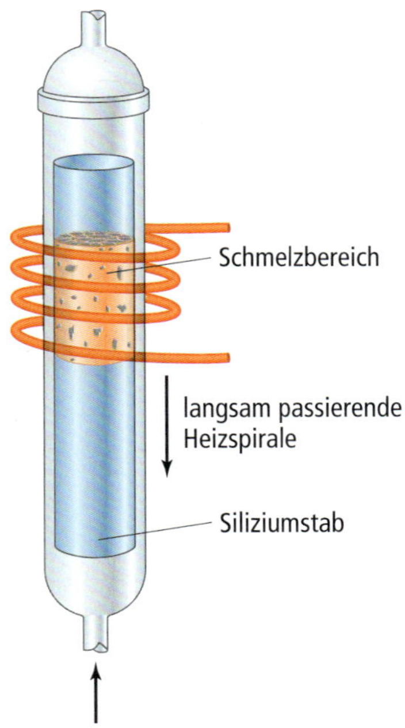

Abbildung 22.41: Zonenschmelzapparat.

Silikate

Siliziumdioxid und andere Verbindungen, die Silizium und Sauerstoff enthalten, haben einen Erdkrustenanteil von mehr als 90 %. **Silikate** sind Verbindungen, in denen ein Silizium-Atom tetraedrisch von vier Sauerstoff-Atomen umgeben ist (► Abbildung 22.42 a). In Silikaten befindet sich Silizium in seiner häufigsten Oxidationsstufe, +4. Das einfache SiO_4^{4-}-Ion, das auch als Orthosilikat-Ion bezeichnet wird, ist nur in wenigen Silikatmineralen vorzufinden. Das Silikat-Tetraeder kann jedoch als „Baustein" zum Bau von Mineralstrukturen betrachtet werden. Die einzelnen Tetraeder sind über ein Sauerstoff-Atom miteinander eckenverknüpft.

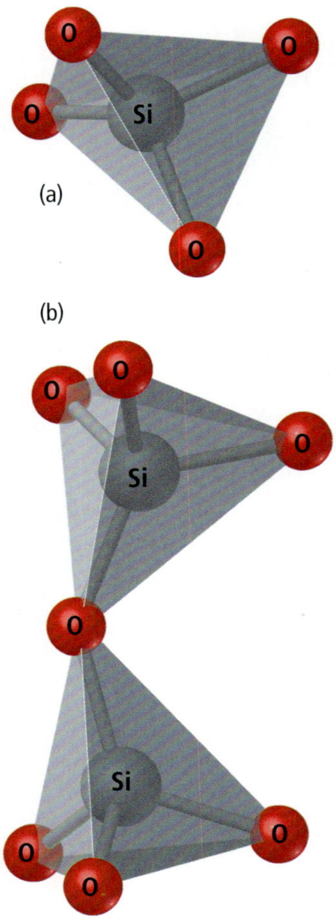

Abbildung 22.42: Silikatstrukturen. (a) Struktur des SiO_4-Tetraeders im SiO_4^{-}-Ion. Dieses Ion kommt in verschiedenen Mineralien vor, darunter auch Zirkon ($ZrSiO_4$). (b) Die Struktur des $Si_2O_7^{6-}$-Ions, die sich durch Eckenverknüpfung von zwei SiO_4-Tetraedern ergibt. Dieses Ion ist in verschiedenen Mineralien enthalten, u. a. in Hardystonit, $Ca_2Zn(Si_2O_7)$.

Wie in Abbildung 22.42 b dargestellt, führt die Eckenverknüpfung von zwei SiO_4-Tetraedern zu einem *Disilikat-Ion*, das zwei Si-Atome und sieben O-Atome besitzt. Bei allen Silikaten befinden sich Si und O in den Oxidationsstufen +4 bzw. –2, wobei die Gesamtladung des Ions mit diesen Oxidationsstufen übereinstimmen muss. Somit ist die Ladung von Si_2O_7 (2) (+4) + (7) (–2) = –6; es ist das $Si_2O_7^{6-}$-Ion. Das Mineral *Thortveitit* ($Sc_2Si_2O_7$) verfügt über $Si_2O_7^{6-}$-Ionen.

In den meisten Silikatmineralen sind eine Vielzahl von Silikat-Tetraedern miteinander verbunden und bilden Ketten, Schichten oder dreidimensionale Strukturen. Es lassen sich beispielsweise zwei Eckstücke eines Tetraeders mit zwei anderen Tetraedern verbinden, um eine unendliche Kette mit ··· O — Si — O — Si ···-Brücken herzustellen. Diese Struktur, eine einsträngige Silikat-Kette, ist in ► Abbildung 22.43 a dargestellt. Wie wir sehen, lässt sich diese Kette als Sequenz von $Si_2O_6^{4-}$-Ionen betrachten und so kann man vereinfacht die Formel SiO_3^{2-} schreiben. Das Mineral *Enstatit* ($MgSiO_3$) besitzt zwei Reihen von einsträngigen Silikat-Ketten. Zum Ausgleich der Ladung befinden sich Mg^{2+}-Ionen zwischen den Strängen.

In Abbildung 22.43 b ist jedes Silikat-Tetraeder mit drei weiteren verbunden und bildet so eine unendliche, zweidimensionale Schichtstruktur. Die einfachste Formel dieser Schicht lautet $Si_2O_5^{2-}$. Das Mineral *Talk*, auch bekannt als Talkumpulver, hat die Formel $Mg_3(Si_2O_5)_2(OH)_2$ und basiert auf ebendieser Schichtstruktur. Die Mg^{2+}- und OH^--Ionen liegen zwischen den Silikat-Schichten. Das seidige Gefühl beim Anfassen des Talkumpulvers wird durch die Silikat-Schichten bewirkt, die sich gegeneinander verschieben, analog zu der Kohlenstoff-Schichtstruktur des Graphits, die dieser Modifikation ihre Schmierstoffeigenschaften verdankt (siehe Abschnitt 11.8).

Asbest ist der Oberbegriff einer Gruppe fasriger Silikatminerale. Diese Minerale verfügen über kettenähnliche Anordnungen von Silikat-Tetraedern oder Schichtstrukturen, deren Schicht Formen wie Röhren aufweisen. Diese Strukturen verleihen den Mineralen ihren fasrigen Charakter (► Abbildung 22.44). Asbestminerale wurden häufig zur Wärmeisolierung verwendet, aufgrund der hohen chemischen Stabilität ihrer Silikat-Strukturen vor allem in Bereichen, die hohen Temperaturen ausgesetzt sind. Zudem lassen sich die Fasern zu Asbeststoffen verweben, aus denen sich feuerfeste Vorhänge und ähnliches herstellen lassen. Die Faserstruktur der Asbestminerale birgt jedoch ein großes Gesundheitsrisiko. Die feinen Asbestfasern dringen problemlos in weiches Gewebe ein, etwa das der Lunge. Dort können sie Krankheiten bis hin zu Krebs hervorrufen. Die Verarbeitung von Asbest als Standard-Baumaterial wurde aus diesem Grund eingestellt.

Übungsbeispiel 22.9 Bestimmung einer empirischen Formel

Chrysotil ist ein Asbestmineral, das auf der Schichtstruktur, wie in Abbildung 22.43 b gezeigt, basiert. Außer Silikat-Tetraedern enthält das Mineral Mg^{2+}- und OH^--Ionen. Eine Analyse des Minerals ergibt, dass es pro Si-Atom 1,5 Mg-Atome besitzt. Welche empirische Formel hat Chrysotil?

Lösung

Analyse: Es wird ein Mineral beschrieben, das eine Schichtsilikat-Struktur mit Mg^{2+}- und OH^--Ionen zum Ladungsausgleich sowie 1,5 Mg-Atome pro Si-Atom aufweist. Es soll die empirische Formel dieses Minerals formuliert werden.

Vorgehen: Wie Abbildung 22.43 b zeigt, basiert die Schichtstruktur des Silikats auf dem $Si_2O_5^{2-}$-Ion. Wir addieren zunächst Mg^{2+}, um ein geeignetes Verhältnis zwischen Mg und Si zu herzustellen. Wir fügen dann OH^--Ionen hinzu und erhalten auf diese Weise eine neutrale Verbindung.

Lösung: Die Beobachtung, dass das Verhältnis Mg/Si gleich 1,5 ist, stimmt mit drei Mg^{2+}-Ionen pro $Si_2O_5^{2-}$-Ion überein. Bei Addition von drei Mg^{2+}-Ionen würde sich $Mg_3(Si_2O_5)^{4+}$ ergeben. Um im Mineral eine ausgeglichene Ladung zu erreichen, müssen pro $Si_2O_5^{2-}$-Ion vier OH^--Ionen vorhanden sein. Demnach ist die Formel von Chrysotil $Mg_3(Si_2O_5)(OH)_4$. Sofern diese Formel nicht vereinfacht werden kann, handelt es sich hierbei um die empirische Formel.

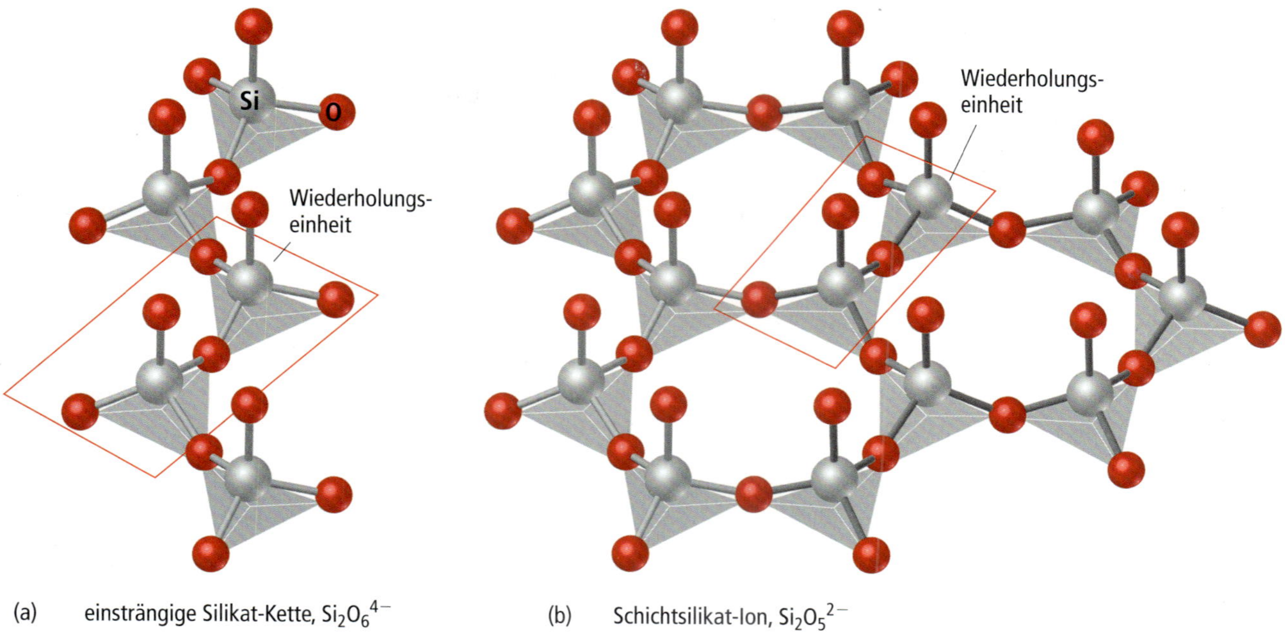

Abbildung 22.43: Ketten- und Schichtstrukturen von Silikat. Silikat-Strukturen bestehen aus Tetraedern, die an ihren Ecken über ein gemeinsames Sauerstoff-Atom miteinander verbunden sind. (a) Darstellung einer unendlichen, einsträngigen Silikat-Kette. Jedes Tetraeder ist mit zwei anderen verbunden. Das Rechteck kennzeichnet die Wiederholungseinheit der Kettenstruktur, die der Elementarzelle von Feststoffen entspricht (siehe Abschnitt 11.7); die Kette kann als unendliche Anzahl von Wiederholungseinheiten betrachtet werden. Die Wiederholungseinheit hat die Formel $Si_2O_6^{4-}$ oder die einfachste Formel SiO_3^{2-}. (b) Darstellung einer zweidimensionalen Schichtstruktur. Jedes Tetraeder ist mit drei anderen verbunden. Die Wiederholungseinheit der Schicht hat die Formel $Si_2O_5^{2-}$.

Sind alle vier Ecken jedes SiO_4-Tetraeders mit einem anderen Tetraeder verbunden, entsteht eine dreidimensionale Struktur. Durch die Verbindung der Tetraeder entsteht Quarz (SiO_2), dessen Struktur in Abbildung 11.25 a zweidimensional dargestellt wird. Die dreidimensionale Struktur wie beim Diamanten führt dazu, dass Quarz härter als Ketten- und Schichtsilikate ist (siehe Abbildung 11.29 a).

A 9 Das Tricyclosilikat-Ion besteht aus drei Silikat-Tetraedern, die ringförmig miteinander verbunden sind. Das Ion enthält drei Si-Atome und neun O-Atome. Welche Gesamtladung hat das Ion?
Antwort: 6–.

Glas

Quarz schmilzt bei etwa 1600 °C und wird dabei zu einer klebrigen Flüssigkeit. Während des Schmelzens kommt es zum Bruch vieler Silizium–Sauerstoff-Bindungen. Bei einer schnellen Abkühlung der Flüssigkeit werden die Silizium–Sauerstoff-Bindungen erneuert, bevor sich die Atome regelmäßig anordnen können. Auf diese Weise entsteht ein amorpher Feststoff, der unter der Bezeichnung „Quarzglas" bekannt ist (siehe Abbildung 11.25). Eine niedrigere Schmelztemperatur lässt sich durch die Zugabe verschiedener Stoffe erzielen. Das gewöhnliche **Glas** wird zu Fenstern und Flaschen verarbeitet und wird mitunter als Soda-Kalk-Glas bezeichnet. Es enthält abgesehen von aus Sand gewonnenem SiO_2 die Bestandteile CaO und Na_2O. CaO und Na_2O werden durch das Erhitzen von zwei preisgünstigen Chemikalien hergestellt, Kalkstein ($CaCO_3$) und Soda (Na_2CO_3). Diese Carbonate zerfallen bei erhöhten Temperaturen:

$$CaCO_3(s) \longrightarrow CaO(s) + CO_2(g) \qquad (22.102)$$

$$Na_2CO_3(s) \longrightarrow Na_2O(s) + CO_2(g) \qquad (22.103)$$

Durch die Addition weiterer Stoffe können die Farbe oder sonstige Eigenschaften des Glases auf verschiedene Weise verändert werden. Die Zugabe von CoO etwa bewirkt die tiefe blaue Farbe von „Kobaltglas". Wenn Na_2O durch K_2O ausgetauscht wird, entsteht ein härteres Glas mit einem höheren Schmelzpunkt. Der Ersatz von CaO durch PbO führt zum dichteren „Bleiglas", das sich

Abbildung 22.44: Serpentin-Asbeste. Beachten Sie den fasrigen Charakter dieses Silikatminerals.

durch eine höhere Brechzahl auszeichnet. Bleiglas wird häufig zu dekorativen Zwecken verwendet. Die höhere Brechzahl verleiht dem Glas seinen typischen Glanz. Auch die Zugabe von nichtmetallischen Oxiden wie B_2O_3 oder P_4O_{10}, die silikatähnliche Netzstrukturen bilden, verändert die Eigenschaften des Glases. Die Addition von B_2O_3 erhöht den Schmelzpunkt des Glases und verbessert seine Resistenz gegenüber Temperaturänderungen. Solche Glassorten sind im Handel als Pyrex oder Kimax erhältlich und werden für Zwecke eingesetzt, die eine hohe Temperaturwechselbeständigkeit voraussetzen, beispielsweise als Glaswaren für Laboratorien oder in Kaffeemaschinen.

Silikone

Silikone bestehen aus O — Si — O-Ketten, in denen die verbleibenden Bindungspositionen am Silizium von organischen Gruppen wie CH_3 besetzt sind. Die Ketten werden von — Si $(CH_3)_3$-Gruppen abgeschlossen:

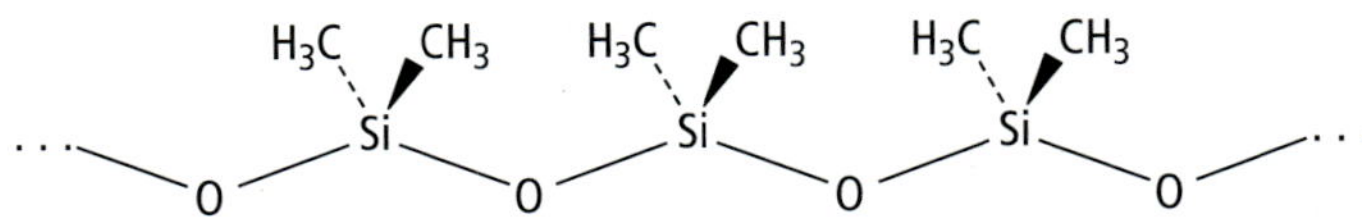

Je nach Kettenlänge und Vernetzungsgrad besitzen Silikone öl- oder gummiartige Eigenschaften. Silikone sind ungiftig und weisen eine hohe Stabilität gegenüber Hitze, Licht, Sauerstoff und Wasser auf. In der Industrie werden Silikone für ein breites Produktspektrum eingesetzt, darunter Schmierstoffe, Polituren, Versiegelungsmittel und Dichtungsringe. Sie werden des Weiteren zum Imprägnieren von Stoffen verwendet. Beim Auftragen von Silikon bilden die Sauerstoff-Atome Wasserstoff-Bindungen mit den Molekülen an der Oberfläche des Textilgewebes. Nach der Imprägnierung bleiben die hydrophoben organischen Gruppen des Silikons auf der Textiloberfläche zurück und wirken als wasserabweisende Schicht.

22.11 Bor

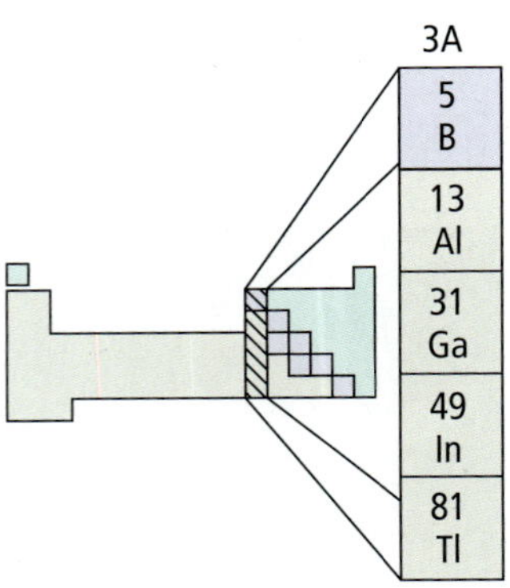

Bor kann als einziges Element der Gruppe 3A als Nichtmetall betrachtet werden. Sein Schmelzpunkt (2300 °C) liegt zwischen den Schmelzpunkten von Kohlenstoff (3550 °C) und Silizium (1410 °C). Bor hat die Valenzelektronenkonfiguration [He] $2s^2 2p^1$.

Die Moleküle, die zu den **Boranen** zählen, enthalten ausschließlich Bor und Wasserstoff. Das einfachste Boran ist BH_3. Dieses Molekül enthält nur sechs Valenzelektronen und stellt somit eine Ausnahme der Oktettregel dar (siehe Abschnitt 8.7). Daraus folgt, dass BH_3 mit sich selbst reagiert und dabei *Diboran* bildet (B_2H_6). Diese Reaktion lässt sich als Lewis-Säure-Base-Reaktion (siehe Abschnitt 16.11) betrachten, bei der jedes BH_3-Molekül ein Elektronenpaar mit B — H-Bindung an das jeweils andere abgibt. Demnach ist Diboran ein Molekül, in dem Wasserstoff-Atome scheinbar zwei Bindungen ausbilden (▶ Abbildung 22.45).

Die gemeinsame Nutzung der Wasserstoff-Atome durch zwei Bor-Atome kompensiert zu einem gewissen Teil den Mangel an Valenzelektronen rund um jedes Bor-Atom. Dennoch handelt es sich bei Diboran um ein extrem reaktives Molekül, das an Luft spontan entflammbar ist. Die Reaktion von B_2H_6 mit O_2 ist hochgradig exotherm.

$$B_2H_6(g) + 3\,O_2(g) \longrightarrow B_2O_3(s) + 3\,H_2O(g) \qquad \Delta H^\circ = -2030\text{ kJ} \tag{22.104}$$

Auch andere Borane wie Pentaboran (B_5H_9) sind ausgesprochen reaktiv. Decaboran ($B_{10}H_{14}$) ist bei Zimmertemperatur in Luft stabil, geht jedoch mit O_2 bei

Übergreifende Beispielaufgabe: Verknüpfen von Konzepten

Die Interhalogenverbindung BrF_3 ist eine flüchtige, gelbliche Flüssigkeit. Durch Autoionisation weist die Verbindung eine beachtliche elektrische Leitfähigkeit auf.

$$2\,BrF_3(l) \rightleftharpoons BrF_2^+(solv.) + BrF_4^-(solv.)$$

(a) Welche molekularen Strukturen haben die BrF_2^+- und BrF_4^--Ionen? **(b)** Die elektrische Leitfähigkeit von BrF_3 nimmt bei steigender Temperatur ab. Ist der Autoionisationsprozess exotherm oder endotherm? **(c)** Ein chemisches Merkmal von BrF_3 besteht darin, dass es sich gegenüber Fluorid-Ionen wie eine Lewis-Säure verhält. Was werden wir vermutlich beobachten, wenn KF in BrF_3 aufgelöst wird?

Lösung

(a) Das BrF_2^+-Ion verfügt insgesamt über $7+2(7)-1 = 20$ Valenzschalen-Elektronen. Die Lewis-Strukturformel des Ions ist

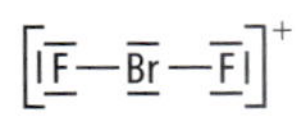

Da rund um das zentrale Br-Atom vier Elektronenpaare angeordnet sind, resultiert eine tetraedrische Struktur (siehe Abschnitt 9.2). Da zwei nichtbindende Elektronenpaare vorliegen, folgt eine gewinkelte Molekülstruktur.

Das BrF_4^--Ion besitzt insgesamt $7 + 4(7) + 1 = 36$ Elektronen und weist somit folgende Lewis-Strukturformel auf:

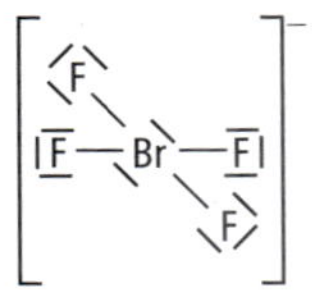

Da in diesem Ion rund um das zentrale Br-Atom formal sechs Elektronenpaare angeordnet sind, ergibt sich hier eine oktaedrische Struktur. Die beiden nichtbindenden Elektronenpaare sind an zwei gegenüberliegenden Seiten (apikal) des Oktaeders angeordnet und ergeben eine rechteckig-ebene Molekülstruktur.

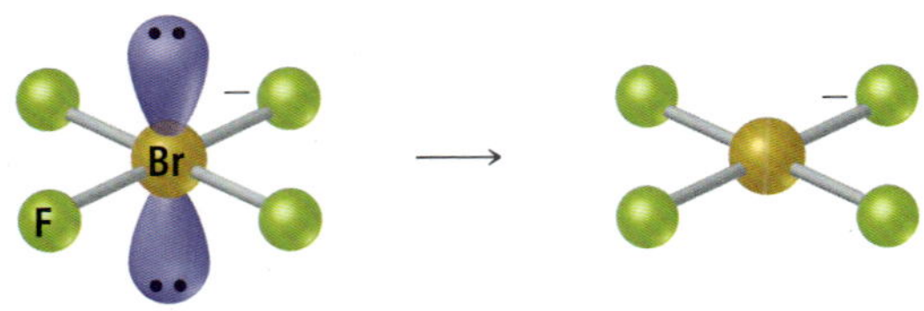

(b) Die zu beobachtende Erniedrigung der Leitfähigkeit bei steigender Temperatur verweist auf die geringere Ionenzahl der Lösung bei höherer Temperatur. Dies bedeutet, der Anstieg der Temperatur bewirkt eine Verschiebung des Gleichgewichts nach links. Dem Le-Chatelier-Braun-Prinzip zufolge ist die Reaktion exotherm, da sie von links nach rechts verläuft (siehe Abschnitt 15.6).

(c) Eine Lewis-Säure ist ein Elektronenpaar-Akzeptor (siehe Abschnitt 16.11). Das Fluorid-Ion besitzt vier Valenzschalen-Elektronenpaare und verhält sich demnach als Lewis-Base (Elektronenpaar-Donor). Dementsprechend lässt sich folgende Reaktion beobachten:

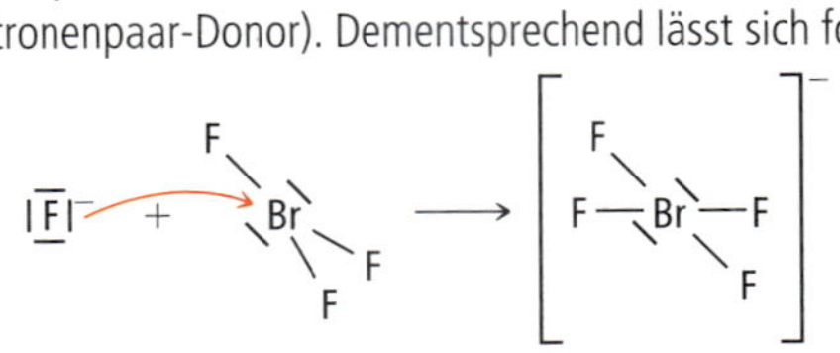

$$F^- + BrF_3 \longrightarrow BrF_4^-$$

höheren Temperaturen eine stark exotherme Reaktion ein. Aus diesem Grund wurden Borane einst sogar als fester Raketentreibstoff in Betracht gezogen.

Bor und Wasserstoff bilden auch eine Reihe von Anionen, die so genannten *Boranat-Anionen*. Salze des Borhydrid-Ions (BH_4^-) werden häufig als Reduktionsmittel eingesetzt. Dieses Ion ist mit CH_4 und NH_4^+ isoelektronisch. Aufgrund der geringen Elektronegativität des zentralen Bor-Atoms sind die Wasserstoff-Atome

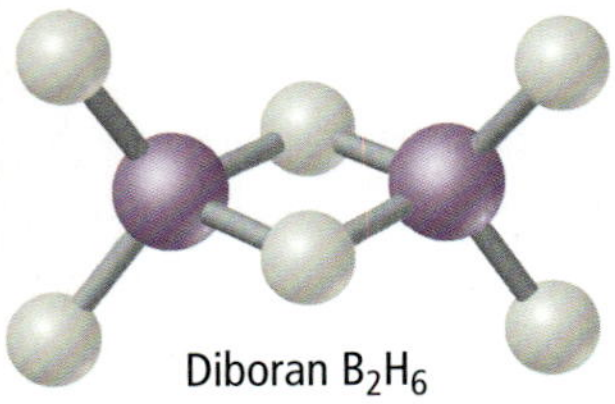

Abbildung 22.45: Die Struktur von Diboran (B_2H_6). Zwei H-Atome dienen als „Brückenkopf" zwischen den beiden B-Atomen und geben dem Molekül einen ebenen B_2H_2-Kern. Zwei der verbleibenden H-Atome sind an beiden Seiten des B_2H_2-Kerns angeordnet. Die B-Atome sind von den H-Atomen nahezu tetraedrisch umgeben.

„hydridisch" gebunden und demnach partiell negativ geladen. Es ist also nicht überraschend, dass Borhydrid ein gutes Reduktionsmittel darstellt. Natriumborhydrid ($NaBH_4$) reagiert gegenüber bestimmten organischen Verbindungen als Reduktionsmittel. Sollten Sie eine Vorlesung in organischer Chemie hören, werden Sie erneut auf $NaBH_4$ stoßen.

Das einzige bedeutende Oxid von Bor ist Boroxid (B_2O_3). Dieser Stoff ist das Anhydrid der Borsäure, die als H_3BO_3 oder $B(OH)_3$ geschrieben werden kann. Borsäure ist derart schwach sauer ($K_S = 5{,}8 \times 10^{-10}$), dass H_3BO_3-Lösungen zur Augenreinigung verwendet werden. Wie Phosphor (siehe Abschnitt 22.8) verliert Borsäure beim Erhitzen Wasser durch eine Kondensationsreaktion:

$$4\,H_3BO_3(s) \longrightarrow H_2B_4O_7(s) + 5\,H_2O(g) \qquad (22.105)$$

Die zweibasige Säure $H_2B_4O_7$ wird als Tetraborsäure bezeichnet. In Kalifornien kommt das hydrierte Natriumsalz $Na_2B_4O_7\ .\ 10\,H_2O$, auch als Borax bekannt, in Ablagerungen trockener Seen vor und lässt sich ohne weiteres auch aus anderen Boratmineralen gewinnen. Boraxlösungen sind alkalisch. Der Stoff wird in verschiedenen Wasch- und Reinigungsmitteln verwendet.

Metalle und Metallurgie

23

ÜBERBLICK

Abbildung 23.1: Zusammensetzung eines Düsentriebwerks. Die Grafik rechts zeigt die metallischen Elemente, die an der Herstellung eines modernen Düsentriebwerks beteiligt sind.

Wenn wir an Metalle für den täglichen Gebrauch denken, neigen wir dazu, an Eisen und Aluminium und vielleicht auch Chrom oder Nickel zu denken. Aber auch Metalle mit sehr geringem natürlichem Vorkommen spielen in der modernen Technologie eine wesentliche Rolle. Zur Veranschaulichung zeigt ► Abbildung 23.1 die ungefähre Zusammensetzung eines Hochleistungs-Düsentriebwerks. Beachten Sie, dass Eisen, lange Zeit das dominierende Metall der Technologie, nicht vorhanden ist.

Die metallischen Elemente werden aus der **Lithosphäre**, dem obersten festen Teil unserer Erde, gewonnen. Metallische Elemente kommen in der Natur in **Mineralien** (► Tabelle 23.1), die feste anorganische Substanzen sind, oder als **Erze** vor. Die gewünschten Bestandteile eines Erzes muss man von den unerwünschten Komponenten, genannt *Gangart*, trennen. Die **Metallurgie** beschäftigt sich mit der Gewinnung von Metallen aus diesen Quellen und mit der Veränderung der Eigenschaften von Metallen.

Metall	Mineral	Zusammensetzung
Aluminum	Korund	Al_2O_3
Chrom	Chromit	$FeCr_2O_4$
Kupfer	Kupferglanz	Cu_2S
	Chalcopyrit	$CuFeS_2$
	Malachit	$Cu_2CO_3(OH)_2$
Eisen	Hämatit	Fe_2O_3
	Magnetit	Fe_3O_4
Blei	Bleiglanz	PbS
Mangan	Pyrolusit	MnO_2
Quecksilber	Zinnober	HgS
Molybdän	Molybdänit	MoS_2
Zinn	Zinnstein	SnO_2
Titan	Rutil	TiO_2
	Ilmenit	$FeTiO_3$
Zink	Zinkblende	ZnS

Tabelle 23.1: Hauptmineralquellen einiger häufiger Metalle.

23.1 Pyrometallurgie

Eine große Zahl metallurgischer Prozesse verwenden hohe Temperaturen, um das Mineral chemisch zu verändern und um es letztendlich zu elementarem Metall zu reduzieren. Den Einsatz von Wärme zur Veränderung oder Reduktion eines Minerals nennt man **Pyrometallurgie**. *Pyro* bedeutet „bei hoher Temperatur".

Kalzinierung ist das Erhitzen eines Erzes, um seine Zersetzung und die Eliminierung eines flüchtigen Produkts herbeizuführen. Das flüchtige Produkt könnte zum Beispiel CO_2 oder H_2O sein. Carbonate werden oft kalziniert, um CO_2 unter Bildung des Metalloxids auszutreiben. Zum Beispiel:

$$PbCO_3(s) \xrightarrow{\Delta} PbO(s) + CO_2(g) \quad (23.1)$$

Die meisten Carbonate zersetzen sich einigermaßen schnell bei Temperaturen zwischen 400 °C und 500 °C, $CaCO_3$ benötigt jedoch eine Temperatur von über 1000 °C. Die meisten hydratisierten Mineralien verlieren H_2O bei Temperaturen in der Größenordnung von 100 °C bis 300 °C.

Rösten ist eine thermische Behandlung, die zur Oxidation oder Reduktion führen und von Kalzinierung begleitet sein kann. Ein wichtiger Röstprozess ist die Oxidation von Sulfiderzen, wobei die Metallsulfide zu Metalloxiden umgewandelt werden, wie in den folgenden Beispielen:

$$2\,ZnS(s) + 3\,O_2(g) \longrightarrow 2\,ZnO(s) + 2\,SO_2(g) \quad (23.2)$$

$$2\,MoS_2(s) + 7\,O_2(g) \longrightarrow 2\,MoO_3(s) + 4\,SO_2(g) \quad (23.3)$$

Das Sulfiderz eines edleren Metalls, wie z. B. Quecksilber, kann man zum Metall rösten:

$$HgS(s) + O_2(g) \longrightarrow Hg(g) + SO_2(g) \quad (23.4)$$

In vielen Fällen kann das Metall während der Röstung durch Verwendung einer reduzierenden Atmosphäre gewonnen werden. Kohlenmonoxid liefert solch eine Atmosphäre und wird häufig zur Reduktion von Metalloxiden eingesetzt:

$$PbO(s) + CO(g) \longrightarrow Pb(l) + CO_2(g) \quad (23.5)$$

Diese Reduktionsmethode ist aber besonders bei unedlen, schwer reduzierbaren Metallen nicht immer anwendbar.

Verhütten ist ein Schmelzprozess, bei dem sich die während einer chemischen Reaktion gebildeten Materialien in zwei oder mehrere Schichten trennen. Verhütten beinhaltet oft eine Röststufe im gleichen Ofen. Zwei der wichtigen Schichttypen, die in Schmelzöfen gebildet werden, sind das geschmolzene Metall und die Schlacke. Das geschmolzene Metall kann fast vollständig aus einem einzelnen Metall bestehen oder es kann eine Lösung von zwei oder mehr Metallen sein.

Schlacke besteht hauptsächlich aus geschmolzenen Silikatmineralien mit Aluminaten, Phosphaten und anderen ionischen Verbindungen als weitere Bestandteile. Eine Schlacke bildet sich, wenn ein basisches Metalloxid wie z. B. CaO bei hohen Temperaturen mit geschmolzenem Siliziumdioxid (SiO_2) reagiert:

$$CaO(l) + SiO_2(l) \longrightarrow CaSiO_3(l) \quad (23.6)$$

Pyrometallurgische Abläufe können nicht nur die Anreicherung und Reduktion eines Minerals beinhalten, sondern auch die Raffination des Metalls. **Raffination** ist die Behandlung eines rohen, relativ unsauberen Metallprodukts aus einem metallurgischen Prozess, um seine Reinheit zu erhöhen und seine Zusammensetzung genauer zu definieren. Manchmal ist es das Ziel des Raffinationsprozesses, das Metall selbst in seiner reinen Form zu erhalten. Das Ziel kann aber auch sein, eine Mischung mit einer genau definierten Zusammensetzung zu produzieren, wie bei der Herstellung von Stählen aus Roheisen.

MERKE !

Bei der Pyrometallurgie wird Wärme verwendet, um ein Erz so zu bearbeiten, dass das darin enthaltene Metall am Ende in der gewünschten Form vorliegt. Dabei durchläuft das Erz meist die Prozesse Kalzinieren, Rösten, Verhütten und Raffination.

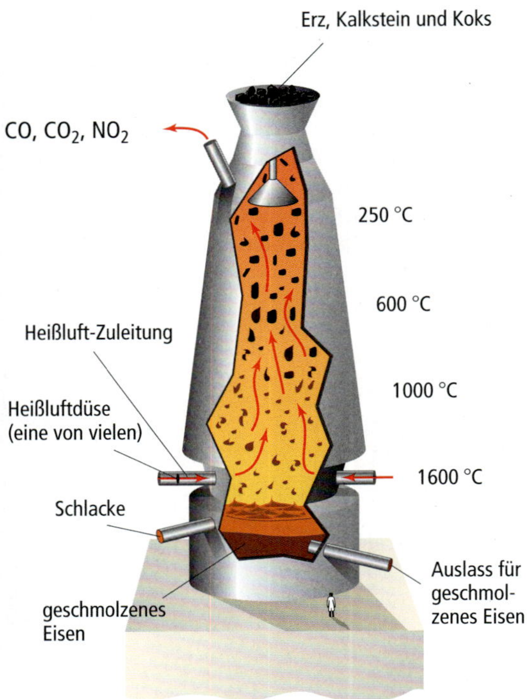

Abbildung 23.2: Hochofen. Der Hochofen wird zur Reduktion von Eisenerzen benutzt. Beachten Sie die steigenden Temperaturen, wenn das Material sich im Hochofen nach unten bewegt.

Abbildung 23.3: Geschmolzenes Eisen aus einem Hochofen. Das Eisen wird für den Transport zu einem Sauerstoffkonverter ausgegossen. Stahlhersteller gewinnen Stahl aus Eisen durch Zugabe von Stahlschrott und anderen Metallen als Legierungsmittel.

Die Pyrometallurgie von Eisen

Der wichtigste pyrometallurgische Vorgang ist die Reduktion von Eisen. Eisen tritt in vielen verschiedenen Mineralien auf, aber die wichtigsten Quellen sind zwei Eisenoxidminerale – Hämatit (Fe_2O_3) und Magnetit (Fe_3O_4).

Die Reduktion von Eisenoxiden kann in einem *Hochofen*, wie dem in ► Abbildung 23.2, durchgeführt werden. Ein Hochofen ist im Wesentlichen ein großer chemischer Reaktor für kontinuierlichen Betrieb. Der Ofen wird an der Spitze mit einer Mischung von Eisenerz, Koks und Kalkstein beschickt. Koks ist Kohle, die in Abwesenheit von Luft erhitzt wurde, um flüchtige Bestandteile auszutreiben. Er besteht zu 85 % bis 90 % aus Kohlenstoff. Koks dient als der Brennstoff, der Wärme produziert, indem er im unteren Teil des Ofens verbrannt wird. Er ist auch die Quelle für die reduzierenden Gase CO und H_2. Kalkstein ($CaCO_3$) dient als Quelle für das basische Oxid CaO, das mit Silikaten und anderen Bestandteilen des Erzes unter Bildung von Schlacke reagiert. Vorgewärmte Luft, die von unten in den Ofen eintritt, ist ebenfalls ein wichtiger Rohstoff; sie wird zur Verbrennung des Koks benötigt. Die Produktion von 1 kg rohem Eisen, genannt Roheisen oder Masseleisen, benötigt 2 kg Erz, 1 kg Koks, 0,3 kg Kalkstein und 1,5 kg Luft.

Im Ofen reagiert Sauerstoff mit dem Kohlenstoff im Koks zu Kohlenmonoxid*:

$$2\,C(s) + O_2(g) \longrightarrow 2\,CO(g) \qquad \Delta H° = -221\text{ kJ} \qquad (23.7)$$

Der in der Luft vorhandene Wasserdampf reagiert auch mit Kohlenstoff zu Kohlenmonoxid und Wasserstoff:

$$C(s) + H_2O(g) \longrightarrow CO(g) + H_2(g) \qquad \Delta H° = +131\text{ kJ} \qquad (23.8)$$

Die Reaktion von Koks mit Sauerstoff ist exotherm und liefert Wärme für den Ofenbetrieb, während seine Reaktion mit Wasserdampf endotherm ist. Die Zugabe von Wasserdampf zur Luft liefert ein Mittel zur Steuerung der Ofentemperatur.

Im oberen Teil des Ofens zersetzt sich Kalkstein zu CaO und CO_2. Hier werden auch die Eisenoxide durch CO und H_2 reduziert. Zum Beispiel sind die wichtigen Reaktionen für Fe_3O_4:

$$Fe_3O_4(s) + 4\,CO(g) \longrightarrow 3\,Fe(s) + 4\,CO_2(g) \qquad \Delta H° = -15\text{ kJ} \qquad (23.9)$$

$$Fe_3O_4(s) + 4\,H_2(g) \longrightarrow 3\,Fe(s) + 4\,H_2O(g) \qquad \Delta H° = +150\text{ kJ} \qquad (23.10)$$

Geschmolzenes Eisen sammelt sich an der Basis des Ofens, wie in ► Abbildung 23.2 gezeigt. Es wird von einer geschmolzenen Schicht Schlacke bedeckt, die durch die Reaktion von CaO mit dem in dem Erz vorhandenen Siliziumdioxid entsteht (► Gleichung 23.6). Die Schlackenschicht über dem geschmolzenen Eisen hilft, es vor der Reaktion mit der ankommenden Luft zu schützen. Der Ofen wird in Abständen abgestochen, um Schlacke und geschmolzenes Eisen abfließen zu lassen. Das im Ofen produzierte Eisen kann in feste Barren gegossen werden. Das meiste wird aber direkt zur Stahlherstellung verwendet. Zu diesem Zweck wird es noch flüssig zum Stahlwerk transportiert (► Abbildung 23.3).

Herstellung von Stahl

Stahl ist eine Eisenlegierung. Die Herstellung von Eisen aus seinem Erz ist ein chemischer Reduktionsprozess, der zu einem Roheisen führt, das viele unerwünschte Verunreinigungen enthält. Eisen aus einem Hochofen enthält üblicherweise 0,6–1,2 % Silizium, 0,4–2,0 % Mangan und kleinere Mengen Phosphor und

* In den gezeigten Reaktionen werden die Enthalpieänderungen als $\Delta H°$-Werte angegeben. Beachten Sie, dass die Bedingungen im Ofen weit von Standardbedingungen entfernt sind.

Schwefel. Zusätzlich enthält es erhebliche Mengen gelösten Kohlenstoffs. Bei der Herstellung von Stahl werden diese verunreinigenden Elemente durch Oxidation in einem Behälter namens *Konverter* entfernt. Bei der modernen Stahlproduktion ist das Oxidationsmittel reines O_2 oder mit Argon verdünntes O_2. Luft kann man nicht direkt als Quelle für O_2 verwenden, da N_2 mit dem geschmolzenen Eisen zu Eisennitrid reagiert, das den Stahl spröde werden lässt.

► Abbildung 23.4 zeigt eine Zeichnung eines Konverters. In diesem Konverter wird O_2, verdünnt mit Argon, direkt in das geschmolzene Metall geblasen. Der Sauerstoff reagiert exotherm mit Kohlenstoff, Silizium und vielen Metallverunreinigungen, und verringert dadurch den Gehalt dieser Elemente im Eisen. Kohlenstoff und Schwefel werden als CO und SO_2 ausgetrieben. Silizium wird zu SiO_2 oxidiert und geht in die in der Schmelze vorhandene Schlacke. Metalloxide reagieren mit dem SiO_2 zu Silikaten. Die Anwesenheit einer basischen Schlacke ist auch für die Beseitigung von Phosphor wichtig:

$$3\,CaO(l) + P_2O_5(l) \longrightarrow Ca_3(PO_4)_2(l) \qquad (23.11)$$

Fast das gesamte in den Konverter geblasene O_2 wird in den Oxidationsreaktionen verbraucht. Durch die Überwachung der O_2-Konzentration im Gas aus dem Konverter kann man bestimmen, wann die Oxidation im Wesentlichen vollständig ist. Wenn die gewünschte Zusammensetzung erreicht ist, wird der Inhalt des Konverters in einen großen Tiegel ausgekippt. Um Stähle mit verschiedenen Eigenschaften herzustellen, fügt man beim Füllen des Tiegels Legierungselemente hinzu. Die immer noch geschmolzene Mischung füllt man dann in Gussformen, wo sie sich dann verfestigt.

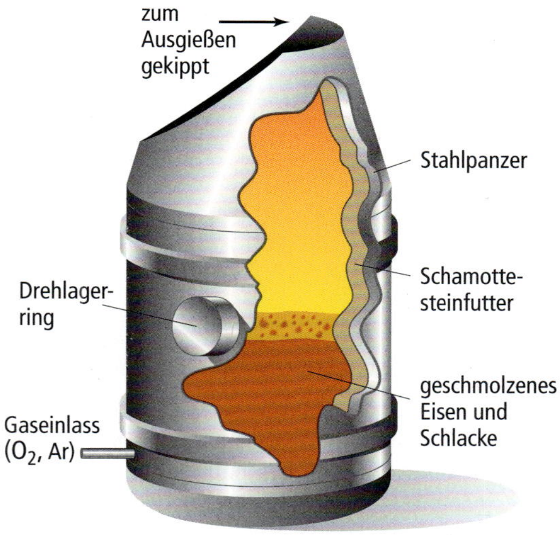

Abbildung 23.4: Raffination von Eisen. In diesem Konverter zur Eisenraffination wird eine Mischung von Sauerstoff und Argon durch das geschmolzene Eisen und die Schlacke geblasen. Die Hitze, die durch die Oxidation von Verunreinigungen entsteht, hält die Mischung geschmolzen.

23.2 Hydrometallurgie

Pyrometallurgische Verfahren erfordern große Mengen an Energie und sind oft eine Ursache für Luftverschmutzung, besonders durch Schwefeldioxid. Für einige Metalle hat man andere Techniken entwickelt, bei denen man das Metall durch Reaktionen im wässrigen Medium aus seinem Erz extrahiert. Diese Prozesse werden **Hydrometallurgie** genannt (hydro bedeutet „Wasser").

Der wichtigste hydrometallurgische Prozess ist die **Auslaugung**, bei dem man die gewünschte Metall enthaltende Verbindung selektiv löst. Wenn die Verbindung wasserlöslich ist, ist Wasser selbst ein geeignetes Auslaugungsmittel. Häufiger setzt man eine wässrige Lösung einer Säure, einer Base oder eines Salzes ein. Der Lösevorgang umfasst häufig die Bildung eines Komplexions. Als ein Beispiel können wir die Auslaugung von Gold betrachten.

Wie in Extras Online „Näher hingeschaut" zu Abschnitt 4.4 bemerkt, findet man Gold in der Natur relativ häufig in reinem Zustand. Da die konzentrierten Lagerstätten von elementarem Gold erschöpft sind, werden minderwertigere Quellen wichtiger. Gold aus armen Erzen kann man anreichern, indem man das gemahlene Erz auf große Betonplatten ausbreitet und eine NaCN-Lösung darüber sprüht. In Gegenwart von CN^- und Luft wird das Gold zum stabilen, wasserlöslichen $[Au(CN)_2]^-$-Ion oxidiert.

$$4\,Au(s) + 8\,CN^-(aq) + O_2(g) + 2\,H_2O(l) \longrightarrow 4\,[Au(CN)_2]^-(aq) + 4\,OH^-(aq) \qquad (23.12)$$

Nachdem ein Metallion selektiv aus einem Erz ausgelaugt wurde, wird es als freies Metall oder als eine unlösliche ionische Verbindung aus der Lösung ausgefällt. Gold wird, zum Beispiel, aus seinem Cyanidkomplex durch die Reduktion mit Zinkpulver gewonnen:

$$2\,[Au(CN)_2]^-(aq) + Zn(s) \longrightarrow [Zn(CN)_4]^{2-}(aq) + 2\,Au(s) \qquad (23.13)$$

MERKE !

Bei der Hydrometallurgie wird ein Erz in wässriger Lösung so behandelt, dass das darin enthaltene Metall extrahiert wird. Beim oft verwendeten Auslaugen wird die gewünschte Komponente selektiv gelöst.

Die Cyanid-Laugerei zur Goldgewinnung wurde aufgrund des Verunreinigungspotenzials für Grundwasser und Oberflächengewässer viel kritisiert. Zum Beispiel führten vor einigen Jahren in Rumänien Leckagen aus Auffangbecken in nahegelegene Flüsse zur Vergiftung aller Lebewesen in den Donauzuflüssen. Mittlerweile hat man Alternativen zum Cyanid untersucht. Das Thiosulfation, $S_2O_3^{2-}$ (siehe Abschnitt 21.2), wäre eine Alternative, aber die Kosten sind höher als beim Cyanidverfahren.

Die Hydrometallurgie von Aluminium

MERKE !

Beim Bayer-Verfahren werden Aluminium- und Eisenoxide in stark alkalischer Lösung getrennt, da nur Aluminium als Tetrahydroxoaluminat-Ion in Lösung geht.

Im kommerziellen Einsatz wird bei den Metallen Aluminium nur von Eisen übertroffen. Die weltweite Produktionsmenge für Aluminium beträgt etwa $1{,}5 \times 10^{10}$ kg (15 Millionen Tonnen) pro Jahr. Das wertvollste Aluminiumerz ist *Bauxit*, in dem Al als hydratisierte Oxide, $Al_2O_3 \cdot xH_2O$, vorliegt. Der Wert von x ist veränderlich, abhängig von dem jeweils vorhandenen Mineral.

Die Hauptverunreinigungen in Bauxit sind SiO_2 und Fe_2O_3. Es ist unerlässlich, Al_2O_3 von diesen Verunreinigungen zu trennen, bevor man das Metall durch elektrochemische Reduktion, wie in Abschnitt 23.3 beschrieben, gewinnen kann. Das zur Reinigung des Bauxits eingesetzte Verfahren, genannt **Bayer-Verfahren**, ist ein hydrometallurgisches Verfahren. Das Erz wird zuerst gebrochen und gemahlen und dann in einer konzentrierten wässrigen NaOH-Lösung (ca. 30 Gewichts-% NaOH) bei einer Temperatur von 150 °C bis 230 °C aufgeschlossen. Dabei hält man einen ausreichenden Druck bis zu 30 atm aufrecht, um ein Sieden zu verhindern. Das Al_2O_3 löst sich in dieser Lösung zum komplexen Aluminat-Ion $[Al(OH)_4]^-$:

$$Al_2O_3 \cdot H_2O(s) + 2\,H_2O(l) + 2\,OH^-(aq) \longrightarrow 2\,[Al(OH)_4]^- + (aq) \quad (23.14)$$

Die Eisen(III)-oxide lösen sich in dieser stark basischen Lösung nicht. Diese Unterschiede im Verhalten von Aluminium- und Eisenverbindungen entstehen, da Al^{3+} im Gegensatz zu Fe^{3+} amphoter ist (siehe Abschnitt 17.5). Folglich kann man durch Filtration die Aluminatlösung von den eisenhaltigen Feststoffen trennen. Anschließend senkt man den pH-Wert der Lösung, was dazu führt, dass das Aluminiumhydroxid ausfällt.

Nachdem der Aluminiumhydroxidniederschlag abgetrennt ist, wird er als Vorbereitung für die Elektroreduktion zum Metall kalziniert. Die bei der Filtration gewonnene Lösung wird aufkonzentriert, so dass man sie noch einmal verwenden kann. Hierzu muss sie erhitzt werden, damit das Wasser aus der Lösung verdampft; ein Vorgang, der viel Energie erfordert und der kostenintensivste Teil des Bayer-Verfahrens ist.

23.3 Elektrometallurgie

Viele Verfahren zur Reduktion von Metallerzen oder zur Raffination von Metallen basieren auf Elektrolyse (siehe Abschnitt 20.9). Diese Verfahren werden als **Elektrometallurgie** bezeichnet. Elektrometallurgische Methoden können allgemein danach unterschieden werden, ob sie auf der Elektrolyse eines geschmolzenen Salzes oder einer wässrigen Lösung beruhen.

MERKE !

Bei der Elektrometallurgie wird die Schmelze (bei unedleren Metallen) oder Lösung (bei edleren Metallen) eines Metall-Salzes elektrolysiert, wobei die Metallionen reduziert werden.

Schmelzflusselektrolysen sind bei der Gewinnung der unedleren Metalle wichtig, z. B. bei Natrium, Magnesium und Aluminium. Diese Metalle kann man nicht aus wässrigen Lösungen gewinnen, da Wasser leichter reduziert wird als die Metallionen. Das Normalpotenzial (siehe Abschnitt 20.4) für Wasser sowohl bei sauren als auch basischen Bedingungen ist positiver als das von Na^+ ($E° = -2{,}71$ V), Mg^{2+} ($E° = -2{,}37$ V) und Al^{3+} ($E° = -1{,}66$ V):

$$2\,H^+(aq) + 2\,e^- \longrightarrow H_2(g) \qquad E° = 0{,}00\ \text{V} \quad (23.15)$$

$$2\,H_2O(l) + 2\,e^- \longrightarrow H_2(g) + 2\,OH^-(aq) \qquad E° = -0{,}83\ \text{V} \quad (23.16)$$

Um solche Metalle durch elektrochemische Reduktion zu gewinnen, müssen wir eine Salzschmelze verwenden, in der das betreffende Metallion das am leichtesten zu reduzierende Teilchen ist.

Elektrometallurgie von Natrium

Bei der kommerziellen Herstellung von Natrium wird geschmolzenes NaCl in einer speziell konstruierten Zelle, der so genannten **Downs-Zelle**, elektrolysiert (► Abbildung 23.5). Man fügt Calciumchlorid ($CaCl_2$) hinzu, um den Schmelzpunkt von NaCl von normal 804 °C auf etwa 600 °C zu senken. Bei der Elektrolyse entstehendes Na(*l*) und Cl_2(*g*) werden separiert, damit sie nicht miteinander reagieren. Zusätzlich muss man das Na vom Kontakt mit Sauerstoff abhalten, der das Metall unter den Hochtemperaturbedingungen der Zellenreaktion schnell oxidieren würde.

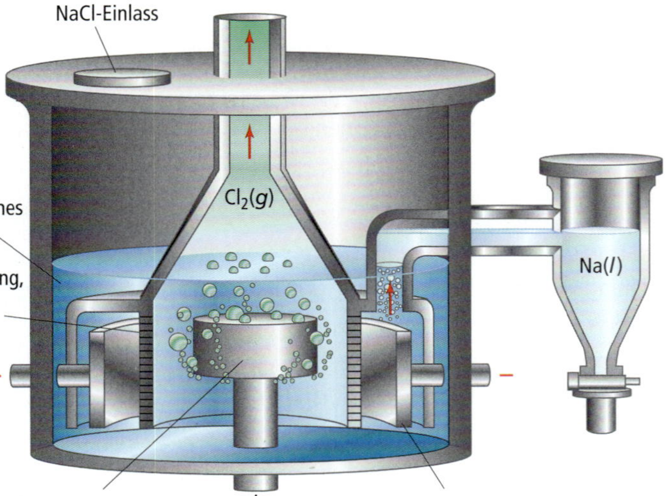

Abbildung 23.5: Herstellung von Natrium. Die Downs-Zelle setzt man zur kommerziellen Herstellung von Natrium ein.

Elektrometallurgie von Aluminium

In Abschnitt 23.2 haben wir das Bayer-Verfahren erläutert, bei dem man zur Herstellung von Aluminiumhydroxid Bauxit anreichert. Wenn dieses Konzentrat bei Temperaturen über 1000 °C kalziniert wird, bildet sich wasserfreies Aluminiumoxid (Al_2O_3). Wasserfreies Aluminiumoxid schmilzt bei über 2000 °C. Die Schmelztemperatur ist zu hoch, um Al_2O_3 als Schmelzmedium für die elektrolytische Bildung von Aluminium einzusetzen. Das elektrolytische Verfahren, das man kommerziell zur Aluminium-Herstellung einsetzt, ist bekannt als das **Hall-Verfahren**, benannt nach seinem Erfinder, Charles M. Hall (siehe Extras Online „Näher hingeschaut"). Das gereinigte Al_2O_3 löst man in geschmolzenem Kryolit (Na_3AlF_6), das einen Schmelzpunkt von 1012 °C hat und ein guter Stromleiter ist. Eine schematische Zeichnung der Elektrolysezelle zeigt ► Abbildung 23.6.

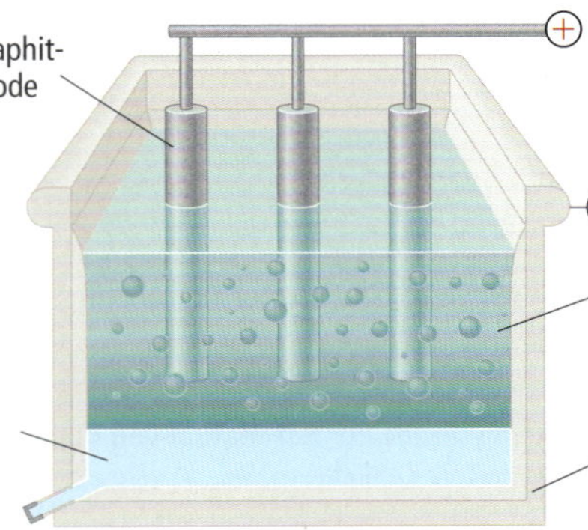

Abbildung 23.6: Das Hall-Verfahren. Eine Elektrolysezelle zur Gewinnung von Aluminiummetall durch Reduktion. Weil geschmolzenes Aluminium dichter als die Mischung aus Kryolit (Na_3AlF_6) und Al_2O_3 ist, sammelt sich das Metall am Boden der Zelle.

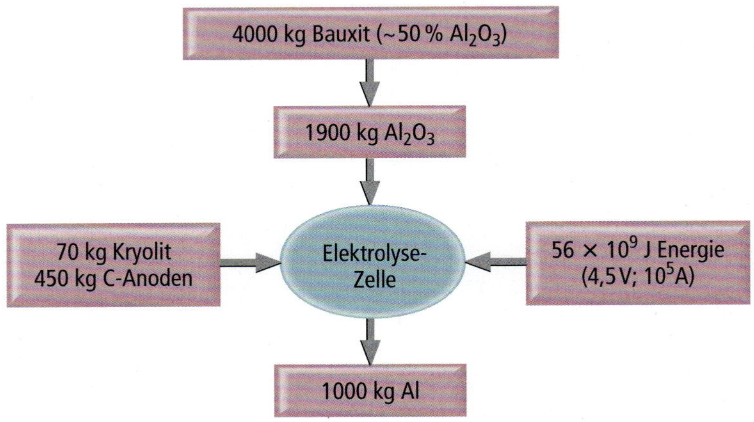

Abbildung 23.7: Was man für die Herstellung von 1000 kg Aluminium braucht.

Graphitstäbe werden als Anoden eingesetzt und im Elektrolyseprozess verbraucht. Die Elektrodenreaktionen sind wie folgt:

Anode: $C(s) + 2\,O^{2-}(l) \longrightarrow CO_2(g) + 4\,e^-$ (23.17)

Kathode: $Al^{3+}(l) + 3\,e^- \longrightarrow Al(l)$ (23.18)

Die Mengen an Rohmaterialien und Energie, die bei diesem Verfahren zur Herstellung von 1000 kg Aluminium aus Bauxit gebraucht werden, sind in ► Abbildung 23.7 zusammengefasst.

Elektroraffination von Kupfer

Kupfer wird häufig für Zwecke verwendet, bei denen man seine hohe elektrische Leitfähigkeit ausnutzt, wie z. B. bei elektrischen Verkabelungen. Rohkupfer, das man gewöhnlich durch pyrometallurgische Verfahren gewinnt, ist für elektrische Anwendungen nicht geeignet, da Verunreinigungen die Leitfähigkeit des Metalls stark verringern.

Die Reinigung von Kupfer erfolgt durch Elektrolyse, wie in ► Abbildung 23.8 dargestellt. Große Kupferplatten dienen in der Zelle als Anoden und dünne Bleche von reinem Kupfer dienen als Kathoden. Der Elektrolyt besteht aus einer sauren Lösung von $CuSO_4$. Das Anlegen einer passenden Spannung an die Elektroden führt zur Oxidation von Kupfermetall an der Anode und zur Reduktion von

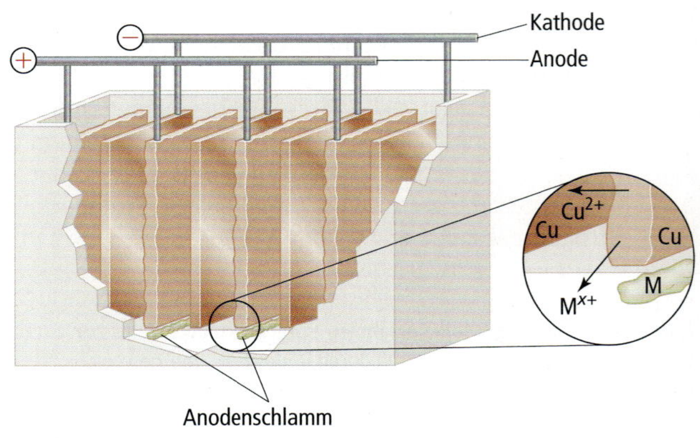

Abbildung 23.8: Elektrolysezelle zur Raffination von Kupfer. Während sich die Anoden auflösen, werden die Kathoden größer, an denen sich das reine Metall abscheidet.

Cu^{2+} zu Kupfer an der Kathode. Dieses Verfahren kann eingesetzt werden, da Kupfer sowohl leichter oxidiert als auch leichter reduziert wird als Wasser. Die relativ leichte Reduktion von Cu^{2+} im Vergleich zu H_2O kann man anhand ihrer Normalpotenziale erkennen:

$$Cu^{2+}(aq) + 2\,e^- \longrightarrow Cu(s) \qquad E° = +0{,}34\,V \qquad (23.19)$$

$$2\,H_2O(l) + 2\,e^- \longrightarrow H_2(g) + 2\,OH^-(aq) \qquad E° = -0{,}83\,V \qquad (23.20)$$

Die Verunreinigungen in der Kupferanode sind Blei, Zink, Nickel, Arsen, Selen, Tellur und verschiedene Edelmetalle wie Gold und Silber. Metallverunreinigungen, die unedler als Kupfer sind, werden leicht an der Anode oxidiert, aber sie scheiden sich nicht an der Kathode ab, da ihre Normalpotenziale negativer sind als das von Cu^{2+}. Edlere Metalle werden aber nicht an der Anode oxidiert. Stattdessen sammeln sie sich unterhalb der Anode als Schlamm, den man sammelt und bearbeitet, um die wertvollen Metalle zu gewinnen.

Übungsbeispiel 23.1: (Lösung online) Verunreinigungen bei der Elektroraffination

Nickel ist eine der Hauptverunreinigungen in dem Rohkupfer, das der Elektroraffination unterworfen wird. Was passiert mit diesem Nickel im Verlauf des elektrolytischen Verfahrens?

A 1 Zink ist eine andere häufige Verunreinigung in Kupfer. Bestimmen Sie mit den Normalpotenzialen, ob Zink sich während der Elektroraffination von Kupfer im Anodenschlamm oder in der Elektrolytlösung anreichert.

23.4 Metallbindung und Legierungen

Physikalische Eigenschaften von Metallen

Eine saubere Metalloberfläche hat einen charakteristischen Glanz. Des Weiteren fühlen sich Metalle, die wir mit bloßen Händen berühren können, aufgrund ihrer hohen Wärmeleitfähigkeit charakteristisch kalt an. Metalle haben alle eine hohe elektrische Leitfähigkeit. Stromfluss erfolgt ohne jede Atomverschiebung in der Metallstruktur und ist auf den Fluss von Elektronen im Metall zurückzuführen. Die Wärmeleitfähigkeit eines Metalls korreliert gewöhnlich mit seiner elektrischen Leitfähigkeit.

Die meisten Metalle sind sowohl *verformbar*, d.h. sie können in dünne Bleche gehämmert werden, als auch *dehnbar*, d.h. sie können zu Drähten gezogen werden (► Abbildung 23.9). Diese Eigenschaften zeigen, dass die Atome sich gegeneinander verschieben können. Ionische Feststoffe oder die Kristalle der meisten kovalenten Verbindungen zeigen ein solches Verhalten nicht. Diese Arten von Feststoffen sind gewöhnlich spröde und brechen leicht. Betrachten Sie zum Beispiel den Unterschied beim Fallenlassen eines Eiswürfels und eines Aluminiumblocks auf einen Betonboden.

Abbildung 23.9: Verformbarkeit und Dehnbarkeit. Blattgold (links) zeigt die Verformbarkeit von Metallen und Kupferdraht (rechts) ihre Dehnbarkeit.

Die meisten Metalle bilden feste Strukturen, in denen die Atome als dichteste Kugelpackung angeordnet sind. Kupfer besitzt zum Beispiel eine kubisch dichte Packung, in der jedes Kupferatom mit 12 anderen Kupferatomen in Kontakt steht (siehe Abschnitt 11.7). Die Anzahl der für eine Bindungsbildung zur Verfügung stehenden Valenzelektronen ist für ein Kupferatom nicht ausreichend, um eine Elektronenpaarbindung zu jedem seiner Nachbarn zu bilden. Wenn jedes Atom seine Bindungselektronen mit allen seinen Nachbarn teilen soll, müssen diese Elektronen in der Lage sein, sich von einem Bindungsbereich zu einem anderen zu bewegen.

Elektronengasmodell für Metallbindung

Ein sehr einfaches Modell, das einige der wichtigsten Charakteristiken von Metallen erklärt, ist das **Elektronengasmodell** (siehe Abschnitt 11.8). In diesem Modell wird das Metall als ein Verbund von Metallkationen (Atomrümpfe) in einem „Gas" von Valenzelektronen dargestellt, wie in ► Abbildung 23.10 gezeigt. Die Elektronen stehen in elektrostatischer Wechselwirkung mit den Kationen des Metalls und sind einheitlich über die gesamte Struktur verteilt (delokalisiert). Die Elektronen sind beweglich und das einzelne Elektron ist nicht an ein bestimmtes Metallion gebunden.

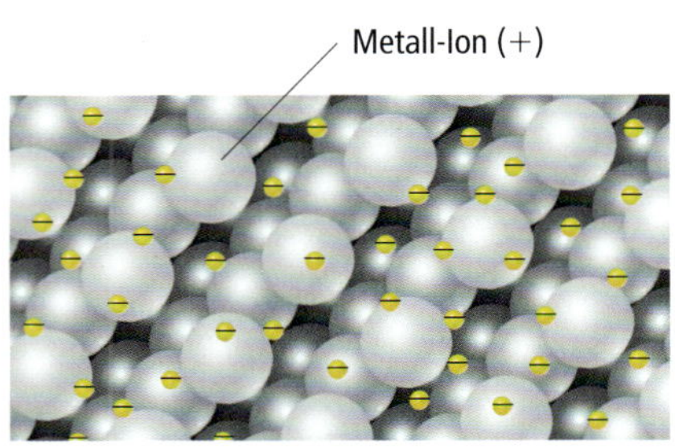

Abbildung 23.10: Elektronengasmodell. Schematische Darstellung des Elektronengasmodells der Elektronenstruktur von Metallen. Jede Kugel ist ein positiv geladenes Metall-Ion.

	Gruppe 3B	Gruppe 6B	Gruppe 8B
Metall	Sc	Cr	Ni
Schmelzpunkt (°C)	1541	1857	1455
Metall	Y	Mo	Pd
Schmelzpunkt (°C)	1522	2617	1554
Metall	La	W	Pt
Schmelzpunkt (°C)	918	3410	1772

Tabelle 23.2: Schmelzpunkte ausgewählter Übergangsmetalle.

Wenn ein Metalldraht an die Pole einer Batterie angeschlossen wird, fließen Elektronen durch das Metall zum positiven Pol und vom negativen Pol der Batterie in das Metall. Die hohe Wärmeleitfähigkeit der Metalle wird ebenfalls durch die Beweglichkeit der Elektronen erklärt, die einen geringen Transfer von kinetischer Energie durch den gesamten Feststoff erlaubt. Die Fähigkeit von Metallen sich zu verformen kann durch die Tatsache erklärt werden, dass Metallatome Bindungen zu vielen Nachbarn bilden. Durch mechanische Krafteinwirkung werden die Atomschichten gegeneinander verschoben.

Einige physikalische Eigenschaften der Metalle und deren Periodizität (Härte, Schmelzpunkt, Siedepunkt) können mit dem Elektronengasmodell nicht angemessen erklärt werden. Hier muss man auf das Konzept der Molekülorbitaltheorie zurückgreifen.

Molekülorbitalmodell für Metalle: Das Bändermodell

Bei der Betrachtung der Struktur von Feststoffen haben wir gesehen, dass in einigen Fällen Elektronen über mehrere Atome delokalisiert sind. Die Bindung in Metallen entsteht durch Überlappung von Valenzatomorbitalen eines Atoms mit denen von mehreren nächsten Nachbarn, die selbst wiederum mit Atomorbitalen anderer Atome überlappen.

Wir haben in den Abschnitten 9.7 und 12.1 gesehen, dass die Überlappung von Atomorbitalen zur Bildung von Molekülorbitalen führt. Die Anzahl der gebildeten Molekülorbitale ist gleich der Anzahl der überlappenden Atomorbitale. In einem Metall führt die Überlappung aller Valenzatomorbitale eines jeden Metallatoms mit den Orbitalen der benachbarten Metallatome zu einer großen Zahl von Molekülorbitalen. Diese Molekülorbitale dehnen sich über die gesamte Metallstruktur aus und bilden ein kontinuierliches *Band* von erlaubten Energiezuständen, das man als *Energieband* bezeichnet.

Die für die Metallbindung zur Verfügung stehenden Elektronen füllen die verfügbaren Molekülorbitale nicht vollständig. Die unvollständige Füllung des Energiebands führt zu charakteristischen metallischen Eigenschaften. Die Elektronen in Orbitalen in der Nähe der Spitze der besetzten Niveaus brauchen nur wenig Energiezufuhr, um zu unbesetzten Orbitalen mit noch höherer Energie „angehoben" zu werden. Unter dem Einfluss z. B. eines angelegten elektrischen Feldes oder der Zufuhr von thermischer Energie, bewegen sich Elektronen in zunächst leere Niveaus und bewegen sich frei durch das Gitter. Diese Elektronenbewegung bedingt die elektrische wie thermische Leitfähigkeit.

Die Energiezustände, die zu dem Band für die Übergangsmetalle führen, können grob in zwei Arten unterteilt werden: Zustände mit niedriger Energie, die aus Metall-Metall bindenden Wechselwirkungen resultieren und Zustände mit höherer Energie, die aus antibindenden Wechselwirkungen resultieren. Die Metalle

Hauptelement	Name der Legierung	Zusammensetzung in Massen-%	Eigenschaften	Anwendungen
Wismut	Wood'sches Metall	50 % Bi; 25 % Pb; 12,5 % Sn; 12,5 % Cd	niedriger Schmelzpunkt (70 °C)	Sicherungseinsatz, automatische Sprenkler
Kupfer	Gelbmessing	67 % Cu; 33 % Zn	dehnbar, polierbar	Beschläge
Eisen	rostfreier Stahl	80,6 % Fe; 0,4 % C; 18 % Cr; 1 % Ni	korrosionsbeständig	Besteck
Blei	Lötzinn	67 % Pb; 33 % Sn	niedriger Schmelzpunkt (181 °C)	Lötstellen
Silber	Sterlingsilber	92,5 % Ag; 7,5 % Cu	glänzende Oberfläche	Besteck
	Zahnamalgam	70 % Ag; 18 % Sn; 10 % Cu; 2 % Hg	leicht zu bearbeiten	Zahnfüllungen

Tabelle 23.3: Einige gebräuchliche Legierungen.

der Gruppe 6B (Cr, Mo, W) besitzen die passende Anzahl an Elektronen, um den Teil des Energiebandes zu füllen, der aus Metall-Metall bindenden Wechselwirkungen resultiert und um die antibindenden Orbitale leer zu lassen. Metalle, mit einer geringeren Anzahl von Elektronen als diese Gruppe von Metallen, haben weniger bindende Orbitale besetzt. Metalle, mit einer größeren Anzahl von Elektronen als diese Gruppe von Metallen, haben mehr antibindende Orbitale besetzt. In Übereinstimmung mit den Tendenzen für Schmelzpunkt und andere Eigenschaften sollte in jedem Fall die Metall-Metall-Bindung schwächer sein als die der Metalle der Gruppe 6B. Vergessen Sie aber nicht, dass auch andere Faktoren als die Anzahl von Elektronen (wie z. B. Atomradius, Kernladung und die jeweilige Packungsstruktur des Metalls) bei der Bestimmung der Eigenschaften von Metallen eine Rolle spielen.

Dieses Molekülorbitalmodell der Metallbindung (oder **Bändermodell**) unterscheidet sich in mancher Hinsicht nicht wesentlich vom Elektronengasmodell. Bei beiden Modellen können sich die Elektronen frei im Feststoff bewegen. Jedoch können viele Eigenschaften der Metalle mit quantenmechanischen Berechnungen mittels der Molekülorbitaltheorie erklärt werden.

Legierungen

Legierungen sind Materialien mit charakteristischen Metalleigenschaften, die aus mehr als einem Element bestehen (► Tabelle 23.3). Gewöhnlich sind ein oder mehrere metallische Elemente die Hauptkomponenten. **Homogene Legierungen** sind Mischungen, in denen die Komponenten einheitlich verteilt sind. In **heterogenen Legierungen** sind die Komponenten nicht einheitlich verteilt; stattdessen sind zwei oder mehr Phasen charakteristischer Zusammensetzungen vorhanden. **Intermetallische Verbindungen** sind homogene Legierungen mit eindeutigen Eigenschaften und Zusammensetzungen.

23.5 Übergangsmetalle

Übergangsmetalle sind durch meist unvollständige Füllung der *d*-Orbitale charakterisiert (► Tabelle 23.4). Das Vorhandensein von *d*-Elektronen in Übergangselementen führt zu vielfältigen Oxidationsstufen. Wenn wir uns durch eine gegebene Reihe von Übergangsmetallen bewegen, nimmt die effektive Kernladung für die Valenzelektronen langsam zu. Infolgedessen neigen die elektronenreicheren Übergangselemente in einer gegebenen Reihe dazu, nied-

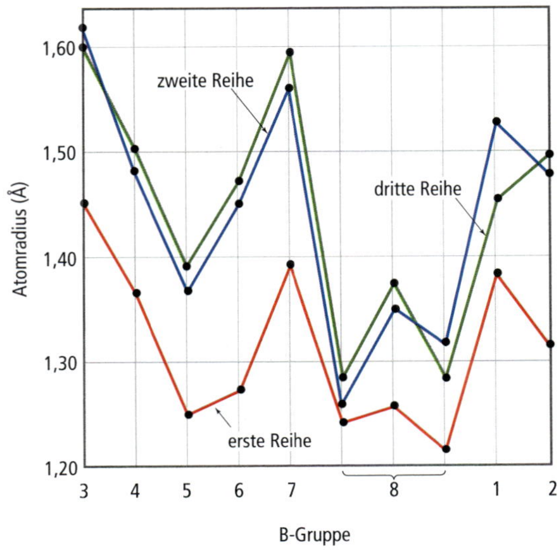

Abbildung 23.11: Atomradien. Änderung des Atomradius der Übergangsmetalle als eine Funktion der Gruppennummer des Periodensystems.

Gruppe: Element:	3B Sc	4B Ti	5B V	6B Cr	7B Mn	8B Fe	8B Co	8B Ni	1B Cu	2B Zn
Elektronen-konfiguration	$3d^14s^2$	$3d^24s^2$	$3d^34s^2$	$3d^54s^1$	$3d^54s^2$	$3d^64s^2$	$3d^74s^2$	$3d^84s^2$	$3d^{10}4s^1$	$3d^{10}4s^2$
Erste Ionisierungs-energie (kJ/mol)	631	658	650	653	717	759	758	737	745	906
Atomradius (Å)	1,44	1,36	1,25	1,27	1,39	1,25	1,26	1,21	1,38	1,31
Dichte (g/cm³)	3,0	4,5	6,1	7,9	7,2	7,9	8,7	8,9	8,9	7,1
Schmelzpunkt (°C)	1541	1660	1917	1857	1244	1537	1494	1455	1084	420

Tabelle 23.4: Eigenschaften der Elemente der ersten Übergangsreihe.

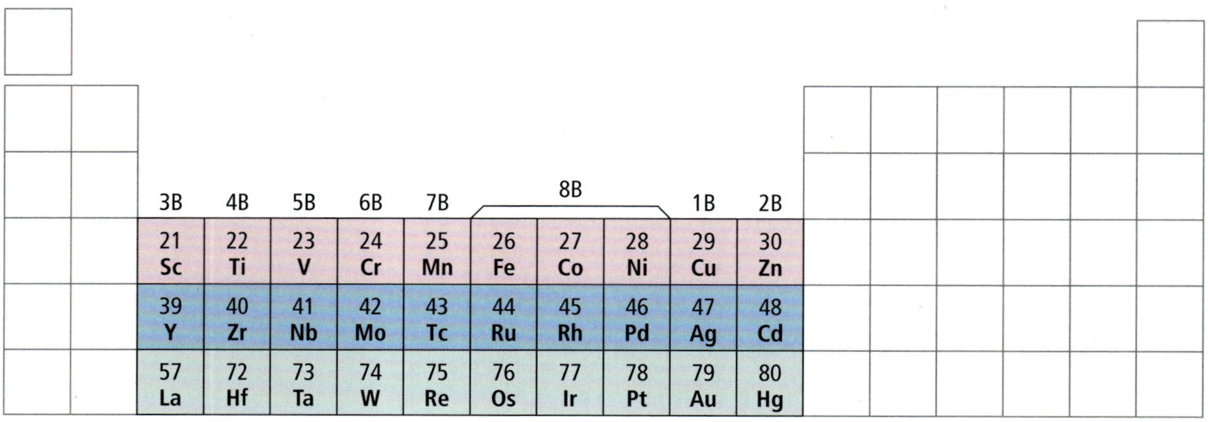

Abbildung 23.12: Übergangselemente im Periodensystem. Übergangsmetalle sind die Elemente, die den *d*-Block des Periodensystems besetzen.

rigere Oxidationsstufen anzunehmen und etwas kleinere Ionenradien zu haben. Obwohl die Atom- und Ionenradien in der zweiten Reihe im Vergleich zur ersten zunehmen, sind die Elemente der zweiten und dritten Reihe im Hinblick auf diese und andere Eigenschaften ähnlich. Diese Ähnlichkeit beruht auf der **Lanthanoidenkontraktion**. Lanthanoidenelemente, Ordnungszahl 58 bis 71, zeigen eine Zunahme der effektiven Kernladung, die die Zunahme der Hauptquantenzahl in der dritten Reihe ausgleicht.

Elektronenkonfigurationen und Oxidationsstufen

Übergangsmetalle verdanken ihre Stellung im Periodensystem der Füllung der *d*-Unterschalen (siehe ► Tabelle 23.4). Wenn diese Metalle aber oxidiert werden, geben sie ihre äußeren *s*-Elektronen ab, bevor sie Elektronen aus den *d*-Unterschalen abgeben (siehe Abschnitt 7.4). Zum Beispiel ist die Elektronenkonfiguration von Fe $[Ar]3d^64s^2$, während die für Fe^{2+} $[Ar]3d^6$ ist. Die Bildung von Fe^{3+} erfordert die Abgabe eines 3*d*-Elektrons, was $[Ar]3d^5$ ergibt. Die meisten Übergangsmetallionen enthalten teilweise besetzte *d*-Unterschalen. Diese *d*-Elektronen sind zum Teil für verschiedene Eigenschaften von Übergangsmetallen verantwortlich.

1. Sie zeigen oft mehr als eine stabile Oxidationsstufe.
2. Viele ihrer Verbindungen sind farbig, wie in ► Abbildung 23.13 zu sehen .
3. Übergangsmetalle und ihre Verbindungen zeigen interessante und wichtige magnetische Eigenschaften.

Abbildung 23.13: Salze der Übergangsmetallionen und ihre Lösungen. Von links nach rechts: Mn^{2+}, Fe^{2+}, Co^{2+}, Ni^{2+}, Cu^{2+} und Zn^{2+}.

► Abbildung 23.14 fasst die üblichen Oxidationsstufen (ungleich Null) für die erste Übergangsreihe zusammen. Die als große Kreise dargestellten Oxidationsstufen sind die am häufigsten vorkommenden, entweder in Lösung oder in festen Verbindungen. Die als kleine Kreise dargestellten sind die weniger häufigen. Beachten Sie, dass Sc nur in der Oxidationsstufe +3 vorkommt und Zn nur in der +2-Oxidationsstufe. Die anderen Metalle zeigen dagegen eine Vielzahl von Oxidationsstufen. Zum Beispiel findet man Mn in Lösung häufig in den +2(Mn^{2+})- und +7(MnO_4^-)-Oxidationsstufen. Im festen Zustand ist die +4-Oxidationsstufe (wie in MnO_2) stabil. Die +3-, +5- und +6-Oxidationsstufen sind weniger häufig.

Die +2-Oxidationsstufe, die gewöhnlich für fast alle diese Metalle auftritt, beruht auf der Abgabe der beiden äußeren 4*s*-Elektronen. Diese Oxidationsstufe findet man für alle diese Elemente mit Ausnahme von Sc, bei dem das 3+-Ion mit einer [Ar]-Konfiguration besonders stabil ist.

Oxidationsstufen über +2 beruhen auf der sukzessiven Abgabe von 3*d*-Elektronen. Von Sc bis Mn nimmt die maximale Oxidationsstufe von +3 bis +7 zu, was in jedem Fall gleich der Gesamtzahl von 4*s*- und 3*d*-Elektronen in dem Atom ist. Folglich hat Mangan eine maximale Oxidationsstufe von $2 + 5 = +7$. Wenn wir uns über Mn hinaus in der ersten Übergangsreihe nach rechts bewegen, nimmt die maximale Oxidationsstufe ab. In der zweiten und dritten Übergangsreihe ist die maximale Oxidationsstufe +8, die in RuO_4 und OsO_4 erreicht wird. Im Allgemeinen findet man die maximalen Oxidationsstufen nur dann, wenn die Metalle mit den elektronegativsten Elementen, also O, F und Cl, Verbindungen bilden.

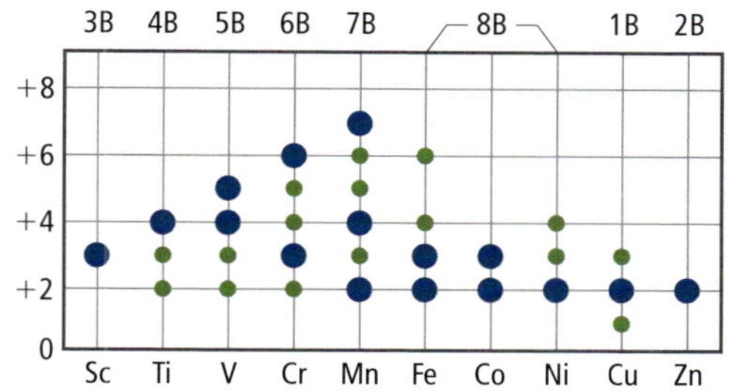

Abbildung 23.14: Oxidationsstufen (ungleich Null) für die erste Übergangsreihe. Die häufigste Oxidationsstufe wird durch den größeren Kreis angedeutet.

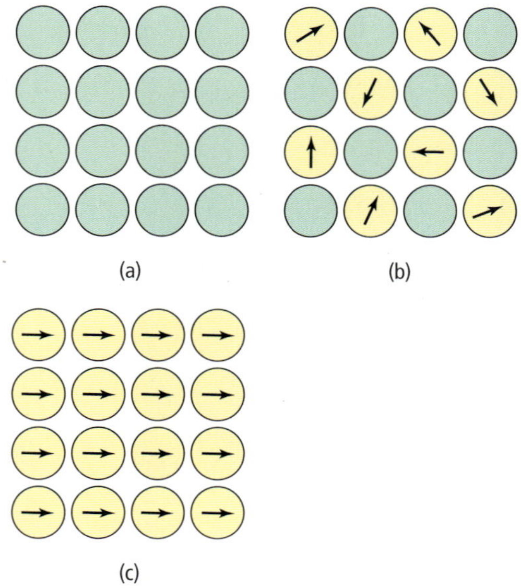

Abbildung 23.15: Arten von magnetischem Verhalten. (a) Diamagnetisch: keine Zentren (Atome oder Ionen) mit magnetischen Momenten. (b) Einfach paramagnetisch: Zentren mit nicht ausgerichteten magnetischen Momenten, bis sich die Substanz in einem Magnetfeld befindet. (c) Ferromagnetisch: magnetische Momente in eine gemeinsame Richtung ausgerichtet.

Magnetismus

Die magnetischen Eigenschaften der Übergangsmetalle und ihrer Verbindungen sind interessant und wichtig. Die Messungen der magnetischen Eigenschaften liefern Informationen über die chemische Bindung. Des Weiteren setzt man die magnetischen Eigenschaften in vielen wichtigen Anwendungen der modernen Technik ein.

Ein Elektron besitzt einen „Spin", der ihm ein magnetisches Moment gibt, was dazu führt, dass es sich wie ein kleiner Magnet verhält (siehe Abschnitt 9.8). ► Abbildung 23.15 a stellt einen *diamagnetischen* Feststoff dar, in dem alle Elektronen in dem Feststoff gepaart sind. Wenn eine diamagnetische Substanz in ein Magnetfeld gebracht wird, führen die Bewegungen der Elektronen dazu, dass die Substanz sehr schwach von dem Magneten abgestoßen wird.

Wenn ein Atom oder Ion ein oder mehr ungepaarte Elektronen besitzt, ist die Substanz *paramagnetisch* (siehe Abschnitt 9.8). In einem paramagnetischen Feststoff werden die ungepaarten Elektronen an den Atomen oder Ionen nicht durch Elektronen von benachbarten Atomen oder Ionen beeinflusst. Die magnetischen Momente an den einzelnen Atomen oder Ionen sind zufällig orientiert, wie ► Abbildung 23.15 b zeigt. Wenn sie in ein Magnetfeld gebracht werden, richten sich die magnetischen Momente grob parallel zueinander und zu dem Magnetfeld aus. Folglich wird eine paramagnetische Substanz in ein Magnetfeld hineingezogen.

Sie sind wahrscheinlich mit dem magnetischen Verhalten von einfachen Eisenmagneten vertraut (► Abbildung 23.16), dem sogenannt **Ferromagnetismus**. Ferromagnetismus entsteht, wenn die ungepaarten Elektronen der Atome oder Ionen in einem Feststoff durch die Orientierungen der Elektronen ihrer Nachbarn beeinflusst werden. Die stabilste Anordnung (mit der niedrigsten Energie) ergibt sich, wenn die Elektronenspins von benachbarten Atomen oder Ionen in die gleiche Richtung ausgerichtet sind, siehe ► Abbildung 23.15 (c). Wenn ein ferromagnetischer Feststoff in ein Magnetfeld gebracht wird, richten sich die magnetischen Momente stark entlang dem Magnetfeld aus. Die sich ergebende Anziehung für das Magnetfeld kann 1 Million Mal stärker sein als die für eine

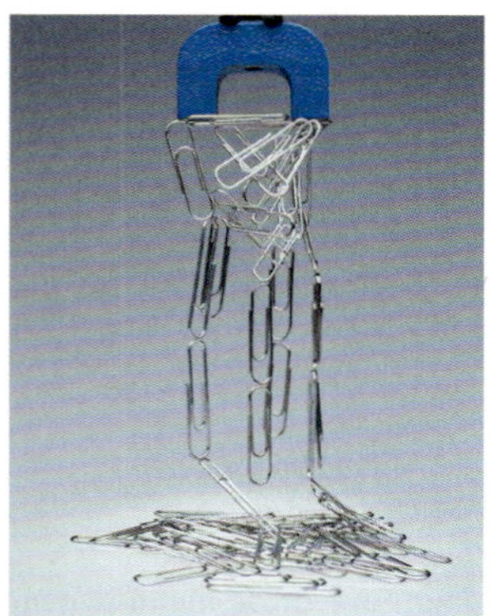

Abbildung 23.16: Permanentmagnete. Permanentmagnete bestehen aus ferromagnetischen Materialien.

einfache paramagnetische Substanz. Wenn das externe Magnetfeld entfernt wird, führen die Interaktionen zwischen den Elektronen dazu, dass der Feststoff als Ganzes ein magnetisches Moment aufrecht erhält. Wir bezeichnen ihn als *Permanentmagnet*. Die bekanntesten ferromagnetischen Feststoffe sind die Elemente Fe, Co und Ni. Viele Legierungen zeigen einen größeren Ferromagnetismus als die reinen Metalle selbst. Einige Metalloxide (z. B. CrO_2 und Fe_3O_4) sind auch ferromagnetisch. Verschiedene ferromagnetische Oxide hat man in Magnetaufzeichnungsbändern und Computerdisketten verwendet.

23.6 Chemie ausgewählter Übergangsmetalle (Chrom, Eisen und Kupfer)

Lassen Sie uns nun kurz einen Teil der chemischen Eigenschaften von drei wichtigen Elementen der ersten Übergangsreihe betrachten: Chrom, Eisen und Kupfer. Erinnern Sie sich an die früher behandelten Tendenzen im Periodensystem.

Abbildung 23.17: Zwei Formen des Cr(III)-Ions. Das linke Reagenzglas enthält das violette hydratisierte Chrom(III)-Ion, $Cr(H_2O)_6^{3+}$. Das rechte Reagenzglas enthält das grüne $[(H_2O)_4Cr(OH)_2Cr(H_2O)_4]^{4+}$-Ion.

Abbildung 23.18: Chromat- und Dichromatlösungen. Natriumchromat, Na_2CrO_4 (links), und Kaliumdichromat, $K_2Cr_2O_7$ (rechts), zeigen den Farbunterschied zwischen Chromat- und Dichromationen.

Chrom

Chrom löst sich langsam in verdünnter Salz- oder Schwefelsäure, dabei wird Wasserstoff freigesetzt. In Abwesenheit von Luft führt die Reaktion zur Bildung einer himmelblauen Lösung des Chrom(II)-Ions:

$$Cr(s) + 2\,H^+(aq) \longrightarrow Cr^{2+}(aq) + 2\,H_2(g) \qquad (23.21)$$

In Gegenwart von Luft wird das Chrom(II)-Ion schnell von O_2 zum Chrom(III)-Ion oxidiert. Die Reaktion erzeugt das grüne $[(H_2O)_4Cr(OH)_2Cr(H_2O)_4]^{4+}$-Ion (► Abbildung 23.17). In einer stark sauren Lösung reagiert dieses Ion langsam mit H^+-Ionen zum violetten $[Cr(H_2O)_6]^{3+}$-Ion (Abbildung 1), das oft einfach als $Cr^{3+}(aq)$ geschrieben wird. Die Gesamtreaktion in Säurelösung wird oft einfach wie in ► Gleichung 23.22 angegeben.

$$4\,Cr^{2+}(aq) + O_2(g) + 4\,H^+(aq) \longrightarrow 4\,Cr^{3+}(aq) + 2\,H_2O(l) \qquad (23.22)$$

Man begegnet Chrom in wässrigen Lösungen häufig in der + 6-Oxidationsstufe. In basischen Lösungen ist das gelbe Chromat-Ion (CrO_4^{2-}) das stabilste. In saurer Lösung wird das Dichromat-Ion ($Cr_2O_7^{2-}$) gebildet:

$$CrO_4^{2-}(aq) + H^+(aq) \rightleftharpoons HCrO_4^-(aq) \qquad (23.23)$$

$$2\,HCrO_4^-(aq) \rightleftharpoons Cr_2O_7^{2-}(aq) + H_2O(l) \qquad (23.24)$$

► Gleichung 23.24 ist eine Kondensationsreaktion, in der Wasser aus zwei $HCrO_4^-$-Ionen abgespalten wird. Ähnliche Reaktionen treten auch unter den Oxoanionen anderer Elemente, wie z. B. Phosphor, auf. Das Gleichgewicht zwischen den Dichromat- und Chromat-Ionen ist einfach zu beobachten, da CrO_4^{2-} leuchtendgelb und $Cr_2O_7^{2-}$ tief orange ist, wie ► Abbildung 2 zeigt. Das Dichromation in einer sauren Lösung ist ein starkes Oxidationsmittel, was durch sein großes, positives elektrochemisches Potenzial angezeigt wird. Im Gegensatz dazu ist das Chromation in basischer Lösung kein besonders starkes Oxidationsmittel.

Eisen

Hier betrachten wir nun nach der Metallurgie von Eisen einige der wichtigen Punkte der Chemie in wässriger Lösung. Eisen kommt in wässriger Lösung entweder in der + 2 oder + 3 Oxidationsstufe vor. Es kommt in natürlichen Wässern häufig vor, da diese Wässer mit Ablagerungen von $FeCO_3$ ($K_L = 3{,}2 \times 10^{-11}$) in Kontakt kommen. Gelöstes CO_2 im Wasser kann bei der Lösung des Minerals helfen:

$$FeCO_3(s) + CO_2(aq) + H_2O(l) \longrightarrow Fe^{2+}(aq) + 2\,HCO_3^-(aq) \qquad (23.25)$$

Übungsbeispiel 23.2: Aufstellen von Teilreaktionen für eine Redoxreaktion

Schreiben Sie die zwei ausgeglichenen Teilreaktionen für die Reaktion in ► Gleichung 23.26 auf.

Lösung

Analyse: Wir sollen zwei Redox-Teilreaktionen aufschreiben, die zusammen eine gegebene Redoxreaktion ergeben.

Vorgehen: Wir müssen die beiden Teilreaktionen separieren, die die gegebene ausgeglichene Reaktion ergeben. Wir fangen am besten damit an festzustellen, dass Fe in den Oxidationsstufen +2- und +3 vorkommt und Sauerstoff in den Oxidationsstufen 0 und –2.

Lösung: Wir stellen fest, dass Eisen von der Oxidationsstufe +2 zu +3 oxidiert wird. Die Teilreaktion für diesen Vorgang ist

$$Fe^{2+}(aq) \longrightarrow Fe^{3+}(aq) + e^-$$

Sauerstoff in saurem Medium wird reduziert:

$$O_2(g) + 4\ H^+(aq) + 4\ e^- \longrightarrow 2\ H_2O(l)$$

Um eine ausgeglichene Gleichung zu erhalten, brauchen wir vier Fe^{2+} für jedes O_2. Deshalb ist alles, was wir tun müssen, um ► Gleichung 23.26 zu erhalten, die Oxidations-Teilreaktion mit 4 zu multiplizieren.

Anmerkung: Wie im Text angemerkt, ist das Potenzial für die Oxidation von Fe^{2+} (aq) positiv, aber das Potenzial für die Reduktion von O_2 (g) in saurer Lösung ist positiv genug, um dies zu überwinden, was zu einem insgesamt positiven Potenzial für die Reaktion in ► Gleichung 23.26 führt.

Das gelöste Fe^{2+}, zusammen mit Ca^{2+} und Mg^{2+}, trägt zur Wasserhärte bei.

Die Normalpotenziale in Anhang E sagen viel über die Art des chemischen Verhaltens aus, das wir für Eisen erwarten können. Das Potenzial für die Reduktion von der +2-Stufe zum Metall ist negativ; aber für die Reduktion von der +3- zur +2-Stufe ist es positiv. Eisen sollte daher mit nichtoxidierenden Säuren wie z. B. verdünnter Schwefelsäure oder Essigsäure zu $Fe^{2+}(aq)$ reagieren und das tut es tatsächlich. In Anwesenheit von Luft aber wird $Fe^{2+}(aq)$ zu Fe^{3+} (aq) oxidiert, wie die positive Standard EMK für ► Gleichung 23.26 zeigt:

$$4\ Fe^{2+}(aq) + O_2(g) + 4\ H^+(aq) \longrightarrow 4\ Fe^{3+}(aq) + 2\ H_2O(l) \quad E° = +0{,}46\ V \tag{23.26}$$

A 2 Berechnen Sie das Standardpotenzial für die Reaktion von ► Gleichung 23.26.
Antwort: 1,64 V.

Sie haben vielleicht Fälle gesehen, wo tropfendes Wasser aus einem Wasserhahn einen braunen Flecken hinterlassen hat. Die braune Farbe rührt von unlöslichem Eisen(III)-Oxid her, das durch Oxidation von im Wasser vorhandenen Eisen(II) gebildet wird.

$$4\ Fe^{2+}(aq) + 8\ HCO_3^-(aq) + O_2(g) \longrightarrow 2\ Fe_2O_3(s) + 8\ CO_2(g) + 4\ H_2O(l) \tag{23.27}$$

Wenn Eisenmetall mit einer oxidierenden Säure reagiert, z. B. warmer, verdünnter Salpetersäure, bildet sich $Fe^{3+}(aq)$ direkt:

$$Fe(s) + NO_3^-(aq) + 4\ H^+(aq) \longrightarrow Fe^{3+}(aq) + NO(g) + 2\ H_2O(l) \tag{23.28}$$

In der Oxidationsstufe +3 ist Eisen in saurer Lösung als hydratisiertes Ion $Fe(H_2O)_6^{3+}$ löslich. Dieses Ion hydrolisiert aber leicht:

$$Fe(H_2O)_6^{3+}(aq) \rightleftharpoons Fe(H_2O)_5(OH)^{2+}(aq) + H^+(aq) \tag{23.29}$$

Wenn man eine saure Lösung von Eisen(III) basischer macht, bildet sich ein gallertartiger, rotbrauner Niederschlag, der am besten als Oxidhydrat, $Fe_2O_3 \cdot nH_2O$, beschrieben wird (► Abbildung 23.19). In dieser Formulierung steht n für eine unbestimmte Zahl von Wassermolekülen, abhängig von den Bedingungen der Ausfällung. Gewöhnlich wird der gebildete Niederschlag einfach als $Fe(OH)_3$ angegeben. Die Löslichkeit von $Fe(OH)_3$ ist sehr niedrig ($K_L = 4 \times 10^{-38}$). Er löst sich in stark saurer Lösung, aber nicht in basischer Lösung. Die Tatsache, dass er sich in basischer Lösung *nicht* auflöst, ist die Grundlage für das Bayer-Verfahren, in dem Aluminium von Verunreinigungen, hauptsächlich Eisen(III), getrennt wird.

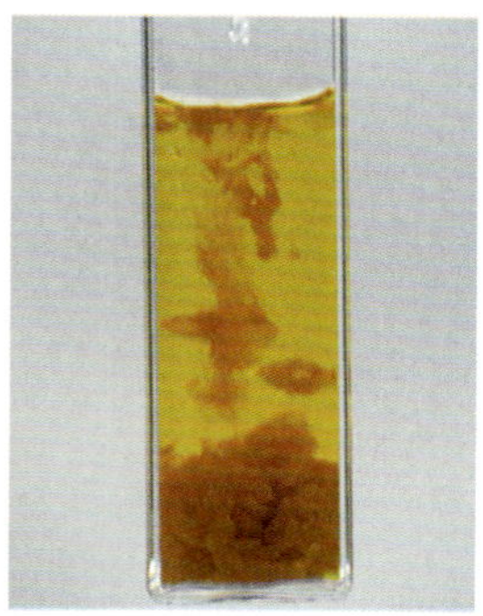

Abbildung 23.19: Ausfällung von $Fe(OH)_3$. Zugabe von NaOH-Lösung zu einer wässrigen Lösung von Fe^{3+} führt zur Ausfällung von $Fe(OH)_3$.

Abbildung 23.20: Kristalle von Kupfer(II)-sulfatpentahydrat, $CuSO_4 \cdot 5\ H_2O$.

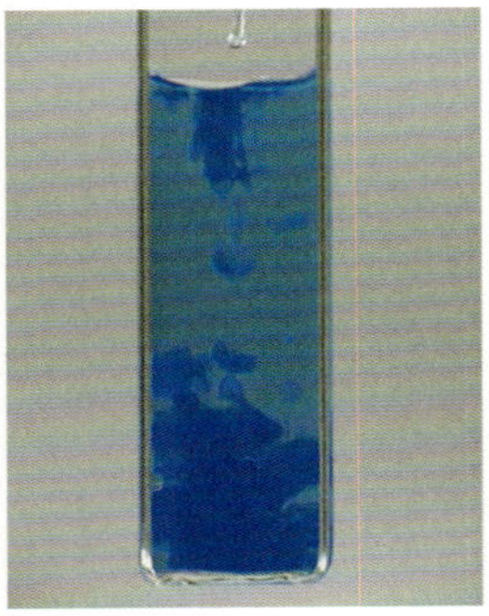

Abbildung 23.21: Ausfällung von $Cu(OH)_2$. Zugabe von NaOH-Lösung zu einer wässrigen Lösung von Cu^{2+} führt zur Ausfällung von $Cu(OH)_2$.

Kupfer

In seiner Chemie der wässrigen Lösung zeigt Kupfer zwei Oxidationsstufen: +1 und +2. In der +1-Oxidationsstufe besitzt Kupfer eine $3d^{10}$-Elektronenkonfiguration. Salze von Cu^+ sind oft wasserunlöslich und meistens farblos. In wässriger Lösung disproportioniert das Cu^+-Ion leicht:

$$2\ Cu^+(aq) \longrightarrow Cu^{2+}(aq) + Cu(s) \quad K = 1{,}2 \times 10^6 \qquad (23.30)$$

Aufgrund dieser Reaktion und weil Kupfer(I) bei den meisten Lösungsbedingungen leicht zu Kupfer(II) oxidiert wird, ist die Oxidationsstufe +2 bei weitem die wichtigere.

Viele Salze von Cu^{2+}, einschließlich $Cu(NO_3)_2$, $CuSO_4$ und $CuCl_2$, sind wasserlöslich. Kupfersulfatpentahydrat ($CuSO_4 \cdot 5\ H_2O$), ein häufig eingesetztes Salz, hat vier Wassermoleküle an das Kupfer-Ion gebunden und ein fünftes ist durch Wasserstoffbrückenbindung am SO_4^{2-}-Ion gebunden. Das Salz ist blau und wird oft *Kupfervitriol* genannt (► Abbildung 23.20). Wässrige Lösungen von Cu^{2+}, in denen Kupfer von Wassermolekülen koordiniert wird, sind ebenfalls blau. Zu den unlöslichen Verbindungen von Kupfer(II) gehört $Cu(OH)_2$, das gebildet wird, wenn man NaOH zu einer wässrigen Cu^{2+}-Lösung hinzufügt (► Abbildung 23.21). Diese blaue Verbindung gibt beim Erhitzen leicht Wasser ab und bildet dabei schwarzes Kupfer(II)-oxid.

$$Cu(OH)_2(s) \longrightarrow CuO(s) + H_2O(l) \qquad (23.31)$$

CuS ist eine der am wenigsten löslichen Kupfer(II)-Verbindungen ($K_L = 6{,}3 \times 10^{-36}$). Diese schwarze Substanz löst sich nicht in NaOH, NH_3 oder nichtoxidierenden Säuren, wie z. B. HCl. Sie löst sich aber in HNO_3, die das Sulfid zu Schwefel oxidiert:

$$3\ CuS(s) + 8\ H^+(aq) + 2\ NO_3^-(aq) \longrightarrow 3\ Cu^{2+}(aq) + 3\ S(s) + 2\ NO(g) + 4\ H_2O(l) \qquad (23.32)$$

$CuSO_4$ wird häufig zu Wasser hinzugegeben, um Algen- oder Pilzwachstum zu stoppen, und andere Kupferpräparate werden eingesetzt, um Pflanzen vor Kleinorganismen und Insekten zu schützen. Kupferverbindungen sind für Menschen nicht generell toxisch, es sei denn in großen Mengen. Unser tägliches Essen enthält normalerweise 2 bis 5 mg Kupfer.

Chemie von Koordinationsverbindungen

24

ÜBERBLICK

Verbindungen der Übergangsmetalle bilden eine wichtige Gruppe farbiger Substanzen. Einige dieser Substanzen werden als Farbpigmente verwendet, andere wiederum sind für die Farben von Gläsern und wertvollen Edelsteinen verantwortlich. Warum sind diese Verbindungen farbig und warum ändern sich ihre Farben, wenn andere Ionen oder Moleküle an das jeweilige Metall gebunden werden? Mit Hilfe der in diesem Kapitel behandelten Chemie werden wir in der Lage sein, auf diese Fragen eine Antwort zu finden.

24.1 Metallkomplexe

MERKE !

Koordinationsverbindungen bestehen aus Komplexteilchen, in denen ein Zentralteilchen (Metallion oder -atom) von mehreren Liganden (Moleküle oder Ionen) umgeben ist, die als Lewis-Basen ein freies Elektronenpaar zur Bindungsbildung zur Verfügung stellen.

Teilchen wie z. B. $[Ag(NH_3)_2]^+$, die aus einem zentralen Metallion oder -atom (Zentralteilchen) bestehen, das von mehreren Molekülen oder Ionen umgeben ist, werden **Metallkomplexe** oder einfach *Komplexe* genannt. Wenn ein Komplex eine Nettoladung aufweist, handelt es sich um ein *Komplexion* (siehe Abschnitt 17.5). Verbindungen, die Komplexteilchen enthalten, werden **Koordinationsverbindungen** genannt. Die Mehrzahl der von uns betrachteten Koordinationsverbindungen enthalten Übergangsmetallionen. Die Bildung von Komplexen ist jedoch auch bei den Ionen anderer Metalle möglich.

Die in einem Komplex an das Metallion gebundenen Moleküle oder Ionen werden **Liganden** genannt (vom lateinischen Wort *ligare*, das „binden" bedeutet). In der Verbindung $[Ag(NH_3)_2]^+$ sind zwei NH_3-Liganden an Ag^+ gebunden. Die Liganden wirken als Lewis-Basen und stellen das für die Ausbildung der Bindung mit dem Metall benötigte Elektronenpaar zur Verfügung (siehe Abschnitt 16.11). Liganden verfügen also, wie anhand der folgenden Beispiele deutlich wird, über mindestens ein freies Valenzelektronenpaar:

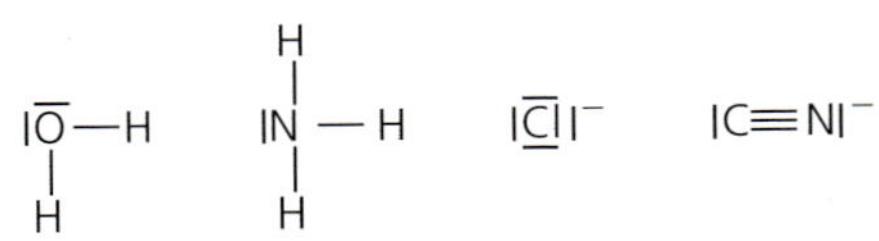

Liganden bestehen entweder aus polaren Molekülen oder aus Anionen. In einem Komplex sind die Liganden an das Metall *koordiniert*.

Die Entwicklung der Koordinationschemie: Die Werner'sche Theorie

Die Chemie der Übergangsmetalle übte bereits vor der Einführung des Periodensystems aufgrund der Farbenvielfalt dieser Verbindungen eine große Faszination auf Chemiker aus. Bereits zum Ende des 18. Jahrhunderts und bis in das 19. Jahrhundert hinein wurden viele Koordinationsverbindungen isoliert und untersucht. Die Verbindungen hatten Eigenschaften, die angesichts der zu dieser Zeit herrschenden Vorstellungen über Bindungen zunächst seltsam erschienen. In ► Tabelle 24.1 sind z. B. mehrere Verbindungen aufgeführt, die bei einer Reaktion von Kobalt(III)chlorid mit Ammoniak entstehen. Diese Verbindungen haben erstaunlicherweise sehr unterschiedliche Farben. Selbst die beiden zuletzt aufgeführten Verbindungen, die die gleiche Formel ($CoCl_3 \cdot 4\,NH_3$) haben, weisen unterschiedliche Farben auf.

Bei allen in ► Tabelle 24.1 aufgeführten Verbindungen handelt es sich um starke Elektrolyte (siehe Abschnitt 4.1), die beim Lösen in Wasser in eine unterschiedliche Anzahl an Ionen dissoziieren. Beim Lösen von $CoCl_3 \cdot 6\,NH_3$ in Wasser erhält man z. B. vier Ionen pro Formeleinheit (das $[Co(NH_3)_6]^{3+}$-Ion und drei Cl^--Ion), beim Auflösen von $CoCl_3 \cdot 5\,NH_3$ dagegen nur drei Ionen pro Formeleinheit (das $[Co(NH_3)_5Cl]^{2+}$-Ion und zwei Cl^--Ionen). Bei einer Reaktion der Verbindungen mit überschüssigem wässrigem Silbernitrat fallen unterschiedliche Mengen $AgCl(s)$ aus. Die Fällung von $AgCl(s)$ wird oft eingesetzt, um die Anzahl der in einer

Historische Formel	Farbe	Ionen pro Formeleinheit	„Freie" Cl^--Ionen pro Formeleinheit	Moderne Formel
$CoCl_3 \cdot 6\,NH_3$	orange	4	3	$[Co(NH_3)_6]Cl_3$
$CoCl_3 \cdot 5\,NH_3$	dunkelviolett	3	2	$[Co(NH_3)_5Cl]Cl_2$
$CoCl_3 \cdot 4\,NH_3$	grün	2	1	*trans*-$[Co(NH_3)_4Cl_2]Cl$
$CoCl_3 \cdot 4\,NH_3$	violett	2	1	*cis*-$[Co(NH_3)_4Cl_2]Cl$

Tabelle 24.1: Eigenschaften verschiedener Ammoniakkomplexe von Kobalt(III).

ionischen Verbindung vorhandenen „freien" Cl^--Ionen zu ermitteln. Wenn $CoCl_3 \cdot 6\,NH_3$ mit überschüssigem $AgNO_3(aq)$ behandelt wird, entstehen pro Mol des Komplexes 3 mol $AgCl(s)$, es reagieren also alle drei Cl^--Ionen der Formel zu $AgCl(s)$. Im Gegensatz dazu fallen bei einer Behandlung von $CoCl_3 \cdot 5\,NH_3$ mit $AgNO_3(aq)$ nur 2 mol $AgCl(s)$ Niederschlag pro Mol des Komplexes aus, eins der in der Verbindung vorhandenen Cl^--Ionen reagiert also nicht zu $AgCl(s)$. Diese Ergebnisse sind in ► Tabelle 24.1 zusammengefasst.

1893 schlug der Schweizer Chemiker Alfred Werner (1866–1919) eine Theorie vor, mit der die in ► Tabelle 24.1 aufgeführten Beobachtungen erfolgreich erklärt werden konnten. Diese Theorie wurde zur Grundlage des Verständnisses der Koordinationschemie. Werner schlug vor, dass Metallionen sowohl „primäre" als auch „sekundäre" Valenzen haben sollten. Bei der primären Valenz handelt es sich um die Oxidationsstufe des Metalls, die bei allen Komplexen in ► Tabelle 24.1 gleich +3 ist (siehe Abschnitt 4.4). Die sekundäre Valenz ist die Anzahl der direkt an das Metallion gebundenen Atome. Diese Valenz wird auch **Koordinationszahl** genannt. Werner leitete bei den hier betrachteten Kobaltkomplexen eine Koordinationszahl von 6 ab, wobei sich die Liganden in einer oktaedrischen Anordnung (siehe ► Abbildung 9.9) um das Co^{3+}-Ion befinden.

Die Theorie Werners lieferte für die Ergebnisse der ► Tabelle 24.1 eine stimmige Erklärung. Bei den NH_3-Molekülen in den Komplexen handelt es sich um Liganden, die an das Co^{3+}-Ion gebunden sind. Wenn weniger als sechs NH_3-Moleküle vorliegen, werden die überzähligen freien Ligandenpositionen von Cl^--Ionen besetzt. Das zentrale Metall und die an dieses Metall gebundenen Liganden bilden die **Koordinationssphäre** des Komplexes. In der Schreibweise Werners wird die chemische Formel einer Koordinationsverbindung mit eckigen Klammern geschrieben, um die sich innerhalb der Koordinationssphäre befindlichen Gruppen vom restlichen Teil der Verbindung zu unterscheiden. Werner schlug daher vor, $CoCl_3 \cdot 6\,NH_3$ und $CoCl_3 \cdot 5\,NH_3$ besser als $[Co(NH_3)_6]Cl_3$ und $[Co(NH_3)_5Cl]Cl_2$ zu schreiben. Er nahm ferner an, dass die Chloridionen, die Teil der Koordinationssphäre sind, so fest an das Metallion gebunden sind, dass sie beim Lösen des Komplexes in Wasser nicht dissoziieren. Beim Lösen von $[Co(NH_3)_5Cl]Cl_2$ in Wasser entstehen daher ein $[Co(NH_3)_5Cl]^{2+}$-Ion und zwei Cl^--Ionen; nur die zwei „freien" Cl^--Ionen sind in der Lage, mit $Ag^+(aq)$ zu $AgCl(s)$ zu reagieren.

Werners Theorie erklärte auch, warum es zwei verschiedene Formen von $CoCl_3 \cdot 4\,NH_3$ gibt. Gemäß den Postulaten Werners können wir die Verbindung als $[Co(NH_3)_4Cl_2]Cl$ schreiben. Wie aus ► Abbildung 24.1 deutlich wird, können die Liganden im Komplex $[Co(NH_3)_4Cl_2]^+$ auf zwei verschiedene Weisen angeordnet werden. Diese zwei Formen werden mit *cis* und *trans* bezeichnet. In *cis*-$[Co(NH_3)_4Cl_2]^+$ besetzen die beiden Chloridliganden in der oktaedrischen Anordnung benachbarte Positionen. In *trans*-$[Co(NH_3)_4Cl_2]^+$ befinden sich die Chloridliganden dagegen auf gegenüberliegenden Positionen. Wie aus ► Tabelle 24.1 zu erkennen ist, führen diese unterschiedlichen Anordnungen zu verschiedenen Farben der Komplexe.

MERKE !

Die Koordinationszahl gibt an, wie viele koordinative Bindungen es zwischen dem Zentralteilchen und den Liganden innerhalb der Koordinationssphäre gibt.

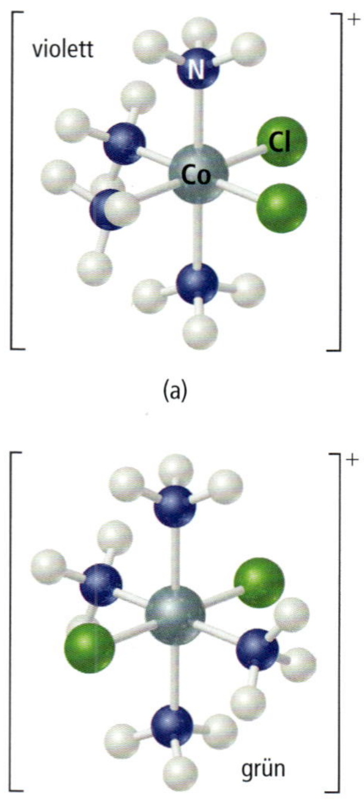

Abbildung 24.1: Die beiden Formen (Isomere) von $[Co(NH_3)_4Cl_2]^+$. In (a) *cis*-$[Co(NH_3)_4Cl_2]^+$ besetzen die beiden Cl-Liganden benachbarte Ecken des Oktaeders, in (b) *trans*-$[Co(NH_3)_4Cl_2]^+$ befinden sie sich dagegen auf gegenüberliegenden Positionen.

Übungsbeispiel 24.1: (Lösung online)
Bestimmung der Formel eines Komplexions

Ein Komplexion enthält ein Chrom(III)-Atom, an das vier Wassermoleküle und zwei Chloridionen gebunden sind. Wie lautet die Formel des Komplexes?

A 1 Geben Sie die Formel des Komplexes an, der aus einem Platin(II)-Ion gebildet wird, das von zwei Ammoniakmolekülen und zwei Bromidionen umgeben ist.

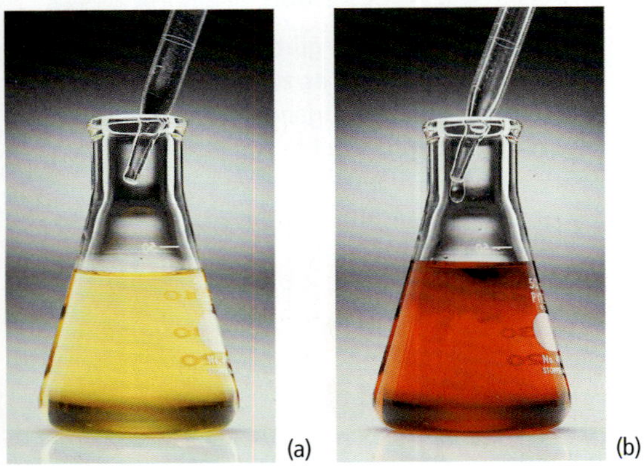

Abbildung 24.2: Reaktion von Fe^{3+}(aq) mit SCN^-(*aq*). (a) In der Pipette befindet sich eine wässrige NH_4SCN-Lösung, im Kolben eine wässrige Fe^{3+}-Lösung. (b) Bei der Zugabe von NH_4SCN zu Fe^{3+}(*aq*) bilden sich intensiv gefärbte $[Fe(H_2O)_5NCS]^{2+}$-Ionen.

Die durch Werners Theorie eröffneten Einblicke in die Bindungen von Koordinationsverbindungen werden noch eindrucksvoller, wenn wir daran denken, dass seine Theorie der Theorie Lewis zur kovalenten Bindung um 20 Jahre voraus war. Werner wurde 1913 für seine wichtigen Beiträge zur Chemie der Koordinationsverbindungen mit dem Nobelpreis für Chemie ausgezeichnet.

Die Metall-Ligand-Bindung

Die Bindung zwischen einem Liganden und einem Metallion ist ein Beispiel einer Wechselwirkung zwischen einer Lewis-Base und einer Lewis-Säure (siehe Abschnitt 16.11). Weil die Liganden über ein freies Elektronenpaar verfügen, können sie als Lewis-Base wirken (Elektronenpaardonatoren). Metallionen (insbesondere Übergangsmetallionen) verfügen über unbesetzte Valenzorbitale und können daher als Lewis-Säuren (Elektronenpaarakzeptoren) fungieren. In der Bindung zwischen dem Metallion und dem Liganden teilen sich Metall und Ligand das ursprüngliche Elektronenpaar des Liganden.

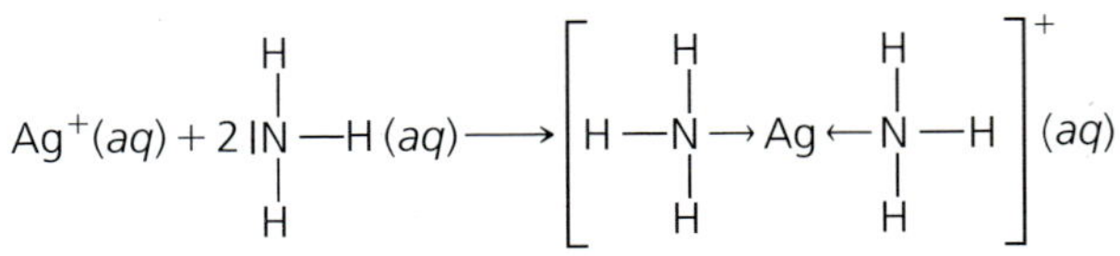
(24.1)

Die Bildung von Metall-Ligand-Bindungen kann die Eigenschaften des Metallions wesentlich verändern. Ein Metallkomplex ist eine chemische Verbindung, deren physikalische und chemische Eigenschaften sich wesentlich von denen des Metallions und der Liganden, aus denen sie gebildet wird, unterscheiden. Komplexe können völlig andere Farben haben als die zugrunde liegenden Metallionen und Liganden. In ► Abbildung 24.2 ist z. B. die Farbänderung dargestellt, die beim Mischen von wässrigen SCN^-- und Fe^{3+}-Lösungen auftritt.

Durch die Komplexbildung werden auch andere Eigenschaften der Metallionen wie z. B. deren Oxidations- bzw. Reduktionsneigung wesentlich verändert. Das Silberion Ag^+ lässt sich z. B. in Wasser einfach reduzieren:

$$Ag^+(aq) + e^- \longrightarrow Ag(s) \qquad E° = +0{,}799\ V \qquad (24.2)$$

Im Gegensatz dazu lässt sich das $[Ag(CN)_2]^-$-Ion nicht leicht reduzieren, weil das Silber in der Oxidationsstufe +1 durch die Komplexierung mit CN^--Ionen stabilisiert wird:

$$[Ag(CN)_2]^-(aq) + e^- \longrightarrow Ag(s) + 2\,CN^-(aq) \qquad E° = -0{,}31\ V \qquad (24.3)$$

Bei hydratisierten Metallionen handelt es sich in Wirklichkeit um Komplexionen, deren Liganden aus Wasser bestehen. Fe^{3+}(*aq*) besteht also größtenteils aus $[Fe(H_2O)_6]^{3+}$ (siehe Abschnitt 16.11). Komplexionen bilden sich in wässrigen Lösungen in Reaktionen, in denen die H_2O-Moleküle in der Koordinationssphäre des Metallions durch Liganden wie NH_3, SCN^- und CN^- ersetzt werden.

Ladungen, Koordinationszahlen und Strukturen

Die Ladung eines Komplexes ist gleich der Summe der Ladungen des zentralen Metalls und der dieses umgebenden Liganden. Wir können die Ladung des Komplexions in $[Cu(NH_3)_4]SO_4$ ableiten, indem wir zunächst berücksichtigen, dass es sich bei SO_4^{2-} um das Sulfation handelt, das eine Ladung von 2– hat. Weil die Verbindung neutral ist, muss das Komplexion eine Ladung von 2+ haben: $[Cu(NH_3)_4]^{2+}$. Anschließend können wir aus der Ladung des Komplexions die Oxidationszahl von Kupfer berechnen. Weil es sich bei den NH_3-Liganden um neutrale Moleküle handelt, muss Kupfer die Oxidationszahl +2 haben.

$$\underset{[Cu(NH_3)_4]^{2+}}{+2 + 4 \cdot 0 = +2}$$

Erinnern Sie sich daran, dass die Anzahl der direkt an das Metallion eines Komplexes gebundenen Atome *Koordinationszahl* genannt wird. Das Atom des Liganden, das sich direkt am Metall befindet, wird als **Donoratom** bezeichnet. Stickstoff ist z. B. das Donoratom des in ► Gleichung 24.1 gezeigten $[Ag(NH_3)_2]^+$-Komplexes. Das Silberion in $[Ag(NH_3)_2]^+$ hat eine Koordinationszahl von 2, während die Kobaltionen in den in Tabelle 24.1 aufgeführten Co(III)-Komplexen eine Koordinationszahl von 6 haben.

Einige Metallionen treten nur in einer einzigen Koordinationszahl auf. Die Koordinationszahl von Chrom(III) und Kobalt(III) ist z. B. immer gleich 6 und die Koordinationszahl von Platin(II) immer gleich 4. Die Koordinationszahlen der meisten Metallionen hängen jedoch vom jeweiligen Liganden ab. Die am häufigsten auftretenden Koordinationszahlen sind 4 und 6.

Die Koordinationszahl eines Metallions wird oft durch die relativen Größen des Metallions und der umgebenden Liganden bestimmt. Je größer der Ligand ist, desto weniger Liganden lassen sich am Metallion koordinieren. Das Eisen(III)-Ion z. B. kann in $[FeF_6]^{3-}$ sechs Fluoridionen, in $[FeCl_4]^-$ jedoch nur vier Chloridionen koordinieren. Auch Liganden, die relativ hohe negative Ladungen auf das Metall übertragen, führen oft zu einer niedrigeren Koordinationszahl. An Nickel(II) lassen sich z. B. sechs neutrale Ammoniakmoleküle $[Ni(NH_3)_6]^{2+}$, jedoch nur vier negativ geladene Cyanidionen $[Ni(CN)_4]^{2-}$ koordinieren.

Komplexe mit der Koordinationszahl vier können in zwei Strukturen auftreten – tetraedrisch und quadratisch-planar (► Abbildung 24.3). Die tetraedrische Struktur ist die häufigere Anordnung und insbesondere bei Nichtübergangsmetallen dominierend. Die quadratisch-planare Struktur ist dagegen für Übergangsmetallionen mit acht *d*-Valenzelektronen wie Platin(II) und Gold(III) charakteristisch.

Fast alle Komplexe mit der Koordinationszahl sechs haben eine oktaedrische Struktur (► Abbildung 24.4 a). Das Oktaeder wird oft als planares Quadrat mit Liganden oberhalb und unterhalb der Ebene dargestellt (► Abbildung 24.4 b). Denken Sie jedoch daran, dass alle Positionen eines Oktaeders geometrisch äquivalent sind.

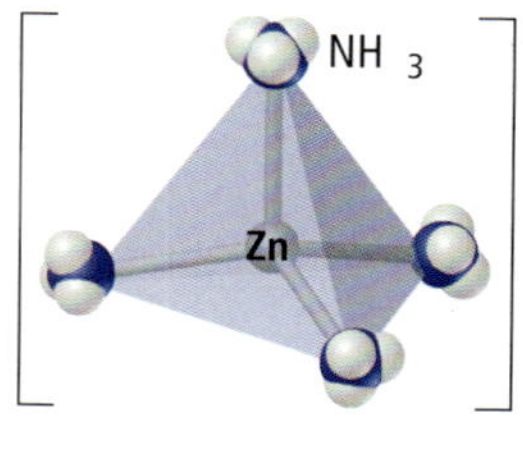

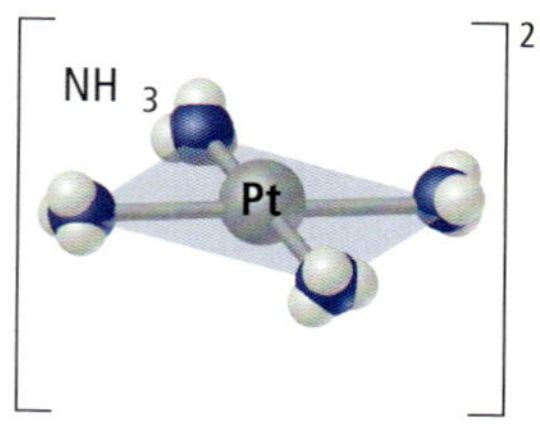

Abbildung 24.3: Komplexe mit der Koordinationszahl 4. Strukturen von (a) $[Zn(NH_3)_4]^{2+}$ und (b) $[Pt(NH_3)_4]^{2+}$ mit tetraedrischer bzw. quadratisch-planarer Struktur. Komplexe mit der Koordinationszahl 4 treten meist in einer dieser beiden Strukturen auf.

MERKE !

Die Koordinationszahl eines Zentralteilchens wird umso kleiner, je größer und negativer die Liganden sind.

Übergangsmetallionen mit 8 *d*-Valenzelektronen haben oft eine quadratisch-planare Struktur. Sonst überwiegt bei vier Liganden eine tetraedrische Koordinationssphäre.

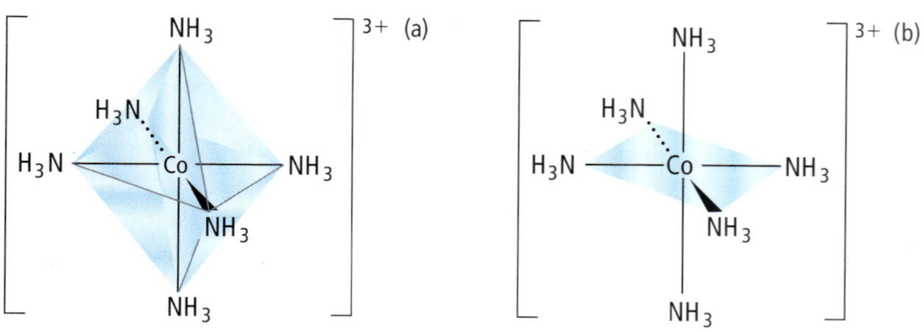

Abbildung 24.4: Komplexe mit der Koordinationszahl 6. Zwei Darstellungen einer oktaedrischen Koordinationssphäre.

24.2 Liganden mit mehr als einem Donoratom

Die bisher betrachteten Liganden wie NH_3 und Cl^- sind so genannte **einzähnige Liganden**. Diese Liganden verfügen nur über ein einziges Donoratom und nehmen in einer Koordinationssphäre nur eine Position ein. Einige Liganden haben dagegen zwei oder mehr Donoratome, die gleichzeitig am Metallion koordinieren können und dabei zwei oder mehr Koordinationspositionen einnehmen. Solche Liganden werden **mehrzähnige Liganden** genannt. Aufgrund ihrer Fähigkeit, das Metall zwischen zwei oder mehr Donoratomen zu „greifen“, werden mehrzähnige Liganden auch **Chelatliganden** (vom griechischen Wort

MERKE !

Chelatliganden sind mehrzähnige Liganden, die das Zentralteilchen umgeben und mit mehreren Donoratomen daran binden.

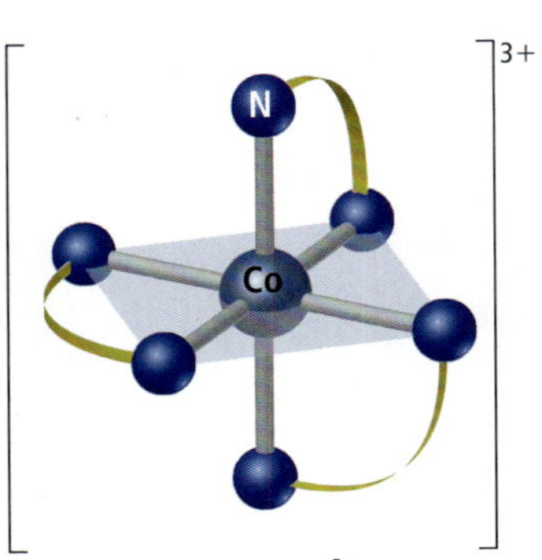

$[Co(en)_3]^{3+}$

Abbildung 24.5: $[Co(en)_3]^{3+}$-Ion. Beachten Sie, dass die zweizähnigen Ethylendiaminliganden in der Koordinationssphäre jeweils zwei Positionen besetzen.

chele – „Krebsschere") genannt. Bei *Ethylendiamin* handelt es sich z. B. um einen derartigen Liganden:

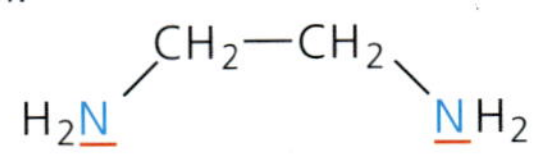

Ethylendiamin, das mit „en" abgekürzt wird, verfügt über zwei Stickstoffatome mit freiem Elektronenpaar (farbig dargestellt). Diese Donoratome befinden sich weit genug voneinander entfernt, so dass der Ligand ein Metallion umfassen kann und die beiden Stickstoffatome gleichzeitig an benachbarten Positionen an das Metall gebunden werden können. In ► Abbildung 24.5 ist das $[Co(en)_3]^{3+}$-Ion dargestellt, das in der oktaedrischen Koordinationssphäre von Kobalt(III) drei Ethylendiaminliganden aufweist. Ethylendiamin enthält zwei Aminogruppen, die durch eine Ethylenbrücke verbunden sind. Ethylendiamin ist ein **zweizähniger Ligand**, weil es zwei Koordinationspositionen besetzen kann. In ► Tabelle 24.2 sind mehrere häufig auftretende Liganden aufgeführt.

Das Ethylendiamintetraacetation $[EDTA]^{4-}$ ist ein wichtiger mehrzähniger Ligand mit sechs Donoratomen:

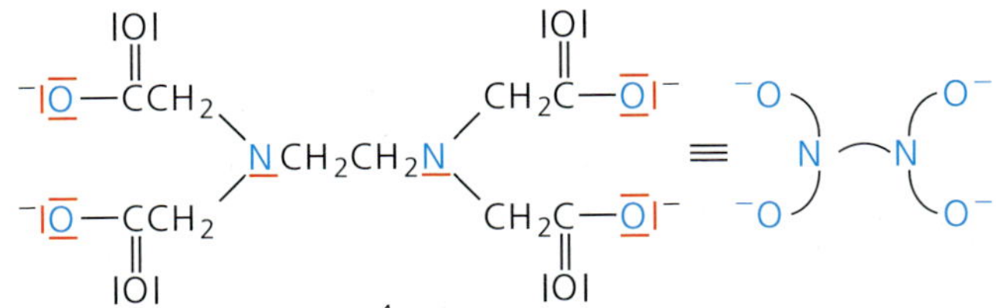

$[EDTA]^{4-}$

Art des Liganden	Beispiele
einzähnig	H_2O Wasser; NH_3 Ammoniak; F^- Fluorid; Cl^- Chlorid; $[C{\equiv}N]^-$ Cyanid; $[S{\equiv}C{\equiv}N]^-$ (oder) Thiocyanat; $[O{-}H]^-$ Hydroxid; $[O{-}N{=}O]^-$ (oder) Nitrit
zweizähnig	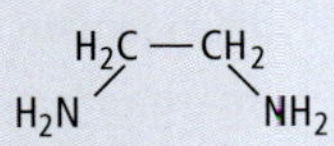 Ethylendiamin (en); 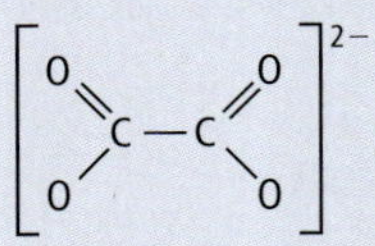 Oxalat; 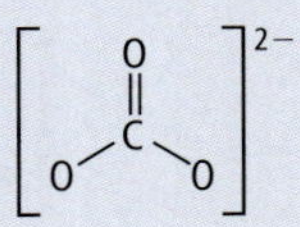 Carbonat
mehrzähnig	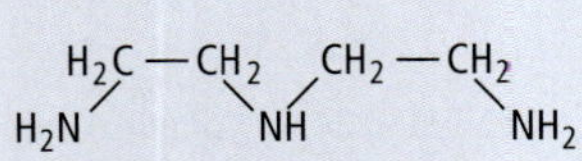 Diethylentriamin; 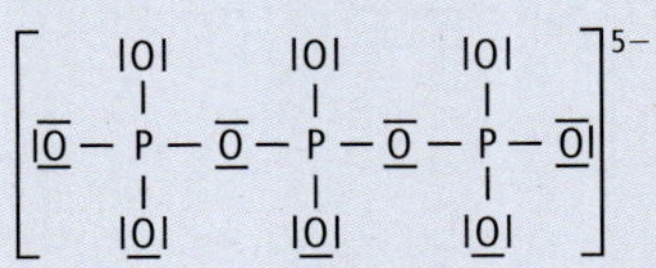 Triphosphat; 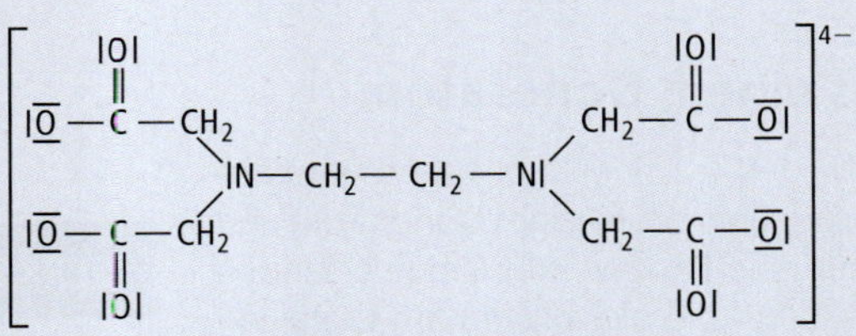 Ethylendiamintetraacetat ($EDTA^{4-}$)

Tabelle 24.2: Häufig vorkommende Liganden.

Es ist in der Lage, ein Metallion vollständig zu umgeben und dabei alle sechs Donoratome an das Metall zu binden (► Abbildung 24.6). In einigen Komplexionen sind jedoch nur fünf der sechs Donoratome an das Metall gebunden.

Im Allgemeinen bilden Chelatliganden stabilere Komplexe als vergleichbare einzähnige Liganden. Diese Beobachtung wird anhand der in den ► Gleichungen 24.4 und 24.5 aufgeführten Bildungskonstanten von $[Ni(NH_3)_6]^{2+}$ und $[Ni(en)_3]^{2+}$ deutlich:

$$[Ni(H_2O)_6]^{2+}(aq) + 6\,NH_3(aq) \rightleftharpoons [Ni(NH_3)_6]^{2+}(aq) + 6\,H_2O(l) \qquad K_{Bil.} = 1{,}2 \times 10^9 \quad (24.4)$$

$$[Ni(H_2O)_6]^{2+}(aq) + 3\,en(aq) \rightleftharpoons [Ni(en)_3]^{2+}(aq) + 6\,H_2O(l) \qquad K_{Bil.} = 6{,}8 \times 10^{17} \quad (24.5)$$

Obwohl es sich beim Donoratom in beiden Fällen um Stickstoff handelt, hat $[Ni(en)_3]^{2+}$ eine Bildungskonstante, die mehr als 10^8 Mal größer ist als die von $[Ni(NH_3)_6]^{2+}$. Die im Allgemeinen größeren Bildungskonstanten mit mehrzähnigen Liganden im Vergleich zu vergleichbaren einzähnigen Liganden sind eine Folge des **Chelateffekts**. Wir werden die Ursache dieses Effekts noch genauer im Abschnitt „Näher Hingeschaut" betrachten.

Chelatbildner werden häufig verwendet, um bestimmte Reaktionen eines Metallions zu verhindern, ohne dieses tatsächlich aus der Lösung zu entfernen. Metallionen, die bei einer chemischen Analyse stören, lassen sich z. B. häufig komplexieren, so dass die störende Wirkung beseitigt wird. Der Chelatbildner versteckt (maskiert) also auf gewisse Weise das vorhandene Metallion.

Phosphate wie das hier dargestellte Natriumtriphosphat werden zur Komplexierung von Metallionen wie Ca^{2+} und Mg^{2+} in hartem Wasser eingesetzt. Eine derartige Behandlung von hartem Wasser führt dazu, dass diese Ionen die Wirkung von Seifen oder Detergentien nicht mehr stören.

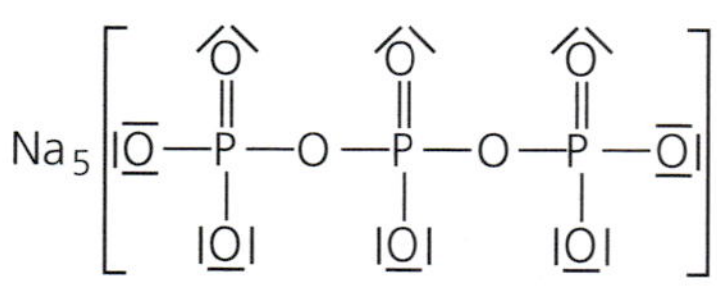

Chelatbildner wie EDTA werden in Verbrauchsprodukten eingesetzt (z. B. in vielen Fertignahrungsmitteln wie Salatdressings und Tiefkühldesserts), um in Spuren vorhandene Metallionen zu komplexieren, die ansonsten Zerfallsreaktionen katalysieren würden. In der Medizin werden Chelatbildner eingesetzt, um gesundheitsschädliche Metallionen wie Hg^{2+}, Pb^{2+} und Cd^{2+} zu entfernen. Eine Behandlung einer Bleivergiftung besteht z. B. in der Verabreichung von $Na_2[Ca(EDTA)]$. Das EDTA komplexiert das Blei, das daraufhin mit dem Urin ausgeschieden werden kann. Auch in der Natur kommen häufig Chelatbildner vor. Moose und Flechten sondern z. B. Chelatbildner ab, die die in den von ihnen bewohnten Steinen enthaltenen Metallionen komplexieren (► Abbildung 24.7).

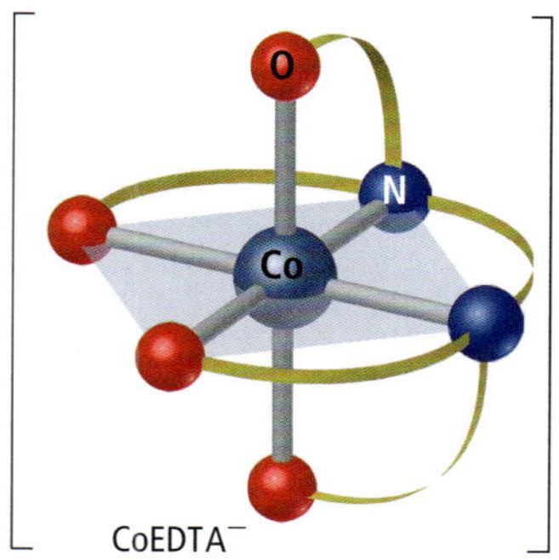

Abbildung 24.6: $[CoEDTA]^-$-Ion. Das Ion Ethylendiamintetraacetat, ein mehrzähniger Ligand kann das Metall vollständig umgeben und sechs Positionen der Koordinationssphäre besetzen.

MERKE !

Chelatliganden bilden stabilere Komplexe als einzähnige Liganden, da bei der Komplexbildung die Entropie zunimmt (Chelateffekt). Daher kann man sie zum Maskieren störender Ionen verwenden.

Abbildung 24.7: Auf einer Steinoberfläche wachsende Flechten. Mit Hilfe von Chelatbildnern sind sie in der Lage, die von ihnen benötigten Metallionen aus den Steinen, auf denen sie wachsen, herauszulösen.

Metalle und Chelatkomplexe in lebendigen Systemen

Zehn der 29 für das menschliche Leben essenziellen Elemente sind Übergangsmetalle. Diese zehn Elemente – V, Cr, Mn, Fe, Co, Ni, Cu, Zn, Mo und Cd – verdanken ihre Funktion in lebenden Systemen hauptsächlich ihrer Fähigkeit, mit einer Vielzahl der in biologischen Systemen vorhandenen Donorgruppen Komplexe zu bilden. Metallionen sind wesentliche Bestandteile vieler Enzyme, die die Katalysatoren des Körpers sind (siehe Abschnitt 14.7).

NÄHER HINGESCHAUT

Entropie und der Chelateffekt

Bei der Betrachtung der Thermodynamik in Kapitel 19 haben wir festgestellt, dass die Spontaneität eines chemischen Prozesses durch eine positive Änderung der Entropie und eine negative Änderung der Enthalpie eines Systems begünstigt wird (siehe Abschnitt 19.5). Die besondere Stabilität von Chelatkomplexen, der *Chelateffekt*, lässt sich durch die Betrachtung der Entropieänderung bei der Bindung von mehrzähnigen Liganden an ein Metallion erklären. Um diesen Effekt besser zu verstehen, werden wir uns einige Reaktionen anschauen, in denen zwei H_2O-Liganden des quadratisch-planaren Cu(II)-Komplexes $[Cu(H_2O)_4]^{2+}$ durch andere Liganden ersetzt werden. Zunächst betrachten wir die bei 27 °C stattfindende Substitution der H_2O-Liganden durch NH_3-Liganden zu $[Cu(H_2O)_2(NH_3)_2]^{2+}$, dessen Struktur in ► Abbildung 24.8 a dargestellt ist:

$$[Cu(H_2O)_4]^{2+}(aq) + 2\,NH_3(aq) \rightleftharpoons [Cu(H_2O)_2(NH_3)_2]^{2+}(aq) + 2\,H_2O(l)$$

$$\Delta H^\circ = -46\text{ kJ}; \quad \Delta S^\circ = -8{,}4\text{ J/K}; \quad \Delta G^\circ = -43\text{ kJ}$$

Die thermodynamischen Daten liefern uns Informationen über die Bindungsstärke der Liganden H_2O und NH_3 in diesen Systemen. Im Allgemeinen ist die Bindung von NH_3 an Metallionen stärker als die von H_2O, so dass derartige Substitutionsreaktionen exotherm verlaufen ($\Delta H < 0$). Die stärkere Bindung der NH_3-Liganden führt dazu, dass $[Cu(H_2O)_2(NH_3)_2]^{2+}$ etwas stabiler ist, was wahrscheinlich der Grund dafür ist, dass die Entropieänderung der Reaktion leicht negativ ist. Wir können mit Hilfe von ► Gleichung 19.15 und dem Wert von ΔG° die Gleichgewichtskonstante der Reaktion bei 27 °C berechnen. Das Ergebnis $K = 3{,}1 \times 10^7$ verrät uns, dass das Gleichgewicht weit auf der rechten Seite liegt, die Substitution von H_2O durch NH_3 also begünstigt ist. In diesem Gleichgewicht ist die Enthalpieänderung groß und negativ genug, um die negative Änderung der Entropie zu kompensieren.

Inwiefern verändert sich diese Situation, wenn wir anstelle der beiden NH_3-Liganden einen einzigen zweizähnigen Ethylendiamin-Liganden (en-Liganden) zur Bildung von $[Cu(H_2O)_2(en)]^{2+}$ verwenden (siehe ► Abbildung 24.8 b)? Die Gleichgewichtsreaktion und die thermodynamischen Daten lauten:

$$[Cu(H_2O)_4]^{2+}(aq) + en(aq) \rightleftharpoons [Cu(H_2O)_2(en)]^{2+}(aq) + 2\,H_2O(l)$$

$$\Delta H^\circ = -54\text{ kJ}; \quad \Delta S^\circ = +23\text{ J/K}; \quad \Delta G^\circ = -61\text{ kJ}$$

Der en-Ligand bindet etwas stärker an ein Cu^{2+}-Ion als die beiden NH_3-Liganden. So ist die Enthalpieänderung der Bildung von $[Cu(H_2O)_2(en)]^{2+}$ etwas negativer als die von $[Cu(H_2O)_2(NH_3)_2]^{2+}$. Die Reaktion führt jedoch zudem zu einer wesentlichen Änderung der Entropie des Systems. Während die Entropieänderung bei der Bildung von $[Cu(H_2O)_2(NH_3)_2]^{2+}$ negativ ist, ist die Entropieänderung bei der Bildung von $[Cu(H_2O)_2(en)]^{2+}$ positiv. Wir können diesen positiven Wert mit Hilfe der in Abschnitt 19.3 betrachteten Effekte erklären. Weil ein einzelner en-Ligand zwei Positionen einnimmt, werden bei der Bindung eines en-Ligands an das Metall zwei H_2O-Moleküle frei. Auf der rechten Seite der Gleichung befinden sich also drei Moleküle, auf der linken Seite dagegen nur zwei. Sämtliche Moleküle sind dabei Teil der gleichen wässrigen Lösung. Die größere Anzahl der Moleküle auf der rechten Seite führt zu einer positiven Entropieänderung im Gleichgewicht. Der leicht negativere Wert von ΔH° hat gemeinsam mit der positiven Entropieänderung einen erheblich negativeren Wert von ΔG° und damit eine entsprechend höhere Gleichgewichtskonstante zur Folge: $K = 4{,}2 \times 10^{10}$.

Wir können die betrachteten Gleichungen kombinieren, um zu zeigen, dass die Bildung von $[Cu(H_2O)_2(en)]^{2+}$ gegenüber der Bildung von $[Cu(H_2O)_2(NH_3)_2]^{2+}$ thermodynamisch bevorzugt ist. Wenn wir die zweite Reaktion zu der Umkehrung der ersten Reaktion addieren, erhalten wir

$$[Cu(H_2O)_2(NH_3)_2]^{2+}(aq) + en(aq) \rightleftharpoons [Cu(H_2O)_2(en)]^{2+}(aq) + 2\,NH_3(aq)$$

Die thermodynamischen Daten dieser Gleichgewichtsreaktion ergeben sich aus den zuvor angegebenen Werten:

$$\Delta H^\circ = (-54\text{ kJ}) - (-46\text{ kJ}) = -8\text{ kJ}$$
$$\Delta S^\circ = (+23\text{ J/K}) - (-8{,}4\text{ J/K}) = +31\text{ J/K}$$
$$\Delta G^\circ = (-61\text{ kJ}) - (-43\text{ kJ}) = -18\text{ kJ}$$

Beachten Sie, dass bei 27 °C (300 K) der Entropiebeitrag ($-T\Delta S^\circ$) zur Änderung der freien Energie negativ und betragsmäßig größer als der Enthalpiebeitrag (ΔH°) ist. Die sich ergebende Gleichgewichtskonstante K dieser Reaktion $1{,}4 \times 10^3$ zeigt, dass die Bildung des Chelat-Komplexes wesentlich begünstigt ist.

Der Chelateffekt ist sowohl in der Biochemie als auch in der Molekularbiologie von erheblicher Bedeutung. Der durch die Entropieeffekte bewirkte zusätzliche Beitrag zur thermodynamischen Stabilisierung führt zur Bildung von äußerst stabilen biologischen Metall-Chelat-Komplexen wie z. B. Porphyrinen und ermöglicht in einigen Systemen eine Änderung der Oxidationszahl des Metallions ohne den Verlust der Struktur des Komplexes.

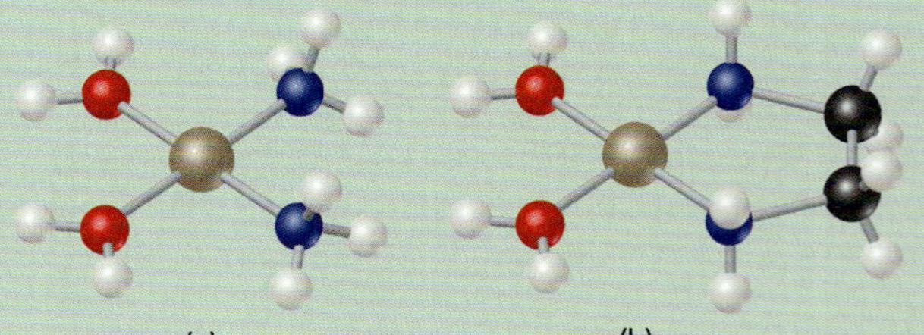

Abbildung 24.8: Kugel-Stab-Modelle von zwei ähnlich aufgebauten Kupferkomplexen. Die quadratisch-planaren Komplexe (a) $[Cu(H_2O)_2(NH_3)_2]^{2+}$ und (b) $[Cu(H_2O)_2(en)]^{2+}$ haben die gleichen Donoratome, der Komplex (b) hat jedoch einen zweizähnigen Liganden.

Obwohl unser Körper nur kleine Mengen dieser Metalle benötigt, kann ein Mangel zu schwerwiegenden Krankheiten führen. Ein Mangel an Mangan hat z. B. häufig Krämpfe zur Folge. Bei einigen Epilepsiepatienten hat die Verabreichung von Mangan zu einer Verbesserung ihres Leidens geführt.

Einige der wichtigsten in der Natur auftretenden Chelatreagenzien sind Derivate des in ► Abbildung 24.9 dargestellten Moleküls *Porphin*. Dieses Molekül kann sich mit seinen vier als Donatoren dienenden Stickstoffatomen an ein Metall binden. Bei der Koordination an das Metall werden die beiden an Stickstoff gebundenen Wasserstoffatome als Protonen abgegeben. Vom Porphin abgeleitete Komplexe werden **Porphyrine** genannt. Porphyrine können unterschiedliche Metallionen enthalten und verfügen über verschiedene an die Peripherie des Liganden angebrachte Substituentengruppen. Zwei der wichtigsten Porphyrine bzw. porphyrinähnlichen Verbindungen sind *Häm*, das Fe(II) enthält, und *Chlorophyll*, das Mg(II) enthält.

► Abbildung 24.10 zeigt eine schematische Struktur des Proteins Myoglobin, das eine Hämgruppe enthält. Myoglobin ist ein *globuläres Protein*, d. h. es faltet sich in einer kompakten, nahezu sphärischen Form. Globuläre Proteine sind im Allgemeinen in Wasser löslich und innerhalb von Zellen frei beweglich. Myoglobin kommt in den Zellen der Skelettmuskulatur (v. a. in Seehunden, Walen und Schweinswalen) vor. Es kann Sauerstoff in den Zellen speichern, bis dieser für Stoffwechsel-Aktivitäten benötigt wird. Das Protein Hämoglobin, das für den Sauerstofftransport im menschlichen Blut verantwortlich ist, besteht aus vier hämhaltigen Untereinheiten, die dem Myoglobin sehr ähnlich sind.

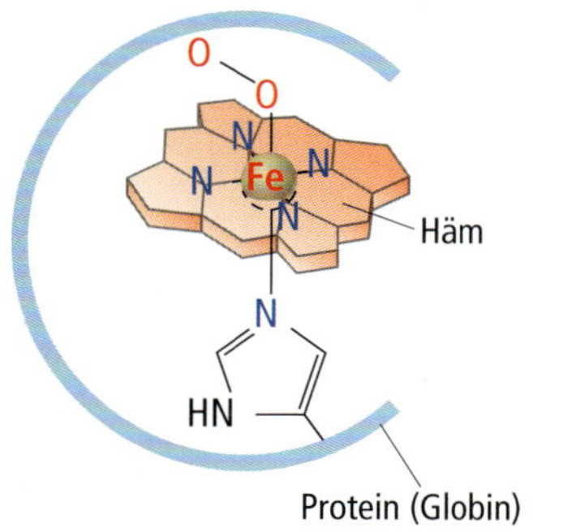

Abbildung 24.11: Koordinationssphäre von Oxymyoglobin und Oxyhämoglobin. Das zentrale Eisenatom ist an die vier Stickstoffatome des Porphyrins, an ein Stickstoffatom des umgebenden Proteins und an ein O_2-Molekül gebunden.

In ► Abbildung 24.11 ist die Koordinationsumgebung des in Myoglobin und Hämoglobin enthaltenen Eisens schematisch dargestellt. Das Eisen wird von den vier Stickstoffatomen des Porphyrins und von einem Stickstoffatom aus der Proteinkette koordiniert. Die sechste Position am Eisen wird entweder von einem O_2 (Oxyhämoglobin, hellrote Form) oder von Wasser (Desoxyhämoglobin, dunkelrote Form) besetzt. Die Oxyform ist in ► Abbildung 24.11 dargestellt. Einige Substanzen wie z. B. CO sind giftig, weil ihre Bindung an das Eisen stärker ist als die von O_2 (siehe Abschnitt 18.3).

Chlorophylle sind Porphyrine, die Mg(II) enthalten. Diese Stoffe sind die Schlüsselbestandteile bei der Umwandlung von Sonnenenergie in von lebenden Organismen verwendbare Energieformen. Dieser Prozess, der **Photosynthese** genannt wird, findet in den Blättern grüner Pflanzen statt. In der Photosynthese werden mittels Lichtenergie Kohlendioxid und Wasser unter Bildung von Sauerstoff in Kohlenhydrate umgewandelt:

$$6\,CO_2(g) + 6\,H_2O(l) \xrightarrow{h\nu} C_6H_{12}O_6(aq) + 6\,O_2(g) \qquad (24.6)$$

Das Produkt dieser Reaktion ist der Zucker Glucose ($C_6H_{12}O_6$), der biologischen Systemen als Energiequelle dient (siehe Abschnitt 5.8). Für die Bildung von einem Mol Glucose müssen 48 mol Photonen aus dem Sonnenlicht oder einer anderen Lichtquelle absorbiert werden. Die Photonen werden von den chlorophyllhaltigen Pigmenten in den Blättern der Pflanzen absorbiert. In ► Abbildung 24.12 ist die Struktur des am häufigsten vorkommenden Chlorophylls, Chlorophyll *a*, dargestellt.

Chlorophylle enthalten ein Mg^{2+}-Ion, das an vier planar um das Metall angeordnete Stickstoffatome gebunden ist. Die Stickstoffatome sind Teil eines porphinähnlichen Rings (siehe ► Abbildung 24.9). Der Ring verfügt ähnlich wie viele organische Farbstoffe über alternierende bzw. *konjugierte* Doppelbindungen. Dieses System konjugierter Doppelbindungen ermöglicht dem Chlorophyll die starke Absorption sichtbaren Lichts mit einer Wellenlänge im Bereich von 400–700 nm. In ► Abbildung 24.13 ist ein Vergleich des Absorptionsspektrums von Chlorophyll mit der Verteilung des auf die Erdoberfläche auftreffenden sicht-

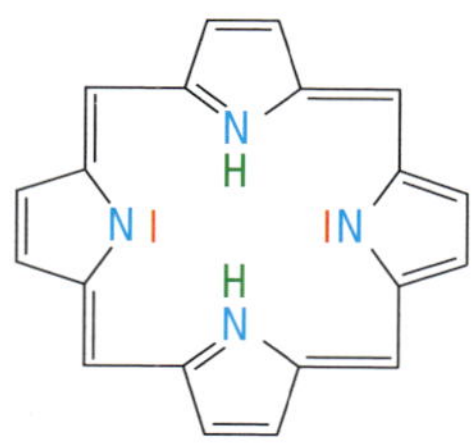

Abbildung 24.9: Porphinmolekül. Das Molekül bildet unter Verlust der zwei an die Stickstoffatome gebundenen Protonen einen vierzähnigen Liganden.

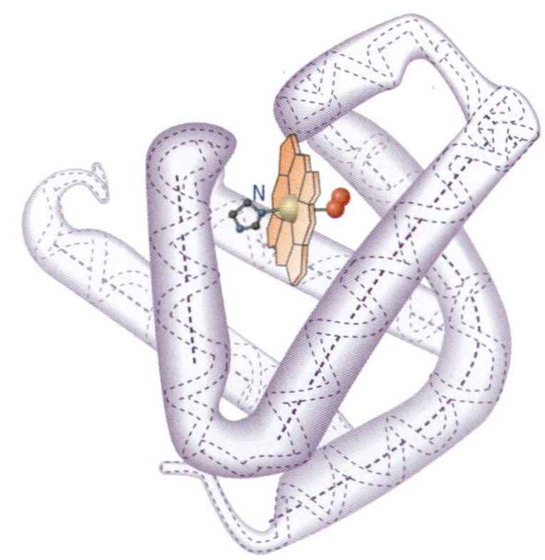

Abbildung 24.10: Myoglobin. Myoglobin ist ein Protein, das in Zellen Sauerstoff speichert. Das Molekül hat ein Molekulargewicht von etwa 18.000 u und enthält eine Hämeinheit, die in der Abbildung orange dargestellt ist. Die Hämeinheit ist über einen stickstoffhaltigen Liganden an das Protein gebunden (siehe linke Seite der Hämgruppe). In der Oxyform ist ein O_2-Molekül an die Hämgruppe gebunden (siehe rechte Seite der Hämgruppe). Die dreidimensionale Struktur der Proteinkette ist durch einen violetten Schlauch dargestellt. Die Abschnitte mit Helikalstruktur sind als gestrichelte Linien dargestellt.

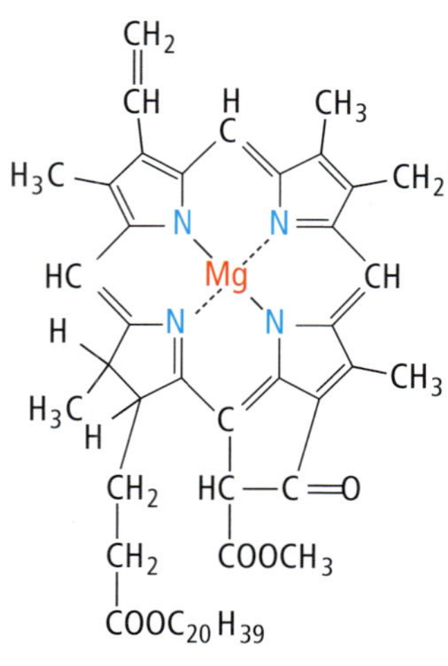

Abbildung 24.12: Chlorophyll *a*. Sämtliche Chlorophyllarten haben einen ähnlichen Aufbau. Sie unterscheiden sich lediglich hinsichtlich der detaillierten Zusammensetzung ihrer Seitenketten.

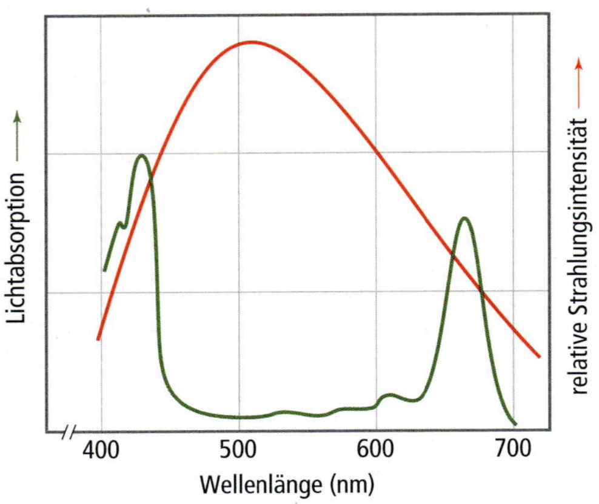

Abbildung 24.13: Lichtabsorption von Chlorophyll. Vergleich des Absorptionsspektrums von Chlorophyll (grüne Kurve) mit der spektralen Verteilung der auf die Erdoberfläche treffenden Sonnenstrahlung (rote Kurve).

Abbildung 24.14: Photosynthese. Die Absorption und Umwandlung der Sonnenenergie in Blättern liefert die für die Lebensvorgänge in der Pflanze benötigte Energie und ermöglicht das Wachstum der Pflanze.

baren Sonnenlichts dargestellt. Die grüne Farbe des Chlorophylls ist eine Folge der Absorption der roten (maximale Absorption bei 655 nm) und blauen (maximale Absorption bei 430 nm) Lichtanteile und der Transmission grünen Lichts.

Die von Chlorophyll absorbierte Sonnenenergie wird in einer komplexen Abfolge mehrerer Schritte in chemische Energie umgewandelt. Diese gespeicherte Energie wird anschließend zum Antreiben der in ► Gleichung 24.6 dargestellten Reaktion nach rechts, also in die endotherme Richtung, verwendet. Die Photosynthese der Pflanzen ist das Solarenergiekraftwerk der Natur, von dem die langfristige Existenz aller auf der Erde lebenden Systeme abhängt (► Abbildung 24.14).

24.3 Nomenklatur der Koordinationschemie

Als die ersten Komplexe entdeckt wurden, wurden sie nach dem jeweiligen Chemiker benannt, der sie entdeckt hatte. Einige dieser Namen werden auch heute noch verwendet. Die dunkelrote Substanz $NH_4[Cr(NH_3)_2(NCS)_4]$ ist z. B. immer noch als Reinecke-Salz bekannt. Erst mit einem wachsenden Verständnis der Struktur von Komplexen wurde eine systematische Benennung möglich. Wir werden im Folgenden zwei Beispiele der Benennung von Komplexen betrachten:

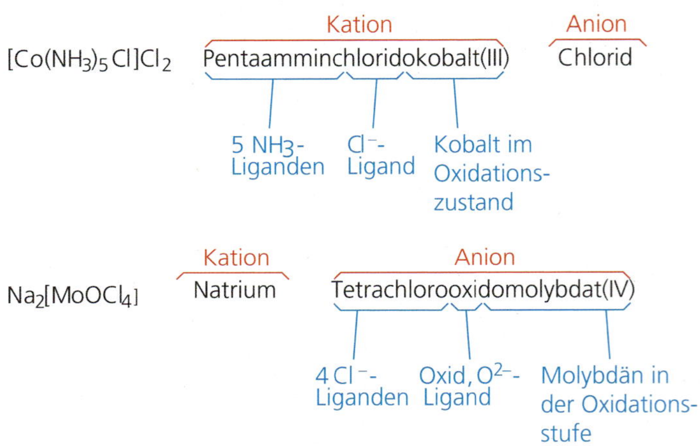

Anhand dieser Beispiele wird die Benennung von Koordinationsverbindungen deutlich. Die Regeln zur Nomenklatur dieser Substanzklasse lauten wie folgt:

1 *Bei der Benennung von Salzen wird der Name des Kations vor dem Namen des Anions angegeben.* Bei $[Co(NH_3)_5Cl]Cl_2$ nennen wir also zunächst das Kation $[Co(NH_3)_5Cl]^{2+}$ und anschließend das Anion Cl^-.

2 *Innerhalb eines Komplexions oder -moleküls werden die Liganden vor dem Metall genannt. Liganden werden unabhängig von ihrer Ladung in alphabetischer Reihenfolge aufgeführt. Präfixe zur Angabe der Anzahl der Liganden gehören bei der Bestimmung der alphabetischen Reihenfolge nicht zum Namen des Liganden und werden daher nicht berücksichtigt.* Beim Ion $[Co(NH_3)_5Cl]^{2+}$ nennen wir also zunächst den Ammoniakliganden, anschließend den Chloridoliganden und zum Schluss das Metall: Pentaamminchlorokobalt(III). In der Formel dagegen wird das Metall als erstes aufgeführt.

3 *Die Namen anionischer Liganden enden auf den Buchstaben o, während die neutralen Liganden nur aus dem Namen des Moleküls bestehen.* In ► Tabelle 24.3 sind einige Liganden und ihre Namen aufgeführt. H_2O (aqua), NH_3 (ammin) und CO (carbonyl) stellen bei der Benennung Ausnahmen dar. Die Verbindung $[Fe(CN)_2(NH_3)_2(H_2O)_2]^+$ wäre also z. B. ein Diammindiaquadicyanidoeisen(III)-Ion.

Ligand	Name in Komplexen	Ligand	Name in Komplexen
Azid, N_3^-	Azido	Oxalat, $C_2O_4^{2-}$	Oxalato
Bromid, Br^-	Bromido (Bromo)	Oxid, O^{2-}	Oxido
Chlorid, Cl^-	Chlorido (Chloro)	Ammoniak, NH_3	Ammin
Cyanid, CN^-	(Cyanido (Cyano)	Kohlenmonoxid, CO	Carbonyl
Fluorid, F^-	Flurido (Fluoro)	Ethylendiamin, en	Ethylendiamin
Hydroxid, OH^-	Hydroxido (Hydroxo)	Pyridin, C_5H_5N	Pyridin
Carbonat, CO_3^{2-}	Carbonato	Wasser, H_2O	Aqua

Tabelle 24.3: **Häufig vorkommende Liganden.** In Klammern stehen die vor der IUPAC-Empfehlung von 2005 üblichen Namen.

4 *Sollte mehr als ein Ligand eines bestimmten Typs vorliegen, werden zur Anzeige der Anzahl des jeweiligen Liganden griechische Präfixe* (di-, tri-, tetra-, penta- und hexa-) *verwendet. Wenn der Ligand selbst ein derartiges Präfix enthält* (z. B. Ethylendiamin) *werden alternative Präfixe verwendet* (bis-, tris-, tetrakis-, pentakis-, hexakis-) *und der Name des Liganden wird in Klammern geschrieben.* Der Name von $[Co(en)_3]Br_3$ lautet also z. B. Tris(ethylendiamin)kobalt(III)bromid.

5 *Wenn es sich bei dem Komplex um ein Anion handelt, wird dem lateinischen Namen die Endung* -at *angehängt*. Die Verbindung $K_4[Fe(CN)_6]$ wird also z. B. Kaliumhexacyanidoferrat(II) und das Ion $[CoCl_4]^{2-}$ Tetrachloridokobaltat(II) genannt.

6 *Die Oxidationszahl des Metalls wird in römischen Zahlen hinter dem Namen des Metalls in Klammern angegeben.*

Die Regeln werden anhand der folgenden Substanzen und ihrer Namen deutlich:

$[Ni(NH_3)_6]Br_2$	Hexaamminnickel(II)bromid
$[Co(en)_2(H_2O)(CN)]Cl_2$	Aquacyanidobis(ethylendiamin)kobalt(III)chlorid
$Na_2[MoOCl_4]$	Natriumtetrachloridooxidomolybdat(IV)

24.4 Isomerie

Zwei oder mehr Verbindungen, die die gleiche Zusammensetzung, jedoch eine unterschiedliche Anordnung der Atome haben, werden **Isomere** genannt. Isomerie – also die Existenz von Isomeren – tritt sowohl in organischen als auch in anorganischen Verbindungen auf. Obwohl Isomere aus denselben Atomen bestehen, unterscheiden sie sich meist hinsichtlich einer oder mehrerer physikalischer Eigenschaften wie z. B. ihrer Farbe, Löslichkeit. Wir werden zwei verschiedene Isomerien von Koordinationsverbindungen betrachten: **Struktur-** und **Stereoisomerie**.

EXTRAS ONLINE Isomerien (Video)

Strukturisomerie

In der Koordinationschemie sind viele verschiedene Formen struktureller Isomerie bekannt. In ► Abbildung 24.15 sind zwei Beispiele dargestellt: Bindungsisomerie und Ionisationsisomerie. **Bindungsisomerie** tritt relativ selten auf. Es handelt sich jedoch um eine interessante Isomerie, die entsteht, wenn ein **ambidenter** Ligand sich auf zwei verschiedene Weisen an ein Metall binden kann. Das Nitrition NO_2^- kann sich z. B. entweder über ein Stickstoff- oder ein Sauerstoffatom

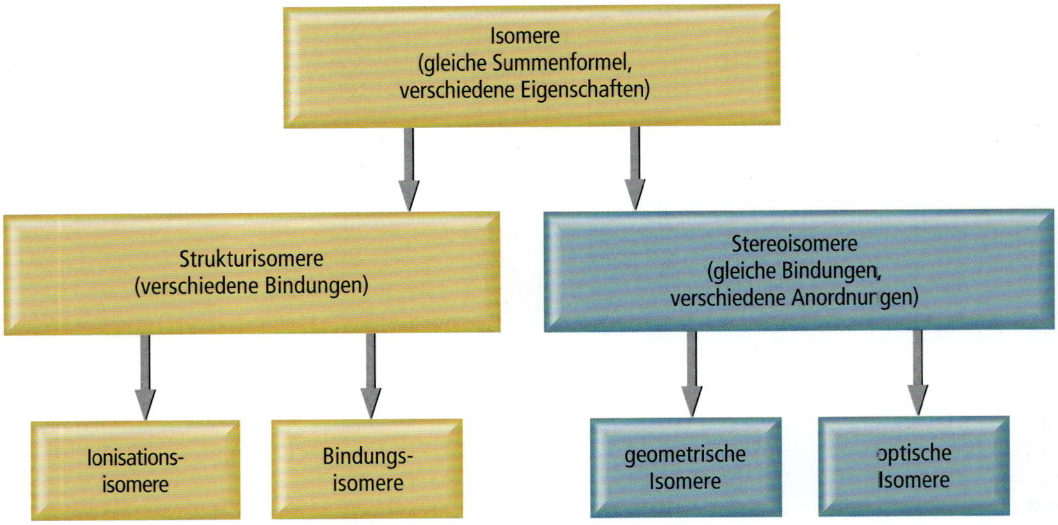

Abbildung 24.15: Isomerieformen in Koordinationsverbindungen.

an das Metall binden (► Abbildung 24.16). Wenn der NO_2^--Ligand über das Stickstoffatom gebunden wird, wird er als *nitro-*, bei einer Bindung über das Sauerstoffatom dagegen als *nitrito*-Ligand bezeichnet und als ONO^- geschrieben. Die in ► Abbildung 24.16 dargestellten Isomere haben unterschiedliche Eigenschaften. Das über N gebundene Isomer ist z. B. gelb, während das über O gebundene Isomer rot ist. Ein weiterer ambidenter Ligand, der über zwei verschiedene Donoratome an das Metall koordiniert werden kann, ist Thiocyanat SCN^-, dessen potenzielle Donoratome N und S sind.

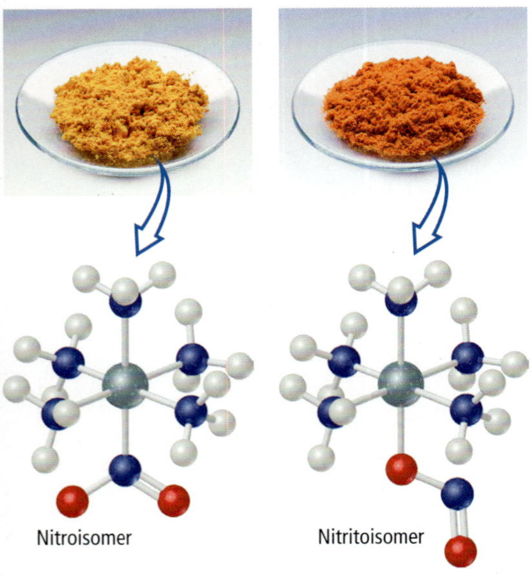

Abbildung 24.16: Bindungsisomerie. Das über N gebundene Isomer (links) von $[Co(NH_3)_5NO_2]^{2+}$ ist gelb, das über O gebundene Isomer (rechts) dagegen rot.

Ionisationsisomere unterscheiden sich hinsichtlich der Liganden, die direkt an das Metall gebunden sind bzw. sich außerhalb der Koordinationssphäre im Ionengitter befinden. Es gibt z. B. drei Verbindungen mit der Molekülformel $CrCl_3(H_2O)_6$: $[Cr(H_2O)_6]Cl_3$ (violett), $[Cr(H_2O)_5Cl]Cl_2 \cdot H_2O$ (grün) und $[Cr(H_2O)_4Cl_2]Cl \cdot 2\,H_2O$ (ebenfalls grün). In den beiden grünen Verbindungen wurde Wasser in der Koordinationssphäre durch Chloridionen ersetzt und befindet sich im Kristallgitter.

Stereoisomerie

Stereoisomerie ist die wichtigste Isomerieform. **Stereoisomere** verfügen über die gleichen chemischen Bindungen, haben jedoch unterschiedliche räumliche Anordnungen. Im quadratisch-planaren Komplex $[Pt(NH_3)_2Cl_2]$ können die Chloroliganden z. B. entweder benachbart sein oder sich gegenüberliegen (► Abbildung 24.17). Diese spezielle Isomerieform, in der trotz gleicher Bindungen die Anordnung der Atome verschieden ist, wird **geometrische Isomerie** genannt. Das Isomer in ► Abbildung 24.17 a, in dem sich die Liganden in benachbarten Positionen befinden, wird cis-Isomer genannt. Das Isomer in ► Abbildung 24.17 b, in dem sich die Liganden gegenüberliegen, wird dagegen trans-Isomer genannt. Geometrische Isomere haben normalerweise unterschiedliche Eigenschaften wie z. B. unterschiedliche Farben, Löslichkeiten, Schmelzpunkte und Siedepunkte. Zudem können sie sich erheblich hinsichtlich ihrer chemischen Reaktivität unterscheiden. *Cis*-$[Pt(NH_3)_2Cl_2]$, das auch *Cisplatin* genannt wird, ist ein effektives Arzneimittel für die Behandlung von Hodenkrebs, Eierstockkrebs und anderen Krebsarten, das trans-Isomer dagegen hat keine medizinische Wirkung.

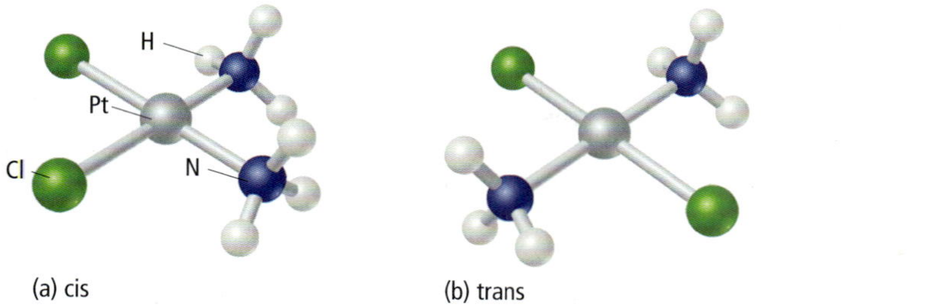

Abbildung 24.17: Geometrische Isomerie. (a) Cis- und (b) trans-Isomer des quadratisch-planaren Komplexes $[Pt(NH_3)_2Cl_2]$.

Geometrische Isomerie tritt bei Vorhandensein von mindestens zwei verschiedenen Liganden auch in oktaedrischen Komplexen auf. In ► Abbildung 24.1 sind die cis- und trans-Isomere von Tetraammindichloridokobalt(III) dargestellt. Wie aus Abschnitt 24.1 und ► Tabelle 24.1 hervorgeht, haben die beiden Isomere unterschiedliche Farben. Ihre Salze sind zudem in Wasser unterschiedlich gut löslich.

Weil in einem Tetraeder alle Ecken benachbart sind, gibt es in tetraedrischen Komplexen keine cis-trans-Isomerie.

Eine zweite Stereoisomerieform wird **optische Isomerie** genannt. Bei optischen Isomeren, so genannten **Enantiomeren**, handelt es sich um Spiegelbilder. Ihr Verhältnis zueinander entspricht dem Verhältnis unserer linken Hand zu unserer rechten Hand. Wenn Sie sich Ihre linke Hand in einem Spiegel anschauen, stimmt das Spiegelbild mit Ihrer rechten Hand überein (► Abbildung 24.18 a). Trotzdem lassen sich Ihre beiden Hände zur Deckung bringen. Ein Beispiel eines Komplexes mit einer derartigen Isomerie ist das $[Co(en)_3]^{3+}$-Ion. In ► Abbildung 24.18 b sind die beiden Enantiomere des $[Co(en)_3]^{3+}$ und ihre Bild-Spiegelbild-Beziehung zur Deckung bringen. Genauso wie es unmöglich ist, Ihre rechte Hand durch ein Drehen wie Ihre linke Hand aussehen zu lassen, können auch diese beiden Enantiomere nicht durch ein Drehen der Moleküle aufeinander abgebildet werden. Moleküle oder Ionen, deren Spiegelbilder sich nicht auf das Ursprungsmolekül bzw. -ion abbilden lassen, werden **chiral** genannt. Enzyme gehören zu den wichtigsten chiralen Molekülen. Wie wir bereits in Abschnitt 24.2 festgestellt haben, enthalten viele Enzyme komplexierte Metallionen. Ein Molekül muss jedoch kein Metallatom enthalten, um chiral zu sein.

Die meisten physikalischen und chemischen Eigenschaften optischer Isomere sind identisch. Die Eigenschaften von zwei optischen Isomeren unterscheiden sich lediglich in chiralen Umgebungen voneinander. Ein chirales Enzym kann z. B. in der Lage sein, die Reaktion eines optischen Isomers zu katalysieren, während das andere Isomer dazu nicht in der Lage ist. Ein optisches Isomer kann also im Körper eine spezifische physiologische Wirkung haben, während sein Spiegelbild eine andere Wirkung oder auch gar keine Wirkung hat.

Optische Isomere können anhand ihrer Wechselwirkungen mit linear polarisiertem Licht voneinander unterschieden werden. Wenn Licht polarisiert wird – indem es z. B. durch einen Polarisationsfilter gelenkt wird – schwingen die Lichtwellen nur in einer Ebene (► Abbildung 24.19). Wenn derartig polarisiertes Licht eine Lösung mit nur einem optischen Isomer passiert, wird die Polarisationsebene entweder nach rechts (im Uhrzeigersinn) oder nach links (gegen den Uhrzeigersinn) gedreht. Das Isomer, das die Polarisationsebene nach rechts dreht, wird **rechtsdrehend** genannt und als dextro- bzw. *d*-Isomer bezeichnet (lat.: *dexter* – „rechts"). Sein Spiegelbild, das die Polarisationsebene nach links dreht, wird **linksdrehend** genannt und als levo- bzw. *l*-Isomer bezeichnet (lat.: *laevus* – „links"). Das Isomer von $[Co(en)_3]^{3+}$ auf der linken Seite der ► Abbildung 24.18 b stellt sich experimentell als das *l*-Isomer dieses Ions heraus. Sein

MERKE !

Enantiomere (optische Isomere) sind Spiegelbilder, die sich nicht zur Deckung bringen lassen. Diese Chiralität macht sie optisch aktiv, d. h. sie drehen die Schwingungsebene von linear polarisiertem Licht um den gleichen Betrag in verschiedene Richtungen. Da sich die Wirkungen der beiden Enantiomere in einem 1 : 1-Gemisch (Racemat) aufheben, ist es optisch inaktiv.

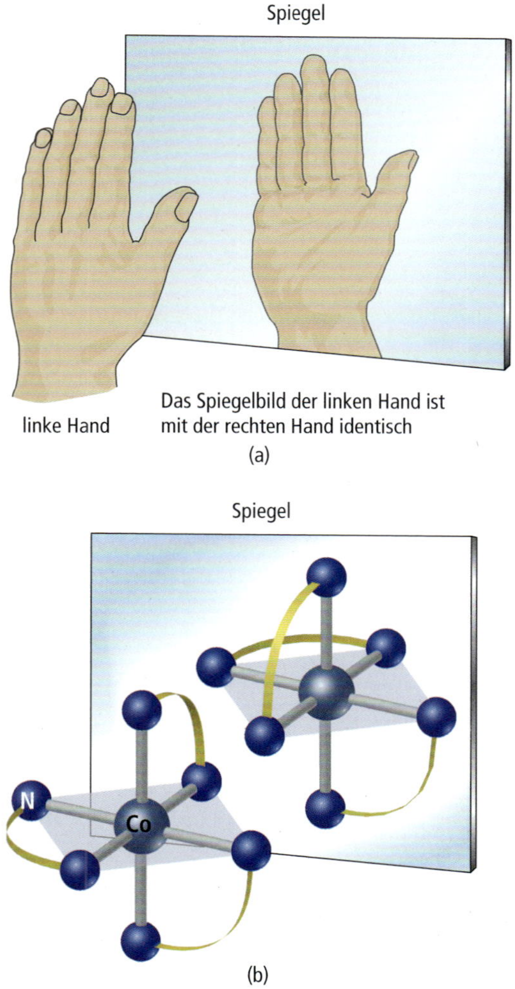

Abbildung 24.18: Optische Isomerie. Genau wie (a) unsere Hände sind (b) optische Isomere wie z. B. die von $[Co(en)_3]^{3+}$ nicht aufeinander abbildbare Spiegelbilder voneinander.

EXTRAS ONLINE Chiralität (Video)

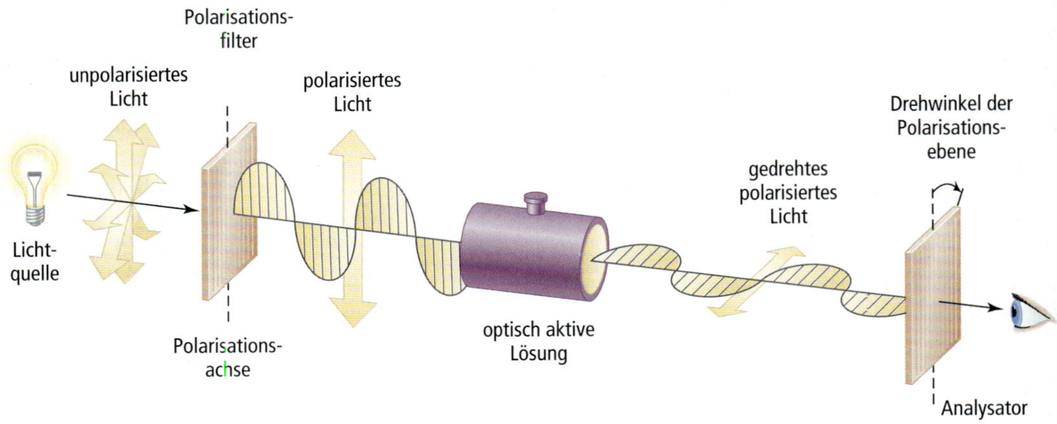

Abbildung 24.19: Optische Aktivität. Wirkung einer optisch aktiven Lösung auf die Polarisationsebene linear polarisierten Lichts. Das unpolarisierte Licht passiert zunächst einen Polarisator. Anschließend wird das polarisierte Licht durch eine Lösung eines rechtsdrehenden optischen Isomers gelenkt. Aus der Perspektive eines in Richtung der Lichtquelle blickenden Beobachters wird die Polarisationsebene des Lichts nach rechts gedreht.

EXTRAS ONLINE Optische Aktivität (Video)

Spiegelbild ist das *d*-Isomer. Enantiomere sind aufgrund ihrer Wirkungen auf linear polarisiertes Licht **optisch aktiv**.

Bei der Synthese einer Substanz mit optischen Isomeren im Labor ist die chemische Umgebung während der Synthese im Allgemeinen nicht chiral. Aus diesem Grund entstehen gleiche Mengen beider Isomere. Ein solches Gemisch wird als **Racemat** bezeichnet. Ein racemisches Gemisch dreht polarisiertes Licht nicht, weil sich die Wirkungen der beiden Isomere gegenseitig aufheben. Um das Isomerengemisch eines Racemats zu trennen, müssen diese in eine chirale Umgebung gebracht werden. Ein optisches Isomer des chiralen Tartratanions* ($C_4H_4O_6^{2-}$) kann z. B. verwendet werden, um ein racemisches Gemisch von $[Co(en)_3]Cl_3$ zu trennen. Wenn *d*-Tartrat zu einer wässrigen Lösung von $[Co(en)_3]Cl_3$ gegeben wird, fällt *d*-$[Co(en)_3]$ (*d*-$C_4H_4O_6$)Cl aus, *l*-$[Co(en)_3]^{3+}$ verbleibt dagegen in Lösung.

24.5 Farbe und Magnetismus

Die Untersuchung der Farben und magnetischen Eigenschaften von Übergangsmetallkomplexen haben bei der Entwicklung der modernen Modelle der Metall-Ligand-Bindung eine wichtige Rolle gespielt. Wir haben bereits in Abschnitt 24.5 die verschiedenen Arten magnetischen Verhaltens und in Abschnitt 6.3 die Wechselwirkungen zwischen Strahlungsenergie und Materie betrachtet.

Farbe

In ► Abbildung 24.13 haben wir die große Farbenvielfalt der Salze von Übergangsmetallionen und ihren wässrigen Lösungen kennen gelernt (siehe Abschnitt 24.5). In diesen Beispielen wird die Koordinationssphäre um das Metall

* Wenn Natriumammoniumtartrat ($NaNH_4C_4H_4O_6$) aus einer Lösung auskristallisiert, liegen die beiden optischen Isomere als getrennte Kristalle vor, die sich wie Spiegelbilder zueinander verhalten. 1848 gelang Louis Pasteur die erste Trennung eines racemischen Gemisches in optische Isomere (Enantiomere) auf ungewöhnliche Weise: Er trennte unter einem Mikroskop manuell die „rechtshändigen" Kristalle der Verbindung von den „linkshändigen".

von Wassermolekülen besetzt. Im Allgemeinen hängt die Farbe eines Komplexes vom jeweiligen Element, seiner Oxidationszahl und den an das Metall gebundenen Liganden ab. In ► Abbildung 24.20 ist dargestellt, wie sich die schwache blaue Farbe von $[Cu(H_2O)_6]^{2+}$ bei einem Austausch der H_2O-Liganden durch NH_3 zu $[Cu(NH_3)_4(H_2O)_2]^{2+}$ in eine tiefblaue Farbe verwandelt.

Abbildung 24.20: Einfluss der Liganden auf die Farbe eines Komplexes. Eine wässrige Lösung von $CuSO_4$ ist aufgrund der Bildung des Komplexes $[Cu(H_2O)_6]^{2+}$ hellblau (links). Nach dem Hinzufügen von $NH_3(aq)$ (Mitte und rechts) bilden sich tiefblaue $[Cu(NH_3)_4(H_2O)_2]^{2+}$-Ionen.

Damit eine Farbe auftritt, muss eine Verbindung sichtbares Licht absorbieren. Sichtbares Licht besteht aus elektromagnetischer Strahlung mit Wellenlängen im Bereich von etwa 400 bis 700 nm (siehe Abschnitt 6.1). Weißes Licht enthält alle Wellenlängen des sichtbaren Spektralbereichs. Es lässt sich in ein Farbspektrum aufteilen, in dem jede Farbe einen charakteristischen Wellenlängenbereich hat (► Abbildung 24.21). Die Energie dieser Strahlung ist wie die Energie jeder anderen elektromagnetischen Strahlung umgekehrt proportional zu seiner Wellenlänge (siehe Abschnitt 6.2):

$$E = h\nu = h(c/\lambda) \tag{24.7}$$

Die Farbe einer Substanz wird von der Strahlungsenergie bestimmt, die eine Substanz absorbiert.

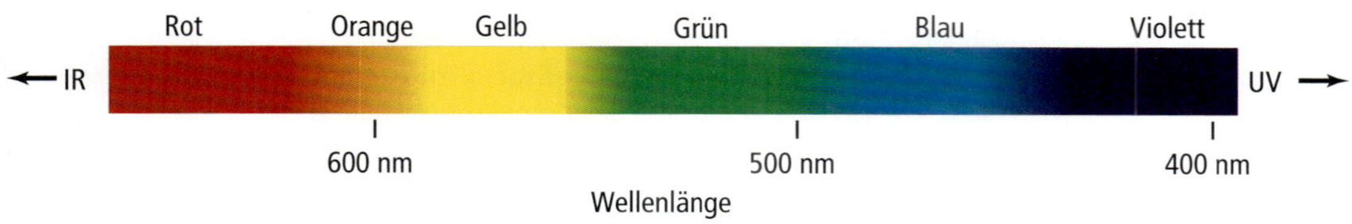

Abbildung 24.21: Sichtbares Spektrum. Beziehung zwischen der Farbe und der Wellenlänge sichtbaren Lichts.

Wenn eine Probe sichtbares Licht absorbiert, ergibt sich die Farbe, die wir wahrnehmen, aus der Summe der vom Objekt entweder reflektierten oder transmittierten Strahlung, die auf unsere Augen trifft. Licht wird von einem undurchsichtigen Objekt reflektiert und von einem durchsichtigen Objekt transmittiert. Wenn ein Objekt sämtliche Wellenlängen des sichtbaren Lichts absorbiert, gelangt von dem Objekt keine Wellenlänge in unsere Augen. Es erscheint daher schwarz. Wenn es kein sichtbares Licht absorbiert, ist es weiß bzw. farblos. Wenn es alle Wellenlängen außer orange absorbiert, erscheint das Material orange (Reinfarbe). Wir nehmen jedoch auch eine orange Farbe wahr, wenn Licht aller Farben mit Ausnahme von blau auf unsere Augen trifft (Mischfarbe). Orange und blau sind **Komplementärfarben**. Durch die Entfernung von blau aus weißem Licht erscheint dieses orange und umgekehrt. Ein Objekt kann daher aus zwei Gründen eine bestimmte Farbe haben: (1) Es reflektiert oder transmittiert Licht dieser Farbe; (2) es absorbiert Licht der Komplementärfarbe. Komplementärfarben können mit Hilfe eines Farbkreises bestimmt werden. Im Farbkreis sind die Farben des sichtbaren Spektrums von rot bis violett abgebildet. Komplementärfarben wie orange und blau stehen sich auf dem Farbkreis gegenüber.

Die von einer Probe als Funktion der Wellenlänge dargestellte absorbierte Lichtmenge wird das **Absorptionsspektrum** der Probe genannt. In ► Abbildung 24.22 ist dargestellt, wie das sichtbare Absorptionsspektrum einer durchsichtigen Probe bestimmt werden kann. In ► Abbildung 24.23 ist das Spektrum von $[Ti(H_2O)_6]^{3+}$ dargestellt. Das Absorptionsmaximum von $[Ti(H_2O)_6]^{3+}$ liegt bei etwa 500 nm. Die Farbe der Probe ist dunkelviolett, weil ihre Absorption in den grünen und gelben Bereichen des sichtbaren Spektrums am stärksten ist.

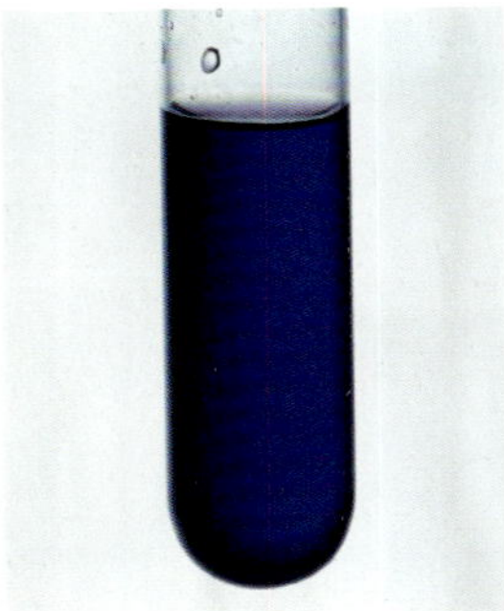

(a)

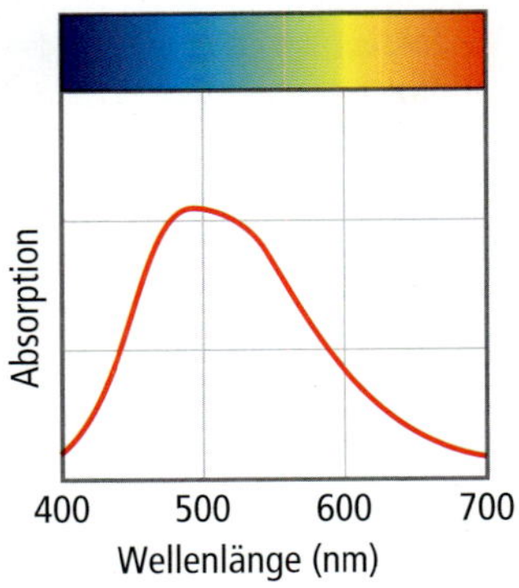

(b)

Abbildung 24.23: Farbe von $[Ti(H_2O)_6]^{3+}$. (a) Lösung des $[Ti(H_2O)_6]^{3+}$-Ions. (b) Absorptionsspektrum des $[Ti(H_2O)_6]^{3+}$-Ions im Wellenlängenbereich sichtbaren Lichts.

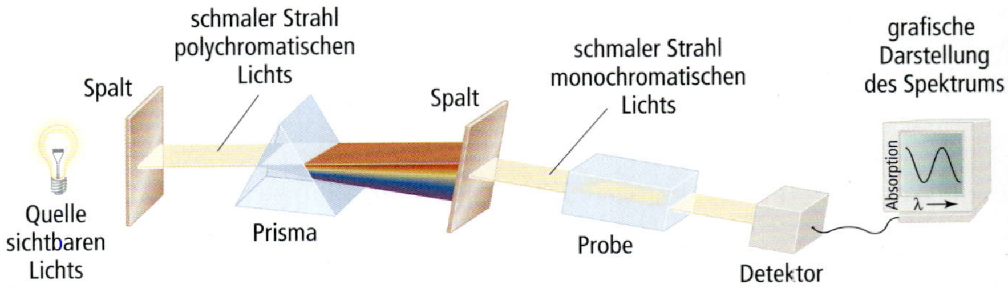

Abbildung 24.22: Aufnahme eines Absorptionsspektrums. Durch das Drehen des Prismas gelangen verschiedene Wellenlängen auf die Probe. Der Detektor misst die Intensität des auftreffenden Lichts. Diese Informationen können in einem Spektrum als Absorption in Abhängigkeit von der Wellenlänge dargestellt werden. Die Absorption ist ein Maß für das von der Probe absorbierte Licht.

Magnetismus

Wie in den Abschnitten 9.8 und 24.5 festgestellt, zeigen viele Übergangsmetallkomplexe einen einfachen Paramagnetismus. In paramagnetischen Verbindungen besitzt das Metallion mindestens ein ungepaartes Elektron. Die Anzahl der ungepaarten Elektronen pro Metallion kann durch das Messen des Paramagnetismus bestimmt werden. Derartige Experimente offenbaren einige interessante Beziehungen. Verbindungen des Komplexions $[Co(CN)_6]^{3-}$ verfügen z. B. über keine ungepaarten Elektronen, in Verbindungen des Ions $[CoF_6]^{3-}$ sind dagegen vier Elektronen pro Metallion ungepaart. Beide Komplexe enthalten Co(III) mit der Elektronenkonfiguration $3d^6$. Offensichtlich gibt es zwischen diesen beiden Fällen einen großen Unterschied in der Art und Weise, wie die Elektronen in den Metallorbitalen angeordnet sind. Jede erfolgreiche Bindungstheorie muss in der Lage sein, diesen Unterschied zu erklären. Wir werden uns in Abschnitt 24.6 näher mit einer solchen Theorie auseinander setzen.

24.6 Kristallfeldtheorie

Viele der magnetischen Eigenschaften und Farben von Übergangsmetallkomplexen lassen sich auf die Anwesenheit von *d*-Elektronen in den Metallorbitalen zurückführen. In diesem Abschnitt werden wir ein Modell der in Übergangsmetallkomplexen vorhandenen Bindungen betrachten. Viele der bei diesen Substanzen beobachteten Eigenschaften lassen sich mit Hilfe der **Kristallfeldtheorie** erklären.*

Bei der Fähigkeit eines Metallions, Liganden wie Wasser um sich herum anzuziehen, handelt es sich um eine Lewis-Säure-Base-Wechselwirkung (siehe Abschnitt 16.11). Die Base – also der Ligand – gibt ein Elektronenpaar an ein geeignetes leeres Orbital des Metalls ab (► Abbildung 24.24). Ein Großteil der anziehenden Wechselwirkung zwischen dem Metallion und den umgebenden Liganden lässt sich jedoch auf die elektrostatischen Kräfte zwischen der positiven Ladung des Metalls und den negativen Ladungen der Liganden zurückführen. Bei einem ionischen Liganden wie Cl^- oder SCN^- handelt es sich um die elektrostatische Wechselwirkung zwischen der positiven Ladung des Metallzentrums und der negativen Ladung des Liganden. Bei einem neutralen Liganden wie H_2O oder NH_3 sind die negativen Seiten dieser polaren Moleküle, die über ein freies Elektronenpaar verfügen, in Richtung des Metalls gerichtet. In diesem Fall handelt es sich bei den auftretenden Anziehungskräften um eine Ion-Dipol-Wechselwirkung (siehe Abschnitt 11.2). Beide Fälle führen zum gleichen Ergebnis: Die Liganden

* Der Name *Kristallfeld* geht auf die Tatsache zurück, dass diese Theorie ursprünglich zur Erklärung der Eigenschaften kristalliner Festkörper wie Rubin entwickelt worden ist. Das gleiche theoretische Modell gilt jedoch auch für gelöste Komplexe.

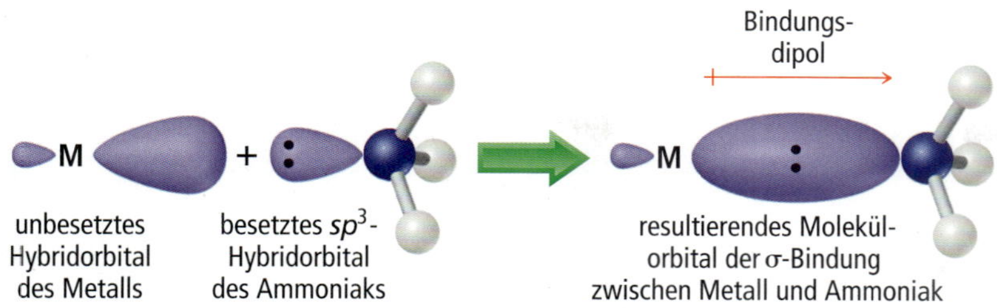

Abbildung 24.24: Bildung einer Metall-Ligand-Bindung. Der Ligand, der als Lewis-Base wirkt, gibt über ein Metallhybridorbital Ladung an das Metall ab. Die entstehende Bindung ist stark polarisiert, hat jedoch auch einen partiell kovalenten Charakter.

werden stark in Richtung des Metallzentrums gezogen. Aufgrund der elektrostatischen Anziehung zwischen dem positiven Metallion und den Elektronen der Liganden besitzt der aus dem Metallion und den Liganden gebildete Komplex eine niedrigere Energie als die vollständig getrennten Bestandteile.

Obwohl das positive Metallion von den Elektronen der Liganden insgesamt angezogen wird, werden die *d*-Elektronen im Metallion durch die Liganden abgestoßen (negative Ladungen stoßen sich ab). Wir werden im Folgenden auf diesen Effekt näher eingehen und dabei insbesondere den Fall betrachten, in dem die Liganden eine oktaedrische Anordnung um das Metallion haben. Im Kristallfeldmodell betrachten wir die Liganden als negative Ladungspunkte, die die Elektronen der *d*-Orbitale abstoßen. In ► Abbildung 24.25 wird die Wirkung dieser Punktladungen auf die Energien der *d*-Orbitale in zwei Schritten betrachtet. Im ersten Schritt wird die *durchschnittliche* Energie der *d*-Orbitale durch die Anwesenheit der Punktladungen angehoben. Die Energien aller fünf *d*-Orbitale nehmen also um den gleichen Betrag zu. Im zweiten Schritt betrachten wir die Energien der einzelnen *d*-Orbitale getrennt und berücksichtigen dabei die oktaedrische Anordnung der Liganden.

MERKE !

Die Kristallfeldtheorie betrachtet die elektrostatische bzw. Ionen-Dipol-Wechselwirkung zwischen den Liganden der Koordinationssphäre und dem Zentralteilchen. Dabei werden die Liganden durch ein positives Zentralion prinzipiell angezogen, auch wenn sie durch dessen *d*-Elektronen abgestoßen werden.

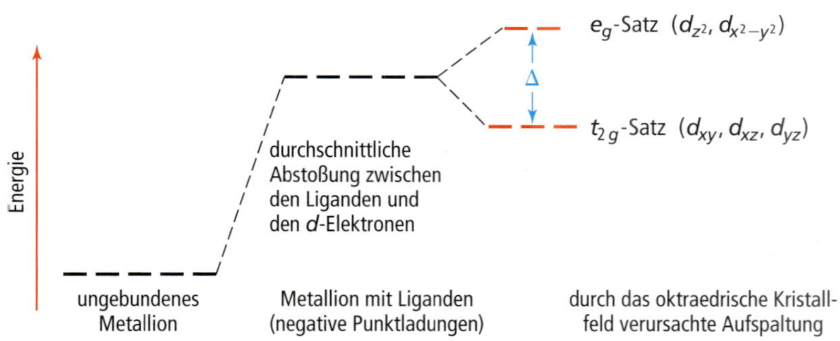

Abbildung 24.25: Energien der *d*-Orbitale in einem oktaedrischen Kristallfeld. Auf der linken Seite sind die Energien der *d*-Orbitale eines ungebundenen Ions dargestellt. Wenn sich dem Ion negative Ladungen nähern, werden die Energien der *d*-Orbitale energetisch angehoben (Mitte). Die auf der rechten Seite dargestellte Aufspaltung der *d*-Orbitale ist eine Folge der oktaedrischen Struktur des Feldes. Weil die Abstoßung der d_{z^2}- und $d_{x^2-y^2}$-Orbitale größer ist als die der d_{xy}-, d_{xz}- und d_{yz}-Orbitale, werden die fünf *d*-Orbitale in einen energetisch niedrigeren (t_{2g}-) und einen energetisch höheren (e_g-) Orbitalsatz aufgespalten.

In einem oktaedrischen Komplex der Koordinationszahl sechs können wir uns vorstellen, dass die Liganden sich auf der *x*-, *y*- und *z*-Achse befinden (► Abbildung 24.26 a); diese Anordnung wird *oktaedrisches Kristallfeld* genannt. Weil die *d*-Orbitale am Metallion unterschiedliche Formen haben, werden ihre Energien vom Kristallfeld unterschiedlich stark beeinflusst. Um diese Einflüsse genauer zu untersuchen, müssen wir die Formen der *d*-Orbitale und die Ausrichtungen ihrer Keulen relativ zu den Liganden in Betracht ziehen.

In ► Abbildung 24.26 b–f sind die fünf *d*-Orbitale in einem oktaedrischen Kristallfeld dargestellt. Beachten Sie, dass die Orbitale d_{z2} und d_{x2-y2} Keulen haben, die direkt *entlang* der *x*-, *y*- und *z*-Achse ausgerichtet sind und *in Richtung* der Punktladungen zeigen. Die Orbitale d_{xy}, d_{xz} und d_{yz} haben dagegen Keulen, die sich *zwischen* den Achsen befinden, auf denen sich die Ladungen annähern. Aufgrund der hohen Symmetrie des oktaedrischen Kristallfelds erfahren die Orbitale d_{z2} und d_{x2-y2} jeweils die gleiche Abstoßung. Diese beiden Orbitale haben daher in Anwesenheit des Kristallfelds die gleiche Energie. Auch die Orbitale d_{xy}, d_{xz} und d_{yz} erfahren exakt die gleiche Abstoßung, so dass auch diese

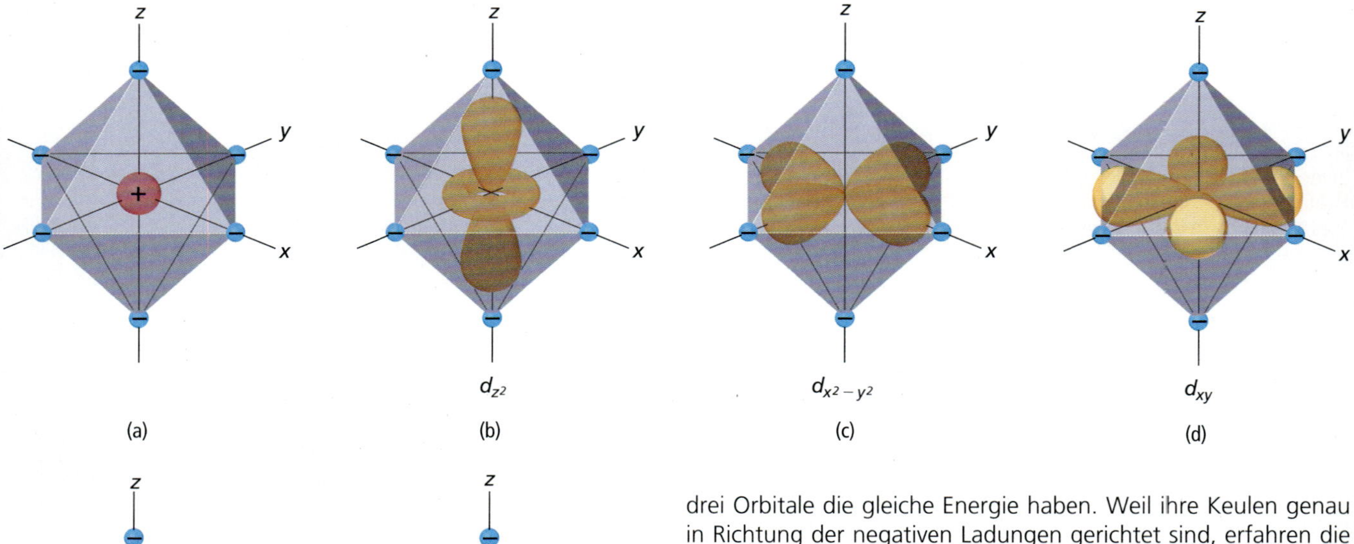

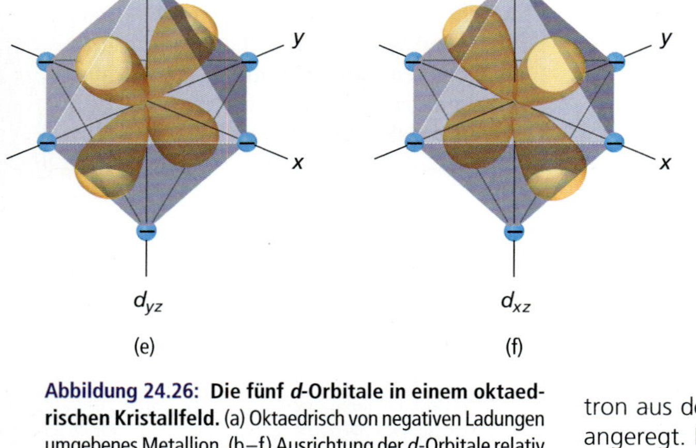

Abbildung 24.26: Die fünf *d*-Orbitale in einem oktaedrischen Kristallfeld. (a) Oktaedrisch von negativen Ladungen umgebenes Metallion. (b–f) Ausrichtung der *d*-Orbitale relativ zu den negativen Ladungen. Die Keulen der d_{z^2}- und $d_{x^2-y^2}$-Orbitale (b und c) zeigen in Richtung der Ladungen, die Keulen der d_{xy}-, d_{xz}- und d_{yz}-Orbitale (d–f) dagegen zwischen diese.

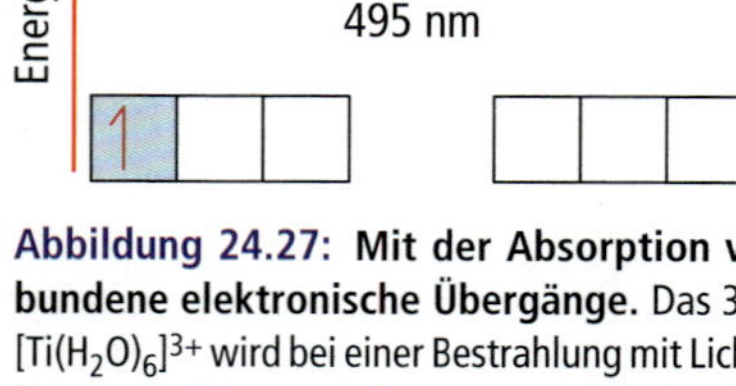

Abbildung 24.27: Mit der Absorption von Licht verbundene elektronische Übergänge. Das 3*d*-Elektron von $[Ti(H_2O)_6]^{3+}$ wird bei einer Bestrahlung mit Licht einer Wellenlänge von 495 nm aus einem energetisch niedrigeren *d*-Orbital in ein energetisch höheres *d*-Orbital angeregt.

drei Orbitale die gleiche Energie haben. Weil ihre Keulen genau in Richtung der negativen Ladungen gerichtet sind, erfahren die Orbitale d_{z2} und d_{x2-y2} eine stärkere Abstoßung als die Orbitale d_{xy}, d_{xz} und d_{yz}. Dies führt, wie anhand der rechten Seite von ► Abbildung 24.25 deutlich wird, zu einer Energieaufspaltung zwischen den drei energetisch niedrigeren *d*-Orbitalen (die t_{2g}-Orbitalsatz genannt werden) und den beiden energetisch höheren *d*-Orbitalen (die e_g-Orbitalsatz genannt werden)*. Die Energielücke zwischen den beiden *d*-Orbitalsätzen wird mit Δ bezeichnet, eine Größe, die oft *Kristallfeldaufspaltungsenergie* genannt wird.

Das Kristallfeldmodell liefert uns eine Erklärung für die Farben von Übergangsmetallkomplexen. Die Energielücke zwischen den *d*-Orbitalen Δ hat die gleiche Größenordnung wie die Energie eines Photons sichtbaren Lichts. Ein Übergangsmetallkomplex ist daher in der Lage, sichtbares Licht zu absorbieren. Dabei wird ein Elektron aus den *d*-Orbitalen niedrigerer Energie in ein *d*-Orbital höherer Energie angeregt. Das Ti(III)-Ion im $[Ti(H_2O)_6]^{3+}$-Ion hat z. B. die Elektronenkonfiguration [Ar]3d^1. Ti(III) wird daher als „d^1-Ion" bezeichnet. Im Grundzustand von $[Ti(H_2O)_6]^{3+}$ befindet sich das einzelne 3*d*-Elektron in einem der drei Orbitale des energetisch niedrigeren t_{2g}-Orbitalsatzes. Durch die Absorption von Licht der Wellenlänge 495 nm (242 kJ/mol) wird das 3*d*-Elektron aus dem energetisch niedrigeren t_{2g}-Orbitalsatz in den energetisch höheren e_g-Orbitalsatz angehoben (► Abbildung 24.27) und erzeugt auf diese Weise das in ► Abbildung 24.23 dargestellte Absorptionsspektrum. Ein derartiger Übergang wird ***d*-*d*-Übergang** genannt, weil in ihm ein Elektron aus einem *d*-Orbitalsatz in einen anderen *d*-Orbitalsatz angeregt wird. Wie wir zuvor festgestellt haben, führt der durch Absorption sichtbarer Strahlung verursachte *d*-*d*-Übergang zur dunkelvioletten Farbe des Komplexes.

Die Größe der Energielücke Δ und damit die Farbe des Komplexes hängen sowohl vom Metall als auch von den umgebenden Liganden ab. So ist z. B. $[Fe(H_2O)_6]^{3+}$ hellviolett, $[Cr(H_2O)_6]^{3+}$ violett und $[Cr(NH_3)_6]^{3+}$ gelb. Liganden können in der Reihenfolge ihrer Fähigkeit geordnet werden, die Energielücke Δ zu erhöhen. Im Folgenden sind einige häufig auftretende Liganden in der Reihenfolge eines ansteigenden Werts von Δ aufgeführt:

---

* Die Bezeichnungen t_{2g} für die d_{xy}-, d_{xz}- und d_{yz}-Orbitale und e_g für die d_{z2} und d_{x2-y2}-Orbitale entstammen der *Gruppentheorie*, die zur theoretischen Betrachtung der Kristallfeldtheorie herangezogen werden kann. Mit Hilfe der Gruppentheorie läßt sich die Wirkung von Symmetrieeffekte auf die Eigenschaften von Molekülen erklären.

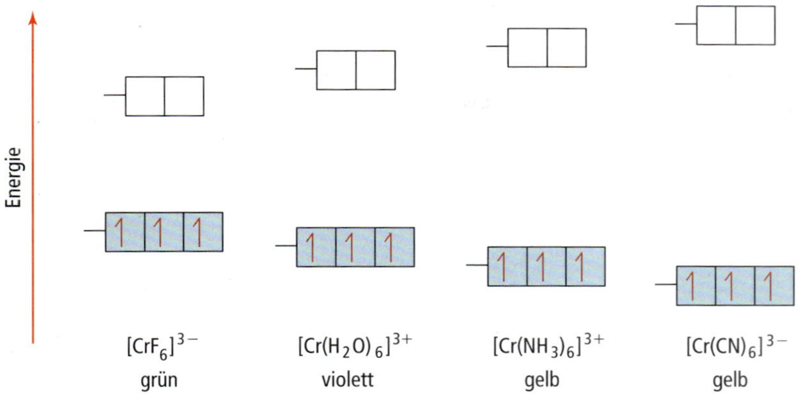

Abbildung 24.28: Einfluss der Liganden auf die Kristallfeldaufspaltung. Diese Reihe verschiedener Chrom(III)-Komplexe veranschaulicht, wie die Energielücke zwischen den t_{2g}- und e_g-Orbitalen (Δ) mit ansteigender Feldstärke der Liganden zunimmt.

$$\xrightarrow{\text{ansteigend } \Delta}$$
$$Cl^- < F^- < H_2O < NH_3 < en < NO_2^- \text{(N-koordiniert)} < CN^-$$

Eine derartige Auflistung wird **spektrochemische Reihe** genannt. Die Größe von Δ steigt in der spektrochemischen Reihe von links nach rechts etwa um den Faktor 2 an.

Liganden, die sich auf der Seite der spektrochemischen Reihe mit niedrigem Δ befinden, werden *schwache Liganden* und diejenigen auf der Seite mit hohem Δ *starke Liganden* genannt. ► Abbildung 24.28 zeigt die Auswirkungen eines Austauschs von Liganden auf die Kristallfeldaufspaltung in einer Reihe von Chrom(III)-Komplexen. Aus der Elektronenkonfiguration des Cr-Atoms $[Ar]3d^5 4s^1$ ergibt sich für Cr^{3+} die Elektronenkonfiguration $[Ar]3d^3$. Cr(III) ist also ein d^3-Ion. Gemäß der Hund'schen Regel besetzen die drei 3*d*-Elektronen den t_{2g}-Orbitalsatz. Jedes Elektron besetzt dabei genau ein Orbital, wobei die Elektronenspins gleich gerichtet sind (siehe Abschnitt 6.8). Mit zunehmendem Feld der sechs umgebenden Liganden steigt die Aufspaltung der *d*-Orbitale des Metalls an. Weil das Absorptionsspektrum mit dieser Energieaufspaltung zusammenhängt, haben die Komplexe jeweils eine andere Farbe.

MERKE !

Wenn die Kristallfeldaufspaltungsenergie der Energie von sichtbarem Licht entspricht, können Elektronen von einem der energieärmeren *d*-Orbitalen in die energiereicheren angehoben werden, was als *d-d*-Übergang bezeichnet wird.

MERKE !

In der spektrochemischen Reihe werden die Liganden nach der Stärke ihrer Wechselwirkung mit den *d*-Orbitalen und somit nach der Größe der Kristallfeldaufspaltungsenergie Δ angeordnet.

Elektronenkonfigurationen in oktaedrischen Komplexen

Mit dem Kristallfeldmodell lassen sich neben der Farbe von Komplexverbindungen die magnetischen Eigenschaften und einige wichtige chemische Eigenschaften von Übergangsmetallionen erklären. Gemäß der Hund'schen Regel besetzen Elektronen stets die freien Orbitale mit der niedrigsten Energie. Entartete Orbitale werden dabei zunächst einzeln mit Elektronen gleichen Spins besetzt. Bei einem oktaedrischen Komplex mit der Konfiguration d^1, d^2 oder d^3 besetzen Elektronen gleichen Spins den energetisch niedrigeren t_{2g}-Orbitalsatz (► Abbildung 24.29). Bei der Zugabe eines vierten Elektrons gibt es zwei Möglichkeiten. Die Besetzung eines energetisch niedrigeren t_{2g}-Orbitals führt zu einem Energiegewinn mit dem Betrag Δ gegenüber der Besetzung des energetisch höheren e_g-Orbitals. Bei einer derartigen Konfiguration muss das Elektron jedoch mit einem Elektron gepaart werden, das sich bereits im entsprechenden Orbital befindet. Die dazu benötigte Energie, d. h. der Energieunterschied zwischen der Besetzung eines freien und eines bereits einfach besetzten Orbitals, wird Spinpaarungsenergie

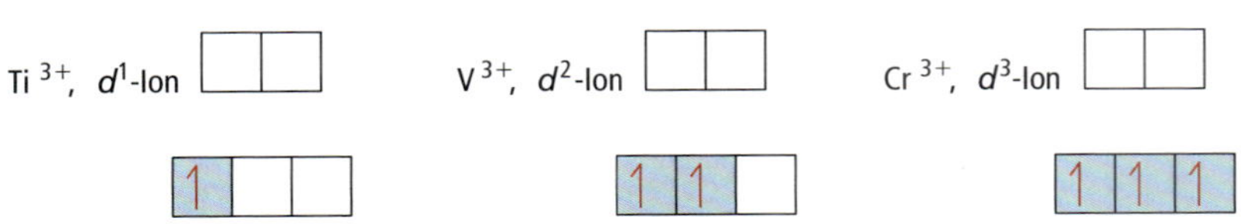

Abbildung 24.29: Elektronenkonfigurationen oktaedrischer Komplexe. Darstellung der Orbitalbesetzungen von Komplexen mit ein, zwei und drei *d*-Elektronen in einem oktaedrischen Kristallfeld.

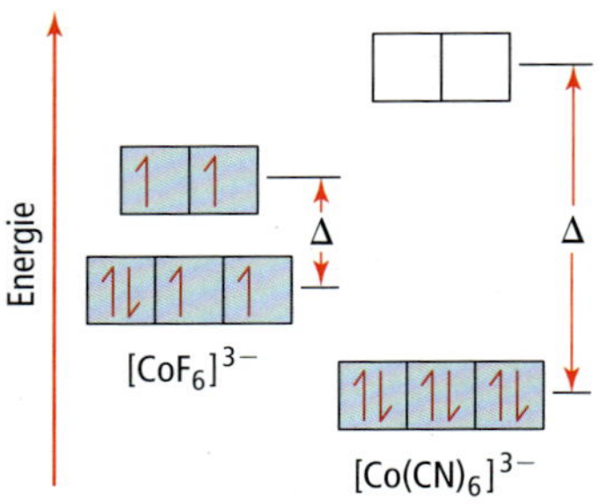

Abbildung 24.30: High-Spin- und Low-Spin-Komplexe. Besetzung der *d*-Orbitale in einem High-Spin-Komplex ($[CoF_6]^{3-}$, kleines Δ) und einem Low-Spin-Komplex ($[Co(CN)_6]^{3-}$, großes Δ). Beide Komplexe enthalten Kobalt(III), das über sechs 3*d*-Elektronen verfügt ($3d^6$).

genannt. Die **Spinpaarungsenergie** ist eine Folge der größeren elektrostatischen Abstoßung von zwei Elektronen, die gemeinsam ein Orbital besetzen, gegenüber zwei Elektronen, die sich mit gleichem Elektronenspin in verschiedenen Orbitalen befinden.

Die das Metallion umgebenden Liganden und die Ladung des Metallions sind oft die entscheidenden Faktoren dafür, welche der beiden elektronischen Anordnungen günstiger ist. In den Ionen $[CoF_6]^{3-}$ und $[Co(CN)_6]^{3-}$ haben die Liganden eine Ladung von 1–. Das F^--Ion befindet sich in der spektrochemischen Reihe weit unten, es handelt sich also um einen schwachen Liganden. Das CN^--Ion dagegen befindet sich in der spektrochemischen Reihe weit oben. Es handelt sich also um einen starken Liganden, der eine größere Energieaufspaltung als das F^--Ion erzeugt. In ► Abbildung 24.30 werden die Aufspaltungen der *d*-Orbitalenergien dieser beiden Komplexe verglichen.

Kobalt(III) hat die Elektronenkonfiguration $[Ar]3d^6$, es handelt sich also bei beiden Ionen um d^6-Komplexe. Wir stellen uns nun vor, wie die *d*-Orbitale des $[CoF_6]^{3-}$-Ions mit diesen sechs Elektronen aufgefüllt werden. Die ersten drei Elektronen besetzen die energetisch niedrigeren t_{2g}-Orbitale mit parallelem Spin. Das vierte Elektron kann in einem Fall gemeinsam mit einem bereits vorhandenen Elektron eins der t_{2g}-Orbitale besetzen. Bei einer derartigen Anordnung würde sich ein Energiegewinn von Δ gegenüber der Besetzung eines der energetisch höheren e_g-Orbitale ergeben. Dazu müsste jedoch eine Energiemenge aufgebracht werden, die gleich der Spinpaarungsenergie ist. Weil es sich bei F^- um einen schwachen Liganden handelt, ist Δ klein. Die stabilere Anordnung ist daher diejenige, in der sich das Elektron in einem der e_g-Orbitale befindet. Auch das fünfte Elektron besetzt das noch verbleibende freie e_g-Orbital. Wenn alle Orbitale mit wenigstens einem Elektron besetzt sind, muss das sechste Elektron gepaart werden und besetzt ein energetisch niedrigeres t_{2g}-Orbital. Es befinden sich also insgesamt vier Elektronen im t_{2g}-Orbitalsatz und zwei Elektronen im e_g-Orbitalsatz. Im Fall des Komplexes $[Co(CN)_6]^{3-}$ ist die Kristallfeldaufspaltung erheblich größer. Die Spinpaarungsenergie ist kleiner als Δ, so dass sich alle sechs Elektronen paarweise in den t_{2g}-Orbitalen anordnen.

Bei dem Komplex $[CoF_6]^{3-}$ handelt es sich um einen **High-Spin-Komplex**, in dem so viele Elektronen wie möglich ungepaart sind. Bei dem Komplex $[Co(CN)_6]^{3-}$ handelt es sich dagegen um einen **Low-Spin-Komplex**, in dem so viele Elektronen wie möglich gepaart sind. Wie zuvor beschrieben, lassen sich die beiden verschiedenen elektronischen Anordnungen anhand einer Messung der magnetischen Eigenschaften des Komplexes einfach unterscheiden. Auch das Absorptionsspektrum verfügt über charakteristische Eigenschaften, aus denen sich die elektronische Anordnung ableiten lässt.

EXTRAS ONLINE Tetraedrische und quadratisch-planare Komplexe

EXTRAS ONLINE Näher hingeschaut: Farben und Ladungstransfers

TEIL II

Organische Chemie

Elektronenstruktur und Bindung · Säuren und Basen

25

ÜBERBLICK

25.1 Bindung in Methan und Ethan: Einfachbindungen

Wir werden unsere Diskussion der Bindungsverhältnisse bei organischen Verbindungen mit einer Betrachtung des Methans beginnen – einer Verbindung mit nur einem einzigen Kohlenstoffatom. Danach werden wir die Bindungsverhältnisse im Ethan untersuchen, einer Verbindung mit zwei Kohlenstoffatomen und einer C—C-Einfachbindung.

Bindungen im Methan

Methan (CH_4) besitzt vier kovalente C—H-Bindungen. Da alle vier Bindungen die gleiche Länge besitzen, und auch alle Bindungswinkel gleich sind (109,5°), können wir den Schluss ziehen, dass alle vier C—H-Bindungen des Methanmoleküls identisch sind. Nachfolgend sind vier verschiedene Arten für die Darstellung der Struktur eines Methanmoleküls wiedergegeben:

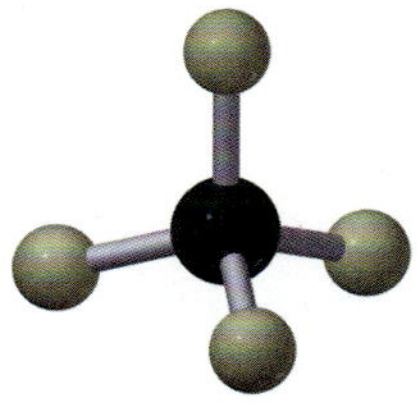

Kugel-Stab-Modell des Methans

raumfüllendes Modell des Methans

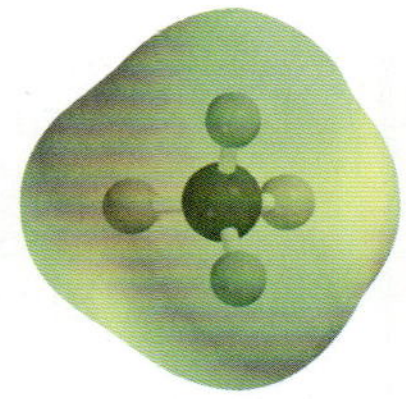

elektrostatische Potenzialkarte des Methans

Die Potenzialkarte des Methans zeigt, dass weder die Wasserstoffatome noch das Kohlenstoffatom viel Überschussladung tragen: Es gibt keine roten Bereiche, die auf eine negative Ladungskonzentration hindeuten, noch blaue Bereiche, die auf positive Partialladung hindeuten würden. Das Fehlen von Atomen mit Teilladungen kann durch die sehr ähnlichen Elektronegativitäten von Kohlenstoff- und Wasserstoffatomen erklärt werden. Wasserstoffatome und Kohlenstoffatome besitzen vergleichbare Kräfte, mit denen Bindungselektronen angezogen werden, so dass die Bindungselektronen sehr gleichmäßig zwischen ihnen verteilt sind. Methan ist daher ein **unpolares Molekül**.

Auf den ersten Blick mag man erstaunt sein zu erfahren, dass ein Kohlenstoffatom vier kovalente Bindungen ausbildet, da das Kohlenstoffatom im Grundzustand nur zwei ungepaarte Elektronen aufweist. Falls aber der Kohlenstoff nur zwei kovalente Einfachbindungen ausbilden würde, könnte er damit sein Elektronenoktett nicht vervollständigen. Was wir nunmehr brauchen, ist eine Erklärung für die vier identischen kovalenten Bindungen des Kohlenstoffs.

Falls eines der Elektronen im 2*s*-Orbital in das unbesetzte dritte *p*-Orbital angehoben würde, erhielten wir eine neue Elektronenkonfiguration des Kohlenstoffatoms mit vier ungepaarten Elektronen. Das Atom könnte also vier kovalente Bindungen ausbilden.

Falls das Kohlenstoffatom ein *s*-Orbital und drei *p*-Orbitale für die Bindungsbildung einsetzte, wären die drei Bindungen der *p*-Orbitale verschieden von der Bindung des *s*-Orbitals. Wie kann nun ein Kohlenstoffatom vier wirklich identische Bindungen zuwege bringen, wenn ein *s*- und drei *p*-Orbitale zur Verfügung stehen? Die Antwort sind die so genannten *Hybridorbitale* des Kohlenstoffatoms.

BIOGRAPHIE

Linus Carl Pauling (1901–1994) wurde in Portland (Oregon, USA) geboren. Das chemische „Küchenlabor" eines Freundes rief im jungen Linus die Faszination für die Wissenschaft wach. Er promovierte am *California Institute of Technology* in Pasadena (Kalifornien, USA) und verblieb für einen Großteil seines Berufslebens an dieser Hochschule. Für seine herausragenden Leistungen in der Strukturchemie wurde ihm 1954 der Nobelpreis für Chemie verliehen. Wie Einstein war auch Pauling Pazifist, und für seine Bemühungen um die nukleare Abrüstung wurde ihm im Jahr 1962 der Friedensnobelpreis verliehen.

Hybridorbitale sind Mischorbitale – sie ergeben sich aus der Kombination verschiedener Orbitale. Das Konzept der Orbitalhybridisierung wurde zuerst von Linus Pauling im Jahr 1931 vorgeschlagen. Falls das eine *s*- und die drei *p*-Orbitale der zweiten Elektronenschale (L-Schale) des Kohlenstoffatoms sich zu vier gleichwertigen neuen Orbitalen kombinieren würden, wäre jedes der neuen Atomorbitale ein Hybridorbital aus einem Teil *s*- und drei Teilen *p*-Orbitalcharakter. Dieser spezielle Typus von Mischorbitalen wird als sp^3-Orbital(e) („*s*-*p*-drei"-Orbitale) bezeichnet. Die Hochzahl 3 gibt an, dass drei *p*-Orbitale mit einem *s*-Orbital „vermischt" werden, um Hybridorbitale zu bilden. Jedes der vier sp^3-Orbitale hat 25 % *s*- und 75 % *p*-Orbitalcharakter. Die vier sp^3-Hybridorbitale sind entartet, d. h. sie haben dieselbe Energie.

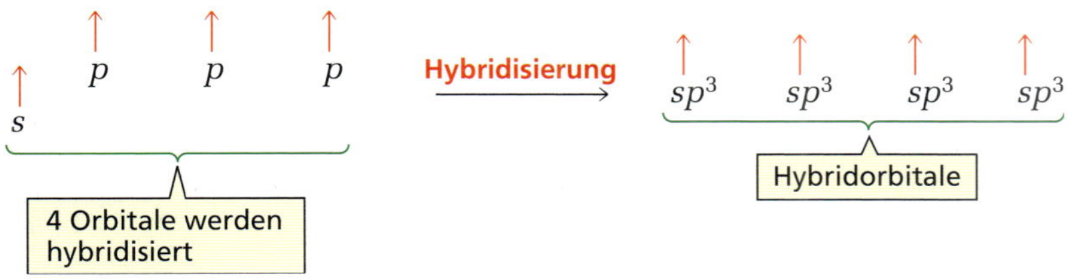

Die Stabilität eines sp^3-Hybridorbitals spiegelt seine Zusammensetzung wieder: Es ist stabiler (energieärmer) als ein *p*-, aber energiereicher als ein *s*-Orbital (► Abbildung 25.1). Der größere der beiden Lappen eines sp^3-Hybridorbitals wird bei der Bindungsbildung herangezogen.

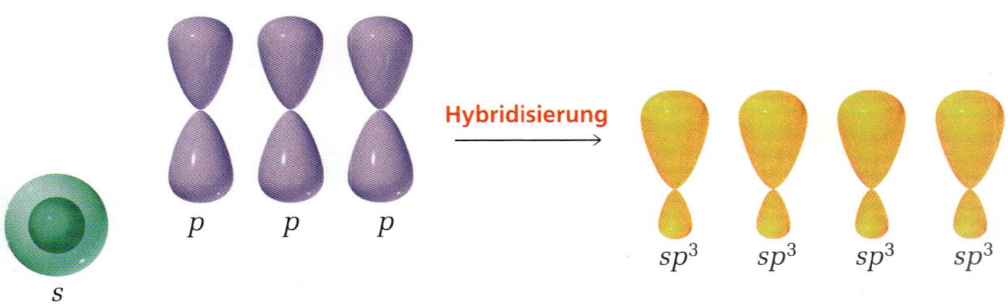

Abbildung 25.1: Ein *s*-Orbital und drei *p*-Orbitale hybridisieren zu vier sp^3-Orbitalen. Ein sp^3-Hybridorbital ist energieärmer als ein *p*-Orbital, aber energiereicher als ein *s*-Orbital.

Die vier sp^3-Hybridorbitale ordnen sich so im Raum an, dass eine maximale Entfernung zwischen ihnen erreicht wird (► Abbildung 25.2 a). Elektronen stoßen sich aufgrund ihrer gleichnamigen elektrischen Ladungen ab, und die Maximierung der Orbitalabstände *minimiert* die elektrische Abstoßung. Wenn sich vier Orbitale räumlich so verteilen, dass sie so weit wie möglich voneinander entfernt sind, zeigen sie unweigerlich in die Ecken eines regelmäßigen Tetraeders (einer pyramidalen geometrischen Figur mit vier gleichschenkeligen Dreiecken als Seitenflächen; der Tetraeder ist einer der so genannten pythagoreischen Körper). Jede der vier C—H-Bindungen des Methans wird durch die Überlappung eines sp^3-Hybridorbitals des Kohlenstoffatoms mit dem *s*-Orbital eines Wasserstoffatoms gebildet (► Abbildung 25.2 b). Wir haben so eine Erklärung für die vier identischen C—H-Bindungen des Methanmoleküls gefunden.

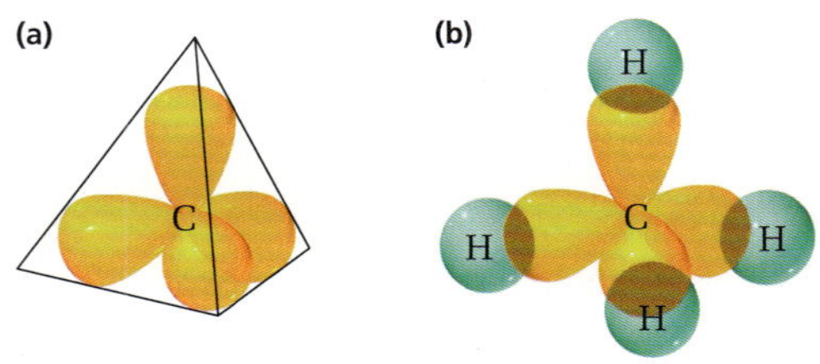

Abbildung 25.2: (a) Die vier sp^3-Orbitale weisen in die Ecken eines regelmäßigen Tetraeders. Die Winkel zwischen ihnen betragen jeweils 109,5°. (b) Eine Orbitaldarstellung des Methanmoleküls, das die Überlappung der sp^3-Hybridorbitale des Kohlenstoffatoms mit den *s*-Orbitalen der Wasserstoffatome erkennen lässt. Aus Gründen der besseren Übersichtlichkeit sind die kleinen Lappen der sp^3-Hybridorbitale nicht wiedergegeben.

Die Winkel zwischen zwei beliebigen Bindungen des Methans betragen je 109,5°. Dieser Winkel wird als **Tetraederwinkel** bezeichnet. Ein Kohlenstoffatom, das wie dasjenige im Methanmolekül vier gleichrangige kovalente Bindungen unter Verwendung seiner sp^3-Hybridorbitale ausbildet, wird als **tetraedrischer Kohlenstoff** bezeichnet.

Das Postulat der Hybridorbitale mag als ein theoretisches Konstrukt erscheinen, um die in der Natur gefundenen Verhältnisse erklären zu können – und genau das ist es auch.

MERKE !

Elektronenpaare nehmen Positionen ein, in denen ihr Abstand voneinander so groß wie möglich ist.

> **HINWEIS**
>
> **Es ist von großer Wichtigkeit zu verstehen und sich vorstellen zu können, wie Moleküle in den drei Dimensionen des Raumes aussehen. Im Internet finden Sie unter www.pearson-studium.de eine Molekülgalerie, in der pseudodreidimensionale Darstellungen von Molekülen zu allen Kapiteln des Buches wiedergegeben sind.**

Bindung im Ethan

Die beiden Kohlenstoffatome im Ethan sind „tetraedrisch" (d. h. sie sind sp^3-hybridisiert). Jedes der Kohlenstoffatome nutzt vier sp^3-Hybridorbitale zur Ausbildung von vier kovalenten Bindungen:

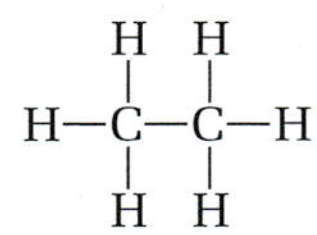

Ethan

Ein sp^3-Hybridorbital des einen Kohlenstoffatoms überlappt mit einem sp^3-Hybridorbital des zweiten Kohlenstoffatoms unter Ausbildung einer C—C-Einfachbindung. Jedes der sechs sp^3-Hybridorbitale der beiden C-Atome überlappt mit dem 1*s*-Orbital je eines Wasserstoffatoms unter Bildung von sechs C—H-Bindungen. Die C—C-Bindung wird also durch Überlappung von zwei sp^3-Hybridorbitalen gebildet, die C—H-Bindungen durch die Überlappung von sp^3-Hybridorbitalen mit *s*-Orbitalen (► Abbildung 25.3). Jeder der im Ethanmolekül auftretenden Bindungswinkel entspricht praktisch dem Tetraederwinkel von 109,5°. Die Bindungslänge der C—C-Einfachbindung beträgt 154 pm. Das Ethan ist wie das Methan ein unpolares Molekül.

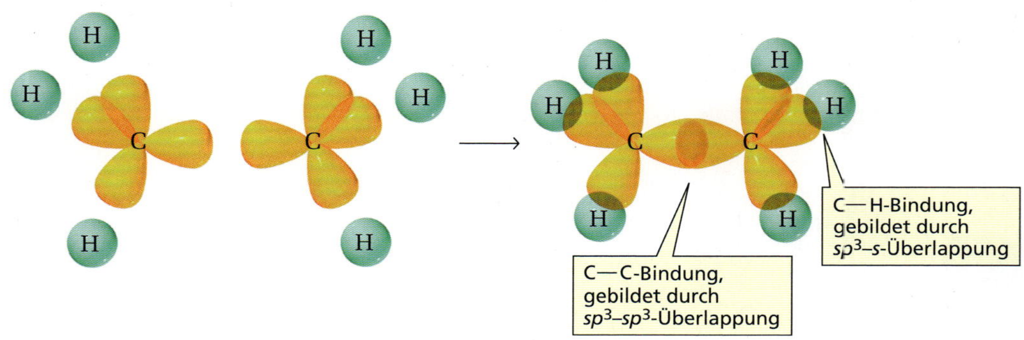

Abbildung 25.3: Ein schematisches Orbitalbild des Ethanmoleküls.

> **MERKE !**
>
> **Alle Einfachbindungen in organischen Verbindungen sind Sigma-Bindungen.**

Alle Bindungen in Methan und Ethan sind σ-Bindungen, da sie alle durch die Kopf-zu-Kopf-Überlappung von Atomorbitalen entstehen. Alle **Einfachbindungen** in organischen Verbindungen sind Sigma-Bindungen.

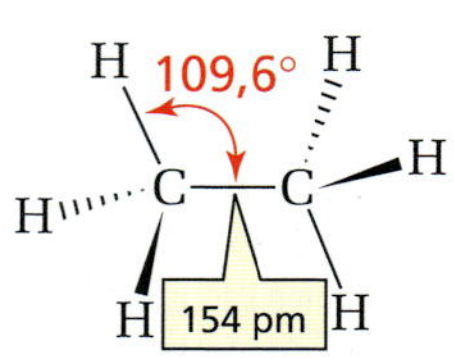

perspektivische Formel des Ethanmoleküls

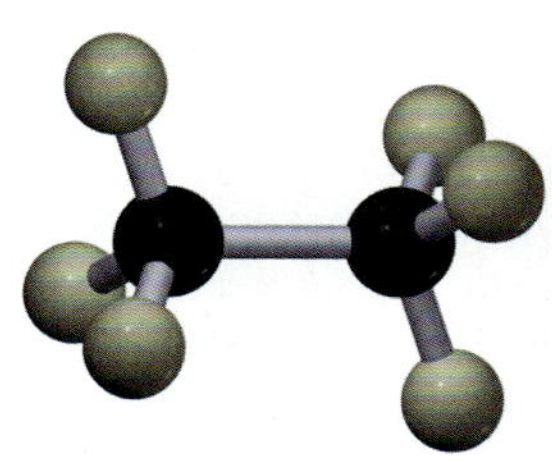

Kugel-Stab-Modell des Ethans

raumfüllendes Modell des Ethans

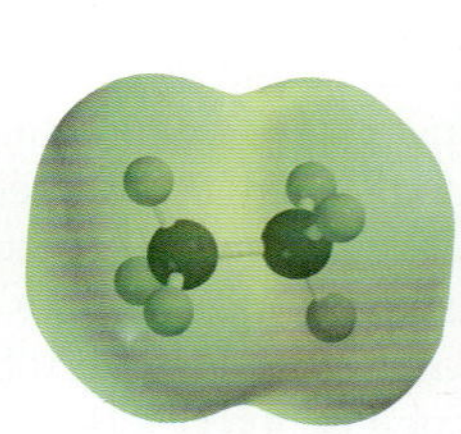

elektrostatische Potenzialkarte des Ethans

25.2 Bindung im Ethen: Doppelbindung

Jedes der Kohlenstoffatome im Ethen (besonders in der angelsächsischen Literatur ist auch heute noch die veraltete Bezeichnung Ethylen verbreitet) bildet vier Bindungen aus, doch ist jedes C-Atom nur mit drei anderen Atomen verknüpft.

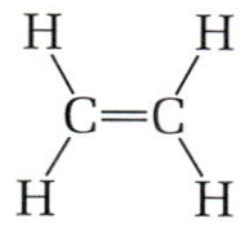

Ethen

Um drei andere Atome zu binden, bringt jedes C-Atom drei seiner Atomorbitale zur Hybridisierung. Da drei Orbitale hybridisieren (ein *s*- und zwei *p*-Orbitale), erhält man drei Hybridorbitale. Diese werden als sp^2-Hybridorbitale bezeichnet. Nach der Hybridisierung besitzt jedes Kohlenstoffatom drei entartete sp^2-Hybridorbitale und ein *p*-Orbital:

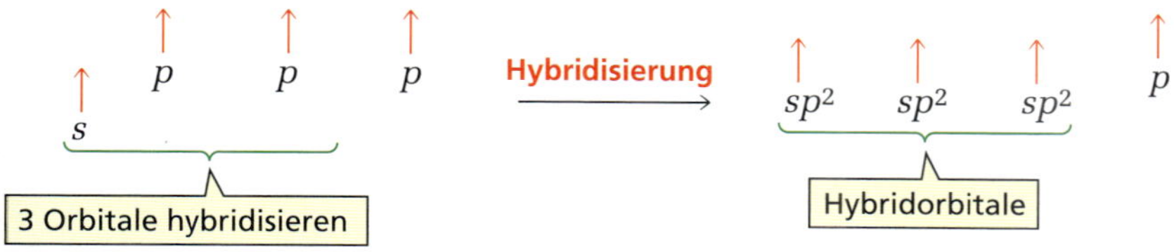

Um die elektronische Abstoßung zu minimieren, müssen die drei sp^2-Hybridorbitale sich so weit voneinander entfernen wie möglich. Man kann sich leicht veranschaulichen, dass dieser Zustand realisiert ist, wenn die drei Orbitale in einer Ebene liegen und in die Ecken eines gleichseitigen Dreiecks weisen, in dessen Mitte der Kern des C-Atoms liegt. Dies bedeutet, dass der Winkel zwischen den sp^2-Hybridorbitalen 120° beträgt. Da die drei sp^2-Hybridorbitale des Kohlenstoffatoms an der Bindungsbildung mit drei anderen Atomen beteiligt sind, liegen auch die Bindungspartner in derselben Ebene. Man sagt, das Kohlenstoffatom besitzt eine **trigonal planare Konfiguration**. Das nicht in die Hybridisierung einbezogene *p*-Orbital steht senkrecht auf der von dem Dreieck der sp^2-Hybridorbitale aufgespannten Ebene (► Abbildung 25.4).

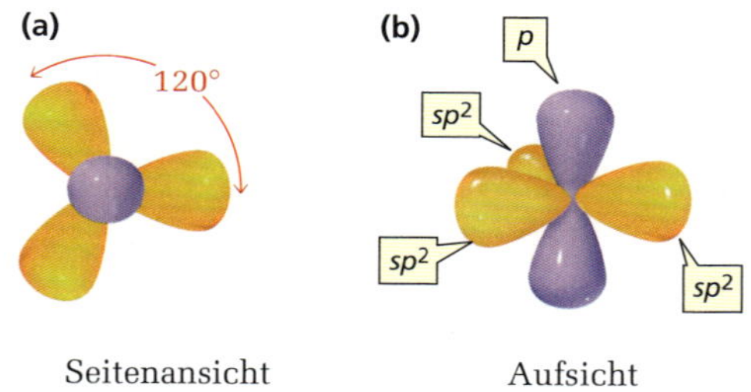

Abbildung 25.4: Ein sp^2-hybridisiertes Kohlenstoffatom. (a) Die drei entarteten sp^2-Orbitale liegen in einer Ebene. (b) Das nichthybridisierte *p*-Orbital steht senkrecht zu dieser Ebene. Die kleineren Orbitallappen der sp^2-Orbitale sind nicht wiedergegeben.

Die Kohlenstoffatome im Ethen sind durch zwei Bindungen miteinander verknüpft. Man spricht von einer Kohlenstoff–Kohlenstoff-**Doppelbindung**. Die beiden C—C-Bindungen dieser Doppelbindung sind jedoch nicht identisch. Eine der Bindungen ergibt sich aus der Überlappung eines sp^2-Hybridorbitals eines der C-Atome mit einem anderen sp^2-Hybridorbital des anderen C-Atoms. Hierbei handelt es sich um eine σ-Bindung, da sie aus der Kopf-zu-Kopf-Überlappung der beiden beteiligten Orbitale resultiert (►Abbildung 25.5 a). Jedes der C-Atome benutzt seine beiden verbleibenden sp^2-Hybridorbitale zur Bindungsbildung mit Wasserstoffatomen, wobei die sp^2-Hybridorbitale mit den *s*-Orbitalen von Wasserstoffatomen überlappen. Die zweite Bindung zwischen den C-Atomen ergibt sich aus der seitlichen Überlappung von zwei nichthybridisierten *p*-Orbitalen (eines von jedem C-Atom). Die seitliche Überlappung dieser Orbitale führt zu einer π-Bindung (►Abbildung 25.5 b). Die eine der Bindungen einer C—C-Doppelbindung ist also eine σ-Bindung, die andere eine π-Bindung. Alle C—H-Bindungen des Ethens sind natürlich wieder σ-Bindungen.

Die beiden *p*-Orbitale, die für die Bildung des π-Molekülorbitals überlappen, müssen parallel zueinander stehen, damit eine maximale Überlappung stattfinden kann. Die führt dazu, dass das Bindungsdreieck des einen Kohlenstoffatoms in derselben Ebene zu liegen kommt wie das des anderen C-Atoms. Das bedeutet für das Gesamtmolekül, dass alle sechs Atome des Ethens (2 C + 4 H) in einer Ebene liegen, und die Elektronen der π-Bindung eine Elektronenwolke oberhalb und unterhalb dieser Molekülebene bilden (►Abbildung 25.5 c). Die elektrostatische Potenzialkarte des Ethens zeigt, dass dieses ein unpolares Molekül ist,

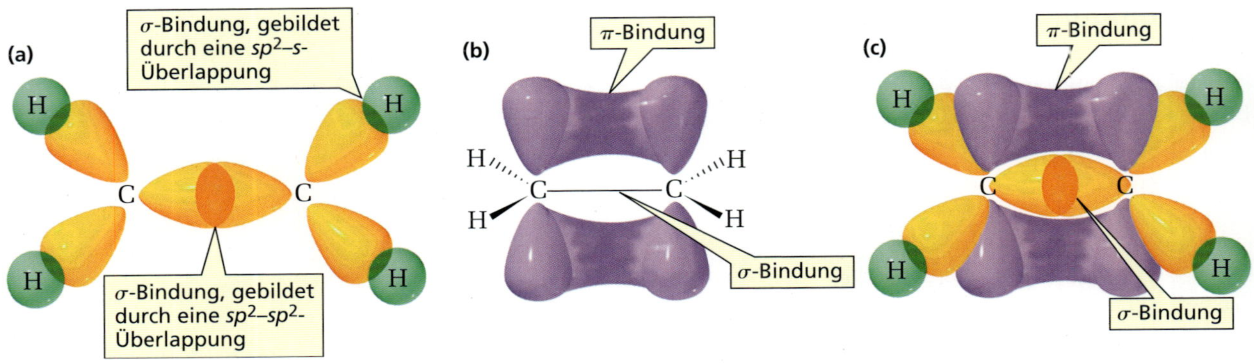

Abbildung 25.5: (a) Eine C—C-Bindung im Ethenmolekül ist eine σ-Bindung, die durch sp^2–sp^2-Überlappung entsteht. Die C—H-Bindungen entstehen durch sp^2–s-Überlappung. (b) Die zweite C—C-Bindung ist eine π-Bindung durch seitliche Überlappung eines *p*-Orbitals des einen C-Atoms mit einem *p*-Orbital des anderen C-Atoms. (c) Ober- und unterhalb der Ebene der beiden Kohlenstoff- und der vier Wasserstoffatome kommt es zu einer Konzentrierung von Elektronendichte.

mit einer leichten Konzentrierung negativer Ladung (Elektronen) „über" den beiden Kohlenstoffatomen. Falls wir die abgebildete Potenzialkarte umdrehen könnten, würden wir sehen, dass sich dieselbe Akkumulation negativer Teilladungen auf der anderen Seite des Moleküls findet.

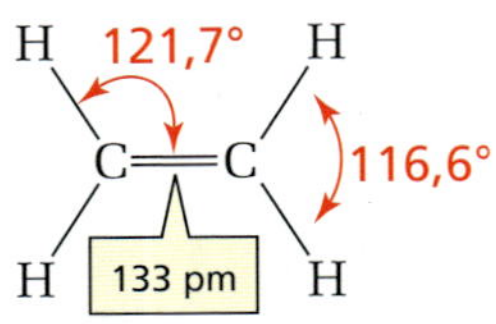

eine Doppelbindung besteht aus einer σ- und einer π-Bindung

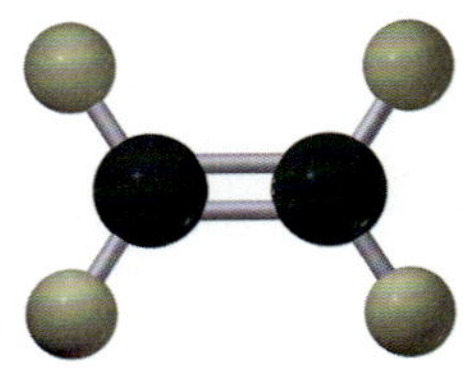

Kugel-Stabmodell des Ethens

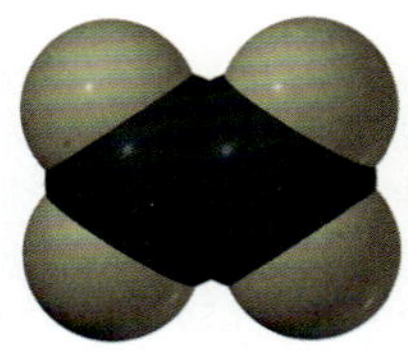

raumfüllendes Modell des Ethens

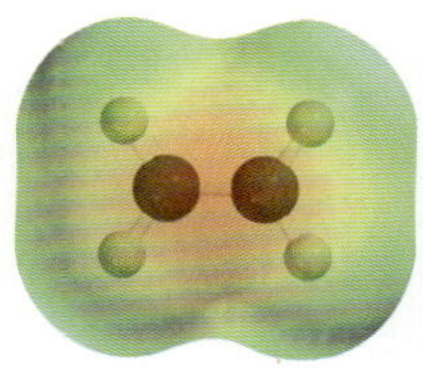

elektrostatische Potenzialkarte des Ethens

Vier Elektronen halten die C-Atome in einer C—C-Doppelbindung zusammen; nur zwei Elektronen binden die Atome einer C—C-Einfachbindung zusammen. Dies führt dazu, dass eine C—C-Doppelbindung stärker (174 kcal/mol oder 728 kJ/mol) und kürzer (133 pm) als eine C—C-Einfachbindung (90 kcal/mol oder 377 kJ/mol; 154 pm) ist.

25.3 Bindung im Ethin: Dreifachbindung

Die beiden Kohlenstoffatome des Ethins (besonders in der angelsächsischen Literatur ist auch heute noch die veraltete Bezeichnung Acetylen verbreitet) sind jeweils mit zwei weiteren Atomen verknüpft – je einem Wasserstoff- und einem Kohlenstoffatom.

$$H{-}C{\equiv}C{-}H$$

Ethin

Da jedes Kohlenstoffatom kovalente Bindungen mit zwei weiteren Atomen ausbildet, hybridisieren nur zwei der Valenzelektronenorbitale (ein *s*- und ein *p*-Orbital). Daraus ergeben sich zwei energetisch entartete *sp*-Hybridorbitale.

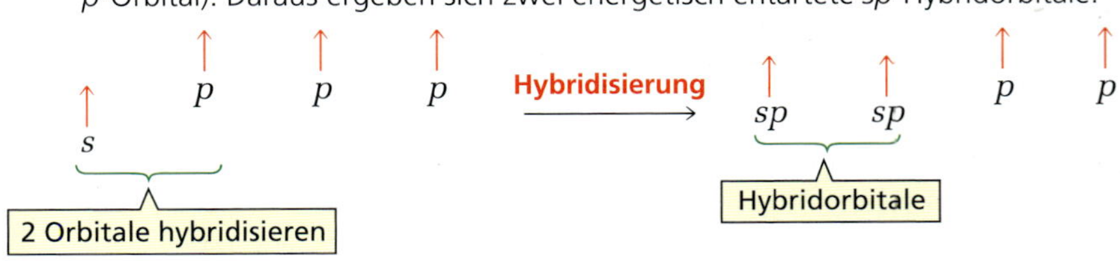

Jedes der Kohlenstoffatome im Ethin besitzt daher zwei *sp*-Hybridorbitale und zwei nichthybridisierte *p*-Orbitale (►Abbildung 25.6).

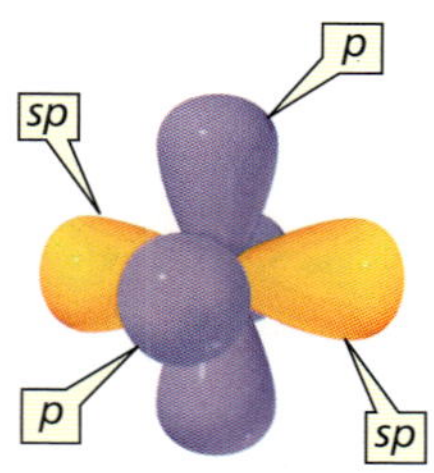

Abbildung 25.6: Ein *sp*-hybridisiertes Kohlenstoffatom. Die beiden *sp*-Orbitale liegen einander im Winkel von 180° gegenüber und stehen senkrecht zu den beiden nichthybridisierten *p*-Orbitalen. Die kleinen Orbitallappen der *sp*-Orbitale sind nicht dargestellt.

Aus Gründen der Minimierung der Elektronenabstoßung (= Minimierung der potenziellen Energie) weisen die beiden *sp*-Orbitale in entgegengesetzte Richtung.

Die Kohlenstoffatome im Ethin werden durch drei Bindungen zusammengehalten. Wenn zwei Atome auf diese Weise verbunden sind, spricht man von einer **Dreifachbindung**. Eines der *sp*-Hybridorbitale des eines C-Atoms überlappt mit einem der *sp*-Orbitale des anderen C-Atoms unter Bildung einer C—C-σ-Bindung. Die verbleibenden *sp*-Orbitale überlappen jeweils mit einem *s*-Orbital eines Wasserstoffatoms unter Ausbildung einer C—H-σ-Bindung (►Abbildung 25.7 a). Da die beiden *sp*-Orbitale in entgegengesetzte Richtungen weisen, beträgt der Bindungswinkel 180°. Die beiden nichthybridisierten *p*-Orbitale jedes Kohlenstoffatoms stehen im rechten Winkel zueinander (y- und z-Achse eines kartesischen Koordinatensystems), sowie zu den *sp*-Orbitalen (x-Achse). Jedes der nichthybridisierten *p*-Orbitale überlappt seitlich mit dem parallelen unhybridisierten *p*-Orbital des anderen C-Atoms, sodass zwei π-Bindungen geknüpft werden (►Abbildung 25.7 b).

Eine **Dreifachbindung** besteht demnach aus einer σ-Bindung und zwei π-Bindungen. Da die nichthybridisierten *p*-Orbitale der C-Atome senkrecht aufeinander stehen, ergibt sich ein Bereich hoher Elektronendichte „über" und „unter", sowie ein entsprechender „vor" und „hinter" der Bindungsachse (►Abbildung 25.7 c). Die Potenzialkarte verrät uns, dass es zu einer Konzentration von negativer Teilladung in einem zylinderförmigen Raumbereich kommt, der das linear gebaute Molekül einhüllt wie ein Muff.

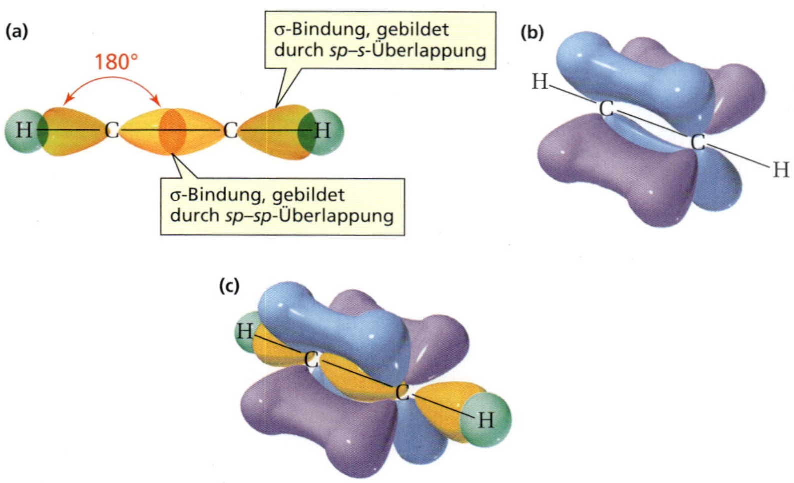

Abbildung 25.7: (a) Die C—C-σ-Bindung im Ethinmolekül bildet sich durch *sp*–*sp*-Überlappung, die C—H-Bindungen durch *sp*–*s*-Überlappung. (b) Die beiden C—C-π-Bindungen bilden sich durch seitliche Überlappung der beiden *p*-Orbitale des einen mit den *p*-Orbitalen des anderen C-Atoms. (c) Die Dreifachbindung besitzt eine elektronenreiche Region über- und unterhalb, sowie vor und hinter der Achse, die die Atomkerne miteinander verbindet.

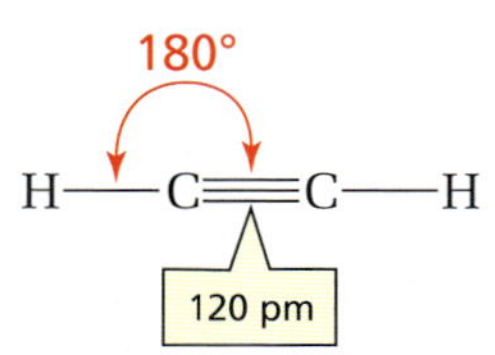

eine Dreifachbindung besteht aus einer σ-Bindung und zwei π-Bindungen

Kugel-Stab-Modell des Ethins

raumfüllendes Modell des Ethins

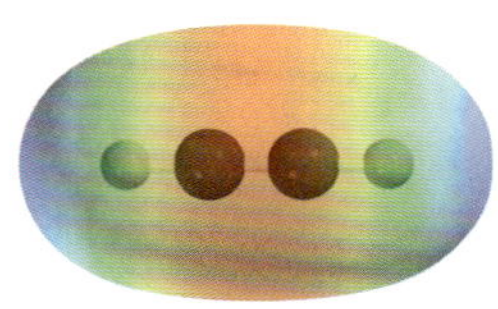

elektrostatische Potenzialkarte des Ethins

Die beiden C-Atome werden in einer Dreifachbindung von insgesamt sechs Elektronen zusammengehalten. Deshalb ist eine C—C-Dreifachbindung stärker (231 kcal/ mol oder 967 kJ/mol) und kürzer (120 pm) als eine C—C-Doppel- oder C—C-Einfachbindung.

25.4 Bindung im Methylkation, im Methylradikal und im Methylanion

Nicht alle Kohlenstoffatome bilden vier Bindungen aus. Kohlenstoffatome mit einer positiven Ladung, mit einer negativen Ladung oder mit einem ungepaarten Elektron bilden jeweils nur drei Bindungen aus. Schauen wir uns nunmehr an, welche Orbitale ein Kohlenstoffatom benutzt, wenn es drei Bindungen ausbildet.

Das Methylkation ($^+CH_3$)

Das positiv geladene Kohlenstoffatom im Methylkation ist an drei weitere Atome gebunden; es hybridisieren drei Orbitale – ein *s*- und zwei *p*-Orbitale. Es bildet daher drei kovalente Bindungen mit Hilfe seiner sp^2-Hybridorbitale aus. Sein nichthybridisiertes *p*-Orbital verbleibt unbesetzt. Der positiv geladene Kohlenstoff und die drei gebundenen Atome liegen in einer Ebene. Das freie *p*-Orbital steht senkrecht auf dieser Ebene.

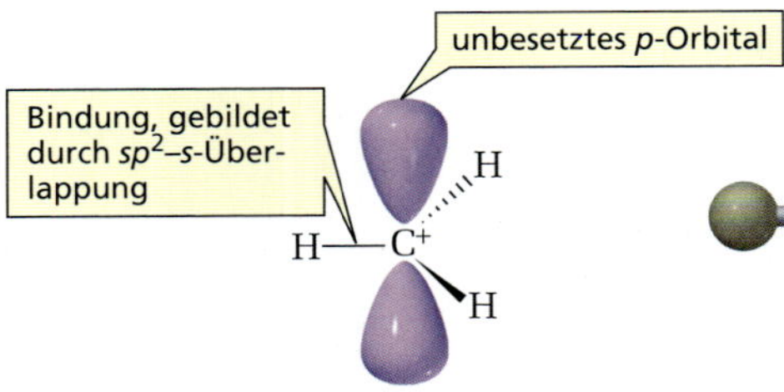

$^+CH_3$
Methylkation

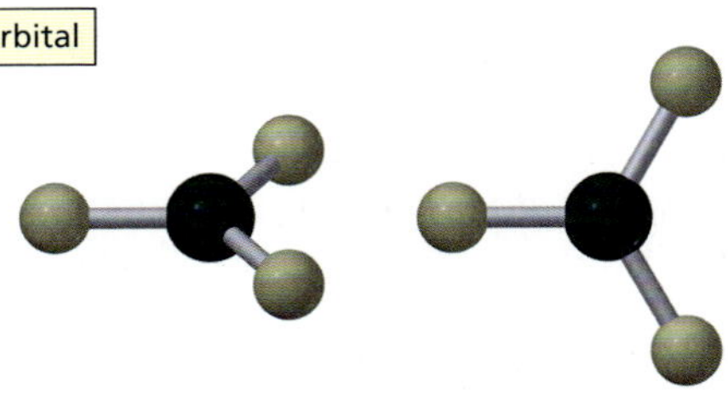

Seitenansicht Aufsicht
Kugel-Stab-Modelle des Methylkations

elektrostatische Potenzialkarte des Methylkations

Das Methylradikal ($\cdot CH_3$)

Das C-Atom des Methylradikals ist sp^2-hybridisiert. Das Methylradikal unterscheidet sich nur durch den Mehrbesitz eines einzigen Elektrons von dem zuvor besprochenen Methylkation. Das zusätzliche Elektron besetzt das freie *p*-Orbital. Bei Betrachtung der abgebildeten Molekülmodelle fällt augenblicklich die Ähnlichkeit zwischen der Form des Methylkations und der des Methylradikals auf. Die Potenzialkarten zeigen jedoch ebenso deutlich, dass diese molekularen Spezies in ihrer elektronischen Natur ziemlich verschieden voneinander sind, und dies allein aufgrund des zusätzlichen Elektrons im Methylradikal.

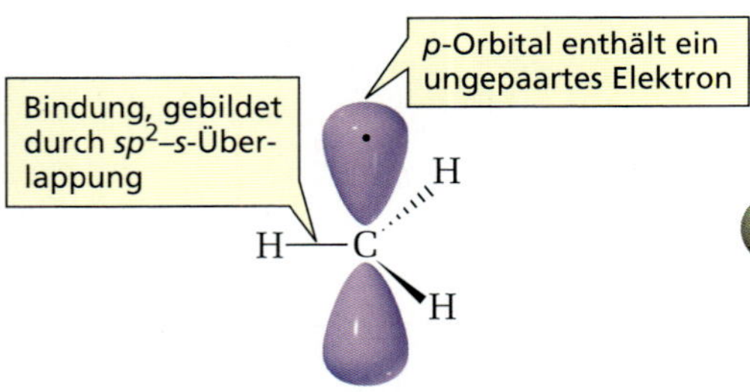

$\cdot CH_3$
Methylradikal

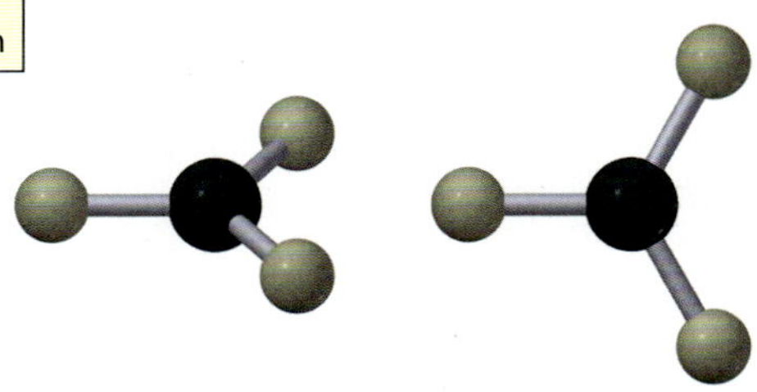

Seitenansicht Aufsicht
Kugel-Stab-Modelle des Methylradikals

elektrostatische Potenzialkarte des Methylradikals

Das Methylanion ($^-CH_3$)

Das negativ geladene C-Atom im Methylanion besitzt drei bindende Elektronenpaare und ein einsames (freies) Elektronenpaar. Die vier Elektronenpaare sind am weitesten voneinander entfernt, wenn die vier doppelt besetzten Orbitale in die Ecken eines Tetraeders weisen. Anders gesagt: Das negativ geladene

C-Atom ist sp^3-hybridisiert. Drei der (einfach besetzten) sp^3-Hybridorbitale des Methylanions überlappen mit *s*-Orbitalen von Wasserstoffatomen; das vierte sp^3-Hybridorbital enthält das einsame Elektronenpaar.

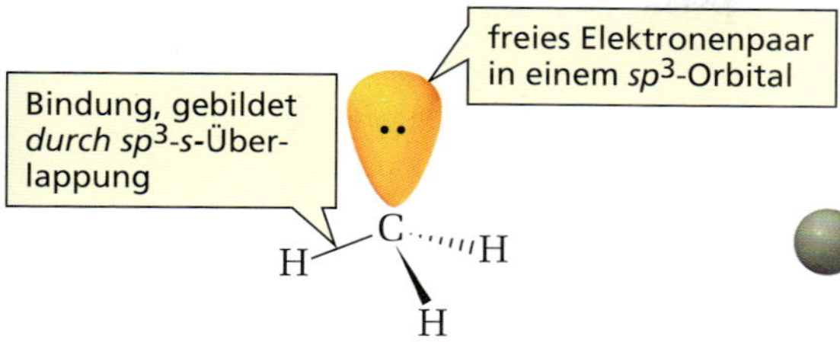

$\ddot{\cdot}CH_3^-$

Methylanion

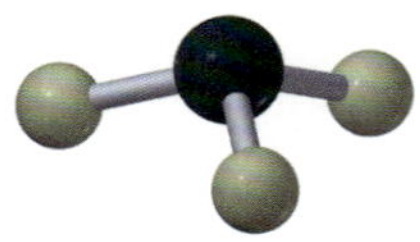

Kugel-Stab-Modelle des Methylanions

elektrostatische Potenzialkarte des Methylanions

Nehmen Sie sich einen Moment Zeit, um die Potenzialkarten des Methylkations, des Methylradikals und des Methylanions zu vergleichen.

25.5 Orbitalhybridisierung, Bindungslängen, Bindungsstärken und Bindungswinkel

Alle Einfachbindungen sind σ-Bindungen. Alle **Doppelbindungen** bestehen aus einer σ-Bindung und einer π-Bindung. Alle **Dreifachbindungen** bestehen aus einer σ-Bindung und zwei π-Bindungen. Der einfachste Weg, die Hybridisierungszustände von Kohlenstoff-, Sauerstoff- und Stickstoffatomen zu bestimmen besteht darin, die Zahl der gebildeten π-Bindungen zu ermitteln: Falls das Atom keine π-Bindungen ausbildet, ist es sp^3-hybridisiert; falls es eine π-Bindung ausbildet, ist es sp^2-hybridisiert, und falls es zwei π-Bindungen ausbildet, ist es *sp*-hybridisiert. Die Ausnahmen sind Carbokationen und Kohlenstoffradikale – diese sind sp^2-hybridisiert, jedoch nicht, weil sie π-Bindungen ausbilden, sondern weil sie ein unbesetztes oder halbgefülltes *p*-Orbital besitzen.

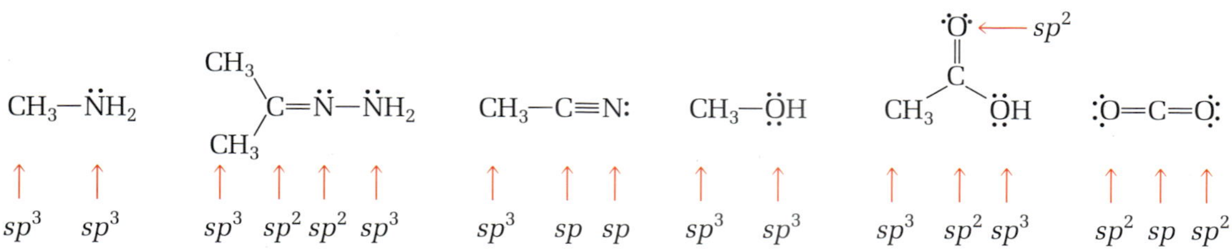

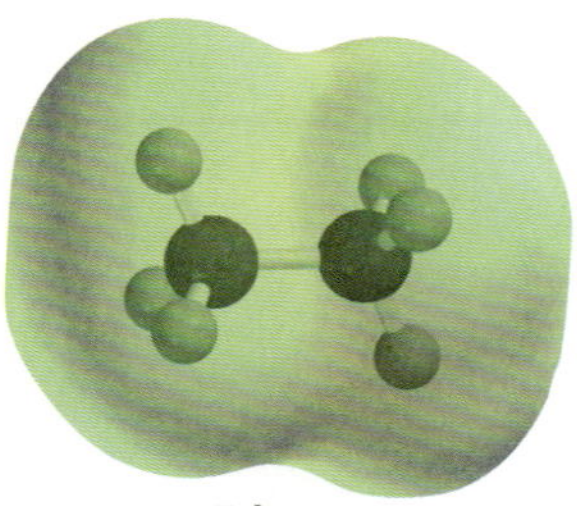

Ethan

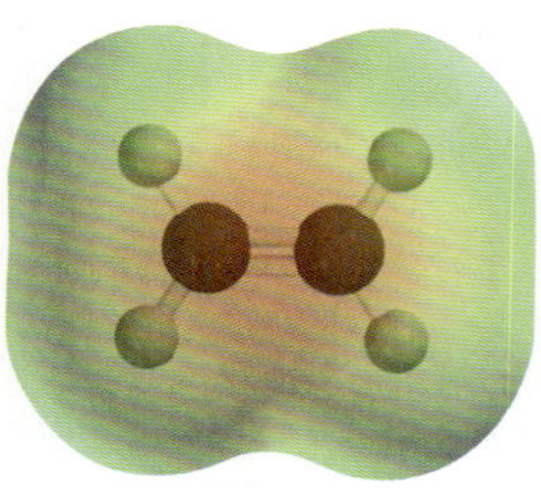

Ethen

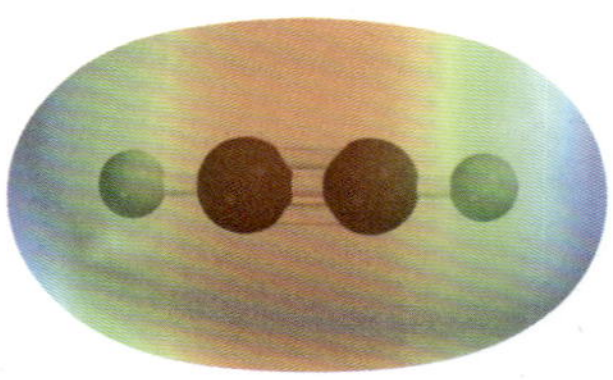

Ethin

> **MERKE !**
>
> **Je kürzer eine Bindung ist, desto stärker ist sie.**
>
> **Je größer die Elektronendichte im Überlappungsbereich von Orbitalen ist, desto stärker ist die Bindung.**
>
> **Je mehr *s*-Orbitalcharakter eine Bindung besitzt, desto kürzer und stärker ist sie.**
>
> **Je mehr *s*-Orbitalcharakter eine Bindung besitzt, desto größer ist der Bindungswinkel.**

Molekül	Hybridisierungszustand des Kohlenstoffs	Bindungswinkel	Länge der C—C-Bindung (pm)	Stärke der C—C-Bindung (kcal/mol)	(kJ/mol)	Länge der C—H-Bindung (pm)	Stärke der C—H-Bindung (kcal/mol)	(kJ/mol)
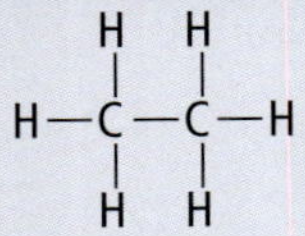 Ethan	sp^3	109,5°	154	90	377	110	101	423
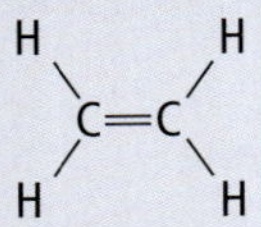 Ethen	sp^2	120°	133	174	720	108	111	466
$H-C\equiv C-H$ Ethin	sp	180°	120	231	967	106	131	548

Tabelle 25.1: Vergleich der Bindungswinkel und der Längen und Stärken der Kohlenstoff–Kohlenstoff- und Kohlenstoff–Wasserstoff-Bindungen in Ethan, Ethen und Ethin.

25.6 Organische Säuren und Basen

Die häufigsten und bekanntesten organischen Säuren sind die Carbonsäuren – das sind Verbindungen mit einer COOH-Gruppe im Molekül. Essigsäure und Ameisensäure sind Beispiele für einfache Carbonsäuren. Carbonsäuren haben pK_S-Werte im Bereich von 3 bis 5 (sie sind also mäßig starke Säuren).

Die ungefähren pK_S-Werte der verschiedenen Verbindungsklassen sind von großer Bedeutung, und man sollte einige repräsentative auswendig wissen, einschließlich der Größenordnungen der wichtigen Verbindungsklassen. Repräsentative Richtwerte lassen sich relativ leicht in Fünferschritten merken, wie in ► Tabelle 25.2 gezeigt („R" steht in Formeln organischer Verbindung für „Rest" – ein allgemeiner Platzhalter, der stellvertretend für viele mögliche Molekülstrukturen steht). Protonierte Alkohole, protonierte Carbonsäuren und protoniertes Wasser haben pK_S-Werte unter 0, Carbonsäuren haben pK_S-Werte um 5, protonierte Amine haben pK_S-Werte um 10, und Alkohole und Wasser haben pK_S-Werte um 15.

pK_S < 0	pK_S ~ 5	pK_S ~ 10	pK_S ~ 15
ROH_2^+ ein protonierter Alkohol	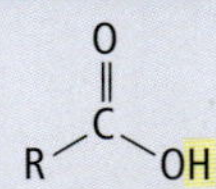 eine Carbonsäure	RNH_3^+ ein protoniertes Amin	ROH ein Alkohol
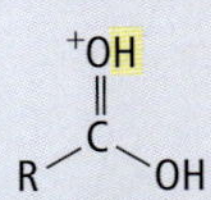 eine protonierte Carbonsäure			H_2O Wasser

Tabelle 25.2: Ungefähre pK_S-Werte.

25.7 Vorhersage des Resultats von Protonenübertragungsreaktionen

Um herauszufinden, welcher der Reaktanten als Säure fungieren wird, müssen wir die pK_S-Werte der Reaktionspartner vergleichen: Der pK_S-Wert von Chlorwasserstoff beträgt –7, und der von Wasser 15,7. Da der Chlorwasserstoff die wesentlich stärkere Säure ist, wird er sein Wasserstoffatom als Proton an das Wasser abgeben. Wasser ist deshalb in dieser Reaktion die Base. In der Reaktion mit Ammoniak fungiert Wasser als Säure, da das Ammoniak einen pK_S-Wert von 36 aufweist (Wasser hat natürlich wieder einen von 15,7). In diesem Fall ist das Wasser die sehr viel stärkere Säure (20 Zehnerpotenzen!); es überträgt daher ein Proton auf das Ammoniak.

MERKE !

Stark reagiert zu schwach.

MERKE !

Je stärker die Säure, desto schwächer ist ihre konjugierte Base (und umgekehrt).

MERKE !

Je stärker die Säure, desto kleiner ist der pK_S-Wert.

Bei der Bestimmung der Gleichgewichtslage einer Säure-Base-Reaktion, müssen wir im Hinterkopf behalten, dass die Tendenz dahin geht, dass starke Säuren und starke Basen zu schwächeren Säuren und schwächeren Basen reagieren. Das Gleichgewicht liegt also im Allgemeinen mehr auf Seiten der schwächeren Säuren/Basen.

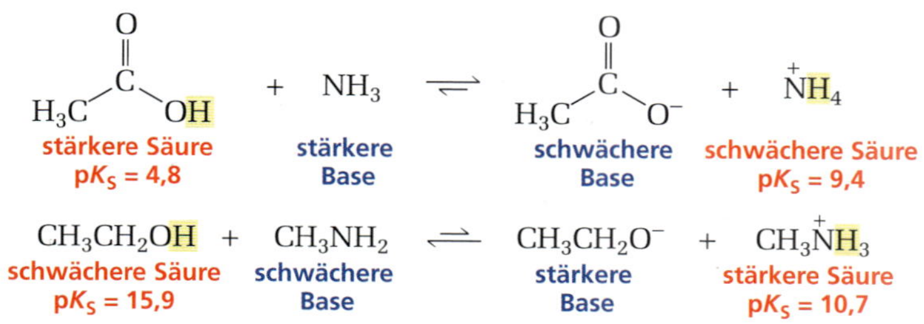

Der Wert der Gleichgewichtskonstante für die Reaktion lässt sich berechnen, indem man den K_S-Wert der Eduktsäure durch den K_S-Wert der Produktsäure teilt:

$$K_{eq} = \frac{K_S \text{ Wert der Reaktantsäure}}{K_S \text{ Wert der Produktsäure}}$$

Für die Reaktion von Essigsäure mit Ammoniak beträgt dieser etwa $4{,}0 \times 10^4$, und die Gleichgewichtskonstante der Reaktion von Ethanol mit Methylamin beträgt ungefähr $6{,}3 \times 10^{-6}$. Diese Werte errechnen sich wie folgt:

Essigsäure + Ammoniak:

$$K_{eq} = \frac{10^{-4{,}8}}{10^{-9{,}4}} = 10^{4{,}6} = 4{,}0 \times 10^4$$

Ethanol + Methylamin:

$$K_{eq} = \frac{10^{-15{,}9}}{10^{-10{,}7}} = 10^{-5{,}2} = 6{,}3 \times 10^{-6}$$

25.8 Der Einfluss der Struktur auf die Säurestärke

Die Stärke einer Säure wird durch die Stabilität der konjugierten Base bestimmt, die gebildet wird, wenn die Säure ein Proton abgibt. Je stabiler die Base, desto stärker ist die konjugierte Säure. Stabile Basen sind schwache Basen – Verbindungen, die ihre Elektronen nicht bereitwillig zur Verfügung stellen. Wir können also sagen, dass *eine Säure um so stärker ist, je schwächer die konjugierte Base ist*, oder: *Je stärker die Base, desto schwächer die konjugierte Säure*.

Der Atomradius so wie die Elektronegativität des Elements an das das azide Wasserstoffatom gebunden ist beeinflussen die Säurestärke. Die Atome der Elemente der zweiten Periode des Periodensystems der Elemente haben alle ungefähr die gleiche Größe, doch unterscheiden sie sich erheblich in ihren

STRATEGIEN ZUR PROBLEMLÖSUNG

Ermittlung der relativen Säurestärke aus der Struktur

(a) Welche Verbindung ist die stärkere Säure?

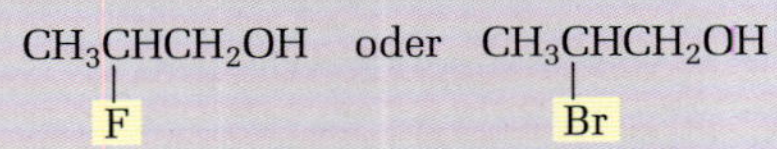

Wenn Sie aufgefordert werden, zwei Dinge zu vergleichen, lenken Sie Ihre Aufmerksamkeit auf die Unterschiede; ignorieren Sie die Gemeinsamkeiten. Die beiden obigen Verbindungen unterscheiden sich nur in dem Halogenatom, das jeweils an das mittlere der drei Kohlenstoffatome gebunden ist. Da Fluor elektronegativer als Brom ist, übt es einen stärkeren Elektronenzug auf die Elektronen des restlichen Moleküls aus. Die fluorierte Verbindung wird daher die stabilere konjugierte Base bilden. Deshalb wird diese Verbindung die stärkere Säure sein.

(b) Welche Verbindung ist die stärkere Säure?

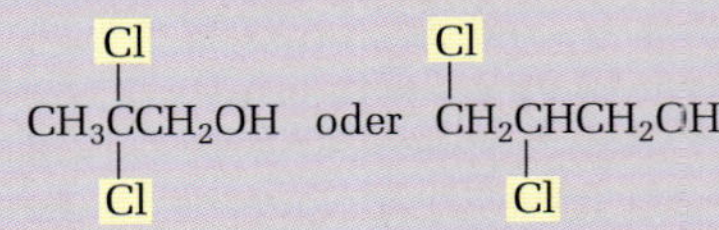

Die beiden Verbindungen unterscheiden sich hinsichtlich der Positionen der Chloratome. Da die Chloratome in der Verbindung auf der linken Seite näher an dem sauren H-Atom positioniert sind als eines der beiden Chloratome der Verbindung auf der rechten Seite, sind die beiden Chloratome in der linken Verbindung im Verbund wirkungsvoller beim induktiven Abzug von Elektronen als die beiden weiter auseinander stehenden Chloratome in der rechten Verbindung. Daher wird die Verbindung links die besser stabilisierte Base bilden und somit die stärkere Säure sein.

Elektronegativitäten. Die Elektronegativität nimmt in der Periode von links nach rechts stetig zu. Von den nachfolgend gezeigten Atomen ist der Kohlenstoff das am wenigsten und das Fluor das am stärksten elektronegative; Fluor ist das elektronegativste *aller* chemischen Elemente.

relative Elektronegativität: $C < N < O < F$ (am stärksten elektronegativ)

Wenn wir die Säuren betrachten, die entstehen, wenn Wasserstoffatome mit diesen Elementen verbunden werden, erkennen wir, dass die am stärksten saure Verbindung diejenige ist, bei der das Wasserstoffatom an dem am stärksten elektronegativen Atom hängt. So ist in unserem Beispiel Fluorwasserstoff (HF) die stärkste und Methan die schwächste Säure.

relative Azidität: $CH_4 < NH_3 < H_2O < HF$ (am stärksten sauer)

Wenn wir die konjugierten Basen zu diesen Säuren betrachten, so sehen wir, dass ihre Stabilität ebenfalls von links nach rechts zunimmt, weil die elektronegativeren Atome besser in der Lage sind, eine negative Ladung „unterzubringen". So entspricht der stärksten Säure die stabilste konjugierte Base.

relative Stabilität: $^{-}CH_3 < {}^{-}NH_2 < OH^{-} < F^{-}$ (am stabilsten)

> **MERKE !**
>
> **Wenn Atome von vergleichbarer Größe sind, ist die stärkere Säure die Verbindung, die das Wasserstoffatom am elektronegativeren Atom trägt.**

Wir können daher den Schluss ziehen, dass *bei Atomen von ähnlicher Größe diejenige Verbindung die stärkere Säure ist, die das dissoziierbare Wasserstoffatom am elektronegativeren Atom gebunden trägt.*

Der Effekt, der von der Elektronegativität des das Wasserstoffatom tragenden Atoms ausgeht, kann anhand des Vergleichs der pK_S-Werte von Alkoholen und Aminen abgeschätzt werden. Da Sauerstoffatome stärker elektronegativ sind als Stickstoffatome, ist ein Alkohol stärker sauer als ein Amin.

CH_3OH	CH_3NH_2
Methanol	**Methylamin**
pK_S = 15,5	pK_S = 40

In gleicher Weise ist ein protonierter Alkohol viel stärker sauer als ein protoniertes Amin.

$CH_3\overset{+}{O}H_2$ **protoniertes Methanol** pK_S = −2,5

$CH_3\overset{+}{N}H_3$ **protoniertes Methylamin** pK_S = 10,7

Der Hybridisierungszustand eines Atoms hat Auswirkungen auf die Azidität eines Wasserstoffatoms, das mit ihm verbunden ist, weil von ihr die Elektronegativität des Atoms abhängt: Ein *sp*-hybridisiertes Atom ist elektronegativer als das gleiche Atom mit sp^2-Hybridisierung, das wiederum elektronegativer ist als das gleiche Atom mit sp^3-Hybridisierung.

MERKE !

Ein *sp*-hybridisiertes Kohlenstoffatom ist elektronegativer als ein sp^2-hybridisiertes Kohlenstoffatom, das wiederum elektronegativer ist als ein sp^3-hybridisiertes Kohlenstoffatom.

relative Elektronegativität von Kohlenstoffatomen

am stärksten elektronegativ $sp > sp^2 > sp^3$ am schwächsten elektronegativ

Weil die Elektronegativität des Kohlenstoffs also der Regel $sp > sp^2 > sp^3$ gehorcht, ist Ethin eine stärkere Säure als Ethen und Ethen ist eine stärkere Säure als Ethan – die am stärksten saure Verbindung ist jene, bei der das Wasserstoffatom am elektronegativsten Atom hängt.

am stärksten sauer	$HC{\equiv}CH$	$H_2C{=}CH_2$	CH_3CH_3	am schwächsten sauer
	Ethin	**Ethen**	**Ethan**	
	pK_S = 25	pK_S = 44	pK_S > 60	

In welcher Weise beeinflusst der Hybridisierungszustand eines Atoms seine Elektronegativität? Elektronegativität ist ein Maß für die Bereitschaft eines Atoms, Bindungselektronen anzuziehen. Demzufolge ist das elektronegativste Atom jenes, dessen Bindungselektronen dem Kern am nächsten liegen. Der durchschnittliche Abstand eines 2*s*-Elektrons vom Kern ist geringer als der durchschnittliche Abstand eines 2*p*-Elektrons vom Kern. Daher ist ein *sp*-hybridisiertes Atom mit 50 % *s*-Charakter am stärksten elektronegativ, gefolgt vom sp^2-hybridisierten mit 33,5 % *s*-Charakter und schließlich dem am wenigsten elektronegativen sp^3-hybridisierten mit 25 % *s*-Charakter.

Der Iodwasserstoff ist die stärkste Säure unter den stabilen Halogenwasserstoffen, obgleich Iod das am wenigsten elektronegative der Halogene ist. *Die Säure ist umso stärker, je größer der Radius des Halogenatoms ist.*

relative Elektronegativitäten: F > Cl > Br > I (F: am stärksten elektronegativ; I: größter Atomradius)

relative Stabilitäten: $F^- < Cl^- < Br^- < I^-$ (I^-: am stabilsten)

relative Aziditäten: HF < HCl < HBr < HI (HI: stärkste Säure)

Warum hat die Größe eines Atoms einen so großen Effekt auf die Stabilität einer Base und damit auch auf die Azidität eines an das Atom gebundenen Wasserstoffatoms? Die Valenzelektronen des Fluoridions (F^-) besetzen sp^3-Orbitale in der zweiten Schale, die Valenzelektronen des Chloridions (Cl^-) besetzen sp^3-Orbitale in der dritten Schale, die Valenzelektronen des Bromidions (Br^-) besetzen sp^3-Orbitale in der vierten Schale und die Valenzelektronen des Iodidions (I^-) besetzen sp^3-Orbitale in der fünften Schale. Das Volumen, das ein sp^3-Hybridorbital der dritten Schale beansprucht, ist wesentlich größer als das Volumen, das ein sp^3-Hybridorbital der zweiten Schale beansprucht, da sich die Orbitale der dritten Schale (des dritten Hauptenergieniveaus) vom Atomkern aus weiter in den Raum hinaus erstrecken. Da die negative Ladung des

CH_4 pK_S = 50	NH_3 pK_S = 36	H_2O pK_S = 15,7	HF pK_S = 3,2
		H_2S pK_S = 7,0	HCl pK_S = –7
			HBr pK_S = –9
			HI pK_S = –10

Tabelle 25.3: Die pK_S-Werte einiger einfacher Säuren.

Ions über einen größeren Raumbereich verteilt ist, ist das Chloridion stabiler als das Fluoridion.

Mit zunehmender Größe der Halogenidionen nimmt deren Stabilität zu, da die negative Ladung über ein größeres Volumen verteilt ist; anders gesagt: Die mittlere Elektronendichte des Ions nimmt ab. Daher ist HI (Iodwasserstoff) die stärkste Säure unter den Halogenwasserstoffen, da I^- das stabilste unter den Halogenidionen ist, obgleich das Iod das am wenigsten elektronegative unter den Halogenen ist (▶ Tabelle 25.3). Die Potenzialkarten verdeutlichen die großen Unterschiede in der Größe der Halogenatome:

Zusammengefasst lässt sich sagen, dass in einer Periode des Periodensystem die Orbitale annähernd die gleichen Größen haben, so dass die Elektronegativitäten der Elemente die Stabilität der Basen bestimmen (und damit die Azidität des an die jeweilige Base gebundenen Wasserstoffatoms). Wenn wir innerhalb einer Elementgruppe des Periodensystems nach unten gehen, nimmt das Volumen der Atomorbitale zu. Die Volumenvergrößerung zieht eine Verminderung der mittleren Elektronendichte in den betreffenden Orbitalen nach sich. Diese mittlere Elektronendichte eines Orbitals ist somit für die Stabilität einer Base entscheidender als die Elektronegativität. Das heißt: *Je niedriger die Elektronendichte, desto stabiler ist die konjugierte Base und desto stärker ist die Säure.*

MERKE !

Je schwächer die Base, desto stärker ihre konjugierte Säure.

Stabile Basen sind schwache Basen.

Je stabiler die Base, desto stärker ist die konjugierte Säure.

25.9 Der Einfluss von Substituenten auf die Säurestärke

Obwohl der azide Wasserstoff jeder der folgenden fünf Carbonsäuren an ein Sauerstoffatom gebunden ist, weisen die fünf Verbindungen unterschiedliche Säurestärken auf:

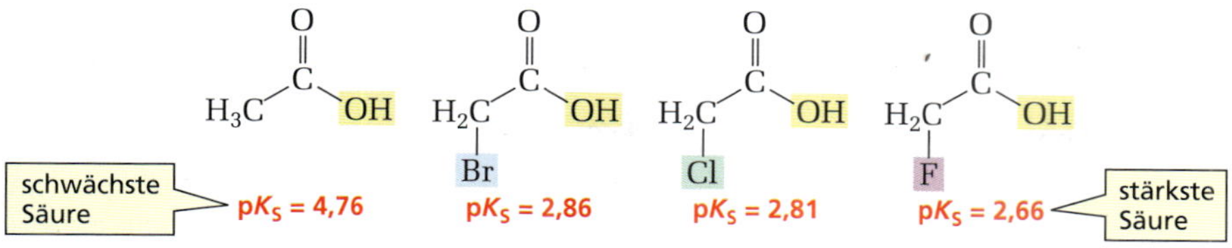

Aus den pK_S-Werten der fünf Carbonsäuren ersehen wir, dass der Ersatz eines der Wasserstoffatome der Methylgruppe durch ein Halogenatom die Azidität der betreffenden Verbindung verändert. Man nennt einen solchen Austausch von Atomen oder Atomgruppen eine *Substitution*, und das neue Atom bzw. die Atomgruppe den *Substituenten*. Alle Halogene sind elektronegativer als der Wasserstoff. Ein elektronegatives Halogenatom zieht die bindenden Elektronen zu sich. Elektronenzug durch σ-Bindungen wird als **induktiver Elektronenzug** (negativer induktiver Effekt) bezeichnet. Wenn wir uns die konjugierten Basen der Carbonsäuren anschauen, so sehen wir, dass der induktive Elektronenzug diese durch die *Verminderung der Elektronendichte* am Sauerstoffatom stabilisiert. Die Stabilisierung der Base erhöht die Azidität der konjugierten Säure.

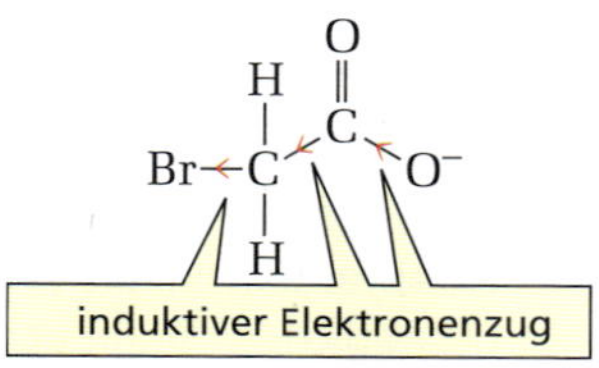

MERKE !

Induktiver Elektronenzug verstärkt die Azidität einer Säure.

Wie die pK_S-Werte der fünf Carbonsäuren in unserem Beispiel zeigen, erhöht der negativ-induktive Effekt die Säurestärke der Verbindung. Je elektronegativer der Substituent (hier: Halogenatom) ist, desto besser wird die konjugierte Base stabilisiert (begünstigte Verteilung der negativen Ladung nach der Protonenabgabe der Säure).

Der Effekt eines Substituenten auf die Azidität einer Verbindung nimmt mit dem Abstand des Substituenten auf das Sauerstoffatom ab, das den sauren Wasserstoff bindet.

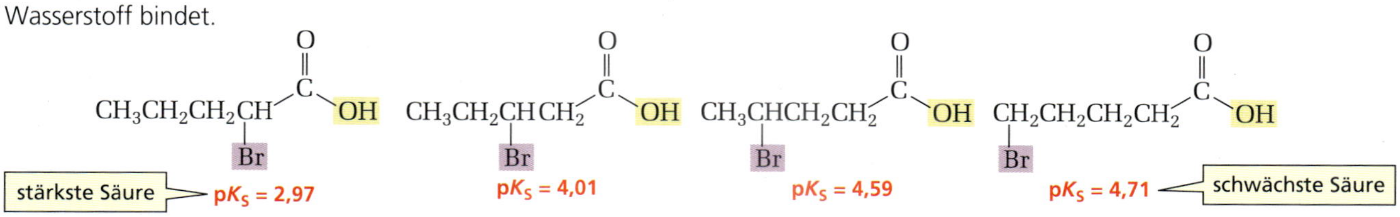

25.10 Einfluss der Elektronendelokalisation

Wie wir gesehen haben, besitzen Carbonsäuren pK_S-Werte um 5, wohingegen die pK_S-Werte von Alkoholen um Werte von 15 tendieren. Da Carbonsäuren also viel stärkere Säuren sind als Alkohole, können wir den Schluss ziehen, dass Carbonsäuren wesentlich stabilere konjugierte Basen bilden.

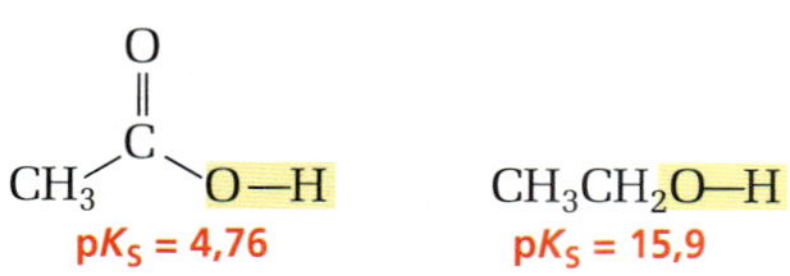

Es gibt zwei Faktoren, die dazu führen, dass die konjugierte Base einer Carbonsäure stabiler ist als die konjugierte Base eines Alkohols. Zunächst trägt ein Carbonsäuremolekül ein doppelt gebundenes Sauerstoffatom. Der induktive Elektronenzug dieses elektronegativen Sauerstoffatoms verteilt die Elektronendichte des Ions. Zweitens wird die mittlere Elektronendichte durch *Elektronendelokalisation* weiter vermindert.

Wenn ein Alkoholmolekül ein Proton abgibt, verbleibt die negative Überschussladung bei dem einzigen vorhandenen Sauerstoffatom – die vormaligen Bindungselektronen bleiben *am Ort (lokalisiert)*. Wenn im Gegensatz hierzu ein Carbonsäuremolekül ein Proton abdissoziiert, wird die negative Überschussladung über die beiden vorhandenen Sauerstoffatomen *delokalisiert*. **Delokalisierte Elektronen** gehören nicht einem einzelnen, bestimmten Atom an, noch sind sie auf eine definierte Bindung zwischen zwei Atomen beschränkt.

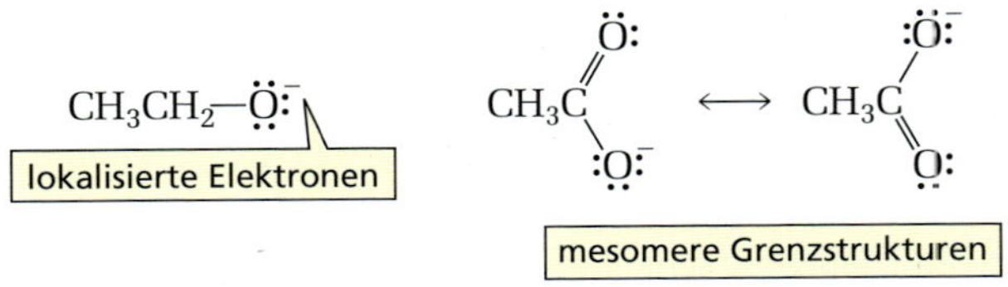

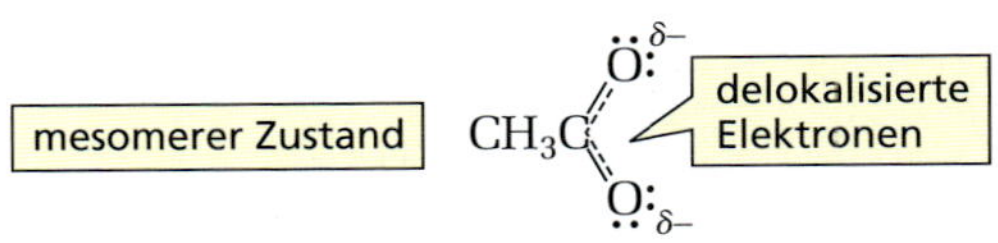

MERKE !

Delokalisierte Elektronen werden von mehr als zwei Atomen geteilt.

Die beiden oben abgebildeten Strukturen für das Acetation (die konjugierte Base der Essigsäure) werden als **mesomere Grenzstrukturen** bezeichnet. Keine der Grenzstrukturen gibt die tatsächliche Struktur des Moleküls (Molekülions) akkurat wieder. Die tatsächliche Struktur, die als **mesomerer Zustand** oder als **Resonanzhybrid** bezeichnet wird, ist eine Überlagerung der beiden wiedergegebenen Grenzstrukturen. Der Doppelpfeil zwischen den abgebildeten Grenzstrukturen wird verwendet, um anzuzeigen, dass die tatsächliche Struktur ein Hybrid ist (also zwischen den durch die Grenzstrukturen formulierten Extremen liegt). Man beachte, dass die beiden Resonanzstrukturen oder mesomeren Grenzstrukturen sich nur in der Verteilung der π-Elektronen und der freien Elektronenpaare unterscheiden – alle Atome bleiben relativ zueinander an ihren Plätzen. Im mesomeren Zustand wird die negative Überschussladung gleichmäßig von beiden Sauerstoffatomen geteilt, und beide Kohlenstoff–Sauerstoff-Bindungen besitzen demgemäß die gleichen Bindungslängen, die zwischen der Länge einer Einfach- und der einer Doppelbindung liegt. Eine mesomere Struktur kann auch unter Zuhilfenahme gepunkteter Linien, die die delokalisierten Elektronen repräsentieren, gezeichnet werden.

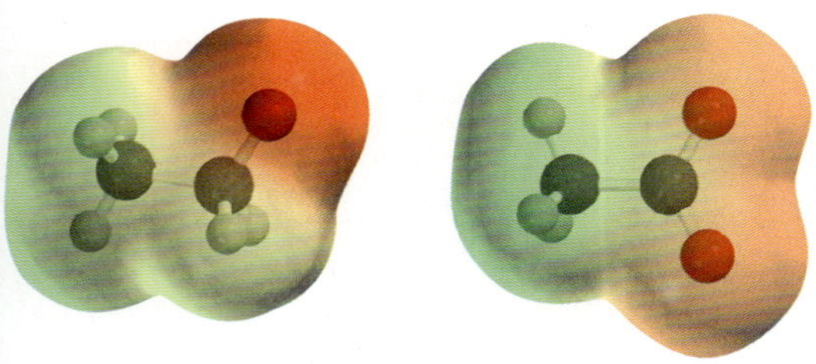

$CH_3CH_2O^-$

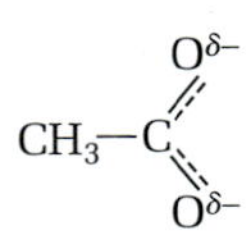

Die nebenstehenden Potenzialkarten zeigen, dass es im Carboxylat-Anion im Mittel weniger Elektronendichte an den Sauerstoffatomen gibt (orange) als an dem einzelnen Sauerstoffatom eines Alkoholations (rot).

Eine Kombination aus induktivem Elektronenzug und der Fähigkeit zweier benachbarter Sauerstoffatome, negative Ladung zu delokalisieren, vermindert die mittlere Elektronendichte und macht so die konjugierte Base einer Carbonsäure stabiler als die konjugierte Base eines Alkoholmoleküls.

25.11 Der Effekt des pH-Wertes auf die Struktur

Ob eine gegebene Säure in wässriger Lösung ein Proton abdissoziieren wird, hängt vom pK_S-Wert der Säure und vom pH-Wert der Lösung ab. Die quantitative Beziehung zwischen den beiden Größen wird durch die **Henderson-Hasselbalch-Gleichung** beschrieben.

Die Henderson–Hasselbalch-Gleichung

$$pK_S = pH + \log \frac{[HA]}{[A^-]}$$

Die Henderson-Hasselbalch-Gleichung besagt: Wenn der pH-Wert einer Lösung gleich dem pK_S-Wert der Säure ist, ist die Konzentration der undissoziierten Form [HA] gleich der Konzentration der dissoziierten Form [A^-] (da log 1 = 0). Falls der pH-Wert der Lösung kleiner als der pK_S-Wert der Säure ist, liegt die Verbindung bevorzugt in der Säureform vor. Ist der pH-Wert der Lösung größer als der pK_S-Wert der Säure, so liegt die Verbindung überwiegend in der Basenform vor. Mit anderen Worten: *Verbindungen liegen vorzugsweise dann in der Säureform vor, wenn die Lösung, in der sie sich befinden, stärker sauer ist, als es ihrem pK_S-Wert entspricht; sie liegen vorzugsweise in der Basenform vor, wenn der pH-Wert der Lösung höher (basischer) ist als der pK_S-Wert der Säure.*

MERKE !

Eine Verbindung wird vorzugsweise in ihrer Säureform vorliegen, wenn der pH-Wert der Lösung kleiner als ihr pK_S-Wert ist.

Eine Verbindung wird vorzugsweise in ihrer Basenform vorliegen, wenn der pH-Wert der Lösung größer als ihr pK_S-Wert ist.

Bei bekanntem pH-Wert und bekannter Säuredissoziationskonstante lassen sich die Mengen der undissoziierten Säure und der konjugierten Base berechnen. Wenn beispielsweise eine Verbindung mit einem pK_S-Wert von 5,2 in einer Lösung vom pH-Wert 5,2 vorliegt, besteht die Hälfte der Moleküle aus undissoziierten Säuremolekülen und die andere Hälfte aus dissoziierten Molekülen der konjugierten Base (► Abbildung 25.8). Falls der pH-Wert um eine Einheit (eine Zehnerpotenz) kleiner ist als der pK_S-Wert (pH = 4,2), liegt zehnmal so viel der Verbindung in der undissoziierten Säureform vor als in der basischen, anionischen Form (da log 10 = 1). Falls der pH-Wert um zwei Einheiten kleiner ist als der pK_S-Wert (pH = 3,2), liegen hundert mal so viele Moleküle undissoziiert vor wie in der dissoziierten, anionischen Basenform (da log 100 = 2). Falls der pH-Wert 6,2 beträgt, liegen zehnmal so viele Moleküle der Verbindung in der Basenform (als dissoziiertes Anion) vor als in der Säureform, und bei pH = 7,2 liegen hundertmal so viele Moleküle in der dissoziierten Form vor wie bei pH = 5,2.

Die Henderson-Hasselbalch-Gleichung kann im Laboratorium sehr nützlich sein, wenn Verbindungen voneinander getrennt werden müssen. Wasser und Diethylether ($H_5C_2OC_2H_5$) sind nichtmischbare Flüssigkeiten und bilden daher bei ihrer Vermischung zwei getrennte Schichten (Phasen). Die Etherphase schwimmt auf dem Wasser, da dieses eine größere Dichte besitzt. Verbindungen mit elektrischen Überschussladungen lösen sich besser im Wasser, während neutrale und unpolare Verbindungen sich besser im Ether lösen. Zwei Verbindungen wie eine Carbonsäure (RCOOH) mit einem pK_S-Wert von 5,0 und ein protoniertes Amin (RNH_3^+) mit einem pK_S-Wert von 10,0, die in einer Mischung von Wasser und Diethylether gelöst werden, können durch Veränderung des pH-Wertes der wässrigen Phase voneinander getrennt werden. Falls der pH-Wert der wässrigen Phase beispielsweise 2 beträgt, liegen sowohl die Carbonsäure als auch das Amin in ihrer Säureform vor, da der pH-Wert der wässrigen Lösung kleiner ist als die pK_S-Werte beider Verbindungen. Die saure Form der Carbonsäure ist ein elektrisch neutrales Molekül, während die saure Form des Amins geladen ist. Die

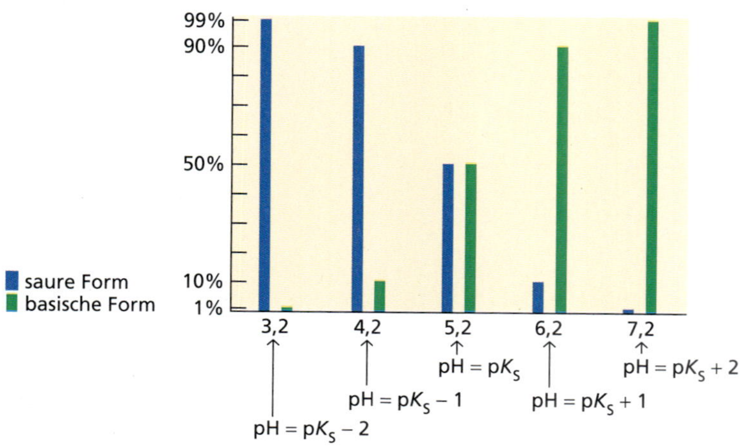

Abbildung 25.8: Die relativen Mengen der protonierten und der deprotonierten Form einer Verbindung vom pK_S-Wert 5,2 bei verschiedenen pH-Werten.

Carbonsäure ist daher in der Etherphase besser löslich, während das protonierte Amin (das quarternäre Ammoniumion) besser in der wässrigen Phase löslich ist.

Sauerform		Basenform
$RCOOH$	$\rightleftharpoons$	$RCOO^- + H^+$
$R\overset{+}{N}H_3$	$\rightleftharpoons$	$RNH_2 + H^+$

Zur bestmöglichen Trennung ist es am günstigsten, wenn der pH-Wert der wässrigen Phase wenigstens zwei Einheiten vom pK_S-Wert der Verbindung entfernt ist. Dann betragen die Mengenverhältnisse der Verbindungen in ihrer Säure- und ihrer Basenform mindestens 100 : 1 (► Abbildung 25.8).

Organische Verbindungen: Nomenklatur, physikalische Eigenschaften und die Darstellung von Strukturen

26

ÜBERBLICK

BIOGRAPHIE

Jöns Jakob Berzelius (1779–1848) wurde in Schweden geboren. Auf ihn gehen nicht nur die Begriffe „organisch" und „anorganisch" zurück, er ist auch der Begründer der chemischen Elementsymbolik, die wir noch heute verwenden. Er veröffentlichte die erste Tabelle mit exakten Atommassen und ging davon aus, dass Atome elektrisch geladene Elementarteilchen enthalten. Er reinigte oder entdeckte die Elemente Cer, Selen, Silizium, Thorium, Titan und Zirconium.

Um am Leben zu bleiben, mussten die Menschen der Frühzeit in der Lage sein, eine grundlegende Unterscheidung zwischen den sie umgebenden Dingen zu treffen. „Menschen können sich von Wurzeln und Beeren ernähren", mögen sie gesagt haben, „aber nicht von Sand und Staub. Man kann Wärme erzeugen, wenn man Baumäste verbrennt, aber man kann keine Steine verbrennen."

Im 18. Jahrhundert waren Wissenschaftler dann so weit, dass sie glaubten die Natur dieses Unterschiedes erfasst zu haben. Im Jahr 1807 gab der schwedische Wissenschaftler Jöns Jakob Berzelius diesen beiden Arten der Dinge Namen. Von aus lebenden Organismen stammenden Verbindungen nahm man an, dass ihnen eine besondere, unmessbare Kraft innewohnte – die Lebenskraft *vis vitalis*. Diese Dinge wurden „organisch" genannt. Alle anderen Verbindungen, die nicht von lebenden Organismen herrührten, wurden als „anorganisch" bezeichnet und den Mineralien zugerechnet.

Da die Chemiker nicht in der Lage waren, Leben im Labor zu erschaffen, schlossen sie daraus, dass sie auch nicht in der Lage sein würden, Stoffe herzustellen, die die geheimnisvolle „Lebenskraft" enthielten. Man kann sich vorstellen, wie überrascht die Forschergemeinde angesichts dieser vorherrschenden Überzeugung war, als im Jahr 1828 der Chemiker Friedrich Wöhler verkündete, dass es ihm gelungen war, Harnstoff im Labor herzustellen – eine Verbindung, von der man wusste, dass Tiere sie ausscheiden. Wöhler hatte ihn aus dem anorganischen Stoff Ammoniumcyanat durch Erhitzen erhalten.

Zum ersten Mal war eine „organische" Verbindung aus etwas anderem als einem lebenden Organismus erhalten worden, und ganz bestimmt ohne das Zutun irgendeiner geheimnisvollen „Lebenskraft". Damit war klar, dass die Chemiker eine neue Definition für „organische Verbindungen" brauchten. **Organische Verbindungen** sind heute als *Verbindungen, welche Kohlenstoff enthalten*, definiert.

Warum widmet sich ein ganzer eigenständiger Zweig der Chemie nun dem Studium kohlenstoffhaltiger Verbindungen? Wir betreiben Organische Chemie u. a. deshalb, weil so ziemlich alle Verbindungen, die das Leben ermöglichen – Proteine, Enzyme, Vitamine, Lipide, Kohlenhydrate und Nucleinsäuren –, Kohlenstoff enthalten. So sind die chemischen Reaktionen, die in lebenden Systemen inklusive uns selbst ablaufen, zum guten Teil organische Reaktionen. Die meisten Verbindungen, die wir in der belebten Natur vorfinden – auf die wir uns bei der Ernährung, in der Medizin, zu Bekleidungszwecken (Baumwolle, Seide, Wolle) und zur Energiegewinnung (Erdgas, Erdöl, Kohle) stützen – sind ebenfalls organische Stoffe.

Wichtige organische Verbindungen sind jedoch nicht auf den Bereich der belebten Natur beschränkt. Die Chemiker haben gelernt, Kunststoffe, synthetisches Gummi, Medikamente und selbst solche Dinge wie photographische Filme und Klebstoffe gezielt herzustellen. Viele dieser synthetischen Verbindungen haben Naturprodukte ersetzt. Man hat zum Beispiel geschätzt, dass man – gäbe es keine synthetischen Fasern für die Herstellung von Kleidung – die gesamte landwirtschaftliche Anbaufläche der USA für die Erzeugung von Wolle und Baumwolle nutzen müsste, um den Bedarf an menschlicher Bekleidung zu decken. **Zum gegenwärtigen Zeitpunkt sind ca. 16 Millionen verschiedene organische Verbindungen bekannt; viele weitere sind denkbar und ihre Zahl nimmt stetig zu.**

Was macht nun den Kohlenstoff so besonders? Warum gibt es so viele kohlenstoffhaltige Verbindungen? Die Antwort liegt in der Stellung des Kohlenstoffs im

Periodensystem der Elemente. Der Kohlenstoff steht in der Mitte der zweiten Reihe des Periodensystems. Die Atome der Elemente links von ihm haben ein Bestreben, Elektronen abzugeben, wohingegen die Atome der Elemente rechts vom Kohlenstoff eine zunehmende Tendenz zeigen, Elektronen aufzunehmen.

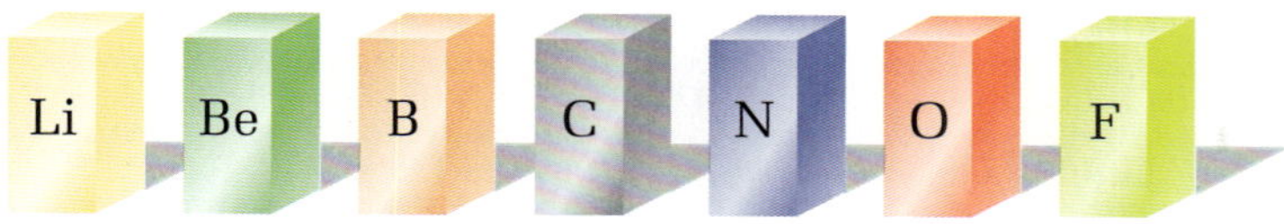

Die zweite Periode des Periodensystems der Elemente

Da der Kohlenstoff in der Mitte steht, gibt er weder bereitwillig Elektronen ab noch nimmt er sie auf. Stattdessen können Kohlenstoffatome Elektronen mit vielerlei verschiedenen anderen Atomen und auch mit anderen Kohlenstoffatomen teilen. Daraus ergibt sich, dass der Kohlenstoff in der Lage ist, Millionen unterschiedlicher stabiler Verbindungen zu bilden, die eine weite Streuung chemischer Eigenschaften zeigen.

Dieses Buch unterteilt die Organische Chemie danach, wie organisch-chemische Verbindungen reagieren. **Wenn wir lernen, wie organische Verbindungen reagieren, lernen wir gleichzeitig, wie man neue organische Verbindungen synthetisieren kann.**

Die Hauptklassen organischer Verbindungen, die durch die Reaktionen, die wir in den Kapiteln 27 bis 35 kennen lernen werden, synthetisiert werden, sind Alkane, Halogenalkane, Ether, Alkohole und Amine. Wenn wir lernen, Verbindungen zu synthetisieren, müssen wir auch in der Lage sein, die Verbindungen zu benennen. Deshalb werden wir unser Studium der Organischen Chemie damit beginnen zu lernen, wie man die fünf genannten Klassen von Verbindungen systematisch benennt.

Zunächst erfahren wir, wie man Alkane benennt, denn diese bilden die Grundlage für die Namensgebung der meisten anderen organischen Verbindungen. **Alkane** bestehen nur aus Kohlenstoff- und Wasserstoffatomen, und sie enthalten nur Einfachbindungen. Verbindungen, die nur Kohlenstoff und Wasserstoff enthalten, werden **Kohlenwasserstoffe** genannt. Ein Alkan ist also ein Kohlenwasserstoff, der nur Einfachbindungen besitzt. Alkane, in denen die Kohlenstoffatome eine unverzweigte Kette bilden, heißen **geradkettige Alkane**. Die Namen verschiedener geradkettiger Alkane sind in ► Tabelle 26.1 zusammengefasst.

Die Alkane, die in der Tabelle zusammengestellt sind, bilden eine **homologe Reihe**. Eine homologe Reihe organischer Verbindungen ist eine Gruppe von Verbindungen, deren Mitglieder sich voneinander nur durch die Zahl der **Methylengruppen (CH_2-Einheiten)** unterscheiden. Die Mitglieder einer homologen Reihe werden **Homologe** genannt. Propan ($CH_3CH_2CH_3$) und Butan ($CH_3CH_2CH_2CH_3$) sind Beispiele für Homologe.

Wenn Sie sich die relativen Mengen von Kohlenstoff- und Wasserstoffatomen in den Alkanen der ► Tabelle 26.1 anschauen, so werden Sie feststellen, dass die **allgemeine Summenformel für Alkane C_nH_{2n+2}** lautet, wobei n eine natürliche Zahl ist. Wenn also ein Alkan 1 Kohlenstoffatom besitzt, muss es 4 Wasserstoffatome haben; falls es 2 C-Atome hat, muss die Zahl der Wasserstoffatome 6 betragen usw.

Kohlenstoff bildet vier und Wasserstoff nur eine kovalente Bindung aus. Das bedeutet, dass es nur eine mögliche Struktur für ein Alkan mit der Summenformel CH_4 (Methan) gibt, und nur eine Struktur für ein Alkan mit der Summenformel C_2H_6 (Ethan). Es gibt ebenfalls nur eine mögliche Struktur für ein Alkan mit der Summenformel C_3H_8 (Propan).

BIOGRAPHIE

Der deutsche Chemiker **Friedrich Wöhler (1800–1882)** begann seine berufliche Laufbahn als Mediziner, wechselte dann aber zur Chemie und wurde später Professor für Chemie an der Universität von Göttingen, an der er lange wirkte. Wöhler ist Mitentdecker des Phänomens, dass zwei chemisch verschiedene Stoffe dieselbe Summenformel (Elementzusammensetzung) haben können. Neben seiner bahnbrechenden Synthese des Harnstoffs entwickelte er Methoden zur Reindarstellung der Elemente Aluminium (zu der damaligen Zeit das teuerste Metall der Welt) und Beryllium.

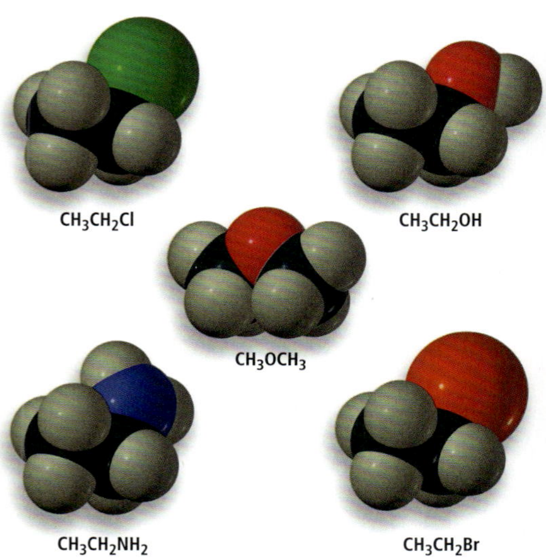

Anzahl der Kohlenstoffatome	Summenformel (C_nH_{2n+2})	Name	Kondensierte Formel	Siedepunkt (°C)	Schmelzpunkt (°C)	Dichte * (g/ml)
1	CH_4	Methan	CH_4	–167,7	–182,5	
2	C_2H_6	Ethan	CH_3CH_3	–88,6	183,3	
3	C_3H_8	Propan	$CH_3CH_2CH_3$	–42,1	–187,7	
4	C_4H_{10}	Butan	$CH_3(CH_2)_2CH_3$	–0,5	–138,3	
5	C_5H_{12}	Pentan	$CH_3(CH_2)_3CH_3$	36,1	–129,8	0,5572
6	C_6H_{14}	Hexan	$CH_3(CH_2)_4CH_3$	68,7	–95,3	0,6603
7	C_7H_{16}	Heptan	$CH_3(CH_2)_5CH_3$	98,4	–90,6	0,6837
8	C_8H_{18}	Octan	$CH_3(CH_2)_6CH_3$	127,7	–56,8	0,7026
9	C_9H_{20}	Nonan	$CH_3(CH_2)_7CH_3$	150,8	–53,5	0,7177
10	$C_{10}H_{22}$	Dekan	$CH_3(CCH_2)_8CH_3$	174,0	–29,7	0,7299
11	$C_{11}H_{24}$	Undekan	$CH_3(CH_2)_9CH_3$	195,8	–25,6	0,7402
12	$C_{12}H_{26}$	Dodekan	$CH_3(CH_2)_{10}CH_3$	216,3	–9,6	0,7487
13	$C_{13}H_{28}$	Tridekan	$CH_3(CH_2)_{11}CH_3$	235,4	–5,5	0,7546
…	…	…	…	…	…	…
20	$C_{20}H_{42}$	Eikosan	$CH_3(CH_2)_{18}CH_3$	343,0	36,8	0,7886
21	$C_{21}H_{44}$	Heneikosan	$CH_3(CH_2)_{19}CH_3$	356,5	40,5	0,7917
…	…	…	…	…	…	…
30	$C_{30}H_{62}$	Triakotan	$CH_3(CH_2)_{28}CH_3$	449,7	65,8	0,8097

* Die Dichte ist natürlich temperaturabhängig. Die angegebenen Dichtewerte gelten für 20 °C ($d^{20°}$).

Tabelle 26.1: Nomenklatur und physikalische Eigenschaften geradkettiger Alkane.

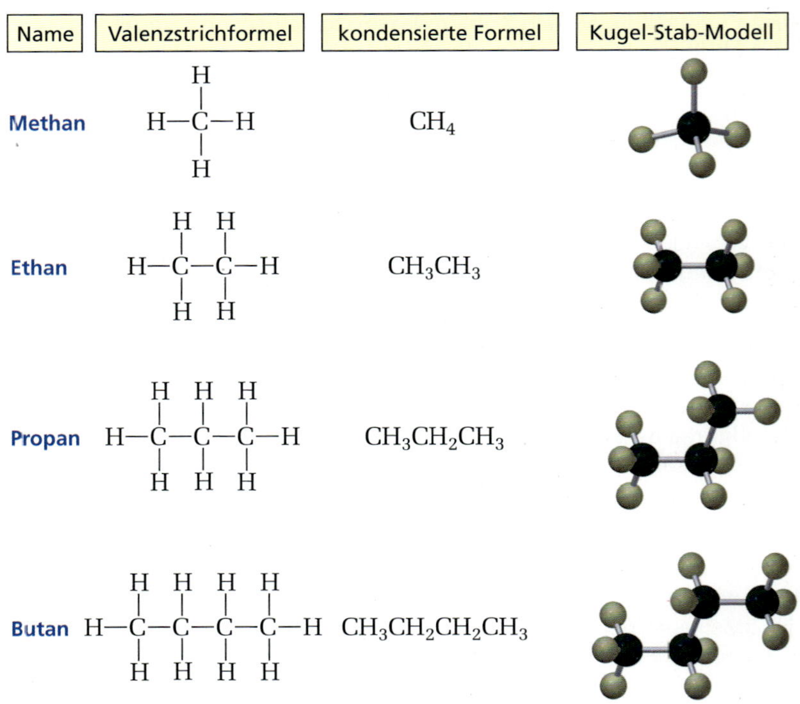

In dem Maß, in dem die Zahl der Kohlenstoffatome in einem Alkan zunimmt, wächst die Zahl der möglichen Strukturen an. Es gibt zwei mögliche Strukturen für ein Alkan mit der Summenformel C_4H_{10}. Zusätzlich zum n-Butan mit einer geraden Kette von C-Atomen gibt es das Isobutan mit einer sich verzweigenden Kette von C-Atomen.

Verbindungen wie n-Butan und Isobutan haben dieselbe Summenformel, unterscheiden sich aber in der Art und Weise, wie die Atome angeordnet sind. Sie bilden **Konstitutionsisomere** – ihre Moleküle besitzen verschiedene Konstitutionen. Das Isobutan hat seinen Namen bekommen, weil es eben ein „Iso"-mer des normalen n-Butans ist. Das im Isobutan auftretende Strukturelement $—CH(CH_3)_2$ wird als Isogruppierung bezeichnet. Der Name Isobutan sagt uns also, dass es sich um eine Verbindung mit vier Kohlenstoffatomen und einer „Iso-Baueinheit" handelt.

$CH_3CH_2CH_2CH_3$
n-Butan

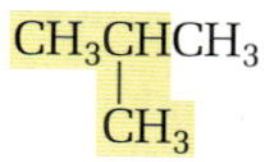
Isobutan

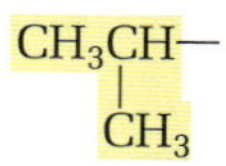
ein „Iso"-Bauelement

Es gibt drei Alkane mit der Summenformel C_5H_{12}. n-Pentan ist das geradkettige Isomer dieser Alkane. Isopentan enthält, wie der Name andeutet, wieder die „Isobaugruppe" sowie insgesamt fünf C-Atome. Das dritte Isomer ist das Neopentan. Die Struktureinheit mit einem mittleren C-Atom, das von vier weiteren C-Atomen umgeben ist, wird mit der Vorsilbe „neo-" gekennzeichnet.

$CH_3CH_2CH_2CH_2CH_3$
n-Pentan

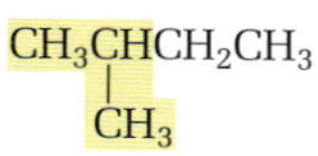
Isopentan

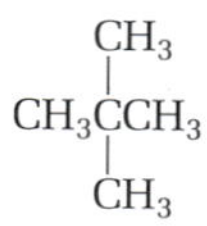
2,2-Dimethylpropan (= Neopentan)

Es gibt fünf Konstitutionsisomere mit der Summenformel C_6H_{14}. Wir sind bereits in der Lage, zwei davon zu benennen.

Trivialname: / **systematischer Name:**

$CH_3CH_2CH_2CH_2CH_2CH_3$
Hexan / **n-Hexan**

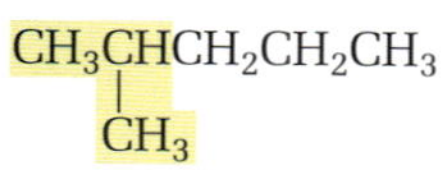
Isohexan / **2-Methylpentan**

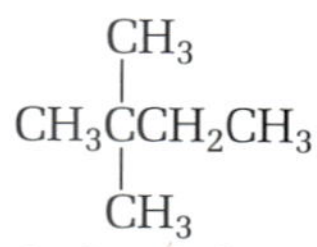
2,2-Dimethylbutan

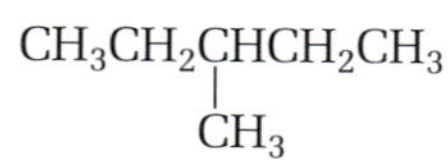
3-Methylpentan

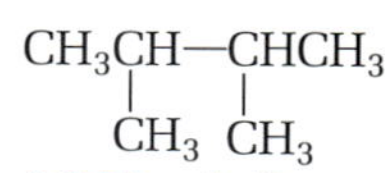
2,3-Dimethylbutan

Es gibt neun Alkane mit der Summenformel C_7H_{16}. Wir können bisher nur zwei davon benennen (Heptan und Isoheptan).

Trivialname: / **systematischer Name:**

$CH_3CH_2CH_2CH_2CH_2CH_2CH_3$
n-Heptan

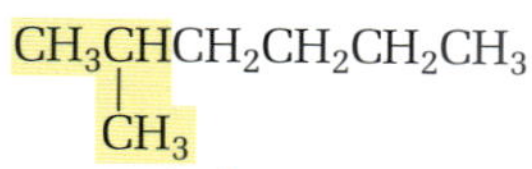
Isoheptan / **2-Methylhexan**

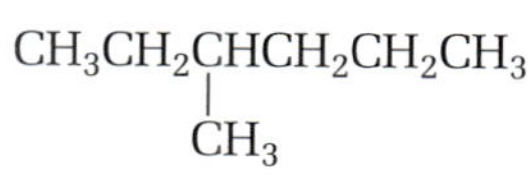
3-Methylhexan

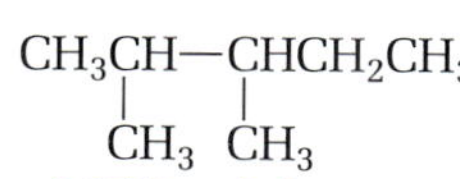
2,3-Dimethylpentan

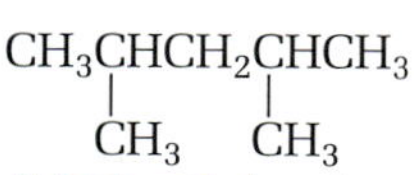
2,4-Dimethylpentan

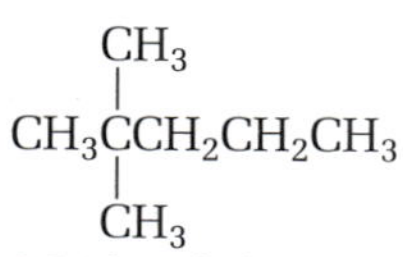
2,2-Dimethylpentan

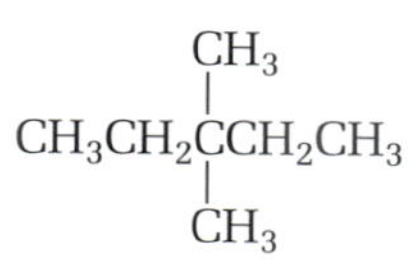
3,3-Dimethylpentan

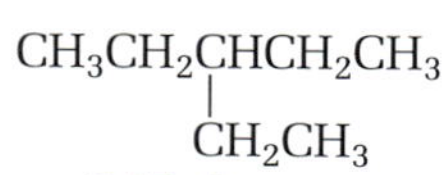
3-Ethylpentan

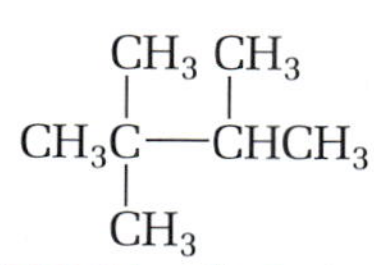
2,2,3-Trimethylbutan

Die Zahl der Konstitutionsisomere (Stellungsisomere) wächst rasch an, wenn wir die Zahl der Kohlenstoffatome der Alkane erhöhen. Für die Summenformel $C_{10}H_{22}$ gibt es 75 Stellungsisomere, und für die Summenformel $C_{15}H_{32}$ existieren 4347 isomere Formen.

Zur Benennung der Vielzahl von Verbindungen haben die Chemiker eine systematische Nomenklatur entwickelt. Sie wird auch als **IUPAC-Nomenklatur** bezeichnet, nach der Internationalen Vereinigung für Reine und Angewandte Chemie (*International Union for Pure and Applied Chemistry*). Die Regeln der systematischen Nomenklatur wurden auf einer Tagung in Genf im Jahr 1892 festgelegt und nach Bedarf aktualisiert und ergänzt. Namen wie Isobutan und Neopentan sind nichtsystematische Namen und werden als **Trivialnamen** bezeichnet. Sie werden im Text in Rot wiedergegeben. Die systematischen (IUPAC) Namen werden in Blau wiedergegeben. Bevor wir verstehen können, wie der systematische Name eines Alkans konstruiert wird, müssen wir zuerst lernen, wie Alkylradiakle benannt werden.

26.1 Nomenklatur der Alkylradikale

Die Entfernung eines Wasserstoffatoms aus einem Alkan führt zu einem **Alkylradikal** (oder einer *Alkylgruppe*). Alkylradikale werden benannt, indem die Endung „-an" eines Alkans durch die Endung „-yl" ersetzt wird. Der Buchstabe „R" ist ein allgemeiner Platzhalter für eine beliebige Alkylgruppe (oft auch einfach als „Reste" bezeichnet).

$CH_3—$ **Methyl**	$CH_3CH_2—$ **Ethyl**	$CH_3CH_2CH_2—$ **Propyl**	$CH_3CH_2CH_2CH_2—$ **n-Butyl**
$CH_3CH_2CH_2CH_2CH_2—$ **Pentyl**	$R—$ **Alkyl-**		

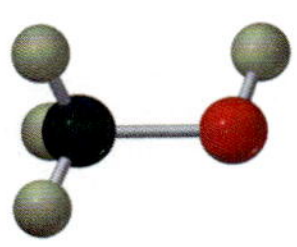
Methanol

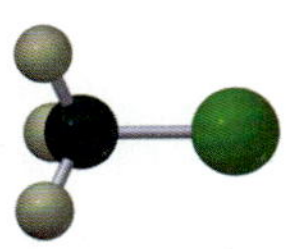
Chlormethan

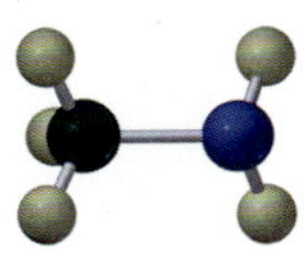
Methylamin

Falls ein Wasserstoffatom eines Alkans durch eine OH-Gruppe ausgetauscht wird, gelangt man zu einem **Alkohol** (R—OH); falls es durch eine Aminogruppe (—NH_2) ersetzt wird, entsteht ein primäres **Amin** (R—NH_2); falls es durch ein Halogenatom ersetzt wird, ist die entstehende Verbindung ein **Halogenalkan** (R—X).

R—OH **Alkohol**	R—NH_2 **primäres Amin**	R—X **Halogenalkan** (X = F, Cl, Br oder I)	R—O—R **Ether**

Der Name einer Alkylgruppe, gefolgt von dem Namen der Verbindungsklasse (Alkohol etc.) führt zum Trivialnamen der betreffenden Verbindung. Die folgenden Beispiele zeigen, wie die Namen von Alkylgruppen benutzt werden, um Trivialnamen abzuleiten:

CH_3OH Methylalkohol	$CH_3CH_2NH_2$ Ethylamin	$CH_3CH_2CH_2Br$ Propylbromid	$CH_3CH_2CH_2CH_2Cl$ Butylchlorid
CH_3I Methyliodid	CH_3CH_2OH Ethylalkohol	$CH_3CH_2CH_2NH_2$ Propylamin	$CH_3CH_2OCH_3$ Ethylmethylether

Zwei der Alkylgruppen (Alkylradikale) – der Propylrest und der Isopropylrest – enthalten drei Kohlenstoffatome. Ein Propylradikal entsteht, wenn ein Wasserstoffatom von einem der primären C-Atome des Propans abstrahiert wird. Ein **primäres Kohlenstoffatom** ist eines, das nur mit einem weiteren C-Atom verbunden ist. Ein Isopropylradikal entsteht, wenn ein Wasserstoffatom von dem sekundären Kohlenstoffatom (dem mittleren C-Atom) des Propans abgespalten wird. Ein **sekundäres Kohlenstoffatom** ist eines, das an zwei weitere C-Atome gebunden ist. Beim Isopropylrest (= Isopropylradikal) sind die drei C-Atome also in der schon vorher begegneten „Isoform" angeordnet.

MERKE !

Ein primäres Kohlenstoffatom ist an ein weiteres Kohlenstoffatom gebunden, ein sekundäres an zwei, und ein tertiäres an drei weitere C-Atome.

ein primäres Kohlenstoffatom

$CH_3CH_2CH_2—$

Propylgruppe

ein sekundäres Kohlenstoffatom

CH_3CHCH_3 (mit Bindung nach unten am mittleren C)

Isopropylgruppe

$CH_3CH_2CH_2Cl$

1-Chlorpropan
„Propylchlorid"

CH_3CHCH_3 mit Cl am mittleren C

2-Chlorpropan
„Isopropylchlorid"

Molekülstrukturen lassen sich auf verschiedene Art und Weise zeichnen. 2-Chlorpropan ist hier auf zwei Arten dargestellt. Beide Darstellungsformen geben dieselbe chemische Verbindung wieder. Die Methylgruppen stehen sich einmal direkt gegenüber, in der anderen Darstellung stehen sie mehr oder weniger im rechten Winkel zueinander. Die Bindungswinkel am Kohlenstoffatom sind, wie wir wissen, tetraedrisch oder annähernd tetraedrisch (in Abhängigkeit vom relativen Raumbedarf der Substituenten). Die vier an das mittlere C-Atom gebundenen Substituenten – zwei Methylgruppen, ein Wasserstoff- und ein Chloratom – weisen in die Ecken eines Tetraeders. Wenn man das Raummodell des Moleküls um 90° im Uhrzeigersinn drehte, könnte man sehen, dass die beiden Darstellungsformen sich entsprechen.

zwei Darstellungsweisen für 2-Chlorpropan

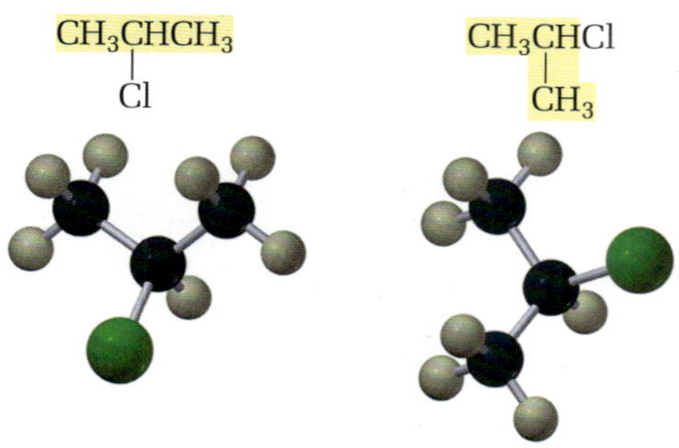

2-Chlorpropan **2-Chlorpropan**

Es gibt vier Alkylgruppen, die vier Kohlenstoffatome beinhalten. Die Butyl- und Isobutylgruppe gehen in das Radikal über, wenn ein H-Atom von einem primären C-Atom entfernt wird. Eine *sek*-Butylgruppe entsteht, wenn ein Wasserstoffatom von einem sekundären C-Atom abstrahiert wird (sek. steht für „sekundär"). Eine *tert*-Butylgruppe entsteht, wenn ein H-Atom von einem tertiären Kohlenstoffatom entfernt wird (tert. = „tertiär"). Ein **tertiäres Kohlenstoffatom** ist eines, das an drei weitere C-Atome gebunden ist. Beachten Sie, dass der Isobutylrest die einzige Gruppierung ist, bei der eine „Isobaueinheit" auftritt.

ein primäres Kohlenstoffatom	ein primäres Kohlenstoffatom	ein sekundäres Kohlenstoffatom	ein tertiäres Kohlenstoffatom
$CH_3CH_2CH_2CH_2—$	$CH_3CHCH_2—$ mit CH_3 am zweiten C	$CH_3CH_2CH—$ mit CH_3	$CH_3C—$ mit zwei CH_3
die n-Butylgruppe	**die Isobutylgruppe**	**die *sek.*-Butylgruppe**	**die *tert.*-Butylgruppe**

Ein geradkettiger Alkylrest erhält oft das Präfix „n-" (für „normal"), um zu betonen, dass die Kohlenstoffatome eine unverzweigte Kette bilden. Falls der Name der Verbindung keine Vorsilbe wie „n-" oder „iso-" aufweist, setzt man voraus, dass die Kohlenstoffkette unverzweigt ist.

A 1 Benennen Sie die folgenden Strukturen:

(a)

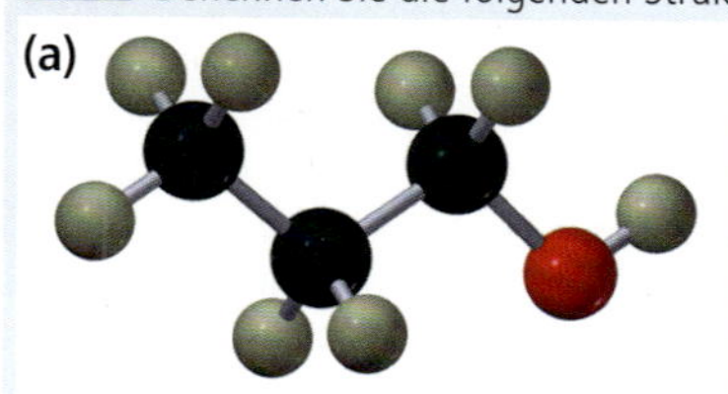

(b)

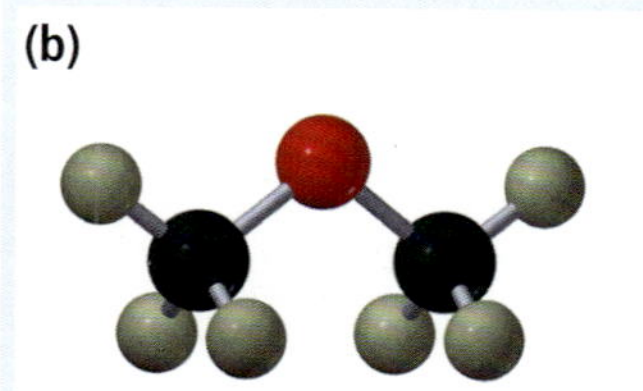

(c)

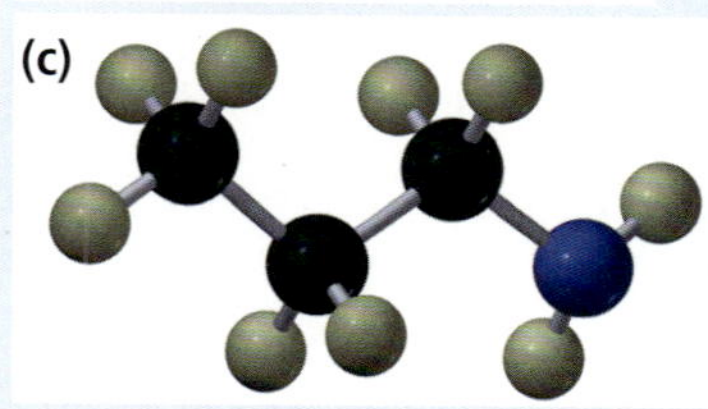

A 2 Zeichnen Sie die Struktur der Verbindung mit der Summenformel C_5H_{12} und geben Sie ihren systematischen Namen an für den Fall, dass sie
(a) ein tertiäres Kohlenstoffatom hat;
(b) keine sekundären Kohlenstoffatome hat.

Methyl	$CH_3—$	Isobutyl	$CH_3\underset{\underset{CH_3}{\mid}}{C}HCH_2—$	*n*-Pentyl	$CH_3CH_2CH_2CH_2CH_2—$
Ethyl	$CH_3CH_2—$	*sek*-Butyl	$CH_3CH_2\underset{\underset{CH_3}{\mid}}{C}H—$	Isopentyl	$CH_3\underset{\underset{CH_3}{\mid}}{C}HCH_2CH_2—$
Propyl	$CH_3CH_2CH_2—$	*tert*-Butyl	$CH_3\overset{\overset{CH_3}{\mid}}{\underset{\underset{CH_3}{\mid}}{C}}—$	*n*-Hexyl	$CH_3CH_2CH_2CH_2CH_2CH_2—$
Isopropyl	$CH_3\underset{\underset{CH_3}{\mid}}{C}H—$			Isohexyl	$CH_3\underset{\underset{CH_3}{\mid}}{C}HCH_2CH_2CH_2—$
Butyl	$CH_3CH_2CH_2CH_2—$				

Tabelle 26.2: Die Namen einiger Alkylgruppen.

A 1 Welche der folgenden Aussagen kann herangezogen werden, um zu verifizieren, dass die Valenzen des Kohlenstoffs tetraedrisch ausgerichtet sind?
(a) Brommethan hat keine Konstitutionsisomere.
(b) Tetrachlormethan besitzt kein Dipolmoment.
(c) Dibrommethan hat keine Konstitutionsisomere.

A 2 Zeichnen Sie die Struktur der Verbindung mit der Summenformel C_5H_{12} und geben Sie ihren systematischen Namen an für den Fall, dass sie
(a) ein tertiäres Kohlenstoffatom hat;
(b) keine sekundären Kohlenstoffatome hat.

A 3 Benennen Sie die folgenden Verbindungen:
(a) $CH_3OCH_2CH_3$
(b) $CH_3OCH_2CH_2CH_3$
(c) $CH_3CH_2\underset{\underset{CH_3}{\mid}}{C}HNH_2$
(d) $CH_3CH_2CH_2CH_2OH$
(e) $CH_3\underset{\underset{CH_3}{\mid}}{C}HCH_2Br$
(f) $CH_3CH_2\underset{\underset{CH_3}{\mid}}{C}HCl$

MERKE !

Bestimmen Sie zunächst die Zahl der Kohlenstoffatome in der längsten ununterbrochenen Kette von C-Atomen.

Alkylgruppen werden uns so oft begegnen, weshalb man ihre Benennung beherrschen sollte. Einige der häufigsten Alkylreste und ihre Namen sind in ► Tabelle 26.2 zusammengestellt.

26.2 Nomenklatur der Alkane

Der systematische Name eines Alkans lässt sich mit der Hilfe folgender Regeln ableiten:

1 Bestimmen Sie die Zahl der Kohlenstoffatome der längsten durchgehenden Kohlenstoffkette des Moleküls. Diese Atomfolge legt den zugrunde liegenden **Stammnamen** des Kohlenwasserstoffs fest. Dieser Name, der die Zahl der Kohlenstoffatome in der Substanz angibt, wird später der letzte Teil des Verbindungsnamens. Ein Kohlenwasserstoff mit acht C-Atomen heißt *Octan*. Die längste zusammenhängende Kette von Kohlenstoffatomen ist nicht immer eine gerade Kette. Manchmal muss man also „abbiegen“, um die längste ununterbrochene Kette aufzufinden.

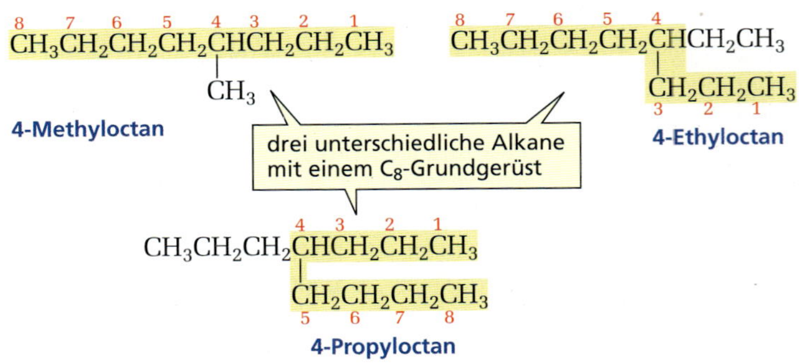

2 Der Name eines Alkylrestes, der von der Hauptkette abzweigt, wird vor dem Namen der Stammsubstanz angegeben, zusammen mit der Ziffer des Kohlenstoffatoms der Stammsubstanz, an die der Alkylrest angeknüpft ist. Die C-Atomkette der Stammverbindung wird so beziffert, dass der Substituent die niedrigstmögliche Ziffer zugewiesen bekommt. Der Name des Substituenten und der Name der Ausgangssubstanz werden zu einem Wort zusammengefasst. Man schreibt einen Bindestrich zwischen die Ziffer, die die Stellung des Substituenten angibt, und den Namen der Verbindung.

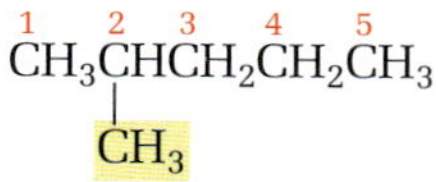

2-Methylpentan

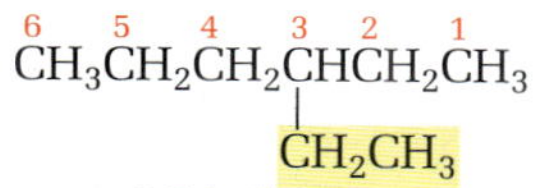

3-Ethylhexan

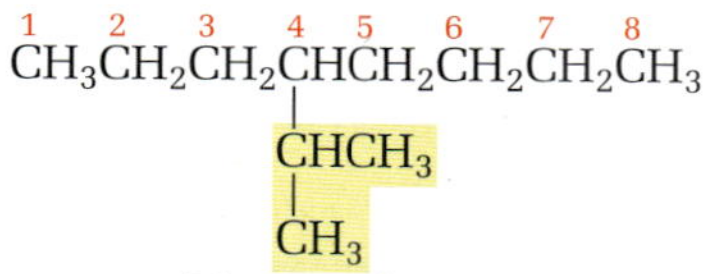

4-Isopropyloctan

MERKE !

Nummerieren Sie die Kohlenstoffkette derart, dass dem Substituenten die niedrigstmögliche Ziffer zufällt.

Man beachte, dass nur systematische Benennungen Ziffern enthalten; Trivialnamen haben keine Ziffern.

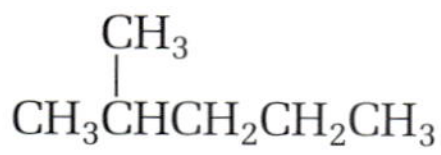

Trivialname: **Isohexan**
systematischer Name: **2-Methylpentan**

3 Falls der Stammkohlenwasserstoff mehr als einen Substituenten trägt, wird die Verbindung so benannt, dass die niedrigstmögliche Bezifferung resultiert. Die verschiedenen Substituenten werden in alphabetischer Reihenfolge aufgeführt (nicht nach der Bezifferung); dabei wird jedem Substituenten die ihm zukommende Bezifferung zugeteilt.

MERKE !

Substituenten werden in alphabetischer Reihenfolge aufgelistet.

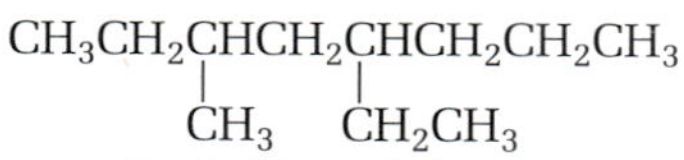

5-Ethyl-3-methyloctan
nicht
4-Ethyl-6-methyloctan
da 3 < 4

Falls zwei oder mehr gleiche Substituenten vorliegen, werden die Vorsilben „Di-", „Tri-", „Tetra-" und so weiter verwendet, um anzugeben, wieviele identische Substituenten die Verbindung enthält. Die vorangestellten Ziffern geben die Positionen der gleichen Substituenten in der Kohlenstoffkette an. Die Ziffern werden durch Kommata voneinander getrennt. Es müssen genauso viele Ziffern erscheinen, wie die Vorsilbe für die Zahl der Substituenten angibt. Die Vorsilben „Di-", „Tri-", „Tetra-", „*sek*-", „*tert*-" werden bei der alphabetischen Anordnung der Substituentennamen übergangen, nicht jedoch die Vorsilben „Iso-" und „Cyclo-".

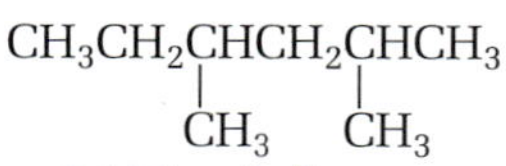

2,4-Dimethylhexan

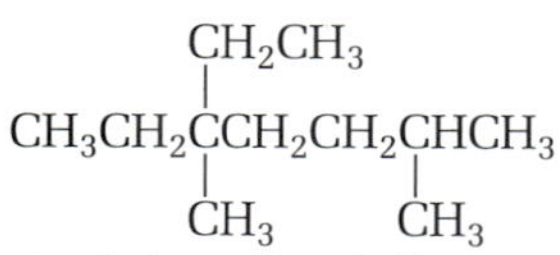

5-Ethyl-2,5-dimethylheptan

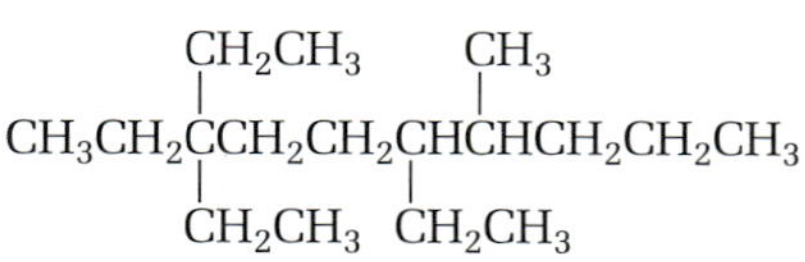

3,3,6-Triethyl-7-methyldecan

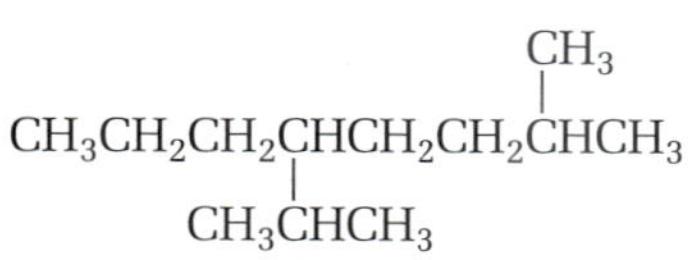

5-Isopropyl-2-methyloctan

4 Wenn beide Abzählrichtungen von den Enden des Stammkohlenwasserstoffs aus zu derselben niedrigsten Ziffer eines substituententragenden Kohlenstoffatoms führen, wird die Zählrichtung so gewählt, dass dem Zweitsubstituenten die für ihn niedrigstmögliche Bezifferung zukommt.

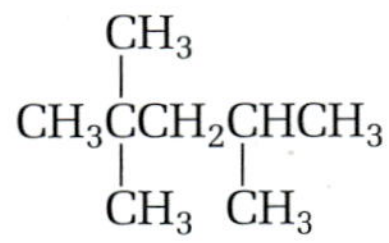

2,2,4-Trimethylpentan
nicht
2,4,4-Trimethylpentan
da 2 < 4

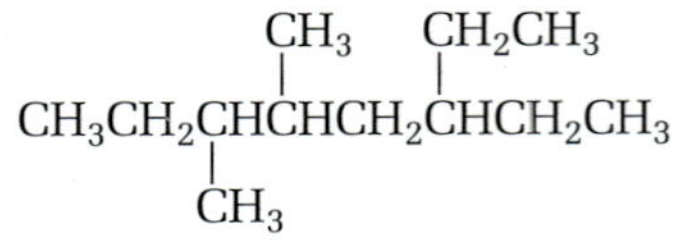

6-Ethyl-3,4-dimethyloctan
nicht
3-Ethyl-5,6-dimethyloctan
da 4 < 5

5 Falls sich in beiden Abzählrichtungen identische Bezifferungen ergeben, erhält der erstgenannte (im Alphabet vorangehende) Substituent die niedrigere Ziffer.

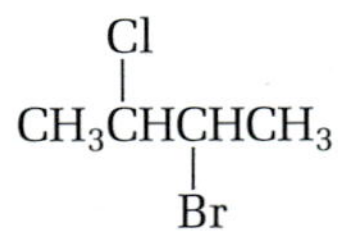

2-Brom-3-chlorbutan
nicht
3-Brom-2-chlorbutan

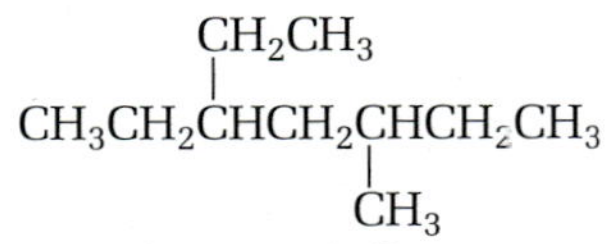

3-Ethyl-5-methylheptan
nicht
5-Ethyl-3-methylheptan

6 Falls eine Verbindung zwei oder mehr Kohlenstoffketten identischer Länge aufweist, wird als Stammkohlenwasserstoff diejenige ausgewählt, die die größte Zahl von Substituenten trägt.

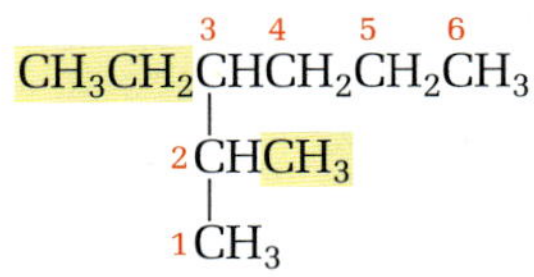

3-Ethyl-2-methylhexan (2 Substituenten)

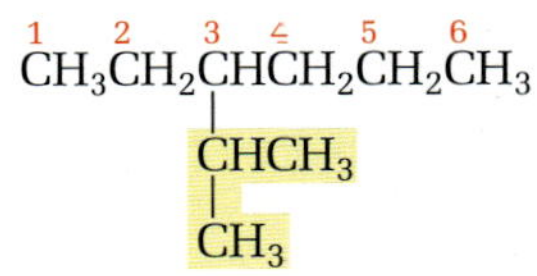

nicht
3-Isopropylhexan (1 Substituent)

7 Bezeichnungen wie „Isopropyl-", „*sek*-Butyl-" und „*tert*-Butyl-" sind in der Nomenklatur der IUPAC akzeptable Substituentennamen. Den systematischen Bezeichnungen der Substituenten wird jedoch der Vorzug gegeben. Die systematischen Namen von Substituenten erhält man, indem man Alkylsubstituenten zunächst beziffert. Dabei erhält immer dasjenige Kohlenstoffatom die niedrigste Ziffer (1), das den Substituenten mit dem Stammkohlenwasserstoff verbindet. In einer Verbindung wie 4-(1-Methylethyl)octan wird der Substituentenname in eine Klammer gesetzt. Dies dient der Übersichtlichkeit und der Vermeidung von Fehlzuweisungen. Die Ziffer/n in der Klammer gibt/geben die Position des/der Substituenten an der Seitenkette an. Die Ziffer/n außerhalb der Klammer gibt/geben die Position in Bezug auf die Stammverbindung an. Beachten Sie, dass ein Präfix wie „di-" bei der alphabetischen Anordnung berücksichtigt wird, wenn es Teil des Namens einer Verzweigungsstelle ist.

A 4 Zeichnen Sie die Strukturformeln der folgenden Verbindungen:
(a) 2,3-Dimethylhexan;
(b) 4-Isopropyl-2,4,5-trimethylheptan;
(c) 4,4-Diethyldekan;
(d) 2,2-Dimethyl-4-propyloctan;
(e) 4-Isobutyl-2,5-Dimethyloctan.

A 5
(a) Zeichnen Sie die 18 isomeren Octane.
(b) Geben Sie jedem der Isomere von Übung (a) ihren systematischen Namen.
(c) Wie viele der Octanisomere verfügen über Trivialnamen?
(d) Welche der Octanisomere enthalten eine Isopropylgruppe?
(e) Welche der Octanisomere enthalten eine *sek*-Butylgruppe?
(f) Welche der Octanisomere enthalten eine *tert*-Butylgruppe?

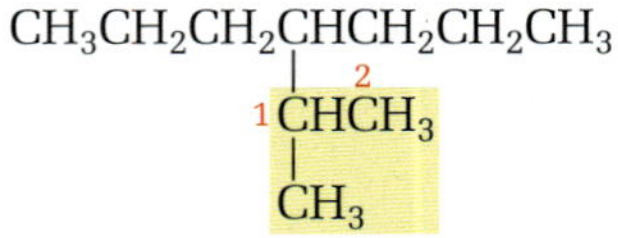

4-Isopropylheptan
oder
4-(1-Methylethyl)heptan

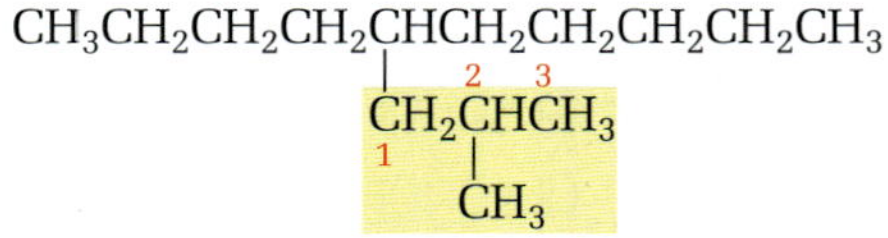

5-Isobutyldecan
oder
5-(2-Methylpropyl)decan

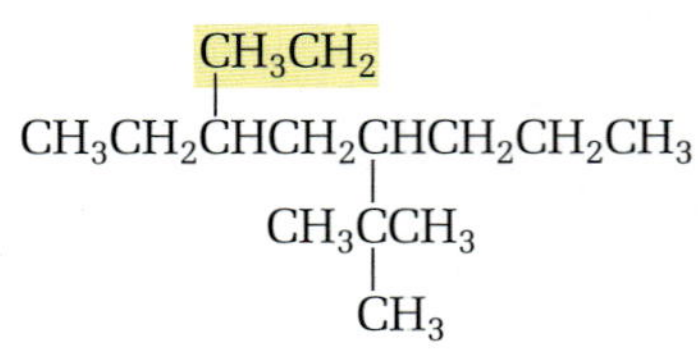

5-*tert*-Butyl-3-ethyloctan
oder
5-(1,1-Dimethylethyl)-3-ethyloctan

26.3 Nomenklatur der Cycloalkane

Cycloalkane sind gesättigte Kohlenwasserstoffe (Alkane), deren Kohlenstoffatome zu einem Ring angeordnet sind. Aufgrund der Verknüpfung von Kohlenstoffatomen beim Ringschluss weisen die Cycloalkane zwei Wasserstoffatome weniger auf als der **offenkettige (azyklische) Kohlenwasserstoff** mit derselben Anzahl von C-Atomen. Dies bedeutet, dass die **allgemeine Summenformel für Cycloalkane C_nH_{2n}** ist. Cycloalkane werden benannt, indem die Vorsilbe „Cyclo-" dem Namen des Kohlenwasserstoffs vorangestellt wird, der dieselbe Zahl von Kohlenstoffatomen enthält wie der Ring.

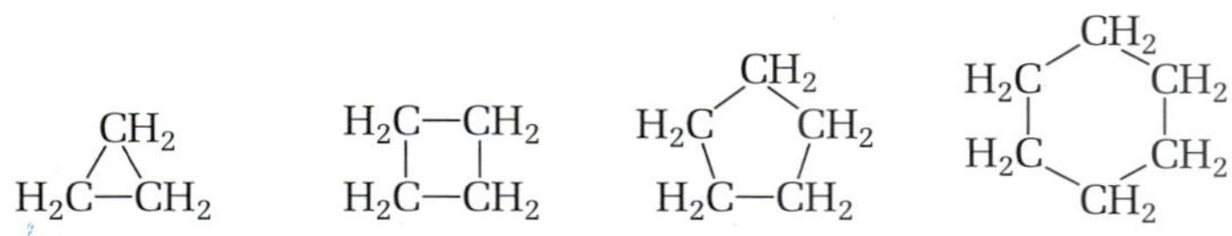

Cyclopropan Cyclobutan Cyclopentan Cyclohexan

Cycloalkane werden fast immer als **Gerüstformeln** dargestellt. In dieser Darstellungsweise werden Kohlenstoff–Kohlenstoff-Bindungen als Linien gezeichnet. Die Kohlenstoff- und die Wasserstoffatome werden aber meist nicht explizit ausgeschrieben. Nur Atome, die keine Kohlenstoff- oder Wasserstoffatome sind, werden mit dem Elementsymbol angegeben. Wasserstoffatome, die an andere als Kohlenstoffatome gebunden sind, werden dagegen mit dem Elementsymbol H angegeben. Jede Linie entspricht einer Bindung, und jede Ecke in einer Gerüstformel repräsentiert ein Kohlenstoffatom. Vereinbarungsgemäß gilt, dass alle freien Valenzen des vierbindigen Kohlenstoffs durch Wasserstoffatome abgesättigt werden.

Cyclopropan Cyclobutan Cyclopentan Cyclohexan

Azyklische Moleküle lassen sich ebenfalls übersichtlich durch Gerüstformeln darstellen. Bei der Gerüstformelschreibweise eines nichtzyklischen Moleküls wird die Kette der Kohlenstoffatome als Zickzacklinie dargestellt. Jede „Ecke" oder Knickstelle der Linie repräsentiert wieder ein Kohlenstoffatom. Vereinbarungsgemäß „sitzt" das Kohlenstoffatom am Beginn bzw. am Ende einer Linie.

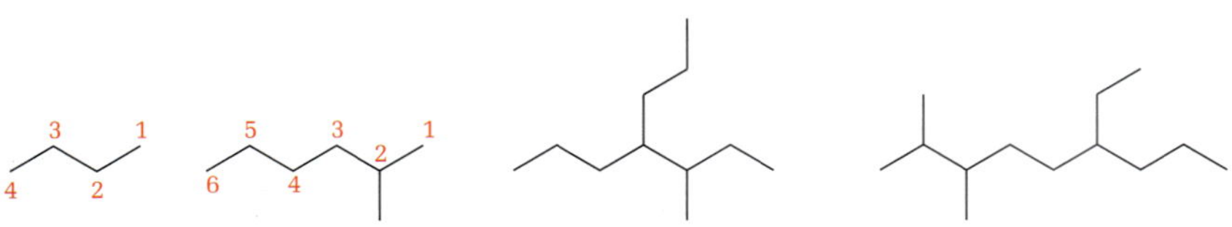

n-Butan 2-Methylhexan 3-Methyl-4-propylheptan 6-Ethyl-2,3-dimethylnonan

Die Regeln für die Benennung von Cycloalkanen ähneln den Regeln für die Benennung der azyklischen Alkane.

A 6 Wandeln Sie die folgenden Molekülformeln in Gerüstformeln um:

(a) $CH_3CH_2CH_2CH_2CH_2CH_2OH$

(b) $CH_3CH_2CH_2CH_2CH_2CH_3$

(c)

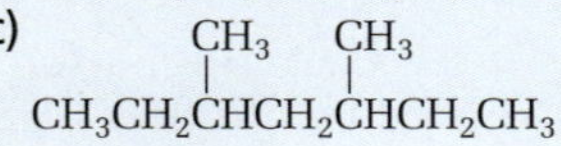

EXTRAS ONLINE Interpretation einer Gerüstformel

26.4 Nomenklatur der Halogenalkane

Halogenalkane sind Verbindungen, in denen eines oder mehrere der Wasserstoffatome eines Alkans durch ein Halogenatom ersetzt worden sind. Halogenalkane werden als primäre, sekundäre oder tertiäre klassifiziert, abhängig davon, an welchen Typ von Kohlenstoffatom das Halogenatom gebunden ist. **Primäre Halogenalkane** haben also offensichtlich ein Halogenatom an ein primäres C-Atom gebunden, **sekundäre Halogenalkane** tragen das Halogenatom an ein sekundäres C-Atom gebunden, und **tertiäre Halogenalkane** tragen ein Halogenatom an einem tertiären C-Atom (siehe Abschnitt 26.1). Die freien

MERKE !

Die Zahl der Alkylgruppen, die an das Kohlenstoffatom gebunden sind, das das Halogenatom trägt, legt fest, ob das Halogenalkan ein primäres, ein sekundäres oder ein tertiäres ist.

CH_3F
Fluormethan

CH_3Cl
Chlormethan

CH_3Br
Brommethan

CH_3I
Iodmethan

Elektronenpaare der Valenzschale des Halogenatoms werden im Allgemeinen nicht dargestellt, außer in dem Fall, dass sie für einen speziellen Zusammenhang von Bedeutung sind.

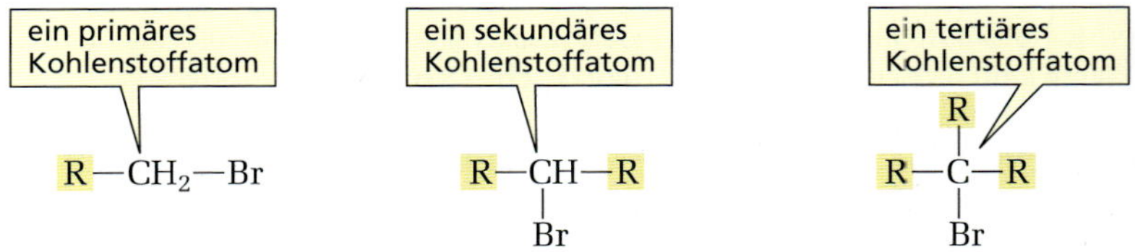

ein primäres Halogenalkan | **ein sekundäres Halogenalkan** | **ein tertiäres Halogenalkan**

Die Trivialnamen der Halogenalkane setzen sich aus dem Namen des Alkylradikals, gefolgt von dem Namen des Halogens als „Halogenid" (-fluorid, -bromid usw.) zusammen.

	CH_3Cl	CH_3CH_2F	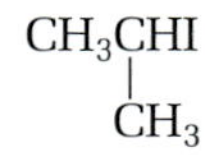	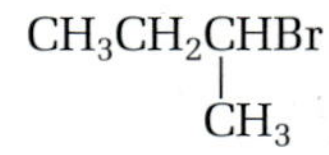
Trivialname:	Methylchlorid	Ethylfluorid	Isopropyliodid	*sek*-Butylbromid
systematischer Name:	Chlormethan	Fluorethan	2-Iodpropan	2-Brombutan

Im IUPAC-System werden die Halogenalkane als substituierte Alkane behandelt. Der Elementname des Halogens geht dem systematischen Namen des Kohlenwasserstoffes, an den es gebunden ist, voraus (Fluor-, Brom- usw.). Auf diese Benennung geht die (obsolete) Gruppenbezeichnung „Alkylhalogenide" für die Halogenalkane zurück.

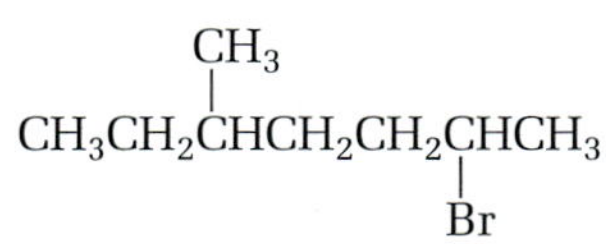

2-Brom-5-methylheptan

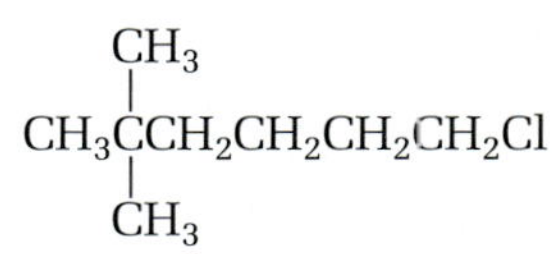

1-Chlor-5,5-dimethylhexan

26.5 Nomenklatur der Ether

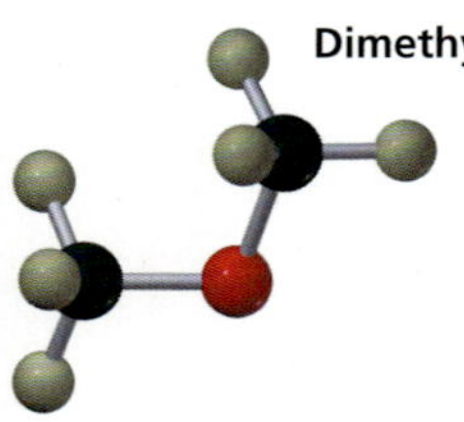

Dimethylether

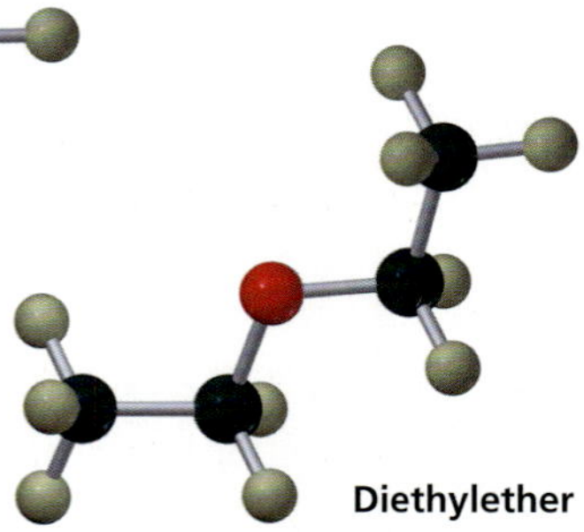

Diethylether

Ether (im älteren deutschsprachigen Schrifttum „Äther") sind organische Verbindungen, in denen ein Sauerstoffatom zwei Alkylsubstituenten trägt. Falls die Alkylsubstituenten identisch sind, spricht man von einem **symmetrischen Ether**; falls die Substituenten verschieden sind, handelt es sich um einen **unsymmetrischen Ether**.

R—O—R
ein symmetrischer Ether

R—O—R'
ein unsymmetrischer Ether

Die Trivialnamen der Ether bestehen aus den Namen der beiden Alkylsubstituenten in alphabetischer Reihenfolge, gefolgt von dem Wortstamm „-ether". Die kleinsten Ether werden praktisch immer mit ihren Trivialnamen belegt.

$CH_3OCH_2CH_3$
Ethylmethylether

$CH_3CH_2OCH_2CH_3$
Diethylether
(oft Ethylether genannt)

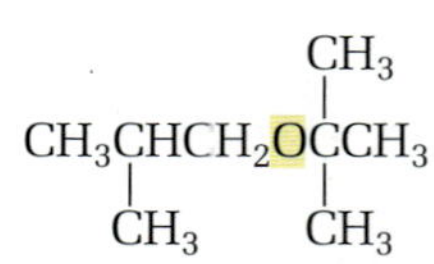

tert-Butylisobutylether

Das IUPAC-System benennt die Ether als ein Alkan mit einem RO-Substituenten. Die Substituenten werden benannt, indem die Endung „-yl" des Alkylradikals durch „-oxy" ersetzt wird.

> **MERKE !**
>
> **Chemiker lassen im täglichen Gebrauch manchmal die Vorsilbe „Di-" weg, wenn symmetrische Ether betrachtet werden. Versuchen Sie dieser Gewohnheit zu widerstehen.**

CH_3O-	CH_3CH_2O-	$CH_3CH(CH_3)O-$	$CH_3CH_2CH(CH_3)O-$	$CH_3C(CH_3)_2O-$	$CH_3CH(OCH_3)CH_2CH_3$
Methoxy-	**Ethoxy-**	**Isopropoxy-**	***sek.*-Butoxy-**	***tert.*-Butoxy-**	**2-Methoxybutan**

26.6 Nomenklatur der Alkohole

Alkohole sind organische Verbindungen, in denen ein Wasserstoffatom eines Alkans durch eine OH-Gruppe ersetzt wird. Alkohole werden ebenfalls als **primäre Alkohole, sekundäre Alkohole** bzw. als **tertiäre Alkohole** klassifiziert – abhängig davon, ob die OH-Gruppe (Hydroxylgruppe) an ein primäres, sekundäres oder tertiäres Kohlenstoffatom gebunden ist.

> **MERKE !**
>
> **Die Zahl der Alkylgruppen, die an ein Kohlenstoffatom gebunden sind, das eine OH-Gruppe trägt, legt fest, ob ein Alkohol ein primärer, sekundärer oder ein tertiärer ist.**

$R-CH_2-OH$	$R-CH(R)-OH$	$R-C(R)_2-OH$
ein primärer Alkohol	**ein sekundärer Alkohol**	**ein tertiärer Alkohol**

Die **funktionelle Gruppe** ist das Reaktivitätszentrum eines Moleküls. Bei den Alkoholen ist die OH-Gruppe die funktionelle Gruppe. Der systematische Name eines Alkohols wird beispielsweise erhalten, indem an die Endung des Namens des zugrunde liegenden Alkans die Endung „-ol" angehängt wird.

CH_3OH	CH_3CH_2OH
Methanol	**Ethanol**

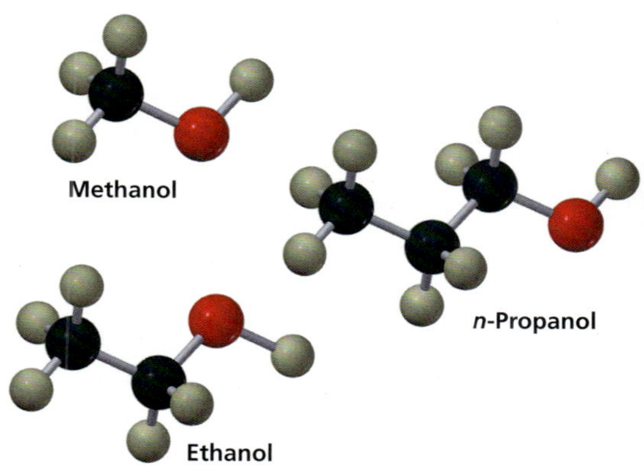

Falls notwendig, wird die Stellung der funktionellen Gruppe im Molekül durch eine Ziffer angegeben, die dem Namen des Alkohols oder der Endung „-ol" vorangeht. **Nach der letzten Revision der IUPAC-Nomenklaturregeln sind die gültigen systematischen Namen die, bei denen die Ziffer der Endung unmittelbar vorangeht.** Doch sind die Namen, bei denen die Ziffer dem Namen des Alkohols vorangeht, sehr lange in Gebrauch gewesen, so dass man ihnen noch häufig in der Literatur und auf Chemikalienbehältern im Labor begegnen wird.

$CH_3CH_2CH(OH)CH_2CH_3$

3-Pentanol
oder
Pentan-3-ol

Die folgenden Regeln kommen zur Anwendung, um eine Verbindung zu benennen, die eine funktionelle Gruppe trägt:

1. Der Stammkohlenwasserstoff leitet sich von der längsten ununterbrochenen Kette von Kohlenstoffatomen ab, *welche die funktionelle Gruppe trägt.*
2. Der Stammkohlenwasserstoff wird so nummeriert, *dass der funktionellen Gruppe die niedrigstmögliche Ziffer zugewiesen wird.*
3. Falls eine funktionelle Gruppe und ein weiterer, nichtfunktionalisierter Alkylsubstituent vorhanden sind, weist man der funktionellen Gruppe die niedrigstmögliche Ziffer zu.

$\overset{1}{C}H_3\overset{2}{C}H(OH)\overset{3}{C}H_2\overset{4}{C}H_3$	$\overset{5}{C}H_3\overset{4}{C}H_2\overset{3}{C}H_2\overset{2}{C}H(CH_2CH_3)\overset{1}{C}H_2OH$
2-Butanol oder **Butan-2-ol**	**2-Ethyl-1-pentanol** oder **2-Ethylpentan-1-ol**

Die längste ununterbrochene Kette weist sechs Kohlenstoffatome auf, die längste ununterbrochende Kette, welche die OH-Funktion enthält, weist jedoch fünf Kohlenstoffatome auf, so dass die Verbindung ein Pentanolderivat ist .

$HO\overset{1}{C}H_2\overset{2}{C}H_2\overset{3}{C}H_2Br$	$Cl\overset{4}{C}H_2\overset{3}{C}H_2\overset{2}{C}H(OH)\overset{1}{C}H_3$	$\overset{5}{C}H_3\overset{4}{C}(CH_3)_2\overset{3}{C}H_2\overset{2}{C}H(OH)\overset{1}{C}H_3$
3-Brom-1-propanol oder **3-Brompropan-1-ol**	**4-Chlor-2-butanol** oder **4-Chlorbutan-2-ol**	**4,4-Dimethyl-2-pentanol** oder **4,4-Dimethylpentan-2-ol**

MERKE !

Wenn es nur einen Alkylsubstituenten gibt, wird dem Alkylsubstituenten die niedrigstmögliche Ziffer zugeteilt.

Wenn es nur eine Endung der funktionellen Gruppe gibt, wird ihr die niedrigstmögliche Ziffer zugeteilt.

Wenn es sowohl eine funktionelle als auch einen weiteren, nichtfunktionellen Alkylsubstituenten gibt, wird der funktionellen Gruppe die niedrigstmögliche Ziffer zugeteilt.

A 7 Weisen Sie jeder der folgenden Verbindungen einen systematischen Namen zu und geben Sie an, ob es sich um einen primären, sekundären oder tertiären Alkohol handelt:

(a) $CH_3CH_2CH_2CH_2CH_2OH$

(b)

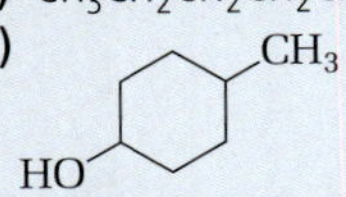

(c)

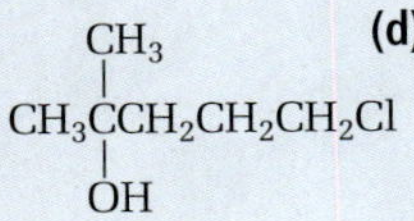

(d)

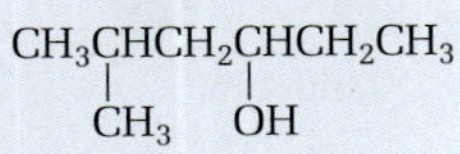

4 Falls sich in beiden Abzählrichtungen der Kohlenstoffkette für die funktionelle Gruppe dieselbe Bezifferung ergibt, wird die Zählrichtung so festgelegt, dass dem Zweisubstituenten die niedrigere (niedrigstmögliche) Ziffer zufällt. Bei einer zyklischen Verbindung ist es nicht notwendig, der funktionellen Gruppe eine Ziffer zuzuweisen, da hier vereinbarungsgemäß gilt, dass sie am Kohlenstoffatom Nr. 1 positioniert ist.

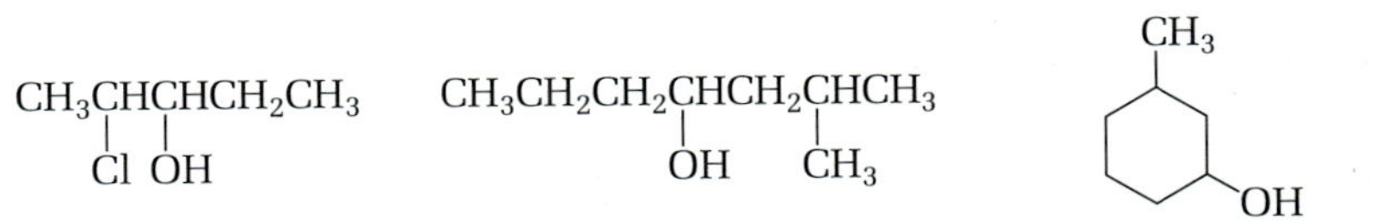

2-Chlor-3-ol-pentan	2-Methyl-4-ol-heptan	3-Methylcyclohexanol
nicht	nicht	nicht
4-Chlor-3-pentanol	**6-Methyl-4-heptanol**	**5-Methylcyclohexanol**

26.7 Nomenklatur der Amine

Amine sind organische Verbindungen, die sich formal vom Ammoniak ableiten, von dessen Wasserstoffatomen eines oder mehrere durch organische Reste ersetzt sind. Niedermolekulare, flüchtige Amine machen sich durch einen für sie kennzeichnenden fischigen Geruch bemerkbar. Vergorener Haifisch, der ein traditionelles Gericht der isländischen Küche darstellt, riecht stark nach Triethylamin. Man unterscheidet **primäre**, **sekundäre** und **tertiäre Amine**. **Die Klassifikation** in diese Untergruppen **hängt davon ab, wieviele Alkylgruppen an das Stickstoffatom gebunden sind.** Primäre Amine enthalten einen organischen Rest, sekundäre zwei, und tertiäre drei.

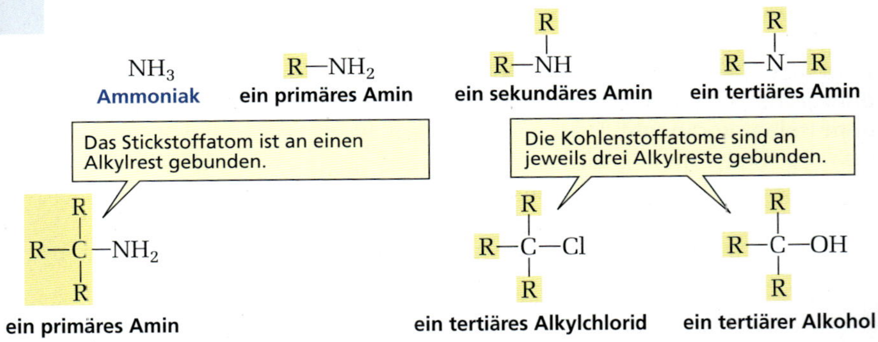

Die Trivialnamen der Amine setzen sich aus den Namen der Alkylreste, die an das Stickstoffatom gebunden sind, zusammen, gefolgt von dem Wortstamm „-amin". Der gesamte Name der Verbindung wird als ein Wort geschrieben.

CH_3NH_2	$CH_3NHCH_2CH_2CH_3$	$CH_3CH_2NHCH_2CH_3$
Methylamin	**Methylpropylamin**	**Diethylamin**

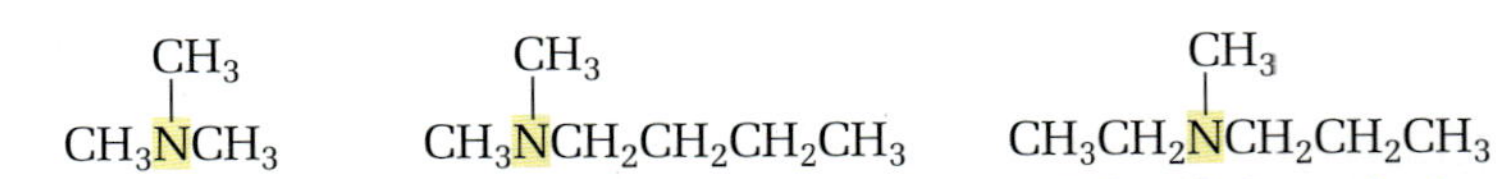

Trimethylamin	**Butyldimethylamin**	**Ethylmethylpropylamin**

Das IUPAC-System verwendet wiederum eine Wortendung, um ein Amin zu benennen. An den Namen des Stammkohlenwasserstoffs wird die Endung „-amin" angehängt. Eine Ziffer wird vor den Namen der Verbindung oder eingeschoben vor der Endung angegeben, um das Kohlenstoffatom zu definieren, an das der Aminostickstoff gebunden ist. Der Bezeichnung einer jedweden Alkylgruppe, die an das Stickstoffatom gebunden ist, wird ein kursiv gestelltes N vorangestellt, um eindeutig anzuzeigen, dass das im Folgenden genannte Radikal an ein Stickstoffatom gebunden ist und nicht an ein Kohlenstoffatom.

MERKE !

Die Zahl der an das Stickstoffatom gebundenen Alkylgruppen bestimmt, ob ein Amin ein primäres, ein sekundäres oder ein tertiäres ist.

4 3 2 1
$CH_3CH_2CH_2CH_2NH_2$

1-Butanamin
oder
Butan-1-amin

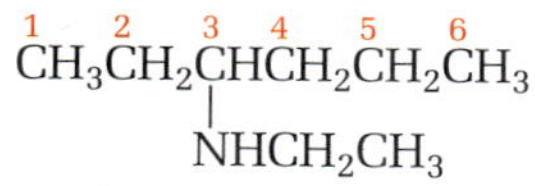

***N*-Ethyl-3-hexanamin**
oder
***N*-Ethylhexan-3-amin**

Die Alkylsubstituenten – unabhängig davon, ob sie an ein Stickstoff- oder den zugrunde liegenden Stammkohlenwasserstoff gebunden sind – werden in alphabetischer Reihenfolge aufgeführt, und es wird jedem Rest eine Ziffer oder der Buchstabe *N* zugewiesen. Die Kette der Kohlenstoffatome wird so nummeriert, dass der funktionellen Gruppe (hier die Endung „-amin") die niedrigstmögliche Ziffer zugeteilt wird.

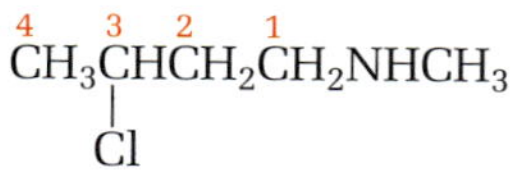

3-Chloro-*N*-methyl-1-butanamin

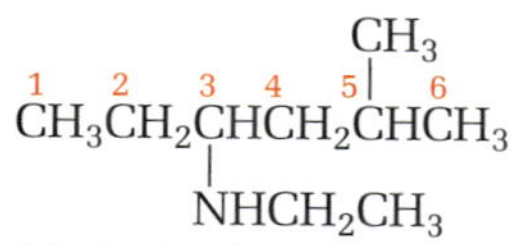

***N*-Ethyl-5-methyl-3-hexanamin**

Stickstoffverbindungen, bei denen vier Alkylgruppen an das Stickstoffatom gebunden sind, heißen **quarternäre Ammoniumsalze**. In ihnen ist das Stickstoffatom einfach positiv geladen. Ihre Namen setzen sich aus den Bezeichnungen der Alkylreste in alphabetischer Reihenfolge zusammen, gefolgt von dem Wortstamm „-ammonium". Wie bei Salzen üblich wird der Name des Gegenions in den Verbindungsnamen mit einbezogen.

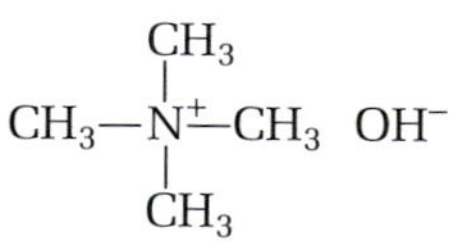

Tetramethylammoniumhydroxid

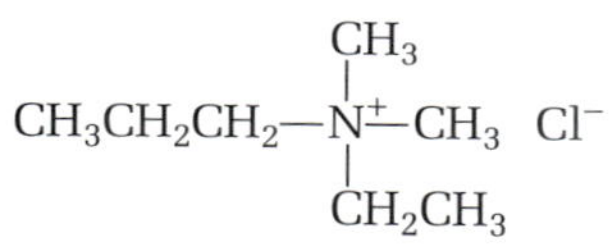

Ethyldimethylpropylammoniumchlorid

► **Tabelle 26.3 fasst die Benennungen der bisher besprochenen Verbindungsklassen Halogenalkane, Ether, Alkohole und Amine knapp zusammen.**

A 8 Geben Sie die systematischen und (wenn möglich) die Trivialnamen für jede der folgenden Verbindungen an und bestimmen Sie, ob es sich um eine primäre, sekundäre oder tertiäre handelt:

(a) $CH_3CH_2CH_2CH_2CH_2CH_2NH_2$

(b)

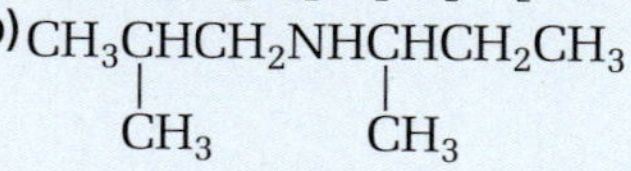

(c) $CH_3CH_2CH_2NHCH_2CH_2CH_2CH_3$

(d)

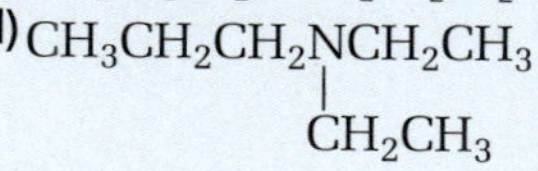

A 9 Zeichnen Sie die Strukturen für jede der folgenden Verbindungen:

(a) 2-Methyl-*N*-propyl-1-propanamin;

(b) *N*-Ethylethanamin;

(c) *N*,*N*-Dimethyl-3-pentanamin;

A 10 Geben Sie für jede der folgenden Verbindungen den systematischen und den Trivialnamen an (sofern die Verbindung einen solchen besitzt) und geben Sie an, ob das Amin ein primäres, sekundäres oder tertiäres ist.

(a)

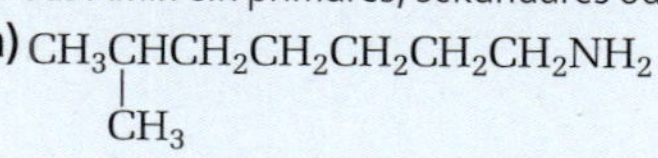

(b)

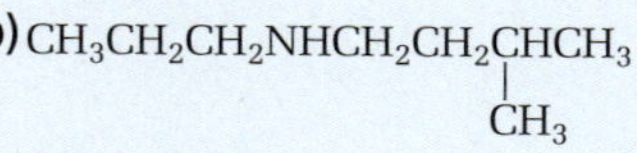

(c) $(CH_3CH_2)_2NCH_3$

	Systematischer Name	Trivialname
Halogenalkane	Substituierte Alkane CH_3Br Brommethan CH_3CH_2Cl Chlorethan	Alkylrest, an den das Halogen gebunden ist + „*-halogenid*" CH_3Br Methylbromid CH_3CH_2Cl Ethylchlorid
Ether	Substituierte Alkane CH_3OCH_3 Methoxymethan $CH_3CH_2OCH_3$ Methoxyethan	An das Sauerstoffatom gebundene Alkylreste + „*-ether*" CH_3OCH_3 Dimethylether $CH_3CH_2OCH_3$ Ethylmethylether
Alkohole	Name des Alkans + Endung „*-ol*" CH_3OH Methanol CH_3CH_2OH Ethanol	An die OH-Gruppe gebundener Alkylrest + „*-alkohol*" CH_3OH Methylalkohol CH_3CH_2OH Ethylalkohol
Amine	Name des Alkans + Endung „*-amin*" $CH_3CH_2NH_2$ Ethanamin $CH_3CH_2CH_2NHCH_3$ *N*-Methyl-1-propanamin	An das N-Atom gebundene Alkylreste + „*-amin*" $CH_3CH_2NH_2$ Ethylamin $CH_3CH_2CH_2NHCH_3$ Methylpropylamin

Tabelle 26.3: Zusammenfassung der Nomenklatur.

26.8 Strukturen der Halogenalkane, Alkohole, Ether und Amine

Betrachten wir zunächst die **Halogenalkane im Vergleich mit den Alkanen**. Beide Verbindungsklassen haben die gleiche Struktur; der einzige Unterschied ist eine C—X-Bindung (X = beliebiges Halogenatom) anstelle einer C—H-Bindung. Die C—X-Bindung eines Halogenalkans wird durch die Überlappung eines sp^3-Orbitals eines C-Atoms mit einem sp^3-Orbital eines Halogenatoms gebildet. Fluor benutzt dazu ein $2sp^3$-Orbital, Chlor ein $3sp^3$-, Brom ein $4sp^3$- und Iod ein $5sp^3$-Orbital. Da die mittlere Elektronendichte der Orbitale mit sich vergrößerndem Volumen abnimmt, nimmt die Länge der C—X-Bindung zu und ihre Bindungsstärke ab, wenn man in der Gruppe der Halogene von oben nach unten geht (zunehmender Atomradius; ► Tabelle 26.4). Dieser Trend ist uns schon bei den H—X-Bindungen der Halogenwasserstoffe begegnet.

	Orbitalwechselwirkungen	Bindungslängen	Bindungsstärke kcal/mol	Bindungsstärke kJ/mol
$H_3C—F$	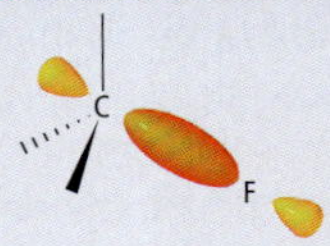	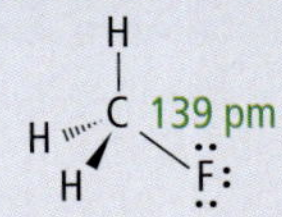 139 pm	108	451
$H_3C—Cl$	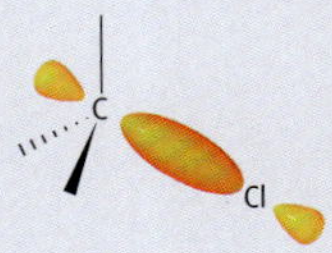	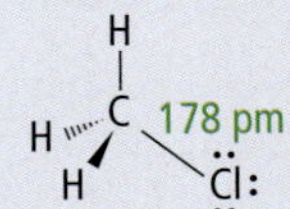 178 pm	84	350
$H_3C—Br$	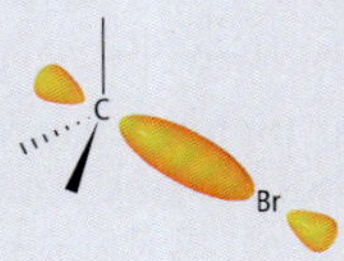	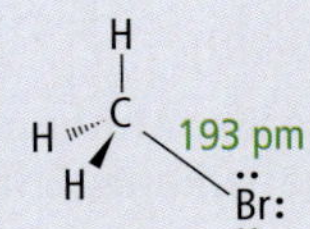 193 pm	70	294
$H_3C—I$	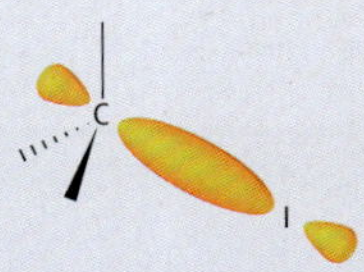	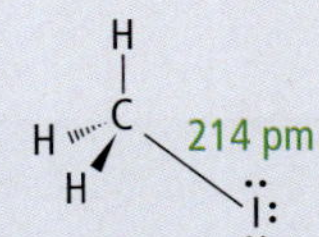 214 pm	57	239

Tabelle 26.4: Bindungslängen und -stärken der Kohlenstoff–Halogen-Bindungen.

Wenden wir uns nun der **Struktur des Sauerstoffs in einem Alkoholmolekül** zu, die die gleiche ist wie die des O-Atom eines Wassermoleküls. Daher lassen sich, wie bereits erwähnt, die Alkohole als alkylierte Wassermoleküle ansehen. Das Sauerstoffatom eines Alkoholmoleküls ist wie das des Wassers sp^3-hybridisiert. Eines der **sp^3-Orbitale des Sauerstoffs** überlappt mit einem sp^3-Orbital des Kohlenstoffatoms, ein anderes mit dem s-Orbital eines Wasserstoffatoms (OH-Gruppe). Die beiden verbleibenden sp^3-Orbitale enthalten jeweils ein freies Elektronenpaar der Valenzschale des Sauerstoffatoms.

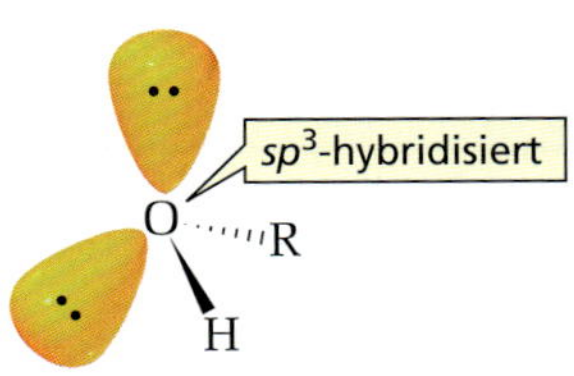

ein Alkohol

elektrostatische Potenzialkarte des Methanolmoleküls

Das **Sauerstoffatom eines Ethers** weist eine ***sp*³-Hybridisierung** auf; die Struktur der Bindungen ist daher ebenfalls mit der des Wassers und der Alkohole identisch. Ein Ethermolekül ist daher ein zweifach alkyliertes „Wassermolekül" und weist dieselbe gewinkelte Struktur auf wie ein Wasser- oder ein Alkoholmolekül.

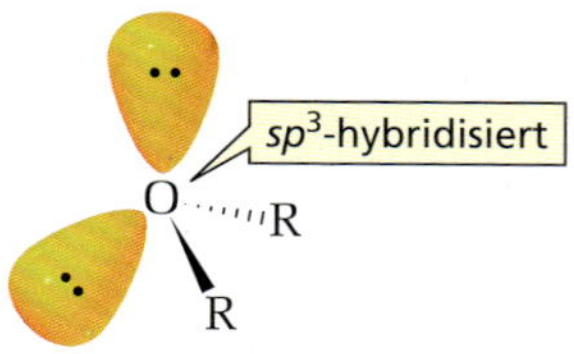

ein Ether

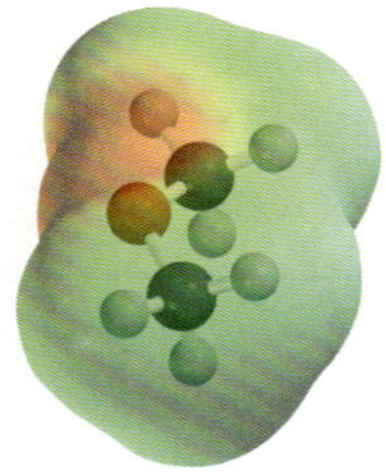

elektrostatische Potenzialkarte des Dimethylethers

Das **Stickstoffatom der Amine** besitzt dieselbe Struktur wie das Ammoniakmolekül. Es ist wie im Ammoniak ***sp*³-hybridisiert** und ein, zwei oder drei der Wasserstoffatome des Ammoniaks können durch organische Reste ersetzt sein. Die Zahl der eingeführten organischen Reste legt fest, ob das Amin primär, sekundär oder tertiär ist (siehe Abschnitt 26.7).

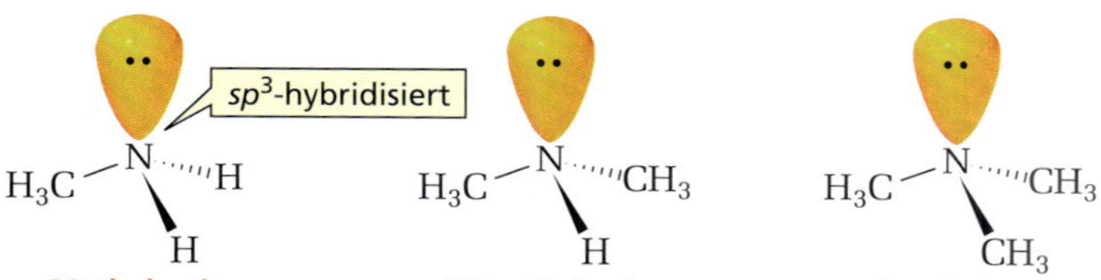

Methylamin **ein primäres Amin** — **Dimethylamin** **ein sekundäres Amin** — **Trimethylamin** **ein tertiäres Amin**

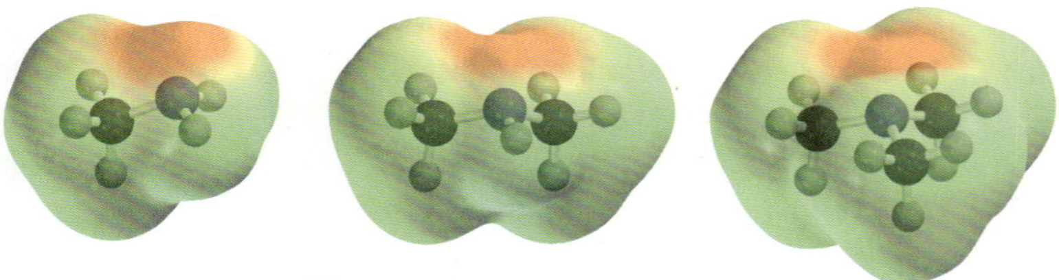

elektrostatische Potenzialkarten von

Methylamin — **Dimethylamin** — **Trimethylamin**

26.9 Physikalische Eigenschaften der Alkane, Halogenalkane, Alkohole, Ether und Amine

Nun beschäftigen wir uns mit den physikalischen Eigenschaften der eben untersuchten Verbindungsklassen.

Siedepunkte

Der **Siedepunkt** (Sdp., auch Kochpunkt genannt) einer Verbindung ist diejenige Temperatur, bei der die flüssige Form der betreffenden chemischen Verbindung in die gasförmige Form (die flüssige Phase in die Gasphase) übergeht. Der physikalische Vorgang wird als das Sieden der Flüssigkeit bezeichnet, wenn die gesamte Flüssigkeit die Siedetemperatur erreicht hat. Bei dieser Temperatur verdampft die Flüssigkeit. Treten bei einer niedrigeren Temperatur nach und nach einzelne Moleküle aus einer Flüssigkeit aus und gehen in die Gasphase über, spricht man von **Verdunstung**. **Der allgemeine Begriff Verdampfung umfasst beide Vorgänge und beschreibt allgemein den Phasenübergang von flüssig nach gasförmig.** Damit eine Verbindung verdampfen kann, müssen

BIOGRAPHIE

Johannes Diderik van der Waals (1839–1923) war ein niederländischer Physiker. Er wurde in der Stadt Leiden als Sohn eines Tischlers geboren und hatte sich bis zu seinem Eintritt in die Universität von Leiden hauptsächlich im Selbststudium gebildet. An der Universität Leiden wurde er auch promoviert. Er war von 1877 bis 1903 Professor für Physik an der Universität Amsterdam. Im Jahr **1910** wurde ihm für seine Forschungen über den gasförmigen und den flüssigen Zustand der Materie der **Nobelpreis** verliehen.

die zwischenmolekularen (= intermolekularen) Kräfte, die zwischen den einzelnen Moleküle der flüssigen Phase wirksam sind, überwunden werden. Falls zwischen den Molekülen betragsmäßig starke Kräfte wirksam sind, ist mehr Energie notwendig, um die intermolekularen Kräfte zu überwinden als wenn die Moleküle über betragsmäßig schwache Kräfte miteinander wechselwirken. Im ersten Fall besitzt die betreffende Verbindung einen höheren Siedepunkt, im zweiten einen niedrigeren.

Die **Alkanmoleküle** werden durch relativ schwache intermolekulare Kräfte zusammengehalten. Alkanmoleküle bestehen nur aus Kohlenstoff- und Wasserstoffatomen. Da die Elektronegativitäten des Kohlenstoffs und des Wasserstoffs von vergleichbarer Größe sind, sind die Bindungen in den Alkanmolekülen praktisch unpolar.

Bei genauerer Analyse erweist es sich jedoch, dass nur die durchschnittliche Ladungsverteilung in einem Alkanmolekül symmetrisch ist. Die Elektronen wie die Atomkerne sind in ständiger Bewegung und die Elektronendichte kann und wird daher von einem Moment zum nächsten leicht unterschiedlich sein. Die vorübergehende Ungleichverteilung der Ladungsträger relativ zueinander verleiht dem Gesamtmolekül daher kurzzeitig ein geringfügiges Dipolmoment. Erinnern Sie sich daran, dass ein Molekül mit einem Dipolmoment über einen negativen und einen positiven Ladungsschwerpunkt verfügt.

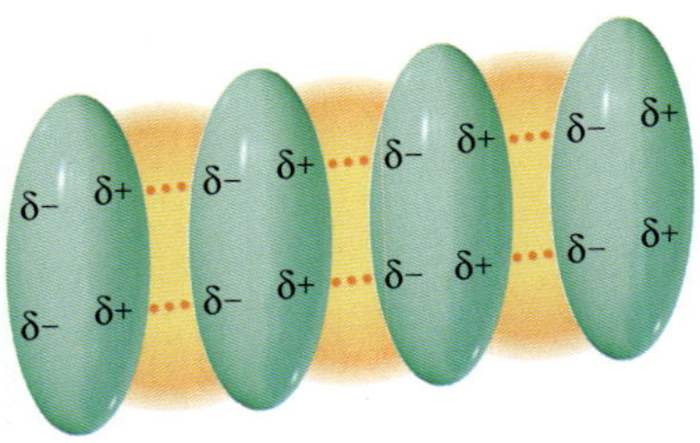

Abbildung 26.1: Van der Waals Dispersionskräfte sind zwischenmolekulare Wechselwirkungen durch induzierte Dipolmomente.

Das zeitweilige Dipolmoment eines Moleküls kann ein ebensolches in einem benachbarten Molekül induzieren. Da sich gleichnamige elektrische Ladungen abstoßen, lagert sich der positiv polarisierte Molekülteil an den negativ polarisierten eines anderen, benachbarten (► Abbildung 26.1). Da die Dipolmomente der Moleküle induziert („von außen eingegeben") sind, spricht man bei derartigen zwischenmolekularen Wechselwirkungen von **induzierten Dipol–Dipol-Wechselwirkungen**. Die Alkanmoleküle werden untereinander durch solche induzierten Dipol– Dipol-Wechselwirkungen zusammengehalten, die auch als *Dispersionswechselwirkung* bezeichnet werden und eine Untergruppe der **van der Waals'schen Wechselwirkungen** darstellen. Die van der Waals'schen Kräfte sind die schwächsten aller zwischenmolekularen Wechselwirkungen.

Damit ein Alkan verdampfen kann, müssen die intermolekularen Anziehungskräfte überwunden werden. Die Stärke der zwischen den Molekülen wirksamen Wechselwirkungen hängt von der Größe der Kontaktfläche(n) der Moleküle ab. Je größer die Kontaktflächen sind, desto stärker sind die Wechselwirkungen und desto mehr Energie ist notwendig, um die Moleküle zu trennen. Wenn man sich die homologe Reihe der Alkane betrachtet (► Tabelle 26.1), so stellt man fest, dass die Siedepunkte der Alkane mit zunehmender molarer Masse ansteigen. Diese Beziehung besteht, weil jede neue Methylengruppe (-CH_2-) die Kontaktfläche vergrößert. Die vier kleinsten Alkane (Methan bis Butan) weisen Siedepunkte auf, die unterhalb der Raumtemperatur liegen (definiert als 25 °C = 298 K), so dass sie bei dieser Temperatur gasförmig vorliegen. Das Pentan ist der niedermolekularste Vertreter der Alkane, der bei Raumtemperatur flüssig ist (Sdp. 36,1°C).

Da die Stärke der van der Waals-Kräfte von der Kontaktfläche zwischen den Molekülen abhängig ist, erniedrigt sich bei verzweigten Molekülen der Siedepunkt, da die Kontaktflächen zwischen den Molekülen kleiner werden. Ein verzweigteres Molekül besitzt eine kompaktere, im Extremfall beinahe kugelförmige Gestalt. Stellt man sich, grob vereinfachend, das n-Pentan als eine Zigarre und das verzweigte 2,2-Dimethylpropan als Tennisball vor, so kann man sehen, dass die Verzweigung die Kontaktflächen verringert. Zwei Zigarren weisen eine größere, gemeinsame Kontaktfläche auf als zwei Tennisbälle. Falls also zwei isomere Alkane die gleiche molare Masse besitzen, wird das stärker verzweigte Isomer den niedrigeren Siedepunkt aufweisen.

$CH_3CH_2CH_2CH_2CH_3$

n-Pentan
Sdp. = 36,1 °C

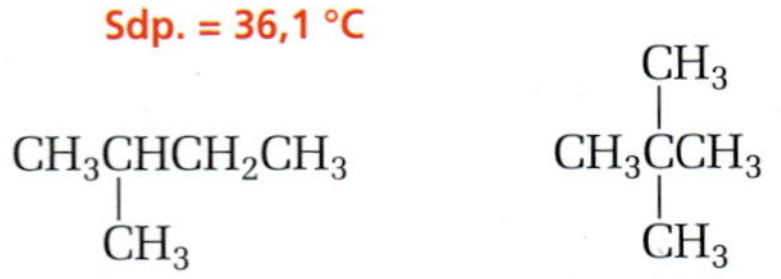

2-Methylbutan
Sdp. = 27,9 °C

2,2-Dimethylpropan
Sdp. = 9,5 °C

Die Siedepunkte von chemischen Verbindungen einer homologen Reihe nehmen mit den molaren Massen der betreffenden Verbindungen zu, da die herrschenden van der Waals-Wechselwirkungen zunehmen. So steigen die Siedepunkte in den uns schon bekannten homologen Reihen der Ether, Halogenalkane, Alkohole und Amine mit zunehmenden Molmassen an. Die Siedepunkte dieser Verbindungen werden jedoch zusätzlich durch den polaren Charakter der C—Z-Bindung (Z = Heteroatom wie N, O, F, Cl, Br usw.) beeinflusst. Diese ist polar, da Atome wie Stickstoff, Sauerstoff und die Halogene elektronegativer sind als der Kohlenstoff, an den sie gebunden sind.

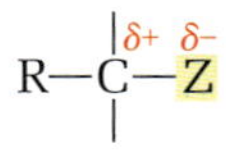

Z = N, O, F, Cl oder Br

Das Ausmaß der Ladungsungleichverteilung zwischen den beiden verknüpften Atomen spiegelt sich im Dipolmoment der Bindung (nicht des Gesamtmoleküls!) wider.

$H_3C—O—CH_3$	$H_3C—OH$	$H_3C—NH_2$	
0,7 D	0,7 D	0,2 D	
$H_3C—F$	$H_3C—Cl$	$H_3C—Br$	$H_3C—I$
1,6 D	1,5 D	1,4 D	1,2 D

MERKE !

Der Siedepunkt einer Verbindung hängt von der Stärke der Anziehungskräfte zwischen den einzelnen Molekülen ab.

Moleküle mit (permanenten) Dipolmomenten ziehen einander fortwährend an, weil sie sich so ausrichten können, dass der positiv polarisierte Teil des einen Moleküls sich an den negativ polarisierten eines anderen anlagern kann. Diese zeitlich unbegrenzt wirkenden **Dipol–Dipol-Wechselwirkungen** sind stärker als die oben besprochenen Dispersionswechselwirkungen, jedoch sind sie weit schwächer als die ionische oder die kovalente Bindung.

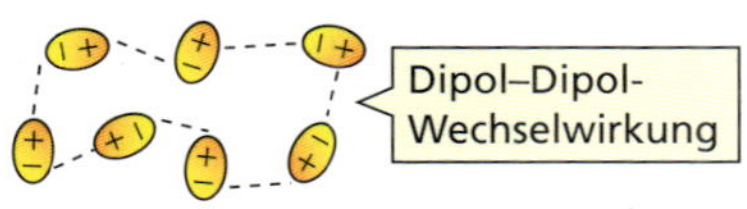

MERKE !

Das Dipolmoment einer chemischen Bindung ist gleich der Ladung an einem der beiden verbundenen Atome multipliziert mit dem Abstand zwischen den verknüpften Atomen. Es wird in der Einheit Debye (1 D) angegeben.

$$1\,D = 3{,}33564 \cdot 10^{-30}\,C \cdot m$$

Ether haben generell höhere Siedepunkte als Alkane vergleichbarer Molmasse, da sowohl Dispersions- (induzierte Dipol–Dipol-) als auch (permanente) Dipol–Dipol-Wechselwirkungen überwunden werden müssen (► Tabelle 26.5).

Cyclopentan
Sdp. = 49,3 °C

Tetrahydrofuran
Sdp. = 65 °C

Wie die Tabelle erkennen lässt, besitzen die **Alkohole** wesentlich höhere Siedepunkte als Alkane oder Ether vergleichbarer Molmassen. Hier treten zusätzlich zu den Dispersions- und den Dipol–Dipol-Wechselwirkungen der C—O-Bindungen noch **Wasserstoffbrückenbindungen** auf. Eine Wasserstoffbrückenbindung ist eine spezielle Form von Dipol–Dipol-Wechselwirkung zwischen Wasserstoffatomen, die an stark elektronegative Atome (Sauerstoff, Stickstoff, Chlor, Fluor etc.) gebunden sind, und einem freien Elektronenpaar eines elektronegativen Atoms (O, N, Cl, F etc.) in einem anderen Molekül.

Alkane	Ether	Alkohole	Amine
$CH_3CH_2CH_3$ −42,1	H_3COCH_3 −23,7	CH_3CH_2OH 78	$CH_3CH_2NH_2$ 16,6
$CH_3CH_2CH_2CH_3$ −0,5	$H_3COCH_2CH_3$ 10,8	$CH_3CH_2CH_2OH$ 97,4	$CH_3CH_2CH_2NH_2$ 47,8

Tabelle 26.5: Vergleich von Siedepunkten (°C).

MERKE !

Wasserstoffbrückenbindungen sind stärker als andere Dipol–Dipol-Wechselwirkungen, die wiederum stärker als van der Waals-Kräfte sind.

Die Länge der kovalenten Bindung zwischen einem Sauerstoff- und einem Wasserstoffatom beträgt 96 pm. Die Wasserstoffbrückenbindung zwischen einem Sauerstoffatom und einem positivierten Wasserstoffatom eines anderen Dipolmoleküls ist fast doppelt so lang (169–179 pm). Das bedeutet, dass die Wasserstoffbrückenbindung nicht so stark wie eine kovalente O—H-Bindung ist. Eine Wasserstoffbrückenbindung (im Jargon der Chemiker oft kurz „Wasserstoffbrücke" genannt) ist jedoch stärker als andere Dipol–Dipol-Wechselwirkungen. Wasserstoffbrückenbindungen können sowohl inter- als auch intramolekular ausgebildet werden. Die stärksten Wasserstoffbrücken sind solche mit linearer Struktur, d. h. die beiden elektronegativen Atome und das dazwischen liegende Wasserstoffatom liegen in einer Linie.

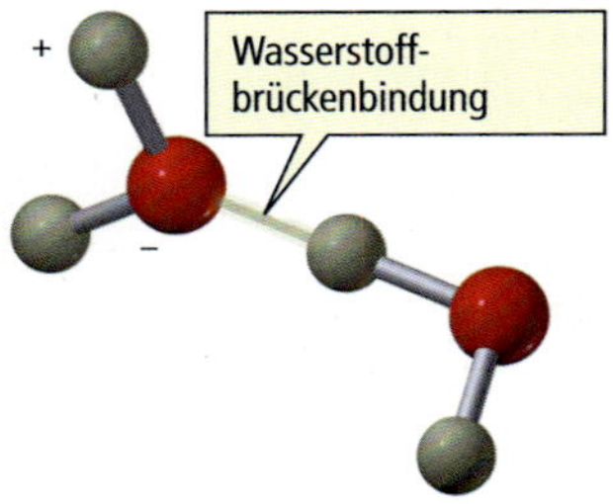

Wasserstoffbrückenbindungen zwischen Wassermolekülen

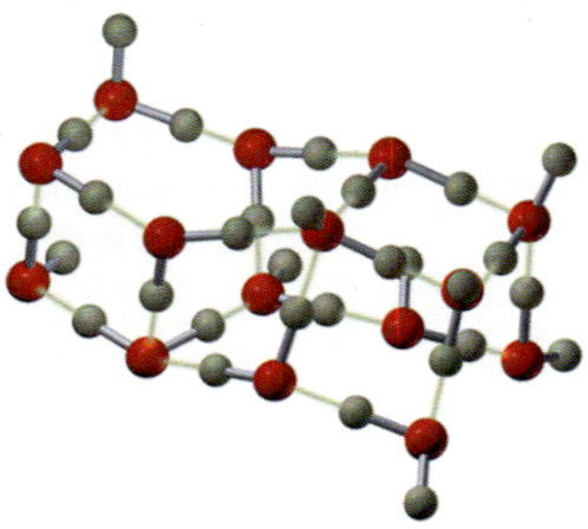

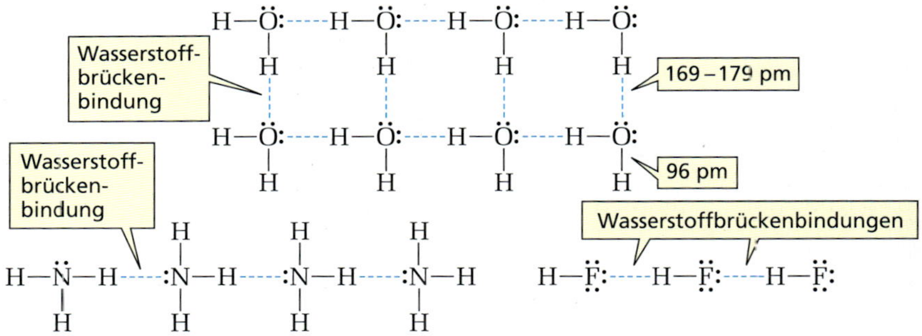

EXTRAS ONLINE Vorhersage von Wasserstoffbrückenbindungen

Obwohl jede einzelne Wasserstoffbrückenbindung schwach (Bindungsdissoziationsenergie ungefähr 21 kJ/mol oder 5 kcal/mol) und bei Zimmertemperatur hoch dynamisch ist, wirken die H-Brücken in der Summe zwischen den Alkoholmolekülen, so dass der Siedepunkt eines Alkohols viel höher liegt als bei einem Ether oder gar Alkan vergleichbarer Molmasse.

Der Siedepunkt des Wassers verdeutlich auf drastische Weise die Wirkung, die Wasserstoffbrückenbindungen auf Siedepunkte haben können. Wasser hat eine molare Masse von rund 18 g/mol und einen Siedepunkt von 100 °C. Das seiner Molmasse nach ähnlichste Alkan ist das Methan mit 16 g/mol. Methan siedet bei −167,7 °C.

Primäre und sekundäre **Amine** bilden ebenfalls Wasserstoffbrückenbindungen aus, und so haben auch diese Amine höhere Siedepunkte als Alkane vergleichbarer Molmassen. Stickstoffatome sind nicht ganz so elektronegativ wie Sauerstoff (3,0 vs. 3,5), was bedeutet, dass die Wasserstoffbrücken zwischen Aminmolekülen schwächer sind als die zwischen Alkoholmolekülen. Ein Amin hat daher einen niedrigeren Siedepunkt als ein Alkohol mit ähnlicher Molmasse (► Tabelle 26.5).

Da primäre Amine zwei N—H-Bindungen besitzen, ist die Wasserstoffbrückenbildung bei ihnen ausgeprägter als bei den sekundären Aminen. Tertiäre Amine können untereinander keine Wasserstoffbrückenbindungen ausbilden, da sie keine an das Stickstoffatom gebundenen Wasserstoffatome aufweisen. Wenn man also Amine mit ähnlichen Molmassen und ähnlichen Strukturen untereinander vergleicht, so stellt man fest, dass die primären Amine höhere Siedepunkte haben als die sekundären, und die sekundären wiederum höhere als die tertiären.

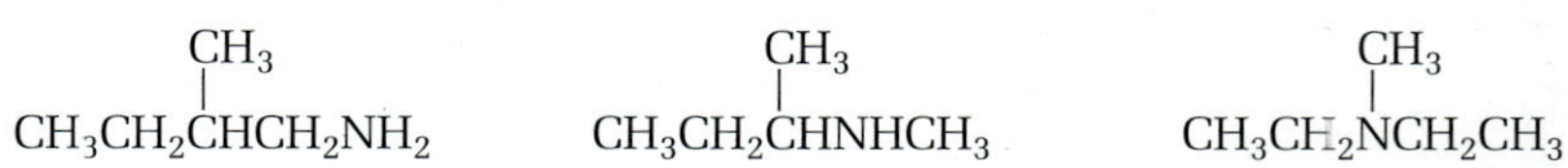

ein primäres Amin Sdp. = 97 °C — **ein sekundäres Amin** Sdp. = 84 °C — **ein tertiäres Amin** Sdp. = 65 °C

Wasserstoffbrückenbindungen spielen eine wichtige Rolle in biologischen Systemen (z. B. Proteine, DNA).

Sowohl Dispersions- als auch Dipol–Dipol-Wechselwirkungen müssen überwunden werden, um ein **Halogenalkan** zum Sieden zu bringen. Mit zunehmender Größe des Halogenatoms vergrößert sich das Volumen seiner Elektronenwolke.

	Y: H	F	Cl	Br	I
CH_3—Y	−161,7	−78,4	−24,2	3,6	42,4
CH_3CH_2—Y	−88,6	−37,7	12,3	38,4	72,3
$CH_3CH_2CH_2$—Y	−42,1	−2,5	46,6	71,0	102,5
$CH_3CH_2CH_2CH_2$—Y	−0,5	32,5	78,4	101,6	130,5
$CH_3CH_2CH_2CH_2CH_2$—Y	36,1	62,8	107,8	129,6	157,0

Tabelle 26.6: **Vergleich der Siedepunkte von Alkanen und Halogenalkanen (°C).**

Als Folge davon nehmen sowohl die van der Waals'sche Kontaktfläche als auch die Polarisierbarkeit der Elektronenwolke zu.

Die **Polarisierbarkeit** ist ein Maß dafür, wie leicht sich die Elektronenwolke verzerren lässt. Je größer ein Atom wird, desto weniger stark sind seine äußeren Elektronen an den Atomkern gebunden, und umso mehr können sie in ihrer Bewegung beeinflusst werden. Je stärker polarisierbar ein Atom ist, desto stärker können die van der Waals'schen Wechselwirkungen sein. Darum hat ein Fluoralkan einen niedrigeren Siedepunkt als ein Chloralkan mit der gleichen Alkylgruppierung. Gleichfalls haben Chloralkane niedrigere Siedepunkte als Bromalkane, die wiederum niedrigere Siedepunkte haben als Iodalkane (► Tabelle 26.6).

A 11 Ordnen Sie die folgenden Verbindungen in der Reihenfolge abnehmender Siedepunkte:

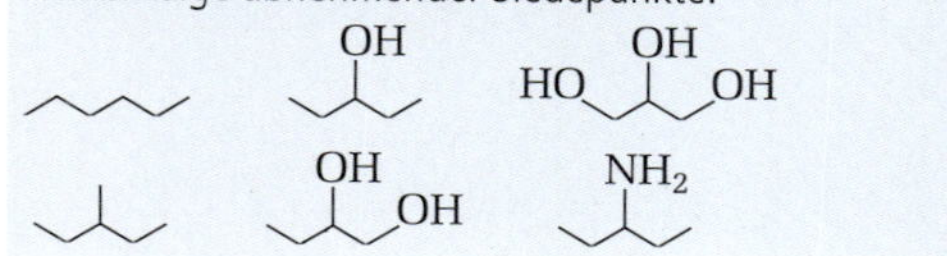

Schmelzpunkte

Der **Schmelzpunkt** (Smp.) ist diejenige Temperatur, bei der ein kristalliner Festkörper in den flüssigen Zustand übergeht. Vergleicht man die Schmelzpunkte der **Alkane** in ► Tabelle 26.1, so sieht man, dass die Schmelzpunkte – mit wenigen Ausnahmen – bei einer homologen Reihe von Verbindungen mit der Molmasse zunehmen. Das Ansteigen der Schmelzpunkte ist weniger regelmäßig als das der Siedepunkte, da die *Packung* der Moleküle im Kristall den Schmelzpunkt beeinflusst. Die **Packung** beschreibt, wie genau die Moleküle im festen Zustand in einem Kristallgitter angeordnet – *gepackt* – sind. Je besser die Passung der Moleküle in das betreffende Kristallgitter, desto mehr Energie ist notwendig, um den Gitterverband des Kristalls aufzubrechen und die Moleküle zu trennen – also den Kristall zum Schmelzen zu bringen.

Aus ► Abbildung 26.2 lässt sich erkennen, dass die beiden Kurven sich nicht schneiden. Dies ist darin begründet, dass sich die Moleküle mit ungeraden Zahlen von C-Atomen generell weniger dicht packen lassen als die mit geraden Zahlen von C-Atomen. Dies ist darauf zurückzuführen, dass bei den Alkanen mit ungerader Zahl von C-Atomen die letzte Methylgruppe des Moleküls gewissermaßen „überhängt" und die Interferenz mit einer Methylgruppe eines anderen Moleküls nur dann vermeiden kann, wenn der Abstand der Molekülketten vergrößert wird. Als Folge davon haben Alkanmoleküle mit einer ungeraden Zahl von C-Atomen weniger zwischenmolekulare Wechselwirkungen und entsprechend niedrigere Schmelzpunkte.

ungerade Zahl von Kohlenstoffatomen

gerade Zahl von Kohlenstoffatomen

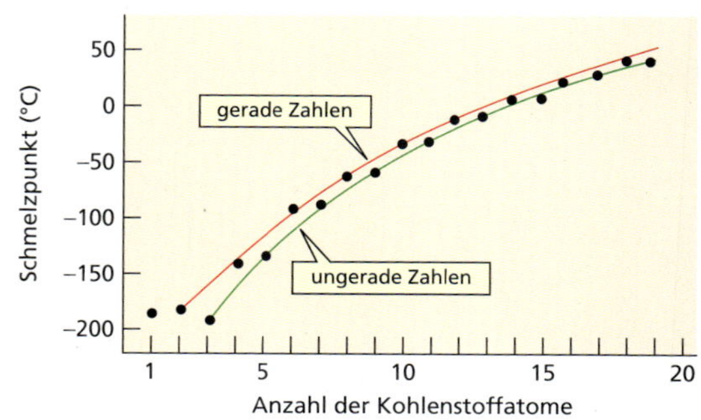

Abbildung 26.2: **Schmelzpunkte geradkettiger Alkane.** Alkane mit einer geraden Anzahl von Kohlenstoffatomen liegen auf einer Schmelzpunktskurve, die über derjenigen von Alkanen mit einer ungeraden Zahl von Kohlenstoffatomen liegt.

MERKE !

„Ähnliches löst sich in Ähnlichem."

Löslichkeit

Die allgemeine und jedem Chemiker bekannte Faustregel zur **Löslichkeit** besagt, dass sich „Ähnliches in Ähnlichem löst" *(similia similibus solventur)*. Anders ausgedrückt: *Polare Verbindungen lösen sich in polaren Lösungsmitteln (Solventien), unpolare Verbindungen lösen sich in apolaren Lösungsmitteln*. Dies ist auf der molekularen Ebene darauf zurückzuführen, dass ein polares Lösungsmittel (Solvens) wie Wasser an jedem seiner Moleküle Teilladungen (Partialladungen, δ) aufweist, die mit den Teilladungen von polaren Molekülen oder den Ladungen von Ionen in elektrostatische Wechselwirkung treten können. Dabei gilt natürlich, dass sich die positivierten Wasserstoffatome zu den negativen (Teil)ladungen der Moleküle oder Ionen des gelösten Stoffes hin ausrichten. Entsprechend weisen die negativierten Sauerstoffatome auf die positiv polarisierten Teile von Molekülen oder auf Kationen. Die Gruppierung von Lösungsmittelmolekülen um ein gelöstes Molekül oder Ion trennt die gelösten Teilchen voneinander, indem die direkte Wechselwirkung zwischen ihnen durch die Hüllen aus Lösungsmittelmolekülen verhindert wird. Die Wechselwirkung zwischen einem Lösungsmittel und den gelösten Teilchen wird als **Solvatation** (oder Solvatisierung) bezeichnet.

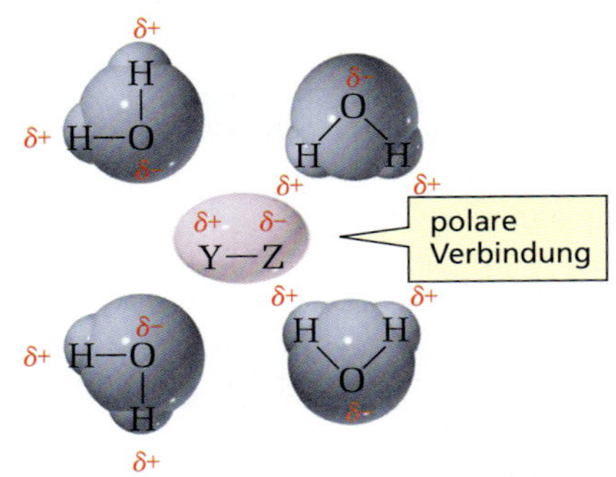

Solvatisierung einer polaren Verbindung durch Wasser

Da nichtpolare Verbindungen keine Nettoladung tragen, werden polare Lösungsmittelmoleküle von ihnen nicht angezogen. Damit sich eine unpolare Verbindung in einem polaren Lösungsmittel wie Wasser auflösen könnte, müssten die unpolaren Moleküle die Wassermoleküle beiseite schieben und dabei die zwischen ihnen ausgebildeten Wasserstoffbrückenbindungen lösen. Diese sind jedoch stark genug, unpolare Moleküle auszuschließen. Wie zu erwarten ist, lösen sich unpolare Verbindungen und Elemente in unpolaren Lösungsmitteln, da die schwachen van der Waals'schen Wechselwirkungen zwischen Lösungsmittelmolekülen und gelösten Teilchen von gleicher Art und Stärke sind wie die zwischen den Lösungsmittelmolekülen bzw. den zu lösenden Teilchen.

Alkane sind unpolar; sie sind also löslich in unpolaren Lösungsmitteln und unlöslich in polaren Solventien wie Wasser. Die **Dichten der Alkane** (▶ Tabelle 26.1) erhöhen sich mit zunehmender Molmasse, aber selbst ein Alkan mit 30 C-Atomen wie Triakotan (Dichte bei 20 °C = 0,8097 g/ml) hat eine geringere Dichte als Wasser (Dichte bei 20 °C = 0,9982 g/ml). Das bedeutet, dass sich eine Mischung aus einem Alkan mit Wasser in zwei Schichten (Phasen) auftrennen wird. Dabei schwimmt „die weniger dichte" Alkanphase auf der „dichteren" Wasserphase. Die Ölkatastrophen in Alaska im Jahr 1989, im persischen Golf im Jahr 1991, und die noch größere vor der spanischen Küste im Jahr 2002 sind großformatige Beispiele für dieses Löslichkeitsverhalten, da das in jedem der Fälle ausgetretene Roh- oder Erdöl eine Mischung aus vielen Alkanen ist.

Umweltkatastrophe vor der Küste von Wales, wo im Jahr 1996 70.000 Tonnen Öl ausliefen.

Alkoholmoleküle bestehen aus einem unpolaren Alkylanteil und einer polaren OH-Gruppe. Ist ein Alkoholmolekül also polar oder unpolar? Löst es sich in einem polaren oder in einem unpolaren Lösungsmittel? Die Antwort hängt

2 C-Atome	CH_3OCH_3	löslich
3 C-Atome	$CH_3OCH_2CH_3$	löslich
4 C-Atome	$CH_3CH_2OCH_2CH_3$	mäßig löslich (10 g / 100 g Wasser)
5 C-Atome	$CH_3CH_2OCH_2CH_2CH_3$	schlecht löslich (1,0 g / 100 g Wasser)
6 C-Atome	$CH_3CH_2CH_2OCH_2CH_2CH_3$	unlöslich (0,25 g / 100 g Wasser)

Tabelle 26.7: Löslichkeit von Ethern in Wasser.

von der Größe des Alkylrestes ab. In dem Maß, in dem die Größe des Alkylrestes zunimmt, wird sie immer mehr zum bestimmenden Teil des Alkoholmoleküls, und die Verbindung wird immer weniger wasserlöslich. Mit anderen Worten: Die Verbindung wird – in ihren physikalischen Eigenschaften – einem Alkan immer ähnlicher. Bei Raumtemperatur liegt die Grenzlinie bei etwa vier Kohlenstoffatomen. Alkohole mit vier C-Atomen oder weniger lösen sich also in Wasser, solche mit mehr als vier schlecht oder nicht.

Alkohole mit verzweigten Kohlenwasserstoffketten sind besser in polaren Solventien löslich als solche mit unverzweigten Alkylanteilen mit der gleichen Zahl von C-Atomen, da die Verzweigung die Kontaktflächen zwischen dem unpolaren Alkylrest und den polaren Lösungsmittelmolekülen vermindert. *Tert*-Butanol ist also in Wasser besser löslich als *n*-Butanol. Ether mit bis zu 4 Kohlenstoffatomen sind in Wasser löslich (► Tabelle 26.7).

Niedermolekulare Amine sind in Wasser löslich, da Amine mit den Wassermolekülen Wassserstoffbrückenbindungen ausbilden können. Beim Vergleich von Aminen mit gleicher Anzahl von Kohlenstoffatomen ergibt sich, dass **primäre Amine** in Wasser besser löslich sind als **sekundäre**, da primäre Amine zwei polar gebundene Wasserstoffatome besitzen, die an der Bildung von Wasserstoffbrücken teilnehmen können. **Tertiäre Amine** verfügen wie die primären und die sekundären über freie Elektronenpaare, die eine Wasserstoffbrücke unterstützen können, doch verfügen sie über keine polar gebundenen H-Atome, die sie in Wasserstoffbrückenbindungen einbringen könnten. Tertiäre Amine sind daher in Wasser weniger löslich als sekundäre mit der gleichen Anzahl von C-Atomen.

Halogenalkane haben mindestens zu Teilen ebenfalls polaren Charakter. Doch verfügen nur die Fluoralkane über ein Heteroatom, das ausreichende Polarität verleiht, um Wasserstoffbrücken ausbilden zu können. Das hat zur Folge, dass Fluoralkane am besten wasserlöslich sind. Die anderen Halogenalkane sind weniger wasserlöslich als Ether oder Alkohole mit der gleichen Zahl von C-Atomen (► Tabelle 26.8).

CH_3F gut löslich	CH_3Cl löslich	CH_3Br mäßig löslich	CH_3I mäßig löslich
CH_3CH_2F löslich	CH_3CH_2Cl mäßig löslich	CH_3CH_2Br mäßig löslich	CH_3CH_2I mäßig löslich
$CH_3CH_2CH_2F$ mäßig löslich	$CH_3CH_2CH_2Cl$ mäßig löslich	$CH_3CH_2CH_2Br$ mäßig löslich	$CH_3CH_2CH_2I$ mäßig löslich
$CH_3CH_2CH_2CH_2F$ unlöslich	$CH_3CH_2CH_2CH_2Cl$ unlöslich	$CH_3CH_2CH_2CH_2Br$ unlöslich	$CH_3CH_2CH_2CH_2I$ unlöslich

Tabelle 26.8: Löslichkeit von Halogenalkanen in Wasser.

A 12 Ordnen Sie die folgenden Verbindungen jeweils in der Reihenfolge abnehmender Löslichkeit in Wasser:
$CH_3CH_2CH_2OH$
$CH_3CH_2CH_2CH_2Cl$
$CH_3CH_2CH_2CH_2OH$
$HOCH_2CH_2CH_2OH$

A 13 In welchem/n der folgenden Lösungsmittel hat Cyclohexan die geringste Löslichkeit: In 1-Pentanol, Diethylether, Ethanol oder Hexan?

26.10 Rotation um Kohlenstoff–Kohlenstoff-Bindungen

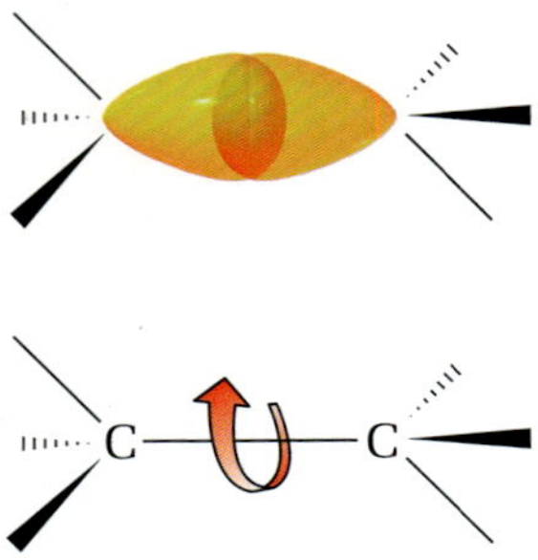

Abbildung 26.3: Eine Kohlenstoff–Kohlenstoff-Bindung bildet sich durch die Überlappung zylindersymmetrischer *sp*³-Hybridorbitale. Die Rotation um eine solche Bindung kann sich damit ohne Änderung der Orbitalüberlappung vollziehen.

Wir haben gesehen, dass eine Kohlenstoff–Kohlenstoff-Einfachbindung (die eine σ-Bindung ist) ausgebildet wird, wenn ein sp^3-Orbital eines C-Atoms mit einem sp^3-Orbital eines anderen C-Atoms überlappt (Abschnitt 25.1). Da σ-Bindungen zylindersymmetrisch sind (also rotationssymmetrisch um die gedachte Kern–Kern-Verbindungsachse der Atome), kann eine Rotation um diese Bindung erfolgen, ohne den Grad der Orbitalüberlappung zu beeinflussen (► Abbildung 26.3). Die unterschiedlichen räumlichen Anordnungen der Atome als Ergebnis von Rotationen um Einfachbindungen werden als die **Konformationen** des betreffenden Moleküls bezeichnet. Eine sich aus der Drehung um die Einfachbindung ergebene Anordnung der Atome wird **Konformer** genannt.

Wenn eine solche Rotation um die C—C-Bindungsachse eines Ethanmoleküls erfolgt, ergeben sich zwei Extremzustände der Konformation: Eine *gestaffelte* (engl. *staggered*) und eine *verdeckte* (engl. *eclipsed*) Konformation. Zwischen diesen beiden Grenzzuständen existiert eine unendliche Reihe von Zwischenstufen, die als *schiefe* (engl. *skewed*) Konformationen bezeichnet werden.

Atome und Moleküle sind dreidimensionale Gebilde; bei der Abbildung ihrer Strukturen in Büchern sind wir jedoch auf die zwei Dimensionen des Papiers beschränkt. Perspektivische Formeln und Newman-Projektionen sind Darstellungsweisen, die Chemiker häufig einsetzen, um auf dem Papier oder der Tafel die räumliche Anordnung von Atomen wiederzugeben, die ein Molekül besitzt, sowie dessen Änderungen bei Rotationen um Sigmabindungen. Im Fall der **Newman-Projektion** betrachtet man das Molekül exakt entlang einer ausgewählten C—C-Einfachbindung; es ist die Bindung, um die herum die betrachtete Rotation der Molekülteile verläuft. Das in Blickrichtung vordere C-Atom wird durch den Schrittpunkt der drei Bindungslinien zu den übrigen Bindungspartnern des betreffenden C-Atoms dargestellt. Das dahinter liegende C-Atom, das bei dieser Betrachtungsweise eigentlich verdeckt wäre, wird durch einen Kreis dargestellt. Die drei aus dem Kreis hervortretenden Linien repräsentieren wiederum die Bindungen zu den Bindungspartnern dieses Atoms.

gestaffelte Konformation bei Rotation um die Kohlenstoff–Kohlenstoff-Einfachbindung im Ethanmolekül

verdeckte Konformation bei Rotation um die Kohlenstoff–Kohlenstoff-Einfachbindung im Ethanmolekül

perspektivische Formeln

Newman-Projektionen

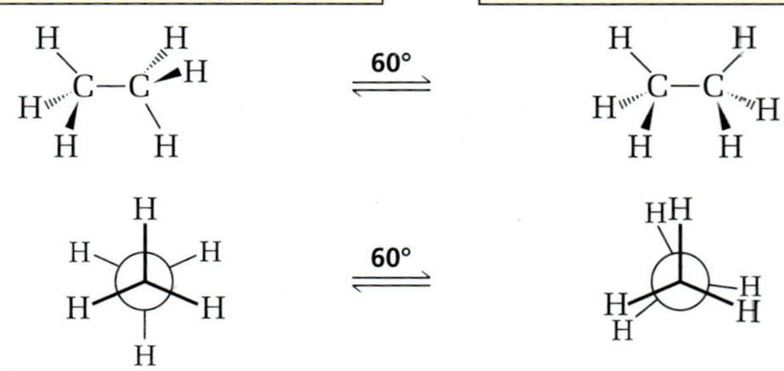

Die **gestaffelten Konformationen** sind stabiler (energieärmer) als die verdeckten Konformationen. Wegen des Energieunterschieds ist die Rotation um eine C—C-Einfachbindung nicht völlig frei. Die **verdeckten Konformationen** sind von höherer Energie; das System muss daher eine Energiebarriere überwinden, wenn es zu einer Rotation um eine C—C-Einfachbindung kommen soll (► Abbildung 26.4). Diese Energiebarriere ist jedoch im Fall des Ethans so niedrig (12 kJ/mol), dass sich bei Raumtemperatur die Konformation eines Ethanmoleküls mehrere Millionen Male ändert. Da sich die Konformationsisomeren so rasch ineinander umwandeln, können sie nicht isoliert werden. Die experimentelle Untersuchung der verschiedenen Konformationen einer Verbindung und deren relativer Stabilitäten wird als **Konformationsanalyse** bezeichnet.

MERKE !

Eine gestaffelte Konformation ist stabiler als eine verdeckte.

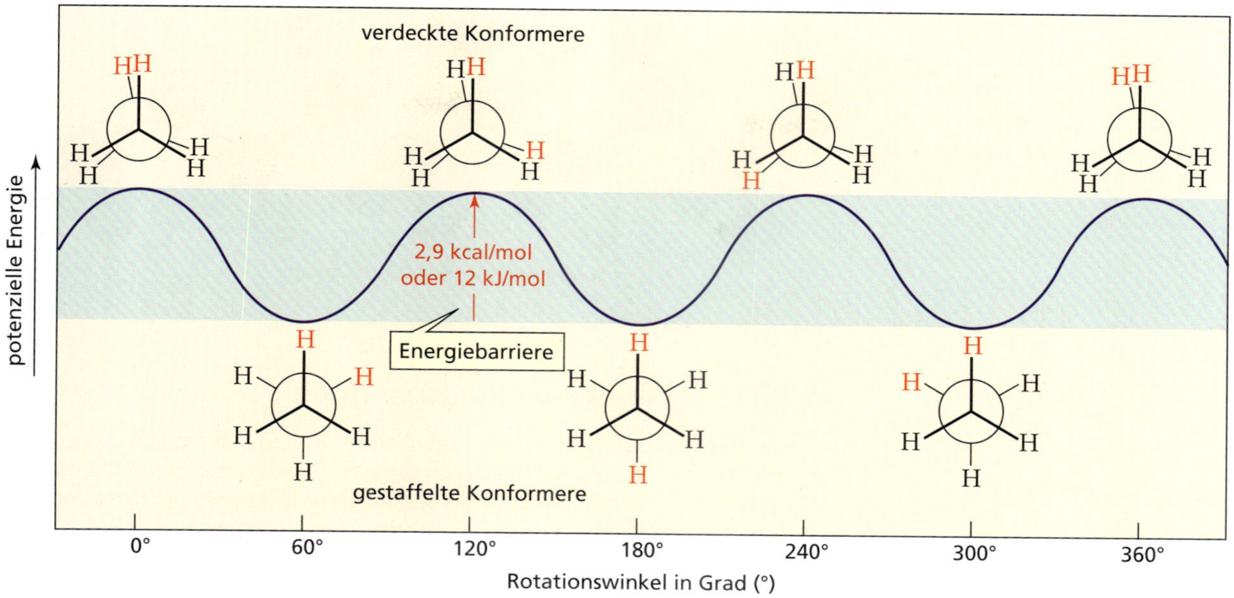

Abbildung 26.4: Potenzielle Energie des Ethans als Funktion des Rotationswinkels um die Kohlenstoff–Kohlenstoff-Bindungsachse.

► Abbildung 26.4 zeigt den Verlauf der potenziellen Energie aller Konformeren des Ethans während eines vollständigen Kreisumlaufs von 360°. Man beachte, dass die gestaffelten Konformere Energieminima darstellen, während die verdeckten Konformere mit Energiemaxima zusammenfallen.

Warum ist die gestaffelte Konformation stabiler als die verdeckte? Für den Energieunterschied zwischen den beiden ist in erster Linie eine stabilisierende Wechselwirkung zwischen dem C—H σ-Bindungsorbital an einem Kohlenstoffatom und dem C—H σ^*-antibindenden Orbital am anderen Kohlenstoffatom verantwortlich. Die Elektronen aus dem besetzten Bindungsorbital bewegen sich teilweise zum unbesetzten antibindenden Orbital. Diese Wechselwirkung ist in der gestaffelten Konformation am größten, weil nur hier die beiden Orbitale parallel zueinander liegen. Solch eine Delokalisation von Elektronen durch die Überlappung eines σ-Orbitals mit einem leeren Orbital wird **Hyperkonjugation** genannt.

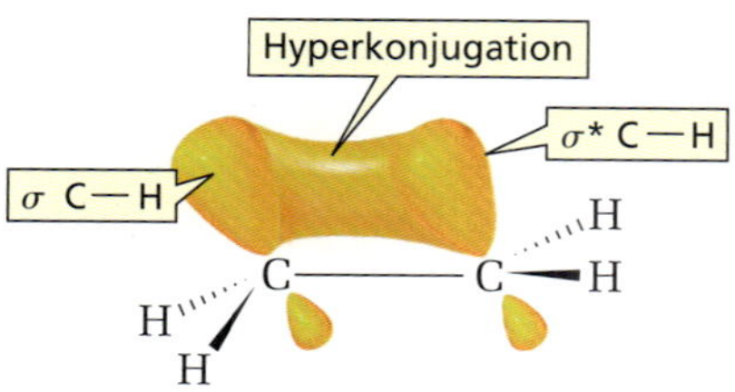

Aufgrund der unablässigen Rotationen um die C—C-Einfachbindungen eines Moleküls werden organische Moleküle mit (freien) C—C-Einfachbindungen durch die geläufigen Kugel-Stab-Modelle nur unzureichend wiedergegeben. Moleküle sind keine starren Gebilde; sie können viele, ineinander übergehende Konformationen aufweisen. Die relative Anzahl von Molekülen einer Substanzprobe, die sich zu einem gegebenen Zeitpunkt in einer bestimmten Konformation befindet, hängt von der Stabilität der Konformationen ab: Je stabiler eine bestimmte Konformation unter den bestehenden Bedingungen ist, desto größer ist der Anteil der Moleküle, die diese Konformation einnehmen werden. Die Moleküle nehmen deshalb gestaffelte Konformationen ein. Die Tendenz zur Einnahme einer gestaffelten Konformation führt dazu, dass sich Ketten von Kohlenstoffatomen in einer zickzackartigen Art und Weise anordnen, wie an dem folgenden Kugel-Stab-Modell des *n*-Dekans verdeutlicht werden soll:

BIOGRAPHIE

Melvin S. Newman (1908–1993) wurde in New York geboren. An der *Yale-University* in Connecticutt wurde er 1932 promoviert. Von 1936 bis 1973 war er Professor für Chemie an der *Ohio State University*. 1952 stellte er erstmals seine neue Technik zur Zeichnung von organischen Molekülen vor.

Kugel-Stab-Modell des *n*-Dekans

26.11 Cycloalkane: Ringspannung

Die Chemiker, die sich mit der Organischen Chemie in ihren frühen Epochen beschäftigten, entdeckten empirisch, dass zyklische organische Verbindungen in der Natur vorzugsweise in Form von fünf- oder sechsgliedriger Ringe vorkommen. Verbindungen aus drei- oder vieratomigen Ringen hingegen sind sehr viel seltener. Diese Beobachtung legt die Schlussfolgerung nahe, dass die fünf- bzw. sechsatomigen Ringstrukturen die, im Vergleich zu den drei- und viergliedrigen, stabileren sein müssen.

Im Jahr 1855 postulierte der deutsche Chemiker Adolf von Baeyer, dass die relative Instabilität drei- und viergliedriger Ringe auf eine Winkelspannung ihrer Bindungen zurückzuführen sei. Wir wissen bereits, dass ein sp^3-hybridisiertes Kohlenstoffatom im Idealfall Bindungswinkel von 109,5° aufweist. Baeyer postulierte, dass sich die Stabilität eines Cycloalkans vorhersagen lasse, indem man bestimmt, wie weit die tatsächlichen, durch die Struktur des Moleküls bestimmten Bindungswinkel vom Tetraederwinkel abweichen. Die Winkel eines regelmäßigen Dreiecks betragen 60°, eine Abweichung von 49,5° gegenüber den 109,5°. Diese Abweichung des Bindungswinkels vom theoretischen idealen Bindungswinkel wird nach Baeyer als **Winkelspannung** des Moleküls bezeichnet.

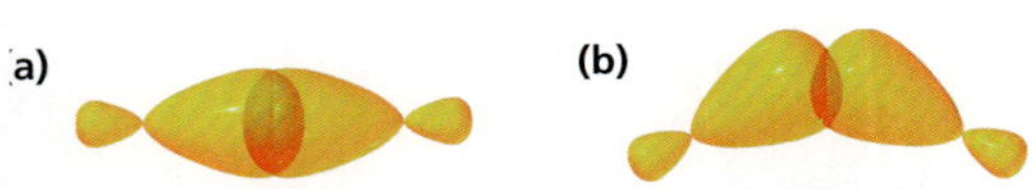

Abbildung 25.5: (a) Überlappung von sp^3-Orbitalen in einer normalen σ-Bindung. (b) Überlappung von sp^3-Orbitalen im Cyclopropanmolekül.

Die Winkelspannung eines dreigliedrigen Ringes lässt sich abschätzen, wenn man die Molekülorbitale betrachtet, die sich aus der Überlappung von Atomorbitalen zu σ-Bindungen ergeben (► Abbildung 26.5). Normale σ-Bindungen zwischen Kohlenstoffatomen werden gebildet, indem zwei sp^3-Hybridorbitale überlappen, die direkt aufeinander zuweisen. Da die C—C-Bindungen in einem Cyclopropanmolekül nicht direkt aufeinander zuzeigen können, ist die Überlappung der Atomorbitale geringer als bei einer normalen C—C-Bindung. Die sich ergebende C—C-Bindung ist daher schwächer als eine C—C-Bindung mit maximaler Orbitalwechselwirkung. Dies ist die Ursache für die Winkelspannung.

Da die C—C-Bindungsorbitale im Cyclopropan nicht direkt aufeinander zeigen können, haben die bindenden Molekülorbitale grob angenähert die Form von Bananen; man spricht daher im Jargon oft anschaulich von **Bananenbindungen**. Zusätzlich zur Winkelspannung der C—C-Bindungen sind alle sich anschließenden C—H-Bindungen im Cyclopropan eher verdeckt als gestaffelt, was zu noch mehr Spannung führt.

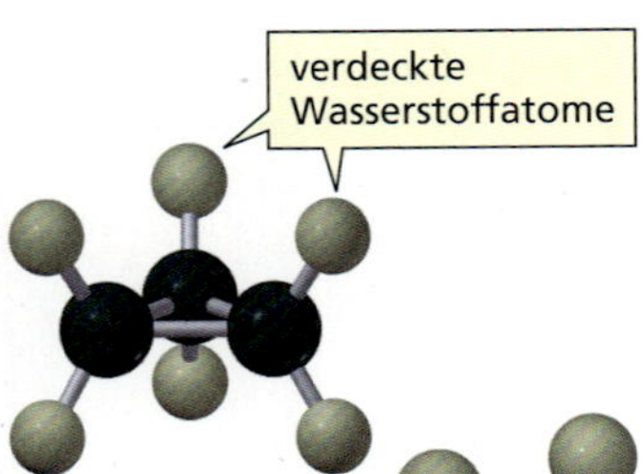

Cyclopropan

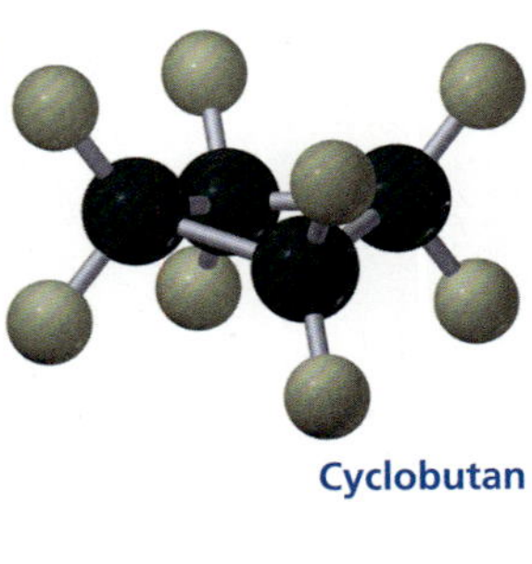

Cyclobutan

Der Bindungwinkel zwischen den C-Atomen im planaren Cyclobutan müsste von 109,5° auf 90° zusammengedrückt werden, dem Bindungswinkel eines planaren, viergliedrigen Rings. Man würde daher für das planare Cyclobutan eine geringere Winkelspannung vorhersagen als für das Cyclopropan, da die Abweichung vom Tetraederwinkel 19,5° im Vergleich zu 49,5° beträgt. Es hätte allerdings acht Paare verdeckter Wasserstoffatome, im Vergleich zu sechs Paaren im Cyclopropan. Wegen dieser verdeckten Wasserstoffatome ist das Cyclobutanmolekül nicht planar (seine tatsächliche Struktur sehen Sie weiter unten in der Randspalte).

Baeyer sagte voraus, dass Cyclopentan das stabilste Cycloalkan sein würde, da seine Bindungswinkel von 108° am nächsten beim Wert des Tetraederwinkels liegen. Er sagte weiterhin voraus, dass die Bindungswinkel im planaren Cyclohexan 120° betragen und dieses Molekül daher weniger stabil als das Cyclopentan sein würde. In dem Maße, in dem die Zahl der Ecken eines Cycloalkanmoleküls zunimmt, wird die Stabilität der betreffenden Verbindung abnehmen.

Im Gegensatz zu Baeyers Vorhersagen ist jedoch das Cyclohexan stabiler als das Cyclopentan. Außerdem nimmt die Stabilität zyklischer Verbindungen mit zunehmender Zahl der Ringatome nicht in der von Baeyer postulierten Weise ab. Der Fehler in Baeyers Überlegungen lag in der Annahme, dass die zyklischen Verbindungen planare Moleküle seien (zur Zeit Baeyers wusste man noch nichts von der tetraedrischen Struktur der Valenzen des Kohlenstoffs). In der euklidischen Geometrie legen drei Punkte eine Ebene fest; die drei C-Atome des Cyclopropans müssen daher in einer Ebene liegen. Die übrigen Cycloalkane besitzen jedoch keine planare Molekülgestalt. Zyklische Verbindungen biegen und verdrehen sich derart, dass sie eine Molekülgestalt einnehmen, die die drei erwähnten Arten von Spannungen, die sie destabilisieren können, minimiert. Cyclobutan ist kein planares Molekül; das Molekül ist „verbogen". Eine seiner Methylengruppen erhebt sich mit einem Winkel von 25° über die von den drei restlichen C-Atomen definierten Ebene.

Falls das Cyclopentan planar wäre, wie Baeyer vorhergesagt hatte, würde es praktisch keine Winkelspannung aufweisen, doch würden seine 10 Paare in verdeckter Konformation stehenden Wasserstoffatome einer beträchtlichen Torsionsspannung unterliegen. So nimmt das Cyclopentanmolekül aus energetischen Gründen eine „faltige" Konformation ein, die es den Wasserstoffatomen erlaubt, eine angenähert gestaffelte Konformation einzunehmen. Dabei nimmt jedoch unweigerlich die Winkelspannung etwas zu. Diese faltige Konformation des Cyclopentans wird als *Umschlagskonformation* (engl. *envelope conformation*) bezeichnet, da sie einem Briefumschlag mit hochgeklappter Verschlusslasche ähnlich sieht.

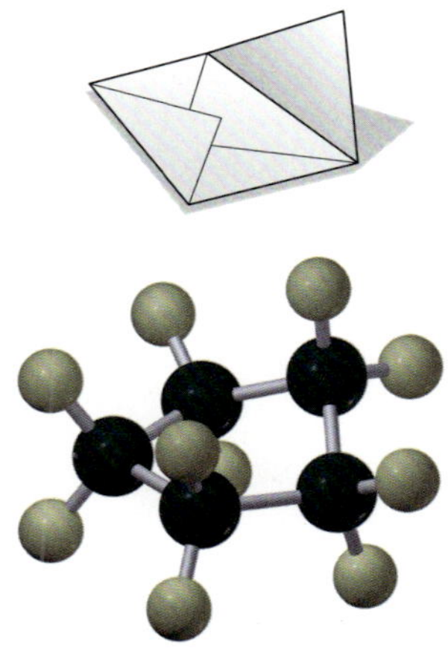

Cyclopentan

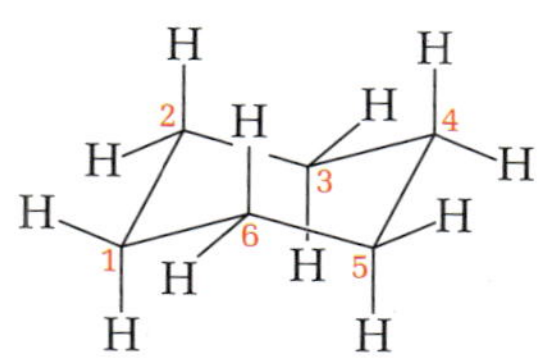

Sesselkonformation des Cyclohexans

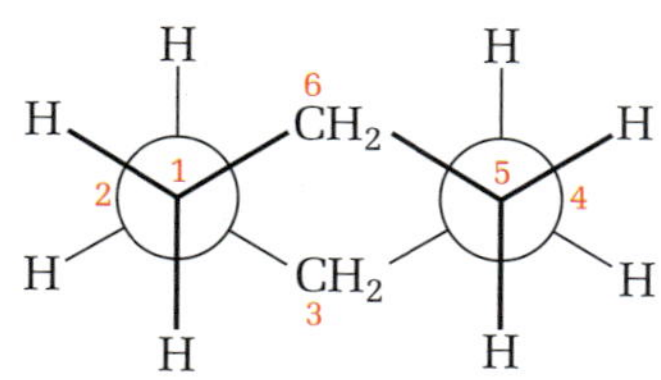

Newman-Projektion der Sesselkonformation

Kugel-Stab-Modell der Sesselkonformation des Cyclohexans

Abbildung 26.6: Die Sesselkonformation des Cyclohexans, eine Newman-Projektion der Sesselkonformation und ein Kugel-Stab-Modell, das erkennen lässt, dass alle Bindungen gestaffelt stehen.

26.12 Konformationen der Cyclohexane

Die zyklischen Verbindungen, die man in der Natur findet, enthalten am häufigsten sechsgliedrige Ringe, da organische Ringmoleküle dieser Größe in einer Konformation existieren können, die praktisch frei von Molekülspannungen ist. Diese spezielle Konformation wird als **Sesselkonformation** (► Abbildung 26.6) bezeichnet. In der Sesselkonformation des Cyclohexans betragen alle Bindungswinkel 111°. Sie liegen somit sehr nahe beim (idealen) Tetraederwinkel von 109,5°. Alle benachbarten Bindungen sind gestaffelt.

Das Sesselkonformer ist von solcher Bedeutung, dass man lernen sollte, es ohne Hilfe zeichnerisch darstellen zu können. Dazu merke man sich folgende Regeln:

1 Man zeichne zwei paralle Linien gleicher Länge, die schräg aufwärts gerichtet sind. Beide Linien mögen auf gleicher Höhe ihren Anfang nehmen.

2 Man verbinde die beiden oberen Enden der parallelen Linien mit einer V-förmigen Linie. Der linke Schenkel des „Vs" sollte dabei länger sein als der rechte. Danach verfahre man in gleicher Weise mit den unteren Enden der Ausgangslinien; hierbei soll jedoch die Länge der Schenkel der geknickten Verbindungslinien gerade die umgekehrte Ausrichtung zeigen. Die sich entsprechenden langen bzw. kurzen Linien der abgeflachten, asymmetrischen

„Vs" sollen wiederum parallel zueinander liegen. Das Gerüst des sechsgliedrigen Rings ist damit vollendet. Jede Ecke symbolisiert ein Kohlenstoffatom.

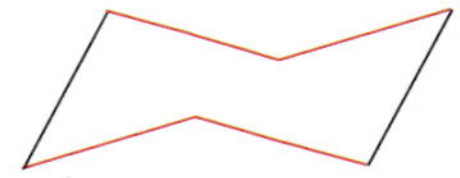

3 Jedes C-Atom besitzt eine axiale und eine äquatoriale Bindung. Die **axialen Bindungen** (rote Linien) stehen vertikal nach oben bzw. unten in alternierender Reihenfolge entlang des Ringes. Die axiale Bindung an einem der in dieser Darstellung am weitesten oben liegenden C-Atome weist aufwärts, die ihm benachbarte abwärts usw.

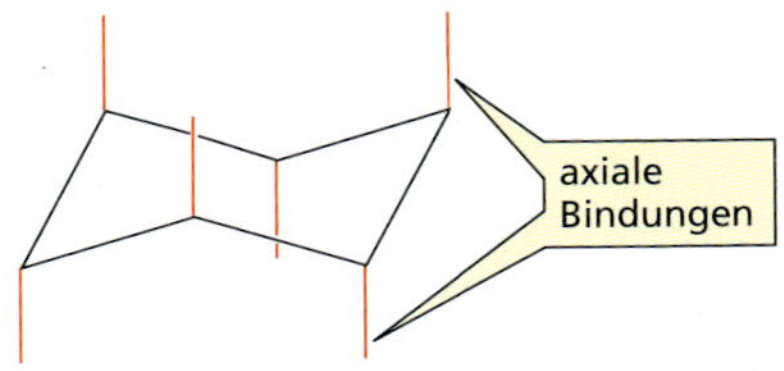

MERKE !

Bindungen, die in dem einen Sesselkonformer axial sind, sind in dem anderen Sesselkonformer äquatorial (und umgekehrt).

4 Die **äquatorialen Bindungen** (rote Linien mit blauen Punkten) weisen vom Ring auswärts. Da die Bindungswinkel größer als 90° sind, weisen die äquatorialen Bindungen eine Neigung gegen die mittlere Ringebene auf. Falls die axiale Bindung an einem C-Atom nach oben zeigt, ist die äquatoriale Bindung dieses C-Atoms abwärts geneigt; entsprechend gilt: Falls die axiale Bindung eines C-Atoms nach unten weist, ist die äquatoriale Bindung dieses C-Atoms aufwärts geneigt.

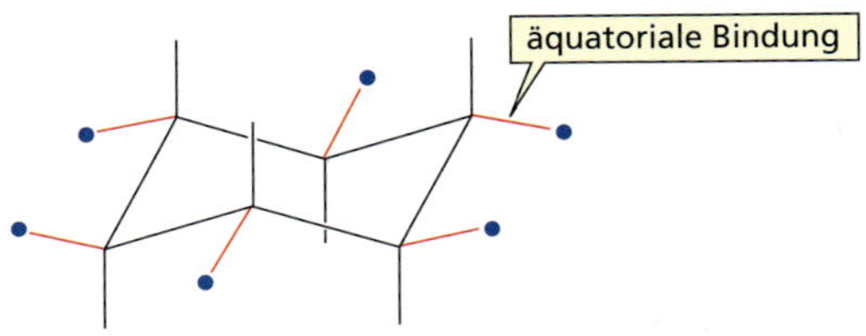

Man beachte, dass die äquatorialen Bindungen parallel zu den zwei übernächsten Ringbindungen (zwei C-Atome weiter) und zur gegenüberliegenden äquatorialen Bindung sind.

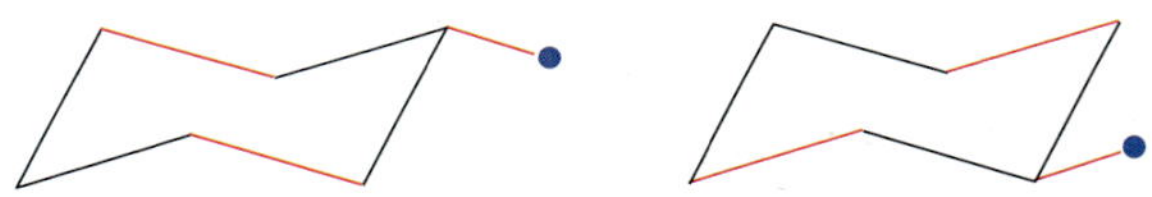

Vergegenwärtigen Sie sich, dass Sie das Cyclohexanmolekül von der Seite betrachten. Die an der unteren Kante befindlichen Bindungen liegen näher beim Betrachter, die Bindungen an der oberen Kante liegen weiter vom Betrachter weg.

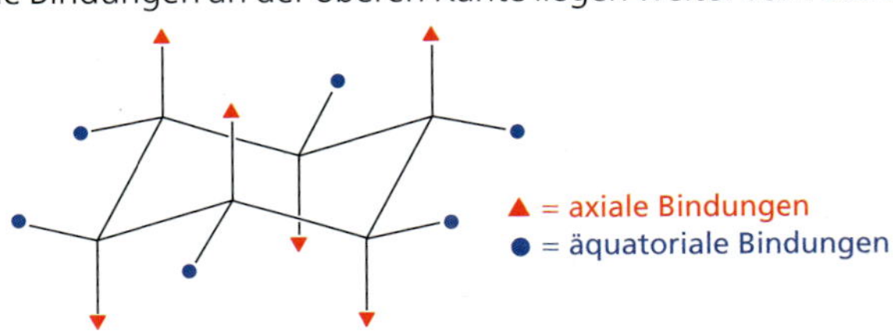

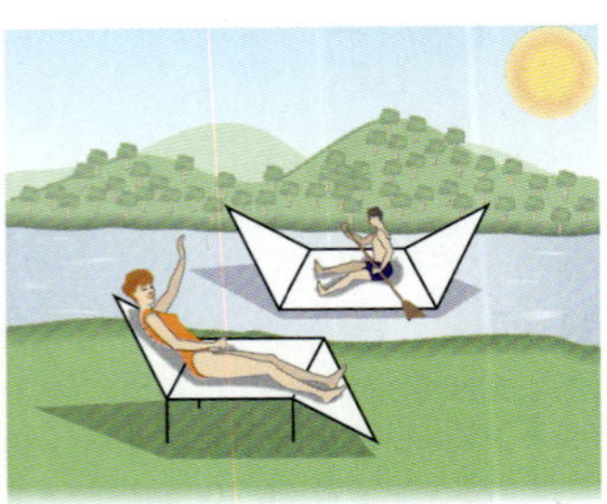

Das Cyclohexan wechselt rasch zwischen zwei alternativen, stabilen Sesselkonformationen hin und her, da die Rotation um C—C-Einfachbindungen, wie wir gesehen haben, leicht möglich ist. Die Interkonversion dieser beiden Konformationen wird als **Ringinversion** bezeichnet (► Abbildung 26.7). Wenn sich die beiden Sesselkonformeren ineinander umwandeln, werden die in der einen Konformation äquatorialen Bindungen zu axialen und umgekehrt.

Für das Cyclohexan gibt es weiterhin die so genannte **Boot (Wannen)-Konformation** (► Abbildung 26.8). Wie die Sesselkonformeren, ist das Boot-Konformer

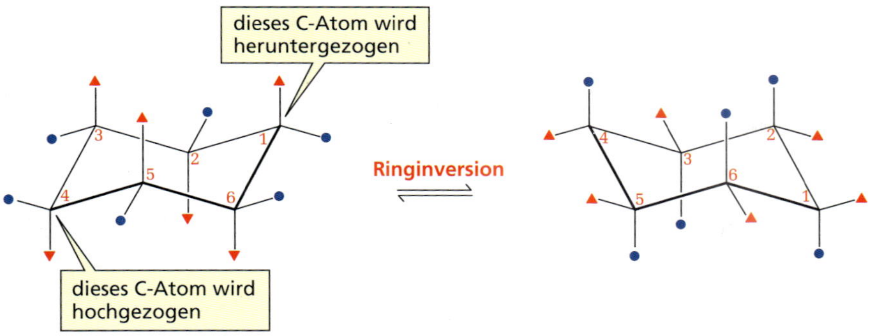

Abbildung 26.7: **Die Bindungen, die in dem einen Sesselkonformer äquatorial sind, sind in dem anderen Sesselkonformer axial und umgekehrt.**

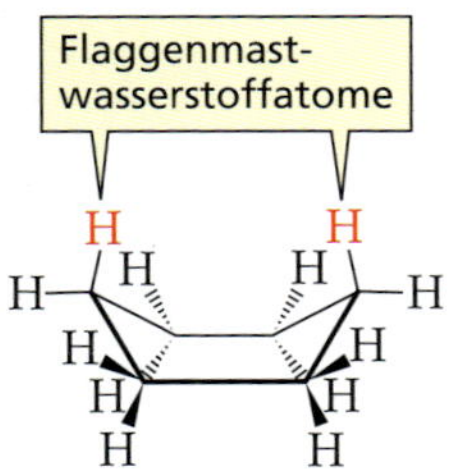

Boot-Konformation des Cyclohexans

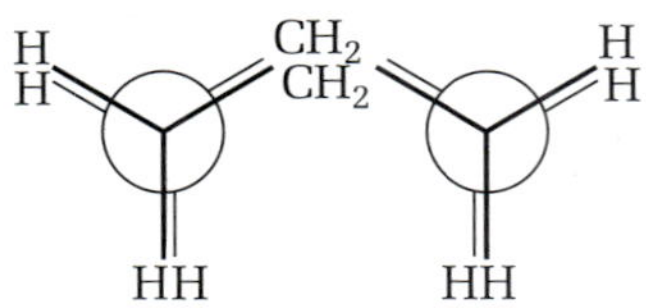

Newman-Projektion der Boot-Konformation

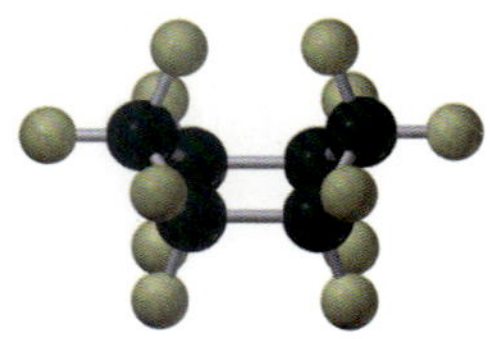

Kugel-Stab-Modell der Boot-Konformation des Cyclohexans

Abbildung 26.8: **Die Boot-Konformation des Cyclohexans, eine Newman-Projektion der Boot-Konformation und ein Kugel-Stab-Modell, das erkennen lässt, dass einige der Bindungen verdeckt liegen.**

frei von Winkelspannung. Die Boot-Konformation ist jedoch nicht so stabil wie die Sesselkonformation, weil einige der Bindungen in der Boot-Form verdeckt liegen, so dass Torsionsspannung auftritt.

Alkene – Struktur, Nomenklatur, Reaktivität · Thermodynamik und Kinetik

27

ÜBERBLICK

Ethen ist das Hormon, das die Fruchtreife (hier bei der Tomate) auslöst.

In Kapitel 26 haben wir gelernt, dass Alkane Kohlenwasserstoffe sind, die nur Kohlenstoff–Kohlenstoff-*Einfachbindungen* enthalten. Kohlenwasserstoffe, die eine Kohlenstoff–Kohlenstoff-*Doppelbindung* enthalten, werden **Alkene** genannt. Ethen ($H_2C{=}CH_2$), das einfachste Alken, ergibt bei der Umsetzung mit Chlor eine ölige Substanz. Auf diese Beobachtung gründet sich der früher übliche (und teilweise noch heute gebräuchliche) Begriff *Olefine* (Ölbildner) für Alkene.

Alkene spielen in der Biologie viele wichtige Rollen. Ethen ist beispielsweise ein Pflanzenhormon. Ethen beeinflusst die Keimung von Pflanzensamen, die Blütenbildung und die Fruchtreifung. Insekten kommunizieren untereinander durch die Freisetzung von Pheromonen. Viele Aroma- und Geruchsstoffe, die bestimmte Pflanzen produzieren, gehören ebenfalls zur Familie der Alkene.

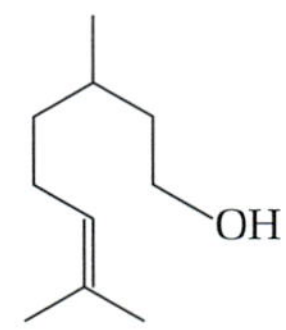

Citronellol
in Rosen- und Geranienöl

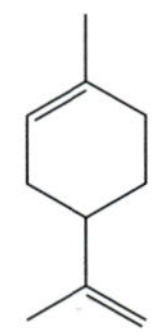

Limonen
aus den Schalen von Zitrusfrüchten

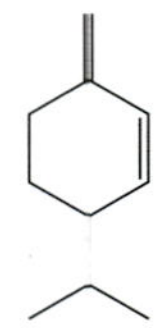

β-Phellandren
Eukalyptusöl

> **MERKE !**
>
> **Die allgemeine Summenformel für einen Kohlenwasserstoff ist C_nH_{2n+2} minus 2 Wasserstoffe für jede π-Bindung und/oder jeden Ring im Molekül.**

27.1 Summenformeln und der ungesättigte Charakter

In Kapitel 26 haben wir gelernt, dass die allgemeine Summenformel für nichtzyklische Alkane C_nH_{2n+2} ist. Wir haben ebenfalls gelernt, dass die allgemeine Summenformel für zyklische Alkane C_nH_{2n} ist, weil die Zyklisierung die Zahl der Wasserstoffatome um zwei vermindert. Nichtzyklische Verbindungen werden auch **azyklisch** genannt („a-" ist im Griechischen die Vorsilbe für „nicht" oder „kein").

Die allgemeine Summenformel für *azyklische Alkene* ist ebenfalls C_nH_{2n}, weil als Ergebnis der Kohlenstoff–Kohlenstoff-Doppelbindung ein Alken zwei Wasserstoffatome weniger aufweist als ein Alkan mit derselben Anzahl von Kohlenstoffatomen. Die allgemeine Summenformel für *zyklische Alkene* muss darum C_nH_{2n-2} sein. Wir gelangen daher zu der folgenden Aussage: *Die allgemeine Summenformel für einen Kohlenwasserstoff ist C_nH_{2n+2} minus 2 Wasserstoffe für jede π-Bindung und/oder jeden Ring im Molekül.*

$CH_3CH_2CH_2CH_2CH_3$
ein Alkan
C_5H_{12}
C_nH_{2n+2}

$CH_3CH_2CH_2CH{=}CH_2$
ein Alken
C_5H_{10}
C_nH_{2n}

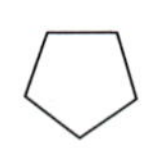

ein Cycloalkan
C_5H_{10}
C_nH_{2n}

ein Cycloalken
C_5H_{10}
C_nH_{2n-2}

Alkene sind **ungesättigte Kohlenwasserstoffe**, weil sie weniger als die maximale Anzahl von Wasserstoffatomen gebunden haben.

$CH_3CH_2CH_2CH_3$
ein gesättigter Kohlenwasserstoff

$CH_3CH{=}CHCH_3$
ein ungesättigter Kohlenwasserstoff

A 1 Bestimmen Sie die Summenformel für jede der folgenden Verbindungen:

(a) ein Kohlenwasserstoff mit 5 C-Atomen und einer π-Bindung und einem Ring

(b) ein Kohlenwasserstoff mit 4 C-Atomen und zwei π-Bindungen und keinem Ring

27.2 Nomenklatur der Alkene

Wir haben bereits gelernt, dass im System der IUPAC bestimmte funktionelle Gruppen durch ein eigenes Suffix angezeigt werden (siehe Abschnitte 26.6 und 26.7). Die funktionelle Gruppe eines Alkens ist die Doppelbindung, die durch das Suffix „-en" angezeigt wird. Der systematische Name eines Alkens nach den Regeln der IUPAC wird also gebildet, indem man die Endung „-an" des korrespondierenden Alkans durch die Endung „-en" ersetzt. Das Alken mit zwei Kohlenstoffatomen heißt beispielsweise Ethen, das mit drei Kohlenstoffen Propen. Ethen wird häufig (besonders in der älteren und der angelsächsischen Literatur) auch noch Ethylen genannt.

	$H_2C{=}CH_2$	$CH_3CH{=}CH_2$	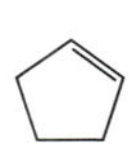	
Systematischer Name:	**Ethen**	**Propen**	**Cyclopenten**	**Cyclohexen**
Trivialname:	**Ethylen**	**Propylen**		

Bei den meisten Alkennamen ist es notwendig, durch Bezifferung die Position der Doppelbindung im Molekül anzugeben. Die IUPAC-Regeln, die wir in Kapitel 26 eingeführt haben, lassen sich auch auf Alkene anwenden:

1 Die längste durchgehende Kette von Kohlenstoffatomen, die die funktionelle Gruppe (in diesem Fall die C=C-Doppelbindung) trägt, wird so nummeriert, dass dem Suffix der funktionellen Gruppe die niedrigstmögliche Zahl zugewiesen wird. Beispielsweise gibt But-1-en an, dass die Doppelbindung zwischen dem ersten und dem zweiten Kohlenstoffatom des Moleküls ausgebildet liegt. Hex-2-en gibt an, dass die Doppelbindung zwischen den Kohlenstoffatomen 2 und 3 liegt.

> **MERKE !**
>
> **Nummerieren Sie die längste durchgehende Kette von Kohlenstoffatomen, die die Doppelbindung enthält, so dass die Doppelbindung die niedrigstmögliche Bezifferung erhält.**

$CH_3CH_2CH{=}CH_2$ **But-1-en**

$CH_3CH{=}CHCH_3$ **But-2-en**

$CH_3CH{=}CHCH_2CH_2CH_3$ **Hex-2-en**

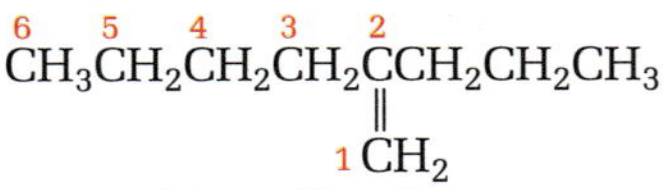

2-Propylhex-1-en

die längste ununterbrochene Atomkette weist acht Kohlenstoffatome auf, die längste ununterbrochene Atomkette, welche die funktionelle Gruppe enthält, weist sechs Kohlenstoffatome auf, so dass als der zugrundeliegende Kohlenwasserstoff das n-Hexen angesehen wird

2 Das Suffix für eine Verbindung mit zwei Doppelbindungen lautet „-dien".

$CH_2{=}CH{-}CH_2{-}CH{=}CH_2$ **Penta-1,4-dien**

$CH_3CH{=}CH{-}CH{=}CHCH_2CH_3$ **Hepta-2,4-dien**

$CH_3CH{=}CH{-}CH{=}CH_2$ **Penta-1,3-dien**

3 Der Name eines Substituenten wird dem Namen der längsten durchgehenden Kohlenstoffkette, welche die Doppelbindung enthält, vorangestellt, zusammen mit einer Ziffer, die das Kohlenstoffatom angibt, an das der Substituent gebunden ist. Man beachte, *dass die Kette der Kohlenstoffatome immer noch in der Richtung nummeriert wird, die der Wortendung der funktionellen Gruppe die niedrigstmögliche Ziffer zuweist.*

> **MERKE !**
>
> **Wenn es sowohl ein Suffix für die funktionelle Gruppe als auch einen Substituenten gibt, wird das Suffix für die funktionelle Gruppe mit der niedrigstmöglichen Ziffer versehen.**

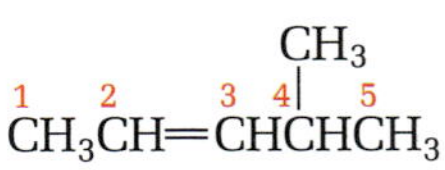

4-Methyl-pent-2-en

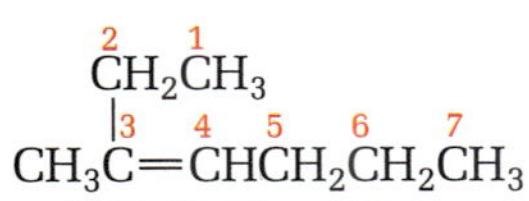

3-Methyl-hept-3-en

$CH_3CH_2CH_2CH_2CH_2OCH_2CH_2CH{=}CH_2$ **4-Pentoxy-but-1-en**

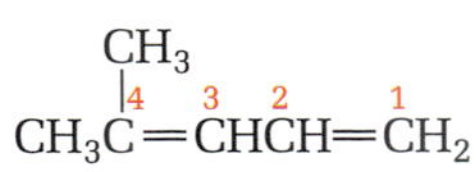

4-Methyl-penta-1,3-dien

4 Falls eine Kohlenstoffkette mehr als einen Substituenten trägt, werden die Substituenten in alphabetischer Reihenfolge aufgezählt. Dabei finden genau dieselben Regeln Anwendung, die wir in Abschnitt 26.2 vorgestellt haben. Jedem Substituenten wird dann die passende Bezifferung zugewiesen.

> **MERKE !**
>
> **Substituenten werden in alphabetischer Reihenfolge genannt.**

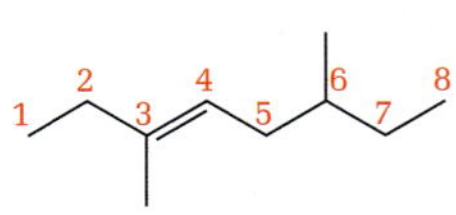

3,6-Dimethyl-oct-3-en

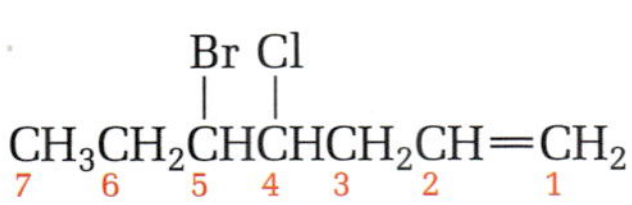

5-Brom-4-chlor-hept-1-en

5 Falls sich bei der Zählung der Kohlenstoffatome eines Alkens für die Position der Doppelbindung in beiden Zählrichtungen entlang der längsten Kette von C-Atomen dieselbe Platzziffer für die Doppelbindung ergibt, wird die Zählrichtung so festgelegt, dass etwaigen Substituenten die niedrigstmöglichen Ziffern zufallen. Zum Beispiel ist 2,5-Dimethyl-oct-4-en ein Oct-4-enderivat, egal in welcher Richtung die längste Kohlenstoffkette durchgezählt wird. Wenn man von links nach rechts abzählt, bekommen die Methylgruppen die Ziffern 4 und 7; nummeriert man aber von rechts nach links fallen den Methylgruppen die Ziffern 2 und 5 zu. Die Bezifferung, die zu den Positionen 2 und 5 für die Methylgruppen führt, liefert niedrigere Platzzahlen als die Bezifferung in Gegenrichtung. Daher trägt die Verbindung den Namen 2,5-Dimethyl-oct-4-en und *nicht* 4,7-Dimethyl-oct-4-en.

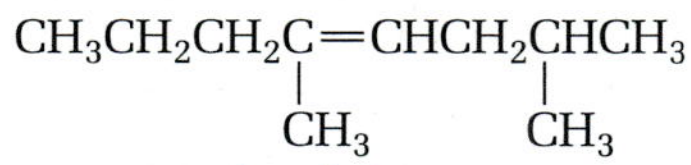

2,5-Dimethyl-oct-4-en
nicht
4,7-Dimethyl-oct-4-en
da 2 < 4

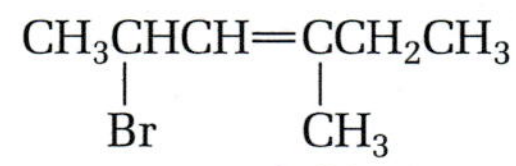

2-Brom-4-methyl-hex-3-en
nicht
5-Brom-3-methyl-hex-3-en
da 2 < 3

MERKE !

Einem Substituenten wird nur dann die niedrigstmögliche Ziffer zugeschrieben, wenn kein Suffix einer funktionellen Gruppe existiert oder wenn sich beim Abzählen in beiden Richtungen die gleiche Ziffer für das Suffix der funktionellen Gruppe ergeben würde.

6 Bei zyklischen Alkenen ist es nicht notwendig, die Position der Doppelbindung durch Ziffern anzugeben, da der Ring konventionsgemäß so nummeriert wird, dass sie zwischen C-1 und C-2 liegt. Für die Zuweisung von Ziffern zu Substituenten fährt man den Ring in der Richtung ab (im oder gegen den Uhrzeigersinn), die zur niedrigsten Platzziffer des Namens führt.

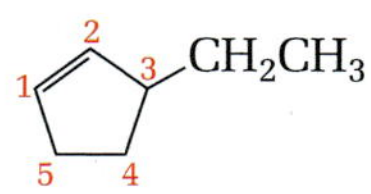

3-Ethylcyclopenten

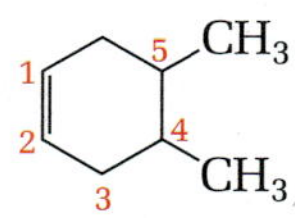

4,5-Dimethylcyclohexen

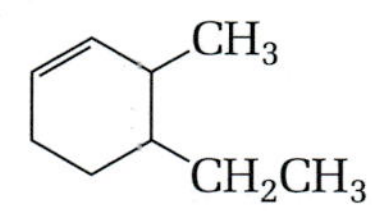

4-Ethyl-3-methylcyclohexen

So wird etwa die nachfolgend dargestellte Verbindung 1,6-Dichlorcyclohexen genannt und *nicht* 2,3-Dichlorcyclohexen, da die 1 in 1,6-Dichlorhexen die niedrigst mögliche Platzziffer ist, obgleich die Summe der Platzziffern in diesem Fall (1 + 6 = 7) größer ist als im anderen Fall (2 + 3 = 5).

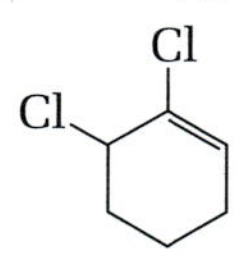

1,6-Dichlorocyclohexen
nicht
2,3-Dichlorocyclohexen
da 1 < 2

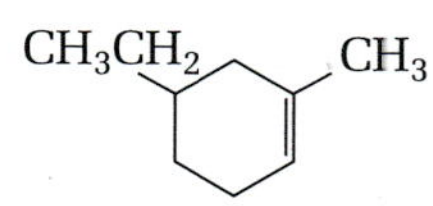

5-Ethyl-1-methylcyclohexen
nicht
4-Ethyl-2-methylcyclohexen
da 1 < 2

7 Falls beide Abzählrichtungen zu denselben Platzziffern für die an der Doppelbindung vorhandenen Substituenten führen, so werden diese Substituenten übergangen und die Zählrichtung so festgelegt, das einem nachfolgenden Substituenten die niedrigstmögliche Platzziffer zufällt.

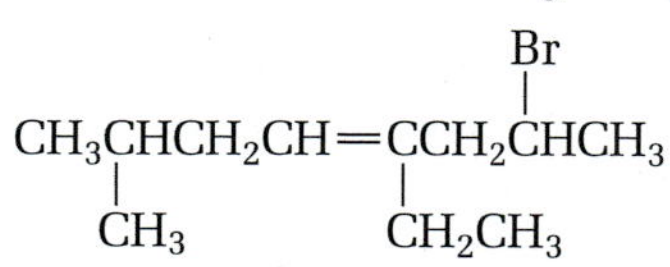

2-Brom-4-ethyl-7-methyl-oct-4-en
nicht
7-Brom-5-ethyl-2-methyl-oct-4-en
da 4 < 5

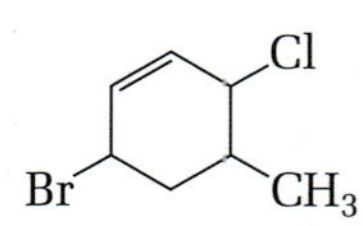

6-Brom-3-chlor-4-methylcyclohexen
nicht
3-Brom-6-chlor-5-methylcyclohexen
da 4 < 5

Die sp^2-hybridisierten Kohlenstoffatome eines Alkens werden als **Vinylkohlenstoffatome** bezeichnet. Ein sp^3-hybridisiertes C-Atom, das einem Vinylkohlenstoff benachbart ist, heißt **Allylkohlenstoff(atom)**

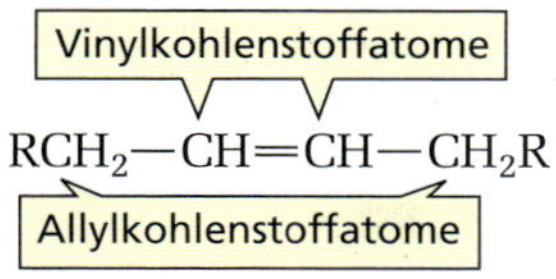

Zwei wiederholt auftretende Atomgruppen, die eine C=C-Doppelbindung enthalten, tragen eigene Trivialnamen – die **Vinylgruppe** und die **Allylgruppe**. Die Vinylgruppe ist die kleinstmögliche Gruppierung, die Vinylkohlenstoffe enthalten kann. Die Allylgruppe ist die kleinstmögliche Gruppierung mit einem Allylkohlenstoffatom. Wenn die Silbe „Allyl-" in der Benennung einer chemischen Verbindung eingesetzt wird, muss der Substituent an das allylische Kohlenstoffatom gebunden sein.

	$H_2C{=}CH{-}$	$H_2C{=}CHCH_2{-}$
	Vinylgruppe	**Allylgruppe**
	$H_2C{=}CHCl$	$H_2C{=}CHCH_2Br$
systematischer Name:	**Chlorethen**	**3-Brompropen**
Trivialname:	**Vinylchlorid**	**Allylbromid**

27.3 Die Struktur der Alkene

Wir haben die Struktur des einfachsten Alkens – des Ethens – in Abschnitt 25.2 beschrieben. Andere Alkene haben ähnliche Strukturen. Jedes doppelt gebundene Kohlenstoffatom eines Alkens ist sp^2-hybridisiert; die sp^2-Hybridorbitale liegen in einer Ebene mit Winkeln von 120° zueinander. Jedes dieser sp^2-Orbitale überlappt mit einem Orbital eines anderen Atoms unter Ausbildung einer σ-Bindung. Eine der Kohlenstoff–Kohlenstoff-Bindungen einer Doppelbindung ist eine σ-Bindung, die durch die Überlappung eines sp^2-Orbitals des einen Kohlenstoffatoms mit einem sp^2-Orbital eines anderen Kohlenstoffatoms entsteht. Die zweite Kohlenstoff–Kohlenstoff-Bindung der Doppelbindung (die π-Bindung) wird durch seitliche Überlappung der nichthybridisierten p-Orbitale der sp^2-hybridisierten Kohlenstoffatome gebildet. Da drei Punkte eine Ebene definieren, liegt jedes sp^2-hybridisierte Kohlenstoffatom und die beiden durch Einfachbindungen an es gebundenen Atome in einer Ebene. Um eine maximale Orbitalüberlappung zu erreichen, müssen sich die beiden p-Orbitale parallel zueinander ausrichten. Alle sechs Atome des Doppelbindungssystems liegen daher in einer Ebene.

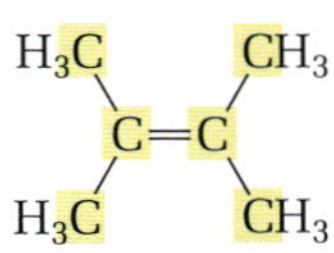

die sechs Kohlenstoffatome liegen in derselben Ebene

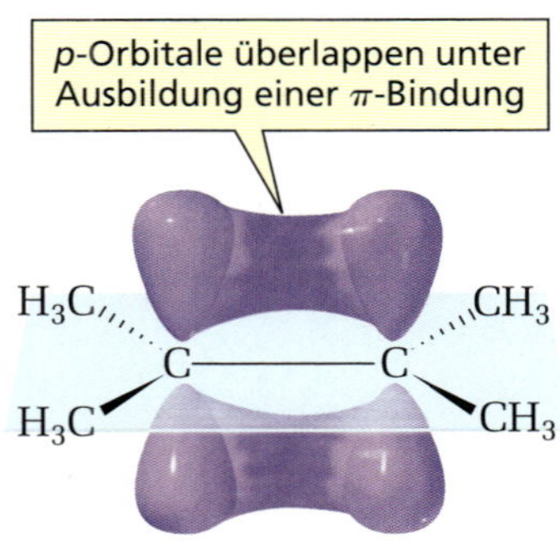

Es ist wichtig, in Erinnerung zu behalten, dass die π-Bindung eine Elektronenwolke beschreibt, die sich oberhalb und unterhalb der Ebene erstreckt, die von den sp^2-hybridisierten C-Atomen und den vier an sie gebundenen Atomen definiert wird.

27.4 *Cis/trans*-Isomerie

Da die beiden p-Orbitale, die die π-Bindung ausbilden, parallel stehen müssen, um eine maximale Überlappung zu gewährleisten, kommt eine Rotation um eine Doppelbindung nicht leicht zustande. Falls eine Rotation aufträte, würden sich die beiden p-Orbitale nicht länger überlappen; die π-Bindung würde aufgelöst (► Abbildung 27.1). Die Energiebarriere für diese Rotation beträgt etwa 62 kcal/mol (259 kJ/mol). Man vergleiche dies mit der Energiebarriere einer Kohlenstoff–Kohlenstoff-Einfachbindung von 2,9 kcal/mol (12,1 kJ/mol; vergl. Abschnitt 26.10).

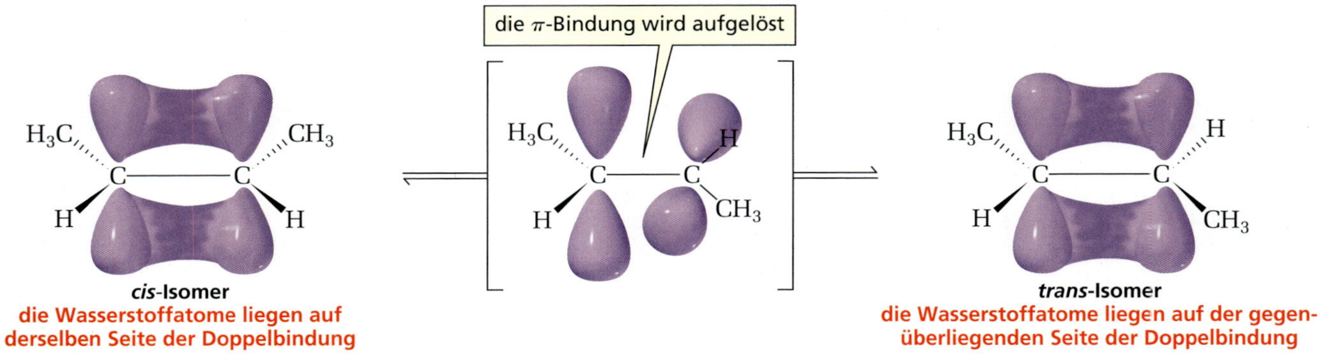

Abbildung 27.1: **Rotation um die Kohlenstoff–Kohlenstoff-Doppelbindung würde zur Auflösung der π-Bindung führen.**

Weil es eine so hohe Energieschwelle für die Rotation um eine C=C-Doppelbindung gibt, kommt ein Alken wie But-2-en in zwei unterscheidbaren Formen vor: Die an das sp^2-hybridisierte C-Atom gebundenen Wasserstoffatome können sich auf derselben Seite der Doppelbindung oder auf gegenüberliegenden Seiten der Doppelbindung befinden.

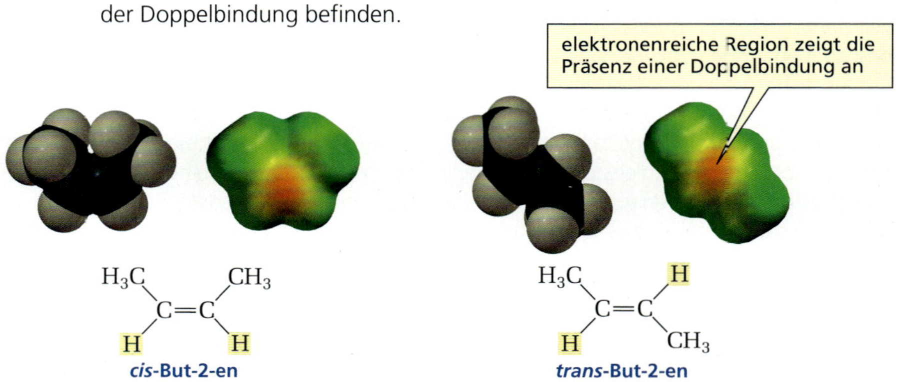

Das Isomer, bei dem die Wasserstoffatome auf derselben Seite der Doppelbindung liegen wird das ***cis*-Isomer** genannt, und das Isomer, bei dem die Wasserstoffatome auf gegenüber liegenden Seiten stehen, wird das ***trans*-Isomer** genannt. Ein Isomerenpaar wie *cis*-But-2-en und *trans*-But-2-en wird als ***cis/trans*-Isomere** oder **geometrische Isomere** bezeichnet. *Cis/trans*-Isomere besitzen dieselbe Summenformel, unterscheiden sich aber in der Art und Weise, in der die Atome im Raum angeordnet sind.

Falls eines der sp^2-hybridisierten C-Atome einer Doppelbindung an zwei identische Substituenten gebunden ist, gibt es nur eine mögliche Struktur für das betreffende Alken. Mit anderen Worten: *Cis/trans*-Isomerie ist bei einem Alken, das an einem seiner doppelt gebundenen C-Atome identische Substituenten trägt, nicht möglich.

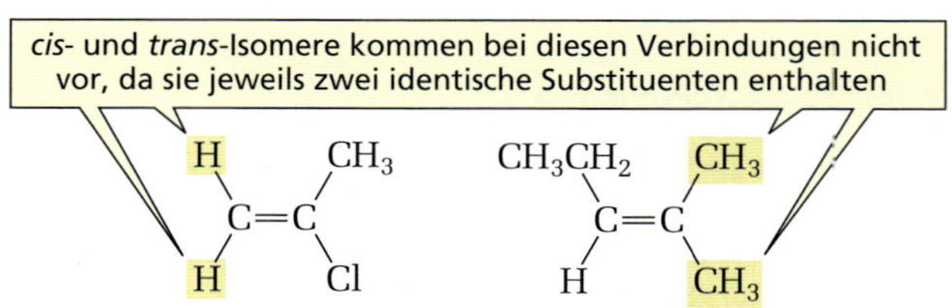

Aufgrund der Energiebarriere für eine Rotation um die Doppelbindung, können *cis*- und *trans*-Isomere sich nicht ineinander umwandeln (außer unter Bedingungen, die extrem genug sind, um die Energieschwelle zu überwinden und die

A 2
(a) Welche der nachfolgend dargestellten Verbindung kann in Form von *cis*- und *trans*-Isomeren vorliegen?
(b) Zeichnen Sie für die betreffenden Verbindungen die entsprechenden *cis*- und *trans*-Isomere.

1. $CH_3CH{=}CHCH_2CH_2CH_3$
2. $CH_3CH_2C{=}CHCH_3$ (mit CH_2CH_3 am C)

A 3 Zeichnen Sie drei Alkene mit der Summenformel C_5H_{10}, von denen es keine *cis-trans*-Isomere gibt.

A 4 Welche der folgenden Verbindungen besitzen ein Gesamtdipolmoment $\mu = 0$?

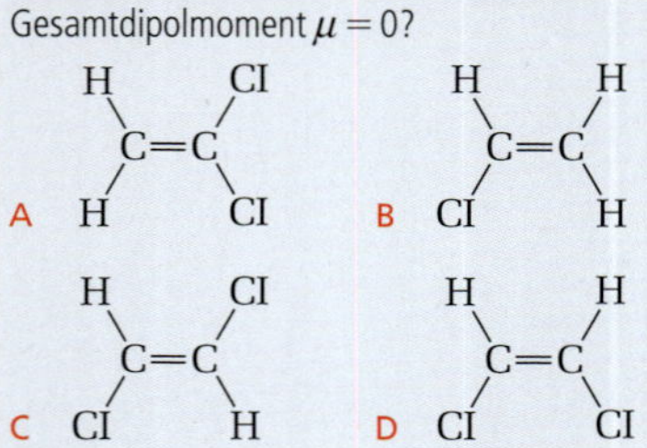

π-Bindung aufzulösen). Das bedeutet, dass sie sich voneinander trennen lassen. Mit anderen Worten: Die beiden Isomere sind unterschiedliche Verbindungen mit verschiedenen physikalischen Eigenschaften.

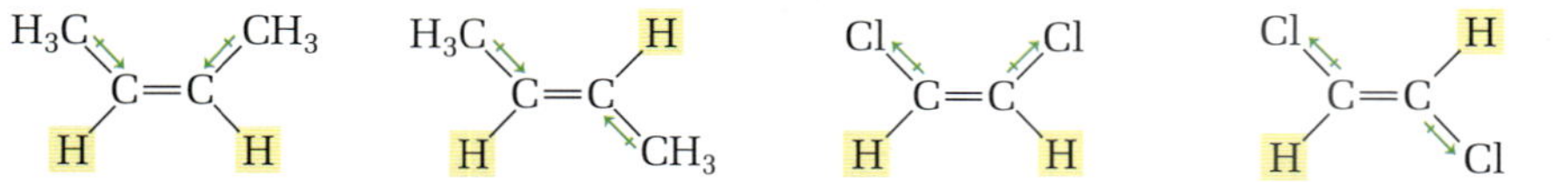

***cis*-But-2-en** Sdp. = 3,7 °C μ = 0,33 D

***trans*-But-2-en** Sdp. = 0,9 °C μ = 0 D

***cis*-1,2-Dichlorethen** Sdp. = 60,3 °C μ = 2,95 D

***trans*-1,2-Dichlorethen** Sdp. = 47,5 °C μ = 0 D

Cis- und *trans*-Isomere können nur dann ineinander überführt werden, wenn das betreffende Molekül genügend Wärme- oder Strahlungsenergie absorbiert, um die π-Bindung aufzubrechen, da eine Rotation – wenn die π-Bindung einmal aufgelöst ist – um die verbleibende σ-Bindung leicht erfolgen kann (siehe Abschnitt 26.10).

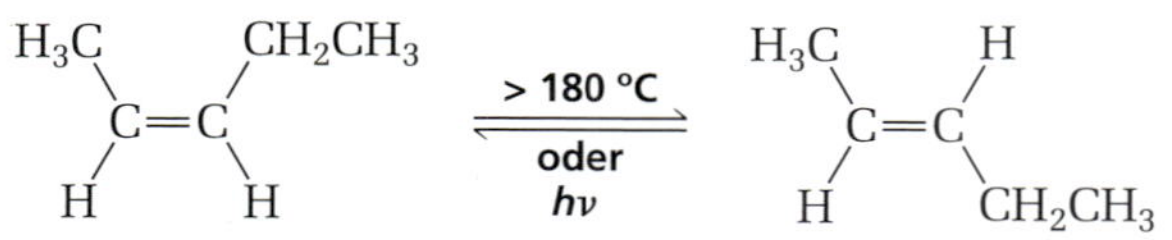

***cis*-Pent-2-en** ***trans*-Pent-2-en**

EXTRAS ONLINE Die *E*/*Z*-Nomenklatur

27.5 Reaktionsverhalten der Alkene

Die Zugehörigkeit einer organischen Verbindung zu einer Stoffklasse wird von ihrer **funktionellen Gruppe** bestimmt. Die funktionelle Gruppe ist ein Strukturelement, das als Reaktivitätszentrum des betreffenden Moleküls fungiert. Im hinteren Einbanddeckel finden Sie eine Tabelle der häufigsten funktionellen Gruppen. Mit der funktionellen Gruppe der Alkene sind wir schon vertraut: Es ist die Kohlenstoff–Kohlenstoff-Doppelbindung. Alle Verbindungen mit einer Kohlenstoff–Kohlenstoff-Doppelbindung reagieren auf ähnliche Weise, egal ob die Verbindung aus kleinen Molekülen wie Ethen besteht oder aus großen wie Cholesterin.

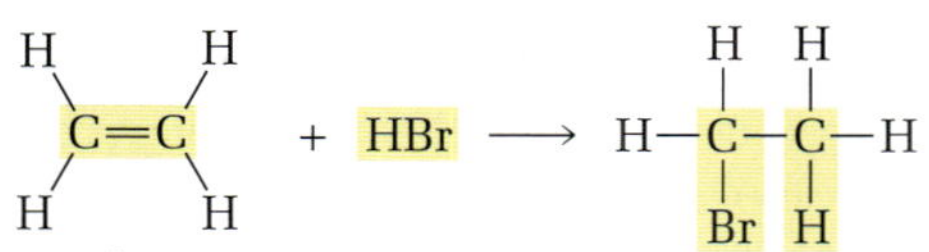

Ethen

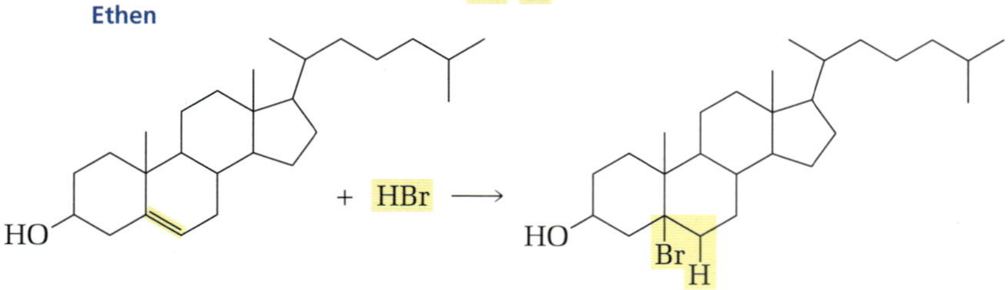

Cholesterin

Zunächst muss man verstehen, *warum* eine funktionelle Gruppe gerade so reagiert, wie sie es tut. Es reicht nicht aus zu wissen, das eine Verbindung mit einer C—C-Doppelbindung mit Bromwasserstoff (HBr) zu einem Produkt reagiert, in dem das Wasserstoff- und das Bromatom die Stelle einer π-Bindung eingenommen haben. Wir müssen verstehen, *warum* die Verbindung mit HBr reagiert. In jedem Kapitel, in dem die Reaktivität einer bestimmten funktionellen Gruppe diskutiert wird, werden wir sehen, wie die Natur der funktionellen Gruppe es uns erlaubt, die Reaktionen, die eintreten werden, vorherzusagen. Wenn wir dann mit einer neuen Reaktion konfrontiert werden, wird uns die Kenntnis, wie die Struktur eines Moleküls seine Reaktivität beeinflusst, dabei helfen, die Produkte der Reaktion vorherzusagen.

> **MERKE !**
>
> **Elektronenreiche Atome oder Moleküle werden von elektronenarmen Atomen oder Molekülen angezogen.**

Kurz gesagt geht es in der Organischen Chemie um die Wechselwirkung elektronenreicher Atome oder Moleküle mit elektronenarmen Atomen oder Molekülen. Es sind diese Anziehungskräfte, die eine Reaktion stattfinden lassen. Aus dem Gesagten lässt sich eine sehr bedeutungsvolle Regel ableiten, die die Reaktivität organischer Moleküle bestimmt: *Elektronenreiche Atome oder Moleküle werden von elektronenarmen Atomen oder Molekülen angezogen*.

Um verstehen zu können, wie eine funktionelle Gruppe reagiert, müssen wir also zuerst lernen, elektronenarme und elektronenreiche Atome und Moleküle zu erkennen. Ein elektronenarmes Atom oder Molekül wird als ein **Elektrophil** bezeichnet. Ein Elektrophil kann ein Atom enthalten, das ein Elektronenpaar aufnehmen kann, oder es kann ein Atom enthalten, das ein ungepaartes Elektron besitzt und darum ein Elektron benötigt, um sein Oktett zu vervollständigen. Wörtlich bedeutet *elektrophil* „Bernstein liebend" (*elektron*, gr. Bernstein; *philos*, gr. Liebe).

H^+ $\quad CH_3\overset{+}{C}H_2$ $\quad BH_3$

diese Teilchen sind Elektrophile, weil sie Elektronenpaarakzeptoren sind

> **MERKE !**
>
> **Ein Nucleophil reagiert mit einem Elektrophil.**

Ein elektronenreiches Atom oder Molekül wird als **Nucleophil** bezeichnet. Ein Nucleophil besitzt ein freies Elektronenpaar, welches es mit einer anderen chemischen Spezies teilen kann. Einige Nucleophile sind elektrisch neutral, andere sind negativ geladen. Da ein Nucleophil Elektronen besitzt, die es zu teilen bereit ist und ein Elektrophil Elektronen bereitwillig aufnimmt, sollte es uns nicht überraschen, dass sie sich wechselseitig anziehen. Die oben aufgestellte Regel kann daher auch so formuliert werden: Ein Nucleophil reagiert mit einem Elektrophil.

$H\ddot{\underset{..}{O}}:^-$ $\quad :\ddot{\underset{..}{Cl}}:^-$ $\quad CH_3\ddot{N}H_2$ $\quad H_2\ddot{O}:$

diese Teilchen sind Nucleophile, weil sie Elektronenpaardonatoren sind

Wir haben gesehen, dass die π-Bindung eines Alkens aus einer Elektronenwolke oberhalb und unterhalb der σ-Bindung besteht. Infolge dieser Elektronenwolke ist ein Alken eine elektronenreiche Verbindung – es ist ein Nucleophil.

Wir haben außerdem gesehen, dass eine π-Bindung schwächer als eine σ-Bindung ist (Abschnitt 25.5). Die π-Bindung ist daher die Bindung, die am leichtesten aufgelöst wird, wenn ein Alken eine Reaktion eingeht. Wir können daher vorhersagen, dass ein Alken mit einem Elektrophil reagieren wird und bei diesem Vorgang die π-Bindung aufgebrochen werden wird. Falls also ein Reagenz wie Bromwasserstoff einem Alken zugesetzt wird, wird das Alken umter Bildung eines Carbokations mit dem Wasserstoffatom des Bromwasserstoffmoleküls reagieren, das positiviert ist. Im zweiten Schritt der Reaktion wird das positiv geladene Carbokation (das ein Elektrophil ist) mit dem negativ geladenen Bromidion (einem Nucleophil) zu einem Halogenalkan reagieren.

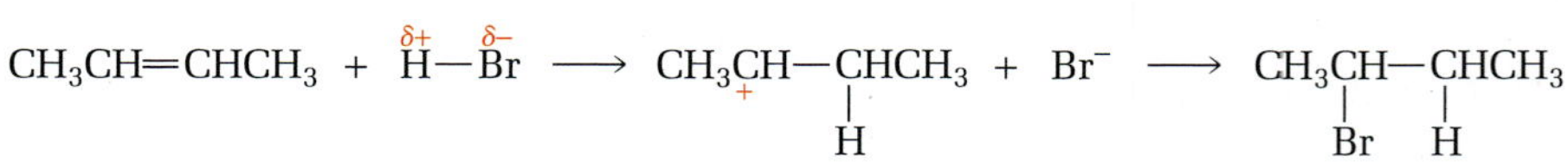

> **MERKE !**
>
> **Gekrümmte Pfeile zeigen die Verschiebung von Elektronen an; sie gehen von einem elektronenreichen Zentrum aus und reichen bis zu einem elektronenarmen Zentrum.**

Die schrittweise Beschreibung des Prozesses, durch den Reaktanten (z. B. ein Alken und Bromwasserstoff) in Reaktionsprodukte überführt werden, wird Mechanismus der Reaktion genannt. Um Reaktionsmechanismen besser verstehen zu können, werden gekrümmte Pfeile gezeichnet, um anzuzeigen, wie sich die Elektronen verschieben, wenn neue kovalente Bindungen gebildet und alte aufgelöst werden. Da die gekrümmten Pfeile anzeigen, wie die Elektronen „fließen", werden sie von einem elektronenreichen Ort (dem Ende des Pfeiles) ausgehend zu einem elektronenarmen Zielort (der Spitze des Pfeiles) hin gezeichnet. Auf diese Weise zeigen die Pfeile an, welche Bindungen gebildet und welche aufgelöst werden.

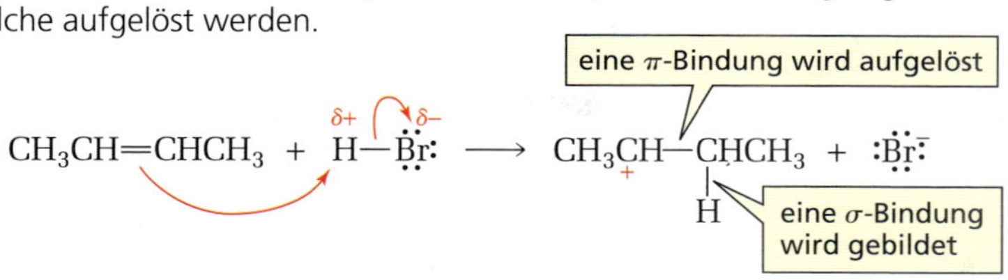

Für den Fall der Reaktion von But-2-en mit HBr wird ein Pfeil gezeichnet, um anzuzeigen, dass die beiden Elektronen der π-Bindung des Alkens vom positiv polarisierten Wasserstoffatom des HBr-Moleküls angezogen werden. Das Wasserstoffatom kann jedoch dieses Elektronenpaar nicht aufnehmen, weil es schon an ein Bromatom gebunden ist. Wenn sich die π-Elektronen des Alkens auf das Wasserstoffatom zubewegen, bricht die H—Br-Bindung auf. Das Bromatom bleibt hierbei im Besitz der Bindungselektronen. Man beachte, dass die π-Elektronen von einem Kohlenstoffatom abgezogen werden, aber mit dem anderen verknüpft bleiben. Die beiden Elektronen, die vormals die π-Bindung gebildet hatten, bilden nun eine σ-Bindung zwischen einem Kohlenstoffatom und dem Wasserstoffatom aus dem HBr. Das (Zwischen)produkt dieses ersten Schrittes der Reaktion ist ein Carbokation.

Im zweiten Schritt der Reaktion bildet ein freies Elektronenpaar des negativ geladenen Bromidions eine Bindung mit dem positiv geladenen Kohlenstoffatom des Carbokations. Man beachte, dass an beiden Schritten der Reaktion *die Reaktion eines Elektrophils mit einem Nucleophil* beteiligt ist.

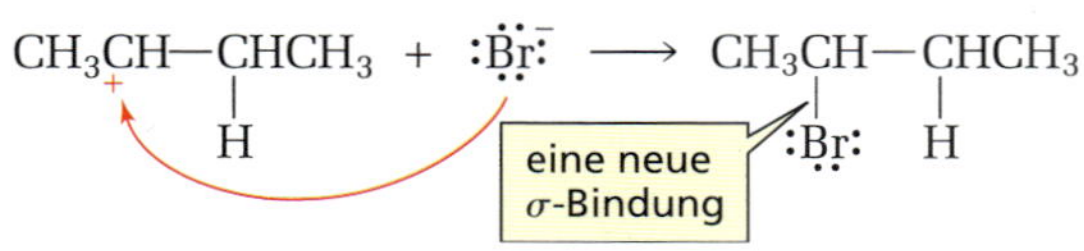

In der Summe umfasst die Reaktion die *Addition* eines mols Bromwasserstoff (HBr) an ein mol des Alkens. Der Reaktionstyp wird deshalb als **Additionsreaktion** (oder einfach als **Addition**) bezeichnet. Da der erste Schritt der Reaktion in der Addition eines Elektrophils (H^+) an das Alken besteht, wird der Reaktionsmechanismus als eine **elektrophile Addition** bezeichnet. *Elektrophile Additionen sind die kennzeichnenden Reaktionen der Alkene.*

Wenn man sich darum bemüht, die Mechanismen der Reaktionen zu verstehen, werden die Prinzipien der Organischen Chemie deutlich, so dass das sachangemessene Verständnis erleichtert wird.

A 5 Welche der nachfolgenden chemischen Teilchen sind Elektrophile, und welche sind Nucleophile?

H^- $\quad CH_3O^-$ $\quad CH_3C{\equiv}CH$

$CH_3\overset{+}{C}HCH_3$ $\quad NH_3$

27.6 Thermodynamische und kinetische Grundlagen

Eine erfolgreiche Reaktion ist eine solche, deren Produkte im Gleichgewichtszustand begünstigt werden. Ob das Gleichgewicht bevorzugt auf der Produkt- oder Eduktseite liegt, kann entweder durch die Gleichgewichtskonstante (K_{eq}) oder die Änderungen der freien Enthalpie ($\Delta G°$) angegeben werden. Diese beiden quantitativen Größen sind durch die Gleichung

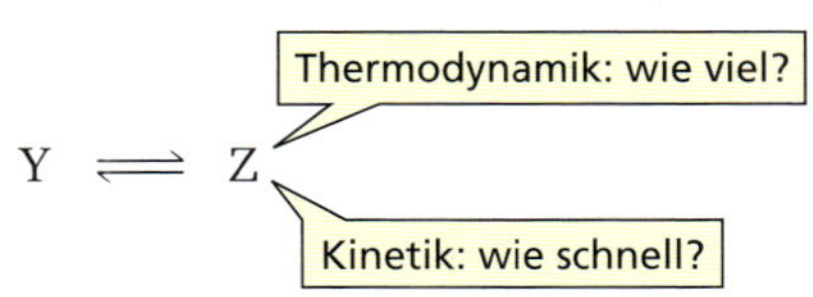

$$\Delta G° = -RT \ln K_{eq}$$

miteinander verknüpft, in der R die allgemeine Gaskonstante ($8{,}314 \times 10^{-3}$ kJ mol^{-1} K^{-1} = $1{,}986 \times 10^{-3}$ kcal mol^{-1} K^{-1}) und T die absolute Temperatur in Kelvin sind.

Eine geringe Differenz im $G°$-Wert löst eine große Differenz im Wert von K_{eq} und damit eine große Differenz in der relativen Konzentration von Edukten und Produkten aus. Beispielsweise ändert sich das Verhältnis von Produkten zu Edukten um den Faktor 10, wenn in einer Reaktion der Wert von $\Delta G°$ um 1,36 kcal/mol (oder 5,77 kJ/mol) sinkt (siehe ► Tabelle 27.1).

MERKE !

Je stabiler eine Verbindung ist, desto höher ist ihre Konzentration im Zustand des chemischen Gleichgewichtes.

MERKE !

Wenn die Reaktionsprodukte im Gleichgewichtszustand überwiegen, ist das $\Delta G°$ der Reaktion negativ und K_{eq} ist größer als 1.

Wenn die Edukte im Gleichgewichtszustand überwiegen, ist das $\Delta G°$ positiv und K_{eq} ist kleiner als 1.

$\Delta G°$ (kcal/mol)	K_{eq}	$B \rightleftharpoons C$ % C im Gleichgewicht
−0,1	1,2	54,5
−1	5,4	84,4
−2,36	5,4 × 10	98,1
−5	$4{,}6 \times 10^3$	99,98
−5,36	$4{,}6 \times 10^4$	99,9998

Tabelle 27.1: Das Verhältnis von $\Delta G°$ und K_{eq} bei 25 °C.

MERKE !

Das System passt sich Gleichgewichtsstörungen an, um diese auszugleichen.

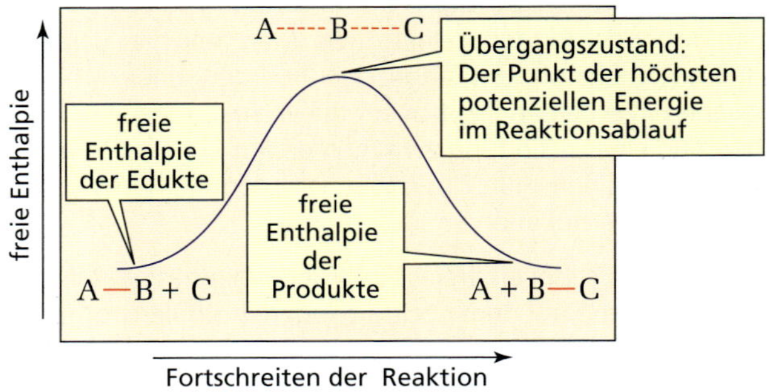

Abbildung 27.2: Ein Reaktionskoordinatendiagramm. Die gestrichelten Linien des Übergangszustandes symbolisieren Bindungen, die teilweise aufgelöst bzw. teilweise ausgebildet sind.

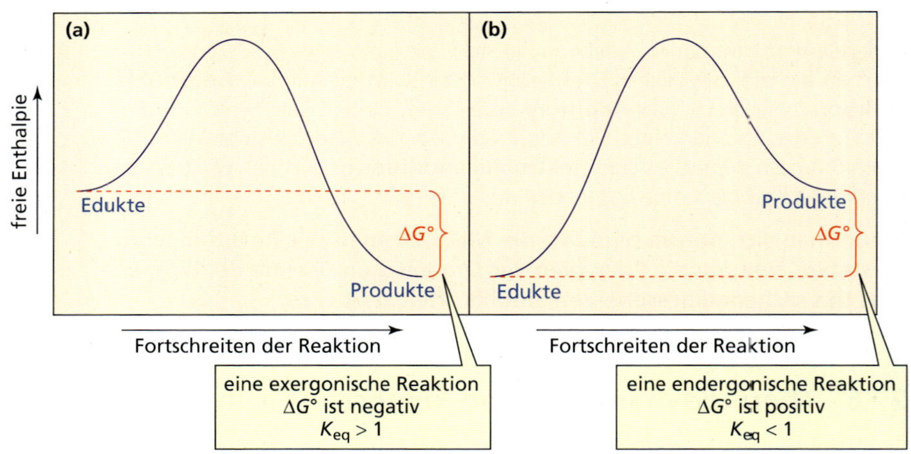

Abbildung 27.3: Reaktionskoordinatendiagramme für (a) eine Reaktion, deren Produkte stabiler sind als ihre Edukte (eine exergonische Reaktion), und (b) eine Reaktion, deren Produkte weniger stabil sind als ihre Edukte (eine endergonische Reaktion).

Kinetik

Zu wissen, ob eine bestimmte Reaktion exergonisch oder endergonisch ist, sagt nichts darüber aus, wie schnell eine Reaktion abläuft, da der $\Delta G°$-Wert einer Reaktion nur den Unterschied in den Stabilitäten der Ausgangsstoffe im Vergleich zur Stabilität der Reaktionsprodukte zum Ausdruck bringt; er sagt nichts über die Aktivierungsenergie der Reaktion aus, die einen „Energieberg" beschreibt, der zuerst von den Ausgangsstoffen überwunden werden muss, damit sie in die

Bindung	$H°$ kcal/mol	$H°$ kJ/mol	Bindung	$H°$ kcal/mol	$H°$ kJ/mol
$CH_3—H$	105	439	$H—H$	104	435
$CH_3CH_2—H$	101	423	$F—F$	38	159
$CH_3CH_2CH_2—H$	101	423	$Cl—Cl$	58	242
$(CH_3)_2CH—H$	99	414	$Br—Br$	46	192
$(CH_3)_3C—H$	97	406	$I—I$	36	150
			$H—F$	136	571
$CH_3—CH_3$	90,1	377	$H—Cl$	103	432
$CH_3CH_2—CH_3$	89,0	372	$H—Br$	87	366
$(CH_3)_2CH—CH_3$	88,6	371	$H—I$	71	298
$(CH_3)_3C—CH_3$	87,5	366			
			$CH_3—F$	115	481
$H_2C{=}CH_2$	174	728	$CH_3—Cl$	84	350
$HC{\equiv}CH$	231	966	$CH_3CH_2—Cl$	85	356
			$(CH_3)_2CH—Cl$	85	356
$HO—H$	119	497	$(CH_3)_3C—Cl$	85	356
$CH_3O—H$	105	439	$CH_3—Br$	72	301
$CH_3—OH$	92	387	$CH_3CH_2—Br$	72	301
			$(CH_3)_2CH—Br$	74	310
			$(CH_3)_3C—Br$	73	305
			$CH_3—I$	58	243
			$CH_3CH_2—I$	57	238

S. J. Blanksby und G. B. Ellison, Acc. Chem. Res. (2003), vol. 36: 255.

Tabelle 27.2: Homolytische Bindungsdissoziationsenergien $Y—Z \longrightarrow Y\cdot + \cdot Z$.

Reaktionsprodukte überführt werden können. Je höher diese Energiebarriere ist, desto langsamer verläuft die Reaktion. Die **Kinetik** ist dasjenige Teilgebiet der Chemie, das die Geschwindigkeiten chemischer Reaktionen und die Faktoren, die sie beeinflussen, untersucht.

Die energetische Hürde einer Reaktion, die in ► Abbildung 27.4 durch $G^‡$ symbolisiert wird, wird die **freie Aktivierungsenthalpie** der Reaktion genannt. Sie ist die Differenz zwischen der freien Enthalpie des Übergangszustandes und der freien Enthalpie der Edukte:

$$G^‡ = \text{(freie Enthalpie des Übergangszustandes)} - \text{(freie Enthalpie der Edukte)}$$

Je kleiner $G^‡$ ist, desto schneller verläuft die Reaktion. Daher gilt: *Alles, was die Ausgangsstoffe destabilisiert oder den Übergangszustand stabilisiert, wird die Reaktion beschleunigen.*

Wie $\Delta G°$ besitzt auch $\Delta G^‡$ sowohl einen Enthalpie- als auch einen Entropieanteil. Jede Größe, die sich auf den Übergangszustand bezieht, wird konventionsgemäß mit dem Symbol (‡) gekennzeichnet:

$$\Delta G^‡ = \Delta H^‡ - T\Delta S^‡$$

$$\Delta H^‡ = \text{(Enthalpie des Übergangszustandes)} - \text{(Enthalpie der Ausgangsstoffe)}$$

$$\Delta S^‡ = \text{(Entropie des Übergangszustandes)} - \text{(Entropie der Ausgangsstoffe)}$$

BIOGRAPHIE

Josiah Willard Gibbs (1839–1903) wurde in New Haven, Connecticut (USA) als Sohn eines Professors der Yale-Universität geboren. 1863 wurde ihm der erste dort je verliehene Doktorgrad des Ingenieurwesens der Universität Yale zuteil. Nach Studienaufenthalten in Frankreich und Deutschland kehrte er an die Universität Yale zurück und wurde dort Professor für mathematische Physik. Seine Arbeiten zur freien Enthalpie erregten für mehr als 20 Jahre kaum Aufsehen, da nur wenige Chemiker seine mathematische Behandlung des Problems verstanden und Gibbs seine Abhandlung in der wenig bekannten Zeitschrift *Transactions of the Connecticut Academy of Sciences* veröffentlicht hatte. 1950 wurde er posthum in die *Hall of Fame for Great Americans* gewählt.

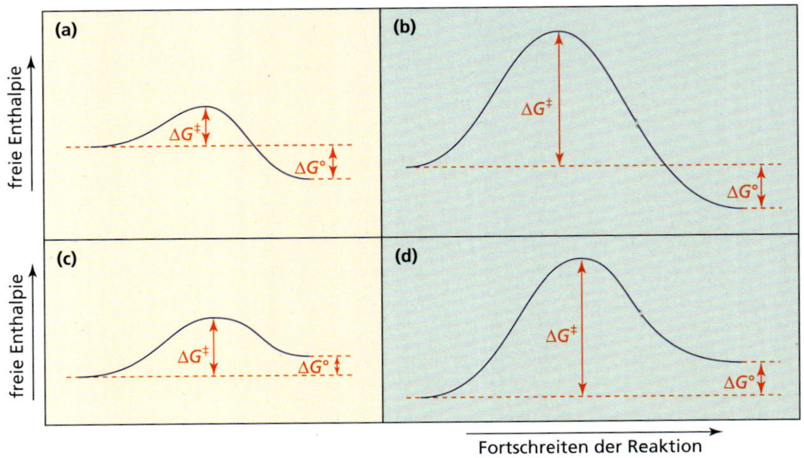

Abbildung 27.4: Reaktionskoordinatendiagramm für (a) eine schnelle exergonische Reaktion, (b) eine langsame exergonische Reaktion, (c) eine schnelle endergonische Reaktion und (d) eine langsame endergonische Reaktion. Die vier Reaktionskoordinatendiagramme haben den gleichen Maßstab.

A 6

(a) Welche der Reaktionen von ► Abbildung 27.4 besitzt ein thermodynamisch stabiles Produkt?

(b) Welche der Reaktionen von ► Abbildung 27.4 besitzt das kinetisch stabilste Produkt?

(c) Welche der Reaktionen von ► Abbildung 27.4 hat das kinetisch am wenigsten stabile Produkt?

Einige exergonische Reaktionen weisen niedrige freie Aktivierungsenthalpien auf und können deshalb bei Raumtemperatur ablaufen (► Abbildung 27.4a). Im Gegensatz dazu besitzen manche exergonische Reaktionen so hohe freie Aktivierungsenthalpien, dass die Reaktion nicht stattfinden kann, wenn nicht zusätzlich zu den herrschenden thermischen Bedingungen Energie zugeführt wird (► Abbildung 27.4b). Endergonische Reaktionen können ebenfalls entweder niedrige (► Abbildung 27.4c) oder hohe freie Aktivierungsenthalpien (► Abbildung 27.4d) besitzen.

Man beachte, dass ΔG° sich auf die Gleichgewichtskonstante der Reaktion bezieht, während $\Delta G^\ddagger$ sich auf die Geschwindigkeit der Reaktion bezieht. Die **thermodynamische Stabilität** einer Verbindung wird durch ΔG° angegeben. Falls ΔG° negativ ist, ist das Produkt im Vergleich zu den Ausgangsstoffen *thermodynamisch stabil.* Falls ΔG° positiv ist, ist das Produkt im Vergleich zum Ausgangsstoff *thermodynamisch instabil.* Die **kinetische Stabilität** einer Verbindung wird durch $\Delta G^\ddagger$ angegeben. Falls das $\Delta G^\ddagger$ einer Reaktion hoch ist, ist die Verbindung *kinetisch stabil,* da es keiner schnellen chemischen Umsetzung unterliegt. Falls ΔG° niedrig ist, ist die Verbindung *kinetisch instabil* – es unterliegt einer raschen chemischen Umsetzung. Im Allgemeinen meinen Chemiker, wenn sie den Begriff „Stabilität" gebrauchen, die thermodynamische Stabilität.

Die Reaktionsgeschwindigkeit ist die Geschwindigkeit, mit der eine reagierende Substanz verbraucht oder mit der ein Reaktionsprodukt gebildet wird. Die Reaktionsgeschwindigkeit hängt von den folgenden Faktoren ab:

1 *Der Zahl der Zusammenstöße, die in einem bestimmten Zeitraum zwischen den Teilchen der reagierenden Substanzen stattfinden.* Je größer die Zahl der Zusammenstöße, desto schneller verläuft die Reaktion.

2 *Dem Anteil der Zusammenstöße, die mit ausreichender Energie stattfinden, so dass die reagierenden Teilchen über die Energiebarriere befördert werden.* Falls die freie Aktivierungsenthalpie gering ist, wird ein größerer Anteil der Zusammenstöße zur Reaktion führen, als wenn die freie Aktivierungsenthalpie hoch ist.

3 *Dem Anteil der Zusammenstöße, die mit einer geeigneten Orientierung stattfinden.* Zum Beispiel wird But-2-en nur dann mit HBr reagieren, wenn die H-Atome der HBr-Moleküle mit der π-Bindung des But-2-ens zusammenstoßen. Falls die H-Atome der HBr-Moleküle mit einer Methylgruppe des But-2-ens zusammenstoßen, wird keine Reaktion stattfinden, unabhängig von der Energie der Kollision.

BIOGRAPHIE

Man nimmt an, dass die allgemeine Gaskonstante R nach **Henri Victor Regnault (1810–1878)** benannt ist. Regnault wurde vom französischen Ministerium für öffentliche Bauvorhaben damit beauftragt, alle physikalischen Konstanten, die für den Entwurf und den Betrieb von Dampfmaschinen von Belang waren, neu zu bestimmen. Regnault war bekannt für seine Arbeiten über die thermischen Eigenschaften von Gasen. Später fand van't Hoff im Verlauf seiner Untersuchungen verdünnter Lösungen heraus, dass R für alle chemischen Gleichgewichte von Belang ist.

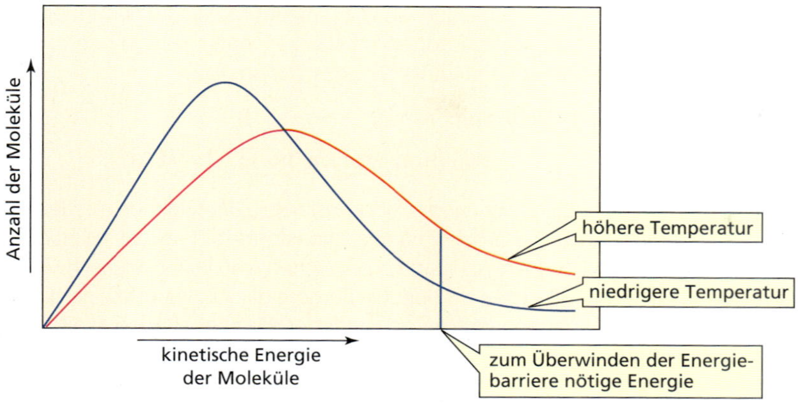

Abbildung 27.5: Boltzmannverteilungen für zwei unterschiedliche Temperaturen. Die Kurve gibt die Verteilung von Molekülen mit einer bestimmten kinetischen Energie an. Die Energiewerte der meisten Moleküle bewegen sich um einen Durchschnittswert, doch es gibt einige mit höherer oder niedrigerer Energie. Bei höheren Temperaturen gibt es eine größere Anzahl von Molekülen, deren Energie hoch genug ist, um die Energiebarriere zu überwinden.

Die Erhöhung der Konzentration der Reaktionspartner erhöht die Reaktionsgeschwindigkeit, weil sie zu einer Zunahme der Zahl der Zusammenstöße in einem gegebenen Zeitraum führt. Eine Erhöhung der Temperatur, bei der die Reaktion durchgeführt wird, erhöht ebenfalls die Reaktionsgeschwindigkeit, da sie die Häufigkeit der Zusammenstöße und die Zahl der Zusammenstöße, die eine genügend hohe Energie aufweisen, um die reagierenden Moleküle über die Energiebarriere zu bringen, erhöht (► Abbildung 27.5).

Bei einer Reaktion, bei der ein einzelnes Eduktmolekül A in ein Produktmolekül B umgewandelt wird, ist die Reaktionsgeschwindigkeit proportional zur Konzentration von A. Falls die Konzentration von A verdoppelt wird, verdoppelt sich die Reaktionsgeschwindigkeit; falls die Konzentration von A verdreifacht wird, wird die Reaktionsgeschwindigkeit verdreifacht usw. Da die Reaktionsgeschwindigkeit proportional zur Konzentration nur *eines* Reaktanten ist, spricht man von einer **Reaktion 1. Ordnung.**

$$\textbf{Reaktion 1. Ordnung: A} \longrightarrow \textbf{B}$$

$$\text{Reaktionsgeschwindigkeit} \sim [\text{A}]$$

Wir können das Proportionalitätssymbol durch ein Gleichheitszeichen ersetzen, wenn wir eine Proportionalitätskonstante k einführen, die als die **Geschwindigkeitskonstante** der Reaktion bezeichnet wird. Die Geschwindigkeitskonstante einer Reaktion 1. Ordnung wird als **Geschwindigkeitskonstante 1. Ordnung** bezeichnet.

Geschwindigkeitskonstante 1. Ordnung

$$\text{Reaktionsgeschwindigkeit} = k[\text{A}]$$

MERKE !

Je kleiner die Geschwindigkeitskonstante, desto langsamer verläuft die Reaktion.

Eine Reaktion, deren Geschwindigkeit von den Konzentrationen zweier Reaktionsteilnehmer abhängt, wird als **Reaktion 2. Ordnung** bezeichnet. Falls die Konzentration von A oder von B verdoppelt wird, verdoppelt sich die Reaktionsgeschwindigkeit; falls die Konzentrationen von A und von B verdoppelt werden, vervierfacht sich die Reaktionsgeschwindigkeit usw. In diesem Fall ist die Geschwindigkeitskonstante k eine **Geschwindigkeitskonstante 2. Ordnung**.

$$\textbf{Reaktion 2. Ordnung: A + B} \longrightarrow \textbf{C + D}$$

$$\text{Reaktionsgeschwindigkeit} = k[\text{A}][\text{B}]$$

Geschwindigkeitskonstante 2. Ordnung

Eine Reaktion, bei der zwei Moleküle A sich zu einem Molekül B verbinden, ist ebenfalls eine Reaktion zweiter Ordnung: Falls die Konzentration von A verdoppelt wird, vervierfacht sich die Reaktionsgeschwindigkeit.

$$\textbf{Reaktion 2. Ordnung: } A + A \longrightarrow B$$

$$\text{Reaktionsgeschwindigkeit} = k[A]^2$$

Man verwechsle nicht die *Geschwindigkeitskonstante* einer Reaktion mit der *Reaktionsgeschwindigkeit*. Die Geschwindigkeitskonstante gibt an, wie leicht oder schwierig es ist, den Übergangszustand zu erreichen (wie leicht oder schwierig es für die reagierenden Teilchen ist, über die Barriere der Aktivierungsenergie zu gelangen). Niedrige Energiebarrieren gehen mit großen Geschwindigkeitskonstanten einher (► Abbildungen 27.4 a und 27.4 c), wohingegen hohe Energiebarrieren mit kleinen Geschwindigkeitskonstanten verbunden sind (► Abbildungen 27.4 b und 27.4 d). Die Reaktions*geschwindigkeit* (v) ist die Änderung der Stoffmengenkonzentration des Produkts bzw. der/des Edukte(s) pro Zeiteinheit.

$$v = \frac{|\Delta c|}{\Delta t}$$

Die vorausgegangenen Gleichungen lassen erkennen, dass die *Reaktionsgeschwindigkeit* das Produkt der Multiplikation der *Geschwindigkeitskonstante* mit der/den Konzentration(en) der Reaktanten ist. Die *Reaktionsgeschwindigkeiten* sind somit konzentrationsabhängig, während *Geschwindigkeitskonstanten* konzentrationsunabhängig sind. Wenn wir also zwei Reaktionen vergleichen, um herauszufinden, welche leichter ablaufen wird, müssen wir zunächst ihre Geschwindigkeitskonstanten vergleichen und nicht ihre konzentrationsabhängigen Reaktionsgeschwindigkeiten.

Obwohl Geschwindigkeitskonstanten konzentrationsunabhängig sind, hängen sie von der Temperatur ab. Die **Arrhenius'sche Gleichung** setzt die Reaktionsgeschwindigkeit in Beziehung zur experimentell bestimmten Aktivierungsenergie und zur Temperatur, bei der die Reaktion ausgeführt wird. Eine Faustregel besagt, dass eine Temperaturerhöhung um 10° die Geschwindigkeitskonstante – und damit die Reaktionsgeschwindigkeit – verdoppelt.

Die Arrhenius-Gleichung: $k = Ae^{-E_a/RT}$

k ist die Geschwindigkeitskonstante, E_a ist die experimentelle Aktivierungsenergie, R ist die allgemeine Gaskonstante ($8{,}314 \times 10^{-3}$ kJ/mol/K), T ist die absolute Temperatur in Kelvin, und A ist der Häufigkeitsfaktor. Der Häufigkeitsfaktor trägt Rechnung für den Anteil der Zusammenstöße, die mit einer für die Reaktion geeigneten Orientierung erfolgen. Der Term $e^{-E_a/RT}$ entspricht dem Anteil der Zusammenstöße, die die minimal notwendige Energie (E_a) besitzen, um eine Reaktion zuzulassen. Logarithmieren der Arrhenius-Gleichung führt zu folgender Form der Gleichung:

$$\ln k = \ln A - E_a/RT$$

Wie sind die Geschwindigkeitskonstanten einer Reaktion mit der Gleichgewichtskonstanten verknüpft? Im Gleichgewichtszustand ist die Geschwindigkeit der Reaktion in beiden Richtungen gleich, so dass sich die relativen Mengen der Edukte und Produkte nicht ändern:

$$A \underset{k_{-1}}{\overset{k_1}{\rightleftharpoons}} B$$

Geschwindigkeit der Hinreaktion = Geschwindigkeit der Rückreaktion

$$k_1[A] = k_{-1}[B]$$

A 7 Bei 30 °C beträgt die Geschwindigkeitskonstante 2. Ordnung für die Reaktion von Chlormethan mit Hydroxidionen (OH^-) $1{,}0 \times 10^{-5}$ $M^{-1}s^{-1}$.

(a) Wie hoch ist die Geschwindigkeit der Reaktion, wenn die Konzentration des Chlormethans 0,10 mol/l und die der Hydroxidionen 0,10 mol/l beträgt?

(b) Welche Auswirkungen hätte eine Verminderung der Konzentration des Chlormethans auf 0,01 mol/l auf die Geschwindigkeit der Reaktion?

(c) Welche Auswirkungen hätte eine Verminderung der Konzentration des Chlormethans auf 0,01 mol/l auf die Geschwindigkeitskonstante der Reaktion?

Es gilt daher:

$$K_{eq} = \frac{k_1}{k_{-1}} = \frac{[B]}{[A]}$$

Aus dieser Gleichung können wir ablesen, dass die Gleichgewichtskonstante einer Reaktion sich aus den relativen Konzentrationen der Produkte und Edukte im Gleichgewichtszustand oder aus den relativen Geschwindigkeitskonstanten der Hin- und Rückreaktion ermitteln lässt.

27.7 Reaktionskoordinatendiagramm für die Addition von HBr an But-2-en

Wir haben bereits gesehen, dass die Addition von Bromwasserstoff (HBr) an But-2-en eine Zweischrittreaktion ist (siehe Abschnitt 27.5). Die Strukturen der Übergangszustände der beiden Teilschritte der Reaktion sind nachfolgend in Klammern dargestellt. Man beachte, dass im Übergangszustand die Bindungen, die sich auflösen und die Bindungen, die sich bilden, jeweils teils gelöst und teils geknüpft sind (durch gestrichelte Linien dargestellt). In gleicher Weise sind Atome, denen im Verlauf der Reaktion Ladungen zufallen oder die Ladungen verlieren, im Übergangszustand partiell geladen. Die Übergangszustände sind neben den eckigen Klammern noch zusätzlich durch das Doppelkreuzsymbol kenntlich gemacht.

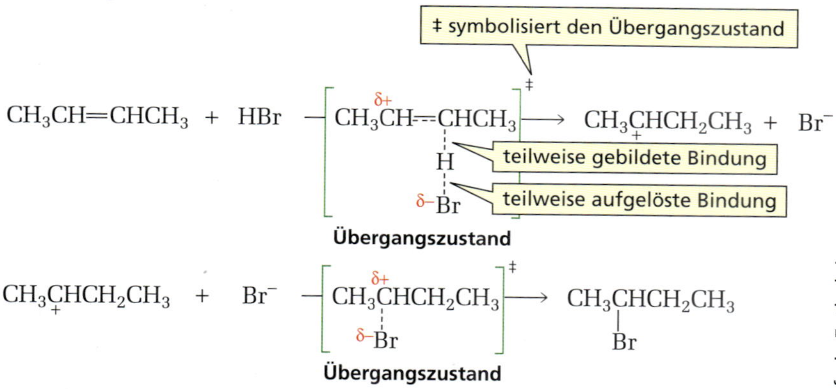

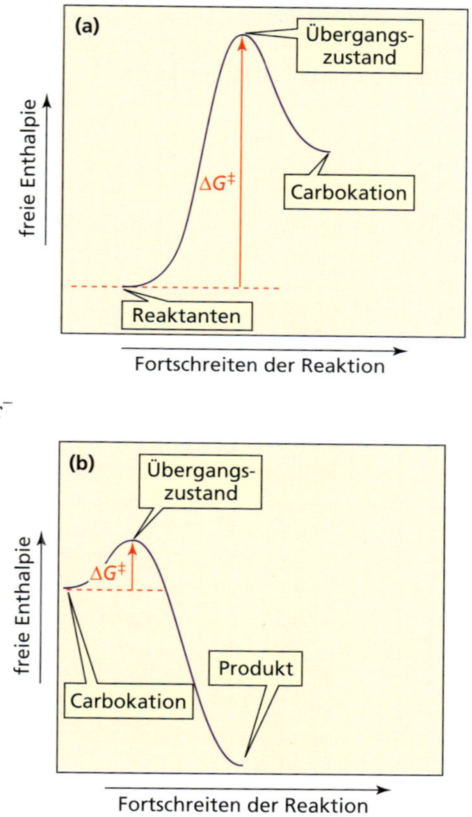

Abbildung 27.6: Reaktionskoordinatendiagramm für die beiden (Teil)schritte der Addition von HBr an 2-Buten: (a) der erste Teilschritt; (b) der zweite Teilschritt.

Für jeden Teilschritt der Reaktion lässt sich ein Reaktionskoordinatendiagramm zeichnen (► Abbildung 27.6). Im ersten Schritt der Reaktion wird das Alken in ein Carbokation überführt, das weniger stabil ist als die Ausgangsstoffe. Dieser erste Schritt ist daher endergonisch ($\Delta G°$ ist positiv (> 0)). Im zweiten Schritt der Reaktion reagiert das Carbokation mit einem Nucleophil unter Bildung eines Produktes, das stabiler ist als das Carbokation. Dieser Schritt ist daher exergonisch ($\Delta G°$ ist negativ).

Da die Produkte des ersten Teilschritts die Ausgangsstoffe für den zweiten Teilschritt sind, können wir die beiden Reaktionskoordinatendiagramme kombinieren, um ein Reaktionskoordinatendiagramm für die Gesamtreaktion zu erhalten (► Abbildung 27.7). Die Änderung der freien Standardenthalpie, $\Delta G°$, für die Gesamtreaktion ist die Differenz zwischen der freien Enthalpie der Reaktionsprodukte und der freien Enthalpie der Ausgangsstoffe. Die Abbildung lässt erkennen, dass $\Delta G°$ für die Gesamtreaktion negativ ist. Die Gesamtreaktion ist also exergonisch (läuft freiwillig ab).

Ein chemischer Stoff, der das Produkt eines Reaktionsschrittes und gleichzeitig der Ausgangsstoff für einen nachfolgenden Schritt ist, wird **Intermediat** (Reaktionszwischenstufe) genannt. Das als Intermediat in der besprochenen Reaktion auftretende Carbokation ist so instabil, dass es nicht isoliert werden kann; einige Reaktionen besitzen jedoch stabilere Intermediate, die isolierbar

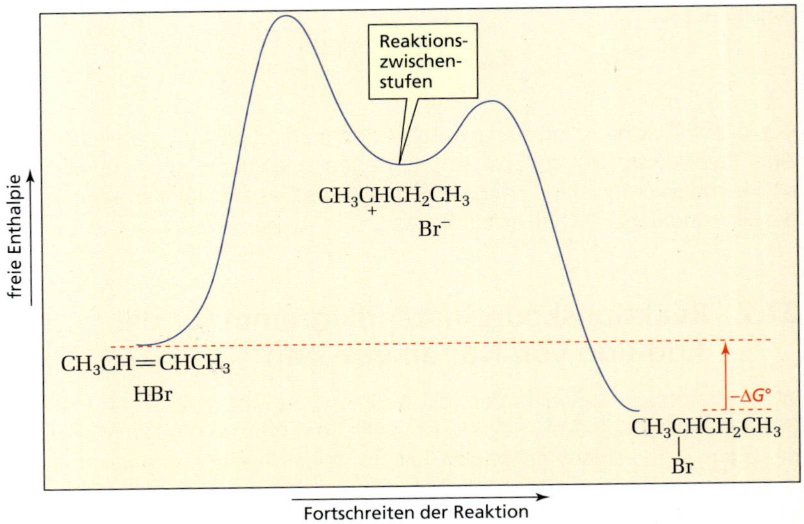

Abbildung 27.7: Reaktionskoordinatendiagramm der Addition von HBr an But-2-en.

MERKE !

Übergangszustände besitzen teilweise geknüpfte Bindungen. Intermediate (Zwischenprodukte) besitzen voll ausgebildete Bindungen.

A 8 Zeichnen Sie ein Reaktionskoordinatendiagramm für die folgende Reaktion, in der C der stabilste und B der am wenigsten stabile der drei chemischen Stoffe ist, und bei der der Übergangszustand von A nach B stabiler ist als der Übergangszustand von B nach C:

$$A \underset{k_{-1}}{\overset{k_1}{\rightleftharpoons}} B \underset{k_{-2}}{\overset{k_2}{\rightleftharpoons}} C$$

(a) Wie viele Intermediate gibt es?
(b) Wie viele Übergangszustände gibt es?
(c) Welcher Schritt besitzt die höhere Geschwindigkeitskonstante für die Hinreaktion?
(d) Welcher Schritt besitzt die höhere Geschwindigkeitskonstante für die Rückreaktion?
(e) Welcher der vier Reaktionsschritte besitzt die höchste Geschwindigkeitskonstante?
(f) Welches ist der geschwindigkeitsbestimmende Schritt der Hinreaktion?
(g) Welches ist der geschwindigkeitsbestimmende Schritt der Rückreaktion?

sind. **Übergangszustände** stellen im Gegensatz dazu die höchstenergetischen Zustände dar, die im Verlauf einer Reaktion auftreten. Sie sind höchst kurzlebig und nicht isolierbar.

Wir können aus dem Reaktionskoordinatendiagramm (► Abbildung 27.7) ablesen, dass die freie Aktivierungsenthalpie des ersten Reaktionsschrittes höher ist als die freie Aktivierungsenthalpie des zweiten Teilschrittes. Anders ausgedrückt bedeutet das, dass die Geschwindigkeitskonstante des ersten Teilschrittes kleiner als die Geschwindigkeitskonstante für den Folgeschritt ist.

Der Reaktionsschritt, dessen Übergangszustand das Maximum der Reaktionskoordinate darstellt, heißt **geschwindigkeitsbestimmender Schritt** oder **geschwindigkeitsbegrenzender Schritt**. Der geschwindigkeitsbestimmende Schritt kontrolliert die Gesamtgeschwindigkeit der Reaktion, da die Gesamtgeschwindigkeit nicht höher als die Geschwindigkeit des geschwindigkeitsbestimmenden Schrittes (der Bildungsgeschwindigkeit des Übergangszustandes) liegen kann. In der Reaktion von ► Abbildung 27.7 ist der erste Schritt – die Addition des Elektrophils (eines Protons) an das Alken – der geschwindigkeitsbestimmende Schritt.

Reaktionskoordinatendiagramme können außerdem dazu verwendet werden zu erklären, warum eine bestimmte Reaktion zu einem bestimmten Produkt führt und nicht zu einem anderen.

Die Reaktionen der Alkene

28

ÜBERBLICK

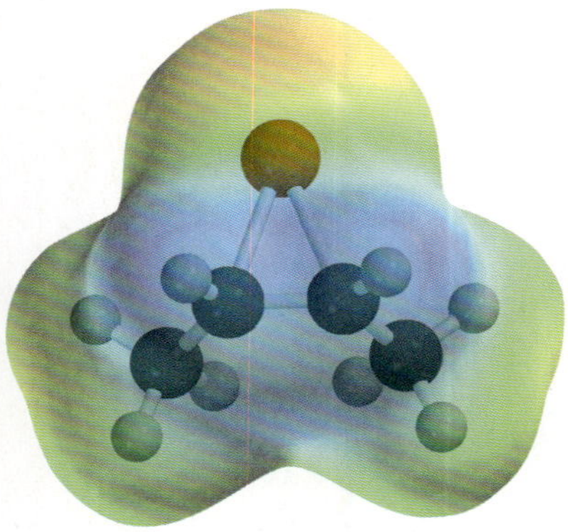

ein zyklisches Bromoniumion

Wir haben gelernt, dass **Alkene** wie das But-2-en mit HBr **elektrophile Additionsreaktionen** eingehen (Abschnitt 27.5). Der erste Schritt dieser Reaktion ist eine relativ langsam verlaufende Addition des elektrophilen Protons an das nucleophile Alken unter Bildung eines intermediären Carbokations. Im zweiten Reaktionsschritt reagiert das als Zwischenstufe gebildete **Carbokation** (ein Elektrophil) schnell mit dem negativ geladenen Bromidion (ein Nucleophil).

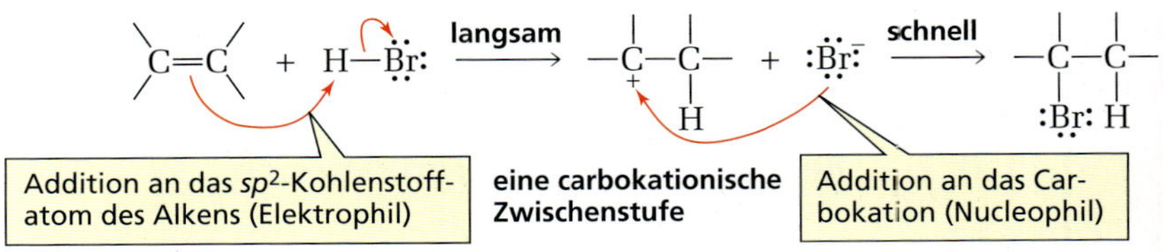

In diesem Kapitel werden wir eine große Vielfalt von Alkenreaktionen betrachten. Wir werden sehen, dass sich im Verlauf einiger dieser Reaktionen Carbokationen bilden, einige Reaktionen andere Intermediate liefern, und einige keine Zwischenstufe durchlaufen. Auf den ersten Blick scheinen die Reaktionen, die in diesem Kapitel diskutiert werden, verschieden zu sein. Wir werden jedoch sehen, dass sie alle nach einem ähnlichen Mechanismus ablaufen. **Beachten Sie daher, dass allen Alkenreaktionen das folgende Merkmal gemeinsam ist:** *Die relativ locker gebundenen π-Elektronen der Kohlenstoff–Kohlenstoff-Doppelbindung werden von einem Elektrophil angezogen. Jede Reaktion beginnt also mit der Addition eines Elektrophils an eines der sp^2-hybridisierten Kohlenstoffatome des Alkens und wird durch die Addition eines Nucleophils an das andere sp^2-hybridisierte Kohlenstoffatom beendet.* Das Endergebnis ist die Spaltung der π-Bindung und die Ausbildung neuer σ-Bindungen der sp^2-Kohlenstoffe mit dem Elektrophil und dem Nucleophil (wobei die Kohlenstoffatome ihren Hybridisierungszustand nach sp^3 ändern!).

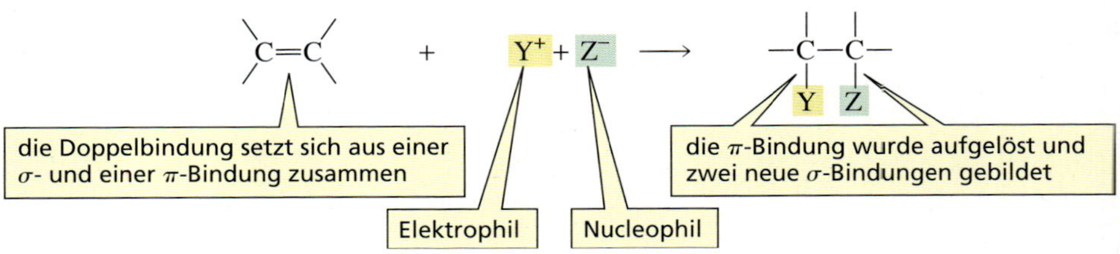

Diese Reaktivität macht die Alkene zu einer wichtigen Verbindungsklasse der Organischen Chemie, da sie als Ausgangsstoffe für die Synthese einer Vielzahl anderer Verbindungen dienen können. So können z. B. Alkylhalogenide, Alkohole, Ether und Alkane über elektrophile Additionen aus Alkenen hergestellt werden. Die genauen Produkte, die man bei diesen Reaktionen erhält, hängen von dem *Elektrophil* und dem *Nucleophil* ab, das man für die Reaktion verwendet.

28.1 Die Addition von Halogenwasserstoffen an Alkene

Wenn das elektrophile Reagenz, das an das Alken addiert wird, ein Halogenwasserstoff (HF, HCl, HBr oder HI) ist, wird als Reaktionsprodukt ein Halogenkohlenwasserstoff (Alkylhalogenid) gebildet:

$$H_2C{=}CH_2 + HCl \longrightarrow CH_3CH_2Cl$$

Ethen **Chlorethan**

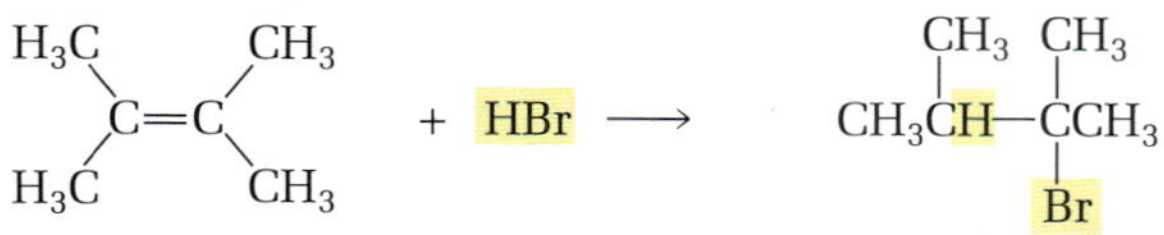

2,3-Dimethyl-but-2-en **2-Brom-2,3-dimethylbutan**

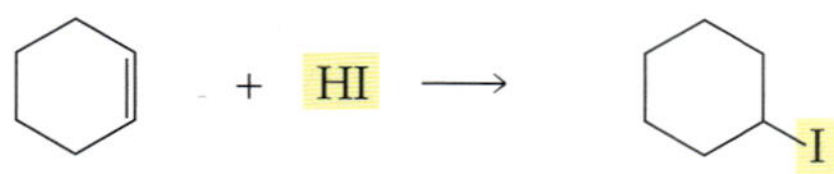

Cyclohexen **Iodcyclohexan**

Da die Alkene, den in den obigen Reaktionen eingesetzt wurden, an beiden sp^2-hybridisierten Kohlenstoffatomen jeweils identische Substituenten tragen, ist es leicht, das Reaktionsprodukt vorherzusagen: Das Elektrophil (H^+) addiert sich an das eine der sp^2-Kohlenstoffatome, und das Nucleophil (X^-) an den anderen sp^2-Kohlenstoff. Es macht keinen Unterschied, an welches sp^2-Kohlenstoffatom sich das Elektrophil anlagert, weil wir in jedem Fall dasselbe Reaktionsprodukt erhalten.

Was aber passiert, falls das Alken nicht an beiden sp^2-Kohlenstoffatomen gleiche Substituenten trägt? An welches der sp^2-Kohlenstoffatome wird sich der Wasserstoff anlagern? Wird beispielsweise die Addition von HCl an 2-Methylpropen zu tertiärem Butylchlorid (*tert*-Butylchlorid) oder zu Isobutylchlorid führen?

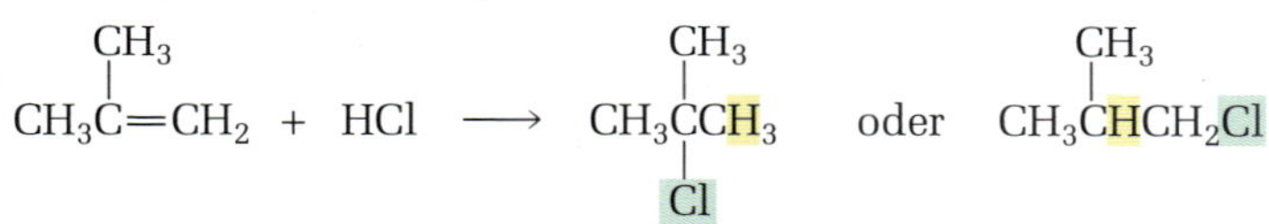

2-Methylpropen ***tert*-Butylchlorid** **Isobutylchlorid**

Um diese Frage beantworten zu können, müssen wir die Reaktion ablaufen lassen, die Produkte isolieren und sie identifizieren. Dabei stellen wir fest, dass das einzige Produkt der Reaktion *tert*-Butylchlorid ist. Nun müssen wir uns fragen, warum das so ist, damit wir auf der Basis dieses Wissens die Produkte anderer Alken-Reaktionen vorhersagen können. Dafür müssen wir uns nochmals den **Reaktionsmechanismus** der Addition anschauen (siehe Abschnitt 27.5).

Erinnern wir uns, dass der erste Schritt der Reaktion – die Addition von H^+ an ein sp^2-hybridisiertes Kohlenstoffatom unter Bildung des *tert*-Butylkations oder des Isobutylkations – der geschwindigkeitsbestimmende Schritt ist (siehe Abschnitt 27.6). Falls es einen Unterschied zwischen den Bildungsgeschwindigkeiten dieser beiden möglichen Carbokationen gibt, wird dasjenige, das sich schneller bildet, das bevorzugte Produkt des ersten Schrittes der Reaktion sein. Da die Bildung des Carbokations der geschwindigkeitsbestimmende Schritt der Gesamtreaktion ist, wird darüberhinaus das im ersten Reaktionsschritt gebildete Carbokation das Endprodukt der Reaktion festlegen. Wenn also das tertiäre Butylkation gebildet wird, wird es schnell mit Chlorid (Cl^-) zum *tert*-Butylchlorid abreagieren. Falls aber stattdessen das Isobutylkation gebildet wird, wird dieses schnell mit einem Chloridion zu Isobutylchlorid weiterreagieren. Es zeigt sich, dass als einziges Produkt der Reaktion *tert*-Butylchlorid gebildet wird; das tertiäre Butylkation wird also schneller gebildet als das Isobutylkation.

BIOGRAPHIE

George Olah wurde 1927 in Ungarn geboren und erhielt den Doktorgrad im Jahr 1949 von der Universität Budapest. Die ungarische Revolution veranlasste ihn 1956 nach Kanada auszuwandern, wo er als Chemiker bei der *Dow Chemical Company* arbeitete, bis er 1965 an die *Case Western Reserve-University* in Cleveland (Ohio, USA) wechselte. 1977 wurde er Professor an der Universität von Südkalifornien. **1994** wurde ihm für seine Arbeiten über Carbokationen der **Nobelpreis für Chemie** verliehen.

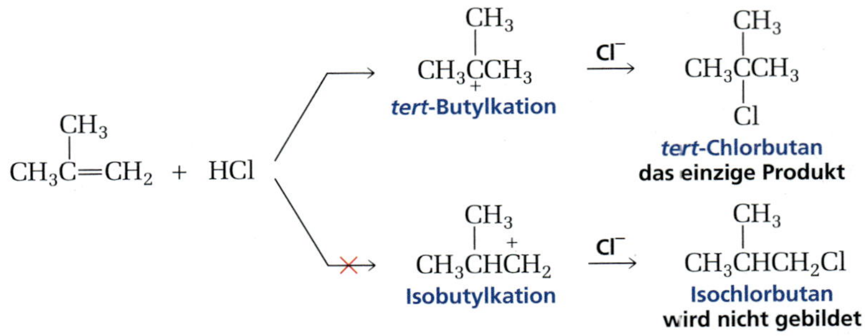

Es ergibt sich nun die Frage, warum das tertiäre Butylkation schneller gebildet wird als das Isobutylkation? Um sie beantworten zu können, müssen wir uns mit den Faktoren befassen, die die Stabilität von Carbokationen bestimmen um auf dieser Grundlage entscheiden zu können, wie leicht sie gebildet werden.

28.2 Die Stabilität von Carbokationen

MERKE !

Je größer die Zahl der Alkylsubstituenten, die an das positiv geladene Kohlenstoffatom gebunden sind, desto stabiler ist das Carbokation.

Carbokationen werden nach der Zahl der Alkylsubstituenten, die an das positiv geladene C-Atom gebunden sind, klassifiziert: Ein **primäres Carbokation** trägt einen Substituenten, ein **sekundäres Carbokation** trägt zwei und ein **tertiäres Carbokation** drei. Die Stabilität steigt mit der Zahl der Alkylsubstituenten, die an das positiv geladene C-Atom gebunden sind, an. Daher sind tertiäre Carbokationen stabiler als sekundäre, und sekundäre sind stabiler als primäre. Beachten Sie, dass – wenn wir über die Stabilität von Carbokationen sprechen – die *relativen* Stabilitäten gemeint sind: Carbokationen sind ganz allgemein keine stabilen Spezies; selbst die *relativ* stabilen tertiären Carbokationen sind nicht stabil genug, um sie isolieren zu können.

relative Stabilität von Carbokationen

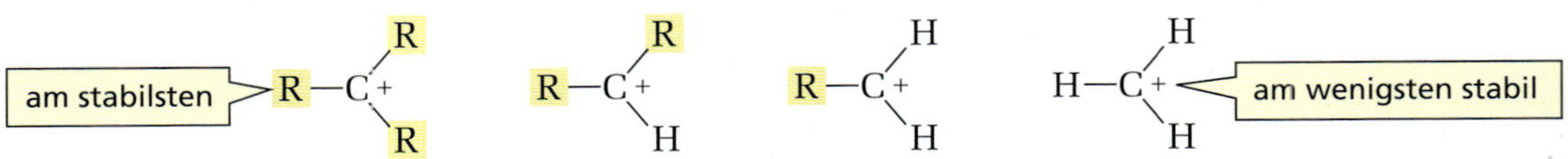

ein tertiäres Carbokation | **ein sekundäres Carbokation** | **ein primäres Carbokation** | **das Methylkation**

MERKE !

Stabilität von Carbokationen: tertiär > sekundär > primär.

Der Grund für die abnehmende Stabilität liegt darin, dass Alkylgruppen die Konzentration positiver elektrischer Ladung an dem Kohlenstoffatom verringern – und eine Verminderung der Ladungskonzentration erhöht die Stabilität des Carbokations. Beachten Sie, dass die blaue Färbung (die blaue Schattierung repräsentiert elektronenarme Atome) am intensivsten bei dem am wenigsten stabilen Methylkation ausgeprägt ist und am wenigsten intensiv bei dem in diesem Vergleich stabilsten *tert*-Butylkation.

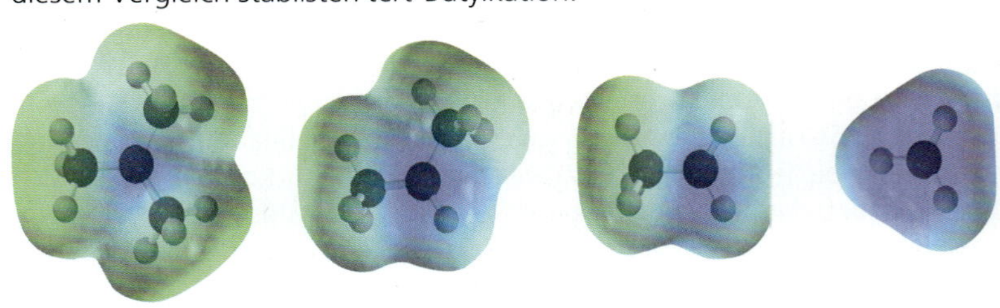

elektrostatische Potenzialkarte des *tert*-Butylkations | **elektrostatische Potenzialkarte des Isopropylkations** | **elektrostatische Potenzialkarte des Ethylkations** | **elektrostatische Potenzialkarte des Methylkations**

Wie führen nun Alkylgruppen zu einer Verminderung der Konzentration positiver Ladung am Kohlenstoffatom? Die positive Ladung des C-Atoms zeigt ein leeres *p*-Orbital an. Die ► Abbildung 28.1 verdeutlicht, dass im Ethylkation das Orbital

A 1

(a) Wie viele σ-Bindungsorbitale stehen im Methylkation für eine Überlappung mit dem unbesetzten *p*-Orbital zur Verfügung?

(b) Welches Kation ist stabiler, das Methyl- oder das Ethylkation?

A 2 Erstellen Sie eine Liste der folgenden Carbokationen in der Reihenfolge abnehmender Stabilität:

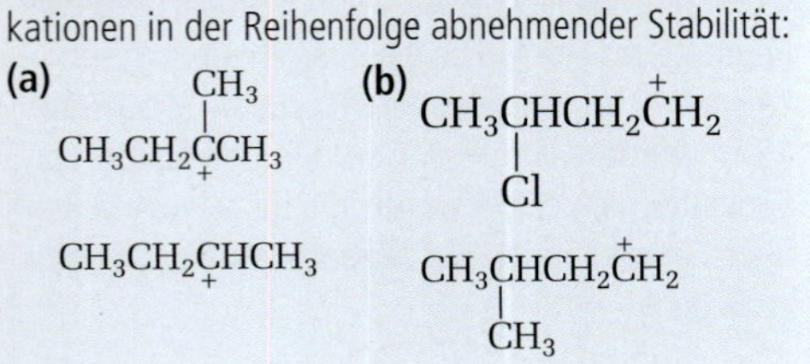

einer benachbarten C—H-σ-Bindung mit dem leeren *p*-Orbital überlappen kann. Im Fall des Methylkations ist keine solche Orbitalüberlappung möglich.

Die Bewegung von Elektronen aus dem *s*-Bindungsorbital in Richtung auf das vakante *p*-Orbital des Ethylkations zu bewirkt eine Herabsetzung der positiven Ladung an dem sp^2-hybridisierten C-Atom und eine partielle positive Ladung an dem durch die σ-Bindung gehaltenen anderen Kohlenstoffatom. Die positive Ladung ist nicht länger nur an einem einzigen Atom lokalisiert, sondern über einen größeren Raumbereich verteilt. Die Dispersion der elektrischen Ladung stabilisiert das Carbokation, weil ein geladenes Teilchen stabiler ist, wenn seine Ladung über mehr als ein Atom delokalisiert ist. Die Delokalisation von Elektronen durch Überlappung eines σ-Bindungsorbitals mit einem unbesetzten *p*-Orbital wird **Hyperkonjugation** genannt. Das einfache Molekülorbitaldiagramm von ► Abbildung 28.2 ist eine weitere Möglichkeit, die erreichte Stabilisierung durch Überlappung eines besetzten C—H-σ-Bindungsorbitals mit einem unbesetzten *p*-Orbital darzustellen.

Eine Hyperkonjugation tritt nur dann auf, wenn das σ-Bindungsorbital und das unbesetzte *p*-Orbital geeignete Orientierung zueinander aufweisen. Eine geeignete Ausrichtung lässt sich leicht erreichen, da um eine Kohlenstoff–Kohlenstoff-σ-Bindung freie Rotation möglich ist (siehe Abschnitt 26.10). Beachten Sie, dass die σ-Bindungen, die mit dem unbesetzten *p*-Orbital überlappen können, jene sind, *die mit einem Atom verbunden sind, welches mit dem positiv geladenen Kohlenstoffatom verbunden ist.* Im Fall des *tert*-Butylkations stehen prinzipiell neun C—H-σ-Bindungsorbitale für eine Überlappung mit dem unbesetzten *p*-Orbital des positiv geladenen C-Atoms zur Verfügung. Das Isopropylkation verfügt über sechs solche Orbitale, das Ethylkation über drei. Es gilt daher: Die Stabilisierung durch Hyperkonjugation ist im Fall des tertiären Butylkations größer als im Fall des sekundären Isopropylkations, und die Stabilisierung des Isopropylkations ist größer als die des primären Ethylkations. Beachten Sie, dass die Ethyl- und Propylkationen annähernd gleich stabil sind, weil sowohl die C—H- als auch die C—C-σ-Bindungsorbitale mit dem leeren *p*-Orbital überlappen.

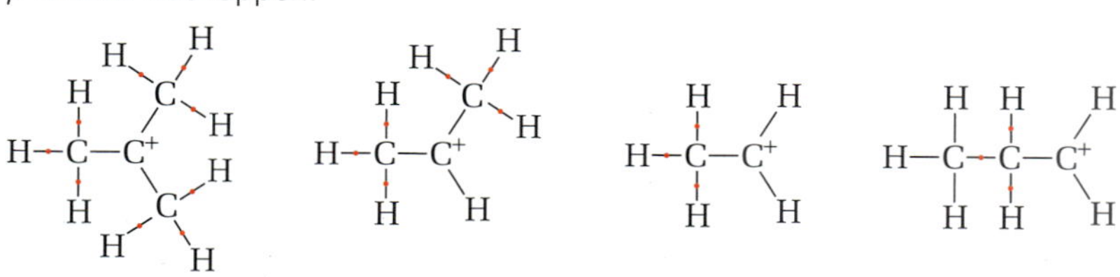

tert-Butylkation | Isopropylkation | Ethylkation | Propylkation

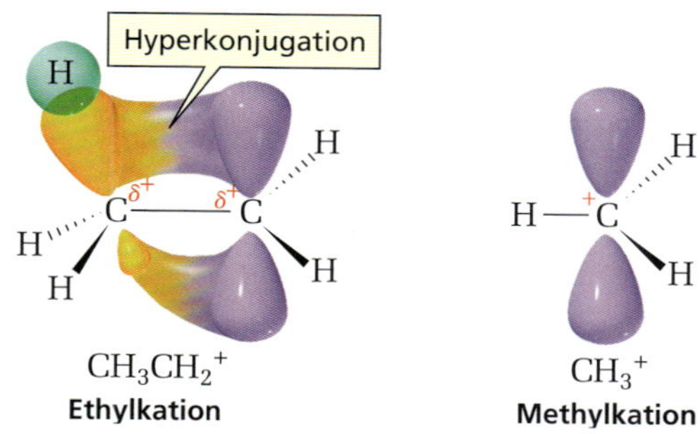

Abbildung 28.1: Stabilisierung eines Carbokations durch Hyperkonjugation: Die Elektronen einer benachbarten C—H-Bindung im Ethylkation breiten sich in ein unbesetztes *p*-Orbital aus. Eine Hyperkonjugation ist beim Methylkation nicht möglich.

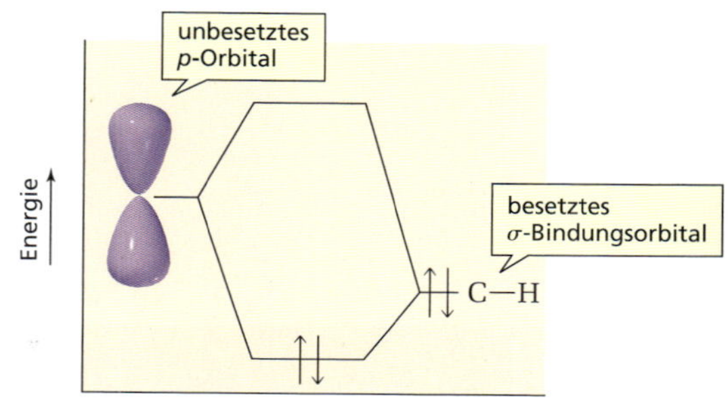

Abbildung 28.2: Ein Molekülorbitaldiagramm, das die durch die Überlappung der Elektronen einer besetzten C—H-Bindung mit einem unbesetzten *p*-Orbital erreichte Stabilität verdeutlicht.

28.3 Die Regioselektivität der elektrophilen Addition

Wenn ein Alken, das nicht die gleichen Substituenten an seinen sp^2-Kohlenstoffatomen trägt, eine elektrophile Addition durchläuft, kann sich das Elektrophil an zwei unterschiedliche sp^2-Kohlenstoffatome anlagern. Wir haben soeben gesehen, dass das Hauptprodukt der Reaktion dasjenige ist, das durch die Addition des Elektrophils an dasjenige sp^2-hybridiserte C-Atom entsteht, das zur Bildung des stabileren Carbokations führt. Wenn beispielsweise Propen mit HCl reagiert, kann sich das Proton an das C-Atom Nr. 1 (C-1) anlagern, was zur Bildung eines sekundären Carbokations führt, oder es kann sich an das C-Atom Nr. 2 (C-2) anlagern, wobei ein primäres Carbokation gebildet wird. Das sekundäre Carbokation bildet sich schneller, weil es stabiler ist als das primäre Carbokation. Primäre Carbokationen sind so instabil, dass sie sich nur unter großen Schwierigkeiten bilden. Das Produkt der Reaktion ist daher 2-Chlorpropan.

BIOGRAPHIE

Wladimir Vasilewitsch Markownikow (1837–1904) wurde als Sohn eines Armeeoffiziers in Russland geboren. Er war Professor für Chemie an den Universitäten von Kazan, Odessa und Moskau. Durch die Synthese ringförmiger Verbindungen mit vier und sieben Kohlenstoffatomen gelang ihm die Widerlegung der Vorstellung, dass der Kohlenstoff nur Molekülringe aus fünf und sechs Atomen bilden könne.

A 3 Welches wäre das Hauptprodukt der Addition von Bromwasserstoff (HBr) an jede der folgenden Verbindungen?

(a) $CH_3CH_2CH{=}CH_2$

(b)

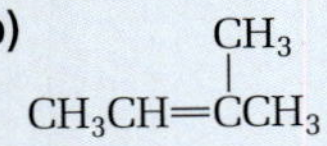

(c)

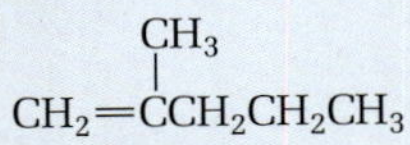

(d) $CH_3CH{=}CHCH_3$

A 4 Welches Alken sollte für die Synthese der folgenden Bromalkane eingesetzt werden?

(a)

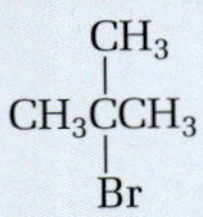

(b)

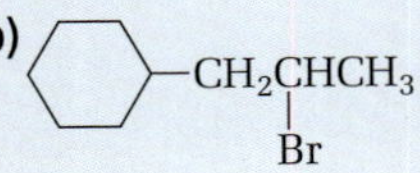

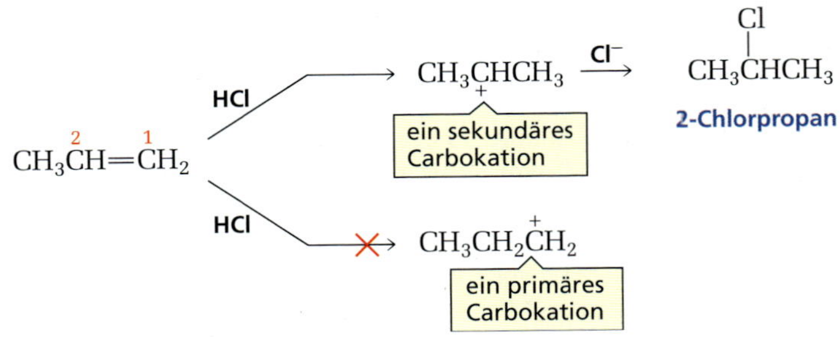

Das Hauptprodukt der Addition von Iodwasserstoff (HI) an 2-Methyl-but-2-en ist 2-Iod-2-methylbutan; es wird nur eine kleine Menge 2-Iod-3-methylbutan gebildet. Das Hauptprodukt der Addition von Bromwasserstoff (HBr) an 1-Methylcyclohexen ist 1-Brom-1-methylcyclohexan. In beiden Fällen bildet sich das stabilere tertiäre Carbokation schneller als das weniger stabile sekundäre Carbokation, so dass in beiden Fällen das Hauptprodukt der Reaktion dasjenige ist, das aus dem tertiären Carbokation hervorgeht.

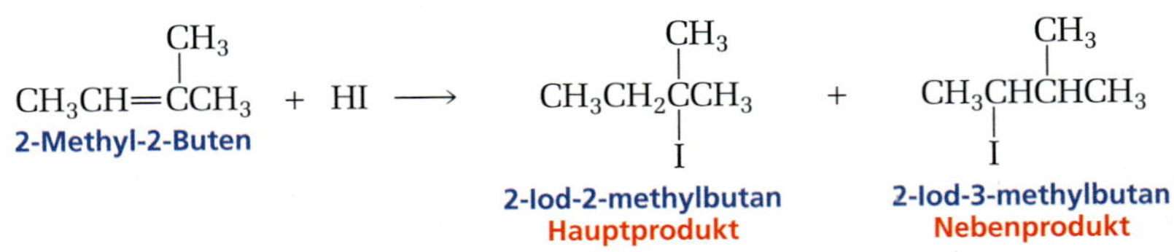

Die beiden unterschiedlichen Produkte jeder dieser Reaktionen werden als *Konstitutionsisomere* bezeichnet. **Konstitutionsisomere** besitzen dieselbe Summenformel, unterscheiden sich aber in der Weise, wie ihre Atome verbunden sind. Eine Reaktion (wie jede der gerade dargestellten), die zu zwei oder mehr Konstitutionsisomeren als Produkten führt, von denen eines überwiegt, wird als **regioselektive Reaktion** bezeichnet.

> **MERKE !**
>
> **Als Regioselektivität bezeichnet man die bevorzugte Bildung eines Konstitutionsisomers im Vergleich zu einem anderen.**

Nun, da wir den Mechanismus der Addition eines Halogenwasserstoffs an ein Alken verstanden haben, können wir eine Regel ableiten, die auf *alle* elektrophilen Additionsreaktionen von Alkenen anwendbar ist: *Das* ***Elektrophil*** *wird an dasjenige* sp^2*-Kohlenstoffatom addiert, das die größere Anzahl Wasserstoffatome gebunden hält.* Wladimir Markownikow war der erste Wissenschaftler, der erkannte, dass bei der Addition eines Halogenwasserstoffs an ein unsymmetrisches Alken das H^+-Ion an das sp^2-Kohlenstoffatom bindet, das bereits die größere Zahl von Wasserstoffatomen gebunden hält. Diese Regel wurde als **Markownikow-Regel** bekannt.

> **MERKE !**
>
> **Das Elektrophil lagert sich an dasjenige** ***sp***^{2}**-Kohlenstoffatom an, das die größere Anzahl Wasserstoffatome gebunden hat.**

Die Anwendung der Regel ist einfach ein schneller Weg zur Bestimmung der relativen Stabilitäten der Intermediate, die sich im geschwindigkeitsbestimmenden Schritt der Reaktion bilden könnten. Man erhält dasselbe Ergebnis, egal ob man das Hauptprodukt einer elektrophilen Addition durch Einsatz dieser Regel ermittelt, oder ob man die relativen Stabilitäten der Carbokationen bestimmt.

28.4 Die Addition von Wasser und die Addition von Alkoholen

Die Addition von Wasser und Alkoholen an Alkene erfolgt nur in Anwesenheit einer Säure.

Die Addition von Wasser

Wenn Wasser zu einem Alken gegeben wird, tritt keine Reaktion ein, weil kein Elektrophil vorhanden ist, um die Reaktion durch Addition an das nucleophile

Alken einzuleiten. Die O—H-Bindungen des Wassers sind zu stark um den positivierten Wasserstoff elektrophil angreifen zu lassen.

$$CH_3CH{=}CH_2 \quad + \quad H_2O \quad \not\rightarrow$$

Falls jedoch der Lösung eine Säure (z. B. H_2SO_4 oder HCl) zugesetzt wird, wird eine Reaktion eintreten, weil die Säure ein Elektrophil bereitstellt. Das Reaktionsprodukt ist ein Alkohol.*

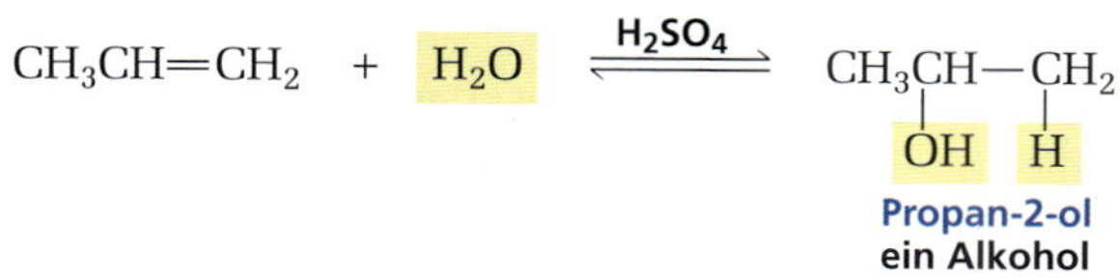

Schwefelsäure (H_2SO_4, pK_S = –5) und Chlorwasserstoff (HCl, pK_S = –7) sind starke Säuren, die in wässriger Lösung praktisch vollständig dissoziieren. Das an der Reaktion teilnehmende Teilchen ist das Hydroniumion (H_3O^+).

$$H_2SO_4 + H_2O \rightleftharpoons \underset{\text{Hydroniumion}}{H_3O^+} + HSO_4^-$$

Die ersten beiden Schritte des *Mechanismus der säurekatalysierten Addition von Wasser an ein Alken* sind im Wesentlichen dieselben wie die beiden Schritte bei der *Halogenwasserstoffaddition an ein Alken*:

> Planung der Synthese eines Halogenalkans

Mechanismus der säurekatalysierten Addition von Wasser

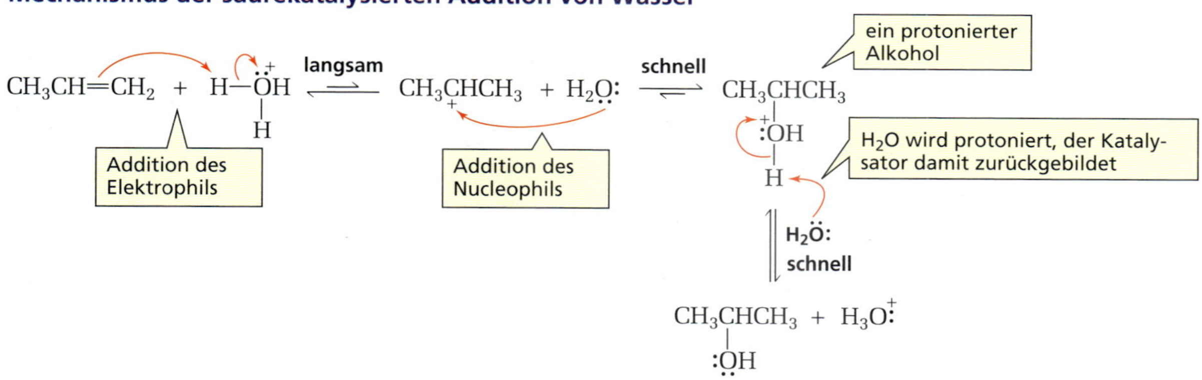

- Das Elektrophil (H^+) addiert sich an das *sp*²-Kohlenstoffatom, das die größere Zahl Wasserstoffatome gebunden hält.
- Das Nucleophil (H_2O) addiert sich an das andere *sp*²-hybridisierte Kohlenstoffatom und bildet einen protonierten Alkohol.
- Der protonierte Alkohol gibt ein Proton ab, da der pH-Wert der Lösung höher ist als der pK_S-Wert des protonierten Alkohols.

Wie wir in Abschnitt 27.6 gelernt haben, verläuft die Addition des Elektrophils an das Alken relativ langsam, und die nachfolgende Addition des Nucleophils an das Carbokation vollzieht sich schnell. Die Reaktion des Carbokations mit einem Nucleophil ist so schnell, dass das Carbokation sich mit jedem Nucleophil kombinieren wird, mit dem es als Erstes zusammenstößt. Bei der vorausgegangenen Reaktion befinden sich in der Lösung zwei Nucleophile: Wasser und die korrespondierende Base der Säure (z. B. Cl^- oder HSO_4^-). Man beachte, dass

MERKE !

Lernen Sie die Reaktionsprodukte von Alkenadditionen nicht auswendig. Fragen Sie sich stattdessen bei jeder Reaktion: „Welches ist das Elektrophil?" und „Welches Nucleophil liegt in der höchsten Konzentration vor?"

* Da Alkene nicht wasserlöslich sind, ist Wasser bei dieser Reaktion nicht das einzige Lösungsmittel. Ein weiteres, wie etwa Dimethylsulfoxid (DMSO), ist erforderlich, das weder mit den Reaktanten noch mit den Produkten oder irgendwelchen Zwischenprodukten reagiert und in dem sich sowohl das Alken als auch Wasser lösen können.

OH^- in dieser Reaktion kein Nucleophil ist, weil es unter den sauren Bedingungen nicht in nennenswerter Konzentration vorliegt.* Da die Konzentration des Wassers viel größer ist als die Konzentration der korrespondierenden Base, wird das Carbokation sehr viel wahrscheinlicher mit einem Wassermolekül zusammenstoßen. Das Produkt der Kollision ist ein protonierter Alkohol.

Im ersten Schritt addiert sich ein Proton an das Alken, und ein Proton wird im letzten Schritt der Reaktion an die Reaktionsmischung zurückgegeben. Im Ganzen wird das Proton nicht verbraucht. Ein Stoff, der die Geschwindigkeit einer Reaktion erhöht, aber im Verlauf der Reaktion nicht verbraucht wird, wird ein **Katalysator** genannt. Katalysatoren erhöhen die Reaktionsgeschwindigkeit durch die Herabsetzung der Aktivierungsenergie der Reaktion. Katalysatoren beeinflussen *nicht* die Gleichgewichtskonstante einer Reaktion. Ein Katalysator erhöht die *Geschwindigkeit*, mit der ein Produkt gebildet wird, aber nicht die *Menge* des gebildeten Produktes. Der Katalysator der Umsetzung von Wasser mit einem Alken ist eine Säure; in diesem Fall spricht man von einer **säurekatalysierten Reaktion**.

Die Addition von Alkoholen

Alkohole reagieren mit Alken in der gleichen Weise wie das Wasser. Wie die Addition des Wassers, erfordert auch die Addition eines Alkohols eine Säure als Katalysator. Das Produkt der Reaktion ist ein Ether.

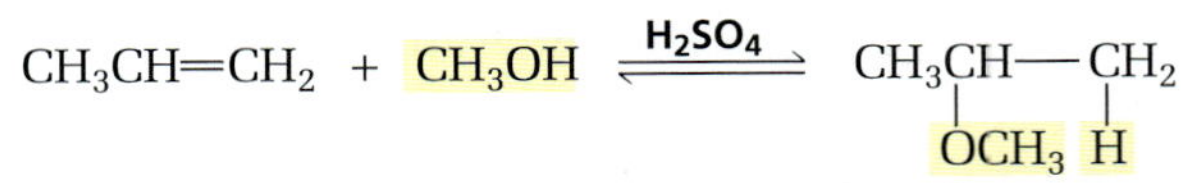

2-Methoxypropan
ein Ether

Der Mechanismus der säurekatalysierten Addition eines Alkohols ist im Wesentlichen der gleiche wie der Mechanismus der säurekatalysierten Addition des Wassers. Der einzige Unterschied besteht darin, dass das Nucleophil ROH anstelle von HOH ist.

Mechanismus der säurekatalysierten Addition eines Alkohols

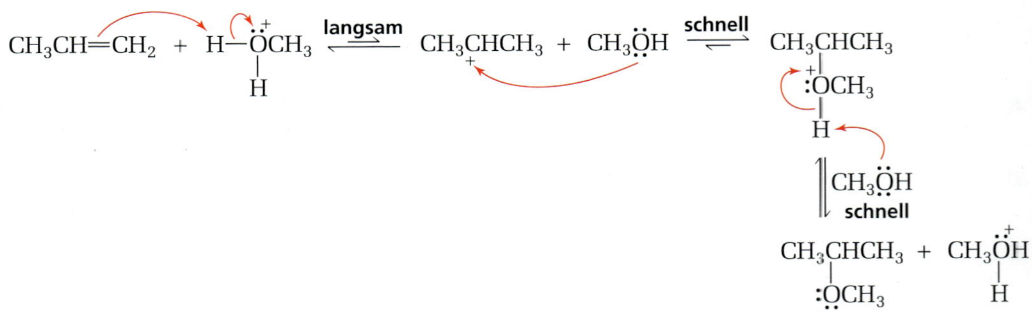

- Das Elektrophil (H^+) addiert sich an das sp^2-Kohlenstoffatom, das mit der größeren Zahl von Wasserstoffatomen verbunden ist.
- Das Nucleophil (CH_3OH) addiert sich an das Carbokation und bildet einen protonierten Ether.
- Der protonierte Ether gibt ein Proton ab, da der pH-Wert der Lösung größer als der pK_S-Wert des protonierten Ethers ist.

EXTRAS ONLINE Umlagerung von Carbokationen

* Bei einem pH-Wert von 4 beträgt die Konzentration der Hydroxidionen (OH^-) beispielsweise 1×10^{-10} mol · l^{-1}, wohingegen die Konzentration des Wassers in einer verdünnten wässrigen Lösung 55,5 mol · l^{-1} beträgt.

28.5 Die Addition von Halogenen

Die Halogene Brom (Br_2) und Chlor (Cl_2) addieren sich an Alkene. Dies mag auf den ersten Blick überraschend erscheinen, da nicht umittelbar einsichtig ist, dass ein Elektrophil – das für den Beginn der elektrophilen Additionsreaktion notwendig ist – vorliegt.

$$CH_3CH{=}CH_2 + Br_2 \longrightarrow CH_3\underset{\substack{|\\Br}}{CH}{-}\underset{\substack{|\\Br}}{CH_2}$$

$$CH_3CH{=}CH_2 + Cl_2 \longrightarrow CH_3\underset{\substack{|\\Cl}}{CH}{-}\underset{\substack{|\\Cl}}{CH_2}$$

Die Reaktion kann ablaufen, da die Bindung, durch die die beiden Halogenatome zusammengehalten werden, relativ schwach ist (siehe Bindungsdissoziationsenergien in ► Tabelle 27.2) und demgemäß leicht gespalten wird. Der Reaktionsmechanismus der Addition von Brom an ein Alken ist nachfolgend dargestellt:

Mechanismus der Addition von Brom

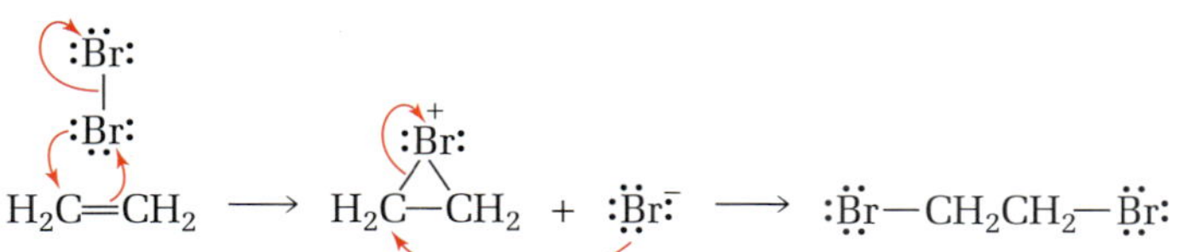

ein zyklisches Bromoniumion

1,2-Dibromethan
ein vicinales Dibromid

zyklisches Bromoniumion des Ethans

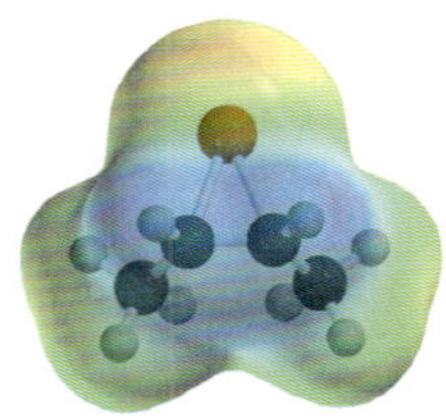

zyklisches Bromoniumion des *cis*-But-2-ens

- Wenn die π-Elektronenwolke des Alkens sich einem Br_2-Molekül nähert, wechselwirken die π-Elektronen der C–C-Doppelbindung mit den Elektronen des Brommoleküls → Polarisation (Ausbildung von Partialladung) → herbeigeführte Spaltung. Beachten Sie, dass ein einsames Elektronenpaar am Bromatom das Nucleophil ist, das an das andere sp^2-Kohlenstoffatom bindet. **Die Addition von Elektrophil und Nucleophil an die Doppelbindung läuft also im gleichen Reaktionsschritt ab.**
- Das Intermediat, ein zyklisches Bromoniumion, ist instabil, da am ehemaligen sp^2-Kohlenstoffatom noch eine beträchtliche positive Ladung vorhanden ist (siehe die elektrostatischen Potenzialkarten). Daher reagiert das zyklische Bromoniumion mit dem Nucleophil, dem Bromidion. Das Produkt ist ein vicinales Dibromid. Der Ausdruck **vicinal** zeigt an, dass sich die beiden Bromatome an aufeinanderfolgenden Kohlenstoffatomen befinden (*vicinus* ist lat. für „nahe bei").

Das Reaktionsprodukt des ersten Teilschrittes ist kein Carbokation; es ist vielmehr ein zyklisches Bromoniumion, da sich die Elektronenwolke des Broms nahe genug bei dem anderen sp^2-Kohlenstoffatom befindet, um eine Bindungsbildung zu ermöglichen. **Das zyklische Bromoniumion ist stabiler, als es das Carbokation gewesen wäre, da alle Atome mit Ausnahme des Wasserstoffs im Bromoniumion ein vollständiges Elektronenoktett besitzen**, wohingegen das positiv geladene Kohlenstoffatom eines Carbokations über kein vollständiges Elektronenoktett verfügt.

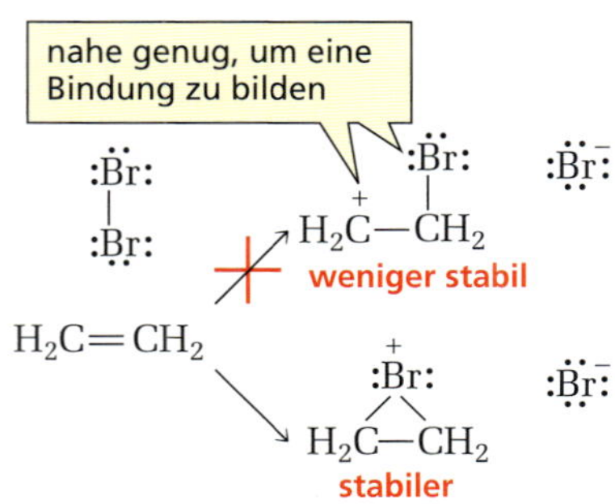

Die elektrostatischen Potenzialkarten der zyklischen Bromoniumionen lassen erkennen, dass die elektronenarme Region (blauer Bereich) die Kohlenstoffatome umfasst, selbst wenn die positive Ladung formal am Bromatom angesiedelt ist.

Reaktionen von Alkenen mit Br_2 oder Cl_2 werden im Allgemeinen durchgeführt, indem man das Halogen und das Alken in einem inerten Lösungsmittel wie Dichlormethan (CH_2Cl_2) löst, das aber selbst nicht an der Reaktion teilnimmt.

A 5 Welches wäre das Produkt gewesen, wenn in der vorausgegangenen Reaktion HBr anstelle von Br_2 als Reagenz benutzt worden wäre?

A 6 Durch katalytische Hydrierung der Alkene A und B erhält man dasselbe Alkan. Die Hydrierwärme des Alkens A beträgt 125 kJ/mol (29,8 kcal/mol), die von Alken B 131 kJ/mol (31,4 kcal/mol). Welches Alken ist das stabilere?

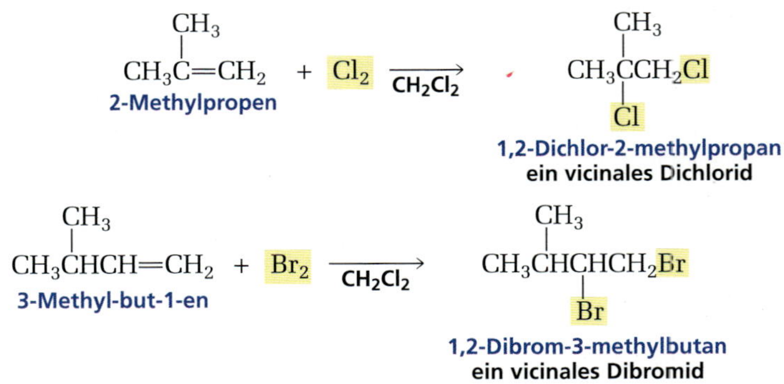

Die vorausgegangene Reaktion illustriert die Art und Weise, in der organische Reaktionen im Regelfall niedergeschrieben werden. Die Ausgangsstoffe werden links vom Reaktionspfeil angeordnet und die Produkte rechts vom Reaktionspfeil. Die Reaktionsbedingungen wie das Lösungsmittel, die Temperatur oder irgendein für die Reaktion erforderlicher Katalysator werden über bzw. unter den Pfeil geschrieben. Manchmal werden sie auch derart formuliert, dass nur die organischen (kohlenstoffhaltigen) Reagenzien links vom Reaktionspfeil aufgeführt werden, und die anderen Reagenzien über oder unter den Pfeil.

$$CH_3CH{=}CHCH_3 \xrightarrow[CH_2Cl_2]{Cl_2} CH_3CH(Cl)CH(Cl)CH_3$$

Das Fluor (F_2) und das Iod (I_2) sind ebenfalls Halogene, doch werden sie nicht als Reagenzien in elektrophilen Additionen eingesetzt. Das elementare Fluor reagiert mit allen Alkenen explosiv, so dass die elektrophile Addition von F_2 keine synthetisch sinnvoll einsetzbare Reaktion ist. Die Addition von I_2 an ein Alken ist eine thermodynamisch ungünstige Reaktion: Vicinale Diiodide sind bei Zimmertemperatur instabil; sie zerfallen wieder in das Alken und I_2.

EXTRAS ONLINE Mechanismus der Halohydrinbildung

EXTRAS ONLINE Die Addition einer Peroxycarbonsäure

28.6 Die Addition von Wasserstoff · Die relativen Stabilitäten der Alkene

In der Gegenwart eines metallischen Katalysators wie Platin, Palladium oder Nickel wird Wasserstoff (H_2) unter Bildung eines Alkans an die Doppelbindung eines Alkens addiert. Ohne den Katalysator wäre die Energieschwelle der Reaktion enorm hoch, da die H—H-Bindung zu stark ist (► Tabelle 27.2). Der Katalysator erniedrigt die Aktivierungsenergie durch Auflösung der H—H-Bindung. Die Edelmetalle Platin und Palladium werden in fein verteilter Form und an Aktivkohle adsorbiert eingesetzt (Pt/C; Pd/C). Der Platinkatalysator wird häufig in Form von PtO_2 eingesetzt und wird dann als Adams-Katalysator bezeichnet.

$$\underset{\text{But-2-en}}{CH_3CH{=}CHCH_3} + H_2 \xrightarrow{Pt/C} \underset{\text{n-Butan}}{CH_3CH_2CH_2CH_3}$$

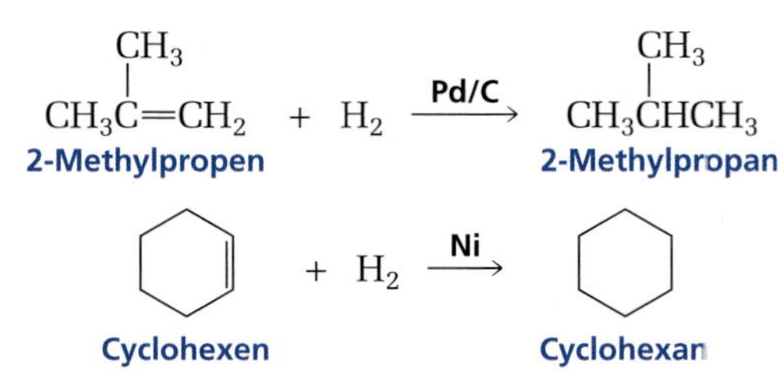

Die Addition von Wasserstoff wird als **Hydrierung** bezeichnet. Da die vorgenannten Reaktionen einen Katalysator erfordern, sind sie Beispiele für **kataly-**

BIOGRAPHIE

Platin und Palladium sind teure Metalle. Die zufällige Entdeckung **Paul Sabatiers (1854–1941)**, dass Nickel – ein viel billigeres Metall – Hydrierungen katalysieren kann, hat die Hydrierungen zu einem rentablen großindustriellen Verfahren gemacht. Die Umwandlung von Pflanzenölen in Margarine ist ein solcher Hydriervorgang. Sabatier wurde in Frankreich geboren und war Professor an der Universität von Toulouse. Er erhielt gemeinsam mit seinem Landsmann Victor Grignard **1912** den **Nobelpreis für Chemie**.

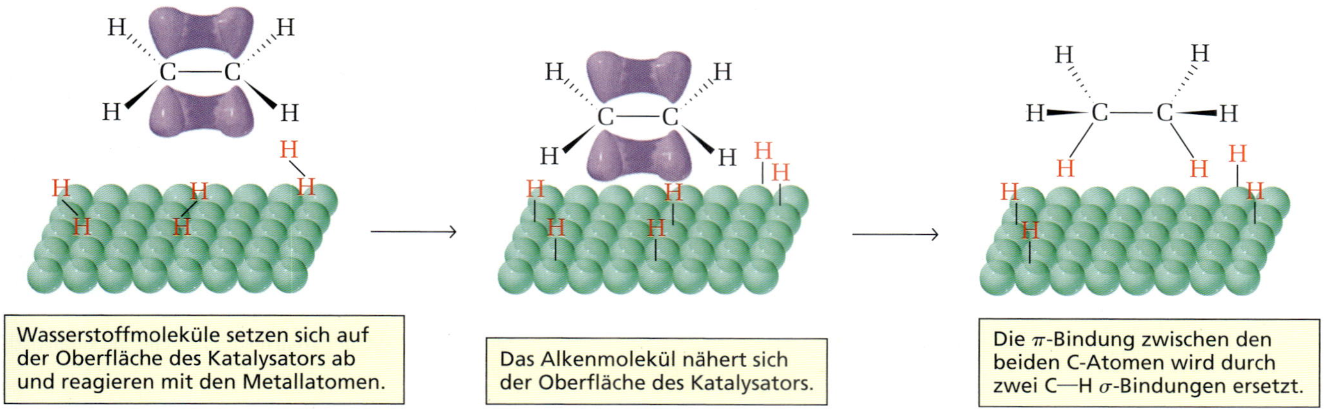

Abbildung 28.3: Die katalytische Hydrierung eines Alkens.

tische Hydrierungen. Die metallischen Katalysatoren sind in der Reaktionsmischung unlöslich; man spricht daher von **heterogenen Katalysatoren**. Ein heterogener Katalysator lässt sich leicht durch Filtration von der Reaktionsmischung abtrennen. Er kann dann rückgewonnen werden, was aus Gründen der Kostenersparnis bedeutsam ist.

Die mechanistischen Details der katalytischen Hydrierung sind bis heute nicht vollständig aufgeklärt. Wir wissen, dass der Wasserstoff an die Oberfläche des Metalls adsorbiert wird, und dass das Alken mit dem Metall einen Komplex bildet, indem seine eigenen *p*-Orbitale mit vakanten Orbitalen des Metalls überlappen. Das Auflösen der π-Bindung des Alkens und der σ-Bindung des H_2-Moleküls und die Bildung der C—H-σ-Bindung vollziehen sich sämtlich an der Oberfläche des Metalls. Das als Reaktionsprodukt gebildete Alkan diffundiert von der Metalloberfläche ab (▶ Abbildung 28.3).

Obwohl es sich um keine exakte Wiedergabe der tatsächlichen Vorgänge handelt, können wir uns die Reaktion wie folgt vorstellen: Die H—H-Bindung wird aufgelöst, die π-Bindung wird aufgelöst und die Wasserstoffradikale verbinden sich mit den Kohlenstoffradikalen.

$$\underset{\text{H—H}}{CH_3CH{=}CHCH_3} \longrightarrow \underset{\text{H}\cdot\ \ \cdot\text{H}}{CH_3\dot{C}H{-}\dot{C}HCH_3} \longrightarrow \underset{\text{H}\quad\ \text{H}}{CH_3CH{-}CHCH_3}$$

Die bei einer Hydrierungsreaktion umgesetzte Wärmemenge wird als **Hydrierwärme** bezeichnet. Sie bekommt konventionsgemäß ein positives Vorzeichen. Hydrierungen sind jedoch exotherme Reaktionen, d. h. ihre $\Delta H°$-Werte sind negativ. Die Hydrierwärme ist also der Betrag des $\Delta H°$-Wertes der Reaktion.

Da wir den genauen Mechanismus der Hydrierung nicht kennen, können wir für diese Reaktion kein Reaktionskoordinatendiagramm zeichnen. Wir können jedoch ein Diagramm zeichnen, aus dem sich die relativen Energien der Ausgangsstoffe und der Reaktionsprodukte ablesen lassen (▶ Abbildung 28.4). Die vorausgehenden drei Beispiele für katalytische Hydrierungen führen alle zum selben Alkan als Reaktionsprodukt, was bedeutet, dass die Energie des *Produktes* in jedem Fall die gleiche sein muss. Die drei Reaktionen besitzen jedoch unterschiedliche Hydrierwärmen, was bedeutet, dass die Ausgangsstoffe unterschiedliche Energien besitzen müssen.

Wenn Sie die Strukturen der drei Alkenreaktanten in ▶ Abbildung 28.4 betrachten, werden Sie erkennen, dass das stabilste Alken an seinem einen sp^2-Kohlenstoffatom zwei Alkylsubstituenten und an dem anderen sp^2-Kohlenstoffatom einen Alkylsubstituenten gebunden trägt; das macht insgesamt drei Alkylsubstituenten (drei Methylgruppen), die an seine beiden sp^2-Kohlenstoffatome ge-

BIOGRAPHIE

Roger Adams (1889–1971) wurde in Boston (Massachusetts, USA) geboren. Er wurde an der *Harvard-University* promoviert und war Professor für Chemie an der *University of Illinois* (USA). Er und Alexander Todd (Abschnitt 45.1) haben die Struktur des Tetrahydrocannabinols (THC) – des aktiven Prinzips des indischen Hanfes – aufgeklärt. Die Forschungen von Adams haben erwiesen, dass der vom *Federal Bureau of Narcotics* der USA (US-Drogenbehörde) verwendete Test auf Marihuana und Hasch tatsächlich eine harmlose Begleitverbindung nachwies.

MERKE !

Das stabilste Alken weist die geringste Hydrierwärme auf.

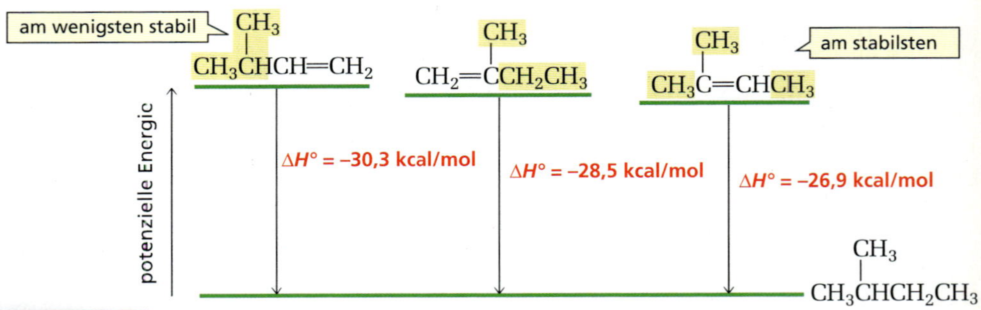

Abbildung 28.4: Die relativen Energieniveaus (Stabilitäten) der drei Alkene, die katalytisch zu 2-Methylbutan hydriert werden können.

MERKE !

Je mehr Alkylgruppen an die sp²-Kohlenstoffatome eines Alkens gebunden sind, desto stabiler ist es.

bunden sind. *Je mehr Alkylsubstituenten an die sp²-Kohlenstoffatome eines Alkens gebunden sind, desto größer ist dessen Stabilität.*

relative Stabilitäten alkylsubstituierter Alkene

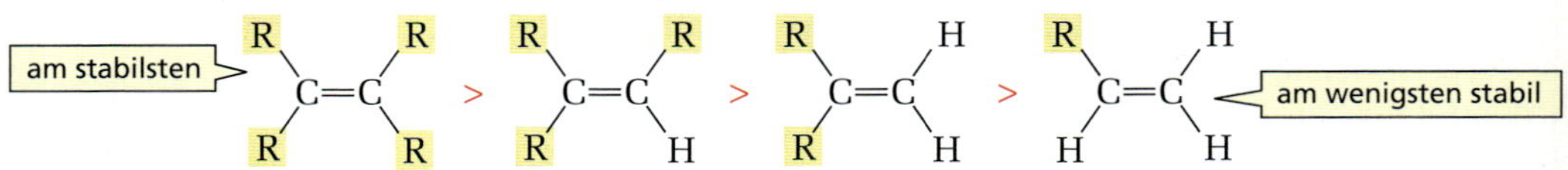

MERKE !

Alkylsubstituenten stabilisieren sowohl Alkene als auch Carbokationen.

Sowohl *trans*-But-2-en als auch *cis*-But-2-en verfügen über zwei Alkylgruppen an ihren sp^2-Kohlenstoffatomen, doch weist das *trans*-But-2-en die geringere Hydrierwärme auf. Dies bedeutet, dass das *trans*-Isomer, bei dem die großen Substituenten weiter auseinander stehen, stabiler ist als das *cis*-Isomer, bei welchem die beiden großen Substituenten näher beieinander stehen.

Reaktion	Hydrierwärmen	ΔH° kcal/mol	ΔH° kJ/mol
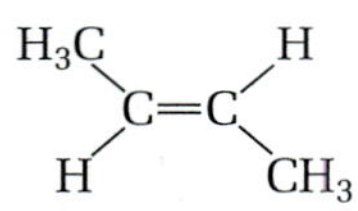 *trans*-But-2-en + H_2 $\xrightarrow{Pd/C}$ $CH_3CH_2CH_2CH_3$	27,6	–27,6	–115
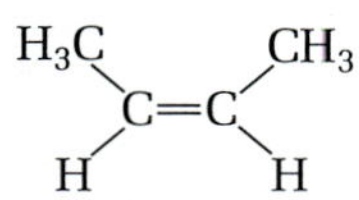 *cis*-But-2-en + H_2 $\xrightarrow{Pd/C}$ $CH_3CH_2CH_2CH_3$	28,6	–28,6	–120

Wenn die großen Substituenten auf derselben Seite des Moleküls stehen, können ihre Elektronenwolken miteinander in Wechselwirkung treten, was zur Spannung im Molekül führt, die es weniger stabil macht (siehe Abschnitt 26.10). Wenn die großen Substituenten auf gegenüberliegenden Seiten des Moleküls lokalisiert sind, können ihre Elektronenwolken nicht wechselwirken, das Molekül verfügt über weniger sterische Spannung und ist daher stabiler.

EXTRAS ONLINE – Auswahl des Reaktanten für eine Synthese

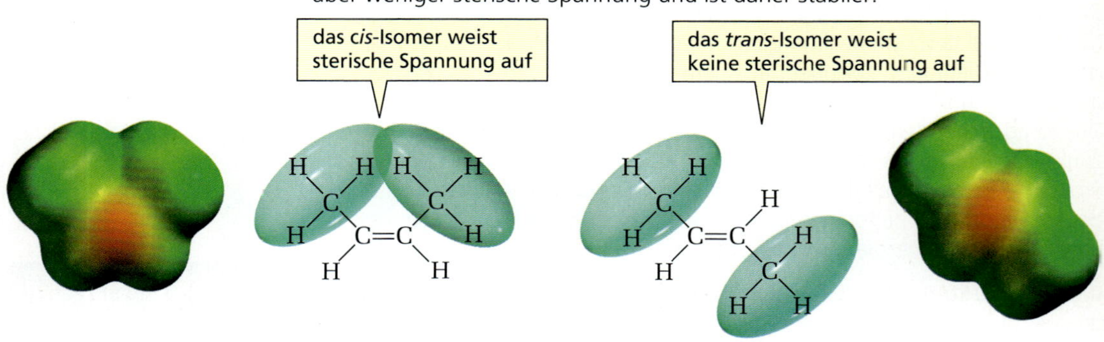

cis-But-2-en *trans*-But-2-en

Stereochemie – Anordnung von Atomen im Raum

29

ÜBERBLICK

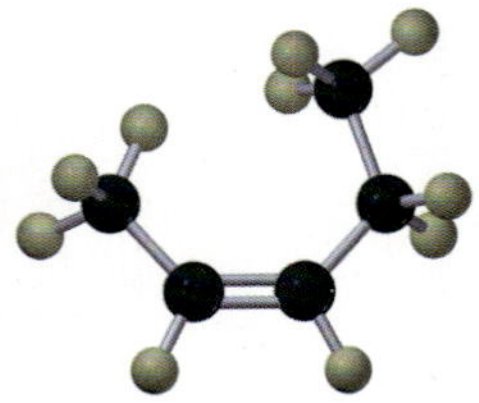

cis-Pent-2-en

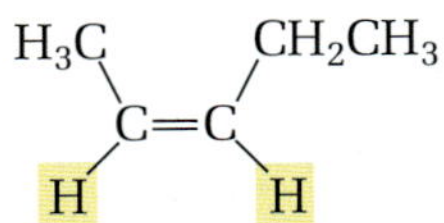

cis-Pent-2-en

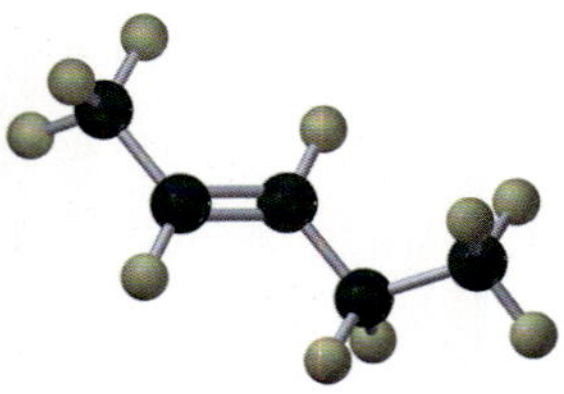

trans-Pent-2-en

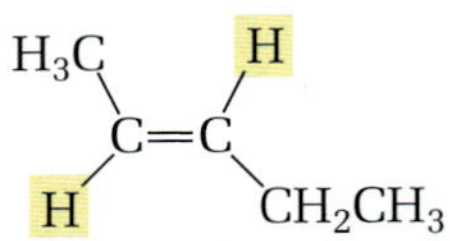

trans-Pent-2-en

Verbindungen, die dieselbe Summenformel aufweisen, aber nicht identisch sind, werden **Isomere** genannt. Die Isomere unterteilt man in zwei Hauptklassen: Die *Konstitutionsisomere* und die *Stereoisomere*. **Konstitutionsisomere** unterscheiden sich in der Art und Weise, in der ihre Atome miteinander verknüpft sind. Ethanol und Dimethylether sind ein Beispiel für die Konstitutionsisomerie, weil die Verbindungen identische Summenformeln besitzen (C_2H_6O), die Atome in jeder der beiden Verbindungen aber unterschied ich verknüpft sind. Das Sauerstoffatom im Ethanol ist an ein Kohlenstoff- und an ein Wasserstoffatom gebunden, wohingegen das Sauerstoffatom im Dimethylether an zwei Kohlenstoffatome gebunden ist.

Konstitutionsisomere

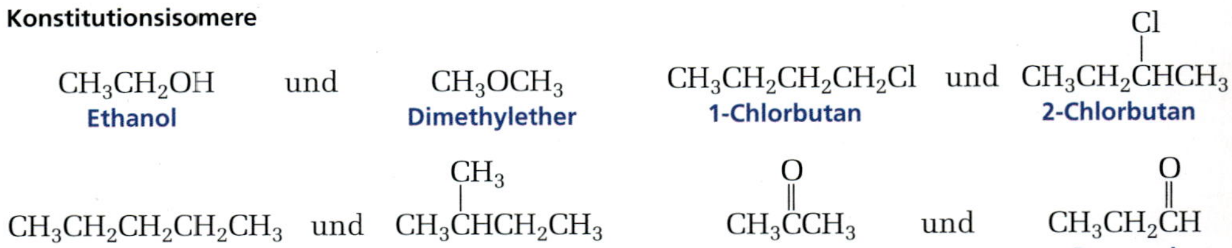

Ethanol · Dimethylether · 1-Chlorbutan · 2-Chlorbutan · n-Pentan · Isopentan · Aceton · Propanal

Anders als die Atome der Konstitutionsisomere sind die Atome der **Stereoisomere** auf die gleiche Weise miteinander verknüpft. Stereoisomere (die auch **Konfigurationsisomere** genannt werden) unterscheiden sich in der Art und Weise, in der die Atome im Raum angeordnet sind. Man unterscheidet zwei Arten von Stereoisomeren: Die *cis/trans*-Isomere und Isomere, die Chiralitätszentren enthalten.

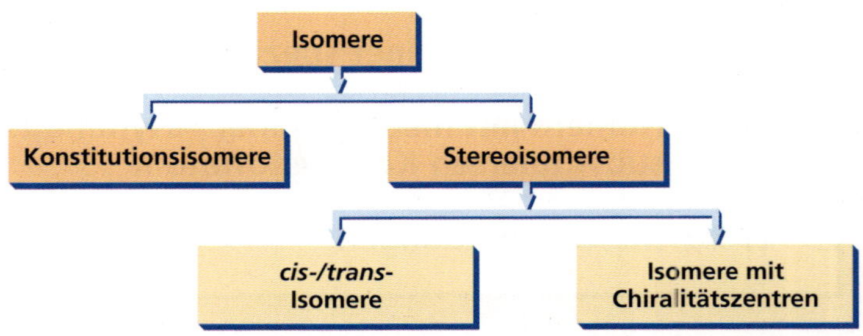

Nach einer Wiederholung der *cis/trans*-Isomere werden wir uns Isomeren zuwenden, die Chiralitätszentren enthalten – die einzigen Stereoisomere, die wir noch nicht kennen gelernt haben. Anschließend werden wir uns wieder den bereits aus Kapitel 28 bekannten Reaktionen zuwenden. Bei den Produkten, die Stereoisomere sind, werden wir diese ermitteln.

29.1 *Cis/trans*-Isomere

***Cis/trans*-Isomere**, die man auch **geometrische Isomere** nennt, ergeben sich aus einer eingeschränkten Rotationsfähigkeit. Eine eingeschränkte Rotation kann entweder durch eine Doppelbindung oder eine zyklische Struktur verursacht sein. Wir haben bereits gesehen, dass ein Alken wie Pent-2-en als Resultat der eingeschränkten Rotation um eine Kohlenstoff–Kohlenstoff-Doppelbindung in Form von *cis*- und *trans*-Isomeren vorkommen kann (siehe Abschnitt 27.4). Beim ***cis*-Isomer** stehen die Wasserstoffatome auf *derselben* Seite der Doppelbindung, wohingegen beim ***trans*-Isomer** die Wasserstoffatome auf *gegenüberliegenden* Seiten der Doppelbindung stehen. Bei komplexeren Molekülen werden anstelle von *cis* und *trans* *Z* bzw. *E* verwendet.

Zyklische Verbindungen können ebenfalls als *cis*- und *trans*-Isomere vorliegen. Beim *cis*-Isomer stehen die Wasserstoffatome auf derselben Seite des Ringes, wohingegen beim *trans*-Isomer die Wasserstoffatome auf gegenüberliegenden Seiten des Ringes stehen.

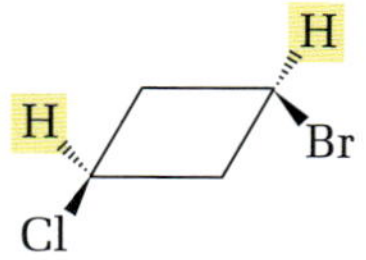

cis-1-Brom-3-chlorcyclobutan

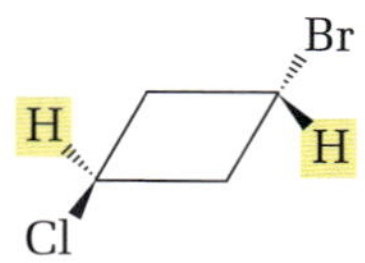

trans-1-Brom-3-chlorcyclobutan

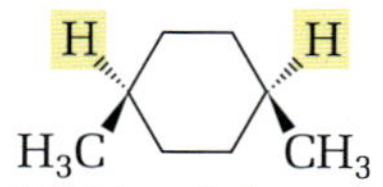

cis-1,4-Dimethylcyclohexan

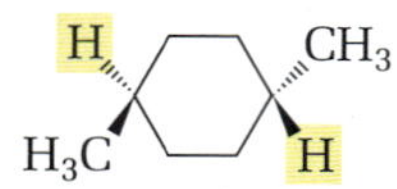

trans-1,4-Dimethylcyclohexan

A 1

(a) Zeichnen Sie drei Konstitutionsisomere mit der Summenformel C_3H_8O.

(b) Wie viele Konstitutionsisomere der Summenformel $C_4H_{10}O$ lassen sich zeichnen?

29.2 Chiralität

Warum können Sie Ihren rechten Schuh nicht auf den linken Fuß ziehen? Warum können Sie Ihren rechten Handschuh nicht auf die linke Hand stülpen? Dies ist so, weil Hände, Füße, Schuhe und Handschuhe in einer rechtshändigen und einer linkshändigen Form existieren. Ein Objekt, von dem eine rechtshändige und eine linkshändige Form existiert, ist **chiral**. Das Wort „chiral" leitet sich von dem griechischen Wort *cheir* ab, das „Hand" bedeutet. Beachten Sie, dass Chiralität (Händigkeit) eine Eigenschaft eines Objektes als Ganzem ist.

Ein chirales Objekt besitzt *nicht überlagerungsfähige Spiegelbilder*. Mit anderen Worten: Sein Spiegelbild ist mit dem Objekt nicht identisch. Eine Hand ist chiral, da wir, wenn wir die rechte Hand in einem Spiegel betrachten, nicht die rechte Hand sehen; wir sehen die linke Hand (► Abbildung 29.1). Im Gegensatz hierzu ist ein Stuhl nicht chiral – er sieht im Spiegel genauso aus. Objekte, die nicht chiral sind, werden als **achiral** (= nichtchiral) bezeichnet. Ein achirales Objekt besitzt ein *überlagerungsfähiges Spiegelbild*.

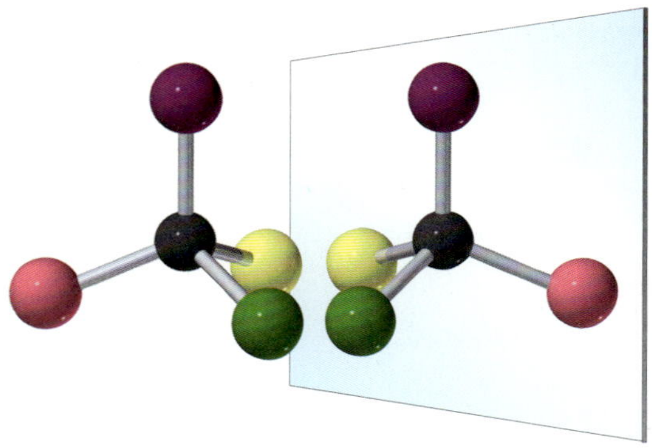

nicht überlagerungsfähige Spiegelbilder

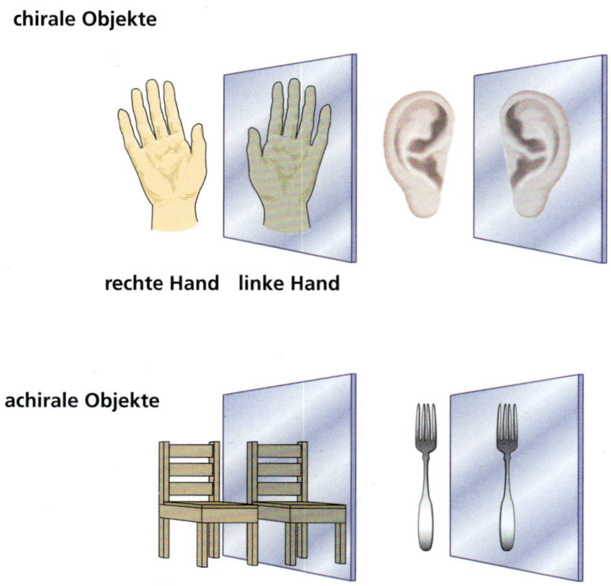

Abbildung 29.1: Einsatz eines Spiegels zum Chiralitätstest. Ein chirales Objekt ist nicht mit seinem Spiegelbild identisch – Bild und Spiegelbild sind nicht deckungsgleich. Ein achirales Objekt ist identisch mit seinem Spiegelbild – sie sind deckungsgleich.

A 2

(a) Nennen Sie fünf Großbuchstaben, die chiral sind.

(b) Nennen Sie fünf Großbuchstaben, die achiral sind.

MERKE !

Ein Molekül mit einem asymmetrisch substituierten Kohlenstoffatom ist chiral.

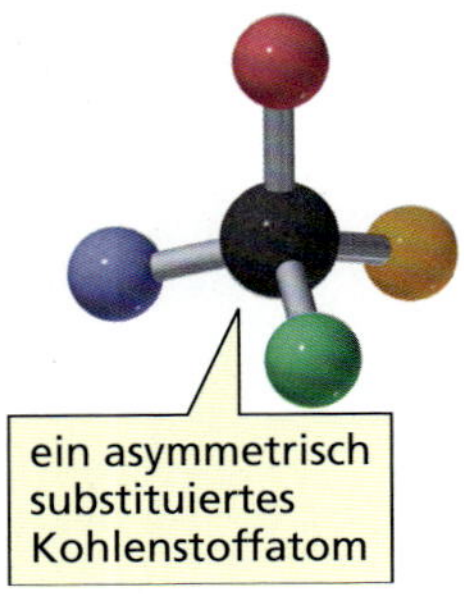

29.3 Asymmetrisch substituierte Kohlenstoffatome

Nicht nur makroskopische Objekte können chiral sein, Moleküle können es auch. Das Merkmal, das am häufigsten der Chiralität eines Moleküls zugrunde liegt, ist ein *asymmetrisch substituiertes Kohlenstoffatom*.

Ein **asymmetrisch substituiertes Kohlenstoffatom** (auch **Chiralitätszentrum**; der Begriff *„asymmetrisches Kohlenstoffatom"* sollte vermieden werden, da er suggeriert, dass das C-Atom selbst nicht symmetrisch ist) ist ein Kohlenstoffatom, an das vier unterschiedliche Bindungspartner gebunden sind. Das asymmetrisch substituierte Kohlenstoffatom ist in den nachfolgenden Verbindungen durch einen Stern gekennzeichnet. So ist beispielsweise das markierte Kohlenstoffatom im Octan-4-ol asymmetrisch substituiert, weil es vier unterschiedliche Bindungspartner trägt (—H, —OH, —$CH_2CH_2CH_3$ und —$CH_2CH_2CH_2CH_3$). Das markierte C-Atom im 2,4-Dimethylhexan ist ein asymmetrisch substituiertes C-Atom, weil es vier unterschiedliche Gruppen bzw. Atome trägt: einen Methyl-, einen Ethyl-, einen Isobutylrest und ein Wasserstoffatom.

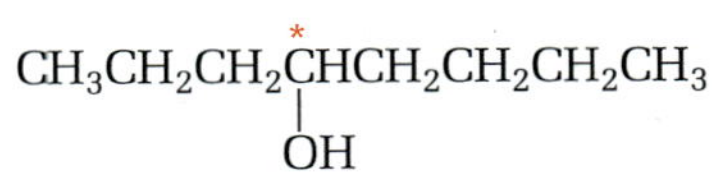
Octan-4-ol

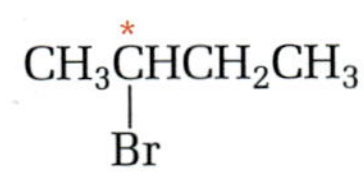
2-Brombutan

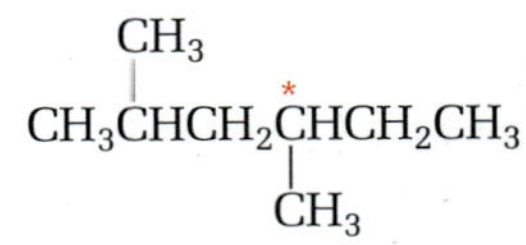
2,4-Dimethylhexan

A 3 Welche der folgenden Verbindungen besitzt ein asymmetrisch substituiertes Kohlenstoffatom?

(a) 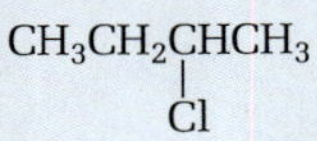

(b) 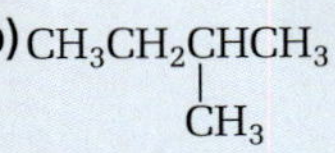

(c) 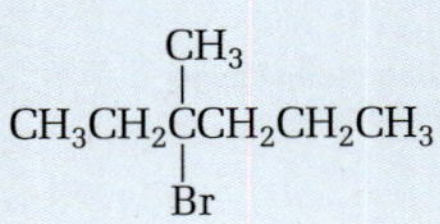

29.4 Isomere mit einem asymmetrisch substituierten Kohlenstoffatom

Eine Verbindung mit einem asymmetrisch substituierten Kohlenstoffatom wie das 2-Brombutan kann in Form zweier verschiedener Stereoisomere vorkommen. Die beiden Isomere sind analog zu einer rechten und einer linken Hand. Stellen Sie sich einen Spiegel zwischen den beiden Isomeren vor. Die beiden Stereoisomere sind nicht deckungsgleiche Spiegelbilder – sie sind unterschiedliche Moleküle.

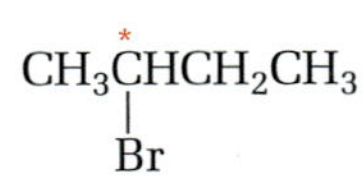
2-Brombutan

Spiegel

die beiden Isomere des 2-Brombutans

Enantiomere

Nicht deckungsgleiche, spiegelbildliche Moleküle werden **Enantiomere** genannt (*enantion*, gr. „gegenüber"). Die beiden Stereoisomere des 2-Brombutans sind Enantiomere. Ein Molekül, das ein Spiegelbild besitzt, mit dem es nicht zur Deckung zu bringen ist, ist wie jedes andere Objekt, das ein nicht überlagerungsfähiges Spiegelbild aufweist, chiral. Jedes der Enantiomere eines Enantiomerenpaares ist chiral. Man vergesse dabei nicht, dass Chiralität eine Eigenschaft des Moleküls als Ganzem ist.

Ein Molekül, das ein Spiegelbild besitzt, mit dem es zur Deckung zu bringen ist, ist wie jedes andere Objekt, das ein überlagerungsfähiges Spiegelbild aufweist, achiral. Um zu erkennen, dass ein achirales Molekül mit seinem Spiegelbild zur Deckung gebracht werden kann (d.h. dass es sich um identische Moleküle handelt), lässt man das achirale Bild im Geiste im Uhrzeigersinn rotieren.

MERKE !

Ein chirales Molekül besitzt ein Spiegelbild, mit dem es nicht deckungsgleich ist.

Ein achirales Molekül besitzt ein Spiegelbild, mit dem es deckungsgleich ist.

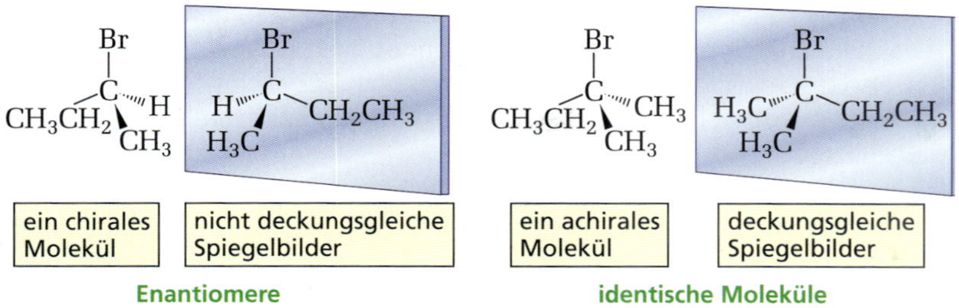

29.5 Das Zeichnen von Enantiomeren

Chemiker zeichnen Enantiomere entweder mit Hilfe *perspektivischer Formeln* oder in Form von *Fischer-Projektionen*. **Perspektivische Formeln** stellen zwei der Bindungen des asymmetrisch substituierten Kohlenstoffatoms in der Papierebene dar, eine Bindung in Form eines ausgefüllten Keils, der aus dem Papier hervorragen soll und die vierte Bindung als gestrichelten Keil, der hinter die Papierebene, vom Betrachter weg, weisen soll. Sie können das erste Enantiomer zeichnen, indem Sie die vier Bindungspartner des asymmetrisch substituierten Kohlenstoffatoms in einer beliebigen Anordnung zeichnen. Das zweite Enantiomer ergibt sich dann, wenn man das Spiegelbild des ersten Enantiomers zeichnet.

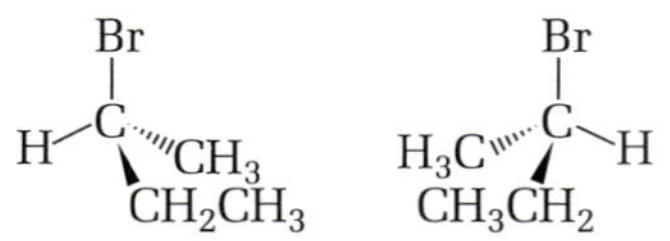

perspektivische Formeln der Enantiomere des 2-Brombutans

Eine andere Art der Darstellung der dreidimensionalen Anordnung von an ein asymmetrisch substituiertes Kohlenstoffatom gebundenen Atomen und/oder Gruppen ist die **Fischer-Projektion**. Sie wurde im ausgehenden 19. Jahrhundert von dem deutschen Chemiker Emil Fischer ersonnen. In einer Fischer-Projektion wird das asymmetrisch substituierte Kohlenstoffatom durch den Schnittpunkt zweier senkrecht aufeinander stehender Linien symbolisiert; die horizontalen Linien symbolisieren Bindungen, die aus der Papierebene auf den Betrachter zuweisen; die vertikalen Linien symbolisieren Bindungen, die vom Betrachter weg hinter die Papierebene ragen. Eine Kette von Kohlenstoffatomen wird in vertikaler Anordnung gezeichnet, wobei konventionsgemäß das oberste Kohlenstoffatom, das C-1, das am höchsten oxidierte C-Atom der betreffenden Verbindung darstellt.

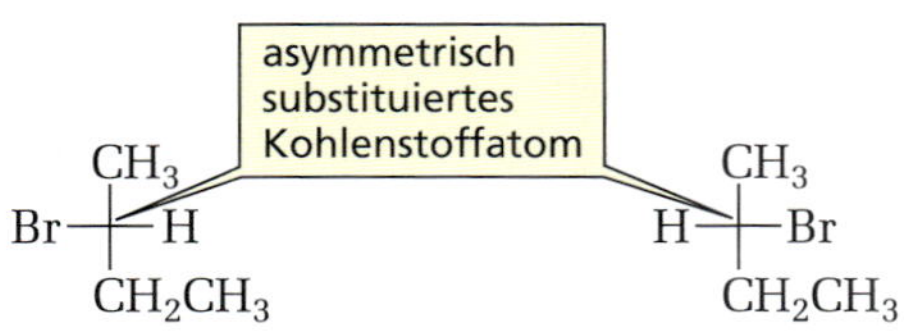

Fischer-Projektionen der Enantiomere des 2-Brombutans

Um Enantiomere mit Hilfe der Fischer-Projektion darzustellen, wird das erste Enantiomer gezeichnet, indem man die vier Bindungspartner des asymmetrisch substituierten Kohlenstoffatoms auf beliebige Weise zeichnet. Das zweite Enantiomer erhält man, indem man zwei der Bindungspartner gegeneinander vertauscht. Es spielt dabei keine Rolle, welches Paar man vertauscht. Bauen Sie Modelle, um sich davon zu überzeugen, dass dies richtig ist. Es ist am günstigsten, die Atome oder Gruppen der horizontal gezeichneten Bindungen gegeneinander zu vertauschen, da die Enantiomere auf dem Papier dann unmittelbar wie Bild und Spiegelbild aussehen.

MERKE !

Die ausgemalten Keile repräsentieren Bindungen, die aus der Papierebene auf den Betrachter zuragen.

Die gestrichelten Keile repräsentieren Bindungen, die aus der Papierebene nach hinten, vom Betrachter wegragen.

Stellen Sie, wenn Sie eine perspektivische Formel zeichnen, sicher, dass die beiden in der Papierebene liegenden Bindungen einander benachbart sind; weder der ausgefüllte Keil noch der gestrichelte Keil sollten dazwischengezeichnet werden.

MERKE !

Bei einer Fischer-Projektion ragen die horizontalen Linien aus der Papierebene in Richtung auf den Betrachter zu; die vertikalen Linien erstrecken sich hinter die Papierebene, vom Betrachter weg.

Beachten Sie, dass der wechselseitige Tausch von zwei Atomen oder Gruppen das andere Enantiomer liefert – gleichgültig, ob man perspektivische Formeln oder Fischer-Projektionen zur Darstellung benutzt. Der nochmalige wechselseitige Tausch von zwei Atomen oder Gruppen führt wieder zum ursprünglichen Molekül zurück.

29.6 Die Benennung von Enantiomeren: Das *R*, *S*-System

BIOGRAPHIE

Robert Sidney Cahn (1899–1981) wurde in England geboren und schloss sein Studium in Cambridge, England, mit dem Grad M.A. ab. Er erwarb einen Doktorgrad in Naturphilosophie in Frankreich. Er war Herausgeber der Fachzeitschrift *Journal of the Chemical Society* (London).

Sir Christopher Ingold (1893–1970) wurde in Ilford (GB) geboren und von Elisabeth II. zum Ritter geschlagen. Er war Professor für Chemie an der Universität von Leeds (1924–30) und am *University College* der Universität London (1930–70).

Wladimir Prelog (1906–1998) wurde in Sarajewo (Bosnien) geboren. 1929 wurde er am Institut für Technologie in Prag zum Dr. ing. promoviert. Er unterrichtete von 1935–41 an der Universität Zagreb, bevor er in die Schweiz emigrierte. Dort war er Professor an der Eidgenössischen Technischen Hochschule in Zürich. Für seine Forschungsarbeiten, die zu einem besseren Verständnis der chemischen Reaktionen in lebenden Organismen führten, wurde ihm **1975** der **Nobelpreis für Chemie** (zusammen mit **John Cornforth**) zuerkannt.

Wie können wir die unterschiedlichen Stereoisomere einer Verbindung wie 2-Brombutan eindeutig benennen? Wir benötigen ein Nomenklatursystem, das die Anordnung der Atome oder/und Gruppen an einem asymmetrisch substituierten Kohlenstoffatom angibt. In der Chemie benutzt man dafür die Buchstaben *R* und *S*. Für jedes Enantiomerenpaar mit einem asymmetrisch substituierten Kohlenstoffatom gilt, dass eines die ***R*-Konfiguration** und das andere die ***S*-Konfiguration** besitzen wird. Das *R*, *S*-System wurde von den Chemikern R. Cahn, C. Ingold und V. Prelog entwickelt und wird deshalb auch als Cahn-Ingold-Prelog-Nomenklatur bezeichnet.

Schauen wir uns zunächst an, wie sich die Konfiguration einer Verbindung ermitteln lässt, wenn man ein dreidimensionales Modell der Verbindung zur Verfügung hat.

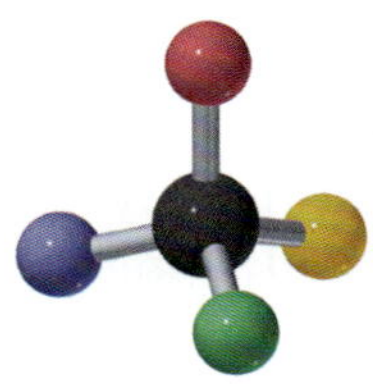

1 **Ordnen Sie die Atome und/oder Gruppen, die an das Chiralitätszentrum gebunden sind, in der Reihenfolge ihrer Prioritäten.** Die relativen Prioritäten ergeben sich aus den Ordnungszahlen der Atome, die direkt mit dem Chiralitätszentrum verbunden sind. Je höher die Ordnungszahl, desto höher die Priorität.

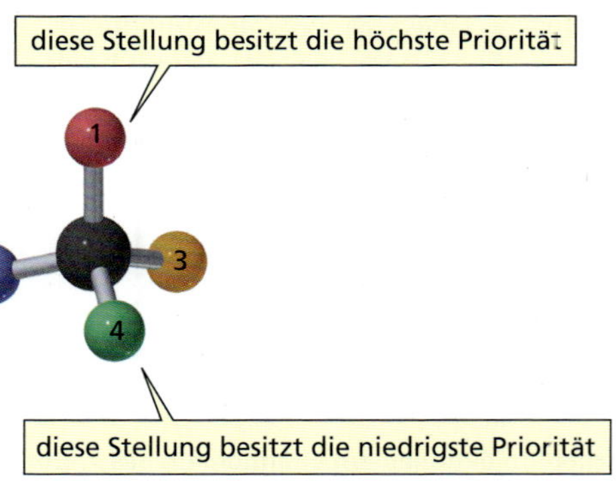

2 **Richten Sie das Molekül so aus, dass die Gruppe oder das Atom mit der niedrigsten Priorität (4) vom Betrachter wegweist. Zeichnen Sie dann einen gedachten Pfeil, der von der Gruppe oder dem Atom mit der höchsten Priorität (1) zu der Gruppe oder dem Atom mit der nächst niedrigeren Priorität (2) weist.** Falls der Richtungssinn des Pfeiles im Uhrzeigersinn liegt, besitzt das Chiralitätszentrum die *R*-Konfiguration (*R* steht für *rectus*, lat. „rechts"). Falls die Pfeilspitze in Gegenrichtung zum Uhrzeigersinn weist, besitzt das asymmetrisch substituierte Kohlenstoffatom (das Chiralitätszentrum) die *S*-Konfiguration (*S* steht für *sinister*, lat. „links").

MERKE !

Das Molekülmodell wird so ausgerichtet, dass die Gruppe/das Atom mit der niedrigsten Priorität vom Betrachter wegweist. Falls ein Pfeil, der vom Bindungspartner mit der höchsten Priorität zum Bindungspartner mit der zweithöchsten Priorität in Richtung des Uhrzeigersinns weist, besitzt das Molekül an diesem Chiralitätszentrum die *R*-Konfiguration.

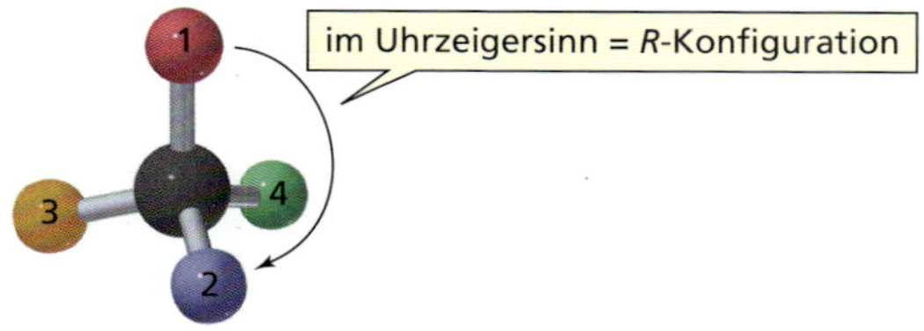

Falls Sie Schwierigkeiten dabei haben, sich räumliche Beziehungen bildlich vorzustellen und Sie keinen Zugang zu Molekülmodellen haben, werden es Ihnen die folgenden Regeln erlauben, die Konfiguration eines asymmetrisch substituierten Kohlenstoffatoms zu bestimmen, ohne das Molekül im Geiste erscheinen und rotieren lassen zu müssen.

Schauen wir zuerst, wie Sie die Konfiguration einer Verbindung ermitteln können, die in Form einer perspektivischen Formel dargestellt ist. Als Beispiel werden wir ermitteln, welches Enantiomer des 2-Brombutans in der *R*- und welches in der *S*-Konfiguration vorliegt.

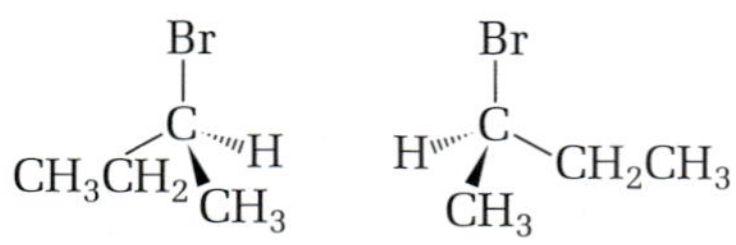

die Enantiomere des 2-Brombutans

1 Ordnen Sie die Atome und/oder Gruppen, die an das Chiralitätszentrum gebunden sind, in der Reihenfolge ihrer Prioritäten. In dem folgenden Enantiomerenpaar besitzt das Brom die höchste Priorität (1), die Ethylgruppe die zweithöchste Priorität (2), die Methylgruppe die nächstniedrigere (3) und das Wasserstoffatom die niedrigste (4).

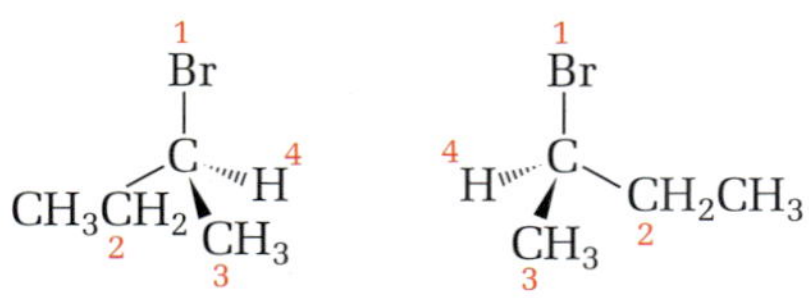

2 Falls die Bindung zu dem Bindungspartner (Gruppe oder Atom) mit der niedrigsten Priorität durch einen gestrichelten Keil symbolisiert wird, zeichnen Sie einen Pfeil, ausgehend vom Bindungspartner mit der höchsten Priorität (1) in Richtung auf den Bindungspartner mit der zweithöchsten Priorität (2) zu. Falls der Pfeil in die Richtung des Uhrzeigerumlaufs zeigt, besitzt die Verbindung die *R*-Konfiguration; falls er in die Gegenrichtung zeigt, besitzt sie die *S*-Konfiguration.

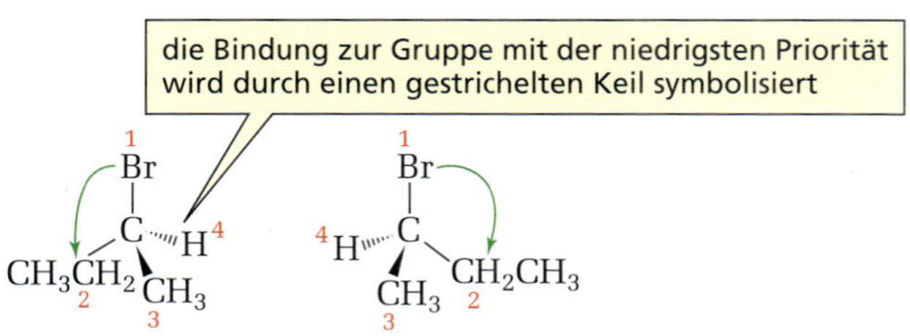

(*S*)-2-Brombutan **(*R*)-2-Brombutan**

3 Falls die Bindung zu dem Bindungspartner mit der niedrigsten Priorität (4) *nicht* durch einen gestrichelten Keil symbolisiert wird, vertauschen Sie zwei Gruppen, so dass die Bindung zu Substituent (4) durch den gestrichelten Keil wiedergegeben wird. Fahren Sie dann fort, wie unter Nr. 2 oben angegeben: Zeichnen Sie einen Pfeil, ausgehend vom Bindungspartner mit der höchsten Priorität (1) zum Bindungspartner mit der nächstniedrigeren Priorität (2). Da Sie zwei der Substituenten vertauscht haben, bestimmen Sie jetzt die Konfiguration des Enantiomers

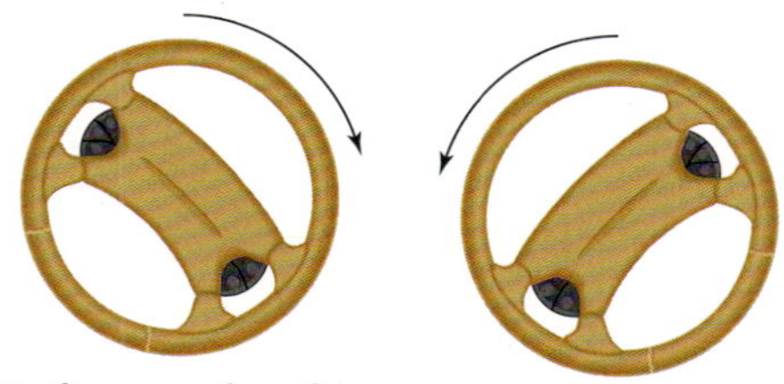

Drehung nach rechts **Drehung nach links**

A 4 Welche der folgenden Molekülmodelle sind identisch?

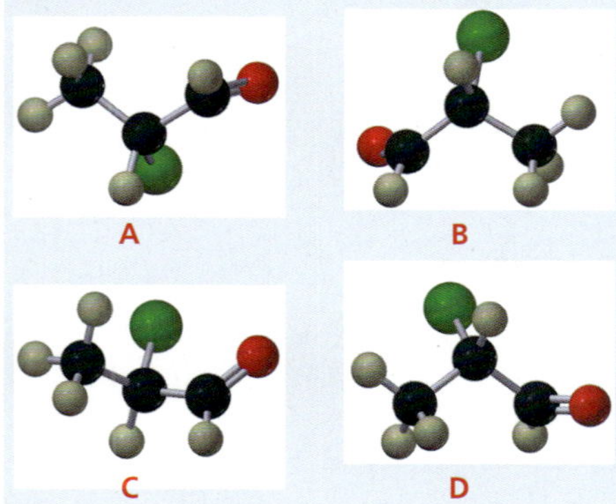

MERKE !

„Im Uhrzeigersinn" spezifiziert die Konfiguration *R*, falls die Bindung zum Substituenten mit der niedrigsten Priorität durch den gestrichelten Keil symbolisiert wird.

„Gegen den Uhrzeigersinn" spezifiziert die Konfiguration *S*, falls die Bindung zum Substituenten mit der niedrigsten Priorität durch den gestrichelten Keil symbolisiert wird.

der ursprünglichen Verbindung. Falls der Pfeil jetzt in Uhrzeigerrichtung weist, besitzt das Enantiomer (mit den vertauschten Bindungspartnern) die *R*-Konfiguration, was bedeutet, dass das Ursprungsmolekül die *S*-Konfiguration besitzt. Falls der Pfeil im Gegensatz dazu in Gegenuhrzeigerrichtung weist, besitzt das Enantiomer (mit den vertauschten Bindungspartnern) die *S*-Konfiguration, und das Ursprungsmolekül besitzt die *R*-Konfiguration.

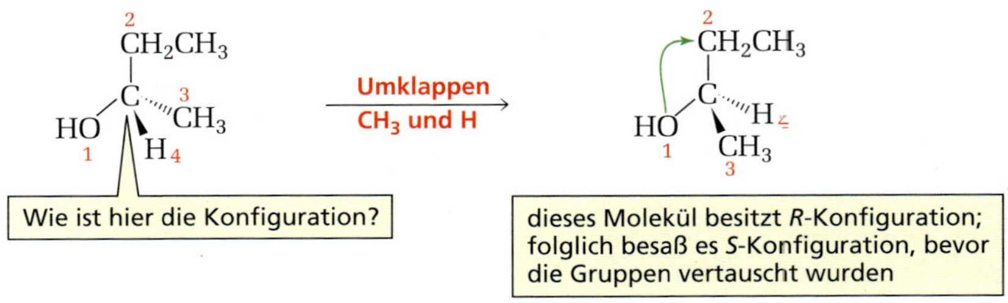

A 5 Repräsentieren die folgenden Molekülstrukturen identische Moleküle oder Enantiomerenpaare?

(a)
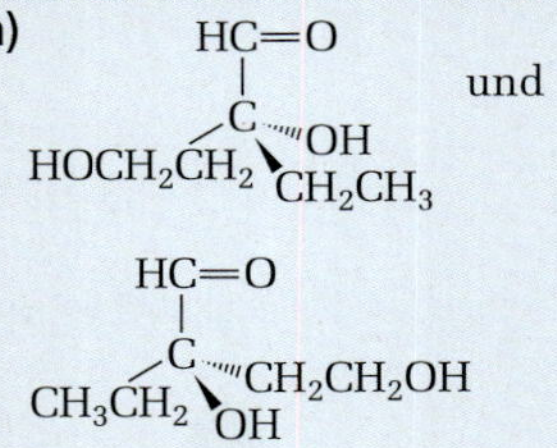

(b)
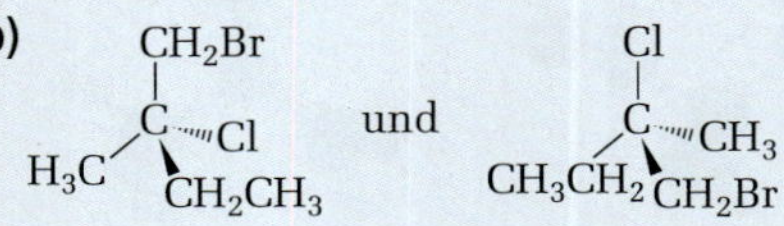

(c)
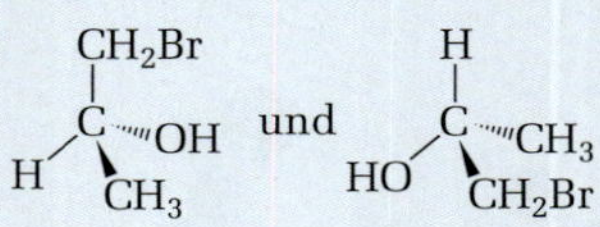

(d)
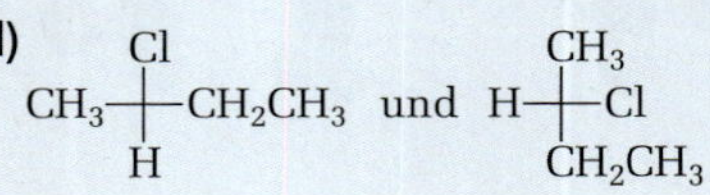

4 Beim Zeichnen des Pfeiles, der von Bindungspartner 1 zu Bindungspartner 2 verläuft, können Sie den Bindungspartner mit der niedrigsten Priorität (4) passieren, jedoch nie den Bindungspartner mit der nächstniedrigeren Priorität (3).

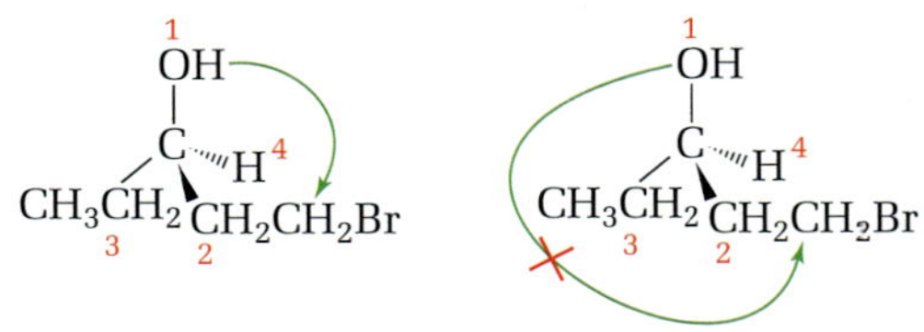

Schauen wir uns nunmehr an, wie man die Konfiguration einer Verbindung ermittelt, die in Form einer Fischer-Projektion dargestellt ist.

1 Ordnen Sie die Atome und/oder Gruppen, die an das Chiralitätszentrum gebunden sind, in der Reihenfolge ihrer Prioritäten.

2 Zeichnen Sie einen Pfeil von dem Atom/der Gruppe mit der höchsten Priorität (1) zu der Gruppe oder dem Atom mit der nächstniedrigeren Priorität (2). Falls der Pfeil in Uhrzeigerrichtung verläuft, besitzt das Enantiomer die *R*-Konfiguration; falls er gegen die Richtung des Uhrzeigers verläuft, besitzt das Enantiomer die *S*-Konfiguration – *unter der Voraussetzung, dass die Gruppe oder das Atom mit der niedrigsten Priorität (4) sich an einer vertikal dargestellten, also vom Betrachter wegweisenden, Bindung befindet.*

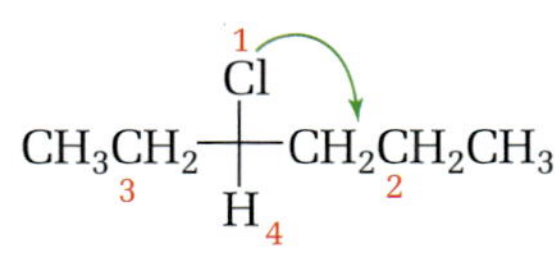

(*R*)-3-Chlorhexan

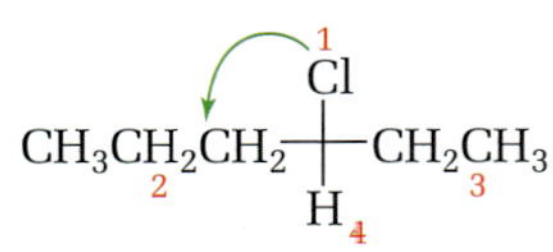

(*S*)-3-Chlorhexan

3 Falls die Bindung zu der Gruppe oder dem Atom mit der niedrigsten Priorität durch eine *horizontale* Linie – die eine auf den Betrachter zuweisende Bindung symbolisiert – dargestellt wird, wird die Antwort, die durch den Richtungssinn des Pfeiles angegeben wird, der korrekten Antwort entgegengesetzt sein. Falls beispielsweise der Pfeil in Uhrzeigerrichtung verläuft, also andeutet, dass das Chiralitätszentrum die *R*-Konfiguration besitzt, liegt tatsächlich die *S*-Konfiguration vor. In dem folgenden Beispiel befindet sich der Bindungspartner mit der niedrigsten Priorität an einer in der Fischer-Projektion horizontal dargestellten Linie. Der Uhrzeigersinn zeigt dann die *S*-Konfiguration an und nicht die *R*-Konfiguration.

MERKE !

„Im Uhrzeigersinn" spezifiziert die Konfiguration *R*, falls die Bindung zum Substituenten mit der niedrigsten Priorität durch eine vertikal verlaufende Linie symbolisiert wird.

„Im Uhrzeigersinn" spezifiziert die Konfiguration *S*, falls die Bindung zum Substituenten mit der niedrigsten Priorität durch eine horizontal verlaufende Linie symbolisiert wird.

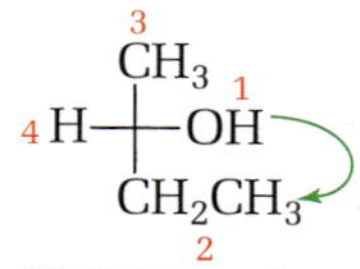

(S)-2-Butanol

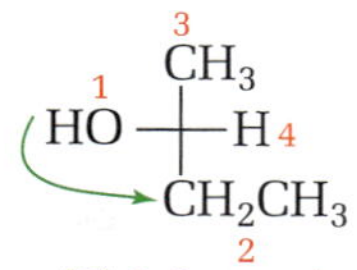

(R)-2-Butanol

4 Beim Zeichnen des Pfeiles, der von Bindungspartner 1 zu Bindungspartner 2 verläuft, können Sie den Bindungspartner mit der niedrigsten Priorität (4) passieren, jedoch nie den Bindungspartner mit der nächstniedrigeren Priorität (3).

(S)-Milchsäure

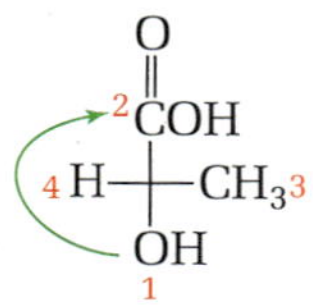

(R)-Milchsäure

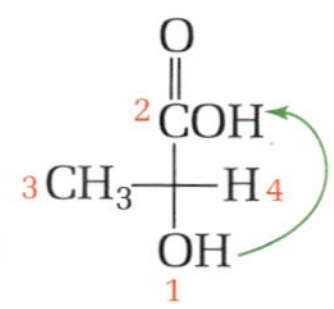

29.7 Optische Aktivität

Enantiomere haben viele Eigenschaften gemeinsam: Sie besitzen dieselben Siedepunkte, Schmelzpunkte und Löslichkeiten. In der Tat sind alle physikalischen Eigenschaften von Enantiomeren gleich, mit Ausnahme derer, die davon abhängen, wie die Bindungspartner des asymmetrisch substituierten Kohlenstoffatoms im Raum angeordnet sind. Eine dieser Eigenschaften, die bei Enantiomeren nicht gleich ist, ist die Art und Weise, in der sie mit polarisiertem Licht wechselwirken.

Was ist polarisiertes Licht? Normales Licht besteht aus elektromagnetischen Wellen, die in allen Richtungen oszillieren. **Linear polarisiertes Licht** (oft einfach als „polarisiertes Licht" bezeichnet) oszilliert hingegen nur in einer Ebene, die senkrecht zur Ausbreitungsrichtung der Lichtwelle liegt. Polarisiertes Licht wird erzeugt, indem man normales Licht durch einen Polarisator – z. B. eine polarisierende Linse oder ein Nicol-Prisma – schickt.

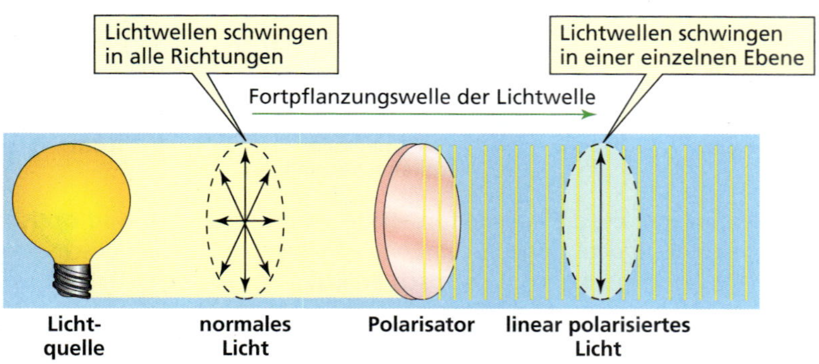

Man kann den Effekt des polarisierten Lichtes zum Beispiel mit polarisierenden Sonnenbrillen demonstrieren. Sonnenbrillen mit polarisierenden Gläsern lassen nur Licht durch, das in einer Ebene – der Polarisationsebene – schwingt. Dadurch blenden sie Reflexionen wirkungsvoller aus als nicht polarisierende Sonnenbrillen.

Jean-Baptise Biot hat im Jahr 1815 entdeckt, dass bestimmte natürlich vorkommende organische Substanzen wie Campher oder Terpentin in der Lage sind, die Ebene des polarisierten Lichtes zu drehen. Er bemerkte, dass einige Verbindungen die Polarisationsebene im Uhrzeigersinn, andere im Gegenuhrzeigersinn drehen, und noch andere die Polarisationsebene überhaupt nicht veränderten. Er sagte voraus, dass die Fähigkeit, die Polarisationsebene zu drehen, auf irgendeine Asymmetrie der Moleküle zurückzuführen sei. Van't Hoff und Le Bel fanden später heraus, dass die molekulare Asymmetrie mit

MERKE !

Wenn man zwei Fischer-Projektionen vergleicht, um abzulesen, ob sie gleich oder verschieden sind, dürfen sie nie um 90° gedreht oder gespiegelt werden, da dies die Verbindung in ihr Enantiomer überführt. Eine Fischer-Projektion kann in der Papierebene um 180° gedreht werden; das Molekül verändert sich dadurch nicht.

EXTRAS ONLINE Identifizierung von Enantiomeren

EXTRAS ONLINE Zeichnung eines Enantiomers mit der gewünschten Konfiguration

BIOGRAPHIE

William Nicol (1768–1851) wurde in Schottland geboren und war Professor an der Universität von Edinburgh. Er entwickelte das erste Prisma, das linear polarisiertes Licht erzeugte. Er ersann außerdem Methoden, um dünne Scheiben von Werkstoffen für mikroskopische Untersuchungen zu gewinnen.

BIOGRAPHIE

Jean-Baptiste Biot (1774–1862) wurde in Frankreich geboren und wurde wegen Teilnahme an den Aufständen der französischen Revolution ins Gefängnis gesperrt (er war im Jahr der Revolution 15 Jahre alt). Er wurde später Professor für Mathematik an der Universität von Beauvais und danach Professor für Physik am *Collège de France*. Von Louis XVIII. wurde er in die französische Ehrenlegion berufen.

Joseph Achille Le Bel (1847–1930), ein französischer Chemiker, erbte das Familienvermögen, was es ihm ermöglichte, sein eigenes Labor einzurichten. Er und van't Hoff gelangten unabhängig voneinander zu der Erkenntnis der Ursache der optischen Aktivität bestimmter chemischer Verbindungen. Obgleich van't Hoffs Erklärung genauer war als die Le Bels, werden die Leistungen beider Chemiker anerkannt.

Verbindungen einherging, die ein oder mehrere asymmetrisch substituierte Kohlenstoffatome enthalten.

Wenn polarisiertes Licht durch eine Lösung einer achiralen Verbindung geschickt wird, tritt das Licht mit unveränderter Polarisationsrichtung wieder aus der Lösung aus. *Eine achirale Verbindung dreht die Polarisationsebene nicht. Sie ist optisch inaktiv.*

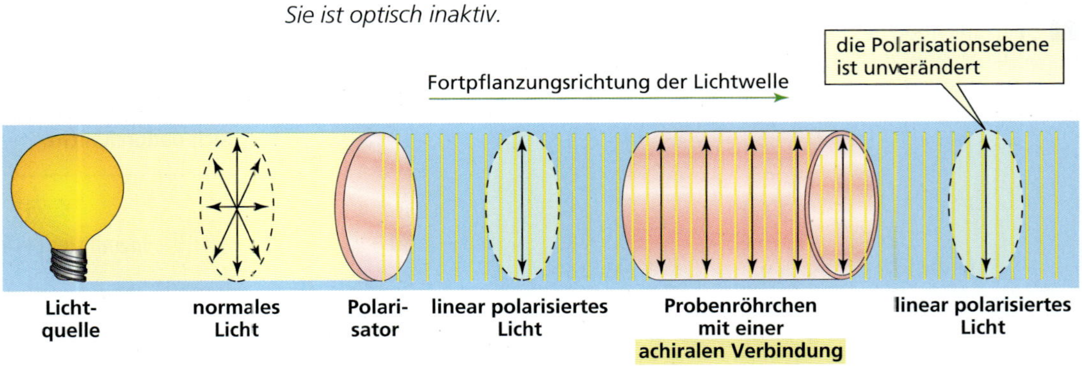

Wenn polarisiertes Licht jedoch durch eine Lösung einer chiralen Verbindung geschickt wird, tritt das Licht mit veränderter Polarisationsebene wieder aus der Lösung aus. *Eine chirale Verbindung dreht also die Polarisationsebene des Lichtes.* Eine chirale Verbindung kann die Polarisationsebene im Uhrzeigersinn oder dem Uhrzeigersinn entgegengesetzt drehen. Falls ein Enantiomer die Polarisationsebene im Uhrzeigersinn dreht, so dreht das andere Enantiomer (das molekulare Spiegelbild der Verbindung) die Polarisationsebene um exakt denselben Betrag in entgegengesetzter Richtung (gegen den Uhrzeigersinn).

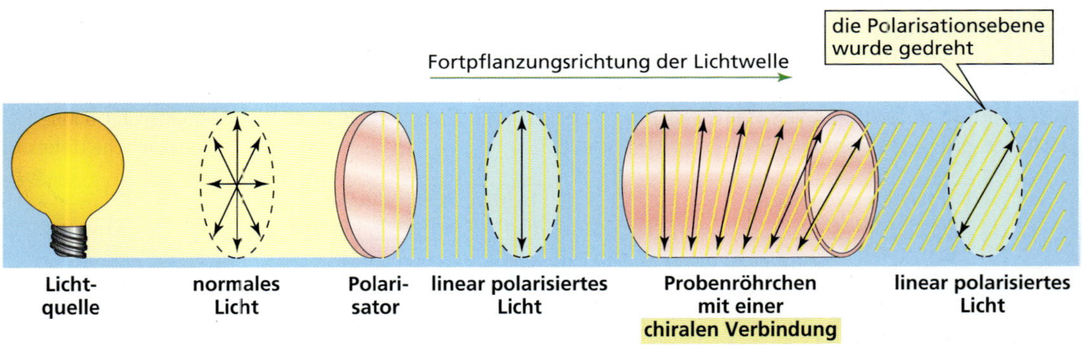

Eine Verbindung, die die Polarisationsebene verändert (dreht), wird **optisch aktiv** genannt. Anders ausgedrückt: Chirale Verbindungen sind optisch aktiv, und achirale Verbindungen sind **optisch inaktiv**.

Falls eine optisch aktive Verbindung die Polarisationsebene im Uhrzeigersinn dreht, wird sie **rechtsdrehend** (*dextrorotatorisch*) genannt. Dieser Umstand wird durch das Symbol (+) angezeigt. Falls eine optisch aktive Verbindung die Polarisationsebene gegen den Uhrzeigersinn dreht, wird sie **linksdrehend** (*lävorotatorisch*) genannt. Dieser Umstand wird durch das Symbol (–) angezeigt. Die Präfixe *dextro* und *lävo* entstammen dem Lateinischen und bedeuten „rechts" bzw. „links". In der chemischen Literatur werden gelegentlich auch die Symbole *d* und *l* anstelle von (+) und (–) benutzt, um den Drehsinn anzugeben.

Man darf (+) und (–) nicht mit *R* und *S* verwechseln. Die Symbole (+) und (–) bezeichnen die Richtung, in die eine optisch aktive Verbindung die Polarisationsebene des Lichtes dreht, während die Symbole *R* und *S* die Anordnung von Gruppen an einem Chiralitätszentrum (asymmetrisch substituiertes C-Atom) angeben. Einige Verbindungen mit *R*-Konfiguration sind rechtsdrehend (+), andere linksdrehend (–).

A 6

(a) Ist (*R*)-Milchsäure rechtsdrehend oder linksdrehend?

(b) Ist (*R*)-Natriumlactat rechtsdrehend oder linksdrehend?

Wir können, wenn wir uns die Molekülstruktur einer Verbindung ansehen, sagen, ob sie die *R*- oder die *S*-Konfiguration besitzt, aber der einzige Weg, um herauszufinden, ob die Verbindung rechts- oder linksdrehend ist, besteht darin, sie in einem Polarimeter zu vermessen, einem Gerät, das die Richtung und das Ausmaß der Drehung der Polarisationsebene misst. Beispielsweise besitzen (*S*)-Milchsäure und (*S*)-Natriumlactat dieselbe Konfiguration, doch ist die (*S*)-Milchsäure rechtsdrehend, während das (*S*)-Natriumlactat linksdrehend ist. Wenn wir die Richtung kennen, in die eine optisch aktive Verbindung die Polarisationsebene dreht, können wir die Symbole (+) bzw. (–) zu ihrem Namen hinzufügen.

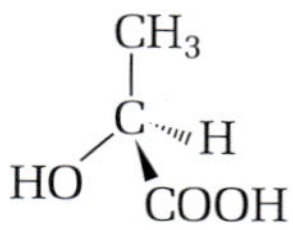

(*S*)-(+)-Milchsäure

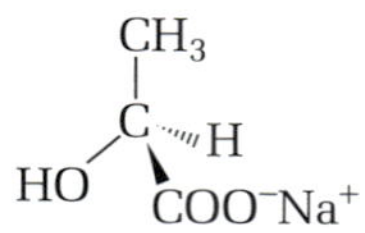

(*S*)-(–)-Natriumlactat

29.8 Die Messung einer spezifischen Drehung

► Abbildung 29.2 zeigt eine vereinfachte Darstellung der Arbeitsweise eines **Polarimeters**. Da das Ausmaß der Rotation mit der Wellenlänge des Lichtes variiert, muss die Lichtquelle des Polarimeters monochromatisches Licht (Licht einer einzigen Wellenlänge) aussenden. Die meisten Polarimeter verwenden das Licht einer Natriumdampflampe (die Wellenlänge der sogenannten D-Linie, 589 nm). In einem Polarimeter durchquert das monochromatische Licht einen Polarisator, aus dem es als polarisiertes Licht austritt. Das polarisierte Licht durchquert dann ein leeres Probengefäß (oder alternativ eines mit einem optisch inaktiven Lösungsmittel) und tritt mit unveränderter Polarisationsebene wieder aus. Das Licht wird dann zu einem Analysator geleitet. Der Analysator besteht aus einem zweiten Polarisator und befindet sich in einem Okular, an das eine Stellschraube mit Gradeinteilung angeschlossen ist. Wenn mit dem Polarimeter gemessen wird, wird der Analysator solange gedreht, bis das Okularbild für den Betrachter vollständig dunkel erscheint. In dieser Stellung befindet sich der zweite Polarisator im rechten Winkel zum ersten, so dass überhaupt kein Licht hindurchtritt. Diese Analysatorstellung dient als Referenz- bzw. Nullpunkt.

Die zu vermessende Probe wird dann in das Probengefäß gefüllt. Falls die Probensubstanz optisch aktiv ist, wird sie die Polarisationsebene drehen. Der Analysator wird dann nicht mehr alles Licht verschlucken, so dass Licht in das Auge des Betrachters fällt. Der Experimentator verändert dann solange die Stellung des Analysators (2. Polarisator), bis kein Licht mehr durchtritt. Das Ausmaß der Stellungsänderung des Analysators lässt sich dann an der Gradeinteilung der Stellschraube ablesen. Der Wert gibt die Differenz zwischen der optisch inaktiven Referenzsubstanz und der optisch aktiven Probensubstanz an. Dieser Wert

BIOGRAPHIE

Jacobus Hendricus van't Hoff (1852–1911), ein niederländischer Chemiker, war Professor für Chemie an der Universität von Amsterdam und später an der Universität von Berlin. Für seine Forschungsarbeiten über Lösungen wurde ihm **1901 der erste Nobelpreis für Chemie** verliehen.

Wenn Licht durch zwei polarisierte Linsen gefiltert wird, die im 90°-Winkel zueinander stehen, dringt nichts von dem Licht durch.

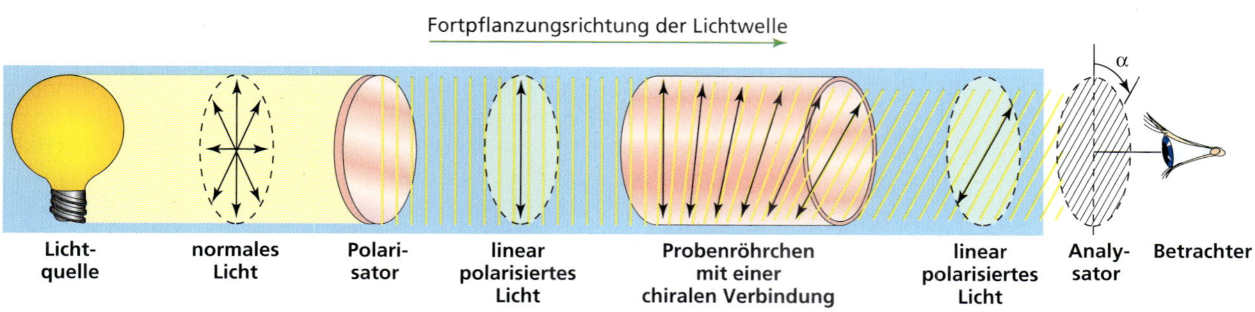

Abbildung 29.2: Schematischer Aufbau eines Polarimeters.

wird als **beobachtete Drehung** (α) bezeichnet und wird in Winkelgraden (°) angegeben. Die beobachtete Drehung hängt von der Menge optisch aktiver Moleküle ab, denen das Licht beim Durchqueren der Substanz ausgesetzt ist. Dies hängt von der Konzentration der Probensubstanz und von der Schichtdicke der Substanzprobe (dem Durchmesser der Probenkammer) ab. Die beobachtete Drehung hängt weiterhin von der Temperatur und von der Wellenlänge der Lichtquelle ab.

Jede optisch aktive Verbindung weist eine charakteristische *spezifische Drehung* auf. Die **spezifische Drehung** ist der Winkel in Grad der Drehung einer Lösung von 1,0 g der Verbindung pro ml Lösung in einer Probenkammer von 10 cm Länge bei einer spezifizierten Temperatur und einer spezifizierten Wellenlänge.* Die spezifische Drehung lässt sich aus der beobachteten Drehung unter Verwendung der folgenden Gleichung berechnen:

$$[\alpha]_{\lambda}^{T} = \frac{\alpha}{l \times c}$$

$[\alpha]$ ist die spezifische Drehung, T ist die Temperatur in °C, λ ist die Wellenlänge des eingestrahlten Lichtes (falls die D-Linie des Natriums zur Anwendung kommt, wird dies durch den Index D angezeigt), α ist die beobachtete Drehung; l ist die Länge der Probenkammer in Dezimetern; c ist die Konzentration der Probensubstanz in Gramm pro Milliliter (g/ml) Lösung.

Cholesterin	–31,5
Kodein	–136
Kokain	–16
Morphin	–132
Penicillin V	+233
Progesteron (weibliches Geschlechtshormon)	+172
Saccharose	+66,5
Testosteron (männliches Geschlechtshormon)	+109

Tabelle 29.1: Spezifische Drehungen von in der Natur vorkommenden Verbindungen.

Für ein Enantiomer wurde die spezifische Drehung beispielsweise mit +5,75° bestimmt. Da sein molekulares Spiegelbild die Polarisationsebene des Lichtes um den gleichen Betrag, aber in entgegengesetzter Richtung dreht, beträgt die spezifische Drehung des anderen Enantiomeren –5,75°. Die spezifischen Drehungen einiger gängiger Verbindungen können Sie der ► Tabelle 29.1 entnehmen.

(*R*)-2-Methyl-butan-1-ol
$[\alpha]_{D}^{20\,°C} = +5{,}75$

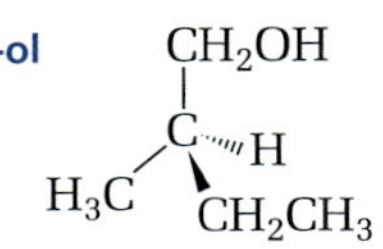

(*S*)-2-Methyl-butan-1-ol
$[\alpha]_{D}^{20\,°C} = -5{,}75$

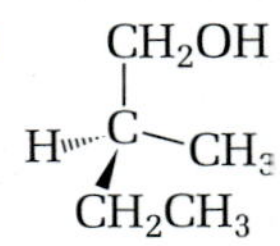

Eine Mischung gleicher Mengen zweier Enantiomere – wie (*R*)-(–)-Milchsäure und (*S*)-(+)-Milchsäure – wird **racemisches Gemisch** oder **Racemat** genannt. Racemate drehen die Ebene des polarisierten Lichtes nicht. Sie sind optisch inaktiv, weil für jedes Molekül, das die Polarisationsebene in die eine Richtung dreht, ein spiegelbildliches anderes existiert, das die Polarisationsebene in die Gegenrichtung dreht. Als Ergebnis tritt das Licht aus einem racemischen Gemisch mit unveränderter Polarisationsrichtung aus. Das Symbol (±) wird zur Kennzeichnung eines Racemates verwendet. (±)-2-Brombutan bezeichnet daher eine äquimolare Mischung von (+)-2-Brombutan und (–)-2-Brombutan.

29.9 Isomere mit mehr als einem asymmetrisch substituierten Kohlenstoffatom

Viele organische Verbindungen besitzen mehr als ein asymmetrisch substituiertes Kohlenstoffatom. Je mehr asymmetrisch substituierte Kohlenstoffatome eine Verbindung aufweist, desto mehr Stereoisomere sind für die Verbindung möglich. Falls wir wissen, wie viele asymmetrisch substituierte Kohlenstoffatome eine Verbindung besitzt, können wir die maximal mögliche Zahl von Stereoisomeren für die Verbindung berechnen: *Eine Verbindung kann ein Maximum von 2^n Stereoisomeren haben* (vorausgesetzt, sie hat keine anderen Stereozentren), *wobei n gleich der Zahl der asymmetrisch substituierten Kohlenstoffatome ist.* Beispielsweise besitzt 3-Chlorbutan-2-ol zwei asymmetrisch substituierte Kon-

* Im Gegensatz zu der in Grad gemessenen beobachteten Drehung hat die spezifische Drehung eine Einheit von 10^{-1} deg cm^2/g^{-1}. In diesem Buch wird die spezifische Drehung ohne Einheit angegeben.

lenstoffatome. Daher kann es bis zu vier ($2^2 = 4$) Stereoisomere haben. Die vier Stereoisomere sind sowohl als perspektivische Formeln als auch als Fischer-Projektionen wiedergegeben.

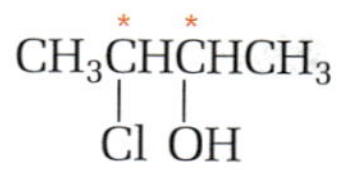

3-Chlorbutan-2-ol

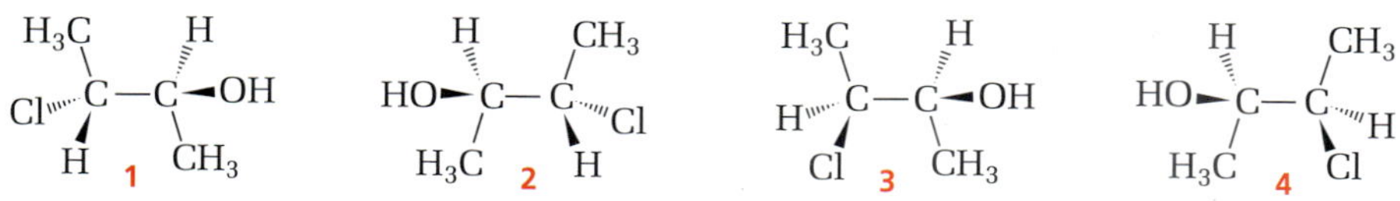

Erythro-Enantiomere **Threo-Enantiomere**

perspektivische Formeln der Stereoisomere des 3-Chlorbutan-2-ols (gestaffelt)

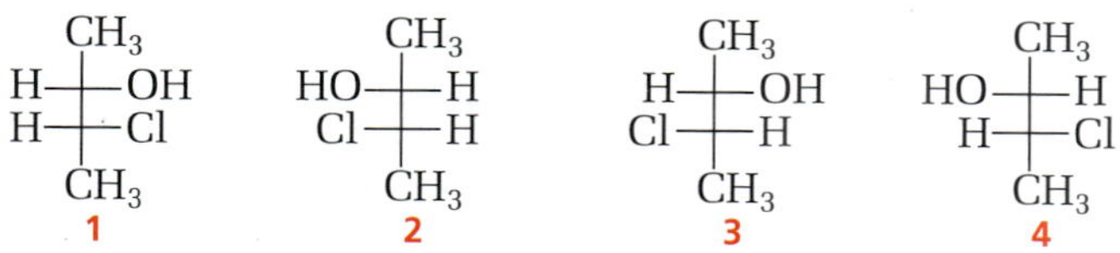

Erythro-Enantiomere **Threo-Enantiomere**

Fischer-Projektionen der Stereoisomere des 3-Chlorbutan-2-ols

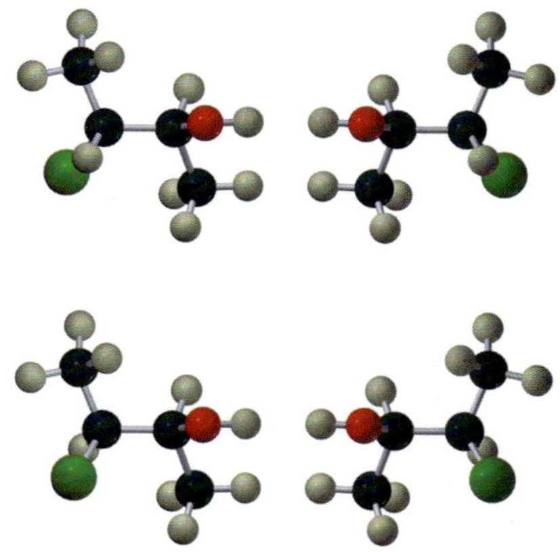

Stereoisomere des 3-Chlorbutan-2-ols

Die vier Stereoisomere des 3-Chlorbutan-2-ols bestehen aus zwei Enantiomerenpaaren. Die Stereoisomere 1 und 2 sind Spiegelbilder, die nicht deckungsgleich sind. Diese sind daher enantiomer zueinander. Die Stereoisomere 3 und 4 sind ebenfalls Enantiomere. Die Stereoisomere 1 und 3 sind nicht identisch, und sie sind auch nicht Bild und Spiegelbild. Solche Stereoisomere werden als **Diastereomere** bezeichnet. Diastereomere sind Stereoisomere, die keine Enantiomere sind. Die Paare 1 & 4, 2 & 3, sowie 2 und 4 sind ebenfalls diastereomer zueinander. *Cis/trans*-Isomere werden ebenfalls als Diastereomere eingestuft, da sie Stereoisomere, aber keine Enantiomere sind.

MERKE !

Diastereomere sind Stereoisomere, die keine Enantiomere sind.

Enantiomere verfügen über *identische physikalische Eigenschaften* (außer im Hinblick auf die Wechselwirkung mit polarisiertem Licht) sowie *identische chemische Eigenschaften*; sie reagieren mit der gleichen Geschwindigkeit mit einem gegebenen achiralen Reagenz. Diastereomere weisen *unterschiedliche physikalische Eigenschaften* (unterschiedliche Schmelz- und Siedepunkte, Löslichkeiten, spezifische Drehwinkel usw.) sowie *unterschiedliche chemische Eigenschaften* auf; sie reagieren mit derselben achiralen Substanz mit unterschiedlichen Geschwindigkeiten.

Wenn man Fischer-Projektionen für Stereoisomere mit zwei benachbarten asymmetrisch substituierten Kohlenstoffatomen (wie die für das 3-Chlorbutan-2-ol) zeichnet, werden die Enantiomere, bei denen die sich entsprechenden Substituenten auf derselben Seite des Moleküls stehen, als ***Erythro*-Enantiomere** bezeichnet. Die, bei denen die sich entsprechenden Gruppen auf verschiedenen Seiten des Moleküls stehen, heißen ***Threo*-Enantiomere**. 1 und 2 sind somit die *Erythro*-Enantiomere des 3-Chlorbutan-2-ols (die Wasserstoffatome stehen auf derselben Seite), während die Enantiomere 3 und 4 die *Threo*-Enantiomere sind. In jeder der hier abgebildeten Fischer-Projektionen ragen die horizontal gezeichneten Bindungen aus der Papierebene auf den Betrachter zu, und die vertikal gezeichneten Bindungen hinter die Papierebene, weg vom Betrachter. Die Gruppen (oder Atome) können um die Kohlenstoff–Kohlenstoff-Einfachbindungen frei rotieren, aber die Fischer-Projektionen zeigen die Stereoisomere in ihren verdeckten Konformationen (*eclipsed*).

Eine Fischer-Projektion stellt die dreidimensionale Struktur des Moleküls in sehr stark abstrahierter Form dar, und sie stellt das Molekül in einer relativ instabilen, verdeckten Konformation dar. Die meisten Chemiker bevorzugen daher die

Zeichnung von Enantiomeren und Diastereomeren

Darstellung durch perspektivische Formeln, da diese die Struktur der Moleküle in einer stabileren, gestaffelten Konformation wiedergeben, so dass sie eine genaue Vorstellung von der Struktur vermitteln. Wenn perspektivische Formeln gezeichnet werden, um Stereoisomere in ihrer weniger stabilen, verdeckten Konformation darzustellen, kann man leicht sehen – wie die verdeckten Konformationen der Fischer-Projektionen zeigen –, dass bei den Erythro-Isomeren gleiche Gruppen auf derselben Seite stehen.

29.10 Mesoverbindungen

Einige Verbindungen mit zwei asymmetrisch substituierten Kohlenstoffatomen besitzen nur drei Stereoisomere. Dies ist der Grund, warum in Abschnitt 29.8 betont wurde, dass die *maximale* Zahl von Stereoisomeren einer Verbindung mit n asymmetrisch substituierten C-Atomen 2^n beträgt (unter der Voraussetzung, dass keine anderen Stereozentren vorhanden sind), statt nur zu behaupten, dass eine Verbindung mit n asymmetrisch substituierten C-Atomen 2^n-Stereoisomere besitzt.

Ein Beispiel für eine Verbindung mit zwei asymmetrisch substituierten Kohlenstoffatomen, die nur drei Stereoisomere besitzt, ist das 2,3-Dibrombutan.

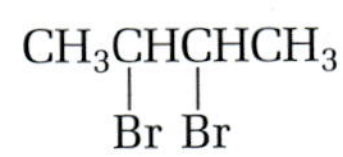

2,3-Dibrombutan

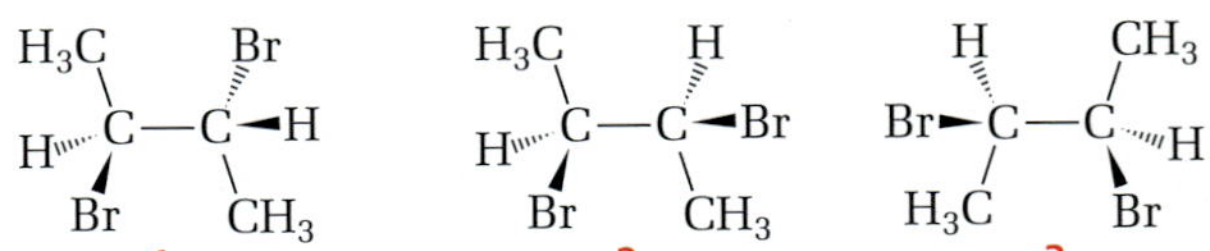

1 2 3

perspektivische Formeln der Stereoisomere des 2,3-Dibrombutans (gestaffelt)

Das „fehlende" Isomer ist das Spiegelbild von 1, da 1 mit seinem Spiegelbild identisch ist. Dies lässt sich am besten erkennen, wenn man entweder perspektivische Formeln in der verdeckten Konformation oder Fischer-Projektionen betrachtet.

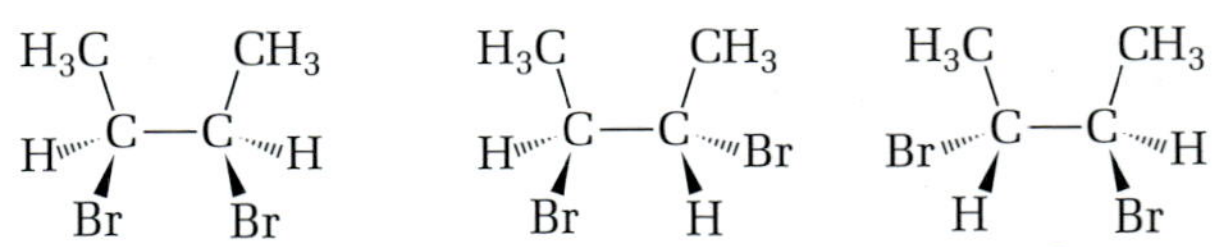

1 2 3

perspektivische Formeln der Stereoisomere des 2,3-Dibrombutans (verdeckt)

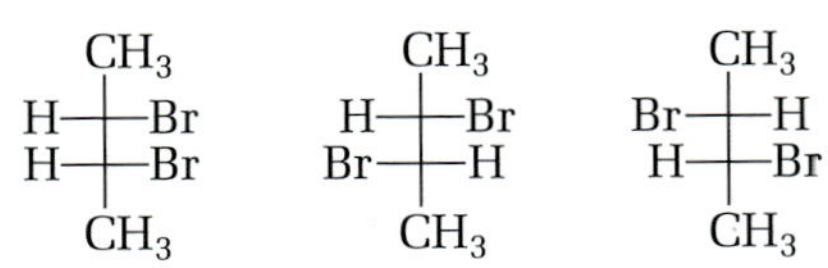

1 2 3

Fischer-Projektionen der Stereoisomere des 2,3-Dibrombutans

Es ist offensichtlich, dass 1 und sein Spiegelbild identisch sind, wenn man die perspektivischen Formelbilder in der verdeckten Konformation betrachtet. Um sich zu überzeugen, dass die Fischer-Projektion von 1 und ihr Spiegelbild identische Moleküle wiedergeben, lässt man das Spiegelbild um 180° rotieren. *Erinnern Sie sich: Man kann Fischer-Projektionen nur durch Rotation um 180° in der Papierebene bewegen.*

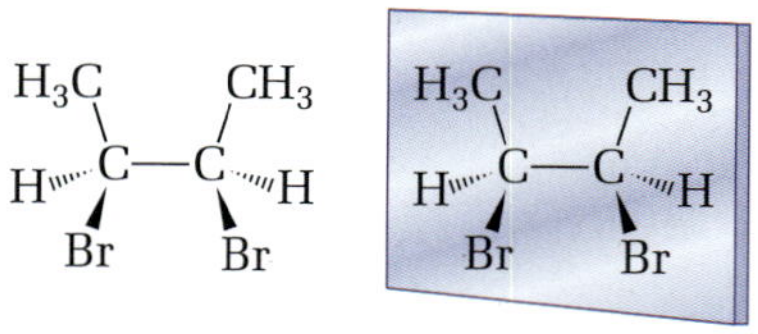

deckungsgleiche Spiegelbilder

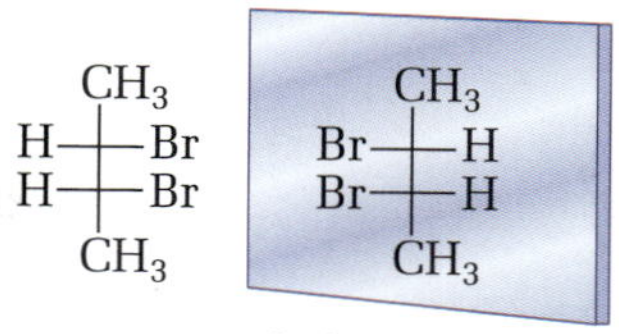

deckungsgleiche Spiegelbilder

Das Stereoisomer 1 wird als **Mesoverbindung** (= Mesoform der Verbindung) bezeichnet. Ungeachtet der Tatsache, dass eine Mesoverbindung asymmetrisch substituierte C-Atome besitzt, handelt es sich um ein achirales Molekül, da es mit seinem Spiegelbild deckungsgleich ist. Die Vorsilbe *meso* ist dem Griechischen entlehnt und bedeutet „mittig"/„in der Mitte".

Eine Mesoform lässt sich daran erkennen, dass sie zwei oder mehr asymmetrisch substituierte Kohlenstoffatome und eine **Symmetrieebene** besitzt. Eine Symmetrieebene zerschneidet das Molekül in zwei Hälften, wobei die eine Hälfte das Spiegelbild der anderen ist. Ein Molekül mit einer Symmetrieebene hat kein Enantiomer. Vergleichen Sie das Stereoisomer 1, das eine Symmetrieebene und damit kein Enantiomer besitzt, mit dem Stereoisomer 2, das keine Symmetrieebene und damit ein Enantiomer besitzt. *Falls eine Verbindung eine Symmetrieebene besitzt, wird sie auch dann nicht optisch aktiv sein und kein Enantiomer haben, auch wenn sie asymmetrisch substituierte Kohlenstoffatome enthält.*

MERKE !

Eine Mesoform besitzt zwei oder mehr asymmetrisch substituierte Kohlenstoffatome und eine Symmetrieebene.

Eine chirale Verbindung kann keine Symmetrieebene besitzen.

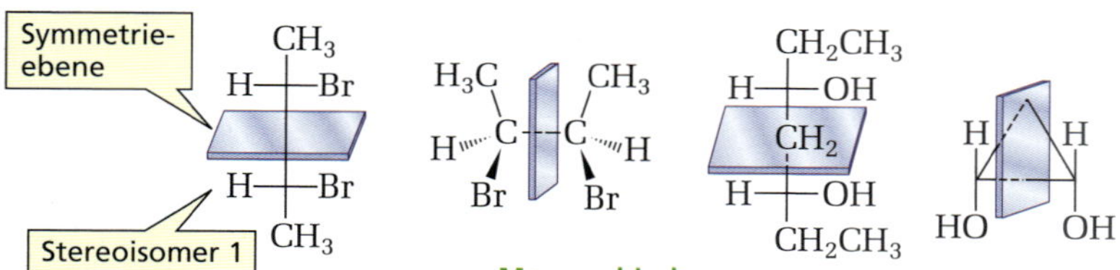

Mesoverbindungen

Es ist leicht zu erkennen, ob eine Verbindung mit zwei asymmetrisch substituierten Kohlenstoffatomen ein Stereoisomer besitzt, das eine Mesoverbindung ist: Die vier Atome und/oder Gruppen, die an die asymmetrisch substituierten C-Atome gebunden sind, sind identisch mit den vier Atomen oder/und Gruppen an dem anderen asymmetrisch substituierten C-Atom. *Eine Verbindung mit den gleichen vier Atomen und/oder Gruppen an zwei asymmetrisch substituierten C-Atomen kann in Form dreier Stereoisomerere vorliegen: Eine davon wird eine Mesoform sein, und die beiden anderen werden Enantiomere sein.*

MERKE !

Falls eine Verbindung eine Symmetrieebene besitzt, wird sie auch dann nicht optisch aktiv sein, wenn sie asymmetrisch substituierte Kohlenstoffatome enthält.

Falls eine Verbindung mit zwei asymmetrisch substituierten Kohlenstoffatomen über die gleichen vier Bindungspartner an jedem der asymmetrisch substituierten Kohlenstoffatome verfügt, ist eines der Stereoisomere der Verbindung eine Mesoform.

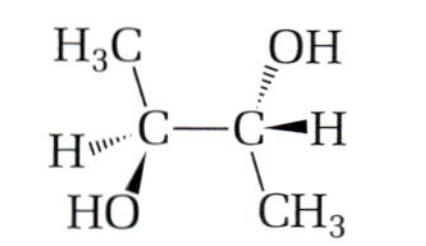

eine Mesoverbindung

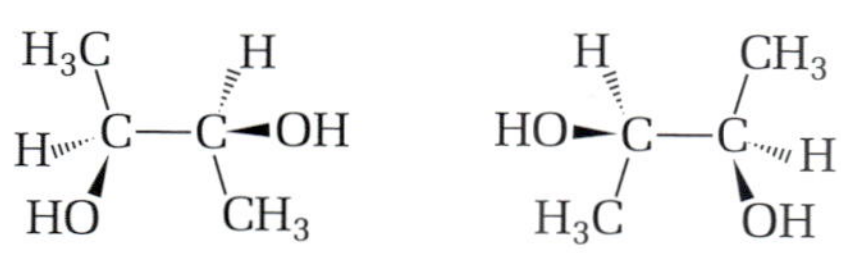

Enantiomere

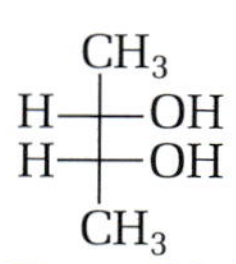

eine Mesoverbindung

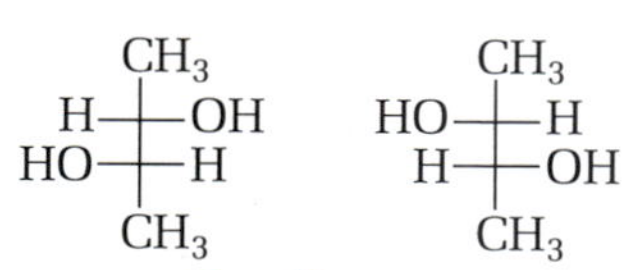

Enantiomere

Reaktionen der Alkine

30

ÜBERBLICK

Ein **Alkin** ist ein Kohlenwasserstoff, der eine Kohlenstoff–Kohlenstoff-Dreifachbindung enthält. Aufgrund seiner Dreifachbindung enthält ein Alkin vier Wasserstoffatome weniger als ein Alkan mit der gleichen Anzahl Kohlenstoffatome. Da die allgemeine Summenformel eines Alkans C_nH_{2n+2} ist, ergibt sich die allgemeine Summenformel eines azyklischen (nichtzyklischen) Alkins als C_nH_{2n-2}, und die für ein zyklisches Alkin als C_nH_{2n-4}.

Es gibt nur wenige natürlich vorkommende Alkine. Beispiele sind das Capillin, das eine fungizide (pilztötende) Wirkung besitzt, und das Ichthyotherol (gr. *ichthyo*, Fisch), das von den eingeborenen Indianervölkern des Amazonasgebietes für Giftpfeile verwendet wird. Eine Klasse natürlich vorkommender Verbindungen, die Endiine heißen, zeigt starke antibiotische und antikarzinogene („anti-Krebs") Wirkungen. Diese Verbindungen besitzen sämtlich neun- oder zehngliedrige Ringe, die zwei Dreifachbindungen („di-in") enthalten, die durch eine Doppelbindung („en") voneinander getrennt sind. Einige Endiine befinden sich gegenwärtig in der klinischen Erprobung.

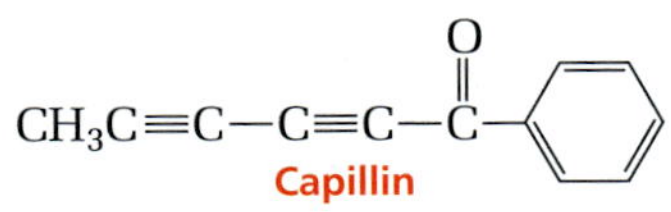
Capillin

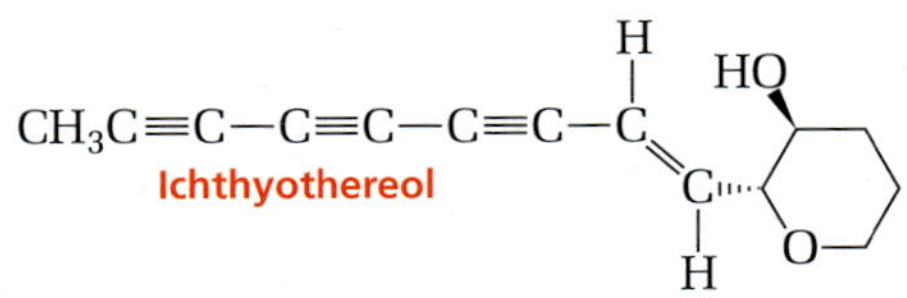
Ichthyothereol

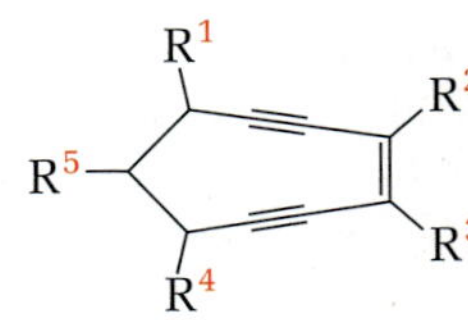
ein Endiin

Die wenigen Wirkstoffe, die alkinische funktionelle Gruppen enthalten, sind keine natürlich vorkommenden Verbindungen; sie existieren nur deshalb, weil Chemiker in der Lage gewesen sind, sie gezielt zu synthetisieren. Ihre Handelsnamen sind im Folgenden in Grün wiedergegeben. Nur die das entsprechende Patent besitzende Firma kann einen Handelsnamen zu kommerziellen Zwecken verwenden.

Parsal
Sinovial

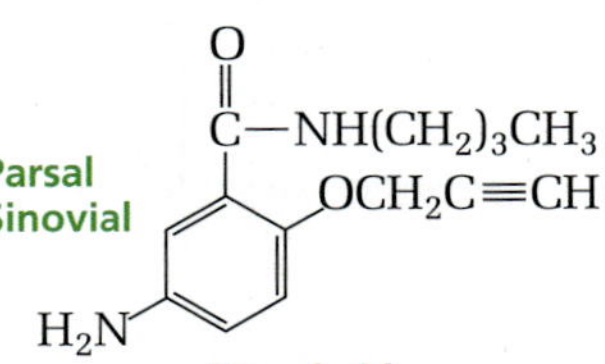
Parsalmid
ein Antischmerzmittel

Eudatin
Supirdyl

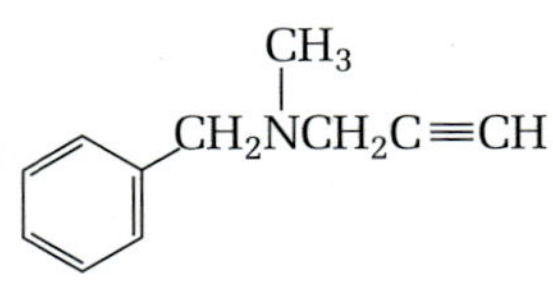
Pargylin
ein Mittel gegen Bluthochdruck

Norquen
Ovastol

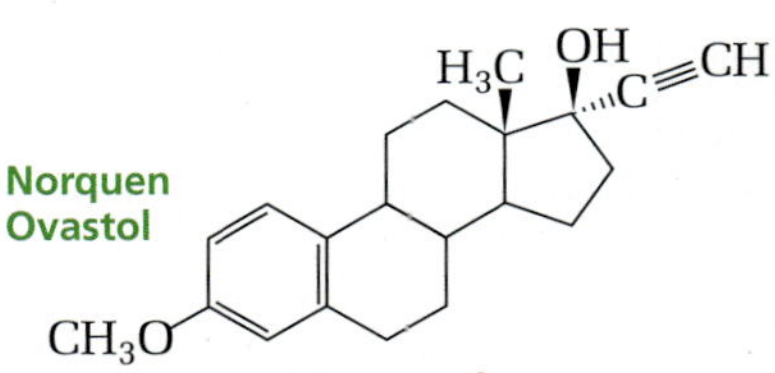
Mestranol
ein Mittel zur Schwangerschaftsverhütung

Das Ethin (= Acetylen; HC≡CH) ist das kleinst mögliche Alkin; es ist Ihnen möglicherweise durch seine Verwendung beim Schweißen („Acetylenschweißbrenner") geläufig. Das Acetylen (Ethin) wird der Brennerflamme aus einer Gasflasche (druckbeständiger Stahlbehälter) zugeführt; aus einer zweiten strömt reiner Sauerstoff zu. Die Verbrennung des Ethins erzeugt eine Hochtemperaturflamme, die in der Lage ist, Eisen und Stahl zu schmelzen und zu verdampfen.

30.1 Nomenklatur der Alkine

Hex-1-in

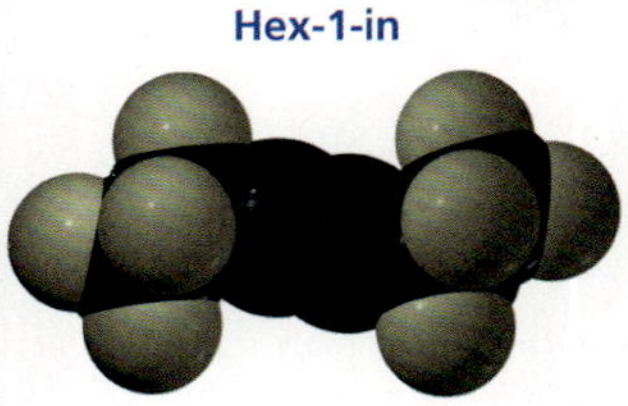
Hex-3-in

Den systematischen Namen eines Alkins erhält man, indem man die Endung „-an" eines Alkans durch die Endung „-in" ersetzt. Analog zu der Vorgehensweise bei der Benennung mit anderen funktionellen Gruppen wird die längste durchgehende Kette von Kohlenstoffatomen, die die funktionelle Gruppe enthält – in diesem Fall die Dreifachbindung – so durchnummeriert, dass die das Alkin anzeigende Endung mit der niedrigsten möglichen Ziffer belegt wird.

	$HC{\equiv}CH$	$\overset{4}{C}H_3\overset{3}{C}H_2\overset{2}{C}{\equiv}\overset{1}{C}H$	$\overset{1}{C}H_3\overset{2}{C}{\equiv}\overset{3}{C}\overset{4}{C}H_2\overset{5}{C}H_3$	$CH_3\overset{4}{C}H(\overset{5}{C}H_2\overset{6}{C}H_3)\overset{3}{C}{\equiv}\overset{2}{C}\overset{1}{C}H_3$
Systematisch:	Ethin	But-1-in	Pent-2-in	4-Methyl-hex-2-in
Trivial:	Acetylen	Ethylacetylen	Ethylmethylacetylen	*sek*-Butylmethylacetylen

Bei der Herleitung der Trivialnamen werden die Alkine als *substituierte Acetylene* betrachtet. Den Trivialnamen erhält man, indem man die Namen der Alkylgruppen, die die Wasserstoffatome des Acetylens (= Ethins) ersetzen, in alphabetischer Reihenfolge angibt.

30.2 Die Benennung von Verbindungen mit mehr als einer funktionellen Gruppe

Um den systematischen Namen einer Verbindung mit zwei Doppelbindungen zu ermitteln, identifizieren wir zunächst die längste durchgehende Kette, die beide Doppelbindungen enthält, geben ihr den Namen des zugehörigen Alkans und ersetzen die Endung „-an" mit „-dien". Wir beziffern die Kette in der Weise, dass den Kohlenstoffatomen, die an den Doppelbindungen beteiligt sind, die niedrigsten möglichen Ziffern zufallen. **Dann setzen wir die Ziffern, die die Orte der Doppelbindungen angeben, entweder vor den Namen der Verbindung oder vor die Endung.** Substituenten werden in alphabetischer Reihenfolge genannt. Ähnliche Regeln gelten für Verbindungen mit zwei Dreifachbindungen unter Verwendung der Endung „-diin".

$CH_2{=}C{=}CH_2$

Systematisch: **Propadien**
Trivial: **Allen**

$\overset{1}{C}H_2{=}\overset{2}{C}(CH_3){-}\overset{3}{C}H{=}\overset{4}{C}H_2$

2-Methyl-1,3-butadien oder **2-Methylbuta-1,3-dien**
Isopren

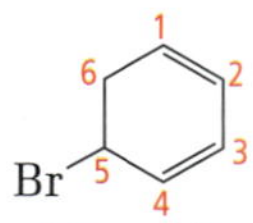

5-Brom-1,3-cyclohexadien oder **5-Bromcyclohexa-1,3-dien**

Um ein Alken zu benennen, bei dem die zweite funktionelle Gruppe keine Doppelbindung ist, aber auch durch eine Wortendung identifiziert wird, findet man die längste durchgehende Kette, die beide funktionellen Gruppen enthält, und setzt beide Wortendungen an das Ende des Namens. Die Endung „-en" geht dabei voraus. Die Zahl, die den Ort der ersten aufgeführten funktionellen Gruppe angibt, wird für gewöhnlich vor den Namen der zugrunde liegenden Stammkohlenstoffkette gesetzt. Die Zahl, die den Ort der zweiten aufgeführten funktionellen Gruppe angibt, wird unmittelbar vor die Wortendung, die die funktionelle Gruppe bezeichnet, gesetzt.

Falls die beiden funktionellen Gruppen eine Doppel- und eine Dreifachbindung sind, wird die Bezifferung der Kette so durchgeführt, dass der Name mit den kleineren Platzziffern entsteht.

Die relativen Prioritäten der Endungen der funktionellen Gruppen sind in ► Tabelle 30.1 zusammengefasst. Falls die zweite funktionelle Gruppe eine höhere Priorität als die Alkenendung besitzt, wird die Kette in der Richtung durchnummeriert, die der funktionellen Gruppe mit der höheren Priorität die niedrigere Platzziffer zuweist.

$CH_2{=}CHCH_2OH$
Prop-2-en-1-ol
***nicht* 1-Propen-3-ol**

$CH_3C(CH_3){=}CHCH_2CH_2OH$
4-Methyl-pent-3-en-1-ol

$CH_3CH_2CH{=}CHCH(OH)CH_3$
Hex-3-en-2-ol

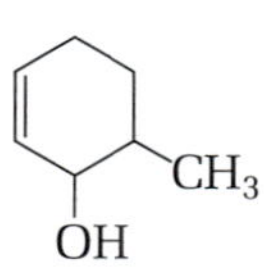

6-Methyl-cyclohex-2-enol

A 1 Geben Sie die systematischen Namen der folgenden Verbindungen an:
(a) $CH_2{=}CHCH_2C{\equiv}CCH_2CH_3$
(b) $CH_3CH{=}C(CH_3)CH_2CH{=}CH_2$
(c) $HOCH_2CH_2C{\equiv}CH$

BIOGRAPHIE

Walter Reppe (1892–1969) wurde 1892 in Göringen bei Eisenach geboren. 1911 nahm er in Jena das Studium der Naturwissenschaften mit Schwerpunkt Chemie auf. 1920 legte er an der Universität München eine Dissertation über die „Reduktionsstufen von Derivaten der Salpetersäure" vor. Ab 1921 war Reppe Leiter eines Laboratoriums in der chemischen Industrie. Von 1924–34 war er in der Produktion beschäftigt, kehrte dann aber in die Forschung zurück. Reppes wissenschaftliche Beschäftigung mit dem Acetylen geht auf das Jahr 1928 zurück. Die von Reppe und seinen Mitarbeitern entwickelten Verfahren zum Arbeiten mit Ethin (Acetylen) unter hohen Drücken werden heute zusammenfassend als „Reppe-Chemie" bezeichnet. Reppe war außerdem ein Pionier des Einsatzes von Schwermetallacetyliden, von Acetylenkupfer zur Katalyse, sowie der Chemie von Metallcarbonylen und -carbonylwasserstoffen als Katalysatoren. Von 1949–57 war Reppe Forschungsleiter des Chemiekonzerns BASF.

MERKE !

Wenn die funktionellen Gruppen eine Doppel- und eine Dreifachbindung sind, wird die Kette so nummeriert, dass der Name mit der niedrigstmöglichen Bezifferung gebildet wird, egal welche funktionelle Gruppe die niedrigere Ziffer erhält.

MERKE !

Falls es ein Patt zwischen einer Doppel- und einer Dreifachbindung gibt, bekommt die Doppelbindung die niedrigere Ziffer.

Eine Kette wird so nummeriert, dass der funktionellen Gruppe mit der höheren Priorität die niedrigste mögliche Ziffer zufällt.

höchste Priorität — $C{=}O$ > OH > NH_2 > $C{=}C$ = $C{\equiv}C$ — niedrigste Priorität

Die Doppelbindung besitzt nur dann Priorität gegenüber einer Dreifachbindung, wenn es zu einem Patt der Bezifferung kommt.

Tabelle 30.1: Die Prioritäten der Wortendungen funktioneller Gruppen.

30.3 Die physikalischen Eigenschaften ungesättigter Kohlenwasserstoffe

Alkene und Alkine besitzen ähnliche physikalische Eigenschaften wie Alkane (siehe Abschnitt 26.9). Alle sind in Wasser unlöslich und löslich in unpolaren Lösungsmitteln wie Benzol und Diethylether. Sie haben eine geringere Dichte als Wasser und weisen – wie alle anderen Glieder einer homologen Reihe – Siedepunkte auf, die mit zunehmender molarer Masse ansteigen (► Tabelle 30.2). Alkine sind linearer als Alkene, und eine Dreifachbindung ist polarisierbarer als eine Doppelbindung (siehe Abschnitt 26.9). Diese beiden Eigenschaften führen dazu, dass Alkine stärkere van der Waals'sche Wechselwirkungen zeigen. Als Folge davon besitzt ein Alkin einen höheren Siedepunkt als ein Alken mit der gleichen Anzahl von Kohlenstoffatomen.

Man beachte, dass der Siedepunkt von *cis*-But-2-en geringfügig höher liegt als der von *trans*-But-2-en, da das *cis*-Isomer ein kleines Dipolmoment besitzt, während das Dipolmoment des *trans*-Isomers Null ist (siehe Abschnitt 27.4).

A 2 Welches ist das kleinste Alkan, das kleinste Alken und das kleinste Alkin, das bei Zimmertemperatur flüssig ist?

	Siedepunkt (°C)		Siedepunkt (°C)		Siedepunkt (°C)
CH_3CH_3 Ethan	−88,6	$H_2C{=}CH_2$ Ethen	−104	$HC{\equiv}CH$ Ethin	−84
$CH_3CH_2CH_3$ Propan	−42,1	$CH_3CH{=}CH_2$ Propen	−47	$CH_3{\equiv}CH$ Propin	−23
$CH_3CH_2CH_2CH_3$ Butan	−0,5	$CH_3CH_2CH{=}CH_2$ But-1-en	−6,5	$CH_3CH_2C{\equiv}CH$ But-1-in	8
$CH_3(CH_2)_3CH_3$ Pentan	36,1	$CH_3CH_2CH_2CH{=}CH_2$ Pent-1-en	30	$CH_3CH_2CH_2C{\equiv}CH$ Pent-1-in	39
$CH_3(CH_2)_4CH_3$ Hexan	68,7	$CH_3CH_2CH_2CH_2CH{=}CH_2$ Hex-1-en	63,5	$CH_3CH_2CH_2CH_2C{\equiv}CH$ Hex-1-in	71
		$CH_3CH{=}CHCH_3$ *cis*-But-2-en	3,7	$CH_3C{\equiv}CCH_3$ But-2-in	27
		$CH_3CH{=}CHCH_3$ *trans*-But-2-en	0,9	$CH_3CH_2C{\equiv}CCH_3$ Pent-2-in	55

Tabelle 30.2: Siedepunkte der kleinsten Kohlenwasserstoffe.

30.4 Die Struktur der Alkine

Im Ethinmolekül ist jedes Kohlenstoffatom *sp*-hybridisiert, so dass jedes C-Atom zwei *sp*-(Hybrid)Orbitale und zwei (nichthybridisierte) *p*-Orbitale besitzt. Ein *sp*-Orbital überlappt mit dem *s*-Orbital eines Wasserstoffatoms, und das andere überlappt mit dem *sp*-Orbital des anderen Kohlenstoffatoms. Da die *sp*-Orbitale soweit voneinander entfernt sind, wie es geht, um die Abstoßung der Elektronen untereinander zu minimieren, ist das Ethinmolekül linear, mit Bindungswinkeln von 180°.

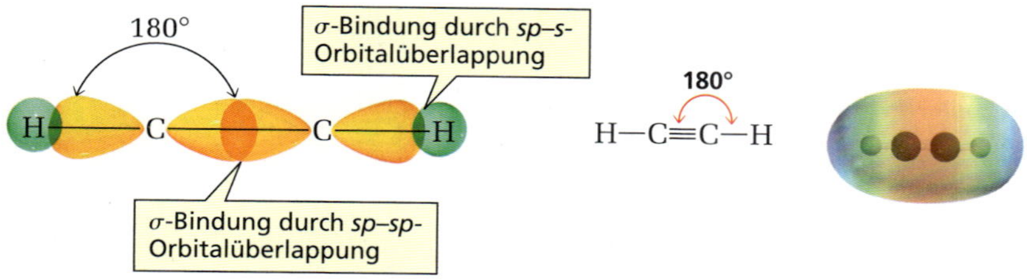

Die beiden verbleibenden *p*-Orbitale an jedem der beiden C-Atome befinden sich in rechten Winkeln zueinander und zu den *sp*-Orbitalen (► Abbildung 30.1). Jedes der beiden *p*-Orbitale an jedem der beiden C-Atome überlappt mit dem parallel zu ihm liegenden *p*-Orbital des anderen C-Atoms, wodurch zwei π-Bindungen gebildet werden. Ein Paar der sich überlappenden *p*-Orbitale führt zu einer Elektronenwolke oberhalb und unterhalb der σ-Bindung; das andere Paar führt zu einer Elektronenwolke vor und hinter der σ-Bindung (wobei die Begriffe *vor, hinter, ober-* und *unterhalb* willkürlich sind). Die elektrostatische Potenzialkarte des Ethins (weiter oben abgebildet) zeigt das Endergebnis, das man sich als einen Zylinder aus Elektronen vorstellen kann, der die σ-Bindung umgibt.

MERKE !

Eine Dreifachbindung besteht aus einer σ- und zwei π-Bindungen.

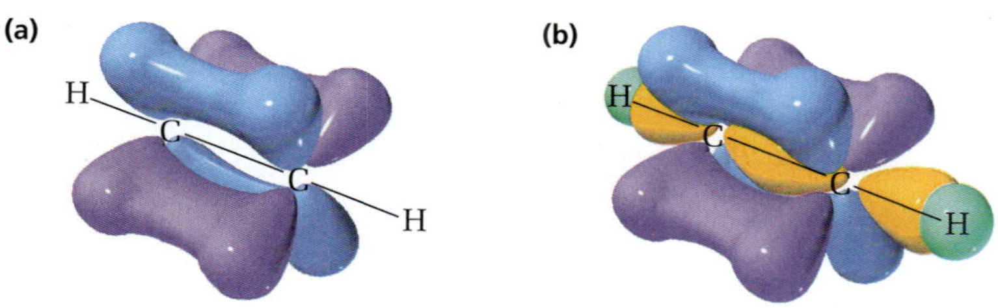

Abbildung 30.1: (a) Jede der beiden π-Bindungen einer Dreifachbindung bildet sich durch die seitliche Überlappung eines *p*-Orbitals des einen C-Atoms mit einem parallel liegenden *p*-Orbital des Nachbarkohlenstoffatoms. (b) Eine Dreifachbindung besteht aus einer σ-Bindung, die durch die *sp–sp*-Überlappung zustande kommt (gelb), und zwei π-Bindungen, die durch *p–p*-Überlappungen zustande kommen (blau und violett).

Wir haben gesehen, dass eine Kohlenstoff–Kohlenstoff-Dreifachbindung kürzer und stärker als eine Kohlenstoff–Kohlenstoff-Doppelbindung ist, die ihrerseits kürzer und stärker als eine Kohlenstoff–Kohlenstoff-Einfachbindung ist. Die relativ schwachen π-Bindungen erlauben es den Alkinen, leicht zu reagieren. Alkylgruppen stabilisieren Alkine, genauso wie im Fall der Alkene, durch Hyperkonjugation.

A 3 Welche Orbitale werden herangezogen, um die Kohlenstoff–Kohlenstoff-σ-Bindung zwischen den farblich unterlegten Kohlenstoffatomen auszubilden?

(a) $CH_3CH{=}CHCH_3$ **(d)** $CH_3C{\equiv}CCH_3$

(b) $CH_3CH{=}CHCH_3$ **(e)** $CH_3C{\equiv}CCH_3$

(c) $CH_3CH{=}C{=}CH_2$ **(f)** $CH_2{=}CHCH{=}CH_2$

(g) $CH_3CH{=}CHCH_2CH_3$

(h) $CH_3C{\equiv}CCH_2CH_3$

(i) $CH_2{=}CHC{\equiv}CH$

30.5 Reaktionsverhalten der Alkine

Mit einer Elektronenwolke, die die σ-Bindung vollständig umhüllt, ist ein Alkin ein elektronenreiches Molekül. Es ist mit anderen Worten ein Nucleophil und wird folglich mit einem Elektrophil reagieren.

Mechanismus einer elektrophilen Addition

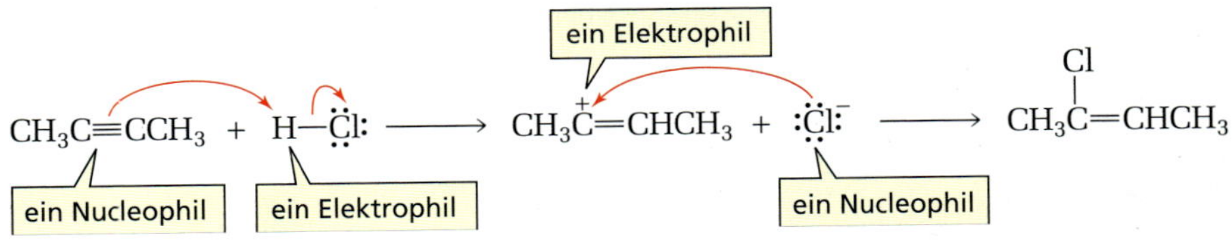

- Die relativ schwache π-Bindung bricht leicht, da die π-Elektronen von dem elektrophilen Proton angezogen werden.
- Die positiv geladene carbokationische Zwischenstufe reagiert rasch mit dem negativ geladenen Chloridion.

Alkine gehen daher wie die Alkene elektrophile Additionen ein. Wir werden sehen, dass dieselben elektrophilen Reagenzien, die sich an Alkene addieren, auch an Alkine addieren, und dass – wiederum wie im Fall der Alkene – die elektrophile Addition an ein *terminales* Alkin (endständige Dreifachbindung) regioselektiv verläuft: Wenn ein Elektrophil sich an ein terminales Alkin addiert, so addiert es sich an das *sp*-Kohlenstoffatom, das an das Wasserstoffatom gebunden ist. Die Addition an Alkine weist jedoch ein Merkmal auf, das die an Alkene nicht besitzt: Da das Produkt der Addition eines elektrophilen Reagenzes an ein Alkin ein Alken ist, kann es nachfolgend zu einer zweiten elektrophilen Addition kommen.

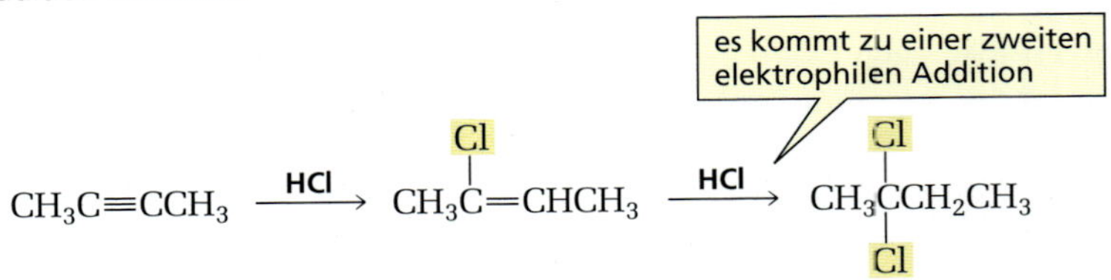

30.6 Addition von Halogenwasserstoffen und von Halogenen an Alkine

Wir haben soeben gesehen, dass ein Alkin ein Nucleophil ist und dass im ersten Schritt der Reaktion eines Alkins mit einem Halogenwasserstoff das elektrophile H^+ sich an das Alkin addiert. Falls das Alkin ein *terminales* Alkin ist, wird sich das H^+ an dasjenige *sp*-C-Atom anlagern, das an das Wasserstoffatom gebunden ist, da das sich daraus ergebende sekundäre Vinylkation stabiler ist als das primäre Vinylkation, das sich bilden würde, wenn das H^+ sich an das andere *sp*-Kohlenstoffatom anlagerte. Erinnern Sie sich daran, dass Alkylgruppen positiv geladene Kohlenstoffatome stabilisieren (siehe Abschnitt 28.2).

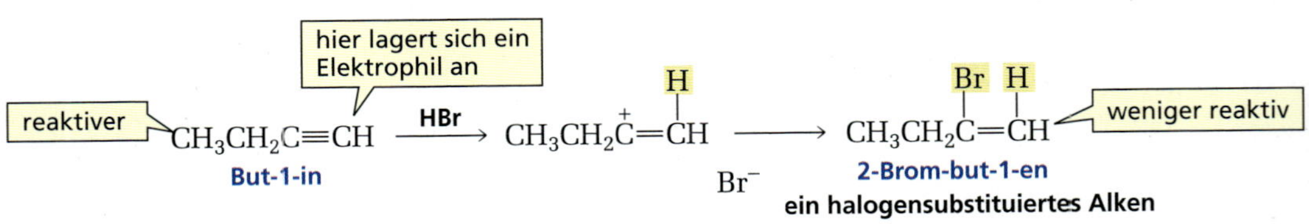

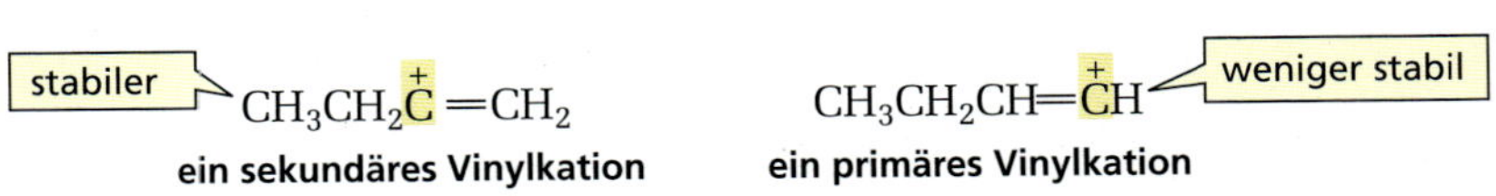

Die Addition eines Halogenwasserstoffmoleküls an ein Alkinmolekül kann nach der Addition von einem Äquivalent Halogenwasserstoff gestoppt werden, weil ein Alkin – obgleich es weniger reaktiv ist als ein Alken – reaktiver ist als ein halogensubstituiertes Alken, das das Produkt der ersten Addition ist. Das halogensubstituierte Alken ist weniger reaktiv, weil ein Halogensubstituent einen induktiven Elektronenzug ausübt (durch die σ-Bindung), wodurch der nucleophile Charakter der Doppelbindung vermindert wird.

Obwohl die Addition von Halogenwasserstoffen an ein Alken im Allgemeinen nach der Addition eines Moläquivalents des Halogenwasserstoffs abgestoppt werden kann, wird eine zweite Addition stattfinden, falls der Halogenwasserstoff im Überschuss vorliegt. Das Produkt der zweiten Additionsrunde ist ein **geminales Dihalogenid (Dihalogenalkan)** – ein Molekül mit zwei Halogenatomen an demselben Kohlenstoffatom. „Geminal" leitet sich vom lateinischen geminus ab, das „Zwilling" bedeutet.

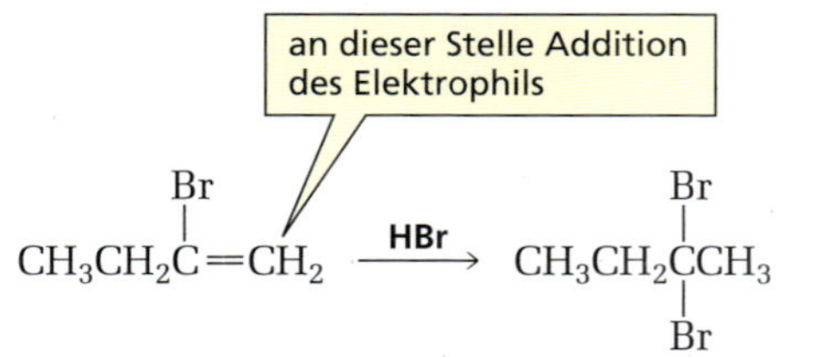

2-Brom-but-1-en **2,2-Dibrombutan**
geminales Dihalogenid

Wenn sich das zweite Äquivalent des Halogenwasserstoffs an die Doppelbindung addiert, lagert sich das Elektrophil (H^+) an dasjenige *sp* ^{2}-Kohlenstoffatom an, welches die größere Zahl Wasserstoffatome gebunden hält – genauso, wie es von der Regel, vorausgesagt wird (siehe Abschnitt 28.3). Das sich ergebende Carbokation ist stabiler als das Carbokation, das sich gebildet hätte, falls das H^+ sich an das andere *sp* ^{2}-Kohlenstoffatom angelagert hätte. Grund dafür ist, dass das Brom die positive Ladung durch Überlappung eines seiner Orbitale, welches ein freies Elektronenpaar enthält, mit dem freien 2*p*-Orbital des positiv geladenen Kohlenstoffatoms teilweise mitübernehmen kann.

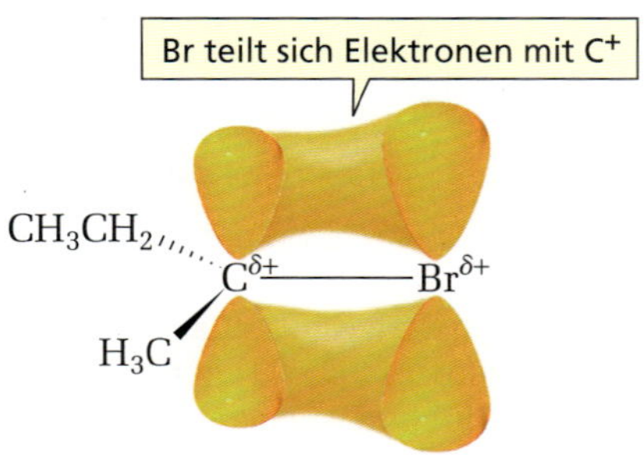

Bei der Beschreibung des Mechanismus der Halogenwasserstoffaddition an Alkine haben wir die Reaktionszwischenstufe – das Reaktionsintermediat – als ein Vinylkation dargestellt. Dieser Mechanismus ist möglicherweise nicht völlig korrekt. Ein sekundäres Vinylkation ist ungefähr so stabil wie ein primäres Carbokation, und im Allgemeinen sind primäre Carbokationen zu instabil, um überhaupt gebildet zu werden. Einige Chemiker sind daher der Meinung, dass anstelle des Vinylkations ein **π-Komplex** als Reaktionsintermediat ausgebildet wird.

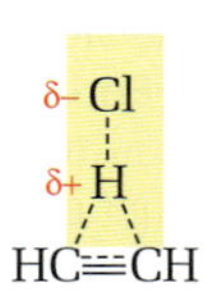

ein π-Komplex

Unterstützung für die Hypothese, dass die Zwischenstufe ein π-Komplex ist, kommt aus der Beobachtung, dass viele (aber nicht alle) Additionen an Alkine stereoselektiv verlaufen. So kommt es beispielsweise bei der Addition von HCl an But-2-in nur zur Bildung von (*Z*)-2-Chlorbut-2-en, was bedeutet, dass nur die *anti*-Addition von H und Cl stattfindet. Es ist offensichtlich, dass die wahre Natur der Zwischenstufe bei der Alkinaddition gegenwärtig noch nicht vollständig aufgeklärt ist.

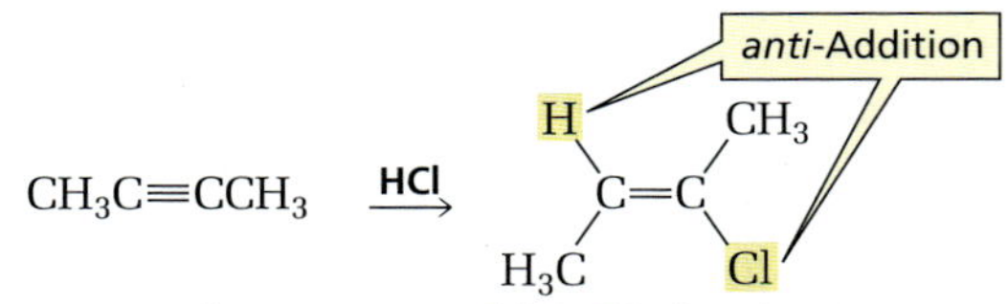

But-2-in **(*Z*)-2-Chlorbut-2-en**

Die Addition eines Halogenwasserstoffs an ein inneres Alkin führt zur Bildung zweier geminaler Dihalogenide, weil die initiale Addition des Protons mit gleicher Leichtigkeit an jedem der beiden *sp*-Kohlenstoffatome stattfinden kann.

30.7 Addition von Wasser an Alkine

In Abschnitt 28.4 haben wir gelernt, dass Alkene eine säurekatalysierte Addition von Wasser eingehen. Das Produkt der Reaktion ist ein Alkohol.

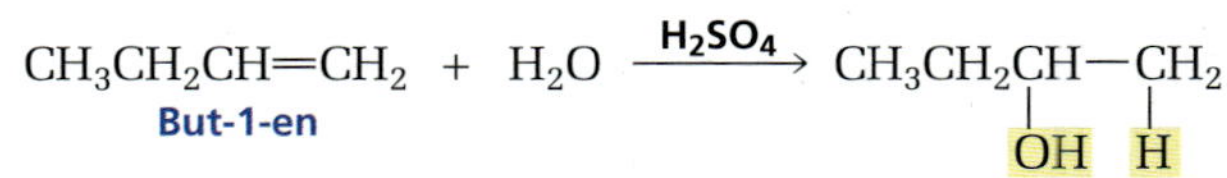

But-1-en **Butan-2-ol**

Alkine gehen ebenfalls eine säurekatalysierte Addition von Wasser ein. Das initiale Produkt der Reaktion ist ein Enol. Ein **Enol** ist eine Verbindung mit einer Kohlenstoff –Kohlenstoff-Doppelbindung und einer OH-Gruppe, die an eines der sp^2-hybridisierten C-Atome gebunden ist. Die Silbe „en" weist auf das Vorhandensein einer Doppelbindung hin, die Silbe „ol" auf eine OH-Gruppe. Wenn die beiden Silben zusammengefügt werden, ergibt sich der Begriff „Enol".

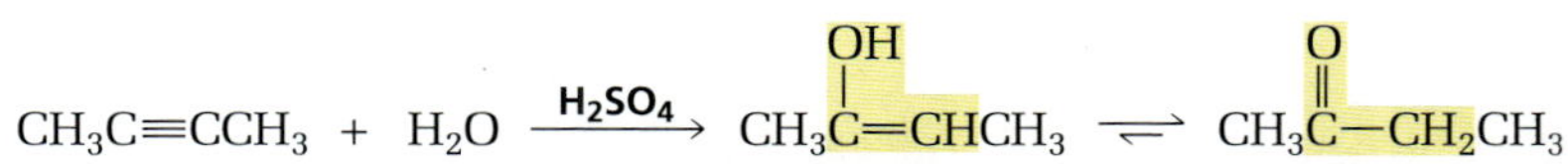

ein Enol **ein Keton**

Ein Enol lagert sich sofort zu einem *Keton* um – einer Verbindung, deren allgemeine Struktur nachfolgend dargestellt ist. Ein Kohlenstoffatom mit einem doppelt gebundenen Sauerstoffatom wird als **Carbonylgruppe** bezeichnet. Ein **Keton** ist eine Verbindung, bei der zwei Alkylgruppen an eine solche Carbonylgruppe gebunden sind. Ein **Aldehyd** ist eine Verbindung, bei der mindestens ein Wasserstoffatom an eine Carbonylgruppe (genauer an das C-Atom der Carbonylgruppe) gebunden ist.

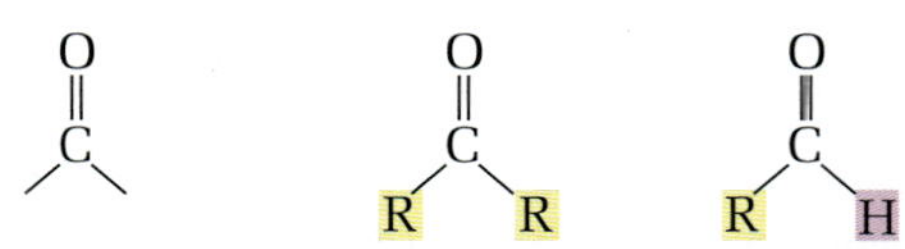

eine Carbonylgruppe **ein Keton** **ein Aldehyd**

Ein Keton und ein Enol unterscheiden sich lediglich hinsichtlich der Lokalisation der Doppelbindung und eines Wasserstoffatoms. Ein Keton und sein korrespondierendes Enol werden als **Keto-Enol-Tautomere** bezeichnet. Tautomere sind Isomere, die in einem sich rasch einstellenden Gleichgewicht vorliegen. Die Umwandlung von Tautomeren ineinander wird **Tautomerisierung** genannt.

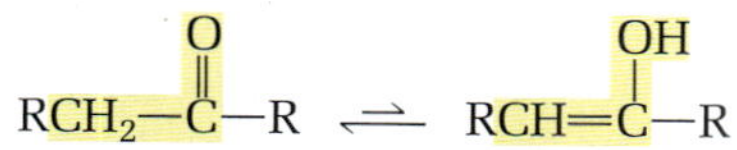

Keto-Tautomer **Enol-Tautomer**

Tautomerisierung

30.8 Addition von Wasserstoff

Wasserstoff wird in Gegenwart von metallischen Katalysatoren wie Palladium, Platin oder Nickel an Alkine addiert, und zwar in der gleichen Weise, wie dies bei den Alkenen geschieht. Das initiale Produkt ist ein Alken, doch ist es schwierig, die Reaktion an diesem Punkt anzuhalten, da der Wasserstoff eine starke Tendenz besitzt, sich in Gegenwart dieser effizienten Metallkatalysatoren an Alkene zu addieren. Das Reaktionsprodukt der Hydrierung ist deshalb ein Alkan.

$$\underset{\textbf{Alkin}}{CH_3CH_2C{\equiv}CH} \xrightarrow[\text{Pt/C}]{H_2} \underset{\textbf{Alken}}{CH_3CH_2CH{=}CH_2} \xrightarrow[\text{Pt/C}]{H_2} \underset{\textbf{Alkan}}{CH_3CH_2CH_2CH_3}$$

30.9 Azidität eines an ein *sp*-hybridisiertes Kohlenstoffatom gebundenen Wasserstoffatoms

Der Hybridisierungszustand eines Atoms beeinflusst die Azidität eines an es gebundenen Wasserstoffatoms, da die Elektronegativität eines Atoms von seinem Hybridisierungszustand abhängt. Beispielsweise ist ein *sp*-hybridisiertes Kohlenstoffatom saurer als ein sp^2-hybridisiertes, welches wiederum stärker elektronegativ ist als ein sp^3-hybridisiertes.

relative Elektronegativitäten von Kohlenstoffatomen in unterschiedlichen Zuständen

am stärksten elektronegativ → $sp > sp^2 > sp^3$ ← am wenigsten elektronegativ

> **MERKE !**
>
> **Ein *sp*-Kohlenstoffatom ist elektronegativer als ein sp^2-Kohlenstoffatom, welches elektronegativer ist als ein sp^3-Kohlenstoffatom.**

Da die am stärksten sauer reagierende Verbindung diejenige ist, bei der das Wasserstoffatom an das am stärksten elektronegative Atom gebunden ist (wenn die Atome die gleiche Größe haben), ist Ethin eine stärkere Säure als Ethen, und Ethen ist eine stärkere Säure als Ethan.

$HC{\equiv}CH$	$H_2C{=}CH_2$	CH_3CH_3
Ethin	**Ethen**	**Ethan**
pK_S = 25	**pK_S = 44**	**pK_S > 60**

Um ein Proton von einem Säuremolekül zu abstrahieren (in einer Reaktion, die die Reaktionsprodukte stark begünstigt), muss die Base, die das Proton bindet, stärker sein als die Base, die als Ergebnis des Protonenverlustes aus der Säure entsteht. Man muss, anders ausgedrückt, mit einer stärkeren Base starten als schließlich gebildet wird. Da Ammoniak (NH_3) eine schwächere Säure (pK_S = 36) ist als ein terminales Alkin (pK_S = 25), ist ein Amidion (NH_2^-) eine stärkere Base als ein Carbanion – Acetylidion genannt – das gebildet wird, wenn ein Proton vom *sp*-Kohlenstoffatom eines terminalen Alkins abgespalten wird. Ein Amidion kann daher dazu benutzt werden, um ein Proton von einem terminalen Alkin abzuspalten, um ein **Acetylidion** zu gewinnen.

$$\underset{\text{stärkere Säure}}{RC{\equiv}CH} + \underset{\substack{\textbf{Amidion}\\ \text{stärkere Base}}}{^-NH_2} \rightleftharpoons \underset{\substack{\textbf{Acetylidion}\\ \textbf{schwächere Base}}}{RC{\equiv}C^-} + \underset{\textbf{schwächere Säure}}{NH_3}$$

Falls Hydroxidionen als Base verwendet worden wären, würde das Gleichgewicht der Reaktion stark auf Seiten der Edukte liegen, da das Hydroxidion eine viel schwächere Base ist als das Acetylidion, das es zu bilden galt.

$$RC\equiv CH \quad + \quad OH^- \quad \rightleftharpoons \quad RC\equiv C^- \quad + \quad H_2O$$

	Hydroxidion	**Acetylidion**	
schwächere Säure	**schwächere Base**	stärkere Base	stärkere Säure

Ein Amidion (NH_2^-) kann keinen Wasserstoff abstrahieren, der an ein sp^2- oder ein sp^3-hybridisiertes C-Atom gebunden ist. Nur ein an ein *sp*-hybridisiertes C-Atom gebundenes Wasserstoffatom ist ausreichend sauer, um von einem Amidion abstrahiert zu werden. Infolge dieser Eigenschaft wird ein Wasserstoffatom, das an ein *sp*-Kohlenstoffatom gebunden ist, manchmal als „saures Wasserstoffatom" bezeichnet. Die „sauren" Eigenschaften eines terminalen Alkins sind ein Aspekt, unter dem dieses sich von einem Alken unterscheidet. Das an ein *sp*-Kohlenstoffatom gebundene Wasserstoffatom ist stärker sauer als die meisten anderen kohlenstoffgebundenen Wasserstoffatome, aber es ist viel weniger sauer als ein Wasserstoffatom eines Wassermoleküls; und Wasser ist eine nur sehr schwach saure chemische Verbindung ($pK_S = 15{,}7$).

relative Säurestärke

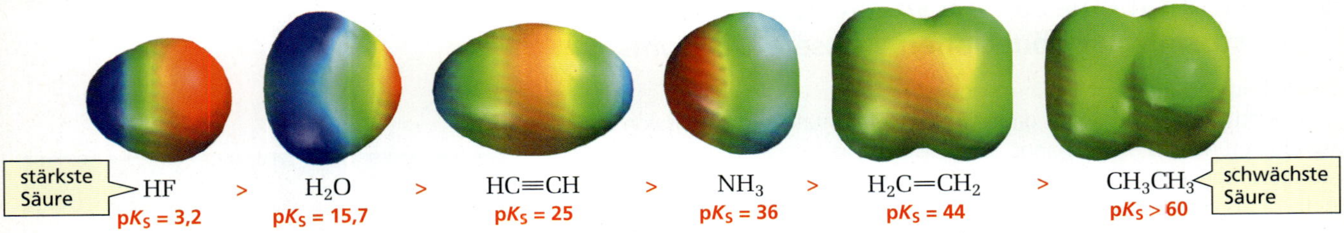

Delokalisierte Elektronen und ihre Effekte auf Stabilität und pK_S-Wert

31

ÜBERBLICK

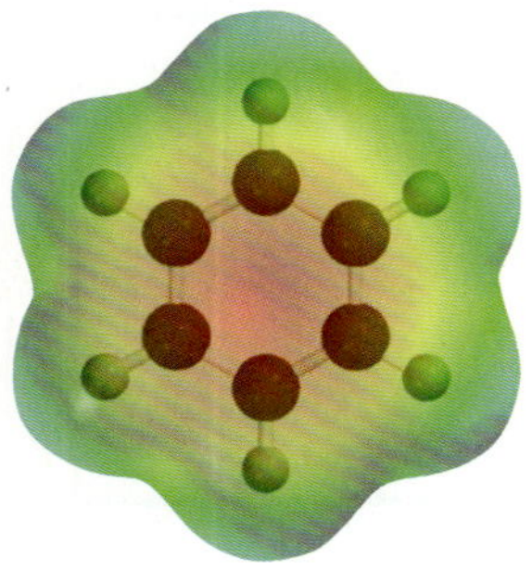

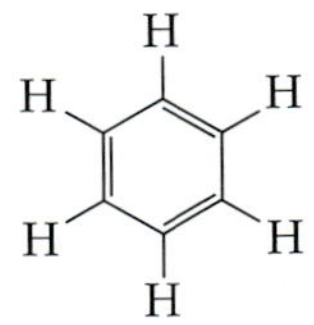

Benzol

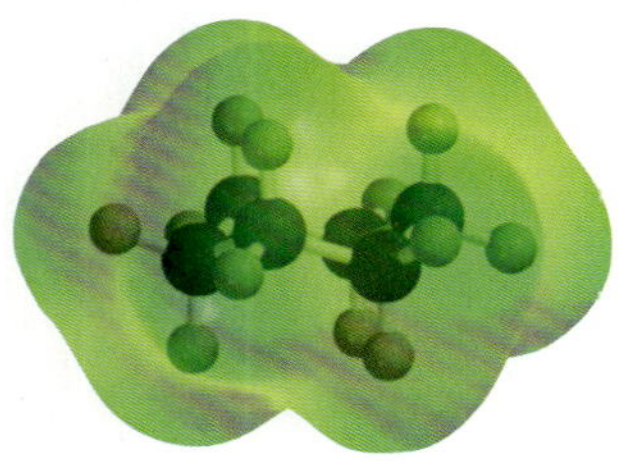

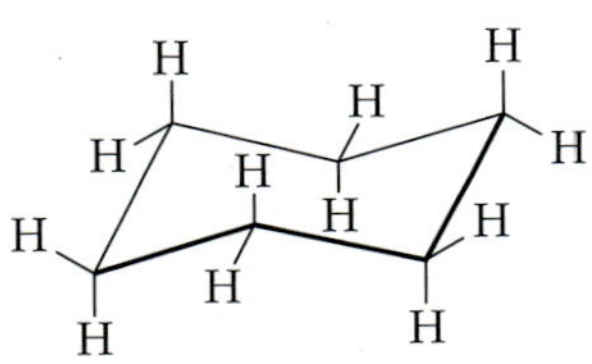

Cyclohexan

Elektronen, die auf einen bestimmten Bereich beschränkt sind, werden **lokalisierte Elektronen** genannt. Lokalisierte Elektronen gehören entweder zu einem einzelnen Atom oder sind auf eine Bindung zwischen zwei Atomen beschränkt.

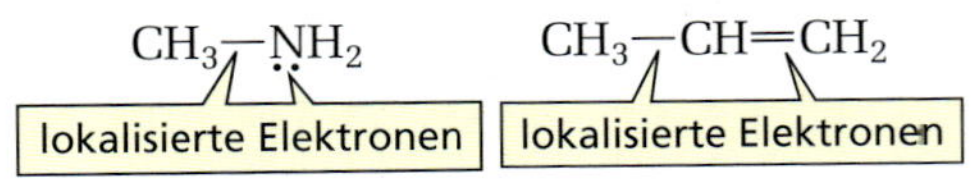

Viele organische Verbindungen enthalten *delokalisierte* Elektronen. **Delokalisierte Elektronen** gehören weder einem einzelnen Atom an, noch sind sie auf den Bereich einer Bindung zwischen zwei Atomen beschränkt, sondern werden von drei oder mehr Atomen gemeinsam „genutzt". So werden die beiden Elektronen der π-Bindung in der COO^--Gruppe von drei Atomen anteilig benutzt – dem Kohlenstoff- und den beiden Sauerstoffatomen. Die gestrichelten Linien in den Strukturformeln symbolisieren, dass die beiden Elektronen über den Bereich von drei Atomen delokalisiert sind.

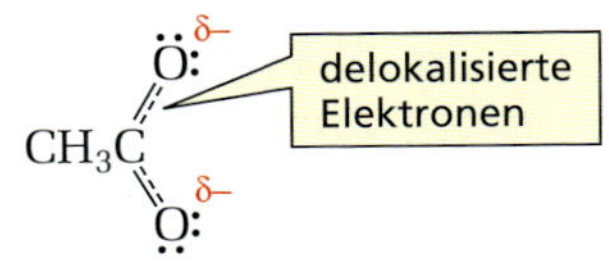

In diesem Kapitel werden Sie lernen, Verbindungen, die delokalisierte Elektronen enthalten, zu erkennen und Strukturen zu zeichnen, die die Elektronenverteilung in Molekülen mit delokalisierten Elektronen repräsentieren. Sie werden außerdem mit einigen der speziellen Merkmalen von Verbindungen, die delokalisierte Elektronen haben, bekannt gemacht. Sie werden dann in der Lage sein, die weitreichenden Effekte, die delokalisierte Elektronen auf die Reaktivität organischer Verbindungen haben, zu verstehen. Wir beginnen mit einer Betrachtung des Benzols, einer Verbindung, deren Eigenschaften die Chemiker nicht erklären konnten, bis sie erkannten, dass Elektronen in organischen Molekülen delokalisiert sein können.

31.1 Delokalisierte Elektronen im Benzol

Weil sie nichts über delokalisierte Elektronen wussten, hat die molekulare Struktur des Benzols die Chemiker früherer Zeiten irritiert. Sie wussten, dass die Summenformel des Benzols (Benzen) C_6H_6 ist, dass es sich um eine ungewöhnlich stabile Verbindung handelt und dass es nicht die für Alkene typischen Additionsreaktionen durchläuft. Sie wussten außerdem, dass, wenn anstelle eines der Wasserstoffatome ein andersartiges Atom in das Benzol eingefügt wird, nur ein Produkt entsteht, und dass, wenn das substituierte Produkt eine zweite Substitution durchläuft, drei Produkte entstehen.

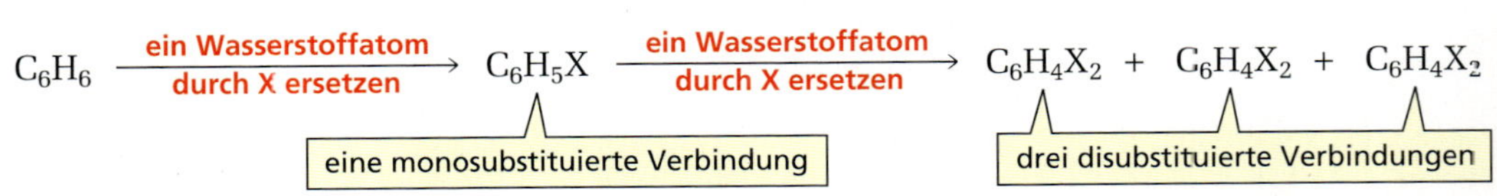

Welche Art von Struktur würden wir vorschlagen, wenn wir nur das wüssten, was die Chemiker früherer Zeiten gewusst haben? Die Summenformel (C_6H_6) teilt uns mit, dass das Benzol acht Wasserstoffatome weniger besitzt als ein zyklisches Alkan mit sechs Kohlenstoffatomen ($C_nH_{2n+2} = C_6H_{14}$). Der Sättigungsgrad des Benzols beträgt also −4. Das bedeutet, dass das Benzol entweder eine azyklische Verbindung mit vier π-Bindungen, eine zyklische Verbindung mit drei π-Bindungen, eine bizyklische Verbindung mit zwei π-Bindungen, eine trizyklische Verbindung mit einer π-Bindung oder eine tetrazyklische Verbindung ist.

Da man beim Austausch irgendeines der sechs Wasserstoffatome gegen ein anderes Atom nur ein Produkt erhält, wissen wir, dass alle sechs Wasserstoffatome identisch sein müssen. Zwei Molekülstrukturen, die diese Bedingung erfüllen, sind nachfolgend wiedergegeben:

$$CH_3C{\equiv}C{-}C{\equiv}CCH_3$$

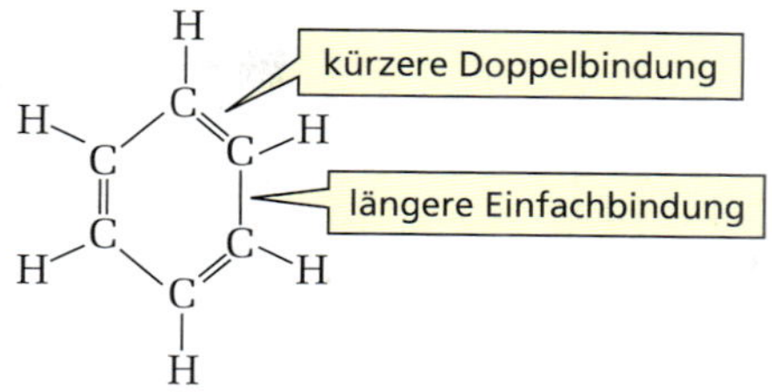

Keine dieser Strukturen ist konsistent mit der Beobachtung, dass man drei (unterscheidbare) Verbindungen erhält, wenn ein zweites Wasserstoffatom gegen ein anderes Atom ausgetauscht wird. Die azyklische Struktur ergibt zwei disubstituierte Produkte.

$$CH_3C{\equiv}C{-}C{\equiv}CCH_3 \xrightarrow[\text{durch zwei Br-Atome ersetzen}]{\text{zwei H-Atome}} CH_3C{\equiv}C{-}C{\equiv}CCHBr_2 \quad \text{und} \quad BrCH_2C{\equiv}C{-}C{\equiv}CCH_2Br$$

Die zyklische Struktur mit alternierenden Einfach- und etwas kürzeren Doppelbindungen liefert vier disubstituierte Produkte – ein 1,3-disubstituiertes, ein 1,4-disubstituiertes und zwei 1,2-disubstituierte – weil die beiden Substituenten entweder an zwei benachbarten C-Atomen angebracht werden können, die durch eine Einfach- oder durch eine Doppelbindung miteinander verbunden sind.

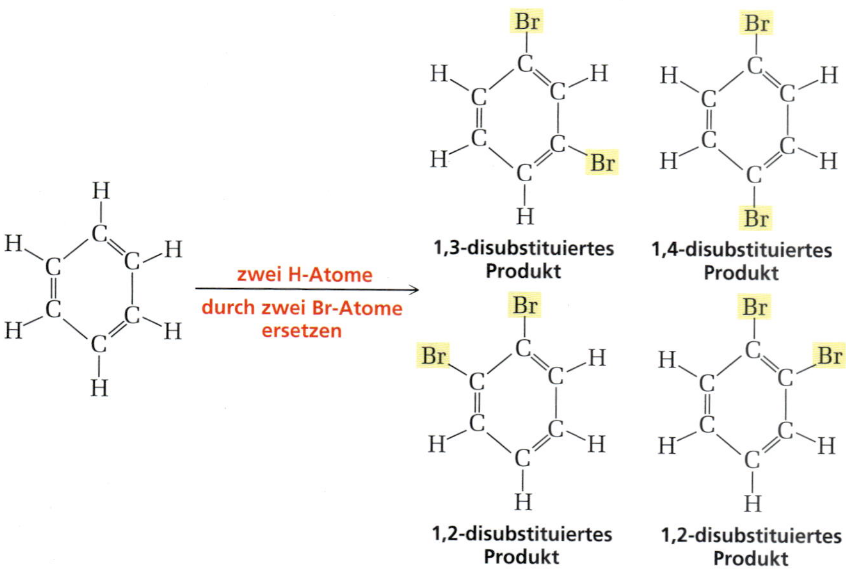

Im Jahr 1865 unterbreitete der deutsche Chemiker Friedrich Kekulé einen Vorschlag, um dieses Dilemma aufzulösen. Sein Vorschlag besagte, dass das Benzol keine einheitliche Verbindung sein sollte, sondern ein Gemisch aus zwei (isomeren) Verbindungen, die in einem raschen dynamischen Gleichgewicht miteinander stehen.

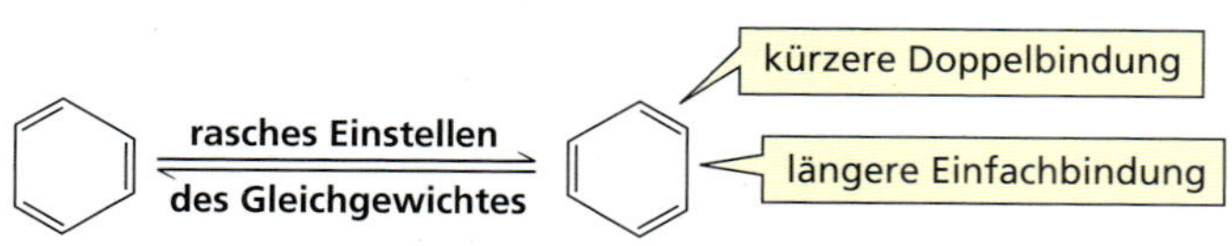

Kekulé-Strukturen des Benzols

Kekulés Vorschlag konnte erklären, warum man nur drei disubstituierte Produkte erhielt, wenn man monosubstituiertes Benzol einer Zweitsubstitution unterzog.

BIOGRAPHIE

Albert Ladenburg (1842–1911) wurde in Deutschland geboren. Er war Professor für Chemie an der *Universität Kiel*.

BIOGRAPHIE

James Dewar (1842–1923) wurde in Schottland als Sohn eines Kneipiers geboren. Nach dem Studium bei Kekulé wurde er Professor an der *Universität von Cambridge* (England) und später an der Royal Institution in London. Dewars wichtigste Arbeiten beschäftigten sich mit Fragen der Tieftemperaturphysik. Er verwendete evakuierte, doppelwandige Gefäße, um den Wärmetransport zu vermindern. Gefäße dieser Bauart werden heute ihm zu Ehren Dewargefäße genannt; Nichtchemikern sind sie als „Thermoskannen" bekannt.

Nach Kekulé musste es tatsächlich *vier* disubstituierte Produkte geben, doch sollten die beiden 1,2-disubstituierten Verbindungen zu rasch ineinander umgewandelt werden, um unterscheid- und trennbar zu sein.

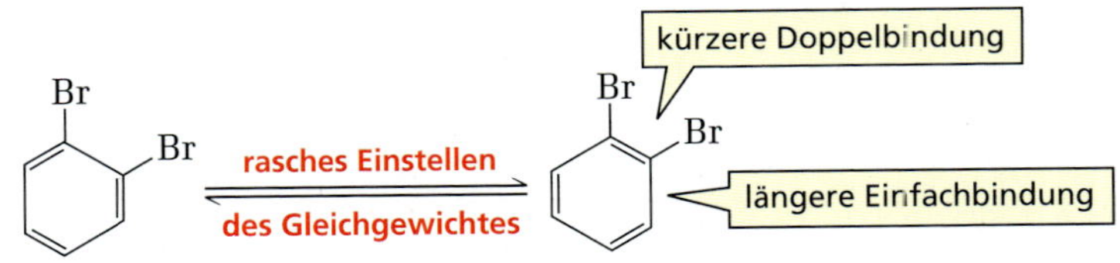

Die Kekuléstrukturen des Benzols tragen der Summenformel und der Zahl der Isomere bei den Substitutionsreaktionen Rechnung. Sie vermögen jedoch nicht, die außergewöhnliche Stabilität des Benzols zu erklären, die verhindert, dass die Doppelbindungen die für Alkene so typischen Additionen eingehen. Dass das Benzolmolekül ein sechsgliedriger Ring ist, wurde 1901 experimentell bestätigt, als Paul Sabatier zeigen konnte, dass man bei der erschöpfenden Hydrierung des Benzols zum Cyclohexan gelangt. Dies löste jedoch noch immer nicht das Rätsel um die Struktur des Benzols.

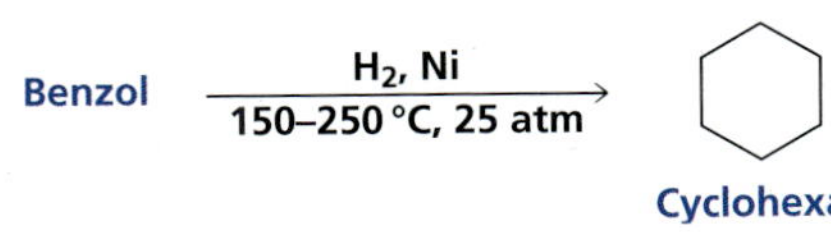

Die Kontroverse um die Benzolstruktur setzte sich bis in die 30er Jahre des 20. Jahrhunderts fort, als die noch relativ neuen Methoden der Röntgen- und der Elektronenbeugung ein überraschendes Ergebnis zutage förderten: Sie zeigten, dass *das Benzol ein planares Molekül ist und die sechs Kohlenstoff–Kohlenstoff-Bindungen alle dieselbe Länge haben*. Die Länge jeder der Kohlenstoff–Kohlenstoff-Bindungen im Benzol beträgt 139 pm (Pikometer); das ist kürzer als eine Kohlenstoff–Kohlenstoff-Einfachbindung (154 pm), aber länger als eine normale Kohlenstoff–Kohlenstoff-Doppelbindung (133 pm). Benzol besitzt also keine sich abwechselnden Einfach- und Doppelbindungen.

Falls die Kohlenstoff–Kohlenstoff-Bindungen alle dieselbe Länge haben, muss sich auch dieselbe Anzahl Elektronen zwischen den Kohlenstoffatomen aufhalten. Dies kann jedoch nur dann der Fall sein, wenn die *p*-Elektronen des Benzols im Ring delokalisiert sind, statt paarweise zwischen zwei C-Atomen lokalisiert zu sein. Um das Konzept der delokalisierten Elektronen besser verstehen zu können, werden wir nunmehr einen genaueren Blick auf die Bindungen im Benzol werfen.

31.2 Die Bindung im Benzolmolekül

Jedes der sechs Kohlenstoffatome des Benzolmoleküls ist sp^2-hybridisiert. Ein sp^2-Kohlenstoffatom weist Bindungswinkel von 120° auf – diese sind identisch mit den Winkeln in einem ebenen Sechseck. Benzol ist also ein planares Molekül. Jedes der Kohlenstoffatome im Benzolmolekül benutzt zwei sp^2-Orbitale, um Bindungen mit zwei weiteren C-Atomen zu bilden; das dritte sp^2-Orbital eines jeden C-Atoms überlappt mit dem *s*-Orbital eines Wasserstoffatoms (► Abbildung 31.1 a). Jedes Kohlenstoffatom besitzt darüber hinaus ein *p*-Orbital, das im rechten Winkel zu den sp^2-Orbitalen steht. Da das Benzolmolekül eben (planar) ist, stehen die sechs *p*-Orbitale parallel zueinander (► Abbildung 31.1 b). Die *p*-Orbitale sind sich nahe genug, um eine seitliche Überlappung zu ermöglichen, so dass jedes *p*-Orbital mit den *p*-Orbitalen der Nachbarkohlenstoffatome zur Linken und zur Rechten überlappen kann. Als Ergebnis dieser Wechselwirkungen bilden die sich überlappenden *p*-Orbitale eine durchgehende ringförmige Elektronenwolke oberhalb und unterhalb der Ebene, in der sich die Atomkerne befinden (► Abbildung 31.1 c). Die elektrostatische Potenzialkarte (► Abbildung 31.1 d)

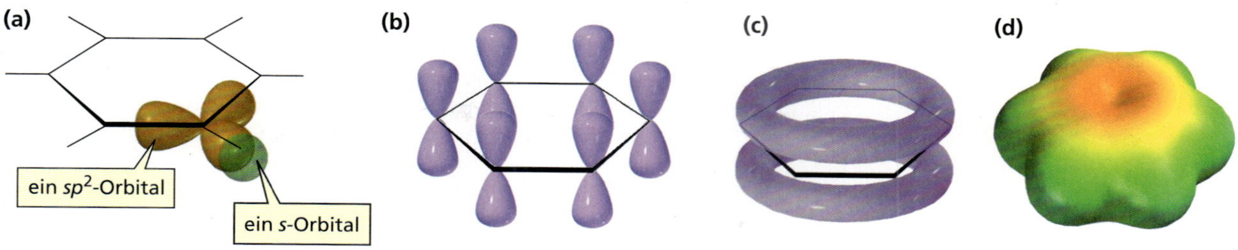

Abbildung 31.1: (a) die Kohlenstoff–Kohlenstoff- und Kohlenstoff–Wasserstoff-σ-Bindungen im Benzolmolekül; (b) das p-Orbital jedes Kohlenstoffatoms überlappt mit zwei weiteren p-Orbitalen zu beiden Seiten; (c) die Elektronenwolken oberhalb und unterhalb der Ringebene des Benzolmoleküls; (d) die elektrostatische Potenzialkarte des Benzols.

lässt erkennen, dass alle Kohlenstoff–Kohlenstoff-Bindungen dieselbe mittlere Elektronendichte besitzen.

Jedes der sechs π-Elektronen ist daher weder einem einzelnen Atom noch einer einzelnen Bindung zwischen zwei Kohlenstoffatomen (wie in einem Alken) zugeordnet. Die sechs π-Elektronen sind, anders gesagt, delokalisiert – sie bewegen sich frei innerhalb der ringförmigen Wolken ober- und unterhalb des Rings aus Kohlenstoffatomen. Das Benzolmolekül wird häufig als regelmäßiges Sechseck mit einem eingeschriebenen Kreis oder einer umlaufenden gestrichelten Linie gezeichnet; beide Darstellungsweisen symbolisieren die sechs delokalisierten π-Elektronen.

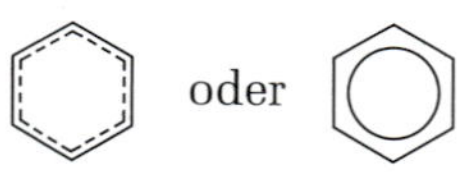

Diese Art der Darstellung macht deutlich, dass es im Benzol keine klassischen Doppelbindungen gibt. Wir erkennen nunmehr, dass Kekulés Struktur beinahe korrekt gewesen ist. Die tatsächliche Struktur des Benzolmoleküls ist eine Kekuléstruktur mit delokalisierten Elektronen.

31.3 Mesomere Grenzformeln und der mesomere Zustand

Ein Nachteil bei der Verwendung gestrichelter Linien zur Darstellung delokalisierter Elektronen besteht darin, dass uns diese Darstellungsweise nicht mitteilt, wie viele π-Elektronen sie symbolisiert. Darum bevorzugen Chemiker in manchen Fällen die Darstellung durch Strukturformeln, die die Elektronen lokalisiert wiedergeben und so die Zahl der Elektronen erkennen lassen, selbst wenn die Elektronen in der Verbindung in Wirklichkeit nicht lokalisiert sind. Die *angenäherten* Strukturformeln mit lokalisierten Elektronen werden **mesomere Grenzformeln** oder **mesomere Grenzstrukturen** genannt. Die tatsächliche Molekülstruktur mit delokalisierten Elektronen wird als **mesomerer Zustand** (mesomere Formel) bezeichnet. Beachten Sie, dass Sie leicht sehen können, dass in jeder mesomeren Grenzstruktur sechs π-Elektronen vorhanden sind.

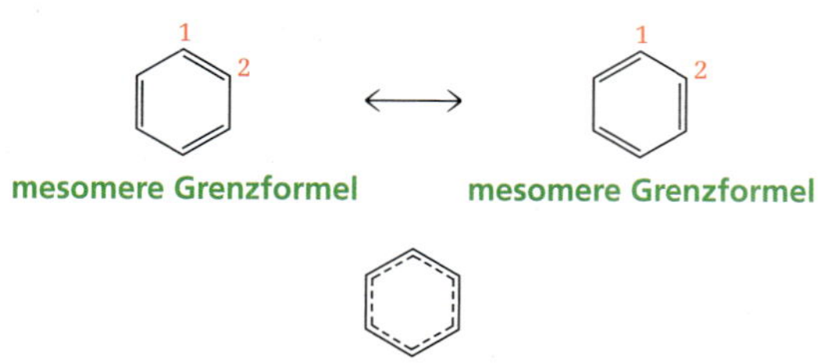

MERKE !

Die Delokalisation von Elektronen wird durch einen doppelspitzigen Pfeil symbolisiert ($\longleftrightarrow$). Ein (thermodynamischer) Gleichgewichtszustand wird durch zwei antiparallele einspitzige Pfeile symbolisiert ($\rightleftharpoons$).

Mesomere Grenzstrukturen werden mit einem dazwischenliegenden Doppelpfeil wiedergegeben. Der Pfeil mit den zwei Pfeilspitzen bedeutet *nicht*, dass die beiden Strukturen im Gleichgewicht miteinander stehen. Er zeigt vielmehr an, dass die tatsächliche Struktur zwischen den dargestellten Strukturen der mesomeren Grenzformeln liegt. Mesomere Grenzformeln sind lediglich ein bequemer Weg, die π-Elektronen darzustellen; sie stellen keine reale Elektronenverteilung dar. So ist beispielsweise die Bindung zwischen dem C-1 und dem C-2 des Benzols keine Doppelbindung, obwohl die Grenzformel dies nahezulegen scheint. Sie ist jedoch auch keine Einfachbindung, wie es in der Grenzformel auf der rechten Seite dargestellt ist. Keine der beiden mesomeren Grenzzustände gibt allein die Struktur des Benzols genau wieder. Die tatsächliche Molekülstruktur des Benzols – der mesomere Zustand – entsteht, wenn man im Geiste die beiden Grenzformeln überlagert.

31.4 Das Zeichnen mesomerer Grenzformeln

Wir haben gesehen, dass eine organische Verbindung mit delokalisierten Elektronen im Allgemeinen als eine Struktur mit lokalisierten Elektronen repräsentiert wird, um uns wissen zu lassen, wie viele π-Elektronen in dem Molekül sind. Zum Beispiel wird Nitroethan mit einer Stickstoff–Sauerstoff-Doppelbindung und einer Stickstoff–Sauerstoff-Einfachbindung dargestellt.

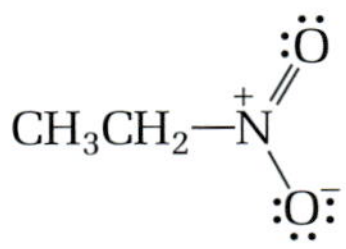

Nitroethan

Jedoch sind die beiden Stickstoff–Sauerstoff-Bindungen in Nitroethan tatsächlich identisch; sie haben beide die gleiche Bindungslänge. Eine zutreffendere Beschreibung der Struktur des Moleküls erhält man, wenn man zwei mesomere Grenzformeln zeichnet. Beide mesomere Grenzformeln zeigen die Verbindung mit einer Stickstoff–Sauerstoff-Doppelbindung und einer Stickstoff–Sauerstoff-Einfachbindung. Sie zeigen an, dass die Elektronen delokalisiert sind, indem sie die Doppelbindung in einer Grenzformel als Doppelbindung und als Einfachbindung in der anderen darstellen.

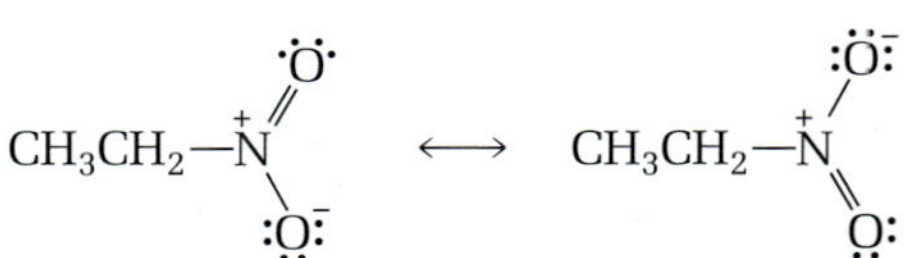

MERKE !

Delokalisierte Elektronen resultieren aus einer *p*-Orbitalüberlappung eines *p*-Orbitals mit *p*-Orbitalen von mehr als einem benachbarten Atom.

Die mesomere Struktur zeigt im Gegensatz dazu, dass das *p*-Orbital des Stickstoffs mit dem *p*-Orbital des Sauerstoffs überlappt. Mit anderen Worten, es zeigt, dass die zwei Stickstoff–Sauerstoff-Bindungen identisch sind und dass die negative Ladung gleichmäßig von beiden Sauerstoffatomen geteilt wird. Wir müssen daher beide mesomeren Grenzformeln visualisieren und mental den Durchschnitt bilden, um einschätzen zu können, wie das tatsächliche Molekül – der mesomere Zustand – aussieht.

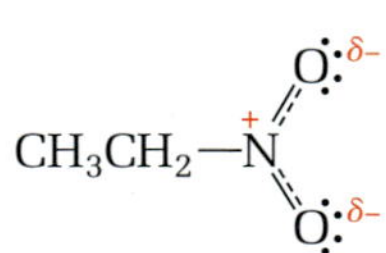

mesomerer Zustand

Regeln für das Zeichnen von mesomeren Grenzformeln

Um einen Satz von mesomeren Grenzformeln zu zeichnen, zeichnen wir eine Lewisstruktur des Moleküls – es wird unsere erste mesomere Grenzstruktur – und dann bewegen wir die Elektronen, den unten aufgelisteten Regeln folgend, um die nächste mesomere Grenzstruktur zu erzeugen.

1 Nur Elektronen bewegen sich. Atome bewegen sich nie.

2 Nur π-Elektronen (Elektronen in π-Bindungen) und freie Elektronenpaare können sich bewegen; σ-Elektronen bewegen sich nie.

3 Die Gesamtzahl von Elektronen in dem Molekül ändert sich nicht. Darum muss jede mesomere Grenzformel für eine bestimmte Verbindung dieselbe Nettoladung haben. Falls eine eine Nettoladung von 0 hat, müssen alle anderen auch eine Nettoladung von 0 haben. Eine Nettoladung von 0 bedeutet nicht notwendigerweise, dass es keine Ladung an irgendeinem der Atome gibt: Ein Molekül mit einer positiven Ladung an einem Atom und einer negativen Ladung an einem anderen Atom hat eine Nettoladung von 0.

Beachten Sie, wenn Sie die folgenden mesomeren Grenzstrukturen studieren und üben, sie zu zeichnen, dass die Elektronen (*p*-Elektronen oder freie Paare) immer hin zu einem sp^2- oder *sp*-hybridisierten Atom bewegt werden. Erinnern Sie sich, dass ein sp^2-Kohlenstoff entweder ein positiv geladener Kohlenstoff oder ein doppelt gebundener Kohlenstoff ist, und dass ein *sp*-Kohlenstoff zwei π-Bindungen hat und darum im Allgemeinen ein dreifach gebundener Kohlenstoff ist. Elektronen können nicht zu einem sp^3-Kohlenstoff hin bewegt werden, da ein sp^3-Kohlenstoff ein komplettes Oktett hat, so dass er keine weiteren Elektronen mehr aufnehmen kann.

> **MERKE !**
>
> **Um eine mesomere Grenzstruktur zu zeichnen, bewege man nur *p*-Elektronen oder einsame Elektronenpaare hin zu einem sp^2- (oder *sp*-) Kohlenstoffatom.**

Das folgende Carbokation hat delokalisierte Elektronen. Um seine mesomeren Grenzformeln zu zeichnen, bewegen wir die *p*-Elektronen zu einem sp^2-Kohlenstoff hin. Ein gekrümmter Pfeil kann Ihnen helfen zu entscheiden, wie Sie die nächste mesomere Grenzformel zeichnen. Erinnern Sie sich, dass der Schwanz des gekrümmten Pfeiles zeigt, wo die Elektronen starten, und der Kopf zeigt, wo die Elektronen hingehen. Der mesomere Zustand zeigt, dass die positive Ladung von zwei Kohlenstoffen geteilt wird.

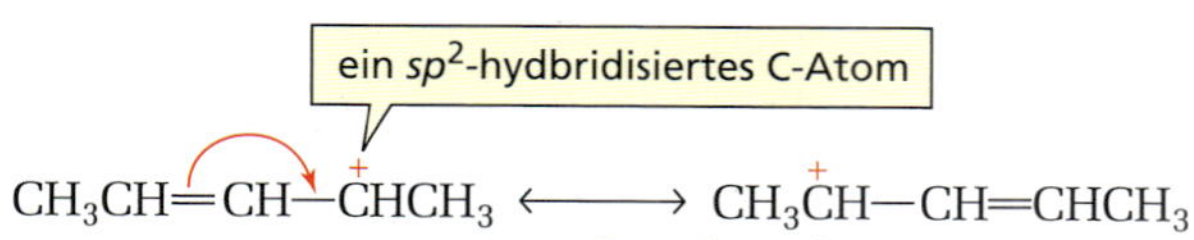

mesomere Grenzformel

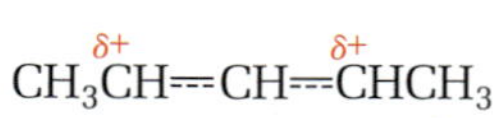

mesomerer Zustand

Lassen Sie uns dieses Carbokation mit einer ähnlichen Verbindung vergleichen, bei der alle Elektronen lokalisiert sind. Die π-Elektronen in der gezeigten Verbindung können sich nicht bewegen, weil der Kohlenstoff, zu dem sie sich bewegen würden, ein sp^3-Kohlenstoff ist, und sp^3-Kohlenstoffe sind keine Elektronenakzeptoren.

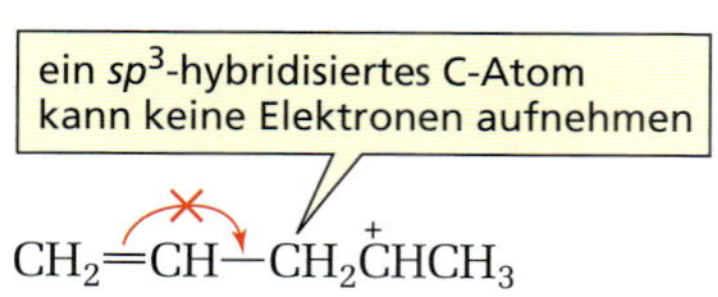

lokalisierte Elektronen

Im nächsten Beispiel *bewegen sich die π-Elektronen wieder hin zu einem sp^2-Kohlenstoff.* Der mesomere Zustand zeigt, dass die positive Ladung von drei Kohlenstoffen geteilt wird.

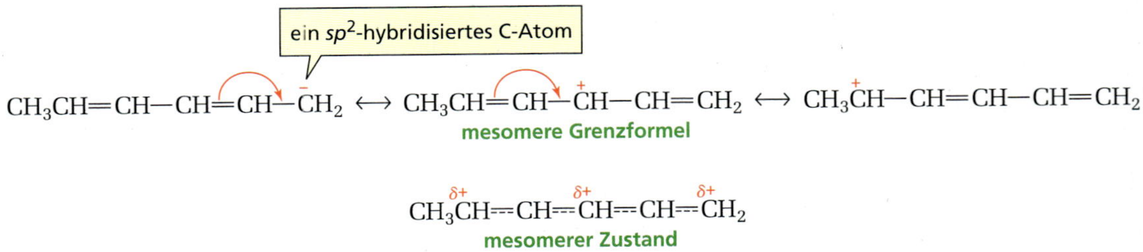

Die mesomere Grenzstruktur für die nächste Verbindung erhält man durch die *Bewegung eines freien Elektronenpaares hin zu einem sp*^{2}*-Kohlenstoff.* Der *sp*^{2}-Kohlenstoff kann die neuen Elektronen durch Bruch einer π-Bindung unterbringen.

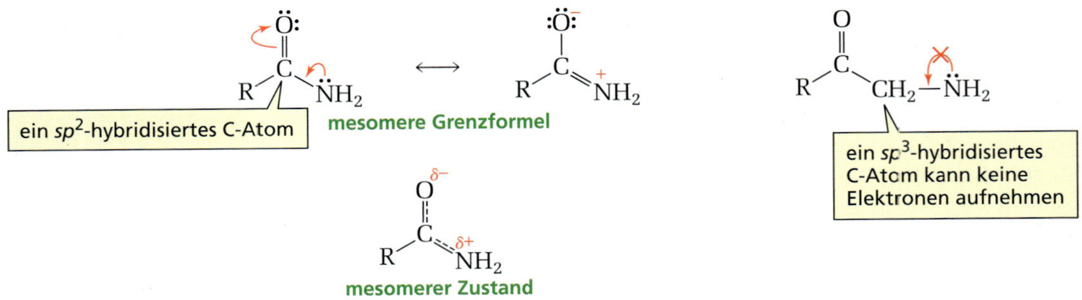

Im nächsten Beispiel *wandern freie Elektronenpaare zu einem sp-Kohlenstoffatom.*

Die mesomere Grenzformel für die nächste Verbindung erhält man durch die *Bewegung von* π*-Elektronen hin zu einem sp-Kohlenstoff.*

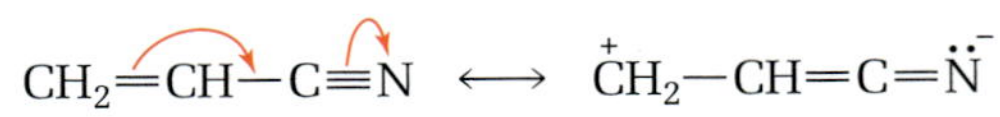

HINTERGRUND

Peptidbildungen

Jede dritte Bindung in einem Protein ist eine Peptidbindung. Eine mesomere Grenzformel kann für eine Peptidbindung gezeichnet werden, indem das freie Elektronenpaar am Stickstoff zum *sp*^{2}-Kohlenstoff hin bewegt wird.

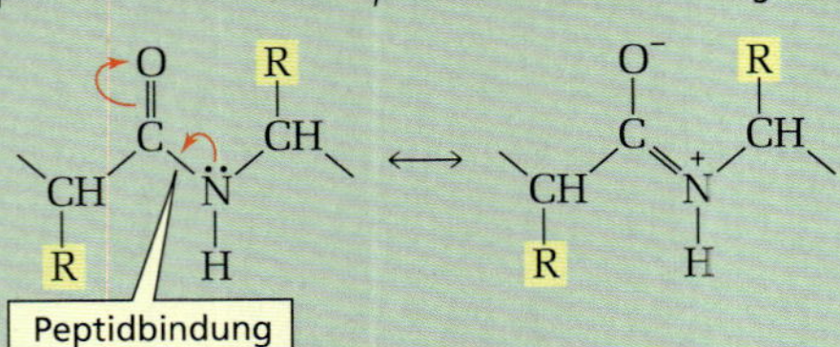

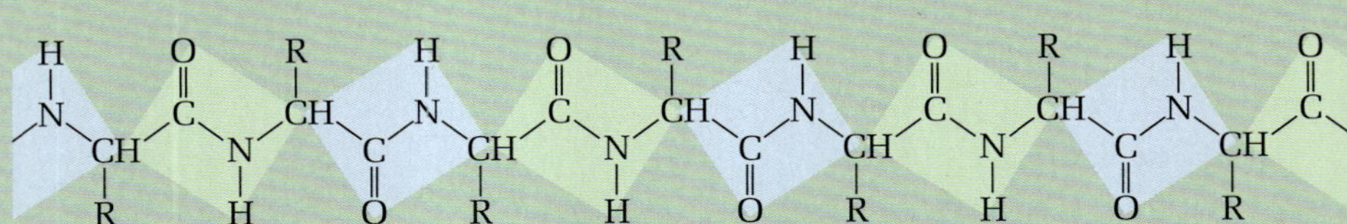

ein Ausschnitt aus einer Peptidkette

Aufgrund des partiellen Doppelbindungscharakters der Peptidbindung werden das Kohlenstoff- und das Stickstoffatom und die beiden Atome, die an jedes gebunden sind, rigide in einer Ebene gehalten, wie unten in den blauen und grünen Kästen dargestellt. Diese Planarität beeinflusst die Weise, wie Proteine sich falten können. Dies hat wichtige Implikationen für die dreidimensionale Form dieser biologischen Moleküle (siehe Kapitel 43).

31.5 Die vorhergesagten Stabilitäten von mesomeren Grenzformeln

Alle mesomeren Grenzformeln tragen nicht notwendigerweise in gleichem Maß zum mesomeren Zustand bei. Der Grad, zu dem jede mesomere Grenzstruktur beiträgt, hängt von ihrer vorhergesagten Stabilität ab. Da mesomere Grenzstrukturen nicht real sind, können ihre Stabilitäten nicht gemessen werden. Darum müssen die Stabilitäten der mesomeren Grenzstrukturen auf der Grundlage molekularer Merkmale, die man in realen Molekülen findet, vorhergesagt werden. *Je größer die vorhergesagte Stabilität der mesomeren Grenzstruktur, desto mehr trägt sie zu der Struktur des mesomeren Zustands bei; und je mehr sie zur Struktur des mesomeren Zustandes beiträgt, desto ähnlicher sind sich die Grenzstruktur und das reale Molekül.* Die Beispiele, die folgen, illustrieren diesen Punkt.

MERKE !

Je größer die vorhergesagte Stabilität der mesomeren Grenzstruktur, desto mehr trägt sie zur Struktur des mesomeren Zustandes bei.

Die beiden mesomeren Grenzstrukturen für eine Carbonsäure sind unten gezeigt, beschriftet mit **A** und **B**. Struktur **B** hat zwei Merkmale, die sie weniger stabil machen als Struktur **A**: Eines der Sauerstoffatome hat eine positive Ladung – und die Struktur hat **separierte Ladungen**. Ein Molekül mit separierten Ladungen hat eine positive Ladung und eine negative Ladung, die durch die Bewegung von Elektronen neutralisiert werden können. Mesomere Grenzstrukturen mit separierten Ladungen sind relativ instabil (relativ hoch an Energie), weil Energie benötigt wird, um entgegengesetzte Ladungen separiert zu halten. Struktur **A** ist daher vorausgesagt stabiler als Struktur **B**. Konsequenterweise macht **A** einen größeren Beitrag zum mesomeren Zustand, und so sieht der mesomere Zustand mehr wie **A** aus als wie **B**.

eine Carbonsäure

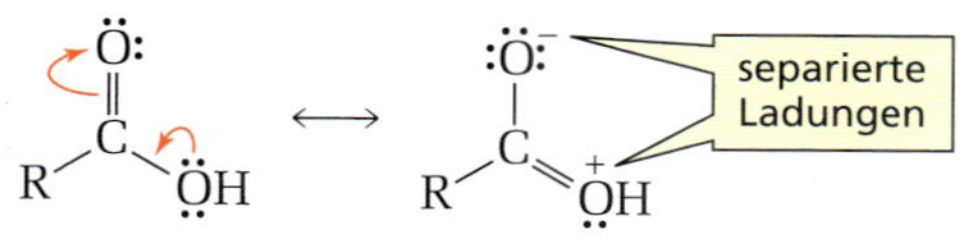

A B

Die beiden mesomeren Grenzstrukturen für ein Carboxylation werden als Nächstes gezeigt.

ein Carboxylation

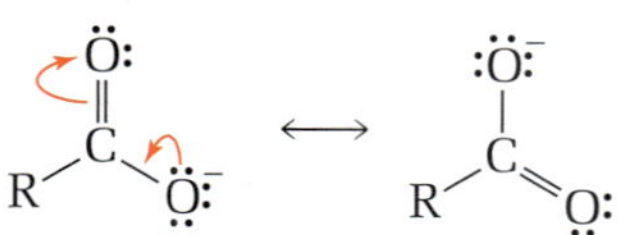

C D

Die Strukturen **C** und **D** sind voraussagungsgemäß gleich stabil und darum erwartet man, dass sie gleich viel zum mesomeren Zustand beitragen.

Wir können die Merkmale, die die vorhergesagte Stabilität einer mesomeren Grenzstruktur vermindern, wie folgt zusammenfassen:

1. ein Atom mit einem unvollständigen Oktett
2. eine negative Ladung, die nicht am elektronegativsten Atom ist oder eine positive Ladung, die nicht am wenigsten elektronegativen (elektropositivsten) Atom ist
3. Ladungsseparation

Wenn wir die relativen Stabilitäten der mesomeren Grenzstrukturen vergleichen, macht ein Atom mit einem unvollständigen Oktett (Merkmal 1) im Allgemeinen eine Struktur instabiler als entweder Merkmal 2 oder Merkmal 3.

MERKE !

Die Delokalisationsenergie ist ein Maß dafür, um wie viel eine Verbindung mit delokalisierten Elektronen stabiler ist, als sie sein würde, falls ihre Elektronen lokalisiert wären.

Ein mesomerer Zustand (Resonanzhybrid) ist stabiler als jede seiner mesomeren Grenzstrukturen.

31.6 Delokalisationsenergie

Delokalisierte Elektronen stabilisieren eine Verbindung. Die Elektronendelokalisation ist am effektivsten, wenn alle beteiligten Atome in oder nahezu in einer Ebene liegen. Die zusätzliche Stabilität, die eine Verbindung durch den Besitz delokalisierter Elektronen gewinnt, heißt **Delokalisationsenergie**. Die **Elektronendelokalisation** wird als **Mesomerie** oder **Resonanz** bezeichnet. Statt von Delokalisationsenergie spricht man auch von **Mesomerieenergie** oder **Resonanzenergie**. Da die Delokalisationsenergie uns sagt, um wie viel eine Verbindung als Ergebnis des Besitzes von delokalisierten Elektronen stabiler ist, wird sie manchmal auch *Delokalisationsstabilisierungsenergie* oder *Resonanzstabilisierungsenergie* genannt. Wissend, dass die delokalisierten Elektronen die Stabilität eines Moleküls erhöhen, können wir folgern, dass ein *mesomerer Zustand stabiler ist als jeder seiner mesomeren Grenzzustände.*

Die Delokalisationsenergie, die mit einer Verbindung assoziiert ist, die delokalisierte Elektronen hat, hängt von der Zahl *und* der vorhergesagten Stabilität der mesomeren Grenzzustände ab: *Je größer die Zahl relativ stabiler mesomerer Grenzzustände, desto größer die Delokalisationsenergie.* So ist beispielsweise die Delokalisationsenergie eines Carboxylations mit zwei relativ stabilen Grenzstrukturen signifikant größer als die Delokalisationsenergie eines Carbonsäuremoleküls mit nur einer relativ stabilen mesomeren Grenzstruktur.

mesomere Grenzstrukturen eines Carbonsäuremoleküls

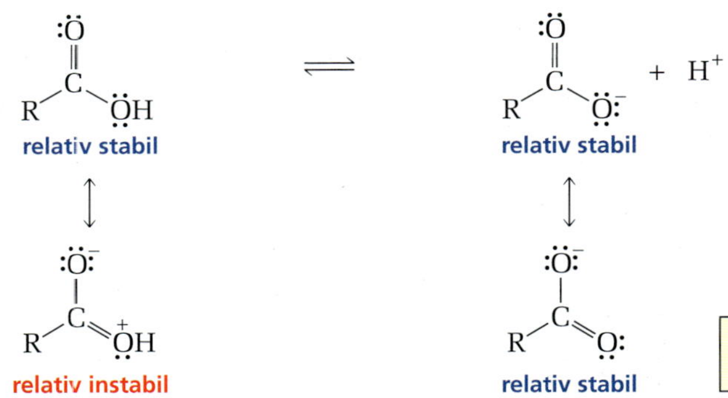

mesomere Grenzstrukturen eines Carboxylations

Man beachte, dass es die Zahl der *relativ stabilen* mesomeren Grenzstrukturen und nicht die Gesamtzahl mesomerer Grenzstrukturen ist, die wichtig ist für die Bestimmung der Delokalisationsenergie.

Je größer der strukturelle Äquivalenzgrad von mesomeren Grenzstrukturen ist, desto größer ist der Betrag der Delokalisationsenergie. Das Carbonat Dianion ist besonders stabil, weil es drei äquivalente mesomere Grenzstrukturen besitzt.

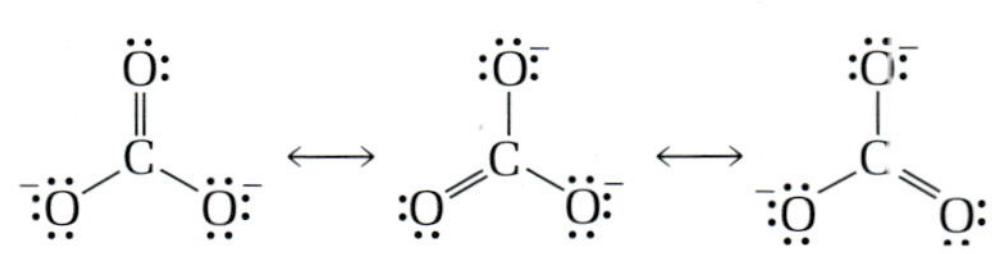

Wir können nunmehr zusammenfassen, was wir über mesomere Grenzstrukturen) gelernt haben:*

1. Je höher die vorhergesagte Stabilität einer mesomeren Grenzstruktur, desto mehr trägt sie zum mesomeren Zustand bei.
2. Je größer die Zahl relativ stabiler mesomerer Grenzstrukturen, desto höher ist der Betrag der Delokalisationsenergie.
3. Je größer der strukturelle Äquivalenzgrad von mesomeren Grenzstrukturen ist, desto größer ist der Betrag der Delokalisationsenergie.

EXTRAS ONLINE: Beispiele für die Wirkung delokalisierter Elektronen auf die Stabilität

EXTRAS ONLINE: Eine molekülorbitaltheoretische Beschreibung der Stabilität

* In zyklischen Systemen existiert ein weiterer Faktor, der die vorhergesagte Stabilität mesomerer Grenzzustände grundlegend beeinflusst. Für Einzelheiten hierzu, siehe die Abschnitte 36.1 und folgende.

31.7 Der Effekt der Elektronendelokalisation auf den pK_S-Wert

Eine Carbonsäure ist eine viel stärkere Säure als ein Alkohol, weil die konjugierte Base einer Carbonsäure (Carboxylatanion) stabiler ist als die konjugierte Base eines Alkohols (Alkoholatanion). Erinnern Sie sich daran, dass eine Säure umso stärker ist, je stabiler ihre konjugierte Base ist. Der pK_S-Wert von Essigsäure (Ethansäure) beträgt beispielsweise 4,76, während der pK_S-Wert von Ethanol 15,9 beträgt.

Essigsäure pK_S = 4,76 **Ethanol** pK_S = 15,9

Die Differenz der Stabilitäten der beiden konjugierten Basen ist auf zwei Faktoren zurückzuführen. Erstens besitzt das Carboxylation ein doppelt gebundenes Sauerstoffatom, das zwei Wasserstoffatome des Alkoholations ersetzt. Der Elektronenzug durch dieses stark elektronegative Sauerstoffatom stabilisiert das Ion durch die Verminderung der Elektronendichte an dem negativ geladenen Sauerstoffatom.

ein Carboxylation **ein Alkoholation**

Der andere Faktor, der zur erhöhten Stabilität eines Carboxylations beiträgt, ist die *höhere Delokalisationsenergie* relativ zu seiner konjugierten Säure. Das Carboxylation besitzt eine höhere Delokalisationsenergie, weil das Ion – im Vergleich zur undissoziierten Carbonsäure – zwei gleichwertige mesomere Grenzstrukturen besitzt.

relativ stabil **relativ instabil** **relativ stabil** **relativ stabil**

mesomere Grenzstrukturen eines Carbonsäuremoleküls

mesomere Grenzstrukturen eines Carboxylations

Im Gegensatz hierzu sind alle Elektronen eines Alkoholmoleküls wie Ethanol und seiner konjugierten Base, dem Ethanolation, lokalisiert.

$$CH_3CH_2OH \rightleftharpoons CH_3CH_2O^- + H^+$$

Ethanol

So reagiert auch Phenol stärker sauer als ein Alkohol wie Cyclohexanol: Die Stabilisierung der konjugierten Base des Phenols (dem Phenolatanion) durch *Elektronenzug* und eine Zunahme der *Delokalisationsenergie*.

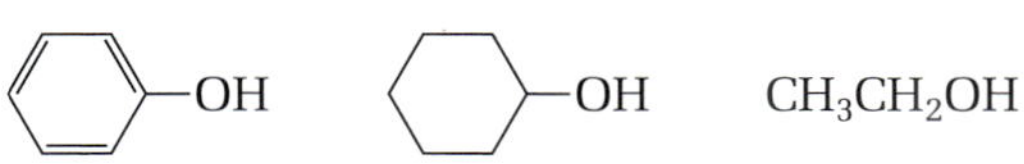

Phenol pK_S = 10 **Cyclohexanol** pK_S = 16 **Ethanol** pK_S = 16

Die OH-Gruppe des Phenols ist an ein sp^2-Kohlenstoffatom gebunden, welches stärker elektronegativ ist als das sp^3-Kohlenstoffatom, an welches die OH-Gruppe des Cyclohexanols gebunden ist. Der stärkere *Elektronenzug* durch das sp^2-Kohlenstoffatom stabilisiert die konjugierte Base durch Verminderung der Elektronendichte am negativ geladenen Sauerstoffatom. Während sowohl das Phenolmolekül wie auch das Phenolatmolekülion delokalisierte Elektronen besitzen, ist die Delokalisationsenergie (Mesomerieenergie) des Phenolations größer als die des (elektrisch neutralen) Phenols, weil die drei mesomeren Grenzzustände des Phenols getrennte Ladungen aufweisen. Die Abgabe eines Protons des Phenolmoleküls wird daher von einer Zunahme der Delokalisationsenergie begleitet. Das Anbieten von Elektronen über π-Bindungen wird **mesomerer Elektronenschub** oder **Resonanzelektronenschub** genannt.

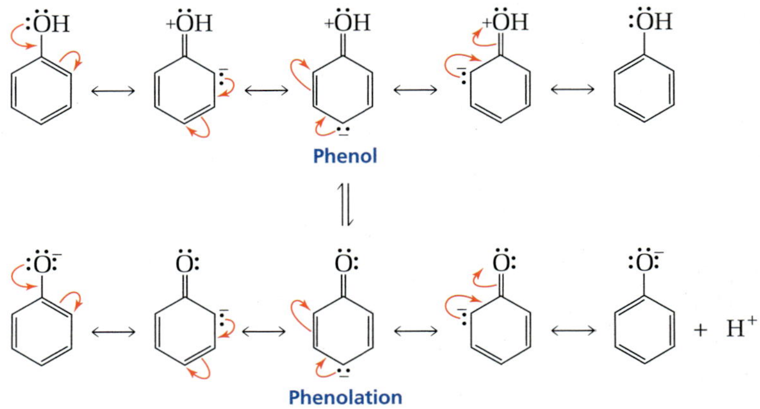

Phenol

Phenolation

Im Gegensatz hierzu sind weder das Cyclohexanol noch seine konjugierte Base (das Cyclohexanolation) im Besitz stabilisierender delokalisierter Elektronen.

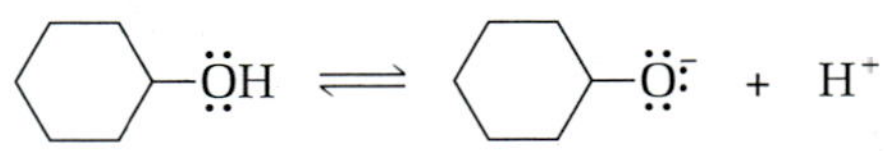

Cyclohexanol

Phenol ist schwächer sauer als eine Carbonsäure, weil der Elektronenzug durch das Sauerstoffatom des Phenolations nicht so stark ist wie der im Carboxylation. Darüber hinaus ist der Zugewinn an Delokalisationsenergie durch die Abgabe des Protons beim Phenolation nicht so hoch wie beim Carboxylation, bei dem die negative Ladung gleichmäßig zwischen zwei Sauerstoffatomen aufgeteilt wird.

Dieselben beiden Faktoren können herangezogen werden, um zu erklären, warum protoniertes Anilin eine stärkere Säure ist als protoniertes Cyclohexylamin.

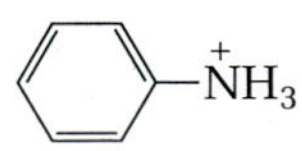

protoniertes Anilin
$pK_S = 4{,}60$

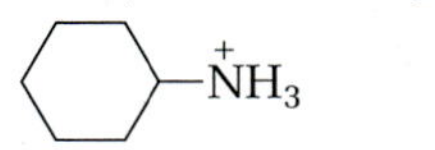

protoniertes Cyclohexylamin
$pK_S = 11{,}2$

Zunächst ist das Stickstoffatom des Anilinmoleküls an ein sp^2-hybridisiertes C-Atom gebunden, wohingegen das N-Atom des Cyclohexylaminmoleküls an ein weniger elektronegatives sp^3-hybridisiertes Kohlenstoffatom gebunden ist. Zweitens fehlt dem Stickstoffatom des protonierten Anilins ein freies Elektronenpaar, welches delokalisiert werden kann. Wenn das Stickstoffatom jedoch ein Proton abgeben kann, wird das vormals bindende Elektronenpaar der N—H-Bindung zum freien Elektronenpaar, das für eine Delokalisation zur Verfügung steht. Die Abgabe eines Protons wird daher von einer Zunahme der Delokalisationsenergie begleitet.

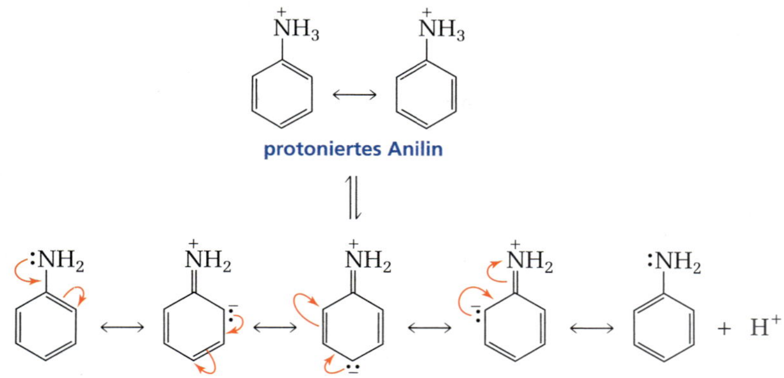

Ein Amin wie das Cyclohexylamin besitzt keine delokalisierten Elektronen, um es zu stabilisieren – weder in der protonierten noch in der nicht protonierten Form.

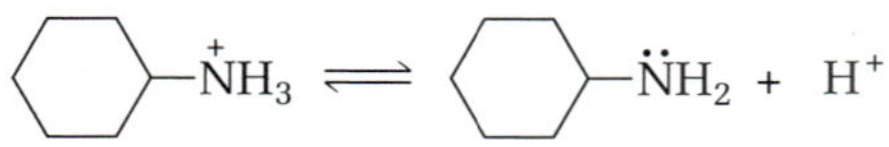

protoniertes Cyclohexylamin — Cyclohexylamin

Wir können nun das Phenol und das protonierte Anilin unserer Liste organischer Verbindungen, deren angenäherte pK_S-Werte man kennen sollte, hinzufügen (► Tabelle 31.1).

pK_S < 0	pK_S ≈ 5	pK_S ≈ 10	pK_S ≈ 15
$R\overset{+}{O}H_2$	$RCOOH$	$R\overset{+}{N}H_3$	ROH
$RC(=\overset{+}{O}H)OH$	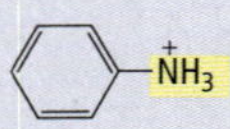	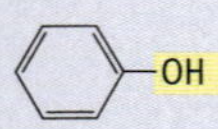	H_2O
H_3O^+			

Tabelle 31.1: **Angenäherte pK_S-Werte.**

Der Effekt der Elektronendelokalisation auf das Produkt einer Reaktion

Thermodynamische vs. kinetische Kontrolle von chemischen Reaktionen

Die Diels-Alder-Reaktion

Substitutionsreaktionen der Halogenalkane

32

ÜBERBLICK

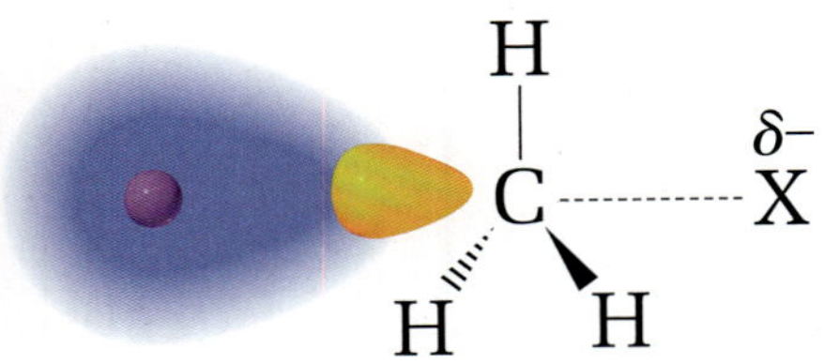

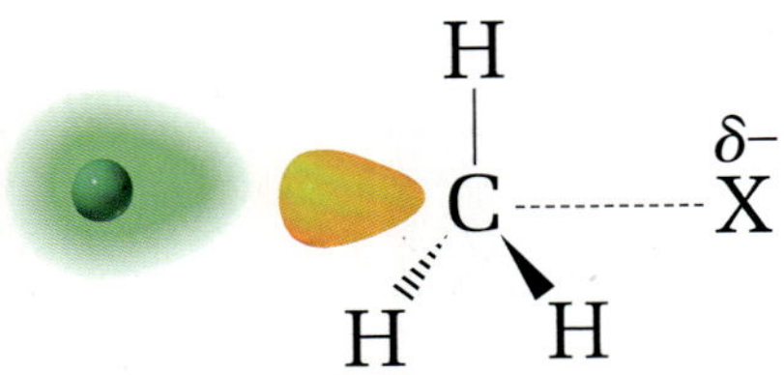

Organische Verbindungen, die ein stark elektronegatives Atom oder eine elektronenziehende Gruppe enthalten, die an ein sp^3-hybridisiertes Kohlenstoffatom gebunden sind, gehen Substitutions- oder/und Eliminierungsreaktionen ein.

Bei einer **Substitution** wird das elektronegative Atom oder die elektronenziehende Gruppe durch eine andere Gruppe oder ein anderes Atom ersetzt (substituiert). Bei einer **Eliminierung** wird das elektronegative Atom oder die elektronenziehende Gruppe aus dem Molekül entfernt (eliminiert); dies geschieht im Verbund mit einem Wasserstoffatom, das von einem benachbarten C-Atom abgespalten wird. Das Atom oder die Gruppe, die substituiert oder eliminiert wird, wird **Abgangsgruppe** genannt. Die Substitution wird genauer als **nucleophile Substitution** bezeichnet, weil das Atom oder die Gruppe, die die Abgangsgruppe ersetzt, ein Nucleophil ist.

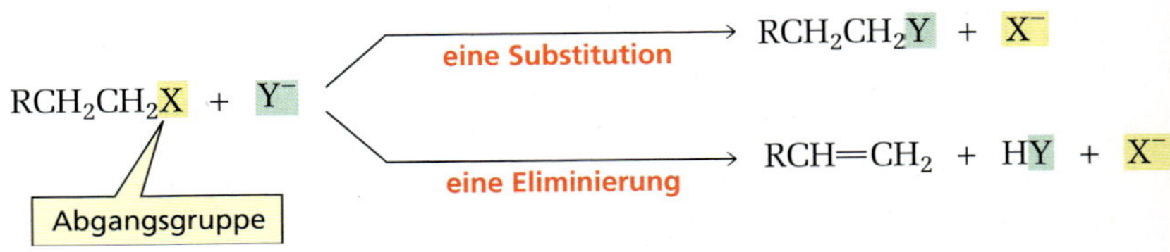

Dieses Kapitel legt sein Augenmerk auf die Substitutionsreaktionen der Halogenalkane – Verbindungen, in denen die Abgangsgruppe ein Halogenidion ist (F^-, Cl^-, Br^- oder I^-).

Halogenalkane

R—F	R—Cl	R—Br	R—I
Fluoralkan	**Chloralkan**	**Bromalkan**	**Iodalkan**

Die Halogenalkane sind eine gute Verbindungsklasse, um mit dem Studium der Substitutionen und Eliminierungen zu beginnen, da sie über relativ gute Abgangsgruppen verfügen; das heißt, dass die Halogenatome leicht in Form von Halogenidionen aus den Molekülen verdrängt werden können.

Substitutionen sind in der Organischen Chemie von Wichtigkeit, weil sie es ermöglichen, die leicht zugänglichen Halogenalkane in eine große Vielfalt anderer Verbindungen zu überführen. Substitutionen sind außerdem in den lebenden Zellen von Bedeutung.

32.1 Reaktionen der Halogenalkane

Die Atome des Fluors, des Chlors und des Broms sind sämtlich stärker elektronegativ als die des Kohlenstoffs. Wenn ein Kohlenstoffatom an ein Atom dieser Elemente gebunden ist, sind folglich die Elektronen der Bindung nicht gleichmäßig zwischen den Atomen verteilt. Da das stärker elektronegative Atom einen größeren Teil der Elektronenladung für sich beansprucht, kommt ihm eine negative Teilladung (Partialladung, δ^-) zu, während das Kohlenstoffatom, an das es gebunden ist, eine positive Partialladung (δ^+) trägt.

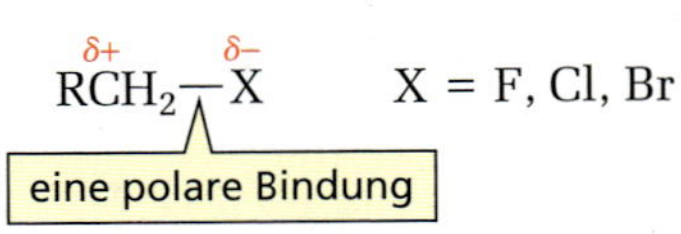

Es ist diese polare Kohlenstoff–Halogen-Bindung, die Halogenalkane veranlasst, Substitutions- und Eliminierungsreaktionen einzugehen. Man unterscheidet zwei wichtige Mechanismen der nucleophilen Substitution:

1. Ein Nucleophil wird von dem partiell positiv geladenen (dem positiv polarisierten) Kohlenstoffatom (einem Elektrophil) angezogen. In dem Maß, in dem sich das Nucleophil dem C-Atom nähert und dabei eine neue chemische Bindung

ausbildet, spaltet sich die Kohlenstoff–Halogen-Bindung heterolytisch auf (das Halogenatom nimmt beide Bindungselektronen mit).

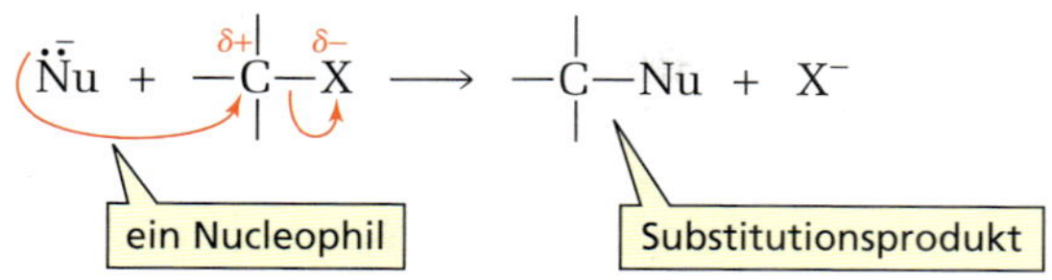

2 Die Kohlenstoff–Halogen-Bindung spaltet sich heterolytisch ohne die Unterstützung eines Nucleophils; dabei wird ein Carbokation gebildet. Das Carbokation – ein Elektrophil – reagiert dann mit dem Nucleophil unter Bildung eines substituierten Reaktionsproduktes.

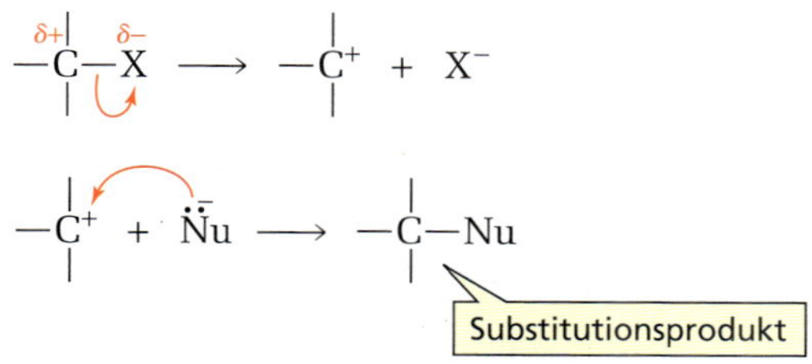

Der in einer Reaktion vorherrschende Mechanismus hängt von den folgenden Faktoren ab:

- der Struktur des Halogenalkans
- der Reaktivität des Nucleophils
- der Konzentration des Nucleophils
- dem Lösungsmittel, in dem die Reaktion durchgeführt wird.

32.2 Der Mechanismus der S_N2-Reaktion

Vielleicht haben Sie sich bereits gefragt, wie eigentlich der Mechanismus einer chemischen Reaktion ermittelt wird. Man kann eine Menge über den Mechanismus einer chemischen Reaktion lernen, wenn man ihren **kinetischen Verlauf** untersucht – also die Faktoren, die die Reaktionsgeschwindigkeit beeinflussen.

Die Geschwindigkeit einer nucleophilen Substitution – zum Beispiel die Reaktion von Brommethan mit Hydroxidionen – hängt von den Konzentrationen beider Reaktionspartner ab. Wird die Konzentration des Brommethans im Reaktionsansatz verdoppelt, verdoppelt sich die Geschwindigkeit der Reaktion. Wird die Konzentration des Nucleophils (hier sind das die Hydroxidionen) verdoppelt, verdoppelt sich gleichfalls die Reaktionsgeschwindigkeit. Falls die Konzentrationen beider Reaktionsteilnehmer jeweils verdoppelt werden, vervierfacht sich die Reaktionsgeschwindigkeit.

$$\underset{\text{Brommethan}}{CH_3Br} + OH^- \longrightarrow \underset{\text{Methanol}}{CH_3OH} + Br^-$$

Wenn man die Beziehung zwischen der Geschwindigkeit einer Reaktion und den Konzentrationen der reagierenden Stoffe kennt, kann man ein **Geschwindigkeitsgesetz** für die betreffende Reaktion formulieren. Da die Geschwindigkeit der Reaktion von Brommethan mit Hydroxidionen von den Konzentrationen beider Reaktionspartner abhängig ist, lautet das Geschwindigkeitsgesetz für diese Reaktion

Geschwindigkeit ~ [Halogenalkan][Nucleophil]

Das Proportionalitätssymbol kann durch ein Gleichheitszeichen *und* eine Proportionalitätskonstante ersetzt werden. Die Proportionalitätskonstante (k) wird

> **BIOGRAPHIE**
>
> **Edward Davis Hughes (1906–1963)** wurde in Nordwales (GB) geboren und erhielt einen Doktorgrad in Philosophie und einen in den Naturwissenschaften von der Universität London, wo er unter Christopher Ingold arbeitete. Er war später selbst Professor für Chemie am *University College* der Universität London.

BIOGRAPHIE

Sir Christopher Ingold (1893–1970) wurde in Ilford (GB) geboren. Außer der Ermittlung des Mechanismus von S_N2-Reaktionen war er an der Entwicklung des Nomenklatursystems für Enantiomere und (siehe Kapitel 5) an der Entwicklung der Theorie der Mesomerie beteiligt.

A 1 Wie verändert sich die Geschwindigkeit der Reaktion, wenn die Konzentration des Brommethans von 1,00 M zu 0,05 M verändert wird?

MERKE !

Eine S_N2-Reaktion ist eine konzertierte Reaktion.

die **Geschwindigkeitskonstante** der Reaktion genannt. Die Größe der Geschwindigkeitskonstante einer bestimmten Reaktion gibt an, wie schwierig (oder leicht) es für die reagierenden Teilchen ist, die Energieschwelle der Reaktion zu überwinden – wie schwierig (oder leicht) es also ist, den Übergangszustand zu erreichen. Je größer die Geschwindigkeitskonstante, desto niedriger ist die Energieschwelle und dementsprechend einfacher ist es für die Ausgangssubstanzen, den Übergangszustand zu erreichen (► Abbildung 32.3).

$$\text{Geschwindigkeit} = \underbrace{k}_{\text{Geschwindigkeitskonstante}} [\text{Halogenalkan}][\text{Nucleophil}]$$

Wir erinnern uns: Die eckigen Klammern bedeuten „Konzentration von …"; man liest in der chemischen Literatur anstelle eckiger Klammern gleichbedeutend auch „$c_{(\ldots)}$"; es gilt also:

$$k\,[\text{Halogenalkan}]\,[\text{Nucleophil}] \equiv k \cdot c_{(\text{Halogenalkan})} \cdot c_{(\text{Nucleophil})}.$$

Da die Geschwindigkeit dieser Reaktion von den Konzentrationen zweier Reaktionsteilnehmer abhängt, spricht man von einer **Reaktion 2. Ordnung**.

Das Geschwindigkeitsgesetz sagt uns, welche Moleküle an dem Übergangszustand des geschwindigkeitsbestimmenden Schrittes der Reaktion beteiligt sind. Aus dem Geschwindigkeitsgesetz der Reaktion von Brommethan mit Hydroxidionen können wir beispielsweise ableiten, dass *sowohl* Brommethan wie auch die Hydroxidionen an dem die Gesamtgeschwindigkeit bestimmenden Übergangszustand beteiligt sind.

Die Reaktion von Brommethan mit Hydroxidionen ist ein Beispiel für eine **S_N2-Reaktion**. Das „S" darin steht für Substitution, das „N" für nucleophil(e) und die „2" für bimolekular / 2. Ordnung. **Bimolekular** besagt, dass an dem Übergangszustand des geschwindigkeitsbestimmenden Schrittes zwei Moleküle beteiligt sind. Im Jahr 1937 schlugen die englischen Forscher Edward Hughes und Christopher Ingold einen Mechanismus für die S_N2-Reaktionen vor. Erinnern Sie sich daran, dass ein Reaktionsmechanismus ein theoretisches Modell für den schrittweisen Ablauf einer chemischen Reaktion ist, also für die Teilschritte, durch die die Ausgangsstoffe in die Reaktionsprodukte überführt werden. Es ist ein theoretisches Konstrukt, das mit den experimentell ermittelten Fakten über die Reaktion in Einklang stehen muss. Hughes und Ingold gründeten ihren Mechanismus der S_N2-Reaktion auf die folgenden drei entscheidenden experimentellen Befunde:

1 Die Geschwindigkeit der Reaktion hängt von der Konzentration des Halogenalkans *und* der Konzentration des Nucleophils ab. Das bedeutet, dass beide Reaktionsteilnehmer an dem Übergangszustand des geschwindigkeitsbestimmenden Schrittes beteiligt sind.

2 Wenn die Wasserstoffatome des Brommethans nacheinander durch Methylgruppen ersetzt werden, nimmt die Reaktionsgeschwindigkeit gegenüber einem gegebenen Nucleophil immer mehr ab (► Tabelle 32.1).

3 Die Reaktion eines Halogenalkans, bei welchem das Halogenatom an ein Chiralitätszentrum gebunden ist, führt zur Bildung von nur einem Stereoisomer als Reaktionsprodukt, und die Konfiguration am Chiralitätszentrum der Produktmoleküle ist der Konfiguration des eingesetzten Halogenalkans gerade entgegengesetzt.

Hughes und Ingold schlugen vor, dass die S_N2-Reaktion eine *konzertierte* Reaktion ist (sich also in einem einzigen Reaktionsschritt vollzieht), so dass keine Zwischenstufen (Intermediate) gebildet werden. Das Nucleophil greift das Kohlenstoff, das die Abgangsgruppe trägt, an und verdrängt dabei die Abgangsgruppe.

$$R{-}Br + Cl^- \xrightarrow{S_N2} R{-}Cl + Br^-$$

Halogenalkan	Klasse des Halogenalkans	Relative Geschwindigkeit
$CH_3{-}Br$	methyl	1200
$CH_3CH_2{-}Br$	primär	40
$CH_3CH_2CH_2{-}Br$	primär	16
$CH_3CH(CH_3){-}Br$	sekundär	1
$(CH_3)_3C{-}Br$	tertiär	unmessbar langsam

Tabelle 32.1: **Relative Geschwindigkeiten der S_N2-Reaktionen verschiedener Halogenalkane.**

Mechanismus der S_N2-Reaktion eines Halogenalkans

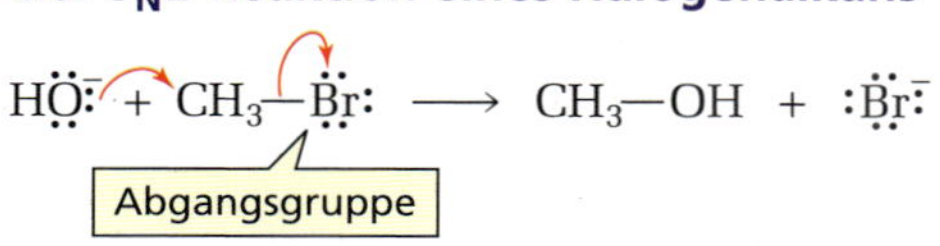

Ein produktiver Zusammenstoß (von Teilchen) ist einer, der zur Bildung eines Reaktionsproduktes führt. Ein produktiver Zusammenstoß im Verlauf einer S_N2-Reaktion erfordert es, dass das Nucleophil das reagierende Kohlenstoffatom von der Seite trifft, die der Seite, auf der die Abgangsgruppe gebunden ist, gegenüberliegt. Man spricht in diesem Zusammenhang daher von einem **Rückseitenangriff** auf das Kohlenstoffatom. Warum muss das Nucleophil von der Rückseite her angreifen? Die einfachste Antwort ist, dass die Abgangsgruppe der Annäherung des angreifenden Teilchens im Wege steht, falls dieses von der Vorderseite her angreift.

MERKE !

Ein Nucleophil greift die Rückseite des Kohlenstoffatoms an, an welches die Abgangsgruppe gebunden ist.

Wie trägt nun der Mechanismus von Hughes und Ingold den drei Teilaspekten der experimentellen Beweislage Rechnung? Der von ihnen vorgeschlagene Mechanismus zeigt, dass das Halogenalkan und das Nucleophil im Übergangszustand einer einschrittigen Reaktion zusammenkommen. Die Erhöhung der Konzentration jedes der Reaktionsteilnehmer macht einen molekularen Zusammenstoß mit der richtigen Orientierung wahrscheinlicher, indem sie die Stoßrate der Teilchen erhöht. Die Reaktion folgt mechanistisch einer Kinetik 2. Ordnung – genauso, wie es im Experiment beobachtet wird.

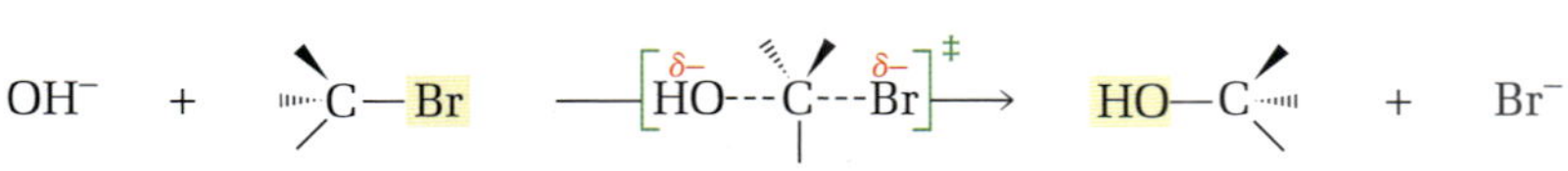

Übergangszustand

Da das Nucleophil die Rückseite des an das Halogenatom gebundenen C-Atoms angreift, behindern raumgreifende Substituenten, die an dieses C-Atom gebunden sind, den Zugang des Nucleophils zum C-Atom und werden demgemäß die Reaktionsgeschwindigkeit herabsetzen (▶ Abbildung 32.1). Dies erklärt, warum der Austausch von Wasserstoffatomen gegen Methylgruppen die Reaktionsgeschwindigkeit des Brommethans mit zunehmender Derivatisierung vermindert (▶ Tabelle 32.1).

Sterische Effekte sind solche Effekte, die von der Raumbeanspruchung der sie ausübenden Atome oder Gruppen ausgehen. Ein sterischer Effekt, der die Reaktivität des betreffenden Teilchens vermindert, wird als **sterische Hinde-**

MERKE !

Die sterische Hinderung führt dazu, dass sich Halogenmethane und primäre Halogenalkane in S_N2-Reaktionen am reaktivsten verhalten.

BIOGRAPHIE

Viktor Meyer (1848–1897) wurde in Deutschland geboren. Um zu verhindern, dass er Schauspieler wurde, überredeten ihn seine Eltern, ein Studium an der Universität Heidelberg zu beginnen, wo er 1867 im Alter von 18 Jahren promoviert wurde. Meyer war später Professor für Chemie an den Universitäten von Stuttgart und Heidelberg. Er prägte den Begriff „Stereochemie" für die Untersuchung der Molekülgestalten und war der Erste, der die Effekte der sterischen Hinderung auf eine chemische Reaktion beschrieb.

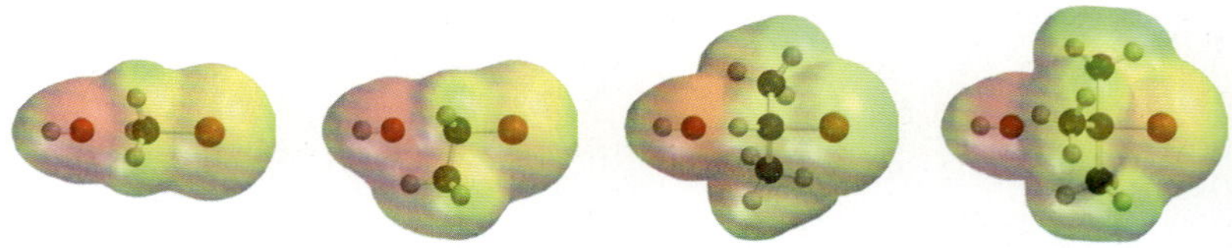

Abbildung 32.1: Die Annäherung eines OH-Ions an ein Halogenmethanmolekül, ein primäres Halogenalkanmolekül, ein sekundäres Halogenalkanmolekül und ein tertiäres Halogenalkanmolekül. Eine Vermehrung der Raum beanspruchenden Substituenten, welche an das zentrale C-Atom gebunden sind, verschlechtert die Zugänglichkeit der Molekülrückseite, wodurch die Geschwindigkeit der S_N2-Reaktion herabgesetzt wird.

rung bezeichnet. Eine sterische Hinderung tritt dann auf, wenn Gruppen an der regierenden Stelle des Teilchens „im Weg stehen". Die sterische Hinderung ist die zugrunde liegende Ursache der folgenden Reihenfolge relativer Reaktivitäten bei der S_N2-Reaktion, weil im Allgemeinen primäre Halogenalkane weniger sterischer Hinderung unterliegen als sekundäre, die wiederum weniger sterisch gehindert sind als tertiäre.

relative Reaktivitäten der Halogenalkane bei S_N2-Reaktionen

am reaktivsten → Halogenmethan > prim. Halogenalkan > sek. Halogenalkan > tert. Halogenalkan ← zu reaktionsträge, um eine S_N2-Reaktion einzugehen

MERKE !

Tertiäre Halogenalkane können keine S_N2-Reaktionen eingehen.

Die drei Alkylgruppen eines tertiären Halogenalkans machen es dem angreifenden Nucleophil unmöglich, sich auf Bindungslänge dem tertiären Kohlenstoffatom zu nähern, folglich sind tertiäre Halogenalkane unfähig, in S_N2-Reaktionen zu reagieren.

Das Reaktionskoordinatendiagramm für die S_N2-Reaktion von Brommethan (► Abbildung 32.2 a) und das für ein sekundäres Bromalkan (► Abbildung 32.2 b) lassen erkennen, dass die sterische Hinderung die potenzielle Energie des Übergangszustandes erhöht, was die Reaktion verlangsamt.

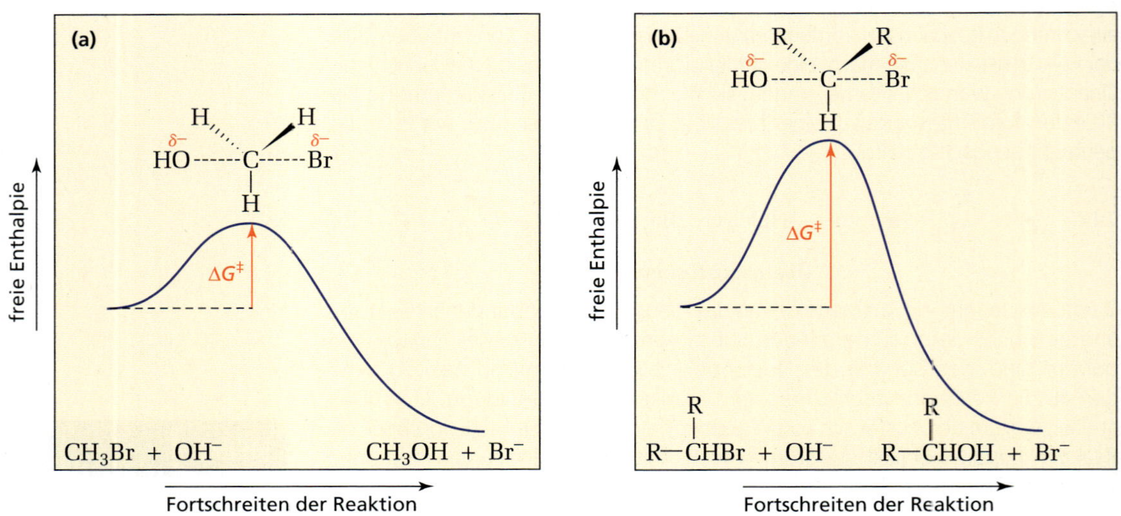

Abbildung 32.2: Reaktionskoordinatendiagramm für (a) die S_N2-Reaktion von Brommethan mit Hydroxidionen; (b) eine S_N2-Reaktion eines sterisch gehinderten sekundären Halogenalkans mit Hydroxidionen.

Die Geschwindigkeit einer S_N2-Reaktion hängt nicht nur von der Zahl der Alkylgruppen ab, die an das Kohlenstoffatom gebunden sind, auf welches der nucleophile Angriff erfolgt, sondern auch von der Größe der Alkylgruppe. Beispielsweise sind sowohl Brommethan als auch 1-Brompropan primäre Halogenalkane, doch verhält sich das Brommethan in der S_N2-Reaktion mehr als doppelt so reaktiv (► Tabelle 32.1), weil die mehr Raum beanspruchende Gruppe des 1-Brompropans beim Angriff des Nucleophils ein größeres Maß an sterischer Hinderung auf die Rückseite bewirkt. Und auch 1-Brom-2,2-dimethylpropan verhält sich in S_N2-Reaktionen sehr reaktionsträge und reagiert sehr langsam, obwohl es sich um ein primäres Halogenalkan handelt, denn seine einzelne Alkylgruppierung ist sehr ausladend.

1-Brom-2,2-dimethylpropan

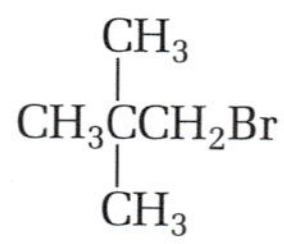

Hinsichtlich des dritten Punktes der dem Mechanismus von Hughes und Ingold zugrunde liegenden Experimentalbefunde zeigt uns ► Abbildung 32.3, dass sich bei der Annäherung des Nucleophils an die Rückseite des halogenbindenden C-Atoms des Brommethanmoleküls die C—H-Bindungen von dem Nucleophil und seinen „angreifenden Elektronen" entfernen. Wenn der Übergangszustand schließlich erreicht ist, liegen die C—H-Bindungen dieses C-Atoms alle in einer Ebene; das C-Atom selbst befindet sich in einem fünfbindigen Zustand (voll ausgebildete Bindungen zu drei, teilweise ausgebildete Bindungen zu zwei weiteren Atomen) statt in dem gewohnten vierbindigen. Es besitzt in diesem Moment eine trigonal-bipyramidale Struktur anstelle der normalen tetraedrischen. In dem Maß, in dem das Nucleophil sich dem C-Atom annähert und sich das Bromatom weiter von diesem entfernt, verschieben sich die C—H-Bindungen weiter in die Richtung des austretenden Bromatoms. Schließlich wird die chemische Bindung zwischen dem (angegriffenen) C-Atom und dem (angreifenden) Nucleophil vollständig ausgebildet; gleichzeitig wird die Bindung zwischen dem Kohlenstoff- und dem Bromatom vollständig aufgelöst – das Kohlenstoffatom ist wieder vierbindig und nimmt die bekannte tetraedrische Bindungsstruktur ein.

Das Kohlenstoffatom, an dem sich die Substitution vollzieht, wechselt im Verlauf der Reaktion seine Konfiguration, gerade so wie ein Regenschirm, der durch einen Windstoß umgestülpt wird. Diese **Konfigurationsumkehr** wird nach ihrem Entdecker auch *Walden'sche Umkehr* oder Walden'sche Inversion genannt. Paul Walden war der Forscher, der als Erster entdeckte, dass die Konfiguration einer chemischen Verbindung im Verlauf einer S_N2-Reaktion umgekehrt (invertiert) wird.

Da eine S_N2-Reaktion unter Inversion der Konfiguration am reagierenden C-Atom verläuft, wird nur ein Reaktionsprodukt gebildet, wenn ein Halogenalkan zur Reaktion gebracht wird, dessen Halogenatom an ein asymmetrisch substituiertes Kohlenstoffatom gebunden ist. Die Konfiguration des Produktmoleküls ist an dem betreffenden C-Atom im Verhältnis zur Ausgangsverbindung gerade

EXTRAS ONLINE: Faktoren, die die S_N2-Reaktion beeinflussen

EXTRAS ONLINE: Die Reversibilität der S_N2-Reaktion

BIOGRAPHIE

Paul Walden (1863–1957) wurde in Cesis (Litauen) als Sohn eines Bauern geboren. Seine Eltern starben, als er noch ein Kind war. Er finanzierte seine Studien an den Universitäten von Riga und St. Petersburg, indem er als Tutor Unterricht erteilte. Walden erhielt seinen Doktorgrad von der Universität Leipzig und kehrte später in seine litauische Heimat zurück, um eine Professur für Chemie an der Universität Riga anzutreten. Nach der russischen Revolution 1917 ging er nach Deutschland zurück, wo er Professor an den Universitäten in Rostock und später Tübingen war.

MERKE !

Um das konfigurativ invertierte Produkt einer S_N2-Reaktion darzustellen, zeichnet man das Spiegelbild des Ausgangsmoleküls und ersetzt das Halogenatom darin durch das in die Reaktion eingesetzte Nucleophil.

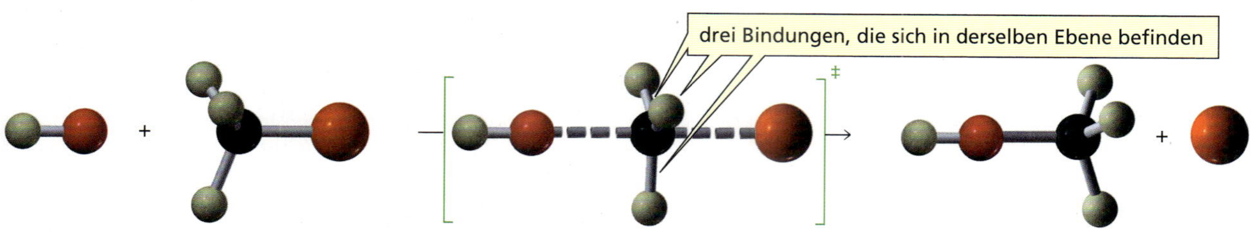

Abbildung 32.3: Eine S_N2-Reaktion zwischen einem Hydroxidion und einem Brommethanmolekül.

spiegelbildlich umgekehrt. Das Substitutionsprodukt von (*R*)-2-Brombutan mit Hydroxidionen ist etwa (*S*)-Butan-2-ol. Der von Ingold und Hughes vorgeschlagene Mechanismus der Reaktion trägt der experimentell beobachteten Konfiguration der Reaktionsprodukte Rechnung.

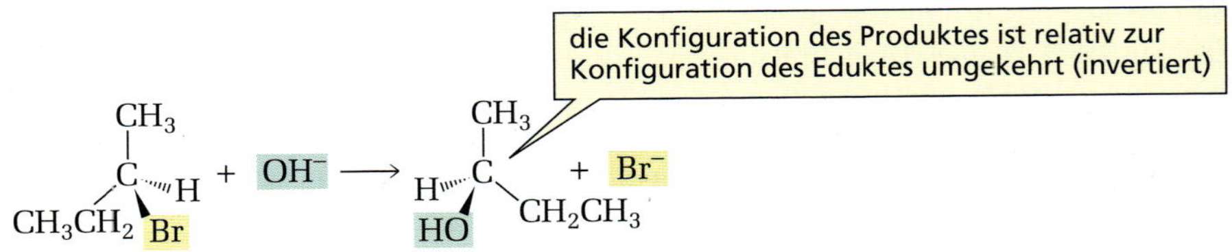

(*R*)-2-Brombutan **(*S*)-Butan-2-ol**

32.3 Der Mechanismus der S_N1-Reaktion

Mit unserem gegenwärtigen Verständnis von S_N2-Reaktionen würden wir erwarten, dass die Geschwindigkeit der Reaktion von 2-Brom-2-methylpropan mit Wasser sehr niedrig sein wird, da Wasser ein schlechtes Nucleophil ist und das 2-Brom-2-methylpropanmolekül vor dem Angriff durch ein Nucleophil durch sterische Hinderung geschützt ist. Man findet jedoch, dass diese Reaktion überraschend schnell verläuft. Sie verläuft tatsächlich über eine Million mal schneller als die Reaktion von Brommethan (einer Verbindung ohne sterische Hinderung) mit Wasser (Tabelle 32.2). Es ist klar ersichtlich, dass diese Reaktion nach einem anderen Mechanismus als die S_N2-Reaktion ablaufen muss.

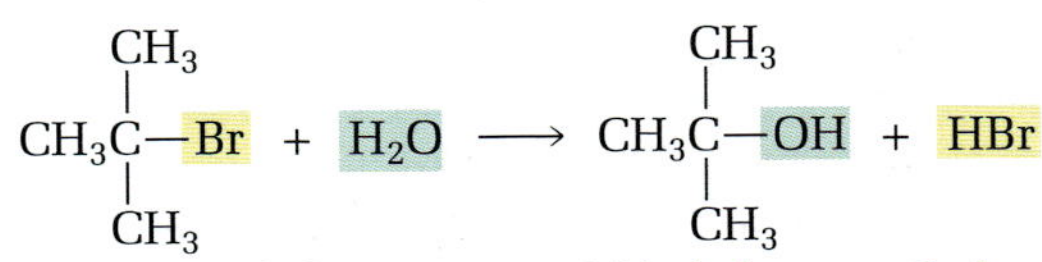

2-Brom-2-methylpropan **2-Methyl-propan-2-ol**

Wir haben gesehen, dass wir zur Ermittlung des mechanistischen Verlaufs einer chemischen Reaktion herausfinden müssen, welche Faktoren die Geschwindigkeit der Reaktion beeinflussen. Außerdem müssen wir wissen, wie die Konfiguration des Reaktionsproduktes aussieht. Der Befund, dass die Verdoppelung der Konzentration der Halogenalkane die Reaktionsgeschwindigkeit verdoppelt, die Änderung der Konzentration des Nucleophils aber ohne Effekt auf die Reaktionsgeschwindigkeit ist, führt uns auf das folgende Geschwindigkeitsgesetz:

$$\text{Geschwindigkeit} = k\,[\text{Halogenalkan}]$$

Die Geschwindigkeit der Reaktion hängt nur von der Konzentration eines der reagierenden Stoffe (Edukte) ab. Es handelt sich also um eine **Reaktion 1. Ordnung**.

Da das Geschwindigkeitsgesetz der Reaktion von 2-Brom-2-methylpropan mit Wasser von dem Geschwindigkeitsgesetz der Reaktion von Brommethan mit Hydroxidionen (siehe Abschnitt 32.2) verschieden ist, müssen die beiden Reaktionen nach verschiedenen Mechanismen ablaufen. Wir haben gesehen, dass die Reaktion zwischen 2-Brom-2-methylpropan und Wasser eine **S_N1-Reaktion** ist, wobei „S" wieder für Substitution und „N" für nucleophile(e) steht; die „1" steht für unimolekular. **Unimolekular** bedeutet, dass nur ein Molekül an dem Übergangszustand des geschwindigkeitsbestimmenden Schrittes beteiligt ist. Der Mechanismus einer S_N1-Reaktion fußt auf den folgenden experimentellen Befunden:

1 Das Geschwindigkeitsgesetz der Reaktion hängt nur von der Konzentration des Halogenalkans ab. Das bedeutet, dass an dem Übergangszustand des geschwindigkeitsbestimmenden Schrittes nur das Halogenalkan beteiligt ist.

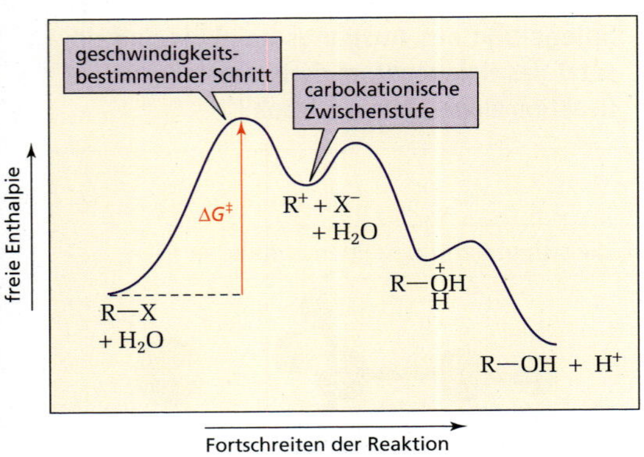

Abbildung 32.4: Ein Reaktionskoordinatendiagramm für eine S_N1-Reaktion.

2 Wenn die Methylgruppen des 2-Brom-2-methylpropans nacheinander durch Wasserstoffatome ersetzt werden, nimmt die Geschwindigkeit der S_N1-Reaktion fortschreitend ab (► Tabelle 32.2). Dies ist gerade das Gegenteil des Reaktivitätsmusters für Halogenalkane in S_N2-Reaktionen (► Tabelle 32.1).

3 Die Substitution an einem Halogenalkan, dessen Halogenatom an ein asymmetrisch substituiertes C-Atom gebunden ist, führt zur Bildung von zwei Stereoisomeren: Eines mit derselben relativen Konfiguration am Chiralitätszentrum wie das eingesetzte Halogenalkan und eines mit der inversen Konfiguration.

Anders als bei der S_N2-Reaktion, bei der die Abgangsgruppe das Molekül *zur gleichen Zeit* verlässt, zu der der Angriff des Nucleophils erfolgt, verlässt bei einer S_N1-Reaktion die Abgangsgruppe das Molekül, bevor sich das Nucleophil annähert.

Mechanismus der S_N1-Reaktion eines Halogenalkans

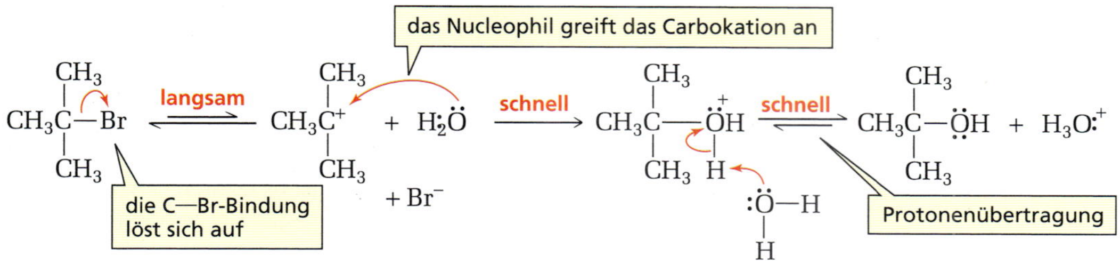

- Im ersten Schritt einer S_N1-Reaktion eines Halogenalkans löst sich die Kohlenstoff–Halogen-Bindung, wobei das Bindungselektronenpaar beim Halogen verbleibt. Als Folge bildet sich ein Carbokation.
- Im zweiten Schritt reagiert das Nucleophil rasch mit dem Carbokation unter Bildung eines protonierten Alkohols.
- Ob das alkoholische Reaktionsprodukt in der protonierten (sauren) oder in der neutralen (basischen) Form vorliegt, hängt vom pH-Wert der Lösung ab. Bei pH = 7 existiert der Alkohol vorwiegend in der neutralen Form.

MERKE !

Eine S_N1-Reaktion ist eine Zweischrittreaktion.

Da die Geschwindigkeit einer S_N1-Reaktion nur von der Konzentration des Halogenalkans abhängt, muss der erste Schritt der langsamste (geschwindigkeitsbestimmende) sein. Das Nucleophil ist am geschwindigkeitsbestimmenden Reaktionsschritt nicht beteiligt, so dass seine Konzentration keinen Einfluss auf die Geschwindigkeit der Reaktion hat.

Die relative Reaktivitätsrangfolge der Halogenalkane steht im Einklang mit der Beobachtung, dass die Geschwindigkeit einer S_N1-Reaktion abnimmt, wenn die Methylgruppen des 2-Brom-2-methylpropans sukzessive durch H-Atome ersetzt werden (► Tabelle 32.2).

MERKE !

Carbokationenstabilität: tertiär > sekundär > primär.

Primäre Halogenalkane und Halogenmethane können keine S_N1-Reaktion eingehen.

relative Reaktivitäten der Halogenalkane in S_N1-Reaktionen

am reaktivsten > tert. Halogenalkan > sek. Halogenalkan > prim. Halogenalkan < zu reaktionsträge, um eine S_N1-Reaktion einzugehen

> EXTRAS ONLINE Faktoren, die die S_N1-Reaktion beeinflussen

Bromalkan	Bromalkanklasse	Relative Geschwindigkeit
$CH_3\overset{CH_3}{\underset{CH_3}{C}}-Br$	tertiär	1.200.000
$CH_3\underset{CH_3}{CH}-Br$	sekundär	11,6
CH_3CH_2-Br	primär	1,00*
CH_3-Br	methyl	1,05*

* Obwohl die Geschwindigkeit der S_N1-Reaktion dieser Verbindung mit Wasser 0 beträgt, wird als Folge einer S_N2-Reaktion eine geringe Reaktionsgeschwindigkeit gemessen.

Tabelle 32.2: Relative Geschwindigkeiten von S_N1-Reaktionen verschiedener Bromalkane (Lösungsmittel ist Wasser, Nucleophil ist Wasser).

32.4 Die Rolle des Lösemittels bei S_N1-Reaktionen

Das Lösungsmittel, in dem eine nucleophile Substitution durchgeführt wird, hat ebenfalls Einfluss darauf, ob eine Reaktion primär nach dem S_N2 oder nach S_N1 Mechanismus abläuft. Als Verständnisgrundlage ist es erforderlich, die stabilisierende Wirkung eines Lösemittels auf eine organische Verbindung zu klären.

Die **Dielektrizitätskonstante** eines Lösungsmittels ist ein Maß dafür, wie gut die Moleküle des betreffenden Lösungsmittels imstande sind, entgegengesetzte elektrische Ladungen voneinander zu separieren. Lösungsmittelmoleküle isolieren eine elektrische Ladung, indem sie sich um eine Ladung (einen Ladungsträger, sprich ein Ion) dergestalt gruppieren, dass die positivpolarisierten Pole der Lösungsmittelmoleküle sich um ein negativ geladenes Teilchen des zu lösenden Stoffes anordnen, während sich die negativ polarisierten Teile anderer Lösungsmittelmoleküle in ähnlicher Weise um ein positiv geladenes Teilchen des zu lösenden Stoffes gruppieren. Bei den solvatisierten geladenen Teilchen ist die Ladung über einen größeren Raumbereich verteilt. Dies entspricht einem Zustand geringerer potenzieller Energie (Zustand höherer Stabilität).

Polare Lösungsmittel besitzen hohe Dielektrizitätskonstanten und somit sehr gute Isolatoreigenschaften für (solvatisierte) elektrische Ladungen. Unpolare

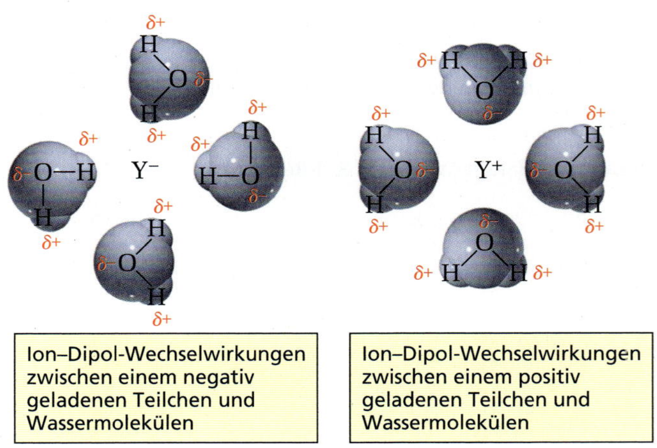

Abbildung 32.5: Hydration von Ionen.

Lösungsmittel	Struktur	Abkürzung	Dielektrizitätskonstante (ε, bei 25°C)	Siedepunkt (°C)
Protische Lösungsmittel				
Wasser	H_2O	—	79	100
Ameisensäure	$HCOOH$	—	59	100,6
Methanol	CH_3OH	MeOH	33	64,7
Ethanol	CH_3CH_2OH	EtOH	25	78,3
tert-Butanol	$(CH_3)_3COH$	*tert*-BuOH	11	82,3
Essigsäure	CH_3COOH	HOAc	6	117,9
Aprotische Lösungsmittel				
Aceton	$(CH_3)_2CO$	Me_2CO	21	56,3
Dichlormethan	CH_2Cl_2	—	9,1	40
Essigsäureethylester	$CH_3COOCH_2CH_3$	EtOAc	6	77,1
Diethylether	$CH_3CH_2OCH_2CH_3$	Et_2O	4,3	34,6
Benzol	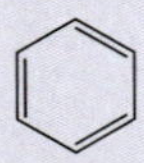	—	2,3	80,1
n-Hexan	$CH_3(CH_2)_4CH_3$	—	1,9	68,7

Tabelle 32.3: Dielektrizitätskonstanten einiger gebräuchlicher Lösungsmittel.

Lösungsmittel besitzen niedrige Dielektrizitätskonstanten. Die Dielektrizitätskonstanten einiger gebräuchlicher Lösemittel (Solventien) sind in ► Tabelle 32.3 zusammengefasst. Die Lösemittel sind unterteilt in protische und aprotische. Im Gegensatz zu den aprotischen Solventien können die protischen Lösemittel Wasserstoffbrückenbindungen ausbilden.

Die Stabilisierung elektrischer Ladungen durch Wechselwirkung mit dem Lösemittel spielt bei organischen Reaktionen eine bedeutsame Rolle. Wenn etwa ein Halogenalkan eine S_N1-Reaktion durchläuft, ist der erste Schritt der Reaktion die Dissoziation der Halogen–Kohlenstoff-Atombindung unter Bildung eines Carbokations und eines Halogenid(an)ions. Um die Bindung aufzulösen, ist Energie erforderlich, doch woher stammt diese Energie, wenn keine Bindungen gebildet werden? Falls die Reaktion in einem polaren Lösungsmittel durchgeführt wird, werden die gebildeten Ionen umgehend solvatisiert.

Der Energieumsatz, der mit einer einzelnen Ion–Dipol-Wechselwirkung einhergeht, ist klein, aber die additive Gesamtwirkung aller Ion–Dipol-Wechselwirkungen, die stattfinden, wenn ein Lösemittel ein geladenes Teilchen stabilisiert, liefern einen Großteil der Energie, die zur Bindungsspaltung notwendig ist. Eine S_N1-Reaktion kann in einem unpolaren Lösemittel sowie in der Gasphase nicht ablaufen, da die stabilisierenden Solvatationseffekte fehlen.

EXTRAS ONLINE: Wie ein Lösungsmittel die Reaktionsgeschwindigkeit im Allgemeinen beeinflusst

Eliminierungsreaktionen der Halogenalkane · Konkurrenz zwischen Substitution und Eliminierung

33

ÜBERBLICK

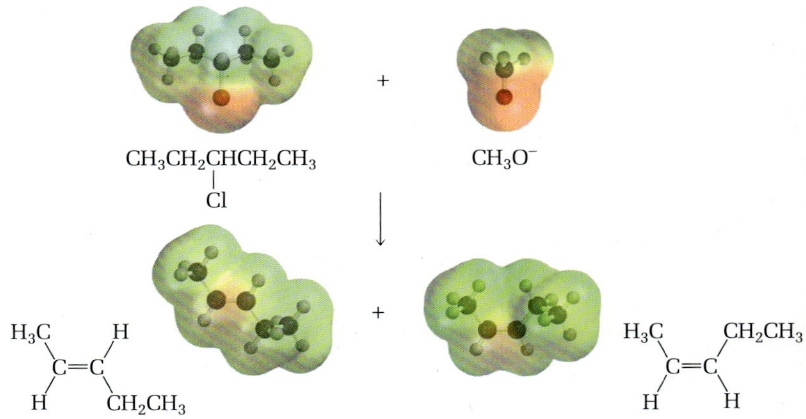

Zusätzlich zu den in Kapitel 32 beschriebenen nucleophilen Substitutionen können Halogenalkane auch Eliminierungsreaktionen eingehen. Bei einer **Eliminierung** werden Atome oder Gruppen aus dem Edukt ersatzlos entfernt. Zum Beispiel wird das Halogenatom (X) eines Halogenalkans von dem einen C-Atom und ein Wassertoffatom (H) von einem benachbarten C-Atom abgespalten. Zwischen den beiden Kohlenstoffatomen bildet sich eine Doppelbindung aus. Das Reaktionsprodukt einer Eliminierung an einem Halogenalkan ist somit ein Alken.

MERKE !

Das Produkt einer Eliminierung ist ein Alken.

$$CH_3CH_2CH_2X + Y^- \xrightarrow{\text{Substitution}} CH_3CH_2CH_2Y + X^-$$

$$CH_3CH_2CH_2X + Y^- \xrightarrow{\text{Eliminierung}} CH_3CH{=}CH_2 + HY + X^-$$

neue Doppelbindung

Wir werden zunächst die Mechanismen der Eliminierungsreaktionen bei Halogenalkanen betrachten. Danach werden wir die Faktoren diskutieren, die festlegen, ob ein Halogenalkan eine Substitution, eine Eliminierung oder sowohl eine Substitution wie eine Eliminierung eingeht.

33.1 Die E2-Reaktion

Die Reaktion von 2-Brom-2-methylpropan mit Hydroxidionen ist ein Beispiel für eine **E2-Reaktion**. „E" steht für *Eliminierung*, und die „2" für *bimolekular* (siehe Abschnitt 32.2).

$$CH_3{-}C(CH_3)(Br){-}CH_3 + OH^- \longrightarrow CH_2{=}C(CH_3){-}CH_3 + H_2O + Br^-$$

2-Brom-2-methylpropan → 2-Methylpropen

Die Geschwindigkeit einer E2-Reaktion hängt sowohl von der Konzentration des Halogenalkans wie der Hydroxidionen ab. Es handelt sich also um eine Reaktion 2. Ordnung.

$$\textbf{Geschwindigkeit} = k\ \textbf{[Halogenalkan] [Base]}$$

Das Geschwindigkeitsgesetz sagt uns, dass sowohl das Halogenalkan als auch die Hydroxidionen am Übergangszustand der Reaktion beteiligt sind. Der folgende Mechanismus – der die E2-Reaktion als eine konzertierte Einschrittreaktion darstellt – steht mit der Kinetik 2. Ordnung in Einklang.

Mechanismus der E2-Reaktion

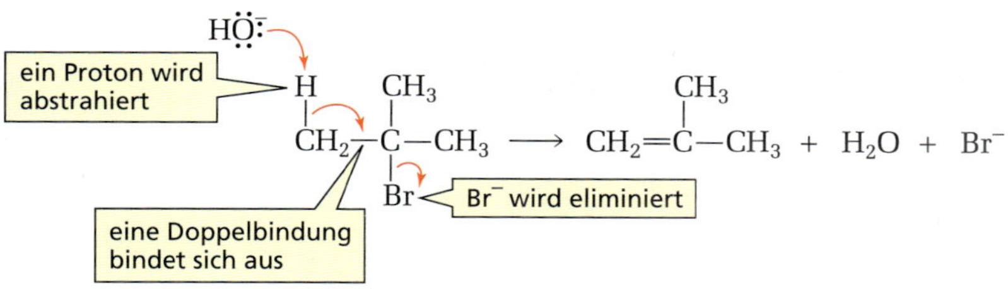

- Die Base abstrahiert ein Proton von einem Kohlenstoffatom, welches dem C-Atom benachbart ist, an das das Halogenatom gebunden ist. Dabei klappt das ursprüngliche Bindungselektronenpaar zum benachbarten C-Atom, welches das Halogenatom gebunden hält, um. Gleichzeitig wird das Halogen als Halogendion abgespalten.

Das Kohlenstoffatom, an welches das Halogenatom gebunden war, wird das α-Kohlenstoffatom genannt. Ein dem α-Kohlenstoffatom benachbartes C-Atom heißt β-Kohlenstoff(atom). Da die Eliminierung durch die Abstraktion eines Protons von einem β-Kohlenstoffatom eingeleitet wird, wird eine E2-Eliminierung manchmal auch als β-Eliminierung bezeichnet. Sie wird außerdem auch als **1,2-Eliminierung** bezeichnet, weil die Atome, die dem Molekül verloren gehen, an benachbarten – 1,2-ständigen – Kohlenstoffatomen gebunden sind.

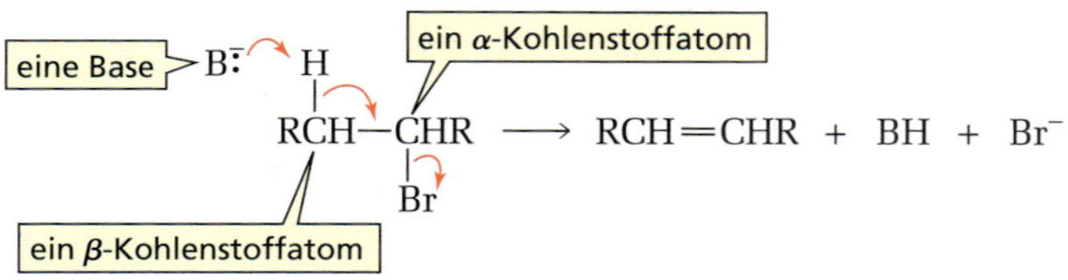

In einer Abfolge von Halogenalkanen mit den gleichen Alkylgruppen verhält sich das Iodalkan in E2-Reaktionen am reaktivsten und das Fluoralkan am wenigsten reaktiv, weil schwächere Basen die besseren Abgangsgruppen sind.

> **MERKE !**
>
> **Die schwächere Base ist die bessere Abgangsgruppe.**

relative Reaktivitäten der Halogenalkane in E2-Reaktionen

am reaktivsten → RI > RBr > RCl > RF ← am wenigsten reaktiv

33.2 Die E1-Reaktion

Die zweite Art der Eliminierung, die ein Halogenalkan durchlaufen kann, ist die E1-Reaktion. Die Reaktion von 2-Brom-2-methylpropan mit Wasser zur Bildung von 2-Methylpropen ist ein Beispiel für eine **E1-Reaktion**, also eine unimolekulare Eliminierung.

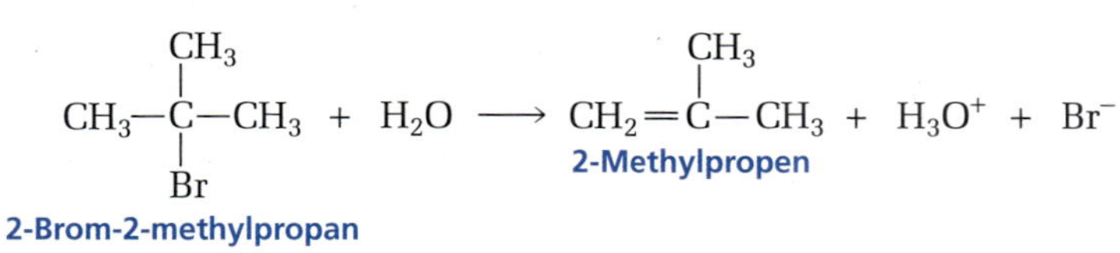

Eine E1-Reaktion ist eine Eliminierungsreaktion mit einer Kinetik 1. Ordnung, deren Geschwindigkeit nur von der Konzentration des Halogenalkans abhängt.

$$\textbf{Geschwindigkeit} = k\,[\textbf{Halogenalkan}]$$

Wir wissen daher bereits, dass nur das Halogenalkanmolekül am Übergangszustand der Reaktion beteiligt ist. Die E1-Reaktion muss daher mindestens zweischrittig sein. Der nachfolgende Reaktionsmechanismus ist im Einklang mit der Kinetik 1. Ordnung. Da der erste Schritt der geschwindigkeitsbestimmende ist, beeinflusst eine Erhöhung der Konzentration der Base – die nur am zweiten Reaktionsschritt beteiligt ist – die Reaktionsgeschwindigkeit nicht.

Mechanismus der E1-Reaktion

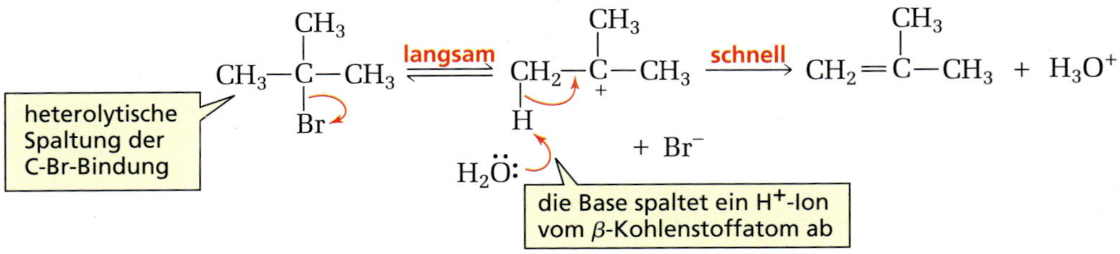

- Bildung eines Carbokations
- Abspaltung eines Protons vom β-C-Atom des Carbokations duch die Base

Die positive Ladung ist als Folge der Hyperkonjugation zwischen dem positiv geladenen C-Atom und dem ihm benachbarten teilweise aufgeteilt. Die Hyperkonjugation entzieht der C—H-Bindung also Elektronendichte, wodurch diese geschwächt wird (= stärker sauer wird).

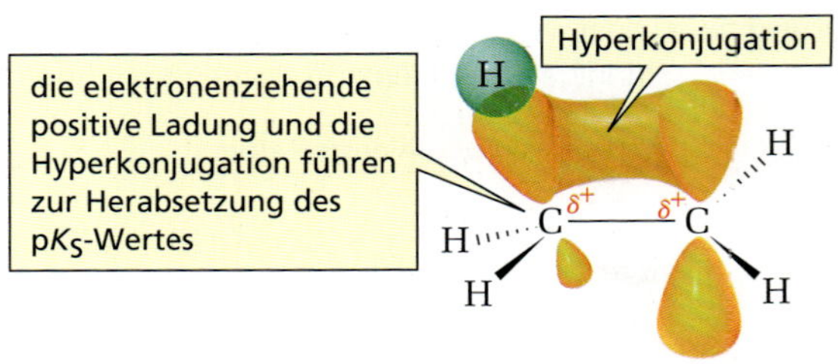

Falls mehr als ein Alken gebildet werden kann, verläuft die E1-Reaktion – ebenso wie die E2-Reaktion – regioselektiv. Das Hauptprodukt ist im Allgemeinen das höher substituierte Alken.

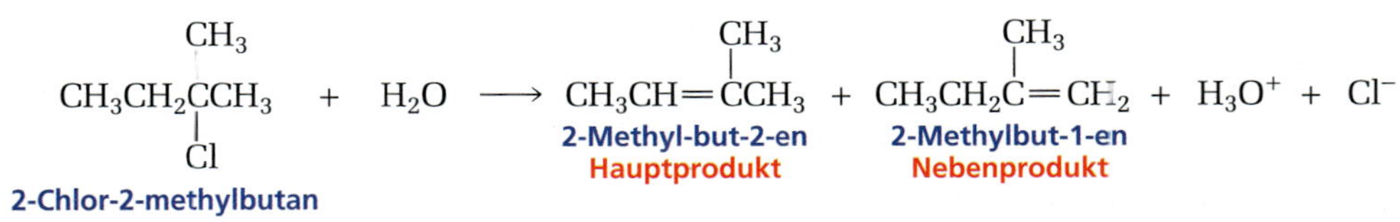

Das höher substituierte Alken ist in der vorausgegangenen Reaktion das stabilere und besitzt damit den stabileren Übergangszustand, der zu seiner Bildung führt (▶ Abbildung 33.1). Als Folge hiervon bildet sich das höher substituierte Alken rascher, so dass es zum Hauptprodukt wird. Das höher substituierte Alken wird durch Abstraktion des H-Atoms vom β-Kohlenstoffatom mit der geringeren Zahl von H-Atomen gebildet.

Da der erste Schritt der geschwindigkeitsbestimmende ist, hängt die Geschwindigkeit einer E1-Reaktion sowohl davon ab, wie leicht (oder schwer) sich das Carbokation bilden kann, als auch, wie bereitwillig die Abgangsgruppe abdissoziiert. Je stabiler das Carbokation ist, desto leichter wird es gebildet, weil stabilere Carbokationen stabilere Übergangszustände, die zu ihrer Bildung führen, besitzen. Aus diesem Grund verläuft die Reaktivitätsfolge von Halogenalkanen, die die gleiche Abgangsgruppe aufweisen, parallel zu der der Carbokationen. Ein tertiäres Benzylhalogenid ist das reaktivste Halogenalkan, weil ein tertiäres Benzylkation das stabilste Carbokation ist und sich aus diesem Grund auch am leichtesten bildet.

EXTRAS ONLINE Das Vorschlagen eines Reaktionsmechanismus

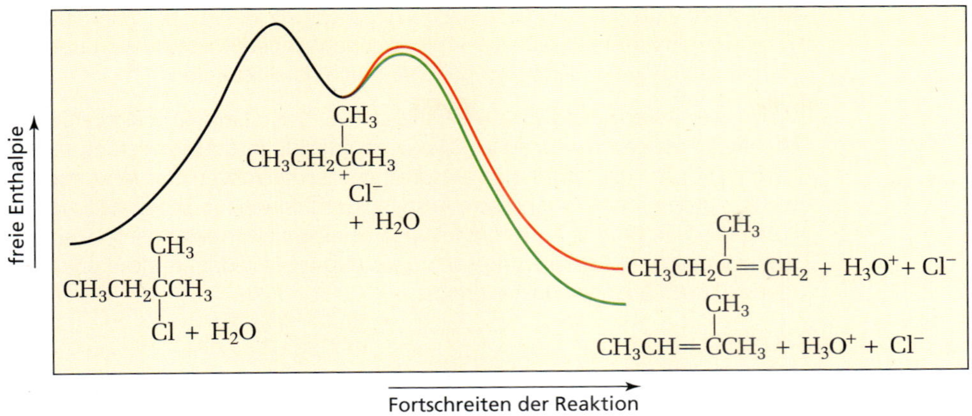

Abbildung 33.1: Ein Reaktionskoordinatendiagramm für die E1-Reaktion von 2-Chlor-2-methylbutan. Das Hauptprodukt ist das höher substituierte Alken, weil dessen größere Stabilität dazu führt, dass der Übergangszustand, der zu seiner Bildung führt, ebenfalls stabiler ist.

33.3 Substitution und Eliminierung in der Synthese

Wenn Substitutions- und/oder Eliminierungsreaktionen in der Synthese eingesetzt werden, muss dafür Sorge getragen werden, dass Edukte und Reaktionsbedingungen so gewählt werden, dass die Ausbeute der gewünschten Zielverbindung nach Möglichkeit maximiert wird.

Die nucleophile Substitution an Halogenalkanen kann zur Herstellung einer großen Vielfalt organischer Verbindungen genutzt werden. Beispielsweise werden Ether über eine Reaktion hergestellt, bei der Halogenalkane mit Alkoxidionen (Alkoholationen) umgesetzt werden. Diese von Alexander Williamson um 1850 entdeckte Reaktion gilt bis heute als eine der besten Methoden zur Synthese von Ethern.

Ethersynthese nach Williamson

$$\underset{\text{Halogenalkan}}{R{-}Br} + \underset{\text{Alkoxidion}}{R{-}O^-} \longrightarrow \underset{\text{Ether}}{R{-}O{-}R} + \underset{\text{Halogenidion}}{Br^-}$$

Das für die **Ethersynthese nach Williamson** eingesetzte Alkoxidion RO^- wird durch metallisches Natrium oder Natriumhydrid (NaH) erzeugt, mit dem der Alkohol umgesetzt wird. Bei der Redoxreaktion wird dem Alkohol ein Proton entzogen.

$$ROH + Na \longrightarrow RO^- + Na^+ + \tfrac{1}{2}H_2$$

$$ROH + NaH \longrightarrow RO^- + Na^+ + H_2$$

Die Ethersynthese nach Williamson ist eine nucleophile Substitution. Sie erfordert eine hohe Konzentration eines guten Nucleophils. Dies deutet auf einen Verlauf nach S_N2 hin. Falls man einen Ether wie beispielsweise Butylpropylether zu synthetisieren wünschte, stünden verschiedene Ausgangsverbindungen zur Auswahl: Man könnte ein Halogenpropan mit Butoxidionen umsetzen oder ein Halogenbutan mit Propoxidionen.

$$\underset{\text{Brompropan}}{CH_3CH_2CH_2Br} + \underset{\text{Butanolation}}{CH_3CH_2CH_2CH_2O^-} \longrightarrow \underset{\text{Butylpropylether}}{CH_3CH_2CH_2OCH_2CH_2CH_2CH_3} + Br^-$$

$$\underset{\text{Brombutan}}{CH_3CH_2CH_2CH_2Br} + \underset{\text{Propoxidion}}{CH_3CH_2CH_2O^-} \longrightarrow \underset{\text{Butylpropylether}}{CH_3CH_2CH_2OCH_2CH_2CH_2CH_3} + Br^-$$

BIOGRAPHIE

Alexander Williamson (1824–1904) wurde als Sohn schottischer Eltern in London geboren. Als Kind verlor er einen Arm und die Sehfähigkeit eines Auges. Williamson begann mit dem Studium der Medizin, auf halbem Wege änderte er jedoch seine Meinung und wandte sich der Chemie zu. Er erhielt seinen Doktorgrad von der Universität Gießen im Jahr 1846. 1849 wurde er als Professor für Chemie an das *University College London* berufen.

Man sollte eine Ethersynthese nach Williamson so planen, dass der sterisch weniger gehinderte Alkylrest vom Halogenalkan bereitgestellt wird und die sterisch stärker gehinderte Komponente durch das Alkoxidion.

Will man ein Alken herstellen, sollte man das sterisch am stärksten gehinderte Halogenalkan einsetzen, das für diesen Zweck geeignet ist, um die Eliminierungsrate zu maximieren und die Substitution entsprechend zu minimieren. So wäre beispielsweise 2-Brompropan eine bessere Ausgangsverbindung für die Herstellung von Propen als 1-Brompropan, weil das sekundäre Halogenalkan eine höhere Ausbeute des gewünschten Eliminierungsproduktes und eine niedrigere des konkurrierenden Substitutionsproduktes ergibt.

Reaktionen der Alkohole

34

ÜBERBLICK

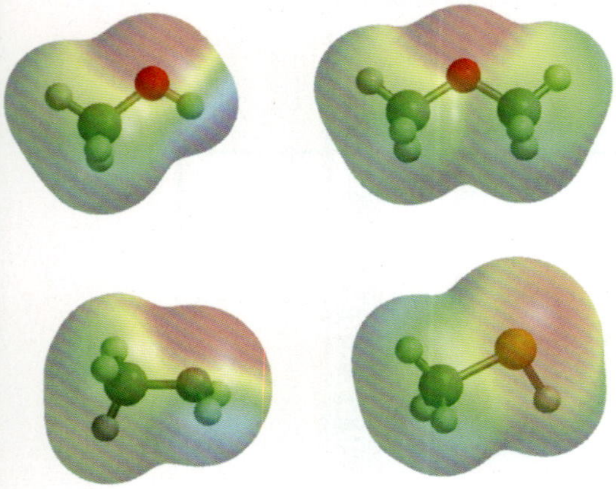

Wir haben gelernt, dass Halogenalkane aufgrund ihrer elektronenziehenden Halogenatome Substitutions- und Eliminierungsreaktionen eingehen (Kapitel 32 und 33). Verbindungen mit andersgearteten elektronenziehenden Gruppen können ebenfalls Substitutions- und Eliminierungsreaktionen eingehen. Die relative Reaktivität dieser Verbindungen hängt von den jeweiligen elektronenziehenden Gruppen ab.

Alkohole und Ether besitzen elektronenziehende Gruppen (OH^-, OR^-), die stärkere Basen sind als Halogenidionen (X^-). Weil sie stärkere Basen sind, sind sie schlechtere Abgangsgruppen und somit schwerer aus den Molekülen zu verdrängen. Folglich verhalten sich Alkohole und Ether bei Substitutionen und Eliminierungen weniger reaktiv als Halogenalkane. Wir haben bereits gelernt, dass Alkohole und Ether aufgrund ihrer stark basischen Abgangsgruppen zunächst aktiviert werden müssen, bevor sie eine Substitution oder Eliminierung eingehen können. Sulfonsäureester und Sulfoniumsalze verfügen im Gegensatz dazu über schwach basische Abgangsgruppen, so dass sie leicht Substitutionen eingehen.

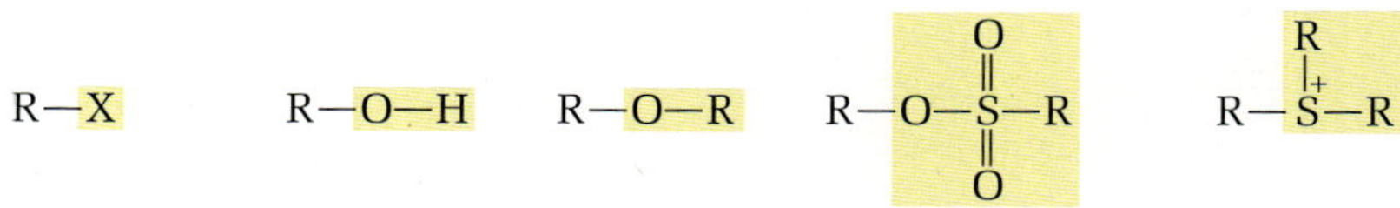

Halogenalkan **X = F, Cl, Br, I** | **Alkohol** | **Ether** | **Sulfonsäureester** | **Sulfoniumsalz**

34.1 Nucleophile Substitution an Alkoholen: Halogenalkanbildung

Ein **Alkohol** verfügt über eine stark basische Abgangsgruppe (OH^-), die nicht von einem Nucleophil verdrängt werden kann.

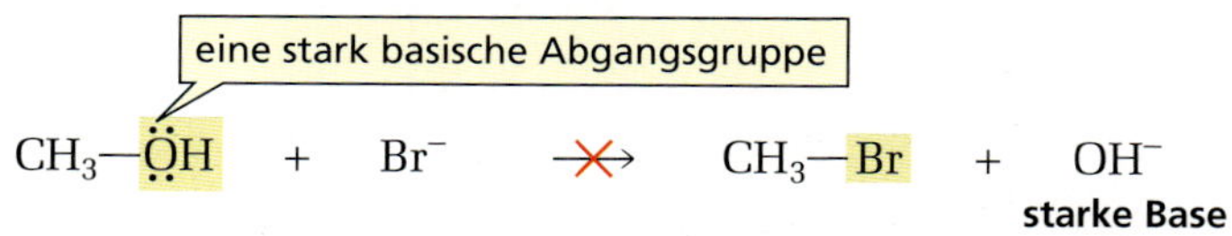

Falls jedoch die OH-Gruppe des Alkohols in eine Gruppierung überführt wird, die schwächer basisch reagiert (und daher eine bessere Abgangsgruppe darstellt), kann eine nucleophile Substitution stattfinden. Ein Weg, die OH-Gruppe in eine schwächere Base zu überführen, besteht darin, sie zu protonieren, indem man der Lösung Säure zusetzt. Die Substitution verläuft langsam und erfordert die Zufuhr von Wärmeenergie (außer im Fall tertiärer Alkohole), falls sie in einem vernünftigen Zeitraum ablaufen soll.

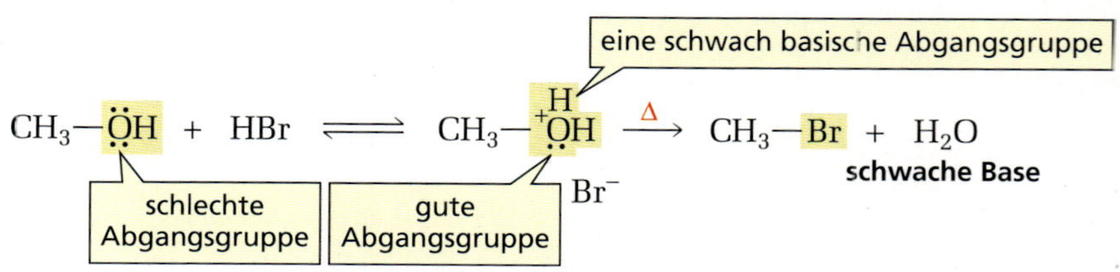

Da die OH-Gruppe des Alkohols protoniert werden muss, bevor sie durch ein Nucleophil verdrängt werden kann, können nur schwach basische Nucleophile (I^-, Br^-, Cl^-) für die Substitution eingesetzt werden. Mäßig basische und stark basische Nucleophile (NH_3, RNH_2, CH_3O^-) können nicht verwendet werden, weil sie in saurer Lösung ebenfalls der Protonierung unterliegen würden und nach einer Protonierung nicht länger nucleophil (NH_4^+, RNH_3^+) oder zu schwach nucleophil wären (CH_3OH).

Primäre, sekundäre und tertiäre Alkohole gehen sämtlich unter Bildung von Halogenalkanen nucleophile Substitutionen mit den Halogenwasserstoffsäuren HI, HBr und HCl ein.

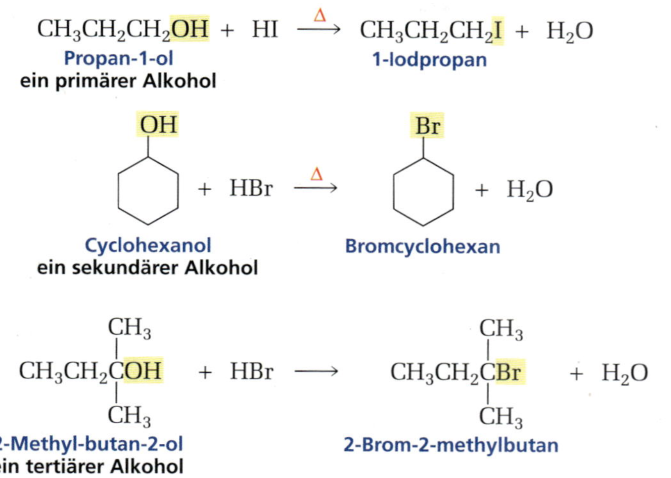

Der Mechanismus der Substitution hängt von der Struktur des Alkohols ab. Sekundäre und tertiäre Alkohole gehen S_N1-Reaktionen ein.

Mechanismus der S_N1-Reaktion der Alkohole

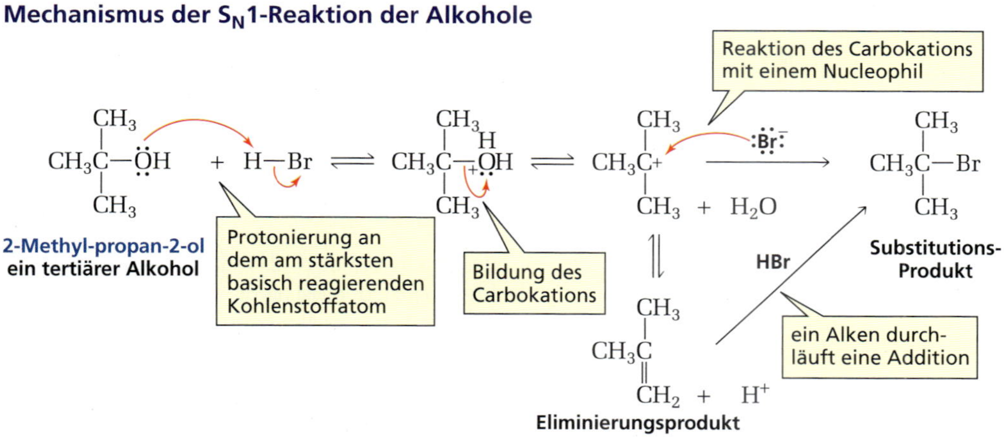

- Eine Säure reagiert mit einem organischen Molekül auf immer gleiche Weise: Sie protoniert das am stärksten basisch reagierende Atom des Moleküls.
- Schwach basisches Wasser ist die Abgangsgruppe; es bildet sich ein Carbokation.
- Dem Carbokation stehen zwei mögliche Wege offen: Es kann sich mit einem Nucleophil verbinden und ein Substitutionsprodukt bilden oder es kann ein Proton abspalten und ein Eliminierungsprodukt bilden.

Obwohl die Reaktion entweder in eine Substitution oder eine Eliminierung münden kann, erhält man in der Praxis nur das Substitutionsprodukt, weil jedes durch Eliminierung gebildete Alken sofort HBr addiert und so ein weiteres Substitutionsprodukt bildet.

Tertiäre Alkohole gehen mit Halogenwasserstoffen Substitutionen rascher ein als sekundäre, weil tertiäre Carbokationen sich leichter bilden als sekundäre. Rufen Sie sich ins Gedächtnis, dass Alkylgruppen Carbokationen durch Hyperkonjugation stabilisieren. Die Reaktion eines tertiären Alkohols mit einem Halogenwasserstoff läuft ohne Probleme bei Zimmertemperatur ab, wohingegen

A 1 Warum sind NH_3 und CH_3NH_2 nicht länger Nucleophile, wenn sie protoniert werden?

MERKE !

Sekundäre und tertiäre Alkohole gehen mit Halogenalkanen S_N1-Reaktionen ein.

MERKE !

Eine Säure protoniert das am stärksten basische Atom eines Moleküls.

> **MERKE !**
>
> **Stabilität von Carbokationen: tertiär > sekundär > primär**

die Reaktion eines sekundären Alkohols nur unter Zufuhr von Wärme mit der gleichen Geschwindigkeit vonstatten geht.

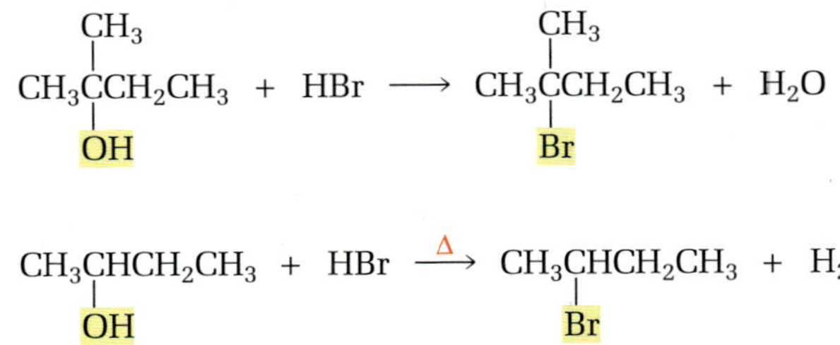

Primäre Alkohole gehen keine S_N1-Reaktionen ein, weil primäre Carbokationen zu instabil sind. Wenn daher ein primärer Alkohol mit einem Halogenwasserstoff reagiert, muss dies über den S_N2-Mechanismus erfolgen.

Mechanismus der S_N2-Reaktion der Alkohole

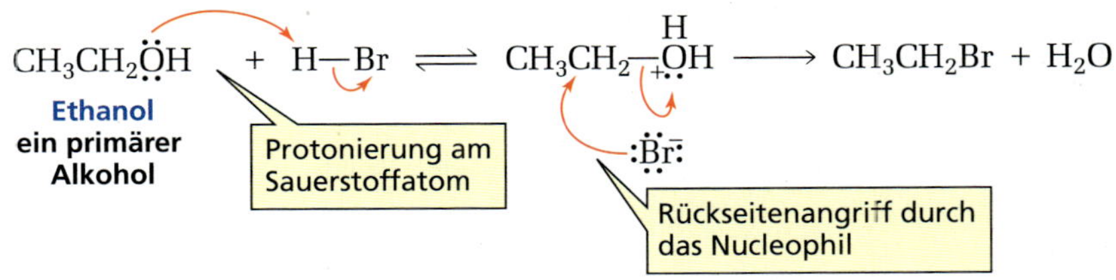

- Die Säure protoniert das am stärksten basisch reagierende Atom des Eduktes.
- Das Nucleophil greift die Rückseite des Kohlenstoffatoms an und verdrängt die Abgangsgruppe.

Man erhält nur ein Substitutionsprodukt. Es wird kein Eliminierungsprodukt gebildet, weil das Halogenidion – obschon es ein gutes Nucleophil ist – eine schwache Base ist, und eine E2-Reaktion eine starke Base erfordert, um ein Proton von einem der β-Kohlenstoffatome abzuspalten (siehe Abschnitt 33.1).

Wenn HCl anstelle von HBr oder HI verwendet wird, verläuft die S_N2-Reaktion langsamer, weil Cl^- ein schlechteres Nucleophil ist als Br^- oder I^-. Die Geschwindigkeit der Reaktion kann jedoch erhöht werden, wenn man Zink(II)-chlorid ($ZnCl_2$) als Katalysator zum Einsatz bringt.

$$CH_3CH_2CH_2OH + HCl \xrightarrow[\Delta]{ZnCl_2} CH_3CH_2CH_2Cl + H_2O$$

Zink(II)-chlorid ist eine Lewis-Base, die starke Komplexe mit den freien Elektronenpaaren von Sauerstoffatomen bildet. Diese Wechselwirkung schwächt die C—O-Bindung und erzeugt auf diese Weise eine bessere Abgangsgruppe.

34.2 Eliminierungsreaktionen von Alkoholen: Dehydratisierung

> **MERKE !**
>
> **Die Dehydratisierung ist eine säurekatalysierte Reaktion.**

Ein Alkohol kann eine Eliminierung durchlaufen, indem die OH-Gruppe und ein H-Atom von einem benachbarten C-Atom abgespalten wird. Das Endprodukt der Reaktion ist ein Alken. In der Summe handelt es sich um die Eliminierung eines Moleküls Wasser aus dem Alkoholmolekül **(Dehydratisierung)**. Die Dehydratisierung eines Alkohols verläuft unter Säurekatalyse und Wärmezufuhr. Schwefel- (H_2SO_4) und Phosphorsäure (H_3PO_4) sind die gebräuchlichsten Säuren, die für diesen Zweck katalytisch eingesetzt werden. Die Dehydratisierung ist eine säurekatalysierte Reaktion.

$$\underset{\substack{|\\ OH}}{CH_3CH_2CHCH_3} \xrightleftharpoons[\Delta]{H_2SO_4} CH_3CH{=}CHCH_3 + H_2O$$

Die Dehydratisierungen sekundärer und tertiärer Alkohole sind E1-Reaktionen.

Mechanismus der E1-Dehydratisierung von Alkoholen

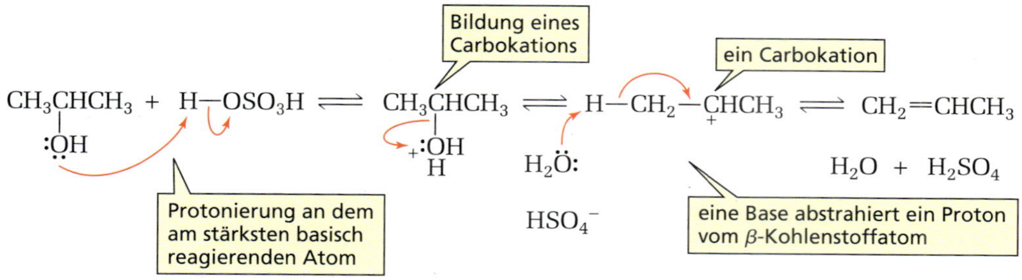

- Die Säure protoniert das am stärksten basisch reagierende Atom des Eduktes. Wie wir zuvor gesehen haben, überführt die Protonierung eine sehr schlechte Abgangsgruppe (OH^-) in eine gute Abgangsgruppe (H_2O).
- Wasser wird aus dem Molekül abgespalten; es entsteht ein Carbokation.
- Eine in der Reaktionsmischung vorliegende Base (Wasser ist hier die in höchster Konzentration vorliegende Base) abstrahiert ein Proton von einem der β-Kohlenstoffatome (ein dem positiv geladenen C-Atom benachbartes) unter Bildung eines Alkens. Dabei wird der saure Katalysator regeneriert. Man beachte, dass die Dehydratisierung eine E1-Reaktion eines protonierten Alkohols ist.

Wenn mehr als ein Eliminierungsprodukt gebildet werden kann, ist das Hauptprodukt das höher substituierte Alken – dasjenige, das man erhält, wenn man ein Proton von dem β-Kohlenstoffatom entfernt, das die wenigsten H-Atome gebunden hält.

> **MERKE !**
>
> **Sekundäre und tertiäre Alkohole unterziehen sich der Dehydratisierung über den E1-Reaktionsweg.**

Die Hydratisierung eines Alkens ist die Umkehrung der säurekatalysierten Dehydratisierung eines Alkohols.

$$\underset{\substack{|\\ OH}}{RCH_2CHR} + H^+ \underset{\text{Hydratisierung}}{\overset{\text{Dehydratisierung}}{\rightleftharpoons}} RCH{=}CHR + H_2O + H^+$$

Um zu verhindern, dass das während der Dehydratisierung gebildete Alken durch die Addition von Wasser wieder in den Alkohol übergeht, kann das Alken fortwährend abdestilliert werden, weil es einen wesentlich niedrigeren Siedepunkt aufweist als der Alkohol. Die Entfernung eines Reaktionsproduktes verschiebt das chemische Gleichgewicht auf die rechte Seite der Reaktionsgleichung (Prinzip von Le Châtelier) .

Der geschwindigkeitsbestimmende Schritt der Dehydratisierung eines sekundären oder tertiären Alkohols ist die Bildung des intermediären Carbokations. Tertiäre Alkohole dehydratisieren am leichtesten, weil tertiäre Carbokationen stabiler sind und sich daher leichter bilden als sekundäre und primäre. Um eine Dehydratisierung einzugehen, müssen tertiäre Alkohole in 5 % H_2SO_4 auf ca. 50 °C erwärmt werden, sekundäre müssen bereits in 75 % H_2SO_4 auf etwa 100 °C erhitzt werden, und primäre gehen nur unter drastischen Bedingungen eine Dehydratisierung ein (170 °C in 95 % H_2SO_4). Der Reaktionsmechanismus ist in diesem Fall ebenfalls ein anderer, weil primäre Carbokationen zu instabil sind, um sich bilden zu können.

Die Dehydratisierung sekundärer und tertiärer Alkohole beinhaltet die Bildung eines Carbokations als Zwischenstufe; man muss also die Struktur des Carboka-

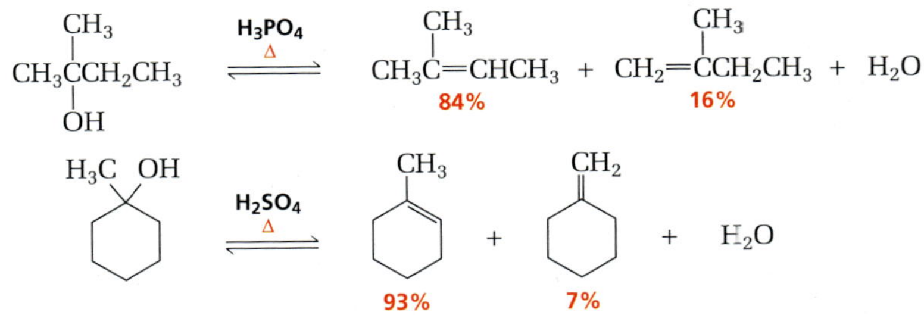

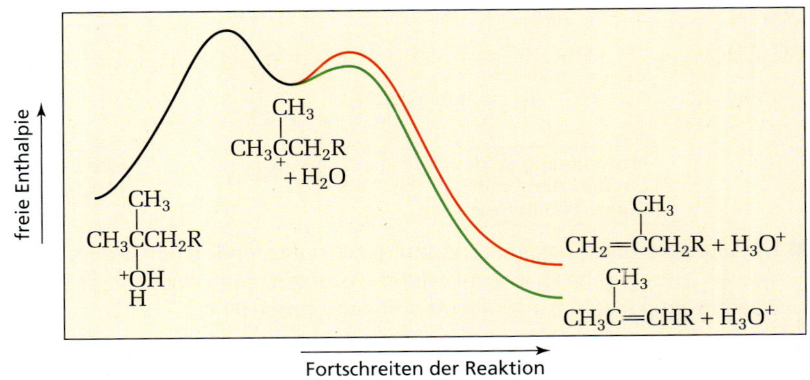

Abbildung 34.1: Das Reaktionskoordinatendiagramm für die Dehydratisierung eines protonierten Alkohols. Das Hauptprodukt ist das höher substituierte Alken, weil der zu seiner Bildung führende Übergangszustand stabiler ist, was es dem stabileren Alken erlaubt, sich rascher zu bilden.

EXTRAS ONLINE Vorschlag eines Reaktionsmechanismus

tions auf die Möglichkeit einer Umlagerung hin untersuchen. Ein Carbokation wird sich, wie Sie bereits zur Genüge wissen, umlagern, um ein stabileres zu bilden, falls dies möglich ist.

34.3 Die Oxidation von Alkoholen

Ein häufig zur Oxidation von Alkoholen eingesetzes Reagenz ist die Chromsäure (H_2CrO_4), die sich bildet, wenn man Chromtrioxid (CrO_3) oder Natriumdichromat ($Na_2Cr_2O_7$) in einer wässrigen Säure auflöst. Sekundäre Alkohole werden zu Ketonen oxidiert. Diese Reaktionen kann man leicht als Oxidationen erkennen, weil die Zahl der C—H-Bindungen abnimmt und die Zahl der C—O-Bindungen ansteigt.

MERKE !

Sekundäre Alkohole werden zu Ketonen oxidiert.

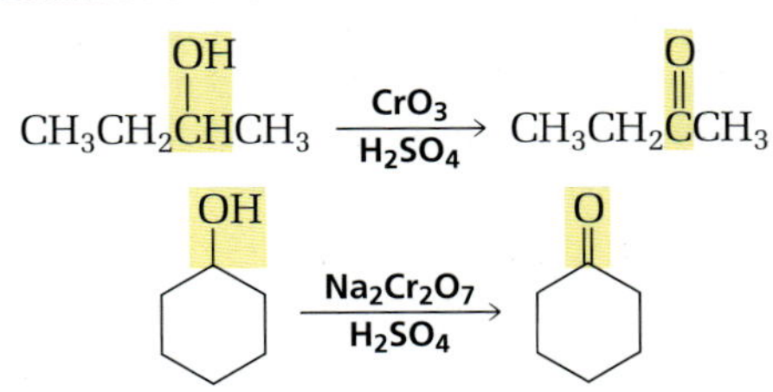

MERKE !

Primäre Alkohole werden zu Aldehyden und Carbonsäuren oxidiert.

Primäre Alkohole werden durch diese Reagenzien anfänglich zu Aldehyden oxidiert. Die Reaktion bleibt jedoch nicht auf der Stufe des Aldehyds stehen. Das Aldehyd wird vielmehr weiter oxidiert bis zur Carbonsäure (die Zahl der C—O-Bindungen steigt so weiter an).

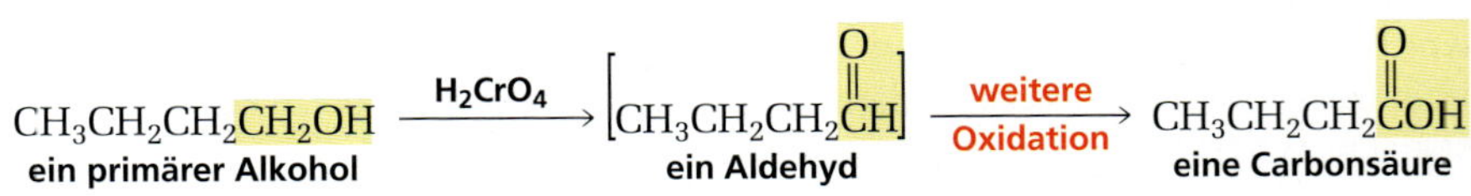

Man beachte, dass bei der Oxidation von primären wie von sekundären Alkoholen ein H-Atom von dem Kohlenstoffatom, das die OH-Gruppe trägt, abgespalten wird. Das C-Atom eines tertiären Alkohols, das die OH-Gruppe trägt, besitzt keine direkt gebundenen H-Atome, folglich kann seine OH-Gruppe nicht zu einer Carbonylgruppe oxidiert werden.

ein tertiärer Alkohol

Am Gesamtvorgang der Oxidation sind sowohl eine S_N2- wie eine E2-Reaktion beteiligt.

EXTRAS ONLINE Amine – organische Basen

EXTRAS ONLINE Nucleophile Substitutionen der Ether

EXTRAS ONLINE Kronenether

EXTRAS ONLINE Organometallverbindungen

Radikale · Reaktionen der Alkane

35

ÜBERBLICK

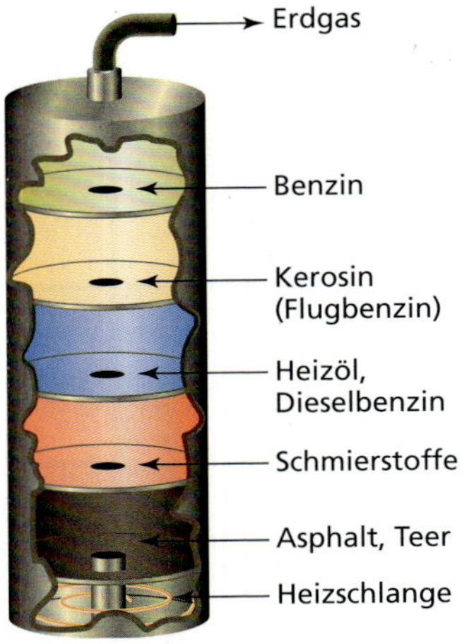

Abbildung 35.1: Oktanzahl. Die Oktanzahl eines Treibstoffs ist ein Maß für die Klopffestigkeit der Verbrennung in einem Motor. Die Oktanzahl dieses Treibstoffs ist gleich 89, wie an der Bezeichnung auf der Pumpe zu erkennen ist.

Alkane finden sich weit verbreitet sowohl auf der Erde als auch auf anderen Planeten des Sonnensystems. Die Atmosphären von Jupiter, Saturn, Uranus und Neptun enthalten große Mengen Methan (CH_4). Methan ist das niedermolekularste Alkan und ein geruchloses, brennbares Gas. Tatsächlich ist die blaue Farbe von Uranus und Neptun – zwei der großen, so genannten Gasplaneten des äußeren Sonnensystems – auf das Vorhandensein von Methan in ihren Atmosphären zurückzuführen. Auf der Erde finden sich Alkane im Erdgas und im Erdöl, die die Endprodukte der anaeroben Zersetzung tierischer und pflanzlicher Körper sind, die vor geologisch langen Zeiträumen im Inneren der Erdkruste erfolgte. Erdöl und natürliche Gasvorkommen (Erdgas, Sumpfgas) werden deshalb als *fossile Brennstoffe* bezeichnet.

Erdgas besteht zu ca. 75 % aus Methan. Die restlichen 25 % bestehen aus anderen niedermolekularen Alkanen wie Ethan, Propan und Butan.

Erdöl ist eine komplexe Mischung aus Alkanen und Cycloalkanen, die durch Destillation in Fraktionen aufgetrennt werden kann. Die Fraktion, die bei der niedrigsten Temperatur siedet (Kohlenwasserstoffe mit 3 und 4 C-Atomen) ist ein Gas, das durch Anwendung von Druck verflüssigt werden kann. Dieses Gas **(„Flüssiggas")** wird für Feuerzeuge, Campingkocher u. Ä. verwendet. Die nächsthöher siedende Fraktion (5 bis 11 C-Atome) ist das **Benzin**. Die darauf folgende Fraktion (9 bis 16 C-Atome) ist die des **Kerosins** (Flugbenzin). Die Fraktion mit 15 bis 25 C-Atomen stellt das **Heiz- und Dieselöl**. Die am höchsten siedende Fraktion findet Verwendung für **Schmierstoffe**. Die unpolare Natur dieser Substanzen verleiht den weniger flüchtigen eine ölige Beschaffenheit. Der nach der Destillation zurückbleibende nichtflüchtige Rückstand wird **Asphalt oder Teer** genannt und findet unter anderem als Bindemittel im Straßenbau Verwendung.

Die Fraktion mit 5 bis 11 C-Atomen, die sich im Benzin wiederfindet, ist eigentlich ein schlechter Treibstoff für Verbrennungsaggregate und erfordert eine chemische Nachbehandlung, die als katalytisches Cracken bezeichnet wird, um sich in einen hochwertigen Motorentreibstoff zu verwandeln. Das katalytische Cracken (*to crack*, engl. „zerbrechen") wandelt geradkettige Kohlenwasserstoffe, die schlechte Treibstoffe sind, in verzweigtkettige, die hochwertige Brennstoffe sind, um. Ursprünglich erforderte das Cracking (= Pyrolyse) das Erhitzen des Benzins auf hohe Temperaturen, um die Bestandteile in Moleküle von drei bis fünf Kohlenstoffatomen zu zerlegen. Moderne Pyrolysemethoden setzen Katalysatoren ein, um das gleiche Ergebnis bei wesentlich niedrigeren Temperaturen zu erzielen.

HINTERGRUND

Die Oktanzahl

Wenn qualitativ minderwertiger Treibstoff in einem Verbrennungsmotor zum Einsatz kommt, kann der Verbrennungsprozess einsetzen, bevor die Zündkerze einen Funken abgibt, um das Gemisch zu zünden. Dies macht sich beim laufenden Motor durch Klopfgeräusche bemerkbar. Mit zunehmender Qualität des Treibstoffs nimmt die „Klopfneigung" ab. Die Qualitätsstufe des Treibstoffs wird durch die so genannte Octanzahl (festgelegt durch die Norm DIN EN 228) angegeben. Geradkettige Kohlenwasserstoffe weisen niedrige Octanzahlen auf und sind minderwertige Treibstoffe. *n*-Heptan wurde willkürlich eine Octanzahl von 0 zugewiesen. Diese Verbindung führt zu starkem Klopfen des Motors. Verzweigtkettige Kohlenwasserstoffe weisen eine größere Zahl von Methylgruppen auf. Um deren C—H-Bindungen aufzulösen, muss der höchste Energiebetrag aufgewendet werden. Sie sind also schwieriger zu entzünden und reduzieren auf diese Weise das durch Selbstentzündung entstehende Klopfen. Folglich weisen verzweigtkettige Alkane höhere Octanzahlen auf. 2,2,4-Trimethylpentan verursacht überhaupt kein unerwünschtes Klopfen des Motors; ihm wurde willkürlich die Octanzahl 100 zugewiesen.

$CH_3CH_2CH_2CH_2CH_2CH_2CH_3$

n-Heptan
Octanzahl 0

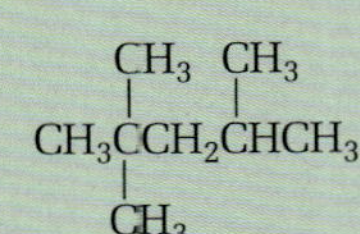

2,2,4-Trimethylpentan
Octanzahl 100

Die Octanzahl eines Benzins wird ermittelt, indem man die Klopfeigenschaften unterschiedlicher Mischungen von *n*-Heptan und 2,2,4-Trimethylpentan vergleicht. Die dem Benzin zugewiesene Octanzahl ist proportional zum Anteil an 2,2,4-Trimethylpentan in der entsprechenden Mischung. Der Begriff „Octanzahl" leitet sich von der Zahl der Kohlenstoffatome des 2,2,4-Trimethylpentanmoleküls ab.

CHEMIE IM EINSATZ

Benzin

Erdöl bzw. Rohöl besteht aus einem komplexen Gemisch organischer Verbindungen. Dabei handelt es sich zum größten Teil um Kohlenwasserstoffe mit kleineren Anteilen stickstoff-, sauerstoff- oder schwefelhaltiger organischer Verbindungen. Der enorme Bedarf an Erdöl zur Deckung des Energiebedarfs der Welt hat dazu geführt, dass Ölfelder sogar an solch problematischen Orten wie in der Nordsee oder in Nordalaska ausgebeutet werden.

Der erste Schritt der *Raffinierung* bzw. Verarbeitung von Erdöl besteht im Allgemeinen darin, das Rohöl in Fraktionen mit unterschiedlichen Siedepunkten zu trennen. Die dabei entstehenden Fraktionen sind in ▶ Tabelle 35.1 aufgeführt. Weil es sich bei Benzin um die kommerziell bedeutendste Fraktion handelt, wird die Ausbeute dieser Fraktion durch verschiedene Verfahren erhöht.

Bei *Benzin* handelt es sich um ein Gemisch flüchtiger Kohlenwasserstoffe, das neben Alkanen schwankende Anteile aromatischer Kohlenwasserstoffe enthält. In einem Automotor wird ein Gemisch aus Luft und Benzindampf durch einen Kolben komprimiert und anschließend durch einen Funken entzündet. Die Verbrennung des Benzins führt zu einer starken, gleichmäßigen Expansion des Gases, wodurch der Kolben nach außen gedrückt und auf die Antriebswelle des Motors Kraft übertragen wird. Wenn das Gas zu schnell verbrennt, erfährt der Kolben anstelle einer starken, gleichmäßigen Kraft einen einzigen harten Stoß. Dieses Verhalten ist an einem „klopfenden" Geräusch des Motors zu erkennen und führt zu einer Verringerung der Effizienz, mit der die erzeugte Verbrennungsenergie in Arbeit umgewandelt wird.

Die *Oktanzahl* von Benzin ist ein Maß dafür, wie anfällig der Treibstoff gegenüber einer klopfenden Verbrennung ist. Benzin mit hoher Oktanzahl verbrennt gleichmäßiger und ist daher ein effizienterer Treibstoff. Verzweigte Alkane und aromatische Kohlenwasserstoffe haben höhere Oktanzahlen als geradkettige Alkane. Man erhält die Oktanzahl eines Benzins, indem man seine Klopfcharakteristik mit der von „Isooktan" (2,2,4-Trimethylpentan) und Heptan vergleicht. Isooktan wird dabei die Oktanzahl 100 und Heptan die Oktanzahl 0 zugewiesen. Ein Benzin mit der gleichen Klopfcharakteristik wie ein Gemisch aus 90 % Isooktan und 10 % Heptan hat eine Oktanzahl von 90.

Das direkt aus der Fraktionierung von Erdöl gewonnene Benzin enthält größtenteils geradkettige Kohlenwasserstoffe und hat eine Oktanzahl von nur etwa 50. Es wird daher einem Prozess unterworfen, dem so genannten *Cracking*, in dem die geradkettigen Alkane in die günstigeren verzweigten Alkane umgewandelt werden. Crackprozesse werden auch dazu verwendet, aromatische Kohlenwasserstoffe herzustellen und einen Teil der weniger flüchtigen Kerosin- und Heizölfraktion in Verbindungen mit geringerem Molekulargewicht umzuwandeln, die als Autotreibstoffe geeignet sind. Im Crackprozess werden die Kohlenwasserstoffe mit einem Katalysator versetzt und auf 400 °C bis 500 °C erhitzt. Die in diesem Prozess verwendeten Katalysatoren bestehen aus natürlich vorkommenden Tonmineralien oder synthetischen $Al_2O_3-SiO_2$-Gemischen. Neben der Bildung von Molekülen, die sich als Treibstoffe eignen, führt das Cracking zu weiteren Kohlenwasserstoffen mit geringerem Molekulargewicht wie etwa Ethylen und Propen. Diese Substanzen werden in einer Vielzahl verschiedener Reaktionen zu Plastik und anderen Chemikalien verarbeitet.

Die Oktanzahl von Benzin kann durch Hinzufügen von bestimmten Verbindungen, so genannten *Antiklopfmitteln*, weiter erhöht werden. Bis zur Mitte der 70er Jahre wurde zu diesem Zweck hauptsächlich das Antiklopfmittel Tetraethylblei $(C_2H_5)_4Pb$ eingesetzt. Diese Verbindung wird jedoch nicht länger verwendet, weil Blei stark umweltbelastend ist und die Verbindung zu einer Vergiftung von Katalysatoren führt. Heute werden vor allem aromatische Verbindungen wie Toluol ($C_6H_5CH_3$) und sauerstoffhaltige Kohlenwasserstoffe wie Ethanol (CH_3CH_2OH) und Methyl-tert-butylether (MTBE, siehe unten) als Antiklopfmittel eingesetzt.

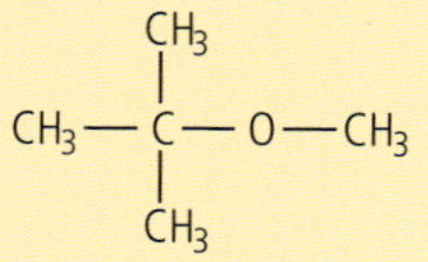

Die Verwendung von MTBE ist jedoch vielerorts verboten worden, weil die Verbindung, wenn sie verschüttet wird oder aus undichten Tanks austritt, ins Trinkwasser gelangen kann. Dort führt sie zu einem unangenehmen Geschmack und Geruch des Wassers und ist möglicherweise gesundheitsschädlich.

Fraktion	Größenbereich des Moleküls	Siedepunktbereich (°C)	Verwendung
Gas	C_1 bis C_5	−160 bis 30	Brennstoffe, Produktion von H_2
gasförmige Brennstoffe, Benzin	C_5 bis C_{12}	30 bis 200	Motortreibstoff
Kerosin, Heizöl	C_{12} bis C_{18}	180 bis 400	Diesel, Heizöl, Cracking
Schmierstoffe	C_{16} und höher	350 und höher	Schmierstoffe
Paraffine	C_{20} und höher	niedrig schmelzende Festkörper	Kerzen, Streichhölzer
Asphalt	C_{36} und höher	gummiartige Rückstände	Straßenbeläge

Tabelle 35.1: Kohlenwasserstofffraktionen des Erdöls.

Abbildung 35.2: Fraktionierte Destillation. Erdöl wird durch Destillation in verschiedene Fraktionen geteilt und in einer Raffinerie katalytisch gecrackt.

35.1 Alkane: reaktionsträge Verbindungen

Die Doppelbindungen der Alkene und die Dreifachbindungen der Alkine setzen sich aus starken σ- und schwachen π-Bindungen zusammen. Wir haben gelernt, dass die Reaktivität der Alkene und der Alkine daher rührt, dass ein Elektrophil von den Elektronenwolken der π-Bindungen angezogen wird.

Alkane weisen nur „starke" σ-Bindungen auf. In den C—H- und den C—C-σ-Bindungen liegt eine symmetrische Elektronendichteverteilung vor. Alkane sind aus diesem Grund reaktionsträge. Alkane werden daher als **Paraffine** bezeichnet, was aus dem Lateinischen kommt (*parum affinis*) und „geringe Neigung (Affinität)" (für andere chemische Stoffe) bedeutet.

35.2 Chlorierung und Bromierung der Alkane

Alkane reagieren mit elementarem Chlor (Cl_2) oder Brom (Br_2) unter Bildung von Halogenalkanen (Chloralkane bzw. Bromalkane). Diese **Halogenierungen** laufen nur bei hohen Temperaturen oder in Gegenwart von Licht ab (die Bestrahlung mit Licht wird durch die physikalischen Symbole *hν* angezeigt). Sie sind neben der **Verbrennung** die einzigen Reaktionen, die Alkane eingehen. Die Verbrennung mit Sauerstoff läuft ebenfalls bei vergleichsweise hohen Temperaturen ab und ergibt als Reaktionsprodukte Kohlendioxid und Wasser.

$$CH_4 + Cl_2 \xrightarrow[h\nu]{\Delta \text{ oder}} \underset{\text{Chlormethan}}{CH_3Cl} + HCl$$

$$CH_3CH_3 + Br_2 \xrightarrow[h\nu]{\Delta \text{ oder}} \underset{\text{Bromethan}}{CH_3CH_2Br} - HBr$$

Wenn eine chemische Bindung so aufgelöst wird, dass beide Elektronen einer kovalenten Bindung bei einem der beteiligten Atome verbleiben, spricht man von **Heterolyse** oder **heterolytischer Bindungsspaltung**. Wenn eine chemische Bindung so gespalten wird, dass je eines der Elektronen einer kovalenten Bindung bei einem der beteiligten Atome verbleibt, spricht man von **Homolyse** oder **homolytischer Bindungsspaltung**. Ein einspitziger Pfeil zeigt an, dass ein Elektron seinen Platz wechselt, ein zweispitziger zeigt an, dass zwei Elektronen ihre Plätze wechseln.

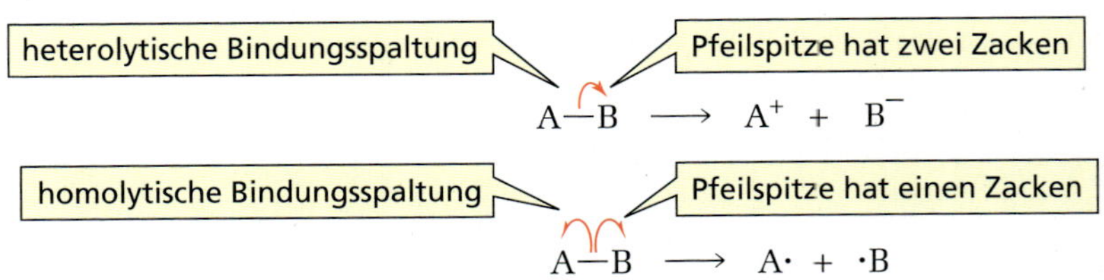

Der Reaktionsmechanismus der Alkanhalogenierung ist gut untersucht. Betrachten wir beispielhaft den Mechanismus der Chlorierung des Methans.

Mechanismus der Einfachchlorierung des Methans

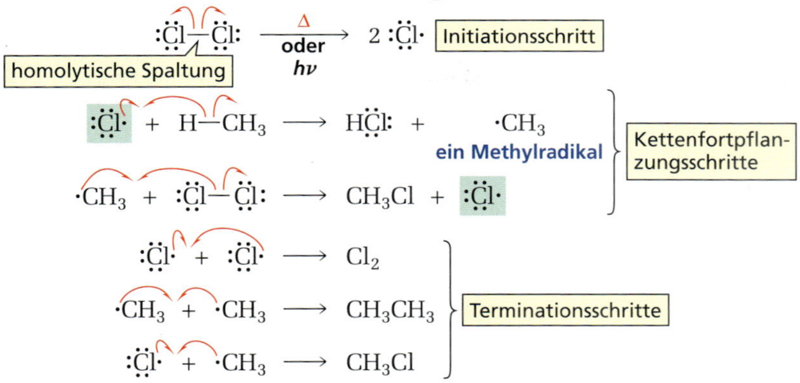

- Wärme oder Licht liefern die Energie, die notwendig ist, um die X—X-Bindung (Cl—Cl- oder Br—Br-Bindung) homolytisch zu spalten. Dies ist der **Initiationsschritt** der Reaktion, der zur Erzeugung von Radikalen führt. Ein **Radikal** (oft genauer als **freies Radikal** bezeichnet) ist ein Teilchen, das ein Atom mit einem ungepaarten Elektron enthält. Ein Radikal ist hochgradig reaktiv, weil der Hinzugewinn eines Elektrons zu einem spingepaarten Elektronenpaar und in manchen Fällen zu einem vollständigen Elektronenoktett führt.
- Das im Initiationsschritt gebildete Chlorradikal (ein freies Chloratom) entreißt dem Methanmolekül ein Wasserstoffatom. Dabei entsteht ein Chlorwasserstoffmolekül (HCl) und ein Methylradikal.
- Das Methylradikal entreißt nun seinerseits einem Chlormolekül ein Chloratom, wobei ein Chlormethanmolekül und ein neues Chlorradikal gebildet werden. Dieses neue freie Chloratom kann wiederum einem Methanmolekül (oder – je nach den herrschenden Konzentrationsverhältnissen – einem schon bestehenden Chlormethanmolekül) ein Wasserstoffatom entreißen. Die Schritte 2 und 3 heißen **Fortpflanzungsschritte** der Reaktion, weil das im ersten Fortpflanzungsschritt gebildete Radikal im zweiten Fortpflanzungsschritt ein neues Radikal erzeugt, das die Reaktionskette fortsetzen kann. Die Fortpflanzungsschritte können sich stetig wiederholen. Der erste Fortpflanzungsschritt ist der geschwindigkeitsbestimmende Schritt der Gesamtreaktion.
- Zwei beliebige Radikale in der Reaktionsmischung können sich zu einem Molekül verbinden, in dem alle Elektronen gepaart sind. Die Verbindung von zwei Radikalen wird als **Terminationsschritt** (Kettenabbruchschritt) bezeichnet, weil er durch die Verminderung der Zahl der anwesenden Radikale die Reaktion zum Stehen bringt. Da die Radikalkombinationen in den Kettenabbruchschritten beliebig sind, führen Radikalreaktionen zu Produktgemischen.

Die radikalische Chlorierung der höheren Alkane folgt dem gleichen Mechanismus. Da die Reaktionen radikalische Zwischenstufen ausbilden und sich wiederholende Fortpflanzungsschritte aufweisen, werden sie als **Radikalkettenreaktionen** bezeichnet. Die spezielle radikalische Kettenreaktion – die Reaktion eines Alkans mit einem Halogen unter Bildung eines Halogenalkans – wird als **radikalische Substitution** bezeichnet, da sie zum Austausch von Wasserstoffatomen gegen Halogenatome am Alkanmolekül führt.

Um die Menge des monohalogenierten Reaktionsproduktes zu maximieren, sollte eine radikalische Substitution mit einem großen Überschuss des Alkans durchgeführt werden. Ein Überschuss an Alkan erhöht die Wahrscheinlichkeit, dass ein Halogenatom (= Halogenradikal) mit einem Alkan- und nicht mit einem schon gebildeten Halogenalkanmolekül zusammenstößt. Falls das Halogenradikal ein Wasserstoffatom von einem Halogenalkanmolekül abstrahiert statt von einem Alkanmolekül, bildet sich ein dihalogeniertes Produkt (ein Dihalogenalkan).

MERKE !

Radikalreaktionen weisen Initiations-, Fortpflanzungs- und Kettenabbruchschritte auf.

$$Cl\cdot + CH_3Cl \longrightarrow \cdot CH_2Cl + HCl$$
$$\cdot CH_2Cl + Cl_2 \longrightarrow CH_2Cl_2 + Cl\cdot$$

eine dihalogenierte Verbindung

Die Bromierung von Alkanen verläuft nach dem gleichen Mechanismus wie die Chlorierung.

35.3 Radikalstabilität

Wie Carbokationen werden organische Radikale durch elektronenliefernde Alkylgruppen stabilisiert. Die Reihenfolge der Stabilitäten von Alkylradikalen folgt daher der gleichen Abfolge wie die Stabilität der Carbokationen.

relative Stabilitäten der Alkylradikale

tertiäres Radikal **sekundäres Radikal** **primäres Radikal** **Methylradikal**

MERKE !

Alkylradikalstabilität:
tertiär > sekundär > primär

Die Unterschiede in den Stabilitäten der Radikale ist viel kleiner als die Stabilitätsunterschiede der Carbokationen, weil Alkylgruppen Radikale nicht so wirksam zu stabilisieren vermögen wie die Carbokationen. Alkylgruppen stabilisieren sowohl Radikale wie Carbokationen durch Hyperkonjugation (siehe Abschnitt 28.2). Die Stabilisierung eines Carbokations resultiert aus der Überlappung einer mit Elektronen besetzten C—H- oder C—C-Bindung mit einem unbesetzten *p*-Orbital; es handelt sich um ein Zweielektronensystem. Im Gegensatz dazu erfolgt die Stabilisierung eines Radikals durch die Überlappung eines mit Elektronen besetzten Orbitals einer C—H- oder C—C-Bindung mit einem *p*-Orbital, das ein ungepaartes Elektron enthält.

EXTRAS ONLINE Produktverteilung

EXTRAS ONLINE Das Reaktivitäts-/Selektivitäts-Prinzip

EXTRAS ONLINE Radikaladdition an Alkene

EXTRAS ONLINE Der stereochemische Verlauf radikalischer Substitutionen und Additionen

35.4 Radikalische Reaktionen in biologischen Systemen

Radikale müssen aus lebenden Zellen entfernt oder zerstört werden, da sie eine schädigende Wirkung haben. Die Entstehung von Radikalen wird durch Radikalinhibitoren (Radikalhemmer) verhindert. Dabei handelt es sich um Verbindungen, die stark reaktive Radikale entweder in unreaktive Radikale oder in Verbindungen, die nur gepaarte Elektronen enthalten, umwandeln. **Hydrochinon** ist ein Beispiel für einen solchen **Radikalhemmer**. Wenn ein Hydrochinonmolekül ein freies Radikal abfängt, bildet sich Semichinon, das ebenfalls ein Radikal ist, aber durch Elektronendelokalisation stabilisiert wird und deshalb weniger reaktiv als viele andere Radikale ist. Darüber hinaus kann das Semichinon ein weiteres Radikal abfangen und in das Chinon (*p*-Benzochinon) übergehen, in dem alle Elektronen gepaart sind (der Radikalzustand also nicht mehr besteht).

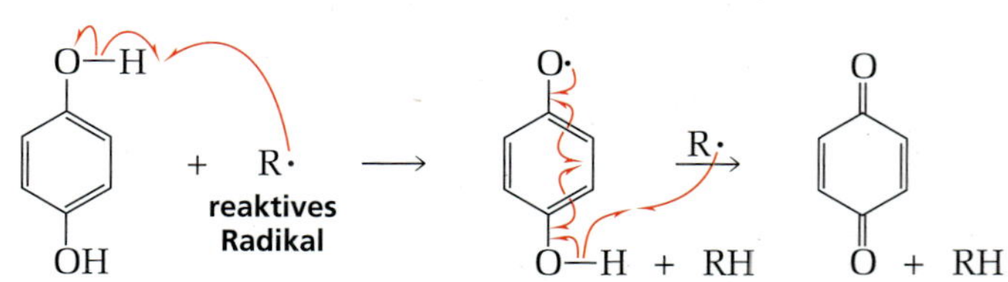

Hydrochinon **Semichinon** **Chinon**

Zwei weitere Beispiele für Radikalinhibitoren in biochemischen Systemen sind die Vitamine C und E. Wie das Hydrochinon bilden auch sie relativ unreaktive

Radikale. Das Vitamin C (Ascorbinsäure) ist eine wasserlösliche Verbindung, die Radikale abfängt, die sich innerhalb der Zellen oder im Blutplasma gebildet haben. Das Vitamin E (α-Tocopherol) ist wasserunlöslich (also fettlöslich) und dient dem Abfangen von Radikalen in den unpolaren Innenbereichen der Zellmembranen. Warum das eine Vitamin in wässrigen Umgebungen und das andere in nichtwässrigen aktiv ist, ergibt sich zwanglos aus ihren Molekülstrukturen und den elektrostatischen Potenzialkarten, die erkennen lassen, dass das Vitamin C eine relativ polare Verbindung ist, während das Vitamin E unpolar ist.

Vitamin C
Ascorbinsäure

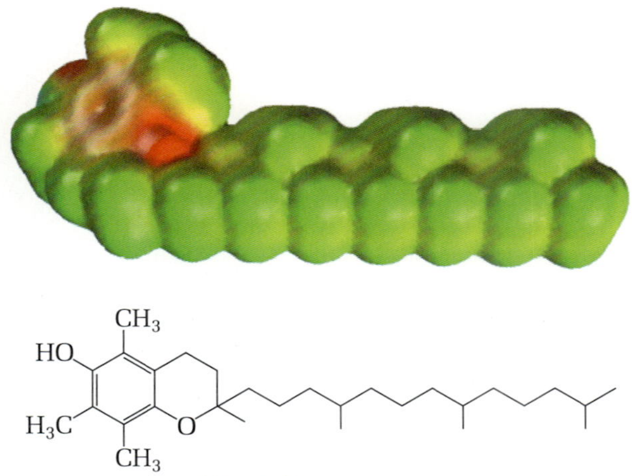

Vitamin E
α-Tocopherol

Aromatizität · Reaktionen des Benzols

36

ÜBERBLICK

BIOGRAPHIE

Michael Faraday (1791–1867) wurde als Sohn eines Schmieds in der Nähe von London geboren. Im Alter von 14 Jahren begann er eine Lehre als Buchbinder und bildete sich autodidaktisch, indem er die Bücher, die er einzubinden hatte, gründlich las. 1812 wurde er Assistent des Chemikers Humphrey Davy an der *Royal Institution of Great Britain* in London, wo er sich auch im Selbststudium mit der Chemie befasste. 1825 wurde er dort Direktor des Laboratoriums und nur wenige Jahre später, im Jahr 1833, Professor für Chemie. Er ist allgemein bekannt für seine grundlegenden Arbeiten zur Elektrizität (Faraday'scher Käfig u. Ä.), zum Magnetismus (elektomagnetische Induktion) und zu elektrochemischen Reaktionen (Elektrolyse, Faraday'sche Gesetze). Eine in der Chemie grundlegende Konstante ist nach ihm benannt.

EXTRAS ONLINE: Massenspektrometrie, Infrarotspektroskopie und Ultraviolett-visuelle Spektroskopie

EXTRAS ONLINE: NMR-Spektroskopie

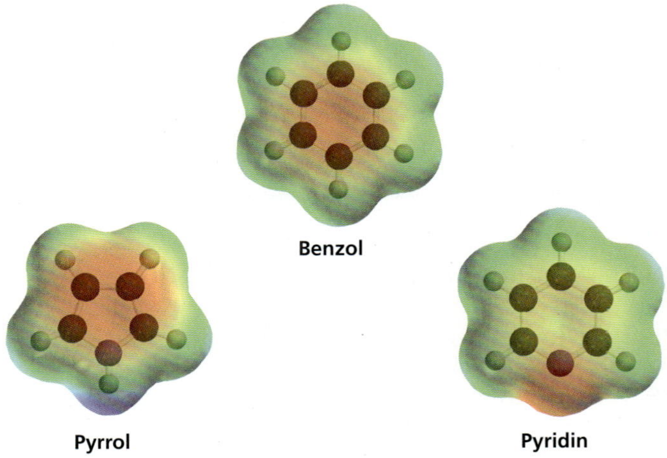

Die organische Verbindung, die wir Benzol nennen, wurde im Jahr 1825 von Michael Faraday entdeckt. Faraday isolierte sie aus dem flüssigen Rückstand, der nach der Druckerhitzung von Waltran übrig blieb, als er Gas herzustellen suchte, um die Straßenbeleuchtung Londons damit zu befeuern („Leuchtgas"). Anderen Quellen zufolge wurde das Benzol bereits in der 2. Hälfte des 17. Jahrhunderts von Johann Glauber, dem Entdecker des nach ihm benannten Glaubersalzes, bei der Destillation von Steinkohleteer entdeckt.

Einige Jahre später, im Jahr 1834, gelang es Eilhard Mitscherlich, die Summenformel der Verbindung korrekt als C_6H_6 zu bestimmen. Er nannte sie in Anlehnung an ihre chemische Verwandtschaft mit der Benzoësäure „Benzin", da man bereits wusste, dass diese ein substituiertes Derivat des „Benzins" ist. Bald darauf wurde der Name – angeblich von Justus Liebig – zu Benzol abgeändert. In der angelsächsischen Literatur heißt das Benzol „benzene", ein Name, der phonetisch seine Herleitung von „Benzin" noch deutlich erkennen lässt. Nach den Nomenklaturregeln der IUPAC heißt Benzol mit systematischem Namen Benz-1,3,5-trien.

Verbindungen wie Benzol enthalten, bezogen auf die Zahl ihrer Kohlenstoffatome, nur eine relativ geringe Zahl von Wasserstoffatomen. Man findet sie typischerweise in den Ölen von Bäumen und anderen Pflanzen. Die Chemiker früherer Zeiten nannten solche Verbindungen aufgrund des häufig ausgeprägten und oftmals angenehmen Geruchs **aromatische Verbindungen**. Auf diese Weise wurden sie von den **aliphatischen Verbindungen** unterschieden, die ein höheres Wasserstoff-zu-Kohlenstoffverhältnis aufweisen. Heute wird der Begriff „aromatisch" von Chemikern benutzt, um auf bestimmte Molekülstrukturen und die mit ihnen einhergehenden physikalischen und chemischen Eigenschaften der betreffenden Verbindungen Bezug zu nehmen. Wir werden auf die Merkmale, die es erlauben, eine chemische Verbindung als aromatisch zu klassifizieren, in Abschnitt 36.2 eingehen.

36.1 Stabilität aromatischer Verbindungen

In Kapitel 31 haben wir gelernt, dass das Benzol eine planare Molekülstruktur besitzt und das Molekül eine ringförmige (zyklische) Gestalt mit einer das gesamte Molekül umlaufenden Wolke delokalisierter Elektronen über und unterhalb der Ebene der Atomkerne aufweist (► Abbildung 36.1). Da seine π-Elektronen delokalisiert sind, haben alle C—C-Bindungen des Benzolmoleküls die gleiche Länge, die kürzer als eine typische Einfach-, aber länger als eine typische Doppelbindung zwischen Kohlenstoffatomen ist.

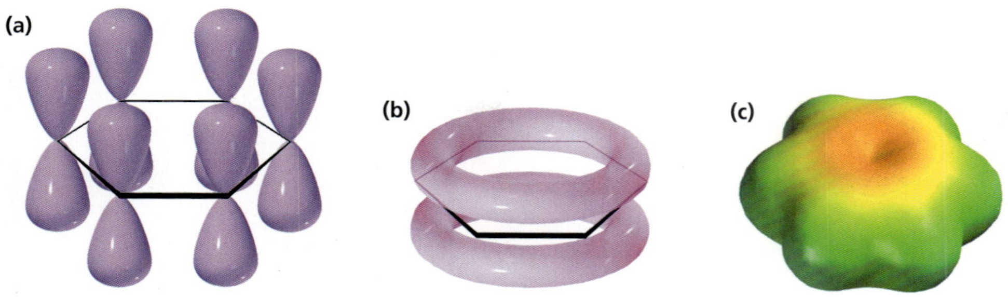

Abbildung 36.1: (a) Jedes Kohlenstoffatom des Benzolmoleküls besitzt ein *p*-Orbital. (b) Die Überlappung der *p*-Orbitale bildet eine Wolke aus π-Elektronen über- und unterhalb der Ringebene. (c) Die elektrostatische Potenzialkarte des Benzols zeigt, dass alle Kohlenstoff–Kohlenstoff-Bindungen die gleiche Elektronendichte aufweisen.

Benzol ist eine besonders stabile Verbindung, weil sie eine ungewöhnlich große Delokalisationsenergie aufweist. Die meisten Verbindungen mit delokalisierten Elektronen haben viel geringere Delokalisationsenergien. Erinnern Sie sich daran, dass die Delokalisationsenergie (also die Mesomerieenergie) uns verrät, um welchen Betrag eine Verbindung mit delokalisierten Elektronen stabiler ist als sie es wäre, wenn alle ihre Elektronen lokalisiert wären (siehe Abschnitt 31.6). Wir können daher die Delokalisationsenergie des Benzols dadurch ermitteln, dass wir die thermodynamische Stabilität des Benzols (einer Verbindung mit sechs delokalisierten π-Elektronen) mit der Stabilität von „Cyclohexatrien" (einer unbekannten, hypothetischen Verbindung mit drei lokalisierten π-Bindungen) vergleichen.

Der $\Delta H°$-Wert der Hydrierung des Cyclohexens, einer zyklischen Verbindung mit 6 Kohlenstoffatomen und einer lokalisierten Doppelbindung, wurde experimentell zu −28,6 kcal/mol ermittelt. Wir würden daher erwarten, dass die Hydrierwärme $\Delta H°$ des „Cyclohexatriens" mit drei lokalisierten Doppelbindungen gerade drei Mal so groß ist, also 3 mal (−28,6) = −85,8 kcal/mol.

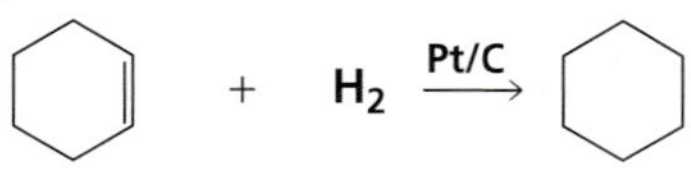

Cyclohexen

$\Delta H°$ = −28,6 kcal/mol (−120 kJ/mol)
experimentell ermittelt

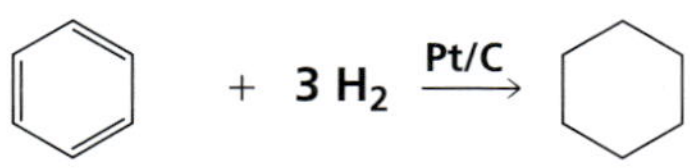

„Cyclohexatrien"
hypothetisch

$\Delta H°$ = −85,8 kcal/mol (−359 kJ/mol)
(theoretisch) berechnet

Als die Hydrierwärme des Benzols im Experiment gemessen wurde, fand man, dass $\Delta H°$ nur −49,8 kcal/mol beträgt – viel weniger, als man für das hypothetische „Cyclohexatrien" errechnet hatte.

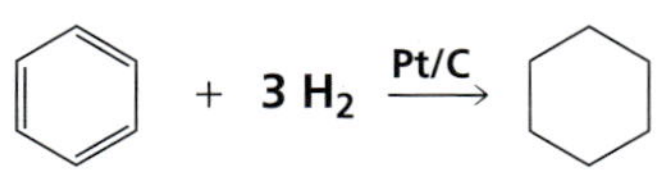

Benzol

$\Delta H°$ = −49,8 kcal/mol (−208 kJ/mol)
experimentell ermittelt

Da sich bei der erschöpfenden Hydrierung sowohl des Benzols wie des „Cyclohexatriens" als Endprodukt Cyclohexan bildet, kann der große Unterschied zwischen der errechneten und der tatsächlich gemessenen Hydrierwärme der realen Verbindung nur auf einen Unterschied im Energiegehalt des Benzols im Vergleich zu einem hypothetischen „Cyclohexatrien" liegen. ► Abbildung 36.2 lässt erkennen, dass Benzol um 36 kcal/mol (151 kJ/mol) stabiler als das theoretische Cyclohexatrien ist, weil der experimentell ermittelte $\Delta H°$-Wert des Benzols eben um 36 kcal/mol niedriger ist als der für Cyclohexatrien berechnete.

BIOGRAPHIE

Eilhardt Mitscherlich (1794–1863) wurde in Neuende in Ostfriesland geboren. Er nahm in Heidelberg ein Studium der Geschichte und Orientalistik auf. Zum Medizinstudium kam er 1814 nach Göttingen. Als er sich im Studium mit chemischen Forschungen beschäftigen musste, nahm ihn dieses neue Wissensgebiet so sehr ein, dass er schließlich seine Orientstudien aufgab. Dennoch erwarb er seinen Doktortitel im Jahr 1814 an der Universität in Göttingen im Fach Orientalische Sprachen und nicht in den Naturwissenschaften. Im Jahr 1818 wechselte Mitscherlich nach Berlin. Dort machte er 1819 die Bekanntschaft des schwedischen Chemikers Jöns Berzelius. Diesem folgte er für zwei Jahre nach Stockholm. 1822 wurde er zum Professor für Chemie an die Friedrich-Wilhelm-Universität in Berlin berufen und dadurch zur Rückkehr bewogen.

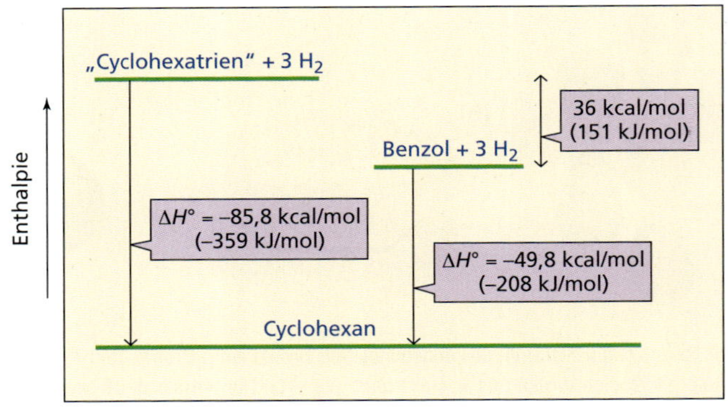

Abbildung 36.2: Unterschiede in den Hydrierungsenthalpien von Cyclohexan, „Cyclohexatrien" und Benzol.

Der niedrige Energiegehalt des Benzols ist auf die Delokalisation der sechs π-Elektronen zurückzuführen.

MERKE !

Aromatische Verbindungen sind besonders stabil.

36.2 Die beiden Kriterien für Aromatizität

Welche molekularen Strukturmerkmale haben alle aromatischen Verbindungen gemeinsam?

Um als aromatische Verbindung eingestuft zu werden, muss eine chemische Verbindung die folgenden Kriterien erfüllen:

1 *Sie muss eine ununterbrochene zyklische Wolke aus π-Elektronen besitzen, die sich oberhalb und unterhalb der Molekülebene erstreckt.* Betrachten wir eingehender, was dies bedeutet:

- Damit die π-Elektronenwolke zyklisch sein kann, *muss das gesamte Molekül zyklisch sein*.
- Damit die π-Elektronenwolke durchgehend sein kann, *muss jedes Atom ein p-Orbital beisteuern können*.
- Damit sich die π-Elektronenwolke ausbilden kann, muss jedes der teilnehmenden *p*-Orbitale mit den benachbarten *p*-Orbitalen zu beiden Seiten überlappen. Damit dies geschehen kann, *muss das Molekül planar sein*.

2 *Die π-Elektronenwolke muss eine ungerade Zahl von π-Elektronenpaaren enthalten.*

MERKE !

Damit eine chemische Verbindung aromatischen Charakter aufweisen kann, muss sie zyklisch und planar sein und eine durchgehende Wolke von π-Elektronen aufweisen. Die π-Elektronenwolke muss eine ungerade Zahl von π-Elektronenpaaren enthalten.

Benzol ist deshalb eine aromatische Verbindung, weil das Molekül eine zyklische Struktur aufweist und planar ist. Jedes Kohlenstoffatom des Molekülrings weist ein freies *p*-Orbital auf, und die π-Elektronenwolke enthält *drei* Paare π-Elektronen.

Der deutsche Physiker Erich Hückel war der Erste, der erkannte, dass für den aromatischen Zustand eine ungerade Zahl von π-Elektronenpaaren vonnöten ist. Im Jahr 1931 schrieb er diese Erkenntnis in Form einer nach ihm bekannten Regel, der **Hückel-Regel**, nieder. Diese Regel besagt, dass ein zyklisch-planares Molekül eine durchgehende Wolke aus $(4n+2)$ π-Elektronen enthalten muss, um aromatischen Charakter zu besitzen. Dabei ist *n* eine beliebige natürliche Zahl, einschließlich der Null. Gemäß der Hückel-Regel muss eine aromatische Verbindung also 2 ($n=0$), 6 ($n=1$), 10 ($n=2$), 14 ($n=3$), 18 ($n=4$) usw. π-Elektronen enthalten. Da immer zwei Elektronen ein Elektronenpaar bilden, sagt die Hückel-Regel also, dass eine aromatische Verbindung 1, 3, 5, 7, 9, . . . π-Elektronenpaare enthalten muss.

A 1

(a) Wie groß ist die in der Hückel-Regel auftretende Zahl *n*, wenn eine chemische Verbindung 9 π-Elektronenpaare enthält?

(b) Ist eine solche Verbindung aromatisch?

36.3 Anwendung der Aromatizitätskriterien

Monozyklische Kohlenwasserstoffe mit alternierenden Einfach- und Doppelbindungen heißen **Annulene**. Ein in eckige Klammern gestellter Präfix gibt die Zahl der Kohlenstoffatome des Molekülringes an. Cyclobutadien, Benzol und Cyclooctatetraen sind Beispiele für Annulene.

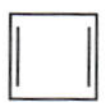

Cyclobutadien
[4]-Annulen

Benzol
[6]-Annulen

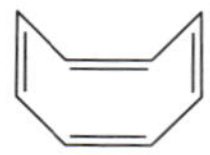

Cyclooctatetraen
[8]-Annulen

Das Cyclobutadien besitzt zwei π-Elektronenpaare und das Cyclooctatetraen vier. Anders als das Benzol sind diese Verbindungen nicht aromatisch, weil sie die Hückel-Regel nicht erfüllen. Sie besitzen eine gerade, keine ungerade Zahl von π-Elektronenpaaren. Es gibt noch einen weiteren Grund, warum das Cyclooctatetraen nicht aromatisch ist: Es ist kein planares, sondern ein „wannenförmiges" Molekül. Ein Ring aus acht Kohlenstoffatomen müsste Bindungswinkel von 135° aufweisen, um eine planare Konformation einzunehmen. Wir wissen aber, dass sp^2-Kohlenstoffatome Bindungswinkel von 120° aufweisen. Wenn also das Cyclooctatetraenmolekül planar *wäre*, würde es ein beträchtliches Maß an Winkelspannung aufweisen. Da Cyclobutadien und Cyclooctatetraen keine Aromaten sind, zeigen sie auch nicht die ungewöhnlich hohe Stabilität und Reaktionsträgheit, die für aromatische Verbindungen kennzeichnend ist.

Schauen wir uns nun noch weitere Verbindungen an und ermitteln wir, ob diese aromatischen Charakter haben. Das Cyclopentadien ist nicht aromatisch, weil es über keine ununterbrochene Folge von unhybridisierten *p*-Orbitalen im Molekül verfügt. Eines seiner Ringkohlenstoffatome ist sp^3-hybridisert, aber nur sp^2- und *sp*-hybridisierte C-Atome verfügen über nichthybridisierte *p*-Orbitale. Das Cyclopentadien erfüllt somit das erste Kriterium für Aromatizität nicht.

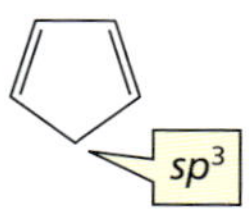

Cyclopentadien

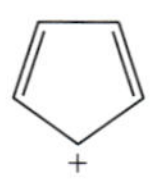

Cyclopentadienyl-
kation

Cyclopentadienyl-
anion

Das Cyclopentadienylkation ist ebenfalls nicht aromatisch, weil seine π-Elektronenwolke eine gerade Anzahl (zwei) Elektronenpaaren aufweist, obwohl ein durchgehender Ring von *p*-orbitaltragenden Atomen im Molekül vorliegt. Die Hückel-Regel wird von den 4 π-Elektronen des Cyclopentadienylkations nicht erfüllt. Das Cyclopentadienylanion hingegen ist aromatisch: Es besitzt eine durchgehende Folge von *p*-orbitaltragenden Atomen, und seine π-Elektronenwolke enthält drei (eine ungerade Zahl) von delokalisierten π-Elektronenpaaren. Die Hückel-Regel ist erfüllt, da das Cyclopentadienylanion $4 \times 1 + 2 = 6$ π-Elektronen enthält.

Man beachte, dass das negativ geladene C-Atom im Cyclopentadienylanion sp^2-hybridisiert ist, denn wenn es sp^3-hybridisiert wäre, wäre das Ion nicht aromatisch. Die mesomeren Grenzformeln lassen erkennen, dass die C-Atome im Cyclopentadienylanion äquivalent sind. Es gibt also gar kein „negativ geladenes" C-Atom; vielmehr trägt jedes Kohlenstoffatom genau ein Fünftel der negativen elektrischen Ladung des Anions. Die elektrische Ladung ist also diffus über das gesamte Molekülion verteilt.

BIOGRAPHIE

Erich Hückel (1896–1980) wurde am 9. August 1896 in Berlin geboren. Nach der Promotion in Physik an der Universität Göttingen im Jahr 1921 ging er an die Eidgenössische Technische Hochschule in Zürich, wo er bei Peter Debye arbeitete, mit dem zusammen er die Debye-Hückel-Theorie entwickelte, die das Verhalten starker Elektrolyte in Lösungen beschreibt. Hückel erhielt einen Ruf auf eine Position in chemischer Physik an der Universität Stuttgart, wechselte jedoch später als Professor für theoretische Physik an die Universität Marburg.

A 2 Welche Verbindung(en) ist/sind in den nachfolgenden Sätzen aromatisch? Erklären Sie Ihre Auswahl.

(a)

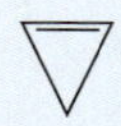

Cyclopropen

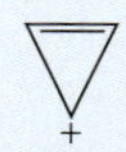

Cyclopropen-
kation

Cyclopropen-
anion

(b)

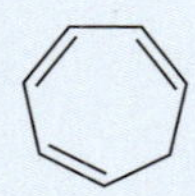

Cycloheptatrien

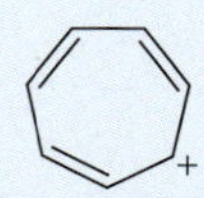

Cycloheptatrien-
kation

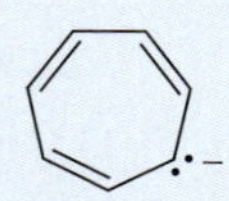

Cycloheptatrien-
anion

mesomere Grenzformeln

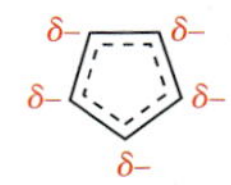

mesomerer Zustand

Die Kriterien, die festlegen, ob ein monozyklischer Kohlenwasserstoff aromatisch ist oder nicht, können auch herangezogen werden, um zu ermitteln, ob ein polyzyklischer Kohlenwasserstoff aromatisch ist. Naphthalin (10 π-Elektronen = 5 π-Elektronenpaare), Phenanthren (14 π-Elektronen = 7 π-Elektronenpaare) und Chrysen (18 π-Elektronen = 9 π-Elektronenpaare) sind allesamt Aromaten.

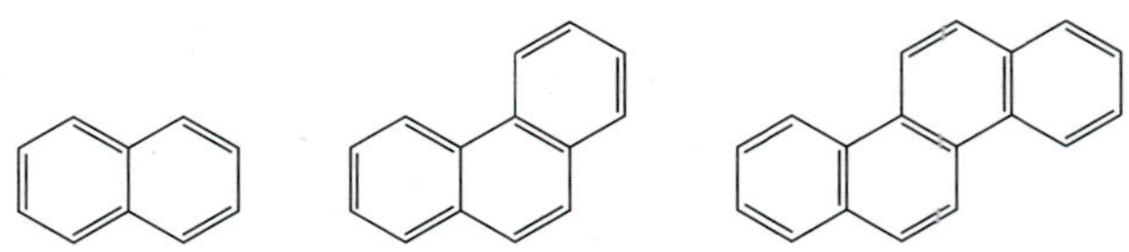

Naphthalin Phenanthren Chrysen

36.4 Aromatische Heterozyklen

Eine chemische Verbindung muss nicht unbedingt ein Kohlenwasserstoff sein, um aromatischen Charakter zu besitzen. Eine **heterozyklische Verbindung** (ein Heterozyklus) ist eine zyklische chemische Verbindung, in der eines oder mehrere der Ringatome kein(e) Kohlenstoffatom(e) ist/sind. Das oder die Atome, die keine Kohlenstoffatome sind, heißen **Heteroatom(e)**. Der Begriff leitet sich vom griechischen Wort *heteros* ab, das „verschieden" bedeutet. Die am häufigsten vorkommenden Heteroatome sind N, O und S.

heterozyklische Verbindungen

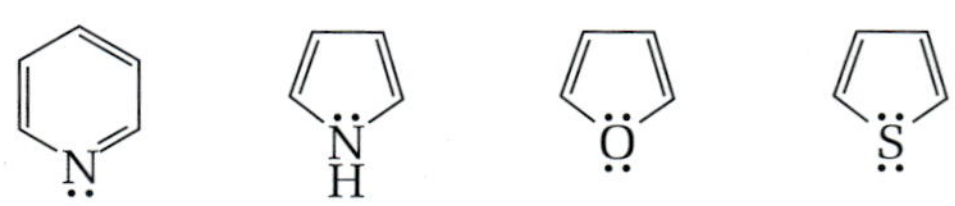

Pyridin Pyrrol Furan Thiophen

Das **Pyridin** ist ein aromatischer Heterozyklus. Jedes der sechs Ringatome im Pyridin ist sp^2-hybridisiert, was bedeutet, dass jedes über ein unhybridisiertes *p*-Orbital verfügt. Das Molekül enthält drei Paare π-Elektronen. Lassen Sie sich von dem freien Elektronenpaar am Stickstoffatom nicht verwirren; dabei handelt es sich nicht um π-Elektronen. Da das Stickstoffatom sp^2-hybridisiert ist, besitzt es drei sp^2- und ein *p*-Orbital. Das *p*-Orbital wird zur Ausbildung einer π-Bindung herangezogen. Zwei der sp^2-Orbitale des Stickstoffs überlappen mit sp^2-Orbitalen der benachbarten Kohlenstoffatome; das dritte sp^2-Orbital des N-Atoms enthält das freie Elektronenpaar.

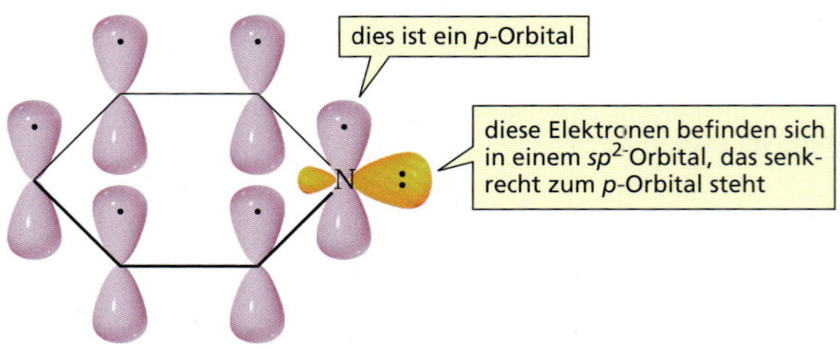

Orbitalstruktur des Pyridins

Es ist nicht direkt offensichtlich, dass die Elektronen im freien Elektronenpaar am Stickstoffatom des **Pyrrolmoleküls** dem π-System angehören. Die mesomeren Grenzformeln lassen jedoch erkennen, dass das N-Atom wiederum sp^2-hybridisiert ist und seine drei sp^2-Hybridorbitale dazu benutzt, um zwei Kohlenstoff- und ein Wasserstoffatom zu binden. Das freie Elektronenpaar muss sich daher in einem *p*-Orbital aufhalten, das mit den *p*-Orbitalen der benachbarten Kohlenstoffatome überlappt und dabei eine π-Bindung ausbildet. Es handelt sich also um π-Elektronen. Pyrrol besitzt somit drei π-Elektronenpaare (sechs π-Elektronen; $4 \times 1 + 2$, der Hückel-Regel ist genüge getan) und ist ein Aromat.

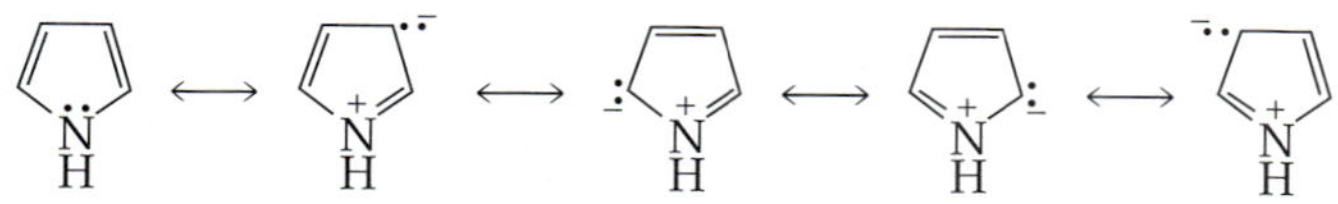

mesomere Grenzformeln des Pyrrols

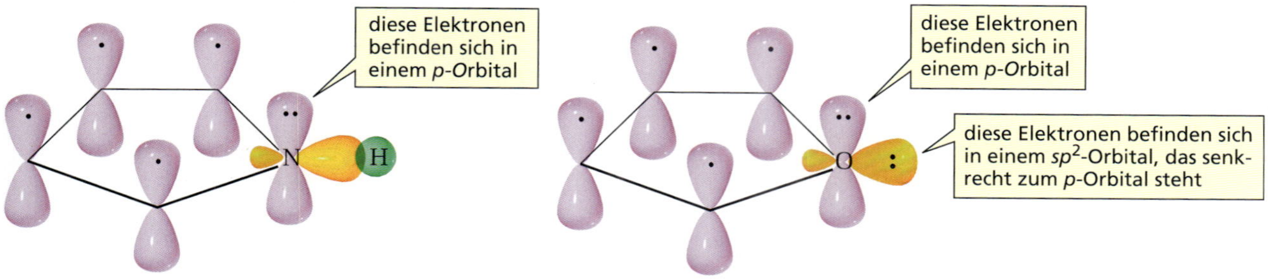

Orbitalstruktur des Pyrrols

Orbitalstruktur des Furans

In gleicher Weise sind das **Furan** und das **Thiophen** stabile aromatische Verbindungen. Sowohl das Sauerstoffatom des Furans wie das Schwefelatom des Thiophens sind sp^2-hybridisiert und besitzen je ein freies Elektronenpaar in einem sp^2-Orbital. Das zweite freie Elektronenpaar befindet sich in einem *p*-Orbital, das mit *p*-Orbitalen der benachbarten C-Atome überlappt, wobei wieder eine π-Bindung ausgebildet wird. Es handelt sich also um π-Elektronen.

mesomere Grenzformeln des Furans

Chinolin, Indol, Imidazol, Purin und Pyrimidin sind weitere Beispiele für heterozyklische Aromaten (Heteroaromaten):

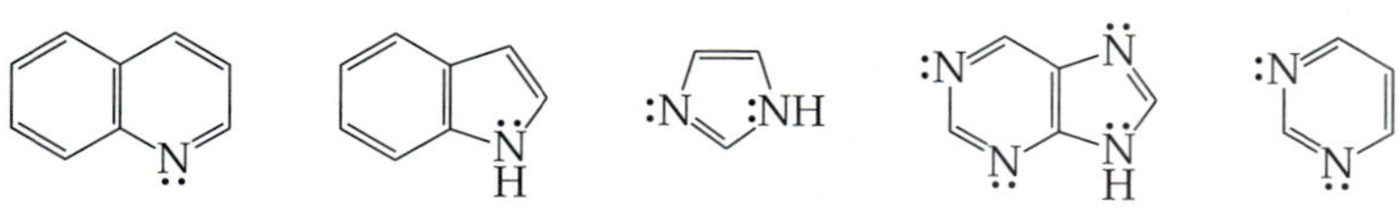

Chinolin Indol Imidazol Purin Pyrimidin

EXTRAS ONLINE Der antiaromatische Charakter

36.5 Nomenklatur der monosubstituierten Benzole

Einige monosubstituierte Benzole werden benannt, indem einfach die Endung „-benzol" an den Namen des Substituenten angehängt wird.

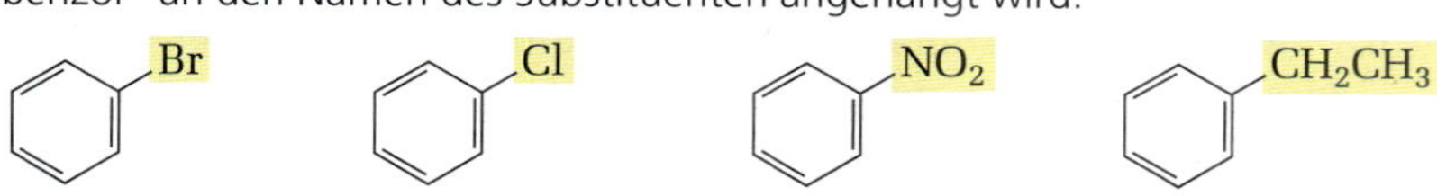

Brombenzol Chlorbenzol Nitrobenzol Ethylbenzol

Einige monosubstituierte Benzole besitzen Namen, die den Substituenten miteinbeziehen. Solche Namen muss man sich einprägen, da sie nicht abgeleitet werden können.

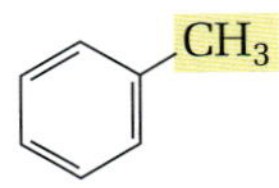

Toluol

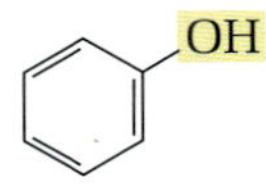

Phenol

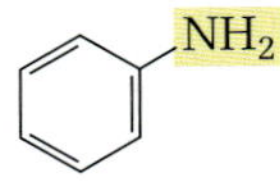

Anilin

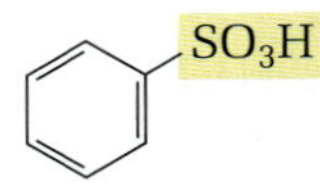

Benzolsulfonsäure

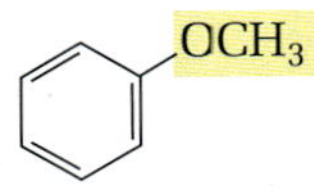

Anisol

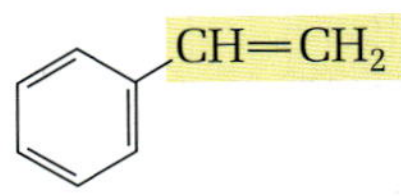

Styrol

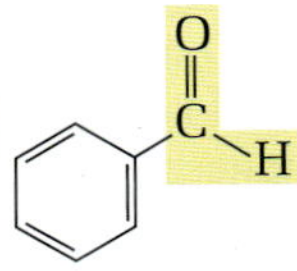

Benzaldehyd

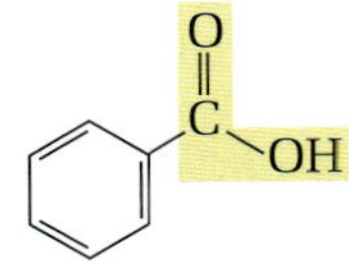

Benzoesäure

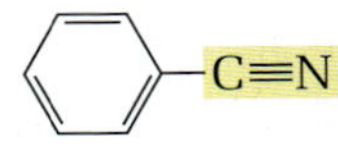

Benzonitril

Wenn der Benzolring selbst Substituent ist, wird er als Phenylgruppe bzw. **Phenylrest** bezeichnet (—C_6H_5). Ein Benzolring mit einer Methylengruppe als Seitenkette heißt Benzylgruppe oder **Benzylrest** (—CH_2—C_6H_5).

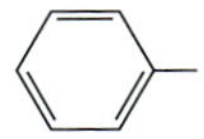

ein Phenylrest

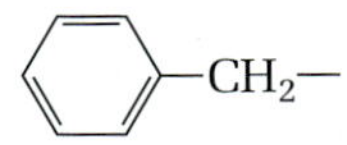

ein Benzylrest

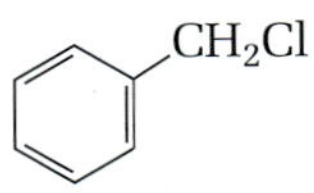

Chlormethylbenzol
„Benzylchlorid"

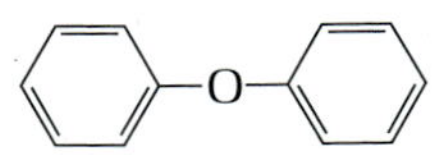

Diphenylether

Dibenzylether

Mit Ausnahme des Toluols (Methylbenzol) werden Alkylgruppen tragende Benzolringe als alkylsubstituierte Benzole oder als phenylsubstituierte Alkane betrachtet.

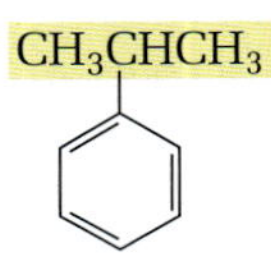

Isopropylbenzol
Cumen

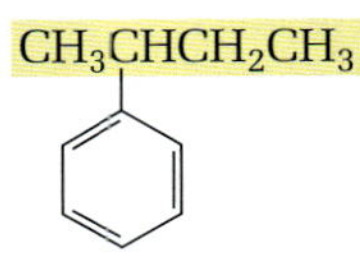

***sek*-Butylbenzol**

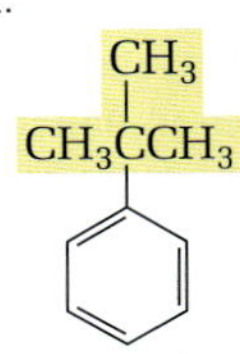

***tert*-Butylbenzol**

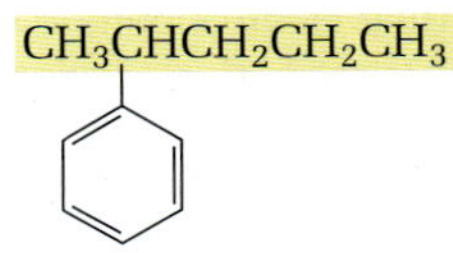

2-Phenylpentan

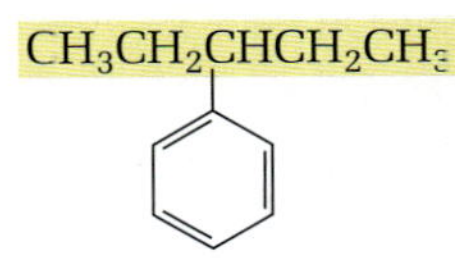

3-Phenylpentan

Die Bezeichnung **Arylgruppe** (**Arylrest**; Abkürzung: „Ar") ist der allgemeine Ausdruck für eine Phenyl- oder eine substituierte Phenylgruppe, genauso wie Alkylgruppe (R) die allgemeine Bezeichnung für eine von einem Alkan abgeleitete Gruppierung ist. Die allgemeine Kurzschreibweise ArOH könnte für jedes der folgenden Phenole Anwendung finden:

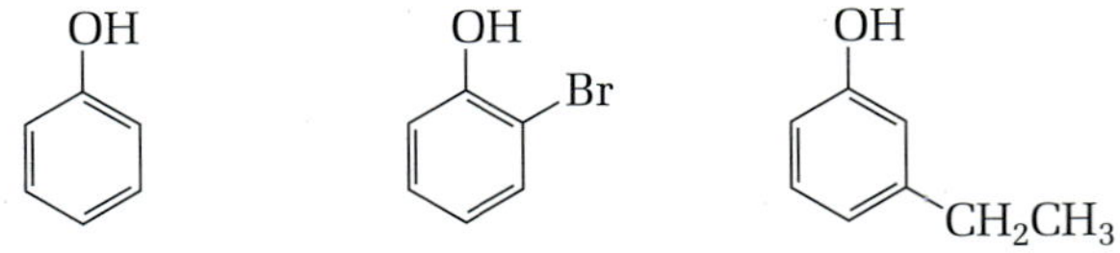

A 3 Zeichnen Sie die Strukturformeln der folgenden Verbindungen:

(a) 2-Phenylhexan **(b)** Benzylalkohol
(c) 3-Benzylpentan **(d)** Brommethylbenzol

36.6 Reaktionen des Benzols

Aromatische Verbindungen wie Benzol setzen sich nach dem Mechanismus der **elektrophilen aromatischen Substitution** um. Dabei substituiert ein Elektrophil eines der Wasserstoffatome des Benzolringes.

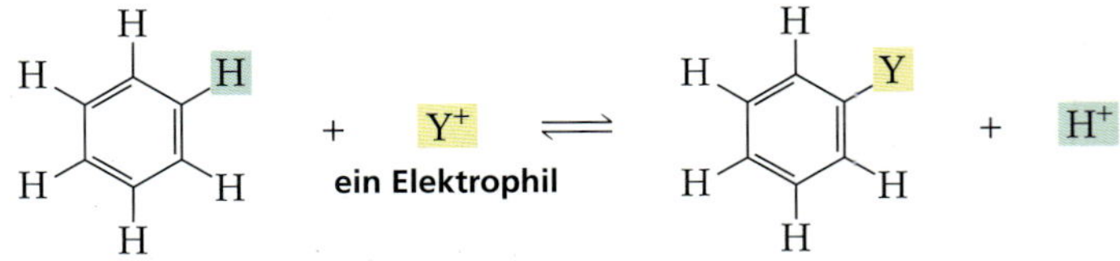

Schauen wir nun, warum es zu dieser Substitution kommt. Die π-Elektronenwolke oberhalb und unterhalb der Ringebene führt dazu, dass das Benzolmolekül nucleophil ist. Es wird daher mit einem Elektrophil (Y^+) reagieren. Wenn ein Elektrophil sich an den Benzolring anlagert, wird als Zwischenstufe ein Carbokation gebildet.

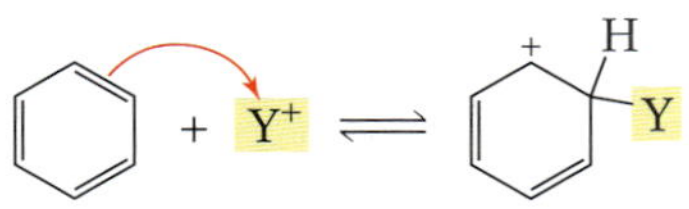

Dieser Schritt sollte Sie an den ersten Schritt der elektrophilen Addition an Alkene erinnern: Das nucleophile Alken reagiert mit einem Elektrophil unter Bildung eines Carbokations als Intermediat. Im zweiten Schritt der elektrophilen Addition reagiert dieses Carbokation mit einem Nucleophil (Z^-) zu einem elektrisch neutralen Additionsprodukt.

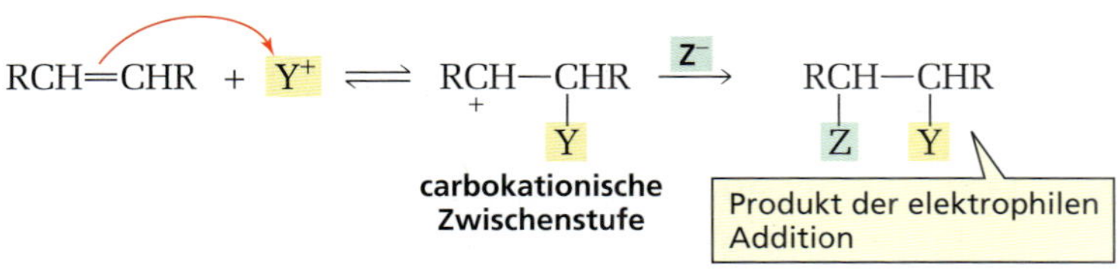

Falls die carbokationische Zwischenstufe aus der Reaktion des Benzols mit einem Elektrophil ebenfalls mit einem Nucleophil reagierte (Pfad *b* in ► Abbildung 36.3), wäre das sich ergebende Additionsprodukt nicht mehr aromatischer Natur. Falls das Carbokation dagegen ein Proton vom Ort des elektrophilen Angriffs abstoßen würde (Pfad *a* in Abbildung 36.3), würde der aromatische Zustand des Benzolringes wiederhergestellt.

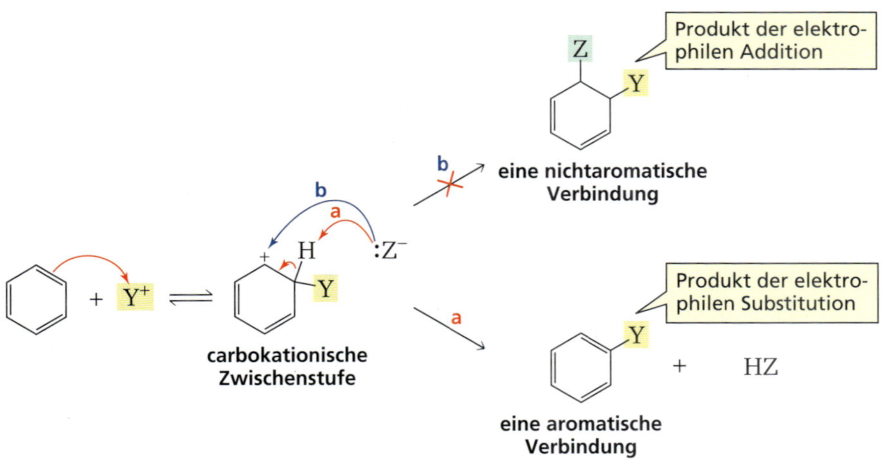

Abbildung 36.3: Reaktion von Benzol mit einem Elektrophil. Da das aromatische Reaktionsprodukt stabiler ist, verläuft die Reaktion gemäß (a) als elektrophile Substitution statt nach (b) als elektrophile Addition.

Da das aromatische Substitutionsprodukt viel stabiler als das nichtaromatische Additionsprodukt ist (► Abbildung 36.4), geht Benzol die *elektrophile Substitution* ein, die die Aromatizität des Systems erhält, und nicht die *elektrophile Addition*. Der Reaktionsmechanismus wird genauer als elektrophile aromatische Substitution bezeichnet, da das angreifende Elektrophil ein Wasserstoffatom der aromatischen Ausgangsverbindung durch Austausch ersetzt.

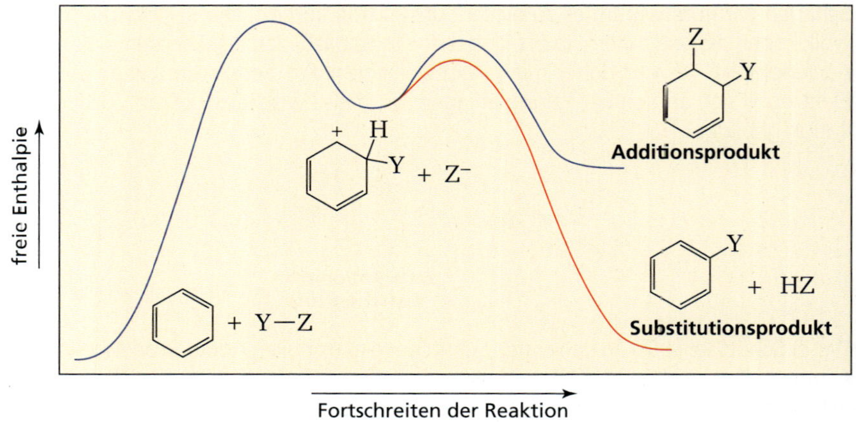

Abbildung 36.4: Reaktionskoordinatendiagramm der elektrophilen Substitution am Benzol im Vergleich zur elektrophilen Addition an Benzol.

36.7 Der allgemeine Mechanismus der elektrophilen aromatischen Substitution

Bei einer elektrophilen aromatischen Substitution ersetzt ein Elektrophil ein an eines der Ringkohlenstoffatome gebundenes H-Atom.

eine elektrophile aromatische Substitutionsreaktion

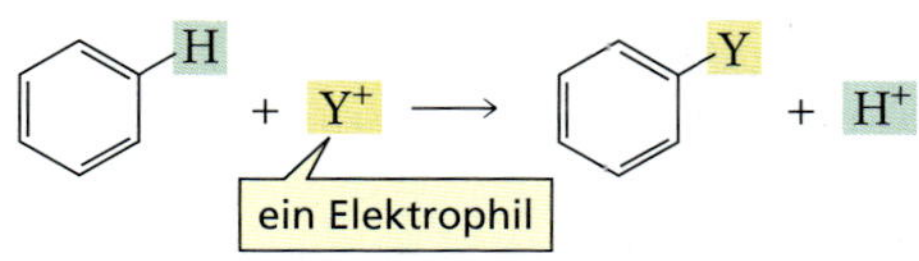

Die häufigsten elektrophilen aromatischen Substitutionsreaktionen sind:

1. **Halogenierung:** Ein Brom- (Br), Chlor- (Cl) oder Iodatom (I) ersetzt ein Wasserstoffatom.
2. **Nitrierung:** Eine Nitrogruppe (NO_2) ersetzt ein Wasserstoffatom.
3. **Sulfonierung:** Eine Sulfonsäuregruppe (SO_3H) ersetzt ein Wasserstoffatom.
4. **Friedel-Crafts-Acylierung:** Eine Acylgruppe (RC=O) ersetzt ein Wasserstoffatom.
5. **Friedel-Crafts-Alkylierung:** Eine Alkylgruppe (R) ersetzt ein Wasserstoffatom.

All diese Reaktionen laufen nach dem gleichen zweischrittigen Mechanismus ab.

Der allgemeine Mechanismus der elektrophilen aromatischen Substitution

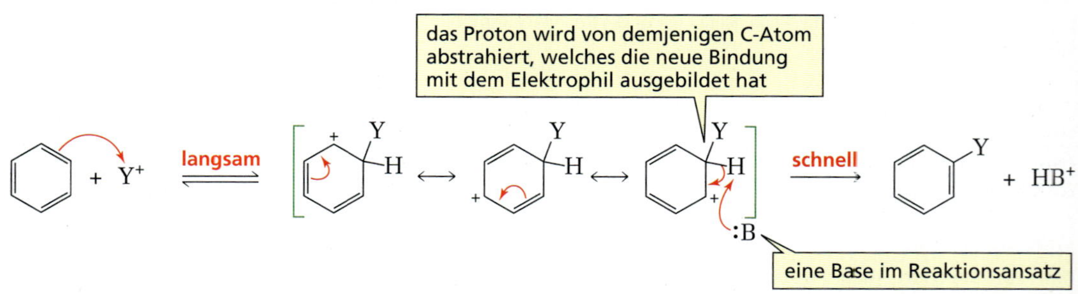

- Benzol reagiert mit einem Elektrophil (Y^+) unter Bildung einer carbokationischen Zwischenstufe (Sigma-Komplex). Die Struktur des Carbokations kann durch drei mesomere Grenzformeln näherungsweise beschrieben werden.
- Eine Base in der Reaktionsmischung (B:) spaltet vom Carbokation ein Proton ab, das Bindungselektronenpaar der ursprünglichen C—H-Bindung klappt in das Ringsystem (→ Rearomatisierung).

Der erste Schritt der Reaktion verläuft relativ langsam und ist endergonisch, da eine aromatische Verbindung in ein viel weniger stabiles nichtaromatisches Intermediat umgewandelt wird (Abbildung 36.4). Der zweite Schritt verläuft rasch und ist stark exergonisch, weil er den die Stabilität erhöhenden aromatischen Zustand wiederherstellt.

Die fünf Typen der elektrophilen aromatischen Substitution unterscheiden sich nur in der Bildung des Elektrophils. Anschließend folgen alle Varianten dem gleichen zweischrittigen Reaktionsmechanismus der elektrophilen aromatischen Substitution.

36.8 Halogenierung des Benzols

Die Bromierung oder Chlorierung von Benzol erfordert den Einsatz eines Lewissäurekatalysators wie Eisen(III)-bromid oder Eisen(III)-chlorid. Erinnern Sie sich: Eine Lewissäure ist eine Verbindung, die ein Elektronen(paar)akzeptor ist.

Bromierung

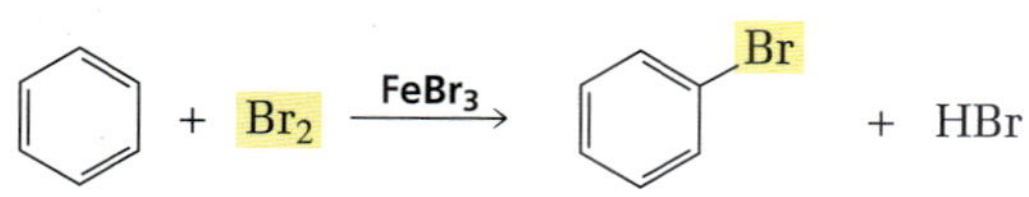

Brombenzol

Chlorierung

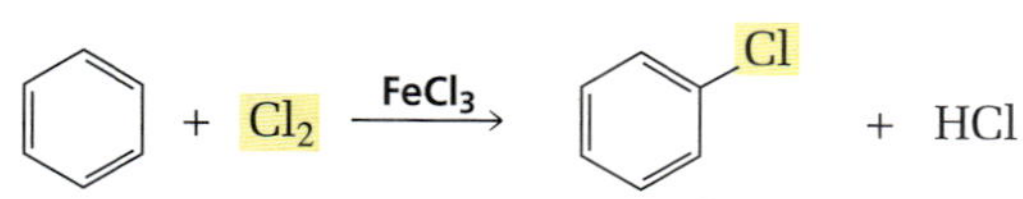

Chlorbenzol

Warum ist für die Reaktion von Benzol mit elementarem Brom oder Chlor ein Katalysator erforderlich, wo doch die Reaktionen dieser Reagenzien mit einem Alken ohne Katalysator vonstatten gehen? Der aromatische Charakter des Benzols verleiht diesem eine größere Stabilität und damit eine geringere Reaktivität im Vergleich zu einem Alken. Darum ist für den Angriff auf das Benzol ein Teilchen mit einer höheren Elektrophilie erforderlich. Die Übertragung eines freien Elektronenpaares vom X_2 auf die Lewissäure schwächt die X—X- (Br—Br- oder Cl—Cl-) Bindung und macht so das Brom- bzw. Chlormolekül (Br_2/Cl_2) zu einem besseren Elektrophil.

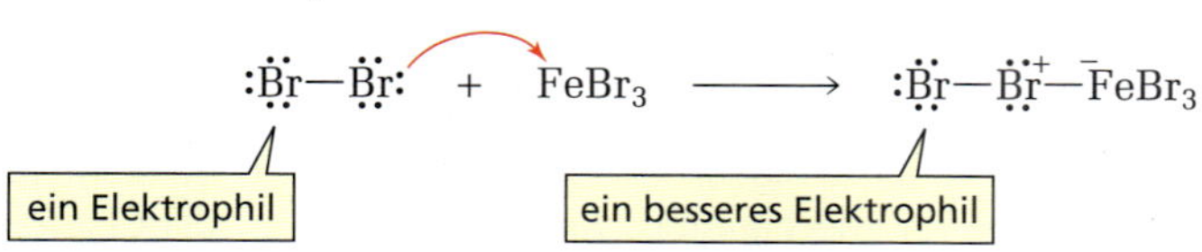

Aus Gründen der Übersichtlichkeit wird in den nachfolgend dargestellten Reaktionsmechanismen stellvertretend immer nur eine mesomere Grenzstruktur des Carbokations angegeben, obwohl jedes carbokationische Intermediat tatsächlich drei gleichwertige mesomere Grenzformeln besitzt.

Mechanismus der Bromierung

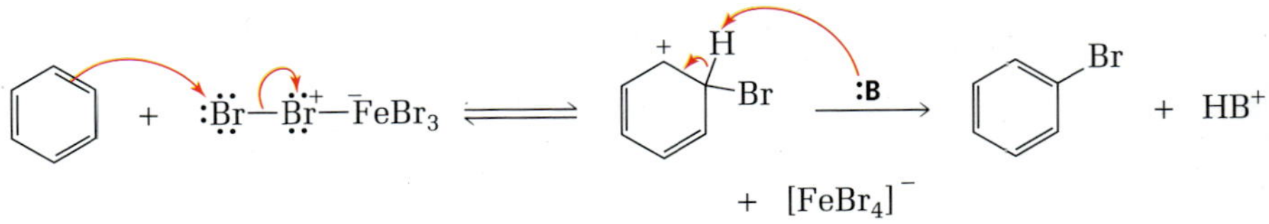

- Das Elektrophil lagert sich an den Benzolring an (π-Komplex).
- Eine Base (B:) aus der Reaktionsmischung (wie Br^- oder ein Lösungsmittelmolekül) entzieht dem intermediären Carbokation ein Proton.

Die folgende Reaktionsgleichung zeigt, wie der Katalysator regeneriert wird:

$$[FeBr_4]^- + HB^+ \longrightarrow HBr + FeBr_3 + :B$$

Die Chlorierung des Benzols vollzieht sich nach genau dem gleichen Mechanismus.

Mechanismus der Chlorierung

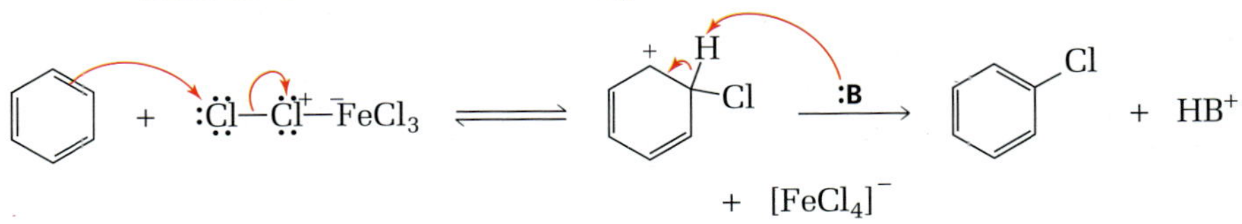

Eisen(III)-bromid und Eisen(III)-chlorid sind feuchtigkeitsempfindlich (hygroskopisch) und reagieren bereitwillig mit Spuren von Luftfeuchtigkeit, was zur Inaktivierung der katalytischen Wirkung führt. Das Eisen(III)-bromid oder Eisen(III)-chlorid wird deshalb in situ (vor Ort, in der Reaktionsmischung) aus den Elementen hergestellt, indem man Eisenfeilspäne und das elementare Halogen zusammengibt. Die Halogenatome des Katalysators und die mit dem Aromaten reagierenden Halogenatome entstammen somit demselben Aliquot des Elementes.

$$2\,Fe + 3\,Br_2 \longrightarrow 2\,FeBr_3$$

$$2\,Fe + 3\,Cl_2 \longrightarrow 2\,FeCl_3$$

Elektrophiles Iod (I^+) erhält man, wenn man elementares Iod (I_2) mit einem Oxidationsmittel wie Salpetersäure (HNO_3) behandelt.

Iodierung

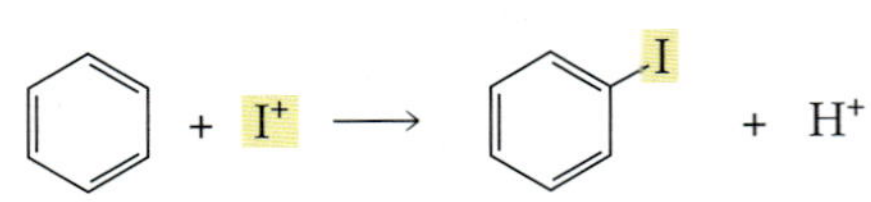

Iodbenzol

Nachdem das Elektrophil sich gebildet hat, vollzieht sich die Iodierung des Benzols nach dem gleichen Mechanismus wie die Bromierung oder Chlorierung.

Mechanismus der Iodierung

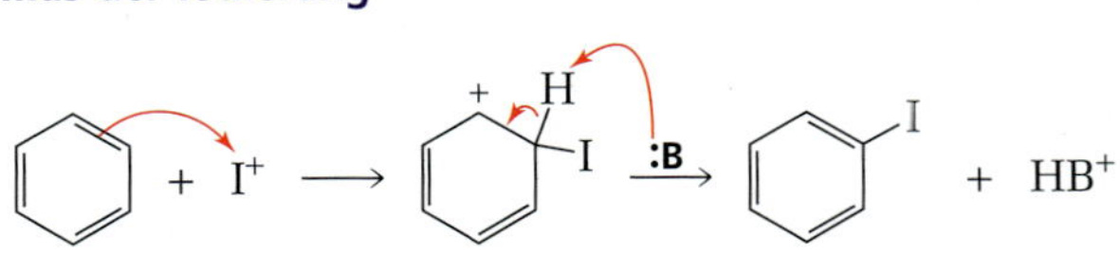

36.9 Nitrierung des Benzols

Die Nitrierung des Benzols erfolgt mit Salpetersäure und erfordert den Zusatz von Schwefelsäure als Katalysator.

Nitrierung

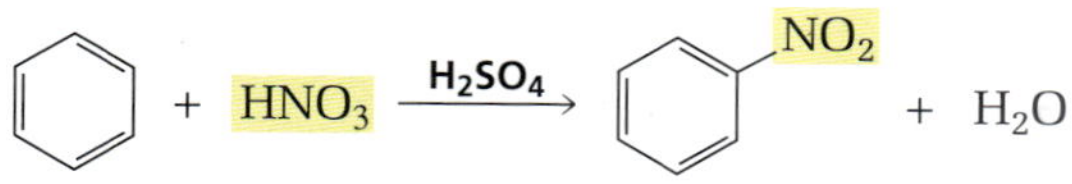

Nitrobenzol

Um das für die Reaktion notwendige Elektrophil zu erzeugen, wird die Salpetersäure mit Hilfe der Schwefelsäure protoniert. Die protonierte Salpetersäure spaltet ein Wassermolekül ab und bildet dabei ein Nitroniumion, das als Elektrophil den Benzolring angreifen kann.

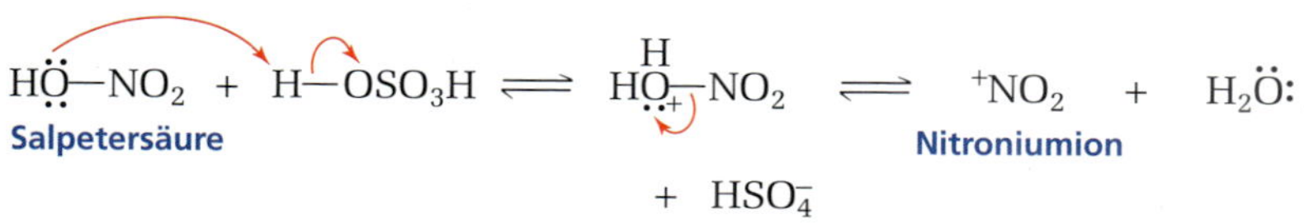

Mechanismus der Nitrierung

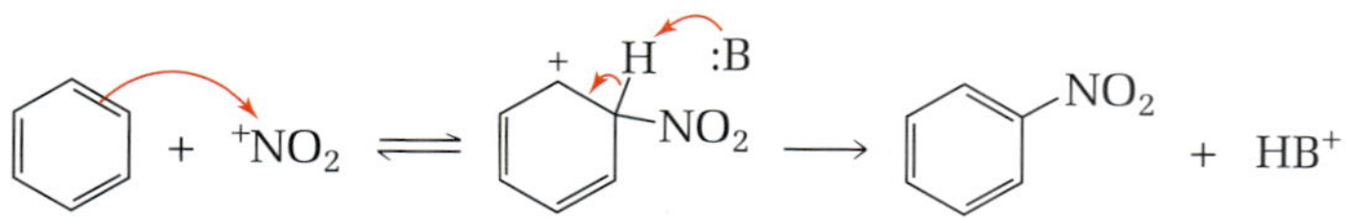

- Das Elektrophil lagert sich an den Ring an.
- Irgendeine in der Reaktionsmischung anwesende Base B: (zum Beispiel H_2O, HSO_4^-, Lösungsmittel) abstrahiert im zweiten Schritt der Reaktion das Proton.

36.10 Sulfonierung des Benzols

Rauchende Schwefelsäure (eine Lösung von Schwefeltrioxid, SO_3, in Schwefelsäure, H_2SO_4) oder konzentrierte Schwefelsäure wird eingesetzt, um aromatische Ringsysteme zu sulfonieren.

Sulfonierung

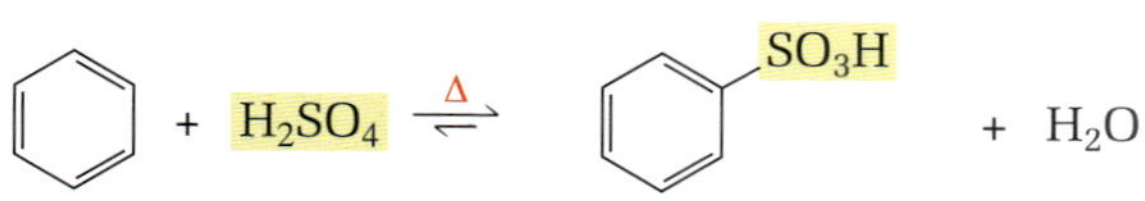

Benzolsulfonsäure

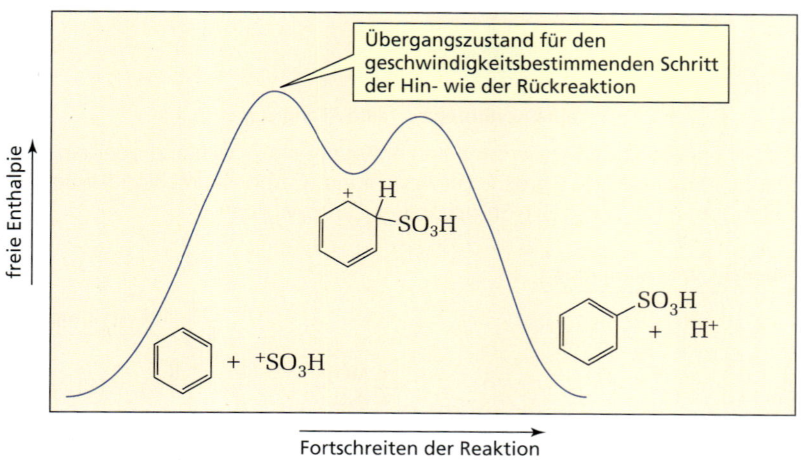

Abbildung 36.5: Reaktionskoordinatendiagramm für die Sulfonierung des Benzols (von links nach rechts) und die Desulfonierung der Benzolsulfonsäure (von rechts nach links).

Nehmen Sie sich einige Minuten Zeit, um die mechanistischen Ähnlichkeiten bei der Bildung der Elektrophile HSO_3^+ und NO_2^+ zu erkennen. Wenn konzentrierte Schwefelsäure erhitzt wird, bildet sich infolge der Protonenabgabe des HSO_3^+-Teilchens Schwefeltrioxid.

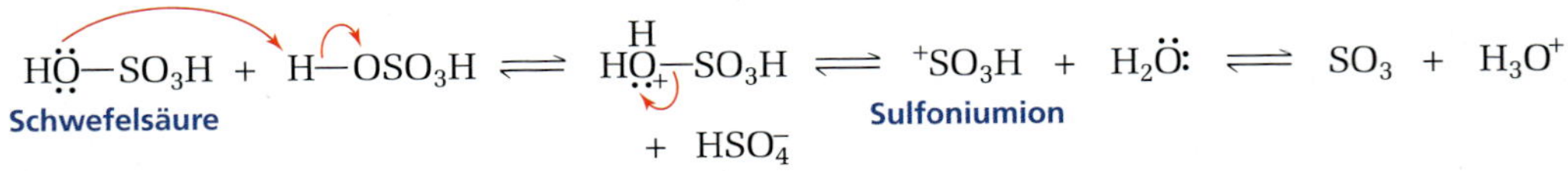

Mechanismus der Sulfonierung

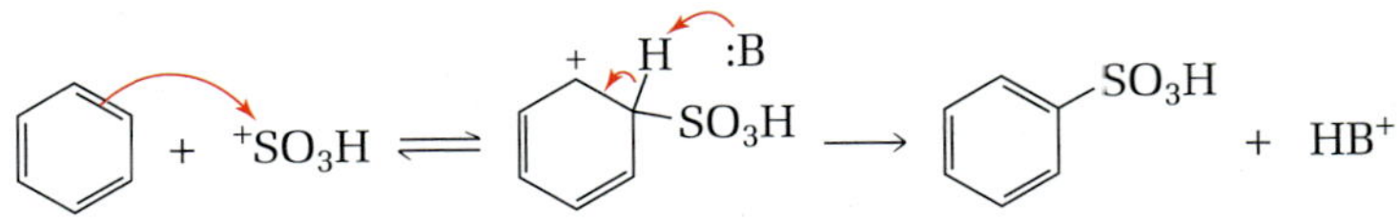

Eine Sulfonsäure ist eine starke Säure, weil sie drei elektronenziehende Sauerstoffatome besitzt und die konjugierte Base mesomeriestabilisiert ist.

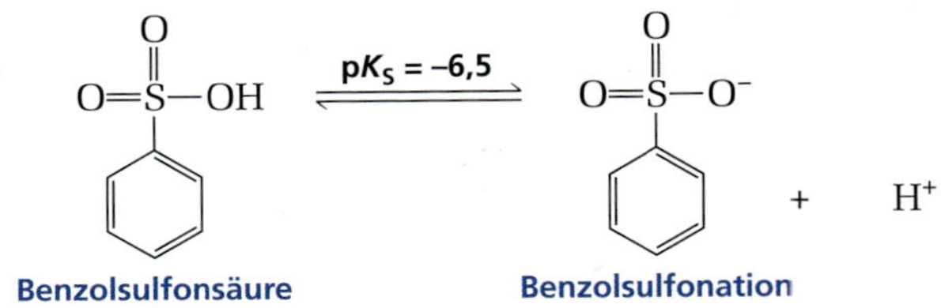

Die Sulfonierung ist die einzige elektrophile aromatische Substitution, die reversibel ist. Falls Benzolsulfonsäure in verdünnten Säuren erhitzt wird, addiert sich ein H^+ an den Kohlenstoffring und die Sulfonsäuregruppe wird abgespalten.

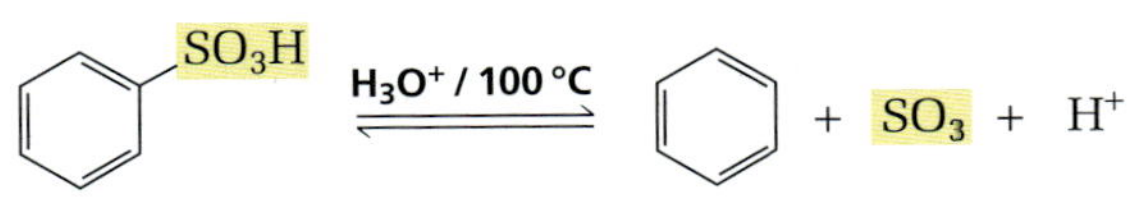

BIOGRAPHIE

Charles Friedel (1832–1899) wurde in Straßburg (Frankreich) geboren. Er war Professor für Chemie und Forschungsdirektor an der Sorbonne in Paris. Sein Interesse an der Mineralogie führte ihn dazu, Versuche zur Herstellung synthetischer Diamanten anzustellen. Er traf mit James Crafts zusammen, als beide zur selben Zeit Forschungsarbeiten an der *Ecole de Médicine* in Paris durchführten. Sie arbeiteten den größten Teil ihrer aktiven beruflichen Zeit zusammen; dabei wurde in Friedels Laboratorium im Jahr 1877 die nach ihnen benannte Friedel-Crafts-Reaktion entdeckt.

36.11 Friedel-Crafts-Acylierung des Benzols

Zwei elektrophile Substitutionen sind mit den Namen der Chemiker Charles Friedel und James Crafts verknüpft. Die *Friedel-Crafts-Acylierung* führt eine Acylgruppe in den Benzolring ein, die *Friedel-Crafts-Alkylierung* führt eine Alkylgruppe in den Ring ein. Diese Reaktionen sind für den synthetisch arbeitenden Chemiker nützlich, weil sich dadurch die Zahl der Kohlenstoffatome des Moleküls vergrößern lässt.

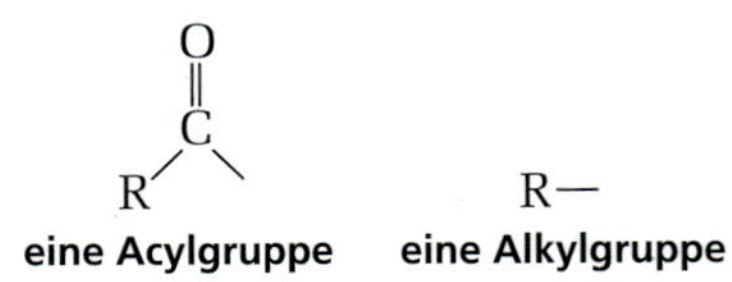

Für die Friedel-Crafts-Acylierung kann entweder ein Acylchlorid oder ein Säureanhydrid eingesetzt werden. Ein Acylchlorid (Carbonsäurechlorid) trägt ein Chloratom anstelle der OH-Gruppe in der Carboxylgruppe.

Friedel-Crafts-Acylierung

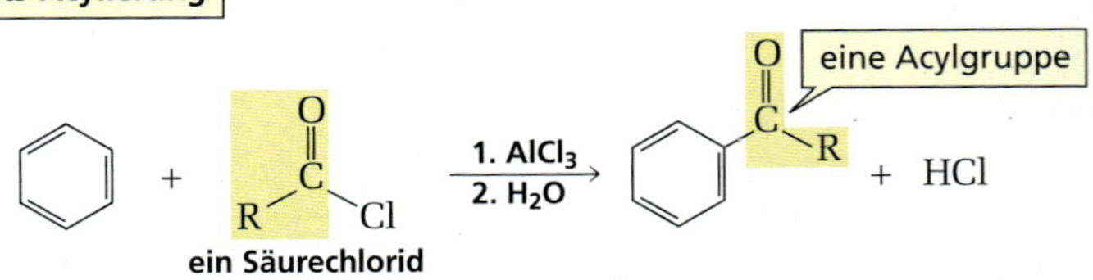

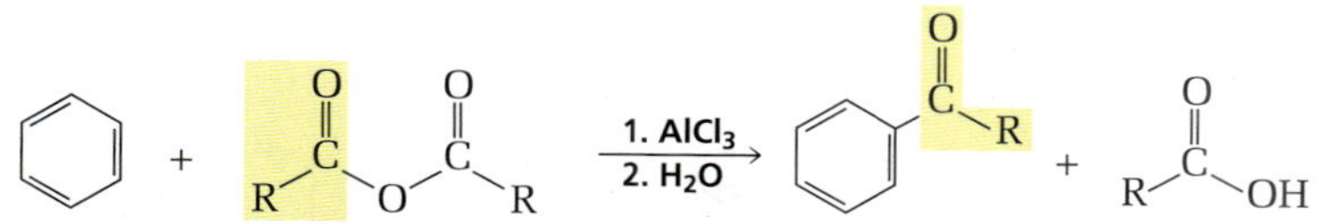

ein Säureanhydrid

Das für die Friedel-Crafts-Acylierung erforderliche Elektrophil (ein Acyliumion) erhält man durch die Umsetzung eines Acylchlorids (Säurechlorids) oder eines Säureanhydrids mit Aluminiumtrichlorid ($AlCl_3$), einer Lewissäure. Das Sauerstoffatom und das Kohlenstoffatom teilen sich die positive Ladung des Acyliumions, wodurch es stabilisiert wird.

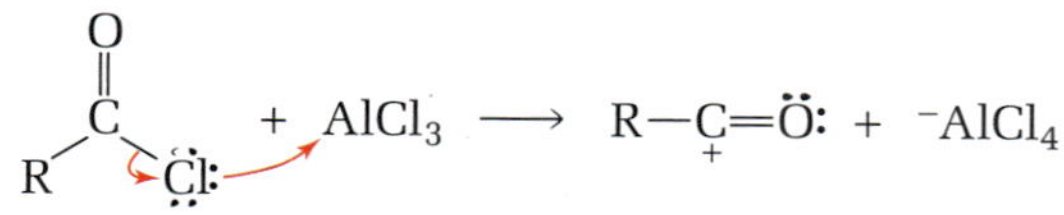

ein Säurechlorid ein Acyliumion

Mechanismus der Friedel-Crafts-Acylierung

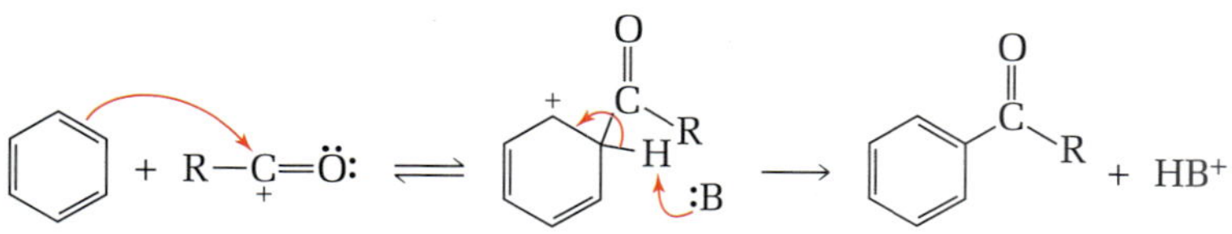

Da das Reaktionsprodukt einer Friedel-Crafts-Acylierung eine Carbonylgruppe enthält, die mit $AlCl_3$ einen Komplex bilden kann, muss die Friedel-Crafts-Acylierung mit mehr als einem Moläquivalent Aluminiumchlorid durchgeführt werden. Am Ende der Reaktion setzt man dem Ansatz Wasser zu, um das Produkt aus dem Komplex freizusetzen.

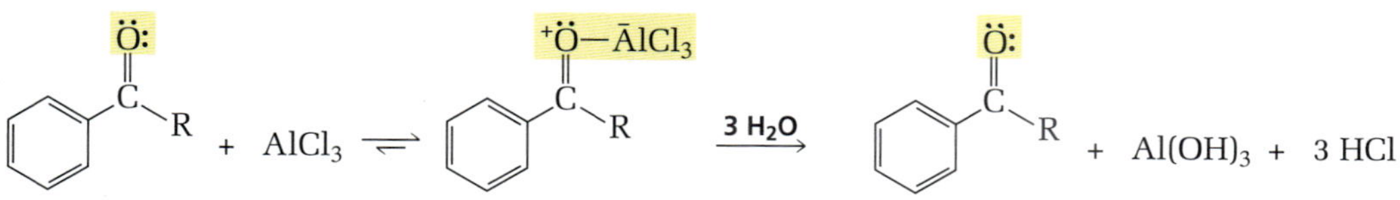

36.12 Friedel-Crafts-Alkylierung des Benzols

Die Friedel-Crafts-Alkylierung führt zur Substitution eines Wasserstoffatoms gegen eine Alkylgruppe.

Friedel/Crafts-Alkylierung

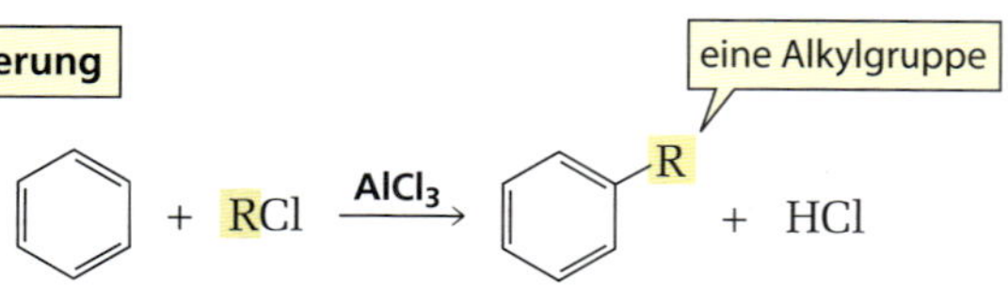

Im ersten Schritt der Reaktion wird durch die Reaktion eines Halogenalkans mit Aluminiumtrichlorid ein Carbokation gebildet. Alle Halogenalkane (RF, RCl, RBr, RI) können hierfür Verwendung finden. Vinylhalogenide und Arylhalogenide können nicht eingesetzt werden, da ihre Carbokationen für eine Bildung zu instabil sind.

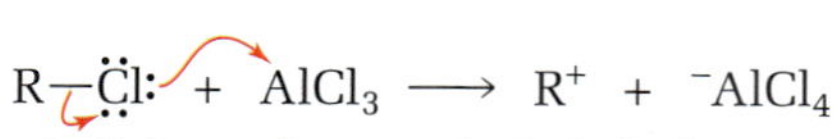

ein Halogenalkan ein Carbokation

BIOGRAPHIE

James Mason Crafts (1839–1917) wurde in Boston (Massachusetts, USA) als Sohn eines Wollwarenfabrikanten geboren. Er graduierte an der *Harvard University* (Boston, USA) im Jahr 1858 und war Professor für Chemie an der *Cornell University* (Ithaca, Staat New York) und am *Massachusetts Institute of Technology* (MIT; Cambridge, USA). Von 1897 bis 1900 war er Präsident des MIT, bevor ihn seine geschwächte Gesundheit zur Pensionierung zwang.

Mechanismus der Friedel-Crafts-Alkylierung

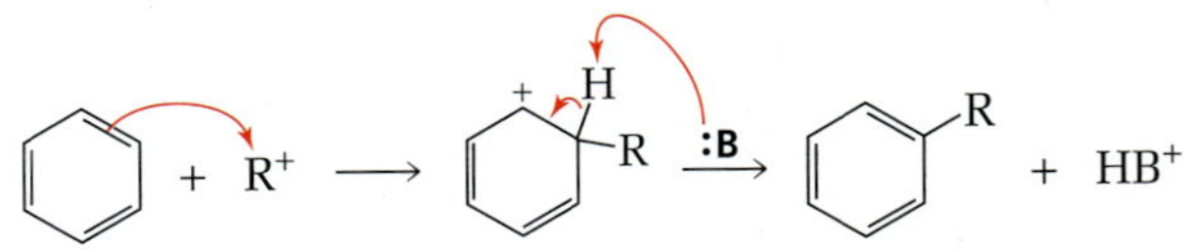

Um eine weitergehende Alkylierung des Benzolkerns zu verhindern, muss für die Friedel-Crafts-Alkylierung ein großer Überschuss Benzol eingesetzt werden. Wenn das Benzol im Überschuss vorliegt, ist die Wahrscheinlichkeit größer, dass ein angreifendes Elektrophil mit einem unsubstituierten Benzolmolekül zusammenstößt als mit einem bereits alkylsubstituierten.

Reaktionen substituierter Benzole

37

ÜBERBLICK

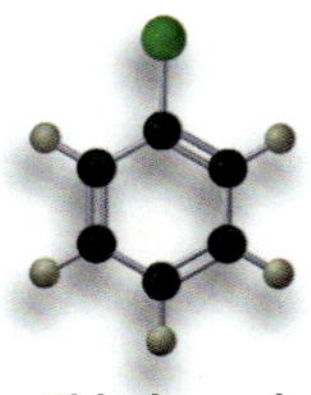

Chlorbenzol

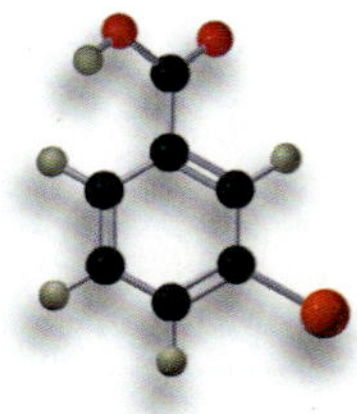

***meta*-Brombenzoesäure**

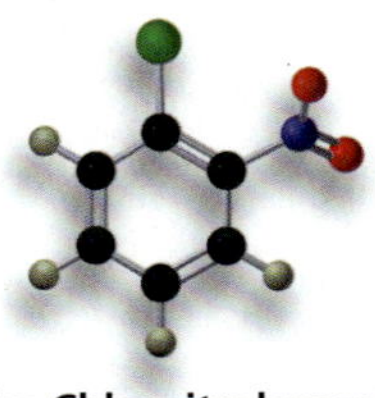

***ortho*-Chlornitrobenzol**

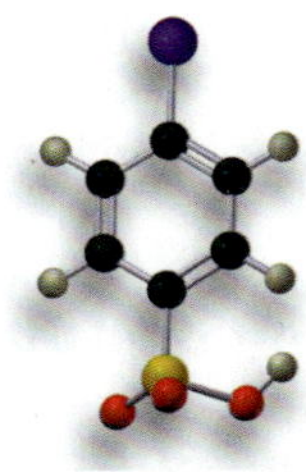

***para*-Iodbenzolsulfonsäure**

In der Natur findet sich eine Vielzahl substituierter Benzole (Benzolderivate). Einige mit physiologischen Wirkungen (Wirkungen auf den menschlichen Körper) sind nachfolgend abgebildet:

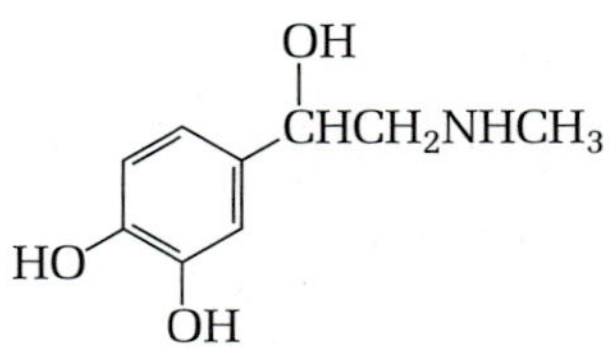

Adrenalin
ein Stresshormon, das bei Stress aus der Nebenniere freigesetzt wird

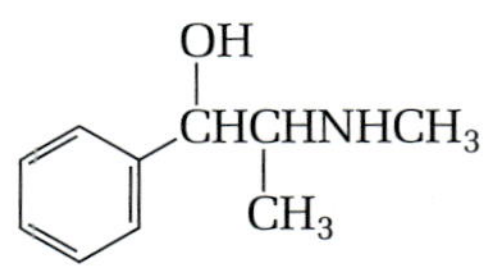

Ephedrin
eine die Bronchien erweiternde Substanz

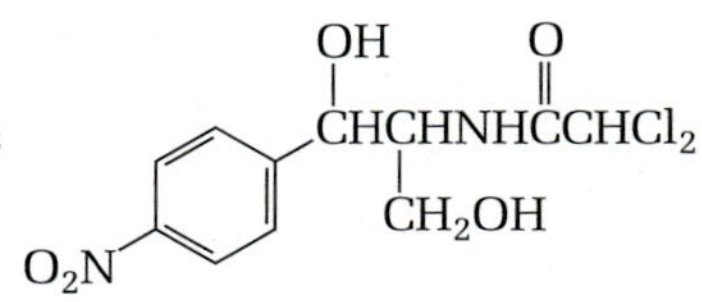

Chloramphenicol
ein Antibiotikum, das besonders gegen Typhus wirksam ist

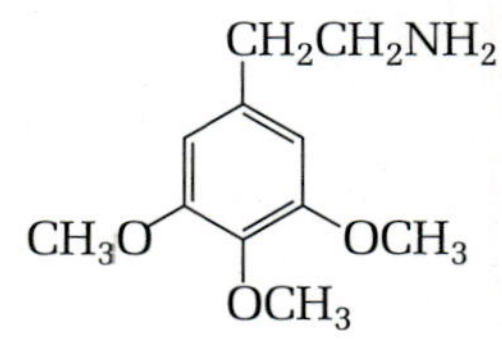

Mescalin
eine psychoaktive Substanz aus dem Peyotekaktus (eine Rauschdroge)

Viele andere, formal vom Benzol ableitbare Verbindungen finden sich nicht in der Natur, sondern existieren nur, weil Chemiker sie synthetisch hergestellt haben. Die heute verbotene Diätpille „fen-phen" war eine Mixtur aus den beiden synthetischen Benzolderivaten Fenfluramin und Phentermin.

Zwei andere synthetische Benzolabkömmlinge sind das BHA und das BHT, die als Konservierungsstoffe für Lebensmittel eingesetzt werden und somit in einer Vielzahl prozessierter Nahrungsmittel enthalten sind.

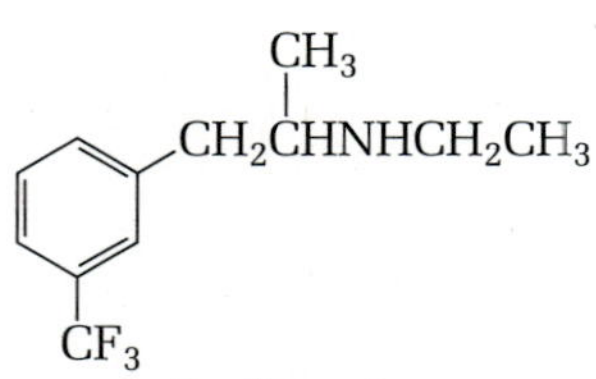

Fenfluramin

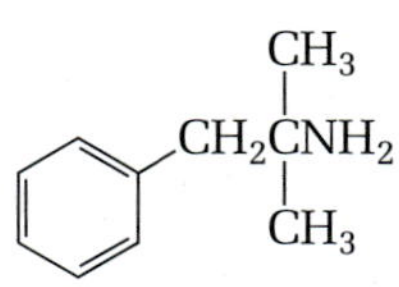

Phentermin

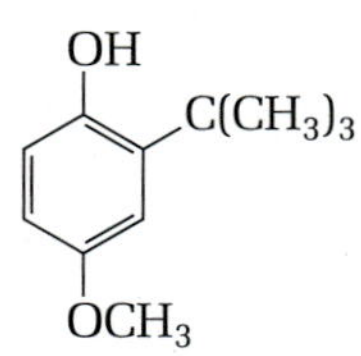

butyliertes Hydroxyanisol
BHA
ein Nahrungsmittel-antioxidans

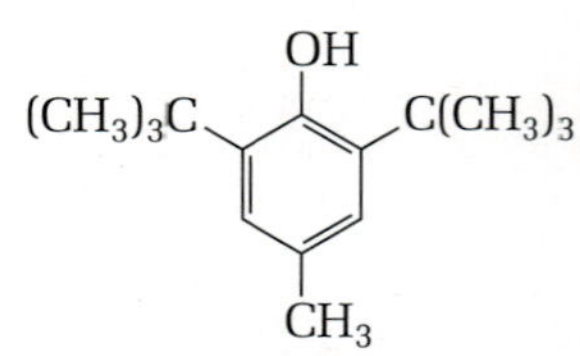

butyliertes Hydroxytoluol
BHT
ein Nahrungsmittel-antioxidans

Wenn natürlich vorkommende Verbindungen günstige physiologische Effekte haben, werden Chemiker es anstreben, die Substanz oder strukturell verwandte Verbindungen synthetisch herzustellen, um sie zu nützlichen, vermarktbaren Produkten weiterzuentwickeln. So haben Chemiker etwa Verbindungen synthetisiert, deren Strukturen denen des Adrenalins ähnlich sind. Dabei fand man das Amphetamin, eine das zentrale Nervensytem stark anregende Substanz

(Neurostimulans) mit starkem Suchtpotenzial, sowie das eng damit verwandte Metamphetamin (methyliertes Amphetamin). Amphetamin und Metamphetamin wurden beide klinisch als Appetitzügler getestet. Das Metamphetamin ist in der Drogenszene als „Speed" bekannt geworden. Es wird ungeachtet der mit ihm verbundenen Gefahren weiterhin wegen seiner intensiven psychotropen Wirkungen illegal gehandelt. Diese Verbindungen stellen nur einen winzigen Ausschnitt aus dem vielfältigen Spektrum der substituierten Benzole dar, die von der chemischen und pharmazeutischen Industrie zur kommerziellen Verwertung hergestellt worden sind.

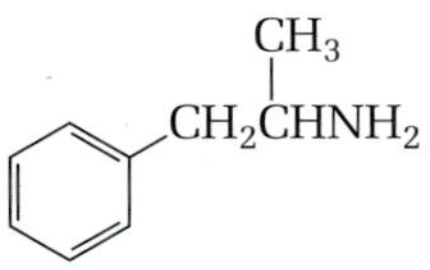

Amphetamin
ein Appetitzügler

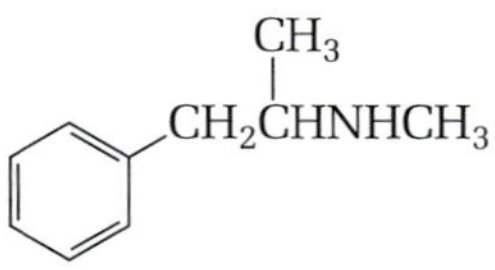

Metaamphetamin
„Speed"
(Aufputschmittel)

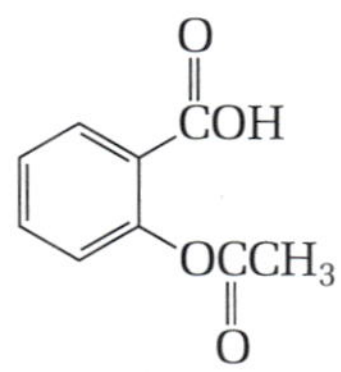

Acetylsalicylsäure
eine schmerz- und entzündungshemmende Substanz

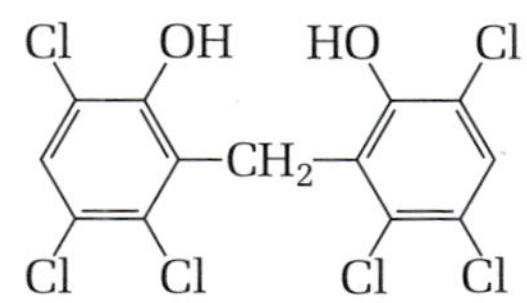

Hexachlorophen
ein Desinfektionsmittel

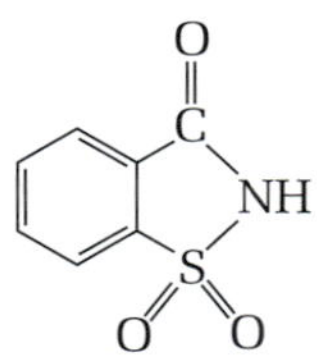

Saccharin
ein künstlicher Süßstoff

und

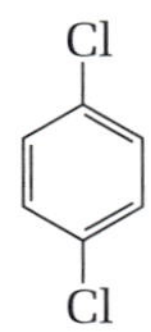

***p*-Dichlorbenzol**
kommt in Mottenkugeln und Lufterfrischern vor

37.1 Die Nomenklatur disubstituierter Benzole

Die relative Stellung zweier Substituenten an einem Benzolring kann entweder durch Ziffern oder durch die Vorsilben *ortho, meta* und *para* angegeben werden. Substituenten an benachbarten Kohlenstoffatomen stehen in *ortho*-Stellung zueinander, solche, die durch ein dazwischenliegendes Kohlenstoffatom voneinander getrennt sind, stehen in *meta*-Stellung zueinander, und solche, die auf gegenüberliegenden Seiten des Ringes angeordnet sind (durch 2 dazwischenliegende C-Atome getrennt sind), stehen in *para*-Stellung zueinander. Oft werden die Vorsilben abgekürzt und nur durch ihre nicht verwechselbaren Anfangsbuchstaben (*o, m, p*) angezeigt.

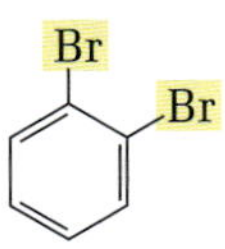

1,2-Dibrombenzol
***ortho*-Dibrombenzol**
***o*-Dibrombenzol**

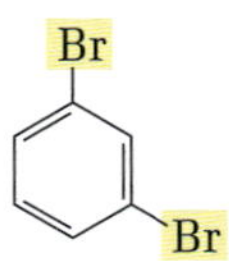

1,3-Dibrombenzol
***meta*-Dibrombenzol**
***m*-Dibrombenzol**

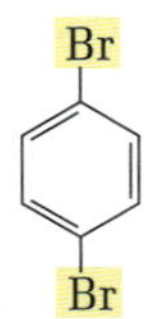

1,4-Dibrombenzol
***para*-Dibrombenzol**
***p*-Dibrombenzol**

Falls die beiden Substituenten verschieden sind, werden sie in alphabetischer Reihenfolge angegeben. Der erste angegebene Substituent nimmt der Konvention nach die 1-Stellung ein, und die Bezifferung des Zweitsubstituenten erfolgt so, dass diesem die kleinstmögliche Platzziffer zufällt.

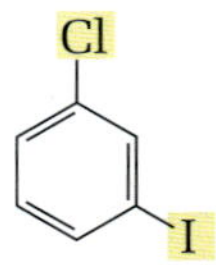

1-Chlor-3-iodbenzol
***meta*-Chloroiodbenzol**
nicht
1-Iod-3-chlorbenzol oder
***meta*-Iodchlorbenzol**

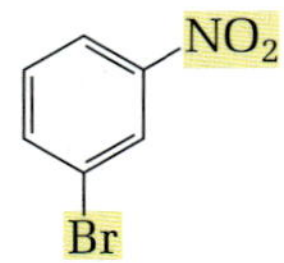

1-Brom-3-nitrobenzol
***meta*-Bromnitrobenzol**

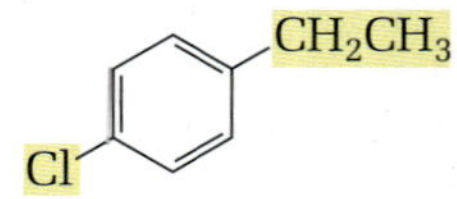

1-Chlor-4-ethylbenzol
***para*-Chlorethylbenzol**

Falls einer der Substituenten in den Trivialnamen eines Derivates eingeht, so kann der Trivialname verwendet werden; der in den Namen einfließende Substituent steht in der 1-Stellung.

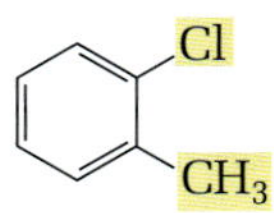

2-Chlortoluol
***ortho*-Chlortoluol**
nicht
***ortho*-Chlormethylbenzol**

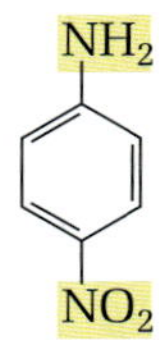

4-Nitroanilin
***para*-Nitroanilin**
nicht
***para*-Aminonitrobenzol**

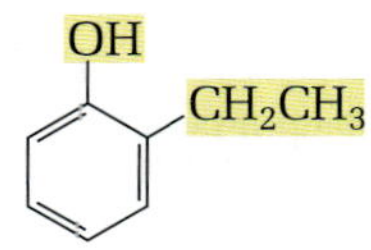

2-Ethylphenol
***ortho*-Ethylphenol**
nicht
***ortho*-Ethylhydroxybenzol**

Einige zweifach substituierte (disubstituierte) Benzole besitzen Trivialnamen, die beide Substituenten einbeziehen.

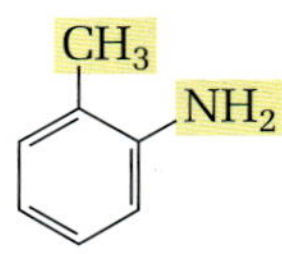

***ortho*-Toluidin**

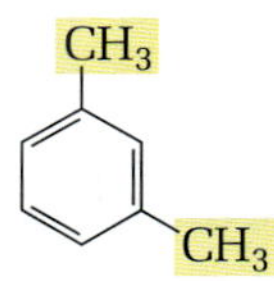

***meta*-Xylol**

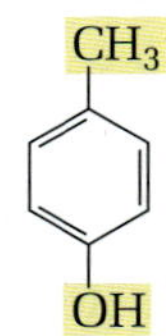

***para*-Kresol**

37.2 Reaktivität eines Benzolrings

Wie Benzol gehen substituierte Benzole fünf in Kapitel 36 vorgestellten Varianten der elektrophilen aromatischen Substitution ein:

Halogenierung

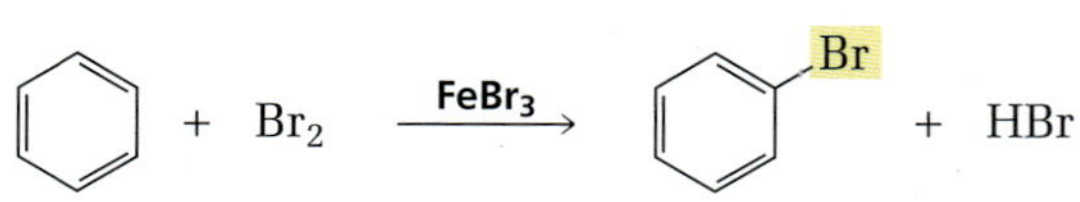

Nitrierung

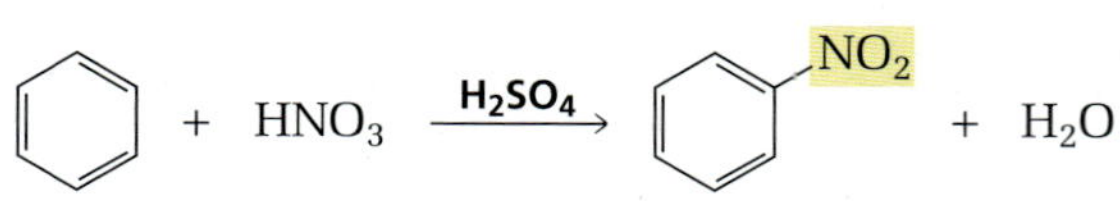

Sulfonierung

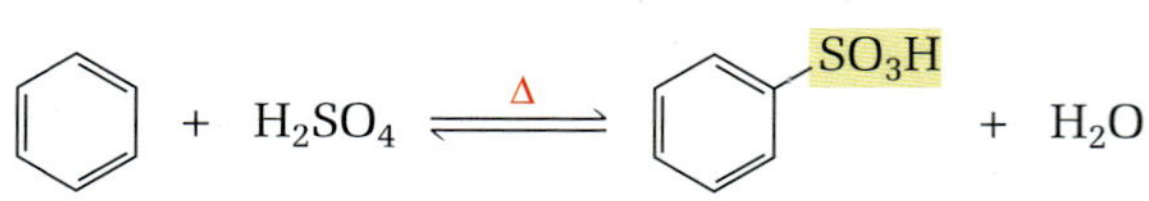

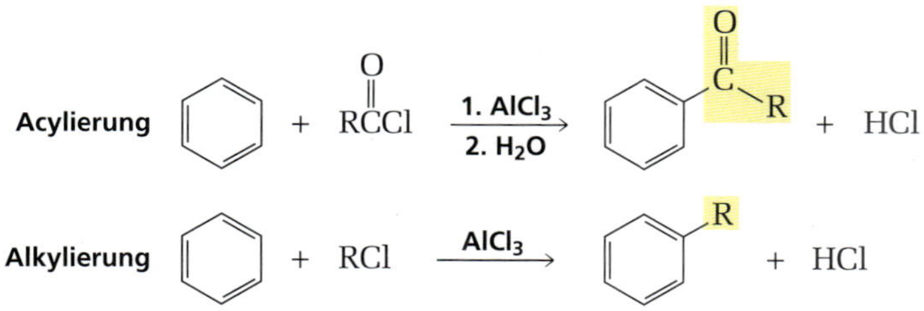

Nun müssen wir herausfinden, ob ein substituiertes Benzol reaktiver oder weniger reaktiv als das Benzol selbst ist. Die Antwort darauf hängt von der Art des Substituenten ab. Einige Substituenten machen den Ring hinsichtlich elektrophiler aromatischer Substitution reaktiver als Benzol, andere desaktivieren ihn.

Der langsame Schritt einer elektrophilen aromatischen Substitution ist die Anlagerung des Elektrophils an den nucleophilen aromatischen Ring unter Bildung einer carbokationischen Zwischenstufe. Substituenten, die Elektronen an den Ring abgeben, stabilisieren das Carbokation und den zu dessen Bildung führenden Übergangszustand. Dadurch erhöht sich die Geschwindigkeit der elektrophilen aromatischen Substitution. Diese Substituenten werden **aktivierende Substituenten** genannt. Substituenten, die im Gegensatz dazu Elektronen aus dem Ring abziehen, destabilisieren das Carbokation und den zu seiner Bildung führenden Übergangszustand. Dadurch vermindert sich die Geschwindigkeit der elektrophilen aromatischen Substitution. Diese Substituenten werden als **desaktivierende Substituenten** bezeichnet. Bevor wir erfahren, wie die carbokationische Zwischenstufe durch Elektronenschub stabilisiert und durch Elektronenzug destabilisiert wird, werden wir wiederholen, auf welche Weise ein Substituent Elektronen anbieten oder entziehen kann.

relative Geschwindigkeit der elektrophilen aromatischen Substitution

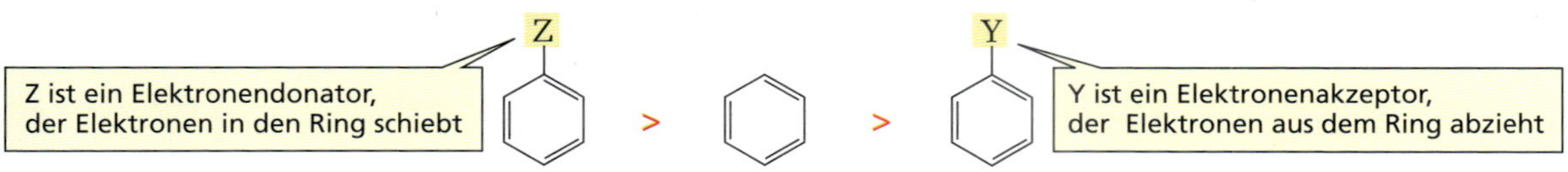

Induktiver Elektronenzug

Falls ein Substituent, der an einen Benzolring gebunden ist, stärker elektronenziehend wirkt als ein Wasserstoffatom, wird er die σ-Elektronen stärker als ein H-Atom vom Benzolring wegziehen. Der Abzug von Elektronen durch/über σ-Bindungen wird **induktiver Elektronenzug** genannt (-I-Effekt). Die NH_3^+-Gruppe ist ein Beispiel für einen Substituenten mit I-Effekt, weil das N-Atom stärker elektronegativ als ein H-Atom oder ein C-Atom ist.

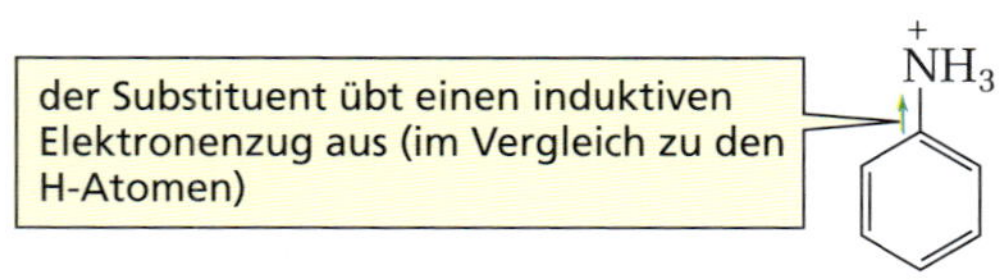

Elektronenschub durch Hyperkonjugation

Wir haben gelernt, dass Alkylgruppen (wie z. B. $-CH_3$) infolge der Hyperkonjugation stärker elektronenschiebend sind als ein H-Atom. Beachten Sie, dass wir die elektronenschiebende Eigenschaft einer Alkylgruppe – nicht bloß eines Kohlenstoffatoms – mit der elektronenschiebenden Fähigkeit eines Wasserstoffatoms vergleichen. Kohlenstoffatome sind tatsächlich stärker elektronenziehend als Wasserstoffatome, da Kohlenstoff etwas stärker elektronegativ ist als Wasserstoff, doch gleicht die Hyperkonjugation diesen induktiven Effekt mehr als aus.

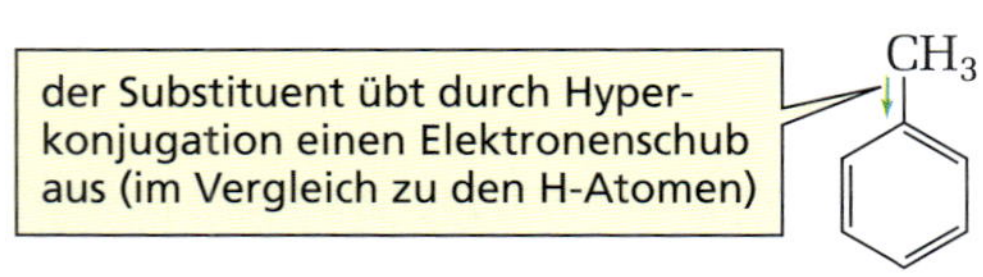

Mesomerer Elektronenschub und -zug

Falls ein Substituent ein freies Elektronenpaar an dem Atom aufweist, das direkt mit dem Benzolring verbunden ist, kann sich das freie Elektronenpaar

A 1 Geben Sie für jeden der folgenden Substituenten an, ob er induktiv Elektronen zieht, Elektronen durch Hyperkonjugation schiebt, einen mesomeren Elektronenzug oder ob er einen mesomeren Elektronenschub ausübt. Die Effekte sollten mit denen eines H-Atoms verglichen werden.

(a) Br **(b)** CH_2CH_3 **(c)** $\overset{O}{\overset{\|}{C}}CH_3$

(d) $NHCH_3$ **(e)** OCH_3 **(f)** $\overset{+}{N}(CH_3)_3$

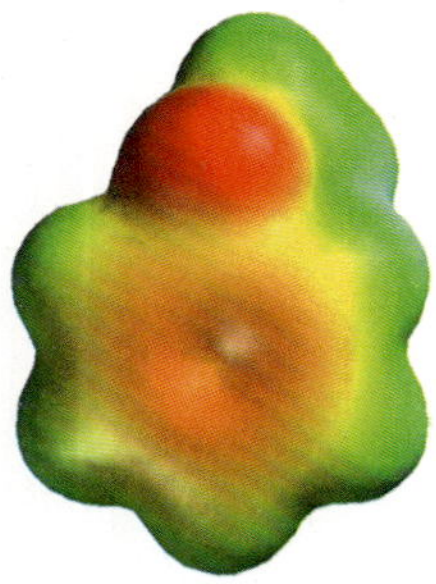

Anisol

Nitrobenzol

an dem delokalisierten Elektronensystem des Ringes beteiligen. Man sagt, dass solche Substituenten einen **mesomeren Elektronenschub** ausüben (+ M-Effekt). Substituenten wie NH_2, OH, OR und Cl üben einen solchen mesomeren Elektronenschub aus. Diese Substituenten üben gleichzeitig einen induktiven Elektronenzug aus, da das mit dem Benzolkern verbundene Atom stärker elektronegativ als die Kohlenstoffatome des Ringes und die angebundenen Wasserstoffatome sind.

Elektronenschub in einen Benzolkern durch Mesomerie

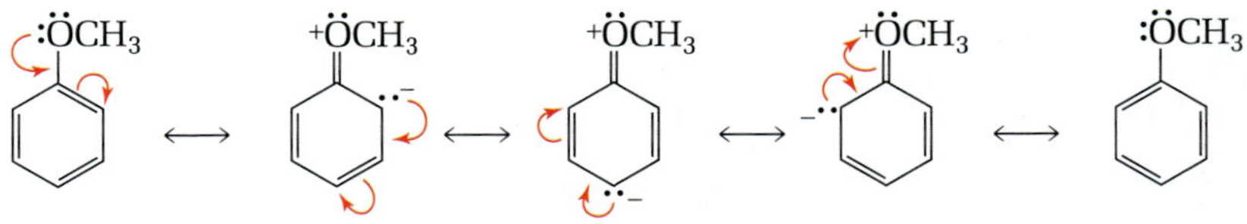

Falls ein Substituent durch ein Atom an einen Benzolring geknüpft ist, das eine Doppel- oder Dreifachbindung zu einem stärker elektronegativen Atom aufweist, können die π-Elektronen des Ringes sich bis auf diesen Substituenten ausdehnen. Man sagt, dass solche Substituenten einen **mesomeren Elektronenzug** (– M-Effekt) ausüben. Substituenten wie C=O, C≡N, SO_3H und NO_2 üben einen mesomeren Elektronenzug aus. Diese Substituenten üben außerdem einen induktiven Elektronenzug aus, weil das an den Benzolring gebundene Atom eine ganze oder partielle positive elektrische Ladung trägt und daher stärker elektronegativ ist als ein Wasserstoffatom.

Elektronenzug durch Mesomerie aus einem Benzolring

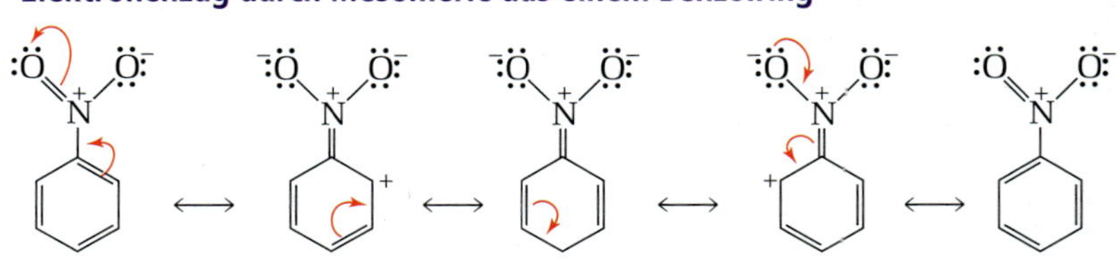

Die relative Reaktivität substituierter Benzole

Die in ► Tabelle 37.1 dargestellten Substituenten sind danach aufgelistet, wie sie die Reaktivität eines Benzolrings gegenüber der elektrophilen aromatischen Substitution beeinflussen (immer im Vergleich zu unsubstituiertem Benzol). Erinnern Sie sich daran, dass aktivierende Substituenten Elektronen an den Ring abgeben und desaktivierende dem Ring Elektronen entziehen.

Alle *stark aktivierenden Substituenten* drücken sowohl durch Mesomerie Elektronen in den Ring und ziehen gleichzeitig Elektronen induktiv aus diesem ab. Die Tatsache, dass diese Substituenten den Benzolring reaktiver machen, deutet darauf hin, dass ihr Elektronenschub durch Mesomerie wirkungsvoller ist als ihr induktiver Elektronenzug.

stark aktivierende Substituenten

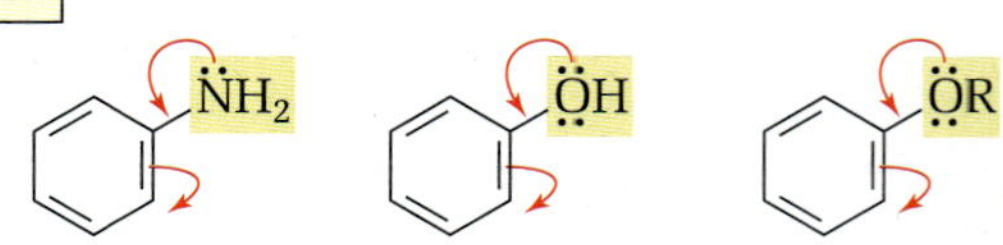

Die *mäßig aktivierenden Substituenten* schieben ebenfalls Elektronen durch Mesomerie in den Ring und entziehen diesem Elektronen induktiv. Da sie nur mäßig aktivierend wirken, können wir schließen, dass sie weniger wirkungsvoll Elektronen durch Mesomerie bereitstellen als es die stark aktivierenden Substituenten tun.

MERKE !

Elektronenschiebende Substituenten erhöhen die Reaktivität des Benzolrings für elektrophile aromatische Substitutionen.

Elektronenziehende Substituenten vermindern die Reaktivität des Benzolrings für elektrophile aromatische Substitutionen.

aktivierende Substituenten	am stärksten aktivierend		
↑	$-NH_2$, $-NHR$, $-NR_2$, $-OH$, $-OR$	stark aktivierend	*ortho/para*-dirigierend
	$-NHC(=O)R$, $-OC(=O)R$	mäßig aktivierend	*ortho/para*-dirigierend
	$-R$, $-Ar$, $-CH{=}CHR$	schwach aktivierend	*ortho/para*-dirigierend
Vergleichsstandard →	$-H$		
desaktivierende Substituenten			
↓	$-F$, $-Cl$, $-Br$, $-I$	schwach desaktivierend	*ortho/para*-dirigierend
	$-C(=O)H$, $-C(=O)R$, $-C(=O)OR$, $-C(=O)OH$, $-C(=O)Cl$	mäßig desaktivierend	*meta*-dirigierend
$-\overset{+}{N}H_3$, $-\overset{+}{N}HR_2$	$-C{\equiv}N$, $-SO_3H$, $-\overset{+}{N}H_2R$, $-\overset{+}{N}R_3$, $-NO_2$	stark desaktivierend	*meta*-dirigierend
	am stärksten desaktivierend		

Tabelle 37.1: Die Effekte von Substituenten auf die Reaktivität eines Benzolrings gegenüber elektrophiler Substitution.

MERKE !

Alle ortho/para-dirigierenden Substituenten weisen mindestens ein freies Elektronenpaar an dem Atom auf, das mit dem Ring verknüpft ist (Ausnahmen: Alkyl, Aryl und HC=CHR-Gruppen).

MERKE !

Alle metadirigierenden Substituenten weisen eine positive Ladung oder Teilladung an dem mit dem Ring verknüpften Atom auf.

mäßig stark aktivierende Substituenten

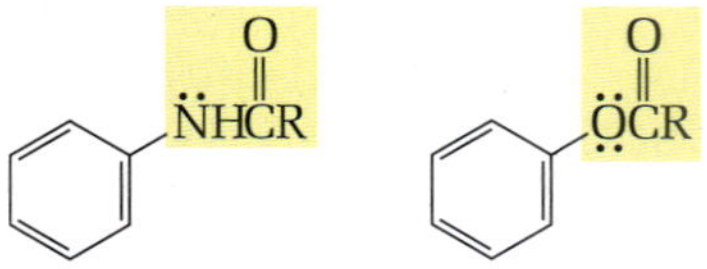

Diese Substituenten sind weniger effektive mesomere Elektronendonatoren, weil sie – anders als die stark aktivierenden Substituenten, die durch Mesomerie nur Elektronen in den Ring schieben – durch den mesomeren Effekt Elektronen sowohl an den Ring abgeben als auch von diesem abziehen können. Die Tatsache, dass diese Substituenten die Reaktivität des Benzolringes erhöhen, deutet darauf hin, dass sie insgesamt stärker Elektronen durch den mesomeren Effekt beisteuern als sie abziehen.

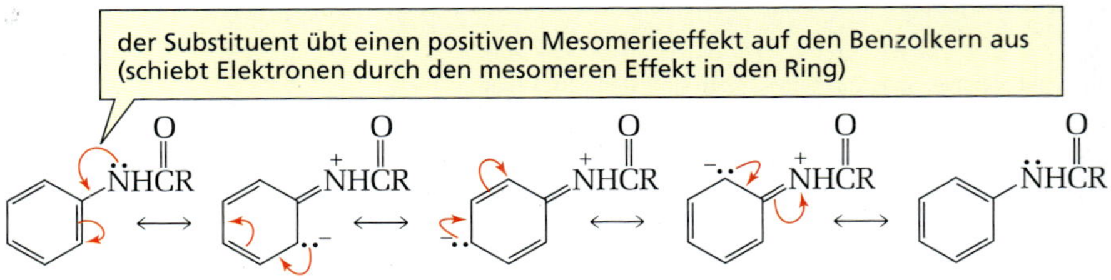

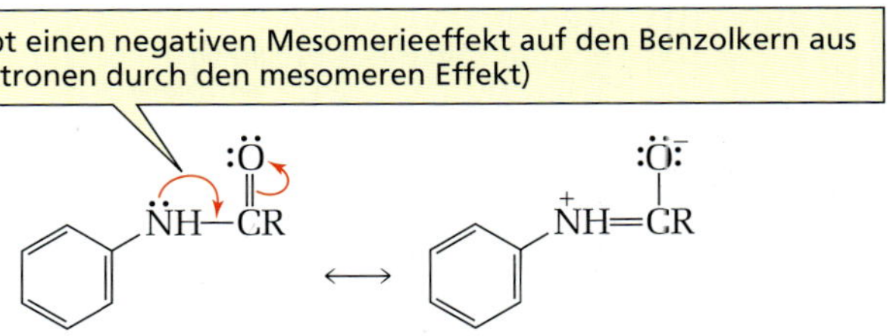

Alkyl-, Aryl- und CH=CHR-Gruppen sind *schwach aktivierend*. Wir haben gesehen, dass ein Alkylsubstituent im Vergleich zu einem Wasserstoffatom elektronenschiebend ist. Aryl- und CH=CHR-Gruppen können Elektronen über den mesomeren Effekt beisteuern und auch über diesen Elektronen entziehen. Die Tatsache, dass sie schwach aktivierend wirken, deutet darauf hin, dass sie etwas mehr elektronenschiebend als elektronenziehend sind.

schwach aktivierende Substituenten

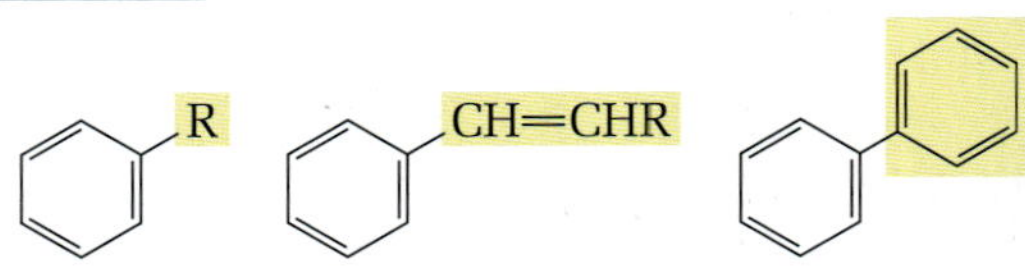

Die Halogene sind *schwach desaktivierende* Substituenten. Wie die stark und die mäßig aktivierenden Substituenten, geben die Halogenatome sowohl durch Mesomerie Elektronen an den Ring ab als sie ihm induktiv Elektronen entziehen. Der induktive Elektronenzug ist stärker als der mesomere Elektronenschub.

schwach desaktivierende Substituenten

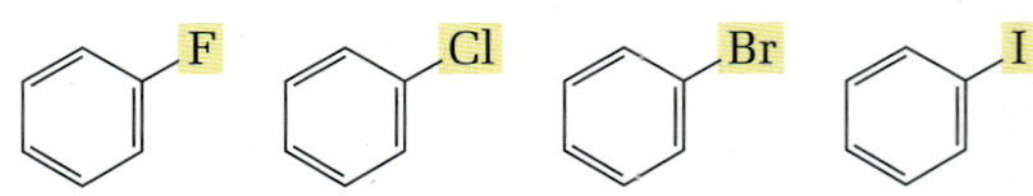

Schauen wir nach, warum das so ist. Die Elektronegativitätswerte von Chlor und Sauerstoff sind ähnlich, sie besitzen also auch ähnliche elektronenziehende Eigenschaften. Ein Chloratom gibt jedoch Elektronen durch den mesomeren Effekt nicht so wirkungsvoll ab wie ein Sauerstoffatom, da ein Cl-Atom bei der Bindungsbildung ein 3*p*-Orbital zur Überlappung mit einem 2*p*-Orbital eines C-Atoms benutzt. Eine 3*p*–2*p*-Überlappung ist viel weniger effektiv als eine 2*p*–2*p*-Überlappung, wie sie zwischen einem O- und einem C-Atom auftritt. Fluor, das zur Bindungsbildung mit Kohlenstoff ein 2*p*-Orbital benutzt, hat einen größeren +M-Effekt als Chlor, doch wird dies durch den höheren -I-Effekt wieder ausgeglichen. Brom- und Iodatome sind hinsichtlich des induktiven Elektronenzugs weniger effektiv als Chlor- oder gar Fluoratome, doch sind sie auch weniger effektiv beim mesomeren Elektronenschub, weil sie 4*p*- bzw. 5*p*-Orbitale zur Bindungsbildung mit dem Kohlenstoff einsetzen müssen. Alle Halogenatome üben aber einen stärkeren induktiven Elektronenzug als einen mesomeren Elektronenschub aus.

A 2 Listen Sie die nachfolgenden Verbindungen jeweils in der Reihenfolge abnehmender Reaktivität bei der elektrophilen aromatischen Substitution:

(a) Benzol, Phenol, Toluol, Nitrobenzol, Brombenzol

(b) Dichlormethylbenzol, Difluormethylbenzol, Chlormethylbenzol

Die *mäßig desaktivierenden Substituenten* weisen alle eine unmittelbar an den Benzolring gebundene Carbonylgruppierung auf. Eine Carbonylgruppe entzieht dem Benzolring Elektronen sowohl induktiv wie mesomer.

mäßig desaktivierende Substituenten

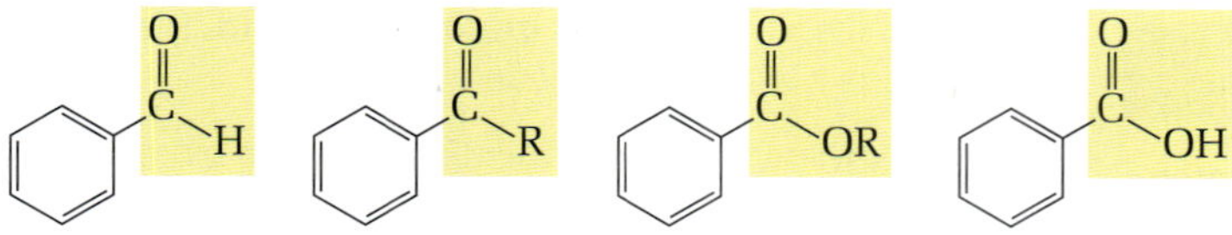

Die *stark desaktivierenden Substituenten* sind starke „Elektronenzieher". Mit Ausnahme der Ammoniumionen (NH_4^+, NH_2R^+, NHR_2^+, NR_3^+) ziehen diese Substituenten Elektronen sowohl induktiv wie durch Mesomerie. Die Ammoniumionen zeigen keinen mesomeren Effekt, aber die positive Ladung am Stickstoffatom führt dazu, dass sie Elektronen kräftig über σ-Bindungen (induktiv) anziehen.

stark desaktivierende Substituenten

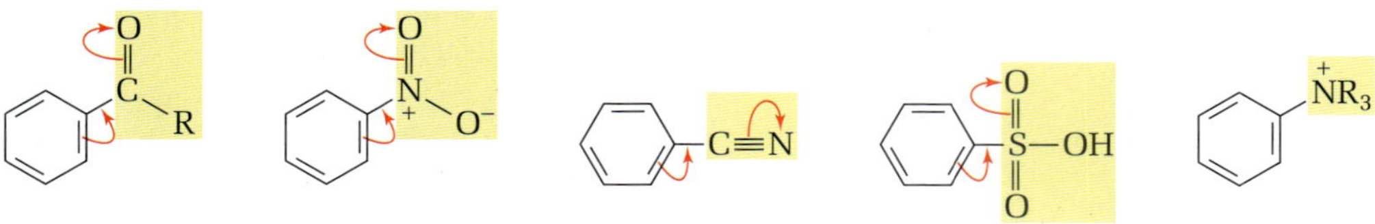

Nehmen Sie sich eine Minute Zeit, um die elektrostatischen Potenzialkarten des Anisols, des Benzols und des Nitrobenzols anzusehen. Beachten Sie dabei, dass eine elektronenschiebende Gruppierung (OCH_3) den Ring „röter" (mit stärker ausgeprägter negativer elektrischer Teilladung) macht, wohingegen ein elektronenziehender Substituent (NO_2) den Ring „weniger rot" macht (die negative elektrische Teilladung vermindert).

Anisol **Benzol** **Nitrobenzol**

37.3 Der Effekt von Substituenten auf die Orientierung

Wo bindet der neu eintretende Substituent, wenn ein substituiertes Benzol eine elektrophile Substitution eingeht? Ist das Reaktionsprodukt das *ortho-*, das *meta-* oder das *para*-Isomer?

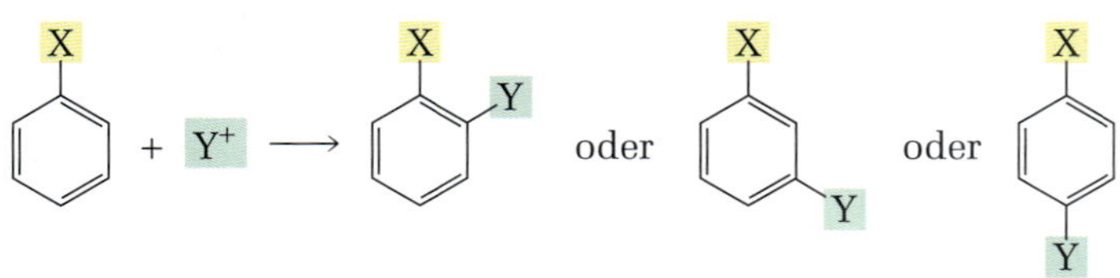

***ortho*-Isomer** ***meta*-Isomer** ***para*-Isomer**

MERKE !

Alle aktivierenden Substituenten sind *ortho*/*para*-dirigierend.

MERKE !

Alle schwach desaktivierenden Substituenten sind *ortho*/*para*-dirigierend.

MERKE !

Alle desaktivierenden Substituenten sind *meta*-dirigierend.

Der bereits am Benzolring befindliche Erstsubstituent legt den Bindungsort des Zweitsubstituenten fest. Der bereits gebundene Substituent kann einen von zwei Effekten haben: Er wird einen neu hinzutretenden Substituenten entweder in die *ortho*- und die *para*-Stellung dirigieren, oder aber in die *meta*-Stellung. Alle aktivierenden Substituenten und die schwach desaktivierenden Halogene wirken ***ortho/para*-dirigierend**. Alle Substituenten, die stärker desaktivierend wirken als die Halogene sind ***meta*-dirigierend**. Die Substituenten lassen sich somit in drei Klassen untergliedern:

1 Alle aktivierenden Substituenten dirigieren ein angreifendes Elektrophil in die *ortho*- und die *para*-Stellungen.

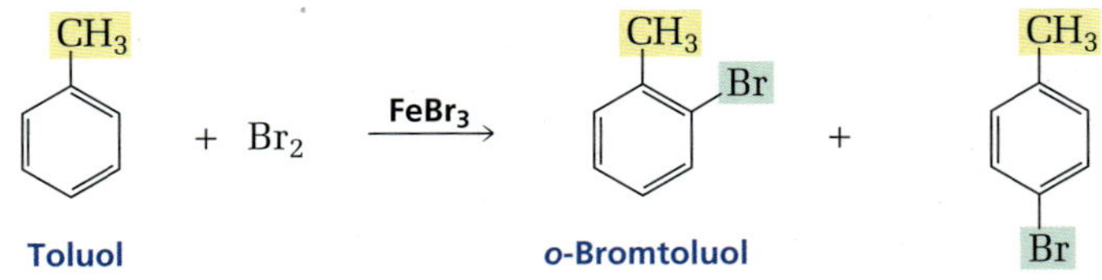

Toluol **o-Bromtoluol** ***p*-Bromtoluol**

2 Alle schwach desaktivierenden Substituenten dirigieren ein angreifendes Elektrophil in die *ortho*- und die *para*-Stellungen.

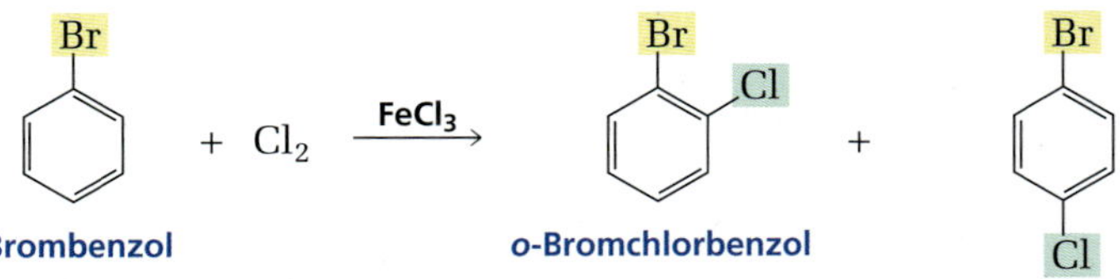

Brombenzol ***o*-Bromchlorbenzol** ***p*-Bromchlorbenzol**

3 Alle mäßig und alle stark desaktivierenden Substituenten dirigieren ein angreifendes Elektrophil in die *meta*-Stellung.

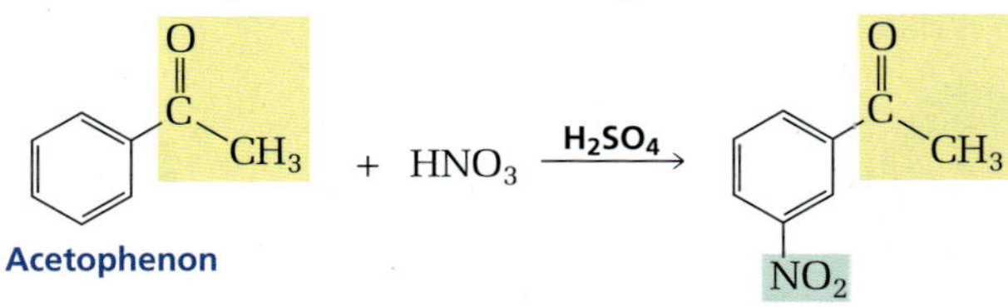

Acetophenon ***m*-Nitroacetophenon**

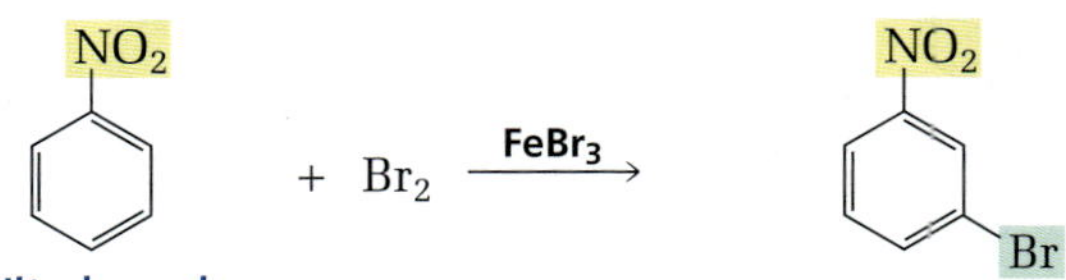

Nitrobenzol ***m*-Bromnitrobenzol**

Um zu verstehen, warum ein Substituent ein angreifendes Elektrophil in eine bestimmte Stellung am Ring drängt, müssen wir die Stabilität der intermediären Carbokationen betrachten, da der zur Bildung des Carbokations führende Schritt der geschwindigkeitsbestimmende ist. Wenn ein substituiertes Benzol elektrophil substituiert wird, können drei verschiedene carbokationische Zwischenstufen ausgebildet werden: Ein *ortho*-substituiertes Carbokation, ein *meta*-substituiertes und ein *para*-substituiertes. Die relativen Stabilitäten dieser drei Carbokationen ermöglichen es uns, den bevorzugten Reaktionsverlauf vorherzusagen, da das stabilste Carbokation am raschesten gebildet wird.

Wenn der **Substituent** einer ist, **der Elektronen vermittels des mesomeren Effektes bereitstellen kann**, gibt es für das Carbokation, das sich bildet, falls der Angriff des Elektrophils auf die *ortho*- oder *para*-Stellung erfolgt, eine vierte mesomere Grenzformel (► Abbildung 37.1). Dabei handelt es sich um

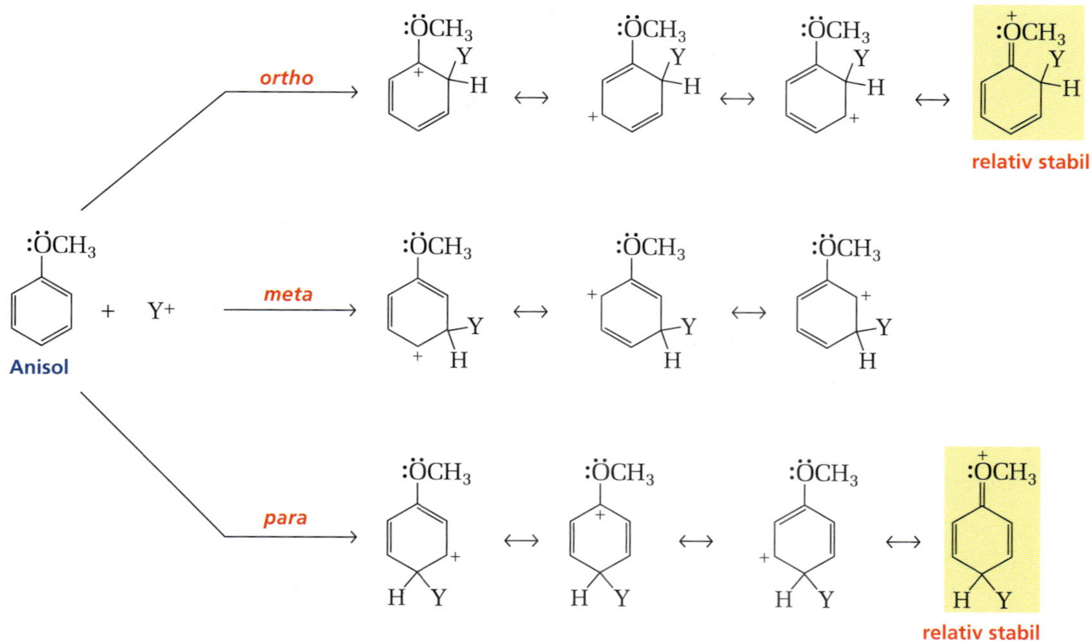

Abbildung 37.1: Die Strukturen der carbokationischen Zwischenstufen, die bei der Reaktion eines Elektrophils mit Anisol in ortho-, in meta- und in para-Stellung entstehen.

eine besonders stabile Grenzstruktur, da es sich um die einzige handelt, bei der alle Atome, mit Ausnahme der Wasserstoffatome, über ein vollständiges Elektronenoktett in der Valenzschale verfügen. Diese Grenzstruktur entsteht nur bei Eintritt des neuen Bindungspartners in die *ortho*- und *para*-Stellung. Daher sind alle Substituenten, die Elektronen durch den mesomeren Effekt beisteuern, *ortho*/*para*-dirigierend.

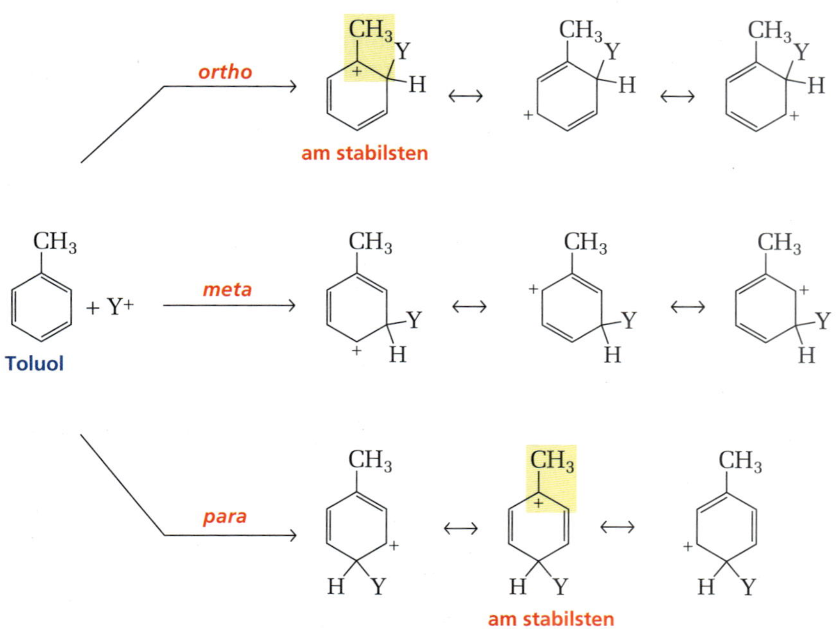

Abbildung 37.2: Die Strukturen der carbokationischen Zwischenstufen im Verlauf der Reaktion eines Elektrophils mit Toluol in *ortho*-, *meta*- und *para*-Stellung.

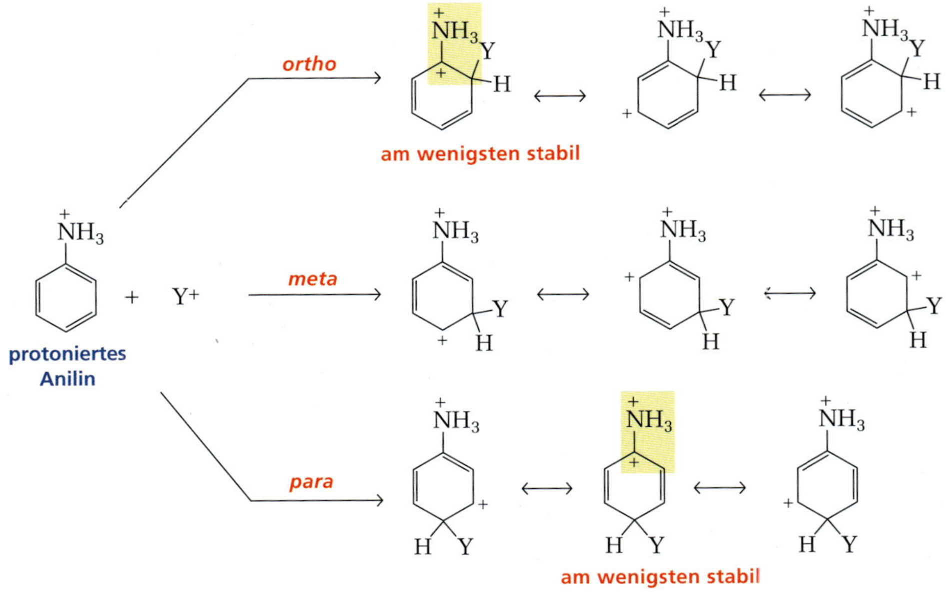

Abbildung 37.3: Die Strukturen der carbokationischen Zwischenstufen im Verlauf der Reaktion eines Elektrophils mit protoniertem Anilin in *ortho*-, *meta*- und *para*-Stellung.

MERKE !

Alle Substituenten, die Elektronen entweder durch Hyperkonjugation oder durch Mesomerie beizusteuern vermögen, wirken *ortho/para*-dirigierend.

Alle Substituenten, die keine Elektronen beizusteuern vermögen, wirken *meta*-dirigierend.

Wenn der **Substituent eine Alkylgruppe ist**, sind die in ► Abbildung 37.2 hervorgehobenen mesomeren Grenzstrukturen die stabilsten. In diesen Grenzformeln sind die Alkylgruppen direkt an das die positive Ladung tragende Kohlenstoffatom gebunden und stabilisieren es durch Hyperkonjugation. Eine relativ stabile mesomere Grenzstruktur entsteht nur dann, wenn die eintretende Gruppe in *ortho*- oder in *para*-Stellung bindet. Daher erhält man die stabilsten Carbokationen, wenn die eintretenden Gruppen in die *ortho*- und die *para*-Positionen des Ringes „dirigiert" werden. Kurz gesagt gilt: *Alkylgruppen wirken ortho/para-dirigierend, weil sie durch Hyperkonjugation Elektronen bereitstellen.*

Substituenten mit einer positiven Ladung oder Teilladung an dem Atom, das direkt mit dem Benzolkern verbunden ist, entziehen diesem induktiv Elektronen; die meisten werden außerdem gleichzeitig Elektronen auch vermittels des mesomeren Effektes abziehen. Für alle diese Substituenten sind die in ► Abbildung 37.3 hervorgehobenen mesomeren Grenzstrukturen die am wenigsten stabilen, weil bei ihnen zwei nebeneinander liegende Atome jeweils eine positive Ladung tragen. Das stabilste Carbokation bildet sich dann, wenn ein Elektrophil in der *meta*-Stellung angreift (in die *meta*-Stellung „dirigiert" wird). Daher gilt: *Alle Substituenten, die elektronenziehend wirken (mit Ausnahme der Halogene) sind meta-dirigierend.*

Die einzigen desaktivierenden *ortho/para*-dirigierenden Substituenten sind die Halogene, die zu den schwächsten Desaktivatoren gehören. Wir haben gelernt, dass sie desaktivierend wirken, weil sie induktiv Elektronen stärker aus dem Ring abziehen als sie diese durch den mesomeren Effekt an ihn zurückgeben.

37.4 Der Effekt von Substituenten auf den pK_S-Wert

Elektronenziehende Gruppen stabilisieren eine Base und erhöhen so die Stärke der konjugierten Säure. Elektronenschiebende Gruppen destabilisieren eine Base und vermindern so die Stärke der konjugierten Säure. Erinnern Sie sich daran, dass eine Säure umso stärker ist, je stabiler ihre konjugierte Base ist.

EXTRAS ONLINE Erklärung des Einflusses von Substituenten auf den pK_S-Wert

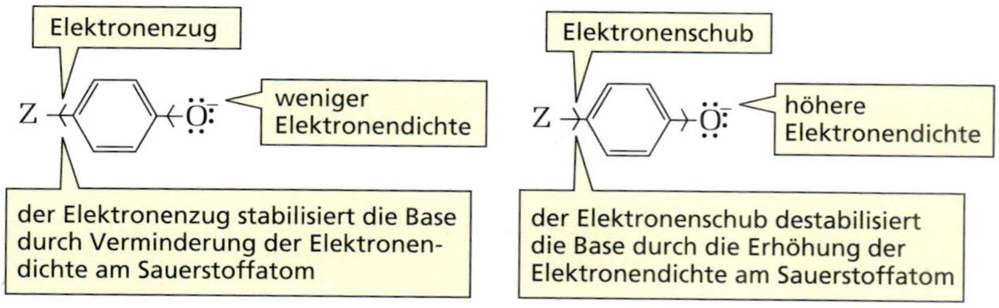

> **MERKE !**
>
> **Ein Benzolring mit einem *meta*-dirigierenden Erstsubstituenten vermag keine Friedel-Crafts-Reaktionen einzugehen.**

So beträgt beispielsweise der pK_S-Wert des Phenols in Wasser bei 25 °C 9,95. Der pK_S-Wert von *para*-Nitrophenol ist mit 7,14 niedriger, weil die Nitrogruppe dem Ring Elektronen entzieht, wohingegen der pK_S-Wert von *para*-Methylphenol mit 10,19 höher liegt, weil die Methylgruppe Elektronen an den Ring abgibt.

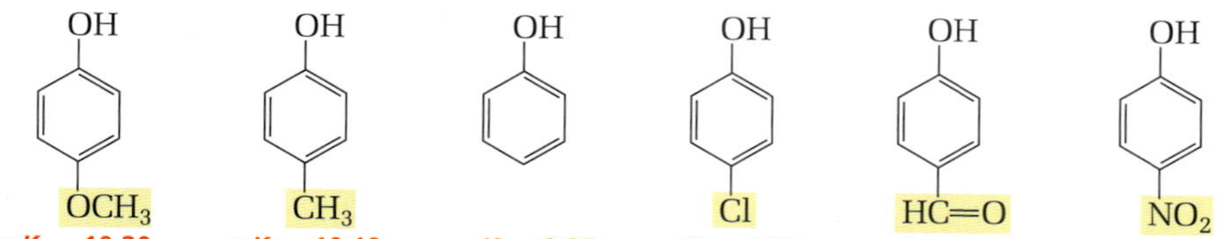

pK_S = 10,20 | pK_S = 10,19 | pK_S = 9,95 (**Phenol**) | pK_S = 9,38 | pK_S = 7,66 | pK_S = 7,14

> **MERKE !**
>
> **Je stärker desaktivierend (elektronenziehend) ein Substituent wirkt, desto stärker erhöht er die Azidität einer Carboxylgruppe (COOH), einer OH-Gruppe oder einer NH_3^+-Gruppe, die an einen Benzolring geknüpft ist.**
>
> **Je stärker aktivierend (elektronenschiebend) ein Substituent wirkt, desto stärker vermindert er die Azidität einer Carboxylgruppe (COOH), einer OH-Gruppe oder einer NH_3^+-Gruppe, die an einen Benzolring geknüpft ist.**

Nehmen Sie sich eine Minute, um die Wirkung eines Substituenten auf die Reaktivität eines Benzolringes bei der elektrophilen aromatischen Substitution mit jener auf den pK_S-Wert des Phenols zu vergleichen. *Elektronenziehende Substituenten vermindern die Reaktivität bei der elektrophilen aromatischen Substitution und erhöhen die Azidität, elektronenschiebende Substituenten erhöhen die Reaktivität bei der elektrophilen aromatischen Substitution und vermindern die Azidität.*

Einen ähnlich gelagerten Substituenteneffekt auf den pK_S-Wert beobachtet man bei Benzoesäurederivaten und Derivaten des protonierten Anilins: Elektronenziehende Substituenten erhöhen die Säurestärke, elektronenschiebende vermindern sie.

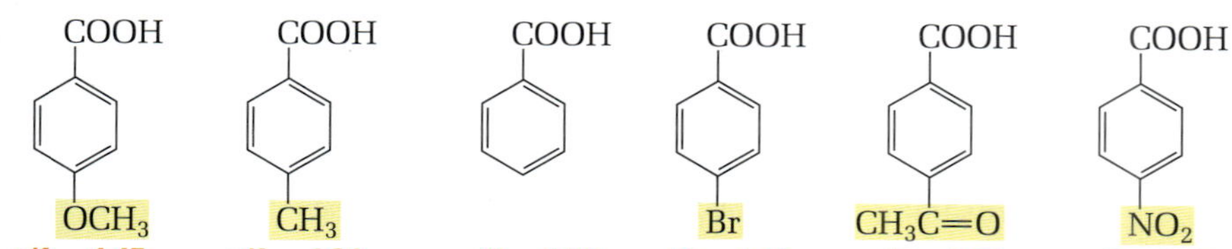

pK_S = 4,47 | pK_S = 4,34 | pK_S = 4,20 | pK_S = 4,00 | pK_S = 3,70 | pK_S = 3,44

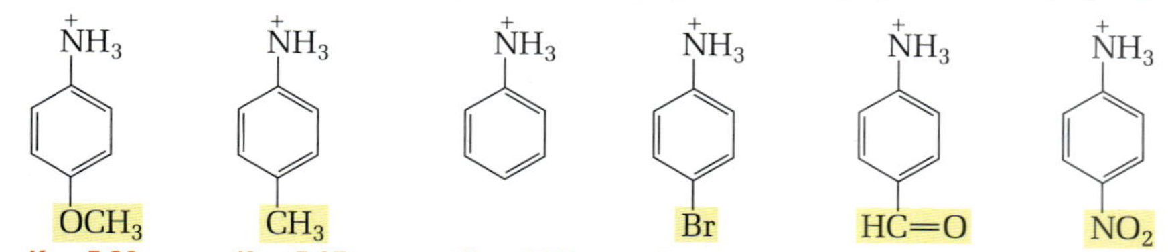

pK_S = 5,29 | pK_S = 5,07 | pK_S = 4,58 | pK_S = 3,91 | pK_S = 1,76 | pK_S = 0,98

37.5 Mechanismus der Reaktion von Aminen mit salpetriger Säure

Sowohl primäre Arylamine wie primäre Alkylamine sind in der Lage, Diazoniumsalze zu bilden, und beide Verbindungsgruppen reagieren nach dem gleichen Mechanismus.

EXTRAS ONLINE: Die Synthese mono- und disubstituierter Benzolderivate

EXTRAS ONLINE: Die Synthese trisubstituierter Benzole

EXTRAS ONLINE Die Synthese substituierter Benzole mit Arendiazoniumsalzen

$$\text{Aryl}-NH_2 \xrightarrow[0\ °C]{NaNO_2,\ HCl} \text{Aryl}-\overset{+}{N}\equiv N\ \ Cl^-$$

$$\text{Alkyl}-NH_2 \xrightarrow[0\ °C]{NaNO_2,\ HCl} \text{Alkyl}-\overset{+}{N}\equiv N\ \ Cl^-$$

Die Umwandlung einer primären Aminogruppe in eine Diazoniumgruppierung erfordert die Wirkung eines Nitrosoniumions. Ein Nitrosoniumion bildet sich, wenn Wasser aus protonierter salpetriger Säure eliminiert wird (das Nitrosoniumkation ist also das Anhydrid der salpetrigen Säure).

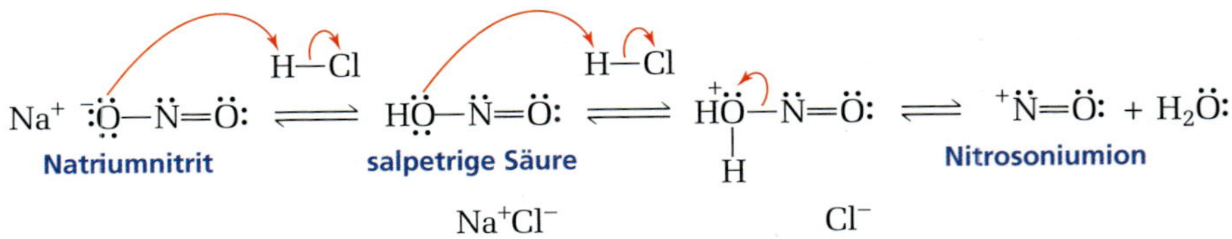

Der Mechanismus der Diazoniumionenbildung ist nachfolgend dargelegt.

Mechanismus der Bildung eines Diazoniumions aus Anilin

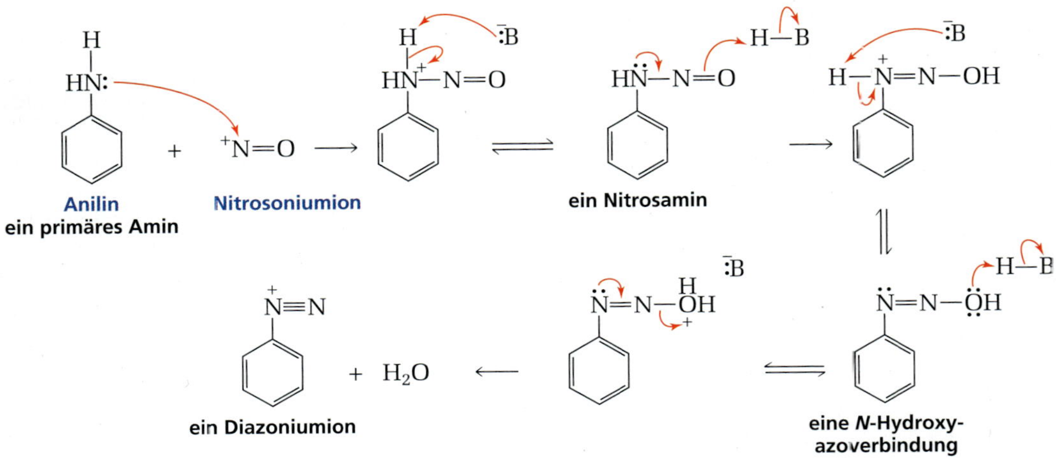

- Im ersten Schritt kommt es zur gemeinsamen Nutzung eines freien Elektronenpaars zwischen dem Anilinmolekül und dem Nitrosoniumion.
- Die Abspaltung eines Protons vom Stickstoffatom führt zur Bildung eines **Nitrosamins** (auch als ***N*-Nitrosoverbindung** bezeichnet, weil die Nitrosogruppe an ein *N*-Atom gebunden ist).
- Delokalisation des freien Elektronenpaars des *N*-Atoms und Protonierung des O-Atoms führt zur Bildung einer *N*-Hydroxyazoverbindung.
- Die protonierte *N*-Hydroxyazoverbindung steht im Gleichgewicht mit der nichtprotonierten Form.
- Die Eliminierung eines Wassermoleküls führt zur Bildung des Diazoniumions.

37.6 Polyzyklische benzoide Kohlenwasserstoffe

Polyzyklische benzoide Kohlenwasserstoffe sind Verbindungen, die zwei oder mehr kondensierte Benzolringe enthalten. **Kondensierte Molekülringe** zeichnen sich dadurch aus, dass sie zwei gemeinsame, benachbarte Kohlenstoffatome enthalten, die beiden Ringen gleichzeitig angehören. Das Naphthalin enthält zwei kondensierte Ringe, Anthracen und Phenanthren drei, Tetracen, Triphenylen,

Pyren und Chrysen vier. Es gibt viele polyzyklische benzoide Kohlenwasserstoffe mit mehr als vier kondensierten Molekülringen.

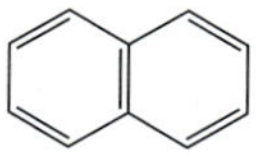

Naphthalin

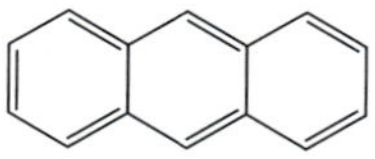

Anthracen

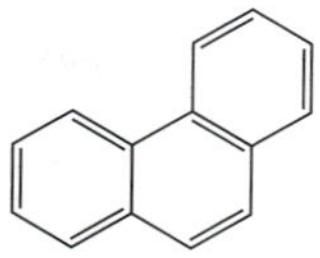

Phenanthren

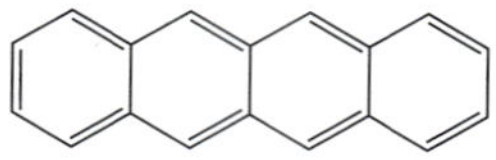

Tetracen

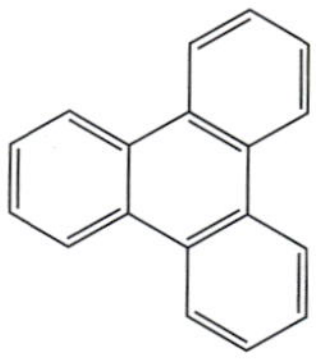

Triphenylen

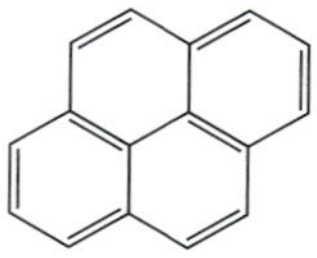

Pyren

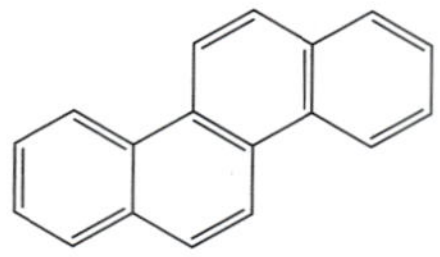

Chrysen

Wie das Benzol gehen auch alle größeren, polyzyklischen benzoiden Kohlenwasserstoffe elektrophile aromatische Substitutionen ein. Einige dieser Verbindungen sind carzinogen (krebserregend).

EXTRAS ONLINE
Nucleophile aromatische Substitution
a) Ein Additions-Eliminierungs-Mechanismus
b) Eliminierungs-Additions-Mechanismus (Benzin)

Carbonylverbindungen I – Die nucleophile Acylsubstitution

38

ÜBERBLICK

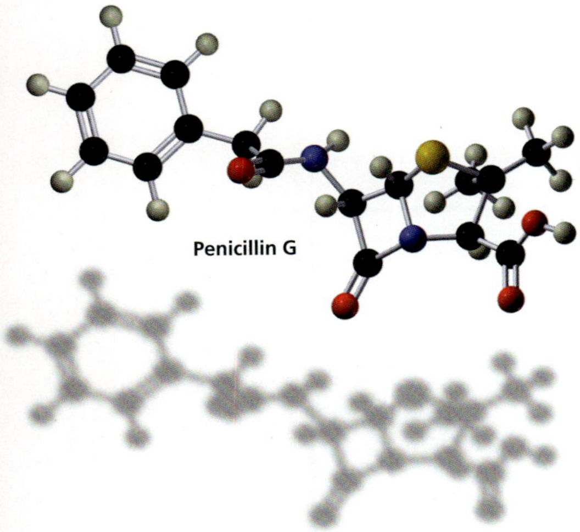

Penicillin G

Die **Carbonylgruppe** – ein Kohlenstoffatom mit einem doppelt gebundenen Sauerstoffatom – ist vermutlich die wichtigste funktionelle Gruppe der Organischen Chemie. Verbindungen mit Carbonylgruppen, die man deshalb global als **Carbonylverbindungen** bezeichnet, sind in der Natur weit verbreitet. Viele spielen bedeutsame Rollen bei biochemischen Vorgängen. Unter den Stoffen mit Carbonylgruppen, denen wir täglich begegnen, finden sich Hormone, Vitamine, Aminosäuren, Proteine, Medikamente, Aromastoffe und andere mehr.

Eine **Acylgruppe** besteht aus einer Carbonylgruppe, die an einen Alkylrest (R) oder einen Arylrest (Ar) gebunden ist.

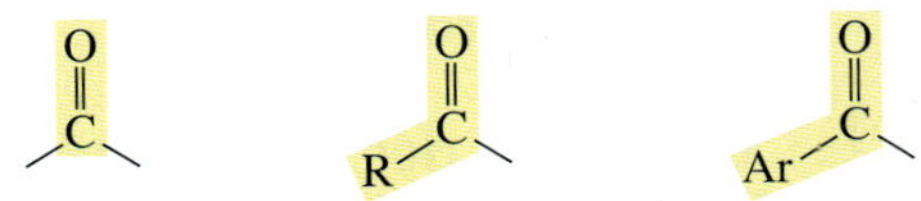

eine Carbonylgruppe **Acylgruppen**

Die Gruppe oder das Atom, das an die Acylgruppe gebunden ist, beeinflusst stark die Reaktivität der Carbonylverbindung. Tatsächlich können die Carbonylverbindungen in zwei Klassen eingeteilt werden, die durch diese Gruppen festgelegt werden: Die **Carbonylverbindungen der Klasse I** sind solche, bei denen die Acylgruppe an eine Gruppe oder ein Atom gebunden ist, das durch eine andere Gruppe oder ein anderes Atom ersetzt werden kann. Hierzu gehören die Carbonsäuren, die Säurehalogenide, die Säureanhydride, die Ester und die Amide. Alle diese Verbindungen enthalten eine Gruppe bzw. ein Atom (OH, Cl, OCOR, OR, NH_2, NHR, NR_2), die bzw. das durch ein Nucleophil ersetzbar ist. Säurehalogenide und -anhydride, Ester und Amide werden als **Carbonsäurederivate** bezeichnet, da sie sich von den zugrunde liegenden Carbonsäuren nur durch die chemische Natur der die OH-Gruppe ersetzenden Gruppe bzw. des die OH-Gruppe ersetzenden Atoms unterscheiden.

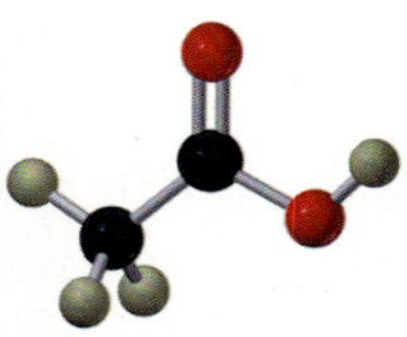

eine Carbonsäure

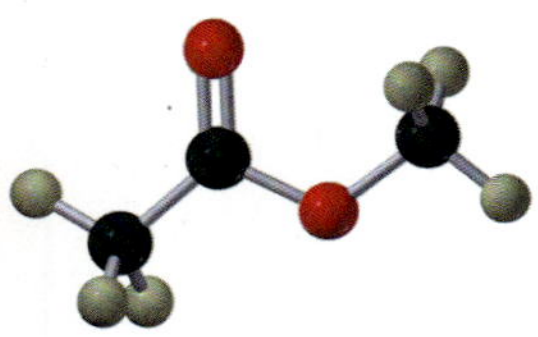

ein Ester

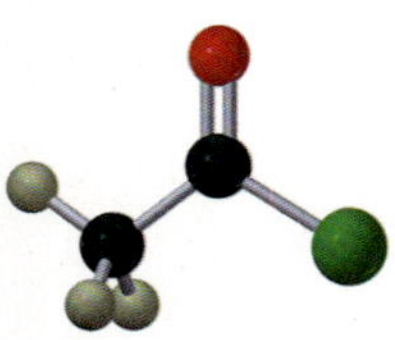

ein Säurechlorid

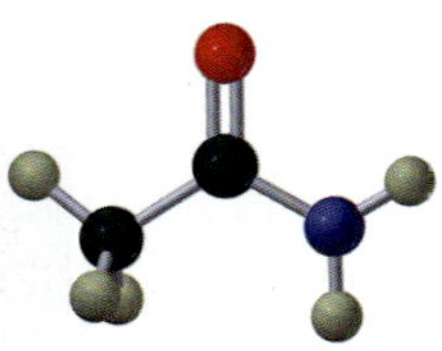

ein Amid

Verbindungen mit Gruppen, die durch ein Nucleophil ersetzt werden können

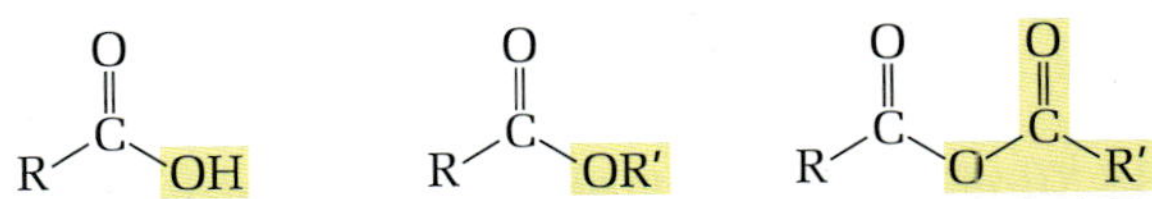

eine Carbonsäure **ein Ester** **ein Säureanhydrid**

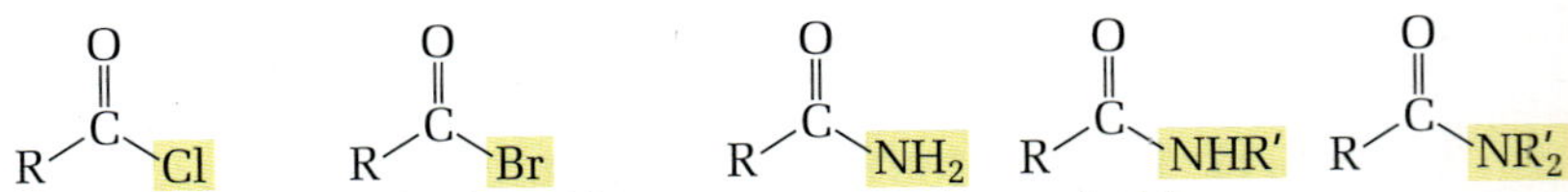

ein Säurechlorid **ein Säurebromid** **Amide**

Säurehalogenide

Die **Carbonylverbindungen der Klasse II** sind solche, bei denen die Acylgruppe an eine Gruppe gebunden ist, die nicht durch eine andere ersetzt werden kann. Hierzu gehören die **Aldehyde und Ketone**, die Oxidationsprodukte von Alkoholen sind. Das an die Acylgruppe gebundene H-Atom der Aldehyde und die R-Gruppe am Acylrest eines Ketons können nicht ohne Weiteres durch ein Nucleophil ersetzt werden.

können nicht durch ein Nucleophil ersetzt werden

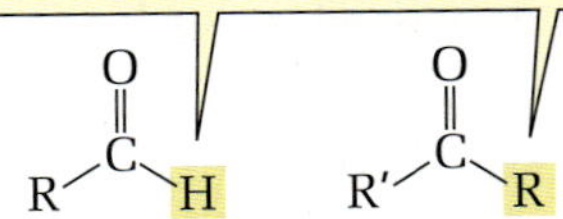

ein Aldehyd **ein Keton**

Wir haben gesehen, dass schwache Basen gute Abgangsgruppen sind und starke Basen schlechte. Die pK_S-Werte der konjugierten Säuren der Abgangsgruppen verschiedener Carbonylverbindungen sind in ► Tabelle 38.1 zusammengefasst. Beachten Sie, dass die Acylgruppen der Klasse I-Verbindungen an schwächere

Carbonylverbindung	Abgangsgruppe	Konjugierte Säure der Abgangsgruppe	pK_S
Klasse I			
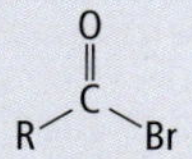	Br^-	HBr	−9
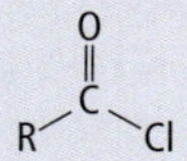	Cl^-	HCl	−7
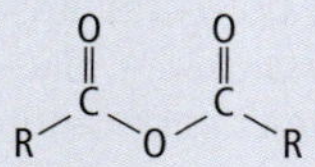	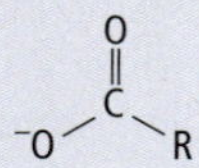	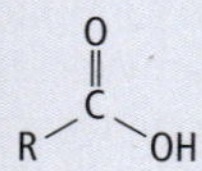	~3–5
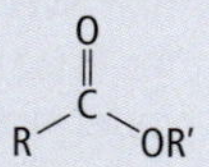	$^-OR'$	R'OH	~15–16
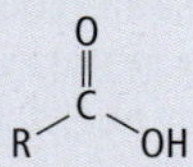	^-OH	H_2O	15,7
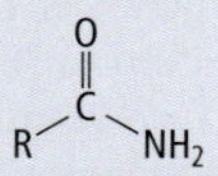	$^-NH_2$	NH_3	36
Klasse II			
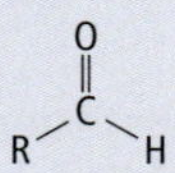	H^-	H_2	~40
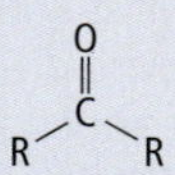	R^-	RH	>60

Tabelle 38.1: Die pK_S-Werte von konjugierten Säuren der Abgangsgruppen von Carbonylverbindungen.

Basen gebunden sind als die Acylgruppen der Klasse II-Verbindungen. Das Wasserstoffatom eines Aldehyds und die Alkylgruppe eines Ketons sind zu basisch, um durch eine andere Gruppe ersetzbar zu sein.

38.1 Die Nomenklatur der Carbonsäuren und Carbonsäurederivate

Die Benennung von Carbonsäuren

In der systematischen **Nomenklatur** nach den Regeln der **IUPAC** wird eine **Carbonsäure** benannt, indem man die Endung „-säure" an den Namen des zugrunde liegenden Kohlenwasserstoffs anhängt. Der einfachste Kohlenwasserstoff ist, wie wir wissen, das Methan; die von ihm abgeleitete Carbonsäure heißt daher Methansäure.

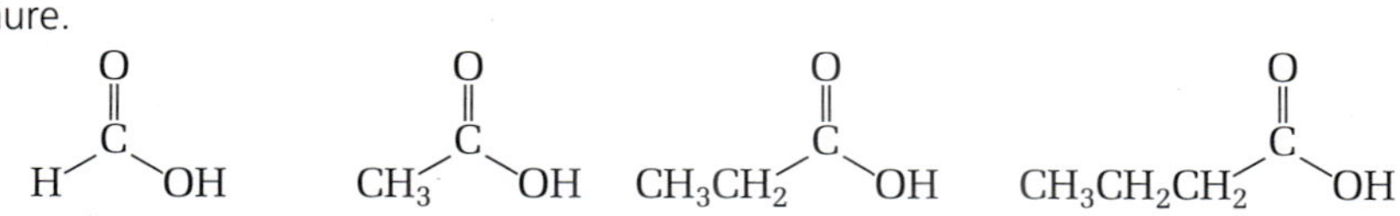

systematischer Name:	Methansäure	Ethansäure	Propansäure	*n*-Butansäure
Trivialname:	Ameisensäure	Essigsäure	Propionsäure	Buttersäure

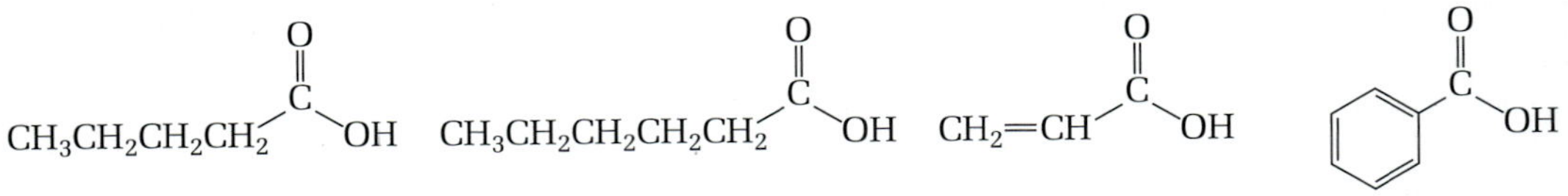

systematischer Name:	*n*-Pentansäure	*n*-Hexansäure	Propensäure	Benzolcarbonsäure
Trivialname:	Valeriansäure	Capronsäure	Acrylsäure	Benzoesäure

Carbonsäuren mit sechs oder weniger Kohlenstoffatomen tragen außerdem **Trivialnamen**, die vielfach weiterhin in Gebrauch sind. Diese Namen beziehen sich in den meisten Fällen auf eine natürliche Quelle, in der diese Säure vorkommt. Beispielsweise kommt die Ameisensäure (Methansäure) im Abwehrsekret der Ameisen und anderer Insekten vor. Der Name ihrer Salze, der Formiate, leitet sich vom lateinischen Wort für Ameise, *formica*, ab. Die Essigsäure, die – wie der Name klar erkennen lässt – im Essig vorkommt, ist allgemein bekannt. Ihre Salze, die Acetate, haben ihren Namen ebenfalls vom lateinischen Wort für Essig, *acetum*. Der Name der Propionsäure leitet sich von *pro* (der Erste) und *pion* (Fett) ab, also „die erste Fettsäure". Propionsäure ist die niedermolekularste der Carbonsäuren, die Eigenschaften der langkettigen Fettsäuren besitzt. Buttersäure (*n*-Butansäure) kommt, wie wiederum der Name andeutet, in der Butter vor, in freier Form vermehrt in ranziger Butter. Sie kommt ebenfalls im Magensaft vor und verleiht diesem seinen ekelerregenden Geruch. Der Name ihrer Salze, der Butyrate, leitet sich vom lateinischen Wort *butyrum* für Butter ab. Die Valeriansäure (*n*-Pentansäure) hat ihren Namen nach der Baldrianpflanze (*Valeriana officinalis*); ihre Salze heißen naturgemäß Valeriate. Die Capronsäure (*n*-Hexansäure) findet man in der Ziegenmilch, der sie – wie auch dem Ziegenkäse – ihren strengen Geruch verleiht. *Caper* ist, wie uns nicht überrascht, das lateinische Wort für Ziege.

Bei der systematischen Benennung wird die **Stellung eines Substituenten** durch eine **Platzziffer** angegeben. Das Carbonylkohlenstoffatom ist konventionsgemäß immer das C-1. Bei der Benennung mit Trivialnamen wird die Stellung eines Substituenten durch **griechische Kleinbuchstaben** angegeben; das Carbonylkohlenstoffatom trägt keine spezielle Bezeichnung. Das Kohlenstoffatom, das dem Carbonylkohlenstoffatom benachbart ist, heißt α-Kohlenstoffatom, das dem α-Kohlenstoffatom benachbarte β-Kohlenstoffatom, und so weiter.

Angabe der Stellung eines Substituenten

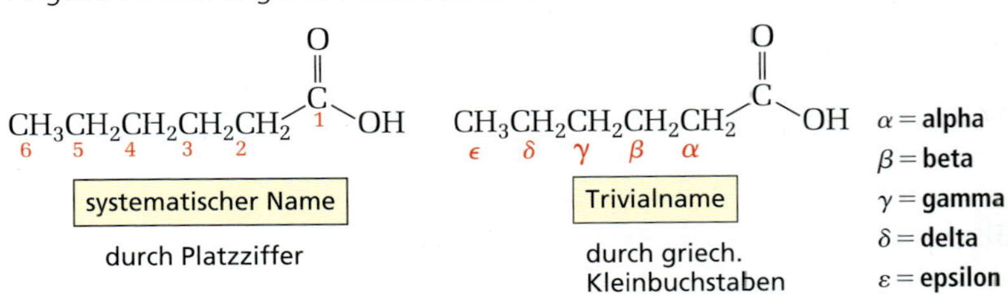

Die funktionelle Gruppe einer Carbonsäure wird als **Carboxylgruppe** (oder *Carboxylfunktion*) bezeichnet.

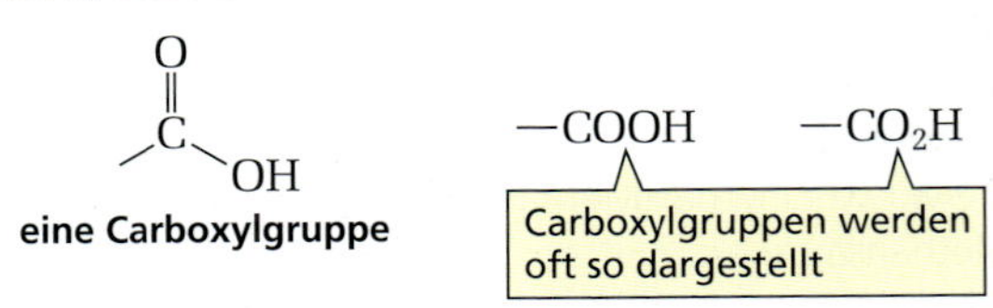

Carbonsäuren, bei denen die Carboxylgruppe an einen Molekülring gebunden ist, werden benannt, indem die Endung „-carbonsäure" an den Namen der zyklischen Verbindung angehängt wird.

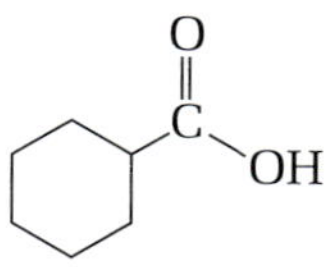

Cyclohexancarbonsäure

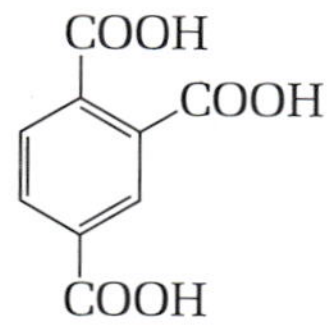

1,2,4-Benzoltricarbonsäure

Die Benennung von Säurehalogeniden

Säurehalogenide (=Acylhalogenide) weisen ein Cl- oder ein Br-Atom anstelle der carboxylischen OH-Gruppe auf. Die am weitesten verbreiteten Acylhalogenide sind die Acylchloride (Säurechloride). Acylhalogenide werden benannt, indem man die Endung „-oyl" an den Namen des der Carbonsäure zugrunde liegenden Kohlenwasserstoffs anhängt und die Wortendung des betreffenden „Halogenids" an diesen anhängt. Die Trivialbenennung vollzieht sich dergestalt, dass man den latinisierten Namen des Säurerestes (den Namen des Acylrestes) der Bezeichnung des Halogenids direkt vorausgehen lässt. Bei solchen Säuren, deren Namen den Wortstamm „-carbonsäure" explizit enthalten, wird dieser Wortteil durch „-carbonylhalogenid" ersetzt.

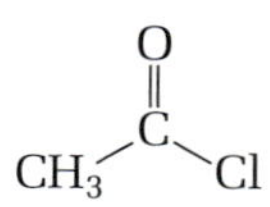

systematischer Name: Ethanoylchlorid
Trivialname: Acetylchlorid

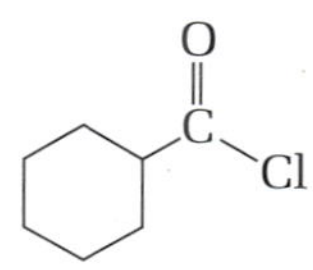

Cyclopentacarbonylchlorid

Säureanhydride

Die Abspaltung von Wasser aus zwei Carbonsäuremolekülen bei gleichzeitiger Verknüpfung derselben führt zur Bildung eines **Säureanhydrids** (an *hydros*, gr. „ohne Wasser").

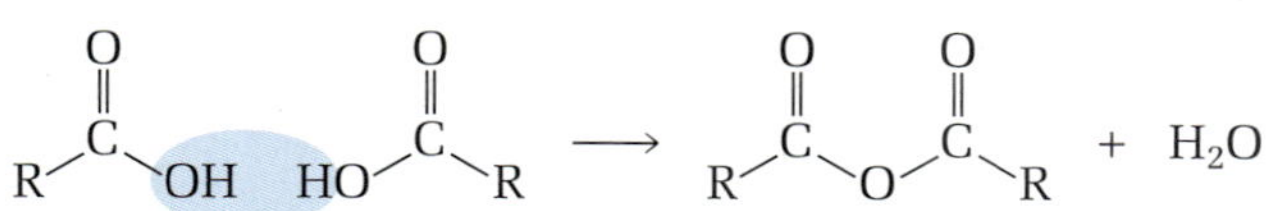

ein Säureanhydrid

Falls die beiden das Anhydrid bildenden Carbonsäuremoleküle von gleicher Art sind, spricht man von einem **symmetrischen Anhydrid**. Falls sie unterschiedlicher Art sind, spricht man von einem **gemischten Anhydrid**. Symmetrische Anhydride werden benannt, indem man die Endung „-anhydrid" an den Namen der Säure anhängt. Gemischte Anhydride werden benannt, indem man die Wortstämme beider Namen der beteiligten Säuren in alphabetischer Reihenfolge nennt und die Endung „-anhydrid" anfügt.

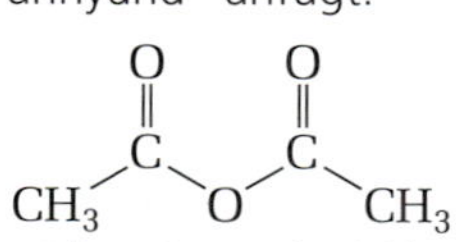

systematischer Name: Ethansäureanhydrid
Trivialname: Essigsäureanhydrid
ein symmetrisches Anhydrid

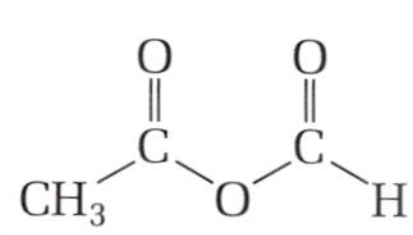

Ethanmethansäureanhydrid
Essigameisensäureanhydrid
ein gemischtes Anhydrid

Die Benennung von Estern

Ein **Ester** weist anstelle der carboxylischen OH-Funktion eine OR'-Gruppe in Nachbarstellung zur Carbonylfunktion auf. Bei der Benennung eines Esters wird zuerst der Name der Carbonsäure, dann der des Restes R' genannt, dann die

Endung „-ester" angefügt. Die Trivialnomenklatur nennt den Rest R′ zuerst, danach folgt der Name der Säure in Form des latinisierten Namens ihrer Salze.

Die Salze der Carbonsäuren werden in analoger Weise benannt. Zuerst wird das Kation genannt, dann das Anion; an den Namen des der Carbonsäure zugrunde liegenden Kohlenwasserstoffs wird die Endung „-oat" angefügt. Gebräuchlicher und allgemein in Verwendung sind jedoch die Trivialnamen (Sie werden diese auch in den Katalogen der Chemikalienhersteller finden).

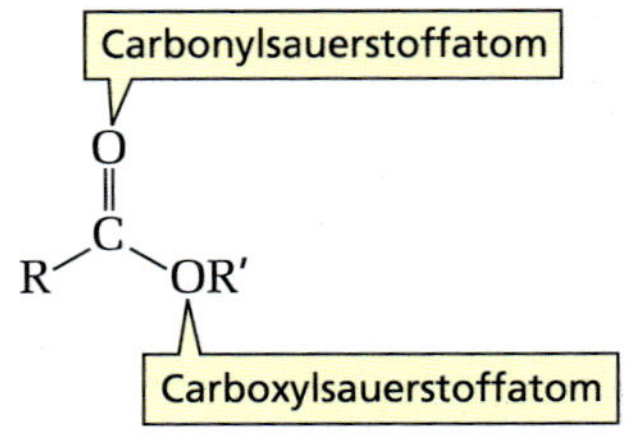

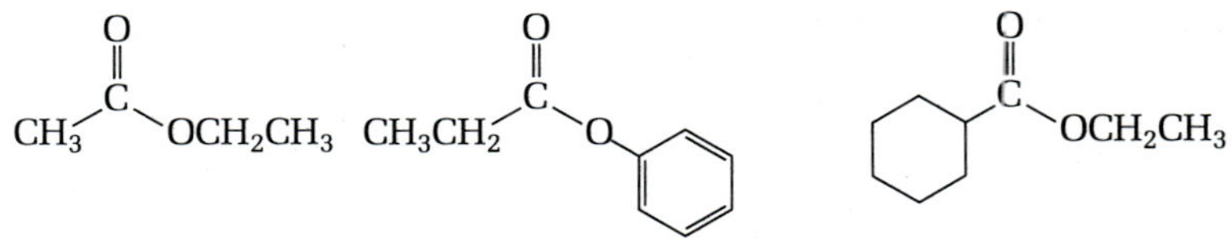

systematischer Name:	**Essigsäureethylester**	**Propansäurephenylester**	**Cyclohexancarbonsäureethylester**
Trivialname:	**Ethylacetat**	**Phenylpropionat**	

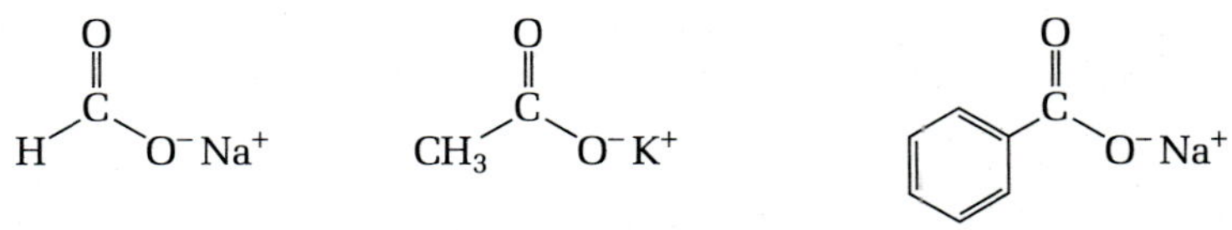

systematischer Name:	**Natriummethanoat**	**Kaliumethanoat**	**Natriumbenzolcarboxylat**
Trivialname:	**Natriumformiat**	**Kaliumacetat**	**Natriumbenzoat**

Zyklische Ester heißen **Lactone**. In der systematischen Nomenklatur werden sie als 2-Oxacycloalkanone benannt. Ihre Trivialnamen leiten sich vom Trivialnamen der zugrunde liegenden Carbonsäure ab, der die Länge der Kohlenstoffkette angibt, und einem griechischen Buchstaben, der das Kohlenstoffatom angibt, an den der Carboxylsauerstoff gebunden ist (die Oxogruppe des Moleküls). Lactone mit viergliedrigen Ringen heißen daher β-Lactone, solche mit fünfgliedrigen Ringen γ-Lactone und solche mit einem Sechsring δ-Lactone.

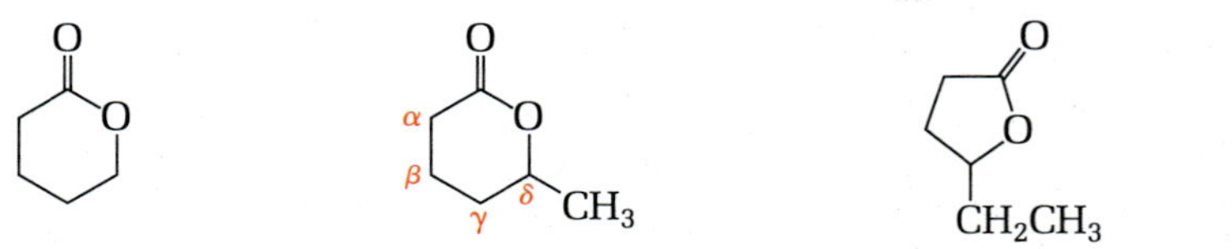

2-Oxacyclohexanon	**3-Methyl-2-oxacyclohexanon**	**3-Ethyl-2-oxacyclopentanon**
δ-Valeriolacton	**δ-Caprolacton**	**γ-Caprolacton**

Die Benennung von Amiden

Ein **Amid** weist anstelle der carboxylischen OH-Funktion eine NH_2-, NHR- oder NR_2-Gruppierung auf. Amide sind also Kondensationsprodukte aus Carbonsäuren mit Aminen. Sie werden benannt, indem man die Endung „-amid" an den Namen der zugrunde liegenden Säure anfügt. Die Trivialnamen leiten sich wieder von den latinisierten Namen der Carbonsäuren ab und verwenden griechische Buchstaben anstelle von Platzziffern für etwaige Substituenten.

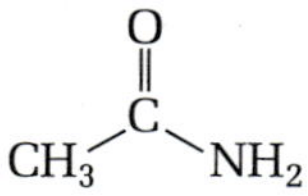 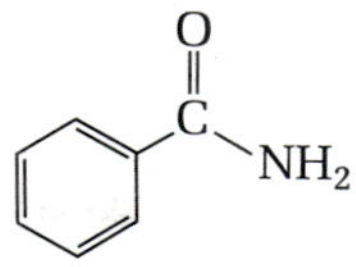 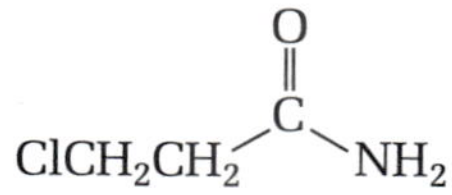

systematischer Name:	**Ethansäureamid**	**Benzolcarboxamid**	**4-Chlorbutansäureamid**
Trivialname:	**Acetamid**	**Benzamid**	**γ-Chlorbutyramid**

Falls ein Substituent an ein Stickstoffatom gebunden ist, wird der Name des Substituenten zuerst genannt (falls es mehr als einen Substituenten gibt, werden diese in alphabetischer Reihenfolge angegeben), gefolgt vom Namen des Amids. Dem Namen jedes Substituenten geht der kursiv gesetzte Großbuchstabe *N* voraus, um anzuzeigen, dass der betreffende Substituent an das Amidstickstoffatom gebunden ist.

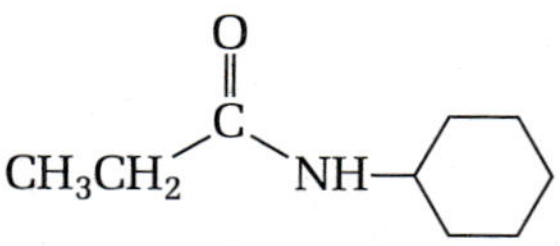

***N*-Cyclohexylpropanamid**

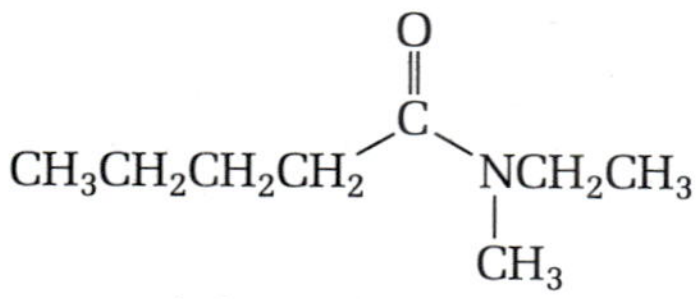

***N*-Ethyl-*N*-methylpentanamid**

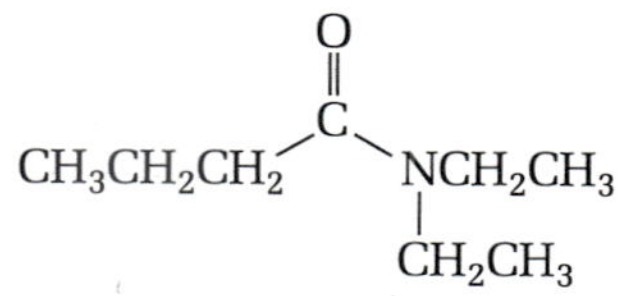

***N*,*N*-Diethylbutanamid**

Zyklische Amide heißen **Lactame**. Ihre Nomenklatur ist der der Lactone ähnlich. Systematisch werden sie als 2-Azacycloalkanone – also als heterozyklische Ketone – klassifiziert (die Vorsible „aza" weist auf das Stickstoffatom hin). Bei den Trivialnamen der Lactame wird die Länge der Kohlenstoffkette durch den Trivialnamen der zugrunde liegenden Carbonsäure angegeben; griechische Buchstaben spezifizieren das Kohlenstoffatom, mit welchem das N-Atom verbunden ist.

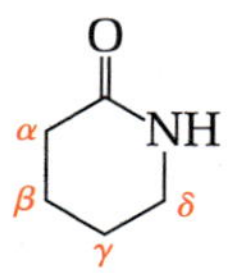

2-Azacyclohexanon
δ-Valerolactam

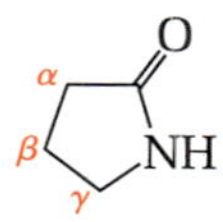

2-Azacyclopentanon
γ-Butyrolactam

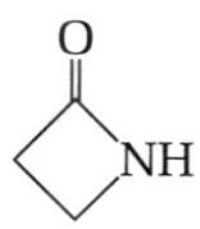

2-Azacyclobutanon
β-Propiolactam

Die Benennung von Nitrilen

Nitrile sind Verbindungen, die eine C≡N-Gruppierung als funktionelle Gruppe enthalten. Sie werden formal als Carbonsäurederivate aufgefasst, weil sie wie die Klasse I-Carbonylverbindungen mit Wasser zu Carbonsäuren reagieren. In der systematischen Nomenklatur werden Nitrile benannt, indem die Endung „-nitril" an den Namen des Stammkohlenwasserstoffs angehängt wird. Beachten Sie, dass das dreifach an das Stickstoffatom gebundene C-Atom bei der Ermittlung der längsten Kohlenstoffkette des betreffenden Moleküls mitgezählt wird. Die Trivialbenennung der Nitrile erfolgt so, dass an die verkürzte Form des latinisierten Namens der zugrunde gelegten Carbonsäure die Endung „-onitril" angehängt wird. Die Verbindungen können auch als Alkylcyanide angesprochen werden; dabei verwendet man den Namen der mit der Nitrilgruppe (Cyanogruppe) verbundenen Alkyleinheit.

$CH_3C{\equiv}N$ 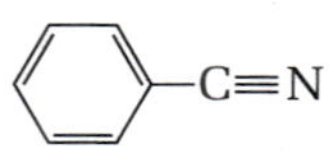

systematischer Name:	**Ethannitril**	**Benzolcarbonitril**
Trivialname:	**Acetonitril**	**Benzonitril**
	Methylcyanid	**Phenylcyanid**

38.2 Strukturen der Carbonsäuren und Carbonsäurederivate

Das **Carbonylkohlenstoffatom** in Carbonsäuremolekülen und Carbonsäurederivaten ist sp^2-hybridisiert. Es setzt seine drei sp^2-Orbitale ein, um σ-Bindungen zum Carbonylsauerstoffatom, dem α-Kohlenstoffatom und einem Substituenten (Y) auszubilden. Die drei Atome, die an das Carbonylkohlenstoffatom gebunden sind, liegen in derselben Ebene und weisen Bindungswinkel von etwa 120° zueinander auf.

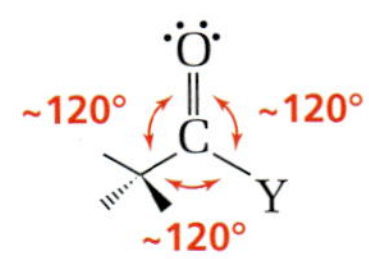

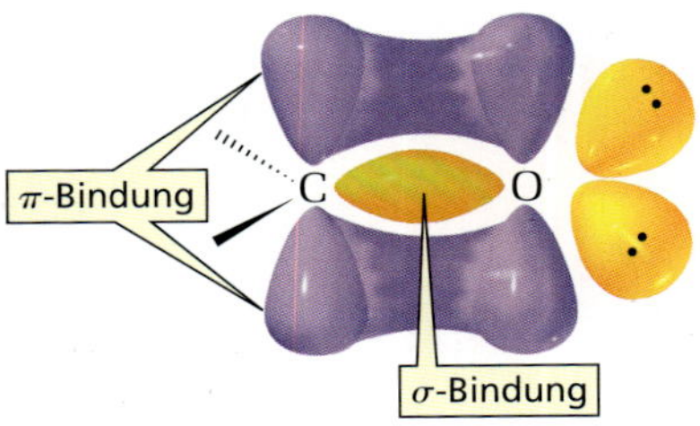

Abbildung 38.1: Die Bindungsverhältnisse in einer Carbonylgruppierung. Die π-Bindung bildet sich durch seitliche Überlappung eines p-Orbitals des Kohlenstoffatoms mit einem p-Orbital des Sauerstoffatoms.

Das **Carbonylsauerstoffatom** ist ebenfalls sp^2-hybridisiert. Eines seiner beiden sp^2-Orbitale bildet eine σ-Bindung mit dem Carbonylkohlenstoffatom, und jedes der beiden verbleibenden sp^2-Orbitale enthält ein freies Elektronenpaar. Das verbleibende p-Orbital des Carbonylsauerstoffatoms überlappt mit dem verbliebenen p-Orbital des Carbonyl-C-Atoms unter Bildung einer π-Bindung (► Abbildung 38.1).

Ester, Carbonsäuren und Amide besitzen jeweils zwei bedeutsame mesomere Grenzstrukturen:

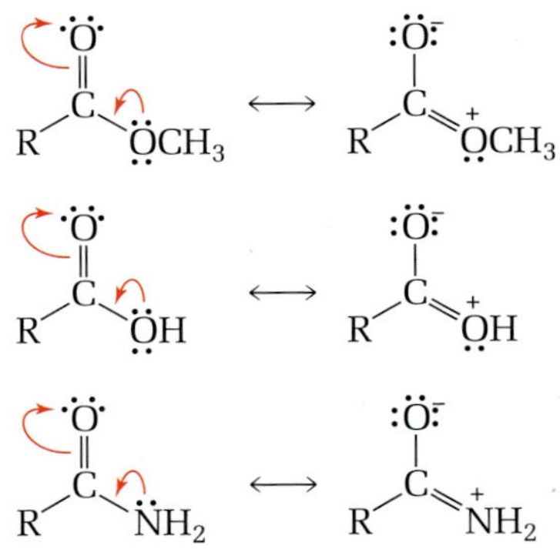

Die mesomeren Grenzformeln auf der rechten Seite liefern beim Amid einen höheren Beitrag zum mesomeren Zustand als im Fall des Esters, weil sich die positive Ladung beim – im Vergleich zum Sauerstoff – weniger elektronegativen Stickstoffatom befindet.

38.3 Ausgewählte physikalische Eigenschaften von Carbonylverbindungen

Siedepunkte

Carbonylverbindungen zeigen die folgende Reihenfolge von Siedepunkten:

Amide > Carbonsäuren > Nitrile >> Ester ~ Acylchloride ~ Aldehyde ~ Ketone

Die **Siedepunkte von Estern, Säurechloriden, Aldehyden und Ketonen** sind (bei vergleichbarer molarer Masse) ähnlich und niedriger als der Siedepunkt eines ungefähr massegleichen Alkohols, da von den genannten Verbindungsgruppen nur die Alkohole wirkungsvoll Wasserstoffbrückenbindungen auszubilden vermögen.

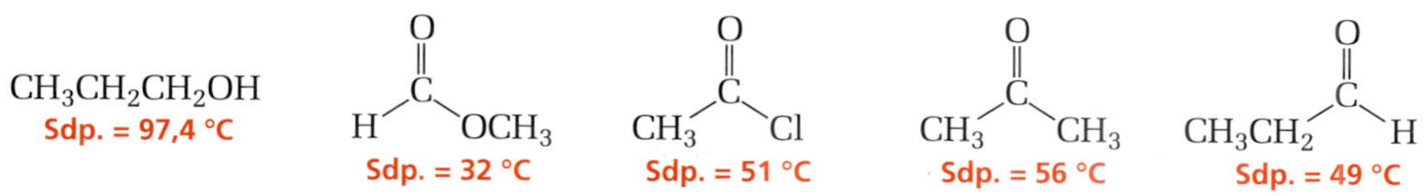

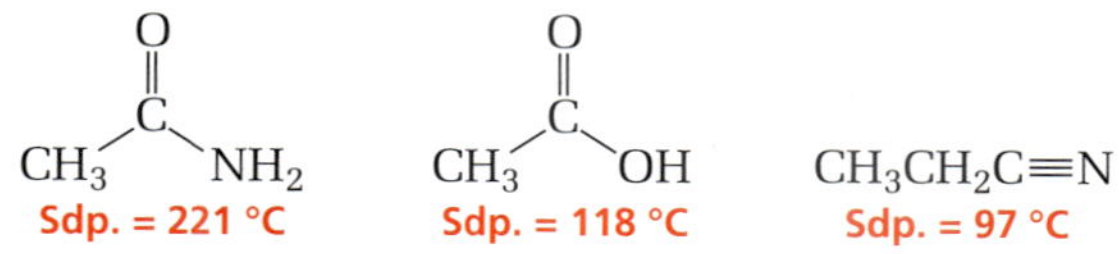

Die Siedepunkte der genannten Carbonylverbindungsklassen liegen wegen der polaren Carbonylgruppe höher als die von Ethern vergleichbarer molarer Massen.

$CH_3CH_2OCH_3$
Sdp. = 10,8 °C

Die **Carbonsäuren** haben relativ hohe Siedepunkte, weil sie dimerisieren.

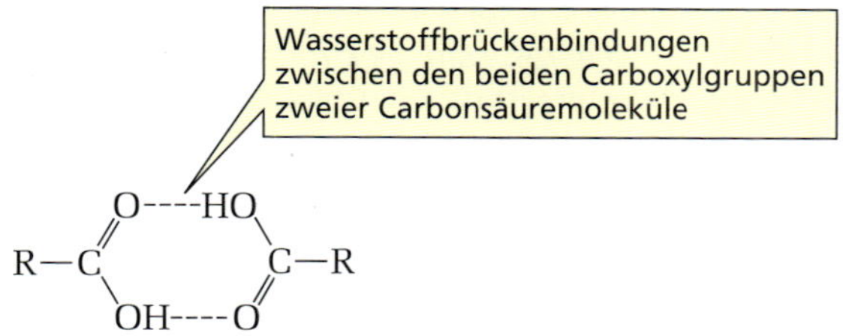

Amide haben die höchsten Siedepunkte, weil sie starke Dipol-Dipolwechselwirkungen zeigen, da die mesomere Grenzstruktur mit getrennten Ladungen (Zwitterion) in beträchtlichem Ausmaß zur Gesamtstruktur der Verbindung beiträgt. Außerdem bilden sich H-Brücken zwischen den Molekülen aus, falls das N-Atom eines Amids an ein Wasserstoffatom gebunden ist.

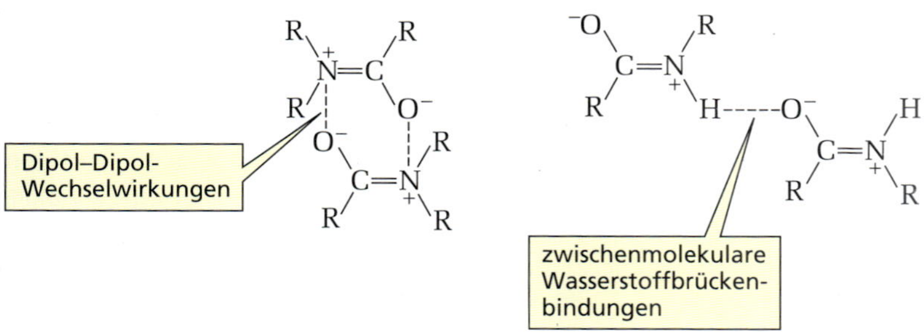

Die starken Dipol-Dipolwechselwirkungen eines Nitrils bedingen einen Siedepunkt, der mit dem eines Alkohols vergleichbar ist.

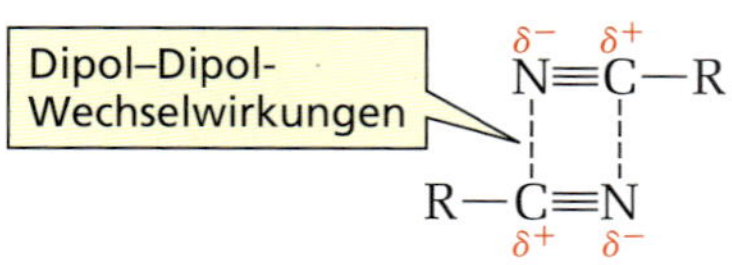

Löslichkeit

Carbonsäurederivate sind in Lösungsmitteln wie Ethern, Chloralkanen und aromatischen Kohlenwasserstoffen löslich. Wie Alkohole und Ether sind Carbonylverbindungen mit weniger als vier C-Atomen wasserlöslich.

Ester, *N,N*-disubstituierte Amide und Nitrile werden oft als Lösungsmittel eingesetzt, weil sie polar sind, aber keine reaktiven OH- oder NH_2-Gruppen aufweisen. Dimethylformamid (DMF) ist ein gebräuchliches polares, aprotisches Lösungsmittel ist.

EXTRAS ONLINE Natürlich vorkommende Carbonsäuren und Carbonsäurederivate

38.4 Reaktionsverhalten der Klasse I-Carbonylverbindungen

Die Reaktivität von Carbonylverbindungen geht auf die Polarität der Carbonylgruppe zurück, die ihrerseits aus dem Elektronegativitätsunterschied zwischen Sauerstoff und Kohlenstoff resultiert. Das Kohlenstoffatom der Carbonylgruppe ist aufgrund der höheren Elektronegativität des Sauerstoffatoms elektrophil.

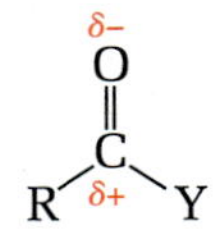

Wenn ein Nucleophil ein Carbonylkohlenstoffatom eines Carbonsäurederivates angreift, kommt es zur Auflösung der schwächsten Bindung des Moleküls. Diese ist die π-Bindung der C—O-Bindung. Der Hybridisierungszustand des Kohlenstoffatoms ändert sich von sp^2 nach sp^3. Es bildet sich eine tetraedrische Zwischenstufe. Allgemein gilt: *Eine Verbindung, die ein sp^3-Kohlenstoffatom aufweist, das an ein Sauerstoffatom gebunden ist, ist dann instabil, wenn das Kohlenstoffatom an ein weiteres, stark elektronegatives Atom gebunden ist.* Die tetraedrische Zwischenstufe ist daher instabil, weil sowohl Y wie Z elektronegative Atome oder Gruppen sind (siehe nachfolgende Formeln). Ein freies Elektronenpaar am O-Atom bildet die π-Bindung zurück, wobei entweder Y^- (k_2) oder Z^- (k_{-1}) abgespalten werden.

MERKE !

Eine Verbindung, die ein *sp^3*-Kohlenstoffatom aufweist, das an ein Sauerstoffatom gebunden ist, ist dann instabil, wenn das Kohlenstoffatom an ein weiteres, stark elektronegatives Atom gebunden ist.

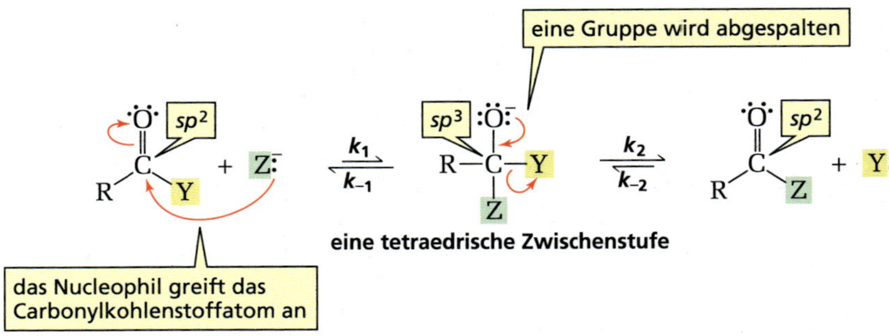

Vergleichen wir diese zweischrittige Reaktion mit einer S_N2-Reaktion. Wenn ein Nucleophil ein Halogenalkanmolekül angreift, geschieht dies an der schwächsten Bindung des Moleküls, an der C—X-Bindung. Die eintretende Gruppe kann die Abgangsgruppe in ein und demselben Schritt verdrängen.

$$CH_3CH_2{-}Y \; + \; Z{:}^- \longrightarrow CH_3CH_2{-}Z \; + \; Y{:}^-$$

eine S_N2-Reaktion

Ob Z^- oder Y^- aus der tetraedrischen Zwischenstufe ausgestoßen wird, hängt von den relativen Basiziäten dieser Reste ab. Die schwächere Base wird bevorzugt abgespalten. Falls Z^- eine sehr viel schwächere Base als Y^- ist, wird Z^- abgespalten werden. In diesem Fall gilt: $k_{-1} \gg k_2$, und die Reaktion kann wie folgt formuliert werden:

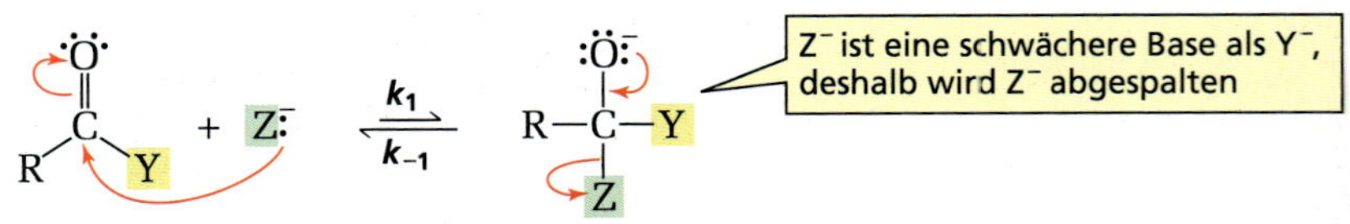

In diesem Fall wird kein neuartiges Produktmolekül gebildet. Das Nucleophil greift das Carbonylkohlenstoffatom an, aber aus der tetraedrischen Zwischenstufe stößt das Nucleophil unter Rückbildung des Eduktmoleküls dieses wieder ab.

Falls jedoch Y^- die im Vergleich zu Z^- viel schwächere Base ist, wird Y^- abgestoßen, und es bildet sich ein neuartiges Produktmolekül. In diesem Fall gilt: $k_2 \gg k_{-1}$. Die Reaktion lässt sich dann wie folgt formulieren:

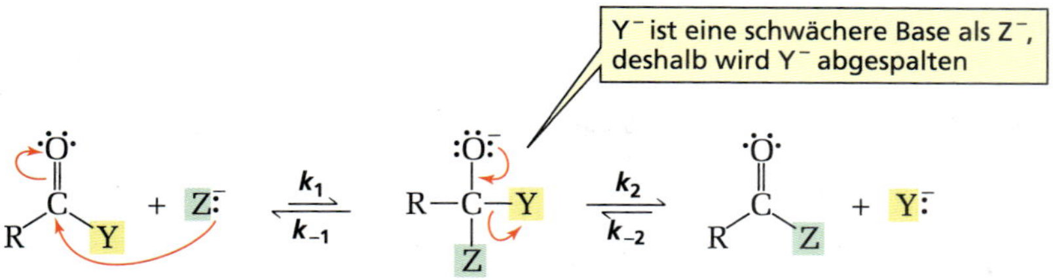

Diese Reaktion wird **nucleophile Acylsubstitution** genannt, weil ein Nucleophil (Z⁻) den Substituenten (Y⁻) ersetzt (substituiert) hat, der im Edukt an die Acylgruppierung gebunden war. Sie wird auch als **Acylübertragungsreaktion** bezeichnet, weil eine Acylgruppe von einer Gruppe (Y⁻) auf eine andere (Z⁻) transferiert wird.

Falls die Basizitäten von Z⁻ und Y⁻ ähnlich sind, sind auch die Werte von k_2 und k_{-1} ähnlich. Einige der reagierenden Moleküle werden dann aus der tetraedrischen Zwischenstufe Z⁻ eliminieren, andere Y⁻. Wenn die Reaktion vorüber ist, sind sowohl Edukt- wie Produktmoleküle anwesend.

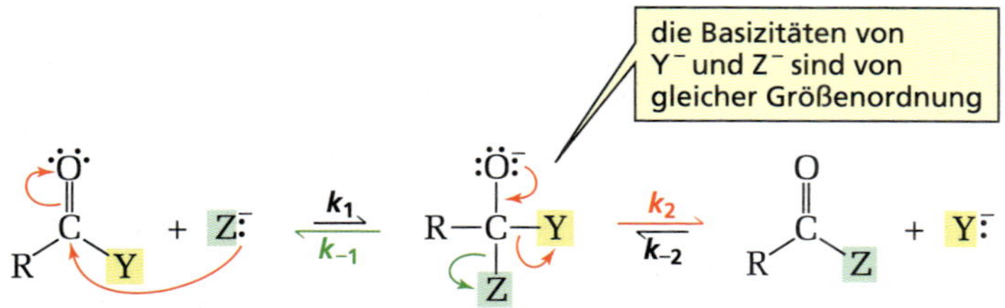

MERKE !

Ein Carbonsäurederivat geht eine nucleophile Acylsubstitution ein, wenn die neu hinzutretende Gruppe der tetraedrischen Zwischenstufe eine stärkere Base ist als die an die im Eduktmolekül an die Acylgruppe gebundene Gruppe.

EXTRAS ONLINE: Die Verwendung von Basizitäten zu Vorhersagen des Ausgangs einer nucleophilen Acylsubstitution

38.5 Allgemeiner Mechanismus der nucleophilen Acylsubstitution

Mechanismus der nucleophilen Acylsubstitution mit einem negativ geladenen Nucleophil

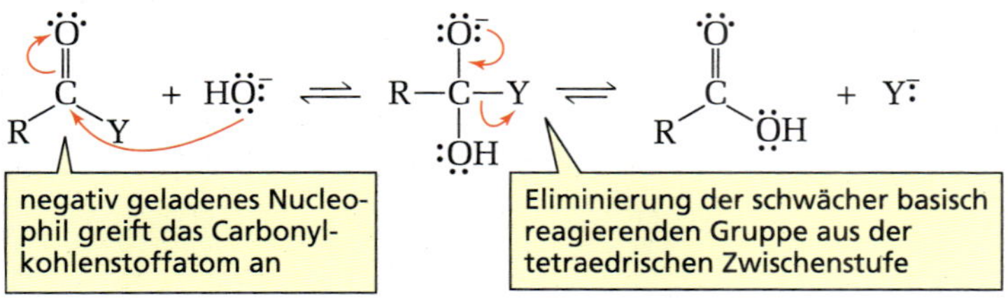

- Das Nucleophil greift das Carbonylkohlenstoffatom an; dabei wird die tetraedrische Zwischenstufe gebildet.
- Tetraedrische Zwischenstufe zerfällt; dabei wird die schwächere Base eliminiert.

Falls das Nucleophil elektrisch neutral ist, weist der Mechanismus einen zusätzlichen Schritt auf.

MERKE !

Alle Carbonsäurederivate reagieren nach dem gleichen Reaktionsmechanismus.

Mechanismus der nucleophilen Acylsubstitution mit einem elektrisch neutralen Nucleophil

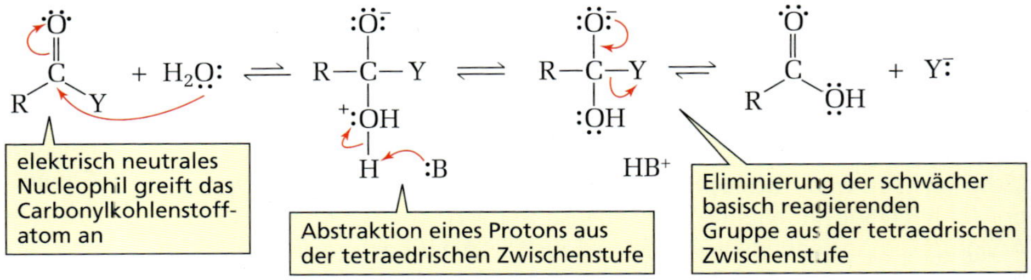

:B = irgendein Teilchen in der Lösung, das befähigt ist, ein Proton zu abstrahieren;

HB^+ = irgendein Teilchen in der Lösung, das befähigt ist, ein Proton abzugeben.

- Das Nucleophil greift das Carbonylkohlenstoffatom an; dabei wird die tetraedrische Zwischenstufe gebildet.
- Die tetraedrische Zwischenstufe gibt ein Proton ab; dies führt zu einer tetraedrischen Zwischenstufe, die äquivalent zu der durch ein negativ geladenes Nucleophil gebildeten ist.
- Die tetraedrische Zwischenstufe stößt die schwächere der beiden Basen ab – entweder die neu eingetretene Gruppe, nachdem diese ein Proton abgegeben hat, oder die im Eduktmolekül an die Acylgruppe gebundene.

MERKE !

Die tetraedrische Zwischenstufe stößt die schwächste Base ab.

Die nachfolgenden Abschnitte dieses Kapitels befassen sich mit speziellen Beispielen dieser allgemeinen Prinzipien. Behalten Sie dabei im Gedächtnis, dass alle Reaktionen nach dem gleichen Mechanismus ablaufen.

EXTRAS ONLINE: Relative Reaktivitäten der Carbonsäuren und Carbonsäurederivate

38.6 Reaktionen der Säurehalogenide

Säurehalogenide reagieren mit Carboxylationen unter Bildung von Anhydriden, mit Alkoholen unter Bildung von Estern mit Wasser zu Carbonsäuren, und mit Aminen unter Bildung von Amiden, da in jedem Fall das eintretende Nucleophil eine stärkere Base ist als das Halogenidion, welches das Molekül verlässt. Beachten Sie, dass sowohl Alkohole als auch Phenol eingesetzt werden können, um Ester darzustellen.

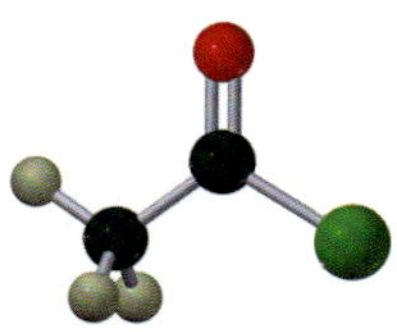

Acetylchlorid

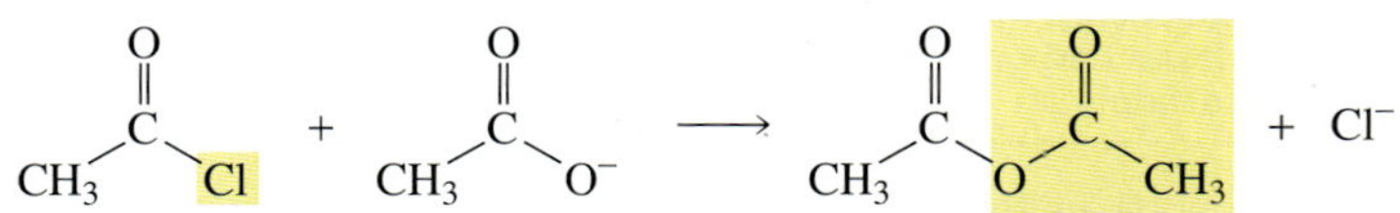

Acetylchlorid **Essigsäureanhydrid**

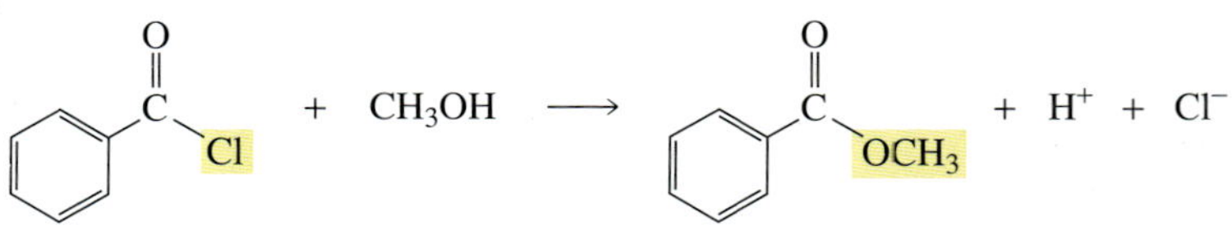

Benzoylchlorid **Benzoesäuremethylester**

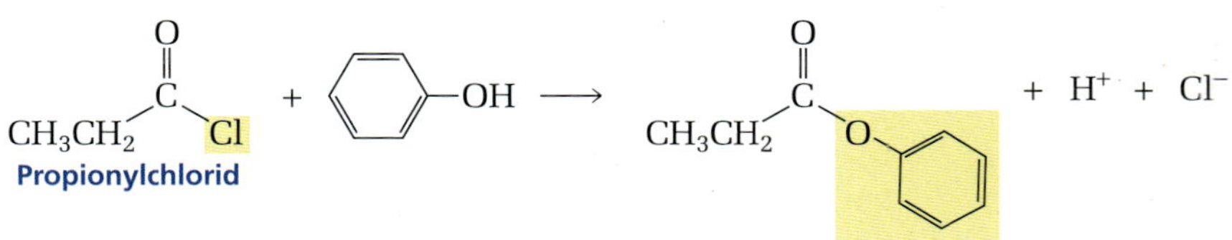

Propionylchlorid **Propansäurephenylester**

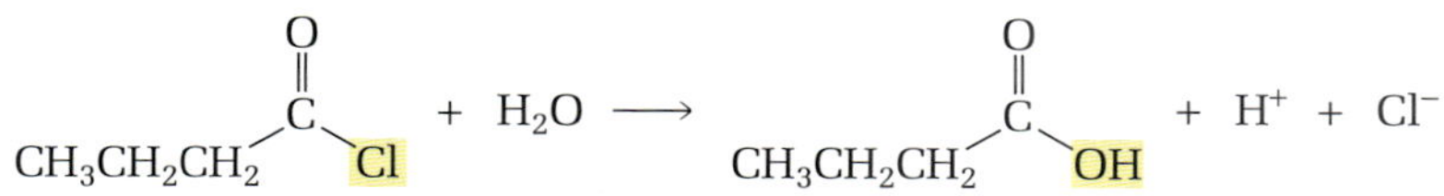

Butyrylchlorid — Buttersäure

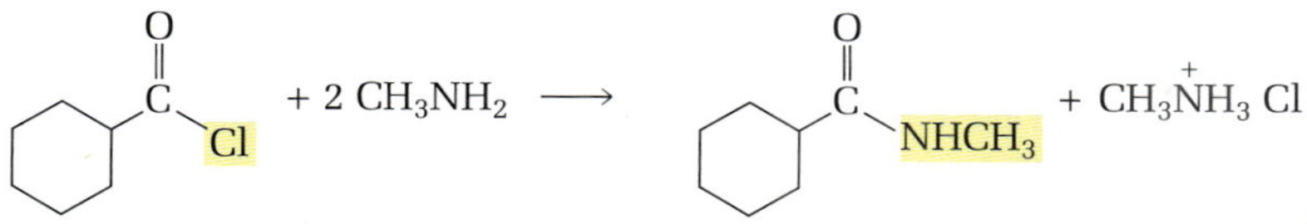

Cyclohexancarbonylchlorid — *N*-Methylcyclohexancarboxamid

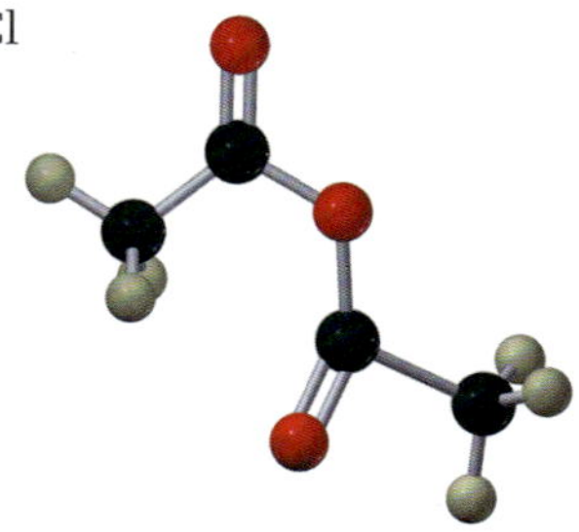

Essigsäureanhydrid

38.7 Reaktionen der Säureanhydride

Mechanismus der Überführung eines Säureanhydrids in einen Ester (und eine Carbonsäure)

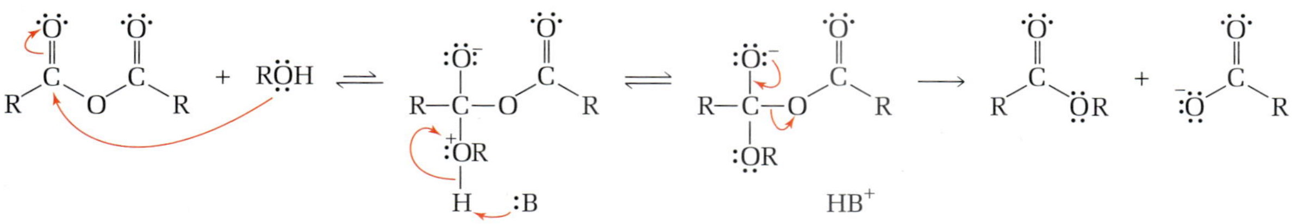

38.8 Reaktionen der Ester

Ester reagieren mit Halogenid- oder Carboxylationen nicht, weil diese Nucleophile schwächere Basen sind als die Abgangsgruppe RO^- des Estermoleküls; sie würden daher aus dem tetraedrischen Intermediat wieder ausgestoßen werden.

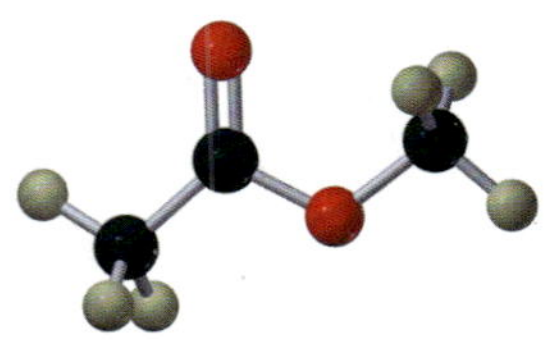

Essigsäuremethylester

Ein Ester reagiert mit Wasser unter Bildung einer Carbonsäure und eines Alkohols. Dies ist ein weiteres Beispiel für eine **Hydrolyse**. Eine Hydrolyse (*lysis*, gr. „Spaltung"/„Auflösung") ist eine chemische Reaktion, bei der unter Einwirkung von Wasser eine Verbindung unter Bildung zweier Verbindungen gespalten wird.

eine Hydrolyse

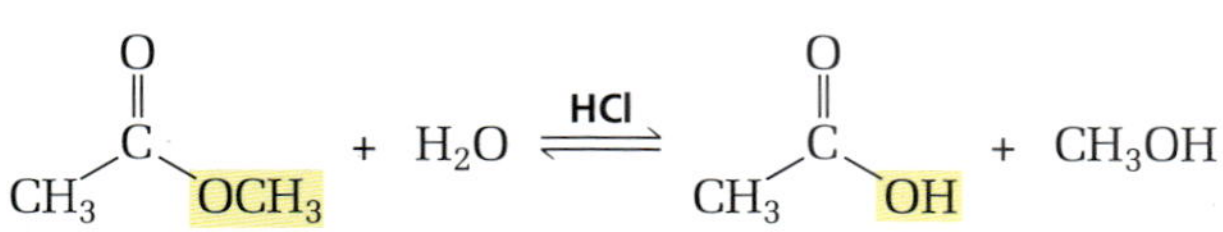

Essigsäuremethylester — Essigsäure

Ein Ester reagiert mit einem Alkohol unter Bildung eines neuen Esters und eines neuen Alkohols. Dies ist ein Beispiel für eine **Alkoholyse**. Diese spezielle Form der Alkoholyse wird auch als **Umesterung** bezeichnet, weil durch sie ein Ester in einen anderen überführt wird.

eine Umesterung

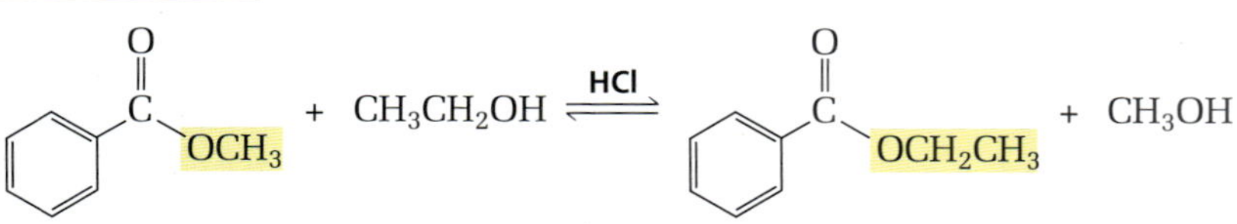

Benzoesäuremethylester — Benzoesäureethylester

Sowohl die Hydrolyse als auch die Alkoholyse eines Esters sind sehr langsam verlaufende Reaktionen, da Wasser und Alkohole schlechte Nucleophile sind und die Ester basische Abgangsgruppen haben. Diese Reaktionen werden daher immer mit Unterstützung von Katalysatoren durchgeführt. Sowohl die Hydro- als auch die Alkoholyse eines Esters werden durch Brønstedsäuren katalysiert. Die Hydrolysegeschwindigkeit kann auch durch eine Brønstedbase (Hydroxidionen) erhöht werden. Die Geschwindigkeit der Alkoholyse lässt sich durch die konjugierte Base des reagierenden Alkohols (das Alkoholat, RO^-) beschleunigen.

38.9 Säurekatalysierte Esterhydrolyse

Bei einer säurekatalysierten Reaktion sind alle organischen Intermediate und Reaktionsprodukte positiv geladen oder elektrisch neutral; *negativ geladene organische Intermediate und Reaktionsprodukte werden in sauren Lösungen nicht gebildet.*

Die Hydrolyse von Estern mit primären oder sekundären Alkylgruppen

Wir haben gelernt, dass bei Zusatz einer Säure dies zur Protonierung eines geeigneten Atoms mit hoher Elektronendichte an den Eduktmolekülen führt. Eine Säure protoniert daher in unserem jetzigen Fall das Carbonylsauerstoffatom.

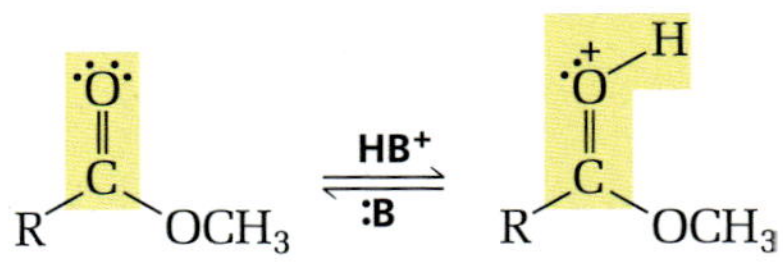

Die mesomeren Grenzformeln des Esters lassen erkennen, warum das Carbonylsauerstoffatom das Atom mit der höchsten Elektronendichte ist.

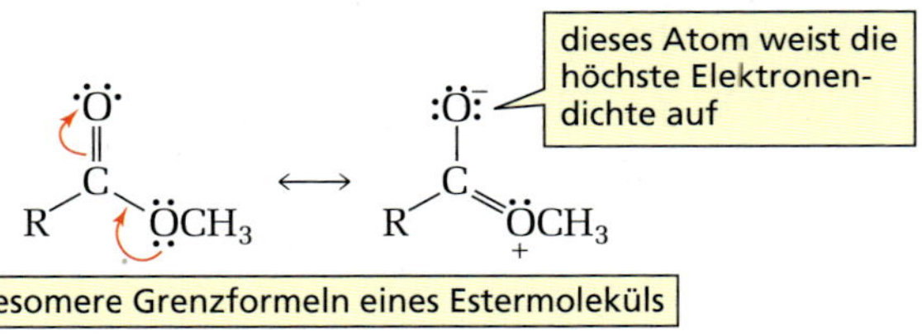

Der Mechanismus der säurekatalysierten Esterhydrolyse ist nachfolgend dargelegt.

MERKE !

HB^+ steht stellvertretend für ein beliebiges Teilchen in der Lösung, das fähig ist, ein Proton abzugeben (Brønstedsäure), und :B steht stellvertretend für ein beliebiges Teilchen in der Lösung, das fähig ist, ein Proton aufzunehmen (Brønstedbase).

Mechanismus der säurekatalysierten Esterhydrolyse

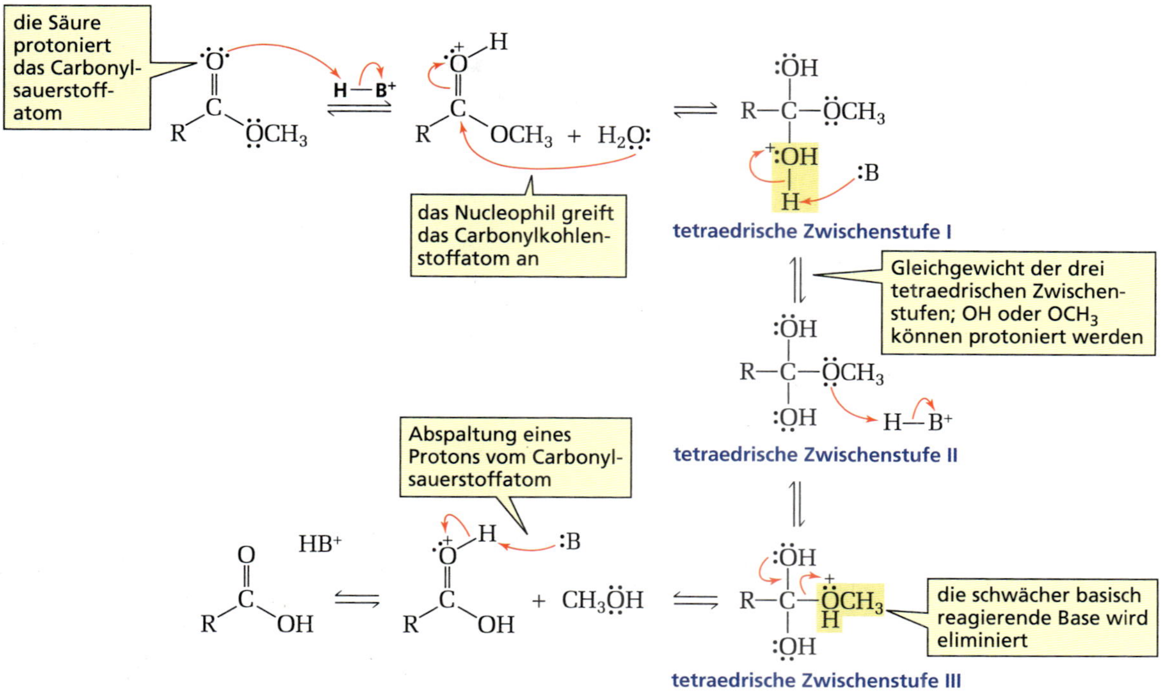

- Die Säure protoniert das Sauerstoffatom der Carbonylgruppe.
- Das Nucleophil (H_2O) greift das Carbonylkohlenstoffatom der protonierten Carbonylgruppe an; dabei wird eine protonierte, tetraedrische Zwischenstufe gebildet.
- Die protonierte, tetraedrische Zwischenstufe (tetraedrische Zwischenstufe I) steht im Gleichgewicht mit der nichtprotonierten Form (tetraedrische Zwischenstufe II).
- Nachdem sich die protonierte tetraedrische Zwischenstufe gebildet hat, kann entweder die OH^- oder die OR-Gruppe dieser Zwischenstufe protoniert werden (OR ist in unserem Beispiel OCH_3). In dem einen Fall wird die tetraedrische Zwischenstufe I zurückgebildet, im anderen die Zwischenstufe III (in der OR protoniert ist) gebildet. Die anteiligen Mengen der drei tetraedrischen Zwischenstufen sind vom pH-Wert der Lösung und den pK_S-Werten der protonierten Formen abhängig.
- Wenn die tetraedrische Zwischenstufe I zerfällt, wird bevorzugt ein Wassermolekül (H_2O) abgespalten anstelle des stark basischen Methanolations (CH_3O^-) und der Ester zurückgebildet. Wenn die tetraedrische Zwischenstufe III zerfällt, wird ein Methanolmolekül (CH_3OH) abgespalten anstelle des wieder stark basischen Hydroxidions (OH^-); es wird die Carbonsäure gebildet. Der Ester ist gespalten. Da Wasser und Methanol ungefähr gleiche Basizität aufweisen, ist der Zerfall der tetraedrischen Zwischenstufe I (unter Rückkehr in den Esterzustand; Ausgangszustand) ungefähr genauso wahrscheinlich wie der Zerfall der tetraedrischen Zwischenstufe III in die Carbonsäure und den Alkohol. Der Zerfall der Zwischenstufe II ist viel weniger wahrscheinlich, weil sowohl OH^- wie CH_3O^- starke Basen sind.
- Die Abstraktion eines Protons von der protonierten Carbonsäure oder vom protonierten Ester führt zur Bildung einer elektrisch neutralen Carbonylverbindung. Da die tetraedrischen Zwischenstufen I und III mit gleich großer Wahrscheinlichkeit zerfallen, sind im Gleichgewichtszustand der ungespal-

tene Ester und die aus der Spaltung hervorgegangene Carbonsäure zu etwa gleichen Teilen vorhanden.

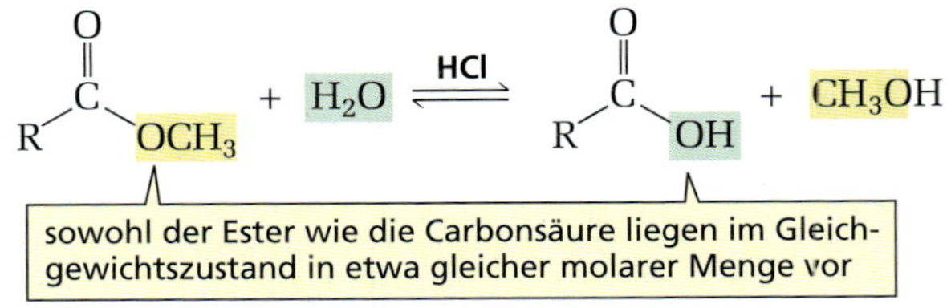

Ein Überschuss Wasser kann eingesetzt werden, um das Gleichgewicht nach rechts zu verschieben (Prinzip von Le Châtelier). Falls der Siedepunkt des bei der Spaltung entstehenden Alkohols deutlich niedriger liegt als der der anderen Komponenten des Systems, kann das Gleichgewicht auf die Seiten der Reaktionsprodukte verschoben werden, indem man den Alkohol – falls er flüchtig ist – sowie er sich bildet kontinuierlich abdestilliert.

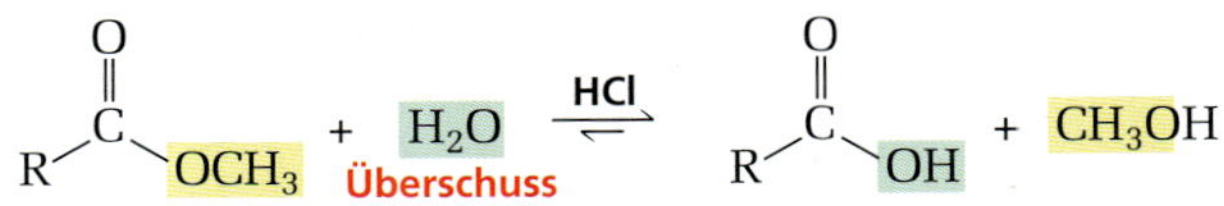

A 1 Welche Reaktionsprodukte werden sich bei der säurekatalysierten Spaltung folgender Ester bilden?

(a)
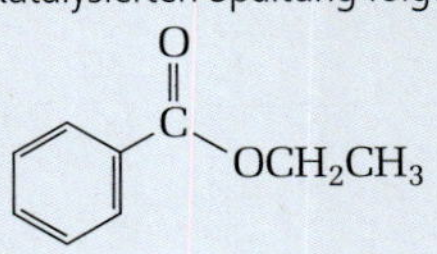

(b)
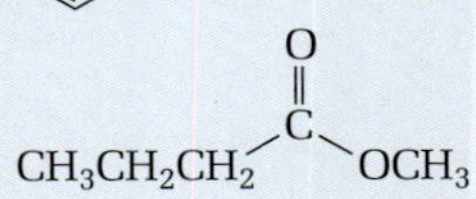

(c)
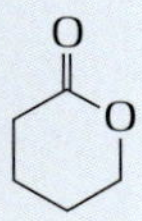

Der Mechanismus der säurekatalysierten Esterbildung durch Reaktion einer Carbonsäure mit einem Alkohol **ist die** exakte **Umkehrung der säurekatalysierten Esterhydrolyse** zu Carbonsäure und Alkohol. Falls also der Ester das gewünschte Reaktionsprodukt ist, sollte die Reaktion unter solchen Bedingungen durchgeführt werden, die das Gleichgewicht auf die linke Seite der nachfolgenden Reaktionsgleichung verschiebt, zum Beispiel durch die Verwendung eines Überschusses Alkohol oder Entfernung des sich bei der Reaktion bildenden Wassers.

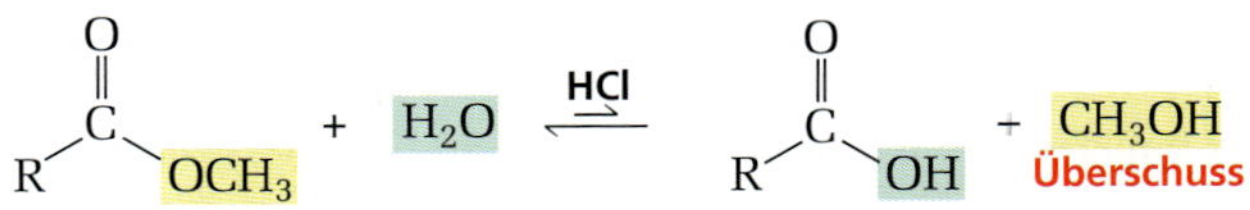

Schauen wir uns nunmehr an, wie die Säure die Geschwindigkeit der Esterhydrolyse erhöht. Die Säure ist der **Katalysator** der Reaktion. Damit ein Katalysator die Geschwindigkeit einer chemischen Reaktion erhöhen kann, muss er die Geschwindigkeit des langsamsten (Teil-)Schrittes der Reaktion erhöhen. Die Bildung der tetraedrischen Zwischenstufe und ihr nachfolgender Zerfall verlaufen – im Vergleich zu den Protonenübertragungsreaktionen des Mechanismus – ziemlich langsam. Die katalysierende Säure beschleunigt beide langsamen Schritte.

Die Säure erhöht die *Bildungsgeschwindigkeit der tetraedrischen Zwischenstufe* durch Protonierung des Carbonylsauerstoffatoms. Protonierte Carbonylgruppen werden leichter nucleophil angegriffen als nichtprotonierte, weil ein positiv geladenes Sauerstoffatom stärker elektrophil als ein elektrisch neutrales O-Atom ist. Der vermehrte Elektronenzug des Sauerstoffatoms führt zu einer Verstärkung des in dieser Verbindung ohnehin positiv polarisierten Kohlenstoffatoms.

Protonierung des Carbonylsauerstoffatoms erhöht die Nucleophilie des Carbonylkohlenstoffatoms

MERKE !

Eine katalytisch wirksame Säure erhöht die Reaktivität einer Carbonylgruppe und kann die Abgangseigenschaften einer Gruppe verbessern.

Die Säure erhöht die *Zerfallsgeschwindigkeit der tetraedrischen Zwischenstufe* durch Verminderung der Basizität der Abgangsgruppe, so dass diese leichter aus dem Molekül eliminiert werden kann. Bei der säurekatalysierten Hydrolyse eines Esters ist die Abgangsgruppe der Alkohol (ROH), der natürlich eine viel schwächere Base als das Alkoholation (RO^-) ist, das bei einer unkatalysierten Reaktion die Abgangsgruppe bilden würde.

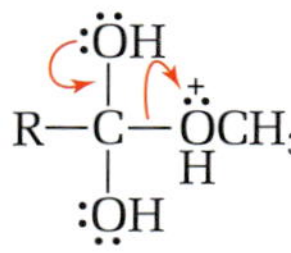

tetraedrische Zwischenstufe einer säurekatalysierten Esterhydrolyse

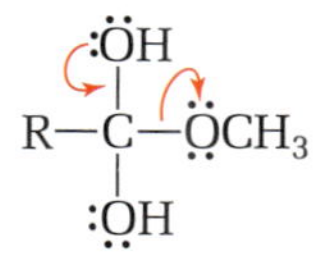

tetraedrische Zwischenstufe einer unkatalysierten Esterhydrolyse

38.10 Basenvermittelte Esterhydrolyse

Wie eine Brønstedsäure, so erhöhen auch Hydroxidionen (eine Brønstedbase) die Geschwindigkeit der beiden langsamen Reaktionsschritte, also die Bildung des tetraedrischen Intermediates und seinen anschließenden Zerfall.

Mechanismus der basenvermittelten Esterhydrolyse

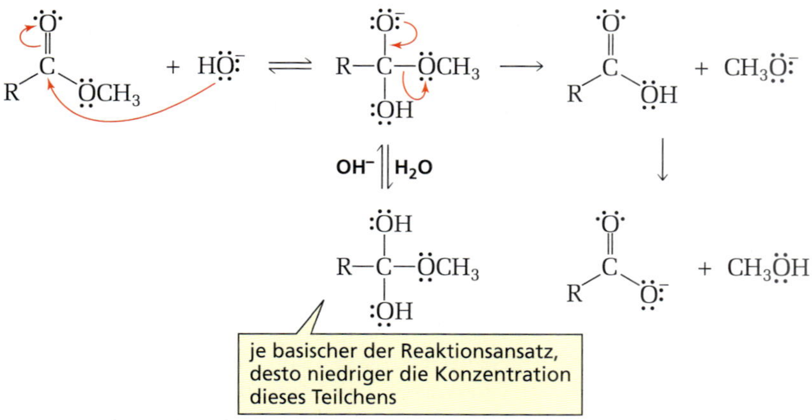

Hydroxidionen (OH^-) erhöhen die Bildungsgeschwindigkeit der Zwischenstufe, weil sie bessere Nucleophile sind als Wassermoleküle. Hydroxidionen erhöhen die Zerfallsgeschwindigkeit der Zwischenstufe, weil ein kleinerer Anteil der negativ geladenen Zwischenstufe in der basischen Lösung protoniert wird. Ein negativ geladenes Sauerstoffatom trägt aber stärker dazu bei, dass eine sehr basische Abgangsgruppe wie RO^- ausgestoßen werden kann, da das O-Atom im Übergangszustand keine positive Ladung übernehmen muss.

MERKE !

Hydroxidionen sind bessere Nucleophile als Wassermoleküle.

Beachten Sie, dass beim Ausstoß von CH_3O^- nicht die Carbonsäure und das Methanolation die Endprodukte sind. Es kommt zur Bildung des neutralen Alkohols (Methanol) und des Carboxylations, da dieses weniger basisch ist als das Alkoholation. Da Carboxylationen negativ geladen sind, werden sie von Nucleophilen nicht angegriffen.

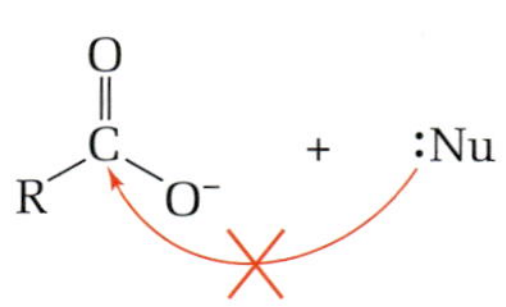

Die basenvermittelte Esterspaltung ist daher, anders als die säurekatalysierte, keine reversible Reaktion.

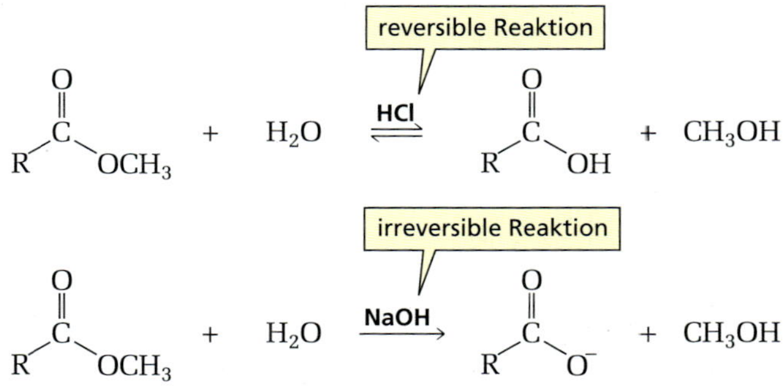

Man spricht in diesem Zusammenhang von einer **basenvermittelten Reaktion** und nicht von einer basenkatalysierten, weil die Hydroxidionen im Verlauf der Reaktion verbraucht werden und nicht wie ein Katalysator aus der Reaktion unverändert hervorgehen. Sie sind *stöchiometrische* Reaktionsteilnehmer. Um als Katalysator gelten zu können, muss ein Stoff chemisch unverändert und in unveränderter Menge aus der Reaktion hervorgehen. Dies bedingt, dass Katalysatoren im Regelfall nur in vergleichsweise geringer Menge in ein Reaktionsgemisch eingehen. Da die Hydroxidionen ein Edukt und kein Katalysator der Reaktion sind, ist es daher richtig, von der hydroxidionenvermittelten Reaktion zu sprechen anstatt von einer hydroxidionenkatalysierten.

38.11 Seifen, Detergenzien und Micellen

Stearat
(Anion der Stearinsäure)

Fette und **Öle** (flüssige Fette) sind Dreifachester (Triester, Triglyceride) des dreiwertigen Alkohols Glycerin. Glycerin enthält drei OH-Gruppen und kann deshalb Einfach-, Zweifach- und Dreifachester bilden. Wenn die Estergruppen eines Fettmoleküls in basischer Lösung hydrolysiert werden, bilden sich freie Glycerinmoleküle und Carboxylationen. Die Carbonsäuren, die mit Glycerin zu Triglyceriden reagieren, enthalten lange, unverzweigte Alkylreste (R). Da sie aus Fetten zugänglich sind, nennt man solche langkettigen, unverzweigten Carbonsäuren auch **Fettsäuren**. Fettsäuren im engeren Sinn sind solche, die tatsächlich in lebenden Organismen an Glycerin gebunden vorkommen; im weiteren Sinn versteht man darunter alle höheren unverzweigten Carbonsäuren. Natürliche Fette/Öle sind fast immer Substanzgemische, die unterschiedliche Triglyceride, und manchmal auch Beimengungen anderer Substanzen, enthalten.

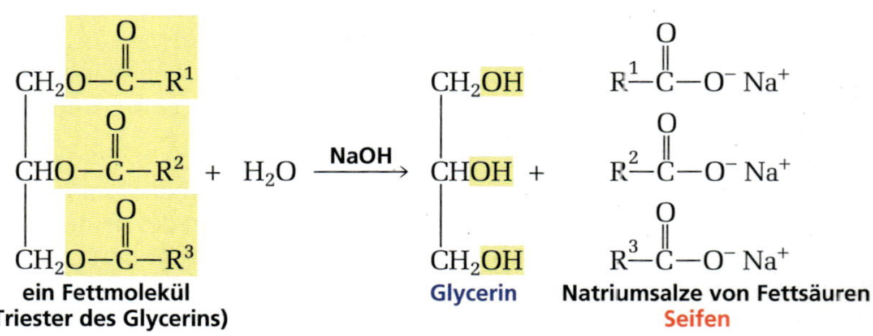

Als **Seifen** bezeichnet man die Natriumsalze von Fettsäuren (die Kaliumsalze werden als *Schmierseifen* bezeichnet). Man gelangt also zu Seifen, wenn man Fette/Öle unter basischen Bedingungen hydrolysiert. Deshalb wird die basische Esterhydrolyse auch als **Verseifung** bezeichnet, unabhängig davon, ob es sich tatsächlich um Ester von Fettsäuren oder des Glycerins handelt (*sapo*, lat. „Seife"). Drei der häufigsten Seifen sind:

$$CH_3(CH_2)_{16}C(=O)O^- \; Na^+$$
Natriumstearat

$$CH_3(CH_2)_7CH{=}CH(CH_2)_7C(=O)O^- \; Na^+$$
Natriumoleat

$$CH_3(CH_2)_4CH{=}CHCH_2CH{=}CH(CH_2)_7C(=O)O^- \; Na^+$$
Natriumlinoleat

A 2 Das Kokosöl ist insofern ungewöhnlich, als alle drei Fettsäurekomponenten der Triglyceride dieses Öls identisch sind. Die Summenformel des Triesters ist $C_{45}H_{86}O_6$. Wie lautet die Summenformel des bei der Verseifung entstehenden Carboxylations dieses Fettmoleküls?

Langkettige Carboxylationen (Carboxylationen mit langen Alkylresten) kommen in wässriger Lösung nicht als einzelne Ionen vor. Sie lagern sich vielmehr zu sphärischen supramolekularen Verbänden zusammen, wie sie in ▶ Abbildung 38.2 dargestellt sind. Diese Molekülzusammenschlüsse werden als **Micellen** bezeichnet. Jede Micelle enthält 50 bis 100 der langkettigen Carboxylationen und ähnelt einem großen Ball. Die polaren Kopfbereiche der Carboxylationen befinden sich auf der Außenseite, weil sie durch den polaren Charakter der geladenen Carboxylatgruppen mit den Wassermolekülen in elektrostatische Wechselwirkung treten. Die unpolaren Molekülschwänze sind im Inneren der Ballstruktur verborgen, um den Kontakt mit den polaren Wassermolekülen zu minimieren. Dieser Zustand ist energieärmer und wird daher favorisiert. Die anziehenden Kräfte zwischen Kohlenwasserstoffketten in Wasser werden als **hydrophobe Wechselwirkungen** bezeichnet. Seife hat reinigende Eigenschaften, weil die unpolaren Fettmoleküle, die Schmutz davontragen, sich im unpolaren Inneren der Micellen versammeln und mit den Micellen weggewaschen werden, wenn man die Seifenlösung abspült.

Da die Oberfläche einer Micelle eine Reihe negativer elektrischer Ladungen trägt, stoßen sich die einzelnen Micellen für gewöhnlich ab, statt sich zu größeren Aggregaten zusammenzuballen. Im „harten" Wasser jedoch, das relativ hohe Konzentrationen gelöster Magnesium- und Calciumionen enthält, bilden die Micellen Aggregate. In hartem Wasser, das in manchen Gegenden natürlich als Grund-/Trinkwasser vorkommt, kann es zur Bildung von Ablagerungen in Waschbecken und Badewannen kommen („Ränder").

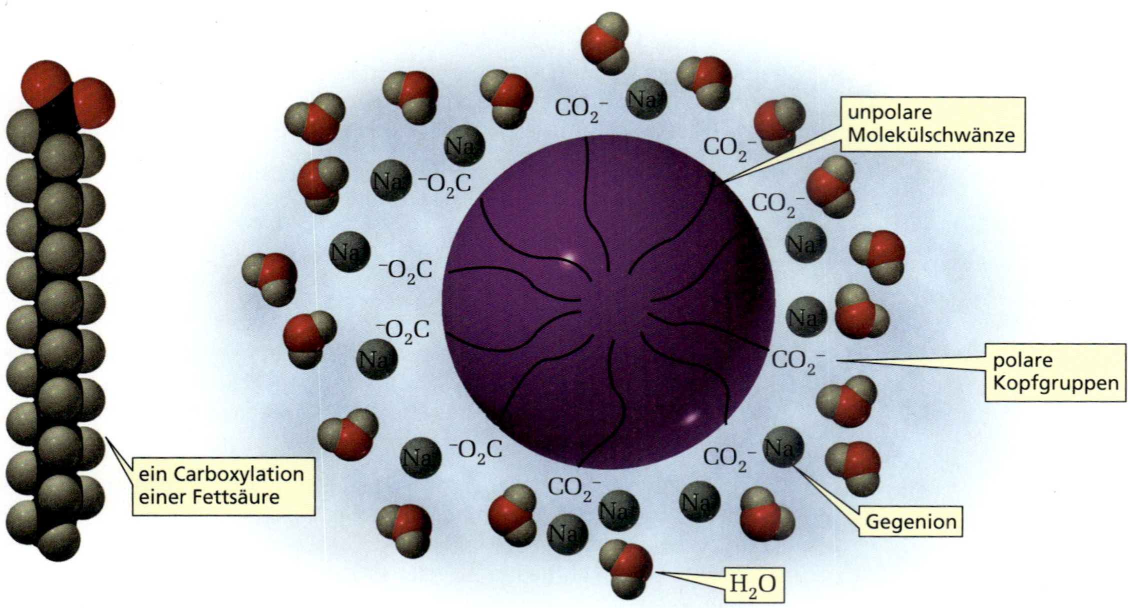

Abbildung 38.2: In wässriger Lösung bilden Seifenmoleküle Micellen. Die polaren Kopfgruppen (Carboxylatgruppen) der Seifenmoleküle bilden die äußere Hülle der Micelle aus; die unpolaren Molekülschwänze (Alkylgruppen R der Fettsäuremoleküle) reichen in das Innere der Micellen hinein.

CHEMIE UND LEBEN

Seifenherstellung

Für Tausende von Jahren wurden Seifen hergestellt, indem man tierisches Fett mit Pottasche erhitzte. Da die Asche, die man durch Verbrennung mineralreicher organischer Substanz hergestellt hat, Kaliumcarbonat enthält, reagiert die Lösung basisch. (Von der alten Bezeichnung Pottasche leitet sich der angelsächsische Name des Elementes Kalium, *„potassium"*, ab.) Bei der modernen Seifenherstellung werden Fette und Öle in Natronlauge (wässrige Natriumhydroxidlösung) erhitzt. Nach erfolgter Hydrolyse setzt man Kochsalz zu, um die Seifen auszufällen. Die Seifen werden getrocknet und zur Weiterverarbeitung zu Blöcken gepresst. Nach Geschmack und Mode können Geruchsstoffe (Parfüme) zugesetzt werden, ebenso Farbstoffe und sogar Sand, um der Seife abrasive Eigenschaften zu geben („Kernseife"). Um der Seife Auftrieb zu verleihen und sie schwimmfähig zu machen, kann Luft eingeblasen werden, die im Inneren Blasen bildet und dadurch die Dichte herabsetzt.

Seifenherstellung

Die Bildung von Seifenhäuten in hartem Wasser führte zur Suche nach synthetischen Stoffen, die die reinigenden Eigenschaften der Seife aufweisen, aber mit Mg- oder Ca-Ionen keine Ausfällungsprodukte bilden. Es wurden synthetische „Seifen" entwickelt, die als **Detergenzien** bezeichnet werden (*detergere*, lat. „abwischen"). Dabei handelt es sich um Salze von Benzolsulfonsäuren. Calcium- und Magnesiumsulfonate bilden keine Aggregate. Nach der Einführung der Detergenzien am Markt fand man heraus, dass geradkettige Alkylgruppen biologisch abbaubar sind, im Gegensatz zu verzweigten. Um zu verhindern, dass Detergenzien Flüsse und Seen verschmutzen, sollte man zu ihrer Herstellung nur Moleküle mit geradkettigen Alkylgruppen verwenden.

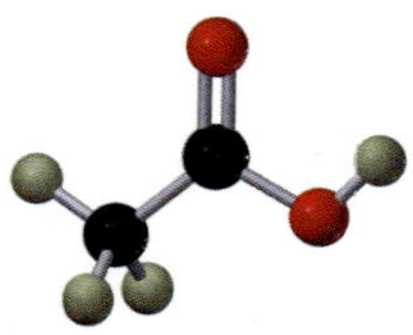

Essigsäure

38.12 Reaktionen der Carbonsäuren

Carbonsäuren können nucleophile Acylsubstitutionen nur eingehen, wenn sie in ihrer sauren (protonierten) Form vorliegen (R-COOH). Carboxylationen verhalten sich bei nulceophilen Acylsubstitutionen noch weniger reaktiv als Amide.

relative Reaktivitäten gegenüber nucleophiler Acylsubstitution

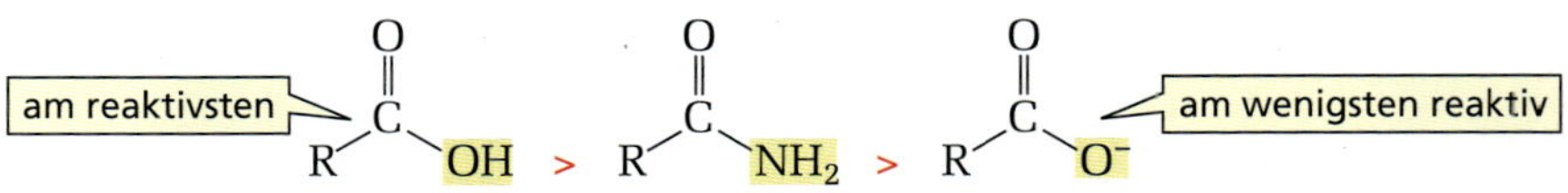

Carbonsäuren weisen etwa die gleichen Reaktivitäten wie Ester auf, da die OH^--Abgangsgruppe einer Carbonsäure in etwa die gleiche Basizität aufweist wie die RO^--Abgangsgruppe eines Esters. Daher reagieren Carbonsäuren, wie Ester, nicht mit Halogenid- oder Carboxylationen.

Carbonsäuren reagieren mit Alkoholen zu Estern. Die Reaktion muss unter sauren Bedingungen durchgeführt werden, und das nicht nur, um die Reaktion zu katalysieren, sondern auch um die Carbonsäure in ihrer elektrisch neutralen, protonierten Form zu halten, so dass es zur Reaktion mit einem Nucleophil kommen kann. Da das bei dieser Reaktion gebildete tetraedrische Intermediat zwei mögliche Abgangsgruppen besitzt, die etwa gleiche Basizität aufweisen, muss ein Überschuss des Alkohols verwendet werden, um das Gleichgewicht der Reaktion auf die Seite der Reaktionsprodukte zu verschieben. Emil Fischer hat als Erster erkannt, dass man die Esterbildung mit einem Überschuss des

CHEMIE UND LEBEN

Ein natürliches Schlafmittel

Melatonin, ein natürlich vorkommendes Amid, ist ein Hormon, das von der Hirnanhangsdrüse aus der Aminosäure Tryptophan synthetisiert wird. Melatonin reguliert die circadiane Uhr im Gehirn, die physiologische Zustände wie den Wach-/Schlafzyklus, die Körpertemperatur und die Hormonbildung anderer Drüsen steuert.

Die Melatoninmenge nimmt am Abend zur Nacht hin zu und nimmt dann zum Morgen hin wieder ab. Menschen mit hohen Melatoninkonzentrationen schlafen länger und tiefer als solche mit niedrigen.

Die Konzentration dieses Hormons schwankt mit dem Alter der Person: Sechsjährige besitzen eine etwa fünfmal höhere Melatoninkonzentration wie Achtzigjährige. Dies ist einer der Gründe, warum junge Menschen im Durchschnitt weniger Schlafprobleme haben als alte Menschen. Melatonin wird in manchen Fällen von Schlafstörung verabreicht, ebenso bei der Zeitzonenverschiebung bei schnellen Reisen („*jet lag*") und bei jahreszeitlich bedingten Gemütskrankheiten.

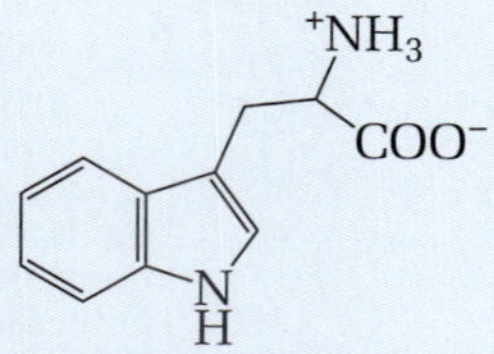

Tryptophan
eine Aminosäure

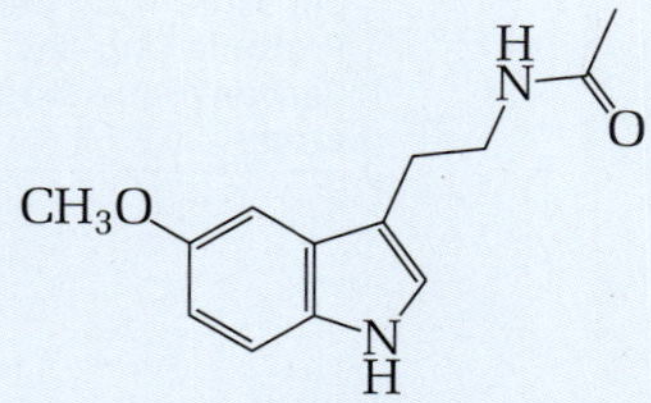

Melatonin

Alkohols unter Säurekatalyse durchführen muss; deshalb wird diese Reaktion manchmal auch als **Fischer-Veresterung** bezeichnet. Der Mechanismus der Reaktion ist die genaue Umkehrung des Mechanismus der säurekatalysierten Hydrolyse eines Esters.

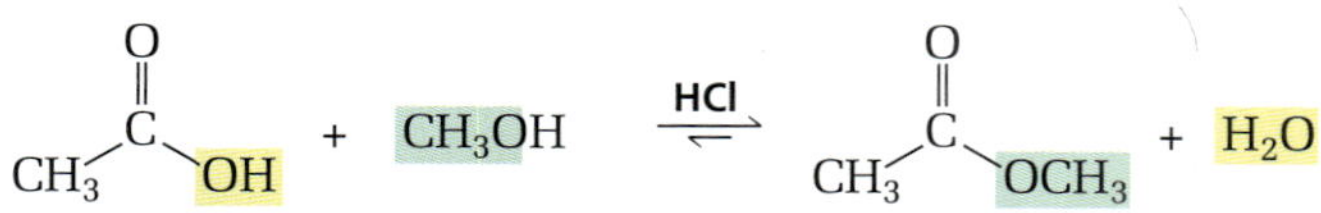

Essigsäure **Methanol** **Überschuss** **Essigsäuremethylester**

Carbonsäuren gehen mit Aminen keine nucleophilen Acylsubstitutionen ein. Da eine Carbonsäure eine Säure ist und ein Amin eine Base, überträgt in einer Brønsted'schen Säure-/Basereaktion die Säure sofort ein Proton auf einen Teil der Aminmoleküle, wenn die beiden Verbindungen miteinander vermischt werden. Das sich ergebende Ammoniumcarboxylat ist das Endprodukt der Reaktion; das Carboxylation ist nicht reaktiv, und das protonierte Amin ist nicht mehr nucleophil.

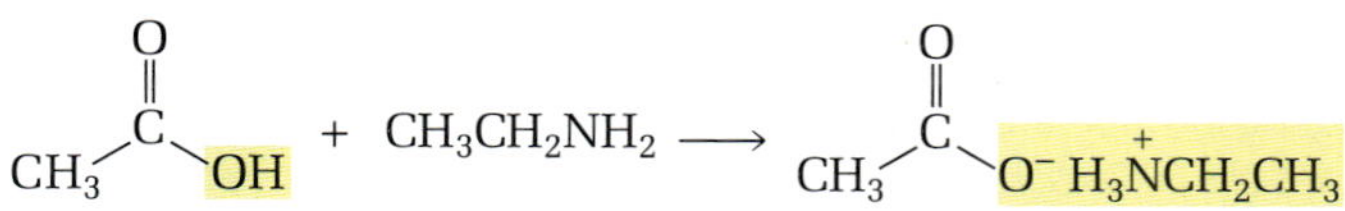

ein Ammoniumcarboxyl

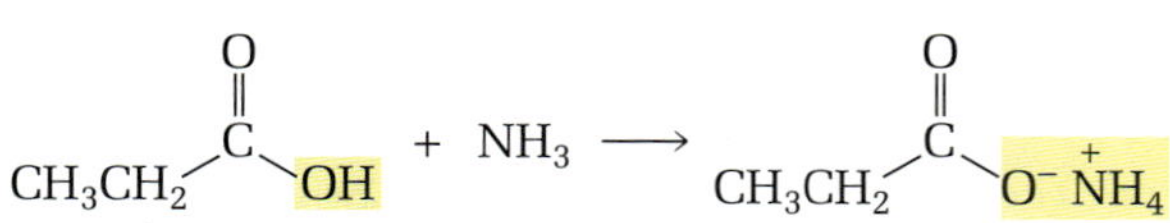

A 3 Zeigen Sie auf, wie sich die folgenden Ester aus einer Carbonsäure als Ausgangsverbindung darstellen lassen:

(a) Buttersäuremethylester (Apfelaroma)

(b) Essigsäureoctylester (Orangenaroma)

38.13 Die Hydrolyse von Amiden

Der Mechanismus der säurekatalysierten Amidspaltung ist dem der säurekatalysierten Esterhydrolyse ähnlich.

Mechanismus der säurekatalysierten Hydrolyse eines Amids

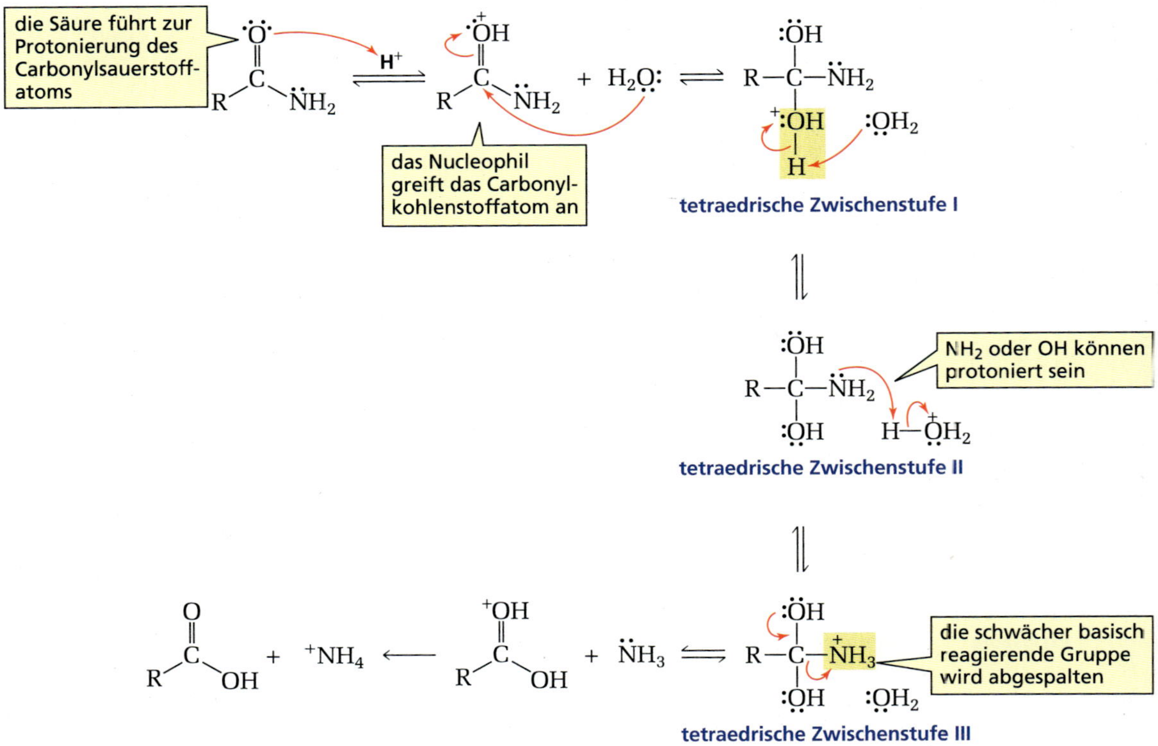

Warum ist ein Amid nicht ohne die Hilfe eines Katalysators hydrolysierbar? Bei einer unkatalysierten Reaktion würde das Amid nicht protoniert werden. Ein Wassermolekül, also ein sehr schwaches Nucleophil, müsste in diesem Fall ein elektrisch neutrales Amidmolekül angreifen, das nucleophil schlechter angreifbar ist als ein protoniertes Amid. Darüber hinaus wäre die Aminogruppe in der tetraedrischen Zwischenstufe nicht protoniert. Daher würde ein Hydroxidion als Abgangsgruppe aus dem Molekül eliminiert anstelle des noch basischeren Amidions NH_2^-. Dies würde zur Rückbildung des Amids führen.

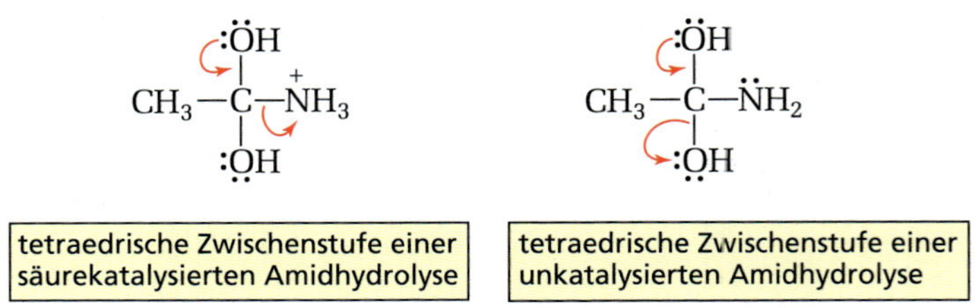

Ein Amid reagiert mit einem Alkohol in Gegenwart einer Säure aus dem gleichen Grund, aus dem es in Gegenwart einer Säure mit Wasser reagiert.

38.14 Dicarbonsäuren und ihre Derivate

Die Strukturen einiger häufig vorkommender Dicarbonsäuren und ihre pK_S-Werte sind in ► Tabelle 38.2 zusammengefasst.

Dicarbonsäure	Trivialname	pK_{S1}	pK_{S2}
$HO\overset{\overset{O}{\|}}{C}OH$	Kohlensäure	6,37	10,25
$HO\overset{\overset{O}{\|}}{C}-\overset{\overset{O}{\|}}{C}OH$	Oxalsäure	1,27	4,27
$HO\overset{\overset{O}{\|}}{C}CH_2\overset{\overset{O}{\|}}{C}OH$	Malonsäure	2,86	5,70
$HO\overset{\overset{O}{\|}}{C}CH_2CH_2\overset{\overset{O}{\|}}{C}OH$	Succinylsäure	4,21	5,64
$HO\overset{\overset{O}{\|}}{C}CH_2CH_2CH_2\overset{\overset{O}{\|}}{C}OH$	Glutarsäure	4,34	5,27
$HO\overset{\overset{O}{\|}}{C}CH_2CH_2CH_2CH_2\overset{\overset{O}{\|}}{C}OH$	Adipinsäure	4,41	5,28
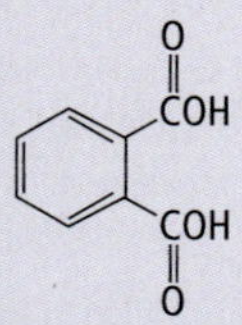	Phthalsäure	2,95	5,41

Tabelle 38.2: Strukturen, Namen und pK_S-Werte einiger einfacher Dicarbonsäuren

Die beiden Carboxylgruppen einer Dicarbonsäure unterscheiden sich in ihren pK_S-Werten, weil das Proton jeweils von einer anderen chemischen Spezies abgegeben wird. Zunächst fungiert das neutrale Säuremolekül als Protonendonator. Das zweite Proton hingegen wird von einem negativ geladenen Säureanion abgegeben.

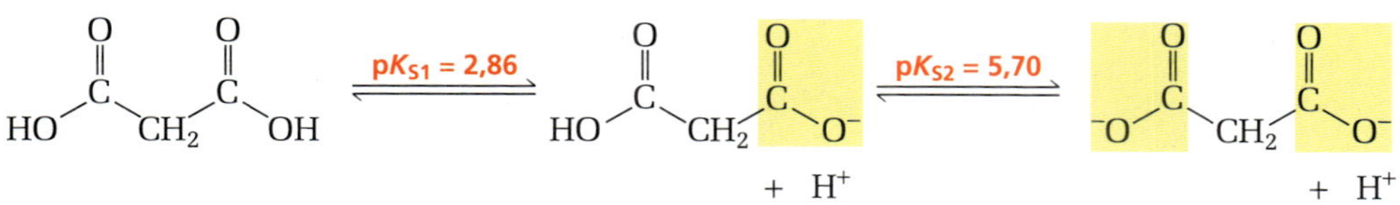

Eine COOH-Gruppe wirkt elektronenziehend und erhöht die Stabilität der konjugierten Base, die gebildet wird, wenn von der ersten COOH-Gruppe ein Proton abgegeben wird. Die pK_S-Werte der in der Tabelle abgebildeten Dicarbonsäuren lassen erkennen, dass die die Azidität steigernde Wirkung einer COOH-Gruppe in dem Maß abnimmt, in dem sich der Abstand der beiden Carboxylfunktionen im Molekül vergrößert.

Dicarbonsäuren spalten beim Erhitzen bereitwillig ein Wassermolekül ab (sie dehydratisieren), wenn sie dabei ein zyklisches Anhydrid mit einem fünf- oder sechsgliedrigen Molekülring ausbilden können.

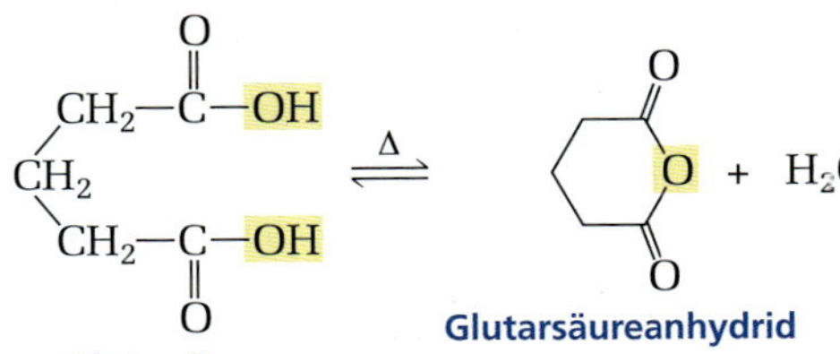

Glutarsäure　Glutarsäureanhydrid

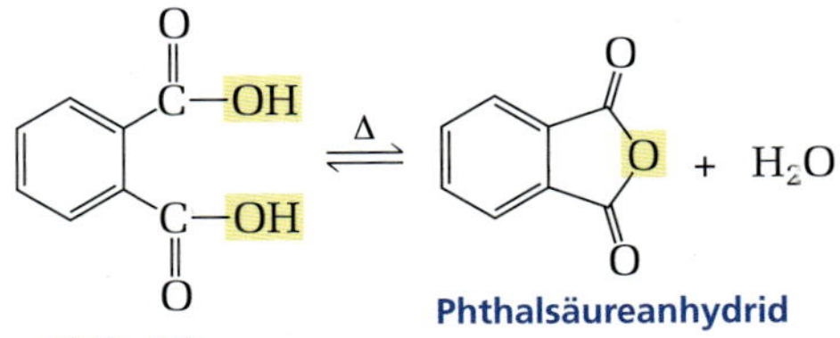

Phthalsäure　Phthalsäureanhydrid

Zyklische Anhydride lassen sich noch leichter darstellen, wenn die Dicarbonsäure in Gegenwart von Acetylchlorid oder Acetanhydrid (Essigsäureanhydrid) oder mit einem stark wasserziehenden Stoff wie P_2O_5 erhitzt wird.

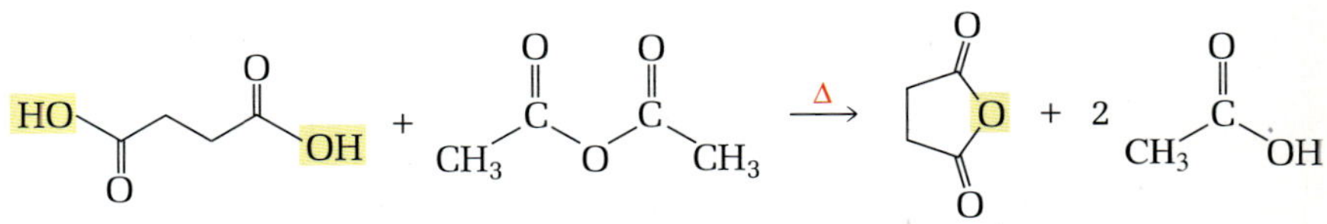

Succinylsäure　Essigsäureanhydrid　Succinylsäureanhydrid

Kohlensäure (H_2CO_3), eine Verbindung mit zwei OH-Gruppen, die an dasselbe Carbonylkohlenstoffatom gebunden sind, ist instabil und zerfällt deshalb sehr leicht zu Kohlendioxid (CO_2) und Wasser (H_2O). Die Reaktion ist reversibel; es bildet sich daher eine geringe Menge Kohlensäure, wenn CO_2 in Wasser eingeblasen wird, obgleich der größere Teil des Kohlendioxids physikalisch gelöst in Wasser vorliegt.

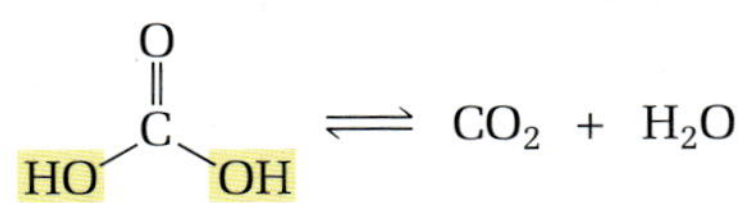

Kohlensäure

Wir haben gelernt, dass die OH-Gruppe einer Carbonsäure substituiert werden kann, was zu einer Reihe von Carbonsäurederivaten führt. In gleicher Weise können die OH-Gruppen der Kohlensäure (formal) durch andere Gruppen ersetzt sein.

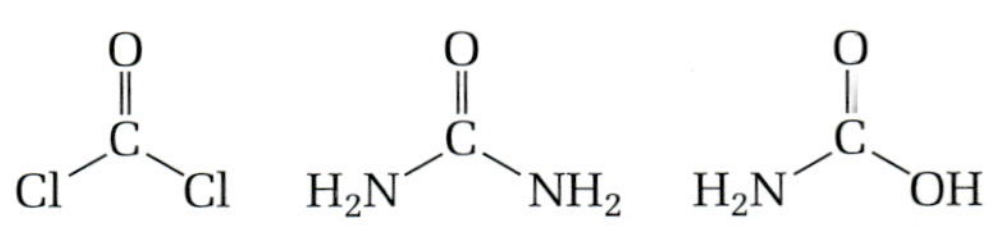

Phosgen　Harnstoff　Carbaminsäure

Aldehyde und Ketone – Vertreter der Carbonylverbindungen II

ÜBERBLICK

39

Formaldehyd

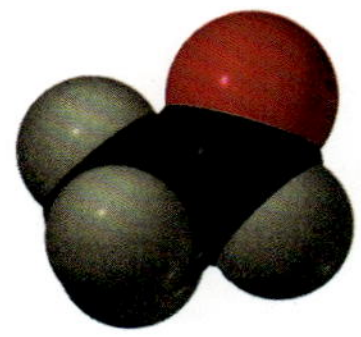

Acetaldehyd

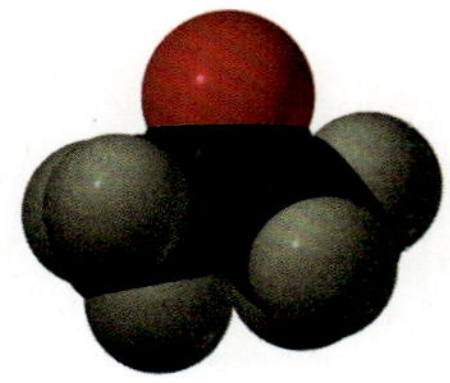

Aceton

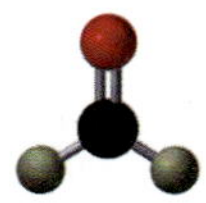

Formaldehyd

Acetaldehyd

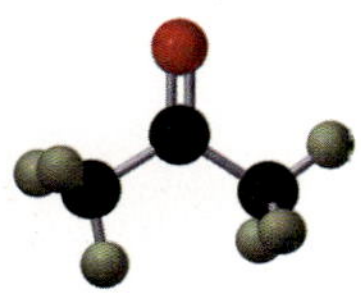

Aceton

Carbonylverbindungen können in zwei große Klassen unterteilt werden: Carbonylverbindungen der Klasse I, die eine Gruppierung im Molekül aufweisen, die durch ein Nucleophil ersetzt werden kann, und Carbonylverbindungen der Klasse II, denen eine solche Gruppe fehlt. Zu den Carbonylverbindungen der Klasse II gehören die Aldehyde und Ketone.

Das Carbonylkohlenstoffatom des einfachsten Aldehyds, des Formaldehyds, ist an zwei H-Atome gebunden. Das Carbonylkohlenstoffatom aller anderen **Aldehyde** ist an ein H-Atom und an eine Alkyl- oder Arylgruppe gebunden (also an ein C-Atom). Das Carbonylkohlenstoffatom der **Ketone** ist an zwei Alkyl- oder Arylreste gebunden (also an zwei weitere C-Atome). Aldehyde und Ketone besitzen keine Gruppe, die durch eine andere Gruppe ersetzt werden kann, da das Hydridion (H^-) und Carbanionen (R^-) zu basisch sind, um unter normalen chemischen Bedingungen von einem Nucleophil verdrängt werden zu können.

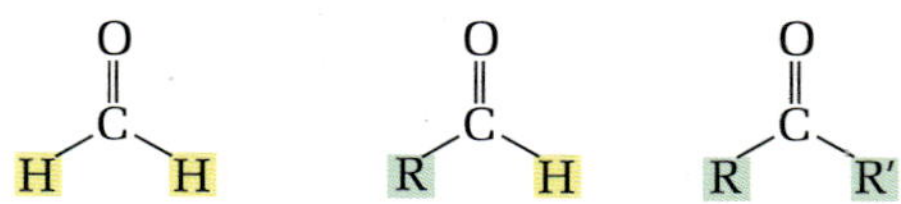

Formaldehyd — ein Aldehyd — ein Keton

Die physikalischen Eigenschaften der Aldehyde und Ketone wurden bereits erörtert.

Viele organische Verbindungen, die man in der Natur findet (*Naturstoffe*) weisen die funktionellen Gruppen eines Aldehyds oder Ketons auf. Aldehyde haben oft einen stechenden Geruch, während Ketone eher süßlich riechen (dies gilt natürlich nur für hinreichend flüchtige Aldehyde und Ketone). Vanillin (4-Hydroxy-3-methoxy-benzaldehyd; Aromastoff der Vanillepflanze *Vanilla planifolia*) und Zimtaldehyd (3-Phenylprop-2-en-1-al; Aromastoff des Zimtbaumes *Cinnamomum verum*) sind Beispiele für aldehydische Naturstoffe.

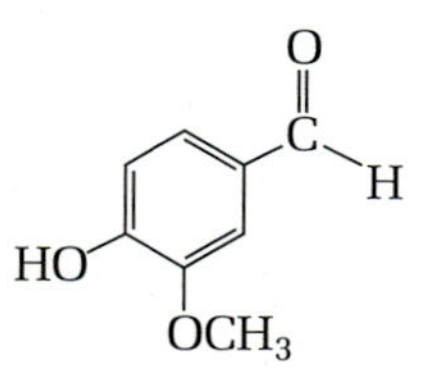

Vanillin
Vanillearoma

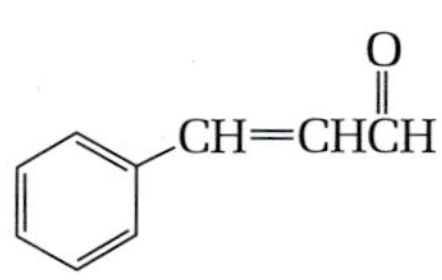

Zimtaldehyd
Zimtaroma

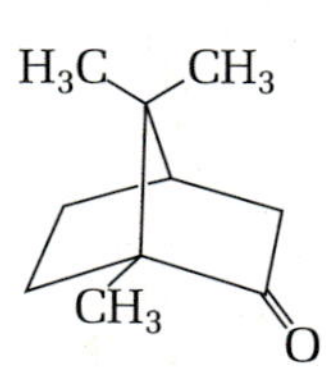

Campher

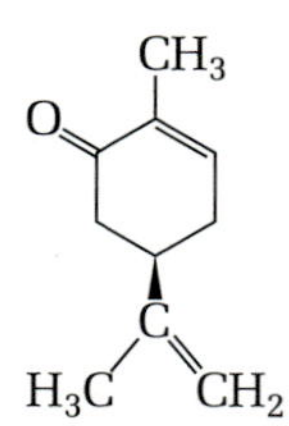

(*R*)-(–)-Carvon
Minze

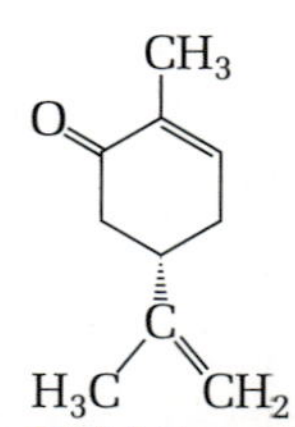

(*S*)-(+)-Carvon
Kümmel, Dill

39.1 Nomenklatur der Aldehyde und Ketone

Sowohl die Aldehyde als auch die Ketone werden mithilfe von Wortanhängen benannt.

Die Benennung von Aldehyden

Die **systematischen IUPAC-Bezeichnungen** der Aldehyde werden durch Anhängen der Wortendung „-al" an den Namen des Stammkohlenwasserstoffes gebildet. Ein Aldehyd mit einem C-Atom heißt demnach Methana*l*, einer mit zwei C-Atomen Ethana*l*. Die Stellung der Carbonylgruppe muss nicht angegeben werden, da sie aufgrund ihrer Bindungsverhältnisse bei einem Aldehyd immer endständig, also am Ende der Kohlenstoffkette des Stammkohlenstoffs zu finden ist. Dem Carbonylkohlenstoffatom eines Aldehyds wird daher die Platzziffer 1 zugewiesen.

Die **Trivialnamen** der Aldehyde leiten sich vom latinisierten Wortstamm der sich bei ihrer Oxidation ergebenden Carbonsäuren ab. An diesen Wortstamm wird die Endung „-aldehyd" angehängt. Bei Trivialnamen wird die Stellung eines eventuell vorhandenen Substitutenten wie üblich durch griechische Buchstaben angezeigt. Das Carbonylkohlenstoffatom trägt dabei keine Kennzeichnung, das mit ihm kovalent verbundene C-Atom ist das α-Kohlenstoffatom der Verbindung.

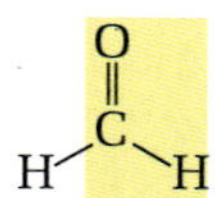
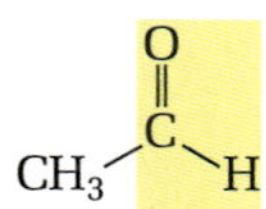
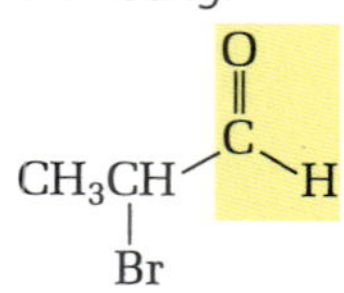

systematischer Name: Methanal | Ethanal | 2-Brompropanal
Trivialname: Formaldehyd | Acetaldehyd | α-Brompropionaldehyd

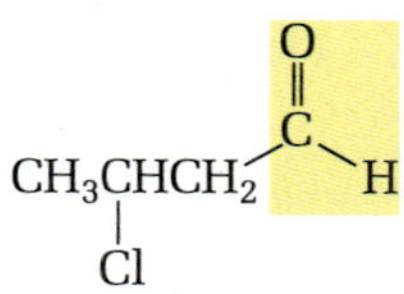
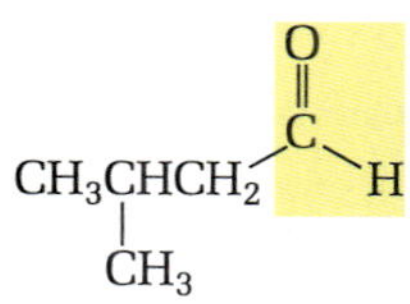
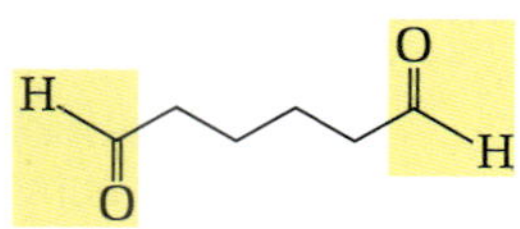

systematischer Name: 3-Chlorbutanal | 3-Methylbutanal | Hexandial
Trivialname: β-Chlorbutyraldehyd | Isovaleraldehyd

Falls die Aldehydgruppe mit einem Ring verknüpft ist, wird der Aldehyd durch Anhängen der Endung „-carbaldehyd" an den Namen der zyklischen Verbindung benannt.

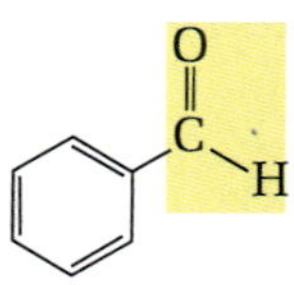

systematischer Name: Benzolcarbaldehyd
Trivialname: Benzaldehyd

Die Rangfolge der verschiedenen funktionellen Gruppen bei der Benennung organischer Verbindungen einschließlich der Carbonylverbindungen ist in ►Tabelle 39.1 zusammengefasst.

Falls eine Verbindung zwei funktionelle Gruppen aufweist, wird die mit dem niedrigeren Rang durch eine Vorsilbe, und die mit dem höheren Nomenklaturrang durch eine Wortendung angezeigt. Beachten Sie, dass die Vorsilbe eines Aldehyds nach seinem Sauerstoffatom „Oxo-" ist; eine Ausnahme bildet die Aldehydgruppe mit nur einem C-Atom, die nicht Teil einer Kette aus Kohlenstoffatomen ist, sondern beispielsweise als Substituent an einem Heteroatom steht. Ihre Vorsilbe ist „Formyl-".

	Verbindungsklasse	Endung	Vorsilbe
	Carbonsäure	-carbonsäure	Carboxy-
	Ester	-ester	Alkoxycarbonyl-
	Amid	-amid	Amido-
	Nitril	-nitril	Cyano-
	Aldehyd	-al	Oxo- (=O) / Formyl- (CH=O)
	Keton	-on	Oxo- (=O)
	Alkohol	-ol	Hydroxy-
	Amin	-amin	Amino-
	Alken	-en	Alkenyl-
zunehmende Priorität bei der Benennung	Alkin	-in	Alkinyl-
	Alkan	-an	Alkyl-
	Ether	–	Alkoxy-
	Halogenalkan	–	Halo- (Fluoro-, Chloro-, Bromo-, Iodo-)

Tabelle 39.1: Zusammenfassung der Nomenklatur der funktionellen Gruppen.

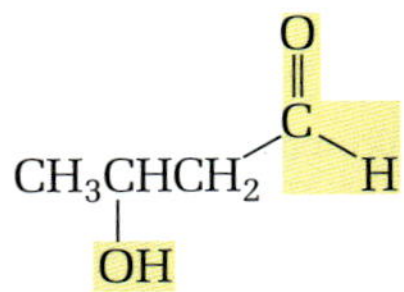

3-Hydroxybutanal

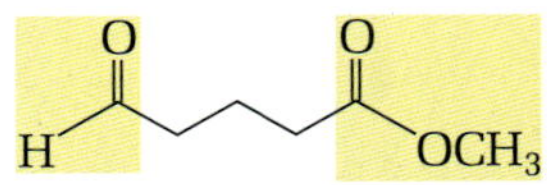

5-Oxopentansäuremethylester

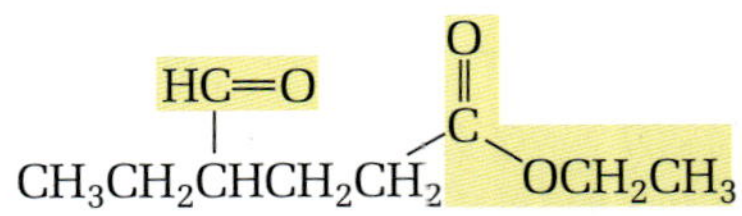

4-Formylhexansäureethylester

Falls die Verbindung sowohl eine olefinische Doppelbindung als auch eine Aldehydfunktion aufweist, wird die Stellung der Doppelbindung zuerst angegeben. Die Zählung der Kohlenstoffatome beginnt jedoch beim Carbonylkohlenstoff (C-1).

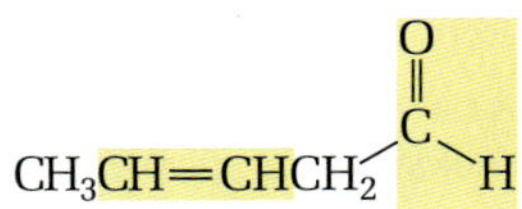

Pent-3-enal

Die Benennung von Ketonen

Die **systematische, IUPAC-konforme Benennung** eines Ketons erfolgt durch Anhängen der Wortendung „-on" an den Namen des zugrundeliegenden Kohlenwasserstoffs. Die Kette der C-Atome wird so nummeriert, dass dem Carbonylkohlenstoffatom die niedrigere/niedrigste Ziffer zufällt. Im Fall der zyklischen Ketone wird jedoch keine Ziffer angegeben, da das Carbonylkohlenstoffatom konventionsgemäß die Platzziffer 1 belegt. Für Ketone werden oft abgeleitete Namen verwendet: Die beiden an die Carbonylgruppe geknüpften Substituenten werden in alphabetischer Reihenfolge aufgeführt; ihnen folgt die Endung „-keton".

	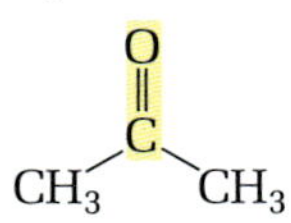	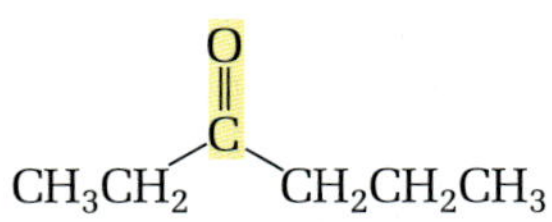	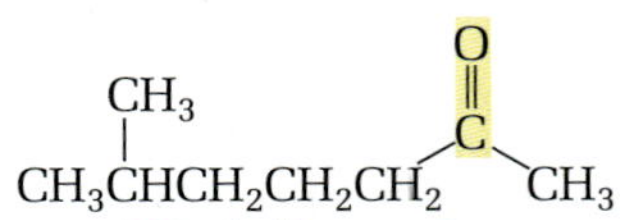
systematischer Name:	**Propanon**	**Hexan-3-on**	**6-Methylheptan-2-on**
Trivialname:	**Aceton**		
abgeleiteter Name:	**Dimethylketon**	**Ethylpropylketon**	**Isohexylmethylketon**

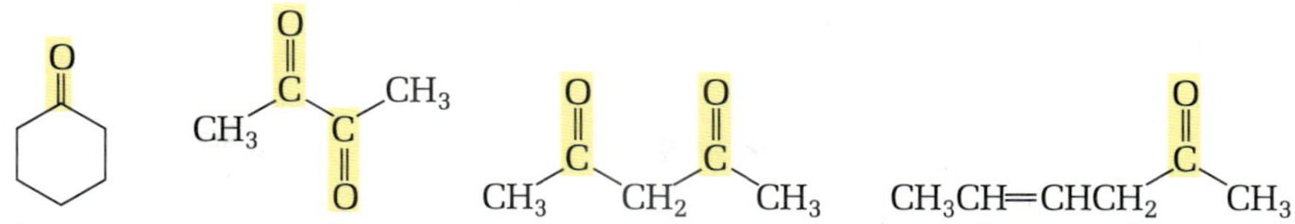

systematischer Name:	**Cyclohexanon**	**Butandion**	**Pentan-2,4-dion**	**Hex-4-en-2-on**
Trivialname:			**Acetylaceton**	

Nur wenige Ketone tragen Trivialnamen. Das kleinstmögliche Keton – das Propanon – wird allgemein mit seinem Trivialnamen Aceton bezeichnet. Aceton ist als Lösungsmittel im Labor und der chemischen Industrie weit verbreitet. Trivialnamen sind auch im Zusammenhang mit phenylsubstituierten Ketonen üblich. Die Zahl der C-Atome (die nicht zum Phenylrest gehören) wird durch den latinisierten Wortstamm des Namens der korrespondierenden Carbonsäure angezeigt; diesem folgt die Endung „-ophenon".

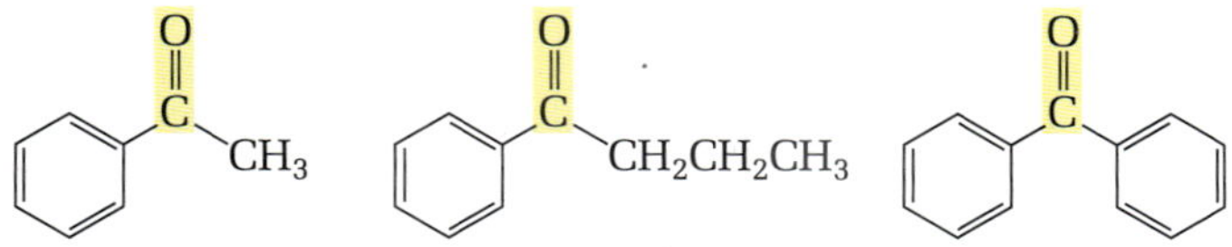

Trivialname:	**Acetophenon**	**Butyrophenon**	**Benzophenon**
abgeleiteter Name:	**Methylphenylketon**	**Phenylpropylketon**	**Diphenylketon**

Falls das Keton eine zweite funktionelle Gruppe mit höherer Priorität enthält, wird die Ketogruppe durch die Vorsilbe „Oxo-" angezeigt und ihre Stellung durch eine Ziffer angegeben.

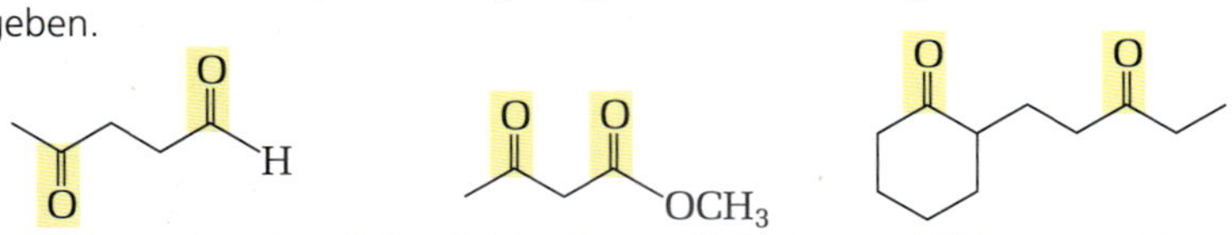

systematischer Name:	**4-Oxopentanal**	**3-Oxo-buttersäuremethylester**	**2-(3-oxopentyl)-cyclohexanon**

39.2 Relative Reaktivitäten der Carbonylverbindungen

Wir haben gelernt, dass eine Carbonylgruppe polar ist, weil das Sauerstoffatom stärker elektronegativ als das C-Atom ist. Aus diesem Grund zieht es die Bindungselektronen stärker an als es das Kohlenstoffatom vermag. Die positive Teilladung am Carbonylkohlenstoffatom führt dazu, dass das C-Atom durch Nucleophile angegriffen wird.

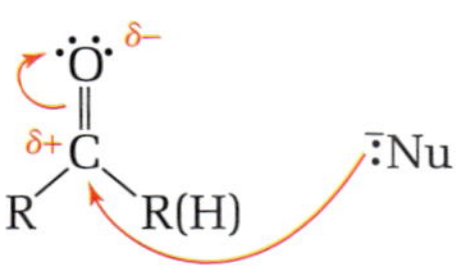

Ein Aldehyd trägt an seinem Carbonylkohlenstoffatom eine größere positive Teilladung als ein Keton, weil die am Keton vorhandene zweite Alkylgruppe elektronenschiebend wirkt. Ein Aldehyd verhält sich deshalb nucleophilen Angriffen gegenüber reaktiver als ein Keton. Wir haben bereits gelernt, dass anhängende Alkylgruppen Carbonylfunktionen, Alkene, Alkine, Carbokationen und Radikale stabilisieren.

relative Reaktivitäten

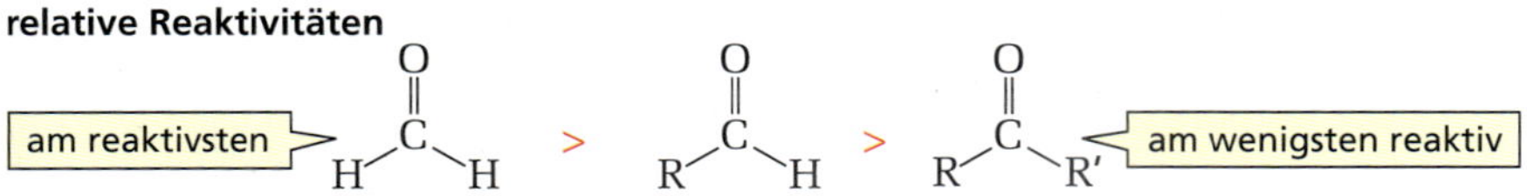

Formaldehyd	**ein (weiteres) Aldehyd**	**ein Keton**

Formaldehyd

Aceton

Acetaldehyd

Sterische Faktoren tragen ebenfalls zur höheren Reaktivität der Aldehyde bei. Das Carbonylkohlenstoffatom eines Aldehydmoleküls ist für ein angreifendes Nucleophil zugänglicher als das eines Ketons, weil das H-Atom eines Aldehyd eine viel geringere sterische Hinderung ausübt als der Alkylrest eines Ketons. Sterische Faktoren werden auch dann wichtig, wenn ein tetraedrischer Übergangszustand ausgebildet wird, weil die Alkylreste dann näher zusammenrücken (von 120° – trigonal-planar – in der Carbonylverbindung auf ungefähr 109,5°, den Tetraederwinkel).

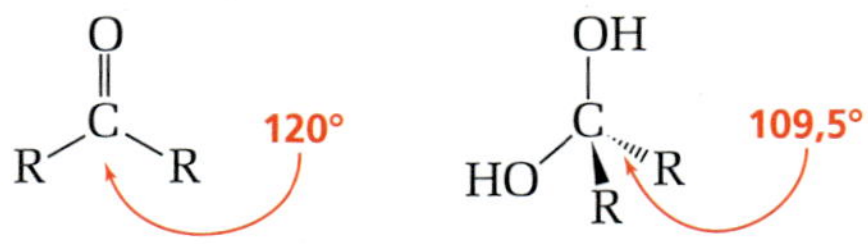

Da bei Ketonen im Übergangszustand eine sterische Gruppenhäufung vorliegt, sind die von ihnen ausgebildeten Übergangszustände ebenfalls weniger stabil (energiereicher) als die von Aldehyden.

Zusammengefasst lässt sich feststellen: Alkylgruppen stabilisieren die Edukte und destabilisieren Übergangszustände, was die im Vergleich zu den Aldehyden geringere Reaktivität der Ketone bedingt.

Die sterische Gruppenhäufung bedingt ebenfalls, dass Ketone mit (großen raumfüllenden) Alkylresten sich weniger reaktiv verhalten als solche, deren Carbonylgruppe von kleineren (weniger raumgreifenden) Alkylresten umgeben wird.

relative Reaktivitäten

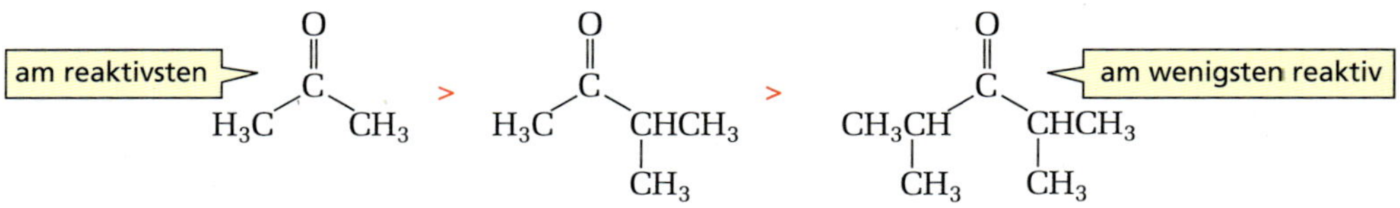

Aldehyde und Ketone sind weniger reaktiv als Säurehalogenide und -anhydride, aber reaktiver als Ester, Carbonsäuren und Amide.

relative Reaktivitäten der Carbonylverbindungen

Säurehalogenide > Säureanhydride > Aldehyd > Ketone > Ester ~ Carbonsäure > Amide > Carboxylation

am reaktivsten (Säurehalogenide) — am wenigsten reaktiv (Carboxylation)

MERKE !

Aldehyde verhalten sich reaktiver als Ketone.

MERKE !

Aldehyde und Ketone sind weniger reaktiv als Säurehalogenide und -anhydride, aber reaktiver als Ester, Carbonsäuren und Amide.

Je geringer die Basizität von Y^-, desto reaktiver verhält sich die mit ihr verbundene Carbonylgruppe, weil Y dann stärker elektronenziehend wirkt. Daraus folgt, dass Aldehyde und Ketone nicht so reaktiv sind wie Carbonylverbindungen, bei denen Y^- eine sehr schwache Base ist (wie im Fall der Säurehalogenide und -anhydride), aber reaktiver als solche, bei denen Y^- eine relativ starke Base ist (Carbonsäuren, Ester, Amide).

39.3 Reaktionen von Aldehyden und Ketonen

Die Carbonylgruppe eines Aldehyds oder eines Ketons ist an Gruppen gebunden, die bei ihrer Verdrängung aus dem Molekül sehr stark basisch reagieren würden (H^- oder R^-), so dass sie unter normalen Bedingungen nicht eliminiert werden; sie sind nicht durch andere Gruppen ersetzbar. Folglich gehen Aldehyde und Ketone keine Acylsubstitutionen ein.

Wenn ein Nucleophil sich an die Carbonylgruppe eines Aldehyds oder Ketons addiert, wird eine Verbindung mit tetraedrischer Konfiguration am Carbonylkohlenstoffatom gebildet. Falls das angreifende Nucleophil eine starke Base ist, braucht diese tetraedrische Verbindung keine Gruppe aufzuweisen, die abgespalten werden kann. Die tetraedrische Verbindung ist dann das Endprodukt der Reaktion. Diese Reaktion ist eine *irreversible* **nucleophile Addition**.

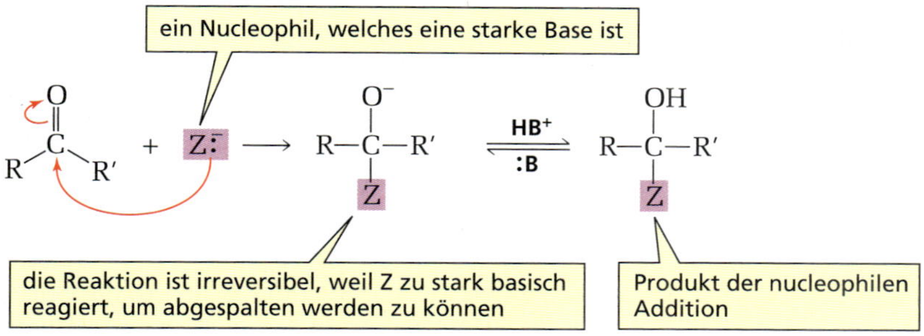

Falls das Nucleophil eine relativ schwache Base ist, wird das Reaktionsprodukt wiederum eine Verbindung mit tetraedrischer Konfiguration am Carbonylkohlenstoffatom sein. Die Reaktion ist jedoch in diesem Fall eine *reversible* **nucleophile Addition**, weil die tetraedrisch konfigurierte Verbindung die schwache Base wieder abspalten und in den Ausgangszustand zurückkehren kann.

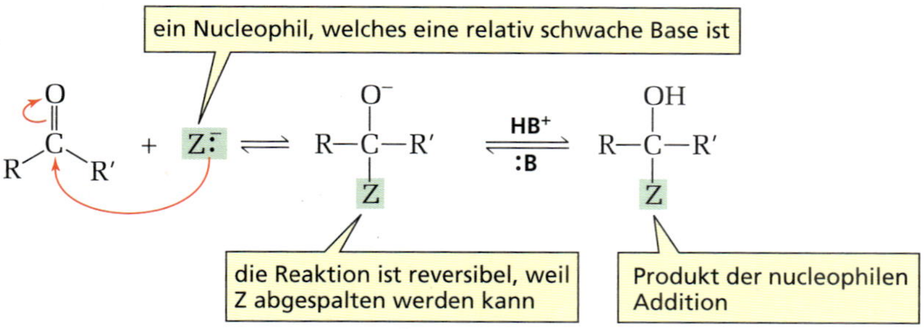

Falls das angreifende Atom des Nucleophils ein freies Elektronenpaar besitzt und genügend azide ist, um die OH-Gruppe der tetraedrischen Verbindung zu protonieren, kann aus dem Additionsprodukt Wasser eliminiert werden. Dieser Vorgang wird als **nucleophile Addition-Eliminierung** bezeichnet. Die nucleophile Addition-Eliminierung ist reversibel, weil es in der tetraedrischen Verbindung zwei Gruppen gibt, von denen jede unter den sauren Reaktionsbedingungen protonierbar ist und somit abgestoßen werden kann.

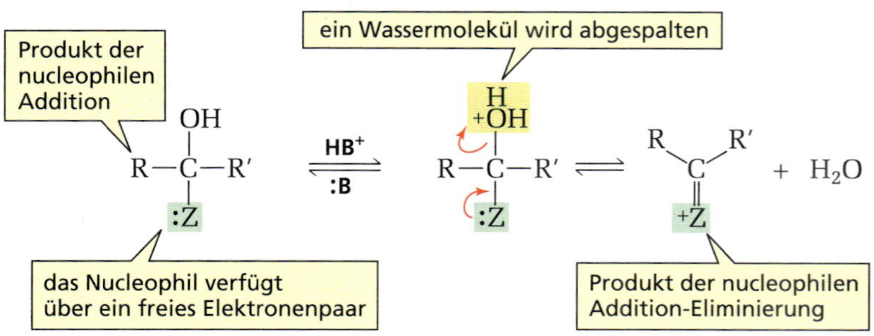

MERKE !

Aldehyde und Ketone gehen mit Nucleophilen, die nicht notwendigerweise über ein freies Elektronenpaar am angreifenden Atom verfügen, nucleophile Additionen ein.

MERKE !

Aldehyde und Ketone gehen mit Nucleophilen, die über ein freies Elektronenpaar am angreifenden Atom verfügen, nucleophile Addition-Eliminierungsreaktionen ein.

EXTRAS ONLINE Reaktionen der Carbonylverbindungen mit Grignard-Reagenzien

Reaktionen der Aldehyde und Ketone mit Cyanwasserstoff

Cyanwasserstoff (Blausäure) addiert sich an Aldehyde und Ketone. Dabei bilden sich Cyanhydrine.

Mechanismus der Reaktion eines Aldehyds oder Ketons mit Cyanidionen

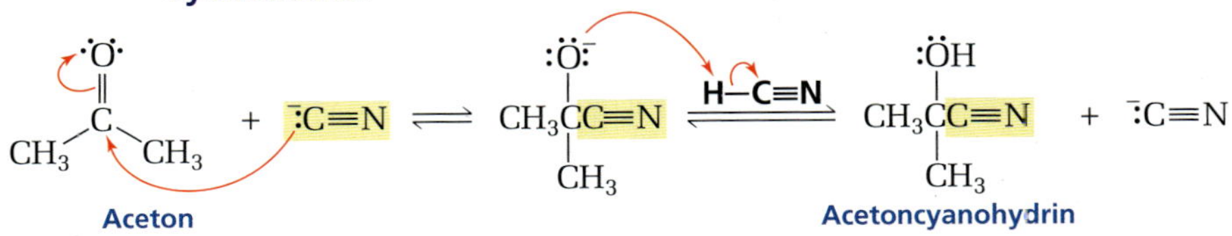

- Im ersten Schritt greift das Cyanidion das Carbonylkohlenstoffatom an.
- Das Anion abstrahiert ein Proton von einem undissoziierten Cyanwasserstoffmolekül.

Da Cyanwasserstoff (HCN) ein giftiges Gas ist, besteht der Weg, diese Reaktion durchzuführen, darin, die flüchtige Säure erst durch den Zusatz von Salzsäure (HCl) zu einer Mischung des umzusetzenden Ketons/Aldehyds mit einem molaren Überschuss Natriumcyanid zu erzeugen. Ein Natriumcyanidüberschuss wird eingesetzt, um sicherzustellen, dass Cyanidionen vorhanden sind, die als Nucleophile wirken können.

Reaktionen der Aldehyde und Ketone mit Wasser

MERKE !

Die meisten geminalen Diole sind zu instabil, um isoliert werden zu können.

Die Addition von Wasser an Aldehyde/Ketone führt zur Bildung eines *geminalen Diols*. Ein **geminales Diol** (*gem.*-Diol) ist ein Molekül mit zwei OH-Gruppen am selben C-Atom (*gemini*, lat. „Zwillinge"). Solche Diole werden manchmal auch als **Hydrate** bezeichnet. Geminale Diole sind im Allgemeinen zu instabil, um isoliert werden zu können.

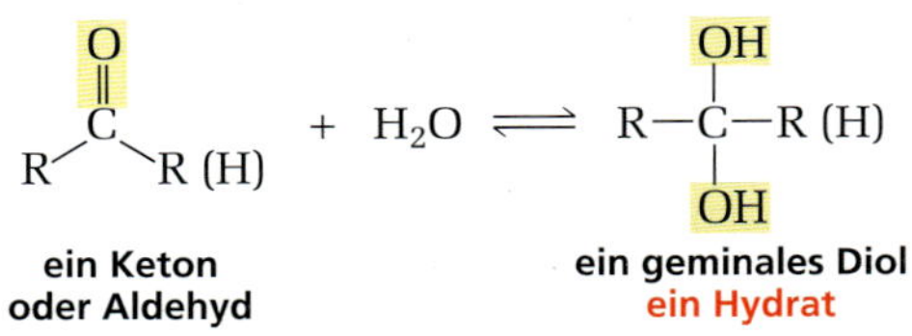

Wasser ist, wie wir wissen, ein schlechtes Nucleophil und addiert sich aus diesem Grund nur langsam an Carbonylgruppen. Die Reaktionsgeschwindigkeit lässt sich durch katalytisch wirkende Säuren erhöhen, die Menge des dabei gebildeten Diols (bzw. der umgesetzten Carbonylverbindung) wird dabei nicht beeinflusst.

Mechanismus der säurekatalysierten gem.-Diolbildung

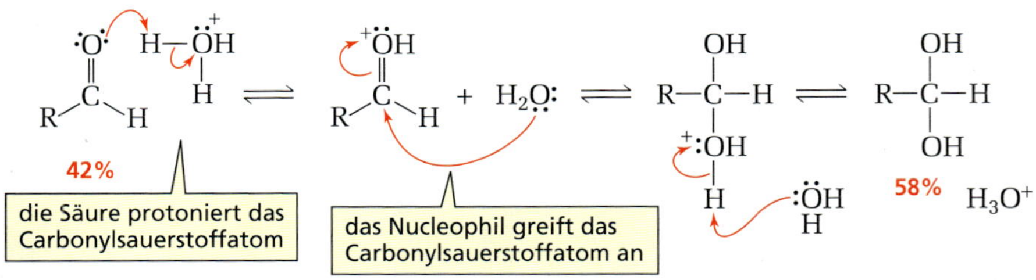

Das Ausmaß, bis zu dem ein Aldehyd/Keton in wässriger Lösung hydratisiert wird, hängt von den Substituenten ab, mit denen die Carbonylgruppe verbunden ist. So liegen im Gleichgewichtszustand nur 0,2 % der Moleküle des Acetons hydratisiert vor, aber 99,9 % der Moleküle des Formaldehyds. Welche Faktoren sind für die quantitativen Unterschiede verantwortlich?

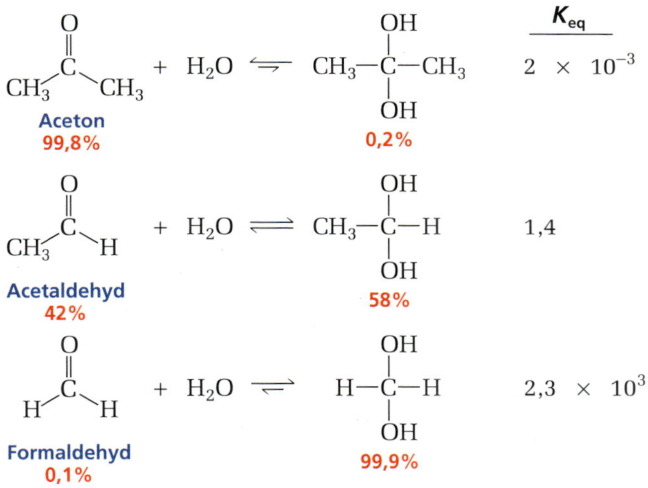

Die Gleichgewichtskonstante der gem-Diolbildung hängt von den relativen Stabilitäten der Carbonyl(ausgangs)verbindung und des geminalen Diols ab. Wir haben gelernt, dass elektronenschiebende Alkylgruppen eine Carbonylverbindung stabiler und damit weniger reaktiv machen (siehe Abschnitt 39.2).

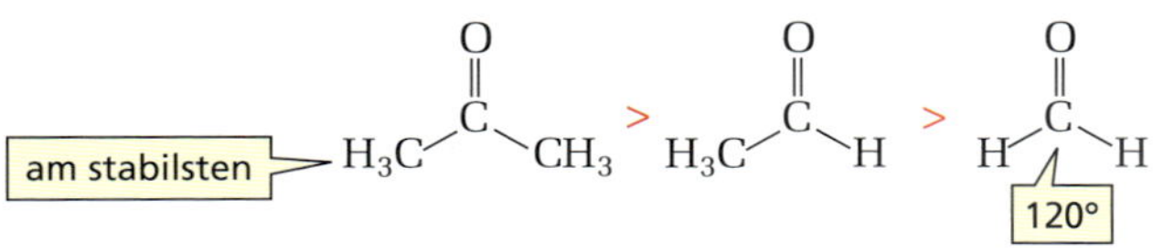

Im Gegensatz dazu machen Alkylgruppen ein geminales Diol weniger stabil, weil sterische Wechselwirkungen zwischen den Alkylgruppen auftreten, wenn der Bindungswinkel bei der Umhybridisierung des C-Atoms von 120° auf 109,5° abnimmt.

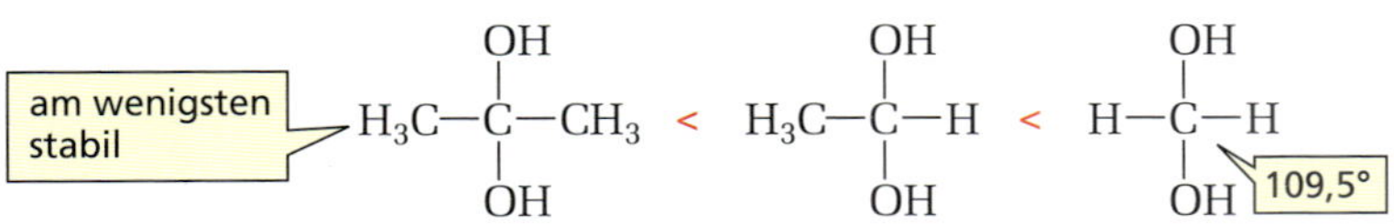

Alkylgruppen verschieben daher das Gleichgewicht nach links (siehe Reaktionsgleichungen Vorseite), hin zu den Edukten, weil sie die Carbonylverbindung stabilisieren und das geminale Diol destabilisieren. Daher liegt im Gleichgewichtszustand ein geringerer molarer Anteil der Acetonmoleküls hydratisiert vor als dies beim Formaldehyd der Fall ist.

Zusammengefasst lässt sich sagen, dass der prozentuale Anteil des im Gleichgewicht in einer Lösung vorliegenden geminalen Diols sowohl auf elektronische wie auf sterische Effekte zurückgeht. Elektronenschiebende und raumgreifende Substituenten (wie die Methylgruppen des Acetons) vermindern den Anteil des im Gleichgewicht vorliegenden geminalen Diols, wohingegen elektronenziehende und räumlich kleine Substituenten wie die H-Atome des Formaldehyds ihn erhöhen.

Reaktionen der Aldehyde und Ketone mit Alkoholen

Das Reaktionsprodukt, das sich bildet, wenn sich ein Alkoholmolekül mit einem Aldehydmolekül umsetzt, wird als **Halbacetal** bezeichnet. Das Produkt, das sich bildet, wenn ein zweites Alkoholmolekül addiert wird, heißt **Acetal**. Wie Wasser sind auch Alkohole schlechte Nucleophile; daher ist ein saurer Katalysator notwendig, um die Reaktion mit einer vernünftigen Geschwindigkeit ablaufen zu lassen.

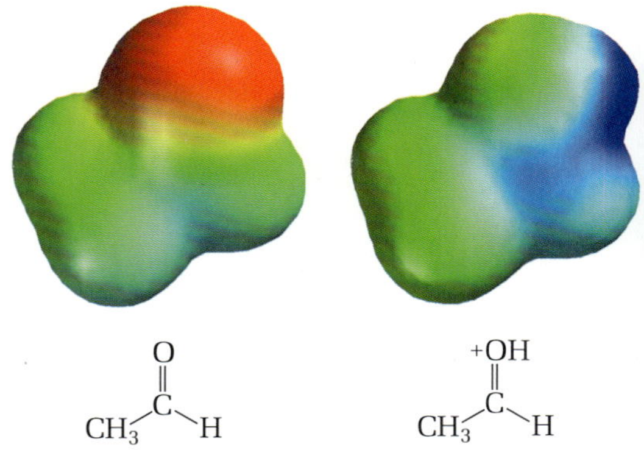

Abbildung 39.1: Die elektrostatischen Potenzialkarten lassen erkennen, dass das Carbonylkohlenstoffatom eines protonierten Aldehyds elektrophiler ist (dargestellt durch die intensivere blaue Farbgebung) als das Carbonylkohlenstoffatom eines unprotonierten Aldehyds.

A 1 Welche der folgenden Verbindungen sind **(a)** Halbacetale; **(b)** Acetale; **(c)** Hemiketale; **(d)** Ketale; **(e)** geminale Diole?

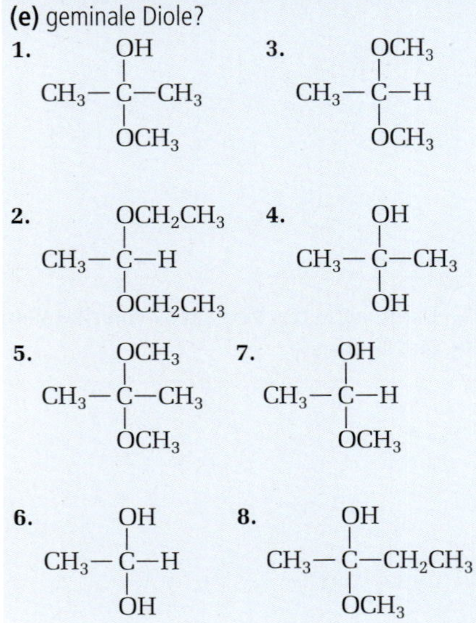

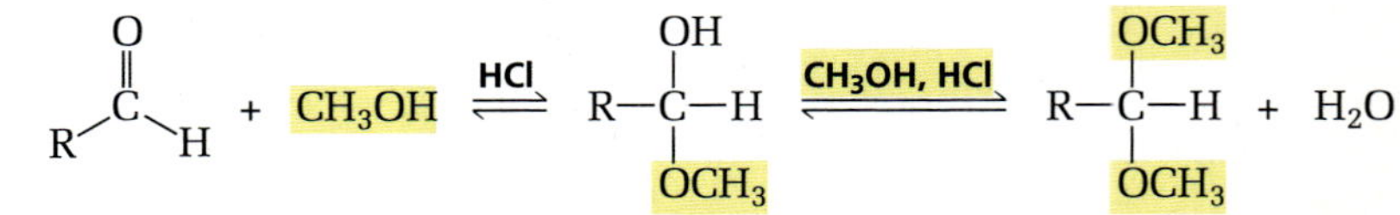

ein Aldehyd **ein Halbacetal** **ein Acetal**

Wenn die Carbonylverbindung ein Keton ist, führen diese Additionen zu einem **Halbketal** bzw. (in der zweiten Stufe) einem **Ketal***.

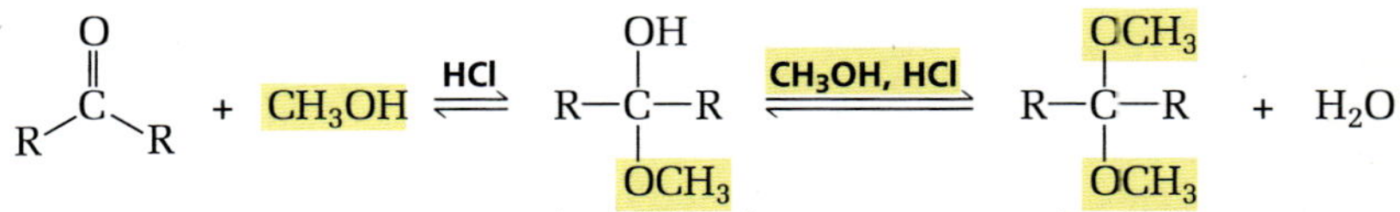

ein Keton **ein Halbketal** **ein Ketal**

Der Mechanismus der Acetal- bzw. Ketalbildung ist prinzipiell gleich und wird nachfolgend exemplarisch für die Ketalbildung dargestellt.

Mechanismus der säurekatalysierten Acetal- bzw. Ketalbildung

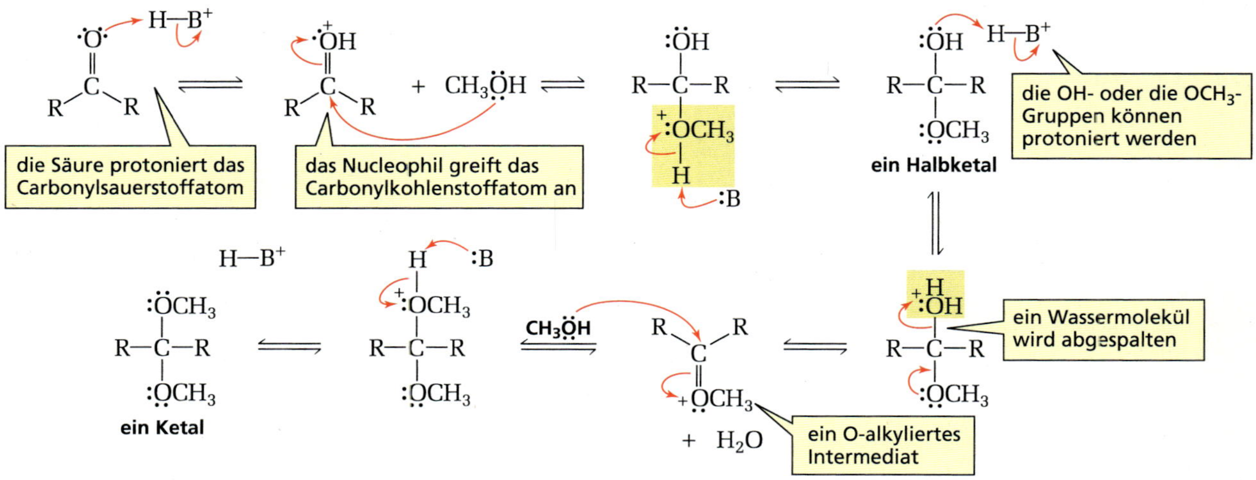

- Die Säure protoniert das Carbonylsauerstoffatom.
- Die Abdissoziation eines Protons aus der protonierten tetraedrischen Zwischenstufe ergibt das Halbketal oder Halbacetal.
- Da die Reaktion in saurer Lösung durchgeführt wird, steht das Hemiacetal/Hemiketal im Gleichgewicht mit seiner protonierten Form. Die beiden O-Atome des Halbketals/Halbacetals sind von gleicher Basenstärke, so dass jedes von ihnen der Protonierung unterliegen kann.
- Die Abspaltung eines Wassermoleküls aus der tetraedrischen Zwischenstufe mit einer protonierten OH-Gruppe führt zur Bildung eines O-alkylierten Intermediats, das sehr reaktiv ist, weil es ein positiv geladenes Sauerstoffatom enthält. Ein nucleophiler Angriff auf dieses Intermediat durch ein zweites Alkoholmolekül führt – gefolgt von der Abspaltung eines Protons – zum Acetal oder Ketal.

Ein Acetal/Ketal kann bei saurem pH-Wert in wässriger Lösung zum Aldehyd/Keton hydrolysiert werden.

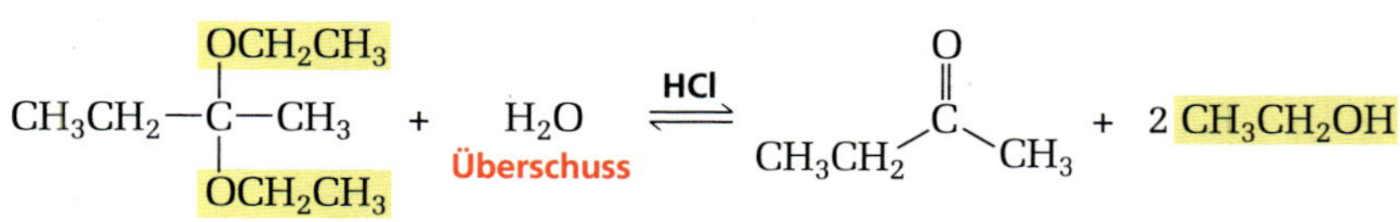

EXTRAS ONLINE Die Analyse des Verhaltens von Acetalen und Ketalen

* Manchmal auch als *Vollacetal* bzw. *Vollketal* bezeichnet.

Carbonylverbindungen III – Reaktionen am α-Kohlenstoffatom

40

ÜBERBLICK

Die reaktivste Stelle der Carbonylverbindung ist das Carbonylkohlenstoffatom mit seiner positiven Teilladung. Es ist durch Nucleophile angreifbar.

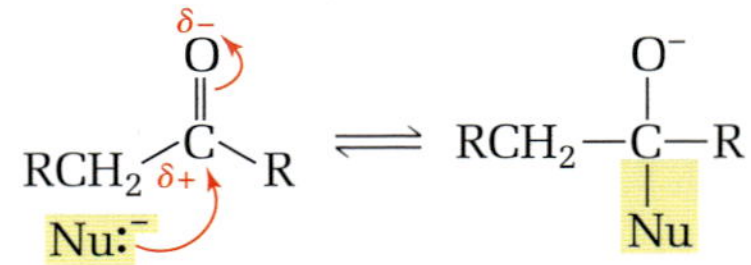

Aldehyde, Ketone, Ester und *N,N*-disubstituierte Amide besitzen ein zweites Reaktivitätszentrum. Ein H-Atom, das an ein C-Atom gebunden ist, das einer Carbonylgruppe benachbart ist, besitzt eine ausreichend hohe Azidität, um durch eine starke Base abgespalten werden zu können. Das einem Carbonykohlenstoffatom benachbarte C-Atom wird als **α-Kohlenstoffatom** bezeichnet. Ein daran gebundenes Wasserstoffatom heißt **α-Wasserstoffatom**.

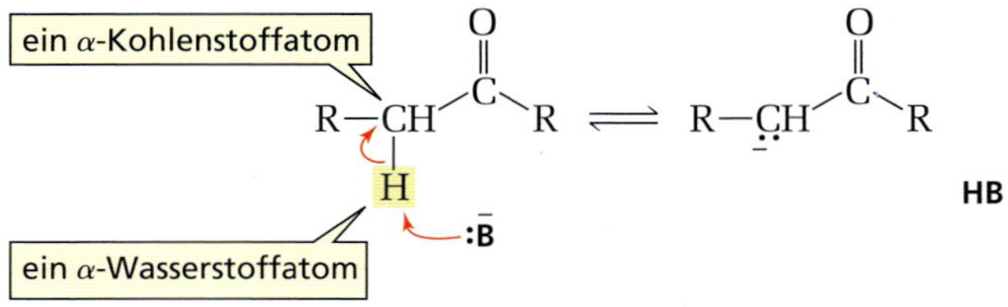

40.1 Azidität von α-Wasserstoffatomen

Wasserstoff- und Kohlenstoffatome weisen ähnliche Elektronegativitätswerte auf. Daraus folgt, dass ein an ein Kohlenstoffatom gebundenes Wasserstoffatom normalerweise keine sauren Eigenschaften, besitzt. Dies gilt in besonderem Maße für H-Atome, die an sp^3-hybridisierte Kohlenstoffatome gebunden sind, da Kohlenstoffatome in diesem elektronischen Zustand in ihrer Elektronegativität den Wasserstoffatomen am ähnlichsten sind. Der außerordentlich hohe pK_S-Wert des Ethans (und anderer Alkane) belegt die verschwindend geringe Azidität der an sp^3-Kohlenstoffatome gebundenen Wasserstoffatome.

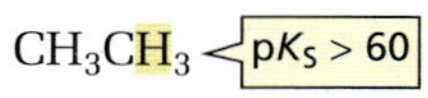

Ein α-Wasserstoffatom ist stärker sauer als die meisten anderen kohlenstoffgebundenen H-Atome, aber weniger stark sauer als ein H-Atom eines Wassermoleküls (pK_S $(H_2O) = 15{,}7$). Eine organische Verbindung, die relativ azide Wasserstoffatome enthält, wird als **C—H-azide Verbindung** bezeichnet.

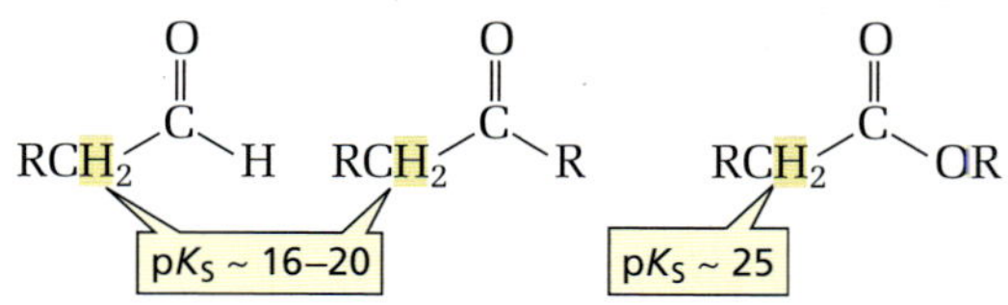

Warum ist ein an ein sp^3-hybridisiertes C-Atom gebundenes Wasserstoffatom in Nachbarschaft zu einer Carbonylgruppe so viel stärker sauer als andere an sp^3-Kohlenstoffatome gebundene H-Atome? Ein α-Wasserstoffatom ist azider, weil die Base, die gebildet wird, wenn ein Proton von einem α-Kohlenstoffatom abstrahiert wird, stabiler ist als die, die gebildet wird, wenn ein Proton von einem anderen sp^3-Kohlenstoffatom abgespalten wird. Wie wir gesehen haben, ist eine Säure umso stärker, je stabiler die konjugierte Base ist.

Warum ist nun die Base, die sich bei der Abdissoziation eines α-Wasserstoffatoms ergibt, stabiler? Wenn ein Proton von einem Alkanmolekül wie Ethan abgespalten wird, verbleiben die Bindungselektronen allein bei dem Kohlenstoffatom, das vorher das H-Atom gebunden hatte. Da Kohlenstoff nicht sehr elektronegativ ist, ist ein Carbanion instabil. Demgemäß ist der pK_S-Wert der konjugierten Säure sehr hoch.

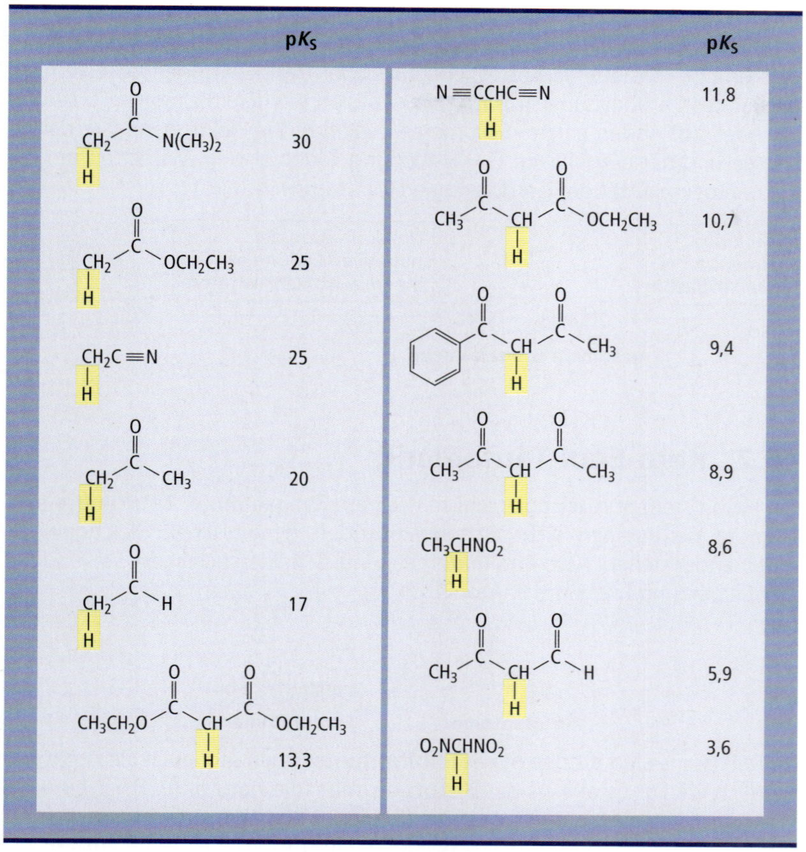

Tabelle 40.1: Die pK_S-Werte einiger Carbonylverbindungen.

lokalisierte Elektronen

$$CH_3CH_3 \rightleftharpoons CH_3\ddot{C}H_2^- + H^+$$

Wenn im Gegensatz dazu ein Proton von einem C-Atom abgespalten wird, das in Nachbarstellung zu einer Carbonylgruppe steht, wirken zwei Faktoren bei der drastischen Erhöhung der Stabilität der gebildeten Base zusammen. Zunächst werden die vormaligen Bindungselektronen, die das Proton bei seiner Abdissoziation zurücklässt, delokalisiert. Wichtiger noch ist die Tatsache, dass an der Elektronendelokalisation ein Sauerstoffatom beteiligt ist, also ein Atom, das weitaus besser befähigt ist, die Elektronen zu übernehmen, weil es deutlich stärker elektronegativ ist als ein C-Atom.

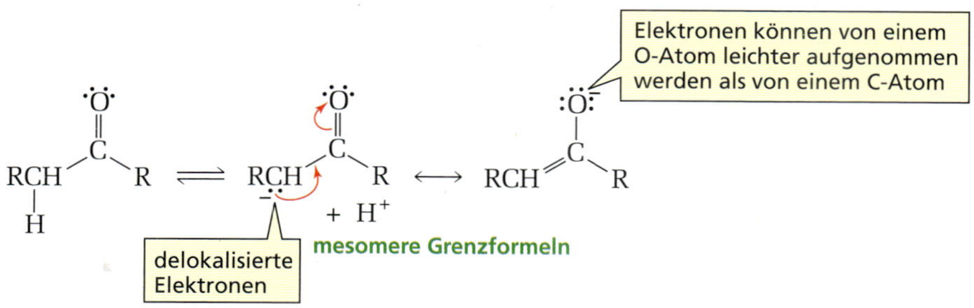

Wir verstehen nunmehr, warum Aldehyde und Ketone (p$K_S \approx 16-20$) azider sind als Ester (p$K_S \approx 25$). Die Elektronen, die das Proton zurücklässt, wenn es von einem α-Kohlenstoffatom eines Estermoleküls abgespalten wird, werden nicht so gut auf das Carbonylsauerstoffatom delokalisiert wie im Fall eines Ketons oder Aldehyds. Dies ist darauf zurückzuführen, dass das zweite O-Atom der Estergruppe (das des OR-Restes) ebenfalls über freie Elektronenpaare verfügt, die auf das Carbonylsauerstoffatom delokalisiert werden (die Estergruppierung befindet sich also in einem mesomeren Zustand). Die Elektronenpaare der O-Atome und der aufgelösten C—H-Bindung liegen also im Wettstreit um die Aufnahmekapazität des Carbonylsauerstoffatoms.

40.2 Keto-Enol-Tautomerie

Ein Keton steht im Gleichgewicht mit seinem Enoltautomer. **Tautomere** sind Isomere, die in einem sich rasch einstellenden, dynamischen Gleichgewicht miteinander stehen. Keto-Enoltautomere unterscheiden sich in der Stellung der Doppelbindung und eines H-Atoms.

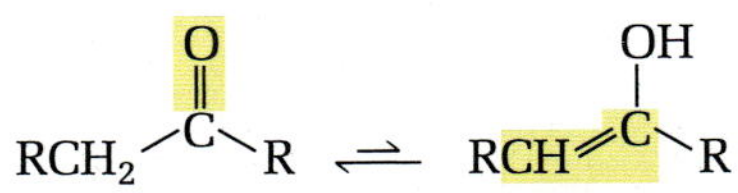

Ketotautomer **Enoltautomer**

Im Fall der meisten Ketone ist das **Enoltautomer** (man sagt auch die Enolform) deutlich weniger stabil als das **Ketotautomer** (die Ketoform). Beispielsweise liegt das Gleichgewicht des Acetons (Propanon) bei mehr als 99,9 % bei der Ketoform und weniger als 0,1 % bei der Enolform.

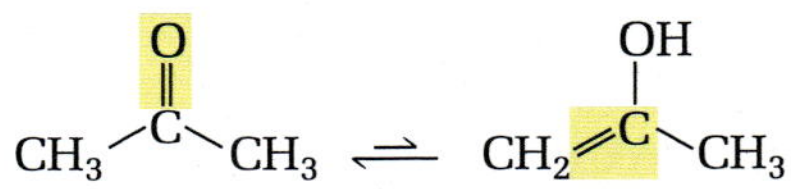

> 99,9% **Ketotautomer** < 0,1% **Enoltautomer**

Der Anteil des Enoltautomers in einer wässrigen Lösung ist im Fall eines *β*-Diketons beträchtlich größer als bei einem einfachen Keton, weil das Enoltautomer durch intramolekulare Wasserstoffbrückenbindungen stabilisiert wird, sowie durch Konjugation der Kohlenstoff–Kohlenstoff-Doppelbindung mit der zweiten Carbonylgruppe.

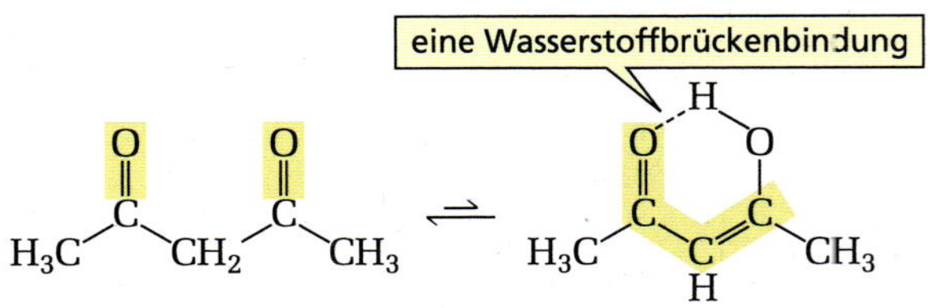

85% **Ketotautomer** 15% **Enoltautomer**

Phenol ist insofern ungewöhnlich, als seine Enolform *stabiler* ist als die Ketoform, weil das Enol aromatischen Charakter besitzt, die Ketoform jedoch nicht.

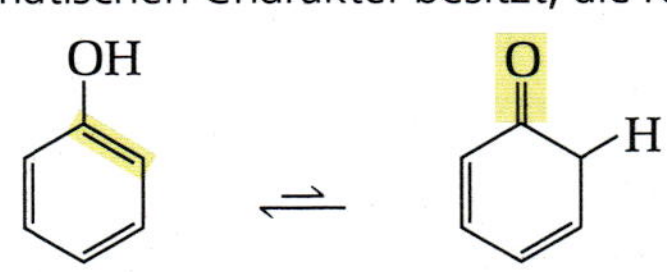

Enoltautomer aromatisch **Ketotautomer** nicht aromatisch

40.3 Enolisierung

Die Umwandlung der Keto- und Enoltautomere ineinander wird als **Keto-Enol-Tautomerisierung**, **Keto-Enol-Interkonversion** oder einfach als **Enolisierung** bezeichnet. Die Interkonversion kann durch Säuren oder Basen katalysiert werden. Der Mechanismus der basenkatalysierten Keto-Enolumwandlung ist nachfolgend dargelegt.

Mechanismus der basenkatalysierten Keto-Enol-Interkonversion

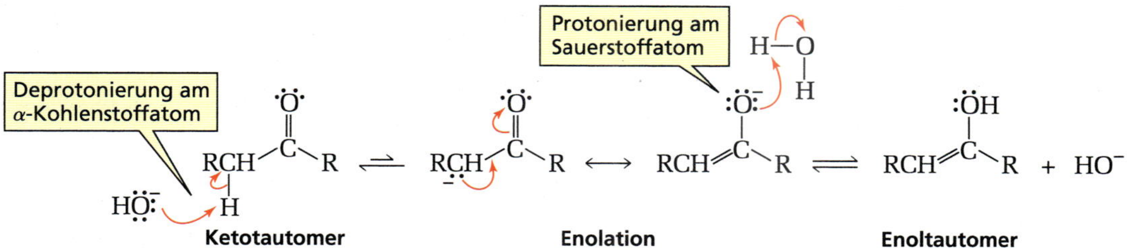

- Ein Hydroxidion abstrahiert ein Proton vom α-Kohlenstoffatom der Ketoform; dabei wird ein Anion gebildet, das Enolation genannt wird. Das Enolation wird durch zwei mesomere Grenzformeln beschrieben. Die rechts abgebildete Grenzstruktur lässt erkennen, warum von einem En(alkoh)olat-Ion gesprochen wird.
- Protonierung des Sauerstoffatoms führt zum Enoltautomer (Enolform); die Reprotonierung des α-Kohlenstoffatoms führt zur Rückbildung des Ketotautomers (Ketoform).

Nachfolgend wird der Mechanismus der säurekatalysierten Keto-Enol-Interkonversion dargelegt.

EXTRAS ONLINE **Wie Enole und Enolationen reagieren**

Mechanismus der säurekatalysierten Keto-Enol-Interkonversion

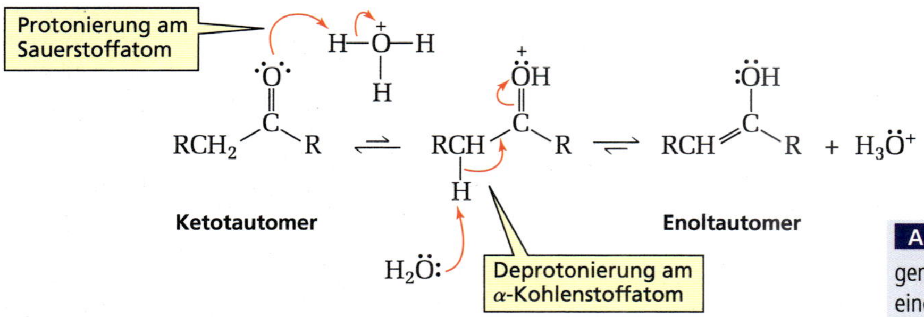

- Das Carbonylsauerstoffatom der Ketoform wird protoniert.
- Ein Wassermolekül abstrahiert ein Proton vom α-Kohlenstoffatom. Dabei wird die Enolform ausgebildet.

Bei der basenkatalysierten Reaktion abstrahiert die Base vom α-Kohlenstoffatom ein Proton und protoniert das O-Atom im zweiten Schritt. Bei der säurekatalysierten Reaktion wird zuerst das O-Atom protoniert und im zweiten Schritt ein Proton vom α-Kohlenstoffatom abstrahiert. Beachten Sie auch, dass der Katalysator sowohl bei der säure- wie bei der basenkatalysierten Reaktion regeneriert wird.

A 1 Zeichnen Sie jeweils das Enoltautomer der folgenden Verbindungen. Sollte eine Verbindung mehr als eine Enolform besitzen, geben Sie an, welche die stabilere ist.

(a) 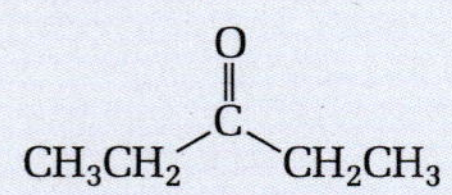

(b) 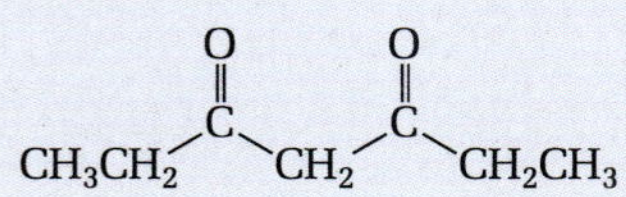

40.4 Die Aldoladdition

Das Carbonylkohlenstoffatom von Aldehyden und Ketonen stellt eine elektrophile Stelle des Moleküls dar. Vom α-Kohlenstoffatom eines Aldehyds/Ketons kann ein Wasserstoffatom als Proton abgespalten werden, wodurch das α-C-

Atom zu einer nucleophilen Stelle wird. Eine **Aldoladdition** ist eine Reaktion, bei der diese beiden Eigenschaften zusammen zum Zuge kommen: Ein Molekül einer Carbonylverbindung reagiert als Nucleophil, nachdem ein Proton vom α-C-Atom abgespalten worden ist, und greift das elektrophile Carbonylkohlenstoffatom eines zweiten Moleküls mit einer Carbonylgruppe an.

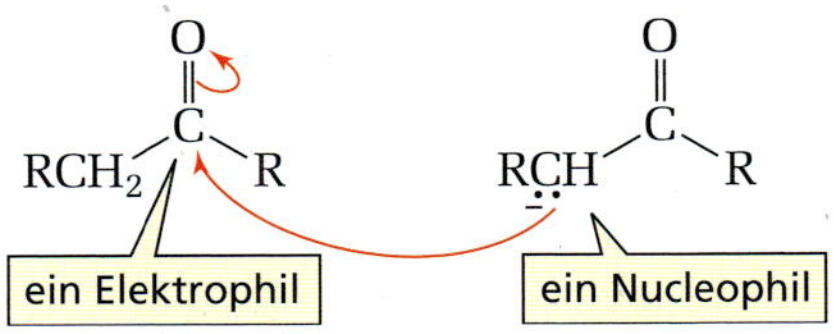

MERKE !

Die bei einer Aldoladdition neu geknüpfte C—C-Bindung verbindet das α-Kohlenstoffatom des einen Moleküls mit dem vormaligen Carbonylkohlenstoffatom des Reaktionspartners.

Eine Aldoladdition ist daher eine Reaktion zwischen zwei Aldehyd- oder Ketonmolekülen. Wenn die Ausgangssubstanz ein Aldehyd ist, ist das Reaktionsprodukt ein β-Hydroxyaldehyd. Man spricht von einer *Ald-ol*addition, weil das Molekül die funktionellen Gruppen eines *Ald*ehyds und eines Alkoh*ol*s enthält. Wenn die Ausgangssubstanz ein Keton ist, bildet sich ganz entsprechend ein β-Hydroxyketon. Da die Addition reversibel ist, stellen sich bei der Reaktion nur dann gute Ausbeuten ein, wenn man das Reaktionsprodukt kontinuierlich aus dem Ansatz entfernt.

Aldoladditionen

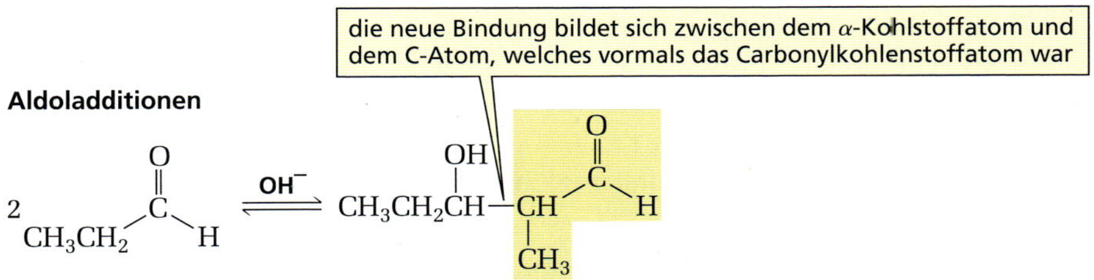

ein β-Hydroxyaldehyd

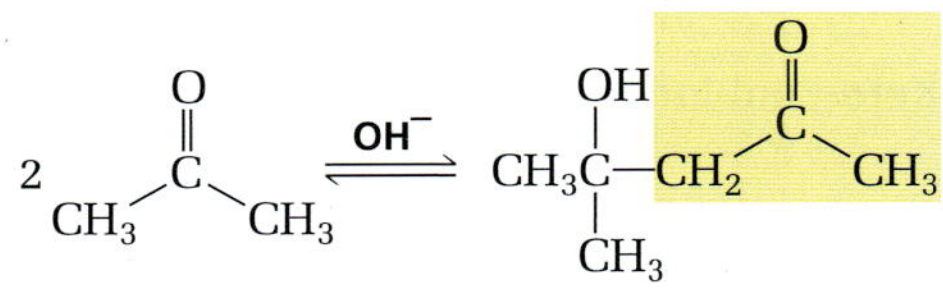

ein β-Hydroxyketon

Der Mechanismus der Reaktion ist nachfolgend dargelegt.

Mechanismus der Aldoladdition

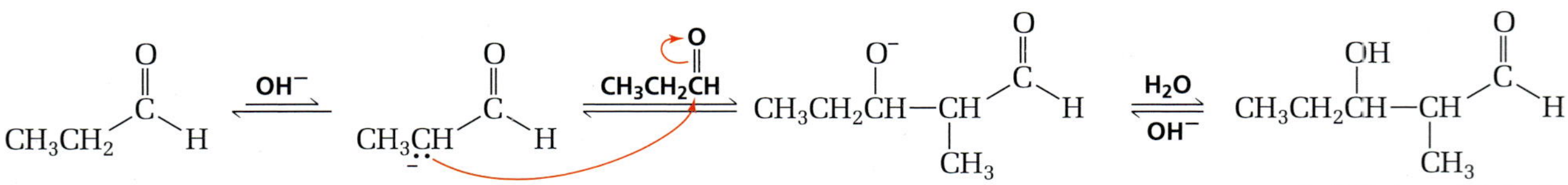

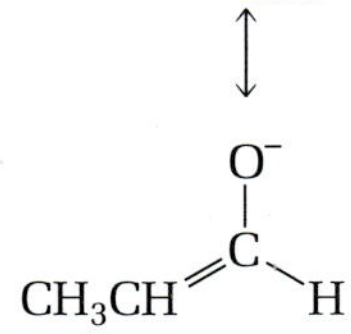

- Eine Base spaltet ein Proton vom α-Kohlenstoffatom ab; dabei wird ein Enolation gebildet.
- Das Enolation greift das Carbonylkohlenstoffatom eines zweiten Moleküls der Carbonylverbindung an.
- Das negativ geladene O-Atom wird von einem Lösungsmittelmolekül protoniert.

Da die Aldolreaktion zwischen zwei gleichen Molekülen derselben Carbonylverbindung stattfindet, weisen die Produktmoleküle zweimal so v ele Kohlenstoffatome auf wie die eingesetzte Carbonylverbindung (Aldehyd/Keton).

Ketone unterliegen weniger leicht einem nucleophilen Angriff als Aldehyde, daher läuft die Aldolreaktion mit Ketonen langsamer ab ab, aber nach dem gleichen Mechanismus.

40.5 Die Bildung α,β-ungesättigter Aldehyde und Ketone

Wir haben gesehen, dass Alkohole dehydratisiert werden, wenn sie in Säuren erhitzt werden. Die β-Hydroxyaldehyde und -ketone, die aus Aldoladditionen hervorgehen, sind leichter zu dehydratisieren als viele Alkohole, weil die sich bei der Wasserabspaltung bildende olefinische Doppelbindung mit einer Carbonylgruppe konjugiert ist. Die Konjugation erhöht, wie wir wissen, die Stabilität einer organischen Verbindung; das bedeutet, dass ihre Bildung einfacher verläuft. Die Dehydratisierung eines Aldols bezeichnet man als **Aldolkondensation**. Eine **Kondensation** ist eine chemische Reaktion, bei der zwei (oder mehr) Moleküle unter Abspaltung eines kleinen Moleküls (zum Beispiel Wasser o. Ä.) zusammentreten. Dabei werden für gewöhnlich neue C—C-Bindungen geknüpft. Beachten Sie, dass bei der Aldolkondensation ein α,β-ungesättigter Aldehyd oder ein α,β-ungesättigtes Keton gebildet wird.

MERKE !

Das Reaktionsprodukt einer Aldoladdition spaltet unter Bildung eines Aldolkondensationsproduktes Wasser ab.

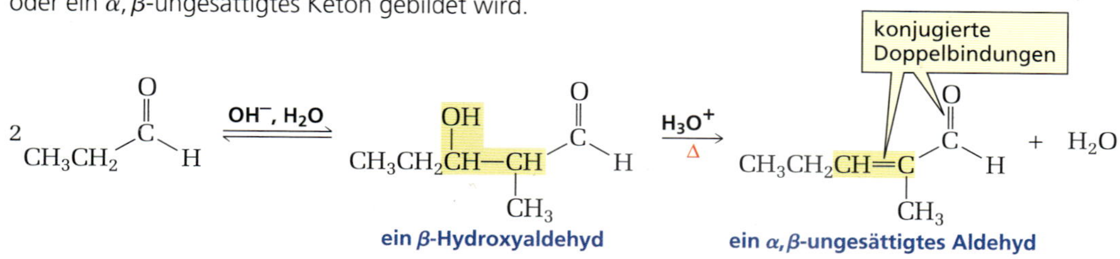

β-Hydroxyaldehyde und -ketone können auch unter basischen Bedingungen dehydratisieren. Das Erhitzen eines Aldolproduktes führt also unter sauren wie basischen Bedingungen zur Wasserabspaltung aus dem Molekül. Das Produkt der Dehydratisierung ist ein Enon (Alk*en*-Ket*on*), weil es eine olefinische Doppelbindung und eine Ketogruppe (Carbonylgruppe) besitzt.

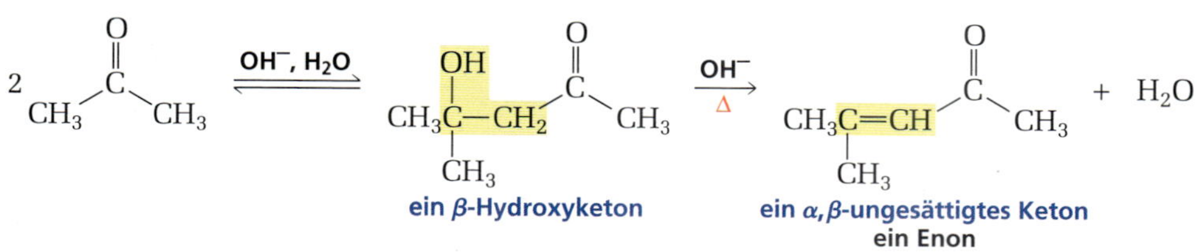

Dehydratisierung tritt manchmal unter den Bedingungen auf, unter denen eine Aldoladdition durchgeführt wird, ohne dass erhitzt werden muss. In solchen Fällen ist die β-Hydroxycarbonylverbindung ein Zwischenprodukt und das Enon das Endprodukt der Reaktion. Beispielsweise spaltet das β-Hydroxyketon aus der Aldolreaktion des Acetophenons, sobald es gebildet ist, Wasser ab, weil die neu entstehende Doppelbindung nicht nur mit der Carbonylgruppe, sondern darüberhinaus mit dem aromatischen π-Elektronensystem des Phenylrestes konjugiert ist. Die Konjugation stabilisiert das Dehydratisierungsprodukt und erleichtert somit seine Bildung (= erschwert die Rückreaktion nach der Bildung).

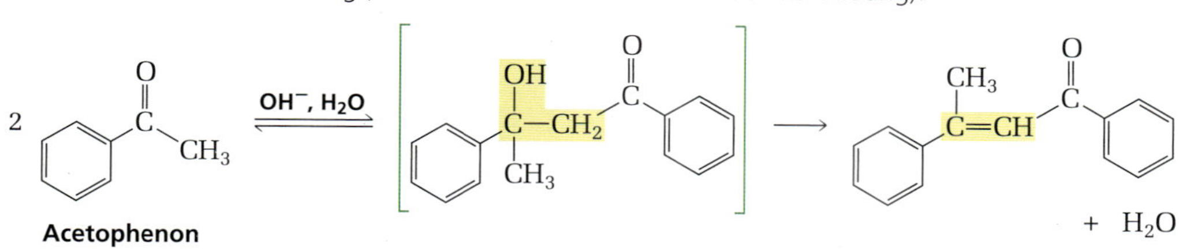

Acetophenon

Weiteres zu Redoxreaktionen

ÜBERBLICK

41

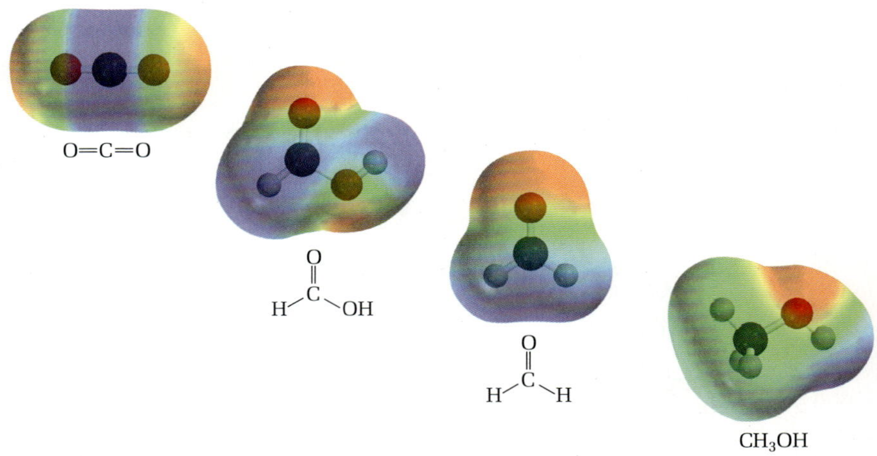

MERKE !

Reduktion am C-Atom erhöht die Zahl der C—H-Bindungen oder vermindert die Zahl der C—O-, C—N- oder C—X-Bindungen.

Oxidation am C-Atom vermindert die Zahl der C—H-Bindungen oder erhöht die Zahl der C—O-, C—N- oder C—X-Bindungen.

Es ist leicht zu bestimmen, ob eine organische Verbindung reduziert oder oxidiert worden ist, wenn man sich die Veränderungen an der Struktur der betreffenden Verbindung anschaut. Wir werden uns in erster Linie mit solchen Reaktionen beschäftigen, bei denen eine **Oxidation** oder **Reduktion** am Kohlenstoffatom stattgefunden hat: Falls durch die Reaktion die Zahl der C—H-Bindungen erhöht oder/und die Zahl der C—O-, C—N- oder C—X-Bindungen vermindert worden ist, wurde die betreffende Verbindung reduziert. Falls durch die Reaktion die Zahl der C—H-Bindungen vermindert oder/und die Zahl der C—O-, C—N- oder C—X-Bindungen erhöht worden ist, wurde die betreffende Verbindung oxidiert. Beachten Sie, dass der Oxidationsgrad eines Kohlenstoffatoms gleich ist der Gesamtzahl der C—O-, C—N- und C—X-Bindungen.

Oxidationen →

Oxidationszahl (Anzahl der C—Z-Bindungen) (Z = O, N, oder Halogen)	**0**	**1**	**2**	**3**	**4**
	CH_4	CH_3OH	HC(=O)H	HC(=O)OH	O=C=O
		CH_3OCH_3	$CH_3C(=O)CH_3$	$CH_3C(=O)OCH_3$	$CH_3OC(=O)OCH_3$
		CH_3NH_2	$CH_3C(=NCH_3)CH_3$	$CH_3C(=O)NH_2$	$CH_3OC(=O)NHCH_3$
		CH_3Cl	$CH_3C(OCH_3)_2CH_3(H)$	$CH_3C(=O)Cl$; $CH_3C{\equiv}N$	ClC(=O)Cl

← Reduktionen

Schauen wir uns nun einige Beispiele für Redoxreaktionen an Kohlenstoffatomen an. Beachten Sie, dass bei jeder der nachfolgenden Reaktionen das Reaktionsprodukt mehr C—H-Bindungen aufweist als das Edukt: Das Alken, das Keton und der Aldehyd sind daher reduziert worden. Wasserstoff, Hydrazin und Natriumborhydrid sind die Reduktionsmittel:

$$\underset{\textbf{ein Alken}}{RCH{=}CHR} \xrightarrow[\text{Pt/C}]{H_2} RCH_2CH_2R$$

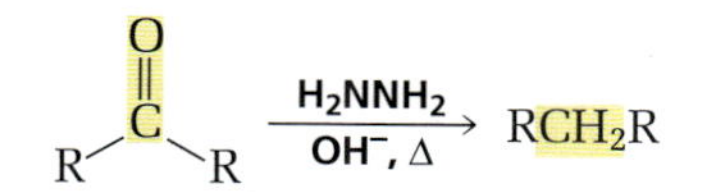

ein Keton

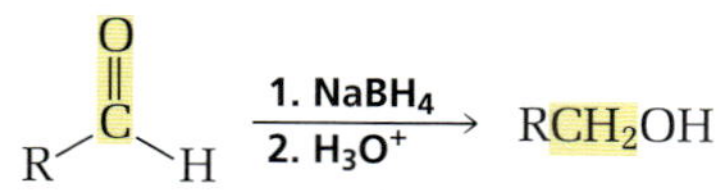

ein Aldehyd

Bei der ersten Reaktion der nächsten Gruppe nimmt die Zahl der C—Br-Bindungen zu. Bei der zweiten und dritten Reaktion nimmt die Zahl der C—H-Bindungen ab und die Zahl der C—O-Bindungen zu. Das Alken, der Aldehyd und der Alkohol werden also oxidiert. Brom und Chromsäure (H_2CrO_4) sind Oxidationsmittel. Beachten Sie, dass die Zunahme der Zahl der C—O-Bindungen bei der dritten Reaktion sich daraus ergibt, dass eine Kohlenstoff–Sauerstoff-Einfachbindung in eine Kohlenstoff–Sauerstoff-Doppelbindung umgewandelt wird:

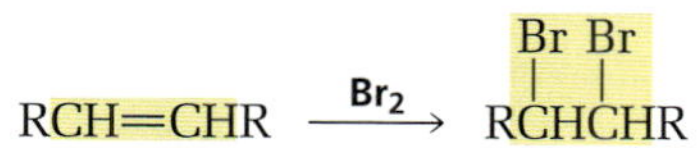

ein Alken

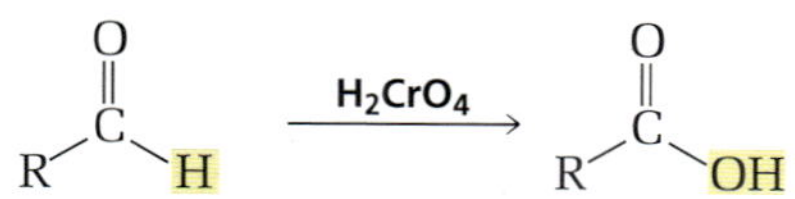

ein Aldehyd

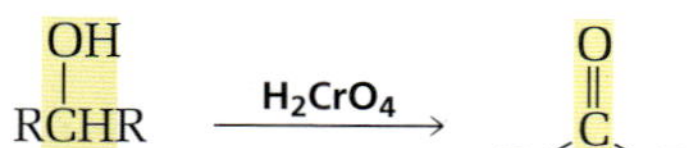

ein Alkohol

Wenn ein Alken hydratisiert wird, weist das Produktmolekül eine C—H-Bindung mehr als das Eduktmolekül auf, hat aber auch eine C—O-Bindung mehr. Bei dieser Reaktion erfolgt an dem einen C-Atom eine Reduktion, an dem anderen eine Oxidation. Soweit es das gesamte Molekül betrifft, heben sich diese beiden Vorgänge gewissermaßen auf, so dass die Gesamtreaktion weder eine Oxidation noch eine Reduktion ist.

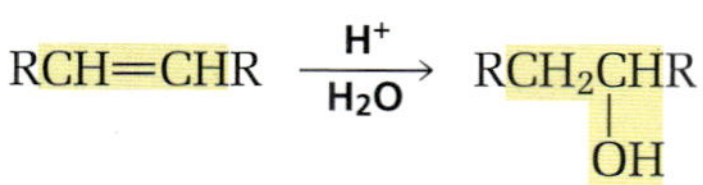

Redoxvorgänge an N- oder S-Atomen führen zu vergleichbaren strukturellen Änderungen. Die Zahl der N—H- bzw. S—H-Bindungen nimmt bei einer Reduktion zu, die Zahl der N—O- bzw. S—O-Bindungen bei einer Oxidation. Bei der folgenden Reaktion werden das Nitrobenzol und das Disulfid reduziert. Der Thiolalkohol wird zur Sulfonsäure oxidiert:

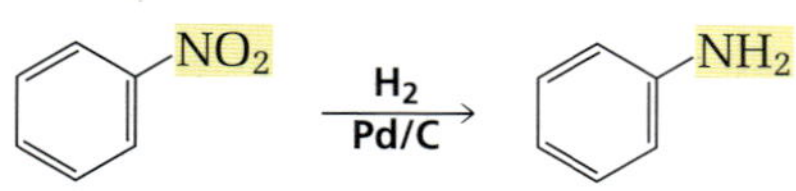

Nitrobenzol

$$CH_3CH_2S{-}SCH_2CH_3 \xrightarrow[Zn]{HCl} 2\ CH_3CH_2SH$$

ein Disulfid — ein Thioalkohol

$$CH_3CH_2SH \xrightarrow{HNO_3} CH_3CH_2SO_3H$$

ein Thioalkohol — eine Sulfonsäure

41.1 Reduktionen

Eine organische Verbindung wird reduziert, wenn Wasserstoff (H_2) an sie addiert wird. Ein Wasserstoffmolekül kann man sich aus verschiedenen Einheiten aufgebaut vorstellen: (1) aus zwei Wasserstoffatomen, (2) aus zwei Elektronen und zwei Protonen, und (3) als ein Hydridion plus ein Proton.

Bausteine von H:H

$H\cdot \ \cdot H$	$\cdot^- \ H^+ \ \cdot^- \ H^+$	$H:^- \ H^+$
zwei Wasserstoffatome	zwei Elektronen und zwei Protonen	ein Hydridion und ein Proton

Reduktion durch Addition von zwei Wasserstoffatomen

Wir haben gelernt, dass elementarer Wasserstoff in Gegenwart metallischer Katalysatoren an Kohlenstoff–Kohlenstoff-Doppelbindungen addierbar ist. Diese als **katalytische Hydrierungen** bezeichneten Reaktionen sind Reduktionen, weil es in den Reaktionsprodukten mehr C—H-Bindungen gibt als in den Eduktmolekülen. Alkene und Alkine werden zu Alkanen reduziert.

$$\underset{\text{But-1-en}}{CH_3CH_2CH{=}CH_2} + H_2 \xrightarrow{\text{Pt, Pd, oder Ni}} \underset{n\text{-Butan}}{CH_3CH_2CH_2CH_3}$$

$$\underset{\text{Pent-1-in}}{CH_3CH_2CH_2C{\equiv}CH} + 2\,H_2 \xrightarrow{\text{Pt, Pd, oder Ni}} \underset{n\text{-Pentan}}{CH_3CH_2CH_2CH_2CH_3}$$

Im Verlauf einer katalytischen Hydrierung wird die H—H-Bindung homolytisch gespalten. Das bedeutet, dass die Addition des Wasserstoffs in Form zweier Wasserstoffatome (Wasserstoffradikale) erfolgt.

41.2 Oxidation von Alkoholen

Eine Oxidation ist die Umkehrung einer Reduktion. So wird etwa ein Keton zu einem sekundären Alkohol reduziert. Bei der umgekehrten Reaktion – der Oxidation – wird ein sekundärer Alkohol zum Keton oxidiert.

$$\text{Keton} \underset{\text{Oxidation}}{\overset{\text{Reduktion}}{\rightleftharpoons}} \text{sekundärer Alkohol}$$

Chromsäure (H_2CrO_4) ist ein gebräuchliches Oxidationsmittel zur Überführung sekundärer Alkohole in Ketone.

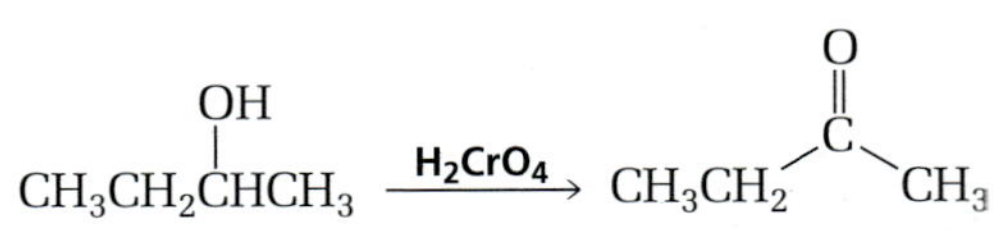

sekundärer Alkohol Keton

Primäre Alkohole werden durch Chromsäure und andere chromhaltige Reagenzien zunächst zu Aldehyden und dann zur Carbonsäure weiteroxidiert.

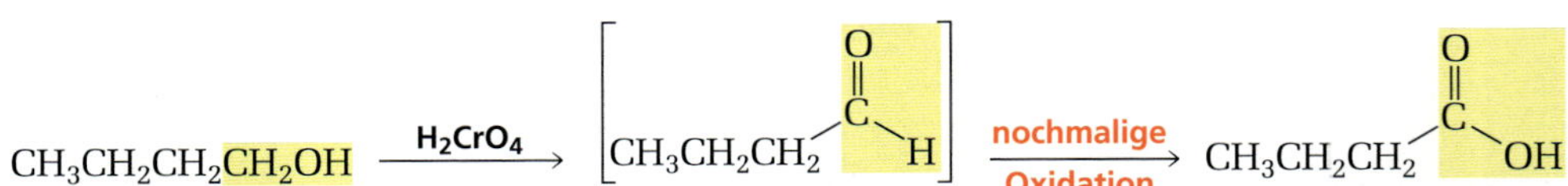

ein primärer Alkohol ein Aldehyd eine Carbonsäure

Diese Reaktionen sind leicht als Oxidationen erkennbar, weil die Zahl der C—H-Bindungen vom Edukt zu den Produkten hin ab- und die Zahl der C—O-Bindungen zunimmt. Ein universell anwendbares Konzept besteht darin, die Oxidationszahlen der beteiligten Atome zu bestimmen.

41.3 Oxidation von Aldehyden und Ketonen

Aldehyde werden zu Carbonsäuren oxidiert:

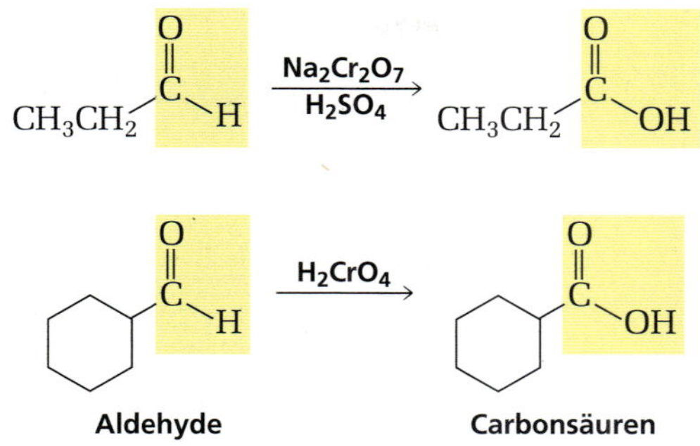

Silberoxid ist ein mildes Oxidationsmittel. Das *Tollens-Reagenz* (ammoniakalische Silberoxidlösung) oxidiert Aldehyde, ist aber zu schwach, um Alkohole oder andere funktionelle Gruppen zu oxidieren. Ein Vorteil der Tollens-Reaktion zur Aldehydoxidation liegt in den basischen Bedingungen, unter denen sie abläuft. Es kann deshalb nicht zu Nebenreaktionen anderer Gruppen durch Säureangriff kommen.

Die spezifische Oxidationswirkung des Tollens-Reagenzes ist auf die Ag^+-Ionen zurückzuführen, die das Oxidationsmittel sind. Sie werden zu elementarem Silber reduziert. Die Reaktion bildet die Grundlage für die **Tollens-Probe**: Gibt man das Tollens-Reagenz in einem Reagenzglas zu einer Probe, so schlägt sich an der Glaswand ein Belag von abgeschiedenem Silber („Silberspiegel") nieder, falls ein Aldehyd darin enthalten ist. Wenn sich beim Zusatz von Tollens-Reagenz zu einer Substanzprobe kein Silberspiegel bildet, ist das ein analytischer Nachweis dafür, dass die Verbindung keine Aldehydfunktion enthält.

BIOGRAPHIE

Bernhard Christian Gottfried Tollens (1841–1918) wurde in Hamburg geboren. Tollens war Honorarprofessor an der Universität Göttingen, an der er auch promoviert worden war. Er entwickelte neben dem nach ihm benannten Test auch eine besondere Form der Ringformeln für Zucker, die er aus der Fischer-Projektion ableitete und die als Tollens-Formeln bezeichnet werden.

Kohlenhydrate

42

ÜBERBLICK

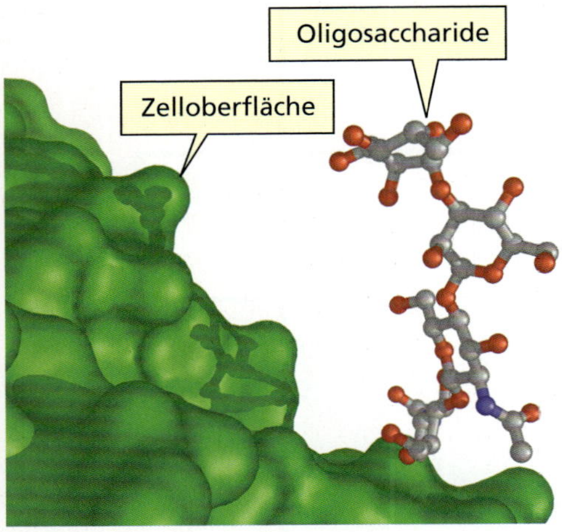

Bioorganische Verbindungen sind organische Verbindungen, die in biologischen Systemen angetroffen werden. Bioorganische Verbindungen folgen denselben Prinzipien von Struktur und Reaktivität wie die organischen Moleküle, die wir bisher behandelt haben. Es gibt eine große Ähnlichkeit zwischen den organisch-chemischen Reaktionen, die Chemiker im Labor durchführen und denen, die natürlicherweise in lebenden Zellen ablaufen. Bioorganische Verbindungen müssen in der Lage sein, sich gegenseitig zu erkennen, und vieles in ihren Strukturen dient der **molekulare Erkennung**.

Die erste Gruppe bioorganischer Verbindungen, die wir untersuchen wollen, sind die *Kohlenhydrate* – die mengenmäßig häufigste Verbindungsklasse der belebten Welt, die mehr als 50 % der Trockenmasse der auf der Erde vorhandenen Biomasse ausmacht. Einige Kohlenhydrate sind wichtige strukturelle Komponenten von Zellen; andere agieren als Erkennungsstellen an der Oberfläche von Zellen. Andere Kohlenhydrate dienen als Hauptspeicher von Stoffwechselenergie. Die Blätter, Früchte, Samen, Sprossachsen und Wurzeln von Pflanzen beispielsweise enthalten Kohlenhydrate, die die Pflanzen für ihre eigenen metabolischen Bedürfnisse benötigen, und die in der Folge den Stoffwechselerfordernissen von Tieren dienlich sind, die diese Pflanzen fressen.

D-Glucose

Da Kohlenhydrate Summenformeln aufweisen, die sie als Hydrate des Kohlenstoffs – $C_n(H_2O)_n$ – einordnen lassen; nannte man sie zunächst Kohlen(stoff)-hydrate. Später durchgeführte Strukturuntersuchungen zeigten, dass diese Verbindungen *keine* Hydrate sind, da sie keine Wassermoleküle enthalten; der Begriff Kohlenhydrat(e) blieb jedoch erhalten.

D-Fructose

Kohlenhydrate sind Polyhydroxyaldehyde (wie die D-Glucose), Polyhydroxyketone (wie die D-Fructose) oder Verbindungen, die sich zu Polyhydroxyaldehyden oder Polyhydroxyketonen hydrolysieren lassen (wie z. B. die Saccharose). Die chemischen Strukturen der Kohlenhydrate werden für gewöhnlich durch Keil-Strich-Formeln oder durch die so genannte Fischer-Projektion dargestellt. Es ist zu beachten, dass sowohl D-Glucose als auch D-Fructose die Summenformel $C_6H_{12}O_6$ aufweisen.

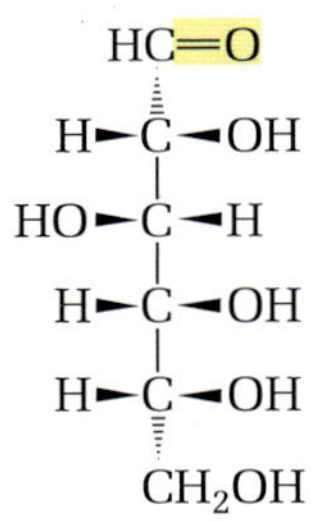
Keil-/Strich-Formel

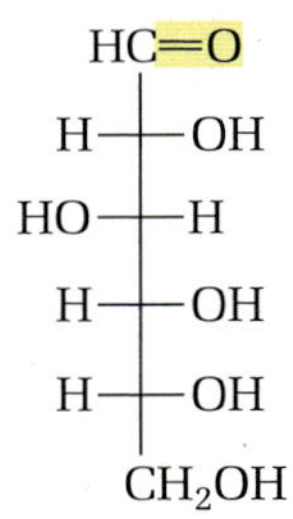
Fischer-Projektion

D-Glucose
ein Polyhydroxyaldehyd

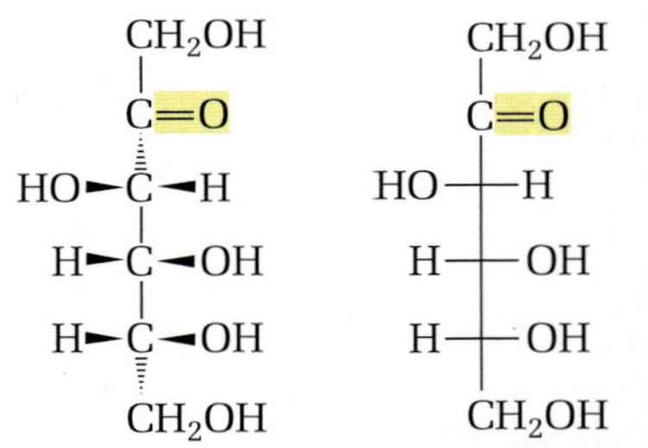
Keil-/Strich-Formel — Fischer-Projektion

D-Fructose
ein Polyhydroxyketon

Das in der Natur häufigste Kohlenhydrat ist die D-Glucose. Lebende Zellen oxidieren D-Glucose in einer Serie von Schritten, um die Zelle mit Energie zu versorgen. Wenn Tiere über mehr Glucose verfügen, als sie zur Energieversorgung benötigen, wandeln sie die überschüssige Glucose (Traubenzucker) in ein Polymer namens Glycogen um. Bei Energiebedarf wird Glycogen enzymatisch in die einzelnen D-Glucose-Bausteine gespalten. Pflanzen wandeln einen Überschuss an D-Glucose in ein Polymer namens Stärke um. Cellulose – die strukturelle Hauptkomponente pflanzlicher Zellwände – ist ein anderes Polymer der D-Glucose. Chitin – ein polymeres Kohlenhydrat, das der Cellulose ähnlich ist – baut das Exoskelett der Krustentiere (Crustaceen), der Insekten und anderer Gliederfüßler (Arthropoden) auf und kommt als Strukturbaustein ebenfalls in Pilzen vor.

MERKE !

In der Fischer-Projektion weisen horizontal gezeichnete Bindungen auf den Betrachter zu und vertikal gezeichnete vom Betrachter weg.

Tiere beziehen Glucose aus der Nahrung (z. B. Pflanzen). Pflanzen produzieren Glucose durch *Photosynthese*. Pflanzen nehmen über ihre Wurzeln Wasser auf und verwenden Kohlendioxid aus der Luft, um durch Photosynthese Glucose und Sauerstoff zu erzeugen. Pflanzen erhalten die zur Durchführung der Photosynthese notwendige Energie aus dem Sonnenlicht, das in grünen Pflanzen von Chlorophyllmolekülen eingefangen wird. Die Photosynthese nutzt das CO_2, das von Tieren als Abfallprodukt ausgeatmet wird und generiert O_2, den tierische Organismen zur Zellatmung benötigen. Fast der gesamte Sauerstoff in der Atmosphäre der Erde wurde durch photosynthetische Prozesse freigesetzt.

$$\underset{\text{Glucose}}{C_6H_{12}O_6} + 6\,O_2 \underset{\text{Photosynthese}}{\overset{\text{Oxidation}}{\rightleftharpoons}} 6\,CO_2 + 6\,H_2O$$

42.1 Klassifizierung der Kohlenhydrate

Die Begriffe „Kohlenhydrat", „Saccharid" und „Zucker" werden oft alternativ benutzt. „Saccharid" leitet sich von dem Wort für Zucker in verschiedenen alten Sprachen ab (*sarkara* in Sanskrit; *sakcharon* im Altgriechischen; und *saccharum* im Lateinischen).

Es gibt zwei Klassen von Kohlenhydraten: *einfache Kohlenhydrate* und *komplexe (zusammengesetzte) Kohlenhydrate*. **Einfache Kohlenhydrate** sind die **Monosaccharide** (Einfachzucker), wohingegen **komplexe Kohlenhydrate** zwei oder mehr Zuckereinheiten enthalten, die miteinander verknüpft sind. **Disaccharide** bestehen aus zwei miteinander verknüpften Monosaccharideinheiten, **Oligosaccharide** bestehen aus 3 bis 10 Zuckereinheiten (*oligo*, griechisch „einige"), und **Polysaccharide** bestehen aus mehr als 10 miteinander verknüpften Zuckereinheiten. Disaccharide, Oligosaccharide und Polysaccharide können durch Hydrolyse zu Monosaccharid-Untereinheiten zerlegt werden.

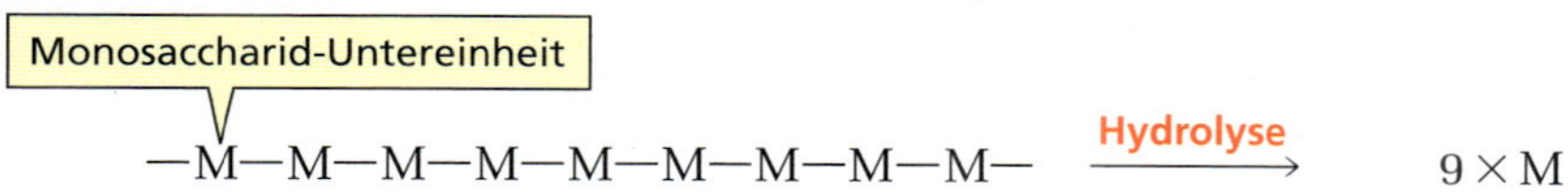

Polysaccharid Monosaccharide

A 1 Klassifizieren Sie die folgenden Monosaccharide:

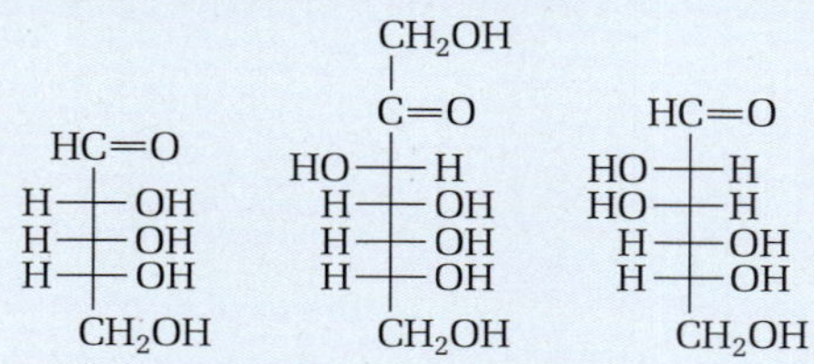

D-Ribose D-Sedoheptulose D-Mannose

Ein *Monosaccharid* kann – wie im Fall der D-Glucose – ein Polyhydroxyaldehyd, oder – wie im Fall der D-Fructose – ein Polyhydroxyketon sein. Polyhydroxyaldehyde werden auch als **Aldosen** („ald-„ für Aldehyd; „-ose" ist der allgemeine Suffix für Kohlenhydrate) bezeichnet; Polyhydroxyketone heißen entsprechend **Ketosen**. Monosaccharide werden auch nach der Anzahl ihrer Kohlenstoffatome klassifiziert: Monosaccharide mit drei Kohlenstoffatomen heißen **Triosen**, solche mit vier Kohlenstoffatomen **Tetrosen**, solche mit fünf Kohlenstoffatomen **Pentosen**, und solche mit sechs bzw. sieben Kohlenstoffatomen **Hexosen** bzw. **Heptosen**. Ein C_6-Polyhydroxyaldehyd wie die D-Glucose ist eine Aldohexose, wohingegen ein C_6-Polyhydroxyketon wie die D-Fructose eine Ketohexose ist.

42.2 Die D-/L-Nomenklatur der Kohlenhydrate

Die kleinste Aldose, und die einzige, deren Name nicht auf „-ose" endet, ist der Glycerinaldehyd – eine Aldotriose.

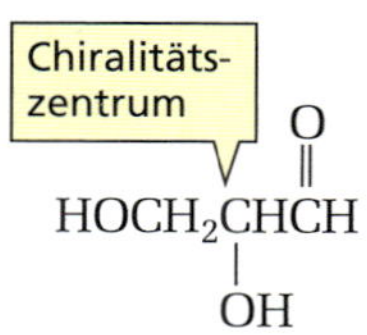

Glycerinaldehyd (Glyceral)

Da Glycerinaldehyd ein Chiralitätszentrum enthält, kann er in Form eines Enantiomerenpaares existieren.

MERKE !

Ein Kohlenstoffatom mit vier unterschiedlichen Liganden wird als Chiralitätszentrum bezeichnet.

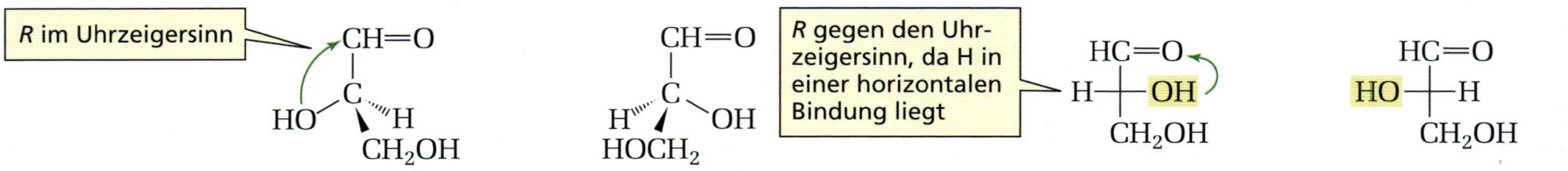

(*R*)-(+)-Glycerinaldehyd **(*S*)-(–)-Glycerinaldehyd** **(*R*)-(+)-Glycerinaldehyd** **(*S*)-(–)-Glycerinaldehyd**

perspektivische Strukturformeln **Fischer-Projektionen**

Die D-/L-Notation wird verwendet, um die Konfiguration von Kohlenhydraten und Aminosäuren zu beschreiben. In den Fischer-Projektionen der Monosaccharide wird die Carbonylgruppe immer am oberen Ende platziert (im Fall von Aldosen) oder so weit oben wie möglich (im Fall von Ketosen). Aus ihrer Struktur ersehen wir, dass Galactose vier Chiralitätszentren (C-2, C-3, C-4 und C-5) besitzt. *Falls die OH-Gruppe des am weitesten unten stehenden chiral substituierten Kohlenstoffatoms (dem zweituntersten) in der Projektion auf der rechten Seite liegt, handelt es sich um einen D-Zucker. Falls diese OH-Gruppe auf der linken Seite liegt, handelt es sich um einen L-Zucker.* Fast alle Zucker, die man in der Natur findet, sind D-Zucker. Beachten Sie, dass das Spiegelbild eines D-Zuckers ein L-Zucker ist.

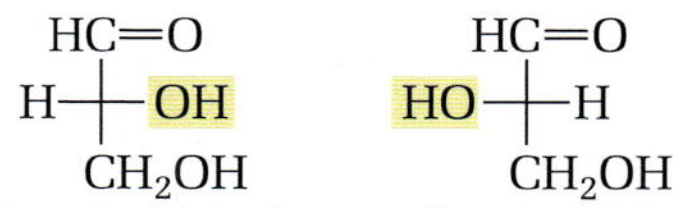

D-Glycerinaldehyd **L-Glycerinaldehyd**

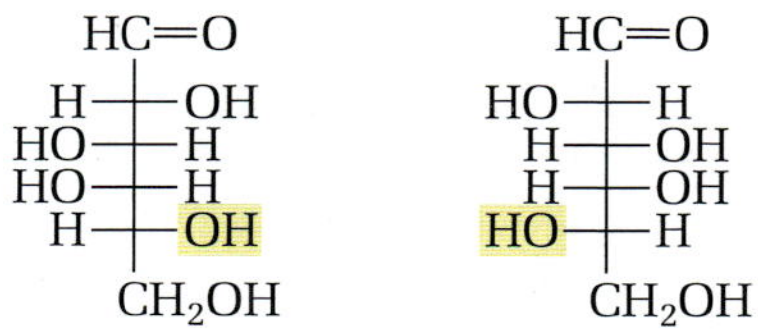

D-Galactose **L-Galactose**
das Spiegelbild der D-Galactose

Emil Fischer und seine Kollegen haben im ausgehenden 19. Jahrhundert die Chemie der Kohlenhydrate intensiv untersucht; zu einer Zeit also, als Methoden zur Bestimmung der Konfiguration chemischer Verbindungen noch nicht zur Verfügung standen. Fischer wies daher den rechtsdrehenden Isomeren des Glycerinaldehyds, das wir D-Glycerinaldehyd nennen, willkürlich die *R*-Konfiguration zu. Es sollte sich zeigen, dass er Recht gehabt hat (richtig geraten hatte!): D-Glycerinaldehyd ist (*R*)-(+)-Glycerinaldehyd, und L-Glycerinaldehyd ist (*S*)-(–)-Glycerinaldehyd.

Wie die Symbole *R*- und *S*-, bezeichnen auch die Präfixe D- und L- die Konfiguration an einem chiral substituierten Kohlenstoffatom. Sie geben jedoch nicht an, ob die Verbindung polarisiertes Licht nach rechts (+) oder nach links (–) dreht. D-Glycerinaldehyd ist beispielsweise rechtsdrehend, während D-Milchsäure linksdrehend ist. Anders ausgedrückt, ist die optische Drehung, wie der Schmelz- und der Siedepunkt, eine physikalische Eigenschaft der Verbindung, wohingegen „*R*, *S*, D und L" durch menschliche Konvention festgelegte Bezeichnungen sind, die die räumliche Konfiguration eines Moleküls anzeigen.

D-(+)-Glycerinaldehyd **D-(–)-Milchsäure**

Der Trivialname eines Monosaccharids definiert zusammen mit der D-/L-Designation vollständig seine Struktur, da die relativen Konfigurationen an allen chiral substituierten Kohlenstoffatomen durch den Trivialnamen des Zuckers implizit festgelegt sind.

A 2 Bestimmen Sie, welche der folgenden Formeln D-Glycerinaldehyd oder L-Glycerinaldehyd wiedergibt. Stützen Sie sich dabei auf die Annahme, dass horizontal verlaufende Bindungen aus der Papierebene auf Sie zu zeigen, und dass vertikal verlaufende Bindungen von Ihnen weg nach hinten aus der Papierebene hinaus gerichtet sind:

(a)
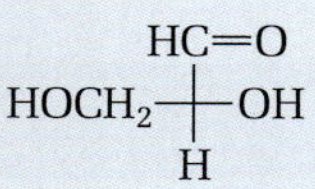

(b)
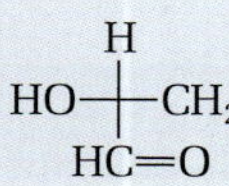

(c)
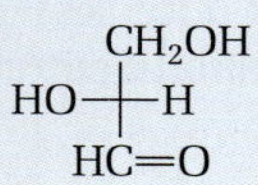

42.3 Die Konfigurationen der Aldosen

Aldotetrosen weisen zwei chiral substituierte Kohlenstoffatome auf und bilden daher vier Stereoisomere. Die Namen der Aldotetrosen – Erythrose und Threose – wurden eingeführt, um die Erythro- und Threo-Enantiomerenpaare zu kennzeichnen.

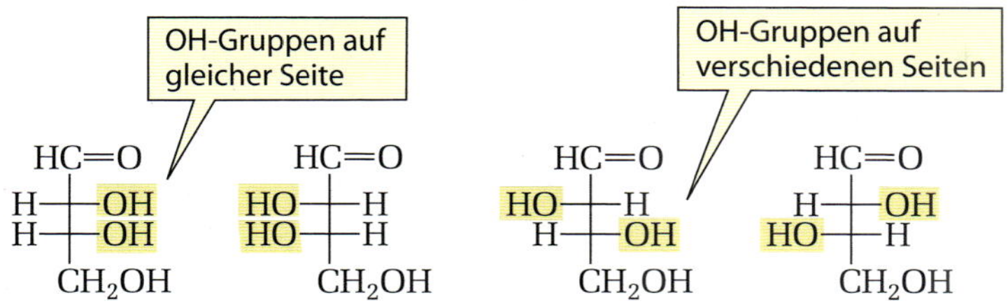

D-Erythrose L-Erythrose D-Threose L-Threose

Aldopentosen weisen drei chiral substituierte Kohlenstoffatome auf und bilden daher acht Stereoisomere (vier Enantiomerenpaare), wohingegen Aldohexosen vier chiral substituierte Kohlenstoffatome enthalten und somit 16 Stereoisomere (8 Enantiomerenpaare) bilden. Die vier D-Aldopentosen und die acht D-Aldohexosen sind in ► Tabelle 42.1 abgebildet.

MERKE !

In der Fischer-Projektion erkennt man:

Erythrose – OH-Gruppen auf der gleichen Seite.

Threose – OH-Gruppen auf verschiedenen Seiten.

MERKE !

D-Mannose ist das C-2-Epimer der D-Glucose.

D-Galactose ist das C-4-Epimer der D-Glucose.

Diastereomere sind Konfigurationsisomere, welche nicht enantiomer zueinander sind.

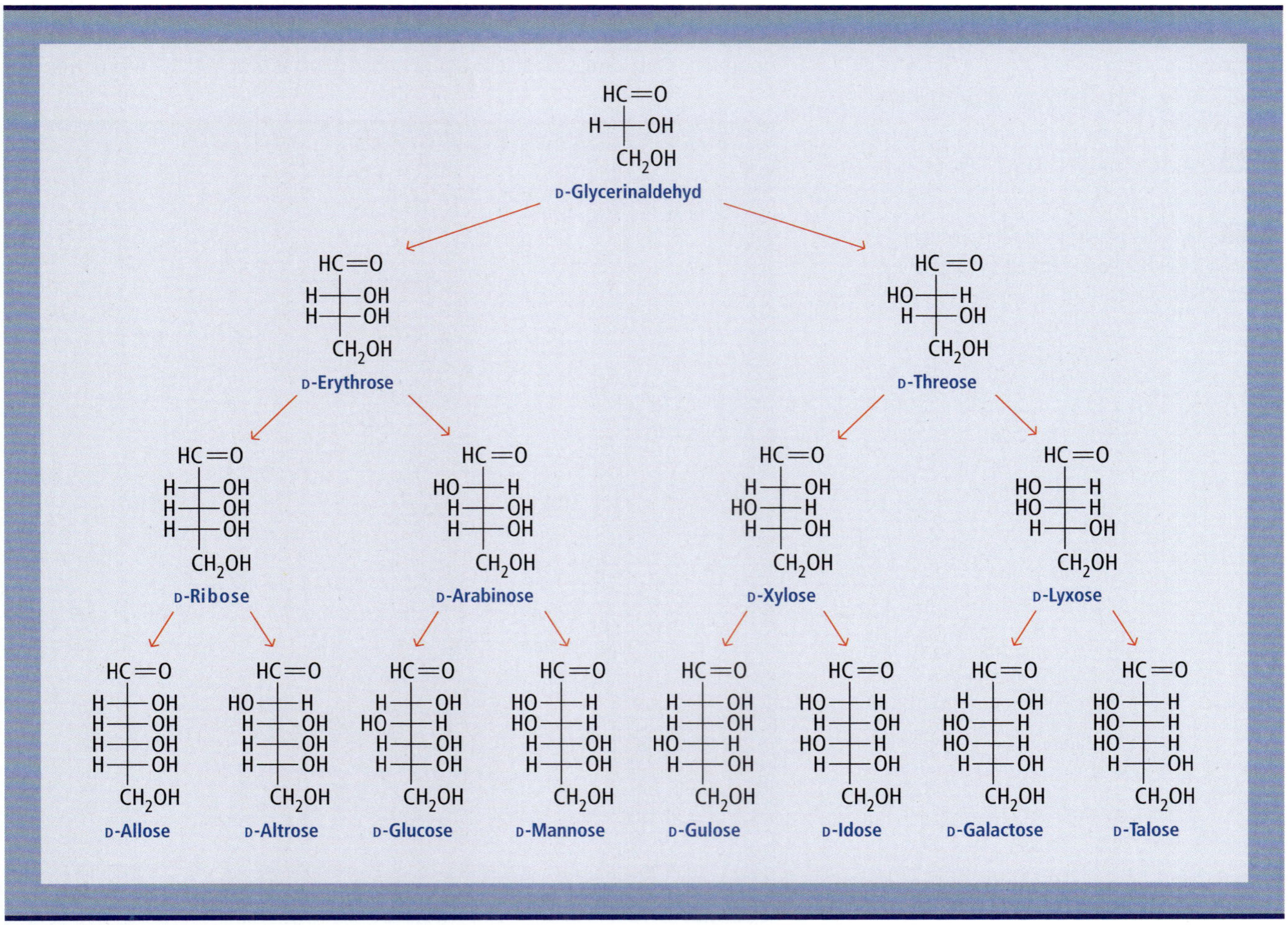

Tabelle 42.1: Die Konfigurationen der D-Aldosen.

MERKE !

Die OH-Gruppe des am weitesten unten stehenden chiral substituierten Kohlenstoffatoms steht bei D-konfiguriertem Zucker auf der rechten Seite.

Diastereomere, die sich in der Konfiguration an nur einem chiral substituierten Kohlenstoffatom unterscheiden, werden **Epimere** genannt. Zum Beispiel sind D-Ribose und D-Arabinose C-2-Epimere (sie unterscheiden sich in der Konfiguration am C-2); D-Idose und D-Talose sind C-3-Epimere.

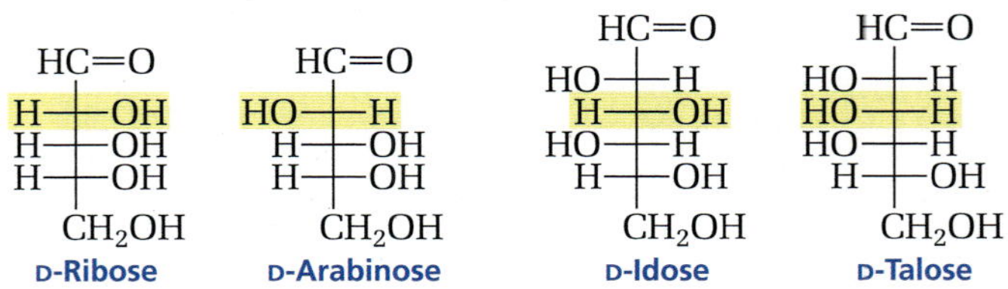

C-2 Epimere C-3 Epimere

D-Glucose, D-Mannose und D-Galactose sind die häufigsten Aldohexosen, die man in biologischen Systemen findet. Ein einfacher Weg, sich ihre Strukturen zu merken besteht darin, sich die Konfiguration der D-Glucose einzuprägen und sich dann daran zu erinnern, dass D-Mannose das C-2-Epimer und D-Galactose das C-4-Epimer der D-Glucose ist. Zucker wie die D-Glucose und die D-Galactose sind also Diastereomere, weil sie Stereoisomere sind, die keine Enantiomeren sind. Ein Epimer ist also eine besondere Art von Diastereomer.

A 3

(a) Sind D-Erythrose und L-Erythrose Enantiomere oder Diastereomere?

(b) Sind L-Erythrose und L-Threose Enantiomere oder Diastereomere?

A 4

(a) Welcher Zucker ist das C-3-Epimer von D-Xylose?

(b) Welcher Zucker ist das C-5-Epimer von D-Allose?

(c) Welcher Zucker ist das C-4-Epimer von L-Gulose?

A 5 Geben Sie die systematischen Namen der folgenden Verbindungen an. Bestimmen Sie die Konfiguration (*R* oder *S*) an jedem chiral substituierten Kohlenstoffatom:
(a) D-Glucose; **(b)** D-Mannose; **(c)** D-Galactose; **(d)** L-Glucose.

A 6 Welcher Zucker ist das C-3-Epimer der D-Fructose?

A 7 Wie viele mögliche Stereoisomere hat
(a) eine 2-Ketoheptose? **(b)** eine Aldoheptose?
(c) eine Ketotriose?

42.4 Die Konfigurationen der Ketosen

In der Natur vorkommende Ketosen haben die Ketogruppe (Oxogruppe) in der 2-Position. Die Konfigurationen der D-2-Ketosen sind in ► Tabelle 42.2 wiedergegeben. Eine Ketose hat ein chiral substituiertes Kohlenstoffatom weniger

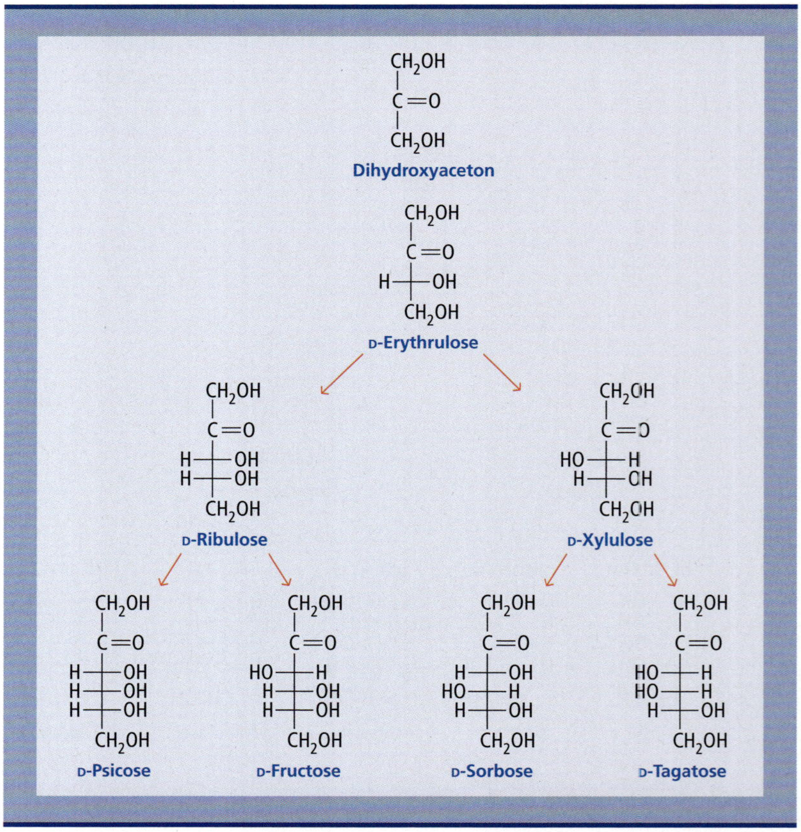

Tabelle 42.2: Die Konfigurationen der D-Ketosen.

als eine entsprechende Aldose mit derselben Anzahl von Kohlenstoffatomen. Darum bildet eine Ketose nur halb so viele Stereoisomere wie eine Aldose mit der gleichen Anzahl von Kohlenstoffatomen.

42.5 Die Stereochemie der Glucose: Der Konfigurationsbeweis von Fischer

Im Jahr 1891 gelang Emil Fischer die vollständige Aufklärung der Stereochemie der Glucose – eines der brillantesten Beispiele für logisch-wissenschaftliches Denken in der Geschichte der Chemie. Er wählte die (+)-Glucose, weil sie das häufigste Monosaccharid in der Natur ist.

Fischer wusste, dass (+)-Glucose eine Aldohexose ist; aber für eine Aldohexose lassen sich 16 verschiedene theoretische Strukturen formulieren. Welche von ihnen entsprach der Struktur der (+)-Glucose? Die 16 stereoisomeren Aldohexosen gliedern sich in 8 Enantiomerenpaare; wenn man also die Strukturen der einen Hälfte kannte, ließen sich daraus die Strukturen der verbleibenden acht Verbindungen ableiten. Fischer musste sich daher nur mit einem Satz von acht Zuckern auseinandersetzen. Er befasste sich mit der Gruppe der acht Stereoisomere, bei denen die OH-Gruppe am C-5 in der Fischer-Projektion auf der rechten Seite steht (den unten abgebildeten Stereoisomeren, die wir heute D-Zucker nennen).

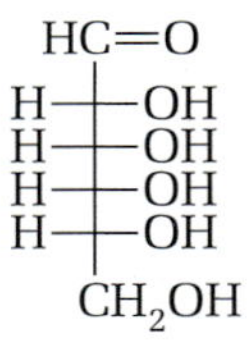
D-Allose
1

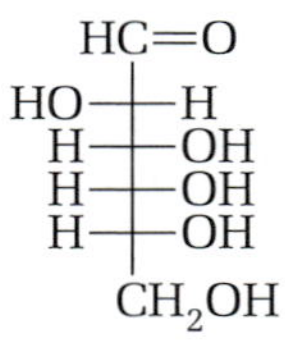
D-Altrose
2

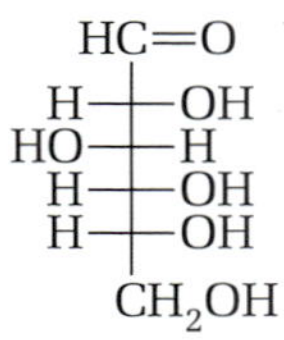
D-Glucose
3

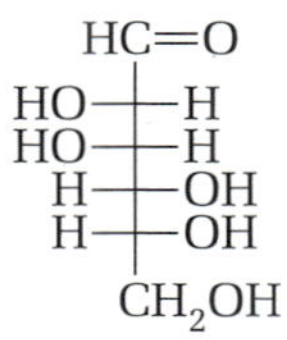
D-Mannose
4

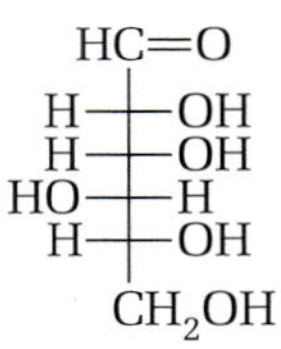
D-Gulose
5

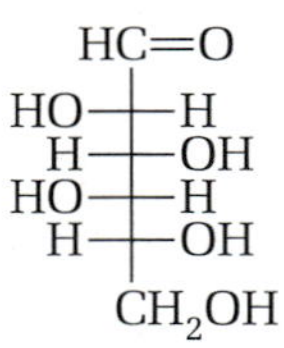
D-Idose
6

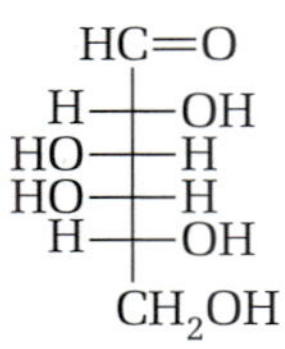
D-Galactose
7

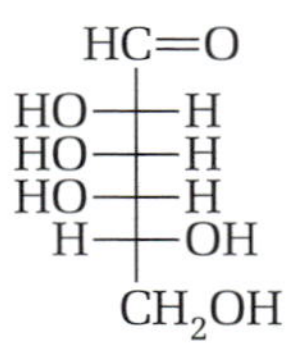
D-Talose
8

Eine dieser Verbindungen musste das eine Enantiomer der Glucose sein, sein Spiegelbild musste das andere Enantiomer sein. Noch bis 1951 sollte es unmöglich bleiben zu bestimmen, ob die D-Glucose oder die L-Glucose der (+)-Glucose entspricht.

Unter Anwendung analoger Beweisführungen gelang es Fischer, die Stereochemie von 14 der 16 Aldohexosen aufzuklären. Für seine Leistungen bekam er den Nobelpreis für Chemie des Jahres 1902. Seine ursprüngliche Annahme, dass (+)-Glucose ein D-Zucker ist, wurde später bestätigt. Dies hatte zur Folge, dass sich alle seine Strukturvorhersagen als richtig erwiesen. Falls er sich geirrt hätte, wären seine wissenschaftlichen Beiträge zur Stereochemie der Aldosen genauso bedeutsam geblieben; lediglich die Zuweisungen der stereochemischen Symbole hätten vertauscht werden müssen.

BIOGRAPHIE

Emil Fischer (1852–1919) wurde in der Nähe von Köln geboren. Er wurde gegen den Willen seines Vaters – eines erfolgreichen Kaufmanns, dessen Wunsch es war, dass Emil in das elterliche Geschäft einsteigt – Chemiker. Fischer war Professor für Chemie in Erlangen, Würzburg und Berlin. **1902** wurde ihm für seine Arbeiten über die Chemie der Zucker der **Nobelpreis für Chemie** zuerkannt. Während des Ersten Weltkrieges organisierte Fischer die chemische Produktion Deutschlands. Zwei seiner drei Söhne wurden Opfer dieses Krieges.

42.6 Halbacetalbildung

D-Glucose existiert in drei unterschiedlichen Formen: der offenkettigen Form und zwei zyklischen Formen – α-D-Glucose und β-D-Glucose. Wir wissen, dass die beiden zyklischen Formen verschieden sind, weil sie unterschiedliche physikalische Eigenschaften haben: α-D-Glucose schmilzt bei 146 °C, β-D-Glucose bei 150 °C, α-D-Glucose zeigt einen spezifischen Drehwinkel von +112,2°, während β-D-Glucose einen von +18,7° hat.

Wie kann D-Glucose in einer zyklischen Form vorkommen? Ein Aldehyd kann mit einem Alkohol unter Bildung eines Halbacetals reagieren. Ein Monosaccharid wie die D-Glucose hat sowohl eine Aldehydfunktion als auch mehrere alkoholische OH-Gruppen. Die OH-Funktion am C-5 der D-Glucose reagiert intramolekular mit der Aldehydgruppe unter Bildung eines sechsgliedrigen Halbacetalrings. Im Gleichgewicht gibt es fast doppelt so viel β-D-Glucose (64 %) wie α-D-Glucose (36 %).

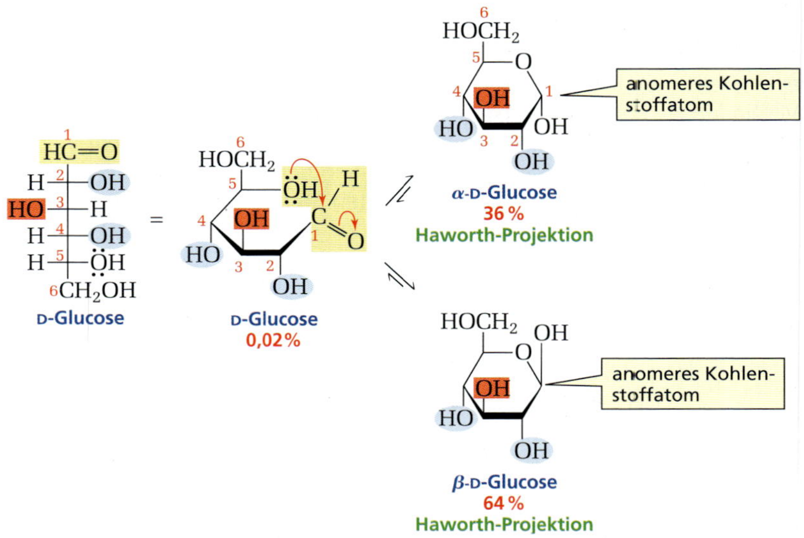

Die sechsgliedrigen Halbacetale in diesen Darstellungen sind als Haworth-Projektionen gezeichnet. Bei der **Haworth-Projektion** wird der sechsgliedrige Ring flach und in Seitenansicht abgebildet. Der Ring-Sauerstoff wird konventionsgemäß immer in der hinteren rechten Ecke platziert, mit dem anomeren Kohlenstoffatom (C-1) auf der rechten Seite und der primären Alkoholfunktion nach oben weisend, ausgehend von der hinteren linken Ecke (C-5).

Es bilden sich zwei verschiedene Halbacetale, weil der Carbonylkohlenstoff der offenkettigen Form zu einem neuen Chiralitätszentrum im Halbacetal wird. Falls die OH-Gruppe, die an das neue Chiralitätszentrum (C-1) gebunden ist, in der Haworth-Projektion unten steht, so handelt es sich bei dem Halbacetal um α-D-Glucose; falls die OH-Gruppe im Formelbild oben steht, handelt es sich bei dem Halbacetal um β-D-Glucose.

α-D-Glucose und β-D-Glucose werden als anomer zueinander bezeichnet. **Anomere** sind Zucker, die sich nur in der Konfiguration an dem Kohlenstoffatom unterscheiden, welches in der offenkettigen Form der Carbonylkohlenstoff gewesen ist. Dieses Kohlenstoffatom wird **anomeres Kohlenstoffatom** genannt. Die griechische Vorsilbe *ano-* bedeutet „über" bzw. „oberst"; Anomere unterscheiden sich also in der Konfiguration am „obersten" chiral substituierten Kohlenstoffatom. Das anomere Kohlenstoffatom ist das einzige Kohlenstoffatom des Moleküls, das an zwei Sauerstoffatome gebunden ist. Die Präfixe α- und β- bezeichnen die Konfiguration an dem anomeren Kohlenstoffatom. Anomere unterscheiden sich wie Epimere in der Konfiguration an nur einem Kohlenstoffatom des Moleküls. Anomere sind eine spezielle Klasse von Diastereomeren.

BIOGRAPHIE

Walter Norman Haworth (1883–1950) war gebürtiger Engländer. Seinen Doktorgrad erwarb er in Deutschland an der Universität von Göttingen. Später war er Professor der Chemie an den Universitäten von Durham und Birmingham in England. Er hat als Erster Vitamin C synthetisiert, und er war derjenige, der ihm den chemischen Namen Ascorbinsäure verlieh. Während des zweiten Weltkriegs war er an der Entwicklung der ersten Atombombe beteiligt. **1937** wurde ihm der **Nobelpreis für Chemie** verliehen; 1947 wurde er in den Ritterstand erhoben.

MERKE !

Gruppen, die in einer Fischer-Projektion *rechts* der Mittellinie stehen, weisen in der Haworth-Projektion nach unten.

Gruppen, die in einer Fischer-Projektion *links* der Mittellinie stehen, weisen in der Haworth-Projektion nach oben.

In einer wässrigen Lösung befindet sich die offenkettige Form im Gleichgewicht mit den beiden zyklischen Halbacetalen. Die Bildung der zyklischen Halbacetale verläuft praktisch vollständig, so dass nur sehr wenig Glucose in der offenkettigen Form vorliegt (ca. 0,02 %). Glucose reagiert über die offenkettige Form.

Wenn man Kristalle reiner α-D-Glucose in Wasser auflöst, verändert sich der spezifische Drehwinkel allmählich von +112,2° zu +52,7°. Löst man Kristalle reiner β-D-Glucose in Wasser, ändert sich die spezifische Drehung allmählich von +18,7° nach + 52,7°. Diese Änderung der optischen Drehung tritt auf, weil sich im Wasser die Halbacetale unter Bildung des Aldehyds öffnen und sich bei der Rezyklisierung sowohl α-D-Glucose als auch β-D-Glucose bilden können (und bilden). Schließlich erreichen alle drei Formen der Glucose ihre Gleichgewichtskonzentrationen. Der spezifische Drehwinkel der Gleichgewichtsmischung beträgt +52,7°. Diese langsame Änderung der optischen Rotation bis zu einem Gleichgewichtswert wird **Mutarotation** genannt.

Falls eine Aldose einen fünf- oder sechsgliedrigen Ring zu bilden vermag, wird sie in Lösung vorzugsweise in Form eines zyklischen Halbacetals vorliegen. Ob ein fünf- oder sechsgliedriger Ring gebildet wird, hängt von deren relativen Stabilitäten ab. D-Ribose beispielsweise ist eine Aldose, die fünfgliedrige Halbacetale bildet: α-D-Ribose und β-D-Ribose. Die Haworth-Projektion eines fünfgliedrigen Zuckers zeigt die Seitenansicht, wobei der Ringsauerstoff vom Betrachter wegweist. Das anomere Kohlenstoffatom befindet sich auf der rechten Seite des Moleküls, und die primäre Alkoholfunktion weist aufwärts, ausgehend von der linken hinteren Ecke.

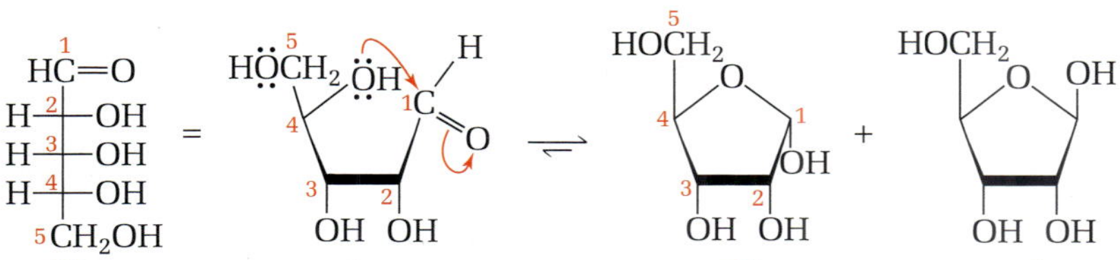

D-Ribose **D-Ribose** **α-D-Ribose** **β-D-Ribose**

Zucker mit sechsgliedrigen Ringen heißen **Pyranosen**, solche mit fünfgliedrigen Ringen **Furanosen**. Diese Namen leiten sich von *Furan* und *Pyran* ab, den Namen zweier fünf- bzw. sechsgliedriger zyklischer Ether, die nebenstehend abgebildet sind. Daraus ergibt sich, dass z.B. α-D-Glucose auch als α-D-Glukopyranose bezeichnet werden kann. Das Präfix α- gibt die Konfiguration am anomeren Kohlenstoffatom an, und die Endung „-pyranose" zeigt an, dass der Zucker in Form eines sechsgliedrigen zyklischen Halbacetals vorliegt.

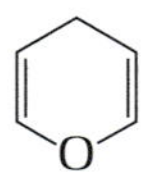

Pyran

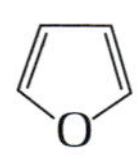

Furan

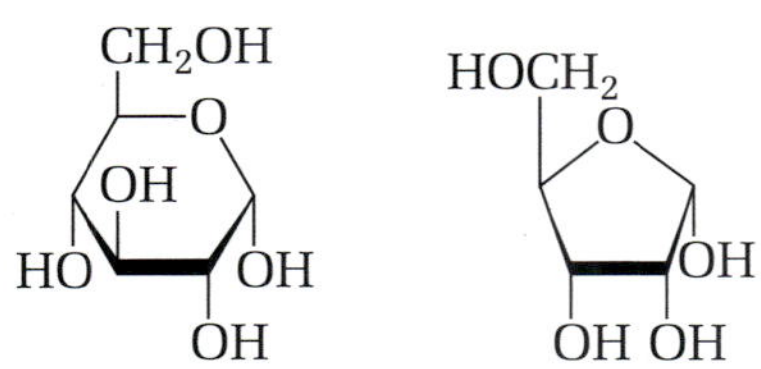

α-D-Glucose
α-D-Glukopyranose

α-D-Ribose
α-D-Ribofuranose

Ketosen existieren ebenfalls vorzugsweise in zyklischen Formen. D-Fructose bildet ein Hemiketal mit einem fünfgliedrigen Ring als Folge einer Reaktion der C-5 OH-Gruppe mit der ketonischen Carbonylfunktion. Falls das dabei neu entstandene, chiral substituierte Stereozentrum eine OH-Gruppe besitzt, die *trans* zur Alkohol-Gruppe steht, handelt es sich um α-D-Fructose; falls die OH-Gruppe *cis* zur Alkohol-Gruppe steht, handelt es sich bei der Verbindung um β-D-Fructose. Diese Zucker können auch als α-D-Fructofuranose und β-D-Fructofuranose bezeichnet werden. Man beachte, dass bei der Fructose C-2 das anomere Kohlenstoffatom ist, nicht C-1 wie im Fall der Aldosen. D-Fructose kann auch unter Heranziehung der OH-Gruppe am C-6 einen sechsgliedrigen Ring bilden. Die Pyranoseform dominiert beim Monosaccharid, während die Furanoseform bevorzugt wird, wenn die Fructose Teil eines Disaccharids ist.

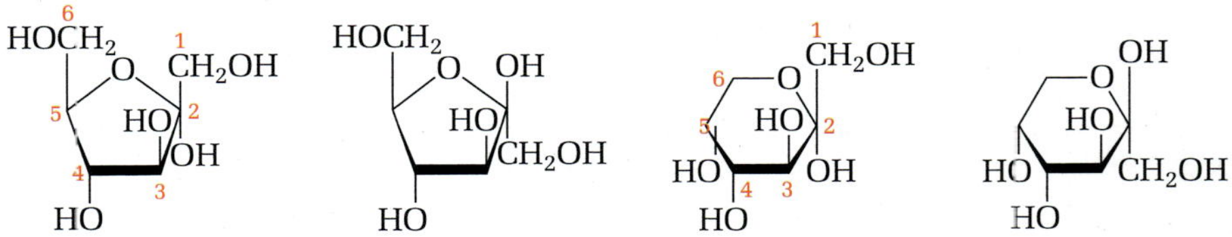

α-D-Fructofuranose β-D-Fructofuranose α-D-Fructopyranose β-D-Fructopyranose

42.7 Die Stabilität der Glucose

Wenn man die D-Glucose in ihrer Sesselkonformation zeichnet, lässt sich erkennen, warum sie die häufigste D-Aldohexose in der Natur ist. Um die Haworth-Projektion in die Sesselkonformation umzuwandeln, beginnt man damit, den Sessel derart zu zeichnen, dass seine „Rückenlehne" links und seine „Fußstütze" rechts erscheint. Dann setzt man den Ringsauerstoff an der hinteren rechten Ecke und den primären Alkohol in äquatorialer Stellung ein (es ist hilfreich, unter Zuhilfenahme eines Molekülbaukastens ein Modell des Moleküls zu bauen). Der den primären Alkohol tragende Substituent ist der größte des Moleküls, und voluminöse Substituenten sind in der äquatorialen Position stabiler, weil in dieser Anordnung weniger sterische Spannung auftritt. Da die OH-Gruppe am C-4 *trans* zu dem primären Alkohol steht (dies lässt sich in der Haworth-Projektion leicht erkennen), nimmt diese OH-Gruppe am C-4 ebenfalls eine äquatoriale Position ein. Die OH-Gruppe am C-3 ist *trans*-ständig zur OH-Gruppe am C-4, so dass die OH-Gruppe an C-3 sich ebenfalls in einer äquatorialen Stellung befindet. Wenn man den Ring entlangläuft, erkennt man, dass sich alle OH-Substituenten der β-D-Glucose in äquatorialen Positionen aufhalten. Die axialen Positionen werden sämtlich von Wasserstoffatomen besetzt, die weniger Raum beanspruchen und somit einer geringeren sterischen Spannung unterliegen. Keine andere Aldohexose liegt in einer vergleichbar spannungsfreien Konformation vor. Das bedeutet, dass die **β-D-Glucose die stabilste aller Aldohexosen** ist, so dass es nicht verwundert, dass sie die häufigste Aldohexose in der Natur ist.

MERKE !

In der α-Stellung befindet sich der Substituent in der Haworth-Projektion unten und in der Sesselkonformation in axialer Stellung.

MERKE !

In der β-Stellung befindet sich der Substituent in der Haworth-Projektion oben, und in der Sesselkonformation in äquatorialer Stellung.

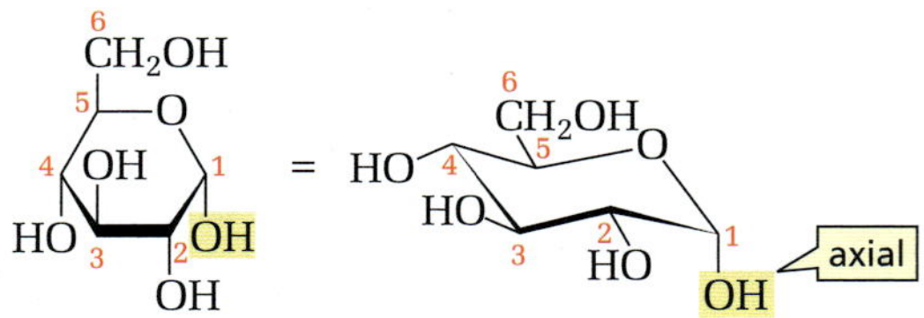

α-D-Glucose
Sesselkonformation

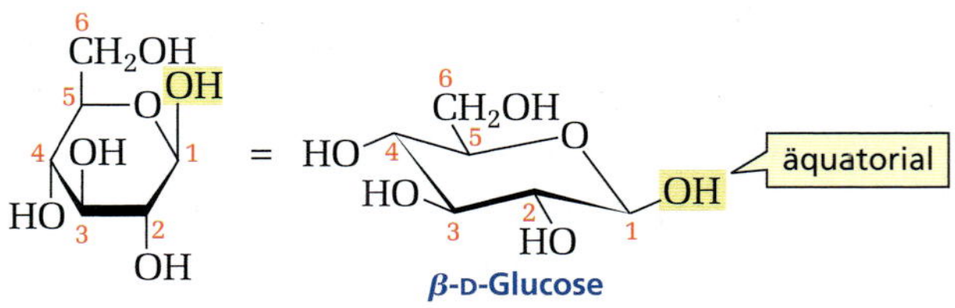

β-D-Glucose
Sesselkonformation

Warum gibt es im Gleichgewicht in einer wässrigen Lösung mehr β-D-Glucose als α-D-Glucose? Die OH-Gruppe am anomeren Kohlenstoffatom befindet sich in der β-D-Glucose in äquatorialer Stellung, während sie sich bei der α-D-Glucose in axialer Stellung befindet. Deshalb ist die β-D-Glucose stabiler als α-D-Glucose, so dass β-D-Glucose im wässrigen Milieu im Gleichgewicht überwiegt.

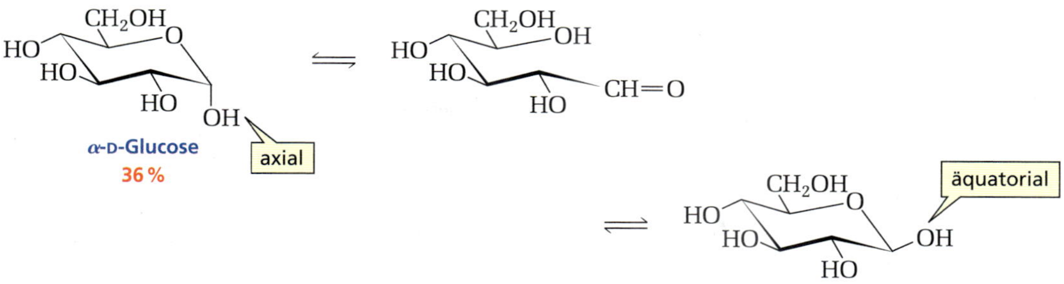

α-D-Glucose 36 %

β-D-Glucose 64 %

Wenn man sich daran erinnert, dass sich alle OH-Gruppen der β-D-Glucose in äquatorialer Stellung befinden, ist es leicht, die Sesselkonformation jeder anderen Pyranose zu zeichnen. Will man zum Beispiel α-D-Galactose zeichnen, würde man alle OH-Gruppen in äquatorialer Stellung zeichnen, mit Ausnahme der OH-Gruppen am C-4 (weil Galactose das C-4-Epimer der Glucose ist) und am C-1 (weil es sich um das α-Anomer handelt). Man würde einfach diese beiden OH-Gruppen in axialer Stellung einzeichnen.

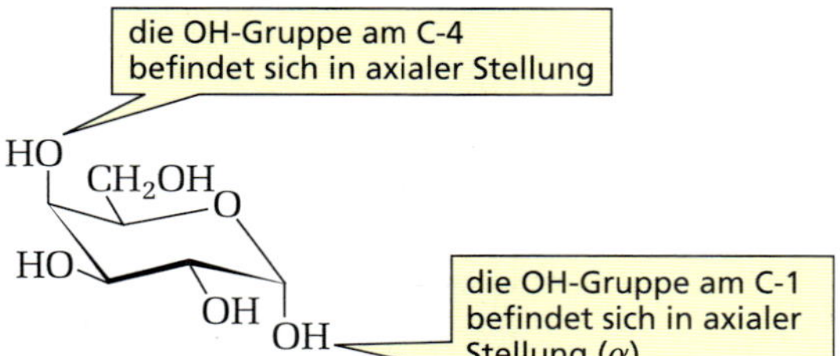

α-D-Galactose

Um eine L-Pyranose zu zeichnen, zeichnet man zuerst die D-Pyranose und dann ihr Spiegelbild. Um zum Beispiel β-L-Gulose zu zeichnen, zeichnet man zunächst die Formel für β-D-Gulose. Gulose unterscheidet sich von Glucose durch die Substitution an den Kohlenstoffatomen 3 und 4, so dass sich die OH-Gruppen an diesen Positionen in axialer Stellung befinden. Dann zeichnet man das Spiegelbild der β-D-Gulose, um β-L-Gulose zu erhalten.

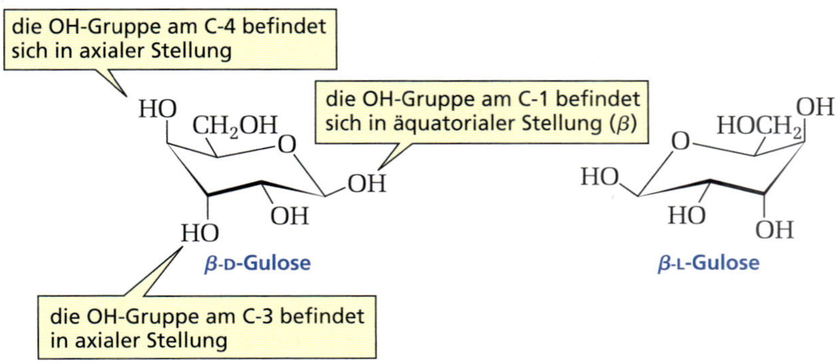

β-D-Gulose β-L-Gulose

A 8 Welche OH-Gruppen befinden sich bei den folgenden Zuckern in axialer Stellung?
(a) β-D-Mannopyranose; **(b)** β-D-Idopyranose;
(c) α-D-Allopyranose

42.8 Glycosidbildung

Die von Monosacchariden gebildeten zyklischen Halbacetale (oder Halbketale) können mit einem Alkohol unter Bildung eines Acetals (oder Ketals) reagieren. Das Acetal (oder Ketal) eines Zuckers wird **Glycosid** genannt, und die Bindung zwischen dem anomeren Kohlenstoffatom und dem Sauerstoff der Alkoxygruppe **glycosidische Bindung**. Glycoside werden benannt, indem man das „-e" am Ende des Namens des Ausgangszuckers durch die Endung „-id" ersetzt. Ein

Glycosid der Galactose ist ein Galactosid usw. Wenn man die Pyranose-/Furanose-Nomenklatur benutzt, wird das Acetal **Pyranosid** bzw. **Furanosid** genannt.

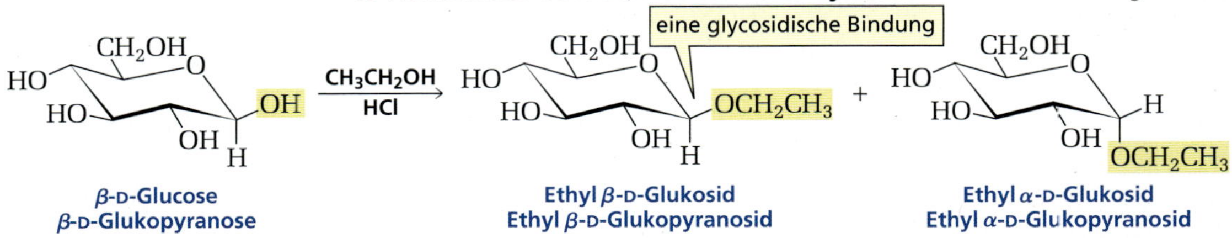

Man beachte, dass die Reaktion eines reinen Anomers mit einem Alkohol sowohl zur Bildung des α- als auch des β-Glycosids führt. Der Mechanismus der Reaktion verdeutlicht, warum beide Glycoside gebildet werden.

Mechanismus der Glycosidbildung

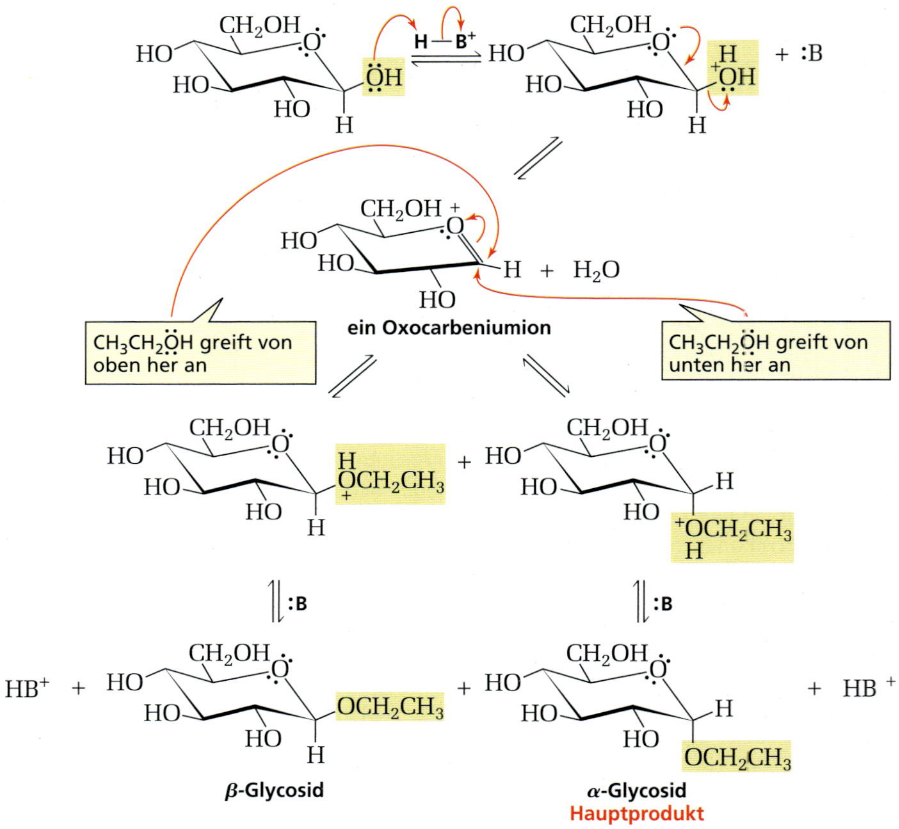

- Die OH-Gruppe am anomeren Kohlenstoffatom wird in saurer Lösung protoniert.
- Durch Wasserabspaltung entsteht ein **Oxocarbeniumion**. Das anomere Kohlenstoffatom des resultierenden Oxocarbeniumions ist sp^2-hybridisiert, so dass dieser Teil des Moleküls planar wird. Ein Oxocarbeniumion besitzt eine positive Ladung, die von einem Sauerstoff- und einem Kohlenstoffatom geteilt wird.
- Wenn der Alkohol von oberhalb der Molekülebene angreift, wird das β-Glycosid gebildet; greift der Alkohol von der Unterseite her an, kommt es zur Bildung des α-Glycosids.

Überraschenderweise findet man, dass sich im Experiment mehr von dem α-Glycosid als von dem β-Glycosid bildet.

Analog zu der Reaktion eines Monosaccharids mit einem Alkohol verläuft die Reaktion eines Monosaccharids mit einem Amin in Gegenwart einer katalytischen Menge Säure. Das Produkt dieser Reaktion ist ein *N*-Glycosid. Ein ***N*-Glycosid** enthält anstelle des Sauerstoffs ein Stickstoffatom in der glycosidischen Bindung. Die Untereinheiten der Makromoleküle DNA und RNA sind *β*-*N*-Glycoside.

42.9 Reduzierende und nichtreduzierende Zucker

Da Glycoside Acetale oder Ketale sind, befinden sie sich in neutralen oder basischen wässrigen Lösungen nicht im Gleichgewicht mit der offenkettigen Aldehyd- oder Ketoform. Da sie sich nicht im Gleichgewicht mit einer Verbindung befinden, die eine Carbonylgruppe besitzt, können sie folglich auch nicht von Reagenzien wie Ag^+ oder Br_2 oxidiert werden. **Glycoside sind deshalb nichtreduzierende Zucker.**

Halbacetale oder Halbketale stehen in wässrigen Lösungen im Gleichgewicht mit den offenkettigen Zuckern. Solange ein Zucker eine Aldehyd- oder eine Ketofunktion, oder eine Halbacetal- oder Halbketalgruppierung aufweist, kann er ein Oxidationsmittel reduzieren und wird deshalb als **reduzierender Zucker** bezeichnet.

MERKE !

Ein Zucker mit einer Aldehyd-, einer Keton-, einer Halbacetal- oder einer Halbketalfunktion ist ein reduzierender Zucker. Ein Zucker ohne eine dieser funktionellen Gruppen ist ein nichtreduzierender Zucker.

42.10 Disaccharide

Falls sich die Halbacetalgruppierung eines Monosaccharids durch Reaktion mit einer Alkoholfunktion eines weiteren Monosaccharids bildet, handelt es sich bei dem resultierenden Glycosid um ein Disaccharid. **Disaccharide** sind Verbindungen aus Monosaccharid-Untereinheiten, die durch eine Acetalbindung miteinander verknüpft sind. Beispielsweise ist **Maltose** (Malzzucker) ein Disaccharid, das bei der Hydrolyse von Stärke freigesetzt wird. Malzzucker besteht aus zwei D-Glucose-Untereinheiten, die über eine Acetalbrücke miteinander verknüpft sind. Diese spezielle Acetalbindung wird **α-1,4'-glycosidische Bindung** genannt. Die Bindung erfolgt zwischen dem C-1 der einen Zuckereinheit und dem C-4 der anderen. Der „Strich" (') zeigt an, dass das Kohlenstoffatom Nr. 4 (C-4) nicht zum selben Ring gehört wie das an der Bindung beteiligte C-1. Die Bindung wird als α-1,4'-glycosidisch bezeichnet, weil das Sauerstoffatom, das an der Bindung beteiligt ist, sich in α-Stellung befindet. *Rufen Sie sich ins Gedächtnis, dass die α-Stellung axial ausgerichtet ist, wenn der Zucker in der Sesselkonformation gezeichnet wird bzw. in der Haworth-Projektion nach unten weist; die β-Stellung ist äquatorial ausgerichtet, wenn der Zucker in der Sesselkonformation gezeichnet wird, bzw. weist in der Haworth-Projektion nach oben.*

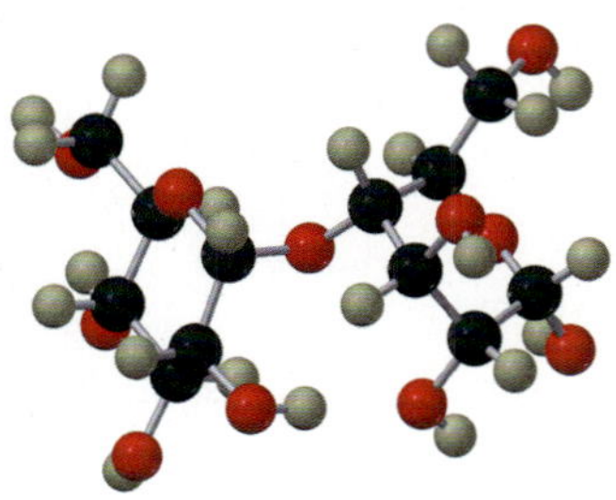

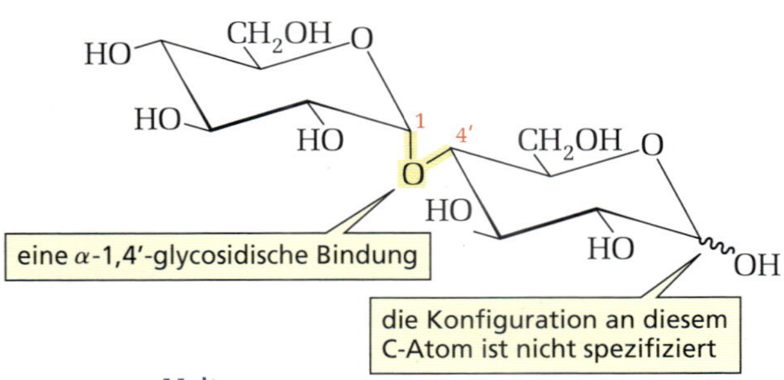

Maltose

Beachten Sie, dass in der abgebildeten Struktur der **Maltose** die Konfiguration des anomeren Kohlenstoffatoms, das nicht an der Acetalbildung beteiligt ist (das anomere Kohlenstoffatom im rechten Teil der Formel, dessen Bindung durch eine Schlangenlinie dargestellt ist), nicht spezifiziert ist, weil Maltose sowohl in der α-als auch in der β-Form vorliegen kann. Im Fall der α-Maltose befindet sich die OH-Gruppe an diesem anomeren Kohlenstoffatom in axialer Stellung, im Fall der β-Form der Maltose befindet sie sich in äquatorialer Stellung. Da Maltose in der α- und in der β-Form vorkommt, tritt Mutarotation auf, wenn Kristalle dieses Zweifachzuckers in Wasser aufgelöst werden. Maltose ist ein **reduzierender Zucker**, weil die Untereinheit rechts in der Formel ein Halbacetal ist und somit im Gleichgewicht mit dem offenkettigen Aldehyd steht, der leicht oxidiert wird.

Cellobiose ist ein Disaccharid, das bei der Hydrolyse von Cellulose entsteht, und das auch aus zwei Untereinheiten D-Glucose aufgebaut ist. Cellobiose unterscheidet sich von der Maltose dadurch, dass die beiden Glucoseeinheiten durch eine **β-1,4′-glycosidische Bindung** verknüpft sind. Der einzige strukturelle Unterschied zwischen Maltose und Cellobiose ist daher die Konfiguration im Bereich der Glycosidbindung. Wie Maltose, existiert auch Cellobiose in einer α- und einer β-Form, da die OH-Gruppe des nicht an der Acetalbildung beteiligten anomeren Kohlenstoffatoms sich entweder in axialer Stellung (α-Cellobiose) oder in äquatorialer Stellung (β-Cellobiose) befinden kann. Cellobiose ist ebenfalls ein **reduzierender Zucker**, weil die Untereinheit im rechten Teil der Formel ein Halbacetal ist.

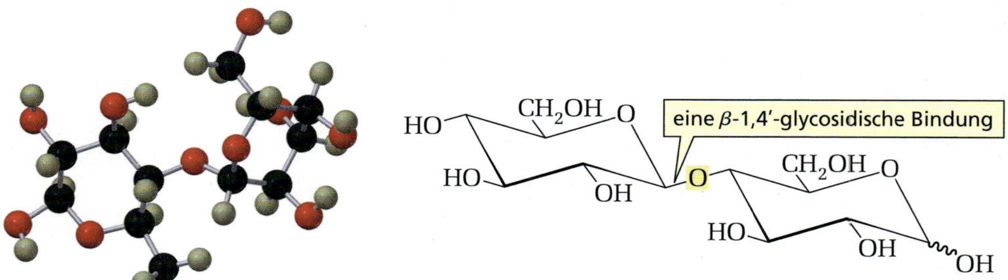

Cellobiose

Lactose (Milchzucker) ist ein Disaccharid, das man in der Milch findet. Die Lactose macht 4,5 Massenprozente der Kuhmilch und 6,5 % der menschlichen Milch aus. Eine der Untereinheiten der Lactose ist D-Galactose, die andere ist D-Glucose. Die D-Galactoseuntereinheit ist ein Acetal, die D-Glucoseuntereinheit ein Halbacetal. Die beiden Bausteine des Milchzuckers sind β-1,4′-glycosidisch miteinander verknüpft. Da eine der beiden Untereinheiten ein Halbacetal ist, ist Lactose ein **reduzierender Zucker** und zeigt Mutarotation.

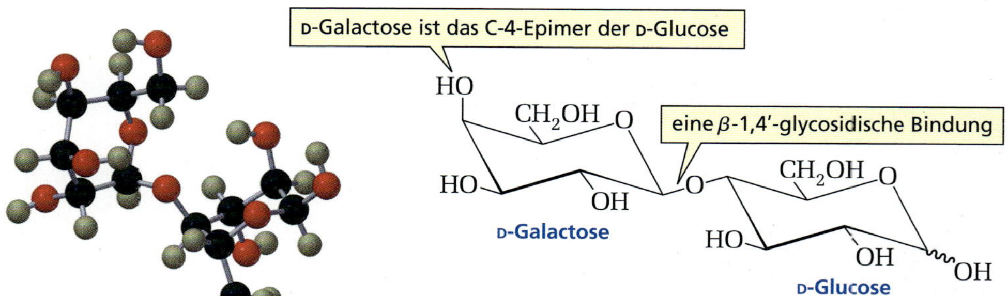

Lactose

Das häufigste Disaccharid ist die **Saccharose** (der Rohrzucker). Saccharose wird industriell aus Zuckerrüben und Zuckerrohr gewonnen. Jedes Jahr werden weltweit ca. 90 Millionen Tonnen Rohrzucker produziert. Saccharose besteht aus einer Einheit D-Glucose und einer Einheit D-Fructose, die durch eine glycosidische Bindung zwischen dem C-1 der Glucose (in α-Stellung) und dem C-2 der Fructose (in β-Stellung) verbunden sind.

Anders als die bisher diskutierten Zweifachzucker, ist der Rohrzucker **kein reduzierender Zucker** und zeigt auch keine Mutarotation, weil die glycosidische Bindung zwischen dem anomeren Kohlenstoffatom der Glucose und dem anomeren Kohlenstoffatom der Fructose geknüpft wird. Saccharose besitzt daher keine Halbacetal- oder Halbketalgruppierung, so dass sie auch in Lösung nicht im Gleichgewicht mit einer oxidierbaren offenkettigen Ketoverbindung (Aldehyd/Keton) steht.

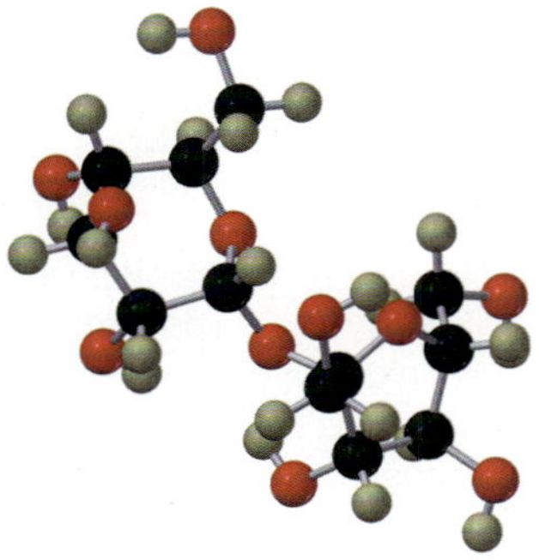

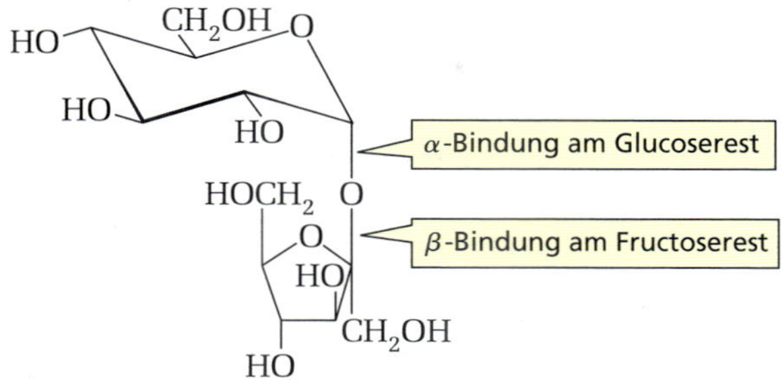

Saccharose (Rohrzucker)

Die Saccharose besitzt eine spezifische optische Drehung von +66,5°. Nach der Hydrolyse zeigt die resultierende äquimolare Mischung von Glucose und Fructose eine spezifisch optische Drehung von –22,0°. Da sich das Vorzeichen der optischen Drehung während der Hydrolyse umkehrt, wird eine 1 : 1-Mischung von Fructose und Glucose auch **Invertzucker** genannt, und ist unter dieser Bezeichnung im Handel erhältlich. Das Enzym, das die hydrolytische Spaltung von Saccharose katalysiert, heißt *Invertase*. Honigbienen besitzen Invertase, so dass der Honig, den sie produzieren, aus einer Mischung von Saccharose, Glucose und Fructose besteht. Da Fructose süßer schmeckt als Rohrzucker, ist Invertzucker süßer als Saccharose. Einige Lebensmittel werden mit dem Hinweis vermarktet, dass sie Fructose anstelle von Saccharose enthalten, was bedeutet, dass sie den gleichen Süßegrad mit einer geringeren Zuckermenge erreichen.

42.11 Polysaccharide

Polysaccharide (gr. „Vielfachzucker") können nur zehn oder auch tausende von Monosaccharidbaueinheiten enthalten, die durch glycosidische Bindungen miteinander verknüpft sind. Die molaren Massen individueller Molekülketten von Polysacchariden sind variabel. Die am weitesten verbreiteten Polysaccharide sind Stärke und Cellulose. **Stärke** ist die Hauptkomponente des Getreidemehls und das Hauptpolysaccharid in Kartoffeln, Reis, Bohnen, Mais, und Erbsen. Stärke ist ein **Gemisch zweier verschiedener Polysaccharide**: der **Amylose** (ungefähr 20 %) und dem **Amylopectin** (ungefähr 80 %). Amylose (*amylo-*, gr. Stärke-) setzt sich aus unverzweigten Ketten von D-Glucoseeinheiten, die durch α-1,4'-glycosidische Bindungen verknüpft sind, zusammen.

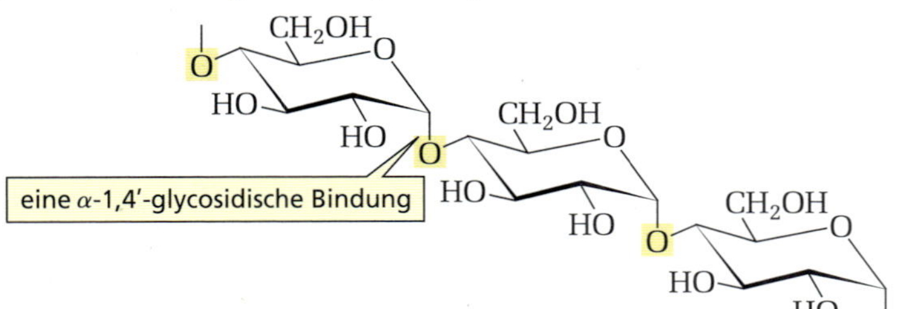

drei Glucose-Untereinheiten der Amylose

Amylopectin ist ein verzweigtes Polysaccharid. Wie die Amylose ist das Amylopectin aus D-Glucoseeinheiten aufgebaut, die durch α-1,4'-glycosidische Bindungen verknüpft sind. Anders als Amylose, enthalten die Amylopectinmoleküle aber auch **α-1,6'-glycosidische Bindungen**.

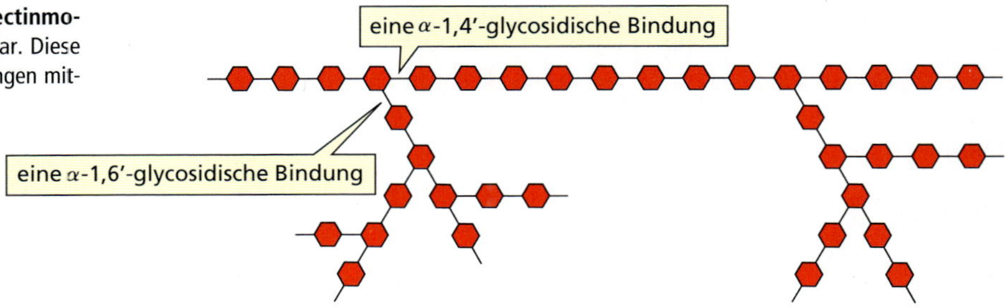

Abbildung 42.1: Verzweigung eines Amylopectinmoleküls. Die Sechsecke stellen Glucoseeinheiten dar. Diese sind durch α-1,4'- und α-1,6'-glycosidische Bindungen miteinander verknüpft.

Die Bindungen erzeugen Verzweigungen in der Molekülkette des Amylopectins (► Abbildung 42.1). Amylopectin kann bis zu eine Million (10^6) Glucoseeinheiten pro Molekül enthalten, was es zu einem der größten in der Natur vorkommenden Moleküle macht (noch größer sind beispielsweise das Peptidoglycan der bakteriellen Zellwände und das Lignin in den Zellwänden verholzter Pflanzen).

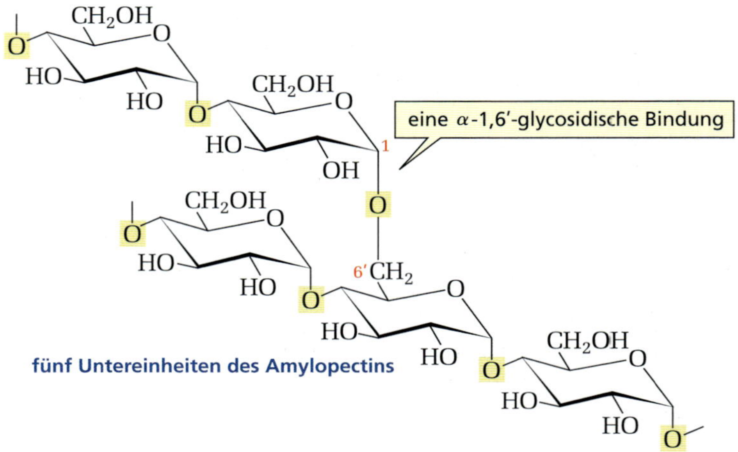

fünf Untereinheiten des Amylopectins

Die Oxidation von D-Glucose ist in lebenden Zellen der erste einer Reihe von Schritten, die diese mit Energie versorgen. Tiere speichern überschüssige Glucose in einem weiteren Polysaccharid namens **Glycogen** (*glycos*, gr. Zucker; *gen*, gr. Bildner). Glycogen hat eine dem Amylopectin ähnliche Molekülstruktur; das Glycogen weist jedoch mehr Verzweigungen auf (► Abbildung 42.2). Die Verzweigungspunkte treten beim Glycogen etwa alle 10 Untereinheiten auf, wohingegen die des Amylopectins etwa alle 25 Untereinheiten auftreten. Der hohe Verzweigungsgrad des Glycogens hat wichtige physiologische Konsequenzen: Wenn der Organismus (rasch) Energie benötigt, können zahlreiche einzelne Glucose-Einheiten gleichzeitig von den vielen Verzweigungen enzymatisch abgelöst werden. Pflanzen wandeln überschüssige Glucose in Stärke um.

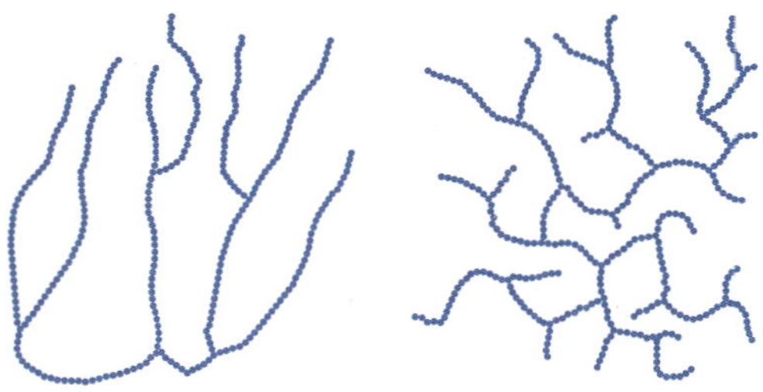

Abbildung 42.2: Ein Vergleich der Verzweigungsmuster von Amylopectin und Glycogen.

Cellulose ist ein struktureller Bestandteil aller höheren Pflanzen (und mancher Algen). Baumwollfasern zum Beispiel bestehen zu etwa 90 % aus Cellulose, Holz immerhin noch zu 50 %. Wie die Amylose der Stärke besteht die Cellulose aus unverzweigten Ketten von D-Glucose-Einheiten. Anders als bei der Amylose sind jedoch die Untereinheiten bei der Cellulose durch β-1,4'-glycosidische Bindungen verknüpft und nicht durch α-1,4'-glycosidische.

Cellulosefibrillen einer pflanzlichen Zellwand.

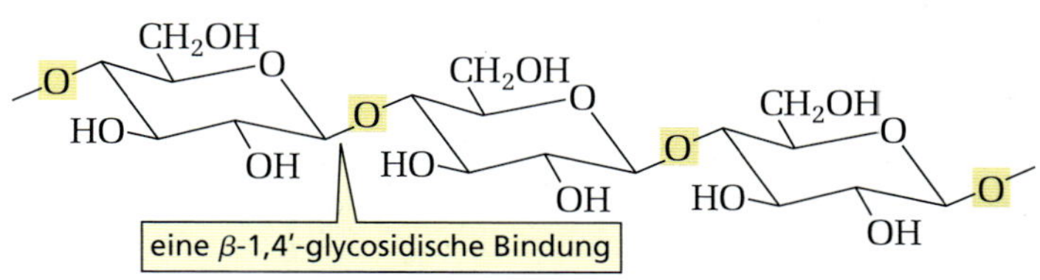

drei Untereinheiten der Cellulose

Die α-1,4'-glycosidische Bindungen sind einfacher zu hydrolysieren als β-1,4'-glycosidische. Alle Säugetiere haben Enzyme (α-Glucosidasen), die α-1,4'-glycosidische Bindungen spalten, ihnen fehlen aber Enzyme, die in der Lage sind, β-1,4'-glycosidische Bindungen zu spalten (β-Glucosidasen). Deshalb können Säugetiere ihren Bedarf an Traubenzucker nicht durch den Verzehr von Cellulose decken; sie können Cellulose nicht verdauen. Bakterien, die β-Glucosidasen herstellen und deshalb Cellulose spalten können, finden sich jedoch in den Verdauungssystemen von Gras fressenden Tieren wie den Wiederkäuern (Kühe, Antilopen usw.) und Pferden. Diese Tiere können daher ihren Bedarf an Kohlenhydratnahrung durch das Abweiden von Pflanzen decken. Holz fressende Termiten beherbergen in ihren Därmen ebenfalls Bakterien, die fähig sind, die im Holz enthaltene Cellulose zu verdauen.

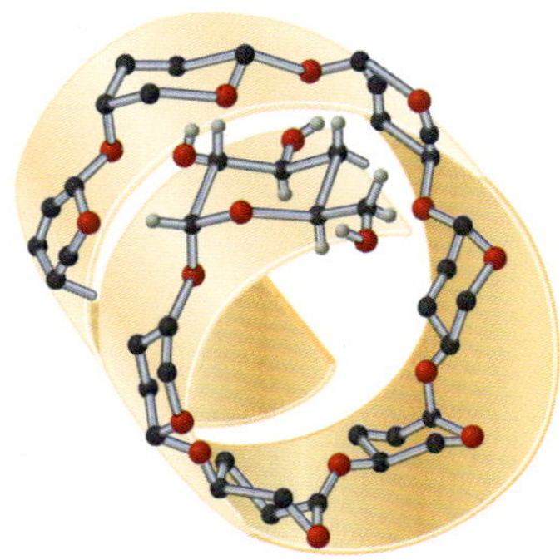

Abbildung 42.3: Die α-1,4'-glycosidischen Bindungen in einem Amylosemolekül führen dazu, dass dieses eine linksgängige Helix ausbildet. Viele der OH-Gruppen des Moleküls bilden in Lösung Wasserstoffbrückenbindungen mit Wassermolekülen aus.

Die unterschiedlichen glycosidischen Bindungen, die man in der Stärke und in der Cellulose findet, verleihen diesen Verbindungen sehr unterschiedliche physikalische Eigenschaften. Die α-glycosidischen Bindungen der Stärke führen dazu, dass Amylose eine helikale Molekülform ausbildet, die die Ausbildung von Wasserstoffbrückenbindungen zwischen den zahlreichen OH-Gruppen des Moleküls mit Wassermolekülen begünstigt (► Abbildung 42.3). Aufgrund dieser Eigenschaft ist **Stärke wasserlöslich**.

Die β-glycosidischen Bindungen der Cellulose sind andererseits der Ausbildung intramolekularer Wasserstoffbrückenbindungen förderlich. Folglich richten sich diese Moleküle zu linearen Verbänden aus (► Abbildung 42.4). Zwischen benachbarten Ketten solcher Aggregate bilden sich intermolekulare Wasserstoffbrückenbindungen; diese Zusammenlagerungen aus Makromolekülen machen die **Cellulose wasserunlöslich**. Diese Bündel aus Polymerketten verleihen der Cellulose strukturelle Stärke, was sie zu einem wirkungsvollen Strukturwerkstoff macht. Prozessierte Cellulose dient außerdem zur Herstellung von Papier und Cellophan (einer durchsichtigen Cellulosefolie).

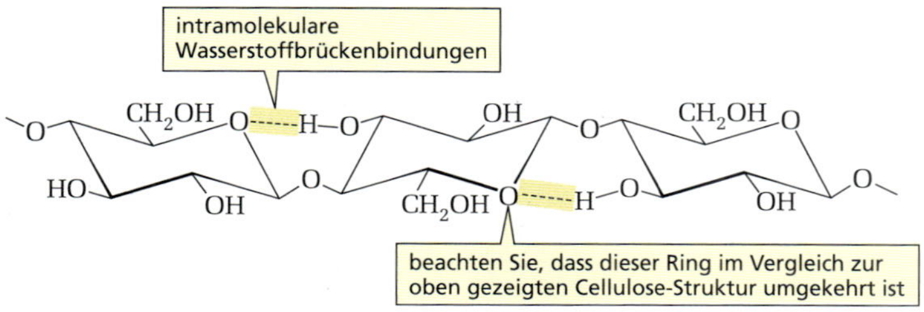

Abbildung 42.4: Die β-1,4'-glycosidischen Bindungen in einem Cellulosemolekül bilden intramolekulare Wasserstoffbrücken aus, die bewirken, dass das Molekül eine lineare Konformation einnimmt.

Chitin ist ein Polysaccharid, das der Cellulose strukturell nahesteht. Es ist die Hauptstrukturkomponente der Außenskelette von Gliederfüßlern (den Schalen von Krustentieren wie Krebsen, Garnelen und Krabben sowie der Körperaußenhülle von Insekten). Wie in der Cellulose finden sich im Chitinmolekül ***β*-1,4'-glycosidische Bindungen**. Chitin unterscheidet sich von der Cellulose durch den Besitz von N-Acetylglucosamin-Untereinheiten (*N*-Acetylaminogruppen anstelle der OH-Gruppen an den C-2-Positionen der Monosaccharideinheiten). Die β-1,4'-glycosidischen Bindungen verleihen dem Chitin seine strukturelle Steifigkeit.

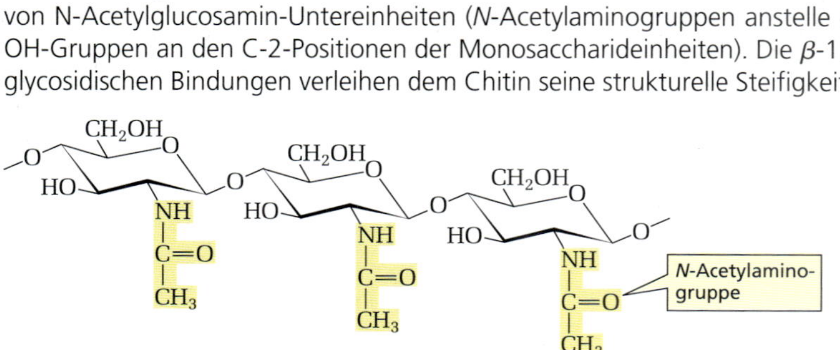

drei Untereinheiten des Chitins

Der Panzer dieser leuchtend orange gefärbten australischen Krabbe besteht zum großen Teil aus Chitin.

Proteine, die angeknüpfte Oligo- bzw. Polysaccharide tragen, heißen **Glycoproteine**.

Aminosäuren, Peptide und Proteine

43

ÜBERBLICK

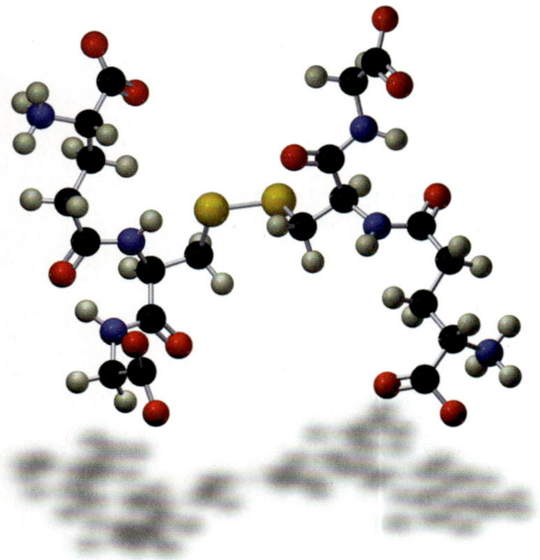

oxidiertes Glutathion

Peptide und **Proteine** sind polymere Verbindungen aus Aminosäuren. Die Aminosäuren werden in ihnen durch Amidbindungen untereinander verknüpft. Eine **α-Aminosäure** ist eine Carbonsäure mit einer Aminogruppe am α-Kohlenstoffatom. Die Aminosäuren, die von lebenden Zellen zur Synthese von Peptiden und Proteinen benutzt werden, heißen **proteinogene Aminosäuren**.

Wenn in der biochemischen Praxis von „Aminosäuren" gesprochen wird, sind damit in aller Regel die Aminosäuren gemeint, die in Peptiden/Proteinen vorkommen. Man kennt heute 23. Zwanzig werden unmittelbar durch den genetischen Code spezifiziert, die drei übrigen entstehen durch chemische Modifikationen der Seitenketten dieser Aminosäuren. Insgesamt kennt man heute mehr als 250 α-Aminosäuren mit biologischen Funktionen. Dazu kommen andere Aminosäuren, deren Aminofunktion nicht in α-Stellung steht und die häufig auch wichtige physiologische Funktionen haben.

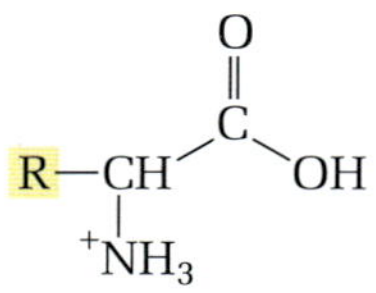

eine protonierte α-Aminocarbonsäure
eine Aminosäure

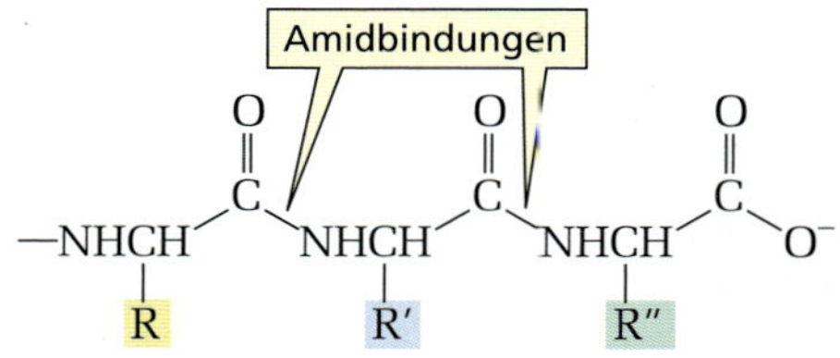

Aminosäuren sind durch Amidbindungen (Peptidbindungen) miteinander verknüpft

Ein Aminosäurepolymer kann sich aus einer beliebigen Anzahl von Aminosäureresten zusammensetzen. Ein **Dipeptid** enthält 2 Aminosäurereste, ein **Tripeptid** 3, ein **Tetrapeptid** 4, ein **Pentapeptid** 5 usw. Von einem **Oligopeptid** spricht man bei einem Peptid von 3 bis mehreren Dutzend Aminosäureresten (unterschiedliche Autoren ziehen die Grenze willkürlich an verschiedenen Stellen). Ein **Polypeptid** schließlich enthält „viele" Aminosäurereste. Die Grenze zwischen Oligo- und Polypeptiden ist nicht scharf gezogen. So sprechen manche Autoren im Zusammenhang mit dem Insulin (einem Makromolekül aus etwa 50 Aminosäurebausteinen; die genaue Länge und Aminosäurezusammensetzung hängt von der Tierart ab) von einem Polypeptid, andere von einem Protein.

Strukturproteine	Diese Teile verleihen biologischen Strukturen ihre Form, Festigkeit und viele physikalische Eigenschaften oder/und schützen sie vor Einflüssen der Umwelt. Beispiele sind das Kollagen der Knochen und des Knorpels, das Myosin der Muskeln, das Keratin von Haaren, Federn, Hufen, Haut usw.
Schutzproteine	Schlangengifte und Pflanzengifte schützen ihre Besitzer vor Fressfeinden. Blutgerinnungsproteine schützen das Gefäßsystem, wenn es mechanisch verletzt wird. Antikörper und Peptidantibiotika schützen vor Infektionskrankheiten.
Enzyme	Enzyme sind Proteine, die chemische Reaktionen katalysieren, die in Lebewesen ablaufen.
Hormone	Manche Hormone (z. B. Insulin), die Vorgänge im Körper regulieren, sind Proteine.
Proteine mit anderen physiologischen Funktionen	Zu den weiteren physiologischen Funktionen, die von Proteinen erfüllt werden, dienen Transport- und Speicherprozesse (z. B. für Sauerstoff), die Muskelkontraktion sowie die Erregungsleitung in Nervenzellen.

Tabelle 43.1: Beispiele für die Funktionen von Proteinen in biologischen Systemen.

Proteine sind Polypeptide aus 40 bis 4000 Aminosäureresten. Proteine und Peptide erfüllen in biologischen Systemen (Lebewesen) eine Unzahl von Funktionen als Baustoffe und Funktionsträger (► Tabelle 43.1). Sie kommen ausnahmslos in allen Lebensformen vor.

43.1 Klassifizierung und Nomenklatur der Aminosäuren

Die Strukturen der 20 häufigsten in der Natur vorkommenden Aminosäuren und die Häufigkeit, mit der jede von ihnen in Proteinen auftritt, sind in ► Tabelle 43.2 zusammengefasst. Andere Aminosäuren finden sich ebenfalls in der belebten Natur (z. B. γ-Aminobuttersäure, die eine Überträgersubstanz des zentralen Nervensystems ist, das Schilddrüsenhormon Thyroxin u. v. a.). Ihre Zahl ist viel größer als die Zahl der proteinogenen Aminosäuren, doch sind die Mengen, die in Lebewesen vorkommen, wesentlich kleiner als die der am Aufbau von Peptiden/Proteinen beteiligten. Beachten Sie, dass alle hier behandelten proteinogenen Aminosäuren sich nur in Bezug auf die Seitenkette (R) am α-Kohlenstoffatom unterscheiden. Die große chemische Variationsbreite dieser von Aminosäure zu Aminosäure unterschiedlichen Seitenkette oder Seitengruppe ist der Faktor, der die strukturelle und funktionelle Diversität der Peptide und Proteine bedingt. Alle Aminosäuren außer Prolin enthalten eine primäre Aminogruppe (NH_2). Prolin enthält eine sekundäre Aminogruppe, die Bestandteil eines fünfgliedrigen Ringes ist.

Die proteinogenen Aminosäuren werden fast immer mit ihren Trivialnamen bezeichnet. Das Glycin etwa hat seinen Namen aufgrund seines süßlichen Geschmacks (*glyco-*, gr. „süß"); Valin hat seinen Namen in Anlehung an die Valeriansäure erhalten, von der es sich ableitet (beide haben 5 C-Atome). Asparagin wurde zuerst im Spargel (*Asparagus officinalis*) entdeckt, Tyrosin in Käse (*tyros*, gr. „Käse").

Die Einteilung der Aminosäuren in Gruppen, wie in ► Tabelle 43.2 geschehen, erleichtert das Lernen. Zu den **Aminosäuren mit aliphatischen Seitenketten** gehören **Glycin** (R = H), **Alanin** (R = CH_3), **Valin** (R = Isopropyl-), **Leucin** (R = Isobutyl-) und **Isoleucin** (R = *sek*-Butyl-). Jede der in Proteinen vorkommenden Aminosäuren besitzt eine Dreibuchstabenabkürzung ihres Namens (in den meisten Fällen die ersten 3 Buchstaben des Namens) sowie eine Einbuchstabenabkürzung, die vor allem in Computerdatenbanken bevorzugt wird.

Zwei Aminosäuren – **Serin und Threonin** – besitzen **alkoholische Seitenketten**. Serin ist alkoholisches Derivat des Alanins. Threonin besitzt eine hydroxylierte C_2-Seitenkette. **Zwei** andere **Aminosäuren enthalten** je ein **Schwefelatom**: **Cystein** ist das Schwefelhomolog des Serins; anstelle der OH-Funktion besitzt es eine Sulfhydrylgruppe. **Methionin** weist eine 2-(Methylthio)ethylseitengruppe auf.

Zwei der proteinogenen Aminosäuren werden als **saure Aminosäuren** (auf den ersten Blick eine Tautologie) bezeichnet: **Asparaginsäure** und **Glutaminsäure** besitzen neben der Carboxylfunktion am α-Kohlenstoffatom eine weitere Carboxylgruppe in der Seitenkette. Asparaginsäure ist ein carboxyliertes Derivat des Alanins. Glutaminsäure ist gegenüber der Asparaginsäure in der Seitenkette um eine CH_2-Einheit verlängert. Oft werden die Namen der deprotonierten Anionen (Aspartat bzw. Glutamat) synonym mit den Namen der Säuren verwendet, da unter physiologischen Bedingungen ohnehin beide Formen in variablen Anteilen vorliegen. Zwei weitere Aminosäuren sind **Säureamide**, die sich von den vorgenannten sauren Aminosäuren ableiten. **Asparagin** ist das Seitenkettenamid der Asparaginsäure, **Glutamin** das Amid der Glutaminsäure. Bei diesen Aminosäuren können die sich anbietenden Einbuchstabenabkürzungen, die den

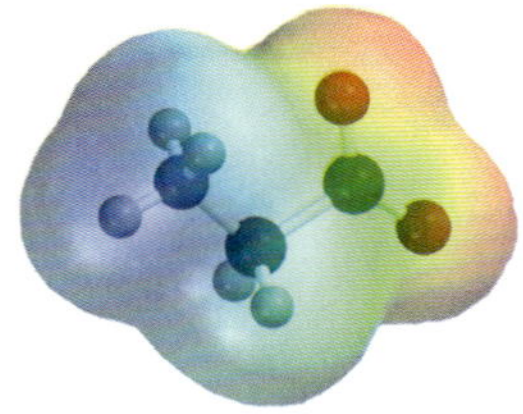

Glycin

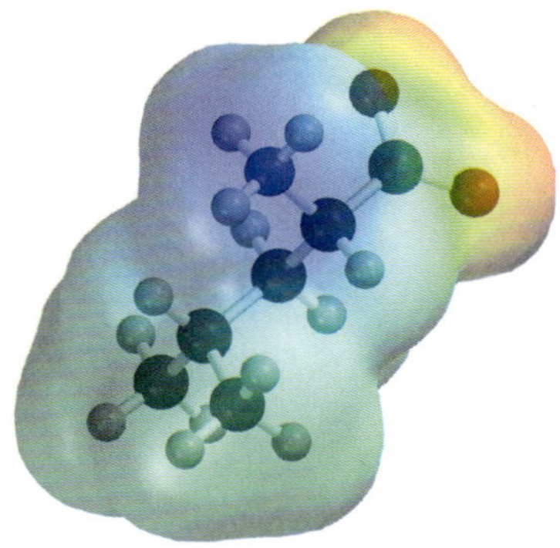

Leucin

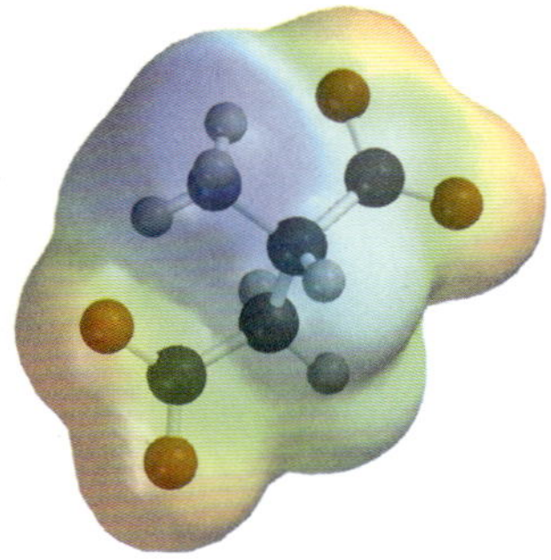

Aspartat

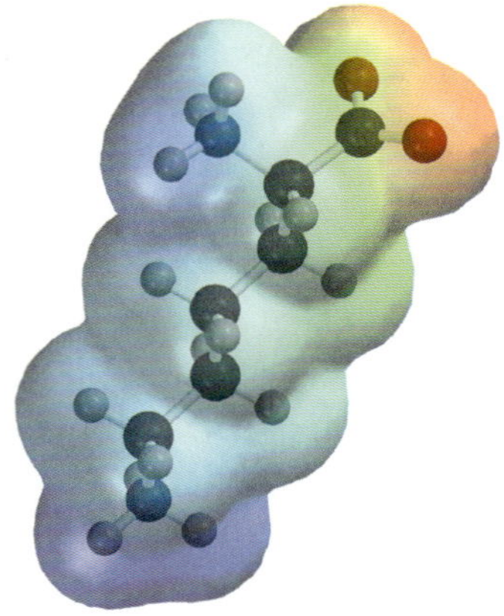

Lysin

	Formel	Name	Abkürzung	Abkürzung II	Durchschnittliche relative Häufigkeit in Proteinen
Aminosäuren mit aliphatischen Seitenketten	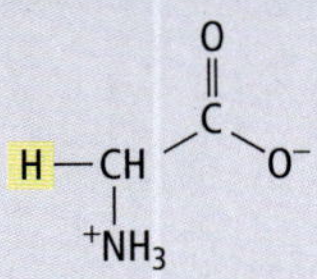	Glycin	Gly	G	7,5 %
	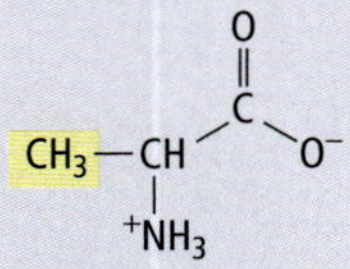	Alanin	Ala	A	9,0 %
	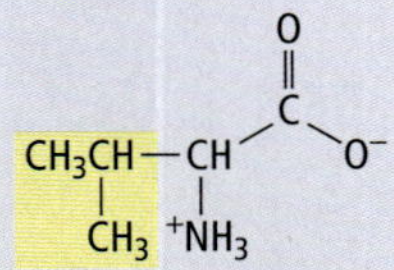	Valin *	Val	V	6,9 %
	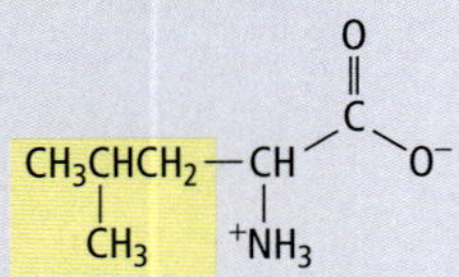	Leucin *	Leu	L	7,5 %
	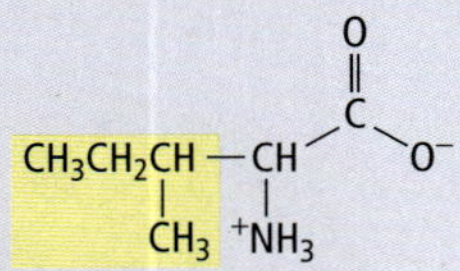	Isoleucin *	Ile	I	4,6 %
Aminosäuren mit Hydroxygruppen in der Seitenkette	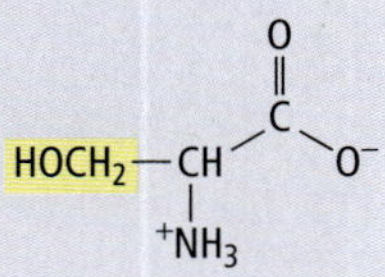	Serin	Ser	S	7,1 %
	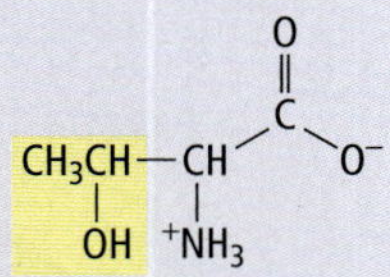	Threonin *	Thr	T	6,0 %
Schwefelhaltige Aminosäuren	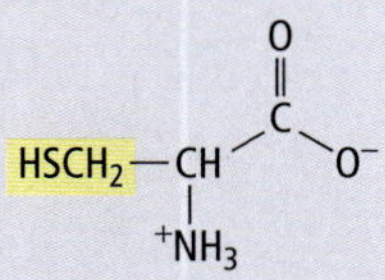	Cystein	Cys	C	2,8 %
	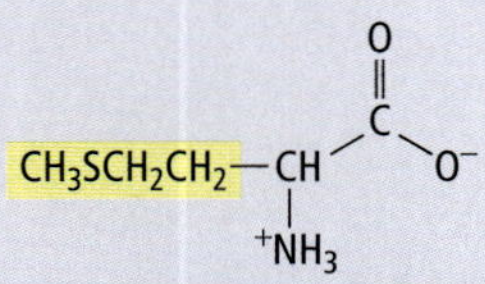	Methionin *	Met	M	1,7 %

Tabelle 43.2: Die häufigsten in der Natur vorkommenden Aminosäuren (Die Aminosäuren sind in der beim so genannten „physiologischen pH-Wert" von ca. 7,3 vorherrschenden Form abgebildet.).

	Formel	Name	Abkürzung	Abkürzung II	Durchschnittliche relative Häufigkeit in Proteinen
„Saure" Aminosäuren	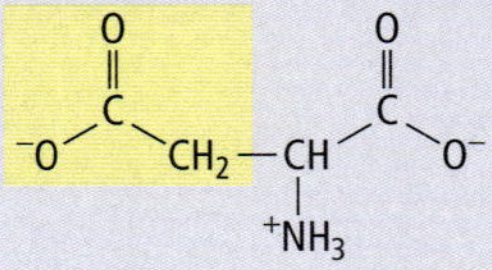	Asparaginsäure (Aspartat)	Asp	D	5,5 %
	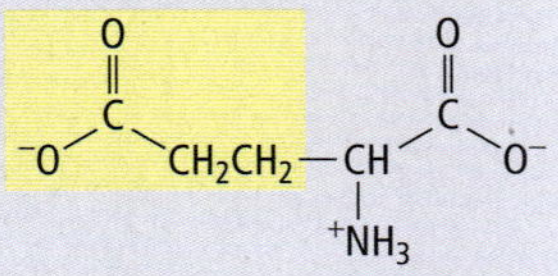	Glutaminsäure (Glutamat)	Glu	E	6,2 %
Säureamide	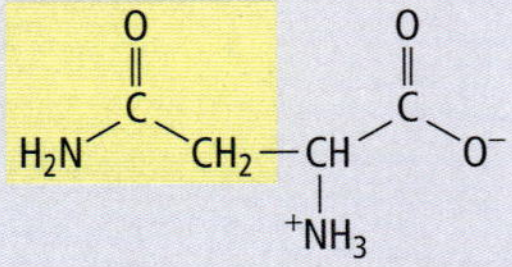	Asparagin	Asn	N	4,4 %
	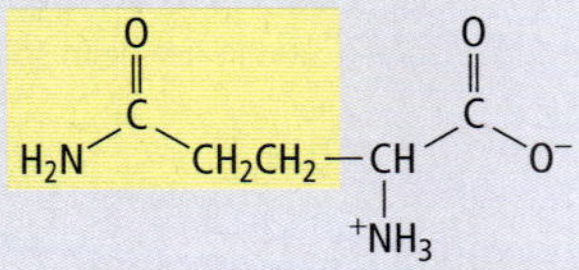	Glutamin	Gln	Q	3,9 %
„Basische" Aminosäuren	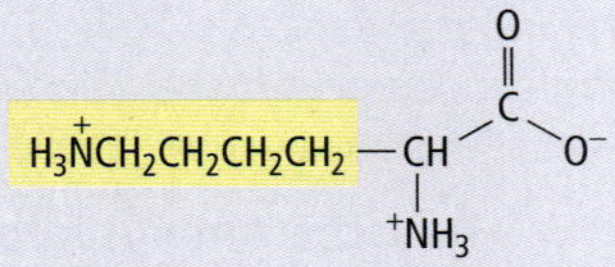	Lysin *	Lys	K	7,0 %
	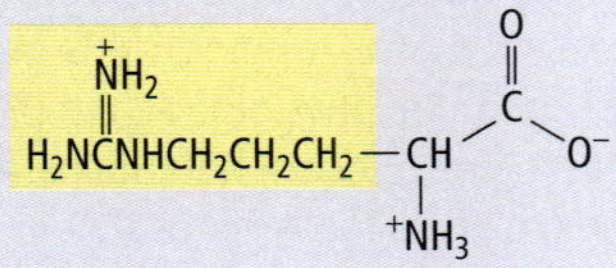	Arginin *	Arg	R	4,7 %
Aminosäuren mit Phenyl-seitengruppen	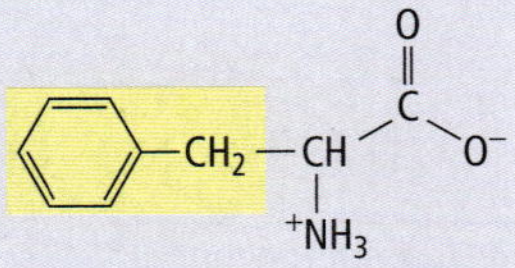	Phenylalanin *	Phe	F	3,5 %
	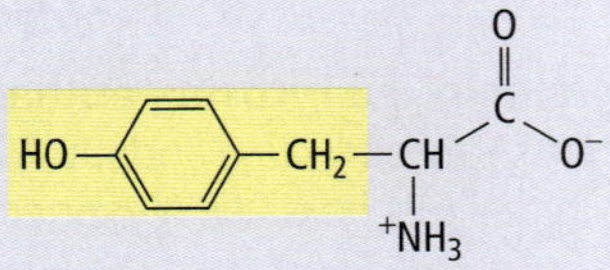	Tyrosin	Tyr	Y	3,5 %
Aminosäuren mit heterozyklischen Seitengruppen	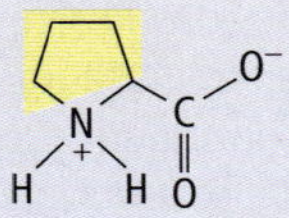	Prolin	Pro	P	4,6 %

Tabelle 43.2 (Fortsetzung): Die häufigsten in der Natur vorkommenden Aminosäuren (Die Aminosäuren sind in der beim so genannten „physiologischen pH-Wert" von ca. 7,3 vorherrschenden Form abgebildet.).

	Formel	Name	Abkürzung	Abkürzung II	Durchschnittliche relative Häufigkeit in Proteinen
Aminosäuren mit heterozyklischen Seitengruppen	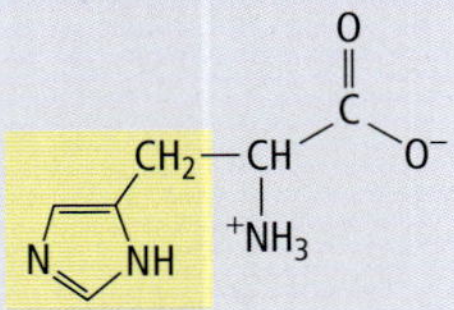	Histidin	His	H	2,1 %
	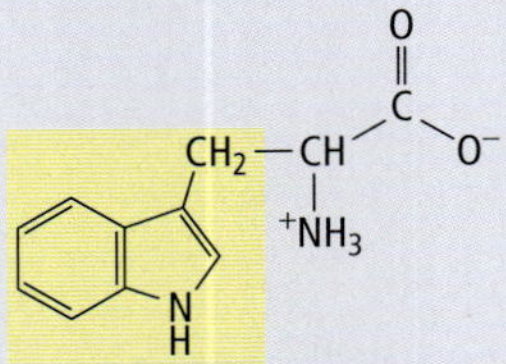	Tryptophan *	Trp	W	1,1 %

* Für den Menschen essenzielle Aminosäuren.

Tabelle 43.2 (Fortsetzung): Die häufigsten in der Natur vorkommenden Aminosäuren (Die Aminosäuren sind in der beim so genannten „physiologischen pH-Wert" von ca. 7,3 vorherrschenden Form abgebildet.).

ersten Buchstaben des Namens benutzen, nicht zur Anwendung kommen, da die Buchstaben schon vergeben sind (für Alanin bzw. Glycin). An ihrer Stelle hat man andere Buchstaben willkürlich zugeordnet (Asparaginsäure = D; Glutaminsäure = E; Asparagin = N; Glutamin = Q; siehe auch ► Tabelle 43.2).

Zwei Aminosäuren werden als **basische Aminosäuren** bezeichnet (Aminosäuren mit zwei basisch reagierenden stickstoffhaltigen Gruppen): Es sind dies **Lysin** und **Arginin**. Lysin besitzt eine ε-Aminogruppe am Ende der Seitenkette, Arginin eine δ-Guanidinogruppe. Bei physiologischen pH-Werten wenig über 7 sind diese Gruppen protoniert. Die griechischen Buchstaben ε und δ geben an, wie viele Kohlenstoffatome die jeweilige Aminosäure in ihrer Seitenkette trägt.

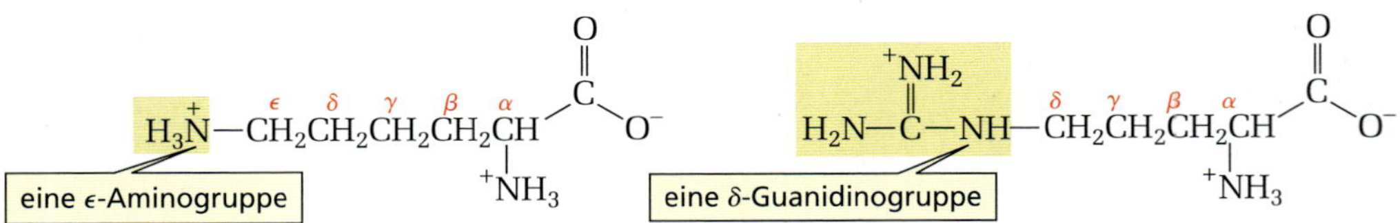

Lysin **Arginin**

Zwei Aminosäuren – **Phenylalanin** und **Tyrosin** – **enthalten einen Phenylrest** (Benzolrest mit Substituent/en). Wie der Name andeutet, ist das Phenylalanin das Phenylderivat des Alanins. Tyrosin ist *para*-Hydroxyphenylalanin.

Prolin, **Histidin** und **Tryptophan** sind Aminosäuren **mit heterozyklischen Anteilen**. Wir haben bereits bemerkt, dass das Prolin, dessen Stickstoffatom Bestandteil eines Fünfrings ist, die einzige Aminosäure ist, die eine sekundäre Aminogruppe aufweist. Histidin ist das Imidazolderivat des Alanins. Imidazol ist eine heterozyklische Verbindung mit aromatischem Charakter: Der Molekülring ist planar, und das delokalisierte π-Elektronensystem erfüllt die Hückel-Regel. Der pK_S-Wert eines protonierten Imidazolringes beträgt 6,0. In saurer Lösung liegt der Ring also protoniert vor, in basischen Lösungen deprotoniert.

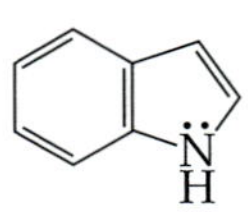

Indol

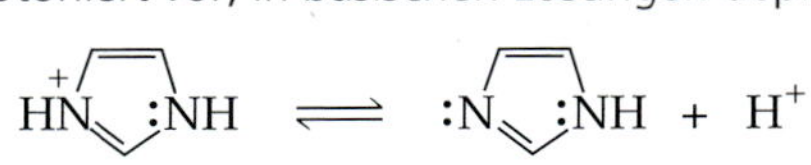

protoniertes Imidazol **Imidazol**

Tryptophan ist ein Indolderivat des Alanins. Wie Imidazol ist auch Indol ein Aromat. Da das freie Elektronenpaar des Stickstoffatoms Teil des aromatischen π-Elektronensystems ist, ist das Indol eine sehr schwache Base (pK_S-Wert des protonierten Indols: −2,4; pK_B-Wert des Indols = 16,4). Unter physiologischen Bedingungen ist der Indolring des Tryptophans daher niemals protoniert.

Zehn der zwanzig hier vorgestellten Aminosäuren sind *für den Menschen* **essenzielle Aminosäuren**; sie sind in ► Tabelle 43.2 mit * gekennzeichnet. Der Mensch muss diese zehn essenziellen Aminosäuren mit der Nahrung zuführen, da er sie nicht selbst oder in nur unzureichender Menge synthetisieren kann. Die aromatische Aminosäure **Phenylalanin** muss mit der Nahrung aufgenommen werden, da der menschliche Körper nicht in der Lage ist, Benzolringe aufzubauen. Tyrosin muss nicht zwangsläufig in der Nahrung enthalten sein, weil diese Aminosäure aus dem Phenylalanin der Nahrung zugänglich ist; die enzymatische Hydroxylierung beherrscht der menschliche Körper. Der Mensch vermag **Arginin** zu synthetisieren, doch bedarf er für das Wachstum größerer Mengen, als er selbst zu bilden imstande ist. Arginin ist daher für im Wachstum befindliche Kinder und Jugendliche eine essenzielle Aminosäure, für den Erwachsenen nicht mehr.

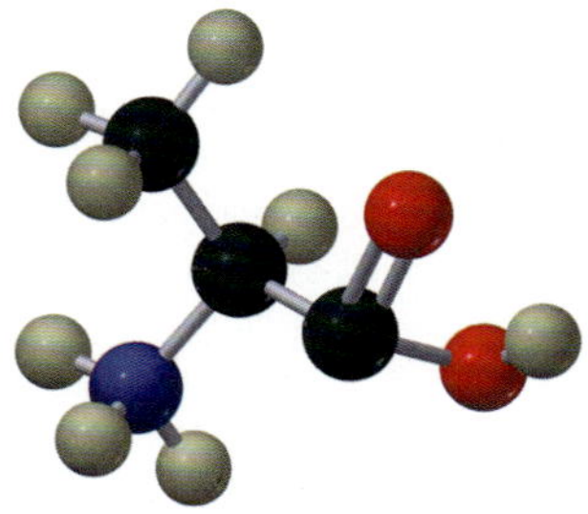

Alanin
eine Aminosäure

43.2 Konfiguration der Aminosäuren

Das α-Kohlenstoffatom aller natürlichen, proteinogenen Aminosäuren außer dem des Glycins wird chiral substituiert. Neunzehn der zwanzig Aminosäuren von ► Tabelle 43.2 bilden daher Enantiomere. Die uns von den Kohlenhydraten her bekannte D/L-Notation wird auch für Aminosäuren verwendet. Eine Aminosäure wird in der Fischer-Projektion so gezeichnet, dass die Carboxylgruppe nach oben weist. Die Seitenkette R weist dann nach unten; Carboxylgruppe und R stehen an den Enden der vertikalen Achse der Projektionsformel.

Bei einer **D-Aminosäure** steht dann die Aminogruppe an der horizontalen Achse rechts, das Wasserstoffatom links. Bei einer **L-Aminosäure** ist es gerade umgekehrt: Die Aminogruppe steht links, das H-Atom rechts. Anders als bei den Monosacchariden, die in der Natur als D-Isomere vorkommen, sind die **proteinogenen Aminosäuren alle vom L-Typ**. D-Aminosäurereste hat man in einigen Peptidantibiotika und in den Zellwänden von Bakterien gefunden, wo sie Teil eines komplizierten Makromolekülverbandes namens Proteoglycan sind.

MERKE !

Natürlich vorkommende Monosaccharide besitzen D-Konfiguration.

Die meisten natürlich vorkommenden Aminosäuren besitzen L-Konfiguration.

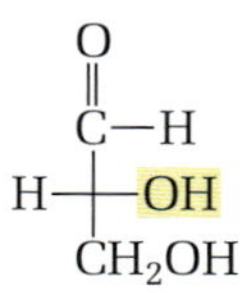

D-Glycerinaldehyd

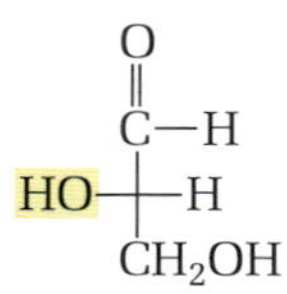

L-Glycerinaldehyd

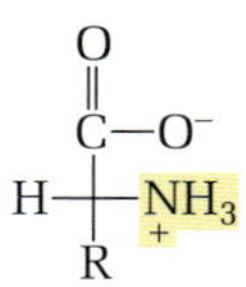

D-Aminosäure

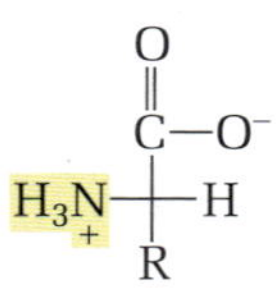

L-Aminosäure

43.3 Säure/Base-Eigenschaften der Aminosäuren

Jede Aminosäure besitzt eine Carboxylgruppe und eine Aminogruppe, und jede dieser Gruppen kann protoniert (in der aziden Form) oder deprotoniert (in der basischen Form) vorliegen – abhängig vom pH-Wert der Lösung der betreffenden Aminosäure.

A 1

(a) Bei welchem Isomer – (*R*)-Alanin oder (*S*)-Alanin – handelt es sich um das D-Alanin?

(b) Bei welchem Isomer – (*R*)-Asparaginsäure oder (*S*)-Asparaginsäure – handelt es sich um die D-Asparaginsäure?

(c) Lässt sich eine allgemeine Aussage bezüglich einer Beziehung zwischen *R*/*S*-Konfiguration und der D/L-Isomerie treffen? Begründen Sie Ihre Entscheidung!

A 2 Threonin – eine der proteinogenen Aminosäuren – besitzt zwei Chiralitätszentren, kann somit in vier stereoisomeren Formen vorkommen.

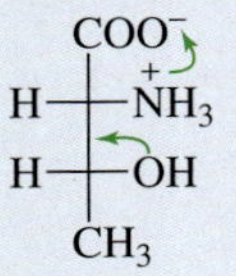
1

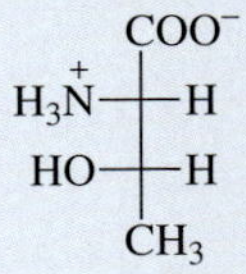
2

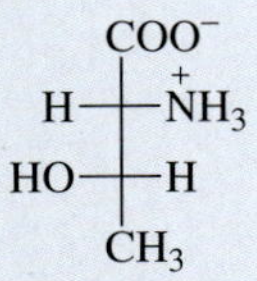
3

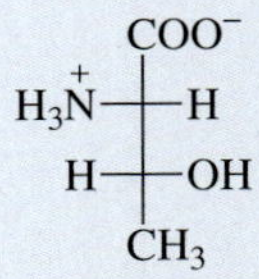
4

Natürliches Threonin besteht nur aus (2*S*, 3*R*)-Threonin (= L-Threonin). Welches der vier abgebildeten Stereoisomere ist L-Threonin?

A 3 Warum sind die Carboxylgruppen der Aminosäuren so viel stärker sauer ($pK_S \approx 2$) als die Carboxylfunktionen einfacher Carbonsäuren wie Essigsäure ($pK_S = 4{,}76$).

MERKE !

Die *protonierte* Form dominiert, wenn der *pH-Wert* des Milieus *kleiner* ist als der *pK_S-Wert* der ionisierbaren Gruppe.

Die *basische* Form dominiert, wenn der *pH-Wert* des Milieus größer ist als der *pK_S-Wert* der ionisierbaren Gruppen.

Aminosäure	pK_S α-COOH	pK_S α-NH_3^+	pK_S Seitenkette
Alanin	2,34	9,69	–
Arginin	2,17	9,04	12,48
Asparagin	2,02	8,84	–
Asparaginsäure	2,09	9,82	3,86
Cystein	1,92	10,46	8,35
Glutaminsäure	2,19	9,67	4,25
Glutamin	2,17	9,13	–
Glycin	2,34	9,60	–
Histidin	1,82	9,17	6,04
Isoleucin	2,36	9,68	–
Leucin	2,36	9,60	–
Lysin	2,18	8,95	10,79
Methionin	2,28	9,21	–
Phenylalanin	2,16	9,18	–
Prolin	1,99	10,60	–
Serin	2,21	9,15	–
Threonin	2,63	9,10	–
Tryptophan	2,38	9,39	–
Tyrosin	2,20	9,11	10,07
Valin	2,32	9,62	–

Tabelle 43.3: Die pK_S-Werte von Aminosäuren.

Verbindungen liegen vorrangig in ihrer protonierten (aziden) Form vor, wenn der pH-Wert der Lösung unterhalb des pK_S-Wertes der Verbindung liegt, und vorzugsweise in der deprotonierten (basischen) Form, wenn der pH-Wert der Lösung über dem pK_S-Wert der Verbindung liegt. Die Carboxylgruppen der Aminosäuren weisen pK_S-Werte im Bereich von 2 auf, die protonierten Aminogruppen solche im Bereich von 9 (► Tabelle 43.3). In sehr stark sauren Lösungen (pH ~ 0) liegen daher beide Gruppen protoniert vor. Bei pH = 7 ist der pH-Wert der Lösung deutlich oberhalb des pK_S-Wertes der Carboxylfunktionen von Aminosäuren, aber unterhalb der pK_S-Werte der Aminofunktionen. Die Carboxylgruppe ist bei diesem pH-Wert daher deprotoniert, die Aminogruppe liegt weiterhin protoniert vor. In stark basischer Lösung (pH ~ 11) liegen beide dissoziablen Gruppen unprotoniert vor.

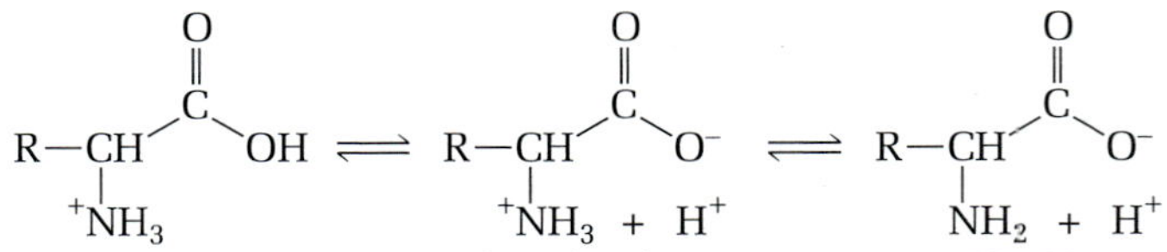

pH = 0 — ein Zwitterion, pH = 7 — pH = 11

Beachten Sie, dass eine Aminosäure nie als ungeladenes Teilchen existiert – ungeachtet des pH-Wertes der Lösung. Um jede elektrische Ladung zu verlieren, müsste eine Aminosäure ein Proton von einer protonierten Aminogruppe mit einem pK_S-Wert um 9 abdissoziieren, bevor sie ein Proton von einer Carboxylgruppe mit einem pK_S-Wert um 2 abstoßen könnte. Dies ist, wie man leicht einsieht, unmöglich: Eine schwache Säure ($pK_S \approx 9$) kann nicht azider sein als eine starke Säure ($pK_S \approx 2$). Bei physiologischen pH-Werten um 7 liegt eine

Aminosäure wie Alanin daher als doppelt geladenes Zwitterion vor (streng genommen gilt dies für Alanin und andere Aminosäuren mit einer Carboxyl- und einer Aminogruppe nur am isoelektrischen Punkt). Ein **Zwitterion** ist eine Verbindung, die eine negative elektrische Ladung an einem ihrer Atome und eine positive an einem anderen ihrer Atome trägt.

Einige Aminosäuren besitzen Seitenketten mit dissoziablen H-Atomen (► Tabelle 43.3). Der protonierte Imidazolring in der Seitenkette des Histidins besitzt, wie bereits erwähnt, einen pK_S-Wert von 6,04.

Das Histidin kann daher in vier unterschiedlichen Formen vorkommen. Die vorherrschende Form hängt vom pH-Wert der Lösung ab.

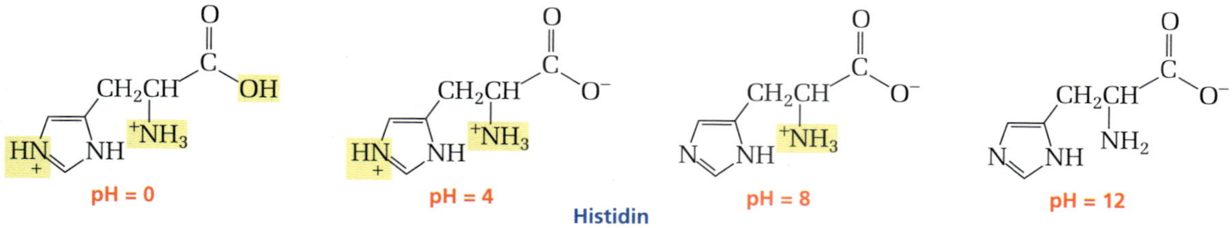

Histidin

43.4 Der isoelektrische Punkt

Der **isoelektrische Punkt** (pI) einer Aminosäure ist derjenige pH-Wert, bei dem sie keine Nettoladung trägt, die Summe ihrer elektrischen Ladungen also Null ist. Es ist dies, anders formuliert, also der pH-Wert, bei dem die positive Ladung/en einer Aminosäure die negative/n gerade ausgleicht/ausgleichen.

pI = pH-Wert, bei dem das Teilchen keine Nettoladung besitzt

Der pI einer Aminosäure ohne dissoziable H-Atome in der Seitenkette (z. B. Alanin) liegt in der Mitte zwischen den beiden pK_S-Werten der beiden vorhandenen dissoziablen Gruppen. Dies ist darauf zurückzuführen, dass bei pH = 2,34 die Hälfte der Moleküle eine negativ geladene Carboxylgruppe tragen und die andere Hälfte eine ungeladene. Bei pH = 9,69 weist die Hälfte der Moleküle eine positiv geladene Aminogruppe auf, die andere Hälfte nicht. Lässt man den pH-Wert von 2,34 aus ansteigen, so erlangen immer mehr Carboxylgruppen eine negative Ladung; lässt man den pH-Wert von 9,69 aus absinken, erlangen immer mehr Aminogruppen eine positive elektrische Ladung. Beim Mittelwert der beiden pK_S-Werte ist die Zahl der negativ geladenen Gruppen gerade gleich der Anzahl der positiv geladenen.

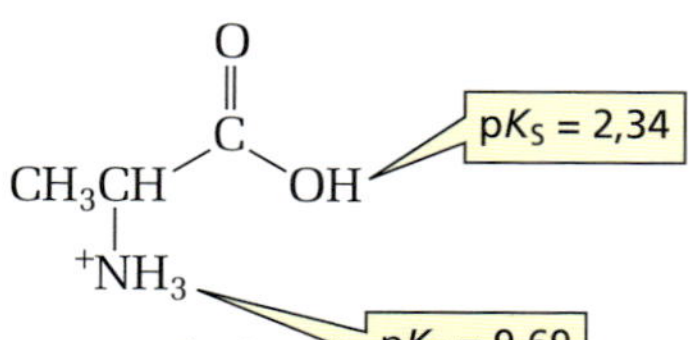

Alanin

$$\mathrm{pI} = \frac{2{,}34 + 9{,}69}{2} = \frac{12{,}03}{2} = 6{,}02$$

Der pI-Wert der meisten Aminosäuren mit einer dissoziablen Gruppe in der Seitenkette ist der Mittelwert der pK_S-Werte ähnlich ionisierender Gruppen (positiv geladene zu ungeladenen, oder ungeladene zu negativ geladenen). So ist etwa der pI-Wert des Lysins der Mittelwert der pK_S-Werte der beiden Gruppen, die unter sauren Bedingungen positiv geladen und unter basischen ungeladen sind. Der pI-Wert der Glutaminsäure ist der Mittelwert der pK_S-Werte der beiden Gruppen, die unter sauren Bedingungen ungeladen und unter basischen negativ geladen sind.

MERKE !

Rufen Sie sich die Henderson/Hasselbalch-Gleichung ins Gedächtnis, die besagt, dass die Hälfte der protolysierbaren Gruppen in der protonierten und die andere Hälfte in der deprotonierten Form vorliegt, wenn gilt: pH = pK_S.

Eine Aminosäure ist positiv geladen, wenn der pH-Wert der Lösung niedriger ist als der pI der Aminosäure. Sie ist negativ geladen, wenn der pH-Wert der Lösung höher liegt als der pI.

A 4 Berechnen Sie die pI-Werte der folgenden Aminosäuren: **(a)** Asparagin **(b)** Arginin **(c)** Serin **(d)** Asparaginsäure

A 5

(a) Welche Aminosäure besitzt den niedrigsten pI-Wert?

(b) Welche Aminosäure besitzt den höchsten pI-Wert?

(c) Welche Aminosäure besitzt bei pH = 6,20 die größte Menge an negativer elektrischer Ladung?

(d) Welche Aminosäure besitzt bei pH = 6,20 die größere Menge an negativer Ladung: Glycin oder Methionin?

Lysin

$$pI = \frac{8{,}95 + 10{,}79}{2} = \frac{19{,}74}{2} = 9{,}87$$

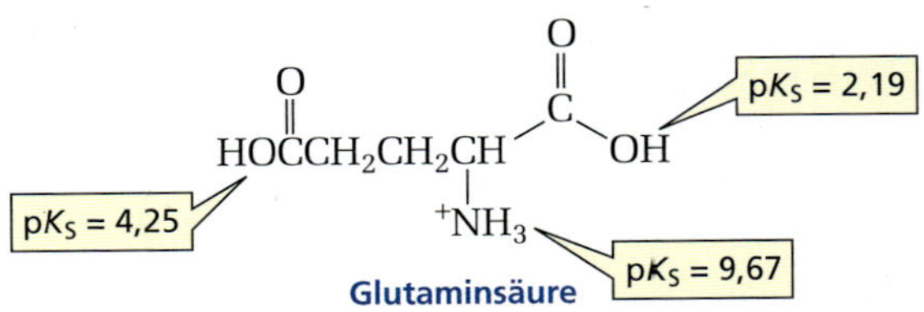

Glutaminsäure

$$pI = \frac{2{,}19 + 4{,}25}{2} = \frac{6{,}44}{2} = 3{,}22$$

43.5 Trennung von Aminosäuren

Ein Gemisch aus verschiedenen Aminosäuren kann mit unterschiedlichen Techniken aufgetrennt werden.

Elektrophorese

Das Verfahren der **Elektrophorese** trennt Aminosäuren auf der Grundlage ihrer unterschiedlichen pI-Werte voneinander. Einige Tropfen einer Lösung eines Aminosäuregemisches werden in die Mitte eines Stücks Filterpapier oder eines Gels getropft. Wenn das Filterpapier oder das Gel in eine Pufferlösung gelegt wird, an die über zwei Elektroden an gegenüberliegenden Seiten eine elektrische Spannung angelegt wird (► Abbildung 43.1), wird eine Aminosäure, deren pI über dem pH-Wert der Lösung liegt, eine positive Nettoladung tragen und zum negativen Spannungspol (Kathode) wandern. Je weiter der pI-Wert der Aminosäure vom pH-Wert des verwendeten Puffers entfernt ist, desto mehr positive Ladungen finden sich an den Aminosäuremolekülen und desto weiter in Richtung Kathode werden die Moleküle in einer bestimmten Zeit wandern. Eine Aminosäure, deren pI unter dem pH-Wert des Puffers liegt, weist eine negative Nettoladung auf und wandert zum entgegengesetzten Spannungspol, der Anode (Anionen wandern zur Anode). Falls zwei Moleküle die gleiche Nettoladung aufweisen, wandert das größere von beiden langsamer durch das Elektrophoresemedium, da der gleiche Ladungsbetrag eine größere Masse zu beschleunigen hat (bei sehr großen Molekülen kommen noch andere Faktoren wie die Porenweite des Filtermediums zum Tragen).

Wie lassen sich die Aminosäuren nun in Anbetracht der Tatsache, dass sie farblos sind und farblose Lösungen ergeben, nachweisen? Nach der elektrophoretischen Trennung der Aminosäuren besprüht man das Filterpapier mit einer Ninhydrinlösung und trocknet das so behandelte Filterpapier. **Die meisten Aminosäuren ergeben mit Ninhydrin ein purpurfarbenes Reaktionsprodukt.** Die Anzahl der verschiedenen Aminosäuren in dem untersuchten Gemisch ergibt sich aus der Anzahl farbiger Flecken auf dem Filterpapier (► Abbildung 43.1). Die einzelnen

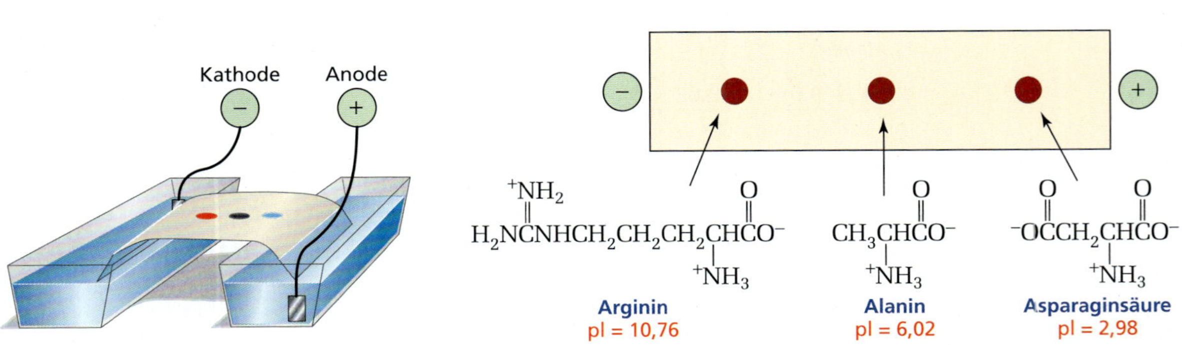

Abbildung 43.1: Elektrophoretische Trennung von Arginin, Alanin und Asparaginsäure bei pH = 5.

Aminosäuren lassen sich auf dem Filterpapier anhand eines Vergleichs mit einem Standard ermitteln (Gemisch von Aminosäuren bekannter Zusammensetzung, die als Positivkontrolle bei dem Versuch eingesetzt wird).

Papier- und Dünnschichtchromatographie

Die **Papierchromatographie** hat einst eine bedeutende Rolle in der biochemischen Analytik gespielt, da sie die Auftrennung von Aminosäuren mit sehr einfachen Mitteln erlaubte. Teure Geräte waren hier nicht vonnöten. Obwohl heute in aller Regel moderne Methoden zur Anwendung kommen, werden wir die der Papierchromatographie zugrundeliegenden Prinzipien an dieser Stelle erläutern, weil viele dieser physikalischen Prinzipien auch den instrumentellen Trenntechniken der jüngeren Zeit zugrundeliegen.

MERKE !

Weniger polare Aminosäuren wandern rascher das Papier hinauf.

Bei der Papierchromatographie werden die Aminosäuren aufgrund ihrer unterschiedlichen Polaritäten aufgetrennt. Einige Tropfen einer Lösung eines Aminosäuregemisches werden auf den unteren Rand eines Filterpapiers gegeben. Das Endstück des Papiers – und nur dieses – wird nach dem Trocknen der aufgebrachten Probe in einen Behälter gestellt, der mit einem Lösungsmittelgemisch soweit gefüllt ist, dass das Filterpapier etwas darin eintaucht. Ein typisches Lösungsmittelgemisch besteht aus Wasser, Essigsäure und Butanol. Das Lösungsmittel wandert durch den Kapillareffekt das Papier hinauf. Dabei werden die aufgebrachten Aminosäuren transportiert. In Abhängigkeit von der Polarität ihrer Moleküle besitzen die Aminosäuren unterschiedliche Affinitäten für die *mobile Phase* (das Lösungsmittel) im Verhältnis zur *stationären Phase* (dem Filterpapier) und wandern demgemäß in dem Papier unterschiedlich weit. **Je polarer die Aminosäure, desto stärker wird sie von den relativ polaren Molekülen des Papiers adsorbiert.** Je weniger polar die Aminosäure, desto weiter wandert sie mit dem Lösungsmittelstrom durch das Papier. Wenn das Papier nach Beendigung der Trennung mit Ninhydrin „entwickelt" wird, repräsentiert der Farbfleck, der dem Auftragspunkt des Gemisches am nächsten ist, die am stärksten polare Aminosäuresorte und der am weitesten vom Auftragungsort entfernte die am wenigsten polare (► Abbildung 43.2).

Die am stärksten polaren Aminosäuren sind die mit geladenen Seitenketten; es folgen die, die Seitenketten besitzen, welche Wasserstoffbrückenbindungen ausbilden können; die am wenigsten polaren sind diejenigen, die Kohlenwasserstoffseitenketten besitzen. **Für Aminosäuren mit Kohlenwasserstoffseitenketten gilt: Je größer die Alkylgruppe, desto geringer die Polarität der Aminosäuremoleküle.** Leucin ist mithin weniger polar als Valin.

Die Papierchromatographie ist weitgehend durch die **Dünnschichtchromatographie** (TLC, *Thin Layer Chromatography*) verdrängt worden, die sich von der Papierchromatographie dadurch unterscheidet, dass anstelle eines – mechanisch wenig stabilen – Filterpapiers eine Glasscheibe mit einer aufgebrachten porösen

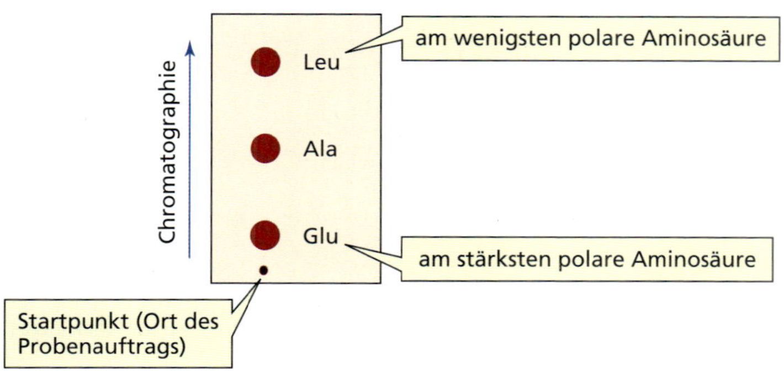

Abbildung 43.2: Trennung von Glutaminsäure, Alanin und Leucin durch Papierchromatographie.

Schicht als stationäre Phase zum Einsatz kommt. Die Glasscheibe dient dabei nur als fester Untergrund, die Trennung erfolgt in dem dünn auf der Scheibe ausgestrichenen Material. Die physikalischen Moleküleigenschaften, auf denen die Trennung beruht, hängen von dem gewählten Trägermaterial, mit dem der Untergrund beschichtet wird, sowie von dem als mobile Phase eingesetzten Lösungsmittel ab.

Austauschchromatographie

Elektrophorese und Dünnschichtchromatographie sind Trennungsverfahren, die für den analytischen Maßstab geeignet sind, das heißt, man trennt kleine Substanzmengen für einen Nachweis. Präparative Trennungen, bei denen größere Substanzmengen aufgetrennt werden, um ausreichend Material für nachfolgende Untersuchungen/Umsetzungen zur Verfügung zu haben, können mit Hilfe der **Ionenaustauschchromatographie** (auch kurz Austauschchromatotrophie genannt) erreicht werden. Bei dieser Technik verwendet man eine Chromatographiesäule, die mit einem unlöslichen Material – meist einem Harz – befüllt ist. Ein als Lösung vorliegendes Aminosäuregemisch wird auf die Oberseite des Säulenmaterials gegeben, und eine Abfolge von Pufferlösungen mit zunehmendem pH-Wert wird über die Säule gegossen. Die Aminosäuren trennen sich auf, weil sie mit unterschiedlichen Geschwindigkeiten durch das Säulenmaterial (die stationäre Phase) wandern.

Das für diese Trennung eingesetzte Harz ist ein chemisch inertes Material mit elektrisch geladenen Seitenketten. Die Struktur eines vielfach eingesetzten Harzes ist in ► Abbildung 43.3 ausschnittsweise wiedergegeben. Falls ein Gemisch von Lysin und Glutaminsäure in einer Lösung von pH = 6 auf die Säule geladen würde, würden die Glutaminsäuremoleküle rascher durch das Säulenmaterial wandern, weil sich die negativen Ladungen der Aminosäureseitenketten und die der Sulfonsäuregruppen des Harzes abstoßen. Die positiv geladenen Seitenketten der Lysinmoleküle würden andererseits von dem negativ geladenen Harz angezogen und so in ihrer Wanderung beeinträchtigt. Diese spezielle Art von Harz wird als **Kationenaustauscher** bezeichnet, weil er die Na^+-Gegenionen der Sulfonsäuregruppen (SO_3^-) gegen die positiven Ionen der durch das Material wandernde Probe austauscht. Darüberhinaus führt das ansonsten unpolare Säulenmaterial dazu, dass unpolare Aminosäuren länger zurückgehalten werden als polare.

Harze mit positiv geladenen Gruppen werden als **Anionenaustauscher** bezeichnet, weil sie den Durchfluss von Anionen behindern, indem sie diese gegen die ebenfalls negativ geladenen, aber kleineren und damit mobileren Gegenionen austauschen. Ein gebräuchliches Anionenaustauscherharz ist Dowex-1, das $CH_2N^+(CH_3)_3$-Gruppen am Trägermaterial und Chlorid als Gegenion einsetzt.

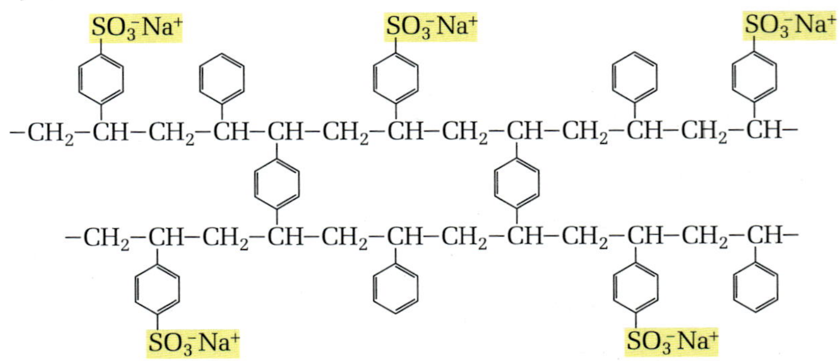

Abbildung 43.3: Ausschnitt aus der Molekülstruktur eines Kationenaustauscherharzes. Dieses spezielle Harz heißt Dowex-50.

MERKE !

Kationen binden am stärksten an Kationenaustauscher.

Anionen binden am stärksten an Anionenaustauscher.

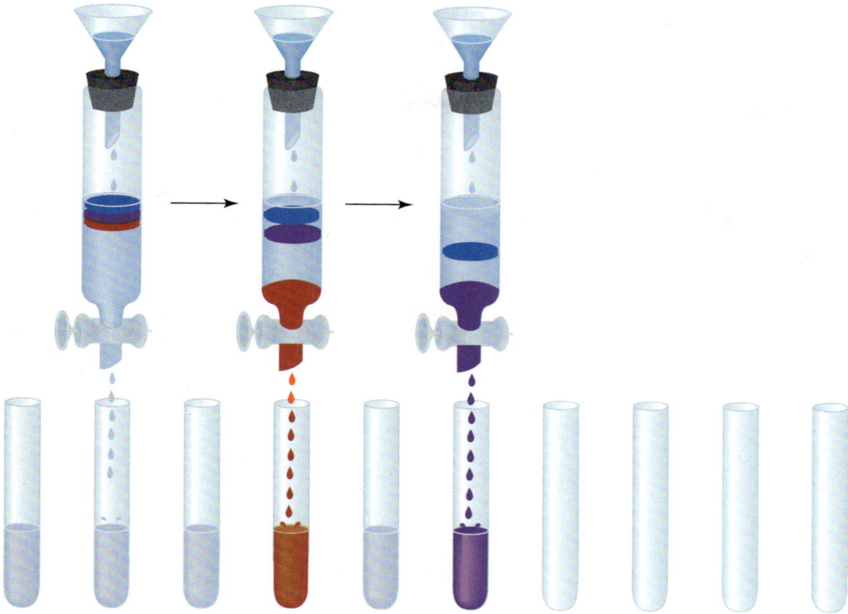

Abbildung 43.4: Trennung von Aminosäuren durch Ionenaustauschchromatographie.

Ein **Aminosäureanalysator** ist ein teures Gerät, das eine automatisierte Ionenaustauschchromatographie einsetzt. Wenn eine Lösung eines Aminosäuregemisches durch die Trennsäule eines Aminosäureanalysators mit einem Kationenaustauscher läuft, wandern die Aminosäuren wie gehabt mit unterschiedlichen Geschwindigkeiten, die von ihren Nettoladungen abhängen. Die durch die Säule rinnende Flüssigkeit – das Eluat – wird in kleinen Portionen – den Fraktionen – aufgefangen. Bei ausreichender Anpassung der Fraktionsgröße lassen sich so die einzelnen Aminosäuren Fraktion für Fraktion gewinnen (▶ Abbildung 43.4).

Falls jeder der Fraktionen eine bekannte Menge Ninhydrin zugesetzt wird, lässt sich die Menge der aufgefangenen Aminosäure photometrisch durch Messung der Lichtabsorption bei 570 nm messen, da das farbige Reaktionsprodukt von Ninhydrin mit Aminosäuren bei 570 nm gerade sein Absorptionsmaximum hat. Diese Information in Kombination mit der Durchflussgeschwindigkeit jeder Fraktion durch die Säule erlaubt die Identifizierung und die mengenmäßige Erfassung jeder Aminosäure in dem untersuchten Substanzgemisch (▶ Abbildung 43.5).

A 6 Geben Sie die Reihenfolge an, in der die folgenden Aminosäuren mit einem Puffer von pH = 4 aus einer mit dem Anionenaustauscher Dowex-1 befüllten Chromatographiesäule eluiert werden würden: Histidin, Serin, Asparaginsäure, Valin.

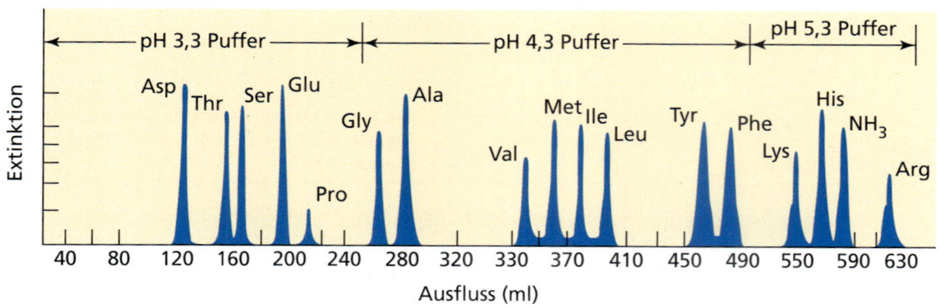

Abbildung 43.5: Ein typisches Chromatogramm, wie man es durch Auftrennung eines Aminosäuregemisches mit einem automatisierten Aminosäureanalysator erhält.

43.6 Peptidbindungen und Disulfidbindungen

Peptidbindungen und Disulfidbindungen sind die einzigen kovalenten Bindungen, die Aminosäuren in Peptiden und Proteinen miteinander verknüpfen.

Die Peptidbindung

Die Amidbindung, die die Aminosäure eines Peptids/Proteins untereinander zu einer unverzweigten Kette verknüpft, wird als **Peptidbindung** bezeichnet. Man ist übereingekommen, dass Peptide/Proteine so gezeichnet werden sollen, dass die freie Aminogruppe der **N-terminalen Aminosäure**, mit der in Zellen die Synthese immer beginnt, in einer Formel an das linke Ende, und die freie Carboxylgruppe der **C-terminalen Aminosäure** an das rechte Ende gezeichnet werden.

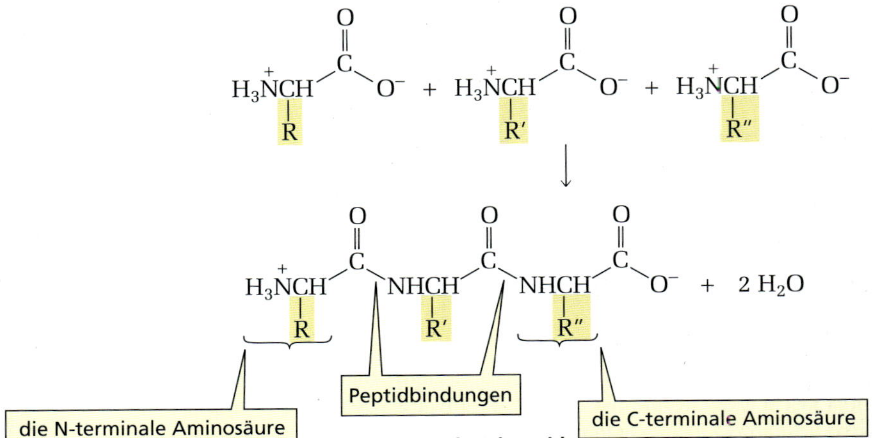

ein Tripeptid

Wenn man die einzelnen Aminosäuren eines Peptides kennt, aber nicht ihre Abfolge in dem Peptid, werden die Aminosäuren einzeln aufgelistet und durch Kommata voneinander getrennt. Wenn die Abfolge der Aminosäuren im Peptid/Protein bekannt ist, so schreibt man diese – meist unter Zuhilfenahme der in ► Tabelle 43.2 angegebenen Abkürzungen – in der Reihenfolge, in der sie in dem Peptid/Protein vorliegen nieder. Die Aminosäuren werden dann durch Bindestriche miteinander verbunden. Konventionsgemäß beginnt man mit der aminoterminalen (N-terminalen) Aminosäure. In dem nachfolgend rechts wiedergegebenen Peptid ist Valin die *aminoterminale* (N-terminale) Aminosäure und Histidin die *carboxyterminale* (C-terminale). Man nummeriert die Aminosäure, beginnend mit der aminoterminalen (Aminosäure Nr. 1). Der Glutaminsäurerest im unten stehenden Peptid ist somit die Aminosäure (der Aminosäurerest) Nr. 4. Beim Bezug auf Aminosäuren eines Peptids/Proteins oder eines Peptidrestes, verwendet man bei der Benennung die Endung „-yl" (außer bei der carboxyterminalen Aminosäure). Das Pentapeptid unten heißt daher Valylcysteylalanylglutaminylhistidin. Sofern nicht ausdrücklich anders angegeben, geht man davon aus, dass es sich um L-Aminosäuren handelt.

A 7 Schreiben Sie mit Hilfe der Dreibuchstabenabkürzungen die sechs möglichen Tripeptide aus den Aminosäuren Alanin, Glycin und Methionin nieder.

Glu, Cys, His, Val, Ala

dieses Pentapeptid enthält die bezeichneten Aminosäuren, doch ist ihre Abfolge in dem Peptid unbekannt

Val-Cys-Ala-Glu-His

die Aminosäuren in diesem Pentapeptid weisen die hier angegebene Abfolge (Sequenz) auf

Eine Peptidbindung besitzt ungefähr 40 % Doppelbindungscharakter infolge der Delokalisation der Elektronen. Eine sterische Hinderung in der *cis*-Konfiguration führt dazu, dass die *trans*-Konfiguration der Amidbindung stabiler ist. Deshalb sind die α-Kohlenstoffatome benachbarter Aminosäuren *trans*-ständig.

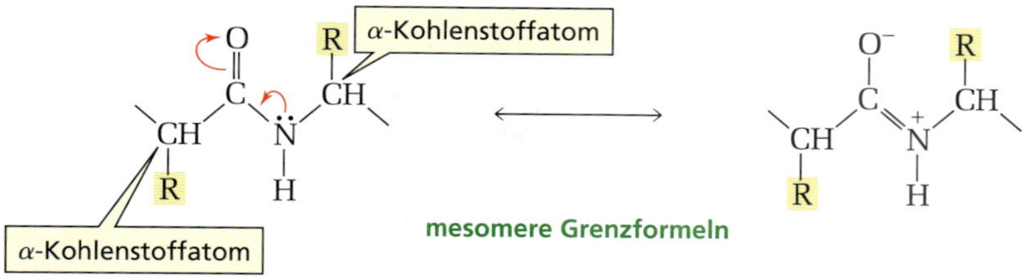

Der partielle Doppelbindungscharakter schränkt die freie Drehbarkeit um die Peptidbindung ein, so dass das Kohlenstoff- und das Stickstoffatom der Peptidgruppe und die beiden mit ihnen verbundenen Atome relativ starr in einer Ebene liegen (► Abbildung 43.6). Die örtliche Planarität beeinflusst die Art und Weise, in der sich eine Molekülkette aus Aminosäuremonomeren zu falten vermag. Die Elektronendelokalisation hat daher bedeutende Folgewirkungen bezüglich der dreidimensionalen Struktur von Peptiden und Proteinen.

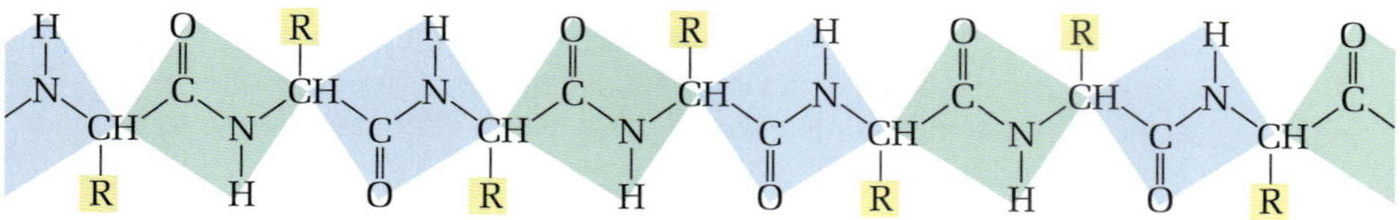

Abbildung 43.6: Ein Ausschnitt aus einer Polypeptidkette. Die farblich unterlegten Rechtecke verdeutlichen die Ebene, die durch die betreffende Peptidbindung festgelegt ist. Beachten Sie, dass die Seitenketten (R) der einzelnen Aminosäuren abwechselnd auf gegenüberliegenden Seiten des Peptidgerüstes liegen.

Disulfidbindungen

Wenn Thioalkohole unter milden Bedingungen oxidiert werden, bilden sie Disulfide. Ein **Disulfid** ist eine Verbindung mit einer Schwefel–Schwefel-Einfachbindung (S—S). (Wie sie wissen, nimmt die Zahl der S—H-Bindungen bei einer Oxidation ab; bei einer Reduktion nimmt sie zu. Man kann alternativ, aber allgemeiner auch sagen, dass bei einer Oxidation die Oxidationszahl des Schwefelatoms ansteigt und bei einer Reduktion abnimmt.)

$$\underset{\textbf{ein Thiol}}{2\,R{-}SH} \xrightarrow{\text{milde Oxidation}} \underset{\textbf{ein Disulfid}}{RS{-}SR} + 2\,H^+$$

Ein gebräuchliches Oxidationsmittel für diese Reaktion ist elementares Brom oder elementares Iod in basischer Lösung.

Da Thiole (Thioalkohole) zu Disulfiden oxidierbar sind, können Disulfide folglich auch zu Thiolen reduziert werden.

$$2\,H^+ + \underset{\textbf{ein Disulfid}}{RS{-}SR} \xrightarrow{\text{Reduktion}} \underset{\textbf{ein Thiol}}{2\,R{-}SH}$$

Cystein ist eine Aminosäure mit einer Thiolgruppe in der Seitenkette. Zwei Cysteinmoleküle können daher oxidativ zu einem Disulfid zusammentreten. Ein solches Disulfid wird als Cystin bezeichnet.

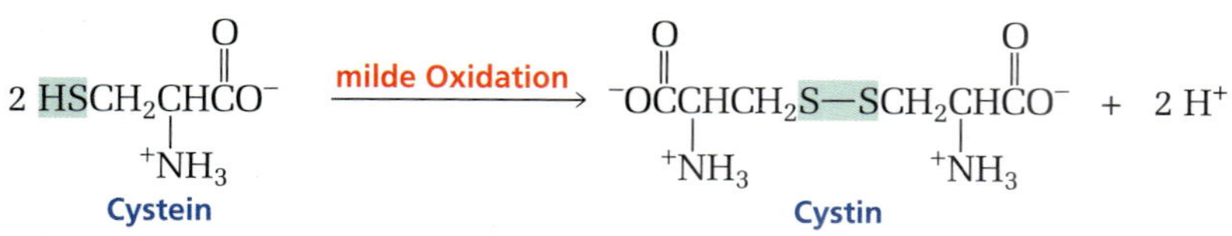

Zwei Cysteinreste eines Peptids/Proteins können zu einem Disulfid (Cystin) oxidiert werden; die so entstehende kovalente Bindung wird **Disulfidbrücke** genannt. Di-

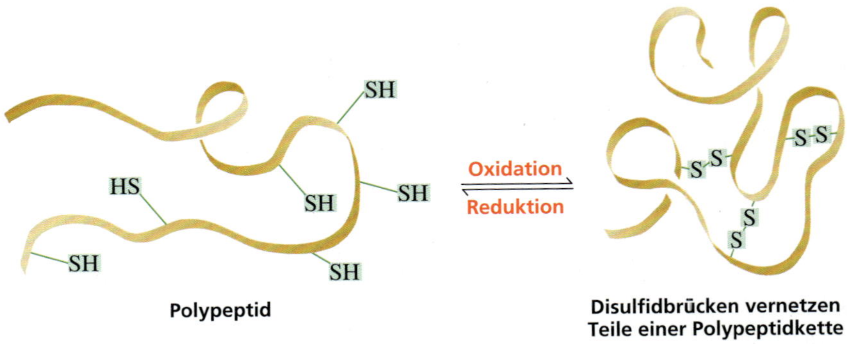

Abbildung 43.7: **Disulfidbrücken vernetzen Teile einer Polypeptidkette miteinander.**

sulfidbrücken sind die einzigen kovalenten Bindungen zwischen nichtbenachbarten Aminosäuren, die man in Peptiden/Proteinen findet. Sie tragen zur Gesamtstruktur und zur Stabilität des Polypeptids bei, indem sie Cysteinreste miteinander verbinden, die manchmal entlang der linearen Peptidkette weit voneinander entfernt sind (► Abbildung 43.7).

Das **Hormon Insulin**, das von der Bauchspeicheldrüse ausgeschüttet wird, und welches die Blutzuckermenge durch Einflussnahme auf den Glucosestoffwechsel reguliert, besteht aus zwei Polypeptidketten (es besitzt je zwei freie Amino- und Carboxytermini). Die kürzere der beiden Ketten – die A-Kette – umfasst 21 Aminosäurereste, die längere – die B-Kette – 30. A- und B-Kette sind durch zwei Disulfidbrücken miteinander kovalent verbunden. Hierbei handelt es sich um *Zwischenkettendisulfidbrücken* (Interpeptid-Disulfidbrücke). Innerhalb der A-Kette besitzt das Insulin eine dritte, *Innerkettendisulfidbrücke* (Intrapeptid-Disulfidbrücke).

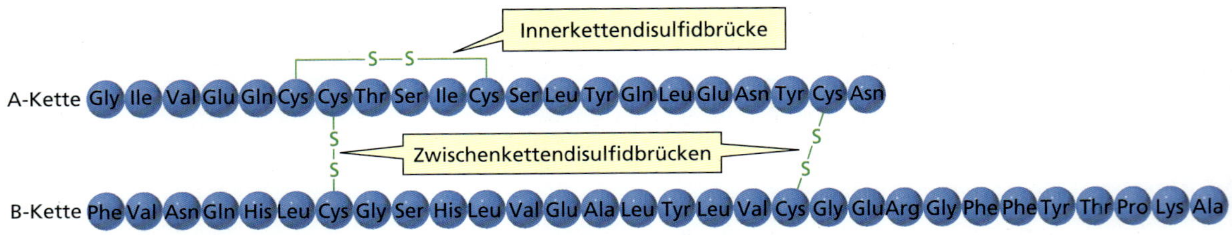

Insulin

BIOGRAPHIE

Insulin war das erste Peptid/Protein, dessen Primärstruktur (Aminsäuresequenz) ermittelt werden konnte. Dies gelang im Jahr 1953 dem Engländer **Frederick Sanger**. Die Nobelstiftung honorierte diese bahnbrechende Leistung mit dem ungeteilten **Nobelpreis** im Fach Chemie des Jahres **1958**. Sanger wurde am 13. August 1918 in Rendcombe (GB) geboren. Seine akademische Ausbildung erhielt er an der Universität von Cambridge (GB). Nach dem Abschluss B.A. im Jahr 1939 verblieb er an der Universität, da er den Kriegsdienst aus Gewissensgründen verweigert hatte. Auch nach der Promotion blieb er in Cambridge und begann 1943 die Arbeit mit Insulin, die ihm den Nobelpreis einbrachte. 1951 wechselte er von der Universität zum *Medical Research Council*. Nach dem Umzug in ein neues Laborgebäude im Jahr 1962 entwickelte Fred Sanger ein lebhaftes Interesse an Nucleinsäuren. 1975 veröffentlichte Sanger eine von ihm und seinen Mitarbeitern entwickelte **Methode zur Sequenzierung von Nucleinsäuren**. Für diese **abermals** epochemachende Leistung wurde ihm (zusammen mit Paul Berg und Walter Gilbert) **1980** abermals der **Nobelpreis** verliehen. **Frederick Sanger ist der einzige Wissenschaftler, dem zwei Mal ein Nobelpreis für Chemie verliehen worden ist.** 1983 ging Fred Sanger im Alter von 65 Jahren in Pension.

43.7 Proteinstruktur – Eine Einführung

Bei Proteinen unterscheidet man bis zu vier Ebenen der Molekülstruktur. Die **Primärstruktur** eines Proteins/Peptids ist die Abfolge der Aminosäuren entlang der Molekülkette inklusive der Disulfidbrücken. Die **Sekundärstruktur** beschreibt regelmäßige Konformationen von Teilen des Peptidgerüstet, die bei der Faltung der linearen Molekülkette entstehen. Die **Tertiärstruktur** ist die dreidimensionale Struktur des gesamten Polypeptids. Beachten Sie, dass sich die Sekundär- und die Tertiärstruktur in Abhängigkeit der physikalischen Bedingungen und Einflüssen, denen das Molekül unterliegt, leicht ändern können (es werden keine Bindungen aufgelöst).

Eine solche Änderung der Sekundär- und oder Tertiärstruktur ist in vielen Fällen reversibel. Eine Änderung der Primärstruktur erfordert die Auflösung kovalenter Bindungen und ist mit Änderung der chemischen Grundnatur der Verbindung verknüpft. Besteht ein Protein aus mehr als einer, nicht durch Disulfidbrücken verknüpften Polypeptidkette, so besitzt es eine **Quartärstruktur**. Diese beschreibt die Art und Weise, in der sich die einzelnen Polypeptidketten, die das native Protein konstituieren, zusammenlagern.

43.8 Sekundärstruktur von Proteinen

Die *Sekundärstruktur* eines Peptids beschreibt regelmäßige, in der Regel wiederholt auftretende konformative Strukturelemente, die aus Teilen des Peptidgrundgerüstes gebildet werden. Die Sekundärstruktur ist anders ausgedrückt die Art und Weise der Faltung abgrenzbarer Teile des Peptidgerüstes.

Die α-Helix

Ein häufig wiederkehrendes Strukturelement der sekundären Ebene ist die **α-Helix**. Im Bereich einer α-Helix windet sich die Polypeptidkette (definiert durch die Lage der α-Kohlenstoffatome der durchgehenden Atomkette des Moleküls) um eine gedachte Längsachse in Form einer Wendel (lat. *helix*). Die Seitengruppen der Aminosäuren an den α-C-Atomen weisen von der Wendel nach außen. Dadurch wird die sterische Beanspruchung minimal (► Abbildung 43.8 a). Die Helix wird durch Wasserstoffbrücken stabilisiert (► Abbildung 43.8 b). Jedes an ein Amidstickstoffatom gebundene Wasser-

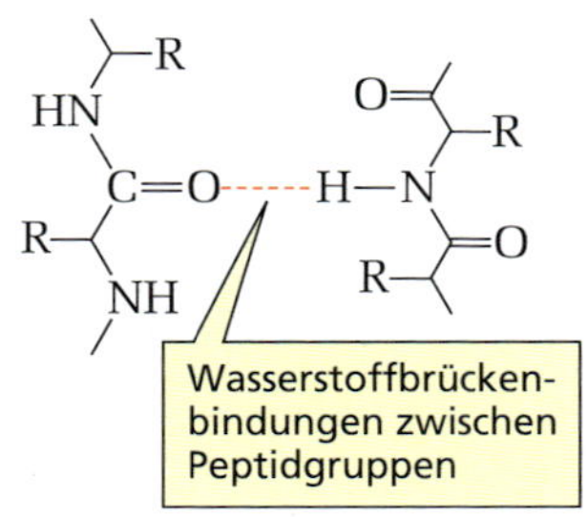

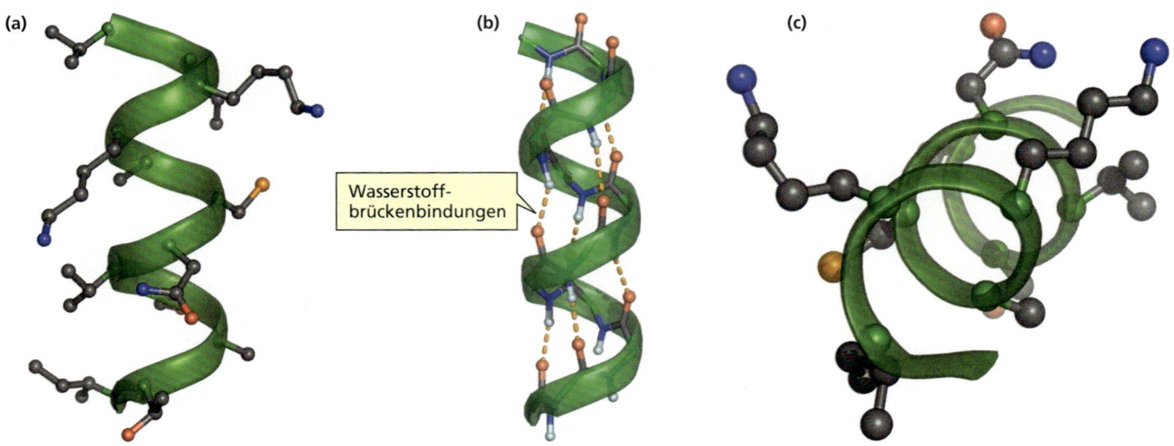

Abbildung 43.8: (a) Ein Ausschnitt aus einer Polypeptidkette mit α-Helixkonformation. (b) Die α-Helix wird durch Wasserstoffbrückenbindungen zwischen den Peptidgruppen stabilisiert. (c) Schrägeinblick in Richtung der Längsachse einer α-Helix.

stoffatom bildet eine H-Brücke zum Carbonylsauerstoffatom einer anderen Aminosäure aus, die in der Polypeptidkette vier Aminosäurereste weit entfernt ist, in der Helix aber in direkter Nachbarschaft steht. Da die Aminosäuren L-Konformation besitzen, ist die α-Helix rechtsgewunden (blickt man von der N-terminalen zur C-terminalen Aminosäure entlang der Helixachse, verläuft der Drehsinn im Uhrzeigersinn). Jede Umdrehung der Wendel beinhaltet 3,6 Aminosäurereste, die Ganghöhe beträgt 0,54 nm (= 5,4 Å).

Nicht alle Aminosäuren fügen sich problemlos in eine α-Helix ein. Ein Prolinrest führt zu einem Knick in der Peptidkette, da die Bindung zwischen dem N-Atom des Prolins und dem α-Kohlenstoffatom nicht rotieren kann und daher nicht in die helikale Struktur integrierbar ist. Gleichfalls vermögen zwei in der Sequenz benachbarte Aminosäurebausteine mit mehr als einem Substituenten am β-Kohlenstoffatom (Valin, Isoleucin, Threonin) sich nicht in eine α-Helix einzufügen, da es zu einer sterischen Gruppenhäufung käme. Schließlich kommt es zwischen zwei nebeneinander liegenden Aminosäureresten mit gleichnamiger elektrischer Ladung in einer α-Helix zu einer elektrostatischen Abstoßung zwischen den Seitenketten. Der Anteil der α-helikal arrangierten Aminosäurereste in einem Protein schwankt von Proteinsorte zu Proteinsorte. Als grober Mittelwert kann man sich merken, dass etwa ein Viertel der Aminosäuren eines globulären Proteins sich am Aufbau von α-Helices beteiligen.

Das β-Faltblatt

Der zweite Sekundärstrukturtyp, dem wir in Proteinen regelmäßig begegnen, ist das β-Faltblatt. In einem β-Faltblattbereich verläuft das Peptidgerüst zickzackartig und ähnelt dadurch einem gefalteten Papierbogen (► Abbildung 43.9). Ein β-Faltblatt ist beinahe vollständig ausgestreckt. Die durchschnittliche Entfernung zwischen zwei Aminosäureresten beträgt 0,7 nm (7,0 Å). Die Wasserstoffbrückenbindungen in einem β-Faltblatt bilden sich zwischen benachbarten Bereichen der Peptidkette aus. Diese nebeneinanderliegenden Abschnitte der Peptidkette können parallel oder antiparallel verlaufen. Im Fall eines **parallelen β-Faltblattes** weisen die nebeneinanderliegenden Teile der Molekülkette die gleiche Orientierung auf (N- ⟶ C-terminal / N- ⟶ C-terminal). Im Fall eines **antiparallelen β-Faltblattes** weisen die nebeneinanderliegenden Teile der Molekülkette entgegengesetzte Orientierung auf (N- ⟶ C-terminal / C- ⟶ N-terminal; ► Abbildung 43.9).

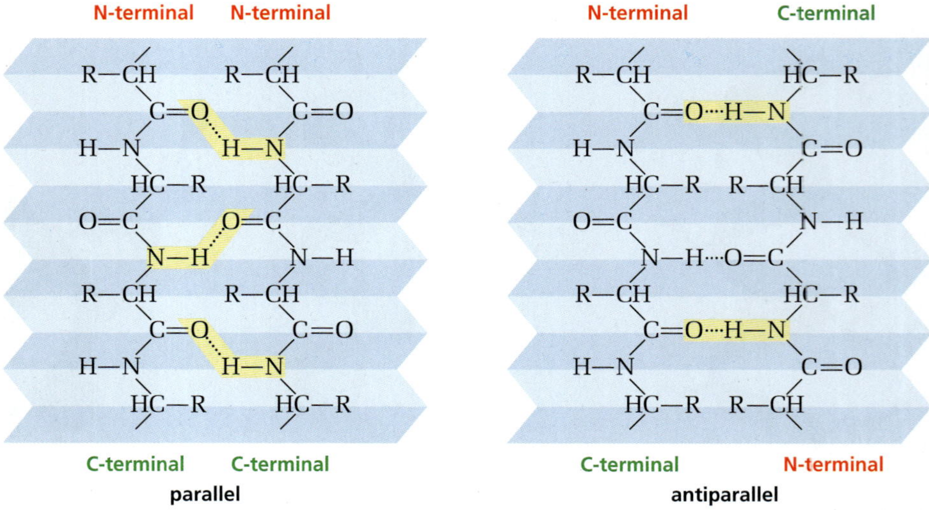

Abbildung 43.9: Ausschnitte aus β-Faltblättern zur Verdeutlichung des gefalteten Charakters der Molekülstruktur. Links ein paralleles β-Faltblatt, rechts ein β-Faltblatt mit antiparallelem Verlauf.

Da die Seitenketten (R) an den α-Kohlenstoffatomen der Aminosäuren benachbarter Kettenabschnitte nah beieinander liegen, müssen die Substituenten ausreichend klein sein, damit sich die Peptidketten einander so annähern können, um ein Höchstmaß an Wasserstoffbrückenbindungsaktivität entfalten zu können. Das Protein der Seide enthält beispielsweise einen hohen molaren Anteil an kleinen Aminosäuren (Glycin und Alanin). Entsprechend nehmen große Bereiche des Seidenproteins β-Faltblattstruktur ein. Die Zahl der Seite an Seite liegenden Molekülstränge in einem β-Faltblatt liegt bei globulären Proteinen zwischen 2 und 15. Die durchschnittliche Anzahl von Aminosäuren in einem Strang eines β-Faltblattes für globuläre Proteine ist 6.

Das Wollprotein Keratin und die Faserproteine von Muskelzellen sind Beispiele für Proteine, deren Sekundärstruktur fast nur α-Helices aufweist. Diese Proteine lassen sich daher relativ gut strecken. Im Gegensatz dazu können Proteine, deren Sekundärstruktur einen hohen Anteil β-Faltblätter enthält (z.B. die Seidenproteine von Insekten und Spinnen) nicht gestreckt werden, da die β-Faltblattbereiche bereits beinahe völlig gestreckt sind.

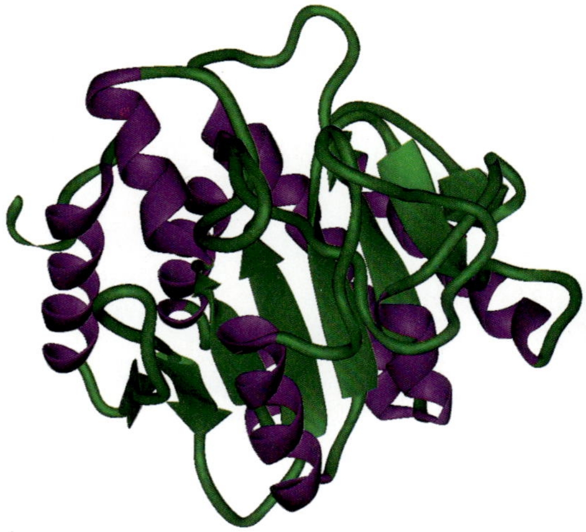

Abbildung 43.10: Die Gerüststruktur des Enzyms Carboxypeptidase A: α-helikale Abschnitte sind in lila, β-Faltblattbereiche in grün wiedergegeben. Die Orientierung der β-Faltblattabschnitte relativ zueinander ist durch Pfeile angezeigt, die immer in N$\longrightarrow$C-Richtung weisen. Fährt man in dieser Richtung an der verwickelten Molekülkette entlang, lassen sich der Amino- und der Carboxyterminus finden.

Spiralisierte Bereiche

Im Allgemeinen liegt weniger als die Hälfte des Peptidgerüstes eines globulären Proteins mit definierter Sekundärstruktur (α-Helices oder β-Faltblätter) vor (► Abbildung 43.10). Der größte Teil des Restes des Proteinmoleküls ist strukturell schwieriger zu beschreiben, obwohl auch in diesen Bereichen eine geordnete Faltung vorliegt. Viele dieser strukturell vielgestaltigeren Bereiche bilden **Schlaufen** oder **spiralige Strukturen**.

43.9 Tertiärstruktur von Proteinen

Die Tertiärstruktur eines Proteins ist die Beschreibung der räumlichen Anordnung aller Atome des Proteinmoleküls. In der Tertiärstruktur sind also die Ebenen der Primär- und der Sekundärstruktur implizit enthalten. Proteine falten sich in Lösung in der Regel in der Weise, dass ihre Stabilität maximal ist. Bei jeder stabilisierenden Wechselwirkung zwischen zwei Atomen ist die Änderung der freien Enthalpie negativ. Je größer der Enthalpiebetrag ist, desto stabiler ist das Protein. Folglich neigt ein Protein dazu, sich so zu falten, dass die Zahl der stabilisierenden Wechselwirkungen maximiert wird (► Abbildung 43.11).

Die stabilisierenden Wechselwirkungen an einem Proteinmolekül umfassen Disulfidbrücken, Wasserstoffbrückenbindungen, elektrostatische Wechselwirkungen (Anziehung zwischen Kationen und Anionen) und hydrophobe Wechselwirkungen (► Abbildung 43.12). Stabilisierende Wechselwirkungen können sich zwischen Peptidgruppen (Atome des durchgehenden Molekülgerüstes), zwischen Seitenketten (α-Substituenten) sowie zwischen Seitengruppen und dem Peptidrückgrat ausbilden. Da die Seitenketten maßgeblich mitbestimmen, wie sich eine Polypeptidkette faltet, wird die native Tertiärstruktur eines Proteins von seiner Primärstruktur vorausbestimmt.

Disulfidbrücken sind die einzigen kovalenten Bindungen, die sich im Verlauf der Faltung einer Polypeptidkette ausbilden. Die anderen bei der Faltung auftretenden Wechselwirkungen sind individuell viel schwächer. Weil es so viele von ihnen gibt, sind sie in der Summe aber von großer Bedeutung für den Faltungsverlauf.

Die Mehrzahl der Zellproteine liegt in einem wässrigen Milieu vor, dem Zellplasma. Diese Proteine falten sich daher so, dass eine größtmögliche Zahl polarer Gruppen an der Oberfläche des Proteins zu liegen und mit den Wassermolekülen (dem Lösungsmittel) in Kontakt kommt, wodurch die größtmögliche Zahl unpolarer Gruppen im Inneren des Proteins verschwindet.

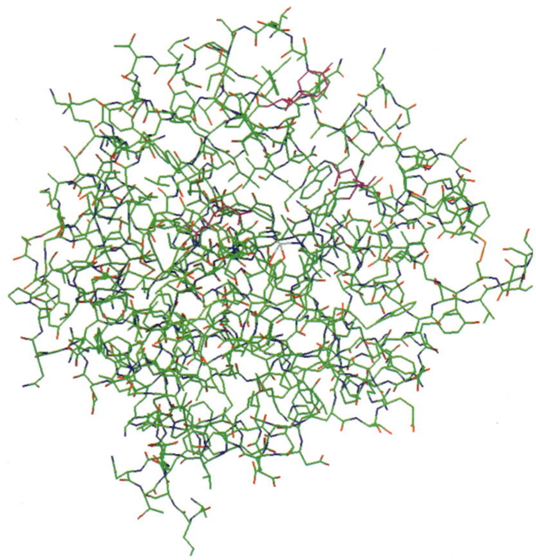

Abbildung 43.11: Die Raumstruktur des Enzyms Carboxypeptidase A.

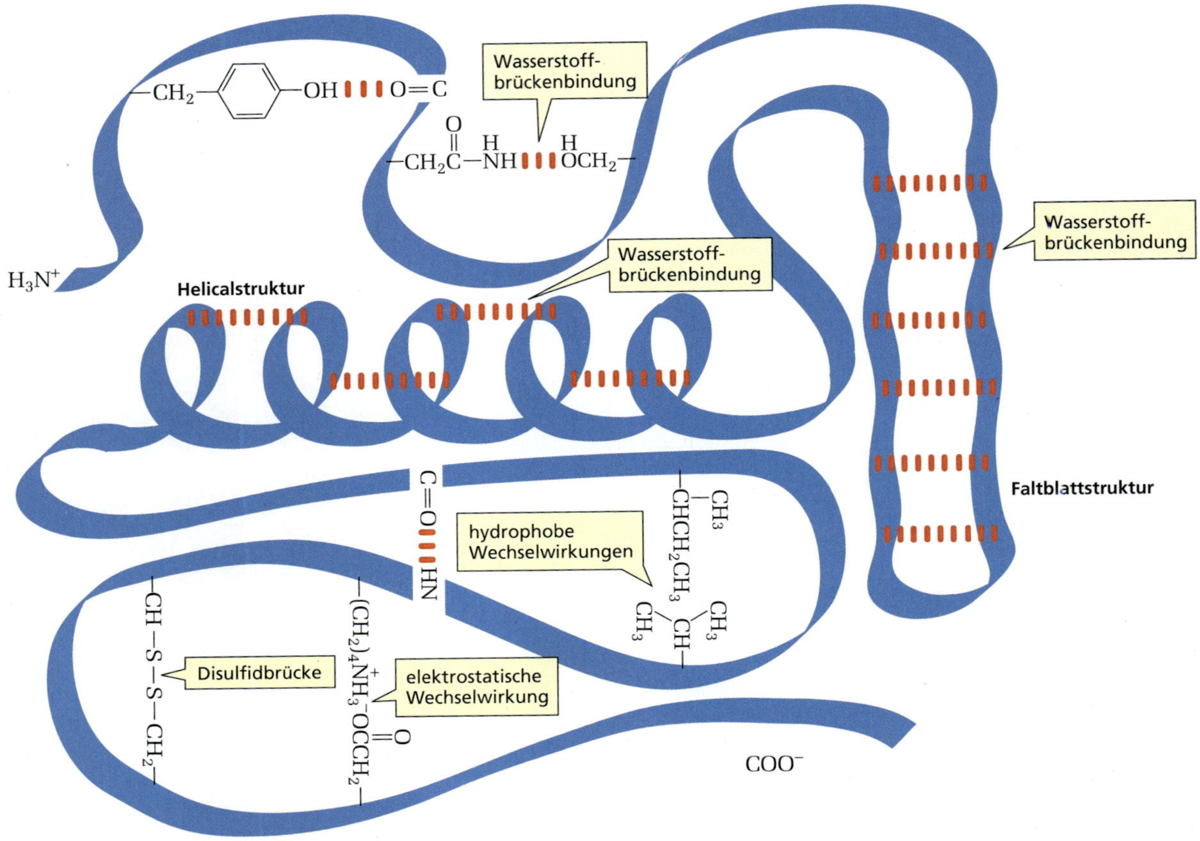

Abbildung 43.12: **Stabilisierende Wechselwirkungen bei der Ausbildung der Tertiärstruktur eines Proteins.**

Die **hydrophoben Wechselwirkungen** zwischen unpolaren Gruppen in einem Protein **erhöhen dessen Stabilität durch Vergrößerung der Entropie des Systems** (der Lösung, in der das Protein vorliegt). Wassermoleküle, die unpolare Gruppen umgeben, weisen als Ensemble einen höheren Ordnungsgrad (geringe Entropie) auf. Wenn zwei unpolare Gruppen in Kontakt miteinander kommen, verkleinert sich die Kontaktfläche mit dem umgebenden Wasser. Dadurch bedingt gewinnen die Wassermoleküle Bewegungsfreiheitsgrade. Eine Entropiezunahme ist die Folge. Dies wiederum zieht eine Verminderung des Betragswertes der Änderung der freien Enthalpie nach sich, was die Stabilität des Proteins erhöht. Rufen Sie sich die Gibbs-Helmholtz-Gleichung in Erinnerung: $\Delta G° = \Delta H° - T\Delta S$.

Abschließend sei erwähnt, dass das Rätsel der Proteinfaltung eines der größten ungelösten Probleme der Biochemie und Biophysik darstellt. Von einem wirklichen Verständnis dieses sich in jeder Zelle tausendfach vollziehenden Vorgangs sind wir noch weit entfernt.

BIOGRAPHIE

Max Perutz und **John Kendrew** waren die ersten Forscher, denen es gelang, die Tertiärstruktur eines Proteins vollständig zu entschlüsseln. Durch das Verfahren der Röntgenbeugung konnten sie die Struktur des Myoglobins (1957), und bald danach des Hämoglobins (1959) aufklären. Für diese epochalen Leistungen wurde ihnen **1962** der **Nobelpreis** im Fach Chemie verliehen.

43.10 Quartärstruktur von Proteinen

Proteine, die aus mehr als einer Polypeptidkette bestehen, bilden funktionelle **Oligomere**. Die einzelne Polypeptidkette wird dann eine **Untereinheit** des Proteins genannt. Proteine aus zwei Untereinheiten bilden selbstverständlich Dimere, solche aus drei Untereinheiten Trimere, und so weiter. Die Quartärstruktur eines Proteins beschreibt die Art und Weise, in der sich diese einzelnen Untereinheiten gruppieren und miteinander in Wechselwirkung treten, um das Gesamtprotein zu bilden. Einige der denkbaren Möglichkeiten für die Zusammenlagerung von sechs Untereinheiten bei der Bildung eines Hexamers sind nachfolgend schematisch dargestellt:

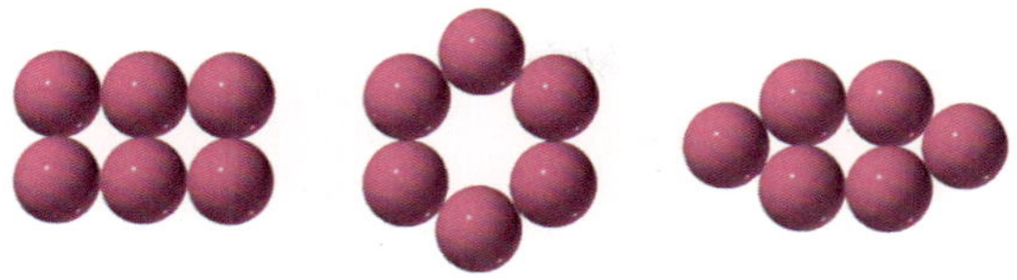

denkbare Quartärstrukturen eines Proteinhexamers

Die Untereinheiten werden durch die gleichen Wechselwirkungen zusammengehalten, die auch die einzelne Polypeptidkette zu ihrer Tertiärstruktur führen: Hydrophobe Wechselwirkungen, Wasserstoffbrückenbindungen und elektrostatische (ionische) Wechselwirkungen. Der Blutfarbstoff Hämoglobin ist ein Tetramer. Es besteht aus zwei unterschiedlichen Untereinheiten, die jeweils doppelt vorhanden sind. Die Quartärstruktur des Hämoglobins ist in ► Abbildung 43.13 wiedergegeben.

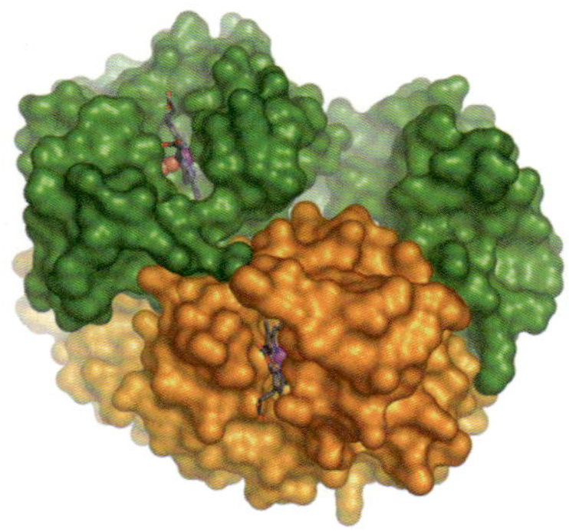

Abbildung 43.13: Eine Darstellung der Quartärstruktur des Hämoglobins (Computergraphik). Die unterschiedlichen Untereinheiten α-Globin und β-Globin sind in orange bzw. grün wiedergegeben. Jedes Hämoglobinmolekül besteht aus zwei identischen α- und zwei identischen β-Untereinheiten. Zwei der Hämgruppen (eisenhaltige Porphyrine) sind in zwei der Untereinheiten sichtbar. In der grün unterlegten Untereinheit ist (rot dargestellt) ein gebundenes Sauerstoffmolekül erkennbar.

43.11 Proteindenaturierung

Die Zerstörung der hoch geordneten Tertiärstruktur eines Proteins wird als **Denaturierung** bezeichnet. Jede chemische oder physikalische Einwirkung, welche die Bindungen, die die dreidimensionale Struktur eines Proteins aufrechterhalten, auflöst, führt zur Denaturierung des Proteins. Da diese Bindungen schwache Bindungen sind, werden Proteine leicht denaturiert. Die teilweise oder gänzlich zufällige Konformation eines denaturierten Proteins wird als **Zufallsknäuel** bezeichnet. Eine Denaturierung ist in den meisten Fällen (es gibt einige wenige Ausnahmen) ein irreversibler Vorgang. Oft kommt es bei der Denaturierung zur **Koagulation (Gerinnung) der Proteine**, also zur Ausbildung einer isotrop-kolloidalen Phase sehr hoher Viskosität bis zur gummielastischen Verfestigung. Proteine können durch unterschiedliche Einflüsse denaturiert werden:

- Starke Änderung des pH-Wertes führt zur Denaturierung, weil die elektrischen Ladungsverhältnisse an vielen Seitenketten schlagartig verändert werden. Dies führt zu einer Störung der elektrostatischen Wechselwirkungen und des Musters der Wasserstoffbrückenbindungen.
- Bestimmte chemische Reagenzien wie Harnstoff oder Guanidinhydrochlorid führen durch die Ausbildung von Wasserstoffbrückenbindungen, die stärker sind als die intramolekularen H-Brücken der Polypeptidkette, zur Denaturierung.
- Detergenzien wie Natriumdodecylsulfat führen zur Denaturierung durch Assoziation mit unpolaren Gruppen des Proteins. Dies stört die normalen hydrophoben Wechselwirkungen.
- Organische Lösungsmittel denaturieren Proteine durch Störung der hydrophoben Wechselwirkungen (in der Laborpraxis in der so genannten Acetonfällung praktisch ausgenutzt).
- Proteine werden durch physikalische Einwirkungen wie Wärme oder mechanische Beanspruchung (Scherung) denaturiert. Beide Einwirkungen, die sich auf der Ebene der Moleküle als Bewegung (mechanische Kraft) bemerkbar machen, können zur Störung der anziehenden Wechselwirkungen in einer Polypeptidkette führen. Allgemein bekannte Beispiele hierfür sind die Gerinnung von Eiweiß, wenn ein Hühnerei gebraten (Hitzedenaturierung) oder wenn Eiweiß geschlagen wird. Denaturierung erleichtert in der Regel die hydrolytische Zersetzung von Proteinen (Verdauung).

Lipide

44

ÜBERBLICK

Lipide sind organische Verbindungen, die löslich in unpolaren Solventien sind. Sie sind Bestandteile aller lebenden Zellen und mancher Viren. Da Verbindungen aufgrund physikalischer Eigenschaften (Löslichkeitsverhalten) als Lipide eingestuft werden und nicht aufgrund ihrer chemischen Konstitution oder Struktur, weisen die Lipide eine Vielfalt chemischer Strukturen und Funktionen auf, wie folgende Beispiele belegen:

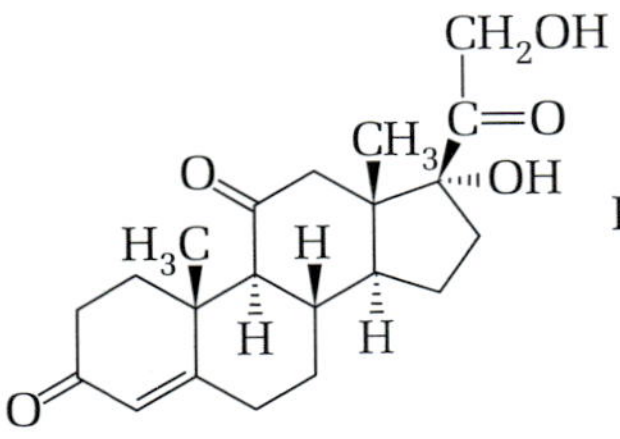

Cortison
ein Hormon

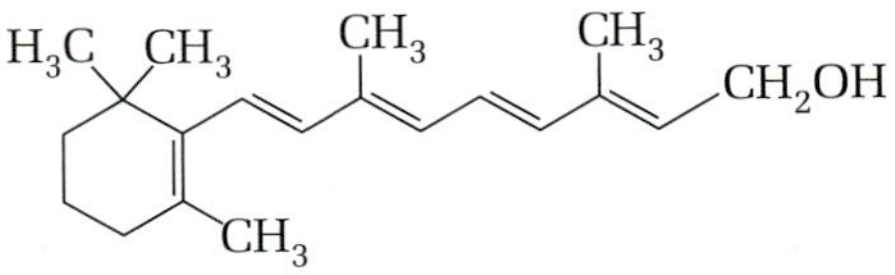

Vitamin A
ein Vitamin

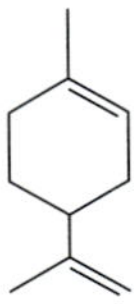

Limonen
ein Aromastoff in Zitrusfrüchten

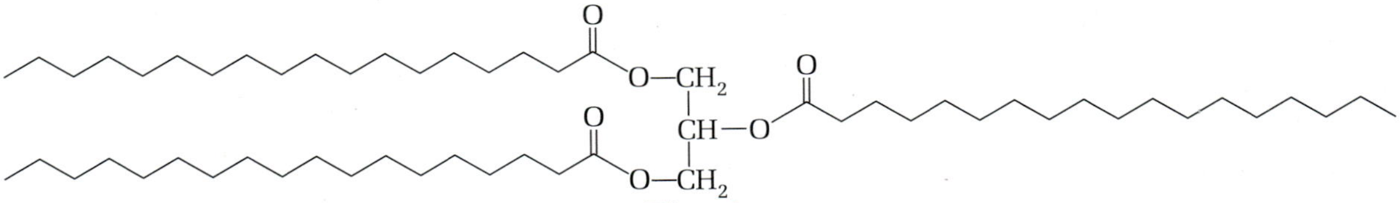

Tristearin
ein Fettmolekül

Die Fähigkeit der Lipide, sich in unpolaren organischen Lösungsmitteln zu lösen, geht auf ihre ausgedehnten Kohlenwasserstoffanteile zurück, dem Teil des Moleküls, der für die „Öligkeit" bzw. „Fettigkeit" der Verbindung verantwortlich ist. Das Wort Lipid leitet sich vom griechischen *lipos*, „Fett" ab.

44.1 Fettsäuren: Langkettige Carbonsäuren

Die **Fettsäuren**, die eine Hauptgruppe der Lipide bilden, sind Carbonsäuren mit langen „Kohlenwasserstoffschwänzen". Die in der Natur am häufigsten vorkommenden Fettsäuren sind in ► Tabelle 44.1 zusammengefasst. Die meisten natürlich auftretenden Fettsäuren weisen eine gerade Anzahl von C-Atomen auf und sind unverzweigt.

Stearinsäure

eine C_{18}-Carbonsäure ohne Doppelbindungen

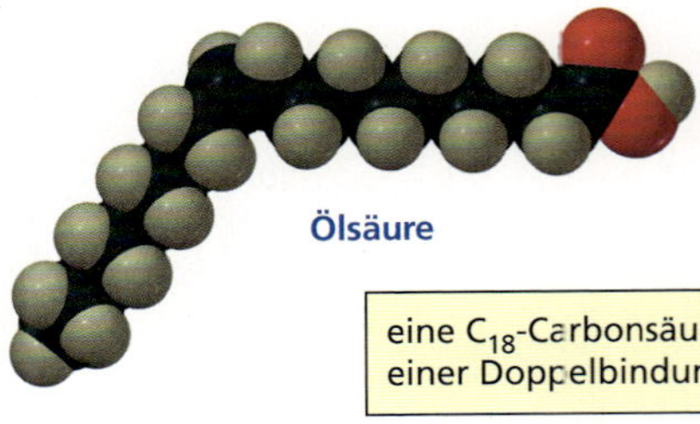

Ölsäure

eine C_{18}-Carbonsäure mit einer Doppelbindung

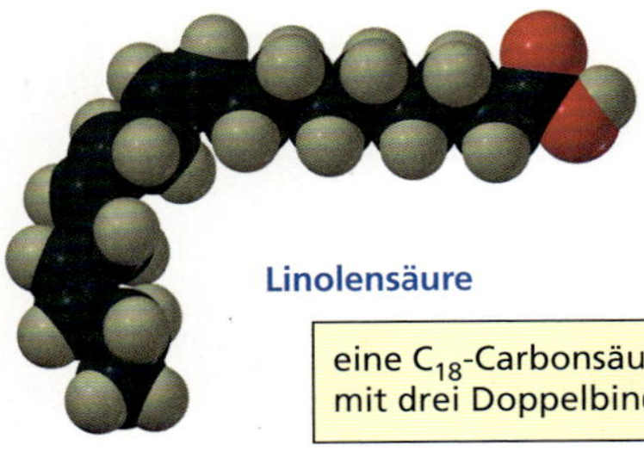

Linolensäure

eine C_{18}-Carbonsäure mit drei Doppelbindungen

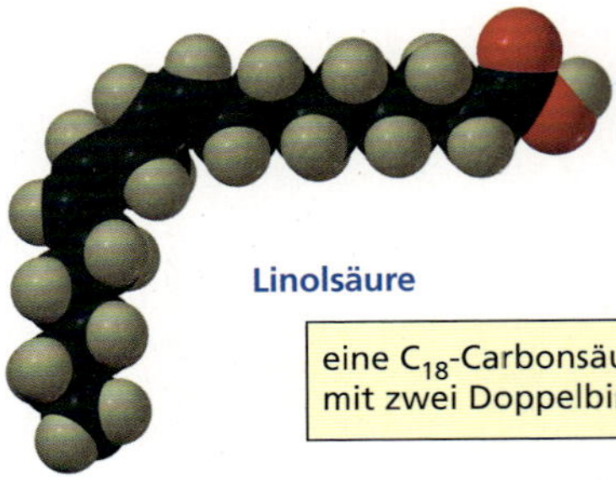

Linolsäure

eine C_{18}-Carbonsäure mit zwei Doppelbindungen

Anzahl der Kohlenstoffatome	Trivialname	Systematischer Name	Struktur	Schmelzpunkt (°C)
gesättigt				
12	Laurinsäure	Dodekansäure	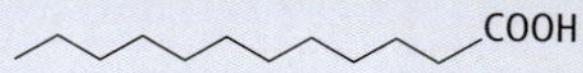	44
14	Myristinsäure	Tetradekansäure	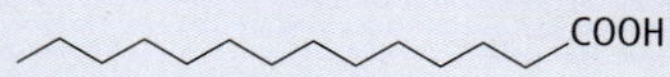	58
16	Palmitinsäure	Hexadekansäure	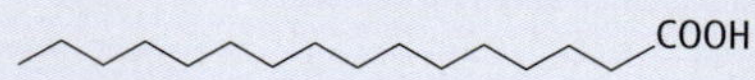	63
18	Stearinsäure	Octadecansäure	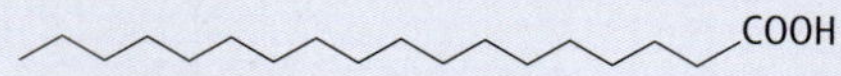	69
20	Arachinsäure	Eikosansäure	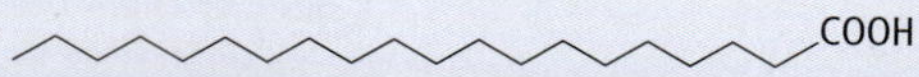	77
ungesättigt				
16	Palmitoleinsäure	(9*Z*)-Hexadekansäure	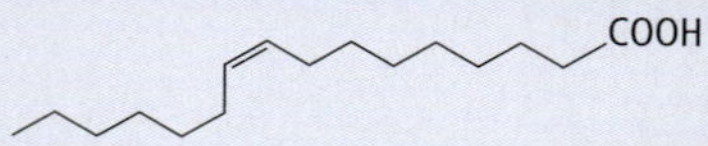	0
18	Ölsäure	(9*Z*)-Octadekansäure	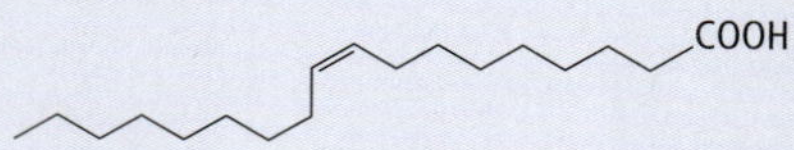	13
18	Linolsäure	(9*Z*,12*Z*)-Octadekadiensäure	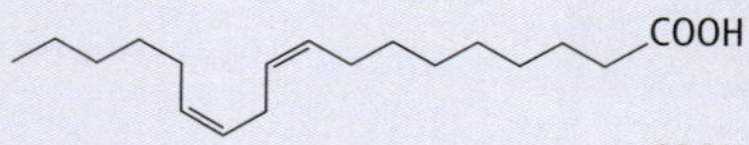	−5
18	Linolensäure	(9*Z*,12*Z*,15*Z*)-Octadecatriensäure	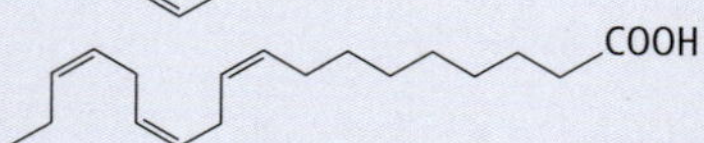	−11
20	Arachidonsäure	(5*Z*,8*Z*,11*Z*,14*Z*)-Eikosatetraensäure	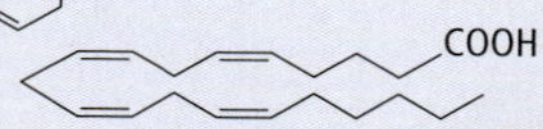	−50
20	EPA	(5*Z*,8*Z*,11*Z*,14*Z*,17*Z*)-Eikosan-pentaensäure	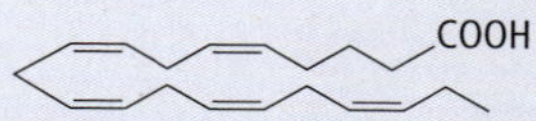	−50

Tabelle 44.1: Trivialnamen natürlicher Fettsäuren.

Fettsäuren können mit Wasserstoffatomen **gesättigt** sein; dann enthalten sie keine Kohlenstoff–Kohlenstoff-Doppelbindungen. Sie können auch ungesättigt sein; dann enthalten sie C=C-Doppelbindungen. Fettsäuren mit mehr als einer olefinischen Doppelbindung heißen **mehrfach ungesättigte Fettsäuren**.

Die Schmelzpunkte der gesättigten Fettsäuren steigen aufgrund der van der Waals'schen Wechselwirkungen zwischen den Molekülen mit der molaren Masse an. Die Schmelzpunkte der ungesättigten Fettsäuren nehmen ebenfalls mit der molaren Masse der Verbindung zu, doch liegen sie niedriger als bei den gesättigten Fettsäuren mit vergleichbaren molaren Massen (► Tabelle 44.1).

Die olefinischen Doppelbindungen der natürlich auftretenden Fettsäuren sind *cis*-konfiguriert und immer durch eine CH_2-Gruppe voneinander getrennt. Die *cis*-Konfiguration führt zu einem Knick im Molekül, der verhindert, dass sich ungesättigte Fettsäuren so dicht packen lassen wie gesättigte. Als Folge kommt es bei den ungesättigten Fettsäuren zu einer geringeren Zahl zwischenmolekularer Wechselwirkungen. Die Schmelzpunkte liegen deshalb niedriger als bei den gesättigten Fettsäuren (► Tabelle 44.1). Die Schmelzpunkte der ungesättigten Fettsäuren nehmen in dem Maß ab, wie sich die Zahl der Doppelbindungen erhöht. Beispielsweise schmilzt eine C_{18}-Carbonsäure bei 69 °C, falls sie gesättigt ist, bei 13 °C, falls sie eine C=C-Doppelbindung besitzt, und bei −5 °C, falls sie zwei besitzt; bei dreien liegt der Schmelzpunkt bei −11 °C.

MERKE !

Ungesättigte Fettsäuren besitzen niedrigere Schmelzpunkte als gesättigte.

A 1 Erklären Sie die Unterschiede in den Schmelzpunkten folgender Fettsäurepaare:

(a) Palmitinsäure und Stearinsäure

(b) Ölsäure und Linolensäure

Anordnung von Bienenwaben in einem Bienenstock.

44.2 Wachse: Hochmolekulare Ester

Als **Wachs** bezeichnet man einen **bei Zimmertemperatur festen Ester einer langkettigen Carbonsäure mit einem langkettigen Alkohol**. So besteht zum Beispiel das bekannte Bienenwachs, aus dem die Bienenwaben bestehen, aus einer C_{26}-Carbonsäure und einem C_{30}-Alkohol. Das Wort Wachs leitet sich vom altenglischen *weax* ab, das „Stoff der Bienenwabe" bedeutet. Carnaubawachs ist besonders hart, weil es eine vergleichsweise hohe molare Masse aufweist: Es besteht aus einer C_{32}-Carbonsäure und einem C_{34}-Alkohol. Carnaubawachs wird technisch in Autowachs und Bohnerwachs für Fußböden verwendet.

$$CH_3(CH_2)_{24}\overset{O}{\overset{\|}{C}}O(CH_2)_{29}CH_3$$

eine Hauptkomponente des Bienenwachses
Baumaterial der Bienenwaben

$$CH_3(CH_2)_{30}\overset{O}{\overset{\|}{C}}O(CH_2)_{33}CH_3$$

eine Hauptkomponente des Carnaubawachses
Schutzschicht auf den Blättern einer brasilianischen Palmenart

$$CH_3(CH_2)_{14}\overset{O}{\overset{\|}{C}}O(CH_2)_{15}CH_3$$

eine Hauptkomponente des Spermacetiwachses
Speicherstoff aus dem Kopf von Buckelwalen

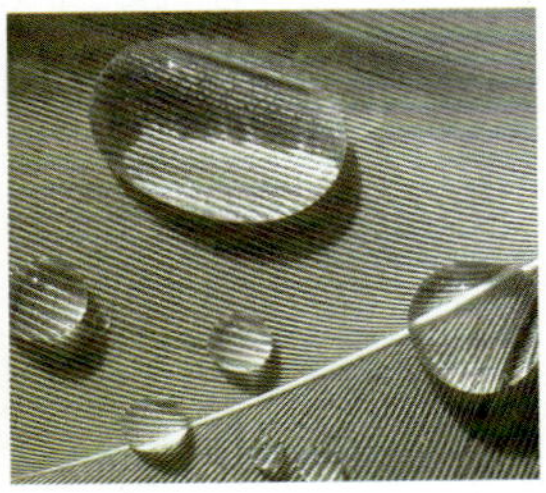

Wassertropfen auf einer Vogelfeder.

Wachse sind bei vielzelligen Lebewesen verbreitet. Die Federn eines Vogels sind mit einer Wachsschicht überzogen, um sie wasserabweisend zu machen. Einige Wirbeltiere scheiden Wachs aus, um ihr Fell geschmeidig und wasserabweisend zu halten. Insekten scheiden eine wasserfeste Wachsschicht auf der äußeren Oberfläche ihrer Exoskelette ab, die Kutikula. Wachse finden sich auch auf den Oberflächen bestimmter Blätter und Früchte (zum Beispiel bei Zitrusfrüchten wie Orangen und Zitronen), wo sie als Schutzschicht gegen Parasiten wie Insekten und Pilze dienen und die Verdunstung von Wasser verhindern.

44.3 Fette und Öle

Triacylglycerine, auch Triglyceride genannt, sind Verbindungen, bei denen alle drei OH-Gruppen des dreiwertigen Alkohols Glycerin Ester mit Fettsäuren gebildet haben. Man spricht auch von Neutralfetten. Falls die drei mit dem Glycerin veresterten Fettsäuren chemisch identisch sind, spricht man von einem **einfachen Triacylglycerin**. **Gemischte Triacylglycerine** enthalten zwei oder drei unterschiedliche Fettsäurekomponenten. Sie sind verbreiteter als die Einfachfette. Nicht alle Triaglycerine aus einer bestimmten Quelle (einer Pflanzenart zum Beispiel) sind notwendigerweise chemisch identisch. Stoffe wie Tran und Olivenöl beispielsweise sind jeweils Gemische aus verschiedenen Triacylglycerinen (► Tabelle 44.2).

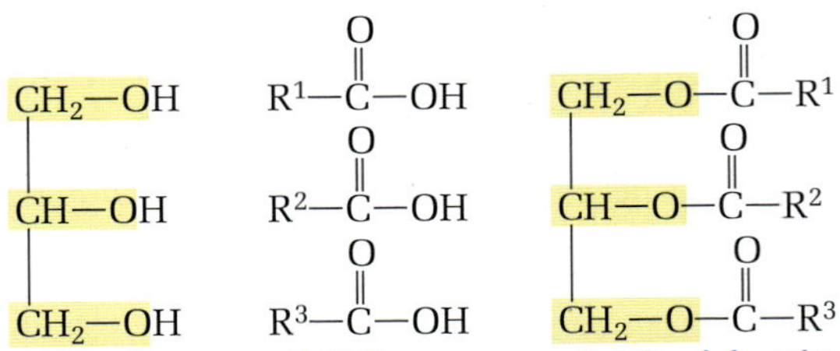

ein Fett

Triacylglycerine, die bei Zimmertemperatur fest oder halbfest (streichfähig) sind, nennt man **Fette**. Die meisten Fette stammen aus tierischen Quellen und setzen sich zumeist aus Triacylglycerinen zusammen, deren Fettsäureanteile entweder gesättigt sind oder nur eine Doppelbindung enthalten. Die gesättigten Fettsäureschwänze lassen sich dicht packen, was diesen Triaglycerinen relativ hohe Schmelzpunkte verleiht, so dass sie bei Zimmertemperatur fest sind. Butter ist ein Beispiel.

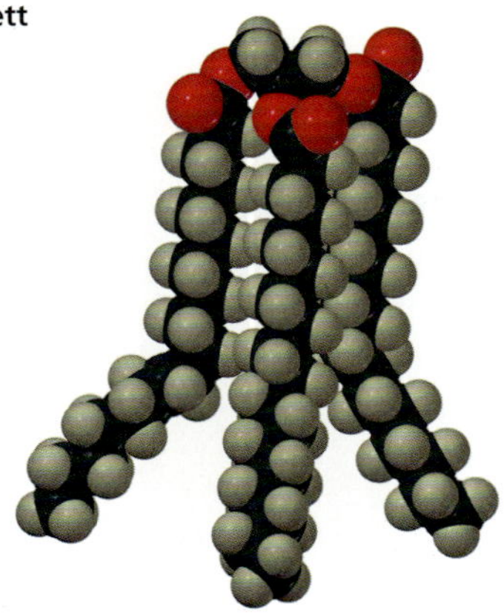

ein Öl

Triaglycerine, die bei Zimmertemperatur flüssig vorliegen, heißen **Öle**. Öle sind im Regelfall pflanzlichen Ursprungs. Bekannte Ölpflanzen bzw. Ölpflanzenfrüchte sind Mais, Sojabohnen, Lein, Oliven und Erdnüsse. Sie bestehen in erster Linie

	Schmelzpunkt (°C)	gesättigte Fettsäuren: Laurinsäure C_{12}	Myristinsäure C_{14}	Palmitinsäure C_{16}	Stearinsäure C_{18}	ungesättigte Fettsäuren: Ölsäure C_{18}	Linolsäure C_{18}	Linolensäure C_{18}
tierische Fette								
Butter	32	2	11	29	9	27	4	–
Schmalz	30	–	1	28	12	48	6	–
menschliches Fett	15	1	3	25	8	46	10	–
Waltran	24	–	8	12	3	35	10	–
pflanzliche Fette (Öle)								
Maisöl	20	–	1	10	3	50	34	–
Baumwollsamenöl	–1	–	1	23	1	23	48	–
Leinsamenöl	–24	–	–	6	3	19	24	47
Olivenöl	–6	–	–	7	2	84	5	–
Erdnussöl	3	–	–	8	3	56	26	–
Sonnenblumenöl	–15	–	–	3	3	19	70	3
Sesamöl	–6	–	–	10	4	45	40	–
Sojabohnenöl	–16	–	–	10	2	29	51	7

Die Prozentzahlen ergeben von links nach rechts in einer Zeile nicht 100, weil Fette/Öle neben den hier aufgeführten Fettsäuren noch andere Bestandteile enthalten.

Tabelle 44.2: Näherungswerte (in %) des Fettsäureanteils einiger häufiger Fette und Öle.

aus Triaglycerinen, deren Fettsäuren ungesättigt sind und sich daher nicht sehr dicht packen lassen. Folglich sind ihre Schmelzpunkte niedrig, so dass sie bei Zimmertemperatur flüssig vorliegen. Vergleichen Sie die ungefähre Fettsäurezusammensetzung gebräuchlicher Fette und Öle in ► Tabelle 44.2.

Einige oder alle olefinischen Doppelbindungen mehrfach ungesättigter Fettsäuren von Ölen können mittels katalytischer Hydrierungen reduziert werden. Dieser technische Prozess heißt **Fetthärtung**. Margarine wird auf diesem Weg aus pflanzlichen Ölen hergestellt. Man hydriert die Ausgangsverbindungen so lange, bis die gewünschte Konsistenz erreicht ist. Die Hydrierungsbedingungen müssen sorgfältig kontrolliert werden, weil eine vollständige Reduzierung aller C=C-Doppelbindungen zu einem harten Fett von der Konsistenz des Rindertalgs führen würde (solche Fette mit sehr hohem Schmelzpunkt eignen sich als Frittierfett).

Die Nahrung des Papageientauchers *(Fratercula arctica)* ist reich an Fischöl.

$$RCH{=}CHCH_2CH{=}CHCH_2CH{=}CH- \xrightarrow[Pt]{H_2} RCH_2CH_2CH_2CH{=}CHCH_2CH_2CH_2-$$

Pflanzliche Öle haben bei der Herstellung von Speisen Beliebtheit erlangt, da statistische Untersuchungen zu Ernährung und Krankheiten eine Korrelation zwischen dem Konsum gesättigter Fett und Herz-/Kreislauferkrankungen gefunden haben. Neuere Studien wollen gefunden haben, dass auch ungesättigte Fette bei der Verursachung von Herz-/Kreislaufkrankheiten eine Rolle spielen können. Eine hoch ungesättigte C_{20}-Fettsäure mit fünf olefinischen Doppelbindungen ((5*Z*,8*Z*,11*Z*,14*Z*,17*Z*)-Eikosanpentaensäure; ► Tabelle 44.1), die in hoher Konzentration in Fischöl enthalten ist, soll jedoch bestimmten Erkrankungen der Herzgefäße vorbeugen. Mit der Nahrung aufgenommene Triaglycerine werden im Dünndarm hydrolytisch zerlegt. Glycerin und Fettsäuren werden resorbiert. Die Hydrolyse von Fetten führt unter basischen Bedingungen zu Glycerin und Salzen von Fettsäuren. Die Natriumsalze von Fettsäuren werden *Seifen* genannt; die Kaliumsalze werden als *Kernseife* bezeichnet.

Manche Tiere besitzen ein Unterhautfettgewebe, das sowohl als Energiespeicher wie zur Wärmeisolierung des Körpers dient. Der Fettanteil des menschlichen Körpers beträgt beim Mann durchschnittlich 21%, bei der Frau 25%. Fett liefert im Stoffwechsel etwa sechs Mal so viel Energie wie die gleiche Menge Glycogen (ein Polymer aus Glucose), da Fette weniger hoch oxidiert sind als Kohlenhydrate und – da sie unpolar sind – keine Wassermoleküle binden.

Der Mensch vermag genügend Fett zu speichern, um den Körper in Mangelzeiten über mehrere Monate mit Energie versorgen zu können. Die Kohlenhydratreserven reichen dagegen nur für eine Akutversorgung über ca. 24 Stunden. Kohlenhydrate sind daher in erster Linie eine schnelle, kurzfristige Energiequelle. Die Kohlenhydratreserven lassen sich wesentlich schneller mobilisieren und verstoffwechseln als die Fettreserven.

Mehrfach ungesättigte Fette/Öle werden bei Kontakt mit Sauerstoff leicht durch radikalische Reaktionen oxidiert. Die Reaktion von Fettsäuren mit Sauerstoff führt zum Ranzigwerden von Fetten. Der unangenehme Geruch und Geschmack ranziger Fette geht darauf zurück, dass die Alkylhydroperoxide weiter zu kurzkettigen Carbonsäuren oxidiert werden, die geruchsintensiv sind.

44.4 Phospholipide und Sphingolipide: Bestandteile biologischer Membranen

Als Grenzfläche zwischen einer Zelle und der Umwelt dient eine „fettige" Lipidmembran. Über ihre abgrenzende Funktion hinaus erlauben Membranen den gezielten und regulierten Transport von Ionen und organischen Molekülen in die Zelle hinein und aus dieser heraus. Diese Transportprozesse werden von Proteinen ausgeführt.

Phosphoglyceride (= Phosphoacylglycerine) sind die Hauptlipidkomponenten von Zellmembranen. Sie gehören zu einer Verbindungsklasse, die als **Phospholipide** bezeichnet werden, also Lipide, die Phosphorsäurereste tragen. Die Phosphoacylglycerine ähneln den Triacylglycerinen (den Neutralfetten) mit Ausnahme des dritten Säurerestes, der hier keine Fettsäure, sondern Orthophosphorsäure ist. Dadurch entsteht eine **Phosphatidsäure**. Das C-2 des Glycerinrestes besitzt in Phosphoacylglycerinen *R*-Konfiguration

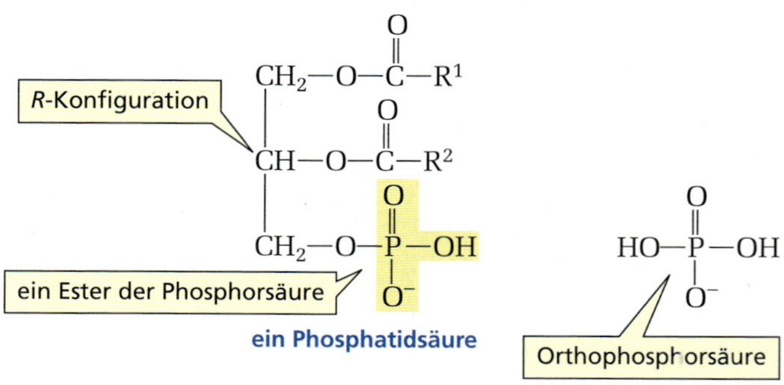

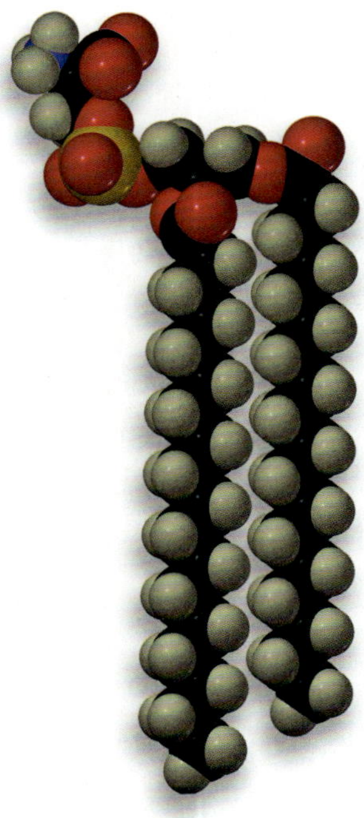
Phosphatidylserin
ein Phosphoacylglycerin

Phosphatidsäuren sind die einfachsten Phosphoacylglycerine und nur in geringer Menge in biologischen Membranen vorhanden. Die häufigsten Phosphoacylglycerine in Zellmembranen weisen eine zweite Phosphoesterbindung auf, sind also Phosphodiester (Zweifachester der Orthophosphorsäure H_3PO_4).

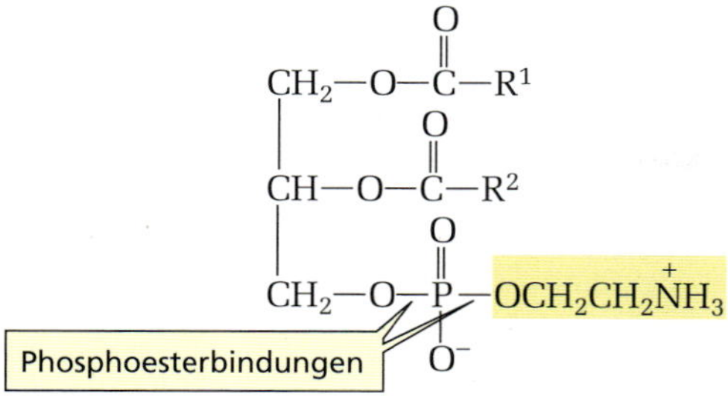

ein Phosphatidylethanolamin
ein Kephalin

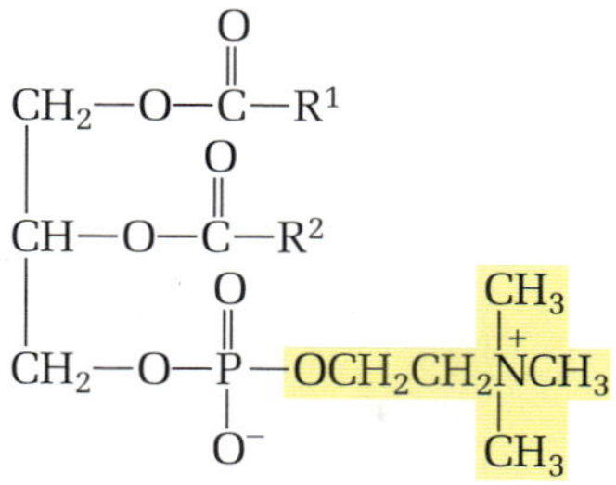

ein Phosphatidylcholin
ein Lecithin

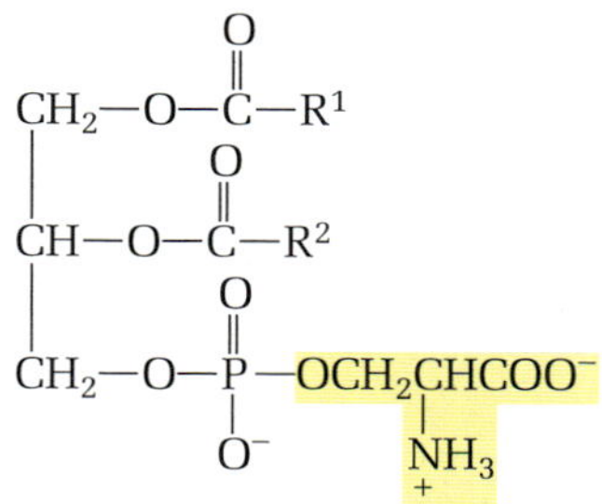

ein Phosphatidylserin

Die Alkohole, die am häufigsten den zweiten Ester mit dem Phosphorsäurerest eines Phospholipids bilden, sind die Aminoalkohole Ethanolamin, Cholin und Serin (eine proteinogene Aminosäure). Phosphatidylethanolamine werden auch als Kephaline bezeichnet, Phosphatidylcholine als Lecithine. Lecithine werden als Emulgatoren bei der Herstellung von Lebensmitteln wie Mayonnaise eingesetzt, um zu verhindern, dass sich die wässrige und die nichtwässrige (lipophile) Phase voneinander trennen.

MERKE !

Die häufigsten Phosphoacylglycerine sind Phosphodiester.

Phosphoacylglycerine bilden **Membranen**, indem sie sich zu **Lipiddoppelschichten** zusammenlagern. Die polaren Kopfgruppen der Phospholipide befinden sich auf den in das umgebende Medium weisenden Außenseiten der Doppelschichtmembran, die Kohlenwasserstoffketten der Fettsäurereste sind im Inneren der Membran einander zugewandt. Cholesterin, ein Membranlipid, findet man ebenfalls im Inneren (der unpolaren Phase) der Membran (► Abbildung 44.1). Eine typische Doppelschichtmembran ist ca. 7 nm (Nanometer, 10^{-9} m) dick.

Die Fluidität einer Membran – also die Beweglichkeit der Membranmoleküle innerhalb der Membranebene durch laterale Translationsbewegungen – wird von den Fettsäureanteilen der Phosphoacylglycerine mitbestimmt. Gesättigte Fettsäurereste vermindern die Fluidität, weil sich ihre Kohlenwasserstoffketten dichter packen lassen und so mehr schwache Wechselwirkungen ausbilden. Ungesättigte Fettsäurereste erhöhen dagegen die Fluidität, weil sie sich weniger dicht packen lassen, die Molekülwechselwirkungen also weniger sind. Cholesterin setzt ebenfalls die Fluidität einer Membran herab. Nur die Membranen tierischer Zellen enthalten Cholesterin. Pflanzliche Zellmembranen enthalten kein Cholesterin und sind daher generell weniger starr als die tierischer Zellen. Die Zellmembranen von Pilzen enthalten dem Cholesterin ähnliche Steroide, die vergleichbare physikalische Wirkungen besitzen.

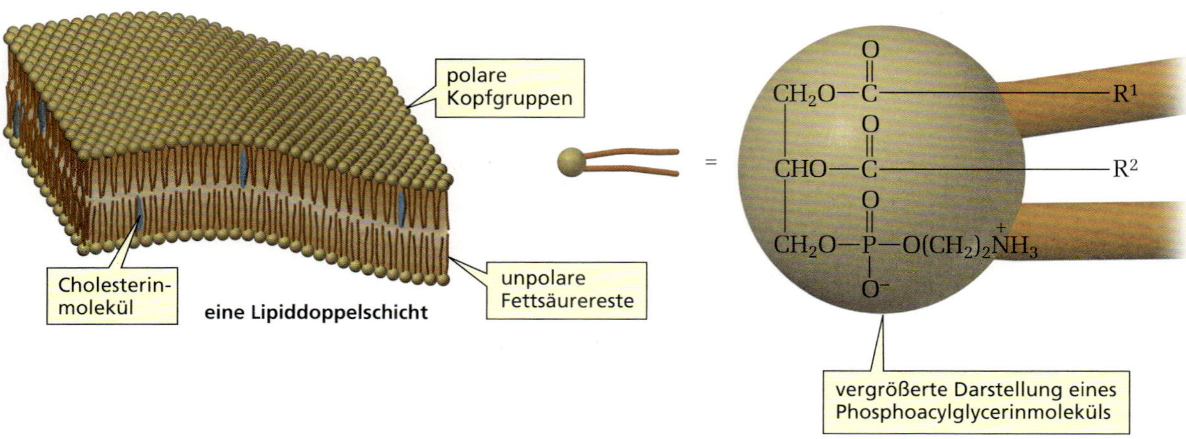

Abbildung 44.1: **Aufbau einer Lipiddoppelschichtmembran (biologische Einheitsmembran).**

Die ungesättigten Fettsäurereste von Phosphoacylglycerinen sind empfindlich gegenüber molekularem Sauerstoff, mit dem sie leicht reagieren. Solche Oxidationen führen zur Schädigung der betroffenen Membran. Das Vitamin E (α-Tocopherol) ist ein wichtiges Antioxidans (protektives Reduktionsmittel); es ist ein Lipid, weil es in unpolaren Lösungsmitteln löslich ist. Aufgrund dieser Eigenschaft kann es sich in Zellmembranen einlagern. Dort reagiert es rascher mit Sauerstoffmolekülen als die Phospholipide der Membran dies vermögen. Es verhindert so die Schädigung funktioneller Membrankomponenten durch O_2. Aufgrund dieser Wirkungen wird Vitamin E (neben vielen anderen Stoffen) verschiedentlich als vermeintliches „Anti-aging-Mittel" angepriesen. Die Fähigkeit des Vitamins E, mit Sauerstoff rascher zu reagieren als Fette, ist der Grund, warum Vitamin E als unbedenkliches Konservierungsmittel vielen Lebensmitteln zugesetzt wird.

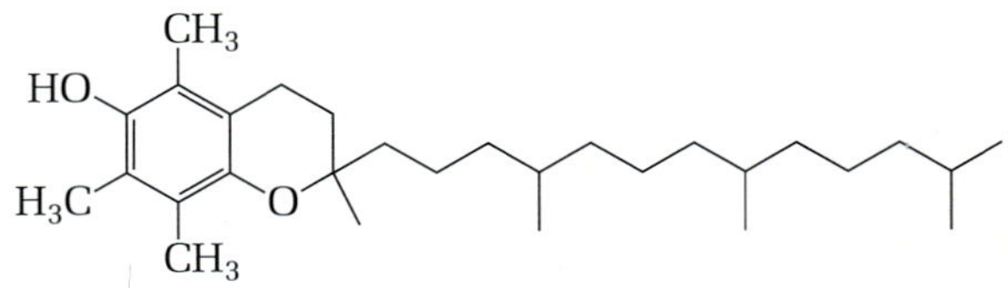

α-Tocopherol
Vitamin E

Sphingolipide sind ein weiterer Typus von Membranlipiden. Sie sind die Hauptbestandteile der Myelinscheiden von Nervenfasern. Nervenfasern sind die Ausläufer von Nervenzellen, durch die Nervensignale laufen. Spingholipide enthalten den Aminoalkohol Sphingosin, der die Stelle des Glycerins einnimmt. Bei den Sphingolipiden ist die Aminogruppe des Sphingosins an die Acylgruppe einer Fettsäure gebunden. Beide Chiralitätszentren im Sphingosin besitzen *S*-Konfiguration.

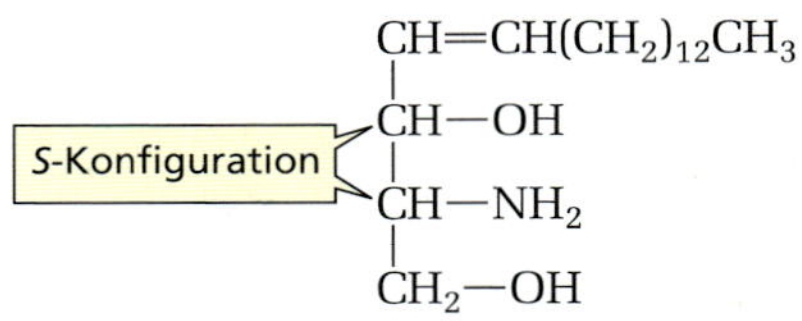

Sphingosin

Zwei der häufigsten Spingholipidtypen sind die **Sphingomyeline** und die **Cerebroside**. In den Sphingomyelinen ist die primäre OH-Funktion des Sphingosins an Phosphocholin oder Phosphoethanolamin gebunden. Das Bindungsmuster ist dem der Lecithine und Kephaline ähnlich. In den Cerebrosiden ist die primäre OH-Funktion des Sphingosins durch eine β-glycosidische Bindung an einen Zuckerrest gebunden. Sphingomyeline sind Phospholipide, da sie Phosphorsäuregruppen enthalten. Die Cerebroside sind demnach keine Phospholipide, sondern Glycolipide.

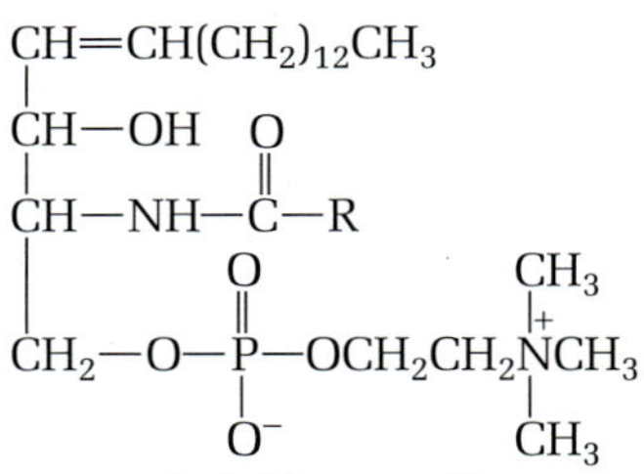

ein Sphingomyelin

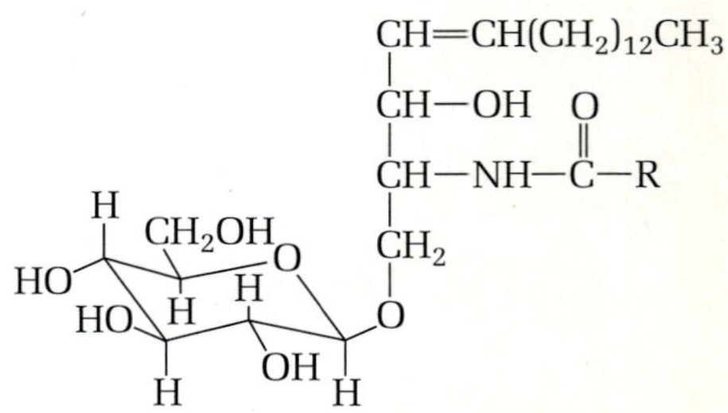

ein Glucocerebrosid

Nucleoside, Nucleotide und Nucleinsäuren

ÜBERBLICK

45

BIOGRAPHIE

Anfängliche Untersuchungen zur Struktur von Nucleinsäuren haben den Weg zur Entdeckung der DNA-Doppelhelix geebnet. Diese Studien wurden von **Phoebus Levene** begonnen und wurden von **Alexander Todd** weitergeführt.

Phoebus Levene (1869–1940) wurde in Russland geboren. Nach der Einwanderung in die USA wurde sein Vorname Fishel in Phoebus geändert. Er studierte Medizin und setzte diese Studien in Russland fort. Wieder in die USA zurückgekehrt, studierte er Chemie an der *Columbia University*. Nach einer Entscheidung zugunsten der Chemie ging er für seine weitere Ausbildung zu Emil Fischer nach Deutschland. Später war er Professor für Chemie an der *Rockefeller University* in New York City.

Alexander Todd (1907–1997) wurde in Glasgow, Schottland, geboren. Er besaß zwei Doktorgrade, einen von der Goethe-Universität in Frankfurt am Main, den anderen von der Universität Oxford in England. Er war Professor für Chemie in Edinburgh, dann in Manchester und schließlich in Cambridge. Für seine Forschungen über Nucleotide wurde ihm **1957** der **Nobelpreis** im Fach Chemie zuerkannt.

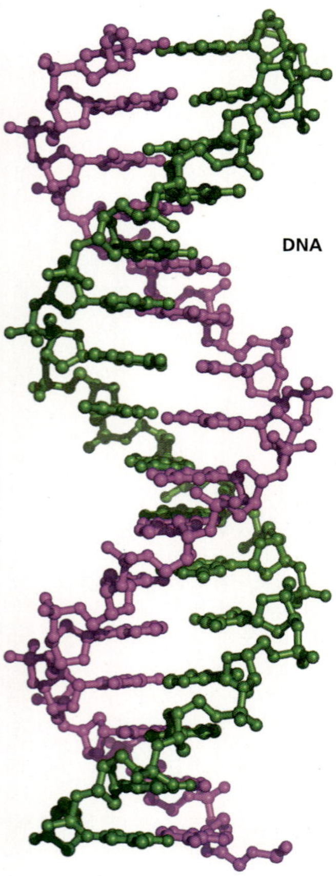

In den vorangegangenen Kapiteln haben wir zwei der drei Hauptbiopolymerklassen beschrieben: Die Polysaccharide und die Proteine. Nun wenden wir uns der dritten zu, den Nucleinsäuren. Man unterscheidet zwei Typen von Nucleinsäuren: Die **Desoxyribonucleinsäure** (DNA, von engl. *deoxyribonucleic acid*) und die **Ribonucleinsäure** (RNA, von engl. *ribonucleic acid*). In der DNA ist die gesamte Erbinformation eines Lebewesens kodiert. Die Desoxyribonucleinsäure wurde zuerst 1869 in den Zellkernen weißer Blutkörperchen entdeckt. Da sie in den Kernen von Zellen anwesend war und chemisch eine Säure darstellt, nannte sie ihr Entdecker, der Schweizer Friedrich Miescher, *Kernsäure* (= *Nucleinsäure*). Nach und nach fand man heraus, dass diese DNA in allen Zellkernen vorhanden ist. Die Vermutung, dass es sich dabei um die Erbsubstanz handeln könnte, wurde 1944 bestätigt. 1953 gelang den Forschern James Watson und Francis Crick die Aufklärung der Raumstruktur des DNA-Moleküls – die berühmte Doppelhelix.

45.1 Nucleoside und Nucleotide

Nucleinsäuren sind Ketten aus fünfgliedrigen Monosacchariden, die durch Phosphorsäuregruppen untereinander verknüpft sind (► Abbildung 45.1). Das anomere C-Atom jedes Zuckermoleküls ist mit einem N-Atom einer heterozyklischen Verbindung kovalent β-glycosidisch verknüpft. Bei einer β-Glycosidbindung stehen die Substituenten am C-1 und C-4 auf der gleichen Seite des Furanrings. Da die Heterozyklen in den Nucleinsäuren Amine sind, werden sie allgemein als

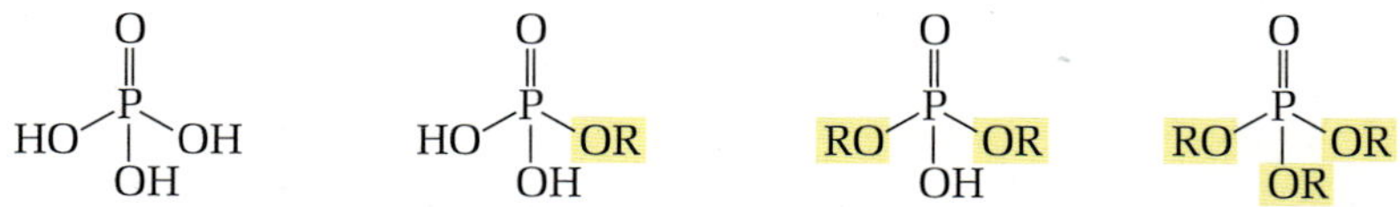

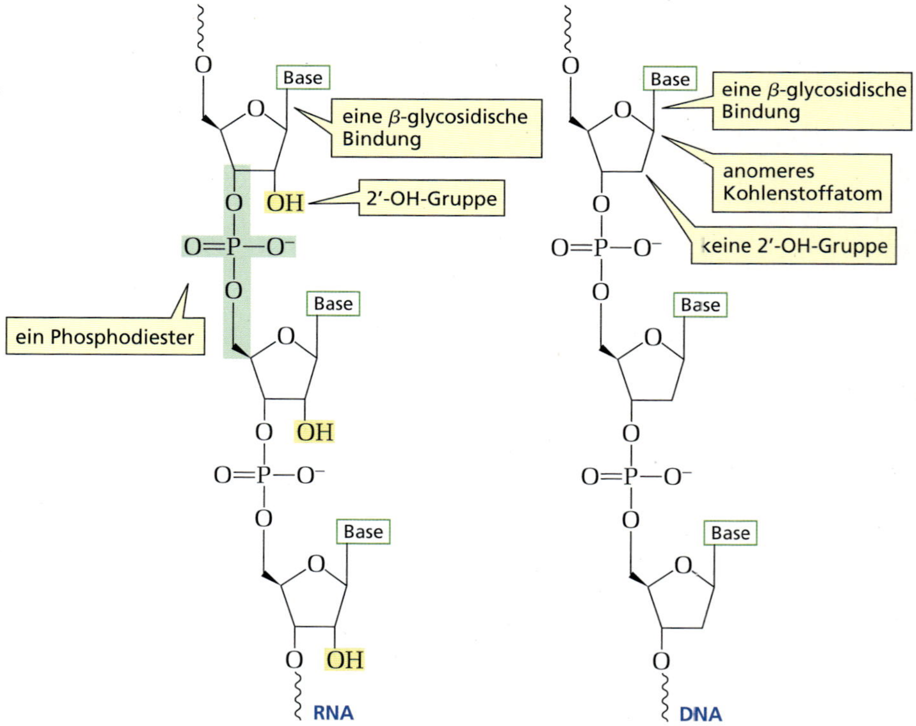

Abbildung 45.1: Nucleinsäuren bestehen aus Ketten fünfgliedriger Zuckermoleküle, die durch Phosphorsäurereste verknüpft sind. Jeder Zuckerrest (D-Ribose in der RNA, in der DNA 2′-Desoxy-D-ribose) ist β-glycosidisch an ein heterozyklisches Amin gebunden.

Nucleobasen oder kurz **Basen** bezeichnet. In der RNA ist der Zucker D-Ribose, in der DNA 2'-Desoxy-D-ribose.

Phosphorsäurereste verbinden die Zuckerreste in den RNA- und DNA-Molekülen miteinander. Jede OH-Gruppe eines Phosphorsäuremoleküls kann mit einem Alkohol zu einem Phosphomonoester, mit zwei Alkoholen zu einem Phosphodiester und mit drei Alkoholen zu einem Phosphotriester reagieren. In den Nucleinsäuren liegen **Phosphodiester** vor.

Die Unterschiede im Erbgut der verschiedenen Arten werden von der Abfolge, der Sequenz, der heterozyklischen Basen in der DNA bestimmt.

In den Nucleinsäuren gibt es vier unterschiedliche Basen: Zwei sind Purinderivate (Adenin und Guanin), die beiden anderen Pyrimidinderivate (Cytosin und Thymin).

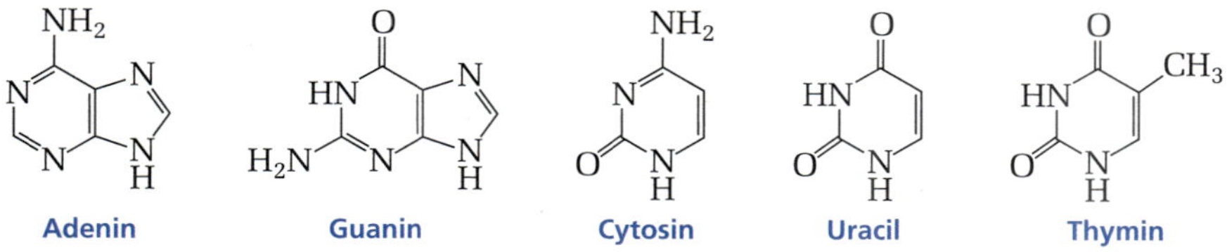

Die vier Basen der RNA sind Adenin, Guanin, Cytosin und Uracil. Die ersten drei sind die gleichen wie in der DNA; Uracil ersetzt das Thymin, welches sich vom Uracil nur durch den Besitz einer Methylgruppe unterscheidet (Thymin: 5-Methyluracil).

Die Purine und Pyrimidine sind an das anomere Kohlenstoffatom (C-1) des Furanoserings der Zuckerreste gebunden (Purine am N-9 und Pyrimidine am N-1). Diese Bindungen sind, wie wiederholt erwähnt wurde, β-glycosidischer Natur. Eine Verbindung aus einer heterozyklischen Nucleobase und einem Zucker (D-Ribose oder 2'-Desoxy-D-ribose) wird als **Nucleosid** bezeichnet. Die Ringatome des Zuckeranteils werden mit „gestrichenen" Zahlen versehen, um sie von den Ringatomen der Basen unterscheiden zu können. Darum heißt der Zuckerrest des DNA-Moleküls 2'-Desoxy-D-ribose (2-„Strich"-Desoxy-D-ribose).

In ► Tabelle 45.1 sind die Namen der Basen und der von ihnen abgeleiteten Nucleoside und Nucleotide zusammengefasst. So ist Adenin die Base, Adenosin das Nucleosid. Cytosin ist eine Base, Cytidin das Nucleosid. Uracil kommt nur in RNA vor, Thymin nur in DNA.

Base	Ribonucleosid	Desoxyribonucleosid	Ribonucleotid	Desoxyribonucleotid
Adenin	Adenosin	2'-Desoxyadenosin	Adenosin-5'-monophosphat	2'-Desoxyadenosin-5'-monophosphat
Guanin	Guanosin	2'-Desoxyguanosin	Guanosin-5'-monophosphat	2'-Desoxyguanosin-5'-monophosphat
Cytosin	Cytidin	2'-Desoxycytidin	Cytidin-5'-monophosphat	2'-Desoxycytidin-5'-monophosphat
Thymin	–	Thymidin	–	Thymidin-5'-monophosphat
Uracil	Uridin	–	Uridin-5'-monophosphat	

Tabelle 45.1: Die Namen der Basen, der Nucleoside und Nucleotide.

Nucleoside

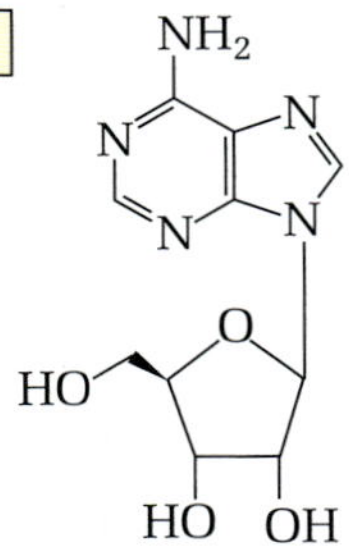

Adenosin

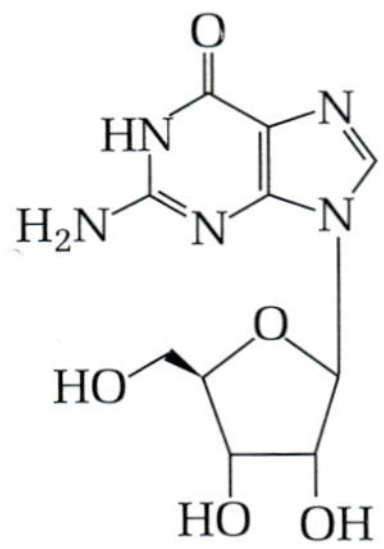

Guanosin

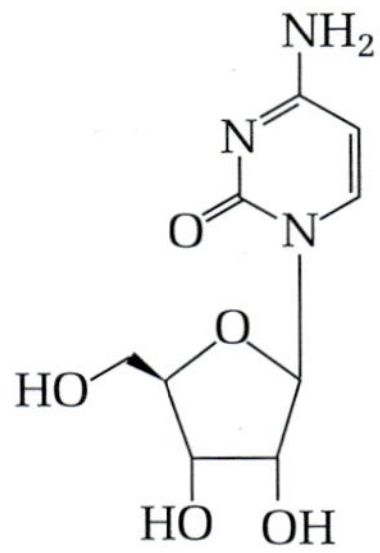

Cytidin

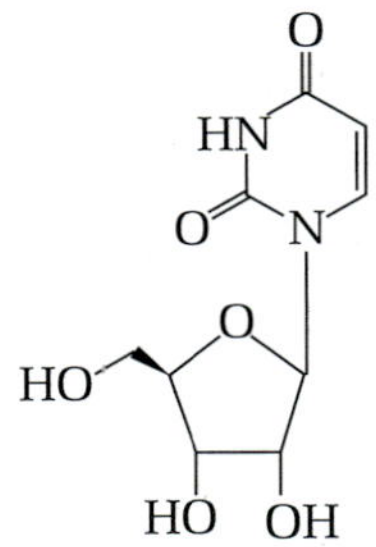

Uridin

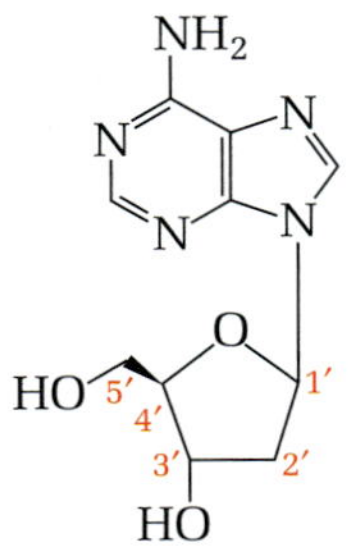

2′-Desoxyadenosin

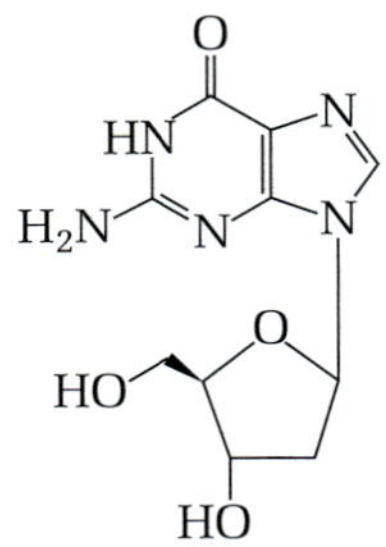

2′-Desoxyguanosin

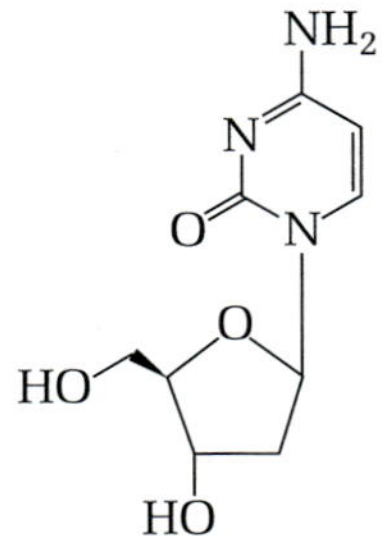

2′-Desoxycytidin

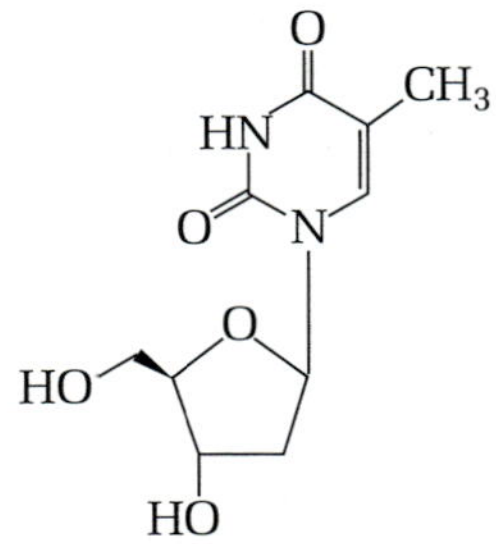

Thymidin

Ein **Nucleotid** ist ein phosphoryliertes Nucleosid. In biologischen Systemen findet man Phosphorsäureester der 5′- und/oder der 3′-OH-Gruppe des Zuckeranteils. Die Nucleotide der RNA heißen genauer **Ribonucleotide** (die Nucleoside entsprechend Ribonucleoside), die der DNA **Desoxyribonucleotide** (respektive Desoxyribonucleoside).

Nucleotide

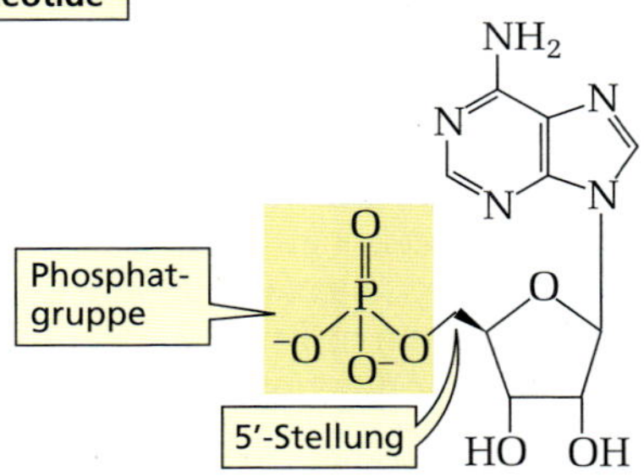

Adenosin-5′-monophosphat
ein Ribonucleotid

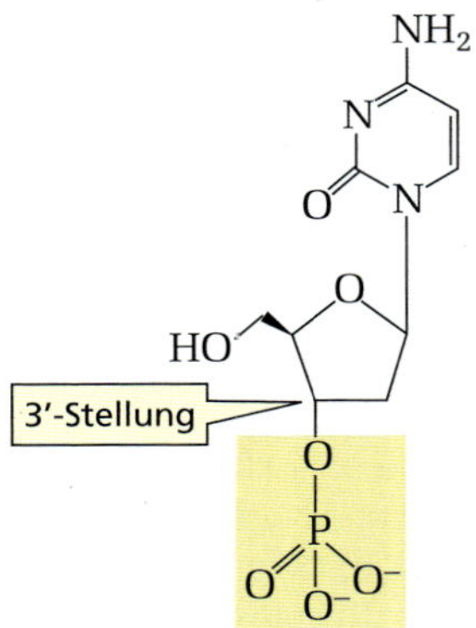

2′-Desoxycytidin-3′-monophosphat
ein Desoxyribonucleotid

MERKE !

Nucleosid = Zucker + Base
Nucleotid = Zucker + Base + Phosphat
(= Nucleosid + Phosphat)

Da Orthophosphorsäure ein intermolekulares Anhydrid bilden kann, können Nucloside mehrfachphosphoryliert vorkommen. In Zellen findet man Nucleosidmono-, di- und triphosphate. Zur Benennung hängt man die Endung *-monophosphat*, *-diphosphat* bzw. *-triphosphat* an den Namen des Nucleosids.

Die Namen der Nucleosidphosphate setzen sich aus den Anfangsbuchstaben der in ihnen vorkommenden Nucleobasen zusammen, gefolgt von einer Zweibuchstabenendung, die die Phosphatgruppen anzeigt. Der dritte Buchstabe ist immer P für Phosphat, der mittlere gibt die Anzahl der Phosphorsäurereste an.

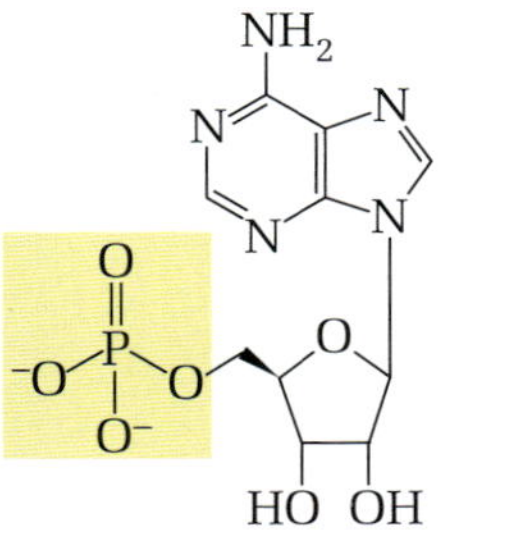

Adenosin-
5'-monophosphat
AMP

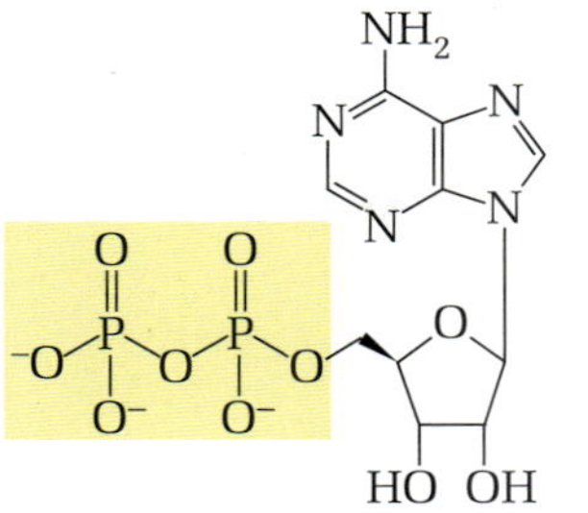

Adenosin-
5'-diphosphat
ADP

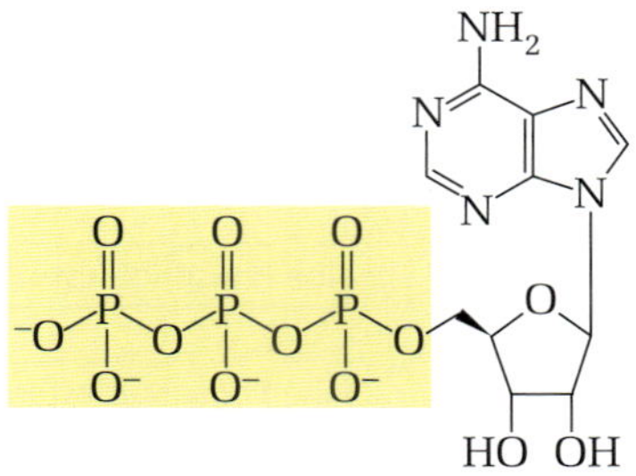

Adenosin-
5'-triphosphat
ATP

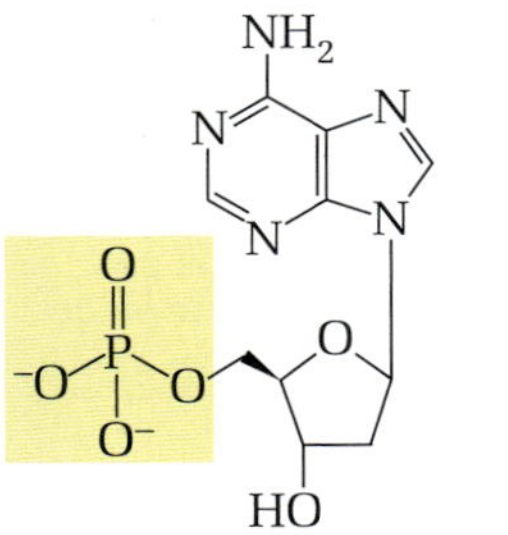

2'-Desoxyadenosin-
5'-monophosphat
dAMP

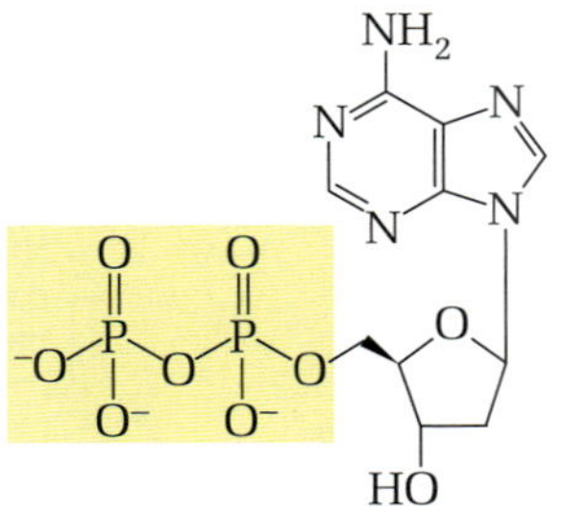

2'-Desoxyadenosin-
5'-diphosphat
dADP

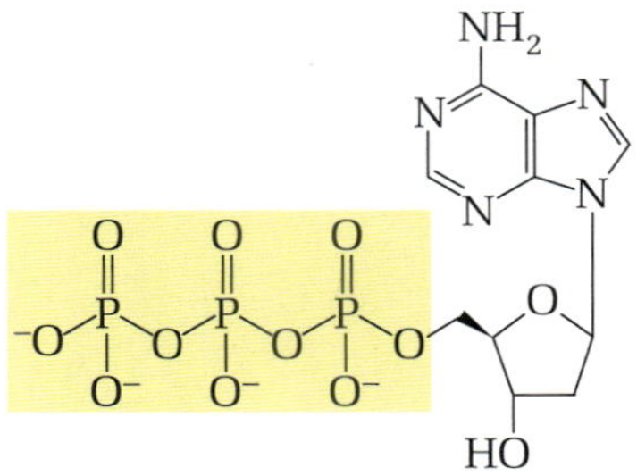

2'-Desoxyadenosin-
5'-triphosphat
dATP

45.2 Nucleinsäuren

Wir haben gelernt, dass **Nucleinsäuren** aus langen Strängen von Nucleotiden, die durch Phosphodiesterbindungen verknüpft sind, bestehen. Die Phosphorsäurereste bilden dabei einen Ester mit der 3'-OH-Gruppe des einen und mit der 5'-OH-Gruppe des nächsten Nucleotids (▶ Abbildung 45.1). Ein **Dinucleotid** enthält zwei Nucleotidreste, ein **Oligonucleotid** mehrere (einige bis einige Dutzend). Wie im Fall der Peptide ist der Übergang zum „Poly"nucleotid unscharf. DNA und RNA sind **Polynucleotide**.

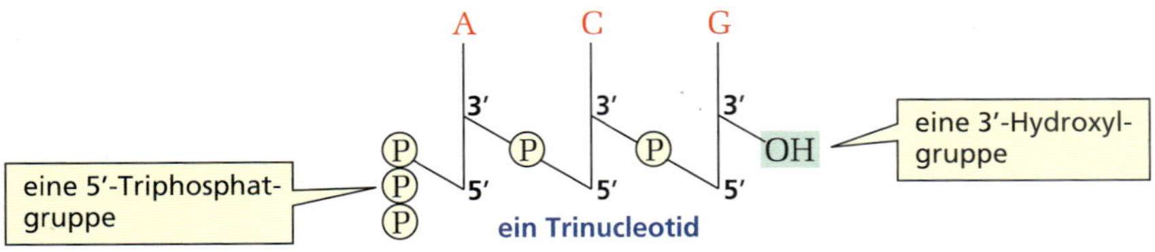

Nucleosidtriphosphate sind die Ausgangsverbindungen für die Biosynthese von Nucleinsäuren. DNA wird von Enzymen gebildet, die **DNA-Polymerasen** heißen, RNA entsprechend von **RNA-Polymerasen**. Die Nucleotide werden durch einen nucleophilen Angriff einer 3'-OH-Gruppe eines Nucleosidtriphosphatmoleküls (ATP, GTP, CTP, TTP, UTP) auf das α-P-Atom am 3'-Ende der schon bestehenden Nucleinsäure gebildet. Dabei wird eine Phosphoanhyridbindung des Triphosphats gespalten und Pyrophosphat eliminiert (▶ Abbildung 45.2). Das bedeutet, dass sich das Makromolekül in 5'⟶3'-Richtung verlängert. Bei enzymatischen Biosynthesen erfolgt die Addition neuer Nucleotide also stets am 3'-Ende. Das Pyrophosphat wird anschließend hydrolysiert. Die Reaktion ist irreversibel. Die Nucleinsäuren sind durch andere Enzyme (**Nucleasen**) hydrolytisch abbaubar. Beide Nucleinsäuretypen entstehen auf die gleiche Weise, nur werden bei der RNA-Synthese von den Polymerasen Ribonucleosidtriphosphate als Substrate verwendet und von den DNA-Polymerasen Desoxyribonucleosidtriphosphate.

MERKE !

Die Nucleinsäurebiosynthese schreitet in 5'⟶3'-Richtung fort.

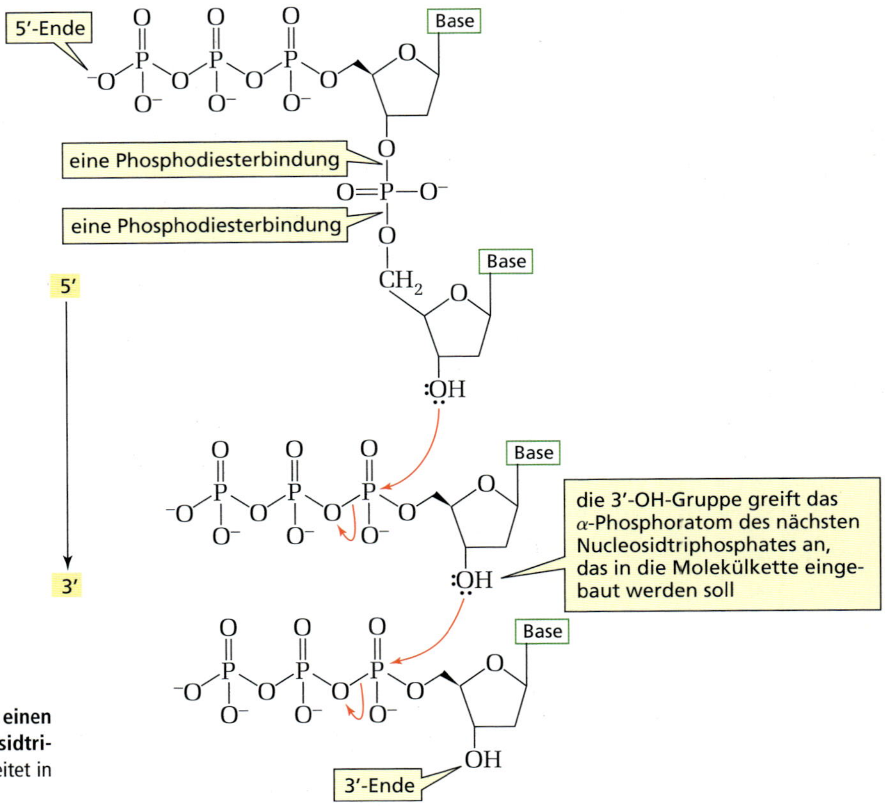

Abbildung 45.2: Anfügung eines Nucleotids an einen DNA-Strang durch Kondensation eines Nucleosidtriphosphats an das 3'-Ende. Die Biosynthese schreitet in 5'⟶3'-Richtung fort.

Die **Primärstruktur** einer Nucleinsäure ist die Abfolge der Nucleobasen in dem Strang/den Strängen des Moleküls.

Anhang

ÜBERBLICK

A Normalpotenziale bei 25 °C

Halbreaktion	E°(V)
$Ag^{+}(aq) + e^{-} \rightleftharpoons Ag(s)$	+0,799
$AgBr(s) + e^{-} \rightleftharpoons Ag(s) + Br^{-}(aq)$	+0,095
$AgCl(s) + e^{-} \rightleftharpoons Ag(s) + Cl^{-}(aq)$	+0,222
$Ag(CN)_2^{-}(aq) + e^{-} \rightleftharpoons Ag(s) + 2\ CN^{-}(aq)$	−0,31
$Ag_2CrO_4(s) + 2\ e^{-} \rightleftharpoons 2\ Ag(s) + CrO_4^{2-}(aq)$	+0,446
$AgI(s) + e^{-} \rightleftharpoons Ag(s) + I^{-}(aq)$	−0,151
$Ag(S_2O_3)_2^{3-}(aq) + e^{-} \rightleftharpoons Ag(s) + 2\ S_2O_3^{2-}(aq)$	+0,01
$Al^{3+}(aq) + 3\ e^{-} \rightleftharpoons Al(s)$	−1,66
$H_3AsO_4(aq) + 2\ H^{+}(aq) + 2\ e^{-} \rightleftharpoons H_3AsO_3(aq) + H_2O(l)$	+0,559
$Ba^{2+}(aq) + 2\ e^{-} \rightleftharpoons Ba(s)$	−2,90
$BiO^{+}(aq) + 2\ H^{+}(aq) + 3\ e^{-} \rightleftharpoons Bi(s) + H_2O(l)$	+0,32
$Br_2(l) + 2\ e^{-} \rightleftharpoons 2\ Br^{-}(aq)$	+1,065
$BrO_3^{-}(aq) + 6\ H^{+}(aq) + 5\ e^{-} \rightleftharpoons Br_2(l) + 3\ H_2O(l)$	+1,52
$2\ CO_2(g) + 2\ H^{+}(aq) + 2\ e^{-} \rightleftharpoons H_2C_2O_4(aq)$	−0,49
$Ca^{2+}(aq) + 2\ e^{-} \rightleftharpoons Ca(s)$	−2,87
$Cd^{2+}(aq) + 2\ e^{-} \rightleftharpoons Cd(s)$	−0,403
$Ce^{4+}(aq) + e^{-} \rightleftharpoons Ce^{3+}(aq)$	+1,61
$Cl_2(g) + 2\ e^{-} \rightleftharpoons 2\ Cl^{-}(aq)$	+1,359
$HClO(aq) + H^{+}(aq) + e^{-} \rightleftharpoons Cl_2(g) + H_2O(l)$	+1,63
$ClO^{-}(aq) + H_2O(l) + 2\ e^{-} \rightleftharpoons Cl^{-}(aq) + 2\ OH^{-}(aq)$	+0,89
$ClO_3^{-}(aq) + 6\ H^{+}(aq) + 5\ e^{-} \rightleftharpoons Cl_2(g) + 3\ H_2O(l)$	+1,47
$Co^{2+}(aq) + 2\ e^{-} \rightleftharpoons Co(s)$	−0,277
$Co^{3+}(aq) + e^{-} \rightleftharpoons Co^{2+}(aq)$	+1,842
$Cr^{3+}(aq) + 3\ e^{-} \rightleftharpoons Cr(s)$	−0,74
$Cr^{3+}(aq) + e^{-} \rightleftharpoons Cr^{2+}(aq)$	−0,41
$Cr_2O_7^{2-}(aq) + 14\ H^{+}(aq) + 6\ e^{-} \rightleftharpoons 2\ Cr^{3+}(aq) + 7\ H_2O(l)$	+1,33
$CrO_4^{2-}(aq) + 4\ H_2O(l) + 3\ e^{-} \rightleftharpoons Cr(OH)_3(s) + 5\ OH^{-}(aq)$	−0,13
$Cu^{2+}(aq) + 2\ e^{-} \rightleftharpoons Cu(s)$	+0,337
$Cu^{2+}(aq) + e^{-} \rightleftharpoons Cu^{+}(aq)$	+0,153
$Cu^{+}(aq) + e^{-} \rightleftharpoons Cu(s)$	+0,521
$CuI(s) + e^{-} \rightleftharpoons Cu(s) + I^{-}(aq)$	−0,185
$F_2(g) + 2\ e^{-} \rightleftharpoons 2\ F^{-}(aq)$	+2,87
$Fe^{2+}(aq) + 2\ e^{-} \rightleftharpoons Fe(s)$	−0,440
$Fe^{3+}(aq) + e^{-} \rightleftharpoons Fe^{2+}(aq)$	+0,771
$Fe(CN)_6^{3-}(aq) + e^{-} \rightleftharpoons Fe(CN)_6^{4-}(aq)$	+0,36
$2\ H^{+}(aq) + 2\ e^{-} \rightleftharpoons H_2(g)$	0,000
$2\ H_2O(l) + 2\ e^{-} \rightleftharpoons H_2(g) + 2\ OH^{-}(aq)$	−0,83

Halbreaktion	E°(V)
$HO_2^{-}(aq) + H_2O(l) + 2\ e^{-} \rightleftharpoons 3\ OH^{-}(aq)$	+0,88
$H_2O_2(aq) + 2\ H^{+}(aq) + 2\ e^{-} \rightleftharpoons 2\ H_2O(l)$	+1,776
$Hg_2^{2+}(aq) + 2\ e^{-} \rightleftharpoons 2\ Hg(l)$	+0,789
$2\ Hg^{2+}(aq) + 2\ e^{-} \rightleftharpoons Hg_2^{2+}(aq)$	+0,920
$Hg^{2+}(aq) + 2\ e^{-} \rightleftharpoons Hg(l)$	+0,854
$I_2(s) + 2\ e^{-} \rightleftharpoons 2\ I^{-}(aq)$	+0,536
$IO_3^{-}(aq) + 6\ H^{+}(aq) + 5\ e^{-} \rightleftharpoons I_2(s) + 3\ H_2O(l)$	+1,195
$K^{+}(aq) + e^{-} \rightleftharpoons K(s)$	−2,925
$Li^{+}(aq) + e^{-} \rightleftharpoons Li(s)$	−3,05
$Mg^{2+}(aq) + 2\ e^{-} \rightleftharpoons Mg(s)$	−2,37
$Mn^{2+}(aq) + 2\ e^{-} \rightleftharpoons Mn(s)$	−1,18
$MnO_2(s) + 4\ H^{+}(aq) + 2\ e^{-} \rightleftharpoons Mn^{2+}(aq) + 2\ H_2O(l)$	+1,23
$MnO_4^{-}(aq) + 8\ H^{+}(aq) + 5\ e^{-} \rightleftharpoons Mn^{2+}(aq) + 4\ H_2O(l)$	+1,51
$MnO_4^{-}(aq) + 2\ H_2O(l) + 3\ e^{-} \rightleftharpoons MnO_2(s) + 4\ OH^{-}(aq)$	+0,59
$HNO_2(aq) + H^{+}(aq) + e^{-} \rightleftharpoons NO(g) + H_2O(l)$	+1,00
$N_2(g) + 4\ H_2O(l) + 4\ e^{-} \rightleftharpoons 4\ OH^{-}(aq) + N_2H_4(aq)$	−1,16
$N_2(g) + 5\ H^{+}(aq) + 4\ e^{-} \rightleftharpoons N_2H_5^{+}(aq)$	−0,23
$NO_3^{-}(aq) + 4\ H^{+}(aq) + 3\ e^{-} \rightleftharpoons NO(g) + 2\ H_2O(l)$	+0,96
$Na^{+}(aq) + e^{-} \rightleftharpoons Na(s)$	−2,71
$Ni^{2+}(aq) + 2\ e^{-} \rightleftharpoons Ni(s)$	−0,28
$O_2(g) + 4\ H^{+}(aq) + 4\ e^{-} \rightleftharpoons 2\ H_2O(l)$	+1,23
$O_2(g) + 2\ H_2O(l) + 4\ e^{-} \rightleftharpoons 4\ OH^{-}(aq)$	+0,40
$O_2(g) + 2\ H^{+}(aq) + 2\ e^{-} \rightleftharpoons H_2O_2(aq)$	+0,68
$O_3(g) + 2\ H^{+}(aq) + 2\ e^{-} \rightleftharpoons O_2(g) + H_2O(l)$	+2,07
$Pb^{2+}(aq) + 2\ e^{-} \rightleftharpoons Pb(s)$	−0,126
$PbO_2(s) + HSO_4^{-}(aq) + 3\ H^{+}(aq) + 2\ e^{-} \rightleftharpoons PbSO_4(s) + 2\ H_2O(l)$	+1,685
$PbSO_4(s) + H^{+}(aq) + 2\ e^{-} \rightleftharpoons Pb(s) + HSO_4^{-}(aq)$	−0,356
$PtCl_4^{2-}(aq) + 2\ e^{-} \rightleftharpoons Pt(s) + 4\ Cl^{-}(aq)$	+0,73
$S(s) + 2\ H^{+}(aq) + 2\ e^{-} \rightleftharpoons H_2S(g)$	+0,141
$H_2SO_3(aq) + 4\ H^{+}(aq) + 4\ e^{-} \rightleftharpoons S(s) + 3\ H_2O(l)$	+0,45
$HSO_4^{-}(aq) + 3\ H^{+}(aq) + 2\ e^{-} \rightleftharpoons H_2SO_3(s) + H_2O(l)$	+0,17
$Sn^{2+}(aq) + 2\ e^{-} \rightleftharpoons Sn(s)$	−0,136
$Sn^{4+}(aq) + 2\ e^{-} \rightleftharpoons Sn^{2+}(aq)$	+0,154
$VO_2^{+}(aq) + 2\ H^{+}(aq) + e^{-} \rightleftharpoons VO^{2+}(aq) + H_2O(l)$	+1,00
$Zn^{2+}(aq) + 2\ e^{-} \rightleftharpoons Zn(s)$	−0,763

B Thermodynamische Größen ausgewählter Substanzen bei 298,15 K (25 °C)

Substanz	$\Delta_f H^\circ$ (kJ/mol)	$\Delta_f G^\circ$ (kJ/mol)	S° ($J/mol \cdot K^{-1}$)
Aluminium			
$Al(s)$	0	0	28,32
$AlCl_3(s)$	−705,6	−630,0	109,3
$Al_2O_3(s)$	−1669,8	−1576,5	51,00
Barium			
$Ba(s)$	0	0	63,2
$BaCO_3(s)$	−1216,3	−1137,6	112,1
$BaO(s)$	−553,5	−525,1	70,42
Beryllium			
$Be(s)$	0	0	9,44
$BeO(s)$	−608,4	−579,1	13,77
$Be(OH)_2(s)$	−905,8	−817,9	50,21
Blei			
$Pb(s)$	0	0	68,85
$PbBr_2(s)$	−277,4	−260,7	161
$PbCO_3(s)$	−699,1	−625,5	131,0
$Pb(NO_3)_2(aq)$	−421,3	−246,9	303,3
$Pb(NO_3)_2(s)$	−451,9	—	—
$PbO(s)$	−217,3	−187,9	68,70
Brom			
$Br(g)$	111,8	82,38	174,9
$Br^-(aq)$	−120,9	−102,8	80,71
$Br_2(g)$	30,71	3,14	245,3
$Br_2(l)$	0	0	152,3
$HBr(g)$	−36,23	−53,22	198,49
Calcium			
$Ca(g)$	179,3	145,5	154,8
$Ca(s)$	0	0	41,4
$CaCO_3(s, \text{Calcit})$	−1207,1	−1128,76	92,88
$CaCl_2(s)$	−795,8	−748,1	104,6
$CaF_2(s)$	−1219,6	−1167,3	68,87
$CaO(s)$	−635,5	−604,17	39,75
$Ca(OH)_2(s)$	−986,2	−898,5	83,4
$CaSO_4(s)$	−1434,0	−1321,8	106,7
Cäsium			
$Cs(g)$	76,50	49,53	175,6
$Cs(l)$	2,09	0,03	92,07
$Cs(s)$	0	0	85,15
$CsCl(s)$	−442,8	−414,4	101,2
Chlor			
$Cl(g)$	121,7	105,7	165,2
$Cl^-(aq)$	−167,2	−131,2	56,5
$Cl_2(g)$	0	0	222,96
$HCl(aq)$	−167,2	−131,2	56,5
$HCl(g)$	−92,30	−95,27	186,69
Chrom			
$Cr(g)$	397,5	352,6	174,2
$Cr(s)$	0	0	23,6
$Cr_2O_3(s)$	−1139,7	−1058,1	81,2
Eisen			
$Fe(g)$	415,5	369,8	180,5
$Fe(s)$	0	0	27,15
$Fe^{2+}(aq)$	−87,86	−84,93	113,4
$Fe^{3+}(aq)$	−47,69	−10,54	293,3
$FeCl_2(s)$	−341,8	−302,3	117,9
$FeCl_3(s)$	−400	−334	142,3
$FeO(s)$	−271,9	−255,2	60,75
$Fe_2O_3(s)$	−822,16	−740,98	89,96
$Fe_3O_4(s)$	−1117,1	−1014,2	146,4
$FeS_2(s)$	−171,5	−160,1	52,92
Fluor			
$F(g)$	80,0	61,9	158,7
$F^-(aq)$	−332,6	−278,8	−13,8
$F_2(g)$	0	0	202,7
$HF(g)$	−268,61	−270,70	173,51
Iod			
$I(g)$	106,60	70,16	180,66
$I^-(aq)$	−55,19	−51,57	111,3
$I_2(g)$	62,25	19,37	260,57
$I_2(s)$	0	0	116,73
$HI(g)$	25,94	1,30	206,3
Kalium			
$K(g)$	89,99	61,17	160,2
$K(s)$	0	0	64,67
$KCl(s)$	−435,9	−408,3	82,7
$KClO_3(s)$	−391,2	−289,9	143,0
$KClO_3(aq)$	−349,5	−284,9	265,7
$K_2CO_3(s)$	−1150,18	−1064,58	155,44
$KNO_3(s)$	−492,70	−393,13	132,9
$K_2O(s)$	−363,2	−322,1	94,14
$KO_2(s)$	−284,5	−240,6	122,5
$K_2O_2(s)$	−495,8	−429,8	113,0
$KOH(s)$	−424,7	−378,9	78,91
$KOH(aq)$	−482,4	−440,5	91,6
Kobalt			
$Co(g)$	439	393	179
$Co(s)$	0	0	28,4
Kohlenstoff			
$C(g)$	718,4	672,9	158,0
$C(s, \text{Diamant})$	1,88	2,84	2,43
$C(s, \text{Graphit})$	0	0	5,69
$CCl_4(g)$	−106,7	−64,0	309,4
$CCl_4(l)$	−139,3	−68,6	214,4
$CF_4(g)$	−679,9	−635,1	262,3
$CH_4(g)$	−74,8	−50,8	186,3
$C_2H_2(g)$	226,77	209,2	200,8
$C_2H_4(g)$	52,30	68,11	219,4
$C_2H_6(g)$	−84,68	−32,89	229,5
$C_3H_8(g)$	−103,85	−23,47	269,9

Substanz	$\Delta_f H°$ (kJ/mol)	$\Delta_f G°$ (kJ/mol)	$S°$ (J/mol·K^{-1})
$C_4H_{10}(g)$	–124,73	–15,71	310,0
$C_4H_{10}(l)$	–147,6	–15,0	231,0
$C_6H_6(g)$	82,9	129,7	269,2
$C_6H_6(l)$	49,0	124,5	172,8
$CH_3OH(g)$	–201,2	–161,9	237,6
$CH_3OH(l)$	–238,6	–166,23	126,8
$C_2H_5OH(g)$	–235,1	–168,5	282,7
$C_2H_5OH(l)$	–277,7	–174,76	160,7
$C_6H_{12}O_6(s)$	–1273,02	–910,4	212,1
$CO(g)$	–110,5	–137,2	197,9
$CO_2(g)$	–393,5	–394,4	213,6
$CH_3COOH(l)$	–487,0	–392,4	159,8
Kupfer			
$Cu(g)$	338,4	298,6	166,3
$Cu(s)$	0	0	33,30
$CuCl_2(s)$	–205,9	–161,7	108,1
$CuO(s)$	–156,1	–128,3	42,59
$Cu_2O(s)$	–170,7	–147,9	92,36
Lithium			
$Li(g)$	159,3	126,6	138,8
$Li(s)$	0	0	29,09
$Li^+(aq)$	–278,5	–273,4	12,2
$Li^+(g)$	685,7	648,5	133,0
$LiCl(s)$	–408,3	–384,0	59,30
Magnesium			
$Mg(g)$	147,1	112,5	148,6
$Mg(s)$	0	0	32,51
$MgCl_2(s)$	–641,6	–592,1	89,6
$MgO(s)$	–601,8	–569,6	26,8
$Mg(OH)_2(s)$	–924,7	–833,7	63,24
Mangan			
$Mn(g)$	280,7	238,5	173,6
$Mn(s)$	0	0	32,0
$MnO(s)$	–385,2	–362,9	59,7
$MnO_2(s)$	–519,6	–464,8	53,14
$MnO_4^-(aq)$	–541,4	–447,2	191,2
Natrium			
$Na(g)$	107,7	77,3	153,7
$Na(s)$	0	0	51,45
$Na^+(aq)$	–240,1	–261,9	59,0
$Na^+(g)$	609,3	574,3	148,0
$NaBr(aq)$	–360,6	–364,7	141,00
$NaBr(s)$	–361,4	–349,3	86,82
$Na_2CO_3(s)$	–1130,9	–1047,7	136,0
$NaCl(aq)$	–407,1	–393,0	115,5
$NaCl(g)$	–181,4	–201,3	229,8
$NaCl(s)$	–410,9	–384,0	72,33
$NaHCO_3(s)$	–947,7	–851,8	102,1
$NaNO_3(aq)$	–446,2	–372,4	207
$NaNO_3(s)$	–467,9	–367,0	116,5
$NaOH(aq)$	–469,6	–419,2	49,8
$NaOH(s)$	–425,6	–379,5	64,46

Substanz	$\Delta_f H°$ (kJ/mol)	$\Delta_f G°$ (kJ/mol)	$S°$ (J/mol·K^{-1})
Nickel			
$Ni(g)$	429,7	384,5	182,1
$Ni(s)$	0	0	29,9
$NiCl_2(s)$	–305,3	–259,0	97,65
$NiO(s)$	–239,7	–211,7	37,99
Phosphor			
$P(g)$	316,4	280,0	163,2
$P_2(g)$	144,3	103,7	218,1
$P_4(g)$	58,9	24,4	280
$P_4(s$, rot)	–17,46	–12,03	22,85
$P_4(s$, weiß)	0	0	41,08
$PCl_3(g)$	–288,07	–269,6	311,7
$PCl_3(l)$	–319,6	–272,4	217
$PF_5(g)$	–1594,4	–1520,7	300,8
$PH_3(g)$	5,4	13,4	210,2
$P_4O_6(s)$	–1640,1	—	—
$P_4O_{10}(s)$	–2940,1	–2675,2	228,9
$POCl_3(g)$	–542,2	–502,5	325
$POCl_3(l)$	–597,0	–520,9	222
$H_3PO_4(aq)$	–1288,3	–1142,6	158,2
Quecksilber			
$Hg(g)$	60,83	31,76	174,89
$Hg(l)$	0	0	77,40
$HgCl_2(s)$	–230,1	–184,0	144,5
$Hg_2Cl_2(s)$	–264,9	–210,5	192,5
Rubidium			
$Rb(g)$	85,8	55,8	170,0
$Rb(s)$	0	0	76,78
$RbCl(s)$	–430,5	–412,0	92
$RbClO_3(s)$	–392,4	–292,0	152
Sauerstoff			
$O(g)$	247,5	230,1	161,0
$O_2(g)$	0	0	205,0
$O_3(g)$	142,3	163,4	237,6
$OH^-(aq)$	–230,0	–157,3	–10,7
$H_2O(g)$	–241,82	–228,57	188,83
$H_2O(l)$	–285,83	–237,13	69,91
$H_2O_2(g)$	–136,10	–105,48	232,9
$H_2O_2(l)$	–187,8	–120,4	109,6
Scandium			
$Sc(g)$	377,8	336,1	174,7
$Sc(s)$	0	0	34,6
Schwefel			
$S(s$, rhombisch)	0	0	31,88
$S_8(g)$	102,3	49,7	430,9
$SO_2(g)$	–296,9	–300,4	248,5
$SO_3(g)$	–395,2	–370,4	256,2
$SO_4^{2-}(aq)$	–909,3	–744,5	20,1
$SOCl_2(l)$	–245,6	—	—
$H_2S(g)$	–20,17	–33,01	205,6
$H_2SO_4(aq)$	–909,3	–744,5	20,1
$H_2SO_4(l)$	–814,0	–689,9	156,1

Substanz	$\Delta_f H°$ (kJ/mol)	$\Delta_f G°$ (kJ/mol)	$S°$ (J/mol·K^{-1})
Selen			
$H_2Se(g)$	29,7	15,9	219,0
Silber			
$Ag(s)$	0	0	42,55
$Ag^+(aq)$	105,90	77,11	73,93
$AgCl(s)$	–127,0	–109,70	96,11
$Ag_2O(s)$	–31,05	–11,20	121,3
$AgNO_3(s)$	–124,4	–33,41	140,9
Silizium			
$Si(g)$	368,2	323,9	167,8
$Si(s)$	0	0	18,7
$SiC(s)$	–73,22	–70,85	16,61
$SiCl_4(l)$	–640,1	–572,8	239,3
$SiO_2(s$, Quartz)	–910,9	–856,5	41,84
Stickstoff			
$N(g)$	472,7	455,5	153,3
$N_2(g)$	0	0	191,50
$NH_3(aq)$	–80,29	–26,50	111,3
$NH_3(g)$	–46,19	–16,66	192,5
$NH_4^+(aq)$	–132,5	–79,31	113,4
$N_2H_4(g)$	95,40	159,4	238,5
$NH_4CN(s)$	0,0	—	—
$NH_4Cl(s)$	–314,4	–203,0	94,6
$NH_4NO_3(s)$	–365,6	–184,0	151
$NO(g)$	90,37	86,71	210,62
$NO_2(g)$	33,84	51,84	240,45
$N_2O(g)$	81,6	103,59	220,0
$N_2O_4(g)$	9,66	98,28	304,3
$NOCl(g)$	52,6	66,3	264
$HNO_3(aq)$	–206,6	–110,5	146
$HNO_3(g)$	–134,3	–73,94	266,4
Strontium			
$SrO(s)$	–592,0	–561,9	54,9
$Sr(g)$	164,4	110,0	164,6
Titan			
$Ti(g)$	468	422	180,3
$Ti(s)$	0	0	30,76
$TiCl_4(g)$	–763,2	–726,8	354,9
$TiCl_4(l)$	–804,2	–728,1	221,9
$TiO_2(s)$	–944,7	–889,4	50,29
Vanadium			
$V(g)$	514,2	453,1	182,2
$V(s)$	0	0	28,9
Wasserstoff			
$H(g)$	217,94	203,26	114,60
$H^+(aq)$	0	0	0
$H^+(g)$	1536,2	1517,0	108,9
$H_2(g)$	0	0	130,58
Zink			
$Zn(g)$	130,7	95,2	160,9
$Zn(s)$	0	0	41,63
$ZnCl_2(s)$	–415,1	–369,4	111,5
$ZnO(s)$	–348,0	–318,2	43,9

C Gleichgewichtskonstanten in wässriger Lösung

Name	Formel	K_{S1}	K_{S2}	K_{S3}
Ameisensäure	$HCOOH$	$1,8 \times 10^{-4}$		
arsenige Säure	H_3AsO_3	$5,1 \times 10^{-10}$		
Arsensäure	H_3AsO_4	$5,6 \times 10^{-3}$	$1,0 \times 10^{-7}$	$3,0 \times 10^{-12}$
Ascorbinsäure	$C_6H_8O_6$	$8,0 \times 10^{-5}$	$1,6 \times 10^{-12}$	
Benzoesäure	C_6H_5COOH	$6,3 \times 10^{-5}$		
Borsäure	H_3BO_3	$5,8 \times 10^{-10}$		
Butansäure	C_3H_7COOH	$1,5 \times 10^{-5}$		
Chloressigsäure	$ClCH_2COOH$	$1,4 \times 10^{-3}$		
chlorige Säure	$HClO_2$	$1,1 \times 10^{-2}$		
Cyansäure	$HCNO$	$3,5 \times 10^{-4}$		
Cyanwasserstoffsäure	HCN	$4,9 \times 10^{-10}$		

Tabelle C.1: Dissoziationskonstanten von Säuren bei 25 °C.

Name	Formel	K_{S1}	K_{S2}	K_{S3}
Diphosphorsäure	$H_4P_2O_7$	$3{,}0 \times 10^{-2}$	$4{,}4 \times 10^{-3}$	
Essigsäure	CH_3COOH	$1{,}8 \times 10^{-5}$		
Fluorwasserstoffsäure	HF	$6{,}8 \times 10^{-4}$		
Hydrogenchromat	$HCrO_4^-$	$3{,}0 \times 10^{-7}$		
Hydrogenselenat	$HSeO_4^-$	$2{,}2 \times 10^{-2}$		
Schwefelwasserstoff	H_2S	$9{,}5 \times 10^{-8}$	1×10^{-19}	
hypobromige Säure	$HBrO$	$2{,}5 \times 10^{-9}$		
hypochlorige Säure	$HClO$	$3{,}0 \times 10^{-8}$		
hypoiodige Säure	HIO	$2{,}3 \times 10^{-11}$		
Iodsäure	HIO_3	$1{,}7 \times 10^{-1}$		
Kohlensäure	H_2CO_3	$4{,}3 \times 10^{-7}$	$5{,}6 \times 10^{-11}$	
Malonsäure	$CH_2(COOH)_2$	$1{,}5 \times 10^{-3}$	$2{,}0 \times 10^{-6}$	
Milchsäure	$C_3H_6O_3$	$1{,}4 \times 10^{-4}$		
Orthoperiodsäure	H_5IO_6	$2{,}8 \times 10^{-2}$	$5{,}3 \times 10^{-9}$	
Oxalsäure	$H_2C_2O_4$	$5{,}9 \times 10^{-2}$	$6{,}4 \times 10^{-5}$	
Phenol	C_6H_5OH	$1{,}3 \times 10^{-10}$		
Phosphorsäure	H_3PO_4	$7{,}5 \times 10^{-3}$	$6{,}2 \times 10^{-8}$	$4{,}2 \times 10^{-13}$
Propionsäure	C_2H_5COOH	$1{,}3 \times 10^{-5}$		
salpetrige Säure	HNO_2	$4{,}5 \times 10^{-4}$		
Schwefelsäure	H_2SO_4	10^3	$1{,}2 \times 10^{-2}$	
schweflige Säure	H_2SO_3	$1{,}7 \times 10^{-2}$	$6{,}4 \times 10^{-8}$	
selenige Säure	H_2SeO_3	$2{,}3 \times 10^{-3}$	$5{,}3 \times 10^{-9}$	
Stickstoffwasserstoffsäure	HN_3	$1{,}9 \times 10^{-5}$		
Wasserstoffperoxid	H_2O_2	$2{,}4 \times 10^{-12}$		
Weinsäure	$C_4H_6O_6$	$1{,}0 \times 10^{-3}$	$4{,}6 \times 10^{-5}$	
Zitronensäure	$C_6H_8O_7$	$7{,}4 \times 10^{-4}$	$1{,}7 \times 10^{-5}$	$4{,}0 \times 10^{-7}$

Tabelle C.1: Fortsetzung.

Name	Formel	K_B
Ammoniak	NH_3	$1{,}8 \times 10^{-5}$
Anilin	$C_6H_5NH_2$	$4{,}3 \times 10^{-10}$
Dimethylamin	$(CH_3)_2NH$	$5{,}4 \times 10^{-4}$
Ethylamin	$C_2H_5NH_2$	$6{,}4 \times 10^{-4}$
Hydrazin	H_2NNH_2	$1{,}3 \times 10^{-6}$
Hydroxylamin	$HONH_2$	$1{,}1 \times 10^{-8}$
Methylamin	CH_3NH_2	$4{,}4 \times 10^{-4}$
Pyridin	C_5H_5N	$1{,}7 \times 10^{-9}$
Trimethylamin	$(CH_3)_3N$	$6{,}4 \times 10^{-5}$

Tabelle C.2: Basenkonstanten bei 25 °C.

Name	Formel	K_L	Name	Formel	K_L
Bariumcarbonat	$BaCO_3$	$5{,}0 \times 10^{-9}$	Kupfer(II)sulfid	CuS	6×10^{-37}
Bariumchromat	$BaCrO_4$	$2{,}1 \times 10^{-10}$	Lanthanfluorid	LaF_3	2×10^{-19}
Bariumfluorid	BaF_2	$1{,}7 \times 10^{-6}$	Lanthaniodat	$La(IO_3)_3$	$6{,}1 \times 10^{-12}$
Bariumoxalat	BaC_2O_4	$1{,}6 \times 10^{-6}$	Magnesiumcarbonat	$MgCO_3$	$3{,}5 \times 10^{-8}$
Bariumsulfat	$BaSO_4$	$1{,}1 \times 10^{-10}$	Magnesiumhydroxid	$Mg(OH)_2$	$1{,}6 \times 10^{-12}$
Blei(II)carbonat	$PbCO_3$	$7{,}4 \times 10^{-14}$	Magnesiumoxalat	MgC_2O_4	$8{,}6 \times 10^{-5}$
Blei(II)chlorid	$PbCl_2$	$1{,}7 \times 10^{-5}$	Mangan(II)carbonat	$MnCO_3$	$5{,}0 \times 10^{-10}$
Blei(II)chromat	$PbCrO_4$	$2{,}8 \times 10^{-13}$	Mangan(II)hydroxid	$Mn(OH)_2$	$1{,}6 \times 10^{-13}$
Blei(II)fluorid	PbF_2	$3{,}6 \times 10^{-8}$	Mangan(II)sulfid	MnS	7×10^{-16}
Blei(II)sulfat	$PbSO_4$	$6{,}3 \times 10^{-7}$	Nickel(II)carbonat	$NiCO_3$	$1{,}3 \times 10^{-7}$
Blei(II)sulfid	PbS	3×10^{-28}	Nickel(II)hydroxid	$Ni(OH)_2$	$6{,}0 \times 10^{-16}$
Cadmiumcarbonat	$CdCO_3$	$1{,}8 \times 10^{-14}$	Nickel(II)sulfid	NiS	3×10^{-21}
Cadmiumhydroxid	$Cd(OH)_2$	$2{,}5 \times 10^{-14}$	Quecksilber(I)chlorid	Hg_2Cl_2	$1{,}2 \times 10^{-18}$
Cadmiumsulfid	CdS	8×10^{-28}	Quecksilber(I)iodid	Hg_2I_2	$1{,}1 \times 10^{-28}$
Calciumcarbonat (Calcit)	$CaCO_3$	$4{,}5 \times 10^{-9}$	Quecksilber(II)sulfid	HgS	2×10^{-54}
Calciumchromat	$CaCrO_4$	$7{,}1 \times 10^{-4}$	Silberbromat	$AgBrO_3$	$5{,}5 \times 10^{-5}$
Calciumfluorid	CaF_2	$3{,}9 \times 10^{-11}$	Silberbromid	$AgBr$	$5{,}0 \times 10^{-13}$
Calciumhydroxid	$Ca(OH)_2$	$6{,}5 \times 10^{-6}$	Silbercarbonat	Ag_2CO_3	$8{,}1 \times 10^{-12}$
Calciumphosphat	$Ca_3(PO_4)_2$	$2{,}0 \times 10^{-29}$	Silberchlorid	$AgCl$	$1{,}8 \times 10^{-10}$
Calciumsulfat	$CaSO_4$	$2{,}4 \times 10^{-5}$	Silberchromat	Ag_2CrO_4	$1{,}2 \times 10^{-12}$
Chrom(III)hydroxid	$Cr(OH)_3$	$1{,}6 \times 10^{-30}$	Silberiodid	AgI	$8{,}3 \times 10^{-17}$
Eisen(II)carbonat	$FeCO_3$	$2{,}1 \times 10^{-11}$	Silbersulfat	Ag_2SO_4	$1{,}5 \times 10^{-5}$
Eisen(II)hydroxid	$Fe(OH)_2$	$7{,}9 \times 10^{-16}$	Silbersulfid	Ag_2S	6×10^{-51}
Kobalt(II)carbonat	$CoCO_3$	$1{,}0 \times 10^{-10}$	Strontiumcarbonat	$SrCO_3$	$9{,}3 \times 10^{-10}$
Kobalt(II)hydroxid	$Co(OH)_2$	$1{,}3 \times 10^{-15}$	Zinkcarbonat	$ZnCO_3$	$1{,}0 \times 10^{-10}$
Kobalt(II)sulfid	CoS	5×10^{-22}	Zinkhydroxid	$Zn(OH)_2$	$3{,}0 \times 10^{-16}$
Kupfer(I)bromid	$CuBr$	$5{,}3 \times 10^{-9}$	Zinkoxalat	ZnC_2O_4	$2{,}7 \times 10^{-8}$
Kupfer(II)carbonat	$CuCO_3$	$2{,}3 \times 10^{-10}$	Zinksulfid	ZnS	2×10^{-22}
Kupfer(II)hydroxid	$Cu(OH)_2$	$4{,}8 \times 10^{-20}$	Zinn(II)sulfid	SnS	1×10^{-26}

Tabelle C.3: Löslichkeitsprodukte von Verbindungen bei 25 °C.

D pK$_S$-Werte

Verbindung	pK_S
$CH_3C{\equiv}\overset{+}{N}H$	−10,1
HI	−10
HBr	−9
$CH_3CH{=}\overset{+}{O}H$	−8
$CH_3C({=}\overset{+}{O}H)CH_3$	−7,3
HCl	−7
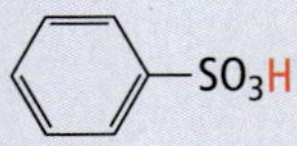	−6,5
$CH_3C({=}\overset{+}{O}H)OCH_3$	−6,5
$CH_3C({=}\overset{+}{O}H)OH$	−6,1
H_2SO_4	−5
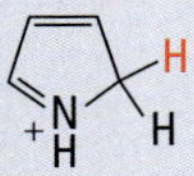	−3,8
$CH_3CH_2\overset{+}{O}(H)CH_2CH_3$	−3,6
$CH_3CH_2\overset{+}{O}(H)H$	−2,4
$CH_3\overset{+}{O}(H)H$	−2,5
H_3O^+	−1,7
HNO_3	−1,3
CH_3SO_3H	−1,2
$CH_3C({=}\overset{+}{O}H)NH_2$	0,0
F_3CCOOH	0,2
Cl_3CCOOH	0,64
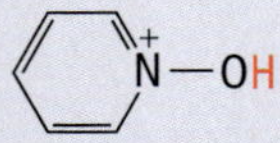	0,79
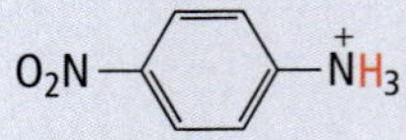	1,0
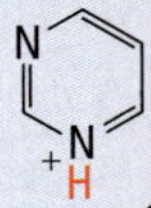	1,0
$Cl_2CHCOOH$	1,3
HSO_4^-	2,0
H_3PO_4	2,1
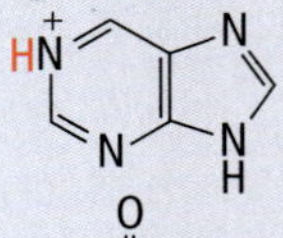	2,5
FCH_2COOH	2,7
$ClCH_2COOH$	2,8
$BrCH_2COOH$	2,9
ICH_2COOH	3,2
HF	3,2
HNO_2	3,4
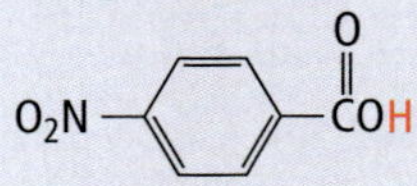	3,4
HCOOH	3,8
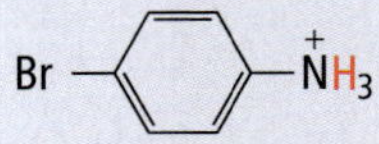	3,9
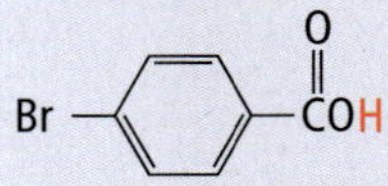	4,0
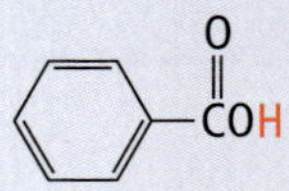	4,2
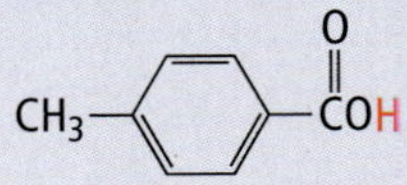	4,3
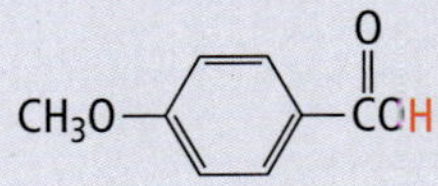	4,5
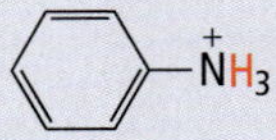	4,6
CH_3COOH	4,8
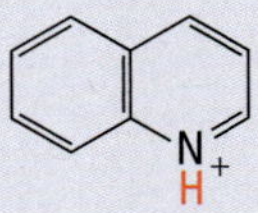	4,9
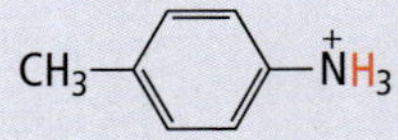	5,1
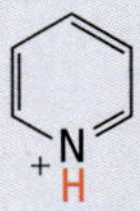	5,2
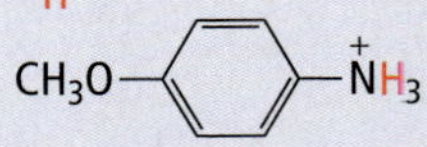	5,3
$CH_3C(CH_3){=}\overset{+}{N}HCH_3$	5,5
CH_3COCH_2CHO	5,9
$HO\overset{+}{N}H_3$	6,0
H_2CO_3	6,4
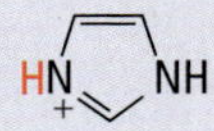	6,8
H_2S	7,0
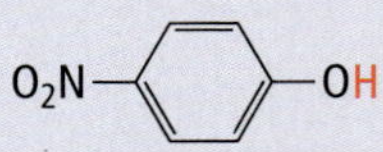	7,1
$H_2PO_4^-$	7,2
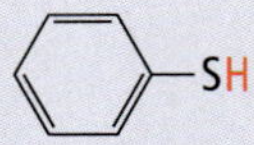	7,8

* Die angegebenen pK_S-Werte beziehen sich jeweils auf das rot unterlegte Wasserstoffatom der Verbindung.

Tabelle D.1: **pK_S-Werte.**

Verbindung	pK_S
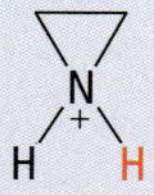	8,0
$H_2N\overset{+}{N}H_3$	8,1
$CH_3\overset{\overset{O}{\|}}{C}OOH$	8,2
$CH_3CH_2NO_2$	8,6
$CH_3\overset{\overset{O}{\|}}{C}CH_2\overset{\overset{O}{\|}}{C}CH_3$	8,9
$HC{\equiv}N$	9,1
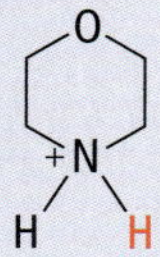	9,3
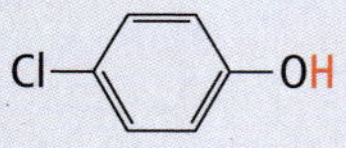	9,4
$\overset{+}{N}H_4$	9,4
$HOCH_2CH_2\overset{+}{N}H_3$	9,5
$H_3\overset{+}{N}CH_2\overset{\overset{O}{\|}}{C}O^-$	9,8
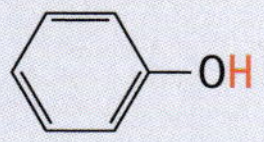	10,0
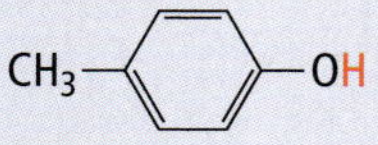	10,2
HCO_3^-	10,2
CH_3NO_2	10,2
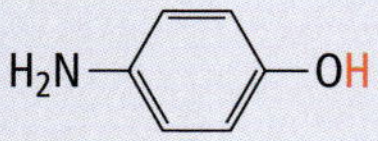	10,3
CH_3CH_2SH	10,5
$(CH_3)_3\overset{+}{N}H$	10,6
$CH_3\overset{\overset{O}{\|}}{C}CH_2\overset{\overset{O}{\|}}{C}OCH_2CH_3$	10,7
$CH_3\overset{+}{N}H_3$	10,7
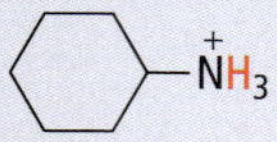	10,7
$(CH_3)_2\overset{+}{N}H_2$	10,7
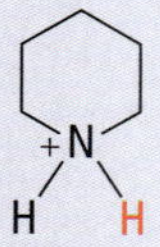	11,1
$CH_3CH_2\overset{+}{N}H_3$	11,0
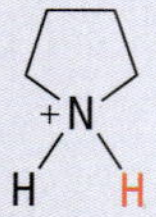	11,3
$HOOH$	11,6
HPO_4^{2-}	12,3
CF_3CH_2OH	12,4
$CH_3CH_2O\overset{\overset{O}{\|}}{C}CH_2\overset{\overset{O}{\|}}{C}OCH_2CH_3$	13,3
$HC{\equiv}CCH_2OH$	13,5
$H_2N\overset{\overset{O}{\|}}{C}NH_2$	13,7
$CH_3\overset{+}{N}(CH_3)_2CH_2CH_2OH$	13,9
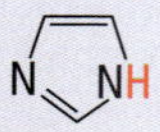	14,4
CH_3OH	15,5
H_2O	15,7
CH_3CH_2OH	16,0
$CH_3\overset{\overset{O}{\|}}{C}NH_2$	16
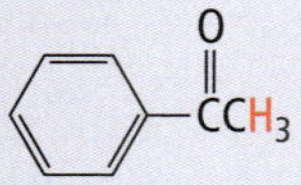	16,0
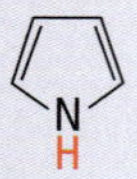	~17
$CH_3\overset{\overset{O}{\|}}{C}H$	17
$(CH_3)_3COH$	18
$CH_3\overset{\overset{O}{\|}}{C}CH_3$	20
$CH_3\overset{\overset{O}{\|}}{C}OCH_2CH_3$	24,5
$HC{\equiv}CH$	25
$CH_3C{\equiv}N$	25
$CH_3\overset{\overset{O}{\|}}{C}N(CH_3)_2$	30
NH_3	36
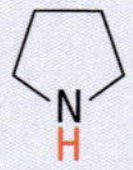	36
CH_3NH_2	40
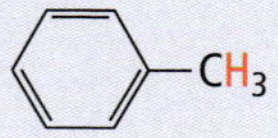	41
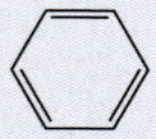	43
$CH_2{=}CHCH_3$	43
$CH_2{=}CH_2$	44
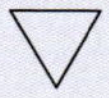	46
CH_4	60
CH_3CH_3	> 60

Tabelle D.1: pK_S-Werte (Fortsetzung).

E Sachregister

Symbole

A

B

C

D

E

F

G

H

I

K

L

M

Q

R

S

T

U

V

W

Z

F Bildnachweis

Kapitel 1: **1.1** Dale Wilson/Green Stock/Corbis/Bettmann. **1.4** Charles D. Winters/Photo Researchers, Inc. **1.5 a** M. Angelo/Corbis/Bettmann. **1.5 b** Richard Megna/Fundamental Photographs, NYC. **1.8 a–c** Donald Clegg and Roxy Wilson/Pearson Education/PH College. **1.9 a–b** Donald Clegg and Roxy Wilson/Pearson Education/PH College. **1.12 a–c** Richard Megna/Fundamental Photographs, NYC. **1.13** Australian Postal Service/ National Standards Commission.

Kapitel 2: **2.1** Corbis/Bettmann. **2.2** IBMRL/Visuals Unlimited. **2.3b–c** Richard Megna/Fundamental Photographs, NYC. **2.6** Radium Institute, Courtesy AIP Emilio Segre Visual Archives. **2.7** G.R. „Dick" Roberts Photo Library/The Natural Sciences Image Library (NSIL). **2.16** Richard Megna/ Fundamental Photographs, NYC. **2.18 c** Andrew Syred/Science Photo Library/Photo Researchers, Inc.

Kapitel 3: **3.1** Jean-Loup Charmet/Science Photo Library/Photo Researchers, Inc. **3.2 a–c** Richard Megna/Fundamental Photographs, NYC. **3.3** Donald Johnston/Getty Images Inc. – Stone Allstock. **3.4** Richard Megna/ Fundamental Photographs, NYC. **3.6** Richard Megna/Fundamental Photographs, NYC.

Kapitel 4: **4.1** Richard Megna/Fundamental Photographs, NYC. **4.2a–c** Richard Megna/Fundamental Photographs, NYC. **4.4.1–3** Richard Megna/ Fundamental Photographs, NYC. **4.6** Richard Megna/Fundamental Photographs, NYC. **4.7 a–c** Richard Megna/Fundamental Photographs, NYC. **4.8** Richard Megna/Fundamental Photographs, NYC. **4.9** Jorg Heimann/ Bilderberg/Peter Arnold, Inc. **4.10** Richard Megna/Fundamental Photographs, NYC. **4.11** Richard Megna/Fundamental Photographs, NYC. **4.12 a–c** Peticolas/Megna/Fundamental Photographs, NYC. **4.13 a–d** Donald Clegg and Roxy Wilson/Pearson Education/PH College. **4.14 a–c** Richard Megna/Fundamental Photographs, NYC. **4.15 a–c** Richard Megna/Fundamental Photographs, NYC.

Kapitel 5: **5.1a** Amoz Eckerson/Visuals Unlimited. **5.1b** Tom Pantages/ Tom Pantages. **5.7a–b** Richard Megna/Fundamental Photographs, NYC. **5.12a–b** Donald Clegg and Roxy Wilson/Pearson Education/PH College. **5.13** UPI/Corbis/Bettmann.

Kapitel 6: **6.1** Pal Hermansen/Getty Images Inc. – Stone Allstock. **6.5** AGE/ Peter Arnold, Inc. **6.6 a** Laura Martin/Visuals Unlimited. **6.6 b** PhotoDisc/ Getty Images, Inc. – PhotoDisc. **6.8** Photograph by Paul Ehrenfest, courtesy AIP Emilio Segre Visual Archives, Ehrenfest Collection. **6.9** Digital Vision Ltd. **6.11a–b** Tom Pantages/Tom Pantages. **6.14** National Institute for Biological Standards and Control (U. K.)/Science Photo Library/Photo Researchers, Inc. **6.15** AIP Emilio Segre Visual Archives.

Kapitel 7: **7.1** Richard Megna/Fundamental Photographs, NYC. **7.12** © Judith Miller/Dorling Kindersley/Freeman's. **7.14 a–b** Richard Megna/Fundamental Photographs, NYC. **7.15** Ed Degginger/Color-Pic, Inc. **7.16a–b** Richard Megna/Fundamental Photographs, NYC. **7.17** Richard Megna/ Fundamental Photographs, NYC.

Kapitel 8: **8.1a–c** Richard Megna/Fundamental Photographs, NYC. **8.2a–c** Donald Clegg and Roxy Wilson/Pearson Education/PH College.

Kapitel 9: **9.4a–c** Kristen Brochmann/Fundamental Photographs, NYC. **9.35** Richard Megna/Fundamental Photographs, NYC.

Kapitel 11: **11-2UN** Calvin and Hobbes © Watterson. Dist. by Universal Press Syndicate. Reprinted with permission. All rights reserved. **11.9** Richard Megna/Fundamental Photographs, NYC. **11.10c** Astrid and Hanns-Frieder Michler/Peter Arnold, Inc. **11.11** Richard Megna/Fundamental Photographs, NYC. **11.13** Kristen Brochmann/Fundamental Photographs, NYC. **11.14** Hermann Eisenbeiss/Photo Researchers, Inc. **11.16** Richard Megna/Fundamental Photographs, NYC. **11.24 a** Dan McCoy/Rainbow. **11.24b** Herve Berthoule/Jacana Scientific Control/Photo Researchers, Inc. **11.24c** Michael Dalton/Fundamental Photographs, NYC.

Kapitel 12: **12.4** David Parker/IMI/ University of Birmingham High TC Consortium/Science Photo Library/Photo Researchers, Inc. **12.5** National Railway Japan/Phototake NYC. **12.6** Mauro Fermariello/Science Photo Library/Photo Researchers, Inc.

Kapitel 13: **13.5** Tom Bochsler/Pearson Education/PH College. **13.7 a–c** Richard Megna/Fundamental Photographs, NYC. **13.8** Ed Degginger/ Color-Pic, Inc. **13.9a–c** Richard Megna/Fundamental Photographs, NYC. **13.13** Charles D. Winters/Photo Researchers, Inc. **13.20** Leonard Lessin/ Peter Arnold, Inc. **13.27a** E. R. Degginger/Color-Pic, Inc. **13.21 b** Gene Rhoden/Visuals Unlimited.

Kapitel 14: **14.1a** Michael S. Yamashita/Corbis/Bettmann **14.1b** S.C. Fried/Photo Researchers, Inc. **14.1c** David N. Davis/Photo Researchers, Inc. **14.2a** Michael Dalton/Fundamental Photographs, NYC. **14.2b** Richard Megna/Fundamental Photographs, NYC. **14.9** Richard Megna/ Fundamental Photographs, NYC. **14.15 a–c** Richard Megna/Fundamental Photographs, NYC.

Kapitel 15: **15.1 a–c** Richard Megna/Fundamental Photographs, NYC. **15.11 a–c** Richard Megna/Fundamental Photographs, NYC. **15.12 a–c** Richard Megna/Fundamental Photographs, NYC.

Kapitel 16: **16.5** Yoav Levy/Phototake NYC. **16.7a–b** Donald Clegg and Roxy Wilson/Pearson Education/PH College. **16.9a–c** Richard Megna/ Fundamental Photographs, NYC.

Kapitel 17: **17.1** Donald Clegg & Roxy Wilson/Pearson Education/PH College. **17.5 a–b** Richard Megna/Fundamental Photographs, NYC. **17.13 a–b** Richard Megna/Fundamental Photographs, NYC. **17.14a–c** Richard Megna/Fundamental Photographs, NYC. **17.15a–c** Richard Megna/Fundamental Photographs, NYC. **17.16a–c** Richard Megna/Fundamental Photographs, NYC.

Kapitel 18: **18.3** NASA Headquarters. **18.5 a–b** Don and Pat Valenti. **18.7 a** Dennis Kunkel/Phototake NYC. **18.8** Corbis Royalty Free. **18.9** Ulf E. Wallin/Ulf Wallin Photography.

Kapitel 19: **19.2 a–b** Richard Megna/Fundamental Photographs, NYC. **19.6** Austrian Central Library for Physics, Vienna, Austria. **19.8** Richard Megna/Fundamental Photographs, NYC. **19.11** Library of Congress.

Kapitel 20: **20.1a–b** Richard Megna/Fundamental Photographs, NYC. **20.2a–b** Richard Megna/Fundamental Photographs, NYC. **20.3** Richard Megna/Fundamental Photographs, NYC. **20.8 a** Jeff Gnass/Corbis/Stock Market. **20.14** The Burndy Library, Dibner Institute for the History of Science and Technology, Cambridge, Massachusetts. **20.21** Erich Schrempp/ Photo Researchers, Inc. **20.26a–b** Reed Barton/Tom Pantages.

Kapitel 22: **22.3** Russell Curtis/Photo Researchers, Inc. **22.4a–b** Richard Megna/Fundamental Photographs, NYC. **22.7** Donald Clegg and Roxy Wilson/Pearson Education/PH College. **22.9** Monster – Fotolia.com **22.10a–b** Richard Megna/Fundamental Photographs, NYC. **22.11** Robert and Beth Plowes Photography. **22.12** NASA/ Johnson Space Center. **22.14** Joseph Priestley (1733–1804): colored English engraving, 19th Century. The Granger Collection, New York. **22.15** John Hill/Getty Images Inc. – Image Bank. **22.17a–c** Richard Megna/ Fundamental Photographs, NYC. **22.19a** Jeffrey A. Scovil/Jeffrey A. Scovil. **22.20** Lawrence Migdale/Science Source/Photo Researchers, Inc. **22.22** Dan McCoy/Rainbow. **22.23 a–c** Kristen Brochmann/Fun damental Photographs, NYC. **22.28a–c** Donald Clegg and Roxy Wilson/Pearson Education/PH College. **22.30** Kristen Brochmann/Fundamental Photographs, NYC. **22.32** Richard Megna/ Fundamental Photographs, NYC. **22.36** General Electric Corporate Research & Development Center. **22.37** E.R. Degginger/Color-Pic, Inc. **22.38** Chad Ehlers/Getty Images Inc. – Stone Allstock. **22.40** Photo Courtesy of Texas Instruments Incorporated. **22.44** National Institute for Occupational Safety & Health.

Kapitel 23: **23.1b** Brownie Harris/Corbis/Stock Market. **23.3** Robin Smith/ Getty Images Inc. – Stone Allstock. **23.9** Richard Megna/Fundamental Photographs, NYC. **23.13** Donald Clegg and Roxy Wilson/Pearson Education/PH College. **23.16** Michael Dalton/Fundamental Photographs, NYC.

Kapitel 24: **24.2a–b** Richard Megna/Fundamental Photographs, NYC. **24.7** Gary C. Will/Visuals Unlimited. **24.14** Kim Heacox Photography/DRK Photo. **24.16** Richard Megna/Fundamental Photographs, NYC. **24.20** Richard Megna/Fundamental Photographs, NYC. **24.23** Richard Megna/ Fundamental Photographs, NYC.

Kapitel 25: **25-1-1UN** Joe McNally/Corbis/Sygma.

Kapitel 26: **26-9-1UN** Photo by Gen. Stab. Lit. Anst./AIP Emilio Segre Visual Archives. **26-9-2UN** Simon Fraser/Science Photo Library/Photo Researchers, Inc. **26-10-1UN** © and Courtesy of Dr. John D. Roberts
Kapitel 27: **27-1-1UN** Hans Reinhard/Okapia/Photo Researchers, Inc. **27-6-1UN** American Institute of Physics/Emilio Segre Visual Archives. **27-6-2UN** © Hulton-Deutsch Collections/CORBIS S. 174 Science Photo Library/Photo Researchers, Inc.
Kapitel 28: **28-1-1UN** Judith Olah. **28-3-1UN** Edgar Fahs Smith Collection/ University of Pennsylvania/Van Pelt Library. **28-6-1UN** AP/Wide World Photos
Kapitel 29: **29-7-1UN** Nobelstiftelsen/© The Nobel Foundation. **29-8-1UN** Diane Schiumo/Fundamental Photographs.
Kapitel 32: **32-2-1UN** SPL/Photo Researchers © and Courtesy of Dr. John D. Roberts. **32-2-2UN** Edgar Fahs Smith Collection/University of Pennsylvania Van Pelt Library.
Kapitel 33: **33-3-1UN** Edgar Fahs Smith Collection/University of Pennsylvania Van Pelt Library
Kapitel 36: **36-11-1UN** Edgar Fahs Smith Collection/ University of Pennsylvania Van Pelt Library. **36-11-2UN** Edgar Fahs Smith Collection/University of Pennsylvania Van Pelt Library.
Kapitel 38: **38-11-1UN** Corbis Image Works/Mary Evans Picture Library Ltd.
Kapitel 42: **42-5-41UN** Brown Brothers. **42-11-1UN** Science Photo Library/ Photo Researchers, Inc.
Kapitel 43: **43-6-1UN** AP/Wide World Photos.
Kapitel 44: **44-2-1UN** Scott Camazine/Photo Researchers, Inc. **44-2-2UN** David Cavagnaro. **44-3-1UN** Tom Tietz/Getty Images Inc./Stone Allstock.

Häufig vorkommende funktionelle Gruppen

Alkan	RCH_3
Alken	$>C{=}C<$ (intern) $\quad >C{=}CH_2$ (terminal)
Alkin	$RC{\equiv}CR$ (intern) $\quad RC{\equiv}CH$ (terminal)
Nitril	$RC{\equiv}N$
Nitroalkan	RNO_2
Ether	R—O—R
Epoxid	
Thiol	R—SH
Sulfid (Thioether)	R—S—R
Disulfid	R—S—S—R
Sulfoniumsalz	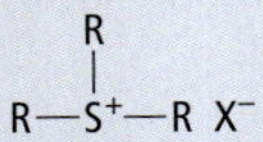
Quarternäres Ammoniumsalz	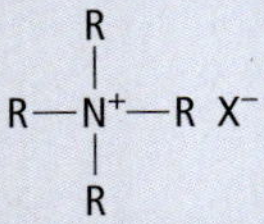
Anilin	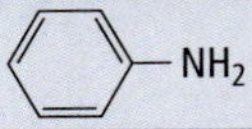
Phenol	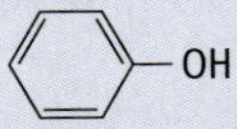
Carbonsäure	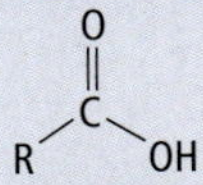
Säurehalogenid	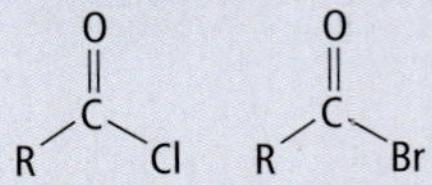 Säurechlorid, Säurebromid
Säureanhydrid	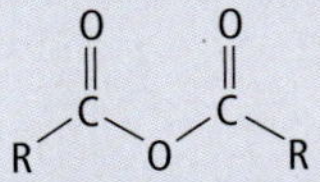
Ester	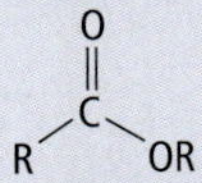
Amid	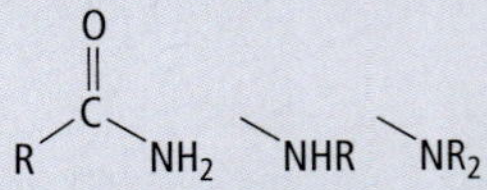
Aldehyd	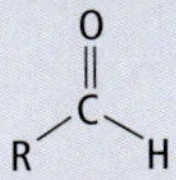
Keton	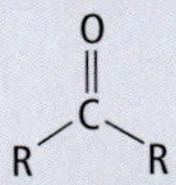

	primär	sekundär	tertiär
Halogenalkan	$R{-}CH_2{-}X$ X = F, Cl, Br oder I	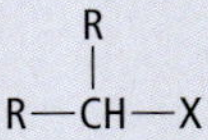	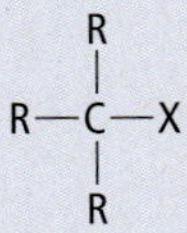
Alkohol	$R{-}CH_2{-}OH$	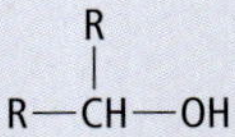	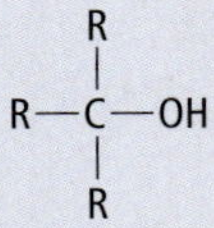
Amin	RNH_2	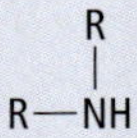	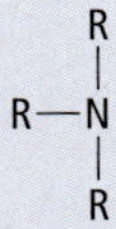